LEXIKON DER BIOLOGIE
9

HERDER

LEXIKON DER BIOLOGIE

Neunter Band
Register
Bibliographie

Spektrum Akademischer Verlag
Heidelberg · Berlin · Oxford

Redaktion:
Udo Becker
Sabine Ganter
Christian Just
Rolf Sauermost (Projektleitung)

Fachberater:
Arno Bogenrieder, Professor für Geobotanik an der Universität Freiburg
Klaus-Günter Collatz, Professor für Zoologie an der Universität Freiburg
Hans Kössel, Professor für Molekularbiologie an der Universität Freiburg
Günther Osche, Professor für Zoologie an der Universität Freiburg

Autoren:
Arnheim, Dr. Katharina (K.A.)
Becker-Follmann, Johannes (J.B.-F.)
Bensel, Joachim (J.Be.)
Bergfeld, Dr. Rainer (R.B.)
Bogenrieder, Prof. Dr. Arno (A.B.)
Bohrmann, Dr. Johannes (J.B.)
Breuer, Dr. habil. Reinhard
Bürger, Dr. Renate (R.Bü.)
Collatz, Prof. Dr. Klaus-Günter (K.-G.C.)
Duell-Pfaff, Dr. Nixe (N.D.)
Emschermann, Dr. Peter (P.E.)
Eser, Prof. Dr. Albin
Fäßler, Peter (P.F.)
Fehrenbach, Heinz (H.F.)
Franzen, Dr. Jens Lorenz (J.F.)
Gack, Dr. Claudia (C.G.)
Ganter, Sabine (S.G.)
Gärtner, Dr. Wolfgang (W.G.)
Geinitz, Christian (Ch.G.)
Genaust, Dr. Helmut
Götting, Prof. Dr. Klaus-Jürgen (K.-J.G.)
Gottwald, Prof. Dr. Björn A.
Grasser, Dr. Klaus (K.G.)
Grieß, Eike (E.G.)
Grüttner, Dr. Astrid (A.G.)
Hassenstein, Prof. Dr. Bernhard (B.H.)
Haug-Schnabel, Dr. habil. Gabriele (G.H.-S.)
Hemmingen, Dr. habil. Hansjörg (H.H.)
Herbstritt, Lydia (L.H.)
Hobom, Dr. Barbara
Hohl, Dr. Michael (M.H.)
Huber, Christoph (Ch.H.)
Hug, Agnes (A.H.)
Jahn, Prof. Dr. Theo (T.J.)
Jendritzky, Dr. Gerd (G.J.)

Jendrsczok, Dr. Christine (Ch.J.)
Kaspar, Dr. Robert
Kirkilionis, Dr. Evelin (E.K.)
Klein-Hollerbach, Dr. Richard (R.K.)
König, Susanne
Körner, Dr. Helge (H.Kör.)
Kössel, Prof. Dr. Hans (H.K.)
Kühnle, Ralph (R.Kü.)
Kuss, Prof. Dr. Siegfried (S.K.)
Kyrieleis, Armin (A.K.)
Lange, Prof. Dr. Herbert (H.L.)
Lay, Martin (M.L.)
Lechner, Brigitte (B.Le.)
Liedvogel, Dr. habil. Bodo (B.L.)
Littke, Dr. habil. Walter (W.L.)
Lützenkirchen, Dr. Günter (G.L.)
Maier, Dr. Rainer (R.M.)
Maier, Dr. habil. Uwe (U.M.)
Markus, Dr. Mario (M.M.)
Mehler, Ludwig (L.M.)
Meineke, Sigrid (S.M.)
Mohr, Prof. Dr. Hans
Mosbrugger, Prof. Dr. Volker (V.M.)
Mühlhäusler, Andrea (A.M.)
Müller, Wolfgang Harry (W.H.M.)
Murmann-Kristen, Luise (L.Mu.)
Neub, Dr. Martin (M.N.)
Neumann, Prof. Dr. Herbert (H.N.)
Nübler-Jung, Dr. habil. Katharina (K.N.)
Osche, Prof. Dr. Günther (G.O.)
Paulus, Prof. Dr. Hannes (H.P.)
Pfaff, Dr. Winfried (W.P.)
Ramstetter, Dr. Elisabeth (E.F.)
Riedl, Prof. Dr. Rupert
Sachße, Dr. Hanns (H.S.)
Sander, Prof. Dr. Klaus (K.S.)

Sauer, Prof. Dr. Peter (P.S.)
Scherer, Prof. Dr. Georg
Schindler, Dr. Franz (F.S.)
Schindler, Thomas (T.S.)
Schipperges, Prof. Dr. Dr. Heinrich
Schley, Yvonne (Y.S.)
Schmitt, Dr. habil. Michael (M.S.)
Schön, Prof. Dr. Georg (G.S.)
Schwarz, Dr. Elisabeth (E.S.)
Sitte, Prof. Dr. Peter
Spatz, Prof. Dr. Hanns-Christof
Ssymank, Dr. Axel (A.S.)
Starck, Matthias (M.St.)
Steffny, Herbert (H.St.)
Streit, Prof. Dr. Bruno (B.S.)
Strittmatter, Dr. Günter (G.St.)
Theopold, Dr. Ulrich (U.T.)
Uhl, Gabriele (G.U.)
Vollmer, Prof. Dr. Dr. Gerhard
Wagner, Prof. Dr. Edgar (E.W.)
Wagner, Prof. Dr. Hildebert
Wandtner, Dr. Reinhard
Warnke-Grüttner, Dr. Raimund (R.W.)
Wegener, Dr. Dorothee (D.W.)
Welker, Prof. Dr. Dr. Michael
Weygoldt, Prof. Dr. Peter (P.W.)
Wilmanns, Prof. Dr. Otti
Wilps, Dr. Hans (H.W.)
Winkler-Oswatitsch, Dr. Ruthild (R.W.-O.)
Wirth, Dr. Ulrich (U.W.)
Wirth, Dr. habil. Volkmar (V.W.)
Wuketits, Dozent Dr. Franz M.
Wülker, Prof. Dr. Wolfgang (W.W.)
Zeltz, Patric (P.Z.)
Zissler, Dr. Dieter (D.Z.)

Grafik:
Hermann Bausch
Rüdiger Hartmann
Klaus Hemmann
Manfred Himmler
Martin Lay
Richard Schmid
Melanie Waigand-Brauner

Die Deutsche Bibliothek – CIP-Einheitsaufnahme

Herder-Lexikon der Biologie / [Red.: Udo Becker ... Rolf Sauermost (Projektleitung). Autoren: Arnheim, Katharina ... Grafik: Hermann Bausch ...]. – Heidelberg ; Berlin ; Oxford : Spektrum, Akad. Verl.
   ISBN 3-86025-156-2
NE: Sauermost, Rolf [Hrsg.]; Lexikon der Biologie
   9. Register, Bibliographie. – 1994

Alle Rechte vorbehalten – Printed in Germany
© Spektrum Akademischer Verlag GmbH, Heidelberg · Berlin · Oxford 1994
Die Originalausgabe erschien in den Jahren 1983–1987 im Verlag Herder GmbH & Co. KG, Freiburg i. Br.
Bildtafeln: © Focus International Book Production, Stockholm, und Spektrum Akademischer Verlag Heidelberg
Satz: Freiburger Graphische Betriebe (Band 1–9), G. Scheydecker (Ergänzungsband 1994), Freiburg i. Br.
Druck und Weiterverarbeitung: Freiburger Graphische Betriebe
ISBN 3-86025-156-2

Inhalt

Verzeichnis der enzyklopädischen Artikel 6
Verzeichnis der Bildtafeln 7
Bibliographie 9
    Allgemeine Biologie 9
    Anthropologie und Humangenetik 9
    Bestimmungsbücher und Führer 9
    Biogeographie 10
    Biographien 10
    Biophysik und Strahlenbiologie 10
    Bodenkunde 11
    Botanik 11
    Cytologie 12
    Entwicklungsbiologie 13
    Erkenntnistheorie 13
    Evolutionsbiologie 13
    Genetik 14
    Histologie 15
    Hydrologie, Limnologie und Meeresbiologie 16
    Immunbiologie 16
    Land- und Forstwirtschaft 17
    Medizin 17
    Mikrobiologie und Bakteriologie 18
    Mikroskopie und andere biologische Techniken 19
    Molekularbiologie und Biochemie 19
    Mykologie 20
    Natur- und Umweltschutz 20
    Ökologie 21
    Paläontologie und Geologie 22
    Parasitologie 23
    Physiologie 24
    Systematik und Taxonomie 26
    Verhaltensbiologie 26
    Virologie 27
    Zoologie 27
    Sonstiges 28
Register 29

Verzeichnis der enzyklopädischen Artikel

Abstammung – Realität des Vorgangs	*Rupert Riedl*
Analogie – eine Erkenntnis- und Wissensquelle	*Franz M. Wuketits*
Angst – Philosophische Reflexionen über ein biologisches Phänomen	*Heinrich Schipperges*
Anthropisches Prinzip	*Reinhard Breuer*
Anthropomorphismus – Anthropozentrismus	*Michael Welker*
Bioethik	*Robert Kaspar*
Biologismus – von den Wurzeln in der Renaissance zur Sozialbiologie von heute	*Franz M. Wuketits*
Deduktion und Induktion	*Gerhard Vollmer*
Denken	*Franz M. Wuketits*
Determination	*Rupert Riedl*
Drogen und das Drogenproblem	*Hildebert Wagner*
Entropie und ihre Rolle in der Biologie	*Bernhard Hassenstein*
Erkenntnistheorie und Biologie – Evolutionäre Erkenntnistheorie	*Gerhard Vollmer*
Erklärung in der Biologie	*Hans Mohr*
Ethik in der Biologie	*Hans Mohr*
Freiheit und freier Wille	*Bernhard Hassenstein*
Geist – Leben und Geist, Geist und Leben	*Franz M. Wuketits*
Gestalt	*Robert Kaspar*
Information und Instruktion	*Bernhard Hassenstein*
Insemination: ethische und rechtliche Aspekte	*Albin Eser*
Jugendentwicklung: Tier–Mensch-Vergleich	*Bernhard Hassenstein*
Kreationismus – Zurück zum Mythos?	*Redaktion*
Das Leib-Seele-Problem	*Georg Scherer*
Mensch und Menschenbild in biologischer Sicht	*Bernhard Hassenstein*
Naturschutz	*Otti Wilmanns*
Sexualität als anthropologisches Phänomen	*Heinrich Schipperges*
Symmetrie	*Peter Sitte*
Teleologie – Teleonomie	*Gerhard Vollmer*
Vitalismus – Mechanismus	*Franz M. Wuketits*
Wissenschaftstheorie und Biologie	*Gerhard Vollmer*
Zufall in der Biologie	*Gerhard Vollmer*

Verzeichnis der Bildtafeln

Adaptive Radiation
Afrika I
Afrika II
Afrika III
Afrika IV
Afrika V
Afrika VI
Afrika VII
Afrika VIII
Algen I
Algen II
Algen III
Algen IV
Algen V
Alpenpflanzen
Ameisen I
Ameisen II
Aminosäuren
Amphibien I
Amphibien II
Antibiotika
Antilopen
Aquarienfische I
Aquarienfische II
Asexuelle Fortpflanzung I
Asexuelle Fortpflanzung II
Asien I
Asien II
Asien III
Asien IV
Asien V
Asien VI
Asien VII
Asien VIII
Atelische Bildungen
Atmungsorgane I
Atmungsorgane II
Atmungsorgane III
Attrappenversuch
Auslöser
Australien I
Australien II
Australien III
Australien IV

Bakterien und Cyanobakterien
Bakteriophagen I
Bakteriophagen II
Bären
Bedecktsamer I
Bedecktsamer II
Bereitschaft I
Bereitschaft II
Bindegewebe
Biogenetische Grundregel
Biologie I
Biologie II
Biologie III

Blatt I
Blatt II
Blatt III
Blüte
Blütenstände
Bodentypen
Bodenzonen Europas

Charakterdisplacement
Chemische und präbiologische
 Evolution
Chemische Sinne I
Chemische Sinne II
Chloroplasten
Chordatiere (Baupläne)
Chromatographie
Chromosomen I
Chromosomen II
Chromosomen III
Chronobiologie I
Chronobiologie II
Cilien und Geißeln
Cycadophytina

Darm
Desoxyribonucleinsäuren I
Desoxyribonucleinsäuren II
Desoxyribonucleinsäuren III
Dinosaurier
Dissimilation I
Dissimilation II

Echoorientierung
Ein-Gen-ein-Enzym-Hypothese
Einsicht
Elektrische Organe
Elektronenmikroskop
Embryonalentwicklung I
Embryonalentwicklung II
Embryonalentwicklung III
Embryonalentwicklung IV
Endosymbiose
Enzyme
Erdgeschichte
Europa I
Europa II
Europa III
Europa IV
Europa V
Europa VI
Europa VII
Europa VIII
Europa IX
Europa X
Europa XI
Europa XII
Europa XIII
Europa XIV

Europa XV
Europa XVI
Europa XVII
Europa XVIII
Europa XIX
Europa XX
Exkretionsorgane

Farbensehen
Farbensehen der Honigbiene
Farnpflanzen I
Farnpflanzen II
Farnpflanzen III
Farnpflanzen IV
Farnsamer
Finken
Fische (Bauplan)
Fische I
Fische II
Fische III
Fische IV
Fische V
Fische VI
Fische VII
Fische VIII
Fische IX
Fische X
Fische XI
Fische XII
Flechten I
Flechten II
Früchte
Funktionelle Gruppen
Furchung

Gehirn
Gehörorgane
Genaktivierung
Genregulation
Gentechnologie
Genwirkketten I
Genwirkketten II
Gliederfüßer I
Gliederfüßer II
Glykolyse

Hämoglobine
Haushuhn-Rassen
Herz
Hohltiere I
Hohltiere II
Hohltiere III
Holzarten
Homologie
Homonomie
Hormone
Hunderassen I
Hunderassen II
Hunderassen III

Hunderassen IV
Hundertfüßer

Induktion
Insekten I
Insekten II
Insekten III
Insekten IV
Isoenzyme

Käfer I
Käfer II
Käfigvögel
Kakteengewächse
Kampfverhalten
Kaninchen
Kaspar-Hauser-Versuch
Katzen
Kerntransplantation
Knochen
Knöllchenbakterien
Kohlenhydrate I
Kohlenhydrate II
Kohlenstoff (Bindungsarten)
Kohlenstoffkreislauf
Komplexauge
Konfliktverhalten
Konvergenz
Kopffüßer
Krebs
Kulturpflanzen I
Kulturpflanzen II
Kulturpflanzen III
Kulturpflanzen IV
Kulturpflanzen V
Kulturpflanzen VI
Kulturpflanzen VII
Kulturpflanzen VIII
Kulturpflanzen IX
Kulturpflanzen X
Kulturpflanzen XI
Kulturpflanzen XII

Larven I
Larven II
Lebende Fossilien
Lernen
Linsenauge
Lipide

Malaria
Mechanische Sinne I
Mechanische Sinne II
Mediterranregion I
Mediterranregion II
Mediterranregion III
Mediterranregion IV
Meiose
Mendelsche Regeln I
Mendelsche Regeln II
Menschenrassen I
Menschenrassen II
Menschenrassen III
Menschenrassen IV
Menstruationszyklus

Metamorphose
Mimikry I
Mimikry II
Mitose
Moose I
Moose II
Motivationsanalyse
Muscheln
Muskelkontraktion I
Muskelkontraktion II
Muskulatur
Mutation
Mykorrhiza

Nacktsamer
Nadelhölzer
National- und Naturparke I
National- und Naturparke II
Nervensystem I
Nervensystem II
Nervenzelle I
Nervenzelle II
Netzhaut
Niere
Nordamerika I
Nordamerika II
Nordamerika III
Nordamerika IV
Nordamerika V
Nordamerika VI
Nordamerika VII
Nordamerika VIII

Orchideen

Paläanthropologie
Parasitismus I
Parasitismus II
Parasitismus III
Pferde (Evolution) I
Pferde (Evolution) II
Pflanzen (Stammbaum)
Pflanzenkrankheiten I
Pflanzenkrankheiten II
Photosynthese I
Photosynthese II
Pilze I
Pilze II
Pilze III
Pilze IV
Plattwürmer
Polarregion I
Polarregion II
Polarregion III
Polarregion IV
Proteine

Rassen- und Artbildung I
Rassen- und Artbildung II
Regelung im Organismus
Regeneration
Relative Koordination
Replikation der DNA I
Replikation der DNA II
Reptilien I

Reptilien II
Reptilien III
Riesenchromosomen
Ringelwürmer
Ritualisierung
Rückenmark
Rudimentäre Organe

Säugetiere (Evolution)
Schädlinge
Schmetterlinge
Schwämme
Selektion I
Selektion II
Selektion III
Sexualvorgänge
Signal
Sinneszellen
Skelett
Sproß und Wurzel I
Sproß und Wurzel II
Stachelhäuter I
Stachelhäuter II
Stickstoffkreislauf
Stoffwechsel
Südamerika I
Südamerika II
Südamerika III
Südamerika IV
Südamerika V
Südamerika VI
Südamerika VII
Südamerika VIII
Symbiose
Synapsen

Tabakmosaikvirus
Telencephalon
Temperatur (als Umweltfaktor)
Translation

Unkräuter

Vegetationszonen
Verdauung I
Verdauung II
Verdauung III
Viren
Vitamine
Vögel I
Vögel II
Vogeleier I
Vogeleier II

Wald
Waldsterben I
Waldsterben II
Wasserhaushalt (Pflanze)
Weichtiere
Wirbeltiere I
Wirbeltiere II
Wirbeltiere III

Zelle
Zellwand
Zoogamie

Bibliographie

Das Literaturverzeichnis bietet eine Übersicht über wichtige wissenschaftliche Werke der gesamten Biologie aus dem deutschen und angelsächsischen Sprachraum, populärwissenschaftliche Bücher sowie – jeweils den Buchtiteln eines Fachgebietes folgend – wichtige fachspezifische, allgemeinbiologische und auch populär gehaltene Zeitschriften. (Hinter den Zeitschriftentiteln sind jeweils der Verlagsort und das Jahr des erstmaligen Erscheinens angegeben.) Werke, die unter einem bestimmten Fachgebiet nicht gefunden werden, suche man auch unter einem nahe verwandten Fachgebiet (z. B. Cytologie/Histologie; Botanik/Biogeographie; Anthropologie/Paläontologie; Genetik/Molekularbiologie) oder unter der Rubrik: Bestimmungsbücher und Führer.

Allgemeine Biologie

Bauer, E. W. (Hg.): CVK-Biologiekolleg. Medienverbund für Grund- und Leistungskurse der Sekundarstufe II. Berlin 1982.
Bertalanffy, L. von (Hg.): Handbuch der Biologie. Frankfurt/M. 1966.
Cambridge-Enzyklopädie Biologie. Organismen, Lebensräume, Evolution. Hg.: A. Friday, D. Ingram. Weinheim 1986.
Czihak, G., Langer, H., Ziegler, H. (Hg.): Biologie. Berlin ³1981.
Dietrich, G., Stöcker, F. (Hg.): Fachlexikon ABC-Biologie. Thun ⁵1986.
Fels, G., Grah, M., Grah, H., Liesenfeld, F. J. u. a. (Hg.): Der Organismus. Stuttgart 2. Auflage.
Geißler, E., Libbert, E., Nitschmann, J., Thomas-Petersein, G. (Hg.): Kleine Enzyklopädie Biologie. Thun ³1983.
Killermann, W., Kläutke, S. (Hg.): Biologie. München 1978.
Kuhn, R., Probst, W.: Biologisches Grundpraktikum. 2 Bde. Stuttgart ⁴1983/1980.
Das Leben. Reihe Wissen im Überblick. Freiburg ⁴1979.
Linder, H.: Biologie. Lehrbuch für die Oberstufe. Stuttgart ¹⁹1983.
Meyers Taschenlexikon Biologie. 3 Bde. Mannheim 1983.
Neumann, G. H.: Forschendes Lernen im Biologieunterricht. Düsseldorf 1979.
Theimer, W.: Handbuch der naturwissenschaftlichen Grundbegriffe. München 1978.

Acta Biologica. Budapest 1950.
Bild der Wissenschaft. Stuttgart 1964.
Biological Bulletin. Woods Hall 1898.
Biologie in unserer Zeit. Weinheim 1971.
Biologische Rundschau. Jena 1963.
Bioscience. Arlington 1951.
Folia Biologica. Prag 1953.
Journal of Experimental Biology. Cambridge 1923.
Kosmos. Stuttgart 1904.
Life Sciences. Elmsford 1962.
Nature. London 1869.
Die Naturwissenschaften. Berlin 1913.
Naturwissenschaftliche Rundschau. Stuttgart 1948.
P. M. München 1978.
Science. Washington 1880.
Scientific American. New York 1845.
Spektrum der Wissenschaft. Heidelberg 1978.
Zeitschrift für Naturforschung. Biosciences. Tübingen 1946.

Anthropologie und Humangenetik

Autrum, H., Wolf, U. (Hg.): Humanbiologie. Berlin ²1983.
Baker, J. R.: Die Rassen der Menschheit. Stuttgart 1976.
Becker, P. (Hg.): Humangenetik. 5 Bde. Stuttgart 1964–1976.
Ciochon, R. L., Corruccini, R. S.: New Interpretations of Ape and Human Ancestry. New York 1983.
Delson, E.: Ancestors: The Hard Evidence. New York 1985.
Eibl-Eibesfeldt, I.: Der vorprogrammierte Mensch. Das Ererbte als bestimmender Faktor im menschlichen Verhalten. Kiel ²1985.
Freye, H. A.: Humangenetik. Stuttgart ³1981.
Gadamer, H.-G., Vogler, P. (Hg.): Neue Anthropologie. 7 Bde. Stuttgart 1972–75.
Gould, S. J.: Der falsch vermessene Mensch. Stuttgart 1983.
Hassenstein, B., Sander, K., Osche, G.: Freiburger Vorlesungen zur Biologie des Menschen. Wiesbaden 1979.
Karolyi, L. v.: Anthropometrie. Stuttgart 1971.
Knussmann, R.: Vergleichende Biologie des Menschen. Stuttgart 1980.
Lenz, W.: Medizinische Genetik. Mit Schlüssel zum Gegenstandskatalog. Stuttgart ⁶1983.
Markl, H.: Evolution, Genetik und menschliches Verhalten. München 1986.
Martin, R., Saller, K.: Lehrbuch der Anthropologie. Bd. 1. Stuttgart 1957.
Ritter, H.: Humangenetik. Grundlagen, Erkenntnisse, Entwicklungen. Freiburg ³1981.
Seuánez, H. N.: The Phylogeny of Human Chromosomes. Berlin 1979.
Smith, F. H., Spencer, F.: The Origins of Modern Humans. New York 1984.
Stengel, H.: Grundriß der menschlichen Erblehre. Einführung in die Genetik des Menschen. Stuttgart 1980.
Stengel, H.: Humangenetik. Heidelberg ³1979.
Therman, E.: Human Chromosomes. Structure, Behavior, Effects. Berlin 1980.
Vogel, F., Motulsky, A. G.: Human Genetics. Problems and Approaches. Berlin ²1986.
Wendt, H. (Hg.): Kindlers Enzyklopädie. Der Mensch. 10 Bde. München, ab 1982.
Wolf, U., Winkler, U. (Hg.): Humangenetik. Berlin 1985.

Human Biology. Detroit 1929.

Bestimmungsbücher und Führer

Abbott, R. T.: Compendium of Seashells. A Color Guide to more than 4200 of the World's Marine Shells. New York 1982.
Aichele, D.: Was blüht denn da? In Farbe. Ein Führer zum Bestimmen von wildwachsenden Blütenpflanzen Mitteleuropas. Stuttgart ³⁹1977.
Aichele, D., Schwegler, H.-W.: Der Kosmos-Pflanzenführer. Blütenpflanzen, Farne, Moose, Flechten, Pilze, Algen. Stuttgart 1978.
Aichele, D., Schwegler, H.-W.: Unsere Gräser. Stuttgart ⁸1986.
Altmann, H.: Giftpflanzen, Gifttiere. Die wichtigsten Arten. Erkennen, Giftwirkung, Therapie. München 1979.
Arnold, E. N., Burton, J. A.: Pareys Reptilien- und Amphibienführer Europas. Hamburg 1979.
Backeberg, C.: Das Kakteenlexikon. Stuttgart 1976.
Bergmann, A.: Die Großschmetterlinge Mitteldeutschlands. 5 Bde. Jena 1951–55.
Beurlen, K.: Welche Versteinerung ist das? Ein Bestimmungsbuch mit über 1400 Abbildungen. Stuttgart ¹⁰1978.
Brohmer, P.: Fauna von Deutschland. Ein Bestimmungsbuch unserer heimischen Tierwelt. Wiesbaden ¹⁶1984.
Chinery, M.: Insekten Mitteleuropas. Ein Taschenbuch für Zoologen und Naturfreunde. Hamburg ³1984.
Dance, P., Cosel, R. v.: Das große Buch der Meeresmuscheln. Stuttgart 1977.
Duellman, W. E., Trueb, L.: Biology of Amphibians. New York 1986.
Engelhardt, W.: Was lebt in Tümpel, Bach und Weiher? Pflanzen und Tiere unserer Gewässer in Farbe. Eine Einführung in die Lehre vom Leben der Binnengewässer. Stuttgart ¹²1986.
Eschrich, W.: Gehölze im Winter. Zweige und Knospen. Stuttgart 1981.
Forster, W., Wohlfarth, T. A.: Die Schmetterlinge Mitteleuropas. 5 Bde. Stuttgart 1954–1981.
Freude, H., Harde, K. W., Lohse, G. A.: Die Käfer Mitteleuropas. 11 Bde. Krefeld 1964–83.
Gerhardt, E.: Pilzführer. München 1981.
Grüne, S.: Handbuch zur Bestimmung der europäischen Borkenkäfer. Hannover 1979.
Harde, K. W., Severa, F.: Der Kosmos-Käferführer. Stuttgart 1981.

Harris, T.: Pareys Mittelmeerführer. Pflanzen- und Tierwelt der Mittelmeer-Region. Hamburg 1982.
Heinzel, H., Fitter, R., Parslow, J.: Pareys Vogelbuch. Alle Vögel Europas, Nordafrikas und des Mittleren Ostens. Hamburg 1972.
Higgins, L. G., Riley, N. D.: Die Tagfalter Europas und Nordwestafrikas. Hamburg 1978.
Jones, D.: Der Kosmos-Spinnenführer. Stuttgart 1984.
Kerney, M. P., Cameron, R. A. D., Jungbluth, J. H., Riley, G.: Die Landschnecken Nord- und Mitteleuropas. Ein Bestimmungsbuch für Biologen und Naturfreunde. Hamburg 1983.
Klapp, E.: Taschenbuch der Gräser. Berlin 1974.
Koch, M.: Wir bestimmen Schmetterlinge. Leipzig 1984.
Lindner, G.: Muscheln und Schnecken der Weltmeere. München 1975.
Maitland, P. S.: Der Kosmos-Fischführer. Die Süßwasserfische Europas in Farbe. Stuttgart 1977.
Makatsch, W.: Die Eier der Vögel Europas. Melsungen 1975.
Merz, E., Pfletschinger, H.: Die Raupen unserer Schmetterlinge. Erkennen und Beobachten. Stuttgart 1982.
Müller, H. J.: (Hg.) Bestimmung wirbelloser Tiere im Gelände. Stuttgart 1985.
Nielson, H.: Giftpflanzen. 148 europäische Arten, Bestimmung, Wirkung, Geschichte. Stuttgart 1979.
Oberdorfer, E., Müller, T.: Pflanzensoziologische Exkursionsflora. Stuttgart [5]1983.
Peterson, R., Mountfort, G., Hollom, P. A. D.: Die Vögel Europas. Ein Taschenbuch für Ornithologen und Naturfreunde über alle in Europa lebenden Vögel. Hamburg [7]1965.
Rothmaler, W.: Exkursionsflora für die Gebiete der DDR und BRD. Bd. 2 Gefäßpflanzen. Bd. 4 Kritischer Band. Berlin 1978/1976.
Sbordoni, V., Forestiero, S.: Weltenzyklopädie der Schmetterlinge. München 1985.
Schmeil, O., Fitschen, J.: Flora von Deutschland und seinen angrenzenden Gebieten. Ein Buch zum Bestimmen der wildwachsenden und häufig kultivierten Gefäßpflanzen. Wiesbaden [87]1982.
Schmidt, P.: Gartenschädlinge von A–Z. Minden.
Seitz, A.: Großschmetterlinge der Erde. Stuttgart 1909 ff.
Stresemann, E.: Exkursionsfauna. 3 Bde. Berlin. Bd. 1: 1957, Bd. 2: I: 1964, II: [5]1986, Bd. 3: 1955.
Williams, J. G.: Die Vögel Ost- und Zentralafrikas. Ein Taschenbuch für Ornithologen und Naturfreunde. Hamburg 1973.
Zahradnik, J., Čihař, J.: Der Kosmos-Tierführer. Europäische Tiere. Ein Bestimmungsbuch mit 1092 farbigen Abbildungen. Stuttgart 1978.

Biogeographie

Beazely, M. (Hg.): Weltatlas des Tierlebens. Amsterdam 1974.
Blüthgen, J., Weischet, W.: Allgemeine Klimageographie. Berlin, New York 1980.
Brown, J. H., Gibson, A. C.: Biogeography. St. Louis 1983.
Die Erde lebt. Bildatlas der Tiere und Pflanzen. Freiburg 1983.
Fittkau, E. J., Illies, J., Klinge, H., Schwabe, G. H., Sioli, H.: Biogeography and Ecology in South America. Den Haag 1968/69.
Hueck, K.: Die Wälder Südamerikas. Stuttgart 1966.
Humphries, Ch. J., Parenti, L. R.: Cladistic Biogeography. Oxford 1986.
Illies, J.: Tiergeographie. Braunschweig [2]1972.
Knapp, R.: Die Vegetation von Afrika. Stuttgart 1973.
Knapp, R.: Die Vegetation von Nord- und Mittelamerika, und der Hawaii-Inseln. Stuttgart 1965.
de Lattin, G.: Grundriß der Zoogeographie. Stuttgart 1967.
Miegheim, J. v., Oye, P. van: Biogeography and Ecology in Antarctica. Den Haag 1965.
Müller, P.: Biogeographie. Stuttgart 1980.
Müller, P.: Tiergeographie. Struktur, Funktion, Geschichte und Indikatorbedeutung von Arealen. Stuttgart 1977.
Niethammer, G.: Die Einbürgerung von Säugetieren und Vögeln in Europa. Berlin 1963.
Reichelt, G., Wilmanns, O.: Vegetationsgeographie. Braunschweig 1973.
Remmert, H.: Arctic Animal Ecology. Heidelberg 1980.
Rensch, B.: Verteilung der Tierwelt im Raum. In Handbuch der Biologie. Bd. 5.
Schmithusen, J.: Allgemeine Vegetationsgeographie. Berlin 1968.
Schubert, R.: Pflanzengeographie. Berlin 1979.
Sedlag, U.: Die Tierwelt der Erde. Leipzig 1978.
Stonehouse, B.: Tiere der Antarktis. München 1974.
Thenius, E.: Grundzüge der Faunen- und Verbreitungsgeschichte der Säugetiere. Stuttgart [2]1980.
Vareschi, V.: Vegetationsökologie der Tropen. Stuttgart 1980.
Walter, H.: Vegetation und Klimazonen. Grundriß der globalen Ökologie. Stuttgart [5]1984.
Wolters, H. E.: Die Vogelarten der Erde. Eine systematische Liste mit Verbreitungsangaben sowie deutschen und englischen Namen. Hamburg 1982.

Biographien

Altner, G.: Charles Darwin und Ernst Haeckel. Zürich 1966.
Asimov, I.: Biographische Enzyklopädie der Naturwissenschaften und der Technik. Freiburg 1974.
Baltzer, F.: Theodor Boveri. Leben und Werk eines großen Biologen 1862–1915. Stuttgart 1962.
Botting, D.: Alexander von Humboldt. Biographie eines großen Forschungsreisenden. München 1974.
Darwin, C.: Autobiographie. Leipzig 1959.
Fischer, P.: Licht und Leben. Ein Bericht über Max Delbrück, den Wegbereiter der Molekularbiologie. Konstanz 1985.
Frisch, K. von: Erinnerungen eines Biologen. Berlin 1957.
Haberer, G., Schwanitz, F. (Hg.): Hundert Jahre Evolutionsforschung. Das wissenschaftliche Vermächtnis Charles Darwins. Stuttgart 1960.
Hagberg, K.: Carl Linnaeus. Ein großes Leben aus dem Barock. Hamburg 1946.
Heinleben, J.: Charles Darwin. Reinbek.
Heinroth, K.: Oskar Heinroth. Vater der Verhaltensforschung 1871–1945. Stuttgart 1971.
Huxley, J.: Ein Leben für die Zukunft. Erinnerungen. München 1981.
Keitel-Holz, K.: Ernst Haeckel. Forscher – Künstler – Mensch. Eine Biographie. Frankfurt/M. 1984.
Koller, G.: Das Leben des Biologen Johannes Müller. 1801–1858. Stuttgart 1958.
Krafft, F., Meyer-Abich, A.: Große Naturwissenschaftler. Biographisches Lexikon. Frankfurt/M. 1970.
Krumbiegel, I.: Gregor Mendel und das Schicksal seiner Vererbungsgesetze. Stuttgart [2]1967.
Sander, K. (Hg.): August Weismann 1834–1914 und die theoretische Biologie des 19. Jahrhunderts. Freiburg 1985.
Sauermost, R. (Bearb.): Herder Lexikon Naturwissenschaftler. Bedeutende Naturwissenschaftler und Techniker von der Antike bis zur Gegenwart. Freiburg 1979.
Schmitz, S.: Tiervater Brehm. Seine Reisen, sein Leben, sein Werk. Frankfurt/M. 1986.
Spemann, F. W. (Hg.): Hans Spemann: Forschung und Leben. Stuttgart 1943.
Thienemann, A.: Erinnerungen und Tagebuchblätter eines Biologen. Ein Leben im Dienste der Limnologie. Stuttgart 1959.
Uschmann, G. (Hg.): Ernst Haeckel – Biographie in Briefen. Rheda-Wiedenbrück 1983.

Biophysik und Strahlenbiologie

Eder, H., Kiefer, J., Luggen-Hölscher, J., Rase, S.: Grundzüge der Strahlenkunde für Naturwissenschaftler und Veterinärmediziner. Berlin 1986.
Franks, F.: Biophysics and Biochemistry at Low Temperatures. Cambridge 1985.
Glaser, R.: Einführung in die Biophysik. Stuttgart [2]1976.
Halliwell, B., Gutteridge, J. M. C.: Free Radicals in Biology and Medicine. Oxford 1985.
Harm, W.: Biological Effects of Ultraviolet Radiation. Cambridge 1980.
Hermann, T.: Klinische Strahlenbiologie. Darmstadt 1978.
Hoppe, W., Lohmann, W., Markl, H., Ziegler, H. (Hg.): Biophysik. Berlin [2]1982.
Hüttermann, J., Köhnlein, W., u.a. (Hg.): Effects of Ionizing Radiation on DNA. Physical, Chemical and Biological Aspects. Berlin 1978.
Jaeger, R. G., Hübner, W.: Dosimetrie und Strahlenschutz. Physikalisch-technische Daten und Methoden für die Praxis. Stuttgart [2]1974.
Kiefer, J.: Biologische Strahlenwirkung. Eine Einführung in die Grundlagen von Strahlenschutz und Strahlenanwendung. Berlin 1981.
Kronfuß, H., Stern, R.: Strahlung und Vegetation. Wien 1978.
Laskowski, W.: Biologische Strahlenschäden und ihre Reparatur. Berlin 1981.
Laskowski, W., Pohlit, W.: Biophysik. Eine Einführung für Biologen, Mediziner und Physiker. 2 Bde. Stuttgart 1974.
Pizzarello, D. J., Colombetti, L. G. (Hg.): Radiation Biology. Boca Raton, Fla. 1982.
Schmitt, M., Teufel, D., Hopfner, U.: Die Folgen von Tschernobyl. Eine

allgemeine Einführung in die Problematik der Radioaktivität. Heidelberg 1986.
Várterész, V.: Strahlenbiologie. Budapest 1966.
Wieser, W.: Bioenergetik. Energietransformationen bei Organismen. Stuttgart 1986.

Biophysics. Oxford 1956.
International Journal of Radiation Biology. London 1959.
Radiation and Environmental Biophysics. Berlin 1963.
Radiation Research. New York 1954.

Bodenkunde

Brauns, A.: Praktische Bodenbiologie. Stuttgart 1968.
Brown, A. L.: Ecology of Soil Organisms. London 1978.
Brucker, G., Kalusche, D.: Bodenbiologisches Praktikum. Heidelberg 1976.
Burges, A.: Microorganisms in the Soil. London ²1964.
Domsch, K. H., Gams, W., Anderson, T.-H.: Compendium of Soil Fungi. 2 Bde. London 1980.
Eisenbeis, G., Wichard, W.: Atlas zur Biologie der Bodenarthropoden. Stuttgart 1985.
Fiedler, H. J., Reissig, H.: Lehrbuch der Bodenkunde. Jena 1964.
Franz, H.: Die Bodenfauna der Erde in biozönotischer Betrachtung. 2 Teile. Wiesbaden.
Ganssen, R.: Trockengebiete. Böden, Bodennutzung, Bodenkultivierung, Bodengefährdung. Versuch einer Einführung in bodengeographische und bodenwirtschaftliche Probleme arider und semiarider Gebiete. Mannheim 1968.
Herbke, G., u.a.: Die Beeinflussung der Bodenfauna durch Düngung. Hamburg 1962.
Kubiena, W. L.: Bestimmungsbuch und Systematik der Böden Europas. Stuttgart 1953.
Kubiena, W. L.: Grundzüge der Geopedologie und des mikromorphologischen Formenwandels. Wien 1986.
Kühnelt, W.: Bodenbiologie. Wien 1950.
Kuntze, H., u.a.: Bodenkunde. Stuttgart ²1981.
Mückenhausen, E., u.a.: Entstehung, Eigenschaften und Systematik der Böden der Bundesrepublik Deutschland. Frankfurt/M. ²1977.
Schaller, F.: Die Unterwelt des Tierreichs. Heidelberg 1962.
Scheffer, F., Schachtschabel, P.: Lehrbuch der Bodenkunde. Stuttgart ¹¹1982.
Schlichting, E.: Einführung in die Bodenkunde. Hamburg 1972.
Schlichting, E., Blume, H. P.: Bodenkundliches Praktikum. Berlin 1966.
Schroeder, D.: Bodenkunde in Stichworten. Kiel 1972.
Topp, W.: Biologie der Bodenorganismen. Heidelberg 1981.
Walter, H.: Vegetation und Klima. Stuttgart 1977.
Weischet, W.: Die ökologische Benachteiligung der Tropen. Stuttgart 1980.

Pedobiologia. Jena 1961.
Zeitschrift für Pflanzenernährung und Bodenkunde. Weinheim 1922.

Botanik

Adams, P., Baker, J. J. W., Allen, G. E.: The Study of Botany. Reading, Mass. 1970.
Agrios, G. N.: Plant Pathology. New York ²1978.
Ahmadjian, V., Hale, M.: The Lichens. New York 1973.
Aleksandrova, V. D.: The Arctic and Antarctic. Their Division into Geobotanical Areas. Cambridge 1980.
Alford, D. V.: A Colour Atlas of Fruit Pests. Their Recognition, Biology and Control. London 1984.
Backeberg, C.: Die Cactaceae. Handbuch der Kakteenkunde. Bd. 1–6. Jena 1958/62, Nachdruck 1982/84.
Barnes, E. H.: Atlas and Manual of Plant Pathology. New York 1979.
Bechtel, H., Cribb, P., Launert, E.: Orchideenatlas. Die Kulturorchideen. Lexikon der wichtigsten Gattungen und Arten. Stuttgart 1980.
Beiderbeck, R.: Pflanzentumoren. Ein Problem der pflanzlichen Entwicklung. Stuttgart 1977.
Bewley, J. D., Black, M.: Seeds. Physiology of Development and Germination. New York 1985.
Bold, H. C., Alexopoulos, C. J., Delevoryas, T.: Morphology of Plants and Fungi. New York ⁴1980.
Bower, F. O.: The Ferns. 3 Bde. London 1926-1928.
Braun, H. J., Carlquist, S., Ozenda, P., Roth, I. (Hg.): Handbuch der Pflanzenanatomie. 13 Bde. Stuttgart 1953–1984.
Brücher, H.: Tropische Nutzpflanzen. Berlin 1977.

Chamberlain, C. J.: Gymnosperms: Structure and Evolution. Chicago 1937.
Dahlgren, R. M. T., Clifford, H. T.: The Monocotyledons. A Comparative Study. London 1982.
Daly, J. M., Deverall, B. J. (Hg.): Toxins and Plant Pathogenesis. Sydney 1983.
Ellenberg, H.: Vegetation Mitteleuropas mit den Alpen. Stuttgart ³1982.
Engler, A.: Syllabus der Pflanzenfamilien, mit besonderer Berücksichtigung der Nutzpflanzen nebst einer Übersicht über die Florenreiche und Florengebiete der Erde. 2 Bde. Berlin-Nikolassee ¹²1954/¹²1964.
Esser, K.: Kryptogamen. Cyanobakterien, Algen, Pilze, Flechten. Praktikum und Lehrbuch. Berlin ²1986.
Ettl, H.: Grundriß der allgemeinen Algologie. Stuttgart 1980.
Faegri, K., Iversen, J.: Textbook of Pollen Analysis. Oxford ³1975.
Ford-Lloyd, B., Jackson, M.: Plant Genetic Resources. An Introduction to their Conservation and Use. London 1986.
Fott, B.: Algenkunde. Stuttgart ⁴1971.
Frohne, D., Pfänder, H. J.: Giftpflanzen. Ein Handbuch für Apotheker, Ärzte, Toxikologen und Biologen. Stuttgart 1982.
Gerlach, D., Lieder, J.: Anatomie der Blütenlosen Pflanzen. Bakterien, Algen, Pilze, Flechten, Moose und Farnpflanzen. Stuttgart 1982.
Gessner, O.: Gift- und Arzneipflanzen von Mitteleuropa. Heidelberg ³1974.
Goff, L. J.: Algal Symbiosis. A Continuum of Interaction Strategies. Cambridge 1983.
Habermehl, G.: Mitteleuropäische Giftpflanzen und ihre Wirkstoffe. Ein Buch für Biologen und Chemiker, Ärzte und Veterinäre, Apotheker und Toxikologen. Berlin 1985.
Hanf, M.: Ackerunkräuter Europas mit ihren Keimlingen und Samen. München ²1984.
Harley, J. L., Smith, S. E.: Mycorrhizal Symbiosis. London 1983.
Harris, G. P.: Photosynthesis, Productivity and Growth. The Physiological Ecology of Phytoplankton. Stuttgart 1978.
Hegi, G.: Illustrierte Flora von Mitteleuropa. 7 Bde. Berlin ³1980–1984.
Henssen, A., Jahns, H.: Lichenes. Eine Einführung in die Flechtenkunde. Stuttgart 1974.
Heß, D.: Die Blüte. Eine Einführung in Struktur und Funktion, Ökologie und Evolution der Blüten. Stuttgart 1983.
Heywood, V. H. (Hg.): Blütenpflanzen der Welt. Basel 1978.
Hoek, C. van den: Algen. Einführung in die Phykologie. Stuttgart 1978.
Hoffmann, G. M., Nienhaus, F., Schönbeck, F., Weltzien, H., Wilbert, H.: Lehrbuch der Phytomedizin. Berlin ²1986.
Johri, B. M. (Hg.): Experimental Embryology of Vascular Plants. Berlin 1982.
Knauer, N.: Vegetationskunde und Landschaftsökologie. Wiesbaden 1981.
Kreeb, K. H.: Vegetationskunde. Methoden und Vegetationsformen unter Berücksichtigung ökosystematischer Aspekte. Stuttgart 1983.
Mägdefrau, K.: Botanik. Einführung in das Studium der Pflanzenkunde. Heidelberg 1951.
Mägdefrau, K.: Geschichte der Botanik. Stuttgart 1973.
Moore, P. D., Webb, G. A.: An Illustrated Guide to Pollen Analysis. London ²1983.
Nultsch, W.: Allgemeine Botanik. Kurzes Lehrbuch für Mediziner und Naturwissenschaftler. Stuttgart ⁸1984.
Oberdorfer, E. (Hg.): Süddeutsche Pflanzengesellschaften. 3 Teile. Stuttgart ²1977/²1978/²1983.
Oltmanns, F.: Morphologie und Biologie der Algen. 3 Bde. Jena ²1922–1923.
Pijl, L. van der: Principles of Dispersal in Higher Plants. Berlin ³1982.
Rasbach, K., Rasbach, H., Wilmanns, O.: Die Farnpflanzen Zentraleuropas. Stuttgart ²1976.
Raven, P., Evert, R. F., Curtis, H.: Biologie der Pflanzen. Berlin 1985.
Real, L. (Hg.): Pollination Biology. Orlando 1983.
Round, F. E.: Biologie der Algen. Stuttgart ²1975.
Runge, F.: Die Pflanzengesellschaften Mitteleuropas. Münster ⁹1986.
Schlösser, E.: Allgemeine Phytopathologie. Stuttgart 1983.
Schubert, R., Wagner, G.: Pflanzennamen u. botanische Fachwörter. Melsungen ⁸1984.
Schwanitz, F.: Die Entstehung der Kulturpflanzen. Berlin 1957.
Sell, Y., Weberling, F., Lorenzen, H. (Hg.): Morphologie, Anatomie und Systematik der Höheren Pflanzen. Stuttgart 1977.
Sen, D. N., Rajpurohit, K. S. (Hg.): Contributions to the Ecology of Halophytes. Den Haag 1982.
Slack, A.: Carnivorous Plants. Cambridge, Mass. 1979.
Sorauer, P.: Handbuch der Pflanzenkrankheiten. 6 Bde. Berlin 1949–1958.
Sporne, K. R.: The Morphology of Gymnosperms. London 1969.

Steubing, L., Schwantes, H. O.: Ökologische Botanik. Einführung in die angewandte Botanik. Heidelberg 1981.
Strasburger, E., Noll, F., Schenk, H., Schimper, W. (Begr.): Lehrbuch der Botanik. Stuttgart ^{32}1983.
Thomson, W. A. R. (Hg.): Heilpflanzen und ihre Kräfte. Bern 1978.
Troll, W.: Allgemeine Botanik. Ein Lehrbuch auf vergleichend-biologischer Grundlage. Stuttgart ^{4}1973.
Tryon, R. M., Tryon, A. F.: Ferns and Allied Plants. New York 1982.
Urania Pflanzenreich. Bd. 1: Niedere Pflanzen. Leipzig ^{2}1977.
Vogellehner, D.: Baupläne der Pflanzen. Freiburg 1981.
Walter, H.: Allgemeine Geobotanik. Stuttgart ^{3}1986.
Weberling, F.: Morphologie der Blüte und der Blütenstände. Stuttgart 1981.
Weberling, F., Schwantes, H. O.: Pflanzensystematik. ^{2}1975.
Wettstein, F.: Handbuch der systematischen Botanik. Leipzig ^{4}1935.
White, J. (Hg.): The Population Structure of Vegetation. Dordrecht 1985.
Wilmanns, O.: Ökologische Pflanzensoziologie. Wiesbaden ^{3}1984.
Winkler, S.: Einführung in die Pflanzenökologie. Stuttgart 1980.
Zimmermann, W.: Die Phylogenie der Pflanzen. Stuttgart ^{2}1959.

Angewandte Botanik. Berlin 1919.
Beiträge zur Biologie der Pflanzen. Berlin 1970.
Feddes Repertorium. Zeitschrift für botanische Taxonomie und Geobotanik. Berlin 1906.
Flora. Jena 1818.
Folia Geobotanica et Phytotaxonomica. Prag 1966.
Linnean Society. Botanical Journal. London 1855.
Nova Hedwigia. Journal of Cryptogamic Science. Braunschweig 1959.
Phytocoenologia. Stuttgart 1974.
Zeitschrift für Pflanzenkrankheiten und Pflanzenschutz. Stuttgart 1891.

Cytologie

Aherne, W. A., Camplejohn, R. S., Wright, N. A.: An Introduction to Cell Population Kinetics. London 1977.
Aidley, D. J.: The Physiology of Excitable Cells. Cambridge ^{2}1978.
Alberts, B., Bray, D., Lewis, J., Raff, M., Roberts, K., Watson, J. D.: Molekularbiologie der Zelle. Weinheim 1986.
Aleksandrov, V. Y.: Cells, Molecules and Temperature. Conformational Flexibility of Macromolecules and Ecological Adaptations. Berlin 1977.
Azzi, A., Brodbeck, U. (Hg.): Membrane Proteins. A Laboratory Manual. Berlin 1981.
Beck, J. S.: Biomembranes. Fundamentals in Relation to Human Biology. Washington 1980.
Berkaloff, A., Bourguet, J., Favard, P., Guinnebault, M.: Die Zelle. Morphologie und Physiologie. Braunschweig 1974.
Bielka, H. (Hg.): The Eukaryotic Ribosome. Berlin 1982.
Birkmayer, J. G.: Tumorbiologie. Basel 1984.
Blin, N., Trendelenburg, M. F., Schmidt, E. R. (Hg.): Molekular- und Zellbiologie. Aktuelle Themen. Berlin 1985.
Bonting, S. L., de Pont, J. J. (Hg.): Membrane Transport. Amsterdam 1981.
Bowen, I. D., Lockshin, R. A. (Hg.): Cell Death in Biology and Pathology. London 1981.
Brachet, J.: Molecular Cytology. 2 Bde. Orlando 1985.
Chadwick, Ch. M., Garrod, D. R. (Hg.): Hormones, Receptors and Cellular Interactions in Plants. Cambridge 1986.
Chapman, D. (Hg.): Biomembrane Structure and Function. Weinheim 1984.
Danielli, J. F. (Hg.): Aspects of Cell Regulation. New York 1983.
Darnell, J., Lodish, H., Baltimore, D.: Molecular Cell Biology. New York 1986.
De Robertis, E. D. P., De Robertis, E. M. F.: Cell and Molecular Biology. Philadelphia ^{7}1980.
Dodds, J. H., Robert, L. W.: Experiments in Plant Tissue Culture. Cambridge ^{2}1985.
Douce, R.: Mitochondria in Higher Plants. Structure, Function and Biogenesis. Orlando 1985.
Duve, Ch. de: Die Zelle. Expedition in die Grundstruktur des Lebens. 2 Bde. Heidelberg 1986.
Evered, D., Whelan, J. (Hg.): Calcium and the Cell. Chichester 1986.
Fawcett, D. W.: Atlas zur Elektronenmikroskopie der Zelle. München 1973.
Fawcett, D. W.: The Cell. Philadelphia ^{2}1981.
Finean, J. B., Michell, R. H. (Hg.): Membrane Structure. Amsterdam 1981.

Freshney, R. I.: Culture of Animal Cells. A Manual of Basic Technique. New York 1983.
Friedman, M. H.: Principles and Models of Biological Transport. Berlin 1986.
Fujita, T., Tanaka, K., Tokunaga, J.: Zellen und Gewebe. Ein REM-Atlas für Mediziner und Biologen. Stuttgart 1986.
Gall, J. G., Porter, K. R., Siekevitz, P. (Hg.): Discovery in Cell Biology. (Sonderheft des Journal of Cell Biology Vol. 91). New York 1981.
Göltenboth, F.: Experimentelle Chromosomen-Untersuchungen. Heidelberg 1975.
Gunning, B. E. S., Steer, M. W.: Bildatlas zur Biologie der Pflanzenzelle. Stuttgart 1986.
Hadjiolov, A. A.: The Nucleolus and Ribosome Biogenesis. Wien 1985.
Hall, J., Flowers, T. J., Roberts, R. M.: Plant Cell Structure and Metabolism. London 1982.
Hall, J., Moore, A. L. (Hg.): Isolation of Membranes and Organelles from Plant Cells. London 1983.
Harrison, R., Lunt, G.: Biologische Membranen. Stuttgart 1977.
Holtzman, E., Novikoff, A. B.: Cells and Organelles. Philadelphia ^{3}1984.
Houslay, M. D., Stanley, K. K.: Dynamics of Biological Membranes. Influence on Synthesis, Structure and Function. Chichester 1982.
Jahn, T., Lange, H.: Die Zelle. Freiburg ^{2}1982.
Jeon, K. W. (Hg.): Intracellular Symbiosis. New York 1983.
Jeter, J. R., Cameron, J. L. u. a. (Hg.): Cell Cycle Regulation. New York 1978.
Karp, G.: Cell Biology. New York ^{2}1984.
Kiermayer, O. (Hg.): Cytomorphogenesis in Plants. Wien 1981.
Kirk, J. T. O., Tilney-Basset, R. A. E.: The Plastids. Their Chemistry, Structure, Growth and Inheritance. Amsterdam 1978.
Kleinig, H., Sitte, P.: Zellbiologie. Ein Lehrbuch. Stuttgart ^{2}1986.
Krstić, R. V.: Ultrastruktur der Säugetierzelle. Berlin 1976.
Lindl, T., Bauer, J.: Zell- und Gewebekultur. Einführung in die Grundlagen sowie ausgewählte Methoden und Anwendungen. Stuttgart 1987.
Linskens, H. F., Heslop-Harrison, J. (Hg.): Cellular Interactions. Berlin 1984.
Linskens, H. F., Jackson F. (Hg.): Cell Components. Berlin 1985.
Maclean, N., Gregory, S. P., Flavell, R. A.: Eucaryotic Genes. Their Structure, Activity and Regulation. London 1983.
Marmé, D. (Hg.): Calcium and Cell Physiology. Berlin 1985.
Mayer, F.: Cytology and Morphogenesis of Bacteria. Berlin 1986.
Metzner, H. (Hg.): Die Zelle. Struktur und Funktion. Stuttgart ^{3}1981.
Nagl, W.: Zellkern und Zellzyklen. Stuttgart 1976.
Nanninga, N. (Hg.): Molecular Cytology of Escherichia coli. London 1985.
Robertson, R. N.: The Lively Membranes. Cambridge 1983.
Sandermann, H.: Membranbiochemie. Eine Einführung. Berlin 1983.
Satir, B. H. (Hg.): Modern Cell Biology. 2 Bde. New York 1983.
Sauer, H. W. (Hg.): Cellular Ageing. Basel 1984.
Schliwa, M.: The Cytoskeleton. An Introductory Survey. Wien 1986.
Sengbusch, P. v.: Molekular- und Zellbiologie. Berlin 1979.
Shay, J. W. (Hg.): Cell and Molecular Biology of the Cytoskeleton. New York 1986.
Spektrum der Wissenschaft: Krebs, Tumoren, Zellen, Gene. Heidelberg ^{2}1987.
Therman, E.: Human Chromosomes. Structure, Behavior, Effects. New York 1980.
Thorpe, N. O.: Cell Biology. New York 1984.
Tzagoloff, A.: Mitochondria. New York 1982.
Ude, J., Koch, M.: Die Zelle. Atlas der Ultrastruktur. Stuttgart 1982.
Zimmermann, A. M. (Hg.): Mitosis, Cytokinesis. New York 1981.

Advances in Cell Culture. New York 1981.
Annual Review of Cell Biology. Palo Alto 1985.
Biology of the Cell. Paris 1981.
Cell. Cambridge 1974.
Cell and Tissue Research. Berlin 1974.
Chromosoma. Berlin 1939.
European Journal of Cell Biology. Stuttgart 1979.
Experimental Cell Biology. Basel 1938.
Experimental Cell Research. New York 1950.
International Review of Cytology. New York 1952.
Journal of Cell Biology. New York 1955.
Journal of Cell Science. Cambridge 1966.
Journal of Cellular Physiology. New York 1966.
Journal of Ultrastructure Research. New York 1957.
Methods in Cell Biology. New York 1964.
Protoplasma. Wien 1927.
The Journal of Cell Biology. New York 1962.
Tissue and Cell. Harlow 1969.

Entwicklungsbiologie

Ashworth, J. M.: Zelldifferenzierung. Stuttgart 1974.
Austin, C., Short, R.: Fortpflanzungsbiologie der Säugetiere. 5 Bde. Hamburg 1976–1981.
Balinsky, B. I.: An Introduction to Embryology. Philadelphia ⁵1981.
Beermann, W., Reinert, J. u. a. (Hg.): Results and Problems in Cell Differentiation. A Series of Topical Volumes in Developmental Biology. Bisher 13 Bde. Berlin 1968ff.
Billett, F. S., Wild, A. E.: Practical Studies in Animal Development. London 1975.
Browder, L. W. (Hg.): Developmental Biology. A Comprehensive Synthesis. Bisher 3 Bde. New York 1985ff.
Campos-Ortega, J. A., Hartenstein, V.: The Embryonic Development of Drosophila melanogaster. Berlin 1985.
Chandebois, R.: Automation in Animal Development. A New Theory Derived from the Concept of Cell Sociology. Basel 1983.
Davidson, E. H.: Gene Activity in Early Development. New York ²1976.
Ede, D. A.: Einführung in die Entwicklungsbiologie. Stuttgart 1981.
Edelman, G. M., Gall, W. E., Cowan, W. M. (Hg.): Molecular Bases of Neural Development. New York 1985.
Emschermann, P.: Entwicklung. Freiburg 1978.
Fioroni, P.: Allgemeine und vergleichende Embryologie der Tiere. Berlin 1987.
Fox, H.: Amphibian Morphogenesis. Clifton, N. Y. 1984.
Freeman, W. H., Bracegirdle, B.: An Atlas of Embryology. London 1985.
Garrod, D. R. (Hg.): Specificity of Embryological Interactions. London 1978.
Gilbert, L. I., Frieden, E. (Hg.): Metamorphosis. A Problem in Developmental Biology. New York ²1981.
Gilbert, S. F.: Developmental Biology. Sunderland, Mass. 1985.
Hadorn, E.: Experimentelle Entwicklungsforschung, im besonderen an Amphibien. Berlin ²1970.
Hamilton, W. J., Mossman, H. W. (Hg.): Hamilton, Boyd and Mossman's Human Embryology. Prenatal Development of Form and Function. Cambridge ⁴1978.
Hennig, W. (Hg.): Germ Line – Soma Differentiation. Berlin 1986.
Horder, T. J., Witkowsky, J. A., Wylie, C. C. (Hg.): A History of Embryology. British Society for Developmental Biology. Cambridge 1986.
Jacobson, M.: Developmental Neurobiology. New York ²1978.
Jacobson, M. (Hg.): Development of Sensory Systems. Berlin 1978.
Jeffery, W. R., Raff, R. A. (Hg.): Time, Space and Pattern in Embryonic Development. New York 1983.
Jüdes, U. (Hg.): In-vitro-Fertilisation und Embryotransfer (Retortenbaby). Grundlagen, Methoden, Probleme, Perspektiven. Stuttgart 1983.
Karp, G., Berrill, N. J.: Development. New York ²1981.
Korschelt, E., Heider, K.: Vergleichende Entwicklungsgeschichte der Tiere. 2 Bde. Jena 1936.
Kühn, A.: Vorlesungen über Entwicklungsphysiologie. Berlin ²1965.
Kunz, W., Schäfer, U.: Oogenese und Spermatogenese. Stuttgart 1978.
Leighton, T., Loomis, W. F. (Hg.): The Molecular Genetics of Development. New York 1980.
Lund, R. D.: Development and Plasticity of the Brain. An Introduction. New York 1978.
Meinhardt, H.: Models of Biological Pattern Formation. London 1982.
Metz, Ch. B., Monroy, A. (Hg.): Biology of Fertilization. 3 Bde. Orlando 1985.
Mohr, H., Sitte, P.: Molekulare Grundlagen der Entwicklung. München 1971.
Moore, K. L.: Embryologie. Lehrbuch und Atlas der Entwicklungsgeschichte des Menschen. Stuttgart 1980.
Nieuwkoop, P. D., Sutasurya, L. A.: Primordial Germ Cells in Chordates. Embryogenesis and Phylogenesis. Cambridge 1979.
Nitschmann, J.: Entwicklung bei Mensch und Tier. Berlin ³1986.
Pomerai, D. de: From Gene to Animal. An Introduction to the Molecular Biology of Animal Development. Cambridge 1985.
Potten, C. S. (Hg.): Stem Cells. Their Identification and Characterisation. Edinburgh 1983.
Raff, R. A., Kaufman, T. C.: Embryos, Genes and Evolution. The Developmental-genetic Basis of Evolutionary Change. New York 1983.
Raghavan, V.: Embryogenesis in Angiosperms. A Developmental and Experimental Study. Cambridge 1986.
Ranson, R. (Hg.): A Handbook of Drosophila Development. Amsterdam 1982.
Roberts, D. B.: Drosophila. A Practical Approach. Oxford 1986.
Sauer, H. W.: Entwicklungsbiologie. Ansätze zu einer Synthese. Berlin 1980.
Sauer, H. W. (Hg.): Progress in Developmental Biology. Stuttgart 1981.
Schwartz, V.: Vergleichende Entwicklungsgeschichte der Tiere. Stuttgart 1973.
Seidel, F.: Entwicklungsphysiologie der Tiere. 3 Bde. Berlin 1972–1976.
Seidel, F. (Hg.): Morphogenese der Tiere. Handbuch der ontogenetischen Morphologie und Physiologie in Einzeldarstellungen. Stuttgart 1978ff.
Siewing, R.: Lehrbuch der vergleichenden Entwicklungsgeschichte der Tiere. Hamburg 1969.
Slack, J. M. W.: From Egg to Embryo. Determinative Events in Early Development. Cambridge 1983.
Spitzer, N. C. (Hg.): Neuronal Development. New York 1982.
Starck, D.: Embryologie. Ein Lehrbuch auf allgemein biologischer Grundlage. Stuttgart ³1975.
Weismann, A.: Das Keimplasma. Eine Theorie der Vererbung. Jena 1892.
Wilson, E. B.: The Cell in Development and Heredity. New York ³1928.
Yamada, K. M. (Hg.): Cell Interactions and Development. Molecular Mechanisms. New York 1983.

Advances in Morphogenesis. New York 1961.
Current Topics in Developmental Biology. New York 1966.
Development (bis 1986: Journal of Embryology and Experimental Morphology). Cambridge 1953.
Development. Growth and Differentiation. Nagoya 1950.
Developmental Biology. New York 1959.
EMBO Journal. Oxford 1982.
Journal of Theoretical Biology. London 1961.
Mechanisms of Ageing and Development. Lausanne 1972.
Roux's Archives of Developmental Biology. Berlin 1894.

Erkenntnistheorie

Breuer, R.: Das anthropische Prinzip – Der Mensch im Fadenkreuz der Naturgesetze. München 1981.
Kutschera, F. v.: Grundfragen der Erkenntnistheorie. Berlin 1982.
Mohr, H.: Biologische Erkenntnis. Ihre Entstehung und Bedeutung. Stuttgart 1981.
Riedl, R.: Biologie der Erkenntnis. Die stammesgeschichtlichen Grundlagen der Vernunft. Berlin 1980.
Vollmer, G.: Evolutionäre Erkenntnistheorie. Stuttgart 1975.
Vollmer, G.: Was können wir wissen? Bd. 1: Die Natur der Erkenntnis. Beiträge zur evolutionären Erkenntnistheorie. Bd. 2: Die Erkenntnis der Natur. Beiträge zur modernen Naturphilosophie. Stuttgart 1985/1986.
Wuketits, F. M.: Biologische Erkenntnis. Grundlagen und Probleme. Stuttgart 1983.
Wuketits, F. M.: Evolution, Erkenntnis, Ethik. Folgerungen aus der modernen Biologie. Darmstadt 1984.

Evolutionsbiologie

Arthur, W.: Mechanisms of Morphological Evolution. A Combined Genetic, Developmental and Ecological Approach. Chichester 1984.
Attenborough, D.: Das Leben auf unserer Erde. Vom Einzeller zum Menschen. Wunder der Evolution. Hamburg 1979.
Ax, P.: Das Phylogenetische System. Systematisierung der lebenden Natur aufgrund ihrer Phylogenese. Stuttgart 1984.
Ayala, F. J., Valentine, J. W.: Evolving. The Theory and Processes of Organic Evolution. Menlo Park 1979.
Beck, C. B. (Hg.): Origin and Early Evolution of Angiosperms. New York 1976.
Bell, G.: The Masterpiece of Nature. The Evolution and Genetics of Sexuality. London 1982.
Böhme, W. (Hg.): Evolution der Sprache. Karlsruhe 1985.
Bosshard, S. N.: Erschafft die Welt sich selbst? Freiburg 1985.
Boudreaux, H. B.: Arthropod Phylogeny with Special Reference to Insects. New York 1979.
Bresch, C.: Zwischenstufe Leben. Evolution ohne Ziel? Frankfurt/M. ²1983.
Bull, J. J.: Evolution of Sex Determining Mechanisms. London 1983.
Campbell, B. G.: Entwicklung zum Menschen. Stuttgart 1972.
Carlile, M. J., Skehel, J. J.: Evolution in the Microbial World. London 1974.
Clark, R. B.: Dynamics in Metazoan Evolution. Oxford 1964.
Darwin, C.: Die Entstehung der Arten durch natürliche Zuchtwahl. Stuttgart 1963.
Dawkins, R.: Das egoistische Gen. Berlin 1978.
Dawkins, R.: Der blinde Uhrmacher. München 1987.

Dillon, L. S.: Evolution. Concepts and Consequences. Saint Louis 1978.
Dillon, L. S.: Ultrastructure, Macromolecules and Evolution. New York 1981.
Ditfurth, H. v.: Der Geist fiel nicht vom Himmel. Die Evolution unseres Bewußtseins. Hamburg 1976.
Ditfurth H. v.: Wir sind nicht nur von dieser Welt. Naturwissenschaft, Religion und Zukunft des Menschen. München 1984.
Dobzhansky, T.: Die Entwicklung zum Menschen. Evolution, Abstammung und Vererbung. Ein Abriß. Hamburg 1958.
Dobzhansky, Th., Boesinger, H.: Human Culture – a Moment in Evolution. New York 1983.
Eberhard, W. G.: Sexual Selection and Animal Genitalia. Cambridge 1985.
Eigen, M., Schuster, P.: The Hypercycle. A Principle of Natural Self-organization. Berlin 1979.
Eisenberg, J. F.: The Mammalian Radiations. An Analysis of Trends in Evolution, Adaptation and Behaviour. London 1981.
Endler, J. A.: Natural Selection in the Wild. Princeton 1986.
Erben, H. K.: Die Entwicklung der Lebewesen. München 1976.
Ferguson, A.: Biochemical Systematics and Evolution. Glasgow 1980.
Gould, S. J.: Ontogeny and Phylogeny. Harvard 1977.
Gupta, A. P. (Hg.): Arthropod Phylogeny. New York 1979.
Heberer, G. (Hg.): Die Evolution der Organismen. Ergebnisse und Probleme der Abstammungslehre. 3 Bde. Stuttgart ^{3}1967 – ^{3}1974.
Henke, W., Rothe, H.: Der Ursprung des Menschen. Unser gegenwärtiger Wissensstand. Stuttgart ^{2}1980.
Hennig, W.: Aufgaben und Probleme stammesgeschichtlicher Forschung. Berlin 1984.
Hennig, W.: Die Stammesgeschichte der Insekten. Frankfurt/M. 1969.
Hennig, W.: Phylogenetische Systematik. Berlin 1982.
Hennig, W.: Stammesgeschichte der Chordaten. Hamburg 1983.
Jacob, F.: Die Logik des Lebenden. Von der Urzeugung zum genetischen Code. Frankfurt/M. 1972.
Kämpfe, L. (Hg.): Evolution und Stammesgeschichte der Organismen. Stuttgart 1980.
Kaplan, R. W.: Der Ursprung des Lebens. Biogenetik, ein Forschungsgebiet heutiger Naturwissenschaft. Stuttgart ^{2}1978.
Klausnitzer, B., Richter, K.: Stammesgeschichte der Gliedertiere (Articulata). Wittenberg Lutherstadt 1981.
Kull, U.: Evolution des Menschen. Biologische, soziale und kulturelle Evolution. Stuttgart 1979.
Küppers, B.-O.: Molecular Theory of Evolution. Outline of a Physicochemical Theory of the Origin of Life. Berlin 1983.
Lewin, R.: Human Evolution. An Illustrated Introduction. Oxford 1984.
Lorenz, K.: Der Abbau des Menschlichen. München ^{3}1985.
Lorenz, K., Wuketits, F. (Hg.): Die Evolution des Denkens. München ^{2}1984.
Lorenz, K.: Die Rückseite des Spiegels. Versuch einer Naturgeschichte menschlichen Erkennens. München ^{4}1983.
Mac Arthur, R. H., Connell, J. H.: Biologie der Population. München 1970.
Margulis, L.: Symbiosis in Cell Evolution. Life and its Environment on the Early Earth. San Francisco 1981.
Mayr, E.: Artbegriff und Evolution. Hamburg 1967.
Mayr, E.: Die Entwicklung der biologischen Gedankenwelt. Vielfalt, Evolution und Vererbung. Berlin 1984.
Mayr, E.: Evolution und die Vielfalt des Lebens. Berlin 1979.
Monod, J.: Zufall und Notwendigkeit. Philosophische Fragen der modernen Biologie. München 1975.
Oparin, A.: Die Entstehung des Lebens auf der Erde. Berlin ^{3}1957.
Osche, G.: Evolution. Grundlagen – Erkenntnisse – Entwicklungen der Abstammungslehre. Freiburg ^{10}1979.
Osche, G.: Grundzüge der allgemeinen Phylogenetik. In: Handbuch der Biologie. Frankfurt/M. 1966.
Parkin, D. T.: An Introduction to Evolutionary Genetics. London 1979.
Parson, P. A.: The Evolutionary Biology of Colonizing Species. Cambridge 1983.
Pianka, E. R.: Evolutionary Ecology. New York ^{3}1983.
Price, P. W.: Evolutionary Biology of Parasites. Princeton, N. J. 1980.
Remane, A., Storch, V., Welsch, U.: Evolution. München 1973.
Rensch, B.: Neuere Probleme der Abstammungslehre. Stuttgart 1972.
Riedl, R.: Biologie der Erkenntnis. Die stammesgeschichtlichen Grundlagen der Vernunft. Berlin ^{3}1981.
Riedl, R.: Die Ordnung des Lebendigen. Hamburg 1975.
Riedl, R.: Die Strategie der Genesis. Naturgeschichte der realen Welt. München 1976.
Riedl, R.: Evolution und Erkenntnis. Antworten auf Fragen aus unserer Zeit. München 1985.
Roughgarden, J.: Theory of Population Genetics and Evolutionary Ecology. An Introduction. New York 1979.

Schwidetzky, I. (Hg.): Über die Evolution der Sprache. Anatomie – Verhaltensforschung – Sprachforschung – Anthropologie. Frankfurt/M. 1973.
Sibly, R. M., Calow, P.: Physiological Ecology of Animals. An Evolutionary Approach. Oxford 1986.
Siewing, R. (Hg.): Evolution. Bedingungen – Resultate – Konsequenzen. Stuttgart ^{2}1982.
Simpson, G. G.: Pferde. Die Geschichte der Pferdefamilie in der heutigen Zeit und in sechzig Millionen Jahren ihrer Entwicklung. Berlin 1977.
Simpson, G.: The Major Features of Evolution. New York ^{2}1955.
Smith, J. M. (Hg.): Evolution now. A Century after Darwin. London 1982.
Smith, J. M.: The Evolution of Sex. Cambridge 1978.
Smith, R. L. (Hg.): Sperm Competition and the Evolution of Animal Mating Systems. Orlando 1984.
Spektrum der Wissenschaft: Evolution. Heidelberg ^{6}1986.
Stebbins, G. L.: Evolutionsprozesse. Stuttgart ^{2}1980.
Teilhard de Chardin, P.: Der Mensch im Kosmos. München 1959.
Thenius, E.: Die Evolution der Säugetiere. Eine Übersicht über Ergebnisse und Probleme. Stuttgart 1979.
Thompson, J. N.: Interaction and Coevolution. New York 1982.
Thornhill, R., Alcock, J.: The Evolution of Insect Mating Systems. Cambridge 1983.
Voigt, W.: Homologie und Typus in der Biologie. Jena 1973.
Wiley, E. O.: Phylogenetics. The Theory and Practice of Phylogenetic Systematics. New York 1981.
Willmann, R.: Die Art in Raum und Zeit. Das Artkonzept in der Biologie und Paläontologie. Berlin 1985.
Wilson, D. S.: The Natural Selection of Populations and Communities. Menlo Park, Calif. 1980.

Evolution. Lawrence 1947.
Evolutionary Biology. Amsterdam 1967.
Trends in Ecology and Evolution. Amsterdam 1986.
Zeitschrift für zoologische Systematik und Evolutionsforschung. Hamburg 1963.

Genetik

Arber, W., Illmensee, K. u. a. (Hg.): Genetic Manipulation. Impact on Man and Society. Cambridge 1984.
Ashburner, M., Novitski, E. (Hg.): The Genetics and Biology of Drosophila. 3 Bde. 1976–1986.
Ayala, F. J., Kiger, J. A.: Modern Genetics. Menlo Park (Calif.) 1980.
Bauer, G., Hobom, B., Keil, T. U., Martin, B.: Genetik – Immunologie – Virologie. Gräfelfing 1976.
Beckwith, J., Davies, J., Gallant, J. A. (Hg.): Gene Function in Prokaryotes. Cold Spring Harbor, N. Y. 1983.
Birge, E. A.: Bacterial and Bacteriophage Genetics. An Introduction. New York 1981.
Bishop, J. A., Cook, L. M. (Hg.): Genetic Consequences of Man Made Change. London 1981.
Bradbury, E. M., Maclean, N., Matthews, H. R.: DNA, Chromatin and Chromosomes. Oxford 1981.
Bräutigam, H. H., Mettler, L.: Die programmierte Vererbung. Möglichkeiten und Gefahren der Gentechnologie. Hamburg 1985.
Bresch, C.: Zwischenstufe Leben. München 1977.
Bresch, C., Hausmann, R.: Klassische und molekulare Genetik. Berlin ^{3}1972.
Brodsky, V. Y., Uryvaeva, I. V.: Genome Multiplication in Growth and Development. Biology of Polyploid and Polytene Cells. Cambridge 1985.
Burns, G. W.: The Science of Genetics. An Introduction to Heredity. New York ^{4}1980.
Callan, H. G.: Lampbrush Chromosomes. Berlin 1986.
Cleton, F. J., Simons, J. W. I. M.: Genetic Origins of Tumor Cells. Den Haag 1980.
Davidson, E. H.: Gene Activity in Early Development. New York 1976.
Dawkins, R.: The Extended Phenotype. The Gene as the Unit of Selection. Oxford 1982.
Dutta, S. K. (Hg.): DNA Systematics. 2. Plants. Boca Raton, Fla. 1986.
Eigen, M., Winkler, R.: Das Spiel. Naturgesetze steuern den Zufall. München 1975.
Falconer, D. S.: Einführung in die quantitative Genetik. Stuttgart 1984.
Fischer, H. E.: Heterosis. Jena 1971.
Freye, H. A.: Spur der Gene. Hanau 1980.
Friedberg, E. C.: DNA Repair. New York 1985.

Gardner, E. J., Snustad, D. P.: Principles of Genetics. New York ⁷1984.
Gassen, H. G.: Gentechnologie. Eine Einführung in Prinzipien und Methoden. Stuttgart 1984.
Gassen, H. G., Martin, A., Bertram, S. (Hg.): Gentechnik. Einführung in Prinzipien und Methoden. Stuttgart 1985.
Gassen, H. G., Martin, A., Sachse, G.: Der Stoff, aus dem die Gene sind. Bilder und Erklärungen zur Gentechnik. München 1986.
Gebhart, E.: Chemische Mutagenese. Erbgutschädigende Wirkung von Chemikalien unter besonderer Berücksichtigung von Arzneimitteln, Nahrungsmittelbestandteilen, Genußmitteln und Umweltschadstoffen. Stuttgart 1977.
Gehring, W. (Hg.): Genetic Mosaics and Cell Differentiation. Berlin 1978.
Glover, D. M. (Hg.): DNA Cloning. A Practical Approach. 2 Bde. Oxford 1985.
Gluzman, Y., Shenk, Th. (Hg.): Enhancers and Eukaryotic Gene Expression. Cold Spring Harbor, N. Y. 1983.
Goodenough, H.: Genetics. Philadelphia ³1984.
Gottschalk, W.: Allgemeine Genetik. Stuttgart ²1984.
Grobstein, C.: A Double Image of the Double Helix. The Recombinant – DNA Debate. San Francisco 1979.
Günther, E.: Lehrbuch der Genetik. Stuttgart ⁴1984.
Hauska, G. (Hg.): Von Gregor Mendel bis zur Gentechnik. Vortragsreihe der Universität Regensburg zum 100. Todestag von Gregor Mendel. Regensburg 1984.
Heß, D.: Genetik. Grundlagen – Erkenntnisse – Entwicklungen der modernen Vererbungsforschung. Freiburg ⁹1982.
Hindley, J.: DNA Sequenzing. Amsterdam 1983.
Hohn, B., Dennis, E. S. (Hg.): Genetic Flux in Plants. Wien 1985.
Hunt, T., Prentis, St., Tooze, J. (Hg.): DNA Makes RNA Makes Protein. Amsterdam 1983.
Johansson, I.: Meilensteine der Genetik. Eine Einführung, dargestellt an den Entdeckungen ihrer bedeutendsten Forscher. Hamburg 1980.
John, B., Bauer, H., Browns, S., Kayano, H., Levan, A., White, M. (Hg.): Animal Cytogenetics. 4 Bde. Berlin 1974–1982.
Kaudewitz, F.: Genetik. Stuttgart 1983.
Kiermayer, O. (Hg.): Cytomorphogenesis in Plants. Wien 1981.
Klingmüller, W. (Hg.): Genforschung im Widerstreit. Stuttgart 1980.
Knippers, R.: Molekulare Genetik. Stuttgart ⁴1985.
Knodel, H., Kull, U.: Genetik und Molekularbiologie. Mit Humangenetik und angewandter Genetik. Stuttgart ²1980.
Kolodny, G. M. (Hg.): Eukaryotic Gene Regulation. 2 Bde. Boca Raton, Fla. 1980.
Kornberg, A.: DNA Replication. San Francisco 1980.
Kuckuck, H., Kobabe, G., Wenzel, G.: Grundzüge der Pflanzenzüchtung. Berlin ⁵1985.
Kühn, A., Hess, O.: Grundriß der Vererbungslehre. Wiesbaden ⁹1986.
Leibenguth, F.: Züchtungsgenetik. Stuttgart 1982.
Levin, D. A. (Hg.): Hybridization. An Evolutionary Perspective. Straudsburg, Pa. 1979.
Lewin, B. (Hg.): Gene Expression. 3 Bde. London 1974/²1980/1977.
Lewin, B.: Genes. New York ²1985.
Löbsack, T.: Das manipulierte Leben. Gen-Technologie zwischen Fortschritt und Frevel. München 1985.
Löw, R.: Leben aus der Retorte. Gentechnologie und Verantwortung. Biologie und Moral. Gütersloh 1985.
Mac Dermott, A.: Zytogenetik des Menschen und anderer Tiere. Stuttgart 1977.
MacIntyre, R. J. (Hg.): Molecular Evolutionary Genetics. New York 1985.
Maclean, N., Gregory, S. P., Flavell, R. A. (Hg.): Eukaryotic Genes. Their Structure, Activity and Regulation. London 1983.
Maniatis, T., Fritsch, E. F., Sambrook, J.: Molecular Cloning. A Laboratory Manual. Cold Spring Harbor, N. Y. 1982.
Mc Kinnell, R. G.: Cloning. Leben aus der Retorte. Karlsruhe 1981.
Moav, R. (Hg.): Agricultural Genetics. New York 1973.
Nagl, W.: Chromosomen. Organisation, Funktion und Evolution des Chromatins. Berlin ²1980.
Ohno, S.: Major Sex-Determining Genes. Berlin 1979.
Old, R. W., Primrose, S. B.: Principles of Gene Manipulation. An Introduction to Genetic Engineering. Oxford ³1986.
Papas, T., Rosenberg, M., Chirikjian, J. G. (Hg.): Expression of Cloned Genes in Prokaryotic and Eukaryotic Cells. New York 1983.
Papas, T., Rosenberg, M., Chirikjian, J. G. (Hg.): Gene Amplification and Analysis. 3 Bde. New York 1981/1983.
Pühler, A., Timmis, K. N. (Hg.): Advanced Molecular Genetics. Berlin 1984.
Rieger, R., Michaelis, A.: Genetisches und cytogenetisches Wörterbuch. Berlin ²1958.
Rieger, R., Michaelis, A., Green, M. M.: Glossary of Genetics and Cytogenetics.Classical and Molecular. Berlin ⁴1976.
Rinderer, Th. E. (Hg.): Bee Genetics and Breeding. Orlando 1986.
Roberts, D. B. (Hg.): Drosophila. A Practical Approach. Oxford 1986.
Russell, P. J.: Genetik. Eine Einführung. Berlin 1983.
Scaife, J., Leach, D., Galizzi, A.: Genetics of Bacteria. London 1985.
Schleif, R.: Genetics and Molecular Biology. Reading, Mass. 1986.
Schöneich, J. (Hg.): Zellhybridisierung und Mutagenese bei somatischen tierischen und pflanzlichen Zellen in vitro. Berlin 1979.
Serfling, E.: Struktur und Expression der Gene höherer Organismen. Jena 1982.
Setlow, J. K., Hollaender, A. (Hg.): Genetic Engineering. Principles and Methods. 8 Bde. 1979–1986.
Shapiro, J. A. (Hg.): Mobile Genetic Elements. New York 1983.
Shay, J. W. (Hg.): Techniques in Somatic Cell Genetics. New York 1982.
Silhavy, T. J., Berman, M. L., Enquist, L. W.: Experiments with Gene Fusions. Cold Spring Harbor, N. Y. 1984.
Simmonds, N. W.: Principles of Crop Improvement. London 1979.
Smith, H., Holmes, M. G. (Hg.): Techniques in Photomorphogenesis. London 1984.
Spektrum der Wissenschaft: Rekombinierte DNA. Heidelberg 1985.
Spektrum der Wissenschaft: Erbsubstanz DNA. Vom genetischen Code zur Gentechnologie. Heidelberg ²1986.
Sperlich, D.: Populationsgenetik. Stuttgart 1973.
Taylor, J. H.: DNA Methylation and Cellular Differentiation. Wien 1984.
Thompson, J. N., Thoday, J. M. (Hg.): Quantitative Genetic Variation. New York 1979.
Tooze, J. (Hg.): DNA Tumor Viruses. Cold Spring Harbor 1981.
Vale, J. R.: Genes, Environment and Behavior. An Interactionist Approach. New York 1980.
Vanderplank, J. E.: Genetic and Molecular Basis of Plant Pathogenesis. Berlin 1978.
Verma, P. S., Hohn, Th. (Hg.): Genes Involved in Microbe – Plant Interactions. Wien 1984.
Watson, J. D.: Die Doppelhelix. Reinbek 1973.
Watson, J. D.: Molecular Biology of the Gene. Menlo Park, Calif. ³1977.
Watson, J. D., Tooze, J., Kurtz, D. T.: Rekombinierte DNA. Eine Einführung. Heidelberg ²1986.
Williamson, R. (Hg.): Genetic Engineering. 4 Bde. London 1981–1983.
Wilson, J. H. (Hg.): Genetic Recombination. Menlo Park, Calif. 1985.
Winnacker, E.-L.: Gene und Klone. Eine Einführung in die Gentechnologie. Weinheim 1984.
Würgler, F. E., Graf, U.: Drosophila-Genetik. Berlin 1983.
Zimmermann, B. K.: Biofuture. Confronting the Genetic Era. New York 1984.

Advances in Genetics. New York 1947.
Annual Review of Genetics. Palo Alto 1967.
Behavior Genetics. New York 1970.
Gene. Amsterdam 1977.
Genetics. Baltimore 1916.

Histologie

Arnold, M.: Histochemie. Einführung in Grundlagen und Prinzipien der Methoden. Berlin 1968.
Bargmann, W.: Histologie und Mikroskopische Anatomie des Menschen. Stuttgart ⁷1977.
Bucher, O.: Cytologie, Histologie und mikroskopische Anatomie des Menschen. Mit Berücksichtigung der Histophysiologie und der mikroskopischen Diagnostik. Bern ¹⁰1980.
Burck, H.-C.: Histologische Technik. Leitfaden für Herstellung mikroskopischer Präparate in Unterricht und Praxis. Stuttgart ⁴1981.
Chapman, G. P., Mantell, S. H., Daniels, R. W. (Hg.): The Experimental Manipulation of Ovule Tissues. New York 1985.
Copenhaver, W. M., Bunge, R. P., Bunge, M. B.: Bailey's Textbook of Histology. Baltimore ¹⁶1967.
Fukuda, M., Böhm, N., Fujita, S.: Cytophotometry and its Biological Application. Stuttgart 1978.
Gahan, G. B.: Plant Histochemistry and Cytochemistry. London 1984.
Geyer, G.: Ultrahistochemie. Stuttgart ²1973.
Graumann, W., Neumann, K. (Hg.): Handbuch der Histochemie. 8 Bde. Stuttgart 1958–1983.
Horobin, R. W.: Histochemistry. An Explanatory Outline of Histochemistry and Biophysical Staining. Stuttgart 1982.
Krstić, R. V.: Die Gewebe des Menschen und der Säugetiere. Ein Atlas zum Studium für Mediziner und Biologen. Berlin 1978.
Krstić, R. V.: General Histology of the Mammal. An Atlas for Students of Medicine and Biology. Berlin 1985.

Leonhardt, H.: Human Histology, Cytology and Microanatomy. Stuttgart 1977.
Rhodin, J. A. C.: Histology. New York 1974.
Schiebler, T. H., Schmidt, W. (Hg.): Lehrbuch der gesamten Anatomie des Menschen. Cytologie, Histologie, Entwicklungsgeschichte, Makroskopische und Mikroskopische Anatomie. Unter Berücksichtigung des Gegenstandskatalogs. Berlin [3] 1983.
Schumacher, S. v. (Begr.), *Mayersbach, H.v., Reale, E.*: Grundriß der Histologie des Menschen. 2 Bde. Stuttgart 1973/1976.
Warwick, R., Williams, P. L. (Hg.): Gray's Anatomy. London [35] 1975.
Weiss, L. (Hg.): Histology. Cell and Tissue Biology. London 1983.
Welsch, U., Storch, V.: Einführung in die Cytologie und Histologie der Tiere. Stuttgart 1973.
Wheater, P. R., Burkitt, H. G., Daniels, V. G.: Funktionelle Histologie. Lehrbuch und Atlas. München 1979.

Acta Histochemica. Jena 1954.
Histochemistry. New York 1958.
Histopathology. Oxford 1977.

Hydrologie, Limnologie und Meeresbiologie

Barnes, R. S. K., Hughes, R. N.: An Introduction to Marine Ecology. Oxford 1982.
Botosaneanu, L. (Hg.): Stygofauna mundi. A Faunistic, Distributional and Ecological Synthesis of the World Fauna Inhabiting Subterranean Waters. Leiden 1986.
Brehm, J., Meijering, M. P. D.: Fließgewässerkunde. Einführung in die Limnologie der Quellen, Bäche und Flüsse. Heidelberg 1982.
Coker, R. E.: Das Meer – der größte Lebensraum. Eine Einführung in die Meereskunde und in die Biologie des Meeres. Hamburg 1966.
Davies, B. R., Walker, K. F. (Hg.): The Ecology of River Systems. Dordrecht 1986.
Earll, R., Erwin, D. G. (Hg.): Sublittoral Ecology. The Ecology of the Shallow Sublittoral Benthos. Oxford 1983.
Finchman, A. A.: Basic Marine Biology. Cambridge 1984.
Friedrich, H.: Meeresbiologie. Eine Einführung in die Probleme und Ergebnisse. Berlin 1953.
Gerlach, S. A.: Marine Pollution. Diagnosis and Therapy. Berlin 1981.
Gorlenko, V., Dubinina, G. A., Kuznetsov, S. I.: The Ecology of Aquatic Micro-organisms. Stuttgart 1983.
Götting, K.-J., Kilian, E. F., Schnetter, R.: Einführung in die Meeresbiologie. Braunschweig 1982.
Gradl, T.: Leitfaden der Gewässergüte. Gewässerkunde – Chemie – Biologie – Recht. München 1981.
Günther, K., Deckert, K.: Wunderwelt der Tiefsee. Berlin 1950.
Hartmann, L.: Biologische Abwasserreinigung. Berlin 1983.
Hermann, R.: Einführung in die Hydrologie. Stuttgart 1977.
Kinne, O. (Hg.): Marine Ecology. A Comprehensive, Integrated Treatise on Life in Oceans and Coastal Waters. 5 Bde. London 1970–1984.
Klee, O.: Angewandte Hydrobiologie. Trinkwasser, Abwasser, Gewässerschutz. Stuttgart 1985.
Konold, W.: Zur Ökologie kleiner Fließgewässer. Verschiedene Ausbauarten und ihre Bewertung. Stuttgart 1984.
Laws, E. A.: Aquatic Pollution. New York 1981.
Le Cren, E. D., Lowe-McConnell, R. H. (Hg.): The Functioning of Freshwater Ecosystems. Cambridge 1980.
Liebmann, H.: Handbuch der Frischwasser- und Abwasserbiologie. Bd. II. München 1960.
Liepolt, R. (Hg.): Limnologie der Donau. Eine monographische Darstellung. Stuttgart 1967.
Longhurst, A. R.: Analysis of Marine Ecosystems. London 1981.
Lüning, K.: Meeresbotanik. Verbreitung, Ökophysiologie und Nutzung der marinen Makroalgen. Stuttgart 1985.
Macan, T. T., Worthington, E. B.: Life in Lakes and Rivers. London [4] 1976.
Marshall, N. B.: Tiefseebiologie. Jena 1957.
Miegel, H.: Praktische Limnologie. Untersuchungen an Kleingewässern, Seen und Fließgewässern. Frankfurt/M. 1981.
Niemeyer-Lüllwitz, A., Zucchi, H.: Fließgewässerkunde. Ökologie fließender Gewässer unter besonderer Berücksichtigung wasserbaulicher Eingriffe. Frankfurt/M. 1985.
Nriagu, J. O.: Aquatic Toxicology. New York 1983.
Nybakken, J. W.: Marine Biology. An Ecological Approach. New York 1982.
Nybakken, J. W. (Hg.): Readings in Marine Ecology. Cambridge [2] 1986.
Payne, A. I.: The Ecology of Tropical Lakes and Rivers. Chichester 1986.
Ruttner, F.: Grundriß der Limnologie. Hydrobiologie des Süßwassers. Berlin [3] 1962.
Schmidt, E.: Ökosystem See. Das Beziehungsgefüge der Lebensgemeinschaft im eutrophen See und die Gefährdung durch zivilisatorische Eingriffe. Wiesbaden [4] 1983.
Schua, L., Schua, R.: Wasser, Lebenselement und Umwelt. Die Geschichte des Gewässerschutzes in ihrem Entwicklungsgang dargestellt und dokumentiert. Freiburg 1981.
Schwoerbel, J.: Einführung in die Limnologie. Stuttgart [5] 1984.
Schwoerbel, J.: Methoden der Hydrobiologie. Süßwasserbiologie. Stuttgart [3] 1986.
Streble, H., Krauter, D.: Das Leben im Wassertropfen. Mikroflora und Mikrofauna des Süßwassers. Stuttgart [6] 1982.
Stumm, W., Morgan, J. J.: Aquatic Chemistry. An Introduction Emphasizing Chemical Equilibria in Natural Waters. New York [2] 1981.
Tait, R. V.: Meeresökologie. Eine Einführung. Stuttgart [2] 1981.
Tardent, P.: Meeresbiologie. Eine Einführung. Stuttgart 1979.
Thies, M.: Biologie des Wattenmeers. Köln 1985.
Thorson, G.: Erforschung des Meeres. Eine Bestandsaufnahme. München 1972.
Townsend, C. R.: The Ecology of Streams and Rivers. London 1980.
Uhlmann, D.: Hydrobiologie. Ein Grundriß für Ingenieure und Naturwissenschaftler. Stuttgart [2] 1982.
Wetzel, R. G.: Limnology. Philadelphia [2] 1983.
Whitton, B. A. (Hg.): Ecology of European Rivers. Oxford 1984.

Advances in Marine Biology. London 1963.
Annales de Limnologie. Paris 1965.
Archiv für Hydrobiologie. Stuttgart 1906.
Hydrobiologia. Den Haag 1948.
Internationale Revue der gesamten Hydrobiologie. (Ost-)Berlin 1901.
Marine Biology. Berlin 1967.
Marine Ecology. Berlin 1981.

Immunbiologie

Beer, A. E., Billingham, R. E.: The Immunbiology of Mammalian Reproduction. Englewood Cliffs, N.Y. 1976.
Benacerraf, B., Unanue, E. R.: Immunologie. Ein Kurzlehrbuch. Berlin 1982.
Burnet, F. M.: Körpereigene und körperfremde Substanzen bei Immunprozessen. Stuttgart 1973.
Campbell, A. M.: Monoclonal Antibody Technology. Amsterdam 1984.
Cohen, S., Warren, K. S. (Hg.): Immunology of Parasitic Infections. Oxford [2] 1982.
Goding, J. W.: Monoclonal Antibodies. Principles and Practice. Production and Application of Monoclonal Antibodies in Cell Biology, Biochemistry and Immunology. London 1983.
Golub, E. S.: Die Immunantwort. Einführung in die Immunbiologie. Berlin 1982.
Gruber, F.: Immunologie der Versuchstiere. Ein Beitrag zur Charakterisierung immunologischer Modelle. Berlin 1975.
Hänsch, G. M.: Einführung in die Immunbiologie. Stuttgart 1986.
Homburger, F. (Hg.): Progress in Experimental Tumor Research. 29 Bde. Basel 1960–1985.
Houba, V.: Immunological Investigation of Tropical Parasitic Diseases. Edinburgh 1980.
Kabat, E. A.: Einführung in die Immunchemie und Immunologie. Berlin 1971.
Keller, R.: Immunologie und Immunpathologie. Eine Einführung. Stuttgart [2] 1981.
Kennett, R. H., McKearn, Th. J., Bechtol, K. B.: Monoclonal Antibodies. Hybridomas. A New Dimension in Biological Analyses. New York 1980.
Koprowski, H., Melchers, F. (Hg.): Images of Biological Active Structures in the Immune System. Their Use in Biology and Medicine. Berlin 1985.
Linskens, H. F., Jackson, J. F. (Hg.): Immunology in Plant Science. Berlin 1986.
Marchalonis, J. J. (Hg.): Immunobiology of Parasites and Parasitic Infections. New York 1984.
Marchalonis, J. J., Warr, G. W. (Hg.): Antibody as a Tool. The Applications of Immunchemistry. Chichester 1982.
Mathé, G., Muggia, F. M. (Hg.): Cancer Chemo- and Immunopharmacology I. Chemopharmacology. Berlin 1980.
Mathé, G., Muggia, F. M. (Hg.): Cancer Chemo- and Immunopharmacology II. Immunopharmacology, Relations and General Problems. Berlin 1980.
Mayer, R. J., Walzer, J. H.: Immunochemical Methods in the Biological Science. Enzymes and Proteins. London 1980.

Milleck, J.: Immunologische Abwehr und Krebs. Weinheim 1984.
Peters, J. H., Baumgarten, H., Schulze, M.: Monoklonale Antikörper. Herstellung und Charakterisierung. Berlin 1985.
Ricken, K. H.: Taschenatlas der Immunologie, Allergie und allgemeinen Infektionslehre. Heidelberg 1981.
Roitt, I. M.: Essential Immunology. Oxford ⁴1980.
Roitt, I. M., Brostoff, J., Male, D. K.: Immunology. St. Louis 1985.
Schuppli, R.: Immunbiologie. Einführung in die allergologischen und immunologischen Grundlagen der klinischen Medizin. Basel ²1979.
Seifert, G. (Hg.): Immunpathologie und Transplantation. Stuttgart 1971.
Sell, S.: Immunologie, Immunpathologie und Immunität. Weinheim 1977.
Siefert, G. C., Siefert, G.: Einführung in die Immunbiologie. Wiesbaden 1978.
Spektrum der Wissenschaft: Immunsystem. Abwehr und Selbsterkennung auf molekularem Niveau. Heidelberg 1987.
Steffen, C.: Allgemeine und experimentelle Immunologie und Immunpathologie sowie ihre klinische Anwendung. Stuttgart 1968.
Steinberg, C. M., Lefkovits, I.: The Immune System. 2 Bde. Basel 1981.
Talal, N. (Hg.): Autoimmunity. Genetic, Immunologic, Virologic and Clinical Aspects. New York 1977.
Tijssen, P.: Practice and Theory of Enzyme Immunoassays. Amsterdam 1985.

Advances in Immunology. New York 1961.
Immunogenetics. Berlin 1974.
Immunological Communications. New York 1972.
Immunology. Oxford 1958.
Immunology Abstracts. Bethesda 1976.
Immunopharmacology. New York 1979.

Land- und Forstwirtschaft

Aubert, C.: Organischer Landbau. Stuttgart 1981.
Begemann, H. F.: Das große Lexikon der Nutzhölzer. 6 Bde. Gernsbach 1981–1987.
Bosshard, H. H.: Holzkunde. 3 Bde. Stuttgart 1974.
Brouk, B.: Plants Consumed by Man. New York 1975.
Brücher, H.: Tropische Nutzpflanzen: Ursprung, Evolution und Domestikation. Heidelberg 1977.
Butin, H.: Krankheiten der Wald- und Parkbäume. Leitfaden zum Bestimmen von Baumkrankheiten. Stuttgart 1983.
Diercks, R.: Alternativen im Landbau: Eine kritische Gesamtbilanz. Stuttgart 1983.
Edlin, H. L.: Mensch und Pflanze. Wiesbaden 1969.
Elster, H.-J. (Hg.): Aktuelle Probleme der Welternährungslage: Erfolge und Grenzen der Grünen Revolution, ihre ökologischen Grundlagen und Auswirkungen. Stuttgart 1985.
Esdorin, I., Pirson, H.: Die Nutzpflanzen der Tropen und Subtropen in der Weltwirtschaft. Stuttgart ²1973.
Fengel, D., Wegener, G.: Wood. Chemistry, Ultrastructure, Reactions. Berlin 1984.
Franke, G. (Hg.): Nutzpflanzen der Tropen- und Subtropen. 4 Bde. Leipzig 1967–1980.
Franke, W.: Nutzpflanzenkunde. Nutzbare Gewächse der gemäßigten Breiten, Subtropen und Tropen. Stuttgart ³1985.
Franz, G. (Hg.): Deutsche Agrargeschichte. 5 Bde. Stuttgart 1962–1970.
Friedrich, G., Preusse, H.: Obstbau in Wort und Bild: Eine Anleitung für Selbstversorger. Leipzig 1983.
Geisler, G.: Ertragsphysiologie von Kulturarten des gemäßigten Klimas. Berlin 1983.
Geisler, G.: Pflanzenbau: Ein Lehrbuch. Biologische Grundlagen und Technik der Pflanzenproduktion. Berlin 1980.
Goetz, A., Smidt, D., Reisch, E., Eichhorn, H. (Hg.): Landwirtschaftliches Lehrbuch. 4 Bde. Stuttgart ⁵1978, ⁵1982, ⁶1984, ⁶1985.
Grosser, D.: Die Hölzer Mitteleuropas. Ein mikrophotographischer Lehratlas. Berlin 1977.
Grosser, D.: Pflanzliche und tierische Bau- und Werkholzschädlinge. Leinfelden-Echterdingen 1985.
Hall, A. E., Cannell, G. H. u. a. (Hg.): Agriculture in Semi-Arid Environments. Berlin 1979.
Hasel, K.: Waldwirtschaft und Umwelt. Hamburg 1971.
Heinze, K.: Leitfaden der Schädlingsbekämpfung. Bd. 3: Schädlinge und Krankheiten im Ackerbau. Stuttgart ⁴1983.
Hora, B. (Hg.): Bäume der Welt. Oxford-Enzyklopädie. Stuttgart 1981.
Kahnt, G.: Biologischer Pflanzenbau. Möglichkeiten und Grenzen biologischer Anbausysteme. Stuttgart 1986.
Kickuth, R. (Hg.): Die ökologische Landwirtschaft. Wissenschaftliche und praktische Erfahrungen einer zukunftorientierten Nahrungsmittelproduktion. Karlsruhe ²1984.
Koepf, H., Petterson, B., Schaumann, W.: Biologisch-dynamische Landwirtschaft. Stuttgart 1980.
Körber-Grohne, U.: Nutzpflanzen in Deutschland. Kulturgeschichte und Biologie. Stuttgart 1987.
Krüssmann, G.: Handbuch der Laubgehölze. 4 Bde. ²1976–²1978.
Krüssmann, G.: Handbuch der Nadelgehölze. Berlin 1972.
Leibundgut, H.: Der Wald in der Kulturlandschaft. Bedeutung, Funktion und Wirkungen des Waldes auf die Umwelt des Menschen. Bern 1985.
Leibundgut, H.: Die Waldpflege. Bern ³1984.
Mayer, H.: Waldbau – auf soziologisch-ökologischer Grundlage. Stuttgart ³1984.
Mayer, H.: Wälder Europas. Stuttgart 1984.
Meister, G., Schütze, C., Sperber, G.: Die Lage des Waldes. Ein Atlas der Bundesrepublik. Daten, Analysen, Konsequenzen. Hamburg 1984.
Mengel, K.: Ernährung und Stoffwechsel der Pflanze. Stuttgart ⁵1979.
Mitscherlich, G.: Wald, Wachstum und Umwelt. Eine Einführung in die ökologischen Grundlagen des Waldwachstums. 3 Bde. Frankfurt/M. ²1978, ²1981, 1975.
Natho, G. (Hg.): Rohstoffpflanzen der Erde. Leipzig 1984.
Novák, V., Hrozinka, F., Stary, B.: Atlas schädlicher Forstinsekten. Stuttgart ³1986.
Rehm, S., Espig, G.: Die Kulturpflanzen der Tropen und Subtropen. Stuttgart ²1984.
Röhrig, E.: Waldbau auf ökologischer Grundlage. 2 Bde. Hamburg ⁵1980/⁵1982.
Schütt, P.: Weltwirtschaftspflanzen. Berlin 1972.
Schütt, P., Koch, W.: Allgemeine Botanik für Forstwirte. Ein Leitfaden für Studium und Praxis. Hamburg 1978.
Schweingruber, F. H.: Der Jahrring: Standort, Methodik, Zeit und Klima in der Dendrochronologie. Bern 1983.
Schwenke, W. (Hg.): Die Forstschädlinge Europas. 5 Bde. Hamburg 1972–1984.
Schwerdtfeger, F.: Die Waldkrankheiten. Ein Lehrbuch der Forstpathologie und des Forstschutzes. Hamburg ⁴1981.
Staub, H. A.: Alternative Landwirtschaft. Gegen Verschwendung und vergiftete Nahrung. Frankfurt/M. 1980.
Vogtmann, H., Boehncke, E., Fricke, I. (Hg.): Öko-Landwirtschaft – eine weltweite Notwendigkeit. Die Bedeutung des Öko-Landbaus in einer Welt mit zur Neige gehenden Ressourcen. Karlsruhe 1986.
West, D. C., Shugart, H. H., Botkin, D. F. (Hg.): Forest Succession. Concepts and Application. New York 1981.
Wistinghausen, A. v.: Ernährung und Landwirtschaft. Bad Liebenzell 1985.

Medizin

Balz, M.: Heterologe künstliche Samenübertragung beim Menschen. Tübingen 1980.
Cremer, H. D., Heilmeyer, H., Holtmeier, H., Hötzel, D., Kühn, H. A., Kühnau, J., Zöllner, N. (Hg.): Ernährungslehre und Diätetik. Ein Handbuch. 4 Bde. Stuttgart 1972–1980.
Forth, W., Henschler, D., Rummel, W. (Hg.): Allgemeine und spezielle Pharmakologie und Toxikologie. Für Studenten der Medizin, Veterinärmedizin, Pharmazie, Chemie, Biologie sowie für Ärzte und Apotheker. Mannheim ³1980.
Grumbach, A., Kikuth, W.: Die Infektionskrankheiten des Menschen und ihre Erreger. Stuttgart ²1969.
Gsell, O., Mohr, W.: Infektionskrankheiten. 4 Bde. Berlin 1967–1972.
Haagen, E.: Viruskrankheiten des Menschen. 2 Bde. Stuttgart 1964/1974.
Henry, J.P., Stephens, P.M.: Stress, Health and the Social Environment. A Sociobiologic Approach to Medicine. New York 1977.
Jackson, G. G., Thomas, H. (Hg.): The Pathogenesis of Bacterial Infections. Berlin 1985.
Knoke, M., Bernhardt, H.: Mikroökologie des Menschen. Mikroflora bei Gesunden und Kranken. Weinheim 1986.
Kreier, J. P. (Hg.): Malaria. 3 Bde. New York 1980.
McKinnell, R. G., DiBerardino, M. A., Blumenfeld, M., Bergad, R. D. (Hg.): Differentiation and Neoplasia. Berlin 1980.
Mehnert, H.: Stoffwechselkrankheiten. Grundlagen, Diagnostik, Therapie. Stuttgart ³1985.
Mims, C.A.: The Pathogenesis of Infectious Disease. London ²1982.
Mutschler, E.: Arzneimittelwirkungen. Lehrbuch der Pharmakologie und Toxikologie. Stuttgart 1981.
Pschyrembel, W.: Klinisches Wörterbuch. Mit klinischen Syndromen und Nomina Anatomica. Berlin ²⁵⁵1986.

Reallexikon der Medizin und ihrer Grenzgebiete. 5 Bde. München 1977.
Roche Lexikon Medizin (Hg.: Hoffmann-La-Roche AG u. Urban & Schwarzenberg). München ²1987.
Rolle, M., Mayr, A.: Mikrobiologie, Infektions- und Seuchenlehre. Für Tierärzte, Biologen und Agrarwissenschaftler. Lehrbuch für Praxis und Studium. Stuttgart ⁵1984.
Schmähl, D.: Entstehung, Wachstum und Chemotherapie maligner Tumoren. Aulendorf ³1981.
Schmidt, R. F.: Medizinische Biologie des Menschen. Eine Einführung für Gesunde und Kranke. München ²1983.
Schreier, K. (Hg.): Die angeborenen Stoffwechselanomalien. Grundlagen, Klinik, Therapie. Stuttgart ²1979.
Studt, H. H.: Allgemeine Infektionslehre. Klinische Infektionslehre, Mikrobiologie und Hygiene. Stuttgart ¹⁰1984.
Studt, H. H.: Spezielle Infektionslehre. Die Infektionskrankheiten: Erreger, Krankheitsbild, Behandlung und Vorbeugung. Stuttgart ⁹1984.
Thews, G., Mutschler, E., Vaupel, P.: Anatomie, Physiologie, Pathophysiologie des Menschen. Ein Lehrbuch für Pharmazeuten und Biologen. Stuttgart 1980.
Vivell, O. (Red.): Infektionskrankheiten. Berlin 1980.

Comparative Biochemistry and Physiology. C) Comparative Pharmacology and Toxicology. Oxford 1975.
Deutsche Medizinische Wochenschrift. Stuttgart 1875.
Klinische Wochenschrift. Berlin 1922.
Schweizerische Medizinische Wochenschrift. Basel 1870.

Mikrobiologie und Bakteriologie

Alexander, M.: Microbial Ecology. New York 1971.
Atlas, R. M., Bartha, R.: Microbial Ecology: Fundamentals and Applications. Reading, Mass. 1980.
Bergter, F.: Wachstum von Mikroorganismen. Experimente und Modelle. Weinheim ²1983.
Birkenbeil, H.: Einführung in die praktische Mikrobiologie. Mikrobiologische Arbeitsmethoden und Versuche. Frankfurt/M. 1983.
Bolle, F.: Mensch und Mikrobe. Berlin 1954.
Brandis, H., Otte, H. J. (Hg.): Lehrbuch der medizinischen Mikrobiologie. Stuttgart ⁵1984.
Brock, Th. D.: Thermophilic Microorganisms and Life at High Temperatures. Berlin 1978.
Brock, Th. D., Brock, K. M.: Basic Microbiology. With Applications. Englewood Cliffs 1978.
Brock, Th. D., Smith, D. W., Madigan, M. T.: Biology of Microorganisms. London ⁴1984.
Broda, E.: The Evolution of the Bioenergetic Processes. Oxford 1975.
Buchanan, R. E., Gibbon, N. E. (Hg.): Bergey's Manual of Determinative Bacteriology. Baltimore ⁸1974.
Campbell, R.: Mikrobielle Ökologie. Weinheim 1981.
Carr, N. G., Whitton, B. A. (Hg.): The Biology of Cyanobacteria. Oxford 1982.
Collee, J. G.: Angewandte medizinische Mikrobiologie. Weinheim 1980.
Conn, H. J.: Manual of Microbiological Methods. New York 1957.
Crueger, W., Crueger, A.: Lehrbuch der angewandten Mikrobiologie. Wiesbaden 1982.
Davis, B. D., Dulbecco, R., Eisen, H. N., Ginsberg, H. S., Wood, W. B.: Principles of Microbiology and Immunology. New York 1968.
Davis, B. D., Dulbecco, R., Eisen, H. N., Ginsberg, H. S.: Microbiology. New York ³1980.
Dellweg, H.: Biotechnologie. Weinheim 1987.
Dietrich, W.: Pflanzliche und mikrobielle Symbiosen. Stuttgart 1987.
Drasar, B. S., Barrow, P. A.: Intestinal Microbiology. Washington DC. 1985.
Drews, G.: Mikrobiologisches Praktikum für Naturwissenschaftler. Berlin ⁴ 1983.
Fenchel, T., Blackburn, T. H.: Bacteria and Mineral Cycling. London 1979.
Gerhardt, P. (Hg.): Manual of Methods for General Bacteriology. Washington 1981.
Gibbs, B. M., Shapton, D. A. (Hg.): Identification Methods for Microbiologists. Teil B. New York 1968.
Gibbs, B. M., Skinner, F. A. (Hg.): Identification Methods for Microbiologists. Teil A. New York 1966.
Goodfellow, M., Mordarski, M., Williams, S. T. (Hg.): The Biology of the Actinomycetes. London 1984.
Gottschalk, G.: Bacterial Metabolism. Berlin ²1986.
Gunsalus, I. C., Stanier, R. Y. (Hg.): The Bacteria. Bd. I. New York 1960.

Hahn, F. E.: Acquired Resistance of Microorganisms to Chemotherapeutic Drugs. Basel 1976.
Hershey, A. D. (Hg.): The Bacteriophage Lambda. Cold Spring Harbor 1971.
Ingraham, J. L., Maaløe, O., Neidhardt, F. C.: Growth of the Bacterial Cell. Sunderland, Mass. 1983.
Jackson, M.: Das große Buch vom Bier. Stuttgart 1977.
Joklik, W. K., Willett, H. P. (Hg.): Zinsser Microbiology. Norwalk ¹⁸1984.
Krieg, A.: Grundlagen der Insektenpathologie. Darmstadt 1961.
Krieg, A.: Bacillus thuringiensis, ein mikrobielles Insektizid. Grundlagen und Anwendung. Berlin 1986.
Kunz, B.: Mikroorganismenkulturen in der Lebensmittelproduktion. Züchtung, Herstellung, Anwendung und Untersuchung. Thun 1984.
Kushner, D. J. (Hg.): Microbial Life in Extreme Environments. London 1978.
Lamanna, D., Malette, M. F., Zimmermann, L. N.: Basic Bacteriology. Its Biology and Chemical Background. Baltimore ⁴1973.
Lapage, S.P., Sneath, P.A.M., Lessel jr., E.F., Skerman, V.B.D., Seeliger, H.P.R., Clark, W.A.: International Code of Nomenclature of Bacteria. Washington D.C. 1975.
Mandelstam, J., McQuillen, K., Dawes, J. (Hg.): Biochemistry of Bacterial Growth. Oxford ³1982.
Müller, G. (Hg.): Wörterbücher der Biologie. Mikrobiologie. Die biologischen Fachgebiete in lexikalischer Darstellung. Stuttgart 1981.
Näveke, R., Tepper, K.P.: Einführung in die mikrobiologischen Arbeitsmethoden. Mit Praktikumsaufgaben. Stuttgart 1979.
Norris, J. R., Ribbons, D. W. (Hg.): Methods in Microbiology. New York 1970 ff.
Ormerod, J. G. (Hg.): The Phototrophic Bacteria. Anaerobic Life in the Light. Oxford 1983.
Pelczar, M. J. jr., Reid, R. D., Chan, E. C. S.: Microbiology. New York ⁴1977.
Pichhardt, K.: Lebensmittelmikrobiologie. Grundlagen für die Praxis. Berlin 1984.
Präve, P., u.a. (Hg.): Handbuch der Biotechnologie. Wiesbaden 1982.
Quayle, J. R. (Hg.): Microbial Biochemistry. Baltimore 1979.
Rehm, H. J.: Industrielle Mikrobiologie. Berlin ²1980.
Reynolds, D. R. (Hg.): Ascomycete Systematics. The Luttrellian Concept. New York 1981.
Rheinheimer, G.: Mikrobiologie der Gewässer. Stuttgart ⁴1985.
Roderick, K. C., Sistrom, W. R.: The Photosynthetic Bacteria. New York 1978.
Salle, A. J.: Fundamental Principles of Bacteriology. New York ⁷1973.
Schlegel, H. G.: Allgemeine Mikrobiologie. Stuttgart ⁶1985.
Schön, G.: Mikrobiologie. Freiburg ³1983.
Skerman, V. B. D.: A Guide to the Identification of the Genera of Bacteria. Baltimore ²1967.
Smith, A. L.: Microbiology and Pathology. St. Louis 1980.
Spektrum der Wissenschaft: Industrielle Mikrobiologie. Heidelberg 1984.
Stanier, R. Y., Adelberg, E. A., Ingraham, J. L.: General Microbiology. London ⁴1978.
Starr, M. P., Stolp, H., Trüper, H. G., Balows, A., Schlegel, H. G. (Hg.): The Prokaryotes. A Handbook on Habitats, Isolation and Identification of Bacteria. 2 Bde. Berlin 1981.
Süßmuth, R., Eberspächer, J., Haag, R., Springer, W.: Biochemisch-mikrobiologisches Praktikum. Stuttgart 1987.
Sykes, G., Skinner, F. A. (Hg.): Actinomycetales: Characteristics and Practical Importance. London 1973.
Thimann, K. V.: The Life of Bacteria. Their Growth, Metabolism and Relationships. New York 1955.
Waksman, S. A., Lechevalier, H. A.: The Actinomycetes. 3 Bde. Baltimore 1962.
Wallhäusser, K. M.: Praxis der Sterilisation, Desinfektion, Konservierung, Keimidentifizierung, Betriebshygiene. Stuttgart ³1984.
Weide, H., Aurich, H.: Allgemeine Mikrobiologie. Stuttgart 1979.

Advances in Applied Microbiology. New York 1959.
Advances in Microbial Ecology. New York 1977.
Advances in Microbial Physiology. London 1967.
Annual Reviews in Microbiology. New York 1947.
Antonie van Leeuwenhoek Journal of Microbiology. Delft 1935.
Applied and Environmental Microbiology (früher: Applied Microbiology). Washington D.C. 1953.
Archives of Microbiology. Berlin 1939.
Biotechnology and Bioengineering. New York 1958.
Canadian Journal of Microbiology. Ottawa 1954.
Critical Reviews in Microbiology. Cleveland 1971.
Current Microbiology. New York 1978.
International Journal of Systematic Bacteriology. Washington 1951.
Journal of Applied Bacteriology. Oxford 1938.

Journal of Bacteriology. Washington D.C. 1916.
Journal of General and Applied Microbiology. Tokyo 1973.
Journal of General Microbiology. Colchester 1947.
Microbiological Reviews. Washington D.C. 1937.
Mikrobiologija. Moskau 1931.
Zeitschrift für Allgemeine Mikrobiologie. Berlin 1960/61.

Strausfield, N. J., Miller, T. A. (Hg.): Neuroanatomical Techniques. Insect Nervous System. New York 1980.
Weakley, B. S.: A Beginner's Handbook in Biological Transmission Electron Microscopy. Edinburgh [2]1981.

Ultramicroscopy. Amsterdam 1975.

Mikroskopie und andere biologische Techniken

Abbott, D., Andrews, R. S.: Chromatographische Methoden. Frankfurt/M. 1973.
Adam, H., Czihak, G.: Arbeitsmethoden der makroskopischen und mikroskopischen Anatomie. Ein Laboratoriumshandbuch für Biologen, Mediziner und technische Hilfskräfte. Stuttgart 1964.
Adams, R. L.: Cell Culture for Biochemists. Amsterdam 1980.
Agar, A. W., Alderson, R. H., Chescoe, D.: Principles and Practice of Electron Microscope Operation. Amsterdam 1974.
Amlacher, E.: Autoradiographie in Histologie und Zytologie. Stuttgart 1974.
Baumeister, W., Vogell, W. (Hg.): Electron Microscopy at Molecular Dimensions. State at the Art and Strategies for the Future. Berlin 1980.
Breer, H., Miller, T. A. (Hg.): Neurochemical Techniques in Insect Research. Berlin 1985.
Bullock, G. R., Petrusz, P.: Techniques in Immunocytochemistry. 2 Bde. London 1982/1983.
Campbell, I. D., Dwek, R. A.: Biological Spectroscopy. Menlo Park, Calif. 1984.
Daecke, H.: Chromatographie. Unter besonderer Berücksichtigung der Papier- und Dünnschichtchromatographie. Frankfurt/M. [3]1981.
Darlington, C. D., La Cour, L. F.: Methoden der Chromosomenuntersuchung. Stuttgart 1963.
Dean, P. D. G., Johnson, W. S., Middle, F. A. (Hg.): Affinity Chromatography. A Practical Approach. Oxford 1985.
Echsel, H., Rácek, M.: Biologische Präparation. Wien 1976.
Ehringhaus, A., Trapp, L.: Das Mikroskop. Stuttgart [5]1958.
Freund, H., Berg. A. (Hg.): Geschichte der Mikroskopie. 3 Bde. Frankfurt/M. 1963–66.
Gerlach, D.: Das Lichtmikroskop. Eine Einführung in Funktion und Anwendung in Biologie und Medizin. Stuttgart [2]1985.
Glauert, A. M.: Quantitative Methods in Biology. Practical Methods in Electron Microscopy. Amsterdam 1975ff.
Griffith, J. D. (Hg.): Electron Microscopy in Biology. 2 Bde. New York 1981/1982.
Hall, J. L. (Hg.): Electron Microscopy and Cytochemistry of Plant Cells. Amsterdam 1978.
Koehler, J. K.: Advanced Techniques in Biological Electron Microscopy. 2 Bde. Berlin 1973/1978.
Lange, R. H., Blödorn, J.: Das Elektronenmikroskop TEM + REM. Leitfaden für Biologen und Mediziner. Stuttgart 1981.
Linskens, H. F., Jackson, J. F. (Hg.): Gas Chromatography / Mass Spectrometry. Berlin 1986.
Michel, K.: Die Grundlagen der Theorie des Mikroskops. Stuttgart 1964.
Michel, K.: Die Mikrophotographie. Bd. 10 aus: Wissenschaftliche und angewandte Photographie. Wien [3]1967.
Miller, T. A.: Insect Neurophysiological Techniques. New York 1979.
Miller, T. A. (Hg.): Neurohormonal Techniques in Insects. New York 1980.
Piechocki, R.: Makroskopische Präparationstechnik Teil 1: Wirbeltiere, Teil 2: Wirbellose. Stuttgart [4]1986/[3]1985.
Plattner, H., Zingsheim, H. P.: Elektronenmikroskopische Methodik in der Zell- und Molekularbiologie. Stuttgart 1987.
Robinson, D. G. u. a.: Präparationsmethodik in der Elektronenmikroskopie. Eine Einführung für Biologen und Mediziner. Berlin 1985.
Rochow, T. G., Rochow, E. G.: An Introduction to Microscopy by Means of Light, Electrons, X-rays or Ultrasound. New York 1978.
Romeis, B.: Mikroskopische Technik. München [16]1968.
Schimmel, G.: Elektronenmikroskopische Technik. Berlin 1969.
Schlüter, W.: Mikroskopie. Köln 1975.
Schwedt, G.: Chromatographische Trennmethoden. Theoretische Grundlagen, Techniken und analytische Anwendungen. Stuttgart 1979.
Smith, A., Bruton, J.: A Colour Atlas of Histological Staining Techniques. London 1977.
Spannhof, L.: Einführung in die Praxis der Histochemie. Jena 1964.
Stahl, E. (Hg.): Dünnschichtchromatographie. Heidelberg [2]1967.
Steer, M. W.: Zellstrukturen. Stereologie und andere cytometrische Methoden. Stuttgart 1984.

Molekularbiologie und Biochemie

Adams, R. L. P. u. a. (Hg.): The Biochemistry of Nucleic Acids. London [9]1981.
Addicott, F. T.: Abscisic Acid. New York 1983.
Aebi, H.: Einführung in die praktische Biochemie für Studierende der Medizin, Veterinärmedizin, Pharmazie und Biologie. Basel [2]1971.
Allen, G.: Sequencing of Proteins and Peptides. Amsterdam 1981.
Apirion, D.: Processing of RNA. Boca Raton, Fla. 1984.
Azzi, A., Brodbeck, U., Zahler, P. (Hg.): Membrane Proteins. A Laboratory Manual. Berlin 1981.
Barber, J. (Hg.): Electron Transport and Photophosphorylation. Amsterdam 1982.
Bautz, E. K.: Einführung in die Molekularbiologie. Heidelberg 1980.
Bayley, H.: Photogenerated Reagents in Biochemistry and Molecular Biology. Amsterdam 1983.
Beadle, G., Beadle M.: Die Sprache des Lebens. Frankfurt/M. 1969.
Beermann, W. (Hg.): Biochemical Differentiation in Insect Glands. Berlin 1977.
Bisswanger, H.: Theorie und Methoden der Enzymkinetik. Eine Einführung für Biochemiker, Biologen und Mediziner. Weinheim 1979.
Bisswanger, H., Schmincke-Ott, E.: Multifunctional Proteins. New York 1980.
Bourne, G. H., Danielli, J. F. (Hg.): Neuronal Cells and Hormones. New York 1978.
Boyer, R. F.: Modern Experimental Biochemistry. Reading, Mass. 1986.
Brauss, F. W. (Hg.): Antibiotika-Taschenbuch. Deisenhofen [2]1978.
Brett, C. T., Hillman, J. R. (Hg.): Biochemistry of Plant Cell Walls. Cambridge 1985.
Broda, P.: Plasmids. Oxford 1979.
Bruchmann, E.-E.: Angewandte Biochemie. Lebensmittelchemie, Gärungschemie, Agrarchemie. Stuttgart 1976.
Buddecke, E.: Grundriß der Biochemie. Berlin 1974.
Burchhard, W. (Hg.): Polysaccharide. Eigenschaften und Nutzung. Eine Einführung. Berlin 1985.
Campbell, A. K.: Intracellular Calcium. Its Universal Role as Regulator. Chichester 1983.
Campbell, A. M.: Monoclonal Antibody Technology. The Production and Characterization of Rodent and Human Hybridomas. Amsterdam 1984.
Candy, D. J., Kilby, B. A. (Hg.): Insect Biochemistry and Function. London 1978.
Chirikjian, J. G., Papas, T. S. (Hg.): Structural Analysis of Nucleic Acids. New York 1981.
Corcoran, J. W. (Hg.): Biosynthesis. Berlin 1981.
Creighton, T. E.: Proteins. Structures and Molecular Principles. New York 1983.
Davies, M.: Funktionen biologischer Membranen. Stuttgart 1974.
Deacon, J. W.: Microbial Control of Plant Pest and Diseases. Washington D.C. 1983.
Dey, P. M., Dixon, R. A. (Hg.): Biochemistry of Storage Carbohydrates in Green Plants. London 1985.
Dixon, M., Webb, E. C.: Enzymes. London [3]1979.
Edwards, G., Walker, D.: Mechanisms of Cellular and Environmental Regulation of Photosynthesis. Oxford 1983.
Eskin, N. A. M., Henderson, H. M., Townsend, R. J.: Biochemie der Lebensmittel. Heidelberg 1978.
Faber, H. von, Haid, H.: Endokrinologie. Biochemie und Physiologie der Hormone. Stuttgart [2]1976.
Fersht, A.: Enzyme Structure and Mechanism. New York [2]1985.
Flechtner, H. J.: Grundbegriffe der Biochemie. Stuttgart 1973.
Freifelder, D.: Molecular Biology. A Comprehensive Introduction to Prokaryotes and Eukaryotes. Boston 1983.
Frisell, W. R.: Human Biochemistry. New York 1982.
Grierson, D., Covey, S. N.: Plant Molecular Biology. Glasgow 1984.
Günther, W.: Das Buch der Vitamine. Südergellersen 1984.
Hadjiolov, A. A.: The Nucleolus and Ribosome Biogenesis. Wien 1985.
Hames, B. D., Higgins, S. J.: Nucleic Acid Hybridisation. A Practical Approach. Oxford 1985.
Hanke, W.: Biologie der Hormone. Heidelberg 1982.
Harborne, J. B.: Introduction to Ecological Biochemistry. London [2]1982.

Harborne, J. B., Mabry, T. J. (Hg.): The Flavonoids. Advances in Research. London 1982.
Haslam, E.: Metabolites and Metabolism. A Commentary on Secondary Metabolism. Oxford 1985.
Heathcote, J. G., Hibbert, J. R.: Aflatoxins. Chemical and Biological Aspects. Amsterdam 1978.
Hobom, G.: Biochemie. Freiburg ²1980.
Hock, B., Elstner, E. (Hg.): Pflanzentoxikologie. Der Einfluß von Schadstoffen und Schadwirkungen auf Pflanzen. Mannheim 1984.
Hodgson, E., Guthrie, F. E. (Hg.): Introduction to Biochemical Toxicology. Oxford 1980.
Hoppe, H. A.: Taschenbuch der Drogenkunde. Berlin 1981.
Jones, C. W.: Bacterial Respiration and Photosynthesis. Walton-on-Thames 1982.
Jungermann, K., Möhler, H.: Biochemie. Ein Lehrbuch für Studierende der Medizin, Biologie und Pharmazie. Berlin 1980.
Kahl, G., Schell, J. S. (Hg.): Molecular Biology of Plant Tumors. New York 1982.
Karlson, P.: Kurzes Lehrbuch der Biochemie für Mediziner und Naturwissenschaftler. Stuttgart ¹²1984.
Kindl, H., Wöber, G.: Biochemie der Pflanzen. Ein Lehrbuch. Berlin 1975.
Klämbt, D., Heitmann, I.: Grundriß der Molekularbiologie. Stuttgart 1979.
Kössel, H. (Bearb.): Herder Lexikon Biochemie. Freiburg ²1981.
Lancini, G., Parenti, F.: Antibiotics. An Integrated View. New York 1982.
Lang, K.: Biochemie der Ernährung. Darmstadt ⁴1979.
Langhammer, L.: Grundlagen der pharmazeutischen Biologie. Berlin 1980.
Lehninger, A. L.: Biochemie. Weinheim ²1977.
Lehninger, A. L.: Bioenergetik. Molekulare Grundlagen der biologischen Energieumwandlungen. Stuttgart ³1982.
Lehninger, A. L.: Principles of Biochemistry. New York 1982.
Lennarz, W. L. (Hg.): The Biochemistry of Glycoproteins and Proteoglycans. New York 1980.
Letham, D. S., Goodwin, P. B. u. a. (Hg.): Phytohormones and Related Compounds. 2 Bde. Amsterdam 1978.
Lexikon Biochemie. Weinheim 1976.
Mandelstam, J., McQuillen, K., Dawes, I. (Hg.): Biochemistry of Bacterial Growth. Oxford 1982.
Marks, F.: Molekulare Biologie der Hormone. Stuttgart 1979.
Miflin, B. J. (Hg.): Oxford Surveys of Plant Molecular and Cell Biology. 2 Bde. Oxford 1984/1985.
Misaghi, I. J.: Physiology and Biochemistry of Plant-Pathogen Interactions. New York 1982.
Mothes, K., Schütte, H. R. u. a. (Hg.): Biochemistry of Alkaloids. Weinheim 1985.
Müller, A., Newton, W. E. (Hg.): Nitrogen Fixation. The Chemical-Biochemical-Genetic Interface. New York 1983.
Needleman, S. B. (Hg.): Advanced Methods in Protein Sequence Determination. Berlin 1977.
Neuberger, A., Deenen, L. L. M. van (Hg.): New Comprehensive Biochemistry. 12 Bde. Amsterdam 1981–1985.
Numa, S. (Hg.): Fatty Acid Metabolism and its Regulation. Amsterdam 1984.
Orgel, L. E.: The Origins of Life. London 1973.
Page, M. I. (Hg.): The Chemistry of Enzyme Action. Amsterdam 1984.
Palmer, T.: Understanding Enzymes. Chichester 1985.
Paul, J. u. a. (Hg.): Biochemistry of Cell Differentiation. Baltimore 1977.
Peters, J. H., Baumgarten, H., Schulze, M.: Monoklonale Antikörper. Herstellung und Charakterisierung. Berlin 1985.
Rawn, J. D.: Biochemistry. New York 1983.
Rietschel, E. Th.: Chemistry of Endotoxin. Amsterdam 1984.
Rockstein, M. (Hg.): Biochemistry of Insects. New York 1978.
Saenger, W.: Principles of Nucleic Acid-Structure. New York 1984.
San Pietro, A. (Hg.): Biochemical and Photosynthetic Aspects of Energy Production. New York 1980.
Schneider, G.: Pharmazeutische Biologie. Mannheim ²1985.
Slater, R. J. (Hg.): Experiments in Molecular Biology. Clifton, N. Y. 1986.
Small, D. M.: The Physical Chemistry of Lipids. From Alkanes to Phospholipids. New York 1986.
Smith, E. L. u. a.: Principles of Biochemistry. Mammalian Biochemistry. Auckland ⁷1983.
Smith, H., Grierson, D. (Hg.): The Molecular Biology of Plant Development. Oxford 1982.
Spektrum der Wissenschaft: Die Moleküle des Lebens. Heidelberg 1986.
Spiro, Th. G. (Hg.): Calcium in Biology. New York 1983.
Steinback, K. E., Bonitz, S. u. a. (Hg.): Molecular Biology of the Photosynthetic Apparatus. Cold Spring Harbor 1985.
Stewart, W. E.: The Interferon System. Wien 1979.
Stryer, L.: Biochemistry. San Francisco ²1981.
Stumpf, P. K., Conn, E. E. (Hg.): The Biochemistry of Plants. A Comprehensive Treatise. 8 Bde. New York 1980/1981.
Sussman, M.: Molekularbiologie und Entwicklung. Berlin 1978.
Taylor, G. R.: Die biologische Zeitbombe. Revolution der modernen Biologie. Frankfurt/M. 1969.
Teuscher, E.: Pharmazeutische Biologie. Braunschweig ²1979.
Turner, R. B. (Hg.): Analytical Biochemistry of Insects. Amsterdam 1977.
Vance, D. E., Vance, J. E. (Hg.): Biochemistry of Lipids and Membranes. Menlo Park 1985.
Vining, L. C. (Hg.): Biochemistry and Genetic Regulation of Commercially Important Antibiotics. Reading, Mass. 1983.
Wagner, H.: Drogen und ihre Inhaltsstoffe. Stuttgart ²1985.
Waksman, S. A.: Actinomycin. Nature, Formation and Activities. New York 1968.
Walter, A.: Antibiotika-Fibel. Stuttgart ⁵1975.
Watson, J. D.: Molecular Biology of the Gene. Menlo Park, Calif. ³1977.
Wobus, U. (Hg.): Isolierung, Fraktionierung und Hybridisierung von Nukleinsäuren. Eine Einführung und methodische Anleitung. Weinheim 1980.
Wood, W. B., Wilson, J. H. u. a.: Biochemistry. A Problems Approach. Menlo Park, Calif. ²1981.
Work, T. S., Work, E. (Hg.): Laboratory Techniques in Biochemistry and Molecular Biology. 16 Bde. Amsterdam 1969–1985.
Zähner, H.: Biologie der Antibiotika. Berlin 1965.

Analytical Biochemistry. Orlando 1960.
Archives of Biochemistry and Biophysics. Orlando 1942.
Biochemical and Biophysical Research Communications. Orlando 1959.
Biochemical Journal. Colchester 1911.
Biochemistry. Washington 1964.
Biochimica et Biophysica Acta. Amsterdam 1947.
Comparative Biochemistry and Physiology. B) Comparative Biochemistry. Oxford 1961.
CRC Critical Reviews in Biochemistry. Boca Raton, Fla. 1971.
Enzyme. Basel 1961.
European Journal of Biochemistry. Berlin 1967.
Insect Biochemistry. Oxford 1971.
International Journal of Biochemistry. Oxford 1970.
Journal of Biochemistry. Tokyo 1922.
Journal of Biological Chemistry. Bethesda 1905.
Journal of Molecular Biology. London 1959.
Trends in Biochemical Sciences. Amsterdam 1976.

Mykologie

Jülich, W.: Nichtblätterpilze. Stuttgart 1984.
Michael, E., Hennig, B., Kreisel, H.: Handbuch für Pilzfreunde. 6 Bde. Jena ⁵1983.
Moser, M.: Die Röhrlinge und Blätterpilze. Stuttgart ⁵1983.
Müller, E., Löffler, W.: Mykologie. Grundriß für Naturwissenschaftler und Mediziner. Stuttgart ⁴1982.
Smith, J. E., Berry, D. R.: The Filamentous Fungi. Industrial Mycology. Bd. 1. London 1975.
Smith, J. E., Berry, D. R.: The Filamentous Fungi. Biosynthesis and Metabolism. Bd. 2. London 1976.
Smith, J. E., Berry, D. R.: The Filamentous Fungi. Developmental Mycology. Bd. 3. London 1978.
Webster, J.: Pilze. Eine Einführung. Berlin ²1983.

Mycologia. Bronx, N. Y. 1909.

Natur- und Umweltschutz

Atri, F. R.: Schwermetalle und Wasserpflanzen. Aufnahme und Akkumulation von Schwermetallen und anderen anorganischen Schadstoffen bei höheren aquatischen Makrophyten. Stuttgart 1983.
Bayrische Landesanstalt für Wasserforschung München (Hg.): Abwärme und Gewässerbiologie. München 1982.

Becker, K. H., Löbel, L. (Hg.): Atmosphärische Spurenstoffe und ihr physikalisch-chemisches Verhalten. Berlin 1985.
Bick, H., Hansmeyer, K. H., Olschowy, G., Schmoock, P. (Hg.): Angewandte Ökologie – Mensch und Umwelt. 2 Bde. Stuttgart 1984.
Blab, J.: Grundlagen des Biotopschutzes für Tiere. Bonn – Bad Godesberg ²1986.
Blab, J., Nowak, E., Sukopp, H., Trautmann, W. (Hg.) u. a.: Rote Liste der gefährdeten Tiere und Pflanzen in der Bundesrepublik Deutschland. Greven ⁴1984.
Blab, J., Kudrna, O.: Hilfsprogramm für Schmetterlinge. Greven 1982.
Braun, R.: Biogas. Methangärung organischer Abfallstoffe. Grundlagen und Anwendungsbeispiele. Wien 1982.
Brauns, A.: Agrarökologie im Spannungsfeld des Umweltschutzes. Braunschweig 1985.
Brücker, H.: Die sieben Säulen der Welternährung. Herkunft, Nutzen und Zukunft unserer wichtigsten Nährpflanzen. Frankfurt/M. 1982.
Buchwald, K. u. a.: Bedrohte Nordsee. Gefahren und Chancen für Meer und Küste. Göttingen 1985.
Buchwald, K., Engelhardt, W.: Landschaftspflege und Naturschutz in der Praxis. München 1973.
Carson, R.: Der stumme Frühling. München 1983 (105.–108. Tsd.).
Daten zur Umwelt (Umweltbundesamt, Hg.). Berlin 1984.
Duffey, E.: Naturparks in Europa. München 1982.
Ernst, W. H. O., Joosse-van Damme, E. N. G.: Umweltbelastungen durch Mineralstoffe. Biologische Effekte. Stuttgart 1983.
Fabian, P.: Atmosphäre und Umwelt. Berlin 1984.
Feister, U.: Zum Stand der Erforschung des atmosphärischen Ozons. Veröffentlichungen des Meteorologischen Dienstes der DDR. Berlin 1985.
Fellenberg, G.: Ökologische Probleme der Umweltbelastung. Berlin 1985.
Figge, K., Klahn, J., Koch, J.: Chemische Stoffe in Ökosystemen. Bestandsaufnahme, Bewertung und Anwendung von Verteilungsmodellen. Stuttgart 1985.
Ford, M. J.: The Changing Climate. Responses of the Natural Fauna and Flora. London 1982.
Franz, H.: Ökologie der Hochgebirge. Stuttgart 1979.
Franz, J. M., Krieg, A.: Biologische Schädlingsbekämpfung unter Berücksichtigung integrierter Verfahren. Berlin ³1982.
Fritz, M., Teufel, D.: 100 × Umwelt. Vom Wasserhaushalt bis zur Luftverschmutzung. Mannheim 1977.
Fröhlich, G.: Phytopathologie und Pflanzenschutz. Wörterbücher der Biologie. Stuttgart 1979.
Gepp, J. (Gesamtleitung): Rote Listen gefährdeter Tiere Österreichs. Wien ²1984.
Global 2000. Der Bericht an den Präsidenten. (Hg.: Th. Berendt, M. Bischoff u. a.). Frankfurt/M. ⁴1980.
Guderian, R. (Hg.): Air Pollution by Photochemical Oxidants. Formation, Transport, Control and Effects on Plants. Berlin 1985.
Habeck-Tropfke, H. H.: Abwasserbiologie. Düsseldorf 1980.
Hartmann, L.: Biologische Abwasserreinigung. Berlin 1983.
Heynitz, K. v., Merckens, G.: Das biologische Gartenbuch. Stuttgart ³1982.
Honegger, R. E.: Threatened Amphibians and Reptiles in Europe. Wiesbaden 1981.
Kaule, G.: Arten- und Biotopschutz. Stuttgart 1986.
Kimbrough, R. (Hg.): Halogenated Biphenyls, Terphenyls, Naphthalenes, Dibenzodioxins and Related Products. Amsterdam 1980.
Koch, E. R., Vahrenholdt, F.: Die Lage der Nation. Umwelt-Atlas der Bundesrepublik. Daten – Analysen – Konsequenzen. Hamburg 1983.
Korte, F. (Hg.): Ökologische Chemie. Grundlagen und Konzepte für die ökologische Beurteilung von Chemikalien. Stuttgart 1980.
Kortzfleisch, G. von (Hg.): Waldschäden. Theorie und Praxis auf der Suche nach Antworten. München 1985.
Kreeb, K. H.: Ökologie und menschliche Umwelt. Stuttgart 1979.
Krist, T.: Umweltschutz. Grundlagen – Grundwissen. Darmstadt 1974.
Kumpf, W., Maas, K., Straub, H.: Müll- und Abfallbeseitigung. Berlin 1982.
Kurt, F.: Naturschutz – Illusion und Wirklichkeit. Zur Ökologie bedrohter Arten und Lebensgemeinschaften. Hamburg 1982.
Legge, A. H., Krupa, S. V. (Hg.): Air Pollutants and their Effects on the Terrestrial Ecosystem. New York 1986.
Leisler, B.: Neusiedler See. Münster 1979.
Mallinson, J.: The Shadow of Extinction. Europe's Threatened Wild Mammals. London 1978.
Mason, C. F.: Biology of Freshwater Pollution. London 1981.
McEwen, F. L., Stephenson, G. R.: The Use and Significance of Pesticides in the Environment. New York 1979.
Meadows, D.: Die Grenzen des Wachstums. Bericht des Club of Rome zur Lage der Menschheit. Stuttgart 1972.
Michelsen, G.: Der Fischer Öko-Almanach 84/85. Daten, Fakten, Trends der Umweltdiskussion. Frankfurt/M. 1984.
Mislin, H., Ravera, O. (Hg.): Cadmium in the Environment. Basel 1986.
Mooney, H. A., Godron, M. (Hg.): Disturbance and Ecosystems. Components of Responses. Berlin 1983.
Moser, F. (Hg.): Grundlagen der Abwasserreinigung. 2 Bde. München 1981.
Mudrack, K., Kunst, S.: Biologie der Abwasserreinigung. Stuttgart 1985.
Myers, N. (Hg.): Gaia. Öko-Atlas der Erde. Frankfurt/M. 1985.
Neuwirth, H.: Die deutschen Naturparks. Mit Nationalparks und großen Naturschutzräumen. München 1983.
Odzuck, W.: Umweltbelastungen. Belastete Ökosysteme. Stuttgart 1982.
Olschowy, G. (Hg.): Natur- und Umweltschutz in der Bundesrepublik Deutschland. 3 Bde. Hamburg 1981.
Perkow, W.: Wirksubstanzen der Pflanzenschutz- und Schädlingsbekämpfungsmittel. Berlin ²1983.
Reuss, J. O., Johnson, D. W.: Acid Deposition and the Acidification of Soils and Waters. New York 1986.
Schipperges, H.: Medizin und Umwelt. Analysen, Modelle, Strategien. Heidelberg 1978.
Schmid, O., Henggeler, S.: Biologischer Pflanzenschutz im Garten. Stuttgart 1984.
Schmit, H., Dekkers, M.: Schmutzige Wasser. Reinbek 1984.
Sheehan, P. J., Miller, D. R. u. a. (Hg.): Effects of Pollutants at the Ecosystem Level. Chichester 1984.
Stürmer, H. D. (Hg.): Chemikalien in der Umwelt. Freiburg 1984.
Trieff, N. M. (Hg.): Environment and Health. Ann Arbor, Mich. 1980.
Troyanowsky, C. (Hg.): Air Pollution and Plants. Weinheim 1985.
Umweltprobleme der Landwirtschaft. Der Rat von Sachverständigen für Umweltfragen. Sondergutachten März 1985. Stuttgart 1985.
Umweltprobleme der Nordsee. Der Rat von Sachverständigen für Umweltfragen. Sondergutachten Juni 1980. Stuttgart 1980.
Vester, F.: Neuland des Denkens. Vom technokratischen zum kybernetischen Zeitalter. München 1984.
Waldschäden und Luftverunreinigungen. Sondergutachten des Rates von Sachverständigen für Umweltfragen. Stuttgart 1983.
Weber, H. C.: Geschützte Pflanzen. Merkmale, Blütezeit und Standort aller geschützten Arten Mitteleuropas. Stuttgart 1982.
Wehling, H. G. (Red.): Bedrohte Lebenselemente. Stuttgart 1985.
Weish, P., Gruber, E.: Radioaktivität und Umwelt. Stuttgart 1979.

Advances in Environmental Science. New York 1969 ff.
Ambio. Elmsford 1972.
Econews. Arcata 1971.
Environment. Washington 1958.
Environmental Conservation. Lausanne 1974.
Kosmos. Stuttgart 1904.
Marine Pollution Bulletin. Emsford 1970.
Natur. München 1980.
Natur und Landschaft. Stuttgart 1929.
Umwelt. Düsseldorf 1971.

Ökologie

Bachofen, R.: Biomasse. München 1981.
Baker, R. R.: The Evolutionary Ecology of Animal Migration. London 1978.
Balogh, J.: Lebensgemeinschaften der Landtiere. Ihre Erforschung unter besonderer Berücksichtigung der zoozönologischen Arbeitsmethoden. Berlin 1958.
Barth, F. G.: Biologie einer Begegnung. Die Partnerschaft der Insekten und Blumen. Stuttgart 1982.
Begon, M., Harper, J. L., Townsend, C. R.: Ecology. Individuals, Populations and Communities. Oxford 1986.
Bosch, C.: Die sterbenden Wälder. Fakten, Ursachen, Gegenmaßnahmen. München ²1984.
Buchner, P.: Endosymbiose der Tiere mit pflanzlichen Mikroorganismen. Basel 1953.
Carlquist, S.: Island Life. New York 1965.
Cody, M. L. (Hg.): Habitat Selection in Birds. Orlando 1985.
Collier, B. D., Cox, G. W., Johnson, A. W., Miller, P. C.: Dynamic Ecology. Englewood Cliffs 1973.
Crawley, M. J.: Herbivory. The Dynamics of Animal-Plant Interactions. Oxford 1983.
Croll, N. A., Cross, J. H. (Hg.): Human Ecology and Infectious Diseases. New York 1983.
Edwards, P. J., Wratten, St. D.: Ecology of Insect-Plant Interactions. London 1980.

Ehrlich, P. R., Ehrlich, A. H., Holdren, J. P.: Humanökologie. Berlin 1975.
Ellenberg, H.: Ökosystemforschung. Berlin 1973.
Ellenberg, H.: Vegetation Mitteleuropas mit den Alpen in ökologischer Sicht. Stuttgart 1982.
Freye, H. A.: Kompendium der Humanökologie. Jena ²1986.
Gauthreaux, S. A. (Hg.): Animal Migration, Orientation and Navigation. New York 1980.
Henry, S. M. (Hg.): Symbiosis. New York 1966/67.
Hodkinson, I. D., Hughes, M. K.: Insect Herbivory. London 1982.
Hofmeister, H.: Lebensraum Wald. Ein Weg zum Kennenlernen von Pflanzengesellschaften und ihrer Ökologie. Hamburg ²1983.
Hofmeister, H., Garve, E.: Lebensraum Acker. Pflanzen der Äcker und ihre Ökologie. Hamburg 1986.
Hutchinson, G. E.: An Introduction to Population Ecology. New Haven, Conn. 1978.
Illies, J.: Die Lebensgemeinschaft des Bergbachs. Wittenberg 1961.
Itô, Y.: Comparative Ecology. Cambridge 1980.
Kinzel, H.: Pflanzenökologie und Mineralstoffwechsel. Stuttgart 1982.
Kirk, J. T. O.: Light and Photosynthesis in Aquatic Ecosystems. Cambridge 1983.
Kloft, W. J.: Ökologie der Tiere. Stuttgart 1978.
Klopfer, P. H.: Ökologie und Verhalten. Stuttgart 1968.
Knauer, N.: Vegetationskunde und Landschaftsökologie. Heidelberg 1981.
Koch, A.: Symbiose – Partnerschaft fürs Leben. Frankfurt/M. 1976.
Krebs, Ch. J.: Ecology. The Experimental Analysis of Distribution and Abundance. New York ³1985.
Kugler, H.: Blütenökologie. Stuttgart ²1970.
Kühnelt, W.: Grundriß der Ökologie. Jena 1970.
Lack, D.: Island Biology. Oxford 1976.
Lange, O. L., Nobel, P. S. u.a. (Hg.): Physiological Plant Ecology. 4 Bde. Berlin 1981–1983.
Larcher, W.: Ökologie der Pflanzen auf physiologischer Grundlage. Stuttgart ⁴1984.
Marshall, A. G.: The Ecology of Ectoparasitic Insects. London 1981.
Matthes, D.: Tiersymbiosen. Stuttgart 1978.
May, R. M. (Hg.): Theoretische Ökologie. Weinheim 1980.
Morse, D. H.: Behavioral Mechanisms in Ecology. Cambridge 1980.
Müller, J. (Hg.): Ökologie. Stuttgart 1984.
Odum, E. P.: Grundlagen der Ökologie. 2 Bde. Stuttgart ²1983.
Odum, E. P.: Ökologie. München 1967.
Osche, G.: Ökologie. Grundlagen – Erkenntnisse – Entwicklungen der Umweltforschung. Freiburg ⁹1981
Remmert, H.: Arctic Animal Ecology. Berlin 1980.
Remmert, H.: Ökologie. Berlin ³1984.
Riedl, R. (Hg.): Fauna und Flora des Mittelmeers. Ein systematischer Meeresführer für Biologen und Naturfreunde. Hamburg 1983.
Robinson, W. L., Bolen, E. G.: Wildlife Ecology and Management. New York 1984.
Schaefer, M., Tischler, W.: Wörterbücher der Biologie. Ökologie. Stuttgart ²1983.
Schaller, F.: Die Unterwelt des Tierreichs. Kleine Biologie der Bodentiere. Berlin 1962.
Schmid, O., Henggeler, S.: Biologischer Pflanzenschutz im Garten. Stuttgart ⁶1984.
Schubert, R. (Hg.): Bioindikatoren in terrestrischen Ökosystemen. Stuttgart 1985.
Schubert, R. (Hg.): Lehrbuch der Ökologie. Jena ²1986.
Schwenke, G.: Zwischen Gift und Hunger. Berlin 1968.
Schwerdtfeger, F.: Lehrbuch der Tierökologie. Hamburg 1978.
Schwerdtfeger, F.: Ökologie der Tiere. Ein Lehr- und Handbuch in drei Teilen. 3 Bde. Hamburg ²1977, ²1979, 1975.
Shubert, L. E. (Hg.): Algae as Ecological Indicators. London 1984.
Silvertown, J. W.: Introduction to Plant Population Ecology. London 1982.
Smith, R. L.: Ecology and Field Biology. New York ³1980.
Steinbach, G. (Hg.): Lebensraum Küste. Pflanzen und Tiere europäischer Küsten. München 1985.
Streit, B.: Ökologie. Ein Kurzlehrbuch. Stuttgart 1980.
Strong, D. R., Lawton, J. H., Southwood, R.: Insects on Plants. Community Patterns and Mechanisms. Oxford 1984.
Stugren, B.: Grundlagen der allgemeinen Ökologie. Jena ⁴1986.
Sussman, R. W.: Primate Ecology. Problemorientied Field Studies. New York 1979.
Swift, M. J., Heal, O. W., Anderson, J. M.: Decomposition in Terrestrial Ecosystems. Oxford 1979.
Tauber, M. J., Masaki, S.: Seasonal Adaptations of Insects. Oxford 1986.
Taylor, R. J.: Predation. New York 1984.

Tischler, W.: Biologie der Kulturlandschaft. Eine Einführung. Stuttgart 1980.
Tischler, W.: Einführung in die Ökologie. Stuttgart ³1984.
Tschumi, P. A.: Umweltbiologie. Ökologie und Umweltkrise. Aarau 1981.
Vareschi, V.: Vegetationsökologie der Tropen. Stuttgart 1980.
Varley, G. C., Gradwell, G. R., Hassell, M. P.: Populationsökologie der Insekten. Analyse und Therapie. Stuttgart 1980.
Walter, H., Breckle, S. W.: Ökologie der Erde. 4 Bde. Stuttgart 1983, 1984, 1986, Bd. 4 noch nicht erschienen.
Weiß, K.: Bienen-Pathologie. Krankheiten, Schädlinge, Vergiftungen, gesetzliche Regelungen. Ein Lern- und Arbeitsbuch. München 1984.
Whittaker, R. H., Levin, S. A.: Niche: Theory and Application. Benchmark Papers in Ecology 3, Stroudsburg, Pa. 1975.
Wickler, W.: Mimikry – Nachahmung und Täuschung in der Natur. München 1968.
Williamson, M.: Island Populations. Oxford 1981.
Wilson, E. O., Bossert, W. H.: Einführung in die Populationsbiologie. Berlin 1973.
Winkler, S.: Einführung in die Pflanzenökologie. Stuttgart ²1980.
Wittig, R.: Wasser. Lösungsmittel, Lebensraum und Ökofaktor. Wiesbaden 1979.
Worster, D.: A History of Ecological Ideas. Cambridge 1985.

Advances in Ecological Research. London 1962.
American Naturalist. Chicago 1867.
Behavioral Ecology and Sociobiology. Berlin 1976.
Ecological Entomology. Oxford 1976.
Ecological Modelling. Amsterdam 1975.
Ecological Monographs. Durham 1931.
Ecologist. Cornwall 1979 (1970) (früher: New Ecologist).
Ecology. Durham 1920.
Holarctic Ecology. Kopenhagen 1978.
Journal of Applied Ecology. Oxford 1964.
Journal of Chemical Ecology. New York 1975.
Journal of Ecology. Oxford 1913.
Oecologia. Berlin 1924.
Oikos. Kopenhagen 1948.
Vie et Milieu. Paris 1950.

Paläontologie und Geologie

Ager, D. V.: Principles of Paleoecology. An Introduction to the Study of how and where Animals and Plants lived in the Past. New York 1963.
Andreose, M. (Hg.): Die Geheimnisse der Urzeit. 5 Bde. Mannheim 1975.
Barthel, K. W.: Fossilien aus Solnhofen. Ein Blick in die Erdgeschichte. Thun 1978.
Campbell, B. G.: Entwicklung zum Menschen. Stuttgart 1972.
Charig, A.: Dinosaurier. Rätselhafte Riesen der Urzeit. Hamburg 1982.
Daber, R., Helms, J.: Das große Fossilienbuch. Melsungen 1978.
Dacqué, E.: Vergleichende biologische Formenkunde der fossilen niederen Tiere. Berlin 1921.
Darrah, W. C.: Principles of Paleobotany. New York 1960.
Deecke, W.: Die Fossilisation. Berlin 1923.
Desmond, A.: Das Rätsel der Dinosaurier. Köln 1978.
Fairbridge, R. W., Jablonski, D. (Hg.): The Encyclopedia of Paleontology. Stroudsburg 1979.
Gall, J. C.: Sedimentationsräume und Lebensbereiche der Erdgeschichte. Eine Einführung in die Paläoökologie. Stuttgart 1983.
Geyer, O. F.: Grundzüge der Stratigraphie und Fazieskunde. 2 Bde. Stuttgart 1973, 1977.
Gothan, W., Weyland, H.: Lehrbuch der Paläobotanik. München ³1973.
Handlirsch, A.: Die fossilen Insekten und die Phylogenie der rezenten Formen. Leipzig 1906–1908.
Heberer, G.: Der Ursprung des Menschen. Unser gegenwärtiger Wissensstand. Stuttgart ³1972.
Hölder, H.: Geologie und Paläontologie in Texten und ihrer Geschichte. Freiburg 1960.
Jordan, H.: Fossile Muscheln. Wittenberg Lutherstadt ²1979.
Krömmelbein, K., Strauch, F.: Brinkmanns Abriß der Geologie. II. Historische Geologie. Stuttgart 1986.
Krull, P. (Hg.): Die Entwicklungsgeschichte der Erde. Hanau/M. ⁶1985.
Krumbiegel, G., Krumbiegel, B.: Fossilien der Erdgeschichte. Stuttgart 1981.
Krumbiegel, G., Walther, H.: Fossilien. Sammeln, Präparieren, Bestimmen, Auswerten. Stuttgart 1977.
Kuhn, O.: Die fossile Wirbeltierklasse Pterosauria. München 1967.
Kuhn-Schnyder, E.: Geschichte der Wirbeltiere. Basel 1953.

Kuhn-Schnyder, E., Rieber, H.: Paläozoologie. Morphologie und Systematik der ausgestorbenen Tiere. Stuttgart 1984.
Lambert, D.: Dinosaurier. Heidelberg 1980.
Laporte, L. F.: Fossile Lebensräume. Stuttgart 1981.
Lehmann, U.: Ammoniten. Ihr Leben und ihre Umwelt. Stuttgart 1976.
Lehmann, U.: Paläontologisches Wörterbuch. Stuttgart ³1985.
Lehmann, U., Hillmer, G.: Wirbellose Tiere der Vorzeit. Stuttgart 1980.
Lindström, M., Schmidt, W. (Hg.): Geologica et Palaeontologica. 19 Bde. Marburg ab 1967.
Mägdefrau, K.: Paläobiologie der Pflanzen. Jena ⁴1968.
McKerrow, W. S. (Hg.): Palökologie. Stuttgart 1981.
Moodie, R. L.: Paleopathology, an Introduction to the Study of Ancient Evidences of Diseases. Urbana 1923.
Müller, A. H.: Lehrbuch der Paläozoologie. 7 Bde. Jena ab 1957, z. T. in 2. und 3. Auflage.
Niklas, K. J. (Hg.): Paleobotany, Paleoecology and Evolution. New York 1981.
Patterson, C., Greenwood, P. H.: Fossil Vertebrates. London 1967.
Pflug, H. D.: Die Spur des Lebens. Paläontologie – chemisch betrachtet. Evolution, Katastrophen, Neubeginn. Berlin 1984.
Pokorny, V.: Grundzüge der zoologischen Mikropaläontologie. 2 Bde. Berlin 1958.
Preiss, B. (Hg.): Die Dinosaurier. München 1983.
Probst, E.: Deutschland in der Urzeit. Von der Entstehung des Lebens bis zum Ende der Eiszeit. München 1986.
Reineck, H.-E. (Hg.): Das Watt. Ablagerungs- und Lebensraum. Frankfurt/M. ²1978.
Remy, W., Remy, R.: Die Floren des Erdaltertums. Einführung in Morphologie, Anatomie, Geobotanik und Biostratigraphie der Pflanzen des Paläophytikums. Essen 1977.
Richter, A. E.: Handbuch des Fossiliensammlers. Ein Wegweiser für die Praxis und Führer zur Bestimmung von mehr als 1300 Fossilien. Stuttgart 1981.
Romer, A. S.: Entwicklungsgeschichte der Tiere. 2 Bde. Lausanne 1966/1970.
Romer, A. S.: Vertebrate Paleontology. Chicago ³1966.
Ruge, K.: Dinosaurier. München 1983.
Schäfer, W.: Aktuopaläontologie nach Studien in der Nordsee. Frankfurt/M. 1962.
Schäfer, W.: Fossilien. Bilder und Gedanken zur paläontologischen Wissenschaft. Frankfurt/M. 1980.
Schindewolf, O. H.: Der Zeitfaktor in Geologie und Paläontologie. Stuttgart 1950.
Schindewolf, O. H. (Hg.): Handbuch der Paläozoologie. Berlin 1938–1944.
Schmidt, K.: Erdgeschichte. Slg. Göschen. Berlin 1978.
Shrock, R. R., Twenhofel, W. H.: Principles of Invertebrate Paleontology. New York ²1953.
Simpson, G. G.: Leben der Vorzeit. Einführung in die Paläontologie. Stuttgart 1972.
Spinar, Z. V., Burian, Z.: Leben der Urzeit. Leipzig 1975.
Steel, R., Haubold, H.: Die Dinosaurier. Wittenberg Lutherstadt ²1979.
Stewart, W. N.: Paleobotany and the Evolution of Plants. Cambridge ²1985.
Swinton, W. E.: The Dinosaurs. London 1970.
Tappan, H.: The Paleobiology of Plant Protists. San Francisco 1980.
Tasch, P.: Paleobiology of the Invertebrates. Data Retrieval from the Fossil Record. New York 1980.
Tasnádi-Kubacska, A.: Paläopathologie. Pathologie der vorzeitlichen Tiere. Jena 1962.
Taylor, T. N.: Paleobotany. An Introduction to Fossil Plant Biology. New York 1981.
Thenius, E.: Allgemeine Paläontologie. Wien 1976.
Thenius, E.: Die Geschichte des Lebens auf der Erde. Wien ²1971.
Thenius, E.: Grundzüge der Faunen- und Verbreitungsgeschichte der Säugetiere. Stuttgart ²1980.
Thenius, E.: Meere und Länder im Wechsel der Zeiten. Die Paläogeographie als Grundlage für die Biogeographie. Berlin 1977.
Thenius, E.: Paläontologie. Die Geschichte unserer Tier- und Pflanzenwelt. Stuttgart 1970.
Thenius, E.: Versteinerte Urkunden. Die Paläontologie als Wissenschaft vom Leben in der Vorzeit. Berlin ³1981.
Toepfer, V.: Tierwelt des Eiszeitalters. Leipzig 1963.
Vangerow, E. F.: Grundriß der Paläontologie. Stuttgart 1973.
Vogel, K.: Lebensweise und Umwelt fossiler Tiere. Eine Einführung in die Ökologie der Vorzeit. Heidelberg 1984.
Vogellehner, D.: Paläontologie. Grundlagen – Erkenntnisse – Geschichte der Organismen. Freiburg ⁶1981.
Ziegler, B.: Einführung in die Paläobiologie. 2 Bde. Stuttgart 1972/1983.
Zimmermann, W.: Die Geschichte der Pflanzen. Eine Übersicht. Stuttgart 1969.
Zittel, K. A. von: Grundzüge der Paläontologie. 2 Bde. 1923. (Reprint 1971).

Journal of Paleontology. Tulsa (USA) 1927.
Palaeontographica. Stuttgart 1846. Abt. A Palaeozoologie – Stratigraphie. Abt. B Palaeophytologie.
Paläontologische Zeitschrift. Stuttgart 1914.
Society of Vertebrate Paleontology. New Bulletin and Bibliography. Austin 1941.

Parasitologie

Baer, J. G.: Ecology of Animal Parasites. Urbana 1958.
Boch, J., Supperer, R.: Veterinärmedizinische Parasitologie. Berlin 1971.
Böckeler, W., Wülker, W. (Hg.): Parasitologisches Praktikum. Weinheim 1983.
Brand, T. v.: Parasitenphysiologie. Stuttgart 1972.
Chappell, L. H.: Physiology of Parasites. Glasgow 1980.
Cohen, S., Warren, K. S.: Immunology of Parasitic Infections. Oxford ²1982.
Cox, F. E. G. (Hg.): Modern Parasitology. A Textbook of Parasitology. Oxford 1982.
Dogiel, V.: Allgemeine Parasitologie. Jena 1963.
Dönges, J.: Parasitologie. Mit besonderer Berücksichtigung humanpathogener Formen. Stuttgart 1980.
Frank, W.: Parasitologie. Stuttgart 1976.
Frank, W., Lieder, J.: Taschenatlas der Parasitologie für Humanmediziner, Veterinärmediziner und Biologen. Stuttgart 1986.
Guardiola, J., Luzzatto, L., Trager, W. (Hg.): Molecular Biology of Parasites. New York 1983.
Hiepe, T. (Hg.): Lehrbuch der Parasitologie. 4 Bde. Stuttgart 1981–1985.
Hoffmann, G. M., Schmutterer, H.: Parasitäre Krankheiten und Schädlinge an landwirtschaftlichen Kulturpflanzen. Stuttgart 1983.
Mehlhorn, H., Düwel, D., Raether, W.: Diagnose und Therapie von Haus-, Nutz- und Heimtieren. Stuttgart 1986.
Mehlhorn, H., Peters, W.: Diagnose der Parasiten des Menschen einschließlich der Therapie einheimischer und tropischer Parasitosen. Stuttgart 1983.
Mehlhorn, H., Piekarski, G.: Grundriß der Parasitenkunde. Parasiten des Menschen und der Nutztiere. Stuttgart ²1985.
Noble, E. R., Noble, G. A.: Parasitology. The Biology of Animal Parasites. Philadelphia ⁵1982.
Osche, G.: Die Welt der Parasiten. Berlin 1966.
Piekarski, G.: Lehrbuch der Parasitologie. Berlin 1954.
Piekarski, G.: Medizinische Parasitologie. In Tafeln. Berlin ²1975.
Schmidt, G. D., Roberts, L. S.: Foundations of Parasitology. Saint Louis 1977.
Tischler, W.: Grundriß der Humanparasitologie. Stuttgart ³1982.
Trager, W.: Living together. The Biology of Animal Parasitism. New York 1986.
Walliker, D.: The Contribution of Genetics to the Study of Parasitic Protozoa. Letchworth 1983.
Warren, K. S., Bowers, J. Z. (Hg.): Parasitology. A Global Perspective. Berlin 1983.
Weber, C.: Schmarotzer. Pflanzen, die von anderen leben. Stuttgart 1978.
Whitfield, P. J.: The Biology of Parasitism. An Introduction to the Study of Associating Organisms. London 1979.
Zaman, V.: Atlas of Medical Parasitology. An Atlas of Important Protozoa, Helminths and Arthropods, mostly in Colour. Sydney 1984.

Acta tropica. Basel 1944.
Advances in Parasitology. London 1963.
American Journal of Tropical Medicine and Hygiene. Lawrence 1921.
Angewandte Parasitologie. Jena 1960.
Annals of Tropical Medicine and Parasitology. London 1907.
Experimental Parasitology. New York 1951.
Infection and Immunity. Washington 1970.
International Journal for Parasitology. Elmsford, N. Y. 1971.
Journal of Helminthology. London 1923.
Journal of Infectious Diseases. Chicago 1904.
Journal of Invertebrate Pathology (früher Journal of Insect Pathology). New York 1959.
Journal of Nematology. Athens (USA) 1969.
Journal of Parasitology. Lawrence 1914.
Molecular and Biochemical Parasitology. Amsterdam 1980.

Nematologica. Leiden 1956.
Parasite Immunology. Oxford 1979.
Parasitological Research (Zeitschrift für Parasitenkunde). Berlin 1928.
Parasitology. Cambridge 1908.
Revista Parassitologia. Messina 1937.
Systematic Parasitology. Den Haag 1979.
Tropenmedizin und Parasitologie. Stuttgart 1949.
Veterinary Parasitology. Amsterdam 1975.

Physiologie

Allgemeine Physiologie

Aschoff, J. (Hg.): Biological Rhythms. New York 1981.
Bartels, H., Bartels, R.: Physiologie. Lehrbuch und Atlas. München ²1983.
Björn, L. O.: Photobiologie. Stuttgart 1975.
Böger, P. (Hg.): Physiologische Schlüsselprozesse in Pflanze und Insekt. Konstanz 1985.
Engelmann, W., Klemke, W.: Biorhythmen. Heidelberg 1983.
Fischbach, E.: Grundriß der Physiologie und physiologischen Chemie. München ¹¹1973.
Frolkis, V. V. (Hg.): Physiology of Cell Aging. Basel 1984.
Gilbert, D. L. (Hg.): Oxygen and Living Processes. An Interdisciplinary Approach. New York 1981.
Gilles, R. (Hg.): Mechanisms of Osmoregulation. Maintenance of Cell Volume. Chichester 1979.
Lowenstein, O.: Advances in Comparative Physiology and Biochemistry. 8 Bde. New York 1962–1982.
Luckner, M.: Secondary Metabolism in Microorganisms, Plants and Animals. Berlin ²1984.
Mletzko, H. G., Mletzko, I.: Biorhythmik. Elementareinführung in die Chronobiologie. Wittenberg Lutherstadt 1977.
Rensing, L.: Biologische Rhythmen und Regulation. Grundbegriffe der modernen Biologie. Band 10. Stuttgart 1973.
Sturkie, P. D.: Basic Physiology. Berlin 1981.
Weismann, E., Bertsch, A.: Dynamische Biologie. 10 Bde. Ravensburg 1975–1980.

Pflanzenphysiologie

Amberger, A.: Pflanzenernährung. Ökologische und physiologische Grundlagen. Stuttgart ²1983.
Barber, J., Baker, N. R.: Photosynthetic Mechanisms and the Environment. Amsterdam 1985.
Bewley, J. D., Black, M.: Seeds. Physiology of Development and Germination. New York 1985.
Börner, H.: Pflanzenkrankheiten und Pflanzenschutz. Stuttgart ⁵1983.
Borriss, H., Libbert, E. (Hg.): Pflanzenphysiologie. Stuttgart 1985.
Buschmann, C., Grumbach, K.: Physiologie der Photosynthese. Berlin 1985.
Clayton, R. K.: Photosynthesis. Physical Mechanisms and Chemical Patterns. Cambridge 1980.
Coombs, J., Hall, D. O. (Hg.): Techniques in Bioproductivity and Photosynthesis. Oxford 1982.
Dörffling, K.: Das Hormonsystem der Pflanzen. Stuttgart 1982.
Douce, R., Day, D. A. (Hg.): Higher Plant Cell Respiration. Berlin 1985.
Fellenberg, G.: Pflanzenwachstum. Physiologie, Regulation, Ökologie. Stuttgart 1980.
Fellenberg, G.: Praktische Einführung in die Entwicklungsphysiologie der Pflanzen. Wiesbaden 1979.
Fitter, A. H., Hay, R. K. M.: Environmental Physiology of Plants. London 1981.
Heß, D.: Entwicklungsphysiologie der Pflanzen. Freiburg 1975.
Heß, D.: Pflanzenphysiologie. Molekulare und biochemisch-physiologische Grundlagen von Stoffwechsel und Entwicklung. Stuttgart ⁷1981.
Hipkins, M. F., Baker, N. R. (Hg.): Photosynthesis. Energy Transduction. Oxford 1986.
Kefeli, V. I.: Natural Plant Growth Inhibitors and Phytohormones. Den Haag 1978.
Kramer, P. J.: Water Relations of Plants. New York 1983.
Kranz, J., Schmutterer, H., Koch, W.: Krankheiten, Schädlinge und Unkräuter im tropischen Pflanzenbau. Berlin 1979.
Larcher, W.: Physiological Plant Ecology. Berlin ²1983.
Mengel, K.: Ernährung und Stoffwechsel der Pflanze. Stuttgart ⁶1984.

Mohr, H., Schopfer, P.: Lehrbuch der Pflanzenphysiologie. Berlin ³1978.
Moorby, J.: Transport Systems in Plants. London 1981.
Müntz, K.: Stickstoffmetabolismus der Pflanzen. Stuttgart 1984.
Osmond, C. B., Björkman O., Anderson, D. J.: Physiological Processes in Plant Ecology. Toward a Synthesis with Atriplex. Berlin 1980.
Palmer, J. M. (Hg.): The Physiology and Biochemistry of Plant Respiration. Cambridge 1984.
Richter, G.: Stoffwechselphysiologie der Pflanzen. Physiologie und Biochemie des Primär- und Sekundärstoffwechsels. Stuttgart ⁴1982.
Salisbury, F. B., Ross, C. W.: Plant Physiology. Belmont, Calif. ²1978.
Scharrer, K., Linser, H.: Handbuch der Pflanzenernährung und Düngung. 3 Bde. Wien 1965–1972.
Schopfer, P.: Experimente zur Pflanzenphysiologie. Eine Einführung. Berlin ²1976.
Šesták, Z. (Hg.): Photosynthesis during Leaf Development. Dordrecht 1985.
Shropshire, W., Mohr, H. (Hg.): Photomorphogenesis. Berlin 1983.
Simpson, G. M.: Water Stress on Plants. New York 1981.
Street, H. E.: The Physiology of Flowering Plants. London ³1984.
Tevini, M., Häder, D.-P.: Allgemeine Photobiologie. Stuttgart 1985.
Wilkins, M. B.: Advanced Plant Physiology. London 1984.

Tier- und Humanphysiologie

Adler, N. T. (Hg.): Neuroendocrinology of Reproduction. Physiology and Behavior. New York 1981.
Aschoff, J., Daan, S., Groos, G. A. (Hg.): Vertebrate Circadian Systems. Structure and Physiology. Berlin 1982.
Austin, C. R., Short, R. V. (Hg.): Mechanisms of Hormone Action. Cambridge 1979.
Autrum, H.: Comparative Physiology and Evolution of Vision in Invertebrates. Berlin 1979.
Autrum, H., Jung, R., Loewenstein, W. R., MacKay, D. M., Teubner, H. L.: Handbook of Sensory Physiology. 9 Bde. Berlin 1971–1981.
Bagnara, J. T., Hadley, M. E.: Chromatophores and Color Change. The Comparative Physiology of Animal Pigmentation. Englewood Cliffs, N.Y. 1973.
Balthazart, J., Pröve, E., Gilles, R. (Hg.): Hormones and Behaviour in Higher Vertebrates. Berlin 1983.
Barlow, H. B., Mollon, J. D. (Hg.): The Senses. Cambridge 1982.
Birch, M. C., Haynes, K. F.: Insect Pheromones. London 1982.
Boeckh, J.: Nervensysteme und Sinnesorgane der Tiere. Freiburg ⁴1980.
Breer, H., Miller, T. A. (Hg.): Neurochemical Techniques in Insect Research. Berlin 1985.
Bünning, E.: Die physiologische Uhr. Circadiane Rhythmik und Biochronometrie. Berlin 1977.
Burkhardt, D.: Wörterbuch der Neurophysiologie. Jena 1969.
Campenhausen, C. von: Die Sinne des Menschen. 2 Bde. Stuttgart 1981.
Chapman, R. F., Bernays, E. A., Stoffolano, J. G. Jr. (Hg.): Perspectives in Chemoreception and Behavior. New York 1987.
Cleffmann, G.: Stoffwechselphysiologie der Tiere. Stuttgart 1978.
Collatz, K.-G.: Stoffwechselphysiologie der Tiere. Freiburg 1980.
Collatz, K.-G., Sohal, R. S. (Hg.): Insect Aging. Berlin 1986.
Combs, S. B.: Comparative Animal Nutrition. 5 Bde. Basel 1976–1985.
Comfort, A.: The Biology of Senescence. Edinburgh ³1979.
Culclasure, D. F.: Anatomie und Physiologie des Menschen. 15 Lehrprogramme. 15 Bde. Weinheim 1977–1985.
Davies, I.: Ageing. London 1983.
Dawson, W. W., Enoch, J. M.: Foundation of Sensory Science. Berlin 1984.
Dejours, P.: Principles of Comparative Respiratory Physiology. Amsterdam ²1981.
Donovan, B. T.: Neuroendocrinologie der Säugetiere. Stuttgart 1973.
Downer, R. G. H.: Energy Metabolism in Insects. New York 1981.
Downer, R. G. H., Laufer, H. (Hg.): Endocrinology of Insects. New York 1983.
Eccles, J. C.: Das Gehirn des Menschen. München ⁴1979.
Eccles, J. C., Ito, M., Szentágothai, J.: The Cerebellum as a Neuronal Machine. Berlin 1967.
Eckert, R.: Tierphysiologie. Stuttgart 1986.
Emmerich, H.: Stoffwechselphysiologisches Praktikum. Stuttgart 1980.
Feldman, J., Gilula, N. B. u. a. (Hg.): Intercellular Junctions and Synapses. London 1978.
Florey, E.: Lehrbuch der Tierphysiologie. Stuttgart 1970.
Forßmann, W. G., Heym, C.: Grundriß der Neuroanatomie. Berlin 1974.

Frolkis, V. V.: Aging and Life-prolonging Processes. Wien 1982.
Gilles, R. (Hg.): Circulation, Respiration and Metabolism. Berlin 1985.
Gilles, R., Gilles-Baillien, M. (Hg.): Transport Processes, Iono- and Osmoregulation. Berlin 1985.
Girardier, L., Stock, M. J. (Hg.): Mammalian Thermogenesis. London 1983.
Gregory, R. L.: Auge und Gehirn. Frankfurt/M. 1972.
Gupta, B. L., Moreton, R. B. u.a.: Transport of Ions and Water in Animals. London 1977.
Gwinner, E.: Circannual Rhythms. Endogenous Annual Clocks in the Organization of Seasonal Processes. Berlin 1986.
Hanke, W.: Biologie der Hormone. Heidelberg 1982.
Hardy, R. N.: Temperature and Animal Life. London ^{2}1979.
Hecht, K., Poppei, M. u.a. (Hg.): Zentralnervensystem. Entwicklung, Störungen, Lernen, Motivation. Berlin 1981.
Heinrich, B. (Hg.): Insect Thermoregulation. New York 1981.
Heinze, K.: Leitfaden der Schädlingsbekämpfung. 3 Bde. Stuttgart ^{4}1974–^{4}1983.
Hensel, H.: Thermoreception and Temperature Regulation. London 1981.
Hering, P.: Bioluminescence in Action. London 1978.
Hoar, W. S., Randall, D. J., Donaldson, E. M. (Hg.): Fish Physiology. Reproduction. New York 1983.
Hochachka, P. W. (Hg.): Environmental Biochemistry and Physiology. (2. Bd. von: The Mollusca, Hg.: K. M. Wilbur). Paris 1983.
Hoffmann, K. H. (Hg.): Environmental Physiology and Biochemistry of Insects. Berlin 1985.
Horn, E.: Vergleichende Sinnesphysiologie. Stuttgart 1982.
Huber, F., Markl, H. (Hg.): Neuroethology and Behavioral Physiology: Roots and Growing Points. Berlin 1983.
Iversen, L. L., Goodman, E. C. (Hg.): Fast and Slow Chemical Signalling in the Nervous System. Oxford 1986.
Jaenicke, L. (Hg.): Biochemistry of Sensory Functions. Berlin 1974.
Johnson, J. E.: Aging and Cell Function. New York 1984.
Katz, B.: Nerv, Muskel und Synapse. Stuttgart 1971.
Keidel, W. D., Kallert, S., Korth, M.: The Physiological Basis of Hearing. A Review. Stuttgart 1983.
Kerkut, G. A. (Hg.): Experiments in Physiology and Biochemistry. 6 Bde. London 1968–1973.
Kerkut, G. A., Gilbert, L. I. (Hg.): Comprehensive Insect Physiology, Biochemistry and Pharmacology. 13 Bde. Oxford 1985.
Keynes, R. D., Aidley, D. J.: Nerve and Muscle. Cambridge 1981.
Kinzel, H.: Grundlagen der Stoffwechselphysiologie. Eine Einführung in die Energetik und Kinetik der Lebensvorgänge. Stuttgart 1977.
Klatzky, R. L.: Human Memory. Structures and Processes. San Francisco ^{2}1980.
Kohn, R. R.: Principles of Mammalian Aging. Englewood Cliffs, N. J. ^{2}1978.
Korn, A.: Bildverarbeitung durch das visuelle System. Berlin 1982.
Kuffler, St. W., Nicholls, J. G., Martin, A. R.: From Neuron to Brain. A Cellular Approach to the Function of the Nervous System. Sunderland, Mass. ^{2}1984.
Laming, P. R. (Hg.): Brain Mechanisms of Behaviour in Lower Vertebrates. Cambridge 1981.
Laudien, H. (Hg.): Temperature Relations in Animals and Man. Stuttgart 1986.
Laverack, M. S., Cosens, D. J. (Hg.): Sense Organs. Glasgow 1981.
Leshner, A. I.: An Introduction to Behavioral Endocrinology. New York 1978.
Levandowsky, M., Hutner, S. H. (Hg.): Biochemistry and Physiology of Protozoa. 4 Bde. New York 1979.
Levi-Montalcini, Calissano, P. u.a. (Hg.): Molecular Aspects of Neurobiology. Berlin 1986.
Lewis, B. (Hg.): Bioacoustics. A Comparative Approach. London 1983.
Marshall, P. T., Hughues, G. M.: Physiologie der Säugetiere und anderer Wirbeltiere. Ein Textbuch für Gymnasien und Hochschulen. Stuttgart 1973.
Minors, D. S., Waterhouse, J. M.: Circadian Rhythms and the Human. Bristol 1981.
Moller, A. R. (Hg.): Basis Mechanism in Hearing. New York 1973.
Moore-Ede, M. C., Sulzmann, F. M., Fuller, Ch. A.: The Clocks That Time us. Physiology of the Circadian Timing System. Cambridge, Mass. 1982.
Mörike, K., Betz, E., Mergenthaler, W.: Biologie des Menschen. Ein Lehrbuch der Anatomie, Physiologie und Entwicklungsgeschichte des Menschen. Wiesbaden ^{11}1981.
Nachtigall, W.: Zoophysiologischer Grundkurs. Weinheim 1972.
Nentwig, W. (Hg.): Ecophysiology of Spiders. Berlin 1987.
Neville, A. C.: Biology of the Arthropod Cuticle. Berlin 1975.
Newell, R. C. (Hg.): Adaptation to Environment: Essays on the Physiology of Marine Animals. London 1976.

Newsholme, E. A., Start, C.: Regulation des Stoffwechsels. Weinheim 1977.
Orban, G. A.: Neuronal Operations in the Visual Cortex. Berlin 1984.
Ottoson, D.: Physiology of the Nervous System. London 1983.
Payne, Th. L., Birch, M. C., Kennedy, C. E. J. (Hg.): Mechanisms in Insect Olfaction. Oxford 1986.
Penzlin, H.: Lehrbuch der Tierphysiologie. Stuttgart ^{3}1980.
Pinsker, H. M., Willis, W. D. (Hg.): Information Processing in the Nervous System. New York 1980.
Platt, D.: Biologie des Alterns. Stuttgart 1976.
Precht, H., Christophersen, J., Hensel, H., Larcher, W.: Temperature and Life. Berlin 1973.
Prosser, C. L. (Hg.): Comparative Animal Physiology. Philadelphia ^{3}1973.
Raabe, M.: Insect Neurohormones. New York 1982.
Rehkämper, G.: Nervensysteme im Tierreich. Bau, Funktionen und Entwicklung. Heidelberg 1986.
Reinboth, R.: Vergleichende Endokrinologie. Stuttgart 1980.
Rockstein, M. (Hg.): The Physiology of Insecta. 6 Bde. New York ^{2}1973–^{2}1974.
Roeder, K. D.: Neurale Grundlagen des Verhaltens. Stuttgart 1968.
Ronacher, B., Hemminger, H.: Einführung in die Nerven- und Sinnesphysiologie. Heidelberg ^{3}1984.
Ruch, T. C., Patton, H. D., Woodbury, J. W., Towe, A. L.: Neurophysiology. Philadelphia ^{2}1965.
Schlieper, C. (Begr.): Praktikum der Zoophysiologie. Stuttgart 1977.
Schmidt, R. F. (Hg.): Grundriß der Sinnesphysiologie. Berlin ^{5}1985.
Schmidt, R. F., Thews, G. (Hg.): Physiologie des Menschen. Berlin 1980.
Schmidt-Nielsen, K.: Animal Physiology. Adaptation and Environment. Cambridge ^{3}1983.
Schmidt-Nielsen, K.: Physiologische Funktionen bei Tieren. Stuttgart 1975.
Schober, W.: Mit Echolot und Ultraschall. Freiburg 1983.
Shepherd, G. M.: Neurobiology. New York 1983.
Silbernagl, S., Despopoulos, A.: Taschenatlas der Physiologie in Anlehnung an den Gegenstandskatalog. Stuttgart 1979.
Smyth, J. D., Halton, D. W.: The Physiology of Trematodes. Cambridge ^{2}1983.
Spektrum der Wissenschaft: Gehirn und Nervensystem. Heidelberg 1980.
Spektrum der Wissenschaft: Hormone. Heidelberg 1986.
Spektrum der Wissenschaft: Wahrnehmung und visuelles System. Heidelberg 1986.
Squire, J.: The Structural Basis of Muscular Contraction. New York 1981.
Strausfeld, N. J. (Hg.): Functional Neuroanatomy. Berlin 1983.
Sturkie, P. D. (Hg.): Avian Physiology. New York ^{4}1986.
Thews, G., Mutschler, E., Vaupel, P.: Anatomie, Physiologie, Pathophysiologie des Menschen. Ein Lehrbuch für Pharmazeuten und Biologen. Stuttgart 1980.
Thompson, R. F.: The Brain. An Introduction to Neuroscience. New York 1985.
Tregear, R. T. (Hg.): Insect Flight Muscle. Amsterdam 1977.
Underwood, L. S., Tieszen, L. L., Callahan, A. B., Folk, G. E. (Hg.): Comparative Mechanisms of Cold Adaptation. New York 1979.
Urich, K.: Vergleichende Physiologie der Tiere, Stoff- und Energiewechsel. Berlin 1977.
Vernberg, F. J., Vernberg, W. B. (Hg.): Functional Adaptations of Marine Organisms. New York 1981.
Walsh, C.: Enzymatic Reaction Mechanisms. San Francisco 1979.
Wells, M. J.: Brain and Behaviour in Cephalopods. Stanford 1962.
Wigglesworth, V. B.: Insect Physiology. London ^{8}1984.
Winfree, A. T.: The Geometry of Biological Time. Biomathematics Volume 8. New York 1980.

Acta Physiologica Hungarica. Budapest 1950.
Acta Physiologica Scandinavica. London 1940.
Advances in Insect Physiology. London 1963.
American Journal of Physiology. Bethesda 1898.
Chronobiologia. Milano 1974.
Comparative Biochemistry and Physiology. A) Comparative Physiology. Oxford 1961.
Endocrinology. Baltimore 1917.
Experimental Aging Research. Southwest Harbor 1975.
Experimental Gerontology. Elmsford 1965.
General and Comparative Endocrinology. Orlando 1961.
Gerontology. Basel 1976.
Hormone Research. Basel 1970.
Hormones and Behavior. Orlando 1969.
Journal of Comparative Neurology. New York 1891.

Journal of Comparative Physiology. A) Sensory Neural and Behavioral Physiology. Berlin 1924.
Journal of Comparative Physiology. B) Biochemical Systemic and Environmental Physiology. Berlin 1924.
Journal of Endocrinology. Bristol 1939.
Journal of General Physiology. New York 1918.
Journal of Gerontology. Basel 1976.
Journal of Insect Physiology. Oxford 1957.
Journal of Neurobiology. New York 1969.
Journal of Neurophysiology. Bethesda 1938.
Journal of Physiology. London. Cambridge 1878.
Neurophysiology. New York 1972.
Neuroscience. Oxford 1976.
Neuroscience Letters. Limerick 1975.
Physiologia Plantarum. Kopenhagen 1948.
Physiological Reviews. Bethesda 1921.
Physiological Zoology. Chicago 1928.
Physiology and Behavior. Elmsford 1966.
Plant and Cell Physiology. Kyoto (Japan) 1960.
Plant Physiology. Rockville 1926.
Trends in Neurosciences. Amsterdam 1978.

Systematik und Taxonomie

Cronquist, A.: An Integrated System of Classification of Flowering Plants. New York 1981.
Crowson, R. A.: The Natural Classification of the Families of Coleoptera. Classey Hampton 1967.
Duncan, Th., Stuessy, T. F. (Hg.): Cladistic Theory and Methodology. New York 1985.
Ehlers, U.: Das Phylogenetische System der Plathelminthes. Stuttgart 1985.
Engler A., Prantl, K.: Die natürlichen Pflanzenfamilien nebst ihren Gattungen und wichtigsten Arten, insbesondere den Nutzpflanzen. Berlin ²1978–1980.
Frohne, D., Jensen, U.: Systematik des Pflanzenreichs. Unter besonderer Berücksichtigung chemischer Merkmale und pflanzlicher Drogen. Stuttgart ³1985.
Hegnauer, R.: Chemotaxonomie der Pflanzen. 7 Bde. Stuttgart 1962–1985.
Hennig, W.: Phylogenetische Systematik. Berlin 1982.
International Code of Botanical Nomenclature. Utrecht 1983.
Jacobs, W., Seidel, F.: Systematische Zoologie: Insekten. Stuttgart 1975.
Mayr, E.: Grundlagen der zoologischen Systematik. Theoretische und praktische Voraussetzung für Arbeiten auf systematischem Gebiet. Hamburg 1975.
Nelson, G., Platnick, N.: Systematics and Biogeography. Cladistics and Vicariance. New York 1981.
Platnick, N. I., Funk, V. A.: Advances in Cladistics. New York 1983.
Remane, A.: Die Grundlagen des natürlichen Systems, der vergleichenden Anatomie und Phylogenetik. Königstein ²1971.
Ride W. D. L., Sabrosky, C. W., Bernardi, G., Melville, R. V. (Hg.): International Code of Zoological Nomenclature. London ³1985 (dt. Übersetzung 1986).
Ridley, M.: Evolution and Classification. The Reformation of Cladism. London 1986.
Rohweder, O., Endress, P. K.: Samenpflanzen. Morphologie und Systematik der Angiospermen und Gymnospermen. Stuttgart 1983.
Ryland, J. S.: Synopsis and Classification of Living Organisms. New York 1982.
Stace, C. A.: Plant Taxonomy and Biosystematics. London 1980.
Wartenberg, A.: Systematik der niederen Pflanzen. Bakterien, Algen, Pilze, Flechten. Einführung für Botaniker, Mikrobiologen, Pharmazeuten und Mediziner. Stuttgart ²1979.
Weberling, F., Schwantes, H. O.: Pflanzensystematik. Einführung in die Systematische Botanik. Grundzüge des Pflanzensystems. Stuttgart ⁴1981.

Systematic Entomology. Oxford 1976.
Systematic Zoology. Lawrence 1967.

Verhaltensbiologie

Adler, M.: Physiologische Psychologie. Biologische Grundlagen von Erleben und Verhalten. Stuttgart 1979.
Alcock, J.: Animal Behavior. An Evolutionary Approach. Sunderland, Mass. ²1979.
Angst, W.: Aggression bei Affen und Menschen. Berlin 1980.
Aoki, K., Ishii, S., Morita, H. (Hg.): Animal Behavior. Neurophysiological and Ethological Approaches. Berlin 1984.
Apfelbach, R., Döhl, J.: Verhaltensforschung. Eine Einführung. Stuttgart 1976.
Atkins, M. D.: Introduction to Insect Behavior. New York 1980.
Barash, D. P.: Soziobiologie und Verhalten. Berlin 1980.
Barnett, S. A.: Modern Ethology. The Science of Animal Behavior. New York 1981.
Bogner, H., Grauvogel, A. (Hg.): Verhalten landwirtschaftlicher Nutztiere. Stuttgart 1984.
Box, H. O.: Primate Behaviour and Social Ecology. London 1984.
Buchholtz, C.: Grundlagen der Verhaltensphysiologie. Braunschweig 1982.
Changeux, J. P.: Der neuronale Mensch. Reinbek 1984.
Deag, J. M.: Social Behaviour of Animals. London 1980.
Donovan, B. T.: Hormones and Human Behaviour. Cambridge 1985.
Dumpert, K.: Das Sozialleben der Ameisen. Berlin 1978.
Eibl-Eibesfeldt, I.: Das Verhalten der Nagetiere. In: Kükenthal, Handbuch der Zoologie 8 (1) 1958.
Eibl-Eibesfeldt, I.: Die Biologie des menschlichen Verhaltens. München 1984.
Eibl-Eibesfeldt, I.: Grundriß der vergleichenden Verhaltensforschung – Ethologie. München ⁶1980.
Eibl-Eibesfeldt, I.: Liebe und Haß. Zur Naturgeschichte elementarer Verhaltensweisen. München ¹²1985.
Eisner, Th., Hölldobler, B., Lindauer, M.: Chemische Ökologie, Territorialität, gegenseitige Verständigung. Stuttgart 1986.
Ewer, R. F.: Ethologie der Säugetiere. Berlin 1976.
Ewert, J.-P.: Neuro-Ethologie. Einführung in die neurophysiologischen Grundlagen des Verhaltens. Berlin 1976.
Ewert, J.-P.: Neuroethology. An Introduction to the Neurophysiological Fundamentals of Behavior. Berlin 1980.
Fogden, M. u. P.: Farbe und Verhalten im Tierreich. Freiburg 1975.
Fox, M. W. (Hg.): Abnormal Behavior in Animals. Philadelphia 1968.
Franck, D.: Verhaltensbiologie. Einführung in die Ethologie. Stuttgart ²1985.
Friedrich, H. (Hg.): Mensch und Tier. Ausdrucksformen des Lebendigen. München 1968.
Guthrie, D. M.: Neuroethology. An Introduction. Oxford 1980.
Hart, B. L.: The Behavior of Domestic Animals. New York 1985.
Hassenstein, B.: Instinkt, Lernen, Spielen, Einsicht. Einführung in die Verhaltensbiologie. München 1980.
Hassenstein, B.: Verhaltensbiologie des Kindes. München ³1980.
Hazelbauer, G. L.: Taxis and Behavior. Elementary Sensory Systems in Biology. London 1978.
Hemminger, H.: Der Mensch – eine Marionette der Evolution? Eine Kritik an der Soziobiologie. Frankfurt/M. 1984.
Hermann, H. R. (Hg.): Social Insects. 4 Bde. New York 1979–1982.
Hinde, R. A.: Ethology. Its Nature and Relations with other Sciences. London 1982.
Holland, J. G., Skinner, B. F.: The Analysis of Behavior. A Program for Self-Instruction. New York 1961.
Huntingford, F.: The Study of Animal Behaviour. London 1984.
Immelmann, K.: Einführung in die Verhaltensforschung. Berlin ³1983.
Immelmann, K.: Wörterbuch der Verhaltensforschung. Berlin 1982.
Immelmann, K., Barlow, G. W. (Hg.): Verhaltensentwicklung bei Mensch und Tier. Das Bielefeld-Projekt. Berlin 1982.
Keenleyside, M. H. A.: Diversity and Adaptation in Fish Behaviour. Berlin 1979.
Köhler, W.: Intelligenzprüfungen an Menschenaffen. Berlin 1921.
Krebs, J. R., Davies, N. B.: Einführung in die Verhaltensökologie. Stuttgart 1984.
Krebs, J. R., Davies, N. B. (Hg.): Öko-Ethologie. Berlin 1981.
Kroodsma, D. E., Miller, E. H., Ouellet, H. (Hg.): Acoustic Communication in Birds. 2 Bde. New York 1982.
Kurth, G., Eibl-Eibesfeldt, I. (Hg.): Hominisation und Verhalten. – Hominisation and Behaviour. Stuttgart 1975.
Lamprecht, J.: Verhalten. Grundlagen – Erkenntnisse – Entwicklungen der Ethologie. Freiburg ¹⁰1982.
Lenneberg, E. H.: Biologische Grundlagen der Sprache. Frankfurt/M. 1967.
Leyhausen, P.: Katzen – eine Verhaltenskunde. Berlin ⁶1982.
Lorenz, K.: Das sogenannte Böse. Zur Naturgeschichte der Aggression. Wien 1963.
Lorenz, K.: Das Wirkungsgefüge der Natur und das Schicksal des Menschen. Gesammelte Arbeiten. München 1978.
Lorenz, K.: Die acht Todsünden der zivilisierten Menschheit. München ¹⁸1985.
Lorenz, K.: Er redete mit dem Vieh, den Vögeln und den Fischen. München 1964.
Lorenz, K.: So kam der Mensch auf den Hund. München 1965.

Lorenz, K.: Über tierisches und menschliches Verhalten. München 1965.
Lorenz, K.: Vergleichende Verhaltensforschung. Grundlagen der Ethologie. München 1982.
Luce, J. de, Wilder, H. T. (Hg.): Language in Primates. Perspectives and Implications. New York 1983.
Lumsden, C. J., Wilson, E. O.: Das Feuer des Prometheus. München 1984.
Markl, H.: Aggression und Altruismus. Konstanz 1976.
Marler, P., Vandenbergh, J. G.: Social Behavior and Communication. New York 1979.
Martin, P., Bateson, P.: Measuring Behaviour. An Introductory Guide. Cambridge 1986.
Matthes, D.: Tiersymbiosen und ähnliche Formen der Vergesellschaftung. Stuttgart 1978.
Matthews, R. W., Matthews, J. R.: Insect Behavior. New York 1978.
Merkel, F. W.: Orientierung im Tierreich. Stuttgart 1980.
Muirhead-Thomson, E. C.: Behaviour Patterns of Blood-sucking Flies. Oxford 1982.
Müller-Schwarze, D. (Hg.): Evolution of Play Behavior. Stroudsburg, Pa. 1978.
Neumann, G.-H.: Einführung in die Humanethologie. Heidelberg ²1983.
Papi, F., Wallraff, H. G. (Hg.): Avian Navigation. Berlin 1982.
Poole, T. B.: Social Behaviour in Mammals. Glasgow 1985.
Purves, P. E., Pilleri, G. E.: Echolocation in Whales and Dolphins. London 1983.
Remane, A.: Sozialleben der Tiere. Stuttgart 1971.
Ridley, M.: Animal Behaviour. A Concise Introduction. Oxford 1986.
Rodman, P. S., Cant, G. H. (Hg.): Adaptations for Foraging in Nonhuman Primates. Contributions to an Organismal Biology of Prosimians, Monkeys, Apes. New York 1984.
Ruse, M.: Sociobiology. Sense or Nonsense? Dordrecht 1979.
Schmidt-König, K.: Das Rätsel des Vogelzugs. Faszinierende Erkenntnisse über das Orientierungsvermögen der Vögel. Hamburg 1980.
Shorey, H. H.: Animal Communication by Pheromones. New York 1976.
Skrzipek, K. H.: Praktikum der Verhaltenskunde. Stuttgart 1978.
Slater, P. J. B.: An Introduction to Ethology. Cambridge 1985.
Smith, W. J.: The Behavior of Communicating. An Ethological Approach. Cambridge, Mass. 1977.
Tembrock, G.: Grundlagen des Tierverhaltens. Wiesbaden 1977.
Tembrock, G.: Grundriß der Verhaltenswissenschaften. Eine Einführung in die allgemeine Biologie des Verhaltens. Stuttgart ³1980.
Tembrock, G.: Spezielle Verhaltensbiologie der Tiere. 2 Bde. Stuttgart 1982/1983.
Tembrock, G.: Tierstimmenforschung. Eine Einführung in die Bioakustik. Wittenberg Lutherstadt ³1982.
Tembrock, G.: Verhalten bei Tieren. Wittenberg Lutherstadt ³1984.
Tembrock, G. (Hg.): Verhaltensbiologie. Unter besonderer Berücksichtigung der Physiologie des Verhaltens. Stuttgart 1978.
Tembrock, G.: Verhaltensforschung. Eine Einführung in die Tier-Ethologie. Jena ²1964.
Tinbergen, N.: Das Tier in seiner Welt. 2 Bde. München 1977/1978.
Tinbergen, N.: Instinktlehre. Vergleichende Erforschung angeborenen Verhaltens. Berlin ⁶1979.
Tinbergen, N.: Tiere untereinander. Formen sozialen Verhaltens. Berlin ³1975.
Toates, F. M.: Animal Behaviour. A Systems Approach. Chichester 1980.
Trivers, R.: Social Evolution. Menlo Park, Calif. 1985.
Wehner, R.: Himmelsnavigation bei Insekten. Neurophysiologie und Verhalten. Zürich 1982.
Wickler, W.: Mimikry. Nachahmung und Täuschung in der Natur. München 1971.
Wickler, W.: Vergleichende Verhaltensforschung und Phylogenetik. In: Die Evolution der Organismen (G. Heberer Hg.), Bd. I. Stuttgart 1967.
Wickler, W.: Verhalten und Umwelt. Hamburg 1973.
Wickler, W., Seibt, U.: Das Prinzip Eigennutz. Ursachen und Konsequenzen sozialen Verhaltens. Hamburg 1977.
Wilson, E. O.: Biologie als Schicksal. Die soziobiologischen Grundlagen menschlichen Verhaltens. Frankfurt/M. 1980.
Wilson, E. O.: Sociobiology: the New Synthesis. Cambridge 1975.

Advances in the Study of Behavior. New York 1965.
Animal Behaviour. London 1953.
Behaviour. Leiden 1948.
Biology of Behaviour. Paris 1976.
Brain Behavior and Evolution. Basel 1968.
Zeitschrift für Tierpsychologie. Berlin 1937.

Virologie

Bitton, G.: Introduction to Environmental Virology. New York 1980.
Casjens, S. (Hg.): Virus Structure and Assembly. Boston 1985.
Diener, Th. O.: Viroids and Viroid Diseases. New York 1979.
Dulbecco, R., Ginsberg, H. S.: Virology. Hagerstown 1980.
Epstein, M. A., Achong, B. G. (Hg.): The Epstein-Barr-Virus. Berlin 1979.
Fields, B. N. (Hg.): Virology. New York 1985.
Fraenkel-Conrat, H.: The Viruses. Catalogue, Characterization and Classification. New York 1985.
Fraenkel-Conrat, H., Wagner, R. R.: Comprehensive Virology. Bd. 1–19. New York 1974–1984.
Geißler, E. (Hg.): B I – Lexikon Virologie. Thun 1986.
Hill, St. A.: Methods in Plant Virology. Oxford 1984.
Joklik, W. K.: Virology. Norwalk, Conn. ²1985.
Koch, F., Koch, G.: The Molecular Biology of Poliovirus. Wien 1985.
Luria, S. E., Darnell Jr., J. E., Baltimore, D., Campbell, A.: General Virology. New York ³1978.
Matthews, R. E. F.: Classification and Nomenclature of Viruses. Basel 1979.
Nienhaus, F.: Viren, Mykoplasmen, Rickettsien. Parasiten an der Schwelle des Lebendigen. Stuttgart 1985.
Tooze, J. (Hg.): DNA Tumor Viruses. Cold Spring Harbor 1981.
Weiss, R. u. a. (Hg.): RNA Tumor Viruses. Cold Spring Harbor 1982.

Aids-Forschung. Percha 1986.
Aids-Research. New York 1986.
Intervirology. Basel 1973.
Journal of General Virology. Colchester 1967.
Journal of Medical Virology. New York 1977.
Journal of Virological Methods. Amsterdam 1980.
Journal of Virology. Washington 1967.
Virology. New York 1955.
Virus Research. Amsterdam 1984.

Zoologie

Abele, L. G. (Hg.): The Biology of Crustacea. Bd. 1. New York 1982.
Alexander, R. M.: Animal Mechanics. Blackwell ²1983.
Alexander, R. M.: The Chordates. Cambridge ²1981.
Anderson, O. R.: Radiolaria. New York 1983.
Andrássy, I.: Klasse Nematoda. Stuttgart 1984.
Ashdown, R. R., Done, St.: Topographische Anatomie der Wiederkäuer. Stuttgart 1984.
Aspöck, H., Aspöck, U., Hölzel, H.: Die Neuropteren Europas. Eine zusammenfassende Darstellung der Systematik, Ökologie und Chorologie der Neuropteroidea Europas. Krefeld 1980.
Austin, C. R., Short, R. V. (Hg.): Human Sexuality. Cambridge 1980.
Austin, C. R., Short, R. V. (Hg.): Reproduction in Mammals. 4 Bde. Cambridge ²1982–²1985.
Baker, J. R.: The Biology of Parasitic Protozoa. London 1982.
Berndt, R., Meise, W.: Naturgeschichte der Vögel. 3 Bde. Stuttgart 1959–66.
Berra, T. M.: An Atlas of Distribution of the Freshwater Fish Families of the World. Lincoln 1981.
Bezzel, E.: Ornithologie. Stuttgart 1977.
Böhme, W.: Handbuch der Reptilien und Amphibien Europas. 5 Bde. Wiesbaden ab 1981.
Bone, Q., Marshall, N. B.: Biologie der Fische. Stuttgart 1985.
Brown, L.: Die Greifvögel – ihre Biologie u. Ökologie. Hamburg 1979.
Brown, L., Amadon, D.: Eagles, Hawks and Falcons of the World. London 1969.
Chapman, R. F.: The Insects. Structure and Function. London ³1982.
Creutz, G.: Geheimnisse des Vogelflugs. Wittenberg Lutherstadt ⁸1983.
Creutzfeld, O. D., Ullrich, K. J. (Hg.): Gesundheit und Tierschutz, Wissenschaftler melden sich zu Wort. Düsseldorf 1985.
Crowson, R. A.: The Biology of the Coleoptera. London 1981.
Dittrich, L.: Lebensraum Zoo. Tierparadies oder Gefängnis. Freiburg 1977.
Dorst, J., Dandelot, P.: Säugetiere Afrikas. Hamburg 1973.
Fenton, M. B.: Communication in the Chiroptera. Bloomington 1985.
Foelix, R. F.: Biologie der Spinnen. Stuttgart 1979.
Frisch, K. v.: Aus dem Leben der Bienen. Berlin 1977.
Frisch, K. v.: Tiere als Baumeister. Frankfurt/M. 1974.
Frost, D. R. (Hg.): Amphibian Species of the World. A Taxonomic and Geographical Reference. Lawrence Kan. 1985.
Gaskin, D. E.: The Ecology of Whales and Dolphins. London 1982.
Génsböl, B., Thiede, W.: Greifvögel. Alle europäischen Arten, Bestim-

mungsmerkmale, Flugbilder, Biologie, Verbreitung, Gefährdungsgrad, Bestandsentwicklung. München 1986.
Glutz v. Blotzheim, U. N. u. a.: Handbuch der Vögel Mitteleuropas. Wiesbaden 1966 ff.
Goin, C. J., Goin, O. B., Zug, G. R.: Introduction to Herpetology. San Francisco ³1978.
Götting, K.-J.: Malakozoologie. Stuttgart 1974.
Grassé, P.-P. (Hg.): Traité de Zoologie. 17 Bde. Paris 1948–1977.
Grell, K. G.: Protozoology. Berlin ³1973.
Gruner, H.-E. (Hg.): Lehrbuch der Speziellen Zoologie. Begr. von A. Kaestner. Bd. I, Wirbellose Tiere.
Grzimek, B.: Grzimeks Tierleben. 13 Bde. München 1985.
Habermehl, G.: Gift-Tiere und ihre Waffen. Eine Einführung für Biologen, Chemiker und Mediziner. Ein Leitfaden für Touristen. Berlin 1983.
Hadorn, E., Wehner, R.: Allgemeine Zoologie. Stuttgart ²⁰1978.
Hamburg, D. H., McCown, E. R. (Hg.): The Great Apes. Menlo Park, Cal. 1979.
Hardegg, W., Preiser, G. (Hg.): Tierversuche und medizinische Ethik. Beiträge zu einem Heidelberger Symposium. Hildesheim 1986.
Harrison Matthews, L.: The Natural History of the Whale. New York 1978.
Hausmann, K.: Protozoologie. Stuttgart 1985.
Hediger, H.: Mensch und Tier im Zoo: Tiergartenbiologie. Zürich 1965.
Heinroth, O., Heinroth, M.: Die Vögel Mitteleuropas. 4 Bde. 1925–33. Nachdr. Berlin 1966–68
Hennig, W.: Wirbellose. 2 Bde. Thun ⁴1980/⁴1986.
Hentschel, E., Wagner, G.: Zoologisches Wörterbuch. Tiernamen, allgemeinbiologische, anatomische, physiologische Termini und biographische Daten. Stuttgart ²1984.
Herre, W., Röhrs, M.: Haustiere – zoologisch gesehen. Stuttgart 1973.
Jacobs, W., Renner, M.: Biologie und Ökologie der Insekten. Ein Taschenlexikon. Stuttgart ²1987.
Kaestner, A. (Hg.): Lehrbuch der speziellen Zoologie, Bd. I,1; I,2; I,3; I,4; I,5. Stuttgart 1973–84.
Kämpfe, L., Kittel, R., Klapperstück, J.: Leitfaden der Anatomie der Wirbeltiere. Stuttgart ⁴1980.
Kükenthal, W. (Begr.): Handbuch der Zoologie. Handbook of Zoology. Eine Naturgeschichte der Stämme des Tierreichs. A Natural History of the Phyla of the Animal Kingdom. 8 Bde. Berlin 1955–1986.
Lyman, C. P., Willis, J. S., Malan, A., Wang, L. C. H.: Hibernation and Torpor in Mammals and Birds. New York 1982.
Manton, S. M.: The Arthropóda. Habits, Functional Morphology and Evolution. Oxford 1977.
Mertens, R.: Die Tierwelt des tropischen Regenwaldes. Frankfurt/M. 1948.
Morton, J.: Mollusca. London 1967.
Nachtigall, W.: Warum die Vögel fliegen. Hamburg 1985.
Nichols, D.: Echinoderms, London ³1967.
Niethammer, G.: Handbuch der deutschen Vogelkunde. 3 Bde. Leipzig 1937–42.
Niethammer, J.: Säugetiere. Biologie und Ökologie. Stuttgart 1979.
Nowak, R. M., Paradiso, J. L.: Walker's Mammals of the World. 2 Bde. Baltimore ⁴1983.
Obst, F. J., Richter, K., Jacob, U.: Lexikon der Terraristik und Terrarienkunde. Leipzig 1984.
Oster, G. F., Wilson, E. O.: Caste and Ecology in the Social Insects. Princeton, N. J. 1978.
Porter, K. R.: Herpetology. Philadelphia 1972.
Portmann, A.: Einführung in die vergleichende Morphologie der Wirbeltiere. Stuttgart ⁶1983.
Purchon, R. D.: The Biology of the Mollusca. Oxford 1968.
Remane, A., Storch, V., Welsch, U.: Kurzes Lehrbuch der Zoologie. Stuttgart ⁵1985.
Remane, A., Storch, V., Welsch, U.: Systematische Zoologie. Stuttgart ³1986.
Renner, M.: Kükenthal's Leitfaden für das zoologische Praktikum. Stuttgart ¹⁹1984.
Romer, A. S., Parsons, T. S.: Vergleichende Anatomie der Wirbeltiere. Hamburg ⁵1983.
Ryland, J. S.: Bryozoans. London 1970.
Schmidt, G. H. (Hg.): Sozialpolymorphismus bei Insekten. Stuttgart 1974.
Schmidt, H.: Die Termiten. Leipzig 1955.
Schildmacher, H.: Einführung in die Ornithologie. Stuttgart 1982.
Schuhmacher, E.: Korallenriffe. Ihre Verbreitung, Tierwelt und Ökologie. München 1976.
Schütz, E. u. a.: Grundriß der Vogelzugskunde. Berlin 1971.
Simpson, G. G.: Splendid Isolation. The Curious History of South American Mammals. New Haven 1980.
Sleigh, M.: The Biology of Protozoa. London 1979.
Slijper, E. J.: Riesen des Meeres. Berlin 1962.

Smit, C. J., Wijngaarden, A. van: Threatened Mammals in Europe. Wiesbaden 1981.
Smith, J. L. B.: Vergangenheit steigt aus dem Meer. Stuttgart 1957.
Smyth, D. H.: Alternativen zu Tierversuchen. Stuttgart 1982.
Starck, D.: Vergleichende Anatomie der Wirbeltiere. Auf evolutionsbiologischer Grundlage. 3 Bde. Berlin 1978–1982.
Stresemann, E. u. V.: Die Mauser der Vögel. Journal für Ornithologie. Bd. 107. Sonderheft. Berlin 1966.
Stümpke, H.: Bau und Leben der Rhinogradentia. Neuaufl. Stuttgart 1985 (35.–40. Tsd.).
Teusch, G. M. u. a.: Intensivhaltung von Nutztieren aus ethischer, rechtlicher und ethologischer Sicht. Basel 1979.
Teusch, G. M.: Tierversuche und Tierschutz. München 1983.
Tischler, W.: Synökologie der Landtiere. Stuttgart 1955.
Weber, H.: Biologie der Hemipteren. Berlin 1930.
Weber, H.: Grundriß der Insektenkunde. Stuttgart ⁵1974.
Wollacott, R. M., Zimmer, R. L. (Hg.): Biology of Bryozoans. New York 1977.
Yalden, D. W., Morris, P. A.: The Lives of Bats. New York 1975.
Yonge, C. M., Thompson, T. E.: Living Marine Molluscs. London 1976.
Young, J. Z.: The Life of Vertebrates. Oxford ³1981.
Zissler, D.: Baupläne der Tiere. Eine funktionelle Morphologie. Freiburg 1980.

Acta Zoologica. Budapest 1954.
Acta Zoologica. Elmsford 1920.
American Zoologist. Thousand Oakes (USA) 1961.
Anatomical Record. New York 1906.
Anatomischer Anzeiger. Jena 1896.
Canadian Journal of Zoology. Ottawa 1929.
Journal of Experimental Zoology. New York 1904.
Journal of Invertebrate Pathology. New York 1959.
Journal of Zoology. London 1830.
Linnean Society. Zoological Journal. London.
Das Tier. Bern 1960.
Wildlife. London 1963.
Zeitschrift für Angewandte Zoologie. Berlin 1914.
Zoologica. Stuttgart 1888.
Zoologica Scripta. Stockholm 1972.
Zoologische Beiträge. Berlin 1883.
Zoologische Jahrbücher. Jena 1886. Abt. Allgemeine Zoologie und Physiologie der Tiere. Abt. Anatomie und Ontogenie der Tiere. Abt. Systematik, Ökologie und Geographie der Tiere.
Zoologischer Anzeiger. Jena 1878.
Zoomorphologie (früher: Zeitschrift für Morphologie und Ökologie der Tiere). Berlin 1924.

Sonstiges

Asimov, I.: Geschichte der Biologie. Frankfurt/M. 1968.
Bogen, H. J.: Knaur's Buch der Biotechnik. München 1973.
Bongers, B. u. a.: Biotechnik. Streiflichter moderner Biologie. München 1974.
Büttner, O., Hampe, E.: Analyse der natürlichen und gebauten Umwelt. Stuttgart 1977.
Cavalli-Sforza, L.: Biometrie. Stuttgart 1980.
Eimern, J. van, Häckel, H.: Wetter- und Klimakunde. Stuttgart 1984.
Fung, Y. C.: Biomechanics. Mechanical Properties of Living Tissues. New York 1981.
Haken, H.: Synergetik. Heidelberg ³1983.
Hassenstein, B.: Biologische Kybernetik. Eine elementare Einführung. Heidelberg 1977.
Heynert, H.: Grundlagen der Bionik. Heidelberg 1976.
Jahn, I., Löther, R., Senglaub, K. (Hg.): Geschichte der Biologie. Theorien, Methoden, Institutionen, Kurzbiographien. Jena ²1985.
Kuhn, Th.: Die Struktur wissenschaftlicher Revolutionen. Frankfurt/M. 1973.
Nachtigall, W.: Biotechnik. Statische Konstruktionen in der Natur. Wiesbaden 1971.
Nachtigall, W.: Phantasie der Schöpfung. Hamburg 1974.
Otto, F.: Natürliche Konstruktionen. Formen und Strukturen in Natur und Technik und ihre Entstehung. Stuttgart 1982.
Patzelt, O.: Wachsen und Bauen. Konstruktion in Natur und Technik. Hannover ²1974.
Precht, M.: Bio-Statistik. Eine Einführung für Studierende der biologischen Wissenschaften. 2 Teile. München ³1982/1985.
Rechenberg, I.: Optimierung technischer Systeme nach Prinzipien der biologischen Evolution. Stuttgart 1972.
Schönwiese, C. D.: Klimaschwankungen. Berlin 1979.

Biological Cybernetics. New York 1961.

Register

Gebrauchsanleitung

Das Register erschließt dem Benutzer alle im LEXIKON DER BIOLOGIE enthaltenen Informationen. Um die hierdurch gegebenen Möglichkeiten der Informationsentschlüsselung voll ausschöpfen zu können, empfiehlt sich die Beachtung folgender Hinweise:

Die Stichwörter stehen in alphabetischer Reihenfolge. Sie sind weiterhin innerhalb desselben Anfangsbuchstabens nach dem zweiten, dritten ... Buchstaben alphabetisiert.

Die Umlaute ä, ö und ü werden wie die Grundlaute a, o und u behandelt; ae, oe und ue werden als a-e, o-e und u-e alphabetisiert.

In der chemischen Terminologie gebräuchliche Abkürzungsbuchstaben und -ziffern sowie griechische Buchstaben werden bei der Alphabetisierung nicht berücksichtigt (N-Acetylglucosamin wird als Acetylglucosamin eingeordnet, 2-Aminopurin als Aminopurin und β-Alanin als Alanin). Auch Zwischenräume und Satzzeichen (Bindestrich, Apostroph, Punkt u. ä.) werden nicht mitalphabetisiert.

Für die Schreibung der Namen und Begriffe gilt die geläufige fachwissenschaftliche Schreibweise unter weitgehender Berücksichtigung der vorliegenden wissenschaftlichen Nomenklaturen. Hieraus ergeben sich gelegentlich Schwierigkeiten (Archaeocyten – Archäophyten, Bacterionema – Bakteriolysine) wie auch bei der Umschreibung fremder Namen. Bei C etwa vermißte Wörter suche man deswegen bei K, Sch, Tsch oder Z; bei V nicht geführte unter W; bei D fehlende unter T und jeweils umgekehrt. Dasselbe gilt sinngemäß für die Schreibweise von Umlauten (ä und ae, ö und oe, ü und ue).

Findet man ein zusammengesetztes Wort nicht, empfiehlt es sich, unter dem Hauptbegriff nachzuschlagen. Das gilt vor allem bei Tier- und Pflanzennamen (z. B. erscheint die Weidenmeise nur im Gesamtartikel Meisen).

Die Alphabet-Stichwörter des achtbändigen Grundwerks (Lexikon-Stichwörter) sind im Fettdruck kursiv (schräggestellte Schrift) wiedergegeben. Ein Verweispfeil hinter einem solchen Alphabet-Stichwort zeigt an, daß es sich bei dem Artikel im Grundwerk lediglich um einen Verweis auf ein anderes Stichwort handelt. Die eigentlichen „neuen" Register-Stichwörter, denen im Grundwerk kein eigener Artikel gewidmet ist, erscheinen im Fettdruck in geradestehender Schrift.

Kommen einem Begriff – je nach Fachgebiet – verschiedene Bedeutungen zu, so ist das Stichwort in der Regel mehrfach hintereinander aufgeführt, wobei das jeweilige Fachgebiet durch eine Klammer-Information (im Fettdruck) hinter dem Stichwort angegeben wird.

Unter den fettgedruckten Register-Stichwörtern sind im Normaldruck mit einem vorangestellten Bindestrich in alphabetischer Reihenfolge die entsprechenden „Fundstellen" (Fundstellen-Stichwörter) angegeben, d. h. jene Artikel im Grundwerk, in denen Informationen zu den nachgeschlagenen Stichwörtern enthalten sind. Die Tatsache, daß die Fundstellen in Form von Stichwörtern und nicht als Bandnummern und Seitenzahlen wiedergegeben sind, bietet für den Benutzer den großen Vorteil, daß er schon vor dem Nachschlagen sieht, in welchem Kontext der interessierende Begriff behandelt wird.

Jene Fundstellen, die (in Form von Verweisen) bereits bei dem Artikel im Grundwerk angegeben sind, sind im Register in der Regel nicht noch einmal aufgeführt. Daher empfiehlt sich in jedem Falle zuerst ein Nachschlagen des Artikels im Grundwerk, um sämtliche, vor allem die thematisch „naheliegenden" Fundstellen erfassen zu können.

Ist die Fundstelle nicht der Artikel-Text selbst, sondern ein Zusatzelement, wie Abbildung, Bildtafel, Tabelle usw., ist sie durch ein Symbol gekennzeichnet:

☐ Das Stichwort (Fundstelle) findet sich bei einer Abbildung, in einer Tabelle oder in einem kleingedruckten, gesonderten Text innerhalb des Grundtextraums. Dabei kann auch die eigentliche Abbildung im Grundtextraum stehen und die zugehörige Bilderklärung in einer schmalen Textspalte (Marginalienspalte) und umgekehrt.

[M] Das Stichwort findet sich auf der Marginalienspalte (am Rand oder in der Mitte).

[B] Das Stichwort findet sich auf einer Bildtafel. Diese steht in der Nähe des Alphabet-Stichwortes.

In vielen Fällen, insbesondere bei umfangreichen Artikeln, stehen im Grundwerk mehrere Kleindruckelemente der gleichen Art (☐ oder [M]) bei einem Stichwort. Um dem Benutzer das Auffinden der gewünschten Information zu erleichtern, ist die Fundstelle durch eine in der Regel dem Begleit-Text entnommene, in Klammern stehende Zusatzinformation näher gekennzeichnet.

Um eine zu große Aufsplitterung der Register-Stichwörter zu vermeiden, wurde – in sinnvollen, vom Verstehbaren vorgegebenen Grenzen – die Schreibweise der Begriffe vereinheitlicht. So findet man z. B. das Register-Stichwort „Bienen" in den angegebenen Artikeln sowohl als „Bienen" als auch als „Biene", „Anabolismus" auch als „anabolischer Prozeß" und „Erkenntnistheorie" auch als „erkenntnistheoretisch".

Gibt es zu einem interessierenden Register-Stichwort Synonyme, so sollten jeweils auch diese im Register nachgeschlagen werden, um die ganze Informationsfülle des Werkes voll ausschöpfen zu können. Dies gilt vor allem für die deutschen und wissenschaftlichen Namen von Pflanzen und Tieren.
Bei zahlreichen Register-Stichwörtern sind solche synonymen oder auch thematisch eng verwandten Begriffe im Anschluß an die alphabetisch aufgelisteten Fundstellen in Normalschrift mit einem vorangestellten Verweispfeil (ohne Bindestrich) angegeben (z. B. bei Alkohol: ↗Äthanol; bei Feuer: ↗Brand; bei Kraftstoffe: ↗Benzin, ↗Dieselkraftstoff). Ein solcher Verweispfeil empfiehlt dem Benutzer ein Nachschlagen des Begriffs im Register, um weitere Fundstellen des thematischen Umfeldes zu erschließen.

A
Aα-Fasern
– Motoneurone
Aakerbeere ↗
– [B] Europa V
Aalartige Fische
– Spermien
Aaldorsche
Aale
– Atmungsorgane
– chemische Sinne
– Fische
– [B] Fische (Bauplan)
– [B] Fische X
– [M] Gehörorgane (Hörbereich)
– Giftige Fische
– [M] Herzfrequenz
– Kontakttier
– [B] Larven I
– □ Lebensdauer
– Osmoregulation
– Rückenflosse
– Wasserverschmutzung
Aalenium
– [M] Jura
Aalfische ↗
Aalmolche
– Nordamerika
Aalmuttern
– [B] Fische I
Aalquappe
– Quappen
Aalstrich
– Abzeichen
AAM ↗
Aapamoore
– Bodeneis
– Rimpi
AAR ↗
Aas
– Rhabditida
– Totengräber
Aasblumen
– Fleischfliegen
– Fliegen
– Fliegenblütigkeit
– Gleitfallenblumen
Aasfliegen ↗
aasfressende Vögel
[M] Lebensformtypus
Aasfresser
Aasgeruch
– Aronstabgewächse
– Gleitfallenblumen
Aaskäfer
– [B] Homologie und Funktionswechsel
– [M] Saitenwürmer
Aaskrähe
– Nomenklatur
– Rasse
– Semispezies
Aastiere
– Aasfresser
AAV ↗
Ab.
ABA
– Antitranspirantien
Abachi
Abalone
A-Bande
– [B] Muskelkontraktion I
– Muskulatur
Abart
– Morphen
Abasilaria

Abastor ↗
Abatus
– Schizasteridae
Abax
– Laufkäfer
abaxial
Abbau
– Abwasser
– [B] Dissimilation I
– Katabiose
– Leben
– Mineralisation
– Selbstreinigung
– Stoffwechsel
– Streuabbau
abbauresistente Stoffe
– Insektizide
– Kohlenwasserstoffe
– Mineralisation
Abbe, E.
– □ Mikroskop (Vergrößerung)
– ↗ Phasenkontrastmikroskopie
Abbesche Abbildungstheorie
– □ Phasenkontrastmikroskopie
Abbevillien
– Acheuléen
– Faustkeil
abbildendes Gestalten
– Jugendentwicklung: Tier-Mensch-Vergleich
Abbildungsfehler
– Aberration
Abbiß ↗
– □ Bodenzeiger
Abbott, Alexander Crever
– Abbottina
Abbottina ↗
Abbrennen
– Afrika
– Australien
– ↗ Brandrodung
Abbreviation
– Fetalisation
Abbruchreaktion
A-B-C-Profil
ABC-Waffen-Vertrag
– bakteriologische Kampfstoffe
Abdämmungssee
– See
– [M] See
Abderhalden, E.
Abderhaldensche Reaktion
– Schwangerschaftstests
Abdichtungsmittel
– Harze
Abdomen
– Cephalisation
– [B] Gliederfüßer I
– □ Insekten (Bauplan)
– □ Krebstiere
abdominal ↗
Abdominalbeine
– Extremitäten
abdominale Atmung
– Bauchatmung
Abdominalganglion
– □ Insekten (Nervensystem)
– □ Insektenhormone
– Nervensystem
Abdominalpumpe
– Atmungsorgane
Abdominalsegmente ↗
– Extremitäten
abdomino-elytrales Stridulationsorgan
– Stridulation
Abdressur
– Lernen
Abdruck
– Fossilien
Abducens
Abduktion
– Hypothese
Abel, John Jacob
– [B] Biochemie
– [B] Biologie II
Abel, O.
– Dollosche Regel

– Paläobiologie
Abelmoschus
Abelson Murine Leukemia Virus
– □ Onkogene
Abendpfauenauge
– [M] Fortbewegung (Geschwindigkeit)
Abendsegler
Abeose
– □ Lipopolysaccharid
Aberdeen Angus
– Rinder
aberranter Wirt
– Fehlwirt
Aberration (Genetik)
Aberration (Medizin)
Aberration (Optik)
– Achromat
– Linsenauge
– Monochromat
– Pupillenreaktion
Aberration (Systematik)
– Pluripotenz
– Polymorphismus
– Varietät
Abessinische Katze
– [B] Katzen
Abessinischer Fuchs
– Canis
Abfackelung
– [M] Erdgas
– [M] Kohlenmonoxid
– [M] Kohlenwasserstoffe
Abfall
– Bioenergie
– Deponie
– □ Energieflußdiagramm
– Schwermetalle
– Wasserverschmutzung
Abfallanlagen
– Abfall
Abfallkippen
– Abfall
– ↗ Deponie
Abfallstoffspeicherung
Abfallverwertung
Abflugintention
– Stereotypie
Abfluß
– Niederschlag
– Wasserbilanz
– □ Wasserkreislauf
Abgase
– Antivitalstoffe
– Benzol
– Biofilter
– Carboxidobakterien
– Kohlenmonoxid
– Luftverschmutzung
– Ozon
– Rauchgasschäden
– saurer Regen
– Waldsterben
abgeschlossene Systeme
– Entropie
Abgottschlange
– [B] Reptilien III
– [B] Südamerika II
abhängige Nestgründung
– staatenbildende Insekten
Abhängigkeit
– Drogen und das Drogenproblem
– □ Hunger
– [M] Schmerz
– [M] Sucht
Abhärtung
– Frostresistenz
– Hitzeresistenz
– Überwinterung
Abia
– Cimbicidae
Abies ↗
Abietate
Abieti-Fagetum
– Weißtannenwälder
Abietinaria ↗
Abietinella ↗

Abietinsäure
– Bernstein
– Diterpene
– [M] Harze
– Kolophonium
Abietoideae
abietoide Tüpfelung
– Protopinaceae
A-Bindungsstelle
– Aminoacyl-t-RNA
– Bindestelle
– P-Bindungsstelle
– Puromycin
– □ Ribosomen (Aufbau)
– Translation
Abiogenesis
abiogene Synthese ↗
Abioseston
abiotisch
abiotische Faktoren
– Klima
– ökologische Nische
abiotische Synthese
– Schöpfung
Abklatschpräparat ↗
Abkochen
– Konservierung
Abkömmling
– Derivat
Abkühlungsresistenz
– Kälteresistenz
Ablagerung (Geologie) ↗
– Abtragung
– Erdgeschichte
Ablagerung (Zellbiologie) ↗
Ablattaria
– Aaskäfer
Ableger (Botanik)
Ableger (Zoologie)
– Rote Waldameisen
Ablepharus
Abliegezeit
– Reh
Ablösungszeremoniell
Abluftgemische
– Biofilter
Abmagern
– Eiweißmangelkrankheit
– ↗ Unterernährung
Abmagerungskuren
– Nährwert
Abnabelung
– Geburt
Abneigung
– Aversion
AB0-Inkompatibilität
– AB0-System
AB0-System
– Antigene
– Landsteiner, K.
– □ Menschenrassen
Abnutzungspigment ↗
Abnutzungstheorie
– Altern
Abomasus ↗
aboral
Abortfliegen ↗
Abortiporus
Abortiva
– Abortus
– [M] Arnika
– Empfängnisverhütung
Abortiveier
– Dotterzellen
– Eitypen
– Ovar
– zusammengesetzte Eier
– ↘ Dotterstock
abortive Infektion
– Virusinfektion
abortive Transduktion ↗
Abortus
– Schwangerschaft
ab ovo
Abra ↗
Abramis ↗
Abramites ↗
Abrana
– Rana

Abranchus

- □ Ranidae
Abranchus
Abrasion
Abraum
- Rekultivierung
Abraxas ↗
Abreaktion
Abrin
- Hülsenfrüchtler
- Ricin
Abrocoma
- Chinchillaratten
Abrocomidae ↗
Abronia (Botanik) ↗
Abronia (Zoologie)
Abrotanin
- Beifuß
Abrus ↗
- Abrin
Absatzgesteine
- Sedimentgesteine
Abschirmpigmente
Abschirmung
- Strahlenschutz
Abschlaggeräte
- Abbevillien
- Acheuléen
- Faustkeil
- Moustérien
- [M] Moustérien
- Tayacien
- [M] Tayacien
Abschlußgewebe
- Exodermis
- Kormus
Abschreckmittel
Abschreckung
- Augenfleck
- Biolumineszenz
  ↗ Schreckfärbung
  ↗ Schreckstoffe
Abscisinsäure
- Entlaubungsmittel
- Gibberellinantagonisten
- [M] Keimungshemmstoffe
- Knospenruhe
- Streß
- Violaxanthin
  ↗ Tropismus
Abscission
- Chorismus
- Entlaubungsmittel
Absenker ↗
Absetzbecken
Absetzbrunnen
- Absetzbecken
Absidia
Absinkbecken
- Absetzbecken
Absinthiin
- [M] Beifuß
Absinthin
- [M] Beifuß
Absinthismus
- [M] Beifuß
Absinthlikör
- [M] Beifuß
Absinthol
- [M] Beifuß
- Thujon
absolute Chronologie ↗
absolute geologische Zeitrechnung
- Geochronologie
absolute Konfiguration
- [M] asymmetrisches Kohlenstoffatom
absolute Koordination
- [B] relative Koordination
absoluter Geist
- Geist - Leben und Geist
absolutes Gehör
Absonderungsgefüge ↗
Absonderungsgewebe
- Exkretion
- Milchröhren
- Pflanzen
Absonderungsideoblasten
- Absonderungsgewebe

Absorbens
- Absorption
Absorption
- □ Desoxyribonucleinsäuren (Parameter)
- □ Energieflußdiagramm
- Extinktion
- Glashauseffekt
- Kolorimetrie
- Maßanalyse
- Photosynthese
- □ Proteine (Charakterisierung)
- □ Röntgenstrahlen
Absorptionsgewebe
- Orchideen
Absorptionshaare
- Absorptionsgewebe
- carnivore Pflanzen
Absorptionsobjekt
- □ Phasenkontrastmikroskopie
Absorptionsspektrum
- □ Nicotinamidadenindinucleotid (Absorptionsspektren)
Absprünge
- Bastkäfer
Abstammung
- Darwinismus
- Evolutionstheorie
- Paläanthropologie
Abstammung - die Realität des Vorgangs
Abstammungsachse
- [B] Blüte
- Blütendiagramm
- Dichasium
- Verzweigung
Abstammungsbegutachtung
- Abstammungsnachweis
Abstammungsgemeinschaft
- Formenkreislehre
- idealistische Morphologie
- monophyletisch
- Systematik
Abstammungslehre
- Haeckel, E.
- Phylogenetik
Abstammungsnachweis
- Herdbuch
abstammungsverwandte Merkmale
- Bauplan
Abstammungsverwandtschaft
- Bauplan
Absterbephase
- □ mikrobielles Wachstum
Abstich
- Wein
Abstillen
- Trächtigkeit
Abstinenzerscheinungen
- Drogen und das Drogenproblem
  ↗ Entzugserscheinungen
abstrakte chronologische Zeiteinheiten
- Stratigraphie
Abstraktion
- Aristoteles
- Bauplan
- Begriff
- Lernen
- Zählvermögen
Abstreifen ↗
- künstliche Besamung
Abstrich
Absud
- Dekokt
Abszeß
Abteilung (Geologie)
- Stratigraphie
Abteilung (Systematik)
- □ Nomenklatur
Abtorfung
Abtragung
- Erdgeschichte
Abtreibungsversuche
- [M] Fehlbildung

Abtrennungsregel
- Deduktion und Induktion
Abtrittfliegen ↗
Abundanz
- Populationsdichte
Abundanzdynamik
- Massenwechsel
- Populationsdynamik
Abundanzregel
Abundismus
Abura
- □ Holz (Nutzhölzer)
Abutilon
Abwandlungsreihen
- Typus
Abwasser
- Ammonifikation
- Einwohnergleichwert
- [M] Eutrophierung
- Fischsterben
- Fischvergiftung
- Landwirtschaft
- Phosphate
- [M] Seifen
- [M] Selbstreinigung
- Stickstoffauswaschung
- Tenside
- Wasseraufbereitung
- Wasserverschmutzung
- Wurzelraumverfahren
  ↗ Kläranlage
Abwasserbehandlung
- Rieselfelder
  ↗ Kläranlage
Abwasserbelastung
- Saprobiensystem
Abwasserbeseitigung
- Abwasser
  ↗ Kläranlage
Abwasserbiologie
- Hydrobiologie
Abwassergruben
- Gärgase
Abwasserlast
- Wasserverschmutzung
Abwassermikrobiologie
- Hydromikrobiologie
Abwasserpilz
- □ Saprobiensystem
- Selbstreinigung
Abwasserreinigung
- Abbau
- Abwasser
- Abwasserbehandlung
- Algen
- Belebungsverfahren
  ↗ Kläranlage
Abwasserverregnung
- Abwasser
Abwasserverrieselung
- Abwasser
Abwasserzustand
- chemischer Sauerstoffbedarf
Abwehr
- [B] Bereitschaft II
- Coelomocyten
- Duftorgane
- Erbrechen
- Granulocyten
- □ Infektionskrankheiten
- Resistenz
- Streß
Abwehrdrüsen
- Wehrdrüsen
Abwehrenzyme
Abwehrreaktion
- Evasion
Abwehrreflex
Abwehrstoffe
abweichendes Verhalten
- Anomalie
abweiden
- Bergbach
Abwendung
- Konfliktverhalten
Abylopsis ↗
Abyssal
- [M] bathymetrische Gliederung
- □ Meeresbiologie (Lebensraum)

Abyssalfauna
- atlantische Region
Abyssogammarus
- [M] Baikalsee
Abyssopelagial
- □ Meeresbiologie (Lebensraum)
- Pelagial
abyssopelagisch
- [M] bathymetrische Gliederung
Abyssothyris
- Brachiopoden
Abzählen
- Zählvermögen
Abzeichen
- Meerkatzen
Acacia
- Gummi
Acajoubaum ↗
- [B] Kulturpflanzen VI
- [M] Sumachgewächse
Acajougummi
- Sumachgewächse
Acalypha ↗
Acalyptrata
- Minierer
Acanthaceae
Acanthamoeba ↗
Acantharia
- Acanthin
Acanthaster ↗
- □ Seesterne
Acanthella (Parasiten)
Acanthella (Schwämme)
Acanthephyra
Acanthias
- [M] Mittelmeerfauna
Acanthin
Acanthinula
Acanthion
- [M] Asien
- [M] Stachelschweine
Acanthis ↗
Acanthobdella
- [M] Gürtelwürmer
- Hirudinea
Acanthobdellidae
Acanthobdelliformes
- Hirudinea
Acanthobonellia
- [M] Echiurida
Acanthobrahmaea
- Brahmaeidae
Acanthocardia
Acanthocarpus
- [M] Xanthorrhoeaceae
Acanthocephala
- [M] Anaerobier
Acanthocephalus ↗
Acanthoceras
Acanthocheilus
- [M] Spulwurm
Acanthochitona
Acanthochitonida
- [M] Käferschnecken
Acanthochitonidae
- Cryptochiton
- Cryptoplax
Acanthocinus ↗
Acanthocyclops ↗
Acanthocystis
Acanthocytose
- □ Hämolyse
Acanthodactylus
Acanthoderes
- Bockkäfer
Acanthodii
- Ichthyodorulithen
- □ Silurium
Acanthodoris
Acanthodrilus ↗
Acantholimon
Acantholyda
- [M] Pamphiliidae
Acanthometron ↗
Acanthophis
Acanthophthalmus ↗
- Prachtschmerlen
Acanthopterygii ↗

Achorion

Acanthoptilum ↗
Acanthor ↗
Acanthosaura ↗
Acanthoscaphites
– scaphiticon
Acanthoscelides
– ᴹ Samenkäfer
Acanthosicyos
Acanthosoma
– Darmkrypten
Acanthosphaera ↗
Acanthostega
Acanthuridae
– Doktorfische
Acanthurinae
– Doktorfische
Acanthuroidei ↗
Acanthurus
– Doktorfische
Acanthus
Acarapis ↗
Acardiacus
– ᴹ Agenesie
Acari ↗
– □ Chelicerata
↗ Milben
Acariasis ↗
Acaridae ↗
Acarina ↗
AC-Arm
– □ transfer-RNA
Acarosporaceae
Acarus ↗
Acaulis ↗
Acaulon ↗
Acaulospora
– Mykorrhiza
Acavidae
– Helicophanta
Accessorius
accidenteller Wirt ↗
Accipiter ↗
Accipitridae ↗
Acctosa
– Kompaßorientierung
Acentria
– Zünsler
Acentropus
– Zünsler
acephal
– Fliegen
Acephala ↗
– Cephalisation
↗ Muscheln
acephale Gregarinen ↗
Acephalus
– ᴹ Agenesie
Acer ↗
Aceraceae ↗
Aceras ↗
Aceratherium
Acerentomidae
– Beintastler
Acerentomon
– Beintastler
Aceria
– ᴹ Gallmilben
Aceri-Fagetum
– Aceri-Fagion
Aceri-Fagion
Aceri-Fraxinetum ↗
Aceri-Salicetum appendiculatae ↗
Aceri-Tilietum ↗
Acerocare
– ᴹ Kambrium
Acervulus
– Konidien
– ᴹ Marssonina
– Melanconiales
Acetabula (Pilze) ↗
Acetabula (Saugnäpfe)
– Acetabulum
– Bandwürmer
Acetabula (Vertiefungen)
– Mamelonen
↗ Acetabulum
Acetabularia ↗
– Kerntransplantation

Acetabulum (Saugnapf)
Acetabulum (Vertiefung)
– Beckengürtel
– Darmbein
– ᴹ Gelenk
Acetaldehyd
– Alkohol-Dehydrogenase
– ᴮ Enzyme
– ᴹ Essigsäurebakterien
– ᴮ funktionelle Gruppen
– □ Glycerin
– ᴮ Glykolyse
– □ MAK-Wert
– □ Phosphoketolase
– □ Redoxpotential
– Wein
Acetalgruppe
– ᴮ funktionelle Gruppen
Acetalphosphatide
Acetamid
– ᴮ funktionelle Gruppen
Acetanilid
– ᴹ Hydroxylasen
Acetate
– □ Buttersäuregärung
– ᴮ Dissimilation I
– ᴮ Dissimilation II
– Essigsäure
– □ Glycerin
– Interspezies-Wasserstoff-Transfer
– Pansensymbiose (Säuren)
– □ Redoxpotential
– ᴹ Sulfatatmung
Acetat-Polymalonat-Gruppe
– ᴹ Flechtenstoffe
Acetessigsäure
– Diabetes
– □ Harn (des Menschen)
– Hydroxymethylglutaryl-Coenzym A
– Ketocarbonsäuren
– Ketonkörper
Aceteugenol
– Nelkenöl
Acetidin-2-carbonsäure
– ᴹ Aminosäuren
Activibrio
Acetoacetat ↗
– Hydroxymethylglutaryl-Coenzym A
Acetoacetyl-ACP
– Fettsäuren
– ᴹ Fettsäuren (Fettsäuresynthese)
Acetoacetyl-CoA
– Hydroxymethylglutaryl-Coenzym A
↗ Acetoacetyl-Coenzym A
Acetoacetyl-Coenzym A
Acetobacter ↗
– □ Ascorbinsäure
– ᴹ Bier
– ᴹ Wein (Fehler/Krankheiten)
Acetobacterium
acetogene Bakterien
– ᴹ Carbonatatmung
– Essigsäuregärung
– methanbildende Bakterien
Acetoin
– ᴹ Citronensäurevergärung
– Malo-Lactat-Gärung
– unvollständige Oxidation
– Voges-Proskauer-Reaktion
Acetomonas
– ᴹ Bier
– Essigsäurebakterien
Aceton
– Biotechnologie
– Buttersäure-Butanol-Aceton-Gärung
– □ Buttersäuregärung
– □ Harn (des Menschen)
– Hydroxymethylglutaryl-Coenzym A
– Ketone
– Ketonkörper
– □ MAK-Wert
– Präparationstechniken

Aceton-Butanol-Gärung ↗
Acetoncyanhydrin-β-glucosid
– Linamarin
Acetonurie
– Aceton
Acetyl ↗
Acetyl-ACP
Acetylase
Acetylcholin
– Adrenalin
– Anticholinergika
– Botulinustoxin
– Brennessel
– Brennhaar
– Calcium
– cholinerge Fasern
– Guanosinmonophosphate
– Honig
– ᴹ Hummeln
– Katz, B.
– Loewi, O.
– Muscarin
– □ Muskelzuckung
– □ Nervensystem (Funktionsweise)
– Neurotransmitter
– □ Neurotransmitter
– Rezeptoren
– Schmerz
– Synapsen
– □ Synapsen
– Verdauung
– Zellkommunikation
Acetylcholin-Esterase
– Amaryllidaceenalkaloide
– ᴹ Carboxyl-Esterasen
– Diisopropyl-Fluorphosphat
– Enzyme
– Myasthenie
– Nervengase
– Parasympathikomimetika
– Schlangengifte
– Synapsen
– □ Synapsen
Acetylcholin-Esterase-Hemmer
– Anticholin-Esterasen
Acetylcholinrezeptor
– Agonist
– Bungarotoxine
– Membran
– Rezeptoren
– □ Synapsen
Acetyl-CoA ↗
Acetyl-Coenzym A (= Acetyl-CoA)
– Citratzyklus
– ᴮ Dissimilation II
– Fettsäuren
– Fettstoffwechsel
– ᴮ funktionelle Gruppen
– Glykolyse
– ᴮ Glykolyse
– □ Kohlendioxidassimilation
– Pyruvat-Carboxylase
– Stoffwechsel
– ᴮ Stoffwechsel
– ᴹ Sulfatatmung
Acetyl-Coenzym-A-Carboxylase
– Fettsäuren
Acetylen
– ᴹ Alkine
– ᴮ Kohlenstoff (Bindungsarten)
↗ Äthin
Acetylene
– Alkine
Acetylenverbindungen
– Dreifachbindung
N-Acetylgalactosamin
– Aminozucker
– Glykoproteine
– Mucopolysaccharide
N-Acetylglucosamin
– Aminozucker
– Chitin
– Chitinasen
– Glucosamin
– Glykoproteine
– Golgi-Apparat

– Hyaluronsäure
– □ Lipopolysaccharid
– □ Lysozym
– Mucopolysaccharide
– □ Murein
– UDP-N-Acetylglucosamin
Acetylgruppe
– ᴹ Acetylcholin
– ᴹ Fettsäuren (Fettsäuresynthese)
N-Acetylhexosamine
– Glykoproteine
Acetylierung
Acetylmethylcarbinol
– Acetoin
– Buttersäure-Butanol-Aceton-Gärung
N-Acetylmuraminsäure
– □ Lysozym
– Murein
– □ Murein
– UDP-N-Acetylmuraminsäure
N-Acetylneuraminsäure
– Aminozucker
– □ Ganglioside
– Neuraminidase
– Sialinsäuren
– Virusrezeptoren
Acetylphosphat
– □ Phosphoketolase
– ᴹ Sulfatatmung
Acetylsalicylsäure
– Prostaglandine
– Weide (Pflanze)
Acetyl-S-CoA ↗
N-Acetylserotonin
– ᴹ Chronobiologie (Enzymkinetik)
Acetyl-Transacylase
N-Acetyl-Transferasen
– ᴮ Chronobiologie I
Achaeta
– ᴹ Enchytraeidae
Achalinus ↗
Achäne
– □ Fruchtformen
– Scutellum
Acharax
– Schotenmuscheln
Achard, F.C.
– Beta
Achateule
Achatina ↗
Achatinella
Achatocarpaceae
– Kermesbeerengewächse
Achatocarpoideae
– Kermesbeerengewächse
Achatschnecken
– ᴹ Faunenverfälschung
Acheilognathinae
– Bitterlinge
Acherontia ↗
Acheta ↗
– Oogenese
Acheuléen
– Abbevillien
– Faustkeil
Achillea ↗
Achillessehne
– Fersenbein
Achillessehnenreflex
– Dehnungsreflex
– Kniesehnenreflex
achlamydeisch
Achlamydocarpon
– Samenbärlappe
Achlya ↗
– Antheridiol
Achnanthaceae
Achnanthes
– Thermalalgen
Acholadidae
– ᴹ Dalyellioida
Acholeplasmataceae ↗
Acholeplasmaviren
– Mycoplasmaviren
Acholoe ↗
Achorion
– Favus

Achote

Achote
Achroglobin
Achroia ⁊
Achromasie
- Farbenfehlsichtigkeit
- Monochromasie
Achromat
- Mikroskop
- ☐ Mikroskop (Aufbau)
Achromatin
Achromatium
Achromatose
- Achromasie
Achromie
- Achromasie
Achromobacter
- Bodenorganismen
- Ⓜ Kläranlage
A-Chromosomen
Achromycin
Achse (Botanik) ⁊
Achse (Zoologie)
Achselhöhle
- Hautdrüsen
- Hautflora
- Ⓜ Schweißdrüsen
Achselknospe
- Ⓜ Akrotonie
- apikale Dominanz
- ☐ Blattfall
- Knospe
- Symmetrie
- Verzweigung
Achselsproß
- Konkauleszenz
- Wurzelbrut
Achsenbulbille
- Brutknospe
Achsenfaden ⁊
- Axialfilament
- Graptolithen
- Nema
Achsenkörper
- Sproßachse
Achsenskelett
- Bewegung
- Chorda dorsalis
- Chordatiere
Achsensporn
- Blütensporn
Achsenstab ⁊
- Axopodien
Achsensystem
- Ⓑ Induktion
Achsenzylinder
Achtfüßer ⁊
Achtheres
- Ⓜ Copepoda
Achtstrahlige Korallen ⁊
Acicula ⁊
Aciculae
- Borsten
- Extremitäten
- Polychaeta
- Ⓜ Polychaeta
Aciculidae
- Mulmnadeln
Acidaminococcus ⁊
Acidaspis
- Odontopleurida
Acidimetrie
Acidität
- Ⓜ pH-Wert
- Säuren
acidoklin
- acidophil
acidophil
Acidophilus
Acidophilusmilch
- Acidophilus
- Joghurt
acidophob ⁊
Acidophyten
acidophytische Getreide-
  ackerfluren
- Getreideackerfluren
Acidose
- Niere
- Schock

Acidothermus
- Schwefelreduzierer
- Sulfolobales
- Ⓜ Sulfolobales
Acidovorans-Gruppe
- Ⓜ Pseudomonas
acid rain
- saurer Regen
Acilius ⁊
Acineta ⁊
Acinetobacter
- Achromobacter
- Ⓜ Kläranlage
- ☐ Purpurbakterien
Acinonychinae
- Gepard
Acinonyx ⁊
Acinos
- Bergminze
Acipenser
- platybasischer Schädel
- Störe
Acipenseridae ⁊
Acipenseriformes
- Störe
Acitheca
- Marattiales
Ackerbau
- Ackerunkräuter
- Agronomie
- Auerochse
- Bodenerosion
- Europa
- Hackfrüchte
- Jungsteinzeit
- Landwirtschaft
- Rinder
- Ringeln
- Stellarietea mediae
- Wald
Ackerböden
- C/N-Verhältnis
- C/P-Verhältnis
- denitrifizierende Bakterien
Ackerbohne ⁊
- Ackerbau
- Ⓑ Replikation der DNA II
Ackerbohnenscheckungsvirus
- Trespenmosaik-Virusgruppe
Ackerflächen
- Ⓜ Erosionsschutz
Ackerfluren
- Ersatzgesellschaft
Ackerfrauenmantel-Fluren ⁊
Ackergauchheil
- Ⓜ Gauchheil
Acker-Hellerkraut
- Ⓑ Europa XVI
- Hellerkraut
- Ⓑ Unkräuter
Acker-Kratzdistel
- Ⓑ Europa XVI
- Kratzdistel
- Ⓑ Unkräuter
Ackerlinge ⁊
Ackermelde-Fluren ⁊
Ackernetzschnecke
Acker-Rittersporn
- Ackerunkräuter
- ☐ Fruchtformen
- Ⓜ Rittersporn
- Ⓑ Unkräuter
Ackerröte
- Ackerunkräuter
Ackersalat
- Feldsalat
Ackerschachtelhalm
- Ⓑ Farnpflanzen I
- Ⓜ Schachtelhalme
Ackerschätzungsrahmen
- Bodenbewertung
Ackerschnecken
- Ⓜ Fortbewegung (Geschwin-
  digkeit)
- Gartenschnecken
Acker-Senf
- Ackerunkräuter
- Ⓑ Europa XVIII
- Senf

- Ⓑ Unkräuter
Ackerspörgel
- Ⓜ Spörgel
Acker-Stiefmütterchen
- Ⓑ Unkräuter
- Veilchen
Ackerunkräuter
- Adventivpflanzen
- Aussterben
- hemerophil
- Samenverbreitung
- Stellarietea mediae
- Unkräuter
Ackerunkrautgesellschaften ⁊
Ackerweide
- Wechselgrünland
Acker-Winde
- Polykorm
- Ⓑ Unkräuter
- Ⓜ Windengewächse
Ackerzahl
- Bodenbewertung
Acmaea ⁊
Acmaeidae
- Schildkrötenschnecken
Acmaeops
- Blütenböcke
- Ⓜ Bockkäfer
Acme ⁊
Acnidaria
- Pfeilgifte
Acocanthera
Acochlidiacea
acoel
- Darm
Acoela
- Archoophora
Acoelomata
acoene Arten
- Ubiquisten
Acomys
- Stachelmäuse
Aconaemys
- Felsenratten
- Ⓜ Trugratten
Aconcagua
- Ⓜ Südamerika
Aconitase
- Ⓑ Chromosomen III
- ☐ Citratzyklus
- Dehydratasen
- Fluoressigsäure
- ☐ reduktiver Citratzyklus
cis-Aconitat ⁊
- ☐ reduktiver Citratzyklus
Aconitin
- Aconitumalkaloide
- Eisenhut
cis-Aconitsäure
- Ⓑ Dissimilation II
Aconitum ⁊
Aconitumalkaloide
- Diterpene
Acontias ⁊
Acorus ⁊
Acosmanura ⁊
Acostaea
- Flußaustern
ACP ⁊
A-C-Profil
acquired immune deficiency
  syndrome
- Geschlechtskrankheiten
- Immundefektsyndrom
- ⁊ AIDS
Acraeidae
- Bläulinge
- Dornraupen
Acrania ⁊
- ☐ Wirbeltiere
- ⁊ Schädellose
Acrasia
- Zelluläre Schleimpilze
Acrasin
- ☐ Dictyostelium
- Morphogen
Acrasina ⁊
Acrasiomycetes ⁊
- ☐ Echte Schleimpilze

- Zelluläre Schleimpilze
Acremonium ⁊
Acreodi ⁊
Acricotopus
- Ⓑ Genaktivierung
Acrididae ⁊
Acridin
- Acridonalkaloide
- Deletion
- Interkalation
Acridin-Farbstoffe
- Mitochondrien
Acridinorange
- Fluoreszenzmikroskopie
- Photosensibilisatoren
Acridonalkaloide
Acridotheres ⁊
Acriflavin
- Mitochondrien
Acris ⁊
Acrisole
- Bodenentwicklung
Acrobates
- Ⓜ Australien
- Gleitbeutler
Acrocephalus ⁊
Acroceridae ⁊
Acrochordidae ⁊
Acrochordus
- Warzenschlangen
Acrocinus ⁊
Acrocirridae
- Ⓜ Spionida
Acrolein
- Ⓜ Wehrsekrete
Acrolepia
- Plutellidae
Acroloxidae
- Flußmützenschnecken
Acroloxoidea
- Flußmützenschnecken
Acroloxus ⁊
Acrolytus
- Ⓜ Nervensystem
  (Ganglien/Nerven)
Acromion
- Scapula
Acropora
Acrosaurus
- Schnabelköpfe
Acrosiphonales
Acrostichum
- Pteridaceae
Acrothoracica
- Ⓜ Rankenfüßer
Acrotrichis
- Ⓜ Federflügler
Acrylamid
- ☐ MAK-Wert
N,N-bis-Acrylamid
- Cross-link
Acrylamidgel ⁊
Acrylatweg
Acryllium ⁊
Acrylnitril
- Ⓜ Krebs (Krebserzeuger)
Actaea ⁊
Acteon ⁊
- Chiastoneurie
Acteonidae
- Drechselschnecke
ACTH ⁊
Actias ⁊
Actidion ⁊
- Antimykotikum
Actin
- Calcium
- Cytochalasane
- Differenzierung
- Leben
- Membranskelett
- ☐ Membranskelett
- Muskelkontraktion
- Ⓑ Muskelkontraktion II
- Ⓜ quergestreifte Muskulatur
Actinastrum ⁊
Actinella ⁊
Actinfilament
- amöboide Bewegung

- Chloroplastenbewegungen
- Cytokinese
- Cytoplasma
- Desmin
- glatte Muskulatur
- Muskelkontraktion
- [B] Muskelkontraktion I
- [B] Muskelkontraktion II
- □ Muskulatur
- [M] Muskulatur
- Plasmaströmung
- schräggestreifte Muskulatur
- Tropomyosin
- Troponin
- Zellskelett
- Z-Streifen

Actingene
- Genfamilie

Actinia
Actiniaria ↗
Actinidia ↗
Actinidiaceae
- Strahlengriffel

Actinin
- Muskulatur
- Z-Streifen

Actinistia ↗
Actin-Myosin-System
- Bewegung

Actinobacillus
Actinobacteria ↗
Actinobdella
- [M] Glossiphoniidae

Actinobifida ↗
Actinocamax
Actinoceratoidea
actinodont
- Actinodonta

Actinodonta
Actinomyces ↗
- Erle
- Kartoffelschorf
- [M] Zahnkaries

Actinomycetaceae
Actinomycetales
Actinomyceten ↗
- [M] Eitererreger
- □ Eubakterien

Actinomyceten und verwandte Organismen
Actinomycetome
- Nocardien

Actinomycine
- Balbiani-Ring
- cancerogen
- [M] Cytostatika
- Interkalation
- Waksman, S.A.

Actinomyxidia ↗
Actinophagen
- Bakteriophagen

Actinophrys
- [B] Sexualvorgänge

Actinoplanaceae
Actinopoda ↗
- Seewalzen

Actinopterygii
- Knochenfische
- □ Silurium
- □ Wirbeltiere

Actinoptychus ↗
Actinosphaera ↗
Actinosphaerium
Actinostromaria
- Sphaeractinia

Actinothoe
- Mesomyaria

Actinotrichida
- [M] Milben

Actinotrocha ↗
- [M] Larven
- Trochophora

Actinoxylon ↗
Actinstachel
- □ Saugwürmer

Actinula
- Hydrozoa
- [M] Larven

actio
- [M] Fortbewegung (Physik)

Actitis
- Wasserläufer

Actomyosin
- Calcium
- Farbwechsel
- Muskelkontraktion
- Myosin
- Paramyosin

Actomyosin-ATPase
- Muskelkontraktion
- [B] Muskelkontraktion II

Actophilornis
- [M] Afrika

Acuaria
Aculeata
Aculeus
- Stachel

Aculifera
Acusticus
- Statoacusticus

acyclische Blüte
acyclische Verbindungen
Acycloguanosin
- Virostatika

Acyclovir
- Virostatika

Acyladenylat
Acyl-Adenylsäuren
- Anhydride

Acylaminosäure
- □ Emulgatoren

Acyl-AMP
- Acyladenylat

Acylcarnitin
- [M] Carnitin
- □ Mitochondrien (Aufbau)

Acyl-Carrier-Protein
- Carrier
- Fettsäuren
- □ Fettsäuren (Fettsäuresynthese)

Acyl-Coenzym A (= Acyl-CoA)
- Fette
- [M] Fettsäuren (Fettsäuresynthese)

Acyl-Coenzym-A-Dehydrogenasen
Acylglycerine
- Fette

Acylrest
- Fettsäuren
- □ Fettsäuren (Fettsäuresynthese)
- Liponsäure
- Membran

N-Acylsphingosin
- Ceramide

Acyltransferasen
- Fette

Acylübertragung
- Fettsäuren
- □ Fettsäuren (Fettsäuresynthese)

A_d ↗
Adaktylie
- [M] Agenesie

Adalia ↗
Adamantoblasten
- Zahnschmelz

Adams, Charles B.
- Adamsia

Adamsapfel (Medizin)
Adamsapfel (Pflanze)
- Citrus

Adamsia ↗
Adams-Stokes-Syndrom
- His, W.

Adanson, Michel
- Adansonia

Adansonia ↗
Adansonibiene
- Mörderbiene

Adansonin
- Affenbrotbaum

Adapedonta
Adapiden
- [M] Herrentiere

Adaptation (Biochemie)
Adaptation (Chronobiologie)

Adaptation (Evolution)
- Präadaptation
- Variabilität

Adaptation (Mikrobiologie)
Adaptation (Physiologie)
- Auge

Adaptationssyndrom
- Streß

Adaptationswert
- Adaptiogenese
- inclusive fitness
- Leben
- Selektion
- Vitalität
- Warnsignal

Adaptationszone
- ökologische Nische

Adaptierung
- Determination

Adaptiogenese
- Daseinskampf
- Evolution

Adaption ↗
adaptive Enzyme
adaptive Fermentbildung
- adaptive Enzyme

adaptive Radiation
- australische Region
- Blauwürger
- Darwinfinken
- Inselbiogeographie
- Kleidervögel
- Milben
- ökologische Zone
- Säugetiere

Adaptor
- Adaptorhypothese

Adaptorhypothese
- Cysteinyl-t-RNA

adäquater Reiz
- Reiz
- Sinnesorgane

adaxial
Addison, Thomas
- Addisonsche Krankheit

Addisonsche Krankheit
- [B] Chromosomen III

Addition
- Doppelbindung
- Dreifachbindung

Additionsbastarde
- Allodiploidie
- Bastard

additive Farbmischung
- Farbensehen

additive Typogenese
- Cladogenese
- Evolution
- Mosaikevolution
- Saltation
- Watsonsche Regel

Adductores
Adduktoren
- Schließmuskeln
- ↗ Adductores

Ade ↗
Adeciduata
- Deciduata
- Placenta

Adekunbiella ↗
Adela ↗
Adeleidea
Adelges
- Tannenläuse

Adelgidae ↗
Adelidae ↗
Adélie-Pinguin
- Pinguine
- Polarregion

Adelocera
- Schnellkäfer

Adelodrilus
- [M] Tubificidae

Adelotus
Adelphien
Adelphogamie
Adelphotaxon
- Hennigsche Systematik
- Schwestergruppe

Adenosinphosphosulfat

- Systematik

Adenase
- □ Purinabbau

Adenia
Adenin
- Adenase
- [M] Basenpaarung
- □ Basenzusammensetzung
- □ Chargaff-Regeln
- Cytokinine
- □ Desoxyribonucleinsäuren (Einzelstrang)
- [B] Desoxyribonucleinsäuren I
- [B] Desoxyribonucleinsäuren III
- [M] Exkretion
- □ Purinabbau
- Purinbasen
- □ Ribonucleinsäuren (Ausschnitt)
- [B] Transkription - Translation

Adeninarabinosid
- Virostatika

Adenin-Desaminase
- Adenase

Adenium
Adeno-assoziierte Viren ↗
- defekte Viren
- Satelliten

Adenocarcinome
- Herpesviren

Adenohypophyse
- adrenocorticotropes Hormon
- □ Hormone (Drüsen und Wirkungen)
- Hypophyse
- hypothalamisch-hypophysäres System
- Hypothalamus
- [B] Menstruationszyklus
- Neuropeptide
- Rathkesche Tasche
- Releasing-Hormone

Adenohypophysenpeptide
- □ Neuropeptide

Adenom
Adenomera
- □ Schaumnester

Adenophora
- Glockenblumengewächse

Adenophorea
Adenoplana
- [M] Discocelidae

Adenosin
- Adenin
- □ Purinabbau
- Purinnucleoside

Adenosin-Desaminase
Adenosin-5'-diphosphat (= **ADP**)
- [B] Dissimilation I
- [B] Glykolyse
- [M] Hydrolyse
- [B] Muskelkontraktion II

Adenosindiphosphat-Glucose
- □ Nucleosiddiphosphat-Zucker

Adenosindiphosphat-Sulfurylase
- [B] schwefeloxidierende Bakterien

Adenosinmonophosphat (= **AMP**)
- Cytidinmonophosphate
- [M] Hydrolyse
- Inosin-5'-monophosphat

Adenosin-3'-phosphat-5'-phosphosulfat
- Phosphoadenosinphosphosulfat

Adenosinphosphosulfat (= **APS**)
- Adenylsulfat-Reductasen
- Anhydride
- assimilatorische Nitratreduktion
- □ schwefeloxidierende Bakterien

Adenosinphosphosulfat-Reductase

- M Sulfatatmung

Adenosinphosphosulfat-Reductase
- M schwefeloxidierende Bakterien

Adenosintriphosphat (= ATP)
- B Biochemie
- B Biologie II
- Dissimilation
- B Dissimilation I
- B Dissimilation II
- fire-fly-Methode
- Glykolyse
- B Glykolyse
- Gruppenübertragung
- ☐ Hormone (Primärwirkungen)
- M Hydrolyse
- Kreatin
- Muskelkater
- B Muskelkontraktion II
- Pyrophosphat
- Stoffwechsel
- B Stoffwechsel
- Substratstufenphosphorylierung
- ☐ Synapsen
- thermophile Bakterien
- Todd, A.R.

Adenosintriphosphatasen
- Membran

Adenostoma
- Chaparral

Adenostyles ↗
Adenostylion ↗
Adenostylo-Cicerbitetum ↗
S-Adenosylhomocystein
S-Adenosylmethionin
- Basenmethylierung
- Chlorophylle
- Donor
- Homocystein
- Kation
- Methionin

Adenota
- Wasserböcke

adenotrop
adenotropes Hormon

Adenoviren
- M Abwasser
- Adenovirus-SV40-Hybride
- Adsorption
- Helferviren
- B Viren
- ☐ Virusinfektion (Genexpression)
- ☐ Viruskrankheiten

Adenoviridae
- Adenoviren

Adenovirus-SV40-Hybride

Adenylat-Cyclase
- adrenerge Rezeptoren
- Calcium
- M Calmodulin
- ☐ Glykogen
- Hormone
- ☐ Hormone (Primärwirkungen)
- B Hormone
- Opiate
- Prostaglandine
- sekundäre Boten
- ☐ Synapsen

Adenylat-Kinase
- B Chromosomen III
- M schwefeloxidierende Bakterien

Adenylattranslokator
- Atractylosid
- ☐ Chloroplasten
- Cotransport
- Membrantransport
- ☐ Mitochondrien (Aufbau)
- Phosphattranslokator

Adenyl-Cyclase
- Adenylat-Cyclase

Adenylsäure ↗
- ☐ Purinabbau

Adenylsulfat-Reductasen
Adenylylierung
- Glutamin-Synthetase

Adephaga ↗
Aderchlorosevirus
- Olpidium

Aderhafte ↗
Aderhaut
- M Auge
- Linsenauge
- ☐ Linsenauge
- Pecten
- Tela

Aderidae
- ☐ Käfer

Adermin ↗
Adermooslinge
Adern (Botanik)
Adern (Zoologie)
Adernschwärze
Aderung
- Nervatur

Aderweißling ↗
Adesmia ↗
Adesmoidea ↗
ADH ↗
Adhäsin
- M Fimbrien

Adhäsion
- M Fimbrien
- Kapillarität
- Kohäsionsmechanismen
- M Wassertransport (Modell)

Adhäsionsdrüsen
- Haftdrüsen

Adhäsionskultur ↗
Adhäsionsorgane
- Anheftungsorgane

Adhäsivität
- Zelladhäsion

Adiantaceae ↗
Adiantum
- M Farne

Adipocere
- Wachse

adipokinetisches Hormon
Adipokinin ↗
Adipose
- Fettflosse

Adiuretin (= ADH)
- Antidiurese
- Diabetes
- Durst
- Hormone
- ☐ Hormone (Drüsen und Wirkungen)
- ☐ hypothalamisch-hypophysäres System
- Mesotocin
- Neuromodulatoren
- Neuropeptide
- ☐ Neuropeptide
- ☐ Niere (Harnbereitung)
- Osmorezeptoren
- Oxytocin
- Renin-Angiotensin-Aldosteron-System
- Vigneaud, V. du
- Wasserhaushalt

Adjak ↗
Adjustores
adjuvante Chemotherapie
- Krebs

Adler
- Greifvögel

Adlerfarn
- ☐ Bodenzeiger
- B Farnpflanzen I
- M Kosmopoliten
- ☐ Leitbündel
- ☐ Leitungsgewebe
- Polykorm

Adlerfisch ↗
- B Fische VI

Adlerholz
- Seidelbastgewächse

Adlerrochen
Adlerschnabel
- M Kolibris

Admetus ↗
Admiral
- B Insekten IV

Adnata
Adocia
Adoleszenz
Adonis
- Adonisröschen
- ☐ Heilpflanzen

Adonislibelle
- Schlanklibellen

Adonisröschen
- Adonit
- B Europa XIX
- pontisch-südsibirische Region

Adonit
Adoption
- staatenbildende Insekten

adoral
adossiert
- B Blüte

Adoxa
ADP ↗
ADPase
- M Leitenzyme

ADP-Glucose
Adrenalin
- Adenylat-Cyclase
- adrenerge Fasern
- adrenergisch
- M Allergie
- Alpha-Blocker
- Amphetamine
- Angst - Philosophische Reflexionen
- B Biochemie
- B Biologie II
- Cannon-Notfallreaktion
- Erfolgsorgan
- Glucagon
- Hormone
- ☐ Hormone (Drüsen und Wirkungen)
- B Hormone
- Kiemen
- Nebenniere
- ☐ Nervensystem (Funktionsweise)
- ☐ Nervensystem (Wirkung)
- ☐ Neurotransmitter
- Nicotin
- Rezeptoren
- Streß
- Sympathikomimetika
- Synapsen
- Takamine, J.

Adrenalinrezeptor
- ☐ Glykogen

Adrenalorgan
- Nebenniere

adrenerg
- ☐ Neurotransmitter
  ↗ adrenergisch

adrenerge Fasern
adrenerge Rezeptoren
adrenerge Rezeptoren-Blocker
- Sympathikolytika

adrenerges System
- ☐ Nervensystem (Funktionsweise)

adrenerge Synapse
- ☐ Synapsen

adrenergisch
adrenocorticotropes Hormon (= ACTH)
- Corticosteroide
- Diabetes
- ☐ Hormone (Drüsen und Wirkungen)
- B Hormone
- Lipotropin
- Melanotropin
- Nebenniere
- Neuropeptide
- ☐ Neuropeptide
- Streß
  ↗ Corticotropin

adrenogenitales Syndrom
- Glucocorticoide

- Hormone
- M Intersexualität

Adrenosteron
Adrian, E.D.
Adsorbens
- Adsorption
- Cellulose
- Gegengift

Adsorber
- Adsorption

Adsorption (Physik)
- Blutkohle
- ☐ Chromatographie
- Grenzflächen
- kolloid

Adsorption (Zellbiologie)
- Bakteriophagen
- ☐ Polyomaviren
- Virusinfektion

Adsorptionschromatographie
Adsorptionswasser ↗
adsorptive Endocytose
- Endocytose

adult
Adultanlagen
- Imaginalscheiben

Adulthämoglobin
- Adultnebenhämoglobin
- Fetalhämoglobin

Adultlarve
- Insektenlarven

Adultnebenhämoglobin
Adultstadium
- Imago
- Larvalentwicklung
- Larven
- Metamorphose

Adventitia
- Arterien
- Schleimhaut
- Venen

Adventitialzellen
- Adventitia

adventiv
- einheimisch

Adventivbildung
- Regeneration
- Stecklinge
- Wachstumsregulatoren

Adventivembryonen
- Adventivembryonie

Adventivembryonie
Adventivknospe ↗
- Begoniaceae
- Brutknospe

Adventivlobuli
Adventivlobus
Adventivpflanzen
- Archäophyten
- Neophyten
- Ruderalpflanzen

Adventivsproß
- Ausschlag

Adventivwurzel ↗
- Auxine
- Luftwurzeln
- sproßbürtige Wurzeln

advertisement call
- Froschlurche

Advokatenbirne
- Avocadobirne

advolut
- nautiloid

Adynamandrie
Adynamogynie
Aechmea
- B Südamerika V

Aecidiosporen
- Aecidium
- ☐ Rostpilze

Aecidiosporenlager
- Aecidium
- B Pilze I

Aecidium
- ☐ Rostpilze

Aedeagus
- Cornuti
- Extremitäten
- Genitalsegmente

Agar

- Geschlechtsorgane
- Titillatoren

Aedes
- Denguefieber
- [M] Komplexauge (Querschnitte)

Aedoeagus
- Aedeagus

Aega ↗

Aegeria
- [M] Batessche Mimikry

Aegeriidae ↗
Aegiceras
Aegidae ↗
Aegilops
Aegina, Paulus von
- Aeginetia

Aeginetia
Aegithalidae ↗
Aegithalos
- Schwanzmeisen

Aegopinella ↗
Aegopis
Aegopodium ↗
Aegothelidae ↗
Aegypius
Aegyptianella ↗
Aegyptopithecus
- Abstammung - Realität

Aeluroidea
- Raubtiere

Aelurophryne ↗
Aeolidia ↗
Aeolidiacea
- Fadenschnecken
- Kleptocniden

Aeoliscus ↗
Aeolosoma
- Oligochaeta
- ↗ Aeolosomatidae

Aeolosomatidae
Aeonium
- [M] Dickblattgewächse

Aepiornis
- Madagaskarstrauße

Aepiornithidae
- Madagaskarstrauße

Aepyceros ↗
Aepyornis ↗
Aepyornithidae
- Madagaskarstrauße

Aepyprymnus
- Rattenkänguruhs

Aequidens ↗
Aequorea
- Campanulinidae
- Photoproteinsystem
- ↗ Aequoreidae

Aequoreidae
Aereboe, F.
- Landwirtschaftslehre

Aerenchym
- Helophyten
- [M] Interzellularen
- Wasserpflanzen

Aerial ↗
aerob
aerobe Atmung
aerobe Gärung
aerobe Glykolyse (Mikrobiologie) ↗
aerobe Glykolyse (Tumorbiologie)
Aerobier
- Photosynthese

Aerobiologie
Aerobionten ↗
Aerobios
Aerobiose
Aerococcus ↗
Aerocyste
Aerodynamik
- Flugmechanik

Aeromonas
- Flossenfäule
- Furunkulose
- [M] Kläranlage
- □ Purpurbakterien

Aeropalynologie
- Palynologie

Aerophyten ↗
- Algen
- Luftalgen

Aeroplankton
- Schwalben

Aerosol
- Klima
- [M] Krebs (Krebserzeuger)
- Luftverschmutzung
- Ozon

Aerosoldosen
- Aerosol

Aerotaxis
- Chemotaxis

aerotolerant ↗
Aerotropismus
Aesalus
- Hirschkäfer

Aeschna
- ammonotelische Tiere
- [M] Fangmaske
- □ Komplexauge (Aufbau/Leistung)
- ↗ Edellibellen

Aeschnidae ↗
Aeschynomene ↗
Aescin
- □ Saponine

Aesculus
- Drüsenzotten
- □ Heilpflanzen

Aessosporon
- Sporobolomycetaceae

Aestivales
AET
- Strahlenschutzstoffe

Aëtas
- Negritos

Aetea ↗
Aethechinus
- [M] Igel

Aetheriidae ↗
Aethopyga
- Nektarvögel

Aethusa ↗
Aetide
- □ Menschenrassen

Aetosaurus ferratus
AEV
- □ RNA-Tumorviren (Auswahl)

Afar
A-Faser
α-Fasern
- ↗ Alpha-Fasern

Afer
- Vasenschnecken

Affekt
Affekthandlung
Affektlaute
- Sprache

Affekttheorie
- Affekt

Affen
- Deciduata
- □ Demutsgebärde
- Fruktivoren
- Generalisierung
- □ Genitalpräsentation
- Komplementärfarben
- □ Versuchstiere

Affenblume
- Gauklerblume

Affenbrotbaum
- [B] Afrika VIII
- Miombowald

Affenfurche ↗
Affenlücke
- Australopithecinen

Affenpinscher
- □ Hunde (Hunderassen)

Affenspalte
afferent ↗
afferente kollaterale Hemmung
- □ Nervensystem (Funktionsweise)

afferente Nervenbahn
Afferenz
- afferente kollaterale Hemmung

- Axonreflex
- Bell-Magendie-Gesetz
- [B] Gehirn
- [M] Kniesehnenreflex
- □ Nervensystem (Funktionsweise)
- [B] Nervensystem II
- Reflex
- Reizleitung
- Rückenmark
- Sinnesnerven
- Zentralnervensystem

Affinität
Affinitätschromatographie
- □ Proteine (Charakterisierung)

Affinitätskonstante
Affodill ↗
Afghanischer Windhund
- □ Hunde (Hunderassen)
- [B] Hunderassen III

Afibrinogenämie
- □ Blutgerinnung (Faktoren)

aflagellate Spermien
- Flagellospermium
- Nematospermium
- Spermien

Aflatoxine
- Nahrungsmittelvergiftungen

Afrenulata ↗
Africanthropus
Afrika
- □ Desertifikation (Ausmaß)
- Europa
- Gondwanaland
- [B] Kontinentaldrifttheorie
- Rodung
- Südafrikanische Unterregion
- Südamerika
- [B] Vegetationszonen

Afrika-Marabu
- [B] Vögel II

Afrikanische Flughörnchen
- Dornschwanzhörnchen

afrikanische Pferdekrankheit
- Reoviren

Afrikanischer Birnbaum
Afrikanischer Elefant
- Afrika
- [B] Afrika II
- Elefanten

Afrikanischer Rotz
- Pseudorotz

Afrikanischer Wildhund ↗
Afrikanisches Ebenholz
- Grenadillholz

Afrikanisches Mahagoni
- Makoré

Afrikanisches Teak
- Irokoholz

Afrikanische Südfrosche
- Gespensterfrösche

Afrikanisches Unterreich
- Paläotropis

Afrixalus
afroalpine Arten
Afrormosia
- □ Holz (Nutzhölzer)

After
- Afterbucht
- Defäkation
- [M] Enterocoeltheorie
- [M] Geschlechtsorgane
- Protostomier

Afterblattläuse
Afterbucht
Afterdeckel
- [M] Spinnapparat

Afterdrüsen ↗
- Bibergeil
- Dachse

Afterfeld ↗
Afterflosse
- Fische
- [B] Fische (Bauplan)
- Flossen
- [M] Flossen
- [B] Skelett

Afterflügel ↗

Afterfrühlingsfliegen ↗
Afterfühler ↗
Afterfuß
- [M] Extremitäten
- Raupe

Afterhorn
- Schwärmer

Afterhufe ↗
Afterklappen ↗
- Mammut

Afterklauen
- Rentier
- [B] rudimentäre Organe

Afterleistlinge ↗
Aftermembran
- Rachenmembran

Afterraife ↗
Afterraupe
Afterregion
- Hautflora

Afterschaft
- Hyporhachis

Afterschließmuskel
- [M] Sphinkter

Aftersegment
- Periprokt

Afterskorpione ↗
Afterweisel
- Drohnenbrütigkeit

Afterwolle
- Trägspinner

Afterzehen ↗
Afterzitzen
- Fledertiere
- Hufeisennasen

Afzelia
Afzelius, Arvid August
- Afzelia

Aga
- Kröten

Agabus ↗
Agagropilen
- Haarsteine

Agakröte ↗
Agalma ↗
- Siphonecta

Agalychnis ↗
Agamen
- [B] Afrika VII
- Australien

Agameten
- Einzeller

Agamidae ↗
Agammaglobulinämie
- Blutproteine
- [B] Chromosomen III

Agamogenesis
- Gamogonie

Agamogonie
- Agamogenesis
- Einzeller
- Fortpflanzung
- Gamont
- Generationswechsel

Agamont
- diphasischer Generationswechsel
- Einzeller
- Foraminifera
- Gamont
- Generationswechsel

Agamospermie ↗
Agamospezies
Agaonidae ↗
Agapanthia ↗
Agapanthus
- [B] Afrika VI
- [M] Liliengewächse

Agapetes
- Schachbrettfalter

Agapetidae ↗
Agapornis ↗
Agar
- Agardiffusionstest
- Agarophyten
- [B] Biologie III

Agardiffusionstest

- Blutagar
- Endoagar
- Galactose
- Gallerte
- Gele
- Gelelektrophorese
- Meereswirtschaft

Agardiffusionstest
- Antigen-Antikörper-Reaktion
- Auxanographie
- Immunelektrophorese

Agaricaceae ↗
Agaricales ↗
Agaricus
- Blätterpilze

Agaristidae
Agaronia
- [M] Olivenschnecken

Agaropektin ↗
Agarophyten
- Gigartinales
- Meereswirtschaft

Agarose ↗
- Galactane
- Gele
- Gelelektrophorese

Agassiz, A.
- □ Meeresbiologie (Expeditionen)

Agassiz, J.L.R.
Agassiz-Trawl
- □ Meeresbiologie (Fanggeräte)

Agastra
Agathendisäure
- [M] Resinosäuren

Agathidiinae
- Trüffelkäfer

Agathidium
- Trüffelkäfer

Agathis
Agathokopal
- [M] Resinosäuren

Agathomyia
- Lackporlinge

Agavaceae ↗
Agave
- Europa
- [B] Mediterranregion III

Agavengewächse
age-and-area-Regel
Agelaca
- Connaraceae

Agelastica ↗
Agelena
- Trichterspinnen

Agelenidae ↗
- [M] soziale Spinnen

A-Gene
- Geschlechtsbestimmung

Ageneiosidae ↗
Agenesie
Agenium
- □ Tertiär

Ageratum
Ageronia ↗
Ageusie
agg.
- Sammelart

Agglutination
- Antigen-Antikörper-Reaktion
- Hämagglutination
- Heteroagglutination

Agglutinine
- Abwehrstoffe
- Gruber-Widalsche Reaktion
- Lectine

Agglutinogene
aggr.
- Sammelart

Aggregat
- Aggregation
- Bodenentwicklung
- Kollektive Amöben
- Sammelart

Aggregatgefüge ↗
- Lebendsterilia

Aggregation (Chemie)
Aggregation (Ethologie)
- anonymer Verband

- Consortium
- □ Dictyostelium
- Gregarismus
- Schlafverband
- Tiergesellschaft

Aggregation (Zellbiologie)
- Zelladhäsion

Aggregationspheromone
Aggregationsplasmodien
- Plasmodium

Aggregationsverbände
- Aggregation

Aggregatzustand
- Entropie - in der Biologie

Aggressine
Aggression
- Abwehr
- Aggressionsstau
- agonistisches Verhalten
- Begrüßungsverhalten
- Intentionsbewegung
- Konfliktverhalten
- Rangordnung
- Ritualisierung
- Verleiten
- Vermeidungsverhalten

Aggressionshemmung
- Grußverhalten
- Tötungshemmung

Aggressionsstau
aggressive Mimikry
- Lassospinnen

Aggressivität
- Freiheit und freier Wille
- Frustrations-Aggressions-Hypothese
  ↗ Aggression

Agkistrodon
Aglais ↗
aglandulär
- Hormone

Aglantha ↗
Aglaophenia ↗
Aglaozonia
- Cuteriales

Aglaspida
Aglaspida
- □ Chelicerata

Aglaura
Aglia ↗
aglomeruläre Nieren
- Exkretionsorgane

Aglossa (Frösche) ↗
Aglossa (Insekten)
- Fettzünsler

Aglossa (Schnecken) ↗
Aglykone
- Glykosylierung

Agmatin
- [M] Fäulnis

Agmatoploidie
Agnatha ↗
- □ Wirbeltiere
  ↗ Kieferlose

Agnathiellidae
- [M] Gnathostomulida

Agnathonen
- Agnatha

Agnosie
Agnosterin
- Agnosterin

Agnostida
Agnostus
- Agnostida

Agoniates
- Salmler

Agoniatinae ↗
Agonidae ↗
Agonist (Biochemie) ↗
Agonist (Biologie) ↗
agonistisches Verhalten
Agonomycetales
- Moniliales
- Mycelia sterilia

Agonomycetes ↗
- Mycelia sterilia

Agranulocyten
Agranulocytose
Agrarbiologie

Agrarmeteorologie
Agrarökosysteme
Agrarwissenschaft
- Liebig, J. von
  ↗ Landwirtschaftslehre

Agrarzonen
Agrias
- Fleckenfalter

Agricola, G.
- Fossilien

Agriidae ↗
Agrikultur ↗
Agrikulturchemie
- Liebig, J. von

Agrilus
- Prachtkäfer

Agrimi ↗
Agrimonia ↗
Agriocharis
- Truthühner

Agriodrilus
- [M] Lumbriculidae

Agrionidae ↗
Agriotes ↗
- [B] Schädlinge

Agrippinaeule
- [B] Insekten IV

Agrius
- [M] Schwärmer

Agrobacteriocin
Agrobacterium
- Bodenorganismen
- cancerogen
- Genmanipulation
- Gentechnologie

Agrobiozönose
Agroclavin
- Mutterkornalkaloide
- [M] Mutterkornalkaloide

Agrocybe ↗
Agroeca ↗
Agromyces ↗
Agromycidae ↗
Agromyzidae
- Minierfliegen

Agronomie
Agropyretalia
- Agropyretea intermedio-repentis

Agropyretea intermedio-repentis
Agropyro-Honkenion ↗
Agropyron ↗
- Ackerunkräuter
  ↗ Quecke

Agropyro-Rumicion crispi
Agrostemma ↗
- Ackerunkräuter
  ↗ Kornrade

Agrostion stoloniferae ↗
Agrostis ↗
- Bleitoleranz
  ↗ Straußgras

Agrotis ↗
Agrotypus
Agrumen ↗
Agrumengürtel
- Citrus

Agrumenöle
- Citrusöle

AGS
- adrenogenitales Syndrom

Aguti-Färbung
Agutis
- [M] Südamerika

Ägyptische Augenkrankheit
- □ Chlamydien

Ägyptische Heuschrecke ↗
Ägyptische Kobra
- Uräusschlange

Ägyptische Lotosblume
- [B] Mediterranregion IV

ägyptische Pyramiden
- Nummuliten

Ahaetulla ↗
α-Helix
  ↗ Alpha-Helix

Ahlenläufer
- Laufkäfer

Ahlkirsche
- Prunus

Ahnen
- Abstammung

Ahnenformen
- Atavismus

Ahnenforschung
- Genealogie

Ahnentafel
- Humangenetik
- Verwandtschaft

Ahnfelt, Nils Otto
- Ahnfeltia

Ahnfeltia ↗
Ähnlichkeit
- Analogie - Erkenntnisquelle
- Analogieforschung
- Homoiologie
- idealistische Morphologie
- Lebensformtypus
- S_{AB}-Wert
- Symmetrie

Ähnlichkeitsanalyse
- Heritabilität

Ähnlichkeitskoeffizient
- S_{AB}-Wert

A-Horizont
Ahorn ↗
- [B] Europa X
- Flügelfrüchte
- [M] Flügelfrüchte
- Fruchtformen
- Fruchtmine
- □ Holz (Bautypen)
- [M] Mastjahre
- Rippen
- Schatthölzer
- Umtrieb

Ahorn-Eschen-Hangfußwald
- Lunario-Acerion

Ahorngewächse
Ahorn-Linden-Mischwälder
- Tilio-Acerion

Ahornrunzelschorf
- Hypodermataceae

Ahorn-Sirup-Krankheit
- Amniocentese
- [M] Enzymopathien

Ährchen
- Granne
- Grasblüte
- Süßgräser
- [M] Weizen

Ähre
- Doppelähre
- Süßgräser
- Symmetrie

Ährenfischähnliche
Ährenfischartige
Ährenfische
- Laichwanderungen

Ährengräser
Ährenlilie
- Beinbrech

Ährenmaus
- Hausmaus

Ährenrispengräser
- Süßgräser

Ährenschieben
Ai ↗
AIDS
- Geschlechtskrankheiten
- Immundefektsyndrom
- Lymphocyten
- Pneumocystose
- Retroviren
- □ RNA-Tumorviren (Auswahl)
- T-lymphotrope Viren

AIDS-related-complex
- T-lymphotrope Viren

Aigialosauridae
- [M] Varanomorpha

Ailanthus ↗
- [M] Flügelfrüchte
- [M] Symmetrie

Ailanthusspinner ↗
Aillyidae
- [M] Heterurethra

Akupressur

Ailuridae
Ailuroedus
– Laubenvögel
Ailuropoda ↗
Ailurus ↗
Ainu
Ainuide
– □ Menschenrassen
Ainus
– [B] Menschenrassen IV
Aiptasia
– Seespinnen
Airedale-Terrier
– □ Hunde (Hunderassen)
– [B] Hunderassen II
Airosomen
Aistopoda
– Pseudocentrophori
Aitel ↗
aitionome Bewegungen
Aix
– Glanzenten
Aizoaceae ↗
Ajaja ↗
Ajellomyces
– [M] Onygenales
– Zymonema
Ajmalicin
– Rauwolfiaalkaloide
Ajmalin
Ajowanöl
– Doldenblütler
Ajuga ↗
Akademiestreit
– [B] Biologie II
– Geoffroy Saint-Hilaire, É.
– Goethe, J.W. von
– idealistische Morphologie
Akanthus ↗
– [B] Mediterranregion III
Akariase
– Akarinose
Akarinose (Hautkrankheit)
Akarinose (Rebkrankheit)
Akarizide
Akaroidharz
– Xanthorrhoeaceae
Akarusräude
– Akarinose
– Haarbalgmilben
Akaryobionten
Akaustobiolith
– biogenes Sediment
Akazie
– Ameisenpflanzen
– [B] Australien II
– [B] Australien IV
– Beltsche Körperchen
– Gummi arabicum
– [M] Honig
Akebia
– Lardizabalaceae
Akebie ↗
Akelei
– [B] Europa XIII
Akentrogonida
– [M] Rankenfüßer
– Rhizocephala
Akera ↗
Akeridae
– Kugelschnecken
A-Kette
– [B] Hormone
– [M] Insulin
– ↗ Insulin
Akinese (Ethologie)
– Schrecklähmung
Akinese (Medizin)
Akineten
– [M] Calothrix
– Cyanobakterien
– [M] Cylindrospermum
– [M] Fischerella
– [M] Nostoc
Akipflaume ↗
– [M] Seifenbaumgewächse
Akklimation ↗
Akklimatisation
– braunes Fett

Akkommodation (Neurophysiologie)
Akkommodation (Optik)
– Aderhaut
– Auge
– Fische
– Flughunde
– [M] Iris (Augenteil)
– Linsenauge
– Protraktoren
– Pupillenreaktion
– Young, Th.
Akkommodationsbreite
– Akkommodation
Akkreszenz
– □ Massenvermehrung
Akkrustierung
– Zellwand
Akkumulierung
– □ Nahrungskette
– Quecksilber
– Seneszenz
– Strahlenbelastung
– Strahlenschäden
Akme (Evolution)
– explosive Formbildung
– Typostrophentheorie
Akme (Medizin)
Akne
– Hautflora
– Propionsäurebakterien
akondyles Gelenk ↗
akone Augen
akont
– [M] Begeißelung
Akontien
– Cincliden
Akren
– Temperaturregulation
Akrocephalosyndaktylie
– □ Mutation
akrodont
– Zähne
Akrogyn ↗
akrokarp
akrokont
– [M] Begeißelung
Akromegalie
Akromion
– Clavicula
Akron
– Antenne
– Gehirn
– Gliederfüßer
– □ Gliederfüßer
– Gliedertiere
– Prostomium
akropetal
akroplast
– Blatt
Akropodium
– Finger
– [M] Fuß (Abschnitte)
Akrosom
– Befruchtungsstoffe
– Hyaluronsäure
– Spermien
– □ Spermien
Akrosomreaktion
– Kapazitation
– [M] Plasmogamie
Akrosom-Vakuole
– Spermatogenese
Akrothermen
– Thermalalgen
Akrotonie
– Symmetrie
akrozentrisch
– Centromermißteilung
– Zone
Aktedrilus
Aktinien ↗
– Reflex
aktinomorph
– □ botanische Zeichen
– Symmetrie
Aktinomykose
– Actinomycetaceae

Aktinostele ↗
– Protoxylem
– Stelärtheorie
– □ Stele
Aktion
– Reaktion
– ↗ Fortbewegung
Aktionskatalog
– Ethogramm
Aktionspotential
– Alles-oder-Nichts-Gesetz
– Axonhügel
– Bahnung
– Bioelektrizität
– elektrische Reizung
– Endplatte
– Erregung
– Erregungsleitung
– Generatorpotential
– Hodgkin, A.L.
– Membranpotential
– Nervenimpuls
– □ Nervensystem (Funktionsweise)
– [B] Nervenzelle II
– Rezeptoren
– Rezeptorpotential
– Synapsen
– [B] Synapsen
Aktionsraum
– Ortstreue
Aktionsspektrum
aktionsspezifische Energie
– Endhandlung
aktionsspezifische Ermüdbarkeit
– aktionsspezifische Energie
Aktionsstoffe
– aktionsspezifische Energie
Aktionsstrom ↗
Aktionssystem ↗
aktische Stufe
– Kontinentalhang
Aktivatoren
– Aktivierung
– □ Allosterie (Sättigungskurve)
– anorganisch
– Arabinose-Operon
– Enzyme
– Genregulation
– [B] Genregulation
– Induktion
– Katalyse
– Proteine
Aktivatorproteine
– Aktivatoren
– differentielle Genexpression
aktive Einkohlenstoffverbindungen
aktive Immunisierung
– Abwehrstoffe
– anamnestische Reaktion
– [M] Diphtherie (Diphtherieserum)
– Exotoxine
– Heilserum
– Immunantwort
– Immunisierung
– Immunität
– Parasitismus
– passive Immunisierung
– Toxoide
– Viruskrankheiten
aktive Methylgruppe
– □ Tetrahydrofolsäure
aktive Oberfläche
– Wärmehaushalt
aktiver Acetaldehyd
– Pyruvat-Dehydrogenase
– [M] Thiaminpyrophosphat
aktiver Formaldehyd
– □ Tetrahydrofolsäure
aktiver Glykolaldehyd
– [M] Thiaminpyrophosphat
aktiver Ionentransport
– Wasseraufnahme
aktiver Transport
– Adenosintriphosphatasen

– Diffusion
– Ionenpumpen
– Kohlenhydratstoffwechsel
– Membrantransport
– Osmoregulation
– passiver Transport
– Phosphotransferasesystem
– Resorption
aktiver Wasserstoff
– [B] Dissimilation I
– [B] Dissimilation II
aktives Cholin
– Cytidindiphosphat-Cholin
aktives Formiat
– □ Tetrahydrofolsäure
aktives Phosphatidyl
– Cytidindiphosphat-Diacylglycerin
aktives Zentrum
– asymmetrische Synthese
– [M] Endotoxine
– Enzyme
– hydrophob
– Komplementarität
– □ Lysozym
– Proteine
– Stereospezifität
aktive Traglinge
– Jugendentwicklung: Tier-Mensch-Vergleich
aktivierte Ameisensäure
– Formyl-Tetrahydrofolsäure
aktivierte Aminosäuren
– Aminoacyl-Adenylsäuren
– Aminoacyl-t-RNA
aktivierte Essigsäure ↗
– [B] Biologie II
– Essigsäure
aktivierte Phosphatidsäure
– Cytidindiphosphat-Diacylglycerin
aktiviertes Kohlendioxid
– Biotin
aktiviertes Sulfat
– Adenosinphosphosulfat
aktivierte Verbindungen
– □ Aktivierung
– Anhydride
– energiereiche Verbindungen
Aktivierung (Biochemie)
– Enzyme
– Gruppenübertragung
– Pyrophosphat
Aktivierung (Embryonalentwicklung)
– [M] Parthenogenese
Aktivierungsanalyse
– Hevesy, G.K. von
Aktivierungsenergie
– Aktivierung
– Biokatalyse
– Enzyme
– Katalyse
Aktivität
– Becquerel
– Curie
– Lichtfaktor
– □ Strahlendosis
Aktivitätsbereitschaft
Aktivitätsrhythmik
– Höhlentiere
Aktivkohle
– Adsorption
– Blutkohle
– Kläranlage
Aktualismus
– Aktualitätsprinzip
– ontologische Methode
Aktualitätsprinzip
– Aktuopaläontologie
– Erdgeschichte
– Hoff, K.E.A. von
– Holozän
– Lyell, Sir Ch.
aktuelle Vegetation
– Vegetation
Aktuopaläontologie
Akupressur
– Akupunktur

Akupunktur

Akupunktur
- Endorphine
- Headsche Zonen
- Opiatrezeptor

Akustiko-Lateralis-System
- elektrische Organe

akustisches Sollmuster
- Prägung

akustisches Sprachzentrum
- B Gehirn
- ↗ Sprachzentren

Akustomikroskop
- Rastermikroskop
- Ultraschallmikroskop

akute Infektion
- □ Virusinfektion (Abläufe)

akute Polyarthritis
- Rheumatismus

akuter Gelenk-Rheumatismus
- Rheumatismus

Akzeleration
- M Biometrie
- Größensteigerung
- Körpergröße

Akzeptor
- Donor
- Gruppenübertragung
- M Wasserstoffbrücke

Akzeptorort
- Akzeptorstelle

Akzeptor-Stamm
- □ transfer-RNA

Akzeptorstelle ↗
akzessorische Atmung
akzessorische Chromosomen
akzessorische Drüsen
- Geschlechtsorgane

akzessorische Herzen
- Ampulle
- Blutkreislauf
- Nebenherzen

akzessorische Pigmente ↗
- Chloroplasten

akzessorische pulsierende Organe
- Dorsalampullen

Al ↗
Ala
Ala ↗
Alactagulus
- M Asien
- Erdhase
- M Springmäuse

Aland ↗
- B Fische X

Alandbleke ↗
Alangiaceae
Alanin
- Alanin-t-RNA
- M Aminosäuren
- Glutamat-Pyruvat-Transaminase
- □ Kohlendioxidassimilation
- M Meteorit
- □ Miller-Experiment
- B Proteine
- Stickland-Reaktion
- □ Transaminierung

β-Alanin
Alanin-t-RNA
- □ Aminoacyl-t-RNA
- Gensynthese
- ✻Khorana, H.G.

Alant
- □ Bodenzeiger
- Inulin

Alantlactone
- M Alant

Alantstärke ↗
Alanyl-t-RNA
- Alanin-t-RNA

Alaria (Algen) ↗
Alaria (Saugwürmer)
- M Darmegel

Alarm-Pheromon
- Citral
- Citronellal
- Limonen
- Schreckstoffe

↗ Alarmstoffe
Alarmreaktion
- Selye, H.
- Streß

Alarmruf ↗
Alarmsignal
- Warnsignal

Alarmstoffe
- Termiten
- Warnsignal
- Wehrsekrete
- ↗ Alarm-Pheromone

Alarprozeß
Ala Shan
- Asien

Alaskabär ↗
Alaskapollack
- Mintai

Alastrim
Alatae
Alauda
- Lerchen

Alaudidae ↗
Albatrellus
- Fleischporlinge
- Schafeuter
- Ziegenfußporling

"Albatross"
- □ Meeresbiologie (Expeditionen)

Albatrosse
- Armschwingen
- M brüten
- Salzdrüsen

Albedo
- Bodentemperatur
- Klima

Albert der Große
- Albertus Magnus

Alberti, F. von
- Trias

Albertus Magnus
- B Biologie I
- B Biologie III
- Europa
- Sexualität - anthropologisches Phänomen
- vis plastica

Albinaria
Albinismus
- Achromasie
- M Chromosomen (Chromosomenkarte)
- Erbkrankheiten
- Genwirkketten
- □ Haare
- Iris (Augenteil)
- Leukismus
- Melanine

Albino ↗
- Wanderratte

Albium
- M Kreide

Albizia ↗
- Albizzien
- Schauapparat

Albizzi, Filippo degli
- Albizia

Albizziin
- Carbamylphosphat

Albomycin
Albuginaceae
- M Peronosporales

Albuginea
- Schwellkörper

Albugo
Albula
- Grätenfische

Albulidae ↗
Albulina
- M Alpentiere

Albumen
Albumine
- M Absorptionsspektrum
- Blutproteine
- Gammaglobuline
- Globuline
- Hühnerei
- Schutzkolloide

- □ Serumproteine
Albuminurie
- Globulinurie

Albunea
- Sandkrebse
- M Sandkrebse

Albuneidae
- M Anomura
- Sandkrebse

Alburnoides ↗
Alburnus ↗
Alca ↗
Alcaligenes
- Achromobacter
- M Kläranlage
- □ Purpurbakterien
- M wasserstoffoxidierende Bakterien

Alcedinidae ↗
Alcedo
- Eisvögel

Alcelaphinae
- Kuhantilopen

Alcelaphini
- Kuhantilopen

Alcelaphus ↗
Alces ↗
Alchemilla ↗
Alchemillo-Matricarietum ↗
Älchen ↗
Älchenkrankheit
- B Pflanzenkrankheiten II

Älchenkrätze
Alcidae ↗
Alcinae ↗
Alciopidae
Alcyonaria
Alcyonella ↗
Alcyoniidae ↗
Alcyonidium ↗
Alcyonium ↗
Aldabrachelys ↗
Aldarsäuren ↗
Aldehydalkohol
- Aldolkondensation

Aldehyd-Dehydrogenase
- M Essigsäurebakterien

Aldehyde
Aldehydgruppe
- Aldehyde
- Carbonylgruppe
- B funktionelle Gruppen

Aldehydoxidase
- Molybdän

Aldehydsäuren
Alder, Joshua
- Alderia

Alderia
Aldol
- Aldolkondensation

Aldolase
- □ Calvin-Zyklus (Abb. 1)
- Desmolasen
- □ Gluconeogenese
- B Glykolyse
- Isoenzyme
- Schiffsche Base

Aldolkondensation
- Aldolase

Aldosen
Aldosteron
- Conn-Syndrom
- Desoxycorticosteron
- □ Hormone (Drüsen und Wirkungen)
- Mineralocorticoide
- Renin-Angiotensin-Aldosteron-System
- M Steroidhormone

Aldotetrosen
- Threose

Aldotriosen
Aldrich, Th.B.
- B Biochemie

Aldrin
- □ MAK-Wert

Aldrovanda ↗
- diskontinuierliche Verbreitung

Aldrovandi, U.
- B Biologie I
- B Biologie III
- Gesner, C.
- Zoologie

alecithale Eier
- Eitypen

Alectona ↗
Alectoria
Alectoris ↗
Alectoronsäure ↗
Alectra
Alectura ↗
Alepisauridae ↗
Alepocephaloidei ↗
Aleppobeule
Aleppo-Gallen
- Eiche
- Gerbstoffe

Aleppo-Kiefer ↗
- B Mediterranregion I

Alepponuß
- Pistazie

Alerce ↗
Alestes ↗
Alethopteris ↗
Aleuren ↗
Aleuria ↗
Aleuriokonidien
- Aleurosporen

Aleuriosporae
- □ Moniliales

Aleuriosporen ↗
Aleurites
- Tungöl

Aleurodina
Aleurolobus
- Aleurodina

Aleuron
- Aleuroplasten

Aleuronkörner
- Aleuron
- Aleuronschicht

Aleuronschicht
- Süßgräser

Aleuroplasten
Aleurosporen
Aleutenkrankheit
- Parvoviren

Aleutian mink disease virus
- Parvoviren

Alexandrinischer Lorbeer
- Liliengewächse

Alexine
- Bakterizidine

Alfalfa ↗
alfalfa mosaic virus
- Luzernemosaik-Virusgruppe

Alfoncino ↗
Algarroba
- Hülsenfrüchtler

Algen
- Archäophytikum
- Bioenergie
- □ Desoxyribonucleinsäuren (DNA-Gehalt)
- Eustigmatophyceae
- B Kohlenstoffkreislauf
- Landpflanzen
- Pflanzen
- B Pflanzen, Stammbaum
- Pringsheim, N.
- Selbstreinigung
- M Strahlenschäden

Algenbakterien
- Flechten

Algenblüte ↗
Algenfarn ↗
- Lemnetea

Algenfarngewächse
- Azollaceae

Algengärten
- Dictyotales

Algengifte
Algenkalke
- Erdgeschichte
- Stromatolithen

Algenkulturen
- Grünalgen

Allgemeines Anpassungssyndrom

- Meereswirtschaft
  ↗ Algenzucht
- **Algenlaus**
  - Achnanthaceae
- **Algenmatten**
- *Algenpilze*
- *Algensäure* ↗
- *Algenschicht*
- **Algensymbiosen**
  - Endosymbiose
- **Algenzucht**
  - Biomasse
  - Einzellerprotein
- *Algilit*
- **Alginate**
  - Alginsäure
  - Braunalgen
  - Meereswirtschaft
- **Alginat-Ersatz**
  - Azotobacter
- **Alginsäure**
  - Braunalgen
  - Laminariales
  - Meereswirtschaft
- **Algizide**
  - Kupfersulfat
- **Algologie**
  - Mikrobiologie
- *Algonkium*
- *Algophytikum*
  - Archäophytikum
- *Algyroides* ↗
- *Alhagi* ↗
- **Alicella**
  - Flohkrebse
- **alicyclische Verbindungen**
  - Kohlenwasserstoffe
  - [M] organisch
- *Alieni*
- **Alienicolae**
  - Blattläuse
- *Aligrimma* ↗
- **alimentäre Eibildung**
  - Oogenese
- *Alinotum*
  - Flugmuskeln
  - Insektenflügel
- **aliphatische Verbindungen**
  - [M] organisch
- *Alisma* ↗
- *Alismataceae* ↗
- **Alismatales**
  - Froschlöffelartige
- *Alismatidae*
- **Alisphenoid**
  - Kiefer (Körperteil)
- *Alisterus*
  - Sittiche
- **Alizarin**
  - Anthrachinone
  - Farbstoffe
  - Krappfarbstoffe
- **Alizarinrot**
  - Präparationstechniken
- **Alizarinviolett**
  - Gallein
- *Alkaleszens-Dispar-Gruppe* ↗
- **Alkali**
  - Alkalimetrie
  - Alkaloide
  - Puffer
- **Alkaliböden**
  - Bodenentwicklung
  - ☐ Gefügeformen
- **alkali disease**
  - Selen
- **alkaliliebend**
  - alkalophil
- **Alkalimetrie**
- *Alkaliplanzen* ↗
- *Alkalireserve* ↗
- **alkalisch**
  - [M] pH-Wert
- **alkalische Drüse**
  - Dufoursche Drüse
- *alkalische Reaktion* ↗
- **Alkalisierung**
  - Bohr-Effekt
- **Alkaloidchemie**
  - Caventou, J.B.

- *Alkaloide*
  - biogene Amine
  - Genußmittel
  - [M] Geschmacksstoffe
  - Heilpflanzen
  - Mikroanalyse
  - Morphin
  - Pflanzengifte
  - Pyridin
  - Tiergifte
  - [M] Wehrsekrete
  - Wurzelausscheidungen
- *alkalophil*
- **Alkalose**
  - Niere
- **Alkane**
  - [M] Einzellerprotein
  - homologe Reihe
- **Alkanna**
- **Alkannarot**
  - Alkanna
- **Alkannin**
  - Alkanna
  - [M] Hundszunge
  - Steinsame
- *Alkansäuren* ↗
- **Alkaptonurie**
  - [M] Enzymopathien
  - Erbkrankheiten
  - genetischer Block
  - Genwirkketten
  - Homogentisinsäure
- **Alken**
  - [M] Holarktis
  - Koloniebrüter
  - Mauser
  - Nestflüchter
  - Polarregion
  - Vogelei
- **Alkene**
- **Alkine**
- **Alkinsäuren**
  - Alkine
- **Alkmaion**
  - [B] Biologie I
- *Alkmaria*
- **Alkohol**
  - Adiuretin
  - Alkohol-Dehydrogenase
  - Konservierung
  - Milch
  - Präparationstechniken
  - [M] Salzsäure
  - Schwangerschaft
  - ☐ Teratogene
  - ↗ Äthanol
- **Alkohol-Dehydrogenase**
  - aktives Zentrum
  - [M] alkoholische Gärung
  - Allozyme
  - [B] Enzyme
  - [B] Glykolyse
  - [M] Metalloproteine
  - [M] Oxidoreduktasen
- **Alkohole**
  - ausfällen
  - Fettalkohole
  - [M] Gifte
  - [B] Lipide - Fette u. Lipoide
  - [M] Veresterung
- *alkoholische Gärung*
  - Anaerobiose
  - [B] Biochemie
  - Buchner. E.
  - Fuselöle
  - Glucose
  - Glycerin
  - Glycerinaldehyd-3-phosphat
  - Glykolyse
  - [B] Glykolyse
  - Hefen
  - Kohlendioxid
  - Neubergsche Gärungsformen
  - Pasteur-Effekt
  - Warburg, O.H.
  - zellfreie Systeme
  - Zymase
- **alkoholische Getränke**
  - [M] Biotechnologie

- Genußmittel
- **alkoholische Gruppe**
  - Alkohole
- **Alkohol-Konservierung**
  - [B] Biologie III
- **Alkoholmißbrauch**
  - ☐ Altern
- **Alkoholreihe**
  - mikroskopische Präparationstechniken
- **Alkoholyse**
  - Solvolyse
- **Alkylene**
  - Alkene
- **Alkylgruppe**
  - [B] funktionelle Gruppen
- **7-Alkylguanin**
  - Äthylmethansulfonat
- **Alkylhalogenide**
  - Halogenkohlenwasserstoffe
- *alkylierende Substanzen*
  - Äthylmethansulfonat
  - cancerogen
  - Desoxyribonucleinsäuren
  ↗ Alkylierung
- **Alkylierung**
  - Alkylgruppe
  - Basenaustauschmutationen
- **Alkylnitrosamine**
  - [M] Mutagene
- **ALL**
  - Leukämie
- *Allactaga*
  - [M] Asien
  - Pferdespringer
- **Allantiasis**
  - Botulismus
- *Allantochorion* ↗
- **Allantoicase**
  - ☐ Purinabbau
- *Allantoin*
  - Ammoniak
  - [M] Exkretion
  - Harnstoff
  - ☐ Purinabbau
  - Rauhblattgewächse
- **Allantoinase**
  - Allantoin
  - ☐ Purinabbau
- **Allantoinsäure**
  - Allantoin
  - [M] Exkretion
  - Harnstoff
  - ☐ Purinabbau
- *Allantois*
  - [M] Amniota
  - Chorioallantois
  - ☐ Placenta
  - Rekapitulation
- **Allantoisgefäße**
  - Nabelschnur
- *Allantoiskreislauf*
- *Allantoisplacenta*
  - Chorion
- **Allatektomie**
  - Corpora allata
- *Alleculidae* ↗
- **Allee, Warder Clyde**
  - Allee's Prinzip
- **Allee's Prinzip**
- *Allel*
  - Genkonversion
  - [M] Genkonversion
  - Heterozygotie
  - Homozygotie
  - Mendelsche Regeln
  - [B] Mendelsche Regeln I
  - [B] Mendelsche Regeln II
  - Vererbung
- *Alleldrift* ↗
- **Allelenfrequenz**
  - Allelhäufigkeit
  - Evolutionseinheit
  - Evolutionsfaktoren
  - Hardy-Weinberg-Regel
- **alleler Erbfaktor**
  - Allel
- *Allelhäufigkeit*
  - Gendrift

- Genfluß
- Genhäufigkeit
- ☐ Menschenrassen
- Mutationsdruck
- Populationsgenetik
- Zufall in der Biologie
- **Allelie**
- *Allelopathie*
  - Keimhemmung
  - Keimungshemmstoffe
  - Rhizosphäre
  - Wurzel
  - Wurzelausscheidungen
- **Allelzentrum**
  - Genzentrum
- **Allen, Joel Asaph**
  - Allensche Proportionsregel
- **Allensche Proportionsregel**
  - Bergmannsche Regel
  - Elefanten
  - Fennek
  - Körpergröße
- *Allergene*
  - Aerobiologie
  - Allergosen
  - Desensibilisierung
  - Epikutantest
  - Intrakutantest
- **Allergie**
  - Abwehrstoffe
  - Agranulocytose
  - Aminosomen
  - Angst - Philosophische Reflexionen
  - Cladosporium
  - Hausstaubmilbe
  - Histamin
  - ☐ Hormone (Drüsen und Wirkungen)
  - Idiosynkrasie
  - Immunglobuline
  - Immunopathien
  - Immunsystem
  - Leukotriene
  - Nahrungsmittelvergiftungen
  - Pirquet, C. J.
  - [M] Prostaglandine
  - Vorratsmilben
- **Allergiezellen**
  - Mastzellen
- **allergische Reaktion**
  - Allergie
  - Rhesusfaktor
- **allergische Rhinitis**
  - Heuschnupfen
- **Allergosen**
- *Allermannsharnisch* ↗
- **Allerödinterstadial**
  - Allerödzeit
- **Allerödschwankungen**
  - Allerödzeit
- *Allerödzeit*
  - ☐ Dryaszeit
- *Allesfresser* ↗
  - [M] Darm
  - Ernährung
  - [B] Pferde, Evolution der Pferde I
  - Verdauung II
- **Alles-oder-Nichts-Gesetz**
  - Muskelzuckung
  - ☐ Nervensystem (Funktionsweise)
  - Rezeptorpotential
- **Alles-oder-Nichts-Glied**
  - ☐ Funktionsschaltbild
- **Allethrin**
  - Pyrethrine
- **allfemale fish**
  - Merospermie
- **Allgemeine Biologie**
  - Biologie
  - Zoologie
- *Allgemeinerregung*
  - Affekt
  - Emotion
- **Allgemeines Anpassungssyndrom**
  - Streß

Alliaria

Alliaria ↗
Allicin
– Lauch
Alligatoren
– B Dinosaurier
– Geschlechtsbestimmung
– M Krokodile
– B Nordamerika IV
Alligatorfisch ↗
Alligatorhaie ↗
Alligatoridae ↗
Alligatorsalamander ↗
Alligatorschildkröten
Alliin
– Allicin
Alliinase ↗
Allioideae
– Liliengewächse
Allio-Stipetum capillatae
– Festucion valesiacae
Allistatin
– Lauch
Allit
– Hexite
Allium ↗
– unifazial
Allium-Virus 1
– Gelbstreifigkeit
Allman, Georges James
– B Biologie II
– Gastraea-Theorie
– Hydrallmannia
– Remak, R.
Allmenden
– Triften
Allmendsfläche
– Heide
Alloantigen
– Antigene
Allochoren
– Allochorie
Allochorie
– Samenverbreitung
allochthon
– Detritus
allochthone Darmflora
– Darmflora
allochthone Handlung
– autochthone Handlung
allochthoner Boden
– autochthoner Boden
Allocortex
– □ Telencephalon
allodapisch
Allodera
– M Naididae
Allodiploidie
Alloenzyme ↗
Allogamie
– Adynamandrie
– Adynamogynie
– Autogamie
– □ Autogamie
– Kreuzbestäubung
allogen
– exogen
allogene Transplantation
– Transplantation
Allogromia ↗
Allohippus
Alloideae
– Lauch
Alloionema
– Rhabditida
Allokarpie
Allolactose
– Lactose-Operon
Allolobophora
– Regenwürmer
Allometabola
Allometrie
– Isometrie
– Nahrungsmangel
– p$_{50}$-Wert
– Tierversuche
– Wachstum
Allomixis
Allomone
– Kairomone

– Ökomone
Allomutter
– Jungentransfer
Allomyces ↗
– Sirenin
Allopatrie
– Sympatrie
allopatrische Artbildung ↗
– Rasse
allopatrische Bastardisierung
Allophäne
Allophryne
Allophycocyanine
– □ Cyanobakterien (Photosynthese)
– Phycobiliproteine
Alloploïdie ↗
Allopolyploïdie
– Euploidie
– Farne
– M Introgression
– Kulturpflanzen
– Mutation
– Mutationszüchtung
– Polyploidie
– Weizen
Allopora ↗
Allopregnandiol
– Progesteron
Allopurinol
– M Gicht
Allorrhizie
– Keimwurzel
– Radikation
– Wurzel
Allose
– M Monosaccharide
Allosorus ↗
Allospermien
– □ Rhabditida
Allospezies
– Rasse
– Semispezies
Allosterie
– Biosynthesewege
– M Enzyme
– Feedback
– Genregulation
– □ Glykogen
– hydrophob
– Konformation
– Proteine
– Repressoren
allosterische Aktivierung
– Allosterie
allosterische Effektoren
– Allosterie
allosterische Endprodukt-hemmung
– Endprodukthemmung
allosterische Enzyme
– Allosterie
allosterische Hemmung
– Allosterie
– Enzyme
allosterische Proteine
– Allosterie
allosterisches Zentrum
– Allosterie
– M Endotoxine
allosterische Umwandlung
– Aktivatoren
– Allosterie
Allotetraploïdie ↗
Alloteuthis ↗
Allotheria
allothigen
Allotriophagie
– Lecksucht
allotrop
– Entomogamie
allotroph
Allotypen (Biochemie) ↗
Allotypen (Systematik) ↗
– Isotyp
– Typus
Alloxacin
Alloxanthin
– □ Algen (Farbstoffe)

Allozyme
Allsätze
– Erklärung in der Biologie
Alluaudia
– Didiereaceae
Alluvialböden ↗
Alluvium ↗
4-Allyl-1,2-methylendioxybenzol
– Safrol
N-Allylnormorphin
– Morphin
– Nalorphin
Allylsenföl
– Kohl
– Meerrettich
– □ Senföle
– M Sinigrin
Alma
– M Afrika
Almiqui
– Schlitzrüßler
Almkalke
– Gley
Almrausch ↗
Alnetea glutinosae
Alnetum incanae
Alnetum viridis ↗
Alnion glutinosae
Alno-Fraxinetum ↗
Alno-Padion
Alnulin ↗
Alnus ↗
– M Frankiaceae
– ↗ Erle
Aloë
– B Afrika II
– B Afrika VII
– □ sekundäres Dickenwachstum
Aloëemodin
Aloëharz
– Aloë
Aloidis ↗
Aloin
– Aloë
Aloina
– Pottiaceae
Alopecosa ↗
– M Wolfspinnen
Alopecurus ↗
Alopex ↗
Alopias
– Drescherhaie
Alopiidae ↗
Alopiinae
– M Schließmundschnecken
Alosa ↗
Alouatta
– Brüllaffen
Alouattinae ↗
Alouf, J.E.
– Endotoxine
– Exotoxine
Alpabtrieb
– Tierwanderungen
Alpaka
– Haustiere
– Haustierwerdung
– B Südamerika VI
Alpakawolle
– Alpaka
– Wolle
Alpauftrieb
– Tierwanderungen
Alpen
– Schimper, K.F.
– ↗ alpidische Gebirgsbildung
Alpenampfer
– Ampfer
– Artemisietalia
Alpenampfer-Fluren ↗
Alpenapollo ↗
– Alpentiere
– Apollofalter
Alpenaster
– B Alpenpflanzen
– Aster
– B Europa XX
Alpenazalee
– Alpenpflanzen

Alpen-Bärentraube
– M arktoalpine Formen
– Bärentraube
– B Europa II
Alpen-Bärlapp
– B Polarregion II
Alpenbläuling
– Alpentiere
– M Bläulinge
Alpenbock
Alpendohle ↗
– Alpentiere
Alpendost
– Alpenpflanzen
Alpen-Ehrenpreis
– Ehrenpreis
– B Polarregion II
Alpenfettweide ↗
Alpenflühvogel ↗
Alpen-Frauenmantel
– B Europa III
– Frauenmantel
Alpengärten
Alpenglöckchen ↗
– Alpenpflanzen
– B Alpenpflanzen
Alpenhase ↗
Alpenheide ↗
– M arktoalpine Formen
Alpenhelm
Alpenkalk
– Trias
Alpenkalksteinrasen ↗
Alpenklee
– B Alpenpflanzen
Alpenkrähe ↗
– B Europa XX
Alpenlattich
Alpenleinkraut
– B Alpenpflanzen
– Leinkraut
Alpenmaßlieb
– Aster
Alpenmatten
– Matten
Alpenmaus ↗
Alpen-Milchlattich
– B Europa II
– M Milchlattich
Alpen-Mohn
– B Alpenpflanzen
– Mohn
– B Polarregion II
Alpenmolch ↗
– B Amphibien II
– Molche
Alpenmurmeltier
– Alpentiere
– B Europa XX
– Murmeltiere
Alpennelke
– B Alpenpflanzen
– Nelke
Alpen-Pechnelke
– B Polarregion II
Alpenpflanzen
– Oreophyten
Alpenrachen
Alpen-Rispengras
– B Polarregion II
– Rispengras
Alpenrose
– B Alpenpflanzen
– □ Bodenzeiger
– Heidekrautgewächse
– Rose
– Vikarianz
– ↗ Rhododendron
Alpenrosenäpfel
– Exobasidiales
Alpenrosen-Gesellschaft ↗
Alpenrosenrost
– Chrysomyxa
Alpensalamander
– Alpentiere
– Nähreier
– Viviparie
Alpenscharte
Alpenschneehase
– Alpentiere

Amaranthaceae

- Schneehase
Alpenschneehuhn
- Alpentiere
- [M] marktoalpine Formen
- [B] Europa III
- Schneehühner
Alpensegler
- [B] Mediterranregion II
- Segler
Alpen-Sonnenröschen
- [B] Europa XIX
- Sonnenröschen
Alpensteinbock
- Alpentiere
- [B] Europa XX
- Steinbock
Alpenstrandläufer
- [M] Strandläufer
Alpentiere
- Europa
- Glazialfauna
Alpenveilchen
- [B] Europa XX
Alpenwolf
- Rothunde
Alpenziege
- [M] Ziegen
Alpha-Blocker
- Sympatholytika
Alpha-Faktor
- [M] Holospora
- [M] Neuropeptide
Alpha-Fasern
- Motoneurone
- [B] Regelung im Organismus
Alpha-Helix
- [B] Biochemie
- Keratine
- Kollagen
- Pauling, L.C.
- [B] Proteine
- [M] Proteine (α-Helixstruktur)
Alpha-Herpesviren
Alpha-Naphthylthioharnstoff
- Rodentizide
Alpha-Rezeptoren
- Noradrenalin
Alpha-Rezeptorenblocker
- Alpha-Blocker
Alphastrahlen
- Radioaktivität
- Radiotoxizität
- Strahlenbelastung
- □ Strahlendosis
Alpha-Struktur
- Proteine
Alpha-Taxonomie
- Nomenklatur
Alphateilchen
- Alphastrahlen
Alphatier
- Rangordnung
Alpha-Toxin
- □ Gasbrandbakterien
Alphaviren
Alpha-Wellen
- [M] Elektroencephalogramm
- Schlaf
Alpha-Zerfall
- Radioaktivität
Alpheidae
- Knallkrebse
Alpheus
alpidische Ära
alpidische Gebirge
- Tertiär
alpidische Gebirgsbildung
- Kreide
alpin
alpine Baumgrenze
- Krummholzgürtel
alpine Blaugras-Halden
alpine Böden
alpine Hochstaudenfluren
alpine Kalkrasen
alpine Rasen
- Matten
alpine Stufe
- alpine Baumgrenze

- Alpenpflanzen
- Alpentiere
- Europa
- Höhengliederung
alpine Täschelkraut-Halde
alpine Trias
- Trias
alpine Waldgrenze
- Frosttrocknis
Alpini, Prospero
- Alpinia
Alpinia
alpinid
- [B] Menschenrassen I
Alpinol
- Alpinia
Alpinum
- botanischer Garten
alpisch
- Europa
Alraune
- [B] Mediterranregion IV
Alsen
- [B] Fische III
Alsia
Alsodes
Alsodini
- [M] Südfrösche
Alsophila
Alstonin
- Rauwolfiaalkaloide
Alstroemeria
- [B] Südamerika VI
Alströmer, Clas
- Alstroemeria
Altaimaral
Altaiwildschaf
- Argali
Altammoniten
- Palaeoammonoidea
Altelefant
- Palaeomastodon
Alter
- Erdgeschichte
- □ Stratigraphie
ältere Kiefernzeit
- Mitteleuropäische Grundsukzession
ältere Tundrenzeit
- Mitteleuropäische Grundsukzession
Altern
- Autophagie
- Chalone
- DNA-Reparatur
- freie Radikale
- Leben
- Seneszenz
- [M] Stoffwechselintensität
- Zellkultur
Alternanthera
Alternanz
- Blattstellung
Alternanzregel
- epipetal
Alternaria
- Getreideschwärze
Alternariafäule
- Alternaria
alternative Energie
- alkoholische Gärung
alternativer Landbau
- Landwirtschaft
Alternativzyklen
Alternsforschung
- Gerontologie
Alteromonas
- [M] Leuchtbakterien
Altersaufbau
Altersbestimmung (Biologie)
- Lichenometrie
- Ossifikationsalter
- Palynologie
Altersbestimmung (Geologie)
Altersblätter
Altersdegeneration
- Asbestfaserung
Altersgliederung
Altershaut
- Altern

Alterskrankheiten
Alterspigment
- Lipofuscin
- Lysosomen
Alterspolyethismus
- staatenbildende Insekten
Alterspyramide
Altersresistenz
Altersringe
Altersschwäche
- Überlebenskurve
Alterssicherung
- Bevölkerungsentwicklung
Alterssichtigkeit
- Akkommodation
- [M] Alterskrankheiten
Alterungsprozesse
- DNA-Reparatur
- freie Radikale
- Altern
Alterungsrate
- Altern
Alte Schilde
- Präkambrium
Alteuropa
- Paläeuropa
Alt-Europide
- Melaneside
- Polyneside
Althaea
- Eibisch
- □ Heilpflanzen
Althirn
- Palaeencephalon
Althirnmantel
- Palaeopallium
Altingia
Altirana
altkaledonisch
- [B] Erdgeschichte
altkimmerisch
- [B] Erdgeschichte
Altlarve
- Insektenlarven
Altlungenschnecken
Altmann, Richard
- [B] Biologie II
Altmenschen
- Paläanthropine
Altöl
- □ Abfall
- Ölpest
Altrit
- Hexite
Altrose
- [M] Monosaccharide
Altruismus
- Bioethik
- Bruthelfer
- Kultur
- Selektion
- Soziobiologie
- Sprache
- Warnsignal
Altschnecken
- Aspidobranchia
Altseeigel
- Bothriocidaroida
Altsteinzeit
- Boucher de Perthes, J.
- Faustkeil
- Jagd
Altstoffe
- □ Abfall
Alttertiär
- Paläogen
Altwasser
Altweibersommer
Altwelttaffen
- Äthiopis
Altweltgeier
Alucitidae
Alula (Insekten)
- □ Insektenflügel
Alula (Vögel)
Aluminium
- Bärlappartige
- [M] Bioelemente
- Bodenentwicklung

- Fischsterben
- Hämatoxylin
- Waldsterben
Aluminiumacetat
- Salze
Aluminiumoxid
- Chromatographie
- Oxide
Alumosilicate
- Tonminerale
Alu-Sequenz
- repetitive DNA
ALV
- □ RNA-Tumorviren
Alveococcus
- [M] Taeniidae
alveolar
alveoläre Drüse
alveoläre Cyste
- [M] Bandwürmer (Larvenstadien)
Alveolarluft
Alveole
- [B] Atmungsorgane III
- □ Blutgase
- Bronchien
- □ Lunge (Oberfläche)
- thekodont
- Zähne
Alveoli dentales
- Zähne
Alveolinen
- □ Tertiär
Alveolinenkalk
- Alveolinen
Alveoli pulmonis
- Lunge
Alveus
- Rüsselkäfer
"**Alvin**"
- Tiefseefauna
Alypia
- Agaristidae
Alysiella
Alysso-Sedion
- □ Sedo-Scleranthetalia
Alyssum
Alytes
- Latonia
Alzheimersche Krankheit
- Neuropeptide
- slow-Viren
AM
Amadinen
- [B] Vögel II
Amakrine
- Linsenauge
- Netzhaut
- [B] Netzhaut
Amalgam
- Quecksilber
Amaltheen-Schichten
- Amaltheus
Amaltheidae
- Dactylioceras
Amaltheus
Amandava
Amandibulata
Amanin
- Amatoxine
Amanita
- [M] Mykorrhiza
Amanitaceae
Amanitine
Amantadin
- Virostatika
Amanullin
- Amatoxine
Amapari
- [M] Arenaviren
Amara (Bittermittel)
- Bitterstoffe
- Citrusöle
Amara (Insekten)
- Laufkäfer
Amarant (Botanik)
Amarant (Vögel)
- [M] Prachtfinken
Amaranthaceae

Amaranthin

Amaranthin
Amaranthus ⁄
Amarauchaeta ⁄
Amarogentin
- M Bitterstoffe
- M Monoterpene
Amaroucium
Amaryllidaceae ⁄
Amaryllidaceenalkaloide
Amaryllis
- B Afrika VI
- Amaryllisgewächse
Amaryllisgewächse
Amastigomycota
- Eumycota
amastigot
- M Trypanosomidae
Amastridae
- M Orthurethra
- Polynesische Subregion
Amata
- Widderbären
Amathia ⁄
Amathusiidae
Amatidae ⁄
Amatoxine
- M Häublinge
Amauris
- B Mimikry II
Amaurobiidae ⁄
- M soziale Spinnen
Amaurobius
- Finsterspinnen
Amaurochaetaceae
- Stemoniaceae
- Stemonitales
Amaurochaete
- Stemoniaceae
- Stemonitales
Amazona ⁄
Amazonas
- M Südamerika
Amazonasdelphin
- Südamerika
Amazonen
- Südamerika
Amazonenameise ⁄
Amazonien
- B Vegetationszonen
Amber ⁄
- Amber-Codon
Amberbaum ⁄
Amber-Codon
Amber-Mutante
- Amber-Mutation
Amber-Mutation
- Terminatormutation
Amber-Suppressor
Ambiguität
Ambisexualität
- Bisexualität
Ambivalenz (Ethologie)
- Konfliktverhalten
Ambivalenz (Genetik)
Amblonyx
- Fingerotter
Amblycera ⁄
Amblyomma ⁄
Amblyopsidae ⁄
Amblyopsoidei
- Barschlachse
Amblyosyllis
- M Syllidae
Amblyphrynus ⁄
Amblypoda
Amblypterus
- ☐ Perm
Amblypygi ⁄
- ☐ Chelicerata
Amblyrhynchus ⁄
Amblysomus
- Goldmulle
Amblystegiaceae
Amblystoma ⁄
Amboseli (Kenia)
- B National- und Naturparke II
Amboß
- Articulare

- B Gehörorgane
- Quadratum
- Reichert-Gauppsche Theorie
Ambra
- Pottwale
Ambretta
- Abelmoschus
Ambretteöl
- Moschuskörneröl
Ambrosia (Botanik)
Ambrosia (Pilze)
- Mycetangien
Ambrosiakäfer
- M Ektosymbiose
Ambrosiapilze
- Ambrosia
Ambrosie
Ambrosiozyma ⁄
- Ambrosia
Ambulacralfurche
- ☐ Seesterne
- Stachelhäuter
Ambulacralfüßchen
- Ambulacralgefäßsystem
- Ampulle
- Atmungsorgane
- M Schlangensterne
- ☐ Seesterne
- Stachelhäuter
Ambulacralgefäßsystem
- Protocoel
- Radiärkanal
- Stachelhäuter
Ambulacralplatten
- Seeigel
- ☐ Seeigel
Ambulacren
- Ambulacralgefäßsystem
- Stachelhäuter
Ambystomatidae ⁄
Ambystomatinae
- Querzahnmolche
Ambystomatoidea
- M Schwanzlurche
Amebelodon
Ameisen
- Aggression
- Alarmstoffe
- anonymer Verband
- Asien
- Kompaßorientierung
- M Komplexauge (Ommatidienzahl)
- ☐ Lebensdauer
- B mechanische Sinne II
- Nest
- Revier
- staatenbildende Insekten
Ameisenbären
- Lebensformtypus
- M Rekapitulation
- Südamerika
- B Südamerika V
Ameisenbeutler
- ☐ Beuteltiere
Ameiseneier
Ameisenfischchen ⁄
- Silberfischchen
Ameisenfresser
- Lebensformtypus
Ameisengärten
Ameisengäste
- Bläulinge
- Keulenkäfer
Ameisengrillen
Ameisenigel
- B Australien IV
- brüten
- Gifttiere
Ameisenjungfern
- B Insekten II
- Werkzeuggebrauch
Ameisenkäfer
Ameisenlöwe ⁄
- B Insekten II
- Malpighi-Gefäße
Ameisenpflanzen
- Domatien
- Krappgewächse

- Lippenblütler
Ameisensäure
- M Fettsäuren
- B funktionelle Gruppen
- M gemischte Säuregärung
- ☐ MAK-Wert
- Methanbildung
- ☐ Miller-Experiment
- Wehrsekrete
Ameisensäuregärung
Ameisenschleichkatzen
- Falanuks
- Madagassische Subregion
Ameisenspinne
Ameisenspinnen
Ameisenstraßen
- Ameisen
Ameisenverbreitung ⁄
Ameisenvögel
- M Südamerika
Ameisenwanze
- Weichwanzen
Ameisenwespen ⁄
Ameiva
- Schienenechsen
Ameiven ⁄
Amelanchier ⁄
Amelie
Amelioration
Ameloblasten ⁄
Amenorrhoe
- Unterernährung
Amensalismus
Amentiferae ⁄
Amentotaxus
- M Eibengewächse
Amentum
- Kätzchen
American Type Culture Collection
- M Kulturensammlung
Americonuphis
- ☐ Onuphidae
Amerika
- B Kontinentaldrifttheorie
- Nordamerika
- Südamerika
- B Vegetationszonen
Amerikahirsche
Amerika-Nimmersatt
- Nimmersatte
- B Südamerika IV
Amerikanische Agave
- Agave
- B Mediterranregion III
Amerikanische Bohrmuschel
Amerikanischer Bison
- Bison
- B Nordamerika III
Amerikanischer Nerz
- Nerze
- B Nordamerika I
Amerikanischer Ochsenfrosch
- B Nordamerika IV
- M Ochsenfrösche
Amerikanischer Zobel
- Fichtenmarder
Amerikanische Schabe ⁄
amerikanisches Zeckenbißfieber
- Felsengebirgsfieber
Amerika-Schlangenhalsvogel
- B Nordamerika VI
- Schlangenhalsvögel
Ames-Test
- Mutagenitätsprüfung
Ametabola
Ametabolie
Amia ⁄
- platybasischer Schädel
⁄ Schlammfisch
Amianthium
- Liliengewächse
Amicetine
Amici, Giovanni Battista
- M Mikroskop (Geschichte)
Amidase-Esterase
- Clostripain
Amiddünger
- Stickstoffdünger

Amide
- M Geschmacksstoffe
Amidgruppe
- Amide
- Peptide
Amidogruppe
- Amide
Amidoschwarzfärbung
- ☐ Serumproteine
Amiiformes ⁄
amiktisch
- Ammengeneration
Amine
- Desoxyribonucleinsäuren
- Nitrite
- Schiffsche Base
- M Vitamine
Aminierung
α-Aminoacrylsäure
- Serin
Aminoacyl-Adenylsäuren
- Aminoacyl-t-RNA
- Aminoacyl-t-RNA-Synthetasen
- Aminoacylreste
- Aminosäureaktivierung
- Aminosäuren
- Anhydride
Aminoacyl-AMP ⁄
Aminoacylase
- ☐ Enzyme (Technische Verwendung)
Aminoacyl-Reste
- ☐ Aminoacyl-t-RNA
Aminoacyl-t-RNA
- Aminoacyl-Adenylsäuren
- Aminoacylreste
- Aminosäureaktivierung
- Aminosäuren
- Bindereaktion
- Cysteinyl-t-RNA
- Ester
- ☐ Peptidyl-Transferase
- Peptidyl-t-RNA
- Puromycin
- ☐ Ribosomen (Aufbau)
- transfer-RNA
- Translation
- Trinucleotide
Aminoacyl-t-RNA-Synthetasen
- Aminoacyl-Adenylsäuren
- Aminosäureaktivierung
- transfer-RNA
- Translation
- M Wirkungsspezifität
Aminoäthanol
- Äthanolamin
β-Aminoäthylisothiouronium
- Strahlenschutzstoffe
o-Aminobenzoesäure
- Anthranilsäure
p-Aminobenzoesäure
- p-Aminosalicylsäure
- Folsäure
- Malaria
- M Sulfonamide
D-α-Aminobenzylpenicillin
- Ampicillin
Aminobernsteinsäure ⁄
α-Aminobuttersäure
- ☐ Miller-Experiment
γ-Aminobuttersäure
- Aminosäuren
- biogene Amine
- Ganglienblockade
- Glutamat-Decarboxylase
- Neurotransmitter
- Synapsen
Aminocarbonsäuren ⁄
7-Aminocephalosporansäure
- Cephalosporine
4-Aminodiphenyl
- M Krebs (Krebserzeuger)
Aminoende ⁄
- Symmetrie
⁄ Aminoterminus
Aminoessigsäure ⁄
Aminoglucose ⁄

α-**Aminoglutarsäure** ↗
Aminoglykoside
- M Antibiotika (therapeutische Klassen)
Aminogruppe
- Aminierung
- □ Aminosäuren (Bildung)
- basische Farbstoffe
- Desaminierung
- B funktionelle Gruppen
- Glutamat-Dehydrogenase
- □ Peptidbindung
- □ Proteine (schematischer Aufbau)
2-Amino-4-guanidooxy-buttersäure
- Canavanin
p-Aminohippursäure
- Clearance
2-Amino-3-hydroxybuttersäure
- Threonin
α-**Amino-β-hydroxy-propionsäure**
- Serin
2-Amino-6-hydroxypurin
- Guanin
α-**Aminoisobuttersäure**
- □ Miller-Experiment
α-**Aminoisovaleriansäure**
- Valin
δ-**Aminolävulinsäure**
- Lävulinsäure
D-α-**Amino-β-mercapto-propionsäure**
- Cystein
6-Aminopenicillansäure
- Penicilline
Aminopeptidasen
- M Exopeptidasen
α-**Amino-β-phenylpropion-säure**
- Phenylalanin
α-**Aminopropionsäure** ↗
2-Aminopurin
- Basenanaloga
- Basenaustausch-mutationen
6-Aminopurin
- Adenin
p-Aminosalicylsäure
↗ PAS
Aminosäureaktivierung
- Aminoacyl-t-RNA-Synthetasen
- Translation
Aminosäureanalysator
- Aminosäuren
- □ Proteine (Charakterisierung)
Aminosäureantagonisten
- Aminosäuren
Aminosäureaustausch
Aminosäure-Datierung
- Geochronologie
Aminosäure-Decarboxylasen
Aminosäuren
- assimilatorische Nitratreduktion
- B chemische und präbiologische Evolution
- Corynebacterium
- Cotransport
- essentielle Nahrungsbestandteile
- M Geschmacksstoffe
- Gestalt
- □ Harn (des Menschen)
- Information und Instruktion
- α-Ketoglutarsäure
- Leben
- M Membrantransport
- M Meteorit
- Nahrungsmittel
- Ninhydrin-Reaktion
- M organisch
- □ Peptidbindung
- Photosynthese
- Proteinstoffwechsel

- Racemate
- Reststickstoff
- □ Ribosomen (Aufbau)
- Schlüsselreiz
- Stoffwechsel
- B Stoffwechsel
- transfer-RNA
- B Transkription - Translation
- Translation
- Verdauung
- B Vitamine
- Wurzelausscheidungen
- M Zwitterionen
Aminosäure-Oxidasen
- M Desaminierung
- M Leitenzyme
- M Oxidoreductasen
- M Wirkungsspezifität
Aminosäuresequenz
- Aminoacyl-t-RNA-Synthetasen
- Aminosäuren
- Colinearität
- Edmanscher Abbau
- Entropie - in der Biologie
- Information und Instruktion
- Peptide
- Proteine
- □ Proteine (Charakterisierung)
- Sequenzierung
- transfer-RNA
- Translation
Aminosäuresequenzanalyse
- Aminopeptidasen
- Aminosäuresequenz
↗ Sequenzierung
Aminosidin
- B Antibiotika
Aminosomen
aminostatische Hypothese
- Hunger
Aminostilbene
- cancerogen
Aminoterminus
- Membranproteine
- □ Peptidbindung
- Proteine
- Translation
- M Zwitterionen
↗ Aminoende
α-**Amino-γ-thiobuttersäure**
- Homocystein
Aminotransferasen
- Transaminasen
Aminozucker
Aminstickstoff
- Harnstoffzyklus
Amiskwia
- Chaetognatha
Amitermes
- M Australien
- Termiten
Amitose
Amixie
AML
- Leukämie
Ammen
- Cyclomyaria
- Desmomyaria
Ammenaufzucht
- Fehlprägung
Ammenbienen
- Gelée royale
- □ staatenbildende Insekten
Ammengeneration
- Salpen
Ammenhaie
Ammentiere
- Autolytus
- M Epitokie
Ammern
- Darwin, Ch.R.
- Nest
- B Vögel I
Ammi
- □ Heilpflanzen
Ammocoetes ↗

Ammodorcas
- Lamagazelle
Ammodytes
- Sandaale
Ammodytes-Toxin
- Sandotter
Ammodytidae ↗
Ammodytoidei
- Sandaale
Ammomanes
- M Asien
Ammoniak
- Aminosäuren
- Ammonium
- Ammoniumdünger
- ammonotelische Tiere
- Asparagin
- B chemische Bindung
- B chemische und präbiologische Evolution
- Desaminierung
- Entgiftung
- M Exkretion
- Gärgase
- Glutamat-Dehydrogenase
- Glutamin
- Glutamin-Synthetase
- □ Harn (des Menschen)
- Harnstoffzyklus
- Keimgifte
- Klima
- M MAK-Wert
- □ Niere (Regulation)
- □ Pansensymbiose (Schema)
- Priestley, J.
- Reststickstoff
- Selbstreinigung
- Stickstoffkreislauf
- B Stickstoffkreislauf
- B Stoffwechsel
- Urease
- ureotelische Tiere
- Waldsterben
Ammoniakassimilation ↗
Ammoniakausscheider
- ammonotelische Tiere
- Exkretion
Ammoniakdünger ↗
Ammoniakentgiftung
- Ammoniak
- Harnstoff
- Pansensymbiose
Ammoniakfixierung ↗
Ammoniakoxidation ↗
Ammonifikation
- B Stickstoffkreislauf
Ammoniotelie ↗
Ammonit
- Copesches Gesetz
- Goldschnecken
ammonitische Lobenlinie
Ammonium
- Ammonifikation
- Ammoniumassimilation
- assimilatorische Nitratreduktion
- Kation
- Nährsalze
- nitrifizierende Bakterien
- Stickstoffauswaschung
- Stickstofffixierung
- Stickstoffkreislauf
Ammoniumassimilation
- Glutamat-Dehydrogenase
- Stickstoffassimilation
- B Stickstoffkreislauf
Ammoniumbicarbonat
- Ammoniumhydrogencarbonat
Ammoniumchlorid
- Ammoniumdünger
Ammoniumdünger
- Aminogruppe
Ammoniumhydrogencarbonat
Ammoniumion
- Ammoniak
- Ammonium

Ammonium-Magnesium-Phosphat
- M Harnsedimente
Ammoniumnitrat
- Kalkammonsalpeter
Ammoniumoxidierer ↗
Ammoniumpflanzen ↗
Ammoniumphosphat
- Ammoniumdünger
Ammoniumsalze
- Ammonium
Ammoniumschönit
- Ammoniumdünger
Ammoniumsulfat
- Ammoniumdünger
- ausfällen
- Fällung
- Globuline
- □ Proteine (Charakterisierung)
Ammoniumsuperphosphat
Ammonnitratdünger
- Stickstoffdünger
Ammonoidea
- □ Jura
- □ Karbon
- Lateradulata
- Tetrabranchiata
Ammonoideen
↗ Ammonoidea
Ammonolyse
- Solvolyse
ammonotelische Tiere
- Ammoniak
- Exkretion
Ammonsalpeter ↗
Ammonshorn
- Hippocampus
- B Weichtiere
Ammonsulfatsalpeter
- Leunasalpeter
Ammophila (Insekten) ↗
- Homonym
- Werkzeuggebrauch
Ammophila (Pflanzen) ↗
Ammophiletea
- Küstenvegetation
- Windfaktor
Ammotragus ↗
Ammotrypane ↗
Amniocentese
- □ Enzyme (Enzymmuster)
- M Fruchtwasser
- Humangenetik
Amnion
- B Embryonalentwicklung I
- B Embryonalentwicklung II
- B Embryonalentwicklung III
- Embryonalhüllen
- Fruchtwasser
- □ Placenta
Amnionfalte
- B Embryonalentwicklung I
- B Embryonalentwicklung II
Amnionflüssigkeit
- Amniocentese
- Amniota
- Fruchtwasser
Amnionhöhle ↗
- B Embryonalentwicklung I
- B Embryonalentwicklung II
- B Embryonalentwicklung III
Amniota
- Caenogenese
- B Embryonalentwicklung II
- □ Wirbeltiere
Amo 1618
- Gibberellinantagonisten
Amöben
- Endocytose

Amöbendysenterie

- Hautlichtsinn
- Kerntransplantation
- Symmetrie
- [B] Verdauung II

Amöbendysenterie
- Amöbenruhr

Amöbenruhr
- Emetin
- Hepatitis
- [M] Inkubationszeit
- Milchproteine
- Muscidae
- Schaudinn, F.R.

Amöbiasis ↗

amöboide Bewegung
- Bewegung
- Calcium
- Ektoplasma
- Makrophagen
- Mastzellen
- sliding-filament-Mechanismus

amöboide Organisationsstufe
- Algen

Amöboidkeime
- Cnidosporidia

Amoeba
- [M] Aufgußtierchen
- Endoplasma
- [B] Endosymbiose
- □ Saprobiensystem
- Zoochlorellen

Amoebidiales
- [M] Trichomycetes

Amoebidium ↗
Amoebina ↗

Amoebocyten
- [B] Schwämme
- [M] Schwämme (Zelltypen)

Amoeboflagellaten ↗
Amoebotaenia ↗
Amolops ↗
- Staurois

Amoreux, Pierre Joseph
- Amoreuxia

Amoreuxia
Amoria
amorph

Amorpha
- Pappelschwärmer
- [M] Schwärmer

Amorphocephalus
- Langkäfer

Amorphochilus
- Stummeldaumen

Amorphophallus ↗

Amorphosporangium
- [M] Actinoplanaceae

AMP ↗

Ampedus
- Schnellkäfer

Ampeliscidae
- Flohkrebse

Ampelographie
- □ Weinrebe

Ampelpflanze
- □ botanische Zeichen

Ampere
- [M] elektrische Ladung

Ampfer
- □ Bodenzeiger
- [M] Ruderalpflanzen

Ampharetidae
- [M] Trichobranchidae

Amphetamine
- Doping
- [M] Drogen und das Drogenproblem
- □ Hunger
- Sympathikomimetika
- [M] Synapsen
- Weckamine

Amphianthus ↗

Amphiastraltyp
- Asteren

amphiatlantisch

Amphibia
- Amphibien

Amphibien
- □ Arterienbogen
- [B] Darm
- □ Desoxyribonucleinsäuren (DNA-Gehalt)
- [M] Devon (Lebewelt)
- Diplocaulus
- [M] Eizelle
- fetaler Kreislauf
- Gehirn
- Gehörorgane
- [M] Glucocorticoide
- Häutung
- [M] Hormondrüsen
- □ Hypophyse
- Ichthyostega
- □ Karbon
- □ Kreide
- Metamorphose
- □ Nephron
- Nest
- [M] Oviduct
- Telencephalon
- [B] Telencephalon
- Temperaturanpassung
- Urogenitalsystem
- □ Wirbeltiere
- [B] Wirbeltiere I
- [B] Wirbeltiere III
- □ Zelle (Vergleich)

Amphibienei
- grauer Halbmond
- ↗ Amphibienoocyte

Amphibiengifte
Amphibienoocyte
- Genamplifikation
- Keimbläschen
- □ Mitochondrien (Aufbau)
- Nucleoplasmin
- Ribosomen

amphibisch

Amphiblastula
- Homosclerophorida
- [B] Schwämme

Amphibola
- Lungenschnecken

Amphibolis ↗

Amphiboloidea
- [M] Wasserlungenschnecken

Amphibolurus ↗
Amphicoela ↗

amphicoele Wirbel
- Froschlurche
- Wirbel

Amphicotylidae
- [M] Pseudophyllidea

Amphicteis
- [M] Ampharetidae

Amphictenidae ↗

Amphicynodontinae
- Cephalogale

Amphicyonidae
- Raubtiere
- Robben

amphidelph
- Fadenwürmer

Amphiden
- Fadenwürmer
- Seitenorgane

Amphidinium ↗

amphidiploide Bastarde
- Additionsbastarde

Amphidiscophorida ↗
- Amphidisken
- Hyalonematidae

Amphidisken
- Amphidiscophorida

Amphidromus
Amphigastrien
Amphigastropoda
- Bellerophon
- Monoplacophora

Amphiglena
- [M] Sabellidae

Amphignathodon ↗

Amphigonie
- Heterogonie

amphikarp
- Wicke

amphikinetisch
- Kraniokinetik

Amphilestes
- Trituberkulartheorie

Amphilestidae
- Triconodonta

Amphilina ↗
Amphilonche ↗

Amphilycus
- □ Schlangensterne

Amphimallus ↗
Amphimelania
Amphimixis
- Endogamie

Amphimoea
- Schwärmer

amphinematische Scolopidien
- Scolopidium

Amphineura
- Nervensystem
- [B] Nervensystem I
- Urmollusken

Amphinomidae

amphinotische Verbreitung

Amphioxides
- Tiefseefauna

Amphioxus ↗
- Kowalewski, A.O.
- Nomenklatur
- ↗ Lanzettfischchen

Amphioxussand
- Lanzettfischchen

amphipathisch
- bimolekulare Lipidschicht
- Cholesterin
- Membran
- □ Membranproteine (Detergentien)
- Waschmittel

amphipazifisch

amphiphil
- amphipathisch

Amphipholis
- □ Schlangensterne

Amphiphyt
- Wasserpflanzen

Amphipithecus

amphiploide Bastarde
- Additionsbastarde

Amphiploïdie ↗

Amphipneustia
- amphipneustisch

amphipneustisch
- [M] Hemipneustia

Amphipoda ↗
- [M] Plankton (Anteil)
- ↗ Flohkrebse

amphipolar
- Membran

Amphiporus
- □ Schnurwürmer

Amphiprion ↗
Amphisbaenia ↗

Amphisolenia
- Dinophysidales

Amphisopidae
- [M] Asseln
- Phreatoicidea

Amphistegina ↗

amphistomatisch

Amphistome
- □ Digenea

Amphistylie
- Knorpelfische

Amphitheca
Amphitheriidae
Amphitherium
- Amphitheriidae
- Trituberkulartheorie

Amphitokie ↗
Amphitonie
Amphitragulus ↗
Amphitrema ↗

Amphitretus
- Tiefseefauna

amphitrich ↗

Amphitrite
- Gattyana

Amphiuma ↗
Amphiumidae ↗

Amphiura
- □ Schlangensterne

Amphiura-filiformis-Coenose
- Schlangensterne

Amphiuridae
- □ Schlangensterne

amphizerk
- homozerk

Amphizoidae
- □ Käfer

Amphodus ↗

Amphomycin
- [B] Antibiotika

Amphora ↗

Amphoriscidae

Amphotericin B

Amphotis
- [M] Ameisengäste (Beispiele)
- Glanzkäfer

Ampicillin
- □ Penicilline
- Vektoren

amplexiform
- Schmetterlinge

Amplexopora
- Trepostomata

Amplexus
- Froschlurche
- Klammerreflex

Amplifikation
- Desoxyribonucleinsäuren
- ↗ Genamplifikation

Amplitude
- □ Gehörsinn
- Interferenz
- [M] Massenvermehrung
- [M] Schwingung

Amplitudenpräparate
- Mikroskop
- □ Phasenkontrastmikroskopie

Ampullariella
- [M] Actinoplanaceae

Ampullariidae
- Marisa
- Pila

Ampullarius ↗

Ampulle (Einzeller)
- [M] Euglenophyceae

Ampulle (Insekten)
Ampulle (Säugetier)
Ampulle (Stachelhäuter)
- Ambulacralgefäßsystem
- Axocoel
- [B] Stachelhäuter I

Ampulle (Wirbeltiere)

Amputation
- kupieren
- Musterkontrolle
- Schmerz

Ampyx
- [M] Trilobiten

Amsel
- [B] Europa IV
- [B] Europa XIII
- □ Flugbild
- □ Gesang
- hemerophil
- □ Lebensdauer
- □ Verhaltenshomologie
- Vogeluhr

Amusium

AMV
- Atemminutenvolumen
- □ RNA-Tumorviren (Auswahl)

Amygdalin
- Benzaldehyd
- [B] Biochemie
- cyanogene Glykoside
- Emulsin
- [M] Enzyme
- Gentiobiose
- Glykoside
- Mandelsäure

- Prunus
Amygdalose
Amygdalus
- Prunus
Amylasen
- Aktivatoren
- Bier
- [B] Chromosomen III
- Dextrine
- Diastase
- ☐ Enzyme (technische Verwendung)
- ☐ Glykogen (Abbau und Synthese)
- Glykosidasen
- [M] Hydrolasen
- Kohlenhydratstoffwechsel
- Verdauung
- ☐ Verzuckerung
Amylobacter
Amylodextrine
Amyloid
- Amyloidose
Amyloidose
Amylopektin
- Dextrine
- Grenzdextrine
- [B] Kohlenhydrate II
Amyloplasten
- ☐ Plastiden
- Statolithen
- ☐ Tropismus (Geotropismus)
Amylose
- Dextrine
- [B] Kohlenhydrate II
Amylovora
- [M] Erwinia
Amylum
amyocerat
- Antenne
- Gliederantenne
Amyrin
- ☐ Isoprenoide (Biosynthese)
Amyris
- Sandelöl
Amytal
- ☐ Atmungskette (Schema 2)
Anabaena
- Algengifte
- Bodenorganismen
- Landalgen
- Wasserblüte
Anabaenopsis
Anabantidae
- Labyrinthfische
Anabantoidei
Anabas
- Labyrinthfische
Anabasein
- Anabasin
Anabasin
- Anabasis
- [M] Nicotianaalkaloide
Anabasis
Anabiose
- Hypobiose
- Keimung
- Plectus
- ☐ Rhabditida
- Trockenschlaf
Anablepidae
Anableps
- Vieraugen
anabole Wirkung
- Sexualhormone
- Testosteron
Anabolie
- Phänogenetik
Anabolika
- Doping
- Steroide
Anabolismus
- Assimilation
- biochemische Reaktionskette
- [B] Dissimilation II
- Energieladung
- Energieumsatz

- Genregulation
- Leben
- Stoffwechsel
- Zelle
Anacampseros
Anacamptis
Anacardiaceae
Anachis
- Täubchenschnecken
Anacridium
Anactinotrichida
- [M] Milben
Anacyclus
Anacystis
Anadorhynchus
- Südamerika
anadrome Fische
- Fischwanderungen
- Laichwanderungen
- Osmoregulation
Anaea
- Blattfalter
anaerob
anaerobe Atmung
- Dissimilation
anaerobe Atmungskette
- [M] Sulfatatmung
anaerobe Korrosion
- Sulfatreduzierer
anaerobe Nahrungskette
- Anaerobiose
- ☐ Mineralisation
Anaerobier
- Leberbouillon
Anaerobionten
- Anaerobier
Anaerobiose
- Pasteur, L.
- [B] Stoffwechsel
Anaeroplasma
Anagallis
Anagenese
- Cladogenese
- Evolution
- ☐ Stammbaum
- Vervollkommnungsregeln
anagenetische Reihen
- Vervollkommnungsregeln
Anaitides
Anakonda
- Südamerika
- [B] Südamerika II
anal
Analader
- Axillarader
- [M] Insektenflügel
- ☐ Käfer
Analbeutel
Analblasen
- Landschildkröten
Analbuminämie
- Blutproteine
Analcirren
- Pygidium
Analdrüsen
- Geilsäcke
- ☐ Insekten (Darm-/Genitalsystem)
- Pygidialdrüsen
Analeptikum
- Lobelin
Analfeld
- ☐ Insektenflügel
- Vannus
Analgesidae
Analgesiestadium
- Narkose
Analgetika
- Coffein
- Morphin
- Narkose
- [M] Schmerz
Analis
- ☐ Insektenflügel
Analklappen
- Insekten
Analogie
- Bauplan
- Geoffroy Saint-Hilaire, É.

- Homoiologie
- [M] Morphologie
- Owen, R.
Analogie - eine Erkenntnis- und Wissensquelle
Analogieforschung
- [M] Morphologie
Analogie-Modelle
- Analogie - Erkenntnisquelle
Analogieschluß
- Analogie - Erkenntnisquelle
Analpapillen
Analraife
Analschläuche
- Echiurida
Analschließmuskel
- Darm
- [M] Sphinkter
Analysator
- Polarisationsmikroskopie
Analyse
- Chemie
Anamerie
Anämie
- Anaplasmataceae
- Bilirubin
- Milch
- osmotische Resistenz
- Rheumatismus
- Strahlenschäden
Anamirta
- Fischkörner
- Menispermaceae
Anamixilla
- [M] Grantiidae
anamnestische Reaktion
Anamnia
- ☐ Wirbeltiere
Anamniota
- Anamnia
Anamorph
- Nebenfruchtformen
- Pilze
anamorph
- Doppelfüßer
Anamorpha
- [M] Hundertfüßer
Anamorphose
- Gliederfüßer
Ananas
- Bromelain
- [B] Früchte
- ☐ Fruchtformen
- Fruchtstand
- [B] Kulturpflanzen VI
- [M] Leerfrüchtigkeit
- ☐ Obst
Ananasartige
Ananasgalle
- [M] Gallen
- Tannenläuse
Ananasgewächse
Ananaskirsche
- Judenkirsche
- Nachtschattengewächse
Anaphase
- [M] Centromer
- Centromerautoorientierung
- Meiose
- [B] Meiose
- [B] Mitose
- Mitosekern
- Neocentromeren
- Präreduktion
- Spindelapparat
- [M] Spindelapparat
Anaphrodisiakum
- Eisenkrautgewächse
anaphylaktischer Schock
- Antibiotika
- Schock
Anaphylaxie
- anaphylaktischer Schock
- Richet, Ch.
Anaphylotoxine
- Komplement

Anaplasmataceae
- Haemobartonella
Anaplasmosen
- Anaplasmataceae
Anaplerose
- Carboxylierung
- Glycerat-Weg
- Pyruvat-Carboxylase
anaplerotische Reaktion
- Anaplerose
anaplerotische Sequenz
- Anaplerose
Anapophysen
- Wirbel
Anapsida
anapsider Schädeltyp
- Schläfenfenster
Anaptychus
- Ammonoidea
Anarcestes
- Ammonoidea
Anarrhichadidae
Anarrhichas
- Seewölfe
Anarrhichthys
- Seewölfe
Anarta
- [M] Europa
Anas
Anasca
anascospore Hefen
- imperfekte Hefen
Anaspida
- Ostracodermata
Anaspidacea
- australische Region
Anaspidea
- Bedecktkiemer
Anaspides
Anaspididae
- Anaspidacea
Anaspis
- Stachelkäfer
Anastatica
Anästhesie
- Adrenalin
Anästhesiologie
- Anästhesie
Anästhetika
- Cocain
- Narkotika
- [M] Schmerz
Anastomose
- ☐ Blutkreislauf (Umbildungen)
- Schwellkörper
- Temperaturregulation
Anastomus
Anastraltyp
- Asteren
- Spindelapparat
Anastrophe
- explosive Formbildung
Anathana
- [M] Spitzhörnchen
Anatidae
Anatinae
Anatis
- Marienkäfer
Anatomie
- [B] Biologie II
- Botanik
- Eidonomie
- Galen
- Paläontologie
- Vesalius, A.
anatomisches Theater
- Fabricius ab Aquapendente, H.
Anatosaurus
- Mumienpseudomorphosen
Anatoxin
- Toxoide
Anatrepsis
- Blastokinese
anatrop
- ☐ Blüte (Samenanlage)
- Samenanlage

Anatto

Anatto
- M Achote

Anauxotrophie ↗

Anax ↗

Anaximander
- Abstammung - Realität
- B Biologie I

Anblatten
- M Pfropfung

Ancalochloris ↗

Ancalomicrobium ↗
- M sprossende Bakterien

ancestral
- Plesiomorphie
- Rekapitulation

Anchietea
- Veilchengewächse

Anchilophus
- B Pferde, Evolution der Pferde II

Anchinoidae

Anchistropus ↗

Anchitherium
- Pferde
- B Pferde, Evolution der Pferde II

Anchovis ↗

Anchusa ↗

Ancilla

ancistropegmat

Ancistrum ↗

Ancorina

Ancula
- Griffelschnecke

Ancylidae
- Flußmützenschnecken

Ancylistes
- Entomophthorales

Ancyloceras

ancylopegmat

Ancylopoda

Ancylostoma ↗
- filariforme Larve
- M Abwasser

Ancylus
- □ Bergbach
- Grenzbächli
- □ Saprobiensystem

Ancylussee
- Yoldiameer

Ancyrocephalus ↗

Andamanide
- □ Menschenrassen

Andel ↗
- Asteretea tripolii

Andel-Rasen ↗

Anden-Anolis
- M Drohverhalten

Andenbär ↗

Anden-Felsenhahn
- Schmuckvögel
- B Südamerika VII

Andenfrösche

Andenhirsche

Anden-Kondor
- Kondor
- B Südamerika VII

Andenpfeiffrösche
- Andenfrösche

Andenschakal
- Kampfüchse

Andentanne
- Araucaria
- □ Araucaria

Andersson, J.G.
- Choukoutien

Andide
- □ Menschenrassen

Andira ↗

Andiroba ↗

Andorn

Andosole
- azonale Böden

Andrangium

Andreaea
- Andreaeidae

Andreaeidae

Andrena ↗
- Dufoursche Drüse

- Ölkäfer

Andrenidae

Andrewsarchus
- Mesonychoidea

Andrias ↗

Andrias scheuchzeri
- Riesensalamander

Androctonus ↗

Androdiözie

Androgametangium
- Andrangium
- Geschlechtsorgane

Androgameten
- Gynogamet

Androgamie ↗
- M Plasmogamie

Androgene
- □ adrenogenitales Syndrom
- Androstan
- Androsteron
- Antiandrogene
- □ Hormone (Drüsen und Wirkungen)
- Steroidhormone
- □ Teratogene
- Virilisierung

androgene Drüse
- □ Sexualdimorphismus

androgene Hormone
- Androgene

Androgenese
- eingeschlechtige Fortpflanzung
- Merogonie

Androgen-Rezeptor
- M Intersexualität

Androgynie (Anthropologie)

Androgynie (Botanik)

Androgynophor
- Lindengewächse
- Malvenartige
- Passionsblumengewächse

Andro-Komplex
- Geschlechtsbestimmung

Androkonien ↗

Andromeda ↗

Andromedotoxin
- Alpenrose
- Erdbeerbaum

Andromerogon ↗

Andromonözie
- Polygamie

Andropause
- Klimakterium

Andropetalen

Androphor
- Malvenartige

Androphoren
- Gonophoren

Andropogon
- Nordamerika

Andropogonoideae

Androsace ↗

Androsacetalia alpinae
- Cryptogrammetum crispae

Androsacetalia vandellii ↗

Androspermien
- Gynäkospermien

Androsporen

Androstan
- Androgene
- Testosteron

Androstendion

Androstenolon
- Dehydroepiandrosteron

Androsteran
- Androgene

Androsteron
- Butenandt, A.F.J.
- Ružička, L.

Androstrobus
- Nilssoniales

Andrözeum
- Blütenformel

Andrya ↗

Anechura
- M Ohrwürmer

Anecta

Aneides ↗

Anelasma
- M Rankenfüßer

Anelasmocephalus ↗

Anelytropsidae
- Schlangenechsen

Anelytropsis
- Schlangenechsen

Anematospermium
- Nematospermium
- □ Spermien (Spermien-Typen)

Anemia ↗
- Antheridiogen

Anemochorie
- Samenverbreitung

Anemogamie
- Bedecktsamer
- Bestäubung
- Blütensyndrom
- Entomogamie
- Zwittrigkeit

Anemone ↗
- asexuelle Fortpflanzung
- □ Fruchtformen
- B Mediterranregion IV
- Scheinwirtel

Anemonenfische
- Ektosymbiose
- Stoichactis

Anemonenkampfer
- Anemonin

Anemonia
- Seespinnen

Anemonin
- Anemonin

Anemonol
- Anemonin

Anemophilie ↗

Anemotaxis
- Windfaktor

Anencephalie

Anepitheliocystida
- M Digenea

Anergates
- Knotenameisen

Anethol
- Bibernelle

Anethum ↗

Anetoceras
- Ammonoidea

Aneuploïdie
- Krebs
- Mutation

Aneuraceae

Aneurin ↗
- Bios-Stoffe

Aneurophytales
- Medullosales
- Progymnospermen

Aneurophyton ↗

Anfangsbedingungen
- Erklärung in der Biologie
- Zufall in der Biologie

Anfangskammer
- Narbe

Anfinsen, Ch.B.

Anfractus

Angara-Land

Angaria (Biogeographie)
- Angara-Land
- Kambrium

Angaria (Schnecken) ↗

Angariidae
- Delphinschnecken

angeboren (Biologie)
- Instinkt
- Kaspar-Hauser-Versuch
- Reflex
- Verhalten

angeboren (Medizin)

angeborene Lerndisposition

angeborener auslösender Mechanismus
- Adoption
- Augenfleck

angeborene Verhaltensweise

Angel
- Fischereigeräte

Angelglied ↗

Angelica ↗

Angelico-Cirsietum
- Molinietalia

Angelköder
- Halla

Angelonia
- M Ölblumen

angewandte Forschung
- Grundlagenforschung

Angina
- Streptococcus

Angina pectoris
- Headsche Zonen
- Herzinfarkt
- Sympathikolytika

Angina Plaut-Vincenti
- Fusobacterium

Angiococcus
- Myxococcaceae

Angiographie

angiokarp
- Kleistothecium

Angiologie

Angiopteridaceae
- M Marattiales

Angiopteris ↗

Angiospermae ↗

Angiospermen
- Brown, R.
- □ Desoxyribonucleinsäuren (DNA-Gehalt)
- ↗ Bedecktsamer

Angiospermenzeit ↗

Angiostoma
- Rhabdias

Angiostrongylus
- Indoplanorbis
- Lungenwurmseuche

Angiotensin
- Gewebshormone
- □ Hormone (Drüsen und Wirkungen)
- Neuromodulatoren
- □ Neuropeptide
- Renin
- Renin-Angiotensin-Aldosteron-System

Angiotensinogen
- Angiotensin
- □ Hormone (Drüsen und Wirkungen)
- Renin
- Renin-Angiotensin-Aldosteron-System

Anglerfischartige ↗

Anglerfische ↗

Anglerkalmar
- Chiroteuthis

Angler Rind
- Rinder

Angler-Sattel-Schwein
- □ Schweine

Anglosaurus ↗

Angolamycin
- Makrolidantibiotika

Angorahaar
- Parallelmutationen

Angorakaninchen
- Angoratiere
- □ Kaninchen

Angorakatzen
- Angoratiere
- Katzen

Angoratiere

Angoraziege
- Angoratiere
- Kamelhaar
- M Ziegen

Angraecum
- B Zoogamie

Angriff
- Alarmstoffe
- B Bereitschaft II
- Individualdistanz
- B Konfliktverhalten
- M Konfliktverhalten
- kritische Distanz

Angriffshemmung

Anomodontia

Angriffsmimikry
- Ameisenspinnen
- Leucochloridium
- Mimikry

Angst
- M Aggression (Tüpfelkatze)
- Angriff
- B Bereitschaft II
- M Bereitschaft
- Freiheit und freier Wille
- Jugendentwicklung: Tier-Mensch-Vergleich
- Mensch und Menschenbild
- Schmerz
- Streß
- Sympathikolytika
- Warnsignal

Angst - Philosophische Reflexionen über ein biologisches Phänomen

Angstlähmung
- Angst - Philosophische Reflexionen

Ångström

Anguidae

Anguillarieae
- Liliengewächse

Anguillidae ↗
Anguilliformes ↗
Anguillula ↗
Anguimorpha
Anguina ↗
Anguis ↗
Angulare
- Kiefer (Körperteil)

Angulatensandstein
- Schlotheimia

Angulus

Angusteradulata
- Lateradulata

angustisellat
Angustmycine

Anhalin
- Anhaloniumalkaloide
- Hordenin

Anhalonidin
- M Anhaloniumalkaloide

Anhaloniumalkaloide
- Kakteengewächse

Anhangsorgane
Anheftungsorgane
- Haftorgane
- Parasitismus

Anheftungsorganelle
- M Fimbrien

Anheftungsstelle
- attachment-site

Anhellia
- M Myriangiaceae

Anhima
- Wehrvögel

Anhimidae ↗
Anhinga
- Schlangenhalsvögel

Anhingidae ↗
anholozyklisch
- Reblaus

Anhydride
Anhydrit
- Schwefel

Anhydrophryne
Ani ↗
Aniba ↗
Aniliidae ↗
Anilin
- Amine
- □ Hämolyse
- □ MAK-Wert
- Runge, F.F.

Anilinarbeiter
- □ Krebs (Krebsentstehung)

Anilinblau
- Azanfärbung

Anilinfarben
- B Biologie III

Anilius
- Rollschlangen

Anilocra
- Fischasseln

Anima
- Sexualität - anthropologisch
- Vitalismus - Mechanismus

animalcula infusoria
- Bakterien

animalcules
Animalculisten
- animalcules
- Leibniz, G.W. von

animaler Pol
- Animalisierung
- Anisotropie
- M Ei
- Eitypen

animales Nervensystem
- B Nervensystem II
- vegetatives Nervensystem

animale Viren ↗
Animalia
- Reich
- Tiere

animalische Physiologie
- Stoffwechselphysiologie

animalisches Nervensystem
- animales Nervensystem

Animalisierung

animal politicum
- Sexualität - anthropologisch

Animal protein factor
- B Vitamine

animal rationale
- Geist - Leben und Geist

animal-vegetative Eiachse
- Eiachsen

Animismus
- Vitalismus - Mechanismus

Animus
- Sexualität - anthropologisch

Anion
- Anionenaustauscher
- chemische Bindung
- Diffusionspotential
- elektrische Ladung
- Elektrolyte
- M Kation
- M Membranpotential
- Nährsalze
- Phosphationen
- □ Proteine (Schematischer Aufbau)
- Salze
- M Säuren

Anionenaustauscher
Anionentranslokator
- Membranproteine
- □ Membranproteine (Schemazeichnung)
- Membranskelett
- □ Membranskelett
- Spektrin

anionische Gruppen
- Anion

Aniridie
- □ Mutation

Anis ↗
- Gewürzpflanzen
- B Kulturpflanzen VIII

Anisakis
- Spulwurm

Anisandrus
Anisette-Likör
- Bibernelle

Anisium
- M Trias

Anisodactylus
- M Laufkäfer

anisodont ↗
Anisogameten
- Anisogamie
- Gameten

Anisogametie
- Befruchtung
- Geschlecht

Anisogamie
- Algen
- Befruchtung
- Einzeller
- Megagamet
- Mikrogamet

Anisogamontie
- Gamontogamie

anisognath ↗
- Gebiß

Anisograptus
- Graptolithen

anisohydrische Pflanzen
- hydrostabile Pflanzen

Anisokotylie
- Heterokotylie

Anisöl
- Bibernelle

Anisolpidium ↗
Anisomyaria
- Heteromyaria

anisophäne Polygenie
- Polygenie

Anisophyllie
- Blatt

Anisoplia
- Blatthornkäfer

anisoploïd
- isoploïd

Anisopoda ↗
Anisopodidae ↗
Anisoptera
- Darmkiemen

Anisostylie ↗
Anisothecium ↗
Anisotomidae
- M Käfer
- Trüffelkäfer

Anisotomie ↗
- Verzweigung

anisotonische Lösungen
Anisotropie
- M Symmetrie

Anisozygoptera
- Libellen
- Urlibellen

Anispiraculum
- Pentremites

Anisus
Anixiopsis
- M Onygenales

Ankerdredge
- □ Meeresbiologie (Fanggeräte)

Ankerfrucht
- Wassernußgewächse

Ankerwirkung
Ankerwurzel
- Wurzel

Ankistrodesmaceae
Ankistrodesmus
- Ankistrodesmaceae
- Kryoflora
- Wasserblüte

Ankömmlinge ↗
Ankylosauria ↗
Ankylosaurus
- B Dinosaurier

Ankylostomiasis ↗
Ankyra ↗
Ankyrin
- □ Membranproteine (Schemazeichnung)
- Membranskelett
- □ Membranskelett
- Spektrin

Anlage (Entwicklungsbiologie)
Anlage (Genetik)
Anlagenplan
- Anlage

Anlaufphase
- □ mikrobielles Wachstum

Anlockung
- Biolumineszenz
- B Blatt II
- Chemotaxis
- ↗ Lockstoffe

Anmoor
- M Humus

Anmoorgesellschaften ↗
Anmoorhumus
- Anmoor

Annäherung
- Konfliktverhalten

annealing
Annelida ↗
- M Anaerobier
- Enterocoeltheorie
- □ Stammbaum
- □ Tiere (Tierreichstämme)
- ↗ Ringelwürmer

Annellide
- □ Konidien

Annellokonidie
Annellosporae
- □ Moniliales

Annidation
Anniella
- Ringelschleichen

Anniellidae ↗
Annona
- Annonaceae

Annonaceae
Annonoideae
- Annonaceae

Annuelle
- □ botanische Zeichen
- Sommerannuelle
- Winterannuelle

annuelle Periodik
- M Chronobiologie (Periodizität)

annuelle Ruderalgesellschaften
- Sisymbrietalia
- M Stellarietea mediae

Annularia ↗
annulosiphonat
Annulus (Anatomie)
Annulus (Cytologie)
- □ Kernporen

Annulus occipitalis
- Nackenring

Anoa
Anobiidae ↗
- M Ambrosiakäfer

Anobothrus
- M Ampharetidae

Anocheta
- □ Doppelfüßer

Anode
- Anion
- B Elektronenmikroskop
- □ Röntgenstrahlen

anodische Oxidation
- Oxidation

Anodonta (Fische)
- Bitterlinge

Anodonta (Muscheln)
Anoema
- Prolagus

Anoestrus
Anolis
- Südamerika

Anomala
Anomalepis ↗
anomales Dickenwachstum
- Beta
- □ sekundäres Dickenwachstum

Anomalie
Anomalochilus
- Rollschlangen

Anomalodesmacea
anomalodesmatisch
- Scharnier

Anomalopidae ↗
Anomalops
- Leuchtsymbiose

Anomaluridae ↗
Anomalurus
- Dornschwanzhörnchen

Anomia ↗
Anomiidae
- Sattelmuscheln

Anomma
- Treiberameisen

Anommatus
- Rindenkäfer

Anomocoela ↗
anomocoele Wirbel
- Froschlurche

Anomodontia

Anomopoda

Anomopoda ↗
- M Wasserflöhe

Anomura
- Astacura

Anonychie
- M Agenesie

anonymer Verband
- Herde
- Schwarm
- Tiergesellschaft

Anopheles
- Ananasgewächse
- DDT
- Grassi, G.B.
- B Malaria
- Ross, R.
- M Stechmücken

Anophthalmus
- □ Agenesie
- M Laufkäfer

Anophthalmus hitleri
- M Nomenklatur

Anopien
- Farbenfehlsichtigkeit

Anopla
- □ Schnurwürmer

Anoplius
- Wegwespen

Anoplocephala ↗

Anoplopoma
- Schwarzfische

Anoplopomatidae ↗

Anoplura
- Magenscheibe

Anoptichthys ↗

Anorchie
- M Agenesie

Anoretika
- □ Hunger

Anorexia nervosa
- Hunger
- Unterernährung
- ↗ Magersucht

anorganisch
- B Biologie II

anorganische Dünger

Anorgoxidation ↗
- Beggiatoa

Anormogenese

Anorthoploïdie

Anorthospirale

Anosmaten
- Anosmie
- Makrosmaten

Anosmie
- chemische Sinne

Anostomidae ↗

Anostomus
- Salmler

Anostraca
- Gliederfüßer
- Greifantenne

Anotheca

Anotopteridae ↗
- Laternenfische

Anotopterus
- Laternenfische

Anourosorex
- M Asien

Anoxie

anoxischer Fermenter
- M Fermenter

Anoxybacteria
- □ phototrophe Bakterien

Anoxybiose ↗

anoxygene Photosynthese
- Anaerobiose
- Phototrophie

Anoxyphotobacteria
- Oxyphotobacteria

Anpassung
- Adaptiogenese
- B Biologie II
- Erkenntnistheorie und Biologie
- Evolution
- Genaktivierung
- B Homologie und Funktionswechsel

- Inselbiogeographie
- Kultur
- Lamarckismus
- Leben
- Mensch und Menschenbild
- M Morphologie
- ökologische Nische
- Plastizität
- Präadaptation
- Selektion
- Selektionsdruck
- Seneszenz
- Strategie
- Variabilität
- Vitalität

Anpassungsähnlichkeit
- Analogie
- Lebensformtypus

Anpassungsdivergenz
- Evolution

Anpassungskonvergenz
- Evolution

Anpassungskrankheiten
- Streß

Anpassungsphysiologie
- Tierphysiologie

Anpassungsreihen
- Vervollkommnungsregeln

Anpassungsunterschiede
- Divergenz

Anpassungswert ↗
- Anpassung

Anredera

Anregung
- Phosphoreszenz
- Photosynthese

Anregungsmittel
- Alkaloide
- □ Psychopharmaka
- Weckamine

Anreicherung ↗
- Abbau
- Abfallstoffspeicherung
- Gifte
- Hexachlorbenzol
- Kumulation
- ↗ Akkumulierung

Anreicherungshorizont
- Bodenentwicklung

Anreicherungskultur
- Beijerinck, M.W.
- mikrobielles Wachstum
- Selektivnährböden

Ansamitocine
- M Nocardien

Ansamycine
- M Antibiotika (therapeutische Klassen)

Ansauger ↗
- □ Schildbäuche

Anschäften
- M Pfropfung

Anser ↗

Anseranas ↗

Anseriformes ↗

Anserinae ↗

Anseropoda ↗

Ansiedler ↗

Ansonia ↗

ansteckende Krankheiten
- Infektionskrankheiten

Ansteckung ↗

Anstellhefe
- Bier

Anstellwinkel
- □ Flugmechanik

Antagonist ↗
- M Herznerven
- Opponent

Antagonist-Typ
- M Drogen und das Drogenproblem

Antamanid

Antapikalhorn
- B Algen I

Antarktika
- Polarregion

Antarktis
- australische Region

- Faunenreich
- B Kontinentaldrifttheorie
- Polarregion
- Südamerika
- tiergeographische Regionen
- □ tiergeographische Regionen
- B Vegetationszonen

Antarktisbrücke
- Polarregion

antarktische Konvergenz
- Polarregion

antarktische Region ↗
- Faunenreich
- tiergeographische Regionen

antarktisches Florenreich
- Südamerika

Antarktisfische
- Frostresistenz
- Polarregion

Antechinomys
- M Australien

Anteclipeus

Anteclypeus
- Anteclipeus

Antedon ↗
- M Myzostomida
- M Seelilien

Antedonidae
- Haarsterne

Antenella ↗

Antennae

Antennapedia
- homöotische Gene

Antennaria ↗

Antennariidae
- Fühlerfische

Antennarioidei ↗

Antennarius
- Fühlerfische

Antennata
- Tracheata

Antenne
- B chemische Sinne I
- Extremitäten
- Gehörorgane
- Gliederantenne
- □ Gliederfüßer
- B Gliederfüßer I
- Gliedertiere
- Greifantenne
- B Homologie und Funktionswechsel
- □ Insekten (Kopf)
- Taumelkäfer

Antennendrüse
- Coxaldrüsen
- Exkretionsorgane
- □ Exkretionsorgane
- Nephridien

Antennenkomplexe
- Chlorophylle

Antennennephridium
- Gliederfüßer
- B Gliederfüßer I

Antennennerv
- □ Gehirn
- □ Oberschlundganglion

Antennenpigmente
- Bakteriochlorophylle
- chromatische Adaptation
- □ Cyanobakterien (Photosynthese)
- M Photosynthese
- □ phototrope Bakterien

Antennenscheide
- □ Schmetterlinge (Falter)

Antennenwelse

Antennulae

Anthaxia
- Prachtkäfer

Anthelia

Antheliaceae

Anthelmithika

Anthemideae
- □ Korbblütler

Anthemis ↗
- □ Heilpflanzen
- ↗ Hundskamille

Antheraea ↗

Antheraxanthin
- Carotinoide

Anthere
- Theka
- ↗ Staubbeutel

Antherenimitation
- M Pollentäuschblumen

Antherenkultur

Anthericum ↗

Antheridiogen

Antheridiol

Antheridium
- Antheridiogen
- Bischoff, G.W.
- Deckelzelle
- M Empfängnishyphe
- B Farnpflanzen I
- Geschlechtsorgane
- Moose
- B Moose II

Antheridiumzelle
- Bedecktsamer

Antherophagus
- Schimmelkäfer

Anthese

Anthicidae ↗

Anthicus
- Blumenkäfer

Anthidium ↗

Anthium
- Euanthium
- Pseudanthium

Antho

Anthoceros
- Anthocerotales
- Horneophyton

Anthocerotaceae
- Anthocerotales

Anthocerotales

Anthocharis ↗
- B Schmetterlinge

Anthocomus
- Zipfelkäfer

Anthocoridae ↗

Anthocoris
- Blütenwanzen

Anthocyane
- M Basenanaloga
- Buntblättrigkeit
- M differentielle Genexpression
- Farbe
- Flavone
- Genwirkketten
- Glykoside
- Herbstfärbung
- B Mendelsche Regeln I
- Wein

Anthocyanglykoside
- Eibisch

Anthocyanidine
- Anthocyane
- Delphinidin
- M Flavonoide
- B Genwirkketten II

Anthokarp
- Wunderblumengewächse

Anthokladium
- M Blütenstand

Antholyse

Anthomastus ↗

Anthomedusae

Anthomyiidae ↗

Anthonomini
- Stecher

Anthonomium ↗

Anthonomus ↗

Anthophilie ↗

Anthophora ↗
- Ölkäfer

Anthophysa ↗

Anthophyta

Anthoscopus ↗

Anthoxanthum ↗

Anthozoa
- Dissepimentarium

Antilopinae

- Enterocoeltheorie
- M Reich
- M Tiefseefauna (Artenzahl)

Anthracen
- M kondensierte Ringsysteme

Anthrachinone
- Carminsäure
- Chinone
- Teloschistaceae

Anthracosauria

Anthracotherien
- Paarhufer

Anthracotheriidae
- Anthracotherien

Anthracotherioidea

Anthracycline
- M Antibiotika (therapeutische Klassen)

Anthraknose

Anthrakolithikum
- Karbon

Anthranilsäure
- □ Allosterie (Biosynthese)
- □ Mangelmutante
- Tryptophan

Anthrax (Fliegen) ↗
Anthrax (Krankheit) ↗

Anthrazit
- □ Inkohlung
- Kohle
- □ Steinkohle

Anthrembolomeri
- Embolomeri

Anthrenus ↗

Anthreptes
- M Asien

Anthribidae ↗
Anthriscus ↗
Anthroceridae ↗

anthropisches Prinzip
- Teleologie - Teleonomie

Anthropleona
- Gleichringler

Anthropobiologie
- Anthropologie

Anthropochoren
- Anthropochorie

Anthropochorie
- Samenverbreitung

anthropogen
- Schadstoffe

anthropogene Böden
- M Bodenentwicklung
- □ Bodentypen
- Kulturböden

anthropogene Ersatzgesellschaften
- aktuelle Vegetation

Anthropogenese
- Anthropogenie

anthropogene Standorte
- Apophyten

Anthropogenetik ↗

anthropogene Vegetation
- natürliche Vegetation

anthropogene Walddepression
- Baumgrenze

anthropogene Wüste
- Überweidung
- Wüste

Anthropogenie
Anthropoidea
Anthropoides ↗

Anthropologie
- Kulturanthropologie
- Mensch und Menschenbild

Anthropometrie

Anthropomorpha
- Mensch

Anthropomorphismus
- Angst - Philosophische Reflexionen
- Teleologie - Teleonomie

Anthropomorphismus - Anthropozentrismus

Anthroponose
- Infektionskrankheiten

Anthropophagie
- Kannibalismus

Anthropophilie
Anthropophyten ↗

Anthropopithecus
- Homo erectus

Anthroposphäre

Anthropozentrik
- Insemination (Aspekte)

Anthropozentrismus
- Anthropomorphismus - Anthropozentrismus

Anthropozoen ↗

Anthropozoonosen
- Infektionskrankheiten
- Zooanthroponosen

Anthura
- Anthuridea

Anthuridea

Anthurie
- Hochblätter

Anthurium ↗
- M Schauapparat

Anthurus ↗
Anthus ↗
- M arktoalpine Formen
- Pieper

Anthyllis ↗
Antiadrenergika ↗
Anti-A(B)-Agglutinine

antiallergische Wirkung
- Glucocorticoide

Antiandrogene

Antiarcha
- Pterichthyes

Antiarchi
- Pterichthyes

Antiarin
- Antiaris

Antiaris
Antiauxine ↗
Antibabypille ↗
- Gossypol

Antiberiberifaktor
- Thiamin
- M Vitamine

Antiberiberivitamin ↗

Antibiogramm

Antibionten
- Antibiose

Antibiose
- Allelopathie
- Antibiotika

Antibiosis
- Antibiose

Antibiotika
- Antimetaboliten
- Archaebakterien
- Bakterizide
- Blasticidine
- Bodenorganismen
- Chemotherapeutika
- Cytostatika
- Darmflora
- Fermentation
- Fungistatika
- Fungizide
- Hemmhof
- Hospitalismus
- Konservierung
- Massentierhaltung
- Milch
- Milchsäurebakterien
- Plasmide
- Reihenverdünnungstest
- Ribosomen
- Streptomycetaceae
- M Strichtest
- □ Teratogene
- Translation
- Überschichtungstest
- Vektoren
- Waksman, S.A.

Antibiotikabildner
- M Antibiotika

Antibiotikaresistenzgene
- Gentechnologie

Antibiotikum X-465A
- Chartreusin

Antiboreal
- tiergeographische Regionen

Anticholinergika
Anticholin-Esterasen

Anticodon
- □ Ribosomen (Aufbau)
- transfer-RNA
- B Transkription - Translation

Anticodon-Arm
- □ transfer-RNA

Anticodonschleife
- Anticodon

Anticytokinine ↗

Antidepressiva
- M Monoamin-Oxidasen
- □ Psychopharmaka

Antidiurese
antidiuretisches Hormon ↗
- □ Insektenhormone
- ↗ Adiuretin

Antidorcas ↗

Antidot
- Gegengift
- Morphin

Antienzyme

Antiepileptika
- □ Psychopharmaka
- Teratogene

Antievolutionismus
- Kreationismus

Antifertilisin
- M Plasmogamie

Anti-GMB-Nephritis
- Autoimmunkrankheiten

Antigen-Antikörper-Bindung
- Avidität
- ↗ Antigen-Antikörper-Reaktion

Antigen-Antikörper-Reaktion
- Immunologie
- Komplementbindungsreaktion
- Radioimmunassay

Antigenbindungsstellen
- Immunglobuline

Antigen Di^a
- Diegofaktor

Antigendrift ↗
- Grippe

Antigene
- AB0-System
- Abwehrstoffe
- Affinitätskonstante
- Bakterientoxine
- Blutgruppen
- Clone-selection-Theorie
- Desensibilisierung
- Immunfluoreszenz
- Immunglobuline
- Immunität
- Immunsystem
- Immunzellen
- Komplementarität
- Komplementbindungsreaktion
- Lymphknoten
- Lymphocyten
- Protein-A-Gold-Markierung
- □ Proteine (Charakterisierung)
- M Radioimmunassay
- Tumorantigene
- Virusrezeptoren

antigene Determinanten
- Antigene
- Immunglobuline
- Immunzellen

Antigenitätsveränderungen
- Influenzaviren

Antigenpräsentation
- Immunzellen

Antigenshift
Antigenvariabilität
- T-lymphotrope Viren

Antigenvariation
- M Evasion
- Immunsystem
- molekulare Maskierung
- Parasitismus

Antigibberelline ↗

Antigonadotropin
- □ Insektenhormone

Antigrauhaarfaktor
- B Vitamine

Anti-H
- H-Substanzen

antihämophiler Faktor
- Bluter-Gen
- Christmas-Faktor

antihämorrhagisches Vitamin ↗
- B Vitamine

Antihelminthika
- Chemotherapeutika

Antihistaminika
- Bovet, D.
- Histamin

Antikathode
- □ Röntgenstrahlen

antiklin

Antiklopfmittel
- Blei

Antikoagulantien
- Dicumarol
- Heparin
- Schlangengifte
- Speichel

Antikoagulation
- Cumarine

Antikonzeption
- Empfängnisverhütung

Antikörper
- AB0-System
- Abwehr
- Abwehrstoffe
- Affinitätskonstante
- Bakteriolysine
- B Biologie II
- M Blutserum
- Clone-selection-Theorie
- Desensibilisierung
- Entzündung
- Gen
- Genregulation
- B Genregulation
- Globuline
- M Glucocorticoide
- Gruber-Widalsche-Reaktion
- Haptene
- Heilserum
- H-Substanzen
- Immunfluoreszenz
- Immunität
- Immunpräzipitation
- Immunsystem
- Immunzellen
- Komplementarität
- Komplementbindungsreaktion
- Konglutination
- lymphatische Organe
- Lymphknoten
- Lymphocyten
- Makrophagen
- Northrop, J.H.
- Placenta
- □ Proteine (Charakterisierung)
- M Radioimmunassay
- Rhesusfaktor

Antikörpertiter
- Komplementbindungsreaktion

Antillenfrösche
Antillenpfeiffrösche
- Antillenfrösche

Antilocapra
Antilocapridae ↗

Antilopen
- Afrika
- Hornträger
- Präsentieren
- Tiergesellschaft
- M wildlife management

Antilopenhase
- Eselhasen
- Nordamerika

Antilopinae ↗

Anti-Lymphocytenserum

Anti-Lymphocytenserum
– Immunsuppression
Antimetaboliten
– Antibiotika
– Cytostatika
– Immunsuppression
Antimon
– ☐ MAK-Wert
Antimutagene
Antimycin A
– ☐ Atmungskette (Schema 2)
Antimykoin
– Polyenantibiotika
Antimykotikum
– Fungizide
Antiosidin
– Antiaris
Antiöstrogene
– Cytostatika
Antioxidantien
– Altern
– Ⓜ Zellaufschluß
Antiparallelität
Antipatharia ↗
Antipathes
– Ⓜ Dörnchenkorallen
Antiperniziosafaktor ↗
Antiphlogistika
– Ⓜ Gicht
Antipoden
– Bedecktsamer
– Ⓑ Bedecktsamer I
– Blüte
– Embryosack
– ☐ optische Aktivität
– Racemate
– Ⓜ Samenanlage
Antiport
– Cotransport
– Membrantransport
– ☐ Membrantransport (Schema)
– ☐ Mitochondrien (Aufbau)
antirachitisches Vitamin ↗
antirheumatische Wirkung
– Glucocorticoide
Antirrhinum ↗
Antirrhinumtyp
Antisaprobität
Antischaummittel
– Gärfett
Antisepsis
– Semmelweis, I.Ph.
Antiserum
– Agardiffusionstest
– Agglutinine
– Agglutinogen
– monoklonale Antikörper
Antiskorbutikum
– Meersenf
antiskorbutisches Vitamin
– Ascorbinsäure
Antisterilitätsvitamin ↗
Antistoffe
– Antimetaboliten
Antistreptolysin
– Streptolysine
Antisymmetrie
– Symmetrie
antitemplate Substanzen
– Chalone
Antitermination
Antithamnion ↗
– Ceramiaceae
antithetischer Generationswechsel
– diphasischer Generationswechsel
– Generationswechsel
Antithrombin III
– Antikoagulantien
Antitoxine
– Abwehrstoffe
Antitranspirantien
Antitrichia ↗
antitropistische Substanzen
– Morphactine
Antitrygodes
– Spanner

antivirale Wirkung
– Interferone
Antivitalstoffe
Antivitamine
antixerophthalmisches Vitamin
– Ⓑ Vitamine
Antizoea
– Ⓜ Fangschreckenkrebse
Antizyklone
– Klima
Antoniusfeuer
– Mutterkornalkaloide
Antrieb
– Affekt
– Appetenz
– bedingte Aktion
– Bedürfnis
– ☐ Funktionsschaltbild
– Mensch und Menschenbild
Antriebslehre
– Affekt
Antriebszone
– Ⓜ Bereitschaft
Antromysis
– Ⓜ Mysidacea
Antu
– Rodentizide
Anubispavian
Anucleobionten ↗
Anulum
– Pogonophora
Anulus (Farne)
– Farne
– Ⓜ Farne
– Faserschicht
– ☐ Kohäsionsmechanismen
Anulus (Moose)
Anulus (Pilze)
Anulus (Zoologie)
Anulus fibrosus
– Bandscheibe
Anulus superus
– Armilla
Anura ↗
Anuraea
– Keratella
Anus
Anwachsstreifen
– Ammonoidea
– Rugosa
Anwelksilage ↗
Anyphaena
– Ⓜ Sackspinnen
Anziehungskräfte
– chemische Bindung
äolische Sedimente
– Löß
– Ⓜ Sedimente
Äon
Aonidia
– Ⓜ Deckelschildläuse
Äonothem
– Stratigraphie
Aonyx
– Fingerotter
Aorta
– ☐ Arterienbogen
– Ⓑ Biogenetische Grundregel
– ☐ Blutkreislauf (Darstellung)
– Ⓑ Herz
– Herzmechanik
– Windkesselfunktion
– Zwerchfell
Aorta anterior
– ☐ Krebstiere
Aorta posterior
– ☐ Krebstiere
– ☐ Schnecken
Aortenbogen
– Ⓑ Herz
– Ⓜ Herz
Aortenklappe
– Ⓑ Herz
– Ⓜ Herzklappen
– Valva
Aortennerv
– Glomera aortica

Aortenwurzel
– Ⓑ Biogenetische Grundregel
– ☐ Blutkreislauf (Umbildungen)
– ☐ Schädellose
– Ⓑ Wirbeltiere II
Aotes ↗
– Ⓜ Malaria
Apamin
Aparasphenodon ↗
Apatele ↗
Apathie
– Deprivationssyndrom
Apatit
– Biomineralisation
– Calciumphosphate
– Fluor
Apatosaurus
– Brontosaurus
– Ⓑ Dinosaurier
Apatura ↗
Apedinella
– Kragenflagellaten
Apeltes ↗
AP-Endonuclease
– DNA-Reparatur
Apera ↗
Aperea ↗
Aperetalia spicae-venti
– Getreideunkräuter
aperiodische Arten
Aperion
– Ⓜ Aperetalia spicae-venti
Apertur (Botanik)
– Exine
Apertur (Optik)
– Elektronenmikroskop
– Immersion
– ☐ Mikroskop (Vergrößerung)
Apertura
Aperturblende
– Ⓑ Elektronenmikroskop
– ☐ Mikroskop (Aufbau)
Aperzeit
apetal
Apetalae
– Dialypetalae
Apex (Botanik)
Apex (Zoologie)
– apikal
– ☐ Schnecken
Apex pulmonis
– Lunge
APF
– Ⓜ Vitamine
Apfel
– Autopolyploidie
– Ⓜ Ballaststoffe
– Birnbaum
– Ⓑ Früchte
– Fruchtfleisch
– ☐ Fruchtformen
– Gibberelline
– Hypanthium
– Ⓑ Kulturpflanzen VII
– ☐ Nahrungsmittel
– ☐ Obst
– Ⓜ Obst
– Ⓜ Rosengewächse
– Xenien
Apfelbaum
– Ⓜ Blatt
– Ⓑ Chromosomen (Anzahl)
– Drehwuchs
– Ⓑ Europa XIV
– Kurztrieb
– Obstbau
Apfelblattfloh
– Psyllina
Apfelblattsauger ↗
Apfelblütenstecher ↗
– Ⓜ Stecher
Apfelflechte ↗
Apfelfloh
– Psyllina
Apfelfrüchte
– ☐ Fruchtformen
– Kernobst
Apfel-Fruchtfäule
– Ⓜ Fruchtfäule

Apfelfruchtstecher ↗
Apfelgespinstmotte ↗
Apfellaus
– Röhrenläuse
Apfelmehltau
Apfelmoos
Apfelsägewespe ↗
– Tenthredinidae
Apfelsauger
– Psyllina
Apfelsäure
– Ⓑ Dissimilation II
– Hydroxycarbonsäuren
– Ⓜ Malo-Lactat-Gärung
– Scheele, K.W.
Apfelschnecken
Apfelschorf ↗
Apfelsine ↗
– Ⓑ Kulturpflanzen VI
– Ⓜ Leerfrüchtigkeit
– ☐ Nahrungsmittel
Apfelstecher ↗
Apfelwanze
– Weichwanzen
Apfelwickler
– Ⓜ Beauveria
– Ⓑ Schädlinge
Aphaenops
– Ⓜ Laufkäfer
aphaneropegmat
Aphanes ↗
Aphaninae
– Darmkrypten
Aphanion arvensis
– Ⓜ Aperetalia spicae-venti
Aphaniptera ↗
Aphanisie ↗
Aphanius ↗
Aphanizomenon ↗
– Algengifte
– Ⓜ Gasvakuolen
– Wasserblüte
Aphanocapsa ↗
– halophile Bakterien
Aphanolejeunea ↗
Aphanomyces ↗
– Flußkrebse
– Ⓜ Umfallkrankheiten
– Ⓜ Wurzelbräune
– Ⓜ Wurzelfäulen
Aphanothece ↗
– halophile Bakterien
Aphantopus ↗
Aphaobius
– Nestkäfer
Aphasmidia ↗
Aphelandra
Aphelenchoides ↗
Aphelenchoididae
– Kokospalmenälchen
Aphelocheiridae ↗
Aphelocheirus
– Atmungsorgane
– Grundwanzen
– Plastron
Aphetohyoidea ↗
Aphididae ↗
Aphidiidae ↗
Aphidina ↗
aphidivor
Aphis ↗
– Vergilbungskrankheit
Aphlebien
– Marattiales
Aphodiinae
– Mistkäfer
Aphodius ↗
Aphomia ↗
aphotische Region
– Dämmerzone
– Hadozön
– ☐ Meeresbiologie (Lebensraum)
Aphragmophora
– Chaetognatha
– Sagitta
Aphredoderidae ↗
Aphredoderoidei
– Barschlachse

Aquarienfutter

Aphredoderus
– Barschlachse
Aphroceras
– M Grantiidae
Aphrodin
– Yohimbin
Aphrodisiakum
– M Alraune
– Ambra
– Apothekerskink
– Nashörner
– Pflanzengifte
Aphrodite
– Polychaeta
Aphroditidae
– Hermione
Aphrophora
– Schaumzikaden
Aphroteniidae
– australische Region
Aphthenseuche
– Maul- und Klauenseuche
Aphthona
– Erdflöhe
Aphthoviren ⁄
Aphyllie
Aphyllophorales ⁄
Aphyocharax ⁄
Aphyosemion ⁄
Apiaceae ⁄
Apiales ⁄
Apicomplexa
Apiculatus-Hefen
– Hanseniaspora
– M Hefen
Apidae
– staatenbildende Insekten
Apidium
Apidologie
Apigenidin
Apigenin ⁄
– ☐ Flavone
Apiin ⁄
– ☐ Flavone
apikal
Apikalapparat
– Unitunicatae
apikale Dominanz
– Auxine
– Knospenruhe
– Morphactine
– Tanne
Apikalhorn
– B Algen I
Apikalkissen
– M Unitunicatae
Apikalmeristem
– Endknospe
– Sproßachse
– Vegetationskegel
– Verzweigung
– Wachstum
– Wurzel
– Wurzelbildung
⁄ Scheitelmeristem
Apikalzelle ⁄
Apiocrea
– Goldschimmel
Apiocrinus
Apion ⁄
Apios ⁄
Apis ⁄
Apistobranchidae
Apistobranchus
– Apistobranchidae
Apistogramma ⁄
Apistonema-Phase
– Kalkflagellaten
Apium ⁄
Aplacentalia
Aplacophora
Aplanogameten
Aplanosporen
– Sporen
Aplanozygote
– Planozygote
Aplastodiscus ⁄
Aplexa
Aplocheilichthys ⁄

Aplodinotus ⁄
– M Otolithen
Aplodontia
– Nordamerika
– Stummelschwanzhörnchen
Aplodontidae ⁄
Aplysia ⁄
– M Lernen
– Versuchstiere
Aplysiidae
– Seehasen
Aplysilla
– Aplysillidae
Aplysillidae
Apneustia
– apneustisch
apneustisch
– M Hemipneustia
Apnoe
– Atmungsregulation
– Winterschlaf
apochlamydeisch ⁄
Apochromat
– Mikroskop
Apocrita
– Hautflügler
Apocynaceae ⁄
Apocynum
– Hundsgiftgewächse
apod
Apoda (Amphibien) ⁄
– Pseudocentrophori
Apoda (Insekten)
– Schildmotten
Apoda (Stachelhäuter) ⁄
Apodem
– Innenskelett
apodemisch
Apodemus ⁄
Apoderinae
– Blattroller
Apoderus ⁄
Apodes
– Aalartige Fische
Apodida
– M Seewalzen
Apodidae ⁄
Apodiformes ⁄
Apoenzym
– Apoprotein
– prosthetische Gruppe
Apoferment
– Apoenzym
Apoferredoxine
– Ferredoxine
Apoferritin
Apogamie ⁄
– Nucellarembryonie
Apogonichthys
– Fechterschnecken
Apogonidae ⁄
Apoidea
– staatenbildende Insekten
apokarp ⁄
apokrine Drüsen
– apokrine Sekretion
– Drüsen
apokrine Schweißdrüsen
– Axillardrüsen
apokrine Sekretion
– Drüsen
apolar (Biologie)
apolar (Chemie)
– Salze
– Wasser
apolare Bindung
– hydrophob
Apolipoproteine
– Lipoproteine
Apollofalter
– B Insekten IV
– Tierwanderungen
Apollon
Apolyse
– B Häutung
Apomeiose
Apomixis
– Habichtskraut
– Hybridzüchtung

Apomorphie
– additive Typogenese
– Hennigsche Systematik
– Klassifikation
– Leserichtung
– Merkmal
– monophyletisch
– M numerische Taxonomie
– Plesiomorphie
– Vervollkommnungsregeln
Aponeurosen
– Sehnen
Aponogeton
– Aponogetonaceae
Aponogetonaceae
apopetal ⁄
Apophysen
– ☐ Mucorales
– Wirbel
– M Zwergseeigel
Apophyten
Apoplast
– Symplast
apoplastisch
– Wassertransport
apoplastische Algen
– Plastiden
Apoprotein
Apopyle
– Schwämme
Aporepressor
– Corepressor
Aporia ⁄
Aporina ⁄
Aporogamie
Aporrhaidae
– Pelikansfüße
Aporrhais ⁄
Aporrhegmen
aposematische Tracht
– Schreckfärbung
Aposporie ⁄
Apostenus
– M Sackspinnen
Apostomea
aposymbiontisch
Apothecium
– Becherpilze
– Excipulum
– Flechten
– B Flechten I
Apothekerschwamm
– Badeschwämme
Apothekerskink
Appalacide
– ☐ Menschenrassen
Appendices epididymidis
– Appendix
Appendices pyloricae
– Appendix
Appendices vermiformis
– Appendix
Appendicularia ⁄
Appendix (Anatomie)
Appendix (Wurzel)
– Schuppenbaumartige
Appenzeller
– ☐ Hunde (Hunderassen)
Appert, N.F.
– M Konservierung
Appetenz
– Aversion
– B Biologie II
Appetenzverhalten
– bedingte Appetenz
– B Bereitschaft II
– Endhandlung
Appetit
– M Bereitschaft
– Hunger
Appetitlosigkeit
– Serotonin
Appetitzügler
– ☐ Hunger
– Weckamine
Apposition
– Appositionswachstum
– Conodonten
– Intussuszeption

– Tüpfel
Appositionsauge
– Hell-Dunkel-Adaptation
– ☐ Retinomotorik
Appositionswachstum (Botanik)
– M Multinet-Wachstum
– Zellwand
Appositionswachstum (Zoologie)
Appressorien
– ☐ Getreidemehltau
– Haftorgane
– Mycel
Appreturmittel
– Braunalgen
– Dextrine
– ☐ Stärke
Aprasia ⁄
Aprikose ⁄
– B Kulturpflanzen VII
– ☐ Obst
– M Obst
Aproctoidea
– Spirurida
APS ⁄
Apseudes
– Scherenasseln
– M Scherenasseln
Apsilus ⁄
APS-Kinase
– ☐ assimilatorische Nitratreduktion
APS-Reductase ⁄
Aptenodytes ⁄
Apterae
– Blattläuse
Apteriae
– Federraine
Apterie
Apterien ⁄
Apterona
– Sackspinnen
Apteronotidae ⁄
Apteronotus
– Messeraale
Apteryges
– Moas
Apterygidae
– Kiwivögel
Apterygiformes ⁄
Apterygogenea
– Urinsekten
Apterygota ⁄
– ☐ Insekten (Stammbaum)
⁄ Urinsekten
Apterylose
Apteryx ⁄
Aptinus
– Bombardierkäfer
Aptium
– M Kreide
Aptychus
– Ammonoidea
Apud-System
– Verdauung
Apurin-Endonuclease
– AP-Endonuclease
Apurinsäure
– Desoxyribonucleinsäuren
Apus ⁄
Apygier
– Testicardines
Apygophora
– M Rankenfüßer
apyren
– Paraspermien
Apyrimidin-Endonuclease
– AP-Endonuclease
Apyrimidinsäuren
– Desoxyribonucleinsäuren
Aquakultur
äquale Furchung
– B Larven I
äquale Teilung
Aquarienfische
– Südamerika
Aquarienfutter
– Dauereier

Aquarium

Aquarium
- Commelinales
- Ferntastsinn

Aquaspirillum
aquatic weed
- Aronstabgewächse
- Pontederiaceae
- Wasserhyazinthe
- Wassergewächse
- Wasserpest

Äquationsteilung
- Weismann, A.F.L.

aquatisch
Äquatorialebene
- Spindelapparat

äquatoriale Regenzone
- Tropen

Äquatorialplatte
Äquatorialstrom
- [B] Vegetationszonen

Äquatorialsubmergenz
Äquatorium
Äquidistanz
- Blattstellung

Äquidistanzregel
äquifazial
- Blatt

Aquifoliaceae ↗
Aquila ↗
Aquilaria ↗
Aquilegia ↗
Äquinoktialblumen
Äquipotentialflächen
- Potential

äquipotentiell
Aquitanium
- Miozän
- □ Tertiär

Äquivalentdosis
- Strahlendosis
- □ Strahlendosis

Äquivalentdosisleistung
- [M] kosmische Strahlung
- Strahlendosis

äquivalente Kreuzungen
- Äquivalenz

Äquivalenz
Äquivalenzpunkt
- Acidimetrie
- Alkalimetrie

Ara ↗
- [B] Nordamerika VIII
- Südamerika
- [B] Vögel II

Ära
- Ärathem
- Erdgeschichte
- [B] Erdgeschichte
- □ Stratigraphie

Araban
- Pentosane

Arabellidae
- [M] Eunicida

Araberpferde
- Pferde
- □ Pferde

Arabidetalia coeruleae ↗
Arabidion ↗
Arabidopsis ↗
Arabinofuranosyladenin
- Arabinonucleoside

Arabinofuranosylcytosin
- [M] Arabinonucleoside

Arabino-3-hexulose-6-phosphat
- [M] Ribulosemonophosphat-Zyklus

Arabinonucleoside
Arabinose
- Aktivatoren
- Gummi

L-Arabinose-Isomerase
- Arabinose-Operon

Arabinose-Operon
- Genregulation

Arabis ↗
Arabit
- Ribit

Arabitol
- Arabit

Araceae ↗
Arachidonsäure
- Calmodulin
- □ essentielle Nahrungsbestandteile
- Fettsäuren
- Leukotriene
- □ Leukotriene
- Membran
- □ Prostaglandine
- Rhytidiaceae

Arachinsäure
- □ Fettsäuren

Arachis ↗
Arachis-Lectin
- □ Lectine

Arachnata ↗
Arachnia ↗
Arachnida ↗
Arachnoidea
- Hirnhäute

Arachnoidea spinalis
- Rückenmark

Arachnologie
Arachnomysis
- [M] Mysidacea

Aradidae ↗
Aradus
- Rindenwanzen

Araeocerus ↗
Araeolaimida
- Araeolaimus

Araeolaimus
Araeoscelidae
- Protorosauria

Araeoscelidia ↗
Arago
- Tautavel

Aragonit
- Flußperlmuscheln
- [M] Kalk
- Perlmutter
- □ Riff
- Schale

Araldit
- Epon
- mikroskopische Präparationstechniken
- Ultramikrotom

Arales ↗
Aralia
- Aralie

Araliaceae ↗
Araliales ↗
Aralide
- □ Menschenrassen

Aralie ↗
aralo-kaspisches Becken
- Tethys

aralo-kaspisches Zentrum
- Europa

Aramidae ↗
Aramus
- Rallenkraniche

Aranea ↗
Araneae ↗
- □ Chelicerata
- ↗ Webspinnen

Araneidae ↗
- [M] soziale Spinnen

Araneologie ↗
Araneus
Aräometer
- [M] Wein (Zuckergehalt)

ara-Operon
- Arabinose-Operon

Arapaima ↗
- [B] Fische XII
- Südamerika

Araphidineae
- Fragilariaceae
- [M] Pennales

Ararauna
- Papageien
- [M] Papageien
- [B] Südamerika III

ARAS
- Schlaf

Araschnia ↗
Ärathem
- □ Stratigraphie
- stratigraphisches System

Aratinga
- Sittiche

Araucaria
- Südamerika

Araucariaceae
araucaroide Tüpfelung
- [M] Protopinaceae

Araukarie ↗
- Kieselhölzer
- [B] Südamerika IV

Araukariengewächse ↗
- Araucariaceae

Araukarien-Provinz
- Araucariaceae

Araukarienwälder
- Araucaria

Arbacia ↗
Arbeit
- Energie
- Enthalpie
- Entropie
- Entropie - in der Biologie
- ↗ Muskelarbeit

Arbeiter
- staatenbildende Insekten
- [M] Termiten

Arbeiterin
- [B] Ameisen I
- Drohne
- Geschlechtsbestimmung
- staatenbildende Insekten
- [M] Vespidae

Arbeitsdiagramm
- [M] Muskelkontraktion

Arbeitshypothese
- Hypothese

Arbeitskern
- Mitosekern
- Zellkern

Arbeitsphysiologie
Arbeitsplatz
- Arbeitsphysiologie

Arbeitsstoff
- MAK-Wert

Arbeitsteilung
- Hautflügler
- staatenbildende Insekten
- Tiergesellschaft
- Tierstöcke
- Urbanisierung

Arbeitsumsatz
- Energieumsatz
- Leistungszuwachs

Arbeitsverlust
- Ruhedehnungskurve

Arber, W.
- [B] Biochemie

Arboretum
arboricol
- Herrentiere
- Mensch

Arborviren
- Arboviren

Arbor vitae
- [B] Gehirn

Arboviren
- □ Virusinfektion (Wege)

Arbovirus-Gruppe A ↗
Arbovirus-Gruppe B ↗
Arbuskeln
Arbutin
- [M] Bärentraube
- Emulsin

Arbutus ↗
ARC
- T-lymphotrope Viren

Arca ↗
Arcacea
- Actinodonta

Arcella
Archachatina
Archaeata
- Receptaculiten

Archaebakterien
- Bakterienmembran
- Gram-Färbung

- Membran
- methanbildende Bakterien
- [M] Progenot
- Schwefelreduzierer

Archaeobacteria
- Mendosicutes

Archaeobatrachea ↗
Archaeobdella
- [M] Glossiphoniidae

Archaeocalamitaceae
- Archaeocalamites

Archaeocalamites
- [M] Calamitaceae
- Phyllothecaceae

Archaeocidaris
- [M] Seeigel

Archaeocyatha
- Archaeocyathiden
- Pleospongea

Archaeocyathiden
- □ Kambrium

Archaeocyten
- [B] Schwämme

Archaeogastropoda ↗
Archaeognatha ↗
- □ Insekten (Stammbaum)

Archaeolaginae
- Hasenartige

Archaeophis
- Schlangen

Archaeopraga
- Monoplacophora

Archaeoptera
- Archipterygota

Archaeopteridales
- Progymnospermen

Archaeopteris ↗
- [M] Progymnospermen

Archaeopterygiformes
- Neornithes

Archaeopteryx
- additive Typogenese
- Bindeglieder
- Flug
- □ Jura
- Kralle
- Mosaikevolution
- Owen, R.
- Proavis
- Rekapitulation
- Stammgruppe
- Vogelfeder
- □ Wirbeltiere
- [B] Wirbeltiere III

Archaeopulmonata ↗
Archaeornis ↗
Archaeornithes
- Neornithes
- Sauriurae

Archaeosigillaria
- Protolepidodendrales

Archaeosperma
Archäeuropa
- Paläeuropa

Archaïkum
Archallaxis
Archanara
- Schilfeulen

Archangiaceae
Archangiopteris
- [M] Marattiales

Archangium
- Archangiaceae

Archanodon
Archanthropinen
- Acheuléen

Archäolithikum
Archäologie
- Anthropologie

Archäophyten
- Ackerunkräuter

Archäophytikum
Archäozoikum ↗
Archaster
Archegoniaten
Archegonium
- Bischoff, G.W.
- Deckelzelle
- Eizelle

- Embryo
- B Farnpflanzen I
- Geschlechtsorgane
- Moose
- B Moose II
- B Nacktsamer
archencephaler Faktor
- □ Induktion
Archencephalon
Archenmuscheln
- Homomyaria
Arche Noah (Schiff)
- Kreationismus
Arche Noah (Weichtier)
- Archenmuscheln
Archenteron
Archephemeropsis ↗
Archespor
- Blüte
- Moose
- Tapetum
Archetypus
- idealistische Morphologie
- Typologie
- Typus
Archeuropa
- Archäeuropa
Archeus
- Teleologie - Teleonomie
Archiacanthocephala
Archiannelida
- Gehirn
Archibenthal
Archibolie
- Phänogenetik
Archicephalon
Archicerebrum
- Archicephalon
- □ Gliederfüßer
- Gliedertiere
Archichauliodes
- M Komplexauge (Querschnitte)
Archicoelomata
- Archicoelomatentheorie
- Enterocoeltheorie
- monophyletisch
- Nemathelminthes
Archicoelomatentheorie
- Enterocoeltheorie
Archicortex
- Telencephalon
Archidiaceae
- Archidiales
Archidiales
- Kleistokarpie
Archidiskodon
- Djetisfauna
Archidium ↗
- Archidiales
Archidoris ↗
Archiearis
- Jungfernkind
Archigenese ↗
Archigetes ↗
- M Pseudophyllidea
Archigonie ↗
Archilochus ↗
Archimedes
archimer ↗
Archimeren
- Enterocoeltheorie
Archimerie
- Enterocoeltheorie
Archimetabola
Archimetameren
- Enterocoeltheorie
Archimetamerie
- Trimerie
Archimycetes
Archinephros ↗
Archinotis
- Polarregion
Archipallium ↗
- Neopallium
- Pallium
- □ Telencephalon
- B Telencephalon
Archipel-Speziation
- Artenschwärme

Archipolypoda
- Palaeocoxopleura
Archipterygium ↗
Archipterygota
Architaenioglossa ↗
Architectonicidae ↗
Architeuthidae
- Riesenkalmare
Architeuthis ↗
Architheca
- Amphitheca
Architomie
- Strudelwürmer
Archoophora
- additive Typogenese
- Archaeornithes
- Dinosaurier
- B Dinosaurier
- □ Wirbeltiere
Archostemata ↗
- Urkäfer
Arcidae ↗
Arcifera ↗
Arcinella
- Gienmuscheln
Arcopagia
Arctamphicyon
- Amphicyonidae
Arctaphaenops
- M Laufkäfer
Arctica ↗
Arcticidae
- Islandmuschel
Arctictis
- M Asien
- Binturong
Arctiidae ↗
Arctiin
- M Klette
Arction ↗
Arctium ↗
Arctocebus
- Bärenmaki
- Makis
Arctocephalini
- Seebären
Arctocephalus ↗
Arctocyon
- Arctocyoninae
- □ Tertiär
Arctocyoninae
Arctogalidia
- Palmenroller
Arctoidea
Arctonoë ↗
Arctonyx
- M Dachse
Arctosa
- M Wolfspinnen
Arctoscopus
- Drachenfische
Arctostaphylo-Loiseleurietum
- Alpenazalee
Arctostaphylos ↗
- M arktoalpine Formen
- □ Heilpflanzen
Arctotideae
- □ Korbblütler
Arcturidae
Arcturus
- □ Arcturidae
Arcualia
- Wirbel
Arcus aortae
- Aortenbogen
Arcus superciliaris
- Augenbrauenbogen
Arcyria ↗
Ardea
- Reiher
Ardeidae ↗
Ardenne, Manfred von
- Krebs
Ardeola
- Reiher
Ardisia ↗
Arduino, G.
- M Erdgeschichte

- Tertiär
Area (Brachiopoden)
- Interarea
Area (Muscheln)
Area (Neuroanatomie)
- Rindenfelder
- Telencephalon
Areal (Entwicklungsbiologie)
- morphogenetisches Feld
Areal (Ökologie)
- age-and-area-Regel
- diskontinuierliche Verbreitung
- Exklave
- Rasse
- Relikte
- Verbreitung
- Verbreitungsschranken
Arealaufspaltung
- Holarktis
- Verbreitung
Arealausweitung
- Einbürgerung
- Verbreitung
- Wanderfalter
Arealdisjunktion
- Alpentiere
- ↗ Arealaufspaltung
Arealgröße
- Verbreitung
Arealkarte
Arealkunde
- Biogeographie
- Botanik
- Sychorologie
- Verbreitung
Arealtyp
Area occipitalis
- Sehrinde
Area praeoccipitalis
- Sehrinde
Area praeoptica
- Menstruationszyklus
Area striata
- Neopallium
- Sehrinde
- □ Telencephalon
Areca
Arecaalkaloide
Arecaceae ↗
Arecaidin
- M Arecaalkaloide
- Betelnußpalme
Arecales ↗
Arecarot
- Betelnußpalme
Arecidae
Arecife
- Llano
Arecolin ↗
- □ Alkaloide
- Betelnußpalme
Arenabalz
- Gattenwahl
- Gruppenbalz
- Promiskuität
- Sexualdimorphismus
Arenaria (Pflanzen) ↗
Arenaria (Vögel) ↗
Arenaviren
- □ Virusinfektion (Genexpression)
- □ Viruskrankheiten
Arenavirus
- Arenaviren
Arenga ↗
Arenicola ↗
Arenicolidae
Arenigium
- M Ordovizium
arenikol ↗
Arenomya
- Limnaeameer
Areole
- Glochiden
- Kakteengewächse
- Sukkulenten
Arg ↗
Argali
- Schafe

Argania
Argasidae ↗
Arge
- Argidae
Argema
- Kometenfalter
- Pfauenspinner
Argemone ↗
Argentea
Argenteohyla ↗
Argentinidae ↗
Argentinoidei
- Glasaugen
Argidae
Arginase ↗
- Canavanin
- M Hydrolasen
- M Metalloproteine
Arginin
- M Aminosäuren
- Argininphosphat
- Canavanin
- genetischer Code
- Glutaminsäure
- Glutaminsäure-γ-Semialdehyd
- Guanidin
- □ Harnstoffzyklus
- Histone
- Mangelmutante
- Protamine
- □ Proteine (Schematischer Aufbau)
- B Transkription - Translation
- Trypsin
Argininobernsteinsäure
- Arginin
- Argininosuccinat
Argininosuccinat
- □ Harnstoffzyklus
8-Arginin-Oxytocin
- Vasotocin
Argininphosphat
- Arginin
- Harnstoffzyklus
- Phosphagene
Argininphospho-Kinase
- Argininphosphat
Arginin-t-RNA-Synthetase
- Enzyme
- □ Enzyme (K_M-Werte)
Argiope
- Radnetzspinnen
Argiopidae ↗
Argobuccinum
Argonauta ↗
Argonautidae
- Papierboot
Argon-Kalium-Methode ↗
Argopecten
- Muschelkulturen
Argulidae
- Fischläuse
Argulus ↗
argumentative Sprache
- Erkenntnistheorie und Biologie
argument from design
- Teleologie - Teleonomie
Argusbläuling
- B Schmetterlinge
Argusfasan ↗
Argusfische
Argusianus
- M Fasanenvögel
- Pfaufasanen
Argynninae
- Perlmutterfalter
Argynnis ↗
Argyresthia
- M Extremitäten
- Kirschblütenmotte
Argyresthiidae
- Kirschblütenmotte
Argyrodes ↗
Argyroneta ↗
Argyropelecus
- Großmünder
- Tiefseefauna

argyrophil
- Versilberungsfärbung

argyrophile Fasern
- Gitterfasern

Argyrophilie
- Alterspigment

Argyrotheca
- M Brachiopoden
- Megathiris

Argyroxiphium
Ariadna ↗
Arianta
- Baumschnecken

Aricidea ↗
Ariciidae ↗
arid
- □ Klima
- Photosynthese
- Trockengrenze

Ariditätsgrenze
- Trockengrenze

aridophil
- xerophil

Arietites
Arietitidae
- Arietites

Ariidae
- Welse

Arillus
- M Eibe
- Eibengewächse

Arion ↗
Arionidae
- Wegschnecken

Ariophanta
Ariophantidae
- Ariophanta

Arisaema
- Aasblumen

Arisarum
- Pilzmückenblumen

Arista (Botanik)
- Granne

Arista (Insekten)
Aristocystites
- Diploporita

Aristogenesis
- Teleologie - Teleonomie

Aristolochia
- M Pilzmückenblumen

Aristolochiaceae ↗
Aristolochiales ↗
Aristolochiasäuren
Aristolochia-Typ ↗
- sekundäres Dickenwachstum
- □ sekundäres Dickenwachstum

Aristoteles
- Abstammung - Realität
- Anthropologie
- Anthropomorphismus - Anthropozentrismus
- Aristotelia
- Bienenzucht
- Bioethik
- B Biologie I
- Deduktion und Induktion
- Entwicklungstheorien
- Ethik in der Biologie
- Frettchen
- Friedrich II. von Hohenstaufen
- idealistische Morphologie
- Jugendentwicklung: Tier-Mensch-Vergleich
- Kräuterbücher
- Laterne des Aristoteles
- Leib-Seele-Problem
- Systematik
- Teleologie - Teleonomie
- Vitalismus - Mechanismus
- Zoologie

Aristotelia ↗
aristotelisch-thomistische Theorie
- Leib-Seele-Problem

Arius ↗
Arixenia
- Placenta

Arixeniidae
- M Ohrwürmer

Arizona-Gruppe ↗
Arjona ↗
Arktis
- Faunenreich
- ↗ Polarregion

arktisch-alpin
- arktoalpine Formen
- Europa
- □ Pleistozän

arktisch-alpine Windheiden ↗
arktische Böden
- Kryoturbation

arktische Region ↗
- Faunenreich

arktisches Klima
- M Klima (klimatische Bereiche)

arktische Tundrazone
- Asien

arktische Zone
arktoalpine Formen
- Europa
- Glazialfauna
- Polarregion

Arktogaea
- Faunenreich
- tiergeographische Regionen

arktotertiäre Formen
- Mandschurisches Refugium
- Mongolisches Refugium
- Paläarktis
- □ Tertiär

Arm
- B Embryonalentwicklung II
- Extremitäten

Armachillo
- Mykobakterien

Armadilliidae
- □ Landasseln

Armadillidium ↗
Armadillo
- □ Landasseln

Armandia
- M Opheliidae

Armdecken
- □ Vogelflügel

Armeekrabben
Armenide
- □ Menschenrassen
- B Menschenrassen II

Armeria
Armerion maritimae ↗
Armflosser
- Mimikry

Armfühler ↗
Armfüßer ↗
Armgerüst
- Cardinalia

Armiger
Armilla
Armillaria
- Hallimasch
- Matsutake

Armillariella ↗
- M Weißfäule
- M Wurzelfäulen

Armillifer ↗
Armina
- Arminacea

Arminacea
Armklappe
- Brachiopoden
- Chilidium
- Stielklappe

Armleuchteralgen ↗
- □ Rote Liste
- □ Silurium
- Verlandung

Armleuchteralgen-Gesellschaften ↗
Armmolche
- Nordamerika

Armoracia
armorikanischer Bogen
- Karbon

Armpalisaden
- B Blatt I

Armschlagader
- □ Blutkreislauf - (Darstellung)

Armschwingen
- Vogelflügel
- □ Vogelflügel

Armstuhl-Modell
- □ Ribosomen

Armträger ↗
Armvene
- □ Blutkreislauf (Darstellung)

Armwirbler ↗
armyworm
- Eulenfalter

Arnaudoria ↗
Arni
Arnica
- Arnika
- □ Heilpflanzen

Arnicin
- M Bitterstoffe

Arnika
- B Blütenstände
- Nardetalia

Arnoglossus ↗
Arnon, D.
- B Biochemie

Arnoseridion ↗
Arnoserion
- Arnoseridion

Arolium
- □ Extremitäten
- Haftblasen

Aromastoffe
- Essenzen
- M Ester

Aromaten
- aromatische Verbindungen

Aromaten-Familie
- □ Aminosäuren (Synthese)

aromatische Amine
- cancerogen

aromatische Verbindungen
- Biotransformation
- M organisch

Aromia
Aromorphose
- Idioadaption

Aronstab
- Aronstabgewächse
- □ Autogamie
- M Gleitfallenblumen
- Temperaturregulation

Aronstabartige
Aronstabgewächse
- Atmungswärme
- Hemiepiphyten
- Homoiothermie

Arothron
- M Kugelfische

Arrabidaea
- M Bignoniaceae

Arracacia ↗
Arrak
- M Äthanol
- Reis

Arrauschildkröte
Arrenurus
- M Milben
- Süßwassermilben

Arrhenatheretalia
- Glatthafer

Arrhenatheretum montanum
- Arrhenatheretalia

Arrhenatherion
- Arrhenatheretalia

Arrhenatherum ↗
- Panspermielehre

Arrhenius-Gleichung
- Arrhenius, S.

Arrhenogenie
Arrhenoidie
- Hahnenfedrigkeit

Arrhenotokie ↗
- Drohne

Arrhinencephalie
- Patau-Syndrom

Arrhizophyten
- Rhizophyten

Arrhoges
- Pelikansfüße

Arrhythmie
Arrowroot
- Curcuma
- Pfeilwurzgewächse
- Taccaceae

Arsen
- □ Krebs (Krebsentstehung)
- Paracelsus
- Pestizide

Arsenat
- Atmungskette

Arsenikesser
- Gifte

Arsenverbindungen
- Fraßgifte
- M Krebs (Krebserzeuger)

Arsenwasserstoff
- □ MAK-Wert

Arsinotherium
- Embrithopoda

Art
- Agamospezies
- B Biologie II
- □ Klassifikation
- Leben
- B Menschenrassen I
- Nomenklatur
- Rasse
- Sammelart
- Selektion
- Semispezies
- Systematik
- Varietät
- Wissenschaftstheorie
- Zufall in der Biologie

Artabsin
- M Bitterstoffe

Artacama ↗
Artamidae ↗
Artamus
- Schwalbenstare

Artareal
- Areal

Artaufspaltung ↗
- B Rassen- u. Artbildung I
- Saltation

Artbastard
- Gigawuchs
- M Zellkultur

Artbastardierung ↗
- Hybridzüchtung

Artbestimmung
- Bestimmungsschlüssel

Artbildung
- Abstammung
- Abstammung - Realität
- Amixie
- Aussterben
- Diversifizierung
- Eiszeitrefugien
- Evolution
- Gendrift
- infraspezifische Evolution
- M Introgression
- Migrationstheorie
- Mutationstheorie
- Phylogenetik
- Polyploïdie
- Rasse
- Stammart
- Systematik

Artdichte ↗
Artefakt (Allgemeinbegriff)
Artefakt (Cytologie)
- Mesosomen

Artefakt (Medizin)
Artefakt (Prähistorie)
Artemia
Artemiidae
- Salinenkrebschen

Artemisia
- □ Heilpflanzen
- ↗ Beifuß

Artemisietalia
Artemisietea vulgaris
– Saum
Artemisietum maritimae ↗
Artemisin
– Malaria
Artenabundanz
– Artendichte
 ↗ Abundanz
Artendichte
– biozönotische Grundprinzipien
– Diversität
Artenfehlbetrag
– Artendichte
Artengruppe
– Sammelart
– Synusien
Artenkombination
– Assoziation
Artenmannigfaltigkeit ↗
– Leben
– Mannigfaltigkeit
Artenpaare (Evolution)
– Coevolution
– Europa
Artenpaare (Flechten)
Artenreichtum ↗
Artenschutz
– Heilpflanzen
– Naturschutz
– ☐ Rote Liste
– Tiergartenbiologie
– Vogelschutz
– World Wildlife Fund
Artenschutzabkommen
Artenschwärme
Artenzusammensetzung
– biologisches Gleichgewicht
Arterenol ↗
Arterhaltungswert
– Wissenschaftstheorie
Arteria carotis communis
– Carotis
– Halsschlagader
Arteriae omphalomesenterica
– Dottersackkreislauf
Arteria hepatica
– Leber
Arteria pulmonalis
– Ductus arteriosus Botalli
Arteria subneuralis
– ☐ Krebstiere
– M Peracarida
arteriell
– Arterien
– Blutgefäße
Arterien
– Anastomose
– Aorta
– Arteriolen
– M Arteriosklerose
– Herz
– Intima
– Puls
– Venen
– Windkesselfunktion
– B Wirbeltiere II
Arterienbogen
– Aorta
– B Wirbeltiere II
Arterienverkalkung ↗
Arteriolen
Arteriosklerose
– M Altern
– Alterskrankheiten
– Diabetes
– Herzinfarkt
– Infarkt
– Lipoproteine
– Nicotin
arteriovenöse Koppelung
– M Venen
Arterivirus
– Togaviren
Arterkennung
– optische Artkennzeichen
Artesischer Brunnen
– Grundwasser

Arthonia
– Arthoniaceae
Arthoniaceae
Arthoniales
Arthopyrenia ↗
– Pseudosphaeriales
Arthothelium ↗
Arthrinium
– ☐ Moniliales
Arthritis
– Parvoviren
– Rheumatismus
Arthritis urica
– Gicht
Arthrobacter
– Bodenorganismen
Arthrobotrys ↗
Arthrobranchien ↗
Arthroderma ↗
– M Dermatophyten
– M Onygenales
Arthrodesmus ↗
Arthrodira
Arthrokonidien
Arthroleptella
Arthroleptides
– ☐ Ranidae
Arthroleptinae
– Langfingerfrösche
– ☐ Ranidae
Arthroleptis ↗
Arthropitys ↗
Arthropleona
– Springschwänze
Arthropoda
– Enterocoeltheorie
– ☐ Tiere (Tierreichstämme)
 ↗ Gliederfüßer
Arthropoda incertae sedis
– Proarthropoda
Arthropodaria ↗
Arthropodenviren
Arthropodin
Arthropodisation
– Gliederfüßer
– Stummelfüßer
Arthropodium
– Extremitäten
– Gliederfüßer
Arthropterygium
Arthrosporae
– ☐ Moniliales
Arthrosporen ↗
Arthroxylon ↗
Articulamentum
– Käferschnecken
Articulare
– Gehörknöchelchen
– Kiefer (Körperteil)
– ☐ Kiefergelenk
– Meckel-Knorpel
– Quadratum
– Reichert-Gauppsche Theorie
Articulata (Brachiopoden) ↗
Articulata (Crinoidea) ↗
Articulata (Gliedertiere) ↗
– Archicoelomatentheorie
– Homonym
– Ringelwürmer
 ↗ Gliedertiere
Articulata (Moostierchen) ↗
Articulatae ↗
Articulatio
– Gelenk
Articulatio coxae
– Hüftgelenk
Articulatio cubiti
– Ellbogengelenk
Articulatio genus
– Kniegelenk
Articulatio intercarpea
– Interkarpalgelenk
Articulatio temporomandibularis
– Kiefergelenk
artificial intelligence
– Denken
artifizielle Insemination
– Insemination

Artinsk-Stufe
– M Perm
Artiodactyla ↗
– Neobunodontia
 ↗ Paarhufer
Artischocke
– B Kulturpflanzen V
Artkennzeichen
– B Rassen- u. Artbildung II
– B Signal
Artmächtigkeit
– Bestandsaufnahme
– Deckungsgrad
– Vegetationsaufnahme
Artname
– auct.
– Epitheton
– Nomenklatur
Artnischen
– ökologische Nische
Artocarpus
Artogeia ↗
artspezifisches Verhalten
Artspezifität ↗
arttypisches Verhalten
– artspezifisches Verhalten
Artumwandlung ↗
– Aussterben
– B Rassen- u. Artbildung I
– Stammart
Artwandel
– Punktualismus
Artzone
– Zone
Arum ↗
Aruncus ↗
Arundo
– Gramin
ARV
– T-lymphotrope Viren
Arve ↗
– alpine Baumgrenze
– Asien
– Baumgrenze
– boreoalpin
– M Höhengrenze
– ☐ Kiefer (Pflanze)
– Rhododendro-Vaccinion
Arven-Alpenrosen-Gesellschaft ↗
Arven-Wälder ↗
Arvernium
– ☐ Tertiär
Arvicola ↗
Aryknorpel
– Stellknorpel
Arylhydroxylamine
– cancerogen
Arylsulfatase
– M Leitenzyme
Arzneidroge
– Drogen und das Drogenproblem
Arzneimittel
– Akkumulierung
– Biotransformation
– Dioskurides
– Ethik in der Biologie
– Methämoglobin
– Milch
– Pharmakodynamik
– Pharmakokinetik
– Pharmakologie
– M Sucht
 ↗ Chemotherapeutika
 ↗ Medikamente
Arzneimittelabhängigkeit
– Sucht
Arzneimittelmißbrauch
– Sucht
Arzneimittelpflanzen
– B Kulturpflanzen X
– Naturschutz
 ↗ Giftpflanzen
 ↗ Heilpflanzen
Arznei-Schlüsselblume
– B Europa IX
– Schlüsselblume
Asakusanori
– Bangiales

– Meereswirtschaft
Asant
– Ferulasäure
 ↗ Stinkasant
Asarina
– M Lianen
Asarum ↗
Asbest
– Bakterienfilter
– Kieselsäuren
– M Krebs (Krebserzeuger)
Asbestfaserung
Asbestopluma
– M Tiefseefauna
ASBV
– M Viroide
Ascalaphidae ↗
Ascalaphus
– Schmetterlingshafte
Ascaphidae
Ascariasis
– Spulwurmkrankheit
Ascaridia
– Heterakis
Ascaridiasis
– Spulwurmkrankheit
Ascaridida
– Heterakis
Ascaridoidea
– M Ascaridida
Ascaridol
– M Monoterpene
Ascaridose
– Spulwurmkrankheit
Ascaris ↗
– Fumaratatmung
– Keimbahn
– ☐ Spermien
 ↗ Spulwurm
Äsche
– B Fische X
– M Laichperioden
Aschelminthes ↗
Aschenanalyse ↗
Aschenbild
– Aschenanalyse
Aschenboden
– Podsol
Aschenpflanze
– B Mediterranregion I
Äschenregion
– Barben
– Barbenregion
– B Fische X
– M Flußregionen
– Forelle
Äscherich
– Rebenmehltau
Ascherson, Paul
– Aschersonia
Aschersonia ↗
Aschheim-Zondek-Reaktion
– Choriongonadotropin
Aschion ↗
Aschoff, L.
– reticulo-endotheliales System
Aschoff-Knötchen
– Aschoff, L.
Aschoff-Tawara-Knoten
– Aschoff, L.
– Atrioventrikularknoten
Ascia
– B Schmetterlinge
– Weißlinge
Ascidia ↗
Ascidiacea ↗
Ascidien
– Seescheiden
Asclepiadaceae ↗
Asclepias
Ascobolaceae ↗
Ascochyta
– B Pflanzenkrankheiten II
– M Phoma
Ascocorticiaceae
Ascocorticium
– Ascocorticiaceae
ascogen ↗

ascogene Hyphen

ascogene Hyphen
- Ascogon
- Ascus
Ascoglossa ↗
Ascogon
- Ascus
- [M] Empfängnishyphe
- Geschlechtsorgane
Ascogonium
- Ascogon
Ascokarp ↗
- Ascomyceten-Flechten
Ascolichenes ↗
Ascoma
- Ascomycetidae
- Ascostroma
- Basidiomata
- Flechten
- Kleistothecium
Ascomyceten-Flechten
Ascomycetes ↗
Ascomycetidae
- Ascomyceten-Flechten
Ascomycota
Ascomycotina ↗
Ascontyp
Ascophora ↗
- Ascus
Ascophyllum ↗
Ascopodaria ↗
Ascorbate
- Ascorbinsäure
Ascorbigen
- Indol
Ascorbinsäure
- □ Glucuronat-Weg
- Gulonsäure
- Kollagen
- Sorbit
- Szent-Györgyi, A.
- Vitamine
- [B] Vitamine
- [M] Vitamine
Ascorbinsäureoxidase
- Ascorbinsäure
Ascoscleroderma ↗
Ascosin
- Heptaen-Antibiotika
Ascospermophora ↗
- □ Doppelfüßer
- Samenfüßer
Ascosphaera
Ascosphaerales
- Ascosphaera
- [M] Plectomycetes
Ascosporen
- Ascus
- □ Ascus
- □ Echte Hefen
- Endosporen
- [M] Unitunicatae
ascosporogene Hefen
- Hefen
Ascostroma
Ascothoracica
- [M] Rankenfüßer
Ascotricha ↗
Ascus (Moostierchen)
- Moostierchen
Ascus (Pilze)
- Ascomycota
- Ascosporen
- □ Echte Hefen
- [B] Pilze II
- Unitunicatae
ascusbildend
- ascogen
Ascute ↗
asellat
Asellidae
- Asellota
Asellota
Asellus
Aseminae
- [M] Bockkäfer
Asemum
- Düsterbock
aseptisch
- steril

asexuelle Fortpflanzung (Botanik)
asexuelle Fortpflanzung (Zoologie)
Ashbya
Ashgillium
- [M] Ordovizium
Asiatischer Wildesel
- Halbesel
Asien
- □ Desertifikation (Ausmaß)
- Europa
- [B] Kontinentaldrifttheorie
- Orientalis
- Rodung
- [B] Vegetationszonen
Asilidae ↗
Asilomar-Konferenz
- □ Gentechnologie
Asinus
- Esel
Asio ↗
Asiphonecta
Äskulapnatter
- Europa
- [B] Reptilien II
Äskulapstab
- [M] Medinawurm
Asn ↗
Asokabaum ↗
Asp ↗
Aspalathus ↗
Asparagin
- [M] Aminosäuren
Aspidistra ↗
Asparaginase
- Asparagin
- [M] Cytostatika
Asparaginsäure
- [M] Aminosäuren
- □ Lysozym
- □ Miller-Experiment
- □ Neurotransmitter
- □ Proteine (Schematischer Aufbau)
- [B] Stoffwechsel
- Threonin
Asparagin-Synthetase
- Asparagin
- Cytostatika
Asparagoideae
- Liliengewächse
Asparagus ↗
Aspartase ↗
Aspartat ↗
- Glutamat-Oxalacetat-Transaminase
- □ Harnstoffzyklus
- □ Kohlendioxidassimilation
- [M] Pyrimidinnucleotide
Aspartat-Familie
- □ Aminosäuren (Synthese)
- □ Isoenzyme
Aspartat-Transcarbamylase
- Cytidintriphosphat
- [M] Effektor
- Enzyme
- Proteine
- [M] Pyrimidinnucleotide
Aspartokinase
- □ Isoenzyme
Aspe ↗
Aspekt
Aspektfolge
- Aspekt
Aspergillose
Aspergillsäure
- Aspergillus
Aspergillus
- Bodenorganismen
- Cordycepin
- Giftpilze
- Gliotoxin
- Heterokaryose
- Konservierung
- [M] Selbsterhitzung
Aspermatismus
- [M] Sperma
Aspermie
- [M] Sperma

Asperugo ↗
Asperula ↗
Asperulo-Fagion
- Weißtannenwälder
Asperulosid
- [M] Labkraut
- [M] Monoterpene
Asphalt
- Bitumen
Asphaltsümpfe
- Weichteilerhaltung
Asphodeloideae
- Liliengewächse
Asphodelus
- Asphodill
- □ Liliengewächse
Asphodill
- [B] Kulturpflanzen XI
Asphyxie
- Atmungsregulation
Aspicilia
- Aspiciliaceae
- Mannaflechte
- Wasserflechten
Aspiciliaceae
Aspicilietea lacustris
- Flechtengesellschaften
Aspiculuris
- Oxyurida
Aspidiaceae ↗
Aspidiotus
- [M] Deckelschildläuse
Aspidisca
Aspidistra ↗
- [M] Liliengewächse
Aspidites ↗
Aspidobothrea
- Laurerscher Kanal
- □ Saugwürmer
Aspidobothria
- Aspidobothrea
- Saugwürmer
Aspidobothrii
- Plattwürmer
- Saugwürmer
Aspidobranchia ↗
Aspidoceratidae
- Laevaptychus
Aspidochirota ↗
Aspidochirotida
- [M] Seewalzen
Aspidoderidae
- Heterakis
Aspidoderma
- [M] Hundsgiftgewächse
Aspidodrilus ↗
Aspidogaster ↗
- Saugwürmer
Aspidogastraea
- Monogenea
Aspidogastrea
- Saugwürmer
Aspidontus
- Mimikry
- [M] Putzsymbiose
Aspidoproctus
- Schildläuse
Aspidorhynchiformes
Aspidosiphon
Aspidosiphonidae
- [M] Sipunculida
Aspidosperma
- Quebracho
- Rauwolfiaalkaloide
Aspik
- Gelatine
- Meereswirtschaft
Aspirin
- Prostaglandine
- [M] Schmerz
- Vane, J.R.
- Weide (Pflanze)
Aspisviper
- [B] Reptilien III
Aspius ↗
Asplanchna
Asplanchnidae
- Asplanchna
Aspleniaceae ↗

Asplenietea rupestria
Asplenio-Cystopteridetum
- Blasenfarn
Asplenium ↗
- [B] Farnpflanzen I
- ↗ Streifenfarn
Asp · NH₂ ↗
Aspondylie
- Wirbel
aspore Hefen
- imperfekte Hefen
asporogene Hefen
- Hefen
A-S-Profil
Assa
- Myobatrachidae
- [M] Myobatrachidae
Assala ↗
Assam
- □ Teestrauchgewächse
Assapan ↗
Asseln
- Flohkrebse
- Schwermetallresistenz
- □ Spermien
Asselspinnen
- Gliederfüßer
Asselspinner ↗
Assel-Stufe
- [M] Perm
assemblage-zone
- Zone
assembly
- [B] Genwirkketten I
- Morphogenese
- Selbstorganisation
- Virusinfektion
assembly pathway
- Ribosomen
- Selbstorganisation
Assié
- Sipo
Assimilate ↗
Assimilation
- Chlorophylle
- Energiestoffwechsel
- □ Nervensystem (Wirkung)
- [M] ökologische Effizienz
- Stoffwechsel
Assimilationsgewebe
- Absorptionsgewebe
- [B] Moose I
- Photosynthese
Assimilationsparenchym
- Grundgewebe
- [M] Grundgewebe
Assimilationsstärke ↗
- Chloroplasten
Assimilatoren
- [B] Moose I
assimilatorische Nitratreduktion
- [B] Stickstoffkreislauf
assimilatorischer Quotient ↗
assimilatorische Sulfatreduktion
- □ Schwefelkreislauf
Assimilattransport
- Dickenwachstum
- Leitungsgewebe
- Siebröhren
- Sproßachse
- Trompetenzellen
- Wurzel
Assiminea
Assimineidae
- Assiminea
Assise
- Erdgeschichte
- Stratigraphie
Assoziation (Botanik)
- Pflanzengesellschaft
- Soziation
Assoziation (Chemie) ↗
Assoziation (Psychologie)
- limbisches System
Assoziationscortex
- □ Telencephalon
Assoziationsfelder
- Neopallium

Äthan

- Rindenfelder
- □ Telencephalon

Assoziationsgebiete
- Gehirn
- Gyrifikation

Assoziationskoeffizient ↗

Assoziationssystem
- Assoziationszentren

Assoziationszentren
- Hirnzentren

assyntisch
- Eokambrium
- B Erdgeschichte
- Kambrium

Ast
- Zweig

Astacidae ↗
Astacilla ↗
Astacin ↗
- Chlamydomonadaceae

Astacinae
- Flußkrebse

Astacura
- Anomura

Astacus ↗
- □ Blutersatzflüssigkeit
- ↗ Flußkrebse

A-Stamm
- □ transfer-RNA

Astaracium
- □ Tertiär

Astarte
Astartidae
- Astarte

Astasia
Astaxanthin
- Flamingos

Aster
- B Alpenpflanzen
- □ Bodenzeiger
- B Europa XX
- B Nordamerika VII
- Röhrenblüten

Asteraceae
- Nomenklatur

Asterales
Astereae
- □ Korbblütler

Asteren
- Monaster
- Spindelapparat

Asteretea tripolii
- Küstenvegetation
- Thero-Salicornietea

Asteriacites
Asterias ↗
Astericus
- Otolithen

Asteridae
Asteriidae ↗
Asterina ↗
Asterinidae ↗
Asteriomyzostomidae
Asteriomyzostomum
- Asteriomyzostomidae

Asterionella ↗
- □ Saprobiensystem

Asteriscus
- M Schauapparat

Asterocalamites ↗
Asterochelys ↗
Asterococcaceae
Asterococcus
- Asterococcaceae

Asteroidea ↗
Asteroideae ↗
- Zungenblüten

Asterolecaniidae ↗
Asteronomium
- □ Minen

Asterope
- M Alciopidae

Asterophila
- M Asterophilidae

Asterophilidae
Asterophora ↗
Asterophryninae
- Engmaulfrösche

Asterophrys ↗

Asterophyllites
Asteroschema
- □ Schlangensterne
- M Schlangensterne

Asteroschematidae
- □ Schlangensterne

Asterotheca ↗
Asterothecaceae
- Marattiales

Asteroxylon
- Protolepidodendrales
- Urfarne

Asterozoa ↗
Astheniker
- M Konstitutionstyp

Ästhetasken
- Flohkrebse

Ästheten
- Käferschnecken
- Schalenaugen

Ästhetik
- Symmetrie

Asthma
- Leukotriene

Asticcacaulis ↗
- M sprossende Bakterien

Astigmatismus
- Linsenauge
- Young, Th.

Astilbe
- B Asien V

Astium
- Pliozän
- □ Tertiär

Ästivation (Botanik)
Ästivation (Zoologie)
- Sommerschlaf

Astolonata ↗
Astomata
Astomocniden
- M Cniden

Astraea
Astraeaceae
- Wettersterne

Astraeus ↗
Astragalin
- □ Flavone

Astragalus (Körperteil)
- Intertarsalgelenk

Astragalus (Pflanze) ↗
- Gummi
- Selen

Astral-Typ
- Spindelapparat

Astrangia ↗
Astrantia ↗
Astrapotheria
- Huftiere
- Protungulata

Astriclypeus
- Sanddollars

Astrild ↗
Astrobiologie ↗
Astroboa
- Gorgonenhäupter

Astrocopus ↗
Astrocyten
- Glia

Astrocytome
- □ Krebs (Tumorbenennung)

Astroglia
- B Bindegewebe

Astroides
Astronesthidae ↗
astronomische Orientierung
- Astrotaxis

Astropecten ↗
Astropectinidae
- Kamm-Seestern

Astrophorida
Astrophyton
- Gorgonenhäupter

Astrophytum ↗
- □ Kakteengewächse
- M Kakteengewächse

Astrorrhizae
Astroscopus ↗
- Himmelsgucker

Astrospartus
- □ Schlangensterne

Astrotaxis
- Kompaßorientierung
- Vogelzug

Astspanner ↗
Ästuar
asturisch
- B Erdgeschichte

Astyanax ↗
- M regressive Evolution

Astylospongia
- Eutaxicladina
- □ Ordovizium

Astylosterninae
- □ Ranidae

Astylosternus ↗
ASV
- □ RNA-Tumorviren (Auswahl)

Asychis
- M Maldanidae

Asymmetrie
- Polarität
- M Symmetrie

asymmetrisch
- Blütenformel
- □ botanische Zeichen

asymmetrisches Kohlenstoffatom
- Aconitase
- asymmetrische Synthese
- Hoff, J.H. van't
- B Kohlenstoff (Bindungsarten)
- Konfiguration
- □ optische Aktivität

asymmetrische Synthese
- Aconitase

asymmetrische Verbindungen

Asymmetron
Asynapsis
- Desynapsis

Asynergie
- M Muskelkoordination

Aszendenz
- Stammbaum
- Verwandtschaft

Atacama
- Südamerika

Ataktostele
- Einkeimblättrige Pflanzen
- Stelärtheorie
- □ Stele

Atavismus
- Merkmal
- Milchdrüsen
- Pluripotenz
- Rekapitulation

ATCC
- M Kultursammlung

Atelerix
- M Igel

Ateles
- Klammerschwanzaffen

Atelinae ↗
atelische Bildungen
- Mammut

Atelocynus
- M Hunde
- Waldfüchse

Atelognathus ↗
Atelophlebia
- M Komplexauge (Querschnitte)

Atelopus ↗
Atelostomata
- M Irreguläre Seeigel
- M Seeigel

Atelura ↗
Atemese
- M Ameisengäste (Beispiele)
- Büschelkäfer
- M Kurzflügler

Atemfrequenz
- Atemminutenvolumen
- Atmungsregulation
- M Chronobiologie (Phasenkarte)

- Winterschlaf

Atemgasaustausch
- Blutgase
- Standardbicarbonat

Atemgase
- Blutgase
- Bunsenscher Absorptionskoeffizient
- Caissonkrankheit
- Diffusion

Atemgastransport
Atemgifte
- M Gifte
- Insektizide

Atemhöhle (Botanik)
- B Blatt I
- Spaltöffnungen
- □ Spaltöffnungen

Atemhöhle (Zoologie) ↗
- Atmung
- Atmungsorgane
- Mantelhöhle
- Schleimhaut

Atemkalk
- M Respirometrie

Atemkanal
- Choanen

Atemkapazität
- Atmung

Atemknie
- Sumpfzypresse

Atemloch
- Ringelrobben
- Tracheensystem

Atemmechanik
- Atmung

Atemmedien
- Atmung

Atemminutenvolumen
Atemnot
- Atmungsregulation
- Regelung

Atemöffnung
- B Moose I

Atemporus
- Atemloch

Atemrhythmus
- Atmungsregulation

Atemrohr
- M Schwebfliegen
- Stechmücken

Atemröhren
- M Landschnecken

Atemtrieb
- M Bereitschaft

Atemvolumen ↗
- Spirometrie

Atemwurzeln
- Luftwurzeln
- Mangrove
- Rhizophoraceae
- Wurzel

Atemzeitvolumen
- Atmungsregulation

Atemzentrum ↗
- M Bradykardie
- Cheyne-Stokes-Atmung
- Flourens, M.J.P.
- Haldane, J.S.
- Paraganglien
- Regelung

Atemzugvolumen
- Atmung
- Atmungsregulation

Atentaculata
AT-Gehalt
Athalamia ↗
Athalia
- Tenthredinidae

Äthalien
- Lohblüte
- Lycogalaceae
- Myxomycetidae

Athamanta ↗
Äthan
- M Alkane
- B chemische und präbiologische Evolution
- Ethan

59

Äthanal

- □ Konformation
- *Äthanal* ↗
- *Äthanalsäure* ↗
- **Athanas**
- Knallkrebse
- □ Natantia
- **Äthancarbonsäure**
- Propionsäure
- *Äthandicarbonsäure* ↗
- **Äthandiol**
- □ Alkohole
- *Äthandisäure* ↗
- **Äthanol**
- Alkohol-Dehydrogenase
- □ Alkohole
- alkoholische Gärung
- Antimutagene
- Bier
- Biotransformation
- Buttersäure-Butanol-Aceton-Gärung
- □ chemische Sinne (Geruchsschwellen)
- [B] Dissimilation I
- [B] Dissimilation II
- [M] Essigsäurebakterien
- [M] gemischte Säuregärung
- □ Glycerin
- Glykolyse
- [B] Glykolyse
- □ Isomerie (Typen)
- □ MAK-Wert
- □ Phosphoketolase
- □ Redoxpotential
- [B] Stoffwechsel
- Wein
- [M] Zymogengranula
  ↗ *Äthylalkohol*
- **Äthanol-Acetat-Vergärung**
- Buttersäuregärung
- **Äthanolamin**
- biogene Amine
- Decarboxylierung
- □ Lipopolysaccharid
- **Äthanol-Dehydrogenase**
- [M] Essigsäurebakterien
- *Äthanolgärung* ↗
- *Äthanolsäure* ↗
- *Äthansäure* ↗
- **Athecatae**
- **Athekanephria**
- **Athelia**
- *Äthen* ↗
- [M] Alkene
- [B] chemische und präbiologische Evolution
- [B] Kohlenstoff (Bindungsarten)
  ↗ *Äthylen*
- *Athene* ↗
- **Äther**
- Ether
- **Äthergruppe**
- Äther
- [B] funktionelle Gruppen
- *Atherinidae* ↗
- *Atherinoidei* ↗
- *Atheris* ↗
- **ätherisch**
- [M] chemische Sinne
- **ätherische Öle**
- Balsame
- Extraktion
- Gemüse
- Gewürzpflanzen
- Heilpflanzen
- Monoterpene
- □ Terpene (Klassifizierung)
- Wurzelausscheidungen
- *Atherix* ↗
- **Athermopause**
- **Atherom**
- Arteriosklerose
- *Atheromatose* ↗
- **Atherurus**
- [M] Stachelschweine
- **Äthidiumbromid**
- Äthidiumion

- Elektrophorese
- **Äthidiumion**
- Interkalation
- **Äthin**
- [M] Alkine
- [B] chemische und präbiologische Evolution
- Dreifachbindung
  ↗ *Acetylen*
- **Äthiopide**
- □ Menschenrassen
- [B] Menschenrassen II
- **Äthiopis**
- Madagassische Subregion
- Orientalis
- Paläarktis
- Paläotropis
- Südafrikanische Unterregion
- □ tiergeographische Regionen
- **äthiopische Region**
- Äthiopis
- [B] Biologie II
- **äthiopisch-paläarktische Mischfauna**
- Äthiopis
- **Athiorhodaceae**
- **Athletiker**
- [M] Konstitutionstyp
- **Athoracophoridae**
- Tracheopulmonata
- **Athoracophoroidea**
- Tracheopulmonata
- **Athoracophorus**
- Tracheopulmonata
- **Athrotaxis**
- [M] Sumpfzypressengewächse
- **Äthylacetat**
- [B] funktionelle Gruppen
- **Äthylalkohol**
- [M] chemische Formeln
  ↗ *Äthanol*
- *Äthyläther* ↗
- **Äthylbutyrat**
- □ chemische Sinne (Geruchsschwellen)
- **Äthylchinon**
- [M] Wehrsekrete
- **Äthylen**
- Alkene
- [M] Alkene
- Bananengewächse
- Fruchtreife
- Nachreife
- Wurzelausscheidungen
  ↗ *Äthen*
- **Äthylenabspalter**
- Äthylen
- Ethephon
- **Äthylendiamintetraacetat**
- Membranproteine
- **Äthylendicarbonsäure**
- Maleinsäure
- **Äthylenoxid**
- [M] Krebs (Krebserzeuger)
- Sterilisation
- **Äthylgruppe**
- Alkylgruppe
- **N-Äthylmaleinimid**
- Enzyme
- **Äthylmethansulfonat**
- alkylierende Substanzen
- **Äthylsenföl**
- Senföle
- *Athyriaceae* ↗
- **Athyrium**
- **Atkinson, D.E.**
- Energieladung
- **ATL**
- T-lymphotrope Viren
- **Atlanta**
- [M] Kielfüßer
- **Atlanthropus**
- **Atlantidae**
- [M] Kielfüßer
- **Atlantik**
- [B] Kontinentaldrifttheorie
- [M] Meer

- **Atlantikum**
- [M] Holozän
- **atlantische Floren- und Faunenelemente**
- atlantische Region
- **atlantische Heide**
- Zwergstrauchformation
- **atlantische Region**
- **Atlantischer Hering**
- [B] Fische III
- Heringe
- **Atlantischer Schwertschwanz**
- Limulus
- **Atlantischer Seeteufel**
- [B] Fische II
- **Atlantoidea**
- **Atlantosaurus**
- Brontosaurus
- **Atlantoxerus**
- Borstenhörnchen
- **Atlas**
- Bandscheibe
- Gelenk
- □ Gelenk
- Halswirbel
- Hinterhauptsbein
- **Atlasblume**
- Nachtkerzengewächse
- **Atlas-Elefanten**
- [M] Elefanten
- *Atlasfink* ↗
- *Atlashirsch* ↗
- **Atlasholz**
- Rautengewächse
- Satinholz
- *Atlasspinner* ↗
- [B] Insekten IV
- **Atlas-Zeder**
- [M] Zeder
- *Atlas-Zypresse* ↗
- **atm**
- [M] Druck
- **Atmobios**
- **Atmosphäre (Lufthülle)**
- Ernährung
- extraterrestrisches Leben
- □ Geochronologie
- Glashauseffekt
- Heterocysten
- Klima
- [M] Klima (Klimafaktoren)
- Kohlendioxid
- □ Kohlendioxid
- [M] Kohlenstoffkreislauf
- [M] kosmische Strahlung
- Luftverschmutzung
- Meteorologie
- Präkambrium
- Uratmosphäre
- [M] Wasser (Bestand)
- Wasserkreislauf
- Wasserstoff
  ↗ *Erdatmosphäre*
- **Atmosphäre (Druckeinheit)**
- [M] Druck
- **Atmung**
- [B] Biologie II
- Chronobiologie
- Darm
- Dissimilation
- Gärung
- Haller, A. von
- Hirnstammzentren
- Ingenhousz, J.
- Kiefergelenk
- Kohlendioxid
- □ Kohlenstoffkreislauf
- [B] Kohlenstoffkreislauf
- Mayow, J.
- □ Mineralisation
- respiratorischer Quotient
- □ Respirometrie
- Rippen
- Schluckreflex
- [M] Schluckreflex
- Verdunstung
- [B] Vitamine
  ↗ *Respiration*
- *Atmungsentkoppler* ↗
- Atmungskette

- *Atmungsenzyme* ↗
- **Atmungsferment**
- [M] Enzyme
- **Atmungsinhibitoren**
- Blühhemmstoffe
- **Atmungsintensität**
- Atmung
- **Atmungskette**
- aerobe Atmung
- □ Aerobier
- □ Bakterien
- [M] Bakterienmembran
- Blausäure
- □ Cyanobakterien (Photosynthese)
- Cytochrome
- Dehydrierung
- Dehydrogenasen
- □ Denitrifikation
- [B] Dissimilation I
- [B] Dissimilation II
- [M] Enzyme
- Flavinenzyme
- Flavinmononucleotid
- □ Mitochondrien (Aufbau)
- [M] Nitratatmung
- □ nitrifizierende Bakterien
- protonenmotorische Kraft
- Protonenpumpe
- Redoxreaktionen
- Stoffwechsel
- [B] Stoffwechsel
- Temperaturregulation
- Ubichinone
- Wasser
- Wasserstoff
- *Atmungskettenentkoppler* ↗
- **Atmungskettenphosphorylierung**
- Adenylat-Kinase
- Biochemie
- Stoffwechsel
- **Atmungskettenträger**
- Atmungskette
- **Atmungsmuskulatur**
- □ Atmungsregulation (Regelkreis)
- **Atmungsorgane**
- Allantoiskreislauf
- [M] Amniota
- Diffusion
- Körpergröße
- [M] Krebs (Krebsarten-Häufigkeit)
- Labyrinthfische
- Schwimmblase
- [B] Wirbeltiere I
- **Atmungspigmente**
- Blutgase
- □ Blutgase
  ↗ *respiratorische Proteine*
- *Atmungsquotient* ↗
- **Atmungsregulation**
- chemische Sinne
- Glomera aortica
- Herzfrequenz
- Heymans, C.J.F.
- Miescher, J.F.
- **Atmungsverlust**
- □ Bruttophotosynthese
- **Atmungswärme**
- Aronstab
- Homoiothermie
- Temperaturregulation
- **atok**
- Autolytus
- Epitokie
- *Atokie* ↗
- *Atoll* ↗
- [B] Hohltiere II
- [M] Riff
- *Atolla* ↗
- **Atolmis**
- [M] Bärenspinner
- **Atom**
- anthropisches Prinzip
- Chemie
- [M] Mikroorganismen
- Moleküle

Aufwuchs (Forstwirtschaft)

atomare Evolution ↗
- Leben
atomare Masseneinheit
- Atommasse
Atomaria
- Schimmelkäfer
Atombindung
- chemische Bindung
- Elektronenpaarbindung
Atombomben
- Strahlenschäden
Atomgewicht ↗
Atomhülle
- Atom
Atomkern
- □ anthropisches Prinzip
- Atom
Atommasse
- chemische Elemente
- Mol
- Molekülmasse
Atopie
- Idiosynkrasie
Atopogale
- Schlitzrüßler
Atopos
- M Hinteratmer
ATP
ATP-ADP-AMP-System
ATP-ADP-Carrier
- Adenylattranslokator
ATPasen
- M Calmodulin
- mitochondrialer Kopplungsfaktor
 ↗ Adenosintriphosphatasen
ATP-Citrat-Lyase
- □ reduktiver Citratzyklus
ATP-Phosphataustausch
ATP-Sulfurylase
- □ assimilatorische Nitratreduktion
ATP-Synthase
- Atmungskette
- mitochondrialer Kopplungsfaktor
- M protonenmotorische Kraft
- Thylakoidmembran
Atractaspis ↗
Atractocerus
- Werftkäfer
Atractylat
- Atractylosid
Atractylis
- Atractylosid
Atractylosid
- Adenylattranslokator
Atranorin ↗
Atrax
- Giftspinnen
Atrazin
atretisch
- Oogenese
atriales Organ
- M Furchenfüßer
Atrichornis
- Dickichtvögel
Atrichornithidae ↗
Atrichum
Atrioventrikularklappen
Atrioventrikularknoten
- M Herzautomatismus
- Herzmuskulatur
Atriplex ↗
Atriplexismus
- Melde
- Photosensibilisatoren
Atrium ↗
- Kamptozoa
- M Schwämme
Atrium dextrum
- Herz
Atrium sinistrum
- Herz
Atrochus
- M Rädertiere
Atromentin ↗
- M Benzochinone

atrop
Atropa ↗
- □ Heilpflanzen
- ↗ Tollkirsche
Atropetalia belladonnii ↗
Atrophie
- Hypotrophie
atrophieren
Atropida ↗
Atropin
- Anticholinergika
- Carboxyl-Esterasen
- Ganglienblockade
- Homatropin
- Ladenburg, A.
- Runge, F.F.
- M Scopolamin
- M Synapsen
- □ Tollkirsche
Atropion belladonnii
- Epilobietea angustifolii
Atroscin ↗
Atrypa
- atrypid
atrypid
Atta ↗
- Lithodytes
attachment ↗
attachment-site
- B Lambda-Phage
Attacidae ↗
Attagenus ↗
- Speckkäfer
Attelabidae
- □ Käfer
Attelabinae
- Blattroller
Attelabus
- Blattroller
- Stecher
Attenuation
- Antitermination
Attenuator
Attenuatorregulation
- Attenuation
- Genregulation
- his-Operon
- Termination
attenuierte Viren
Attich ↗
Attidae ↗
Attini ↗
attisch
- B Erdgeschichte
Attraktantien
- Chemotaxis
- Ernährung
- □ Pflanzenschutz
Attraktion
- sozial
Attrappe
- B Mimikry I
- M Prägung
Attrappenversuch
- Angst - Philosophische Reflexionen
- Reizsummenregel
- übernormaler Schlüsselreiz
Atubaria
- Pterobranchia
Atubariidae
Atun ↗
- B Fische VI
Atyaephyra
- Atyidae
- □ Natantia
Atyidae
- Atys
- Haminaea
atyl
- Gesäßschwielen
Atypidae ↗
atypische Geflügelpest
- Newcastle-Disease
atypische Pneumonie
- Mycoplasmen
Atypus
Atys
Atzeln ↗

Ätzgifte
- M Gifte
Ätzschäden
- Luftverschmutzung
Ätzzellen
- Bohrschwämme
Auberger
- Blutgruppen
Aubergine
- B Kulturpflanzen V
Aubria
- Rana
- □ Ranidae
Aubriet, Claude
- Aubrieta
Aubrieta
Aubrietie
- Aubrieta
Auchenorhyncha ↗
Aucoumea ↗
- Gabun
auct.
auctorum
- auct.
Aucuba
- Hartriegelgewächse
Aucubin
- M Augentrost
- Ehrenpreis
- M Monoterpene
Audiogramm
- Audiologie
Audiologie
Audiometer
- Audiologie
Audiometrie
- Audiologie
Audubon, J. J.
- B Biologie III
Auenböden
- allochthoner Boden
- azonale Böden
- Bodenentwicklung
- Schluffböden
- Stockwerkprofil
Auenlehm
- □ Bodenarten (Dreiecksdiagramm)
Auenranker
- M Auenböden
Auenrendzina
- M Auenböden
Auenrohboden
- M Auenböden
Auenwald
- Auenböden
- Europa
- Feuchtgebiete
- B Wald
Auerbachscher Plexus
- Dünndarm
Auerhahn
- Auerhuhn
Auerhenne
- Auerhuhn
Auerhuhn
- Alpentiere
- B Europa X
- Hochwild
- M Rauhfußhühner
Auerochse
- Ausrottung
- M Aussterben
- Europa
- □ Pleistozän
- Rinder
Auerwild
- Europa
- Hochwild
Aufblühzeit
- □ Blumenuhr
Aufenthaltsort
- Lebensformen
Auferstehungspflanze
- Moosfarngewächse
- Portulakgewächse
Aufforstung
- M Erosionsschutz
Auffrischungseffekt
- Booster-Effekt

Auffüllreaktion
- Anaplerose
aufgeschobene Reaktion
Aufguß
Aufgußtierchen
aufhellen
Aufhellungsmittel
- aufhellen
Aufhellungspräparate
- Präparationstechniken
Auflagehorizont
Auflagehumus
- Auflagehorizont
Auflaufkrankheiten
Auflichtfluoreszenzmikroskopie
- Auflichtmikroskopie
Auflicht-Hellfeldbeleuchtung
- Auflichtmikroskopie
Auflichtmikroskopie
Auflösungsvermögen
- Apertur
- Auge
- Echoorientierung
- Elektronenmikroskop
- Greifvögel
- □ Komplexauge (Aufbau/Leistung)
- Kondensor
- Netzhaut
- Ultraviolettmikroskopie
- Vögel
Aufnahmeresistenz
- □ Antibiotika
Aufplustern
- Demutsgebärde
- Homoiothermie
- Hudern
- Temperaturregulation
aufrechte Körperhaltung
- Hüftmuskeln
aufrechter Gang
- Australopithecinen
- Brachiatorenhypothese
- Hominisation
- Jugendentwicklung: Tier-Mensch-Vergleich
- Mensch
- Menschenaffen
- Mensch und Menschenbild
- Paläanthropologie
- Tier-Mensch-Übergangsfeld
Aufregulation
- Eikern
- Gynogenese
Aufschlämmung
- Suspension
Aufschließen
- Nahrungsmittel
Aufschluß
Aufschwemmung
- Suspension
Aufspaltung von Merkmalen ↗
aufsteigendes reticuläres Aktivierungssystem
- Schlaf
Auftausalze
- Bodenentwicklung
- M Bodenentwicklung
- Streusalzschäden
Auftrieb
- Ammonoidea
- Biomechanik
- Flugmechanik
- Gastrolith
- Körpergröße
- Nautilus
- Schulp
- Sipho
- Wachse
- Wasserpflanzen
Auftriebsgebiet
Auftriebsstatoorgane
- mechanische Sinne
Aufwind
- Flugmechanik
- ↗ Thermik
Aufwuchs (Forstwirtschaft)
- Stangenholz

61

Aufwuchs (Mikrobiologie)

Aufwuchs (Mikrobiologie)
Aufwuchsflora
– Aufwuchs
Aufwuchsplattenmethode
Augapfel ↗
– Auge
– Faserhaut
Auge (Botanik)
– M Pfropfung
– Veredelung
Auge (Schwanzfedern)
– Pfauen
Auge (Sehorgan)
– Aderhaut
– Argentea
– Auflösungsvermögen
– Bindehaut
– B Biogenetische Grundregel
– B Chamäleons
– B Fische (Bauplan)
– Hell-Dunkel-Adaptation
– B Induktion
– Modalität
– M Myopsida
– □ Nervensystem (Funktionsweise)
– B Nervensystem II
– M Oegopsida
– M Reiz
– Retinomotorik
– □ Rindenfelder
– □ Sexualdimorphismus
– Symmetrie
– □ Vervollkommnungsregeln
Augenbecher
– Augenstiel
– B Induktion
– Linsenauge
Augenbewegungen
– Linsenauge
– Nystagmus
– □ Schlaf
↗ Saccaden
Augenblase ↗
– Auge
– □ Induktion
– B Induktion
Augenbrauen
– Augengruß
Augenbrauenbogen
Augenbrauenwulst
– Augenbrauenbogen
– Glabella
– Torus supraorbitalis
Augendeckel
– Lobus palpebralis
Augenfalter
– Gehörorgane
Augenfarbe
– □ Haare
Augenfarbstoffe ↗
– B Genwirkketten II
Augenflagellaten ↗
Augenfleck
– Augenfalter
– Augenkröten
– Augentarnung
– Carotinoide
– Einzeller
– Fangschreckenkrebse
– □ Farbe
– Mimikry
– B Mimikry II
– M Miracidium
Augenfleckenkrankheit
– Halmbruchkrankheit
Augenfliege
– Muscidae
Augenfliegen
Augenflirt
– M Sprache
Augenfolgebewegung
– Bewegungssehen
Augengrubennattern ↗
Augengruß
– M Sprache
Augenhintergrund
– Linsenauge
– M Linsenauge

Augenhöhle
– Linsenauge
Augenhöhlennerv
– Trigeminus
Augenhügel
– Palpebrallobus
Augenkammer
– Linsenauge
– □ Linsenauge
Augenkeile
Augenkoralle
– Lophelia
Augenkröten
Augenleiste
– Trilobiten
Augenleuchten
– Katzen
– Komplexauge
– Purkinje, J.E. von
– Tapetum
Augenlid
– Lid
– Mongolenfalte
– Schlangen
Augenlidtaschen
– Schleimhaut
Augenlinse
– Aberration
– Augenbecher
– bradytrophe Gewebe
– Fische
– B Fische (Bauplan)
– □ Induktion
– B Induktion
– Iris
– Kammerwasser
– Linsenauge
– □ Linsenauge
– Linsenregeneration
– Netzhaut
– B Netzhaut
Augenmuskeln ↗
– Abducens
– Auge
– M Auge
– Entfernungssehen
– motorische Einheit
– Oculomotorius
Augenmuskelnerv
– Hirnnerven
– Oculomotorius
Augennerv
– Lobus opticus
Augenpigmente
Augenregion
– B Signal
Augenspiegel
– Helmholtz, H.L.F.
Augenspiegelung
– Linsenauge
Augenspinner ↗
Augensprosse
Augenspülung
– Linsenauge
Augenstellung
– Mimik
Augenstiel (Entwicklungsbiologie)
Augenstiel (Krebstiere)
– Augenstielhormone
– Häutungsdrüsen
Augenstielhormone
Augentarnung
Augentierchen
Augentripper
– Geschlechtskrankheiten
Augentrost
– B Europa XIX
Augenveredelung ↗
Augenwimpern
– Dromedar
– Wimpern
Augenwurm
– Bremsen
– Loiasis
Augenwurz
Augenzahn
Augenzittern
– Nystagmus

Auger-Elektronen
– Autoradiographie
Augsburger Bär ↗
Augsprosse
– Augensprosse
– M Geweih
Augustfliegen ↗
Aujeszky, Aladar
– Aujeszky-Krankheit
Aujeszky-Krankheit
Aukube
– B Asien V
↗ Aucuba
Aulacantha ↗
– M Tripylea
Aulacaspis
– M Deckelschildläuse
Aulacoceras
– □ Trias
Aulacocerida
– Telum
Aulacomya
– M Miesmuscheln
Aulacotheca
Aulastomum ↗
Aulechinus
– M Seeigel
Auliscus ↗
Aulonia
– Wolfspinnen
Aulophorus ↗
Aulopidae ↗
Aulopodidae
– Laternenfische
Auloporidae
– □ Kambrium
Aulosira ↗
Aulostomidae ↗
Aulostomoidei
– Trompetenfische
Aulostomus
– Trompetenfische
Aura
– M Togaviren
Auramin
– Fluoreszenzmikroskopie
Aurelia ↗
Aureobasidium
– Bläue
– Schwarze Hefen
Aureomycin ↗
Auricula dextra
– Herz
Auriculae
– Ohr
Auricularia (Pilze) ↗
Auricularia (Stachelhäuter)
– B Stachelhäuter II
Auriculariales
Auricularia-Typ
– Basidie
Auricula sinistra
– Herz
Aurignacide
– Brünnrasse
– Chancelade
– Combe Capelle
– Cromagnide
– Homo sapiens fossilis
Aurignacien
– Kleinhirn
Aurikel (Körperteil)
– Kleinhirn
Aurikel (Pflanze)
– B Europa XX
Aurikel (Stachelhäuter)
– Seeigel
Aurin
Auris
– Ohr
Auriscalpium
– M Stachelpilze
Aurone
– M Flavonoide
Aurorafalter
– B Schmetterlinge (Raupe)
Auroraformen
– Buntblättrigkeit
Auroxanthin
– M Carotinoide (Auswahl)

Ausatmung
– Exspiration
Ausatmungsreservevolumen
– Atmung
Ausbeutung
– Mensch und Menschenbild
↗ Raubbau
Ausbeutungskonkurrenz
– Konkurrenz
Ausblasung
– Deflation
Ausbleichung
– Hell-Dunkel-Adaptation
– Sehfarbstoffe
Ausbreitung
– Endemiten
– Fortpflanzung
– Inselbiogeographie
– Populationsdynamik
– Samenverbreitung
– Tierwanderungen
– Verbreitung
Ausbreitungsfähigkeit ↗
– Arealausweitung
Ausbreitungsschranken
– Arealausweitung
– Ausbreitung
– Verbreitungsschranken
Ausbreitungszentrum
– Europa
– Faunenkreis
ausdauernd
ausdauernde Kräuter
– Basitonie
ausdauernde Stickstoffkrautfluren
– Artemisietea vulgaris
Ausdehner
– Dilatator
Ausdrucksgesten
– Sprache
Ausdruckspsychologie
– Ausdrucksverhalten
Ausdrucksverhalten
– Lautäußerung
– Mimik
– Ritualisierung
– Symbolhandlung
ausdünnen
– pikieren
ausfällen
Ausgangsgestein
– C-Horizont
Ausgangsgröße
– Kennlinie
ausgeizen
– Weinrebe
Ausguß
Ausgußpräparate
– Präparationstechniken
Aushorstung
– Greifvögel
auskochen
– Extraktion
auskonkurrieren
– Konkurrenzausschlußprinzip
– ökologische Nische
Ausläufer
– Apomixis
– Schößling
– Sproßmetamorphosen
Auslaugung
– Extraktion
Auslese ↗
– biologische Evolution
– M Haustierwerdung
↗ künstliche Auslese
↗ natürliche Auslese
Auslesezüchtung
– Erhaltungszüchtung
– Genetik
– Heritabilität
– Mutationszüchtung
– Züchtung
Auslöschung
– Interferenz
Auslösemechanismus
– B Bereitschaft II
auslösender Reiz ↗

Autolyse

Auslöser
- Affen
- Attrappe
- Hypersexualisierung
- Intentionsbewegung
- Kommunikation
- Morphologie
- Ritualisierung
- Schlüsselreiz
- Signal
- Warnsignal

Auslöseschwelle
- B Nervenzelle II
- ↗ Schwellenwert

ausmerzen ↗
Auspuffgase
Ausrottung
- Faunenverfälschung
- Vegetation

Aussaat
- Saat

Aussaatbeet
- Saatbeet

aussalzen ↗
- ☐ Proteine (Charakterisierung)

Aussatz ↗
Ausscheider
Ausscheidung ↗
- Schwermetallresistenz
- Stoffwechsel
- Verdauung

Ausscheidungsorgane ↗
Ausscheidungsprodukte ↗
Ausschlag
Ausschluß
- Coexistenz

Ausschlußprinzip ↗
ausschütteln
- Extraktion

Außenfahne
- Vogelfeder

Außenfrüchtler
Außenjoch
- Ektoloph

Außenlade
- ☐ Mundwerkzeuge

Außenohr
- Krokodile
- Ohr
- ☐ Ohr

Außenparasitismus
- Ektoparasitismus

Außenplasma
- Ektoplasma

Außenreiz
- Adaptation
- Signal
- vegetatives Nervensystem

Außensattel
- Adventivlobus

Außenschmarotzer ↗
Außenskelett ↗
Außensporer
- Außenfrüchtler
- Ceratiomyxa

äußere Befruchtung
- B Sexualvorgänge

äußere Besamung (Humanmedizin) ↗
- extrakorporale Insemination

äußere Besamung (Zoologie)
- Begattungsorgane
- Lunarperiodizität
- Sperma
- Spermien

äußere Membran ↗
äußeres Keimblatt ↗
äußeres Marklager
- Oberschlundganglion

außerirdisches Leben
- extraterrestrisches Leben

außersinnliche Wahrnehmung
- Wahrnehmung

Aussetzung
Aussterben
- Akme
- Artenschutz
- Deduktion und Induktion
- Dinosaurier
- Konkurrenzausschlußprinzip
- Naturschutz
- Rote Liste
- Tiergartenbiologie
- Vermehrung
- zoologischer Garten

Aussterberate
- Inselbesiedlung
- ☐ Perm

ausstopfen
- Balg

Ausstoßungsreaktion
Ausstrahlung
- Wärmehaushalt

Austrich
Austrichpräparate
- Austrich

ausstülpbare Drüsen
- Wehrsekrete

Austauschchromatographie
Austauschdiffusion ↗
Austauschhäufigkeit
- Crossing over
- Morgan, Th.H.
- Morgan-Gesetze
- Rekombinationswert

Austauschkapazität
- Elektrolytquellung
- Humus
- Ionenaustauscher
- Ton-Humus-Komplex
- Tonminerale
- Wurzelausscheidungen

Austauschreaktion
- Substitution

Austauschtransport
- Antiport

Austauschwahrscheinlichkeit
- Austauschhäufigkeit

Austauschwert ↗
Austern
- Filibranchia
- Gryphaea
- Muschelkulturen
- B Muscheln
- M Überlebenskurve

Austernbänke
- Austern

Austernbohrer
- Urosalpinx

Austernfisch ↗
- M Froschfische

Austernfischer
- B Europa I
- ☐ Konfliktverhalten
- B Konfliktverhalten

Austernkulturen
- Austern
- Austernbohrer

Austernpilz
- Austernseitling

Austernschildläuse ↗
Austernseitling
Australheide
- Epacridaceae

Australheidegewächse
- Epacridaceae

Australia-Antigen
- Blumberg, B.S.

Australide
- Homo sapiens fossilis
- Keilor
- Melaneside
- Paläanthropologie
- Wadjakmensch

Australien
- ☐ Desertifikation (Ausmaß)
- Gondwanaland
- B Kontinentaldrifttheorie
- Polarregion
- Pyrophyten
- Südamerika
- B Vegetationszonen

Australis (Pflanzengeographie)
Australis (Tiergeographie)
Australis
- Australien
- Polynesische Subregion

australische Laubfrösche
- Pelodryadidae

australische Region
- B Biologie II
- Faunenreich
- Neuseeländische Subregion
- Notogäa
- tiergeographische Regionen

Australischer Lungenfisch
- B Fische IX
- ↗ Lungenfische

australisches Florenreich ↗
australische Südfrösche
- Myobatrachidae

Australopithecinen
- Abstammung - Realität
- Afar
- Laetoli
- osteodontokeratische Kultur
- Paläanthropologie
- Praehominina
- Sterkfontein
- Taung
- Tchadanthropus

Australopithecus ↗
Australopithecus afarensis
- Australopithecinen
- Paläanthropologie
- ☐ Paläanthropologie
- B Paläanthropologie

Australopithecus africanus
- Australopithecinen
- ☐ Paläanthropologie
- B Paläanthropologie
- M Sterkfontein
- Taung

Australopithecus boisei
- B Paläanthropologie

Australopithecus habilis
- Homo habilis

Australopithecus robustus
- Australopithecinen
- Kromdraai
- B Paläanthropologie
- Swartkrans

Australorbis
Austreibungsperiode
- ☐ Geburt
- M Geburt

austrisch
- B Erdgeschichte

Austroastacidae
- M Astacura
- Flußkrebse

Austrobaileya
- Lorbeerartige

Austrocedrus
- Libocedrus
- Südamerika

Austrocknung
- Konservierung
- Vermullung

Austrocknungsfähigkeit
- Dürre
- Hitzeresistenz
- homoiohydre Pflanzen
- Streß
- Trockenresistenz

Austrognatharia
- M Gnathostomulida

Austrognathiidae
- M Gnathostomulida

Austroperipatus
- M Stummelfüßer

Austropotamobius
- M Flußkrebse

Austrotaxus
- M Eibengewächse

auswachsen
Auswanderung ↗
- Bevölkerungsentwicklung

Auswaschung
- Bodenentwicklung
- Bodenreaktion
- Extraktion
- Nährstoffbilanz
- Nährstoffhaushalt
- Stickstoffauswaschung
- Waldsterben

Auswaschungsböden
- Eluvialböden

Auswaschungshorizont
Ausweichen
- Individualdistanz

Ausweichobjekt
- Ersatzobjekt

Auswinterung
- Halmbruchkrankheit

Auszug ↗
Autapomorphie ↗
- ☐ Ringelwürmer

Auteuform
- Spargelrost

authigen
Autismus
- Tinbergen, N.

Autizidverfahren
Autoaggressionskrankheiten ↗
autoallergische Krankheiten
- Autoimmunkrankheiten

Autoantigene
- Autoantikörper

Autoantikörper
- Autoimmunkrankheiten

Autoantikörperkrankheiten ↗
Autobasidie ↗
Autochoren
- Autochorie

Autochorie
- Samenverbreitung

autochthon
- Detritus

autochthone Bakterien
- Darmflora

autochthone Handlung
autochthoner Boden
Autodiastylie
- Autostylie

Autodigestion ↗
Autodomestikation
- Selbstdomestikation

Autogamie (Botanik)
- Autokarpie

Autogamie (Zoologie)
- Einzeller
- Endomixis
- Pädogamie

Autogenese
Autogonie ↗
Autographa
- M Eulenfalter
- Gammaeule

Autohyle
- Hyle

Autoimmunität
- Altern
- Antigene
- Autoimmunkrankheiten

Autoimmunkrankheiten
- Autoantigene
- ☐ Hämolyse
- Immunopathien
- Immunsystem
- Immuntoleranz
- multiple Sklerose
- Rheumatismus

Autoinfektion
Autointoxikation
Autoinvasion
- M Zwergfadenwurm

Autokarpie
Autokatalyse
Autoklav
- Sterilisation

Autökologie
- Humanökologie
- Ökologie

Autokopulation
- Plattwürmer

Autokrankheit
- Kinetosen

autolog
- Krebs

Autolyse
- Heterolyse

Autolysosom
- Konservierung
- Verdauung
- Zwölffingerdarm

Autolysosom ↗
Autolytus
- B asexuelle Fortpflanzung I
- M Epitokie

Automaten
- Denken
- Vitalismus - Mechanismus

Automatiezentrum
- Atrioventrikularknoten
- Herzautomatismus
- B relative Koordination

Automatismen
- Bewegungslernen
- Herzautomatismus
- unwillkürliche Bewegung

Automeris
- Pfauenspinner

Automimikry
- Hundertfüßer
- Skolopender

Automixis
- Endogamie

Automutagene
autonome Bewegungen
autonome Differenzierung
autonomes Nervensystem ↗
- animales Nervensystem
- B Nervensystem II

Autophagen
- Nestflüchter

Autophagie
Autophagosom
- endoplasmatisches Reticulum

Autophäne
- Allophäne

Autoploïdie ↗
Autopodium
- Finger
- Zeugopodium

Autopoiese
- Abstammung - Realität

Autopolyploïdie
- Euploidie
- Farne
- Kulturpflanzen
- Mutation
- Mutationszüchtung
- nulliplex
- Polyploidie

Autoradiogramm
- Autoradiographie

Autoradiographie
- Elektrophorese
- Historadiographie
- Hybridisierung
- Isotope
- □ Proteine (Charakterisierung)
- B Replikation der DNA I
- □ Ribonucleinsäuren (Parameter)
- Sequenzierung

Autoreduplikation ↗
- Leben

Autoregulation
- □ Polyomaviren

Autorhythmie
- Automatismen
- B Herz
- Herzautomatismus
- B relative Koordination

Autorhythmometrie
Autorname
- auct.

Autosomen
Autospermien
- □ Rhabditida

Auto-Spleißen
- Prozessierung

Autospore
autosteril
Autostylie
- Lungenfische

Autosynapsis
Autosynstylie
- Autostylie

Autotheken
- Graptolithen

Autotillie
Autotomie
- Chamäleons
- M Mauser
- Regeneration
- Schleichen
- Schutzanpassungen
- Schwanzwirbel

Autotopohyle
- Hyle

Autotransplantation
- M Transplantation

autotroph
- Assimilation
- Autotrophie
- Ernährung
- Keimung

autotrophe Kohlendioxidassimilation
- Autotrophie

autotrophe Kohlendioxidfixierung
- Kohlendioxidassimilation

Autotrophie
- B Kohlenstoffkreislauf
- Pflanzen
- Photosynthese
- B Photosynthese II
- ↗ autotroph

Autotropismus
Autovakzine
Autözie
- Rostpilze

autözisch
- Moose

Autozoide
- Heterozoide
- Zoide

autozoische Dimensionen
- ökologische Nische

Autumeris
- B Mimikry II

Autunien
- Perm

Auwald ↗
Auxanogramm
- Auxanographie

Auxanographie
- Beijerinck, M.W.

auxiliäre Eibildung
- Oogenese

Auxiliarloben
Auxiliarzellen
- Florideophycidae

Auxinantagonisten
Auxine
- Auxinantagonisten
- Coleoptile
- Dichlorphenoxyessigsäure
- Entlaubungsmittel
- Fruchtbildung
- Gibberelline
- Glucobrassicin
- Knospenruhe
- Korrelation
- Tropismus

Auxochrome
- auxochrome Gruppen

auxochrome Gruppen
- Farbstoffe

Auxospore
- Kieselalgen

auxotroph
- Auxotrophie

Auxotrophie
Auxozygote
- B Algen III
- Kieselalgen

Avahi
- Indris
- Makis

Avena ↗
Avenakrümmungstest
- Hafercoleoptilenkrümmungstest

Avenalumine
- Phytoalexine

Avenasterin
Avenatest ↗
averbal
- Kommunikation

Averrhoa ↗
Aversion
aversives Verhalten
- M Sozialverhalten

Avery, O.Th.
- B Biochemie
- □ Desoxyribonucleinsäuren (Geschichte)
- Hershey, A.D.
- M Transformation

Aves ↗
- □ Wirbeltiere
- ↗ Vögel

Aviadenovirus ↗
Avian Erythroblastosis Virus
- □ Onkogene
- □ RNA-Tumorviren (Auswahl)

Avian Myeloblastosis Virus
- □ Onkogene
- □ RNA-Tumorviren (Auswahl)

Avian Myelocytomatosis Virus
- □ Onkogene
- □ RNA-Tumorviren (Auswahl)

Aviarium
Avicenna
- Kräuterbücher
- vis plastica

Avicennia
- Atemwurzeln
- Mangrove

Avicula ↗
Avicularia
- M Vogelspinnen

Avicularien
Aviculariidae ↗
Aviculiden
- □ Trias

Avidin
Avidität
Avifauna
Avipoxvirus ↗
avirulente Stämme
- aktive Immunisierung

Avitaminosen
- Vitamine

Avitellina
- Bandwürmer

Avocadobirne
- B Kulturpflanzen VII

Avocado sun blotch
- M Viroide

Avogadobirne
- Avocadobirne

Avogadro-Zahl
- Mol

avoidance (Botanik)
avoidance (Ethologie)
- Streß

avoidance conditioning
- avoidance

Awash (Äthiopien)
- B Paläanthropologie

Axelboeckiakytodermogammarus
- M Nomenklatur

Axelrod, J.
Axenie
axenische Kultur
- essentielle Nahrungsbestandteile

Axerophthol ↗
axial
Axialdrüse ↗
- B Stachelhäuter I

Axialfibrillen
- Spirochäten

Axialfilament
- Filament

Axialfurchen
- Nackenring

Axialorgan
- Dorsalorgan

- B Stachelhäuter I

Axialzellen
- Mesozoa

axillar
Axillarader
Axillardrüsen
Axillare
- □ Insektenflügel

Axillarfeld
- Analfeld

Axillaria ↗
Axillario-Pleuralmuskel
- M Flugmuskeln

Axillarstipeln ↗
- Blatt
- Nebenblätter

Axillen
- Kakteengewächse

Axinella
Axinellida
Axinellidae
Axionice
- M Terebellidae

Axis (Halswirbel)
- Bandscheibe
- Gelenk
- Halswirbel

Axis (Hirsch) ↗
Axishirsch
- Trinilfauna
- Voraugendrüse

Axoblasten
- Mesozoa

Axocoel
- Axialorgan
- Enterocoeltheorie
- Hydroporus
- Protocoel
- Trimerie

Axolemm
Axolemma
- Axolemm

Axolotl
- Fetalisation
- Neotenie
- Querzahnmolche
- Versuchstiere

Axon
- Axolemm
- Axonhügel
- Axonreflex
- Axoplasma
- Erregungsleitung
- M Nervengewebe
- □ Nervensystem (Funktionsweise)
- □ Nervenzelle
- B Nervenzelle I
- Neurodendrium
- B Synapsen

axonaler Transport
- Nervenzelle
- Neurohormone
- sliding-filament-Mechanismus

Axonema
- Cilien
- Zufallsfixierung

Axonhügel
Axonolaimoidea
- Monhystera

Axonreflex
- Reflex

Axoplasma
- B Nervenzelle I

axoplasmatischer Transport ↗
- Actomyosin

Axopodien
- M Acanthocystis
- Bewegung
- M Clathrulina
- Pseudopodien
- Wurzelfüßer

Axostyl
Ayahuasca
- Harmin

Aye-Aye ↗
Aythya ↗

Bakterien

Aytoniaceae
Ayu
Azadirachta
– Nimbaum
Azadirachtin
– Nimbaum
Azafrin
– [M] Carotinoide (Auswahl)
8-Azaguanin
– Antimetaboliten
Azalee ↗
Azanfärbung
– Heidenhain, M.
– van-Gieson-Färbung
Azara, Félix de
– Azarafuchs
Azarafuchs
Azaserin
– Aminosäuren
– [M] Aminosäuren
– Antimetaboliten
Azeca
α-**Zellen**
– [B] Hormone
– Insulin
– Langerhanssche Inseln
Azemiops
– [M] Vipern
azentrische Fragmente
– Fragmentation
Azidothymidin
– T-lymphotrope Viren
azinöse Drüse
A-Z-Lösung
– Makronährstoffe
– Mikronährstoffe
– Nährlösung
Azoferredoxin
– nif-Operon
– Nitrogenase
Azoikum
Azokarmin G
– Azanfärbung
Azolla
– Anabaena
Azollaceae
Azomonas
Azomycin
azonale Böden
azonale Vegetation
– Vegetationszonen
A-Zone
– [M] quergestreifte Muskulatur
Azoospermie
– [M] Sperma
Azorella ↗
Azospirillum
Azotobacter
– Beijerinck, M.W.
– Bodenorganismen
– [B] Stickstoffkreislauf
Azotobacteraceae
Azotomonas
– Bodenorganismen
Azteca ↗
Azulene
– [M] Kamille
Azur-Eosin-Methylenblau
– [M] Giemsa-Färbung
Azurjungfern ↗
Azygie
Azygospore

B
Babassupalme
Babeş, V.
– Babesia
Babesia ↗
Babesien
– Babeş, V.
– Babesiosen
Babesiosen
Babina ↗
Babinka
Babinkacea
– Babinka
Babinkidae
– Babinka
Babirusa ↗
Babuine ↗
Babylonia
Babyrousa
– Hirscheber
Baccharis
Bach
– Bergbach
– [B] Temperatur
Bachamsel ↗
Bachantin ↗
Bachbunge
– Ehrenpreis
Bache
Bach-Eschen-Erlenwald ↗
Bach-Eschenwald ↗
Bachflocke ↗
Bachflohkrebs ↗
– [M] Flohkrebse
Bachforelle
– [B] Fische X
– Forelle
Bachhafte
– Haft
Bachhochstaudenfluren ↗
Bachia ↗
Bachkröten
– Kröten
– Zirpkröten
Bachläufer
Bachlinge
Bachneunauge
– [B] Fische X
– Neunaugen
Bachplanarien
– chemische Sinne
  ↗ Süßwasserplanarien
Bachregion ↗
– [B] Temperatur
  ↗ Bergbach
Bachsalamander
– Plethodontidae
Bachstelze
– [B] Europa XVI
– Kuckucke
– [M] Schnabel
– Stelzen
Bachstelzschnake
– Stelzmücken
Bachuferfluren
– Filipendulion
Bacidia ↗
Bacillaceae
Bacillaria ↗
Bacillarienerde
– Diatomeenerde
Bacillariophyceae ↗
Bacillenruhr
– [M] Inkubationszeit
  ↗ Shigellose
Bacillenträger
– Dauerausscheider

Bacillus (Insekten) ↗
Bacillus (Bakterien)
– Acetoin
– [M] acidophile Bakterien
– Bakteriengeißel
– Bodenorganismen
– [M] Endosporen
– Eubacterium
– Gramicidine
– [M] Kläranlage
– Müller, O.F.
– [M] Selbsterhitzung
Bacillus radicicola
– [M] Knöllchenbakterien
Bacillus thuringiensis
Bacitracin
Backe
– Wange
backen
– Backhefe
– Maillard-Reaktion
– Sauerteig
Backenfurchenpaviane
– Stummelschwanzpaviane
Backenhörnchen ↗
Backentaschen
– Sacculus
– Taschenmäuse
– Taschenratten
– Wange
Backenzähne
– Gebiß
– Kauapparat
– Maxillare
– [M] Pferde
– [B] Verdauung II
– [M] Zähne
– Zahnformel
Bäckerhefe ↗
Bäckerpilz
– Brotschimmel
Bäckerschabe ↗
Bäckerschimmel ↗
Backhefe
– kontinuierliche Kultur
– [M] Neuropeptide
– Pasteur-Effekt
– Saccharomyces
Backsteinblattern ↗
Bacon, Francis
– Deduktion und Induktion
Bacteriaceae ↗
Bacteriocyten ↗
Bacterionema ↗
– [M] Zahnkaries
Bacteriophyta ↗
Bacteriosis pinnarum
– Flossenfäule
Bacterium pyocyaneum ↗
Bacteroidaceae
Bacteroides
– ☐ Bakterien (Bakteriengruppen)
– Darmflora
– Eubacterium
– fusiforme Bakterien
– Fusobacterium
– ☐ Pansensymbiose (Pansenbakterien)
– [M] Vaginalflora
– [M] Zahnkaries
Bactriten
– ☐ Silurium
Bactritida
– Bactriten
Baculites
Baculoviren
– ☐ Viren
– [B] Viren
Baculoviridae
– Baculoviren
Baculum (Korallen)
– Septallamelle
Baculum (Säuger)
Badeschwamm (Pflanze)
– Kürbisgewächse
Badeschwamm (Schwämme) ↗
Badeschwämme
– Cacospongia

Badis ↗
Badisch Rotgold
– Wein
Baeocyten
– Cyanobakterien
– Endosporen
– [M] Pleurocapsales
– Siphononemataceae
Baeomycetaceae
Baer, K.E. von
– Abstammung - Realität
– [B] Biologie I
– [B] Biologie II
– [B] Biologie III
– Embryologie
– Gastraea-Theorie
– Harvey, W.
– Information und Instruktion
– Rekapitulation
Baerends Hierarchie der Instinkte
– [B] Bereitschaft II
Baersches Gesetz
– Baer, K.E. von
Baetidae ↗
Baetis
– Turbanauge
Baeyer, J.F.A. von
– Indigofera
Baeyer, W. von
– Angst - Philosophische Reflexionen
Baeyer-Denkmünze
– Baeyer, J.F.A. von
Bagasse ↗
– Xylane
– Zuckerrohr
Bagdadbeule
– Orientbeule
bagel
– Anabasis
Bagoinae
– Rüsselkäfer
Bagous
– Rüsselkäfer
Bagridae
– Stachelwelse
Bahnung
– [B] Synapsen
Baicaliidae
– [M] Kleinschnecken
Baicalobathynella
– Bathynellacea
Baiera ↗
– ☐ Jura
Baikaliidae
– [M] Baikalsee
baikalisch
– [B] Erdgeschichte
Baikal-Ringelrobbe
– Baikal-Robbe
Baikal-Robbe
– Baikalsee
Baikalschnecken
– [M] Kleinschnecken
Baikalsee
– Flohkrebse
– Groppen
– Tertiärrelikte
Bairdiidae
– [M] Muschelkrebse
Bajocium
– [M] Jura
Bajonettpflanze
– Sansevieria
Bakanae
Bakedebdella
– [M] Glossiphoniidae
Baker, H.
– Rösel von Rosenhof
bakterielle Hämolyse
– hämolysierende Bakterien
bakterielle Laugung ↗
bakterielle Operonen
– Antitermination
Bakterien
– [M] Abwasser
– Antibiotika
– biologische Waffen

Bakterienbrand

- bunte Reihe
- ☐ Desoxyribonucleinsäuren (DNA-Gehalt)
- Entzündung
- Gefriertrocknung
- Genaktivierung
- Kläranlage
- ☐ Lebensdauer
- Ⓜ Mikroorganismen
- Pflanzen
- Ⓜ Progenot
- Replikation
- ☐ S$_{AB}$-Wert
- Ⓜ Selbstreinigung
- Ⓜ Standardnährboden
- ☐ Terpene (Verteilung)

Bakterienbrand
Bakterienchlorophylle ↗
Bakterienchromosom
- Bakteriophagen
- Ⓑ Bakteriophagen II
- Chromosomen
- F-Duktion
- Insertionselemente
- Konjugation
- Nucleoid
- Transduktion

Bakterien-DNA
- Bakterienchromosom
- Ⓑ Desoxyribonucleinsäuren I
- Ⓑ Desoxyribonucleinsäuren II
- schmelzen

Bakterienfett
- Poly-β-hydroxybuttersäure

Bakterienfilter
- Chamberland-Kerze
- Entkeimungsfilter
- Glasfilter
- Sterilfiltration
- Sterilisation
- Viren

Bakterienflora
Bakteriengeißel
- Ⓜ Bakterienmembran
- Cilien
- Fimbrien
- H-Antigene

Bakteriengenetik
- Delbrück, M.

Bakteriengifte ↗
- Enterotoxine
  ↗ Bakterientoxine

Bakterienknöllchen ↗
Bakterienkolonie
Bakterienkrebs ↗
Bakterienkultur ↗
Bakterienkunde
- Bakteriologie

Bakterienlaugung ↗
Bakterienmasse
- Ⓜ mikrobielles Wachstum

Bakterienmembran
- Membrantransport

Bakterienrasen
- Ⓑ Antibiotika
- Ⓑ Bakteriophagen II
- Plaque

Bakterienringfäule
Bakterienruhr ↗
Bakterienschleimfaden
- Knöllchenbakterien

Bakteriensporen
- Säuerung

Bakterientoxine
- Exotoxine
- Fischgifte
- Konservierung

Bakterienviren ↗
Bakterienwachstum ↗
Bakterienwelke
Bakterienzahl
- Ⓜ mikrobielles Wachstum

Bakterienzelle ↗
- Ribosomen

Bakterienzellwand
- Antigene

- CDP-Ribitol
- Gram-Färbung
- Kapsel
- Lipopolysaccharid
- Lipoproteine
- ☐ Lysozym
- Protoplast
- Ⓜ Streptococcus

Bakteriochlorine
- Bakteriochlorophylle

Bakteriochlorophylle
- Antennenpigmente
- Chlorophylle
- Farnesol
- Photosynthese

Bakteriocine
- Bakterien
- Bakterienzellwand
- Colicine
- Milchsäurebakterien

Bakteriocyten ↗
Bakterioide ↗
Bakteriologie
- Koch, R.

bakteriologische Kampfstoffe
- Botulinustoxin

Bakteriolyse
- Glucocorticoide
- Lysozym

Bakteriolysine
- Lysine
- Pfeiffer, R.F.

Bakterioopsin
Bakteriophage fd
- Bakteriophagen

Bakteriophage λ
- Bakteriophagen
- ☐ Desoxyribonucleinsäuren (Größen)
- Lambda-Phage

Bakteriophage M13
- Bakteriophagen
- Sequenzierung

Bakteriophagen
- Adsorption
- Bakteriocine
- Bakterienzellwand
- Ⓑ Biologie II
- Delbrück, M.
- ☐ Desoxyribonucleinsäuren (Geschichte)
- Ⓜ DNA-Viren
- F-Pili
- Hérelle, F.H. d'
- Hershey, A.D.
- Leben
- Lipopolysaccharid
- Luria, S.E.
- Replikation
- T-Phagen
- Vektoren
- Viren
- Ⓑ Viren
- Virusinfektion

Bakteriophagen-Titer
- Plaque

Bakteriophage P
- Bakteriophagen

Bakteriophage ΦX 174
- Bakteriophagen
- ☐ Desoxyribonucleinsäuren (Geschichte)
- ☐ Desoxyribonucleinsäuren (Größen)
- Ⓑ Desoxyribonucleinsäuren II
- Ⓑ Transkription-Translation

Bakteriophage Qβ
- Bakteriophagen
- RNA-Replikase
- Ⓑ Transkription-Translation

Bakteriophage R17
- Ⓑ Transkription-Translation

Bakteriophage T2
- Desoxyribonucleinsäuren
- ☐ Desoxyribonucleinsäuren (Größen)

- T-Phagen

Bakteriophage T4
- Bakteriophagen
- ☐ Desoxyribonucleinsäuren (Größen)
- Genwirkketten
- Ⓑ Genwirkketten I
- ☐ Mutationsspektrum
- T-Phagen

Bakteriophage T7
- ☐ Desoxyribonucleinsäuren (Größen)
- T-Phagen

Bakterioplankton
- Plankton

Bakteriorhodopsin
- Bakterienmembran
- Membranproteine
- Protonenpumpe

Bakterioruberin
- Ⓜ Carotinoide (Auswahl)

Bakteriose
Bakteriostase
Bakteriostatika
- Antibiotika

bakteriostatisch
- Bakteriostase
- Bakterizide
- Konservierung

Bakteriotoxine ↗
Bakteriozidie ↗
Bakteriozidine ↗
Bakterium der blutenden Hostie ↗
bakterizid
- Bakteriozidie
- Konservierung

Bakterizide
- Antibiotika

Bakterizidie
- Bakteriozidie

Bakterizidine
Bakteroide
- Involutionsformen
- Knöllchenbakterien
- ☐ Knöllchenbakterien
- Leghämoglobin

Baktrische Maus
- Hausmaus

Balaena ↗
- Glattwale

Balaeniceps
- Schuhschnäbel

Balaenicipitidae ↗
Balaenidae ↗
Balaenopteridae ↗
balancierter Polymorphismus
- Chromosomenpolymorphismus
- Grünfrösche
- Strategie

Balanidae
- Ⓜ Rankenfüßer

Balanites ↗
- Myrobalanen

Balanoglossus ↗
- Kowalewski, A.O.
- Nephron

Balanomorpha
- Ⓜ Rankenfüßer

Balanophoraceae
Balanophyllia
Balantidienruhr ↗
Balantidiose
- Balantidienruhr

Balantidium
Balanus ↗
- Brackwasserregion

Balata
- Ballotabaum
- Ⓜ Kautschuk

Balatabaum
- Ballotabaum

Balbiani, Édouard Gérard
- Balbiani-Ring
- Riesenchromosomen

Balbiani-Ring
Balcis
- Eulimidae

Baldachinnetze
- Baldachinspinnen

Baldachinspinnen
Baldellia
- Froschlöffelgewächse

Baldrian
- ☐ Bodenzeiger
- Borneol
- Ⓜ Flughaare
- Ⓑ Kulturpflanzen XI

Baldriangewächse
Baldrianöl
- Ⓜ Baldrian

Baldriansäure ↗
Baldwin, James Mark
- Baldwin-Effekt

Baldwin-Effekt
Balea
Baleareneidechse ↗
Balearica ↗
Baleinae
- Ⓜ Schließmundschnecken

Balfour, F.
- Kowalewski, A.O.

Balg
Balgdrüsen ↗
Balgfrucht
- Ⓑ Früchte
- Hülse

Balgzelle
- Sensillen

Balirind ↗
- Asien

Balistes
- Drückerfische

Balistidae ↗
Balistoidei ↗
Balistoides
- Drückerfische

Baljen
- Watt

Balkanfieber
- Balkangrippe

Balkangrippe ↗
Balkan-Zornnatter
- Ⓑ Reptilien II
- Zornnattern

Bälkchen
- Trabekeln

Balken
- Ⓑ Gehirn
- ☐ Rindenfelder
- Telencephalon

Balkenbock ↗
Balkenschröter ↗
Balkenzunge
- Balkenzüngler
- Radula

Balkenzüngler
Ballaststoffe
- ☐ Krebs (Krebsentstehung)
- Nahrungsmittel

Ballen
- Ⓜ Kralle

ballistische Bewegungen
- Bewegung

Ballistosporen
- Hefen

ballistosporogene Hefen
- Hefen

Ballodora
Ballonblume
- Glockenblumengewächse

Ballonfahrerkrankheit
- Höhenkrankheit

Ballooning ↗
Ballota ↗
Ballotabaum
Ballota-Chenopodietum ↗
Balsabaum
- Balsaholz
- Ⓑ Südamerika I

Balsaholz
- Korkholz

Balsamapfel ↗
Balsambirne ↗
Balsame
- Harze

Balsamharz
– Storax
Balsamia
– M Echte Trüffel
– M Speisetrüffel
Balsaminaceae
– Springkrautgewächse
Balsamine
– Springkrautgewächse
Balsaminengewächse ↗
Balsamkraut ↗
Balsam-Tanne
– B Nordamerika I
– Tanne
Baltimore, D.
Baltischer Schild
– Präkambrium
Baluchitherium
– Indricotherium
Balvium
– M Karbon
Balz
– Aggression
– angeboren
– artspezifisches Verhalten
– Balzfüttern
– B Bereitschaft I
– Demutsgebärde
– Drohverhalten
– □ Farbe
– Farbwechsel
– Fortpflanzungsverhalten
– M Funktionskreis
– Genitalpräsentation
– Gesang
– Gruppenbalz
– Hierarchie
– M Imponierverhalten
– Infantilismus
– Markierverhalten
– Nachbalz
– Ritualisierung
– B Ritualisierung
– Schwanzfedern
– B Selektion III
– M Sozialverhalten
– Verhaltenshomologie
Balzfüttern
Balznachspiel
– Nachbalz
Balznester
– Laubenvögel
Balzverhalten
Bam
– □ Restriktionsenzyme
Bambermycin
– Antibiotika
Bambus ↗
– Asien
– M Wachstum
Bambusa
– Bambusgewächse
Bambusbär
– B Asien III
Bambusgewächse
– Süßgräser
Bambusina ↗
Bambusoideae ↗
Bambusotter ↗
Bambusratten ↗
Bambusreis
– Bambusgewächse
Bambutide
– Pygmäen
Banane ↗
– □ Achselknospe
– Fruchtbildung
– Kulturpflanzen
– B Kulturpflanzen VI
– M Leerfrüchtigkeit
– Milchröhren
– □ Nahrungsmittel
– Nektar
– □ Obst
– Scheinstamm
Bananenbier
– Bananengewächse
Bananenfäule
– M Fruchtfäule

Bananenfresser ↗
Bananenfrösche ↗
Bananengewächse
Bananenmehl
– Bananengewächse
Bananenspinnen
– Eusparassidae
– Vogelspinnen
Bändchenpodsol
– Eisenverlagerung
Bändchenstaupodsol
– Bändchenpodsol
Bandenbildung
Bandenmuster
– Chromosomen
– Chromosomenfärbung
Bänder
Bänderschnecken ↗
Bänderton
Bänderzivetten ↗
Bandeulen
Bandfink ↗
– □ Käfigvögel
Bandfische
– B Fische V
Bandflechten
Bandfüßer
Bandicota
– Mäuse
– Maulwurfsratten
Bandikutratten
– Mäuse
Bandikuts ↗
Bandiltis ↗
Bandmolch ↗
Bandrobbe
Bands
– Querscheiben
Bandscheibe
– Rippen
– M Wirbel (Rücken-Wirbel)
– M Wirbel (Wirbelbildung)
– Wirbelsäule
– B Wirbeltiere II
Bandscheibenvorfall
– M Bandscheibe
Bandschnecken ↗
Bandwürmer
– M Abwasser
– Darm
– Darmparasiten
– M Generationswechsel
– □ Lebensdauer
Bandzungen
– Radula
Bandzüngler
Bang, Bernhard Lauritz Frederik
– Bangiales
– Bangiophycidae
– Bangsche Krankheit
Bangia
– Bangiales
Bangiales
Bangiophycidae
Bangsche Krankheit
Banister, J.B.
– Banisteriopsis
Banisteria
– Harmin
Banisterin
– Harmin
Banisteriopsis ↗
Bank
– □ Stratigraphie
Bankia ↗
Bankivahuhn ↗
– Asien
– B Asien VIII
Banks, Joseph
– Banks-Kiefer
Banksia
– B Australien I
– Kiefer (Pflanze)
Banks-Kiefer ↗
Bannwald
– M Forst
– Urwald
– Waldschutzgebiete

Banteng
– Asien
– B Asien VIII
Banting, F.G.
Banyanbaum ↗
– B Asien VI
– M Ficus
Banyans
– Ficus
Baobab ↗
– B Afrika VIII
Baptisia
– M Hülsenfrüchtler
Bar
– M Druck
Bär (Säugetier)
↗ Bären (Säugetiere)
Bär (Schmetterling)
– Bärenspinner
– B Insekten IV
Baragwanathia
– Protolepidodendrales
Bárány, R.
Barasingha
– Zackenhirsche
Barathra
– Kohleule
Barbadoskirschen
– Malpighiaceae
Barbarakraut
Barbarea
– Barbarakraut
Barbastella
Barben
– Barbenregion
– B Fische X
– Fließwasserorganismen
Barbenähnliche ↗
Barbenkraut
– Barbarakraut
Barbenregion
– Barben
– Brachsen
– B Fische X
– M Flußregionen
Barbeuia
– Kermesbeerengewächse
Barbeuiaceae
– Kermesbeerengewächse
Barbinae ↗
Barbitistes ↗
Barbiturate
– M Schlaf
– Sucht
– □ Teratogene
↗ Barbitursäurederivate
Barbiturat-Typ
– M Drogen und das Drogenproblem
Barbitursäurederivate
– Narkotika
↗ Barbiturate
Bärblinge
– Barben
Barbourula ↗
Barbu ↗
Barbudos ↗
Barbula ↗
Barbus ↗
Barchane
– Asien
barophil
– Hadozön
Barcroft-Verzar-Apparatur
– Respirometrie
Bären (Säugetiere)
– Cephalogale
– Dinocyon
– Höhlenbär
– Indarctos
– Jugendentwicklung: Tier-Mensch-Vergleich
– M Markierverhalten
– Nahrungsspezialisten
– B Nordamerika II
– B Nordamerika IV
– B Nordamerika VII
– B Polarregion I
– Raubtiere
– B Südamerika VI
– B Verdauung II

– Winterruhe
Bären (Schmetterlinge) ↗
Bärenartige
– Arctoidea
Bärenfenchel
– Bärwurz
Bäreninselflora
– M Devon (Lebewelt)
Bärenklau
– 1-Hexanol
– Keimhemmung
– Nitrophyten
– Randblüten
Bärenkrebse
Bärenmakak
Bärenmaki
– Drohverhalten
Bärenmarder ↗
Bärenraupe ↗
Bärenrobben ↗
Bärenschote ↗
Bärenspinner
– Bacillus thuringiensis
– Gehörorgane
Bärentatze ↗
Bärentraube
– B Europa II
– B Polarregion II
– Ursolsäure
Barentsiidae ↗
Bar-Gen
Baribal ↗
– □ Bären
Barilius ↗
Barillekraut ↗
Bariloche-Modell
– Weltmodelle
Bariumoxid
– Scheele, K.W.
Bariumsulfat
– □ Röntgenstrahlen
Bariumverbindungen
– □ MAK-Wert
Bärlapp ↗
Bärlappartige
Bärlappe
– Asteroxylon
– M Blatt
– Blüte
– dichotome Verzweigung
– □ Karbon
– B Kulturpflanzen X
– B Pflanzen, Stammbaum
– B Polarregion II
– M Urfarne
Bärlappgewächse
– Bärlappartige
Bärlauch ↗
– M Geophyten
– M Lauch
Barleria
Barmah Forest
– M Togaviren
Bar-Mutanten
Bar-Mutation
– CIB-Methode
Barnard, Christian Neethling
– M Transplantation
Barnea ↗
– Engelsflügel
barophil
– Hadozön
Barosma
– Rautengewächse
Barr, Murray L.
– Barr-Körperchen
Barr, Y.M.
– Epstein-Barr-Virus
Barrakudas ↗
– B Fische VI
Barrakudinas ↗
Barramundi ↗
– B Fische IX
Barrelier, Jacques
– Barleria
Barremium
– M Kreide
Barren-Ground-Karibu
– M Rentier

Barriereriff

Barriereriff
- [M] Dornenkronen-Seestern
- [□] Riff

Barrington, Daines
- Barringtonia

Barringtonia

Barr-Körperchen
- Bluter-Gen
- Geninaktivierung
- Geschlechtsdiagnose
- Heterochromatisierung
- Lyon-Hypothese

Barschartige Fische
- Rückenflosse

Barsche
- [B] Darm
- [B] Fische (Bauplan)
- [B] Fische X
- [B] Fische XII
- [M] Laichperioden

Barschfische

Barschlachse

Barschlaus

Barsoi
- [□] Hunde (Hunderassen)
- [B] Hunderassen III

Bartaffe

Bartblume
- Eisenkrautgewächse

Bartein

Barten

Bartenwale
- [□] Nahrungspyramide
- Polarregion
- [M] Rekapitulation
- [B] Säugetiere

Bartfäden

Bartflechte (Erkrankung)
- Borkenflechte

Bartflechten
- [M] Flechten
- [B] Flechten I
- [M] Flechtenstoffe

Bartfledermaus

Bartgeier
- [B] Mediterranregion II

Bartgras

Bartgrundel
- Darmatmung
- Schmerlen
- [□] Schmerlen

Barthelomea
- Mysidacea

Bartholin, Caspar Berthelsen
- Bartholinsche Drüsen

Bartholinsche Drüsen
- Geschlechtsdrüsen

Bärtierchen
- Cuticula
- Sterroblastula
- Wasserhaushalt

Bartkoralle

Bartmeise

Bartmoos (Flechte)

Bartmoos (Moos)

Bartmücken
- Flußblindheit

Bartmuschel

Bartnelke
- [M] Nelke

Barton, Alberto
- Bartonellaceae
- Bartonellose

Barton, D.H.R.

Bartonella
- Bartonellaceae
- Bartonellose

Bartonellaceae

Bartonellose
- [□] Hämolyse

Bartonium
- Eozän
- [□] Tertiär

Bartram, William
- Bartramiaceae

Bartramia
- Bartramiaceae

Bartramiaceae

Bartrobbe
- [B] Polarregion III

Bartsakis
- [□] Sakiaffen

Bartsch, Johann
- Bartsia

Bartsia

Bartschwein

Bartträger

Bartvögel
- [B] Südamerika VII
- Sinushaare

Bartwuchs
- Haare

Bartwürmer

Bärwurz

Bary, H.A. de
- [□] Biologie II
- Debaryomyces
- Rostkrankheiten
- Symbiose

Barycholos

Barypoda
- Embrithopoda

Baryt
- Schwefel

basal

Basalare
- Episternum
- [M] Flugmuskeln
- Insektenflügel
- [M] Insektenflügel
- [M] Pleura

Basalband
- Cingulum

basales Labyrinth
- Darmepithel
- Drüsen
- Epithel

basale Stoffwechselrate
- Energieumsatz

Basalganglien
- [□] Gehirn
- Hirnstamm
- [M] Muskelkoordination
- Neostriatum
- Pallium
- Telencephalon
- [□] Telencephalon
- [B] Telencephalon

Basaliome
- Basalzellen

Basalis
- Gebärmutter

Basalkolben
- [M] Sinushaare

Basalkorn
- [B] Algen I
- Basalkörper

Basalkörper
- Axostyl
- [□] Bakterien (Zellaufbau)
- Bakteriengeißel
- Bewegung
- Blepharoplast
- Cilien
- [M] Diplomonadina
- [M] Euglenophyceae
- [B] mechanische Sinne II
- Mikrotubuli
- [□] Scolopidium
- [□] Zelle (Schema)

Basallamina
- Epithel
- [M] Glykokalyx
- Laminin
- Membran
- [□] Muskulatur

Basalmembran
- [B] Niere

Basalplatte
- Basalkörper
- Placenta

Basalt
- [M] Albedo

Basaltemperatur
- Empfängnisverhütung
- [B] Menstruationszyklus

Basalumsatz

Basalwulst
- Cingulum

Basalzellen
- Follikelzellen

Basedow, Karl Adolf von
- Basedowsche Krankheit

Basedowsche Krankheit
- Thyroxin

Baseler Nomina Anatomica
- Nomenklatur

Basella
- Basellaceae

Basellaceae

Baselle
- Basellaceae

Basellgewächse
- Basellaceae

Basen
- Laugen
- Säure-Base-Gleichgewicht
- Säuren

Basenanaloga
- Basenaustauschmutationen
- DNA-Reparatur
- Replikation

Basenaustauschmutationen
- [□] Krebs (Krebsentstehung)
- Mutation
- Nitrite

Basendit
- [M] Notostraca

Basenmethylierung
- Desoxyribonucleinsäuren
- modifizierte Basen
- Prozessierung

Basenmodifikation

Basennachbarschaft
- [□] Desoxyribonucleinsäuren (Parameter)
- [□] Ribonucleinsäuren (Parameter)

Basenpaare
- [□] Desoxyribonucleinsäuren (Doppelstrangmodell)
- [□] Desoxyribonucleinsäuren (Parameter)
- [□] transfer-RNA
- [□] Zelle (Vergleich)

Basenpaarung
- Basenmethylierung
- Basennachbarschaft
- [B] Desoxyribonucleinsäuren III
- DNA-Reparatur
- Komplementarität

Basensättigung

Basensequenz
- genetische Information
- Mutation
- [B] Mutation
- Proteine
- Sequenzierung

Basentriplett

Basenzusammensetzung
- Chargaff-Regeln
- [□] Ribonucleinsäuren (Parameter)

Baseodiscus

Basidie
- [B] Pilze II

Basidienflechten

Basidiobolose
- Basidiobolus

Basidiobolus

Basidiokarp
- Basidiomata
- Ständerpilze

Basidiolichenes

Basidiomata
- Basidie
- Flechten

Basidiomyceten
- Plasmogamie
- Ständerpilze

Basidiomyceten-Flechten

Basidiomycetes

Basidiomycota

Basidiomycotina

Basidiosporen
- Sporen

- Ständerpilze

basidiosporogene Hefen
- Hefen

Basidorsalia
- Wirbel

basiklin

Basilarmembran
- [B] Echoorientierung
- [□] Gehörorgane (Hörtheorie)
- [B] mechanische Sinne II
- Mechanorezeptoren
- Pfeilerzellen

Basileornis
- Orientalis

Basilienkraut

Basilikum
- Basilienkraut
- Gewürzpflanzen

Basilikumöl
- [M] Basilienkraut
- Citral

Basiliscinae

Basiliscus
- Basiliscinae

Basilisken

Basion-Bregma
- Längen-Höhen-Index

basipetal

basiphil

Basiphilie
- mikroskopische Präparationstechniken

basiphob
- basiphil

Basiphyten

basiphytische Getreideackerfluren
- Getreideackerfluren
- Secalietalia

basiphytischer Magerrasen
- Festuco-Brometea

basiplast
- Blatt

Basipodit
- [□] Gliederfüßer
- [□] Krebstiere

Basipodium
- [M] Fuß (Abschnitte)

Basis
- Basipodit
- [□] Extremitäten
- Gliederfüßer

Basisbranchiale
- Branchialskelett

basische Aminosäuren

basische Farbstoffe

basische Proteine
- Desoxyribonucleinsäuren

basische Reaktion

basische Salze
- Neutralsalze

basisches Kristallviolett
- [□] Gram-Färbung

Basisgruppe
- Stammgruppe

Basiszahl
- Grundzahl

Basitonie
- Blütenstand
- Symmetrie

Basiventralia
- Embolomeri
- Wirbel

Basizität
- [M] pH-Wert

Basoccipitale
- [M] Hinterhauptsbein

Basomer
- Aedeagus

Basommatophora

basophil
- basische Farbstoffe

basophile Granulocyten
- Granulocyten
- Mastzellen
- [M] Mastzellen

Bassaricyon

Bassariscus
- Kleinbären

Basset
- ☐ Hunde (Hunderassen)

Bassi, A.
- Beauveria

Bassiasäure
- Stearinsäure

Bassogigas
- Ⓜ Tiefseefauna

Bass Rock
- Baßtölpel

Baßtölpel
- Ⓑ Europa I

Bast (Botanik)
- ☐ Holz (Zweigausschnitt)
- Linde
- Rinde
- sekundäres Dickenwachstum
- Sproßachse
- Wurzel

Bast (Zoologie)
- Fibroin
- Geweih
- Reh

Bastard
- Blendling
- ☐ botanische Zeichen
- Dihybriden
- Heterosis
- Heterozygotie
- Hybridzüchtung
- Kreuzung
- Mendelsche Regeln
- monohybrid

Bastardaralie ↗

Bastardbildung
- Balz
- Ⓑ Zoogamie

Bastard-Ebenholz
- Ölbaum

Bastardgürtel ↗

Bastardierung
- Gärtner, K.F.
- Introgression
- Rasse
- Ⓑ Rassen- u. Artbildung II
- Ⓑ Signal

Bastardierungssperre ↗
Bastardierungszone ↗
Bastardisierung ↗

Bastardklee
- Klee
- Ⓑ Kulturpflanzen II

Bastardmakrele ↗
- Ⓑ Fische VI

Bastardmerogone ↗
Bastardschildkröten ↗
Bastardschwärme
- Art

Bastardsterblichkeit ↗
- Bastardierung

Bastardsterilität
- Bastardierung
- Kreuzungssterilität

Bastardwüchsigkeit
- Heterosis
- Luxurieren

Bastardzone
- allopatrische Bastardierung
- Rasse

Bastardzusammenbruch ↗

Bastfasern
- Fasern

Bastkäfer

Bastpalme
- Ⓑ Kulturpflanzen XII
- Raphiapalme

Bastrübe
- Rüben

Bastteil ↗

Batakerspitz
- ☐ Hunde (Hunderassen)

Batate
- ☐ Kartoffelpflanze
- Ⓑ Kulturpflanzen I

Batavia-Fieber ↗
Batch-Kultur ↗

Batelli, A.
- Batelli-Drüsen

Batelli-Drüsen
- Schaumzikaden

Bates, H.W.
- Batessche Mimikry
- Ⓑ Biologie I
- Ⓑ Biologie II

Bateson, W.
- Ⓑ Biologie II
- Epistase

Batessche Mimikry
- Bärenspinner
- Danaidae
- Glasflügler
- Hornissenglasflügler
- Mimikry
- Müllersche Mimikry
- Ritterfalter

Bathochordaeus
- Tiefseefauna

Bathofauna
- Tiefseefauna

Bathonium
- Ⓜ Jura

Batho-Rhodopsin
- ☐ Sehfarbstoffe

Bathothauma
- Cranchiidae

Bathyal
- ☐ Meeresbiologie (Lebensraum)
- Pelagial

Bathybelos
- Ⓜ Chaetognatha

bathybiont
- Bathyal

Bathycalanus
- Copepoda

Bathyclupeidae ↗

Bathycrinus
- ☐ Seelilien

Bathyergidae ↗

Bathyergus
- Ⓜ Sandgräber

Bathyglyptus
- Dimetrodon

Bathygraphie
- *bathymetrische Gliederung*

Bathynella
- Bathynellacea

Bathynellacea
- Südamerika

Bathynomus ↗
- Asseln

Bathyodontina
- Dorylaimus

Bathyomphalus

Bathypelagial ↗
- ☐ Meeresbiologie (Lebensraum)
- Pelagial
- Stratifikation

bathypelagisch
- Bathyal
- Ⓜ bathymetrische Gliederung

Bathyplankton
- Ⓜ Plankton (Tiefenverteilung)

Bathypteroidae ↗

Bathypterois
- Tiefseefauna

Bathysaurus ↗

Bathysciinae
- Nestkäfer

Bathyspadella
- Ⓜ Chaetognatha

Bathysquilla
- Ⓜ Fangschreckenkrebse

Batidaceae
- Batidales

Batidales

Batillaria
- Brackwasser-Schlammschnecken

Batillipes

Batis ↗

Batoidei
- Rochen

Batozonellus
- Wegwespen

Batrachemys ↗

Batrachia ↗

Batrachiderpedon
- Diplocaulus

Batrachobdella ↗

Batrachoididae
- Froschfische

Batrachoidiformes ↗

Batrachomorpha
- Embolomeri
- Eutetrapoda

Batrachophrynus ↗

Batrachosauria
- Labyrinthodontia

Batracoseps ↗

Batrachospermum ↗
- Chantransia

Batrachostomus
- Ⓜ Schwalme

Batrachotoxine
- Farbfrösche

Batrachotoxinin A
- Batrachotoxine

Batrachuperus ↗

Batrachyla

Batrachylodes
- ☐ Ranidae

Batterien
- Ⓜ Blei

Battus
- Ritterfalter

Baubiene
- ☐ staatenbildende Insekten

Baubiologie
- Strahlenbelastung

Bauch
- Abdomen
- Gegenschattierung
- Rücken

Bauchatmung
- Zwerchfell

Bauchblätter ↗
- Jubulaceae

Bauchblättler ↗

Bauchbürste
- Ⓜ Megachilidae

Bauchdrüsen

Bauchdrüsenottern ↗

Bauchfell ↗

Bauchflossen
- Beckengürtel
- Fische
- Ⓑ Fische (Bauplan)
- Fliegende Fische
- Flossen
- Ⓜ Flossen
- Flug
- Ⓑ Skelett

Bauchfuß ↗
- Extremitäten

Bauchfüßer ↗

Bauchganglion
- Gliederfüßer
- ☐ Insekten (Darm-/Genitalsystem)
- Strickleiternervensystem
- ↗ Bauchmarkganglion

Bauchhaarlinge ↗

Bauchhoden
- Kryptorchismus

Bauchhöhle

Bauchhöhlenträchtigkeit
- Leibeshöhlenträchtigkeit

Bauchkanalzelle

Bauchmark
- Ⓑ Chordatiere
- ☐ Chronaxie (Chronaxiewerte)
- ☐ Decapoda
- Ⓑ Embryonalentwicklung II
- Gehirn
- ☐ Insekten (Bauplan)
- ☐ Metamorphose
- Ⓑ Ringelwürmer
- Schlundring

Bauchmarkganglion
- ☐ Gehirn
- Nervensystem
- Ⓑ Nervensystem I
- ↗ Bauchganglion

Bauchmarktiere ↗

Bauchmuskel
- ☐ Organsystem

Bauchnabel
- Nabel

Bauchnaht

Bauchpilze
- ☐ Rote Liste

Bauchrippen

Bauchsammler
- Pollensammelapparate

Bauchscheitel
- Faultiere
- Haarstrich

Bauchschuppen

bauchspaltig
- ventrizid

Bauchspeichel
- Pankreas

Bauchspeicheldrüse ↗
- Amylasen
- Ⓑ Hormondrüsen
- Ⓑ Wirbeltiere I
- Ⓜ Zymogengranula
- ↗ Pankreas

Bauchteil
- Archegonium

Bauchträger
- Brutbeutel

Bauchwehkoralle
- Ⓜ Ziegenbärte

Bauchweh-Ziegenbärte
- Ⓜ Ziegenbärte

Bauerntabak
- Ⓑ Kulturpflanzen IX
- Tabak

Bauernwälder
- Mittelwald

Baufett
- Fette
- Fettpolster

Bauhin, C. (G.)
- Bauhinia
- Ⓑ Biologie I
- Ⓑ Biologie III
- Kräuterbücher

Bauhin, J.
- Ammonshorn
- Bauhinia

Bauhinia ↗
- Ⓑ Blatt III
- Ⓜ Hülsenfrüchtler

Bauhinsche Klappe
- Bauhin, C.

Baum
- ☐ botanische Zeichen
- ☐ Lebensformen (Gliederung)
- Wuchsform

Baumaterialien
- Baubiologie
- Strahlenbelastung

Bäumchenmoos
- Climaciaceae

Bäumchenröhrenwurm ↗
- Terebellidae

Bäumchenschnecke
- Dendronotus

Baum der Reisenden ↗
- Ⓑ Afrika VIII
- Ⓜ Strelitziaceae

Baum der Wüste
- Haloxylon

Baumdurchmesser
- Dendrometer

Baumfalke
- Ⓑ Europa XV
- Ⓜ Falken

Baumfarne
- Ⓑ Farnpflanzen I
- Ⓑ Farnpflanzen II

Baumfaserschwämme

Baumfinken
- Darwinfinken

Baumflußfauna

Baumfrösche

Baumfüchse
- Graufüchse

Baumgrenze
- Waldgrenze

Baumhasel

Baumhasel
– Hasel
Baumheide
– Glockenheide
– [M] Macchie
– [M] Mediterranregion I
Baumhöhle ↗
– Bodenanhangsgebilde
Baumhopfe
– Hopfe
Baumhörnchen
Baumkänguruhs
– Kletterbeutler
Baumklettern
– Herrentiere
Baumkorallen ↗
Baumkrebs
– Lärchenkrebs
Baumkröten
Baumkulturen
Baumläufer
– [M] Holarktis
– [B] Rassen- u. Artbildung II
– [M] Sonagramm
– [B] Vögel I
Baumläuse
Baumleben
– arboricol
– Gangart
– Hautleisten
– Nestflüchter
Baummarder
Baummäuse
Baummoos ↗
Baummüdigkeit
– Bodenmüdigkeit
Baumnattern
Baumöl
– [M] Ölbaum
Baumozelot
Baumpieper
– Kuckucke
– Markierverhalten
Baumratten ↗
Baumreife
Baumrutscher ↗
Baumsalamander
Baumsavanne
Baumschicht
– Samenverbreitung
– Stratifikation
– Synusien
– Wald
Baumschläfer
Baumschleichen ↗
Baumschnecken
Baumschnegel
Baumschnüffler ↗
Baumschröter ↗
– [M] Hirschkäfer
Baumschule
– Gartenbau
Baumschwammkäfer
Baumsegler
– [M] Orientalis
Baumskinke ↗
Baumstachelschweine
– Baumstachler
Baumstachler
– [M] Südamerika
Baumsteiger (Frösche) ↗
Baumsteiger (Vögel) ↗
– [M] Südamerika
Baumsterben ↗
Baumtomate
– Nachtschattengewächse
Baumvipern ↗
Baumwachs
– Veredelung
Baumwachtel ↗
Baumwanzen ↗
– [M] Schildwanzen
Baumweißling
– Raupennester
– [M] Schmetterlingsblütigkeit
Baumwollanbaugebiete
– [B] Kulturpflanzen XII
Baumwolle
– Baumwollpflanze

– [M] Brennessel
– Cellulose
– Entlaubungsmittel
– [B] Kohlenhydrate II
– [B] Kulturpflanzen III
– Raffinose
– Wachstumsregulatoren
Baumwollmotte ↗
Baumwollpflanze
– Gossypol
– [B] Kulturpflanzen XII
↗ Baumwolle
**Baumwollschwanz-
kaninchen**
– [M] Hasenartige
Baumwollwachs
– Baumwollpflanze
Baumwürger
– Spindelbaumgewächse
Bauplan
– Anagenese
– Erklärung in der Biologie
– Geoffroy Saint-Hilaire, E.
– Goethe, J.W. von
– Homologieforschung
– idealistische Morphologie
– [M] Kormus
– Morphologie
– Typus
Baur, E.
– Chloroplasten
Bauriamorpha
Baurocynodon
– Therapsida
Baustoffe
Baustoffwechsel
– Assimilation
– Baustoffe
– Stoffwechsel
Bavaria blu
– Käse
Baxamar, Antón Porlier de
– Porliera
Baxteria
– [M] Xanthorrhoeaceae
Bayerischer Wald (BR Dtl.)
– [B] National- und Natur-
parke I
Bayliss, W.M.
– Hormone
Bazillen
Bazillenträger ↗
Bazzania ↗
Bazzanio-Piceetum ↗
BCG-Impfstoff
– Calmette, A.
– Krebs
B-Chromosomen
Bdella
– Schnabelmilben
Bdellidae ↗
Bdellocephala ↗
Bdellodrilus ↗
Bdelloidea
Bdellomorpha
Bdellonemertini ↗
Bdellonyssus
– Gamasidose
Bdellostoma ↗
Bdelloura ↗
Bdellouridae
– [M] Tricladida
Bdellovibrio
– Bakteriolyse
BE ↗
Beadle, G.W.
– [B] Biochemie
– [B] Biologie II
– Ein-Gen-ein-Enzym-
Hypothese
– [M] Enzyme
– Tatum, E.L.
"Beagle"
– Darwin, Ch.R.
– Fitzroya
– ☐ Meeresbiologie (Expedi-
tionen)
Beamys
– Hamsterratten

Beania
– Nilssoniales
Bearbeitungsgare
– Bodengare
Beauceron
– ☐ Hunde (Hunderassen)
Beauveria
Bebaru
– [M] Togaviren
Bebrütung (Bodenkunde)
– Bodenuntersuchung
Bebrütung (Mikrobiologie)
– Brutschrank
Bebrütung (Zoologie) ↗
– ☐ Embryonalentwicklung
(Huhn)
↗ brüten
Becher ↗
Becherartige Pilze
– Becherpilze
Becherauge ↗
Becherbäumchen
– Dinobryonaceae
Becherflechten
– [B] Flechten I
Becherglocke
– Glockenblumengewächse
Becherhaar
– Mechanorezeptoren
– Sensillen
– Vibrationssinn
Becherindusium
– Algenfarn
Becherkeim ↗
Becherlinge
– Pezizaceae
Becherpilze
– Becherpilze
Becherquallen ↗
Becherrost ↗
Becherzellen
– Drüsen
– [M] Drüsen
Bechsteinfledermaus
– [M] Glattnasen
Bechterewsche Krankheit
– Rheumatismus
Beck, C.B.
– Progymnospermen
Becken ↗
– Dinosaurier
– Geburt
– Jugendentwicklung: Tier-
Mensch-Vergleich
Beckengürtel
– Ersatzknochen
– Wirbelsäule
Beckenhirn
– Diplodocus
Beckenknochen
– [M] Beckengürtel
– ☐ Organsystem
– [B] Skelett
Beckensymphyse
– Bänder
Becquerel
– ☐ Strahlendosis
Becquerel, A.H.
– Becquerel
Bedecktkiemer
Bedecktsamer
– ☐ Kreide
– Landpflanzen
– [B] Nacktsamer
– Ordnung
– Proangiospermen
– Samen
– Samenanlage
– ☐ Tertiär
↗ Angiospermen
Bedeguare
– [B] Parasitismus I
Bedford, Herzog von
– Davidshirsch
bedingte Aktion
– bedingte Hemmung
– Konditionierung
– Lernen
– [B] Lernen
bedingte Appetenz
– bedingte Aversion

– Lernen
– [B] Lernen
bedingte Aversion
– Lernen
bedingte Hemmung
– Lernen
bedingte Reaktion
bedingter Reflex
– Behaviorismus
– [B] Biologie II
– Lernen
– [B] Lernen
– Pawlow, I.P.
– Reflex
bedingter Reiz
– Konditionierung
– [B] Lernen
Bedlington-Terrier
– ☐ Hunde (Hunderassen)
Bedrängung
– Angst - Philosophische
Reflexionen
*bedrohte Pflanzen- und
Tierarten* ↗
Bedrohung
– Angst - Philosophische
Reflexionen
Bedsonia ↗
Bedürfnis
Beere
– Fruchtfleisch
– ☐ Fruchtformen
Beerenfruchtverband
– Ananas
Beerenseuche
– Frambösie
Beerenwanze ↗
– [B] Insekten I
– [M] Schildwanzen
Beerenzapfen
– [M] Wacholder
– Zapfen
Beet
beet yellows
– Nekrotische Rübenvergil-
bungs-Virusgruppe
Befriedungsgebärde
– Demutsgebärde
Befruchtung
– Akrosom
– [B] Algen V
– Ampulle
– Bedecktsamer
– [B] Biologie II
– Diploidie
– Eikern
– ☐ Eizelle
– ☐ Embryonalentwicklung
(Mensch)
– [B] Embryonalentwick-
lung III
– Empfängnisverhütung
– Fortpflanzung
– Gameten
– Gametogamie
– Gonomerie
– Hertwig, O.W.A.
– Insemination (Aspekte)
– Leben
– Membranfusion
– ☐ Menstruationszyklus
– [B] Menstruationszyklus
– [B] Nacktsamer
– Plasmogamie
– Samen
– Schwangerschaft
– sexuelle Fortpflanzung
– Spallanzani, L.
– Strasburger, E.A.
– Zellfusion
Befruchtungshügel
– [M] Befruchtung (Vielzeller)
Befruchtungsmembran
– [M] Befruchtung (Vielzeller)
– Monospermie
– [M] Polyspermie
Befruchtungsstoffe
– [M] Plasmogamie
↗ Gamone

Begattung
- Endhandlung
- Genitalpräsentation
- Geschlechtsorgane
- künstliche Besamung
- ↗ Paarung

Begattungsarm
- Hectocotylus

Begattungsflosse
- Gonopodium

Begattungsnachspiel
- Nachbalz

Begattungsorgane
- Geschlechtsmerkmale
- Geschlechtsorgane
- Symmetrie

Begattungstasche
- Begattungsorgane
- Bursa
- Geschlechtsorgane
- Receptaculum

Begattungsvorspiel
- Balz

Begeißelung

Beggiato, Francesco Secondo
- Beggiatoaceae
- Beggiatoales

Beggiatoa
- ☐ Saprobiensystem
- schwefeloxidierende Bakterien
- Spirochaeta

Beggiatoaceae
Beggiatoales
Begleiter ↗
Begleithunde
- ☐ Hunde (Hunderassen)

Bégon, Michel
- Begoniaceae
- Begonie

Begonia
- Begoniaceae

Begoniaceae
Begonie ↗
- ☐ Adventivbildung
- B Asien VI
- M Regeneration
- M Stecklinge
- B Südamerika IV
- Symmetrie

Begoniella
- M Begoniaceae

begrenzende Faktoren
- limitierende Faktoren

Begriff
- Erkenntnistheorie und Biologie
- Koehler, O.
- Sprache
- Wissenschaftstheorie

Begriffsbildung
- Verhalten

Begrüßungsgeste
- ☐ Humanethologie

Begrüßungsverhalten
Begrüßungszeremoniell
- Begrüßungsverhalten
- Beschwichtigung

Beharrungsregel
Behaviorismus
- Ethik in der Biologie
- Ethologie
- Habituation
- M Labyrinthversuch
- Lernen
- Milieutheorie
- Spontaneität

Behenöl
- Moringaceae

Behensäure
Behring, E.A. von
- Antitoxine
- Bakterientoxine
- Behring-Gesetz
- B Biologie I
- M Diphtherie (Diphtherieserum)
- Heilserum

- Kitasato, Sh.

Behring-Gesetz
Beieierstock
- Nebeneierstock
- Paradidymis

Beifuß
- ☐ Bodenzeiger
- B Europa XVII
- Gewürzpflanzen

Beifuß-Gesellschaften ↗
Beifuß-Gestrüpp ↗
Beifußhuhn ↗
- B Nordamerika III

Beifußmönch (Raupe)
- Mönche
- B Schmetterlinge

Beihoden
- Paradidymis

Beijerinck, M.W.
- Anreicherungskultur
- Auxanographie
- Beijerinckia
- B Biologie II
- Contagium
- M Knöllchenbakterien

Beijerinckia
- Bodenorganismen

Beiknospen
- Knospe

Beilbauchfische
Beilfische ↗
Beinanlage
- B Metamorphose

Beinbrech
Beine
- B Embryonalentwicklung II
- Extremitäten
- ☐ Rindenfelder

Beinhaut ↗
Beinring
- Herdbuch

Beinsammler
- Pollensammelapparate

Beinscheide
- ☐ Schmetterlinge (Falter)

Beintaster ↗
Beintastler
- apneustisch
- B Insekten I
- Pseudoculi
- ↗ Protura

Beinwell
- Nektardiebe

Beira
Beira-Antilope
- Beira

Beisa-Antilope ↗
Beischilddrüse
- Nebenschilddrüse

Bei Shan
- Asien

beißend-kauende Mundwerkzeuge
- Mundwerkzeuge

Beißhemmung ↗
- Spielen

Beißschrecke ↗
Beiwurzeln
- sproßbürtige Wurzeln
- Wurzel

Beize
beizen
- Beize
- Luftverschmutzung

Beizjagd ↗
Beizmittel
- Beize
- Methylquecksilber
- Minamata-Krankheit

Beizvögel
- Falken

Bekassinen
- B Europa VII
- Vogelfeder

Békésy, G. von
- ☐ Gehörorgane (Hörtheorie)

Bekleidung
- kulturelle Evolution

- Mensch und Menschenbild

Beklemmung
- Angst - Philosophische Reflexionen

Bekräftigung
- Verstärkung

Bela
- Lora

Belastbarkeit
Belastung
- M Biomechanik
- Umweltbelastung

Belastungs-EKG
- Elektrokardiogramm

Belaubung
Belaubungsdichte
- Blattflächenindex

Belchen ↗
Belebtschlamm
- Kläranlage

Belebtschlammbecken
- Kläranlage

Belebungsbecken
- Kläranlage
- Zoogloea

Belebungsverfahren
Belegexemplar
- Exsikkat

Belegknochen ↗
- Knochen

Belegzellen
- Fundusdrüsen
- Gastrin
- ☐ Magen (Sekretion)
- Magensäure
- Membran
- Protonenpumpe

Belem
- Südamerika

Belemnella
- Schatsky-Index

Belemnitella
- Mucronati
- Schatsky-Index

Belemniten
- ☐ Kreide
- Onychiten
- Schatsky-Index
- ☐ Tertiär

Belemnoidea
- Belemniten

Beleuchtungsapparat
- Kondensor
- Mikroskop

Belgica
- Polarregion

Belgischer Riese
- ☐ Kaninchen

Belgischer Schäferhund
- ☐ Hunde (Hunderassen)

Belgischer Spitz
- ☐ Hunde (Hunderassen)

Bell, Charles
- Bell-Magedie-Gesetz

Belladonna ↗
Belladonnaalkaloide
- Amaryllisgewächse

Bellamarin
Bellerophon
- ☐ Perm

Bellerophonten
- ☐ Trias

Bellerophontina
- Bellerophon

Bellfrosch ↗
Bellidiastrum ↗
Belliolum
- Winteraceae

Bellis ↗
Bell-Magendie-Gesetz
Belodon
- Mystriosuchus
- Phytosauria

Belohnung
- bedingte Aktion
- bedingte Appetenz
- Bestäubung
- Lernen

belomoridisch
- B Erdgeschichte

Belon, Pierre
- B Biologie I
- B Biologie II

Belone
- Hornhechte

Belonesox ↗
Belonidae ↗
Belontia ↗
Belontiidae
- Labyrinthfische

Beloperone
Belostomatidae ↗
Belousov, B.P.
- Zhabotinsky-Belousov-Reaktion

Belousov-Reaktion
- Zhabotinsky-Belousov-Reaktion

Belousov-Zhabotinsky-Reaktion
- biochemische Oszillationen
- Chaos-Theorie
- Zhabotinsky-Belousov-Reaktion

Belt, Th.
- Beltsche Körperchen

Beltanella gilesi
belt desmosome
- Schlußleisten

Beltsche Körperchen
- Akazie

Belucha
- Beluga

Belüftung
- Bodenatmung

Beluga ↗
- Störe

Bematistes
- Acraeidae

Bembidion
- Laufkäfer

Bembix
- Grabwespen

Bena
- Kahnspinnereulen

Benacerraf, B.
Bence-Jones-Proteine
- Myelomproteine

Benecke, Wilhelm
- B Biologie III

Beneckea
- Leuchtbakterien
- Meeresleuchten
- ☐ Purpurbakterien

Beneden, E. van
- B Biologie I
- B Biologie II
- Mesozoa

Benedict, Stanley Rossiter
- Benedicts Reagens

Benedicts Reagens
Benediktenkraut
Benediktinerdistel
- Benediktenkraut

Benetzbarkeit
- Kapillarität
- Seifen
- Vermullung

Benetzung
- Adhäsion
- M Seifen
- Wachse

Bengalhanf ↗
Bengalkatze
benigner Tumor
- Tumor

Benin-Mahagoni
- Chrysobalanaceae

Bennett, H.S.
- ☐ Endocytose

Bennettitales
Bennettitatae
- Bedecktsamer
- Bennettitales
- Bestäubung
- Farnsamer
- Gnetatae

Bennettiteen
- Bennettitales

Bennußbaum

- [B] Pflanzen, Stammbaum
Bennußbaum ⁄
Bennußgewächse ⁄
Benöl
– Moringaceae
Benomyl
– [M] Fungizide
Benthal
– ☐ See
Bentham, G.
Bentham, Jeremy
– Bioethik
Bentheuphausia
– Euphausiacea
Bentho-Blastaea
– Bilaterogastraea-Theorie
Bentho-Gastraea
– Bilaterogastraea-Theorie
Benthos ⁄
– Algen
– Meeresbiologie
Bentonit
– Wein
Benzaldehyd
– [M] chemische Sinne
– [M] Wehrsekrete
Benzanthracen
– cancerogen
Benzer, S.
– [M] Cis-Trans-Test
Benzidin
– [M] Krebs (Krebserzeuger)
Benzimidazol-Derivate
– [M] Fungizide
– Thiabendazol
Benzin
– alkoholische Gärung
– [M] Erdöl
– [M] Kohlenmonoxid
– [M] Kohlenwasserstoffe
⁄ bleifreies Benzin
Benzoate ⁄
– Pseudomonas
Benzochinone
– Chinone
– [M] Chinone
– Fühlerkäfer
– ☐ MAK-Wert
– [M] Wehrsekrete
Benzoe
– Benzoeharz
– Burseraceae
Benzoebaum
– Styracaceae
Benzoeharz
– Benzoesäure
– Styracaceae
Benzoesäure
– Hippursäure
– Konservierung
– Ornithin
– Scheele, K.W.
Benzoesäurederivate
– Keimungshemmstoffe
Benzol
– aromatische Verbindungen
– ☐ Hämolyse
– Kekulé von Stradonitz, F.A.
– [M] Kork
– [M] Krebs (Krebserzeuger)
– Mesomerie
– Ringsysteme
– ☐ Ringsysteme
Benzolhexachlorid
– Hexachlorcyclohexan
2,3-Benzopyrrol
– Indol
N-Benzoylglycin
– Benzoesäure
– Hippursäure
Benzpyren
– Grünalgen
– [M] Krebs (Krebserzeuger)
– Räuchern
Benzylacetat
– [M] chemische Sinne
– Parfümblumen
Benzylalkohol
Benzylbenzoat
– Präparationstechniken

Benzylgruppe
2-Benzyliden-3-cumarone
– Aurone
Benzylisochinolin
– Curare
Benzylisochinolinalkaloide
Benzylsenföl
– [B] Antibiotika
– ☐ Kresse
– ☐ Senföle
Beo
– spotten
Beobachtung
– Wissenschaftstheorie
Berardius
– [M] Schnabelwale
– Schwarzwale
Berberaffe ⁄
– [M] Jungentransfer
– [B] Mediterranregion I
Berberhirsch ⁄
Berberidaceae ⁄
Berberide
– ☐ Menschenrassen
Berberidion
Berberin
– Chelidonin
– Sauerdorn
Berberis
– Sauerdorn
Berberitze ⁄
– [B] Europa X
– Kurztrieb
– [M] Sauerdorn
Berberitzen-Gebüsche ⁄
Berchtesgaden (BR Dtl.)
– [B] National- und Naturparke I
Beregnung
– Gartenbau
– Salzböden
Beregnungsanlagen
– Beregnung
Bereicherungsknospen
– Erneuerungsknospen
– Knospen
Bereicherungstriebe
– Synfloreszenz
Bereitschaft
– aktionsspezifische Energie
– Appetenz
– bedingte Appetenz
– ☐ Funktionsschaltbild
– Mensch und Menschenbild
bereitschaftsabhängige Verhaltensweisen
– doppelte Quantifizierung
Bereitschaftsreduktion
– Belohnung
Bereitschaftsumsatz
– Energieumsatz
Berek, M.
– ☐ Mikroskop (Vergrößerung)
Berg, P.
– [B] Biochemie
Bergahorn
– Ahorngewächse
– [M] Höhengrenze
– Wildverbiß
Bergahorn-Buchen-Mischwälder ⁄
Bergamasker
– ☐ Hunde (Hunderassen)
Bergamottbaum
– Bergamottöl
Bergamotte ⁄
– [M] Citrus
Bergamottöl
Bergbach
– Fließwasserorganismen
– [M] Flußregionen
– Forellenregion
– Grenzschicht
– Krenal
Bergbachregion
– Äschenregion
Bergbachzone
– [M] Flußregionen
Bergeidechse
– Alpentiere

– [B] Europa XIII
– [B] Reptilien II
Bergen, Karl August von
– Bergenie
Bergenia
– Steinbrechgewächse
Bergenie ⁄
– [B] Asien II
– [M] Steinbrechgewächse
Berger, Hans
– Elektroencephalogramm
Bergfenchel
Bergfink ⁄
– [B] Europa III
Bergflachs ⁄
Berg-Glatthafer-Wiesen ⁄
Berggorilla
– Gorilla
– Status-Signal
Berghähnlein ⁄
Berghaus, Hermann
– [B] Biologie III
Berg-Johannisbeere
– [B] Europa XII
– Ribes
Bergkänguruh
– Australien
– Känguruhs
Bergkiefer
– Kiefer (Pflanze)
– Lichthölzer
Bergkiefern-Moorwald ⁄
Bergkrähen ⁄
Bergkrankheit
– Höhenkrankheit
Berglemming
– [B] Europa III
– Lemminge
Berglorbeer
– Heidekrautgewächse
Berglöwe
– Puma
Bergmann, C.
– Bergmannsche Regel
Bergmannsche Regel
– Größensteigerung
– Körpergröße
Bergmeerschweinchen
– Moko
Bergminze
Bergmolche
– [B] Amphibien II
– [M] Molche
– Neurergus
Bergnyala
– [M] Hunde (Hunderassen)
Bergnymphen
– ☐ Kolibris
Bergrassengürtel
– ☐ Menschenrassen
Bergson, H.
– Vitalismus - Mechanismus
Bergspitzmaus
– Wasserspitzmäuse
Bergstachler ⁄
Bergsteigen
– Höhenkrankheit
Bergström, S.K.
– Leukotriene
– Prostaglandine
Bergtapir
– Südamerika
– Tapire
Berg-Ulme
– [B] Europa XI
– [M] Höhengrenze
– Ulme
Bergunke
– [B] Amphibien II
– Unken
Bergwaldstufe
– Höhengliederung
– Mittelgebirgsstufe
Bergweißling
– Weißlinge
Bergwohlverleih ⁄
Bergzebra
– Südafrikanische Unterregion
– Zebras

Bergzikade ⁄
Beriberi
– Eijkman, Ch.
– Reis
Berieselung ⁄
Beringbrücke
– Biogeographie
– Europa
– Migrationsbrücke
– Nordamerika
– Paläarktis
– tiergeographische Regionen
Beringer, Adam
– Lügensteine
Beringmeer
– Europa
Beringstraße
– australische Region
– Brückentheorie
– Nordamerika
Beringung
– Thienemann, J.
– Vogelwarte
– Vogelzug
Berkefeld, Wilhelm
– Berkefeld-Filter
Berkefeld-Filter ⁄
– Bakterienfilter
– Francisella
Berkeley, J.M.
– Falsche Mehltaupilze
– [M] Pflanzenkrankheiten
Berkshire-Schwein
– ☐ Schweine
Berlanga, de
– Galapagosinseln
Berlepsch, Baron von
– Bienenzucht
Berlese-Organ
– Spermalege
Berliner, Ernst
– Bacillus thuringiensis
Bermudagras ⁄
– [M] Hundszahn
Bernard, C.
– [B] Biologie I
– [B] Biologie II
– Hormone
– inneres Milieu
Berner
– ☐ Hunde (Hunderassen)
Bernhardiner
– Hunde (Hunderassen)
– [B] Hunderassen IV
Bernhardkrebs ⁄
– [M] Einsiedlerkrebse
– Synökie
Bernstein
– Balsame
– Harze
– Kiefer (Pflanze)
– Weichteilerhaltung
Bernsteinfauna
– Baumflußfauna
Bernsteinsäure
– Bernstein
– [B] Dissimilation II
– gemischte Säuregärung
– Homocystein
– ☐ Miller-Experiment
– Succinatgärung
Bernsteinsäure-Dehydrogenase ⁄
Bernsteinschnecken
– [M] Leucochloridium
– Oxyloma
Beroe
– Beroidea
Beroidea
Berosus
– Wasserkäfer
Berriasella
Berriasium
– Berriasella
– [M] Jura
– Kreide
Bersim
– Klee
Bertalanffy, L. von
– Vitalismus - Mechanismus

Bertero, Carlo Giuseppe
- Berteroa
Berteroa
Berthelinia
- Schlundsackschnecken
- Schnecken
Berthelot, M.P.E.
Berthelotsche Bombe
- Berthelot, M.P.E.
Berthold, A.
- Hormone
Bertholdskraut ↗
Berthollet, Comte Claude-Louis
- Bertholletia excelsa
Bertholletia excelsa ↗
Bertoloni, Antonio
- Bertolonien
Bertolonien ↗
- [M] Melastomataceae
Bertramwurzel ↗
Bertrand, Gabriel Émile
- [B] Biologie II
Berufe
- Mensch und Menschenbild
Berufkraut
Beruhigungsmittel
- Massentierhaltung
- □ Psychopharmaka
Berührungsgifte ↗
Berührungsreize
- Tastsinn
- □ Tropismus
Berycidae
- Schleimköpfe
Beryciformes ↗
Berycoidei
- Schleimköpfe
Beryllium
- [M] Atom
- [M] Krebs (Krebserzeuger)
Berytidae ↗
Beryx ↗
Berzelius, J.J. von
- alkoholische Gärung
- [B] Biochemie
- [B] Biologie I
- [B] Biologie II
- chemische Symbole
- Katalyse
- Proteine
Berzeliuslampe
- Berzelius, J.J. von
Besamung (Humanmedizin) ↗
- extrakorporale Besamung
Besamung (Zoologie)
- □ Eizelle
- Gameten
- Gametogamie
- Geschlechtsorgane
- Kapazitation
- Plasmogamie
Besamungsstation
- künstliche Besamung
Beschädigungskampf
- Aggression
- Kampfverhalten
beschälen
Beschälseuche
- [M] Trypanosoma
beschälte Amöben ↗
Beschlag
- [M] Niederschlag
Beschleunigung
- Akzeleration
Beschleunigungsphase
- □ mikrobielles Wachstum
beschneiden
Beschreibung
- deskriptive Biologie
- Wissenschaftstheorie
Beschwichtigung
- Ablösungszeremoniell
- Balzfüttern
- Demutsgebärde
- Gähnen
- Genitalpräsentation
- Grußverhalten
- [M] Jungentransfer

- Lächeln
Beschwichtigungsgebärden
- Beschwichtigung
- Infantilismus
Besenginster
- Lupinenalkaloide
- Sklerokaulen
Besenginster-Heiden ↗
Besenheide ↗
- [B] Europa IV
Besenkrankheit
- Kräuselkrankheit
Besenmoos ↗
Besenrauke ↗
Besenried ↗
Besiedlung
- Mobilität
- ↗ Inselbesiedlung
Besiedlungsdichte
- Populationsdichte
Besiedlungsgeschichte
- Inselbiogeographie
Besiedlungszyklus
- Drift
Besler
- Kräuterbücher
Best, Ch.H.
- [B] Biologie II
Bestand
Bestandsabfall
- Nadelstreu
- Streuabbau
- Streunutzung
Bestandsaufnahme (Botanik)
- Vegetationsaufnahme
Bestandsaufnahme (Zoologie)
Bestandsdichte ↗
Bestandsfolge ↗
Bestandsklima
Bestandskreuzung
- □ Kreuzungszüchtung
Bestandsproduktion
Bestandsstruktur
Bestandsverjüngung
- Verjüngung
Bestäuber
- Autogamie
- Bestäubungsökologie
- Blüte
- Blütenstetigkeit
- Nektar
- [B] Symbiose
- [B] Zoogamie
Bestäubung
- Bedecktsamer
- Bestäubungsökologie
- Coevolution
- Entomogamie
- Gleditsch, J.G.
- [B] Nacktsamer
- Pollen
- □ Salbei
- Samen
Bestäubungsbiologie
- Bestäubungsökologie
Bestäubungsökologie
Bestäubungstropfen
- Nacktsamer
Bestiarium ↗
Bestimmungsschlüssel
- Merkmal
- Systematik
Bestockung
- Kronenwurzeln
Bestockungsdichte
Bestockungsknoten
- Bestockung
Bestockungszahlen
- Getreide
Bestrafung
- Lernen
- ↗ Strafe
Bestrahlung
- Konservierung
- □ Röntgenstrahlen
Bestrahlungsdosis ↗
- Strahlendosis

Bestrahlungsschäden ↗
Besucher
- Hospites
Beta
- Saatgut
Betabacterium ↗
Beta-Blocker
- Sympathikolytika
Betacoccus ↗
Betacyane ↗
- Gänsefußgewächse
Beta-Galactosidase ↗
Beta-Herpesviren ↗
Betaherpesvirinae
- Beta-Herpesviren
Betaine
Betalaine
- Fuchsschwanzgewächse
Betalaminsäure
- Betalaine
Betanidin
- Betanin
Betanin
Beta-Konformation
- Faltblattstruktur
- Keratine
Beta-Oxidation
- [B] Biochemie
- [B] Dissimilation II
- [M] Fettsäuren (Fettsäureabbau)
- [M] Glyoxylatzyklus
- Knoop, F.
- □ Mitochondrien (Aufbau)
- [B] Stoffwechsel
Beta-Rezeptoren
- Noradrenalin
Beta-Rezeptoren-Blocker
- Beta-Blocker
Betarüben ↗
- Rüben
Betastrahlen
- Defizienz
- Radioaktivität
- Radiotoxizität
- Sterilisation
- Strahlenbelastung
- □ Strahlenbelastung
- □ Strahlendosis
Betastrahler
- Betastrahlen
Beta-Struktur
- Proteine
Betateilchen
- Betastrahlen
Beta-Toxin
- □ Gasbrandbakterien
Betäubung
- Schmerz
Betäubungsmittel
- Alkaloide
- Betäubung
  ↗ Anästhesie
  ↗ Narkotika
Betäubungsmittelgesetz
- Betäubung
- Drogen und das Drogenproblem
Beta-Wellen
- [M] Elektroencephalogramm
- Schlaf
Betaxanthine ↗
Beta-Zerfall
- □ Geochronologie
- Radioaktivität
  ↗ Betastrahlen
Betelbissen
- Betelnußpalme
Betelnußpalme
- Gambir
- [B] Kulturpflanzen IX
Betelpfeffer ↗
Bethesda-Ballerup-Gruppe
- Citrobacter
Beton
- nitrifizierende Bakterien
Betriebsapparat
- □ Organsystem
Betriebsart

Betriebsform
- Betriebsart
Betriebsstoffe
- Baustoffe
Betriebsstoffwechsel ↗
- Energiestoffwechsel
- Stoffwechsel
betrillern
- Blattläuse
- Fühlersprache
- [B] Symbiose
Betta ↗
Bettellaute
- Sprache
Bettelverhalten
- [B] Attrappenversuch
- Infantilismus
- Lernen
- Prachtfinken
- sperren
Bettongia
- Rattenkängruhs
Bettwanze ↗
- Hausfauna
- [B] Insekten I
- [B] Parasitismus II
- [M] Plattwanzen
Betula ↗
- □ Heilpflanzen
  ↗ Birke
Betulaceae ↗
Betulin
Betulion pubescentis
Betulo-Adenostyletea
- Aceri-Fagion
Betulo-Quercetum roboris ↗
Beugefurchen
- Handlinien
Beugemuskeln
- Fortbewegung
- [B] Rückenmark
Beugung
- Elektronenmikroskop
- □ Phasenkontrastmikroskopie
- Röntgenstrahlen
- □ Röntgenstrukturanalyse
Beugungsgitter
- □ Röntgenstrukturanalyse
Beulenbrand ↗
Beute (Bienen)
Beute (Raubtiere)
- Lotka-Volterra-Gleichungen
- Räuber-Beute-Verhältnis
Beutefang
- Appetenzverhalten
- Beuteschema
- Bioelektrizität
- Gifte
- Katzen
- Knallkrebse
Beutel
- Beuteltiere
Beutelbär ↗
- [B] Australien III
- □ Beuteltiere
Beuteldachse ↗
Beutelflughörnchen ↗
Beutelfrösche
- Brutbeutel
- Myobatrachidae
Beutelfuchs
- Kusus
Beutelgalle
Beutelhörnchen
- Faunenanalogie
Beutelhund ↗
Beutelknochen
- Beuteltiere
Beutellöwe
- Beuteltiere
Beutelmarder
- Raubbeutler
Beutelmaulwürfe ↗
Beutelmäuse
- Raubbeutler
Beutelmeisen
- Nest

Beutelmulle

Beutelmulle
- M Lebensformtypus

Beutelratten
- Beuteltiere
- Faunenanalogie
- Raubbeutler

Beutelrattenartige
- □ Tertiär

Beutelsäuger ↗
Beutelspitzmäuse ↗

Beutelstrahler
- Cystoidea

Beutelteufel
- B Australien IV
- □ Beuteltiere

Beuteltiere
- amphinotische Verbreitung
- australische Region
- Eutheria
- Faunenanalogie
- M Gebärmutter
- M Haarstrich
- Hoden
- Homoiothermie
- □ Kreide
- Nestflüchter
- Polarregion
- B Säugetiere
- Südamerika
- Zahnwechsel

Beutelwolf
- Aussterben
- B Australien IV
- □ Beuteltiere
- Faunenanalogie
- Raubbeutler
- B Säugetiere

Beutelzeit
- Känguruhs

Beuteparasiten
Beuteparasitismus
- Kleptoparasitismus

Beuteschema
BEV
- □ RNA-Tumorviren (Auswahl)

Bevölkerung
- Urbanisierung

Bevölkerungsbiologie
- Sozialanthropologie

Bevölkerungsdichte ↗
- □ Altern
- Mensch und Menschenbild
- Populationsdichte

Bevölkerungsdynamik
- B Menschenrassen I

Bevölkerungsentwicklung
- Empfängnisverhütung
- Mensch und Menschenbild
- M Pflanzenzüchtung
- Weltmodelle

Bevölkerungsexplosion
Bevölkerungspyramide ↗
Bevölkerungswachstum ↗
Bevölkerungswissenschaft
- Demographie

Bewässerung
- Bodenverbesserung
- Bodennutzung
- □ Desertifikation (Gegenmaßnahmen)
- Rieselfelder
- Salzböden

Bewässerungswirtschaft
- Bewässerung

bewegliche Gene
- transponierbare Elemente
- ↗ springende Gene

Bewegung
- Assoziationszentren
- Biomechanik
- Fortbewegung
- Leben
- Lebensformen

Bewegungsapparat
- □ Organsystem
- Skelettsystem

Bewegungsdekomposition
- M Muskelkoordination

Bewegungsenergie
- □ Energie
- Entropie - in der Biologie

Bewegungskontrolle
- Bewegungsrezeptoren

Bewegungskrankheiten
- Kinetosen

Bewegungslernen
Bewegungsnorm
- Erbkoordination

Bewegungsphysiologie
- Pflanzenphysiologie
- Physiologie

Bewegungspol
- Cephalisation

Bewegungsrezeptoren
Bewegungssehen
- □ Komplexauge (Aufbau/Leistung)
- Netzhaut

Bewegungssinn
- Kinästhesie

Bewegungsstereotypie
- Intentionsbewegung
- Stereotypie

Bewegungssymbiose
- Mixotricha

Bewegungswahrnehmung
Beweidung
- Hartlaubvegetation
- Sukzession
- Weide

Beweis
- Deduktion und Induktion
- Kreationismus

Bewertungsfaktor
- □ Strahlendosis

Bewölkung
- Klima
- M Klima (Klimaelemente)

Bewurzelung
- Radikation

Bewußtlosigkeit
- Bewußtsein
- Ohnmacht

Bewußtsein
- Assoziationsfelder
- Drogen und das Drogenproblem
- Freiheit und freier Wille
- Gedächtnis
- Leib-Seele-Problem
- limbisches System
- Mensch
- Narkose
- Schlaf
- Teleologie - Teleonomie
- Wahrnehmung

Bewußtseinserweiterung
- Lysergsäurediäthylamid

Bewußtseinshelligkeit
- Assoziationsfelder

Beyrich, Heinrich Ernst
- Beyrichia

Beyrichia
- □ Ordovizium

Bezahnung
- Dentition

Beziehungsgefüge
- ökologische Nische

Bezoarsteine
- Futterkugel
- Haarsteine

Bezoarwurzel
Bezoarziege
- Bezoarsteine
- Ziegen

Bezugsperson
- Jugendentwicklung: Tier-Mensch-Vergleich
- Symmetrie

BFI
- Blattflächenindex

Bharal ↗
BHC
- Hexachlorcyclohexan

BHK 21
- M Zellkultur

B-Horizont

B-Hormon
- Melanotropin

Biacetabulum ↗
Białowieza (Polen)
- B National- und Naturparke I

Biatora
- biatorin
- biatorin

Biber
- Castoridae
- B Europa VII
- M Holarktis
- M Körpergewicht
- □ Lebensdauer
- Monogamie
- M Nest (Säugetiere)
- Nestflüchter
- Pelzflohkäfer
- Schwimmen
- Therydomys

Biber/Donau-Warmzeit
- □ Pleistozän

Biberflohkäfer
- M Pelzflohkäfer

Bibergeil
- Biber

Biberhörnchen
- Stummelschwanzhörnchen

Biberkaltzeit
- □ Pleistozän

Biberlaus ↗
Bibernelle
- □ Bodenzeiger

Bibernellrose
- M Rosengewächse

Biberratte ↗
Bibio
- Haarmücken

Bibionidae ↗
Bibos
- Banteng
- Gaur

Bibula
- M Erpobdellidae

Bicarbonate
- Hydrogencarbonate

Bichat, M.F.X.
- B Biologie I
- B Biologie II
- B Biologie III

Bicyclooctan
- □ chemische Sinne (Geruchssinn)

Bidder, Heinrich Friedrich
- Bidders Organ

Bidderches Organ
Biddulphia
- Biddulphiaceae

Biddulphiaceae
Bidens ↗
Bidentetalia
- Bidentetea tripartitae

Bidentetea tripartitae
Bidention tripartita
- Bidentetea tripartitae

Bidesmoside
- Saponine

Biegefestigkeit
- Dickenwachstum
- Pflanzenfasern
- Wasserpflanzen
- Zellwand

Biegungskräfte
- B mechanische Sinne I
- Mechanorezeptoren

Bielzia
Bienen
- Alarmstoffe
- Atmungsorgane
- □ Auflösungsvermögen
- M Auflösungsvermögen
- □ Blütenduft
- Blütenmale
- chemische Sinne
- Eizelle
- Generalisierung
- Geschlechtsbestimmung
- Kältezittern
- □ Komplexauge (Aufbau/Leistung)
- Lerndisposition
- Mandibeldrüse
- Nest
- Spiroplasmataceae
- □ staatenbildende Insekten
- B Verdauung II
- Wehrsekrete
- ↗ Honigbienen

Bienenameisen ↗
Bienenauge
- Bienenfarben

Bienenbestäubung
- Bienenschutz
- Entomogamie

Bienenblumen
- Hummelblumen

Bienenblütigkeit ↗
Bienenbrot
Bienenfarben
- B Farbensehen der Honigbiene
- Komplementärfarben
- □ Komplexauge (Aufbau/Leistung)

Bienenfresser
- M Gewölle
- B Mediterranregion I
- Nest
- Vespidae
- B Vögel II

Bienengäste
Bienengift
- Bienenzucht
- Histamin
- Lysolecithine
- MCD-Peptid
- Schmerz

Bienenhaus
- Bienenzucht

Bienenkäfer ↗
Bienenkönigin
- M Gelege
- □ staatenbildende Insekten
- ↗ Königin

Bienenkörbchen
- Spermodea

Bienenlagd
- Bienenzucht

Bienenläuse
Bienenmilbe
Bienenmotte ↗
Bienenpflanzen ↗
Bienenragwurz
- Autogamie
- Ragwurz

Bienenruhr
Bienensaug ↗
Bienenschauer
- Bienenzucht

Bienenschutz
Bienenschwärmer ↗
Bienensprache
- Honigbienen
- □ Komplexauge (Aufbau/Leistung)
- Lerndisposition
- magnetischer Sinn
- B mechanische Sinne I
- Mensch und Menschenbild
- M Sprache
- Tradition

Bienenstaat
- Honigbienen
- □ staatenbildende Insekten

Bienenstand
- Bienenzucht

Bienenstich
- anaphylaktischer Schock

Bienenstock
- anonymer Verband
- chemische Sinne
- □ staatenbildende Insekten
- M Temperaturregulation
- Totenkopfschwärmer

Bienenverordnung
- M Bienenschutz

Bienenwabe
↗ Wabe
Bienenwachs
– Alkohole
– Cerotinsäure
– [M] Ester
– Fettalkohole
– Myricylalkohol
– [M] Nahrungsspezialisten
– ☐ staatenbildende Insekten
– Wabe
Bienenweide
– Tracht
Bienenweiß
– Bienenfarben
Bienenwolf
– [B] Käfer I
Bienenzucht
– ☐ staatenbildende Insekten
– [M] Varroamilbe
bienn
– ☐ botanische Zeichen
Biennotherium
– Ictidosauria
Bier
– Anstellhefe
– [M] Äthanol
– Brettanomyces
– Essigsäurebakterien
– Fuselöle
– Gärprobe
– Gerste
– Hafer
– [M] Hopfen
– Lupulon
– Malo-Lactat-Gärung
– [M] Nitrosamine
– ☐ Verzuckerung
Bierhefe
– Hansen, E.Ch.
– Saccharomyces
Biesen
– Dasselfliegen
Biesfliegen
bifazial
– Blatt
Bifidobacterium
– Darmflora
– [M] Milchsäurebakterien
– [M] Vaginalflora
Bifidusfaktor
biflagellat
– [M] Begeißelung
bifunktionelle Alkylantien
– [M] Cytostatika
Bighorn ↗
Bignon, Jean-Paul
Bignonia
– Bignoniaceae
– [M] Flügelfrüchte
Bignoniaceae
Bignonie
– Bignoniaceae
big six
– Parasitismus
Biharium
– ☐ Pleistozän
Bikini-Atoll
– [M] Strahlenschäden
bikollateral
Bikosoeca
– Bikosoecophyceae
Bikosoecatae
– Bikosoecophyceae
Bikosoecophyceae
Bilanzminimum
– ☐ Proteinstoffwechsel
bilateral
– Nervensystem
Bilateralfurchung ↗
Bilateralia ↗
Bilateralsymmetrie
– ☐ Achse
– bilateral
– Bilateria
– ☐ botanische Zeichen
– Parameren
– Stachelhäuter

– Symmetrie
– [M] Symmetrie
bilateralsymmetrisch
– bilateral
Bilateria
– Cephalisation
– Coelomata
– Enterocoeltheorie
– Gonocoeltheorie
– Symmetrie
Bilateroblastaea
– Bilaterogastraea-Theorie
Bilaterogastraea
– Bilaterogastraea-Theorie
Bilaterogastraea-Theorie
– Enterocoeltheorie
– Gastraea-Theorie
Bilayer
– bimolekulare Lipidschicht
– Membran
Bilche
– [M] Nest (Säugetiere)
↗ Schläfer
Bilchschwänze
– Madagaskarratten
Bild
– Jugendentwicklung: Tier-Mensch-Vergleich
Bildfeldwölbung
– ☐ Astigmatismus
– Mikroskop
Bildungsfach
– [M] Krüppelfußartige Pilze
Bildungsfurchen
– Handlinien
Bildungsgewebe
– Corpus
– Dauergewebe
– Differenzierungszone
– Embryonalgewebe
– Grundmeristem
– Histolyse
– Kambium
↗ Meristem
Bildungskraft
– vis plastica
Bildungsseite
– Golgi-Apparat
Bildwahrnehmung
– Auge
– Linsenauge
Bilgenwasser
– Ölpest
Bilharz, Theodor
– Bilharziose
Bilharzia
– Schistosomatidae
Bilharziose
– Australorbis
– Biomphalaria
– Bulinus
– Granulom
– Oncomelania
Bilimbi ↗
Biline ↗
Biliproteine ↗
Bilirubin
– Bilirubinurie
– Crocetin
– Gallenfarbstoffe
– Gelbsucht
– Glucuronsäure
– [M] Harnsedimente
– Ikterus
– Porphyrine
– Urobilin
Bilirubindiglucuronid
– Bilirubin
Bilirubinkalk
– Gallensteine
Bilirubinurie
Bilis
– Galle
Biliverdin
– Gallenfarbstoffe
– Knöllchenbakterien
– Porphyrine
Billberg, G.J.
– Billbergia

Billbergia ↗
– [B] Südamerika II
Billia
– Roßkastaniengewächse
Billingsella
– ☐ Kambrium
Bilsenkraut
– Deckelkapsel
– [B] Früchte
– ☐ Fruchtformen
– [M] Giftpflanzen
– [B] Kulturpflanzen X
Bilzingsleben
– [B] Paläanthropologie
Bimastus
– [M] Lumbricidae
bimolekulare Lipidschicht
bimolekulare Reaktion
Bimsstein
– [M] Albedo
binäre Nomenklatur
– [B] Biologie III
– Epitheton
– Linné, C. von
– Nomenklatur
– Ray, J.
binäre Spaltung
– ☐ Bakterien (Vermehrung)
binaural
– Gehörorgane
Bindebast
– [M] Bast
– Bastfasern
Bindegewebe
– [M] Krebs (Krebsarten-Häufigkeit)
Bindegewebebildungszellen
– Fibroblasten
Bindegewebsfasern
– Gitterfasern
Bindegewebsknochen
– Knochen
Bindegewebsmassage
– Headsche Zonen
Bindeglieder
– Lückenhaftigkeit der Fossilüberlieferung
Bindehaut
– ☐ Linsenauge
Bindehautentzündung
– Moraxella
Bindenschwein
Bindeproteine
– ☐ Proteoglykane
Bindereaktion
– genetischer Code
– Nirenberg, M.W.
– Translation
Bindestelle
– ☐ Galactose-Operon
– [B] Promotor
– Ribosomen
– transfer-RNA
Bindin
– Befruchtungsstoffe
– [M] Plasmogamie
Bindung (Chemie)
Bindung (Ethologie)
– Brutpflege
– Jugendentwicklung: Tier-Mensch-Vergleich
– Mutter-Kind-Bindung
– Paarbindung
Bindungsbereitschaft
– [B] Motivationsanalyse
Bindungsenergie
– Entropie - in der Biologie
Bindungsstelle
↗ Bindestelle
Bingelkraut
– Rhizom
Binnenatmer ↗
Binnenfischerei
– Fischerei
Binnengewässer
Binnengewässerkunde
– Limnologie
Binnenplasma
– ☐ Apoplast

Biogas

Binnensee
– [M] Klima (Klimafaktoren)
– See
binokulare Fusion
– binokulares Sehen
binokulares Sehen
– Auge
– Blickfeld
– Gesichtsfeld
– Herrentiere
– monokulares Sehen
– Netzhaut
Binokulartubus
– Mikroskop
Binomen
– Trivialname
binominal
– Nomenklatur
Binse
– [B] Blütenstände
– Wurzelraumverfahren
Binsenartige
Binsengewächse
– Rundblatt
Binsenginster ↗
Binsenhühner ↗
Binsenlibellen
– Teichjungfern
Binturong
Binuclearia ↗
Bioakkumulierung
Bioakustik
– Sonagramm
Bioastronautik
Biochemie
– [B] Biologie II
– Biotechnologie
– Chemie
– Molekularbiologie
– organisch
– Pflanzenphysiologie
biochemische Fließgleichgewichte
– [M] dynamisches Gleichgewicht
biochemische Genetik ↗
– [B] Biochemie
– molekulare Genetik
biochemische Oszillationen
– Chaos-Theorie
↗ Zhabotinsky-Belousov-Reaktion
biochemische Reaktionskette
biochemischer Sauerstoffbedarf
– Abwasser
– Kläranlage
Biochips
– Bioelektronik
Biochorion
Biochrome ↗
Biochron ↗
Biochronologie ↗
Biodegradation ↗
Biodynamik
Bioelektrizität
Bioelektronik
Bioelemente
– [M] Isotope
– Nährsalze
Bioenergetik
Bioenergie
– Biophotolyse
– Biotechnologie
– photobiologische Wasserstoffbildung
Bioethik
– Ethik in der Biologie
Biofazies
Biofeedback
Biofilm
– Kläranlage
Biofilter
Biogas
– Anabaena
– Dunggas
– Gärgase
– Kohlenstoffkreislauf
– Methanbildung

biogen

biogen
biogene Amine
– Aminosomen
– Decarboxylierung
– Krötengifte
– Monoamin-Oxidasen
biogene Salze
biogene Schichtung
Biogenese
– Leben
biogenes Sediment
– Diatomeenerde
Biogenetische Grundregel
– Abstammung
– [B] Biologie II
– Gastraea-Theorie
– Haeckel, E.
– Müller, F.
– Rekapitulation
Biogenie
– Biogenese
Biogeochemie
biogeochemische Stoffkreisläufe
– Stoffkreisläufe
Biogeographie
– [B] Biologie II
biogeographische Regeln ↗
Biogeozönose ↗
Bioglyphe
Bioherme
– Riff
Biohochreaktor
– Kläranlage
Biohydrozönose
– Ökosystem
Bioindikatoren
– Flechten
– Flechtenwüste
– Kieselalgen
– Rauchgasschäden
– Vögel
– Vogelschutz
– [M] Weißfische
Biokatalysatoren ↗
– spleißen
Biokatalyse
Bioklimatologie ↗
Biokommunikation
– Kommunikation
Biokonversion (Biotechnologie) ↗
Biokonversion (Mikrobiologie)
– Bakterien
Biokybernetik
Bioleaching ↗
Biolith
Biologie
– Lamarck, J.-B.A.P. de
– Treviranus, G.R.
biologisch-dynamische Wirtschaftsweise ↗
biologische Abwasserreinigung ↗
biologische Chemie ↗
biologische Evolution
– chemische Verbindungen
– Evolutionsfaktoren
– Koazervate
– Leben
– Wasser
biologische Halbwertszeit
biologische Klärung
– Abwasser
– Kläranlage
biologische Kriegführung
– biologische Waffen
– Botulinustoxin
biologische Kybernetik
– [B] Biologie II
biologische Lichterzeugung ↗
biologische Meereskunde
– Meeresbiologie
biologische Oszillationen
biologische Oxidation
– Kohlendioxid
– Oxidation
– Wieland, H.O.

biologischer Artbegriff ↗
biologischer Bewertungsfaktor
– □ Strahlendosis
biologische Regelung
– Regelung
– [B] Regelung im Organismus
biologischer Rasen
– Aufwuchs
biologischer Sauerstoffbedarf ↗
biologischer Wert
biologische Schädlingsbekämpfung
– Aga
– alternativer Landbau
– Arthropodenviren
– Aussetzung
– Autizidverfahren
– Bacillus
– Beauveria
– Brackwespen
– Endosporen
– Entomophagen
– Ichneumonidae
– Kristallkörper
– Meisen
– Nimbaum
– Nisthilfen
– Parasiten
– Pteromalidae
– Raupenfliegen
– Rickettsiosen
– Schildläuse
– Trichogrammatidae
– Wirtsspezifität
biologische Selbsterhitzung
– Selbsterhitzung
biologische Selbstreinigung ↗
biologisches Gleichgewicht
– wildlife management
biologisches Spektrum
biologische Stationen ↗
biologische Strukturbildung
– Gestalt
biologische Uhr
– biochemische Oszillationen
biologische Verwitterung
biologische Waffen
biologische Wasseranalyse
biologische Wertigkeit
– Nahrungsmittel
Biologismus
– Konstitution
Biologismus - von den Wurzeln in der Renaissance zur Sozialbiologie von heute
Biolumineszenz
– [B] Chronobiologie I
– Feueralgen
– [M] Hallimasch
– Kopffüßer
– [M] Leuchtbakterien
– Leuchtkäfer
– Leuchtsymbiose
– Luciferase
– Luciferin
– Luciferyladenylat
– Photoproteinsystem
Biom
Biomagnetismus ↗
Biomagnifikation
Biomakromoleküle
– Biopolymere
Biomasse
– Anabaena
– Biokonversion
– Biomassenpyramide
– fossile Brennstoffe
– Kohlenstoffkreislauf
– kontinuierliche Kultur
– □ Mineralisation
– [M] Nährstoffhaushalt
– Nahrungspyramide
– Pflanzen
– ökologische Effizienz
– □ ökologische Effizienz
– [M] Plankton (Produktivität)
– Produktion

– Produktionsbiologie
– standing crop
– Umsatz
Biomassefarmen
– Biomasse
Biomassenpyramide
– Energiepyramide
– Nahrungspyramide
Biomathematik
Biomechanik
– Femur
– Flugmechanik
Biomedizin ↗
Biomembran ↗
biometabolische Modi
– Phänogenetik
Biometeorologie
Biomethanisierung ↗
– Methanbildung
Biometrie
– [M] Variabilität
Biometrik
– Biometrie
Biomineralisation
Biomoleküle
– Leben
– Symmetrie
Biomorphose ↗
Biomphalaria
Biomuration
– Immuration
Bionik
Bionta
– Reich
Biontenwechsel ↗
bio-Operon
– [B] Lambda-Phage
Biophagen
Biophotolyse
Biophylaxe
Biophysik
– Molekularbiologie
Biophytum ↗
Biopolitologie
Biopolymere
– Stoffwechsel
Bioprotein
– Einzellerprotein
Biopterin
– [M] Gelée royale
– Pteridine
Bioreaktor
– Fermentation
Bioregion
– Biom
Biorhythmik
Biorrhiza ↗
Bios
– [B] Vitamine
Biosatellit
Biose
Biosensor ↗
Bioseston
– Seston
Biosonden
– extraterrestrisches Leben
Biosoziologie
Biospektrum ↗
Biospezies ↗
Biosphäre
– Klima
– [M] Kohlenstoffkreislauf
Bios-Stoffe
– Inosit
Biostack-Programm
Biostatika
– Biometrie
↗ Statistik
biostatistische Masse
– Biometrie
Biostratigraphie ↗
– Paläontologie
– □ Stratigraphie
Biostratonomie
– Aktuopaläontologie
– Paläontologie
Biostrome
– Riff
Biosymmetrien
– Symmetrie

Biosynthese
Biosyntheseketten
– Biosynthese
– Biosynthesewege
– □ Isoenzyme
– Mangelmutante
Biosynthesewege
– Stoffwechsel
Biosystem ↗
Biota
– Lebensbaum
Biot-Atmung
– [M] Atmungsregulation
Biotechnik
biotechnische Schädlingsbekämpfung
Biotechnologie
– Biomasse
– Genmanipulation
– Micrococcaceae
– [M] Pilze
– Submerskultur
– thermophile Bakterien
– Vitamine
Biotelemetrie
Biotest
Biotin
– Avidin
– □ Bier
– Bios-Stoffe
– Carboxylierung
– □ Propionsäuregärung
– [M] Propionyl-Carboxylase
– Pyruvat-Carboxylase
– Vigneaud, V. du
– [B] Vitamine
Biotinenzyme
– Biotin
biotisch
biotische Faktoren
– ökologische Nische
biotisches Potential
biotische Systeme
– Leben
Biotop
– Biochorion
– [B] Biologie II
– Biotopwechsel
– Dahl, F.
– ökologische Nische
Biotopanpassung
Biotopbindung
– Bindung
– Faktorengefälle
Biotopfremde
– Hospites
Biotopkartierung
– Artenschutz
– Naturschutz
Biotopprägung
– Prägung
Biotopschutz ↗
– Naturschutz
– Vogelschutz
Biotopwahl ↗
Biotopwechsel
Biotopzugehörigkeit ↗
Biotransformation
– Abwehr
– Bakterien
– Biotechnologie
– Entgiftung
– Flavobacterium
– Gifte
– □ Krebs (Krebsentstehung)
– Leber
– methylotrophe Bakterien
– [M] Niere (Filtereigenschaft)
– Stoffwechsel
– Vergiftung
biotrop
biotrophe Pilze
– Pilzkrankheiten
Bioturbation
– Bodenentwicklung
– Regenwürmer
Biotyp
– Rostpilze
Biovar
– Knöllchenbakterien

- *Biowäscher* ↗
- **Biowein**
  - Wein
- *Biozelle*
- **Biozide**
  - Apollofalter
  - Belastbarkeit
  - Naturschutz
- *Biozone*
  - ☐ Stratigraphie
- *Biozönologie* ↗
- *Biozönose*
  - B Biologie II
  - Information und Instruktion
  - Möbius, K.A.
  - Naturschutz
  - Synökologie
- **Biozönosenschutz**
  - Artenschutz
- *Biozönotik*
- *biozönotische Ähnlichkeit* ↗
  - Jaccardsche Zahl
- **biozönotische Grundprinzipien**
- **biozönotischer Konnex**
  - Biozönose
  - Konnex
- **biozönotisches Gleichgewicht**
  - M Konkurrenzausschlußprinzip
- *Biozyklen* ↗
- **Bipaliidae**
  - Landplanarien
  - M Tricladida
- *Bipalium* ↗
  - Strudelwürmer
- **bipectinat**
  - Mittelschnecken
  - Neuschnecken
- **Bipeden**
- *Bipedidae* ↗
- **Bipedie**
  - Arm
  - Beckengürtel
  - Mensch
  - Paläanthropologie
  - Quadrupedie
  - ☐ Wirbeltiere
- **Bipes**
  - Doppelschleichen
- **Biphenyl**
  - ☐ MAK-Wert
  - M polychlorierte Biphenyle
- **Bipinnaria**
  - Brachiolaria
  - B Stachelhäuter II
- **biplan**
  - Wirbel
- *bipolar* ↗
- **bipolare Nervenzelle**
- **bipolare Sexualität**
  - Bisexualität
  - Sexualvorgänge
- **bipolare Verbreitung**
- **Bipolaris**
  - Helminthosporium
  - M Helminthosporium
- **Biraphidineae**
  - Naviculaceae
  - M Pennales
- **Bircher-Benner, M.**
  - Naturheilkunde
- *Birgus* ↗
- **Birke**
  - M Agrarmeteorologie
  - M arktotertiäre Formen
  - Baumgrenze
  - bluten
  - Böllingzeit
  - Europa
  - B Europa II
  - B Europa IV
  - B Europa VIII
  - ☐ Fruchtformen
  - M Höhengrenze
  - M Holozän
  - ☐ Holz (Bautypen)

- ☐ Holz (Blockschemata)
- B Holzarten
- M Interzellularen
- Kätzchen
- Lichthölzer
- ☐ Mastjahre
- Monochasium
- Mykorrhiza
- ☐ Pleistozän
- Sympodium
- Transpiration
- Wald
- *Birkenblattroller* ↗
- **Birkenblattwespe**
  - Cimbicidae
  - M Cimbicidae
- *Birken-Bruchwälder* ↗
- *Birken-Eichenwälder* ↗
- **Birkengewächse**
  - Hexenbesen
- **Birkenholz**
  - Birke
  - ☐ Holz (Bautypen)
  - ☐ Holz (Blockschemata)
  - B Holzarten
- **Birkenia**
  - ☐ Silurium
- *Birken-Kiefern-Zeit* ↗
- **Birkenmaus**
- *Birken-Moorwälder* ↗
- *Birkenpilz* ↗
- **Birkenporling**
  - Piptoporus
- *Birkenreizker* ↗
  - B Pilze III
- **Birkenrinde**
  - Birke
- **Birkenspanner**
  - M Industriemelanismus
  - Mimese
  - B Selektion I
- **Birkenspinner**
- *Birken-Stieleichenwald* ↗
- **Birkenteer**
  - Birke
- *Birken-Traubeneichenwald* ↗
  - Quercetea robori-petraeae
- **Birkenwein**
  - Birke
- *Birkenzeisig* ↗
  - M Hänflinge
  - Polarregion
  - Vogelzug
- **Birkhahn**
  - Arenabalz
- *Birkhuhn* ↗
  - B Europa VIII
  - Feuerklimax
  - M Rauhfußhühner
  - B Vogeleier II
- **Birnbaum**
- **Birnbaumholz**
  - Birnbaum
- **Birnblatt-Pocken-Milbe**
  - M Gallmilben
- **Birnblattsauger**
  - Psyllina
  - M Psyllina
- **Birnblattwanze**
  - Gitterwanzen
- *Birnblattwespe* ↗
- **Birne**
  - M Ballaststoffe
  - M Birnbaum
  - ☐ Fruchtformen
  - B Kulturpflanzen VII
  - M Obst
- **Birnenblattlaus**
  - Röhrenläuse
- *Birnenblütenstecher* ↗
- *Birnengitterrost* ↗
- **Birnenmoose**
- *Birnensägewespe* ↗
- **Birnenschnecken**
  - Täubchenschnecken
- *Birnenschorf* ↗
- **Birsteinia**
  - M Pogonophora
- **Biruang**
  - Malaienbär

- **Bisabolol**
  - M Kamille
  - Sesquiterpene
- *Bisam* ↗
- **Bisameibisch**
  - Abelmoschus
- **Bisamkörner**
  - Abelmoschus
- *Bisamkraut* ↗
- **Bisamratte**
  - Europa
  - B Europa VII
  - M Faunenverfälschung
  - Nordamerika
- *Bisamrüßler* ↗
  - M Desmane
  - Paläarktis
- **Bisamschwein**
  - M Pekaris
- **Bisamspitzmaus**
- **Bisbenzylisochinolinalkaloide**
  - Curare
- **Bischoff, G.W.**
- *Bischofsmütze (Kakteen)* ↗
- *Bischofsmütze (Pilze)* ↗
- **Bischofsmützen (Schnecken)**
- *Bischofspfennige* ↗
- *Biscutella* ↗
- **Bisexualität**
  - Art
  - Sexualität - anthropologisch
- **bisexuelle Potenz**
- **Bison**
  - Europa
  - M Formenkreis
  - M Gehörn
  - Nordamerika
  - B Nordamerika III
  - ☐ Pleistozän
- **1,3-Bisphosphoglycerate**
  - 1,3-Diphosphoglycerinsäure
- **1,3-Bisphosphoglycerinsäure**
  - 1,3-Diphosphoglycerinsäure
- *Biston* ↗
- **Bisubstratreaktionen**
  - ☐ Transaminierung
- **Bisystem**
  - Ökosystem
  - Parasitismus
- **Bit**
  - Determination
  - Information und Instruktion
- *Bitheca*
- **bithorax-Gene**
  - phänokritische Phase
- *Bithynia* ↗
- **Bithyniidae**
  - Langfühlerschnecken
- *Bitis* ↗
- *Bittacidae* ↗
- **Bittacus**
  - Mückenhafte
  - Schnabelfliegen
- **bitter**
  - ☐ chemische Sinne (Geschmackssinne)
  - M Geschmacksstoffe
- **Bitterdistel**
  - Benediktenkraut
- **Bitterer Schönfußröhrling**
  - Dickfußröhrlinge
- *Bittereschengewächse* ↗
- **Bitterfäule**
- *Bitterholz* ↗
- **Bitterklee**
- **Bitterkraut**
- **bitter lemon**
  - Citrusöle
- **Bitterling**
- **Bitterlinge (Fische)**
  - B Fische XI
- **Bitterlinge (Pilze)**
  - M Rötlingsartige Pilze
- **Bittermandel**
  - Amygdalin
- **Bittermandelessenz**
  - Benzaldehyd

- **Bittermandelöl**
  - Blausäure
  - Prunus
- **Bittermittel**
  - Bitterstoffe
- *Bitternuß* ↗
- **Bitterröhrling**
  - Dickfußröhrlinge
- **Bittersalz**
  - Schwefel
- **Bittersäuren**
  - Bitterstoffe
- **Bitterschaumkrautflur**
  - Cardamino-Montion
- *Bitterschwamm* ↗
- **Bitterstoffe**
  - Heilpflanzen
  - Kulturpflanzen
  - M Monoterpene
  - Pflanzengifte
- **Bitterstoffglykoside**
  - Bitterstoffe
- **Bittertee**
  - M Benediktenkraut
- **Bittium**
  - Cerithiidae
- **Bitumen**
- **Bitumenkohle**
  - Kohle
- **Bitumierung**
  - Erdgas
- **bitunicat**
  - Arthoniales
- **Bitunicatae**
  - M Ascomycetidae
  - Ascus
- **Bitzler**
  - Wein
- **Biuret-Reaktion**
  - ☐ Proteine (Charakterisierung)
- **Bivalent**
  - C-Bivalent
  - Centromerkoorientierung
  - Multivalent
- *Bivalvia* ↗
- **Bivium**
  - Seewalzen
- **bivoltin**
- **Bivonia**
- *Bixaceae* ↗
- **Bixin**
  - Achote
- *Bizeps* ↗
  - motorische Einheit
- **Bjerkandera**
  - M Weißfäule
- **B-Kette**
  - B Hormone
  - M Insulin
  - ↗ Insulin
- **BKV**
  - BK-Virus
- *BK-Virus*
- **Blaberus**
  - M Komplexauge (Querschnitte)
- **Black-box**
  - Black-box-Verfahren
  - ☐ Funktionsschaltbild
- *Black-box-Verfahren*
- **Black cotton soils**
  - Vertisol
- **Black Molly**
  - Molly
- **black smokers**
  - ☐ schwefeloxidierende Bakterien
  - Sulfolobales
  - thermophile Bakterien
- **Blackstone, J.**
  - Blackstonia
- *Blackstonia* ↗
- **black tongue**
  - Schwarzzungenkrankheit
- **black widow**
  - Schwarze Witwe
- **Blaeria**
  - afroalpine Arten

Blähschlamm

Blähschlamm ↗
- Haliscomenobacter
- Kläranlage

Blähsucht ↗

Blakeslea
- Trisporsäuren

Blakeslee, Albert Francis
- [B] Biologie III
- Blakeslea

Blaniulidae
- □ Doppelfüßer

Blänke
- Kolk

blanket bog

Blanus ↗

Blaps ↗

Blarina
- Nordamerika

Blas
- Wale

Bläschen ↗

Bläschenausschlag (Herpes) ↗

Bläschenausschlag (tierische Geschlechtskrankheit) ↗

Bläschendrüsen
- Geschlechtsdrüsen
- [M] Geschlechtsorgane
- Sperma

Bläschenflechte
- Herpes

Bläschenfollikel
- Graafscher Follikel
- Oogenese

Blase
- Harnblase

Blasenauge ↗

Blasenbandwurm
- Bandwürmer
- Echinococcus

Blasenbaum
- Seifenbaumgewächse

Blasenbilharziose
- Granulom

Blasenbinsengewächse

Blasenentleerung
- Defäkation

Blasenfarn

Blasenfüße

Blasen-Giftbeere
- [M] Nachtschattengewächse

Blasenkäfer ↗

Blasenkammer
- Glaser, D.A.

Blasenkeim ↗

Blasenkirsche ↗

Blasenknorpel
- [B] Knochen

Blasenkrankheit
- Halmfliegen

Blasenkrebs
- □ Krebs (Krebsentstehung)

Blasenläuse

Blasenmuskulatur
- Harnblase

Blasenrost

Blasenschlauch
- Valoniaceae

Blasenschnecken

Blasenschötchen
- □ Blumenuhr

Blasenspiere ↗

Blasensprung
- Geburt

Blasenstäublinge ↗

Blasenstörungen
- Sympathikolytika

Blasenstrauch
- [M] Blüte (Blütenorgane)

Blasentang ↗
- Aerocyste
- [M] Fucales

Blasentrüffel

Blasenwurm
- Drehkrankheit

Blasenwurmkrankheit
- Echinococcus

Blasenzellen
- Bindegewebe

Blasia
- □ Cyanobakterien (Cyanobakterien-Symbionten)

Blasinstrumente
- Buchsbaumgewächse

Bläßbock
- Bleßbock

Bläßhuhn ↗

Blaßkopfsaki
- □ Sakiaffen

Bläßmull
- Bleßmull

Blastaea
- Bilaterogastraea-Theorie
- Gastraea-Theorie

Blastem
- Ektoblastem

Blasticidine

Blasticidinsäure
- [M] Blasticidine

blastische Konidie
- Blastokonidie

Blastoceros
- Pampashirsch

Blastocladiales

Blastocladiella
- [M] Blastocladiales

Blastocoel
- Blastula
- Coelom
- Gastrula
- Gastrulation
- [M] Keimblätter
- Leibeshöhle

Blastocyste
- [B] Embryonalentwicklung II
- [B] Embryonalentwicklung III
- Keimbläschen

Blastocyten

Blastoderm
- [B] Furchung
- Gastrulation
- phänokritische Phase

Blastodiskus ↗

blastogen
- somatogen

Blastogenese

Blastoidea
- Eocrinoidea
- Hydrospiren
- Hypodeltoid
- □ Perm
- □ Silurium

Blastokinese

Blastokoline ↗

Blastokonidie
- Annelidkonidie

Blastomeren
- Blastula
- Determination
- Somatoblast

Blastomeren-Anarchie
- Plattwürmer
- [M] Strudelwürmer

Blastomerentrennung
- Präformationstheorie

Blastomeryciden
- Hirsche

Blastomyces ↗

Blastomycetes ↗
- [M] Eumycota

Blastopathien
- □ Fehlbildung

Blastophaga ↗

Blastophagus ↗

Blastoporus ↗
- Protostomier
- ↗ Urmund

Blastosporae
- □ Moniliales

Blastospore

Blastostyl
- Gonangium

Blastozoa
- Cystoidea
- [M] Stachelhäuter

Blastozoide ↗
- [M] Campanulariidae
- Cyclomyaria
- Desmomyaria
- Geschlechtstiere
- Gonothek

Blastula
- Blastaea
- Blastocoel
- Coelomtheorien
- Furchung
- Gastrulation
- [M] Keimblätter
- [B] Kerntransplantation
- Morula

Blatt
- [B] Bedecktsamer II
- Belaubung
- □ Biegefestigkeit
- Emergenztheorie
- Goethe, J.W. von
- Grundorgane
- Homonomie
- Keimung
- Kormus
- [M] Kormus
- [M] Lichtblätter
- Morphosen
- Phototropismus
- Raphiapalme (größtes Blatt)
- □ Samen
- Transpiration
- [B] Wasserhaushalt der Pflanze

Blatta ↗

Blattabacterium ↗

Blattabwurf
- Blattfall

Blattachsel
- Anotheca

Blattachselmeristem
- Verzweigung

Blattadern ↗
- Blattskelett
- Rippen

Blattälchen ↗
- [M] Tylenchida

Blattalterung
- Cytokinine

Blattanlage
- akroplast
- Äquidistanzregel
- □ Blattstellung (Entstehung)
- Knospe
- pleuroplast
- Sproßachse
- [M] Sproßachse

Blattanordnung ↗

Blattaria
- Schaben

Blattariae ↗

Blattbeine

Blattbewegungen
- Blatt
- □ Nastie
- Nastie
- □ Seismonastie
- Variationsbewegungen

blattbewohnend
- foliicol

Blattbrand

Blattbräune
- [M] Nekrose

blattbürtige Wurzeln
- sproßbürtige Wurzeln

Blättchenschnecken

Blattdorn
- Funktionserweiterung
- [M] Sauerdorn

Blattdüngung

Blattdürre
- Blattbrand

Blattellidae

Blätterlose Pilze ↗

Blättermagen
- [B] Verdauung III

Blätter-Moostierchen
- Flustra

Blattern
- Pocken

Blätterpilze
- □ Rote Liste

Blattfall
- Äthylen
- Cellulase
- Entlaubung
- Entlaubungsmittel
- Kork
- Rauchgasschäden
- Überwinterung
- Wachstumsregulatoren

Blattfallkrankheit
- [B] Blattkrankheiten II

Blattfalter

Blattfarbstoffe
- Buntblättrigkeit
- Pflanzenfarbstoffe

Blattfasern
- Blatt

Blattfieder
- [B] Farnpflanzen II

Blattfingergeckos

Blattfisch ↗

Blattflächenindex

Blattflechten ↗

Blattfleckenkrankheiten
- Cercospora
- [B] Pflanzenkrankheiten I

Blattflöhe ↗

Blattfrucht
- Fruchtwechselwirtschaft

Blattfüße ↗
- Notostraca

Blattfüßer
- Blattfußkrebse

Blattfußkrebse ↗
- □ Rote Liste
- ↗ Phyllopoda

Blattgalle

Blattgallenreblaus
- □ Reblaus
- [B] Schädlinge

Blattgelenk
- Blatt
- Gelenk

Blattgewebe
- [M] Grundgewebe

Blattgrün

Blattgrund
- Blatt
- [M] Süßgräser

Blatthäutchen ↗
- [M] Süßgräser
- ↗ Ligula

Blatthonig
- Honigtau

Blatthornkäfer
- Käferblütigkeit
- [M] Komplexauge (Querschnitte)

Blatthühnchen

Blattidae

Blattkäfer
- [B] Käfer II
- [M] Kokon
- Stridulation

Blattkäfer-Larven
- Wehrsekrete

Blattkakteen ↗
- [B] Nordamerika VIII

Blattkiemen

Blattkiemer

Blattkissen
- Blatt
- Gelenk

Blattknospen
- Knospe

Blattkohl ↗

Blattkräuselung
- Kräuselkrankheit
- Parallelmutationen

Blattkrebs

Blattläuse
- Aestivales
- [B] Biologie II
- Blattlauswespen
- Bonnet, Ch. de

- Crumena
- □ Endosymbiose
- Entomophthorales
- Florfliegen
- Gartenschädlinge
- Heterogonie
- holocyclisch
- [B] Insekten I
- Neometabola
- Parthenogenese
- Trophobiose
- Windfaktor

Blattlausfliegen
Blattlaushonig ⁄
Blattlauslöwen
Blattlauswespen
Blättlinge
Blattlücke

Blattmetamorphosen
- Blatt

Blattmimese
- Blattfalter

Blattminierer ⁄

Blattmuster
- [B] Blatt III
- Symmetrie

Blattnarbe ⁄

Blattnasen
- Südamerika

Blattnerven ⁄
Blattodea ⁄

Blattopteriformia
- □ Insekten (Stammbaum)

Blattpapillen
- Zunge
- Zungendrüsen

Blattparenchym
- Blatt

Blattphylogenese
- Planation

Blattpolster
- Blatt
- Gelenk

Blattprimordium ⁄
- Blatt

Blattranke
- Funktionserweiterung
- [M] Haftorgane

Blattrippen
- Blatt
- Rippen

Blattroller

Blattrollkrankheit
- [B] Pflanzenkrankheiten I
- □ Pflanzenviren

Blattsalat
- Lattich

Blattsauger ⁄

Blattscheide
- Blatt
- Scheide
- Scheinstamm
- [M] Süßgräser

Blattschimmel
- Kraut- und Knollenfäule

Blattschmetterlinge ⁄
- □ Schutzanpassungen

Blattschnecke
- Bosellia

Blattschneiderameisen
- Lithodytes
- Mensch und Menschenbild
- Südamerika

Blattschneiderbienen ⁄
- [M] Kuckucksbienen
- [M] Megachilidae

Blattschwanzgeckos

Blattseuche
- Blattbräune

Blattskelett

Blattspindel
- Rhachis

Blattspreite
- Blatt
- Granne
- [M] Süßgräser
- Ventralmeristem

Blattspur
Blattspurstränge
- Blattlücke

Blattsteiger ⁄
- Südamerika

Blattstellung
- Heliophyten

Blattstellungslehre
- Braun, A.H.
- Phyllotaxis
- Schimper, K.F.

Blattstiel
- Blatt
- Ventralmeristem

Blattstielblatt
- Blatt
- Phyllodium

Blattstielkletterer

Blattsukkulenten
- Blattsukkulenz
- Sukkulenten

Blattsukkulenz
- Sukkulenten

Blatt-Tütenmotten
- Gracilariidae

Blattvögel
- [M] Orientalis
- [B] Vögel II

Blattwanzen ⁄

Blattwespen
- Afterfuß

Blattwickler ⁄

Blattwirbel
- Phyllospondyli

Blattwurzelstämme
- Cyatheaceae

Blattxanthophyll
- Lutein

Blattzeile ⁄

Blau
- □ Farbstoffe

Blaualgen ⁄
Blaualgenflechten
Blauaugengras ⁄

Blauaugenscharbe
- [M] Polarregion

Blaubarsch ⁄
Blaubarsche
Blaubeere ⁄
Blaubock ⁄
- Ausrottung
- [M] Aussterben

Blauböckchen ⁄
Blaudrossel ⁄

Bläue

Blaue Erde
- Bernstein

Blaue Koralle ⁄
Blauelster ⁄
- [B] Mediterranregion II

Bläuepilze
- Chaetomium

Blauer Burgunder
- □ Weinrebe

Blauer Fleck
- Mongolenfleck

Blaues Vitriol
- Kupfersulfat

Blaufäule ⁄
Blaufelchen ⁄
Blaufisch ⁄

Blaufleckiger Zackenbarsch
- [B] Fische VIII
- Zackenbarsche

Blaufuchs ⁄

Blaufußtölpel
- [B] Südamerika VIII
- Tölpel

Blauglöckchen
- Rauhblattgewächse

Blaugras
- □ Bodenzeiger

Blaugras-Halden ⁄
Blaugras-Horstseggen-Halde ⁄
Blaugras-Kalksteinrasen ⁄
- Alpenpflanzen

Blaugrün
- □ Farbstoffe

blaugrüne Algen ⁄

Blaugummibaum
- Eucalyptus

Blauhaie
- [B] Fische V

Blauholz ⁄
- Hämatoxylin
- Hämatoxylin-Eosin-Färbung

Blauhusten
- Keuchhusten

Blaukehlchen
- [B] Europa III

Blaukissen ⁄
Blaukorallen
Blaukrabbe
Bläulinge (Pilze)
Bläulinge (Schmetterlinge)
- [M] Ameisengäste (Beispiele)
- [B] Schmetterlinge

Blaumänner
- Klappmütze

Blaumeise
- [B] Europa XII
- Meisen
- □ Verhaltenshomologie

Blaumerle
- [B] Mediterranregion II
- Merlen

Blaumuscheln
- Miesmuscheln

Blaunackenmausvogel
- [B] Afrika V

Blaupfeile ⁄

Blauracke
- [B] Europa XV
- Racken

Blausäure
- Bittermandelöl
- Maniok
- Myoporaceae
- Rodentizide
- Scheele, K.W.
- [M] Wehrsekrete

Blausäureglykoside
- cyanogene Glykoside

Blausäurevergiftung
- Blausäure

Blauschaf
Blauschillergras ⁄
Blauschillergras-Fluren ⁄
Blauschillergras-Sandrasen ⁄

Blauschimmel

Blauschimmelkäse
- Blauschimmel
- Käse

Blauschlick
- Meeresablagerungen
- [M] Schlick

Blauschönung
- Wein

Blausieb ⁄
Blauspecht ⁄

Blaustein
- Kupfersulfat

Blaustern ⁄

Blausucht
- Nitrate

Blautanne
- [M] Fichte

Blauvanga
- [B] Afrika VIII
- Blauwürger

Blauwal
- Dinosaurier
- Finnwal
- [M] Körpergewicht
- Körpergröße
- Mosaikevolution
- [B] Polarregion IV
- Wale

Blauwange ⁄
- [B] Fische XII

Blauwangenspint
- Bienenfresser

Blauwürger
- Madagassische Subregion

Blauzungen ⁄
Blechnaceae ⁄

Blechnum
- Rippenfarngewächse

Bledius
- Kurzflügler
- Laufkäfer

Blei (Fisch) ⁄
Blei (Schwermetall) ⁄
- Abgase
- Akkumulierung
- □ Geochronologie
- □ Hämolyse
- Luftverschmutzung
- □ MAK-Wert
- □ Radioaktivität
- □ Schwermetalle
- Strahlenbelastung
- Strahlenschutz

bleibendes Gebiß
- Dauergebiß

Bleichböckchen ⁄
- [B] Signal

bleichen
- Lein

Bleicherde ⁄

Bleichhorizont
Bleichhormon

Bleichmittel
- aufhellen
- [M] Waschmittel
- Wasserstoffperoxid

Bleichung
- □ Kläranlage

bleifreies Benzin
- [M] Blei

Bleiglanz (Blattkrankheit)
- Milchglanz

Bleiglanz (= PbS; Schwefelverbindung)
- Schwefel

Bleimethode ⁄

Bleinitrat
- Keimgifte

Bleiregion
- Brachsen
- [M] Flußregionen

Bleistiftfische ⁄
Bleistiftzeder ⁄
- Zeder

Bleitetraäthyl ⁄
- □ MAK-Wert

Bleitoleranz

Bleivergiftung
- Blei
- Porphyrine

Bleiwurz
- [B] Afrika VII

Bleiwurzartige
Bleiwurzgewächse ⁄
- Acantholimon
- Halophyten

Blendenregulierung
- Iris (Augenteil)
- [M] Pupillenreaktion

Blendling
Blenniidae ⁄
Blennioidei ⁄

Blennius
- Schleimfische

Blenorrhoe
- Geschlechtskrankheiten

Bleomycin
- [M] Cytostatika

Blepharida
- Pfeilgiftkäfer

Blepharis
Blepharoceridae ⁄

Blepharoconjunctivitis angularis
- Moraxella

Blepharoplast
Bleßbock ⁄

Blesse
- [M] Abzeichen
- Bleßhühner

Bleßhühner
- [B] Europa VII
- Vogelzug

Bleßmull ⁄

Blicke
Blickfeld
Blicksprung
- Linsenauge

Bligh, William
- Blighia

Blighia ↗

Blindbremse
- B Insekten II

Blinddarm
- B Darm
- Dickdarm
- Gärkammern
- Magen
- M Unpaarhufer
- B Verdauung III
- B Wirbeltiere I

Blinddarmentzündung
- Fernel, J.F.
- Schmerz

Blinddarmfortsatz ↗

Blinddarmkot
- Feldhase
- Hasentiere

blinder Fleck
- □ Linsenauge
- Netzhaut
- □ Netzhaut

Blindfische ↗
Blindfliegen ↗
Blindmäuse
- M Lebensformtypus
- Paläarktis

Blindmulle
- M Holarktis

Blindprobe
Blindsalamander
Blindschlangen
Blindschleiche
- B Europa XIII
- □ Lebensdauer
- B Reptilien II

Blindschnecke
- Plattfische

Blindspringer
blind staggers
- Selen

Blindwanzen ↗
Blindwert ↗
Blindwühlen
- B Amphibien I
- M Vibrationssinn

Blissus
- Langwanzen

blister blight
- Exobasidiales

Blitophaga ↗

Blitz
- B Stickstoffkreislauf

Blitzlichtspektroskopie
- □ Photosynthese (Experimente)

Blizzards
- M Nordamerika

Bloch, I.
- Sexualität - anthropologisch

Bloch, K.E.
- M Enzyme

Blockmutation
Blockschaltbild
- Funktionsschaltbild

Blondelia
- Raupenfliegen

Blondrassengürtel
- □ Menschenrassen

Blotting-Technik
- Hybridisierung

Bluebush
- Australien
- Radmelde

Blue grama
- Nordamerika

Bluetongue-Virus
Blühgene
- Blütenbildung

Blühhemmstoffe
Blühhormon
- Blühhemmstoffe
- Blütenbildung

Blühinduktion
Blühreife ↗
Blühtage
- □ Blütenduft

Blumberg, B.S.
- B Hepatitisvirus

Blümchen
- M Abzeichen

Blume
- Euanthium

Blumenbach, J.F.
- B Biologie I
- Vitalismus - Mechanismus

Blumenbau
- Gartenbau

Blumenbindekunst
- Floristik

Blumenbinsengewächse ↗
Blumenblätter ↗
Blumenfliegen
- B Insekten II

Blumenkäfer
Blumenkohl ↗
- Fehlbildung
- □ Kohl
- B Kulturpflanzen V

Blumenkohlmosaik-Virusgruppe
- M DNA-Viren
- □ Viren (Virion-Morphologie)
- B Viren

Blumenkohlpilz ↗
Blumenkohlqualle
Blumenkrone
Blumenküsser
- □ Kolibris

Blumenlieschgewächse
- Schwanenblumengewächse

Blumennesselgewächse
- Loasaceae

Blumennymphen
- □ Kolibris

Blumenpilze
Blumenpolypen ↗
Blumenrohr
Blumenrohrartige
Blumensimsengewächse ↗
Blumentiere ↗
Blumentreiberei
- Frühtreiberei

Blumenuhr
Blumenvögel
- □ Ornithogamie

Blumenwanzen ↗
Blumenwespen ↗
Blumeria
Blumeriella ↗
blumiger Geruch
- M chemische Sinne

Blut (Erbgut)
Blut (Körperflüssigkeit)
- B Atmungsorgane I
- Bindegewebe
- Cholesterin
- defibrinieren
- M Fluoride
- Hämatologie
- Herz
- Hormone (Drüsen und Wirkungen)
- □ hypothalamisch-hypophysäres System
- Konservierung
- M Krebs (Krebsarten-Häufigkeit)
- Lymphe
- Niere
- Paraganglien
- M pH-Wert
- physiologische Kochsalzlösung
- □ Temperaturregulation
- Uhlenhuth, P.
- □ Virusinfektion (Wege)

Blutadern
Blutagar
- hämophile Bakterien

Blutalgen
- Hämatochrom

Blutarmut
- Anämie

Blutauffrischung

Blutauge
Blutausstrich
- M Blutzellen

Blutaustausch
- Rhesusfaktor
- ↗ Bluttransfusion

Blutbär ↗
Blutbienen ↗
Blutbild
- □ Blut
- □ Blutzellen
- M Leukocyten

blutbildende Organe
Blutbildung
- Hämoblasten
- Knochenmark
- Leber
- Leukämie
- Strahlenschäden

Blutblume ↗
- Amaryllisgewächse

Blutbock ↗
Blutbrustpavian ↗
Blutbuche ↗
- Buntblättrigkeit

Blutcoccidien ↗
Blutdepot ↗
Blutdruck
- □ Blutgefäße
- Blutkreislauf
- M Bradykardie
- Gefäßnerven
- Giraffen
- Hales, S.
- Herz
- B Herz
- Herzmechanik
- M Herznerven
- Histamin
- Homöostase
- □ Hormone (Drüsen und Wirkungen)
- kolloidosmotischer Druck
- Lymphgefäßsystem
- Pressorezeptoren
- M Prostaglandine
- Puls
- Regelung
- Renin-Angiotensin-Aldosteron-System
- Streß
- vegetatives Nervensystem
- Venen

Blutdruckmessung
- □ Blutdruck

Blutdruckregelung
- Heymans, C.J.F.
- B Regelung im Organismus

Blutdrucksenkung
- Beta-Blocker
- Depressor

Blutdruckzügler
- Blutdruck
- Pressorezeptoren

Blüte
- Bedecktsamer
- B Bedecktsamer I
- B Bedecktsamer II
- Entomogamie
- epipetal
- □ Fruchtformen
- Rafflesiaceae (größte Blüte)
- □ Vervollkommnungsregeln
- B Zoogamie

Blutegel ↗
- □ Endosymbiose
- M Gürtelwürmer
- □ Lebensdauer
- M Phaosom
- B Ringelwürmer
- Zufallsfixierung

Bluteiweißstoffe ↗
bluten (Botanik)
- Wassertransport

bluten (Zoologie)
Blütenachse
- B Früchte

- Receptaculum

Blütenanlage
- Blühhormon

Blütenbecher
- Blüte
- Hypanthium

Blütenbestäubung ↗
Blütenbesuch
- allotrop
- Futtergewebe

blütenbesuchende Vögel
- Blumenvögel

Blütenbildung
- Äthylen
- Blühhemmstoffe
- M Blühhormon
- Blühinduktion
- Gibberelline
- Photoinduktion
- Photoperiodismus
- Vernalisation
- Wachstumsregulatoren

Blütenbiologie ↗
Blütenblätter ↗
- Blatt
- Blüte
- M Staubblatt

Blütenböcke
- B Insekten III

Blütenboden
Blütendiagramm
- B Blüte
- M Grasblüte
- Typus

Blütenduft
- Parfümblumen

Blütenduftstoffe
- Blütenduft
- Kairomone

Blütenfarbstoffe ↗
- Carotinoide
- B Mendelsche Regeln I
- Pflanzenfarbstoffe

Blütenfäule ↗
- Monilia
- Spitzendürre

Blütenformel
- Blüte

Blütengrillen
Blütenhonig
- M Honig

Blütenhüllblätter
- Bedecktsamer
- Blüte

Blütenhülle ↗
Blüteninfektion
- Brand

Blütenkalender
Blütenkelch
- Blüte

Blütenknospen
- Knospe

Blütenköpfchen ↗
Blütenkörbchen ↗
Blütenkreise
- Blütenformel

Blütenkronblätter
- Blüte

Blütenkrone
- Blumenkrone
- Blüte
- Blütenformel

Blütenkrug ↗
blütenlose Pflanzen ↗
- Kryptogamen

Blütenmale
- Entomogamie
- M Farbensehen (Tierreich)

Blütenmine
Blütennahrung
- Bestäuber
- Nektar
- Zoogamie

Blütennektar
- Honig

Blütenökologie ↗
- Sprengel, Ch.K.

Blütenöle
Blütenorgane
- Blatt

- Blüte
Blütenpflanzen
- [B] Erdgeschichte
- [M] Kryptogamen
- [ ] Rote Liste
Blütenpicker
- [ ] Ornithogamie
Blütenröhre
- Hypanthium
Blütenschaft
- Scapus
Blütenscheide
Blütenspanner
Blütenspinnen
Blütensporn
- [B] Zoogamie
Blütenstand
- Bedecktsamer
- [B] Blüte
- Floreszenz
- [B] Nacktsamer
- Verzweigung
Blütenstandszapfen
- Sporophyllzapfen
Blütenstaub ↗
Blütenstecher ↗
Blütenstetigkeit
- [ ] Farbe
Blütenstoffe
- Blütenduft
Blütensyndrom
- Podostemaceae
Blütenvampire ↗
Blütenwanzen
Blütenwickler
Blütenzapfen
- Calamocarpon
Bluter-Gen
- Christmas-Faktor
- Erbkrankheiten
Bluterguß
- Hämosiderin
Bluterkrankheit
- antihämophiler Faktor
- Christmas-Faktor
- Erbkrankheiten
- Geschlechtschromosomen-gebundene Vererbung
- Hämophilie
Blutersatzflüssigkeit
- [M] Froschlaichgärung
- Infusion
- [M] Perfusion
- Schultze, M.J.S.
Blütezeit
- Anastrophe
- explosive Formbildung
Blutfaktoren
Blutfarbstoffe ↗
Blutfaserstoff
- Fibrin
Blutfink ↗
Blutflüssigkeit
- Blut
- Blutplasma
Blutformen
- Buntblättrigkeit
Blutgasanalyse
- Blutgase
Blutgase
- Regelung
Blutgefäße
- [M] Coelom
- elastische Fasern
- Endothel
- [ ] Nervensystem (Wirkung)
- [ ] Virusinfektion (Wege)
Blutgefäßsystem
- Herz
- [ ] Organsystem
- [B] Wirbeltiere I
- ↗ Blutkreislauf
Blutgefäßverschlüsse
- Embolie
- ↗ Blutgerinnsel
Blutgerinnsel
- [ ] Herzinfarkt
- Streptokinase
- Thrombose

Blutgerinnung
- Abwehr
- antihämophiler Faktor
- Bluterkrankheit
- Calcium
- Christmas-Faktor
- Coelomocyten
- Cumarine
- Dicumarol
- Fibrin
- Gerinnungsenzyme
- Geschlechtschromosomen-gebundene Vererbung
- Heparin
- Peptone
- Proteolyse
- Thrombocyten
- [B] Vitamine
Blutgerinnungsfaktor
- [ ] Fibrin
blutgerinnungshemmende Substanzen
- Antikoagulantien
Blutgifte
- [M] Gifte
- Hämoglobine
- Saponine
Blutglucosespiegel
- ↗ Blutzuckerspiegel
Blutgruppen
- [B] Biologie II
- Haptoglobine
- Landsteiner, K.
Blutgruppenantigene
- N-Acetylgalactosamin
- Blutgruppen
- [M] Glykoproteine
- Membran
Blutgruppenantikörper
- Blutgruppen
Blutgruppenbestimmung
- Agglutination
Blutgruppensysteme
- Blutgruppen
Bluthänfling
- [B] Finken
- Hänflinge
Blut-Hirn-Schranke
- Apamin
- [B] Bindegewebe
- Blut
- Flüssigkeitsräume
- tight-junctions
Bluthirse ↗
Blut-Hoden-Schranke
- Hoden
- Sertoli-Zellen
Bluthund
- [ ] Hunde (Hunderassen)
Bluthusten
- Tuberkulose
Blutinseln
- Dottersackkreislauf
Blutkapillaren
- Blutgefäße
- Membranskelett
Blutkiemen
- Gliederfüßer
Blutkohle
- Haematococcaceae
Blutkörperchen ↗
- [B] Biologie II
- Leeuwenhoek, A. van
- Zählkammer
- ↗ Blutzellen
Blutkörperchen-Senkungsgeschwindigkeit
- Blutsenkung
Blutkreislauf
- Amphibien
- Aorta
- Atmung
- [B] Biologie II
- Cesalpinus, A.
- Chronobiologie
- Dystonie
- [B] Embryonalentwicklung IV
- fetaler Kreislauf

- Hales, S.
- Harvey, W.
- Herz
- [B] Herz
- Hirnstammzentren
- Kreislaufzentren
- Leeuwenhoek, A. van
- Lymphe
- Lymphgefäßsystem
- Malpighi, M.
- Rete mirabile
- Servet, M.
- Splanchnikus
- [ ] Streß
- ↗ Blutgefäßsystem
Blutlaugensalz
- Gmelin, L.
Blutlaus ↗
- [M] Blasenläuse
- [B] Schädlinge
Blutlauskrebs
- Blasenläuse
Blut-Liquor-Schranke ↗
Blutmakrophagen
- Monocyten
Blutmauserung
- Milz
- reticulo-endotheliales System
Blutmehl
Blutmilchpilz ↗
Blutmilchstäubling ↗
Blutorange
- Citrus
Blutparasiten
Blutplasma
- [M] Elektrolyte
- Flüssigkeitsräume
- Gefriertrocknung
- Globuline
- [M] Globuline
- Lymphe
- Synovialflüssigkeit
Blutplättchen ↗
- [M] Prostaglandine
- Schmerz
- ↗ Thrombocyten
Blutproteine
- Dysproteinämie
Blutpuffer
- Phosphationen
- Puffer
- Säure-Base-Gleichgewicht
- [M] Seneszenz
Blutregen (Algen)
- Blutalgen
- Haematococcaceae
Blutregen (Sandstaub)
Blutregen (Schmetterlinge)
Blutsalmler
- [B] Aquarienfische I
- ↗ Salmler
Blutsauger
- Flöhe
- [M] Vampire
Blutschande
- [M] Inzesttabu
Blut-Schizogonie
- [B] Malaria
Blutschmarotzer ↗
Blutschnee ↗
- Kryoflora
Blutsee ↗
Blutsenkung
Blutserum
- Hämatokritwert
- Immunelektrophorese
- Immunpräzipitation
- [ ] Proteine (Charakterisierung)
- Serologie
- Serumproteine
Blutspeicher
- Fettpolster
- Leber
- Milz
Blutstern
Blutstillung
- Blutgerinnung

Bobcat

Blutstorchschnabel-Saumgesellschaft ↗
Blutströmungsgeschwindigkeit
- Arteriolen
Bluttröpfchen ↗
- Linamarin
Blutsturz
- Tuberkulose
Blutsverwandtschaft
- Verwandtschaft
Bluttransfusion
- Kompatibilität
- Rhesusfaktor
- [M] Transplantation
- Virusinfektion
Blutübertragung
- Bluttransfusion
Blutungsdruck
Blutungssaft
- bluten
Blutvergiftung
- Kindbettfieber
- Sepsis
- Streptococcus
Blutvolumen
- [ ] Blutdruck
- Venen
- Wasserhaushalt
Blutwanderzellen
- Monocyten
Blutweiderich
- [B] Europa VI
- Heterostylie
- [M] Weiderich
Blutwurst-Krankheit
- [ ] Botulismus
Blutwurz ↗
Blutzellen
- [B] Bindegewebe
- Blutsenkung
- [M] Chronobiologie (Phasenkarte)
- Hämatokritwert
- [M] Mikroorganismen
- mikroskopische Präparationstechniken
- ↗ Blutkörperchen
Blutzerfall
- Hämolyse
Blutzikaden ↗
Blutzucker
- [M] Blutserum
- Glucocorticoide
- Glucose
- Glucosurie
- [ ] Glykogen
- Hormone
- Hyperglykämie
- Hypoglykämie
- Insulin
- Regelung
- Trehalose
Blutzuckerspiegel
- Blutzucker
- [ ] Hormone (Drüsen und Wirkungen)
- [B] Hormone
- Hunger
- Streß
BLV
- [ ] RNA-Tumorviren (Auswahl)
B-Lymphocyten ↗
- Immundefektsyndrom
- Lymphocyten
- [ ] Lymphocyten
Boaedon ↗
Boarmia ↗
Boaschlangen
- Südamerika
- Viviparie
Boatrugnatter
- Wassertrugnattern
Boazähner ↗
Bobak ↗
Bobaum
- Ficus
Bobcat
- Luchse

Bobtail

Bobtail
- ☐ Hunde (Hunderassen)
- B Hunderassen III

Bocconia
- M Mohngewächse

Bock ↗

Bock, H.
- B Biologie I
- B Biologie III
- Kräuterbücher

Böckchen
Böcke ↗

Bocken
- M Brunst

Bockkäfer
- Holzwürmer
- B Käfer II
- Stridulation

Bocksbart
- ☐ Blumenuhr
- M Pollen

Bocksdorn

Bocksfeige
- ☐ Feigenbaum

Bockshornklee
Bocksorchis ↗

BOD
- biochemischer Sauerstoffbedarf

Bodanella
- Braunalgen

Boden
- Belastung
- Bioturbation
- Brache
- Calcium
- Denitrifikation
- Devastation
- Gründüngung
- Mikroklima
- Nährstoffhaushalt
- ☐ Schwermetalle
- Wasserverschmutzung

Bodenabschwemmung
- Schutzwald

Bodenabtrag ↗
Bodenacidität ↗

Bodenaggregate
- Bodenerosion

Bodenalgen ↗
- Bodenorganismen
- Landalgen

Bodenanalyse ↗
Bodenanhangsgebilde
Bodenanzeiger ↗

Bodenarten
- Bodentextur
- Fingerprobe

Bodenarthropoden ↗

Bodenatmung
- Durchlüftung
- B Kohlenstoffkreislauf

Bodenaustauschkapazität ↗

Bodenbakterien
- Bodenorganismen
- Knöllchenbakterien
- B Kohlenstoffkreislauf

Bodenbasen
- Bodenreaktion

Bodenbearbeitung
- M Pflanzenkrankheiten
- ☐ Pflanzenschutz

Bodenbebrütung ↗

Bodenbedeckung
- Bodentemperatur

Bodenbelastung
- Belastung

Bodenbeschaffenheit
- Bodenbewertung
- B Bodentypen
- dichteabhängige Faktoren
- M Klima (Klimafaktoren)

Bodenbewertung
Bodenbildung ↗
- Bodenorganismen
- Streuabbau

Bodenbiologie
Bodenbrand
Bodenbrüter
- Einrollbewegung

Boden-Catena

Bodendämpfung
- Bodendesinfektion

Bodendesinfektion
- Auflaufkrankheiten
- ☐ Pflanzenschutz

Bodeneigenschaften
- Chemomelioration

Bodeneis
Bodenentseuchung ↗

Bodenentwässerung
- Dränung
- ↗ Entwässerung

Bodenentwicklung
- Bodengeschichte

Bodenerosion
- ↗ Erosion

Bodenerschöpfung ↗

Bodenertrag
Bodenfarbe
Bodenfauna ↗
Bodenfeuchte ↗

Bodenfilter
- Rieselfelder

Bodenfische
- B Fische I
- B Fische II
- B Fische XI

Bodenflechten
- Bodenorganismen

Bodenfließen
- Bodenentwicklung
- Kryoturbation
- ↗ Solifluktion

Bodenflora ↗
Bodenform
Bodenfrost ↗

Bodenfruchtbarkeit
- alternativer Landbau
- Bodenorganismen
- Bodenverbesserung
- Fruchtfolge
- Knöllchenbakterien
- nitrifizierende Bakterien

Bodengare
- Mulch

Bodengefüge
- Dränung
- Gefügeformen
- Lebendverbauung
- Porung

Bodengenese ↗
Bodengeschichte
Bodenhorizonte
- B Bodentypen

Bodenimpfung
- Knöllchenbakterien

Bodenklasse
Bodenklassifizierung ↗
Bodenklima
Bodenkolloide
- Austauschkapazität
- Bodenreaktion
- Elektrolytquellung
- Humus
- Ionenaustauscher
- kolloid
- Regenwürmer
- Tonminerale

Bödenkorallen
- Tabulata

Bodenkultivierung
- Bodenverbesserung

Bodenkultur
- Ackerbau

Bodenkunde
Bodenläuse
- Zoraptera

Bodenleben ↗
Bodenlockerung ↗
- Bodenluft
- Bodenverbesserung
- Saatbett

Bodenluft
- Bodenatmung
- Bodeneigenschaften
- Bodenreaktion
- Bodentemperatur
- Bodenwasser

- Durchlüftung
- Porenvolumen

Bodenmikrobiologie
- Winogradsky, S.N.

Bodenmikroorganismen
- Aufwuchsplattenmethode
- Bodenimpfung
- Bodenorganismen

Bodenmüdigkeit
- Hafermüdigkeit

Bodenmycel
- Substratmycel

Bodennährstoffhaushalt ↗
Bodennutzung
Bodennutzungssystem
- Landwirtschaft

Bodenökologie
Bodenorganismen
- Bodenbiologie
- Bodenentwicklung
- Bodenreaktion
- Bodenschädlinge
- Bodentemperatur
- C/N-Verhältnis
- Dünger
- Durchlüftung
- Edaphon
- Fadenwürmer
- Humifizierung
- Regenwürmer
- regressive Evolution
- Streuabbau
- Wurzelausscheidungen

Bodenpflege ↗
Boden-pH-Wert ↗
Bodenpilze ↗
- Bodenorganismen
- Streptomycetaceae

Bodenporen
- Bodengefüge
- Bodenluft
- Frost
- Grundwasser
- Porenvolumen
- Porung
- Wasserpotential

Bodenprobe ↗
Bodenprofil
- Bestandsaufnahme
- Porung

Bodenreaktion
- Bodenuntersuchung

Bodensättigung
- Bodenreaktion

Bodensaugspannung ↗
Bodensaure Eichenmischwälder
- Quercetea robori-petraeae

Bodensaure Halbtrockenrasen
- Koelerio-Phleion

Bodenschädlinge
Bodenschätzung ↗
Bodenschätzungsgesetz
- Bodenbewertung

Bodenschicht
- Stratifikation
- Wald

Bodenschutz
Bodenschutzwald
- Wald
- ↗ Schutzwald

Bodenskelett
- ☐ Bodenarten (Einteilung)
- Porenvolumen

Bodenstrahlen
- Erdstrahlen

Bodenstruktur ↗
Bodensystematik
- Bodenentwicklung

Bodentemperatur
- Bodenentwicklung
- Bodenfarbe
- Frost

Bodentextur
- Porung

Bodentunnelgräber
- Laufkäfer

Bodentypen
Bodenuntersuchung
- Bodenbewertung

Bodenverbesserung
- Knöllchenbakterien
- Landwirtschaft
- Torf
- ↗ Meliorization

Bodenverdichtung
- M Erosionsschutz
- Ersatzgesellschaft
- Trittpflanzen

Bodenvergiftung
- Landwirtschaft

Bodenversalzung ↗
- Salzböden
- Streusalzschäden

Bodenversauerung ↗
Bodenverwehung
- Schutzwald

Bodenwanzen ↗
Bodenwasser
- Bodeneigenschaften
- Bodentemperatur
- Elektrolytquellung
- Lysimeter
- pF-Wert
- Porenvolumen
- M Porung
- Wasserhaushalt
- B Wasserhaushalt der Pflanze
- Wassertransport

Bodenwasserpotential ↗
Bodenzahl
- Bodenbewertung

Bodenzeiger
- Bodenentwicklung
- Bodenreaktion

Bodenzerstörung
Bodenzonen
- Bodenentwicklung

Bodenzoologie
- Bodenbiologie

Bodo
- Bodonidae

Bodonidae
Boehmeria nivea ↗
Boerhaave, H.
- B Biologie I
- B Biologie III
- Swammerdam, J.

Boettgerilla
Boettgerillidae
- Wurmnacktschnecken

bog
- Moor

Bogengänge
- Ampulle
- Bárány, R.
- B Fische (Bauplan)
- B Gehörorgane
- Gleichgewichtsorgane
- B mechanische Sinne II
- Vestibularreflexe

Bogengangsystem
- Drehsinn
- mechanische Sinne

Bogenstadium
- Wirbel

Bogenstrahlen
- Vogelfeder

Bogenstranghanf
- Sansevieria

Bogheadkohle
- Kohle

Bogueidae
- M Terebellida

Böhmer, Georg Rudolf
- Boehmeria nivea

Böhmische Masse
- Trias

Böhmzebra
- B Rassen- u. Artbildung I
- M Zebras

Bohne
- M Ballaststoffe
- B Blatt II
- Blütenbildung
- B Früchte
- ☐ Hülsenfrüchtler
- M Knöllchenbakterien (Wirtspflanzen)

Borstenwürmer

- Kotyledonarspeicherung
- B Kulturpflanzen V
- ☐ Lebensdauer
- M Lianen
- Mendel, G.J.
- ☐ Nastie

Bohnenblattlaus
- Röhrenläuse
- Vergilbungskrankheit

Bohnenfliege
Bohnenkäfer ↗
Bohnenkrankheit
- Favismus

Bohnenkraut
- Gewürzpflanzen

Bohnenlaus ↗
Bohnenmuscheln
Bohnenstrauch ↗
Bohr, Christian
- Bohr-Effekt

Bohrasseln
Bohr-Effekt
- Allosterie
- Blutgase
- Root-Effekt

Bohren
- Fortbewegung

Bohrerschnecken ↗
Bohrfliegen
Bohrflohkrebs
Bohrkäfer ↗
Bohrmehl
Bohrmotten
Bohrmuscheln
- Schließmuskeln

Bohrschnecken
Bohrschwämme
Boidae ↗
Boiga
- Trugnattern

Boiginae ↗
Boinae ↗
Bojanus, Ludwig Heinrich
- Bojanussche Organe

Bojanussche Organe
- Nephridien

Bokharaklee ↗
Bolaspinnen ↗
Bolaxgummi ↗
Bolbitiaceae ↗
Bolbitius
- Mistpilzartige Pilze

Bolboschoenetea maritimi
- Bolboschoenetea maritimi

Bolboschoenus ↗
Bolbosoma
Boleophthalmus ↗
Boletaceae ↗
Boletales
Boletinus ↗
- M Mykorrhiza

Boletophagus
- Schwarzkäfer

Boletopsis ↗
Boletus ↗
- M Mykorrhiza

Bolina ↗
Bolinopsis ↗
Bolitaena
Bolitaenoidea
- Bolitaena

Bolitoglossa
- Schleuderzungensalamander
- Schwanzlurche

Bolitoglossini ↗
Bolitophila
- M Leuchtorganismen
- Pilzmücken

Bolivia-Blätter
- Cocaalkaloide

Bolivianische Wehrente
- B Rassen- u. Artbildung I

Böllingschwankung
- Böllingzeit

Böllingzeit
- ☐ Dryaszeit

Bollstädt, Albert Graf von
- Albertus Magnus

Boloceroidaria
Bologneserhund
- ☐ Hunde (Hunderassen)

Boloria
- Perlmutterfalter

Bölsche, W.
Boltzmann, Ludwig
- Entropie

Boltzmannsche Konstante
- Entropie - in der Biologie

Bolyeriinae ↗
Bolyerschlangen
- Riesenschlangen

Bombacaceae
- Flaschenbaum

Bombage
- Botulismus
- ☐ Kefir

Bombardierkäfer
- Fühlerkäfer

Bombax ↗
Bombaxwolle
- Bombacaceae

Bombay-Enten
Bombesin
- Neuropeptide
- ☐ Neuropeptide

Bombina ↗
Bombinator
- Unken

Bombus ↗
Bombyces
- Spinner

Bombycidae ↗
Bombycilla
- Seidenschwänze

Bombycillidae ↗
Bombykal
- Bombykol

Bombykol
- M Sexuallockstoffe

Bombyliidae ↗
- Fliegenblütigkeit

Bombylius
- Wollschweber

Bombyx ↗
Bonebed
Bonelli, Francesco Andrea
- Bonellia

Bonellia
- Geschlechtsbestimmung
- ☐ Sexualdimorphismus

Bonellin
- Bonellia

Bongkrek
- Bongkreksäure

Bongkreksäure
- Adenylattranslokator

Bongo
- M Elenantilopen

Bongosibaum
- Ochnaceae

Bongossi
- ☐ Holz (Nutzhölzer)

Bongossibaum
- Ochnaceae

Bonifatiuspfennige
Bonität
Bonito
- B Fische IV

Bonnemaisonia ↗
Bonnet, Ch. de
- B Biologie I
- B Biologie II

Bonnier, G.
Bonobo
- Menschenaffen

Bonpland, A.
- Humboldt, F.A.H. von

Bonsai
Boocercus
- M Afrika
- Bongo
- Elenantilopen

Boomslang
Boophis ↗
Booster-Effekt
Bootsmannfische ↗
Bootsschnecken

Bopyridae ↗
- Asseln

Bopyrus
- Epicaridea

Bor
- Herzfäule

Boraginaceae ↗
Borago ↗
Borassus ↗
Borat
- Bor
- Nährsalze

Boraxcarmin
- Carmin

Borboridae ↗
Bordeauxbrühe
- M Fungizide

Border Cave (Südafrika)
- B Paläanthropologie

Border disease virus
- M Togaviren

border furrow
- Saumfurche

Bordet, J.
- Bordetella
- Komplementbindungsreaktion

Bordetella
- hämophile Bakterien
- Keuchhusten

Bordet-Gengou-Medium
- Bordetella

boreal
- Bodengeschichte
- M Holozän

Boreal
- Asien
- B Asien I
- boreonemoral
- B Europa I
- B Nordamerika I

boreale Region
- tiergeographische Regionen

borealer Nadelwald
- Europa
- Mongolisches Refugium
- Nordamerika
- ☐ Produktivität
- Urwald
- Vaccinio-Piceetea
- Wald

Boreidae ↗
Borelli, G.A.
- B Biologie I
- B Biologie II
- B Biologie III
- Vitalismus - Mechanismus

boreoalpin
- Europa

Boreogadus ↗
- Gefrierschutzproteine

Boreomysis
- ☐ Mysidacea

boreonemoral
Boresch, K.
- chromatische Adaptation

Boretsch ↗
Boreus ↗
Borhyaenidae
- Beuteltiere
- Necrolestes
- Raubbeutler

Boridae
- ☐ Käfer

Borke (Botanik)
- Abschlußgewebe
- Gerbstoffe
- Kork
- Sproßachse
- Transpiration
- Wurzel

Borke (Medizin)
- Schorf

Borkenflechte
Borkenkäfer
- M Ambrosiakäfer
- Ausbreitung
- Lonchaeidae

- Myrcen
- Nest
- Pteromalidae
- B Schädlinge
- Sekundärinsekten

Borkenratten
Borkentier ↗
Borkhausenia
- Oecophoridae

Borlaug, N.E.
- Weizen

Bormangelerkrankungen
- Bor

Bornaische Krankheit
- Bornasche Krankheit

Bornasche Krankheit
Borneo-Campher
- Borneol

Borneokatze ↗
Borneol
- ☐ Dipterocarpaceae

Bornet, Jean-Baptiste-Edouard
- Bornetella

Bornetella ↗
Bornholmer Krankheit
Borophaginae
- Hunde

Borowina ↗
Borrebytypus
Borrel, Amédée
- Borrelia
- Borrelidin

Borrelia
- Borrelidin
- Fusobacterium
- M Kleiderlaus

Borrelidin
Borretsch
- Gewürzpflanzen

Borries, Bodo von
- M Elektronenmikroskop

Borsten
- Chaetotaxie
- B mechanische Sinne I
- Mechanorezeptoren
- Polychaeta
- M Ringelwürmer
- Vibrationssinn

Borstenbecherling
- Humariaceae

Borstenbildungszelle
- Ringelwürmer

Borstenegel
Borstenfedern
- Vogelfeder

Borstenferkel ↗
Borstenfollikel
- Borsten

Borstengras
- Borstgras

Borstengürteltier
- M Gürteltiere
- B Südamerika V

Borstenhirse
Borstenhörnchen
- Erdhörnchen

Borstenigel ↗
Borstenkämme
- Ctenidien
- Flöhe

Borstenkaninchen
- Caprolagus
- M Hasenartige

Borstenkiefer (Botanik) ↗
Borstenkiefer (Zoologie) ↗
Borstenköpfe
- M Papageien

Borstenläuse ↗
Borstenmäuler ↗
Borstensack
- Oligochaeta

Borstenscheibling
- Hymenochaetaceae

Borstenschwänze
- B Insekten I

Borstentasche
- M Ringelwürmer

Borstenwürmer
- B Ringelwürmer

Borstenzähner

- ↗ Oligochaeta
- ↗ Polychaeta
- *Borstenzähner*
- *Borstgras*
  - □ Bodenzeiger
  - Nardetalia
  - B Polarregion II
- *Borstgras-Rasen* ↗
  - Nardo-Callunetea
- **Borstiger Bienenfreund**
  - Büschelschön
- *Borstlinge* ↗
  - Cheilymenia
- *Bortensoral* ↗
- *Bos* ↗
- **bösartige Geschwülste**
  - Krebs
- **Böschungsorientierung**
  - Inkrustationszentrum
- **Boselaphini**
  - Waldböcke
- **Boselaphus**
  - □ Antilopen
  - Nilgauantilope
- *Bosellia*
- **Bosellidae**
  - Bosellia
- **Boskopapfel**
  - Nachreife
- *Bosmina* ↗
- **Bosminidae**
  - M Wasserflöhe
- **Boston-Terrier**
  - B Hunderassen IV
- *Bostrychidae* ↗
- **Bostrychiformia**
  - □ Käfer
- **Bostrychus**
  - Holzbohrkäfer
- **Bostryx**
  - Schraubel
- **Boswell, James**
  - Boswellia
- *Boswellia* ↗
  - Weihrauch
- **Boswelliasäure**
  - M Resinosäuren
- **Boswelliaterpentin**
  - Burseraceae
- *Botalli-Gang* ↗
- **Botallo, Leonardo**
  - Botalli-Gang
  - Ductus arteriosus Botalli
- **Botalloscher Gang**
  - Ductus arteriosus Botalli
- **Botanik**
  - B Biologie II
  - Cesalpinus, A.
  - Zoologie
- *botanischer Garten*
- **botanisches System**
  - B Biologie II
- *botanische Zeichen*
- *Botaurus* ↗
- **Botelina**
  - Polyederkrankheit
- **Botelona**
  - Kurzgrassteppe
- *Botenmoleküle*
  - Bioelektronik
  - Membran
  - primäre Boten
  - sekundäre Boten
- *Boten-Ribonucleinsäure* ↗
- *Bothidae* ↗
- **Bothinae**
  - Butte
- *Bothridium*
- **Bothriocephalidae**
  - M Pseudophyllidea
- **Bothriocephalus**
  - Sparganosis
- *Bothriochloa* ↗
- **Bothriocidaris**
  - Bothriocidaroida
- *Bothriocidaroida*
- **Bothrioneurum**
  - M Tubificidae
- **Bothrioplanidae**
  - M Proseriata

- *Bothrium*
- *Bothrochilus* ↗
- **Bothrodendraceae**
  - Bothrodendron
- *Bothrodendron*
- *Bothrophthalmus* ↗
- *Bothrops* ↗
- *Botia* ↗
- *Botrychium* ↗
  - Farne
  - B Farnpflanzen I
- *Botrydiales*
- **Botrydina**
  - Basidiomyceten-Flechten
- **Botrydium**
  - Botrydiales
- *Botryllus*
- **Botryoblastosporae**
  - □ Moniliales
- *Botryococcaceae*
- **Botryococcus**
  - Botryococcaceae
- *Botryoidgewebe*
  - Exkretionsorgane
- *Botryoidzellen*
- **Botryokonidien**
  - □ Konidien
- **Botryomykome**
  - Botryomykose
- *Botryomykose*
- **Botryopteridaceae**
  - Natterngengewächse
- **Botryosphaeria**
  - Dothioraceae
- *Botryotinia* ↗
- **Botrytis**
  - B Pflanzenkrankheiten II
  - Salatfäule
- *Botschafter-RNA* ↗
- *Bottenbinsenrasen* ↗
- **Botulin**
  - Botulinustoxin
- *Botulinustoxin*
  - M Synapsen
- **Botulismus**
  - Bakterientoxine
  - M bakteriologische Kampfstoffe
  - M Exotoxine
  - Heilserum
  - Nahrungsmittelvergiftungen
- **Botulismustoxin**
  - Botulinustoxin
- **Boucher de Perthes, J.**
  - B Biologie II
- **Bougainville, Louis Antoine Comte de**
  - Bougainvillea
  - Bougainvilliidae
- *Bougainvillea*
  - B Südamerika V
  - Schauapparat
- **Bougainvillia**
  - Bougainvilliidae
- *Bougainvilliidae*
  - Hydractinia
- **Bouillabaisse**
  - Drachenköpfe
- *Bouillon* ↗
- *Bouin*
- **Bouin, Paul**
  - Bouin
- *Boulengerina* ↗
- **Bourgeticrinida**
  - □ Seelilien
- **Boussingault, J.-B.**
  - Boussingaultia
  - M Knöllchenbakterien
- *Boussingaultia* ↗
- **Bouteloua**
  - Nordamerika
- **Boutonneuse-Fieber**
  - M Rickettsien
- **Bouvard, Charles**
  - Bouvardia
- *Bouvardia*
- **Boveri, Th.**
  - B Biologie I
  - B Biologie II

- Chromosomentheorie der Vererbung
- □ Krebs (Krebsentstehung)
- *Bovet, D.*
- *Bovidae* ↗
- *Bovinae* ↗
- *Bovista* ↗
  - Bovista
- **Bovistartige**
  - Bovista
- **Boviste**
  - Bovista
- **Bowen, Sir George Ferguson**
  - Bowenia
- *Bowenia* ↗
- **Bowerbank, James Scott**
  - Bowerbankia
- *Bowerbankia*
- **Bowman, Sir William**
  - Bowmansche Kapsel
- **Bowmanites**
  - Sphenophyllales
- *Bowmansche Drüsen*
- *Bowmansche Kapsel*
  - Exkretionsorgane
  - Glomerulus
  - Nephron
  - B Niere
  - Podocyte
- **Boxer**
  - □ Hunde (Hunderassen)
  - B Hunderassen II
- *Boyd-Orr, J.*
- **Boyle, R.**
  - B Biologie III
- *BP* ↗
- **bp**
  - BP
  - □ Desoxyribonucleinsäuren (Parameter)
- **BPV**
  - □ Viren (Aufnahmen)
- **Bq**
  - Becquerel
- *Br* ↗
- **Brache**
  - Dreifelderwirtschaft
  - Hackfrüchte
- *Brachfliege* ↗
- *Brachia*
  - Seelilien
- **brachial**
- *Brachialapparat* ↗
- *Brachialganglion*
  - B Atmungsorgane II
- *Brachialia*
- **Brachialisnerven**
  - Hirnnerven
- **Brachialleisten**
  - Cruralplatten
- *Brachiata* ↗
- **Brachiatoren**
  - Brachiatorenhypothese
  - □ Präbrachiatorenhypothese
- *Brachiatorenhypothese*
  - Brachiatorenhypothese
  - □ Präbrachiatorenhypothese
  - Semibrachiatorenhypothese
- *Brachidium* ↗
- **Brachidontes**
  - M Miesmuscheln
- **Brachininae**
  - Bombardierkäfer
- *Brachinus* ↗
- *Brachiolaria*
  - B Stachelhäuter II
- **Brachiolen**
  - Blastoidea
- *Brachionidae*
- **Brachionus**
  - Brachionidae
- *Brachiophoren*
- **Brachiopoda**
  - Brachiopoden
- *Brachiopoden*
  - ancistropegmat
  - ancylopegmat
  - Armgerüst
  - M Devon (Lebewelt)
  - Disciniscea

- Gigantoproductus
- Glottidia
- Gryphus
- □ Kambrium
- □ Karbon
- □ Kreide
- B lebende Fossilien
- Telotremata
- **Brachiopterygium**
  - Flossen
- *Brachiosaurus*
- *Brachkäfer* ↗
- **Brachlegung**
  - Arrhenatheretalia
- **Brachschwalben**
- **Brachsen**
  - B Fische XI
  - Fließwasserorganismen
  - Güster
- **Brachsenkraut**
  - Sproßachse
- **Brachsenkrautartige**
  - Brachsenkraut
- **Brachsenkrautgewächse**
  - Brachsenkraut
- *Brachsenregion* ↗
  - Barsche
  - B Fische X
- *Brachvögel*
  - B Europa VII
  - □ Flugbild
- *Brachyarcus* ↗
  - □ spiralförmige und gekrümmte (gramnegative) Bakterien
- *Brachycephalidae* ↗
- **Brachycephalus**
  - Sattelkröten
- *Brachycera* ↗
- *Brachychiton* ↗
- **Brachycnemius**
  - Edaphosaurus
- **Brachycyon**
  - Amphicyonidae
- *Brachydaktylie*
- *Brachydanio* ↗
- **Brachydesmus**
  - Bandfüßer
- **Brachygnatha**
  - M Brachyura
- *Brachygobius* ↗
- **Brachykephale**
  - M Längen-Breiten-Index
- **Brachykrane**
  - M Längen-Breiten-Index
- **Brachylagus**
  - M Hasenartige
- **Brachylophus**
  - Polynesische Subregion
- *Brachymystax*
- *Brachynus* ↗
- **brachyodont**
  - Zähne
- *Brachypodium* ↗
- *Brachypotherium*
- *Brachypteraciidae* ↗
- **Brachypterie**
- **Brachystegia**
  - Miombowald
- *Brachystomia*
- *Brachystylie*
- **Brachytarsus**
  - M Breitrüßler
- **Brachyteles**
  - Klammerschwanzaffen
  - Spinnenaffe
- *Brachytheciaceae*
- **Brachythecium**
  - Brachytheciaceae
- *Brachytrichia* ↗
- *Brachyura*
  - Anomura
- **Bracke, Englische**
  - □ Hunde (Hunderassen)
- *Brackwasser*
  - euhaline Zone
  - Salinität
- **Brackwasserfauna**
  - Brackwasserregion

Brackwasserregion
– Osmoregulation
Brackwasserröhrichte ↗
Brackwassersalamander
– □ Querzahnmolche
Brackwasser-Schlamm-
  schnecken
Brackwespen
Bracon
– Brackwespen
Braconidae ↗
Bractea
– Braktee
Bracteola ↗
Brada ↗
Bradikininogen
– Bradykinin
Bradipodicola
– Zünsler
Bradsot
Bradybaena
– Eulota
Bradybaenidae
– Bradybaena
– Helicostyla
– Strauchschnecken
Bradykardie
Bradykinin
– Allergie
– Gewebshormone
– Mastzellen
– □ Neuropeptide
– Plasmakinine
– Schweiß
– Temperaturregulation
Bradymorphie
Bradyodonti
– Knorpelfische
Bradypodidae ↗
Bradypus
– Faultiere
– Halswirbel
Bradyrhizobium ↗
– [M] Knöllchenbakterien
  (Wirtspflanzen)
bradytelisch
– Evolutionsrate
– Saltation
bradytrophe Gewebe
– Bindegewebe
Brahmaeidae
Brahmatier
– Bramatherium
Brahminenweih
– [B] Asien VII
– Milane
Braithwaitea ↗
Braktee
– Brakteole
Brakteole
brakteose Inflorenszenz
– Blütenstand
Bramapithecus ↗
Bramatherium
Branchellion ↗
Branchiae
– Kiemen
Branchialbögen ↗
– Kiefer (Körperteil)
branchiales Gebiet
– Nervensystem
Branchialhöhle
– Branchialraum
– Kiemenhöhle
Branchialnerven
– Nervensystem
Branchialraum
– Kiemenhöhle
Branchialskelett
– Kiefer (Körperteil)
– Visceralskelett
Branchiata ↗
Branchien ↗
Branchinecta
– Anostraca
– □ Krebstiere
Branchinectidae
– [M] Anostraca
Branchiobdella
– Branchiobdellidae

Branchiobdellidae
Branchiocerianthidae
Branchiocerianthus
– Branchiocerianthidae
– Tiefseefauna
Branchiogaster
– Kiemendarm
branchiogene Organe ↗
– Kiemendarm
– Kiemenspalten
– Nervensystem
– Rekapitulation
Branchiomma ↗
Branchiomyces
– Kiemenfäule
Branchiopneustia
– branchiopneustisch
branchiopneustisch
– [M] Hemipneustia
Branchiopoda
Branchioporus
– □ Schädellose
Branchiosaurier
Branchiosaurus
– □ Branchiosaurier
– □ Perm
Branchiostegalmembran ↗
– Atmungsorgane
Branchiostegidae ↗
Branchiostegit
– Carapax
– Decapoda
Branchiostegus
– Ziegelbarsche
Branchiostoma ↗
– Bilateralfurchung
– Nomenklatur
  ↗ Lanzettfischchen
Branchiostomidae
Branchiosyllis
– [M] Syllidae
Branchiotremata ↗
Branchipus ↗
– [M] Anostraca
– [M] Tümpel
Branchiura (Krebstiere) ↗
Branchiura (Ringelwürmer) ↗
Brand (Feuer)
– Chaparral
– Feuerklimax
– [M] Forstpflanzen
– Hartlaubvegetation
– [M] Kohlenmonoxid
– [M] Kohlenwasserstoffe
– Luftverschmutzung
– Pyrophyten
  ↗ Feuer
Brand (Pflanzenkrankheiten)
Brandalge ↗
Brandbeule
– Brand
Brandblasen
– Schmerz
Brandbutten
– Brand
– Steinbrand
Brandente ↗
– [B] Ritualisierung
– Synökie
Branderpel
– [B] Ritualisierung
Brandflächen
– Nordamerika
Brandfladen
– Hypoxylon
– Xylariales
Brandgans
– [B] Europa I
– [M] Höhlenbrüter
Brandhorn
– Purpur
Brandkörner
– Brandbutten
Brandkrankheiten
– [B] Pflanzenkrankheiten I
Brandkultur
Brandlattich ↗
Brändle ↗
Brandmaus

Brandökosystem ↗
Brandpflanzen
– Feuerklimax
Brandpilze
– Gartenschädlinge
– Graphiola
Brandrodung
– Brandkultur
– Desertifikation
– Kohlendioxid
– Südamerika
– Wald
– Wanderfeldbau
Brandschopf ↗
Brandseeschwalben
– [M] Revier
– Seeschwalben
Brandseuche
– Mutterkornalkaloide
Brandsporen
– [M] Tilletiales
Brandt, K.
– □ Meeresbiologie (Expeditionen)
– Zoochlorellen
– Zooxanthellen
Brandungsbarsche
– Lebendgebärer
Brandungsschutz
– Dornenkronen-Seestern
Brandungsterrassen
– Pleistozän
Brandungszone
– Flechten
– Küstenvegetation
Brandzeichen
– Markierung
Branham, Henry H.
– Branhamella
Branhamella ↗
Brania
– Grubea
– Polychaeta
Branntkalk
– □ Kalkdünger
Branntwein
– [M] Äthanol
– Gerste
– Maische
Branta ↗
Branton, D.
– Membran
Brasilholz
– Pernambukholz
Brasilianische Pilzblume
– Schleierdame
brasilid
– [B] Menschenrassen III
Brasilin
– Pernambukholz
Brasilnuß
– Paranuß
Brasiltabak
– Tabak
Brasse ↗
Brassenregion ↗
Brassica ↗
– Saatgut
  ↗ Kohl
Brassicaceae ↗
Brassolidae ↗
braten
– Maillard-Reaktion
Brätling ↗
Brauchle, A.
– Naturheilkunde
Brauchwasser
– [M] Grundwasser
– □ Wasserkreislauf
– Wasserverschmutzung
Braula
– Bienenläuse
Braulidae ↗
Braumalz
– Bier
Braun, A.H.
Braunalgen
– Aerocyste
– Cauloid

Bräunung

– Gewebe
– □ Terpene (Verteilung)
Braunauge
Braunbär
– □ Bären
– Eisbär
– Europa
– [B] Europa V
– [M] Körpergewicht
– □ Lebensdauer
– [M] Raubtiere
Braun-Blanquet, J.
– Soziabilität
Braune Körper
– Moostierchen
Braunelle ↗
Braunellen
– Paläarktis
Brauner Auenboden ↗
Brauner Bär
– [B] Insekten IV
Braunerde
– Auenböden
– □ Bodenprofil
– [B] Bodentypen
– [B] Bodenzonen Europas
– C/P-Verhältnis
– [M] Humus
– Parabraunerde
– Ranker
– Terra fusca
– Terra rossa
brauner Jura
Brauner Pelikan
– [B] Nordamerika VI
– Pelikane
Brauner Waldboden ↗
Brauner Waldvogel
– Schornsteinfeger
braunes Fett
– Atmungskette
– Fettzellen
– Temperaturregulation
– Winterschlaf
Braunfäule (Holzabbau)
Braunfäule (Pflanzenkrankheiten)
– Monilia
Braunfisch ↗
Braunfleckigkeit
– Samtfleckenkrankheit
Braunfrösche
– Rana
Braunhaie
Braunhäuptchen
– Maronenröhrling
Braunkappe
– Träuschlinge
Braunkehlchen ↗
– Vogelzug
Braunkern ↗
– Falschkern
Braunkohle
– □ Inkohlung
– Kohle
– [B] Kohlenstoffkreislauf
– □ Tertiär
Braunkohlenteer
– [M] Krebs (Krebserzeuger)
Braunkohlenzeit
– Anthracotherien
– Braunkohle
– Tertiär
Braunkohlerevier
– Rekultivierung
Braunlehm
– Plastosol
Braunrassengürtel
– □ Menschenrassen
Braunrost ↗
– [B] Pflanzenkrankheiten I
Braunschlamm
– Dy
Braunseggen-Flachmoore ↗
Braunseggen-Sümpfe ↗
Braunspelzigkeit
Braunsporer
Bräunung ↗
– Hautfarbe

Braunvieh

- Maillard-Reaktion
- Melanine
- Phenol-Oxidase
- Ultraviolett

Braunvieh
- □ Rinder

Braunwasserseen

Braunwurz
- B rudimentäre Organe

Braunwurzartige

Braunwurzgewächse
- M Rachenblüte
- B rudimentäre Organe

Brautente
- Glanzenten
- M Komfortverhalten

Braya
- aperiodische Arten

Breccie (Sedimentgestein)

Breccie (Wirbeltierknochen)
- B Knochen

Brechbandalge ↗

Brechdurchfall
- Vibrio

Brechen (Arbeitsgang)
- Lein

Brechen (Körpervorgang)
- Erbrechen

Brechites ↗

Brechkraft
- Akkommodation
- Dioptrie
- Phasenkontrastmikroskopie

Brechmittel
- Emetin

Brechnuß
- □ Brechnußbaum

Brechnußbaum
- □ Brechnußgewächse
- B Kulturpflanzen XI

Brechnußgewächse

Brechschere
- Katzen
- Raubtiere
- Reißzähne

Brechungsfehler
- Linsenauge

Brechungsindex
- Dauerpräparate
- Fische
- Immersion

Brechweinstein
- Weinsäure

Brechwurz
- M Krappgewächse
- Veilchengewächse

Brechwurzel
- Brechwurz
- B Kulturpflanzen XI

Brechzentrum
- Erbrechen
- Wiederkäuen

Brefeld, Oskar
- Brefeldia

Brefeldia ↗

Bregmacerotidae
- M Dorsche

Brehm, A.E.
- B Biologie I
- B Biologie III

Brehm, Ch.L.

Breiapfelbaum
- B Kulturpflanzen VI
- Sapotaceae

Breiapfelgewächse
- Sapotaceae

Breigetreide

Brein
- Resinole

Breinl, F.
- B Biologie II

Breitbandantibiotika ↗

Breitbandinsektizide
- Breitbandpestizide

Breitbandpestizide

Breitflügelfledermäuse

Breitfrontzug
- Vogelzug

Breitfußschnecken ↗

Breitkopfkänguruhs
- Rattenkänguruhs

Breitkopfsalamander ↗

Breitling ↗

Breitlinge ↗

Breitmaulrüßler ↗

Breitnasen
- Südamerika

Breitrachen

Breitrand
- Gelbrandkäfer

Breitrandschildkröte
- Landschildkröten

Breitrüßler

Breitsaat
- □ Saat

Breitsame ↗

Breitschädellurch
- Diplocaulus

Breitzüngler ↗

Bremen
- Bremsen

Bremia

Bremi-Wolf, Johann Jacob
- Bremia

Bremsen
- holoptisch
- □ Insekten (Nervensystem)
- B Insekten II
- □ Mundwerkzeuge

Bremsstrahlung
- Röntgenstrahlen

Brenndolden-Wiesen
- Molinietalia

Brennender Busch
- Diptam

Brenner ↗

Brennessel
- □ Bodenzeiger
- B Europa XVI
- Histamin
- Milchröhren
- Nitrophyten
- M Ruderalpflanzen
- Schmerz

Brennesselartige

Brennesselgewächse

Brennessel-Giersch-Saum ↗

Brennfleckenkrankheit
- Anthraknose
- Ascochyta
- B Pflanzenkrankheiten II

Brennhaar (Botanik)
- Blatt
- Brennesselgewächse
- Emergenzen
- Haare

Brennhaar (Zoologie)
- Pfauenspinner

Brennholz
- Afrika
- Desertifikation

Brennholzniederwald
- Betriebsart

Brennpunkt
- □ Aberration

Brennschwamm
- Neofibularia

Brennstoffe
- M Biomasse
- ↗ fossile Brennstoffe

Brenntorfgewinnung
- Bunkerde

Brennweite
- Auge
- Dioptrie

Brennwert
- Fette
- Fettspeicherung
- kalorisches Äquivalent
- Nährwert
- Nahrungsstoffe
- Respirometrie

Brenthidae ↗

Brenthis
- M Fleckenfalter
- M Perlmutterfalter

Brenzcatechin
- Indolylessigsäure-Oxidase

Brenzen
- Brenztraubensäure

Brenztraubensäure
- B Dissimilation II
- Ketone
- □ Transaminierung
- ↗ Pyruvat

Brenztraubensäure-schwachsinn ↗

Brephinae
- Jungfernkind

Brephos ↗

Brestling ↗

bretonisch
- B Erdgeschichte

Brettanomyces
- Dekkera

Brettkanker

Brettwurzeln
- Ulme

Breuer, Josef
- Hering-Breuer-Reflex

Brevetoxin
- Muschelgifte

Brevibacterium
- Käse

Breviceps ↗

Brevicipitinae
- Engmaulfrösche

brevicon

Brevicoryne
- M Röhrenläuse

Brevoortia
- Heringe

Brewster, D.
- M Mikroskop (Geschichte)

Briard
- □ Hunde (Hunderassen)

Bridges, C.B.

Brie
- Käse

Brieftaube
- M Fortbewegung (Geschwindigkeit)
- Kompaßorientierung
- magnetischer Sinn
- Mensch und Menschenbild
- Vogelzug

Bries ↗

Brille
- □ Brechungsfehler

Brillenbär
- Südamerika
- B Südamerika VI

Brillenkaiman ↗

Brillenpinguin
- B Afrika VI
- Pinguine

Brillensalamander

Brillenschlange
- B Asien VII
- B Reptilien III
- M Schlangengifte

Brillenschötchen

Brillentejus ↗

Brillenvögel
- □ Ornithogamie

Brillenwürger

Brintesia ↗

Brisinga
- □ Seesterne

Brisling ↗

Brissidae
- M Herzseeigel
- Leierherzigel

Brissopsis
- Herzigel
- Leierherzigel

Briza ↗

Broca, Pierre Paul
- Broca-Zentrum
- limbisches System

Broca-Zentrum
- Sprache
- Sprachzentren
- □ Telencephalon
- B Telencephalon

Brochis ↗

Brochothrix ↗

Bröckelgefüge
- □ Gefügeformen

Brockengrößenanspruch

Brodelboden ↗
- arktische Böden

de Brogliesche Beziehung
- Elektronenmikroskop

Brokatbarbe
- B Aquarienfische I
- M Barben

Broken Hill
- Rhodesiamensch

Broken Orange
- □ Teestrauchgewächse

Broken Pekoe
- □ Teestrauchgewächse

Brokkoli ↗

Brom
- □ MAK-Wert

Bromaceton
- Giftgase

Bromat
- biochemische Oszillationen
- Zhabotinsky-Belousov-Reaktion

Bromatien
- Chlamydosporen

Bromatik

Bromatographie
- Bromatik

Bromatologie
- Bromatik

Brombeere ↗
- B Europa V
- B Europa XIX
- □ Fruchtformen
- Karpidium
- Lianen
- Polykorm
- □ Rubus

Brombeer-Haselbusch
- Rubion subatlanticum

Brombeer-Hecken ↗

Brombeer-Schlehenbusch
- Rubion subatlanticum

Brombeerspinner ↗

Bromcyan
- Bromcyan-Reaktion

Bromcyan-Reaktion
- □ Proteine (Charakterisierung)

5-Bromdesoxyuridin-Triphosphat

Bromel, Olaf
- Bromelia
- Bromeliaceae
- Bromeliales

Bromelain

Bromelia

Bromeliaceae ↗

Bromeliales ↗

Bromelienmalaria
- Ananasgewächse

Brometalia erecti ↗
- Trockenrasen

Bromide
- Brom

Brommethan
- methylotrophe Bakterien

Bromo-Hordeetum ↗

Bromovirus-Gruppe ↗

5-Bromuracil
- Basenaustauschmutationen
- □ Dichtegradienten-Zentrifugation

Bromus ↗

Bronchen
- Bronchien

Bronchi
- Bronchien

Bronchialasthma
- Allergie

Bronchialkrebs
- Benzpyren
- □ Krebs (Krebsentstehung)
- ↗ Lungenkrebs

Bronchien
- Luftröhre

- Lunge
- ☐ Lunge (Ableitung)
- ☐ Nervensystem (Wirkung)
- B Nervensystem II

Bronchiolen
- Bronchien
- Lunge

Bronchioli
- Bronchiolen

Bronchiolitis
- M Paramyxoviren

Brongniart, A.Th.
- B Biologie II

Bronn, H.G.
- B Biologie I

Brontosaurier
- Körpergröße

Brontosaurus
- B Dinosaurier

Brontotheria
- Lambdotherium

Brontotherium
- M Brontotheria

Bronzehauterkrankung
- Addisonsche Krankheit

Bronzezeit
- M Holozän

Brookes, Richard
- Brookesia

Brookesia ↗

Brooksella
- Protomedusae

Brooksia
- Desmomyaria

Broscus ↗

Brosimum

Brosme ↗

Brot
- Backhefe
- M Ballaststoffe
- Brotschimmel
- Nahrungsmittel
- ☐ Nahrungsmittel
- Sauerteig

Brotbohrer
- Klopfkäfer

Broteinheit
- Diabetes

Brotfrucht
- Brotfruchtbaum

Brotfruchtbaum
- B Kulturpflanzen I
- M Leerfrüchtigkeit

Brotgetreide
- Gerste
- Gluten
- Prolamine

Brotkäfer ↗

Brotkrumenschwamm
- Halichondria

Brotnußbaum ↗

Brotschimmel
- Neurospora

Brotteig
- Sauerteig

Brotwurzel
- Yams

Broussonet, Pierre-Marie-Auguste
- Broussonetia

Broussonetia

Browallia
- B Südamerika VI

Brown, J.

Brown, R.
- B Biologie II
- Cytologie

Brownianismus
- Brown, J.

Brownsche Molekularbewegung
- Wiener, N.

Brown-Sequard, Ch.É.

Brown Spider
- Speispinnen

Bruce, Sir D.
- Brucella
- Brucellosen

Bruce, James
- Brucin

Brucella
- Francisella
- Mykoine

Brucellen
- Brucella

Brucellosen
- Anthropozoonosen
- M bakteriologische Kampfstoffe
- Fleischfliegen
- Gruber-Widalsche Reaktion
- Hepatitis

Bruch (Gebrechen)
- M Leiste
- ↗ Knochenbruch

Bruch (Landschaft)
- Moor

Bruchbereitung
- M Käse

Bruchdreifachbildungen
- Regeneration

Bruchfläche
- Gefrierätztechnik

Bruchfrucht

Bruchhefe ↗

Bruchidae ↗

Bruchidius
- M Samenkäfer

Bruchkraut

Bruchreizker
- Milchlinge

Bruchschill
- Schill

Bruchus

Bruchwälder ↗
- Feuchtgebiete

Bruchwaldfehn
- Alnetea glutinosae

Bruchweide
- B Asien I

Brucin
- ☐ Brechnußgewächse
- Pelletier, P.J.

Bruck, F.
- Wassermann, A.P. von

Brücke (Nervensystem)
- B Gehirn
- Telencephalon

Brücke (Panzerteil)
- Schildkröten

Brücke, E.W. von

Brückenechse
- M Gattung
- lebende Fossilien
- B lebende Fossilien
- Neuseeländische Subregion

Brückenkontinent

Brückentheorie
- Inselbiogeographie
- Landbrücke

Brückentiere
- Gephyrea

Brückner, E.
- Günzeiszeit
- Pleistozän

Brüggenkaltzeit
- ☐ Pleistozän
- Tegelenwarmzeit

Brugia
- Elephantiasis

Bruguiera ↗

Bruguières, Jean Guillaume
- Bruguiera

Brüllaffen
- Gesang

Brummer
- Fleischfliegen

Brunelle

Brunelliaceae
- M Rosenartige

Brunfels, O.
- B Biologie I
- B Biologie III

Brunft ↗
- Sexuallockstoffe
- ↗ Brunst

Brunftfeige ↗

Bruniaceae
- M Rosenartige

Brunizem

Brunnen
- Gärgase
- Grundwasser

Brunnenfaden ↗

Brunnenkrebs

Brunnenkresse

Brunnenlebermoos ↗
- M Kosmopoliten
- M Marchantiaceae

Brunnenmolche

Brunnensalamander ↗

Brunnenschnecken

Brunnenwürmer ↗

Brunnenzopf

Brunner, Johann Conrad von
- Brunnersche Drüsen

Brunnersche Drüsen
- Zwölffingerdarm

Brünnrasse
- Předmost

Brünntypus
- Brünnrasse

Bruno, Giordano
- Biologismus

Brunst
- Flehmen
- Testosteron
- ↗ Brunft

Brunstdrüsen
- Brunst

Brunstfeige

Brunstschwellungen
- Status-Signal

Brunstschwielen ↗

Brüsseler Kohl ↗

Brüsseler Krankheit

Brust (Körperabschnitt)
- ↗ Thorax

Brust (Milchdrüse) ↗
- Brust

Brustabschnitt
- Brust

Brustatmung ↗
- Bauchatmung

Brustbein
- Atmung
- Clavicula
- Flugmuskeln
- Gabelbein
- Rippen
- B Skelett

Brustbeinkamm
- Brustbein
- Flugmuskeln

Brustdrüse ↗
- M Atavismus
- M Krebs (Krebsarten-Häufigkeit)
- rudimentäres Organ
- Stroma
- Thymus

Brüste
- Geschlechtsmerkmale
- Milchdrüsen
- M Schlüsselreiz

Brustfell ↗

Brustflossen
- Fische
- Fliegende Fische
- M Flossen
- Flug
- B relative Koordination
- B Skelett

Brustgräte

Brusthöhle ↗

Brustkinder
- Darmflora

Brustkorb
- Rippen
- Zwerchfell

Brustkrebs
- ☐ Krebs (Krebsentstehung)
- ↗ Mammakarzinom

Brustlymphgang
- Lymphgefäßsystem
- Verdauung

Brustmuskeln
- Brustbein
- Flugmuskeln

- M Milchdrüsen
- weiße Muskeln

Brustseuche

Bruststück
- Thorax

Brustsuchen

Brustwarze
- Jugendentwicklung: Tier-Mensch-Vergleich
- Lactation
- M Milchdrüsen

Brustwirbel
- Halswirbel
- Processus spinosus
- M Wirbelsäule

Brustwurz ↗

Brut (Botanik)

Brut (brüten) ↗

Brut (Zoologie)

Brutammen
- Ammenbienen

Brutbecher
- Fortpflanzungsorgane

Brutbeutel
- Geschlechtsmerkmale
- Peracarida
- M Pseudoskorpione
- ↗ Bruttasche
- Marsupium

Brutblatt ↗
- M Dickblattgewächse

Brutblätter
- Leucobryaceae

Brutdauer
- M brüten

brüten
- Brutfleck
- Buntbarsche
- Kleptogamie
- Vögel

Brutfleck
- brüten
- Prolactin

Brutfürsorge
- Brutparasitismus
- Embryonalentwicklung
- Fortpflanzungsverhalten

Brutgang
- ☐ Borkenkäfer

Bruthelfer
- Familienverband
- Soziobiologie

Bruthenne
- Glucke

Bruthöhle
- Höhlenbrüter
- M Nest (Nestformen)
- Nisthilfen

Brutkammern
- Mistkäfer
- Nest
- Sandbienen

Brutkleid ↗
- ☐ Farbe

Brutknöllchen

Brutknospe (Botanik)
- asexuelle Fortpflanzung
- Brutknöllchen
- Keimung

Brutknospe (Zoologie)

Brutkolonie
- anonymer Verband
- Gruppenbalz

Brutkörbchen ↗

Brutkörper
- asexuelle Fortpflanzung
- Diasporen
- Laubmoose

Brutlager
- M Nest

Brutparasiten
- Apoidea
- Brutparasitismus
- Honiganzeiger

Brutparasitismus
- Kleptogamie
- Kuckucke
- Mimikry
- Stärlinge

Brutpest

- Symphilie

Brutpest
- Faulbrut

Brutpflege
- Altern
- Blatthornkäfer
- Bockkäfer
- Bruthelfer
- Brutparasitismus
- Buntbarsche
- Embryonalentwicklung
- Familienverband
- Fortpflanzungsverhalten
- Froschlurche
- M Funktionskreis
- Geißelspinnen
- Gelege
- Geschlechtsmerkmale
- Großfußhühner
- Haustierwerdung
- □ Hormone (Drüsen und Wirkungen)
- Kindchenschema
- Prolactin
- Schweißdrüsen
- M Sozialverhalten
- Tierbauten
- Totengräber
- Vogelflügel

Brutpflegefärbung
- B Auslöser

Brutpille
- Pillendreher

Brutraum
- Bienenzucht

Brutrevier
- Bruthelfer

Brutsack ⤴

Brutschicht
- Termiten

Brutschrank

Brutstollen
- Ambrosiakäfer

Brutstreckteiche
- Brutteich

Bruttasche ⤴
- Ameisenigel
- Beutelratten
- brüten
  ⤴ Brutbeutel
  ⤴ Marsupium

Brutteich

Bruttoassimilation
- Bruttophotosynthese

Bruttoformel

Bruttophotosynthese
- Nettoprimärproduktion
- M Plankton (Produktivität)
- Polarregion
- Produktion

Bruttoprimärproduktion
- Bruttophotosynthese

Bruttoprimärproduktivität
- Bruttophotosynthese

Bruttoproduktion
- □ ökologische Effizienz
- Produktion

Brutvorstreckteiche
- Brutteich

Brutwaben
- Brutzellen
  ⤴ Wabe

Brutwärme
- Brutfleck

Brutzellen
- Honigbienen
- □ staatenbildende Insekten

Brutzwiebel
- M Lauch
- Zahnwurz
- Zwiebel

Bruyère
- Glockenheide
- Maserwuchs

Brya
- M Hülsenfrüchtler

Bryaceae

Bryales

Brychius
- Wassertreter

Brycon ⤴

Brydewal
- M Furchenwale

Bryidae

Bryobia
- □ Spinnmilben

Bryocharis
- Kurzflügler

Bryodrilus ⤴

Bryograptus
- Graptolithen

Bryokinin

Bryologie

Bryonia ⤴

Bryoniatyp

Bryophyllum ⤴

Bryophyta ⤴

Bryopsidaceae

Bryopsidales
- Dasycladales

Bryopsis ⤴
- Assimilatoren

Bryoria ⤴
- Pseudocyphelle

Bryozoa
- Arbeitsteilung
- □ Karbon
- □ Kreide
- □ Ordovizium
- □ Tertiär
  ⤴ Moostierchen

Bryozoenkalk

Bryum ⤴
- Wassermoose

BSB ⤴

BSG
- Blutsenkung

BSV
- M Viroide

Bubalornis ⤴

Bubalus

bubble-Detritus

Buber, Martin
- Anthropomorphismus - Anthropozentrismus

Bubo

Bubulcus ⤴

Bucanetes ⤴

Bucca
- Wange

Buccalfüßchen
- □ Seeigel
- M Zwergseeigel

Buccalganglion
- Nervensystem
- B Nervensystem I
- Schnecken

Buccalhöhle
- Mund

Buccalregion
- Polychaeta

Buccinidae ⤴

Buccinoidea
- Wellhornartige

Buccinum
- Einsiedlerkrebse
- Wellhornschnecken

Bucconidae ⤴

Bucegia ⤴

Bucephala ⤴

Buceros
- Nashornvögel

Bucerotidae ⤴

Buch, Ch.L. von
- Auxiliarloben
- brauner Jura
- Jura
- Lobenlinie

Bucharahirsch
- M Rothirsch

Bucharaklee ⤴

Buchdrucker

Buche
- M Agrarmeteorologie
- bipolare Verbreitung
- □ Bodenorganismen
- Buchelmast
- M Chromosomen (Anzahl)
- B Europa X

- Forstpflanzen
- M Höhengrenze
- □ Holozän
- □ Holz (Bautypen)
- B Holzarten
- Kätzchen
- □ Lebensdauer
- M Lichtblätter
- □ Lichtfaktor
- □ Mastjahre
- Mykorrhiza
- M Mykorrhiza
- Nebenblätter
- M Pollen
- Schatthölzer
- Schirmschlag
- Umtrieb
- Vaccinio-Piceetea
- Wald
- Waldsterben
- M Waldsterben
- Wildverbiß
  ⤴ Buchenwald

Bucheckern
- Buche
- Buchelmast

Buchel
- Buche

Buchelmast

Buchenartige
- M Mediterranregion II
- Schatthölzer

Buchenblatt-Baumlaus
- Zierläuse

Buchenblattwespe
- Cimbicidae

Buchen-Eichen-Wälder
- Höhengliederung

Buchenfarn ⤴

Buchengallmücke
- Buche
- □ Gallmücken

Buchengewächse
- Hexenbesen
- Nothofagus

Buchenholz
- Buche

Buchenholzteer
- Guajakol

Buchenlaus
- Zierläuse

Buchenmast
- Buchelmast

Buchenmotte
- Oecophoridae

Buchenrindensterben
- M Nekrose

Buchenschildlaus
- Schmierläuse

Buchenspinner ⤴

Buchenspringrüßler
- Buche
- M Minen
- Rüsselkäfer
- Springrüßler

Buchen-Tannen-Fichten-Mischwälder
- Höhengliederung

Buchen-Tannenwald ⤴

Buchen-Tannenzeit
- M Pollenanalyse

Buchen-Traubeneichenwald ⤴
- Quercetea robori-petraeae

Buchenwälder ⤴
- Wald
- B Wald
- zonale Vegetation

Buchenwollaus
- Schmierläuse

Buchenzeit ⤴
- Mitteleuropäische Grundsukzession

Buchen-Zuckerahorn-Wälder
- Nordamerika

Bücherläuse ⤴

Bücherskorpion
- Pseudoskorpione
- M Pseudoskorpione

Buchfinken
- Dialekt
- B Europa XII

- B Finken
- M Finken
- Fortbewegung (Geschwindigkeit)
- □ Gesang
- Gesangsprägung
- Individualdistanz
- Kaspar-Hauser-Versuch
- B Kaspar-Hauser-Versuch
- Teilzieher
- Verhaltenshomologie
- B Vogeleier I

Buchkiemen
- M Xiphosura

Buchloe
- Kurzgrassteppe
- Nordamerika

Buchlungen
- Gliederfüßer

Buchner, E.
- alkoholische Gärung
- B Biochemie
- Endosymbiose
- M Enzyme
- Zymase

Buchner, H.
- Alexine
- M Enzyme

Buchner, P.

Buchsbaum ⤴
- M Mediterranregion II
- Schatthölzer

Buchsbaumgewächse

Büchsenkonserven
- □ Konservierung (Konservierungsverfahren)

Büchsenkraut

Büchsenmuschelartige
- Büchsenmuscheln

Büchsenmuscheln

Büchsenroller ⤴
- Blattroller

Buchsholz
- Flacourtiaceae

Buchweizen
- Getreide
- Heidekorn
- B Kulturpflanzen I
- Rutin

Buckelbienen
- M Kuckucksbienen

Buckelbrütigkeit
- Drohnenbrütigkeit

Buckelfliegen

Buckelkäfer ⤴

Buckelrind ⤴

Buckelschildkröten ⤴

Buckelschrecken

Buckelwal
- B Polarregion IV

Buckelzirpen

Buckland, W.
- Diluvium

Bucorvus ⤴

bud-bank
- Unkräuter

budding (Bakterien und Pilze) ⤴

budding (Viren)
- Togaviren
- Virushülle
- Virusinfektion
- □ Virusinfektion (Reifung)

Buddle, Adam
- Buddleja

Buddleia
- Buddleja

Buddleja

Buddlejaceae
- Brechnußgewächse
- Buddleja

Budorcas
- Rindergemsen

Budorcatini
- Rindergemsen

Buellia ⤴

Bufadienolide
- Krötengifte

Bufadienolidglykoside
- Bufadienolide

Buschsteppe

Bufalin
– Bufadienolide
Buffalo
– Bison
Buffalo Grass
– Nordamerika
Büffel
– Afrika
– □ Milch (Zusammensetzung)
– M wildlife management
Büffelbeere
– Ölweidengewächse
Büffelweber ↗
Buffon, G.L.L. de
– B Biologie I
– B Biologie II
– B Biologie III
– Panspermielehre
Bufo ↗
Bufonidae ↗
Bufotalidin
– Bufadienolide
Bufotalin
– Bufadienolide
Bufotenine
– Hülsenfrüchtler
– Krötengifte
Bufotoxine
– Amphibiengifte
– Bufadienolide
– Herzglykoside
Buglossidium ↗
Bugula
Bühler Zwetschge
– Prunus
Bukettkrankheit
Bukettstadium
Bukettstoffe
– Wein
Bukettvirus
– Bukettkrankheit
Bulbille (Botanik) ↗
Bulbille (Zoologie) ↗
Bulbochaete ↗
Bulbogastrone
– Villikinin
Bulbourethraldrüsen
– Geschlechtsdrüsen
Bülbüls ↗
Bulbus (Botanik) ↗
Bulbus (Zoologie) ↗
Bulbus oculi
– Linsenauge
Bulbus olfactorius
– Riechhirn
– B Telencephalon
Bulbus pili
– Haare
Bulbus urethrae
– Bulbourethraldrüsen
Bulgaria
– Bulgariaceae
Bulgariaceae
Bulgarica
Bulimulidae
– Drymaeus
– Liguus
Bulinidae
– Bulinus
– Indoplanorbis
Bulinus
Bulla
Bulla ossea
– Knochen
Bulla tympanica
– Kiefer (Körperteil)
Bulldoggameisen ↗
Bulldogge
– □ Hunde (Hunderassen)
Bulldoggenameisen
– Bulldoggameisen
Bulldoggfledermäuse
Bulldog-Typ
– Doppelfüßer
Bulle
Bullera
– M Sporobolomycetaceae
Bullia
Bullidae ↗

Bullterrier
– □ Hunde (Hunderassen)
Bulnesia ↗
Bult ↗
– Moor
Bultgesellschaften ↗
Bumelia ↗
Bumilleria ↗
Bumilleriopsis
– Mischococcales
Bündelscheidenzelle
– M Hatch-Slack-Zyklus
Bundes-Abfallbeseitigungsgesetz
– Deponie
Bungarotoxine
– M Synapsen
Bungars
– Bungarotoxine
– Giftschlangen
– M Schlangengifte
Bunge
Bunias ↗
Bunium ↗
Bunkerde
Bünning, E.
– Bünning-Hypothese
Bünning-Hypothese
Bunocephalidae ↗
Bunodactis
Bunodeopsis ↗
bunodont
– Höckerzähne
– Unpaarhufer
Bunodontia
– bunodont
Bunolagus
– M Hasenartige
Bunonema
– Rhabditida
bunoselenodont
– Anthracotherien
Bunsen, Robert Wilhelm
– Bunsenscher Absorptionskoeffizient
– M Gehirn
Bunsenscher Absorptionskoeffizient
Buntastrild
– B Mimikry I
Buntbarsche
– Afrika
– Fische
– B Fische IX
– B Konfliktverhalten
– M Maulbrüter
– Prolactin
– Revier
– B Signal
– Südamerika
Buntblättrigkeit
– Plastidenvererbung
Buntbock
Bunte Erdflechtengesellschaft
Bunte Mergel
– Keuper
bunte Reihe
Buntfarben
– Farbensehen
Buntkäfer
– Corynetidae
Buntlippe ↗
Buntmarder
Buntmeise
– B Asien IV
Buntnessel
– □ Adventivbildung
– B Asien VIII
– Buntblättrigkeit
– Coleus
Buntsandstein ↗
– M Trias
Buntschnecken
Buntschnepfe
– Goldschnepfen
Buntspecht
– B Europa XI
– M Spechte
– B Vögel I

Buntwühle ↗
Buntzecken
Bunya-Bunya-Baum
– Araucaria
Bunyamwera-Hauptgruppe
– Bunyaviren
Bunyaviren
– B Viren
– □ Virusinfektion (Genexpression)
– □ Viruskrankheiten
Bunyaviridae
– Bunyaviren
Bunyavirus
– Bunyaviren
Bupalus ↗
Buphagus ↗
Buphthalmum ↗
Bupleurum ↗
– Ackerunkräuter
↗ Hasenohr
Buprestidae ↗
Burbank, L.
Burchell-Zebra
– M Aussterben
– M Rassen- u. Artbildung I
– M Zebras
Burdach, K.F.
– Biologie
– B Biologie I
– B Biologie II
– Burdachscher Strang
– Goethe, J.W. von
Burdachscher Strang
– Hinterstrang
Bürde
– Eugenik
Burdigalium
– Miozän
– □ Tertiär
Burdock stunt
– M Viroide
Burdonen
Burgess-Schiefer
– Dinomischus
– □ Kambrium
– Phyllocarida
Burgunder ↗
– □ Weinrebe
Burgunderblut
– M Oscillatoria
Burgunderbrühe
– M Fungizide
Burhinidae ↗
Burhinus
– Triele
Burjaten
– Tungide
Burkitt, Denis
– Burkitt-Lymphom
Burkitt-Lymphom
– Epstein-Barr-Virus
– □ Krebs (Krebsentstehung)
Burkitt-Tumor
– Burkitt-Lymphom
Burleytabak
– Tabak
Burman, Johan
– Burmanniaceae
Burmanniaceae
Burmesteria
– Gürtelmulle
Burmesenkatze
– B Katzen
Burnet, Sir F.M.
– Clone-selection-Theorie
Burnupia
– M Flußmützenschnecken
Burozem
Bursa (Körperhohlraum)
Bursa (Weichtier)
– Froschschnecken
Bursa-Äquivalent
– M Lymphocyten
Bursa copulatrix
– Begattungstasche
– Bursa
Bursa Fabricii
– Immunzellen

– lymphatische Organe
– M Lymphocyten
Bursaphelenchus
– Fadenwürmer
– Kokospalmenälchen
Bursa primordialis ↗
Burser, Joachim
– Burseraceae
Burseraceae
Bursereae
– M Burseraceae
Bursicon
– Ecdyson
– Metamorphose
Bursidae ↗
Bursovaginoidea
– Gnathostomulida
Bürstenkänguruhs
– Rattenkänguruhs
Bürstenmoose ↗
Bürstenraupen
– Trägspinner
Bürstensaum ↗
– Epithel
Bürstenschwanz
– Pontoscolex
Bürstenspinner
– Trägspinner
Bürstenzunge
– Bürstenzüngler
– Radula
Bürstenzüngler
bursts
– Atmung
Burunduk ↗
Bürzel
Bürzeldorn ↗
Bürzeldrüse
– Entenvögel
– Hautdrüsen
– Vogelfeder
– B Wirbeltiere I
Bürzelstelzer
– M Südamerika
Busch (Kopffederschmuck)
Busch (Strauch)
– □ Obstbaumformen
Busch (Vegetationsform)
Buschbabies
– Galagos
Buschbock
Büscheläffchen ↗
Büschelgräser
– Kurzgrassteppe
Büschelhafte
Büschelkäfer ↗
– B Käfer I
Büschelkiemer
– Brutbeutel
– Seenadelähnliche
Büschelmücken ↗
Büschelplacenta ↗
Büschelporlinge
Büschelschön
– B Blütenstände
Büschelwurzel
Buschfische ↗
Buschhorn-Blattwespen ↗
Buschhörnchen
– Palmenhörnchen
Buschhuhn
Buschkänguruhs
Buschkaninchen
– M Hasenartige
Buschkatzen
Buschmänner
– Fettsteiß
– Jäger- und Sammlervölker
Buschmannhasen
– M Hasenartige
Buschmeister
– Schlangengifte
– Südamerika
Buschschliefer
– M Schliefer
Buschschweine
Buschspinnen ↗
Buschsteppe
– M Steppe

89

Buschtee

Buschtee
- Hülsenfrüchtler
Buschteufel ↗
Buschtyphus
- Tsutsugamushi-Fieber
Buschwindröschen
- [B] Europa XII
- Frühlingsgeophyten
- [M] Geophyten
- Keimhemmung
- Windröschen
Buschwüste
- □ Produktivität
Busen
- [M] Milchdrüsen
- Sinus
Bushiella
- [M] Spirorbidae
Bussarde
- [B] Europa III
- [B] Europa XV
- □ Flugbild
- Greifvögel
Busulfan
- [M] Cytostatika
1,3-Butadien
- [M] Krebs (Krebserzeuger)
Butan
- [M] Alkane
- □ Isomerie (Typen)
- [M] MAK-Wert
2,3-Butandiol
- [M] gemischte Säuregärung
- unvollständige Oxidation
2,3-Butandiol-Gärung
- Ameisensäuregärung
- 2,3-Butandiol
2,5-Butandiol-Zyklus
- Diacetyl
Butanol
- Biotechnologie
- □ Buttersäure-Butanol-Aceton-Gärung
- □ Buttersäuregärung
Butanol-Isopropanol-Gärung ↗
Butansäuren
- Buttersäuren
Butazolidin
- [M] Gicht
Buten
- [M] Alkene
Butenandt, A.F.J.
- Androsteron
- [B] Biochemie
- [B] Biologie II
- Bombykol
- Ecdyson
- [M] Enzyme
- Östrogene
Butenylsenföl
- □ Senföle
Buteo ↗
Buthidae
Buthus
- Buthidae
Butin
- [M] Alkine
Butomaceae ↗
Butomus
- Schwanenblumengewächse
Bütschli, O.
- [B] Biologie I
- Cytologie
- Gastraea-Theorie
- Mitose
- [M] Placozoa
- Placula-Theorie
Butte
Butten
- Wasserverschmutzung
Butter
- Milch
- □ Nahrungsmittel
Butteraroma
- Citronensäurevergärung
- Diacetyl
- Milchsäurebakterien

Butterblume
- [M] Hahnenfuß
Butterfische
Buttergelb
Butterkrebs
- Flußkrebse
Butternuß
- Walnußgewächse
Butterpilz
- [B] Pilze III
Buttersalat
- Lattich
Buttersäurebacillen
Buttersäurebildner ↗
Buttersäure-Butanol-Aceton-Gärung
Buttersäuregärung
- Clostridien
- Gärung
Buttersäuren
- Buttersäure-Butanol-Aceton-Gärung
- Buttersäuregärung
- Butyrivibrio
- Butyryl-ACP
- Butyryl-CoA
- □ chemische Sinne (Geruchsschwellen)
- Ernährung
- Fette
- [M] Fettsäuren
- Habitatselektion
- Holzbock
- ↗ Butyrate
Butterspatel
- Kammuscheln
Buttverwandte ↗
Butylsenföl
- Löffelkraut
- □ Senföle
Butyrate
- □ Buttersäuregärung
- □ Pansensymbiose (Säuren)
- ↗ Buttersäuren
Butyrivibrio
- □ Pansensymbiose (Pansenbakterien)
Butyrospermum
Butyryl
Butyryl-ACP
- Fettsäuren
- [M] Fettsäuren (Fettsäuresynthese)
Butyryl-CoA
Butyrylgruppe
- Butyryl
Butyrylrest
- Butyryl
Buxaceae ↗
Buxbaum, Johann Christian
- Buxbaumiidae
Buxbaumia
- Buxbaumiidae
- Moose
Buxbaumiaceae
- Buxbaumiidae
Buxbaumiales
- Buxbaumiidae
Buxbaumiidae
Buxus ↗
B-Waffen
- biologische Waffen
Bychowsky
- Saugwürmer
Byctiscus ↗
by-pass
- □ Antibiotika
Byra ↗
Byrrhidae ↗
Bysocarpus
- Connaraceae
Byssochlaminsäure
- [M] Mykotoxine
Byssochlamys
Byssus
- Brandungszone
- Fußdrüsen
- Haftorgane

- [B] Muscheln
Byssusdrüsen
- Byssus
Bythinella
Bythiospeum ↗
Bythonomus
- [M] Lumbriculidae
Bythotrephes
- Polyphemidae
- [M] Polyphemidae
- [M] Wasserflöhe
Bytiscus ↗
Byturidae ↗
Byturus
- Himbeerkäfer
β-Zellen
- Diabetes
- [B] Hormone
- Insulin
- Langerhanssche Inseln
B-Zellen
- Antigene
- ↗ B-Lymphocyten
β-Zellen-Tumor
- Insulin
B-Zell-Lymphocyten ↗

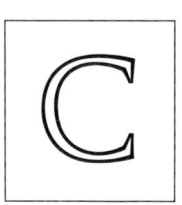

C

C
C (= Coulomb)
- [M] elektrische Ladung
C 14
Ca
Caapi
- Harmin
CAAT-Box
- Promotor
Caatinga
- Südamerika
- [B] Vegetationszonen
Caballero y Góngora, Antonio
- Gongora
Cabassou
- [M] Togaviren
Cabassous
- [M] Gürteltiere
Cacajao
- □ Sakiaffen
Cacatua
- Orientalis
Cacius
- Stärlinge
Cacomixtl ↗
Cacophryne ↗
Cacops
Cacospongia
Cacosternum ↗
Cactaceae ↗
Cactoblastis
- Phytophagen
- Zünsler
Cactoidae
- Kakteengewächse
Cactospiza ↗
- [M] Darwinfinken
- Werkzeuggebrauch
Cadalin
- Cadinen
Cadaverin
- biogene Amine
- Clostridien

- Decarboxylierung
- Putreszenz
Cadeöl
- Cadinen
cadicon
Cadinen
- □ Isoprenoide (Biosynthese)
Cadinole
- Cadinen
Cadmium
- Abbau
- Abgase
- Akkumulierung
- Luftverschmutzung
- □ Schwermetalle
Cadmiumchlorid
- [M] Krebs (Krebserzeuger)
Cadulus
Caecilia ↗
Caeciliidae ↗
Caecilioides
- Cecilioides
Caecobarbus
Caecosphaeroma
- Kugelasseln
Caecum (Ammoniten)
Caecum (Blinddarm) ↗
Caecum (Schnecken) ↗
Caedax
- mikroskopische Präparationstechniken
Caedobacter ↗
Caelifera ↗
Caenidae ↗
Caenogenese
- Haeckel, E.
- Rekapitulation
Caenolestes
- Hyracodon
- Opossummäuse
Caenolestidae ↗
Caenomorpha
Caenorhabditis
- □ Rhabditida
- Zwittergonade
Caenotheriidae
- Neobunodontia
- □ Tertiär
Caenotherium
- Cainotherium
Caeoma
- Rostpilze
Caesalpinia
- Hülsenfrüchtler
- Pernambukholz
Caesalpiniaceae ↗
Caesalpinioideae
- Hülsenfrüchtler
Caesalpinus ↗
Caesium-137
- [M] Strahlenbelastung
Caesiumchlorid-Gradient ↗
Caffeoyl-α-hydroxydihydrokaffeesäure
- Rosmarinöl
Cagniard de la Tour, Charles
- alkoholische Gärung
Ca-Horizont
Caiman ↗
Cainotherium
Cairina
- Entenvögel
- Glanzenten
Cairn-Terrier
- □ Hunde (Hunderassen)
Caissonkrankheit
- Meeresbiologie
Cajanus ↗
Cakile ↗
Cakiletea maritimae
- Küstenvegetation
cal ↗
Calabaria ↗
Calabrium
- □ Pleistozän
- Tertiär
Calaena
- [M] Europa
Calamagrostion arundinaceae ↗

Calopodes

Calamagrostis ⌐
Calamaria
– Zwergschlangen
Calamarinae ⌐
Calamintha ⌐
Calamistrum
– [M] Cribellatae
– Cribellum
Calamitaceae
Calamiten
– Calamitaceae
– [B] Pflanzen, Stammbaum
Calamites
– □ Perm
Calamobius
– Bockkäfer
Calamocarpaceae
– Calamocarpon
Calamocarpon
Calamodendron
Calamoichthys ⌐
Calamophyton ⌐
– Schachtelhalme
Calamopityales
– Medullosales
Calamostachys
Calamus (Palmen) ⌐
Calamus (Vögel) ⌐
Calandra
– Populationswachstum
Calanus ⌐
– [M] Plankton
Calappa
– Schamkrabben
Calappidae ⌐
– [M] Brachyura
Calathea ⌐
Calathium
– Körbchen
Calcaneus ⌐
– Intertarsalgelenk
Calcar
– Sporn
Calcarea ⌐
Calcarius
– [M] Nordamerika
Calceolaria ⌐
Calceola sandalina
Calcichordata
– [M] Devon (Lebewelt)
Calciferol
– Calcium
– Depigmentation
– Lumisterin
– [B] Vitamine
– [M] Vitamine
calcifug
Calcinose
– [M] Calciferol
– Kalk
calciphil
calciphob
– calcifug
Calcispongiae ⌐
Calcit
– [M] Kalk
– Schale
Calcitonin
– branchiogene Organe
– □ Hormone (Drüsen und Wirkungen)
– □ Neuropeptide
– Parathormon
Calcitoninverwandtes Produkt
– □ Neuropeptide
Calcium
– [M] Bioelemente
– Disaggregation
– [M] Glucocorticoide
– [M] Harn (des Menschen)
– □ Hormone (Drüsen und Wirkungen)
– Kalk
– Kalk-Kali-Gesetz
– [M] Kationenaustauscher
– Muskelkontraktion
– [B] Muskelkontraktion II
– Muskelzuckung

– Muskulatur
– Nährsalze
– sekundäre Boten
– Synapsen
– □ Synapsen
– [B] Vitamine
– Waldsterben
Calciumauswaschung ⌐
Calciumcarbonat
– Biomineralisation
– Calcium
– Entkalkung
– Kalk
– Kalkdünger
– Statolithen
Calciumcarbonatsteine
– Harnsteine
Calciumchlorid
– hygroskopisch
Calciumchromat
– [M] Krebs (Krebserzeuger)
Calciumcyanamid
– Kalkstickstoff
Calciumdihydrogenphosphat
– Calciumphosphate
Calciumfluorid
– Fluor
Calciumhorizont
Calciumhydrogencarbonat
– Entkalkung
– Kalk
Calciumhydrogencarbonat-Typ
Calciumhydrogenphosphat
– Calciumphosphate
– [M] Harnsedimente
Calciumhydrogensulfit
– Sulfite
Calciumhydroxid
– [M] Kalk
Calcium-Hypothese ⌐
Calciumnitrat
– Calcium
– Kalksalpeter
Calciumoxalat
– Ablagerung
– Absonderungsgewebe
– Begoniaceae
– Biomineralisation
– Calcium
– [M] Harnsedimente
– Kalk
Calciumoxid
– [M] Kalk
– Oxide
Calciumphosphate
– Biomineralisation
Calcium-Proteinat-Phosphat-Partikel
– Milchproteine
Calcium-Pumpe
– Calcium
– Ionenpumpen
– Muskelkontraktion
– sekundäre Boten
Calciumsalze
– Seifen
Calciumsulfat
– Calcium
Caldesia
– Froschlöffelgewächse
Caldwell, E.
– Haake, W.
Calectasia
– [M] Xanthorrhoeaceae
Caledoniella
– [M] Hipponicoidea
Caledoniellidae
– [M] Hipponicoidea
Calendula ⌐
Calenduleae
– □ Korbblütler
Calendulin
– Ringelblume
Calepitrimerus
– [M] Rebkrankheiten
Calicella
Caliche
Caliciaceae
Caliciales
– coniokarpe Flechten

– Coryneliales
Caliciopsis ⌐
Calicium ⌐
Caliciviren
– □ Virusinfektion (Genexpression)
Caliciviridae
– Caliciviren
Calico
– Klapperfalter
Calicotome
– [M] Macchie
Caliculi gustatorii
– Geschmacksknospen
Calidris ⌐
California-Gruppe
– Bunyaviren
Caligo
– Brassolidae
– Eulenfalter
Caligoidea
– [M] Copepoda
– Fischläuse
Calippus
– [B] Pferde, Evolution der Pferde II
Caliroa
– Tenthredinidae
Calix ⌐
Calla ⌐
– Aronstabgewächse
Callaeas
– [M] Lappenkrähen
Callaeidae ⌐
Callagur
– Callagur-Schildkröten
Callagur-Schildkröten
Callaphididae ⌐
Callaphis
– Zierläuse
Calliactis
Callianassa
– Maulwurfskrebse
– [M] Maulwurfskrebse
Callianassidae ⌐
Calliandra
– [B] Südamerika V
Callianira ⌐
Callicarpa
– [M] Eisenkrautgewächse
Callicebus ⌐
Callichthyidae ⌐
– Fische
Callichthys
– Panzerwelse
Callidium ⌐
Calliergon ⌐
Calligonium
– Asien
Callilepis ⌐
– Plattbauchspinnen
Callimico
– Springtamarins
Callimiconidae ⌐
Callimomidae
– Torymidae
Callimorpha ⌐
Callinectes ⌐
Callinera
Calliobothrium ⌐
Callionymoidei ⌐
Callionymus
– Leierfische
Callioplanidae
– [M] Polycladida
Calliostoma
Calliphora
– Fleischfliegen
– Regelung
– Versuchstiere
Calliphora-Einheit
– Hormoneinheit
Calliphora-Test
– Calliphora-Einheit
Calliphoridae ⌐
Callipodida
– Doppelfüßer
Calliptamus ⌐
Callipteris
– Peltaspermales

– □ Perm
Callisaurus
Callistemon ⌐
– [M] Myrtengewächse
– Schauapparat
– [M] Schauapparat
Callistephus ⌐
Callistochiton
Callistophytales
Callistophyton-Bautyp
– Callistophytales
Callistoplacidae
– Callistochiton
– Middendorffia
Calliteuthis
Callithamnion ⌐
– Ceramiaceae
Callithricidae ⌐
Callithrix ⌐
Callitrichaceae ⌐
Callitriche
– Wassersterngewächse
Callitris
Callitroideae
– Zypressengewächse
Callitrolsäure
– Sandarakharz
Callixylon
– Progymnospermen
Callochiton
Callochitonidae
– Callochiton
Callograptus
– Graptolithen
Callophrys ⌐
Callopora
– [M] Moostierchen
Callorhinus ⌐
Callorhynchidae ⌐
Callosciurini
– Schönhörnchen
Callosciurus
– [M] Asien
– Schönhörnchen
Callosobruchus
– [M] Samenkäfer
Callospermarion-Bautyp
– Callistophytales
Callovium
– [M] Jura
Calluella
– [M] Engmaulfrösche
Calluna
Calluna-Heiden
– Calluno-Ulicetalia
Calluno-Genistion
– [M] Calluno-Ulicetalia
Calluno-Ulicetalia
Callus ⌐
Callycella
– Helotiaceae
Calma
Calmette, A.
Calmodulin
– Glykogen
– [M] Kooperativität
– sekundäre Boten
– Synapsen
Calobryales
Calocedrus
– Libocedrus
Calocera ⌐
Calochortus ⌐
Calocoris
– Weichwanzen
Calocybe ⌐
– [M] Hexenring
Calodon ⌐
Calomyia
– Tummelfliegen
Calomyxa ⌐
Calonectris
– Sturmtaucher
Caloneis ⌐
Calonymphida
Calophyllum
– Hartheugewächse
Caloplaca
Calopodes
– Dickfußröhrlinge

91

Calopogon

Calopogon
- M Pollentäuschblumen

Caloprymnus
- Rattenkänguruhs

Calopterygidae ↗

Calopteryx
- Prachtlibellen

Calopus
- Oedemeridae

Calor
- Entzündung

Caloscypha ↗

Calosoma ↗

Calostomataceae

Calotermes ↗
- B Endosymbiose
- Termiten

Calotes ↗

Calothrix
- Bodenorganismen

Calpionellen

Caltha ↗

Calthion ↗

Caluella ↗

Calvaria ↗

Calvarium

Calvatia ↗

Calville
- Apfelbaum

Calvin, M.
- B Biochemie
- Calvin-Zyklus

Calvin-Benson-Zyklus
- Calvin-Zyklus

Calvin-Zyklus
- Autotrophie
- B Biochemie
- □ Cyanobakterien (Photosynthese)
- Dehydrierung
- Dehydrogenasen
- Enzyme
- Gluconeogenese
- Glycerinaldehyd-3-phosphat
- M Gruppenübertragung
- M Hatch-Slack-Zyklus
- Kohlendioxidassimilation
- Kohlenhydratstoffwechsel
- □ Phosphattranslokator
- Photorespiration
- □ Photosynthese (Experimente)
- Ribulose-1,5-diphosphat-Carboxylase
- Ribulosemonophosphat-Zyklus
- B Stoffwechsel

Calycanthaceae

Calycanthus
- Blütennahrung
- Calycanthaceae
- Futtergewebe
- Käferblütigkeit

Calycella ↗

Calycin ↗

Calycocorsus ↗

Calycophorae

Calycotome ↗

Calyculus

Calymma

Calymmatobacterium

Calymperaceae

Calymperes
- Calymperaceae

Calypogeia
- Calypogeiaceae

Calypogeiaceae

Calyptahyla ↗

Calyptocephala
- Calyptocephalella

Calyptocephalella ↗

Calyptogena
- □ schwefeloxidierende Bakterien
- Tiefseefauna

Calyptomeridae
- □ Käfer
- M Käfer

Calyptomerus
- Punktkäfer

Calyptopis

Calyptra
- Alula
- Calyptrogen
- Moose

Calyptraea

Calyptraeidae
- Crucibulum

Calyptraeoidea
- Pantoffelschnecken

Calyptrata
- Schüppchen

Calyptrogen
- Dermatogen

Calyssozoa ↗

Calystegia ↗

Calystegietalia sepium

Calyx (Botanik)

Calyx (Crinoidea) ↗

Calyx (Schwämme) ↗

CAM
- diurnaler Säurerhythmus

Camaenidae
- Amphidromus
- Papuina
- Polygyratia
- Polygyroidea

Camallanina
- Spirurida

Camallanoidea
- Camallanus

Camallanus

Camarhynchus ↗

Camarodonta
- M Seeigel

Camarophyllus ↗

Camarostom
- Geißelskorpione

Cambarinae
- Flußkrebse

Cambarus ↗
- Europa

Cambisole

Cambium
- M Protoplasma

Cambridiacea
- Cambridium

Cambridiidae
- Cambridium

Cambridioidea
- Cambridium

Cambridium

Camelia
- Trentepohlia

Camelidae ↗

Camelina ↗

Camellia ↗
- Catechine

Camellus, Georgius Josephus
- Camellia
- Kamellie

Camelops

Camelus

Camembert
- Käse

camerale Ablagerungen
- intracamerale Ablagerungen

Camera obscura
- Auge

Camerarius, R.J.
- Bingelkraut
- B Biologie II
- B Biologie III

Camerata

cAMP ↗
- Calcium
- Calmodulin
- Genregulation
- □ Hormone (Primärwirkungen)
- primäre Boten
- sekundäre Boten
- ↗ cyclo-AMP

Campanium
- M Kreide

Campanopsis ↗

Campanula ↗

Campanulaceae ↗

Campanulales ↗

Campanularia
- Campanulariidae
- □ Chronobiologie (Temperaturkompensation)

Campanulariidae

Campanulina
- Campanulinidae

Campanulinidae

cAMP bindendes Protein
- Genregulation
- Promotor
- RNA-Polymerase
- Transkription

cAMP-CAP-Komplex
- □ Galactose-Operon
- Lactose-Operon
- Promotor

Campeche ↗

Campephaga
- Stachelbürzler

Campephagidae ↗

Campephilus ↗

Campesterin

Campesterol
- Campesterin

CAM-Pflanzen ↗
- Photosynthese
- Wasserhaushalt

Camphen
- M Monoterpene

Campher
- ätherische Öle
- □ chemische Sinne (Geruchssinn)
- Repellents
- Wallach, O.

campherartiger Geruch
- M chemische Sinne

Campherbaum

Campodea
- Doppelschwänze
- M Extremitäten

Campodealarve
- Käfer

Campodeidae ↗

campodeoide Larve
- Campodealarve

Campo limpo
- Südamerika

Camponotus ↗

Campos
- B Vegetationszonen

Campos cerrados
- Australien
- Südamerika

Campsis
- M Bignoniaceae

Camptocladius
- Zuckmücken

Camptostemon ↗

Campylaea ↗

Campylobacter

Campyloderes

Campylomormyrus ↗

Campylopus ↗

campylotrop
- Samenanlage

Canachites
- M Nordamerika

Canaliculus
- □ Magen (Sekretion)

Canalin ↗

Canalis centralis
- Rückenmark

Canalis gynaecophorus
- □ Digenea

Canalis inguinalis
- Leiste

Canalis neurentericus
- Chordatiere
- Neuroporus

Cananga ↗

Canarieae
- M Burseraceae

Canarina ↗

Canarium (Botanik) ↗
- □ Dipterocarpaceae

Canarium (Zoologie)

Canavalia ↗

Canavanin
- Guanidin
- Hülsenfrüchtler

Cancellaria

Cancellata ↗
- Korallen

Cancer ↗

cancerogen
- Darmflora
- Dimethylsulfat
- □ Krebs (Krebsentstehung)
- Mutagenitätsprüfung
- Zelltransformation

Cancerogene
- ↗ cancerogen

Cancerosen
- Colchicumalkaloide

Cancricepon
- M Epicaridea

Cancridae
- M Brachyura
- Taschenkrebse

Candelaria
- Candelariaceae

Candelariaceae

Candelariella
- Candelariaceae
- ornithokoprophil

Candicin
- Heptaen-Antibiotika

Candida
- basidiosporogene Hefen
- Darmflora
- Ektosymbiose
- Fußpilzerkrankung
- Hansenula
- Immundefektsyndrom
- M Strichtest
- M Vaginalflora
- M Wein (Fehler/Krankheiten)

Candidiasis
- Candida
- Soor

Candidiose
- Monilia

Candidose
- Soor

Candidula

Candiru
- Parasitenwelse

Candle bush
- Storchschnabelgewächse

Candoia ↗

Candolle, A.P. de
- B Biologie I
- B Biologie II
- Daseinskampf
- Grisebach, A.H.R.
- Organographie

Canella
- Canellaceae

Canellaceae

Canephora
- Sackspinnen

Canescin

Canicolafieber

Canidae
- □ Tertiär

Canini ↗

Canis
- Zahnformel

Canna ↗
- Cannaceae
- M Interzellularen

Cannabidiol
- Cannabinoide

Cannabidiolcarbonsäure
- Cannabinoide

Cannabinoide

Cannabinol
- Cannabinoide

Cannabis ↗
- Marihuana

Cannabis-Typ
- M Drogen und das Drogenproblem
Cannaceae
Cannomys
- Wurzelratten
Cannon, Walter Bradford
- Cannon-Notfallreaktion
Cannon-Notfallreaktion
Cannstattrasse
Cantabrium
- M Karbon
Cantharellaceae ⁄
Cantharellales
- Leistenpilze
Cantharellus ⁄
- M Mykorrhiza
Cantharidae ⁄
Cantharidenpflaster
- Bleiwurz
- Cantharidin
Cantharidin
- Blumenkäfer
- □ Ölkäfer
- M Wehrsekrete
Cantharidus
Cantharis
- Weichkäfer
Cantharoidea
- Komplexauge
Cantharophilie ⁄
Cantharus
Canthaxanthin
- Flamingos
Canthigaster ⁄
Canthocamptus
- M Copepoda
Cantleya ⁄
Caobangiidae
- M Sabellida
CAP ⁄
CAP-Bindestellen
- Allosterie
CAP-cAMP-Komplex
  ⁄ cAMP-CAP-Komplex
Capensis
- Äthiopis
- tiergeographische Regionen
- □ tiergeographische Regionen
Capillaria
- Kapilliarose
Capillariosis
- Kapilliarose
Capillitium
- □ Myxomycetidae
- M Stemonitaceae
Capitata
Capitella
- Capitellida
Capitellida
Capitellidae
- Capitellida
- Dasybranchus
Capitellides
- Capitellida
Capitonidae ⁄
Capitulum (Botanik)
- Köpfchen
Capitulum (Zoologie)
- Rippen
Capnodiaceae
Capnodium
- Capnodiaceae
Capoeta ⁄
Capparaceae ⁄
Capparales ⁄
Capparidaceae
- Kaperngewächse
Capparis
- Kaperngewächse
Capping
- Actinin
- Patching
- Promotor
- □ Prozessierung
- Translation
Capping-Enzym
- M Capping

Capra ⁄
Caprella ⁄
Caprellidae
- Gespenstkrebse
Capreolus ⁄
capricorn
Capricornis ⁄
Caprifeigen ⁄
Caprificus
- Caprifizierung
Caprifizierung
- M Feigenbaum
Caprifoliaceae ⁄
Caprimulgidae ⁄
Caprimulgiformes ⁄
Caprimulgus
- Ziegenmelker
Caprinae
- Gemse
Caprinate
- Caprinsäure
Caprini
- Böcke
Caprinsäure
Capripoxviren ⁄
Capripoxvirus
- Capripoxviren
Caproidae ⁄
Caprolagus
- Kaninchen
Capromeryx
- Gabelhorntiere
Capromyidae
- M Südamerika
Capronate
- Capronsäure
Capronsäure
- Fette
- M Fettsäuren
Capros
- Eberfische
Caprylate
- Caprylsäure
Caprylrest
- Fettsäuren
Caprylsäure
- M Wehrsekrete
Capsaicin
- cancerogen
- M Paprika
Capsalesstadium
Capsanthin
Capsella ⁄
Capsicum ⁄
- □ Heilpflanzen
- ⁄ Paprika
Capsid
- Symmetrie
- Viren
- □ Viren (Aufnahmen)
- B Viren
- Virusinfektion
- □ Virusinfektion (Reifung)
Capsidae ⁄
Capsidol
- M Phytoalexine
Capsomeren
- B Tabakmosaikvirus
- Viren
- □ Viren (Aufnahmen)
- B Viren
- Virusinfektion
Capsorubin
Cap-Struktur
- Basenmethylierung
- Methylguanosin
- Translation
Capsula
- Samenkapsel
Capsula glomeruli
- Bowmansche Kapsel
Capsula interna
- Telencephalon
Capsulum
- Radiolaria
Captaculae ⁄
Captorhinidia
- Mesosauria
- Reptiliomorpha

Capulidae
- Kappenschnecken
Capulus
Caput ⁄
Caput epididymidis
- □ Hoden
Capybara
Carabidae ⁄
Caraboid-Larve
- Micromalthidae
Carabus
- Laufkäfer
Caracal ⁄
Caracanthidae ⁄
Caradocium
- M Ordovizium
Caragana ⁄
Caraguatafaser
- Bromelia
Carallaholz
- Rhizophoraceae
Carallia ⁄
Carancho ⁄
Carangidae ⁄
Carapa
- Carapaöl
Carapaöl
Carapax (Gliederfüßer)
- □ Gliederfüßer
- □ Krebstiere
Carapax (Schildkröten)
Carapax (Spinnen)
Carapaxdrüse ⁄
Carapidae ⁄
Carassius ⁄
Carausius
- Gespenstschrecken
- Parthenogenese
- Regeneration
- Versuchstiere
Caraya ⁄
Carbamat ⁄
- Carbamylphosphat
- Pestizide
Carbamat-Kinase
- Carbamylphosphat
Carbamid
- Harnstoff
- Kalkstickstoff
Carbamidsäureester
- Anticholin-Esterasen
Carbaminsäure
Carbamylaspartat
- Dihydroorotsäure
- M Pyrimidinnucleotide
Carbamylphosphat
- Carbaminsäure
- Glutamin
- □ Harnstoffzyklus
- M Hydrolyse
- M Pyrimidinnucleotide
- B Stoffwechsel
Carbamylphosphat-Synthetase
- Exkretion
- Harnstoffzyklus
Carbhämoglobin
- Blutgase
- Haldane-Effekt
Carbidessig
- Essigsäure
Carbinol
- Methylalkohol
Carboanhydrase
- Blutgase
- Dehydratasen
- Enzyme
- Hydrogencarbonate
- M Magen (Sekretion)
- M Metalloproteine
- M Niere (Regulation)
Carboanhydratase
- Carboanhydrase
carbocyclische Verbindungen
Carbodiimide
β-Carbolin
- Rauwolfiaalkaloide
Carbolsäure
- □ Desinfektion

- Phenol
Carbomycin
Carbonatatmung
- acetogene Bakterien
- M anaerobe Atmung
- Homoacetatgärung
Carbonate
- Kohlendioxid
- Nährsalze
- Silicatböden
Carbonathärte
- Wasserhärte
Carbonatisierung
Carbonatverwitterung ⁄
carbon dioxid factor
- M Methanbildung
Carboneum
- Kohlenstoff
Carbonifikation
- Inkohlung
Carbonnières, Louis-François-Elisabeth Ramond de
- Ramonda
Carbonsäureamidgruppe
- B funktionelle Gruppen
Carbonsäureester
- M Ester
Carbonsäure-Esterasen
- Carboxyl-Esterasen
Carbonsäuren
- Ester
- B funktionelle Gruppen
- M Veresterung
Carbonsäurethioester
- M Ester
Carbonylgruppe
- B funktionelle Gruppen
- Schiffsche Base
Carbo spongiae
- Badeschwämme
Carboxidismutase ⁄
- □ Calvin-Zyklus (Abb. 1)
Carboxidobakterien
Carboxisomen
- □ Cyanobakterien (Abbildungen)
- schwefeloxidierende Bakterien
Carboxylase
- Carboxylierung
- B Vitamine
Carboxylende ⁄
- Symmetrie
- ⁄ Carboxylterminus
Carboxyl-Esterasen
Carboxylester-Hydrolase
- Malathion
Carboxylgruppe
- Carboxylierung
- Decarboxylierung
- B funktionelle Gruppen
- □ Peptidbindung
- □ Proteine (Schematischer Aufbau)
- M Wasserstoffbrücke
Carboxylierung
- Kohlendioxid
- B Vitamine
Carboxylterminus
- Carboxypeptidasen
- Membranproteine
- □ Peptidbindung
- Proteine
- Translation
- M Zwitterionen
- ⁄ Carboxylende
6-Carboxyluracil
- Orotsäure
Carboxymethyl-Cellulose
- Austauschchromatographie
Carboxypeptidasen
- M Exopeptidasen
- M Metalloproteine
- Procarboxypeptidasen
Carboxysomen ⁄
Carcharhinidae ⁄
Carcharhinus ⁄
Carcharias
- Sandhaie

Carchariidae

Carchariidae ↗
Carcharodon ↗
- □ Tertiär
Carcharodus
- Ⓜ Dickkopffalter
- Malvenfalter
Carchesium
- Spasmoneme
Carcinobdella
- Ⓜ Piscicolidae
Carcinogen
- Nitrosamine
  ↗ cancerogen
Carcinogenese ↗
- Tumorpromotoren
Carcinonemertes
Carcinoscorpius ↗
Carcinus ↗
- Carcinonemertes
- □ Chronobiologie (Temperaturkompensation)
Cardamine ↗
Cardamino-Montion
Cardaminopsis ↗
Cardanolide
- Cardenolide
Cardaria ↗
Cardenolide
- Ⓜ Wehrsekrete
Cardia (Darmeinstülpung) ↗
Cardia (Magenmund)
- □ Magen (Mensch)
Cardia-Blasen
- Seesterne
Cardiadrüsen
- Cardia
Cardiapoda
- Ⓜ Kielfüßer
Cardiidae ↗
- □ Trias
Cardinalia
Cardinalis ↗
Cardiobacterium
Cardioblasten
Cardioceras
Cardiocranius
- Ⓜ Springmäuse
Cardioglossa ↗
Cardioidea
- Herzmuscheln
Cardiolipin
- Bakterienmembran
- Cytidindiphosphat-Diacylglycerin
- □ Mitochondrien (Aufbau)
Cardiospermum
- Seifenbaumgewächse
Cardiotoxine
- Schlangengifte
Cardioviren
- Picornaviren
Cardisoma
- Landkrabben
Cardita
- Trapezmuscheln
Carditidae
- Trapezmuscheln
Cardium
Cardo (Mundwerkzeuge)
- □ Schmetterlinge (Falter)
Cardo (Scharnier)
Cardueae
- □ Korbblütler
Carduelis ↗
Carduus ↗
- Ⓜ Schmetterlingsblütigkeit
Carebara
- □ Phoresie
Caren
- Ⓜ Monoterpene
Caretta ↗
Carettochelyidae ↗
Carettochelys
- Papua-Weichschildkröten
Carex ↗
Carextyp
Cariama
- Seriemas
Cariamidae ↗

Carica
- Melonenbaum
Caricaceae ↗
Caricetalia nigrae
Caricetea curvulae
- Matten
Caricetum curvulae
- Caricetea curvulae
Caricetum elatae
- Magnocaricion
Caricetum ferrugineae
- Caricion ferrugineae
Caricetum firmae ↗
Caricetum gracilis ↗
Caricetum limosae
Caricetum rostratae ↗
Carici-Agrostietum caninae
- Caricetalia nigrae
Carici-Fagetum
Caricion curvulae
- Caricetea curvulae
Caricion ferrugineae
Carici (remotae)-Fraxinetum
Caridea
- Ⓜ Decapoda
- Natantia
Carignan
- □ Weinrebe
Carina (Kieselalgen)
Carina (Rankenfüßer)
- □ Rankenfüßer
Carina (Schmetterlingsblüten)
Carina (Vögel)
Carinalhöhlen
- Ⓜ Calamitaceae
Carinalkanal
- Schachtelhalm
Carinaria
- Ⓜ Kielfüßer
Carinariidae
- Ⓜ Kielfüßer
Carina sterni
- Carina
Carinatae
- Brustbein
Carinina ↗
Carinogammarus
- Flohkrebse
Carinolateral
- □ Rankenfüßer
Carinoma
Carinomidae
- Carinoma
Carinotetraodon ↗
Carissa
- Ⓜ Hundsgiftgewächse
Carlavirus-Gruppe ↗
Carlina ↗
Carlinaoxid ↗
Carludovica ↗
Carmarina ↗
Carmesin
- Eiche
Carmesinrot
- Schildläuse
Carmin
- Schildläuse
Carminalaun
- Carmin
Carminativum
- Fenchelöl
Carminessigsäure
Carminrot
- Carmin
Carminsäure
- Anthrachinone
Carmustin
- Ⓜ Cytostatika
carnation ringspot
- Nelkenringflecken-Virusgruppe
Carnaubapalme
- Ⓑ Kulturpflanzen XII
- Ⓑ Südamerika IV
Carnaubasäure
- Wachse
Carnaubawachs
- Carnaubapalme

- Cerotinsäure
Carnaubylalkohol
- Wachse
Carnegiea
- Nordamerika
Carnitin
- Betaine
- □ essentielle Nahrungsbestandteile
- Fettsäuren
Carnitin-shuttle
- □ Mitochondrien (Aufbau)
Carnivora (Botanik) ↗
Carnivora (Zoologie) ↗
carnivore Pflanzen
- Verdauung
Carnivorepoxvirus
- Pockenviren
Carnoconites-Typ
- Pentoxylales
Carnosauria
- Gorgosaurus
Carnosin
- □ Neuropeptide
Carnoy, Jean Baptiste
- Carnoy-Flüssigkeit
Carnoy-Flüssigkeit
Caroafaser
- Ananasgewächse
Carolliinae
- Blattnasen
Carotide
- Carotis
Carotin
- □ Algen (Farbstoffe)
- Carotinoide
- Choanephora
- Ⓑ Chromatographie
- Ⓜ Chromoplasten
- Euler-Chelpin, H.K.A.S. von
- Lycopin
- Marienkäfer
- Retinol
Carotinoide
- Antennenpigmente
- Bürzeldrüse
- Caulobacter
- □ Cyanobakterien (Photosynthese)
- Farbe
- Herbstfärbung
- □ Isoprenoide (Biosynthese)
- Polyene
- Sporopollenine
- Ⓑ Stoffwechsel
- Terpene (Verteilung)
Carotis ↗
- Ⓑ Herz
  ↗ Halsschlagader
Carotissinus
- Atmungsregulation
- Blutdruck
- Regelung
- Ⓑ Regelung im Organismus
Carotovora
- Ⓜ Erwinia
Carpalia ↗
Carpathica
- Ⓜ Glanzschnecken
Carpentales
- Ⓜ Eurotiales
Carpinion betuli
Carpino-Prunetum
- Mantelgesellschaften
Carpinus ↗
Carpocapsa ↗
Carpocoris
- Ⓜ Darmkrypten
Carpoglyphus
- Wohnungsmilben
Carpoidea
- Ceratocystis perneri
- Pelmatozoa
Carponomium
- □ Minen
Carpus ↗
- □ Extremitäten
Carrageenan
- Agarophyten

- Gigartinales
- Meereswirtschaft
Carragenin
- Carrageenan
Carraghen
- Carrageenan
Carrel, A.
Carrier
- Cotransport
- Diffusion
- Ionentransport
- Membran
- Membrantransport
- □ Membrantransport (Modell)
- Permeasen
- Ⓑ Verdauung I
Carrier-Proteine
- Carrier
Carrionsche Erkrankung
- Bartonellose
Carterocephalus
- Ⓜ Dickkopffalter
Carterus
- Laufkäfer
Carthamin
Carthamus ↗
Cartilago ↗
Cartilago arytaenoidea
- Stellknorpel
Cartilago epiglottica
- Kehlkopf
Cartilago meckeli
- Meckel-Knorpel
Cartilago septi nasi
- Nase
Cartilago thyreoidea
- Kehlkopf
Cartodere
- Moderkäfer
Carum ↗
- □ Heilpflanzen
  ↗ Kümmel
Caruncula
- □ Samen
Carus, C.G.
Carus, J.V.
Carvacrol
- Ⓜ Monoterpene
- Thymianöl
- Ⓜ Thymianöl
Carveol
- Ⓜ Monoterpene
Carvon
- ätherische Öle
- Kümmel
Carya ↗
Carybdea ↗
- Charybdea
Carychium
Caryophanon
Caryophyllaceae ↗
Caryophyllaeus ↗
Caryophyllales ↗
Caryophyllene
- Nelkenöl
Caryophyllia
Caryophyllidae ↗
Caryopteris
- Ⓜ Eisenkrautgewächse
Cascaval ↗
- Südamerika
Casearia ↗
Casein
- Käse
- Labferment
- Molke
- Phosphoproteine
- Sauermilchprodukte
Cashewnuß ↗
- Ⓑ Kulturpflanzen VI
Cashewschalenöl
- Sumachgewächse
Casimiroa
- Rautengewächse
Cäsiumchlorid-Gradient ↗
Casmerodius ↗
Caspary, Robert
- Casparyscher Streifen

Cellulase

Casparyscher Streifen
– Apoplast
– Endodermis
– Wassertransport
Cassaidin
– M Erythrophleum-alkaloide
Cassain
– Diterpene
– M Erythrophleum-alkaloide
Cassamin
– M Erythrophleum-alkaloide
Cassava
– B Kulturpflanzen I
Cassia
– ☐ Heilpflanzen
Cassia-Blütenöl
– Akazie
Cassida
Cassidae ↗
Cassidula
– M Küstenschnecken
Cassiduloida
– M Irreguläre Seeigel
– M Seeigel
Cassiope
Cassiopeia
Cassipourea
– M Rhizophoraceae
Cassis
Castalia
Castanea ↗
Castanopsis
– Kastanie
Castanospermum ↗
Castela ↗
Castellani, A.
– Frambösie
Castianeira
– Ameisenspinnen
Castillo y López, Juan
– Castilloa
Castilloa
Castle, William Bosworth
– Castle-Ferment
Castle-Ferment ↗
Castniidae ↗
Castor
– Castoridae
Castoreum ↗
Castoridae ↗
Casuariidae ↗
Casuariiformes ↗
Casuarina
– Casuarinaceae
– M Frankiaceae
Casuarinaceae
Casuarinales
– Casuarinaceae
Casuarius ↗
Catabrosa ↗
Cataclysta
– Zünsler
Catalpa ↗
Catamblyrhynchidae ↗
Catamblyrhynchus
– Samtkappenfinken
Catantopidae ↗
Catarrhina ↗
Catarrhini
– Amphipithecus
– Apidium
– Schmalnasen
Catasetum
– Explosionsmechanismen
– Parfümblumen
– ☐ Parfümblumen
Catechinamine
– Catecholamine
Catechine
– ☐ Coffein
– M Flavonoide
– Gambir
Catechol ↗
Catecholamine
– chromaffin
– Dihydroxyphenylalanin

– Monoamin-Oxidasen
– Serotonin
– Sympathikolytika
– Sympathikomimetika
catecholaminerg
– Neurosekrete
Catechu gambir
– Gambir
Catena (Bodenkunde) ↗
Catena (Insekten)
– Cornuti
Catenata
– M DNA-Topoisomerasen
Catenulida
– Archoophora
Catha ↗
Catharanthus
– Vincaalkaloide
Catharanthusalkaloide
– Vincaalkaloide
Cathartes
– Neuweltgeier
Cathartidae ↗
Cathaya
Cathidin
– Spindelbaumgewächse
Cathin
– Spindelbaumgewächse
Cathinin
– Spindelbaumgewächse
Catillaria ↗
Catinella ↗
Catlocarpio ↗
Catocala ↗
Catopidae ↗
Catoprion ↗
Catostomidae ↗
Catostomus
– Sauger
Cattley, William
– Cattleya
Cattleya
– B Orchideen
– M Orchideen
– B Südamerika II
Caucalidion
– Secalietalia
Caucalis ↗
Cauda
– Schwanz
caudad ↗
Cauda epididymidis
– Hoden
Cauda equina
– Epiduralraum
caudal
Caudal-Alae
– Flügel
Caudalpapillen
– Fadenwürmer
Caudalregion
– ☐ Achse
– M Wirbelsäule
Caudalwirbel
– Schwanzwirbel
Caudata ↗
Caudatum
– Neostriatum
– Telencephalon
Caudes cerebri
– Hirnstamm
Caudex
– Stamm
Caudina
– Molpadiida
– M Seewalzen
Caudinidae
– Molpadiida
Caudiverbera ↗
Caudofoveata ↗
Caularien
Caulerpa
– asexuelle Fortpflanzung
– Assimilatoren
– Caulerpaceae
Caulerpaceae
Cauliflorie
– Annonaceae
Caulimovirus-Gruppe ↗

Caulis
– Stengel
Caulobacter
Cauloid
– Thallus
Caulonema ↗
Caulonomium
Caulophacus
Caulopteris
– Marattiales
Caunopora
– Caunoporen
Caunoporen
Cauphias ↗
Causus ↗
Cavanillesia
– Bombacaceae
– M Bombacaceae
Cavendish, Henry
– Wasser
Caventou, J.B.
– Chinin
– Colchicin
– Pelletier, P.J.
Cavia
– Meerschweinchen
– Subungulata
Cavicornia
– Hornträger
Caviidae ↗
Caviinae
– Meerschweinchen
Caviomorpha ↗
Cavolinia
Cavum
Cavum dentis
– Zähne
Cavum epidurale
– Epiduralraum
Cavum nasi
– Nase
Cavum oris
– Cavum
– Mund
Cavum tympani
– Cavum
– Paukenbein
Cavum uteri
– Cavum
Cay-Cay-Butter
– Simaroubaceae
Cayenne-Pfeffer ↗
Cayenneratte ↗
Caytoniales
– B Pflanzen, Stammbaum
– Proangiospermen
C-Banden
– Chromosomen
CBD
– Cannabinoide
CBDS
– Cannabinoide
C-Bivalent
CBN
– Cannabinoide
CBS
– M Kultursammlung
CCC ↗
CCCV
– M Viroide
CCMV
– M Viroide
CCSF
– ☐ Insektenhormone
C$_d$ ↗
Cd
C$_4$-Dicarboxylat-Zyklus
– Photosynthese
c-DNA
– B Gentechnologie
CDP ↗
CDP-Cholin
– Cytidindiphosphat-Cholin
CDP-Diacylglycerin
– Cytidindiphosphat-Diacyl-glycerin
CDP-Diglycerid
– Cytidindiphosphat-Diacyl-glycerin

CDP-Ribitol
Cea
– Krebs
Ceanothus
– Chaparral
– M Frankiaceae
Cebidae
Cebinae
– Kapuzineraffen
Cebochoeriden
– ☐ Tertiär
Ceboidea ↗
Cebrionidae
– ☐ Käfer
Cebus ↗
cecidicol
Cecidien ↗
Cecidomyiidae ↗
cecidozoisch
– cecidicol
Cecilioides ↗
Cecropia ↗
– Faultiere
Cedrela
Cedren
– Zedernholzöl
Cedrol
– Zedernholzöl
Cedrus ↗
Cefacetril
– M Cephalosporine
Cefalexin
– M Cephalosporine
Cefaloridin
– M Cephalosporine
Cefalotin
– M Cephalosporine
Cefapirin
– M Cephalosporine
Cefazolin
– M Cephalosporine
Cefradin
– M Cephalosporine
Ceiba ↗
Celastraceae ↗
– Kreuzdornartige
Celastrales ↗
Celastrus
– Baumwürger
– Spindelbaumgewächse
Celebes-Roller
– Palmenroller
Celebessegelfisch ↗
Celerio ↗
Cellana
Cellaria ↗
Cellepora ↗
cell junctions
– Membran
– ↗ junctions
Cell Lineage ↗
Cellobiase
Cellobiose
– Cellobiase
– celluloseabbauende Mikroorganismen
– Emulsin
– B Kohlenhydrate II
Celloidin
– mikroskopische Präparationstechniken
Cellula ↗
– Hooke, R.
Cellulae
– Cuniculi
Cellulae ethmoidales
– Siebbein
Cellulase
– Bockkäfer
– Cellobiose
– celluloseabbauende Mikroorganismen
– Cytolyse
– M Ektosymbiose
– Endosymbiose
– ☐ Enzyme (technische Verwendung)
– Glykosidasen
– B Kohlenhydrate II

95

cellulolytische Mikroorganismen

- Kohlenhydratstoffwechsel
- Pansensymbiose
- Trichoderma

cellulolytische Mikroorganismen
- celluloseabbauende Mikroorganismen

Cellulomonas
Cellulose
- Anisotropie
- Ballaststoffe
- Bodenorganismen
- Cellobiose
- B Chromatographie
- Cuticula
- Cytophagales
- Dermatophyten
- M Einzellerprotein
- Glucane
- Gummi
- Hemicellulosen
- M Holz
- Kläranlage
- B Kohlenhydrate II
- Mineralisation
- M Nahrungsspezialisten
- Pektine
- Quellung
- Seescheiden
- Sporocytophaga
- Streuabbau
- Verdauung
- Wasserstoffbrücke
- B Zellwand

celluloseabbauende Mikroorganismen
- Darmflora
- Ernährung
- ☐ Mineralisation
- Streuabbau
- Unpaarhufer

Cellulosefibrillen
- Zellwand

Cellulosehydrat
- Ultrafiltration

Cellvibrio ↗
Celmisia
- B Australien IV

Celosia ↗
Celsussche Kardinalsymptome
- Entzündung

Celtis ↗
- Tertiärrelikte

Cembra
- Kiefer (Pflanze)

Cembren
- Diterpene

Cenocrinus
- Medusenhäupter

Cenomanium
- M Kreide

Centaurea ↗
Centaurium ↗
- Gentianaalkaloide
- ☐ Heilpflanzen
  ↗ Tausendgüldenkraut

Centeoidea
- Zalambdodonta

Centra
- Diplospondylie

Centralbureau voor Schimmelcultures
- M Kulturensammlung

Centrales
Centralia
- Extremitäten
- M Fuß (Abschnitte)

Centranthus ↗
Centrarchidae ↗
Centriol
- Asteren
- Centroplasma
- Centrosom
- Cilien
- Cytoplasma
- Desmose
- Diaster

Centris
- M Ölblumen

Centriscidae ↗
Centriscus
- Schnepfenmesserfische

Centrocercus ↗
Centroderes ↗
Centrodesmose
- Desmose

centrolecithale Eier
Centrolenella
- Glasfrösche

Centrolenidae ↗
Centrolepidaceae ↗
Centrolophus ↗
Centromer
- Äquatorialebene
- Fragmentation
- ☐ Genkonversion
- ☐ Isochromosomen
- B Meiose
- Mikrotubuli
- Neocentromeren

Centromerautoorientierung
Centromerdistanz
Centromerfusion
Centromerinterferenz
Centromerkoorientierung
Centromermißteilung
- Isochromosomen

Centromerpolarisation
Centromerrepulsion
Centronella
centronellid
Centropages
- M Copepoda

Centropelma ↗
Centrophenoxin
- Altern

Centrophyes ↗
Centropistis ↗
Centroplasma
- Centrosom
- Cyanobakterien

Centropomidae ↗
Centropomus
- Glasbarsche

Centropsis ↗
Centropus
- M Inselbesiedlung
- Kuckucke

Centropyxis ↗
Centrorhynchus ↗
Centrosom
- B Biologie II
- Boveri, Th.

Centrospermae ↗
Centrosphäre ↗
Centrostephanus
- M Seeigel

Centrotus ↗
Centrum
- Wirbel

Centuroides
- M Skorpione

Centurus
- M Nordamerika

Cepaea ↗
Cephaelis ↗
- ☐ Heilpflanzen

Cephalanthera ↗
Cephalanthero-Fagion ↗
Cephalaria ↗
- Kardengewächse

Cephalaspidea ↗
Cephalaspiden
Cephalaspidomorphi
- Cephalaspiden
- Hoelaspis

Cephalaspis
- Cephalaspiden

cephale Gregarinen ↗
Cephaleia ↗
Cephaleuros ↗
Cephaline ↗
Cephalisation
- Antenne
- Archicephalon
- Gehirn
- Gliederfüßer
- Gliedertiere

- Kopf

Cephalium
- Kakteengewächse

Cephalobaena
Cephalobaenida
- Cephalobaena
- M Pentastomiden

Cephalobus ↗
Cephalocarida
- Carapax
- ☐ Gliederfüßer
- Krebstiere

Cephalochordata ↗
Cephalodella
Cephalodium
- Blaualgenflechten
- Flechten

Cephalodiscidae
- Cephalodiscus
- Pterobranchia

Cephalodiscus
- M Pterobranchia

Cephalogale
Cephalogaster
- Kopfdarm

Cephalogenese
- Cephalisation

Cephalogramm
- Cephalometrie

Cephalometrie
Cephalon ↗
- Glabella

Cephalophinae ↗
Cephalopholis ↗
Cephalophus
- Ducker

Cephalopoda ↗
Cephalopodium
- Nautilus
- Podium
- Schnecken

Cephalopterus ↗
Cephalorhynchinae
- Delphine

Cephalorhynchus
- Delphine

Cephaloscyllum ↗
Cephalosporine
- Penicillinase

Cephalosporium
Cephalotaceae
Cephalotaxaceae
Cephalotaxites
- Cephalotaxaceae

Cephalotaxus
- Cephalotaxaceae

Cephalothorax
- Thorax

Cephalothricidae
- Cephalothrix

Cephalothrix
Cephalotrocha
- Trochophora
- Trochosphaera

Cephalotus ↗
Cephennium
- Ameisenkäfer

Cephenomyia ↗
Cephidae ↗
Cephus
- Halmwespen

Cepola
- M Mittelmeerfauna

Cepphus ↗
Cera ↗
Ceractinomorpha
Cerago
- Bienenbrot

Ceramaster
- M Seesterne
- Sphaeriodiscus

Cerambycidae ↗
Cerambycoid-Larve
- Micromalthidae

Cerambyx ↗
- M Nahrungsspezialisten

Ceramiaceae
Ceramiales
Ceramide
- ☐ Cerebroside

- Ganglioside

Ceramidphosphoryl-Cholin
- Phospholipide

Ceramium
- Agarophyten
- Ceramiaceae

Cerastes ↗
Cerastium ↗
Cerastoderma
- B Muscheln

Cerata
- Eubranchus

Ceratias
- Grönlandangler
- Tiefseeangler

Ceratiidae
- Tiefseeangler

Ceratina ↗
Ceratinella
- M Zwergspinnen

Ceratioidei ↗
Ceratiomyxa
Ceratiomyxales
- Ceratiomyxa
- M Myxomycetidae

Ceratiomyxella
- Protostelidae

Ceratiomyxomycetidae
- Ceratiomyxa

Ceratiten
Ceratitida
- Ceratiten

Ceratitis ↗
ceratitische Lobenlinie
Ceratium ↗
Ceratobasidium
- Rhizoctonia
- M Tulasnellales

Ceratobatrachus
- ☐ Ranidae

Ceratocystidae
- Ceratocystis perneri

Ceratocystis
- Ulmensterben

Ceratocystis perneri
Ceratodidae ↗
Ceratodon ↗
Ceratogymna
- M Afrika

Ceratolejeunea ↗
Ceratomorpha
- ☐ Tertiär

Ceratomycetaceae ↗
Ceratonia ↗
Ceratopetalum
- Cunoniaceae

ceratophag
Ceratophora ↗
Ceratophryidae
- Hornfrösche

Ceratophryinae
- Hornfrösche

Ceratophrys ↗
Ceratophyllaceae ↗
Ceratophyllum
- Hornblattgewächse
- Hydromorphie

Ceratopogonidae ↗
Ceratopsia
Ceratopteris ↗
Ceratosaurus
Ceratosolen
- Feigenwespen

Ceratosoma
Ceratosporella
- ☐ Moniliales

Ceratotherium ↗
Ceratotrichia
- Flossen

Ceratozamia ↗
Ceraurinella
- M Trilobiten

Cerberus ↗
Cercaria dicranocerca
- Gabelschwanzcercarie

Cercarie
- M Fasciolasis
- ☐ Saugwürmer
- M Schistosomatidae

Cercarienhüllenreaktion
- Schistosomiasis
Cerceris ↗
Cerci
- Doppelschwänze
- Extremitäten
- ☐ Fliegen
- ☐ Insekten (Bauplan)
- Ⓜ Nervensystem
Cercidia
- Ⓜ Radnetzspinnen
Cercidiphyllum
- Ⓜ arktotertiäre Formen
Cercis ↗
Cercocebus ↗
Cercomeromorpha
- Lycophora-Larve
- Monogenea
- Neodermata
- Plattwürmer
- Saugwürmer
Cercomeromorphae
- Saugwürmer
Cercomonas
Cercopidae ↗
Cercopis ↗
Cercopithecidae ↗
Cercopithecoidea ↗
Cercopithecus ↗
Cercospora
- Ⓑ Pflanzenkrankheiten I
Cercosporella
Cercyon
- Wasserkäfer
Cerdocyon
- Ⓜ Hunde
- Waldfüchse
Cereae
- Kakteengewächse
Cerealien
- Getreide
Cerebellum ↗
- Ⓑ Telencephalon
Cerebraldrüsen
- Häutungsdrüsen
- Hormone
- Hundertfüßer
- Neurohämalorgane
Cerebralganglion ↗
- Cephalisation
- Gehirn
- ☐ Gehirn
- Gliedertiere
- ☐ Muscheln
- Nervensystem
- ☐ Schnecken
Cerebralisation
- Ⓜ Gehirn
- Gyrifikation
- Hominisation
- Kopf
Cerebralparese
- Poliomyelitis
Cerebratulus
Cerebronsäure
Cerebropleuralganglion
- Muscheln
Cerebroside
- amphipathisch
- Galactose
- Ganglioside
- Glykolipide
Cerebrosidose
- Speicherkrankheiten
cerebrospinal
Cerebrospinalflüssigkeit
- Flüssigkeitsräume
- Ⓑ Gehirn
- Magendie, F.
- Meningitis
- ☐ pH-Wert
- Rückenmark
- verlängertes Mark
Cerebrum ↗
Cereoidae
- Kakteengewächse
Cereus (Botanik) ↗
- ☐ Kakteengewächse
Cereus (Zoologie)

Ceriantharia ↗
Cerianthopsis
- Zylinderrosen
Cerianthus
- Zylinderrosen
Ceriidae
- Clausilioidea
- Mesurethra
Cerinthe ↗
Ceriomyces ↗
Cerion
Ceriopora
- Ⓜ Moostierchen
Ceriops
- Ⓜ Mangrove
- Rhizophoraceae
Cerithienschichten
- ☐ Tertiär
Cerithiidae
Cerithioidea ↗
Cerithium
- Cerithiidae
Cernuella
Cerocoma
- Duftorgane
Ceroma ↗
Ceromasia
- Raupenfliegen
Ceropegia ↗
- Gleitfallenblumen
Cerophaga ↗
Cerophytidae
- Käfer
- ☐ Käfer
- Saugzangen
Ceroplatus ↗
Ceroptera
- Cypselidae
Cerosipha
- Ⓜ Röhrenläuse
Cerotinsäure
Ceroxylon ↗
Cerradãos
- Südamerika
Cerrados
- Südamerika
Certation (Botanik) ↗
Certation (Zoologie) ↗
- Geschlechtsverhältnis
Certhia
- Baumläufer
Certhidea
- Ⓜ Darwinfinken
Certhiidae ↗
Ceruchus
- Hirschkäfer
Cerumen (Ohrenschmalz)
- Ohr
Cerumen (Wachs)
Cerura ↗
Cervical-Alae
- Flügel
Cervicaldrüsen
- Ventraldrüsen
Cervicalganglion
- Ⓑ Chronobiologie I
Cervicalia
- Cervicalsklerit
Cervicalpapillen
- Deiriden
Cervicalregion
- Ⓜ Wirbelsäule
Cervicalrippen
- Halsrippen
Cervicalsegmente
- Rückenmark
Cervicalsklerit
- ☐ Insekten (Kopfgrundtyp)
Cervicalwirbel
- Halswirbel
Cervidae ↗
Cervinae ↗
Cervix ↗
Cervixcarcinom
- Ⓜ Herpes simplex-Viren
Cervixkanal
- Gebärmutter
Cervix uteri
- Cervix

Cervoidea
- Palaeomeryx
Cervus
Cerylalkohol
Ceryle ↗
Cerylonidae
- ☐ Käfer
Cesalpino
- Cesalpinus, A.
Cesalpinus, A.
- Ⓑ Biologie I
- Ⓑ Biologie III
- Caesalpiniaceae
- Herbarium
- Servet, M.
Cestidea ↗
Cestoda ↗
- Ⓜ Anaerobier
- Plattwürmer
- ↗ Bandwürmer
Cestodaria ↗
- Lycophora-Larve
Cestoplanidae
- Ⓜ Polycladida
Cestus ↗
Cetacea ↗
Cetaceum ↗
Cetanol
- Cetylalkohol
Ceterach ↗
Cetolithen ↗
Cetomimiformes ↗
Cetomimoidei
- Walköpfige Fische
Cetonia
Cetoniinae
- Rosenkäfer
Cetorhinidae ↗
Cetorhinus
- Riesenhaie
Cetraria
- Pseudocyphelle
Cetrario-Loiseleurietea
- Windfaktor
Cetrario-Loiseleurietum
- Cetrario-Loiseleurietea
Cetylalkohol
Cetylsäure ↗
Cetylsulfat
- ☐ Emulgatoren
Ceutorhynchinae
- Rüsselkäfer
CEV
- Ⓜ Viroide
Ceveratrumalkaloide
- Veratrumalkaloide
cf.
- Collectio formarum
C-Falter
cfr.
- cf.
C-Fuchs
- C-Falter
CG
- Choriongonadotropin
cGMP ↗
- Calcium
- ☐ Hormone (Primärwirkungen)
- sekundäre Boten
- Insulin
CGRP
- ☐ Neuropeptide
Chaca ↗
Chacidae
- Welse
Chacofrosch ↗
Chacophrys ↗
Chactidae ↗
- Ⓜ Skorpione
Chaenichthyidae
- Polarregion
Chaenomeles ↗
Chaenotheca ↗
Chaerophyllin
- Kälberkropf
Chaerophyllum ↗
Chaetae ↗
Chaetetiden
- Schizocorallia

Chaetoblast
- Borsten
- Ringelwürmer
Chaetoceras ↗
- Ⓜ Schwebefortsätze
Chaetochloridaceae
Chaetochloris
- Chaetochloridaceae
Chaetocladium
Chaetoderma
Chaetodipterus
- Spatenfische
Chaetodon
- Ⓑ Rassen- u. Artbildung II
Chaetodontidae ↗
Chaetogaster ↗
Chaetognatha
- Archicoelomatentheorie
- Ⓜ Plankton (Anteil)
- ☐ Tiere (Tierreichstämme)
Chaetoide
Chaetomiaceae
- Chaetomium
Chaetomiales
- Chaetomium
Chaetomin
- Chaetomium
Chaetomium
- Ⓜ Selbsterhitzung
Chaetomorpha ↗
Chaetomyinae
- Baumstachler
Chaetonotida
- Gastrotricha
Chaetonotoidea
- Chaetonotus
Chaetonotus
Chaetoparia ↗
Chaetopeltis ↗
Chaetophora
- Chaetophoraceae
Chaetophoraceae
Chaetophorales
Chaetopleura
Chaetopteridae
- Phyllochaetopterus
Chaetopterus
- Chaetopteridae
- Gattyana
- Pergamentwurm
- Photoproteinsystem
Chaetosema
Chaetostephanidae
- Ⓜ Priapulida
Chaetostephanus
- ☐ Priapulida
- Ⓜ Priapulida
Chaetostylum
- Ⓜ Mucorales
Chaetotaxis
- Chaetotaxie
Chaetozone ↗
Chagas, Carlos
- Chagas-Krankheit
Chagas-Krankheit
- Ⓜ Trypanosoma
- Xenodiagnose
Chain, Sir E.B.
- Antibiotika
- Penicilline
Chaitophoridae ↗
Chalarodon
- Madagassische Subregion
Chalastogastra ↗
Chalaza (Botanik) ↗
- Samenanlage
- Ⓜ Samenanlage
Chalaza (Zoologie) ↗
Chalazion
- Ⓜ Lid
- Talgdrüsen
Chalazogamie
- Nawaschin, S.G.
Chalcalburnus ↗
Chalcedon
- Diatomeenerde
Chalcides ↗
Chalcididae

Chalcididae

Chalcidoidea

Chalcidoidea
Chalcis
- Chalcididae
Chalcophora ⌐
Chalicodoma ⌐
Chalicomys
- Steneofiber
Chalcotheriidae
- [B] Pferde, Evolution der Pferde II
Chalicotherioidea
- Ancylopoda
Chalicotherium ⌐
Chalina ⌐
Chalinasterin
Chalkone
- [M] Flavonoide
Chalkophyten
- Schwermetallresistenz
- Violetea calaminariae
"**Challenger**"
- Haeckel, E.
- ☐ Meeresbiologie (Expeditionen)
Chalone
- Blutbildung
- ☐ Krebs (Krebsentstehung)
Chalontheorie
- ☐ Krebs (Krebsentstehung)
Chama
Chamaea
- Zaunkönigmeisen
Chamaecyparis ⌐
Chamaegigas
Chamaeidae ⌐
Chamaeleo
- Chamäleons
Chamaeleonidae ⌐
Chamaemyiidae ⌐
Chamaephyten
- Halbsträucher
- Holzgewächse
- ☐ Lebensformen (Gliederung)
- ☐ Lebensformen
- [M] Lebensformspektren
Chamaesaura ⌐
Chamaesiphon
- Chamaesiphonaceae
Chamaesiphonaceae
Chamaesiphonales
- Chamaesiphonaceae
- Pleurocapsales
Chamaesphecia
- Glasflügler
Chamaexeros
- [M] Xanthorrhoeaceae
Chamäleonfliege ⌐
- [M] Waffenfliegen
Chamäleons
- Blickfeld
- Europa
- Greifhand
- Hand
- Madagassische Subregion
- [B] Mediterranregion II
Chamazulen
- [M] Kamille
Chamberland, Charles Edouard
- Chamberland-Kerze
Chamberland-Filter
- Bakterienfilter
- [M] Viren (erste Spuren)
Chamberland-Kerze
Chambon, P.
- [B] Biochemie
Chamerops
- Europa
- Palmen
Chamidae
- Gienmuscheln
Chamillin
- [M] Kamille
Chamisso, A. von
- [B] Biologie I
- [B] Biologie II
- [M] Generationswechsel
- ☐ Meeresbiologie (Expeditionen)

- Salpen
Chamoidea
- Hufmuscheln
Chamorchis ⌐
Champagner
- Wein
Champignon ⌐
- ☐ Blätterpilze (Velum)
Champignonartige Pilze
- Speisepilze
Champsosaurus
- Eosuchia
- [M] Eosuchia
Chancelade
Chanda ⌐
Chandu
- Opium
Chanidae ⌐
Channa
- Schlangenkopffische
Channichthyidae ⌐
- Polarregion
Channidae
- Schlangenkopffische
Channiformes ⌐
Chanoclavin
- Mutterkornalkaloide
Chanos
- Milchfische
Chantransia
- Mikrothallus
Chaoborus ⌐
- Holometabola
Chaos
- Abstammung - Realität
- Amoeba
- Chaos-Theorie
- Symmetrie
- Wissenschaftstheorie
Chaos-Theorie
- Zufall in der Biologie
Chaparral
- Macchie
- Nordamerika
Chaparral-Timalie
- Zaunkönigmeisen
Chapelle-aux-Saints ⌐
Chapin
- Francisella
Chapman-Zebra
- [B] Rassen- u. Artbildung I
- [M] Zebras
CHAPS
- ☐ Membranproteine (Detergentien)
Chara
- Characeae
- Statolithen
- ⌐ Charawiesen
Characeae
Characiaceae
Characidiidae ⌐
Characinae
- Salmler
Characiochloris
- Tetrasporaceae
Characium
- Characiaceae
Characoidei ⌐
Charadriidae ⌐
Charadriiformes ⌐
Charadrius
- Regenpfeifer
Charakter
Charakterart ⌐
- Leitart
Charakter-Displacement
Charakterdivergenz
- ökologische Nische
Charakterkonvergenz
Charakterologie
- Charakter
Charakteropathie
- ☐ Drogen und das Drogenproblem
Charales
Charawiesen
- Charales
- ☐ See

Charax ⌐
Charaxes ⌐
Chardonnay
- ☐ Weinrebe
Charetea
Chargaff, Erwin
- Chargaff-Regeln
- ☐ Desoxyribonucleinsäuren (Geschichte)
Chargaff-Regeln
Charmosyna
- [M] Papageien
Charonia ⌐
- Dornenkronen-Seestern
- [M] Tritonshörner
Charon-Phagen
Charophyceae
- Charales
Charpentier, Toussaint de
- Charpentieria
Charpentieria
Charsa ⌐
Chartreusin
Charybdea
Chase, M.
- ☐ Desoxyribonucleinsäuren (Geschichte)
Chasmogamie
- amphikarp
Chasmophyten
- Asplenietea rupestria
- Felsflora
Chasselas
- ☐ Weinrebe
Chatinin
- [M] Baldrian
Chätoide
- Chaetoide
Chattium
- ☐ Tertiär
Chatton, Edouard
- [M] Eukaryoten
Chauliodontidae ⌐
Chauliodus
- Viperfische
Chaulmugraöl
- Flacourtiaceae
- Gynokardiaöl
Chaulmugrasamenbaum
- Flacourtiaceae
Chauna ⌐
Chavica
- Pfeffergewächse
Chavicin
- Pfeffergewächse
Chayote
Check-cross
Cheetah
- Tschita
Cheilanthes ⌐
Cheilea
Cheilocystiden
- [M] Hymenium
Cheilosia
- Schwebfliegen
Cheilostomata
Cheilymenia
Cheiracanthium ⌐
Cheiranthus ⌐
Cheiridium
Cheiriin
- [M] Goldlack
Cheirodon
Cheirogaleinae
- Lemuren
Cheirogaleus
- Lemuren
Cheirolepidaceae
Cheirolepis
- Cheirolepidaceae
Cheiropterygium
- Chiropterygium
Cheirosid A
- [M] Goldlack
Cheirotoxin
- [M] Goldlack
Chela
- Cheliceren
- Scherenfuß

chelat
- Chela
Chelate
- [M] Ferredoxine
Cheleutoptera ⌐
Chelicerata
- [M] Epimere
- ☐ Gliederfüßer
- Komplexauge
- [M] Schwestergruppe
- ☐ Stammbaum
Cheliceren
- Chelicerata
- ☐ Gliederfüßer
- [B] Gliederfüßer II
- [M] Orthognatha
- [M] Phalangidae
- [M] Schneckenkanker
- ☐ Webspinnen
Chelidae ⌐
Chelidonin
- Schöllkraut
Chelidonium ⌐
- ☐ Heilpflanzen
- ⌐ Schöllkraut
Chelidurella ⌐
Chelifer ⌐
Chellean man
- Homo erectus leakeyi
Chelmon ⌐
Chelodina ⌐
Chelonethi
- ☐ Chelicerata
- Pseudoskorpione
Cheloneti ⌐
Chelonia
- Anapsida
- Meeresschildkröten
Chelonibia
- [M] Rankenfüßer
Cheloniidae ⌐
Chelonoidis ⌐
Chelophyes ⌐
Chelopode
- Scherenfuß
Chelura ⌐
Cheluridae
- Bohrflohkrebs
Chelus ⌐
Chelydridae ⌐
Chemiatrie
- Iatrochemie
Chemie
Chemilumineszenz
chemiosmotische Hypothese ⌐
- [B] Biochemie
- mitochondrialer Kopplungsfaktor
- ☐ Mitochondrien (Aufbau)
- protonenmotorische Kraft
chemische Analyse ⌐
chemische Bindung
- anthropisches Prinzip
- Berzelius, J.J. von
- Chemie
- chemische Energie
- Entropie - in der Biologie
- makromolekulare chemische Verbindungen
- Moleküle
chemische Elemente
- Boyle, R.
- Chemie
- chemische Verbindungen
chemische Energie
- Absorption
- [B] Dissimilation I
- Energieumsatz
- Photosynthese
- Stoffwechsel
chemische Evolution
- abiotische Synthese
- Abstammung - Realität
- chemische Verbindungen
- Leben
- Selbstorganisation
- Uratmosphäre

- Wasser
chemische Formeln
- Moleküle
chemische Gleichung
- Chemie
- chemische Reaktion
chemische Hypothese
- □ Atmungskette (Hypothese)
chemische Kampfstoffe
- Giftgase
- ↗ chemische Waffen
chemische Kinetik
- Reaktionskinetik
chemische Klärung (Wasser) ↗
chemische Klärung (Wein) ↗
chemische Konservierung
chemische Konservierungsmittel
- Antivitalstoffe
- ↗ Konservierung
chemische Konstitution
chemische Kopplungshypothese ↗
chemische Reaktion
- Chemie
- chemische Energie
- Entropie - in der Biologie
chemischer Sauerstoffbedarf
- Abwasser
chemische Schädlingsbekämpfung
- Lotka-Volterra-Gleichungen
chemisches Gleichgewicht
- Entropie - in der Biologie
- Enzyme
- Geschwindigkeitsgleichung
- Katalyse
- Massenwirkungsgesetz
chemische Sinne
chemische Symbole
chemische Theorie
- Schlaf
chemische Thermogenese
- Atmungskette
chemische Verbindungen
- chemische Elemente
- Moleküle
chemische Waffen
- Entlaubungsmittel
- Giftgase
chemische Zeichen
- chemische Symbole
Chemisorption
chemoautotroph
- Chemoheterotrophie
- □ Ernährung
Chemoautotrophie
Chemodinese ↗
Chemoevolution ↗
Chemofossilien
- Erdöl
- Fossilchemie
- Fossilien
chemoheterotroph
- Chemoheterotrophie
- □ Ernährung
Chemoheterotrophie
chemolithoautotroph
- Chemolithotrophie
- □ Ernährung
Chemolithoautotrophie
- Chemolithotrophie
chemolithoheterotroph
- Heterotrophie
Chemolithoheterotrophie
- Chemolithotrophie
chemolithotroph
- allotroph
- Chemolithotrophie
- M eisenoxidierende Bakterien
Chemolithotrophie
- Autotrophie
Chemolumineszenz ↗
Chemomelioration
Chemomorphosen
- Morphosen

Chemonastie ↗
Chemoorganoautotrophie
- Chemolithotrophie
chemoorganoheterotroph
- □ Ernährung
- Heterotrophie
Chemoorganoheterotrophie
- Chemoorganotrophie
Chemoorganotrophie
Chemoresistenz
Chemorezeptoren
- □ Atmungsregulation (Atemzentrum)
- Paraganglien
- Regelung
- Sensillen
Chemosorption ↗
Chemostat ↗
Chemosterilantien
Chemosynthese
Chemotaktikum
- Acrasin
Chemotaxis
- Aerotaxis
- M Bakterienmembran
- Chloroplastenbewegungen
- Entzündung
- M Plasmogamie
Chemotaxonomie ↗
- Isochinolin
- Pflanzenstoffe
Chemotherapeutika
- Chemoresistenz
Chemotherapie
- Chemotherapeutika
- Ehrlich, P.
- Krebs
chemotroph
- Autotrophie
- Chemotrophie
- Ernährung
Chemotrophie
- □ Ernährung
- ↗ chemotroph
Chemotropismus ↗
Chemurgie
Chenocholsäuren
- Gallensteine
Chenodesoxycholsäure ↗
Chenopodiaceae ↗
Chenopodietea ↗
Chenopodion fluviatile ↗
Chenopodium ↗
Cherimoya ↗
Chermesidae ↗
Chernetidae
- Pseudoskorpione
Chernozem ↗
Chersina ↗
Chersophyten
Chersydrus ↗
chevron bones
- Hämalbögen
Cheyletidae ↗
Cheyletus
- Raubmilben
Cheyne, John
- Cheyne-Stokes-Atmung
Cheyne-Stokes-Atmung
- Winterschlaf
Chiasma
- Centromerinterferenz
- Chromatin
- Chromosomentheorie der Vererbung
- □ Lampenbürstenchromosomen
- B Meiose
- Terminalisation
Chiasmainterferenz
- Chromosomeninterferenz
Chiasma opticum
- Auge
- Opticus
- ↗ Sehnervenkreuzung
Chiasmodon
- Drachenfische

Chiasmodontidae ↗
Chiasmotypie ↗
Chiastoneurie
- Eingeweidesack
- Nervensystem
- B Nervensystem I
Chicle
- Sapotaceae
Chicorée ↗
- B Kulturpflanzen V
Chicoreus
- M Sektion
Chihuahua
- □ Hunde (Hunderassen)
- Hunderassen IV
Chikungunya
- M Togaviren
Chilaria
Chilenisches Hartlaubgebiet
- Südamerika
Chilenische Waldkatze
- Nachtkatze
Chilenische Wehrente
- B Rassen- u. Artbildung I
Chilesalpeter
- Caliche
- Iod
Chiletanne
- Araucaria
- □ Araucaria
Chilidialplatten
Chilidium
Chilina
- Chiastoneurie
Chilinoidea
- M Wasserlungenschnecken
Chili-Pfeffer ↗
Chillies
- Paprika
Chilodon
- B Sexualvorgänge
Chilodonella
Chilodus ↗
Chilognatha
- Doppelfüßer
Chilomastix
- □ Darmflagellaten
Chilomonas ↗
Chilonycterinae
- Blattnasen
Chilopoda ↗
Chilopodium
- Giftklauen
- Hundertfüßer
Chiloscyphus ↗
Chilostoma
Chilota
- M Megascolecidae
Chimabacche
- Oecophoridae
Chimaera (Fische)
- Chimären
Chimaera (Saugwürmer)
- M Monogenea
Chimaericola
- Monogenea
Chimaeridae
- Chimären
Chimaeriformes ↗
Chimäre (Botanik)
- □ botanische Zeichen
- Weißdorn
Chimäre (Fabelwesen)
- Aldrovandi, U.
Chimäre (Genetik)
- Markiergen
Chimäre (Zoologie)
- Mosaikbastard
chimäre DNA
- Gentechnologie
Chimären (Fische)
Chimonobambusa ↗
Chinaalkaloide
- Chinolinalkaloid
Chinabast
- Ramie
Chinagras
- Brennesselgewächse

- Ramie
Chinajute
- Abutilon
Chinakohl ↗
Chinamensch ↗
Chinampa
Chinarinde
- Chinarindenbaum
- Homöopathie
Chinarindenalkaloide ↗
Chinarindenbaum
- B Kulturpflanzen X
- B Südamerika VI
Chinarose
- Teestrauchgewächse
Chinasäure
- Chlorogensäure
Chinawachs
- Pelawachs
China-Wurzel
- Stechwinde
Chinazolin
- M Chinazolinalkaloide
Chinazolinalkaloide
Chinchillaratten
- M Südamerika
Chinchillas
- Haustiere
- M Südamerika
- B Südamerika VI
Chinchillidae ↗
Chinchona
- Arzneimittelpflanzen
Chinesische Dattel ↗
Chinesische Nachtigall
- Timalien
Chinesische Nessel
- Ramie
Chinesischer Holunder
- Meliaceae
Chinesischer Leberegel
- Clonorchis
Chinesischer Sonnenvogel
- □ Käfigvögel
Chinesischer Zimt
- B Kulturpflanzen VIII
- Zimt
chinesisches Holzöl
- Tungöl
chinesisches Reispapier
- Efeugewächse
Chinesische Stachelbeere
- Strahlengriffel
chinesisches Wachs ↗
Chiniaster
- □ Seesterne
Chinidin ↗
- □ Chinin
Chinin
- Arzneimittelpflanzen
- Bitterstoffe
- Caventou, J.B.
- M Chinarindenbaum
- Glucosamin
- Grassi, G.B.
- Pelletier, P.J.
- Woodward, R.B.
Chinolin
- Chinolinalkaloide
Chinolinalkaloide
Chinolizidin
- M Chinolizidinalkaloide
Chinolizidinalkaloide
Chinone
- M Atmungskette
- Bombardierkäfer
- Ubichinone
- M Wehrsekrete
Chinon-Hydrochinon-Zyklus
- □ Thylakoidmembran
chinophil
Chiodecton ↗
Chioglossa ↗
Chionea
- Kryobionten
- Kryoplankton
Chionididae ↗
Chionis
- Scheidenschnäbel

Chipmunks

Chipmunks
- [B] Nordamerika IV

Chips
- Bioelektronik

Chiracanthium ↗

Chiralität ↗
- Bruchdreifachbildungen

Chiratin
- Tarant

Chirettkraut
- Tarant

Chiridia
- Ballen

Chirimoya ↗

Chirocentridae ↗

Chirocephalidae
- [M] Anostraca

Chirocephalus
- Anostraca
- [M] Tümpel

Chirolophis ↗

Chiromantis
- Froschlurche
- Ruderfrösche
- ☐ Schaumnester

Chironectes
- Schwimmbeutler

Chironex

Chironomidae ↗

Chironomus
- [M] Parasitismus
- [M] Saprobiensystem
- Zuckmücken
- [M] Zuckmücken

Chironomus-See
- Seetypen

Chiropatagium
- ☐ Fledertiere

Chiropotes
- ☐ Sakiaffen

Chiropsalmus ↗

Chiroptera ↗
- Unguiculata
- ↗ Fledertiere

Chiropterit

Chiropterogamie
- Blütensyndrom

Chiropterophilie
- Chiropterogamie

Chiropterotriton ↗

Chiropterygium

Chiroteuthis

Chirotherium

Chirotonetes
- Stachelhafte

Chiru
- Tschiru

Chirurgenfische ↗

Chi-Strukturen
- ☐ Crossing over

Chitaspis

Chitin
- Bodenorganismen
- Chitinasen
- Chitobiose
- Cytophagales
- Epithel
- Hyolithellus
- [B] Kohlenhydrate II
- Lysozym
- Mineralisation
- Pogonophora

Chitinasen
- [B] Häutung
- Streptomycetaceae
- Verdauung

Chitincuticula
- Cuticula
- Gliedertiere
- Oenocyten

Chitinpanzer
- Bewegungsapparat
- Infrarotmikroskopie
- Präparationstechniken
- [B] Skelett

Chitinsynthetase
- Chitin

Chitobiase
- Chitin

- [B] Häutung

Chitobiose

Chiton

Chitosamin ↗
- Glucosamin

Chitosan ↗

Chitra ↗

Chlaenius
- [M] Laufkäfer

Chlamydephorus

Chlamydera
- ☐ Laubenvögel

Chlamydia
- Chlamydien

Chlamydiaceae
- Chlamydiales

Chlamydiales

Chlamydien

Chlamydobakterien ↗

Chlamydomonadaceae

Chlamydomonadales

Chlamydomonas ↗
- Algen
- Befruchtungsstoffe
- Chloroplasten
- eingeschlechtige Fortpflanzung
- Gameten
- Kryoflora
- Kryokonitlöcher
- Polarregion

Chlamydosaurus ↗

Chlamydoselachoidei ↗

Chlamydoselachus
- Haie

Chlamydospermae ↗

Chlamydospermopsida
- Gnetatae

Chlamydosporen

Chlamydozoon
- Chlamydien

Chlamyphorus
- Gürteltiere

Chlamys

Chlidonias ↗

Chloebia ↗

Chloeia
- [M] Amphinomidae

Chlor
- [M] Bioelemente
- [M] chemische Bindung
- Chloramphenicol
- [M] Dissoziation
- Isotope
- ☐ MAK-Wert
- Scheele, K.W.
- Wasseraufbereitung

Chlora
- Bitterling

3-Chloracrylsäure
- Entlaubungsmittel

Chloragog
- Chloragogzellen
- Exkretionsorgane

Chloragogzellen
- Botryoidzellen
- Oligochaeta
- Schwermetallresistenz

Chlorakne
- [M] TCDD

Chloralhydrat
- Keimgifte

Chlorambucil
- [M] Cytostatika

Chloramphenicol
- Chlor
- Chloroplasten
- Ribosomen
- Vektoren
- ☐ Zelle (Vergleich)

Chlorangiella
- Chlorangiellaceae

Chlorangiellaceae

Chloranthaceae
- Lorbeerartige

Chloranthie
- Verlaubung

2-Chloräthanphosphonsäure
- Ethephon

2-Chloräthyltrimethylammoniumchlorid
- Chlorcholinchlorid

Chlorbenzol
- ☐ MAK-Wert

Chlorcholinchlorid
- Gibberellinantagonisten

Chlorcyan
- Giftgase

Chlorella ↗
- ☐ Bakteriochlorophylle (Absorption)
- [M] Endosymbiose
- Flechten
- Grünalgen
- Kryoflora
- Landalgen
- Polarregion
- Zoochlorellen

Chlorflurenol
- Morphactine

Chlorhaemidae ↗

Chlorhormidium ↗

Chlorid
- [M] Geschmacksstoffe
- Membranpotential
- [M] Membrantransport
- Nährsalze
- Salzsäure
- Streusalzschäden

Chloridella ↗

Chloridtransport-stimulierendes Hormon
- ☐ Insektenhormone

Chloridzellen
- Hautdrüsen
- Kamptozoa

chlorieren
- Chlor

chlorierte Biphenyle
- ☐ MAK-Wert
- polychlorierte Biphenyle

chlorierte Kohlenwasserstoffe
- cancerogen
- Chlorkohlenwasserstoffe

Chloriridovirus
- Iridoviren

Chlorkalk
- Chlor

Chlorkalkwasser
- ☐ Desinfektion

Chlorkohlenwasserstoffe
- Bioindikatoren
- Hexachlorbenzol
- [M] Insektizide
- Wasserverschmutzung

Chlornitrobenzol
- Bodendesinfektion

Chlorobacteriaceae
- grüne Schwefelbakterien

Chlorobiineae
- grüne Schwefelbakterien

Chlorobium
- ☐ Bakteriochlorophylle (Absorption)
- [M] Consortium
- ☐ Eubakterien

Chlorobiumvesikel ↗
- Bakteriochlorophylle

Chlorobotrys ↗

Chlorochromatium ↗
- [M] grüne Schwefelbakterien

Chlorochytriaceae

Chlorochytrium
- Chlorochytriaceae

Chlorococcaceae

Chlorococcales
- Autospore

Chlorococcum
- Chlorococcaceae

Chlorocruorin

Chlorocyten
- Torfmoose

Chloroflexaceae ↗
- Oscillochloris

Chloroflexus
- ☐ Eubakterien
- grüne Schwefelbakterien

Chloroform
- ☐ Chlorkohlenwasserstoffe

- ☐ MAK-Wert
- Narkotika

Chloroformnarkose
- Chloroform

Chlorogensäure
- Chinasäure
- Coffein
- Gerbstoffe
- ☐ Kaffee
- Kaffeesäure
- Keimungshemmstoffe
- Phytoalexine
- Theobromin

Chlorohydra ↗
- [B] Endosymbiose
- Zoochlorellen

Chloromonadina
- [M] Geißeltierchen

Chloromonadophyceae

Chloromycetin ↗

Chloronema ↗
- Phytochrom-System

Chlorophanus
- ☐ Komplexauge (Aufbau/Leistung)

Chlorophis ↗

Chlorophora
- Gelbholz
- Irokoholz

Chlorophthalmidae ↗

Chlorophyceae ↗

Chlorophyllase
- Chlorophylle

Chlorophylle
- ☐ Algen (Farbstoffe)
- Antennenpigmente
- [B] Biochemie
- [B] Biologie II
- Carotinoide
- Chlorophyllase
- Chlorophylline
- [B] Chromatographie
- [M] Chromoplasten
- ☐ Cyanobakterien (Photosynthese)
- Eisenchlorose
- Erklärung in der Biologie
- Farbe
- Fluoreszenzmikroskopie
- Herbstfärbung
- Magnesium
- Phäophytine
- Photorezeptoren
- Photosensibilisatoren
- Porphyrine
- Pringsheim, N.
- [M] Prochloron
- Pyrrol
- Rauchgasschäden
- ☐ Redoxpotential
- Sachs, J.
- ☐ Thylakoidmembran
- Willstätter, R.
- Woodward, R.B.
- Zink

Chlorophyllid a
- Chlorophyllase
- Chlorophylle

Chlorophylline

Chlorophytum ↗

Chloropidae ↗

Chloroplasten
- Adenosintriphosphatasen
- Aminoacyl-t-RNA-Synthetasen
- Buntblättrigkeit
- Calvin-Zyklus
- Carotinoide
- Chloroplastenbewegungen
- Cyanobakterien
- [M] Cytokinine
- Cytoplasma
- cytoplasmatische Vererbung
- Erklärung in der Biologie
- ☐ Eubakterien
- Eukaryoten
- Grana
- Hill-Reaktion

- Kompartimentierung
- Membrantransport
- mitochondrialer Kopplungsfaktor
- [B] Photosynthese I
- Prochloron
- □ Ribosomen (Struktur)
- Ribulose-1,5-diphosphat-Carboxylase
- transfer-RNA
- □ Zelle (Schema)

Chloroplastenbewegungen
- Plasmaströmung

Chloroplasten-DNA
- □ Desoxyribonucleinsäuren (Größen)

Chloropseudomonas
Chloroquin
- Malaria

Chlorose
- Pflanzenviren

Chlorosiphonales ↗
Chlorosomen
- Bakteriochlorophylle

Chlorosplenium
- Grünfäule
- Helotiaceae

Chlorothecium ↗
Chlorotisches Kundebohnenmosaikvirus
- Trespenmosaik-Virusgruppe

Chloroxylon
- Rautengewächse
- Satinholz

Chlorpropan
- □ Isomerie (Typen)

Chlortetracyclin
- [M] Tetracycline

2-Chlor-6-trichlormethylpyridin
- nitrifizierende Bakterien

Chlorwasserstoff
- chemische Gleichung
- Priestley, J.
- Salzsäure

Chlorwasserstoffsäure ↗
Choanata
- Choanen

Choanen
- Choanichthyes
- Gaumensegel
- Keilbein
- Knochenfische
- Pterygoid
- Rachenmandel

Choanenfische
- Knochenfische

Choanephora
Choanichthyes
Choanoblasten
- [M] Parenchymula

Choanocyten
- Cyrtocyten
- Gastrallager
- Geißelkammern
- [M] Schwämme (Zelltypen)

Choanoderm
- [M] Parenchymula
- Schwämme

Choanoflagellaten ↗
choanomastigot
- [M] Trypanosomidae

Choanophoros
- [M] Pogonophora

Choanotaenia
Choeropsis ↗
Choiromyces ↗
Cholansäure
Cholecalciferol ↗
- [B] Vitamine

Cholecystokinin
- Enterogastron
- Gallenblase
- Gewebshormone
- [M] Hunger
- □ Neuropeptide
- Verdauung

Cholecystokinin-Pankreozymin
- □ Hormone (Drüsen und Wirkungen)

Choleinsäuren
Cholelithe
- Gallensteine

Cholera
- Bakterientoxine
- [M] bakteriologische Kampfstoffe
- Endotoxine
- Exotoxine
- Infektionskrankheiten
- [M] Inkubationszeit
- Koch, R.
- Pettenkofer, M.J. von
- Tetracycline
- Vibrio

Cholera asiatica
- Vibrio

Choleraschutzimpfung
- □ Cholera

Choleratoxin
- □ Cholera
- [M] Diphtherie (Diphtherietoxin)
- [M] Exotoxine

Cholera-Vibrionen ↗
5β-Cholestan
- Gallenalkohole
- Gallensäuren

Cholestanol
Cholesterin
- Androgene
- Arteriosklerose
- Artischocke
- Aschoff, L.
- [M] Blutserum
- Cornforth, J.W.
- Corticosteroide
- Endocytose
- Fucosterin
- Gallensäuren
- Gelbkörperhormone
- [M] Harnsedimente
- □ Isoprenoide (Biosynthese)
- Leber
- Lipoproteine
- Membran
- □ Membran (Plasmamembran)
- Pregnenolon
- [M] Steroidhormone
- Windaus, A.O.R.
- Woodward, R.B.

Cholesterin-7α-Hydroxylase
- Gallensäuren

Cholesterinpigmentkalk
- Gallensteine

Cholesterinsteine
- Gallensteine

Cholesterol ↗
Choleva
- Nestkäfer

Cholin
- [M] Acetylcholin
- Best, Ch.H.
- □ essentielle Nahrungsbestandteile
- [M] Holunder
- lipotrop
- □ Synapsen

Cholinacetyl-Transferase
- Acetylcholin
- □ Synapsen

cholinerg
- Neurosekrete
- □ Neurotransmitter

cholinerge Fasern
- adrenerge Fasern
- Neurotransmitter
- Temperaturregulation

cholinerges System
- □ Nervensystem (Funktionsweise)

cholinerge Synapse
- □ Synapsen

Cholinphosphat
- Cytidindiphosphat-Cholin

Cholodny-Went-Theorie
- Tropismus

Choloepus
- [M] Faultiere

- Halswirbel
cholophag
Cholsäure ↗
- □ Emulgatoren

Chomata
- Pseudochomata

Chomophyten
Chondodendron
- Curare
- Menispermaceae

Chondrichthyes ↗
- □ Wirbeltiere
- ↗ Knorpelfische

Chondrilla ↗
Chondrilletum ↗
Chondrin
Chondrina
Chondrinidae
- Chondrina
- Kornschnecken

Chondriom
Chondriosomen ↗
Chondrites
- Fucoides

Chondroblasten ↗
Chondrococcus
- Flexibacter

Chondrocranium
- Schädel

Chondrocysten
- Strudelwürmer

Chondrocyten
- Bindegewebe

Chondrodactylus ↗
Chondrodendron ↗
Chondrodysplasie
- □ Mutation

Chondrodystrophie
- Zwergwuchs

chondrodystrophischer Zwergwuchs
- Zwergwuchs

chondroides Gewebe
- Bindegewebe

Chondroitin
Chondroitinsulfat
- Chondroitin
- Ester
- Hyaluronsäure
- □ Proteoglykane

Chondroklasten
- Ersatzknochen
- Knochen
- [B] Knochen

Chondrom
- Gendosis
- Genom
- Mitochondrien
- Plasmon

Chondromyces ↗
- [M] Polyangiaceae

Chondrone
- Bindegewebe

Chondrophora ↗
Chondropomatidae
- [M] Littorinoidea

Chondropython ↗
Chondrosamin ↗
Chondrosia
- Chondrosiidae

Chondrosiidae
Chondrostei
- Palaeonisciformes

Chondrostoma ↗
Chondrula
Chondrus (Algen) ↗
- Agarophyten

Chondrus (Schnecken)
Chone
Chonetes
Chonium
- Trichter

Chonotricha
Choppers
- Geröllgeräte

Chopping-tools
- Geröllgeräte

Chorda ↗

Chorda dorsalis
- Achsenskelett
- [B] Biologie II
- [B] Embryonalentwicklung I
- [B] Embryonalentwicklung II
- [B] Induktion
- Kowalewski, A.O.
- [M] Rekapitulation
- □ Schädellose
- Somiten
- [M] Wirbel (Wirbelbildung)

Chordae tendineae
- Trabekeln

Chordafaserscheide
- Schädellose

Chordagewebe
- Bindegewebe
- [B] Bindegewebe

Chordamesoderm
Chordaria
- Chordariales

Chordariales
- [M] Catenulida

Chordascheide
Chordastadium
- Wirbel

Chordata ↗
- Archicoelomatentheorie
- □ Tiere (Tierreichstämme)
- ↗ Chordatiere

Chordatiere
- [M] Eizelle
- Kowalewski, A.O.
- [B] Wirbeltiere II

Chorda tympani
Chordeuma
- Samenfüßer

Chordeumatida
- □ Doppelfüßer

Chordeumidae
- Samenfüßer

Chordeumoidea
- Samenfüßer

Chordodes
- [M] Saitenwürmer

Chordodidae
- [M] Saitenwürmer

Chordodiolus
- [M] Saitenwürmer

chordoide Gewebe
- Endoskelett

Chordopoxviren ↗
Chordopoxvirinae
- □ Pockenviren

Chordotonalorgane
- Gehörorgane
- Mechanorezeptoren
- Scolopidium
- □ Scolopidium
- Vibrationssinn

Choren
Chorfrösche
- [M] Laubfrösche
- Pseudacris

Choriata
- Eutheria

chorikarp
- □ Fruchtformen

Chorioallantois
- Placenta

Chorioallantoisplacenta
- Dottersackplacenta

Chorioidea ↗
Choriomammotropin
- □ Adenohypophyse

Chorion (Insekten)
Chorion (Säugetiere)
- Chorioallantois
- Eihüllen
- [B] Embryonalentwicklung I
- [B] Embryonalentwicklung II
- [B] Embryonalentwicklung III
- Embryonalhüllen

Chorion-Gene

- M Oogenese
- □ Placenta
- Trophoblast

Chorion-Gene
- □ Genamplifikation

Choriongonadotropin
- Adenohypophyse
- gonadotrope Hormone
- □ Hormone (Drüsen und Wirkungen)
- Krebs
- B Menstruationszyklus
- Schwangerschaftstests

Chorionin ↗
Chorionmesenchym
Chorionplatte
- □ Placenta

Chorionsomatomammotropin
- Prolactin

Chorionsomatotropin
- Choriomammotropin

Chorionzotten
- B Embryonalentwicklung II

Choriozönose ↗
choripetal
Choripetalae
Choris, Ludwig
- Chorisia

Chorise ↗
chorisepal
Chorisia ↗
Chorismatmutase ↗
Chorisminsäure
- □ Allosterie (Biosynthese)
- Shikimisäure

Chorismus
Choristoceras marshi
Choristodera
- Eosuchia

C-Horizont
- Untergrund

Chorologie ↗
- Biogeographie

Choromytilus
- M Miesmuscheln
- Muschelkulturen

Chorthippus ↗
- Stridulation

Chortoicetes
- M Wanderheuschrecken

Choukoutien
- B Paläanthropologie

Chousingha
- Vierhornantilope

Chow-Chow
- □ Hunde (Hunderassen)
- □ Hunderassen I

Christdorn ↗
- B Mediterranregion IV

Christensen, Carl
- Christensenia

Christensenia ↗
Christenseniaceae
- M Marattiales

Christiansen-Douglas-Haldane-Effekt
- Haldane-Effekt

Christmas-Faktor
Christophskraut
Christpalmöl
- Rizinusöl

Christrose ↗
- M Nieswurz
- □ Spaltöffnungen

Christusdorn ↗
- B Afrika VIII
- Cyathium
- Hülsenfrüchtler

Chrom
- Luftverschmutzung
- ↗ Chrom-III-chromate

Chromadora
Chromadorida
- Chromadora
- Draconema

chromaffin

chromaffines Gewebe
- Nebenniere

Chromatiaceae
- □ Bakterien (Bakteriengruppen)
- Chromatium
- □ phototrophe Bakterien
- Schwefelpurpurbakterien

Chromatiden
- M Centromer
- □ Crossing over
- Desoxyribonucleinsäuren
- Diplochromosomen
- B Meiose
- B Mitose
- B Mitose
- B Replikation der DNA II
- B Riesenchromosomen

Chromatidenaberrationen
Chromatideninterferenz
Chromatidenschleife
- □ Lampenbürstenchromosomen

Chromatidenstückaustausch
- Chromatideninterferenz

Chromatidentetrade
- B Chromosomen II
- M Genkonversion
- B Meiose
- Tetrade

Chromatidentranslokation ↗
Chromatin
- B Biologie II
- Flemming, W.
- Heterochromatisierung
- M Hybridisierung (Nachweis)
- Kernhülle
- □ Lampenbürstenchromosomen
- Nucleoluskörperchen
- Nucleoproteine
- B Zelle
- Zellkern

Chromatinfibrille
- Chromatin
- Histone

Chromatingerüst ↗
chromatische Aberration ↗
chromatische Adaptation (Antennenpigmente)
chromatische Adaptation (Körperfarbe) ↗
- Phycobiliproteine

Chromatium
- □ Bakteriengeißel
- □ Bakteriochlorophyll (Absorption)
- □ phototrophe Bakterien
- □ Purpurbakterien

Chromatogramm ↗
Chromatographie
- Anionenaustauscher
- B Biologie III
- □ Ribonucleinsäuren (Parameter)
- Tswett, M.S.

Chromatophoren (Botanik)
- Pflanzenfarbstoffe

Chromatophoren (Photosynthese)
- Bakteriochlorophylle

Chromatophoren (Zoologie)
- Farbwechsel
- □ Farbwechsel
- Flitterzellen
- Hautfarbe
- Melanocyten
- Melanotropin
- Neuropeptide
- M Neuropeptide
- M Sepie
- Temperaturregulation

Chromatophor-Organe
- Kopffüßer

Chromatoplasma ↗
- Cyanobakterien

Chrom-III-chromate
- M Krebs (Krebserzeuger)

Chromis ↗
Chromocyten
Chromodoridae
- Chromodoris

Chromodoris
- Glossodoris

Chromofibrille
Chromofilamente
- Chromofibrille

Chromomeren
- M Centromer (Aufbau)
- □ Lampenbürstenchromosomen
- B Meiose

Chromonema ↗
chromophil
chromophob
- chromophil

Chromophore
- chromophore Gruppen
- Sehfarbstoffe

chromophore Gruppen
- Farbstoffe

Chromophyton ↗
Chromoplasma
Chromoplasten
- Carotinoide
- Chromatophoren

Chromoproteide
- Chromoproteine

Chromoproteine
- Hämoglobine
- Phytochrom-System

Chromosmiumessigsäure
- Flemming, W.

chromosomale DNA
chromosomale Homöologie
Chromosomen
- □ Actomyosin
- Aufregulation
- B Biologie II
- Boveri, Th.
- Cytologie
- Gonomerie
- Grundzahl
- Humangenetik
- Hybridisierung
- □ Lampenbürstenchromosomen
- B Meiose
- Mendelsche Regeln
- □ Mitose
- B Mitose
- Morgan-Gesetze
- Morgan, Th.H.
- B Replikation der DNA II
- M Replikon
- Ringchromosomen
- Waldeyer-Hartz, W. von
- Zellkern

Chromosomenaberrationen
- Amniocentese
- chromosomale Homöologie
- Cytogenetik
- Erbkrankheiten
- Krebs
- Mutation
- Ringchromosomen

Chromosomenanomalien
- Chromosomendiagnostik
- Erbdiagnose
- Erbkrankheiten
- Fehlbildung
- Mutation
- Strahlenschäden

Chromosomenarme ↗
Chromosomenbänderungstechnik
- Fluoreszenzmikroskopie

Chromosomenbewegungen
- Bewegung
- sliding-filament-Mechanismus

Chromosomenbivalent ↗
Chromosomenbrüche
- □ Virusinfektion (Wirkungen)

Chromosomendiagnostik
Chromosomendiminution
- Geschlechtsorgane

Chromosomeneinschnürungen
Chromosomenelimination ↗
Chromosomenfärbung
Chromosomenfasern ↗
Chromosomenfusion
Chromosomenindividualität
Chromosomeninterferenz
- Koinzidenz-Index

Chromosomenkarten ↗
- M Chromosomen (Chromosomenkarten)
- Crossing over
- Genort
- Morgan, Th.H.

Chromosomenkondensation
- B Mitose

Chromosomenkontraktion
Chromosomenmosaike
- non-disjunction

Chromosomenmutationen ↗
- Mutation
- B Mutation
- Mutationszüchtung

Chromosomenpaarung
- Asynapsis
- Chiasma
- Meiose

Chromosomenpolymorphismus
Chromosomensatz ↗
- Autosomen
- Diploidie
- Diplonten
- Haploidie
- B Meiose

Chromosomenschleifen ↗
Chromosomenstückaustausch ↗
Chromosomensynapsis ↗
Chromosomenteilung
- B Biologie II

Chromosomentheorie der Krebsentstehung
- □ Krebs (Krebsentstehung)

Chromosomentheorie der Vererbung
- Bridges, C.B.
- Chromosomen

Chromosomenzahl
- Beneden, E. van
- M Chromosomen
- Präreduktion

Chromosomogamie
Chromozentrum
Chromulina ↗
Chron
- □ Stratigraphie

Chronaxie
- elektrische Reizung
- Impuls
- Reiz

chronische Infektion
- Harnsteine
- □ Virusinfektion (Abläufe)

chronische Thyreoiditis
- Autoimmunkrankheiten

Chronobiologie
- Menotaxis
- Symmetrie

Chronocline
- homotax
- Transformationsserie

chronologische Transformationsstufen
- Transformationsserie

Chronometrie
- Stratigraphie

chronometrische Skala
- Stratigraphie

Chronopathologie
- M Chronobiologie

Chronopharmakologie
- M Chronobiologie

Chronophysiologie
- M Chronobiologie

Chronopsychologie
- M Chronobiologie

Chronospezies
Chronostratigraphie
- □ Stratigraphie

Chronotherapie
- M Chronobiologie

Chronotoxikologie
- M Chronobiologie

Chronozone
- □ Stratigraphie

Chroococcaceae
- M Chroococcales

chroococcale Cyanobakterien
- Chroococcales

Chroococcales
- Flechten

Chroococcus
- Chroococcales
- Luftalgen

Chroomonas ↗
Chrosomus ↗
Chrozophora ↗

Chrysalide
- Chrysalis
- Puppe

Chrysalis ↗
Chrysamoeba ↗
Chrysamoebidales ↗
Chrysantheme ↗
- B Asien V
- M Wucherblume

Chrysanthemum ↗
- M Blühhormon
- Chrysanthemumtyp

Chrysanthemum chlorotic mottle
- M Viroide

Chrysanthemumsäure
- □ Pyrethrine

Chrysanthemum stunt
- M Viroide

Chrysanthemumtyp
Chrysaora ↗
Chrysemys ↗
Chrysididae ↗

Chrysidiella
- Zooxanthellen

Chrysin
- □ Flavone

Chrysippusfalter ↗
- M Danaidae
- Ritterfalter

Chrysiridia
- Uraniidae

Chrysis
- Goldwespen

Chrysobalanaceae

Chrysobalanus
- Chrysobalanaceae

Chrysocapsa
- Chrysocapsales

Chrysocapsales
- Phaeocystis

Chrysochloa ↗
Chrysochloridae ↗

Chrysochloridoidea
- Zalambdodonta

Chrysochloris
- Goldmulle

Chrysochloroidea
- Zalambdodonta

Chrysochromulina ↗
Chrysococcus ↗
Chrysocyon ↗
Chrysodendron ↗

Chrysogaster
- Schwebfliegen

Chrysolaminarin ↗

Chrysolarix
- Pseudolarix

Chrysolophus ↗
Chrysomelidae ↗

Chrysomeloidea
- pseudotetramer

Chrysomonadales
- Kragenflagellaten

Chrysomonadina
- M Geißeltierchen

Chrysomyxa

Chrysomyxaceae
- M Rostpilze - Rostkrankheiten

Chrysopa
- Florfliegen

Chrysopelea ↗
Chrysophanus ↗
Chrysophyceae
Chrysophyllum ↗
Chrysopidae ↗
Chrysops ↗
Chrysopyxis ↗

Chrysose

Chrysospalax
- Goldmulle

Chrysosphaera
- Chrysosphaerales

Chrysosphaerales
- Autospore

Chrysosphaerella ↗
Chrysosplenium ↗

Chrysosporium
- M Dermatophyten
- M Onygenales

Chrysotoxum
- Schwebfliegen

Chrysozona ↗

Chthamalidae
- M Rankenfüßer

Chthamalus
- M Rankenfüßer

Chthonerpeton ↗
Chthonius ↗

Chthonobdella
- Haemadipsidae

Chuckwallas

Chun, C.
- □ Meeresbiologie (Expeditionen)

Chunos
- Basellaceae

Chutney
- Mangobaum

Chydoridae
- M Wasserflöhe

Chydoroidea
- M Wasserflöhe

Chydorus ↗

Chylomikronen
- Chylus
- Lipoproteine
- □ Lipoproteine
- Verdauung

Chylus
- Lymphe
- Lymphgefäßsystem

Chylusdarm

Chylusgefäße
- □ Darm

Chylustaschen
- Kalk

Chymifikation

Chymochrome

Chymopapain

Chymosin ↗

chymotrope Farbstoffe

Chymotrypsin
- Elastase
- □ Enzyme (K_M-Werte)
- Histidin
- Proteine
- Serin
- Zymogengranula

Chymotrypsinogen ↗
- Zymogengranula

Chymus ↗
- Magen
- Pankreas

Chytridiales
- Myxochytridiales

Chytridiomycetes
- eukarp

Chytridiomycota
- Archimycetes
- Fungi

Ci ↗

Cibarialpumpe
- Insekten
- Pharynxpumpe

Cibarium
- Gehirn
- M Insekten (Darmgrundschema)

- Mundwerkzeuge

Cibicides
- Foraminiferenmergel

Ciboria ↗
Cibotium ↗
Cicadella ↗
- Zwergzikaden

Cicadetta
- Bergzikade
- Singzikaden

Cicadidae ↗
- Zikaden

Cicadina ↗
Cicatricula ↗

Cicatrix
- Narbe

Cicer ↗
Cicerbita ↗
Cichlasoma ↗
Cichlidae ↗
- Artenschwärme
- Grußverhalten

Cichlosoma
- Cichlasoma

Cichorioideae ↗
- Zungenblüten

Cichorium

Cicindela
- Sandlaufkäfer

Cicindelidae ↗
Cicinnurus ↗
Ciconia ↗
Ciconiidae ↗
Ciconiiformes ↗

Cicurina
- Trichterspinnen

Cicuta ↗

Cicutoxin ↗
- Wasserschierling

Cidaris ↗
Cidaroida ↗

Cidre
- Malo-Lactat-Gärung

Ciliarfelder
- Bewegung

Ciliarkörper
- Kammerwasser

Ciliarmuskulatur
- M Auge
- □ Linsenauge

Ciliata (Einzeller) ↗
- Geschlecht
- □ Tiere (Tierreichstämme)
- M Zellkern

Ciliata (Fische) ↗

Cilien (biologisch)
- Bewegung
- Darm
- Einzeller
- Flimmerepithel
- Kartagener-Syndrom
- Mastigonemen
- M Pantoffeltierchen

Cilien (medizinisch)

Cilienwurzeln
- Cilien

Ciliophora ↗

Cimbex
- Cimbicidae

Cimbicidae

Cimex
- Bettwanze
- Plattwanzen
- Symbiotes

Cimicidae ↗

Cinchona ↗
- □ Heilpflanzen

Cinchonaalkaloide
- Chinaalkaloide

Cinchonidin ↗

Cinchonin

Cincinnus
- Wickel

Cinclidae ↗

Cincliden

Cinclus
- Wasseramseln

Cineol
- M Basilikraut

- M Beifuß
- Krokus
- Lorbeerbaum
- Parfümblumen

Cinerarie ↗
- B Mediterranregion I

Cinerine ↗
- Allethrin

Cinerolon
- □ Pyrethrine

Cingulum

Cinnamaldehyd
- Zimtaldehyd

Cinnamomum (Campherbaum) ↗

Cinnamomum (Zimt) ↗

Cinnyris
- B Afrika III
- Nektarvögel

Cintractia
- M Brandpilze

Ciona ↗
Cionellidae ↗

Cipangopaludina

circadiane Rhythmik
- Schlaf

Circaea ↗
Circaeaster ↗
Circaetus ↗

circannuale Rhythmik ↗
- Vogelzug

circatidale Rhythmen
- □ Chronobiologie (Temperaturkompensation)

circinat
- Knospenlage

Circumnutationen
- Nutationsbewegungen
- Rankenbewegungen

circumpolar
- Polarregion
- Verbreitung

Circus ↗

Cirolana
- Cirolanidae

Cirolanidae
Cirrata
Cirratulida
Cirratulidae
Cirratulus

Cirren (Begattungsorgane)
- ↗ Cirrus

Cirren (Körperanhänge)
- Cirrata
- ↗ Cirrus

Cirripathes ↗
Cirripedia ↗

Cirrodoce
- M Phyllodocidae

Cirromorpha ↗

Cirroteuthidae
- Cirroteuthis

Cirroteuthis

Cirrothauma
- Tiefseefauna

Cirrus ↗
- Bandwürmer
- Geschlechtsorgane
- M Geschlechtsorgane
- M Polychaeta
- M Seelilien
- B Stachelhäuter I

Cirrus acuum
- Cornuti

Cirrusbeutel
- Bandwürmer

Cirsio-Brachypodion

Cirsium ↗
- Ackerunkräuter
- ↗ Kratzdistel

Cis
- Schwammkäfer

Cis-Dominanz

Cis-Effekt
- Cis-Trans-Effekt

Cis-Form
- Cis-Trans-Isomerie
- B Kohlenstoff (Bindungsarten)

Cis-Heterozygote

Cis-Heterozygote
Cis-Heterozygotie
– Cis-Heterozygote
Cisidae ↗
Cissus ↗
– [M] Weinrebengewächse
Cistaceae ↗
Cistelidae ↗
Cistensänger ↗
Cisternaviren
– □ RNA-Tumorviren (Auswahl)
Cisticola
– Grasmücken
Cis-Trans-Dominanz
– Cis-Dominanz
Cis-Trans-Effekt
Cis-Trans-Isomerie
– [B] Kohlenstoff (Bindungsarten)
Cis-Trans-Isomerisierung
– Elaidinsäure
Cis-Trans-Test
– Cis-Heterozygote
– Heterogenote
Cistron
– intercistronische Bereiche
– □ Mutationsspektrum
Cistrose
– [M] Macchie
– [B] Mediterranregion I
Cistrosengewächse
– Mittelmeertrüffel
Cistus ↗
Citellus ↗
CITES
– Artenschutzabkommen
Cithaerias
– Augenfalter
Citharexylum ↗
Citharinidae
– [M] Salmler
Citharinus ↗
Citral
– Cymbopogon
– □ Isoprenoide (Biosynthese)
Citrate ↗
– Bluttransfusion
– Citratlyase
– Fettsäuren
– [M] Glyoxylatzyklus
– □ reduktiver Citratzyklus
– respiratorischer Quotient
citratkondensierendes Enzym
– Citratsynthase
Citratlyase
– Citronensäuregärung
Citratsynthase
– [B] Chromosomen III
– □ Citratzyklus
Citratzyklus
– □ Aminosäuren (Abbau)
– Anaplerose
– Citratsynthase
– [B] Dissimilation I
– [B] Dissimilation II
– [M] Fettsäuren (Fettsäureabbau)
– Flavinenzyme
– Fluoressigsäure
– □ Gluconeogenese
– Glutaminsäure
– Glykolyse
– [B] Glykolyse
– Glyoxylatzyklus
– Glyoxylsäure
– [M] Gruppenübertragung
– α-Ketoglutarsäure
– Knoop, F.
– Krebs, H.A.
– Mitochondrien (Aufbau)
– □ reduktiver Citratzyklus
– [B] Stoffwechsel
– Szent-Györgyi, A.
↗ Citronensäurezyklus
Citraurin
– Carotinoide
Citrobacter
– [M] IMViC-Test

Citrogenase ↗
Citronellal
Citronellöl ↗
– Citronellal
– Geraniol
– [M] Monoterpene
Citronenöl
– Citral
– Citronellal
Citronensäure
– Aspergillus
– [B] Dissimilation II
– □ Harn (des Menschen)
– Hydroxycarbonsäuren
– Scheele, K.W.
– Torulopsis
Citronensäuregärung
– Diacetyl
Citronensäurezyklus ↗
– aerobe Atmung
– [B] Biochemie
– [B] Biologie II
↗ Citratzyklus
Citrostadienol
Citrovorumfaktor
Citrullin
– Birkengewächse
– Glutaminsäure
– Glutaminsäure-γ-Semialdehyd
– □ Harnstoffzyklus
Citrullus
– Citrullin
Citrus
– □ Blatt (Blattmetamorphosen)
– Europa
– □ Heilpflanzen
– Kulturpflanzen
– Nucellarembryonie
– Trentepohlia
Citrus exocortis
– [M] Viroide
Citrusfrüchte
– Fruchtbildung
– Fruchtfleisch
– □ Fruchtformen
– Konservierung
– Wachstumsregulatoren
Citrusöle
– Petitgrainöle
Cittotaenia
Civette ↗
– Zibetkatzen
Civettictis ↗
CJD
– slow-Viren
C₁-Körper ↗
Cl ↗
Clactonien
– Tayacien
Cladia
Cladiaceae
– Cladia
Cladida
– □ Seelilien
Cladietum marisci
Cladina
Cladinose
– Erythromycin
Cladium ↗
Cladocera ↗
Cladocopina
– [M] Muschelkrebse
Cladocora
Cladocrinoidea
– Camerata
Cladodium ↗
Cladogenese
– Stammbaum
Cladogramm ↗
Cladoidea
– Flexibilia
Cladonema ↗
Cladonema
– Cladonemidae
Cladonemidae
Cladonia
– Chlorococcaceae

Cladoniaceae
– Cladia
Cladoniineae ↗
Cladophora
– Chloroplasten
– Cladophoraceae
– Thermalalgen
Cladophoraceae
Cladophorales
Cladoselache
– Cladoselachii
Cladoselachii
– Urfische
Cladosporinsäure
– [M] Mykotoxine
Cladosporium
– Getreideschwärze
– [B] Pflanzenkrankheiten II
– Samtfleckenkrankheit
Cladostephus ↗
Cladothrix
Cladoxylales
Cladoxylon
– Cladoxylales
Cladus
Clamator ↗
Clamatores ↗
Clambidae ↗
Clambus
– Punktkäfer
Clanculus
Clangula ↗
Claraia
– Trias
Clarias
Clariidae
– Raubwelse
Clarkia
– [M] Nachtkerzengewächse
Classis ↗
class-switching
– Immunzellen
Clasterosporium
Clathraceae ↗
Clathria
– Clathriidae
Clathriidae
Clathrin
– coated vesicles
Clathrina
– Clathrinidae
Clathrinidae
Clathrulina
Clathrus (Pilze) ↗
Clathrus (Schnecken) ↗
Claude, A.
Claudius ↗
Claus, C.F.W.
Clausilia
Clausiliidae ↗
Clausiliinae
– [M] Schließmundschnecken
Clausilioidea
Clausilium
Clausius, Rudolf Julius Emanuel
– Entropie
Clava (Hohltiere) ↗
Clava (Insekten) ↗
Clavagellidae ↗
Clavariaceae ↗
Clavariadelphus
– Korallenpilze
Clavatella ↗
Clavatoraceae
– [M] Charales
Clavelina
Claviceps ↗
Clavicipitales
Clavicornia ↗
Clavicula
– Flugmuskeln
– [M] Froschlurche
– Gabelbein
– Schultergürtel
– [B] Skelett
Clavidae
Claviger
– Keulenkäfer

Clavigeridae ↗
Clavinalkaloide ↗
Clavirostridae ↗
Clavis ↗
Clavularia ↗
Clavulina
– Korallenpilze
Clavulinaceae
– Korallenpilze
Clavulinopsis
– Korallenpilze
Clavus
– Wanzen
– [M] Wanzen
Clayton, John
– Claytonia
Claytonia ↗
CIB-Methode
– Marker
Clearance
Cleistocactus
– Kakteengewächse
– □ Kakteengewächse
Cleithrum
– Clavicula
– Schultergürtel
Clelia
Clematis ↗
Clementine ↗
Clemmys ↗
Cleome ↗
Clepsine ↗
Cleptidae ↗
Cleridae ↗
Clerodendrum
Clethra
– Clethraceae
Clethraceae
Clethrionomys ↗
Cleveaceae
Clevner
– □ Weinrebe
Clianthus ↗
Clibanarius
– Einsiedlerkrebse
Clidastes
– [M] Mosasaurier
Climaciaceae
Climacium
– Climaciaceae
Climacoceras
– Lagomeryx
Climacteris ↗
Climacterium virile
– Klimakterium
clinal
– Clines
Clindamycin
– Lincomycin
Clines
– Rasse
Clinidae ↗
C-Linien-Protein
– Muskelproteine
Clinopodium
– Bergminze
Clio
Cliona
– Gemmula
Clionasterin
Clionasterol
– Clionasterin
Clione
Clionidae ↗
Cliothosa ↗
Clipeolus ↗
Clipeus ↗
Clitambonites
Clitellarregion
– Hirudinea
Clitellata ↗
– □ Ringelwürmer
↗ Gürtelwürmer
Clitellio
Clitellum ↗
– [B] Nervensystem I
– [M] Oligochaeta
– [B] Ringelwürmer
Clitocybe ↗
– [M] Hexenring

Clitopilus
Clitoris
- Genitalhöcker
- Genitalpräsentation
- ⓜ Geschlechtsorgane
Clitosaccidae
- ⓜ Rankenfüßer
Clivia
- Clivie
Clivie
Clivina
- Laufkäfer
Cloaca
- Enterobacter
Cloeon
- Doppelauge
- Insektenflügel
- ☐ Saprobiensystem
- Turbanauge
Cloesiphon
Clonal selection theory
- Clone-selection-Theorie
Clone
Clone-selection-Theorie
- Immunglobuline
- Klon
Clonograptus
- Graptolithen
Clonorchiasis
- Klonorchiase
Clonorchis
- Klonorchiase
Clonothrix
- ⓜ Scheidenbakterien
Clossiana
- Alpentiere
- ⓜ Fleckenfalter
- ⓜ Perlmutterfalter
Clostera
- ⓜ Zahnspinner
Closterium
Closterovirus-Gruppe
Clostridien
- ☐ Eubakterien
- Gasbrandbakterien
- Leberbouillon
- Stickland-Reaktion
- ⓜ Wein (Fehler/Krankheiten)
- Clostridium
Clostridium
- ⓜ Abwasser
- ☐ Basenzusammensetzung
- Bodenorganismen
- ⓜ Eitererreger
- ⓜ Endosporen
- ⓜ Gasvakuolen
- Clostridien
Clostripain
Clownfische
Clubiona
- ⓜ Sackspinnen
Clubionidae
Club of Rome
- Weltmodelle
Clunio
Clunioninae
- Polarregion
Clupanodonsäure
Clupea
- ⓜ Fische
- Heringe
Clupeidae
Clupeiformes
Clupeonella
Clupisudis
Clusia
Clusius, C.
- Clusia
- Kräuterbücher
- Tulpe
Cluster
- Genfamilie
- Histone
Clymenidae
Clymenien
- ⓜ Devon (Lebewelt)
- Intrasiphonata

Clypeasteroidea
Clypeolabrum
Clypeolus
Clypeus (Botanik)
- Lophodermium
Clypeus (Zoologie)
- Frontoclypeus
- ☐ Insekten (Kopfgrundtyp)
- ☐ Schmetterlinge (Falter)
- ⓜ Schmetterlinge (Raupe)
Clysia
- Traubenwickler
Clythia
- Tummelfliegen
- ⓜ Tummelfliegen
Clythiidae
Clytra
Clytus
CMC
- ☐ Membranproteine (Detergentien)
CM-Cellulose
C-Meiose
^{14}**C-Methode**
C-Mitose
CMP
CMV
Cnemidocoptes
- Kalkbeinmilbe
Cnemidophorus
Cnestis
- Connaraceae
Cnethocampidae
- Prozessionsspinner
Cnicin
- ⓜ Benediktenkraut
- ⓜ Bitterstoffe
- Sesquiterpene
Cnicus
Cnidaria
- Bilaterogastraea-Theorie
- Enterocoeltheorie
- ☐ Tiere (Tierreichstämme)
- Nesseltiere
Cniden
- Fangfäden
- Kleptocniden
Cnidion
- Molinietalia
Cnidoblasten
Cnidocil
- Cilien
Cnidocyte
Cnidom
Cnidosack
- Fadenschnecken
Cnidoscolus
Cnidosporidia
- ☐ Tiere (Tierreichstämme)
C/N-Verhältnis
- ⓜ Kompost
- Streuabbau
Co
CO
- Kohlenmonoxid
CoA
- Coenzym A
Coadaptation
- Coevolution
coarctat
coated pits
- coated vesicles
- Endocytose
- Lipoproteine
coated vesicles
- Golgi-Apparat
- Virusinfektion
Coatis
Coatonachthodes
- Termitengäste
CoA-Transferase
- ☐ Propionsäuregärung
Cobaea
Cobalamin
- Desoxyribonucleoside
- Kobalt

- Verdauung
- Vitamine
- Ⓑ Vitamine
- ⓜ Vitamine
Cobitidae
Cobitis
- Schmerlen
Cobo, Bernabé
- Cobaea
Cobratoxin
Cocaalkaloide
- Ecgonin
- Erythroxylaceae
- Tropanalkaloide
Cocain
- Drogen und das Drogenproblem
- Ecgonin
- ⓜ Synapsen
Cocainismus
- Cocain
Cocain-Typ
- ⓜ Drogen und das Drogenproblem
Cocakauer
- ⓜ Cocain
Cocarboxylase
Co-Carcinogene
- ⓜ Nitrosamine
Cocastrauch
- Ⓑ Kulturpflanzen X
- Ⓑ Südamerika VII
Cocastrauchgewächse
Cocci
- gramnegative Kokken und Kokkenbacillen
Coccibacilli
- gramnegative Kokken und Kokkenbacillen
Coccidae
Coccidia
- Apicomplexa
- Endodyogenie
- Leuckart, R.
Coccidioides
- Mykose
Coccina
Coccinella
- Marienkäfer
Coccinellidae
Coccinellin
- Käfer
- Marienkäfer
Coccinellinae
- Marienkäfer
Cocci und Coccibacilli
Coccocarpia
- Coccocarpiaceae
Coccocarpiaceae
Coccolithales
Coccolithen
- Nannofossilien
Coccolithophorida
Coccolithus
- ⓜ Kalkflagellaten
Coccoloba
Coccomyxa
- Landalgen
- Nephromataceae
Coccomyxis
Cocconeis
Coccosphaeren
- ⓜ Coccolithen
Coccostei
Coccothraustes
Cocculinidae
Coccus
- Esche
- Liguster
- Napfschildläuse
Coccyx
- Urostyl
Coccyzus
- Kuckucke
Cochenille
- Cochenille-Schildlaus
Cochenillerot
- Carmin
Cochenille-Schildlaus
- Deckelschildläuse

- Kakteengewächse
- Knäuelkraut
Cochlea (Gehäuse)
Cochlea (Ohr)
- Ⓑ Echoorientierung
- Statoacusticus
Cochlearia
Cochleariidae
Cochlearius
- Kahnschnäbel
Cochlicella
Cochlicopa
Cochlidiidae
Cochliobolus
- ⓜ Helminthosporium
- ⓜ Pleosporaceae
Cochliomyia
- Autizidverfahren
Cochliostema
Cochlodina
Cochlodininae
- ⓜ Schließmundschnecken
Cochlonema
Cochlospermaceae
Cochlospermum
- Cochlospermaceae
Cochlostoma
Cochlostomatidae
- Cyclophoroidea
Cochlostyla
Cochranella
- Glasfrösche
Cochylidae
- Blütenwickler
Cochylis
- Traubenwickler
Cockerspaniel
- ☐ Hunde (Hunderassen)
- Ⓑ Hunderassen I
Cocladogenese
- Coevolution
Coconut cadang-cadang
- ⓜ Viroide
Cocos nucifera
Cocytius
- Schwärmer
Code
- Information und Instruktion
Codehydrase
Codein
- Mohn
- Morphin
Code-Triplett
- Codon
- Triplett
Code-Wort
- Codon
Codiaceae
Codiaeum
Codiolaceae
Codiolum
- Acrosiphonales
- Codiolaceae
Codium
- Elysia
- ⓜ Endosymbiose
codogen
- Raster
Codominanz
- kombinant
Codon
- Aminosäuren
- Basentriplett
- Ⓑ chemische und präbiologische Evolution
- Information und Instruktion
- Raster
- stumme Mutationen
- transfer-RNA
- Ⓑ Transkription - Translation
- Translation
Codon-Anticodon-Paarung
- transfer-RNA
- Translation
Codoniaceae
Codonomonas
Codonopsis

Coecotrophie

Coecotrophie ↗
- Feldhase
- Koprophagen
Coecum ↗
Coelacanthidae ↗
Coelastrum ↗
Coelenterata ↗
- □ Desoxyribonucleinsäuren (DNA-Gehalt)
- ↗ Hohltiere
Coelenteraten-Typ
- □ Luciferine
Coeligena
- □ Kolibris
Coelioxys ↗
Coeloblastula
Coelocheta
- □ Doppelfüßer
coelodont
Coelodonta
- Nashörner
Coeloglossum ↗
Coelogynopora ↗
Coelolepida
Coelolepis
- Coelolepida
Coelom
- Aorta
- B Chordatiere
- Coelomocyten
- Coelomtheorien
- Deutometamerie
- B Embryonalentwicklung I
- Enterocoeltheorie
- □ Exkretionsorgane
- Gliedertiere
- Leibeshöhle
- Trimerie
Coelomata
- Bilateria
- Bilaterogastraea-Theorie
- Cephalisation
- Enterocoeltheorie
coelomatische Filter
- Druckfiltration
Coelomepithel
- B Ringelwürmer
Coelomflüssigkeit
Coelomocyten
- Atmungspigmente
- Exkretionsorgane
Coelomodukt
- Athekanephria
- M Coelom
- Ovidukt
Coelomomyces
- Blastocladiales
Coelomopora
- Stomochordata
Coelomoporen
- Bilaterogastraea-Theorie
Coelomsäcke
- Coelom
- Enterocoeltheorie
- B Ringelwürmer
Coelomtheorien
- B Biologie II
- Hertwig, R.C.W.Th.
Coelomyceten
Coelomycetes
- M Eumycota
Coelopa
- Tangfliegen
Coelopidae ↗
Coeloplana ↗
- □ Platyctenidea
Coelotes
Coelothel
- M Coelom
- Coelomtheorien
- Ringelwürmer
Coelurosauria
- □ Dinosaurier
Coenagrion
- Schlanklibellen
Coenagrionidae ↗
Coëndou ↗
Coenenchym ↗

Coenobionten
Coenobita
- Landeinsiedlerkrebse
Coenobitidae ↗
Coenobium
- Fragmentation
- Protophyten
Coenoblast
coenoblastische Organisationsstufe
- Algen
Coenocara
- Klopfkäfer
Coenocyte ↗
coenocytische Pilze
- Hyphen
Coenoelemente ↗
Coenogonium ↗
coenokarp
- □ Fruchtformen
Coenomyia ↗
Coenonympha ↗
Coenophile
- Coenobionten
Coenopteridales
Coenorhinus ↗
Coenosark
- M Dörnchenkorallen
- M Edelkoralle
Coenospezies ↗
Coenosteum
- Stromatoporoidea
Coenosurus
- Rippenfarngewächse
Coenothyris vulgaris
Coenozygote ↗
- B Pilze II
Coenurosis ↗
Coenurus
Coenzym
- aktives Zentrum
- B Biochemie
- B Biologie II
- Desoxyribonucleoside
- M Enzyme
- M Extinktion
- prosthetische Gruppe
- Proteine
- Restaurierung
- B Stoffwechsel
- Vitamine
- M Vitamine
Coenzym A ↗
- B Biochemie
- Lipmann, F.A.
- Mercaptane
- B Vitamine
Coenzym Q ↗
Coerebidae ↗
Coeruloplasmin
- □ Serumproteine
Coevolution
- Bestäubungsökologie
- Blüte
- Endosymbiose
- eutrop
- Parasitismus
- parasitophyletische Regeln
- Vagina
Coexistenz
- Charakterkonvergenz
- Evolution
- Konkurrenz
- Konkurrenzausschlußprinzip
- M Konkurrenzausschlußprinzip
- ökologische Nische
Coexistenzgesetz
- Erklärung in der Biologie
Cofaktoren
Coferment ↗
Coffea ↗
Coffein
- Alkaloide
- Caventou, J.B.
- □ Kaffee
- □ Kakao
- Kontraktur

- Runge, F.F.
- M Salzsäure
- Stechpalme
- M Synapsen
- □ Teestrauchgewächse
- Teratogene
Co-Floreszenzen
- Synfloreszenz
Cognettia
- M Enchytraeidae
cognomen gentilitium
- Trivialname
Co-Hämoglobin
- □ Blut
Cohn, F.J.
- Bakterien
- Crenothrix
- Cyanobakterien
- thermophile Bakterien
Cohors ↗
Coir
- Kokospalme
Coitus
Coitus interruptus
- Empfängnisverhütung
Coix
Cola
- B Kulturpflanzen IX
Colacium ↗
Colamin ↗
- Kephaline
Colamin-Kephaline ↗
Colanin
- □ Coffein
Colanuß
- □ Coffein
- Cola
Colchicin
- Autopolyploïdie
- B Biologie III
- C-Bivalent
- C-Meiose
- C-Mitose
- Cytostatika
- Diploidie
- Herbstzeitlose
- Mikrotubuli
- Mitosegifte
Colchicosid
- Colchicin
- Colchicumalkaloide
Colchicum ↗
Colchicumalkaloide
Coleochaetaceae
Coleochaete
- Coleochaetaceae
Coleoidea
- Belemniten
- Dibranchiata
- Endocochlia
- □ Karbon
- Lateradulata
- Phragmoteuthida
Coleophora
- Sackmotten
Coleophoridae ↗
Coleoptera ↗
Coleopteroidea
- □ Insekten (Stammbaum)
Coleoptile
- Gibberelline
- □ Hafercoleoptilenkrümmungstest
- □ Samen
- M Süßgräser
Coleorrhiza
- □ Samen
- M Süßgräser
Coleosporiaceae
- M Rostpilze - Rostkrankheiten
Coleosporium
Coleps
Coleus
Coli ↗
Coli-Aerogenes-Gruppe ↗
- M Bier
Colias ↗
Colibri
- □ Kolibris

Colicine
- Escherichia coli
colicinogene Faktoren
- Colicine
- Plasmide
Coliforme
- M Kläranlage
coliforme Bakterien
- Coliforme
- Endoagar
Coliidae
- Mausvögel
Coliiformes ↗
Colimastitis
Colinearität
Colinus ↗
Coli-Phagen
- Bakteriophagen
- B Bakteriophagen I
- M Lambda-Phage
Colisa ↗
Colisakrankheit ↗
Colistin
- B Antibiotika
- Polymyxine
Colititer
- Eijkman, Ch.
- Escherichia coli
Colius ↗
Collare
- Kragenflagellaten
Collectio formarum ↗
Collema
- Collemataceae
- homöomer
Collemataceae
Collembola ↗
- □ Insekten (Stammbaum)
- ↗ Springschwänze
Colletes
- Dufoursche Drüse
- Ölkäfer
- Seidenbienen
Colletidae ↗
Colletotrichum
- Brennfleckenkrankheit
- Gloeosporium
- B Pflanzenkrankheiten II
Collie
- □ Hunde (Hunderassen)
- B Hunderassen II
colligativ
- osmotischer Druck
Colloblasten
- Tentakel
Collocalia ↗
Collophor
- Ventraltubus
Collotheca
Collothecacea
- Collotheca
Collozoum ↗
- □ Einzeller
Collum ↗
Collum dentis
- Zähne
Collybia ↗
Collyriclum
Colobanthus
- Polarregion
- B Polarregion IV
Colobidae ↗
- Mesopithecus
Colobocentrotus ↗
Colobognatha
- Doppelfüßer
- Saugfüßer
Colobus ↗
Colocasia ↗
Colocynthin
- Citrullus
Cololejeunea ↗
Colon ↗
Coloniales ↗
Colonna, Fabio
- Columnea
Coloradokäfer ↗
Colorado-Zeckenfieber-Virus
- Reoviren

Colossendeis
– Tiefseefauna
Colossochelys
– Landschildkröten
Colossoma ⁊
Colostethus ⁊
– Trichtermundlarven
Colpidium
Colpoda
Colpoglossus
– [M] Engmaulfrösche
Colpoxylon
– Medullosales
Colton
– Blutgruppen
Coluber ⁊
Colubraria
Colubrariidae
– Zwergtritonshörner
Colubridae ⁊
Colubrinae
– Nattern
Colulus
– [M] Spinnapparat
Columba ⁊
Columbariidae
– Pagodenschnecken
Columbarium ⁊
Columbea
– Araucaria
Columbella
Columbellidae
– Täubchenschnecken
Columbia SK-Virus
– [M] Picornaviren
Columbidae ⁊
Columbiformes ⁊
Columella (Gehäusespindel)
Columella (Gehörknöchelchen)
– Gehörknöchelchen
– Reichert-Gauppsche Theorie
– Zungenbeinbogen
Columella (Moose)
– Laubmoose
– Moose
Columella (Pilze)
– □ Mucorales
Columella (Schnecken)
Columella (Sporangienstiel)
Columella (Steinkorallen)
– □ Astroides
Columellarmuskel ⁊
Columna (Botanik)
– Malvenartige
Columna (Stachelhäuter) ⁊
Columna (Wirbeltiere) ⁊
Columna, Fabius
– Columnea
Columnelle
– Columnalia
Columnalia
Columnaris-Fischkrankheit
– Flexibacter
Columna vertebralis
– Wirbelsäule
Columnea ⁊
Columniferae
– Malvenartige
Colura ⁊
Colutea ⁊
Colydiidae ⁊
Colydium
– Rindenkäfer
Colymbetes
– Schwimmkäfer
Colymbetin
– Schwimmkäfer
Coma diabeticum
– Diabetes
Comanthina
– Haarsterne
Comarum ⁊
Comasteridae
– Haarsterne
Comatricha ⁊
Comatulida ⁊
– Myzostomidae
Combe Capelle
Combretaceae
– Myrobalanen

Combretum
– Combretaceae
Comenteroxenos
– [M] Eingeweideschnecken
Comephoridae ⁊
Commelina
– Blütennahrung
– Commelinaceae
– [M] Heteranthie
– Pollentäuschblumen
Commelinaceae
Commelinales
Commelinidae
– Grasblüte
Commelyn, Kaspar
– Commelinaceae
– Commelinales
– Commelinidae
Commiphora ⁊
– Pfeilgiftkäfer
Commiphorsäure
– Myrrhe
Communication
– Kybernetik
⁊ Kommunikation
Comopithecus
– Paviane
Comovirus-Gruppe ⁊
Compacta
– Knochen
Comparium ⁊
competitive exclusion
   principle
– [M] Konkurrenzausschluß-
   prinzip
Competitor-RNA
– [M] Hybridisierung (Nachweis)
Compilationen
– Kräuterbücher
Compliance
Compositae (Botanik) ⁊
Compositae (Systematik)
– Nomenklatur
Compound A
– Dehydrocorticosteron
Compsilura
– Raupenfliegen
Compsognathus
Compton-Effekt
– Gammastrahlen
Comptonia
– [M] Frankiaceae
Computersimulation
– Symmetrie
Computertomographie
– Krebs
Comte, Auguste
– Soziologie
Concanavalin ⁊
concatemere
– [B] Lambda-Phage
Concentricycloidea
– [M] Stachelhäuter
– Xyloplax
Conceptio
– Konzeption
Concha
Conchae inferiores
– Maxillare
Conchae nasales
– Nasenmuscheln
Conchifera ⁊
– Monoplacophora
Conchin
– Bohrschwämme
– Deckel
– Perlen
– Perlmutter
– Schale
– Schalenhaut
Conchiolin
– Ammonoidea
– Conchin
Conchocelis
Conchoderma
– [M] Rankenfüßer
Conchodus
Conchoecetes
– Wollkrabben

Conchoecia
– [M] Muschelkrebse
Concholepas
Conchologie
– Conchylien
Conchorhagae
Conchorhynchus
– Rhyncholithes
Conchostraca
– Muschelschaler
Conchylien
– Gehäuse
– Schale
Conchyliologie
– Conchylien
concomitant immunity
– Infektionsimmunität
condensing enzyme
– □ Citratzyklus
Condylactis
Condylarthra
– Arctocyoninae
– □ Kreide
– Protungulata
Condylocardiidae
– Dickmuscheln
Condylomata acuminata
– [M] Papillomviren
Condylura ⁊
– Nordamerika
Condylurinae
– Maulwürfe
Condylus
Condylus occipitalis
– Hinterhauptshöcker
Conellen
Conepatus ⁊
conf.
– cf.
Congelatio
– Erfrieren
Conger ⁊
Congeria
Congridae ⁊
Conhydrin
– Coniumalkaloide
Coniacium
– [M] Kreide
γ-Conicerin
– Coniumalkaloide
Coniconchia
Conidae
– Kegelschnecken
Conidiobolus
– Entomophthorales
Conidiomata
Conidiophore
– Konidienträger
Coniferae ⁊
– □ Dendrochronologie
⁊ Nadelhölzer
Coniferenzapfen
– Blüte
– [B] Nadelhölzer
Coniferin
Coniferophytina
– Blüte
– Nacktsamer
– [B] Pflanzen, Stammbaum
– Progymnospermen
– Telomtheorie
Coniferylaldehyd
– □ Lignin (Monomere)
Coniferylalkohol
– □ Lignin (Monomere)
Coniin
– Hundspetersilie
– Ladenburg, A.
Conilera
– Cirolanidae
Coniocybe ⁊
coniokarpe Flechten
Coniophora
– [M] Warzenschwämme
Coniophoraceae ⁊
Coniophorella ⁊
Coniopteris
– Dicksoniaceae
Coniopterygidae ⁊

Coniosporium
– Getreideschwärze
Coniothyrium
– Schwarzfleckenkrankheit
– [M] Sphaeropsidales
Conirostridae
Conium ⁊
Coniumalkaloide
Conjugales ⁊
Conjugatophyceae
– Zygnematales
Conjunctiva ⁊
Conn, Jerome
– Conn-Syndrom
Connaraceae
Connaropis
– Sauerkleegewächse
connecting link ⁊
– Evolution
– Lückenhaftigkeit der
   Fossilüberlieferung
– missing links
– Mosaikevolution
– Progymnospermen
– Saltation
– [B] Wirbeltiere III
connexon
– [M] gap-junctions
Connochaetes ⁊
Conn-Syndrom
Conocarpus
– Combretaceae
Conocephalaceae
Conocephalidae ⁊
Conocephalum
– Conocephalaceae
Conocephalus
– Schwertschrecken
Conochilidae
– Conochilus
Conochilus
Conoclypeus
– [M] Seeigel
Conocybe ⁊
– Mistpilzartige Pilze
Conocyema ⁊
Conocyemidae
– [M] Mesozoa
Conodonta
Conodonten
– □ Trias
Conodontenapparat
– [M] Conodonten
Conodontochordata
Conodontophorida
Conoid
– [M] Endodyogenie
– Sporozoa
Conolophus ⁊
Cononotidae
– □ Käfer
Conopeum ⁊
Conopidae ⁊
Conopistra ⁊
Conopophagidae ⁊
Conorhynchen
– Nautilus
Conothek ⁊
Conraua ⁊
– Goliathfrosch
Consensus-Sequenz
– □ Galactose-Operon
– □ Lactose-Operon
– Promotor
– [B] Promotor
Consolicin
– [M] Hundszunge
Consolida
– □ Fruchtformen
– Rittersporn
Consolidin
– [M] Hundszunge
– Ochsenzunge
Consortium
– Aggregation
– Syntrophismus
Conspezies ⁊
conspezifisch
Constellaria
– Trepostomata

Constrictor

Constrictor
Consumption
- □ ökologische Effizienz

Contagium
Contagium animatum
- Contagium

Contarinia ↗
Contergan ↗
- Schwangerschaft

contest
- Konkurrenz
- Rivale

Continua
- Fieber

Contracaecum
- M Spulwurm

Control
- Kybernetik

controlling elements ↗
- Insertionselemente
- McClintock, B.
- transponierbare Elemente

Conularien
- Conulata

Conulata
Conus (Rückenmark)
Conus (Schnecken) ↗
Conus (Sehorgan)
- Zapfen

Conus (Wirbeltierherz)
Conus arteriosus
- Conus
- Herz
- M Herz
- Herzautomatismus

Conus medullaris
- Conus

conv. ↗
Convallagenin
- □ Saponine

Convallaria ↗
- asexuelle Fortpflanzung
- □ Heilpflanzen
- Maiglöckchen

Convallariaglykoside
- Convallatoxin

Convallasaponin
- □ Saponine

Convallatoxin
- Strophanthine

Convallatoxol
- M Convallatoxin

Convallatoxolosid
- M Convallatoxin

Convallosid
- M Convallatoxin

convar.
- Convarietät

convarietas
- Convarietät

Convarietät
converting enzyme
- Renin-Angiotensin-Aldosteron-System

convolut
- Knospenlage
- nautiloid
- Schnecken

Convoluta
- Endosymbiose
- Zoochlorellen
- Zooxanthellen

Convolvulaceae ↗
Convolvuletalia sepium
- Calystegietalia sepium

Convolvulus
- Ackerunkräuter
- Windengewächse

Conwentzia
- Staubhafte

Conyza ↗
Cooksonia
- Landpflanzen
- Urlandpflanzen

Cooxidation
Copaifera ↗
- Bioenergie
- Kopaivabalsam
- Kopal

Cope, E.D.
- Copesches Gesetz
- Dinosaurier
- Spezialisation

Copelandia
- □ Rauschpilze

Copelata ↗
Copella ↗
Copeognatha ↗
Cope-Osbornsche-Theorie
- Trituberkulartheorie

Copepoda
- □ Krebstiere
- M Plankton (Anteil)
- ↗ Ruderfußkrebse

Copernicia ↗
Copesche Regel
- Copesches Gesetz

Copesches Gesetz
- Größensteigerung

Cophixalus ↗
Cophotis ↗
Cophylinae ↗
- Engmaulfrösche

copia-Element
- transponierbare Elemente

Copigmente
- Flavone

Copilia
- Copepoda

Coppinien
- Lafoeidae

Coprinaceae ↗
Coprinus ↗
Copris ↗
Coprobia
- □ Dungpilze

Copromorphoidea
- M Schmetterlinge

Coprophaga
- Mistkäfer

Copsychus ↗
Coptis ↗
Coptosoma ↗
- B Endosymbiose

Coptotermes
- M Asien
- M Australien

Copulae
- Branchialskelett

copy-DNA ↗
CoQ
- □ Coenzym

Coquereos
- M Cocain

Coqui ↗
Cor
- Herz

Cora ↗
Coracias
- Racken

Coracidium
Coraciidae ↗
Coraciiformes ↗
Coracodichus ↗
Coracoid
- Clavicula
- M Froschlurche
- Scapula

Coragyps ↗
Corallimorpha ↗
Corallimorpharia
- Endomyaria

Corallina
- Corallinaceae

Corallinaceae
Corallinenböden
- Korallen

Coralliophaga
Coralliophila
Coralliophilidae
- Korallenschnecken

Corallit
- Exotheca
- Septallamelle

Corallium ↗
Corallococcus
- M Myxobakterien

Corallorhiza ↗
- Mykorrhiza

Corallum
- Pleurodictyum

Corallus ↗
Corbicula
Corbiculidae
- Corbicula

Corbula ↗
Corbulidae
- Korbmuscheln

Corchorus ↗
Corcyra
- Zünsler

Corda, August Joseph
- Cordaitidae

Cordaianthus-Bautyp
- Cordaitidae

Cordaiten
- Cordaitidae
- B Pflanzen, Stammbaum

Cordaitidae
- Voltziales

Cordia ↗
Cordulegaster
- Quelljungfern

Cordulegasteridae ↗
Cordulia
- Falkenlibellen

Cordullidae ↗
Cordus, Euricius
- Cordia

Cordycepin
- Desoxyribonucleoside
- Kernkeulen

Cordycepintriphosphat
- Cordycepin

Cordyceps
- Cordycepin
- Hirschtrüffel
- Kernkeulen
- Mutterkornpilze

Cordylidae ↗
Cordylinae
- Gürtelechsen

Cordyline
- □ sekundäres Dickenwachstum

Cordylobia ↗
Cordylophora ↗
- Brackwasserregion

Cordylosaurus ↗
Cordyluridae ↗
Cordylus ↗
Core
- Lipopolysaccharid
- Viren
- □ Viren (Aufnahmen)

Coregonus ↗
Coreidae ↗
Corema
- Corema

Coremata
Coreopsis ↗
Corepressor
core-Proteine
- □ Proteoglykane
- Ribonucleinsäuren

Corethron ↗
Corey, R.
- B Biochemie

Cori, C.F.
Coriandrum ↗
Coriaria
- M Coriariaceae

Coriariaceae
Coriolis-Beschleunigung
- Baer, K.E. von

Coriolus
- Trametes

Coris ↗
Coriscium
- Basidiomyceten-Flechten

Corium (Deckflügel)
- Wanzen
- M Wanzen

Corium (Haut)
- Dermatom

Corixa
- Ruderwanzen

Corixidae ↗

Cormidium
- M Calycophorae
- Siphonanthae

Cormobionta
- Embryophyta

Cormopoda
- Muscheln

corn
- Korn
- Mais

Cornaceae ↗
Cornales ↗
Cornaptychus
corn belt
- Mais
- Nordamerika

corn-bollworm
- Eulenfalter

Cornea ↗
- Komplexauge
- M Myopsida

corneagene Zellen
- Hauptpigmentzellen
- Komplexauge
- □ Komplexauge

Cornealinse
- Komplexauge

Cornflakes
- Mais

Cornforth, J.W.
Cornicularia ↗
Corniculi ↗
- Urogomphi

Cornin
- M Eisenkrautgewächse

Cornulariidae ↗
Cornus ↗
Cornuta
- Calcichordata

Cornuti
Corolla
- Seeschmetterlinge

Corolle ↗
corollinisch
- petaloid

Corona
- Rädertiere
- Seeigel
- □ Seeigel

Corona ciliata
- Chaetognatha

Coronadena
- M Discocelidae

Corona dentis
- Zähne

Coronalleiste ↗
Coronalnaht
- Scheitel

Corona radiata
- M Oogenese

Coronastrum ↗
Coronata ↗
Coronaviren
- B Viren
- □ Virusinfektion (Genexpression)
- □ Viruskrankheiten

Coronaviridae
- Coronaviren

Coronella ↗
Coronilla ↗
Coronoid
- Kiefer (Körperteil)

Coronophoraceae
- Coronophorales

Coronophorales
Coronopus ↗
Coronula
- M Rankenfüßer

Corophiidae
- Wattkrebs

Corophium ↗
Corpora allata
- Gliederfüßer
- M Häutung
- Häutungsdrüsen
- □ Insektenhormone
- □ Oberschlundganglion

- stomatogastrisches Nervensystem
Corpora-allata-Hormon
Corpora cardiaca
- Gliederfüßer
- Häutungsdrüsen
- Hormone
- ☐ Insektenhormone
- Juvenilhormon
- neuroendokrines System
- Neurohämalorgane
- ☐ Oberschlundganglion
- stomatogastrisches Nervensystem
Corpora cardiaca-stimulierender Faktor
- ☐ Insektenhormone
Corpora cavernosa clitoridis
- Schwellkörper
Corpora cavernosa penis
- Schwellkörper
Corpora geniculata
- B Farbensehen
Corpora lutea
- Prolactin
Corpora mamillaria
Corpora pedunculata ↗
- Calix
Corpora quadrigemina ↗
- Telencephalon
Corpotentorium ↗
Corpus
Corpus adiposum ↗
Corpus albicans
- M Ovar
Corpus amygdale
- Riechhirn
Corpus callosum ↗
- Balken
Corpus cavernosum
- Erektion
Corpus cavernosum urethrae
- Schwellkörper
Corpus centrale
- Zentralkörper
Corpus cerebelli
- Kleinhirn
Corpus ciliare
- Ciliarkörper
Corpuscula renis ↗
- Nierenkörperchen
Corpus geniculatum laterale
- B Farbensehen
- Tectum
- ☐ Telencephalon
Corpus luteum ↗
Corpus-luteum-Hormon ↗
Corpus olivarium
- Olive
Corpus pineale ↗
- Epiphyse
Corpus spongiosum
- Erektion
- Geschlechtsfalte
Corpus spongiosum penis
- Schwellkörper
Corpus striatum
Corpus suprarenale ↗
- Nebenniere
Corpus uteri
- Gebärmutter
Corpus ventrale
- Ventralkörper
Corpus ventriculi
- ☐ Magen (Mensch)
Corpus vitreum ↗
- Linsenauge
Correns, C.E.
- B Biologie I
- B Biologie II
- B Biologie III
- Chloroplasten
- Lichtnelke
- Mendel, G.J.
- Wunderblume
Corrinring
- Cobalamin
Corrodentia ↗

Corsiaceae
- Burmanniaceae
Cortaderia ↗
Cortex (Anatomie)
- Niere
Cortex (Pharmakologie)
- Heilpflanzen
Cortex (Zoologie)
- Dauermodifikation
Cortex cerebri
- Cortex
Cortex chinae
- Cortex
Cortexon
- Schwimmkäfer
- Wehrsekrete
Cortex salicis
- Salicin
Corti, Alfonso Marchese di
- Cortisches Organ
Corticalis
- Knochen
Corticalreaktion
Corticaria
- Moderkäfer
Corticiaceae
- Rindenpilze
Corticium
- Rindenpilze
- M Sclerotium
Corticoide ↗
cortico-ponto-cerebellare Fasern
- Telencephalon
Corticosteroide
- Lactation
- Steroidhormone
- M Wehrsekrete
Corticosteron
- Dehydrocorticosteron
- ☐ Hormone (Drüsen und Wirkungen)
corticotrop
- ☐ hypothalamisch-hypophysäres System
Corticotropin ↗
- ☐ Adenohypophyse
- glandotrope Hormone
- ☐ Neuropeptide
- ↗ adrenocorticotropes Hormon
Corticotropin-Release-Hormon
- adrenocorticotropes Hormon
- Streß
Corticoviridae
- Bakteriophagen
Cortin
Cortina
- Blätterpilze
- Phlegmacium
- Schleier
Cortinariaceae ↗
Cortinarine
- Pilzgifte
Cortinarius ↗
- M Hautköpfe
- M Mykorrhiza
Cortisches Organ
- ☐ Gehörorgane (Hörtheorie)
- Ohr
Cortisol
- adrenogenitales Syndrom
- ☐ adrenogenitales Syndrom
- Aldosteron
- Cushing-Syndrom
- Hormone
- ☐ Hormone (Drüsen und Wirkungen)
- Mineralocorticoide
- M Steroidhormone
- Streß
Cortison ↗
- Kendall, E.C.
- Leukotriene
- Reichstein, T.
- Woodward, R.B.

Cortusa ↗
Cortusi, Giacomo Antonio
- Cortusa
Corucia ↗
Corvidae ↗
Corvina ↗
Corvus ↗
Coryanthes
- ☐ Parfümblumen
Corycium
Corydali-Aceretum ↗
Corydalidae ↗
Corydalis (Botanik) ↗
- Rankenbewegungen
Corydalis (Zoologie)
- Schlammfliegen
Corydoras ↗
Corylophidae ↗
Corylopsis ↗
Corylus ↗
Corymbus
Corymorpha ↗
- M Tubulariidae
Corynactis ↗
Corynanthe
- Rauwolfiaalkaloide
Corynanthein
- Rauwolfiaalkaloide
Coryne (Hohltier)
- Corynidae
Coryne (Schlauchpilz)
- Bulgariaceae
Corynebacterium
- fusiforme Bakterien
- mikroaerophile Bakterien
- Pseudotuberkulose
- M Vaginalflora
coryneforme Bakterien
- M Kläranlage
Coryneliaceae
- Coryneliales
Coryneliales
Corynephoretalia
- Küstenvegetation
Corynephorion
- Corynephoretalia
Corynetidae
- Corynetidae
Corynetinae
- Corynetidae
Coryneum
- M Melanconiales
Corynexochorida
Corynidae
Corynin
- Yohimbin
Corynocarpaceae
- M Spindelbaumartige
Corynorhinus
- Nordamerika
Corynospora
- Blattbrand
Corypha ↗
Coryphaena
- Goldmakrelen
Coryphaenidae ↗
Coryphaenoides ↗
Coryphella
Coryphellidae
- Coryphella
Coryphodon
- Subungulata
Coryphodonten
- ☐ Tertiär
Corystes ↗
Corystidae
- Maskenkrabben
Corystospermales
Corythaeola
- M Afrika
Corythomantis ↗
Corytophanes ↗
Coscinasterias
Coscinia
- M Bärenspinner
Coscinodiscaceae
Cosmarium
Cosmetira
- M Plankton

Cosmetus
- M Laniatores
Cosmia
- M Eulenfalter
Cosmide
- Genbank
- Gentechnologie
Cosmin
- Knochen
- Schuppen
Cosminschuppen
- Quastenflosser
- ↗ Cosmoidschuppen
Cosmoceras
- Kosmoceras
Cosmoceratidae
- Kosmoceras
Cosmocerca
Cosmocercoidea
- M Ascaridida
- Cosmocerca
Cosmoidschuppen
Cosmopolite
- Distelfalter
Cosmos
Cospeziation ↗
Cossidae ↗
cos-site
- Cosmide
- Lambda-Phage
Cossus
- Holzbohrer
Costa (Flügel) ↗
- ☐ Insektenflügel
- ☐ Käfer
Costa (Rippe) ↗
Costae cervicales
- Halsrippen
Costalader
- ☐ Insektenflügel
Costalatmung
- Brustatmung
Costalfeld
- Costa
- ☐ Insektenflügel
- Remigium
Costalia
Costalplatten
- Costalia
costat
Costus
- Jonone
Cosubstrat ↗
- Cooxidation
- Enzyme
Cot-Diagramm ↗
- Cot-Wert
Cothurnocystis
- Calcichordata
Cotingidae ↗
Cotinus ↗
Coto Doñana (Spanien)
- B National- und Naturparke II
Cotoneaster ↗
Cotoneastro-Amelanchieretum ↗
- Mantelgesellschaften
cotranslational
- Translation
Cotransport
- aktiver Transport
- ☐ Carrier
- Membrantransport
- ☐ Membrantransport (Schema)
Cottidae
- Groppen
Cottocomephoridae
- M Baikalsee
Cottoidei ↗
cottontail rabbit papillomavirus
- Papillomviren
Cottrellverfahren
- Filter
Cottus
- Groppen
Coturnix ↗

Cot-Wert

Cot-Wert
– Hybridisierung
Cotylaspis
– [M] Saugwürmer
Cotyledon
– [M] Dickblattgewächse
Cotylogasteroides
– [M] Saugwürmer
Cotylorhiza ↗
Cotylosaurier
– Pareiasaurier
Cotylurus
Coula ↗
Coulomb
– [M] elektrische Ladung
Coulombsches Gesetz
– chemische Bindung
coulter counter
– □ mikrobielles Wachstum
– Plankton
Coumingidin
– [M] Erythrophleum-alkaloide
Coumingin
– [M] Erythrophleum-alkaloide
Couroupita ↗
Courtenay-Latimer, Marjorie
– Latimeria chalumnae
Courtship ↗
Cousteau, Jacques-Yves
– Meeresbiologie
Couvin
– Spirifer cultrijugatus
Cowdria
– Herzwasser
Cowdry, Edmund Vincent
– Cowdria
Cowper, William
– Cowpersche Drüsen
Cowpersche Drüsen ↗
Cox, Herald Rae
– Coxiella
Coxa ↗
– Extremitäten
– [M] Flugmuskeln
– Gliederfüßer
Coxalbläschen
– [M] Extremitäten
Coxalbrücken
– Pleura
Coxaldrüsen
– Exkretionsorgane
– Gliederfüßer
– Nephridien
Coxalgelenk
– Hüftgelenk
Coxaltaschen
– Mycetangien
Coxiella
Coxit
– [M] Coxalbläschen
Coxopodit
– Extremitäten
– Gliederfüßer
– □ Gliederfüßer
– □ Krebstiere
Coxosternit
– [B] Hundertfüßer
Coxsackieviren
– [M] Abwasser
Coydogs
– Kojote
Coyote ↗
CO₂
– Kohlendioxid
Cozymase ↗
CPE ↗
C₃-Pflanzen ↗
– Lichtsättigung
C₄-Pflanzen ↗
– Chloroplasten
– Hatch-Slack-Zyklus
– Lichtsättigung
CPFV
– [M] Viroide
C/P-Verhältnis
– Bodenuntersuchung
Crabro ↗

Cracidae ↗
cracken
– Erdöl
Cracticidae ↗
Craig, L.C.
– [B] Biologie II
Crambe (Pflanze) ↗
Crambe (Schwämme) ↗
Crambus ↗
Cranchiidae
Crangon
– Crangonidae
– Wattkrebs
Crangonidae
– tropisches Reich
Crangonobdella
– [M] Piscicolidae
Crania
– [B] lebende Fossilien
Craniaceae
– □ Kreide
cranial
– caudal
– kranial
Cranidium
– feste Wangen
Craniometrie
– Anthropometrie
Craniota
Cranium
Cranium cerebrale
– Hirnschädel
Crappie
– [B] Fische XII
Craseonycteridae
– Stoffwechselintensität
Craseonycteris
– Craseonycteridae
c-ras Onkogen
– [M] Onkogene
Craspedacusta ↗
Craspedium
– Rahmenhülse
Craspedoglossa
Craspedomonadaceae
– Kragenflagellaten
Craspedomonadida ↗
Craspedon
– Velum
Craspedophyceae
– Kragenflagellaten
Craspedosomatidae
– □ Doppelfüßer
Craspedosomidae
– Samenfüßer
Crassatellidae ↗
Crassibrachia
– [M] Pogonophora
Crassostrea
Crassula
– Dickblattgewächse
Crassulaceae ↗
Crassulaceen-Säurestoffwechsel ↗
Crataegomespilus ↗
Crataegus ↗
– □ Heilpflanzen
Crataerhina
– Lausfliegen
Craterellus ↗
Craterium ↗
Craterolophus ↗
Craterostigmomorpha
– [M] Hundertfüßer
Craterostigmus
– [M] Hundertfüßer
Cratoneurion commutati
Cratoneuron ↗
Crax ↗
Creadion
– [M] Lappenkrähen
Creagus ↗
Creation Research Society
– Kreationismus
Creatonotos
– Corema
Credésche Prophylaxe
– [M] Geburt
– Geschlechtskrankheiten

Credneria
– □ Kreide
Crella
Crellidae
– Crella
Cremaster (Insekten)
– Puppe
– □ Schmetterlinge (Falter)
Cremaster (Säugetiere) ↗
Crematogaster ↗
Cremesporer
– [M] Täublinge
Cremnoconchus
Crenilabrus ↗
Crenobia
– □ Saprobiensystem
Crenothrix
Creodonta
– Arctocyoninae
– Raubtiere
– □ Tertiär
Creodonta adaptiva
– Raubtiere
Creodontia
– Creodonta
Creolophus
– Stachelbart
Crepe
– Kautschuk
Crepid
– Crepidom
Crepidius
– [M] Kröten
Crepidom
Crepidophryne ↗
Crepidotaceae
– Krüppelfußartige Pilze
– Stummelfüßchen
Crepidotus ↗
Crepidula ↗
– Zwittrigkeit
Crepis ↗
Crescentia ↗
Crescentiis, Petrus de
– Crescentia
Creseis
Creutzfeld-Jakob-Erkrankung
– slow-Viren
Crex ↗
CRH
– □ Hypothalamus
Cribellatae
– [M] Spinnapparat
Cribellum
– [M] Spinnapparat
Cribellum-Wolle
– Spinnapparat
Cribraria
– Cribrariaceae
Cribrariaceae
Cribrimorpha
– [M] Moostierchen
Cricetidae
– Wühler
Cricetinae
– Wühler
Cricetini ↗
Cricetomyinae ↗
Cricetomys
– Hamsterratten
Cricetulus ↗
Cricetus ↗
Crick, F.H.C.
– Adaptorhypothese
– Basenpaare
– [B] Biochemie
– [B] Biologie II
– [B] Biologie III
– □ Desoxyribonucleinsäuren (Geschichte)
– transfer-RNA
Cricoconarida
Criconematidae
– Tylenchida
Cricosaura ↗
cri-du-chat-Syndrom ↗
Crimidine
– Rodentizide
Crinia ↗

Crinifer
– Turakos
Crinipellis ↗
Crinodendron
– [M] Elaeocarpaceae
Crinoidea
Crinoidenkalke
– Apiocrinus
Crinozoa
– Pelmatozoa
Criocephalus
– [M] Bockkäfer
Crioceras
– □ Ammonoidea
– Crioceratites
Crioceratites
Crioceris ↗
criocon
– Crioceratites
Criodrilus
Criollo
– □ Kakao
Crisia
Crista ampullaris
– Ampulle
Cristae (Knochen)
Cristae (Mitochondrien)
– [B] Zelle
Cristae cutis
– Hautleisten
Cristae deltoides
– Cristae
Cristae mitochondriales
– Cristae
Crista galli
– Siebbein
Crista sagittalis
– Scheitelbein
Crista scapulae
– Scapula
Cristatella
Cristatellidae
– Cristatella
Crista-Typ
Cristiceps ↗
Cristispira
Crithidiaform ↗
– [M] Trypanosomidae
Crocanthemum
– [M] Cistrosengewächse
Crocetin
– Diterpene
Crocidura ↗
Crocidurinae
– [M] Spitzmäuse
Crocin
– Gentiobiose
– Krokus
Crocisa ↗
Crocodylia ↗
– Halsrippen
– □ Wirbeltiere
– ↗ Krokodile
Crocodylidae
– Krokodile
Crocodylus
– Krokodile
Crocus ↗
– □ Heilpflanzen
Crocuta ↗
Cromagnide
– Borrebytypus
– Cro-Magnon
– Grimaldi-Rasse
– Homo sapiens fossilis
– Kelsterbach
Cro-Magnon
– □ Paläanthropologie
– [B] Paläanthropologie
Cromerwarmzeit
– □ Pleistozän
Cronartiaceae
– [M] Rostpilze - Rostkrankheiten
Cronartium
– Blasenrost
– Weymouthskiefernblasenrost
Crossandra ↗
Crossarchus
– Kusimansen

Crossaster
- □ Seesterne
- Sonnenstern

Crossidium

Crossing over
- Äquationsteilung
- Autosynapsis
- Centromerinterferenz
- Chromosomenaberrationen
- Chromosomeninterferenz
- Chromosomenpaarung
- [M] Chromosomentheorie der Vererbung
- displacement loop
- DNA-Reparatur
- Genkonversion
- homologe Chromosomen
- [B] Meiose
- Mendelsche Regeln
- [B] Menschenrassen I
- Präreduktion
- Rekombination
- somatisches Crossing over
- Vierstrangaustausch

Crossing-over-Häufigkeit
- Austauschhäufigkeit

Crossing-over-Suppressor

Cross-link

Crossocerus
- staatenbildende Insekten

Crossodactylodes
Crossodactylus

Crossomataceae
- [M] Dilleniales

Crossomys
- Schwimmratten

Crossophorus
- [M] Spulwurm

Crossopterygii
- □ Wirbeltiere
- Quastenflosser

Crossoptilon
- Sexualdimorphismus

Crossorhinus
Crossotheca

cross-reactivation
- □ Virusinfektion (Wirkungen)

Crotalaria
- Jagziekte

Crotalidae
Crotalus
Crotaphytus

Croton
- Wolfsmilchgewächse

Crotonöl
Crotonsäure
Crotonyl-ACP
- [M] Fettsäuren (Fettsäuresynthese)

Crotophaga
Crotoxin
Croup
- Diphtherie

Crowding effects

crown gall-tumor
- Pflanzentumoren

Crowsoniella
- Urkäfer

CRP
CRPV
- Papillomviren

Cruciata
Crucibulum (Pilze)
Crucibulum (Schnecken)
Crucicalamites
Cruciferae
Crucigenia
Crumena
Cruoria

Cruraldrüsen
- Coxalbläschen

Cruralfortsätze

Crurralium
- ancistropegmat

Cruralplatten
Cruren
Crusafontia
- Dryolestidae

Crustacea
- □ Gliederfüßer
- [M] Plankton (Anteil)
- □ Stammbaum
- Krebstiere

Crustacyanin
- Astaxanthin

Crusta petrosa
- Zement

Crustecdyson
- Augenstielhormone
- Y-Organ

Cruziana

Cryphalus
- [M] Borkenkäfer

Cryphia
- [M] Eulenfalter

Cryptobatrachus
Cryptobranchidae
Cryptobranchoidea
Cryptobranchus
Cryptocellus
Cryptocephalus
Cryptocerata

Cryptocercus
- Hypermastigida
- Spirochäten

Cryptochiton
- Gürtel

Cryptochloris
- Goldmulle

Cryptochrysidaceae

Cryptochrysis
- Cryptochrysidaceae

Cryptococcaceae

Cryptococcose
- basidiosporogene Hefen

Cryptococcus
- Pseudorotz
- Schmierläuse

Cryptocystis
- Dipylidium

Cryptodira
Cryptodonta
Cryptogramma

Cryptogrammaceae
- Rollfarn

Cryptogrammetum crispae
Cryptohylax
Cryptomeria

Cryptometabola
- Holometabola

Cryptomonadaceae
Cryptomonadales

Cryptomonadina
- [M] Geißeltierchen

Cryptomyces
- Cryptomycetaceae

Cryptomycetaceae
Cryptomycina

Cryptomys
- [M] Sandgräber

Cryptonemiales
Cryptoniscidae

Cryptoniscium-Stadium
- Asseln
- Epicaridea

Cryptophagidae

Cryptophagus
- Schimmelkäfer
- [M] Schimmelkäfer

Cryptophialidae
- [M] Rankenfüßer

Cryptophyceae

Cryptopidae
- [M] Hundertfüßer

Cryptoplax
- Gürtel

Cryptoprocta
Cryptops

Cryptoses
- Zünsler

Cryptosiphonecta
Cryptostomata
Cryptotermes
- Termiten

cryptotetramer
Cryptothallus

CS
- Choriomammotropin

CSB
c-Strang
- codogen

CSV
- [M] Viroide

Ctenidae
- Giftspinnen

Ctenidien (Borstenkämme)
Ctenidien (Kiemen)
- Atmungsorgane
- Fiederkiemer

Ctenidium
Cteniopus

Cteniza
- Falltürspinnen

Ctenizidae
Ctenobranchia

Ctenobranchie
- Kammkiemer

Ctenocephalides

Cteno-Cheilostomata
- [M] Moostierchen

Ctenocrinus
- □ Seelilien

Ctenocystoidea
- Homalozoa

Ctenodactylidae

Ctenodactylus
- Kammfinger

Ctenodonta
Ctenodrilidae

Ctenodrilus
- Architomie
- Ctenodrilidae

Ctenoidschuppen
- □ Schuppen

Ctenolabrus

Ctenolepisma
- Silberfischchen

Ctenoluciidae
- Salmler

Ctenolucius
Ctenomyidae
Ctenopharyngodon
Ctenophora (Insekten)

Ctenophora (Rippenquallen)
- Bilaterogastraea-Theorie
- □ Tiere (Tierreichstämme)

Ctenophryne
- [M] Engmaulfrösche

Ctenoplana

Ctenoplectra
- [M] Ölblumen

Ctenopoda
- [M] Wasserflöhe

Ctenopoma
Ctenosculidae

Ctenosculum
- Ctenosculidae

Ctenostomata
Ctenothrissiformes
Ctenuchidae

Ctenus
- *C-Terminus*

CTP

C-Tramp
- [M] Inselbesiedlung

Cu
Cubichnia

Cubirea
- □ Pentastomiden
- [M] Pentastomiden

Cubitaladern
- Gehörorgane
- □ Insektenflügel

Cubitalzelle
- Flügelzellen
- □ Insektenflügel

Cubitermes
- Tierbauten

Cubitus (Flügel)
- □ Insektenflügel
- □ Käfer

Cubitus (Körperteil)
- Ellbogen

Cubomedusae
Cucujidae

Cucujiformia
- □ Käfer

Cucujo
- Leuchtkäfer

Cucujus
Cuculidae
Cuculiformes

Cucullia
- [B] Schmetterlinge

Cucumaria

Cucumariidae
- Cucumaria

Cucumber pale fruit
- [M] Viroide

Cucumis
Cucumovirus-Gruppe
Cucurbita
Cucurbitaceae

Cucurbitacine
- Kürbisgewächse
- Triterpene

Cudbear
Cudonia

Culcita (Botanik)
- Dicksoniaceae

Culcita (Zoologie)
- □ Seesterne

Culeolus
- Tiefseefauna

Culex
- [M] Stechmücken

Culicidae
- [M] Gehörorgane
- Stechmücken

Culicoides
- Bartmücken

Culmen

Culmination
- □ Dictyostelium

Culmus

Culpeper, E.
- [M] Mikroskop (Geschichte)

Cultellidae
- Phaxas

Cultellus

Cultivar
- Sorte
- Varietät

Cultrijugatus-Zone
- Spirifer cultrijugatus

Cumacea
p-Cumaraldehyd
- □ Lignin (Monomere)

Cumarin
- [M] Keimungshemmstoffe
- Meister

Cumarinderivate
- Wurzelausscheidungen

Cumarine

Cumaroyl-CoA
- [M] Flavonoide

p-Cumarsäure
- [M] Flavonoide
- □ Lignin (Monomere)
- □ Lignin (Reaktionen)
- [M] Zimtsäure

p-Cumarylalkohol
- □ Lignin (Monomere)

Cuminal

Cuminaldehyd
- Cuminal

Cuminum

Cumulus oviger
- [M] Oogenese

Cuneiforme
- Dreiecksbein
- Keilbein

Cuneus
- Wanzen
- [M] Wanzen

Cuniculi

Cuniculinae
- Agutis

Cunina

Cunningham, Richard
- Cunninghamia

Cunninghamella
- [M] Mucorales

Cunninghamia

Cunninghamia
Cuno, J.Ch.
– Cunoniaceae
Cunoctantha ↗
Cunonia
– Cunoniaceae
Cunoniaceae
Cuon ↗
Cuora ↗
Cupedidae
– ☐ Käfer
– Ⓜ Käfer
– Urkäfer
Cupelopagis
Cuphea ↗
Cupido ↗
Cupiennius ↗
Cupressaceae ↗
Cupressocrinus
Cupressoideae
– Zypressengewächse
Cupressus ↗
Cuprine
– Kupfer
Cuprosomen
– Schwermetallresistenz
Cupula (Botanik)
– Ⓑ Farnsamer
Cupula (Zoologie)
– Mechanorezeptoren
Curaçao-Likör
– Citrus
Curare
– Acetylcholinrezeptor
– Bovet, D.
– ☐ Brechnußgewächse
– Farbfrösche
– Menispermaceae
– Narkose
– Pfeilgifte
– Rezeptoren
– Ⓜ Synapsen
Curarealkaloide
– Benzylisochinolinalkaloide
– ☐ Curare
Curatella
– Ⓜ Dilleniaceae
Curculio
– Rüsselkäfer
Curculionidae ↗
Curculionoidea
– pseudotetramer
Curcuma
– ☐ Heilpflanzen
Curcumagelb
– Curcumin
Curcumapapier
– Curcumin
Curcumin
– Curcuma
Curdlan
– Alcaligenes
Curie
– ☐ Strahlendosis
Curimata
– Ⓜ Salmler
Curimatidae
– Ⓜ Salmler
Curimatinae ↗
Curry
– Alpinia
– Curcuma
– Koriander
– Kreuzkümmel
– Moringaceae
– Vetiveria
Cursorius ↗
Cururo
– Ⓜ Trugratten
Cuscuta ↗
– Holoparasiten
Cuscuto-Convolvuletum ↗
– Schleiergesellschaft
Cushing, Harvey Williams
– Cushing-Syndrom
Cushing-Syndrom
Cuskhygrin
– Cocaalkaloide
Cuspidaria

Cuspidariidae
– Cuspidaria
Cuspidella
Cuthona
Cuticula (Botanik)
– Akkrustierung
– Apoplast
– Ⓑ Blatt I
– Landpflanzen
– Transpiration
– Ⓜ Verdunstung
– Wachse
Cuticula (Zoologie)
– Bursicon
– Epithel
– Exuvialraum
– Exuvie
– Gliedertiere
– Haare
– Häutung
– Häutungsnähte
– Insekten
– ☐ Insektenhormone
– Ⓑ Metamorphose
Cuticuladrüsen
– Hautdrüsen
Cuticulin
– Oenocyten
Cutin
– Epidermis
– Epithel
– Landpflanzen
– Transpiration
– Zellwand
Cutinase
– Cutin
Cutis ↗
Cutis anserina
– Gänsehaut
Cutisgewebe
– Blattfall
Cutler, Manasseh
– Cutleriales
Cutleria
– Cutleriales
Cutleriales
Cuvier, G. de
– Abstammung - Realität
– Andrias Scheuchzeri
– Ⓑ Biologie I
– Ⓑ Biologie II
– Ⓑ Biologie III
– Cuvier-Gang
– Cuviersche Schläuche
– Darwinismus
– Determination
– Ductus Cuvieri
– Ⓜ Gehirn
– Geoffroy Saint-Hilaire, E.
– Goethe, J.W. von
– idealistische Morphologie
– Katastrophentheorie
– Korrelationsgesetz
– Ⓜ Leitfossilien
– Mammut
– Megatheriidae
– Zahnarme
Cuvier-Gang ↗
Cuvieronius
– Mastodonten
Cuvier-Organe
– Cuviersche Schläuche
Cuviersche Schläuche
– Ⓑ Stachelhäuter I
C-Wert
– ☐ Desoxyribonucleinsäuren (DNA-Gehalt)
Cyamidae
– Ⓑ Parasitismus II
– Walläuse
Cyamus ↗
– Ⓜ Walläuse
Cyanea
Cyanellen
– Glaucophyceae
Cyanerpes
– Ⓜ Zuckervögel

Cyanhydrine
– cyanogene Glykoside
Cyanide
– ☐ Atmungskette (Schema 2)
– Kalkstickstoff
– ☐ MAK-Wert
Cyanidin
– Ⓜ Anthocyane
Cyanin
– Cyanidin
Cyaniris
– Ⓜ Bläulinge
Cyankali
– Cyanide
Cyanobacteriales
– Cyanobakterien
Cyanobakterien
– Cyanophagen
– Endosymbiontenhypothese
– Eubakterien
– Ⓔ Eubakterien
– Eukaryoten
– Flechten
– Heterocysten
– ☐ Kambrium
– Pflanzen
– Prochloron
– ☐ Terpene (Verteilung)
– ☐ Zelle (Vergleich)
Cyanochloronta ↗
Cyanocobalamin
– Ⓑ Vitamine
Cyanocyta
– Ⓜ Endosymbiose
Cyanoderma
– Faultiere
cyanogene Glykoside
– Amygdalin
– Korbblütler
– Pflanzengifte
Cyanome
– Cyanellen
– Glaucophyceae
Cyanomorphae
Cyanophagen
cyanophile Flechten ↗
Cyanophora ↗
Cyanophyceae ↗
Cyanophycingranula
– ☐ Cyanobakterien (Abbildungen)
– Prochloron
Cyanophyta ↗
Cyanopica ↗
Cyanopsin
– Sehfarbstoffe
Cyanoptyche
– Glaucophyceae
Cyansäure
– Wöhler, F.
Cyanwasserstoff
– Blausäure
– Ⓑ chemische und präbiologische Evolution
– Dreifachbindung
– ☐ MAK-Wert
Cyanwasserstoffsäure ↗
Cyathaspis
– ☐ Silurium
Cyathaxoniicae
– Rugosa
Cyathea
– Cyatheaceae
Cyatheaceae
– Ⓑ Farnpflanzen I
Cyathium
– Anthium
– Pseudanthium
Cyathodium ↗
Cyathomonadaceae
Cyathomonas
– Cyathomonadaceae
Cyathophoraceae
Cyathophorella
– Cyathophoraceae
Cyathophyllum
Cyathura
– Anthuridea

Cyathus ↗
Cybister
– Cortexon
– Gelbrandkäfer
– Ⓜ Schwimmkäfer
Cycadales
– Progymnospermen
Cycadatae
– Bedecktsamer
– Farnsamer
Cycadeen
– Cycadales
– Ⓑ Pflanzen, Stammbaum
Cycadeoidea ↗
Cycadeoideaceae
– Bennettitales
Cycadophytina
– Blüte
– Farnsamer
– ☐ Kreide
– Nacktsamer
– Ⓑ Pflanzen, Stammbaum
– Proangiospermen
– Progymnospermen
– Telomtheorie
Cycas ↗
– Cycadophytina
– Dinosaurier
– Nacktsamer
– Pollen
– Zoidiogamie
Cycasin
– ☐ Cycadales
cychrisiert
Cychrus ↗
– cychrisiert
– Otala
Cyclamate
– Ⓜ Geschmacksstoffe
Cyclamen ↗
Cyclamin
– Alpenveilchen
– Oenin
Cyclammina
– Foraminiferenmergel
Cyclanorbis ↗
Cyclanthaceae
Cyclanthales
Cyclanthera ↗
Cyclanthus ↗
Cyclarhidae ↗
Cyclarhis
– Papageiwürger
Cyclas ↗
Cyclemys ↗
Cyclestheriidae
– Ⓜ Muschelschaler
cyclische Blüte
– eucyclische Blüte
Cyclite
cycloaliphatische Verbindungen
– Ⓜ organisch
Cycloalkane
cyclo-AMP ↗
– ☐ Glykogen
– Opiate
– Rezeptoren
– ☐ Synapsen
– ↗ cAMP
Cycloartenol
Cyclobrachia
– Ⓜ Pogonophora
Cyclobutan
– Ⓜ Cycloalkane
Cyclocorallia
Cyclocosmia
Cyclocystoidea
– Xyloplax
Cycloderma ↗
cyclo-GMP ↗
9-Cycloheptadecenon
– Zibeton
Cyclohexan
– Ⓜ Cycloalkane
– Ringsysteme
1,2,3,4,5,6-Cyclohexanol
– Inosit
Cyclohexansulfamidsäure
– Cyclamate

Cystobacterineae

Cycloheximid
- Chloroplasten
- Ribosomen
- □ Zelle (Vergleich)

Cyclohexite ⁄
Cycloidschuppen
- Quastenflosser
- □ Schuppen

Cyclomedusa
Cyclomerie
- Enterocoeltheorie

Cyclomorphose
- Ökomorphose
- Plankton

Cyclomyaria
Cycloneosamandaridin
- Salamanderalkaloide

Cycloneosamandion
- Salamanderalkaloide

Cyclooctan
- □ chemische Sinne (Geruchssinn)

Cyclooxygenase
- □ Prostaglandine

Cycloparaffine
- Cycloalkane

Cyclope
Cyclopentan
- [M] Cycloalkane

Cyclopentanoperhydro- phenanthren
- Steroide

Cyclopes ⁄
Cyclophoridae
- Cyclophoroidea
- Cyclophorus

Cyclophoroidea
Cyclophorus
Cyclophosphamid
- [M] Cytostatika

Cyclophyllidea
- Acetabulum
- Cittotaenia

Cyclopia ⁄
Cyclopina
- [M] Copepoda

cyclopoid
Cyclopoidea
- Copepoda
- Saphirkrebschen

cyclopor
- □ Holz (Bautypen)

Cyclopropan
- [M] Cycloalkane

Cyclops ⁄
- Diphyllobothrium
- [M] Tümpel

Cyclopteridae ⁄
Cyclopterinae
- Seehasen

Cyclopterus ⁄
Cycloramphus ⁄
Cyclorana
Cyclorhagae
Cyclorhagidae
- Kinorhyncha

Cyclorrhapha ⁄
Cyclosa
- [M] Radnetzspinnen

Cyclose
- Einzeller

Cycloserin
- [B] Antibiotika
- [M] Streptomycetaceae

Cyclosporin A
- [M] Transplantation

Cyclostigma
- Protolepidodendrales

Cyclostoma ⁄
Cyclostomata (Moos- tierchen)
Cyclostomata (Rund- mäuler) ⁄
- □ Wirbeltiere

Cyclotella ⁄
Cyclotermes
- [M] Asien

Cyclothone ⁄
Cyclura ⁄

Cyd ⁄
Cydia ⁄
Cydippea
Cydistus
- Leuchtkäfer

Cydnidae
- Erdwanzen

Cydnus
- Erdwanzen

Cydonia ⁄
Cyemidae ⁄
Cygnus ⁄
Cylichna ⁄
Cylicobdella
- [M] Erpobdellidae

Cylicodiscus
- Okan

Cylindrobasidium
- Rindenpilze

Cylindrobulla
- Schlundsackschnecken

Cylindrobullidae
- Cylindrobulla

Cylindrocapsa
- Cylindrocapsaceae

Cylindrocapsaceae
Cylindrocarpon
Cylindrocystis ⁄
Cylindrophis ⁄
Cylindrospermum
- Landalgen

Cylindrotomidae ⁄
Cylindrus
- Alpentiere

Cylister
- Stutzkäfer

Cyma
Cymadothea ⁄
Cymarin
- Strophanthine
- [M] Strophanthine

Cymatiidae ⁄
Cymatium
- Tritonshörner

Cymatoceps ⁄
- Meerbrassen

Cymatophoridae ⁄
Cymbalaria ⁄
Cymbalarietum muralis
- Parietarietea judaicae

Cymbella ⁄
Cymbiola
Cymbium (Schnecken) ⁄
Cymbium (Spinnen) ⁄
Cymbopogon
- Palmarosaöl

Cymbulia
Cymbuliidae
- Cymbulia

Cymen
- [M] Monoterpene

Cymodocea
- Cymodoceaceae

Cymodoceaceae
Cymol
- [M] Monoterpene

Cymopolia ⁄
Cymotha
- Fischasseln

Cymothoidae
- [M] Asseln
- Fischasseln

Cynanchum
- Schwalbenwurzgewächse

Cynara ⁄
Cynelos
- Amphicyonidae

Cynidae ⁄
Cynipidae ⁄
Cynocephalidae ⁄
Cynodon
Cynodontia
- Oligodendrocyten
- Theriodontia

Cynodontinae
- Cephalogale

Cynogale
- Otterzivette

Cynoglossidae
- Zungen

Cynoglossin
- [M] Hundszunge
- Ochsenzunge

Cynoglossum
Cynoglossus ⁄
Cynognathus
- Mosaikevolution
- □ Schädel

Cynolebias ⁄
- Saisonfische

Cynomoriaceae
- [M] Sandelholzartige

Cynomys ⁄
Cynopithecus
- Makaken

Cynops ⁄
Cynopterinae
- Flughunde

Cynosurion
- Kammgras

Cynosurus ⁄
Cynthia
- Distelfalter

Cyperaceae ⁄
Cyperus ⁄
Cyphanthropus
Cyphelium ⁄
Cyphellen
Cyphoderus
- [M] Ameisengäste (Beispiele)
- Laufspringer

Cyphoma
Cyphomandra ⁄
Cyphon
- Sumpfkäfer

Cyphonautes
- [B] Larven II

Cyphophthalmi
Cypraea ⁄
Cypraecassis
Cypraeidae
- Porzellanschnecken

Cypraeoidea
Cyprididae
- Muschelkrebse

Cypridina
- [M] Muschelkrebse

Cypridopsis
- □ Muschelkrebse

Cyprina ⁄
Cyprinidenregion
Cypriniformes ⁄
Cyprininae
- Karpfen

Cyprinodon ⁄
- [M] Hitzeresistenz

Cyprinodontidae
- Kärpflinge
- Zahnkärpflinge

Cyprinodontoidei ⁄
- Kärpflinge

Cyprinoidei ⁄
Cyprinus ⁄
Cypripedioideae
- Orchideen

Cypripedium ⁄
Cypris ⁄
- [M] Rhizocephala
- [M] Tümpel

Cypselidae
Cypselurus
- Fliegende Fische

Cypsiurus ⁄
Cyrestis
- Fleckenfalter

Cyrtidae ⁄
Cyrtobactrites
- Ammonoidea

Cyrtocalpis
- Monopylea

Cyrtoceras
- [M] Monopylea

cyrtoceroid
Cyrtoceroidea
- cyrtoceroid

cyrtochoanitisch
cyrtocon
Cyrtocrinida
- Holopus

- □ Seelilien

Cyrtocyten
- [M] Coeleomflüssigkeit
- Schwämme

Cyrtodaria
- [M] Felsenbohrer

Cyrtophora
- Radnetzspinnen

Cyrtopodocyten
- [M] Coelomflüssigkeit
- Nephridien

Cys ⁄
Cystacantha
Cystakanth
- Cystacantha

Cystathionin
- [M] Aminosäuren
- Cystein
- Homocystein

Cysteamin ⁄
- biogene Amine
- Strahlenschutzstoffe

Cystein
- [M] Aminosäuren
- assimilatorische Sulfat- reduktion
- Cysteinyl-t-RNA
- Cystin
- Desulfuration
- □ Gallensäuren
- [M] Glutathion
- Homocystein
- Lauch
- Mercaptane
- Selen
- Strahlenschutzstoffe

Cysteinsäure
- Cystein

Cysteinyl-t-RNA
Cysten (Biologie)
- Bodenorganismen
- Einzeller
- Encystierung

Cysten (Medizin)
Cystenhüllen
- Einzeller

Cystennieren
- □ Mutation

Cystenzellen
- Follikelzellen

Cysticercoid
Cysticercose
Cysticercus
Cystid
Cystidea ⁄
Cystiden
- [M] Hymenium
- Paraphysen

Cystidien
- Blätterpilze
- [M] Hymenium

Cystidium
- Monopylea

Cystimyzostomidae
Cystimyzostomum
- Cystimyzostomidae

Cystin
- [M] Harnsedimente
- Keratine

Cystinose
- Cystinspeicherkrankheit
- [M] Enzymopathien

Cystinspeicherkrankheit
Cystiphragmen
- Trepostomata

Cystiplana
- Kalyptorhynchia

Cystiplex
- Kalyptorhynchia

cystische Pankreasfibrose
- Mucoviscidose

Cystis fellea
- Gallenblase

Cystobacter
- Cystobacteraceae

Cystobacteraceae
Cystobacterineae
- Cystobacteraceae
- Myxobakterien

Cystobranchus

Cystobranchus ↗
Cystoclonium ↗
Cystocoleus ↗
Cystoderma ↗
Cystodinium ↗
Cystogaster
- Raupenfliegen
Cystoidea
- Bothriocidaroida
- Carpoidea
- Echinosphaerites
- Hydrospiren
Cystoiden
- [M] Devon (Lebewelt)
Cystokarp
Cystolithen
- Kalk
- Wachsblume
Cystophoren
Cystophorinae ↗
Cystoporata
- [M] Moostierchen
Cystopteris ↗
Cystoseira ↗
Cyt ↗
Cythara
- Mangelia
- Treppenschnecken
Cytharidae
- Mangelia
Cytheridae
- [M] Muschelkrebse
Cytidin
- Cytidindiphosphat
- Pyrimidinnucleoside
Cytidindiphosphat
Cytidindiphosphat-Cholin
Cytidindiphosphat-Diacylglycerin
Cytidindiphosphat-Ribitol
- ☐ Nucleosiddiphosphat-Zucker
Cytidinmonophosphate
- Cytidindiphosphat
Cytidin-Nucleotide
Cytidinphosphocholin
Cytidintriphosphat (= CTP)
- Aspartat-Transcarbamylase
- Cytidindiphosphat
- [M] Effektor
- [M] Pyrimidinnucleotide
Cytidylsäuren ↗
Cytimidin
- Amicetine
Cytinus ↗
- Endoxylophyten
Cytisin ↗
- Goldregen
Cytisus ↗
Cytochalasane
Cytochalasin
- Cytochalasane
Cytochrom c
- Cytochrome
- ☐ Mitochondrien (Aufbau)
- [M] Sulfatatmung
Cytochrom-c-Sauerstoff-Oxidoreductase
- ☐ Mitochondrien (Aufbau)
Cytochrome
- Aminosäuresequenz
- Bilirubin
- [B] Biochemie
- braunes Fett
- [B] Dissimilation I
- [B] Dissimilation II
- Donor
- Eisen
- Enzyme
- Häm
- Membranproteine
- [M] Metalloproteine
- [M] Nitratatmung
- ☐ nitrifizierende Bakterien
- ☐ Photosynthese (Experimente)
- ☐ phototrophe Bakterien
- Porphyrine
- ☐ Redoxpotential

- Sequenzhomologie
- Thylakoidmembran
- Ubichinone
Cytochromoxidase
- ☐ Aerobier
- [M] Atmungskette
- Blausäure
- [B] Dissimilation II
- [M] Leitenzyme
- [M] Metalloproteine
- [M] Oxidoreductasen
Cytochrom P450
- Cytochrome
- [M] endoplasmatisches Reticulum
Cytochrom-b$_5$-Reductase
- [M] Oxidoreductasen
Cytodiagnostik
- Ausstrich
- Fluoreszenzmikroskopie
Cytodites ↗
Cytogamie ↗
cytogen
- asexuelle Fortpflanzung
Cytogenetik
Cytogonie
Cytokeratine
- Tonofibrillen
Cytokeratinfilamente
- Zellskelett
Cytokinese
- Mitogene
- Zellteilung
Cytokinin
- Bryokinin
Cytokininantagonisten
Cytokinine
- Cytokininantagonisten
- Isopentenyladenin
- Kinetin
- Knöllchenbakterien
Cytökologie ↗
Cytologie
- [B] Biologie II
- Botanik
- Morphologie
Cytolyse
Cytolysosom ↗
Cytomegalie
- Cytomegalievirus
- ☐ Virusinfektion (Wege)
Cytomegalievirus
- ☐ Viren (Aufnahmen)
Cytomixis
Cytoökologie
cytopathischer Effekt
- cytopathogener Effekt
cytopathogener Effekt
- ☐ Virusinfektion (Wirkungen)
Cytopempsis
Cytophaga
- Cytophagales
- Flavobacterium
- [M] Kläranlage
Cytophagales
- Beggiatoaceae
- Beggiatoales
Cytopharynx
Cytophor
- [M] Spermatogenese
Cytoplasma
- [B] Biologie II
- [M] differentielle Zentrifugation
- [M] Elektrolyte
- ☐ fraktionierte Zentrifugation
- Kompartimentierung
- Kompartimentierungsregel
- Membran
- ☐ Membran (Plasmamembran)
- Mikrotrabekularsystem
- Plasmaströmung
- ☐ Zelle (Schema)
- [B] Zelle
- Zellskelett
Cytoplasmabrücken
- Nährzellen

Cytoplasmamembran ↗
- Atmungskette
Cytoplasmapolyeder-Viren
Cytoplasmaströmung
- ☐ Actomyosin
- amöboide Bewegung
cytoplasmatische Informationen
- Entwicklung
cytoplasmatische Vererbung
Cytopyge
- Einzeller
Cytoribosomen
- ☐ Ribosomen (Struktur)
Cytorrhyse
Cytosin
- β-Alanin
- ☐ Basenaustauschmutationen
- [M] Basenpaarung
- ☐ Basenzusammensetzung
- ☐ Chargaff-Regeln
- ☐ Desoxyribonucleinsäuren (Einzelstrang)
- [B] Desoxyribonucleinsäuren I
- [B] Desoxyribonucleinsäuren III
- [M] Dinucleotide
- GC-Gehalt
- Glutamin
- Hydroxylamin
- 5-Hydroxymethyl-Cytosin
- Pyrimidinbasen
- Pyrimidinnucleotide
- ☐ Ribonucleinsäuren (Ausschnitt)
- [B] Transkription - Translation
Cytosin-Arabinosid
- [M] Cytostatika
Cytosinin
- [M] Blasticidine
Cytoskelett ↗
- Ankyrin
- Axostyl
- Eucyte
- Krebs
↗ Zellskelett
Cytosol
- [B] Glykolyse
- ☐ Kompartimentierung
- [M] Leitenzyme
- Sol
Cytosomen
- Aminosomen
- Cytoplasma
- Pflanzenzelle
Cytostatika
- Antibiotika
- Chemotherapeutika
- Cytochalasane
- Interferone
- Keimgifte
- Krebs
- ☐ Teratogene
Cytostom
- [M] Didinium
- Einzeller
- [M] Entodiniomorpha
Cytosymbionten
- Endosymbiontenhypothese
Cytotaxonomie
Cytotoxine
cytotoxische Zellen
- Immunzellen
- Lymphocyten
Cytotrophoblast
- Trophoblast
Cytotubuli ↗
cytozid
- Virusinfektion
Cyttariales
- [M] Discomycetes
Cyzicidae
- [M] Muschelschaler
Czarnotium
- ☐ Tertiär
Czekanowskiales
- Proangiospermen
Czermak ↗

D

D ↗
d
°d
- Wasserhärte
2,4-D ↗
dA ↗
DAB
- Heilpflanzen
Dacarbazin
- [M] Cytostatika
Dacelo ↗
Dach
- Stratum
Dachpilzartige Pilze
Dachpilze
Dachratte
- Hausratte
Dachsbracke
- ☐ Hunde (Hunderassen)
Dachschädel
- Labyrinthodontia
- Stegocephalia
Dachschildkröten ↗
Dachse
- Augentarnung
- [B] Europa XIII
- [M] Körpergewicht
- [M] Nest (Säugetiere)
- Paläarktis
- Tierbauten
- Trocharion
- Winterruhe
Dachshund
- [B] Hunderassen I
Dachsschinken
- Wombats
Dachsteinmuschel ↗
Dackel
- ☐ Hunde (Hunderassen)
- [B] Hunderassen I
- ☐ Organsystem
Dacnonypha
- [M] Schmetterlinge
Dacqué, E.
Dacryconarida
Dacrydium ↗
Dacrymyces
- Dacrymycetales
Dacrymycetaceae
- Dacrymycetales
Dacrymycetales
- Exobasidiales
Dactylioceras
Dactylis ↗
Dactylochirotida
- [M] Seewalzen
Dactylogyridea
- [M] Monogenea
Dactylogyrus
Dactylometra ↗
Dactylomyinae
- Stachelratten
Dactylopatagium
- ☐ Fledertiere
Dactylopius ↗
Dactylopodella
Dactylopodola
- Dactylopodella
Dactylopteridae
- Flughähne

Dactylopteriformes ↗
Dactylopterus
– Flughähne
Dactylorhiza
– Knabenkraut
– [M] Orchideen
Dactylosphaera
– Reblaus
Dactylosphaerium
– [M] Nacktamöben
Dactylosporangium
– [M] Actinoplanaceae
Dactylozoide
– Hydrozoa
– [M] Segelqualle
Dactylus
– [M] Chela
– ☐ Extremitäten
– Finger
Dacus ↗
Daedaleopsis
– [M] Weißfäule
Daedalia
Daemonelix
– Daimonelix
Dahl, Andreas
– Dahlie
Dahl, F.
– [B] Biologie II
Dahlia
– Dahlie
Dahlie
– ☐ asexuelle Fortpflanzung I
– Blütenbildung
– [M] Geophyten
– [M] Knolle
– [B] Nordamerika VIII
– ☐ Rüben
Dahllit
– Zahnschmelz
Daimonelix
Dajaldrossel
– Schamadrosseln
Daktylogramm
– Fingerabdruck
Daktyloskopie
– Fingerabdruck
– Fingerbeere
– Galton, F.
– Hautleisten
Dalatiidae ↗
Dalberg, Nicolaus
– Dalbergia
Dalbergia
– Grenadillholz
Dalchamps
– Kräuterbücher
Daldinia
Dale, Sir H.H.
Daléchamp, Jacques
– Dalechampia
Dalechampia ↗
Dale-Prinzip
– Neurotransmitter
Dalgarno, L.
– [B] Transkription - Translation
Dali (China)
– [B] Paläanthropologie
Dalische Rasse
Dall, William Healey
– Dallia
Dallia ↗
Dalmatiner
– ☐ Hunde (Hunderassen)
– [B] Hunderassen III
Dalmatiner Schwamm
– Badeschwämme
Dalo-Fälide
– Dalische Rasse
– ☐ Menschenrassen
Dalo-Nordide
– Dalische Rasse
Dalton ↗
– Molekülmasse
Dalton, John
– Atom
– Dalton
– Daltoniaceae
– Daltonismus

Daltonia
– Daltoniaceae
Daltoniaceae
Daltonismus
Dalyell, Sir John Graham
– Dalyellioida
– Strudelwürmer
Dalyellia
– Zoochlorellen
Dalyellioida ↗
Dam, C.P.H.
Dama ↗
Damagazelle
Damaliscus ↗
Damenbrett
Damhirsch
– ☐ Albinismus
– [B] Europa XIV
– Geweih
– Hochwild
– ☐ Lebensdauer
– Zwischenklauendrüse
Damiana ↗
– Turneraceae
Damm (Bautechnik)
↗ Dämme
– Bisamratte
– Feuchtgebiete
Damm (Zoologie)
– ☐ Geburt
– [M] Geschlechtsorgane
– Perinealdrüsen
Dammar
– ☐ Dipterocarpaceae
Dammarbaum
– ☐ Dipterocarpaceae
Dammarendiol
– Resinole
Dammarenolsäure
– [M] Resinosäuren
Dammarfichte ↗
Dammarharz ↗
– [M] Agathis
Dämmerung
– Lichtfaktor
– nachtaktive Tiere
dämmerungsaktiv
– Licht
Dämmerungssehen
– [M] Magnetfeldeffekt
– Nachtblindheit
– Netzhaut
– Tapetum
Dämmerzone
Dammuferwald
Damon ↗
dAMP
Dampfdruck
– Feuchtigkeit
– Hydratur
– Transpiration
– Wassertransport
Dampfdruckdefizit ↗
Dampfdruckerniedrigung
– osmotischer Druck
Dampfdrucksterilisator ↗
Dämpfungshaut
– Haut
Dampiera
– Goodeniaceae
Damtier
– Damhirsch
Damwild ↗
– [M] Brunst
Danablu
– Käse
Danaë ↗
Danaea ↗
Danaeaceae
– [M] Marattiales
Danaidae
– [B] Mimikry II
Danaienfalter ↗
– [B] Insekten IV
Danalia
– Epicaridea
Danaus
– Danaidae
– [M] Danaidae

– [B] Mimikry II
– Monarch
Dandy-Fieber
– Denguefieber
Dane-Partikel
– [B] Hepatitisvirus
Danielli, J.F.
– Membran
Danielli-Davson-Modell
– Membran
Danioninae ↗
Danium
– [M] Kreide
– Paleozän
– Tertiär
– ☐ Tertiär
Dansyl
– Dansylierung
Dansylchlorid
– [M] Dansylierung
Dansylierung
Danthoine, Etienne
– Danthonia
Danthonia ↗
Daphne ↗
Daphnia ↗
– [M] Tümpel
– ☐ Wasserflöhe
Daphnidae
– [M] Wasserflöhe
Daphnis
– [M] Afrika
– [M] Schwärmer
Daphoeninae
– Amphicyonidae
Daption
– [M] Polarregion
Dardanus
– Einsiedlerkrebse
Darjeeling
– ☐ Teestrauchgewächse
Darlingtonia
– Schlauchblattartige
Darm
– aktiver Transport
– Anus
– ☐ Blutkreislauf (Darstellung)
– [B] Embryonal-
  entwicklung I
– [B] Embryonal-
  entwicklung II
– ☐ Gallensäuren
– [M] Geschlechtsorgane
– Gestalt
– [B] Hormone
– [M] Insekten (Darmgrund-
  schema)
– Leber
– Membran
– Mund
– ☐ Nervensystem (Wirkung)
– [B] Nervensystem II
– Peristaltik
– Pylorus
– [M] Streß
– [M] Verdauung I
D-Arm
– ☐ transfer-RNA
Darmamöben
Darmatmung
– Darmkiemen
Darmausgang
– Anus
Darmbakterien
Darmbein
– Hüfte
Darmbeinkamm
– Darmbein
Darmbeinschaufel
– [M] Beckengürtel
– Darmbein
Darmbeinstachel
– Darmbein
Darmblatt ↗
Darmbrand
– Gasbrandbakterien
Darmegel
Darmentzündung
– Enteritis

Darmepithel
– Endomitose
– tight-junctions
Darmfäulnis
Darmfauna
Darmflagellaten
Darmflora
– Bakterienflora
– Dysbakterie
– ☐ Fusobacterium
– Verdauung
– Vitamine
Darmgas
– Darmflora
Darmgeschwüre
– Streß
Darminfektionen
– Enterobacter
– ↗ Enteritis
Darmkiemen
– [B] Atmungsorgane II
Darmkrebs
– Darmflora
– ↗ Dickdarmkrebs
Darmkrypten
Darmlymphe
– Lymphe
Darmmuskulatur
– Darm
– glatte Muskulatur
Darmparasiten
– Antienzyme
– Verdauung
Darmperistaltik
Darmrinne
– [B] Darm
Darmsaft
– [M] pH-Wert
– Succus
Darmschleimhaut ↗
Darmtang ↗
Darmtracheenkiemen
– [B] Atmungsorgane II
Darmtrakt
– Darm
– Schleimhaut
– Verdauung
Darmtrichine
– [M] Trichine
Darmviren
– Enteroviren
Darmzotten
darren
– ☐ Bier
Darrmalz
– ☐ Bier
– Maische
Dart, R.
– osteodontokeratische Kultur
Darwin, Ch.R.
– Abstammung - Realität
– anthropisches Prinzip
– Bestäubungsökologie
– Bioethik
– [B] Biologie I
– [B] Biologie II
– [B] Biologie III
– Biologismus
– Darwinfinken
– Darwinfrosch
– Darwinismus
– Darwinscher Ohrhöcker
– Daseinskampf
– Determination
– Galapagosinseln
– Gastraea-Theorie
– Gray, A.
– [M] Haustierwerdung
– Heterostylie
– Homologieforschung
– idealistische Morphologie
– Kreationismus
– lebende Fossilien
– Lückenhaftigkeit der Fossil-
  überlieferung
– ☐ Meeresbiologie (Expeditio-
  nen)
– Pangenesistheorie
– [M] Regenwürmer

Darwin, E.

- ☐ Riff
- Selektion
- B Selektion II
- sexuelle Selektion
- Südamerika
- Systematik
- Vitalismus - Mechanismus
- B Zoogamie
- Zoologie

Darwin, E.
- Abstammung - Realität

Darwin, F.

Darwinfinken
- Galapagosinseln
- Inselbiogeographie
- Inselendemismus
- Werkzeuggebrauch

Darwinfrosch
- Südamerika

Darwinismus
- Abstammung - Realität
- B Biologie II
- Biologismus
- Evolutionstheorie
- Haeckel, E.
- Homologieforschung
- Kreationismus

Darwinscher Ohrhöcker

Darwinulidae
- M Muschelkrebse

Dascillidae
- ☐ Käfer
- Komplexauge

Dascilliformia
- ☐ Käfer

Dascyllus ↗

Daseinskampf
- B Biologie II
- Biologismus
- Darwinismus
- Evolution

Dasia ↗

Dasselbeulen

Dasselfliegen

Dasya
- Dasyaceae

Dasyaceae

Dasyatidae ↗

Dasyatis
- Stachelrochen

Dasybranchus

Dasyceridae
- M Käfer

Dasychira ↗

Dasychone

Dasycladaceae
- Dasycladales

Dasycladales

Dasycladus
- Dasycladales

Dasydytes

Dasyleptus
- Urinsekten

Dasyneura ↗

Dasypeltinae ↗

Dasypeltis
- Eierschlangen

Dasypoda ↗

Dasypodidae ↗

Dasypogon (Botanik)
- M Xanthorrhoeaceae

Dasypogon (Zoologie)
- Raubfliegen

Dasyprocta
- Subungulata

Dasyproctidae ↗

Dasypus
- Gürteltiere

Dasyscypha
- Hyaloscyphaceae
- Lärchenkrebs

Dasyuridae ↗

Dasyurinae ↗

Datenreduktion
- Statistik

Datenverarbeitung
- Kybernetik

Datierungsmethoden ↗

dATP ↗

Dattel
- Dattelpalme
- ☐ Obst
- Xenien

Dattelmuschel ↗

Dattelpalme
- Afrika
- B Kulturpflanzen VI
- B Mediterranregion IV
- Oase
- Obstbau

Datura
- ☐ Heilpflanzen
- ↗ Stechapfel

Daturaalkaloide
- Belladonnaalkaloide

Daubenton, Louis-Jean-Marie
- Daubentoniidae

Daubentonia
- Fingertiere

Daubentoniidae

Dauco-Picridetum ↗

Daucus ↗

Daudebardia
- Raubschnecken

Dauerausscheider

Dauerdarm
- Nachdarm

Dauerdeckel
- Deckel
- Landlungenschnecken
- M Vorderkiemer

Dauerehe
- Paarbindung

Dauereier
- Ephippium
- Gastrotricha
- M Tümpel
- Zygote

Dauererhitzung
- Pasteurisierung

Dauerfeldbau

Dauerformen (Cysten) ↗

Dauerformen (lebende Fossilien) ↗

Dauerfrostböden ↗
- Mumie

Dauergattungen ↗

Dauergebiß
- diphyodont
- Zahnwechsel

Dauergesellschaft

Dauergewebe
- Differenzierungszone
- Holz

Dauergrünland
- Futterbau
- Grasnarbe

Dauerhumus

Dauerinitialgesellschaften
- Dauergesellschaft

Dauerknospe ↗
- Kamptozoa

Dauerkontraktion
- Kontraktur
- Muskelkontraktion

Dauerkopula
- Kopulation
- M Schistosomatidae
- Strongylida

Dauerkulturen

Dauerlarve
- ☐ Phoresie

Dauermodifikation

Dauermycel ↗

Dauernieren
- Nachniere

Daueroptimalgebiete

Dauerpioniergesellschaften
- Dauerinitialgesellschaften

Dauerpräparate
- Elektronenmikroskop
- Fixierung

Dauersporangium

Dauersporen
- Sporen

Dauerstadien
- Aufgußtierchen
- Ruhestadien
- temporäre Gewässer
- Tümpel

Dauertypen ↗

Dauerunkräuter
- Unkräuter

Dauervegetation
- M Erosionsschutz

Dauerwachsamkeit
- Angst - Philosophische Reflexionen

Dauerwaldwirtschaft

Dauerzellen ↗

Dauerzygote
- Planozygote

Daumen
- M Daumenfittich
- Finger
- Gelenk
- Greifhand
- Großzehe
- opponierbar
- ☐ Rindenfelder

Daumenfittich
- Handflügel
- Vogelflügel
- ☐ Vogelflügel

Daumer, K.
- Bestäubungsökologie

Daunenfeder ↗
- M Graugans

Daunorubicin
- M Cytostatika

Dausset, J.

Davaine, Casimir Joseph
- Davainea

Davainea

Davaineidae
- Davainea

Davall, Edmund
- Davalliaceae

Davallia
- Davalliaceae

Davalliaceae

David, Armand
- Davidshirsch

Davidia
- Nyssaceae

Davidsharfe ↗
- M Harfenschnecken

Davidshirsch
- Asien

Davson, H.
- Membran

Dawkins, R.
- Bioethik
- M Soziobiologie

Dawsonia
- Dawsoniaceae

Dawsoniaceae

Daytoner Affenprozeß
- Abstammung - Realität

dB
- ☐ Gehörsinn

dC ↗

DCC
- Dicyclohexylcarbodiimid

DCCD
- Dicyclohexylcarbodiimid
- M mitochondrialer Kopplungsfaktor

dCMP ↗

dCTP ↗

DDD
- Entgiftung

DDE
- DDT
- Entgiftung

DDT
- Allethrin
- Biozide
- ☐ Chlorkohlenwasserstoffe
- Entgiftung
- Fraßgifte
- ☐ MAK-Wert
- Malaria
- Müller, P.H.
- ☐ Nahrungskette
- Phanerochaete

DE
- ☐ Dosis

DEAE-Cellulose ↗
- Austauschchromatographie

DEAE-Sephadex
- Austauschchromatographie

dealpin

Death Valley (Kalifornien)
- M Nordamerika

Debaryomyces

de Beer
- Mosaikevolution

de Brogliesche Beziehung
- Elektronenmikroskop

Decabrachia

Decan
- M Alkane

n-Decansäure
- Caprinsäure

Decapoda (Kopffüßer)

Decapoda (Krebse)
- Komplexauge
- Krebstiere
- Stridulation

Decapodit-Stadium
- Decapoda

Decaprenoxanthin
- M Carotinoide

Decarboxylasen ↗
- Carboxylase
- Desmolasen
- M Wirkungsspezifität

Decarboxylierung
- B Enzyme
- Kohlendioxid
- Kohlenhydratstoffwechsel
- Thiaminpyrophosphat

Decidua
- Cytotrophoblast
- Placenta

Decidua capsularis
- Eihäute

Deciduaplatte
- ☐ Placenta

Deciduaseptum
- ☐ Placenta

Deciduata
- Placenta

Deckblatt (Botanik) ↗
- Hüllblätter
- B Nadelhölzer

Deckblatt (Zoologie)

Deckel
- Epiphragma
- Landschnecken
- Trockenschlaf

Deckelgalle

Deckelkapsel

Deckelschildläuse

Deckelschlüpfer
- Fliegen

Deckelschnecken
- Deckel
- Weinbergschnecken

Deckelspinnen ↗

Deckelstäublinge

Deckeltopfbäume
- Lecythidales

Deckelzelle

decken
- beschälen

Deckenergüsse
- Vulkanismus

Deckengebirge
- Tertiär

Decken-Hochmoore
- blanket bog
- Deckenmoore

Deckenkultur
- Oberflächenkultur

Deckenmoore
- ↗ Decken-Hochmoore

Deckennetze
- Trichterspinnen

Deckennetzspinnen ↗

Deckepithel ↗

Deckfedern
- Schwungfedern

- Vogelfeder
- *Deckflügel*
- Insektenflügel
- Käfer
- Kurzflügler
- Thorax
- *Deckfrucht*
- **Deckgebirge**
  - Präkambrium
- *Deckgewebe* ↗
- *Deckglas*
  - Mikroskop
  - □ Mikroskop (Aufbau)
  - mikroskopische Präparationstechniken
- *Deckglaskultur*
- *Deckhaar*
- **Deckinfektion** ↗
  - Trichomonose
- *Deckknochen*
  - Dermalskelett
  - Haut
  - Knochen
- **Deckknochenschädel**
  - Dermatocranium
- **Deckknochenskelett**
  - Dermalskelett
- *Deckmembran* ↗
  - □ Gehörorgane (Hörtheorie)
- **Deckoperationen**
  - Symmetrie
- *Deckschuppe (Botanik)* ↗
  - B Nacktsamer
  - B Nadelhölzer
  - Zapfen
- *Deckschuppe (Zoologie)* ↗
  - □ Schmetterlinge (Falter)
  - Tegula
- *Deckspelze* ↗
  - B Blüte
  - M Grasblüte
  - M Süßgräser
- **Deckungsgrad**
  - Bestandsaufnahme
- *Decoctum*
  - Dekokt
- *Decoyinin*
  - Angustmycine
- *Decticus* ↗
  - M Gehörorgane
- **Dedifferenzierung**
- *Dédoublement* ↗
- **Deduktion**
  - Deduktion und Induktion
  - Paradigma
  - Wissenschaftstheorie
- *Deduktion und Induktion*
- **deduktiv**
  - Wissenschaftstheorie
- **Deepoxidation**
  - Carotinoide
- *Defäkation*
  - Enddarm
  - Verdauung
  - B Verdauung I
- **Defektallele**
  - Erbdiagnose
  - Erbkrankheiten
  - Gentechnologie
  - M Geschlechtschromosomen-gebundene Vererbung
  - Humangenetik
  - Inzucht
  - Inzuchttest
- **defekte Gene**
  - genetischer Block
  - Genmanipulation
- **Defekte interferierende Partikel**
- **defekte Viren**
- **Defektmutationen**
  - Diploidie
  - Insertion
  - Inzesttabu
  - Komplementation
  - Restaurierung
- *Defektversuch*

- Defensen
  - Stoßzähne
- *defibrinieren*
- **Definition**
  - Injunktion
  - Terminologie
  - Wissenschaftstheorie
- *Defizienz*
- *Deflation*
- **Defloration**
  - Hymen
- **Degeneration (Humangenetik)**
  - Autophagie
  - Blutauffrischung
  - genetischer Code
- *Degeneration (Pathologie)*
- **Degenerationsform**
  - Involutionsformen
- **degenerative Evolution**
  - regressive Evolution
- **degenerativer Rheumatismus**
  - Rheumatismus
- **Degeneria**
  - Degeneriaceae
- *Degeneriaceae*
- *Degenfisch* ↗
- **Degradation**
  - Afrika
  - Degradierung
  - Hartlaubvegetation
  - Strauchformation
- *Degradierung*
  - ↗ Degradation
- **Degranulation**
  - Aminosomen
  - anaphylaktischer Schock
- *Deguelin*
  - Rotenoide
- **Dehiszenz**
  - Urfarne
- **Dehnbarkeit**
  - Bindegewebe
  - Keratine
  - ↗ Elastizität
- **Dehnung**
  - M Compliance
  - ↗ Dehnbarkeit
- **Dehnungskräfte**
  - B mechanische Sinne I
  - Mechanorezeptoren
- *Dehnungsreflex*
- **Dehnungsrezeptoren**
  - □ Atmungsregulation (Atemzentrum)
  - Dehnungsreflex
  - Mechanorezeptoren
  - Muskelspindeln
- **De Hoge Veluwe (Niederlande)**
  - B National- und Naturparke I
- *Dehydrasen* ↗
- **Dehydratasen**
  - □ Leukotriene
  - Dehydratisierung
  - M Methylglyoxal
- *Dehydratation*
- *Dehydratisierung*
- *Dehydrierung*
  - Redoxreaktionen
  - Thioredoxin
  - Wasserstoff
- **Dehydroascorbinsäure**
  - Ascorbinsäure
- **7-Dehydrocholesterin** ↗
  - Rachitis
- **Dehydrocorticosteron**
- **1,2-Dehydrocortison**
  - Prednison
- **Dehydroepiandrosteron**
- **Dehydrogenasen**
  - Dehydrierung
  - Enzyme
  - Flavinenzyme
  - Hydrierung
  - Tetrazoliumsalze

- **Dehydrogenierung**
  - Dehydrierung
- **Dehydroretinol**
  - B Vitamine
- *Deilephila* ↗
- **Deima**
  - M Seewalzen
- *Deinopidae* ↗
- **Deinotherioidea**
  - Dinotherioidea
- *Deiopea*
  - M Lobata
- *Deiriden*
- *Deirochelys* ↗
- *Dekkera*
  - Bierhefe
- *Dekokt*
- *Dekomponenten* ↗
- **Dekompression**
  - Meeresbiologie
- **Dekompressionskrankheit**
  - Caissonkrankheit
- **Dekontamination**
  - Kontamination
- **Dekrement (Medizin)**
- **Dekrement (Neurophysiologie)**
  - Rezeptorpotential
- **Dekreszenz**
  - □ Massenvermehrung
- *dekussierte Blattstellung*
  - Blütenstand
- *Delamination*
  - Coelom
  - Gastraea-Theorie
  - Gastrulation
- **delayed early**
  - B Lambda-Phage
- *Delbrück, M.*
  - T-Phagen
- **Delesseria**
  - Ceramiales
  - Delesseriaceae
- *Delesseriaceae*
- **Delessert, Benjamin**
  - Delesseriaceae
- **Deletion**
  - Blockmutation
  - M Chromosomenaberrationen
  - DNA-Reparatur
  - M Insertionselemente
  - Mutation
- **Deletionsmutanten**
  - Deletion
- *Delhibeule* ↗
  - Orientbeule
- *Delichenisierung*
- *Delichon* ↗
- **Deliminae**
  - M Schließmundschnecken
- *Delma* ↗
- *Delonix* ↗
- **Delphinapterus**
- *Delphinarium* ↗
- **Delphinartige**
- **Delphine**
  - Biomechanik
  - M Darm
  - B Konvergenz bei Tieren
  - Lebensformtypus
  - magnetischer Sinn
  - Mensch und Menschenbild
  - Wale
- *Delphinidae* ↗
- **Delphinidin**
- **Delphinin**
  - Delphinidin
- **Delphininae**
  - Delphine
- *Delphinium* ↗
  - Ackerunkräuter
  - ↗ Rittersporn
- *Delphinoidea* ↗
- **Delphinschnecken**
- *Delphinus* ↗
- **Delphys**
  - Gebärmutter

Denaturierung

- **Delpino, F.**
  - Bestäubungsökologie
- *Delta*
- **Delta-Endotoxin**
  - Bacillus thuringiensis
  - Kristallkörper
  - ↗ Delta-Toxin
- **Deltamuskel**
- **Deltatheridia**
  - Arctoyoninae
  - □ Kreide
- **Deltatheridium**
  - Deltatheridia
- **Delta-Toxin**
  - □ Gasbrandbakterien
  - ↗ Delta-Endotoxin
- **Delta-Wellen**
  - M Elektroencephalogramm
  - Schlaf
- *Delthyrium*
  - Deltidialplatten
  - Deltidium
- *Deltidialplatten*
- *Deltidium*
- *Deltocephalus* ↗
  - Zwergzikaden
- **Deltochilum**
  - Blatthornkäfer
- *Deltoides* ↗
- **Dematiaceae**
  - M Fungi imperfecti
  - Moniliales
- **Deme**
  - Rasse
- **Demecolcin**
  - Colchicumalkaloide
- **Demenz**
  - Arteriosklerose
- **Demethylchlortetracyclin**
  - M Tetracycline
- **Demineralisation**
- *Demiothecia* ↗
- *Demissidin*
  - Demissin
- *Demissin*
- **demiurgische Intelligenz**
  - Teleologie - Teleonomie
- **Demodex**
  - Demodikose
  - Haarbalgmilben
- *Demodexräude*
  - Demodikose
- *Demodicidae* ↗
- *Demodicosis*
  - Demodikose
- **Demodikose**
- **Demographie**
  - Anthropologie
  - Populationsstruktur
- **demographischer Übergang**
  - Bevölkerungsentwicklung
  - M Bevölkerungsentwicklung
- *Demoisellefische* ↗
  - B Fische VIII
- **Demökologie**
  - Humanökologie
  - Ökologie
  - Synökologie
  - ↗ Populationsbiologie
- **Demokrit**
  - Abstammung - Realität
  - Atom
  - B Biologie I
- *Demoll, R.*
- **Demosis**
  - Trilobitenlarve
- *Demospongiae*
- **Demozön**
  - Massenwechsel
  - Ökosystem
- *Demutsgebärde*
  - Angriffshemmung
- **Denaturierung**
  - Absorptionsspektrum
  - Alkali
  - cancerogen
  - Desoxyribonucleinsäuren
  - Enzyme
  - Gelelektrophorese

117

Dendraster

- Guanidin
- Harnstoff
- [M] Hitzeresistenz
- Hybridisierung
- Noxine
- Proteine
- □ Proteine
- Renaturierung
- Schmerz
- Temperaturanpassung
- Verdauung
- Wärmetod

Dendraster
- Sanddollars

Dendrillidae
Dendriten (Nervensystem)
- □ Nervenzelle
- [B] Nervenzelle I
- [B] Nervenzelle II
- [B] Synapsen

Dendriten (Paläontologie)
- Fossilien

Dendroaspis ⁊
Dendrobaena
Dendrobates
- [M] Farbfrösche

Dendrobatidae ⁊
Dendrobin
- □ Alkaloide

Dendrobionten
Dendrobios
- Dendrobionten

Dendrobium
- [B] Asien VI
- Dendrobiumalkaloide
- [B] Orchideen

Dendrobiumalkaloide
Dendrobranchien ⁊
Dendrocephalus
- □ Antenne

Dendroceratida ⁊
Dendroceros ⁊
Dendrochirota ⁊
Dendrochirotida
- [M] Seewalzen

Dendrochronologie
- Eiche

dendrocoel
- Darm

Dendrocoelum
Dendrocolaptidae ⁊
Dendrocometes ⁊
- [M] Endogenea

Dendrocopos ⁊
Dendroctonus
- Bastkäfer
- Borkenkäfer

Dendrodoa
Dendrodorididae
- Dendrodoris

Dendrodoris
Dendrogale ⁊
- [M] Spitzhörnchen

Dendrogaster
- [M] Rankenfüßer

Dendrogasteridae
- [M] Rankenfüßer

Dendrogramm (Dendrochronologie)
Dendrogramm (Forstwirtschaft)
Dendrogramm (Systematik)
Dendrograph
- Dendrogramm (Forstwirtschaft)

Dendrograptus
- Graptolithen

Dendrohyrax ⁊
Dendroidea
- [M] Devon (Lebewelt)

Dendrolagus ⁊
Dendroligotrichum ⁊
Dendrolimus ⁊
Dendrolithen ⁊
Dendrologie
Dendrometer
- Wassertransport

Dendromurinae ⁊
Dendromus
- Baummäuse

Dendronanthus
- Stelzen

Dendronephthya ⁊
Dendronotacea
- Bäumchenschnecke
- Schleierschnecke

Dendronotoidae
- Dendronotus

Dendronotus
Dendrophilus
- Stutzkäfer

Dendrophryniscus ⁊
Dendrophyllia
Dendrosenecio
- Páramo

Dendrostomum
Dendya ⁊
Denervierung
Denguefieber
Denguefiebermücke
- Denguefieber

Denguevirus ⁊
Denitrifikanten
- denitrifizierende Bakterien

Denitrifikation
- Bodenorganismen
- denitrifizierende Bakterien
- Kläranlage
- Stickstofffixierung
- [B] Stickstoffkreislauf
- Wasseraufbereitung

denitrifizierende Bakterien
- [B] Stickstoffkreislauf

Denkania
- Proangiospermen

Denken
- [B] Einsicht
- Jugendentwicklung: Tier-Mensch-Vergleich
- Kultur
- Mensch und Menschenbild
- Vernunft
- Wahrnehmung

Denkmal
- nitrifizierende Bakterien

Denkmodell
- Modell

Denkstil
- Denken

Denops
- Buntkäfer

Dens (Sprunggabelanhang)
- Sprunggabel

Dens (Wirbelfortsatz)
- Axis

Dens (Zahn) ⁊
Densovirus ⁊
Dentale
- Kiefer (Körperteil)
- □ Kiefergelenk
- Meckel-Knorpel

Dentaliida
- [M] Kahnfüßer

Dentaliidae
- Dentalium

Dentalium
- [M] Kahnfüßer

Dentallamina
- Zähne

Dentaria ⁊
- asexuelle Fortpflanzung

Dentes
- Zähne

Dentes decidui
- Milchgebiß

Dentes incisivi
- Schneidezähne

Dentes lacerantes
- Reißzähne

Dentes lactales
- Milchgebiß

Dentes molares
- Molaren

Dentes permanentes
- Dauergebiß

Dentes sectorii
- Reißzähne

Dentes serotini
- Weisheitszähne

Dentes tritores
- Molaren

Dentex ⁊
Denticeps
- Heringsfische

Denticipitidae
- [M] Heringsfische

Denticipitoidei ⁊
Denticulata
- Thermalalgen

Dentifikation
Dentin
- [M] Fluoride
- Knochen
- Plicidentin
- □ Schuppen
- [B] Wirbeltiere II
- Zahnkaries
- Zahnknorpel
- Zahnschmelz

Dentition ⁊
Dentura
- Dentition

Denudation
- Abtragung

Denutrition
- Unterernährung

Deomys
- Baummäuse

Dependovirus ⁊
Depigmentation
Deplasmolyse ⁊
Depolarisation
- Akkommodation
- elektrische Reizung
- Elektrotonus
- Erregung
- Erregungsleitung
- Kontraktur
- Membranpotential
- Nachpotential
- [B] Nervenzelle II
- Synapsen

Deponie
- Abfall
- Kläranlage
- Wasserverschmutzung

Deponiegas ⁊
Deporaus ⁊
Deposition
- saurer Regen

Depotdünger
- Stickstoffdünger

Depotfett
- Fettspeicherung
- Nahrungsmittel
- Vogelzug
- ⁊ Speicherfett

Depotinsuline
- Diabetes

Depotpenicillin
- Penicilline

Depotpräparate
dépôts organiques
- intracamerale Ablagerungen

Depotwirkung
- Depotpräparate

Depressaria
- Oecophoridae

Depressariinae
- Oecophoridae

depressiform
Depressionen
- Catecholamine
- □ Psychopharmaka

Depressor (Muskel)
Depressor (Nervenfaser)
Deprivationssyndrom
- Jugendentwicklung: Tier-Mensch-Vergleich

Deprivationsversuch
- Reifung

Depside ⁊
Depsidone
Depsipeptide
- Enniatine

Derbesia
- Derbesiaceae

Derbesiaceae

Derencephalon ⁊
Derepression
De Riemer Morgan, Harry
- Morganella

Derivat (Biologie)
Derivat (Chemie)
Derma ⁊
Dermacentor
- Felsengebirgsfieber

Dermaldrüsen
- Hautdrüsen

dermale Kopulation
- Spermatophore

dermale Sperma-Injektion
- Penis

Dermallager
- Schwämme

Dermalmembran ⁊
Dermalporen
- Schwämme

Dermalskelett
- Bindegewebsknochen
- [M] Deckknochen
- Knochen

Dermanyssidae
- Varroamilbe

Dermanyssus
- Gamasidose

Dermaptera ⁊
Dermateaceae
Dermatemydidae ⁊
Dermatemys
- Tabasco-Schildkröten

Dermatitis-Pustulosa-Virus
- □ Pockenviren

Dermato-Calyptrogen
- Dermatogen
- Wurzel

Dermatocarpon
- Wasserflechten

Dermatocranium
- Deckknochen

Dermatocystiden
- [M] Hymenium

Dermatogen
- Histogene
- Sproßachse
- [M] Sproßachse

Dermatoglyphik ⁊
Dermatom (Hautgeschwulst)
Dermatom (Nervenbereich)
- Headsche Zonen
- Rindenfelder
- Schmerz
- [M] Somiten

Dermatom (Zellpopulation)
Dermatomycosis favosa
- Favus

Dermatomykosen
Dermatonotus ⁊
Dermatophages ⁊
Dermatophagoides ⁊
Dermatophilaceae
Dermatophilus
- Dermatophilaceae

Dermatophyten
- Aleurosporen
- Fußpilzerkrankung

Dermatophytes
- [B] Amphotericin

Dermatophytose
- Dermatophyten
- Epidermophytie
- Fußpilzerkrankung

dermatoptischer Sinn ⁊
Dermatozoen ⁊
Dermea ⁊
Dermestes
- Speckkäfer

Dermestidae ⁊
Dermis ⁊
Dermocarpa
- Dermocarpaceae

Dermocarpaceae
Dermocarpales
- Pleurocapsales

Dermochelyidae ⁊
Dermochelys
- Lederschildkröten

Detergentien

- *Dermocybe* ↗
- *Dermogenys* ↗
- *Dermoglyphae* ↗
- **Dermoglyphidae**
  - Sarcoptiformes
- *Dermophis* ↗
- *Dermoplastik* ↗
- *Dermoptera* ↗
  - Herrentiere
  - Unguiculata
  - ↗ Riesengleiter
- *Dero*
- *Deroceras* ↗
- **Derocheilocaris**
  - Mystacocarida
  - [M] Mystacocarida
- *Derodontidae*
- **Derodontus**
  - Derodontidae
- *Derris*
- *Derxia*
- **Desacetylelaterinid**
  - [M] Gnadenkraut
- **Desadenylylierung**
  - Glutamin-Synthetase
- **Desaminasen**
  - [M] Desaminierung
  - [M] Hydrolasen
- *Desaminierung*
  - Ammoniak
  - Ammonifikation
  - □ Basenaustauschmutationen
  - Nitrite
- **Desaturierungsgrad**
  - Membran
- *Descartes, R.*
  - Bewußtsein
  - [B] Biologie I
- **Descensus**
  - Geschlechtsorgane
  - Kryptorchismus
- *Deschampsia* ↗
  - Polarregion
- **Deschampsietum rhenanae**
  - Litorelletea
- **Descuraine, François**
  - Descurainia
- *Descurainia* ↗
- *Desensibilisierung*
  - [M] Allergie
- **Deserpidin**
  - Canescin
  - Rauwolfiaalkaloide
  - Reserpin
- *Desertifikation*
  - Buchsbaumgewächse
  - Landwirtschaft
  - Überweidung
  - Wald
  - Wasserkreislauf
- **Desertologie**
  - □ Desertifikation (Maßnahmen)
- **Desglucocheirotoxin**
  - [M] Goldlack
- **Desilifizierung**
  - Latosole
- *Desinfektion*
  - Chlor
- **Desinfektionsmittel**
  - Antimykotikum
  - Bakteriostatika
  - Bakterizide
  - Desinfektion
  - Wasserstoffperoxid
- **Desinsektion**
  - Desinfektion
- *Desis*
  - Trichterspinnen
- **deskriptiv**
  - Terminologie
- **deskriptive Biologie**
- **deskriptive Sprache**
  - Erkenntnistheorie und Biologie
- *desmale Knochen* ↗
- **desmale Verknöcherung**
  - Dermalskelett

- Diaphyse
- **Desmana**
  - Desmane
- *Desmane*
- **Desmaninae**
  - Desmane
- **Desmarest, Ansélme Gaétan**
  - Desmarestiales
- **Desmarestia**
  - Desmarestiales
- *Desmarestiales*
- *Desmen* ↗
  - Crepidom
- **Desmidiaceae**
- **Desmidium**
  - Desmidiaceae
- **Desmin**
  - Muskulatur
  - Skeletin
  - Z-Streifen
- **Desminfilamente**
  - Zellskelett
- *Desmocranium* ↗
- *Desmodium* ↗
- **desmodont**
  - Scharnier
- *Desmodontidae* ↗
- **Desmodora**
- **Desmodorida**
  - Desmodora
- **Desmodoroidea**
  - Desmodora
- **Desmognathinae**
  - □ Plethodontidae
- *Desmognathus* ↗
- **Desmolasen**
- *Desmomastix* ↗
- **Desmomyaria**
- **Desmonemen**
  - [M] Cniden
- *Desmophorida*
- *Desmophyceae*
- **Desmoscaphites**
  - scaphiticon
- **Desmoscolecida**
  - Desmoscolex
- **Desmoscolecoidea**
  - Desmoscolex
- *Desmoscolex*
  - [M] Fadenwürmer
- **Desmose**
- **Desmosin**
- **Desmosomen**
  - Epithel
  - Glanzstreifen
  - Herzmuskulatur
  - junctions
  - Membran
  - tight-junctions
- **Desmostylia**
  - Huftiere
- **Desmotropie**
  - Tautomerie
- *Desmotubuli* ↗
- *Desorsche Larve*
- **Desosamin**
  - Erythromycin
- *Desosen* ↗
- **2'-Desoxyadenosin**
  - Purinnucleoside
- **3'-Desoxyadenosin**
  - Cordycepin
- **5'-Desoxyadenosin**
  - Desoxyribonucleoside
- *5'-Desoxyadenosin-Cobalamin* ↗
- **2'-Desoxyadenosin-5'-monophosphat**
  - 2'-Desoxyribonucleosid-monophosphate
- **2'-Desoxyadenosin-5'-triphosphat**
  - 2'-Desoxyribonucleosid-5'-triphosphate
- *2'-Desoxyadenylsäure* ↗
- *Desoxycholsäure* ↗
- **Desoxycorticosteron**
- **2'-Desoxycytidin**
  - Pyrimidinnucleoside

- **2'-Desoxycytidin-5'-monophosphat**
  - 2'-Desoxyribonucleosid-monophosphate
- **2'-Desoxycytidin-5'-triphosphat**
  - 2'-Desoxyribonucleosid-5'-triphosphate
- *2'-Desoxycytidylsäure* ↗
- **2'-Desoxyguanosin**
  - Purinnucleoside
- **2'-Desoxyguanosin-5'-monophosphat**
  - 2'-Desoxyribonucleosid-monophosphate
- **2'-Desoxyguanosin-5'-triphosphat**
  - 2'-Desoxyribonucleosid-5'-triphosphate
- *2'-Desoxyguanylsäure* ↗
- *Desoxyhämoglobin* ↗
- **6-Desoxy-L-galactose** ↗
- **6-Desoxy-L-mannose** ↗
- **Desoxymononucleotide**
  - 2'-Desoxyribonucleosid-monophosphate
- *Desoxynucleoside* ↗
- *Desoxynucleotide* ↗
- **Desoxyribonucleasen**
  - Desoxyribonucleinsäuren
- *Desoxyribonucleinsäuren* (= DNA, DNS)
  - Desoxyribonucleoside
  - Entwicklung
  - Gestalt
  - Information und Instruktion
  - Leben
  - Levene, Ph.
  - Molekularbiologie
  - molekulare Genetik
  - [M] Molekülmasse
  - Schlaf
  - Thymonucleinsäuren
  - Transkription - Translation
  - [B] Transkription - Translation
  - □ Viren (Aufnahmen)
  - Wilkins, M.H.F.
  - □ Zelle (Vergleich)
- **Desoxyribonucleohiston-Komplex** ↗
- **2'-Desoxyribonucleosid-5'-diphosphate**
  - Desoxyribonucleoside
- *Desoxyribonucleoside*
- **Desoxyribonucleosidmonophosphate**
  - Purinnucleotide
  - Pyrimidinnucleotide
- **2'-Desoxyribonucleosid-monophosphate**
  - Desoxyribonucleoside
- **Desoxyribonucleosid-triphosphate**
  - Purinnucleotide
  - Pyrimidinnucleotide
- **Desoxyribonucleosid-5'-triphosphate**
  - Pyrophosphat
- **2'-Desoxyribonucleosid-5'-triphosphate**
  - Desoxyribonucleoside
  - 2'-Desoxyribonucleosid-monophosphate
- *Desoxyribonucleotide* ↗
- **Desoxyribose**
  - [B] Desoxyribonucleinsäuren I
  - [B] Desoxyribonucleinsäuren III
  - Desoxyribonucleoside
  - Desoxyzucker
  - Transkription
- **2'-Desoxythymidin**
- **Desoxythymidindiphosphat-Glucose**
  - □ Nucleosiddiphosphat-Zucker
- **2'-Desoxythymidin-5'-monophosphat**
  - Desoxyribonucleoside

- 2'-Desoxyribonucleosid-monophosphate
- **2'-Desoxythymidin-5'-triphosphat**
  - 2'-Desoxyribonucleosid-5'-triphosphate
- *Desoxythymidylsäure* ↗
- **2'-Desoxyuridin**
- **2'-Desoxyuridin-5'-diphosphat**
  - Desoxyribonucleoside
- **2'-Desoxyuridin-5'-monophosphat**
  - Desoxyribonucleoside
- **Desoxyzucker**
- **Desquamation**
  - Menstruationszyklus
- *Dessauer, F.*
- **Dessertweine**
  - Wein
- **Destillation**
  - Äthanol
- **destilliertes Wasser**
  - Caulobacter
- *Destruenten*
  - Bacillus
  - □ Energieflußdiagramm
  - Produzenten
  - Rekuperanten
  - [B] Stickstoffkreislauf
- *Destruktionsfäule* ↗
- **Desulfobacter**
  - [M] Sulfatreduzierer
- **Desulfococcus**
  - [M] Sulfatreduzierer
- **Desulfomonas**
  - Sulfatreduzierer
- *Desulfonema* ↗
- **Desulfosarcina**
  - [M] Sulfatreduzierer
- **Desulfotomaculum**
  - [M] Endosporen
- *Desulfovibrio*
  - Chloropseudomonas
  - [M] Consortium
  - □ Purpurbakterien
- **Desulfuration**
  - Schwefelkreislauf
- *Desulfurikanten*
- *Desulfurikation* ↗
- **Desulfurococcaceae**
  - [M] Thermoproteales
- *Desulfurococcus* ↗
  - [M] Archaebakterien
  - [M] Thermoproteales
- **Desulfuromonas**
  - Chloropseudomonas
  - [M] Consortium
- **Desynapsis**
- *Desynchronisation* ↗
- **desynchronisierter Schlaf**
  - Schlaf
- **Desynchronosen**
  - Chronobiologie
- **Deszendenten**
  - Histogene
  - Initialschicht
  - Kambium
  - Scheitelzelle
  - Sproßachse
  - Verzweigung
  - Wurzel
- *Deszendenz* ↗
  - Verwandtschaft
- **Deszendenztafel**
  - Stammbaum
- *Deszendenztheorie* ↗
  - Lamarck, J.-B.A.P. de
  - Lyell, Ch.
- **Detektor**
  - Rastermikroskop
- *Detergentien*
  - abbauresistente Stoffe
  - Antivitalstoffe
  - Enzyme
  - Fischgifte
  - Gallensäuren
  - grenzflächenaktive Stoffe
  - Kapillarität

Determinanten

- ☐ Membran (Selbstorganisation)
- Membranproteine
- ☐ Membranproteine (Detergentien)
- Waschmittel
- Ⓜ Wasserverschmutzung
  ↗ Seifen
  ↗ Tenside

Determinanten (Entwicklungsphysiologie)
- morphogenetisches Signal
- Periplasma

Determinanten (Immunologie)
- Antigene
- Immunglobuline
- Immunzellen
- monoklonale Antikörper

Determination (Entwicklungsphysiologie)
- Freiheit und freier Wille
- Gestalt

Determination (Systematik)
Determinationsfaktoren
Determinationsgehalt
- Information und Instruktion

Determinationsmuster
Determinationsperiode
Determinationszone
- Sproßachse

Determinatoren ↗
Deterministen
- Determination

Deterrents
- biotechnische Schädlingsbekämpfung

Detorsion
- Geradnervige

Detoxikation
- Entgiftung

Detritiphagen
- Detritus

Detritivoren
- Detritus
- ☐ Energieflußdiagramm
- Rekuperanten

Detritus (Biologie)
- Abioseston
- Pseudoplankton
- Watt

Detritus (Geologie)
Detritusfresser
- Detritus

Detritusregen
- Detritus

Deukalionische Flut
- Katastrophentheorie

Deutencephalon
- Deuterencephalon

Deuteranomalie
Deuteranopie
Deuterencephalon
- Archencephalon

Deuterium
- Urey, H.C.
- Wasserstoff

Deuteriumoxid
- Deuterium

Deuteroanomalie
- Deuteranomalie

Deuteroanopie
- Deuteranopie

Deuterocoel ↗
- Coelomtheorien

Deuterohermaphroditen
Deuteromycetes ↗
Deuteromycophyta ↗
Deuteromycota
- Fungi imperfecti

Deuterostomia
- Deuterostomier

Deuterostomier
- Darm
- Enterocoeltheorie
- Ⓜ Protostomier

Deuteroverbindungen
- Deuterium

deutliche Sehweite
- Mikroskop

Deutocephalon
- ☐ Gliederfüßer

Deutocerebrum
- Ⓑ Gehirn
- Gliederfüßer
- ☐ Gliederfüßer
- Insekten

Deutomerie
- Deutometamerie
- Enterocoeltheorie

Deutomerit ↗
- Ⓜ Gregarina

Deutometameren
- Deutometamerie
- Ⓜ Enterocoeltheorie

Deutometamerie
- Enterocoeltheorie

Deutonymphe
- Ⓜ Parasitiformes

Deutoplasma
Deutsche Dogge
- ☐ Hunde (Hunderassen)
- Ⓑ Hunderassen III

Deutsche Hochmoorkultur
Deutscher Bertram ↗
deutscher Härtegrad
- Wasserhärte

Deutscher Jagdterrier
- ☐ Hunde (Hunderassen)

Deutscher Kaviar
- Seehasen

Deutscher Schäferhund
- ☐ Hunde (Hunderassen)
- Ⓑ Hunderassen II

Deutscher Spitz
- ☐ Hunde (Hunderassen)

Deutscher Vorstehhund
- ☐ Hunde (Hunderassen)
- Ⓑ Hunderassen I

Deutscher Widder
- ☐ Kaninchen

Deutsche Sammlung von Mikroorganismen
- Ⓜ Kulturensammlung

Deutsche Schabe ↗
Deutsches Ebenholz
- Eibe

Deutsches Langschanhuhn
- Ⓑ Haushuhn-Rassen

Deutsche Wespe
- Ⓜ Vespidae

Deutz, Johan van der
- Deutzie

Deutzia
- Steinbrechgewächse

Deutzie ↗
- Ⓑ Blütenstände
- Ⓜ Steinbrechgewächse

Devastation
Devernalisation
- Vernalisation

Deviation
devolut
- Schnecken

Devon
- ☐ Hologenie

devonisches System
- Devon

Dewey, John
- Bioethik

Dexiospira
- Ⓜ Spirorbidae

dexiotrop
Dextrane
- Ⓜ Antigene
- Blutersatzflüssigkeit
- Ⓜ Froschlaichgärung
- Gefriertrocknung
- Glucane
- Ⓜ Milchsäurebakterien

Dextrangärung
- Froschlaichgärung

Dextran-Saccharase
- Ⓜ Froschlaichgärung

Dextrine
- ☐ Enzyme (technische Verwendung)

- Grenzdextrine
- ☐ Stärke

Dextrose ↗
- ☐ Stärke

Dextrosinistralachse
- ☐ Achse

Dezibel
- ☐ Gehörorgane (Hörbereich)
- ☐ Gehörsinn

D-Form
- absolute Konfiguration
- Ⓑ Kohlenstoff (Bindungsarten)
- ☐ optische Aktivität

DFP ↗
dG ↗
D.G.
- Wasserhärte

dGMP ↗
dGTP ↗
°dH
- Wasserhärte

Dhaman
- Rattenschlangen

DHAP
- Ⓜ Phosphattranslokator

DHEA
- Dehydroepiandrosteron

d'Hérelle, F.H.
- Ⓑ Biologie II

D-Horizont
DHU-Arm
- ☐ transfer-RNA

Dhurrin ↗
Diabetes insipidus
- Diabetes

Diabetes mellitus
- Ⓜ Alterskrankheiten
- Ⓜ Braunwurz
- Broteinheit
- Diabetes
- Ⓜ Diät (Diätformen)
- Embryopathie
- Erbkrankheiten
- ☐ Harn
- β-Hydroxybuttersäure
- Insulin
- Ketogenese
- Ketonämie
- Ketonkörper
- Ketonurie
- Schwangerschaft
- Stoffwechselkrankheiten

Diabetikernahrung
- Ⓜ Diät (Diätformen)
- Sojabohne

Diabetikerzucker
- Hexite
- Xylose

Diacetsäure
- Acetessigsäure

Diacetyl
- chemische Sinne
- Malo-Lactat-Gärung
- Milchsäurebakterien
- Ⓜ Wein (Fehler/Krankheiten)

Diacetylmorphin
- Heroin

Diachea ↗
Diachore ↗
diachron
- Paläontologie

Diacodexis
- Paarhufer

Diacrisia ↗
Diacylglycerin
- Ⓜ Acylglycerine

Diacylglycerol
- sekundäre Boten

Diadectes
- Diadectomorpha

Diadectomorpha
- Diadectomorpha

diadelphisch
- Adelphien

Diadem
- Diadem-Seeigel

Diadematacea
- Lederseeigel

Diadematidae
- Diadem-Seeigel

Diademschildkröten ↗
Diadem-Seeigel
- ☐ Seeigel

Diadinoxanthin
- ☐ Algen (Farbstoffe)
- Ⓜ Carotinoide (Auswahl)

Diadumene ↗
Diaea ↗
Diaemus
- Ⓜ Vampire

Diagenese
- Fossildiagenese

Diageotropismus ↗
Diaglena ↗
Diagnose (Medizin)
Diagnose (Systematik)
Diagnostik
- Diagnose

Diagramma
- Ⓜ Pseudophyllidea

Diakinese
- Ⓑ Meiose

Dialekt
- Fehlprägung
- Ⓜ Kultur
- kulturelle Evolution
- Tradition

Dialektischer Materialismus
- Milieutheorie

Dialeurodes
- Aleurodina

Dialkylnitrosamine
- cancerogen

diallele Kreuzung
- Kombinationseignung

Dialommus
- Doppelauge

Dialypetalae
Dialyse
dialysepal ↗
Diamant
- Kohlenstoff

Diamantbarsch ↗
- Ⓑ Fische XII

Diamantfink
- Ⓑ Vögel II

Diamantkäfer
Diamantschildkröten
Diamesa
- Kryon

Diaminobenzol
- Phenylendiamin

1,4-Diaminobutan
- Putrescin

Diaminobuttersäure
- Aminosäuren
- Ⓜ Aminosäuren
- Ⓜ Polymyxine

α,ε-Diaminocapronsäure
- Lysin

Diaminodichlorplatin
- Ⓜ Cytostatika

Diaminopimelinsäure
- Ⓜ Aminosäuren
- ☐ Murein

Diaminopropionsäure
- Aminosäuren
- Ⓜ Aminosäuren

α-, δ-Diaminovaleriansäure
- Ornithin

Diammoniumhydrogenphosphat
- Ammoniumphosphat

Diamphidia
- Pfeilgiftkäfer

Dianema
- Dianemaceae

Dianemaceae
Diantennata
Dianthovirus-Gruppe ↗
Dianthus ↗
Diapause
- bivoltin
- Lichtfaktor

Diapausehormon
- ☐ Insektenhormone

Diapensia
- Ⓜ Diapensiales

Dicruridae

Diapensiaceae
– Diapensiales
Diapensiales
Diaphana
Diaphanidae
– Diaphana
Diaphanol
– mikroskopische Präparationstechniken
Diaphanosoma
– M Wasserflöhe
Diaphanothek
Diaphragma (Botanik)
Diaphragma (Zoologie)
– Blutkreislauf
– M Nephridien
Diaphyse
– M Gelenk
– Knochen
– B Knochen
diaplacentar
– Übertragung
Diapophyse
– Wirbel
Diaporthaceae
– Diaporthales
– Valsakrankheit
Diaporthales
Diaporthe
– Diaporthales
diapsider Schädeltyp ↗
Diaptomus ↗
– M Tümpel
Diaptychus
diarch
– Wurzel
Diarrhöe
– Schock
↗ Durchfall
Diarthrodes
– Spermatophore
Diarthrognathus
– Kiefergelenk
Diarthrose
– Gelenk
Diascia
– M Ölblumen
Diaspididae ↗
Diasporen
– Araucaria
– Frucht
– □ Fruchtformen
– Keimhemmung
– Keimruhe
– Keimungshemmstoffe
– Samen
– Samenverbreitung
Diastase
– B Biologie II
– M Enzyme
– Maltose
Diastema
– Affenlücke
– Nagetiere
– Unpaarhufer
Diaster
Diastole ↗
– Gliederfüßer
– Herz
– B Herz
– Herzmechanik
– Windkesselfunktion
Diastylis
– Cumacea
Diät
– Cyanobakterien
– M Gicht
– Meereswirtschaft
Diataxis
– Taxien
Diätetik
– Diät
– Galen
Diäthylamin
– □ MAK-Wert
Diäthylaminoäthyl-Gruppe
– Anionenaustauscher
Diäthyläther ↗

– □ MAK-Wert
– Narkotika
– Äther
Diäthyl-p-Nitrophenylphosphat
– M Carboxyl-Esterasen
Diäthylstilbestrol
– □ Teratogene
Diäthylsulfat
– M Krebs (Krebserzeuger)
Diäthylsulfid
– M chemische Sinne
Diätlehre
– Diät
– Ernährungswissenschaft
Diatoma ↗
Diatomeae ↗
Diatomeen
– Kieselalgen
Diatomeenerde
Diatomeenschlamm
Diatoxanthin
– □ Algen (Farbstoffe)
Diatropismus
– Plagiotropismus
– Tropismus
Diauxie
1,3-Diazin
– Pyrimidin
Diazingrün
– Janusfarbstoffe
O-Diazoacetyl-L-Serin
– Azaserin
Diazomethan
– M Krebs (Krebserzeuger)
Diazoniumverbindungen
– Nitrite
Diazoxid
– Insulin
Dibamidae ↗
Dibamus
– Schlangenschleichen
Dibatag ↗
Dibbelsaat
– Aussaat
– □ Saat
Dibothriocephalus ↗
Dibotryum
Dibranchiata
– Phragmoteuthida
Dibromäthan
– M Krebs (Krebserzeuger)
Dicaeidae ↗
Dicamptodon
Dicarbonsäuren
– B Kohlenstoff (Bindungsarten)
Dicarbonsäurezyklus
– Glycerat-Weg
– Glykolsäure
Dicentra ↗
Diceras
– Hippuritacea
– spirogyr
Dicerorhinus ↗
– □ Pleistozän
Diceros ↗
Dichaeturidae
– M Gastrotricha
Dichapetalaceae
Dichapetalum
– Dichapetalaceae
– Fluoressigsäure
Dichasium
– B Blüte
– Monochasium
– Verzweigung
dichlamydeisch
Dichloracetylen
– M Krebs (Krebserzeuger)
1,2-Dichloräthan
– M chemische Sinne
Dichlorbenzidin
– M Krebs (Krebserzeuger)
Dichlorbenzol
– Chlorkohlenwasserstoffe
– □ MAK-Wert
Dichlor-Diphenyl-Dichloräthylen
– DDT
Dichlor-Diphenyl-Trichloräthan ↗

Dichlorisoproterenol
– Beta-Blocker
– Sympathikolytika
Dichlorphenoxyessigsäure
– Wachstumsregulatoren
Dichobune
– Dichobunoidea
Dichobunoidea
Dichogamie
Dichogaster
– M Megascolecidae
Dichopodien
– Seitenachse
Dichothrix
dichotomer Schlüssel
– Bestimmungsschlüssel
dichotome Verzweigung
– B Farnpflanzen III
– Isotomie
– Telomtheorie
– Verzweigung
Dichotomie
– dichotome Verzweigung
– B Farnpflanzen III
Dichotomosiphon
– Dichotomosiphonaceae
Dichotomosiphonaceae
Dichroa
– Febrifugin
Dichroismus
– Membran
Dichromasie
– Farbenfehlsichtigkeit
dichromatischer Farbteilerspiegel
– □ Fluoreszenzmikroskopie
Dichte
dichteabhängige Faktoren
– Dichteregulation
– Konkurrenz
– limitierende Faktoren
dichteabhängige Ressourcen
– Konkurrenz
Dichteagenzien
– Dichtegradienten-Zentrifugation
dichtebegrenzende Faktoren
– M Konkurrenzausschlußprinzip
Dichteeffekte
– Crowding effects
– dichteabhängige Faktoren
Dichtegradienten-Zentrifugation
– 5-Bromdesoxyuridin-Triphosphat
– □ Desoxyribonucleinsäuren (Parameter)
– □ fraktionierte Zentrifugation
– Gleichgewichtszentrifugation
– Gradient
– Hybridisierung
– Isotope
Dichtemarkierung
– Isotope
Dichteregulation
Dichter-Narzisse
– B Mediterranregion I
– Narzisse
Dichteschichtung
dichteunabhängige Faktoren
Dickaustern
– Crassostrea
Dickblatt ↗
Dickblattgewächse
– Isocitronensäure
Dickblättler
Dickdarm
– Darmfäulnis
– Darmflora
– Grimmdarm
– M Krebs (Krebsarten-Häufigkeit)
Dickdarmkrebs
– Ballaststoffe
– Krebs
Dicke, Robert H.
– anthropisches Prinzip

Dicke Bohne
– B Kulturpflanzen V
– Wicke
Dickenwachstum
– Appositionswachstum
– Erstarkungswachstum
– Scheitel
– sekundäres Dickenwachstum
– Ventralmeristem
– Wachstum
Dickete
– Käse
Dickfingergeckos
Dickfüße ↗
Dickfußröhrlinge
Dickhalsschildkröte
– Sumpfschildkröten
Dickhornschaf
– Nordamerika
– M Nordamerika II
Dickichtvögel
Dickinson, William
– Dickinsonia
Dickinsonia
Dickinsoniidae
– Dickinsonia
Dickköpfe
– Dickkopffalter
Dickkopffalter
Dickkopffliegen
Dickkopfnattern
Dickkopfschildkröten ↗
Dicklegung
– Käse
Dicklippenfisch
– M Auslöser
Dickmaulrüßler ↗
Dickmuscheln
Dickschenkelkäfer ↗
– Klammerbein
Dickschwanzmaus
– M Rennmäuse
Dickschwanzskorpion ↗
Dickson, James
– Dicksoniaceae
Dicksonia
– B Australien IV
Dicksoniaceae
Dickung
– Läuterung
– Stangenholz
Diclybothrium
– M Monogenea
Dicnemonaceae
Dicondylia
– Insekten
– □ Insekten (Stammbaum)
Dicotyledonae ↗
– monophyletisch
Dicotyledones
– Ray, J.
Dicranaceae
Dicranales
Dicranella
– Dicranaceae
Dicrano-Pinion
Dicranorhina
– Rosenkäfer
Dicranum ↗
Dicranura ↗
– B Mimikry II
Dicrocerus
– Euprox
– Lagomeryx
– Muntjakhirsche
Dicrocoelium
– Saitenwürmer
Dicrodon ↗
Dicroglossus
– □ Ranidae
Dicroidium
Dicroidium-Bautyp
– Corystospermales
Dicrostichus
Dicrostonyx
– M Asien
– Lemminge
– M Nordamerika
Dicruridae ↗

Dicrurus

Dicrurus
- Drongos
Dictamnus ↗
Dictidinkörner
- Cribrariaceae
Dictydium ↗
Dictyna
- Kräuselspinnen
- [M] Kräuselspinnen
Dictynidae ↗
- [M] soziale Spinnen
Dictyocaulus
Dictyoceratida ↗
Dictyonema (Flechten) ↗
Dictyonema (Graptolithen)
- Ordovizium
Dictyophora ↗
Dictyopteris
- Dictyotales
Dictyosiphonales
Dictyosom ↗
- Cytosomen
- □ Kompartimentierung
- □ Zelle (Schema)
- [B] Zelle
Dictyosphaeria
Dictyosphaeriaceae
Dictyosphaerium
Dictyostele ↗
Dictyostelium
- Aggregationsplasmodien
Dictyota
- Dictyotales
- Getrenntgeschlechtigkeit
- Lunarperiodizität
- [M] Scheitelzelle
Dictyotaceae
- Dictyotales
Dictyotales
Dicumarol
- Atmungskette
- Cumarine
dicyclisch (Botanik)
dicyclisch (Zoologie)
- Seelilien
Dicyclohexylcarbodiimid ↗
- [M] mitochondrialer Kopplungsfaktor
Dicyema
- [M] Mesozoa
Dicyemennea
Dicyemida
- Dicyema
- Dicyemennea
Dicyemidae
- [M] Mesozoa
Dicypellium ↗
Dicyrtomidae ↗
dicytogen
- monocytogene Fortpflanzung
Didelphia ↗
Didelphidae ↗
Diderma ↗
Didesoxymethode
- Bakteriophagen
- Desoxyribonucleoside
- Sequenzierung
2′,3′-Didesoxynucleosid-5′-triphosphate
- □ Sequenzierung
2′,3′-Didesoxyribonucleoside
- Desoxyribonucleoside
Didesoxyribose
- □ Sequenzierung
Didiereaceae
- Madagassische Subregion
Didinium
Didosaurus
Diductores
- Divaricatores
Didydium
- Didymiaceae
Didymascella ↗
Didymella ↗
Didymiaceae
Didymoglossum ↗
Didymograptus
- Graptolithen

Didynamipus ↗
didynamisch
Diebsameise ↗
- Gastameisen
- □ Phoresie
Diebskäfer
Diebskrabbe ↗
Diebspaarung
- Kleptogamie
Diebsspinnen
Diebswespen ↗
Dieffenbach, Ernst
- Dieffenbachia
Dieffenbachia ↗
Diegofaktor
- □ Menschenrassen
Dieldrin
- □ MAK-Wert
Diels, F.L.E.
Diels, O.
Dielsches System
- Apfelbaum
Diemictylus ↗
Diencephalon ↗
Dientamoeba
- □ Darmflagellaten
Diepholzer Gans
- [M] Graugans
dieroistisches Ovar
Dieselkraftstoff
- [M] Erdöl
- [M] Kohlenmonoxid
- [M] Kohlenwasserstoffe
Differentialart ↗
Differentialblutbild
- Blutzellen
- [M] Leukocyten
Differentialdiagnose
- Diagnose
Differential-Interferenzkontrast-Mikroskopie
- Interferenzmikroskopie
Differentialregelung
- [B] Regelung im Organismus
differentielle Genexpression
- Genregulation
differentielles Wachstum
- Nastie
differentielle Transkription
- differentielle Genexpression
differentielle Translation ↗
differentielle Zentrifugation ↗
- □ fraktionierte Zentrifugation
- □ Homogenat
- □ Proteine (Charakterisierung)
Differenzierglied
- □ Funktionsschaltbild
Differenzierung
- Determinationsfaktoren
- differentielle Genexpression
- Differenzierungszone
- Diversifizierung
- Einzeller
- Genaktivierung
- Gewebe
- Goethe, J.W. von
- Keimplasmatheorie
- Leben
- morphogenetisches Signal
- Polarität
- Zifferblattmodell
Differenzierungsregel
- Vervollkommnungsregeln
Differenzierungszentrum
Differenzierungszone
- Sproßachse
Difflugia ↗
- Tierbauten
diffuse Gonaden
- Geschlechtsorgane
diffuses endokrines epitheliales Organ
- Verdauung
Diffusion
- Blutproteine
- Bodenentwicklung
- Dialyse

- Diffusionspotential
- Fick, A.
- [M] Grenzschicht
- Hautatmer
- □ Hormone (Primärwirkungen)
- Ionentransport
- irreversible Vorgänge
- Kiemen
- Membranpotential
- Membrantransport
- □ Membrantransport (Schema)
- Multienzymkomplex
- Niere
- osmotischer Druck
- passiver Transport
- Permeation
- Resorption
- Schlußleisten
- tight-junctions
- Transpiration
- Ultrazentrifuge
- Wasserstoff
Diffusionsgeschwindigkeit
- Körpergröße
Diffusionskoeffizient
- Diffusion
Diffusionsleitfähigkeit
- Diffusion
Diffusionslungen
- Atmungsorgane
Diffusionspotential
- Membran
Diffusionstest ↗
digametisch ↗
Digenea
- Clonorchis
- Gorgodera
- [M] Lymphgefäßsystem
- Redie
- Saugwürmer
- □ Saugwürmer
Digestion ↗
- □ ökologische Effizienz
Digestionsdrüsen
Digifolein
- □ Digitalisglykoside (Auswahl)
Digifologenin
- □ Digitalisglykoside (Auswahl)
Diginigenin
- □ Digitalisglykoside (Auswahl)
Diginin ↗
Digipurpurin
- □ Digitalisglykoside (Auswahl)
Digipurpurogenin
- □ Digitalisglykoside (Auswahl)
digital
Digitalis ↗
- □ Heilpflanzen
- [M] Herzglykoside
Digitalisglykoside
- [M] Fingerhut
- Pflanzengifte
Digitaloide ↗
Digitanolglykoside
- Digitalisglykoside
Digitaria ↗
digitat
Digiti
- Autopodium
- [M] Fuß (Abschnitte)
- ↗ Digitus
Digitigrada
Digitogenin
- □ Saponine
Digitonin ↗
- □ Saponine
Digitoxigenin ↗
Digitoxin ↗
- Convallatoxin
Digitoxose ↗
Digitus
- Finger

- ↗ Digiti
Diglucuronide
- Progesteron
Diglyceride
- Acylglycerine
- Stoffwechsel
Dignatha
Dignathodontidae
- [M] Hundertfüßer
Digononta
Digoxigenin
- Digitalisglykoside
Digoxin
- □ Digitalisglykoside (Auswahl)
digyn ↗
Dihaplophase ↗
diheteroxen
- heteroxen
- Wirtswechsel
Dihomo-γ-Linolensäure
- Prostaglandine
dihybride Kreuzung
- Dihybriden
Dihybriden
- Mendelsche Regeln
dihybrider Erbgang
- [B] Mendelsche Regeln I
- [B] Mendelsche Regeln II
Dihydroergotoxine
- Sympathikolytika
Dihydrofolate
- Dihydrofolsäure
Dihydrofolsäure
- Folsäure
Dihydrofolsäure-Reductase
- Cytostatika
Dihydrolipoat-Dehydrogenase
- Pyruvat-Dehydrogenase
Dihydroorotase
- [M] Pyrimidinnucleotide
Dihydroorotat
- [M] Pyrimidinnucleotide
Dihydroorotatdehydrogenase
- [M] Pyrimidinnucleotide
Dihydroorotate
- Dihydroorotsäure
Dihydroorotsäure
Dihydrophenanthrene
- [M] Phytoalexine
Dihydrouracil
- Dihydrouridin
Dihydrouracil-Dehydrogenase
- Dihydrouridin
Dihydrouridin
- □ transfer-RNA
Dihydrouridin-loop
- Dihydrouridin
Dihydroxyaceton
- Triosen
Dihydroxyacetonphosphat ↗
- □ Calvin-Zyklus (Abb. 1)
- Dihydroxyaceton
- □ Gluconeogenese
- □ Glycerin
- Glycerinaldehyd
- Glycerinphosphat-Dehydrogenase
- [B] Glykolyse
- [M] Isomerasen
- □ Pentosephosphatzyklus
- [M] Phosphattranslokator
1,2-Dihydroxyanthrachinon
- Alizarin
m-Dihydroxybenzol ↗
- Resorcin
o-Dihydroxybenzol ↗
- Brenzcatechin
1,4-Dihydroxybenzol
- Hydrochinon
Dihydroxybernsteinsäure ↗
- Weinsäure
Dihydroxycholecalciferol
- Rachitis
Dihydroxyecdyson
- [M] Ecdyson

Dihydroxyfluorescein
– Gallein
5,6-Dihydroxyindol
– Melanine
Dihydroxyphenylalanin
– Aminosäuren
– M Aminosäuren
– □ Synapsen
1-(3,4-Dihydroxyphenyl)-2-
  aminoäthanol
– Noradrenalin
2,6-Dihydroxypurin
– Xanthin
3,4-Dihydroxyzimtsäure
– Kaffeesäure
Diimid
– M Nitrogenase
3,5-Diiodtyrosin
– Badeschwämme
Diisopropyl-Fluorphosphat
– M Carboxyl-Esterasen
– Enzyme
Dikaliumhydrogenphosphat
– Kaliumphosphate
Dikaroten
– Lycopin
Dikaryon
– Dikaryophase
– Schlauchpilze
Dikaryophase
– Heterokaryose
– B Pilze II
– Plasmogamie
dikaryotisch
Dikdiks
– Voraugendrüse
Diketospirilloxanthin
– M Carotinoide (Auswahl)
diklin
dikondyles Gelenk
Dikotyledonen
Dikotylen
– Bedecktsamer
– Heterokotylie
– Zweikeimblättrige Pflanzen
DIK-Verfahren
– Interferenzmikroskopie
Dilatation
– Dickenwachstum
Dilatationswachstum
– Dilatation
Dilatator
Dilepididae
– M Cyclophyllidea
– Dipylidium
Dileptus
Dill
– Gewürzpflanzen
– B Kulturpflanzen VIII
Dillenia
Dilleniaceae
Dilleniales
Dilleniidae
Dillenius, J.J.
– □ Bryologie
– Dilleniaceae
– Dilleniales
– Dilleniidae
Dilophospora
– Federbuschsporenkrankheit
Dilsea
Dilta
– Felsenspringer
Diluvialböden
Diluvialzeit
– Diluvium
Diluvium
– Katastrophentheorie
– Dimere
– Dimerisation
– Mikrotubuli
– Oligomere
Dimerisation
Dimeromyces
– Laboulbeniales
2,3-Dimethoxystrychnin
– Brucin
N⁶-(γ,γ-Dimethylallyl)-adenin
– Bryokinin

Dimethylallylpyrophosphat
– □ Isoprenoide (Biosynthese)
Dimethylamin
– methylotrophe Bakterien
– Nitrosamine
Dimethylaminoazobenzol
– Butttergelb
– cancerogen
p-Dimethylaminobenz-
  aldehyd
– Ehrlich-Reagenz
1-Dimethylaminonaphthalin-
  5-sulfonyl
– Dansylierung
Dimethyläther
– □ Isomerie (Typen)
Dimethylbenzimidazol
– Cobalamin
Dimethylgelb
– Buttergelb
Dimethylhydrazin
– M Krebs (Krebserzeuger)
Dimethylketon
– Aceton
– B funktionelle Gruppen
N,N-Dimethylnitrosamin
– M Krebs (Krebserzeuger)
Dimethylselen
– Selen
Dimethylsulfat
– cancerogen
– Desoxyribonucleinsäuren
– M Krebs (Krebserzeuger)
– □ Sequenzierung
N-Dimethyltyramin
– Hordenin
1,3-Dimethylxanthin
– Theophyllin
3,7-Dimethylxanthin
– Theobromin
Dimetrodon
dimiktisch
Diminuta-Gruppe
– M Pseudomonas
Dimorphie
– Dimorphismus
Dimorphismus
– Generationsdimorphismus
Dimorphodon
– Flugsaurier
– M Flugsaurier
– □ Jura
Dimorphognathus
– □ Ranidae
Dimya
Dimyaria
Dimyidae
– Dimya
– Faltenmuscheln
Dinantium
– B Erdgeschichte
– M Karbon
Dinaride
– Dinaride
Dinarische Rasse
– Dinaride
d'Incarville, R. Pierre
– Incarvillea
Dinese
Dingel
– Saprophyten
Dingo
– Aussterben
– Australien
– B Australien II
– Beuteltiere
– M Faunenverfälschung
– Verwilderung
Dinictis
– atelische Bildungen
– B atelische Bildungen
Dinitrocellulose
– Celloidin
2,4-Dinitrofluorbenzol
– Aminosäuren
– M Endgruppen
– Sanger, F.
2,4-Dinitrophenol
– Atmungskette
– ATP-Phosphataustausch

– Blühhemmstoffe
2,4-Dinitrophenyl-Gruppe
– Haptene
2,4-Dinitrophenylhydrazin
Dinkel
– Spelzgetreide
Dinobryon
– Dinobryonaceae
Dinobryonaceae
Dinocap
– M Fungizide
Dinocephalia
– Therapsida
Dinoceras
– Subungulata
Dinocerata
Dinoclonium
– Pyrrhophyceae
Dinococcales
Dinocyon
Dinodon
– Gorgosaurus
Dinoflagellaten
– Catenata
– M Endosymbiose
– □ Luciferine
– □ Silurium
Dinohippus
– B Pferde, Evolution der
  Pferde II
Dinokaryon
– Pyrrhophyceae
Dinomischus
– Kamptozoa
Dinomyidae
Dinomys
– Pakaranas
Dinophilidae
Dinophilus
– Dinophilidae
– Geschlechtsbestimmung
Dinophyceae
– Desmophyceae
Dinophysales
– Dinophysidales
Dinophysiales
– Dinophysidales
Dinophysidales
Dinophysis
– Dinophysidales
Dinophysistoxin
– Muschelgifte
Dinopidae
Dinopis
– Dinopidae
Dinopithecus
– Paviane
Dinornis
– Moas
Dinornithiformes
– Moas
Dinosauria
– Dinosaurier
Dinosaurier
– B Biologie II
– Brachiosaurus
– Ceratopsia
– Ceratosaurus
– Größensteigerung
– Homoiothermie
– □ Jura
– Körpergröße
– Owen, R.
Dinotherioidea
Dinotherium
– Dinotherioidea
– □ Rüsseltiere
Dinothrix
– Dinotrichales
Dinotrichales
Dinucleotide
– B funktionelle Gruppen
Dinucleotidsequenz
– Desoxyribonucleinsäuren
Dioctophyme
Diode
– □ Kennlinie
Diodon
– Igelfische

Diodontidae
Diodor
– Katastrophentheorie
Diodora
– M Lochschnecken
Dioecocestridae
– Dioecocestus
Dioecocestus
Diogeneskrebs
Diogenidae
– Einsiedlerkrebse
Diole
– □ Alkohole
Diomedeidae
Dionaea
Dioon
– M Cycadales
Diopatra
Diopsidae
Dioptograph
– Anthropometrie
Dioptoma
– Leuchtkäfer
Dioptrie
– Akkommodation
dioptrischer Apparat
– Akkommodation
Diornithiformes
– Moas
Dioscin
– □ Saponine
Dioscorea
Dioscoreaceae
Dioscoreen-Stärke
– Yams
Dioscoreophyllum
– Monellin
Dioscorin
Diosgenin
– M Nachtschatten
– □ Saponine
Diosin
– Yams
Dioskorides, P.
– Dioskurides, P.
Dioskurides, P.
– Arzneimittelpflanzen
– B Biologie I
– Dioscorea
– Dioscoreaceae
– Dioscorin
– Kräuterbücher
Diosphenol
– M Monoterpene
Diospyros
Diotocardia
– B Nervensystem I
Dioxide
Dioxin
– Phanerochaete
Diözie
– Algen
diözisch
– □ botanische Zeichen
– Diözie
DI-Partikel
– Defekte interferierende
  Partikel
Dipenten
– Limonen
Dipeptidasen
– □ Leukotriene
Dipeptide
– Dipeptidasen
– Dipol
– □ Peptidbindung
Dipetalonema
Diphänismus
– Saisondimorphismus
dipharat
– Ölkäfer
*diphasischer Generations-
wechsel*
– Heterogenese
Diphasium
Diphenyl
– Konservierung
Diphenylarsinchlorid
– Giftgase

Diphenylstickstoff

Diphenylstickstoff
– freie Radikale
Diphosphatidylglycerin
– Cardiolipin
1,3-Diphosphoglycerat
– 1,3-Diphosphoglycerinsäure
– □ Gluconeogenese
– □ Glycerin
– Glycerinaldehyd-3-phosphat
– B Glykolyse
– M Hydrolyse
1,3-Diphosphoglycerinsäure
– Phosphoglycerat-Kinase
↗ 1,3-Diphosphoglycerat
*Diphosphopyridin-
nucleotid* ↗
*Diphosphoribulose-
Carboxylase* ↗
Diphosphorsäure
– Pyrophosphat
Diphtherie
– aktive Immunisierung
– Angina
– Antitoxine
– Bakterientoxine
– Dauerausscheider
– Erythromycin
– M Exotoxine
– Heilserum
– M Inkubationszeit
– Northrop, J.H.
– Toxoide
Diphtheriebakterien
– Löffler, F.A.J.
Diphtherie-Heilserum
– M Diphtherie (Diphtherie-
serum)
Diphtherie-Schutzimpfung
– M Diphtherie (Diphtherie-
serum)
– Roux, P.P.É.
Diphtherietoxin
– M Diphtherie (Diphtherie-
toxin)
– Immuntoxin
– Yersin, A.J.É.
Diphyes ↗
– Tiefseefauna
diphyletisch
– monophyletisch
Diphylla
– M Vampire
Diphyllidea
Diphyllobothriasis
– Bandwürmer
Diphyllobothrium
diphyodont
– Gebiß
– Zahnwechsel
Diphysciaceae ↗
Diphyscium
– Buxbaumiidae
diphyzerk ↗
Dipicolinsäure
– Endosporen
Diplacophora
– Babinka
Diplanie
Diplasiocoela ↗
– Engmaulfrösche
diplasiocoele Wirbel
– Froschlurche
Diplazium
– M Frauenfarngewächse
Dipleurozoa
Dipleurula
– B Stachelhäuter II
Diplobacterium
– Moraxella
Diplobathrida
– □ Seelilien
Diplobiont
diplobiontische Stufe
– □ Echte Hefen
diploblastische Metazoa
– Archicoelomatentheorie
Diplobrachia
– M Pogonophora
Diplocalamites ↗

Diplocalix
Diplocardia
Diplocardia-Typ
– □ Luciferine
Diplocarpon ↗
– M Marssonina
Diplocaulus
Diplocephalus
– M Zwergspinnen
Diplocheta
– □ Doppelfüßer
diplochlamydeisch
Diplochromosomen
Diplocirrus
– M Flabelligeridae
Diplocladon
– Leuchtkäfer
Diplococcus
Diplodocus
Diplogaster ↗
diplogenotypisch
– Geschlechtsbestimmung
Diploglossus ↗
Diplo-Haplonten
– Gametogenese
– Gamont
– sexuelle Fortpflanzung
↗ Haplo-Diplonten
Diplohaplophase
– Dikaryophase
*diplohomophasischer
Generationswechsel*
diploide Eizellen
– Apomeiose
Diploidie
– Gendosis
– Generationswechsel
– Heterozygotie
– Homozygotie
– Meiose
– B Meiose
– B Mendelsche Regeln I
– B Pilze II
Diploidisierung
– Diploidie
– Haploidie
diplokaulisch
– haplokaulisch
Diplokokken
Diplolepis ↗
Diplomonadina
Diploneis ↗
Diplonten
– Algen
– Diploidie
– Einzeller
– Gametogenese
– Gamont
– Geschlechtsbestimmung
– sexuelle Fortpflanzung
Diplophase ↗
– B Algen IV
– Geschlechtsbestimmung
Diplophyllum ↗
Diplopoda ↗
Diplopora ↗
Diploporita
Diplorhina
– Ostracodermata
Diploria ↗
Diploschistes ↗
Diplosegment ↗
Diplosoma ↗
Diplospondylie
– Wirbel
Diplosporie ↗
diplostemon
Diplotän ↗
– B Meiose
Diplotaxis ↗
Diplotheca
– M Myriangiaceae
Diplotriaenoidea
– Spirurida
Diploxylon
– Kiefer (Pflanze)
Diplozoon
Diplura ↗
– □ Insekten (Stammbaum)

Dipluridae
– Giftspinnen
– M soziale Spinnen
Dipnoi ↗
– □ Wirbeltiere
↗ Lungenfische
Dipodascaceae ↗
Dipodascopsis
– Dipodascaceae
Dipodascus
– Dipodascaceae
Dipodidae ↗
Dipodomys
– M Nordamerika
– Taschenmäuse
Dipoena
– □ Kugelspinnen
Dipol
– anthropisches Prinzip
– apolar
– chemische Bindung
– Hydratation
– Magnetfeldeffekt
– M Wasser (Struktur)
Dipolbindung
– Dipol
Dipolmolekül
– Dipol
Diporiphora ↗
Diprion
– Diprionidae
Diprionidae
– Raupenfliegen
Diprotodonta
– Beuteltiere
Diprotodontidae
– Nototherium
Dipsacaceae ↗
Dipsacales ↗
Dipsacus ↗
Dipsadinae ↗
Dipsas
– Schneckennattern
Dipsosaurus
Diptam
– □ Bodenzeiger
Diptera ↗
Dipteren
– □ Insekten (Stammbaum)
↗ Zweiflügler
Dipteridaceae
Dipteris
– Dipteridaceae
Dipterocarpaceae ↗
Dipterocarpus
– □ Dipterocarpaceae
Dipteronia
– Ahorngewächse
Dipteronomium
– □ Minen
Dipteryx ↗
Dipus
– M Asien
– M Springmäuse
Dipylidium
Dira ↗
direkte Anpassungen
– Lamarckismus
direkte Entwicklung
direkte Flugmuskeln
– Basalare
– Flugmuskeln
Dirhopalostachyaceae
– Proangiospermen
Dirina ↗
Dirofilaria
Disa
– B Afrika VI
Disaccharide
– Amylasen
– M Kohlenhydrate I
Disaggregation
Disc
– M Membranproteine
– Netzhaut
– M Netzhaut
– Photorezeption
Discaria
– M Frankiaceae

Disci intercalares
– Glanzstreifen
Discina
– Scheibenlorcheln
Discinaceae ↗
Discinisca
Disciotis ↗
Disciseda ↗
Disc-Membranen
– Calcium
Discocactaceen
– Cephalium
Discocelidae
Discocotyle
– M Monogenea
Discodeles
– Ranidae
– □ Ranidae
Discodorididae
– Peltodoris
Discoglossidae ↗
Discoglossus
– Latonia
– Scheibenzüngler
Discoidea
– M Seeigel
Discolichenes
Discolithen
– M Kalkflagellaten
Discomedusen ↗
Discomyceten
– Discomycetes
Discomycetes
Disconanthae
Discus ↗
Discus articularis
– Diskus
– Gelenk
Discus intervertebralis
– Bandscheibe
disjunkte Verbreitung
– arktisch-alpin
– Verbreitung
Disjunktion ↗
– amphinotische Verbreitung
– Europa
Disjunktionsschwelle
– Eiszeitrelikte
Disk-Elektrophorese
– □ Proteine (Charakterisie-
rung)
Disklimax ↗
– Rasse
Diskoblastula
Diskoidalader ↗
– Diskoidalzellen
diskoidale Einrollung
diskoidale Furchung
– Dottersack
– B Larven I
Diskoidalfelder
– Diskoidalzellen
Diskoidalfleck
– Diskoidalzellen
Diskoidalzellen
– □ Insektenflügel
diskokarp
**diskontinuierliche Merkmalsver-
teilung**
– Rasse
diskontinuierliche Variation
– Mutationstheorie
diskontinuierliche Verbreitung
Diskontinuität
– Art
Diskoplacenta ↗
Diskoplankton
– Plankton
Diskordanz
– Zwillingsforschung
Diskordanzanalyse
– Diskordanz
Diskus (Botanik)
Diskus (Gelenkscheibe)
– Hand
Diskus (Ooplasma)
Dislokation
Dislokator
Dismorphiinae
– Weißlinge

Dohle

Disoma
- Disomidae
disomatisch
Disomidae
Disomie
Disparida
- ☐ Seelilien
Dispergens
- Dispersion
Dispermie
dispers
- repetitive DNA
disperse Systeme
- Dispersion
Dispersion (Chemie)
Dispersion (Ökologie) ↗
- Ausbreitung
Dispersionsdynamik
- Populationsdynamik
- Verteilung
Dispersionskolloide
- kolloid
Dispersionsmittel
- Dispersion
Dispersum
- Dispersion
Dispholidus ↗
displacement loop
- Crossing over
Disposition
- Anlage
dissembly
- assembly
Dissepimentarium
Dissepimente (Botanik)
Dissepimente (Zoologie)
- [M] Coelom
- Fortbewegung
- [M] Nephridien
- Ringelwürmer
- Steinkorallen
Dissimilation
- Energiestoffwechsel
- ☐ Nervensystem (Wirkung)
- Photosynthese
- respiratorischer Quotient
- Stoffwechsel
- Zelle
**dissimilatorische Nitrat-
reduktion**
- Stickstoffkreislauf
**dissimilatorische Sulfat-
reduktion**
- ☐ Schwefelkreislauf
- Sulfatatmung
dissipative Prozesse
- Abstammung - Realität
dissipative Strukturen
- Entropie - in der Biologie
- Prigogine, I.
Dissogonie
Dissotrocha
- [M] Rädertiere
Dissoziation
- Arrhenius, S.
- chemische Bindung
- elektrolytische Dissoziation
- Puffer
- Salze
- Säuren
- Wasser
Dissoziationsenergie
- [M] Dissoziation
Dissoziationskomplex
- Diffusion
Dissoziationskonstante
- Dissoziation
distal (Anatomie)
- ☐ Achse
distal (Genetik)
distal (Molekularbiologie)
distaler Tubulus
- Exkretionsorgane
- ☐ Exkretionsorgane
- ☐ Nephron
- Niere
- [B] Niere
Distalia
- Extremitäten

- [M] Fuß
Distanz
- kritische Distanz
Distanztier
Distanzwaffen
- Tötungshemmung
Distaplia
- Seescheiden
Distel
- [B] Europa XVI
- Kratzdistel
- Röhrenblüten
Distelfalter
Distelhähnchen
- Hähnchen
Distelöl
- Mohngewächse
distich
- Spirodistichie
- Symmetrie
Distichodus ↗
Distichophyllum ↗
Distickstoffoxid
- Stickoxide
Distickstoffpentoxid
- Stickoxide
Distickstofftetroxid
- Stickoxide
Distickstofftrioxid
- Stickoxide
Distome
- ☐ Digenea
Distomum
- Bernsteinschnecken
Distorsio
Distribution
Disulfid-Brücke ↗
- ☐ Fibrin
- Keratine
- [M] Kollagen
- ☐ Lysozym
- Proteine
- ☐ Proteine
- [B] Proteine
- SH-Gruppe
Disulfidknoten
- ☐ Fibrin
Disymmetrie
- Bilateria
- Blütenformel
Disyringa ↗
Diterpene
- ☐ Isoprenoide (Biosynthese)
- Phytoalexine
- ☐ Terpene (Verteilung)
dithezisch
Ditoma
- Rindenkäfer
Ditomus
- Laufkäfer
Ditrichaceae
Ditrichiaceae
- Ditrichaceae
Ditrichium
- Ditrichaceae
Ditrichosaurus
- Mesosaurus
Ditrichum
- Ditrichaceae
Ditrysia ↗
- Geschlechtsorgane
Ditylenchus ↗
Ditylium ↗
Diurese
Diuresehemmung
- Adiuretin
Diuretika
diuretisches Hormon
- ☐ Insektenhormone
Diurna
diurnale Rhythmik
diurnaler Säurerhythmus
- Apfelsäure
- Dürre
Divaricatores
divergente Rassenentwicklung
- [B] Menschenrassen IV
Divergenz
- Analogie - Erkenntnis-
 quelle

- Kontrast
- Konvergenz
- [M] monophyletisch
- ☐ Nervensystem (Funktions-
 weise)
- ☐ Stammbaum
- Weizen
Divergenzwinkel
Diversifikation
- Diversifizierung
Diversifizierung
- Cladogenese
- Cytokinese
- Evolution
- Polarität
Diversität
- Information und Instruktion
- Leben
- Naturschutz
- ökologische Nische
Diverticulum ilei verum
- Meckel-Divertikel
Divertikel
Dividivi
- Gerbstoffe
Divinatorische Droge
- Meskalin
Divisio ↗
Dixa ↗
dixen ↗
- heteroxen
dizentrisch ↗
Djetisfauna
DL
- ☐ Dosis
DL-Formen
- Racemate
D-loop
- Dihydrouridin
- displacement loop
DMS
- Dimethylsulfat
DNA
 ↗ Desoxyribonucleinsäuren
*DNA-abhängige RNA-
Polymerase* ↗
DNA-Faserbündel
- ☐ Röntgenstruktur-
 analyse
DNA-Gyrase ↗
- Desoxyribonucleinsäuren
DNA-Hybridisierung ↗
- [B] Paläanthropologie
DNA-Klonierung
- Gentechnologie
DNA-Ligase
- Desoxyribonucleinsäuren
- DNA-Reparatur
- [M] Gensynthese
- [B] Gentechnologie
DNA-Phagen
- Bakteriophagen
- Desoxyribonucleinsäuren
- Viren (Virion-Morphologie)
DNA-Polymerasen
- Desoxyribonucleinsäuren
- Desoxyribonucleoside
- DNA-Reparatur
- Kornberg, A.
- Mutatorgen
- primer
- Proteine
- Replikation
- ☐ Replikation
- [B] Replikation der DNA I
- reverse Transkriptase
DNA-Reparatur
- Altern
- Crossing over
- DNA-Polymerasen
- Einzelstrangbruch
- Endonucleasen
- Genkonversion
- Replikation
- Strahlenschäden
DNA-Replikation
- Autoradiographie
DNA-Schäden
- DNA-Reparatur

DNase ↗
- 2'-Desoxyribonucleosid-
 monophosphate
DNA-Sequenzierung ↗
- Bakteriophagen
- [B] Biochemie
DNA-Spaltung
- Gentechnologie
DNA-Synthese
- [M] DNA-Reparatur
DNA-Topoisomerasen
- Genregulation
- supercoil
DNA-Tumorviren
- Onkogene
- Zelltransformation
DNA-Uhr
- Paläanthropologie
DNA-Viren
- Viren
- Virusinfektion
 ↗ DNA-Tumorviren
DNFB ↗
dNMP
- 2'-Desoxyribonucleosid-
 monophosphate
DNP ↗
DNS ↗
 ↗ Desoxyribonucleinsäuren
dNTP ↗
Dobatia ↗
Döbel ↗
- Fließwasserorganismen
Dobera ↗
**Döbereiner, Johann
 Wolfgang**
- Katalyse
Dobermann
- ☐ Hunde (Hunderassen)
Dobsonia ↗
Dobzhansky, Th.
- Abstammung - Realität
- Darwinismus
- Kultur
Dociostaurus ↗
- [M] Wanderheuschrecken
Docodon
- Docodonta
- Eotheria
Docodonta
- Eotheria
Docodontidae
- Docodonta
Docoglossa ↗
docoglosse Radula
- Balkenzüngler
Docosapentaensäure
- Clupanodonsäure
Dodecaceria
Dodecan
- [M] Alkane
Dodecolopoda ↗
Döderlein, Albert
- Döderleinsche Scheiden-
 bakterien
Döderlein, L.
**Döderleinsche Scheiden-
 bakterien**
- Vaginalflora
Dodgson, Charles
- [M] Evolution
Dodo ↗
- [M] Aussterben
Dodoens, J.R.
- Kräuterbücher
Doflein, F.Th.
- [B] Biologie I
Dogania ↗
Dogge
- ☐ Hunde (Hunderassen)
- [B] Hunderassen III
Dogger ↗
Doggerland
- Europa
Doggerscharbe ↗
Dögling ↗
- Schnabelwale
Dohle
- [M] Aggression (Gruppen-
 aggression)

Dohlenkrebs

- Europa
- [B] Europa XVII
- [M] Höhlenbrüter
- ☐ Rabenvögel
- Zählvermögen
Dohlenkrebs ↗
Dohrn, A.
- [B] Biologie I
- [B] Biologie III
Doisy, E.A.
- [B] Biochemie
- Östrogene
n-Dokosansäure
- Behensäure
Doktorfisch
- [B] Fische VII
- Giftige Fische
Dokumentation
- Naturschutz
Dolabellidae
- [M] Anaspidea
Dolabriferidae
- [M] Anaspidea
Dolchfrosch
- Rana
Dolchschnecke
- Zonitoides
Dolchwespen ↗
- [M] Hautflügler
- Stechapparat
Döldchen
Dolde ↗
Doldenartige ↗
Doldenblütler
- Griffelpolster
Doldenbräune
Doldengewächse ↗
- Alkaloide
Doldenmilchstern
- [M] Milchstern
Doldenrispe ↗
Doldentraube
Dolerolenus
- Kambrium
Dolichocephalie
Dolichoderidae ↗
Dolichodial
- [M] Wehrsekrete
Dolichoglossus
Dolichohippus
- Zebras
Dolichokephale
- [M] Längen-Breiten-Index
Dolichokrane
- [M] Längen-Breiten-Index
Dolichokranie
Dolichole
- Polyprenolzyklus
Dolichopithecus
- Libypithecus
Dolichopodidae ↗
Dolichopteryx ↗
Dolichos ↗
Dolichosauridae
- [M] Varanomorpha
Dolichos-Lectin
- ☐ Lectine
Dolichotinae ↗
Dolichotis
- Maras
Dolichovespula ↗
Doliidae
Dolinen
- Karst
Dolineon
- Rotenoide
Doliolaria
- [B] Stachelhäuter II
Doliolida ↗
Doliolidae
- Cyclomyaria
Doliolum ↗
Doliopsis
- Cyclomyaria
Doliporen
- Ständerpilze
Dolland, J.
- [M] Mikroskop (Geschichte)

Dolland, P.
- [M] Mikroskop (Geschichte)
Döllinger, I.
Dollo, Louis
- Dollosche Regel
Dollosche Regel
- Vervollkommnungsregeln
Dolomedes
Dolomit
- Stromatolithen
Dolomitrendzina ↗
Dolor
- Entzündung
- Schmerz
Dolycoris ↗
- Beerenwanze
- Schildwanzen
DOM
- Meskalin
Domagk, G.
- Sulfonamide
Domänen
- ☐ Membran (Plasmamembran)
- ☐ Ribosomen (Sekundärstrukturen)
Domatien
Dombrock
- Blutgruppen
Domestikation
- Mensch und Menschenbild
- Selbstdomestikation
- ↗ Haustierwerdung
Domichnia
dominant (Ethologie)
- [B] Bereitschaft II
- ↗ Dominanz (Ethologie)
dominant (Genetik)
- [B] Biologie II
- Erbkrankheiten
- Gen
- [M] Geschlechtschromosomen-gebundene Vererbung
- ↗ Dominanz (Genetik)
Dominanten
- Teleologie - Teleonomie
- Vitalismus - Mechanismus
dominante Typen
- Anagenese
dominant-rezessiver Erbgang
- intermediärer Erbgang
Dominanz (Biozönologie)
Dominanz (Ethologie)
- Leittier
- ↗ dominant (Ethologie)
Dominanz (Genetik)
- Epistase
- Heterozygotie
- Mendelsche Regeln
- [B] Mendelsche Regeln I
- [B] Mendelsche Regeln II
- ↗ dominant (Genetik)
Dominanzeffekt
- Dominanz
Dominanzmodifikatoren
- Dominanz
Dominanzregel ↗
Dominanzumkehr ↗
Dominator-Modulator-Theorie
- Granit, R.A.
Domingo-Zwergtaucher
- Lappentaucher
Dominikanermöwe
- [M] Polarregion
Dommeln ↗
Dompfaff ↗
- [B] Europa XII
- [B] Finken
- Gesang
Dompteur
- kritische Distanz
Donacia ↗
Donacidae ↗
Donaciinae
- Schilfkäfer

Donath, W.F.
- [B] Biochemie
Donator
- Donor
Donaueiszeit
- Donaukaltzeit
Donaukaltzeit
- ☐ Pleistozän
Donau/Günzwarmzeit
- Eburonkaltzeit
- ☐ Pleistozän
Donax
- Sägezahnmuscheln
Donaxin
- Gramin
Donders, F.C.
- entoptische Erscheinungen
Dondersia
- [M] Furchenfüßer
Donnan, F.G.
- Donnan-Verteilung
Donnan-Gleichgewicht
- Donnan-Verteilung
Donnan-Potential
- Donnan-Verteilung
Donnan-Verteilung
- Membran
- Membranpotential
Donné, A.
Donnerbüsche
- Hexenbesen
Donnerechse
- Brontosaurus
- Dinosaurier
- Diplodocus
Donnerkeil ↗
Donor
- Gruppenübertragung
- [M] Wasserstoffbrücke
Donorstelle
- P-Bindungsstelle
Donorzellen
- F-Pili
- Konjugation
Donovan, Ch.
Donovania
- Calymmatobacterium
DOPA ↗
Dopachinon
- Melanine
Dopachrom
- Melanine
DOPA-Decarboxylase ↗
Dopamin
- Amphetamine
- biogene Amine
- Ecdyson
- Lysergsäurediäthylamid
- ☐ Neurotransmitter
- Synapsen
- ☐ Synapsen
- Tyramin
dopaminerge Fasern
- adrenerge Fasern
dopaminerge Nervenzellen
- Dopamin
Dopaminhydroxylase
- [M] Oxidoreductasen
Doping
- anabole Wirkung
- Drogen und das Drogenproblem
- Testosteron
Doppelabdomen
- epigenetische Information
Doppelachäne
- Doldenblütler
Doppelachsentiere
- Paraxonia
Doppelähre
Doppelauge
- Taumelkäfer
- [M] Taumelkäfer
Doppelbefruchtung ↗
- Xenien
- ↗ doppelte Befruchtung
Doppelbesamung
- Dispermie
Doppelbildungen

Doppelbindung
- Cis-Trans-Isomerie
- [B] Kohlenstoff (Bindungsarten)
- Mesomerie
doppelbrechende Strukturen
- Polarisationsmikroskopie
Doppel-Crossing-over
- Crossing over
- Koinzidenz-Index
Doppelcystolithen
- Begoniaceae
Doppeldiffusion
- Agardiffusionstest
Doppeldolde ↗
- Doldenblütler
Doppelfruchtwechsel ↗
Doppelfüßer
- ☐ Schlüssel-Schloß-Prinzip
- Tausendfüßer
Doppelgeschlechtlichkeit
- Bisexualität
Doppelhelix ↗
- Äthidiumion
- [B] Biochemie
- Crick, F.H.C.
- ☐ Desoxyribonucleinsäuren (Geschichte)
- Proteine
- ☐ schmelzen
- Wilkins, M.H.F.
- ↗ Doppelstrang
Doppelhornvogel
- [B] Asien VII
- Nashornvögel
Doppelinfektion
- ☐ Virusinfektion (Wirkungen)
Doppelkernigkeit
- Gonomerie
Doppelköpfchen ↗
Doppelkreuzungen
- Hybridzüchtung
Doppelkultur
Doppelmembran
- Kompartimentierung
Doppelnadeln
- Sciadopitys
Doppelnashornvogel
- [M] Nashornvögel
Doppelnutzung
- Doppelkultur
Doppelphosphat
- Phosphatdünger
Doppelsame
Doppelschleichen
- Harnblase
- Schuppenkriechtiere
Doppelschnepfe
- Bekassinen
Doppelschraubel ↗
Doppelschwänze
- [M] Extremitäten
- [B] Insekten I
- [M] Urinsekten
Doppelsegment
Doppelsori
- Hirschzunge
Doppelspat
- [M] Kalk
Doppelstrang
- Antiparallelität
- Äthidiumion
- displacement loop
- [M] Gensynthese
- Hybridisierung
- Ribonucleinsäuren
- ☐ RNA-Polymerase
- ↗ Doppelhelix
doppelte Befruchtung
- Bedecktsamer
- Befruchtung
doppelte Einrollung
doppelte Gebärmutter
- Fossa
doppelte Lobenlinie
doppelte Quantifizierung
- [B] Bereitschaft I
doppelte Wachstumskurve
- Diauxie

Drachendreck

Doppeltier ↗
Doppeltierchen
– Diplomonadina
Doppeltraube ↗
– Dibotryum
Doppel-T-Träger
– □ Biegefestigkeit
Doppelwendel
– [B] Desoxyribonuclein-
säuren III
  ↗ Doppelhelix
Doppelwickel ↗
– Wickel
Doppelwirbel ↗
– Embolomeri
Doppelzähne
– Hasentiere
Doppelzähner
– Duplicidentata
Doppler, Christian
– Doppler-Effekt
Doppler-Effekt
Doradidae ↗
Dorado ↗
– [B] Fische VI
Doratopsis
d'Orbigny, Alcide Dessalines
– Kreide
– Orbigny
Dorcadion ↗
Dorcasiidae
– [M] Mesurethra
Dorcatherium
Dorcatoma
– Klopfkäfer
Dorcatragini
– [M] Böckchen
Dorcatragus
– Beira
Dorcopsis ↗
Dorcus ↗
Doridacea
– Ceratosoma
– Dendrodoris
– Goniodoris
Dorippe
– Gepäckträgerkrabben
Dorippidae ↗
Dorkasgazelle
– [B] Mediterranregion IV
Dormanz (Botanik) ↗
– Frostkeimer
– Überwinterung
Dormanz (Zoologie) ↗
– Überwinterung
Dormin ↗
Dornaale ↗
Dornaugen ↗
Dornbaumwälder
Dornbusch ↗
Dörnchenkorallen
Dornen
– Haftorgane
– Überweidung
Dornenkronen-Seestern
– Harlekingarnele
– □ Riff
– Tritonshörner
Dornenstern
Dornfarn ↗
Dornfinger ↗
– Giftspinnen
Dornfingerfrösche ↗
Dornfische ↗
Dornfortsatz
– Wirbel
– [M] Wirbel (Rücken-Wirbel)
– [B] Wirbeltiere II
Dornginster
– [M] Macchie
Dorngrasmücken
– Grasmücken
– [M] sperren
Dornhaie ↗
Dornpolsterstrauch
– Acantholimon
Dornraupen
Dornraupenfalter
Dornrückenaale

Dornsavanne
– Asien
– [B] Vegetationszonen
Dornschildkröten ↗
Dornschrecken
Dornschwanzbilch
– Dornschwanzhörnchen
Dornschwänze
– Flug
– □ Flughaut
Dornschwanzleguane
Dornschwanzskinke ↗
Dornstrauchsavanne ↗
Dornteufel ↗
Dornwälder
– [B] Vegetationszonen
Dornwelse
Dornwurzeln
– Wurzel
Dornzikade ↗
Doronicum ↗
Dörren
– □ Konservierung (Konservie-
rungsverfahren)
– Mangan
Dörrfleckenkrankheit
Dörrobstmotte
dorsad
dorsal
Dorsalampullen
– Insektenflügel
Dorsalblase
dorsale Aorta
– □ Schädellose
dorsale Längsmuskeln
– Flugmuskeln
– [M] Flugmuskeln
dorsales Diaphragma ↗
– Flügelmuskel
Dorsalgefäß ↗
– Cardioblasten
– Herz
Dorsalklappe
**Dorsalorgan (Entwicklungs-
biologie)**
Dorsalorgan (Stachelhäuter)
– Manteltiere
– Pentastomiden
Dorsalporus
– Hydroporus
Dorsalreflex
– mechanische Sinne
Dorsalregion
– □ Achse
Dorsalsack
Dorsalseite
– Rücken
Dorsalseptum
Dorsalsinus ↗
Dorsalstolo
– □ Cyclomyaria
Dorsalwirbel
– Brustwirbel
Dorsalwurzel
– [B] Nervensystem II
– [B] Rückenmark
Dorsche
– [B] Fische II
– Laichwanderungen
Dorschfische
dorsiventral
– Blatt
– □ botanische Zeichen
dorsiventrale Blüte
– [M] Morphosen
dorsiventralsymmetrisch
– dorsiventral
dorsizid
– fachspaltig
Dorsocavaten
– Hohlkiel
Dorsoterminalorgan
– [M] Furchenfüßer
– □ Schildfüßer
dorsoventral
– dorsiventral
– Symmetrie
Dorsoventralachse
– □ Achse

Dorsten, Theodor
– Dorstenia
Dorstenia ↗
Dorsum
– Rücken
– Tergum
Dorthes, Jacques Anselme
– Ortheziidae
Dortmunder Brunnen
– Absetzbecken
Dorvillea
Dorvilleidae
– Ophryotrocha
Dorylaeidae ↗
Dorylaimida
– Dorylaimus
– Monochus
Dorylaimina
– Dorylaimus
Dorylaimus
Dorylidae ↗
Dorylus
– Treiberameisen
Dosage
– Wein
Dosenkonserven
– Konservierung
Dosenschildkröten
– [B] Nordamerika VII
Dosidicus
Dosimeter
– [M] Strahlenschutz
Dosimetrie
– □ Strahlendosis
Dosinia
Dosis
– Dosiseffekt
– Gifte
– Schadstoffe
– Teratogene
Dosiseffekt
Dosisleistung
– Strahlendosis
Dost
– [B] Kulturpflanzen VIII
– Nektar
Dothideaceae
Dothideales
Dothiora
– Dothioraceae
Dothioraceae
Dothiorales
– Dothioraceae
Doto
Dotoidae
– Doto
Dotter
– Dotterhaut
– Ei
– Eitypen
– Eizelle
– Furchung
– [B] Furchung
– Gastrulation
– Hagelschnur
– Hühnerei
– [M] Hühnerei
– Lutein
– Oviparie
– Vitellogenin
– Vitellophagen
– Vogelei
Dotterblume ↗
Dotter-Entoplasmasystem
Dotterfurchung
– Furchung
Dottergang
Dotterhaut
– Eihüllen
– [M] Hühnerei
Dotterhülle
– Dotterhaut
– Hühnerei
Dotterkerne
Dotterkreislauf ↗
Dotterkugeln
– Dotter
Dottermembran ↗
Dotterpfropf

Dotterproteine
– Dotter
Dottersack
– [M] Amniota
– blutbildende Organe
– □ Embryonalentwicklung
(Huhn)
– [B] Embryonal-
entwicklung I
– [B] Embryonal-
entwicklung II
– Fischzucht
– Furchung
– Gastrulation
– Keimscheibe
– □ Placenta
– Rekapitulation
– [M] Rekapitulation
– Saccus
Dottersackkreislauf
Dottersackplacenta
– Chorion
Dotterstock
– □ Geschlechtsorgane
– [M] Geschlechtsorgane
– Ovar
– zusammengesetzte Eier
  ↗ Vitellarium
Dotterzellen
– Dotter
– [M] Strudelwürmer
double cross
– Hybridzüchtung
Doudoroff, M.
– Entner-Doudoroff-Weg
Douglas, David
– Douglasie
Douglasfichte
– Douglasie
Douglas fir
– Douglasie
Douglasie
– Forstgesellschaften
– Forstpflanzen
– Nordamerika
– [B] Nordamerika II
– Schatthölzer
Douglasienschütte
– [M] Helotiales
– □ Schüttekrankheit
Douglasienwollaus
– Tannenläuse
Doumpalme ↗
Dourine ↗
Doussié ↗
Dovrefjell (Norwegen)
– [B] National- u. Naturparke I
Dovyalis ↗
Dowex
– Austauschchromato-
graphie
Down, John Langton Haydon
– Down-Syndrom
Down-Syndrom
– Mongolenfalte
Doxantha
– [M] Bignoniaceae
Doxorubicin
– [M] Cytostatika
Doxycyclin
– Tetracycline
DPN⁺ ↗
DPNH ↗
dpt
– Dioptrie
Draba ↗
Drabetalia hoppeanae
Drabion hoppeanae
– Drabetalia hoppeanae
Dracaena (Botanik) ↗
– □ sekundäres Dickenwachs-
tum
Dracaena (Zoologie) ↗
Drachenbaum
– [B] Mediterranregion I
– Spirodistichie
Drachenblut ↗
– Harze
Drachendreck
– Lohblüte

Drachenfische

Drachenfische
Drachenfliegen ↗
Drachenköpfe
- B Fische VII
Drachenmaul
Drachensaurier
- Dinosaurier
Drachensegler ↗
Drachenwurm
- Dracunculiasis
Drachenwurz ↗
- B Europa VI
Draco
Draconema
Draconematoidea
- Draconema
Dracontiasis
- Dracunculiasis
Dracontium ↗
Dracophyllum
- M Epacridaceae
Dracunculiasis
- M Medinawurm
Dracunculus (Pflanze)
- Aasblumen
Dracunculus (Wurm) ↗
- Gewebeparasiten
Dragonerkappe
- Cheilea
Drahtwurm ↗
- Gartenschädlinge
- B Schädlinge
Drainage
- Dränung
- Lymphgefäßsystem
Drakunkulose ↗
Drän
- Dränung
Drang ↗
- B Konfliktverhalten
Dränung
Draparnaldia ↗
Draparnaud, Jacques-Philippe
- Draparnaldia
Drapetes
- Hüpfkäfer
Drassodes
- Plattbauchspinnen
- M Plattbauchspinnen
Drassodidae ↗
Drechselschnecke
Drechslera
- Helminthosporium
Dredge
- Forbes, E.
- □ Meeresbiologie (Fanggeräte)
Dreher
- □ Gelenk
- Rotator
Drehfrucht ↗
Drehgelenk
- Ellbogengelenk
  ↗ Gelenk
Drehhörner ↗
Drehkrankheit
Drehmoos ↗
Drehsinn
Drehsprenger
- M Kläranlage
Drehsucht
- Drehkrankheit
Drehung
- mechanische Sinne
Drehwuchs
dreiachsig
- haplokaulisch
Dreieckimpuls
- M Impuls
Dreiecksbein
- Erbsenbein
- M Hand
- M Hand (Skelett)
Dreieckskopfottern
- B Reptilien III
Dreieckskrabben ↗
Dreiecksmuscheln ↗

Dreiecksmuskel
- Trizeps
Dreiecksspinne
- B Fische VII
Dreiercode
Dreifachbindung
- B Kohlenstoff (Bindungsarten)
Dreifaltenbirne
- Heilige Schnecke
Dreifarbenhörnchen
- Schönhörnchen
Dreifarbentheorie
- Helmholtz, H.L.F.
Dreifelderwirtschaft
- Ackerbau
- Brache
- Flurzwang
- Hackfrüchte
- Landwirtschaft
Dreifinger-Faultier
- Faultiere
- B Südamerika II
Dreihäusigkeit
Dreihufigkeit
- Atavismus
Dreikantmuschel ↗
Dreikantwurm
- Pomatoceros
Dreiklauer
Dreilapper ↗
Dreilapperkrebse
- Trilobiten
Dreimasterpflanze ↗
- B Nordamerika IV
Dreimonatsspritze
- Empfängnisverhütung
Dreischichtminerale ↗
dreischneidig
- Scheitelzelle
Dreissena ↗
- Schalenzone
Dreistachler
Dreistachliger Stichling
- B Fische I
- Stichlinge
dreistrahlig
- triarch
Dreistreifensalamander ↗
Dreitagefieber
Dreiviertelstamm
- Obstbaumformen
Dreiwegekreuzungen
- Hybridzüchtung
Drei-Welten-Theorie
- Geist - Leben und Geist
Dreizack
- Dreizackgewächse
Dreizackgewächse
Dreizahn
Dreizehenmöwe
- □ Demutsgebärde
- B Polarregion I
Dreizehenschrecken
Dreizehenspecht
- Europa
Dremotherien
- Hirsche
Drenthe-Stadium
- Saalekaltzeit
Drepanaspis
- Heterostraci
Drepanidae ↗
Drepanididae ↗
Drepanidotaenia
- Hymenolepididae
Drepanium ↗
Drepanocladus ↗
Drepanocyten ↗
Drepanocytenanämie
- Sichelzellenanämie
Drepanocytose ↗
Drepanopeziza ↗
Drepanophoridae
- Drepanophorus
Drepanophorus
Drepanophycus
- Protolepidodendrales
- Urfarne
Drepanopsetta
- Doggerscharbe

Drepanosiphonidae ↗
Drescherhaie
- B Fische V
Drescherkrankheit
Dressur
- M Generalisierung
Dressurexperimente
- M Dressur
Drever
- B Hunderassen I
Dreyfusia
- M Tannenläuse
dRib ↗
Driesch, H.A.E.
- Abstammung - Realität
- B Biologie I
- B Biologie II
- Determination
- Entwicklungstheorien
- harmonisch-äquipotentielles System
- Neovitalismus
- prospektive Bedeutung
- prospektive Potenz
- Vitalismus - Mechanismus
Drift
- Grenzschicht
- Kontinentaldrifttheorie
- Larvalentwicklung
Driftfrüchte
- Barringtonia
Drigalski, Karl Wilhelm von
- Drigalski-Spatel
Drigalski-Spatel
- Kochsches Plattengußverfahren
Drilidae ↗
Drill
Drillinge
- M Mehrlingsgeburten
Drillingsarten
- Feldheuschrecken
Drillingsblume ↗
Drillingsmuskel
- Trizeps
Drillingsnerv ↗
Drillmaschine
- □ Saat
Drillsaat
- □ Saat
Drilomorpha
Drilonema
Drilonematoidea
- Drilonema
Drilus
- Schneckenräuber
Drimys ↗
Drogen
- Alkaloide
- Arzneimittelpflanzen
- □ Brechnußgewächse
- Coffein
- Dioskurides, P.
- Doping
- Drogen und das Drogenproblem
- □ Heilpflanzen
- Psychopharmaka
- Rezeptoren
Drogenkunde
- Pharmakognosie
Drogenpflanzen
- Heilpflanzen
Drogenszene
- Drogen und das Drogenproblem
Drogen und das Drogenproblem
Drohfärbung
- Drohverhalten
Drohgebärde
- Aggressionshemmung
- Drohverhalten
- Dschelada
- Katzen
Drohlaute
- Sprache
Drohn
- Drohne

Drohne
- Afterweisel
- Aufregulation
- Drohnenbrütigkeit
- Geschlechtsbestimmung
- □ Komplexauge (Aufbau/Leistung)
- staatenbildende Insekten
- □ staatenbildende Insekten
Drohnenbrut
- Varroamilbe
Drohnenbrütigkeit
Drohnenmütterchen ↗
Drohnenschlacht ↗
Drohverhalten
- Aggression
- Gähnen
- Genitalpräsentation
- Gesang
- Imponierverhalten
- Kommentkampf
- Konfliktverhalten
- Präsentieren
- Revier
- M Sprache
- Warnsignal
Dromadidae ↗
Dromaiidae ↗
Dromaius
- Emus
Dromas
- Reiherläufer
Dromedar
- M Homoiothermie
- Kamel
- M Kamele
- B Mediterranregion IV
- Osmoregulation
- Wasseraufnahme
Dromedarspinner ↗
Dromia
- Wollkrabben
Dromiacea
- Rückenfüßer
Dromiaceae
- M Brachyura
Dromiidae ↗
Dromotherium
- Trituberkulartheorie
Drongos
Dronte
- Drontevögel
Drontevögel
Drosera ↗
Droseraceae ↗
Drosophila C-Virus
- M Picornaviren
Drosophila fasciata
- Drosophila melanogaster
Drosophila-Imaginalscheiben
- Determination
Drosophila melanogaster
- Antennapedia
- Bar-Gen
- B Biologie III
- CiB-Methode
- Genmanipulation
- Gentechnologie
- B Genwirkketten II
- Halbseitenzwitter
- M Komplexauge (Querschnitt)
- B Krebs
- M Metamorphose (Imaginalscheiben)
- Morgan, Th.H.
- □ Rhabditida
- Robertson-Fusion
- Versuchstiere
- X-Chromosom
Drosophilatyp
- Geschlechtsbestimmung
Drosophilidae
- Polynesische Subregion
Drosophyllum
Drosopterine
- Pteridine
Drosseln
- B Europa V

Dünger

- B Europa IX
- Fliegenschnäpper
- M Gewölle
- Nest
- B Vögel I
Drosselrohrsänger
- M Rohrsänger
Drosselstelzen ↗
Drosselvene
Droßlinge ↗
Druck
- M Biomechanik
- M Compliance
- mechanische Sinne
- M mechanische Sinne I
- M Mechanorezeptoren
- osmotischer Druck
- Partialdruck
- Tiefseefauna
- ↗ Blutdruck
Druckabfallkrankheit
- Caissonkrankheit
Druckbogen
- Biomechanik
Druckempfindungen
- Hautsinn
Drückerfischartige ↗
Drückerfische
- Diadem-Seeigel
- Giftige Fische
Druckerschwärze
- Sterculiaceae
Druckfiltration
- Bowmansche Kapsel
Druckgradient
- Herz
Druckholz ↗
Druckkammer
- Caissonkrankheit
Druckpotential
- Wasserpotential
Druckpumpe
- Blutkreislauf
Druckpunkte
- Drucksinn
- M Haut
- Schmerz
Druckrezeptoren
- Drucksinn
Drucksinn
Druckstromtheorie
- Leitungsgewebe
Druckventilation
- Atmung
Drulia
Drummonds Fadenschnecke
- Facelina
Drumstick
- Geschlechtsdiagnose
Drupa
Druse (Geologie)
Druse (Veterinärmedizin)
Drüsen
- apokrine Sekretion
- Becherzellen
- Epithel
- Gitterfasern
- Müller, J.P.
- B Nervensystem II
- vegetatives Nervensystem
Drüsenameisen
Drüsenepithel
Drüsenfieber ↗
Drüsenhaar (Botanik) ↗
Drüsenhaar (Zoologie)
Drüsenköpfe
- B Südamerika VIII
Drüsenmagen
- M Magen
Drüsenschuppen (Botanik)
Drüsenschuppen (Zoologie)
Drüsensekrete
- Drüsen
- Sekrete
Drüsenzellen ↗
- chromaffin
Drüsenzotten
- Knospenschuppen
Drüslinge ↗

Dryas ↗
- M arktoalpine Formen
- M Frankiaceae
Dryasflora
- Dryaszeit
- □ Pleistozän
Dryaszeit
- Glazialflora
Dry-Farming
Dryinidae ↗
Drymaeus
- Baumschnecken
Drymarchon ↗
Drymobius ↗
Drymonema
Drymonia
- M Zahnspinner
Drynaria ↗
Dryobalanops ↗
Dryocoetes
- M Borkenkäfer
Dryocopus ↗
Dryodon ↗
Dryolestes
- Dryolestidae
Dryolestidae
Dryomys ↗
Dryopidae ↗
Dryopithecinen
Dryopithecus ↗
Dryopithecusmuster
- Dryopithecinen
- Propliopithecus
Dryops
- Feuergesichter
- Hakenkäfer
- M Laternenträger
Dryopteris
Dryptus
- Bulimulidae
Dschelada
- Farbwechsel
Dschiggetai ↗
Dschoukoudiän
- Choukoutien
Dschud
- Asien
Dschungel
Dschungelfieber
- Gelbfieber
DSM
- M Kulturensammlung
dT ↗
dTMP ↗
D₁-Trisomie-Syndrom
- Patau-Syndrom
dTTP ↗
Duabanga ↗
duale Zeichen
- Information und Instruktion
Dualismus (Philosophie)
- Geist - Leben und Geist
Dualismus (Welle/Korpuskel)
- Strahlung
Dubiofossilien
Dubois, Eugène
- B Biologie II
- Homo erectus
Duboisia
- Trinilfauna
Du Bois-Reymond, E.
- B Biologie I
- B Biologie II
- Galvani, L.
Duchesnehippus
- Epihippus
Ducken
- □ Demutsgebärde
Ducker
Ductuli efferentes
- Geschlechtsorgane
- Hoden
Ductus
Ductus arteriosus Botalli
- Ductus
- B Embryonal-entwicklung IV
- fetaler Kreislauf
Ductus Bellini
- Niere

Ductus choledochus
- Leber
Ductus cochlearis
- Ductus
- Gehörorgane
Ductus Cuvieri
- Kardinalvenen
- Schädellose
- □ Schädellose
Ductus deferens
- Geschlechtsorgane
- Samenleiter
Ductus ejaculatorius
- Geschlechtsorgane
- Samenleiter
Ductus genito-intestinalis
- M Polystyliphoridae
Ductus naso-lacrimalis
- Tränen-Nasen-Gang
Ductus nasopalatinus
- Jacobsonsches Organ
Ductus naso-pharyngeus
- Nase
Ductus omphaloentericus
- Meckel-Divertikel
Ductus pneumaticus
- □ Lunge (Ableitung)
- Physokisten
- Schwimmblase
Ductus stenonianus
- Stensen, N.
Ductus thoracicus ↗
- Chylomikronen
- Ductus
Ductus venosus
- fetaler Kreislauf
Ductus venosus Arantii
- Hohlvenen
dUDP
- Desoxyribonucleoside
Dudresnaya ↗
Duettgesang
- Gesang
Duffy-System
- Blutgruppen
- B Chromosomen III
- M Chromosomen (Chromosomenkarten)
- Malaria
- □ Menschenrassen
Dufour, Léon
- Dufourea
- Dufoursche Drüse
Dufourea
Dufoursche Drüse
Duftblüte
- Ölbaumgewächse
Duftdrüsen (Botanik)
Duftdrüsen (Zoologie) ↗
- apokrine Sekretion
- Axillardrüsen
- Geschlechtsmerkmale
- Hautdrüsen
Duftflecken
- Duftschuppen
Duftmale ↗
Duftmarke
- Duftstraßen
- B Signal
- Zwischenklauendrüse
Duftorgane
- M Duftbeine
- Perinealdrüsen
Duftpinsel
- Hautdrüsen
Duftschuppen
- Danaidae
- Duftorgane
- □ Schmetterlinge (Falter)
Duftschuppenbüschel
- Corema
Duftschuppenfelder
- Augenfalter
Duft-Steinrich
- Silberkraut
Duftstoffe
- □ Blütenduft
- Schweißdrüsen

Duftstraßen
Duftstreifen
- Duftschuppen
Dufttasche
Dugès, Antoine-Louis
- Dugesia
Dugesia
Dugesiidae
- M Tricladida
Dugong
Dugongidae
- Halitherium
- Seekühe
Duisbergia
- M Devon (Lebewelt)
Dujardin, F.
- Bakterien
- Kinorhyncha
- M Protoplasma
Dukatenfalter ↗
- M Feuerfalter
Dulbecco, R.
Dulcit
- Hexite
Dulcitmanna
- Hexite
Dulichia ↗
- Flohkrebse
Dulidae ↗
Duliticola
- Rotdeckenkäfer
- Trilobitenlarve
Dulosis
Dulus
- Palmschmätzer
Dumas, Jean-Baptiste-André
- B Biologie II
Dum-Dum-Fieber ↗
Dumont, André-Hubert
- Dumontiaceae
Dumontia
- Dumontiaceae
Dumontiaceae
Dumortier, B.-Ch.
- Cytologie
Dumortiera ↗
dUMP
- Desoxyribonucleoside
Dumpalme
- B Afrika III
Dunal, Michel-Félix
- Dunaliellaceae
Dunaliella
- Chloroplasten
Dunaliellaceae
Dunen
- Vogelfeder
- M Vogelfeder
Dünen
- Ammophiletea
- Küstenvegetation
- M Sedimente
- ↗ Dünensand
Dünenbefestigung
- Quecke
- Strandhafer
Dünenküste
- Küstenvegetation
Dünensand
- Bodentemperatur
- Syrosem
Dünenweiden-Gebüsche ↗
Dung
- Stallmist
Düngekalk
- M Dünger
Düngelehre
- Liebig, J. von
Düngemittel
- ↗ Dünger
Dünger
- Ackerbau
- Algen
- Ammoniak
- Bodenbearbeitung
- M Bodenentwicklung
- M Eutrophierung
- Gülle

Düngerlinge

- Jauche
- Kläranlage
- Kurzflossenkalmar
- Nährstoffhaushalt
- M Pflanzenkrankheiten
- Wolff, E. von

Düngerlinge ↗

Düngermilben
- Macrochelidae

Düngetorf
Düngeverhältnis ↗
Dungfliegen ↗
- M Scatophagidae

Dunggas
Dungkäfer ↗
Dungmücken
Dungpilze
Düngung
- Artenschutz
- B Biologie II
- Bodenverbesserung
- Calcium
- Gartenbau
- Kohlensäuredüngung
- Kopfdüngung
- Mitscherlich-Gesetz
- □ Ozon
- □ Pflanzenschutz
- Stellarietea mediae
- Stickstoffauswaschung
- Teichwirtschaft

Dungwurm ↗
Dunkeladaptation
- Nachtblindheit
- □ Retinomotorik

Dunkelatmung
Dunkelfaktor
- M Neuropeptide

Dunkelfeldmikroskopie
Dunkelfixierung
Dunkelgrauer Waldboden
- Brunizem
- Grauer Waldboden

Dunkelkäfer ↗
Dunkelkeimer
Dunkelmücken
Dunkelreaktionen
- biologische Oszillationen
- B Photosynthese II
- B Stoffwechsel

Dunkelreaktivierung ↗
Dunkelreparatur
Dunkelreversion
- Phytochrom-System

Dunkelschlag
- Schirmschlag

Dunkelspinnen
Dunkelstellung
- Chloroplastenbewegungen

Dunkelzone ↗
dunkler Fichtenwald
- Europa

Dünndarm
- Darmfäulnis
- Darmflora
- Dickdarm
- □ Hormone (Drüsen und Wirkungen)
- Ionentransport
- Pankreas
- Regelung
- B Verdauung II
- Villikinin

Dünndarmepithel
- Dünndarm

Dünndarmzotten
- Chylusgefäße

Dünnsäure
- Wasserverschmutzung

Dünnschichtchromatographie ↗
- differentielle Genexpression
- Rhodamine

Dünnschliffe
- mikroskopische Präparationstechniken

Dünnschnabelgeier ↗
Dünnschnitte ↗
Duodenum ↗

Duplett
- M Axonema
- Information und Instruktion

duplex
- nulliplex

Duplicidentata ↗
Duplicitas cruciata
duplikat
- Knospenlage

Duplikation ↗
- Genfamilie
- B Mutation

Duplizitätstheorie ↗
- Kries, J.A. von

Duralsack
- Epiduralraum

Dura mater
- Faserhaut
- Hirnhäute

Dura mater spinalis
- Rückenmark

Durchblutung
- Temperaturregulation

Durchblutungsstörungen
- Sympathikolytika
  ↗ Embolie
  ↗ Thrombose

Durchbrenner
Durchfall
- Blutkohle
- M Escherichia coli
- Exsikkose
- Nahrungsmittelvergiftungen

Durchforstung
Durchgangsflora
- Bakterienflora
- Darmflora

Durchgangs-Polymorphismus
- Industriemelanismus

Durchlaßzellen ↗
Durchläufer
Durchlichtmikroskopie
- Dünnschliffe

Durchlüftung
- Bodenorganismen
- Ton-Humus-Komplexe

Durchlüftungsgewebe ↗
- M Grundgewebe
- Pflanzen

Durchmischung ↗
Durchschnürungsversuch
- Präformationstheorie

Durchstrahlungs-Elektronenmikroskop
- Elektronenmikroskop

Durchwachsung
Durchzügler
- Alieni

Durchzugsgebiet
- Vogelzug

Dürer, Albrecht
- B Biologie III

Durham, Arthur Edward
- Durham-Röhrchen

Durham-Röhrchen
- Gärröhrchen

Durianbaum ↗
Durilignosa
Durio
Dürre
- Hitzeresistenz

Dürreanpassungen
- Dürre
- Trockenresistenz

Dürrehärte
- Dürre

Dürreletalität
- Dürre

Dürreresistenz ↗
- Trockenresistenz

Dürreschäden
- Dürre

Dürrfleckenkrankheit
Durrha
- B Kulturpflanzen I

Durrha-Hirse
- Mohrenhirse

Dürrwurz ↗
Durst
- M Bereitschaft

- Modalität
- Nahrungsmittel
- Renin-Angiotensin-Aldosteron-System

Dusicyon
- Kampfüchse

Dusicyonini ↗
Dussumieria ↗
Düsterbienen ↗
Düsterbock
Düsterkäfer
Düsterröhrlinge
- Strobilomycetaceae

Dutrochet, H.J.
- B Biologie II

Duve, Ch.R. de
- Lysosomen

Duwock ↗
- Schachtelhalm

Dwarslöper
- Strandkrabbe

Dy
- Humus

Dyaden
- Allodiploidie

Dyas
Dyaszeit
- Dyas

Dybowskihirsch
- M Drohverhalten

Dynamena ↗
dynamische Selektion
- B Selektion I

dynamisches Gleichgewicht
- Entropie - in der Biologie
- Massenwirkungsgesetz
- stationär
- Stoffwechsel
- Systemtheorie
- turn over
- Wasserkreislauf
- Zelle
  ↗ Fließgleichgewicht

dynamische Symmetrie
- Symmetrie

dynamische Systeme
- Biokybernetik

Dynamit
- Diatomeenerde

Dynastinae ↗
Dynein
- Kartagener-Syndrom
- Mikrotubuli

Dyneinarme
- B Cilien und Geißeln
- Dynein

Dynorphin ↗
Dysauxes
- Widderbären

Dysbakterie
- Eubakterie

Dyschirius
- Laufkäfer

Dyscophinae
- Engmaulfrösche

Dyscophus ↗
Dysdera
- Dunkelspinnen

Dysdercus
- Feuerwanzen

Dysderidae ↗
- Zwergsechsaugenspinnen

Dysderinae
- Dunkelspinnen

Dysenterie ↗
Dysenteriebacillus
- Kitasato, Sh.
- M Shigella

Dysfibrinogenämie
- □ Blutgerinnung (Faktoren)

Dysidea
- Dysideidae

Dysideidae
dyskinetoplastisch
Dysmelie
Dysmelie-Syndrom
Dysodil
- Kohle

dysodont
- Austern

- Scharnier

dysphotische Region ↗
Dysploidie
Dyspnoe
- Atmungsregulation

Dysporia enterobronchopancreatica congenita familiaris
- Mucoviscidose

Dysproteinämie
dyspyren
- Paraspermien

Dystonie
dystrop
dystrophe Seen ↗
Dystrophie
- Degeneration
- Eiweißmangelkrankheit

Dytiscidae ↗
Dytiscus
- □ Klassifikation
- M Komplexauge (Querschnitte)
- M Komplexauge

Dzierzon, Johannes
- Bienenzucht

E

E ↗
e⁻ ↗
E 600
- M Carboxyl-Esterasen

E 605
- Acetylcholin-Esterase
- Entgiftung
- Parasympathikomimetika
  ↗ Parathion

EAAM
EAM
Earl Grey
- □ Teestrauchgewächse

Eatoniellidae
- M Littorinoidea

Eau de Javelle
- aufhellen

Ebalia
- Kugelkrabben

Ebarmenartige ↗
Ebbe
- M Lunarperiodizität
  ↗ Gezeiten

Ebenaceae
Ebenales ↗
Ebenenstufe
- Höhengliederung

Ebenholzartige
Ebenholzbaum
- M Ebenaceae

Ebenhölzer ↗
- M Kernholzbäume
- Ölbaum

Ebenholzgewächse ↗
Ebenstrauß ↗
Eber
Eberesche ↗
- B Europa IV
- Ledo-Pinion

Eberfische
Eberraute ↗
Eberwurz
Ebola-Virus
Ebonit
- Kautschuk

Edelraute

Eburnität
– Osteosklerose
Euronien
– Euronkaltzeit
Euronkaltzeit
– □ Pleistozän
– Waal-Warmzeit
EBV ↗
Ecardines
Ecballium ↗
Eccilia
– M Rötlinge
Eccles, Sir J.C.
– Bewußtsein
Eccrinales
– M Trichomycetes
Ecdyonuridae ↗
Ecdyonurus
– □ Bergbach
Ecdysis ↗
Ecdyson
– biotechnische Schädlingsbekämpfung
– Butenandt, A.F.J.
– Calliphora-Einheit
– Diapause
– Genregulation
– Häutung
– M Häutung
– Insektenhormone
– □ Insektenhormone
– Metamorphose
– prothorakotropes Hormon
– Prothoraxdrüse
Ecdysteron ↗
– Eibe
Ecgonin
– Tropanalkaloide
Echeneidae ↗
Echeneis
– Schiffshalter
Echeveria ↗
– M Dickblattgewächse
Echeverria, M.
– Echeveria
Echidna (Fische) ↗
Echidna (Säugetiere) ↗
Echimyidae ↗
Echimyinae
– Stachelratten
Echimys
– Stachelratten
Echinarachnius
– Sanddollars
Echinaster
– Echinasteridae
Echinasteridae
Echinidae
Echiniscoides
Echiniscus
Echinobothrium
– Diphyllidea
Echinocactus ↗
Echinocardium ↗
– Tiefseefauna
Echinocardium filiformis-Coenose
– Schlangensterne
Echinocardium-Gemeinschaft
– Herzigel
Echinocereus ↗
Echinochloa ↗
– □ Allorrhizie
Echinochrome
Echinococcus
Echinocyamus
– M Seeigel
– Zwergseeigel
Echinocystitoida
Echinodera ↗
Echinoderella ↗
– Habroderes
Echinoderes
– Habroderella
– Habroderes
– □ Kinorhyncha
Echinoderidae
– Haploderes
Echinodermata ↗
– □ Desoxyribonucleinsäuren (DNA-Gehalt)

– Enterocoeltheorie
– □ Tiere (Tierreichstämme)
↗ Stachelhäuter
Echinodiscus
– Sanddollars
– Seepfannkuchen
Echinodurus
– Froschlöffelgewächse
Echinoidea ↗
– Perischoechinoidea
Echinokokkose
– Echinococcus
Echinolampas
– □ Tertiär
Echinometridae ↗
Echinomycin
– Depsipeptide
Echinomyia
– Raupenfliegen
Echinoneus
– M Seeigel
Echinophthiridae
– B Parasitismus II
Echinopluteus
– Pluteus
– B Stachelhäuter II
Echinoprocta
– Bergstachler
Echinops ↗
Echinopsis ↗
Echinorhinidae ↗
Echinorhinus
– Nagelhaie
Echinorhynchus
– M Palaeacanthocephala
Echinosaura ↗
Echinosigra
– M Herzseeigel
– □ Irreguläre Seeigel
– Pourtalesiidae
Echinosoricinae
– Haarigel
– Igel
Echinosphaera
– Echinosphaerites
Echinosphaerites
Echinospira
– Blattschnecken
– Kappenschnecken
Echinosteliales
Echinostelium
– Echinosteliales
Echinostoma
Echinostomatidae
– Echinostoma
Echinostome
– □ Digenea
Echinostrephus
– Griffelseeigel
Echinothuria
– Lederseeigel
Echinothuriidae ↗
Echinozoa
– Helicoplacoidea
Echinus ↗
– Flabelligera
Echio-Melilotetum ↗
Echis ↗
Echium ↗
Echiurida
– M Anaerobier
– Archicoelomatentheorie
– Gephyrea
– □ Tiere (Tierreichstämme)
Echiurinea ↗
Echiuroinea
– Echiurinea
Echiurus
Echoorientierung
– Doppler-Effekt
– Eulenfalter
– Fettschwalme
– Fledermäuse
– Fledertiere
– Flughunde
– Gehörorgane
– Insektenfresser

– Sonar
ECHO-Viren
– M Abwasser
Echsen
Echsenbecken-Dinosaurier
– Saurischia
Echte Bakterien
– Eubakterien
Echte Bienen ↗
Echte Blattwespen
– Tenthredinidae
Echte Fliegen ↗
Echte Hefen
– Hanseniaspora
– Weinhefen
Echte Kamille
– B Kulturpflanzen XI
Echte Karettschildkröte
– Meeresschildkröten
– □ Schildkröten
Echte Läuse ↗
– B Insekten I
Echte Lorcheln
Echte Mehltaupilze
– □ Getreidemehltau
– Schwefeln
Echte Molche
– Salamandridae
Echte Perlmuscheln
– B Muscheln
Echte Pilze
Echte Quallen ↗
– Scyphozoa
Echter Eibisch
– Eibisch
– B Kulturpflanzen X
Echter Mahagonibaum
– Meliaceae
– B Südamerika I
Echter Mehltau
– Echte Mehltaupilze
Echter Reizker
– B Pilze III
– M Reizker
Echte Säbelzahnkatzen
– Machairodontidae
Echte Salpen ↗
Echte Säugetiere
– Eutheria
Echte Schlauchpilze ↗
Echte Schleimpilze
Echte Schlupfwespen
– Ichneumonidae
Echte Spinner
– Seidenspinner
Echtes Quellerwatt
– Thero-Salicornietea
Echtes Schlangenholz
– □ Brechnußgewächse
Echte Tiere
– Eutheria
Echte Trüffel
– Hypogäe
Echte Vanille
– B Kulturpflanzen IX
– Vanille
Echte Zitrulle
– Citrullus
Echte Zypresse
– B Mediterranregion III
– Zypresse
Echthirsche
Eciton ↗
Eckenfalter ↗
– Gehörorgane
Eckflügel ↗
Eckflügler ↗
Ecklonia ↗
Eckzähne
– atelische Bildungen
– Augenzahn
– Fangzähne
– Gebiß
– B Kampfverhalten
– Maxillare
– Mensch
– Mimik
– M Zähne
– Zahnformel

Eclosion Hormon
– □ Insektenhormone
– Metamorphose
E.C.-Nomenklatur
– Enzyme
Eco
– □ Restriktionsenzyme
Ecribellatae
– M Spinnapparat
Ectobiidae ↗
Ectobius
– Waldschaben
Ectocarpaceae
Ectocarpales
Ectocarpen
– Braunalgen
Ectocarpus ↗
– Ectocarpen
– eingeschlechtige Fortpflanzung
– Generationswechsel
– Hartmann, M.
Ectocochlia
Ectocuneiforme
– Keilbein
Ectognatha
– Insekten
– □ Insekten (Stammbaum)
Ectopistes ↗
Ectopleura
Ectoprocta
Ectopsocus
– M Psocoptera
Ectorhodospira
– halophile Bakterien
Ectothiorhodospira ↗
Ectothiorhodospiraceae
– Schwefelpurpurbakterien
Ectotropha
Ectrogellaceae
– Saprogleniales
Ectyon
Ectyonidae
– Ectyon
Ectypa
– M Eulenfalter
– Tageulen
ED
– □ Dosis
Edalorhina ↗
edaphische Faktoren
edaphische Vikarianz
– Alpenrose
Edaphon ↗
Edaphopaussus
– Fühlerkäfer
Edaphosaurus
Edelauge
– Veredelung
Edelfalter ↗
– Gehörorgane
Edelfäule
Edelfische
Edelhefe
– Bierhefe
Edelhirsche
– Zwischenklauendrüse
Edelkastanie ↗
– B Blatt III
– Gerbstoffe
– M Kastanie
– B Mediterranregion II
Edelkoralle
– B Hohltiere III
Edelkrebs ↗
– Europa
Edellibellen
Edelman, G.M.
– M Immunglobuline
Edelmaräne
– Renken
Edelmarder ↗
Edelmetalle
– Schwermetalle
Edelpelargonie
– M Pelargonium
Edelpilzkäse
– Käse
Edelraute ↗

Edelreis

Edelreis
- M Pfropfung
- Veredelung

Edelsauer
- Sauerteig

Edelschwein
- □ Schweine

Edelsteinrose ↗
- M Bunodactis
- B Hohltiere III

Edeltrüffel
- Speisetrüffel

Edelweiß
- B Alpenpflanzen
- B Europa XX

Edentata ↗
- Chalicotherium
- Glyptodon
- Grypotherium
- Unguiculata
- ↗ Zahnarme

Edestin

Edgeworth, Michael Pakenham
- Edgeworthia

Edgeworthia ↗

Ediacara-Fauna
- Cyclomedusa
- Präkambrium
- Pteridinium simplex
- Spriggina floundersi

Ediacarium
- Ediacara-Fauna

Edidin, M.
- Membran

Edinger-Westphal-Kerne
- Iris

Edman, Pehr
- Edmanscher Abbau

Edmanscher Abbau
- Abbau
- M Endgruppen
- Phenylisothiocyanat
- Proteine
- □ Proteine (Charakterisierung)

EDNH
- □ Insektenhormone
- M Sexualhormone

Edrioaster
- Edrioasteroidea

Edrioasteroidea

Edriolychnus ↗
- Diplozoon
- Parabiose
- M Parabiose
- B Parasitismus II

EDTA ↗

Edwards, J.
- Edwards-Syndrom

Edwardsia ↗

Edwardsia-Stadium

Edwardsiella

Edwards-Syndrom

EEG ↗

Eemien
- Eem-Interglazial

Eem-Interglazial

Eem-Meer

Eem-Warmzeit
- □ Pleistozän
- ↗ Eem-Interglazial

Efeu
- Appressorien
- B Europa XV
- Haftwurzeln
- heteroplastisch
- Knospe
- Lianen
- □ Saponine
- Stigmasterin

Efeuaralie
- Efeugewächse

Efeuborkenkäfer ↗

Efeugewächse

Effektor
- Allosterie
- Endprodukthemmung
- Enzyme

- □ Funktionsschaltbild
- Gehirn
- Genregulation
- B Genregulation
- Glutamin-Synthetase
- Stoffwechsel

efferente Nervenfaser
- Efferenz
- Erfolgsorgan

Efferenz
- afferente kollaterale Hemmung
- Bell-Magendie-Gesetz
- B Gehirn
- M Kniesehnenreflex
- □ Nervensystem (Funktionsweise)
- B Nervensystem II
- Reflex
- Rückenmark
- Zentralnervensystem

Efferenzkopie ↗

effiguriert

Effusion
- Vulkanismus

EFG
- M Elongationsfaktoren

EFT
- M Elongationsfaktoren

Egarten

Egel
- Gehirn
- Magen
- □ Spermien
- ↗ Blutegel

Egelschnecken ↗

Egeria
- Wasserpest

Egerlinge ↗

Egerlingsartige Pilze ↗

Egernia ↗

Egestion
- □ ökologische Effizienz

Egestionssipho
- □ Muscheln
- Sipho

egg development neurosecretory hormone
- □ Insektenhormone
- M Sexualhormone

Egge
- Bodenbearbeitung

Eggenpilze ↗

egg laying-hormone
- M Neuropeptide

egg releasing-hormone
- M Neuropeptide

Egoismus
- Bioethik

egoistische DNA
- Desoxyribonucleinsäuren
- repetitive DNA

egoistisches Gen
- Bioethik

Egression
- □ Massenvermehrung
- Vermehrung

Egretta ↗

EGW ↗

Ehe
- Dauerehe
- Eheform
- Isolate
- Partnerschaft
- Sexualität - anthropologisch

Eheform

Ehlersia
- M Syllidae

Ehrenberg, Ch.G.
- Bakterien
- Coccolithen

Ehrenpreis
- M Rachenblüte

Ehret, Johann Georg Dionys
- Ehretiaceae

Ehretia
- Ehretiaceae

Ehretiaceae

Ehringsdorf ↗

Ehrlich, P.
- Alexine
- B Biologie III
- Borrelia
- Chemotherapeutika
- Ehrlichia
- Ehrlich-Reagenz
- Hata, S.
- Horror autotoxicus
- Salvarsan
- Seitenkettentheorie
- Ziehl-Neelsen-Färbung

Ehrlichia
- Ehrlichia

Ehrlichiae
- Ehrlichia

Ehrlichieae
- □ Rickettsien

Ehrlichiose
- Ehrlichia

Ehrlich-Reagenz

Ei
- Anisotropie
- Befruchtung
- B Dinosaurier
- Felsbrüter
- B Furchung
- Gameten
- Gebärmutter
- Gelege
- Hühnerei
- M Hühnerei
- Ovoparie
- Sexualdimorphismus
- Vogelei
- ↗ Eizelle

Eiablage
- Geschlechtsorgane
- □ Hormone (Drüsen und Wirkungen)
- Hühnerei
- Vogelei

Eiachsen

Eiaktivierung ↗
- Corticalreaktion

Eiapparat
- Bedecktsamer
- Blüte
- M Samenanlage

Ei-Attrappen
- B Mimikry I

Eibe
- B Europa XI
- M Giftpflanzen
- M Höhengrenze
- M Kernholzbäume
- □ Lebensdauer
- Wildverbiß

Eibengewächse

Eibenholz
- Eibe

Eibildung ↗

Eibisch
- Abelmoschus
- B Kulturpflanzen X

Eibläschen ↗

Eibl-Eibesfeldt, Irenäus
- Determination

Eichapfel

Eiche
- B Blatt III
- M Blattskelett
- □ Bodenzeiger
- Europa
- B Europa X
- Forstpflanzen
- M Gallen
- Gerbstoffe
- M Holozän
- □ Holz (Bautypen)
- B Holzarten
- Kätzchen
- M Kernholzbäume
- Kork
- □ Lebensdauer
- Massenzuwachs
- Mastjahre
- B Mediterranregion II
- Mykorrhiza
- Nebenblätter

- B Nordamerika V
- Schirmschlag
- Umtrieb
- Vaccinio-Piceetea
- Wald
- Waldsterben
- M Waldsterben

Eichel (Frucht) ↗
- □ Saat

Eichel (Prosoma)
- M Enteropneusten

Eichel (Schwellkörper)
- Clitoris
- Geschlechtsfalte
- Penis

Eichelbohrer
- Rüsselkäfer

Eicheldarm
- Enteropneusten

Eichelhäher ↗
- B Europa XIII
- Häher

Eichelmast

Eichelskelett
- Enteropneusten

Eichelwürmer ↗

Eichenblatt-Radspinne

Eichenbock
- B Insekten III
- Stridulation

Eichen-Buchen-Wald
- B Wald

Eichen-Elsbeerenwald ↗

Eichenfarn ↗

Eichengallapfel

Eichengallwespe
- Gallwespen
- B Parasitismus I

Eichen-Hainbuchenwälder
- M Biomasse

Eichenholz
- Eiche

Eichen-Kiefern-Wälder
- Höhengliederung

Eichenkugelrüßler
- Blattroller

Eichenminiermotte
- Minen
- Schopfstirnmotten

Eichenmischwald
- Höhengliederung
- M Holozän

Eichenmischwaldzeit ↗
- Mitteleuropäische Grundsukzession

Eichenmistel ↗

Eichenmoos

Eichenschälwald

Eichenschrecken

Eichenseidenspinner
- Pfauenspinner

Eichenspinner ↗
- B Insekten IV

Eichen-Tulpenbaum-Wälder
- Nordamerika

Eichenulmenwald ↗

Eichen-Wälder
- Nordamerika

Eichenwickler

Eichenwidderbock
- M Wespenböcke

Eichenwirrling
- Daedalia

Eichhase ↗
- M Büschelporlinge

Eichhörnchen
- Asien
- B Asien I
- Europa
- M Fährte
- Grauhörnchen
- Jugendentwicklung: Tier-Mensch-Vergleich
- □ Lebensdauer
- M Nest (Säugetiere)
- Winterruhe
- Yersinia
- Zählvermögen

Eichhörnchenartige
- B Säugetiere

Einschlußkörperchen

Eichhornia ↗
- aquatic weed
- [M] Pollentäuschblumen

Eichkätzchen
- Eichhörnchen

Eichler, A.W.

Eichleria
- Sauerkleegewächse

**Eichlersche Entfaltungs-
regel** ↗

Eichproteine
- □ Proteine (Charakterisierung)

Eichstätt
- □ Jura

Eickstedt, E. von

Eidechsen
- [B] Dinosaurier
- [B] Europa XIII
- [M] Gehörorgane (Hörbereich)
- Harnstoffzyklus
- heliophil
- [B] Homologie und Funktionswechsel
- [M] Jacobsonsches Organ
- Kontakttier
- Kraniokinetik
- □ Lebensdauer
- Rasse
- Regeneration
- □ Schuppen
- Temperaturanpassung

Eidechsenfische

Eidechsennatter

Eiderente
- [B] Europa I
- [M] Nest (Nestformen)

Eidolon
- Flughunde

Eidonomie

EIEC
- [M] Escherichia coli

Eientwicklungshormon
- □ Insektenhormone

Eieralbumin
- [B] Biochemie
- ↗ Ovalbumin

Eierbovist ↗
- [B] Pilze III

Eierfrucht ↗

Eierfruchtbaumgewächse
- Hernandiaceae

Eierkunde ↗

Eierlegende Säugetiere

Eierschlangen

Eierschnecken

Eierschwamm ↗

Eierstock ↗
- [M] Hormondrüsen
- [M] Hühnerei
- [M] Menstruationszyklus
- [M] Ovidukt
- ↗ Ovar

Eierstockhormone
- Ovarialhormone

Eierstockträchtigkeit
- Leibeshöhlenträchtigkeit

Eifelium
- [M] Devon (Zeittafel)

Eifollikel ↗

eiförmig
- Blatt

Eifurchung ↗

Eigelb
- Ei

Eigen, M.
- Abstammung - Realität
- Determination
- □ Determination
- Hyperzyklus
- Information und Instruktion
- Leben

Eigenapparat
- Nervensystem

Eigenbestäubung ↗

Eigenbezirk
- Revier

Eigenfrequenz
- Freilauf

Eigenimpfstoffe
- Autovakzine

Eigenreflex
- Reflex
- Regelung
- [B] Rückenmark

Eigenschaftsanalyse
- Phylogenie

Eight-Spotted Forester
- Agaristidae

Eignung ↗

Eihalter
- Gebärmutter

Eihäute
- Fruchtwasser

Eihügel
- □ Eizelle

Eihüllen
- Eizelle
- Follikelzellen
- Geburt
- Trophamnion

Eijkman, Ch.
- Beriberi

Eijkman-Nährlösung
- Eijkman, Ch.

Eikapsel
- Bandwürmer
- Eitaschen
- [M] Floßschnecken
- Kokon

Eikenella
- [M] Mundflora

Eikern
- Eitypen

Eiklar
- Dotter
- Ei
- Hühnerei
- [M] Hühnerei
- Lysozym
- Vogelei

Eikokon
- Kokon

Eikosan
- [M] Alkane

N-Eikosansäure
- Arachinsäure

$\Delta^{5,8,11,14}$**-Eikosantetraensäure**
- Arachidonsäure

Eilarve
- Eizahn
- Insektenhormone
- ↗ Primärlarve

Eilegeapparat
- Extremitäten
- Genitalsegmente
- Hautflügler
- Hüftgriffel
- Insekten
- Stechapparat
- Terebra

Eileiter ↗
- Ampulle
- Falloppio, G.
- Fimbrien
- Gebärmutter
- [M] Hühnerei
- ↗ Ovidukt

Eileiterträchtigkeit
- Leibeshöhlenträchtigkeit

Eilema ↗

Eilhardia
- [M] Grantiidae

Eilkäfer
- Laufkäfer

Eimembranen
- Eihüllen

Eimeria

Eimutterzelle
- Oocyte

einachsig
- haplokaulisch

Einatmung
- Inspiration

Einatmungsreservevolumen
- Atmung

einäugiges Sehen
- monokulares Sehen

einbalsamieren
- Harze

Einbaufehler ↗
- 2-Aminopurin
- Replikation

Einbeere
- □ Rhizome

Einbettung (Fossilisationslehre)
- Fossilisation
- Inkrustationszentrum
- Paläontologie

Einbettung (Mikroskopie) ↗
- Präparationstechniken

Einbettungsmittel
- Celloidin
- Epon

Einblattfrüchte
- Frucht
- □ Fruchtformen

Einbürgerung
- Australien
- biologische Schädlingsbekämpfung
- Einschleppung
- Europa
- Faunenverfälschung
- Kolonisierung
- Neuseeländische Subregion
- Verbreitung

eindicken
- Konservierung
- □ Konservierung (Konservierungsverfahren)

Einehe
- Familienverband
- ↗ Monogamie

eineiige Mehrlinge
- Polyembryonie

eineiige Zwillinge ↗
- [B] asexuelle Fortpflanzung II

Eineiigkeit
- Diskordanz

Einemsen

Einfachbindung
- freie Drehbarkeit
- [B] Kohlenstoff (Bindungsarten)
- Konformation

Einfachdiffusion
- Agardiffusionstest

einfache Bakterien
- Eubakterien

einfache Gebrauchsbastardierung
- Hybridzüchtung

Einfachkreuzung
- Hybridzüchtung

Einfelderwirtschaft

Eingangsgröße
- Kennlinie

Ein-Gen-ein-Enzym-Hypothese
- [B] Biochemie
- [B] Biologie II
- [M] Enzyme

Ein-Gen-ein-Polypeptid-Hypothese
- Ein-Gen-ein-Enzym-Hypothese

eingeschlechtig

eingeschlechtige Fortpflanzung

eingeschränkte Allsätze
- deskriptive Biologie

Eingeweide
- [B] Nervensystem II
- □ Rindenfelder

Eingeweidefische

Eingeweideganglion
- Visceralganglion

Eingeweidemuskulatur
- Bewegung

Eingeweidenerv
- Splanchnikus

Eingeweidenervensystem ↗

Eingeweidesack
- Nervensystem

Eingeweideschnecken

Eingeweidewürmer

Eingießpräparate
- Präparationstechniken

Einhäusigkeit ↗

einheimisch

Einheit der Natur
- anthropisches Prinzip

Einheitserde

Einheitsmembran ↗

Einhorn
- Gesner, C.
- Narwal

Einhornfische ↗

Einhornwal ↗

Einhufer ↗

einjährig ↗
- monocyclisch

Einjährigen-Trittgesellschaften ↗

Einjährige Quellerwatten
- Thero-Salicornietea

Einkapselung
- Encystierung

Einkeimblättrige Pflanzen
- [B] Biologie II
- ↗ Monokotylen

Einkeimblättrigkeit
- Anisokotylie

Einketter
- Saponine

Einkippung

Einkippungsregel
- Einkippung

einkochen
- Konservierung

Einkorn ↗
- Ackerbau
- Fruchtbarer Halbmond
- [M] Kulturpflanzen
- Spelzgetreide

Einkrümmung
- Telomtheorie
- [M] Telomtheorie

Einlagen
- intracamerale Ablagerungen

Einlagerungsverdichtung
- Bodenverdichtung

Einmanngruppe
- Harem

Einmieter ↗

Einnischung ↗
- Evolution
- ökologische Lizenz

Einnistung
- Embryonalentwicklung
- Nidation

Einnistungsstörungen
- [M] Fehlbildung

einnormale Lösung
- Normallösung

einpökeln
- □ Konservierung (Konservierungsverfahren)
- ↗ pökeln

Einregelung

Einrollbewegung
- übernormaler Schlüsselreiz

Einrollung

Einsaat
- Saat

einsalzen
- □ Konservierung (Konservierungsverfahren)

Einsäuerung ↗
- □ Konservierung (Konservierungsverfahren)

Einschachtelungshypothese
- Entwicklungstheorien

einschlafen
- Schlaf

Einschleicheffekt ↗

Einschleppung
- Europa

Einschleusung
- Gentechnologie

Einschlußkörper
- Arthropodenviren
- Deutoplasma
- Pflanzenviren
- Viroplasma

Einschlußkörperchen
- □ Virusinfektion (Wirkungen)

133

Einschlußpräparate

- ↗ Einschlußkörper
- *Einschlußpräparate (makroskopisch)*
- *Einschlußpräparate (mikroskopisch)* ↗
- **Einschlußverbindung**
  - Amylopektin
  - Amylose
  - Dextrine
- **einschneidig**
  - Scheitelzelle
- *Einschnürkrankheit*
- *Einschwemmungshorizont*
- **einseitige Selektion**
  - Genzentrentheorie
- *Einsicht*
  - Denken
  - Lernen
  - Menschenaffen
- **Einsichtsfähigkeit**
  - Intelligenz
- *Einsiedlerkrebse*
  - Ektosymbiose
  - [M] Hydractinia
  - Mesomyaria
  - [M] Mesomyaria
- **Einsporkultur**
  - Einzellkultur
  - Reinkultur
- *Einstellbewegung* ↗
- *Einsteuerung*
- **Einstiegsphase**
  - □ Drogen und das Drogenproblem
- **Einstreu**
  - Streu
  - Streunutzung
  - Stroh
- *Eintagsfliegen*
  - Geschlechtsorgane
  - [B] Insekten I
  - □ Karbon
  - [M] Komplexauge (Querschnitte)
  - □ Lebensdauer
  - □ Rote Liste
- *Einthoven, W.*
  - Elektrokardiogramm
- **Einthoven-Dreieck**
  - Einthoven, W.
  - □ Elektrokardiogramm
- *Eintiefungsseen*
  - See
  - [M] See
- **einüben**
  - Spielen
- **Einwanderung**
  - Äthiopis
  - Bevölkerungsentwicklung
  - Immigration
  - Populationswachstum
- **Einwanderungsrate**
  - Inselbesiedlung
- *Einwaschungshorizont* ↗
- **einwecken**
  - Konservierung
- **Einwirkzeit**
  - Rezeptoren
- *Einwohnergleichwert*
  - Abwasser
- *Einzelaugen*
  - Gliederfüßer
  - □ Komplexauge (Aufbau/Leistung)
  - Ocellen
- **Einzelfasern**
  - Elementarfasern
- **Einzelfrüchte**
  - Bedecktsamer
- *Einzelkorngefüge* ↗
- **Einzelkornsaat**
  - □ Saat
- *Einzeller*
  - Bodenorganismen
  - Leben
  - Pflanzen
  - Protophyten
  - ↗ Protozoa
- *Einzellerprotein*
  - Candida
- Carboxidobakterien
- methylotrophe Bakterien
- Thermomonospora
- *Einzellige gleitende Bakterien*
- *Einzellkultur*
  - Reinkultur
- **Einzelstrang**
  - [B] Desoxyribonucleinsäuren I
  - displacement loop
  - Doppelstrang
  - Ribonucleinsäuren
  - □ schmelzen
- **Einzelstrangbruch**
  - Crossing over
  - Desoxyribonucleinsäuren
  - DNA-Ligase
  - DNA-Reparatur
  - [M] Gensynthese
- *einzelsträngige DNA-Phagen*
  - Viren
- *einzelsträngige RNA-Phagen*
  - Viren
- **Einzelstranglücke**
  - AP-Endonuclease
- **Einzelstrangschnitt**
  - AP-Endonuclease
- **einzuckern**
  - □ Konservierung (Konservierungsverfahren)
- **Eipaket**
  - Gelege
- *Eipilze* ↗
- **Eiplasma**
  - Ooplasma
- *Eira*
  - Tayra
- *Eiraupe*
- **Eireifung**
  - Eikern
  - [M] Ovar
- *Eirene* ↗
- *Eirenis*
- *Eirinde* ↗
- *Eiröhren* ↗
  - [M] Eileigeapparat
- *Eirollbewegung* ↗
- **Eis**
  - anthropisches Prinzip
  - Entropie - in der Biologie
  - Erfrieren
  - Frostresistenz
  - Frostschäden
  - Kältetod
  - Kryoflora
  - Kryokonitlöcher
  - Kryoplankton
  - Temperaturanpassung
  - Wasser
  - [M] Wasser (Physik)
  - Wasserkreislauf
- **Eisäcke**
  - Copepoda
- **Eisalgen**
  - Polarregion
- *Eisbär*
  - □ Bären
  - Europa
  - Farbe
  - Hautfarbe
  - Polarregion
  - [B] Polarregion I
- **Eisbelag**
  - [M] Niederschlag
- *Eisbeständigkeit*
- **Eisbruch**
- **Eischale**
  - Ammoniak
  - Chorion
  - [M] Ei
  - Eizahn
  - Geschlechtsorgane
  - Greifvögel
  - Oologie
  - [M] Oviduct
  - Vogelei
- **Eischalendrüsen**
  - Nidamentaldrüsen
- **Eischiffchen**
  - [M] Wasserkäfer
- *Eischläuche* ↗
- *Eischwiele* ↗
- **Eisen**
  - [M] Bioelemente
  - Eisen-Schwefel-Proteine
  - Eisenorganismen
  - Eisenstoffwechsel
  - [M] Erythrocyten
  - Ferritin
  - □ mikrobielle Laugung
  - Nährsalze
- **Eisen, Gustav A.**
  - Eisenia
  - Eiseniella
- **Eisenalaun**
  - Eisenhämatoxylinfärbung
  - van-Gieson-Färbung
- *Eisenanreicherung* ↗
- **Eisenatmung**
  - [M] anaerobe Atmung
- **Eisenbahnystagmus**
  - Nystagmus
- *Eisenbakterien*
  - Winogradsky, S.N.
- **Eisenchlorose**
  - Eisenstoffwechsel
- *Eisenhämatoxylinfärbung*
  - Heidenhain, M.
- *Eisenholz*
  - Argania
  - Australien
- **Eisenhumusortstein**
- *Eisenhumuspodsol* ↗
  - Bodenentwicklung
- **Eisenhut**
  - Alpenpflanzen
  - [B] Europa II
  - [B] Europa XX
  - Hummelblumen
  - [M] Knolle
- **Eisenhydroxid-Micellen**
  - Ferritin
- *Eisenia (Algen)* ↗
- *Eisenia (Anneliden)*
- *Eiseniella*
- **Eisenkraut**
  - Eisenkrautgewächse
  - [M] Ruderalpflanzen
- *Eisenkrautgewächse*
- **Eisenleitungen**
  - Sulfatreduzierer
- **Eisenmade**
  - Nacktfliegen
- **Eisenmadigkeit**
  - Nacktfliegen
- **Eisenmangelanämie**
  - [M] Anämie
- *Eisenorganismen*
- **Eisenoxide**
  - □ MAK-Wert
  - Scheidenbakterien
- *eisenoxidierende Bakterien*
- *Eisenpodsol* ↗
- **Eisen-Protein**
  - Nitrogenase
- *Eisen-Schwefel-Proteine*
- **Eisen-Siderophilin**
  - Transferrin
- **Eisenspeicherkrankheit**
  - Hämochromatose
- **Eisenspeicherprotein**
  - Apoferritin
  - Hämosiderin
- *Eisenstoffwechsel*
  - Albomycin
- **Eisensulfide**
  - Schlick
- **Eisente**
  - [B] Europa III
  - Meerenten
- **Eisentransferrin**
  - Transferrin
- **Eisenverbindungen**
  - Gley
  - schwefeloxidierende Bakterien
- **Eisenverlagerung**
- **Eisenzeit**
  - [M] Holozän
- **Eisessig**
  - Essigsäure
- *Eisfalter* ↗
- **eisfestes Gewebe**
  - Frostresistenz
- *Eisfische* ↗
  - Polarregion
- *Eisfuchs*
  - □ Allensche Proportionsregel
  - [B] Polarregion I
- *Eishaie* ↗
- **Eiskalorimeter**
  - [B] Biologie III
  - □ Kalorimetrie
- **Eiskörner**
  - [M] Niederschlag
- *Eiskraut* ↗
- **Eismeer**
  - Polarregion
- **Eismöwe**
  - [B] Signal
- **Eispende**
  - Insemination (Aspekte)
- **Eispiegel**
  - Schwammspinner
- *Eispilz* ↗
- *Eisprung* ↗
  - □ Embryonalentwicklung (Mensch)
  - Empfängnisverhütung
  - □ Hormone (Drüsen und Wirkungen)
  - Wildkaninchen
  - ↗ Follikelsprung
- **Eissalat**
  - Lattich
- *Eisseestern*
- **Eissproß**
  - [M] Geweih
- **Eisstern**
  - Eisseestern
- *Eissturmvögel*
  - [B] Polarregion III
- **Eistaucher**
  - [B] Polarregion III
  - Seetaucher
- **Eistod**
  - Frostschäden
- *Eisvogel*
- *Eisvögel*
  - [B] Europa VII
  - Farbe
  - [M] Gewölle
  - [M] Höhlenbrüter
  - Nest
  - Stoßtaucher
- **Eiszapfen**
  - Rettich
- *Eiszeit*
  - Arealaufspaltung
  - arktoalpine Formen
  - arktotertiäre Formen
  - Aussterben
  - Bänderton
  - Bodengeschichte
  - Erhaltungsgebiet
  - Europa
  - eustatische Meeresspiegelschwankung
  - Katastrophentheorie
  - Klima
  - Mittelmeerfauna
  - Paläarktis
  - Polarregion
  - Schimper, K.F.
  - ↗ Pleistozän
- **Eiszeitalter**
  - Quartär
- *Eiszeitrefugien*
  - Bastardzone
  - Europa
  - Mandschurisches Refugium
  - Mediterranregion
  - Mongolisches Refugium
  - Paläarktis

elektrische Ladung

- pontische Faunen- und Florenelemente
Eiszeitrelikte
- Europa
- Glazialflora
- Höhlentiere
- ☐ Pleistozän
- Relikte
Eitaschen ↗
- Kokon
Eiter
- Abszeß
- Chemotaxis
- Eitererreger
Eitererreger
- Eiter
Eitransfer
- Insemination (Aspekte)
Eitypen
- Entwicklungstheorien
Eiweiß (Hühnerei)
Eiweiß (Protein)
- ☐ Nahrungsmittel
- ↗ Proteine
Eiweißdefizit
Eiweißdrüsen
- Geschlechtsorgane
- Ⓜ Geschlechtsorgane
Eiweißfäulnis ↗
- Darm
Eiweißgärung
- Fäulnis
Eiweißharn
- Proteinurie
Eiweißhefe
Eiweißkörper
- Eiweißstoffe
- Proteine
Eiweißmangel
- Eiweißdefizit
Eiweißmangelkrankheit
- Unterernährung
Eiweißminimum ↗
Eiweißproduktion
- kontinuierliche Kultur
- ↗ Einzellerprotein
Eiweißquotient ↗
Eiweißstabilisierung
- Wein
Eiweißstoffe ↗
Eizahn (Amphibien)
- Antillenfrösche
Eizahn (Insekten)
Eizahn (Vögel)
Eizelle
- Aktivierung
- Blüte
- Ⓑ Desoxyribonuclein-
säuren II
- Eikern
- Embryosack
- Gameten
- Geschlecht
- Geschlechtsorgane
- Gynogenese
- harmonisch-äquipotentielles System
- Hühnerei
- Ⓜ Hühnerei
- ☐ Keimbahn
- Ⓑ Kerntransplantation
- ☐ Menstruationszyklus
- Ⓑ Menstruationszyklus
- Ⓑ Moose II
- Ⓑ Nacktsamer
- Ⓜ Ovar
- Samen
- Vogelei
- Ⓜ Zellkern
- ↗ Ei
Ejactosome ↗
Ejakulat
- Spermien
Ejakulation
- Bulbourethraldrüsen
- Ejakulat
- Ⓜ Schwellkörper
Ejakulationskanal
- Geschlechtsorgane

- Ⓜ Geschlechtsorgane
ejakulatorischer Apparat
- Kopffüßer
Ekapterin
- Pteridine
ekdemisch
- Ⓜ Holarktis
- tiergeographische Regionen
EK-Filter ↗
EKG ↗
ekkrin
- Hautdrüsen
Eklektor
Eklipse
- ☐ Bakteriophagen
- molekulare Maskierung
- Virusinfektion
ekliptische Form
- ☐ Konformation
ektendotrophe Mykorrhiza
- Mykorrhiza
Ektoblast ↗
Ektoblastem
Ektoconulid
- Trituberkulartheorie
Ektoderm
- Ⓑ Biologie II
- Ektoblastem
- Ⓑ Embryonal-
entwicklung I
- Gastraea-Theorie
- Gastrulation
- Keimblätter
- Remak, R.
Ektodesmen
Ektogenese
Ektohormone ↗
Ektokommensalen
- Chonotricha
ektolecithale Eier ↗
Ektoloph
Ektolophid
- Ektoloph
Ektomesoblastem ↗
Ektomesoderm
Ektomie
- Exstirpation
ektomorph
- Ⓜ Konstitutionstyp
Ektoparasiten
- Ctenidien
- Ernährung
- Putzen
- Putzsymbiose
Ektoparasitismus
- Ⓜ Ektosymbiose
- Ⓑ Parasitismus II
ektopisch
Ektoplasma
- Nacktamöben
ektoplasmatisches Fadennetz
- Netzschleimpilze
Ektosark
- Ektoplasma
Ektosipho
- Sipho
Ektoskelett ↗
Ektospor ↗
Ektosporen ↗
Ektostriatum
- Telencephalon
ektosymbiontische Pilze
- Ambrosia
Ektosymbiose
Ektoteloblasten
- Teloblasten
ektotherme Tiere ↗
Ektotoxine ↗
ektotrophe Mykorrhiza ↗
Ektoturbinalia ↗
Ektromelia muris
- Mäusepocken
Ektromelie ↗
Ektromelievirus ↗
Elacatinus
- ↗ Putzsymbiose
Elachista ↗
- Grasminiermotten
Elachistidae ↗

Elachistocleis ↗
Elachistodon ↗
Elaeagnaceae ↗
Elaeagnus ↗
- Ⓜ Frankiaceae
Elaeis ↗
Elaeocarpaceae
Elaeocarpus
- Elaeocarpaceae
Elaeodendron ↗
Elagatis ↗
Elaidinisierung
- Elaidinsäure
Elaidinsäure
- Ölsäure
Elaiophoren ↗
Elaioplasten
Elaiosomen
- Caruncula
- Myrmekochorie
- Ⓜ Samenverbreitung
élan locomotif
- Vitalismus - Mechanismus
Elanus ↗
élan vital
- Teleologie - Teleonomie
- Vitalismus - Mechanismus
Eläostearinsäure
- Tungöl
Elaphe ↗
Elaphodus
- Ⓜ Asien
- Muntjakhirsche
Elaphomyces ↗
- Ⓜ Mykorrhiza
Elaphomycetaceae
- Hirschtrüffel
Elaphomycetales
- Hirschtrüffel
- Ⓜ Plectomycetes
Elaphrus ↗
Elaphurus
Elapidae ↗
Elasipodida
- Ⓜ Seewalzen
Elasmobranchii ↗
- Ⓜ Anaerobier
- Cladoselachii
- ☐ Nephron
Elasmoidschuppen
- Schuppen
Elasmosaurus
Elasmotheriinae
- Elasmotherium
Elasmotherium
Elastase
- Serin
Elastin
- Bindegewebe
- Blutgefäße
- Interzellularsubstanz
elastische Fasern ↗
Elastizität
- Ⓜ Compliance
- Gewebespannung
- Regenerationsfähigkeit
- Stabilität
Elastizitätsverlust
- Arteriosklerose
Elastoidinfäden
Elateren
Elatericine ↗
Elateridae ↗
Elaterine
- Cucurbitacine
Elaterinid
- Ⓜ Gnadenkraut
Elateroidea
- Komplexauge
Elatides
- Sumpfzypressen-
gewächse
Elatobium
- Ⓜ Röhrenläuse
Elbeeiszeit
Elberfeld-Flora
- Ⓜ Devon (Lebewelt)
Elbling ↗
- ☐ Weinrebe

Elch
- Asien
- Ⓜ Brunst
- Europa
- Ⓑ Europa V
- Ⓜ Geweih
- Hochwild
- Ⓜ Körpergewicht
- Libralces
- Zwischenklauendrüse
Elchfarn
- Ⓜ Nischenblätter
- Tüpfelfarngewächse
Elchhirsche
Elchhund
- ☐ Hunde (Hunderassen)
Eldredge
- Evolution
Electra ↗
Electroma
- Seeperlmuscheln
Electrophoridae ↗
Electrophorus
- Acetylcholinrezeptor
- Messeraale
Eledona
- Schwarzkäfer
Eledone ↗
Elefanten
- Ⓑ Afrika II
- Ⓑ Asien VII
- Äthiopis
- ☐ Auflösungsvermögen
- Copesches Gesetz
- ☐ Endosymbiose
- Ⓜ Herzfrequenz
- Ⓜ Körpergewicht
- Körpergröße
- Ⓜ Körpertemperatur
- ☐ Lebensdauer
- Lippen
- Mammut
- Mensch und Menschenbild
- Nestflüchter
- Nomenklatur
- Phiomia
- Stoffwechselintensität
- Stoßzähne
- Subungulata
- Ⓜ Trächtigkeit
- Zahnwechsel
Elefantenfisch ↗
Elefantenfuß ↗
Elefantenfuß-Dinosaurier
- Sauropoda
Elefantengras
- Ⓑ Afrika III
Elefantenlaus ↗
- Sumachgewächse
Elefantenläuse
Elefantennilhecht
- Ⓑ Fische IX
- Nilhechte
Elefantenohr
- Badeschwämme
Elefantenrobben ↗
Elefantenrüsselfisch
- Ⓑ elektrische Organe
Elefantenschildkröte
- Ⓜ Gelege
Elefantenspitzmäuse
Elefantenzahn ↗
Elektivkultur ↗
Elektivnährböden
- Selektivnährböden
Elektivstoffe
- Selektivnährböden
elektrische Arbeit
- Ⓑ Dissimilation I
elektrische Fische
- Bioelektrizität
elektrische Impulse
- Bioelektrizität
- Impuls
- Nervenimpuls
elektrische Ladung
- ☐ Proteine (Schematischer Aufbau)
- Radioaktivität

135

elektrische Leitfähigkeit

elektrische Leitfähigkeit
- [B] elektrische Organe
- Membranpotential
- Rezeptoren

elektrische Organe
- Bioelektrizität
- magnetischer Sinn
- [M] Membranpotential
- Synapsen

elektrische Reizung
Elektrische Rochen
- Zitterrochen

elektrisches Feld
- [B] elektrische Organe
- magnetischer Sinn
- Osteostraci
- Potential

elektrische Spannung
- Potential

elektrische Synapsen
- elektrische Organe
- Endplatte
- Synapsen

Elektrische Welse
- Zitterwelse

elektrische Zellfusion ↗
elektrochemischer Protonengradient
- □ Mitochondrien (Aufbau)
- protonenmotorische Kraft

Elektrocyten
- elektrische Organe

Elektrode
- □ Röntgenstrahlen

Elektroencephalogramm
- □ Schlaf

Elektroencephalograph
- Elektroencephalogramm

Elektrofilter
- Filter

Elektrofischerei
Elektrofokussierung
- isoelektrischer Punkt
- □ Proteine (Charakterisierung)

Elektrofusion
- [M] Zellfusion

Elektrokardiogramm
- Bioelektrizität
- □ Herzinfarkt

Elektrokardiograph
- Elektrokardiogramm

Elektrokardiographie
- Elektrokardiogramm

Elektrolyte
- Diffusionspotential
- [M] Kation
- Mineralstoffe
- Osmoregulation
- Puffer
- Salze

Elektrolythaushalt
- Elektrolyte
- Renin-Angiotensin-Aldosteron-System

elektrolytische Dissoziation
- Elektrolyte
- Salze
- ↗ Dissoziation

Elektrolytquellung
elektromagnetische Kraft
- □ anthropisches Prinzip

elektromagnetisches Spektrum
- Bestrahlung
- Farbe

elektromagnetische Strahlung
- Ausstrahlung
- Biophysik
- Farbstoffe

elektromagnetische Wellen
- elektromagnetisches Spektrum

elektromechanische Koppelung
- Flugmuskeln
- Muskelkontraktion

Elektromerie
- Mesomerie

Elektromyogramm
Elektromyographie
- Elektromyogramm

Elektron
- anthropisches Prinzip
- □ anthropisches Prinzip
- Bernstein
- Betastrahlen
- chemische Bindung
- elektrische Ladung
- [B] Kohlenstoff (Bindungsarten)
- Photosynthese
- Radioaktivität
- □ Redoxpotential
- Reduktion

Elektronarkose
- Elektrofischerei

Elektronastie ↗
Elektronegativität
- Atmungskette
- Dipol
- Pauling, L.C.

Elektronenakzeptor
- [B] Dissimilation I
- Redoxreaktionen

Elektronenäquivalente ↗
Elektronendonor
- [B] Dissimilation I
- □ Ernährung
- Redoxreaktionen

Elektronenerzeugung
- Elektronenmikroskop

Elektronenhülle
- [M] Molekülmodelle
- ↗ Atom

Elektronenisomerie
- Mesomerie

Elektronenlinsen
- Elektronenmikroskop

Elektronenmikroskop
- [B] Biologie III
- Biophysik
- Cytologie
- [M] Mikroorganismen
- Moleküle

Elektronenmikroskopie
- Elektronenmikroskop

elektronenmikroskopische Präparate
- Alkoholreihe

Elektronen-Mikrosonde
- Rastermikroskop

Elektronenpaar
- chemische Bindung

Elektronenpaarbindung ↗
Elektronensterilisierung ↗
Elektronenstrahl
- [B] Elektronenmikroskop
- Rastermikroskop

Elektronentransport
- □ Denitrifikation
- mitochondrialer Kopplungsfaktor
- □ Mitochondrien (Aufbau)
- □ Photosynthese
- □ phototrophe Bakterien
- protonenmotorische Kraft
- [B] Stoffwechsel

Elektronentransportkette
- Bakteriorhodopsin
- protonenmotorische Kraft
- Protonenpumpe

Elektronentransportphosphorylierung
- Methanbildung

elektroneutral
- [M] Kation
- neutral

Elektroortung ↗
Elektropherogramm
- Elektrophorese

Elektrophorese
- Agar
- □ Autoradiographie
- [B] Biologie III
- Blutproteine
- elektrische Ladung
- Gammaglobuline
- Globuline
- [B] Hämoglobin - Myoglobin
- Immunelektrophorese
- isoelektrischer Punkt
- [B] Isoenzyme
- □ Ribonucleinsäuren (Parameter)
- Svedberg, Th.

Elektrophysiologie
Elektroporation
- [M] Zellfusion

Elektroretinogramm
Elektrorezeptoren ↗
- elektrische Fische

elektrostatische Anziehung
- chemische Bindung

Elektrotherapie
- Remak, R.

elektrotonisches Potential
- Elektrotonus

Elektrotonus
Elektrotropismus ↗
- Galvanotropismus

Elektrovalenz
- chemische Bindung

Elementaranalyse
- Rastermikroskop

Elementarfasern
Elementarfibrillen
Elementargefüge
- □ Gefügeformen

Elementarladung
- elektrische Ladung

Elementarmembran ↗
Elementarorganismus
- Zelle

Elementarpartikel
- mitochondrialer Kopplungsfaktor

Elementarprozesse ↗
Elementarteilchen
- Proteine

Elemente ↗
- Gesang

Elemi
Elemolsäure
- [M] Resinosäuren

Elen ↗
Elenantilopen
- □ Antilopen
- wildlife management

Elenchidae
- [M] Fächerflügler

Eleochariteum acicularis
- Litorelletea

Eleocharis ↗
Elephantiasis
- Geschlechtskrankheiten
- [M] Parasitismus

Elephantidae ↗
Elephantopus ↗
Elephantulus ↗
- Äthiopis

Elephas ↗
Elettaria ↗
- Kardamom

Eleusine ↗
Eleutheria
- Eleutheriidae
- [M] Placozoa

Eleutheriidae
Eleutherococcus
- Efeugewächse

Eleutherodactylini
- [M] Südfrösche

Eleutherodactylus ↗
Eleutheroembryo ↗
Eleutheronema
- Fadenfische

eleutheropetal
eleutherosepal
Eleutherozoa
Elfenastrild
- [M] Prachtfinken

Elfenbein
- [M] Artenschutzabkommen
- Dentin

Elfenbeinspecht
- [B] Nordamerika V
- Spechte

Elfenring
- Hexenring

Elfenspiegel
- [B] Mendelsche Regeln I

Elfenstendel
Elicitoren
- Phytoalexine

Elicodasia
- Poecilochaetidae

Elimination (Biophysik)
Elimination (Phylogenie)
Eliminationskoeffizient
Eliminierung
- Elimination

Eliomys ↗
ELISA-Test
- Pflanzenviren
- [M] Viruskrankheiten

Elitesaatgut
Eliurus
- Madagaskarratten

Ellagsäure
- Gerbstoffe

Ellbogen
- Elle
- □ Rindenfelder

Ellbogengelenk
- Speiche

Elle
- Gelenk
- □ Gelenk
- Hand
- [M] Hand (Skelett)
- [B] Homologie und Funktionswechsel
- □ Organsystem
- [M] Paarhufer
- Pronation
- [B] Skelett
- Speiche
- □ Vogelflügel

Ellenbogen
- Ellbogen

Ellerlinge
Ellipsocephalus
- doppelte Einrollung

Ellipsoidion ↗
Ellipsoidkörper
- Milz

Elliptocytenanämie
- Elliptocytose

Elliptocytose
- [B] Chromosomen III
- □ Hämolyse

Ellipton
- Rotenoide

Ellobiidae
- [M] Altlungenschnecken
- Küstenschnecken

Ellobium
Ellobius
- Lemminge

Elmidae ↗
Elminthidae ↗
Elmis
- Hakenkäfer
- Plastron

Elodea ↗
- aquatic weed

Elongation
- Biopolymere
- Guanosin-5'-triphosphat
- Transkription
- Translation

Elongationsfaktoren
- Translation

Elopichthys ↗
Elopidae ↗
Elopiformes ↗
Elops ↗
Elosia ↗
Elosiinae
Elpidia
- [M] Seewalzen

Elpistostege
- Ichthyostegalia

Elritze
- Alarmstoffe

Empfindung

- □ Auflösungsvermögen
- B Fische X
- M Gehörorgane (Hör-
  bereich)
Eisbeere ↗
- Galio-Carpinetum
**Eisbeeren-Eichen-Hain-
buchenwald**
- Galio-Carpinetum
Elseya ↗
Elsinoë ↗
- □ Brennfleckenkrankheit
- Gloeosporium
Elster
- B Europa XVII
- □ Flugbild
- M Gelege
- □ Rabenvögel
Elster-Eiszeit
- Elsterkaltzeit
- Mindel-Eiszeit
Elsterkaltzeit
- □ Pleistozän
Elster/Saale-Interglazial
- Holstein-Interglazial
Eltern
- Fortpflanzung
- Mendelsche Regeln
- B Mendelsche Regeln I
- B Mendelsche Regeln II
- parental
Elternbindung ↗
- Bindung
- Mutter-Kind-Bindung
Elternfamilien
- Familienverband
Elterngeneration
- Parentalgeneration
Elternzeugung ↗
- Tokogenie
Elton, Ch.
- M ökologische Nische
El-Tor-Infektion
- □ Cholera
El-Tor-Vibrio ↗
Eluat
- eluieren
eluieren
Elution
- eluieren
Eluvialböden
- Illuvialböden
Eluvialhorizont
- Bodenentwicklung
Elymo-Ammophiletum ↗
Elymoclavin
- Mutterkornalkaloide
- M Mutterkornalkaloide
Elymus ↗
Elyna ↗
Elynetea
- Windfaktor
Elynetum
- Alpenscharte
Elynetum myosuroidis
- Elynetea
Elysia
- Zoochlorellen
Elysiidae
- Elysia
- Thuridilla
Elytre ↗
- Aphroditidae
- Polychaeta
Elytrophoren
- Polychaeta
Email ↗
Emanzipation
- Partnerschaft
- Sexualität - anthropologisch
Emarginula ↗
Emballonuridae
- M Fledermäuse
- Glattnasen-Freischwänze
Embden, Gustav Georg
- B Biochemie
- Embden-Meyerhof-Parnas-
  Abbauweg
**Embden-Meyerhof-Parnas-
Abbauweg** ↗

Embelin ↗
Emberizidae ↗
Embien
- Embioptera
Embioidea
- Embioptera
Embioptera
- Gespinst
Embiotocidae
- Lebendgebärer
EMBL
- EMBO
EMBO
**Embolie (Blutgefäß-
verschluß)**
- Herzinfarkt
- Infarkt
- Kollaterale
- Thrombose
Embolie (Invagination)
- Gastrulation
Embolomeri
Embolophorus
- Dimetrodon
Embolus (Begattungsorgan)
- M Entelegynae
**Embolus (Blutfremd-
substanz)**
Embrithopoda
Embryo
- B Biogenetische Grundregel
- B Biologie II
- B Früchte
- Gentechnologie
- Geschlechtsorgane
- Jugendentwicklung: Tier-
  Mensch-Vergleich
- Keimpflanze
- Keimung
- Konservierung
- M Kormus
- B Nacktsamer
- M Oviduct
- Proembryo
- B Regeneration
- Samen
- M Somiten
- Spontaneität
- Strahlenschäden
*embryo banking (Human-
medizin)* ↗
- Insemination
embryo banking (Tierzucht)
Embryoblast ↗
Embryogenese ↗
- Thyroxin
Embryogenie
- Embryonalentwicklung
Embryoinfektion
- Brand
Embryologie
- Abstammung - Realität
- Cytologie
- Harvey, W.
- Morphologie
- Roux, W.
- Wolff, C.F.
Embryo-Modell
- □ Ribosomen
embryonal
Embryonalapparat
- Juvenarium
Embryonalcuticula
Embryonaldünen
- Ammophiletea
Embryonalentwicklung
- Aktivierung
- Caenogenese
- Entwicklungstheorien
- Samen
- Sertoli-Zellen
embryonale Phase
- Entwicklung
embryonaler Dottergang
- Meckel-Divertikel
embryonale Zahnanlagen
- Biogenetische Grundregel
Embryonalgewebe
- äquipotentiell

- B Bindegewebe
- Wachstum
Embryonalhämoglobin
Embryonalhüllen
- Amnionfalte
- Eihäute
- B Embryonal-
  entwicklung II
- Rekapitulation
Embryonalisierung
- Regeneration
Embryonalknoten
- B Embryonal-
  entwicklung II
- Keimschild
Embryonalorgane
- Dorsalorgan
Embryonalparasitismus
Embryonalperiode
- Embryonalentwicklung
Embryonalscheiben
- Fliegen
- ↗ Imaginalscheiben
Embryonalschild
Embryonenähnlichkeit
- Rekapitulation
Embryopathia diabetica
- Embryopathie
Embryopathia rubeolaris
- Röteln
Embryopathie
- Teratogene
- Varizellen-Zoster-Virus
- Windpocken
Embryophore
- Bandwürmer
Embryophyta
- Embryo
Embryosack
- Apomixis
- Erklärung in der Biologie
- freie Kernteilung
- B Nacktsamer
- Nucellus
- Samenanlage
- M Samenanlage
Embryosackkern
- Bedecktsamer
- Blüte
- Embryosack
- Fusion
- M Samenanlage
Embryosackmutterzelle ↗
- Blüte
Embryosackzelle
- Blüte
- Embryosack
- Samenanlage
Embryosporen
- Embryonalentwicklung
Embryotheka
- Moose
Embryoträger
embryo transfer
- Insemination - Aspekte
- künstliche Besamung
Embryotrophe
- Placenta
Embryozelle
- Embryosack
EMC-Virus
- M Picornaviren
Emdener Gans
- M Graugans
Emergentismus
- Geist - Leben und Geist
Emergenzen
- Emergenztheorie
- Haare
- Stachel
Emergenztheorie
- Asteroxylon
- Protolepidodendrales
Emericella
Emericellopsis
- Cephalosporium
- M Eurotiales
Emerita ↗
- M Sandkrebse

emers
Emerskultur
- Oberflächenkultur
- Submerskultur
Emerson, Robert
- Emerson-Effekt
Emerson-Effekt
- □ Photosynthese
  (Experimente)
Emesis
- Erbrechen
Emesis gravidarum
- Schwangerschaft
Emetika
- Brechwurz
- Emetin
- Gegengift
- M Wehrsekrete
Emetin
EMG ↗
Emigranten
- Blattläuse
**Emigration (Entwicklungs-
biologie)**
- Coelom
Emigration (Ökologie)
- Migration
Emilianium
- Holstein-Interglazial
- □ Pleistozän
Eminentia mediana
- M Hypophyse
- hypothalamisch-hypophysä-
  res System
- Hypothalamus
- Pfortadersystem
- Releasing-Hormone
Emissionen
- M Bodenentwicklung
- Fluor
- Luftverschmutzung
- Stickoxide
Emissionsmikroskop ↗
Emissionsquellen
- M Kohlenmonoxid
- M Kohlenwasserstoffe
Emmentaler Käse
- M Käse
- Propionsäurebakterien
Emmer ↗
- Ackerbau
- Fruchtbarer Halbmond
- Hafer
- Spelzgetreide
Emmonsiella
- Histoplasma
- M Onygenales
Emodin
- Hypericin
Emotion
- Allgemeinerregung
- Freiheit und freier Wille
- limbisches System
- M Streß
Empedokles
- Abstammung - Realität
- B Biologie I
Empetraceae
Empetrion nigri ↗
- Küstenvegetation
Empetrum ↗
- bipolare Verbreitung
Empfänger
- Information und Instruktion
- Kommunikation
Empfängerzellen ↗
- Donorzellen
Empfänglichkeit
Empfängnishügel ↗
Empfängnishyphe
- □ Rostpilze
Empfängnisverhütung
- Aronstabgewächse
- Partnerschaft
- M Plasmogamie
Empfängnisverhütungsmittel
- Empfängnisverhütung
- Ovulationshemmer
Empfindung
- Modalität

137

Empicoris

- Reiz
- Weber-Fechnersches Gesetz

Empicoris ↗
Empididae ↗
Empimorpha
- [M] Tanzfliegen

Empirismus
- Erkenntnistheorie und Biologie
- Kreationismus

Empis
- Tanzfliegen

Emplectonema
Emplectonematidae
- Emplectonema

Empodium ↗
- ☐ Extremitäten

Empusa ↗
Empyem
- Eiter

Emscher
- [M] Kreide

Emscherbrunnen
Emsen ↗
Emsium
- [M] Devon (Zeittafel)

Emulgatoren
- Emulsion
- Fettalkohole
- ☐ grenzflächenaktive Stoffe
- Gummi
- Membranproteine (Detergentien)
- Phosphatidyl-Choline
- Saponine
- Verdauung

Emulgieren
- [M] Seifen

Emulsin
- Arbutin
- Benzaldehyd
- Coniferin
- Gentianose

Emulsion
- Carrageenan
- Dispersion
- Emulgatoren
- Fette
- Fettspeicherung

Emus (Insekten)
- Kurzflügler

Emus (Vögel)
- [B] Australien III
- Hyporhachis

EMW
- Eichenmischwaldzeit

Emydidae ↗
Emydocephalus ↗
Emydura ↗
Emys
- ☐ Exkretion (Stickstoff)
- Sumpfschildkröten

Enamelum
- Zahnschmelz

Enantiodrilus
enantiomorph
- ☐ optische Aktivität
- Symmetrie

Enantiostylie
Enarmonia
- Hupfbohne

Enationen
- pea enation mosaic virus group

Encalypta
- Encalyptaceae

Encalyptaceae
Encephalartos ↗
Encephalitis
- Arboviren
- Jochblattgewächse
- [M] Listeria
- Masern
- Togaviren
- ☐ Togaviren
- ↗ Meningoencephalitis

Encephalogramm ↗
Encephalomyelitis
- Encephalitis

Encephalomyelitis disseminata
- multiple Sklerose

Encephalomyocarditis-Virus ↗
Encephalon ↗
Encephalopathien
- slow-Viren
- [M] slow-Viren

Enchelyopus ↗
enchondrale Knochenbildung ↗
- Diaphyse

Enchytraeidae
- Michaelsena

Enchytraeoides
- Enchytraeidae

Enchytraeus
- Enchytraeidae

Encinal
- Nordamerika

Encoelia ↗
Encope
- Sanddollars

Encrinurus
- [M] Trilobiten

Encrinus liliiformis
Encyrtus
- Trophamnion

Encystierung
- Mucocysten

Endabbau
- Citratzyklus
- ↗ Stoffwechsel

endarch
- Progymnospermen
- Protoxylem

Endbäumchen
- Nervenzelle
- ☐ Nervenzelle
- Neurodendrium

Endblättchen
Enddarm
- [B] Verdauung I
- [B] Verdauung III

Endemie
- Infektionskrankheiten

endemisch
- apodemisch
- [M] Holarktis

Endemismus
- Endemiten
- [B] Südamerika VIII

Endemiten
- Australien
- Australis
- Baikalsee
- Neuseeländische Subregion
- tiergeographische Regionen
- tropisches Reich
- Verbreitung

endergonische Reaktionen
- [B] Dissimilation I
- Entropie - in der Biologie
- ↗ endotherm

Enders, J.F.
endesmale Knochenbildung ↗
Endfaden
Endglieder
- Stammbaum

Endgruppen
Endgruppenbestimmung
- Endgruppen

Endgruppenmarkierung
- Endgruppen

Endhandlung
- Abreaktion
- Appetenzverhalten

Endhirn ↗
Endiol-Intermediat
- ☐ Pentosephosphatzyklus

Endit
- Gliederfüßer
- ☐ Krebstiere

Endivie ↗
- ☐ Cichorium (Abbildung)

Endknospe
- Achselknospe

- [M] Kormus
- [M] Sympodium

Endkörperchen
- Mechanorezeptoren

Endnagel
- [M] Landschildkröten

Endo, Shigeru
- Endoagar

Endoagar
- Kochsches Plattengußverfahren

Endo-Autoinvasion
- [M] Zwergfadenwurm

Endobionten
Endobios
Endobiose
- Entökie

Endocarditis verrucosa rheumatica
- Rheumatismus

Endocardium
- Endokard

Endoceras
- Endoceratoidea
- holochoanitisch

Endoceratina
- Endoceratoidea

Endoceratoidea
Endocochlia
Endoconidium
- Lolch

Endocranium
- Hirnschädel

Endocuticula
- [B] Häutung

Endocyanom
- Cyanellen

Endocytose
- [M] Glykokalyx
- Lysosomen
- Membran
- Membranfusion
- Myzocytose
- Phagocytose
- Virusinfektion

Endocytosevesikel
- Endosom

Endocytosymbiose
- Cyanellen

Endoderm
- Gastraea-Theorie

Endodermin
- Endodermis

Endodermis
- Abschlußgewebe
- ☐ sekundäres Dickenwachstum
- [B] Sproß und Wurzel I
- Wassertransport
- [M] Wurzel (Bau)

Endodesoxyribonucleasen ↗
- Endonucleasen

Endodontidae
- Pseudoperculum

Endodyogenie
- Sarcocystose

endoentropisch
- Entropie - in der Biologie

Endogaion ↗
Endogamie
endogastrisch
endogen (Biologie)
endogen (Geologie)
Endogenea
endogene Bewegungen ↗
endogene Infektion
- Eitererreger

endogene Kompartimentierung
- Endosymbiontenhypothese

endogene Opioide
- Endorphine

endogene Proviren
- endogene Viren

endogene Rhythmik
- ☐ Nastie

endogenes Virus der Paviane
- ☐ RNA-Tumorviren (Auswahl)

endogene Viren
Endogonaceae
- Endogonales

Endogonales
Endogone
- Endogonales

Endohormone
- biotechnische Schädlingsbekämpfung

Endokard
- Myokard

Endokarditis
- Cardiobacterium
- [M] Haemophilus
- Pseudomonas
- Rheumatismus
- Staphylococcus

Endokarp
- Fruchtfleisch
- [M] Kokospalme
- [M] Prunus

endokrine Drüsen
- adenotropes Hormon
- exokrine Drüsen

endokrine Faktoren
- [M] Fehlbildung

Endokrinologie
- Brown-Séquard, Ch.É.

endolecithale Eier
Endolimax
- ☐ Darmflagellaten

Endolithion ↗
endolithisch
Endolymphe
- Gehörorgane
- mechanische Sinne
- Mechanorezeptoren
- Perilymphe
- rundes Fenster

Endolysin ↗
- Bakteriophagen

Endomembransystem
- ☐ Kompartimentierung
- Membranfluß
- Zellkern

Endometrium
- Decidua
- Menstruation
- Menstruationszyklus
- [M] Östrogene
- ↗ Gebärmutterschleimhaut

Endomitose
- Riesenchromosomen

Endomixis
endomorph
- [M] Konstitutionstyp

Endomyaria
Endomyces
- Endomycetaceae

Endomycetaceae
Endomycetales
Endomycetes
Endomychidae
Endomychus
- Endomychidae

Endomycopsis
- Ambrosia

Endomysium
- Muskulatur
- Perimysium

Endoneuralscheide
Endoneurium
Endonucleasen
- DNA-Reparatur
- Exonucleasen

Endoparasiten
- Anaerobiose
- Ernährung

Endopelon
- Schlammfauna

Endopelos ↗
Endopeptidasen
- Clostripain
- Exopeptidasen
- [M] Hydrolasen
- Proteasen

Endoperidie ↗
- Bauchpilze
- ☐ Erdsterne

- Sphaerobolaceae
- ☐ Stinkmorchelartige Pilze

Endoperoxid
- ☐ Prostaglandine

Endophallus
endophloeodisch
Endophyten
Endophytobios ↗
Endopinakocyten
- Pinakocyten

Endoplasma
- [M] Nacktamöben

endoplasmatisches Reticulum
- Autoradiographie
- Cytoplasma
- Cytosomen
- [M] differentielle Zentrifugation
- Ergastoplasma
- ☐ fraktionierte Zentrifugation
- Glykoproteine
- Golgi-Apparat
- Kompartimentierung
- [M] Leitenzyme
- Membranfluß
- Membranproteine
- Translation
- ☐ Zelle (Schema)
- Zellkern

Endopodit
- ☐ Gliederfüßer
- [B] Gliederfüßer I
- ☐ Krebstiere

Endopolygenie ↗
Endopolyploidie
- Mutation
- Polyploidie
- Polytänie

Endopsammon ↗
- Psammon

Endopterygoid
- Pterygoid

Endopterygota ↗
- Exopterygota
- Fluginsekten

Endoribonucleasen
- Endonucleasen

Endorphine
- adrenocorticotropes Hormon
- Exorphine
- Hormone
- ☐ Hormone (Drüsen und Wirkungen)
- Lipotropin
- Neuromodulatoren
- Neuropeptide
- ☐ Neuropeptide
- Opiate
- Opiatrezeptor
- Schmerz

Endosauropsida
- Dinosaurier

Endosipho
- Sipho

endosiphonales Gewebe
Endosiphonalkanal
Endoskelett
- Bewegung
- Exoskelett
- Innenskelett
- Skelett
- [B] Skelett

Endosmose
- Dutrochet, H.J.

Endosom
Endosperm
- Kerntapetum
- [M] Kokospalme
- Kotyledonarspeicherung
- Nährgewebe
- Samen
- ☐ Samen
- [M] Süßgräser

Endospermkern
Endospermspeicherung
- ☐ Kotyledonarspeicherung

Endospermum ↗

Endospor
- Intine
- Palynologie

Endosporae
- Außenfrüchtler

Endosporen
- [B] Bakterien und Cyanobakterien
- Sporen
- Sterilisation

endosporenbildende Stäbchen und Kokken
Endosporium
- Endospor

Endost
- Knochenhaut
- Knochenmark

Endosternit
- Chelicerata
- Innenskelett

Endostium
- Endost

Endostom ↗
Endostyl
- Kiemendarm
- Manteltiere
- Schädellose
- Schilddrüse
- Schlundrinne

Endosymbionten ↗
- Cyanellen
- Ernährung
- Symbionten
- Verdauung

Endosymbiontenhypothese
- Cardiolipin
- Plastom
- Prochloron
- Ribosomen

Endosymbiontentheorie
- Endosymbiontenhypothese

Endosymbiose
- Leuchtsymbiose
- Polysymbiosen

Endotheca (Anthozoen)
Endotheca (Belemniten)
- Amphitheca

Endothecium
- Faserschicht

Endothel
- Cytopempsis
- Epithel
- [M] Epithel
- Hortega-Zellen
- Intima
- kolloidosmotischer Druck
- Laminin
- Lymphgefäßsystem
- Venen

endotherm
- Enthalpie
- Entropie - in der Biologie

Endothia ↗
- Kastanie

Endothyra
Endothyracea
- Endothyracea
- [M] Fusulinen

Endothyracea
- Endothyracea

Endothyridea
- Endothyracea

endotokia matricida
- Endotokie

Endotokie
Endotoxine
- Exotoxine
- Lipopolysaccharid
- Nahrungsmittelvergiftungen

Endotrachea ↗
endotrophe Mykorrhiza ↗
Endotunica
- Bitunicatae

Endoturbinalia ↗
Endoxylophyten
endozoische Lebensweise
- Entökie

Endozoobios ↗
Endozoochorie
- Eibe

- Giftpflanzen
- Samenverbreitung
- Zoochorie

Endplatte
- [M] Kniesehnenreflex
- Kühne, W.F.
- Muskelkontraktion
- [B] Nervenzelle I
- Synapsen
- ↗ motorische Endplatte

Endplattenpotential
- ☐ Muskelzuckung
- Synapsen

Endprodukt
Endproduktförderung
- ☐ Allosterie (Biosynthese)

Endprodukthemmung
- Aspartat-Transcarbamylase
- Enzyme
- ☐ Isoenzyme
- Produkthemmung

Endproduktrepression ↗
- Feedback
- ☐ Isoenzyme

Endring
- Periprokt

Endromididae ↗
Endromis
- Birkenspinner

Endrosinae ↗
Endseen
- [M] See

Endstadien
- Rekapitulation

Endwirt
- Parasitismus
- [M] Taeniidae
- Wirt

Endwohnkammer
- Wohnkammer

energetische Kopplung ↗
Energide
- Vitellophagen

Energie
- Anpassung
- Biotechnologie
- ☐ chemische Evolution
- [B] Dissimilation I
- Enthalpie
- Entropie
- Entropie - in der Biologie
- ☐ Konformation
- Leben
- Potential
- Produktion
- Quanten
- Strahlung

energieanaloge Triebtheorie
- Antrieb

Energieäquivalent
- Energie
- kalorisches Äquivalent

Energiebilanz
- Bioenergetik
- ☐ Calvin-Zyklus (Abb. 2)
- Energieumsatz
- Glykolyse

Energiedosis ↗
- Strahlendosis
- ☐ Strahlendosis

Energiedosisleistung
- Strahlendosis

Energieerhaltungssatz
- Energie
- Energieumsatz
- Helmholtz, H.L.F.
- Mayer, J.R. von
- Rubner, M.

Energiefluß
- Energieflußdiagramm
- Leben

Energieflußdiagramm
Energieformen
- ☐ Energie

Energieladung
Energieparasiten
- Chlamydien

Englische Bracke

Energiepyramide
- Nahrungspyramide

energiereiche Bindungen
- energiereiche Verbindungen

energiereiche Phosphate
- Dissimilation
- energiereiche Verbindungen

energiereiche Verbindungen
- 2'-Desoxyribonucleosid-5'-triphosphate
- 1,3-Diphosphoglycerinsäure
- Gruppenübertragung
- Leben
- Ochoa, S.
- Phosphoenolbrenztraubensäure
- Pyrophosphat
- Ribonucleosid-5'-triphosphate
- Stoffwechsel
- Substratstufenphosphorylierung
- Translation

Energiereservesubstanz
- Glykogen

energierückgewinnende Konsumenten
- Rekuperanten

Energiestoffwechsel
- Allosterie
- ☐ Allosterie (Regulationen)
- Atmungskette
- ATP-ADP-AMP-System
- Carnitin
- Chronobiologie
- [M] Energieladung
- Stoffwechsel
- [B] Stoffwechsel

Energieträger
- Biokonversion
- Licht
- ↗ energiereiche Verbindungen

Energieumsatz
- Energiestoffwechsel
- Entropie
- Ernährung
- Kalorimetrie
- Respirometrie
- Stoffwechsel
- Stoffwechselintensität
- [M] Umsatz
- Unterernährung
- Winterschlaf

Energiewährung
- [B] Dissimilation I
- [B] Dissimilation II
- Stoffwechsel

Energiewandler
- Photorezeption
- Photorezeptoren

Energiewechsel
- Energiestoffwechsel

energy charge ↗
Engdeckenkäfer ↗
Engelfisch
- Engelhaie

Engelhaie
Engelhardia
- [M] Walnußgewächse

Engelmann, Th.W.
Engels, F.
- Abstammung - Realität

Engelsflügel
Engelstrompete
- Stechapfel

Engelsüß ↗
Engelwels ↗
Engelwurz
- [B] Europa III

Engerling
- Gartenschädlinge
- [M] Maikäfer
- Rektum

Engholz ↗
Engler, A.
- [B] Biologie III

Englische Bracke
- ☐ Hunde (Hunderassen)

139

Englische Bulldogge

Englische Bulldogge
- [B] Hunderassen III

Englische Erbse
- Spargelschote

englische Krankheit ↗

Englischer Schäferhund
- ☐ Hunde (Hunderassen)

Englischer Schecke
- ☐ Kaninchen

Englischer Setter
- [B] Hunderassen I

Englischer Spinat
- Ampfer

Englisches Windspiel
- ☐ Hunde (Hunderassen)

Englyphen

Engmaulfrösche
- Geobatrachus

Engramm
- angeborene Verhaltensweise
- Lernen
- Prägung

Engraulicypris ↗

Engraulidae ↗

Engraulis
- Sardellen

Engyrus
- Polynesische Subregion

Engystomops
- Physalaemus

Enhalus ↗

enhancer ↗
- [B] Genregulation
- Promotor

Enhydra ↗

Enhydrina ↗

Enhydris ↗

Enidae

Enigmonia
- Sattelmuscheln

Enkapsisbauweise
- Muskulatur
- [M] Sehnen

enkaptisch
- [B] Biologie II
- Klassifikation
- Linné, C. von

Enkelgeneration
- Mendelsche Regeln

Enkephaline ↗
- ☐ Hormone (Drüsen und Wirkungen)
- Lipotropin

Enneacanthus ↗

Enniatine

Enochrus
- Wasserkäfer

Enolase
- Fluoride
- [M] Glycerat-Weg
- [B] Glykolyse

Enole

Enopla
- ☐ Schnurwürmer

Enoplida
- Enoplus

Enoplognatha
- ☐ Kugelspinnen

Enoploteuthidae
- Watasenia

Enoplus

Ensatina ↗

Ensete ↗

Ensifera ↗

Ensis ↗

Entada ↗

Entalina ↗

Entamoeba
- Bacitracin
- Edwardsiella
- Milchproteine

Entamoeba histolytica
- [M] Abwasser
- Entamoeba

Entandophragma
- Sipo

Entandrophraga ↗

Entartung
- Krebs

Entbastung
- Seide

Entdehnungskurve
- [M] Muskelkontraktion
- Ruhedehnungskurve

entdifferenziertes Gewebe
- Krebs

Entelechie
- Neovitalismus
- Teleologie - Teleonomie
- Vitalismus - Mechanismus

Entelegynae

Enteleten
- Brachiophoren

Entelurus ↗

Entemnotrochus

Enten
- [B] Asien I
- [B] Asien IV
- Balz
- [M] brüten
- [B] Europa I
- [B] Europa III
- [B] Europa VII
- Fehlprägung
- [M] flügge
- [M] Fortbewegung (Geschwindigkeit)
- Gattungsbastarde
- gründeln
- Handschwingen
- [M] Herzfrequenz
- [M] Körpertemperatur
- [M] p$_{50}$-Wert
- [B] Rassen- u. Artbildung II
- [M] Schnabel
- Vogelfeder
- Vogelzug

Entenegel

Entenflott
- Wasserlinsengewächse

Entengrütze
- Wasserlinsengewächse

Entenmuscheln ↗

Entenvögel
- artspezifisches Verhalten
- Brutfleck
- Grandry-Körperchen
- Mauser
- ☐ Sexualdimorphismus

Entenwale ↗

Enteramin ↗

Enterich
- Erpel

Enteridium
- [M] Liceales

Enteritis

Enteritis regionalis
- Streß

Enterobacter
- [M] IMViC-Test

Enterobacteriaceae
- Acetoin
- [M] Kläranlage

Enterobiasis

Enterobius ↗

enteroblastisch
- Konidien

Enterobryus
- [M] Trichomycetes

Enterocoel
- Bärtierchen
- Coelom
- [B] Darm
- [M] Keimblätter

Enterocoelie
- Schizocoeltheorie

Enterocoeltheorie
- Bilateria
- Trimerie

Enterocrinin

Enterogastron
- Gewebshormone
- [M] Hunger

Enteroglucagon
- Villikinin

Enterohalacarus ↗

enterohepatischer Kreislauf ↗
- Ikterus

- Verdauung

Enterohormone
- ☐ Hormone

Enterokinase ↗

Enterokokken
- Streptococcus

Enterokrinin
- Dünndarm

Enteromonas
- ☐ Darmflagellaten

Enteromorpha ↗
- Calothrix

Enteron ↗

Enteropeptidase
- Verdauung
- Zymogengranula

Enteropneusta
- Enteropneusten

Enteropneusten
- ☐ schwefeloxidierende Bakterien

enterothallisch
- Konidien

Enterotome
- Headsche Zonen

Enterotoxine
- [M] Escherichia coli
- Exotoxine

Entero-Typ
- Konidien

Enterotyphus
- Typhus

Enteroviren

Enterovirus
- Enteroviren
- Hepatitis-A-Virus

Enteroxenos

Entfaltungshemmung
- Gleitfallenblumen

Entfernungssehen
- Auge
- binokulares Sehen

Entgiftung
- ☐ Aerobier
- [M] endoplasmatisches Reticulum
- Gifte
- Katalase
- Knochenmark
- ☐ Krebs (Krebsentstehung)
- Leber
- [M] Niere (Filtereigenschaft)
- Stoffwechsel
- Vergiftung

Entgipfeln

Enthalpie
- Entropie - in der Biologie
- Stoffwechsel
- Thermodynamik
- Zelle

Enthemmungshypothese
- [B] Konfliktverhalten
- Überspringverhalten

Entimus
- Diamantkäfer

Entkalkung
- Bodenentwicklung
- Kalk

Entkeimung ↗
- Ozon
- Wasseraufbereitung

Entkeimungsfilter
- Konservierung
- Sterilisation

Entkondensierung
- ☐ Mitose

Entkoppler ↗
- Antibiotika

Entladung
- elektrische Organe
- Elektrotonus

Entlaubung

Entlaubungsmittel

Entlebucher
- ☐ Hunde (Hunderassen)

Entmannung
- Kastration

Entmineralisierung
- Demineralisation

Entner, N.
- Entner-Doudoroff-Weg

Entner-Doudoroff-Weg
- [M] Zymogengranula

Entoblast

Entoblastem

Entocolax

Entoconcha
- Labidoplax

Entoconchidae ↗

Entocuneiforme
- Keilbein

Entoderm
- [B] Biologie II
- [B] Embryonalentwicklung I
- [B] Endosymbiose
- Entoblastem
- Entomesoderm
- Gastrulation
- Keimblätter
- [M] Keimblätter
- Keimblätterbildung
- Remak, R.

Entodiniomorpha

Entodinium
- Entodiniomorpha
- [B] Verdauung III

Entodontaceae

Entoglossum ↗

Entognatha
- Insekten
- ☐ Insekten (Stammbaum)
- Monocondylia

Entökie

Entolomataceae ↗

Entomesoderm
- Exogastrulation

Entomobrya
- Laufspringer

Entomobryidae

Entomogamie
- ☐ Farbe
- Käferblütigkeit

Entomologie

Entomophagen
- ökologische Gilde

Entomophilie ↗

Entomophthora
- Entomophthorales

Entomophthorales
- Entomophthorales

Entomophthorose
- Entomophthorales

Entomopoxviren ↗

Entomopoxvirus
- ☐ Pockenviren

Entomosporium
- Blattbräune

Entomostraca

Entoniscidae ↗

Entoparasiten ↗

Entophysalidaceae ↗

Entophysalis
- Entophysalidaceae

Entophyten ↗

Entoplasma ↗

Entoprocta ↗

Entopterygoid
- Pterygoid

entoptische Erscheinungen

Entosark
- Endoplasma

Entotoxine ↗

Entotropha ↗

Entovalva ↗

Entozoen ↗

Entpigmentierung
- ☐ Hormone (Drüsen und Wirkungen)
- ↗ Depigmentation

Entquellung
- Dehydratation

Entropie
- Entropie und ihre Rolle in der Biologie
- Humanökologie
- Information und Instruktion
- irreversible Vorgänge
- [M] Isolinien

- Leben
- Negentropie
- Thermodynamik
Entropie und ihre Rolle in der Biologie
entry
- Virusinfektion
Entsalzung
- Wasseraufbereitung
Entsäuerung
- Wein
Entscheidungsfreiheit
- Freiheit und freier Wille
Entscheidungstheorie
- Systemtheorie
Entseuchung ↗
Entsirtung
- [M] Käse
Entspannung
- Schlaf
Entspannungsschwimmen
- Wehrsekrete
Entspiegelung
- Lidschlußreaktion
- Linsenauge
Entspiralisierung
- Anorthospirale
Entstaubungsanlage
- Filter
Entstehungszentrum
- Ausbreitungszentrum
Entwässerung (Bodenkunde)
- Artenschutz
- Bodenverbesserung
- Naturschutz
- ↗ Bodenentwässerung
Entwässerung (Medizin)
Entwicklung
Entwicklungsbiologie
entwicklungsbiologische Potenz ↗
Entwicklungsfähigkeit
- prospektive Bedeutung
Entwicklungsfaktoren
Entwicklungsgenetik
- Haecker, V.
Entwicklungsgeschichte
- Pander, Ch.H.
- Wolff, C.F.
Entwicklungsgeschwindigkeit
- Entwicklungsquotient
Entwicklungsmechanik
- [B] Biologie II
- Boveri, Th.
- Determination
- Goette, A.W.
- Roux, W.
Entwicklungsmutante
Entwicklungsoptimum
Entwicklungsphysiologie
- [B] Biologie II
- Botanik
- Entwicklungsmechanik
- Pflanzenphysiologie
Entwicklungsquotient
Entwicklungsschicksal
- Determinanten
- prospektive Bedeutung
Entwicklungsstörungen
Entwicklungstheorien
Entwicklungszentrum ↗
Entwicklungszyklus
Entwindungs-Protein
- □ Crossing over
Entyloma
- [M] Tilletiales
Entzugserscheinungen
- Drogen und das Drogenproblem
- Opiate
- Sucht
Entzündung
- Abwehr
- Blutsenkung
- Blutzellen
- Chemotaxis
- Fieber
- [M] Glucocorticoide (Wirkungen)

- □ Hormone (Drüsen und Wirkungen)
- Leukocyten
- Leukotriene
- MCD-Peptid
- Proliferation
- Prostaglandine
- Pseudomonas
- Schmerz
- Streß
env
- □ RNA-Tumorviren (Genomstruktur)
Envelope ↗
- □ RNA-Tumorviren (Genomstruktur)
- Viren
- [B] Viren
Environmentalismus
- Milieutheorie
Environtologie
Enzian
- [B] Alpenpflanzen
- □ Bodenzeiger
- [B] Europa II
Enzianartige
- [M] Enzian
Enziangewächse
- kontort
- Oreophyten
Enzian-Halbtrockenrasen ↗
Enzootie
Enzyklika "Humanae vitae"
- Empfängnisverhütung
Enzymaktivität
- Enzyme
- Konservierung
enzymatisch
- Enzyme
Enzymblocker
- Enzyme
Enzymdefekte
- Amniocentese
- Enzyme
Enzymderepression
- adaptive Enzyme
Enzyme
- anthropisches Prinzip
- Biochemie
- [B] Biologie II
- Biosynthesewege
- Chronobiologie
- [M] Endprodukthemmung
- Enzymopathien
- Gentechnologie
- Katalyse
- Leben
- □ Mangelmutante
- Puffer
- Stoffwechsel
- Sumner, J.B.
- [M] Waschmittel
- Willstätter, R.
Enzymeinheit
- Enzyme
- Internationale Einheit
enzyme-linked immunosorbent assay
- [M] Viruskrankheiten
Enzymgifte
- Enzyme
Enzymhemmung
- Antienzyme
- Enzyme
Enzymhistochemie
- Histochemie
Enzyminduktion
- adaptive Enzyme
- Enzyme
- [B] Genregulation
- Induktion
Enzyminhibitoren
- Enzyme
- Inhibitoren
Enzymkatalyse
- [M] Aktivierungsenergie
- Enzyme
Enzymmangelkrankheiten
- Enzymopathien

Enzymmuster
- □ Enzyme (Enzymmuster)
Enzymneusynthese
- Genaktivierung
Enzymogene
- Proenzyme
Enzymologie ↗
Enzymopathien
enzymopenisch
- □ Hämolyse
Enzymproteine
- Blausäure
- Enzyme
- [B] Genregulation
Enzym-Reindarstellung
- [B] Biologie II
Enzymrepression
- adaptive Enzyme
- Enzyme
Enzym-Substrat-Komplex
- Enzyme
- Lysozym
- Wasserstoffbrücke
Enzym-Substrat-Wechselwirkung
- [B] Biologie II
- □ optische Aktivität
Enzymsysteme
- Enzyme
Enzymtechnologie
- □ Enzyme (Enzymtechnologie)
Enzymvergiftung ↗
Eoacanthocephala
Eoanthropus ↗
Eoastrion
- Bakterien
- Metallogenium
Eobacterium
- Bakterien
- Fig-Tree-Serie
- [M] Mikrofossilien
Eobania
Eobatrachus
Eocrinoidea
Eocyten
- [M] Progenot
Eohippus
Eoholometabola
- Holometabola
Eohostimella
- □ Silurium
Eokambrium
- Präkambrium
Eonummulitique
- Paleozän
Eoperipatinae
- Stummelfüßer
Eoperipatus
- [M] Stummelfüßer
Eophytikum ↗
- Algophytikum
Eopterum
- Archaeoptera
- Urinsekten
Eosentomidae
- Beintastler
Eosin
- acidophil
- eosinophil
- Hämatoxylin-Eosin-Färbung
- mikroskopische Präparationstechniken
- Photosensibilisatoren
Eosinfarbstoffe
- Eosin
eosinophil
- acidophil
eosinophile Granulocyten
Eosinophilie
Eosuchia
- Protorosauria
Eotetranychus
- □ Spinnmilben
Eothenomys
- [M] Asien
Eotheria
Eothuria
- [M] Seeigel

Eoxenos
- □ Fächerflügler
Eozän
- [B] Pferde, Evolution der Pferde II
Eozoikum
Epacridaceae
Epacris
- Epacridaceae
Epakme ↗
epaxonisch
EPEC
- [M] Escherichia coli
Epeira ↗
Epeiridae ↗
Epeirologie
- Ökologie
Ependym
- Glia
Eperua ↗
Eperythrozoon
Ephapse
ephaptische Interaktion
- Ephapse
Ephebe ↗
Ephedra
- Nacktsamer
Ephedraceae
- Ephedra
Ephedrin
- Amphetamine
- Ephedra
- Sympathikomimetika
Ephelota
- [M] Exogenea
Ephemera
- Ephemeridae
Ephemeraceae
- Kleistokarpie
Ephemere
- ephemere Blüten
- ephemere Gewässer
Ephemerellidae ↗
Ephemerenwüste
- Asien
ephemere Pflanzen ↗
- Ephemerenwüste
- [M] Wüste
ephemere Substrate
Ephemeridae
Ephemerophyten
Ephemeropsidaceae
Ephemeropsis
- Ephemeropsidaceae
Ephemeroptera ↗
- □ Insekten (Stammbaum)
- ↗ Eintagsfliegen
Ephemerum ↗
Ephesia
- Ordensband
Ephesiella
- Sphaerodoridae
Ephestia ↗
- [M] Komplexauge (Querschnitte)
Ephippidae ↗
Ephippiger
- Sattelschrecken
Ephippigeridae ↗
Ephippiorhynchus ↗
Ephippium
Ephippodonta
Ephrussi, B.
- Mitochondrien
Ephydatia
- [B] Schwämme
Ephydridae ↗
Ephydrogamie
- Hydrogamie
Ephyra
- [M] Larven
- Strobilation
Epiandrosteron
Epibasidie
- Hypobasidie
Epibionten
- Algen
Epibios
Epiblast
- Gastrulation

Epibolie

- Musterbildung
Epibolie
- Furchung
- Gastraea-Theorie
Epibranchiale
- Branchialskelett
Epibranchialrinne
- Kiemendarm
- Manteltiere
- Schädellose
Epicardium
- Epikard
Epicaridea
Epicaridium-Stadium
- Asseln
- [M] Epicaridea
Epicatechin
- Catechine
Epicauta
- Ölkäfer
Epichloë
Epichlorhydrin
- [M] Krebs (Krebserzeuger)
Epicondylus
Epicoracoid
- [M] Froschlurche
Epicoracoidea
- Froschlurche
Epicrates ↗
Epicuticula ↗
- [B] Häutung
Epidemie
- Epizootie
- Infektionskrankheiten
- Virulenz
Epidemiologie
epidemisch
- Epidemie
epidemische Gelbsucht
- Hepatitis
Epidendrobios ↗
Epidendrum
- [B] Südamerika I
epidermal
- Epidermis
Epidermicula
- [M] Haare
Epidermis (Botanik)
- Abschlußgewebe
- Kork
- Sproßachse
- [B] Wasserhaushalt der Pflanze
Epidermis (Zoologie)
- Haut
- [B] Häutung
- [B] Hohltiere I
- Keimblätter
- [M] Neodermis
Epidermodysplasia verruciformis
- [M] Papillomviren
Epidermophyta
- Epidermophyton
Epidermophyton
- Fußpilzerkrankung
Epidermophytose
- Epidermophytie
Epididymis ↗
Epidiopatra
- □ Onuphidae
Epiduralraum
- Dura mater
Epigaion ↗
epigäisch
Epigamie ↗
Epigenese
- idealistische Morphologie
Epigenesistheorie
- Entwicklungstheorien
- Epigenese
epigenetische Information
- Musterbildung
Epigenitalis
- Germinalniere
Epigenotypus
- Anpassung
Epiglottis
epigyn ↗

Epigyne
Epihippus
Epikanthus
- Down-Syndrom
Epikard
- Myokard
Epikarp ↗
Epikotyl
- [M] Keimung
- □ Kotyledonarspeicherung
- □ Samen
Epikutanreaktion
- Epikutantest
Epikutantest
- Intrakutantest
Epilachna
- Marienkäfer
Epilachninae
- Marienkäfer
Epilepsie
- γ-Aminobuttersäure
- Erbkrankheiten
- □ Psychopharmaka
Epilimnion
- □ See
Epilithen
- epilithisch
Epilithion ↗
epilithisch
Epilobietalia angustifolii
- Epilobietea angustifolii
Epilobietea angustifolii
Epilobietum fleischeri
- Epilobietalia fleischeri
Epilobion angustifolii
- Epilobietea angustifolii
Epilobion fleischeri
- Epilobietalia fleischeri
Epilobio-Scrophularietum caninae
- Epilobietalia fleischeri
epilobisch
- Oligochaeta
Epilobium
Epimachairodus
- Djetisfauna
- Machairodontidae
epimastigot
- [M] Trypanosomidae
Epimatium
- [M] Podocarpaceae
Epimedium ↗
- Tertiärrelikte
Epimenia
Epimera
- Pleura
Epimerasen
Epimere (Biochemie)
Epimere (Zoologie)
Epimerie
Epimerisierung
- Kohlenhydratstoffwechsel
Epimerit
- Polycystidae
Epimeron
- Insektenflügel
- [M] Insektenflügel
- Pleura
- [M] Pleura
Epimetabola
- Metamorphose
Epimorpha
- Hundertfüßer
- [M] Hundertfüßer
Epimorphose ↗
Epimysium
- Muskeln
Epinastie
Epinephele
Epinephelus ↗
Epinephrin ↗
Epinephron ↗
Epineuralkanal
- [M] Schlangensterne
Epineurium
Epineuston
- [M] Neuston
Epinotia ↗

Epinotum
epinykte Blüten
Epiökie ↗
Epiontologie
Epiophlebia
- Urlibellen
Epiopticon
- Oberschlundganglion
Epipactis ↗
Epipelagial
- euphotische Region
- □ Meeresbiologie (Lebensraum)
- Pelagial
- Stratifikation
epipelagisch
- [M] bathymetrische Gliederung
Epipelon
- Schlammfauna
Epipelos ↗
Epiperipatus
- Gebärmutter
epipetal
epipetrisch ↗
Epiphanes
Epipharynx
- [M] Flöhe
- □ Mundwerkzeuge
epiphloeodisch
Epiphragma
- Deckel
Epiphylle
Epiphyllie
- Epiphylle
Epiphyllum ↗
- [M] Kakteengewächse
Epiphyse (Knochenabschnitt)
- Falloppio, G.
- Knochen
- [B] Knochen
Epiphyse (Zirbeldrüse)
- □ Gehirn
- Habenula
- □ Hormone (Drüsen und Wirkungen)
- Zwischenhirn
Epiphysenfuge
- Knochen
- [B] Knochen
Epiphysenhormon ↗
Epiphysis cerebri
- Epiphyse
Epiphyten
- Ananasgewächse
- Bodenanhangsgebilde
- Haftwurzeln
- Hemiepiphyten
- [M] Lichtfaktor
- Luftwurzeln
- Orchideen
- Wasseraufnahme
epiphytisch
- Epiphyten
Epiplankton
- [M] Plankton (Tiefenverteilung)
Epiplasma
Epiplatys ↗
Epipleuralmuskeln
- Flugmuskeln
- [M] Flugmuskeln
- Insektenflügel
Epipleuren ↗
- Käfer
Epipodit
- Gliederfüßer
- □ Gliederfüßer
- □ Krebstiere
- Peracarida
Epipodium
- Podium
Epipogium ↗
Epipotamal ↗
Epiproct
- [M] Eilegeapparat
- Endfaden
Epipsammon ↗
- Psammon
Epipterygoid
- Kiefer (Körperteil)

Epipyropidae
Epipyxis ↗
Epirhithral ↗
Epirodrilus
- [M] Tubificidae
epirogenetische Hebung
- Regression
Epirostrum
episepal
episeptale Ablagerungen
Episinus
- □ Kugelspinnen
- [M] Kugelspinnen
Episiten
- Episitismus
Episitismus
- Parasitismus
Episomen
Episphäre ↗
Epispor ↗
Epistase
Epistasie
- Hypostasie
Epistasis
- Epistase
epistemologische Ethik
- Ethik in der Biologie
Epistereom
Episternum
- [M] Froschlurche
- Insektenflügel
- [M] Insektenflügel
- Pleura
- [M] Pleura
Epistom
Epistoma
- Rostralplatte
Epistomalleiste
- Epistomalnaht
Epistomalnaht
epistomatisch
Epistrophe
- Schwebfliegen
Epistropheus ↗
Epistylis
Epitetranychus
- Kupferbrand
- Rote Spinne
Epithalamus
- □ Gehirn
- Thalamus
- Zwischenhirn
Epithalassa
Epitheca
- Falkenlibellen
Epithecium
Epithek
- Epistereom
Epitheka
- [B] Algen II
- Kieselalgen
Epithel
- Basallamina
- Gewebe
- Haut
- Laminin
- □ Versilberungsfärbung
- [B] Vitamine
Epithelgewebe
- Epithel
epitheliale Gewebe
- □ Krebs (Krebsentstehung)
epitheliale Matrix
- Fingernagel
epitheliales Nervensystem
- Nervensystem
Epitheliocystida
- [M] Digenea
Epitheliosome
- Strudelwürmer
Epithelkörperchen ↗
- branchiogene Organe
- Ultimobranchialkörper
Epithelleisten
- Fadenwürmer
Epithelmuskelzellen ↗
- [B] Darm
- [B] Hohltiere I
Epithelschutzvitamin
- [B] Vitamine

Erdmännchen

Epithelzellen
- Epithel
Epithem
Epithemhydathoden
- Epithem
Epithemia
- Epithemiaceae
Epithemiaceae
Epitheria
- Eutheria
Epitheton
- Linné, C. von
- Nomenklatur
- Trivialname
Epithrix
- Erdflöhe
Epitokie
- Palolowürmer
Epitonie
Epitoniidae ↗
Epitonioidea
- Federzüngler
Epitonium
- Cyclostoma
- Scala
- Spermiendimorphismus
- M Spermiendimorphismus
- M Wendeltreppen
Epitope
- Immunglobuline
Epitrimerus
- M Gallmilben
epitrop
Epitrophie ↗
Epixylie
- Reaktionsholz
Epizoanthus ↗
Epizoen
epizoische Lebensweise
- Epökie
Epizoobios ↗
Epizoochorie
- Samenverbreitung
- Zoochorie
Epizootie
Epoche
- B Erdgeschichte
- □ Stratigraphie
Epöken
- Epökie
Epökie
Epomophorinae
- Flughunde
Epon
- Ultramikrotom
Epoophoron
- Nebeneierstock
- Paradidymis
Epovarium
- Nebeneierstock
Epoxidation
- Carotinoide
Epoxide
- Aflatoxine
- Chlorkohlenwasserstoffe
Epoxidharz
- Epon
- □ Ultramikrotom
Epoxidzyklus
- Carotinoide
Epoxypropan
- M Krebs (Krebserzeuger)
EPP
- □ Muskelzuckung
Epsilonema
Epsilonematidae
- Draconema
EPSP
- Motoneurone
- □ Nervensystem (Funktionsweise)
- Synapsen
Epstein, M.A.
- Epstein-Barr-Virus
Epstein-Barr-Virus
- □ Krebs (Krebsentstehung)
Eptesicus ↗
Epuraea
- Glanzkäfer

Equidae ↗
Equilibristen
- Opportunisten
Equilibrium-Theorie
- Inselbesiedlung
- Inselbiogeographie
Equine arteritis virus
- M Togaviren
Equisetaceae ↗
Equisetales ↗
Equisetatae ↗
- B Pflanzen, Stammbaum ↗ Schachtelhalme
Equisetites ↗
Equisetum ↗
- B Farnpflanzen I
- □ Heilpflanzen
Equoidea
Equus
- B Pferde, Evolution der Pferde I
- B Pferde, Evolution der Pferde II
ER ↗
Erabutoxine
- Schlangengifte
Eragrostis
Eragrostoideae
Erannis
- Frostspanner
Eranthis ↗
Erasistratos
Eratoidae ↗
Erbanlage ↗
Erbbiologie ↗
erbbiologisches Gutachten ↗
Erbdefekte
- Populationsgenetik ↗ Erbkrankheiten
Erbdiagnose
- Genetik
- genetische Beratung ↗ Erbgutachten
Erbfaktor ↗
Erbfehler
Erbgang
- Gen
- Genetik
Erbgangsanalyse
- Erbgang
Erbgesundheitslehre ↗
erbgleich
Erbgrind ↗
Erbgut
Erbgutachten
- Abstammungsnachweis
- Daktyloskopie
↗ Erbdiagnose
Erbhomologie
- Homologie
- Verhaltenshomologie
Erbhygiene
- Eugenik
Erbkoordination
- B Bereitschaft II
- Determination
- Instinkt
- modaler Bewegungsablauf
- Stereotypie
Erbkrankheiten
- Amniocentese
- Anthropologie
- genetische Beratung
- genetischer Block
- Genmanipulation
- Gentechnologie
- B Gentechnologie
- Heterozygotie
- Humangenetik
- Insemination (Aspekte)
- Strahlenschäden
Erblehre ↗
Erblichkeit
- Variabilität
Erblichkeitsgrad
- Heritabilität
Erbrechen
- Alkalose

- chemische Sinne
- Darm
- Demineralisation
- Exsikkose
- Magen
- Nahrungsmittelvergiftungen
- Schock
Erbsbreistühle
- Typhus
Erbschäden ↗
Erbse
- Ackerbau
- M Ballaststoffe
- □ Blatt (Blattmetamorphosen)
- □ Blüte (zygomorphe Blüten)
- B Chromosomen I
- B Früchte
- M Haftorgane
- □ Hülsenfrüchtler
- B Knöllchenbakterien
- M Knöllchenbakterien (Wirtspflanzen)
- Kotyledonarspeicherung
- B Kulturpflanzen V
- Lianen
- M Lianen
- Mendel, G.J.
- Mendelsche Regeln
- □ Samen
- Unverträglichkeit
Erbsenbein
- Hand
- M Hand
- M Hand (Skelett)
- Sesambein
Erbsenenationenmosaik-Virusgruppe
- pea enation mosaic virus group
Erbseneule ↗
Erbsenkäfer ↗
- M Samenkäfer
Erbsenkrabbe ↗
Erbsenmuscheln
Erbsenstrauch ↗
- B Asien I
Erbsenstreulinge
- Hartboviste
Erbsenwickler
- M Wickler
Erbsubstanz
erbungleich
Erdaltertum ↗
Erdapfel
- □ Kartoffelpflanze
Erdatmosphäre ↗
- □ Kohlendioxid ↗ Atmosphäre
Erdbeben
- elektrische Organe
Erdbecherlinge
- Humariaceae
Erdbeerbaum
- M Macchie
Erdbeerbaumfalter
Erdbeere
- B Europa XII
- B Früchte
- Fruchtfleisch
- □ Fruchtformen
- Karpidium
- B Kulturpflanzen VII
- □ Obst
- Polykorm
- M Rosengewächse
- Scheinfrucht
- Umtrieb
Erdbeerfrosch ↗
- M Farbfrösche
Erdbeerlaus
- M Röhrenläuse
Erdbeerpocken
- Frambösie
Erdbeerrose ↗
Erdbeerspinat ↗
Erdbeschleunigung
- differentielle Zentrifugation

Erdbevölkerung ↗
- Club of Rome
- M Pflanzenzüchtung ↗ Bevölkerungsentwicklung
Erdbienen ↗
Erdbirne ↗
- Sonnenblume
Erdböcke
Erdbohrer
- Nagetiere
Erdborstlinge
- Cheilymenia
Erde
- Ausstrahlung
- B chemische und präbiologische Evolution
- extraterrestrisches Leben
- Geochronologie
- Präkambrium
↗ Erdkruste
Erdeessen
- Geophagie
Erdegel
Erdeulen ↗
Erdferkel
- B Afrika VI
- M Gattung
- M Holarktis
- Kralle
- Lendenwirbel
- B Säugetiere
- □ Tertiär
Erdflöhe
Erdfrüchtigkeit ↗
Erdfrühzeit ↗
Erdgas
- Bioenergie
- Kohlenstoffkreislauf
- Lumachelle
Erdgeruch
- Bodengare
- Bodenorganismen
- Geosmin
- Streptomycetaceae
Erdgeschichte
Erdglöckchen
- Moosglöckchen
Erdharz
- Bitumen
Erdhase ↗
Erdhörnchen
- Pest
- Yersinia
Erdhummel
- M Hummeln
- B Insekten II
Erdhündchen ↗
Erdhunde
Erdkastanie ↗
Erdkeimer
Erdkirsche ↗
- Judenkirsche
Erdkrebs
- Maulwurfsgrillen
Erdkröte
- B Amphibien I
- B Amphibien II
- M Kröten
Erdkruste
- M Bioelemente
- Erdgeschichte
- B Erdgeschichte
- Lithosphäre
- Präkambrium
Erdkuckuck
- Kuckucke
- B Nordamerika III
Erdläufer ↗
Erdleguane
Erdlöcher
- Nest
Erdmagnetfeld ↗
- Bienensprache
- elektrische Organe
- Geochronologie
Erdmandel
- M Zypergras
Erdmännchen

143

Erdmantel

Erdmantel
– Lithosphäre
Erdmarder
– Mustela
Erdmaus ↗
– □ Isoenzyme
Erdmittelalter ↗
Erdnatter ↗
Erdnester
– Blattschneiderameisen
Erdneuzeit ↗
Erdnuß
– Erdnußartige Pilze
– Fruchtträger
– B Kulturpflanzen III
– Ölpflanzen
Erdnußartige Pilze
Erdnußbutter
– Erdnuß
Erdnußfäule
– M Fruchtfäule
Erdnußöl
– Erdnuß
– Gärfett
Erdöl
– Belastbarkeit
– Bioenergie
– Biotechnologie
– Bitumen
– Erdölbakterien
– B Kohlenstoffkreislauf
– Kohlenwasserstoffe
– Lumachelle
– Ölpest
Erdölbakterien
– Erdöl
– Kohlenwasserstoffe
– Ölpest
Erdölprospektion
– Palynologie
Erdorgeln
– Karst
Erdottern ↗
Erdpech
– Bitumen
Erdpflanzen
– Geophyten
Erdracken
Erdrauch
Erdrauchgewächse
– Alkaloide
Erdraupen
Erdschieber
Erdschildkröten ↗
Erdschlangen
Erdschnaken
Erdschüpplinge ↗
Erdschürfpflanzen
– □ Lebensformen (Gliederung)
Erdschwein ↗
Erdsproß ↗
Erdsterne
Erdstrahlen
Erdströme
– elektrische Organe
Erdünnerung
– Läuterung
Erdurzeit ↗
Erdwachs
– Bitumen
– Wachse
Erdwachssümpfe
– Weichteilerhaltung
Erdwanzen
Erdwarzenpilze
Erdwendigkeit ↗
Erdwespen
– Fächerkäfer
Erdwolf
– Mähne
Erdwühlen ↗
Erdzeitalter
Erdzungen
Erebia
– Alpentiere
– M arktoalpine Formen
– Europa
Erektion
– □ Genitalpräsentation

– M Schwellkörper
Eremascus ↗
Eremial
Eremias ↗
Eremina
Eremit ↗
– Blatthornkäfer
Eremitalpa
– Goldmulle
Eremobates
– Walzenspinnen
Eremodipus
– M Springmäuse
Eremophila (Botanik) ↗
Eremophila (Zoologie) ↗
Eremophyten
Eremosphaera
– Eremosphaeraceae
Eremosphaeraceae
Eremothecium ↗
Eremurus ↗
Eresidae ↗
– M soziale Spinnen
Eresus ↗
Erethizontidae ↗
Erethizontinae
– Baumstachler
Eretmochelys ↗
Erfahrung
– Deduktion und Induktion
– Freiheit und freier Wille
– kulturelle Evolution
– sensible Phase
– unbedingter Reiz
Erfahrungsentzug
– Kaspar-Hauser-Versuch
Erfahrungserwerb
– Jugendentwicklung: Tier-Mensch-Vergleich
Erfahrungswissenschaften
– Deduktion und Induktion
– Wissenschaftstheorie
Erfolgsorgan
– □ Nervensystem (Funktionsweise)
– Nervenzelle
Erfrieren (Botanik)
– Auswinterung
Erfrieren (Zoologie)
ERG
– Elektroretinogramm
Ergänzungsfarben
– Komplementärfarben
Ergänzungsstoffe (Mikrobiologie)
Ergänzungsstoffe (Zoologie)
Ergänzungssymmetrie
– Symmetrie
Ergasilus ↗
– □ Antenne
Ergastoplasma
Ergates ↗
ergatogyn
– ergatoid
ergatoid
ergatomorph
– ergatoid
Ergin
– Mutterkornalkaloide
– M Mutterkornalkaloide
Ergine ↗
Ergobasin ↗
Ergocalciferol ↗
– B Vitamine
Ergochrome
– Emodin
Ergocornin
– Mutterkornalkaloide
– M Mutterkornalkaloide
Ergocristin
– Mutterkornalkaloide
– M Mutterkornalkaloide
Ergocryptin
– Mutterkornalkaloide
– M Mutterkornalkaloide
Ergolin ↗
– M Mutterkornalkaloide
Ergolinalkaloide
– Mutterkornalkaloide

Ergometer
– Ergometrie
Ergometrie
Ergometrin
– M Mutterkornalkaloide
Ergone
Ergosin
– Mutterkornalkaloide
Ergosterin
– Windaus, A.O.R.
ergot
– Mutterkornalkaloide
Ergotalkaloide ↗
Ergotamin ↗
– Sympathikolytika
Ergotismus ↗
Ergotoxin ↗
ergotrop
– Nervensystem
Ergrauen
– Haare
Erhaltungsgebiet
Erhaltungsumsatz ↗
Erhaltungszüchtung
– Saatgut
– Züchtung
Erholungsphase
– Refraktärzeit
– Schlaf
Eria
Erica ↗
– B Afrika VI
Ericaceae ↗
Ericaceen-Buschzone
– afroalpine Arten
Ericales ↗
– Pollen
Ericetum tetralicis ↗
Ericion tetralicis
– M Oxycocco-Sphagnetea
Erico-Pinetalia
– Erico-Pinetea
Erico-Pinetea
Erico-Pinetum
– Erico-Pinetea
Erico-Pinion
– Erico-Pinetea
Erico-Rhododendretum hirsuti
– Erico-Pinetea
Erico-Sphagnetalia ↗
Erigeron ↗
erigieren
– Erektion
Erignathus ↗
Erigone
Erigoninae ↗
Erika
– Glockenheide
Erinaceidae ↗
Erinaceinae
– Igel
Erinaceus
– Igel
Erineumgallen
– Filzgallen
Erinnerung
– Gedächtnis
– Wahrnehmung
Erinnerungszentren
– □ Telencephalon
Erinnidae ↗
Eriocaulaceae
– Eriocaulales
Eriocaulales
Eriocaulon
– Eriocaulales
Eriocheir ↗
Eriocitrin
– Flavonoide
Eriocraniidae ↗
Eriodictyol
– M Flavanone
Eriogaster
– Glucken
Eriophoretum Scheuchzeri
– Caricetalia nigrae
Eriophorum ↗
Eriophyes
– Filzgallen

– Gallmilben
Eriophyidae ↗
Eriopus ↗
Eriosoma
– B Schädlinge
Eriosomatidae ↗
Eriphia ↗
erische Phase
Erisma ↗
– ammonotelische Tiere
– □ Saprobiensystem
Eristalomyia
– Eristalis
Eristicophis ↗
Erithacus ↗
Eritrichum ↗
Erjavecia
Erkältung (Botanik)
Erkältung (Medizin)
– M Coxsackieviren
Erkenntnis
– Abstammung - Realität
– Deduktion und Induktion
– Descartes, R.
– Ethik in der Biologie
– Kreationismus
Erkenntnistheorie
– Analogie - Erkenntnisquelle
– Deduktion und Induktion
– Ethik in der Biologie
– Wissenschaftstheorie
Erkenntnistheorie und Biologie - Evolutionäre Erkenntnistheorie
Erkennung
– Biolumineszenz
– Grußverhalten
Erkennungssequenzen
– □ Restriktionsenzyme
Erkennungsstellen
– □ Galactose-Operon
– B Promotor
Erkennungszeichen
– Symbol
Erklärung
– Erklärung in der Biologie
– Wissenschaftstheorie
– Zufall in der Biologie
Erklärung in der Biologie
Erkrankungsrate
– Morbidität
Erkundungsdrang
– M Bereitschaft
– Jugendentwicklung: Tier-Mensch-Vergleich
Erkundungsverhalten
– Lernen
– Spielen
Erlanger, J.
Erle
– B Blüte
– □ Bodenzeiger
– B Europa VI
– Holz (Bautypen)
– Kätzchen
– □ Mastjahre
– Streuabbau
– Weichholz
erleichterte Diffusion
– Diffusion
– passiver Transport
Erlen-Bruchwälder ↗
– Königsfarngewächse
– Sumpfwälder
– Verlandung
Erlen-Eschen-Auewälder ↗
Erlengrübling
Erlenholz
– Erle
Erlenzeisig
– B Europa XI
– Finken
– B Finken
erlernte Verhaltensweisen
– Denken
– Kaspar-Hauser-Versuch
Ermengem, E.P.M. van
– Bakterientoxine

Erythrophleumalkaloide

- ☐ Botulismus
- Nahrungsmittelvergiftungen

Ermüdungsstoffe
- Schlaf

Ernährung
- ⓜ Fehlbildung
- ⓜ Funktionskreis
- Landwirtschaft
- Lebensformen
- Mensch und Menschenbild
- Mikronährstoffe
- Mineralstoffe
- Nahrungsangebot
- Nahrungsaufnahme
- Nahrungskette
- Revier
- Stoffwechselintensität
- Symbiose

Ernährungslehre
- Abderhalden, E.
- Ernährungswissenschaft
- Rubner, M.

Ernährungsphysiologie
Ernährungspol
- Kopf

Ernährungswissenschaft
Ernestia
- Raupenfliegen

Ernestiodendron ↗
- ⓜ Voltziales

Erneuerungsknospen
- Knospe
- Knospenruhe
- Kryptophyten
- ☐ Lebensformen (Gliederung)
- Überwinterung
- ↗ Winterknospen

Erneuerungsschnitt
Ernobius
- Klopfkäfer

Ernteameisen
Erntefieber
- Feldfieber

Erntefische
Erntekrätze ↗
Erntemethode
Erntemilbe
Ernteverlust
- Pflanzenkrankheiten

Ero
Eroberung des Landes
- Landpflanzen
- ☐ Wirbeltiere
- ⓑ Wirbeltiere III

Erodium ↗
Eröffnungsperiode
- Geburt
- ⓜ Geburt

Erophila ↗
Erosion (Geologie)
- Bodenentwicklung
- Bodenzerstörung
- Deflation
- Desertifikation
- Ersatzgesellschaft
- Landwirtschaft
- Mensch und Menschenbild
- Mulch
- Nährstoffbilanz
- Wald
- Windschäden

Erosion (Medizin)
Erosionsschutz
- Bodenverbesserung
- Unkräuter

Erotylidae
- ☐ Käfer

Erpel
- ⓑ Ritualisierung

Erpelschwanz
- ⓜ Zahnspinner

Erpeton ↗
Erpobdella
- Erpobdellidae

Erpobdellidae
Errantia (Botanik) ↗
Errantia (Zoologie) ↗
Erregbarkeit ↗
- Irritabilität

Erregung
- Chronaxie
- elektrische Reizung
- Gedächtnis
- Gehirn
- Impuls
- Nervengewebe
- ☐ Nervensystem (Funktionsweise)
- Nervenzelle
- Photorezeption
- Refraktärzeit
- Reiz
- Reizleitung
- Relaxation
- Schwanzsträubwert
- Synapsen
- ⓑ Synapsen

Erregungsbildungszentrum
- Herzautomatismus
- Herzmuskulatur

Erregungskreise
- Erregung

Erregungskupplungen
- Schlußleisten

Erregungsleitung
- Axonhügel
- Eccles, J.C.
- elektrische Organe
- Hermann, L.
- Membranpotential
- Membrantransport
- Nervensystem
- ☐ Nervensystem (Funktionsweise)
- Nervenzelle
- Photorezeption
- Reizleitung
- Ruhepotential
- Synapsen
- ⓑ Synapsen

Erregungsmuster
- Assoziation
- Erregung

Erregungssynapsen
- Erregungsleitung

Erregungsverarbeitung
- Nervensystem

Erregungszentren
- Herzautomatismus
- Herzmuskulatur

Erröten
- Farbwechsel
- ☐ Konfliktverhalten

Ersatzbiotope
- Artenschutz

Ersatzenzym-Bildung
- ☐ Antibiotika

Ersatzfasern
Ersatzgebiß
- Dauergebiß
- Milchgebiß

Ersatzgeschlechtstiere
Ersatzgesellschaft
- aktuelle Vegetation
- natürliche Vegetation
- Südamerika
- Sukzession
- Vegetation
- Wiese

Ersatzhandlung
- umorientiertes Verhalten

Ersatzknochen
- Knochen

Ersatzmännchen
- Rankenfüßer

Ersatzmutterschaft
- Insemination (Aspekte)

Ersatzobjekt
Ersatzstoffe
- Waschmittel

Ersatzverhalten
- Ersatzobjekt

Ersatzzahnleiste
- Zähne

Erscheinungsbild ↗
Erscheinungsform
- Gestalt
- Phänotyp

Erschöpfungsstadium
- Streß

Erschütterungssinn ↗
Erstarkung
- Erstarkungswachstum

Erstarkungswachstum
- Keimung
- Sproßachse

Erstbeschreibung
- binäre Nomenklatur
- ⓜ Synonyme

Erstbesiedlung
- Moose

Ersticken
- Auswinterung

Erstickungsschimmel
- Epichloe

Erstlarve
- Larven

Erstlinge
- Mikroorganismen

Erstlingsblätter ↗
Erstmännlichkeit
- Proterandrie

Erstmünder
- Protostomier

Erstweiblichkeit
- Proterogynie

Ertrag
- Bastardwüchsigkeit
- Produktionsbiologie

Ertragsfähigkeit ↗
Ertragsgesetz
- Minimumgesetz

Ertragssicherheit
- Landsorten

Ertragszuwachs
- Mitscherlich-Gesetz

Eruca (Botanik) ↗
Eruca (Zoologie) ↗
Erucasäure
- Behensäure
- ☐ Kohl

Erucastrum ↗
eruciform
- Käfer
- Raupe

erucoid
- eruciform

Eruption
- Vulkanismus

Erwärmungszentrum ↗
Erwartung
- Wahrnehmung

Erwartungswert
- Statistik

Erweiterer
- Dilatator

Erwerbskoordination
Erwerbsmotorik
- Erwerbskoordination

Erwinia
erworbener auslösender Mechanismus ↗
erworbene Verhaltensweise ↗
Erycinidae ↗
Erylus
Eryngium ↗
Erynnis
- ⓜ Dickkopffalter

Eryops
- ☐ Perm

Erysimum ↗
Erysipel
- Streptococcus

Erysipeloid ↗
- Erysipelothrix

Erysipelothrix
- Fischrose
- Löffler, F.A.J.

Erysiphales ↗
Erytaurin
- Tausendgüldenkraut

Erythema infectiosum
- Parvoviren

Erythraea ↗
Erythrämie
- Erythroblastose

Erythramin
- Tausendgüldenkraut

Erythrasma
Erythrin ↗
Erythrina ↗
- ⓜ Hülsenfrüchtler

Erythrinaalkaloide
- Benzylisochinolinalkaloide

Erythrinidae ↗
Erythrismus
Erythrit
- Teichonsäuren

Erythroblasten
Erythroblastose
- ☐ RNA-Tumorviren (Auswahl)

Erythrocebus ↗
Erythrocentaurin
- Tausendgüldenkraut

Erythrocin
- Erythromycin

Erythrocruorin
Erythroculter ↗
Erythrocuprein
- Superoxid-Dismutase

Erythrocyten
- AB0-System
- Ankyrin
- Bilirubin
- ⓑ Bindegewebe
- Diffusion
- Enzymopathien
- Erythroblasten
- Erythrophagen
- Flamingos
- Glutathion
- Hämagglutination
- ⓜ Harnsedimente
- HLA-System
- Kamele
- Karyolyse
- Komplementbindungsreaktion
- ☐ Lunge (Oberfläche)
- Makrocyten
- ⓜ Makrophagen
- ⓑ Malaria
- ⓜ Mastzellen
- Membran
- Membranproteine
- ☐ Membranproteine (Schemazeichnung)
- Membranskelett
- ☐ Membranskelett
- ☐ Menschenrassen
- Methämoglobin
- molekulare Maskierung
- Osmose
- osmotische Resistenz
- Reticulocyten
- Rhesusfaktor
- Ribosomen
- ⓑ Vitamine
- Zellkern
- ↗ rote Blutkörperchen

Erythrocytenreifung
- Erythropoese

Erythrocytogenese
- Erythropoese

Erythrocytolyse ↗
Erythrolyse
- Hämolyse

Erythromycin
- Oleandomycin

Erythroneocytose
- Erythropoese

Erythronium ↗
Erythrophagen
erythrophil
Erythrophlamin
- ⓜ Erythrophleumalkaloide

Erythrophleguin
- ☐ Erythrophleumalkaloide

Erythrophlein
- ⓜ Erythrophleumalkaloide

Erythrophleumalkaloide

145

Erythrophoren

Erythrophoren ↗
Erythropoese
- Erythropoetin
Erythropoetin
- Blutbildung
Erythropsin ↗
Erythropterin
- Pteridine
Erythrose
Erythrose-4-phosphat
- ☐ Aminosäuren (Synthese)
- ☐ Calvin-Zyklus (Abb. 1)
- Erythrose
- ☐ Pentosephosphat-zyklus
Erythrosin
Erythrotin ↗
Erythrotrichia ↗
Erythroxylaceae
Erythroxylin ↗
Erythroxylon ↗
- Ⓜ Eisenholz
Erythroxylum
- Erythroxylaceae
Erythrylose
- Ⓜ Monosaccharide
Eryx ↗
erzanzeigende Pflanzen
- Biogeochemie
Erzeugungslehre
- Landwirtschaftslehre
erzgebirgisch
- Ⓑ Erdgeschichte
Erzglanzmotten
Erziehungsschnitt
- Leittrieb
- Pflanzenschnitt
Erzmolch ↗
Erzschleiche ↗
- Ⓑ rudimentäre Organe
- Ⓜ Walzenechsen
Erzwespen ↗
- dieroistisches Ovar
- Trophamnion
erzwungene Endocytose
- Lysosomen
Eschboden ↗
Esche
- Ⓑ Europa X
- Flügelfrüchte
- ☐ Fruchtformen
- Ⓜ Höhengrenze
- ☐ Holz (Bautypen)
- Keimhemmung
- Ⓜ Knospe
- ☐ Mastjahre
- Nachreife
- Streuabbau
- Wildverbiß
Eschen-Ahorn-Schatthang-wälder
- Lunario-Acerion
Eschen-Ahornwälder ↗
Eschenholz
- Esche
Eschenrosen
- Bastkäfer
Eschen-Schwarzerlenwald ↗
Eschenzikade
- Ⓑ Insekten II
- Ⓜ Singzikaden
Eschenzucker
- Mannit
Escherich, K.L.
Escherich, Theodor
- Escherichia coli
Escherichia coli
- Bakterienchromosom
- ☐ Basenzusammensetzung
- Citrobacter
- Fäkalien
- Galactose-Operon
- Genregulation
- Ⓜ halophile Bakterien
- Ⓜ IMViC-Test
- K-Antigene
- Ⓑ Promotor
- Purpurbakterien
- Ⓑ Replikation der DNA I
- ☐ Rhabditida
- Ⓜ Strichtest
- Ⓑ Transkription - Translation
- Ⓜ Vaginalflora
Eschricht, Daniel Frederik
- Eschrichtiidae
Eschrichtiidae
Eschrichtius
- Grauwale
Eschscholtz, J.F. von
- Eschscholtzia
- ☐ Meeresbiologie (Expeditionen)
Eschscholtzia ↗
Eschscholtz-Salamander
- Plethodontidae
E-Seite
- Membran
- ☐ Membran (Plasmamembran)
- Membranproteine
Esel
- Ⓜ Gehirn
- Haustiere
- Ⓜ Trächtigkeit
Eselhasen
Eselsdistel
Eselsdistel-Gesellschaft ↗
Eselshuf
- Ⓜ Klappermuscheln
Eselsohr (Pflanze)
- Ⓑ Asien II
- Ziest
Eselsohr (Pilz) ↗
Eselsohr (Schnecke) ↗
Eserin
- Ⓜ Synapsen
Eskariol
- Cichorium
Eskimide
Eskimohund
- ☐ Hunde (Hunderassen)
Eskimos
- Mensch und Menschenbild
Esocidae ↗
Esocoidei ↗
Esolus
- Hakenkäfer
Esomus ↗
Esox ↗
- Ⓜ Fische
Esparsette
- ☐ Bodenzeiger
- Futterbau
Esparsetten-Halbtrocken-rasen ↗
Esparto ↗
Esparto-Faser
- Federgras
Espe ↗
- Ⓑ Holzarten
Espeletia ↗
- Páramo
Espenbock
- Pappelbock
Esper, Eugen Johann Christian
- Esperiopsidae
Esperin
- Depsipeptide
Esperiopsidae
Espundia
ESS
- Strategie
Essenkehrer ↗
Essentialismus
- idealistische Morphologie
- Leben
essentielle Aminosäuren
- Aminosäuren
- Grünalgen
- Mangelmutante
- ☐ Proteinstoffwechsel
essentielle Fettsäuren
- Fettsäuren
essentielle Nahrungs-bestandteile
- Ernährung
- Kulturpflanzen
- Mangelmutante
- Nahrungsmittel
Essenzen
- idealistische Morphologie
Eßfeigen
- Feigenbaum
Essig ↗
- Essigsäurebakterien
- ☐ Konservierung (Konservierungsverfahren)
- Ⓜ pH-Wert
Essigälchen
Essigbakterien ↗
Essigbaum ↗
Essigflechte ↗
Essigfliegen ↗
Essigsäure
- ☐ Acetyl-Coenzym A
- Ⓑ Biologie II
- ☐ Buttersäure-Butanol-Aceton-Gärung
- Ⓜ Fettsäuren
- Ⓑ funktionelle Gruppen
- Ⓜ gemischte Säure-gärung
- ☐ MAK-Wert
- Ⓜ Methanbildung
- ☐ Miller-Experiment
- ☐ Mineralisation
- Mol
- Puffer
- Säuerung
- Säuren
- ☐ Synapsen
- Ⓜ Wehrsekrete
Essigsäurebakterien
- Ⓜ Involutionsformen
- Kahmhaut
Essigsäuregärung
- acetogene Bakterien
- Stickland-Reaktion
Eßkastanie
- ☐ Holz (Bautypen)
- Kastanie
- Ⓑ Mediterranregion II
- Wurzelbrut
Eßkohlen
- Kohle
Ester
Esterasen ↗
- Ⓑ Chromosomen III
- Exonucleasen
- Ⓜ Hydrolasen
- Ⓑ Isoenzyme
- Ⓜ Lysosomen
Esterbildung
- Veresterung
Esterbindung
- Ⓜ Depsipeptide
- ☐ Enzyme
Estergruppe
- Ⓑ funktionelle Gruppen
Esterspaltung
- Ester
- Verseifung
Esteve, P.J.E.
- Stevia
Estinnophyton
- Protolepidodendrales
- Ⓜ Protolepidodendrales
Estragol
- Ⓜ Basilienkraut
Estragon ↗
- Gewürzpflanzen
- Ⓑ Kulturpflanzen VIII
Estrildidae ↗
Etage
- Stratigraphie
Etagenmoos ↗
Etapteris ↗
Etamycin
- Depsipeptide
ETEC
- Ⓜ Escherichia coli
Eteone
Etesienklima
- Subtropen
Ethan
Etheostoma ↗
Ethephon
Ether
Etheria
- Flußaustern
Ethik
- Bioethik
- Geist - Leben und Geist
- Genmanipulation
- Gentechnologie
- Naturschutz
Ethik in der Biologie
Ethmoid ↗
Ethmoidale
- Siebbein
Ethmoidalregion
- Schädel
Ethmoturbinalia ↗
- Turbinalia
Ethnobiologie
- Sozialanthropologie
Ethnologie
- Anthropologie
- Naturvölker
Ethogramm
Ethologie
- Ⓑ Biologie II
- Naturvölker
- Tierpsychologie
- ↗ Verhaltensforschung
ethologische Barriere
ethologische Isolation
- Isolationsmechanismen
Ethökologie
Ethoparasit
Ethoparasitismus
- Kleptoparasitismus
Ethoparasitologie
- Parasitismus
Ethos
- Ethik in der Biologie
Ethusa
- Gepäckträgerkrabben
Ethyl
Etiolement
- Phytochrom-System
Etioplasten
- Prolamellarkörper
- Prothylakoide
Etmopterus ↗
Etoposid
- Ⓜ Cytostatika
Etorphin
- Opiate
Etoscha (Namibia)
- Ⓑ National- und Naturparke II
Etroplus ↗
Etrumeus ↗
Etruskerspitzmaus
- Ⓜ Herzfrequenz
- Ⓜ Körpergewicht
- Körpergröße
- Stoffwechselintensität
Ettingshausen, C. von
Euanthium
Euarctos ↗
Euarthropoda
- ☐ Gliederfüßer
Euartiodactyla
- Neobunodontia
Euascomycetes
Euascomycetidae
- Euascomycetes
Eustacus ↗
Euaster
- Geodiidae
- Stellettidae
Euastrum ↗
Eubacteria ↗
Eubacteriales
- Eubakterien
Eubacterium
- Darmflora
- Ⓜ Vaginalflora
Eubakterie
Eubakterien
- Ⓜ Progenot
Eubalaena ↗

Eubiose ↗
Eublepharis ↗
Eubothrium
- M Pseudophyllidea
Eubranchidae
- Eubranchus
Eubranchus
Eubria ↗
Eubryales
Eubrychius
- Rüsselkäfer
Eucallipterus
- Zierläuse
Eucalyptol ↗
Eucalyptus
- Australien
- B Australien III
- Europa
- Karri
- Pyrophyten
Eucalyptusöl
- M Eucalyptus
- Repellents
Eucampia ↗
Eucarida
eucephal
Eucera ↗
- Ölkäfer
Eucestoda ↗
Eucharis ↗
Eucharitidae
- Planidiumlarve
Eucheilota ↗
Euchema ↗
Euchlora
- Kleptocniden
Euchone
Euchoreutes
- M Springmäuse
Euchroma
- Prachtkäfer
Euchromatin
- Chromatin
- Heterochromatisierung
Euciliata ↗
Eucinetidae
- □ Käfer
Eucladium
- Wassermoose
Eucladocera
- M Wasserflöhe
Euclea
- Ebenaceae
Euclidia
- Tageulen
Euclymene
- M Maldanidae
Eucnemidae
- □ Käfer
- Schnellkäfer
Eucnide ↗
Eucobresia
Eucoccidia ↗
Eucommia
Eucommiaceae
Euconnus
- Ameisenkäfer
Euconulus
Eucopia
- M Mysidacea
Eucopidae
Eucopiidae
- M Mysidacea
Eucricotopus
- Zuckmücken
Eucryphiaceae
- M Rosenartige
eucyclische Blüte
Eucyphidea
- Natantia
Eucyte
- □ Kompartimentierung
- Leben
- □ Zelle (Vergleich)
Eudämonismus
- Bioethik
Eudendrium
- Eudendriidae

- Flabellina
Eudia
- B Schmetterlinge
eudominant
- M Dominanz
Eudorina ↗
Eudoxia
Eudoxioides ↗
Eudrilidae
- M Oligochaeta
- M Opisthopora
Eudromias ↗
Eudromicia
- M Australien
Eudyptes ↗
Eudyptula ↗
Euechinoidea
- M Seeigel
Eu-Fagion ↗
Eugenia ↗
Eugenik
- Euphänik
- Galton, F.
- Insemination - Aspekte
eugenische Zuchtwahl
- Insemination - Aspekte
Eugenol
- M Basilienkraut
- Isoeugenol
Euglena
- Auge
- Augenfleck
- Polyphagus
- □ Saprobiensystem
- M Tümpel
- Wasserblüte
Euglenales
Euglenamorpha
- Euglenamorphales
Euglenamorphales
Euglenoidina
- M Geißeltierchen
Euglenophyceae
- Astasia
Euglossa ↗
Euglossini
- Parfümblumen
Euglypha ↗
Eugorgia ↗
Eugregarinida
Euhadra
- Strauchschnecken
euhaline Zone
Euholometabola
- Holometabola
Euhomininae
- Mensch
Eukalyptus
↗ Eucalyptus
eukarp
- Chytridiales
- Hyphochytriomycetes
Eukaryonten
- Eukaryoten
Eukaryota
- Reich
- Überreich
↗ Eukaryoten
Eukaryoten
- Leben
- Präkambrium
- M Progenot
- □ Ribosomen (Struktur)
Eukitt
- mikroskopische Präparationstechniken
eukone Augen
Eukrohnia
Eukryon
- Kryon
Eulalia
Eulamellibranchia ↗
Eulamellibranchien ↗
Eulampetia
Eulecanium ↗
Eulen (Schmetterlinge) ↗
Eulen (Vögel)
- Beuteschema
- M brüten

- Brutfleck
- B Europa XI
- Gewölle
- Horst
- Nestflüchter
- Netzhaut
- Sinushaare
Eulenfalter
- Gehörorgane
Eulenpapagei
- Kropf
- Papageien
Eulenschwalm
- B Australien II
Eulenspinner
Eulenvögel
Euler-Chelpin, H.K.A.S. von
- B Biochemie
- M Enzyme
Euler-Chelpin, U.S. von
- Prostaglandine
Eulima ↗
Eulimella
Eulimidae
Eulimnoplankton
- Plankton
Eulimoidea
- Zungenlose
Eulithidium
- M Fasanenschnecken
Eulitoral
- Felsküste
- □ See
Eulota
Eulotidae
- Cochlostyla
- Strauchschnecken
Eumalacostraca
- Leptostraca
- Malacostraca
Eumeces ↗
Eumegasecoptera
- Megasecoptera
Eumelanine
- Melanine
Eumenes ↗
Eumenia ↗
Eumenidae
eumer
Eumerus ↗
Eumetazoa
Eumetopias ↗
Eumida
- M Phyllodocidae
Eumycetes ↗
Eumycetozoa
- □ Pilze
Eumycophyta ↗
Eumycota
Eumycotina ↗
Eunapius
Eu-Nardion
- Nardetalia
Eunectes ↗
Eunice
- Eunicidae
Eunicella
Eunicida
Eunicidae
- Lysidice
Eunotia
- Eunotiaceae
Eunotiaceae
Eunuchen
- Kastration
Eunuchismus
- Kastration
Eunuchoidismus
- Eunuchismus
Euomphalia
Euonymus ↗
Euophrys ↗
Eupagurus ↗
Eupantotheria
Euparkerella ↗
Euparkeria
- M Scheinechsen
Eupatorieae
- □ Korbblütler

Eupatorium ↗
Eupemphix ↗
Eupenicillium
Euperipatoides ↗
- M Stummelfüßer
Euphänik
Eupharynx ↗
- Tiefseefauna
Euphausia
- Krill
- Meeresleuchten
Euphausiacea
- Calyptopis
- M Plankton (Anteil)
Euphonia
- Tangaren
Euphorbia ↗
- Bioenergie
- M Greiskraut
- Wolfsmilch
Euphorbiaceae
Euphorbiales ↗
Euphoria ↗
Euphorie
- Drogen und das Drogenproblem
euphotische Region
- Dämmerzone
- □ Meeresbiologie (Lebensraum)
Euphractus
- M Gürteltiere
Euphrasia ↗
Euphronides
- M Seewalzen
Euphrosine
- M Amphinomidae
Euphydryas
- M Fleckenfalter
- Scheckenfalter
Euphysa ↗
Eupistella
- M Terebellidae
Eupithecia ↗
Eupitys
- Kiefer (Pflanze)
Euplankton
- Plankton
Euplantulae
- Extremitäten
- Haftsohlen
Euplectella
- Euplectellidae
Euplectellidae
Euplectes ↗
Eupleres
- Falanuks
Euplerinae
- Madagassische Subregion
Euplexaura
Euplocamidae ↗
Euplocamus
- Holzmotten
Euploea
- Danaidae
Euploidie
- Grundzahl
- Mutation
Euplotes
Eupoecilia
- M Rebkrankheiten
- Traubenwickler
Eupolymnia
- M Terebellidae
Euproctis ↗
Euproctus ↗
Euproteinämie
Euprotomicrus ↗
Euprox
Euprymna
- □ Leuchtorganismen
- Leuchtsymbiose
Eupsalis
- Langkäfer
Eupsophus ↗
eupyren ↗
Eupyrgidae
- Molpadiida
Eupyrgus
- Paedophoropus

Eurafrikanide

Eurafrikanide
– ☐ Menschenrassen
Eurasien
– Asien
– Europa
Euretidae
Eurhinosaurus longirostris
Eurhynchium ⁄
Europa
– ☐ Desertifikation (Ausmaß)
– Glazialfauna
– Präkambrium
– Südamerika
Europäische Kurzhaarkatze
– B Katzen
Europäische Sumpfschildkröte
– B Mediterranregion III
– B Reptilien I
– B Reptilien II
– ☐ Schildkröten
european corn borer
– Maiszünsler
Europide
– Homo sapiens fossilis
– Paläanthropologie
eurosibirische Arten
– Europa
Eurosibirische Fallaubwälder ⁄
Eurosibirische Schlehengebüsche ⁄
Eurotatoria ⁄
Eurotiales
Eurotium
Eurozidin
– Polyenantibiotika
Euryalae
euryapsid
– Schläfenfenster
Eurycea ⁄
– Dreistreifensalamander
eurychor
Eurydema ⁄
Eurydice ⁄
Eurygaster
– M Beauveria
euryhalin
– anadrome Fische
– Osmoregulation
– ☐ Salinität
euryhydre Pflanzen
– stenohydre Pflanzen
Eurylaimidae ⁄
Eurylambda
– Kuehneotheriidae
Eurylepta
Euryleptidae
– Eurylepta
– Prosthoceraeus
Eurymyliden
– Hasentiere
euryök
– Astuar
– Kosmopoliten
– Lebensansprüche
Euryopis
– ☐ Kugelspinnen
euryoxybiont
euryözisch ⁄
Eurypelma
euryphag
– Nahrungsspezialisten
euryphot
– Lichttoleranz
euryplastisch
– Plastizität
Eurypterida
– ☐ Chelicerata
– Xiphosura
Eurypterus
– Eurypterida
– ☐ Silurium
Eurypyga
– Sonnenrallen
Eurypygidae ⁄
Eurysiphonata
Eurysternum
– ☐ Jura
Eurystomata
– Gymnolaemata

Eurytemora
– M Copepoda
eurytherm
Eurythoë
– M Amphinomidae
– Polychaeta
Eurythyrea
– Prachtkäfer
eurytop
eurytraphent
Euscelis
– Saisondimorphismus
Euscorpius
Eusideroxylon
– M Eisenholz
eusozial
– staatenbildende Insekten
– M staatenbildende Insekten
Eusparassidae
Euspermien
– Spermiendimorphismus
Euspongia ⁄
Eusporangiatae
Eusporangien
Eustachi-Klappe
– Eustachius, B.
Eustachio, Bartolommeo
– B Eustachius, B.
Eustachi-Röhre
– Epipharynx
– Eustachius, B.
– Glossopharyngeus
– Kiemenspalten
– ☐ Ohr
– Rachenmandel
– Spritzloch
Eustachius, B.
– Eustachi-Röhre
eustatische Meeresspiegelschwankung
– australische Region
– Europa
– Regression
– ☐ Riff
Eustele ⁄
– Protoxylem
– ☐ Stele
Eusthenopteron
– M Extremitäten
– Flossen
Eustigmatophyceae
Eustratigraphie
– Stratigraphie
Eustromata
– Stroma
Eusyllis
– M Syllidae
Eusynanthropie
– Synanthropie
eusynkarp ⁄
– ☐ Blüte (Gynözeum)
Eutacta
– Araucaria
Eutamias ⁄
Eutardigrada
– Macrobiotus
Eutaxicladina
Eutelie ⁄
Euter
– Geschlechtsmerkmale
– Milchdrüsen
Eutererkrankung
– Colimastitis
– Galt
Eutetrapoda
Euthacanthus
– Seitenfaltentheorie
Euthalenessa
– M Sigalionidae
Euthecosomata
– Seeschmetterlinge
Euthelepus
– M Terebellidae
Eutheria
– ☐ Kreide
– ☐ Wirbeltiere
Euthynen
– Achse

Euthyneura ⁄
– B Nervensystem I
Euthyneurie ⁄
Eutima ⁄
Eutonie
Eutonina ⁄
Eutoxeres
– ☐ Kolibris
Eutracheata
– Tracheata
Eutrachelus
– Langkäfer
Eutreptia
– Eutreptiales
Eutreptiales
Eutrigla ⁄
eutrop
– Entomogamie
eutroph
– Seetypen
Eutrophierung
– alternativer Landbau
– Artenschutz
– Brachsenkraut
– M Feuchtgebiete
– Fischsterben
– Kläranlage
– M Microcystis
– Nährstoffhaushalt
– Naturschutz
– Nitrate
– Rieselfelder
– Schilfrohr
– Waschmittel
Eutunicatae
euxinisches Becken
– Tethys
Euxoa
– M Rebkrankheiten
euzöne Arten ⁄
Euzonus
– M Opheliidae
Evadne
– Polyphemidae
– M Wasserflöhe
Evagination
– Coelom
Evaluation
– Naturschutz
Evaniidae ⁄
– Schlupfwespen
Evans, H.M.
Evans Blau
– Flüssigkeitsräume
Evaporation
– Bodentemperatur
– ☐ Energieflußdiagramm
– Evaporimeter
– Evapotranspiration
– Niederschlag
– Transpiration
– Verdunstung
Evaporimeter
Evapotranspiration
– Lysimeter
– Wasserbilanz
– ☐ Wasserkreislauf
Evarcha
Evasion
– Parasitismus
Everes
– Bläulinge
Everglades (Landschaft)
– B National- und Naturparke II
Everglades (Virus)
– M Togaviren
Evermannellidae ⁄
Evernia ⁄
– Usninsäure
Evernsäure ⁄
everses Auge
– Linsenauge
– Netzhaut
– B Netzhaut
Eversmann, Eduard von
– Evermannellidae
Evertebrata ⁄
Evetria
– Harzgallen

– Posthornwickler
Evokation
evolut
– devolut
– Einrollung
– Schnecken
Evolution
– B Biologie II
– bradytelisch
– Darwin, Ch.R.
– Denken
– Desoxyribonucleinsäuren
– Determination
– Fortpflanzung
– Geist - Leben und Geist
– Genmanipulation
– Gentechnologie
– Hardy-Weinberg-Regel
– Leben
– Präformationstheorie
– Saltation
– Schöpfung
– Selbstorganisation
– Spencer, H.
– Teilhard de Chardin, M.-J.P.
– Tod
– Zufall in der Biologie
Evolutionäre Erkenntnistheorie ⁄
– Abstammung - Realität
– Deduktion und Induktion
– Geist - Leben und Geist
Evolutionäre Ethik
– Ethik in der Biologie
evolutionäre Klassifikation
– Systematik
Evolutionismus
– Biologismus
Evolutionisten
– Abstammung - Realität
– Kreationismus
Evolutionsbiologie
Evolutionsdruck ⁄
Evolutionseinheit
– B chemische und präbiologische Evolution
Evolutionsfaktoren
– Evolutionsmechanismus
– Hardy-Weinberg-Regel
– Populationsgenetik
Evolutionsforschung
– Phylogenetik
Evolutionsgenetik ⁄
Evolutionsgeschwindigkeit
– Evolutionsrate
– Typostrophentheorie
Evolutionslehre
– Entwicklungstheorien
– Kreationismus
– ⁄ Evolutionstheorie
Evolutionsmechanismus
– Kreationismus
Evolutionsrate
evolutionsstabil
– Strategie
evolutionsstabile Mischstrategie
– Strategie
Evolutionstheorie
– anthropisches Prinzip
– Bioethik
– Darwinismus
– Erkenntnistheorie und Biologie
– Geist - Leben und Geist
– Homologieforschung
– idealistische Morphologie
– Lückenhaftigkeit der Fossilüberlieferung
– Mutationstheorie
– Orthoevolution
– Systematik
– Teleologie - Teleonomie
– Wissenschaftstheorie
– Zoologie
Evonymin
– Spindelstrauch
Evonymus ⁄
Evylaeus
– M Sandbienen

extrakorporale Insemination

exakte Induktion
– Deduktion und Induktion
exarat
exarch
– Protolepidodendrales
– Protoxylem
Excalfactoria
Excipulum
Excitationsstadium
– Narkose
Excitatoren
excitatorisch
– □ Nervensystem (Funktionsweise)
– Synapsen
exergonische Reaktionen
– B Dissimilation II
– Entropie - in der Biologie
Exeristes
– Ichneumonidae
Exhalation
Exidia
Exine
– Akkrustierung
– Blüte
– Intine
– B Nacktsamer
– Pollen
– Sporen
Exinit
– Kohle
Exite
Exitus
– Tod
Exkalation
– Rekapitulation
Exklave
Exkonjugant
Exkremente
Exkrete
– □ ökologische Effizienz
– Sekrete
– B Stickstoffkreislauf
– Urogenitalsystem
Exkretion
– Atmungsorgane
– M Chronobiologie (Phasenkarte)
– Coelomocyten
– Haut
– Kiemen
– Leben
– Stoffwechsel
Exkretionsgewebe
Exkretionsorgane
– Chaetognatha
– Geschlechtsorgane
– B Wirbeltiere I
Exkretionsstoffwechsel
– Exkretion
– Stoffwechsel
exkretorische Einheiten
– M Exkretionsorgane
Exkretspeicher
Exkretspeicherung
– Exkretionsorgane
– Gliederfüßer
Exkretwanderzellen
– Exkretionsorgane
Exoantigene
– M Evasion
Exoascus
– Arthoniales
Exo-Autoinvasion
– M Zwergfadenwurm
Exobasidiales
Exobasidium
– Exobasidiales
Exobiologie
Exocarpos
– Sandelholzgewächse
Exocarpus
Exoccipitalia
– M Hinterhauptbein
Exocoetidae
Exocoetoidei
Exocoetus
– M Fische
– Fliegende Fische

Exoconus
– Komplexauge
Exocuticula
Exocytose
– Calcium
– Cytopyge
– Einzeller
– Membranfluß
– Membranfusion
Exocytosevesikel
– Golgi-Apparat
– Zelle
Exodermis
– M Wurzel (Bau)
Exodon
– Salmler
exoentropisch
– Entropie - in der Biologie
Exoenzyme
– Cellulase
Exogamie
exogastrisch
Exogastrula
– Exogastrulation
Exogastrulation
exogen (Biologie)
exogen (Geologie)
Exogenea
exogene Infektion
– Eitererreger
Exogone
Exogonium
Exogyra
Exohormone
– biotechnische Schädlingsbekämpfung
– Ektohormone
Exokarp
– Frucht
– M Kokospalme
– M Prunus
exokrine Drüsen
Exon
– □ Mitochondrien (Genkarten)
– □ Onkogene
– □ Prozessierung
– □ Prozessierung
– Ribonucleinsäuren
– M spleißen
Exonucleasen
– DNA-Polymerasen
– DNA-Reparatur
Exopeptidasen
– Carboxypeptidasen
– M Hydrolasen
– Proteasen
Exoperidie
– Bauchpilze
– □ Erdsterne
– M Sphaerobolaceae
– □ Stinkmorchelartige Pilze
Exopinakocyten
– Pinakocyten
Exopodit
– □ Decapoda
– Gliederfüßer
– □ Gliederfüßer
– B Gliederfüßer I
– □ Krebstiere
Exoporia
– M Schmetterlinge
Exopterygota
– Fluginsekten
Exormotheca
– Exormothecaceae
Exormothecaceae
Exorphine
Exoskelett
– Bewegung
– Bewegungsapparat
– Bindegewebsknochen
– Cuticula
– Deckknochen
– Epithel
– Häutung
– Skelett
– B Skelett
– Wachstum

– Zellwand
Exospor
– Blüte
– Palynologie
Exosporae
– Außenfrüchtler
Exosporen
– Sporen
Exosporium
– □ Endosporen
– Exospor
Exostom
Exotarium
Exote
Exotheca
Exothecium
– Faserschicht
exotherm
– Enthalpie
– Entropie - in der Biologie
– exergonische Reaktionen
Exotoxine
– Nahrungsmittelvergiftungen
Exotrachea
Exotunica
– Bitunicatae
exozyklisch
– M Seeigel
Expectorans
– Fenchelöl
Experiment
– Chaos-Theorie
– Naturgesetze
– Wissenschaftstheorie
Experimentalpopulationen
– Populationsgenetik
Explanandum
– Erklärung in der Biologie
Explanans
– Erklärung in der Biologie
Explanation
– Erklärung in der Biologie
Explantat
Explikation
– Erkenntnistheorie und Biologie
– Wissenschaftstheorie
exploration
– Tierwanderungen
Explosionsfrüchte
– Autochorie
– Schleuderfrüchte
– Explosionsmechanismen
Explosionskammer
– □ Bombardierkäfer
Explosionsmechanismen (Botanik)
– Kürbisgewächse
– Samenverbreitung
– Schleuderfrüchte
– Spritzbewegungen
– Explosionsfrüchte
Explosionsmechanismen (Zoologie)
Explosionsspermien
– Spermien
– □ Spermien
Explosionstrichter
– M Vulkanismus
explosive Formbildung
Explosivlaicher
– Braunfrösche
Exponentialfunktion
– Halbwertszeit
exponentielle Phase
exponentielles Wachstum
– Erklärung in der Biologie
Exportproteine
– Golgi-Apparat
– Membranproteine
– Prä-Pro-Proteine
– Prä-Proteine
– Proteoglykane
– Translation
Exposition
– Bestandsaufnahme
– Bodentemperatur
Expressionsvektoren
– Vektoren

Expressivität
Exsikkat
Exsikkation
– Exsikkose
Exsikkose
– Diabetes
Exspiration
– M Seneszenz
Exspirationszentrum
– Atmungsregulation
– □ Atmungsregulation (Regelkreis)
Exstirpation
Exsudate
– Gummi
– Harze
Exsudation (Botanik)
Exsudation (Zoologie)
– Entzündung
– Pseudocellen
– Sekretion
Exsules
– Blattläuse
extensive Wirtschaftsweise
– M Landwirtschaft
Extensivsorten
Extensoren
– Extremitäten
– □ Seismonastie
Externlobus
Externsattel
Exterorezeptoren
– Rezeptoren
exterozeptive Sensibilität
– Sensibilität
Exterozeptoren
– Exterorezeptoren
Extinktion (Ethologie)
– Habituation
– B Lernen
Extinktion (Ökologie)
– □ Massenwechsel
Extinktion (Physik)
– Kolorimetrie
– Maßanalyse
– □ Nicotinamidadenindinucleotid (Absorptionsspektren)
Extinktionskoeffizient
– Extinktion
extraadrenale Wirkung
– adrenocorticotropes Hormon
Extra-Arm
– □ transfer-RNA
Extracapsulum
– Radiolaria
– M Tripylea
extrachromosomale Erbfaktoren
– Episomen
Extra-Chromosomen
– B-Chromosomen
Extracta aethera
– Extrakt
Extracta aquosa
– Extrakt
Extracta fluida
– Extrakt
Extracta sicca
– Extrakt
Extracta spirituosa
– Extrakt
Extracta spissa
– Extrakt
Extraduralraum
extraembryonaler Blutkreislauf
– Dottersackkreislauf
extrafloral
– Nektarien
extrafusale Muskelfasern
– Muskelspindeln
extraintestinale Verdauung
– Valvula cardiaca
extrakardiale Regulation
– Herzminutenvolumen
extrakaryotische Information
– epigenetische Information
extrakorporale Insemination
– künstliche Besamung

Extrakt

Extrakt
- Dekokt
- Drogen und das Drogenproblem

Extraktion
- ätherische Öle
- Fette
- Mazeration
- [M] Perkolation

Extraktionsmittel
- Extrakt
- Phenol

Extraktivstoffe
extramedulläre Blutbildung
- blutbildende Organe

Extranucleolen
- Keimbläschen

extranukleär
extranukleare DNA
- cytoplasmatische Vererbung

extranuptial
- Nektar

extrapyramidales System
- Nervensystem
- Parkinsonsche Krankheit
- Pyramidenbahn
- Rückenmark
- [B] Rückenmark
- [□] Telencephalon

Extrasiphonata
Extrasystolen
extratentakuläre Knospung
- Steinkorallen

extraterrestrisches Leben
- Meteorit

extrathekal
- Steinkorallen

extrauterines Früh-Jahr
- Jugendentwicklung: Tier-Mensch-Vergleich

Extrauteringravidität
- Leibeshöhlenträchtigkeit
- Schwangerschaft

extravaskulär
- Wassertransport

extrazellulär
extrazelluläre Flüssigkeit
extrazelluläre Verdauung
extrazonale Vegetation
Extrembiotope
- Anostraca
- Cyanobakterien

Extremitäten
- Allometrie
- Bauplan
- Beckengürtel
- Biomechanik
- Flossen
- Homoiologie
- [B] Homologie und Funktionswechsel
- Klammerschwanzaffen
- Mundwerkzeuge
- [B] rudimentäre Organe
- Seitenfaltentheorie
- [M] Unpaarhufer

Extremitätengürtel
- Extremitäten
- Schultergürtel
- Zonoskelett

Extrinsic factor ↗
Extrinsic-System
- Blutgerinnung

extrors
extrovert ↗
Extrusion
Extrusomen
Exules
- Blattläuse

Exumbrella
Exuvialdrüsen
- Häutungsdrüsen

Exuvialflüssigkeit
- Exuvialraum
- Häutung
- Häutungsdrüsen

Exuvialraum
- Häutung
- Häutungsdrüsen

Exuvialspalt
- [B] Häutung

Exuvie
- Häutungsnähte
- Puppe

Exuviella
- [B] Gliederfüßer II

Exzession
Exzessivbildungen ↗
Exzision
- [B] Lambda-Phage

Exzisionase
- [B] Lambda-Phage

Exzisionsreparatur
Eyasimensch ↗
eye-worm
- Loïasis

Eyra ↗

F
f. ↗
Fabaceae ↗
- Canavanin
  ↗ Hülsenfrüchtler

Fabales
Fabeltiere
- Einhorn

Fabismus ↗
Faboideae ↗
Fabre, J.-H.
- [B] Biologie I
- Prozessionsspinner

Fabricia
Fabriciana ↗
Fabricius, J.Ch.
- Fabricia
- Fabriciana

Fabricius ab Aquapendente, H.
- [B] Biologie II

Fabri de Peiresc, Nicolas-Claude
- Pereskia

Facelina
Facelinidae
- Facelina

Facette
- [B] Komplexauge

Facettenauge ↗
- [B] Verdauung II
- ↗ Komplexauge

Facettenbildung
Facettenringe
- Facettenbildung

Fachausdrücke
- Terminologie

Fächel ↗
- Rhipidium

Fächer
- Vögel

Fächerfisch ↗
Fächerfische
- [B] Fische V
- Hundsfische

Fächerflügler
- Trophamnion

Fächerfußgecko
- [M] Geckos

Fächerkäfer
Fächerkorallen
Fächerlungen
- Extremitäten
- Gliederfüßer

- Tracheensystem
- [□] Webspinnen

Fächermuschel ↗
Fächerpalmen ↗
Fächertracheen
- [B] Gliederfüßer II
- Tracheensystem

Fächerzunge
- Fächerzüngler
- Radula

Fächerzüngler
fachspaltig
Fachsprache
- Terminologie

Facialis
Facies
- Fazies
- Gesicht

Facies hippocratica
- Fazies

Facies latrodectismica
- Spinnengifte

Facies scarlatinosa
- Scharlach

Fackellilie ↗
- [M] Liliengewächse

FAD ↗
Fadenblättrigkeit
- Farnblättrigkeit

Fadenfedern
Fadenfische
- [B] Aquarienfische II

Fadenflechten ↗
fadenförmige Phagen
- [B] Bakteriophagen II

Fadenhaare
- Sensillen

Fadenhafte ↗
Fadenkäfer ↗
Fadenkanker
Fadenkiemen ↗
Fadenkiemer ↗
Fadenkieselalge
Fadenmolch
- [B] Amphibien II
- atlantische Floren- und Faunenelemente
- [M] Molche

Fadenmoleküle
- Linearmoleküle

Fadenpapillen
- Zunge

Fadenpilze ↗
Fadenprothallium ↗
Fadenschnecken
Fadenschwänze
Fadensegelfische ↗
Fadenstäublinge ↗
Fadenthallus
Fadenwels ↗
Fadenwürmer
- Bodenorganismen
- Darm
- Dioctophyme
- Gartenschädlinge
- Nematizide
- Ordnung
- [□] Phoresie
- Spermien
- Winkverhalten
  ↗ Nematoden

$FADH_2$ ↗
Fädler ↗
Faeces ↗
- [□] ökologische Effizienz
  ↗ Fäkalien
  ↗ Kot

Faex medicinalis ↗
Fagaceae ↗
Fagales ↗
Fagara ↗
Fagetalia sylvaticae ↗
Fagion sylvaticae
Fagopyrin
- Buchweizen
- Photosensibilisatoren

Fagopyrismus ↗
- Photosensibilisatoren

Fagopyrum ↗

Fago-Quercetum ↗
Fagotia
Fagraea ↗
Fagraeus, Johan Theodor
- Fagraea

Fagus ↗
- bipolare Verbreitung
  ↗ Buche

Fähe
Fahlerde
Fahne (Botanik)
- [□] Blüte (zygomorphe Blüten)
- Flügel

Fahne (Zoologie) ↗
- [M] Vogelfeder

Fahnenblumen ↗
Fahnenquallen
Fahnenwicke
Fahnenwuchs
- Morphosen
- Windfaktor

Fahrenholzsche Regel ↗
- Symmetrie

Fahrtwind
- Flugmechanik

Fäkalien
- Darmflora
- Exkretionsorgane
  ↗ Faeces

Fäkalindikatoren
- Coliforme
- Colititer

Faktis
- Fette

Faktor III
- Thrombokinase

Faktorenaustausch
Faktorengefälle
- Präferendum

Faktorenkoppelung
Faktorenproblem
- [M] Hominisation

fakultative Aerobier ↗
fakultative Anaerobier ↗
fakultative Luftatmer
- Atmung

fakultativer Generationswechsel
- Generationswechsel

fakultativer Parasitismus
fakultativer Wirt
- Wirt

fakultatives Lernen
Falanuks
Falbkatzen
Fälblinge
Falcaria ↗
Falcarinon
- Dreifachbindung

Falciferi
Falco
- Falken

Falconidae ↗
Falconiformes ↗
Falculiferidae
- Sarcoptiformes

Fälide
- Fälische Rasse

Fälische Rasse ↗
Falken
- [B] Europa IX
- [B] Europa XV
- [B] Europa XVIII
- [□] Flugbild
- Flugmechanik
- Greifvögel
- Horst
- [B] Vögel I

Falkenlibellen
Falkenraubmöwe
- [B] Europa II
- Raubmöwen

Falkenzahn ↗
Falklandfuchs ↗
Falklandwolf
- Kampfüchse

Falknerei

Fasanen

Fall
- Erklärung in der Biologie

Fallaub
- Erle
- [B] Stickstoffkreislauf

Fallaubwälder ↗

Falle

Fallenblumen ↗

Fallensteller
- [M] Ernährung

Fallkäfer

Falloppio, G.
- Glossopharyngeus

Fallotaspis
- Kambrium

Fallout
- Strahlenbelastung

Fallschirm-Flug
- Flug
- Flughaut

Falltür
- Mesothelae

Falltürspinnen

Fällung
- Gerbstoffe
- Maßanalyse
- ↗ Präzipitation

Fällungsmittel
- Fällung

Falsche Akazie ↗
- [B] Nordamerika V
- Robinie

falsche Kapern
- Kapuzinerkressengewächse

Falsche Meerohren
- Weitmundschnecken

Falsche Mehltaupilze

Falscher Jasmin ↗

Falscher Mehltau
- Falsche Mehltaupilze
- [B] Pilze I
- [B] Schädlinge

falscher Sago
- [M] Cycadales

Falscher Vampir
- □ Blattnasen
- [M] Großblattnasen

falsche Viviparie
- Viviparie

Falschkern

Falsifizierbarkeit
- Deduktion und Induktion

Faltamnion ↗
- [B] Embryonalentwicklung II
- Embryonalhüllen

Faltblattstruktur
- Antiparallelität
- Keratine

Faltengalle
- Beutelgalle

Faltengebirge
- Präkambrium

Faltengecko
- Flug
- Geckos

Faltenlilie

Faltenmücken

Faltenmuscheln

Faltenrandschnecken
- Laciniaria

Faltenschnaken
- Faltenmücken

Faltenschnecken ↗

Faltenschwämme
- Fältlinge

Faltenwespen
- [M] Nest (Nestformen)
- staatenbildende Insekten

faltenzähnig
- labyrinthodont

Falter
- [B] Metamorphose
- Schmetterlinge

Falterblumen

Falterfische ↗

Fältlinge

Faltung
- Proteine

Faltungsbewegungen
- Flugmuskeln

Falzpech
- Rauhfußhühner

Famennium
- [M] Devon (Zeittafel)

Familia
- Familie

Familie (Sozialstruktr) ↗
- Sexualität - anthropologisch

Familie (Systematik)
- □ Klassifikation
- □ Nomenklatur

Familienforschung ↗
- Humangenetik

Familienplanung ↗

Familienterritorium
- Familienverband

Familienverband
- Jugendentwicklung: Tier-Mensch-Vergleich
- Partnerschaft
- Tiergesellschaft
- Tierstaaten

Familienzucht

Fanaloka

Fangapparat
- Falle
- Meeresbiologie
- Oikopleura

Fangarme ↗
- [B] Kopffüßer

Fangbäume

Fangbeine
- Analogie
- Fanghafte
- Fangschrecken
- Fangschreckenkrebse
- Gottesanbeterin

Fangblase
- □ Kohäsionsmechanismen
- Wasserschlauch

Fangfäden (Kahnfüßer)
- Kahnfüßer

Fangfäden (Nesseltiere)
- [M] Portugiesische Galeere

Fangfäden (Spinnen)
- [M] Kugelspinnen

Fanggeräte
- Falle
- Meeresbiologie

Fanggürtel

Fanghafte
- Haft

Fangheuschrecken
- Fangschrecken

Fangkorb
- Arcturidae

Fangmaske
- Libellen

Fangnetz
- [M] Dinopidae
- □ Fischereigeräte
- Meeresbiologie

Fangpflanzen

Fangröhren
- Tierbauten

Fangschlauch
- □ Atypus

Fangschleim
- Schleim

Fangschrecken

Fangschreckenkrebse

Fangspirale
- Radnetzspinnen

Fangtrichter
- Ameisenjungfern
- [M] Schnepfenfliegen
- Tierbauten

Fang-Wiederfang-Methode
- Populationsdichte

Fangzähne (Fische)

Fangzähne (Säugetiere)
- Katzen

Fannia ↗

F-Antigene
- K-Antigene

FAO

Faraday-Konstante
- Membranpotential

Farancia ↗

Farbanomalie

Farbanpassung
- Homochromie

Farbaufhellung
- Farbwechsel

Farbe
- Farbstoffe
- Gestalt
- Licht
- [B] Rassen- u. Artbildung II

Färbeflechten

Färbemethoden ↗

Farbenblindheit
- Farbenfehlsichtigkeit

Farbenfehlsichtigkeit
- [B] Chromosomen III
- Dichromasie
- Erbkrankheiten
- [M] Geschlechtschromosomen-gebundene Vererbung

Farbenkreis

Farbenlehre
- Goethe, J.W. von
- Ostwald, W.

Farbensehen
- Dominator-Modulator-Theorie
- [M] Dressur
- Farbenfehlsichtigkeit
- Frisch, K. von
- Geschlechtschromosomen-gebundene Vererbung
- Hering, K.E.K.
- □ Komplexauge (Aufbau/Leistung)
- Kontrast
- Sehfarbstoffe
- Young, Th.

Färberei
- Naturfarbstoffe

Färberflechten

Färberfrosch ↗

Färberkamille
- Hundskamille

Färbermaulbeerbaum
- Gelbholz

Färberpflanzen
- Ackerbau

Färberreseda
- Luteolin
- Resedagewächse

Färberröte
- Krapp
- [M] Krapp
- Krappfarbstoffe

Färbersaflor
- [M] Saflor

Färberscharte
- [M] Scharte

Färberwaid ↗
- Ackerbau
- Adventivpflanzen

Färberwau
- Luteolin
- Resedagewächse

Farbfrosch-Alkaloide
- Batrachotoxine
- Farbfrösche

Farbfrösche
- Pfeilgifte
- Südamerika

Farbhelligkeit
- Farbe

Farbhölzer

Farbkern

Farbkernhölzer

Farbkontrast
- Kontrast

Farbkörper ↗

farblose Cyanobakterien ↗

Farbmessung
- Kolorimetrie

Farbmetrik
- Farbenlehre

Farbmischung ↗

Farbrezeptoren

Farbsättigung
- Farbe

Farbstoffbildner
- Pigmentbakterien

Farbstoffe
- □ Algen (Farbstoffe)
- Anthrachinone
- auxochrome Gruppen
- Biotransformation
- Farbwechsel
- [M] Waschmittel

Farbton
- Farbe

Farbtrachten ↗

Farbtüchtigkeit ↗

Färbung (Farbe) ↗
- Gestalt

Färbung (Mikroskopie) ↗

Färbungsregel ↗

Farbvarianten
- [B] Selektion I

Farbvertiefung
- Farbwechsel

Farbwachse

Farbwechsel
- Amphibien
- Buntbarsche
- Echsen
- Epiphyse
- Gegenschattierung
- Haarwechsel
- Lichtfaktor
- Neuropeptide
- [B] Signal
- Temperaturregulation

Farmer, J.B.
- [B] Biologie II

Farmerlunge ↗

Farnblättrigkeit

Farne
- □ dichotome Verzweigung
- Hexenbesen
- □ Karbon
- □ Kreide
- Leitbündel
- [B] Pflanzen, Stammbaum
- Spaltöffnungen
- □ Urfarne

Farnese, Odoardo
- Farnesol

Farnesol
- □ Bakteriochlorophylle (Grundgerüst)
- □ Isoprenoide (Biosynthese)

Farnesylpyrophosphat
- □ Isoprenoide

Farnesyl-Rest
- [M] Farnesylpyrophosphat

Farnochinon
- Phyllochinon
- [M] Phyllochinon
- [B] Vitamine

Farnpflanzen
- Archegoniaten
- Blütenpflanzen
- Gärtner, J.
- Geschlechtsbestimmung
- Kormophyten
- Landpflanzen
- Pflanzen
- □ Rote Liste
- Samen
- Verzweigung

Farnsamer
- Cycadales
- □ Karbon
- Proangiospermen

Farre, Arthur
- Farrea

Farrea

Farrella ↗
- Walkeria

Farren ↗

Färse

Fasanen
- [B] Asien III
- Europa
- [M] Fährte
- Gattungsbastarde
- [B] Ritualisierung
- [M] Schonzeit

151

Fasanenschnecken

- Sexualdimorphismus
- [B] Vögel II
- **Fasanenschnecken**
- *Fasanenvögel*
- **Faschine**
- *Fascia*
- **Fasciculi**
- Cornuti
- *Fasciculus*
- **Fasciculus cuneatus**
- Burdachscher Strang
- **Fasciculus gracilis**
- Gollscher Strang
- *Fasciola*
- Glyoxylatzyklus
- Metagenese
- [M] Miracidium
- [B] Verdauung II
- **Fasciolaria**
- Tulpenschnecken
- *Fasciolariidae*
- *Fasciolasis*
- Fasciola
- **Fasciolidae**
- Fasciola
- Fasciolopsis
- **Fasciolizide**
- [M] Biozide
- **Fasciolopsiasis**
- **Fasciolopsis**
- Darmegel
- **Fasciolose**
- Fasciolasis
- **Fasciospongia**
- [M] Spongiidae
- **Fasel**
- Bulle
- **Faserbanane**
- Bananengewächse
- [B] Kulturpflanzen XII
- **Faserbildungszellen**
- Fibroblasten
- **Faserfilze**
- kollagene Fasern
- *Faserhaut*
- *Faserholz*
- **Faserhyphen**
- [M] Hausschwamm
- *Faserknorpel*
- *Faserköpfe*
- *Faserkreuzung*
- **Faserlein**
- [B] Kulturpflanzen XII
- Lein
- *Faserlinge*
- **Fasern (Botanik)**
- **Fasern (Zoologie)**
- **Faserpflanzen**
- Ackerbau
- [B] Kulturpflanzen XII
- **Faserproteine**
- [B] Bindegewebe
- *Faserschicht*
- *Faserschirm*
- *Faserstrang*
- *Fasertextur*
- *Fasertracheide*
- *Fäßchensalpen*
- *Fäßchenschnecken*
- **Fässermotte**
- Weinkellermotten
- *Faßschnecken*
- **Fasten**
- Hunger
- **Fasthuftiere**
- Paenungulata
- **fast wave-Schlaf**
- Schlaf
- *Fasziation*
- **Faszie**
- Muskulatur
- Perimysium
- [M] quergestreifte Muskulatur
- Sehnen
- **Faszikel**
- **faszikuläres Kambium**
- [ ] sekundäres Dickenwachstum
- [B] Sproß und Wurzel I

- [B] Sproß und Wurzel II
- **Fa-Tsai**
- Cyanobakterien
- *Fatshedera*
- *Fatsia*
- **Fatuiden**
- Hafer
- **Faucaria**
- **Fauces**
- *Faulbaum*
- [B] Kulturpflanzen XI
- Ledo-Pinion
- **Faulbrut**
- [ ] Bacillus
- *Faulbrutfliege*
- **Fäule**
- *Faule Grete*
- *Faulgas*
- Kläranlage
- Methanbildung
- **Faulholzkäfer**
- *Faulholzmotten*
- **Faulkammer**
- **Fäulnis**
- Abbau
- Ammoniak
- Bodenluft
- Fleischfäulnis
- Gärgase
- Gärung
- Gerbstoffe
- Indol
- Konservierung
- Luftverschmutzung
- Pasteur, L.
- Ptomaine
- [ ] Saprobiensystem
- Selbstreinigung
- Verwesung
- **Fäulnisbakterien**
- Fleischfäulnis
- Putreszenz
- Putride
- Säuerung
- *Fäulnisbewohner*
- **Fäulniserreger**
- Fäulnis
- ↗ Fäulnisbakterien
- **Fäulnisgifte**
- Fäulnis
- **Fäulnispflanzen**
- Saprophyten
- **Faulschlamm**
- [M] celluloseabbauende Mikroorganismen
- denitrifizierende Bakterien
- Erdgas
- Eutrophierung
- Faulgas
- [ ] Mineralisation
- Selbstreinigung
- Sulfatatmung
- Sulfatreduzierer
- **Faultiere**
- Brustwirbel
- Haarstrich
- Halswirbel
- Jugendentwicklung: Tier-Mensch-Vergleich
- Klammerreflex
- Südamerika
- Tragling
- **Faulturm**
- Kläranlage
- [ ] Mineralisation
- **Faulvögel**
- [M] Südamerika
- **Fauna**
- **Faunenanalogie**
- **Faunenaustausch**
- Äthiopis
- australische Region
- Baikalsee
- Landbrücke
- **Faunenelemente**
- *Faunenfälschung*
- **Faunengeschichte**
- Brückentheorie
- **Faunenkreis**

- *Faunenkunde*
- *Faunenregionen*
- **Faunenreich**
- **Faunenschnitt**
- Katastrophentheorie
- [ ] Perm
- Präkambrium
- [ ] Tertiär
- **Faunenverfälschung**
- Kolonisierung
- **Faunenverschiebung**
- Alpentiere
- **Faunenzone**
- Zone
- **Faunistik**
- Biogeographie
- **Faustkeil**
- Abbevillien
- Acheuléen
- Altsteinzeit
- Leib-Seele-Problem
- *Favia*
- **Favismus**
- **Favorinidae**
- Favorinus
- *Favorinus*
- *Favosites*
- **Favularia**
- Siegelbaumgewächse
- *Favus*
- *Fäzes*
- **Fazies (Botanik)**
- **Fazies (Geologie)**
- Erdgeschichte
- **Fazies (Medizin)**
- **Faziesbezirke (Geologie)**
- **Faziesbezirke (Zoogeographie)**
- **Faziesfossilien**
- Fossilien
- Paläontologie
- **Fazieskunde**
- Paläontologie
- **FCTH**
- [ ] Insektenhormone
- **Fd**
- **FDP**
- **F-Duktion**
- Konjugation
- **5-F-dUMP**
- 5-Fluor-2'-desoxyuridinmonophosphat
- **Fe**
- *Febrifugin*
- **Febris**
- Fieber
- **Febris quintana**
- Wolhynisches Fieber
- **Febris recurrens**
- Rückfallfieber
- **Fecampiidae**
- [M] Dalyellioida
- *Fechner, G.Th.*
- **Fechser**
- *Fechterhutlarve*
- **Fechterschnecken**
- **Feder**
- Derivat
- Haarstrich
- Sinushaare
- **Federbalg**
- Vogelfeder
- **Federbuschsporenkrankheit**
- *Federflosser*
- *Federflügler*
- **Federfluren**
- **Federfollikel**
- Vogelfeder
- **Federfressen**
- *Federgeistchen*
- **Federgras**
- Asien
- [ ] Bodenzeiger
- Federgrassteppe
- pontisch-südsibirische Region
- Süßgräser
- *Federgras-Flur*
- **Federgrassteppe**

- **Federkiemenschnecken**
- *Federkleid*
- *Federkorallen*
- *Federlibelle*
- *Federlinge*
- **Federmilben**
- **Federmotten**
- [ ] Schutzanpassungen
- **Federpulpa**
- Vogelfeder
- *Federraine*
- **Federscheide**
- Vogelfeder
- *Federschnecken*
- **Federseele**
- Vogelfeder
- *Federsterne*
- **Federstrahlen**
- Dunen
- Vogelfeder
- **Federstrichkultur**
- Tröpfchenkultur
- **Federtang**
- Bryopsidaceae
- **Federvieh**
- Geflügel
- *Federwechsel*
- **Federweißer**
- Wein
- **Federwild**
- Wild
- **Federwurm**
- [B] Ringelwürmer
- **Federzunge**
- Radula
- *Federzüngler*
- *Fedia*
- **Feedback**
- Leben
- Regelung
- **Feedback-Hemmung**
- Feedback
- **Feedback-Regulation**
- [ ] Allosterie (Schema)
- Feedback
- Regelung
- **feed forward-Systeme**
- Regelung
- **Feenlämpchen**
- **Feenring**
- Hexenring
- **Fegen**
- Bast
- **Fegezeit**
- Geweih
- *Feh*
- *Fehe*
- **Fehlbildung (Botanik)**
- **Fehlbildung (Zoologie)**
- Amelie
- Anomalie
- Duplicitas cruciata
- Fetalentwicklung
- Mehrlingsgeburten
- Morphologie
- Phänokopie
- Placenta
- Teratogene
- ↗ Mißbildung
- *Fehlbildungskalender*
- **Fehlbrütigkeit**
- Drohnenbrütigkeit
- **Fehldüngung**
- Nährstoffhaushalt
- **Fehlerkorrekturenzyme**
- *Fehlgeburt*
- **Fehlingsche Lösung**
- Benedicts Reagens
- Weinsäure
- **Fehlpaarung**
- Desaminierung
- DNA-Polymerasen
- [ ] Genkonversion
- Replikation
- *Fehlprägung*
- **Fehlwirt**
- Larva migrans
- Parasitismus
- Wirt

Fehn
- Moor
Fehnkultur
Fehr, J.M.
Feige (Botanik) ↗
- Fruchtfleisch
- □ Fruchtformen
Feige (Zoologie) ↗
Feigenbaum
- Fruchtstand
- B Kulturpflanzen VI
- B Mediterranregion III
- Milchröhren
Feigenkaktus ↗
- B Mediterranregion IV
Feigenschnecken
Feigenwespen
Feigwurz ↗
- B Europa IX
Feile
- Stridulation
Feilenfische ↗
Feilenmuscheln
- Filibranchia
Feilennattern ↗
Feinboden
- □ Bodenarten (Einteilung)
Feindabwehr
- M Aggression (Gruppen-
  aggression)
- Bioelektrizität
- ↗ Abwehr
Feind-Beute-Beziehung
- Lotka-Volterra-Gleichungen
- Räuber-Beute-Verhältnis
Feinddruck
- Feindfaktor
Feindfaktor
Feindschema
- Angst - philosophische
  Reflexionen
Feindvermeidung
- Aggression
- Flucht
- M Funktionskreis
- Totstellverhalten
- Warnsignal
Feinstrahl ↗
- Berufkraut
Feinwaschmittel
- Saponine
Fekundation ↗
Fekundität ↗
Felberich ↗
Felchen ↗
Feld
- Kulturbiozönose
Feldahorn
- Ahorngewächse
- Wurzelbrut
Feldegerling
- B Pilze IV
Feldfieber
Feldfruchtbau
- Futterbau
Feldgemüse
- Hackfrüchte
Feldgemüsebau
- □ Saat
Feld-Gras-Wechselwirtschaft
- Landwechselwirtschaft
- Landwirtschaft
Feldgraswirtschaft
- Fruchtfolge
Feldgrille
- Gryllidae
- M Stridulation
Feldhase
- Eselhasen
- B Europa XIII
- Gartenschädlinge
- □ Lebensdauer
- Nestflüchter
- M Schonzeit
- Superfetation
Feldheuschrecken
- Duettgesang
- Gehörorgane
- B Insekten I

- Stridulation
Feldkapazität ↗
- Tonböden
- Wasserpotential
Feldlerche
- B Europa XVI
- M Lerchen
- Vogeluhr
- Vogelzug
Feldlinien
- B elektrische Organe
- Vogelzug
Feldmaikäfer
- B Käfer I
- Maikäfer
Feldmäuse
- Gartenschädlinge
Feldsalat
Feldsandlaufkäfer
- B Insekten III
- Sandlaufkäfer
Feldschwirl
- Schwirle
Feldspäte
- □ Mineralien
- Tonminerale
Feldsperling
- B Europa XVIII
- M Sperlinge
Feld-Teich-Wechselwirtschaft
- Teichwirtschaft
Feld-Waldmaus
- Waldmaus
Feld-Wald-Wechselwirtschaft
- Landwechselwirtschaft
Feldwespen ↗
Felidae ↗
- □ Tertiär
Felini
- Kleinkatzen
Felinose
- Katzenkratzkrankheit
Felis
Fell
- Haare
- Hautdrüsen
- Schweißdrüsen
Fellfärbung
- Hautfarbe
Fellhaare
- Deckhaar
Fellkäfer ↗
Fellmilben
Fellsträubling ↗
Fellsträuben
- M Aggression
- Drohverhalten
- ↗ Haarsträuben
Fellstrich ↗
Fellwechsel ↗
Felovia
- Kammfinger
Felsbandgesellschaften ↗
Felsbrüter
Felsenaustern
- Gienmuscheln
Felsenbarsche ↗
Felsenbein
- M Endocranium
Felsenbirne
Felsenbirnen-Gebüsch ↗
Felsenblümchen
Felsenbohrer
Felsengebirgsfieber
Felsenkirsche ↗
Felsenklaffmuscheln ↗
Felsenkrabben
Felsenmaus
- M Wald- und Feldmäuse
- Moko
Felsenmeerschweinchen
Felsenpflanzen
- □ botanische Zeichen
- Felsflora
Felsenpython
- B Afrika II
Felsenratten
Felsensalz
- Kaliumnitrat

Felsenschnecken
Felsenspringer
- M Extremitäten
- Gespinst
- holoptisch
Felsensteinkraut
- M Steinkraut
Felsentaube
- B Mediterranregion II
- B Selektion II
- M Tauben
Felsflora
- Felsküste
- ↗ Felspflanze
Felsgrusgesellschaften ↗
Felshähne
- M Südamerika
Felsheiden
- Hartlaubvegetation
Felshöhlen
- Bodenanhangsgebilde
Felsküste
Felsmalerei
- Äthiopis
Felsnelke
- □ Blumenuhr
Felspflanze
- □ botanische Zeichen
- Felsflora
Felsrasen ↗
Felsspaltengesellschaften ↗
Felswurzler
- Rhizolithen
Felty-Syndrom
- Rheumatismus
FeLV
- □ RNA-Tumorviren (Aus-
  wahl)
female choice
- Selektion
Femelschlag
- Femelwald
- □ Schlagformen
- Verjüngung
- B Wald
Femelwald
- Hochwald
Feminierung
Feminisation
- Feminierung
Feminisierung
- Feminierung
Femoropatellagelenk
- M Kniegelenk
Femur
- Hüftgelenk
- Kniegelenk
- B Skelett
fen
- Moor
Fenchel
- Aromastoffe
- Gewürzpflanzen
- B Kulturpflanzen VIII
Fenchelholz
- Sassafras
Fenchelholzbaum
- M arktotertiäre Formen
- Sassafras
Fenchelöl
- Fenchon
Fenchelporling
- Gloeophyllum
Fencheltramete
- Gloeophyllum
Fenchon
Fendant
- □ Weinrebe
Fenek
- Fennek
Fenestella
- B Perm
Fenestra ↗
Fenestra ovalis
- ovales Fenster
Fenestraria
Fenestra rotunda
- rundes Fenster
Fenfluramine
- □ Hunger

Ferricyanid

Feniseca
- Bläulinge
Fenn
- Fehn
Fennecus
- Fennek
Fennek
- □ Menschenrassen
Fennonordide
Fennosarmatia
- Archäeuropa
- Eria
Fennoskandia
- Kambrium
Fenster
- Schlangen
Fensterblatt ↗
- B Südamerika I
Fensterblätter
Fensterblüten ↗
- Osterluzei
Fensterflechten
Fensterfleckchen
Fensterfliegen
Fensterfraß
- Blattkäfer
Fenstermücken
Fensterpflanze ↗
- Afrika
Fensterscheibenmuschel
Fensterschwärmerchen
- Fensterfleckchen
F-Episomen
- Plasmide
Ferae
- Ferungulata
Feresa
- Grindwale
Ferkel
Ferkelfrosch
Ferkelkraut
- □ Blumenuhr
Ferkelratten
Fermentation
Fermentator ↗
Fermente ↗
- Anstellhefe
- B Biochemie
- B Biologie II
- Fermentation
- ↗ Enzyme
Fermenter
- B Antibiotika
- Impftank
- kontinuierliche Kultur
Fermentierung ↗
Fernambukholz
- Pernambukholz
Fernbach-Kolben
- Oberflächenkultur
Fernel, J.F.
Fernorientierung
- □ Blütenduft
- ↗ Fernsinne
Fernsinne
Fernsinnesorgane
- Cephalisation
Ferntastsinn
Ferrallitisierung
- Latosole
Ferralsole
- Latosole
Ferrassie ↗
Ferredoxine
- Buttersäuregärung
- Eisen
- M Metallproteine
- Nicht-Häm-Eisen-Proteine
- □ Photosynthese
- □ phototrophe Bakterien
- □ Redoxpotential
- □ Stickstoffixierung
- □ Thylakoidmembran
**Ferredoxin-NADP$^+$-Oxido-
reductase**
- □ Thylakoidmembran
Ferricyanid
- Hill-Reaktion
- B Photosynthese II

Ferriductase

Ferriductase ↗
Ferrimycin
– Sideromycine
Ferrioxamine
– Sideromycine
Ferrioxidase
– [M] Globuline
Ferrissia
– [M] Flußmützenschnecken
Ferritin
– Eisen
– Eisenstoffwechsel
– Transferrin
Ferrobacillus ↗
Ferrocyanid
– [B] Photosynthese II
Ferroin
– biochemische Oszillationen
Ferse ↗
Fersenbein
– [M] Paarhufer
– [B] Skelett
– Talus
Fersenbürste
– Pollensammelapparate
Fersenhenkel
– Pollensammelapparate
Fersenhöcker
– Achillessehne
– Fersenbein
– Grünfrösche
Fersenschwielen
– Tukane
Fersenspinner ↗
fertile crescent
– Fruchtbarer Halbmond
Fertilisin ↗
Fertilität ↗
– Adaptationswert
– Autopolyploidie
– Isolationsgene
– Vitalität
Fertilitätsepisom ↗
Fertilitätsfaktor ↗
– Konjugation
Fertilitätsparasitismus
– Aktivierung
Fertilitätsplasmide
– Donorzellen
fertilitätspositive Zellen
– Donorzellen
Fertilitätsvitamin ↗
Ferula ↗
– Galban
Ferulaaldehyd
– ☐ Lignin (Monomere)
Ferulasäure
– Gerbstoffe
– [M] Keimungshemmstoffe
– ☐ Lignin (Monomere)
Ferungulata
Ferussaciidae
FeS-Proteine ↗
Fessel
Fesselgelenk
Feßlerkröte
– Geburtshelferkröte
feste Arten
– Biotopbindung
feste Wangen
– [M] Trilobiten
Festigkeit
– Biegefestigkeit
Festigungsgewebe
– Biegefestigkeit
– Kormus
– sekundäres Dickenwachstum
– Sproßachse
Festlandskern
– Präkambrium
Festlandsockel
– Schelf
Festphasensynthese
– Merrifield, R.B.
Festuca ↗
Festucetalia valesiacae ↗
– Trockenrasen
Festucion pallentis ↗
Festucion valesiacae

Festuco-Brometea
Festuco-Sedetalia
FeSV
– ☐ RNA-Tumorviren (Auswahl)
fetal
Fetalentwicklung
fetaler Kreislauf
– Hohlvenen
– Nabelschnur
Fetalhämoglobin
– Hämoglobinopathien
Fetalisation
– Rekapitulation
– Selbstdomestikation
Fetalisationshypothese
– Selbstdomestikation
Fetalismus
– Fetalisation
Fetalperiode
– Embryonalentwicklung
– Fetalentwicklung
Fetogenese
– Fetalentwicklung
Fetopathien
– Fehlbildungskalender
α-Fetoprotein
– Krebs
Fettabbau
– braunes Fett
– Fette
– Lipotropin
Fettalkohole
Fettaufbau
– Fette
– Glycerin-3-phosphat
Fettdepot ↗
– Hunger
– [M] Östrogene
– ↗ Fettspeicher
Fette
– [M] Abfallverwertung
– [M] Brennwert
– [B] Dissimilation II
– Ester
– Fetthärtung
– Fettstoffwechsel
– Fettzellen
– [M] Glyoxylatzyklus
– ☐ Hormone (Drüsen und Wirkungen)
– [M] Molekülmasse
– Nährwert
– ☐ Nahrungsmittel
– Nahrungsstoffe
– respiratorischer Quotient
– Stoffwechsel
– Verdauung
– Wasser
fette Öle
– Fetthärtung
– Öle
Fettfleckenkrankheit
Fettflosse
Fettgewebe ↗
– ☐ Chlorkohlenwasserstoffe
– [M] Wasser (Wassergehalt)
Fetthärtung
– Elaidinsäure
Fetthenne
– ☐ Bodenzeiger
– Sedoheptulose
– ↗ Mauerpfeffer
Fetthennen-Gesellschaften ↗
Fettkohle
– Kohle
– ☐ Steinkohle
Fettkörper
– Corpora allata
– Entgiftung
– Exkretionsorgane
– Harnsäure
– Leuchtkäfer
– Leuchtorganismen
Fettkraut
– [B] Blatt II
– [B] Europa VIII
Fett liefernde Pflanzen
– [B] Kulturpflanzen III

– Ölpflanzen
Fettmark ↗
Fettmäuse ↗
– Sukkulenten
Fettpolster
fettreiche Samen
– Glyoxisomen
Fettsäureabbau
– [B] Biochemie
– Carnitin
– Fettsäuren
Fettsäureaktivierung
– Acyladenylat
– Fettsäuren
Fettsäureaufbau
– ↗ Fettsäuresynthese
Fettsäure-CoA-Ester ↗
Fettsäureester
– Acylglycerine
Fettsäuren
– Bloch, K.E.
– Chylomikronen
– [B] Dissimilation II
– Fettstoffwechsel
– [M] Glyoxylatzyklus
– [M] Gruppenübertragung
– ☐ Harn (des Menschen)
– Membran
– Nahrungsmittel
– [M] organisch
– Phospholipide
– Seifen
– Stoffwechsel
– [B] Stoffwechsel
– Verdauung
– Wachse
Fettsäure-Oxidation
– [B] Biologie II
– Fettsäuren
Fettsäure-Synthese
– ☐ Aminosäuren (Abbau)
– Dehydrogenasen
– Fettsäuren
– Fettsäure-Synthetase
Fettsäure-Synthetase
– [M] Enzyme
Fettsäure-Thiokinasen
– Fettsäuren
Fettschabe
– Fettzünsler
Fettschwalme
– [M] Südamerika
– [B] Südamerika I
Fettschwanzschaf
– [M] Schafe
Fettspaltung ↗
Fettspeicher
– Dromedar
– Fettspeicherung
– ↗ Fettdepot
Fettspeicherung
– [B] Bindegewebe
– Knochenmark
– ↗ Fettdepot
– ↗ Fettspeicher
Fettspinne
Fettsteiß
– Selbstdomestikation
Fettstoffwechsel
– [B] Stoffwechsel
Fettsucht
– Stoffwechselkrankheiten
Fettsynthese
– Fette
– Glycerin-3-phosphat
Fett-Tröpfchen
– Fettzellen
Fettungsmittel
– Lanolin
Fettvakuolen ↗
– braunes Fett
Fettveratmung ↗
– Kohlenhydratveratmung
Fettweiden ↗
Fettwiesen ↗
Fettzellen
– Fibrocyten
Fettzünsler

Fetus
– Flaumhaar
– Jugendentwicklung: Tier-Mensch-Vergleich
Fetzenfische ↗
– [M] Seenadeln
Feuchte
– Feuchtigkeit
Feuchteregulation
– Nest
Feuchterezeptor
Feuchtezeiger ↗
Feuchtgebiete
– Ackerbau
– Altwasser
– Naturschutz
– Ramsar-Konvention
– Stechmücken
– Wasserkreislauf
Feuchtigkeit
– Feuchterezeptor
– Hydratur
– Klima
– [M] Klima (Klimaelemente)
– Wasser
– Wassertransport
feuchtigkeitsliebend
– hygrophil
Feuchtigkeitsorgel
– Faktorengefälle
Feuchtigkeitspflanzen ↗
Feuchtkäfer
Feuchtpflanzen
– Hygrophyten
Feuchtpionierrasen ↗
Feuchtsavanne
– Afrika
Feuchtschuttfluren
– Epilobietalia fleischeri
Feuchtstandorte
– Feuchtgebiete
Feuchtwälder
– [B] Vegetationszonen
– ↗ Feuchtgebiete
Feuchtwiesen ↗
Feuer
– Archanthropinen
– Feuerklimax
– Jugendentwicklung: Tier-Mensch-Vergleich
– kulturelle Evolution
– Mensch und Menschenbild
– Selbstdomestikation
– ↗ Brand (Feuer)
Feueraal
– Stachelaale
Feueralgen
Feuerameise
Feuerbauchkröten
– Unken
Feuerbauchmolche
– Salamandridae
Feuerbohne
– Bohne
– ☐ Kotyledonarspeicherung
Feuerbrand
Feuerdorn ↗
Feuerfalter
Feuerfliegen ↗
Feuergesichter ↗
Feuerkäfer
– Heteromera
Feuerklimax
– Pyrophyten
– Savanne
– Xylopodium
Feuerkorallen
Feuerlilie
– [M] Lilie
Feuerquallen ↗
Feuersalamander
– [B] Amphibien I
– [B] Amphibien II
– ☐ Parotoiddrüse
– ☐ Schwanzlurche
Feuersalbei
– Salbei
– [B] Südamerika IV
Feuerschwämme

Finger

Feuerstehler
- Laufkäfer

Feuertiere ↗
Feuervögelchen ↗
Feuerwalzen
Feuerwanzen
- [B] Insekten I

Feuerwurm ↗
Feuerzypresse
- Lebensbaumzypresse

Feulgen, Robert Joachim Wilhelm
- Feulgensche Reaktion

Feulgensche Reaktion
Feyliniidae ↗
F-Faktor ↗
- F-Duktion
- F-Pili

F_0-Faktor
- mitochondrialer Kopplungsfaktor

F_1-Faktor
- mitochondrialer Kopplungsfaktor

F-Generation
- Filialgeneration

Fibiger, J.A.G.
fibrillär
- Fibrille

fibrilläre Proteine
- Skleroproteine

Fibrille
- [B] Cilien und Geißeln
- [M] Multinet-Wachstum
- Zellwand
- [B] Zellwand

Fibrin
- defibrinieren
- Entzündung
- Isopeptidbindung
- Staphylococcus
- Thrombin

Fibrinogen ↗
- □ Blutgerinnung (Faktoren)
- [M] Blutproteine
- defibrinieren
- [M] Globuline

Fibrinolyse
Fibrinolysin ↗
- □ Gasbrandbakterien

Fibrin-stabilisierender Faktor
- □ Blutgerinnung (Faktoren)

Fibroblasten
- Altern
- amöboide Bewegung
- Entzündung
- Fibronektin
- Granulationsgewebe

Fibrocyten
- Histiocyten
- Makrophagen

Fibroin
- Alangiaceae
- Identitätsperioden
- Keratine
- Proteine
- Seide
- Skleroproteine

Fibromvirus
- □ Pockenviren

Fibronektin
- [M] Glykoproteine
- Membran
- [M] Zelltransformation

Fibroplasten
- Fibroblasten
- Zelltransformation

fibrous lamina
- Membranskelett

Fibrovasalzylinder
- Leitzylinder

Fibula
- [B] Skelett
- Talus
- ↗ Wadenbein

Fibulare
- [B] Amphibien I

Fibularia
- Sanddollars

Ficaria ↗
Ficedula ↗
Fichte
- Abieti-Fagetum
- alpine Baumgrenze
- Asien
- □ Baum (Baumformen)
- Baumgrenze
- Biotopwechsel
- [B] Blatt III
- Europa
- [B] Europa IV
- Flachwurzler
- Forstgesellschaften
- Forstpflanzen
- Frostresistenz
- [M] Gallen
- [M] Höhengrenze
- □ Lebensdauer
- Ledo-Pinion
- □ Mastjahre
- Mitteleuropäische Grundsukzession
- monopodiales Wachstum
- Mykorrhiza
- [B] Nordamerika I
- [B] Nordamerika II
- Schatthölzer
- [M] Tanne
- Umtrieb
- Wald
- Waldsterben
- [M] Waldsterben
- [B] Waldsterben II
- Wildverbiß

Fichtenborkenkäfer
- Buchdrucker
- Europa

Fichtengallenläuse ↗
- [M] Tannenläuse

Fichtengespinstblatt-wespe ↗
Fichtenharzfliege
- Schwebfliegen

Fichtenholz
- Fichte

Fichtenkreuzschnabel
- Europa
- [B] Finken
- [M] Finken
- [M] Kreuzschnäbel
- [B] Vögel I

Fichtenläuse ↗
- Primärinsekten

Fichtenmarder
Fichtenporling
- [M] Schichtporlinge

Fichtenquirl-Schildläuse
- Napfschildläuse

Fichtensamenwespe
- Torymidae

Fichtenschütte
- □ Schüttekrankheit

Fichtenschwärmer
- Kiefernschwärmer

Fichtenspargel ↗
- Saprophyten
- [M] Wintergrüngewächse

Fichtenspinner
- Nonne

Fichten-Tannen-Buchen-wälder
- Plenterwald

Fichten-Wälder ↗
- Europa
- Vaccinio-Piceetea

Fichtenzeit
- [M] Pollenanalyse

Ficidae
- Feigenschnecken

Fick, A.
- Ficksches Diffusionsgesetz

Ficksches Diffusionsgesetz ↗
- Atmung
- Transpiration

Ficksches Prinzip
- Blutvolumen

Ficulina
Ficus (Botanik)
- Baumwürger
- [M] Kryptogamen

Ficus (Zoologie) ↗
Fieber
- Akme
- Heilfieber
- □ Infektionskrankheiten
- Körpertemperatur
- Prostaglandine
- Regelung
- □ Temperaturregulation
- Virusinfektion

Fieberbaum ↗
Fieberdelirium
- Fieber

fiebererzeugende Stoffe
- Pyrogene

Fieberklee
- [B] Europa VIII

Fieberkleegewächse
Fieberkrämpfe
- Fieber

Fiebermücke ↗
Fieberrinde
- Salicin

Fieberrindenbaum ↗
Fieberstoffe
- Fieber
- Pyrogene

Fiederbartwelse
- Gegenschattierung

Fiederblatt ↗
Fiederkiemen ↗
Fiederkiemer
- Hüllglockenlarve

Fiederpalme
Fiederpalmen
fiederspaltig
- Blatt

fiederteilig
- Blatt

Fiederzwenke
- Pyrophyten
- [M] Zwenke

Fiederzwenkenrasen
- Cirsio-Brachypodion

Fieraser ↗
Fiers, W.
- [B] Biochemie

Fièvre boutonneuse
- Zeckenbißfieber

fifth disease
- Parvoviren

Fig-Tree-Serie
- Leben

Figurensteine
Fijivirus
- Reoviren

Filago ↗
Filament
Filamentbildende Bakterien
Filamentum
- Filament

Filander
- Pademelons

Filariasis
- Parasitismus

Filarien
filariforme Larve
Filarioidea
- Filarien

Filariose ↗
Fil-fil
- Hottentotten

Filialgeneration
- Mendelsche Regeln

Filibranchia
Filibranchien ↗
- Blattkiemen

Filibranchus
- [M] Trichobranchidae

Filicales
Filicatae ↗
- [B] Pflanzen, Stammbaum
- ↗ Farne

Filices eusporangiatae
- Eusporangiatae

Filices leptosporangiatae
- Leptosporangiatae

Filicollis ↗
Filicopsida ↗
Filifera
Filiformapparat
Filinia
Filipendula ↗
Filipendulion
Filipin
- Polyenantibiotika

Filipodiensystem
- Netzschleimpilze

Filistata
- Filistatidae

Filistatidae
Filobasidiaceae
- basidiosporogene Hefen

Filobasidiella ↗
Filograna
Filopodien ↗
- Bewegung
- [M] Monopylea
- Pseudopodien
- Wurzelfüßer

Filospermoidea
- [M] Gnathostomulida

Filoviridae
- Ebola-Virus

Filter
- Luftverschmutzung

Filterapparat
- [M] Flamingos

Filterbrücken
- Landbrücke

Filterhaut ↗
- Kläranlage

Filtermagen
- Kaumagen
- Malacostraca

Filterreuse
- Cyrtocyten

Filtration
- Chamberland-Kerze
- □ Exkretionsorgane
- Niere
- Sterilisation
- Ultrafiltration

Filtrationsdruck
- Druckfiltration

Filtrationsrate
- Clearance

filtrieren
- Bergbach
- ↗ Filtration

Filtrierer
- [M] Ernährung

Filum
Filum terminale
- Endfaden
- Filum

Filz
- Moor

Filzgallen
Filzgewebe
- Plektenchym

Filzkrankheit (Kartoffel)
Filzkrankheit (Weinrebe)
Filzkraut
Filzlaus
- [M] Kleiderlaus

Filzrasen
- Gallmilben

Filzröhrlinge
Fimbria (Muscheln)
Fimbria (Schnecken) ↗
Fimbriae
- Fimbrien

Fimbriaria
Fimbrien (Bakterien)
Fimbrien (Wirbeltiere)
Fimbrios ↗
Finalität
- Teleologie - Teleonomie

Finger
- Fingerbeere
- Fingernagel
- Greifhand
- Hand

Fingerabdruck

- M Hand (Skelett)
- B Homologie und Funktionswechsel
- M Paarhufer
- ☐ Rindenfelder
- ☐ Telencephalon
- M Unpaarhufer

Fingerabdruck
- Galton, F.
- ↗ Daktyloskopie

Fingerähren
- Süßgräser

Fingerährengräser
- Fingergräser

Fingeramöbe
- M Nacktamöben

Fingerballen
- Fingerbeere

Fingerbeere
- Hand
- Haut
- Hautleisten
- Koboldmakis
- mechanische Sinne
- Regeneration
- M Schweißdrüsen

fingerförmig
- digitat

fingerförmige Drüsen
Fingerfruchtgewächse ↗
Fingergras
Fingergräser
Fingerhirse
Fingerhut
- Digitalisglykoside
- Hummelblumen
- B Kulturpflanzen X
- M Rachenblüte
- ☐ Saponine

Fingerknochen
- Gelenk
- B Skelett

Fingerkraut
- B Blatt III
- B Blütenstände
- B Bodenzeiger
- B Europa XIX
- B Farbensehen der Honigbiene

Fingernagel
- Huf

Fingerotter
Fingerprint-Analyse
- ☐ Ribonucleinsäuren (Parameter)
- Sanger, F.
- Sequenzierung

Fingerprobe
- Bodenuntersuchung

Fingerratten
- Stachelratten

Fingerscheiben
- Baumkröten

Fingerschnecken
Fingerstrahl
- M Daumenfittich
- Hand

Fingertang ↗
Fingertiere
- B Afrika VIII
- Herrentiere
- Madagassische Subregion
- Nagegebiß

Finken
- B Europa III
- Körnerfresser
- ☐ Spermien
- B Vögel II

Finkensame
Finkenschlag
- Buchfinken

Finkenvögel
- Finken
- Strichvögel
- Voweluhr

Finne (Flosse)
Finne (Larve) ↗
- B Plattwürmer
- M Taeniidae

Finnenausschlag
- Akne

Finnenkrankheiten
Finnischer Spitz
- ☐ Hunde (Hunderassen)

Finnwal
- M Barten
- M Fortbewegung (Geschwindigkeit)
- B Polarregion III

Finsen, N.R.
Finsenlampe
- Finsen, N.R.

Finsterspinnen
Finte ↗
Fioringras ↗
- M Straußgras

fire-fly-Methode
Firmacutes ↗
Firmibacteria
- Thallobacteria

Firmisternia ↗
Firnis
- ☐ Dipterocarpaceae
- Fette
- Harze

Firoloida
- M Kielfüßer

first messenger
- Calcium

Fischadler
- B Europa VII
- ☐ Nahrungskette
- M Schnabel

Fischartige ↗
Fischasseln
Fischbandwurm ↗
- M Anämie
- Bandwürmer
- Bothrium
- B Plattwürmer

Fischbein ↗
- Glattwale

Fischblase ↗
Fischchen ↗
Fische
- Atmungsregulation
- ☐ Desoxyribonucleinsäuren (DNA-Gehalt)
- M Devon (Lebewelt)
- Fluor
- Gehirn
- Gehörorgane
- Gesang
- Haut
- Nest
- Ray, J.
- ☐ Rote Liste
- Südamerika
- B Wirbeltiere I
- B Wirbeltiere II
- B Wirbeltiere III

Fischechsen
- Ichthyopterygia

Fischegel ↗
- Ottonia

Fischer ↗
Fischer, E.
Fischer, E.H.
- ☐ aktives Zentrum
- B Biochemie
- B Biologie I
- B Biologie II

Fischer, E.O.
Fischer, H.
Fischerei
- Fischereibiologie

Fischereibiologie
- Hydrobiologie

Fischereigeräte
Fischereigrenzen
- Fischerei

Fischereirecht
- Fischerei

Fischerella
- Legionellaceae

Fischermarder
Fischer von Waldheim, Gotthelf
- B Biologie II

Fischfang
- Fischerei

Fischfäulnis ↗
Fischgeruch
- M chemische Sinne
- Clupanodonsäure
- Methylamin

Fischgestalt
- Analogie - Erkenntnisquelle

Fischgifte (gegen Fische)
- Fischkörner
- Lardizabalaceae
- M Rotenoide

Fischgifte (in Fischen)
Fischhälterung
- Hälter

Fischhaltung
- Fischerei

Fischhändlererysipeloid
- Fischrose

Fischhändlerrotlauf
- Fischrose

Fischhege
- Fischerei

Fischkatze
Fischkörner
Fischkraut
- Laichkrautgewächse

Fischläuse
Fischleim
- Bier
- Hausenblase

Fischlunge
- ☐ Lunge
- ☐ Wirbeltiere

Fischmehl
- Futter
- Stinte

Fischmelde ↗
Fischmilch
- M Besamung

Fischöl
- Fischmehl

Fischotter
- Geilsäcke
- M Nest (Säugetiere)
- Potamotherium
- Schwimmen
- Südamerika

Fischratten
Fischregen
- Prachtkärpflinge

Fischreiher
- ☐ Flugbild
- Graureiher

Fischrose
Fischsaurier
- Gastrolith
- Ichthyopterygia
- Ichthyosaurier

Fischschädellurche
- Elpistostege
- Labyrinthodontia

Fischschwarm
- anonymer Verband
- Schwarm

Fischsterben
- Algengifte
- Botryococcaceae
- Gonyaulax
- M Microcystis
- Prymnesiaceae

Fischteiche
- Bruttteich
- Kläranlage
- Kulturbiozönose
- Teichwirtschaft

Fischtestanlagen
- M Weißfische

Fischtoxizität
- M Weißfische

Fischtreppen
- Aale

Fischvergiftung (bei Fischen)
- Wasserverschmutzung

Fischvergiftung (bei Menschen)
- Cyanobakterien

- Nahrungsmittelvergiftungen

Fischwanderungen
- Laichwanderungen
- Thunfische

Fischwühlen ↗
Fischzucht
- Bruttteich
- Hälter
- Teichwirtschaft

Fisetholz
- Farbhölzer
- Gelbholz

Fisetin ↗
- ☐ Flavone
- Gelbholz

Fistetholz
- Farbhölzer
- Gelbholz

Fisherana
- M Sipunculida

Fiske, C.H.
- B Biochemie

Fissidens
- M Fissidentales

Fissidentaceae
- Fissidentales

Fissidentales
Fission
Fissipedia ↗
- Amphicyonidae

Fissur
Fissura
- Fissur

Fissura cerebrocerebellaris
- Fissur

Fissura lateralis
- ☐ Telencephalon

Fissura palaeo-neocorticalis
- Telencephalon
- B Telencephalon

Fissurella
Fistularia
- Flötenmäuler

Fistulariidae ↗
Fistulata
Fistulina ↗
Fistulinaceae
- Leberpilz

FITC
- Fluorescein

Fitis ↗
- B Chronobiologie II
- B Europa IX
- B Rassen- u. Artbildung II
- Voweluhr

Fitness ↗
- Altruismus
- Ethik in der Biologie
- Ethoökologie
- Infantizid
- Selektion
- Strategie
- Vitalität

Fitting, J.
Fitz, A.
- M Buttersäure-Butanol-Aceton-Gärung

Fitzroy, Robert
- Darwin, Ch.R.
- Fitzroya

Fitzroya
- Südamerika

Fixation
- Fixierung
- Parasitismus

fixe Pore
- Membranporen
- Membrantransport
- ☐ Membrantransport (Modell)

Fixiergemisch
- Flemmingsche Lösung

Fixierung (Auge)
- Bildwahrnehmung
- Entfernungssehen
- Gesichtsfeld

Fixierung (Präparation)
Fixierungsregel
- Vervollkommnungsregeln

Fixigenae
– feste Wangen
Fjordpferd ↗
Flabellifera
Flabelligera
Flabelligerida
Flabelligeridae
Flabellina
Flabellinidae
– Flabellina
Flabellum (Korallen) ↗
Flabellum (Krebse) ↗
– Gliederfüßer
– Xiphosura
Flachästigkeit
Flachauge ↗
Flachbärlapp ↗
Flächenkontrast
– Kontrast
Flächenschutz
– Naturschutz
flächenständig
– Placenta
Flächenwachstum ↗
Flacherie ↗
Flachkäfer
Flachköpfe
Flachkopfkatze
Flachlandtapir
– Südamerika
– Tapire
Flachmoor
Flachmoorgesellschaften ↗
Flachs ↗
– Ackerbau
– B Australien IV
– Blütenbildung
– Cellulose
– B Kulturpflanzen XII
– M Lein
– Liliengewächse
Flachsäuerungen
– Bacillus
Flachschildkröten ↗
Flachsee
– □ Meeresbiologie (Lebensraum)
Flachseeablagerungen
– Meeresablagerungen
– M Sedimente
Flachsmüdigkeit
– Flachswelke
Flachspindelschnecken ↗
Flachsproß ↗
Flachsrost
Flachswelke
Flachwurzler
Flacourt, Etienne de
– Flacourtiaceae
Flacourtia
– Flacourtiaceae
Flacourtiaceae
Fladern
– Fladerschnitt
Fladerschnitt
– □ Holz (Zweigausschnitt)
Flagellaria
– Restionales
Flagellariaceae ↗
Flagellata
– Geißeltierchen
Flagellaten ↗
– Tiere
↗ Geißeltierchen
Flagellatenpilze
Flagellen ↗
– Bakteriengeißel
– Bewegung
– Chemotaxis
– Prokaryoten
– □ Spermien
– Walzenspinnen
– □ Zelle (Schema)
Flagelliflorie
– Chiropterogamie
Flagellin
Flagellomeren ↗
Flagellophora
– M Nemertodermatida

Flagellospermium
Flagellum
↗ Flagellen
Flaggendrongo
– M Drongos
Flaggenparadiesvogel
– B Selektion III
Flaggensylphen
– □ Kolibris
Flamboyant
– Hülsenfrüchtler
Flamingoblume ↗
– B Blütenstände
– Schauapparat
– B Südamerika VII
Flamingos
– B Afrika I
– Canthaxanthin
– Europa
– Gruppenbalz
– Handschwingen
– Mauser
– Nahrungskette
– Nest
– M Schnabel
– Südamerika
– B Vögel II
Flamingozunge
– Cyphoma
Flammenbaum ↗
– Mistelgewächse
Flammenblume ↗
Flammendes Herz ↗
– B Asien III
– M Blütendiagramm
Flammenköpfe
Flammenschutzmittel
– Holzschutzmittel
Flammenzelle
– □ Exkretionsorgane
Flammkohle
– Kohle
– □ Steinkohle
Flämmlinge
– Gymnopilus
Flammula ↗
Flammulina ↗
Flammung
– Pflanzenviren
Flandrischer Pferdetyphus
– Brüsseler Krankheit
Flanke
Flankenkiemer
– Bedecktkiemer
Flankenmeristem
– Sproßachse
– M Sproßachse
Flarke
– Aapamoore
Flaschenbaum
Flaschengärung
– Wein
Flaschenkürbis ↗
Flaschenseeigel
– □ Irreguläre Seeigel
Flaschentierchen ↗
Flatterbinse
– M Binse
Flattergras ↗
– M Waldhirse
Flatterhirse
– Waldhirse
Flattermaki ↗
Flattern (Vögel)
– Reifung
Flattertiere ↗
Flaumeichen-Wälder ↗
Flaumfedern ↗
Flaumhaar
Flavan-3,4-diol
– Leukoanthocyanidine
Flavanole ↗
Flavanone
– Chalkone
– M Flavonoide
Flavanonole ↗
– M Flavonoide
Flavazid
– Polyenantibiotika

Flavin
– Alloxacin
– Flavinadenindinucleotid
– Flavinenzyme
– Ikterus
Flavinadenindinucleotid
– Dinucleotide
– Riboflavin
– Todd, A.R.
Flavin-Coenzyme ↗
Flavinenzyme
– M Atmungskette
– M Enzyme
– Oxidasen
– Riboflavin
– Ubichinone
– B Vitamine
Flavinmononucleotid
– Riboflavin
Flavinnucleotide
– Alloxacin
– Flavinadenindinucleotid
Flaviviren ↗
– □ Togaviren
– □ Virusinfektion (Genexpression)
Flaviviridae
– Togaviren
Flavobacterium
– Bodenorganismen
Flavobakterien
– M Kläranlage
↗ Flavobacterium
Flavodoxin
– □ Stickstoffixierung
Flavohelodes
– Sumpfkäfer
Flavone
– Anthocyane
– M Flavonoide
– Rutin
Flavonfarbstoffe
– Flavone
Flavonoide
– Carotinoide
Flavonole ↗
– M Flavonoide
Flavoproteide
– Flavinenzyme
Flavoproteine ↗
– M Nitratatmung
– □ nitrifizierende Bakterien
– Warburg, O.H.
Flavoxanthin
Flavyliumkation
– Anthocyane
Flechsig, P.E.
Flechsig-Bahn
– Flechsig, P.E.
Flechten
– Apothecium
– Appressorien
– Bary, H.A. de
– Bodenorganismen
– Felsflora
– Flechtenfarbstoffe
– Flechtengesellschaften
– Flechtenstoffe
– Flechtenwüste
– Höhengrenze
– Landpflanzen
– □ Lebensdauer
– Lichenometrie
– Parasymbiont
– Pflanzen
– □ Rote Liste
– Schwendener, S.
– Überwinterung
Flechtenbären ↗
Flechteneulen ↗
Flechtenfarbstoffe
Flechtengesellschaften
Flechtenkoeffizient
Flechtenkunde
– Lichenologie
Flechtenlager
– Algenschicht
– Flechten
Flechtenparfum

Flechtenpilze
– Ascomycetidae
– Flechten
Flechtensäuren ↗
Flechtenspinner ↗
Flechtenstärke
– Lichenin
Flechtenstoffe
– Flechten
– Phenylendiamin
Flechtenwüste
Flechtgewebe ↗
Flechtlinge ↗
Flechtthallus
Fleckenbarsch
– Zackenbarsche
Fleckenbienen ↗
– M Kuckucksbienen
Fleckenfalter
Fleckenhirsche
Fleckenhyäne
– Aggression
– Hyänen
Fleckenkrankheit
– □ Mycosphaerellaceae
Fleckenmusang
– Palmenroller
Fleckenmuschel ↗
Fleckensalamander ↗
Fleckenseuchen
Fleckenwidderchen
– Widderbären
Fleckfieber
– aktive Immunisierung
– M bakteriologische Kampfstoffe
– Gruber-Widalsche-Reaktion
– Infektionskrankheiten
– M Inkubationszeit
– M Kleiderlaus
– Nicolle, Ch.J.H.
Fleckfieberepidemien
– M Pest
fleckfrüchtige Flechten ↗
– Arthoniaceae
Fleckhaie ↗
– Katzenhaie
Flecksoral ↗
Flecksucht ↗
Flecktyphus ↗
Fleckvieh
Fleckwidderchen ↗
Flectonotus ↗
Flederhunde
Fledermausbestäubung ↗
Fledermausblumen
– Entomogamie
– Nektar
Fledermäuse
– Atmungsorgane
– □ Auflösungsvermögen
– M Batessche Mimikry
– M Darm (Darmlänge)
– Deciduata
– Doppler-Effekt
– B Echoorientierung
– □ Flughaut
– Gehörorgane
– M Gehörorgane (Hörbereich)
– Geschlechtsorgane
– M Haarstrich
– B Homologie und Funktionswechsel
– □ Lebensdauer
– Netzhaut
– M Südamerika
– Winterschlaf
Fledermausfische
Fledermausfliegen
Fledermausmilben
Fledermausschnecken ↗
Fledertiere
– Flug
– Herrentiere
– B Säugetiere
Flehmen
– Jacobsonsches Organ
Fleinserde
– Rendzina

Fleisch

Fleisch
- Fleischfäulnis
- Fleischvergiftung
- Nahrungsmittel
- □ Nahrungsmittel
- Nitrosamine
- □ Schwermetalle
Fleischbeschau
- Trichinose
Fleisch der Götter
- Teonanacatl
Fleischextrakt
- [M] Gelatineverflüssigung
Fleischfäulnis
Fleischfleckenkrankheit
Fleischfliegen
- Fliegenlarvenkrankheit
- □ Insekten (Nervensystem)
- ↗ Schmeißfliegen
Fleischflosser
fleischfressende Pflanzen ↗
Fleischfresser ↗
- Carnivora
- [M] Darm
Fleischgräten
- Gräten
Fleischmehl
- Futter
Fleischmilchsäure
- Milchsäure
Fleischporlinge
Fleischschaf
- □ Schafe
Fleischvergiftung
- Nahrungsmittelvergiftungen
Fleischzartmacher
- Bromelain
Fleißiges Lieschen
Fleming, Sir A.
- Antibiotika
- Lysozym
- Penicilline
Flemming, W.
- [B] Biologie II
- Cytologie
- Flemming-Körper
- Flemmingsche Lösung
Flemming-Körper ↗
Flemmingsche Lösung
Flexibacter
- Flavobacterium
Flexibacteriae
Flexibakterien ↗
Flexibilia
Flexirubin
- Cytophagales
Flexner, S.
- Flexner-Bakterium
Flexner-Bakterium ↗
Flexoren (Botanik)
- □ Seismonastie
Flexoren (Zoologie) ↗
Flieder
- [M] Dichasium
- [M] Knospe
Fliedermotte ↗
Fliedertee
- [M] Holunder
fliegen ↗
- Biomechanik
- □ Flugmechanik
- Reifung
- ↗ Flug
Fliegen
- □ Flügelreduktion
- Forelle
- [M] Haftorgane
- □ Insektenflügel
- □ Komplexauge (Aufbau/Leistung)
- [B] Larven I
- □ Nährzellen
Fliegenbestäubung ↗
- Aronstabgewächse
- Entomogamie
Fliegenblumen
Fliegenblütigkeit

fliegende Edelsteine
- Kolibris
Fliegende Fische
- [M] Fische
- Flug
Fliegende Hunde ↗
Fliegender Kalmar
Fliegende Schlangen
- Schmuckbaumnattern
fliegendes Kreuz
- Kormorane
Fliegenhaft ↗
Fliegenlarvenkrankheit
Fliegenpilz
- [B] Pilze IV
Fliegenpilzgifte
- Muscarin
Fliegenragwurz
- [M] Orchideen
Fliegenschimmel ↗
Fliegenschnäpper
- Nest
- [B] Vögel II
- Vogelzug
Fliegentod
- Fliegenpilz
Fliegerkrankheit
- Höhenkrankheit
Fliehkraft
- Ultrazentrifuge
- ↗ Zentrifugalbeschleunigung
Fließbandprinzip
- Multienzymkomplexe
Fließerden
Fließgewässer
- Algen
- Bergbach
- Feuchtgebiete
- Flußregionen
- Grenzschicht
- Plankton
- Potamologie
- Saprobiensystem
- Selbstreinigung
Fließgleichgewicht
- Entropie - in der Biologie
- Leben
- Reservestoffe
- ↗ dynamisches Gleichgewicht
Fließwasserorganismen
- Bergbach
- Brandungszone
- Grenzschicht
- lotischer Bezirk
- Totwasser
Fließwasserröhrichte ↗
Flimmerepithel
- Bewegung
- Geißelepithel
- Kartagener-Syndrom
- Luftröhre
- Metaplasie
- Ventilation
Flimmergeißeln
Flimmerhaare ↗
- Mastigonemen
Flimmerkörper
Flimmerlarven ↗
Flimmerrinne
Flimmertrichter ↗
Flimmerverschmelzungsfrequenz ↗
Flimmerzellen ↗
flip-flop
- [M] Membran (Membranlipide)
Flissigkeit
- Weißbährigkeit
Flitterzellen
- Kopffüßer
Flockenblume
- Randblüten
Flockung
- □ Kläranlage
Flöhe
- Flügelreduktion
- Fluginsekten

- [B] Insekten II
- □ Mundwerkzeuge
- Sprungbeine
- Yersinia
Flohkäfer
- Erdflöhe
Floh-Knöterich
- Knöterich
- [B] Unkräuter
Flohkraut
Flohkrebse
- Brutbeutel
Flora
- Florenelemente
- Floristik
floral
- Nektarien
flor del vino
- Jerezhefe
Floren
- Flora
Florenbezirk
- Florengebiet
Florenelemente
Florengebiet
- Florenelemente
Florengeschichte
Florenprovinzen
- Florengebiet
Florenregion ↗
Florenreich
- tiergeographische Regionen
- □ tiergeographische Regionen
- Verbreitungsschranken
Florentausch
- Europa
flore pleno ↗
Flores
- Heilpflanzen
Floreszenz
Florey, Sir H.W.
- Antibiotika
- Penicillin
Florfliegen
- [B] Insekten II
Floribunda-Rose
- [B] Selektion II
Floridaklee
- Hülsenfrüchtler
Florideae
- Florideen
Florideen
Florideenstärke
- Rotalgen
Florideophycidae
- Cryptonemiales
- Florideen
Floridosid
Florigen
- Blühinduktion
Florisbadmensch
Florisid
- Floridosid
Floristen
- Floristik
floristische Geobotanik
- Floristik
Florisuga
- □ Kolibris
Florizone
- Zone
Florometra
- Haarsterne
Floscularia
- Collotheca
- Flosculariidae
Flosculariaceae ↗
Flosculariidae
- Lacinularia
Flössel ↗
- Makrelen
Flösselaale ↗
Flösselfische ↗
Flösselhechte
- Rippen
- Rückenflosse

- □ Spermien
Flösselhechtverwandte ↗
Flossen
- Extremitäten
- Fische
- [M] Homoiologie
- Kalmare
- Kopffüßer
- Seitenfaltentheorie
- □ Wirbeltiere
Flossenbewegungen
- [B] relative Koordination
Flossenfäule
Flossenfüße
Flossenfußlurche
- Labyrinthodontia
Flossenkämmerchen
- Schädellose
- □ Schädellose
Flossenstrahlen ↗
- Flossenträger
- Gliederstrahlen
- Hypuralia
Flossenstützen
- Flossen
- Flossenträger
Flossenträger
Flößler ↗
Floßschnecken
Flötenmäuler ↗
Flötenwürger
Flotzmaul
- Rinder
Flourens, M.J.P.
- Chloroform
- Vivisektion
Flowery Orange Pekoe
- □ Teestrauchgewächse
Flöze
- Karbon
- Steinkohle
fl. pl. ↗
Flucht
- Begrüßungsverhalten
- [B] Bereitschaft II
- Fluchtdistanz
- Herde
- [B] Konfliktverhalten
- [M] Konfliktverhalten
- kritische Distanz
- Reflex
- Stimmungsübertragung
- Vermeidungsverhalten
- ↗ Fluchtreaktion
- ↗ Fluchtverhalten
Fluchtbereitschaft
- Angst
- bedingte Aversion
- [M] Bereitschaft
Fluchtdistanz
Fluchtkammer
- Oikopleura
Flucht-oder-Kampf-Reaktion
- Aggression
- kritische Distanz
Flucht-Reaktion
- Flucht
- [M] Nervensystem (Riesenfasern)
Fluchtrouten
- Erkundungsverhalten
Fluchtverhalten
- agonistisches Verhalten
- Alarmstoffe
- Drohverhalten
- Haustierwerdung
- Hemmung
- Verleiten
- ↗ Flucht
- ↗ Fluchtreaktion
Flückiger, F.A.
Flug
- [B] Atmungsorgane III
- Beckengürtel
- Biomechanik
- Borelli, G.A.
- Freiheit und freier Wille
- Gehörorgane
- Gestalt

Flußwels

- Windfaktor
- ↗ fliegen
- *Flugbarben* ↗
- *Flugbeutler* ↗
  - ☐ Flughaut
- *Flugbilche*
- *Flugbild*
- *Flugbrand*
  - B Pflanzenkrankheiten I
- *Flugdrachen*
  - B Asien VIII
  - Flug
  - ☐ Flughaut
  - Orientalis
- **Flugechsen**
  - Flugsaurier
- *Flugeinrichtungen*
- *Flügel (Botanik)*
  - ☐ Blüte (zygomorphe Blüten)
  - B Nacktsamer
  - B Nadelhölzer
  - M Samenverbreitung
- *Flügel (Fadenwürmer)*
- *Flügel (Zoologie)*
  - Analogie - Erkenntnisquelle
  - Bauplan
  - Extremitäten
  - Gestalt
  - Homologie
  - Homonomie
- **Flügeladern**
  - Dorsalampullen
- **Flügelanlagen**
  - Holometabola
  - ☐ Metamorphose
  - B Metamorphose
- *Flügelbein* ↗
- **Flügelbug**
  - Kralle
- *Flügeldecke* ↗
  - B Homonomie
- **Flügelfaltmuskel**
  - Flugmuskeln
- **Flügelflieger**
  - Samenverbreitung
- *Flügelfrüchte*
- *Flügelfruchtgewächse* ↗
- *Flügelgeäder* ↗
- **Flügelgelenksehnen**
  - Resilin
- **Flügelginster**
  - geflügelt
  - Ginster
- **Flügelhäkchen**
  - Hamulus
- *Flügelkiemer* ↗
- **Flügelklatschen**
  - Vögel
  - Vogelflügel
- **Flügelkopplung**
  - Insektenflügel
  - Schmetterlinge
  - ☐ Schmetterlinge (Falter)
- **flügellose Insekten**
  - Apterie
  - Flügelreduktion
  - flugunfähige Insekten
  - B Insekten I
  - Polarregion
  - Urinsekten
- *Flügelmal*
- *Flügelmuscheln* ↗
- **Flügelmuskel**
  - Kauapparat
- **Flügelmuskeln**
  - Gliederfüßer
  - Herz
  - Insekten
  - Perikardialsinus
  - B Skelett
- *Flügelnuß* ↗
  - geflügelt
- **Flügelpolymorphismus**
  - Wanzen
- **Flügelreduktion**
  - flugunfähige Insekten
  - ↗ flügellose Insekten

Flügelroßfische
Flügelscheide
- imaginipetal
- ☐ Schmetterlinge (Falter)
Flügelschlagfrequenz
- M Flug
- Kolibris
Flügelschnecken
Flügelschüppchen ↗
Flügelschuppen
- Farbe
- ☐ Schuppen
Flügelschwimmen
- Schwimmen
Flügelschwirren
- Sterzeln
- M Temperaturregulation
Flügelstellung
- ☐ Flugmechanik
Flügelzellen
- Bindegewebe
- Sehnen
Flügelzittern
- Vogelflügel
Flugfäden
- M Radnetzspinnen
Flugfische
- ☐ Flughaut
Flugfrosch ↗
- ☐ Flughaut
Flugfüchse ↗
  flügge
Flügge, C.
Flughaare
- Flugeinrichtungen
- Samenverbreitung
Flughähne
- ☐ Flughaut
Flughaut
- Dornschwanzhörnchen
- Fledermäuse
- Fledertiere
- Flug
- Flugsaurier
- Pterygium
- Riesengleiter
Flughörnchen ↗
- B Asien I
- ☐ Flughaut
Flughühner
Flughunde
- B Australien III
Fluginsekten
- Alpentiere
- Flug
- Plesiomorphie
- ↗ Pterygota
Flugmechanik
- Insektenflügel
Flugmuskeln
- Atmungsorgane
- Fledertiere
- M Flügelmuskeln
- B Gliederfüßer I
- Insektenflügel
- B Metamorphose
- Mitochondrien
- Myoglobin
- Temperaturregulation
- Thorax
- Vogelflügel
Flugsaurier
- B Homologie und Funktionswechsel
- ☐ Jura
- Pteranodon
flugunfähige Insekten
- afroalpine Arten
- ↗ flügellose Insekten
Flugverkehr
- ☐ Ozon
Flugwild ↗
Fluidität
- Membran
- Thylakoidmembran
- Tocopherol
fluid mosaic model ↗
- Membranproteine
Fluke

Fluktuation ↗
Flunder
- M depressiform
- Fische
- B Fische I
- B Fische X
- M Kiemen
- Wasserverschmutzung
Fluor
- Krill
- ☐ MAK-Wert
- Zahnschmelz
Fluor-Chlor-Kohlenwasserstoffe
- Aerosol
- Luftverschmutzung
Fluorcitronensäure
- Fluoressigsäure
5-Fluor-2'-desoxyuridin-monophosphat ↗
Fluoren-9-carbonsäure
- Morphactine
Fluorescein
Fluoresceinisothiocyanat
- Fluorescein
- Fluoreszenzmikroskopie
- Immunfluoreszenz
Fluoressigsäure
Fluoreszenz
- Absorption
- Äthidium
- Lumineszenz
- mikroskopische Präparationstechniken
- Phosphoreszenz
- Ultraviolett
Fluoreszenz-Gruppe
- M Pseudomonas
Fluoreszenzindikator
- Umbelliferon
Fluoreszenzmikroskopie
- Fossilchemie
Fluorhydroxylapatit
- Dentin
Fluoribacter
- Legionellaceae
Fluoride
Fluoritobjektive
- Mikroskop
Fluorkohlenstoffverbindungen
- Aerosol
- Luftverschmutzung
Fluorcarbone
- Blutersatzflüssigkeit
Fluorochrome ↗
Fluorochromierung
- Fluoreszenzmikroskopie
Fluorölsäure
- Dichapetalaceae
Fluorouracil
- M Cytostatika
5-Fluoruracil
Fluorwasserstoff
- Fluor
- Luftverschmutzung
- ☐ MAK-Wert
- M Nekrose
Flurbereinigung
- M Feuchtgebiete
- Landwirtschaft
Flurenol
- Morphactine
Flurumlegung
- M Erosionsschutz
- ↗ Flurbereinigung
Flurzwang
Fluß
- ☐ Produktivität
- ↗ Flußwasser
Flußaale
- Aale
- B Fische X
Flußauen
- Auenwald
- Feuchtgebiete
Flußaustern
Flußbarbe
- Barben
- Giftige Fische

- Laichwanderungen
Flußbarsch
- Barsche
- B Fische X
- M Flossen
Flußbegradigung
- Altwasser
- Feuchtgebiete
- ↗ Flußregulierung
Flußbereich
- Potamal
Flußblindheit
- Kriebelmücken
- Onchocerca
Flußdelphine
Flüssigdüngung
  flüssiger Stickstoff
- Konservierung
Flüssigkeitspräparate ↗
- Präparationstechniken
Flüssigkeitsräume
- inneres Milieu
  flüssig-kristalline Phase
- Membran
Flüssigmist
- Waldsterben
- ↗ Stallmist
Flüssig-Mosaik-Modell ↗
Flußjungfern
Flußkahnschnecken ↗
Flußkiemenschnecken ↗
Flußkiesfluren
- Epilobietalia fleischeri
Flußkrebse
- M Gelege
- M Geschlechtsreife
- ☐ Lebensdauer
- B Verdauung III
Flußkunde
- Potamologie
Fluß-Manati
- Seekühe
- Südamerika
Flußmündung
- Ästuar
- Delta
- ☐ Produktivität
Flußmuscheln
- Homomyaria
Flußmützenschnecken
Flußnapfschnecken ↗
Flußnixenschnecken
Flußperlmuscheln
Flußpferde
- B Afrika I
- M Gähnen
- Hexaprotodon
- hypsodont
- Kontakttier
- Nonruminantia
- Paarhufer
- ☐ Pleistozän
Flußpferdeartige
- Anthracotherioidea
Flußplankton
- Plankton
Flußregenpfeifer
- Regenpfeifer
- ☐ Schutzanpassungen
Flußregionen
Flußregulierung
- Altwasser
- Auenböden
- ↗ Flußbegradigung
Flußsäure
- Fluoride
Flußschweine ↗
Flußseen
- M See
Flußseeschwalbe
- B Europa I
- M Seeschwalben
- B Vogeleier II
Flußuferläufer ↗
- B Europa III
Flußwale ↗
Flußwasser
- M Wasseraufbereitung
Flußwels
- B Fische X

Flußzeder

- Welse
Flußzeder ↗
Flustra
Flustrella
Flustrellida
- [M] Moostierchen
Flut
- [M] Lunarperiodizität
  ↗ Gezeiten
Fluta ↗
Flutender Schwaden
- Wasserschwaden
Fluthahnenfuß-Gesellschaften ↗
Flutmarken
- Auenwald
Flutrasen ↗
Flutschwaden-Röhricht ↗
fluvial
fluviatil
- fluvial
- [M] Sedimente
F-Met-t-RNA ↗
FMN ↗
FMNH$_2$
- ☐ Flavinmononucleotid
- ☐ Redoxpotential
foamy viruses
- Retroviren
Focus
- Fokus
Fodinichnia
Foeniculum ↗
- ☐ Heilpflanzen
Foetalisation
- Fetalisation
Foetus ↗
Fohlen
- [M] Lernen
- Nachfolgereaktion
Fohlenlähme
Föhre ↗
- ☐ Kiefer (Pflanze)
Fokus (Medizin)
Fokus (Mikrobiologie)
Folate
- Folsäure
Folat H$_2$ ↗
Folat H$_4$ ↗
Folgeart
- Stammart
Folgeblätter
- Primärblätter
Folgegesellschaften ↗
Folgemeristem ↗
- [B] Sproß und Wurzel II
Folgeregelkreis
- Regelung
Folgeregler
- Regelung
Folgerung
- Deduktion und Induktion
Folia
- Heilpflanzen
Foliamenthin
- [M] Monoterpene
follicol
Folinsäure ↗
Foliola
follicel cell trophic hormone
- ☐ Insektenhormone
Folliculi lymphatici
- Lymphfollikel
Folliculina ↗
Follikel
- Geschlechtsorgane
- Granulosaepithel
- ☐ Hormone (Drüsen und Wirkungen)
- [M] Hühnerei
- [B] Menstruationszyklus
- [M] Ovar
Follikelatresie ↗
Follikelhöhle
- ☐ Eizelle
Follikelhormone ↗
Follikelreifung ↗
Follikelreifungshormon ↗
Follikelsprung ↗
- [M] Menstruationszyklus

- [M] Ovar
- Ovulationshemmer
  ↗ Eisprung
follikelstimulierendes Hormon
- ☐ Adenohypophyse
- Empfängnisverhütung
- ☐ Hormone (Drüsen und Wirkungen)
- luteinisierendes Hormon
- Menstruationszyklus
- [B] Menstruationszyklus
- Prolane
Follikelzellen
- ☐ Eizelle
Follikelzellen-Nähr-Hormon
- ☐ Insektenhormone
Fölling, Ivar Asbjörn
- Fölling-Krankheit
Fölling-Krankheit ↗
Follitropin
- ☐ Adenohypophyse
Folsäure
- p-Aminosalicylsäure
- ☐ Bier
- Pteridine
- Vitamine
- [B] Vitamine
Fomes
- [M] Weißfäule
- Wurzelschwamm
Fomitopsis ↗
- ☐ Lärchenpilze
Foniohirse
- Fingergras
Fontana, F.
Fontanasche Räume
- Kammerwasser
Fontanelle
Fontéchevade
Fonticola
Fonticulus anterior
- Fontanelle
Fonticulus posterior
- Fontanelle
Fontinalaceae
Fontinalineae ↗
Fontinalis ↗
- Wassermoose
Foramen
Foramen entepicondyloideum
- Hyaenodon
Foramen interventriculare
- Foramen
- Telencephalon
Foramen magnum
- Foramen
- Hinterhauptsbein
- Schädel
Foramen ovale
- [B] Embryonalentwicklung III
- Eustachi-Klappe
- Foramen
Foramen parietale
- Foramen
Foramen triosseum
- Flugmuskeln
- Foramen
Foramen vertebrale
- Neuralkanal
Foramina processus transversi
- Halsrippen
Foraminifera
- diplohomophasischer Generationswechsel
- Gamontogamie
- Generationswechsel
- ☐ Kambrium
- ☐ Kreide
- [M] Plankton (Anteil)
- ☐ Tertiär
- [M] Tiefseefauna
Foraminiferen
- Foraminifera
Foraminiferenkalk
Foraminiferenmergel
Foraminiferenschlamm

Forastero
- ☐ Kakao
Forbes, E.
Forceps
Forcipulata
- [M] Seesterne
Forcipulatida
- Forcipulata
förderliche Vergrößerung
- Mikroskop
Fordilla
- ☐ Kambrium
Fordonia ↗
Forel, A.
Forel, F.A.
Forelle
- Brutteich
- Distanztier
- Eoacanthocephala
- [B] Fische III
- [B] Fische X
- [B] Fische XII
- [M] Gelege
- [M] Laichperioden
- Nest
- [M] p$_{50}$-Wert
Forellenbarsch ↗
- [B] Fische XII
Forellenregion
- Äschenregion
- [B] Fische X
- Forelle
Forellenstör
Forellenzucht
- Fischzucht
- Teichwirtschaft
Forficulidae ↗
Forle ↗
- ☐ Kiefer (Pflanze)
Forleule
- Raupenfliegen
  ↗ Kieferneule
Form
Forma
- Form
- Morphen
forma corporis
- Leib-Seele-Problem
forma domestica
- Rasse
formae speciales
- Fusarium
- Schwarzrost
Formähnlichkeit
- Analogie - Erkenntnisquelle
  ↗ Ähnlichkeit
Formaldehyd
- Bodendesinfektion
- [B] chemische und präbiologische Evolution
- [B] funktionelle Gruppen
- Gerbstoffe
- ☐ MAK-Wert
- methanoxidierende Bakterien
- Ribulosemonophosphat-Zyklus
Formaldehyd-Dehydrogenase
- [M] methylotrophe Bakterien
Formalin ↗
- Präparationstechniken
- Tetanustoxine
Formamid
- Desoxyribonucleinsäuren
Formanalyse
Formart ↗
Formation (Botanik)
- Vegetationsgeographie
- Vegetationszonen
Formation (Geologie)
- ☐ Stratigraphie
- stratigraphisches System
Formatio reticularis
- Aktivitätsbereitschaft
- Allgemeinerregung
- Bereitschaft
- Bewußtsein
- Rautenhirn

- Schlaf
- Tegmentum
Formaufsplitterung
- Typostrophentheorie
Formazane
- Tetrazoliumsalze
Formbildung ↗
Formenkreis
- Rasse
Formenkreislehre
Formenlehre ↗
Formenmannigfaltigkeit
- Kulturpflanzen
  ↗ Diversität
  ↗ Mannigfaltigkeit
Formenreihen
- Typus
Formensehen ↗
Formfestigkeit
- Kollagen
  ↗ Biegefestigkeit
Formgattung
- Organgattung
Formiat-Dehydrogenase
- [M] Fumaratatmung
- [M] methylotrophe Bakterien
- Selen
Formiate ↗
- [M] Fumarase
- ☐ Pansensymbiose (Säuren)
Formiat-Hydrogen-Lyase
- ☐ Ameisensäuregärung
Formiat-Reductase
- [M] Methanbildung
Formica
- Dicrocoelium
- [M] Schuppenameisen
Formicariidae ↗
Formicidae ↗
Formicoidea ↗
Formicoxenos
- Gastameisen
- Knotenameisen
formicol
Formikarium
Formiminogruppen
- Tetrahydrofolsäure
Formklasse
- Fungi imperfecti
Formkonstanz
Formobstbaum
- Obstbaumformen
Formol ↗
Formordnung
- Fungi imperfecti
formstarres Verhalten ↗
formverwandt
- Ähnlichkeit
Formwerdungsproblem
- [M] Hominisation
Formwiderstand
- Plankton
Formycine
Formyl-Gruppe
- Tetrahydrofolsäure
N-Formyl-Kynurenin
N-Formyl-Methionin
- genetischer Code
- Proteine
- Translation
N-Formyl-Methionyl-t-RNA
- Translation
N-Formyl-Tetrahydrofolat
- Citrovorumfaktor
Formyl-Tetrahydrofolsäure
- Ameisensäure
Fornix
Fornix cranii
- Fornix
Forschung
- Ethik in der Biologie
Forschungsstationen
Forskål, Peter
- Forskalia
Forskalia ↗
- Siphonecta
Forßmann, Werner
- Bernard, C.

freigegliederte Puppe

Forst
Forsteinrichtung
Forstgesellschaften
forstliche Betriebslehre
– Forstwissenschaft
forstliche Produktionslehre
– Forstwissenschaft
Forstpflanzen
– Forstschädlinge
Forstschädlinge
– Goldafter
– Schädlinge
Forstschutz
Forstwirtschaft
– Wald
Forstwirtschaftspolitik
– Forstwissenschaft
Forstwissenschaft
Forsyth, William A.
– Forsythie
– M Fungizide
Forsythia
– Forsythie
Forsythie
– B Asien III
Fortbewegung
– Antenne
– aufrechter Gang
– Bilateria
– Cephalisation
– Freiheit und freier Wille
– M Funktionskreis
– Hand
– Haut
– Leben
– Peristaltik
– Synchronisation
Fort Morgan
– M Togaviren
Fortpflanzung
– M Cytochrome
– Fruchtbarkeit
– Generation
– Geschlechtsreife
– Heterogonie
– Leben
– Sexualität - anthropologisch
– B Sexualvorgänge
– Symbiose
– Tiere
– Tod
– Tokogenie
– Vermehrung
Fortpflanzungsapparat
– ☐ Organsystem
Fortpflanzungserfolg
– Darwin, Ch.R.
– Daseinskampf
– Selektion
– Sozialanthropologie
– Spermien
Fortpflanzungsgemeinschaften
– Art
– Ray, J.
Fortpflanzungsketten
– Pantoffelschnecken
Fortpflanzungsorgane
– Haustierwerdung
Fortpflanzungsrate
– Haustierwerdung
Fortpflanzungsstrategien ↗
– Heterogonie
Fortpflanzungsverhalten
Fortpflanzungswahrscheinlichkeit
Fortpflanzungswechsel ↗
– Heterogonie
Fortpflanzungszeit
– Temperaturanpassung
↗ Brunst
Fortpflanzungszellen ↗
Foscarnet
– Virostatika
Fosfomycine
– M Antibiotika
Fossa
– B Afrika VIII
– Madagassische Subregion
Fossa hypophysalis
– Keilbein

Fossa rhomboidea
– Rautengrube
Fossaridae
fossil
Fossilchemie
Fossildiagenese
– Fossilisation
– Paläontologie
fossile Böden
– arktische Böden
fossile Brennstoffe
– Glashauseffekt
– Klima
– Kohlendioxid
– Kohlenstoffkreislauf
– B Kohlenstoffkreislauf
– M Kohlenstoffkreislauf
– Mineralisation
– Ressourcen
fossile Eindrücke
– Cubichnia
fossile Energieträger
– Bioenergie
↗ fossile Brennstoffe
Fossilfälschungen
– Lügensteine
Fossilien
– Figurensteine
– Geochronologie
– Hooke, R.
– Lückenhaftigkeit der Fossilüberlieferung
– B Nadelhölzer
– Paläontologie
– Stammgruppe
– Stensen, N.
– vis plastica
Fossilisation
– ☐ Kambrium
– Lückenhaftigkeit der Fossilüberlieferung
– Steinkern
– Taphonomie
Fossiltextur
Fossilzusammensetzung
– Bioethik
– Biofazies
Fossombronia ↗
Fötus ↗
Fourcraea ↗
Fourcroy, Antoine-François de
– Fourcraea
Fovea
– Auge
– Bildwahrnehmung
– Eisvögel
– B Farbensehen
– Fixierung
– gelber Fleck
– ☐ Linsenauge
– ☐ Nervensystem (Funktionsweise)
– Netzhaut
– B Netzhaut
Foveilla
– M Tricladida
Foxterrier
– ☐ Hunde (Hunderassen)
– B Hunderassen II
Fp ↗
F-Pili
F-Protein
– M Virushülle
Fracastoro, G.
– Contagium
– M Mikroskop (Geschichte)
– Syphilis
Frachtsonderung
Fraenkel, Eugen
– Fraenkel-Bacillus
Fraenkel-Bacillus ↗
Fragaria ↗
Fragilaria
– Fragilariaceae
Fragilariaceae
Fragilariales
Fragmentation
– Bakterien
– Oligochaeta

Frailejones ↗
Fraktion
– fraktionieren
fraktionieren
fraktionierende Verteilung
– fraktionierte Verteilung
fraktionierte Ammoniumsulfatfällung
– Ammoniumsulfat
fraktionierte Verteilung
fraktionierte Zentrifugation
– Claude, A.
Fraktion-I-Protein
– ☐ Chloroplasten
Framboesia tropica
– Frambösie
Frambösie
– Castellani, A.
frame-shift-Mutation ↗
Framycetin
– B Antibiotika
– Neomycine
Francé, R.H.
Francis, Edward
– Francisella
Francisella
Francolinus ↗
Frangula
– Kreuzdorn
Frank, Albert Bernhard
– Frankiaceae
– Mykorrhiza
Frank, O.
Frankenia
– M Frankeniaceae
Frankeniaceae
Frankenius, Johan
– Frankeniaceae
Frankfurter Ebene
– Anthropometrie
Frankfurter Horizontale ↗
Frankfurter Klärbeckenflora
– Ginkgoartige
Frankia
– Bodenorganismen
– Frankiaceae
Frankiaceae
Franklin, R.
– ☐ Desoxyribonucleinsäuren (Geschichte)
– ☐ Röntgenstrukturanalyse
Frankoline
Fransenfinger-Eidechsen ↗
Fransenfledermaus
– M Glattnasen
Fransenfliegen ↗
Fransenflügler ↗
– Neometabola
– Pronymphe
– ☐ Rote Liste
Fransenlipper ↗
Fransenmotten
Fransenschildkröten ↗
Franzosenkäfer
– Weichkäfer
Franzosenkraut
– Ackerunkräuter
– B Unkräuter
Französischer Schäferhund
– ☐ Hunde (Hunderassen)
Französischer Spinat
– Ampfer
Französischer Steinbutt
– Rochen
Frasnium
– M Devon (Zeittafel)
Fraßgänge
– Ambrosiakäfer
– Bockkäfer
– ☐ Borkenkäfer
– Minen
Fraßgifte
Fraßschutz
– Giftpflanzen
Fratercula ↗
Fratueria
– M Pseudomonadaceae
Fratrizid
– Kannibalismus

Frau
– Mensch und Menschenbild
– Partnerschaft
– Sexualität - anthropologisch
Frauenfarn
Frauenfarngewächse
Frauenfische
– B Fische VI
Frauenhaarfarn
– ☐ Farne
– B Mediterranregion III
Frauenmantel
– B Europa III
– B Europa XVI
Frauenmilch
– Bifidusfaktor
Frauennerfling ↗
Frauenschuh
– B Europa IV
– Gleitfallenblumen
– B Orchideen
Frauenspiegel
Fraunhofer, Joseph von
– M Mikroskop (Geschichte)
Fraxino-Ulmetum ↗
Fraxinus
F-Realisatoren
– Geschlechtsrealisatoren
Fredericella
Fredericellidae
– Fredericella
free-martin
– Zwicke
Frees, H. Theodor
– Freesie
Freesia
– Freesie
Freesie
– B Afrika VII
Freeze-clamp-Methode
– M Energieladung
Fregatidae ↗
Fregattvögel
– M Gelege
Freibeet
– Saatbeet
Freiblättler ↗
– Wulstlingsartige Pilze
freie chemische Energie
– B Dissimilation I
↗ Enthalpie
freie Drehbarkeit
freie Energie
– ☐ Atmungskette (Schema 2)
– B Dissimilation I
– Entropie
– Entropie - in der Biologie
– M Hydrolyse
freie Kernteilung
– Kerntapetum
freie Kombinierbarkeit ↗
– B Mendelsche Regeln I
freie Nervenendigung
– Mechanorezeptoren
– Schmerz
– B Sinneszellen
– Temperatursinn
– B Wirbeltiere II
freie Puppe
– ☐ Puppe
freie Radikale
freier Fall
– Erklärung in der Biologie
freier Flug
– Flugmechanik
↗ Flug
freier Wille
– anthropisches Prinzip
– Freiheit und freier Wille
– Leib-Seele-Problem
freies Handeln
– Bioethik
freies Schweben
– Auftrieb
freie Wangen
– M Trilobiten
freigegliederte Puppe ↗

Freiheit

Freiheit
- Determination
- Freiheit und freier Wille
- Leib-Seele-Problem

Freiheitsgrad
- Determination
- Entropie - in der Biologie
- Freiheit und freier Wille
- Gelenk
- Konformation

Freiheit und freier Wille

Freikiefler ↗

Freilaicher
- M Laich

Freiland
- Waldrand

Freilandgloxinie
- Bignoniaceae

Freilandklima
- Wald

Freilandpflanze
- □ botanische Zeichen

Freilauf
- Schlaf

Freischwänze ↗

Frei-Tod
- Mensch und Menschenbild

Freiwasserfische
- B Fische III

Freiwasserraum
- Pelagial

Fremdausbreitung
- Samenverbreitung

Fremdbefruchtung ↗
- Inkompatibilität

Fremdbestäubung ↗
- Allogamie
- Bestäubung
- Enantiostylie
- □ Salbei

Fremdreflex
- Eigenreflex
- Reflex
- B Rückenmark

Fremdverbreitung ↗

Frenalhäkchen
- Hamulus

frenat
- □ Schmetterlinge (Falter)

Frenatae ↗
- Frenulum
- Retinaculum

french-press
- Homogenat
- Zellaufschluß

Frenkelia
- M Endodyogenie

Frenularregion
- Pogonophora

Frenulata

Frenulina ↗

Frenulum (Flügelkopplung)
- frenat
- Pogonophora
- □ Schmetterlinge (Falter)

Frenulum (Bändchen)
- Zunge

Frenulum praeputii
- Frenulum

Freon
- Aerosol
- Luftverschmutzung
- Ozon

Frequenz (Ökologie)
- Populationsgenetik

Frequenz (Physik)
- M elektromagnetisches Spektrum
- Gehörorgane
- Schwingung
- Sonagramm

Frequenzanalyse
- Gehörorgane

Frequenzfilter
- Bioakustik

Frequenzmodulation
- B Echoorientierung

Frequenzverschiebungen
- Doppler-Effekt

Freßfeind
- Bestäubung
- Schwarm

Freßpolypen ↗
- M Feuerkorallen
- Heterozoide
- ↗ Nährpolypen

Freßwerkzeuge
- Mundwerkzeuge

Freßzellen ↗
- M Makrophagen

Frett
- Frettchen

Frettchen

Frettieren
- M Frettchen

Frettkatze ↗

Freud, Sigmund
- Angst - philosophische Reflexionen
- anthropisches Prinzip
- Freiheit und freier Wille
- Sexualität - anthropologisch

Freudenreich
- Propionsäurebakterien

Freudenstein, H.
- Bienenzucht

Freycinetia
- M Schraubenbaumgewächse

Frey-Wyssling, A.F.
- Haftpunkttheorie

Fricke, H.W.
- Meeresbiologie

Fridericia

Friedfische

Friedländer, Carl
- Friedländer-Bakterien

Friedländer-Bakterien ↗

Friedländer-Pneumonie
- Klebsiella

Friedrich II. von Hohenstaufen
- B Biologie III
- Falknerei
- Zoologie

frieren ↗
- M Bereitschaft

Fries, E.
- Blätterpilze

Frigene
- Aerosol
- Klima

Fright disease
- Angst - philosophische Reflexionen

Fringilla ↗

Fringillidae ↗

Frisch, K. von
- Angst - philosophische Reflexionen
- Bestäubungsökologie
- M Dressur
- Elritze
- B Farbensehen der Honigbiene
- □ Komplexauge (Aufbau/ Leistung)
- Verhalten
- M Verhalten

Frischhaltung ↗

Frischling

Frischpräparate ↗
- mikroskopische Präparationstechniken

Frischzellentherapie
- Niehans, P.

Fritfliege ↗

Fritillaria
- M Halmfliegen

Fritillariidae ↗

Fritsch, Gustav
- Fritschiella

Fritschiella ↗
- Landalgen

Fritten
- Bakterienfilter
- Glasfilter

Fritziana ↗

Frondeszenz ↗

frondose Inflorescenzen
- Blütenstand

Frons ↗
- Frontoclypeus

frontal

Frontaldrüse

Frontale
- Jugale
- Stirnbein

Frontalganglion
- Insekten
- Nervensystem
- □ Oberschlundganglion
- stomatogastrisches Nervensystem

Frontalhirn ↗

Frontalkonnektive
- Nervensystem
- stomatogastrisches Nervensystem

Frontallappen
- Telencephalon

Frontalnaht
- Insekten
- □ Insekten (Kopfgrundtyp)

Frontalorgan
- Insekten
- □ Schnurwürmer
- Strudelwürmer

Frontanebene ↗

Frontenhäufigkeit
- Klima

Frontoclypeus

Frontonia

Frontzähne

Frosch, P.
- M Viren (erste Spuren)

Froschbiß

Froschbißartige

Froschbißgewächse

Frösche
- □ Auflösungsvermögen
- M Auflösungsvermögen
- Beckengürtel
- Beuteschema
- □ Blutersatzflüssigkeit
- Dialekt
- Flug
- Gesang
- B Hämoglobin - Myoglobin
- Harnblase
- M Herzfrequenz
- heterozön
- Intertarsalgelenk
- B Larven I
- □ Lebensdauer
- □ Lunge (Oberfläche)
- M Membranpotential
- B Nervenzelle II
- M p_{50}-Wert
- ↗ Froschlurche

Froschfarmen
- Amphibien
- Rana

Froschfische

Froschkopfschildkröten ↗

Froschlaichalge ↗

Froschlaichbacillus ↗

Froschlaichbakterium
- Froschlaichgärung

Froschlaichgärung

Froschlaichpilze ↗

Froschlöffel

Froschlöffelartige

Froschlöffelgewächse

Froschlurche
- Cleithrum
- Gehörorgane
- M Gehörorgane (Hörbereich)
- Klammerreflex
- Regeneration
- B Skelett
- Speiche
- □ Wirbeltiere
- ↗ Frösche

Froschsaugwurm
- Polystoma

Froschschenkelversuch
- Galvani, L.

Froschschnecken

Froschzahnmolch ↗

Frost
- arktische Böden
- Kryoturbation
- Wärmehaushalt

Frostböden
- Bodeneis
- Kryoturbation
- Permafrostböden

Frostdehydratation
- Frostresistenz

Frosten
- □ Konservierung (Konservierungsverfahren)

Frostgare ↗

Frosthärte ↗

Frostkeimer ↗

Frostkeimung
- Frostkeimer

Frostleisten
- Frostrisse
- M Nekrose

Frostmusterböden
- arktische Böden
- Frostböden

Frosträuchern

Frostresistenz
- Kälteresistenz
- Psychrophyten
- Temperaturanpassung
- Überwinterung

Frostrisse
- M Nekrose

Frostschäden
- Erkältung

Frostschutzberegnung
- Beregnung

Frostschutzmittel
- Diapause
- Frostresistenz
- Kryofixierung
- Polarregion
- Temperaturanpassung
- ↗ Gefrierschutzproteine

Frostspanner
- B Insekten IV
- B Schädlinge
- B Schmetterlinge (Raupe)

Frostsprengung
- Bodenentwicklung
- Bodentemperatur
- Frostböden

Frosttiefe
- Frost

Frosttrocknis
- Auswinterung
- Frost
- Schneeschutz

Frostverwitterung
- Frostsprengung

Fru ↗

Frucht (Botanik)
- Bedecktsamer
- Diasporen
- Fruchtbildung
- Fruchtformen
- Gärtner, J.
- Gibberelline
- Saatgut
- Samenverbreitung

Frucht (Zoologie) ↗

Fruchtaroma
- M Ester
- Fruchtessenzen

Fruchtartige
- Carpoidea

Fruchtäther ↗
- Ester

Fruchtbarer Halbmond

Fruchtbarkeit
- Überzüchtung

Fruchtbarkeitsvitamin
- B Vitamine

Fruchtbarkeitsziffer ↗

Fruchtbecher ↗

Fruchtbehang
- Alternanz

Fühler

Fruchtbildung
- Wachstumsregulatoren

Fruchtblase
- B Embryonal-
  entwicklung II
- Fruchtwasser
- Geburt

Fruchtblatt
- B Bedecktsamer I
- B Bedecktsamer II
- M Birnbaum
- Blatt
- Blütenbildung
- Frucht
- Getrenntgeschlechtigkeit
- Griffel
- Samenanlage

Fruchtblattkreis
- Blüte
- B Blüte

Früchtchen
Fruchtessenzen
Fruchtester
- Fruchtessenzen

Fruchtfall
- Äthylen
- Cellulase
- Wachstumsregulatoren

Fruchtfasern
Fruchtfäule
- Hexenring
- Pflanzenkrankheiten II

Fruchtfleisch
Fruchtfliege
- M Chromosomen (Anzahl)
- ↗ Drosophila melanogaster

Fruchtfliegen ↗
Fruchtfolge
- Pflanzenschutz

Fruchtformen
Fruchtfresser ↗
Fruchthalter ↗
Fruchtholz
- Gehölzschnitt

Fruchthüllen ↗
fruchtiger Geruch
- M chemische Sinne

Fruchtknoten
- Bauchnaht
- Bedecktsamer
- B Bedecktsamer I
- Blütenformel
- M Embryonalentwicklung
- Frucht
- Fruchtbildung
- Griffel
- Vervollkommnungs-
  regeln

Fruchtkörper
- Symmetrie

Fruchtkuchen (Botanik)
- M Fruchtholz

Fruchtkuchen (Zoologie) ↗
Fruchtlager ↗
Fruchtmine
Fruchtpülpe
- Maische

Fruchtratte
Fruchtreife
- Äthylen
- Auxine
- Carotinoide
- Wachstumsregulatoren

Fruchtreifungshormon
- Äthylen
- Fruchtreife

Fruchtrute
- M Fruchtholz

Fruchtsack ↗
Fruchtsäuren
- Konservierung
- Nahrungsmittel

Fruchtschale
- Samen

Fruchtscheibe ↗
Fruchtschicht ↗
Fruchtschichtträger
- Hymenophor

Fruchtschuppe ↗
- Blüte
- ↗ Samenschuppe

Fruchtstand
- Diasporen
- Fruchtformen

Fruchtstecher
Fruchtträger
Fruchtvampire ↗
Fruchtverbreitung
- Fruchtformen
- Samenverbreitung

Fruchtwand ↗
- B Früchte

Fruchtwasser
- Amniota
- B Embryonal-
  entwicklung II
- Geburt

Fruchtwassersack ↗
Fruchtwechsel
- Bakterienwelke
- Bodenmüdigkeit
- Bodenschädlinge
- Bodenverbesserung

Fruchtwechselwirtschaft
- Ackerbau
- Fruchtfolge
- Landwirtschaft
- Thaer, A.D.

Fruchtwulst
- Cupula

Fruchtzapfen
- Blüte

Fruchtzucker ↗
Fructane
Fructivora ↗
β-Fructofuranosidase
- Enzyme (technische
  Verwendung)

Fructokinase
Fructosane ↗
Fructose
- Enzyme (technische
  Verwendung)
- M Geschmacksstoffe
- B Glykolyse
- Invertzucker
- Isomerie
- B Kohlenhydrate I
- Saccharose
- Sperma

Fructose-1,6-bisphosphat
- Fructose-1,6-diphosphat

Fructose-1,6-diphosphat
- Calvin-Zyklus (Abb. 1)
- FDP
- Fructose
- B Glykolyse
- Pentosephosphat-
  zyklus
- Phosphofructokinase

**Fructose-1,6-diphosphat-
Aldolase**
- B Glykolyse
- M Pentosephosphat-
  zyklus

Fructose-1,6-diphosphatase
- Fructose-1,6-diphosphat
- M Leerlaufzyklen
- M Pentosephosphat-
  zyklus

Fructose-1-phosphat
- Fructokinase
- Glycerinaldehyd

Fructose-6-phosphat
- Calvin-Zyklus (Abb. 1)
- Fructose
- Fructose-1,6-diphosphat
- Furanosen
- Gluconeogenese
- B Glykolyse
- Pentosephosphat-
  zyklus
- Phosphofructokinase
- M Ribulosemonophosphat-
  Zyklus

Fructosidasen
- Fructose

Fructoside
- Fructose

Fructus (Botanik) ↗
Fructus (Pharmazie)
- Heilpflanzen

Fructus juniperi
- Wacholder

Frugivora ↗
Frühbeet
- Gartenbau
- Saatbeet
- treiben

Frühblüher
- Virusinfektion (Gen-
  expression)

frühe m-RNA
- frühe Gene

frühe Proteine
- Bakteriophagen
- frühe Gene

Frühfrost
- Frost

Frühgeburt
- Jugendentwicklung:
  Tier-Mensch-Vergleich
- Tabak
- Temperaturregulation

Frühholz
- Holz (Blockschemata)
- Spätholz

Frühinfiltrat
- Tuberkulose

Frühjahrsblüher
- botanische Zeichen

Frühjahrsform
- Saisondimorphismus

Frühjahrsholz
- Frühholz

Frühjahrslaicher
- M Laichperioden

Frühjahrslorchel
- Mützenlorchen
- B Pilze IV

Frühjahrszirkulation
Frühjahrszug
- Vogelzug

Frühlähme
- Fohlenlähme

Frühlingseinzugskarte ↗
Frühlingsfliegen ↗
Frühlingsgeophyten
- Querco-Fagetea

Frühlingsheide
- Glockenheide

Frühlingskrokus
- B Europa XX
- Krokus

Frühlingslorchel
- Mützenlorchen
- B Pilze IV

Frühlingsscheckenfalter
- Nemeobiidae

Frühlingsspinner ↗
Frühreife (Anthropologie)
Frühreife (Tierzucht)
- Haustierwerdung

Frühschorf
- Kernobstschorf

**Frühsommermeningo-
encephalitis**
- Meningitis
- M Meningitis

Frühtreiberei
fruktifizieren
Fruktivoren
- Herbivoren

Frullania ↗
Frusteln
- Hydrozoa

Frustration
- Aggression
- Angriff
- Frustrations-Aggressions-
  Hypothese

*Frustrations-Aggressions-
Hypothese*
Frustrationshypothese
- Aggression

Frutex ↗
Frye, L.D.
- Membran

FSF
- Blutgerinnung
  (Faktoren)

FSH ↗
FSME
- M Meningitis

f. sp. ↗
Ftorafur
- M Cytostatika

Fucales
Fucan
Fuchs (Schmetterlinge) ↗
- B Insekten IV

Fuchs, L.
- B Biologie I
- B Biologie III
- Fuchsie
- Kräuterbücher

Füchse
- M Fährte
- Hunde
- M Körpergewicht
- Monogamie
- Nahrungsspezialisten
- M Nest (Säugetiere)
- Schonzeit
- Spielen
- Viole

Füchsel, Georg Christian
- Erdgeschichte
- geologische Formation

Fuchshai ↗
- B Fische V

Fuchshund
- Hunde (Hunderassen)

Fuchsia
- Fuchsie

Fuchsie
- B Australien IV
- B Südamerika V

Fuchsin
- acidophil
- M Endoagar

Fuchskusu ↗
- Kusus

Fuchsschwanz
Fuchsschwanzgewächse
- Unkräuter

Fucoidan
- Braunalgen
- Fucosidan

Fucoides
Fucosan
- Braunalgen

Fucose
- Desoxyzucker
- Galactose-Operon
- Glykoproteine

Fucoserraten
Fucosidan
Fucosterin
- Fucosterol

Fucosterol
- Fucosterin

Fucoxanthin
- Chloroplasten
- Phaeoplasten

Fucus ↗
- Heilpflanzen

Fuegide
- Menschenrassen

Fufu
- Bananengewächse

Fugu
- M Fischgifte

Fugutoxin
- Tetrodotoxin

Fühler
- Cephalisation
- B Embryonal-
  entwicklung II
- Extremitäten
- Regelung
- B Regelung im Organismus
- Schmetterlinge (Falter)
- Sexualdimorphismus
- B Verdauung II

163

Fühlerborste

- ↗ Antenne
- *Fühlerborste*
- **Fühlerdrüsen**
  - Duftorgane
- *Fühlerfische*
- *Fühlerkäfer*
- *Fühlerlose* ↗
- *Fühlerschaft*
- *Fühlerschlange* ↗
- *Fühlersprache*
- **Fühlhaare**
  - Tasthaare
  - ↗ Sinushaare
- **Fühlorgane**
  - Tastsinn
- **Fuhlrott, J.C.**
  - [B] Biologie II
  - Goldfuß, G.A.
  - Neandertaler
- *Fühlsinn* ↗
- **Fuhrmann, O.**
  - Fuhrmannsche Regel
  - parasitophyletische Regeln
- *Fuhrmannsche Regel* ↗
- **Führungsgröße**
  - Regelung
  - [B] Regelung im Organismus
  - [□] Temperaturregulation
- **Fujinama Sarcoma Virus**
  - [□] Onkogene
- **Fulcrum**
  - [M] Flugmuskeln
  - Insektenflügel
  - [M] Insektenflügel
  - Pleura
  - [M] Pleura
- *Fulgensia* ↗
  - Schizidium
- *Fulgoridae* ↗
- **Fulguration**
  - Geist - Leben und Geist
- *Fulica* ↗
- *Fuligo* ↗
- *Füllen* ↗
- **Fuller, Buckminster**
  - Bionik
- *Füllgewebe*
- *Füllzellen* ↗
- *Fulmarus* ↗
- **Fulvidula**
  - Gymnopilus
- **Fulvosäuren**
  - Bodenreaktion
- **Fumagillin**
  - Polyenantibiotika
- *Fumana* ↗
- **Fumarase**
  - [□] Citratzyklus
  - Dehydratasen
  - [□] Propionsäuregärung
  - [□] reduktiver Citratzyklus
- *Fumaratatmung*
  - [M] anaerobe Atmung
- *Fumarate* ↗
  - Fumaratatmung
  - [M] Glyoxylatzyklus
  - [□] Harnstoffzyklus
  - [M] Interspezies-Wasserstoff-Transfer
  - [□] Kohlendioxidassimilation
  - [□] Propionsäuregärung
  - Redoxpotential
  - [□] reduktiver Citratzyklus
  - [M] Succinatgärung
- **Fumarat-Reductase**
  - [□] Propionsäuregärung
  - [□] reduktiver Citratzyklus
- *Fumaria* ↗
- *Fumariaceae* ↗
- *Fumario-Euphorbion* ↗
- *Fumarprotocetrarsäure* ↗
- **Fumarsäure**
  - [B] Dissimilation II
  - [□] Isomerie (Typen)
  - Rhizopus
- **Fumigatin**
  - Aspergillus
- **Funambulini**
  - Palmenhörnchen

- **Funambulus**
  - Palmenhörnchen
- **Funaria**
  - [M] Columella
  - Funariaceae
- *Funariaceae*
- *Funariales*
- *Fundamentalisten* ↗
- **Fundamentalkräfte der Natur**
  - anthropisches Prinzip
- **Fundamentalnische**
  - ökologische Nische
- *Fundatrigenien*
- *Fundatrix*
  - Fundatrigenien
  - [□] Reblaus
- **Fundort**
- **Fundus**
  - [□] Magen (Sekretion)
- **Fundusdrüsen**
- **Fundus oculi**
  - Linsenauge
- **Fundus ventriculi**
  - Fundus
  - [□] Magen (Mensch)
- *Fünfeckstern*
- **Fünffaden**
  - [B] Nordamerika II
- **Fünflinge**
  - [M] Mehrlingsgeburten
- **Fünfmünder**
  - Pentastomiden
- **fünfstrahlig**
  - pentarch
- *Fünftagefieber* ↗
- **fünfte Geschlechtskrankheit**
  - Calymmatobacterium
- **fünfwirtelig**
  - pentacyclisch
- *Fungi*
  - Pflanzen
  - Reich
- *Fungia* ↗
- *fungiformis*
- *Fungi imperfecti*
  - Conidiomata
- *Fungistatika*
  - Antibiotika
- *Fungivoridae* ↗
- *Fungizide*
  - Antibiotika
  - Gemüse
  - Kupfersulfat
  - Quecksilber
  - Thiabendazol
- *Fungizidin* ↗
- **Funicula**
  - Seepeitsche
- *Funiculina* ↗
- *Funiculus (Botanik)*
  - anatrop
  - Raphe
  - Samenanlage
  - [M] Samenanlage
- *Funiculus (Zoologie)*
- **Funiculus anterior**
  - Funiculus
- **Funiculus cuneatus**
  - Burdachscher Strang
- **Funiculus posterior**
  - Hinterstrang
- **Funiculus spermaticus**
  - Samenstrang
- **Funiculus umbilicalis**
  - Nabelschnur
- **Funisciurus**
  - Palmenhörnchen
- *Funk, C.*
  - [B] Biochemie
  - [B] Biologie II
  - [M] Vitamine
- **Funkenentladung**
  - Stickstoff
- **Funkie**
  - [B] Asien V
  - Liliengewächse
- *Funktion*
  - Gestalt

- **funktionale Symmetrie**
  - Symmetrie
- *Funktionalis*
  - Gebärmutter
- **Funktionalismus**
  - Bewußtsein
- *funktionell*
- *funktionelle Anpassung*
- **funktionelle Bestäubungseinheit**
  - Bedecktsamer
- *funktionelle Differenzierung*
- *funktionelle Gruppen*
  - Gruppenübertragung
  - [M] organisch
- **funktionelles Radikal**
  - [B] funktionelle Gruppen
- **funktionelle Zweiflügeligkeit**
  - Ektosymbiose
  - Hautflügler
  - Insektenflügel
  - Köcherfliegen
  - Taghafte
- **funktionsbedingte Anaerobiose**
  - Anaerobiose
- **Funktionseinheit**
  - Gen
- *Funktionserweiterung*
- **Funktionsform**
  - [□] Mitose
- **Funktionsgleichheit**
  - Bauplan
  - [B] Bereitschaft II
- **Funktionslosigkeit**
  - Gestalt
- **Funktionsmorphologie**
  - Morphologie
  - Zoologie
- **Funktionsschaltbild**
  - Motivationsanalyse
  - [B] Regelung im Organismus
- **Funktionsträger**
  - Leben
- *Funktionswechsel* ↗
  - Anamerie
  - Anatomie
  - Angulare
  - Balzfüttern
  - Beine
  - Extremitäten
  - Reichert-Gauppsche Theorie
  - Ritualisierung
  - rudimentäres Organ
- **Funoran**
  - Funori
- *Funori*
- **2-Furaldehyd**
  - Furfural
- **Furan**
  - [M] heterocyclische Verbindungen
  - [□] Ringsysteme
- **Furanosen**
  - Furan
  - [B] Kohlenhydrate I
- *Fürbringer, M.*
- **Furca**
  - Gastrotricha
  - [M] Pleura
  - [□] Springschwänze
  - Sprunggabel
  - Telson
  - [□] Wasserflöhe
- **Furcaast**
  - [M] Flugmuskeln
- **Furcasternum**
  - Sternellum
- *Furcellaria* ↗
- *Furchenbienen* ↗
- **Furchenfüßer**
  - Hüllglockenlarve
- **Furchenkrebse**
- **Furchenmolche**
- *Furchenschwimmer* ↗
  - [M] Schwimmkäfer
- **Furchenwale**
  - Wale

- **Furchenzähne**
  - Giftzähne
- **Furchenzähner**
  - Schlitzrüßler
- **furchenzähnig**
  - opisthoglyph
- *Furcht* ↗
- **Furchtkrankheit**
  - Angst - philosophische Reflexionen
- *Furchung*
  - Coeloblastula
  - Diaster
  - Dotter
  - [B] Larven I
  - Progenese
  - Replikation
- **Furchungsenergide**
  - Furchung
  - ↗ Energide
- *Furchungshöhle* ↗
- **Furchungskerne**
  - [B] Furchung
- *Furchungsteilung*
- *Furchungszellen* ↗
- **Furcilia**
  - Krill
- **Furcipus**
  - Stecher
- *Furcocercarie* ↗
  - [M] Schistosomatidae
- **Furco-Pleuralmuskel**
  - Flugmuskeln
  - [M] Flugmuskeln
- *Furcula* ↗
  - Sprunggabel
- *Furfural*
- **Furfuran**
  - Furan
- **Furfurol**
  - Furfural
- **6-Furfuryl-adenin**
  - Kinetin
- *6-Furfuryl-aminopurin* ↗
- *Furipteridae* ↗
  - Stummeldaumen
- **Furipterus**
  - Stummeldaumen
- *Furnariidae* ↗
- **Furnarius**
  - Töpfervögel
- **Furostanole**
  - Saponine
- **Fürsorgegefühl**
  - [M] Bereitschaft
- **Furunkel**
  - Furunkulose
- **Furunkulose (Fische)**
- **Furunkulose (Humanmedizin)**
- **Furyl-2-aldehyd**
  - Furfural
- *Fusarinsäure* ↗
  - Welketoxine
- **Fusariogenine**
  - [M] Mykotoxine
- **Fusariosen**
- *Fusarium*
  - Abwasserpilz
  - Auswinterung
  - Carotinoide
  - Enniatine
  - Flachswelke
  - [B] Pflanzenkrankheiten I
  - Weißfäule
  - [M] Wurzelfäulen
- **fusellar**
  - Periderm
- *Fuselöle*
- *Fusicladium* ↗
- **Fusidinsäure**
- **Fusidium**
  - Fusidinsäure
- *fusiforme Bakterien*
- **Fusiformis**
  - Fusobacterium
- **Fusinus**
- *Fusion (Cytologie)*
- *Fusion (Genetik)* ↗

Fusionskern
– Fusion
Fusionsplasmodium
– Aggregationsplasmodien
– Syncytium
Fusionsvesikel
– Lysosomen
Fuso-Borreliose
– Fusobacterium
Fusobacterium
– Darmflora
– Kälberdiphtheroid
– [M] Zahnkaries
Fusobakterien
– Fusobacterium
Fusom ↗
Fusospirochätose
– Fusobacterium
Fuß
– Hautleisten
– Mensch und Menschenbild
– ☐ Rindenfelder
– Unpaarhufer
Füßchenzelle
– Podocyte
Fußdrüsen
Fußfäule
– Fusobacterium
Fußganglion
Fußgelenk
– [B] Gliederfüßer I
Fußgewebe
– [B] Moose II
Fußkrankheiten
– [B] Pflanzenkrankheiten I
Fußmilbe ↗
Fußmykose
– Fußpilzerkrankung
Fußpilzerkrankung
Fußscheibe
– Nesseltiere
Fußschild
– Schild
Fußsohle
– Handlinien
– Haut
– Hautfarbe
– Hautleisten
– Hornhaut
Fußspinner ↗
Fußspuren
– Fährte
– Laetoli
Fußwellen
– Fortbewegung
Fußwurzel
– Basipodium
– [M] Fuß (Abschnitte)
Fußwurzelknochen
– [B] Amphibien I
– [M] Fuß (Abschnitte)
– Intertarsalgelenk
– [M] Paarhufer
– [B] Skelett
– Tibia
– [M] Unpaarhufer
Fußzellen
– Sertoli-Zellen
Fustik
– Gelbholz
Fusulinacea
– Fusulinen
Fusulinen
– Fusulinenkalk
Fusulinenkalk
– Foraminiferenkalk
Fusulinina
– Endothyracea
– ☐ Ordovizium
Fusulus
Fusus
utile cycles
– Leerlaufzyklen
utter
– Heu
– Silage
↗ Futterpflanzen
utteralmotten ↗
utterbau
– Landwirtschaft

Futtergewebe
Futterhefe ↗
– Anstellhefe
– Candida
Futterkalk
– Futter
Futterkartoffeln
– Futterbau
Futterkugel
Futtermais
– Futterbau
Futtermittel
– Futter
– Wolff, E. von
Futtermücken
Futtermittelindustrie
– Futter
füttern
– Balzfüttern
– ☐ Humanethologie
– sperren
Futterpflanzen
– Futterbau
– Klee
– Kulturpflanzen
– [B] Kulturpflanzen II
– Lupine
Futterpillen
– Chinchillas
Futterrübe
– Beta
– Futterbau
– Halbrosettenpflanzen
– [M] Kohlhernie
– [B] Kulturpflanzen II
– Rüben
– ☐ Rüben
Futtersaft
– Ameisen
– Ammenbienen
Futtersilo ↗
↗ Silo
Futtertäuschblumen
– Bestäubung
– Täuschblumen
Fütterungslehre
– Futter
– Wolff, E. von
Futterwanze
– Weichwanzen
Futterwert
– Rohfaser
Futterwicke
– [B] Kulturpflanzen II
– Wicke
Futurologie
– Environtologie
Fynbos
F⁻-Zelle
– Konjugation
F'-Zelle
– Konjugation

G

G ↗
GA
– Gibberelline
Gää ↗
GABA ↗
Gabeladerung
Gabelantilope ↗
Gabelbärte
Gabelbein
– Schultergürtel

Gabelbildung
– Zwiesel
Gabelblättlinge ↗
Gabelbock
– Antilopen
– Gehörn
– Nordamerika
– [B] Nordamerika III
Gabelfarne
– Gleicheniaceae
Gabelhirsch ↗
Gabelhorntiere
gabelige Verzweigung ↗
Gabelknochen ↗
Gabelmücken ↗
Gabelnasen-Rosenkäfer
– [B] Käfer II
Gabelnasuti
– Termiten
Gabelschwanz
– Afterfuß
Gabelschwanzcercarie
Gabelschwanzlarve
– Gabelschwanzcercarie
Gabelschwanzmöwe
– Möwen
– [B] Südamerika VIII
Gabelschwanzraupe
– Gabelschwanz
– [B] Mimikry II
Gabelschwanzseekuh
– ☐ Seekühe
Gabelstücke
Gabelteilung
– Verzweigung
Gabelzahnmoose ↗
Gabesche Organe
– Häutungsdrüsen
Gabler
– Geweih
Gablerkrankheit
– Reisigkrankheit
Gabun
Gabun-Mahagoni
– Gabun
Gabunviper ↗
Gackstroemia ↗
Gadiculus ↗
Gadidae ↗
Gadiformes ↗
Gadilida
– [M] Kahnfüßer
– Siphonodentalium
Gadinia ↗
Gadoidei ↗
Gadus ↗
– Lebertran
Gaea
– Faunenreich
Gaeumannomyces
– Wurzelfäulen
**Gaeumannomyces graminis
Virusgruppe**
– [M] Pilzviren
**Gaffky, Georg Theodor
August**
– Gaffkya
Gaffkya ↗
gag
– ☐ RNA-Tumorviren
(Genomstruktur)
Gage, Sir Thomas
– Gagea
Gagea ↗
Gagelartige
Gagelstrauch
– [B] Europa VI
GAGs
– Glykosaminglykane
Gähnen
– Beschwichtigung
– [M] Stimmungsübertragung
Gaidropsarus ↗
Gaillardia ↗
Gaimardia ↗
gain control
– Hell-Dunkel-Adaptation
Gajdusek, D.C.
Gal ↗

Galapagos-Pinguin

Galactane
Galactin
– Prolactin
galactogene Übertragung ↗
Galactokinase
– [B] Chromosomen III
Galactolipide
– Thylakoidmembran
Galactomyces
– Endomycetaceae
– Geotrichum
Galactosämie
– [M] Enzymopathien
Galactosamin
– Aminozucker
– ☐ Kohlendioxid-
assimilation
Galactose
– Galactokinase
– Galactose-Operon
– β-Galactosidase
– ☐ Ganglioside
– [B] Glykolyse
– Glykoproteine
– Golgi-Apparat
– Gummi
– UDP-Galactose
Galactose-Operon
– Genregulation
– [B] Lambda-Phage
Galactose-1-phosphat ↗
– Galactosämie
– Galactose
**Galactose-1-phosphat-
Uridyl-Transferase**
– Galactosämie
– ☐ Galactose-Operon
Galactosidase
– ☐ Enzyme (technische Ver-
wendung)
– Galactose
– Isopropyl-β-thiogalactosid
– Milch
↗ β-**Galactosidase**
β-**Galactosidase**
– ☐ Enzyme (K_M-Werte)
– Lactose
– Lactose-Operon
– [M] Lysosomen
– Vektoren
Galactosidasen
Galactoside
– β-Galactosidase
– Galactosid-Permease
β-**Galactosidofructose**
– Bifidusfaktor
Galactosid-Permease
β-**Galactosid-Trans-
acetylase**
– Lactose-Operon
Galactosurie
– [M] Enzymopathien
Galactosyl-Transferase
– Golgi-Apparat
– Lactalbumin
– Lactose
Galacturonsäure
– Pektine
– Uronsäuren
Galagidae
– Galagos
Galagos
– [M] Halbaffen
Galangin
– Alpinia
– ☐ Flavone
Galanthamin ↗
Galanthus ↗
Galapagosfinken ↗
Galapagosinseln
– Darwin, Ch.R.
– Darwinfinken
– [B] National- und Natur-
parke II
– Südamerika
– [B] Südamerika VIII
– tropisches Reich
Galapagos-Pinguin
– Pinguine

165

Galapagos-Riesenschild-kröte

- B Südamerika VIII
- **Galapagos-Riesenschild-kröte**
- Riesenschildkröten
- B Südamerika VIII
- **Galapagos-Seelöwe**
- Seelöwen
- B Südamerika VIII
- **Galapagos-Taube**
- B Südamerika VIII
- **Galathea**
- Furchenkrebse
- "**Galathea**"
- ☐ Meeresbiologie (Expeditionen)
- Neopilina
- *Galathealinum*
- **Galatheanthemum**
- M Tiefseefauna
- *Galatheidae* ↗
- **Galax**
- M Diapensiales
- *Galaxea* ↗
- **Galaxias**
- Hechtlinge
- *Galaxiidae* ↗
- Hechtlinge
- *Galaxioidei* ↗
- **Galba**
- **Galbensaft**
- Galban
- *Galbulidae* ↗
- *Galbulimima* ↗
- **Gale**
- M Frankiaceae
- *Galea* ↗
- ☐ Mundwerkzeuge
- ☐ Schmetterlinge (Falter)
- *Galega* ↗
- **Galemys**
- Desmane
- **Galen**
- Bienenzucht
- B Biologie I
- galenische Arzneimittel
- Geist
- Humoralpathologie
- Kräuterbücher
- Theriak
- Vitalismus - Mechanismus
- **Galenik**
- galenische Arzneimittel
- **Galenika**
- galenische Arzneimittel
- *galenische Arzneimittel*
- **Galenos, Claudius**
- ↗ Galen
- *Galeocerdo* ↗
- *Galeodea*
- *Galeodes* ↗
- *Galeoidei* ↗
- *Galeolaria* ↗
- *Galeomma*
- **Galeommatidae**
- Ephippodonta
- Galeomma
- *Galeopsion segetum* ↗
- *Galeopsis* ↗
- *Galeorhinus* ↗
- *Galerida* ↗
- **Galeriewald**
- *Galerina*
- *Galerites*
- M Seeigel
- *Galerucella* ↗
- **Galeruncinae**
- M Blattkäfer
- *Galetta* ↗
- *Galeus* ↗
- *Galgant* ↗
- B Kulturpflanzen VIII
- *Galictis* ↗
- *Galidiinae* ↗
- **Galilei, Galileo**
- anthropisches Prinzip
- B Biologie I
- *Galinsoga* ↗
- Ackerunkräuter

Galinsoga, Mariano Martinez de
- Galinsoga
Galio-Abietion
- Weißtannenwälder
Galio-Carpinetum
Galium ↗
- Ackerunkräuter
Gall, F.J.
- Schädellehre
Gallapfel
- Blattgalle
- M Gallen
- Gallwespen
Galle (Sekret)
- Fettstoffwechsel
- Gallenblase
- M Glucocorticoide (Wirkungen)
- Haller, A. von
- Hepatokrinin
- Leber
- tight-junctions
- B Verdauung I
Galle (Wucherung) ↗
Gallein
Gallen (Botanik)
- Blasenläuse
- Gallapfel
- Gallicolae
- Gallmilben
- Gallmücken
- Gallwespen
- Gerbstoffe
- Morphosen
- Myzostomida
Gallen (Zoologie)
Gallenalkohole
Gallenalkoholsulfate
- Gallenalkohole
Gallenblase
- Gallensteine
- ☐ Hormone (Drüsen und Wirkungen)
- Leber
- Unpaarhufer
- Villikinin
- B Wirbeltiere I
Gallenblasentumor
- ☐ Krebs (Krebsentstehung)
Gallenfarbstoffe
- Galle
- Phycobiliproteine
- Pyrrol
Gallenfieber ↗
Gallengang
- Leber
Gallengrieß
- ☐ Gallensteine
Gallenkapillaren
- Leber
Gallenkoliken
- Headsche Zonen
- Schmerz
Gallenläuse ↗
Gallenpigmentsteine
- Harnsteine
Gallensäuren
- Darmflora
- Emulgatoren
- ☐ Gallensteine
- Verdauung
Gallenschonkost
- M Diät
Gallensteine
- Cholesterin
- M Kalk
- Konkretionen
Gallenwege
- M Krebs (Krebsarten-Häufigkeit)
Galleria ↗
Gallertbecher
- Bulgariaceae
Gallertbecherlinge ↗
- Sarcosoma
Gallerte
- Bewegung
- Schleim

Gallertflechten
- Blaualgenflechten
- B Flechten I
Gallertgeißel
- Gloeococcaceae
Gallertgewebe
Gallerthüllen
- B Bakterien und Cyanobakterien
- M Chroococcales
- Coenobium
gallertiges Bindegewebe ↗
Gallertkäppchen ↗
- M Leotia
Gallertkappe
- Cupula
Gallertkapsel ↗
Gallertlager
- Tetrasporaceae
Gallertoid-Hypothese
- Bilaterogastraea-Theorie
- Coelomtheorien
- Gastraea-Theorie
Gallertpilze ↗
Gallertschwamm
- Halisarcidae
Gallerttrichter ↗
Gallicolae
- ☐ Reblaus
Galliformes ↗
Galli-Mainini, Carlos
- Galli-Mainini-Reaktion
Galli-Mainini-Reaktion
- Schwangerschaftstests
Gallinago ↗
Gallinula ↗
Gallionella
- gestielte Bakterien
Gallirallus
- Neuseeländische Subregion
Gallmilben
Gallmücken
- Brustgräte
- M Ektosymbiose
Gallotannine ↗
Gallus ↗
Gallusgerbsäure ↗
Gallussäure
- Gerbstoffe
Gallustinte
- Eiche
Gallwespen
- Gallapfel
- B Insekten II
Galmei
- Cadmium
- Galmeipflanzen
Galmei-Gesellschaften ↗
Galmeipflanzen
Galmeiveilchen
- Galmeipflanzen
gal-Operon
- Galactose-Operon
- B Lambda-Phage
Galopp
- Fortbewegung
Galt
- Streptococcus
Galtmilch
- Galt
Galton, Sir F.
- B Biologie I
- Galtonia
Galtonia ↗
- M Liliengewächse
Galtonsche Regel
- Erklärung in der Biologie
- Galton
Galvani, L.
- B Biologie II
- Galvanonastie
- Galvanotaxis
- Galvanotropismus
galvanische Stromerzeugung
- Nernst, W.H.
galvanisieren
- Luftverschmutzung
Galvanonastie

Galvanotaxis
Galvanotropismus
Gamander
- ☐ Bodenzeiger
Gamander-Ehrenpreis
- Ehrenpreis
- B Europa IX
Gamasiden
- Gamasidose
Gamasidose
Gamasidose
Gambir
- Gerbstoffe
Gambirpflanze
- Gambir
Gambohanf ↗
Gambusen ↗
game management
- wildlife management
game ranching
- M wildlife management
Gametangie
- Gametangiogamie
Gametangienträger
- B Moose I
Gametangiogamie
- Befruchtung
Gametangium
- B Algen III
- B Algen V
- Ascogon
- Befruchtung
- Geschlechtsorgane
- Oogonium
- B Pilze II
Gameten
- Gametocyt
- Gametogamie
- Gametogenese
- Gamogonie
- Geschlecht
- Gonen
- Keimbahn
- B Mendelsche Regeln I
- B Mendelsche Regeln II
- ☐ sexuelle Fortpflanzung
Gametenkerne
- Gamontogamie
Gametenlockstoffe
- Algen
- Befruchtungsstoffe
- M Plasmogamie
Gametenmanipulation
- Genmanipulation
Gametenmutterzelle ↗
Gametobiont
- Gametophyt
Gametocyt
Gametocyte
- Gametocyt
Gametogamie
- Einzeller
Gametogenese
- Geschlechtsorgane
- B Meiose I
Gametogonie
Gametopathien
- Fehlbildungskalender
Gametophyt
- Algen
- B Algen V
- Bedecktsamer
- B Bedecktsamer I
- diphasischer Generationswechsel
- Diplobiont
- Dislokator
- Erklärung in der Biologie
- Geschlechtsbestimmung
- Landpflanzen
- B Nacktsamer
- Samen
- Zwittrigkeit
Gamma
Gammaeule
Gamma-Faktor
- M Killer-Gen
Gammaglobuline
- Antikörper

Gärungsstoffwechsel

- □ Serumproteine
- *Gamma-Herpesviren* ↗
- **Gammariden**
- Artenschwärme
- ↗ Flohkrebse
- *Gammarus* ↗
- Brackwasserregion
- *Gammastrahlen*
- Konservierung
- Quanten
- Radioaktivität
- Sterilisation
- Strahlenbelastung
- □ Strahlendosis
- **Gammexan**
- Hexachlorcyclohexan
- *Gamocyten*
- **Gamogonie**
- Einzeller
- Fortpflanzung
- Gamont
- Generationswechsel
- Haemosporidae
- B Malaria
- *Gamone* ↗
- Archegonium
- Hormondrüsen
- **Gamont**
- Autogamie
- Coccidia
- diphasischer Generationswechsel
- Einzeller
- Foraminifera
- Gametocyt
- Gametophyt
- Gamontogamie
- Generationswechsel
- M Gregarina
- Gregarinida
- Haemosporidae
- B Malaria
- *Gamontogamie*
- Einzeller
- Gregarinida
- **Gamophase**
- Haplophase
- *Gamophyllie*
- **Gamophyt**
- Gametophyt
- *Gamosepalie*
- *Gampsosteonyx* ↗
- *Gams* ↗
- **Gamsbart**
- Gemse
- *Gamsheideteppich* ↗
- *Gamsräude*
- **Gamswild**
- M Brunst
- **Gangamopteris**
- Perm
- □ Perm
- **Gangart**
- Extremitäten
- **Gänge**
- Spaltenfüllungen
- *Gangesdelphin* ↗
- **Gangesgavial**
- B Asien VII
- M Gaviale
- M Orientalis
- **Gangfisch**
- *Ganglienblockade*
- **Ganglienblocker**
- Ganglienblockade
- *Ganglienplatte* ↗
- Oberschlundganglion
- *Ganglienzelle* ↗
- M Nervengewebe
- **Ganglion**
- Gehirn
- □ Nervensystem (Funktionsweise)
- □ Vervollkommnungsregeln
- ↗ Nervenknoten
- **Ganglion labiale**
- Labialganglion
- **Ganglion mandibulare**
- Labialganglion

- **Ganglion maxillare**
- Labialganglion
- **Ganglion viscerale**
- Visceralganglion
- *Ganglioside*
- Galactose
- Gedächtnis
- Glykolipide
- **Gangmine**
- Minierfliegen
- **Gangrän**
- Arteriosklerose
- Diabetes
- Nicotin
- **Gangunterschied**
- M Interferenz
- Interferenzmikroskopie
- □ Mikroskop (Vergrößerung)
- □ Phasenkontrastmikroskopie
- *Ganoblasten* ↗
- *Ganoderma* ↗
- M Weißfäule
- **Ganodermataceae**
- Lackporlinge
- *Ganoiden* ↗
- Schmelzschupper
- **Ganoidfische**
- Schmelzschupper
- *Ganoidschuppe* ↗
- □ Schuppen
- **Ganoin**
- **Gänse**
- B Asien I
- B Europa I
- M Körpertemperatur
- □ Lebensdauer
- B Nordamerika I
- B Polarregion I
- B Polarregion II
- B Vögel II
- Vogelzug
- **Gänseblümchen**
- B Europa XVIII
- **Gänsedistel**
- □ Blumenuhr
- Kautschuk
- **Gänsefuß**
- B Chronobiologie I
- B Europa XVI
- Unkräuter
- B Unkräuter
- **Gänsefußgewächse**
- Afrika
- Unkräuter
- **Gänsefußstern**
- *Gänsegeier* ↗
- *Gänsehalstierchen* ↗
- **Gänsehaut**
- Haare
- **Gänsekresse**
- **Gänserich**
- Ganter
- **Gänsesäger**
- B Europa VII
- Säger
- M Säger
- **Gänsevögel**
- Flamingos
- **Ganter**
- **Ganzbeinmandibel**
- Tausendfüßer
- **Ganzdrogen**
- Heilpflanzenkunde
- **Ganzfuß**
- Holopus
- **ganzheitlicher Denkansatz**
- anthropisches Prinzip
- **Ganzkörperbestrahlung**
- Strahlenschäden
- **Ganzkörperdosis**
- M Strahlenschutz
- **ganzrandig**
- Blatt
- **Ganzrosettenpflanzen**
- Rosette
- *gap-junctions*
- Glanzstreifen
- Herzmuskulatur

- junctions
- Membran
- Synapsen
- Zellkommunikation
- **gap-Phase**
- B Mitose
- **gaps**
- Desoxyribonucleasen
- **Garcin, Laurent**
- Garcinia
- *Garcinia* ↗
- **Garcke, Ch.A.F.**
- **Garden, Alexander**
- Gardenia
- *Gardenia* ↗
- **Gardenie**
- B Asien III
- Krappgewächse
- **Gardnerella**
- M Vaginalflora
- *Gare* ↗
- *Gärfett*
- *Gärfutter* ↗
- **Gargarius**
- Thigmotricha
- M Thigmotricha
- *Gärgase*
- Gärprobe
- Gärverschluß
- **Gargoylismus**
- M Enzymopathien
- **Gari**
- Sandmuscheln
- *Garigue*
- Cistrosengewächse
- Europa
- Macchie
- Mediterranregion
- *Garjajewia*
- M Baikalsee
- **Gärkammern**
- Darm
- Darmflora
- Rektum
- Unpaarhufer
- Verdauung
- B Verdauung III
- **Gärkeller**
- Gärgase
- Kohlendioxid
- Wein
- *Garlicin*
- Lauch
- *Garnelen* ↗
- □ Auflösungsvermögen
- *Gärprobe*
- *Garra* ↗
- **Garrigue**
- Garigue
- *Gärröhrchen*
- Gärprobe
- *Garrulax* ↗
- *Garrulus* ↗
- **Gärspund**
- M Gärverschluß
- **Gärtank**
- Fermenter
- **Gart der Gesundheit**
- Kräuterbücher
- **Garten**
- Kulturbiozönose
- ↗ Gartenboden
- *Gartenaster*
- **Gartenbau**
- Landwirtschaft
- **Gartenbaumläufer**
- Baumläufer
- B Rassen- u. Artbildung II
- □ Sonagramm
- B Vögel I
- **Gartenboa**
- Hundskopfboas
- **Gartenboden**
- □ Bodentypen
- **Gartenbohne**
- Bohne
- B Kulturpflanzen V
- **Gartenerbse**
- Erbse

- B Kulturpflanzen V
- **Gartenflüchtlinge**
- hortifuge Pflanzen
- **Gartengrasmücke**
- Grasmücken
- B Vögel I
- **Gartenhaarmücke**
- M Mücken
- **Gartenkerbel**
- Kerbel
- B Kulturpflanzen VIII
- *Gartenkreuzspinne*
- **Gartenkürbis**
- Kürbis
- B Kulturpflanzen V
- *Gartenlaubkäfer* ↗
- **Gartenlöwenmaul**
- Löwenmaul
- B Mediterranregion III
- **Gartenmelde**
- M Melde
- M Ruderalpflanzen
- **Gartennelke**
- M Mediterranregion III
- M Nelke
- *Gartenrauke* ↗
- **Gartenrotschwanz**
- B Europa IX
- Rotschwänze
- B Vögel I
- **Gartensalat**
- M Lattich
- *Gartenschädlinge*
- *Gartenschläfer*
- *Gartenschnecken* ↗
- □ Lebensdauer
- **Gartenschnirkelschnecke**
- M Liebespfeil
- Schnirkelschnecken
- **Gartenthymian**
- M Thymian
- *Gartenunkräuter*
- Unkräuter
- *Gartenwicke* ↗
- M Platterbse
- **Gärtner, August**
- Gärtner-Bacillus
- Nahrungsmittelvergiftungen
- **Gärtner, J.**
- **Gärtner, K.F**
- Linné, C. von
- *Gärtner-Bacillus* ↗
- **Gartnerscher Gang**
- Nebeneierstock
- **Gärtnervögel**
- Laubenvögel
- **Garua**
- Südamerika
- *Gärung*
- Abbau
- aerobe Atmung
- anaerobe Atmung
- Bier
- B Biochemie
- Bodenluft
- 2,3-Butandiol-Gärung
- Darm
- Dickdarm
- Dissimilation
- B Dissimilation II
- Energiestoffwechsel
- Gärgase
- Gärröhrchen
- Hefen
- □ Kohlenstoffkreislauf
- Kompost
- □ Mineralisation
- Pasteur, L.
- B Stoffwechsel
- Vergärung
- Verwesung
- Wein
- *Gärungsenzym*
- Zymase
- **Gärungskeller**
- Gärgase
- Kohlendioxid
- Wein
- **Gärungsstoffwechsel**
- Fumaratatmung

Gärverschluß
– Wein
Garypus
Gärzelle ↗
Gas
– Atmungsorgane
– Ⓜ Gegenstromprinzip
– Helmont, J.B. van
  ↗ Gasaustausch
Gasapparate
– Calycophorae
Gasaustausch ↗
– Allantois
– Alveolarluft
– Amphibien
– Haut
– Kiemendarm
– Lunge
Gasblasenkrankheit
Gasbrand
– Gasbrandbakterien
– ☐ Hämolyse
Gasbrandbakterien
Gasbrust
– Pneumothorax
Gaschromatographie ↗
– Martin, A.J.P.
Gasdrüse
– Rete mirabile
Gasembolie
– Caissonkrankheit
– Gasblasenkrankheit
Gasflammkohle
– Kohle
– ☐ Steinkohle
Gasgangrän
– Gasbrandbakterien
Gaskohle
– Kohle
– ☐ Steinkohle
Gaskonstante
– chemisches Gleich-
  gewicht
– Membranpotential
Gasödem
– Gasbrandbakterien
Gasohol
– Bioenergie
Gasphlegmone
– Gasbrandbakterien
Gasser, H.S.
Gasspucken
– Schwimmblase
Gasstoffwechsel ↗
Gastameisen
Gaster
Gasteracantha ↗
– Ⓜ Sexualdimorphismus
– Ⓜ Stachelspinnen
Gasterales
– Bauchpilze
Gasteria ↗
Gasteromycetes ↗
Gasteropelecidae ↗
Gasteropelecus
– Beilbauchfische
Gasterophilidae
Gasterophilus
– Gasterophilidae
Gasterosteidae
– Stichlinge
Gasterosteiformes ↗
Gasterosteoidei
– Stichlingsartige
Gasterosteus
– Glugea-Krankheit
– Stichlinge
Gasterostome
– ☐ Digenea
Gasterozoide
– Nährzoide
Gasteruptiidae ↗
– Schlupfwespen
Gastraea
– Gastraea-Theorie
Gastraea-Theorie
– Ⓑ Biologie II
– Enterocoeltheorie
– Haeckel, E.

gastral
Gastrales
– Bauchpilze
Gastralfalten ↗
Gastralfilamente ↗
Gastralhöhle ↗
Gastralia ↗
– Schwämme
Gastrallager
– Ⓜ Enterocoeltheorie
– Ⓑ Schwämme
– Ⓜ Süßwasserpolypen
Gastralsepten
Gastraltaschen
– Bilaterogastraea-Theorie
– Darm
– Ⓜ Enterocoeltheorie
Gastraltaschenhypothese
– Archimetamerie
Gastransport ↗
Gastrin
– Gewebshormone
– ☐ Hormone (Drüsen und
  Wirkungen)
– Ⓜ Neuropeptide
– Ⓜ Salzsäure
– Somatostatin
Gastriole
– Vakuole
Gastritis
– Nicotin
Gastrocaulia
– Inarticulata
Gastrochaena
– Gastrochaena
Gastrochaenidae
– Gastrochaena
Gastrocoel ↗
Gastrodermis ↗
– Ⓑ Darm
– Ⓑ Hohltiere I
– Keimblätter
Gastrodes
– Langwanzen
Gastrodiscidae
Gastrodiscoides
– Gastrodiscidae
Gastrodiscus
– Gastrodiscidae
Gastroenteritis
– Reoviren
Gastroferrin
– Eisenstoffwechsel
Gastrogonozoid
– Ⓜ Segelqualle
Gastrointestinalpeptide
– ☐ Neuropeptide
Gastrolith (Bezoarstein) ↗
Gastrolith (Fossilien) ↗
Gastrolith (Krebsstein) ↗
– Ⓜ Malacostraca
Gastroneuralia
Gastropacha ↗
Gastrophori
– Brutbeutel
Gastrophryne ↗
Gastropoda ↗
– Exkretion
– Ⓜ Plankton (Anteil)
  ↗ Schnecken
Gastrosaccus
– Ⓜ Mysidacea
Gastrotheca ↗
Gastrotricha
– Gnathostomulida
Gastrovaskularsystem
– Ⓑ Darm
– Hydroskelett
Gastrozoide
– Nährzoide
Gastrula
– Darm
– Ⓜ Entwicklung
– Gastraea-Theorie
– Ⓜ Keimblätter
Gastrulation
– Epiblast
– Gastraea-Theorie
Gasvakuolen
– Airosomen

Gasvesikel ↗
– ☐ Cyanobakterien (Abbildun-
  gen)
Gaswechsel ↗
– Aerenchym
  ↗ Gasaustausch
Gätke, Heinrich
– Ⓑ Biologie III
Gattendorfia
– Karbon
Gattenwahl
– Partnerschaft
Gattung
– Familie
– ☐ Klassifikation
– Nomenklatur
– Tribus
Gattungsbastarde
– Tribus
Gattungszonen
– Stratigraphie
Gattyana
Gauche
– Kuckucke
**Gaucher, Philippe Charles
Ernest**
– Gauchersche Krankheit
Gauchersche Krankheit
– Ⓜ Enzymopathien
Gauchheil
Gaukler (Insekten)
Gaukler (Fische)
– Gauklerfische
Gaukler (Vögel) ↗
Gauklerblume
Gauklerfische ↗
Gault
– Ⓜ Kreide
Gaultheria
Gaultheriaöl
– Ⓜ Gaultheria
Gaultier, Jean François
– Gaultheria
Gäumann, E.
– Gaeumannomyces
Gaumen ↗
– Epipharynx
– Ⓜ Gaumenmandel
– Ⓜ Nase
– ☐ Rindenfelder
– Ⓜ Sprache
Gaumenbein
Gaumenbögen
– Ⓜ Gaumenmandel
Gaumenfalten
– Gaumenleisten
Gaumenlaute
– Ⓜ Sprache
Gaumenleisten
Gaumenmandel
Gaumensegel
– Gaumenbögen
Gaumenspalte
– Ⓜ Meckel-Knorpel
– Phänokopie
Gaupp, E.
– Reichert-Gauppsche Theorie
**Gaupp-Reichertsche
Theorie**
– Homologieforschung
  ↗ Reichert-Gauppsche
  Theorie
Gaur
– Asien
– Ⓑ Asien VII
Gause, Georgi Franz.
– Gause-Volterrasches
  Gesetz
– Konkurrenzausschlußprinzip
*Gause-Volterrasches
  Gesetz* ↗
Gauss-Verteilungskurve
– Ⓜ Variabilität
Gautypus
– Lokalform
Gavia
– Seetaucher
Gaviale

– Ⓜ Krokodile
Gavialidae ↗
Gavialis
– Gaviale
Gaviidae
– Seetaucher
Gaviiformes ↗
Gayal ↗
– Asien
– Ⓑ Asien VII
Gay-Lussac, Joseph Louis
– alkoholische Gärung
– Ⓑ Biochemie
Gazania
– ☐ Korbblütler
Gazella ↗
"**Gazelle**"
– ☐ Meeresbiologie (Expeditio-
  nen)
Gazellen
– Ⓑ Afrika IV
– Ⓜ Fortbewegung
  (Geschwindigkeit)
GC-Gehalt
– repetitive DNA
G_d ↗
GDP
GDP-Glucose ↗
– Guanosin-5'-diphosphat
GE
– Getreideeinheit
Geäder ↗
Geastraceae ↗
Geastrum
– Erdsterne
– Ⓜ Mykorrhiza
Gebärde
Gebärmutter
– Geburt
– Ⓜ Krebs (Krebsarten-Häufig-
  keit)
– Leiste
– Ovidukt
– Ⓜ Schwangerschaft
– Uterus
  ↗ Zyklus
Gebärmutterhals
– Gebärmutter
– Geburt
Gebärmutterhalskrebs
– Ⓜ Krebs (Krebsarten-Häufig-
  keit)
– Tumorviren
Gebärmutterhöhle
– Gebärmutter
Gebärmutterkörper
– Gebärmutter
Gebärmutterschleimhaut
– Gebärmutter
– ☐ Menstruationszyklus
  ↗ Endometrium
Gebirgsbildung
– Eiszeit
– Florengeschichte
Gebirgs-Hartlaubwald
– Südamerika
Gebirgslori
– Ⓑ Vögel II
Gebirgsmolche
Gebirgsnebelwald
– Asien
Gebirgspflanzen
– Afrika
Gebirgsregenwald
– Südamerika
Gebirgssalamander ↗
Gebirgsschrecke ↗
Gebirgsstelze
– Stelzen
– Ⓑ Vögel I
Gebirgsstufe ↗
Gebirgstiere
Gebiß
– Ⓜ Altern
– Ⓑ Pferde, Evolution der
  Pferde I
– ☐ Vervollkommnungs-
  regeln
– Zahnformel
Gebrauchskreuzung
– Hybridzüchtung

Geierschildkröten

gebuchtet
- Blatt

Geburt
- Beckensymphyse
- Darmflora
- Fontanelle
- □ Gametogenese
- Geschlechtsorgane
- Gestation
- □ Hormone (Drüsen und Wirkungen)
- Jugendentwicklung: Tier-Mensch-Vergleich
- Nabelschnur
- Schwangerschaft
- Steißbein

Geburtenregelung ↗
- Empfängnisverhütung
- Hausmaus

Geburtenüberschuß
- □ Bevölkerungsentwicklung

Geburtsgewicht
- □ Kind

Geburtshelferkröte
- [B] Amphibien I
- [B] Amphibien II
- atlantische Floren- und Faunenelemente

Geburtslagen
- [M] Geburt (Perioden)

Geburtsraten
- Bevölkerungsentwicklung

Geburtstermin
- Jugendentwicklung: Tier-Mensch-Vergleich

Geburtrauma
- Angst - philosophische Reflexionen

Gebüschformation
- Strauchformation

Gebüschmantel
- Waldrand

Gecarcinidae ↗

Gecarcinus
- Landkrabben

Gecarcioidea
- Landkrabben

Geckoartige
- Gekkota

Geckos
- [B] Afrika VIII
- Australien
- Echsen
- Europa
- [M] Haftorgane

geclusterte Repetitions-einheiten
- repetitive DNA

Gedächtnis
- Bewußtsein
- Jugendentwicklung: Tier-Mensch-Vergleich
- [M] Lernen
- limbisches System
- Mensch und Menschenbild
- Synapsen

Gedächtnisproteine
- Gedächtnis

Gedächtnisspur
- Engramm

Gedächtnisverlust
- [M] Seneszenz

Gedächtniszellen
- Immunzellen
- lymphatische Organe
- Lymphocyten
  ↗ immunologisches Gedächtnis

Gedanken
- Gedächtnis

Gedeckter Haferbrand

Gedeckter Gerstenbrand
- Hartbrand

Gedenkemein
- Nabelnüßchen

Gedinnium
- [M] Devon (Zeittafel)

Gedrängefaktor

gedreht
- kontort

Geest

gefährdete Pflanzen- und Tierarten ↗

Gefäßbündel ↗

Gefäßdilatation
- Schock
  ↗ Vasodilatation

Gefäße

Gefäßglieder
- □ Leitungsgewebe

Gefäßhaut ↗

Gefäßhyphen
- [M] Hausschwamm

Gefäßkryptogamen

Gefäßnerven

Gefäßpflanzen
- □ Terpene (Verteilung)

Gefäßreaktion
- Entzündung

Gefäßschock
- Allergie
  ↗ anaphylaktischer Schock
  ↗ Schock

Gefäßsporenpflanzen ↗

Gefäßsystem ↗

Gefäßteil

Gefieder

Gefiederfärbung
- Vogelei
- Vogelfeder

Gefiedermilben

Gefiederpflege
- Einemsen

Gefiedersträuben
- Drohverhalten

gefiedert
- Blatt

Gefiederwechsel ↗

gefingert
- Blatt

Geflecht

Geflechtknochen ↗

Geflügel
- Geflügelzucht

Geflügelkrankheiten

Geflügel-Leukoseviren
- □ RNA-Tumorviren (Auswahl)

Geflügelpestviren

Geflügel-Sarkomviren
- □ RNA-Tumorviren (Auswahl)

Geflügelspirochätose
- Borrelia

Geflügelstomatitis
- Spirillum

geflügelt

geflügelte Insekten ↗
- [B] Insekten I
- [B] Insekten II

Geflügeltyphus
- Pullorumseuche

Geflügelzucht
- Haushuhn

Gefrierätztechnik
- [B] Chloroplasten
- Gefrierschnitte
- Membran
- □ Membran (Plasmamembran)
- Membranproteine
- Metallbeschattung

Gefrierbruchtechnik
- Gefrierätztechnik

Gefrieren
- Konservierung

Gefrierkonservierung ↗

Gefrierpunkt
- Entropie - in der Biologie
- Frost
- Lösung

Gefrierpunktserniedrigung
- Auftausalze
- Hydratur
- osmotischer Druck

Gefrierschnitte

Gefrierschrank
- Konservierung

Gefrierschutzproteine
- Polarregion

- Temperaturanpassung
- Tiefseefauna

gefriersensitiv
- Frostresistenz

gefriertolerant
- Frostresistenz

Gefriertrocknung
- Konservierung
- Präparationstechniken

Gefügebildung ↗

Gefügeformen

Gefühl
- Denken
- Opiatrezeptor

gefüllte Blüten
- Andropetalen
- [M] Andropetalen

Gegenbaur, K.
- [B] Biologie I

Gegenfarben
- Farbensehen
- Komplementärfarben
- Kontrast

Gegenfossula

Gegenfüßlerzellen ↗

Gegengift
- Vergiftung

Gegenkraft
- [M] Fortbewegung (Physik)

Gegenschattierung
- Rücken
- Somatolyse
- Tarnung

Gegenseitensepten
- Protosepten
- [M] Rugosa

gegenseitige Hemmung
- Kontrast

Gegenseptum
- Protosepten
- [M] Rugosa

Gegenspieler
- Opponent
  ↗ Agonist

gegenständige Blattstellung

Gegenstromaustausch
- Dromedar
- Gegenstromprinzip

Gegenstrommultiplikation ↗

Gegenstromprinzip
- [M] Atmungsorgane
- Niere
- [M] Niere (Gegenstrom)
- Schwimmblase
- Temperaturregulation

Gegenstromverteilung

Gegenüberstellbarkeit
- Greifhand
  ↗ opponierbar

Gehäuse
- Einzeller
- Schale
- Schnecken
- □ Schnecken

Gehege

gehemmte Intentions-bewegungen
- □ Konfliktverhalten

Gehen
- aufrechter Gang
- Biomechanik
- Fortbewegung
- Gangarten
- Verhalten

Gehirn
- [B] Amphibien I
- Anencephalie
- [B] Biogenetische Grundregel
- □ Blutkreislauf (Schema)
- Delphine
- Denken
- Erkenntnistheorie und Biologie
- Geist - Leben und Geist
- □ Gliederfüßer
- Haustierwerdung
- Jugendentwicklung: Tier-Mensch-Vergleich
- Kultur

- kulturelle Evolution
- Mensch
- Menschenaffen
- Mensch und Menschenbild
- [B] Nervensystem I
- [B] Nervensystem II
- □ Oberschlundganglion
- Paläanthropologie
- [B] Rückenmark
- [B] Telencephalon
- □ Virusinfektion (Wege)
- [M] Wasser (Wassergehalt)
- [B] Wirbeltiere I

Gehirnanhangsdrüse ↗

Gehirnbildung
- Cephalisation

Gehirnentzündung
- Encephalitis
  ↗ Hirnhautentzündung
  ↗ Meningitis

Gehirnflüssigkeit ↗

Gehirngewicht
- Cerebralisation
- [M] Gehirn
- □ Mensch
- [M] Seneszenz

Gehirngröße
- Cerebralisation
- Homo erectus
- Homo sapiens
  ↗ Gehirngewicht

Gehirnhäute

Gehirnkammern ↗

Gehirnnerven ↗

Gehirnpeptide
- Neuropeptide

Gehirnrückenmarksflüssigkeit ↗

Gehirnstamm ↗

Gehirnventrikel ↗

Gehirnvolumen ↗

Gehirnzentren ↗

Gehlen, Arnold
- Mensch und Menschenbild

Gehölze

Gehölzkunde ↗

Gehölzschnitt

Gehör ↗

Gehörblase
- Bulla ossea

Gehörgang
- Angulare
- □ Ohr
- □ Schädel

Gehörknöchelchen
- Falloppio, G.
- Funktionserweiterung
- Homologieforschung
- Kiefer (Körperteil)
- Quadratum
- Reichert-Gauppsche Theorie
- Visceralskelett
- Weber-Knöchelchen

Gehörn

Gehörnerv ↗
- Gehörorgane
  ↗ Statoacusticus

Gehörorgane
- Geoffroy Saint-Hilaire, É.
- statoakustisches Organ

Gehörschäden
- Antibiotika
- Gehörorgane

Gehörsinn
- Haustierwerdung

Gehörsteinchen ↗
- Altersbestimmung
- Otolithen

Gehyra ↗

Geier
- Greifvögel
- [M] Lebensformtypus
- [B] Mediterranregion II

Geierfalken
- Falken

Geierperlhuhn
- [B] Afrika IV
- [M] Perlhühner

Geierschildkröten ↗
- Nordamerika

Geigenrochen

Geigenrochen
Geiger-Müller-Zählrohr
– Isotope
Geilsäcke
Geilstellen
Geiseltal
– Europa
Geisenheimer Erde
– Wein
Geiß
Geißbart
– [M] Rosengewächse
Geißblatt ⁄
Geißblattgewächse
– Armpalisaden
Geißalgen ⁄
– Myzocytose
Geißamöben ⁄
Geißantenne ⁄
– Funiculus
Geißelbewegung
– Bakteriengeißel
– Basalkörper
– ☐ Cilien
Geißelepithel
Geißelfilament
– Bakteriengeißel
Geißelhaken
– Bakteriengeißel
Geißelkammern
– [M] Schwämme
Geißeln
– [B] Algen I
– Bakteriengeißel
– Bewegung
– Einzeller
– Filament
– Flimmergeißeln
– Mastigonemen
Geißelskorpione
– Hautdrüsen
Geißelspermium ⁄
Geißelspinnen ⁄
Geißeltang ⁄
Geißeltierchen
– Einzeller
– Pflanzen
⁄ Flagellaten
Geißen
– Ziegen
Geißfeige
– Caprifizierung
Geißfuß
Geißklee
Geissolomataceae
– [M] Spindelbaumartige
Geißraute ⁄
– [M] Hülsenfrüchtler
Geist
– Abstammung - Realität
– Bewußtsein
– Descartes, R.
– Geist - Leben und Geist
– Leib-Seele-Problem
– Mensch und Menschenbild
– Vitalismus - Mechanismus
Geist - Leben und Geist, Geist und Leben
Geistchen ⁄
Geisterhaie ⁄
Geisterkrabben ⁄
Geistesgeschichte
– Geist - Leben und Geist
Geisteswelt
– Kultur
Geisteswissenschaften
– Natur
Geitonogamie ⁄
– ☐ Autogamie
Geitonogenese ⁄
Geizen
– Tabak
– Weinrebe
Geiztriebe
– Geizen
gekerbt
– Blatt
Gekkonidae ⁄
Gekkota

geköpfte Profile ⁄
gekoppelte Erbanlagen
gekreuzt-gegenständige Blattstellung ⁄
Gekreuztnervigkeit ⁄
Gekröse
– [M] Darm
Gel
⁄ Gele
gelappt
– Blatt
Gelatinase
– ☐ Gasbrandbakterien
Gelatine
– Agar
– Gallerte
– Glutin
– mikroskopische Präparationstechniken
– Schutzkolloide
Gelatineeinbettung ⁄
Gelatinelösung
– Blutersatzflüssigkeit
Gelatineverflüssigung
Geläuf
– Fährte
Gelb
– ☐ Farbstoffe
Gelbbauchunke
– [B] Amphibien II
– Unken
Gelbblättrigkeit ⁄
Gelbbrandkrankheit
Gelbe Dogge
– [B] Hunderassen III
gelbe Fermente ⁄
– Theorell, H.A.Th.
– Warburg, O.H.
Gelbe Jasminwurzel
– ☐ Brechnußgewächse
gelbe Rasse
Gelberde
gelber Fleck
– Linsenauge
– ☐ Linsenauge
– Netzhaut
Gelber Fleckenbarsch ⁄
gelber Galt
– Galt
Gelbe Rinde
– Chinarindenbaum
Gelber Knollenblätterpilz
– Knollenblätterpilze
– [B] Pilze IV
Gelber Oleander
– [M] Hundsgiftgewächse
Gelbe Rübe ⁄
gelbes Katechu
– Gambir
gelbes Mahagoni
– Limbaholz
Gelbes Orpingtonhuhn
– [B] Haushuhn-Rassen
Gelbfieber
– aktive Immunisierung
– bakteriologische Kampfstoffe
– Hepatitis
– Infektionskrankheiten
– Reed, W.
– Theiler, M.
Gelbfiebermücke ⁄
Gelbfiebervirus
Gelbflossenthunfisch
– [B] Fische IV
– Thunfische
Gelbfüße
Gelbgrün
– ☐ Farbstoffe
Gelbgrünalgen ⁄
Gelbhaar-Moderkäfer
– [B] Käfer I
Gelbhafte ⁄
Gelbhalsmaus
Gelbhaubenkakadu
– [B] Australien II
– Papageien
– [M] Papageien
Gelbholz

Gelbkörper
– Carotinoide
– Choriongonadotropin
– ☐ Hormone (Drüsen und Wirkungen)
– Lutein
– [B] Menstruationszyklus
– Östrogene
– [M] Ovar
– Ovulation
– Prostaglandine
Gelbkörperbildungshormon ⁄
Gelbkörperhormone
– Pregnan
Gelbkörperreifungshormon
– luteinisierendes Hormon
Gelbling
Gelblinge ⁄
Gelbmosaik
– ☐ Pflanzenviren
Gelbrand
– Gelbrandkäfer
Gelbrandkäfer
– [M] Auflösungsvermögen
– Darm
– [M] Darm (Darmlänge)
– Haftbeine
– [B] Insekten III
– [B] Käfer I
– ☐ Klassifikation
– Wehrsekrete
Gelbreife
– ☐ Getreide
Gelbringfalter ⁄
– [M] Augenfalter
Gelbrost
– [B] Pflanzenkrankheiten I
Gelbsalamander
– Wassersalamander
Gelbschnabelkuckuck
– [B] Nordamerika VI
Gelbschwamm
– Badeschwämme
Gelbschwanzmakrele ⁄
– [B] Fische VI
– Stachelmakrelen
Gelbspitzigkeit (Tomatenkrankheit)
Gelbspitzigkeit (Waldkrankheit) ⁄
– Rauchgasschäden
Gelbspötter
– Spötter
– [B] Vögel I
Gelbstern
– [B] Europa IX
Gelbstoffe
– Fulvosäuren
Gelbstreifigkeit ⁄
Gelbsucht
Gelbverzwergung
– ☐ Pflanzenviren
Gelbweiderich
– Ölblumen
– [M] Ölblumen
Gelbwurz ⁄
– Curcumin
Gelbwurzel ⁄
– Asien
Gelbziesel
Gelchromatographie ⁄
– Dextrane
Geldschnecke
– Molluskengeld
Gele
– Dextrane
– Gallerte
Gelechiidae ⁄
Gelée royale
– Bienenzucht
– Biopterin
– staatenbildende Insekten
– ☐ staatenbildende Insekten
Gelege
– Haushuhn
– Nachgelege
– [M] Ringelspinner

Gelegenheitswirt
– Wirt
Geleitzellen
– Leitungsgewebe
– Lorbeerartige
Geleitzellenäquivalente
– Leitungsgewebe
Gelelektrophorese
– Äthidiumion
– Harnstoff
– isoelektrischer Punkt
– Marker
– ☐ Proteine (Charakterisierung)
– Sequenzierung
– ☐ Serumproteine
Gelenk (Botanik)
– ☐ Seismonastie
Gelenk (Zoologie)
– Bewegungsapparat
– Biomechanik
– Diskus
– Knochen
– [B] Nervensystem II
– Symmetrie
Gelenkblume
– Lippenblütler
Gelenkfläche
– Gelenk
Gelenkflüssigkeit
– Gelenk
– Synovialflüssigkeit
Gelenkfortsatz ⁄
Gelenkhaut
– Cuticula
Gelenkhöcker ⁄
Gelenkhöhle
– Gelenk
Gelenkkapsel
– Gelenk
Gelenkknorpel
– Epiphyse
– Gelenk
Gelenkkopf
– Gelenk
Gelenkpfanne
– Gelenk
Gelenkpolster
– Gelenk
Gelenkrezeptoren ⁄
– Gleichgewichtsorgane
– Mechanorezeptoren
Gelenkrheumatismus
– Aschoff, L.
– Rheumatismus
Gelenkrolle
– [M] Gelenk
Gelenkscheiben
– Gelenk
Gelenkschildkröten ⁄
– ☐ Exkretion (Stickstoff)
Gelenkschmiere
– Gelenk
– Schleim
– Synovialflüssigkeit
Gelenkspalt
– Gelenk
gelenkte Evolution
– Kulturpflanzen
⁄ künstliche Auslese
Gelenkwalze
– [M] Gelenk
Gelenkzwischenscheiben
– Gelenk
Gelfiltration ⁄
– ☐ Proteine (Charakterisierung)
Gelidiales
Gelidium
– Agarophyten
– Gelidiales
Geliermittel
– Braunalgen
– Pektine
Gelifraktion ⁄
– Frostsprengung
Gelis
– Ichneumonidae
Gelochelidon ⁄

Genitalapparat

Gelocidae
- Hirsche

Gelsemin
- □ Brechnußgewächse

Gelseminin
- □ Brechnußgewächse

Gelsemium ↗

Gelsemiumwurzel
- □ Brechnußgewächse

Gelsemoidin
- □ Brechnußgewächse

Gelsen ↗

Gel-Sol-Übergänge
- Endoplasma

Gelte

Geltvieh
- Güstvieh

gemaserte Hölzer
- Maserwuchs

gemäßigte Zonen ↗
- Klima

Gemeinschaftsbalz
- Gruppenbalz

gemeißelte Puppe ↗

Gemella

Gemelli
- Zwillinge

Gemellicystis ↗

Gemengesaat

Gemini (Genetik)

Gemini (Zoologie) ↗

Geminiviren
- DNA-Viren

gemischte Säuregärung

Gemischtgeschlechtigkeit ↗
- homothallisch

Gemmatio ↗

Gemmen
- Chlamydosporen

Gemmiger
- gramnegative anaerobe Kokken

gemmipare Fortpflanzung ↗

Gemmula
- Brutknospe

gemmulae
- Pangenesistheorie

Gemmulastasin
- Gemmula

Gempylidae ↗

Gemsbüffel ↗

Gemse
- Afterklauen
- Alpentiere
- Aussetzung
- Brunstfeige
- Europa
- B Europa XX
- M Faunenverfälschung
- Gamsräude
- Hochwild
- Paläarktis
- M Schonzeit
- Zwischenklauendrüse

Gemsenartige
- M Holarktis

Gemsenräude ↗

Gemsenverwandte
- Ziegen

Gemsheide
- Alpenazalee

Gemskresse

Gemskugel ↗

Gemswurz
- B Europa XX

Gemuendina
- Rhenanida

Gemüse
- Bedecktsamer
- Nitrosamine
- □ Schwermetalle

Gemüsebau
- Gartenbau

Gemüseeule ↗

Gemüse liefernde Pflanzen
- B Kulturpflanzen IV
- B Kulturpflanzen V

Gemüsetreiberei
- Frühtreiberei

Gen
- Basensequenz
- Bioethik
- B Biologie II
- Genmanipulation
- Gentechnologie
- Goldschmidt, R.
- Johannsen, W.L.
- B Mendelsche Regeln I
- Morgan-Gesetze
- Phän
- Pseudogene
- M Soziobiologie

Gena
- □ Insekten (Kopfgrundtyp)
- Occiput

genabelt
- umbilicat

Genabstand

Genaktivierung
- Genamplifikation
- □ Hormone (Primärwirkungen)
- supercoil

Genaktivität
- Aktivatoren
- Aktivatorproteine
- Allosterie
- B Biochemie
- Determination
- Genaktivierung
- Genregulation

Genalstachel

Genamplifikation
- differentielle Genexpression
- Onkogene
- repetitive DNA
- Replikation
- Ribosomen

Genaustausch
- Rasse
- Relikte

Genbank
- Cosmide
- Gentechnologie
- Konservierung
- Kulturpflanzen
- Lambda-Phage
- Landsorten
- Selektorgene

Genbibliothek
- Genbank

Genchirurgie ↗

Gendosis
- Barr-Körperchen
- Genamplifikation
- Genhäufigkeit

Gendosiskompensation
- Gendosis

Gendrift
- Evolutionsfaktoren
- Haustierwerdung
- Populationsgenetik
- Rasse
- Zufall in der Biologie

Genea
- Blasentrüffel

Geneaceae ↗

Genealogie
- Keimbahn
- Stammbaum

Genentech
- □ Gentechnologie

General Grant
- Sequoiadendron

Generalisation
- Generalisierung

generalisierte Infektion
- Virusinfektion

generalisierter Typus
- Bauplan

Generalisierung
- angeborener auslösender Mechanismus

Generalisten
- ökologische Nische

Generatio aequivoca
- Urzeugung

Generation

Generationenfolge
- biologische Evolution
- Populationsgenetik
- Symmetrie
- Tod

Generationsdauer
- Generationszeit

Generationsdimorphismus

Generationsdosis
- Strahlenschäden

Generationsorgane ↗
- Geschlechtsorgane

Generationswechsel
- Algen
- B Algen V
- B Biologie II
- Diplobiont
- B Farnpflanzen I
- Gallwespen
- Gamont
- Generationsdimorphismus
- Getrenntgeschlechtigkeit
- Heterogenese
- Hofmeister, W.F.B.
- B Nacktsamer
- B Pilze II
- M Reblaus
- Samen
- Sporen
- M Synonyme

Generationszeit

Generatio primaria
- Urzeugung

Generatio spontanea
- Urzeugung

generative Fortpflanzung ↗

generative Vermehrung ↗

generative Zelle

Generatorpotential
- Endplatte
- Rezeptorpotential

Generatorregion
- Rezeptorpotential
- B Sinneszellen
- Synapsen
- B Synapsen

generisch

Genese

Geneserin
- Physostigmin

genetic engineering ↗
- Insulin

genetic load ↗

Genetik
- Bateson, W.
- Bioethik
- B Biologie II
- Chaos-Theorie

genetische Balance

genetische Beratung
- Chromosomendiagnostik
- Genetik
- Humangenetik
- Karyogramm

genetische Bürde ↗
- Eugenik

genetische Defekte
- Mensch und Menschenbild

genetische Determination
- Biologismus
- Gestalt

genetische Drift ↗

genetische Flexibilität
- Variabilität

genetische Information
- B Biochemie
- Determination
- Evolution
- Genexpression
- Genotyp
- Informationsstoffwechsel
- Information und Instruktion
- Replikation
- B Transkription - Translation
- Translation

genetische Last
- Bürde
- Eugenik

genetische Mutter
- Insemination

genetische Programmtheorie
- Altern

genetischer Block
- □ Mangelmutante
- □ Phenylbrenztraubensäure

genetischer Code
- Abstammung - Realität
- Bindereaktion
- B chemische und präbiologische Evolution
- Gen
- Information und Instruktion
- Khorana, H.G.
- Nirenberg, M.W.
- Ochoa, S.
- Polyuridylsäure
- B Tabakmosaikvirus
- transfer-RNA
- Translation
- Vitalismus - Mechanismus

genetische Regulation
- Genregulation

genetischer Marker
- Marker

genetischer Polymorphismus
- Antigene
- Polymorphismus

genetische Spirale
- Grundspirale

genetisches Potential
- Artenschutz
- Ressourcen
- ↗ Genreservoire

genetische Tumoren
- Pflanzentumoren

genetische Variabilität
- Darwin, Ch.R.
- Daseinskampf
- Leben

Genetta ↗

Genetyllis ↗

Genever
- Wacholder

Genexpression
- Autoregulation
- Basenmethylierung
- Gentechnologie
- Translation
- Virusinfektion
- □ Virusinfektion (Genexpression)

Genfamilie
- repetitive DNA

Genfer Nomenklatur
- Nomenklatur

Genfluß
- Art
- Artbildung
- Clines
- Evolutionsfaktoren
- Introgression
- Leben
- Rasse

Genfrequenz ↗
- Galton, F.
- Populationsgenetik

Gengou, O.
- Komplementbindungsreaktion

Genhäufigkeit

Genick
- Hals

Genickstarre ↗
- Neisseria

Genin
- Herzglykoside

Geninaktivierung

Geniohyidae
- Schliefer

Genista ↗

Genisto anglicae-Callunetum
- Calluno-Ulicetalia

Genisto germanico-Callunetum
- Ginster

genital

Genitalapparat ↗

genitale Scham

genitale Scham
- Jugendentwicklung: Tier-Mensch-Vergleich
Genitalfalte ↗
Genitalfüße
- Geschlechtsorgane
Genitalhöcker
- Clitoris
Genitalien
- □ Nervensystem (Wirkung)
Genitalkontrolle
- M Flehmen
Genitalkrebs
- DNA-Tumorviren
- Papillomviren
Genitalleiste
- Suspensorium
Genitalmuskulatur
- Beckengürtel
Genitaloperculum
- Extremitäten
- M Skorpione
Genitalorgane ↗
Genitalplatten
- Seeigel
Genitalpräsentation
- Präsentieren
Genitalsegmente
Genitaltrichter
- Nephromixien
Genitalwulst
- Geschlechtswulst
Genitoconia
- M Furchenfüßer
Genkarte ↗
- Chloroplasten
- Drosophila melanogaster
- Genort
- Marker
- □ Mitochondrien (Genkarte)
Genkartierung
- Hybridisierung
Genklonierung ↗
Genkonversion
Genkoppelung ↗
Genlis, Stéphanie-Félicité Comtesse de
- Genlisea
Genlisea ↗
Genlocus ↗
- Locus
Genmanipulation
- Genetik
- Insemination - Aspekte
Genmarker
- Marker
Genmosaikstruktur
Genmutation ↗
- B Mutation
Gennaeus ↗
Genoelement ↗
Genogeographie ↗
Genökologie
Genokopie
Genom
- Desoxyribonucleinsäuren
- Leben
- Zelle
Genommutation ↗
- Chromosomenanomalien
- B Mutation
- Mutationszüchtung
Genophor
- Chromosomen
Genort
- Crossing over
- Mendelsche Regeln
- B Mendelsche Regeln I
Genotyp
- Adaptationswert
- B Biologie II
- genetische Flexibilität
- Johannsen, W.L.
- Leben
- Mendelsche Regeln
- B Mendelsche Regeln I
- B Mendelsche Regeln II
- Phän
- Variabilität

genotypische Geschlechtsbestimmung ↗
- Artbildung
Genotypus
- Genotyp
Genpool
- Daseinskampf
- Evolutionseinheit
- Hardy-Weinberg-Regel
- Haustierwerdung
- Mendel-Population
- Populationsgenetik
Genprodukte ↗
- B Chromosomen III
Genregulation
- B Desoxyribonucleinsäuren II
- B Gentechnologie
- heat-shock-Proteine
- Monod, J.L.
Genrepression
- Geninaktivierung
Genreservoire
- Unkräuter
Gensegmentierung
- B Genregulation
Genselektion
- inclusive fitness
Gensynthese
- B Biochemie
Gentamicin
- Gentamycin
Gentamycin
Gentechnologie
- Äthidiumion
- B Biochemie
- M Enzyme
- Genetik
- M Malaria
- Mikroinjektion
- Saccharomyces
- synthetische Biologie
- M Transformation
Genter Krankheit
- Brüsseler Krankheit
Gentheorie
- B Biologie II
Gentiamarin
- M Enzian
Gentiana ↗
- Bodenzeiger
- □ Heilpflanzen
Gentianaalkaloide
Gentianaceae ↗
Gentianales ↗
Gentianaviolett
Gentianella
- Enzian
Gentianin ↗
Gentiano-Koelerietum ↗
Gentianose
- Gentiobiose
Gentiobiose
Gentiogenin
- M Enzian
Gentiopikrin
- Bitterling
Gentiopikrosid
- M Bitterstoffe
- M Monoterpene
Gentransfer ↗
- Insemination - Aspekte
 ↗ Genübertragung
Gentransposition ↗
Genu
- Kniegelenk
Genübertragung
- Agrobacterium
- Transduktion
 ↗ Gentransfer
Genus ↗
Genußgifte
- M Gifte
Genußmittel
Genußmittel liefernde Pflanzen
- Kulturpflanzen
- B Kulturpflanzen IX
Genußreife
- Nachreife

Genwirkketten
Genwirkung
Genypterus ↗
Genzentrentheorie
Genzentrum
- Weizen
"Geo" (Tauchboot)
- Meeresbiologie
Geobatrachus
Geobiologie
- Paläontologie
Geobionten ↗
Geobiozönologie
- Landschaftsökologie
Geoblasten ↗
Geobotanik ↗
- Florengeschichte
- Vegetationsgeographie
Geocapromys
- Capromyidae
- Ferkelratten
Geochronologie
- Paläontologie
- □ Stratigraphie
Geochronometrie
- Geochronologie
Geococcyx ↗
Geocoris
- Langwanzen
Geocorisae ↗
Geodiidae
- Erylus
geoelektrischer Effekt
Geoelement ↗
- Florenelemente
- Florengebiet
- Florenreich
Geoemyda ↗
Geoffraea
- M Hülsenfrüchtler
Geoffroy Saint-Hilaire, É.
- B Biologie I
- B Biologie III
- Goethe, J.W. von
- idealistische Morphologie
- Südamerika
Geoffroy Saint-Hilaire, I.
Geoglomeris
- Saftkugler
Geoglossaceae ↗
Geognosie
- Geologie
geographische Artbildung
- Arealaufspaltung
geographische Breite
- □ Chronobiologie
- Dämmerung
- M Klima (Klimafaktoren)
geographische Differenzierung
- B Menschenrassen I
geographische Isolation ↗
geographische Lage
- Bestandsaufnahme
geographische Rassen ↗
- Nomenklatur
geographischer Gradient
- Clines
geographische Trennung ↗
- Artenpaare
geöhrt
Geokarpie
- Erdnuß
- Wicke
Geoktapia
- M Röhrenläuse
Geologie
- Paläontologie
- Stensen, N.
geologische Altersbestimmung ↗
geologische Formation
geologische Gegenwart
- Holozän
Geomelania
- Stutzschnecken
Geometridae ↗
geometrische Isomerie
- B Kohlenstoff (Bindungsarten)

Geomikrobiologie
Geomorphosen
- Morphosen
- M Morphosen
Geomyidae ↗
Geonemertes
Geonoma
- B Südamerika II
Geopetalum
- M Polyporales
Geophagie (Ethnologie)
Geophagie (Zoologie)
Geophilomorpha
- Hundertfüßer
Geophilus ↗
geophysikalische Periodizitäten
- □ Chronobiologie
geophysikalische Zyklen
- Chronobiologie
Geophyten
- Frühlingsgeophyten
- Kryptophyten
- □ Lebensformen (Gliederung)
- M Lebensformspektren
Geoplana
Geoplanidae
- Landplanarien
- M Tricladida
Geopora
Geoporella ↗
Geopyxis
- Humariaceae
Georgi, Johann Gottlieb
- Georgine
Georgine
Georhychus
- Bleßmull
- Sandgräber
Georyssidae
- □ Käfer
Geositta
- Chinchillas
Geosmin
- Streptomycetaceae
 ↗ Erdgeruch
Geospiza ↗
Geosynklinale
- Tethys
Geosyntaxa
- Sigmasoziologie
Geotaxis
Geothallus ↗
Geotrichum
- Dipodascaceae
- M Thallokonidien
Geotropismus
Geotrupes ↗
- Stridulation
Geotrupinae
- Mistkäfer
Geotrypetes ↗
geozentrisches Weltbild
- Anthropomorphismus - Anthropozentrismus
Geozoologie ↗
gepaarte Chromosomen
- Bivalent
- Multivalent
 ↗ Chromosomenpaarung
Gepäckträgerkrabben
Gepard
- Afrika IV
- M Fortbewegung (Geschwindigkeit)
- Katzen
- Kleinkatzen
Gephyrea
Gephyromantis ↗
Gephyrothuriidae
- Molpadiida
Gephyrotoxin
- Farbfrösche
gephyrozerk ↗
Gepunkteter Zackenbarsch
- B Fische VIII
- Zackenbarsche
Geradflügler
- B Insekten I

Geschlechtsöffnung

- □ Rote Liste
Geradhörner
- Orthocerida
Geradnervige
Geradzeilen
Geraniaceae ↗
Geranial ↗
- Citral
Geraniales ↗
Geranien ↗
Geranio-Allietum ↗
Geraniol
- □ Isoprenoide (Biosynthese)
Geranion sanguinei ↗
Geranio-Peucedanetum cervariae
- Trifolio-Geranietea
Geranium ↗
Geraniumöl ↗
Geranylgeraniol
- □ Bakteriochlorophylle (Grundgerüst)
Geranylgeranylpyrophosphat
- Carotinoide
- [M] Gibberelline
- □ Isoprenoide (Biosynthese)
Geranylpyrophosphat
- □ Isoprenoide
- Monoterpene
Gerardinia
- Brennesselgewächse
Geräteherstellung
- Faustkeil
- Geröllgeräte
- Mensch und Menschenbild
- Werkzeuggebrauch
Geräteindustrien
- Altsteinzeit
- ↗ Geräteherstellung
Geräusch
- Gehörsinn
- [M] Schall
Gerben
- Birke
- Gambir
- Tannin
- Tsuga
- Weide (Pflanze)
Gerber, Traugott
- Gerbera
Gerbera ↗
Gerberbock ↗
Gerberei
- Gerbstoffe
Gerberlohe
- Eiche
Gerberrot
- Phlobaphene
Gerbillinae ↗
Gerbsäuren ↗
Gerbstoffe
- Catechine
- Extraktion
- Heilpflanzen
- Kernholz
- Leder
- □ Teestrauchgewächse
Gerbstoffrot
- Phlobaphene
Gerdau-Interstadial
- Saalekaltzeit
Gerenuk
- Gazellen
Gerfalk
- Falken
- [B] Polarregion I
Geriatrie ↗
Geriatrika
- Weckamine
Gerinnung
Gerinnungsenzyme
Gerinnungsfaktoren
- Blutgerinnung
- Gerinnung
- [M] Glucocorticoide (Wirkungen)
gerinnungshemmende Mittel ↗
Gerippe ↗

Germanin
- Schlafkrankheit
Germanisches Becken
- Trias
germanische Trias
- Trias
Germanonautilus
- Conchorhynchus
Germarium
- Bandwürmer
- Geschlechtsorgane
- [M] Geschlechtsorgane
- [M] Oogenese
- Ovar
Germer
- [B] Blatt III
- Enzian
- Germin
- [B] Kulturpflanzen XI
- Scheinstamm
Germerin
- Germer
Germin
- Veratrumalkaloide
germinal
Germinaldrüsen
- Gonaden
Germinalniere ↗
Germination ↗
germinativ ↗
Germizide
Germovitellarium ↗
- zusammengesetzte Eier
Geröllböden
- Syrosem
Geröllgeräte
- Werkzeuggebrauch
Geronticus ↗
Gerontologie
Gerontoplasten ↗
- Plastiden
Gerrhonotus ↗
Gerrhosaurinae
- Schildechsen
Gerrhosaurus ↗
Gerridae ↗
Gerris
- [M] Komplexauge (Querschnitte)
- Wasserläufer
Gerrothorax
- Plagiosauridae
- [M] Plagiosauridae
Gerste
- Ackerbau
- Blütenbildung
- [M] Chromosomen (Anzahl)
- Fruchtbarer Halbmond
- Getreidemehltau
- Gibberelline
- Gramin
- [B] Kulturpflanzen I
- [M] Kulturpflanzen
- Mutationszüchtung
- Typhula-Fäule
- Unverträglichkeit
Gerstenbraunrost
- Zwergrost
Gerstenflugbrand
Gerstengelbmosaikvirus
- □ Pflanzenviren
Gerstengelbverzwergungs-Virusgruppe
Gerstenhartbrand ↗
Gerstenkorn
- [M] Lid
- Meibom-Drüsen
Gerstenmalz
- Bier
Gerstenstreifenmosaik-Virusgruppe
Gerstenvergilbungsmosaik
- [M] Getreidekrankheiten
Gerstmann-Sträußler-Syndrom
- [M] slow-Viren
Geruch
- □ Adaptation
Geruchsklassen ↗

Geruchsnerv ↗
Geruchsorgane ↗
- Telencephalon
Geruchsprofil
- chemische Sinne
Geruchsrezeptoren ↗
Geruchsschwelle
- □ chemische Sinne
- Riechschwelle
Geruchssinn ↗
- Haustierwerdung
Geruchsstoffe
Gerüstproteine ↗
Gervais, F.L.P.
- Gervaisiidae
Gervaisia
- Stäbchenkugler
Gervaisiidae ↗
Geryon
- Ophryotrocha
Geryonia ↗
gesägt
- Blatt
Gesamtblattfläche
- Blattflächenindex
Gesamteignung
- inclusive fitness
Gesamterregung
- Konfliktverhalten
Gesamtfitness
- inclusive fitness
Gesamtkeimzahl
- Colititer
Gesamtumsatz
- Energieumsatz
- Respirometrie
Gesang
- Aggression
- Formkonstanz
- Gehörorgane
- Gesangsprägung
- Geschlechtsmerkmale
- Gibbons
- Kaspar-Hauser-Versuch
- [M] Kultur
- kulturelle Evolution
- Lichtfaktor
- Markierverhalten
- Prägung
- [B] Rassen- u. Artbildung II
- Sexualdimorphismus
- □ Sonagramm
- spotten
- Status-Signal
- Stridulation
- Synchronisation
- Verhaltenshomologie
- Vogeluhr
Gesangsprägung
- Fehlprägung
- motorische Prägung
Gesäßmuskel
- Hüttmuskeln
Gesäßschwielen
gesättigte Fettsäuren ↗
gesättigte Kohlenwasserstoffe ↗
Gesäuge
- Milchdrüsen
Geschein
- Weinrebe
Geschenkritual
Geschichte der Biologie
- [B] Biologie I
- [B] Biologie II
- [B] Biologie III
Geschicklichkeit
- [M] Spielen
Geschiebemergel
- Lehm
Geschlecht
- □ Altern
- Intersexualität
- X-Chromosom
Geschlechterforschung
- Genealogie
Geschlechterkommunikation
- Duftorgane
Geschlechternischen
- ökologische Nische

Geschlechtertrennung ↗
Geschlechterverhältnis ↗
geschlechtliche Fortpflanzung ↗
- Dissogonie
- ↗ sexuelle Fortpflanzung
geschlechtliche Zuchtwahl
- Balz
- Selektion
- [B] Selektion III
- sexuelle Selektion
Geschlechtlichkeit
- Sexualität
Geschlechtsarm
- Sepie
- ↗ Hectocotylus
Geschlechtsausführgänge
- Geschlechtsmerkmale
- Geschlechtsorgane
- Gonodukte
Geschlechtsbestimmer ↗
- Geschlechtsrealisatoren
- Termone
Geschlechtsbestimmung
- Geschlechtsdifferenzierung
- Geschlechtsverhältnis
- Goldschmidt, R.
- [M] X-Chromosom
Geschlechtscharaktere
- Geschlechtsmerkmale
Geschlechtschromatin
Geschlechtschromosomen
- Bryoniatyp
- Erbkrankheiten
- Gendosis
- Geschlechtschromosomen-gebundene Vererbung
- heterogametisch
- Sphaerocarpaceae
- Wilson, E.B.
- X-Chromosom
- Y-Chromosom
Geschlechtschromosomen-gebundene Vererbung
- [M] Chromosomentheorie der Vererbung
- Erbkrankheiten
- Morgan, Th.H.
Geschlechtsdetermination ↗
Geschlechtsdiagnose
Geschlechtsdifferenzierung
- Geschlechtsbestimmung
- Partnerschaft
- Sertoli-Zellen
- Sexualität - anthropologisch
Geschlechtsdimorphismus ↗
Geschlechtsdrüsen
Geschlechtsfaktor
Geschlechtsfalte
- [M] Geschlechtsorgane
- Urogenitalsinus
Geschlechtsgänge
- Schleimhaut
geschlechtsgebundene Vererbung ↗
Geschlechtshöcker ↗
- [M] Geschlechtsorgane
Geschlechtshormone ↗
- [M] Wehrsekrete
- ↗ Sexualhormone
Geschlechtsknospen
Geschlechtskrankheiten
Geschlechtsmedusoid
- [B] Hohltiere I
Geschlechtsmerkmale
- Feminierung
- Geschlechtschromosomen-gebundene Vererbung
- Geschlechtsdiagnose
- Geschlechtsdifferenzierung
- □ Hormone (Drüsen und Wirkungen)
- Sexualität
- sexuelle Selektion
Geschlechtsnachweis
- Barr-Körperchen
Geschlechtsöffnung
- Geschlechtsorgane
- Gonoporus

Geschlechtsorgane

*Geschlechtsorgane
(Botanik)*
*Geschlechtsorgane
(Zoologie)*
- Androgene
- ☐ Genitalpräsentation
- ☐ Insekten (Darm-/Genitalsystem)
- [B] Nervensystem II
- [B] Wirbeltiere I
- ↗ Begattungsorgane

Geschlechtspartner
- Arterkennung

Geschlechtspili ↗
Geschlechtspolypen ↗
Geschlechtsprodukte
- Urogenitalsystem

Geschlechtsrealisatoren
- Drosophilatyp
- H-Y-Antigen

Geschlechtsreife
- adult
- Frühreife
- Geschlechtsverhältnis
- Jugendentwicklung: Tier-Mensch-Vergleich
- Lebensdauer
- Partnerschaft
- Wachstum

Geschlechtsrelation ↗
- Geschlechtsverhältnis

Geschlechtstiere
Geschlechtstrieb ↗
- Sexualität - anthropologisch

Geschlechtsumkehr
- Geschlechtsumwandlung

Geschlechtsumstimmung
- Geschlechtsumwandlung

Geschlechtsumwandlung
- Virilisierung

Geschlechtsunterschiede ↗
Geschlechtsurknospen
- Geschlechtsknospen

Geschlechtsverhältnis
Geschlechtsverkehr
- Potenz
- Sexualität - anthropologisch
  ↗ Begattung
  ↗ Kopulation

Geschlechtsverteilung
Geschlechtswulst
- [M] Geschlechtsorgane

Geschlechtszellen
geschlossene Gruppen
- [M] Kontakttier
  ↗ geschlossener Verband

geschlossene individualisierte Gruppe
- Familienverband

geschlossene Kultur
- mikrobielles Wachstum

geschlossene Leitbündel
- Sproßachse

geschlossener Verband
- [M] Kontakttier
- Tiergesellschaft

geschlossenes System
- Entropie - in der Biologie

geschlossener Krebs
- Obstbaumkrebs

Geschmack
Geschmacksfelder
- chemische Sinne

Geschmacksknospen
- Geschmackssinneszellen
- [M] Seneszenz
- ☐ Zunge

Geschmacksmessung
- Gustometrie

Geschmacksnerv
Geschmacksorgane
Geschmacksprüfung
- Gustometrie

Geschmacksqualitäten ↗
Geschmacksrezeptoren ↗
Geschmackssinn ↗
- Sinnesqualitäten

Geschmackssinneszellen
Geschmacksstoffe

Geschmackszentrum
- ☐ Zunge

geschützte Pflanze
- ☐ botanische Zeichen

geschützte Pflanzen und Tiere ↗
Geschwänzte Manteltiere ↗
Geschwindigkeitsgleichung
Geschwindigkeitsmesser
- Chordotonalorgan

Geschwisterbestäubung ↗
Geschwisterkerne
- Autogamie

Geschwulst
- Krebs
- Tumor

Geselligkeit
- Soziabilität

Gesellschaft ↗
- Kultur

Gesellschaftsbalz
- Gruppenbalz

Gesellschaftsbiologie
- Sozialanthropologie

Gesellschaftslehre
- Soziologie

Gesellschaftstypus ↗
Gesellschaftsverbreitung
- Synchorologie

Gesellschaftszone
- Zone

Gesetz ↗
- Deduktion und Induktion
- Erklärung in der Biologie
- Wissenschaftstheorie
  ↗ Naturgesetze

Gesetzesaussagen
- Erklärung in der Biologie

Gesetzmäßigkeiten
- Erklärung in der Biologie

Gesicht
- Physiognomie
- ☐ Rindenfelder
- Symmetrie

Gesichtsdrüsen
Gesichtsfeld
- Auge
- Augenstiel
- [M] Chiasma opticum
- Greifvögel
- [M] Klapperschlangen
- Pupille

Gesichtsfliege
- Muscidae

Gesichtslage
- [M] Geburt

Gesichtsmuskeln
- [M] Konstriktor
- Mimik

Gesichtsnaht ↗
- [M] Trilobiten

Gesichtsnerv ↗
- Geschmacksnerv

Gesichtsschädel ↗
Gesichtsschmerz
- [M] Trigeminus

Gesichtsschwielen
Gesichtssinn
- Sinnesqualitäten

Gesner, C.
- [B] Biologie I
- [B] Biologie III
- Figurensteine
- Gesneriaceae
- ☐ Nomina vernacularia
- Prioritätsregel
- Zoologie

Gesneriaceae
Gespenstaffen ↗
Gespenstfledermaus
- Großblattnasen

Gespenstfrösche
Gespenstheuschrecken
- Gespenstschrecken

Gespenstkrabben
- Seespinnen

Gespenstkrebse
Gespenstlaufkäfer ↗
Gespenstschrecken
Gespensttiere
- Koboldmakis

gesperbert
Gespinst
- Cremaster

Gespinstblattwespen ↗
- Gespinst

Gespinstmotten
- Gespinst

Gespinstschlauch
- Atypus

gestaffelte Form
- ☐ Konformation

Gestagene ↗
- Empfängnisverhütung

Gestalt
- Eidonomie
- Gestaltlehre
- Morphologie
- Symmetrie
- Typus
- Wachstum

Gestaltauflösung
- Gestalt
- Somatolyse

Gestaltbildung
- Gestalt
- Morphogenese
- Photomorphogenese

Gestaltlehre
Gestaltpsychologie
- Gestaltlehre

Gestalttyp
- Lebensformtypus

Gestaltungsbewegungen ↗
Gestaltungskräfte
- Neovitalismus

Gestaltverlust
- Gestalt

Gestaltwechsel ↗
Gestation
- Trächtigkeit

Gestationsphase
- Schwangerschaft

Geste ↗
- [M] Sprache

Gesteine
- Bodenentwicklung
- ☐ Bodenprofil
- [B] Erdgeschichte
- Geochronologie
- Präkambrium
- Stratigraphie

Gesteinsboden ↗
Gesteinsformationen
- Einzeller

Gesteinspflanzen
- petrophil

Gesteinsrohböden
- [B] Bodenzonen Europas
- Syrosem

Gesteinszone
- Flechten

gestielte Bakterien
Gestielte Stachelhäuter ↗
- Pelmatozoa

Gestik
- Warnsignal

Gestikulieren
- Hand

Gesundheit
- Krankheit

Gesundheitslehre ↗
Gesundheitspflege
- Bevölkerungsentwicklung
  ↗ Hygiene

Gesundheitswesen
- Hygiene

Getah
- [M] Togaviren

Getreide
- Ackerbau
- auswachsen
- Bedecktsamer
- Bestockung
- Buchweizen
- Chlorcholinchlorid
- Fruchtbarer Halbmond
- Getreideunkräuter
- Gluteline
- Kleie

- ☐ Kreuzungszüchtung
- ☐ Lebensdauer
- Mohrenhirse
- ☐ Saat
- Süßgräser

Getreideackerfluren
Getreideälchen
Getreideameisen ↗
Getreidebau
- Egarten
- Europa

Getreide-Brandkrankheiten
- Brand (Pflanzenkrankheiten)
- [B] Pflanzenkrankheiten I

Getreidecystenälchen
- Heterodera

Getreideeinheit
Getreidefelder
- Herbstfärbung

Getreideflugbrand ↗
Getreidehähnchen ↗
- Hähnchen

Getreidehalmwespe
- [M] Halmwespen

Getreidekäfer
- Blatthornkäfer
- [M] Blatthornkäfer
- Hausfauna

Getreidekapuziner
- Holzbohrkäfer

Getreidekorn
- [B] Früchte
- Karyopse
- Selbsterhitzung

Getreidekrankheiten
Getreidelaubkäfer ↗
- Blatthornkäfer
- [M] Blatthornkäfer

Getreidelaufkäfer
- [B] Käfer I
- Laufkäfer

Getreidemehltau
Getreidemotte ↗
Getreideplattkäfer
- [M] Plattkäfer

Getreiderost
- [B] Pflanzenkrankheiten I
- Rostkrankheiten
- ☐ Rostpilze

Getreiderostpilz
- [B] Pilze I
- Rostpilze

Getreideschwärze
Getreideunkräuter
- Unkräuter

Getreidewanze
- [M] Beauveria

Getreidewert ↗
Getrenntgeschlechtigkeit
- Geschlechtsverteilung
- Heterosporie
- heterothallisch
- [B] Sexualvorgänge

Geum ↗
Gewächshaus
- botanischer Garten
- Gartenbau
- Strandflöhe
- treiben

Gewächshauseffekt ↗
Gewächshausfrosch ↗
Gewächshausklima
- Mikroklima

Gewächshausschrecke ↗
Gewächshausspinne
Gewässer
- Feuchtgebiete
  ↗ Fließgewässer

Gewässerausbau
- Naturschutz

Gewässerbegradigung
- [M] Grundwasser
  ↗ Flußbegradigung
  ↗ Flußregulierung

Gewässerbelastung
- Abwasserlast
- Stickstoffauswaschung
- Wasserverschmutzung

Gewässerbiologie
- Hydrobiologie

Gewässergüte
- ☐ Saprobiensystem
- Wasserpflanzen

Gewässergüteklassen
- ☐ Saprobiensystem

Gewässergütestandard ↗

Gewässerkunde

Gewässerregionen
- Wasserpflanzen

Gewässerschutz

Gewässerzustand
- chemischer Sauerstoffbedarf

Gewebe
- B Biologie II
- Grew, N.
- Histologie
- Leben
- Tela

Gewebefaktor
- ☐ Blutgerinnung (Faktoren)

Gewebeflüssigkeit
- B Bindegewebe

Gewebekultur ↗
- Carrel, A.

Gewebelehre ↗
- Botanik

Gewebeparasiten
- Schizogonie

Gewebeschäden
- Radiotoxizität

Gewebespannung

Gewebetiere ↗

Gewebezüchtung ↗
- B Biologie III
- Harrison, R.
- ↗ Zellkultur

Gewebsauflösung
- Histolyse

Gewebsdrainage
- Lymphgefäßsystem

Gewebsentwicklung
- Histogenese

Gewebshormone
- Hormone
- Mediatoren

Gewebsmakrophagen
- Histiocyten

Gewebsspickung
- Krebs

Gewebstod
- Nekrose

Gewebsverpflanzung ↗
Gewebsverträglichkeit ↗

Gewebswanderzellen
- Histiocyten

Gewebswucherung
- Arteriosklerose
- Krebs
- Tumor

Geweih
- B atelische Bildungen
- Augensprosse
- M Drohverhalten
- Geschlechtsmerkmale
- Hirsche
- Hirschkäfer
- Imponierverhalten
- B Kampfverhalten
- M Megaloceros
- sexuelle Selektion

Geweihfarn ↗
- Nischenblätter
- M Tüpfelfarngewächse

Geweihschwamm
- Haliclonidae

Gewicht
- Körpergewicht

Gewichtsprozent

Gewichtsverlust
- Auftrieb

Gewinde
- ☐ Schnecken

Gewitter
- Stickstoffkreislauf

Gewitterfliegen ↗

Gewohnheitsbildung
- Sucht

Gewöhnung ↗
- Sucht

Gewölbesoral ↗

Gewölle
- Greifvögel

Gewürzdolde ↗

Gewürze
- Aromastoffe
- Genußmittel
- Gewürzpflanzen

Gewürzgarten
- botanischer Garten

Gewürzkräuter
- Gewürzpflanzen

Gewürznelke ↗
- Flores
- Gewürzpflanzen
- B Kulturpflanzen IX
- M Myrtengewächse

Gewürznelkenbaum
- B Kulturpflanzen IX

Gewürzpflanzen
- B Kulturpflanzen IV
- B Kulturpflanzen VIII
- B Kulturpflanzen IX

Gewürzstrauchgewächse ↗

Gewürztraminer
- ☐ Weinrebe

gezähnt
- Blatt

Gezeiten
- Ästuar
- Biorhythmik
- Brackwasserregion
- Chronobiologie
- Küstenvegetation
- M Lunarperiodizität
- Schnepfenvögel

Gezeitenrhythmik ↗
- Biorhythmus
- Chronobiologie
- Lunarperiodizität

Gezeitenwald

Gezeitenzone
- ☐ Meeresbiologie (Lebensraum)

G-Faktor
- Translation

γ-Fasern
- Motoneurone
- B Regelung im Organismus

GFR
- ☐ Clearance

G-Gene
- Geschlechtsbestimmung

GH
- Somatotropin

Ghetto-Ökologie
- Urbanisierung

GH-IH
- ☐ Hypothalamus

G-Horizont ↗

Ghost
- Protoplast

GH-RH
- ☐ Hypothalamus

Giard, Alfred
- Giardiasis

Giardia
- M Abwasser
- Giardiasis

Giardiasis

Gibban
- Gibberelline

Gibberella
- Fusarium
- M Nectriaceae

Gibberellan
- Gibberelline

Gibberellinantagonisten

Gibberelline
- Antheridiogen
- Bakanae
- Chlorcholinchlorid
- Gibberellinantagonisten
- ☐ Isoprenoide (Biosynthese)
- Keimung
- Knospenruhe
- Korrelation

Gibberellinglucoside
- Gibberelline

Gibberellinglucosylester
- Gibberelline

Gibberellinsäure ↗
- M Blühhormon
- Lichtkeimer

Gibberen ↗

Gibberinsäure ↗

Gibbium ↗

Gibbons
- B Asien VI
- Brachiatoren
- Brachiatorenhypothese
- M Chromosomen (Anzahl)
- Duettgesang
- Monogamie
- M Orientalis
- B Paläanthropologie
- ☐ Stammbaum
- Stimmfühlungslaut

Gibbula

Gibraltar
- Europa

Gibraltaraffen
- Magot

Gibraltarfieber

Gibson-Wüste
- M Australien

Gicht
- Chinasäure
- Harnsäure
- Stoffwechselkrankheiten

Gichtkörner
- Weizenälchen

Gichtmittel
- Colchicin

Gichtwespen ↗

Giebel

Gierer, A.
- Biochemie

Gierke-Krankheit
- M Enzymopathien

Giersch ↗
- ☐ Bodenzeiger

Gieson, Ira Thompson van
- van-Gieson-Färbung

Gieson-Färbung
- van-Gieson-Färbung

Gießbeckenknorpel ↗

Gießharz
- Präparationstechniken

Gießkannenmuschel ↗

Gießkannenschimmel ↗

Gießkannenschwamm
- M Euplectellidae
- B Schwämme

Giffordia ↗

Giftbeere ↗

Giftdornen
- Insektengifte

Giftdrüsen
- B Gliederfüßer II
- Hautdrüsen
- Stechapparat
- ☐ Webspinnen

Gifte
- Biotransformation
- Kulturpflanzen
- Selbstreinigung
- Toxikologie
- Verdauung

Giftegerling
- Champignonartige Pilze

Giftfische ↗

Giftfüße
- Hundertfüßer

Giftfüßer ↗

Giftgase
- Gifte
- M Gifte
- Keimgifte

Gifthaar ↗

Gifthonig
- Alpenrose

Giftige Fische

Gift-Jasmin
- ☐ Brechnußgewächse

Giftklauen
- Chelicerata
- M Dornfinger
- Giftspinnen
- B Gliederfüßer II
- B Hundertfüßer
- Mundwerkzeuge

Giftlattich
- Lattich
- Pflanzengifte

Giftlaubfrösche
- Phrynohyas

Giftlorchel
- Mützenlorcheln

Giftnattern
- Giftzähne
- Schlangengifte

Giftpfeil
- Amphibien

Giftpflanzen
- ☐ botanische Zeichen
- Pflanzengifte

Giftpilze
- Speisepilze

Giftreizker
- B Pilze III
- M Reizker

Giftresistenz ↗

Giftschlangen

Giftspinnen
- Spinnengifte

Giftstachel
- Ameisen
- Eilegeapparat
- Giftige Fische
- Hautflügler
- Insektengifte

Giftstoffe
- Gifte

Gift-Sumach
- B Nordamerika V
- Sumach
- M Sumach

Gifttiere

Giftzähne
- Kraniokinetik
- proteroglyph
- B Verdauung III

Giftzungen
- Radula

Giftzüngler

Gigantella
- Gigantoproductus

Gigantismus

Gigantocypris
- M Muschelkrebse
- Tiefseefauna

Gigantopithecus
- Indopithecus
- Koenigswald, G.H.R. von

Gigantoproductidae
- Gigantoproductus

Gigantoproductus

Gigantopteris
- ☐ Perm

Gigantorana

Gigantorhynchus ↗

Gigantosomie
- Gigantismus

Gigantostraca ↗

Giganturoidei ↗

Gigartina
- Agarophyten
- Gigartinales

Gigartinales

Gigasbastard
- Gigaswuchs

Gigasform ↗

Gigaspermaceae

Gigaspermum
- Gigaspermaceae

Gigaspora
- Endogonales
- Mykorrhiza

Gigaswuchs
- Kulturpflanzen
- Mutationszüchtung

Gil, Felipe
- Gilia

Gila-Krustenechse

Gila-Krustenechse
– Krustenechsen
– Nordamerika
Gila-Tier ↗
– B Nordamerika VIII
Gilbert, W.
– B Biochemie
– □ Desoxyribonucleinsäuren (Geschichte)
– Sequenzierung
Gilbweiderich
– Gelbweiderich
Gilde
– ökologische Gilde
Gilgai-Relief ↗
Gilgamesch-Epos
– Einhorn
Gilia ↗
Gilletteella
– M Tannenläuse
Gimpel
– B Europa XII
– B Finken
– B Vögel I
Gin
– Wacholder
Gingellikraut
– Korbblütler
Gingerale
– Ingwer
Gingerol
– Ingwer
Gingiva ↗
Gingivostomatitis
– Herpes simplex-Viren
Ginglymostoma ↗
Ginkgo
– M arktotertiäre Formen
– B Asien IV
– M Gattung
– □ Jura
– Kurztrieb
– lebende Fossilien
– Nacktsamer
– Pollen
– M Sexualdimorphismus
– Zoidiogamie
Ginkgoales
– Ginkgoartige
Ginkgoartige
– Ginkgoatae
Ginkgoatae
– B Pflanzen, Stammbaum
Ginkgogewächse
– Bedecktsamer
Ginkgopsida
– Ginkgoatae
Gins
– Baumwollpflanze
Ginseng ↗
– □ Saponine
Ginster
– □ Bodenzeiger
Ginsterheiden ↗
Ginsterkatzen
– B Mediterranregion III
Gipfelblüte
– M Cyathium
Gipfeldürre
Gipfelknospe ↗
– Achselknospe
Gips
– M Albedo
– Natriumchlorid
– Schwefel
Gipsanreicherungshorizont
– Burozem
Gipskeuper
Gipskraut
Giraffa
– Giraffen
Giraffen
– B Afrika III
– Halswirbel
Giraffengazelle ↗
Giraffidae ↗
Giraffiden
– Äthiopis
Giraffinae
– Giraffen

Gir-Forst (Indien)
– B National- und Naturparke II
Girlandenboden ↗
– arktische Böden
Girlitze
– B Finken
Gironde-Natter ↗
Gitaloxigenin
– Digitalisglykoside
Gitarrenfisch ↗
Gitogenin
– □ Saponine
Gitonin
– □ Saponine
Gitoxigenin
Gitoxin ↗
Gitterfalter ↗
Gitterfasern
– Fettpolster
Gitterkonstante
– □ Röntgenstrukturanalyse
Gitterling
– M Blumenpilze
Gitterlingsartige ↗
Gitterrost
Gitterschnecken
Gitterschwanzleguan ↗
Gitterstäublinge
– Cribrariaceae
Gitterwanzen
Gitterwerk
– Bindegewebe
Givetium
– M Devon (Zeittafel)
– Stringocephalus burtini Defrance
Glabella
Glabellarfurche
– M Trilobiten
Glacier (USA)
– B National- und Naturparke II
Gladiole
– B Afrika VII
– Morphosen
Gladiolus
– Gladiole
Gladius
– B Kopffüßer
Glandiceps
glandotrope Hormone
– Adenohypophyse
– gonadotrope Hormone
– □ Hormone (Drüsen und Wirkungen)
Glandulae ↗
Glandulae bulbourethrales
– Bulbourethraldrüsen
Glandulae ceruminiferae
– Ohr
Glandulae duodenales
– Brunnersche Drüsen
Glandulae intestinales
– Lieberkühnsche Krypten
Glandulae lactiferae
– Milchdrüsen
Glandulae linguales
– Zungendrüsen
Glandulae mammales
– Milchdrüsen
Glandulae olfactoriae
– Bowmansche Drüsen
Glandulae praeputiales
– Praeputialanhangsdrüsen
Glandulae prostaticae
– Prostata
Glandulae salivales
– Speicheldrüsen
Glandulae sebaceae
– Talgdrüsen
Glandulae submandibulares
– Unterkieferdrüsen
Glandulae submaxillares
– Unterkieferdrüsen
Glandulae sudoriferae
– Schweißdrüsen
Glandulae sudoriparae
– Schweißdrüsen

Glandulae tarsales
– Meibom-Drüsen
Glandulae vesiculosae
– Bläschendrüsen
Glandula lacrimalis
– Tränendrüse
Glandula parathyreoidea
– Nebenschilddrüse
Glandula parotis
– Ohrspeicheldrüse
Glandula pinealis
– Epiphyse
glanduläre Hormone
– Gewebshormone
– Hormone
Glandula sublingualis
– Unterzungendrüse
Glandula suprarenalis
– Nebenniere
Glandula thyreoidea
– Schilddrüse
Glandula uropygialis
– Bürzeldrüse
Glans
– Geschlechtsfalte
Glans penis
– Eichel
Glanzalge ↗
Glanzbienen ↗
Glanzenten
Glanzfasan
– B Ritualisierung
– B Vögel II
Glanzfische
Glanzgras
Glanzkäfer
Glanzkölbchen
– Aphelandra
Glanzkörper
– Statolithen
Glanzkugeln
– Placozoa
– □ Placozoa
Glanzschnecken
Glanzschupper
– Schmelzschupper
Glanzstare
Glanzstäubling ↗
Glanzstreifen
Glanzvögel
– M Südamerika
Glanzwelse ↗
Glareola
– Brachschwalben
Glareolidae ↗
Glas
– □ Abfall
Glasaal
– Aale
– B Larven I
Glasaugen
Glasaugenbarsch
– Zander
Glasbarsche
Glaser, D.A.
Glasfilter
Glasflügler
Glasfrösche
– Südamerika
Glashafte
Glashaus
– Gewächshaus
Glashauseffekt
– Bodentemperatur
– Klima
Glashaut
– Zona pellucida
Glashomogenisatoren
– Zellaufschluß
Glaskirsche ↗
Glaskörper ↗
– □ Linsenauge
– Netzhaut
Glaskraut
Glaskraut-Mauerfugengesellschaften ↗
Glaskrebse
– Mysidacea
Glasschleichen

Glasschmelz ↗
Glasschnecken
Glasschwämme ↗
Glattbauchspinnen ↗
Glattbutt ↗
Glattdick ↗
Glattechsen ↗
glatte Muskulatur
– Bewegung
– Herzmuskulatur
– Muskulatur
– M Muskulatur
– B Nervensystem II
– schräggestreifte Muskulatur
– unwillkürliche Muskulatur
– vegetatives Nervensystem
Glattform
– □ Lipopolysaccharid
– S-Form
Glatthafer
– Arrhenatheretalia
– Obergräser
Glatthafer-Wiesen ↗
Glatthai ↗
Glatthaie ↗
Glattkäfer
Glattkopffische
Glattnasen
Glattnasen-Freischwänze
Glattnatter ↗
– B Europa XI
– B Reptilien II
Glattrochen
– M Rochen
Glattstirnkaimane ↗
Glattwale
Glatze
– Glabella
Glatzflechte ↗
Glaubersalz
– Schwefel
Glaucidae
– Glaucus
Glaucidium ↗
Glaucilla
– Glaucus
Glaucium ↗
Glaucocystis
Glaucomys
– Assapan
– M Nordamerika
Glaucophyceae
Glauco-Puccinelletalia ↗
Glaucosphaera
– M Cyanellen
Glaucothoe
– Landeinsiedlerkrebse
Glaucus
Glauertia ↗
Glaukeszenz
Glaukom
– Kammerwasser
Glaux ↗
Glazial ↗
glazial
– Pleistozän
glaziale Sedimente
– M Sedimente
Glazialfauna
– □ Pleistozän
Glazialflora
– □ Pleistozän
Glazialrefugien ↗
– Europa
– ↗ Eiszeitrefugien
Glazialrelikte ↗
– Europa
– ↗ Eiszeitrelikte
Glaziologie
– Gewässerkunde
Glc ↗
Gleba
– □ Erdsterne
– Seeschmetterlinge
– □ Stinkmorchelartige Pilze
Glechoma ↗
Glechometalia

Glossopteris-Flora

Glechomin
- M Gundelrebe

Gleditsch, J.G.
- Gleditschie

Gleditschie ↗

Gleiboden ↗

Gleichbeine

Gleichblättrigkeit
- Isophyllie

Gleichenia
- Gleicheniaceae

Gleicheniaceae

Gleichen-Rußwurm,
Friedrich Wilhelm von
- Gleicheniaceae

Gleicherbigkeit
- Homozygotie

Gleichflügler ↗

Gleichgewicht
- Hirnstammzentren
- Lotka-Volterra-Gleichungen
- Regelung
- Vestibularreflexe

Gleichgewichtsarten
- Inselbesiedlung
- Opportunisten

Gleichgewichtskonstante ↗
- Massenwirkungsgesetz

Gleichgewichtsnerv
- Statoacusticus

Gleichgewichtsorgane
- B Homonomie
- Kinetosen
- Kleinhirn
- Mechanorezeptoren
- B Nervensystem II
- Schwanz
- statoakustisches Organ

Gleichgewichtsreaktionen
- chemisches Gleichgewicht

Gleichgewichtssinn

Gleichgewichtssinnesorgane
- Gleichgewichtsorgane

Gleichgewichtszentrifugation

Gleichrichter
- Funktionsschaltbild
- □ Kennlinie

Gleichringler

Gleichstandssaat
- □ Saat

gleichwarme Tiere ↗
Gleichwurzeligkeit ↗

gleichzähnig
- isodont

Gleitaare

Gleitbeutler
- Flug

Gleitbilche

gleitende Bakterien
- Filamentbildende Bakterien

gleitende Bewegung
- Cyanobakterien
- gleitende Bakterien

gleitende grüne Schwefelbakterien

Gleitfallenblumen
- Aronstab
- Fliegenblütigkeit

Gleitfasermechanismus ↗

Gleitfasermodell
- amöboide Bewegung
- sliding-filament-Mechanismus

Gleitflieger ↗
- Asien

Gleitflug
- Flug
- Flughaut
- Flugmechanik
- Makifrösche

Gleithörnchen
- B Asien I
- Flug

Gleithörnchenbeutler

Gleitschleim
- Haut

- Schleim
- ↗ Gleitsubstanz

Gleitspiegelung
- Symmetrie

Gleitsubstanz
- Bewegung
- ↗ Gleitschleim

Glenodinium ↗

Gletscher
- Geschiebemergel
- Klima
- Kryon
- □ Produktivität
- M Sedimente
- B Vegetationszonen
- Wasserkreislauf

Gletscherfloh
- Alpentiere
- M Gleichringler
- Schneeinsekten

Gletschergast ↗

Gletscherhahnenfuß
- B Alpenpflanzen
- M arktoalpine Formen
- B Europa II
- Hahnenfuß
- Höhengrenze

Gletschertragant
- M Tragant

Gley
- Anmoor
- Bodenfarbe
- B Bodenzonen Europas
- □ Gefügeformen
- M Humus

Gleypodsole
- B Bodenzonen Europas

Glia
- Axon
- B Bindegewebe
- Hortega-Zellen
- Nervengewebe
- M Nervengewebe
- Nervenzelle
- Zellskelett

Gliadin
- Brotgetreide
- Weizen

Gliafilamente
- Zellskelett

Gliazellen
- Glia

Glied
- □ Stratigraphie

Glieder ↗
Gliederantenne
Gliederfrucht ↗
Gliederfüßer
- Enterocoeltheorie
- □ Klassifikation
- Nervensystem
- □ Ringelwürmer
- Spermien

Gliederhülse ↗
- Rahmenhülse

Gliederpflanzen ↗
Gliederschote ↗
Gliederspinnen ↗
Gliedersporen ↗
Gliederstrahlen ↗
Gliedertiere
- Gehirn
- □ Stammbaum
- ↗ Articulata

Gliederwürmer ↗
Gliederzypresse
- Callitris

Gliedmaßen ↗
Gliedsporen ↗
Glimmer
- Kieselsäuren
- □ Mineralien
- Tonminerale

Glimmerköpfchen ↗
Gliocladium
- Gliotoxin
- □ methylotrophe Bakterien

Gliocyten ↗
Gliome
- □ Krebs (Tumorbenennung)

Gliotoxin
Gliridae ↗
Glirinae
- Bilche
Gliroidea
- Leithia
Glis
Glisson, F.
- B Biologie I
- B Biologie II

Glisson-Kapsel
- Glisson, F.

Glissonsche Trias
- M Leber

Glisson-Schlinge
- Glisson, F.

Gln ↗
Global 2000
- Weltmodelle
Globicephala ↗
Globigerina
Globigerinenkalke
- Globigerina

Globigerinenschlamm
- Foraminiferenschlamm
- Meeresablagerungen
- Pteropodenschlamm

Globigerinidae ↗
- Globigerina

Globin
- Aminosäuresequenz
- Hämoglobine
- Hybridisierung
- Knöllchenbakterien
- Translation

Globingene
- Genfamilie

Globodera
- Rübenälchen

Globorotalidae ↗
globuläre Proteine
- Sphäroproteine
- Symmetrie

Globularia
- Kugelblumengewächse

Globulariaceae ↗
Globuline
- Gammaglobuline
- Kendrew, J.C.

Globulinurie
Globulus
- B Algen III

Glochiden
Glochidien (Botanik) ↗
- Kakteengewächse

Glochidien (Zoologie)
- Flußmuscheln
- Flußperlmuscheln

Glockenblume
- □ Autogamie
- M Braktee
- B Europa IX
- □ Fruchtformen
- Morphosen
- Schwemmlinge

Glockenblumenartige
- Synantherie

Glockenblumengewächse
Glockenfrosch
- Geburtshelferkröte

Glockenheide
- □ Bodenzeiger
- B Europa VIII
- Heidekrautgewächse

Glockenrebe ↗
Glockenthorax
- Rachitis

Glockentierchen
- Gamontogamie
- Spasmoneme

Glockenvögel
- M Südamerika

Glockenwinde ↗
Glöckling
- M Rötlinge

Gloeobacter
- Cyanobakterien

Gloeocapsa
- Blaualgenflechten

- Entophysalidaceae
- Luftalgen

Gloeochaete
- M Cyanellen
- Glaucophyceae

Gloeococcaceae
Gloeococcus
- Gloeococcaceae

Gloeocystidaceae
Gloeocystiden
- M Hymenium

Gloeocystis
- Gloeocystidaceae

Gloeophyllum
Gloeoporus ↗
Gloeosporidiella
- Blattfallkrankheit
- M Dermateaceae
- M Melanconiales

Gloeosporium
Gloeothece
Gloeotrichia
Gloger, C.W.L.
- Glogersche Regel

Glogersche Regel
- Depigmentation

Gloiopeltis
- Funori

Glomera aortica
Glomerella
- Colletotrichum
- Gloeosporium

Glomerida
- Saftkugler

Glomeridae ↗
Glomeridella
- Zwergkugler

Glomeridellidae ↗
Glomeridemida
- □ Doppelfüßer

Glomerin
Glomeris
- Saftkugler

glomeruläre Filtrationsrate
- Clearance
- M Seneszenz

Glomerulistruktur
- Gehirn

Glomerulonephritis
- Harnsedimente

Glomerulus (Botanik)
Glomerulus (Zoologie)
- M Enteropneusten
- □ Exkretionsorgane
- Glomerulonephritis
- Nephron
- B Niere
- □ Nierenentwicklung
- Podocyte
- M Seneszenz

Glomus
- Endogonales
- Mykorrhiza

Glomus caroticum
- Atmungsregulation
- chemische Sinne

Gloriosa
- M Liliengewächse

Glossa ↗
- Schmetterlinge

Glossina ↗
Glossiphonia
- Glossiphoniidae

Glossiphoniidae
Glossobalanus
Glossodoris ↗
Glossophagidae
- Chiropterogamie

Glossophaginae ↗
Glossopharyngeus
Glossopteridales
- Proangiospermen

Glossopteris
- Glossopteridales
- Gondwanaflora
- □ Perm
- Polarregion

Glossopteris-Flora
- Kontinentaldrifttheorie

177

Glossoscolecidae

Glossoscolecidae
Glossus ↗
Glottidia
Glottis
Glotzaugen ↗
Gloxin, Benjamin Peter
– Gloxinie
Gloxinie ↗
– Bignoniaceae
– [M] Gesneriaceae
– [B] Südamerika V
Glu ↗
Glucagon
– Adenylat-Cyclase
– Antigene
– □ Hormone (Drüsen und Wirkungen)
– Insulin
– □ Neuropeptide
Glucane
– Elicitoren
α-**Glucanphosphorylase**
– [B] Glykolyse
Glucke (Bruthenne)
Glucke (Pilze) ↗
– [B] Pilze IV
Glucken
Glückskäfer ↗
Glücksspinne ↗
Glucobrassicin
– Myrosinase
Glucocochlearin
– Löffelkraut
– □ Senföle
Glucocorticoide
– □ Hormone (Drüsen und Wirkungen)
– Nebenniere
– Pregnan
– [M] Steroidhormone
– Streß
Glucocorticosteroide ↗
glucogen
Glucokinase
– Glucose-6-phosphat
– [B] Glykolyse
– Hexite
Glucolepidiin
– □ Senföle
Gluconapin
– □ Senföle
Gluconasturtiin
– □ Senföle
Gluconate
– Entner-Doudoroff-Weg
– Gluconsäure
Gluconeogenese
– Alanin
– Carboxylierung
– Diabetes
– [B] Dissimilation II
– Fructose-1,6-diphosphat
– Glucocorticoide
– [M] Glucocorticoide (Wirkungen)
– Glucose
– Glucose-1-phosphat
– Glucose-6-phosphat
– Glycerin-3-phosphat
– Glycerinaldehyd-3-phosphat
– □ Glykogen (Abbau und Synthese)
– Glykogenose
– [M] Glyoxylatzyklus
– [B] Hormone
– [B] Kohlenhydrate II
– Kohlenhydratstoffwechsel
– Leber
– [M] Leerlaufzyklen
– Pentosephosphatzyklus
– Pyruvat-Carboxylase
– [B] Stoffwechsel
– Streß
Gluconobacter ↗
Gluconsäure
– Aspergillus
– Glucose
Glucopenie
– Hypoglykämie

glucoplastisch ↗
Glucoraphanin
– □ Senföle
Glucorezeptoren
– Hunger
Glucosamin
– Glutamin
– □ Heparin
Glucosamin-6-phosphat
– Glucosamin
Glucose
– Cotransport
– [M] Denitrifikation
– Dihydroxyaceton
– [B] Dissimilation I
– [B] Dissimilation II
– □ Entner-Doudoroff-Weg
– [B] funktionelle Gruppen
– Gluconeogenese
– Glucose-6-phosphat
– □ Glycerin
– □ Glykogen (Abbau und Synthese)
– Glykolyse
– [B] Glykolyse
– [M] Glyoxylatzyklus
– Harn (des Menschen)
– Holzverzuckerung
– [B] Hormone
– [M] Interspezies-Wasserstoff-Transfer
– Invertzucker
– Isomerie
– [B] Kohlenhydrate I
– [M] Membrantransport
– [M] Monosaccharide
– [M] Perfusion
– Pyranosen
– □ Saccharose
– [M] Stoffwechsel
– [M] Succinatgärung
Glucose-1,6-bisphosphat
– Glucose-1,6-diphosphat
Glucose-1,6-diphosphat
Glucose-Isomerase
– Enzyme (technische Verwendung)
Glucose-Kinase
– [M] Leerlaufzyklen
Glucose-Oxidase
– □ Aerobier
– Honig
– [M] Oxidoreductasen
Glucose-1-phosphat
– Galactose
– Glucose
– □ Glucuronat-Weg
– □ Glykogen (Abbau-Aktivierung)
– □ Glykogen (Abbau und Synthese)
– Glykolyse
– [B] Glykolyse
– [M] Hydrolyse
Glucose-6-phosphat
– □ Entner-Doudoroff-Weg
– [B] funktionelle Gruppen
– Glucokinase
– Gluconeogenese
– Gluconsäure
– Glucose
– □ Glucuronat-Weg
– □ Glykogen (Abbau und Synthese)
– Glykolyse
– [B] Glykolyse
– [M] Hydrolyse
– [M] Leitenzyme
– □ Pentosephosphatzyklus
Glucose-6-phosphatase
– Glucose-6-phosphat
– [M] Leerlaufzyklen
Glucose-6-phosphat-Dehydrogenase
– [B] Chromosomen III
– [M] Entner-Doudoroff-Weg
– Favismus
– Glucose-6-phosphat
– Isoenzyme

– Malaria
– [M] Oxidoreductasen
– [M] Pentosephosphatzyklus
Glucose-1-phosphat-Uridyltransferase
– □ Glucuronat-Weg
Glucosephosphomutase
– □ Glucuronat-Weg
Glucosetoleranztest
– [M] Diabetes
Glucosidasen
– Bier
– [M] Cellulose
– Glykogenose
– [M] Lysosomen
Glucoside
– [M] Exkretion
4-β-Glucosidoglucose
– Cellobiose
glucostatische Hypothese
– Hunger
Glucosteroide
– Glucocorticoide
Glucosurie
Glucotropaeolin
– □ Kresse
– □ Senföle
Glucovanillin
– Vanillin
Glucuronate ↗
– Glucuronat-Weg
– □ Glucuronat-Weg
Glucuronat-Gulonat-Weg
– Glucuronat-Weg
Glucuronat-1-phosphat
– □ Glucuronat-Weg
Glucuronat-Reductase
– □ Glucuronat-Weg
Glucuronat-Xylulose-Zyklus
– Glucuronat-Weg
Glucuronat-Weg
– Glucose-6-phosphat
– Gulonsäure
– Kohlenhydratstoffwechsel
Glucuronid
– [M] Exkretion
β-**Glucuronidase**
– [M] Leitenzyme
– [M] Lysosomen
Glucuronide ↗
Glucuronidierung
– Glucuronsäure
Glucuronsäure
– Glucose
– Gummi
– □ Heparin
– Hyaluronsäure
– Uronsäuren
Glucuronsäure-Konjugate
– Glucuronsäure
Glucuronyl-Transferase
– Bilirubin
Glugea-Krankheit
Glühkathode
– [B] Elektronenmikroskop
Glühkohlenfisch ↗
Glühwürmchen
– fire-fly-Methode
– [M] Leuchtbakterien
Glumae
Glu-NH₂ ↗
Glutamat-Decarboxylase
Glutamat-Dehydrogenase
– [M] Desaminierung
– [M] Leitenzyme
Glutamate ↗
– [M] Aminosäuren
– [M] Desaminierung
– Glutamat-Decarboxylase
– Glutamat-Dehydrogenase
– Glutamat-Oxalacetat-Transaminase
– Glutamin
– Histidin
– □ Kohlendioxidassimilation
– □ Stärke
– [B] Stoffwechsel
Glutamat-Familie
– □ Aminosäuren (Synthese)

Glutamat-Oxalacetat-Transaminase
– □ γ-Aminobuttersäureweg
– [B] Chromosomen III
– Transaminierung
Glutamat-Pyruvat-Transaminase
– Transaminierung
Glutamat-Synthase
– Stickstoffixierung
Glutamat-Synthetase-Reaktion
– □ Aminosäuren (Bildung)
Glutamin
– [M] Aminosäuren
– Glutamin-Synthetase
Glutaminase
– Glutamin
Glutaminate
– Glutamin
Glutaminsäure
– Corynebacterium
– Folsäure
– Glutaminsäure-γ-semialdehyd
– Glutamin-Synthetase
– [M] Glutathion
– □ Lysozym
– [M] Meteorit
– □ Miller-Experiment
– □ Neurotransmitter
– □ Proteine (Schematischer Aufbau)
– Synapsen
– □ Transaminierung
Glutaminsäure-Dehydrogenase
– Glutamat-Dehydrogenase
Glutaminsäure-γ-semialdehyd
Glutamin-Synthetase
– Stickstoffixierung
γ-**Glutamyl-Cysteinyl-Glycin**
– Glutathion
γ-**Glutamyl-Marasmin**
– Knoblauchpilz
Glutaraldehyd
– Gerbstoffe
– Mikrotubuli
Glutathion
– □ Aerobier
– Hopkins, F.G.
Glutathion-Peroxidase
– Methämoglobin
– Selen
Glutathion-Reductase
– Glutathion
Glutathion-S-Transferase
– □ Leukotriene
Gluteline
Gluten
– Brotgetreide
– Weizen
Glutenin
– Brotgetreide
– Weizen
Glutenine ↗
Glutin
Glutinanten ↗
– Haftorgane
– Isorrhiza
Gluvia
– Walzenspinnen
Gly ↗
Glycerat
– [M] Glycerat-Weg
Glycerat-Kinase
– [M] Glycerat-Weg
Glycerat-Weg
Glyceria ↗
Glyceridae
Glyceride ↗
Glycerin
– Acylglycerine
– Antimutagene
– aufhellen
– Diapause
– □ Dichtegradienten-Zentrifugation
– [B] Dissimilation II
– Frostresistenz

- Gefriertrocknung
- Glycerin-3-phosphat
- ⓑ Glykolyse
- Ⓜ Glyoxylatzyklus
- Membran
- Ⓜ Membrantransport
- Neubergsche Gärungsformen
- Scheele, K.W.
- Ⓜ Seifen
- ⓑ Stoffwechsel
- Teichonsäuren

Glycerinaldehyd
- Ⓜ Methylglyoxal
- Triosen

Glycerinaldehyd-3-phosphat
- □ Calvin-Zyklus (Abb. 1)
- □ Entner-Doudoroff-Weg
- □ Gluconeogenese
- Glucuronat-Weg
- □ Glycerin
- Glycerinaldehyd
- ⓑ Glykolyse
- Ⓜ Isomerasen
- Ⓜ Methylglyoxal
- □ Pentosephosphatzyklus
- □ Phosphoketolase

Glycerinaldehyd-3-phosphat-Dehydrogenase
- Ⓜ Enzyme (katalytischer Mechanismus)
- Glycerinaldehyd-3-phosphat
- Ⓜ Oxidoreduktasen

2-Glycerin-α-D-Galactopyranosid
- Floridosid

Glycerin-Kinase
- Glycerin-3-phosphat

Glycerin-3-phosphat
- Fette
- Fettstoffwechsel
- Glycerinphosphat-Dehydrogenase
- Ⓜ Hydrolyse

Glycerinphosphat-Dehydrogenase

Glycerinphosphatide ↗

Glycerin-3-phosphorsäure
- Glycerin-3-phosphat

Glycerinsäure

Glycerio-Sparganion ↗

Glycerolipide
- Membran

α-**Glycerophosphat**
- □ Glycerin

Glycerophosphatide
- Phospholipide

Glycin
- Ⓜ Aminosäuren
- Gallensäuren
- □ Gallensäuren
- Ⓜ Glutathion
- Glykolsäure
- □ Kollagen
- Ⓜ Meteorit
- □ Miller-Experiment
- □ Neurotransmitter
- ⓑ Proteine
- Sarkosin
- Serin
- Stickland-Reaktion
- Synapsen

Glycine ↗
Glycinin
Glycin-Reductase
- Selen

Glyciphagus ↗
Glycymeridae
- Samtmuscheln

Glycymeris ↗
Glycyrrhetinsäure ↗
- Saponine

Glycyrrhiza ↗
- Glycyrrhizinsäure
- □ Heilpflanzen

Glycyrrhizinsäure
Glykämie

Glykane ↗
Glykeolin
- Ⓜ Phytoalexine

Glykochenodesoxycholsäure
- □ Gallensäuren

Glykocholsäure ↗
- □ Gallensäuren

Glykogen
- Amylasen
- Anaerobiose
- ⓑ Biologie II
- Calmodulin
- Cori, C.F.
- endoplasmatisches Reticulum
- Glucane
- □ Gluconeogenese
- Glucose
- Glucose-1-phosphat
- Glucosidasen
- Glykogenose
- Glykolyse
- ⓑ Glykolyse
- Grenzdextrine
- Gruppenübertragung
- Homoglykane
- ⓑ Hormone
- Leber
- Ⓜ Perfusion
- Pflanzen
- Pflanzenzelle
- ⓑ Stoffwechsel

Glykogengranula
- Glykogen

Glykogenolyse ↗
- Glucagon
- Sympathikolytika

Glykogenose
- genetischer Block
- Glucosidasen

Glykogen-Phosphorylase ↗
- Glucagon
- □ Glykogen (Abbau und Synthese)
- Glykogenose
- ⓑ Glykolyse
- Phosphorolyse
- Phosphorylase-Kinase
- Phosphorylase-Phosphatase

Glykogenspeicherkrankheit ↗

Glykogen-Synthase
- □ Glykogen (Abbau und Synthese)

Glykogen-Synthetase
- Glucagon
- ⓑ Hormone

Glykokalyx
- Cilien
- Darm
- Flimmergeißeln
- Haare
- Kapsel
- Verdauung
- ⓑ Verdauung I

Glykokoll ↗
Glykolaldehyd
- Biose

Glykolate
- Dicarbonsäurezyklus
- Glykolsäure

Glykolipide
- amphipathisch
- Cytidindiphosphat-Diacylglycerin
- Ⓜ Glykokalyx
- Glykosylierung
- Lectine
- Membran
- □ Membran (Plasmamembran)
- Virusrezeptoren

Glykolipoide
- Glykolipide

Glykolsäure
- Hydroxycarbonsäuren
- □ Heilpflanzen
- □ Miller-Experiment
- Photorespiration
- Photosynthese

Glykolyse
- Aldolase
- □ Anaerobiose
- ⓑ Biochemie
- biologische Oszillationen
- ⓑ Dissimilation I
- ⓑ Dissimilation II
- Ⓜ Enzyme
- Erythrocyten
- Fettsäuren
- Galactose
- Gärung
- Gluconeogenese
- Glucose
- Glucose-1-phosphat
- Glucose-6-phosphat
- Glycerinaldehyd
- Glycerinaldehyd-3-phosphat
- Glycerin-3-phosphat
- Glycerinphosphat-Dehydrogenase
- □ Glykogen (Abbau und Synthese)
- Kohlenhydratstoffwechsel
- Krebs
- Ⓜ Leerlaufzyklen
- Ⓜ Leitenzyme
- Muskelkontraktion
- Pasteur-Effekt
- Pentosephosphatzyklus
- ⓑ Stoffwechsel

Glykomethylguanidin
- Kreatinin

Glykophorin
- Membranproteine
- □ Membranproteine (Schemazeichnung)
- □ Membranskelett

Glykophyten
- Halophyten

Glykoproteide
- Glykoproteine

Glykoproteine
- Glykosylierung
- Ⓜ Kollagen
- Lectine
- Membran
- □ Membran (Plasmamembran)
- Membranproteine
- Polyprenolzyklus
- Proteoglykane
- Virusrezeptoren

Glykoretine
- Windengewächse

Glykosaminglykane ↗

Glykose ↗

Glykosidasen
- Glykoside
- Ⓜ Hydrolasen

Glykoside
- Cellobiose
- Ⓜ Geschmacksstoffe
- Glykosidasen
- Glykosylierung
- Ⓜ Gruppenübertragung
- Heilpflanzen
- Wurzelausscheidungen

glykosidische Bindung ↗
- ⓑ Kohlenhydrate I
- ⓑ Kohlenhydrate II

Glykosylasen
- DNA-Reparatur
- Glykosidasen

Glykosyl-Enzym
- Transglykosylierung
  ↗ Glykosylasen

Glykosylierung
- endoplasmatisches Reticulum
- Golgi-Apparat
- Transglykosylierung

Glykosyl-Transferasen
- endoplasmatisches Reticulum
- Glykoproteine
- Glykosylierung
- Golgi-Apparat
- Kohlenhydratstoffwechsel

Glyoxalase
- Ⓜ Methylglyoxal

Glyoxalat
- Dicarbonsäurezyklus
- Glycerat-Weg

Glyoxalatzyklus ↗

Glyoxalsäure
- Glyoxylsäure

Glyoxisomen
- Cytosomen
- Gibberelline
- Pflanzenzelle

Glyoxylat-Carboligase
- Ⓜ Glycerat-Weg

Glyoxylate ↗
- Ⓜ Glyoxylatzyklus

Glyoxylatzyklus
- ⓑ Dissimilation II
- Glyoxylsäure
- Pflanzenzelle
- ⓑ Stoffwechsel

Glyoxylsäure
- Aldehydsäuren
- Glykolsäure
- □ Purinabbau

Glyoxylsäurezyklus ↗
- Cornforth, J.W.

Glyoxysomen
- Glyoxisomen

Glyphipterygidae ↗

Glyphocrangonidae
- □ Natantia

Glyphoglossus ↗

Glyptocephalus ↗

Glyptodon

Glyptodontoidea
- Glyptodon

Glyptograptus
- Ordovizium
- Silurium

Glyptostrobus

Glyptothorax ↗

Glyzine ↗
- ⓑ Asien III

Glyzinie
- Ⓜ Hülsenfrüchte

Gmelin, J.F.
Gmelin, J.G.
Gmelin, L.
Gmelin, S.G.

Gmelinsches Salz
- Gmelin, L.

GMP
Gnadenkraut
Gnaphalium ↗

Gnaphosa
- Plattbauchspinnen

Gnaphosidae ↗

Gnathiidae
- Ⓜ Asseln

Gnathobdelliformes
- Hirudinea

Gnathocephalon
- □ Gliederfüßer

Gnathocerus
- Schwarzkäfer

Gnathochilarium
- Mundwerkzeuge

Gnathocoxa
- Ganzbeinmandibel

Gnathodus
- Ⓜ Conodonten

Gnathoncus
- Stutzkäfer

Gnathonemus ↗

Gnathophausia
- Ⓜ Mysidacea

Gnathophyllidae
- Harlekingarnele

Gnathopoden
- Mundwerkzeuge

Gnathorhynchidae
- Kiefer (Körperteil)

Gnathorhynchus

Gnathosoma
- Ⓜ Milben
- Ⓜ Zecken

Gnathostoma
- Ⓜ Copepoda

Gnathostomaria

Gnathostomaria
Gnathostomata ⁄
- M Irreguläre Seeigel
- M Seeigel
- □ Wirbeltiere
Gnathostomatidae
- Gnathostoma
Gnathostoma
Gnathostomatoidea
- Gnathostoma
Gnathostomula
Gnathostomulida
- Kiefer (Körperteil)
- □ Tiere (Tierreichstämme)
Gnetatae
- Bedecktsamer
Gnetopsida
- Gnetatae
Gnetum
Gnitzen ⁄
Gnomonia
- Blattbräune
Gnorimoschema
- Palpenmotten
Gnosonesimidae
- Lecithoepitheliata
Gnotobiologie
Gnotobionten
- Gnotobiologie
gnotobiotische Tiere
- Gnotobiologie
Gnotophor
Gnubberkrankheit
- Traberkrankheit
Gnus
- B Afrika II
Gobi
- Asien
- B Vegetationszonen
Gobiesocidae
- Schildbäuche
Gobiesociformes ⁄
Gobiesox
- Schildbäuche
Gobiidae ⁄
- Knallkrebse
Gobikatze ⁄
Gobio
- Gründlinge
Gobiobotia ⁄
Gobioidei ⁄
Gobioninae ⁄
Gobiosoma ⁄
Gobius
- Brandungszone
- M Fische
- Grundeln
Gockel
- Haushuhn
Godetia
- M Nachtkerzengewächse
Goebel, K.E. von
Goeldi-Tamarin
- Springtamarins
Goethe, J.W. von
- Abstammung - Realität
- B Biologie I
- B Biologie II
- B Biologie III
- Durchwachsung
- Farbenlehre
- Geoffroy Saint-Hilaire, É.
- idealistische Morphologie
- Morphologie
Goethit
- Terra rossa
Goette, A.W.
- Goettesche Larve
Goettesche Larve
Goezia
- M Spulwurm
Goldafter
- Raupennester
Goldalgen ⁄
Goldammer
- Ammern
- B Europa XVIII
- B Vögel I
- B Vogeleier I

Goldaugen ⁄
- M Florfliegen
Goldbarsch ⁄
Goldberg-Hogness-Box
- Promotor
Goldbienen ⁄
Goldblatt
- Hartriegelgewächse
Goldblättriger Krempling
- Goldblatt-Röhrling
Goldblatt-Röhrling
Goldblume ⁄
Goldbrasse ⁄
Goldbutt ⁄
- B Fische I
Golddistel
- Eberwurz
- M Eberwurz
Goldene Acht ⁄
Goldenes Vlies
- Rindergemsen
Goldeulen
Goldfasan
- B Asien III
- Fasanen
Goldfisch
- B Fische IX
- M Fische
- Haustiere
Goldflieder ⁄
Goldfliegen ⁄
- B Insekten II
Goldfröschchen ⁄
- Ranidae
Goldfuß, G.A.
Goldgarbe
- Schafgarbe
Goldgelbe Vergilbung
- M Rickettsienähnliche Organismen
Goldhafer
Goldhafer-Wiesen ⁄
Goldhähnchen
- B Europa XII
- B Rassen- u. Artbildung II
- B Vögel I
- B Vogeleier I
Goldhalskasuar
- M Kasuare
Goldhamster
- Hamster
- Haustiere
- □ Lebensdauer
- B Mediterranregion IV
- M Trächtigkeit
- Versuchstiere
Goldhase ⁄
Goldhenne ⁄
Goldjungfer ⁄
Goldkäfer ⁄
Goldkatzen ⁄
Goldkeule ⁄
Goldkröte
Goldlachse ⁄
Goldlack
- Irone
Goldlärche ⁄
Goldlaufkäfer
- B Käfer I
- Laufkäfer
Goldmakrelen ⁄
- B Fische IV
Goldman-Gleichung
- Membranpotential
Goldmeerbarbe
- B Fische VII
- Meerbarben
Goldmelisse ⁄
Goldmullartige
- Zalambdodonta
Goldmulle
- Beutelmulle
- M Lebensformtypus
- Südafrikanische Unterregion
Goldnerfling ⁄
Goldnessel ⁄
Goldorfe ⁄
- M Weißfische

Goldpflaume ⁄
Goldregen
- M Giftpflanzen
- Lupinenalkaloide
Goldregenpfeifer
- B Europa III
- M Regenpfeifer
- B Vogeleier II
Goldröhrling
- □ Lärchenpilze
- M Schmierröhrlinge
Goldröschen ⁄
- B Asien V
Goldrose ⁄
Goldrute
- Adventivpflanzen
- B Europa IV
- hortifuge Pflanzen
Goldsaphir
- B Südamerika III
Goldschakal
- Hunde
Goldschimmel
Goldschlange ⁄
Goldschmidt, R.
- B Biologie I
- B Biologie II
- B Biologie III
- Evolution
- Phänokopie
- Saltation
Goldschmied ⁄
- B Insekten III
Goldschnecken
Goldschnepfen
- Rhynchaeites
Goldspitzigkeit
- B Waldsterben II
Goldstern ⁄
- B Europa IX
Goldstirnblattvogel
- B Vögel II
Goldstreifensalamander
Goldstumpfnase
- Asien
Goldtetra ⁄
Goldwespen
- B Insekten II
Goldziegenfisch
- Meerbarben
Golfingia
Golfingiidae
- M Sipunculida
Golfstrom
- B Vegetationszonen
Golgi, C.
- B Biologie I
- Golgi-Apparat
- Golgi-Färbung
- □ Nervensystem (Funktionsweise)
- Versilberungsfärbung
Golgi-Apparat
- Cytoplasma
- Drüsen
- Fungi
- Glykokalyx
- Kompartimentierung
- M Leitenzyme
- Membranfluß
- Membranproteine
- Schleimdrüsen
- Versilberungsfärbung
Golgi-Färbung
- Golgi-Apparat
Golgi-Feld
- Golgi-Apparat
Golgi-Körper
- Golgi-Apparat
Golgi-Mazzoni-Körperchen
- Mechanorezeptoren
Golgi-Vesikel
- Glykoproteine
- Golgi-Apparat
- B Zelle
Golgi-Zisternen
- Golgi-Apparat
- B Zelle
Goliathfrosch

Goliathkäfer
- B Insekten III
- B Käfer II
Goll, Friedrich
- Gollscher Strang
Gollscher Strang
Goltz, Th. von der
- Landwirtschaftslehre
Golumbacer Mücke ⁄
Gomes
- Cinchonin
Gomontia ⁄
- Trentepohliaceae
Gomphaceae
- Korallenpilze
- M Nichtblätterpilze
Gomphidae ⁄
Gomphidiaceae ⁄
Gomphidius
- Gelbfüße
Gomphoceras
Gomphoceratidae
- Gomphoceras
Gomphocerus ⁄
Gomphonema ⁄
Gomphosus ⁄
Gomphotherium
- □ Mastodonten
Gomphus (Botanik) ⁄
Gomphus (Zoologie) ⁄
Gonactinia ⁄
Gonaden
- Geschlechtsdrüsen
- Geschlechtsmerkmale
- □ hypothalamisch-hypophysäres System
Gonaden-Stroma
- Geschlechtsorgane
gonadotrop
- □ hypothalamisch-hypophysäres System
gonadotrope Hormone
- adenotropes Hormon
- Menstruationszyklus
- Placenta
- Prolactin
- Schwangerschaftstests
Gonadotropine
- glandotrope Hormone
- □ Neuropeptide
- ⁄ gonadotrope Hormone
Gonagra
- Gicht
Gonan
- M Steroide
- Steroidhormone
Gonangium
Gonapophyse ⁄
Gonastrea
Gonatozygaceae
- Gonatozygaceae
Gonatozygon
- Gonatozygaceae
Gondide
- □ Menschenrassen
Gondwana
- Gondwanaland
Gondwanaflora
Gondwanaland
- Afrika
- M Brückenkontinent
- Capensis
- Devon
- Dinosaurier
- Gondwanaflora
- Jura
- Kambrium
- Karbon
- Lemuria
- Polarregion
- Südamerika
- Tethys
Gonen
- Gonien
- Gonotokonten
- Tetrade
Gonepteryx ⁄
Gongora
Góngora, Antonio Caballero y
- Gongora

Gongrosira ↗
Gongylidien ↗
Gongylomiasis
- Gongylonema
Gongylonema
Gongylus ↗
Goniatiten
- [M] Devon (Lebewelt)
Goniatitida
goniatitische Lobenlinie
- Goniatitida
Gonidangium
Gonidium
- Gonidangium
- [M] Leucothrix
- Leucotrichales
Gonien
Gonimoblast
- Rotalgen
Gonioclymenia
- □ Ammonoidea
Goniodorididae
- Goniodoris
- Griffelschnecke
Goniodoris
Goniometer
- Anthropometrie
Gonionemus ↗
- [M] Limnohydroidae
Goniophyllum
- Rugosa
Gonium ↗
- [B] Algen I
Gonocephalus ↗
Gonochorismus ↗
Gonocoel
- Gonocoeltheorie
Gonocoeltheorie
- Geschlechtsorgane
Gonocyten
Gonodactylidae
- Fangschreckenkrebse
Gonodactylus
- [M] Fangschreckenkrebse
Gonodukte
Gonokokken ↗
Gonomerie
Gononemertes
Gonophoren
- Hydrozoa
Gonopoden ↗
- Eilegeapparat
- Harpagonen
Gonopodium
- Penis
Gonoporus
- [M] Geschlechtsorgane
- □ Muscheln
Gonorhynchidae
- Sandfische
Gonorhynchiformes ↗
Gonorhynchus
- Sandfische
Gonorrhoe
- Erythromycin
- Geschlechtskrankheiten
- Neisseria
Gonosomen ↗
Gonospore
- Samen
- Sporen
Gonostomatidae ↗
Gonothek
Gonothyrea ↗
Gonotokonten
- Gonospore
Gonozoide
- □ Cyclomyaria
- Heterozoide
- [M] Plumulariidae
Gonyaulax
- Algengifte
- Biolumineszenz
- Feueralgen
- Saxitoxin
Gonyautoxin
- Muschelgifte
Gonyleptes
- [M] Laniatores

Gonyostomum ↗
Gonypodaria
Goodchild, J.S.
- Geochronologie
Goodenia
- Goodeniaceae
Goodeniaceae
- Glockenblumenartige
Goodenough, Samuel
- Goodeniaceae
Goodyear, Ch.N.
- Kautschuk
Goodyer, John
- Goodyera
Goodyera ↗
Gopherschildkröten
- Landschildkröten
Gopherus ↗
Göppert, H.R.
Goral
Gordiacea
- Saitenwürmer
Gordiida
- [M] Saitenwürmer
Gordiidae
- [M] Saitenwürmer
Gordionus
- [M] Saitenwürmer
Gordius ↗
Gorgodera
Gorgonaria ↗
Gorgonenhäupter
Gorgonin
- Hornkorallen
Gorgonocephalidae ↗
Gorgonocephalus
- Gorgonenhäupter
Gorgonzola
- Käse
Gorgosaurus
Gorilla
- [B] Afrika V
- Äthiopis
- [M] Chromosomen (Anzahl)
- Jugendentwicklung: Tier-Mensch-Vergleich
- □ Mensch
- [B] Paläanthropologie
- Scheitelbein
- □ Stammbaum
Gorter, E.
- bimolekulare Lipidschicht
- Membran
Gössel
- [B] Motivationsanalyse
Gossyparia
- Schmierläuse
Gossypetin
- □ Flavone
Gossypium ↗
Gossypol
GOT ↗
Gotiden
- [M] Präkambrium
gotidisch
- [B] Erdgeschichte
Gotiglazial
Gotlandium
Gott
- Geist - Leben und Geist
- Teleologie - Teleonomie
  ↗ Schöpfung
Götterbaum ↗
- [M] Flügelfrüchte
- [M] Symmetrie
Göttervogel
- [B] Selektion III
Gottesanbeterin
- Europa
- [B] Insekten I
Gottesbeweis
- Teleologie - Teleonomie
Gottesfisch ↗
- [B] Fische V
Gottesurteilsbohne
- Physostigmin
göttlicher Pilz
- Teonanacatl
Gougerot, Henri Eugène
- Gougerotin

Gougerotin
Gould, J.
- Evolution
Gouldamadine
- □ Käfigvögel
- [M] Prachtfinken
- [B] Vögel II
Goulian, M.
- □ Desoxyribonucleinsäuren (Geschichte)
- Gensynthese
Goura ↗
Gowers, Sir W.R.
Gowersscher Trakt
- Gowers, Sir W.R.
G-Phase ↗
- □ Mitose
GPT ↗
Graaf, R. de
- Graafscher Follikel
Graafscher Follikel ↗
- Östrogene
- [M] Ovar
Grab
- Jugendentwicklung: Tier-Mensch-Vergleich
Grabbeine
- Analogie
- Käfer
- Maulwurfsgrillen
- Zikaden
Graben
- Fortbewegung
Grabfrosch
Grabfrösche
- Froschlurche
Grabfüßer ↗
Grabgemeinschaft
Grabhände
- Maulwürfe
- Sternmull
  ↗ Grabschaufel
Grabheuschrecken
- Grillen
Grabmandibeln
- Mundwerkzeuge
Grabmilben ↗
Grabschaufel
- [M] Homoiologie
- [M] Lebensformtypus
  ↗ Grabhände
Grabschrecken ↗
Grabwespen
- staatenbildende Insekten
- Webspinnen
- Werkzeuggebrauch
Gracilaria (Algen) ↗
- Agarophyten
Gracilaria (Schmetterlinge) ↗
Gracilariidae
Gracilariinae
- Gracilariidae
Graciliaria ↗
Gracilicutes
- [M] Gram-Färbung
Gracula ↗
Gradation ↗
- Leibniz, G.W.
- Vermehrung
Gradient
- Habitatselektion
  ↗ Protonengradient
Gradologie
Gradozön
Gradualismus
- Evolution
- Saltation
Graecopithecus
Graff, Ludwig von
- Graffizoon
Graffillidae
- [M] Dalyellioida
Graffizoon
- Strudelwürmer
Grahamella
- Autoradiographie
Grallinidae ↗
Gram, H.Ch.J.
- Gram-Färbung

- Gramicidine
Gram-Färbung
- Gentianaviolett
gramfest ↗
gramfrei ↗
Gramicidine
- Membrantransport
- Synge
- Tyrothricin
Gramin
Graminales
Gramineae ↗
Gramineen
- Lignin
  ↗ Süßgräser
Gramineentyp
gramlabil ↗
Grammäquivalent
- [M] Lösung
Grammaria ↗
Grammatik
- Sprache
Grammatom
- chemische Symbole
Grammicolepidae ↗
gramnegativ ↗
gramnegative aerobe Stäbchen und Kokken
- □ gramnegative und grampositive Bakteriengruppen
gramnegative anaerobe Bakterien
- □ gramnegative und grampositive Bakteriengruppen
gramnegative anaerobe Kokken
gramnegative Bakteriengruppen
gramnegative chemolithotrophe Bakterien
- □ gramnegative und grampositive Bakteriengruppen
gramnegative fakultativ anaerobe Stäbchen
- □ gramnegative und grampositive Bakteriengruppen
gramnegative Kokken und Kokkenbacillen
Gramper ↗
grampositiv ↗
grampositive Bakteriengruppen
grampositive Kokken
- □ gramnegative und grampositive Bakteriengruppen
grampositive, sporenlose stäbchenförmige Bakterien
- □ gramnegative und grampositive Bakteriengruppen
Grampus
- Delphine
gramvariabel
- Gram-Färbung
Grana
- Thylakoidmembran
Granadille ↗
Granaria
- Kornschnecken
Granat
- Crangonidae
Granatapfel
- [B] Mediterranregion III
Granatapfelbaum
- Granatapfelgewächse
- Pelletierin
Granatapfelgewächse
Granatbaum
- Granatapfelgewächse
Granathylakoide
- Thylakoidmembran
Gran Chaco
- Südamerika
- [B] Vegetationszonen
Grand Canyon
- [B] National- und Naturparke II
- Präkambrium
grande coupure
- □ Tertiär
Grandidier, M.G.
- Didiereaceae

Grandry, M.

Grandry, M.
– Grandry-Körperchen
Grandry-Körperchen
– [B] mechanische Sinne I
– Mechanorezeptoren
Grand Teton (USA)
– [B] National- und Naturparke II
Granit
– [M] Albedo
Granit, R.A.
Granne
– [M] Süßgräser
Grannenhaare ↗
Grannenkiefer
– ☐ Dendrochronologie
– Kiefer (Pflanze)
– ☐ Lebensdauer
Gran Paradiso (Italien)
– Alpentiere
– [B] National- und Naturparke I
Grant, James Augustus
– Grantgazelle
Grant, Robert Edmund
– Grantiidae
Grantgazelle
– [B] Afrika IV
– ☐ Antilopen
Grantia
– Grantiidae
Grantiidae
Grantiopsis
– [M] Grantiidae
Granula
Granulaptychus
Granulationsgewebe
– Granulom
– Proliferation
Granulationszellen
– Granulationsgewebe
Granulin
– Baculoviren
Granulocyten
– Eiter
– Entzündung
– eosinophile Granulocyten
– [M] Leukocyten
– [M] Mastzellen
granulokrin
– [M] Drüsen
Granulom
– Botryomykose
– Schistosomiasis
Granuloma venereum
– Calymmatobacterium
Granulosaepithel
Granulose-Viren
– Baculoviren
Granulum
– Granula
Granum
– Grana
Grapefruit ↗
– [B] Kulturpflanzen VI
Graphidaceae
Graphidales
Graphina ↗
Graphiola
Graphis ↗
Graphit
– ☐ Inkohlung
– Kohlenstoff
Graphium
Graphiurinae
– Bilche
Graphoglypten
Grapholita
– Pflaumenwickler
Graphosoma ↗
Grapsidae
– [M] Brachyura
– Felsenkrabben
Grapsus
– Felsenkrabben
Graptolithen
– Bitheca
– [M] Devon (Lebewelt)
– Retiolitidae

– ☐ Silurium
– Stolonoidea
– Virgella
– Virgellarium
Graptolithina
– Graptolithen
Graptoloidea
Grasähre ↗
Grasbäume
– [B] Australien I
– Australis
– Xanthorrhoeaceae
Grasbaumgewächse
– Xanthorrhoeaceae
Grasblüte
– Süßgräser
Grasböcke ↗
Grasbüffel
– Kaffernbüffel
Gräser ↗
– distich
– ☐ Fruchtformen
– ☐ Tropismus (Geotropismus)
– Wiese
↗ Grasland
Gräserfieber
– Heuschnupfen
Graseule ↗
Grasfliegen
Grasfluren
– Wiese
↗ Grasland
Grasformation
– Steppe
Grasfresser
– [B] Pferde, Evolution der Pferde I
Grasfrosch ↗
– [B] Amphibien I
– [B] Amphibien II
– [M] Froschlurche
– [M] Gelege
– [M] Membranpotential
Grasglucke
– Glucken
Grashähnchen
– Hähnchen
Grashalm
– ☐ Biegefestigkeit
– Gelenk
– [M] Süßgräser
– ☐ Tropismus (Geotropismus)
↗ Halm
Grashüpfer
– Heuschrecken
Graskohlen
– Sciadopitys
Grasland
– [B] Afrika I
– [B] Afrika II
– [B] Afrika IV
– [B] Afrika VI
– [B] Afrika VIII
– [B] Asien I
– [B] Asien VI
– [B] Australien I
– [B] Australien II
– Baumsavanne
– Grasfluren
– [B] Nordamerika I
– ☐ Produktivität
– [B] Südamerika I
– [B] Südamerika III
– [B] Vegetationszonen
Graslilie
– ☐ Blumenuhr
Grasmilbe ↗
Grasminiermotten
Grasmücken
– Fliegenschnäpper
– Mauser
– Nest
– [B] Vögel I
– Vogelzug
Grasnadel ↗
Grasnarbe
Grasnattern
Grasnelke

Grasnelken-Gesellschaft ↗
Grasnutzung
– Landwirtschaft
grass
– Marihuana
Grassavannen
– [B] Vegetationszonen
Grasschnecken
Grasschwamm
– Badeschwämme
Grassi, G.B.
Grassteppe ↗
– Asien
– [M] Steppe
– [B] Vegetationszonen
Grastetanie
– Tetanie
Graswanze ↗
Graswirtschaft
– Landwirtschaft
Gräten
– Rippen
Grätenblattgewächse
– Ochnaceae
Grätenfische
– [B] Fische VI
– [M] Otolithen
Gratiola ↗
Gratiolin
– [M] Gnadenkraut
Gratiosid
– [M] Gnadenkraut
Gratiotoxin
– [M] Gnadenkraut
Graubär
– Grizzlybär
Graubarsch ↗
Graubraunes Höhenvieh
– Rinder
Grauer Burgunder
– ☐ Weinrebe
Grauerde
grauer Halbmond
Grauerle
– [M] Erle
Grauerlen-Auenwald ↗
grauer Star
– Linsenauge
Grauer Steppenboden
– Grauerde
Grauer Waldboden ↗
graue Substanz
– Hinterhörner
– Hirnrinde
– Nervengewebe
– [B] Rückenmark
– Telencephalon
Graufäulen
Graufischer
– Eisvögel
Graufüchse
– [B] Nordamerika VII
Graugans
– Dauerehe
– Entenvögel
– [B] Europa I
– Fehlprägung
– ☐ Flugbild
– [M] Gänse
– [M] Gelege
– [B] Kampfverhalten
– Monogamie
– [B] Motivationsanalyse
– Prägung
Grauganter
– [B] Kampfverhalten
Grauhai ↗
Grauhaie
Grauhörnchen
– Europa
– Nordamerika
Graukappe ↗
Graukardinal
– ☐ Käfigvögel
Graukatze
Graukopf ↗
Graukresse
– Berteroa
Graulehm
– Plastosol

Graumulle
– [M] Sandgräber
Graupapagei
– [B] Afrika V
– Papageien
Graupel
– [M] Niederschlag
Graupen
– Buchweizen
– Weizen
Graureiher
– [B] Europa VII
– [B] Nordamerika VI
– [B] Vögel II
– Vogelzug
Grausamkeit
– Mensch und Menschenbild
Grauschimmel ↗
– [B] Pflanzenkrankheiten II
– ☐ Sclerotiniaceae
Grauschimmelfäulen
– Graufäulen
Grauschnäpper ↗
Grauseggensumpf
– Caricetalia nigrae
Grauwale
– Nordamerika
Grauweiden-Gebüsche ↗
Gravensteiner Apfel
– Anorthoploidie
Graves, C.L.
– Gravesia
Gravesia ↗
Gravidität ↗
– Trächtigkeit
Graviperzeption
– Statolithen
– Statolithenhypothese
Gravirezeptoren ↗
Gravisensoren
– Statolithenhypothese
Gravitation
– ☐ anthropisches Prinzip
Gravitationsfeld
– Potential
Gravitropismus ↗
Gray
– Strahlendosis
– ☐ Strahlendosis
Gray, A.
Grazilindide
– ☐ Menschenrassen
Grazilisation
Grazilisierung
– Grazilisation
Grazilmediterranide
– ☐ Menschenrassen
Great Barrier Reef
– Barriereriff
Great Basin Desert
– Nordamerika
Greenpeace
Gregaria-Phase
– Massenwanderung
– Wanderheuschrecken
Gregarina
Gregarinen
– Gamontogamie
– Gregarinida
Gregarinida
– Apicomplexa
Gregarismus
Gregärparasitismus
gregate Blastozoide
– Desmomyaria
Grégoire, V.
Greifantenne
Greifbein
Greiffrösche ↗
Greiffuß
– Affen
– Ballen
– Großzehe
– Menschenaffen
– opponierbar
Greifhand
– Affen
– Ballen
– Händigkeit

Grubenottern

- Hand
- Mensch
- Menschenaffen
- Mensch und Menschenbild
- opponierbar

Greiforgane
- Arm
- Extremitäten
- Hautleisten
- ↗ Greiffuß
- ↗ Greifhand
- ↗ Greifschwanz

Greifreflex
- Jugendentwicklung: Tier-Mensch-Vergleich

Greifschwanz
- Affen
- Breitnasen
- Chamäleons
- Klammerschwanzaffen
- Schwanz

Greifsohle
- Brüllaffen

Greifstachler ↗
Greifvögel
- [M] brüten
- Gelege
- [M] Geschlechtsreife
- Horst
- □ Lebensdauer
- Nest
- Nestflüchter
- Vogelzug

Greifzange
- Cerci
- Doppelschwänze
- Forceps

Greisböckchen
- [M] Steinböckchen

Greisenhaut
- Flußblindheit

Greiskraut
- Selbstbefruchter

Grell, K.G.
- Bilaterogastraea-Theorie
- Placozoa
- Placula-Theorie

Gremmenia ↗
Grenadierfische
- [B] Fische II

Grenadierkrabben
- Armeekrabben

Grenadillbaum
- Grenadillholz

Grenadille ↗
Grenadillholz
Grendel, F.
- bimolekulare Lipidschicht
- Membran

Grenzbiotope
- Cyanobakterien

Grenzdextrine
Grenzflächen
- grenzflächenaktive Stoffe
- Seifen

grenzflächenaktive Stoffe
- Seifen
- Tenside

Grenzflächenkontrast
- Somatolyse
- ↗ Kontrast

Grenzflächenspannung
- Emulgatoren

Grenzkontrast
- □ Kontrast

Grenzmembran ↗
Grenzplasmolyse
- Plasmolyse

Grenzschicht
- Mikroklima
- Schuppen
- Temperaturanpassung
- Transpiration

Grenzschichtdicke
- [M] Grenzschicht

Grenzstrang
- Nervensystem
- [B] Nervensystem II

Grenzzellen
- Heterocysten

Gretel in der Heck ↗
Greville, Charles Francis
- Grevillea

Grevillea ↗
Grevyzebra
- [B] Rassen- u. Artbildung I
- [M] Zebras

Grew, N.
- [B] Biologie II
- Cytologie

Grey, Sir George
- Greyia

Greyerzer
- Käse

Greyhound
- □ Hunde (Hunderassen)

Greyia ↗
Griechische Landschildkröte
- [B] Mediterranregion III
- □ Schildkröten

griechischer Polytheismus
- Anthropomorphismus - Anthropozentrismus

Griffel (Botanik)
- □ Autogamie
- Bedecktsamer
- [B] Bedecktsamer I
- [M] Birnbaum
- Heterostylie
- Narbe
- Siphonogamie

Griffel (Zoologie) ↗
Griffelbeine
- [M] Atavismus
- Pferde

Griffelbürste
Griffelpolster
Griffelsäule ↗
Griffelschnecke
Griffelseeigel
Griffith
- [M] Transformation

Griffiths, D.
- Griffithsia

Griffithsia
Griffon
- □ Hunde (Hunderassen)

Grifola
Grillen
- Dialekt
- Gartenschädlinge
- Gehörorgane
- Gesang
- [M] Komplexauge (Querschnitte)
- Stridulation
- Zufallsfixierung

Grillenartige ↗
Grillenfrösche
Grillenschrecken ↗
Grillotia
- Tetrarhynchidea

Grimaldi-Rasse
Grimm, Johann Friedrich Karl
- Grimmiales

Grimmdarm
Grimmia
- Felsflora
- Grimmiales

Grimmiaceae
- Grimmiales

Grimmiales
Grind (Hautausschlag)
Grind (Pflanzenkrankheiten)
Grindelia
- [B] Südamerika IV

Grindpilzflechte
- Favus

Grindwale
Griphosphaeria
- Schneeschimmel

Grippe
- □ Chinin
- Infektionskrankheiten
- [M] Inkubationszeit

Grippeviren ↗
Griquatherium
Grisebach, A.H.R.
Grisein

Griseoflavin ↗
Griseofulvin
- cancerogen

Griseomycin
- Makrolidantibiotika

Grisons
Grizzlybär ↗
- Europa
- [B] Nordamerika II

Grobben, C.
- Deuterostomier
- Protostomier

Grobboden
- Bodenskelett

grobdispers
- Dispersion

Grobton
- Frostsprengung

Groenendael
- □ Hunde (Hunderassen)

Groenlandia
- Laichkrautgewächse

Groenlandium ↗
Grönland
- Nordamerika
- [B] Polarregion I

Grönlandangler ↗
Grönlandhai ↗
Grönlandwal ↗
- [M] Fortbewegung (Geschwindigkeit)
- Mosaikevolution
- [B] Polarregion III
- [B] rudimentäre Organe

Groppen
- [B] Fische XI
- Fließwasserorganismen
- [M] Laichperioden

Großart ↗
Großaugenbarsche
Großbären ↗
Großblätter ↗
Großblattnasen
Größe
- Körpergröße

Große Goldrute
- Adventivpflanzen

Größensteigerung
Größentäuschung
- □ optische Täuschung

Größenzunahme
- Größensteigerung
- Kulturpflanzen

Großer Eichenbock
- [B] Insekten III

Großer Fuchs
Großer Laternenträger
- [B] Insekten II
- Laternenträger

Großer Leberegel
- Fasciola
- Galba

Großer Panda
- Bambusbär

Großer Salzsee
- Salzgewässer

Große Sandwüste
- [M] Australien
- [B] Vegetationszonen

Großes Schneeglöckchen
- Knotenblume

große Untereinheiten
- Ribosomen

Großfischer
- [B] Nordamerika VI

Großfledertiere
- Flughunde

Großflosser ↗
- Nest

Großflugbeutler
- □ Flughaut

Großflügler ↗
- Schlammfliegen

Großforaminiferen
- Zooxanthellen

Großbühverer
- brüten
- Nest
- Temperatursinn

Großhirn ↗
- Neopallium
- [B] Nervensystem II

Großhirnrinde ↗
- Gedächtnis
- Gyrifikation
- ↗ Hirnrinde

Großkamele
- Camelus

Großkatzen
Großkern ↗
- Amitose
- [B] Sexualvorgänge
- ↗ Makronucleus

Großklima
- Bestandsklima
- Klima

Großkopfschildkröten
- [M] Orientalis

Großlibellen
- □ Komplexauge (Aufbau/Leistung)

Großmünder
Großmutationen
- Mutation

Großnische
- ökologische Nische

Großohren ↗
Großohrhirsch
- Maultierhirsch

Groß-Pudel
- [B] Hunderassen IV

Großrassen
- Menschenrassen

Großraumgärverfahren
- Wein

Großsaurier
- Dinosaurier

Großschaben ↗
Großschmetterlinge ↗
Großseggengesellschaften
Großseggenrieder
- Großseggengesellschaften
- Verlandung

Großseggensümpfe
- Großseggengesellschaften

Großstadtvögel
- Habitatselektion

Großtagebau
- Rekultivierung

Großtrappe
- [B] Europa XIX
- [M] Trappen

Großvieh-Weidewirtschaft
- Europa

Großwiesel
- Hermelin

Großwildjagd
- wildlife management

Großzehe
- Finger

Großzikaden ↗
Grottenolm
- [B] Amphibien I
- [B] Amphibien II
- Fetalisation
- Neotenie
- Stygobionten

Grottensalamander
growth hormone
- Somatotropin

growth-inhibiting-hormone
- [M] Pankreas

Grübchenschnecke
Grube, Adolphe Edouard
- Grubea

Grubea
- [M] Syllidae

Grubenauge ↗
Grubengas
- Methan

Grubenkegel
- [M] Sensillen

Grubenorgan
- Temperatursinn
- □ Temperatursinn

Grubenottern
- Giftzähne

183

Grubenwurm

- Schlangengifte
- *Grubenwurm* ↗
- *Grubenwurmkrankheit* ↗
- *Gruber, M. von*
- Gruber-Widalsche Reaktion
- **Gruber-Widalsche Reaktion**
- *Grüblinge* ↗
- *Gruidae* ↗
- *Gruiformes* ↗
- *Gruinales* ↗
- **Grumpen**
  - Tabak
- **Grumusol**
  - Vertisol
- **Grün**
  - □ Farbstoffe
- **Grünaderweißling**
  - Weißlinge
- *Grünalgen*
  - □ Bakteriochlorophylle (Absorption)
  - Farnpflanzen
  - Landpflanzen
  - Pflanzen
  - □ Terpene (Verteilung)
  - M Urfarne
- **Grünalgenflechten**
  - Cephalodien
- *Grünaugen (Fische)* ↗
- *Grünaugen (Insekten)* ↗
- **Grünblättriger Schwefelkopf**
  - B Pilze III
- **Grünblau**
  - □ Farbstoffe
- *Grünblindheit* ↗
- **Grundbauplan**
  - Adaptationszone
  - adaptive Radiation
  - additive Typogenese
  - Typus
    - ↗ Bauplan
    - ↗ idealistische Morphologie
- *Grundcytoplasma* ↗
- *Grunddüngung*
- **Grundelartige Fische**
- *Grundeln*
- **gründeln**
- **Gründelwale**
- **Gründerindividuen**
  - Kolonisierung
  - ↗ Gründerpopulation
- **Gründerpopulation**
  - Gendrift
  - Rasse
- *Gründerprinzip* ↗
- *Grundfinken* ↗
  - Darwinfinken
  - B Südamerika VIII
- **Grundgebirge**
  - Präkambrium
- **Grundgewebe**
  - Grundmeristem
  - Rinde
- *Grundhai* ↗
- **Grundlagenforschung**
- *Gründlinge*
  - B Fische X
  - Fließwasserorganismen
- *Grundmembran* ↗
- *Grundmeristem*
- **Grundmuster**
  - Typus
    - ↗ Grundbauplan
- **Grundnährstoffe**
  - biogene Salze
  - ↗ Ernährung
  - ↗ essentielle Nahrungsbestandteile
  - ↗ Nahrungsstoffe
- *Grundnessel* ↗
- *Grundorgane*
- **Grundplan**
  - ↗ Grundbauplan
- **Grundplanmerkmale**
  - Korrelationsgesetz
- *Grundplasma*
- **Grundschleppnetz**
  - □ Fischereigeräte

- *Grundspirale* ↗
- **grundständige Blattstellung**
- *Grundstoffe* ↗
- **Grundstoffwechsel**
  - M Seneszenz
  - Stoffwechsel
- *Grundumsatz*
  - Energieumsatz
  - Indifferenztemperatur
  - Leistungszuwachs
  - Thyroxin
- *Gründüngung*
  - alternativer Landbau
  - Bodenverbesserung
  - Dünger
  - Humus
  - Humusmehrer
  - Knöllchenbakterien
  - Steinklee
- *Grundwanzen*
- *Grundwasser*
  - alternativer Landbau
  - Bathynellacea
  - Bodenentwicklung
  - Bodenwasser
  - Brauchwasser
  - Düngung
  - Feuchtgebiete
  - Gley
  - Grundwasserböden
  - Landwirtschaft
  - Mensch und Menschenbild
  - Nährstoffbilanz
  - □ Quelle
  - □ Schwermetalle
  - Stickstoffauswaschung
  - Streusalzschäden
  - Sumpfwälder
  - M Wasser (Bestand)
  - Wasseraufbereitung
  - M Wasseraufbereitung
  - □ Wasserkreislauf
  - Wasserschutzgebiete
  - Wasserverschmutzung
- **Grundwasserabsenkung**
  - Versteppung
- *Grundwasserböden*
  - □ Bodentypen
- *Grundwasserfauna* ↗
- **Grundwasserhorizont**
  - G-Horizont
- *Grundzahl*
  - Monoploidie
- **Grundzustand**
  - Photosynthese
- *grüne Bakterien*
  - phototrophe Bakterien
- *grüne Pflanzen*
  - Pflanzen
  - Photosynthese
- **Grüner Knollenblätterpilz**
  - Knollenblätterpilze
  - B Pilze IV
- *Grünerlen-Busch* ↗
- **grüne Schwefelbakterien**
  - □ Bakteriochlorophylle (Absorption)
- *Grünfäule*
- **Grünfenster (Chlorophyll)**
  - Phycobiliproteine
- **Grünfink**
  - □ Gesang
  - Markierverhalten
- *Grünfisch* ↗
- *Grünfrösche*
  - Rana
- **Grünfutter**
  - Hackfrüchte
  - Silage
- **Grünhelmturako**
  - B Afrika VI
- *Grunion* ↗
  - Lunarperiodizität
- **Grünkäse**
  - Käse
- *Grünkohl* ↗
  - Kohl
  - B Kulturpflanzen V
- *Grünland*
  - Grasfluren

- Wiese
- **Grünlandkräuter**
  - Grünland
- **Grünlandwirtschaft**
  - Deutsche Hochmoorkultur
  - Höhengliederung
- *Grünling (Pilz)* ↗
- *Grünling (Vogel)* ↗
  - B Europa XI
  - B Finken
  - B Vögel I
- *Grünlinge*
- **Grünmalz**
  - Bier
- **Grünmuscheln**
  - Muschelkulturen
- *Grünnattern*
- **Grünordnung**
  - Naturschutz
- *Grünrüßler*
- **Grünsandformation**
  - Kreide
- **Grünscheckungsmosaik**
  - □ Pflanzenviren
- *Grünschenkel* ↗
- *Grünschimmel* ↗
- **Grünschlick**
  - M Schlick
- **Grünschopf-Stirnvogel**
  - B Südamerika VII
- **Grünspan**
  - Kupfer
- **Grünspanbecherlinge**
  - Grünfäule
  - Helotiaceae
- **Grünspecht**
  - B Europa XI
  - M Spechte
  - B Vogeleier I
- **Grünverbau**
  - Lebendbau
- *Grunzer* ↗
  - B Fische VIII
- *Grunzochse* ↗
  - Yak
- **Grunzpfiff**
  - □ Balz
- **Gruppe (Ethologie)**
  - Hackordnung
  - Rangordnung
  - Tiergesellschaft
- **Gruppe (Geologie)**
  - Erdgeschichte
  - □ Stratigraphie
- **Gruppenaggression**
  - M Aggression (Gruppenaggression)
- *Gruppenauslese (Auslesezüchtung)* ↗
- *Gruppenauslese (Selektion)* ↗
- **Gruppenbalz**
  - Austernfischer
- *Gruppenbildung* ↗
- **Gruppenfeindschaft**
  - Mensch und Menschenbild
- **Gruppenformel**
  - chemische Formel
- **Gruppenhaß**
  - Mensch und Menschenbild
- *Gruppenselektion* ↗
  - Soziobiologie
- **Gruppentransfer**
  - ↗ Gruppenübertragung
- *Gruppentranslokation* ↗
  - Phosphotransferasesystem
- *Gruppenübertragung*
  - Anhydride
  - Phosphorylierungspotential
- *Gruppenübertragungspotential*
  - energiereiche Verbindungen
  - Gruppenübertragung
- **Grus (Bodenkunde)**
  - □ Bodenarten (Einteilung)
- *Grus (Zoologie)* ↗
- *Grußverhalten*

- **Grußzeremonien**
  - Grußverhalten
- **Grütze**
  - Buchweizen
- *Gryllacridoidea*
- *Gryllidae*
- *Grylloblattidae*
  - Notoptera
- *Grylloidea* ↗
- *Gryllotalpa*
  - Maulwurfsgrillen
- *Gryllotalpidae* ↗
- *Gryllteiste* ↗
  - B Europa I
- *Gryllus* ↗
  - M Komplexauge (Querschnitte)
- *Gryphaea*
- *Gryphaeidae*
- *Gryphus*
- *Grypiscini*
  - M Südfrösche
- *Grypocera* ↗
- *Grypotherium*
- **GSH**
  - Glutathion
- **GS-SG**
  - Glutathion
- **GTP** ↗
- *Gua* ↗
- **Guacharo**
  - Fettschwalme
  - B Südamerika I
- *Guacharofett* ↗
- *Guajacum* ↗
- **Guajakbaum**
  - Jochblattgewächse
  - M Jochblattgewächse
- **Guajakharz**
  - Guajakol
  - Jochblattgewächse
- *Guajakholz* ↗
  - Guajakol
- **Guajazulen**
  - M Kamille
- **Guanako**
  - Haustiere
  - Südamerika
- **Guanase**
  - □ Purinabbau
- *Guanidin*
- **Guanidiniumhydrochlorid**
  - Proteine
- **Guanidinium-Kation**
  - Guanidin
- *Guanin*
  - Äthylmethansulfonat
  - Augenleuchten
  - M Basenpaarung
  - Basenzusammensetzung
  - □ Chargaff-Regeln
  - □ Desoxyribonucleinsäuren (Einzelstrang)
  - B Desoxyribonucleinsäuren I
  - B Desoxyribonucleinsäuren III
  - M Dinucleotide
  - M Exkretion
  - Gartenkreuzspinne
  - GC-Gehalt
  - Gliederfüßer
  - Glutamin
  - Hypoxanthin-Guanin-Phosphoribosyl-Transferase
  - Komplexauge
  - □ Purinabbau
  - Purinbasen
  - □ Ribonucleinsäuren (Ausschnitt)
  - Tapetum
  - B Transkription - Translation
- *Guano*
  - Kormorane
  - Südamerika
- **Guanokormoran**
  - Kormorane
  - B Südamerika VIII

Gyrodactylidae

Guanophoren ⁄
Guanosin
- Guanosin-5'-diphosphat
- ☐ Purinabbau
- Purinnucleoside

Guanosin-5'-diphosphat
- Guanosin-5'-triphosphat

Guanosindiphosphat-Glucose
- ☐ Nucleosiddiphosphat-Zucker

Guanosindiphosphat-Mannose
- ☐ Nucleosiddiphosphat-Zucker

Guanosindiphosphat-Zucker ⁄

Guanosinmonophosphate (= GMP)
- Guanosin-5'-diphosphat
- Guanosin-5'-triphosphat
- Inosin-5'-monophosphat

Guanosin-5'-triphosphat (= GTP)
- Citratzyklus
- Guanosin-5'-diphosphat
- Guanosinmonophosphate

Guanylat-Cyclase
- Guanosinmonophosphate
- ☐ Hormone (Primärwirkungen)
- Prostaglandine

Guanylsäuren ⁄
- ☐ Purinabbau

Guarana
- ☐ Coffein

Guaranin
- Coffein

Guarnieri-Körper
- Pockenviren
- ☐ Virusinfektion (Wirkungen)

Guave
- Myrtengewächse

Guayana-Delphin
- Ⓜ Langschnabeldelphine

Guayave
- Ⓜ Myrtengewächse

Guayule
- Bioenergie
- Korbblütler

Gubernaculum

Guenther, A.

Guépinia ⁄
- Ⓜ Zitterpilze

Guereza ⁄

Guggermukken ⁄

Guignardia
- Dothioraceae

Guildfordia

Guillemin, R.Ch.L.

Guineagras
- Hirse

Guineapocken ⁄

Guineastrom
- Ⓑ Vegetationszonen

Guineawurm ⁄

Guizot, François Pierre Guillaume
- Guizotia

Guizotia ⁄

Gula
- Käfer

Guldberg, Cato Maximilian
- Massenwirkungsgesetz

Gülle
- Dünger

Gulo ⁄

Gulonate
- ☐ Glucuronat-Weg
- Gulonsäure

L-Gulonsäure
- Alginsäure

Gummen
- Geschlechtskrankheiten
- Harze

Gummi
- Buttersäure-Butanol-Aceton-Gärung

- Entropie - in der Biologie
- Kernholz
- Moringaceae

Gummiakazie
- Akazie
- Ⓑ Kulturpflanzen XII

Gummi arabicum

Gummibaum ⁄
- Ⓜ Blatt
- Ⓜ Ficus
- Ⓜ Stecklinge
- Wachstumsregulatoren

Gummifluß

Gummigutt

Gummikanäle
- Sekretbehälter

Gummilack
- Schellack

Gummi olibanum
- Weihrauch

Gummose ⁄

Gummosis
- Gummifluß

Gundelrebe

Gundermann ⁄
- Glechometalia

Gundlachia
- Ⓜ Flußmützenschnecken

Gunflinta
- Cyanobakterien

Gunflint-Formation
- Bakterien
- Cyanobakterien
- Metallogenium

Gunnarea
- Ⓜ Sabellariidae

Gunnera

Gunnerus, Johan Ernst
- Gunnera

Günsel

Günther, K.
- ökologische Lizenz

Günzeiszeit
- Elbeeiszeit
- Menap-Kaltzeit
- ☐ Pleistozän

Günzkaltzeit
- Günzeiszeit

Günz-Mindel-Interglazial ⁄

Günz/Mindelwarmzeit
- ☐ Pleistozän

Günz-Moränen
- Günzeiszeit

Guo ⁄

Guppy
- Ⓑ Aquarienfische I
- ☐ Lebensdauer

Guramis

Gurke
- Ⓜ Cucumis
- Gibberelline
- Ⓑ Kulturpflanzen V

Gurken-Fusariumwelke
- Ⓜ Fusarium

Gurkengewächse
- Cucurbitacine

Gurkengrüncheckungs-mosaikvirus
- ☐ Pflanzenviren

Gurkenkernbandwurm ⁄
- Cysticercoid

Gurkenkrätze
- Ⓑ Pflanzenkrankheiten II

Gurkenkraut
- Borretsch
- Dill

Gurkenmehltau

Gurkenmosaik

Gurkenmosaik-Virus
- ☐ Pflanzenviren
- Ⓜ Satelliten

Gurkenmosaik-Virusgruppe

Gurkenwelken

Gürtel

Gürtelechsen

Gürtelfüße

Gürtelgeißel
- Ⓜ Peridiniales

Gürtelmaus ⁄

Gürtelmulle ⁄

Gürtelplacenta

Gürtelpuppe ⁄
- Ⓜ Schmetterlinge (Puppe)
- Ⓜ Schmetterlinge

Gürtelrose (Medizin) ⁄
- Ⓜ Inkubationszeit
- ☐ Virusinfektion (Abläufe)
- ☐ Virusinfektion (Wege)

Gürtelrose (Zoologie)
- Ⓑ Hohltiere III

Gürtelschorf ⁄

Gürtelschweife

Gürteltiere
- Haut
- Ⓑ Nordamerika VII
- Südamerika
- Ⓑ Südamerika V

Gürtelwürmer

Gusanos de Maguey
- Megathymidae

Güster

Gustometrie

Güstvieh

Gutedel ⁄
- ☐ Weinrebe

Guter Heinrich ⁄
- Bodenzeiger
- Ⓜ Gänsefuß

Guttapercha
- ☐ Isoprenoide (Biosynthese)
- Ⓜ Kautschuk

Guttaperchabaum ⁄
- Ⓑ Kulturpflanzen XII

Guttation
- Blutungsdruck
- Transpiration

Gutti ⁄

Guttiferae ⁄

Guvacin
- Ⓜ Arecaalkaloide

Guvacolin
- Ⓜ Arecaalkaloide

Guzmania

Gy
- Gray

Gyalecta
- Gyalectales

Gyalectaceae
- Gyalectales

Gyalectales

Gygis
- Seeschwalben

Gymnadenia ⁄

Gymnarchidae ⁄

Gymnarchus
- Nilhechte

Gymnoascaceae

Gymnoascales

Gymnocalycium
- Kakteengewächse
- ☐ Kakteengewächse

Gymnocarpeae ⁄

Gymnocarpium

Gymnocephalus ⁄

Gymnocerata ⁄

Gymnocolea

Gymnocorymbus ⁄

Gymnodactylus ⁄

Gymnodiniales

Gymnodinium
- Algenblüte
- Gymnodiniales

Gymnogongrus ⁄

Gymnogyps
- Kondor
- Ⓜ Neuweltgeier

gymnokarp

Gymnolaemata

Gymnomitriaceae

Gymnomitrium
- Gymnomitriaceae

Gymnophiona ⁄

Gymnophthalmus ⁄

Gymnopilus

Gymnopis ⁄

Gymnoplast

Gymnopleurus
- Käfer

- Pillendreher

Gymnosomata ⁄

Gymnospermae ⁄
- Brown, R.

Gymnospermenzeit
- Mesophytikum

Gymnosporangium

Gymnostomata

Gymnothorax ⁄

Gymnotidae
- Messeraale

Gymnotoidei ⁄

Gymnozyga ⁄

Gymnuridae ⁄

Gynäkospermien

Gynander

Gynandrae ⁄

Gynandrie

Gynandromorphe
- Gynander

Gynandromorphismus
- Gynander

Gynäzeum

Gynerium ⁄

Gynodimorphismus

Gynodiözie
- Polygamie

gynodyname Blüten

Gynogamet

Gynogametangium
- Geschlechtsorgane

Gynogamone
- Ⓜ Plasmogamie

Gynogenese
- Karauschen
- Molly

Gynokardiaöl ⁄

Gyno-Komplex
- Geschlechtsbestimmung

Gynomerogonie
- Merogonie

Gynomonözie

Gynophor ⁄
- Erdnuß

Gynophyllie ⁄

Gynostegium
- Schwalbenwurzgewächse

Gynostemium
- Orchideen

Gynözeum
- Blütenformel

Gynözie

Gypaëtus ⁄

Gyps ⁄
- Maltageier

Gypsina
- Einzeller

Gypsophila ⁄

gypsy moth
- Schwammspinner

Gyrase ⁄
- ☐ Replikation

Gyration
- DNA-Topoisomerasen

Gyratrix ⁄

Gyraulus ⁄

Gyri

Gyrifikation
- Hominisation
- Telencephalon

Gyrineum
- Ⓜ Tritonshörner

Gyrinidae ⁄

Gyrinocheilidae ⁄

Gyrinocheilus
- Saugschmerlen

Gyrinophilus

Gyrinus
- ☐ Antenne
- Taumelkäfer

Gyrochorte
- Zopfplatten

gyrocon

Gyrocotyle

Gyrocotylidea
- Gyrocotyle

Gyrocratera
- Löchertrüffel

Gyrodactylidae
- Monogenea

Gyrodactylus

Gyrodactylus
gyrodisc
Gyrodon ↗
– [M] Mykorrhiza
Gyromitra
– Mützenlorcheln
– [M] Mykorrhiza
Gyromitrin
– Mützenlorcheln
– Pilzgifte
Gyromitroideae ↗
Gyrophaena
– Kurzflügler
gyrophor
– gyrodisc
Gyrophora
– gyrodisc
Gyrophorsäure ↗
Gyroporella ↗
Gyroporus
Gyrosigma ↗
Gyrostemonaceae
– Kermesbeerengewächse
Gyrostemoneae
– Kermesbeerengewächse
Gyrus postcentralis
– Körperfühlsphäre
– Rindenfelder
Gyrus praecentralis
– Rindenfelder
– Telencephalon
Gyttja
– Humus
Gzhelian-Stufe
– Rotliegendes

H
Haacke, W.
Haarausfall
– Borkenflechte
Haarbalg
– Furunkulose
– Gänsehaut
– Hautdrüsen
– holokrine Drüsen
– [B] Wirbeltiere II
↗ Haare
Haarbalgdrüse
– □ Haut
Haarbalgmilben
Haarbalgmuskel
– [M] Haare
– □ Haut
– Talgdrüsen
– [B] Wirbeltiere II
Haarbinse
Haarblume ↗
Haarbulbus
– Haare
Haare (Botanik)
– Flughaare
Haare (Zoologie)
– [M] Altern
– Derivat
– Fasern
– Haarstrich
– Haarwechsel
– Haftborste
– Haut
– Hautleisten
– [M] Horngebilde

– Keratine
– Schuppen
– Sensillen
Haarfächerorgane
– mechanische Sinne
Haarfarbe
– Eumelanine
– Haare
– □ Haare
Haarflechten
– Stigonematales
Haarflieger
– Samenverbreitung
Haarflügler ↗
Haarfollikel
– Gänsehaut
– Haare
– Hautflora
– [M] Mechanorezeptoren
Haarfrosch
– Haare
– Ranidae
Haargefäße ↗
– [M] Blutgefäße
Haargerste
Haarhygrometer
– Saussure, H.B.
Haarigel
Haarkanal
– Haare
Haarkelch ↗
Haarkleid
– Fell
– Fettspeicherung
– [B] Parasitismus II
– Säugetiere
Haarkörper
– Haare
Haarkrone
– □ Löwenzahn
– Pappus
Haarlinge
– Symphorismus
Haarmark
– [M] Haare
Haarmücken
– holoptisch
Haarnadelprinzip
– Niere
Haarnadel-Struktur
– Basenpaare
– □ Ribosomen
Haarpapille
– Haare
– [M] Haare
– □ Haut
– [B] Wirbeltiere II
Haarqualle ↗
Haarrinde
– [M] Haare
Haarrobben
– Seelöwen
Haarröhrchen
– Kapillaren
Haarschaft
– Haare
Haarschaftbildungszelle
– Sensillen
Haarschlag
– Haarstrich
Haarschleierlinge ↗
Haarschnecken
Haarschopf
– [M] Samenverbreitung
Haarschwänze
Haarschwindlinge
Haarsensillen
– chemische Sinne
– Scolopidium
– Sensillen
– [M] Sensillen
Haarstäublinge ↗
Haarsteine
Haarsterne (Botanik)
Haarsterne (Zoologie)
– Heterometra
– [M] Rekapitulation
– [B] Stachelhäuter I
Haarstrang

Haarsträuben
– Homoiothermie
– □ Konfliktverhalten
↗ Fellsträuben
↗ Gänsehaut
Haarstrich
– Faultiere
– Mensch
– Sexualtäuschblumen
Haartiere ↗
– Haare
Haarvögel
Haarwechsel
– Farbwechsel
– □ Haare
– Mauser
– Saisondimorphismus
Haar-Wild
– Wild
Haarwirbel ↗
Haarwürmer
– Werftkäfer
Haarwurm-Krankheit ↗
– Capillaria
Haarwurzel
– Haare
– [M] Haare
Haarzellen
– □ Gehörorgane
(Hörtheorie)
– [B] Gehörorgane
– Mechanorezeptoren
Haarzungen
– Trichoglossum
Haarzwiebel
– Haare
– [M] Haare
– Haarwechsel
– Melanoblasten
Haastia ↗
Haazen, W. van
– Haastia
Habenula
Haber-Bosch-Verfahren
– Stickstoffixierung
Haberlandt, G.
Haberlea ↗
Habichtartige
Habichte
– □ Flugbild
– Greifvögel
– ökologische Nische
Habichtskraut
– □ Blumenuhr
– [B] Europa XIX
Habichtskrautspinner ↗
Habichtspilz ↗
Habitat
– ökologische Nische
Habitatbindung
– Ökoschema
Habitatinseln
– Inselbiogeographie
Habitatselektion
– Ökoschema
Habituation
– Lernen
habitueller Abort
– Insemination
Habitus
Habroderella
Habroderes
Habroloma
– Prachtkäfer
Habronema
Habronematidae
– Habronema
Habronematoidea
– Habronema
Habrotrocha
– [M] Rädertiere
Habu-Schlange ↗
Hackbau
– Landwirtschaft
Hackberg
– Eichenschälwald
Hackfruchtbau
– Ackerbau
– Brache

– Dreifelderwirtschaft
– Europa
– Hackfrüchte
– □ Saat
Hackfrüchte
Hackfrucht-Unkrautgesellschaften ↗
Hackordnung
hadäisch
– Präkambrium
Hadal
– Hadozön
– □ Meeresbiologie
(Lebensraum)
– Stratifikation
– Tiefseefauna
Hadar (Äthiopien) ↗
– [B] Paläanthropologie
Hadena
– [M] Eulenfalter
– Nelkeneulen
Hadon
– Hadozön
Hadopelagial
– Pelagial
Hadozön
Hadrom ↗
Hadromerida
hadrozentrisch
Haeckel, E.
– Abstammung - Realität
– Akme
– Bakterien
– Bilaterogastraea-Theorie
– Biodynamik
– Biogenetische Grundregel
– Biologie
– [B] Biologie I
– [B] Biologie II
– [B] Biologie III
– Biologismus
– Blastaea
– Caenogenese
– Coelom
– Darwin, Ch.R.
– Darwinismus
– Dentition
– Enterocoeltheorie
– explosive Formbildung
– Gastraea-Theorie
– Geist - Leben und Geist
– Gibbons
– Herrentiere
– Mikroorganismen
– Ökologie
– [M] Reich
– Rekapitulation
– Sauriurae
– Stammbaum
– Zoologie
Haecker, V.
– Phänogenese
– Phänogenetik
– Pluripotenz
Haemadipsa
– Haemadipsidae
Haemadipsidae
Haemanthus ↗
Haematococcaceae
Haematococcus
– Haematococcaceae
Haematoloechus
Haematomyzus ↗
Haematopinidae ↗
Haematopodidae ↗
Haematopota ↗
Haematoxylum ↗
Haementeria
Haemobartonella
Haemocoel
– Hydroskelett
Haemocoelom
– Hirudinea
Haemogamasus ↗
Haemonchus ↗
Haemonia
– Plastron
Haemophilus
– [M] Eitererreger

Halbwüste

- Geschlechtskrankheiten
- hämophile Bakterien
- [M] Zahnkaries

Haemopis
Haemosporidae
Haemuliden
- [B] Kampfverhalten

Haemulon ↗
Hafenrose ↗
Hafer
- Ackerbau
- Breigetreide
- [M] Chromosomen (Anzahl)
- Futterbau
- Gemengesaat
- Getreidemehltau
- [B] Kulturpflanzen I
- [M] Stärke
- Transpirationskoeffizient
- Unkräuter

Haferälchen
- Heterodera

Haferbrand
**Hafercoleoptilen-
krümmungstest**
Haferfliege ↗
Haferflocken
- Hafer

Haferflugbrand
Haferkornschnecke ↗
Haferkronenrost
- Kreuzdorn

Hafermaus
- Zwergmaus

Hafermüdigkeit
Haferwurz ↗
Haff
- Lagune

Hafnia
Hafnium
- Hevesy, G.K. von

Haft
Haftballen
- [M] Haftorgane

Haftbeine
Haftblasen
Haftborste
- Haare

Haftdolde
Haftdrüsen
Hafte ↗
Haftfäden
- Byssus
- [M] Glochidien
- Haftorgane
- [M] Haftorgane

Haftfarben
- Farbe
- Vogelfeder

Haftfaser ↗
Haftglied
- Stipes

Haftkissen
- Haftlappen

Haftkrallen
- Haftorgane
- [M] Haftorgane

Haftlaicher
- [M] Laich

Haftlamellen
- [M] Geckos
- [M] Haftorgane

Haftlappen
- Anheftungsorgane
- Blasenfüße
- Grenzschicht
- Stachel

Haftplatte
- [M] Haftorgane

Haftpunkttheorie
Haftscheibe ↗
- [B] Darm
- [M] Haftorgane
- [M] Morphosen

Haftscheiben-Fledermäuse
- Madagassische Subregion

Haftsohlen
Haftstiel ↗
- Nabelschnur

Haftwasser ↗
- Bodenentwicklung
- Tonböden
- □ Wasserkreislauf

Haftwurzeln
- Haftorgane
- Heterorrhizie
- Luftwurzeln
- Wurzel

Haftzehe
- [M] Haftorgane

Haftzeher ↗
Haftzitzen
- Fledertiere
- Hufeisennasen

Haftzotten
- Placenta

Hagebutte ↗
- Fruchtfleisch
- Hypanthium
- Karpidium
- Lycopin
- Scheinfrucht

Hagel
- [M] Niederschlag

Hagelkorn
- [M] Lid
- Talgdrüsen

Hagelschnur
- □ Embryonalentwicklung (Huhn)
- Vogelei

Hageman-Faktor
- □ Blutgerinnung (Faktoren)
- Fibrinolyse

Hagenbeck, Carl
- zoologischer Garten

Häher
Häherkuckuck
- [B] Asien VII
- Kuckucke

Häherlinge ↗
Hahn
- Hühnervögel
- [B] Ritualisierung
- Übersprungverhalten

Hähnchen
hahnebüchen
- □ Hainbuche

Hahnemann, S.Ch.F.
- Homöopathie

Hahnenfedrigkeit
Hahnenfuß
- □ Bodenzeiger
- [B] Europa VI
- [B] Europa XII
- □ Fruchtformen
- hemicyclisch
- [B] Polarregion II
- Pollenblumen
- ↗ Ranunculus

Hahnenfußartige
Hahnenfußgewächse
- Alkaloide
- □ Fruchtformen
- Honigblätter
- Oreophyten

*Hahnenkamm (Haut-
lappen)* ↗
- Siebbein

Hahnenkamm (Knochen)
Hahnenkamm (Pflanze)
- [M] Fuchsschwanz-
gewächse

Hahnenkamm (Pilz) ↗
Hahnenkammaustern
Hahnenkammuscheln
- Hahnenkammaustern

Hahnentritt
Haideotriton ↗
Haie
- Amphistylie
- Arterienbogen
- [B] Biogenetische Grundregel
- [B] Darm
- Exkretion
- Fische
- [B] Fische III
- [B] Fische IV

- [B] Fische V
- [B] Fische VII
- [B] Fische (Bauplan)
- Knorpelfische
- [B] Konvergenz bei Tieren
- □ Kreide
- [M] Lebensformtypus
- Lippenknorpel
- Schwimmen
- Viviparie

Haimeidae ↗
Hainblume
- Hydrophyllaceae

Hainbuche
- [B] Europa XI
- Flugeinrichtungen
- □ Fruchtformen
- [M] Höhengrenze
- □ Holz (Bautypen)
- Schatthölzer
- Schirmschlag
- Wald

Hainbuchen-Wald ↗
Hainschnecken ↗
Hainsimse
- □ Bodenzeiger

*Hainsimsen-Buchen-
wälder* ↗
**Hainsimsen-Fichten-
Tannenwald**
- Weißtannenwälder

Haipao
- Teepilz

hairpins
- Palindrom

Hakaphos
- Harnstoff

Hakea
- [B] Australien I
- Proteaceae

Haken, H.
- Abstammung - Realität

Hakenbein
- Hamulus

Hakenhand
- Hand

Hakenkäfer
Hakenkalmar
- Onychoteuthis

Hakenkiefer
- □ Kiefer (Pflanze)

Hakenlarve
- [M] Taeniidae

Hakennase
- Silvide

Hakennattern
Hakenplattwürmer
- Lycophora-Larve
- Monogenea

Hakenrüssel
- Acanthocephala

Hakenrüßler ↗
Hakensaugwürmer
- Monogenea

Hakenschnabel
- Greifvögel
- [M] Schnabel

Hakenstrahl
- Vogelfeder
- [M] Vogelfeder

Hakenwimperlarve
- Oncomiracidium

Hakenwuchs
- Kriechbewegung

Hakenwurm
- Darmparasiten

Hakenwurmkrankheit
Hakenzelle
- □ Ascus

Halacaridae ↗
Halacarus
- Meeresmilben

Halammohydra
Halammohydrina
- Halammohydra

Halarachne ↗
Halarachnion ↗
Halbacetal
- [B] funktionelle Gruppen

- Ketosen

Halbaffen
- [M] Gebärmutter
- Madagassische Subregion

halbaufblühend
- hemigamotrop

**halbautonome Servomechanis-
men**
- Rückenmark

Halbblut ↗
- Mischling

Halbborstenigel
- [M] Tanreks

Halbbrachsen ↗
Halbdeckflügel
- Insektenflügel
- [M] Wanzen

Halbepiphyten ↗
Halberg, F.
- Chronobiologie

Halbesel
- [B] Asien II

Halbflügler ↗
Halbfrucht
- Scheinfrucht

Halbimmergrüner Wald
- Asien
- Regengrüner Wald
- Südamerika

Halbkonserven
- Konservierung

Halblebenszeit
- Membran
- ↗ Halbwertszeit

Halbleiter
- Selen

Halbmaskenfalterfisch
- Borstenzähner

Halbmast
- Buchelmast

Halbmondantilopen
- Leierantilopen

Halbnacktschnecken
- Nacktschnecken

Halbparasiten ↗
- Alpenhelm
- [B] Parasitismus I

Halbrosettenpflanzen
Halbsättigungskonzentration
- □ Allosterie (Sättigungs-
kurve)

Halbschattenpflanze
- □ botanische Zeichen

Halb-Schatthölzer
- Schatthölzer

Halbschnabelhechte ↗
Halbschnäbler
Halbseitengynander
- Halbseitenzwitter

Halbseitenzwitter
Halbsesselform
- □ Lysozym

Halbstamm
- Obstbaumformen

Halbstrauch
- □ botanische Zeichen

Halbsträucher
Halbstrauchsteppen
- [B] Vegetationszonen

Halbtrockenrasen
Halbwertszeit
- DDT
- Hormone
- [M] Radioaktivität
- Radiotoxizität
- Strahlenbelastung
- [M] Umsatz

Halbwüste
- Afrika
- [B] Afrika I
- [B] Afrika VI
- Asien
- [B] Asien II
- [B] Asien VI
- [B] Australien I
- [B] Australien II
- [B] Mediterranregion I
- Nordamerika
- [B] Nordamerika I

187

Halbzähner

- B Nordamerika VIII
- □ Produktivität
- B Südamerika I
- B Südamerika V
- B Südamerika VI
- B Vegetationszonen
- Wüste

Halbzähner
Halbzeher ↗
Halcampa ↗
Halcyon ↗
Haldane, J.S.
- Haldane-Effekt

Haldane-Effekt
Haldenbegrünung
- Naturschutz

Haldenhuhn
- Asien

Haldenlaugung
- mikrobielle Laugung

Halechiniscus
Haleciidae
Halecium
- Haleciidae

Hales, S.
- Halesia

Halesia ↗
Halfterfische ↗
half unit membrane
- Oleosomen

Haliaeëtus ↗
Haliastur ↗
Halichoerus ↗
Halichondrida
Halichondriidae
- Halichondrida

Haliclona
- Gemmula
- Haliclonidae

Haliclonidae
- Pellina

Haliclystus ↗
Halicryptus
Halictidae ↗
Halictophagidae
- M Fächerflügler

Halictophagus
- □ Fächerflügler

Halictoxenos
- M Fächerflügler

Halictus
- Ölkäfer
- M Schmalbienen
- staatenbildende Insekten

Halicystis ↗
Halimeda ↗
- Bosellia

Halimione ↗
Haliotis ↗
- Brandungszone
- M Meerohren

Haliplankton ↗
- Plankton

Haliplidae ↗
Haliplus
- Wassertreter

Halisarca
- Halisarcidae

Halisarcidae
- M Parenchymula

Halisarcidae
Halisaurier
Haliscera ↗
Haliscomenobacter
Halistase
Halistemma ↗
Halitherium
Hall, James
- Halla

Hall, M.
Halla
Haller, A. von
- B Biologie I
- Vitalismus - Mechanismus

Haller, G.
- Hallersches Organ

Hallersches Organ ↗
- Holzbock
- Sensillen

Hallimasch
- Brunnenzopf

- Fichte
- Lignin
- Mykorrhiza
- B Pilze III

Hallopora
- Trepostomata

Hallux
- Großzehe

Halluzinationen
- M Alraune
- Drogen und das Drogenproblem

Halluzinogene ↗
- Alkaloide
- M Fliegenpilz
- Lysergsäurediäthylamid
- Tiergifte

Halluzinogen-Typ
- M Drogen und das Drogenproblem

Halm
- □ Biegefestigkeit
- Chlorcholinchlorid
- Gelenk
- M Süßgräser

Halmbruchkrankheit
- Cercosporella
- M Fußkrankheiten

Halmeulen
- Schilfeulen

Halmfliegen
Halmfrucht
- Fruchtwechselwirtschaft

Halmfruchtunkrautgesellschaften ↗
Halmverdickung
- Chlorcholinchlorid

Halmverkürzung
- Chlorcholinchlorid

Halmwespen
Halo
- □ Phasenkontrastmikroskopie

haloalkalophile Archaebakterien
- halophile Bakterien

Haloanaerobicum
- halophile Bakterien

Halobacteriaceae ↗
Halobacterium ↗
- M Archaebakterien
- Bakterioopsin
- M Gasvakuolen

Halobacteroides
- halophile Bakterien

Halobakterien
Halobates ↗
Halobionten
- Halobios

Halobios
Halococcus ↗
- M Archaebakterien

Halocordyle
- Pennariidae

Halocynthia ↗
- M Seescheiden

Halocypridae
- Muschelkrebse

Halocypris
- M Muschelkrebse

Halogenkohlenwasserstoffe
Halomachilis
- Felsenspringer

Halomenia
- M Furchenfüßer

halophil
halophile Bakterien
- Konservierung
- mikrobielles Wachstum

halophile Pflanzen
- Halophyten

halophob
- halophil

Halophyten
- Glykophyten
- Küstenvegetation
- Sukkulenten

halophytisch
- halophil

Haloplankton ↗

Haloragaceae
Haloragales
Haloragis ↗
Halosphaera ↗
Halosphaeria
Halosphaeriaceae
- Halosphaeria

Halosteroide
- Mineralocorticoide

Halosydna ↗
Halothan
- Narkotika

Halotoleranz
- Unkräuter

Haloxylon
Hals
- Hirnnerven
- Kopf
- Oesophagus
- Vierfüßer

Hals-Arm-Arterie
- B Herz

Halsbandeidechsen ↗
Halsbandfalterfisch
- Borstenzähner

Halsbandfrankolin
- Frankoline

Halsbandleguan ↗
Halsbandlemming
- Europa
- Lemminge

Halsbandpekari
- Pekaris

Halsbandschnäpper
- Fliegenschnäpper

Halsband-Zwergnatter
- Eirenis

Halsberger-Schildkröten
Halsböcke ↗
- B Käfer I

Halsfäule
- Sklerotienfäule

Halsfistel
- Atavismus

Halsgeflecht
- Halsnervengeflecht

Halskäfer ↗
Halskanalzellen
Halskragen
- Patagium

Halsmuskeln
- M Konstriktor

Halsnervengeflecht
Hals-Papillen
- Deiriden

Halsplatte ↗
Halsreflex
- Brücke

Halsregion
- Wirbelsäule

Halsrippen
Halsschild
- Käfer
- Thorax

Halsschlagader
- □ Blutkreislauf (Darstellung)
- B Regelung im Organismus

Halssklerit
- Halsplatte

Halsteil
- Archegonium

Halsvene
- □ Blutkreislauf (Darstellung)
- Giraffen

Halswandzellen
Halswender-Schildkröten
Halswirbel
- Gelenk
- Processus spinosus
- B Skelett
- M Wirbelsäule
- Zufallsfixierung

Halswirbelsäule
- Genick
- M Wirbelsäule

Hälter
Halteregler
- Regelung

Halteren
- □ Fliegen

- B Homonymie
- Insektenflügel
- mechanische Sinne
- M Metamorphose (Imaginalscheiben)

Halteria ↗
Halticinae
- M Blattkäfer

Halydris ↗
Halysschlange ↗
Häm
- chromophore Gruppen
- Hämoproteine
- Koproporphyrine
- □ Myoglobin
- prosthetische Gruppe
- B Proteine
- Pyrrol
- Willstätter, R.

Hamadryas
- Klapperfalter

Hämadsorption
Hämagglutination
- Hämagglutinationshemmungstest

Hämagglutinationshemmungstest
Hämagglutinine
- Influenzaviren
- M Virushülle

Hämalaun ↗
- Hämatoxylin-Eosin-Färbung

Hämalbögen
- Fische
- Wirbel

Hämalkanal ↗
- Schlangensterne
- M Schlangensterne

Hämalrippen ↗
Hamamelidaceae ↗
Hamamelidales ↗
Hamamelididae
Hamamelis ↗
Hämapophysen ↗
Hämatein ↗
Hämatin ↗
- □ essentielle Nahrungsbestandteile
- hämophile Bakterien

Hämatoblasten
- Hämoblasten

Hämatochrom
- Chlamydomonadaceae

Hämatocyten
Hämatocytoblasten
- Hämoblasten

hämatogen
Hämatokritwert
Hämatologie
Hämatopoese ↗
- Neumann, E.

hämatopoetisch
- hämatogen

hämatopoietische Stammzelle
- Blutbildung

Hämatoporphyrine
- Photosensibilisatoren
- Porphyrine

Hämatotoxine ↗
Hämatoxylin
- B Biologie III
- mikroskopische Präparationstechniken
- van-Gieson-Färbung
- Waldeyer-Hartz, W. von

Hämatoxylin-Eosin-Färbung
Hamatum ↗
Hamburger Goldlackhuhn
- B Haushuhn-Rassen

Häm-Coenzyme ↗
- M Cytochrome (Struktur)

Hameari
- Nemeobiidae

Hämeisen
- Häm

Häm-Eisenproteine
- Eisen
- Hämoproteine

Hamen
- Fischereigeräte

Hämerythrin
Hämiglobin ↗
- Stickoxide
Hamilton, W.
- inclusive fitness
- Selektion
- Soziobiologie
Hamilton Spürhund
- B Hunderassen I
Hämin ↗
- Fischer, H.
Haminaea
Haminea
- Haminaea
Hamingia ↗
Hamites
Hamm
- animalcules
Hammel
- Kastration
Hammer
- Articulare
- B Gehörorgane
- Reichert-Gauppsche Theorie
Hammerhaie
- B Fische VII
Hammerkopf (Fledertier) ↗
Hammerkopf (Vogel) ↗
Hammermuscheln
Hammerschmidtiella
  diesingi
- M Nomenklatur
Hämoblasten
Hämoblastosen
- □ Krebs (Tumorbenennung)
Hämochromatose
Hämocoel
- Hämolymphe
Hämocyanin
- Blutgase
Hämocytoblasten
- Hämoblasten
Hämoerythrin
- Hämerythrin
hämogen ↗
Hämogenase ↗
Hämoglobinämie
Hämoglobine
- Abgase
- Allosterie
- Aminosäureaustausch
- Anämie
- Arenicolidae
- B Biochemie
- Blausäure
- □ Blut
- Blutgase
- M Blutproteine
- Blutzellen
- B Chromosomen III
- Eisen
- Eisenstoffwechsel
- M Enzyme
- M Erythrocyten
- Fetalhämoglobin
- Fleisch
- Haldane-Effekt
- hämolysierende Bakterien
- Haptoglobine
- Höhenkrankheit
- Hyperchromie
- Hypochromie
- Insekten
- isoelektrischer Punkt
- kolloid
- M Kooperativität
- M Modifikation
- Myoglobin
- Perutz, M.F.
- Porphyrine
- Proteine
- Puffer
- p_{50}-Wert
- □ Röntgenstruktur-
  analyse
- Root-Effekt
- Tubificidae
Hämoglobingifte
- Atemgifte

Hämoglobinopathien
- Hämoglobine
Hämoglobinosen
- Hämoglobinopathien
Hämoglobin-Plasmaeiweiß-
  puffer
- □ Blutpuffer
Hämoglobinurie
- □ Hämolyse
- Texasfieber
Hämokonzentration
- Hämatokritwert
Hämolymphe
- Herz
- Lymphe
- Sprungbeine
Hämolymphzucker
- □ Insektenhormone
Hämolyse
- Bartonellose
- Blutagar
- blutbildende Organe
- Erythroblasten
- Hämoglobinämie
- Hämoglobinopathien
- osmotische Resistenz
- Sichelzellenanämie
- Thalassämie
hämolysierende Bakterien
Hämolysine
- Agglutinine
- □ Gasbrandbakterien
- hämolysierende Bakterien
- Komplementbindungs-
  reaktion
- Lysine
hämolytische Bakterien
- hämolysierende Bakterien
hämolytische Effekte
- Gasbrandbakterien
Hämophile
- Bluter-Gen
- Bluterkrankheit
hämophile Bakterien
Hämophilie ↗
- B Chromosomen III
- Delesseriaceae
- □ Mutation
- ↗ Bluterkrankheit
Hämophilie VIII
- M Chromosomen (Chromo-
  somenkarte)
Hämoproteide
- Hämoproteine
Hämoproteine
hämorrhagische Lungen-
  entzündung
- Pest
hämorrhagischer Infarkt
- Infarkt
hämorrhagisches Fieber
- Arboviren
- Arenaviren
Hämosiderin
- Eisen
- Eisenstoffwechsel
Hämosiderose
- Speicherkrankheiten
Hamster
- M Chromosomen (Anzahl)
- Europa
- B Europa XIX
- Hand
- M Magen
- Winterschlaf
- Yersinia
Hamsterratten
Hamulus
Hancornia ↗
Hand
- aufrechter Gang
- Dinosaurier
- Finger
- Haut
- Hautfarbe
- Mensch
- Mensch und Menschenbild
- Mondbein
- Pronation

- □ Rindenfelder
- Temperatursinn
- Unpaarhufer
- □ Vogelflügel
Handdecken
- Handflügel
- □ Vogelflügel
Handeln
- Mensch
Handelsfuttermittel
- Futter
Handelsverbote
- Artenschutzabkommen
- Naturschutz
Händelwurz
Handflügel
Handflügler ↗
Handfurchen ↗
Hand-Fuß-Mund-Syndrom
- M Coxsackieviren
Handgelenk ↗
- Gelenk
- □ Rindenfelder
- Speiche
Handgreifreflex
- Klammerreflex
Händigkeit
- □ optische Aktivität
Handlinien
Handlung ↗
Handlungsbereitschaft ↗
Handschlag
- Begrüßungsverhalten
Handschwingen
- Finger
- Handflügel
- Vogelflügel
- □ Vogelflügel
Handsohle
- Hautleisten
Handstück
Handtier ↗
Handwühlen ↗
Handwurz
- Händelwurz
Handwurzel
- Basipodium
- B Homologie und Funktions-
  wechsel
Handwurzelgelenk
- Gelenk
- Hand
Handwurzelknochen ↗
- □ Gelenk
- M Hand
- B Skelett
- M Unpaarhufer
Handzeichen
- Sprache
Hanf
- Ackerbau
- Blütenbildung
- Cellulose
- Elementarfasern
- B Kulturpflanzen XII
- Milchröhren
- Röste
Hänflinge
- B Europa XI
- B Vögel I
Hanfnessel
- Hohlzahn
Hängebaum
- □ Baum
Hängebirke
- M Birke
- B Europa IV
- M Lichtfaktor
Hangelklettern
- Menschenaffen
- ↗ Hangeln
Hangeln
- Hand
- M Rücken
Hängende Gärten
Hängepflanze
- □ botanische Zeichen
Hängetropfenkultur
- Deckglaskultur

Hanglaugung
- mikrobielle Laugung
Hangneigung
- Bodentemperatur
Hangrutschung
- Schutzwald
Hangul
Hangzugwasser
- Bodenwasser
Hanley, Sylvanus Charles Thorp.
- Hanleya
Hanleya
Hanleyidae
- Hanleya
Hansen, E.Ch.
- Bierhefe
- Hanseniaspora
- Hansenula
Hansen, G.H.A.
- Hansen-Bacillus
- Mykobakterien
Hansen-Bacillus ↗
Hanseniaspora
Hansen-Krankheit
- Lepra
Hansenula
- M Wein (Fehler/Krank-
  heiten)
Hanstein, J. von
Hanström-X-Organ ↗
H-Antigene
Hantzsch, Arthur Rudolf
- Hantzschia
Hantzschia
Hanuman
- Hulman
Hapalemur
- Lemuren
Hapalocarcinidae
Hapalocarcinus
- Hapalocarcinidae
Hapalochlaena
- Tetrodotoxin
Hapaloderes
- Kinorhyncha
Hapalogaster
- Steinkrabben
Hapalogastrinae
- Steinkrabben
Hapalopilus ↗
Hapalopleuridae
- diskoidale Einrollung
hapaxanthe Pflanzen
Haploangium
- Sorangiaceae
haplobiontische Stufe
- □ Echte Hefen
Haplobothrioidea
- M Bandwürmer
haplocheil
- Bennettitales
haplochlamydeisch
Haplochromis ↗
- B Mimikry I
Haploderes
haplodiözisch ↗
- Farne
haplo-diplobiontische Stufe
- □ Echte Hefen
haplodiploide Geschlechts-
  bestimmung
- Geschlechtsbestimmung
Haplo-Diplonten ↗
- Algen
- Diploidie
- Einzeller
- Geschlechtsbestimmung
- ↗ Diplo-Haplonten
Haplodiplosis
haplodont ↗
Haplogastra
- M Käfer
haplogenotypische
  Geschlechtsbestimmung
- Geschlechtsbestimmung
Haploglomeris
- Saftkugler
Haplognathia
Haplogynae

haploïd

haploïd
- Haploïdie

haploïde Genexpression
- M Spermatogenese

Haploïdenzüchtung ↗
- Kreuzungszüchtung

haploïde Schleimpilze
- Protostelidae

Haploïdie
- Diplonten
- Disomie
- Eikern
- Euploidie
- Gendosis
- Generationswechsel
- Haplonten
- B Meiose
- B Mendelsche Regeln I
- Monohaploidie
- Mutation
- B Pilze II

Haploïdisierung ↗
haplokaulisch
Haplom ↗
Haplomastodon
- Mastodonten

Haplometra ↗
Haplometrose
- soziale Insekten
- staatenbildende Insekten

Haplomitosporen
- Haplosporie

Haplomitriaceae
Haplomitrium
- Haplomitriaceae

haplomonözisch ↗
- Farne

Haplonemen
- M Cniden

Haplonten
- Algen
- Diploidie
- Einzeller
- Gametogenese
- Gamont
- Geschlechtsbestimmung
- sexuelle Fortpflanzung

Haplopharyngidea
- Schnurwürmer

Haplopharynx
- Strudelwürmer

Haplophase ↗
- B Algen IV
- Diploidie

Haplopoda
- Leptodora
- M Wasserflöhe

Haplosclerida
Haplospora
Haplosporangium
- □ Mucorales

Haplosporida
Haplosporie
haplostemon
Haplosyllis
- M Syllidae

Haplotaxidae
Haplotaxis
- Haplotaxidae
- Phreoryctes

Haploxylon
- Kiefer (Pflanze)

Haplozoon
Haptene
- Immunogene

Hapteren
Haptik
haptisch
- Haptik

haptive Übertragung
- Pflanzenviren

Haptocysten
- Didinium
- Wimpertierchen

Haptoglobine
- B Chromosomen III
- M Globuline
- □ Menschenrassen
- □ Serumproteine

Haptomonadina
- M Geißeltierchen

Haptomorphosen
- Morphosen

Haptonastie ↗
Haptonema
haptophore Gruppen ↗
- Abwehrstoffe
- Seitenkettentheorie

Haptophyceae
- Nannofossilien

Haptotropismus ↗
Haramyidae
Hardella ↗
Harden, Sir A.
Harder-Drüsen
- Nickhautdrüsen

hardiness
- Trockenresistenz

Hardun ↗
Hardy, Godfrey Harold
- Hardy-Weinberg-Regel

Hardy-Plankton-Sammler
- □ Meeresbiologie (Fanggeräte)

Hardy-Weinberg-Regel
- Galton

Harem
- Familienverband
- Homosexualität
- Impala
- Infantizid
- Polygamie
- Tiergesellschaft

Harengula ↗
Harfenschnecken
Harlekin ↗
harlekin
- Steinwälzer

Harlekinbär ↗
Harlekinfrösche
- Südamerika

Harlekingarnele
Harlekin-Korallenschlange
- Korallenschlangen
- B Nordamerika VII

Harlekinsbock
- B Käfer II

Harlekinspinne
Harlequin Hybrids
- M Lilie

Harmalin
- Harmin

Harman
- Harmin

Harmatelia
- M Leuchtkäfer

Harmin
harmonisch-äquipotentielles System
Harmothoë
- Polychaeta

Harn
- Antidiurese
- M Chronobiologie (Phasenkarte)
- Duftmarke
- □ Exkretionsorgane
- □ Exkretionsorgane
- M Fluoride
- Gallein
- □ Hormone (Drüsen und Wirkungen)
- Membran
- Osmoregulation
- Säure-Base-Gleichgewicht
- tight-junctions
- M Wasserbilanz
- ↗ Urin

Harnausscheidung
- Diurese

Harnblase
- Epithel
- M Gebärmutter
- M Geschlechtsorgane
- B Nervensystem (Wirkung)
- B Nervensystem II
- M Oviduct

- Urachus
- M Urogenitalsystem
- B Wirbeltiere I

Harn-Geschlechts-Apparat
- Urogenitalsystem

Harnindican
- Indican

Harnische
- slickensides

Harnischsauger ↗
Harnischwelse
- Fische
- Südamerika

Harnkanälchen ↗
Harnkonkremente
- Harnsteine

Harnkonzentrierung
- M Gegenstromprinzip
- Nephron
- Niere

Harnleiter ↗
- Niere
- B Niere
- B Nierenentwicklung
- Peristaltik
- M Urogenitalsystem

Harnmarkieren
- Duftmarke
- Hunde
- Markierverhalten

Harnorgane
harnpflichtige Substanzen
Harnröhre ↗
- Schwellkörper

Harnröhrenschwellkörper
- Bulbourethraldrüsen
- Schwellkörper

Harnsack ↗
Harn-Samen-Leiter
- Nierenentwicklung
- M Urogenitalsystem
- Wirbeltiere

Harnsäure
- Allantoin
- Ammoniak
- M Exkretion
- Froschlurche
- □ Harn (des Menschen)
- Harnstoff
- Leber
- Makifrösche
- Malpighi-Gefäße
- □ Purinabbau
- Reststickstoff
- Stickstoffkreislauf
- B Stoffwechsel

Harnsäureausscheider
- Exkretion
- uricotelische Tiere

Harnsedimente
Harnsteine
- Biomineralisation
- Konkretionen
- Oxalsäure

Harnstoff
- Aminosäuren
- Ammoniak
- B Biochemie
- □ Clearance
- Desoxyribonucleinsäuren
- M Exkretion
- Gelelektrophorese
- □ Harn (des Menschen)
- Harnsäure
- harnstoffzersetzende Bakterien
- □ Harnstoffzyklus
- Leber
- Lymphe
- M Membrantransport
- Miller-Experiment
- □ Nephron
- M Niere
- organisch
- □ Pansensymbiose (Schema)
- Proteine
- □ Purinabbau
- Reststickstoff
- Stickstoffkreislauf

- B Stoffwechsel
- Urease
- ↗ Harnstoffsynthese

Harnstoffausscheider
- Exkretion
- ureotelische Tiere

Harnstoffgele
- Gelelektrophorese
- Harnstoff

Harnstoffsynthese
- B Biologie II
- Wöhler, F.

harnstoffzersetzende Bakterien
Harnstoffzyklus
- B Biochemie
- B Biologie II
- Glutamat-Oxalacetat-Transaminase
- Harnstoff
- Krebs, H.A.
- □ Mitochondrien (Aufbau)
- B Stoffwechsel

Harnwege
- M Krebs (Krebsarten-Häufigkeit)

Harpa ↗
Harpactes ↗
Harpacticoidea
- Copepoda

Harpagonen
Harpagosid
- M Monoterpene

Harpalus ↗
Harpella
- Harpellales

Harpellales
Harpia ↗
Harpidae
- diskoidale Einrollung
- Harfenschnecken

Harpilius
- □ Natantia

Harpoceras
Harpochytriales
Harpoctor
- Raubwanzen

Harpodon
- Bombay-Enten

Harpodontidae ↗
Harpyia
- Gabelschwanz
- M Zahnspinner

Harpyie
- Südamerika
- B Südamerika III

Harpyionycteridae
- Flughunde

Harpyionycteris
- Flughunde

Harreveld-Lösung
- □ Blutersatzflüssigkeit

Harrimania
Harrimaniidae
- Harrimania
- Xenopleura

Harrison, R.
- B Biologie III

Harrisonsche Regel
- parasitphyletische Regeln

Hartboviste
Hartbrand (Gerste)
- B Pflanzenkrankheiten I

Hartbrand (Hafer) ↗
- Haferflugbrand

Härte (Strahlung)
- Röntgenstrahlen

Härte (Wasser)
- ↗ Wasserhärte

Hartebeest ↗
harte Hirnhaut ↗
harter Schanker
- Geschlechtskrankheiten

Hartfäule ↗
Hartgummi
- Kautschuk

Hartheu
Hartheugewächse

Hartheukrankheit
– Hypericin
Hartholz
Hartholzaue ↗
– Auenwald
Hartig, R.
– [M] Hallimasch
Hartigsches Netz
– [B] Mykorrhiza
Hartlaubgehölze
– [B] Afrika I
– [B] Afrika VI
– [B] Asien II
– Australien
– [B] Australien I
– [B] Europa I
– Hartlaubvegetation
– [B] Mediterranregion I
– [B] Nordamerika
– [B] Nordamerika II
– [B] Nordamerika III
– [B] Südamerika I
– [B] Südamerika VI
– [B] Südamerika VIII
– [B] Vegetationszonen
– ↗ Hartlaubgewächse
– ↗ Hartlaubwälder
Hartlaubgewächse
– Sklerophyllen
– [M] Verdunstung
– [M] Wassertransport
– ↗ Hartlaubgehölze
Hartlaubvegetation
Hartlaubwälder
– Hartlaubvegetation
– Wald
– ↗ Hartlaubgehölze
Hartline, H.K.
Hartmanella
Hartmann, M.
– [B] Biologie I
– [B] Biologie III
– Deduktion und Induktion
– Hartmanella
Hartmann, Nicolai
– □ Geist
– Leben
Hartnup-Krankheit
– [M] Enzymopathien
Hartpolstersträucher
Hartriegel
– Knospe
– [B] Polarregion II
Hartriegelartige
Hartriegelgewächse
Hartsoeker, N.
Harvey, W.
– [B] Biologie I
– [B] Biologie II
– [B] Biologie III
– Cesalpinus, A.
– Leeuwenhoek, A. van
Harvey Rat Sarcoma Virus
– □ Onkogene
Harz, C.O.
– Actinomycetales
Harzalkohole ↗
– [M] Harze
Harzbienen ↗
Harzdrüsen
– Harze
– Harzgänge
Harze
– Kernholz
– Resinole
– Resinosäuren
– Storax
– □ Terpene (Klassifizierung)
Harzeibe
– Podocarpaceae
Harzer Käse
– Käse
Harzer Roller
– Kanarienvogel
Harzfluß
– Buchdrucker
– Harze
Harzgallen
Harzgänge

Harzkanäle
– Harze
– Harzgänge
– □ Holz (Blockschemata)
– Sekretbehälter
Harzmotte
– Harzgallen
Harzsäuren ↗
– Balsame
– [M] Harze
– Kolophonium
harzsaure Salze
– Resinate
Harzseifen
– Resinate
Harzsticke
– Hallimasch
Harzungen
– Wald
Häschenratten
– Mäuse
Haschisch
Haschischöl
– Haschisch
Hasel (Pflanze)
– Anemogamie
– [M] arktotertiäre Formen
– [B] Blütenstände
– [B] Europa XI
– [M] Höhengrenze
– [M] Holozän
– Kätzchen
– Monochasium
– Sympodium
– Wurzelbrut
– Xylopodium
Hasel (Fisch) ↗
Haselblattroller
– [M] Blattroller
Haseldickkopfkäfer
– Blattroller
Haselhuhn ↗
– [B] Europa X
Haselmaus
– [B] Europa XIII
Haselnuß
– [B] Früchte
– Träufelspitze
– ↗ Hasel (Pflanze)
Haselnußbohrer ↗
Haselnußöl
– Hasel (Pflanze)
Haselnußschildlaus
– Napfschildläuse
Haselstrauch
– Hasel
Haselwurz
Haselzeit ↗
– Mitteleuropäische Grundsukzession
Hasen ↗
– [B] Europa IV
– [B] Europa XIII
– [M] Fährte
– Hasenartige
– [M] Nest (Säugetiere)
Hasenartige
– Blinddarmkot
– Lippen
– [B] Säugetiere
Hasenfledermäuse
– Hasenmäuler
Hasenlattich
– Schattenpflanzen
Hasenmäuler
– [M] Südamerika
Hasenmäuse ↗
Hasenohr (Pflanze)
Hasenohr (Pilz) ↗
– [M] Otidea
Hasenpest
– Tulärämie
Hasenpfotenbaum
– Balsaholz
– Bombacaceae
Hasenröhrling ↗
Hasenscharte
– [M] Hemmungsmißbildung
– [M] Meckel-Knorpel

Hasenschwanzgras ↗
Hasentiere
Hashimoto, Hakaru
– Hashimotosche Krankheit
Hashimotosche Krankheit ↗
Hass, Hans
– Meeresbiologie
Hassalsche Körperchen
– Thymus
Hassen
Hastula
– Schraubenschnecken
Hata, S.
– Ehrlich, P.
Hatch-Slack-Zyklus
H⁺-ATPase
– Protonenpumpe
Hatschek, B.
– Gastroneuralia
– Trochophora
Hatscheksche Grube
– Rathkesche Tasche
– Schädellose
Hatteria
– Brückenechse
Häubchenmuschel
– Kugelmuscheln
Haube (Botanik) ↗
Haube (Zoologie)
Haubenkerne
– Formatio reticularis
Haubenlerche
– [M] Lerchen
Haubenmeise
– Europa
– [M] Meisen
Haubennetzspinnen ↗
Haubenpilze ↗
Haubenschnecken
Haubentaucher
– [B] Europa VII
– [M] Lappentaucher
– Nest
– [M] Nest (Nestformen)
– □ Ritualisierung
– [B] Vogeleier II
Hauberg
– Eichenschälwald
Haubergwirtschaft ↗
Häublinge
– Amatoxine
– Stockschwämmchen
Hauch-Form
– Proteus
Hauer, Franz Ritter von
– alpine Trias
Haufenkokken
– Kokken
Hauhechel
Hauptaugen
– Gliederfüßer
– [B] Gliederfüßer II
– Komplexauge
– Ocellen
Hauptfloreszenz
– Synfloreszenz
Hauptfossula
– Kardinalfossula
Hauptfruchtform
– Nebenfruchtformen
Hauptkern ↗
Hauptmaxima
– □ Mikroskop (Vergrößerung)
– □ Phasenkontrastmikroskopie
Hauptnährstoffe ↗
Hauptpigmentzellen
– □ Retinomotorik
Haupttreihe
– Blattstellung
Haupttrippe
– Blatt
Hauptsätze der Thermodynamik
– Entropie
– Mayer, J.R. von
Hauptseptum
– Protosepten
– [M] Rugosa

Hauptstreckungszone
– Sproßachse
Hauptwirt
– □ Blattläuse
– Wirt
Hauptwurzel
– □ Kotyledonarspeicherung
– Primärwurzel
– □ Rüben
– Wurzel
Hauptzellen
– Fundusdrüsen
– Magen
– □ Magen (Sekretion)
Haurowitz, Felix
– [B] Biologie II
Hausapotato
– Coleus
Hausbock
– [B] Insekten III
Hausen ↗
Hausenblase
Hauser, K. ↗
– Kaspar-Hauser-Versuch
– [M] Kaspar-Hauser-Versuch
Hausfauna
Hausfliege ↗
Hausgans
– Gänse
– Graugans
Hausgrille ↗
Haushuhn
– [M] Gelege
– Hackordnung
– Haustierwerdung
– [B] Kaspar-Hauser-Versuch
– weiße Muskeln
– Huhn
Haushund
– Allometrie
– Haustierwedung
– Hunde
– □ Lebensdauer
– Raubtiere
– Überzüchtung
Hauskanarienvogel
– □ Käfigvögel
Hauskaninchen
– Haustierwerdung
– Kaninchen
Hauskatze
– Katzen
– □ Lebensdauer
– Raubtiere
– [M] Raubtiere
– Revier
– Verwilderung
Hausmarder
– Steinmarder
Hausmaus
– [B] Europa XVI
– [M] Geschlechtsreife
– Hausfauna
– hemerophil
– [M] Herzfrequenz
– [M] Kosmopoliten
Hausmilbe ↗
Hausmücken
– Stechmücken
Hausmüll
– □ Abfall
– □ Abfallverwertung
– [M] Deponie
– [M] Kompost
Hausmutter
Hausnatter
– Wolfszahnnattern
Hauspferd
– □ Lebensdauer
– Pferde
Hausratte
– Europa
– [B] Europa XVI
– Hausfauna
Hausrind
– □ Lebensdauer
– Rinder
Hausrotschwanz
– Europa

Hausschabe

- Rotschwänze
- [B] Vögel I
- [B] Vogeleier I
- Vogeluhr

Hausschabe ↗
Hausschaben
- ☐ Extremitäten

Hausschaf
- ☐ Lebensdauer
- Schafe

Hausschwamm
Haussperling
- [B] Europa XVIII
- [M] Gelege
- [M] Sperlinge

Hausspinne
- Hausfauna
  ↗ Winkelspinnen

Hausspitzmaus
- [M] Spitzmäuse

Hausstaub
- Allergene
- Allergie
- Hausstaubmilbe

Hausstaubmilbe
Haustaube
- [M] Chromosomen (Anzahl)
- [B] Selektion II
- Tauben

Haustellum
- ☐ Mundwerkzeuge

Haustiere
- Abart
- Angoratiere
- Bewegungsstereotypie
- Bienenzucht
- Fruchtbarer Halbmond
- Heterosis
- Hornträger
- Hypersexualisierung
- Mensch und Menschenbild
- Tiere
- Verwilderung

Haustierwerdung
- Haushuhn
- kulturelle Evolution
- Mutationszüchtung
- Pferde
- Rasse
- Verwilderung
  ↗ Domestikation

Haustorien
- Arbuskeln
- Flechten
- ☐ Getreidemehltau
- [B] Moose II
- Mycel
- Rindenwurzeln
- [M] Teufelszwirn
- Wasseraufnahme

Haustra coli
- Haustren

Haustren
Hauswinkelspinnen
- Winkelspinnen

Hauswurz
- Polsterpflanzen

Haut
- Beugefurchen
- Blutspeicher
- [M] Chronobiologie (Phasenkarte)
- Gestalt
- Hautflora
- Hautlichtsinn
- Keratine
- Kollagen
- [M] Krebs (Krebsarten-Häufigkeit)
- [M] Mechanorezeptoren
- Modulation
- [B] Nervensystem II
- Strahlenschäden
- [M] Streß
- Temperatursinn
- ☐ Virusinfektion (Wege)
- Wasser (Wassergehalt)
- [M] Wasserbilanz

Hautalkaloide
- Amphibien
- Farbfrösche
- Feuersalamander

Hautatmer
Hautatmung
- Hautatmer
- [M] Herz
- Perspiration

Hautbakterien ↗
Hautblatt ↗
Hautbremsen ↗
Hautdrüsen
Hauterivium
- [M] Kreide

Hautfarbe
- ☐ Haare

Hautfarne
- Wasseraufnahme

Hautfarngewächse
- Hautfarne

Hautflora
- Bakterienflora

Hautflügler
- ☐ Insekten (Stammbaum)
- [B] Insekten II
- ☐ Rote Liste
- staatenbildende Insekten

Hautgout
- Fleischfäulnis

Hautknochen ↗
- Dermalskelett
- Gürteltiere
- Haut

Hautknochenpanzer
- Bauchrippen
- Deckknochen

Hautknochenschädel ↗
Hautknochenskelett ↗
Hautköpfe
Hautkrebs
- Depigmentation
- DNA-Reparatur
- [M] Krebs (Krebsarten-Häufigkeit)
- Ozon
- Ultraviolett

Hautleishmaniose
- Orientbeule

Hautleisten
- Fingerbeere
- Galton, F.
- Handlinien

Hautlichtsinn
Hautmaulwurf
- Hakenwurmkrankheit
- Larva migrans

Hautmilben
- Hautparasiten

Hautmuskelschlauch
- Bandwürmer
- Bewegung
- [M] Coelom
- [M] Gliederfüßer
- Gliedertiere
- Ringelwürmer

Hautnervengeflecht
Hautparasiten
Hautpilze ↗
Hautporling ↗
Hautschmarotzer
- Hautparasiten

Hautsensibilität
- Kleinhirn

Hautsinn
Hautskelett ↗
- Bindegewebsknochen

Hauttest
Häutung
- Augenstielhormone
- Blut
- Blutdruck
- dipharat
- Ecdyson
- Farbwechsel
- ☐ Hormone (Drüsen und Wirkungen)
- ☐ Insektenhormone
- Larvalentwicklung
- Oenocyten

Häutungsdrüsen

Häutungshormon ↗
- Augenstielhormone
- biotechnische Schädlingsbekämpfung
- Calliphora-Einheit

Häutungsnähte
- Insekten
- Kopf

Häutungsspalt
- [B] Häutung

Hautwulst
- Torus

Hautzähne ↗
- Fische
- Stachel

HAV ↗
Havannatabak
- Tabak

Havers, Clopton
- Havers-Kanäle

Havers-Kanäle
- Breccie
- Homoiothermie
- Knochen
- [B] Knochen

Hawaii
- ☐ tiergeographische Regionen

hawaiische Region
- Australis
- Polynesische Subregion
- tropisches Reich

hawk moth
- Schwärmer

Haworth, Sir W.N.
Haworthia
- ☐ Liliengewächse

Hayflick, H.
- Altern

Hb ↗
HbA
- Adulthämoglobin

HbA$_2$
- Adultnebenhämoglobin

HbF ↗
Hb Gowers
- [M] Hämoglobine

HbO$_2$ ↗
HbP ↗
- [M] Hämoglobine

Hbs
- Sichelzellenhämoglobin

HBV ↗
HCB
- Hexachlorbenzol

HCCH
- Hexachlorcyclohexan

HCG
- Choriongonadotropin

HCH
- Hexachlorcyclohexan

HCl
- Salzsäure

HCS
- Prolactin

HDL
- ☐ Lipoproteine

Head, Sir Henry
- Headsche Zonen

head full
- Mu-Phage

Headonium
- ☐ Tertiär

Headsche Zonen
heat-shock-Gene
- heat-shock-Proteine

heat-shock-Proteine
heavy chain
- H-Ketten
  ↗ schwere Ketten

heavy meromyosin
- Myosin

Hebella ↗
Hebelmechanismus
- ☐ Salbei

Hebeloma ↗
Hebemuskeln
- Flugmuskeln
- Fortbewegung

Heberer, G.
- Evolution
- Tier-Mensch-Übergangsfeld

Hebridae ↗
Hebrus
- Zwergwasserläufer

Hecheln (Atmung)
- Regelung
- Temperaturregulation

Hecheln (Bearbeitungstechnik)
- Lein

Hechtartige
Hechtdorsche ↗
- [B] Fische III

Hechte
- Fische
- [B] Fische III
- [B] Fische XI
- [M] Fische
- [M] Holarktis
- ☐ Lebensdauer

Hechtkopffische
Hechtlinge
Heck, L.
- Auerochse

Hecke
- Knick
- Korrelation

Heckenkirsche
- Schmetterlingsblütigkeit
- [M] Schmetterlingsblütigkeit

Heckenlandschaften
- Hecke

Heckenrose
- [B] Parasitismus I
- Rose

Heckenschnitt
- Korrelation

Heckenweißling
- Weißlinge

Hectocotylus
- ☐ Octopus

Hedera ↗
Hederagenin
- ☐ Saponine

Hederich ↗
- Kainit
- [B] Unkräuter

Hederin
- Efeu
- ☐ Saponine

Hediger, Heini
- Angst - philosophische Reflexionen
- Haustierwerdung

Hedonismus
- Bioethik

Hedwig, Johann
- ☐ Bryologie
- Hedwigiaceae

Hedwigia
- Hedwigiaceae

Hedwigiaceae
Hedysarum ↗
Heer, O.
- arktotertiäre Formen

Heerraupen
- Prozessionsspinner

Heerwurm ↗
H.E.-Färbung
- Hämatoxylin-Eosin-Färbung

Hefe-Alanin-t-RNA ↗
hefeartige Ascomyceten
Hefeautolysat
Hefeextrakt
- Hefeautolysat

Hefegärung ↗
Hefekäfer
- Moderkäfer

Hefen
- Alkohol-Dehydrogenase
- alkoholische Gärung
- Bier
- Darmflora
- ☐ Desoxyribonucleinsäuren (Größen)
- Gärröhrchen
- Generationszeit

Hellrot-Dunkelrot-System

- Guanin
- mikrobielles Wachstum
- ☐ Zelle (Vergleich)
Hefepilze ↗
Hefewasser
Hege
- Jagd
Hegel, Georg Wilhelm Friedrich
- Geist - Leben und Geist
Hegezeit ↗
Hegi, G.
Hegneria
- Euglenamorphales
Heide (Landschaft)
- Einfelderwirtschaft
- Ersatzgesellschaft
- Zwergstrauchformation
Heide (Pflanze)
- Glockenheide
- ⓂHonig
Heidegger, Martin
- Angst - philosophische Reflexionen
Heidehonig
- Heidekraut
- ⓂHonig
Heidekorn ↗
Heidekraut
- Bienenweide
- ☐ Bodenzeiger
- ⒷEuropa IV
- Heidekrautgewächse
Heidekrautartige
Heidekrautgewächse
- Acidophyten
- ☐ Rollblätter
Heidelbeere ↗
- Alpenpflanzen
- ☐ Bodenzeiger
- ⒷEuropa IV
- ☐ Fruchtformen
- Gerbstoffe
Heidelberger Unterkiefer
- Homo heidelbergensis
Heidelbergmensch ↗
Heidelerche
- Lerchen
- Vogelzug
Heidelibellen ↗
Heidemoorgesellschaften ↗
Heidemoorkrankheit
Heidenelke
- ⒷEuropa XIX
- Nelke
Heidenhain, M.
Heidenhain, R.P.H.
Heidenkorn
- Heidekorn
Heidenröschen ↗
- ⒷBiologie I
Heideradspinne
Heideschnecken
Heideschutzgebiete
- Heide
Heidetrüffel
- Heidetrüffelartige Pilze
Heidetrüffelartige Pilze
Heidevegetation
- Heidekrautgewächse
Heidschnucke ↗
- ⓂSchafe
Heilbutt
- ⒷFische II
Heilfieber
Heilglöckchen
Heilige Schnecke
Heiligenkraut
- Zypressenkraut
heilige Rinder
- Zebu
Heilkunde
- Medizin
Heilkunst
- Medizin
Heilpflanzen
- Ackerunkräuter
- Arzneimittelpflanzen

- ☐ botanische Zeichen
- Galen
- ⒷKulturpflanzen X
- ⒷKulturpflanzen XI
- Pflanzengifte
- Unkräuter
Heilpflanzenkunde
- Botanik
Heilserum
- Antitoxine
- Behring, E.A. von
- Behring-Gesetz
- ⓂSchlangengifte
Heilwurz ↗
Heimatprägung ↗
Heimchen ↗
Heimiella
- ☐ Rauschpilze
Heimzug
- Vogelzug
Heine, Jacob von
- Heine-Medin-Krankheit
Heine-Medin-Krankheit ↗
Heinroth, O.A.
- ⒷBiologie II
- ⒷBiologie III
- Graugans
- Verhalten
Heisenberg, Werner Karl
- Freiheit und freier Wille
heiß
- läufig
Heißluftsterilisator
- Bakterien
Heißmist
- Stallmist
Heißvulkanisation
- Kautschuk
Heitz-Leyon-Kristall
- Prolamellarkörper
Heizgas
- Biogas
- ⓂDeponie
- ↗Heizungsanlagen
Heizöl
- ⓂErdöl
Heizungsanlagen
- ⓂKohlenmonoxid
- ⒷKohlenstoffkreislauf
- ⓂKohlenwasserstoffe
- ⓂLuftverschmutzung
Heizwert ↗
- ⓂAbfallverwertung
Helarctos ↗
HeLa-Zellen
- DNA-Topoisomerasen
- Zellkultur
- ⓂZellkultur
Helcion
Heldbock ↗
Heleidae ↗
Heleioporus ↗
Helenien
- Lutein
Helenium
Heleocharis
- Sumpfbinse
Heleophryne
- Gespenstfrösche
Heleophrynidae ↗
- Gespenstfrösche
Helferallel
- Soziobiologie
Helferverhalten
- Altruismus
- Soziobiologie
Helferviren
- defekte Viren
- ⓂOnkogene
- Satelliten
Helferzellen
- Immundefektsyndrom
- Immunzellen
- lymphatische Organe
- Lymphocyten
- ☐ Lymphocyten
- Lymphokine
- T-lymphotrope Viren
Helgicirrha

Heliamphora
- ⒷBlatt III
- Schlauchblattartige
Heliantheae
- ☐ Korbblütler
Helianthemum ↗
Helianthus ↗
Heliaster
- ☐ Seesterne
- Sonnenblumenstern
Heliasteridae
- Sonnenblumenstern
Helicarionidae
- Helixarion
- ⓂLimacoidea
Helicasen
- ☐ Replikation
Helicella ↗
- Dicrocoelium
Helicellidae
- Heideschnecken
Helichrysum ↗
Helicidae
- fingerförmige Drüsen
- Hemicycla
Helicigona ↗
Helicina
Helicinidae
- Helicina
Helicobasidium
- Rotfäule
Helicodonta ↗
Helicolimax ↗
Heliconia
- ⓂStrelitziaceae
Heliconiidae
- Bates, H.W.
Heliconius
- Heliconiidae
- Müllersche Mimikry
- ⒷSchmetterlinge
Heliconomium
- ☐ Minen
helicopegmat
- atrypid
Helicophanta
Helicoplacoidea
Helicopsis
Helicostyla
Helicotrema ↗
helikale Muskulatur
- Muskulatur
- schräggestreifte Muskulatur
Helikasen
- ↗Helicasen
helikoidal
- glatte Muskulatur
Heliobacterium ↗
Heliodinidae ↗
Heliolites
Heliolitiden
- Schizocoralla
Heliometra ↗
Heliophanus
- ⓂSpringspinnen
heliophil
heliophob ↗
Heliophobius
- Erdbohrer
- ⓂSandgräber
Heliophyten
- ⓂLichtfaktor
- Wasserhaushalt
- ↗Lichtpflanzen
- ↗Sonnenpflanzen
- ↗Starklichtpflanzen
Heliopora
- ⓂBlaukorallen
Helioporaria ↗
Helioporida
- Blaukorallen
Helioregulation
Heliornithidae ↗
Heliosis
- Hitzschlag
heliotherm
- Poikilothermie
Heliothis
- Eulenfalter

Heliothrips ↗
Heliothrix
- ☐ Kolibris
Heliotrop ↗
Heliotropin ↗
Heliotropismus ↗
- Phototropismus
- ⓂSonnenblume
Heliotropium
- Sonnenwende
Heliozelidae ↗
Heliozoa
- Geschlecht
- Symmetrie
- ↗Sonnentierchen
Heliscomys
- Taschenmäuse
Helisoma
Helium
- anthropisches Prinzip
- ⓂAtom
- ⒷChromatographie
- Radioaktivität
Heliumkern
- Atom
Helix (Molekularbiologie)
- Helixstruktur
- ↗Alpha-Helix
- ↗Doppelhelix
Helix (Schnecke) ↗
- Versuchstiere
Helix-Lectin
- ☐ Lectine
Helixrand
- Darwinscher Ohrhöcker
Helixstruktur
Helix-Unterbrecher
- Prolin
- Proteine
Helixwindung
- Identitätsperioden
Helladaptation
- ☐ Retinomotorik
- ↗Hell-Dunkel-Adaptation
Helladotherium
Helland-Hansen
- ☐ Meeresbiologie (Expeditionen)
Hellastier
- Helladotherium
Hellbender ↗
Hell-Dunkel-Adaptation
- Iris (Augenteil)
- Lutein
- Pupillenreaktion
- Retinomotorik
Hell-Dunkel-Sehen
- Stäbchen
Hell-Dunkel-Wahrnehmung
- Auge
Hell-Dunkel-Wechsel
- Schlaf
Helleborein
- Nieswurz
Helleborin
- Nieswurz
Helleborus ↗
Helleborustyp
- Spaltöffnungen
Hellebrigenin
- Bufadienolide
heller Halbmond
- Fingernagel
Helleria
- ☐ Landasseln
Hellerkraut
Hellfaktor
- ⓂNeuropeptide
Hellfeldmikroskopie ↗
- ⓂPhasenkontrastmikroskopie
Helligkeitssehen ↗
- photopisches System
Hellockersporer
- ⓂTäublinge
Hellriegel, H.
- ⓂKnöllchenbakterien
Hellrot-Dunkelrot-System
- Phytochrom-System

193

Hellroter Ara

Hellroter Ara
- [B] Nordamerika VIII
- Papageien

Helmbohne ↗

Helmholtz, H.L.F. von
- Farbensehen
- [B] Farbensehen
- □ Gehörorgane (Hörtheorie)

Helminthen

Helminthiasis ↗

Helminthogloea ↗

Helminthoidea
- Mäander

Helminthologie
- Vermes

Helminthomorpha
- □ Doppelfüßer

Helminthosporiosen
- Helminthosporium

Helminthosporium
- [M] Pilzviren

Helminthosporium maydis-Virusgruppe
- [M] Pilzviren

Helminthostachys

Helmkasuar
- [B] Australien I
- Kasuare

Helmkolibri
- [M] Kolibris

Helmkopf ↗

Helmkraut

Helmlaubfrosch
- Hemiphractus

Helmleguane ↗

Helmlinge

Helmont, J.B. van
- [B] Biologie I
- [B] Biologie II

Helmschnecken

Helmskinke ↗

Helobdella

Helobiae ↗

helobial
- □ Endosperm

Heloderma
- [M] Krustenechsen

Helodermatidae ↗

Helodes
- Malaria
- Sumpfkäfer

Helodidae ↗

Helodium ↗

Helodrilus
- [M] Lumbricidae

Helogale
- [M] Ichneumons

Helokrenen
- Quelle
- Sumpf

Helopeltis ↗
- Weichwanzen

helophil

Helophorus
- Hydraenidae

Helophyten
- Kryptophyten
- □ Lebensformen (Gliederung)
- Sumpf
- ↗ Sumpfpflanzen

Heloplankton
- Plankton

Helosis
- Balanophoraceae

Helostoma
- Guramis

Helostomatidae ↗

Helotiaceae ↗

Helotiales

Helotismus

Helvella ↗
- Lorchelpilze
- [M] Mykorrhiza

Helvellaceae ↗
- Lorchelpilze

Helvellales ↗

Helvelloideae ↗

Helwingia
- Hartriegelgewächse

Hemachatus

Hemanthropus
- [B] Paläanthropologie

Hemaris ↗

Hemeralopie ↗

Hemerobiidae ↗

Hemerobius
- Taghafte

Hemerocallis ↗

hemerophil
- Kulturfolger

hemerophob
- hemerophil
- Kulturflüchter

hemiangiokarp ↗
- Blätterpilze

Hemiascomycetes ↗

Hemibasidiomycetes ↗

Hemibdella
- [M] Piscicolidae

Hemibranchie
- Spritzloch

Hemicellulosen
- Araban
- Arabinose
- Golgi-Apparat
- [M] Holz

hemicephal
- Fliegen

Hemichordata
- Dipleurula
- Enterocoeltheorie
- [M] Enteropneusten
- Pentacoela
- □ Tiere (Tierreichstämme)

Hemichromis ↗
- [B] Signal

Hemiclepis

hemicoenokarp ↗

Hemicycla

hemicyclisch

Hemidactylini
- □ Plethodontidae

Hemidactylium

Hemidactylus ↗

hemidapedont
- Scharnier

Hemiechinus
- [M] Igel
- Ohrenigel

hemiedaphisch

Hemielytre ↗

Hemiepiphyten

Hemifusus ↗

Hemigalinae

hemigamotrop

Hemigrammus ↗
- Rhynia

Hemikormophyten

Hemikryptophyten
- □ Lebensformen (Abbildungen)
- □ Lebensformen (Gliederung)
- [M] Lebensformspektren

Hemileia

Hemilepistus ↗

Hemimeridae
- [M] Ohrwürmer

Hemimerus
- Placenta

Hemimetabola
- Exopterygota
- Fluginsekten
- □ Insekten (Stammbaum)
- [B] Larven II
- □ Metamorphose

Hemimetabolie ↗

Hemimycale

Hemiodoecus
- [B] Endosymbiose

Hemiodontidae
- Halbzähner
- [M] Salmler

Hemiodus ↗

Hemionus
- Halbesel

Hemiparasiten

hemipelagisch

Hemipenis
- Begattungsorgane

Hemiphacidiaceae

Hemiphanerophyten ↗

Hemiphractinae
- Hemiphractus

Hemiphractus

Hemipipa
- Wabenkröten

Hemipneustia
- Tracheensystem

Hemipneustier
- Hemipneustia

Hemiprocne
- Baumsegler

Hemiprocnidae ↗

Hemiptera
- □ Insekten (Stammbaum)

Hemipteroidea ↗

Hemipteronotus ↗

Hemirhamphus ↗

Hemisaprophyt
- Bärlappartige

hemisessil

Hemisinae
- Ferkelfrosch
- □ Ranidae

Hemisphäre (Anatomie)
- Telencephalon

Hemisphäre (Geographie)

Hemispondylie
- Wirbel

Hemisquilla
- [M] Fangschreckenkrebse

Hemisus ↗

Hemisynanthropie
- Synanthropie

hemisynkarp ↗

Hemitelia
- Cyatheaceae

Hemithiris
- Rhynchonellida

Hemitragus ↗

Hemitrichia ↗

Hemitripterus ↗

hemitrop

Hemizonida
- [M] Seesterne

hemizygot
- Geschlechtschromosomen-gebundene Vererbung

Hemlockrinde
- Tsuga

Hemlocktanne ↗
- Nordamerika
- [B] Nordamerika II

Hemmfelder
- □ Blattstellung (Entstehung)

Hemmfeldtheorie ↗

Hemmhof
- Agardiffusionstest
- Überschichtungstest

Hemmstoffe ↗
- □ Allosterie (Sättigungskurve)
- Atmungskette
- Enzyme
- Selektivnährböden

Hemmsynapsen
- Erregungsleitung
- □ Nervensystem (Funktionsweise)

Hemmung (Biochemie) ↗
- Allosterie
- Kontaktinhibition

Hemmung (Ethologie)

Hemmung (Neurophysiologie)
- □ Nervensystem (Funktionsweise)
- Sympathikolytika
- [B] Synapsen

Hemmungsbildung
- Hemmungsmißbildung

Hemmungsmißbildung
- Atavismus

- Rekapitulation

Hemmungsnerven

Hemmzone
- Hemmhof

Hemophilus ↗

Hempel-Oppenheim-Modell
- Erklärung in der Biologie

Hench, Ph. S.

Hengst

Henicopidae
- [M] Hundertfüßer

Henidium

Heniochus ↗

Henle, F.G.J.
- [B] Biologie I
- Contagium
- Epithel
- Henlesche Schleife

Henle-Koch-Postulat
- Kochsches Postulat

Henlesche Schleife
- □ Nephron
- [M] Niere (Gegenstrom)
- [B] Niere
- Osmoregulation

Hennastrauch ↗

Henne

Henneberg, W.
- Joghurt

Hennig, Willi
- Hennigsche Systematik

Hennigsche Systematik
- Kladistik
- Klassifikation
- [M] numerische Taxonomie
- Systematik

Henodus

Henopidae ↗

Henosepilachna
- Marienkäfer

Henricia
- Blutstern
- Echinasteridae

Henry-Daltonsches Gesetz
- Partialdruck

Henry Pittier (Venezuela)
- [B] National- und Naturparke II

Henseleit, Kurt
- [B] Biochemie
- [B] Biologie II

Hensen, Victor
- [B] Biologie II
- Hensenscher Knoten
- Meeresbiologie
- □ Meeresbiologie (Expeditionen)
- Plankton

Hensen-Netz
- □ Meeresbiologie (Fanggeräte)

Hensenscher Knoten

Heodes ↗

Hepadnaviren
- [M] DNA-Viren

Hepadnaviridae
- [B] Hepatitisvirus

Hepar ↗

Heparin
- Allergie
- Altern
- Aminosomen
- Desensibilisierung
- Glucosamin
- Herzinfarkt
- Mastzellen

Hepatica ↗

Hepaticae ↗

Hepaticites
- Moose

hepatische Phase
- blutbildende Organe

Hepatitis
- Bilirubinurie
- Blumberg, B.S.
- [M] Inkubationszeit
- Lactat-Dehydrogenase
- Leber
- Transaminierung

- ☐ Virusinfektion (Abläufe)
Hepatitis-A-Virus
Hepatitisviren
Hepatitisvirus B
- Ⓜ Pockenviren
Hepatokrinin
Hepatologie
Hepaton
Hepatopankreas
- Gliederfüßer
- Leber
- Mitteldarmdrüse
- Ⓑ Verdauung I
HEPES
- Zellkultur
Hepialidae ↗
Hepialus
- Wurzelbohrer
Hepsetidae
- Salmler
Hepsetus ↗
Heptabrachia ↗
Heptaceras
- ☐ Onuphidae
Heptachlor
- ☐ MAK-Wert
Heptadecan
- Ⓜ Alkane
Heptadecansäure
- Margarinsäure
Heptaen-Antibiotika
Heptagia
- Zuckmücken
Heptan
- Ⓜ Alkane
Heptathela ↗
- Ⓜ Mesothelae
Heptosen
- Glucose
Heptosephosphate
- Pentosephosphatzyklus
Heptranchias ↗
herablaufende Blätter
Heracleum ↗
Herba
Herbar
- Herbarium
Herbarium
- Ⓑ Biologie II
- Exsikkat
- Präparationstechniken
Herbes de Provence
- Ⓜ Rosmarin
Herbicola
- Ⓜ Erwinia
herbikol
Herbivoren
Herbizide
- Abbau
- Atrazin
- Gifte
- Milch
- Morphactine
- Phenoxyessigsäure
- Stellarietea mediae
- Unkräuter
Herbst, Ernst Friedrich Gustav
- Herbstsches Körperchen
Herbst-Aster
- Aster
- Ⓑ Nordamerika VII
Herbstbeiße
- Erntemilbe
Herbstblatt
- Rötelritterlinge
Herbstblüher
- ☐ botanische Zeichen
Herbstfärbung
- Carotinoide
- Farbe
- Hydrochinon
- Lutein
- Plastiden
Herbstholz ↗
Herbstlaicher
- Ⓜ Laichperioden
Herbstlorchel
- Sattelorcheln

Herbstmilbe ↗
Herbstrübe ↗
Herbstsches Körperchen
- Ⓑ mechanische Sinne I
- Mechanorezeptoren
Herbst-Sonnenbraut
- Helenium
- Ⓑ Nordamerika III
Herbstspinne
Herbstspinner
Herbst-Trompete
- Leistenpilze
- Trompeten
Herbstzeitlose
- ☐ Knolle
Herbstzug
- Vogelzug
Herdbuch
Herde
- Bandenbildung
- Herdentrieb
- Schwarm
- Tiergesellschaft
Herdeninstinkt
- Herdentrieb
Herdentrieb
Herder, Johann Gottfried von
- Daseinskampf
Heredität ↗
Heredopathien ↗
Hérelle, F.H. d'
- Ⓑ Biologie II
Heretabilität
- Variabilität
Heriades ↗
Heriaeus
- ☐ Krabbenspinnen
Hericiaceae
- Ⓜ Stachelpilze
Hericium ↗
Herilla
Hering, K.E.K.
- Hering-Breuer-Reflex
Hering-Breuer-Reflex
- ☐ Atmungsregulation (Regelkreis)
- Dehnungsreflex
Heringe
- Ⓑ Fische II
- Ⓜ Fische
- Laichperioden
- Ⓜ Laichperioden
- Laichwanderungen
- ☐ Lebensdauer
- ☐ Nahrungsmittel
Hering-Gitter
- ☐ Kontrast
- optische Täuschung
Heringsartige ↗
- Hering, K.E.K.
Heringsche Täuschung
Heringsche Vierfarbentheorie
- Hering, K.E.K.
Heringsfische
Heringshai ↗
- Ⓑ Fische III
Heringskönig ↗
- Ⓑ Fische VI
Heringsmöwen
- Möwen
- Semispezies
Heritabilität
Heritabilitätskoeffizient
- Heritabilität
Heritiera ↗
Héritier de Brutelle, Charles-Louis l'
- Heritiera
Herkogamie ↗
Herkuleskäfer
- Ⓑ Insekten III
- Südamerika
Herkuleskeule (Pilz) ↗
- Ⓜ Korallenpilze
Herkuleskeule (Schnecke) ↗
Hermaeophora
- Erdflöhe
Hermann, J.

Hermann, L.
Hermännchen
- Wiesel
Hermaphrodit ↗
- Androgynie
- Geschlecht
- Geschlechtsumwandlung
 ↗ Zwitter
hermaphroditische Gruppen
- Autopolyploidie
Hermaphroditismus ↗
- Ⓜ Intersexualität
- Jugendentwicklung: Tier-Mensch-Vergleich
 ↗ Zwittrigkeit
hermatypische Korallen
- Korallenriffe
- ☐ Riff
Hermelin
- Ⓑ Europa XIII
- Haarwechsel
- ☐ Lebensdauer
Hermelinspinner ↗
Hermellidae ↗
Hermellimorpha
Hermen
- ☐ Genitalpräsentation
Herminium ↗
Hermione
Hermodice
Hermonia ↗
Hernández, Francisco
- Hernandiaceae
Hernandiaceae
Hernia inguinalis
- Ⓜ Leiste
Herniaria ↗
Hernie
- Ⓜ Leiste
Hero
- Arminacea
Herodot
- Warane
Heroin
- Drogen und das Drogenproblem
- Entgiftung
- Opiate
Heroldstabschnecke
Herophilus
- Vivisektion
Herpailurus ↗
- Südamerika
- Wieselkatze
Herpangina
- Ⓜ Coxsackieviren
Herpes (Bläschenflechte) ↗
Herpes (Gürtelrose) ↗
Herpes corneae
- Herpes
- Herpes simplex-Viren
Herpes genitalis
- Herpes
- Herpes simplex-Viren
Herpes labialis
- Herpes
- Herpes simplex-Viren
Herpes simplex
- Einschlußkörperchen
- Hepatitis
- Herpes
Herpes simplex-Viren
- Rhabdoviren
- ☐ Viren (Aufnahmen)
Herpestes
- Ichneumons
Herpestinae ↗
Herpestoidea
Herpes tonsurans
- Borkenflechte
Herpesviren
- Aujeszky-Krankheit
- Immundefektsyndrom
- Viren
- ☐ Viren (Aufnahmen)
- ☐ Viren (Kryptogramme)
- ☐ Viren (Virion-Morphologie)
- Ⓑ Viren

Herzblatt

- ☐ Virusinfektion (Genexpression)
- ☐ Viruskrankheiten
Herpes zoster
- Herpes
- Windpocken
Herpetologie
Herpetosiphon
Herpobdella
- ☐ Saprobiensystem
Herpobdellidae ↗
Herpotanais
- Scherenasseln
Herpotrichia
- Schneeschimmel
Herrennagele ↗
Herrenpilz ↗
- Ⓜ Steinpilze
Herrentiere
- Mensch
- Primatologie
 ↗ Primaten
Herrgottsblut
- Hypericin
Herrgottskäfer ↗
- Marienkäfer
Herrick, James Bryan
- Herrick-Anämie
Herrick-Anämie ↗
Herse ↗
Hershey, A.D.
- ☐ Desoxyribonucleinsäuren (Geschichte)
- T-Phagen
Hersilia
- Hersiliidae
Hersiliidae
Hertwig, O.W.A.
- Bilateria
- Ⓑ Biologie I
- Ⓑ Biologie II
- Cytologie
- Enterocoeltheorie
- Spulwurm
- Stachelhäuter
Hertwig, R.C.W.Th.
- Bilateria
- Ⓑ Biologie I
- Ⓑ Biologie II
- Cytologie
- Enterocoeltheorie
Hertz
- Frequenz
Herz
- Atmung
- Ⓑ Biogenetische Grundregel
- Brücke, E.W. von
- Cardia
- Conus
- Dorsalorgan
- Dystonie
- Ⓑ Embryonalentwicklung I
- Ⓑ Embryonalentwicklung II
- Ⓑ Embryonalentwicklung IV
- Gliederfüßer I
- Ⓜ Herzklappen
- Ⓜ Membranpotential
- Ⓜ Nervensystem II
- Remak, R.
- Stensen, N.
- Ⓜ Streß
- vegetatives Nervensystem
- Ⓑ Wirbeltiere II
- Zwerchfell
Herzautomatismus
- Haller, A. von
- Herznerven
Herzautonomie
- Herzautomatismus
Herzautorhythmie
- Herzautomatismus
Herzbeschleunigung
- Tachykardie
Herzbeutel
Herzbildungszellen ↗
Herzblatt
- ☐ Bodenzeiger

195

Herzblock

- Scheinnektarien
- **Herzblock**
- Schrittmacher
- *Herzblume* ↗
- **Herzchirurgie**
- Anoxie
- M Hypothermie
- *Herzeule*
- *Herzfäule*
- **Herzfell**
- B Herz
- **Herzflimmern**
- Herzglykoside
- Herzmuskulatur
- *Herzfrequenz*
- M Arbeitsphysiologie
- M Chronobiologie (Phasenkarte)
- Herznerven
- □ Hormone (Drüsen und Wirkungen)
- □ Nervensystem (Wirkung)
- **Herzganglion**
- Herzautomatismus
- ↗ Herznerven
- *Herzgespann* ↗
- *Herzgewichtregel* ↗
- *Herzgifte*
- M Gifte
- **Herzglykoside**
- Arzneimittelpflanzen
- Cardenolide
- Pflanzengifte
- M Wehrsekrete
- *Herzigel*
- Schlangensterne
- *Herzinfarkt*
- Arteriosklerose
- □ Enzyme (Enzymmuster)
- Lactat-Dehydrogenase
- Nicotin
- Streß
- □ Tabak
- Transaminierung
- **Herzinsuffizienz**
- Sympathikolytika
- **Herzjagen**
- Tachykardie
- *Herzkammer* ↗
- □ Blutkreislauf (Umbildungen)
- Elektrokardiogramm
- B Embryonalentwicklung IV
- Herzmechanik
- B Wirbeltiere II
- **Herzkirschen**
- Prunus
- **Herzklappen**
- Erasistratos
- **Herzklappenentzündung**
- Cardiobacterium
- **Herzklappenfehler**
- □ Hämolyse
- **Herzklappen-Rotlauf**
- Schweinerotlauf
- **Herzklopfen**
- Erfolgsorgan
- Streß
- **Herzkranzgefäße**
- Herz
- B Herz
- Herzinfarkt
- ↗ Koronargefäße
- **Herz-Kreislauf-Störungen**
- Sympathikolytika
- **Herzlöffel**
- Froschlöffelgewächse
- *Herz-Lungen-Passage*
- **Herzmechanik**
- Herznerven
- *Herzminutenvolumen*
- Fick, A.
- M Seneszenz
- **Herzmitochondrien**
- Adenylattranslokator
- **Herzmuscheln**
- B Muscheln

- **Herzmuskel**
- ↗ Herzmuskulatur
- **Herzmuskelgifte**
- Cardiotoxine
- M Gifte
- **Herzmuskelschlauch**
- Gliederfüßer
- *Herzmuskulatur*
- □ Chronaxie (Chronaxiewerte)
- Herzglykoside
- Herznerven
- Mitochondrien
- Myokard
- □ Nervensystem (Funktionsweise)
- B Nervensystem II
- quergestreifte Muskulatur
- unwillkürliche Muskulatur
- **Herznasenfledermaus**
- M Großblattnasen
- *Herznekrose*
- **Herznerven**
- Kreislaufzentren
- **Herzohr**
- Herz
- **Herzoperation**
- ↗ Herzchirurgie
- **Herzrhythmus**
- Herzautomatismus
- Herzmechanik
- Puls
- **Herzrhythmusstörungen**
- Arrhythmie
- Biofeedback
- **Herzsamen**
- Seifenbaumgewächse
- **Herzscheidewand**
- □ Blutkreislauf (Umbildungen)
- B Herz
- **Herzschlauch**
- Blutkreislauf
- Flügelmuskeln
- □ Insekten (Bauplan)
- *Herzschötchen* ↗
- **Herzschrittmacher**
- Schrittmacher
- *Herzseeigel*
- **Herzskelett**
- Herz
- *Herzstreifen* ↗
- **Herzstrombild**
- Elektrokardiogramm
- **Herztransplantation**
- M Transplantation
- *Herzvorhof* ↗
- *Herzwasser*
- **Herzwassersucht**
- Krötengifte
- **herzwirksame Glykoside**
- Herzglykoside
- *Herzwurm* ↗
- **Herzzeitvolumen**
- Herzminutenvolumen
- *Herzzüngler* ↗
- **Hesiod**
- Abstammung
- Bienenzucht
- *Hesionidae*
- Hesionides
- *Hesionides*
- **Hesionura**
- M Phyllodocidae
- **Hesmer, H.**
- Waldschutzgebiete
- **Hesperetin**
- M Flavanone
- **Hesperetin-7-O-rutinosid**
- Hesperidin
- *Hesperia*
- M Duftschuppen
- **Hesperidin**
- M Flavanone
- Flavonoide
- *Hesperiidae* ↗
- *Hesperis* ↗
- **Hesperoloxodon**
- Palaeoloxodon

- **Hesperornis**
- Odontognathae
- **Hesperornithiformes**
- **Hess, E.**
- M Prägung
- **Hess, W.R.**
- Holst, E. von
- Umstimmung
- Verhalten
- M Verhalten
- **Hesse, R.**
- Biogeographie
- B Biologie III
- Hessesche Regel
- *Hessenfliege* ↗
- **Hessenmücke**
- Gallmücken
- □ Gallmücken
- *Hessesche Regel*
- **Hetaerius**
- Stutzkäfer
- **Heterakis**
- **Heterakoidea**
- M Ascaridida
- **Heteralocha**
- M Lappenkrähen
- ökologische Nische
- *Heterandria* ↗
- **Heteranomia**
- Sattelmuscheln
- **Heteranthera**
- Pontederiaceae
- *Heteranthie*
- Blütennahrung
- *Heteroagglutination*
- *Heteroallele*
- *Heteroantigene*
- *Heteroantikörper*
- Autoantikörper
- *Heteroatome*
- heterocyclische Verbindungen
- *Heteroauxin* ↗
- *Heterobasidie* ↗
- **Heterobasidiomyceten**
- Heterobasidiomycetidae
- *Heterobasidiomycetidae*
- **Heterobasidion**
- Rotfäule
- M Schichtporlinge
- M Weißfäule
- M Wurzelfäulen
- Wurzelschwamm
- *Heterobathmie* ↗
- *heteroblastisch*
- *heterobrachial*
- *Heterocentrotus* ↗
- *Heterocephalus* ↗
- *Heterocera* ↗
- **Heterocerci**
- Palaeonisciformes
- **Heterocheilus**
- M Spulwurm
- *heterochlamydeisch* ↗
- *Heterochloridales*
- **Heterochloris**
- Heterochloridales
- *Heterochromatin* ↗
- Chromozentrum
- differentielle Genexpression
- Heterochromatisierung
- repetitive DNA
- Zellkern
- *Heterochromatisierung*
- *Heterochromie (Histologie)*
- *Heterochromie (Medizin)*
- *Heterochromosomen* ↗
- **Heterochronie**
- Rekapitulation
- *Heterococcus* ↗
- **heterocoel**
- Wirbel
- *Heterocoela*
- *Heterocongridae* ↗
- **Heterocope**
- M Copepoda
- *Heterocorallia*
- **Heterocyclen**
- heterocyclische Verbindungen

- *heterocyclisch* ↗
- **heterocyclische Verbindungen**
- aromatische Verbindungen
- Ringsysteme
- M organisch
- *Heterocyemida*
- **Heterocysten**
- M Calothrix
- M Cylindrospermum
- M Fischerella
- M Nostoc
- M Scytonema
- *Heterodera*
- **heterodate Peptide**
- Depsipeptide
- *Heterodon* ↗
- *heterodont*
- Zähne
- *Heterodonta* ↗
- heterodont
- *Heterodontoidei* ↗
- **Heterodontus**
- Haie
- *Heteroduplex*
- Genkonversion
- *heterofermentativ* ↗
- Lactobacillaceae
- *heterogametisch*
- Gendosis
- **heterogametische Spermazellen**
- Certation
- *Heterogamie*
- *heterogen*
- **Heterogenea**
- Schildmotten
- *Heterogenese*
- *Heterogenität*
- heterogen
- *Heterogenote*
- **Heterogloea**
- Heterogloeales
- *Heterogloeales*
- *Heteroglykane*
- Polysaccharide
- **Heterogonie**
- B Plattwürmer
- Rhabdias
- *Heterogynidae* ↗
- **Heterogynis**
- Mottenspinner
- *Heterohyrax* ↗
- **Heterojapyx**
- Doppelschwänze
- *heterök* ↗
- *Heterokarpie*
- Samenverbreitung
- **Heterokaryon**
- Heterokaryose
- Membranfusion
- Zellfusion
- *Heterokaryose*
- **heterokont**
- Algen
- *Heterokontae*
- *Heterokotylie*
- *Heterokrohnia* ↗
- **heterolog**
- Krebs
- **heterologe Insemination**
- Insemination
- Insemination - Aspekte
- *Heterolyse*
- *Heteromastus*
- *heteromer*
- Flechten
- pleiomer
- *Heteromera*
- *Heteromerie* ↗
- *heteromesisch*
- *Heterometabola*
- *Heterometabolie* ↗
- *Heterometra*
- **Heterometrus**
- M Skorpione
- *Heteromeyenia*
- *heteromorph* ↗
- Homonomie

- Vervollkommnungsregeln
Heteromorphe heteromorpher Generationswechsel
- Algen
- Generationswechsel
- [B] Nacktsamer
Heteromorphie
- Polymorphismus
  ↗ heteromorph
Heteromorphose
- Homöose
- Regeneration
Heteromyaria
- Dimyaria
Heteromyidae ↗
Heteromyota
- [M] Echiurida
Heteromys
- [M] Taschenmäuse
Heteromysis
- [M] Mysidacea
Heteronemen
- [M] Cniden
Heteronemertea
- Micrura
- Schnurwürmer
Heteronemertini
- Heteronemertea
Heteronereis
- Epitokie
Heteroneura ↗
- frenat
heteronom
- Gliedertiere
- Homonomie
- Ringelwürmer
- □ Stammbaum
- Symmetrie
Heteropeza
- Endotokie
- Parthenogenese
Heteropezidae ↗
heterophag
heterophasischer Generationswechsel ↗
- Algen
- Generationswechsel
- [B] Nacktsamer
Heterophyes
Heterophyiasis
- Heterophyes
Heterophyllia
- Heterocorallia
Heterophyllie
- Blatt
- Efeu
- Farne
- Morphosen
Heterophyllum
- Moosfarngewächse
heteropisch
heteroplastisch ↗
Heteroploïdie
Heteropneustes ↗
Heteropneustidae
- Sackkiemer
Heteropoda
- Eusparassidae
Heteropodidae ↗
heteropolare Bindung ↗
Heteropolysaccharide ↗
Heteropora
- [M] Moostierchen
Heteroporus
- Abortiporus
Heteroprox
Heteroptera ↗
Heteropyknose
Heterorhabditis
- Rhabditida
Heterorrhizie
Heterosexualität
Heterosiphonales ↗
Heterosis
- balancierter Polymorphismus
- Bastard
- Hybridzüchtung
- Luxurieren

- Züchtung
Heterosiseffekt
- Heterosis
Heterosis-Saatgut
- Einfachkreuzung
Heterosis-Züchtung ↗
Heterosomen ↗
- akzessorische Chromosomen
heterosperm
- Samenverbreitung
Heterospermie ↗
heterospezifische Transplantation
- Transplantation
Heterospionidae
- [M] Spionida
Heterosporie
- Megasporen
- Mikrosporen
- Sporangien
Heterosporium
- Blattbrand
Heterostegina ↗
Heterostelen
- Homalozoa
Heterostraci
Heterostylie
Heterosyllis
- Epitokie
Heterotanais
- Scherenasseln
- [M] Scherenasseln
Heterotardigrada
Heterothallie
- Mucorales
heterothallisch
heterotherm ↗
- Rete mirabile
Heterothrix ↗
heterotope Transplantation
- Transplantation
heterotopisch (Geologie)
heterotopisch (Medizin)
Heterotransplantation
- Transplantation
- [M] Transplantation
heterotrich
Heterotricha
Heterotrichales
heterotroph
- Heterotrophie
Heterotrophie
- Assimilation
- Ernährung
- [B] Kohlenstoffkreislauf
- Pflanzen
- Photosynthese
- [B] Photosynthese II
Heterotropie ↗
Heteroxanthin
- □ Algen (Farbstoffe)
heteroxen
- Wirtswechsel
heteroxyl
- □ Holz (Bautypen)
heterozerk ↗
Heterözie
- heterözisch
- Rostpilze
heterözisch
Heterozoide
- Zoide
heterozön
heterozygot
- Diploidie
- Erbkrankheiten
- Gen
- [M] Geschlechtschromosomen-gebundene Vererbung
- [M] Hardy-Weinberg-Regel
- Heterosis
- Heterozygotie
Heterozygotie
- Inzucht
- □ Kreuzungszüchtung
- Letalfaktoren
- Mendelsche Regeln

- Variabilität
Heterurethra
Hethiter
- [B] Menschenrassen II
Hettangium
- [M] Jura
Hetzen
- [B] Ritualisierung
Hetzkrankheit
- Jagziekte
Heu
- Bacillus
- Selbsterhitzung
- thermophile Bakterien
Heubacillus
Heucher, Johann Heinrich von
- Heuchera
Heuchera ↗
Heufalter ↗
Heufieber
- Heuschnupfen
Heuhüpfer
- Feldheuschrecken
- Heuschrecken
Heuler
- Seehunde
Heulwolf
- Kojote
Heumotte
- Zünsler
Heupferde
Heuschnupfen
- anaphylaktischer Schock
- Hausstaubmilbe
- Süßgräser
Heuschrecken
- Flugmuskeln
- [M] Gehörorgane (Hörbereich)
- Gesang
- [B] Homologie und Funktionswechsel
- Kryptopleurie
- [M] mechanische Sinne II
- Zufallsfixierung
Heuschreckenkrebse ↗
Heuschreckensandwespe ↗
Heutierchen ↗
Heuwurm
Heve
- [M] Castilloa
Hevea
- [M] Castilloa
Hevesy, G.K. von
Hevesy-Paneth-Analyse
- Hevesy, G.K. von
Hexabranchidae
- Hexabranchus
Hexabranchus
Hexacanthus
- Oncosphaera
Hexachlorbenzol
- □ Chlorkohlenwasserstoffe
- Porphyrine
Hexachlorcyclohexan
- □ Chlorkohlenwasserstoffe
- □ MAK-Wert
Hexachlorphen
- TCDD
Hexacontium ↗
- [M] Peripylea
- [M] Radiolaria
Hexacorallia
- □ Trias
Hexacosanol
- Wachse
Hexacosansäure
- Cerotinsäure
- Wachse
Hexactinellida
- Euplectellidae
- Schwämme
trans-10-cis-12-hexadecadien-1-ol
- Bombykol
Hexadecan
- [M] Alkane
Hexadecanol
- Cetylalkohol

- Wachse
n-Hexadecansäure
- Palmitinsäure
2,4-Hexadiensäure
- Sorbinsäure
Hexaen-Antibiotika
- Polyenantibiotika
Hexagonaria
- Cyathophyllum
Hexagrammidae
- Grünlinge
Hexagrammoidei ↗
Hexahydropyridin
- Piperidin
Hexahydroxycyclohexan
- Inosit
Hexamerocerata
- Wenigfüßer
Hexamita
Hexamittel
- Hexachlorcyclohexan
Hexan
- [M] Alkane
n-Hexanal
- [M] Wehrsekrete
Hexanchidae ↗
Hexanchus
- Grauhaie
1-Hexanol
Hexansäure ↗
Hexaphyllia
- Heterocorallia
Hexaplex
Hexaploidie
Hexapoda
- Gliederfüßer
Hexaprotodon
- □ Tertiär
Hexarthra
- [M] Rädertiere
Hexasterophorida
Hexen
- [M] Alkene
Hexenbesen
- Gallmilben
- Morphosen
Hexenbutter
- Lohblüte
Hexenei
- Bauchpilze
- □ Stinkmorchelartige Pilze
Hexenkraut
Hexenring
Hexenröhrlinge
Hexensalbe
- [M] Alraune
- Scopolamin
- [M] Stechapfel
- □ Tollkirsche
- Tollkraut
Hexite
- Zuckeralkohole
Hexokinase
- [B] Chromosomen III
- [M] Entner-Doudoroff-Weg
- □ Enzyme (K_M-Werte)
- Erythrocyten
- Glucose-6-phosphat
- [B] Glykolyse
Hexon
Hexosane
- Hemicellulosen
Hexosemonophosphat-Weg
- Pentosephosphatzyklus
Hexosen
- [B] Dissimilation II
- [M] Monosaccharide
- [B] Stoffwechsel
Hexosephosphat
- □ Kohlendioxidassimilation
Hexulosephosphat-Isomerase
- [M] Ribulosemonophosphat-Zyklus
Hexulosephosphat-Synthase
- [M] Ribulosemonophosphat-Zyklus

Hexuronsäure

Hexuronsäure
– Szent-Györgyi, A.
Hexylalkohol
– 1-Hexanol
n-Hexylsäure
– Capronsäure
Heyderia
– Libocedrus
Heyerdahl, Thor
– Zypergras
Heymans, C.J.F.
HF
– Fluoride
H-Form
– Proteus
Hfr-Zellen
H-Horizont
HHT
– Hämagglutinations-hemmungstest
Hiatella ↗
Hia-Tsao-Tung-Chung
– [M] Kernkeulen
Hiatus
– Mensch und Menschenbild
Hibbert, George
– Hibbertia
Hibbertia ↗
Hibernacula
– Kamptozoa
– Paludicella
– Statoblasten
Hibernakeln
Hibernation ↗
– [M] Hypothermie
Hibernia
– Frostspanner
Hibiscus ↗
– [B] Genwirkketten II
– □ Heilpflanzen
Hicites
– Pleurodictyum
Hickory ↗
– [M] arktotertiäre Formen
– [B] Nordamerika V
– [M] Walnußgewächse
Hickorynüsse
– Walnußgewächse
Hickory-Wälder
– Nordamerika
Hidrose
Hieb
– Betriebsart
Hiebsatz
– [M] Forsteinrichtung
Hiemales
– □ Reblaus
Hieraaëtus ↗
Hieracium ↗
Hierarchie
– [B] Bereitschaft II
– Hirnzentren
– Instinktmodell
– Wissenschaftstheorie
hierarchische Ordnung
– Klassifikation
– [M] Leibniz, G.W.
hierarchisches System
– anthropisches Prinzip
Higginssche Larve
– Loricifera
Highlands J
– [M] Togaviren
high yield varieties
– Hy-varieties
Hilara
– Tanzfliegen
Hildbrand, F.
– Bestäubungsökologie
Hildebrandtia
Hildegard von Bingen
– Sexualität - anthropologisch
Hildenbrandia
– Corallinaceae
– Hildenbrandiaceae
Hildenbrandiaceae
Hildoceratacea
– Ludwigia murchisonae
Hildoceratidae
– Harpoceras

Hilfsameisen
Hilfsenzyme
– Verdauung
Hilfsloben
– Auxiliarloben
Hilfsspirale
– Radnetzspinnen
Hilfsverhalten
– Altruismus
– Soziobiologie
Hilfswirt
Hill, A.V.
– Sauerstoffschuld
Hill, Robert
– Hill-Reaktion
Hillebrand, W.P.
– Hillebrandia
Hillebrandia ↗
Hill-Reaktion
– □ Photosynthese (Experimente)
hilltopping
– Schwalbenschwanz
– Segelfalter
Hils-Sandstein
– Kreide
Hilum
Hilus
– [B] Niere
Himalaya
– [M] Asien
– tiergeographische Regionen
Himalaya-Glanzfasan
– [B] Vögel II
Himantandraceae
Himantariidae
– [M] Hundertfüßer
Himantarum
– Riesenläufer
Himanthalia ↗
Himantoglossum ↗
Himantopus ↗
Himbeere
– [M] Ballaststoffe
– Forstschädlinge
– □ Fruchtformen
– [B] Kulturpflanzen VII
– □ Rubus
Himbeerglasflügler
– [M] Glasflügler
Himbeerkäfer
Himbeermaden
– Himbeerkäfer
Himbeermotte ↗
Himbeerruten-Gallmücke
– Rutenkrankheit
Himbeerschabe
– Miniersackmotten
Himbeerseuche
– Frambösie
Himbeerspanner
– □ Schutzanpassungen
Himbeerzunge
– Scharlach
Himmelsgucker
Himmelsherold
Himmelsleiter
– [M] Polemoniaceae
Himmelsleitergewächse ↗
Himmelsziege
– Bekassinen
Hindeodella
– [M] Conodonten
– Lochriea
Hindin
Hinduspint
– Bienenfresser
Hinfallhaut
– Decidua
Hinnites
Hinshelwood, Sir C.N.
Hinteratmer
Hinterbrust

Hinterdarm
– Enddarm
Hinterflügel
– [B] Homonomie
– Insektenflügel

Hinterhaupt
– Occiput
Hinterhauptsbein
– [M] Endocranium
– Fontanelle
– □ Schädel
Hinterhauptsgelenk
– dikondyles Gelenk
– Schädel
Hinterhauptshöcker
Hinterhauptslappen
– Rindenfelder
– Telencephalon
Hinterhauptsloch
– Foramen
– Hinterhauptsbein
– Rückenmark
– Schädel
– □ Schädel
Hinterhauptswulst
– Torus occipitalis
Hinterhirn
– Tritocerebrum
– [B] Wirbeltiere I
Hinterhörner
– Hinterstrang
– Rückenmark
– [B] Rückenmark
Hinterhornwurzel
– [B] Rückenmark
– Spinalnerven
Hinterkiemer
– Calma
Hinterkopf
– Occiput
Hinterlauf
Hinterleib ↗
Hinterschildchen
Hinterstirnbein
– Postfrontale
Hinterstrang
– Rückenmark
– [B] Rückenmark
Hiodon
– Messerfische
Hiodontidae ↗
HIOMT
– [M] Magnetfeldeffekt
Hipocrita ↗
Hipparchia ↗
Hipparion
– [M] Formenreihen
– Pferde
– [B] Pferde, Evolution der Pferde II
Hippasa
– Wolfspinnen
Hippeastrum ↗
Hippeutis
Hippiatrie
Hippidae ↗
Hippidion
– [B] Pferde, Evolution der Pferde II
Hippobosca
– Lausfliegen
Hippoboscidae ↗
Hippocamelus ↗
Hippocampus (Säugetiere)
– Korbzellen
– □ Telencephalon
Hippocampus (Seenadeln) ↗
Hippocastanaceae ↗
Hippochaete ↗
Hippocrepis ↗
Hippodiplosia
Hippoglossoides ↗
Hippoglossus ↗
Hippoidea
– Sandkrebse
Hippokrates
– [B] Biologie I
– Fazies
– Humoralpathologie
– Kräuterbücher
– [M] Krebs
Hippolaïs ↗
Hippologie
Hippolyte
– □ Natantia

Hippolytidae
– Putzergarnelen
Hippomane ↗
Hippomorpha
– □ Tertiär
Hipponicidae
– Hufschnecken
Hipponicoidea
Hipponix ↗
– Hufschnecken
Hippophaë ↗
– [M] Frankiaceae
Hippophao-Berberidetum ↗
Hippophao-Salicetum ↗
Hippopodius ↗
Hippopotamidae ↗
– Anthracotherien
Hippopotamus ↗
Hippopus ↗
Hipposideridae
– [M] Fledermäuse
– Rundblattnasen
Hippospongia
Hippothoa
Hippotigris
– [M] Äthiopis
– [B] Rassen- u. Artbildung I
– Zebras
Hippotion
– [M] Schwärmer
– Weinschwärmer
Hippotraginae
– Pferdeböcke
Hippotragus
Hippuridaceae ↗
Hippuriphila
– Erdflöhe
Hippuris ↗
Hippuritacea
Hippuriten
– Hippuritacea
Hippurites
Hippuritoida
– Pachyodonta
Hippursäure
– [M] Exkretion
– □ Harn (des Menschen)
– [M] Harnsedimente
Hircinol
– [M] Phytoalexine
Hirmerella ↗
Hirmoneura
– Netzfliegen
Hirn ↗
Hirnanhangsdrüse ↗
Hirnareale
– Gedächtnis
– Hess, W.R.
– Rindenfelder
– [B] Telencephalon
Hirnbläschen
– [B] Embryonalentwicklung I
Hirneola
– Judasohr
Hirnfelder
– Hess, W.R.
– ↗ Hirnareale
Hirnforschung
– Hirnzentren
Hirnfurchen ↗
– Hirnlappen
– Telencephalon
Hirngewicht
– ↗ Gehirngewicht
Hirnhäute
Hirnhaut-Entzündung
– Encephalitis
– Limax-Amöben
– [M] Linsenauge
– Meningitis
– Mumps
Hirnhöhle
– Ependym
– Hirnventrikel
Hirninfarkt
– Arteriosklerose
Hirnkammern
– [B] Gehirn

- B Telencephalon
- ↗ Hirnventrikel

Hirnkapsel
- Hirnschädel

Hirnkorallen ↗

Hirnlappen

Hirnmark

Hirnnerven
- Nervensystem
- Rautenhirn

hirnorganisches Psychosyndrom
- senile Altersstufe

Hirnreizung
- Holst, E. von
- Konfliktverhalten
- Opiatrezeptor
- Umstimmung

Hirnrinde
- □ Rindenfelder
- B Telencephalon
- ↗ Großhirnrinde

Hirnschädel
- Kiefer (Körperteil)

Hirnschale ↗

Hirnschnitt
- □ Holz (Zweigausschnitt)

Hirnsinus
- Lakune

Hirnstamm
- B Nervensystem II
- B Rückenmark
- Schluckreflex
- Telencephalon

Hirnstammzentren

Hirnstiel

Hirnstock
- Hirnstamm

Hirnstrombild ↗
- M Elektroencephalogramm

Hirntod
- Tod

Hirntumor
- Krebs
- M Linsenauge

Hirnventrikel
- Cerebrospinalflüssigkeit
- Glia
- Rautenhirn
- □ Röntgenstrahlen
- Rückenmark
- Telencephalon
- B Telencephalon

Hirnvolumen
- Homo erectus
- Homo sapiens
- ↗ Gehirngröße

Hirnwasser ↗

Hirnwindungen ↗
- Gyrifikation
- Telencephalon

Hirnwurm
- Dicrocoelium
- Saitenwürmer

Hirnzentren

Hiro
- Röteln

Hiroshima
- □ Krebs (Krebsentstehung)
- Strahlenschäden

Hirschantilope ↗

Hirschartige
- Palaeomeryx

Hirsche
- Fluchtdistanz
- M Trächtigkeit

Hirscheber
- Orientalis

Hirschfeld, Magnus
- Sexualität - anthropologisch

Hirschferkel

Hirschhornsalz
- Ammoniumhydrogencarbonat

Hirschhund, Schottischer
- □ Hunde (Hunderassen)

Hirschkäfer
- M Geschlechtsreife
- M Goldhähnchen

- M Halbseitenzwitter
- B Insekten III
- B Käfer I
- B Käfer II

Hirschkuh

Hirschling
- Milchlinge

Hirschrudel
- M Tiergesellschaft

Hirschtalg
- Talg

Hirschtränen
- Gesichtsdrüsen

Hirschtrüffel

Hirschwurz-Saum ↗
- Trifolio-Geranietea

Hirschziegenantilope

Hirschzunge
- B Farnpflanzen I

Hirse
- Breigetreide

Hirsebier
- Schizosaccharomyces

Hirse-Fluren
- M Polygono-Chenopodietalia

Hirsezünsler
- Maiszünsler

Hirtenhund, Ungarischer
- □ Hunde (Hunderassen)

Hirtentäschel
- Blütenbildung
- B Europa XVI
- M Haare
- Selbstbefruchter
- tagneutrale Pflanzen

Hirudin ↗
- Antikoagulantien

Hirudinea
- Botryoidzellen
- ↗ Blutegel

Hirudinidae

Hirudoin

Hirudinidae ↗
- Gürtelwürmer

Hirundo
- □ Flugbild
- Schwalben

His ↗

His, W.
- Hissches Bündel
- Konkreszenztheorie
- □ Nervensystem (Funktionsweise)

his-Operon

Hispinae
- M Blattkäfer

Hissches Bündel
- Elektrokardiogramm
- Herzmuskulatur
- Kent-Bündel
- Purkinje-Fasern

Histamin
- Allergie
- M Allergie
- Aminosomen
- Antihistaminika
- Bienengift
- biogene Amine
- Brennessel
- Brennhaar
- Decarboxylierung
- Desensibilisierung
- Gewebshormone
- Guanosinmonophosphate
- H-Substanzen
- Immunglobuline
- Mastzellen
- Mediatoren
- Neurotransmitter
- Schmerz
- Serotonin
- M Wehrsekrete

Histamin-Antagonisten
- Antihistaminika

Hister
- Stutzkäfer

Histeridae ↗

Histeroidea
- Stutzkäfer

Histidin
- M Aminosäuren
- M Desaminierung
- M Effektor
- Glutamin
- M Hämoglobine
- his-Operon
- Kossel, A.
- □ Proteine (schematischer Aufbau)
- Urocaninsäure

Histidinämie
- M Enzymopathien

Histidin-Operon
- M Effektor

histiocytäre Riesenzellen
- Entzündung

Histiocyten
- Entzündung
- Makrophagen
- Riesenzellen

histioid

Histioneis
- Dinophysidales

Histioteuthidae
- Calliteuthis
- Histioteuthis

Histioteuthis

Histoautoradiographie
- Historadiographie

Histochemie
- M Kryofixierung

Histogene

Histogenese
- Differenzierungszone

Histohämatine
- B Biochemie

histoid ↗

Histokompatibilität ↗
- Dausset, J.

Histokompatibilitätsantigene
- Snell, G.D.

Histokompatibilitätsantigen-System
- HLA-System

Histologie
- Botanik
- Morphologie

histologische Präparate
- M alkoholische Gärung
- Alkoholreihe

Histolyse

Histomonas
- Heterakis

Histone
- Chromatin
- isoelektrischer Punkt
- Kation
- Kooperativität
- Protamine
- Zellkern

Histon-Gene
- Genfamilie
- Histone

Histonia
- Reich

Histon-m-RNA
- Polyadenylierung

Histopathologie

Histoplasma

Histoplasmose

Histopona
- Trichterspinnen

Historadiographie

Historische Geologie
- Erdgeschichte

historische Merkmale
- Gestalt

historische Tiergeographie
- Biogeographie

historisch-genetische Geobotanik
- Botanik

Histozoa
- Eumetazoa

Histrio

Histriobdella
- Histriobdellidae

Histriobdellidae

Histrionicotoxin
- Farbfrösche

Histrionicus ↗

Histriophoca ↗

Hitzeadaptation ↗

Hitzepunkte
- ↗ Wärmepunkte

Hitzeresistenz
- Endosporen
- Streß
- Temperaturanpassung

Hitzeschäden
- M Hitzeresistenz

Hitzeschock
- Zufall in der Biologie

Hitzeschock-Proteine ↗

Hitzeschutz
- Stammsukkulenten
- ↗ Hitzeresistenz

Hitzestarre
- ↗ Wärmestarre

Hitzesterilisation ↗

Hitzetod
- Entropie - in der Biologie
- Körpertemperatur
- B Temperatur
- Temperatursinn
- ↗ Wärmetod

hitzig
- läufig

Hitzschlag

HIV
- T-lymphotrope Viren

Hjort, J.
- □ Meeresbiologie (Expeditionen)

H-Ketten

HLA-Gewebsantigene
- B Chromosomen III

HLA-System
- Immunzellen
- Membran

H-Milch
- M Milch (Milcharten)
- Uperisation

HMM-Köpfe
- Muskelkontraktion
- B Muskelkontraktion II
- Myosin

HMV
- Herzminutenvolumen

hn-RNA

hn-RNP-Partikel
- hn-RNA
- Perichromatin-Granula
- Ribonucleinsäuren

Hoagland, R.D.
- Hoaglands A-Z-Lösung

Hoaglands A-Z-Lösung ↗

Hoatzins ↗
- B Südamerika III

Hochbiologie
- Kläranlage

Hochblätter
- Blatt
- Hüllblätter
- M Schauapparat

Hochdruck-Flüssigkeits-Chromatographie
- B Chromatographie

Hocherhitzung
- Pasteurisierung
- ↗ Ultrahocherhitzung

Hochertragssorten
- Weizen
- ↗ Hy-varieties

Hochgebirgsböden
- Bodentemperatur

Hochglas
- Gewächshaus

Hochgrasfluren ↗

Hochgrasprärien
- Nordamerika

Hochgucker ↗

Hochlagen-Buchenwälder ↗

Hochlandform
- M Modifikation

Hochlandkärpflinge ↗

Hochlandkärpflinge

Hochlandklima

Hochlandklima
- M Klima (klimatische Bereiche)

Hochlandsalamander ↗

Hochmoor
- Abtorfung
- Bunkerde
- C/N-Verhältnis
- Deckenmoore
- Pollenanalyse
- Torfmoose
- Verlandung

Hochmoorböden
- Bodenreaktion
- □ Bodentypen
- M Porenvolumen

Hochmoorgelbling ↗
Hochmoorgesellschaften
Hochmoorkultur

Hochmoorvegetation
- hemerophil

Hochmoorwälder
- Ledo-Pinion

Hochofenabgase
- Carboxidobakterien

hochpolymere Verbindungen
- makromolekulare chemische Verbindungen

hochrepetitive Sequenzen
- □ Desoxyribonuclein-säuren (Parameter)

Hochschichtkultur
- Stichkultur

Hochschichtröhrchen
- Gelatineverflüssigung

Hochsee
- □ Meeresbiologie (Lebensraum)

Hochstamm
- Obstbaumformen

Hochstauden-Bergmischwald ↗

Hochstaudenfluren
- Alpenpflanzen

Hochstaudengebüsche ↗

Höchstwertdurchlaß
- Übersprungverhalten

Hoch-Supertramp-Arten
- M Inselbesiedlung

Hochwald
Hochwild

Hochwürgen
- Regurgitation

Hochzeitsflug
- Geschlechtsorgane
- Königinsubstanz
- □ Receptaculum
- □ staatenbildende Insekten

Hochzeitskammer
- Borkenkäfer

Hochzeitskleid ↗
- □ Sexualdimorphismus

Hochzeitstanz
- Tanz

Hochzuchtrassen
- Rinder

Höckerechsen
- M Holarktis

Höckernattern

Höckerschwan
- B Europa VII
- M flügge
- B Rassen- u. Artbildung II
- Schwäne
- B Vögel II

Höckerzähne

Hoden
- Aberration
- M Geschlechtsorgane
- B Gliederfüßer I
- M Hormondrüsen
- □ Hormone (Drüsen und Wirkungen)
- H-Y-Antigen
- □ Insekten (Darm-/Genital-system)
- Nierenentwicklung
- Östrogene
- M Urogenitalsystem
- B Wirbeltiere I

Hodenabstieg
- □ Hoden
- Jugendentwicklung: Tier-Mensch-Vergleich
- Leiste
- Retention

Hodenentzündung
- Mumps

Hodenhochstand
- Hoden
- Kryptorchismus

Hodenläppchen
- Hoden

Hodensack
- M Geschlechtsorgane
- Geschlechtswulst
- Hoden

Hodentumor
- Krebs

Hodgkin, A.L.
Hodgkin, D.C.

Hodotermitidae
- M Termiten

Hoelaspis

Hoff, J.H. van't
- RGT-Regel
- van't Hoffsche Regel

Hoff, K.E.A. von
- Aktualitätsprinzip

Hoffmann, Erich
- Geschlechtskrankheiten
- Schaudinn, F.R.

Hoffmann, F.

Hoffmannstropfen
- Hoffmann, F.

Hofmann, A.
- Lysergsäurediäthylamid

Hofmeister, F.
- B Biochemie

Hofmeister, W.F.B.
- B Biologie I
- B Biologie II
- M Generationswechsel
- Getrenntgeschlechtigkeit
- Homologieforschung
- Samen

Hofstadter, Richard
- Kreationismus

Hofstätter, Peter Robert
- Denken

Hoftüpfel ↗

Hogna
- Giftspinnen

Höhenadaptation ↗
Hohenbuehelia ↗

Höhenfleckvieh
- □ Rinder

Höhengliederung
Höhengrenze

Höhengürtel
- Höhengliederung

Höhenkrankheit

Höhenlage
- Bestandsaufnahme
- Höhengliederung
- Klima

Höhenläufer

Höhenstrahlung ↗
- Zufall in der Biologie

Höhenstufen ↗

Höhentraining
- Höhenkrankheit

Höhenvieh
- Fleckvieh
- □ Rinder

höhere Farbmetrik
- Farbenlehre

Höhere Krebse
- Malacostraca

Höherentwicklung ↗
Höhere Pflanzen ↗
Höhere Säugetiere ↗
- B Säugetiere

Hohe Tatra (Polen)
- B National- und Naturparke I

Hohe Tauern (Österreich)
- B National- und Naturparke I

Höhle
- Cavum
- Höhlentiere
- Inselbiogeographie
- Karst
- kavernikol
- Nest

Höhlenassel

Höhlenbär
- Abstammung - Realität
- □ Pleistozän

Höhlenbewohner
- Knochenlagerstätten
- Stygobionten
↗ Höhlentiere

Höhlenbrüter
- Europa
- Nest
- Nisthöhle

Höhlenfische
- Ferntastsinn

Höhlenfrosch ↗

Höhlengewässer
- Troglostygal

Höhlenhyäne
- □ Pleistozän

Höhlenlöwe
- □ Pleistozän

Höhlenmalerei ↗
Höhlenmolch ↗

Höhlensalamander
- Plethodontidae

Höhlensalmler
- B Aquarienfische I
- Höhlenfische
- Salmler

Höhlenschnecken
Höhlenschwalme
Höhlenspanner
Höhlenspinnen
Höhlentiere
- regressive Evolution

Höhlenzeichnung
- Auerochse
↗ Felsmalerei

Hohlfußröhrling ↗
- □ Lärchenpilze

Hohlkiel

Hohlmuskel
- B Herz

Hohlnasen
- Schlitznasen

Hohlraum
- Cavum

Hohlschupper
- Coelolepida

Hohlstachler ↗

Hohltaube
- B Europa XV
- M Höhlenbrüter
- Tauben

Hohltiere
- Arbeitsteilung
- Atmungsorgane
- Bilateria
- Darm
- □ Desoxyribonucleinsäuren (DNA-Gehalt)
- M Eizelle
- Geschlechtsorgane
- Gestalt
- Nervensystem

Hohlvenen
- □ Blutkreislauf (Darstellung)
- Eustachi-Klappe
- M Herzautomatismus
- Zwerchfell

Hohlzahn
- B Unkräuter

Hohlzunge

Hokkos
- M Südamerika

holacanthin

holandrische Merkmale

Holarktis
- Afrika
- Paläarktis
- Paläotropis
- Tertiärrelikte

- □ tiergeographische Regionen

holarktisches Florenreich
- Holarktis

holarktisches Reich
- Holarktis

Holaspis
- Trilobiten

Holaxonia ↗

Holbrook, J.E.
- Holbrookia

Holbrookia ↗

Holcus ↗

holde Arten
- Biotopbindung

Holder
- Holunder

Holectypoida ↗
- Galerites

Holismus
- Biologismus

Holländerkaninchen
- □ Kaninchen

Hollandina

Höllenotter
- Kreuzotter

Holley, R.W.
- Alanin-t-RNA
- B Biochemie

Holliday, R.
- Holliday-Modell

Holliday-Intermediate
- □ Crossing over

Holliday-Modell ↗

Holmia
- Kambrium
- Redlichiida

Holobasidie

Holobasidiomycetidae ↗

holoblastisch
- Konidien

holoblastische Furchung

Holobranchie
- Spritzloch

Holocentridae ↗

Holocentrus
- Soldatenfische

Holocephali ↗
- Ichthyodorulithen

Holocera
- Oecophoridae

holochoanitisch

holochroal
- Komplexauge

holocoenokarp

Holoconodont

holocyclisch

Holoenzym ↗

Hologamie ↗
- Algen

Hologenie

Hologeniespirale
- □ Hologenie

hologyne Merkmale

holokarp
- Chytridiales
- Hyphochytriomycetes

Holo-Konidien
- Konidien

holokrine Drüsen

Hololepta
- Stutzkäfer

holomediterran
- M Faunenkreis

Holometabola
- Fluginsekten
- □ Insekten (Stammbaum)
- Käfer
- B Larven I
- B Larven II
- □ Metamorphose
- monophyletisch
- Puppe

Holometabolie ↗

holomiktisch
- meromiktisch

Holoparamecus
- Moderkäfer

Holoparasiten

homologe Chromosomen

Holopediidae
- Ⓜ Wasserflöhe

Holopedium
- ☐ Saprobiensystem
- Ⓜ Wasserflöhe

Holopeltidia ↗
holophyletisch ↗

Holoplankton
- Plankton

Holopneustia

Holopterie
- Makropterie

holoptisch

Holoptychius
- Ⓜ Devon (Lebewelt)
- Porolepiformes

Holopus
- Ⓜ Seelilien

Holorostrum ↗

Holosaprophyt
- Bärlappartige

Holospora

Holostei ↗

Holosteum
- Aspidorhynchiformes

Holostome
- ☐ Digenea

Holostylie
- Knorpelfische

holothallisch
- Konidien

Holotheca

Holothuria
- Cuviersche Schläuche
- Ⓜ Seewalzen

Holothurien

Holothurine
- Saponine

Holothuroidea ↗

Holothyroidea

Holothyrus
- Holothyroidea

Holotricha

Holotypus
- Typus

Holozän
- Ⓑ Pferde, Evolution der Pferde II
- ☐ Pleistozän

holozäne Böden

Holozygote ↗

holozyklisch
- Reblaus

Holst, E. von
- ☐ Biologie III
- Reflexkette
- Ⓜ Respirometrie
- Schwanzsträubwert
- Umstimmung
- Verhalten

Holstein-Interglazial

Holsteinwarmzeit
- ☐ Pleistozän
- ↗ Holstein-Interglazial

Holunder
- Armpalisaden
- Blütenstand
- ☐ Bodenzeiger
- Ⓑ Europa XIV
- ☐ Fruchtformen
- Herbstfärbung
- Nektar

Holz
- Ersatzfasern
- Holzgewächse
- ☐ Inkohlung
- Nordamerika
- Reaktionsholz
- sekundäres Dickenwachstum
- Sproßachse
- Sukzession
- Wald

Holzameisen

Holzapfelbaum
- Apfelbaum
- Ⓑ Europa XIV

Holzbalsame
- ☐ Dipterocarpaceae

Holzbewohner
- lignikol

Holzbienen ↗
- Kropfsammler

Holzbock
- Meningitis
- Ⓜ Zecken

Holzbohrassel ↗

Holzbohrer

Holzbohrkäfer

Holzbrüter
- Ambrosiakäfer

Holzcellulose
- Faserholz

Holzdestillation
- Holz

Holzfarbstoffe
- Pflanzenfarbstoffe

Holzfasern
- ☐ Holz (Blockschemata)
- Nest
- Ⓑ Sproß und Wurzel II
- ↗ Ersatzfasern

Holzfaserplatten
- Faserholz

Holzfliegen

Holzfresser
- Xylophagen

Holzgalle
- Bockkäfer

Holzgewächse

Holzhydrolyse ↗

Holzkeulen
- Xylariales

Holzkohle
- Feuerklimax

Holzkohlenpilz
- Daldinia

Holzkörper
- Holz

Holzmaden
- Ⓜ Ichthyopterygia
- ☐ Jura

Holzmehlkäfer ↗

Holzmotten

Holzöl ↗
- ☐ Dipterocarpaceae

Holzparenchym
- Ⓜ Grundgewebe
- Holz
- Thyllen

Holzpflanzen ↗

Holzritterlinge

Holzrübe
- Holz
- Rüben

Holzschädlinge ↗

Holzschliff
- Faserholz
- Holz

Holzschlupfwespe
- Ⓜ Ichneumonidae
- Ⓑ Insekten II

Holzschutzmittel
- Minamata-Krankheit

Holzstoff
- Holz
- Kormus
- Lignin

Holzstrahlen
- Grundgewebe
- ☐ Holz (Blockschemata)

Holzteer
- Holz

Holzteil ↗
- Ⓜ Calamitaceae
- Ⓑ Farnpflanzen II
- Ⓜ Rüben
- Ⓜ Seitenwurzeln
- ↗ Xylem

Holzverzuckerung
- Cellulose
- Holz
- Salzsäure
- Willstätter, R.
- Xylose

Holzwespen
- Ⓜ Ektosymbiose

- Holzwürmer

Holzwirtschaftspolitik
- Forstwissenschaft

Holzwürmer

Holzzucker ↗
- Glycerin
- Xylose

Homalisidae
- ☐ Käfer

Homalisus
- Leuchtkäfer

Homalogaster
- Gastrodiscidae

Homalopsinae ↗

Homalopsis
- Wassertrugnattern

Homalopterygia ↗

Homalorhagae ↗

Homalorhagidae
- Kinorhyncha

Homalozoa
- Machaeridia

Homaridae
- Ⓜ Astacura
- Hummer

Homarus ↗

Homatropin

homeotische Gene
- homöotische Gene

Hominidae
- Mensch
- Paläanthropologie
- Präbrachiatorenhypothese
- ☐ Stammbaum

Hominiden
- Hominidae

Homininae ↗
- ☐ Präbrachiatorenhypothese

Hominisation
- Kreationismus
- Werkzeuggebrauch

Hominoidea
- Präbrachiatorenhypothese

Homo
- Ⓜ Gattung
- Linné, C. von

Homoacetatgärung
- acetogene Bakterien

Homoallele ↗

Homoarginin
- Aminosäuren
- Ⓜ Aminosäuren

Homo aurignacensis ↗

Homobasidiomyceten
- Homobasidiomycetidae

Homobasidiomycetidae

Homobatrachotoxin
- Batrachotoxine

homoblastisch

homochlamydeisch ↗

Homochromie (Histologie)

Homochromie (Zoologie)

homocodont
- homodont

Homocoela

Homocyclen
- isocyclische Verbindungen

homocyclische Verbindungen ↗

Homocystein
- Ⓜ Aminosäuren

Homocystinurie
- Ⓜ Enzymopathien

homo diluvii testis ↗

homodont ↗

homodynam

Homoeophyllum
- Moosfarngewächse

Homoeosaurus
- lebende Fossilien
- Ⓑ lebende Fossilien
- Schnabelköpfe

Homoeothrix

Homo erectus
- Abstammung - Realität
- Bilzingsleben
- Paläanthropologie
- ☐ Paläanthropologie

- Ⓑ Paläanthropologie
- Torus supraorbitalis

Homo erectus heidelbergensis

Homo erectus leakeyi

Homo erectus mauretanicus

Homo erectus modjokertensis

Homo erectus pekinensis

Homoerotik
- Homosexualität

homofermentativ
- Lactobacillaceae

homogametisch ↗
- Gendosis

Homogamie

homogen

Homogenat
- ☐ Proteine (Charakterisierung)

Homogenese
- Generationswechsel

Homogenisator
- Homogenat
- Zellaufschluß

homogenisieren
- Homogenat

Homogenität
- homogen

Homogenote ↗

Homogentisinsäure
- Ⓜ Genwirkketten
- p-Hydroxyphenyl-Brenztraubensäure

Homogentisinsäure-Oxidase
- Homogentisinsäure

Homogentisinsäure-Oxigenase
- Homogentisinsäure

Homoglykane
- Polysaccharide

Homogyne ↗

Homo habilis
- Abstammung - Realität
- Homo erectus
- Paläanthropologie
- ☐ Paläanthropologie
- Ⓑ Paläanthropologie

Homo heidelbergensis
- Paläanthropologie
- Präsapiens

homo imperfectus
- Sexualität - anthropologisch

homoiochlamydeisch

homoiodont ↗

homoiohydre Pflanzen
- Trockenresistenz
- Wasserhaushalt

Homoiohydrie
- homoiohydre Pflanzen

Homoiologie
- Analogie
- Bauplan
- Lebensformtypus

Homoioplastik
- Homöoplastik

Homoiosmie
- Homöosmie

homoiosmotisch
- Osmoregulation
- Wasserhaushalt

Homoiostela

Homoiothermie
- Bergmann, C.
- Körpergröße
- Leber
- Stoffwechselintensität
- Temperaturanpassung
- Temperaturregulation
- Temperatursinn
- Torpor

Homo kanamensis
- Kanammensch

Homokaryose ↗

homolog

homologe Analogie ↗

homologe Chromosomen
- Disomie
- Ⓑ Meiose

homologe Insemination
- [B] Mendelsche Regeln I
- Sequenzhomologie

homologe Insemination
- Insemination
- Insemination - Aspekte

homologe Reihe
- Parallelmutationen

homologer Generationswechsel ↗

Homologie
- Analogieforschung
- Anatomie
- Bauplan
- [B] Biologie II
- Derivat
- Erklärung in der Biologie
- Geoffroy Saint-Hilaire, É.
- Goethe, J.W. von
- idealistische Morphologie
- Leben
- [M] Morphologie
- Owen, R.
- Tierversuche

Homologieforschung
- [M] Morphologie

Homologiekriterien
- Homologieforschung

Homologisieren
- deskriptive Biologie
- Homologie
- Homologieforschung
- Leserichtung

Homolyse
Homomerie ↗
Homometabola
homo metaphysicus
- Geist - Leben und Geist

Homomixis
Homo modjokertensis
- Homo erectus modjokertensis

homomorph
- Homonomie
- Vervollkommnungsregeln

Homomyaria
- Dimyaria

Homo neanderthalensis ↗
Homoneura ↗
homonom
- Gliederfüßer
- Gliedertiere
- Homonomie
- [B] Homonomie
- Ringelwürmer
- □ Stammbaum
- ↗ Homonomie

Homonomie
- heteronom
- Symmetrie
- ↗ homonom

Homonym
Homonymien
- Prioritätsregel

Homöo-Box
- homöotische Gene
- Selektorgene

homöomer
- Flechten

Homöopathie
- Heilpflanzen

Homöoplastik
homöopolare Bindung ↗
Homöose
Homöosis
- Homöose

Homöosmie
Homöostase
- Blut
- Blutkreislauf
- Exkrete
- Exkretion
- Gefäßnerven
- inneres Milieu
- Krankheit
- Leben
- Neuropeptide
- Regelung

Homöostasie
- Homöostase

Homöothermie ↗
homöotische Gene
- Kontrollgene

homöotische Mutante
- Antennapedia
- Epigenese
- Selektorgene

homophag
homophasischer Generationswechsel ↗
Homophilie
- Homosexualität

Homoplastik
- Homöoplastik
- ↗ Transplantation

homoplastisch ↗
Homoploïdie ↗
Homopolymere
Homopolynucleotide
Homopolypeptide
Homopolysaccharide ↗
Homoptera ↗
Homopus ↗
Homorocoryphus ↗
Homorrhizie
- Einkeimblättrige Pflanzen
- Keimwurzel
- Radikation
- Wurzel

Homo sapiens
- Geist - Leben und Geist
- Homo erectus
- Mensch
- Paläanthropologie
- [B] Paläanthropologie

Homo sapiens fossilis
Homosclerophorida
Homoserin
- [M] Aminosäuren
- Threonin

Homosexualität
- Heterosexualität
- Partnerschaft
- Sexualität - anthropologisch

Homo soloensis
- Palaeanthropus javanicus

homospezifische Transplantation
- Transplantation

Homosphäre
- Atmosphäre

Homosporen ↗
Homo steinheimensis
- Paläanthropologie
- Präneandertaler

Homostela ↗
Homostrophie
homostrophischer Reflex
- Homostrophie

homotax
Homothallie
- Mucorales
- ↗ homothallisch

homothallisch
Homotherium
- Machairodontidae

homotherme Phase
- Frühjahrszirkulation

Homothermie
- Homoiothermie

homotope Transplantation
- Transplantation

Homotransplantation
- Transplantation
- [M] Transplantation

Homo troglodytes
homoxen
homoxyl
- □ Holz (Bautypen)
- Nacktsamer

homozerk
homozön ↗
homozygot
- Geschlechtschromosomengebundene Vererbung
- Erbkrankheiten
- Gen
- [M] Hardy-Weinberg-Regel
- Homozygotie

Homozygotie
- Haustierwerdung
- Inzucht
- □ Kreuzungszüchtung
- Letalfaktoren
- Mendelsche Regeln

Homunculus
Homunkulus
Honckeny, Gerhard August
- Agropyro-Honkenion
- Honkenya
- Honkenyo-Agropyrion
- Honkenyo-Elymetea

Honckenya
- Salzmiere

Hongo
- Teepilz

Honig
- Bienenschutz
- Blatthonig
- Ernährung
- Invertzucker
- Osmophile
- □ staatenbildende Insekten
- Tierbauten

Honigameisen ↗
Honiganzeiger
- Handschwingen

Honigbeutler
- Australien

Honigbienen
- Aggression
- Apidologie
- Bienenschutz
- Bienenzucht
- Blütenstetigkeit
- Buckelfliegen
- [M] Chromosomen (Anzahl)
- [M] Dressur
- [M] Extremitäten
- [M] Farbensehen (Tierreich)
- [M] Flug
- [M] Fortbewegung (Geschwindigkeit)
- Haustiere
- [M] Hautflügler
- [B] Homologie und Funktionswechsel
- Hummeln
- □ Komplexauge (Aufbau/Leistung)
- [M] Komplexauge (Querschnitte)
- Körbchensammler
- □ Lebensdauer
- □ Mundwerkzeuge
- □ Pollensammelapparate
- [M] Prioritätsregel
- staatenbildende Insekten
- □ staatenbildende Insekten
- Stechapparat
- [M] Temperaturregulation

Honigblase
- Kropf
- Sozialmagen
- staatenbildende Insekten
- [M] Temperaturregulation
- ↗ Honigmagen

Honigblätter
Honigdachs
Honigdrüsen ↗
Honigfresser
- [M] Bestäubung
- □ Ornithogamie

Honiggras
Honigklee ↗
Honigmagen ↗
- Apoidea
- [B] Verdauung II
- ↗ Honigblase

Honigorchis
- Elfenstendel

Honigsauger
- Nektarvögel

Honigschneiden
- Bienenzucht

Honigsporn
- Veilchen
- ↗ Nektarsporn

Honigstrauch
- Melianthaceae

Honigstrauchgewächse
- Melianthaceae

Honigtau
- Ameisen
- Ameisengäste
- Baumläuse
- Ektosymbiose
- Manna
- Melecitose
- [B] Symbiose
- Trophobiose

Honigtöpfe
- Physogastrie

Honigvögel
- Eisenkrautgewächse

Honigwabenfäule
- Weißfäule

Honkenya ↗
Honkenyo-Agropyrion ↗
Honkenyo-Elymetea ↗
Hooke, R.
- [B] Biologie I
- [B] Biologie II
- Cytologie
- Magenscheibe
- Malpighi, M.
- [M] Mikroskop (Geschichte)
- Pflanzenzelle

Hooker, J.D.
Hooker, Sir William Jackson
- botanischer Garten
- Hookeriaceae
- Hookeriales

Hookeria
- Hookeriaceae

Hookeriaceae
Hookeriales
- Ephemeropsidaceae

Hookesches Gesetz
- Hooke, R.

Hope, John
- Hopea

Hopea ↗
hopeful monsters ↗
Hopfe
- [B] Vögel I
- [B] Vogeleier I

Hopfen
- Auenwald
- Bier
- Fechser
- □ Fruchtformen
- [M] Haare
- [B] Kulturpflanzen IX
- [M] Lianen

β-Hopfenbittersäure
- Lupulon

Hopfenbuche
Hopfenklee ↗
Hopfenkrankheit
- Kupferbrand

Hopfenmehltau
Hopfenmotte ↗
Hopfenöle
- Bier

Hopfenspargel ↗
Hopfenspinner
- Hopfenmotte

Hopflappenvogel
- ökologische Nische
- [M] ökologische Nische

Hopkins, A.D.
- Wirtswahlregel

Hopkins, Sir F.G.
- [M] Vitamine

Hoplias ↗
Hoplites
Hoplitidae
- Hoplites

Hoplitis
- [M] Zahnspinner

Hoplocampa
Hoplocarida
Hoplocercus ↗
Hoplocharax ↗
Hoplomys
- Stachelratten

Hoplonemertea
- Carcinonemertes
- Schnurwürmer

Hoplonemertini
- Drepanophorus
- Hoplonemertea

Hoplophoneinae
- Katzen

Hoplophryne ↗

Hoplophryninae
- Engmaulfrösche

Hoploplanidae
- ⓂPolycladida

Hoplopterus ↗

Hoplurus
- Madagassische Subregion

Hoppegartener Husten
- Brüsseler Krankheit

Hoppe-Seyler, E.F.I.
- ⒷBiologie I

Hop stunt
- ⓂViroide

Horaichthyidae
- Kärpflinge

Horaichthys ↗

Hörbarkeitsschwelle
- ↗ Hörschwelle

Hörbereich ↗

Hörbläschen
- Otocysten

Hordein ↗

Hordeivirus-Gruppe ↗

Hordenin

Hordeolum
- ⓂLid

Hordeum ↗

hören ↗
- Erregung

Hörfläche ↗

Hörfleck
- Macula

Hörhaare ↗
- Becherhaare

Horizont ↗
- Dämmerung

horizontaler Zahnwechsel
- Elefanten

horizontale Übertragung
- RNA-Replikase

Hörknöchelchen ↗

Horminum ↗

Hormiphora ↗

Hormiscia ↗

Hormocysten
- Cyanobakterien

Hormogonales
- Flechten

Hormogoneae

Hormogonien
- ⓂFischerella
- ⓂScytonema

Hormogoniophyceae
- Hormogoneae

hormonal

hormonale Koordination
- Hormone

Hormondrüsen
- Corpora allata
- Corpora cardiaca
- Korrelation
- Ultimobranchialkörper

Hormone
- adenotropes Hormon
- Adenylat-Cyclase
- Adrenalin
- Bereitschaft
- Biochemie
- ⒷBiochemie
- ⒷBiologie II
- Blut-Hirn-Schranke
- Brown-Séquard, Ch.É.
- Chronobiologie
- Endokrinologie
- ⒷGentechnologie
- ☐ Harn (des Menschen)
- Membran
- Mikroanalyse
- neuroendokrines System

- ☐ Pflanzenschutz
- Polarität
- Prohormone
- ⓂProstaglandine
- Starling, E.H.
- Takamine, J.
- Vigneaud, V. du
- Zellkommunikation

Hormoneinheit

hormonell ↗

hormonelle Triebtheorie
- Antrieb

Hormonphysiologie ↗

Hormonrezeptoren
- Adenylat-Cyclase
- ☐ hypothalamisch-hypophysäres System
- Rezeptoren

Hormon-Rezeptor-Komplex
- ☐ Hormone

Hormonsystem
- Hormone
- Nervensystem

Hormontheorie
- ☐ Krebs (Krebsentstehung)

Horn ↗
- Haare
- Haut
- ⓂHorngebilde
- ⓂRinder
- Tonofibrillen
- Vierhornantilope

Hornblatt
- ⓂBestäubung
- Hydrogamie

Hornblattgewächse

Hörnchen
- Hand

Hörnchenschnecken

Horneophyton

Hörner ↗

Hornera

Hörnerv ↗
- Forel, A.
- ☐ Ohr

Hornfliegen

hornfressend
- ceratophag

Hornfrösche
- Südamerika

Horngebilde

Hornhaut (Augenteil)
- ⓂIris (Augenteil)
- Kammerwasser
- ☐ Linsenauge

Hornhaut (Hautverdickung)

Hornhechte
- ⒷFische III

Hornisse
- ⓂBatessche Mimikry
- ⓂFlugmuskeln
- Gefrierschutzproteine
- Honigbienen
- ⒷInsekten II

Hornissenglasflügler
- ⒷSchmetterlinge

Hornissenschwärmer

Hornklee
- ⒷEuropa XIX
- ⓂKambium
- ⓂKnöllchenbakterien (Wirtspflanzen)

Hornkorallen
- Gorgonin

Hornkraut

Hörnlinge ↗

Hornlosigkeit
- Parallelmutationen

Hornmehl

Hornmilben

Hornmohn ↗

Hornmoose ↗

Hornotter
- Sandotter

Hornpilze
- Dacrymycetales

Hornplatten
- Barten
- Schuppen

Hornraben ↗
- Stimmfühlungslaut

Hornschalenkaffee
- ☐ Kaffee

Hornscheiden
- Schildkröten

Hornschicht ↗
- Epithel
- ☐ Haut
- Hornhaut
- ⒷWirbeltiere II

Hornschilde
- Deckknochen

Hornschnabel
- Froschlurche
- ⓂHomoiologie
- ↗ Schnabel

Hornschnecken

Hornschuh
- Huf
- Unguligrada

Hornschuppen
- Haare
- Haut
- ⓂHorngebilde
- ⓂLandschildkröten
- Schuppen
- Vogelfeder
- ⒷWirbeltiere II

Hornschwämme

Hornsohle
- Huf

Hornstein
- Rhynia

Hornstrahl ↗

Hornsubstanzen ↗
- Häutung

Horntang

Horntiere
- Hornträger

Hornträger
- Antilopen
- Äthiopis

Hornung
- Geweih

Hornvipern

Hornwehrvogel
- ⓂWehrvögel

Hornzähne
- Froschlurche
- ☐ Rundmäuler
- Zähne

Hornzahnmoos ↗

Hörorgane ↗
- ⒷEchoorientierung

Hörrinde
- Gehörorgane

Horror autotoxicus

horror trip
- Lysergsäurediäthylamid

Hörschäden ↗

Hörschwelle ↗
- ☐ Gehörorgane (Hörbereich)
- ☐ Gehörsinn
- Haustierwerdung

Hörsinn ↗

Hörspalt
- ⓂGehörorgane

Horst (Botanik)
- Polykorm

Horst (Zoologie)
- Bodenanhangsgebilde

Hörsteine ↗

Horstgras
- Schmiele

Horstgräser
- Süßgräser

Horstsaat
- ☐ Saat

Hortega, Pio del Rio
- Hortega-Zellen

Hortega-Zellen

Hortensie
- ⒷAsien V
- Randblüten

Hörtheorie
- Békésy, G. von
- ☐ Gehörorgane

hortifuge Pflanzen

Hortisol
- ☐ Bodentypen

Hortus Eystettensis
- Kräuterbücher

Hortus sanitatis
- Kräuterbücher

Hörvermögen
- Audiologie
- Augenfalter
- Fische
- ☐ Gehörorgane (Hörbereich)

Hörzellen ↗

Hörzentren ↗
- Rindenfelder
- Sprachzentren
- ⒷTelencephalon

Höschen
- Höseln
- Pollensammelapparate

Hose

Höseln
- Pollensammelapparate
- ☐ staatenbildende Insekten

Hosenbiene ↗

Hosenknopfamöbe ↗

Hospitalbrand
- Gasbrandbakterien

hospitalisierte Kleinkinder
- Bewegungsstereotypie
- ↗ Deprivationssyndrom

Hospitalismus (Deprivation) ↗

Hospitalismus (Infektion) ↗
- ⓂK-Antigene
- Klebsiella
- Proteus

Hospites

Host, Nicolaus Thomas
- Hosta

Hosta ↗

Hostienpilz
- ⓂSerratia

host range
- Wirtsbereich

hot spots
- Crossing over
- Insertionselemente
- Mutation
- Mutationsspektrum

Hottentotten

Hottentottenschürze

Hottentottensteiß ↗

Hotton, Pieter
- Hottonia

Hottonia ↗

Houssay, B.A.

Houttuyia
- Pfefferartige

Hovawart
- ☐ Hunde (Hunderassen)

Hoven, David van den
- Hovenia

Hovenia ↗

Howard-Balfour-Landbau ↗

Hoy, Thomas
- Hoya

Hoya ↗

HPL
- ⒷMenstruationszyklus

H-Substanzen

HSV
- Herpes simplex-Viren
- ⓂViroide

H-System
- Fadenwürmer
- H-Zelle

5-HT
- Serotonin

HTLV
- Immundefektsyndrom
- ☐ RNA-Tumorviren (Auswahl)
- T-lymphotrope Viren

Huanuco-Blätter
- Cocaalkaloide

Huarpide
- ☐ Menschenrassen

Hubel, D.H.

Huchen
- ⒷFische X

Hucho

Hucho
– Huchen
Hudern
Huëmul ↗
Huerto, Garcia Del
– ☐ Cholera
Huf
– Ⓜ Atavismus
– Haut
– Ⓜ Horngebilde
– Huftiere
Hufballen
– Huf
Hufbein
– Huf
Hufeisenazurjungfer
– Ⓜ Schlanklibellen
Hufeisenklee
Hufeisennasen
– Doppler-Effekt
– Ⓑ Echoorientierung
– Ⓜ Fledermäuse
Hufeisennatter ↗
Hufeisenwürmer ↗
Hufeland, Ch.W.
Hufkrankheiten
– Huf
Huflattich
– Ⓑ Europa XVI
– Röhrenblüten
Hufmuscheln
Hufpfötler
– Subungulata
Hufschnecken
Hüftbein ↗
– Darmbein
– Ⓑ Skelett
Hüfte
– Ⓑ Gliederfüßer I
– Hüftgelenk
– ☐ Insekten (Bauplan)
– Ⓜ Insektenflügel
– Rindenfelder
– Ⓜ Schlüsselreiz
Hüftgelenk
– Acetabulum
– Hüftmuskeln
– Jugendentwicklung: Tier-Mensch-Vergleich
Hüftgelenkmuskeln
– Hüftmuskeln
Hüftglied
Hüftgriffel
– Gliederfüßer
Huftiere
– Deciduata
– Distanztier
– Flehmen
– Fluchtdistanz
– Ⓜ Gebärmutter
– Makrosmaten
– Mimik
– Monochromasie
– Nestflüchter
– Pyrotheria
– Ⓑ Säugetiere
– Südamerika
Hüftlendenmuskel
– Hüftmuskeln
Hüftmuskeln
Hüftnerv
Hüftwasserläufer
Hügellandstufe ↗
Hügelnest
– Ⓑ Ameisen I
– Ⓜ Termiten
– ↗ Nest
Huggins, Charles Brenton
– Rous, F.P.
Hugonia ↗
Huhn
– Ⓜ Atemfrequenz
– Ⓜ Chromosomen (Anzahl)
– Ⓜ Darm (Darmlänge)
– ☐ Embryonalentwicklung (Huhn)
– Hypohachis
– Umtrieb
– Versuchstiere

↗ Haushuhn
Hühnerbrust
– Rachitis
Hühnerdarm ↗
Hühnerei
– Avidin
– Dotter
– Haushuhn
– ☐ Nahrungsmittel
Hühnereischnecke
– Ⓜ Eierschnecken
Hühnereiweiß
– Avidin
Hühnerfresser
Hühnerhirse
Hühnerkokzidiose
– Geflügelkrankheiten
– Kokzidiose
Hühnerkrätze
– Geflügelkrankheiten
Hühnerlähmung
– Marek-Lähme
Hühnermilbe ↗
– Laboulbeniales
Hühnerrassen
– Haushuhn
– Ⓑ Haushuhn-Rassen
Hühnertyphus
– Pullorumseuche
Hühnervögel
– atelische Bildungen
– Ⓜ brüten
– ☐ Endosymbiose
– Ⓜ Kamm
– Nest
– Ⓑ Ritualisierung
Huia
– Ⓜ Lappenkrähen
Huiliaceae ↗
Hull, C.L.
Hüllblätter
Hüllchen ↗
Hülle ↗
Hüllenantigen ↗
Hüllengefüge
– ☐ Gefügeformen
Hüllenladungszahl
– Atom
Hüllfrucht ↗
Hüllglockenlarve
– Furchenfüßer
Hüllkelch
Hüllmembran
– Ⓑ Chloroplasten
– Plastiden
Hüllproteine
– Gentechnologie
Hüllspelzen ↗
Hulman
Hulock ↗
Hülse
Hülsenfrüchte ↗
– Hülse
– Nahrungsmittel
– Verträglichkeit
Hülsenfrüchtler
– Gründüngung
– Keimfähigkeit
– Knöllchenbakterien
Hülsenwurm
Humanbiologie ↗
Human Chorion-gonadotropin
– Choriongonadotropin
humane Phase
Humanethologie
Humangenetik
– Diskordanz
Humanität
– Mensch und Menschenbild
Humanmedizin ↗
Humanökologie
– Mensch und Menschenbild
Humanphysiologie
– Tierphysiologie
Human Placental Lactogen
– Ⓑ Menstruationszyklus
Humaria
– Humariaceae

Humariaceae
Humboldt, F.H.A. von
– Ⓑ Biologie I
– Ⓑ Biologie III
– Galvani, L.
– Hyläa
– Pflanzengeographie
– Südamerika
Humboldt, Wilhelm von
– Ⓑ Biologie III
Humboldt-Pinguin
– Ⓜ Höhlenbrüter
Humboldt-Strom
– Galapagosinseln
– Südamerika
– Ⓑ Vegetationszonen
Hume, David
– Bioethik
– Deduktion und Induktion
Humeralplatte
– Insektenflügel
Humeralsklerit
– ☐ Insektenflügel
Humerus
– Epicondylus
– Ⓑ Skelett
Humicola
– Ⓜ Selbsterhitzung
humid
– ☐ Klima
– Trockengrenze
Humifikation
– Humifizierung
Humifizierung
– Bodenentwicklung
– Ⓜ Nährstoffhaushalt
Humine
– Huminstoffe
Huminsäuren ↗
– Bodenreaktion
– Rotte
– Stickstoffkreislauf
Huminstoffe
– Bioturbation
– Bodenentwicklung
– Nährstoffhaushalt
– Puffer
– Streuabbau
Humiphage
Hummelälchen
– Ⓜ Geschlechtsorgane
Hummelblumen
Hummelfliegen ↗
Hummelmilbe
– Parasitiformes
Hummeln
– Blütenmale
– Farnesol
– Körbchensammler
– Ⓜ Kuckucksbienen
– Nest
– staatenbildende Insekten
– Temperaturregulation
Hummelnestmotte ↗
Hummelwels ↗
Hummer
– Astaxanthin
– Ⓜ Geschlechtsreife
– ☐ Lebensdauer
– mechanische Sinne
hummingbirds
– Kolibris
humoral
humorale Einkapselung
humorale Koordination
– Hormone
Humoralpathologie
Humor aquosus
– Kammerwasser
Humphreyia
– Ⓜ Gießkannenmuscheln
Humulen
– Nelkenöl
Humulon
Humulus ↗
Humus
– Bestandsabfall
– Bodengare
– Bodenluft

– Ⓑ Bodentypen
– Bodenuntersuchung
– Ⓑ Kohlenstoffkreislauf
– Lignin
– Puffer
– Streuabbau
– Torf
Humus-Bildung
– Bodenentwicklung
– Humifizierung
– Regenwürmer
– Springschwänze
Humuscarbonatboden
– Rendzina
Humusdünger
– Kompost
– Stallmist
Humusmehrer
Humuspflanzen ↗
Humuspodsol
– Bodenentwicklung
Humussäuren
– Huminstoffe
Humustheorie
– Mineraltheorie
Humusverlagerung
– Bodenfarbe
Humuszehrer
Humuszeiger
– Humuspflanzen
Hunde
– Ⓜ Atemfrequenz
– chemische Sinne
– Ⓜ Chromosomen (Anzahl)
– Ⓜ Darm (Darmlänge)
– Ⓜ Fortbewegung (Geschwindigkeit)
– Gähnen
– Ⓜ Gehörorgane (Hörbereich)
– Geophagie
– Haustiere
– Haustierwerdung
– Ⓜ Herzfrequenz
– Ⓑ Homologie und Funktionswechsel
– Ⓜ Introgression
– Ⓜ Körpertemperatur
– Ⓜ Kralle
– Kynologie
– Lernen
– Ⓜ Membranpotential
– Ⓜ Milch
– Mimik
– ☐ Motivationsanalyse
– Myoglobin
– ☐ Organsystem
– Ⓜ Raubtiere
– Ⓜ Reißzähne
– Spielen
– Ⓜ Trächtigkeit
– ☐ Versuchstiere
– Zahnformel
Hundeartige
– Ⓜ Digitigrada
Hundebandwurm ↗
– Bandwürmer
– Ⓜ Generationswechsel
Hundeegel
– Erpobdellidae
Hundefloh
– Flöhe
– Ⓜ Flöhe
Hundehakenwurm
– Hakenwurmkrankheit
Hundelaus
– Anoplura
Hunderassen
– Ⓜ Hunde (Hunderassen)
– Rasse
Hundertfüßer
– ☐ Extremitäten
– Gifttiere
– Ⓜ Pleura
– Tausendfüßer
Hundespulwurm
– Toxocara
Hundestaupe ↗
Hundsaffen
– Ⓜ Dryopithecusmuster

- Moeripithecus
- B Paläanthropologie

Hundsbraunwurz-Gesellschaft
- Epilobietalia fleischeri

Hundsfische
Hundsflechte ↗
Hundsgift
- Hundsgiftgewächse

Hundsgiftgewächse
- Alkaloide

Hundshai ↗
Hundskamille
Hundskopfboas
Hundskusu
- Kusus

Hundslattich ↗
- Löwenzahn

Hundspetersilie
Hundsrauke
Hundsrobben
Hundsrose
- B Europa XV
- Rose

Hundsrute
Hundstagsfliege ↗
Hundsveilchen
- B Europa IX
- Kleistogamie
- Veilchen

Hundswurz
- M Orchideen

Hundswut
- Tollwut

Hundszahn
- M Liliengewächse

Hundszähne ↗
Hundszunge
- Zungen

Hungate, R.E.
- Hungate-Technik

Hungate-Technik
Hunger
- Aceton
- Aggression
- Angriff
- Antrieb
- Autophagie
- Baustoffe
- M Bereitschaft
- Blutproteine
- Energieumsatz
- Exkretion
- Glucagon
- Hungerstoffwechsel
- β-Hydroxybuttersäure
- Ketogenese
- Ketonämie
- Ketonkörper
- Ketonurie
- Modalität
- Nahrungsmittel
- Regelung
- Stoffwechselintensität
- Unterernährung

Hungerbildung
- Peinomorphose

Hungerblümchen ↗
Hungerbrot
- Isländisch Moos

Hungerdystrophie
- Eiweißmangelkrankheit

Hungerödem
- Hunger
- Unterernährung

Hungerreis
- Fingergras

Hungerstoffwechsel
Hungertyphus
- Virchow, R.

Hungerwespen ↗
- M Hautflügler

Hungerzentrum
- Hunger

Huperzia ↗
- B Farnpflanzen I

Hupfbohne
- Wickler

Hüpfen
- Fortbewegung

- Gangart

Hüpferlinge ↗
- M Copepoda
- Gonomerie

Hüpfkäfer
Hüpfmäuse
- M Holarktis

Hura ↗
Husarenaffen
Huschspinne
Husky
- □ Hunde (Hunderassen)

Huso ↗
Hustenreflex
Hustenzentrum
- Codein
- ↗ Hustenreflex

Hutaffen
Hutchinsia ↗
Hutchinson, G.E.
- M ökologische Nische

Hutchinsoniella
- Cephalocarida

Huten
- Triften

Hutewälder
- Wald

Hutpilze
- B Pilze I

Hutschlangen ↗
Hutschnecken
- Kappenschnecken

Hüttenkalk
- □ Kalkdünger

Hutton, J.
- Aktualitätsprinzip

Hutwerfer
- Pilobolus

Huxley, Sir A.F.
- Muskelkontraktion

Huxley, H.E.
- Muskelkontraktion
- sliding-filament-Mechanismus

Huxley, Sir J.
- Abstammung - Realität
- Mensch und Menschbild
- Stasigenese
- Vitalismus - Mechanismus

Huxley, Th.H.
- Abstammung - Realität
- Biologismus
- Darwin, Ch.R.
- Darwinismus
- Huxley-Linie
- Pseudovitellus
- Sauropsida
- Zoologie

Huxley-Linie ↗
Huygens, Christiaan
- B Biologie II

Huygens-Okular
- □ Mikroskop (Aufbau)

Hyacinthus ↗
Hyaelosaurus
- Dinosaurier

Hyaena ↗
Hyaenidae ↗
- Progenetta

Hyaenodon
- □ Creodonta

Hyaenodonta
- Hyaenodon

Hyaenodontidae
- Hyaenodon

Hyale
- Strandflöhe

hyalin
Hyalinella
Hyalinoecia
Hyalinzelle
Hyalocyten
- Torfmoose

Hyalomma
- Theileriosen

Hyalonema
- Hyalonematidae

Hyalonematidae
Hyalophora

- Versuchstiere

Hyalophyes
Hyaloplasma ↗
Hyaloscypha
- Hyaloscyphaceae

Hyaloscyphaceae
Hyalotheca ↗
Hyaluronat
- Hyaluronsäure

Hyaluronidase ↗
- □ Gasbrandbakterien
- M Lysosomen
- Schlangengifte

Hyaluronsäure
- Gelenk
- Glucosamin
- Heteroglykane
- Mucopolysaccharide
- □ Proteoglykane
- Synovialflüssigkeit
- UDP-N-Acetylglucosamin

Hyänen
- B Afrika IV
- Aggression
- B Asien VI
- M Digitigrada
- Höhlenhyäne

Hyänenhund
- Bruthelfer
- Fluchtdistanz

H-Y-Antigen
- Geschlechtschromosomen-gebundene Vererbung

Hyas ↗
- □ Seespinnen

Hyazinthe
- B Mediterranregion III

Hybanthus ↗
Hybocampa
- M Zahnspinner

Hybocodon ↗
Hybocrinida
- □ Seelilien

Hybrid-Dysgenese
- P-Element

Hybride
- □ botanische Zeichen
- Mendelsche Regeln
- ↗ Bastard

Hybridenzym
- B Isoenzyme

Hybridhuhn
- Hybridzüchtung

Hybridisierung
- Chromosomen
- □ Desoxyribonucleinsäuren (Parameter)
- Genbank
- □ Gensynthese
- □ Gentechnologie

Hybridmais
- Hybridzüchtung

Hybridogenese
Hybridomtechnik ↗
- Hybridisierung
- M Malaria

Hybridomzellen
- monoklonale Antikörper

Hybridphagen
- M Lambda-Phage

Hybridsaatgut
- Hybridzüchtung

Hybridschwärme
- Art

Hybridschwein
- Hybridzüchtung

Hybridzelle ↗
- Chromosomen
- monoklonale Antikörper

Hybridzone ↗
Hybridzüchtung
- Kombinationseignung
- Züchtung

Hydathoden
- Drüsen
- Epithem
- Hygrophyten
- Spaltöffnungen

Hydatide (Bandwürmer) ↗

Hydridion

Hydatide (Säugetiere) ↗
Hydatigera ↗
- Strobilocercus
- M Taeniidae

Hydatina
Hydatinidae
- Hydatina

Hydnaceae ↗
Hydnales
- Stachelpilze

Hydnangiaceae ↗
Hydnangium
- Heidetrüffelartige Pilze

Hydnellum ↗
Hydnobolites
- Mittelmeertrüffel

Hydnocarpus ↗
Hydnophytum ↗
Hydnoraceae
Hydnotrya
- M Speisetrüffel

Hydnum ↗
- M Mykorrhiza

Hydra ↗
- B Biologie II
- B Darm
- B Hohltiere I
- Morphogen
- Regeneration
- Symmetrie
- M Überlebenskurve

Hydrachna
- Süßwassermilben

Hydrachnellae ↗
Hydractinia
Hydractiniidae
Hydradephaga
- Wassertreter

Hydraena
- Hydraenidae

Hydraenidae
Hydra-Kopfaktivator
- □ Neuropeptide

Hydrallmannia ↗
- M Sertulariidae

Hydrangea ↗
Hydrangin
- Umbelliferon

Hydranth
Hydrariae
Hydrastis
- Berberin

Hydratasen ↗
Hydratation
- Wasser

Hydratationshüllen
- Quellung

Hydratationswasser
Hydrate
- Proust, J.L.

Hydrathülle
- Elektrolytquellung
- □ Membran (Membranlipide)
- Proteine
- □ Proteine (schematischer Aufbau)
- Wasser

Hydration
- Hydratation

Hydratur
- Transpiration
- Wasserpotential

Hydraulik
- Bewegungsapparat
- Biomechanik

Hydrauliköl
- polychlorierte Biphenyle

hydraulische Konstruktionen
- Biomechanik

hydraulisches Instinktmodell
- B Bereitschaft I

Hydrazin
- Desoxyribonucleinsäuren
- M Krebs (Krebserzeuger)
- M Nitrogenase
- □ Sequenzierung

Hydridion
- □ Nicotinamidadenin-dinucleotid (Formen)

205

Hydrierung

Hydrierung
– Redoxreaktionen
– Wasserstoff
Hydrilla ↗
– aquatic weed
Hydrobakteriologie ↗
Hydrobates
– Sturmschwalben
Hydrobatidae ↗
Hydrobia ↗
Hydrobienschichten
– □ Tertiär
Hydrobiidae
– Littoridina
– Marstoniopsis
– Potamopyrgus
– Wattschnecken
Hydrobiologie
– Hydromikrobiologie
Hydrobotanik ↗
Hydrocaulus
Hydrocenidae
– M Nixenschnecken
Hydrocera
– Springkrautgewächse
Hydrocharis ↗
Hydrocharitaceae ↗
Hydrocharitales ↗
Hydrochinon
– M Atmungskette
– □ Bombardierkäfer
– M Wehrsekrete
– Wöhler, F.
Hydrochoeridae ↗
Hydrochoerus
– Capybara
– Subungulata
Hydrochorie
– Samenverbreitung
Hydrochus
– Hydraenidae
Hydrocinae ↗
Hydrocinidae
– M Salmler
Hydrococcus ↗
Hydrocoel
– Trimerie
Hydrocorallidae
– Stylasteridae
Hydrocorisae ↗
Hydrocortison ↗
Hydrocotyle ↗
Hydrocybe ↗
Hydrodictyaceae ↗
Hydrodictyon
– Hydrodictyaceae
Hydrogamie
Hydrogenasen ↗
– Dehydrogenasen
– Hydrierung
– M Methanbildung
– M Oxidoreduktasen
Hydrogencarbonate
– Haldane-Effekt
– □ Magen (Sekretion)
– □ Niere (Regulation)
– M Salzsäure
– Wassermoose
Hydrogenchlorid ↗
Hydrogenium ↗
– chemische Symbole
– Kation
Hydrogenomonas ↗
Hydrogensalze
– Salze
Hydrogensulfate
– Schwefelsäure
Hydrogensulfid ↗
Hydrogeologie
– Gewässerkunde
Hydroide
– Polytrichidae
Hydroidea
Hydroides
Hydrokarpie
– Pontederiaceae
Hydrokultur
hydrolabile Pflanzen ↗
– Wasserhaushalt

Hydrolasen
– M Leitenzyme
– □ Leukotriene
– Verdauung
– Wasser
Hydrolimax
– Nomenklatur
Hydrologie ↗
hydrologischer Kreislauf
– Klima
– ↗ Wasserkreislauf
Hydrolyse
– energiereiche Verbindungen
– □ Enzyme
– Phosphorylierungspotential
– Proteinstoffwechsel
– Solvolyse
– Stoffwechsel
hydrolytische Enzyme
– Autolyse
– ↗ Hydrolasen
hydrolytische Spaltung
– Hydrolyse
Hydromantis ↗
Hydromantoides
– Plethodontidae
Hydromedusa ↗
Hydromeduse ↗
Hydrometra
– Teichläufer
Hydrometridae ↗
Hydromikrobiologie
hydromorph
– Bodenentwicklung
– □ Bodentypen
Hydromorphie
Hydromorphierung ↗
Hydromorphosen
– Morphosen
Hydromyae ↗
Hydromys
– Schwimmratten
Hydromyxales
Hydromyza
– Scatophagidae
Hydroniumionenkonzentration
– pH-Wert
Hydrophiidae ↗
Hydrophiinae
– Seeschlangen
hydrophil
– Entropie - in der Biologie
– B Lipide - Fette und Lipoide
– lipophob
– Membran
– □ Membranproteine (Detergentien)
– Wasser
Hydrophilidae ↗
Hydrophilie
– Hydrogamie
Hydrophiloidea
– Wasserkäfer
Hydrophis ↗
hydrophob
– Entropie - in der Biologie
– lipophil
– □ Membran (Selbstorganisation)
– □ Membranproteine (Detergentien)
– Membrantransport
– Wasser
hydrophobe Wechselwirkung
– Basenpaare
– hydrophob
– Komplementarität
– Kooperativität
– lipophil
– □ Membran (Membranlipide)
– Membranproteine
– Proteine
– Tertiärstruktur
Hydrophobie
– Tollwut

Hydrophoren ↗
Hydrophoridea
– Cystoidea
Hydrophyllaceae ↗
Hydrophyten ↗
– Kryptophyten
– □ Lebensformen (Gliederung)
Hydropodien
Hydropolyp ↗
Hydroponik ↗
Hydroporus
– M Schwimmkäfer
– Stachelhäuter
Hydropoten ↗
Hydropotinae ↗
Hydroprogne ↗
Hydropsyche
– □ Bergbach
– □ Saprobiensystem
Hydropsychidae ↗
Hydropterides ↗
Hydrorrhiza
– Hydrozoa
Hydrosaurus ↗
Hydroscaphidae
– □ Käfer
– M Käfer
Hydroskelett
– Bewegung
– Bewegungsapparat
– Bilateria
– Blut
– M Coelom
– Coelomflüssigkeit
– Hautmuskelschlauch
– Muskulatur
Hydrosoma
– Tiefseefauna
Hydrosphäre
– Klima
– Präkambrium
Hydrospiren
– Lanzettstück
hydrostabile Pflanzen
– Wasserhaushalt
hydrostatischer Druck
– Grundwasser
– Hadozön
– M Venen
– B Wasserhaushalt der Pflanze
hydrostatisches Organ
– Schwimmblase
hydrostatisches Skelett
– Hydroskelett
Hydrotaxis
– M Taxien
Hydrotheca
– Hydrothek
Hydrothek
Hydrotragus
– Wasserböcke
Hydrotropismus ↗
Hydroturbation
Hydrous ↗
– □ Antenne
Hydroxidion
– Basen
Hydroxidsalze
– Salze
Hydroxyacetylendiureidocarbonsäure
– □ Purinabbau
3-Hydroxyacyl-CoA
– M Fettsäuren (Fettsäuresynthese)
3-Hydroxyacyl-CoA-Dehydrogenase
β**-Hydroxyacyl-CoA-Ester**
– 3-Hydroxyacyl-CoA
3-Hydroxy-3β-androstan-17-on
– Androgene
Hydroxy-Anthracenderivate
– Rhabarber
3-Hydroxyanthranilsäure
– Nicotinsäure
o-Hydroxybenzoesäure
– Salicylsäure

4-Hydroxybenzoesäureester
– PHB-Ester
Hydroxybenzol ↗
p-Hydroxybenzylsenföl
– □ Senföle
Hydroxybrasilin
– Hämatoxylin
Hydroxybuttersäure
– Hydroxycarbonsäuren
α**-Hydroxybuttersäure**
– M Miller-Experiment
β**-Hydroxybuttersäure**
– Diabetes
– □ Harn (des Menschen)
– Ketonkörper
– Poly-β-Hydroxybuttersäure
β**-Hydroxybutyrat**
– β-Hydroxybuttersäure
– M Hydroxymethylglutaryl-Coenzym A
Hydroxybutyryl-ACP
– M Fettsäuren (Fettsäuresynthese)
Hydroxycarbonsäuren
$3α$-**Hydroxycholansäure**
– Lithocholsäure
7-Hydroxycumarin
– Umbelliferon
Hydroxyecdyson ↗
– M Ecdyson
Hydroxyessigsäure ↗
3-Hydroxy-Flavane
– Catechine
Hydroxyindol-O-Methyl-Transferase
– M Magnetfeldeffekt
– Melatonin
5-Hydroxyindolylacetat
– Serotonin
5-Hydroxy-Indolylessigsäure
– Serotonin
$16α$-**Hydroxykauran**
– Antheliaceae
3-Hydroxykynurenin
– B Genwirkketten II
Hydroxylamin
– Desoxyribonucleinsäuren
– □ nitrifizierende Bakterien
Hydroxylapatit
– Bindegewebe
– Calciumphosphate
– Dentin
– Fluoride
– Knochen
21-Hydroxylase
– Desoxycorticosteron
Hydroxylasen
– □ Krebs (Krebsentstehung)
Hydroxylgruppe
– Hydroxylasen
– M Wasserstoffbrücke
Hydroxylierung ↗
Hydroxylion ↗
5-Hydroxylysin
4-Hydroxy-3-methoxy-Zimtalkohol
– Coniferylakohol
4-Hydroxy-3-methoxy-Zimtsäure
– Ferulasäure
5-Hydroxymethyl-Cytosin
Hydroxymethylglutarat-Zyklus
– Hydroxymethylglutaryl-Coenzym A
Hydroxymethylglutaryl-Coenzym A
1-Hydroxy-5-methylphenaziniumhydroxid
– Pyocyanin
5-Hydroxy-1,4-naphthochinon
– Juglon
12-Hydroxyölsäure
– Rizinusöl
p-Hydroxyphenyl-Brenztraubensäure
α**-Hydroxyphenylessigsäure**
– Mandelsäure

p-**Hydroxyphenylpyruvat**
– p-Hydroxyphenyl-Brenz-
 traubensäure
17-α-Hydroxyprogesteron
– Gelbkörperhormone
Hydroxyprolin
– Glutaminsäure
– ☐ Kollagen
Hydroxypropionsäure
– Milchsäure
6-Hydroxypurin ↗
Hydroxysäuren ↗
2-Hydroxytetrakosansäure
– Cerebronsäure
**β-Hydroxy-γ-trimethylamino-
 buttersäure**
– Carnitin
5-Hydroxytryptamin ↗
– Schwämme
 ↗ Serotonin
5-Hydroxytryptophan
– Aminosäuren
– Ⓜ Aminosäuren
– Ⓜ Chronobiologie
 (Enzymkinetik)
Hydroxytyramin
– Dopamin
p-Hydroxyzimtsäure
– p-Cumarsäure
Hydrozoa
– Actinula
Hydrozoologie ↗
Hydrurga ↗
Hydrurus ↗
Hyella
– Hyellaceae
Hyellaceae
Hyemoschus ↗
Hyenia
Hyeniales
– Telomtheorie
Hygiene
– Altern
– Gruber, M. von
– Hautflora
Hygrin
– Cocaalkaloide
Hygrobiidae ↗
Hygrochasie
– Mittagsblumengewächse
– Xerochasie
Hygrocybe ↗
Hygrokinese
Hygrolycosa
– Wolfspinnen
Hygrometer
– Saussure, H.B.
Hygromiinae
– Laubschnecken
Hygromorphie ↗
Hygromorphosen ↗
– Morphosen
Hygromull
– Bodenverbesserung
Hygronastie ↗
hygrophan
– Hautköpfe
hygrophil
Hygrophila
– Acanthaceae
hygrophob
– hygrophil
Hygrophoraceae ↗
Hygrophoropsis ↗
Hygrophorus ↗
Hygrophyten
– Wasserpotential
Hygrorezeptor ↗
– Doppelfüßer
– Sensillen
hygroskopisch
**hygroskopische Bewe-
 gungen**
– Autochorie
– hygroskopisch
Hygrotaxis ↗
– Ⓜ Taxien
Hyla ↗
– Litoria

Hyläa
– Südamerika
Hylaeus ↗
Hylambates ↗
Hylarana
– ☐ Ranidae
Hylastini
– Ⓜ Bastkäfer
Hylastinus
– Borkenkäfer
Hyle
Hylecoetus
– Ambrosiakäfer
– Werftkäfer
Hylecthrus
– Ⓜ Fächerflügler
– Ⓜ Fächerflügler
Hyles
– Ⓜ Schwärmer
Hylesinae
– Borkenkäfer
Hylesinini
– Ⓜ Bastkäfer
Hylidae ↗
Hylobatidae ↗
– ☐ Stammbaum
Hylobius
– Ⓜ Rüsselkäfer
Hylocereae
– Kakteengewächse
Hylocharis
– ☐ Kolibris
Hylochoerus ↗
Hylocomiaceae
Hylocomium
– Hylocomiaceae
Hylodes ↗
Hyloicus
– Kiefernschwärmer
– Ⓜ Schwärmer
Hylophila
– Kahnspinnereulen
Hylopsis ↗
Hylorina
– Ⓜ Südfrösche
Hylotrupes ↗
Hymatomelansäuren
– Huminstoffe
Hymen
– ☐ Vagina
Hymeniacidon
– Hymeniacidonidae
Hymeniacidonidae
Hymenialcystiden
– Ⓜ Hymenium
Hymenium
Hymenocera
Hymenochaetaceae
Hymenochaetales
– Hymenochaetaceae
Hymenochaete
– Hymenochaetaceae
Hymenochirus
Hymenogastraceae ↗
Hymenogastrales
– Hypogäe
Hymenolepididae
– Fimbriaria
Hymenolepis
– Hymenolepididae
Hymenolichenes ↗
Hymenomonas ↗
Hymenomonas-Phase
– Kalkflagellaten
Hymenomycetes
– Boletales
Hymenophor
Hymenophyllaceae ↗
– Hautfarne
Hymenophyllites
Hymenophyllum ↗
– Ⓜ Hautfarne
Hymenoptera ↗
– ☐ Insekten (Stammbaum)
 ↗ Hautflügler
Hymenostomata
Hynobiidae ↗
Hynobius
– Winkelzahnmolche

Hyocrinus
Hyoid ↗
Hyoidbogen ↗
– Depressor
Hyolitha
– Hyolithen
Hyolithellida ↗
– Hyolithellidae
Hyolithellidae
– ☐ Kambrium
Hyolithellus
– ☐ Kambrium
Hyolithelminthes
– Hyolithellidae
Hyolithen
Hyomandibulare
– Columella
– Hyostylie
– Zungenbeinbogen
Hyoscin ↗
Hyoscyamin
– Belladonnaalkaloide
– ☐ Tollkirsche
Hyoscyamus ↗
– ☐ Heilpflanzen
Hyostylie
– Knorpelfische
Hyp
Hypania
– Ⓜ Ampharetidae
Hypaniola
– Ⓜ Ampharetidae
Hypanthium
hypaxonisch
Hypena
– Ⓜ Eulenfalter
Hypeninae
– Palpeneulen
Hyperboraeum ↗
Hypercholesterinämie
– Cholesterin
– Lipoproteine
Hyperchromasie
– Hyperchromie
Hyperchromatose
– Hyperchromie
Hyperchromie
Hyperergie
Hyperglykämie
– Winterschlaf
hyperglykämisches Hormon ↗
– Neuropeptide
hypergnath
Hyperia
– Ⓜ Hyperiidea
Hypericaceae ↗
Hypericin
– Photosensibilisatoren
Hypericismus
– Hypericin
Hypericum ↗
Hyperiidae
– Hyperiidea
Hyperiidea
Hyperkapnie ↗
Hyperlipämie
– Verdauung
Hyperlophus ↗
Hypermastie
– Ⓜ Milchdrüsen
Hypermastigida ↗
Hypermastigie
– Atavismus
– Ⓜ Milchdrüsen
Hypermetabola ↗
Hypermetabolie ↗
Hypermetamorphose
– Micromalthidae
– Planidiumlarve
Hypermetropie
– Übersichtigkeit
hypermorphe Allele
Hyperodontie
Hyperoliidae
– Haarfrosch
Hyperoliinae
– Hyperoliidae
Hyperolius ↗
Hyperoodon
– Dögling

– Entenwale
– Schnabelwale
Hyperopie
Hyperosid
– Quercetin
hyperosmotisch ↗
– Osmoregulation
Hyperostose
– Osteosklerose
Hyperoxid-Dismutase
– Superoxid-Dismutase
Hyperparasitismus
– Ichneumonidae
– Sekundärparasit
Hyperparathyreoidismus
– Demineralisation
Hyperplasie
– Pockenviren
Hyperploidie
– Asynapsis
– Desynapsis
– Polysomie
Hyperpneustia
– Tracheensystem
Hyperpolarisation
– Nachpotential
Hyperproteinämie
hyperpyren
– Paraspermien
Hyperpyrexie
– Fieber
Hyperraum
– ökologische Nische
Hyperschall
– Schall
Hypersexualisierung
– Haustierwerdung
Hypersomie
Hyperstriatum
– Telencephalon
Hyperstriatum ventrale
– Prägung
hypertelische Bildungen ↗
Hyperthelie
– Ⓜ Milchdrüsen
Hyperthermen
– Thermalalgen
Hyperthermie
– Hitzschlag
– Krebs
Hyperthyreoidismus
– Hyperthyreose
Hyperthyreose
– Thyreostatika
Hypertonie
– Exkretion
– Osmoregulation
– ☐ Osmoregulation
– Osmorezeptoren
– Wasserpotential
hypertonisch ↗
– Osmose
 ↗ Hypertonie
**hypertrehalosämische
 Faktoren**
– Ⓜ Neuropeptide
Hypertrophie
Hyperurikämie
– Gicht
hypervariable Regionen
– Immunglobuline
Hyperventilation ↗
– Alkalose
– Ⓜ Bradykardie
– Sauerstoffschuld
Hypervitaminose
– Vitamine
Hypervolumen
– ökologische Nische
Hyperzyklus
– Leben
Hyphaene ↗
Hyphalmyroplankton
– Plankton
Hyphantria
– Bärenspinner
– Ⓑ Schädlinge
Hyphen
– Ⓜ Hausschwamm

Hyphessobrycon

- B Pilze II
- *Hyphessobrycon* ↗
- *Hyphochytriales* ↗
- **Hyphochytriomycetes**
  - eukarp
  - Oomycota
- *Hyphochytriomycota*
- **Hyphochytrium**
  - Hyphochytriomycetes
- *Hypholoma* ↗
- **Hyphomicrobium**
  - M Eisenbakterien
  - oligocarbophile Bakterien
- **Hyphomycetes**
  - M Eumycota
- **Hyphophoren**
- *Hyphopichia*
- **Hyphopodien**
  - Meliolales
- **Hypnaceae**
- *Hypnobryales*
- **Hypnocysten**
  - Hypnosporen
- **Hypnodendraceae**
- **Hypnodendron**
  - Hypnodendraceae
- **Hypnose**
  - Betäubung
  - Opiatrezeptor
- *Hypnosporangium* ↗
- **Hypnosporen**
- **Hypnotika**
  - □ Psychopharmaka
- **Hypnozoit**
  - B Malaria
- **Hypnozygote**
  - Hämatochrom
  - Planozygote
- *Hypnum* ↗
  - Felsflora
- **Hypoalimentation**
  - Unterernährung
- *Hypobasidie*
- *hypobatisch*
- **Hypobiose**
- **Hypoblast**
  - Delamination
  - Gastrulation
  - Keimblätterbildung
- **Hypoblepharinidae**
  - M Dalyellioida
- **Hypobranchialdrüse**
  - □ Schnecken
- **Hypobranchiale**
  - Branchialskelett
- *Hypobranchialrinne* ↗
  - B Chordatiere
  - Epibranchialrinne
- **Hypocalcämie**
  - Tetanie
- **Hypocentrum**
  - Rhachitomi
- **Hypocerebralganglion**
  - Nervensystem
  - □ Oberschlundganglion
- **Hypochilidae**
- **Hypochilus**
  - Hypochilidae
- *Hypochoere* ↗
- *Hypochoeris* ↗
- **Hypochromie**
- **Hypocolinus**
  - Seidenschwänze
- **Hypoconcha**
  - Wollkrabben
- **Hypoconid**
  - Trituberkulartheorie
- **Hypoconifera**
  - Neobunodontia
- **Hypoconulid**
  - Trituberkulartheorie
- **Hypoconus**
  - Trituberkulartheorie
- **Hypocreaceae**
  - Gibberella
  - M Sphaeriales
- **Hypocreales**
  - Kernkeulen
- *Hypodeltoid*

- *Hypoderma* ↗
- Hypodermataceae
- □ Schüttekrankheit
- **hypodermale Kopulation**
  - Kopulation
  - Penis
- **Hypodermataceae**
- **Hypodermella**
  - Hypodermataceae
  - Schüttekrankheit
- **Hypodermis (Botanik)**
- **Hypodermis (Zoologie)**
- *Hypodigma*
- **Hypodryas**
  - Scheckenfalter
- **Hypofibrinogenämie**
  - □ Blutgerinnung (Faktoren)
- *Hypogäe*
- *hypogäisch*
- **Hypogastrium**
- *Hypogastruridae* ↗
  - Springschwänze
- **Hypogeomys**
  - Madagaskarratten
- *Hypogeophis* ↗
- **Hypoglossum**
- **Hypoglossus**
- **Hypoglycin**
  - M Aminosäuren
- **Hypoglykämie**
  - Diurese
  - Glykogenose
- **hypoglykämischer Schock**
  - Hypoglykämie
- **hypoglykämisches Hormon**
  - □ Insektenhormone
- *hypognath*
- **Hypogymnia**
- **Hypogymnietea physodis**
  - Flechtengesellschaften
- *hypogyn*
- **Hypokotyl**
  - □ Allorrhizie
  - M Beta
  - M Keimung
  - M Kormus
  - M Kotyledonarspeicherung
  - □ Rüben
- **Hypokotylknolle**
  - □ Rüben
  - Sproßknolle
- **Hypokryon**
  - Kryon
- **Hypolepidaceae**
  - Adlerfarn
- **Hypolimnion**
  - Anaerobiose
  - □ See
- **hypolipämisches Hormon**
  - □ Insektenhormone
- *hypomorphe Allele* ↗
- **Hypomyces**
- **Hypomycetaceae**
  - Hypomyces
- *Hyponastie* ↗
- **Hyponeuralkanal**
  - M Schlangensterne
- **Hyponeuston**
  - M Neuston
- **Hyponom**
- *Hyponomeutidae* ↗
- **Hyponomien**
  - Minen
- *Hyponychium* ↗
- *hypoosmotisch* ↗
  - Osmoregulation
- *Hypopachus* ↗
- **Hypoparia**
- **Hypopharynx**
  - Flöhe
  - Mundvorraum
  - □ Mundwerkzeuge
  - M Zecken
- **Hypophrictoides**
  - Ameisengäste
- **Hypophthalmichthyinae**
  - Tolstoloben
- *Hypophthalmichthys* ↗

- **hypophysärer Zwergwuchs**
  - Zwergwuchs
- **Hypophyse (Botanik)**
- **Hypophyse (Zoologie)**
  - Adenohypophyse
  - Blut-Hirn-Schranke
  - □ Gehirn
  - M Hormondrüsen
  - □ Hormone (Drüsen und Wirkungen)
  - Keilbein
  - B Menstruationszyklus
  - Pituitaria
  - Streß
  - B Telencephalon
  - Verdauung
  - Zwischenhirn
- **Hypophysenhinterlappen**
  - M Hypophyse
  - Infundibulum
  - Neurohypophyse
- **Hypophysenhormone**
  - □ Hormone
- **Hypophysenmittellappen**
  - M Hypophyse
- **Hypophysenstiel**
  - Hypothalamus
  - Infundibulum
- **Hypophysenvorderlappen** ↗
  - glandotrope Hormone
  - Houssay, B.A.
- **hypophysiotrope Zone**
  - hypothalamisch-hypophysäres System
  - B Menstruationszyklus
- **Hypophysis cerebri**
  - Hypophyse
- **Hypoplankton**
  - M Plankton (Tiefenverteilung)
- *Hypoplasie* ↗
- *Hypoploïdie* ↗
  - Asynapsis
  - Desynapsis
- *Hypopneustia*
- *Hypopodium*
- **Hypopotamal**
  - M Flußregionen
- **Hypoproaccelerinämie**
  - □ Blutgerinnung (Faktoren)
- **Hypoproconvertinämie**
  - □ Blutgerinnung (Faktoren)
- **Hypoprothrombinämie**
  - □ Blutgerinnung (Faktoren)
- *Hypopterygiaceae*
- **Hypopterygium**
  - Hypopterygiaceae
- **Hypopygium**
- **Hyporhachis**
  - Konturfedern
- **Hyporheal**
  - hyporheisches Interstitial
- *hyporheisches Interstitial*
  - Psammon
- *Hyporhitral* ↗
- *Hyposensibilisierung* ↗
- *hyposeptal*
- **Hypositta**
  - Madagaskarkleiber
- *Hyposittidae* ↗
- *Hyposomie*
- **Hypostasie (Genetik)**
- **Hypostasie (Medizin)**
- *Hypostom*
  - Clava
  - Trilobiten
- **Hypostoma**
  - Hypostom
- **Hypostomalbrücke**
  - Hypostom
- *hypostomatisch*
- **Hypostrakum**
  - Käferschnecken
- **hypothalamische Releasing-Hormone**
  - □ Hypothalamus
  - □ Neuropeptide

- **hypothalamisch-hypophysäres System**
  - Menstruationszyklus
  - neuroendokrines System
  - Releasing-Hormone
- **Hypothalamus**
  - Adiuretin
  - Aktivitätsbereitschaft
  - Antrieb
  - Bereitschaft
  - □ Gehirn
  - □ Hormone (Drüsen und Wirkungen)
  - □ hypothalamisch-hypophysäres System
  - Kreislaufzentren
  - Releasing-Hormone
  - Streß
  - Thalamus
  - Verdauung
  - Zwischenhirn
- **Hypothalamus-Hormone**
  - □ Hypothalamus
- **Hypothalamus-Hypophysen-Komplex**
  - B Menstruationszyklus
  - ↗ hypothalamisch-hypophysäres System
- **Hypothallus**
- **Hypothecium**
- *Hypotheka* ↗
  - Kieselalgen
- **Hypothermie**
  - Temperaturregulation
- **Hypothese**
  - Deduktion und Induktion
  - Kreationismus
  - Terminologie
  - Wissenschaftstheorie
- *hypothetisch*
  - Hypothese
- **Hypothyreose**
  - Myxödem
- *Hypotonie* ↗
  - Ohnmacht
- *hypotonisch* ↗
  - Exkretion
  - Osmoregulation
  - □ Osmoregulation
  - Osmose
- **Hypotonus**
  - M Muskelkoordination
- **Hypotremata**
  - Rochen
- *Hypotricha*
- *Hypotrophie (Unterernährung)* ↗
- **Hypotrophie (Wachstumsminderung)**
- **Hypovitaminose**
  - Embryopathie
  - Vitamine
- **Hypoxanthin**
  - Harnsäure
  - Hypoxanthin-Guanin-Phosphoribosyl-Transferase
  - □ Purinabbau
  - Purinnucleotide
- **Hypoxanthin-Guanin-Phosphoribosyl-Transferase**
  - Gicht
- *Hypoxie* ↗
- **Hypoxylie**
  - Reaktionsholz
- *Hypoxylon*
- **Hypozentrum**
  - Wirbel
- *hypozerk* ↗
  - hypobatisch
- **hypselodont**
  - hypsodont
- **Hypselotriton**
  - Molche
  - M Salamandridae
- *Hypsibius*
- **Hypsicomus**
  - M Sabellidae

Ignis sacer

Hypsignathus
- Flughunde

Hypsiprymnodon
- [M] Australien
- Kängurus
- Rattenkängurus

Hypsiprymnodontinae
- Rattenkängurus

hypsocephalisch
- Archidiskodon

hypsodont
- Zähne

hypsographische Kurve
- Kontinentalhang

Hyptiotes ↗
Hyptis ↗
Hypuralia
Hyracodon
Hyracodontidae
- Hyracodon

Hyracoidea ↗
Hyracotherium
- Pferde
- [M] Pferde
- [B] Pferde, Evolution der Pferde I
- [B] Pferde, Evolution der Pferde II

Hyrare ↗
Hyrax
- Subungulata

Hyriopsis
- Perlenzucht

Hyrtl, J.
Hyssopus ↗
Hysterangiaceae ↗
- Schwanztrüffelartige Pilze

Hysterangium
- Schwanztrüffelartige Pilze

Hysteriaceae
Hysteriales
Hysterosoma ↗
- [M] Milben

Hysterothecien
- Hysteriales

hystrichoglosse Radula
- Bürstenzüngler

Hystrichopsyllidae
- Mäusefloh

Hystricidae ↗
Hystricoidea
- Stachelschweinverwandte

Hystricomorpha
- Stachelschweinverwandte

Hystrix
- Stachelschweine

HY-varieties ↗
- Kulturpflanzen

Hz
- Frequenz

H-Zelle
H-Zone
- [B] Muskelkontraktion I
- Muskulatur

I ↗
IAA-Oxidase
- Indolylessigsäure-Oxidase

Iatrochemie
- [B] Biologie II
- Helmont, J.B. van
- Hoffmann, F.
- Paracelsus

Iatromechanik
- Iatrophysik
- Vitalismus - Mechanismus

Iatrophysik
- [B] Biologie II
- Borelli, G.A.

Ibaliidae
I-Bande
- [B] Muskelkontraktion I
- Muskulatur

Iberis ↗
Iberus
Ibis ↗
- [B] Afrika I
- ☐ Haarlinge

Ibisfliege ↗
- [M] Schnepfenfliegen

Ibisse
Ibisvögel
Iblidae
- [M] Rankenfüßer

Ibotensäure
- Fliegenpilzgifte
- Pilzgifte

IBV
- Coronaviren

Icacinaceae
Icaco-Pflaume ↗
Icerya
- biologische Schädlingsbekämpfung
- Schildläuse

Ich-Bewußtsein
- Bewußtsein
- Jugendentwicklung: Tier-Mensch-Vergleich
- Leib-Seele-Problem
- Mensch und Menschenbild
- Selbsterkenntnis

Ichneumonidae
Ichneumonoidea ↗
Ichneumons
Ichnium
Ichnofossilien ↗
Ichnogenus
- Asteriacites

Ichnolites
Ichnolithes
- Ichnolites

Ichnologie
Ichnozönose
Ichthydium
Ichthyismus ↗
Ichthyobdellidae
Ichthyodont
Ichthyodorulithen
Ichthyodorylithen
- Ichthyodorulithen

Ichthyolith
Ichthyologie
Ichthyomys
- Fischratten

Ichthyophiidae ↗
Ichthyophis
- Blindwühlen

Ichthyophthirius
Ichthyopterin
- Pteridine

Ichthyopterygia
Ichthyopterygium ↗
- Knochenfische

Ichthyornis
Ichthyornithiformes
Ichthyosauria
- Ichthyosaurier

Ichthyosaurier
- [B] Dinosaurier
- Halisaurier
- [B] Konvergenz bei Tieren
- [M] Lebensformtypus
- Onychiten

Ichthyostega
- Acanthostega
- [M] Extremitäten
- Mosaikevolution
- [B] Wirbeltiere III

Ichthyostegalia
- [M] Extremitäten
- Flossen
- ☐ Wirbeltiere

Ichthyostegidae
- Acanthostega

Ichthyotomidae
Ichthyotomus
- Ichthyotomidae

Ichthyotoxine ↗
Icmadophila ↗
ICSH ↗
Ictailurus
- Flachkopfkatze

Ictaluridae
- Welse

Ictalurus ↗
Icteridae ↗
Icterus
- Stärlinge

Icterus infectiosus
- Weilsche Krankheit

Ictidosauria
- Kiefergelenk
- Mosaikevolution

Ictitheriinae
- Ictitherium

Ictitherium
- Progenetta

Ictonyx ↗
ICTV
- Viren

Idanthyrsus
- [M] Sabellariidae

Idea
- Danaidae

ideale Population
- Evolutionsfaktoren
- Hardy-Weinberg-Regel
- [M] Hardy-Weinberg-Regel
- Populationsgenetik

ideales Gas
- osmotischer Druck
- Symmetrie

idealistische Ethik
- Bioethik

idealistische Morphologie
- Bauplan
- [B] Biologie II
- Oken, L.
- Stelärtheorie
- Systematik

Identifikation
identische Reduplikation
- Diplochromosomen
- ☐ Mitose
- ↗ Replikation

Identitätsbewußtsein
- Naturschutz

Identitätsperioden
Identitätstheorie
- Bewußtsein
- [M] Erkenntnistheorie und Biologie

Idiacanthidae ↗
Idioadaptation
Idioblasten
- Haare
- Raphiden

Idiogramm ↗
Idiokrasie
- Idiosynkrasie

Idionycteris
- Nordamerika

Idioplasmatheorie
- Micellartheorie

Idiosepiidae
- Idiosepius

Idiosepius
Idiosom
Idiosynkrasie
Idiothermie ↗
Idiotie
- Thyroxin

Idiotop
Idiotyp (Genetik)
- Phän

Idiotyp (Immunbiologie)
- Immunzellen

Idit
- Hexite

Idiurus
- Dornschwanzhörnchen
- Flugbilche
- Gleitbilche

Idmonea
Idoceras
Idolum
- Analogie - Erkenntnisquelle
- Teufelsblume

Idose
- [M] Monosaccharide

Idotea ↗
Idotheidae
- Saduria

IE ↗
IES ↗
- Indol-3-essigsäure

IES-Oxidase
- Indolylessigsäure-Oxidase

Iffe ↗
IgA
- Immunglobuline

Igapó
- Südamerika

IgD
- Immunglobuline

IgE
- Allergene
- Allergie
- [M] Allergie
- Immunglobuline

Igel
- Europa
- [B] Europa X
- [M] Körpertemperatur
- ☐ Lebensdauer
- Nestflüchter
- Prostata
- Winterschlaf

Igelfische
- [B] Fische VIII

Igelfliege
- Raupenfliegen

Igelgräser
- Australien
- Spinifex-Grasland

Igelkäfer
- [M] Blattkäfer

Igelkolben
Igelkolbengewächse
Igelratten ↗
Igelsame
Igelschlauch
- Froschlöffelgewächse

Igelschnecken
Igelstachelbart
- Stachelpilze

Igelwürmer ↗
- ☐ Rote Liste
- [M] Tiefseefauna
- ↗ Echiurida

IgG ↗
- Desensibilisierung

Ig-Klassen ↗
IgM
- Immunglobuline

Ignatiusbohnen
- ☐ Brechnußgewächse

Ignis sacer
- Mutterkornalkaloide

209

Iguaçu (Brasilien)

Iguaçu (Brasilien)
- B National- und Naturparke II

Iguana

Iguania

Iguanidae

Iguanodon
- B Dinosaurier

Iguanodontidae
- Ornithopoda

IH
- Releasing-Hormone

Ii
- Blutgruppen

Ikeda

Ikosaeder
- Capsid
- □ Viren (Virion-Morphologie)
- B Viren

Ikterus
- Galactosämie
- Gallensteine
- Rhesusfaktor
- Schwangerschaft

Ilang-Ilang-Öl

Ilarvirus-Gruppe

Ile

Ileocoecal-Klappe
- Bauhin, C.

Ileum
- Enterocrinin

Ilex

Ilia

Ilingoceras
- Gabelhorntiere

Ilium
- M Dinosaurier (Becken)

Illex

Illiciaceae

Illiciales

Illicium (Botanik)

Illicium (Zoologie)

Illies, Joachim
- Bergbach

Illit
- Tonminerale

Illurinsäure
- M Resinosäuren

Illuvialböden

Illuvialhorizont
- Bodenentwicklung

Iltisse
- B Europa XIII
- □ Lebensdauer

Ilyanassa

Ilybius

Ilyocryptus
- M Wasserflöhe

Ilyophidae

Imaginalparasiten

Imaginalscheiben
- Determination
- Holometabola
- Larven
- B Metamorphose
- Puppe
- Weismann, A.F.L.
- M Zifferblattmodell

Imaginalstadium

Imagines
- Imago

imaginifugal
- Insektenlarven

imaginipetal

Imago
- M Häutung
- Puppe

Imantodes
- Trugnattern

Imbibition

Imhoff-Tank
- Emscherbrunnen

IMHV
- Prägung

Imidazolgruppe

Iminoacetpropionsäure
- □ Miller-Experiment

Iminodiacetessigsäure
- □ Miller-Experiment

Iminoharnstoff

Imitation

Imitoceras
- latisellat

Imkerei
- Apidologie

Immaterialität
- Leib-Seele-Problem

immaterielle Kraft
- Geist - Leben und Geist

immatur

immediate early
- B Lambda-Phage

Immen

Immenblatt

Immenblumen

Immenkäfer

Immergrün
- Milchröhren
- Vincaalkaloide

Immergrüne Bärentraube
- Bärentraube
- B Polarregion II

immergrüne Laubwälder
- Asien

immergrüne Nadelhölzer
- Belaubung

immergrüne Pflanzen

immergrüne Regenwälder
- B Afrika I
- B Afrika IV
- B Afrika VIII
- B Asien II
- B Asien VI
- B Asien VIII
- B Australien I
- Nebelwald
- B Nordamerika I
- B Südamerika I
- B Südamerika III

Immersion

Immersionsobjektive
- Immersion
- □ Mikroskop (Aufbau)
- □ Mikroskop (Vergrößerung)

Immigration (Entwicklungsbiologie)
- Gastraea-Theorie

Immigration (Ökologie)
- Migration

Immissionen
- Kumulation
- Luftverschmutzung
- M Nährstoffhaushalt
- M Pflanzenreaktionen
- Rauchgasschäden
- saurer Regen
- Syndynamik
- Versteppung

Immissionsschutz
- Schutzwald
- Wald

Immobilisierung
- Antigen-Antikörper-Reaktion
- Biotechnologie

Immortalisierung
- Onkogene
- Zelltransformation

Immortelle
- Strohblume

immotile-cilia-syndrome
- Kartagener-Syndrom

immun
- Immunität

Immunantwort
- anamnestische Reaktion
- Antigene
- Autoimmunkrankheiten
- Immungenetik
- Immunglobuline
- Immunität
- Immunopathien
- Immunsuppression
- Immunzellen
- Lymphocyten
- slow-Viren
- Virusinfektion

Immunapparat
- Immunsystem

Immunbiochemie
- M Immunologie

Immunbiologie

Immunchemie
- Avery, O.Th.

Immundefektsyndrom
- T-lymphotrope Viren
- Virusinfektion
- ↗ AIDS

Immundiffusion
- Immunelektrophorese

Immunelektronmikroskop
- Antigen-Antikörper-Reaktion

Immunelektrophorese
- Agardiffusionstest
- Antigen-Antikörper-Reaktion
- □ Serumproteine

Immunfluoreszenz
- Antigen-Antikörper-Reaktion
- Krebs
- Photoelektronenmikroskop
- Zellskelett

Immungenetik

Immunglobuline
- Agammaglobulinämie
- Edelman, G.M.
- Globuline
- Haptiglobine
- H-Ketten
- Idiotyp
- Isotyp
- M Kolostrum
- L-Ketten
- Milchproteine
- Porter, R.R.
- Unterernährung
- Virusinfektion

Immunisierung
- Antigen-Antikörper-Reaktion
- Antitoxine

Immunität
- M Bakteriophagen
- Burnet, F.M.
- Medawar, P.B.
- Metschnikow, I.I.
- Resistenz
- Virusinfektion

Immunitätslehre
- Hygiene

Immunkörper

Immunkrankheiten
- Immunopathien

Immunocyten

Immunoelektrophorese
- Immunelektrophorese

Immunofluoreszenz
- Immunfluoreszenz

Immunogene
- Antigene

Immunogenität

Immunologie
- Parasitismus

immunologisches Gedächtnis
- Immunantwort
- Immunsystem
- Immunzellen
- ↗ Gedächtniszellen

Immunopathien
- Virusinfektion

Immunorepressiva
- Antibiotika

Immunosuppression
- Immunsuppression

Immunphotoelektronenmikroskopie
- Photoelektronenmikroskopie

Immunpräzipitation
- Präzipitine
- □ Proteine (Charakterisierung)

Immunreaktion
- Interferone
- Lymphocyten
- Immunpräzipitation

Immunschwäche
- Mykobakterien
- Strahlenschäden

Immunschwächesyndrom
- Immundefektsyndrom
- ↗ AIDS

Immunserum

Immunsuppression
- Glucocorticoide
- M Transplantation
- Virusinfektion

Immunsystem
- Altern
- Clone-Selection-Theorie
- Gnotobiologie
- lymphatische Organe

Immuntoleranz
- Autoimmunkrankheiten

Immuntoxin
- Krebs

Immunzellen
- HLA-System
- Membran
- Parasitismus

Immuration

IMP

Impala
- B Afrika II
- Gazellen

Impatiens

Impatientella
- Springkrautgewächse

Imperatoria

imperfekte Hefen

Imperfektform
- Nebenfruchtformen

Imperforata
- imperforate Foraminiferen

imperforate Foraminiferen

Impfhefe

Impfkultur

Impfmaterial
- Impfkultur

Impfschlamm
- Kläranlage

Impfstoffantigene
- B Gentechnologie

Impfstoffe
- aktive Immunisierung
- Autovakzine
- Gentechnologie
- M Malaria
- Vakzine
- Virusinfektion

Impfsuspension
- Impfkultur

Impftank

Impfung (Medizin)
- Immunität

Impfung (Mikrobiologie)

Implantat
- Implantation

Implantation
- B Induktion
- Insemination - Aspekte

Imponiergehabe
- Imponierverhalten

Imponierstrukturen
- atelische Bildungen
- Sexualdimorphismus

Imponierverhalten
- Anolis
- □ Demutsgebärde
- □ Genitalpräsentation
- Geschlechtsmerkmale
- Kragenechsen
- M Sprache

Impotentia coeundi
- Impotenz

Impotentia concipiendi
- Impotenz

Impotentia generandi
- Impotenz

Impotentia gestandi
- Impotenz

Impotenz

Imprägnation

Imprägnationsfärbung
- Imprägnation

Impression (Medizin)

Impression (Sinnesphysiologie)

Impuls
- Information und Instruktion
- □ Kennlinie

Infektionsschlauch

- ☐ Kontrast
- ☐ Muskelzuckung
- ☐ Nervensystem (Funktionsweise)
- Nervenzelle
- Trigeminus

Impulsausbreitung
- Impuls

Impulsfrequenz
- Impuls
- ☐ Reiz (und Erregung)

Impulsfrequenzmodulation
- ☐ Nervensystem (Funktionsweise)

Impulsgeber
- Automatiezentrum
- [B] relative Koordination
- ↗ Herzautomatismus

Impulsintervallmodulation
- ☐ Nervensystem (Funktionsweise)

Impulsrate
- Impuls

Impulsserie
- Impuls
- ☐ Reiz

Impunctata

IMViC-Test
- Abwasser
- Colititer

Inaba
- ☐ Cholera

Inachis
- Seespinnen
- ☐ Seespinnen

Inachus
- Seespinnen
- ☐ Seespinnen

inadäquater Reiz ↗
- Sinnesorgane
- Synästhesie

Inadunata
- Crinoidea
- Cupressocrinus
- Fistulata
- ☐ Seelilien

Inaktivierung
- ☐ Antibiotika

inapparente Infektion
- Virusinfektion

inäquale Furchung
- [B] Larven I

inäquale Teilung
- Äquationsteilung

Inarticulata
- ☐ Kambrium

Incarville, R. Pierre d'
- Incarvillea

Incarvillea ↗

Inchworm
- Spanner

Incirrata

Incision

Incisivi
- Mundwerkzeuge

Incluse

inclusion bodies
- Baculoviren
- ☐ Virusinfektion (Wirkungen)
- ↗ Einschlußkörper

inclusive fitness
- Bioethik
- Selektion
- staatenbildende Insekten
- Tiergesellschaft

Incurvaria
- Miniersackmotten

Incurvariidae ↗

Incus ↗

Indandione
- Antikoagulantien

Indarctos

Indeciduata
- Deciduata

Indetermination
- Determination

Indeterministen
- Determination

Indianer
- [B] Menschenrassen III

Indianerbüffel
- Bison

Indianerfalte
- Mongolenfalte

Indianide

indian tobacco
- Lobeliaceae

Indican

Indicator
- Ektosymbiose

Indicatoridae ↗

Indicaxanthin ↗

Indide

Indien
- [B] Kontinentaldrifttheorie

Indifferenztemperatur

indigen ↗

Indigo
- Farbstoffe
- [M] Waid

Indigoblau
- Indigo

Indigofera
- [M] Waid

Indigofink
- Kompaßorientierung

Indigoidin
- [M] Pigmentbakterien

Indigomulsin
- Indigo

Indigoschlangen

Indigostrauch ↗

Indikator (Bioindikator) ↗

Indikator (Chemie)
- Alkanna
- Maßanalyse
- Säuren

Indikator (Radioaktivität)

Indikatormethode
- Hevesy, G.K. von

Indikatororganismen
- Chaetognatha
- Saprobiensystem

Indikatorsystem
- Komplementbindungsreaktion

indirekte Entwicklung
- Larven

indirekte Kalorimetrie
- Respirometrie

indirekte Kernteilung ↗

indirekte Spermienübertragung
- Saftkugler

Indische Honigbiene
- Honigbienen

Indische Mandel
- Combretaceae

Indische Prachtwespe
- [B] Insekten II

Indischer Hanf ↗

Indischer Ozean
- [M] Meer
- [B] Vegetationszonen

Indisches Springkraut
- Adventivpflanzen

Individualauslese ↗

Individualdistanz
- Kontakttier
- Kontaktverhalten

Individualentwicklung ↗
- Anamerie
- Determination
- [B] Furchung

Individual-Fitness
- inclusive fitness

individualisierte Gruppe
- Familienverband
- Gruppe
- [M] Tiergesellschaft
- ↗ individualisierter Verband

individualisierter Verband
- anonymer Verband
- Rangordnung
- Tiergesellschaft
- ↗ individualisierte Gruppe

individualisiertes Verhaltensrepertoire
- Tiergesellschaft

Individualisierung
- Leben

Individualität
- [M] Zufall in der Biologie

Individuation

individuelles Wohl
- Bioethik

Individuendichte
- Ausbreitung
- dichteabhängige Faktoren
- Diversität
- [M] ökologische Regelung
- Populationsdichte

Individuenzahl
- biozönotische Grundprinzipien

Individuum
- Variabilität
- Variation
- Wissenschaftstheorie

Indizienbeweise
- Kreationismus

indo-australisches Zwischengebiet
- Orientalis
- Wallacea

Indobrachide
- ☐ Menschenrassen

Indol
- Clostridien
- [M] Membrantransport

Indol-3-acetaldehyd
- [M] Auxine (Biosynthese)

Indol-3-acetonitril
- [M] Glucobrassicin

Indolalkaloide
- [M] Indol

Indoläthylamin
- Perikardialzellen

Indolbildner ↗

Indolderivate
- [M] Indol

Indol-3-essigsäure (= IES) ↗
- apikale Dominanz
- Dichlorphenoxyessigsäure
- [M] Glucobrassicin
- Knöllchenbakterien
- Morphactine

Indolglycerin-3-phosphat
- [B] Ein-Gen-ein-Enzym-Hypothese
- ☐ Mangelmutante

Indol-3-pyruvat
- [M] Auxine (Biosynthese)

Indolylbuttersäure ↗

β-Indolylessigsäure ↗
- [M] apikale Dominanz
- Fitting, J.
- Indolylessigsäure-Oxidase

Indolylessigsäure-Oxidase

Indomalayisches Unterreich
- Paläotropis

Indomelanide
- ☐ Menschenrassen

Indopithecus ↗

Indopanorbis

Indospicin
- [M] Aminosäuren

Indoxyl ↗

Indoxylase
- Indigo

Indratherium
- Sivatherium

Indricotherium
- Nashörner

Indriidae ↗

Indris

induced fit
- [B] Enzyme

Inducer
- Lymphocyten

Indukt

Induktion (Bakteriologie)

Induktion (Entwicklungsbiologie)
- Evokation
- morphogenetisches Signal
- [M] Rekapitulation
- Spemann, H.

Induktion (Enzyminduktion)
- [B] Genregulation

Induktionsfaktor

Induktionsgen
- [B] Krebs

Induktionskaskade ↗

Induktionsstoffe
- Kompetenz

Induktor (Biochemie) ↗

Induktor (Embryologie)

Indusium
- ☐ Farne

Industrialisierung
- Aussterben
- Club of Rome
- Schadstoffe

Industrie
- [M] Eutrophierung
- Luftverschmutzung
- [M] Luftverschmutzung
- Mensch und Menschenbild
- Stickoxide
- Wasserverschmutzung

Industrieabfälle
- Abfall
- Biotechnologie

Industrieabgase
- Benzpyren
- Carboxidobakterien
- ↗ Abgase

Industrieeffekt
- ☐ Geochronologie

Industrieholz
- Faserholz

Industriekefir
- ☐ Kefir

Industrielärm
- ☐ Gehörorgane (Hörbereich)

Industriemelanismus
- Mimese

Industriepflanzen
- Kulturpflanzen

Inertit
- Kohle

Inf
- Interferone

Infantilismus (Humanmedizin)

Infantilismus (Zoologie)

Infantilität
- Infantilismus

Infantizid
- Kannibalismus

Infarkt

Infauna

Infekt
- Infektion

Infektion
- anamnestische Reaktion
- ☐ Bakteriophagen
- Desinfektion
- Eiter
- Eitererreger
- [M] Fehlbildung
- ☐ Fieber
- Granulocyten
- ☐ Harn
- Nahrungsmittelvergiftungen
- Streß
- [M] Streß
- ☐ Teratogene
- Virusinfektion
- ☐ Virusinfektion (Wege)

Infektionsimmunität

Infektionskrankheiten
- [B] Antibiotika
- Fracastoro, G.
- Henle, F.G.J.
- Komplementbindungsreaktion
- [M] monoklonale Antikörper
- Pasteur, L.
- Viruskrankheiten

Infektionsschlauch
- Knöllchenbakterien
- [B] Knöllchenbakterien

infektiös

infektiös ↗
infektiöse Gelbsucht
– Weilsche Krankheit
infektiöse Hühnerbronchitis
– Coronaviren
infektiöses Agens
– aktive Immunisierung
Infertilität ↗
– Ringchromosomen
Infestation
Inflammatio ↗
Infloreszenz ↗
Influenza (Grippe) ↗
– [M] Haemophilus
– [M] Hämagglutinations-
  hemmungstest
  ↗ Grippe
Influenza (Staupe) ↗
Influenzabakterien ↗
– Pfeiffer, R.F.
Influenza pectoralis
– Brustseuche
Influenzaviren
– □ Viren (Kryptogramme)
– □ Virusinfektion (Wege)
Information
– Code
– Desoxyribonucleinsäuren
– Entropie - in der Biologie
– Gedächtnis
– Gestalt
– Information und Instruk-
  tion
– Kommunikation
– Kybernetik
– Redundanz
– Signal
Informationsgehalt
– Information und Instruktion
– Negentropie
Informationskapazität
– Information und Instruktion
Informationsquant
– Bit
Informationsreduktion
– Reizfilterung
Informationsstoffwechsel
Informationstheorie
– [B] Biologie II
– Entropie
– Information und Instruktion
– Systemtheorie
Informationsträger
– Leben
– Licht
  ↗ Gen
Informationsverarbeitung
– Humanökologie
Informationszusammenhang
– Information und Instruktion
Information und Instruktion
Informosomen
– Ribonucleinsäuren
Infrabathyal ↗
Infrabuccaltasche
– Blattschneiderameisen
infradiane Rhythmik
Infrakambrium ↗
Infralitoral
– □ Meeresbiologie
  (Lebensraum)
– See
Inframarginalia
– Meeresschildkröten
– Tabasco-Schildkröten
Infraordnung
– Familie
Infrarot
– Bakteriochlorophylle
– Bestrahlung
– [B] Farbensehen
– Glashauseffekt
– Klima
– Vampire
**Infrarotabsorptionsspektro-
skopie**
– Respirometrie
Infrarotauge
– [M] Klapperschlangen

– □ Temperatursinn
  ↗ Grubenorgan
Infrarotmikroskopie
Infrarotrezeptoren ↗
Infrarotsehen ↗
Infrarotstrahlung
– Infrarot
Infraschall
– □ Gehörorgane
  (Hörbereich)
– Schall
infraspezifisch
– Rasse
infraspezifische Evolution
– Evolution
Infundibulum
– Hyponom
– Rathkesche Tasche
Infusion
– [M] Ernährung
Infusorien ↗
– Bakterien
– [B] Biologie II
– Oken, L.
Infusorienerde ↗
infusoriforme Larven
– Mesozoa
Infusorigene
– Mesozoa
Infusum
– Aufguß
Inga ↗
Ingenhousz, J.
Ingenieurbiologie
Inger
Ingestion
– □ ökologische Effizienz
Ingestionssipho
– □ Muscheln
– Sipho
Ingluvies ↗
Ingolfiellidea
– [M] Flohkrebse
Inguinalband
– Leiste
Inguinalregion
– Leiste
Ingwer
– Aromastoffe
– Gewürzpflanzen
– [B] Kulturpflanzen VIII
Ingwerartige ↗
Ingwergewächse
INH
– Isoniazid
Inhalation
– Narkotika
Inhalationssipho
– Sipho
Inhibine
Inhibiting-Hormone
– hypothalamisch-hypo-
  physäres System
– Releasing-Hormone
Inhibition ↗
Inhibitoren
– □ Allosterie (Sättigungs-
  kurve)
inhibitorische Synapsen
– □ Nervensystem (Funktions-
  weise)
– Synapsen
Inhumanität
– Bioethik
Inia ↗
Inion
Initialbereich
Initialbündel
initiale Differenz
– Phänogenetik
Initialhyphen
– □ Getreidemehltau
Initialkomplex
– Initialzellen
Initialschicht
– Kambium
Initialzellen
– Scheitel
– Sproßachse

– Wurzel
Initialzone
– Sproßachse
– [M] Sproßachse
Initiation
– Elongation
– Initiationsfaktoren
– Initiationskomplexe
– Krebs
– Transkription
– [B] Transkription - Translation
– Translation
– Tumorpromotoren
Initiationscodonen ↗
– Translation
Initiationsfaktoren
– Translation
Initiationskomplexe
– Translation
Initiatorcodonen
– Initiationscodonen
Initiator-t-RNA
– Initiationsfaktoren
– Translation
Injektion
– Narkotika
Injektionsverfahren ↗
injera
– Liebesgras
Injunktion
– Terminologie
Inkabein
– Interparietale
Inkakakadu
– [B] Vögel II
Inkaknochen
– Inkabein
Inkluse
– Incluse
Inklusion
– Statistik
Inkohlung
– Erdgas
– fossile Brennstoffe
– Kohle
Inkohlungsreihe
– Inkohlung
Inkohlungssprung
– Inkohlung
inkompatibel
– Inkompatibilität
Inkompatibilität
– Adynamandrie
– Kreuzung
– Kreuzungssterilität
– Narbe
– Selbstbefruchter
INKO-Verfahren
– Interferenzmikroskopie
Inkretdrüsen ↗
Inkrete
– Drüsen
Inkretion ↗
inkretorische Drüsen
– Inkretdrüsen
Inkrustation
Inkrustationszentrum
Inkrusten
– Inkrustierung
Inkrustierung
– Verkieselung
Inkubation (Brütung)
Inkubation (Infektion)
– □ Fieber
– [B] Genwirkketten I
– □ Infektionskrankheiten
Inkubationszeit
– slow-Viren
– □ Virusinfektion (Abläufe)
Inkurvation
– [B] Farnpflanzen IV
– Telomtheorie
Inlandeis
– Pleistozän
Inlandklima
– [M] Klima (klimatische
  Bereiche)
Innenbecken
– Lagune

Innenfahne
– Vogelfeder
Innenfäule ↗
Innenfrüchtler ↗
– Bauchpilze
Innenlade ↗
– □ Mundwerkzeuge
Innenohr
– Ampulle
– Kiemendarm
– □ Ohr
– Ohrbläschen
Innenschmarotzer ↗
Innenskelett
– Tentorium
Innensporer
– Ceratiomyxa
– □ Myxomycetidae
innerartliche Konkurrenz ↗
innere Atmung ↗
innere Befruchtung
– [B] Sexualvorgänge
  ↗ Befruchtung
innere Besamung ↗
– Geschlechtsorgane
– [M] Penis
– Sperma
– Spermien
innere Energie
– □ Konformation
– Thermodynamik
innere Reibung
– [M] Grenzschicht
innere Repräsentation
– Einsicht
– Symbol
innere Rhythmen
– Bereitschaft
  ↗ Chronobiologie
  ↗ endogene Rhythmik
inneres Bild
– Einsicht
innere Sekretion
– [B] Biologie II
– Hormone
– Innersekretion
inneres Keimblatt ↗
inneres Marklager
– Oberschlundganglion
inneres Milieu
– Blutkreislauf
– Exkretion
– Hypothalamus
– Nervensystem
– Niere
– Osmoregulation
– Stoffwechselintensität
– vegetatives Nervensystem
innere Sternzellen
– Korbzellen
innere Strahlung
– Strahlenbelastung
innere Uhr ↗
– Bünning-Hypothese
– Vogelzug
innere Verstärkung
– Regelung
innere Zellmasse ↗
inner membrane spheres
– □ Mitochondrien (Aufbau)
Innersekretion
innersekretorische Drüsen ↗
Innervation
innervieren
– Innervation
Innovation
– Determination
Innovationsknospen ↗
Ino (Nucleosid) ↗
Ino (Schmetterling)
– Widderchen
Inocarpus
– [M] Hülsenfrüchtler
Inoceramidae
– Inoceramus
Inoceramus
– □ Kreide
Inoculatio
– Inokulation

Interferone

Inocybe ↗
- Ⓜ Mykorrhiza

Inokulation
inokulativ
- Übertragung

Inokulum ↗

Inoloma
- Phlegmacium

Inonotus ↗
inoperculat
- Ⓜ Unitunicatae

Inosin
- Hypoxanthin
- ☐ Purinabbau
- Purinnucleosid

Inosin-5'-monophosphat
- Hypoxanthin

Inosinsäure ↗
- ☐ Purinabbau

Inosin-5'-triphosphat

Inosit
- ☐ Glucuronat-Weg
- Vitamine

Inositoltriphosphat
- sekundäre Boten

Inosit-Oxygenase
- ☐ Glucuronat-Weg

Inoviren ↗

Inoviridae
- Bakteriophagen
- Mycoplasmaviren
- Ⓑ Viren

Inozoa

Input ↗
- Nährstoffbilanz

Inquilinen ↗
- Ⓜ Gallmücken

Inquilinismus ↗
- Entökie

Inscriptiones tendineae
- Myomeren

Insecta ↗

Insectivora (Pflanzen) ↗
Insectivora (Tiere) ↗
- ☐ Kreide
- Ⓑ Säugetiere
- Unguiculata

Insektarium

Insekten
- ☐ Blutersatzflüssigkeit
- chemische Sinne
- ☐ Desoxyribonucleinsäuren (DNA-Gehalt)
- Ⓜ Devon (Lebewelt)
- Ⓜ Eizelle
- ☐ Extremitäten
- Gehirn
- ☐ Klassifikation
- Komplexauge
- Ⓑ Nervensystem I
- Nest
- ☐ Schlüssel-Schloß-Prinzip
- Schwestergruppe
- Ⓑ Skelett
- Swammerdam, J.

Insektenbestäubung ↗
- Blüte

Insektenblütigkeit
- Anemogamie
- Entomogamie

insektenfangende Pflanzen
- Absorptionsgewebe
- ↗ carnivore Pflanzen

Insektenflügel
- Ⓜ Flugmuskeln
- Ⓑ Gliederfüßer I
- Ⓜ Hautflügler
- Ⓑ Homonomie
- ☐ Käfer
- Klickmechanismus
- Plesiomorphie
- Pterygia
- Retinaculum

insektenfressende Pflanzen ↗

Insektenfresser
- Deciduata
- Makrosmaten
- Monochromasie
- Schnabel

Insektengifte (gegen Insekten) ↗
Insektengifte (von Insekten)

Insektenhaus
- Insektarium

Insektenhormone
- Ⓜ Neuropeptide

Insektenkunde ↗

Insektenlarven
- Ⓜ Anaerobier
- Gliederfüßer
- Latenzlarve

Insekten-Parvoviren
- Arthropodenviren

insektenpathogen
- Bacillus thuringiensis
↗ Arthropodenviren

Insekten-Pockenviren
- Arthropodenviren

Insektenstaaten ↗

Insektensymbiose

Insektenviren ↗

Insektivoren ↗
- carnivore Pflanzen

Insektizide
- Acetylcholin-Esterase
- Ⓜ Anacyclus
- Antivitalstoffe
- Äthylenoxid
- Biotransformation
- Gifte
- Insektenfresser
- Isochinolin
- Milch
- Parasympathikomimetika
- Pyrethrine
- Wucherblume

Inselbesiedlung
- Baldachinspinnen
- Erstbesiedlung
↗ Kolonisierung

Inselbiogeographie
- Krakatau
- Rasse
- Surtsey
↗ Inselbesiedlung

Inselbrücke
- Landbrücke
- Südamerika

Insel der Lemuren
- Madagassische Subregion

Inselendemismus

Inselfauna
- Inselbiogeographie

Inselhüpfer
- island hoppers
- Südamerika

Inselkontinent
- Südamerika

Inselmakropoden ↗

Inselmäuse
- Madagaskarratten

Inselorgan ↗

Inselratten
- Madagaskarratten

Insel-Wight-Krankheit
- Milbenseuche

Inselzellen
- Verdauung
↗ Langerhansche Inseln

Insemination

Insemination - ethische und rechtliche Aspekte

Insertase ↗

Insertio
- Insertion

Insertion (Anatomie)

Insertion (Genetik)
- DNA-Reparatur
- Genregulation
- Mutation
- Ⓑ Mutation

Insertionselemente
- Mutatorgen
- Transposonen

Insertionssequenzen
- Insertionselemente

Insessoren ↗

in situ

Insolation (Medizin)
Insolation (Physik)
Inspiration

Inspirationszentrum
- Atmungsregulation
- ☐ Atmungsregulation (Regelkreis)

Instinkt
- Determination
- Freiheit und freier Wille
- Mensch und Menschenbild

Instinktbewegung ↗
- Instinkt

Instinkt-Dressur-Verschränkung

Instinkthandlung
- Denken
- Instinkt
- Triebhandlung

Instinkthierarchie ↗

Instinktmodell

Instinktreduktion
- Lernen

Instruktion ↗

Instrumentallaute
- Vogelfeder
↗ Lautäußerung
↗ Stridulation

instrumentelle Konditionierung
- Konditionierung

Insulin
- Adrenalin
- Aminosäuresequenz
- Antigene
- Ⓑ Biochemie
- Ⓑ Biologie II
- Diabetes
- Ein-Gen-ein-Enzym-Hypothese
- Genmanipulation
- Gensynthese
- ☐ Gentechnologie
- Glucocorticoide
- Glucokinase
- Hormone
- ☐ Hormone (Drüsen und Wirkungen)
- Ⓜ Hunger
- Krebs
- Macleod, J.J.R.
- Mikroinjektion
- Murphy, W.P.
- ☐ Neuropeptide
- Phosphoenolpyruvat-Carboxykinase
- Ⓜ Prä-Pro-Proteine
- Ⓑ Proteine
- Pyruvat-Carboxylase
- Sanger, F.
- Somatotropin
- Zink

Insulinrezeptor
- Membran

Intarsien
- Ⓜ Ebenaceae

Integralglied
- ☐ Funktionsschaltbild

Integralregelung
- Regelung

Integrase
- Ⓑ Lambda-Phage

Integration
- Ⓑ Lambda-Phage
- ☐ RNA-Tumorviren (Genomstruktur)
- Transduktion

Integrationsapparat
- ☐ Organsystem

Integrationsareal
- Cephalisation

Integrationsniveau
- Ethologie

integrieren
- Integration

integrierter Pflanzenschutz
- integrierte Schädlingsbekämpfung

integrierte Schädlingsbekämpfung

Integument (Botanik)
- Samen

- Samenanlage
- Ⓜ Samenanlage

Integument (Zoologie)
- Gliedertiere

Integumentum
- Integument

intelligentes Leben
- anthropisches Prinzip
- extraterrestrisches Leben

Intelligenz
- Denken
- Freiheit und freier Wille
- Ⓜ Gehirn
- Hirnvolumen
- Jugendentwicklung: Tier-Mensch-Vergleich
- Köhler, W.
- Mensch und Menschenbild
- Vernunft
- Yerkes, R.M.

Intelligenztest
- Intelligenz

intensive Wirtschaftsweise
- Ⓜ Landwirtschaft

Intensivhaltung ↗
- Geflügelzucht

Intensivkulturen

Intentionsbewegung
- Stereotypie
- Symbolhandlung

Intentionstremor
- Tremor

Interaktionismus
- Ⓜ Erkenntnistheorie und Biologie

Interambulacralplatten
- Seeigel
- ☐ Seeigel

Interambulacrum
- Interradius
- Stachelhäuter

Interarea

Intercentrum
- Rhachitomi

Interchromatinsubstanz
- Kernplasma

Interchromomere
- Chromosomenfärbung

intercistronische Bereiche

Inter-Clavicula
- Clavicula

Interdigitaldrüse
- Zwischenklauendrüse

interdisziplinär

Interdorsalia
- Wirbel

Interesse
- Ⓜ Bereitschaft

interface
- Parasitismus

interfasziküläres Kambium
- ☐ sekundäres Dickenwachstum
- Ⓑ Sproß und Wurzel II

Interferenz (Genetik) ↗

Interferenz (Physik)
- Farbe
- ☐ Mikroskop (Vergrößerung)
- ☐ Phasenkontrastmikroskopie
- Röntgenstrahlen
- Schuppen

Interferenz (Virologie)
- Interferone

Interferenzfarben
- Bläulinge
- Farbe

Interferenzkonkurrenz
- Konkurrenz

Interferenzmikroskopie

Interferenzspiegel
- ☐ Fluoreszenzmikroskopie

interferieren
- Interferenz

Interferone
- Ⓑ Biochemie
- Ⓑ Chromosomen III
- Genmanipulation

intergene Komplementation

- Gensynthese
- Immundefektsyndrom
- Krebs
- Lymphokine
- Mikroinjektion
- slow-Viren
- Virusinfektion

intergene Komplementation
- Cis-Trans-Test
- Komplementation

intergenische Bereiche
- Primärtranskript
- Prozessierung

Interglazial
- Holozän
- Pleistozän

interkalare Regeneration
- Interkalation
- Regeneration

interkalares Wachstum

Interkalarsegment
- Tritocephalon

Interkalation (Entwicklungsbiologie)
- Kontinuitätsprinzip

Interkalation (Evolutionsbiologie)
- Rekapitulation

Interkalation (Molekularbiologie)
- Äthidiumion
- ☐ Krebs (Krebsentstehung)

interkalierende Agenzien
- Deletion
- ↗ Interkalation

Interkarpalgelenk
Interkinese
Interkostalnerven
Interleukine ↗
- Immundefektsyndrom
- Krebs

Intermaxillare ↗
intermediäre Addition
- Interkalation

intermediäre Filamente
- Filament
- Zellskelett

intermediärer Erbgang
- Gen
- Heterozygotie
- Mendelsche Regeln

Intermediärprodukte
- Stoffwechsel

Intermediärstoffwechsel ↗
- Stoffwechsel
- [B] Stoffwechsel

Intermedin ↗
Intermedium
- Mondbein

Intermicellarsubstanz
- Micellartheorie

Internation
- Rekapitulation

Internationale Einheit
- [B] Vitamine

Internationsregel
- Vervollkommnungsregeln

Interneuron
- Atmungsregulation
- Gehirn
- Nervensystem
- ☐ Nervensystem (Funktionsweise)
- Reflex
- Renshaw-Zelle

Internlobus
Internodalia
- Seelilien

Internodium
Internsattel
Interorezeptoren ↗
- Propriorezeptoren

Interparietale
Interphäne
- Biogenetische Grundregel

Interphase
- Meiose

Interphasekern ↗
- Chromatin

Interpluvial
Interpositionswachstum
Interpretation
- Erkenntnistheorie und Biologie

Interpterygoidallücke
- Bauriamorpha

Interradius
- [M] Schlangensterne
- ☐ Seesterne

Interreduplikation
Interrenalorgan
- Nebenniere

Interrenin
Intersegmentalhaut
- Cuticula

Intersegmentalnaht
- Intersegmentalhaut

Interseminalschuppen
- Bennettitales

Interseptalapparat
Intersex ↗
Intersexualität
- Klinefelter-Syndrom
- [M] Parasitismus

intersexuelle Selektion ↗
- Sexualdimorphismus

interspecies hydrogen transfer
- Interspezies-Wasserstoff-Transfer

Interspezies-Gen-Transfer
- Insemination (Aspekte)

Interspezies-Wasserstoff-Transfer
interspezifische Auslöser
- Warnsignal

interspezifische Bastardierung
- Pflanzentumoren

interspezifische Konkurrenz ↗
interspezifischer Genfluß
- Introgression

Interstadial
interstellare Materie
- anthropisches Prinzip

Intersterilität ↗
Interstitial ↗
interstitialzellenstimulierendes Hormon ↗
- ☐ Hormone (Drüsen und Wirkungen)
- ↗ luteinisierendes Hormon

interstitielle Flüssigkeit ↗
interstitielle Pneumonie
- Pneumocystose

interstitieller osmotischer Druck
- Druckfiltration

interstitielle Zellen
Interstitium
- Inulin

Intersubjektivität
- [M] Erkenntnistheorie und Biologie

Intertarsalgelenk
interterritoriale Substanz
- Bindegewebe

Intervallum
intervenierende Sequenz ↗
- Chondrom
- Desoxyribonucleinsäuren
- Hybridisierung
- Primärtranskript
- ↗ Intron

Interventrale
- Embolomeri
- Wirbel

interzellulär
interzelluläre Kommunikation
- Zellkommunikation

Interzellulare
- [M] Grundgewebe
- Transpiration
- Wassertransport

Interzellularflüssigkeit ↗
- Blut-Hirn-Schranke
- Flüssigkeitsräume

Interzellularkitt
- [M] Glykokalyx

- Interzellularsubstanz
- Schlußleisten

Interzellularraum
- Bindegewebe
- [B] Bindegewebe
- Blatt
- Treviranus, L.Ch.

Interzellularspalt
- Epithel

Interzellularsubstanz
Interzellularsystem ↗
Interzeption
- Benetzbarkeit
- Bodenentwicklung
- Wald
- Wasserbilanz

Interzeptionsaufsaugung
- ☐ Wasserkreislauf

Interzeptionsverdunstung
- ☐ Wasserkreislauf

Interzeptionswasser
- Evaporation

Interzonalregion
- Prozessierung

intestinal
Intestinalganglion
- Nervensystem
- ☐ Schnecken

Intestinum ↗
Intestinum colon
- Grimmdarm

Intestinum tenue
- Dünndarm

Intima
- Arterien
- Arteriosklerose
- Darmepithel
- Tracheensystem
- Venen

Intine
- Blüte
- [B] Nacktsamer
- Pollen
- Sporen

Intoleranz
Intoxikation ↗
- Bakterientoxine
- Nahrungsmittelvergiftung
- [M] Streß

intraarteriell
- Infusion

intracamerale Ablagerungen
intracytoplasmatische Membranen
- Bakterienmembran
- Protocyte
- Thylakoidmembran

intrafusal
- Motoneurone
- Muskelspindeln

intragene Komplementation
- Komplementation

intragene Rekombination
- Heteroallele

intraintestinale Verdauung
- Verdauung

Intrakutantest
Intra-Membran-Partikel
- Membran

intramurales Nervensystem
- Nervensystem

intrasexuelle Selektion ↗
- Sexualdimorphismus

Intrasiphonata
intraspezifische Evolution ↗
intraspezifischer Brutparasitismus
- Kleptogamie
- ↗ Ethoparasit

intraspezifischer Nestparasitismus
- Ethoparasit
- ↗ Kleptogamie

intratentakuläre Knospung
- Steinkorallen

intrathekal
- Steinkorallen

intrauterine Übertragung ↗
Intrauterinpessar
- Empfängnisverhütung

intravenös
- Infusion

intrazellulär
intrazelluläre Verdauung ↗
- Ingestion
- Metschnikow, I.I.

Intrazellularflüssigkeit ↗
Intrinsic factor
- Magen
- Verdauung
- Vitamine

Intrinsic-System
- Blutgerinnung

intrinsische Verdauungsenzyme
- Verdauung

Introgression
Introitus vaginae
- ☐ Vagina

Intron ↗
- Colinearität
- ☐ Onkogene
- Prozessierung
- ☐ Prozessierung
- [M] spleißen

intrors
Introspektion
- Bewußtsein
- Verhalten

introvert
- Kinorhyncha
- Loricifera
- Priapulida
- Sipunculida

Intumescentia
- Intumeszenz

Intumeszenz (Anatomie)
Intumeszenz (Botanik)
Intuskrustat
- Intuskrustation

Intuskrustation
Intussuszeption
- Multinet-Wachstum

Intybin
- ☐ Cichorium (Kultur)

Inula ↗
Inuleae
- ☐ Korbblütler

Inulin
- Flüssigkeitsräume
- Glockenblumenartige
- Glockenblumengewächse
- [M] Klette
- ☐ Niere (Harnbereitung)

Inulinvakuolen
Invagination
- Embolie
- Endogenea
- Gastraea-Theorie

Invarianz
- [M] Erkenntnistheorie und Biologie

Invasion (Ökologie)
- Migration
- Vogelzug

Invasion (Parasitologie)
- Parasitismus
- Reinvasion

Invasionsvögel
- Europa
- Invasion

Inventarisierung
- Naturschutz
- ↗ Bestandsaufnahme
- ↗ Vegetationsaufnahme

Inventur
- [M] Forsteinrichtung

inverses Auge
- Linsenauge
- Netzhaut

Inversion (Chemie)
Inversion (Genetik) ↗
- [M] Chromosomenaberration
- Genregulation
- [M] Insertionselemente

Inversion (Meteorologie)
- Frost
- Luftverschmutzung
- Smog

Isocaprylsäure

invers repetitive Sequenz
– Palindrom
Invertase
– Gentianose
– Glykosidasen
– Hoppe-Seyler, E.F.I.
Invertebrata ↗
inverted repeat
– Attenuator
– Insertionselemente
Invertin
– Invertase
Invertzucker
– □ Enzyme (technische Verwendung)
in vitro
in-vitro-Fertilisierung
– extrakorporale Insemination
– künstliche Besamung
in-vitro-Rekombination
– synthetische Biologie
in-vitro-Systeme
– □ Zelle
in vivo
in-vivo-Systeme
– □ Zelle
Involucrellum
Involucrum ↗
involut ↗
– convolut
– Knospenlage
Involution
Involutionsformen
Inzest ↗
Inzesttabu
Inzestvermeidung
– Inzesttabu
Inzestzucht
Inzidenz
– Incision
Inzucht
– Endogamie
– Entartung
– Heterosis
– Inzestzucht
– isogen
– Isolate
– □ Kreuzungszüchtung
– Linie
– Selbstbefruchter
Inzuchtdegeneration
– Inzucht
Inzuchtdepression
– Inzucht
Inzucht-Heterosiszüchtung
– Hybridzüchtung
Inzuchtlinie
– diallele Kreuzung
– Kombinationseignung
– Kreuzungszüchtung
Inzuchtschäden
– Inzucht
Inzuchttest
Iod
– Braunalgen
– Glucobrassicin
– Keimgifte
– Kelp
– Krebs
– □ MAK-Wert
– Mineralstoffe
– Schilddrüse
– Thyreostatika
– Tote Mannshand
Iodacetamid
– Enzyme
Iodbäder
– Iod
Iodcyan
– Wöhler, F.
Iodgorgosäure ↗
Iodid
– Iod
Iod · Iodkali
– □ Gram-Färbung
Iodmethan
– [M] Krebs (Krebserzeuger)
Iodopsine ↗
Iodstärkereaktion ↗

Iodzahl
Ionaspis
– Aspiciliaceae
Ionen
– chemische Bindung
– elektrische Ladung
– □ Strahlendosis
Ionenaustausch
– Bodenentwicklung
– Bodenreaktion
– Ionenaustauscher
Ionenaustauschchromatographie
– □ Chromatographie
– □ Proteine (Charakterisierung)
Ionenaustauscher
Ionenbindung ↗
Ionendosis
– Strahlendosis
– □ Strahlendosis
Ionendosisleistung
– Strahlendosis
Ionengleichgewicht
– □ Blutgase
Ionengradient
– Cotransport
Ionenkanäle
– Ionenpumpen
– Membrantransport
– Photorezeption
– Synapsen
– □ Synapsen
↗ Ionentransport
Ionenkonzentration
– elektrische Leitfähigkeit
↗ Hydroniumionenkonzentration
↗ pH-Wert
Ionenpumpen
– Cotransport
– Ionentransport
– Membran
– [B] Nervenzelle I
– Ruhepotential
Ionentheorie der Erregung
– [B] Nervenzelle I
Ionentransport
Ionenverbindung
– Salze
↗ chemische Bindung
Ionisation
– □ Strahlendosis
– Treffertheorie
ionisierende Strahlen
– Konservierung
– Radiologie
– Radiotoxizität
– relative biologische Wirksamkeit
– Strahlenbelastung
– Strahlenbiologie
– Strahlenschäden
– Strahlenschutz
– □ Teratogene
Ionisierung
– Ionisation
Ionisierungsenergie
– Ionisation
Ionophore
– Membrantransport
Ionophorese
– Gramicidine
Ionosphäre ↗
Iophon
Iota-Faktor
– [M] Holospora
IPA
– Isopentenyladenin
Ipecacuanha-Alkaloide
– Emetin
Ipé-Holz ↗
Iphiclides ↗
Iphigena ↗
Iphitime
Ipidae
I-Pill ↗
Ipinae
– Borkenkäfer

Ipomoea ↗
Ipo-Pfeilgift
– Antiaris
IPP
– □ Isoprenoide
Ips ↗
– [B] Schädlinge
IPSP
– □ Nervensystem (Funktionsweise)
– Synapsen
IPTG
– Isopropyl-β-thiogalactosid
IR
– Infrarot
Iranotheriinae
– Iranotherium
Iranotherium
Irbis ↗
Ircina
I-Regelung
– Regelung
Irenidae ↗
Iridaceae ↗
Iridia ↗
Iridiophoren ↗
Iridium
– Dinosaurier
Iridocyten ↗
– Diadem-Seeigel
Iridomyrmecin
– [M] Wehrsekrete
Iridomyrmex
– Drüsenameisen
Iridoviren
– [B] Viren
– □ Viruskrankheiten
Iridoviridae
– Iridoviren
Iridovirus
– Iridoviren
Iriomoto-Katze
Iris (Augenteil)
– Myoepithelzellen
– Pupille
– Pupillenreaktion
Iris (Pflanze) ↗
– [B] asexuelle Fortpflanzung I
– Irone
– Kompaßpflanzen
– Meranthium
– unifazial
– Wurzelraumverfahren
Irisblende
– □ Mikroskop (Vergrößerung)
Irischer Terrier
– □ Hunde (Hunderassen)
Irischer Wolfshund
– □ Hunde (Hunderassen)
Irisches Moos
– Carrageenan
Irisgewächse
– Schwertliliengewächse
Irisheterochromie
– Heterochromie
Irisöl
Irisreflex
– Pupillenreaktion
Irokoholz
Irone
– Veilchen
Irpex
– Eggenpilze
– Schwammkäfer
– [M] Stachelpilze
Irradiation
Irreguläre Seeigel
– □ Tertiär
Irregularia ↗
Irreversibilität
Irreversibilitätsregel ↗
irreversible Sklerose
– Arteriosklerose
irreversible Vorgänge
– Prigogine, I.
Irrgäste ↗
Irritabilität
Irrwirt ↗
Irvingia ↗

Isaacs, A.
– Interferone
Isaacs-Kidd-Midwater Trawl
– □ Meeresbiologie (Fanggeräte)
Isabellbär ↗
Isallothermen
– [M] Isolinien
Isanomalen
– [M] Isolinien
Isaria
– Kernkeulen
Isarithmen
– Isolinien
Isastrea
– □ Jura
Isatis ↗
Iscador
– Krebs
Ischadites
– Receptaculiten
Ischiadicus ↗
Ischiasnerv
– Hüftnerv
Ischium ↗
– [M] Dinosaurier (Becken)
– □ Extremitäten
Ischnocera ↗
– Greifantenne
Ischnochiton
– Chaetopleura
Ischnochitonida
– Ischnochitonidae
– [M] Käferschnecken
Ischnochitonidae
Ischnura ↗
– [M] Komplexauge (Querschnitte)
Ischyropsalididae ↗
Ischyropsalis
– Schneckenkanker
IS-Elemente ↗
Isentropen
– [M] Isolinien
Isichthys ↗
Isidien
– Adventivlobuli
island-hoppers
– australische Region
– Nordamerika
– Orientalis
– Inselhüpfer
↗ island hopping ↗
Isländisch Moos
– [B] Flechten I
– Lichenin
Islandmohn
– □ Blumenuhr
Islandmuschel
Islandpony
– Paßgang
Isoakzeptoren
– Aminoacyl-t-RNA-Synthetasen
isoallel
Isoalloxacin ↗
Isoamylacetat
– Alarmstoffe
– Wehrsekrete
Isoandrosteron ↗
Isoantigene
Isoantikörper
– Autoantikörper
Isobaren
– [M] Isolinien
Isobates
– Doppelfüßer
Isobathen
– [M] Isolinien
isobathisch
isobrachial
Isobryales
Isobuttersäure
– [M] Wehrsekrete
2-Isobutyl-3-methoxypyrazin
– □ chemische Sinne (Geruchsschwellen)
Isocaprylsäure
– Polymyxine

215

Isocardia

Isocardia ↗
Isochinolin
– Morphin
Isochinolinalkaloide
– Isochinolin
Isochionen
– [M] Isolinien
Isochoren
– [M] Isolinien
Isochromosomen
– Autosynapsis
– Centromermißteilung
isochron
Isocitratase ↗
– Isocitrat-Lyase
Isocitrat-Dehydrogenase
– [B] Chromosomen III
– □ Citratzyklus
– [M] Leitenzyme
– [M] Oxidoreductasen
– □ reduktiver Citratzyklus
Isocitrate
– [M] Glyoxylatzyklus
– □ reduktiver Citratzyklus
Isocitrat-Lyase
– □ Citratzyklus
– [M] Glyoxylatzyklus
Isocitronensäure
– [B] Dissimilation II
Isocortex
– □ Telencephalon
Isocrinida
– □ Seelilien
Isocyclen
– isocyclische Verbindungen
isocyclisch
isocyclische Verbindungen
– Ringsysteme
isodont (Muscheln)
– Scharnier
isodont (Wirbeltiere) ↗
Isodynamiegesetz
– [B] Biologie II
isoelektrische Fällung
– isoelektrischer Punkt
isoelektrische Fokussierung
– isoelektrischer Punkt
isoelektrischer Punkt
– elektrische Ladung
– Isoenzyme
– □ Proteine (Schematischer Aufbau)
Isoenzyme
– Alkohol-Dehydrogenase
– □ Menschenrassen
– Sequenzhomologie
– Temperaturanpassung
– Variabilität
Isoëtaceae
– Brachsenkraut
Isoëtales ↗
Isoëtes ↗
Isoëto-Nanojuncetea
Isoeugenol
Isoflavone
– [M] Flavonoide
Isoflavonoide
– [M] Phytoalexine
Isogameten ↗
Isogametie
– Geschlecht
– Isogamie
Isogamie ↗
– Algen
– Algen IV
– [B] Einzeller
Isogamontie ↗
isogen
isognath
– Gebiß
Isognomon
Isognomonidae
– Isognomon
Isognomostoma ↗
Isohalinen
– [M] Isolinien
Isohydrie
isohydrische Pflanzen
– hydrostabile Pflanzen

Isohyeten
– [M] Isolinien
Isohypsen
– [M] Isolinien
isokont
– Algen
Isolate
Isolation
– [B] Menschenrassen I
Isolationsgene
Isolationsmechanismen
– Begattungsorgane
– Dialekt
– Kreuzung
– [M] Leben
– Rasse
– □ Schlüssel-Schloß-Prinzip
– Semispezies
– Sprache
isolecithale Eier
Isolepis ↗
Isoleucin
– [M] Aminosäuren
– [M] Endotoxine
– □ Isoenzyme
– Isomerie
– Threonin-Desaminase
– Translation
Isolinien
Isolobinin
– Lobeliaceae
– Lobelin
isomer
Isomerasen
Isomere
– Alkane
– Alkene
– Isomerie
– [B] Kohlenstoff (Bindungsarten)
Isomerie (Chemie)
– [B] Kohlenstoff (Bindungsarten)
– □ optische Aktivität
– Tautomerie
Isomerie (Genetik)
Isomerisierung
– Kohlenhydratstoffwechsel
isomesisch
Isometra ↗
Isometrie
isometrische Kontraktion
– Muskelkontraktion
isometrisches Wachstum
– Isometrie
isomorpher Generationswechsel ↗
– Algen
– Generationswechsel
Isomyaria ↗
Isoniazid
Isonicotinsäurehydrazid
– Isoniazid
Isonidae ↗
Isonychia
– Stachelhafte
isoosmotisch ↗
Isopelletierin
– □ Alkaloide
Isopentenyladenin
Isopentenylpyrophosphat
– □ Isoprenoide (Biosynthese)
3-Isopentenylpyrophosphat
Isopeptidbindung
– □ Fibrin
isophag
Isophänen
isophäne Polygenie
– Polygenie
Isophyllie
isopisch
isoploïd
Isopoda ↗
Isopodichnus
– Rusophycus
Isopotenz
Isopren
– [B] Biochemie
– Kautschuk

– [B] Stoffwechsel
– □ Terpene (Klassifizierung)
Isoprenoide
– □ Kohlendioxidassimilation
Isoprenoidlipide
– Bakterienmembran
Isoprenregel
– Isoprenoide
Isopropanol
– □ Buttersäure-Butanol-Aceton-Gärung
Isopropyl-β-thiogalactosid
Isoproterenol
– [M] Allergie
– Alpha-Blocker
Isops
Isoptera ↗
isopyg
– Agnostida
isoreagent
– Leben
Isorrhiza ↗
isoschizomere Restriktionsenzyme
– Basenmethylierung
Isospora
Isosporen
– Blüte
– Sporen
Isosporie
– Samen
isostatische Veränderungen
– Pleistozän
Isosterie ↗
Isothermen
– [M] Isolinien
10 °C-Isotherme
– Polarregion
– [B] Temperatur
Isothermen
Isothermie
Isothermobathen
– [M] Isolinien
Isothiocyansäure
– Thiocyansäure
Isotoma
– Gleichringler
– Kryobionten
– Polarregion
Isotomidae ↗
Isotomie
– Verzweigung
Isotonie
– [M] Zellaufschluß
isotonisch ↗
– Niere
– □ Osmoregulation
– Osmose
isotonische Kontraktion ↗
– Muskelkontraktion
Isotope
– Autoradiographie
– chemische Elemente
– Strahlenbelastung
Isotopenhäufigkeit
– □ Geochronologie
Isotopentechnik
– Isotope
Isotopen-Verfahren
– Krebs
isotopisch
Isotransplantation
– Transplantation
Isotricha
Isotropie
– [M] Symmetrie
Isotyp
Isovaleriansäure
– [M] Wehrsekrete
Isovaleryl-Coenzym A
– Isovaleriansäure
isozerk ↗
Isozoanthus ↗
Isozönosen
– Bergbach
Isozyme ↗
IS-Sequenzen
– Insertionselemente
Issidae ↗

Issoria ↗
Issus
– Zikaden
Isthmus
– Desmidiaceae
Istiompax ↗
Istiophoridae ↗
Istiophorus
– Fächerfische
Istwert
– Regelung
– [B] Regelung im Organismus
Isua-Eisenformation
– Isua-Sedimente
Isua-Sedimente
– Präkambrium
Isuridae ↗
Itaconsäure
– Aspergillus
Itai-Itai-Krankheit
Italiener-Huhn
– [B] Haushuhn-Rassen
Italienischer Schäferhund
– □ Hunde (Hunderassen)
Italienisches Windspiel
– □ Hunde (Hunderassen)
Iteration ↗
iterative Evolution
– Iteration
– Parallelentwicklung
iteropar
– semelpar
– Spermatogenese
Ithomiidae
Itonididae ↗
ITP ↗
IU ↗
IUCN ↗
– Artenschutz
– World Wildlife Fund
IUPAC
– Enzyme
Iversen, Th.
– □ Meeresbiologie (Expeditionen)
Ivorin
– [M] Erythrophleumalkaloide
Iwanowski, D.J.
– [M] Viren (erste Spuren)
Iwata-Larve
– Schnurwürmer
IWC
– Wale
Ixobrychus ↗
Ixocomus
– Schmierröhrlinge
Ixodes ↗
– Ehrlichia
Ixodidae ↗
I-Zellen
– Cniden
– [B] Hohltiere I
– interstitielle Zellen
I-Zone
– Muskelkontraktion
– [M] quergestreifte Muskulatur

J

J
J (= Joule)
– Energie
Jabiru ⌐
– Südamerika
– [B] Südamerika III
Jaborandistrauch
– [B] Kulturpflanzen XI
Jaboty-Butter
– Vochysiaceae
Jacanidae ⌐
Jacaranda ⌐
– [B] Südamerika III
Jacaratia
– Melonenbaumgewächse
Jaccardsche Zahl
Jackbohne
– Canavanin
– □ Nastie
Jackfruchtbaum
Jacob, F.
– [B] Biochemie
– [M] Enzyme
– Genregulation
– Jacob-Monod-Modell
– [M] Lactose-Operon
Jacobin
– [M] Greiskraut
Jacob-Monod-Modell ⌐
– [M] Lactose-Operon
Jacobson, Ludvig Levin
– Jacobsonsches Organ
Jacobsonsches Organ
– Flehmen
– Igel
– Olfactorius
– Zunge
Jaculus
– [M] Afrika
– [M] Springmäuse
Jaera
– Asellota
Jaffa-Apfelsine
– Citrus
Jagd
– Aussetzung
– [M] Aussterben
– Greifvögel
Jagdbiß
– Schlangengifte
Jagdfasan
– Aussetzung
– Europa
– [M] Fasanen
– [M] Faunenverfälschung
– [B] Ritualisierung
Jagdfliegen ⌐
Jagdhunde
– □ Hunde (Hunderassen)
Jagdkrankheit
– Jagziekte
Jagdleopard ⌐
Jagdperiode
– Jagd
– ⌐ Schonzeit
Jagdrecht
– Jagd
Jagdrevier
– Jagd
Jagdspaniel
– □ Hunde (Hunderassen)
Jagdspinnen ⌐
Jagdterrier, Deutscher
– □ Hunde (Hunderassen)
Jagdverbote
– Naturschutz

⌐ Schonzeit
Jagdverhalten
– Aggression
– Beuteschema
Jagdzauber
– Jugendentwicklung: Tier-Mensch-Vergleich
Jagdzeit
– Schonzeit
Jäger
– Aggression
– [M] Ernährung
Jägerhütchen ⌐
Jägerliest
– [B] Australien II
– Eisvögel
Jägersten, G.
– Bilateria
– Bilaterogastraea-Theorie
– Enterocoeltheorie
– Gastraea-Theorie
– Larven
Jäger- und Sammlervölker
Jaguar
– Südamerika
– [B] Südamerika I
Jaguarundi ⌐
Jaguarwurm ⌐
Jagziekte
Jahresperiodik
– [M] Chronobiologie (Periodizität)
– Jahreszyklen
– Mauser
Jahresrhythmik ⌐
Jahresringchronologie ⌐
Jahresringe (Botanik)
– Fladerschnitt
– Maserwuchs
– Reaktionsholz
– Sproßachse
Jahresringe (Zoologie)
– [M] Gemse
– Ohrsteinchen
Jahrestrieb
Jahreszeiten
– Chronobiologie
Jahreszeitenfeldbau
Jahreszeitenklimate
– Klima
Jahreszyklen
⌐ Jahresperiodik
Jähzorn
– Freiheit und freier Wille
– Mensch und Menschenbild
Jak ⌐
– [B] Asien II
Jakamar ⌐
Jakobee
– Greiskraut
Jakobskrautbär ⌐
Jakobslilie ⌐
– [M] Amaryllisgewächse
Jakobsmuschel
Jalapa
– Wunderblume
Jalapa-Harz ⌐
James, William
– [M] Instinkt (Definitionen)
Jamesonia
– Pteridaceae
Jaminia
Jamoytius
– □ Silurium
Jams
– Yams
Janolus
– Arminacea
Jansen, B.C.P.
– [B] Biochemie
Janssen, H.
– [M] Mikroskop (Geschichte)
Janssen, Z.
– [M] Mikroskop (Geschichte)
Janthina ⌐
Janthinidae
– Floßschnecken

Janua
– [M] Spirorbidae
Janusfarbstoffe
Janusgrün B
– Janusfarbstoffe
Jaourthi
– Joghurt
Japanese encephalitis
– □ Togaviren
Japanische Hirse ⌐
Japanische Kartoffel
– Ziest
Japanische Mandel ⌐
Japanische Olive
– Sterculiaceae
Japanisches Flußfieber
– Tsutsugamushi-Fieber
Japanisches Mahagoni
– Kreuzdorngewächse
Japanisches Möwchen
– [M] Prachtfinken
Japanisches Sommerfieber
– Tsutsugamushi-Fieber
Japanische Stachelbeere
– Strahlengriffel
Japanische Weinbeere ⌐
Japanknolle ⌐
Japanlack
– Sumach
Japanlärche
– Forstpflanzen
– Lärche
Japanschnäpper
– [B] Asien IV
Japanzeder
– [B] Asien V
Japygidae ⌐
Japyx
– Hyperpneustia
– Tracheensystem
Jararaca ⌐
Jarkandhirsch
– [M] Rothirsch
Jarmo
– Fruchtbarer Halbmond
Jarowisation ⌐
Järv
– Vielfraß
Jasione ⌐
Jasmin ⌐
– [B] Asien III
– Blütenduft
Jasmineira
– [M] Sabellidae
Jasminöl
– Geraniol
– Ölbaumgewächse
Jasminum
– Ölbaumgewächse
Jasmolin
– □ Pyrethrine
Jasmolon
– Pyrethrine
– □ Pyrethrine
Jasmon
– Jasminöl
Jasmonate
– Jasminöl
Jasper (Kanada)
– [B] National- und Naturparke II
Jaspers, Karl
– [M] Angst - philosophische Reflexionen
Jassana ⌐
Jassidae ⌐
Jasus
– Langusten
Jatropha ⌐
Jauche
– Dünger
– Landwirtschaft
Javablätter
– Cocaalkaloide
Java-Flugfrosch
– [M] Ruderfrösche
Java-Hohlnase
– Schlitznasen
Javamensch ⌐

Javaneraffe ⌐
Javanische Gelbwurz
– Curcumin
JC-Virus ⌐
Jeffersonsalamander ⌐
Jejunum ⌐
Jelängerjelieber ⌐
Jenaer Nomina Anatomica
– Nomenklatur
Jenner, E.
Jerezhefe ⌐
Jerichorose ⌐
Jerne, N.K.
– Plaque-Test
Jersey (Mensch von Jersey)
Jerseykohl ⌐
Jerusalem-Artischocke
– Sonnenblume
Jerusalemer Balsam
– Balsame
Jerveratrumalkaloide
– Veratrumalkaloide
Jesuitentee ⌐
jetlag
– [M] Chronobiologie
jet-Propulsion
– Ammonoidea
Jetztmenschen ⌐
JH
– Juvenilhormon
Jhingan Gummi
– Sumachgewächse
J-Kette
– Immunglobuline
Jochalgen ⌐
– [M] Konjugation
– Thermalalgen
Jochbein ⌐
– [B] Skelett
Jochblatt
– Jochblattgewächse
Jochblattgewächse
Jochbogen
– Jugale
– □ Schädel
– Schläfenbein
– [M] Schläfenfenster
– Schuppenbein
Jochfortsatz
– □ Schädel
Jochkäfer ⌐
Jochpilze
jochzähnig
– lophodont
Jod ⌐
Jodamoeba
– □ Darmflagellaten
Joenia ⌐
Joghurt
Johannisbeere ⌐
– [B] Europa XII
– [B] Kulturpflanzen VII
Johannisbeerrost
– Säulenrost
Johannisblut
– Hypericin
Johannisbrotbaum
– [B] Mediterranregion I
Johannisechse ⌐
Johanniskäfer ⌐
Johanniskrankheit
Johanniskraut ⌐
– [M] Beifuß
– Blattkäfer
– [M] Blüte (Dédoublement)
Johannistrieb
– Prolepsis
Johanniswürmchen ⌐
Johannsen, W.L.
– [B] Biologie II
– Gen
– Phän
Johansson, K.E.
– Lamellisabella
Johanssonia
– [M] Piscicolidae
Johimbin
– Yohimbin
Johnius ⌐

Johnston, George
- Johnstonsches Organ
Johnstonsches Organ
- Fliegen
- Gleichgewichtsorgane
- Mechanorezeptoren
- Taumelkäfer
- Vibrationssinn
Jojoba
- Bioenergie
Joly, J.
- Geochronologie
Jonone
- Citral
- Veilchen
- Veilchenmoos
Jordan, K.
- Jordansches Organ
Jordan, Pascual
- Freiheit und freier Wille
Jordangraben
- Tertiär
Jordansches Organ
Josephinia
Jouannetia
- Bohrmuscheln
Joubert, J.
- Antibiotika
Joule
- □ Nahrungsmittel
- Nährwert
Joule, James Prescott
- Joule
Jubulaceae
Juchtenkäfer
Juchtenleder
- Birke
Juckreiz
- Filzlaus
- Schmerz
Judasbaum
- B Mediterranregion II
Judasohr
Judenbart
- Steinbrech
Judenfisch
Judenkirsche
- Zeaxanthin
Judolia
- M Bockkäfer
Juelia
- Balanophoraceae
Jugalader
- □ Insektenflügel
Jugale
Jugalfeld
- Alula
jugat
- □ Schmetterlinge (Falter)
Jugatae
Jugendalter
Jugendblätter
Jugendentwicklung
Jugendentwicklung: Tier-Mensch-Vergleich
Jugendfärbung
- Farbwechsel
Jugendgehäuse
- Juvenarium
Jugendkleid
- Mauser
Jugendmerkmal
- Jugendkleid
Jugendpräponderanz
Juglandaceae
Juglandales
Juglans
Juglon
jugo-frenat
- Schmetterlinge
Jugularvene
Jugum
- □ Schmetterlinge (Falter)
Julidae
Juliidae
- M Schlundsackschnecken
Julikäfer
- M Blatthornkäfer

Julus
Juncaceae
Juncaginaceae
Juncales
Juncanae
- Sauergräser
Juncetum gerardii
junctions
- Membran
- B Zelle
Junctura synovialis
- Gelenk
Juncus
Jung, Carl Gustav
- Denken
- Sexualität - anthropologisch
Jung, Joachim
- B Biologie I
- Jungius, J.
Junge, Friedrich
- B Biologie II
- B Biologie III
Junge, Joachim
- Jungius, J.
Jungentransfer
Jüngere Birken-Kiefern-Zeit
- Mitteleuropäische Grundsukzession
Jüngere Dryas-Zeit
- M Holozän
jüngeres Präkambrium
- Algonkium
Jüngere Tundrenzeit
- Mitteleuropäische Grundsukzession
Jungermann, Ludwig
- Jungermanniaceae
- Jungermanniales
Jungermannia
- Jungermanniaceae
Jungermanniaceae
Jungermanniales
- Amphigastrien
Jungeuropa
- Neoeuropa
Jungfer im Grünen
- Schwarzkümmel
- M Schwarzkümmel
Jungfern (Insekten)
Jungferneier
Jungfernfrüchtigkeit
Jungfernhäutchen
Jungfernkind
Jungfernkranich
- B Asien II
- Kraniche
Jungfernöl
- M Ölbaum
Jungfernrebe
- B Asien III
- Weinrebengewächse
Jungfernzeugung
- □ Insektenhormone
Junggesellenherden
- Impala
Jungius, J.
- B Biologie I
- B Biologie II
jungkaledonisch
- B Erdgeschichte
jungkimmerisch
- B Erdgeschichte
Junglarve
Jungpaläolithikum
- M Holozän
Jungsteinzeit
Jungtertiär
- Neogen
Jungwuchs
- Stangenholz
Junikäfer
Junin-Virus
- Arenaviren
Juniperoideae
- Zypressengewächse
Juniperus
- □ Heilpflanzen
- Zedernholzöl
Junktoren
- Deduktion und Induktion

Jura
- □ Hologenie
- B Kontinentaldrifttheorie
jurassisches System
- Jura
Juraviper
Jussiaea
Jussieu, A.L. de
- Bedecktsamer
Jussieu, B. de
Jute
- Cellulose
- Elementarfasern
- B Kulturpflanzen XII
- Röste
Juteersatz
- Besenginster
Juvenarium
juvenil
Juvenilhormon
- biotechnische Schädlingsbekämpfung
- Corpora allata
- Diapause
- Häutung
- M Häutung
- Hormone
- Insektenhormone
- □ Insektenhormone
- Metamorphose
juxtaglomerulärer Apparat
- Niere
- Renin-Angiotensin-Aldosteron-System
juxtaglomeruläre Zellen
- B Niere
Jynx
JZ
- Iodzahl

K

K
- Lysin
Kaama
- M Kuhantilopen
Kabeljau
- Eizelle
- B Fische II
Kabinettkäfer
Kachexie
- Krebs
Kachuga
Kadsura
- Schisandraceae
Kaempferia
Kaestner, A.
Käfer
- Gespinst
- B Homonomie
- B Insekten III
- □ Klassifikation
- M Komplexauge (Ommatidienzahl)
- Lebensdauer
- Malpighi-Gefäße
- Ordnung
- □ Rote Liste
- Stridulation
- Temperaturregulation
Käferartige
Käferbestäubung
- Entomogamie

- Käferblütigkeit
Käferblütigkeit
- Bestäubung
Käfermilbe
Käferschnecken
- Gehirn
- Gürtel
- Monoplacophora
- Palaeoloricata
Kaffee
- Aromastoffe
- □ Coffein
- M Fermentation
- Genußmittel
- Gerbstoffe
- Hemileia
- Umtrieb
Kaffeeanbaugebiete
- B Kulturpflanzen IX
Kaffeebohnen
- Kaffee
Kaffeebohnenkäfer
Kaffee-Ersatz
- Cichorium
- M Löwenzahn
Kaffeekäfer
- Kaffeebohnenkäfer
Kaffeelaus
- B Insekten I
- Schmierläuse
Kaffeemotte
Kaffeerost
- Hemileia
Kaffeesäure
- Gerbstoffe
- Indolylessigsäure-Oxidase
- □ Lignin (Reaktionen)
- Phytoalexine
Kaffeestrauch
- Alkaloide
- Kaffee
- B Kulturpflanzen IX
Kaffernbüffel
- B Afrika I
- B Symbiose
Kaffernkorn
Kafferpflaumen
Käfigvögel
- Stereotypie
Kafride
- □ Menschenrassen
Kafue (Sambia)
- B National- und Naturparke II
Kafyr
- Kefir
Kafzeh (Mensch vom Dschebel Kafzeh)
K-Ag
- K-Antigene
Kagus
- Polynesische Subregion
Kahler-Krankheit
- Plasmazellen
Kahlflächenverjüngung
- Pionierbaumarten
Kahlfraß
- Blattkäfer
Kahlhechte
Kahlköpfe
Kahlschlag
- □ Schlagformen
- Verjüngung
Kahmhaut
- Limax-Amöben
Kahmhefen
- Candida
Kahnbein
- B Skelett
Kahnfahrer
Kahnfüßer
- Hüllglockenlarve
Kahnkäfer
Kahnschnäbel
Kahnschnecken
Kahnspinnereulen
Kaimane
- Südamerika
Kaimanfisch
- Nordamerika

Kälterezeptoren

Kainit
Kainsäure
− Corallinaceae
Kairomone
Kaiseradler
− □ Adler
Kaiserfisch ↗
− B Fische VIII
Kaisergranat ↗
− M Hummer
Kaiserkrone
− Nektar
Kaiserling ↗
Kaisermantel ↗
− M Dornraupen
Kaiserpinguin
− Polarregion
− B Polarregion IV
Kaiserschnapper
− B Fische VII
− Schnapper
Kaiserzikade ↗
Kaiwurm
Kajeputöl
− Cineol
Kakabekia
− Bakterien
Kakadu ↗
− B Australien II
− □ Lebensdauer
− B Vögel II
Kakao
− □ Coffein
− M Fermentation
− Genußmittel
− Hansenula
Kakaobaum
− Kakao
− B Kulturpflanzen IX
Kakaobohnen
− □ Kakao
Kakaobutter ↗
Kakaogewächse
− Sterculiaceae
Kakaomotte ↗
Kakaopulver
− □ Kakao
Kakatoe ↗
Kakatoeinae
− M Papageien
Kakerlak ↗
Kakipflaume ↗
Kakoptychie
Kakothrips
− Blasenfüße
Kakteen-Dornstrauch-Halbwüste
− Südamerika
Kakteengewächse
− Areole
− Kork
− Stammsukkulenten
− Wolfsmilch
Kakteen-Loma
− Südamerika
Kaktusalkaloide ↗
Kaktusform
− Sukkulenten
Kaktusgewächse
− Kakteengewächse
Kaktusmotte ↗
Kala-Azar
− Donovan, Ch.
Kalabarbohne ↗
− Arzneimittelpflanzen
− B Kulturpflanzen XI
− Physostigmin
− Stigmasterin
Kalabarschwellung
− Kamerunbeule
Kalabasse ↗
Kalahari
− B Vegetationszonen
Kalan ↗
Kalanchoë ↗
− B Afrika VIII
Kalanutholz
− Sterculiaceae
Kalb
− M Membranpotential

Kälberauge ↗
Kälberdiphtherie
− Kälberdiphtheroid
Kälberdiphtheroid
Kälberkropf
Kälberpneumonie
Kalbfisch ↗
Kaldaunen
− Gekröse
Kalebasse
− Bignoniaceae
− Kürbisgewächse
Kalebassenbaum ↗
Kalebassenmuskat
− Annonaceae
kaledonische Gebirgsbildung
− Ordovizium
− Paläeuropa
Kaledonische Geosynklinale
− Kambrium
Kalendereffekt
− Gelege
Kali
Kaliammonsalpeter
Kalidium
− Asien
Kalidünger
− Ästivation
Kalifornischer Ziegenmelker
Kalifornisches Manna
− Kiefer (Pflanze)
Kalifornische Wassermolche
− Taricha
Kalilauge
− Acidimetrie
− Laugen
Kalimagnesia
− M Kalidünger
Kalipflanzen
Kalisalpeter ↗
Kalisalz
− Natriumchlorid
− Tertiär
Kalium
− M Bioelemente
− Calcium
− □ Harn (des Menschen)
− Kalk-Kali-Gesetz
− Kation
− Kontraktur
− Membranpotential
− Membrantransport
− M Membrantransport
− Nährsalze
− B Nervenzelle I
Kalium-Argon-Methode ↗
Kaliumbiphosphat
− Kaliumphosphate
Kaliumbromid
− M Löslichkeit
Kaliumcyanid ↗
Kaliumdihydrogenphosphat
− Kaliumphosphate
Kaliumdiphosphat
− Kaliumphosphate
Kaliumindoxylsulfat
− Indican
Kaliummagnesiumsulfat
− Kalimagnesia
Kaliumnitrat
− M Kalidünger
− M Löslichkeit
Kaliumphosphate
Kaliumpyrophosphat
− Kaliumphosphate
Kaliumpyrosulfit
− Wein
Kaliumsulfat
Kalk
− M Albedo
− Entkalkung
− □ Kalkdünger
− Kalkpflanzen
− Kalkverwitterung
− Schale
− Stromatolithen
− ↗ Calciumcarbonat
Kalkalgen ↗
− □ Riff

Kalkammonsalpeter
Kalkanreicherungshorizont
− Burozem
Kalkbeinigkeit
− Kalkbeinmilbe
Kalkbeinmilbe
Kalkbrutkrankheit
− Ascosphaera
Kalk-Buchenwälder ↗
Kalkdrüsen
Kalkdünger
Kalkeinlagerungen
− Kalk
Kalkesser
− Coralliophaga
Kalkfelsspaltengesellschaften ↗
Kalkflachmoore
− Tofieldietalia calyculatae
Kalkflagellaten
− □ Kreide
Kalkflieher ↗
Kalkholde ↗
Kalk-Kali-Gesetz
Kalk-Kiefernwälder ↗
Kalk-Kleinseggenrieder
− Tofieldietalia calyculatae
kalkliebend
− alkalophil
− calciphil
Kalk-Magerrasen ↗
Kalkmarsch
− M Marschböden
kalkmeidend
− calcifug
Kalkmeider ↗
Kalkmergel
− anorganische Dünger
Kalknadeln
− B Schwämme
Kalkpflanzen ↗
Kalkquellfluren ↗
Kalkring
− Seewalzen
Kalksalpeter ↗
Kalkschale
− Harnstoffzyklus
− M Hühnerei
Kalkschieferschuttgesellschaft ↗
Kalkschlick
− M Schlick
Kalkschneebodengesellschaften ↗
Kalkschuttgesellschaften ↗
Kalkschwämme
Kalkseife
− Seifen
Kalksepten
− Sklerosepten
Kalkskelett
− B Skelett
Kalkstein ↗
Kalksteinbraunlehm
− Terra fusca
Kalksteinrotlehm
− Terra rossa
Kalksteinrotlehmböden
− B Bodenzonen Europas
kalkstet
− Kalkpflanzen
Kalkstickstoff
− Bodendesinfektion
Kalkstickstoff-Krankheit
− Kalkstickstoff
Kalktuff
− Kalk
− Quellenabsätze
− Wassermoose
Kalkung
− Bodenverbesserung
− Mykorrhiza
Kalkuttahanf ↗
Kalkverwitterung
Kalkwasser
− M pH-Wert
Kalkzeiger ↗
Kallidin ↗
− Plasmakinine

Kallikrein ↗
Kallima ↗
− M Blattfalter
Kallimodon
− Schnabelköpfe
Kallose
Kallus (Botanik) ↗
− Gummifluß
− Pfropfung
− Regeneration
− Wundheilung
Kallus (Medizin) ↗
− Knochen
Kalluskulturen
− Zellkultur
Kalmare
− Cranchiidae
− Decabrachia
− Decapoda
− Dosidicus
− M Membranpotential
Kalmia
− Heidekrautgewächse
− M Heidekrautgewächse
Kalmücken
− Tungide
Kalmus
− Aromastoffe
Kalmusöl
− Kalmus
Kalomel
− Paracelsus
− Quecksilber
Kalong ↗
− M Flughunde
Kalorie
− M Energieumsatz
− □ Nahrungsmittel
− Nährwert
Kalorienwert ↗
Kalorimeter
− B Biologie III
− Kalorimetrie
Kalorimetrie
kalorimetrische Bombe
− Berthelot, M.P.E.
− □ Kalorimetrie
kalorischer Nystagmus
− Nystagmus
kalorisches Äquivalent
Kalotermes ↗
Kalotermitidae
− Termiten
Kalotte
− Mesozoa
Kalottenmodell
− □ Membran (Membranlipide)
− M Molekülmodelle
− M Wasser (Struktur)
Kaloula ↗
Kaltblut
− □ Pferde
Kaltblüter
Kaltblutpferde
− Kaltblut
Kälteadaptation ↗
Kälteanpassung
− Kälteadaptation
− Rassengenese
− Temperaturregulation
− Überwinterung
Kälteinseln ↗
kalte Klimate
− Klima
Kältekonservierung ↗
Kältelethargie
− Fledermäuse
− Winterschlaf
↗ Kältestarre
Kältemischung
− Entropie - in der Biologie
Kältepunkte ↗
− M Haut
− Schmerz
− Temperatursinn
Kälteresistenz
− Plectus
Kälterezeptoren ↗
− □ Temperatursinn

219

kaltes Leuchten

kaltes Leuchten ↗
kaltes Licht
– Farbe
– kaltes Leuchten
– Lumineszenz
Kältestarre
– Körpertemperatur
– B Temperatur
– Temperatursinn
– Überwinterung
– Winterstarre
– Ziegenmelker
Kältesteppe
– M Steppe
Kältetod
– Kältestarre
– B Temperatur
– Temperatursinn
– Winterschlaf
Kältetoleranz
– Kälteresistenz
Kältewüste
– Bodenorganismen
– □ Produktivität
Kältezittern
– Homoiothermie
– Regelung
Kalthaus
– Gewächshaus
Kalthauspflanze
– □ botanische Zeichen
Kaltluftseen
– M Flurbereinigung
Kaltpunkte
↗ Kältepunkte
kaltstenotherme Formen
Kaltsterilisation
– Bakterienfilter
Kaltzeit ↗
– □ Pleistozän
Kaluga
Kalyptorhynchia
– Gnathorhynchus
Kambala ↗
Kambiformzellen
Kambium
– Altern
– Dilatation
– □ Holz (Zweigausschnitt)
– Kambiformzellen
– Knolle
– M Rüben
– □ sekundäres Dickenwachstum
– Sproßachse
– B Sproß und Wurzel II
kambrisches System
– Kambrium
Kambrium
– Geochronologie
– M Präkambrium
– stratigraphisches System
Kamé
– Mittelmeertrüffel
Kameen
– Cypraecassis
Kamel
Kámel, Georg Josef
– Camellia
– Kamellie
Kamelartige
– Speiche
Kameldorn ↗
Kamele
– B Asien II
– Camelops
– Kamel
– Lippen
– B Parasitismus II
– M Trächtigkeit
Kamelhaar
– Ziegen
Kamelhalsfliegen
– Insektenflügel
Kamelie
– B Asien V
– Teestrauchgewächse
Kamellie ↗
Kamelspinner ↗

Kameraauge
Kameralablagerungen
– □ Belemniten
Kamerunbeule
Kamerunfluß-Delphin
– M Langschnabeldelphine
Kamille
– B Europa XVII
– Flores
– B Kulturpflanzen XI
Kamillen-Gesellschaft ↗
Kamillenöl
– M Kamille
Kamm (Medizin)
Kamm (Zoologie)
– Haushuhn
Kämme (Haarwuchs)
– Haarstrich
Kämme (Weinrebe)
– Wein
Kammeisbildung
– Frost
Kammerlinge ↗
Kammerscheidewand
– Ammonoidea
Kammerwasser
Kammfarn ↗
Kammfinger
Kammfische
Kammfüßer ↗
Kammgras
Kammhyphen
Kammkieme
– Kammkiemer
Kammkiemer
Kammolch
– B Amphibien I
– B Amphibien II
– Kamm
– M Molche
Kammpilz ↗
Kammquallen ↗
Kammratten
– M Südamerika
Kammschmiele ↗
Kammschnaken ↗
Kammschuppen ↗
Kamm-Seestern
Kammspinnen
– Spinnengifte
Kammstendel ↗
Kammstern
– Kamm-Seestern
Kammücke ↗
Kammünder ↗
Kammuschelartige
Kammuscheln
– Anaerobiose
– chemische Sinne
– Muschelkulturen
– B Muscheln
Kampf
– Kampfverhalten
Kampfbereitschaft
– M Bereitschaft
Kampfer ↗
– M Basilienkraut
Kämpfer, Engelbert
– Kaempferia
Kampferöl
– □ Flavone
Kampffische
– B Aquarienfische II
– M Maulbrüter
Kampfläufer
– Arenabalz
– B Europa VII
– Mauser
Kampf-Reaktion
– Flucht
Kampfspiele
– Spielen
Kampfstoffe ↗
Kampffüchse
– Südamerika
Kampf ums Dasein ↗
Kampf-und-Flucht-Reaktion
– B Bereitschaft II
Kampfverhalten
– Konfliktverhalten

– Revier
– Selektion
Kampfvermeidung
– Imponierverhalten
Kampfwachteln ↗
– Paarbildung
Kampfwaldstufe
– Höhengliederung
Kamphirsch
– Pampashirsch
Kamptozoa
– Acoelomata
– Archicoelomatentheorie
– □ Tiere (Tierreichstämme)
Kamptozoon
– Dinomischus
Kamtschatkabär ↗
Kamtschatka-Biber
– Meerotter
Kamtschatka-Schneeschaf
– M Dickhornschaf
Kanadabalsam
– Purkinje, J.E. von
Kanadagans
– Entenvögel
– Gänse
– B Nordamerika I
Kanadische Goldrute
– Adventivpflanzen
– Goldrute
Kanadischer Katzenschweif
– Berufkraut
Kanadischer Luchs
– Luchse
– B Nordamerika I
Kanadischer Schild
– Laurentia
– M Nordamerika
Kanadischer Tee
– Salicylsäure
kanadisches Terpentin
– Kanadabalsam
Kanal
– Kommunikation
Kanalisation
– M Grundwasser
Kanalzelle
– M Nephridien
Kanammensch
Kanamycin
Kanamycin-Resistenz
– Kanamycin
Kanariengras
– Glanzgras
Kanarienvogel
– Farbe
– Käfigvögel
– □ Käfigvögel
– □ Lebensdauer
kanarisches Drachenblut
– Drachenbaum
Kanarisches Edelweiß
– Asteriscus
Kandelia
– M Mangrove
– M Rhizophoraceae
Kaneelgewächse
– Canellaceae
Kaneelrinde ↗
Kangaroo paw
– B Australien I
Kangaroo thorn
– B Australien I
Kangui
– Schneemensch
Känguruhmäuse ↗
– Australien
Känguruhpfötchen
– Proteaceae
Känguruhratten (Känguruhs) ↗
Känguruhratten (Taschenmäuse) ↗
– M Taschenmäuse
– Wasseraufnahme
Känguruhs
– B Australien II
– Bipedie
– Gangart

– Hand
– B Säugetiere
– Temperaturregulation
Kanha (Indien)
– B National- und Naturparke II
Kaninchen
– M Atemfrequenz
– M Chromosomen (Anzahl)
– M Darm (Darmlänge)
– Europa
– B Europa XIII
– M Faunenverfälschung
– Gartenschädlinge
– M Herzfrequenz
– M Körpertemperatur
– M Milch
– M Nest (Säugetiere)
– Nestflüchter
– Regeneration
– M Trächtigkeit
– B Verdauung II
– B Verdauung III
– Versuchstiere
Kaninchen-Dackel
– □ Hunde (Hunderassen)
Kanincheneule
– Eulenvögel
– B Nordamerika III
– Synökie
Kaninchenfische ↗
Kaninchenfloh
– Flöhe
– Parasitismus
Kaninchenkänguruhs
– Rattenkänguruhs
Kaninchenkokzidiose ↗
Kaninchenseuche
– Myxomatose
Kanjera (Mensch von Kanjera)
Kanker ↗
Kannenblätter
– Cephalotaceae
Kannenfalle
– Cephalotaceae
Kannenpflanze ↗
– B Asien VIII
– Coniin
– Krabbenspinnen
Kannenpflanzengewächse
Kannibalismus
– slow-Viren
Känogäa
– Holarktis
Känogenese ↗
Kanonenkugelbaum ↗
Kanonierblume
– Brennesselgewächse
Känophytikum
Känozoikum
– B Erdgeschichte
Kant, Immanuel
– Anthropomorphismus - Anthropozentrismus
– Bioethik
– Daseinskampf
– Erkenntnistheorie und Biologie
– M Gehirn
– Teleologie - Teleonomie
Kantalupe
– Cucumis
Kantenstichel
– M Magdalénien
K-Antigene
– Kapsel
Kantschile ↗
Kanuschnecken ↗
kanzerogen
↗ cancerogen
Kaolin
– Tertiär
Kaolinit
– Braunlehm
– Latosole
– Rotlehm
– Tonminerale
Kapaun ↗

Kartoffelstärke

Kapazitation
– Spermatogenese
Kapazitierung
– Kapazitation
Kapernartige
Kapernersatz
– Sumpfdotterblume
Kaperngewächse
Kapernstrauch
– B Kulturpflanzen IX
Kapgoldmull
– Goldmulle
Kaphase
– Asien
– Äthiopis
Kap-Honigfresser
– □ Ornithogamie
– Südafrikanische Unterregion
Kapillaraszension
– Kapillarität
Kapillarattraktion
– Kapillarität
Kapillaraufstieg
– □ Wasserkreislauf
Kapillardepression
– Kapillarität
Kapillaren (Anatomie)
– Arteriolen
Kapillaren (Physik)
Kapillariose
Kapillarität
– Grenzflächen
– Imbibition
– Seifen
– M Wassertransport (Modell)
Kapillarpermeabilität
– M Prostaglandine
Kapillarwasser
– Frost
Kapir
– Kefir
Kapitänsfisch
Kapitatum
Kaplan, N.O.
– B Biochemie
kapländisches Florenreich
Kap Lopez
– B Aquarienfische I
Kaplorbeer
– Stinkholz
Kapmacchie
– Afrika
– Fynbos
Kapmaiblume
– Freesie
Kapnesolenia
Kapokbaum
– B Kulturpflanzen XII
Kapoköl
– M Kapokbaum
Kappa-Faktor (Bakteriologie)
– M Killer-Gen
Kappa-Faktor (Blutgerinnung)
Kappengrünalge
Kappenmohn
– M Mohn
– B Nordamerika II
Kappenmuskel
Kappenschnecken
Kappenwurm
Kappenzelle
– □ Scolopidium
Kaprifikation
kapsale Organisationsstufe
– Algen
Kapschwein
Kapsel (Botanik)
– M Zellwand
Kapsel (Mikrobiologie)
– Cyanobakterien
– M Streptococcus
– M Transformation
– □ Zelle (Schema)
Kapsel (Pharmazie)
– Gelatine
Kapsel (Zoologie)
– M Glykokalyx

– □ Lymphgefäßsystem
Kapselantigene
kapselbildende Bakterien
– Bakterienkolonie
Kapselfrüchte
– Deckelkapsel
Kapselstiel
– Seta
Kapsenberg-Verschluß
– Kulturröhrchen
Kapstachelbeere
– Nachtschattengewächse
Kapsturmvogel
– M Polarregion
Kaptäubchen
– Tauben
Kapunterregion
– Südafrikanische Unterregion
Kapuzenmuskel
– Levator
– □ Organsystem
– M Rücken
Kapuzennatter
Kapuzenspinnen
Kapuzentaucher
– Lappentaucher
Kapuzenzeisig
– B Vögel II
Kapuzineraffen
– □ Affen
– B Südamerika II
Kapuzinerartige
– Cebidae
– Homunculus
Kapuzinerkäfer
Kapuzinerkresse
– Achsensporn
– Blattstielkletterer
– Kapuzinerkressen-gewächse
– M Ornithogamie
– B Südamerika VII
Kapuzinerkressengewächse
Kapuzinerpilz
Kapwalnuß
– Stinkholz
Karakal
Karakara
– B Nordamerika VIII
Karakulschaf
– Asien
– □ Schafe
– M Schafe
Karakurte
Karambola
Karat
– Johannisbrotbaum
Karauschen
– B Fische XI
– M Körpergewicht
Karbon
– Permokarbon
Kardamom
– Gewürzpflanzen
– B Kulturpflanzen IX
Kardenartige
Kardendistel
Kardengewächse
Kardia
– Herz
Kardinalarea
– Interarea
Kardinalbarsche
Kardinalfisch
– B Nordamerika V
Kardinalfisch
– B Aquarienfische I
Kardinalfossula
Kardinalkäfer
Kardinalsmütze
Kardinalvenen
– B Biogenetische Grundregel
– □ Schädellose
Kardinalzähne
– heterodont
Kardiograph
– Marey, É.J.

Kardone
– Artischocke
Kareliden
– M Präkambrium
karelisch
– B Erdgeschichte
Karettschildkröten
– M Meeresschildkröten
– □ Schildkröten
– Schildpatt
Karfiol
Karibischer Weißling
– B Schmetterlinge
Karibu
– Europa
Karies
Karlson, Peter
– Ecdyson
– Insektenhormone
Karlszepter
– B Europa III
Karmel (Mensch vom Berg Karmel)
Karmelitergeist
– Melisse
Karminbär
Karn
– Keuper
Karnickel
Karnium
– M Trias
Karnivoren
Karotten
– M Ballaststoffe
– B Kulturpflanzen IV
– Möhre
Karpell
karpellat
– □ botanische Zeichen
Karpfen
– M Besamung
– Brutteich
– M Chromosomen (Anzahl)
– B Fische X
– Fischzucht
– M Gehörorgane
– M Gelege
– Haustiere
– M Herzfrequenz
– M Körpergewicht
– M Laichperioden
– □ Lebensdauer
– M p_{50}-Wert
– Teichwirtschaft
Karpfenähnliche
Karpfenfische
Karpfenlaus
Karpfenregion
– B Fische X
Karpfenschwänzchen
Karpfenzucht
– Fischzucht
– Teichwirtschaft
Kärpflinge
– Molly
Karpidium
Karpogon
– B Algen V
Karpolith
Karponom
karpophag
Karpophor
Karpopodium
Karpose
– Paröklie
Karposi-Sarkom
– Immundefektsyndrom
Karposoma
Karposporen
Karposporophyt
– B Algen III
– B Algen IV
– Auxillarzellen
Karpoxenie
Karren
– Karst
Karrer, P.
Karri
– Australien

Karriholz
– Karri
Karroo-Serie
Karru
– Afrika
Karru-Formation
– Karroo-Serie
Karst
– Höhle
Karstquelle
– Karst
Karstweiden
– Hartlaubvegetation
Kartagener, Manes
– Kartagener-Syndrom
Kartagener-Syndrom
Kartäusernelke
– Nelke
– Schmetterlingsblütigkeit
Kartäuserschnecke
Kartierung
– Mapping
Biotopkartierung
Kartoffel
– M Ballaststoffe
– Batate
– Chlorogensäure
– Hackfrüchte
– M Knolle
– □ Nahrungsmittel
– □ Rüben
– M Stärke
Kartoffel, Japanische
– Ziest
Kartoffelälchen
– Rübenälchen
– M Sammelart
Kartoffel-A-Virus
– Kräuselkrankheit
Kartoffelbacillus
Kartoffelblattrollvirus
– □ Pflanzenviren
Kartoffelbovist
– Hartboviste
– B Pilze IV
Kartoffelbovistartige
Kartoffelbüscheltriebkrankheit-Virus
– Spongospora
Kartoffelcystenälchen
– Kartoffelälchen
Kartoffelgalle
Kartoffelkäfer
– M Beauveria
– Demissin
– Europa
– B Insekten III
– M Käfer II
Kartoffelkrankheiten
Kartoffelkrebs
– B Pflanzenkrankheiten I
Kartoffelmehltau
– Falsche Mehltaupilze
– Kraut- und Knollenfäule
Kartoffelmotte
Kartoffelmüdigkeit
Kartoffelpflanze
– Alkaloide
– B asexuelle Fortpflanzung I
– Bakterienfäule
– M Chromosomen (Anzahl)
– Demissin
– Dreifelderwirtschaft
– Geophyten
– Kaffeesäure
– B Kulturpflanzen I
– □ Saat
– Verträglichkeit
Kartoffelräude
– Kartoffelschorf
Kartoffel-Rose
– B Asien IV
Kartoffelschorf
Kartoffelschorfmücke
– Sciophilidae
Kartoffelsprit
– □ Stärke
Kartoffelstärke
– □ Stärke

221

Kartoffel-X-Virus-Gruppe

Kartoffel-X-Virus-Gruppe
- Strichelkrankheit
Kartoffel-Y-Virus-Gruppe
- Strichelkrankheit
Kartonnester
- Knotenameisen
- Nest
Karumiidae
- □ Käfer
Karvon
- Limonen
Karyogamie
- B Algen IV
- Amphimixis
- Befruchtung
- Chromosomogamie
- Gametogamie
- □ sexuelle Fortpflanzung
- Stachelhäuter
Karyogene
Karyogramm
Karyoide ↗
Karyokinese ↗
Karyoklasie ↗
Karyologie
Karyolymphe ↗
- Nuclear-Sol
Karyolyse
Karyomeren
Karyon ↗
Karyophyllene
Karyoplasma ↗
Karyopse
- □ Fruchtformen
- □ Samen
- M Süßgräser
Karyopyknose
- Pyknose
Karyorrhexis ↗
Karyotheka ↗
Karyotyp
karzinoembryonales Antigen
- Krebs
Karzinogene ↗
Karzinogenität
- Spot-Test
- ↗ cancerogen
Karzinom
- □ Krebs (Tumorbenennung)
- M Papillomviren
- Radiotoxizität
- □ RNA-Tumorviren (Auswahl)
- Strahlenschäden
Kaschmirhirsch
- Hangul
Kaschuapfel
- M Sumachgewächse
Kaschunuß
- M Sumachgewächse
Käse
- Brevibacterium
- □ Enzyme (technische Verwendung)
- Gärprobe
- M Labkraut
- Milchproteine
- □ Nahrungsmittel
- Propionsäurebakterien
- Silage
Käsefliege ↗
- M Holzfliegen
- M Piophilidae
Käsemilbe
Käsemilch
- Käse
- Propionsäurebakterien
Kasi
- Languren
Kaskadenfrösche
Kaskadenmechanismus
- sekundäre Boten
Kaskadensystem
- Komplement
Kaspar-Hauser-Versuch
Kaspisches Meer
- Meer
kaspisches Zentrum
- Europa

Kassie
- B Afrika II
- Cassia
Kassina
Kastanie
- M Agrarmeteorologie
- Hülsenfrüchtler
- B Mediterranregion II
Kastanienholz
- Kastanie
Kastanienkrebs
- Diaporthales
Kaste
- Arbeitsteilung
- Drohne
Kastendeterminatoren
- Pheromone
Kastoröl ↗
Kastration (Botanik)
Kastration (Humanmedizin)
- Feminierung
- Geschlechtsumwandlung
Kastration (Zoologie)
- Parasitismus
Kastrationsschwamm
- Botryomykose
kastrieren
- Kastration
Kasuare
- Hyporhachis
- Vogelfeder
Kasuarine
- B Australien III
- M Casuarinaceae ↗
Kasuarinengewächse ↗
Kasuarinenholz
- Casuarinaceae
Kasuarvögel
Kasugamycin
kat
- Enzyme
Katabiose
Katablepharidaceae
Katablepharis
- Katablepharidaceae
katabole Wirkung ↗
- Glucocorticoide
Katabolismus ↗
- Abbau
- biochemische Reaktionskette
- B Dissimilation II
- Energieladung
- Energieumsatz
- Genregulation
- Leben
- Stoffwechsel
- B Stoffwechsel
Katabolitrepression
- cAMP bindendes Protein
- □ mikrobielles Wachstum
- Diauxie
- Genregulation
- Katabolit-Repression
- Lactose-Operon
katadrome Fische
- Fischwanderungen
- Laichwanderungen
- Osmoregulation
Kataklysmentheorie ↗
Katal ↗
Katalase
- Antimutagene
- Eisen
- Enzyme
- Glyoxisomen
- M Leitenzyme
- M Metalloproteine
- Methämoglobin
- M Micrococcaceae
- Peroxisomen
- Sumner, J.B.
- Wasserstoffperoxid
- M Wehrsekrete
Katalepsie ↗
Katalysator
- Berzelius, J.J. von
- Katalyse
- kolloid
- Selen

Katalysatorauto
- Luftverschmutzung
Katalysatorgifte
- Katalyse
Katalyse
- B Biologie II
- Biotransformation
- Stoffwechsel
katalysierte Diffusion
- aktiver Transport
- Membrantransport
- passiver Transport
- Uniport
katalytisches Cracken
- Erdöl
Kataphylla ↗
Katappenbaum ↗
Katarakt
- Galactosämie
Katarchaikum
- M Präkambrium
katastrophale Metamorphose
- Larven
- Metamorphose
- M Metamorphose
Katastrophenpunkt
- Katastrophentheorie
Katastrophentheorie
- Aktualitätsprinzip
- Altern
- Darwinismus
Katatrepsis ↗
- Blastokinese
Katavothren
- Karst
Katechu
- Gambir
Kategorie
- trinäre Nomenklatur
Kater (Säugetiere)
Kater (Unwohlsein)
- Fuselöle
Kath
- M Drogen und das Drogenproblem
- Spindelbaumgewächse
Kathamalplatten
- Nesseltiere
Katharer
- Sexualität - anthropologisch
Katharina
katharob
- Katharobien
- M Saprobiensystem
Katharobien
Katharobionten
- Katharobien
Kathepsine
- M Lysosomen
- Proteolyse
Kathode
- B Elektronenmikroskop
- Kation
- Reduktion
- □ Röntgenstrahlen
Kathodenstrahlen
- Elektronenmikroskop
- Röntgenstrahlen
Katholikenfrosch
Kathstrauch
- Spindelbaumgewächse
Kation
- chemische Bindung
- Diffusionspotential
- elektrische Ladung
- Elektrolyte
- Nährsalze
- □ Proteine (Schematischer Aufbau)
- Salze
Kationenaustausch-Chromatographie
- □ Chromatographie
- Kationenaustauscher
Kationenaustauscher
- Alkaliböden
Kationenaustauschkapazität ↗

kationische Gruppen
- Anionenaustauscher
- Kation
Katsuwonus ↗
Katta ↗
- B Afrika VIII
Kattfisch
- B Fische II
- Seewölfe
Katz, Sir B.
Kätzchen
- Anemogamie
- M Birke
- M Erle
- M Hasel
- M Weide (Pflanze)
Katze
Katzen
- Aggression
- □ Auflösungsvermögen
- M Baldrian
- Barr-Körperchen
- M Geschlechtsreife
- Haustiere
- M Herzfrequenz
- Lippen
- M Membranpotential
- Mimik
- Mittelkatzen
- B Nervensystem II
- B Nervenzelle II
- Nestflüchter
- Netzhaut
- M Raubtiere
- sensible Phase
- Spielen
- Temperatursinn
- M Trächtigkeit
- □ Versuchstiere
- ↗ Hauskatze
Katzenartige
- M Digitigrada
- Zunge
Katzenauge
- Marmorkreisel
Katzenaugennatter ↗
Katzenbandwurm ↗
Katzenbär
Katzenbuckel
- B Bereitschaft II
Katzenfloh
- Flöhe
Katzenfrette ↗
Katzenhaie
- M Knorpelfische
Katzenkratzkrankheit
Katzen-Leukämieviren
- □ RNA-Tumorviren (Auswahl)
Katzenminze
Katzennatter
Katzenpest
Katzenpfötchen
- B Europa XIX
- Nardetalia
Katzenräude
Katzen-Sarkomviren
- □ RNA-Tumorviren (Auswahl)
Katzenschrei-Syndrom
- Chromosomenaberrationen
- cri-du-chat-Syndrom
Katzenschweif
Katzen-Spulwurm
- Toxocara
Katzenstaupe ↗
Katzensteine
- Belemniten
Katzentyphus
- Katzenpest
Katzenvögel
- Laubenvögel
Kauapparat
- Gelenk
Kaudruck
- Kauapparat
Kauen
- Kauapparat
- Wange

Keimzellen

Kaufalter
- Schmetterlinge
- Urmotten

Kauffmann, Fritz
- Kauffmann-White-Schema

Kauffmann-White-Schema
- H-Antigene
- Lipopolysaccharid

Kauflächenmuster
- Dryopithecusmuster
- Zähne

Kaugummi
- Brosimum
- □ Minze
- Sapotaceae

kaukasisches Zentrum
- Europa

Kaukasushirsch
- [M] Rothirsch

Kaulade
- Insekten
- □ Krebstiere

Kaulbarsch
- Barsche
- [B] Fische X

Kaulbarsch-Flunder-Region
- Flußregionen

Kaulbarschregion
- Barsche
- [B] Fische X

Kaulquappe ↗
- [B] Hämoglobin - Myoglobin
- Induktion
- [B] Kerntransplantation
- [B] Larven I
- Metamorphose
- Regeneration
- Trichtermundlarven

Kaumagen
- □ Decapoda
- Gliederfüßer
- [B] Gliederfüßer I
- Kauapparat
- [M] Malacostraca
- Proventriculus

Kaumuskeln
- Kauapparat

Kauplatte
- [M] Malacostraca
- [B] Verdauung III

Kauren
- Diterpene
- Gibberelline
- [M] Gibberelline

Kaurifichte ↗
- [B] Australien IV

Kauri-Kopal
- [M] Agathis

Kaurimuschel
- Muskengeld

Kaurischnecken ↗

Kauri-Wälder
- Agathis

Kausalität
- Bioethik
- Teleologie - Teleonomie
- Vitalismus - Mechanismus
- Wissenschaftstheorie

Kausalkette
- Zufall in der Biologie

Kausalmorphologie ↗

Kausalprinzip
- Chaos-Theorie
- Deduktion und Induktion
- Freiheit und freier Wille

Kausalzusammenhang
- Naturgesetze
- ↗ Kausalität

Kaustobiolith
- biogenes Sediment

Kautschuk
- [M] Castilloa
- Guttapercha
- □ Isoprenoide (Biosynthese)
- kolloid
- Korbblütler
- makromolekulare chemische Verbindungen

- Nocardien
- Quellung

Kautschukbaum ↗
- Milchröhren

Kautschuk liefernde Pflanzen
- [B] Kulturpflanzen XII

Käuze ↗

Kavernen
- Löchertrüffel
- Tuberkulose

kavernikol

Kaviar
- Seehasen
- Störe

Kawa ↗

Kawa-Getränk
- Pfeffergewächse

Kazan-Stufe
- [M] Perm

kb
- ↗ Kilobasen

KBR
- Komplementbindungsreaktion

KDPG-Aldolase
- [M] Entner-Doudoroff-Weg

KDPG-Weg ↗

K-Dünger
- Kalidünger

Kea ↗
- [B] Australien IV

Kefir

Kefiran
- Kefir

Kefirknollen
- Kefir

Kegelbienen ↗
- [M] Kuckucksbienen

Kegelchen ↗
Kegelköpfe ↗

Kegelrobbe

Kegelschnecken

Kegelzähne

Kehlatmung ↗

Kehldeckel ↗
- Kehlkopf
- □ Zunge

Kehldeckelknorpel
- Kehlkopf

Kehle
- Hals

Kehlkopf
- Adamsapfel
- [B] Atmungsorgane I
- Geoffroy Saint-Hilaire, É.
- Glottis
- Nervensystem
- [M] Schilddrüse
- [M] Sprache
- Stimme

Kehlkopfabstieg
- Choanen
- [M] Sprache

Kehlkopfdeckel
- Epiglottis

Kehlkopfknorpel
- Branchialskelett

Kehlkopfkrebs
- Krebs

Kehlkopfrachen
- Hypopharynx

Kehlkopftasche
- Delphine

Kehllappen
- Haushuhn

Kehllobus

Kehlphallusfische ↗

Kehlplatte ↗

Kehlsäcke
- Agamen
- Basiliscinae
- [M] Drohverhalten
- Fregattvögel
- Froschlurche
- Kehlkopf

Kehltaschen
- Mycetangien

Kehlzähner ↗

Keilbein (Cuneiforme)

Keilbein (Sphenoidale)
- [M] Endocranium
- □ Schädel

Keilbeinhöhle
- Keilbein
- [M] Nase

Keilblatt
- Sphenophyllales

Keilblattgewächse ↗
- Blatt

Keiler

Keilfleckbarbe ↗
- [B] Aquarienfische I

Keiljungfern ↗

Keilor (Mensch von Keilor)

Keiltyp
- Doppelfüßer

Keim (Botanik)

Keim (Entwicklungsbiologie)

Keim (Medizin/Mikrobiologie)

Keimanlage

Keimanschluß
- Hypophyse

Keimareale
- Anlage

Keimbahn
- Gen
- Gentechnologie
- Geschlechtsorgane
- Keimplasma
- [B] Meiose
- Polzellen

Keimbahnzellen
- □ Keimbahn
- Somazellen

Keimbläschen
- Purkinje, J.E. von

Keimblätter (Botanik)
- [M] Kormus
- □ Kotyledonarspeicherung
- □ Samen

Keimblätter (Zoologie)
- [B] Biologie II
- Epiblast
- Gewebe
- Pander, Ch.H.
- Remak, R.

Keimblätterbildung
- Gastraea-Theorie
- Haeckel, E.
- Kowalewski, A.O.

Keimblattlehre
- Keimblätter
- Schultze, M.J.S.

Keimblattscheide ↗

Keimdrüsen ↗
- Physogastrie
- [M] Strahlenschutz

Keimdrüsenhormone ↗

Keime
- Fracastoro, G.
- Pangenesistheorie

Keimesentwicklung ↗

Keimesgeschichte ↗

Keimeshöhle ↗

Keimfähigkeit
- Nachreife
- Tetrazoliumsalze

Keimfähigkeitstest
- Keimfähigkeit

Keimfleck
- Wagner, R.

keimfreies Tier ↗

Keimfreiheit
- Gnotobiologie
- Sterilität

Keimgifte

Keimhaut ↗
- [B] Embryonalentwicklung II

Keimhemmung
- Keimruhe
- Keimverzug

Keimhöhle ↗

Keimhüllen ↗

Keimhyphe ↗

Keimlager

Keimling (Embryo) ↗

Keimling (Pflanze) ↗
- [M] Kormus
- □ Samen
- ↗ Keimpflanze

Keimlingsfusariosen
- [M] Fusarium

Keimlingsinfektion
- Brand

Keimlingskrankheiten

Keimpflanze
- □ Phototropismus
- □ Tropismus (Geotropismus)

Keimplasma

Keimplasmatheorie
- [B] Biologie II
- Entwicklungstheorien
- Weismann, A.F.L.

Keimpunkt
- Keimfleck

Keimruhe

Keimsack ↗

Keimscheibe
- Diskus
- [M] Entwicklung
- Furchung
- [B] Furchung
- Gastrulation
- Hahnentritt
- [M] Hühnerei

Keimscheide ↗

Keimschicht
- □ Haut

Keimschild
- [B] Embryonalentwicklung III

Keimschlauch
- Keimhyphe
- [B] Pilze II

Keimsperren
- Keimhemmung

Keimstock ↗

Keimstreif
- Blastokinese
- Mittelplatte

keimtötende Mittel

keimtötende Wirkung
- Gewürzpflanzen
- ↗ Bakterizide

Keimträger ↗

Keimung
- □ Adenosinmonophosphat
- Amylasen
- Bodentemperatur
- Cytokinine
- Gibberelline
- Glyoxisomen
- Narbensekret
- Phytochrom-System
- Quellung
- Reservestoffe
- respiratorischer Quotient
- Samenruhe

Keimungshemmstoffe
- Allylsenföl
- Nachreife
- [M] Wüste

Keimungshemmung
- Keimhemmung

Keimungsphysiologie
- Physiologie

Keimungssperren
- Keimhemmung

Keimverzug
- Kulturpflanzen

Keimwurzel
- [B] Bedecktsamer II
- Keimung
- Pfahlwurzel
- □ Samen
- Wurzel

Keimwurzelscheide ↗

Keimzahl
- Desinfektion
- Kochsches Plattengußverfahren
- Konservierung
- Membranfiltration

Keimzellen
- Gewebe

K-Einfang

- Strahlenschäden
K-Einfang
- Radioaktivität
Keith-Flackscher Knoten
- Herzautomatismus
Kekulé von Stradonitz, F.A.
Kelch (Botanik) ↗
- M Birnbaum
- Blütenformel
Kelch (Zoologie)
- M Seelilien
Kelchbecherlinge ↗
- Pustularia
Kelchblätter ↗
- Bedecktsamer
- B Bedecktsamer II
- Blatt
- Blütenbildung
- B Früchte
- Gamosepalie
Kelchblattkreis
- Blüte
- B Blüte
Kelchflechten
Kelchstäublinge ↗
Kelchwürmer ↗
Kell
- Blutgruppen
- □ Menschenrassen
Kellerassel ↗
- B Atmungsorgane II
- Exkretion
- M Komplexauge (Ommatidienzahl)
- M Landasseln
Kellerhals ↗
Kellerschimmel
- Cladosporium
Kellerschwamm
Kellerspanner ↗
Kellerspinne ↗
Kellner, O.
- Landwirtschaftslehre
Kelp
- Laminariales
- Meereswirtschaft
Kelsterbach (Mensch von Kelsterbach)
Kelten
- B Menschenrassen II
Kelterung
- Wein
Kenaf ↗
Kenanthie ↗
Kendall, E.C.
Kendrew, J.C.
- B Biochemie
- M Enzyme
- Myoglobin
Kennart ↗
Kennedy, E.P.
- B Biochemie
- □ Mitochondrien (Aufbau)
Kennlinie
Kennlinienglied
- □ Funktionsschaltbild
Kenokarpie ↗
Kenozoide ↗
Kent, Albert Frank Stanley
- Kent-Bündel
Kentaur
- Aldrovandi, U.
Kent-Bündel
Kent-Paladino-Bündel
- Kent-Bündel
Kentrogon
- M Rhizocephala
Kentrogonida
- M Rankenfüßer
- Rhizocephala
Kentron
- Rhizocephala
Kentuckytabak
- Tabak
Kenyapithecus
Kephaline
- Glycerin-3-phosphat
Kephyrion ↗
Kepler, Johannes
- anthropisches Prinzip

Keplerbund
- Reinke, J.
Kerasin
- Gauchersche Krankheit
Keratansulfat
- □ Proteoglykane
Keratella
Keratine
- Ballaststoffe
- Cytophagales
- Dermatophyten
- Haut
- Horngebilde
- Mauser
- Modulation
- Nahrungsspezialisten
- Proteine
- Skleroproteine
- Wolle
Keratinomyces
- M Dermatophyten
- M Onygenales
Keratinophyton
- M Dermatophyten
- M Onygenales
Keratobranchiale
- Branchialskelett
- Meckel-Knorpel
Keratoconjunctivitis
- Herpes simplex-Viren
Keratosa
Kerbel
- B Europa XVII
- Gewürzpflanzen
- B Kulturpflanzen VIII
Kerbtiere ↗
Kerckring, Theodorus
- Kerckring-Falten
Kerckring-Falten ↗
- M Darm
Kerfe ↗
Kerfenschnecken
Kerguelenkohl ↗
- B Polarregion IV
Keriothek
Kermes
- Eiche
- Schildläuse
Kermesbeere
- Kermesbeerengewächse
- Rübengeophyten
Kermesbeerengewächse
Kermes-Eiche
- Eiche
- M Macchie
Kermessäure
- Anthrachinone
Kermesschildlaus
- Eiche
Kermidae
- Schildläuse
Kern (Nervenkern)
Kern (Samen)
Kern (Zellkern) ↗
Kernäquivalent ↗
- Bakterienchromosom
- Centroplasma
Kernbeißer
- B Europa XV
- B Finken
- M Finken
- M Schnabel
- B Vögel I
Kerndimorphismus ↗
Kerndualismus
- Wimpertierchen
Kerner
- □ Weinrebe
Kerner, C.A.J.
- □ Botulismus
Kerner, Johann Simon von
- Kernera
Kernera ↗
Kernfäden ↗
Kernfarbstoffe
Kernfäulepilze ↗
Kernflechten
Kernfragmentation
Kernfusion
- Atom

- Fusion
Kerngebiete
- □ hypothalamisch-hypophysäres System
- M Hypothalamus
Kerngehäuse
- B Früchte
Kerngerüst
Kernhausfäule
- M Fruchtfäule
Kernholz
- Mondfäule
- Thyllen
- Verkernung
Kernholzbäume
- Farbhölzer
- Holz
Kernholzpilze ↗
Kernhülle
- Kernplasma
- B Meiose
- Membranskelett
- □ Zelle (Schema)
- B Zelle
- Zellkern
Kernkäfer
Kernkeulen
- Hirschtrüffel
Kernkörperchen ↗
Kernkraft
- □ anthropisches Prinzip
Kernladungszahl
- Atom
- Isotope
Kernlamina
- Kernhülle
Kernmembran ↗
- Karyolyse
Kernobst
Kernobstschorf
Kern-Oligosaccharid-Region
- Lipopolysaccharid
Kernphase
- Generationswechsel
Kernphasenwechsel
- Algen
- Gonidium
Kernpilze ↗
Kernplasma
- Kompartimentierungsregel
- Zellkern
Kern-Plasma-Relation
- M Zellkern
Kern-Plasma-Theorie
- Hertwig, R.C.W.Th.
Kernpolyeder-Viren
- Baculoviren
Kernporen
- Kompartimentierungsregel
- Membranporen
- Ribonucleinsäuren
- Zellkern
Kernproteine
Kernreaktionen
- Radioaktivität
Kernsaft ↗
Kernsäuren ↗
Kernschleifen ↗
Kernskelett
- Nuclear-Gel
- Zellkern
Kernspaltung
- Radioaktivität
Kernspindel ↗
- Amitose
Kernspindelfasern ↗
Kernstrahlung
- Radioaktivität
Kerntapete
- Kerntapetum
Kerntapetum
Kernteilung
- M Befruchtung (Vielzeller)
- Cytokinese
- Cytologie
- Fortpflanzung
- Grégoire, V.

- Strasburger, E.A.
- Zellkern
Kernteilungsspindel
- Kernspindel
Kerntemperatur ↗
- Temperaturregulation
Kerntransplantation
- M Darmepithel
Kernvererbung
Kernverschmelzung ↗
- B Algen IV
- ↗ Kernfusion
Kernwaffentests
- □ Luftverschmutzung
- M Strahlenbelastung
- Strahlenschäden
Kernwand ↗
Kernwüchse
- Hochwald
- Mittelwald
Kernwüsten
- arid
Kernzerfall
- Radioaktivität
- Zufall in der Biologie
Kerodon
- Moko
Kerona
Kerr, William
- Kerrie
Kerrie
- B Asien V
Kerriona
- M Megascolecidae
Kerzen
- Bienenwachs
- Glycerin
Kerzenflamme
- Entropie - in der Biologie
Kescher
- Fischereigeräte
Kesselfalle
- Aronstab
- M Frauenschuh
- Gleitfallenblumen
- M Osterluzei
Kesselfallenblumen ↗
Kesselmilch
- Käse
Ketchup
- Tomate
Keteleer, J.B.
- Keteleeria
Keteleeria
Ketimin ↗
Ketoacidose
- Diabetes
- Insulin
β-Ketoacyl-CoA
- M Fettsäuren (Fettsäuresynthese)
Ketobernsteinsäure
- Oxalacetat
α-Ketobuttersäure
- M Endotoxine
β-Ketobuttersäure ↗
α-Ketobutyrat
- M Desaminierung
Ketocarbonsäuren
Ketoconazol
- Antimykotikum
2-Keto-3-desoxy-octonsäuren
- □ Lipopolysaccharid
2-Keto-3-desoxy-6-phosphogluconat
- □ Entner-Doudoroff-Weg
2-Keto-3-desoxy-6-phosphogluconat-Weg ↗
Keto-Enol-Tautomerie
ketogen
Ketogenese
- Hydroxymethylglutaryl-Coenzym A
α-Ketoglutarat ↗
- M Decarboxylierung
- Glutamat-Dehydrogenase
- M Glutamat-Dehydrogenase

Kiemenreusen

- Glutamat-Oxalacetat-Transaminase
- Glutamat-Pyruvat-Transaminase
- Glutaminsäure
- α-Ketoglutarsäure
- ☐ Kohlendioxidassimilation
- ☐ Redoxpotential
- [B] Stoffwechsel
- ↗ α-Ketoglutarsäure

α-Ketoglutarat-Dehydrogenase
- ☐ Citratzyklus
- Thiaminpyrophosphat

α-Ketoglutarsäure
- [B] Dissimilation II
- ☐ Transaminierung
- ↗ α-Ketoglutarat

β-Ketoglutarsäure
- Ketocarbonsäuren

Ketogruppe
- Carbonylgruppe
- Ketocarbonsäuren
- Ketone
- Ketosen

3-Keto-L-gulonat
- ☐ Glucuronat-Weg

Ketogulonat-Decarboxylase
- ☐ Glucuronat-Weg

Ketohexokinase ↗
Ketohexose
- Fructose

Ketomalonsäure
- Mesoxalsäure

Ketonämie
Ketone
Ketonkörper
- β-Hydroxybuttersäure
- Hydroxymethylglutaryl-Coenzym A
- ketogen
- Ketogenese
- Ketonämie
- Ketonurie
- Leber

Ketonsäuren
Ketonurie
- Aceton

Ketonzucker
- Ketosen

ketoplastisch
- ketogen

Ketosäuren
- ☐ Aminosäuren (Bildung)
- Diabetes
- Ketocarbonsäuren

Ketosen
β-Ketothiolase
- thioklastische Spaltung

γ-Ketovaleriansäure
- Lävulinsäure

Ketozucker
- Ketosen

Kette
Kettenabbruch ↗
- Amber-Mutation
- Amber-Suppressor
- Codon
- ↗ Termination

Kettenabschluß
- Termination

Kettenbildung
- Astomata

Kettenlänge
- Proteine

Kettenmoleküle
- Entropie - in der Biologie

Kettennatter ↗
- Vipern

Kettensalpen
- Salpen

Kettenstart ↗
Kettentyp
- Ascus

Kettenverlängerung ↗
Keuchhusten
- aktive Immunisierung
- Bordet, J.

- [M] Exotoxine
- [M] Inkubationszeit

Keuchhusten-Bakterien
- Endotoxine

Keuchhustenbalsam
- Balsame

Keulenbärlapp
- [M] Bärlappartige
- [B] Farnpflanzen I

Keulenhornvogel
- [M] Schnabel

Keulenhornwespen ↗
Keulenkäfer
Keulenmuscheln ↗
Keulenpilze
Keulenpolyp
Keulenschrecken ↗
Keulenwespen ↗
Keulhornbienen ↗
Keuper
- Lettenkohle
- [M] Trias

Keuschbaum
- Eisenkrautgewächse

Kewda
Khaprakäfer ↗
Khaya
- Meliaceae

Khellin
Khoide
- ☐ Menschenrassen

Khoisanide
Khorana, H.G.
- Alanin-t-RNA
- [B] Biochemie
- ☐ Desoxyribonucleinsäuren (Geschichte)
- genetischer Code
- Gensynthese

Khur ↗
Kiaeraspis
- Osteostraci

Kiang ↗
Kichererbse
Kickx, Johann
- Kickxellales

Kickxellales
Kidd
- Blutgruppen

Kiebitze
- [B] Europa XVIII
- Vogelzug

Kiefenfüße ↗
Kiefer (Körperteil)
- Dermatocranium
- Kauapparat
- Kraniokinetik
- Lungenschnecken
- ☐ Rindenfelder
- [B] Ringelwürmer
- Schlangensterne
- [M] Schlangensterne
- ☐ Wirbeltiere

Kiefer (Pflanze)
- [M] arktotertiäre Formen
- Blüte
- Europa
- [B] Europa IV
- Forstgesellschaften
- Forstpflanzen
- [M] Höhengrenze
- [M] Holozän
- Holz (Zweigausschnitt)
- [M] Kernholzbäume
- ☐ Lebensdauer
- Mykorrhiza
- [B] Nacktsamer
- [B] Nordamerika I
- [B] Nordamerika II
- [B] Nordamerika VII
- ☐ Pleistozän
- Schirmschlag
- [M] Tanne
- Transpiration
- Umtrieb
- Wald
- Waldsterben
- [M] Waldsterben
- Weymouthskiefernblasenrost

Kieferapparat
- Derivat

Kieferbogen ↗
- Autostylie

Kieferdrüse
Kieferegel ↗
Kieferfühler ↗
Kieferfüße
- [B] Gliederfüßer I
- [B] Gliederfüßer II

Kiefergelenk
- Diskus
- Erklärung in der Biologie
- Funktionserweiterung
- Gelenk
- Kauapparat
- Reichert-Gauppsche Theorie
- Schädel
- Streptognathie

Kieferhöhle
Kieferhöhlenentzündung
- Kieferhöhle

Kieferkopf ↗
Kieferläuse ↗
Kieferlose (Gliederfüßer) ↗
Kieferlose (Wirbeltiere)
- Fische
- Gehirn
- Kiefer (Körperteil)
- [B] Wirbeltiere III

Kiefermäuler
- Kiefermünder

Kiefermündchen ↗
Kiefermünder
- Fische
- Kiefer (Körperteil)

Kiefermuskulatur
- Kauapparat
- [M] Konstriktor
- Schläfenfenster

Kiefern-Bruchwälder
- Ledo-Pinion

Kieferneule ↗
- Primärinsekten
- [B] Schädlinge

Kieferngespinstblattwespe
- [M] Pamphiliidae

Kieferngewächse
Kiefernglucke ↗
Kiefern-Haselzeit
- [M] Pollenanalyse

Kiefernknospentriebwickler ↗
- [B] Europa V
- Kreuzschnabel

Kiefern-Kreuzschnabel
- [B] Europa V
- Kreuzschnabel
- Bastkäfer

Kiefernmaitrieb
- Bastkäfer

Kiefern-Moorwälder
- Ledo-Pinion

Kiefernnadelschütte
- Hypodermataceae

Kiefern-Porling
- Weichporling

Kiefernrindenblasenrost
Kiefernrindenwanze
- Rindenwanzen

Kiefernrüßler
- [M] Rüsselkäfer

Kiefernschütte
- Hypodermataceae
- Schüttekrankheit

Kiefernschwärmer
- ☐ Schutzanpassungen

Kiefernspanner
Kiefernspinner
- [M] Beauveria

Kiefern-Steppenwälder ↗
Kiefernsterben
- Kokospalmenälchen
- ↗ Waldsterben

Kiefernzeit
- [M] Pollenanalyse

Kieferschädel
- Gesichtsschädel
- Kiefer (Körperteil)
- Visceralskelett

Kiefersoldaten
Kieferspinnen ↗
- Streckerspinnen

Kieferstiel
- Aalartige Fische
- Hyomandibulare

Kiefertaschen
- Mycetangien

Kiefertaster ↗
- [M] Flöhe

Kiel ↗
kielbasischer Schädel
- tropibasischer Schädel

Kielechsen ↗
Kielfüßer
Kielnacktschnecken
- Boettgerilla

Kielrückennattern
- Wassernattern

Kielschnecke
- Carinaria

Kielschwänze ↗
Kielskinke ↗
Kiemen
- ☐ Blutkreislauf (Umbildungen)
- Exkretionsorgane
- Fische
- [B] Fische (Bauplan)
- Herz
- Kiemendarm
- ☐ Schnecken
- Visceralskelett
- [B] Wirbeltiere II

Kiemenast
- Gliederfüßer

Kiemenbeine
- Chelicerata

Kiemenblättchen ↗
- imaginifugal

Kiemenblättchen-Styli-Hypothese
- Insektenflügel

Kiemenbögen
- Arterienbogen
- Derivat
- Fische
- [B] Fische (Bauplan)
- Hirnnerven
- Kiemendarm
- [M] Konstriktor
- [B] Wirbeltiere II

Kiemenbogenarterien
- Aorta

Kiemenbogenskelett
- Visceralskelett

Kiemenbürsten
- Decapoda

Kiemendarm
- Gehirn
- Nervensystem
- Rekapitulation

Kiemendeckel
- Atmungsorgane
- [B] Atmungsorgane I
- Augenfleck
- Fische
- Kiemen
- Opercularapparat

Kiemenegel ↗
Kiemenextremität
- [B] Atmungsorgane II

Kiemenfäule
Kiemenfurchen
Kiemenfüßer ↗
Kiemenfußkrebse
- Anostraca

Kiemengänge
- Kiemenspalten

Kiemenhaut
- Branchiostegalmembran

Kiemenherzen
- [B] Chordatiere

Kiemenhöhle
Kiemen-Kapillaren
- ☐ Blutkreislauf (Umbildungen)

Kiemenkorb ↗
- ☐ Schädellose
- Kiemendarm

Kiemenlungen ↗
Kiemenreusen
- Kiemen

Kiemensack

Kiemensack
- Kiemenschlitzaale

Kiemensaurier
- Branchiosaurier

Kiemenschlitzaale
Kiemenschwänze ⁄
Kiemenskelett ⁄
- Visceralskelett

Kiemenspalten
- Biogenetische Grundregel
- Blindwühlen
- [B] Larven I

Kiementaschen ⁄
- branchiogene Organe

Kienzopf ⁄
Kierkegaard, Søren
- Angst - philosophische Reflexionen

Kies
- ☐ Bodenarten (Einteilung)

Kieselalgen
- Bewegung
- Kieselsäuren
- Landalgen

Kieselerde ⁄
Kieselflagellaten
Kieselgeißler
- Kieselflagellaten

Kieselgel
Kieselgur ⁄
Kieselhölzer
Kieselpflanzen
Kieselsäuregel
- Kieselgel

Kieselsäuren
- Biomineralisation
- Bodenentwicklung
- Gallerte
- Holz
- Kernholz
- Kieselhölzer
- Quarz
- Radiolaria
- Rauhblattgewächse
- Rekrete
- Silicium
- Verkieselung

Kieselsäurenadeln
- [B] Schwämme

Kieselschwämme ⁄
- Kieselsäuren
- ☐ Kreide

Kieselsol
- Wein

Kif
- Marihuana

Kifyr
- Kefir

Kigelia ⁄
Kiik-Koba (Mensch von Kiik-Koba)
Kilimandscharo
- [M] Afrika

Kilka ⁄
Killer-Gen
Killer-Phänomen
- Killer-Gen

Killerproteine
- Pilzviren

Killerwal
- Schwertwale

Killer-Zellen
- lymphatische Organe
- ☐ Lymphocyten
- ⁄ Natural-Killer-Zellen

Kilobasen (= kb)
- ☐ Desoxyribonucleinsäuren (Parameter)
- Mutation

Kimiz
- Kumys

Kimmelstiel-Wilson-Syndrom
- Diabetes

Kimmeridgium
- [M] Jura

kimmerische Orogenese
- Jura

Kinasen
- ☐ Glykogen

Kinästhesie
- Bewegungslernen

kinästhetische Orientierung
- Kinästhesie

Kind
- Mensch und Menschenbild
- Mutter-Kind-Bindung
- [M] Nestflüchter

Kindbettfieber
- ☐ Desinfektion

Kindchenschema
- Jugendentwicklung: Tier-Mensch-Vergleich

Kinderbotulismus
- ☐ Botulismus

Kindergärten
- Kaiserpinguin

Kinderlähmung ⁄
- [M] Inkubationszeit

Kindersterblichkeit
- Altern

Kindestötung
- Infantizid

Kindslage
- Geburt
- Schwangerschaft

Kindverhalten
- Beschwichtigung

Kinese
- Kraniokinetik

Kinetik
- Kraniokinetik

Kinetin
kinetische Energie
  ⁄ Bewegungsenergie

Kinetochor ⁄
- Spindelapparat

Kinetomer
- Centromer

Kinetonema
- Centromer

Kinetoplast
- dyskinetoplastisch
- [M] Trypanosoma

Kinetoplasten-DNA
- Mitochondrien

Kinetoplastida
- dyskinetoplastisch

Kinetosen
Kinetosom ⁄
Kinetozentrum ⁄
5-Kingdom-System
- Reich

Kingdonia ⁄
Kingella
Kingia
- [M] Xanthorrhoeaceae

King's Canyon (USA)
- [B] National- und Naturparke II

Kinine ⁄
- Mediatoren

Kininogen
- Plasmakinine

Kinixys ⁄
- ☐ Exkretion (Stickstoff)

Kinkhörner ⁄
Kinn
Kinnbartelflugfisch
- [B] Fische IV
- Fliegende Fische

Kinnblatt-Fledermäuse ⁄
Kinnrüsselhechte ⁄
Kinoblast ⁄
Kinocilien ⁄
- [B] mechanische Sinne II

Kinoplasma ⁄
Kinorhynchus
- Kinorhyncha

Kinosternidae ⁄
Kinosternon
- ☐ Exkretion (Stickstoff)
- Schlammschildkröten

Kin-Selektion ⁄
Kinsey-Report
- Sexualität - anthropologisch

Kirchenpaueria ⁄
Kircher, A.
- Contagium.

- vis plastica

Kirchneriella ⁄
Kiringella
- Monoplacophora

Kirschbaum ⁄
- ☐ Bodenzeiger
- [B] Holzarten
- Nektar

Kirschblattwespe
- Tenthredinidae
- [M] Tenthredinidae

Kirschblütenmotte
Kirsche ⁄
- ☐ Fruchtformen
- [M] Obst

Kirschenlaus
- [M] Röhrenläuse

Kirschfliege ⁄
- [M] Bohrfliegen

Kirschlorbeer ⁄
Kirschmyrte
- Myrtengewächse

Kirschpflaume
- Myrobalanen

Kirsten Rat Sarcoma Virus
- ☐ Onkogene

Kissen-Seestern
kissing disease
- Mononucleose

Kissophagus
- Bastkäfer

Kitasato, S.
- Bakterientoxine
- [M] Diphtherie (Diphtherietoxin)

Kitschfrosch
Kittdrüse
- ☐ Rankenfüßer

Kittfüßchen
- Herzigel

Kittharz
Kittiwake
- Dreizehenmöwe

Kittleisten ⁄
- Epithel

Kittsubstanzen
- Bindegewebe
- Desmosomen
- Mucopolysaccharide

Kitz
- Nestflüchter

Kitzler ⁄
Kiwifrucht ⁄
Kiwis
- Kiwivögel

Kiwistrauchgewächse
- Strahlengriffel

Kiwivögel
- [B] Australien IV
- Flugmuskeln
- [M] Gelege
- Sinushaare
- Tastfedern

Kjerulfia
- Redlichiida

K-Komplexe
- ☐ Schlaf
- [M] Schlaf

Kladistik
Kladogramm ⁄
- Hennigsche Systematik
- ☐ Stammbaum

Klaffmoose ⁄
Klaffmuscheln
Klaffschnäbel ⁄
Klafterung
- Spannweite

Klammeraffen ⁄
- Brachiatoren
- Hand

Klammerbein
- Anoplura
- Phoresie

Klammerfüße ⁄
Klammerhaken
- Pentastomiden

Klammerorgane ⁄
- Anostraca
- ☐ Antenne

Klammerreflex
- mechanische Sinne
- Rudiment

Klammerschwanz ⁄
Klammerschwanzaffen
Klang
- Gehörsinn
- [M] Schall

Klangfarbe
- Gehörorgane

Klangholz
Klangspektrogramm ⁄
- Sonagramm
- ☐ Verhaltenshomologie

Klappen ⁄
Klappenasseln ⁄
Klappenschorf
Klapperfalter
Klappergrasmücken
- Grasmücken
- [B] Vögel I

Klappermuscheln
Klapperschlangen
- Crotoxin
- Drohverhalten
- Nordamerika
- [B] Nordamerika VII
- [B] Reptilien III
- Südamerika
- ☐ Temperatursinn

Klapperschlangenwurzel
- Kreuzblumengewächse

Klapperschwamm ⁄
Klappertopf
Klappfallen
- Sonnentaugewächse

Klappmuscheln ⁄
Klappmütze
- [B] Polarregion II
- [M] Robben

Klappschildkröten ⁄
- ☐ Exkretion (Stickstoff)

Klappzunge
- Zunge

Kläranlage
- Abfall
- Absetzbecken
- Abwasserpilz
- Anaerobiose
- Aufwuchs
- biochemischer Sauerstoffbedarf
- [M] Einwohnergleichwert
- nitrifizierende Bakterien
- Rieselfelder
- [M] Weißfische

Klären
- Bier
- Hausenblase
- ⁄ Kläranlage

Klärgas ⁄
Klärschlamm
- Abfall
- Dünger
- Wurzelraumverfahren

Klärschlamm-Deponie
- Kläranlage

Klarschönung
- Wein

Klarwasserseen
Klasse
- ☐ Klassifikation
- ☐ Nomenklatur

Klassenbreite
- [M] Statistik

Klassifikation
- [B] Biologie II
- ☐ Stammbaum
- Systematik

Klassifizierung
- Klassifikation

klastische Sedimente
- Meeresablagerungen
- [M] Sedimente

Klatschmohn
- Mohn
- Pollenblumen
- [B] Unkräuter

Klatschpräparat

Kloake

- Klauberina
- Klaue
  - Haut
- Klauendrüse
  - Klaue
  - Zwischenklauendrüse
- Klauenkäfer
- Klauensäcke
  - Zwischenklauendrüse
- Klause
  - Bruchfrucht
  - Steinsame
- Klebdrüse
  - Acanthocephala
  - carnivore Pflanzen
  - Coxalbläschen
  - Fadenwürmer
  - M Fettkraut
  - Hautdrüsen
  - Kamptozoa
  - Kinorhyncha
  - M Rädertiere
- Klebereiweiß
- Klebfallen
  - Sonnentaugewächse
- Klebgürtel
  - Fanggürtel
- Klebkraut
  - Ackerunkräuter
  - Lianen
  - Selbstbefruchter
  - B Unkräuter
  - Labkraut
- Kleborgane
  - Strudelwürmer
  - Klebdrüse
- klebrige Enden
  - B Gentechnologie
  - sticky ends
- Klebröhrchen
  - Gastrotricha
- Klebs, Edwin
  - Bakterientoxine
  - Diphtheriebakterien
  - Klebs-Löffler-Bacillus
  - Klebsiella
- Klebs, G.
  - Entwicklungsphysiologie
- Klebsame
- Klebsamengewächse
- Klebscheibe
  - M Orchideen
- Klebsiella
  - M Eitererreger
  - Escherichia coli
  - M IMViC-Test
- Klebs-Löffler-Bacillus
- Klebzellen
  - Rippenquallen
- Klebzone
  - Schlußleisten
- Klee
  - □ Bodenzeiger
  - B Europa IX
  - Futterbau
  - Grasnarbe
  - M Honig
  - M Knöllchenbakterien
  - Mutationszüchtung
  - Polyphyllie
  - □ Saat
  - Teufelszwirn
- Kleeblattstruktur
  - Alanin-t-RNA
  - Antiparallelität
  - Doppelstrang
- Klee-Bunteule
  - Tageulen
- Kleebwälder
  - Lunario-Acerion
- Kleefalter
- Kleefarngewächse
- Kleekrankheit
- Kleekrebs
  - B Pflanzenkrankheiten I
- Kleesäure
- Kleeschwärze
  - Schwarzfleckenkrankheit
- Kleeseide
  - B Parasitismus I

- □ Teufelszwirn
- Kleespinner
- Kleewürger
  - Sommerwurzgewächse
- Kleiber
  - B Europa XIII
  - M Höhlenbrüter
  - Nest
  - B Vögel I
- Kleiböden
  - Marschböden
- Kleideraffe
  - M Schlankaffen
- Kleiderlaus
  - Fleckfieber
- Kleidermotte
  - ceratophag
  - Hausfauna
  - Lavendel
  - M Nahrungsspezialisten
  - M Tineidae
  - Xerophagen
- Kleidervögel
  - Inselbiogeographie
  - Inselendemismus
  - □ Ornithogamie
  - □ Ornithogamie
  - Polynesische Subregion
- Kleie
- Kleienflechte
- Kleienpilzflechte
  - Kleienflechte
- Klei-Marsch
  - M Marschböden
- Klein, Jakob Theodor
  - Kleinia
- Kleinbären (Insekten)
- Kleinbären (Säugetiere)
  - Binturong
- kleine Eiszeit
  - Klima
- Kleine Herzmuschel
  - Trapezmuschel
- Kleiner Fuchs
  - B Insekten IV
- kleine Untereinheiten
  - Ribosomen
- Kleinfleckkatze
- Kleinflügeligkeit
  - Apterie
  - Flügelreduktion
- Kleingrasdünen
  - Corynephoretalia
- Kleinhirn
  - Arbor vitae
  - Flourens, M.J.P.
  - Gedächtnis
  - □ Gehirn
  - Gyrifikation
  - Muskelkoordination
  - Nervensystem
  - B Nervensystem II
  - Rautenhirn
  - B Rückenmark
- Kleinhirnrinde
- Kleinhirnseitenstrang
  - Rückenmark
- Kleinhirnstiel
  - Kleinhirn
- Kleinhirnwurm
  - Kleinhirn
- Kleinia
- Kleinkamele
  - Lamas
- Kleinkatzen
- Kleinkern
  - B Sexualvorgänge
  - Mikronucleus
- Kleinkind
  - □ Kind
  - Konfliktverhalten
- Kleinklima
  - Bestandsklima
  - Mikroklima
- Kleinkrallenotter
- Kleinkrebse
- Kleinlibellen
- Kleinmuscheln
- Kleinmutationen

- Kleinsäuger
- Kleinschaben
- Kleinschmetterlinge
- Kleinschmidt, O.
  - Formenkreis
  - Formenkreislehre
- Kleinschmielen-Rasen
  - Thero-Airetalia
- Kleinschnecken
- Kleinseggenried
  - Feuchtgebiete
- Kleinspecht
  - M Spechte
- Kleinsporen
- Kleinstfossilien
  - Nannofossilien
- Kleinstkind
  - M Gammaglobuline
  - Kleinkind
- Kleintagebau
  - Rekultivierung
- Kleinwasserschlauch-Gesellschaften
  - Utricularietea intermediominoris
- Kleinzikaden
  - Lichtfaktor
- Kleist
- kleistanthere Blüten
- Kleistogamie
  - amphikarp
- Kleistokarpie
  - Kleistothecium
- Kleistothecium
  - Flechten
- Klemmkörper
  - □ Schwalbenwurzgewächse
- Kleptobiose
  - Kleptoparasitismus
- Kleptocniden
  - Glaucus
- Kleptogamie
  - Ethoparasit
- Kleptoparasiten
  - Diebsspinnen
- Kleptoparasitismus
- Kleptoplasten
  - Zoochlorellen
- Klette
  - □ Bodenzeiger
  - B Europa XVII
  - □ Fruchtformen
  - Haftorgane
  - M Haftorgane
  - Röhrenblüten
- Kletten
- Kletten-Fluren
- Klettenkerbel
- Kletterbeutler
  - Australien
  - Beuteltiere
- Kletterfarn
  - Schizaeaceae
  - M Schizaeaceae
- Kletterfische
  - B Fische IX
  - M Labyrinthfische
- Kletterfuß
  - Spechtartige
  - M Spechtartige
- Kletterhaare
- Kletterholothurie
- Kletterklapperschlange
  - Zwergklapperschlangen
- Kletterlaufkäfer
- Klettern
  - Fortbewegung
  - Hand
- Kletternattern
- Kletterpflanzen
  - Blatt
  - □ botanische Zeichen
  - Dornen
  - Haftorgane
  - Haftwurzeln
- Kletterseeigel
- Klettertrompete
  - Bignoniaceae

- Kletterwurzeln
- Klettfrüchte
  - Samenverbreitung
  - Zweizahn
- Klickmechanismus
- Klieneberger-Nobel, E.
  - L-Form
- Kliesche
  - B Fische I
  - Wasserverschmutzung
- Klima
  - □ Altern
  - Bodenentwicklung
  - □ Dendrochronologie
  - Klimainseln
  - Stadtökologie
  - Wald
  - Weltmodelle
- Klimaänderungen
  - Aussterben
  - Klimaschwankungen
- Klimaelemente
  - Klima
- Klimafaktoren
  - Klima
- Klimainseln
- Klimakammer
  - Phytotron
- Klimaklassifikation
  - Klima
- Klimakterium
  - Altern
  - Hormone
- Klimaregeln
- Klimarhythmik
  - Blattfall
- Klimaschwankungen
  - Aussterben
  - Florengeschichte
  - Klima
- Klimasystem
  - Klima
- Klimatologie
  - Humboldt, F.A.H. von
  - Klima
  - Meteorologie
- Klimax
  - Klimakterium
  - Klimaxvegetation
  - Feuerklimax
- Klimaxgesellschaft
  - Klimaxvegetation
- Klimax-Hypothese
  - Klimaxvegetation
- Klimaxvegetation
- Klimazonen
  - Bodenentwicklung
  - Bodenzonen
  - Klima
  - Körpergröße
  - Lebensformspektren
- Klimme
  - B Australien III
  - Weinrebengewächse
- Klimmhaare
- Klinefelter, Harry Fitch
  - Klinefelter-Syndrom
- Klinefelter-Syndrom
  - Lyon-Hypothese
- klinogrades Sauerstoffprofil
  - Seetypen
- Klinokinesis
  - Kinese
- Klinostat
- Klippdachs
- Klippenassel
- Klippenbarsch
- Klippenvogel
  - Schmuckvögel
- Klippschliefer
  - Klippdachs
  - B Mediterranregion IV
  - B Säugetiere
  - Zahnwechsel
- Klippspringer
  - Monogamie
- Kloake
  - Anus

Kloakentasche

- Begattungsorgane
- Harnblase
- Kloakentiere
- □ Nierenentwicklung
- M Ovidukt
- M Urogenitalsystem

Kloakentasche
- Beuteltiere

Kloakentiere
- australische Region
- Bindeglieder
- brüten
- Gehörorgane
- Haake, W.
- Homoiothermie
- B Säugetiere
- ↗ Monotremata

Kloeckera

Klon
- Clone-selection-Theorie
- Cultivar
- B Gentechnologie
- Immunglobuline
- Klonanalyse
- Klonierung
- M Kompartiment
- Lymphocyten
- Minute-Technik
- monoklonale Antikörper
- Phänotyp
- Polyembryonie
- Reinkultur
- ↗ Klonierung

klonale Selektionstheorie
- Clone-selection-Theorie

Klonanalyse

klonen
- Klonierung

Klonierung
- Ampicillin
- chimäre DNA
- Genmanipulation
- M Gensynthese
- Humangenetik
- Kerntransplantation

Klonierungs-Vektor ↗
- Bakteriophagen
- Desoxyribonucleinsäuren
- Genbank
- Gentechnologie
- Vektoren

Klonorchiase

Klonrestriktion
- Klonanalyse

Klon-Selektionshypothese ↗

Klopfkäfer
- Holzwürmer

Klostergärten
- botanischer Garten

Klotzbeute
- Bienenstock
- Bienenzucht

Klug, A.
- B Biochemie

Klukia
- Schizaeaceae

Klumpengefüge
- □ Gefügeformen

Klumpfisch ↗

Klumpfuß
- Landschildkröten

Klumpfüße ↗

Kluyver, Albert Jan
- Kluyveromyces

Kluyveromyces

K$_M$ ↗

Knabenkraut
- B Europa VIII
- Futtergewebe
- M Knolle
- M Orchideen

Knackbeere ↗

Knäkente
- B Ritualisierung
- Schwimmenten

Knäkerpel
- B Ritualisierung

Knall
- M Schall

Knalldrüsen

Knallgas
- M wasserstoffoxidierende Bakterien

Knallgasbakterien ↗
- Hydrierung

Knallgasreaktion ↗
- Atmungskette

Knallkrebse

Knäueldrüsen
- Hautdrüsen

Knäuelfaden ↗

Knäuelfilarie ↗

Knäuelgras
- Obergräser

Knäuelinge

Knäuelkraut

Knäuelverdauung
- Tolypophagie

Knaus-Ogino-Regel
- Empfängnisverhütung

Knaut, Christian
- Knautie

Knautia
- Knautie

Knautie

Kneipp, Sebastian
- Naturheilkunde

Knemidocoptidae
- Räude

Kneria
- Ohrenfische

Kneriidae ↗

Knick

Knickmarsch
- □ Gefügeformen
- M Marschböden

Knie
- Kniegelenk

Kniegelenk
- Fibula
- Gelenk
- Schneidermuskel
- Tibia

Kniehöcker
- □ Telencephalon

Knieholz
- Krummholzgürtel

Kniep, H.

Kniescheibe
- □ Kniegelenk
- M Kniegelenk
- M Paarhufer
- Sesambein
- B Skelett

Kniesehne
- □ Kniegelenk

Kniesehnenreflex
- bedingter Reflex
- Reflex
- B Rückenmark

Knight, Th. A.

Kniphof, Johann Jeremias
- Kniphofia

Kniphofia ↗

Knoblauch
- Gewürzpflanzen
- B Kulturpflanzen IV
- M Lauch
- M Zwiebel

knoblauchartiger Geruch
- M chemische Sinne

Knoblauchhederich
- Knoblauchrauke

Knoblauchkröte
- B Amphibien II

Knoblauchöl

Knoblauchpilz

Knoblauchrauke
- □ Bodenzeiger

Knoblauchschnecke

Knoblauchschwindling
- Knoblauchpilz

Knochen
- Bewegungsapparat
- Biomechanik
- Calciumphosphate
- M Fluoride
- funktionelle Anpassung
- Geochronologie
- Homoiothermie
- M Krebs (Krebsarten-Häufigkeit)
- Neuralleiste
- Präparationstechniken
- □ Röntgenstrahlen
- □ Schwermetalle

Knochenbälkchen
- Biomechanik
- B Knochen
- M Knochen

Knochenbildung
- Appositionswachstum
- M Calciferol
- Knochen
- Knochenhaut

Knochenbildungszellen
- Knochen
- B Knochen

Knochenblasen
- Syrinx

Knochenbruch
- Galen
- Kallus
- Rhazes
- □ Röntgenstrahlen
- Talus

Knochendegeneration
- Rheumatismus

Knochenerweichung

Knochenfische
- □ Arterienbogen
- B Darm
- M Eizelle
- Flossen
- M Glucocorticoide
- □ Hypophyse
- □ Karbon
- Kiefer (Körperteil)
- Konvergenz bei Tieren
- B Skelett
- Telencephalon
- B Telencephalon
- M Tiefseefauna
- B Wirbeltiere I
- B Wirbeltiere III

Knochenganoiden ↗

Knochengewebe ↗
- Knochen
- M Polarisationsmikroskopie

Knochenhaut
- Gelenk
- □ Gelenk
- B Knochen

Knochenhechte

Knochenhöhlchen
- B Knochen

Knochenkanälchen
- Bindegewebe
- Knochen
- B Knochen

Knochenlagerstätten

Knochenleitung
- Gehörorgane

Knochenmanschette
- B Knochen
- Knochenmark

Knochenmark
- M Anämie
- Bindegewebe
- blutbildende Organe
- Blutbildung
- Gitterfasern
- M Glucocorticoide (Wirkungen)
- Leukämie
- Megakaryocyten
- M Megakaryocyten
- Strahlenschäden
- □ Virusinfektion (Wege)

Knochenmarksriesenzellen
- Megakaryocyten

Knochenmarkstransplantation
- Krebs

Knochenmarkzellen
- Knochenmark

- Megakaryocyten

Knochenmehl

Knochenplatten
- Gürteltiere

Knochenregeneration
- Knochen
- Knochenhaut

Knochenschädel ↗

Knochenschaft ↗

Knochenschilder
- Fische

Knochenschuppen
- Schuppen
- B Wirbeltiere II

Knochentumore
- Krebs

Knochenverkalkung
- Kollagen

Knochenwulst
- Torus

Knochenzellen
- Knochen
- B Knochen

Knochenzüngler
- Fische

Knoll, F.
- Bestäubungsökologie

Knoll, Max
- M Elektronenmikroskop

Knöllchenbakterien
- Bakteroide
- Beijerinck, M.W.
- Bodenimpfung
- Gründüngung
- Hellriegel, H.
- M Lectine
- Stickstoffixierung
- B Stickstoffkreislauf

Knöllchenkrankheit
- M Rickettsienähnliche Organismen

Knöllchen-Steinbrech
- B Europa IX
- Steinbrech

Knolle
- Apomixis
- B asexuelle Fortpflanzung I
- □ Blätterpilze (Velum)
- Chayote
- M Grundgewebe
- Keimung
- Rüben
- □ Rüben
- Sproßmetamorphosen
- Überwinterung
- Wurzel

Knollenblätterpilze
- Amatoxine
- □ Blätterpilze (Velum)
- Bufotenine
- Champignonartige Pilze
- □ Hämolyse
- B Pilze IV

Knollenfäule
- B Pflanzenkrankheiten I

Knollenkümmel ↗

Knollenmergel
- Keuper
- Zanclodon

Knollennaßfäule
- M Fruchtfäule
- Schwarzbeinigkeit

Knollenqualle

Knollensellerie
- B Kulturpflanzen IV
- Sellerie

Knoop, F.
- B Biochemie
- B Biologie II
- Citratzyklus

Knop, J.
- Knopsche Nährlösung

Knopfhorn-Blattwespen ↗

Knopfhornwespen
- Cimbicidae

Knopfkraut ↗

Knopsche Nährlösung
- Makronährstoffe
- Nährlösung

Kohlenhydrate

Knorpel
- Appositionswachstum
- Asbestfaserung
- bradytrophe Gewebe
- Cartilago
- Gelenk
- B Knochen
- Neuralleiste

Knorpelbildungszellen
- Knorpel

Knorpelfärbung
- Präparationstechniken

Knorpelfeder
- Gelidiales

Knorpelfische
- Flossen
- M Glucocorticoide
- Harnstoff
- □ Hypophyse
- □ Karbon
- Kiefer (Körperteil)
- B Konvergenz bei Tieren
- B Wirbeltiere III

Knorpelfreßzellen
- Knorpel

Knorpelganoiden
Knorpelgewebe
- Chondroitin

Knorpelhaut
- Perichondrium

Knorpelkirschen
- Prunus

Knorpelknochen
Knorpelkraut
Knorpellattich
Knorpelleim

Knorpelmatrix
- □ Proteoglykane

Knorpelmöhre
Knorpelsalat
Knorpelsalat-Flur
Knorpelschädel

Knorpelschwund
- Rheumatismus

Knorpelspangen
- Luftröhre

Knorpeltang
- Carrageenan

Knospe (Botanik)
- Brutknospe
- Hochblätter
- Knospenruhe
- M Kormus

Knospe (Zoologie)
Knospenbank
- Unkräuter

knospende Bakterien
- sprossende Bakterien

Knospendeckung
Knospenlage

Knospenmutation
- Sproßmutation

Knospenruhe
- Überwinterung

Knospenschuppen
- Blatt

Knospensterne
- Knospenstrahler

Knospenstrahler

Knospentyp
- Ascus
- Basidie

Knospenvariation
- Sproßmutation

Knospung (Fortpflanzung)
- Autolytus
- Bakterien
- Blastogenese
- Einzeller
- M Exogenea
- Fortpflanzung

Knospung (Virologie)
Knoten
- M Süßgräser
- □ Tropismus (Geotropismus)

Knotenameisen
- Bläulinge

Knotenblume

Knotenfuß
Knotensucht
- Kohlhernie

Knotentang
- Aerocyste
- M Fucales

Knotenwespen
Knotenwurm

Knöterich
- M Pollen
- M Ruderalpflanzen
- Trittpflanzen
- B Unkräuter

Knöterichartige

Knöterichgewächse
- Knöterichartige
- Unkräuter

Knurren
- Drohverhalten

Knurrende Guramis
- Guramis

Knurrhähne
- B Fische I
- M Kiemen

Knuth, P.
- Bestäubungsökologie

Knutt
Koagulanzien

Koagulase
- Staphylococcus

Koagulatgefüge
- □ Gefügeformen

Koagulation
- Bodenkolloide
- Kautschuk
- koagulieren

Koagulationsvitamin
- Phyllochinon

koagulieren
- Schlangengifte

Koagulin

Koala
- Australien
- B Australien III
- Greifhand
- Hand
- M Jugendentwicklung: Tier-Mensch-Vergleich
- Klammerreflex
- M Nahrungsspezialisten
- Tragling

Koalabär
- Koala

Koalaverwandte
Koazervate

Koazervat-Hypothese
- Koazervate
- Urzeugung

Kob
Kobalt
- Eisenstoffwechsel
- M Krebs (Krebserzeuger)
- Nährsalze

Kobalt-60
- relative biologische Wirksamkeit

Kobel
Koboldmakis
- Asien
- B Asien VIII
- M Orientalis

Kobras
- Schlangengifte

Kobresia
- Nacktried

Kobus
Kobwe (Sambia)
- B Paläanthropologie
- Rhodesiamensch

Koch, R.
- Bakterientoxine
- B Biologie I
- B Biologie II
- □ Cholera
- Contagium
- Erysipelothrix
- Hängetropfenkultur
- Kochsches Bakterium

- Kochsches Plattengußverfahren
- Kochsches Postulat
- Mykobakterien

Koch, Wilhelm Daniel
- Kochia

Kocha Kinoko
- Teepilz

Köcher

Köcherblümchen
- Weiderichgewächse

Köcherfliegen
- Gespinst
- B Insekten II
- □ Rote Liste
- Tierbauten
- Tracheenkiemen

Köcherlarven
Köcherwurm
Kochia

Kochsalz (= NaCl)
- Entropie - in der Biologie
- M Frankeniaceae
- M Geschmacksstoffe
- □ Harn (des Menschen)
- Neutralsalze
- Pökeln
- ↗ Natriumchlorid

Kochsalzlösung
- Infusion

Kochsches Bakterium
Kochsches Plattengußverfahren
Kochsches Postulat
Koch-Weeks-Bacillus
- M Haemophilus

Köder
- Falle
- ↗ Angelköder

Köderwurm
Kodiakbär
- B Nordamerika II

Koefoid, E.
- □ Meeresbiologie (Expeditionen)

Koehler, O.
- Verhalten
- Zählvermögen

Koeler, Georg Ludwig
- Koeleria
- Koelerion glaucae
- Koelerio-Phleion

Koeleria
Koelerion glaucae
Koelerio-Phleion

Koelliker, R.A. von
- ↗ Kölliker, R.A. von

Koelreuteria
- Seifenbaumgewächse

Koenenia
- M Palpigradi

Koenigswald, G.H.R. von
- Sangiran

Kofferfische
- B Fische VIII
- Fischgifte
- Giftige Fische

Koffermuscheln

Kogia
- Pottwale

Kognak
- B Chromatographie
- Vanillin

Kohabitation
- Coitus

Kohärentgefüge
- Bodenentwicklung
- □ Gefügeformen

Kohäsion
- Kapillarität
- M Wassertransport (Modell)

Kohäsionsmechanismen
- Blüte
- Exothecium
- Farne

kohäsive Enden
- Cosmide
- Lambda-Phage

Kohl
- Fehlbildung
- Glucobrassicin
- B Kulturpflanzen V
- M Strahlenschäden

Kohlbaum
Kohldistel-Wiese
- Molinietalia

Kohldrehherzmücke
Kohle
- Bioenergie
- M Calamitaceae
- □ Jura
- M Karbon
- Quecksilber
- □ Tertiär

Kohleabraumhalden
- thermophile Bakterien
- Thermoplasma

Kohlehydrate
Kohlenbecherling
- Humariaceae
- Plicaria

Kohlenbeere
- Hypoxylon

Kohlendioxid (= CO_2)
- Ausstrahlung
- B chemische und präbiologische Evolution
- Decarboxylierung
- B Dissimilation I
- B Dissimilation II
- M Einzellerprotein
- Entkalkung
- Ernährung
- Gärgase
- □ Geochronologie
- Glashauseffekt
- Glykolyse
- B Glykolyse
- Hydrogencarbonate
- Kohlendioxidassimilation
- Kohlensäuredüngung
- B Kohlenstoffkreislauf
- Kompensationspunkt
- □ MAK-Wert
- □ Mineralisation
- Mol
- Molekülmasse
- □ Ozon
- Regenwald
- respiratorischer Quotient
- B Stoffwechsel
- Wasser
- Wein

Kohlendioxidassimilation
- B Biologie II
- Photolithotrophie
- phototrophe Bakterien
- Saussure, N.Th.

Kohlendioxidfixierung
- Photosynthese
- reduktiver Citratzyklus
- □ Ribulose-1,5-diphosphat

Kohlendioxid-Kompensationskonzentration
- Photosynthese

Kohlendioxidkreislauf
- Kohlendioxid
- Kohlenstoffkreislauf

Kohlendioxid-Methan-Kreislauf
- □ Kohlenstoffkreislauf

Kohlendioxid-Partialdruck
- Atemminutenvolumen
- Atmungsregulation

Kohlendioxid-Pool
- B Kohlenstoffkreislauf

Kohlendioxidrezeptoren
- chemische Sinne

Kohlenfisch
Kohlenflöze
- ↗ Flöze

Kohlenhydrate
- □ Aminosäuren (Abbau)
- M Brennwert
- B Dissimilation I
- B Dissimilation II
- essentielle Nahrungsbestandteile

Kohlenhydratstoffwechsel

- Kohlenhydratstoffwechsel
- M Molekülmasse
- Nahrungsmittel
- ☐ Nahrungsmittel
- Nahrungsstoffe
- Nährwert
- B Photosynthese II
- respiratorischer Quotient
- Stoffwechsel
- B Stoffwechsel
- Verdauung
- Wurzelausscheidungen

Kohlenhydratstoffwechsel
- Adrenalin
- Bor
- Diabetes
- Glucagon
- B Stoffwechsel
- B Vitamine

Kohlenhydratveratmung
Kohlenkalk
- Karbon

Kohlenkalksee
- ☐ Karbon

Kohlenleistling
- M Polyporales

Kohlenmonoxid (= CO)
- Abgase
- Atmungskette
- B chemische und präbiologische Evolution
- Hämoglobine
- M Kohlenstoffkreislauf
- M Luftverschmutzung
- ☐ MAK-Wert
- Ozon
- Priestley, J.
- ☐ Tabak

Kohlenmonoxidhämoglobin
- Atemgifte
- Kohlenmonoxid
- Warburg, O.H.

Kohlenmonoxidvergiftung
- Atemgifte
- Hämoglobine

kohlenmonoxidverwertende Bakterien
- Carboxidobakterien

Kohlenoxid
- Kohlenmonoxid

Kohlensäure
- Harnstoff
- ☐ Niere (Regulation)
- Wurzelausscheidungen

Kohlensäure-Alkalicarbonatpuffer
- ☐ Blutpuffer

Kohlensäurediamid
- Harnstoff

Kohlensäuredüngung
Kohlensäurehydratase ⁄
kohlensaurer Kalk
- Kalk
- ☐ Kalkdünger

kohlensaurer Magnesiumkalk
- Kalk
- ☐ Kalkdünger

Kohlenstoff
- M Bioelemente
- Cellulose
- M extraterrestrisches Leben
- ☐ Geochronologie
- M Isotope
- Kekulé von Stradonitz, F.A.
- Mineralisation
- M Molekülmodelle
- organisch

Kohlenstoffäquivalent
- Polarregion

Kohlenstoffassimilation ⁄
Kohlenstoffbilanz
- M Kohlenstoffkreislauf

Kohlenstofffluorid
- Fluor

Kohlenstoffkreislauf
- celluloseabbauende Mikroorganismen
- Cytophagales

- methanbildende Bakterien
- methanoxidierende Bakterien

Kohlenstoff-14-Methode ⁄
- ☐ Geochronologie
- ⁄ Radio-Carbon-Methode

Kohlenstofftetrachlorid
- Tetrachlorkohlenstoff

Kohlentiere
- Anthracotherien
- Paarhufer

Kohlenwasserstoffe
- Luftverschmutzung
- Smog

kohlenwasserstoff-oxidierende Bakterien
Kohleprospektion
- Palynologie

Köhler
- B Fische III

Köhler, G.J.F.
Köhler, W.
- Denken

Köhlersche Beleuchtung
- ☐ Mikroskop (Aufbau)

Köhlerschildkröte
- Landschildkröten

Kohleule
Kohlfliegen ⁄
- M Blumenfliegen

Kohlgallenrüßler
- B Pflanzenkrankheiten II

Kohlhernie
- B Pflanzenkrankheiten II

Kohlkopf
- Knospe

Kohlkropf
- Glucobrassicin

Kohllaus
Kohlmeise
- M Röhrenläuse

Kohlmeise
- B Europa XII
- M Gelege
- ☐ Gesang
- Lernen
- Meisen
- Rasse
- B Rassen- u. Artbildung I
- Semispezies
- ☐ Verhaltenshomologie
- B Vogeleier I

Kohlmotte ⁄
Kohlrabi ⁄
- M Knolle
- ☐ Kohl
- B Kulturpflanzen V
- ☐ Rüben

Kohlrabikörperchen ⁄
Kohlröschen
- B Alpenpflanzen

Kohlrübe ⁄
- ☐ Kohl
- B Kulturpflanzen II

Kohlrübenblattwespe
- Tenthredinidae

Kohlschabe ⁄
Kohlschnaken ⁄
- B Insekten II
- M Tipulidae

Kohlschnotenmücke ⁄
Kohlwanze
- M Wasserkäfer

Kohlweißlinge ⁄
- M Flug
- Gartenschädlinge
- Pteromalidae
- ⁄ Schmetterlinge (Falter)
- M Schmetterlinge (Raupe)

Kohorte
Koinzidenz
- ☐ Funktionsschaltbild

Koinzidenzglied
- M doppelte Quantifizierung
- ☐ Motivationsanalyse

Koinzidenz-Index
Koji
- ☐ Verzuckerung

Kojisäure
Kojote
- Gesang

- B Nordamerika III

Kojotenhund ⁄
Kokako
- M Lappenkrähen

Kokardenblume
- B Nordamerika III

Kokastrauch ⁄
Kokastrauchgewächse ⁄
Kok-Effekt ⁄
kokkale Formen
- Algen
- B Algen I

Kokkelskörner
- Fischkörner
- Menispermaceae
- Pikrotoxin

Kokken
Kokkulin
- Pikrotoxin

Kokon
- Brutfürsorge
- Cremaster
- Gespinst
- Hornfrösche
- Puppe
- Seide
- M Wespenspinne

Kokosfasern
- B Früchte
- Fruchtfasern
- Kokospalme

Kokoskrebs ⁄
Kokosmilch
- B Früchte
- Kokospalme

Kokosnuß
- B Früchte
- Kokospalme
- M Kokospalme

Kokospalme
- Fettspeicherung
- B Kulturpflanzen III

Kokospalmenälchen
Kokoswasser
- Kokospalme
- M Kokospalme

Kokrodua
- ☐ Holz (Nutzhölzer)

Kokzidien ⁄
Kokzidienkrankheit
- Kokzidiose

Kokzidiose
Kokzygealsegmente
- Rückenmark

Kolben ⁄
Kolbenente
- Tauchenten

Kolbenfäule
- M Fusarium

Kolbenflügler ⁄
Kolbenhirse ⁄
- Ackerbau

Kolben-Sumach
- B Nordamerika V
- Sumach

Kolbenträgergewächse
- Balanophoraceae

Kolbenwasserkäfer
- Laboulbeniales
- M Wasserkäfer

Kolibris
- M Bestäubung
- Eisenkrautgewächse
- M Flug
- B Konvergenz bei Tieren
- M Körpergewicht
- Nest
- B Nordamerika IV
- Ornithogamie
- ☐ Ornithogamie
- M Ornithogamie
- Südamerika
- B Vögel II
- weiße Muskeln
- Winterschlaf
- B Zoogamie
- Zunge

Koline ⁄
Kolk (Moorsee)

Kolk (Wattmulde) ⁄
Kolkrabe
- Alpentiere
- Dauerehe
- Europa
- B Europa V
- hemerophil
- Monogamie
- ☐ Rabenvögel
- Zählvermögen

Kollagen
- Altern
- Bindegewebe
- Biomineralisation
- Elastin
- elastische Fasern
- Gerbstoffe
- Glutin
- Glycin
- Interzellularsubstanz
- Kollagenasen
- M Kooperativität
- Proteine
- ☐ Proteoglykane
- Reticulin
- Skleroproteine

Kollagenasen
- M Lysosomen

kollagene Fasern
- Entzündung
- Gitterfasern
- Sehnen

kollagene Fibrillen
- ☐ Muskulatur

kollagene Krankheiten
- Allergosen

Kollagen-Fibrillen
- kollagene Fasern

Kollagentheorie
- Altern

Kollaterale (Gefäße)
Kollaterale (Nerven) ⁄
- Konvergenz
- ☐ Nervensystem (Funktionsweise)
- Nervenzelle
- ☐ Nervenzelle

kollaterale Beiknospen
- ☐ Achselknospe
- Beiknospen

Kollateralgefäße
- Kollaterale

Kollateralkreislauf
- Kollaterale

Kolle, Wilhelm
- Kolleschale

Kollektiv
- Generation

Kollektivart
- Sammelart

kollektive Aggressivität
- Hassen

Kollektive Amöben
kollektive Balz
- Gruppenbalz

kollektives Unbewußtes
- Bewußtsein

Kollektor
- Perlenzucht
- Rastermikroskop

Kollenchym ⁄
Kollencyten ⁄
Kolleschale
Kolletere ⁄
Kölliker, R.A. von
- B Biologie I
- B Biologie II
- B Biologie III
- Haeckel, E.
- Köllikersche Grube

Köllikersche Grube
kolline Stufe ⁄
Kollodium
- Celloidin

kolloïd
- Gerinnung
- kolloïdosmotischer Druck
- Schutzkolloide
- Sol

– Zsgmondy, R.A.
kolloiddispers
– Dispersion
Kolloïde
– Koazervate
– kolloid
– Quellung
– ↗ Bodenkolloide
Kolloïdik
– kolloid
kolloidosmotischer Druck
– Druckfiltration
Kolonie
– Autozoïde
– Greifvögel
– [M] Revier
– Tiergesellschaft
Koloniebildung
– Einzeller
Koloniebrüter
– Brutrevier
Kolonievögel
– Koloniebrüter
Kolonisierung
– Tierwanderungen
Kolonisten
– Kolonisierung
Kolonne
– [B] Chromatographie
Kolophonium
– Abietinsäure
– Kiefer (Pflanze)
– Terpentin
Koloquinte ↗
– [B] Kulturpflanzen X
Kolorimeter
– Kolorimetrie
Kolorimetrie
Kolossalfasern
– [M] Nervensystem (Riesenfasern)
Kolostral-Körperchen
– Kolostrum
Kolostralmilch
– Kolostrum
Kolostrum
Kölreuter, J.G.
Kolsun ↗
Kolumbatscher Mücke ↗
Kolumbianische Wehrente
– [B] Rassen- u. Artbildung I
Kombessa
– Latimeria chalumnae
kombinant
Kombinationseignung
– Hybridzüchtung
– [M] Kreuzung
– Polycrossmethode
– Topcrossmethode
Kombinationsmethode
– Empfängnisverhütung
Kombinationszüchtung ↗
Kombu
Kombucha
– Teepilz
Komedonen
– Talgdrüsen
Kometen
– Dinosaurier
Kometenfalter
Kometenschweif
– Kometenfalter
Kometen-Stadium
– Seestern
Komfortverhalten
– [M] Funktionskreis
– Gähnen
– Ritualisierung
– soziale Körperpflege
Komfrey ↗
Komidologie
Komku
– Braunalgen
Kommabakterium ↗
Kommafalter ↗
– [M] Duftschuppen
Kommaschildlaus ↗
– [M] Schildläuse
Kommensalismus
– Blattroller

Kommentkampf
– Demutsgebärde
– Selektion
– Verhaltenshomologie
Kommissuren
– Gliederfüßer
– Nervensystem
– [B] Nervensystem I
– ☐ Oberschlundganglion
kommunal
– [M] staatenbildende Insekten
Kommunikation
– Ausdrucksverhalten
– Bienensprache
– Determination
– Gesicht
– Hand
– Hautdrüsen
– Membranpotential
– Schwanz
– Signal
– Stridulation
– Tiergesellschaft
Kommunikationstheorie
– Systemtheorie
Komodo-Waran
– [B] Asien VIII
– Orientalis
– Warane
Komondor
– ☐ Hunde (Hunderassen)
Kompartiment (Entwicklungsbiologie)
Kompartiment (Zellbiologie) ↗
– Membrantransport
– Stoffwechsel
Kompartimentierung
– Eucyte
– Eukaryoten
– Membranfluß
– Streß
Kompartimentierungsregel
Kompaßorientierung
– ☐ Komplexauge (Aufbau/Leistung)
– magnetischer Sinn
– Menotaxis
– Vogelzug
Kompaßpflanzen
– Temperaturregulation
Kompaßqualle
kompatibel
– Kompatibilität
– Streß
Kompatibilität (allgemein)
Kompatibilität (Botanik)
– Selbstkompatibilität
Kompatibilität (Medizin)
Kompensationspunkt
Kompensationsreaktionen
– Dehnungsrezeptoren
Kompensationsstufe
– Litoral
– Profundal
– See
kompensatorische Hypertrophie
– Regeneration
kompensierende Mutationen
– Rückmutation
kompetente Zellen
– Kompetenz
Kompetenz (Bakteriologie)
Kompetenz (Entwicklungsbiologie)
– Induktion
kompetitive Hemmung
– Allosterie
– Antimetaboliten
– Enzyme
kompetitive Hybridisierung
– Hybridisierung
Komplement
– [M] Glykoproteine
– Konglutination
– Virusinfektion
komplementär
– Komplementarität

Komplementärfarben
– Dichromasie
– Farbstoffe
Komplementärgene
– Kryptomerie
Komplementarität
– r-loop
– [B] Transkription - Translation
Komplementaritätstest ↗
Komplementärsymmetrie
– Symmetrie
Komplementation
– Erbkrankheiten
Komplementationstests
– Komplementation
Komplementbindungsreaktion
– Bordet, J.
– ☐ Immunglobuline
Komplementfaktoren
– [M] Globuline
komplementierende Gene
– Komplementärgene
Komplementlyse
– Plaque-Test
Komplementsystem
– Komplement
Komplexauge
– [B] Farbensehen der Honigbiene
– Gesichtsfeld
– Gliederfüßer
– [B] Gliederfüßer I
– Gliedertiere
– holochroal
– Hundertfüßer
– ☐ Insekten (Kopfgrundtyp)
– Retina
– ☐ Retinomotorik
– Tapetum
– Trilobiten
– Turbanauge
Komplexbildner
– [M] Waschmittel
Komplexgehirn
– Cephalisation
Komplexheterozygotie
Komplexion
– Komplexverbindungen
Komplexität
– Wissenschaftstheorie
Komplexsalze
– Komplexverbindungen
Komplexverbindungen
– Bodenentwicklung
– Wasserstoffbrücke
Kompost
– Abfallverwertung
– Bacillus
– Bakterien
– Dünger
Kompostabfall
– ☐ Abfall
Kompostieren
– ☐ Abfall
– Rotte
Konbu
– Kombu
Kondensat
– ☐ Tabak
Kondensation
– [M] Fettsäuren (Fettsäuresynthese)
– [B] Kohlenhydrate I
– ☐ Konservierung (Konservierungsverfahren)
– supercoil
Kondensationskerne
– Klima
kondensierende Vakuolen
– Golgi-Apparat
kondensierte Ringsysteme
Kondensor
– [B] Elektronenmikroskop
– [M] Fluoreszenzmikroskopie
– ☐ Mikroskop (Aufbau)
– ☐ Phasenkontrastmikroskopie

Konditionierung
– Hull, C.L.
– Reflex
Kondom
– [M] Empfängnisverhütung
Kondor
– Kamm
– [M] Lebensformtypus
– [B] Südamerika VII
Konduktion
– Temperaturregulation
– Wärmehaushalt
Konduktorin
– Bluter-Gen
– Bluterkrankheit
Konektive
– Konnektive
Konfiguration
– asymmetrisches Kohlenstoffatom
– Racemate
– Stereochemie
Konflikt
– Aggression
– Ambivalenz
– umorientiertes Verhalten
Konfliktverhalten
– Ritualisierung
– [B] Ritualisierung
– Stereotypie
– Substitution
Konformation
– Biopolymere
– Proteine
– Röntgenstrukturanalyse
– Stereochemie
β-Konformation
– Faltblattstruktur
– Keratine
Konformations-Hypothese
– ☐ Atmungskette (Hypothesen)
Konformität
kongenital
kongenitale Verwachsung
– Telomtheorie
Konglobation
Konglutination
Kongo-Becken
– [B] Vegetationszonen
Kongo-hämorrhagisches Fieber
– Bunyaviren
Kongoni ↗
Kongorot
– Cystobacteraceae
Kongression
Konidien
– Ascosporen
– Fortpflanzung
Konidienträger
Konidiosporen
– Konidien
Koniferen ↗
König ↗
– Geschlechtstiere
– staatenbildende Insekten
– [M] Termiten
Königin
– Arbeitsteilung
– Drohne
– Geschlechtsbestimmung
– Geschlechtsorgane
– Geschlechtstiere
– staatenbildende Insekten
– [M] Termiten
– [M] Vespidae
Königin der Nacht ↗
– ephemere Blüten
– [B] Südamerika I
Königinfuttersaft ↗
Königinsubstanz
– Gelée royale
– Hummeln
– Pheromone
– staatenbildende Insekten
Königsbarsch
Königsfarn
– Farne
– Königsfarngewächse

Königsfarngewächse

Königsfarngewächse
Königsgeier
- Neuweltgeier
- [B] Nordamerika VIII

Königshelm
Königsholothurie
Königsholz
- Brechnußgewächse

Königshühner
- Asien

Königskammer
- [M] Termiten

Königskerze
- [B] Blüte (Staubblätterrückbildung)
- [B] Europa XVII
- [M] Haare
- [M] Rachenblüte

Königskobra
Königskrabbe
- [M] Limulus

Königslachs
- [B] Fische II
- [M] Lachse

Königslibelle
Königslilie
- Lilie
- [M] Strahlenschäden

Königsmakrele
- [B] Fische VI
- Makrelen

Königsnattern
Königsnektarvögel
- [B] Afrika III
- Nektarvögel

Königspalme
- [B] Nordamerika VII

Königsparadiesvogel
- [B] Australien I
- Paradiesvögel
- [B] Selektion III

Königspinguin
- Pinguine
- [B] Polarregion IV

Königsröhrling
- Dickfußröhrlinge

Königsschlange
- [B] Reptilien III
- [B] Südamerika II

Königsseegebiet (BR Dtl.)
- [B] National- und Naturparke I

Königsseeschwalbe
- [B] Nordamerika VI

Königsstachelmakrele
- [B] Fische VI

Königstyrann
- [M] Tyrannen

Konjugation
- Befruchtung
- Donorzellen
- F-Pili
- Gamontogamie
- Generationswechsel
- Induktion
- [B] Meiose
- [B] Sexualvorgänge
- Transformation
- Wimpertierchen

konjugierte Kernteilung
konjugiertes System
- [M] freie Drehbarkeit

Konjunktivitis
- [M] Haemophilus

Konkauleszenz
- Rekauleszenz

Konklusion
- Deduktion und Induktion

Konkordanz
- Zwillingsforschung

Konkrementdrüse
- Kreismundschnecken

Konkremente
- Konkretionen

Konkreszenztheorie
Konkretionen (Geologie)
Konkretionen (Zoologie)
Konkurrent
- Konkurrenz

Konkurrenz
- [B] adaptive Radiation
- Charakter-Displacement
- Charakterkonvergenz
- Darwinismus
- Daseinskampf
- Determination
- Divergenz
- Evolution
- Inselbiogeographie
- Kurzflügler
- [B] Larven II
- ökologische Sonderung
- Pflanzengesellschaft
- Selektion
- Sippenselektion
- Wurzel
- Wurzelausscheidungen

Konkurrenzausschlußprinzip
- ökologische Nische
- Rasse
- Stellenäquivalenz

Konkurrenz-Stärke
- Vitalität

Konkurrenz-Vermeidung
- □ Schlüssel-Schloß-Prinzip
- [M] Verdauung

konnatal
Konnektive (Botanik)
Konnektive (Zoologie)
- Nervensystem
- [B] Nervensystem I

Konnex
Konrad von Megenberg
- [B] Biologie I
- [B] Biologie III

konsekutive Dormanz
- Oligopause

konsekutive Zwittrigkeit
- Zwittrigkeit

konsensuell
- Pupillenreaktion

konservativer Endemismus
konservative Vorstadien
- Rekapitulation

Konserven
- Botulismus
- Konservierung

Konservendosen
- [M] Blei
- Zinn

Konservierung
- Alkohole
- Baumwollpflanze
- [B] Biologie III
- Biotechnologie
- Kryofixierung
- Mikrobiologie
- Mumifikation
- Nitrosamine
- Präparationstechniken
- Salmonellen
- Vitamine

Konservierungsmittel
- Antivitalstoffe
- Bakteriostatika
- Bakterizide
- Biotransformation
- □ Konservierung (Konservierungsverfahren)

Konsolidierung
- Engramm

Konsonanten
- [M] Sprache

Konstanz der Arten
Konstitution
- funktionelle Gruppen

konstitutionelle Resistenz
- Trockenresistenz

Konstitutionstyp
konstitutive Enzyme
konstitutives Merkmal
Konstriktor
Konsumenten
- □ Energieflußdiagramm
- Konsumtion
- Nahrungspyramide
- □ Nahrungspyramide
- Rekuperanten

Konsumtion
Kontaktbereitschaft
- [M] Bereitschaft

Kontaktgesellschaften
Kontaktgifte
Kontakthemmung
- Kontaktinhibition

Kontaktinhibition
- Membran
- Wachstum
- Zellkommunikation
- [M] Zelltransformation

Kontaktkrankheiten
- dichteabhängige Faktoren

Kontaktlaute
- Nachfolgereaktion

Kontaktlinse
- □ Brechungsfehler

Kontaktsuche
- [M] Bereitschaft
- Schlafverband

Kontakttier
- Kontaktverhalten

Kontaktverhalten
Kontamination (Mikrobiologie)
Kontamination (Umweltbiologie)
kontaminativ
- Übertragung

Kontiguität
- bedingter Reflex

kontinentalaustralische Subregion
- tiergeographische Regionen

Kontinentalböschung
- Kontinentalhang

Kontinentaldrifttheorie
- australische Region
- Gondwanaland
- Kreationismus
- Südamerika

kontinentale Kiefernwälder
- Vaccinio-Piceetea

Kontinentalhang
- [B] Kontinentaldrifttheorie
- Schelf

Kontinentalrand
- □ Meeresbiologie (Lebensraum)

Kontinentalschelf
- Schelf

Kontinentalsockel
- □ Meeresbiologie (Lebensraum)
- □ Produktivität

Kontinentalverschiebung
- Biogeographie
- Florengeschichte

Kontinentalverschiebungstheorie
- Kontinentaldrifttheorie

kontinuierliche Kultur
kontinuierliches Areal
kontinuierliche Variation
- Mutationstheorie

kontinuierliche Verbreitung
- Verbreitung

Kontinuität
- Leben
- [M] Leibniz, G.W.

Kontinuitätsprinzip
- Regeneration

kontort
kontrahieren
- Kontraktion

kontraktil
kontraktile Ampullen
- Herz

kontraktile Proteine
- Bewegung
- Muskelproteine
- quergestreifte Muskulatur
- Spasmin

kontraktile Vakuole
- Ampulle
- [M] Euglenophyceae
- Exkretion
- [M] Pantoffeltierchen

Kontraktion
Kontraktionsvermögen
- glatte Muskulatur

Kontraktionswellen
- Peristaltik

Kontraktionswurzeln
Kontraktur
Kontraposition
- Deduktion und Induktion

Kontrast (allgemein)
Kontrast (Optik)
- Elektronenmikroskop
- Kondensor
- □ Mikroskop (Vergrößerung)
- □ Phasenkontrastmikroskopie

Kontrast (Psychologie)
Kontrast (Sinnesphysiologie)
- Corpus geniculatum laterale
- □ Nervensystem (Funktionsweise)

Kontrastbetonung
- ökologische Nische
- Somatolyse

Kontrastblende
- [B] Elektronenmikroskop

Kontrastierungsverfahren
- Mikroskop
- mikroskopische Präparationstechniken

Kontrastmittel
- □ Röntgenstrahlen

Kontrastüberhöhung
- □ Kontrast

Kontrastvermeidung
Kontrazeption
Kontrazeptiva
- Empfängnisverhütung

Kontrollgene
Kontrollregion
- □ Galactose-Operon
- Kontrollgene
- □ Lactose-Operon

Konturfedern
- Deckfedern
- Dunen
- Federfluren
- Vogelfeder
- [M] Vogelfeder

Konularien
Konvektion
- Dichteschichtung
- Temperaturregulation
- Wärmehaushalt

konvergent
- Konvergenz

konvergente Evolution
- Analogie - Erkenntnisquelle
- ↗ Konvergenz

Konvergenz (Evolutionsbiologie)
- [B] adaptive Radiation
- Alkaloide
- Analogie - Erkenntnisquelle
- Analogieforschung
- Erdferkel
- Faunenanalogie
- Kondor
- Lebensformtypus
- Maulbrüter
- monophyletisch
- [M] Morphologie
- ökologische Nische
- Pyrotheria
- Schlundsackschnecken
- Sukkulenten

Konvergenz (Sinnesphysiologie)
- □ Nervensystem (Funktionsweise)

Konvergenzreaktion
- Pupillenreaktion

Konvergenzwinkel
- Entfernungssehen

Konvergenzzüchtung
Konversion
Konzentration (Chemie)
- Acidimetrie

Kormorane

- Biochorion
- Geschwindigkeitsgleichung
- Hoff, J.H. van't
- Kolorimetrie
- Massenwirkungsgesetz
- Maßanalyse
- Osmose
- ppm
- Reaktionskinetik

Konzentration (Stammesgeschichte)
- Geschlechtsorgane

Konzentrationsgradient
- aktiver Transport
- Diffusion

Konzentrationsregel
- Vervollkommnungsregeln

Konzeptakeln
Konzeption
Koonungidae
- Anaspidacea

kooperatives Verhalten
- agonistisches Verhalten

Kooperativität
Koordination (allgemein) ↗
Koordination (Systematik)
- Klassifikation

Koordination (Ethologie) ↗
Koordination (Physiologie) ↗
- Bewegungslernen

Koordinationsapparat
- □ Organsystem

Koordinationsareal
- Cephalisation

Koordinationsverbindungen ↗
Kopaivabalsam
Kopal
Kopalbaum
- Kopal

Kopalharze
- Kopal

Kopernikanische Wende
- Paradigma

Kopernikus, Nikolaus
- anthropisches Prinzip
- Copernicia

Kopf
- Antenne
- Cephalometrie
- Gehirn
- □ Gliederfüßer
- B Gliederfüßer I
- Hirnnerven
- □ Rindenfelder
- Schädel

Kopfabschnitt
- Kopf

Kopfarterie
- □ Arterienbogen
- □ Blutkreislauf (Umbildungen)
- Kopfschlagader
- B Wirbeltiere II

Kopfbaum
- □ Baum

Kopfbein
Kopfbildung ↗
Kopfbinden-Zwergnatter
- Eirenis

Kopfbrust ↗
Kopfbuckel
- Glabella

Köpfchen ↗
- Korbblütler

Köpfchenschimmel ↗
- B Pilze I
- B Pilze II

Kopfdarm
- Rachenmembran

Kopfdreher
- Kopfnicker

Kopfdrüsen
- Frontalorgan

Kopfdüngung
Kopfeibe
- Cephalotaxaceae

Kopfeibengewächse ↗
Köpfen
- Entgipfeln

Kopffortsatz
Kopffuß
- Kopf
- Podium

Kopffüßer
- Bactriten
- Brachialganglion
- □ Gehirn
- □ Kambrium
- □ Karbon
- Nervensystem
- B Nervensystem I
- ↗ Tintenfische
- ↗ Tintenschnecken

Kopfgrind
- Favus

Kopfholzwirtschaft
Kopfhornschröter ↗
- M Hirschkäfer

Kopfkäfer ↗
- B Käfer I

Kopfkappe
Kopfkapsel
- Anteclipeus
- Cephalisation
- Gula
- Insekten
- B mechanische Sinne I
- Tentorium

Kopfkohl ↗
Kopflappen ↗
- Archicephalon
- Bonellia
- □ Gehirn

Kopflaus
- B Insekten I
- B Parasitismus II

Kopfmuskeln
- □ Organsystem

Kopfnephridien
- Hundertfüßer

Kopfnicker
Kopfnieren
- Doppelschwänze

Kopfproportionen
- M Fetalisation

Kopfried
Kopfrippen
Kopfsalat ↗
- B Kulturpflanzen V
- M Lattich

Kopfscheibe
- Schild

Kopfschild (Insekten) ↗
Kopfschild (Eidechsen) ↗
- M Eidechsen

Kopfschild (Schnecken)
- Schild

Kopfschild (Trilobiten) ↗
Kopfschildschnecken
- Bedecktkiemer

Kopfschlagader ↗
Kopfskelett ↗
Kopfsoral ↗
Kopfsteher ↗
Kopfstigma
Kopfuhr
- Symphyla

Kopfuhr
Kopfweiden
- Kopfholzwirtschaft
- Weide (Pflanze)

Kopfwender
- Kopfnicker

Kopfwollgrassumpf ↗
- Caricetalia nigrae

Kopliksche Flecke
- Masern

Koppeln
- Umtriebsweide

Koppelung
Koppelungsbruch ↗
Koppelungsgruppe ↗
- M Chromosomentheorie der Vererbung
- gekoppelte Erbanlagen
- Mendelsche Regeln
- Merkmalskoppelung
- Morgan-Gesetze
- Rekombination

Koppelungswert
Koppelweide
- Umtriebsweide

Köppen, W.R.
Kopra ↗
- Kokospalme

Koprakäfer ↗
Koprochrome
Koprolithen
Koprophagen
Koprophagie
- Koprophagen

koprophil
koprophile Pilze ↗
koprophob
- koprophil

Koproporphyrine
- □ Porphyrine

Koprostanol
Koprosterin
- Koprostanol

koprozoide Zone
- M Saprobiensystem

Kopulation (Botanik)
- Veredelung

Kopulation (Zoologie)
- Sexualität - anthropologisch

Kopulationsapparat ↗
Kopulationsfüße ↗
Kopulationskanal
- B Algen III

Kopulationsorgane
Kopulationsrad
- Libellen

Kopulationstasche
- Apollofalter
- ↗ Begattungstasche

Kopulationszange
- Forceps

kopulieren
- Kopulation

Korakan ↗
Korallen
- 3,5-Diiodtyrosin
- Dornenkronen-Seestern
- □ Kambrium
- □ Karbon
- □ Kreide
- M Riff
- Symmetrie
- M Verdauung
- M Ziegenbärte

Korallenbarsche ↗
Korallenbäumchen
- Nachtschatten

Korallenbeere
- Geißblattgewächse

Korallenfinger
Korallenfische
- B Fische VIII
- B Rassen- u. Artbildung II

Korallenfischkrankheit
Korallenflechten
Korallenmoos (Becherflechten) ↗
Korallenmoos (Seemoos)
Korallenpilze
Korallenriffe
- Bohrschwämme
- Darwin, Ch.R.
- Feuerkorallen
- Foraminiferenkalk
- □ Produktivität
- Steinkorallen
- B Temperatur
- Zooxanthellen

Korallensand
Korallenschlangen
- Königsnattern
- Mimikry
- B Nordamerika VII
- Rollschlangen
- Südamerika
- B Südamerika V

Korallenschnecken
Korallenstrauch (Hülsenfrüchtler) ↗
Korallenstrauch (Nachtschattengewächs) ↗

Korallenwurz
- Saprophyten

Korallite
- Dissepimentarium

Koralloide
- Rhizothamnien

Korbblütige
- Korbblütlerartige

Korbblütler
- □ Fruchtformen
- Halophyten
- Ordnung
- Oreophyten

Korbblütlerartige
Korbblütlergewächse ↗
- Korbblütler

Körbchen (Botanik) ↗
Körbchen (Zoologie)
Körbchensammler
Korbmuscheln
Korbweide
- □ Baum (Baumformen)
- M Weide (Pflanze)

Korbzellen
Koremium
- Hyphen

Koretrophyllites
- Phyllothecaceae

Koriander
- Gewürzpflanzen
- B Kulturpflanzen IX

Koriandrol
- Linalool

Korinthen ↗
Kork
- Abschlußgewebe
- Cytologie
- Hooke, R.
- Sproßachse
- Suberin
- Transpiration
- M Verdunstung
- Verkorkung

Kork, unechter
- Phelloid

Korkeiche
- Jahresringe
- B Mediterranregion II

Korken
- Kork

Korkholz
Korkkambium ↗
- Kallus

Korkmotte
- Tineidae

Korkpolyp ↗
Korkporlinge
- Feuerschwämme

Korkrinde ↗
Korksäure
Korkschorf
- Pulverschorf

Korkschwämme
Korkstachelinge ↗
Korkstäubling
- Stielbovistartige Pilze

Korkstoff
- Suberin

Korkwarzen ↗
Kormophyten
- Blatt
- M Devon (Lebewelt)
- B Farnpflanzen III
- Gewebe
- Grundorgane
- Kormus
- Leitungsgewebe
- Pflanzen
- B Pflanzen, Stammbaum
- Rhizophyten
- M Urfarne

Kormorane
- Ayu
- Brutfleck
- Galapagosinseln
- M Gewölle
- Horst
- Koloniebrüter
- □ Nahrungskette

Kormus

- Polarregion
- [B] Polarregion III
- Südamerika
- [B] Südamerika VIII
- [B] Vögel II

Kormus
- Dickenwachstum
- Podostemaceae
- [M] Telomtheorie

Korn ↗
  ↗ Getreidekorn

Kornberg, A.
- ☐ Desoxyribonucleinsäuren (Geschichte)
- Gensynthese

Kornberg, H.L.
- Krebs-Kornberg-Zyklus

Kornberg-Enzym
- Kornberg, A.

Kornberg-Polymerase
- Kornberg, A.

Kornblume ↗
- Cyanidin
- [B] Europa XVI
- Saatgutreinigung

Kornblumenqualle ↗
Kornblumenröhrling
- Gyroporus

Körnchenflieger
- Samenverbreitung

Körnchenröhrling
- [M] Schmierröhrlinge

Körnchenschirmlinge ↗
Kornelkirsche ↗
- [M] Hartriegel

Körnerbock
Körnerfresser
- karpophag
- Muskelmagen
- Schnabel

Körnerkrankheit
- ☐ Chlamydien

Körnerschicht
- ☐ Haut
- Nervengewebe
- [B] Netzhaut

Körnerwarze ↗
Kornfraktionen
- Bodenarten
- [M] Gefügeformen

Kornkäfer ↗
- Plattkäfer
- [M] Rüsselkäfer

Kornmotte ↗
Kornnatter ↗
Kornrade
- Saatgutreinigung

Kornschnecken
Körnung
Körnungsklassen ↗
- Bodentextur

Kornwurm
korollinisch
- Perigon

Koromandel-Häherkuckuck
- [B] Asien VII

Koronargefäße
- [M] Arteriosklerose
- Herz
- ☐ Nervensystem (Wirkung)
  ↗ Herzkranzgefäße

Koronarinfarkt
- Herzinfarkt

Koronarsklerose
- ☐ Herzinfarkt

Koronarthrombose
- ☐ Herzinfarkt

Körper
Körper-Antigene
- O-Antigene

Körperarterie ↗
Körperbautypen ↗
Körperflüssigkeiten
- Blut
- Blutkreislauf
- Gefäße
- humoral
- Osmoregulation
- [M] Säuren

- Serologie
- Wasser

Körperform
- Biomechanik
- [M] Konvergenz bei Tieren
- Körpergröße

Körperfossilien
- Fossilien

Körperfühlsphäre
- [B] Gehirn

Körpergewicht
- [M] Biometrie
- Flüssigkeitsräume
- Haustierwerdung
- ☐ Hunger
- p₅₀-Wert
- [M] Stoffwechselintensität

Körpergröße
- [M] Allometrie
- [M] Biometrie
- Gyrifikation
- Haustierwerdung
- Statistik
- Stoffwechselintensität
- [M] Stoffwechselintensität
- Wachstum

Körpergrößensteigerung
- Copesches Gesetz

Körpergrundgestalt
Körperhaltung
- Hirnstammzentren
- Motorik
- [B] Nervensystem II

Körperkerntemperatur
- Dromedar
- Körpertemperatur

Körperkontakt
- Distanztier
- Hand
- Jugendentwicklung: Tier-Mensch-Vergleich

Körperkreislauf
- [B] Herz
- [M] Herz
- Herzmuskulatur
- Hohlvenen
  ↗ Blutkreislauf

Körperpflegehandlung ↗
Körperproportionen
- Bambutide
- Nahrungsmangel

Körpersäfte
- Humoralpathologie
  ↗ Körperflüssigkeiten

Körperschlagader ↗
- ☐ Blutkreislauf (Darstellung)

Körpersegmente
- Anamerie
  ↗ Segmente

Körperstamm
- Rumpf

Körpertemperatur
- ☐ Atmungsregulation (Atemzentrum)
- [M] Glucocorticoide (Wirkungen)
- Homöostase
- Regelung
- Temperaturanpassung
- Temperaturregulation
- Wärmetod
- Winterschlaf

Körperzellen ↗
- ☐ Keimbahn

Korpuskularphilosophie
- Descartes, R.

Korpuskularstrahlung
- Bestrahlung
- kosmische Strahlung
  ↗ Teilchenstrahlung

Korrekturenzyme
Korrekturlesen
- DNA-Reparatur

Korrelation
- [M] Statistik

Korrelationsgesetz
Korrelationskoeffizient
- Korrelation
- Statistik

Korrelationsrechnung
- Statistik

korrelativ
- Korrelation

korrelative Hemmung
- Korrelation

Korridor
- Landbrücke

Korrigum ↗
Korrosion
- Auftausalze
- Rauchgasschäden
- schwefeloxidierende Bakterien
- Sulfatreduzierer

Korrosionsfäule ↗
Korrosionshemmer
- ☐ Kohl

Korrosionspräparate
- Präparationstechniken

Korrosionsschutz
- [M] Waschmittel

korrugativ
- Knospenlage

Korsak ↗
Korschelt, E.
- [B] Biologie I

Korsische Pankrazlilie
- [B] Mediterranregion IV

Korynetes
- Corynetidae

Korynetinae ↗
Koschenille-Schildlaus
- Cochenille-Schildlaus

Kosmeë ↗
- [B] Nordamerika VIII

Kosmetika
- Harze

kosmische Strahlung
- Biostack-Programm
- ☐ chemische Evolution
- [B] chemische und präbiologische Evolution
- ☐ Geochronologie
- Präkambrium
- Strahlenbelastung

kosmische Weltsicht
- Biologismus

Kosmobiologie
Kosmoceras
Kosmologie
- anthropisches Prinzip

Kosmopoliten
- Verbreitung

kosmopolitisch
- Kosmopoliten

Kosmos
- anthropisches Prinzip
- Präkambrium

Kossel, A.
Kot ↗
- [M] Wasserbilanz
  ↗ Faeces

Kotfliegen ↗
Kotfressen
- Koala

Kotfresser ↗
- [M] Darm

Kotgeruch
- Gleitfallenblumen

Kotingas ↗
Kotkäfer
- Mistkäfer

Kotkapsel
- Köcher

Kotling
- Ascobolaceae

Kotmaske
Kotsack ↗
Kotsack-Gespinstblattwespen ↗
Kotspeicher
- Gliederfüßer

Kotsteine ↗
Kotwanze ↗
Kotwespen ↗
Kotyledonarhaustorium
Kotyledonarknospen
Kotyledonarscheide
- Coleoptile

Kotyledonarspeicherung
Kotyledonen ↗
- ☐ Allorrhizie
- Brutbeutel
- Placenta

Kouphichnium
- Mesolimulus

Kouprey
Kovalenz
- chemische Bindung

Kowalevskaia
- Copelata

Kowalevskaiidae ↗
Kowalewski, A.O.
- Gastraea-Theorie
- Kowalevskaiidae

Kow Swamp
Koyote
Krabbelphase
- Verhalten

Krabben
- Crangonidae
- Gliederfüßer

Krabbenfresser
Krabbenfresserrobbe
- Polarregion

Krabbenspinnen
- Fanghafte

Krabbentaucher ↗
- [B] Polarregion I

Krachmandel ↗
Krafft-Ebing, Richard Freiherr von
- Sexualität - anthropologisch

Kraft
- [M] Fortbewegung (Physik)

Kräfteparallelogramm
- ☐ Flugmechanik

Kraftfeld
- Potential

Kraftstoffe
- [M] Biomasse
  ↗ Benzin
  ↗ Dieselkraftstoff

Kraftübertragung
- Kollagen

Kraftwerke
- [M] Luftverschmutzung
- Stickoxide

Kragen
- [M] Enteropneusten

Kragenbär
- [B] Asien IV
- ☐ Bären

Kragenechsen
- [B] Australien I

Kragenente
- [B] Asien I
- Meerenten

Kragenfäule
- Phytophthora

Kragenflagellaten
Kragengeißeltierchen ↗
Kragengeißelzellen ↗
- [B] Schwämme
  ↗ Choanocyten

Kragenmark
- Enteropneusten

Kragenparadiesvogel
- [B] Selektion III

Kragentiere ↗
Krähen
- [B] Europa XVII
- [B] Europa XVIII
- [B] Europa XX
- [M] flügge
- [M] Fortbewegung (Geschwindigkeit)
- ☐ Gewölle
- Hassen
- ☐ Lebensdauer

Krähenbeere
- [B] Europa II
- Krähenbeerengewächse
- ☐ Rollblätter

Krähenbeerengewächse
Krähenbeer-Sandheiden ↗
Krähenfuß
Krähenscharbe
- Kormorane

Kreuzkümmel

Krähenschnaken ↗
Kraits ↗
Krakatau
Kraken
- [M] Saugnapf

Kralle
- Herrentiere
- Huf
- Katzen
- Lebensformtypus

Krallenaffen
- Südamerika

Krallendrüse
- □ Bärtierchen

Krallenfingermolche ↗
Krallenfrösche
- Amphibienoocyte
- Genamplifikation
- mechanische Sinne
- Versuchstiere

Krallenkalmar
- Onychoteuthis

Krallenplatte
- Kralle

Krallenschwänze
- Wasserflöhe

Krallensehne
- Extremitäten

Krallensohle
- Kralle

Kramer, Johann Georg Heinrich
Krameriaceae
Krameria
- □ Heilpflanzen
- Krameriaceae

Krameriaceae
Krammetsvogel
Krampf
↗ Muskelkrampf

kranial
Kraniche
- [B] Afrika I
- [B] Asien II
- Europa
- [B] Europa VIII
- □ Flugbild
- □ Lebensdauer
- Mauser
- Nestflüchter
- [B] Vögel II
- Vogelzug

Kranichvögel
Kraniokinetik
- Jochbogen
- Nattern
- Reptilien

Kraniologie ↗
Kraniotabes
- Rachitis

Krankenkost
- Diät

Krankheit
- Mensch und Menschenbild
- Pathologie

Krankheitserkennung
- Diagnose

Krankheitserreger
- [M] Abwasser
- [M] Actinomycetales
- Ausscheider
- Wasserverschmutzung
↗ Pathogene

Kranzfühler ↗
Kranzfurche
- Herz

Kranzfüße ↗
Kranznaht
- □ Schädel

Krapina
Krapp
- Ackerbau

Krappartige
Krappfarbstoffe
- Krapp

Krappgewächse
Krater
- Vulkanismus

Kraterellen ↗

Kraton
- Laurentia

Kratzbeere ↗
Kratzdistel
- Kohldistel
- Unkräuter
- [B] Unkräuter

Kratzdistel-Zwenkenrasen ↗
Krätze (Botanik) ↗
Krätze (Medizin)
- Akarinose

Kratzer ↗
Krätzflechten
- leprös

Krätzmilbe
Kratzwürmer ↗
Kraulen
- Hand

Krause, Wilhelm Johann Friedrich
- Krausesche Endkolben

Krause Glucke ↗
- [B] Pilze IV

Kräuselkrankheit
Kräuselmosaik
- Kräuselkrankheit

Kräuselradnetzspinnen
- Giftspinnen

Kräuselspinnen
Kräuselung (Haare)
- Parallelmutationen
↗ Kraushaar

Kräusen
- Bier

Krausesche Endkolben
- Mechanorezeptoren
- Temperatursinn

Kraushaar
- Rassengenese

Kraushaaralgen ↗
Krauskohl ↗
Kraut
- Herba
- Kräuter

Kräuter
Kräuterbücher
- [B] Biologie II

Kräuterdieb ↗
Krautfäule
Krautfresser
- Herbivoren

krautige Pflanzen
- [M] Wassertransport

Krautlaicher
- [M] Laich

Krautschicht ↗
- Samenverbreitung
- Synusien
- Transpiration
- Wald

Kraut- und Knollenfäule
- [M] Pflanzenkrankheiten
- [B] Pflanzenkrankheiten I

Kraut-Weide
- [M] arktoalpine Formen
- [B] Polarregion I
- Weide (Pflanze)

Kreationismus
- Kreationismus

Kreatin
- Clearance
- [M] Exkretion
- Reststickstoff
- Sarkosin

Kreatinin ↗
- [M] Exkretion
- □ Harn (des Menschen)
- Pettenkofer, M.J. von
- Reststickstoff

Kreatinkinase
- Herzinfarkt
- Kreatin

Kreatinphosphat ↗
- [B] Biochemie
- [M] Hydrolyse
- Phosphagene

Kreatinphosphokinase
- Kreatin

Kreatinsteine
- Harnsteine

Kreationismus - Zurück zum Mythos?
- Determination

Kreationisten
- Abstammung - Realität
- Kreationismus

Krebs
- Biotransformation
- Fibiger, J.A.G.
- [B] Mitose
- Papillomviren
- Rous, F.P.
- somatische Inkonstanz
- Strahlenbelastung
- Strahlenschäden
- Streß
- □ Tabak
- Teratom
- Tumorantigene
- Wachstum
- Warburg, O.H.
- Zellkultur
- Zelltransformation
↗ Tumor

Krebs, H.A.
- [B] Biochemie
- [B] Biologie II
- Citratzyklus
- Harnstoffzyklus
- Krebs-Kornberg-Zyklus
- Krebs-Zyklus

krebsartiges Zellwachstum
- Chalone

Krebsaugen
- Flußkrebse

Krebse ↗
- chemische Sinne
- [B] Larven II
↗ Krebstiere

Krebsentstehung
- Carcinogenese
- □ Krebs

krebserregend
- Ballaststoffe
- Kohlenwasserstoffe
- [M] Krebs
↗ cancerogen

Krebsgene ↗
- □ Gentechnologie

Krebs-Kornberg-Zyklus ↗
Krebs-Mehrschritt-Therapie
- Krebs

Krebsotter
- Nerze

Krebspest ↗
- Europa

Krebsschere
Krebsstein ↗
- [M] Malacostraca

Krebssuppe
- Zimteule

Krebstherapie
- □ Colchicin
- Cytostatika
- Krebs

Krebstiere
- chemische Sinne
- □ Extremitäten
- Ganzbeinmandibel
- Gliederfüßer
- □ Karbon
- □ Komplexauge
- [B] Larven II
- [M] Tiefseefauna (Artenzahl)

Krebstrugnatter
- Wassertrugnattern

Krebsviren ↗
- Rous, F.P.
- Stanley, W.M.

Krebs-Zellen
- aerobe Glykolyse
- Altern
- Immunität
- Krebs

Krebs-Zyklus ↗
Kreide (Erdzeitalter)
- [B] Kontinentaldrifttheorie

Kreide (Schreibkreide)
- [M] Albedo

- Kalkflagellaten

Kreideschimmel
- Brotschimmel
- Hansenula
- Hyphopichia

Kreidigkeit
Kreis (Systematik) ↗
Kreiselkäfer ↗
Kreiselkorallen ↗
Kreiselpilz
- Erdwarzenpilze

Kreiselschnecken
Kreiselwespe
Kreisflechte ↗
Kreisfrequenz
- [M] Schwingung

Kreishornschaf
Kreislauf ↗
- Zirkulation
↗ Blutkreislauf
↗ Stoffkreisläufe

Kreislaufzentren
Kreislinge ↗
Kreismundschnecke
Kreisprozeß
- Regelung
- Steuerung
↗ Kreislauf

Kreiswirbler
Krempe
Kremplinge
Kremplingsartige Pilze
- Kremplinge

Krenal
Krenobionten
- Krenal

Krenon
- Krenal

Krenophile
- Krenal

krenoxen
- Krenal

kreodont
Kresol
- □ MAK-Wert
- Pseudomonas
- [M] Wehrsekrete

Kresotbusch
- Nordamerika

Kresse
kretazisch ↗
Kretinismus
Kretische Wildziege
- Bezoarziege

Kretschmer, E.
Kreuz
- Wirbelsäule

Kreuzbänder
- Kniegelenk

Kreuzbein
- Lendenwirbel
- [B] Skelett
- [M] Wirbelsäule

Kreuzbeinwirbel
- Kreuzwirbel

Kreuzbestäubung
- □ Autogamie

Kreuzblume ↗
- [M] Kreuzblumengewächse

Kreuzblumenartige
Kreuzblumengewächse
Kreuzblütler
- diarch
- □ Fruchtformen

Kreuzbrustschildkröten
- Schlammschildkröten

Kreuz der Anneliden
Kreuzdorn
Kreuzdornartige
Kreuzdorngewächse
Kreuzfrosch ↗
Kreuzgang
- Quadrupedie

kreuzgegenständig ↗
Kreuzkraut ↗
Kreuzkröte
- atlantische Floren- und Faunenelemente

Kreuzkümmel

Kreuzlabkraut

Kreuzlabkraut
Kreuzlähme
– [M] Trypanosoma
Kreuzotter
– Alpentiere
– [B] Europa XI
– Melanismus
– [B] Reptilien III
– Schlangengifte
Kreuzprobe
– Bluttransfusion
Kreuzreaktivierung
– ☐ Virusinfektion (Wirkungen)
Kreuzrebe
– Bignoniaceae
Kreuzschnäbel
– [B] Europa V
– Prägung
– [B] Vögel I
– Vogelzug
Kreuzspinnen
– [M] Spinnennetz
Kreuzstrauch
– Baccharis
Kreuztisch
– [B] Elektronenmikroskop
– Mikroskop
Kreuzung
– Äquivalenz
– ☐ botanische Zeichen
– [B] Chromosomen I
– Erbgang
– Mendel, G.J.
– Mendelsche Regeln
– [B] Mendelsche Regeln I
Kreuzungssterilität
Kreuzungstest
– Topcrossmethode
Kreuzungszüchtung
– Mutationszüchtung
– Pflanzenzüchtung
– Tierzüchtung
– Züchtung
kreuzweise gegenständig
– dekussierte Blattstellung
kreuzweiser Gang
– Gangart
Kreuzwirbel
– Lendenwirbel
Kribralteil
Krickente
– [B] Europa VII
– [M] Gelege
– [M] Schwimmenten
Kriebelmücken
– Flußblindheit
– Harpellales
– [B] Insekten II
– Röhrenkiemen
Kriechbewegung (Lebewesen)
Kriechbewegung (Schnee)
Kriecher
– Weinbergschnecken
Kriechpflanze
– ☐ botanische Zeichen
Kriechrasen
Kriechsohle
– Cristella
Kriechspuren
– ☐ Kambrium
– ↗ Lebensspuren
Kriechstendel
Kriechtiere
– [M] Oviduct
– ☐ Rote Liste
– [B] Wirbeltiere II
– ↗ Reptilien
Krieg
– Ethik in der Biologie
– Mensch und Menschenbild
– Tötungshemmung
Kries, J.A.
Krill
– Polarregion
Kriminologie
– Palynologie
Krippentod
– ☐ Botulismus

Kristallgitter
– Atom
– [M] chemische Bindung
– Entropie - in der Biologie
– [B] Kohlenstoff (Bindungsarten)
– Röntgenstrukturanalyse
– [M] Symmetrie
kristalline Phase
– Membran
Kristallisationswärme
– Frostschutzberegnung
Kristallkegel
– Hauptpigmentzellen
– ☐ Retinomotorik
Kristallkörper (Mikrobiologie)
– Endosporen
Kristallkörper (Zoologie)
Kristallschicht
Kristallschnecken
Kristallschwärmer
– Radiolaria
Kristallstiel
– Magenschild
– Verdauung
Kristallwasser
– Wasser
Kristallzellen (Augenteil)
Kristallzellen (Leuchtorganismen)
Kristallzellen (Pflanzen)
– ☐ Blatt (Querschnitt)
kritische Dichte
kritische Distanz
– Aggression
– Angriff
– [B] Bereitschaft II
kritische Helligkeit
– Licht
kritische micellare Konzentration
– ☐ Membranproteine (Detergentien)
Krogh, S.A.S.
Kroghsche Diffusionskonstante
– Diffusion
Krohn, A.
– Eukrohnia
– Heterokrohnia
– Krohnia
– Krohnitta
Krohnia
Krohnitella
– [M] Chaetognatha
Krohnitta
Krokodile
– [B] Afrika I
– [B] Australien I
– brüten
– Dinosaurier
– [B] Dinosaurier
– Gehörorgane
– Gelege
– Harnblase
– ☐ Lebensdauer
– Mystriosaurus
– [B] Reptilien I
– [B] Reptilien II
– Rippen
– Schambein
– Suchia
– Südamerika
– [B] Südamerika III
– Systematik
Krokodilhäute
– ☐ Artenschutzabkommen
Krokodilkaiman
– Alligatoren
– [B] Südamerika III
Krokodilmolche
Krokodilschleichen
Krokodilstränen
– Osmoregulation
Krokodilteju
– Südamerika
Krokodilwächter
– [B] Afrika I

– Putzsymbiose
Krokus
– [B] Europa XX
Kromdraai
– [B] Paläanthropologie
Kronacher, C.
– Koehler, O.
Kronbein
– Huf
Kronblätter
– [M] Andropetalen
– Bedecktsamer
– [B] Bedecktsamer II
– Blütenbildung
Kronblattkreis
– Blüte
– [B] Blüte
Kronborgia
– Strudelwürmer
Krone (Botanik)
– Blüte
Krone (Zoologie)
– [M] Geweih
– [M] Seelilien
Kronen-Anemone
– [B] Mediterranregion IV
– Windröschen
Kronenauffang
Kronenbasilisken
Kronenbäume
– Baum
Kronendurchlaß
– ☐ Wasserkreislauf
Kronenkranich
– [B] Afrika I
– [M] Kraniche
Kronenlattich
Kronenlaubfrosch
– Anotheca
Kronenquallen
Kronenregion
– Stratifikation
Kronenschnecken
Kronenstockwerke
– Afrika
– Asien
– Australien
– Regenwald
– Südamerika
Kronentaube
– [B] Australien I
– Tauben
Kronentrauf
Kronenverlust
– Interzeption
– Kronenauffang
Kronenwurzeln
Kronismus
– Infantizid
– Kannibalismus
Kronrand
– Huf
Kronröhre
Krontaube
– [B] Australien I
– Tauben
Kronwicke
– ☐ Bodenzeiger
Kropf (Medizin)
– Hyperthyreose
– [M] Iod
Kropf (Zoologie)
– Gliederfüßer
– Hühnervögel
– [M] Insekten (Darmgrundschema)
– [M] Magen
– Oesophagus
– Regurgitation
– Saugmagen
– Tote Mannshand
– Verdauung
– [B] Verdauung I
– [B] Wirbeltiere I
Kropfgazelle
– Asien
Kropfkrankheit
– Kohlhernie
Kropfmilch
– Ernährung

– ☐ Hormone (Drüsen und Wirkungen)
– Prolactin
– Tauben
Kropfnoxen
Kropfsammler
– Pollensammelapparate
Kropftaube
– [B] Selektion II
– [M] Tauben
Krot
– Meeresschildkröten
– Schildpatt
Kröten
– Alkaloide
– Biddersches Organ
– ☐ Desoxyribonucleinsäuren (Größen)
– [M] Parotoiddrüse
Krötenechsen
Krötenfisch
– [M] Kiemen
Krötenfliege
Krötenfrösche
Krötengifte
Krötenhautkrankheit
– Valsakrankheit
Krötenkopfagamen
Krötenottern
Krötenschnecken
Krötentest
Krubenschwamm
– Kremplinge
Krucken
– Gemse
Krugblattgewächse
– Cephalotaceae
Krüger Nationalpark (Südafrika)
– [B] National- und Naturparke II
Krugiodendron
– [M] Eisenholz
Krumbach, T.
– [M] Placozoa
Krümelbildung
– Ton-Humus-Komplex
Krümelgefüge
– Bodenentwicklung
– Bodenkolloide
– ☐ Gefügeformen
Krümelstruktur
– Unkräuter
Krumm-Birke
– [B] Europa II
Krummdarm
– Mitteldarm
Krummhals
Krummholz
– Krummholzgürtel
Krummholzgürtel
– Zwergstrauchgürtel
Krummholzstufe
– Frosttrocknis
– Krummholzgürtel
Krummhornkäfer
– Laufkäfer
Krummschwanz
– [M] Kolibris
Krummseggenrasen
– Alpenpflanzen
Krümmungsbewegungen
– hygroskopisch
– Kohäsionsmechanismen
– Schließbewegungen
– ☐ Tropismus
Krunodiplophyllum
Krupp
– Diphtherie
– [M] Paramyxoviren
Krüppelfußartige Pilze
Krüppelwald
– Südamerika
Krustenanemonen
Krustenechsen
– Giftzähne
– Nordamerika
– [B] Nordamerika VIII
Krustenflechten
– effiguriert

Krustenpilz
- Xylariales
Krustentiere
- Krebstiere
Kryal
Kryobiologie
Kryobionten
Kryofixierung
Kryoflora
Kryoklastik
Kryokonit
- Kryokonitlöcher
Kryokonitlöcher
Kryolith
- Fluor
Kryon
kryophil
Kryophyten
Kryoplankton
- Höhengrenze
Kryosphäre
Kryoturbation
- arktische Böden
Kryozön
- Kryon
Krypten
Kryptendarm
Kryptobiose
Kryptofossilien
kryptogam
- Gefäßkryptogamen
Kryptogamen
Kryptogamengesellschaft
- Bunte Erdflechtengesellschaft
Kryptogamengürtel
Kryptogramme
- ☐ Viren (Kryptogramme)
Kryptomerie
Kryptonephridien
Kryptonephrie
- Kryptonephridien
Kryptopentamerie
Kryptophyten
- Algen
- Geophyten
- ☐ Lebensformen (Gliederung)
- ☐ Lebensformen
Kryptopleurie
- M Käfer
Kryptopterus
Kryptorchidismus
- Kryptorchismus
Kryptorchismus
- M Erbfehler
Kryptosterin
- Lanosterin
Kryptosternie
Kryptotypus
Kryptoxanthin
- Carotinoide
Kryptozoikum
Kryptozoit
Kryptozoospermie
- M Sperma
K-Schale
- M Atom
K-Selektion
- Größensteigerung
K-Strategen
- Größensteigerung
Kuba-Baumratten
- Capromyidae
Kuba-Krokodil
- Südamerika
Kuba-Laubfrosch
- Osteopilus
- Südamerika
Kubaspinat
Kuboid
Kubuskraniophor
- Anthropometrie
Küchenlauch
- B Kulturpflanzen IV
- Lauch
Küchenschabe
- B Darm
- M Hausschaben

- M Schaben
Küchenschelle
- ☐ Autogamie
- ☐ Bodenzeiger
- B Europa XIX
Küchenzwiebel
- B Kulturpflanzen IV
- M Lauch
- M Tränendrüse
Kücken
- Küken
Kuckucke
- Adoption
- B Europa X
- ☐ Lebensdauer
- ökologische Rasse
- Vogelei
- Vogelart
- Vogeluhr
- Vogelzug
Kuckucksbienen
Kuckucksfaltenwespen
- Vespidae
Kuckuckslichtnelke
- M Lichtnelke
- Schmetterlingsblütigkeit
Kuckucksklippfisch
- B Fische I
- Lippfische
Kuckucksnelke
- Lichtnelke
Kuckucksrüßler
- Blattroller
Kuckucksspeichel
- Batelli-Drüsen
Kuckucksstendel
Kuckucksvögel
Kuder
- Kater
Kudu
- B Afrika VII
- ☐ Antilopen
Kudzubohne
- Hülsenfrüchtler
Kuehneotheriidae
Kuehneotherium
- Kuehneotheriidae
- Peramuridae
Kuehner, R.
- Kuehneromyces
Kuehneromyces
- Stockschwämmchen
Kugelasseln
Kugelbakterien
- Kokken
Kugelbauchmilben
Kugelbaum
- ☐ Baum
Kugelblaualgenartige
Kugelblume
- M Kugelblumengewächse
Kugelblumengewächse
- Kugeldistel
Kugelfischartige
Kugelfische
- M Kiemen
Kugelfischverwandte
Kugelfliegen
Kugelgelenk
- Gelenk
- Hand
Kugelhalsbock
- Blütenböcke
Kugelhefe
Kugelkäfer
- Trüffelkäfer
Kugelkaktus
- B Nordamerika VIII
Kugelkrabben
Kugelmuscheln
Kugelmycel
Kugelnest
- M Nest (Nestformen)
Kugelorchis
- M Orchideen
Kugelpilz
Kugelrädertier
- Trochosphaera
Kugelschnecken
Kugelschneller

Kugelschötchen
Kugelsoral
Kugelspinnen
Kugelspringer
Kugeltyp
- Doppelfüßer
Kugelwaid
- M Waid
Kugelwanzen
Kugelwerfer
- Sphaerobolaceae
Kugelzahnfische
- Kauapparat
Kugler, H.
- Bestäubungsökologie
Kuh
Kuhantilopen
- B Afrika II
Kuhauge
Kuhbaum
- Brosimum
Kuhblume
Kuhbohne
Kuhfisch
- Kofferfische
Kuhfladen
- Cypselidae
- Rhabditida
kühlgemäßigte, feuchte Klimate
- Klima
Kühlkette
- Konservierung
Kühlschrank
- Konservierung
Kühlwirkung
- M Gegenstromprinzip
- Hecheln
Kühlzentrum
- Temperaturregulation
Kuhmaul
- Blätterpilze
Kühn, A.
Kuhn, H.
- Abstammung - Realität
Kuhn, R.J.
- Carotin
Kuhn, Th.
- Paradigma
Kühne, W.F.
- B Biologie II
Kühnelt, W.
- M ökologische Nische
Kuhpilz
Kuhpocken
Kuhpockenvirus
Kuhreiher
- B Afrika III
- Parökie
- Putzsymbiose
- Reiher
Kuhrochen
Kuhröhrling
- M Schmierröhrlinge
Kuhschelle
Küken
- B Kaspar-Hauser-Versuch
- Prägung
- M Prägung
Kükenruhr
- Kokzidiose
Kükenthal, W.
Kukuruz
- Mais
Kulan
Kulm
- Karbon
Kulminationspunkt
- ☐ Massenvermehrung
Kultosole
- Kulturböden
Kultur (Anthropologie)
- Geist - Leben und Geist
- Leib-Seele-Problem
- Mensch und Menschenbild
- Natur
Kultur (Labortechnik)
- Zellkultur

Kümmelöl

Kultur (Land- und Forstwirtschaft)
Kulturanthropologie
Kulturbegleiter
- Kulturfolger
Kulturbiotop
- Kulturbiozönose
Kulturbiozönose
- Humanökologie
Kulturböden
kulturelle Evolution
- Ethik in der Biologie
- Mensch
- Selbstdomestikation
- Tradition
kulturelle Normen
- Ethik in der Biologie
kulturelle Ritualisierung
kulturelle Tradition
- Jugendentwicklung: Tier-Mensch-Vergleich
kulturelle Umwelt
- Hygiene
Kulturensammlung
- Passage
- M Stamm
Kulturenvergleich
Kulturflüchter
Kulturfolger
- Hausratte
Kulturgeschichte
- Geist - Leben und Geist
Kulturhefen
- Saccharomyces
kulturindifferent
Kulturland
- Bewässerung
- ☐ Produktivität
Kulturlandschaft
- Europa
- Landschaftsökologie
- Naturschutz
- Strauchformation
- Vegetation
Kulturmedium
Kulturpflanzen
- Abart
- Anorthoploidie
- Bedecktsamer
- Bodenreaktion
- Euploïdie
- B Gentechnologie
- Genzentrentheorie
- Keimruhe
- kulturelle Evolution
- Landsorten
- Landwirtschaft
- M Leerfrüchtigkeit
- Mutationszüchtung
- Naturschutz
- Pflanzenzüchtung
- Ressourcen
- Samenverbreitung
- Südamerika
- Unkräuter
Kulturrasen
- Molinio-Arrhenatheretea
Kulturrassen
- Rasse
Kulturröhrchen
Kultursauer
- Sauerteig
Kultursteppe
- Europa
Kulturvarietät
Kulturwälder
- M Holozän
Kulturweiden
- Weide
Kulturwesen
- Geist - Leben und Geist
- Mensch und Menschenbild
Kümmel
- Cuminal
- Gewürzpflanzen
- B Kulturpflanzen VIII
Kümmelöl
- Karvon
- Kümmel

Kümmerkorn

Kümmerkorn
– Notreife
Kummerspeck
– Hunger
Kümmerwuchs ↗
– Verzwergung
Kumpan
– M Stimmungsübertragung
Kumulation
kumulieren
– Kumulation
Kumys
Kumyß
– Kumys
Kundebohnenmosaik-Virus-gruppe
Kundekäfer
– M Samenkäfer
Kunden
– M Auslöser
Kuneïforme ↗
Kungur-Stufe
– M Perm
Kunstdünger ↗
– Landwirtschaft
Kunstfleisch
– Sojabohne
Kunstharze
– Präparationstechniken
Kunsthonig
– Invertzucker
künstliche Auslese
– B Selektion II
künstliche Befruchtung
– künstliche Besamung
künstliche Besamung
– Sperma
künstliche Intelligenz
– Denken
künstliche Klassifikation
– künstliches System
künstliche Natur
– Holozän
künstliche Populationen
– Haustierwerdung
künstliches Bittermandelöl
– Benzaldehyd
künstliches Reizmuster
– Attrappenversuch
künstliches System
– M Kryptogamen
– Linné, C. von
– Systematik
künstliche Welt
– Kultur
künstliche Zuchtwahl
– Domestikation
– Haustiere
Kunstprodukt
– Artefakt
Kunstsprache
– Bewußtsein
Kunststoffe
– Abbau
– abbauresistente Stoffe
– Biotechnologie
– □ Chemie
– Kohlenwasserstoffe
– makromolekulare chemische Verbindungen
Kunthsches Gesetz
Kupfer
– Coeruloplasmin
– Eisenstoffwechsel
– M Fungizide
– □ MAK-Wert
– mikrobielle Laugung
– Nährsalze
– Pestizide
Kupferbrand
Kupfercarbonat
– Kupfer
Kupferchlorid
– Keimgifte
Kupferglucke ↗
Kupferhexacyanoferrat (II)
– M osmotischer Druck
Kupferkies
– Schwefel

Kupferkopf ↗
– B Nordamerika IV
Kupfermulle
– Goldmulle
Kupferotter
– Kreuzotter
Kupferproteine
– Kupfer
Kupferstecher ↗
Kupfersulfat
Kupfervitriol
– Kupfersulfat
Kupffer, Karl Wilhelm von
– Kupffersche Sternzellen
Kupffersche Sternzellen
– Entgiftung
– Leber
– Makrophagen
kupieren
Kürbis
Kürbisgewächse
– Cucurbitacine
– Kalk
– Leitbündel
Kürbisspinne
Kurols
Kursbestimmung
– Navigation
Kurter
Kurth, Heinrich
– Kurthia
Kurthia
Kurtoidei ↗
Kurtus
– Kurter
Kuru-Krankheit
– Gajdusek, D.C.
– slow-Viren
Kurzdeckenbock
– Wespenböcke
Kurzelytrigkeit
– Kurzflügler
Kurzfingrigkeit
– Brachydaktylie
Kurzflossenkalmar
Kurzflügeligkeit ↗
Kurzflügler
– Fangmaske
– B Insekten III
– Käfer
– M Komplexauge (Querschnitte)
– Termitengäste
– Wehrsekrete
Kurzfühlerschrecken ↗
Kurzfußmolch
Kurzgrasprärie
– Kurzgrassteppe
Kurzgrassteppe
Kurzgriffeligkeit
– Brachystylie
Kurzhaardackel
– □ Hunde (Hunderassen)
Kurzhaarkatze
– B Katzen
Kurzhalsgiraffen
– Palaeotraginae
– Sivatherium
Kurz-Hochwerden
– □ Balz
Kurzkammleguan
– Polynesische Subregion
Kurzkeimentwicklung
Kurzknotigkeit
– Kräuselkrankheit
Kurzkopf
– M Längen-Breiten-Index
Kurzkopffrösche ↗
– M Engmaulfrösche
Kurzkopfwespen ↗
Kurzlibellen ↗
Kurzohrfuchs
– Waldfüchse
Kurzschädel
– M Längen-Breiten-Index
Kurzschnabeligel
– M Ameisenigel
– B Australien IV
Kurzschnauzenbären ↗

Kurzschnauziges Seepferdchen
– B Fische VII
– Seepferdchen
Kurzschröter ↗
– M Hirschkäfer
Kurzschwanzaffen
– □ Sakiaffen
Kurzschwanzgazellen
– Asien
– Ziegengazellen
Kurzschwanzkrebse ↗
Kurzsichtigkeit ↗
– Erbkrankheiten
Kurzspringer ↗
Kurzsproß
– Blüte
Kurzstielsandwespen ↗
Kurzstreckenzieher
– Vogelzug
Kurztag
– Photoperiodismus
– Überwinterung
Kurztagpflanzen ↗
– Photoperiodismus
Kurztrieb
– B Nadelhölzer
Kurzzeiterhitzung
– Pasteurisierung
Kurzzeitgedächtnis
– M Altern
– Anoxie
– Gedächtnis
Kusimansen ↗
Kuskuse
Kuß ↗
– □ Humanethologie
↗ Lippenkontakt
Kußkrankheit
– Mononucleose
Kußmaul-Atmung
– M Atmungsregulation
– Diabetes
Küste
– Europa
– Felsküste
Küstenfauna
– Brandungszone
Küstenfieber ↗
Küstenfische
– B Fische VI
Küsten-Mammutbaum
– B Nordamerika II
– Sequoia
Küstenmangrove
– Küstenvegetation
– Mangrove
Küstenmastkrautgesellschaften ↗
Küstennebel
– Südamerika
Küstensauger ↗
– M Schiffshalter
Küstenschnecken
Küstenseeschwalbe
– □ Flugbild
– Migration
– Seeschwalben
– M Vogelzug
Küstensequoia
– Sequoia
Küstenspringer ↗
Küstenvegetation
Kusus
Kutantest
– Hauttest
Kutorgina
– Kutorginida
Kutorginida
Kutteln
– Gekröse
Kützing, F.T.
– alkoholische Gärung
Kuvasz
– □ Hunde (Hunderassen)
K-Virus
– Polyomaviren
Kwashiorkor
– Eiweißmangelkrankheit

– Tropenkrankheiten
KW-Stoffe
– Kohlenwasserstoffe
Kyarranus
Kyasanur Forest Disease
– □ Togaviren
Kybernetik
– Behaviorismus
– Biokybernetik
– B Biologie II
– Bionik
– Denken
– Wiener, N.
kybernetische Steuerprozesse
– ökologische Regelung
Kymographion
– B Biologie III
– Ludwig, C.F.W.
Kynologie
Kynurenin
– M Exkretion
– B Genwirkketten II
Kynurensäure
– M Exkretion
Kyppe
– Kefir
Kyzylagach
– M Togaviren

L ↗
L. ↗
L 6
– M Zellkultur
Lab ↗
Labbruch
– Käse
Labdan
– Diterpene
Labdanolsäure
– M Resinosäuren
Labdanum
– M Resinosäuren
Labdrüsen
Labellen
Labellum (Botanik)
– Ingwergewächse
– Orchideen
Labellum (Zoologie)
Labeo ↗
– Flußpferde
Labferment
– □ Enzyme (Technische Verwendung)
– M Labkraut
– Magen
Labgerinnung
– M Käse
Labia
– Lippen
– M Ohrwürmer
Labialdrüse
– Gespinst
– Gliederfüßer
– M Insekten (Darmgrundschema)
Labialganglion
Labialnieren
– Coxaldrüsen
Labialpalpe
– □ Insekten (Kopfgrundtyp)

- □ Mundwerkzeuge
- □ Schmetterlinge (Falter)

Labialscheide
- □ Schmetterlinge (Falter)

Labialsegment

Labialtaster ↗

Labia minora
- □ Vagina

Labiatae ↗

labidodont
- Gebiß

Labidognatha ↗

Labidognathie
- M Orthognatha

Labidoplax
- M Seewalzen

Labidosaurus
- □ Perm

Labiduridae ↗

Labiidae ↗

Labiomaxillarkomplex
- Mundwerkzeuge

Labium (Anatomie)

Labium (Botanik)

Labium (Zoologie)
- Fangmaske
- B Homologie und Funktionswechsel
- □ Insekten (Kopfgrundtyp)
- Kurzflügler
- □ Mundwerkzeuge
- □ Schmetterlinge (Falter)
- ↗ Labia

Labium inferius
- Unterlippe

Labkraut
- B Europa XIX
- Glechometalia
- Nebenblätter
- ↗ Klebkraut

Labkraut-Eichen-Hainbuchenwald ↗

Labkraut-Weiden ↗

Lablabbohne ↗

Labmagen
- M Magen

Labmagenrauschbrand
- Bradsot

Laboratoriumstiere
- Amphibien
- M Nagetiere
- ↗ Versuchstiere

Labormaus
- Hausmaus
- Haustiere

Laborratte
- Haustiere
- Ratten
- Wanderratte

Laborsicherheitsmaßnahmen
- Genmanipulation

Laboulbène, Alexandre
- Laboulbeniales

Laboulbeniaceae
- Laboulbeniales

Laboulbeniales

Laboulbeniomycetidae
- Laboulbeniales

Labradorhund
- B Hunderassen II

Labrador Retriever
- B Hunderassen II

Labradorstrom
- B Vegetationszonen

Labradortee
- Salicylsäure

Labridae
- Lippfische

Labroidei ↗

Labroides
- Lippfische

Labrum
- □ Gliederfüßer
- B Homologie und Funktionswechsel
- □ Insekten (Kopfgrundtyp)
- □ Mundwerkzeuge
- M Schmetterlinge (Raupe)

Labrus ↗

Laburnum ↗

Labyrinth (Atmungsorgan) ↗

Labyrinth (Innenohr)
- B chemische Sinne I
- Felsenbein
- Mechanorezeptoren
- □ Ohr
- Otolithen
- M Weber-Knöchelchen

Labyrinthfische
- Fische

Labyrinthkanal
- Coxaldrüsen

labyrinthodont
- Labyrinthodontia

Labyrinthodontia
- Anthracosauria
- Eryops
- □ Karbon
- Mastodonsaurus
- Plagiosauridae
- □ Wirbeltiere

Labyrinthomorphe
- □ Pilze

Labyrinthorgan
- M Labyrinthfische

Labyrinthreflex
- Brücke

Labyrinthspinne

Labyrinthula ↗

Labyrinthulea
- □ Pilze

Labyrinthulomycetes ↗

Labyrinthversuch

Labyrinthzähner ↗

labyrinthzähnig
- labyrinthodont

lac ↗

Lacaze-Duthiers, H. de

Lacazella
- Lacazella

Laccainsäure
- Anthrachinone

Lacca musci
- Lackmus

Laccaria ↗

Laccasen ↗
- Weißfäule

Laccifer
- Schildläuse

Lacciferidae ↗

Lacerta ↗

Lacertidae ↗

La Chapelle-aux-Saints

Lächeln
- Beschwichtigung
- Mimik
- M Sprache

Lachen

Lachender Hans ↗

Lachesis ↗

Lachgas
- Klima
- Narkotika
- Priestley, J.
- Stickoxide

Lachkrankheit
- Kuru-Krankheit

Lachmöwen
- Aggression
- B Europa VII
- □ Flugbild
- Möwen

Lachnea
- M Unitunicatae

Lachnellula
- Hyaloscyphaceae
- Lärchenkrebs

Lachnidae ↗

Lachnospira
- □ Pansensymbiose (Pansenbakterien)

Lachs, Henrietta
- HeLa-Zellen

Lachsähnliche

Lachse
- B Fische III
- M Fortbewegung (Geschwindigkeit)
- M Gelege
- M Laichperioden
- Laichwanderungen
- Nest
- Ortsprägung
- Osmoregulation

Lachsfische
- Edelfische

Lachsforelle
- B Fische III
- Forelle

Lachshuhn
- B Haushuhn-Rassen

Lachten
- Harze

Lacinia ↗
- □ Mundwerkzeuge

Lacinia mobilis
- Mundwerkzeuge
- Peracarida

Laciniaria

laciniat

Lacinius ↗

Lacinularia

Lackdrüsen
- Hautdrüsen

Lacke
- □ Dipterocarpaceae
- Fette
- Harze

Lackmus
- Basen
- Roccellaceae

Lackmusmilch

Lackmuspapier

Lackpilze ↗

Lackporlinge

Lackschildläuse ↗

Lacktrichterlinge ↗

lac-Operator ↗

lac-Operon ↗

lac-Promotor ↗

lac-Repressor ↗

Lacrimae
- Benzoëharz

Lacrymaria

Lactalbumin
- Albumine

β-Lactam-Amidohydrolase
- Penicillinase

β-Lactam-Antibiotika
- Cephalosporium

β-Lactamase
- Ampicillin
- Penicillinase

β-Lactame
- Amide
- Ampicillin
- M Antibiotika (Therapeutische Klassen)
- □ Cephalosporine

β-Lactam-Ring
- M Penicilline

Lactarelis
- M Täublinge

Lactarius ↗
- M Mykorrhiza

Lactase ↗

Lactat-Dehydrogenase
- B Chromosomen III
- □ Enzyme (Enzymmuster)
- B Glykolyse
- Gossypol
- M Methylglyoxal
- □ Nicotinamidadenindinucleotid (Absorptionsspektren)
- M Oxidoreduktasen

Lactatdehydrogenase-Virus
- M Togaviren

Lactate ↗
- Anaerobiose
- M Bradykardie
- B Dissimilation I
- B Dissimilation II
- Glykolyse
- B Glykolyse
- M Lactat-Dehydrogenase-Reaktion
- M Methylglyoxal
- □ Phosphoketolase
- B Redoxpotential
- B Stoffwechsel
- M Succinatgärung
- M Sulfatatmung
- ↗ Milchsäure

Lactation
- Modulation

Lactationshormon ↗

Lactationsperiode
- Milchzeit

Lactationszeit
- Milchzeit

Lactobacillaceae

Lactobacillus ↗
- Darmflora
- M Malo-Lactat-Gärung
- mikroaerophile Bakterien
- M Milchsäurebakterien
- Phosphoketolase
- M Vaginalflora
- M Wein (Fehler/Krankheiten)
- M Zahnkaries

Lactobiose
- Lactose

Lactoferrin
- Eisenstoffwechsel
- Milchproteine

Lactoflavin ↗

lactogenes Hormon ↗

Lactoglobulin ↗

Lactonase
- M Pentosephosphatzyklus

Lactone

Lactoperoxidase
- Milchproteine

Lactophenol
- mikroskopische Präparationstechniken

Lactose
- adaptive Enzyme
- M Disaccharide
- □ Enzyme (Technische Verwendung)
- B funktionelle Gruppen
- Galactose
- β-Galactosidase
- Galactosid-Permease
- Lactose-Operon
- Milch
- ↗ Milchzucker

Lactose-Intoleranz
- Milch

Lactose-Operon
- Allolactose
- β-Galactosidase
- Galactosid-Permease
- Genregulation
- Isopropyl-β-Thiogalactosid
- B Promotor

Lactosesynthetase
- Lactose
- Milchproteine

Lactotropin ↗

Lactuca ↗

Lactucarium
- Lattich

Lactucin
- Lattich

Lactucoideae
- □ Korbblütler

Lactucopikrin
- M Bitterstoffe
- □ Cichorium (Kultur)
- Lattich

Lacuna ↗
- Lakune

Lacunae laterales sinuum
- Lakune

Ladanum ↗

Ladenburg, A.
- Coniin

Ladinium
- M Trias

Ladoga
- Eisvogel

Ladung
- ↗ elektrische Ladung

Ladyfisch

Ladyfisch ↗
Laelaptidae
Laelia
– Cattleya
– B Orchideen
Laemanctus ↗
Laeospira ↗
Laetiporus
– M Braunfäule
– Büschelporlinge
Laetmonice ↗
Laetoli
– Paläanthropologie
– B Paläanthropologie
Laevane
– Lävane
Laevaptychus
Laevicardium
laevigat
La Ferrassie
Lafoea
– Lafoeidae
Lafoeidae
Laganum
– Sanddollars
Lagebezeichnungen ↗
Lagefixierung
– Zufallsfixierung
Lageinformation ↗
Lagena
– M Gehörorgane
– Lagenidiales
Lagenaria ↗
Lagenidiales
Lagenidium
– Lagenidiales
Lagenophrys
Lagenorhynchus
– Delphine
Lagenostoma ↗
– B Farnsamer
Lager
Lagerfäule
Lagerfieber
– Fleckfieber
Lägerfluren ↗
– Ampfer
Lagerfußkrankheit ↗
Lagerheimia ↗
Lagern
– Chlorcholinchlorid
Lagerobst
– Nachreife
Lagerpflanzen ↗
Lagerrand ↗
Lagerschorf
– Kernobstschorf
Lagerstätten
– Präkambrium
Lagerstroemia ↗
Lagerström, Magnus von
– Lagerstroemia
Lagerung
– Apfelbaum
Lagesinn ↗
Lageveränderung
– Bewegung
Lagg ↗
lagging strand
– Replikation
Lagide
– □ Menschenrassen
Lagidium
– Chinchillas
Lagis ↗
Lagisca ↗
Lagochilus
– M Lippenblütler
Lagomerycinae
– Lagomeryx
Lagomeryx
Lagomorpha ↗
Lagonosticta
– M Prachtfinken
Lagopus
– M arktoalpine Formen
Lagostomus
– Chinchillas
Lagothrix
– Klammerschwanzaffen

lag-Phase ↗
Lagria
– Wollkäfer
Lagriidae ↗
Laguncularia ↗
Lagune
– M Riff
Lagurus
– Lemminge
Lagyniaceae
Lagynion
– Lagyniaceae
Lahmann, H.
– Naturheilkunde
Lähme
Lähmung
– Rückenmark
Laich
Laichballen
– Laich
Laichkraut ↗
– M Laichkrautgewächse
– Verlandung
Laichkrautartige
Laichkraut-Gesellschaften
Laichkrautgewächse
Laichkrautwiesen
– Laichkraut-Gesellschaften
Laichperioden
Laichschnüre
– Laich
Laichteiche
– Fischzucht
Laichwanderungen
Laika
– □ Hunde (Hunderassen)
Lake
– Sauerkraut
Lake Nakuru (Kenia)
– B National- und Naturparke II
Lake Turkana (Kenia)
– B Paläanthropologie
Lakrimale ↗
Lakritze
– Hülsenfrüchtler
– B Kulturpflanzen X
Lakritzensaft
– Succus
Lakritzenwurzel
Lakshadia
– Harze
Lakune
lakustrisch ↗
Lamagazelle
– Gazellen
Lamantin ↗
Lamarck, J.-B.A.P. de
– Abstammung - Realität
– Biologie
– B Biologie I
– B Biologie II
– B Biologie III
– Darwinismus
– Determination
– idealistische Morphologie
– Zelltheorie
Lamarckismus
– Darwinismus
– Neolamarckismus
Lamas
– Haustiere
– Haustierwerdung
– B Parasitismus II
– Südamerika
– B Südamerika VI
Lambda-Faktor
– M Killer-Gen
– Lyticum
Lambdanaht
– □ Schädel
Lambda-Phage
– Antitermination
– Autoregulation
– M Bakteriophagen
– Charon-Phagen
– B Promotor
– Termination
– B Transkription - Translation

Lambda-Toxin
– □ Gasbrandbakterien
lambdoide Phagen
– M Lambda-Phage
Lambdotherium
Lambertsnuß ↗
Lambic Bier
– Brettanomyces
– Essigsäurebakterien
Lambis ↗
Lambl, Wilhelm Dusan
– Lamblia
Lamblia ↗
– Milchproteine
Lambliasis
– Lamblia
Lamblienruhr
– Giardiasis
Lamellaptychus
Lamellaria ↗
Lamelle
– Blätterpilze
Lamellenknochen ↗
Lamellenkörperchen ↗
Lamellenpilze ↗
Lamellenrhabditen
– Strudelwürmer
Lamellen-Trama
– M Trama
Lamellenzähne
Lamellenzahnratten
Lamellibrachia
Lamellibrachiidae
– Lamellibrachia
Lamellibranchia ↗
Lamellicornia ↗
Lamellidorididae
– Acanthodoris
Lamellisabella
Lamettrie, J.O. de
– Geist - Leben und Geist
– Vitalismus - Mechanismus
Lamia ↗
Lamiales ↗
Lamina (Botanik) ↗
Lamina (Zoologie) ↗
Lamina bigemina
– Tectum
Lamina cribrosa
– Siebbein
Laminae anales
– Periprokt
Laminae pellucidae
– Lamina obscura
Lamina ganglionaris
– Faserkreuzung
– B Gehirn
– □ Oberschlundganglion
laminal ↗
– □ Blüte (Gynözeum)
Lamina mandibularis
– Mandibularplatte
Lamina obscura
Lamina quadrigemina
– Tectum
Laminaran
– Braunalgen
– Laminarin
laminare Strömung
– M Grenzschicht
Laminaria ↗
– Brandungszone
– Felsküste
– Kelp
– M Meristoderm
– Trompetenzellen
Laminariales
– Leitungsgewebe
– Meereswirtschaft
Laminarin
Lamina terminalis
– Lobus opticus
Lamine
– Membranskelett
– Zellkern
Lamington (Australien)
– B National- und Naturparke II
Laminifera
– M Schließmundschnecken

Laminiferinae
– M Schließmundschnecken
Laminin
Lamium ↗
– □ Biegefestigkeit
Lamm
Lämmergeier (= Bartgeier)
– Altweltgeier
– Vogelfeder
Lämmerkraut-Fluren ↗
Lammzunge ↗
Lamna
– □ Tertiär
Lamnidae ↗
Lampanyctus
Lampenbürstenchromosomen
– differentielle Genexpression
– Keimbläschen
Lampetia ↗
Lampetra ↗
Lampionpflanze
– Judenkirsche
Lampra
Lampridae
– Glanzfische
Lampridiformes ↗
Lampridoidei
– Glanzfische
Lampris
– Glanzfische
Lamprocystis
– M Gasvakuolen
– phototrophe Bakterien
Lamproderma ↗
Lamprodrilus
– M Lumbriculidae
Lamprohiza
– Leuchtkäfer
Lamprologus
– Revier
Lampropedia
Lampropeltis ↗
Lamprotornis ↗
Lampyridae ↗
Lampyris
– Leuchtkäfer
Lamziekte ↗
Lanarkia
– Coelolepida
– Thelodontida
Lanassa
– M Terebellidae
Lanatoside
Landalgen
Landasseln
– Brutbeutel
Landbau
Landbauzonen
– Agrarzonen
Landböden ↗
Landbrücke
– Äthiopis
– Beuteltiere
– Biogeographie
– Brückenkontinent
– Brückentheorie
– Inselbiogeographie
– Südamerika
Landdeckelschnecken
Landegel
Landeinsiedlerkrebse
Landeroberung
↗ Eroberung des Landes
Landespflege
– Naturschutz
Landflucht
– Landwirtschaft
Landkärtchen
– Generationsdimorphismus
– Lichtfaktor
– □ Saisondimorphismus
Landkartenflechte
– B Flechten I
Landkrabben
Landlungenschnecken
Landnutzung
– Klima

Landolphe, Jean-François
- Landolphia
Landolphia ↗
- [M] Hundsgiftgewächse
Landouzy-Sepsis
- Fieber
Landpflanzen
- Cooksonia
- Generationswechsel
- Leitungsgewebe
- Mykorrhiza
- Pflanzen
- Samen
- ☐ Schwermetalle
- Telomtheorie
- Urfarne
- Urlandpflanzen
Landplanarien
Landrassen
Landraubtiere
- Raubtiere
Landschaftsbiologie
- Landschaftsökologie
Landschaftsökologie
Landschaftspflege
- Landwirtschaft
- Naturschutz
Landschaftsschutz
- Naturschutz
Landschaftsschutzgebiete
Landschildkröten
- ☐ Exkretion (Stickstoff)
- [B] Mediterranregion III
- ☐ Schildkröten
Landschnecken
- ☐ Fortbewegung
- Schnecken
Landsorten
Landsteiner, K.
- [B] Biologie II
- MN-System
Landwanzen ↗
- [M] Entwicklung
Landwechselwirtschaft
Landwirbeltiere
- Lungenfische
- regressive Evolution
- Rekapitulation
- Vierfüßer
- Wirbeltiere
Landwirtschaft
- Club of Rome
- Mensch und Menschenbild
Landwirtschaftslehre
Lang, A.
- Gonocoeltheorie
Langarmaffen ↗
Langarmkäfer
- [B] Käfer II
Langbeinfliegen
Langdornsoldatenfisch
- [B] Fische VIII
- Soldatenfische
Langelandia
- Rindenkäfer
Längen-Breiten-Index
- Retzius, A.O.
Längen-Höhen-Index
Längenwachstum ↗
- [M] Kind
- Scheitel
Langerhans, Paul
- Insulin
- Langerhanssche Inseln
Langerhanssche Inseln
- Diabetes
Langermannia
- [M] Hexenring
Langfingerfrösche
- Ranidae
Langflügelfledermaus
Langfühlerschnecken
Langfühlerschrecken
Langhaar-Dackel
- ☐ Hunde (Hunderassen)
Langhals-Schmuckschild-kröten ↗
Langhanssche Riesenzellen
- Riesenzellen

Langhium
- Miozän
- ☐ Tertiär
Langhornbienen ↗
Langhorn-Blattminier-motten ↗
- Langhornminiermotten
Langhornböcke
Langhornminiermotten
Langhornmotten
Langhornmücken
Langkäfer
- [B] Käfer II
Langkeimentwicklung
Langkopf
- [M] Längen-Breiten-Index
Langkopfkäfer
- Langkäfer
Langkopfwespen ↗
Langkopfzikaden ↗
Langnasenknochenhecht
- [B] Fische XII
- Knochenhechte
- Nordamerika
Langohrfledermäuse ↗
- [B] Europa XI
- Fledermäuse
- Glattnasen
langsamer Muskel
- ☐ Muskelzuckung
langsame Viren ↗
Langschädel
- [M] Längen-Breiten-Index
Langschädligkeit
- Dolichokranie
Langschanhuhn
- [B] Haushuhn-Rassen
Langschnabeldelphine
Langschnabeligel ↗
Langschnauzenmanguste
- Maushund
Langschnauziges Seepferdchen
- [B] Fische VII
- Seepferdchen
Langschwänze ↗
Langschwanzeidechsen ↗
Langschwanzfisch
- Tiefseefauna
Langschwanzkatze ↗
Langschwanzkrebse
Langschwanzmolch
- Langschwanzsalamander
Langschwanzsalamander ↗
- Wassersalamander
Langschwanzschuppentier
- [M] Schuppentiere
- Schwanz
Längsroller
- Blattroller
Langstreckenzieher
- Vogelzug
Langtag
- ☐ Blütenbildung
- Photoperiodismus
- ☐ Saisondimorphismus
- Überwinterung
Langtagpflanzen ↗
- Photoperiodismus
Langtrieb
Languren
- Harem
- Jungentransfer
- Tiergesellschaft
Langusten
Langwanzen ↗
Langzeitbatterie
- Biozelle
Langzeitdünger
- Depotdünger
Langzeitgedächtnis
- [M] Altern
- Anoxie
- Engramm
- Gedächtnis
Langzeitkonservierung
- embryo banking
Langzungen-Fledermäuse ↗
Laniatores

Lanice ↗
Lanicides
- [M] Terebellidae
Laniidae ↗
Lanistes
Lanius ↗
Lankester, E. Ray
- Nephrocoeltheorie
- Planula-Theorie
- Trochosphaera
Lannea ↗
Lanolin
- Wolle
Lanostan
- Cucurbitacine
Lanosteran
- Triterpene
Lanosterin
- Steroide
Lansium ↗
- Meliaceae
Lantana ↗
Lanthanotidae ↗
Lanthanotus
- [M] Orientalis
- Taubwarane
Lantien
- [B] Paläanthropologie
Lanugo ↗
Lanzenfarn ↗
Lanzenfische
Lanzenottern
- Schlangengifte
- Südamerika
Lanzenratten ↗
Lanzenseeigel
- Perischoechinoidea
Lanzenskinke ↗
Lanzette
- Hufeisennasen
Lanzettegel
- Heideschnecken
Lanzettfischchen
- Arterienbogen
- Auge
- [M] Auge
- Blutkreislauf
- Chorda dorsalis
- Geschlechtsorgane
- Hatschek, B.
- Leber
- Nomenklatur
- Rathkesche Tasche
- Schädellose
- ☐ Schädellose
- Synonyme
- [B] Wirbeltiere II
lanzettförmig
- Blatt
Lanzettschnecke
Lanzettstück
Laodicea ↗
Laolestes
- Dryolestidae
Laomedea ↗
- [M] Campanulariidae
Laonome
Laothoë ↗
Laotira
- Protomedusae
Lapageria
- [B] Südamerika VI
Lapemis ↗
Laphria ↗
Lapicque, L.
- Chronaxie
Lapides figurati
- Figurensteine
Lapillus
- Otolithen
La-Plata-Delphin
- Südamerika
Laporte, F.-L. de
- Laportea
Laportea ↗
Lappenfarn ↗
Lappenkrähen
Lappenmuscheln ↗
Lappenpittas ↗
Lappenrippenquallen ↗

Lappenrüßler ↗
Lappenstar
- [M] Lappenkrähen
Lappentaucher
- [M] brüten
- Handschwingen
- Mauser
Lappide
- ☐ Menschenrassen
Lapplandhund
- ☐ Hunde (Hunderassen)
Lappländischer Augenfalter
- [M] arktoalpine Formen
Lapplandschabe
- Waldschaben
Lappula ↗
Lapsana ↗
Lapworth, Ch.
- Kambrium
- Ordovizium
La Quina
Lar ↗
laramisch
- [B] Erdgeschichte
Lärche
- alpine Baumgrenze
- Asien
- [B] Asien I
- Baumgrenze
- borealpin
- [B] Europa XX
- Forstpflanzen
- [M] Höhengrenze
- Jahresringe
- [M] Kernholzbäume
- Kurztrieb
- Lichthölzer
- Mykorrhiza
- Rhododendro-Vaccinion
- [M] Tanne
- Umtrieb
- [B] Wald
Lärchen-Arvenwälder ↗
Lärchenkäfer ↗
Lärchenkrebs
Lärchenminiermotte ↗
- [M] Sackmotten
Lärchenpilze
Lärchenporling
- ☐ Lärchenpilze
- [M] Schichtporlinge
Lärchenreizker
- Lärchenpilze
Lärchenritterling
Lärchenröhrling
- [M] Schmierröhrlinge
Lärchenschmierling
- ☐ Lärchenpilze
Lärchenschneckling
- ☐ Lärchenpilze
Lärchenschütte
- ☐ Schüttekrankheit
Lärchenschwamm
- ☐ Lärchenpilze
Lardizábal y Uribe, Miguel
- Lardizabalaceae
Lardizabalaceae
large bodies ↗
Lariatstruktur
- [M] spleißen
Larici-Cembretum ↗
Laricifomes
- ☐ Lärchenpilze
- [M] Schichtporlinge
Laricobius ↗
Laricoideae
Laridae
- Samenkäfer
Larinus
- Rüsselkäfer
Larix ↗
Lärm
- Belastung
- ☐ Gehörorgane (Hörbereich)
- ☐ Gehörsinn
- Haustierwerdung

Lärmfrosch

Lärmfrosch ↗
Lärmschutz
- Schutzwald
Lärmvögel
- Turakos
Larosterna ↗
Larra
- Grabwespen
Larrea
- Nordamerika
Lartet, É.
Lartetia ↗
Larus ↗
Larvacea ↗
Larva coarctata
- Scheinpuppe
Larvaevoridae ↗
Larvalaugen
- Gliederfüßer
Larvalentwicklung
Larvalhormon ↗
Larvalorgane
- Larven
- Metamorphose
Larvalparasiten
Larvalstadien
- Insektenlarven
- Larven
Larva migrans
Larven
- direkte Entwicklung
- [M] Häutung
- Larvalentwicklung
- Larvizide
- Nymphe
- Puppe
- [B] Stachelhäuter II
Larvengang
- □ Borkenkäfer
Larvenroller ↗
Larvenschwein ↗
larviform
- Larviparie
Larviparie
Larvizide
Laryngoskopie
- [M] Kehlkopf
Larynx ↗
Lasallia ↗
Lasania
- □ Silurium
Laserkraut
Laserpitium ↗
Laserscan-Mikroskop
- Rastermikroskop
Lasiagrostis
- Asien
Lasidium
- Flußaustern
- Muteliidae
Lasiobolus
- □ Dungpilze
Lasiocampa
- Glucken
- □ Schuppen
Lasiocampidae ↗
Lasioderma ↗
Lasioglossum
- staatenbildende Insekten
Lasiograptidae
- Scopulae
Lasiohela
- Bartmücken
Lasiommata ↗
Lasionycteris
- Nordamerika
Lasiorhinus
- Wombats
Lasiorhynchites ↗
- Blattroller
Lasiurus
- Fledermäuse
Lasius ↗
- Glanzkäfer
- Keulenkäfer
Laspeyres, Jacob Heinrich
- Laspeyresia
Laspeyresia ↗

Lassa-Fieber
Lassa-Virus
- Lassa-Fieber
Lassospinnen
Lassostruktur
- [M] spleißen
Laßreitel
- Mittelwald
Lastträger
Latdorfium
- □ Tertiär
latent ↗
latente Gene
- Atavismus
latente Homoplasie ↗
latente Infektion
- □ Virusinfektion (Abläufe)
Latente-Nelkenvirus-Gruppe
latente Virusinfektion ↗
latente Wärme ↗
- Wärmehaushalt
Latenz
- □ Massenvermehrung
- Reaktionszeit
Latenzeier ↗
Latenzgebiet
Latenzlarve
Latenzperiode
- Inkubationszeit
Latenzzeit ↗
- Muskelzuckung
Lateradulata
lateral
Lateral
- □ Rankenfüßer
Lateralachse
- □ Achse
Lateralauge
- [B] Gliederfüßer II
- Gliedertiere
- Komplexauge
laterale Diffusion
- Membran
- [M] Membran (Membranlipide)
- [M] Membranproteine
- Patching
laterale Hemmung
- laterale Inhibition
laterale Inhibition
- □ Nervensystem (Funktionsweise)
Lateralgeotropismus ↗
Lateralherzen
- [B] Ringelwürmer
Lateralia
- Rankenfüßer
Lateralisnerven
- Hirnnerven
Lateralisorgane ↗
Laterallobus
Lateralocellen
- Ocellen
Lateralorgane
- Asteriomyzostomidae
- Myzostomida
Lateralregion
- □ Achse
Lateralsattel
Lateralstipeln
- Blatt
Laterit ↗
- Tertiär
Laterne (Abzeichen)
- [M] Abzeichen
Laterne (Leuchtorgan)
- Leuchtorganismen
Laterne des Aristoteles
- Gebiß
- Seeigel
- □ Seeigel
Laternenangler ↗
Laternenfische
- [B] Fische IV
- Leuchtorganismen
- Leuchtsymbiose
Laternenträger
- [B] Insekten I
Laternenzüngler ↗

Laternula
Laternulidae
- Laternula
Laterosternit
- Pleura
- [M] Pleura
Lates ↗
- Ballotabaum
Latex
- Milchlinge
- □ Terpene (Klassifizierung)
Lathraea ↗
Lathridiidae ↗
Lathyrismus
- Platterbse
Lathyro-Fagetum
Lathyrus ↗
Latia
Latiaxis
Laticauda
Laticaudinae
- Seeschlangen
Laticiferen
- Milchlinge
Laticotoxine
- Schlangengifte
Latiidae
- Latia
Latilamina ↗
Latimeria chalumnae
- Chorda dorsalis
- Kiemen
Latino
- [M] Arenaviren
Latirus
latisellat
Latocestidae
- [M] Polycladida
Latoia
- Schildmotten
Latonia
Latosole
- Bodenentwicklung
- Bodenfarbe
- Bodentemperatur
- Gelberde
Latreille, Pierre André
- [B] Biologie III
Latrodectus ↗
Latrunculia
- Latrunculiidae
Latrunculiidae
Latsche ↗
- □ Kiefer (Pflanze)
- Krummholzgürtel
Latschen-Gesellschaften
Latschen-Krummholz
- Ersatzgesellschaft
Lattich
- □ Blumenuhr
Lattichfliege ↗
Lauan
- Meranti
Laub
Laubabwerfende Feuchtwälder
- Afrika
Laubbaum ↗
Laubblatt
Laube
- Alpentiere
Lauben
- Laubenvögel
- Nest
Laubengangbauer
- Laubenvögel
Laubenvögel
- Australien
- Nest
- Werkzeuggebrauch
Laubfall
- Altern
Laubfärbung ↗
Laubflechten
- [M] Flechten
Laubfresser
- [B] Pferde, Evolution der Pferde I
Laubfreund ↗

Laubfrösche
- [B] Amphibien I
- [B] Amphibien II
- Brutbeutel
- [M] Haftorgane
- □ Schutzanpassungen
- Südamerika
Laubgehölze ↗
Laubheuschrecken ↗
- Gehörorgane
- [M] Gehörorgane
- Insektengifte
- Stridulation
Laubhölzer
- Faserholz
- Wald
- Xylane
Laubholzmykorrhizapilze
- Rauhfußröhrlinge
Laubkäfer ↗
Laubmischwälder ↗
Laubmoose
- [M] Archegonium
- Bischoff, G.W.
- Dillenius, J.J.
- Peristom
- Protonema
Laubporling
- Grifola
Laubsänger
- Mauser
- Nest
- Vogelzug
Laubschnecken
Laubstreu
Laubwälder
- Albedo
- Bestandsklima
- [B] Bodentypen
- Laubwaldzone
- [M] Lichtfaktor
- [B] Vegetationszonen
- Wald
Laubwaldzone
- Europa
- Wald
Laubwurf
- Tropophyten
Laubwürger
Laubwurm
Lauch
- Lauchöle
Lauchfliege ↗
Lauchkraut ↗
Lauchmotte ↗
Lauchöle
- Schwefel
Laudanosin
Laudanum ↗
- Opium
Lauderia
Laue-Diagramm
- □ Röntgenstrukturanalyse
Lauer
- Singzikaden
Laufantilopen ↗
Laufbeine
laufen ↗
- Biomechanik
 ↗ gehen
Laufflöter ↗
Lauffuß
- Mensch und Menschenbild
- [M] Pferde
Laufhyphe
- Mycel
- Stolo
läufig
Laufkäfer
- [B] Homologie und Funktionswechsel
- □ Insekten (Darm-/Genitalsystem)
- Kurzflügler
- Wehrsekrete
Laufmilben
Laufspinnen ↗
Laufspringer

Laufvögel
– Brustbein
– Moas
Laufzeitdifferenzmessung
– ☐ Antenne
Laufzeitglied
– ☐ Funktionsschaltbild
Laugen
– Oxide
– M Wasserverschmutzung
Laugung
Lauraceae
Laurales
Laurasia
– Jura
– Ordovizium
– Tethys
Laurate
Laurencia
Laurencie, M. de la
– Laurencia
Laurentia
– Kambrium
– Kanadischer Schild
Laurentischer Schild
– Kanadischer Schild
Laurer, Johann Friedrich
– Laurerscher Kanal
Laurerscher Kanal
Lauria
Lauridae
– M Rankenfüßer
Laurinsäure
– ☐ Fettsäuren
laurophylle Flora
– ☐ Tertiär
Laurus
Läuse
– Merkmal
– Winterschlaf
Läusekraut
– B Polarregion I
Lausen
– Putzen
– Rhesusaffen
Läusesamen
– Liliengewächse
Läusetyphus
– Fleckfieber
Lausfisch
Lausfliegen
– ☐ Endosymbiose
Läuslinge
Lautäußerung
– Dialekt
– Gesang
– Kiefergelenk
läutern
– ☐ Bier
Läuterung
Lauterzeugung
– Atmungsregulation
  ↗ Kehlkopf
  ↗ Syrinx
Lautspektrogramm
– Sonagramm
Lautstärke
– ☐ Gehörorgane (Hörbereich)
– ☐ Gehörsinn
– Sonagramm
Lautstärkepegel
– ☐ Gehörsinn
LAV
– Immundefektsyndrom
– T-lymphotrope Viren
Lava
– M Albedo
– Vulkanismus
Lavandinöl
Lavandula
Lävane
Lävansucrase
– Lävane
Lavater, Johann Heinrich
– Lavatera
avatera
avendel
– Blütenduft

– B Mediterranregion I
Lavendelheide
– Rosmarinheide
Lavendelöl
– Geraniol
Laveran, Ch.L.A.
Laveranscher Halbmond
– Laveran, Ch.L.A.
Lavia
– Großblattnasen
laviform
– Insektenlarven
Lavoisier, A.L. de
– B Biologie I
– B Biologie II
– B Biologie III
– Priestley, J.
– Wasser
Lävopimarsäure
lävotrop
Lävulinsäure
Lävulose
Lawinenschutzwald
– Schutzwald
– Wald
Lawson
– Naphthochinone
Lawson, Isaac
– Lawsonia
Lawsonia
Laxantien
– Gegengift
Laxosuberites
– Gemmula
Lazarusklapper
Lazeration
LBI
– Längen-Breiten-Index
LCAT
– M Globuline
LCM-Virus
– Arenaviren
LD$_{50}$
LDH
LDL
– Endocytose
Leaching
Leader-Sequenzen
– Attenuator
– Primärtranskript
– Prozessierung
leading strand
– Replikation
Leading Strang
Leaena
– M Terebellidae
Leakey, L.S.B.
– Abstammung - Realität
– Homo erectus leakeyi
Leakey, Mary
– Zinjanthropus
Leander
Leanira
– M Sigalionidae
Lebachia
– B Nadelhölzer
– ☐ Perm
– M Voltziales
Lebachiaceae
– Voltziales
Leben
– Abstammung - Realität
– anthropisches Prinzip
– Buttersäuregärung
– B chemische und präbiologische Evolution
– Entropie - in der Biologie
– Geist - Leben und Geist
– Gestalt
– Hunger
– Paläontologie
– Präkambrium
– thermophile Bakterien
– Vitalismus - Mechanismus
– Wasser
Lebendbau
– Naturschutz
lebende Fossilien
– ☐ Araucaria

– M Brachiopoden
– Metasequoia
– Tapire
lebender Stein
lebender Verbau
– Lebendbau
Lebende Steine
– Afrika
lebendgebärend
Lebendgebärer
Lebendimpfstoffe
– attenuierte Viren
  ↗ aktive Immunisierung
Lebendkeimzahl
– Kochsches Plattengußverfahren
Lebendpräparate
– mikroskopische Präparationstechniken
Lebendverbau
Lebendverbauung
Lebensalter
– Kultur
– Markierung
  ↗ Lebensdauer
Lebensansprüche
– ökologische Gilde
Lebensbaum (Anatomie)
Lebensbaum (Botanik)
– B Asien III
– B Blatt III
– B Nordamerika II
Lebensbaumzypresse
Lebensbedürfnisse
– Lebensansprüche
Lebensdauer
– Mensch und Menschenbild
– M Stoffwechselintensität
– Streß
– Vitalität
Lebenserwartung
– Altern
Lebensfaktoren
– Teleologie - Teleonomie
Lebensformen
– Formation
– Lebensformspektren
– Wuchsform
Lebensformspektren
– biologisches Spektrum
Lebensformtypus
– Analogie
– Australien
– Bauplan
– M Eidonomie
– Ernährung
– Faunenanalogie
– Morphologie
– ökologische Nische
– Synusien
– Typus
Lebensgemeinschaft
– Bestand
– Biotop
– biozönotische Grundprinzipien
– Möbius, K.A.
Lebenskraft
– Abstammung - Realität
– organisch
– Selbstorganisation
– Wöhler, F.
– M zellfreie Systeme
Lebenskraftlehren
– Vitalismus - Mechanismus
Lebenskriterien
– Leben
– Zelle
Lebensmetaphysik
– Geist - Leben und Geist
Lebensmittel
Lebensmittelfarbstoff
– Curcumin
Lebensmittelkonservierung
– Benzoësäure
  ↗ Konservierung
Lebensmittelvergiftung
Lebensraum
– Naturschutz

Lebervene

Lebensraumwechsel
– Leserichtung
Lebensschutz
– Biophylaxe
Lebensspuren
– Bioglyphe
– B Erdgeschichte
– Leben
– Ophiomorpha
– Paläontologie
– Rhizocorallium
Leber
– Alkohol-Dehydrogenase
– Amitose
– B Biogenetische Grundregel
– blutbildende Organe
– ☐ Blutkreislauf (Darstellung)
– Darmfäulnis
– Entgiftung
– ☐ Gallensäuren
– Globuline
– ☐ Glykogen
– Hepatologie
– B Hormone
– M Krebs (Krebsarten-Häufigkeit)
– M Leerlaufzyklen
– ☐ Nervensystem (Wirkung)
– B Nervensystem II
– M Perfusion
– Regeneration
– ☐ Schwermetalle
– Strahlenschäden
– Verdauung
– B Verdauung I
– ☐ Virusinfektion (Wege)
– M Wasser (Wassergehalt)
– B Wirbeltiere I
Leberarterie
– Leber
Leberbalsam
Leberblindsack
– ☐ Schädellose
Leberblümchen
– B Europa XII
– Heilpflanzen
– Nomenklatur
Leberbouillon
Lebercytosol
– Glykogen
Leberegel
– M Abwasser
– Anaerobier
– Clonorchis
– M Fasciolasis
– M Generationswechsel
– Kornschnecken
– M Miracidium
Leberegelschnecken
Leberfleck
– Hautfarbe
Lebergifte
– M Gifte
Leberkrebs
– DNA-Tumorviren
– M Krebs (Histologisches Bild)
– Tumorviren
Leberläppchen
– Leber
Leberlappen
– Leber
Lebermoose
– Atemöffnung
– Bischoff, G.W.
– Conocephalaceae
Lebermudde
– ☐ Moor
Leberparenchymzellen
– Ribosomen
Leberpilz
Leberreischling
– Leberpilz
Leberschaden
– Bilirubinurie
Leberstärke
Lebertran
Lebertransplantation
– M Transplantation
Lebervene
– Leber

243

Leberwurstbaum
- ☐ Schädellose

Leberwurstbaum
- Bignoniaceae
- Flughunde

Leberzellen
- Endomitose
- Leber
- Mitochondrien

Leberzellencarcinom
- DNA-Tumorviren

Leberzirrhose
- Fasciolasis
- Galactosämie
- Hepatitis

Lebia
- Praepupa

Lebiasinidae
- [M] Salmler

Lebistes
- Guppy

Lecanactis ↗

Lecane
- [M] Rädertiere

Lecanidiales
Lecaniidae ↗
Lecanora
Lecanoraceae
Lecanorales
- Aspiciliaceae
- Candelariaceae
- Lecanidiales

lecanorin
Lecanorineae ↗
Lecanorsäure ↗
Leccinum ↗
- [M] Mykorrhiza

Lechea
- [M] Cistrosengewächse

Lechenault de la Tour, Jean Baptiste Louis Théodore
- Leschenaultia

Lechriodus ↗
Lecidea
Lecideaceae
lecidein
Lecithinase
- Gasbrandbakterien
- Schlangengifte

Lecithin-Cholesterol-Acyl-Transferase
- [M] Globuline

Lecithine ↗
- Best, Ch.H.
- [M] Blutserum
- Cytidindiphosphat-Cholin
- Dipol
- Glycerin-3-phosphat
- [B] Lipide - Fette und Lipoide
- ☐ Membran (Membranlipide)
- [M] Phosphatidyl-Cholin

Lecithoepitheliata
Lecithoma ↗
lecithotroph
- Larven

Lecithus ↗
leckend-saugende Mundwerkzeuge
- Mundwerkzeuge

Leckhonig
- [M] Honig

Lecksucht
Leclercqia
- Protolepidodendrales

Lécluse, Charles de ↗
- Clusius, C.

Lecotheciaceae
- Peltigerales

Lectine
- Knöllchenbakterien
- Membran
- Mitogene
- [M] Zelltransformation
- ↗ Phytohämagglutinine

Lectotypus
- Neotypus
- Typus

Lecythidaceae ↗

Lecythidales
Lecythis ↗
Leda ↗
Leder
- [M] Abfallverwertung
- Bindegewebe
- Bromelain
- Gerbstoffe
- Haut

Leder, P.
- Bindereaktion
- [B] Biochemie
- Nirenberg, M.W.

Lederbeeren
- [B] Pflanzenkrankheiten II
- Plasmopara
- [B] Schädlinge

Lederberg, J.
Lederer, E.
- Carotin

Lederfaden ↗
Lederfäule
- [M] Phytophthora

Lederfett
- ☐ Kohl

Lederhaut (Augenteil)
- [M] Auge
- Linsenauge
- ☐ Linsenauge
- Netzhaut

Lederhaut (Hautschicht) ↗
- Hautfarbe
- Huf
- [B] Wirbeltiere II

Lederhautpapillen
- ☐ Haut

Lederkoralle ↗
Lederkorallen ↗
Ledermüller, Martin Frobenius
- [B] Biologie II

Lederschildkröten
- [B] Asien VII

Lederschwamm ↗
Lederseeigel
Lederwanzen ↗
Lederzecken
Ledol
- [M] Porst

Ledo-Pinion
Ledra
- Zwergikaden

Ledum ↗
Lee
- Windfaktor

Lee, James
- Leea

Leea ↗
Leerblütigkeit
Leerdarm
- Mitteldarm

Leerfrüchtigkeit
Leerlaufhandlung
- Spontaneität

Leerlaufreaktion
- Adenosintriphosphatasen

Leerlaufzyklen
Leers, Johann Daniel
- Leersia

Leerschlucken
- Schluckreflex

Leersia
Leeuwenhoek, A. van
- animalcules
- Bakterien
- [B] Biologie I
- [B] Biologie II
- Cytologie
- [M] Giardiasis
- Leptotricha
- [M] Mikroskop (Geschichte)
- Streptococcus

leg.
- legit

Legeapparat ↗
Legebatterie ↗
- Geflügelzucht
- Massentierhaltung

Legebohrer ↗
- [M] Holzwespen

Legemaschinen
- ☐ Saat

Legeröhre
- Eilegeapparat

Legföhre ↗
- ☐ Kiefer (Pflanze)

Legföhren-Gesellschaft
- Latschen-Gesellschaften

Leggada
- Mäuse

Leggadina
- Mäuse

Leghämoglobin
Legierungen
- Selen

Legimmen ↗
Legionärskrankheit
Legionella
- Legionellaceae

Legionellaceae
Legionellose
- [M] Legionellaceae

legit
Legoglobin
- Leghämoglobin

Legousia ↗
Leguanartige
- Iguania

Leguane
- Kamm
- Nordamerika
- [B] Signal
- Südamerika

Legumelin
- Albumine

Legumen ↗
Legumin
Leguminosae ↗
Leguminosen
- ☐ Fruchtformen
- Futterbau
- ↗ Hülsenfrüchtler

Leguminosenweißling
- Weißlinge

Lehm
Lehmann, Johann Gottlob
- Zechstein

Lehmannia ↗
Lehmboden
- Bodenluft
- ☐ Gefügeformen
- Wasserpotential

lehmiger Ton
- [M] Fingerprobe

Lehmnester
- Tierbauten

Lehmwespen ↗
- [M] Eumenidae

Lehmzeiger
- Ackerröte

Lehninger, A.L.
- [B] Biochemie
- ☐ Mitochondrien (Aufbau)

Lehrpfad
- Naturparke
- [B] Wald

Leibeshöhle
- Bilateria
- ↗ Coelom

Leibeshöhlentiere ↗
Leibeshöhlenträchtigkeit
Leibniz, G.W. von
- [B] Biologie I
- [B] Biologie II
- Teleologie - Teleonomie

Leib-Seele-Problem
- Bewußtsein
- [M] Erkenntnistheorie und Biologie

Leiche
- [B] Stickstoffkreislauf

Leichenflecken
- Tod

Leichenfliegen ↗
Leichengifte ↗
- Decarboxylierung
- Fäulnis

- Ptomaïne

Leichenstarre
- Muskelkontraktion
- Tod

Leichenwachs
- Wachse

leichte Ketten
- [M] Immunglobuline

Leichtmetalle
- Schwermetalle

Leierantilopen
Leierfische
Leierherzigel
Leierhirsch ↗
Leierschwänze
- [B] Australien III

Leihmutter
- Mietmutter

Leim
- Dextrine
- Gallerte
- Glutin
- Schutzkolloïde

Leimbildner ↗
Leimgürtel ↗
Leimkraut
Leimring
- Honigbienen

Lein
- Ackerbau
- ☐ Bodenzeiger
- [B] Kulturpflanzen XII
- Ölpflanzen
- Röste

Leinblatt ↗
Leindotter
- Ackerbau

Leinen
- Elementarfasern

Leingewächse
Leinkraut
- ☐ Bodenzeiger
- [B] Europa XVIII
- Schmetterlingsblütigkeit
- Schwemmlinge

Leinkuchen
Leinöl
- Leinkuchen

Leinölsäure ↗
- Linolsäure

Leiobunum ↗
Leiocassis ↗
Leiocephalus ↗
Leioceras
Leioclema
- Trepostomata

Leiodidae ↗
Leiognathus
- Leuchtsymbiose

Leiolepis ↗
Leiolopisma ↗
Leiopelma
- Leiopelmatidae

Leiopelmatidae
Leiophyllites
- Ammonoidea

Leiopus
- Bockkäfer

Leiothrix ↗
leiotrop ↗
Leipoa ↗
Leishman, Sir William Boog
- Donovan, Ch.
- Leishmania

Leishmania
- Donovan, Ch.
- Gewebeparasiten
- Hautparasiten

Leishmania-Form
- [M] Trypanosomidae

Leishmaniasis
- Leishmaniose

Leishmaniose
- Espundia
- Parasitismus
- Protozoonosen

Leiste
Leistenband
- Leiste

Lepiotaceae

Leistenbruch
- M Leiste

Leistenhaut
- Ballen
- Hautleisten

Leistenkanal
- Leiste

Leistenkrokodil
- B Australien I
- M Krokodile
- Tierbauten

Leistenpilze
Leistlinge ↗
Leistungsabbau
- M Altern

Leistungsfähigkeit
- biotrop
- M Chronobiologie

Leistungsfutter
- Futter

Leistungsphysiologie
- Arbeitsphysiologie

Leistungsplananalyse
- Analogieforschung

Leistungsrassen
Leistungsstoffwechsel
- M Energieladung
- Leistungszuwachs

Leistungsverschiebung
- M Altern

Leistungszuwachs
Leitart ↗
Leitbank
- Leithorizont

Leitbündel
- B Bedecktsamer II
- Blatt
- M Calamitaceae
- M Devon (Lebewelt)
- B Farnpflanzen II
- Gefäßkryptogamen
- Gefäßpflanzen
- Geleitzellen
- Grundgewebe
- Leitzylinder
- B Parasitismus I
- Primanen
- Rippen
- □ sekundäres Dickenwachstum
- Sproßachse
- Stelärtheorie

Leitbündelinitialen ↗
Leitbündelkambium ↗
Leitbündelring
Leitbündelrohr
Leitbündelscheide ↗
Leitbündelzylinder
- Leitzylinder
- Sproßachse

Leitelemente
Leitenzyme
Leitermoos ↗
Leitfähigkeit
↗ elektrische Leitfähigkeit
↗ Wärmeleitfähigkeit

Leitformen
Leitfossilien
- Ammonoidea
- □ Brachiopoden
- Bronn, H.G.
- Buch, Ch.L. von
- Coccolithen
- Erdgeschichte
- Fossilien
- Ichnologie
- Paläontologie
- Smith, W.
- Stratigraphie

Leitgewebe ↗
- Stelärtheorie

Leithaare ↗
Leith-Adams
- Leithia

Leithia
Leithorizont
Leitisotop
- Tracer

Leitlinien
- Vogelzug

Leitorganismen
- biologische Wasseranalyse
- Cercomonas
- □ Saprobiensystem

Leitparenchym ↗
- M Grundgewebe

Leitpflanzen ↗
Leitsequenz
- Attenuation

Leitsequenz-RNA
- □ Attenuatorregulation

Leitstränge
- Leitungsgewebe

Leitsystem
- Kormus

Leittier
Leittrieb
Leitungsgeschwindigkeit
- B Nervenzelle II
- Trigeminus

Leitungsgewebe
- sekundäres Dickenwachstum
- Stelärtheorie

Leitungsmoos
- Moostierchen
- Paludicella

Leitzweig
- Leittrieb

Leitzylinder
Leiurus
- M Skorpione

Lejeune, Alexandre Louis Simon
- Aphanolejeunea
- Ceratolejeunea
- Cololejeunea
- Lejeuneaceae
- Leptolejeunea
- Odontolejeunea

Lejeunea
- Lejeuneaceae

Lejeuneaceae
Lektine
- Lectine

Leloir, L.F.
Lema
- Getreidehähnchen

Lemaireocereus
- M Chiropterogamie

Leman, Dominique Sebastian
- Lemanea

Lemanea ↗
Lemargo ↗
Lemmanura
- Lemmanura

Lemmenjoki (Finnland)
- B National- und Naturparke I

Lemminge
- M Nahrungsspezialisten
- □ Pleistozän
- Populationszyklen
- Tularämie

Lemmingjahre
- Lemminge
- M Nagetiere

Lemmini
- Lemminge

Lemmus ↗
Lemna ↗
- M Kryptogamen

Lemnaceae
Lemnanura ↗
Lemnetalia
- Lemnetea

Lemnetea
Lemnion minoris
- M Lemnetea

Lemnion paucicostatae
- M Lemnetea

Lemnisken ↗
Lemongrasöl ↗
- Citral
- Citronellal

Lemoniidae ↗

Le Moustier
Lemur
- Lemuren

Lemuren
- Lemuria
- Madagassische Subregion

Lemurenartige
- Lemuren

Lemurenkontinent
- Lemuria

Lemuria
- B Kontinentaldrifttheorie

Lemuridae ↗
Lemuriformes
- Lemuren

Lemurinae
- Lemuren

Lemuroidea
- Necrolemur

Lende
Lendenlordose
- Khoisanide

Lendenmuskel ↗
Lendenregion
- Lende
- Wirbelsäule

Lendenrippen
- M Lendenwirbel

Lendenwirbel
- M Wirbelsäule

Leng
- B Fische II

Lengfische
- Leng

lenitischer Bezirk
Lenok
Lenormand, C.
- Normandina

Lens (Botanik) ↗
Lens (Zoologie) ↗
Lensia ↗
Lens-Lectin
- □ Lectine

Lentibulariaceae ↗
Lentinellus ↗
Lentinus ↗
- M Weißfäule

Lentiviren ↗
- T-lymphotrope Viren

Lentizellen ↗
- Pneumathoden
- Transpiration

Lentospora
- Drehkrankheit

Lenzites
- Blättlinge
- M Weißfäule

Leocarpus
Leodora
- M Spirorbidae

Leonardo da Vinci
- B Biologie I

Leonberger
- □ Hunde (Hunderassen)

Leontideus ↗
Leontodon ↗
Leontodo-Nardetum
- Nardetalia

Leontopodium ↗
Leonurus ↗
Leopard
- B Afrika V
- B Asien VI
- Melanismus

Leopardenhai ↗
Leopardfrosch ↗
Leopardkatze ↗
Leopardnatter
Leopardus ↗
Leotia
Lepadidae
- M Rankenfüßer

Lepadogaster ↗
- Brandungszone

Lepadomorpha
- Entenmuscheln
- M Rankenfüßer

Lepas ↗
Leperditia

Leperisinus
- Bastkäfer

Lepetellidae
Lepetidae
Lepiceridae
- □ Käfer

Lepidin
- □ Kresse

Lepidium ↗
Lepidobatrachus ↗
Lepidocarpaceae ↗
Lepidocarpon
- Samenbärlappe
- M Samenbärlappe

Lepidocarpopsis
- M Samenbärlappe

Lepidocentroida
- Lederseeigel

Lepidocentrus
- M Seeigel

Lepidochelys ↗
Lepidochitona
Lepidocyrtus
- Laufspringer

Lepidodasyidae
- M Gastrotricha

Lepidodendraceae ↗
Lepidodendrales ↗
- Bärlappe

Lepidodendron ↗
- Blatt
- B Farnpflanzen III
- M Schuppenbaumgewächse

Lepidodendropsis
- Protolepidodendrales

Lepidoderma ↗
Lepidoglyphus
- Wohnungsmilben

Lepidolaena
- Lepidolaenaceae

Lepidolaenaceae
Lepidomenia
- Lepidomenia

Lepidomeniidae
- Lepidomenia

Lepidomysidae
- M Mysidacea

Lepidonotus
- Polychaeta

Lepidophloios ↗
Lepidophyma ↗
Lepidophytales
- Schuppenbaumartige

Lepidopleurida
- M Käferschnecken

Lepidopleuridae
- Lepidopleurus

Lepidopleurus
Lepidoptera
- □ Insekten (Stammbaum)

Lepidopterin
- Pteridine

Lepidopteris ↗
Lepidopterologie
Lepidopteronomium
- □ Minen

Lepidorhombus ↗
Lepidosaphes ↗
Lepidosauria ↗
Lepidosiren
- Lungenfische

Lepidosirenidae ↗
Lepidospermae ↗
Lepidostrobus ↗
Lepidotis
- Bärlappartige

Lepidotrichia
- Flossen

Lepidozia
- Lepidoziaceae

Lepidoziaceae
Lepidozona
- M Ischnochitonidae

Lepidurus ↗
Lepilemur
- Lemuren

Lepiota ↗
- M Mykorrhiza

Lepiotaceae
- Schirmlingsartige Pilze

Lepisma

Lepisma
- M Nahrungsspezialisten
- Silberfischchen

Lepismatidae ↗
Lepisosteidae ↗
Lepisosteiformes ↗
Lepisosteus
- Knochenhechte

Lepista ↗
Lepomis ↗
Leporarien
- Europa

Leporidae ↗
Leporillus
- Mäuse

Leporinae ↗
Leporinus ↗
Leporipoxviren ↗
Lepospondyli
- Amphibien

Lepra
- Alectra
- Anthroponose
- Flacourtiaceae
- Gürteltiere
- Infektionskrankheiten
- Parasitismus

Lepra-Erreger
- Hansen, G.H.A.
- Mykobakterien

Leprarietea candelaris
- Flechtengesellschaften

Leprarietea chlorinae
- Flechtengesellschaften

Leprocybe
- M Schleierlinge

lepröse
Leptaena
Leptailurus ↗
Leptauchenia
Leptestheria
- M Muschelschaler

Leptestheriidae
- M Muschelschaler

Leptidae ↗
Leptidea ↗
Leptinidae ↗
Leptininae
- Pelzflohkäfer

Leptinotarsa ↗
Leptinus ↗
- Pelzflohkäfer

Leptobathynellidae
- Bathynellaceae

Leptobos
Leptobrachium ↗
Leptobryum ↗
leptocaul
- Bennettitales

Leptocephalus ↗
- Aale

Leptoceridae ↗
Leptoconops
- Bartmücken

Leptocorisa ↗
Leptodactylidae ↗
Leptodactylinae
- M Südfrösche

Leptodactylodon ↗
Leptodactylus ↗
- □ Schaumnester

Leptodeira ↗
Leptodemus ↗
Leptodora
Leptodoridae
- M Wasserflöhe

Leptogaster
- Raubfliegen

Leptogium ↗
Leptoglossum ↗
Leptograptus
- introvert

Leptoide
- Polytrichidae

Leptolejeunea ↗
Leptolophus
- Palaeotheriidae

Leptom
Leptomedusae

Leptomeninx
- Hirnhäute

Leptometra
- Pulvinomyzostomidae

Leptomicrurus ↗
Leptomitaceae
- Leptomitales

Leptomitales
Leptomitus
- Leptomitales

Leptomonas-Form
- M Trypanosomidae

Leptonacea
- Babinka

Leptonia
- M Rötlinge

Leptonychotes ↗
Leptonycteris
- M Chiropterogamie

Leptopalpus
- Mundwerkzeuge

Leptopelis ↗
Leptophyes
- Sichelschrecken

Leptoplana
Leptoplastus
- M Kambrium

Leptopsammia
Leptopsyllidae
- Mäusefloh

Leptopteris
- Baumfarne
- Königsfarngewächse

Leptopterus ↗
Leptopterygius
- Eurhinosaurus longirostris

Leptoptilos ↗
Leptoscyphus ↗
Leptosomatidae ↗
Leptosomer
- M Konstitutionstyp

Leptosomus
- Kurols

Leptospermum ↗
Leptosphaeria
- M Phoma
- M Pleosporaceae
- Rutenkrankheit
- M Septoria
- Spelzenbräune

Leptospira
- M Abwasser
- □ Eubakterien

Leptospirosen
- Anthropozoonosen

Leptospirosis grippotyphosa
- Feldfieber

Leptospirosis ictero-haemorrhagica
- Weilsche Krankheit

Leptosporangiatae
leptosporangiate Farne
- Leptosporangiatae

Leptosporangien ↗
Leptostraca
Leptostroma
- □ Schüttekrankheit

Leptosynapta
- M Seewalzen
- Synaptidae
- Wurmholothurie

Leptotän
- B Meiose

Leptothrix
- Leptotrichia

Leptotrichia
- fusiforme Bakterien
- M Zahnkaries

Leptotrochila ↗
Leptotyphlinae
- Kurzflügler

Leptotyphlopidae ↗
Leptotyphlops
- Schlankblindschlangen

leptozentrisch
Leptura ↗
Lepturinae
- Blütenböcke

Leptychaster
- Kamm-Seesstern

Leptyphantes ↗
Lepus
Lerchen
- Nest
- Palingenese

Lerchensporn
- Frühlingsgeophyten
- Myrmekochorie
- Nachreife

Lerchensporn-Ahorn-Eschen-Talsohlenwald
- Lunario-Acerion

Lernaea
Lernaeidae
- Copepoda

Lernaeocera ↗
Lernaeodiscidae
- M Rankenfüßer

Lernaeopoidea
- M Copepoda

Lerndisposition
- Darmflora

Lernen
- Assoziation
- Determination
- Dialekt
- Gedächtnis
- Homologie
- Jugendentwicklung: Tier-Mensch-Vergleich
- B Kaspar-Hauser-Versuch
- Koehler, O.
- kulturelle Evolution
- Mensch
- Stimmungsübertragung
- Transfer
- Verhalten

Lernfähigkeit
- Apoidea
- Begriff
- M Chronobiologie
- Lerndisposition
- Nagetiere
- Sprache

Lernleistung
- Lernen

Lerntheorie
- Behaviorismus
- Lernen
- Verhalten

Lerwa
- M Asien

Lesbia
- □ Kolibris

Leschenaultia ↗
Lesch-Nyhan-Syndrom
- Amniocentese
- Gicht
- Hypoxanthin-Guanin-Phosphoribosyl-Transferase

Leserichtung
- Vervollkommnungsregeln

Lesezentrum
- Assoziansfelder

Lespédez, D.
- Lespedeza

Lespedeza ↗
Lesquerella
Lesquereux, Leo
- Lesquerella

Lessivé ↗
Lessivierung
Lesson, René Primevere
- Lessonia

Lessonia ↗
Lestes
- Teichjungfern

Lestidae ↗
Lestobiose ↗
Lestoros
- Opossummäuse

letal
Letalallele
Letaldosis ↗
letale genetische Konstitution
- Durchbrenner
- Letalfaktoren

Letalfaktoren

Letalität
Letalmutation
Letaltemperatur
- Temperaturregulation
- Wärmetod

Letharia ↗
Lethrus ↗
Lettenboden
- Pelosol

Lettenkohle
Letternbaum ↗
Leu ↗
Leucadendron
- Capensis
- Proteaceae

Leucandra
Leucaspius ↗
Leucauge
- Streckerspinnen

Leuchtbakterien
- Darmflora
- Desmomyaria
- □ Leuchtorganismen
- Meeresleuchten

Leuchtdichteunterschiede
- Kontrast

Leuchtdrüsen
- Biolumineszenz
- ↗ Leuchtstoffdrüsen

Leuchtenbergia
- Kakteengewächse

leuchtendes Holz
- M Hallimasch

Leuchtenzyme
- Biolumineszenz
- Luciferase

Leuchterblume
- Schwalbenwurzgewächse

Leuchtfeldblende
- □ Mikroskop (Aufbau)

Leuchtfleckensalmler
- B Aquarienfische I
- Salmler

Leuchtgarnelen ↗
Leuchtheringe ↗
Leuchtkäfer
- Fettkörper
- Flügelreduktion
- B Insekten III
- B Käfer I
- M Komplexauge (Ommatidienzahl)
- □ Luciferine

Leuchtkrebse
Leuchtmoos ↗
Leuchtorgane
- Biolumineszenz
- M Großmünder
- M Leuchtkäfer
- Leuchtorganismen
- Leuchtsymbiose
- Tiefseeangler
- M Wunderlampe

Leuchtorganismen
- Meeresleuchten
- Tiefseefauna

Leuchtpilze
Leuchtquelle
- B Hohltiere III

Leuchtsardinen
Leuchtschirm
- Elektronenmikroskop
- Phosphoreszenz

Leuchtschnellkäfer
- Cucujo
- B Käfer II

Leuchtstoffdrüsen
- Hautdrüsen
- ↗ Leuchtdrüsen

Leuchtsymbiose
- Meeresleuchten

Leuchtzellen
- Leuchtorganismen

Leuchtzikaden ↗
Leuchtzirpen
- Laternenträger

Leucin
- M Aminosäuren
- genetischer Code

Lichtreaktion (Photosynthese)

- Isomerie
- B Transkription - Translation

Leucin-Aminopeptidase
Leucin-Enkephalin
- M Endorphine
- □ Neuropeptide

Leuciscinae
- Weißfische

Leuciscus ↗
Leuckart, R.
- Bilateria
- Enterocoeltheorie
- Leuckartiara
- Parasitologie

Leuckartiara ↗
Leucobryaceae
Leucobryo-Pinetum
- Dicrano-Pinion

Leucobryum
- Leucobryaceae

Leucochloridium
- Parasitismus

Leucochroa
- M Heideschnecken

Leucochrysis ↗
Leucodon
- Leucodontaceae

Leucodonta
- M Zahnspinner

Leucodontaceae
Leucodontineae
- Leucodontaceae

Leucogryophana
- M Serpula

Leucojum ↗
Leucoma
- Trägspinner

Leuconia ↗
Leuconostoc ↗
- Betacoccus
- M Malo-Lactat-Gärung
- M Milchsäurebakterien
- M Wein (Fehler/Krankheiten)

Leucontyp ↗
- Geißelkammern

Leucopogon
- M Epacridaceae

Leucoptera
- Kaffeemotte
- Langhornminiermotten

Leucorchis ↗
Leucorrhinia ↗
Leucosiidae
- Kugelkrabben

Leucosin ↗
Leucosolenia
- Leucosoleniidae

Leucosoleniidae
Leucosporidium
- basidiosporogene Hefen

Leucothea ↗
Leucothrix ↗
Leucotrichaceae
- Leucotrichales

Leucotrichales
Leucozonia
- M Tulpenschnecken

Leukämie
- blutbildende Organe
- Blutgruppen
- Krebs
- Neumann, E.
- □ RNA-Tumorviren (Auswahl)
- Strahlenbelastung
- Strahlenschäden
- T-lymphotrope Viren

Leukämieviren ↗
Leukismus
Leukoanthocyanidine
- Flavonoide
- M Flavonoide

Leukoblasten
Leukocyten
- Agranulocyten
- amöboide Bewegung
- Blutgruppen
- Drumstick
- eosinophile Granulocyten
- Glucocorticoide
- M Harnsedimente
- Kolossalfasern
- Leukämie
- Makrophagen
- Methämoglobin
- Metschnikow, I.I.

Leukocytose
- Granulocyten
- Leukocyten

Leukoplasten
- Aleuroplasten
- Proplastiden

Leukopterin
- Pteridine

Leukosin
- Albumine

Leukotomie
- Angst - Philosophische Reflexionen
- Moniz, A.

Leukotoxine
Leukotriene
- □ Prostaglandine
- Samuelsson, B.

Leukoverin
- Citrovorumfaktor

Leukozidine
Leunakalk
Leunasalpeter
Leuresthes ↗
Leurocristin
- Vincaalkaloide

Leurognathus ↗
Levallois
Levalloisien
- Levallois

Levanteottor ↗
Levantiner Schwamm
- Badeschwämme

Levarterenol
- Noradrenalin

Levator
Leveillula
Levene, P.
Levine, Philip
- MN-System

Levisticum ↗
Leviviridae
- Bakteriophagen
- einzelsträngige RNA-Phagen

Levkoje
- Irone

Lewis
- Blutgruppen

Lewis, Meriwether
- Lewisia

Lewisia ↗
Lewisit
- Giftgase

Leydig, Franz von
- Leydig-Zellen

Leydig-Zellen
- Geschlechtsorgane

Leydig-Zwischenzellen
Leyhausen, Paul
- Angst - Philosophische Reflexionen
- M Instinkt (Definitionen)

L-Faktor
- Lipokain

L-Form (Chemie)
- absolute Konfiguration
- B Kohlenstoff (Bindungsarten)
- □ optische Aktivität
- transfer-RNA

L-Form (Mikrobiologie)
LGV
- □ Chlamydien

LH ↗
LHC
- M Photosynthese

L'Héritier de Brutelle, Charles-Louis
- Heritiera
- **LHI**
- Längen-Höhen-Index

"L'Hirondelle"
- □ Meeresbiologie (Expeditionen)

L-Horizont ↗
- Auflagehorizont

LH-RH
- □ Hypothalamus
- Schally, A.V.

Li ↗
Lialis ↗
Lianen
- Afrika
- Asien
- Auenwald
- Baumwürger
- M Lichtfaktor
- □ sekundäres Dickenwachstum
- □ Wassertransport
- Winden

Lias
Liasis ↗
Liatris ↗
Libanon-Zeder
- B Mediterranregion III
- Zeder

Libby, W.F.
Libellen
- Fangmaske
- Flugmuskeln
- M Fortbewegung (Geschwindigkeit)
- holoptisch
- B Homonomie
- B Insekten I
- Insektenflügel
- Karbon
- M Komplexauge (Ommatidienzahl)
- M Komplexauge (Querschnitte)
- B Larven II
- M ökologische Regelung
- □ Rote Liste
- Temperaturregulation

Libellenlarven
- Darm
- Darmatmung
- B Larven II
- Libellen
- Tracheenkiemen

Libelloides
- Schmetterlingshafte

Libellula
- Segellibellen

Libellulidae ↗
Libido
- M Bereitschaft
- Sexualität - anthropologisch

Libinia
- Seespinnen

Libocedrus
Libralces
Librigenae
- freie Wangen

Libypithecus
Libythea
- Schnauzenfalter

Libytheidae ↗
Libytherium
Licea
- Liceales

Liceaceae
- Liceales

Liceales
Lichanura ↗
Lichenase
- Lichenin

Lichenen
- Flechten

Lichenes ↗
Lichenes imperfecti
Lichenin
lichenisiert
lichenisierte Pilze
- Flechten

Lichenologie
Lichenometrie
Lichenopora
Lichida
- □ Silurium

Lichina
Lichinaceae
Lichinineae ↗
Licht
- M Albedo
- Augenpigmente
- Bestrahlung
- Biolumineszenz
- biotechnische Schädlingsbekämpfung
- Blattflächenindex
- Chemilumineszenz
- B Dissimilation I
- Farbe
- Konservierung
- Photobiologie
- Photochemie
- Quanten
- Stoffwechselintensität
- Wald
- Young, Th.
- ↗ Lichtintensität

Lichtatmung ↗
Lichtblätter
- Morphosen
- Photosynthese
- Thylakoidmembran

Lichtentzug
- Luftverschmutzung

Lichtfaktor
- Plankton

Lichtfalle
- Lichtfang
- Phobotaxis

Lichtfang
Lichtgenuß
Lichtgenußminimum
- M Licht

Lichthöfe
- □ Phasenkontrastmikroskopie

Lichtholzarten
- Lichthölzer

Lichthölzer
- M Lichtfaktor

Lichtintensität
- Auflösungsvermögen
- □ Auflösungsvermögen
- Auge
- Blumenuhr
- □ Reiz und Erregung

Lichtkanäle
- Photorezeption

Lichtkeimer
- Phytochrom-System

Lichtkeimung
- Dormanz

Lichtkompensationspunkt
- Heliophyten
- Photosynthese

Lichtleiter
- Komplexauge

lichtliebend
- photophil

Lichtmangel
- Tiefseefauna

Lichtmikroskop
Lichtnelke
- Geschlechtsbestimmung
- Nachtblüher
- Schmetterlingsblütigkeit

Lichtorgel
- Präferendum

Lichtpflanzen ↗
- Lichtkompensationspunkt
- M Lichtsättigung

Lichtpräferendum
- Lichtorgel

Lichtquanten
- Treffertheorie
- ↗ Photonen
- ↗ Quanten

Lichtreaktion (Photosynthese)
- □ Chlorophylle

247

Lichtreaktion (Sinnesphysiologie)

- Hill-Reaktion
- [B] Photosynthese II
- [B] Stoffwechsel

Lichtreaktion (Sinnesphysiologie) ↗

Lichtreflexion
- Albedo
- Augenpigmente
- Bodentemperatur

Lichtrückenreflex

Licht-Sammel-Komplex
- [M] Photosynthese

Lichtsättigung

lichtsensibilisierende Stoffe
- Photosensibilisatoren

Lichtsensibilität
- Bonellia

Lichtsinn

Lichtsinnesorgane
- Photorezeption
- □ Vervollkommnungsregeln

Lichtsinneszellen
- □ Nervensystem (Funktionsweise)
- Sehzellen

Lichttod
- Regenwürmer

Lichttoleranz

Licmophora
- Convoluta
- Zooxanthellen

Lid
- Mongolenfalte

Lidblasenfrosch ↗

Lidmücken
- [M] Mücken

Lidocain
- Cocain

Lidreflex
- bedingter Reflex
- Bereitschaft
- Lidschlußreaktion

Lidschlußreaktion
- Abwehr
- Reflex

Lidschlußreflex
- Bereitschaft
- Lidschlußreaktion

Liebe
- Sexualität - anthropologisch

Lieberkühn, Johann Nathanael
- Lieberkühnsche Krypten

Lieberkühnsche Drüsen
- Lieberkühnsche Krypten

Lieberkühnsche Krypten

Liebesapfel
- Tomate

Liebesgras

Liebespfeil
- fingerförmige Drüsen

Liebestänze
- Drosophila melanogaster

Liebig, J. von
- alkoholische Gärung
- [B] Biochemie
- [B] Biologie I
- [B] Biologie II
- [B] Biologie III
- [M] Enzyme
- Gärung
- [M] Gehirn
- Hippursäure
- Landwirtschaftslehre
- Mineraltheorie
- Minimumgesetz

Liebscher, G.
- Optimumgesetz

Liebstöckel
- Gewürzpflanzen

Lien
- Milz

Lieschblätter
- Lieschen

Lieschen

Lieschgras

Lieskeëlla ↗

Lieste ↗

Ligamenta vocalia
- Kehlkopf

Ligamente ↗
- Blutkreislauf
- □ Fortbewegung
- □ Muscheln
- Scharnier
- □ Scolopidium

Ligamentsack
- Acanthocephala

Ligamentum inguinale
- Leiste

Ligamentum nuchae
- [M] Sehnen

Ligand ↗

Ligasen
- DNA-Reparatur
- □ Gensynthese
- [B] Replikation der DNA I

light chains
- L-Ketten
- ↗ leichte Ketten

light harvesting complex
- [M] Photosynthese

Lightiella
- Cephalocarida

light meromyosin
- Myosin

Ligia ↗

Ligidium ↗

Ligierung
- DNA-Ligase
- Gentechnologie

Ligiidae
- □ Landasseln

Lignifizierung

lignikol

Lignin
- Ballaststoffe
- celluloseabbauende Mikroorganismen
- Bodenorganismen
- Coniferin
- Ferulasäure
- [M] Holz
- Kormus
- Mineralisation
- Pansensymbiose
- Phanerochaete
- Phloroglucin
- Streuabbau
- Vanille
- Weißfäule
- Zellwand
- [B] Zellwand

Ligninase

Ligninsulfonsäure
- Gerbstoffe
- Lignin

Lignit

Lignivoren ↗

Lignocerinsäure

Ligula (Botanik)
- [B] Farnpflanzen II
- Nebenkrone
- [M] Schuppenbaumgewächse
- [M] Schuppenbaumgewächse
- [M] Siegelbaumgewächse
- [M] Süßgräser

Ligula (Zoologie)

Ligularschuppe
- Araucaria

Liguliflorae
- Zungenblüten

Liguster
- [B] Europa XIV
- Galio-Carpinetum
- [M] Macchie

Ligusterschwärmer

Ligusticum

Ligustrum ↗

Liguus
- Baumschnecken

Likörweine
- Wein

Lilaea
- Lilaeaceae

Lilaeaceae
- Dreizackgewächse

Liliaceae ↗

Liliales ↗

Liliatae ↗

Lilie
- [M] Merian, M.S.

Lilienartige

Liliengewächse
- Dickenwachstum

Lilienhähnchen
- Blattkäfer
- Hähnchen

Lilienöl
- Lilie

Liliidae

Liliiflorae ↗

Lilioceris ↗

Liliputaner
- Zwergwuchs

Lilium ↗

Lima ↗

Limacella ↗

Limacidae ↗

Limacina
- [M] Seeschmetterlinge

Limacinidae
- Limacina

Limacodidae ↗

Limacoidea

Limacomorpha
- □ Doppelfüßer

Liman
- Lagune

Limanda ↗

Limande

Limapontia

Limax

Limax-Amöben
- [M] Nacktamöben

Limbaholz ↗

limbisches System
- □ hypothalamisch-hypophysäres System
- Schmerz
- Streß
- □ Telencephalon

Limenitis ↗

Limette ↗

limicol

Limicolen ↗
- Durchzugsgebiet
- Mauser
- Vogelei

Limidae
- □ Trias

Limifossor

Limitdivergenzwinkel
- Blattstellung

limitierende Faktoren
- [M] Konkurrenzausschlußprinzip

Limnadia ↗
- [M] Muschelschaler
- [M] Tümpel

Limnadiidae
- [M] Muschelschaler

Limnaea ↗

Limnaeameer

Limnaeazeit
- Limnaeameer

Limnaoedus ↗

Limnatis

Limnebius
- Hydraenidae

Limnias

Limnichidae
- □ Käfer

limnikol

Limnion
- Monimolimnion

limnisch

limnische Sedimente
- [M] Sedimente

Limnius
- Hakenkäfer

Limnobakteriologie
- Limnologie

Limnobenthos

Limnobiidae ↗

Limnobiologie
- Limnologie

Limnobios

Limnobotanik
- Limnologie

Limnocharis
- Limnocharitaceae

Limnocharitaceae

Limnochemie
- Limnologie

Limnodriloides
- [M] Tubificidae

Limnodrilus

Limnodromus ↗

Limnodynastes

Limnodynastinae
- [M] Myobatrachidae

Limnogale
- Madagassische Subregion
- Tanreks

Limnohydroidae

Limnokrene
- Quelle

Limnologie
- [B] Biologie II
- Forel, F.A.
- Thienemann, A.F.

Limnologische Stationen
- Forschungsstationen

Limnomedusa ↗

Limnomedusae ↗

Limnomermis
- [M] Parasitismus

Limnophilidae ↗

Limnophysik
- Limnologie

Limnopithecus

Limnoplankton ↗
- Plankton

Limnoria

Limnoriidae
- Bohrasseln

Limnostygal

Limnostygon
- Limnostygal

Limnozoologie
- Limnologie

Limodorum ↗

Limone ↗

Limonen
- [M] chemische Sinne
- Termiten

Limoniidae ↗

Limonium ↗

Limopsidae
- Limopsis

Limopsis

Limosa ↗

Limosella ↗

Limulus
- Coxaldrüsen
- Frontalorgan
- [M] Gattung
- Gliederfüßer
- Komplexauge
- Mesolimulus
- Telson
- [M] Xiphosura

Linaceae ↗

Linalool
- [M] Basilienkraut

Linalylacetat

Linalylformiat
- Linalylacetat

Linalylpropionat
- Linalylacetat

Linalylvalerianat
- Linalylacetat

Linamarase
- Linamarin

Linamarin
- Maniok

Linaria ↗

Linase
- Linamarin

Linck, Johann Heinrich
- Linckia

Linckia
- □ Seesterne

Linckiidae
- Linckia

Lincoln-Index
- □ Populationsdichte
Lincomycin
- Chloroplasten
Lindan
- □ MAK-Wert
- Phanerochaete
Linde
- Baum (Baumformen)
- Domatien
- B Europa XI
- Flugeinrichtungen
- □ Fruchtformen
- M Honig
- M Knospe
- □ Lebensdauer
- □ Mastjahre
- Monochasium
- Nebenblätter
- Sympodium
- Wald
- Wildverbiß
- Wurzelbrut
Linden, T. van der
- Hexachlorcyclohexan
- Lindan
Lindenblütenöl
- Farnesol
Lindengewächse
Lindenholz
- Linde
Lindenmann, J.
- Interferone
Lindenschwärmer
Linder, Johan
- Linderol
Lindern, Franz Balthasar von
- Lindernia
Lindernia
Linderol
Lindia
- M Rädertiere
Linea alba
- Schwangerschaft
Lineae nuchae superiores
- Inion
linealisch
- Blatt
lineare Makromoleküle
- Linearmoleküle
Lineareruption
- Vulkanismus
lineare Systeme
- nichtlineare Systeme
Linearmoleküle
Lineatriton
Lineidae
- Cerebratulus
Lineus
- Desorsche Larve
Lingli
- Basellaceae
Lingua
- Zunge
Linguatula
- Pentastomiden
- □ Pentastomiden
Linguatulida
Lingula
Lingulella
- M Brachiopoden
Lingulida
- □ Kambrium
Lingulidae
- Brachiopoden
Linie
- □ Kreuzungszüchtung
- Separierungszüchtung
Linin
- Koppelung
Linker
- Festphasensynthese
Linksäugigkeit
- Plattfische
linksdrehend
- B Kohlenstoff (Bindungsarten)

- optische Aktivität
Linkshändigkeit
Linksverschiebung
- Granulocyten
Linn.
- L
Linnaea
Linnaeus, Carolus
- Linné, C. von
Linné, C. von
- Bakterien
- binäre Nomenklatur
- B Biologie I
- B Biologie II
- B Biologie III
- Blätterpilze
- Herrentiere
- Homo sapiens
- Homo troglodytes
- Honigbienen
- Kapuzineraffen
- Klassifikation
- M Kryptogamen
- künstliches System
- L
- Linnaea
- Mensch
- Prioritätsregel
- M Reich
- M Riesenbock
- Systematik
Linognathus
Linolensäure
- □ essentielle Nahrungsbestandteile
- Fettsäuren
- □ Fettsäuren
- B Lipide - Fette und Lipoide
- Membran
Linoleum
- Fette
Linolsäure
- Arachidonsäure
- □ essentielle Nahrungsbestandteile
- Fettsäuren
- □ Fettsäuren
- B Lipide - Fette und Lipoide
- Membran
Linophryne
- □ Leuchtorganismen
- Leuchtsymbiose
Linopteris
Linoxyn
- Leinöl
Linsangs
Linse (Augenteil)
↗ Augenlinse
Linse (Optik)
- Dioptrie
- Elektronenmikroskop
Linse (Pflanze)
- Ackerbau
- B Kulturpflanzen V
- □ Nahrungsmittel
Linsenauge
- Analogie
- Komplexauge
- Retinomotorik
Linsenfloh
Linseninduktion
- B Induktion
Linsenkäfer
Linsenkrebschen
- Linsenfloh
Linsenplakode
- Augenbecher
Linsenregeneration
- Dedifferenzierung
- Metaplasie
Linsenrückziehmuskel
- Retraktoren
Linsenschädigung
- Strahlenschäden
Lint
- Baumwollpflanze
Linters
- Baumwollpflanze

Linum
- □ Heilpflanzen
Linyphia
- Baldachinspinnen
Linyphiidae
Lioceras
- M Sackspinnen
Liodes
- Trüffelkäfer
Liodidae
Liodinae
- Trüffelkäfer
Lioheterodon
Liolaemus
Liomys
- M Taschenmäuse
Lionurus
- Netzhaut
Liophidium
- Nattern
Liopsetta
Liostomum
Liothyronin
- Triiodthyronin
Liotomus
- □ Tertiär
Lip
- □ Coenzym
- Liponsäure
Lipalische Lücke
- Eokambrium
- Präkambrium
Lipalium
- Präkambrium
Liparinae
- Scheibenbäuche
Liparis
- Brandungszone
Liparus
- Rüsselkäfer
Lipasen
- Carboxyl-Esterasen
- Emulgatoren
- M Hydrolasen
- Milchproteine
Liphistius
Lipid-A-Region
- Lipopolysaccharid
Lipid-Bilayer
Lipid-Carrier-Proteine
Lipiddoppelschicht
- amphipathisch
- Kooperativität
- Lipid-Bilayer
- Membran
- M Membran
- Membranproteine
- □ Membranproteine (Schemazeichnung)
- Membrantransport
- □ Membrantransport (Schema)
- Symmetrie
Lipide
- apokrine Sekretion
- B chemische und präbiologische Evolution
- endoplasmatisches Reticulum
- Leben
- □ organisch
- B Stoffwechsel
- Verdauung
Lipidmembran
- B chemische und präbiologische Evolution
Lipidoderma
- Didymiaceae
Lipistius
- M Mesothelae
Lipizzaner
Lipmann, F.A.
- B Biochemie
Lipoamid
Lipoblasten
Lipocaic factor
Lipochondrien
Lipochrome

Lippenblütler

Lipofuscin
- Lysosomen
Lipoid A
- Endotoxine
Lipoide
Lipoidose
Lipoidspeicherkrankheit
- Lipoidose
Lipokain
Lipolyse
- Diabetes
- Sympathikolytika
Lipomyces
Lipomycetoideae
- M Echte Hefen
- Lipomyces
Liponamid
- Lipoamid
Liponeura
- □ Bergbach
Liponsäure
- Pyruvat-Dehydrogenase
- Vitamine
Liponsäureamid
- □ Redoxpotential
Liponsäure-Reductase-Transacetylase
- Pyruvat-Dehydrogenase
Lipopalingenese
lipophil
- B Lipide - Fette und Lipoide
- Membran
lipophile Aglykone
- Flavone
lipophob
Lipopolysaccharid
- Virusrezeptoren
Lipoproteine
- M Blutproteine
- Cytidindiphosphat-Diacylglycerin
- M Globuline
- □ Serumproteine
- Verdauung
- Virusrezeptoren
↗ Lipoproteinhülle
Lipoproteingranula
- Lipochondrien
Lipoproteinhülle
- Viren
- □ Viren (Aufnahmen)
- □ Virusinfektion (Reifung)
Lipoptena
- Lausfliegen
Liposcelidae
Liposomen
lipostatische Hypothese
- Hunger
Lipotes
lipotrop
lipotroper Pankreasfaktor
- Lipokain
lipotropes Hormon
- □ Hormone (Drüsen und Wirkungen)
- Lipotropin
Lipotropin
- □ Hormone (Drüsen und Wirkungen)
- Neuropeptide
Lipoxygenase
- □ Leukotriene
- M Oxidoreductasen
- □ Prostaglandine
Lippen (Botanik)
- Labellum
- Orchideen
Lippen (Zoologie)
- Fadenwürmer
- □ Telencephalon
Lippenbär
- B Asien VI
- □ Bären
- Lippen
Lippenblüte
Lippenblütige
- Lippenblütlerartige
Lippenblütler
- □ Fruchtformen

Lippenblütlerartige

- Klause
- **Lippenblütlerartige**
- **Lippenbogen**
  - [B] Fische (Bauplan)
- **Lippendrüsen**
  - Lippen
- **Lippen-Kiefer-Gaumenspalte**
  - Patau-Syndrom
- *Lippenknorpel*
- **Lippenkontakt**
  - Jugendentwicklung: Tier-Mensch-Vergleich
- **Lippenkrebs**
  - ☐ Krebs (Krebsentstehung)
- *Lippenmünder* ↗
- *Lippennattern* ↗
- **Lippenorgane**
  - Temperatursinn
- *Lippensoral* ↗
- *Lippentaster*
  - [M] Flöhe
  - Labellen
- *Lippenzähner* ↗
- *Lippfische*
  - Putzsymbiose
  - [B] relative Koordination
- **Lippi, Auguste**
  - Lippia
- *Lippia* ↗
- **Lipteninae**
  - Bläulinge
- *Liptozönose*
- **Liq.**
  - Liquor
- *Liquidambar* ↗
- *Liquor (Anatomie)*
  - Blut-Hirn-Schranke
  - ☐ hypothalamisch-hypophysäres System
- *Liquor (Pharmazie)*
- **Liquor folliculi**
  - [M] Oogenese
- **Lirellen**
- *lirellokarp*
- *Liriodendron* ↗
  - Käferblütigkeit
- *Liriope* ↗
- *Liriopeidae* ↗
- **Liriopidae**
  - Faltenmücken
- *Lispa* ↗
- *Lissamphibia*
- *Lissemys* ↗
- **Lissodelphinae**
  - Delphine
- **Lissodelphis**
  - Delphine
- **Lister, Sir Joseph**
  - ☐ Desinfektion
  - Listeria
  - Milchsäurebakterien
  - Semmelweis, I.Ph.
- **Lister, Martin**
  - Listera
- *Listera* ↗
- **Listeria**
- *Listeriosen* ↗
- *Listriodon*
- *Listspinne* ↗
- **Litchi**
  - ☐ Obst
- **Lithacrosiphon**
  - [M] Sipunculida
- *Lithistida*
  - Eutaxicladina
  - Megamorina
- *Lithium*
  - [M] Atom
- **Lithiumchlorid**
  - Vegetativisierung
- *Lithium-Effekt*
- **Lithiumhydrid**
  - ☐ MAK-Wert
- **Lithobiomorpha**
  - Hundertfüßer
- *Lithobiontik* ↗
- *Lithobius* ↗

- *Lithocholsäure*
- *Lithocolletis* ↗
- **Lithoderma**
  - Braunalgen
- **Lithodes**
  - Steinkrabben
  - [M] Steinkrabben
- *Lithodidae*
- **Lithodinae**
  - Steinkrabben
- *Lithodomus* ↗
- *Lithodytes*
  - ☐ Schaumnester
- *Lithoglyphus* ↗
- **Lithoglyptidae**
  - [M] Rankenfüßer
- **Lithographenschiefer**
  - Solnhofen
- **Lithomuration**
  - Immuration
- *Lithophaga* ↗
- **Lithophyllum**
  - Corallinaceae
- *Lithops*
- *Lithoptera* ↗
- **Lithosiinae**
  - Bärenspinner
  - Flechtenspinner
- **Lithospermin**
  - Steinsame
- **Lithospermo-Quercetum**
- *Lithospermum* ↗
- *Lithosphäre*
  - Erdgeschichte
  - Klima
  - Präkambrium
- **Lithostratigraphie**
  - ☐ Stratigraphie
- **Lithotanytarsus**
  - Zuckmücken
- *Lithotelmen*
- *Lithothamnion* ↗
- **Lithotypen**
  - Kohle
- *Litocarpia* ↗
- *Litocranius* ↗
- **Litodactylus**
  - Rüsselkäfer
- **Litopterna**
  - Protungulata
  - Südamerika
- *Litoraea*
- **Litoral**
  - Profundal
  - ☐ See
  - Sublitoral
- **Litoralfauna**
  - Antiboreal
- *Litorella* ↗
- *Litorelletea*
- **Litorellion**
  - Pillenfarngewächse
- *Litoria*
- **Litorinameer**
  - Littorinameer
- **Litoriprofundal**
  - Litoral
  - ☐ See
- **Litschi-Moorantilope**
  - Wasserböcke
- **Litschipflaume**
  - Seifenbaumgewächse
- *Littoridina*
- *Littorina*
  - Felsküste
  - Littorinameer
- *Littorinameer*
- *Littorinazeit*
  - Littorinameer
- *Littorinidae*
  - Strandschnecken
- *Littorinoidea*
  - Assiminea
- **Lituites**
  - ☐ Ordovizium
- **Liturm**
  - Lackmus
- **Liuia**
  - [M] Winkelzahnmolche

- *Lizzia* ↗
- **Ljutaga**
  - [B] Asien I
- *L-Ketten*
- **L-Konfiguration**
  - ☐ Aminosäuren (Struktur)
  - ↗ L-Form
- **Llandeilium**
  - [M] Ordovizium
- **Llandoverium**
  - [M] Silurium
- **Llano**
  - [B] Vegetationszonen
- **Llanvirnium**
  - [M] Ordovizium
- **L.L.O.**
  - Legionellaceae
- *Lloydia* ↗
- **LMM-Köpfe**
  - Myosin
- **LMM-Schäfte**
  - Myosin
- *Loa*
- **Loaïasis**
  - Loïasis
- **Loa-Loa-Infektion**
  - Loïasis
- **Loasa**
  - Brennfleckenkrankheit
  - Loasaceae
- *Loasaceae*
- *Lobaria* ↗
- *Lobariaceae*
- *Lobata*
- **Lobelanidin**
  - Lobelin
- **Lobelanin**
  - Lobelin
- **Lobelia**
  - [B] Afrika III
  - Lobeliaceae
  - Páramo
- **Lobelia-Alkaloide**
  - Lobelin
- *Lobeliaceae*
- *Lobelie* ↗
  - [B] Afrika VII
- **Lobeliengewächse**
  - Lobeliaceae
- **Lobelin**
  - [M] Synapsen
  - Wieland, H.O.
- *Lobelius, M.*
  - Lobelie
- **Lobendrängung**
- **Lobenformel**
- **Lobenlinie**
- **Lobesia**
  - [M] Rebkrankheiten
  - Traubenwickler
- **Lobi auriculares**
  - Kleinhirn
- **Lobi cerebri**
  - Hirnlappen
- **Lobi hepatis**
  - Leber
- **Lobinin**
  - Lobelin
- **Lobi pulmonales**
  - Lunge
- **Lobites**
- **Lobivia**
  - Kakteengewächse
  - ☐ Kakteengewächse
  - [M] Kakteengewächse
- **Lobobactrites**
  - Ammonoidea
- *Lobodontinae* ↗
- *Lobophyllia*
- **Lobopodium**
  - [M] Arcella
  - Bewegung
  - Gliederfüßer
  - Pseudopodien
  - Wurzelfüßer
- **Lobula**
  - Oberschlundganglion
- *Lobularia* ↗
- **Lobuli**
  - [B] Niere

- ↗ Lobulus
- **Lobuli testis**
  - Hoden
- **Lobulus**
  - [B] Atmungsorgane I
  - ↗ Lobuli
- **Lobulus hepatis**
  - Leber
- *Lobus (Anatomie)*
- *Lobus (Kopffüßer)* ↗
- *Lobus (Krebstiere)*
- **Lobus externus maxillae**
  - Außenlade
- **Lobus olfactorius**
  - Riechhirn
- *Lobus opticus*
  - Faserkreuzung
  - Gehirn
  - Gliederfüßer
  - ☐ Komplexauge (Aufbau/Leistung)
  - Medulla
  - Stielaugen
- *Lobus palpebralis* ↗
- **Lobus piriformis**
  - ☐ Telencephalon
- **Lobus posterior**
  - Neurohypophyse
- **Lobus pyramidalis**
  - [M] Schilddrüse
- *Lochauge* ↗
- **Lochemusa**
  - [M] Ameisengäste (Beispiele)
- *Löcherbiene* ↗
- **Löcherkrake**
  - Tremoctopus
- *Löcherpilze* ↗
- *Löchertrüffel*
- **Lochfäule**
  - Weißfäule
- *Lochfraß*
  - Blattkäfer
  - Tineidae
- **Lochkameraauge**
  - Kameraauge
  - Lochauge
- **Lochnapfschnecken**
  - Lochschnecken
- *Lochotter* ↗
- **Lochriea**
- **Lochschnecken**
- **Lochsensillen**
  - Sensillen
- **Lochtest**
  - Agardiffusionstest
- **Lochträger**
  - Foraminifera
- *Lockdrüsen*
- **Locklaute**
  - Sprache
  - ↗ Gesang
- *Lockstoffe* ↗
  - Cucurbitacine
- **Locktracht**
- *Loculoascomycetes*
  - Ascostroma
- **Loculoascomycetidae**
  - Capnodiaceae
- **Loculus**
  - Ascoma
- *Locus* ↗
- *Locusta* ↗
  - Versuchstiere
  - [M] Wanderheuschrecken
- *Locustella* ↗
- *Locustoidea* ↗
- **Locus typicus**
  - Hyle
- *Lodde* ↗
- *Lodderomyces*
- **Lodiculae**
  - [M] Grasblüte
- *Lodoicea* ↗
- **Loeb, J.**
- **Loefflerella**
  - Actinobacillus
  - Rotz
- **Loew, E.**
  - Bestäubungsökologie

Lösungsmittel

Loewi, O.
Löffelchen ↗
Löffelente
– M Schwimmenten
Löffelfliegen ↗
Löffelfuchs
– Löffelhund
Löffelhund
Löffelkraut
Löffelstör
– B Fische XII
– Nordamerika
– Störe
Löffel-Wandermuschel
– Congeria
Löffler
– M Schnabel
Löffler, F.A.J.
– Bakterientoxine
– Diphtheriebakterien
– Erysipelothrix
– Klebs-Löffler-Bacillus
– Rotz
Logamin
– □ Brechnußbaum
Logan, James
– Loganiaceae
Loganiaceae ↗
Loganin
– M Bitterstoffe
– M Fieberklee
– M Monoterpene
Logarithmus
– Information und Instruktion
Logik
– Deduktion und Induktion
logistische Kurve ↗
log-Phase ↗
Lohblüte
Lohden
– Lotten
Lohkrankheit
Lohmann, Karl
– B Biochemie
– B Biologie II
– Lohmann-Reaktion
Lohmann-Reaktion
Lohrinde
– Eichenschälwald
Loiasis
Loimia
– M Terebellidae
Loiseleur-Deslongchamps, Jean-Louis-Auguste
– Cetrario-Loiseleurietea
– Deschampsia
– Loiseleuria
Loiseleuria
– M arktoalpine Formen
Loiseleuria procumbens
– Cetrario-Loiseleurietea
Loiseleurio-Vaccinietum
– Alpenazalee
Lokalanästhetikum
– Adrenalin
– Anästhesie
lokale Populationen
– Deme
– Hardy-Weinberg-Regel
lokale Selektionsbedingungen
– M Populationsgenetik
Lokalform
Lokalisationstheorie
– Gedächtnis
Lokalklima
– Bestandsklima
Lokomotion
– Autopodium
– Beckengürtel
– Biomechanik
– Cephalisation
Lokulament
– Pollen
lokulizid ↗
Lolch
– B Kulturpflanzen II

– Untergräser
Loliginidae
– Kalmare
– Myopsida
Loligo ↗
– M Myopsida
– M Spermatophore
Lolium
Lomandra
– M Xanthorrhoeaceae
Lomatiol
– Naphthochinone
Lomavegetation
– Südamerika
Lomechusa
– M Kurzflügler
Lomentaria ↗
Lonchaeidae
Lonchocarpus
Lonchopteridae
Lonchura
– M Prachtfinken
London-Smog
– Smog
Longanbaum
– Seifenbaumgewächse
longicon
– Ammonoidea
Longidorus
Longisquama
– M Scheinechsen
Longitarsus
– Erdflöhe
Longitudinalsymmetrie
– Symmetrie
– M Symmetrie
Longitudinal-Tubuli
– □ Muskulatur
Longitudinalwellen
– Schall
Lonicera ↗
Lonicerus, Adam
– B Biologie III
– Kräuterbücher
– Lonicera
Lonitzer, Adam
– Lonicera
loop
– Pockenviren
↗ r-loop
Lopadium ↗
Lopadorhynchidae
Lopadorhynchus
– Lopadorhynchidae
Lopha ↗
Lophalticus ↗
Lophelia
Lophiidae
– Armflosser
Lophiiformes ↗
Lophiodon
Lophiodonten
– □ Tertiär
Lophioidei
– Armflosser
Lophiomys
– Mähnenratte
Lophiotherium
– B Pferde, Evolution der Pferde II
Lophira ↗
Lophius ↗
Lophocalyx
Lophocolea
– Lophocoleaceae
Lophocoleaceae
Lophocyten
– M Schwämme (Zelltypen)
Lophodermium
– □ Schüttekrankheit
lophodont
– Unpaarhufer
Lophogaster
– M Mysidacea
Lophogastrida
– □ Krebstiere
– Mysidacea
Lophogastridae
– M Mysidacea

Lophomonas ↗
Lophophacidium
– Phacidiales
Lophophor
Lophophora ↗
Lophophorata
Lophophore
– Armgerüst
– Lophophorata
Lophophorin
– Anhaloniumalkaloide
Lophophororgan
– Nidamentaldrüsen
– Phoronida
Lophophorus
– M Asien
Lophopoda ↗
Lophopodella
– Lophopus
Lophopodidae
– Lophopus
Lophopteryx ↗
– M Zahnspinner
Lophopus
Lophorina
– B Selektion III
Lophornis ↗
Lophotaspis
– M Saugwürmer
Lophotes
– Schopffische
Lophotidae ↗
lophotrich
– polytrich
Lophoziaceae ↗
Lophyridae ↗
Lopinga
– M Augenfalter
– Gelbringfalter
Lora
Loranthaceae ↗
Loranthus
– Mistelgewächse
Lorbeer
– Aromastoffe
– Gewürzpflanzen
– B Kulturpflanzen VIII
– Lorbeerbaum
Lorbeer, Alexandrinischer
– Liliengewächse
Lorbeerartige
Lorbeerbaum
Lorbeerblättrigkeit
– Hartlaubvegetation
Lorbeerblattspitze
– M Solutréen
Lorbeergewächse
Lorbeerholz
– Lorbeerbaum
Lorbeeröl
– Lorbeerbaum
Lorbeer-Schildlaus
– M Deckelschildläuse
Lorbeerwälder
– Afrika
– Australien
– B Vegetationszonen
– Wald
Lorchelpilze
Loreale
– M Eidechsen
– Giftnattern
– Kapuzennatter
Lorentziella
– Archidiales
– Gigaspermaceae
Lorenz, K.
– Abstammung - Realität
– Angst - Philosophische Reflexionen
– B Bereitschaft I
– Bioethik
– Denken
– deskriptive Biologie
– Determination
– M Ethogramm
– Fehlprägung
– Geist - Leben und Geist
– Gestalt

– Graugans
– M Instinkt (Definitionen)
– Instinktmodell
– Kindchenschema
– Koehler, O.
– M Kumpan
– Prägung
– M Stimmungsübertragung
– Verhalten
Lorenzinische Ampullen ↗
– Knorpelfische
Lorenz-Modell
– Chaos-Theorie
Lorica
– Rädertiere
Loricaria
– Harnischwelse
Loricariidae ↗
– Fische
Loricata ↗
Loricera
– Laufkäfer
Loricifera
Loridae
– Polynesische Subregion
Loris (Halbaffen)
Loris (Papageien) ↗
– B Vögel II
Lorisidae
– Loris
Lorius
– M Australien
– M Papageien
Los-Angeles-Smog
– Photooxidantien
– Smog
Losbaum
– Clerodendrum
Löschkalk
– M Kalk
– □ Kalkdünger
Löserdürre
– Rinderpest
Löslichkeit
– Atmung
– Bunsenscher Absorptionskoeffizient
– fraktionierte Verteilung
– □ Proteine (Schematischer Aufbau)
– Salze
– Wasser
Löslichkeitsdiagramm
– □ Proteine (Schematischer Aufbau)
Löß
– Bodenentwicklung
– Lehm
– M Sedimente
– Syrosem
– Tschernosem
Lößböden
– Bodentemperatur
– Löß
– Schluffböden
Lößkindel
– Konkretionen
– Löß
Lößlehm
– Löß
Lost
– Giftgase
Lösung
– ausfällen
– Dispersion
– Extraktion
– Maßanalyse
– Osmose
– osmotischer Druck
Lösungskälte
– Lösung
Lösungsmittel
– anthropisches Prinzip
– □ Chlorkohlenwasserstoffe
– elektrolytische Dissoziation
– M Ester
– Extraktion
– Löslichkeit
– Lösung

Lösungswärme
- osmotischer Druck
- Virushülle
- Wasser
Lösungswärme
- Lösung
Lota ⌐
Lotaustralin
- Linamarin
Lotharia
- Nestkäfer
lotischer Bezirk
Lotka, Alfred James
- Lotka-Volterra-Gleichungen
Lotka-Volterra-Gleichungen
- Räuber-Beute-Verhältnis
Lötmetall
- [M] Blei
Lotosblume ⌐
- [B] Asien VI
- Keimfähigkeit
- [B] Mediterranregion IV
- [M] Nelumbo
Lotsenfisch ⌐
- [B] Fische V
Lotten
- Geizen
- Weinrebe
Lottia
- Schildkrötenschnecken
Lotus ⌐
Lotuspflaume ⌐
Lotwurz
- Rauhblattgewächse
Louping ill
Lovén, Sven Ludvig
- Loveniidae
- Lovénsche Larve
- Trochosphaera
Loveniidae ⌐
Lovénsche Larve ⌐
Löwe
- [B] Afrika III
- Aggression
- Aggressionshemmung
- [M] Darm (Darmlänge)
- Fluchtdistanz
- [M] Geschlechtsreife
- Höhlenlöwe
- [M] Jugendentwicklung: Tier-Mensch-Vergleich
- □ Lebensdauer
- Mähne
- [M] Raubtiere
- Revier
- [M] Tiergesellschaft
Löwenäffchen ⌐
Löwenfrüchtchen ⌐
- [M] Leocarpus
Löwenmaul
- Antirrhinumtyp
- Atavismus
- □ Blüte (Staubblätterrückbildung)
- □ Blüte (zygomorphe Blüten)
- [B] Mediterranregion III
- [M] Rachenblüte
Löwenschwanz
Löwentiger
- Bastard
Löwentrüffel
- Mittelmeertrüffel
Löwenzahn
- Bienenweide
- □ Blumenuhr
- [B] Europa XVI
- Flughaare
- [M] Modifikation
- Rosette
- Taraxerol
Löwenzahnspinner ⌐
Loxembolomeri
- Embolomeri
Loxia ⌐
Loxocalyx
- Loxosomella
Loxoceminae ⌐
Loxoceminus
- Riesenschlangen

Loxodes
Loxodonta ⌐
Loxokalypus
- [M] Kamptozoa
Loxolophus
- Oxyclaeninae
Loxomma
- Loxembolomeri
Loxorhynchus
- Seespinnen
Loxosceles
- Giftspinnen
- Speispinnen
- Spinnengifte
Loxosoma
Loxosomatidae
Loxosomatoides
- [M] Kamptozoa
Loxosomella
LPH
- □ Hormone (Drüsen und Wirkungen)
- Lipotropin
L-Phase ⌐
LPP-Gruppe
- Lyngbya
- Phormidium
- Plectonema
LPS
- Lipopolysaccharid
LPV
- □ Polyomaviren
LRH
- □ Hypothalamus
L-Schale
- [M] Atom
LSD ⌐
- □ Drogen und das Drogenproblem
L-System
- Muskelkontraktion
- [B] Muskelkontraktion II
LTH ⌐
LTR-Region
- [M] Onkogene
- □ RNA-Tumorviren (Genomstruktur)
Lubimin
- [M] Phytoalexine
Lubomirskia
- Lubomirskiidae
Lubomirskiidae ⌐
Lucania
- Chrysobalanaceae
Lucanidae ⌐
Lucanus
- Hirschkäfer
Lucernaria ⌐
Luchse
- Alpentiere
- [B] Europa V
- Kater
- [B] Nordamerika I
Luchsfliegen
Luchsspinnen
Lucibacterium ⌐
Lucifer
Luciferase
- fire-fly-Methode
- [M] Leuchtbakterien
- Leuchtkäfer
- Luciferyladenylat
- Muschelkrebse
Luciferine
- Leuchtkäfer
- Luciferase
- Luciferyladenylat
- Muschelkrebse
Luciferin-Luciferase
- Kopffüßer
- Meeresleuchten
- Photoproteinsystem
Luciferyladenylat
- Luciferase
Lucilia ⌐
Lucina
Lucinacea
- Babinka
Lucinidae
- Mondmuscheln

Luciocephalidae
- Hechtkopffische
Luciocephaloidei ⌐
Luciocephalus
- Hechtkopffische
Luciola
- [M] Leuchtkäfer
Lückenhaftigkeit der Fossilüberlieferung
- Saltation
Lückenzähne
Lucké-Virus ⌐
Lucy
- Australopithecinen
- Paläanthropologie
- □ Paläanthropologie
Ludlowium
- [M] Silurium
Ludovix
- Rüsselkäfer
Ludwig, C.F.W.
- [B] Biologie I
- [B] Biologie III
Ludwigia murchisonae
Lues
- Erythroblastose
- Geschlechtskrankheiten
- ⌐ Syphilis
Lues connata
- [M] Geschlechtskrankheiten
Lufeng
- Paläanthropologie
Luffa ⌐
Luffa-Schwamm
- Kürbisgewächse
Luft ⌐
- Chlorkohlenwasserstoffe
- Helmont, J.B. van
- □ Schwermetalle
Luftalgen
Luftatmung
Luftbeimengungen
- Smog
- ⌐ Luftverschmutzung
Luftbrust
- Pneumothorax
Luftdruck
- Atmosphäre
- [B] Gehörorgane
- □ Gehörsinn
- Gelenk
- [M] Isolinien
- [M] Klima (Klimaelemente)
Luftfeuchtigkeit
- [M] Feuchtigkeit
Luftgewebe ⌐
Luftglocke
- [M] Wasserspinne
Lufthülle
- Atmosphäre
Lufthyphe ⌐
Luftkammer
- [M] Hühnerei
- Vogelei
Luftkanäle
- Carinalhöhlen
Luftkapillaren
Luftkartoffeln
- Luftknollen
Luftknollen
- Orchideen
Luftkraft
- Flugmechanik
Luftkrankheit
- Kinetosen
Luftmycel
- Mycel
- [M] Streptomycetaceae
- [M] Thermoactinomyces
Luftpflanzen
Luftplankton ⌐
- Schwalben
Luftreinigung
- Ozon
Luftröhre
- Kraniche
- □ Lunge (Ableitung)
- [M] Schilddrüse

Luftröhrenwurm ⌐
Luftsäcke (Botanik)
- [B] Nacktsamer
Luftsäcke (Zoologie)
- □ Lunge (Ableitung)
- Präriehühner
- [M] Syrinx
- Vögel
- [B] Wirbeltiere I
Luftsackmilbe
Luftschlucken
- Atmung
- Atmungsorgane
Luftschraube
- Flugmechanik
Luftsporen
- Streptomycetaceae
Luftsproß
- Sproß
Luftsterilisation
- Bakterienfilter
Luftstickstoff
- [M] Knöllchenbakterien
- ⌐ Stickstoff
Luftverschmutzung
- Bartflechten
- Belastbarkeit
- Bioindikatoren
- Flechten
- Flechtenwüste
- Mensch und Menschenbild
- Photooxidantien
- Pollution
- Rauchgasschäden
- saurer Regen
- [B] Stickstoffkreislauf
- Vegetation
Luftvolumen
- Bodenluft
Luftwurzeln
- Absorptionsgewebe
- Epithel
- Hemiepiphyten
- Orchideen
- Wurzel
Lügensteine
Lugia
- [M] Phyllodocidae
Lugol, Jean George Antoine
- Lugolsche Lösung
Lugolsche Lösung
Luidia
- Seestern
Lukrez
- Abstammung - Realität
Lulberin
- luteïnisierendes Hormon
Lullula ⌐
Lulo
- Nachtschatten
- Nachtschattengewächse
Lumachelle
Lumazine
- Pteridine
Lumb
Lumbalisation
- Lendenwirbel
Lumbalpunktion
- Epiduralraum
Lumbalregion
- [M] Wirbelsäule
Lumbalsegmente
- Rückenmark
Lumbalwirbel ⌐
Lumbricaria
- Ammonoidea
Lumbricidae
- Typhlosolis
Lumbricillus
- [M] Enchytraeidae
Lumbriclymene ⌐
Lumbricobdella
- [M] Erpobdellidae
Lumbriconereis ⌐
Lumbriculidae
Lumbricus
- Regenwürmer
Lumbrineridae
Lumbrineris
- Lumbrineridae

Lumbus
- Lende

Lumen

Lumineszenz

Lumineszenzmikroskopie ↗

Luminometrie
- Biolumineszenz

Lumi-Rhodopsin
- □ Sehfarbstoffe

Lumisterin

Lummen
- M Gelege
- Nest
- Polarregion

Lummenfelsen
- Europa

Lummensprung
- Trottellumme

Lummensturmvogel
- B Polarregion IV

Lumnitzera
- Combretaceae

Lump ↗

Lumpenus ↗

lunare Rhythmen
- ↗ Lunarperiodizität

Lunaria

Lunario-Acerion

Lunarperiodizität
- Ährenfische
- Biorhythmik
- Braunalgen
- M Epitokie
- Odontosyllis

Lunaspis
- Macropetalichthyida

Lunatia ↗

Lunatum ↗

lundian
- M Lunarperiodizität

lundiane Periodik
- M Chronobiologie (Periodizität)
- ↗ Lunarperiodizität

Lüneburger Stülper
- Bienenzucht

Lunge
- □ Arterienbogen
- □ Atmung
- B Biogenetische Grundregel
- □ Blutgase
- □ Blutkreislauf (Schema)
- Blutspeicher
- Brust
- M Compliance
- Cuticula
- Darm
- Hämoglobin
- Homoiologie
- B Nervensystem II
- Rippen
- M Streß
- vegetatives Nervensystem
- Verdauung
- □ Virusinfektion (Wege)
- M Wasserbilanz
- B Wirbeltiere II
- Zwerchfell

Lungenalveole
- ↗ Alveole

Lungenarterie
- Arterien
- M Arterienbogen
- □ Blutkreislauf (Darstellung)
- B Herz
- B Wirbeltiere II

Lungenatmer ↗

Lungenatmung
- M Arterienbogen
- Atmung
- Herz
- Kiemen

Lungenbläschen ↗

Lungendistomatose
- Paragonimose

Lungenegel

Lungenegelkrankheit
- Paragonimose

Lungenemphysem
- □ Tabak

Lungenentzündung
- M Paramyxoviren
- Streptococcus

Lungenfell ↗
- Lunge

Lungenfische
- M Devon (Lebewelt)
- M Eizelle
- Exkretion
- Fische
- B Fische IX
- B Fische XII
- Harnstoff
- □ Hypophyse
- Nest
- Südamerika
- Telencephalon
- B Telencephalon

Lungenflechte

Lungenflügel
- B Atmungsorgane I
- Lunge

Lungenkollaps
- Atmung
- Pneumothorax

Lungenkraut

Lungenkrebs
- Krebs
- Schadstoffe
- ↗ Bronchialkrebs

Lungenkreislauf ↗
- M Arterienbogen
- Ductus arteriosus Botalli
- B Herz
- M Herz
- Herzmuskulatur
- Servet, M.

Lungenlappen
- Lunge

lungenlose Salamander
- Plethodontidae

Lungenmilbe

Lungenpfeifen

Lungenqualle
- Blumenkohlqualle
- B Hohltiere III

Lungenschlagader
- Arterien
- M Blutgefäße
- ↗ Lungenarterie

Lungenschnecken

Lungenseuche

Lungentuberkulose
- Tuberkulose

Lungentumor
- ↗ Lungenkrebs

Lungenvene
- Arterien
- M Blutgefäße
- □ Blutkreislauf (Darstellung)
- M Herzautomatismus
- Venen

Lungenvolumina
- Atmung
- Spirometrie

Lungenwürmer

Lungenwurmseuche

Lunja

Lunula
- Fingernagel

Lunulae

Lunularia
- Lunulariaceae

Lunulariaceae

Lunulites ↗

Lupanin

Lupine
- diarch
- Gemengesaat
- M Knöllchenbakterien (Wirtspflanzen)
- Lupinenalkaloide
- B Nordamerika II

Lupinenalkaloide
- Goldregen
- Lupinose

Lupinenkrankheit

Lupinidin
- Spartein

Lupinin ↗

Lupinose

Lupinus ↗
- Páramo

Lupulinsäure
- Lupulon

Lupulon

Lupus erythematodes
- Autoimmunkrankheiten

Lurche
- Fortbewegung
- □ Rote Liste
- B Wirbeltiere II
- ↗ Amphibien

Luria ↗

Luria, S.E.
- T-Phagen

Luscinia ↗

lusitanisch
- Eem-Interglazial

Lust
- Sexualität - anthropologisch

Lüster
- Perlmutter

Lustprinzip
- Sexualität - anthropologisch

Lustseuche
- Geschlechtskrankheiten
- ↗ Syphilis

Lutein
- M Chromoplasten
- Farbe

luteïnisierendes Hormon
- N-Acetyl-Transferasen
- Hoden
- □ Hormone (Drüsen und Wirkungen)
- Melatonin
- B Menstruationszyklus
- □ Neuropeptide
- Prolane
- Schlaf

Luteohormon
- Proiactin

Luteolin
- □ Flavone

Luteosteron
- Progesteron

luteotropes Hormon
- Empfängnisverhütung

Luteo-Virusgruppe ↗

Lutetium
- Eozän
- □ Tertiär

Lutheran
- Blutgruppen
- □ Menschenrassen

Lutianidae
- Schnapper

Lutianus

Lutra ↗

Lutraria

Lutreola ↗

Lutrinae ↗
- Potamotherium

Lutropin ↗

Lutzomyia
- Leishmania

Luv
- Windfaktor

Luxurieren
- Bastard

Luxusbildungen ↗

Luzerne
- Futterbau
- M Knöllchenbakterien (Wirtspflanzen)
- B Kulturpflanzen II
- M Schneckenklee

Luzernefloh ↗
- Kugelspringer

Luzerneheufalter
- Bacillus thuringiensis

Luzernenausschlag ↗

Luzernenmosaik-Virusgruppe

Luzula ↗

Luzulo-Abietetum ↗

Luzulo-Fagetum
- Luzulo-Fagion

Luzulo-Fagion
- Weißtannenwälder

Luzulo-Quercetum ↗

Lwoff, A.

Lyallia
- B Polarregion IV

Lyasen
- Synthasen

Lybica-Gruppe
- Wildkatze

Lycaeides
- B Schmetterlinge

Lycaena

Lycaenidae ↗

Lycaeninae
- Bläulinge
- Feuerfalter

Lycalopex
- M Hunde
- Kampfüchse

Lycaon ↗

Lycastis

Lycastopsis

Lychnis ↗

Lychnisken
- Lychniskida

Lychniskida

Lychniskophora
- Lychniskida

Lycidae ↗

Lycium ↗

Lycodes ↗

Lycodon
- Wolfszahnnattern

Lycodontinae ↗

Lycogala
- Lycogalaceae

Lycogalaceae

Lycomarasmin
- Welketoxine

Lycoperdaceae ↗

Lycoperdina
- Endomychidae

Lycoperdon
- M Mykorrhiza
- M Weichboviste

Lycopersicon ↗

Lycophora-Larve

Lycophyta
- Bärlappe
- □ Trias

Lycopin
- M Carotinoide (Absorptionsspektren)
- M Chromoplasten
- Marienkäfer

Lycopodiaceae
- Bärlappartige

Lycopodiales ↗

Lycopodiatae ↗
- B Pflanzen, Stammbaum

Lycopodiella

Lycopodin
- Bärlappartige

Lycopodites ↗

Lycopodium ↗

Lycopsida ↗

Lycopsis ↗

Lycopus ↗

Lycorella
- B Mimikry II

Lycoridae ↗

Lycoriidae ↗

Lycosa ↗
- Giftspinnen
- Spinnengifte

Lycosidae ↗

Lycoteuthidae
- Wunderlampe

Lycoteuthis ↗

Lyctidae ↗

Lyctus
- Splintholzkäfer

Lydekker-Linie
- australische Region
- Orientalis

Lydidae ↗

Lydit
- Radiolarit

Lyell, Ch.

Lyell, Ch.
- Abstammung - Realität
- ⓑ Biologie I
- ⓑ Biologie III
- Darwin, Ch.R.
- Daseinskampf
- Miozän
- Pleistozän
- Tertiär

Lygaeidae ↗
Lygdamis
- Ⓜ Sabellariidae

Lyginopteridales
- Telomtheorie

Lyginopteridatae
- Farnsamer

Lyginopteris
- Lyginopteridales

Lygodium ↗
Lygosominae ↗
Lygus
- Weichwanzen

Lyidium
- Megamorina

Lymantria
- ⓑ Schädlinge

Lymantria-Typ ↗
Lymantriidae ↗
Lymexylidae
- Ⓜ Ambrosiakäfer
- Werftkäfer

Lymexylon
- Werftkäfer

Lymexylonidae ↗
Lymnaea
Lymnaeameer
Lymnaeidae ↗
Lymnaenmergel
- ☐ Tertiär

Lymnocryptes ↗
Lymphadenitis
Lymphadenopathie-Syndrom
- T-lymphotrope Viren

Lymphadenopathie-Virus
- Immundefektsyndrom

Lymphangitis epizootica
- Pseudorotz

lymphatische Organe
Lymphdrüsen ↗
Lymphe
- Bindegewebe
- Flüssigkeitsräume

Lymphfollikel
- Mandeln

Lymphgefäße
- ☐ Darm
- Lymphe
- Rudbeck, O.

Lymphgefäßsystem
Lymphherzen ↗
- Herzautomatismus
- Müller, J.P.

Lymphkapillaren
- Lymphgefäßsystem

Lymphknötchen ↗
Lymphknoten
- Bindegewebe
- ☐ Blutkreislauf (Darstellung)
- Gitterfasern
- ☐ Virusinfektion (Wege)

Lymphknotenentzündung
- Lymphadenitis

Lymphknotentumor
- Krebs

Lymphkörperchen
- Lymphfollikel

Lymphoblast
Lymphocystis
- Iridoviren

lymphocytäre Choriomeningitis
- Arenaviren

Lymphocytäres Choriomeningitis-Virus ↗
- Arenaviren

Lymphocyten
- Agranulocyten
- Antigene
- ⓑ Bindegewebe
- Blutbildung
- Clone-selection-Theorie
- Cytolyse
- Entzündung
- Gen
- Genregulation
- ⓑ Genregulation
- Ⓜ Glucocorticoide (Wirkungen)
- Ⓜ Leukocyten
- Lymphe
- Lymphknoten
- Lymphokine
- Makrophagen
- Mandeln
- Streß
- T-lymphotrope Viren
- Virusinfektion

Lymphocyten-Mediatoren
- Lymphokine

Lymphocytenproliferation
- Clone-selection-Theorie

lymphoepitheliale Organe
- Mandeln

Lymphogranuloma inguinale ↗
Lymphogranulomatose
- Riesenzellen

Lymphokine
Lymphome
- Colchicumalkaloide
- ☐ Krebs (Tumorbenennung)
- ☐ RNA-Tumorviren (Auswahl)

Lymphonodi ↗
Lymphonoduli ↗
Lymphonoduli aggregati
- Lymphfollikel

Lymphonoduli solitarii
- Lymphfollikel

Lymphopathia venera
- Geschlechtskrankheiten

lymphoreticuläres Gewebe
- Lymphknoten

Lymphoreticulosis benigna
- Katzenkratzkrankheit

Lymphosporidiosis
- Pseudorotz

Lymphsystem
- ☐ Blutkreislauf
- Ⓜ Krebs (Krebsarten-Häufigkeit)

Lymphzellen ↗
Lynceidae
- Ⓜ Muschelschaler

Lynceus
- Muschelschaler

Lynchailurus
- Pampaskatze

Lynchia
- Ⓜ Lausfliegen

Lyncodon
- Grisons

Lynen, F.F.K.
- ⓑ Biochemie
- ⓑ Biologie II
- Ⓜ Enzyme

Lyngbya
Lynx ↗
Lyolyse
- Solvolyse

Lyon, M.
- Lyon-Hypothese

Lyonet, P.
- Lyonetiidae

Lyonetia
- Gangmine

Lyonetiidae ↗
- Langhornminiermotten

Lyon-Hypothese
- Farbenfehlsichtigkeit

Lyonophyton
- Rhynia
- Urfarne

Lyonsia
Lyonsiidae
- Lyonsia

lyophil
Lyophilisation ↗
lyophob
Lyophyllum ↗
Lyrafledermaus
- Ⓜ Großblattnasen

Lyria
- Walzenschnecken

Lyriocephalus ↗
Lyrodus
- Schiffsbohrer

Lyrurus ↗
Lys ↗
Lysandra ↗
Lysapsus ↗
Lysaretidae ↗
Lyse
- Antigen-Antikörper-Reaktion
- Bakterienzellwand
- Induktion
- Zellaufschluß

Lysergsäure
- Woodward, R.B.

Lysergsäurealkaloide
- Mutterkornalkaloide
- Ⓜ Mutterkornalkaloide

Lysergsäurediäthylamid
- Sympathikolytika
- Windengewächse

Lysianassidae
- Flohkrebse

Lysidice
lysigen
- Sekretbehälter

Lysilla
- Ⓜ Terebellidae

Lysimachia ↗
Lysimeter
Lysin
- Ⓜ Aminosäuren
- Cadaverin
- Diaminopimelinsäure
- Ⓜ Fibrin
- Histone
- ☐ Isoenzyme
- ☐ Proteine (Schematischer Aufbau)
- Trypsin

Lysine
- Abwehrstoffe
- Ⓜ Plasmogamie

Lysiopetaloidea
- Doppelfüßer

Lysiosquilla
- Ⓜ Fangschreckenkrebse

Lysippides
- Ⓜ Ampharetidae

Lysis
- Lyse

Lysmata
- Putzergarnelen

Lysobacter
- Lysobacteraceae

Lysobacteraceae
lysogene Infektion
- Bakteriophagen

lysogener Vermehrungszyklus
- Transduktion

Lysogenie ↗
Lysogenisierung
- Bakteriophagen

Lysolecithine
Lysophosphatidsäure
- Ⓜ Acylglycerine

lysosomale Enzyme
- Lysosomen

lysosomale Speicherkrankheiten
Lysosomen
- Akrosom
- Alterspigment
- Autolyse
- Cytoplasma
- Cytosol
- Ⓜ differentielle Zentrifugation
- Duve, Ch.R. de
- Endosom
- ☐ fraktionierte Zentrifugation
- Golgi-Apparat
- ☐ Kompartimentierung
- Ⓜ Leitenzyme
- Membran
- Membranfluß
- Phagosom
- Protonenpumpe
- Vakuole
- Verdauung

Lysozym
- Avidin
- Bakteriophagen
- Bakteriozidie
- Cytolyse
- ☐ Enzyme (K_M-Werte)
- Glykosidasen
- Hühnerei
- Lyse
- Ⓜ Lysosomen
- ☐ Murein
- Proteine
- Protoplast
- Ⓜ Tränendrüse

Lyssa ↗
Lyssavirus ↗
Lyssenko, T.D.
- Wawilow, N.I.

Lyssenkoismus
- Abstammung - Realität
- ↗ Lyssenko, T.D.

Lyssodes
- Bärenmakak

Lystrophus
- Nattern

Lystrosaurus
- Polarregion

Lysylbradykinin
- Ⓜ Bradykinin

Lytechinus
- Ⓜ Seeigel
- Toxopneustes

Lythraceae ↗
Lythrum
Lyticum
lytisch ↗
lytischer Infektionszyklus
- Bakteriophagen
- Virusinfektion

lytischer Vermehrungszyklus
- Transduktion

lytisches Kompartiment
- ☐ Kompartimentierung
- Lysosomen

Lytoceratida
Lytrosia
- ⓑ Mimikry II

Lytta ↗
Lyxose

M

M ↗
M. ↗
Mäander
- Homostrophie
- Nereites

Mäanderkorallen
Maar
- Ⓜ Vulkanismus

Maassaurier
- Mosasaurier

Maastrichium
- Ⓜ Kreide

Maba (auch Mapa; China)
– B Paläanthropologie
Mabuya ↗
Macaca ↗
Macadam, John
– Macadamia
– Macadamia
Macadamia-Nuß
– Proteaceae
Macaedium
Macandrevia
– M Brachiopoden
Macaranga ↗
Maccabeidae
– M Priapulida
Maccabeus
– M Priapulida
Macchia
– Macchie
Macchie
– Australien
– Chaparral
– Europa
– Mediterranregion
Macchienwaldrebe
– B Mediterranregion I
Maccullochella ↗
– Zackenbarsche
Macellicephala ↗
Macellicephaloides
– M Tiefseefauna
Machaeridia
Machaerodontidae
– Machairodontidae
Machairodontidae
– □ Tertiär
Machairodus
– Beuteltiere
– Machairodontidae
Machilidae ↗
Machilis
– M Coxalbläschen
– M Extremitäten
– □ Gliederfüßer
Machsche Bänder
– Kontrast
Machupo-Virus
– Arenaviren
Macis
MacLeod (McLeod), C.M.
– B Biochemie
– □ Desoxyribonucleinsäuren (Geschichte)
– Transformation
Macleod, J.J.R.
Maclura ↗
Maclure, William
– Maclura
MacMahon, Bernard
– Mahonie
MacMunn (McMunn), C.A.
– B Biochemie
Macoma
– B Muscheln
Macracanthorhynchus ↗
Macrargus ↗
Macraspis
– M Saugwürmer
Macrathene
– M Nordamerika
Macrauchenia
Macrobiotus
Macrobrachium
– □ Natantia
– Süßwassergarnelen
Macrocephalidae ↗
Macrocephalites
Macroceridae ↗
Macrochaeta
Macrocheira
Macrochelidae
Macroclemys ↗
Macrocystella
– □ Seelilien
Macrocystis ↗
– Kelp
– M Laminariales
– Trompetenzellen
Macrodasyoidea
– Macrodasys

Macrodasys
Macroderma
– Großblattnasen
Macrodiplophyllum ↗
Macrogalidia
– Palmenroller
Macrogastra
Macrogenioglottus ↗
Macroglossidae
– Flughunde
Macroglossinae
– Chiropterogamie
Macroglossum ↗
– M Marattiales
Macroglossus
– Flughunde
Macrolepidoptera
– Schmetterlinge
Macrolepiota ↗
– M Hexenring
Macromitrium ↗
– Moose
Macromonas ↗
Macronectes
– M Polarregion
Macroperipatus
– M Stummelfüßer
Macropetalichthyida
Macropetalichthys
– Macropetalichthyida
Macrophomina
– M Stengelfäule
Macropipus ↗
Macropis ↗
– Ölblumen
– M Ölblumen
Macroplea ↗
Macropodia ↗
Macropodidae ↗
Macropodinae
– Känguruhs
Macropodus ↗
Macroprotodon ↗
Macropterygius
– Ichthyosaurier
Macroptilium
– M Knöllchenbakterien (Wirtspflanzen)
Macropus ↗
Macropygia
– M Inselbesiedlung
Macrorhamphosidae ↗
Macrorhamphosus
– Schnepfenfische
Macroscelides
– Rüsselspringer
Macroscelididae ↗
Macroscincus ↗
Macrosiagon
– Fächerkäfer
Macrosiphon
– M Röhrenläuse
Macrosteles ↗
– Zwergzikaden
Macrostomida
Macrostomum
– Macrostomida
Macrostylidae ↗
– M Asellota
Macrostylis
– Asellota
– Macrostylidae
– M Tiefseefauna
Macrotarsomys
– Madagaskarratten
Macrothricidae
– M Wasserflöhe
Macrothylacia ↗
Macrotrichia ↗
Macrouroidei ↗
Macrozamia ↗
– B Australien III
– M Cycadales
Macrozoarces ↗
Macrura
Macrurus
– Tiefseefauna
Mactra

Macula
Macula densa
– Niere
– B Niere
Maculae adhaerentes
– Schlußleisten
Macula germinativa
– Keimfleck
Macula lagenae
– Gehörorgane
– Lagena
– M Weber-Knöchelchen
Macula sacculi
– Gehörorgane
– M Weber-Knöchelchen
Maculinea ↗
Maculotoxin
– Tetrodotoxin
Madagaskar
– B Afrika VIII
– B Kontinentaldrifttheorie
– Madagassische Subregion
Madagaskarigel ↗
Madagaskarkleiber
Madagaskarmungos
– Madagassische Subregion
Madagaskarnattern ↗
Madagaskarpflaume
– Flacourtiaceae
Madagaskarpotato
– Coleus
Madagaskarratten
– Madagassische Subregion
Madagaskarstraße
– Madagassische Subregion
Madagassis
– Madagassische Subregion
Madagassische Subregion
– □ tiergeographische Regionen
Mädchenauge
– Korbblütler
Made
– apod
– B Larven I
Madeirawurm ↗
– Basellaceae
– Wein
Madenhacker
– B Afrika IV
– Elefanten
– Madenhackerstare
Madenhackerstare
– Ektosymbiose
– Putzsymbiose
Madenkrankheit ↗
Madenwurm
– Parasitismus
– M Peitschenwurm
Mädesüß ↗
– Blütenstand
– □ Bodenzeiger
Mädesüß-Uferfluren ↗
Madhuca
– Sapotaceae
– M Sapotaceae
Madia
– □ Korbblütler
Madoqua
– Dikdiks
Madoquini ↗
Madrepora ↗
– Acropora
Madreporaria ↗
Madreporenkalk
Madreporenplatte
– □ Irreguläre Seeigel
– M Schlangensterne
– □ Seeigel
– □ Seesterne
– ↗ Siebplatte
Maeandra ↗
Maedi
Maedi-Virus
– Retroviren
Magalhães, Fernão de
– Magellanfuchs
– Magellania
– Magellanischer Zimt

Magallana
– Kapuzinerkressengewächse
Magallanes, Fernando de
– Magellanfuchs
– Magellania
– Magellanischer Zimt
Magdalénien
Magellan, Ferdinand
– Magellanfuchs
– Magellania
– Magellanischer Zimt
Magellanfuchs ↗
Magellania
– Brachiopoden
Magellanischer Zimt
Magelona
– Magelonidae
Magelonidae
Magen
– B Biogenetische Grundregel
– Darmflora
– □ Hormone (Drüsen und Wirkungen)
– Hunger
– M Krebs (Krebsarten-Häufigkeit)
– Leber
– □ Nervensystem (Wirkung)
– B Nervensystem II
– Peristaltik
– M Salzsäure
– Schlankaffen
– M Streß
– Tiefseefauna
– Verdauung
Magenbitterlikör
– Bitterstoffe
– Kalmus
Magenblindsäcke
– Darm
Magenbremsen ↗
Magenbrütender Frosch ↗
Magen-Darm-Gifte
– M Gifte
Magendasseln
– Gasterophilidae
Magendie, F.
– Bell-Magendie-Gesetz
– B Biologie I
– Vivisektion
Mageneingang
– Cardia
Magenerweiterungsmuskel
– B Gliederfüßer II
Magen-Ferment
– B Biologie II
Magenfliegen
– Gasterophilidae
Magenfüllung
– vegetatives Nervensystem
Magengeschwür
– □ Magen (Sekretion)
– Nicotin
– Streß
– □ Tabak
– Verdauung
Magengrund
– □ Magen (Mensch)
Magenkörper
– □ Magen (Mensch)
Magenkrebs
– □ Krebs (Krebsentstehung)
Magenlikör
– Alpinia
– Bitterstoffe
– Kalmus
Magenmühlen
– Kaumagen
Magenmund
– Cardia
– □ Magen (Mensch)
Magensaft
– Amygdalin
– M Fluoride
– M Glucocorticoide (Wirkungen)
– □ Hormone (Drüsen und Wirkungen)

Magensäure

- M Prostaglandine
- Protonenpumpe
- Succus

Magensäure
- Chlor
- Denaturierung
- M pH-Wert
- Prout, W.
- Regelung
- Salzsäure
- Verdauung

Magenscheibe
Magenschild
Magenschleimhaut
- Magen
- □ Magen (Mensch)
- B Verdauung I

Magenstein ⁄
Magenstiel
Magenta
- Fuchsin

Magenwürmer
Magenwurmkrankheit
Magerkohle
- Kohle
- □ Steinkohle

Magermilch
- M Milch (Milcharten)

Magerrasen
- Naturschutz

Magersucht
- Stoffwechselkrankheiten
- Unterernährung
- ⁄ Anorexia nervosa

Maggi, Julius
- Maggipilz

Maggikraut
- Liebstöckel

Maggipilz ⁄
Magilidae ⁄
Magma
- Vulkanismus

Magmatite
- Erdgeschichte

Magmazone
- Lithosphäre

Magna-Form
- Amöbenruhr

Magnamycin ⁄
Magnesium
- M Bioelemente
- □ Harn (des Menschen)
- Muskelkontraktion
- Nährsalze
- B Photosynthese I
- Waldsterben

Magnesium-Branntkalk
- □ Kalkdünger

Magnesiumchlorid
- hygroskopisch

Magnesium-Löschkalk
- □ Kalkdünger

Magnesiummangel
- Tetanie

Magnesiumoxid
- □ MAK-Wert

Magnesiumsalze
- Natriumchlorid
- Seifen

Magnetbakterien
Magneteffekt
- B relative Koordination

Magnetfeld
- ⁄ Erdmagnetfeld

Magnetfeldeffekt
Magnetfeldorientierung ⁄
magnetische Linse
- B Elektronenmikroskop

magnetischer Sinn
- Bienensprache

Magnetit
- Käferschnecken
- Magnetbakterien

Magnetkompaß
- Brieftaube
- Kompaßorientierung
- Vogelzug

Magnetosomen ⁄
magnetotaktische Bakterien ⁄

Magnetotaxis ⁄
Magnocaricion
- Cladietum marisci

Magnoflorin
- Berberin

Magnolia
- M arktotertiäre Formen
- Europa
- Käferblütigkeit
- Magnoliengewächse

Magnoliaceae ⁄
- Blütennahrung
- Calycanthaceae

Magnoliales ⁄
Magnoliatae
- Asterales
- Zweikeimblättrige Pflanzen

Magnolien ⁄
- B Asien V
- ⁄ Fruchtformen
- Pollenblumen

Magnolienartige
Magnoliengewächse
Magnoliidae ⁄
- Alismatidae
- Einkeimblättrige Pflanzen

Magnoliophytina
- Bedecktsamer
- B Pflanzen, Stammbaum

Magnus, R.
Magnus-Phänomen ⁄
Magot
- Europa
- B Mediterranregion I

MAH
- X-Organ

Mahagoni
- M Kernholzbäume
- Kreuzdorngewächse

Mahagonibaum
- Meliaceae
- B Südamerika I

Mahd
- Sukzession

Mahl, H.
- M Elektronenmikroskop

Mahlzähne ⁄
Mähne
- Geschlechtsmerkmale
- Haare

Mähnenhirsch
- Sambarhirsche

Mähnenratte
Mähnenrobbe ⁄
Mähnenschaf ⁄
Mähnenspringer
Mähnenwolf
- B Südamerika IV

Mahonie ⁄
- M Sauerdorngewächse

Ma-Huang
- Ephedrin

Mähweide
Mähweidennutzung
- Arrhenatheretalia

Maianthemum ⁄
Maibowle
- Meister

Maifisch ⁄
- B Fische III

Maigallenlaus
- □ Reblaus

Maiglöckchen
- Acetidin-2-carbonsäure
- B Europa IX
- Galio-Carpinetum
- Polykorm
- □ Saponine

Maikäfer
- M Beauveria
- Darm
- M Darm (Darmlänge)
- M Fortbewegung (Geschwindigkeit)
- B Geschlechtsreife
- B Homologie und Funktionswechsel
- B Insekten III

Maikäferartige
- Madagassische Subregion

Maikäferjahre
- Maikäfer

Maikong ⁄
Maillard, L.C.
- Maillard-Reaktion

Maillard-Reaktion
Mainas ⁄
Maipilz ⁄
Mairenke
Mairitterling
- Schönkopf-Ritterlinge

Mais
- Azospirillum
- M Blatt
- Breigetreide
- Carotinoide
- □ Desoxyribonucleinsäuren (Größen)
- M Eutrophierung
- B Isoenzyme
- B Kulturpflanzen
- B Kulturpflanzen I
- □ Saat
- □ Samen
- M Süßgräser
- Transpirationskoeffizient
- Verträglichkeit
- Zeïn

Maisbeulenbrand
Maisbrand
- Maisbeulenbrand

Maisch
- Maische

Maische
- Wein

Maischprozeß
- Wein

Maisgürtel
- Nordamerika

Maiskäfer
- Rüsselkäfer

Maiskörner
- Xenien

Maismehl
- Buttersäure-Butanol-Aceton-Gärung

Maisrost
Maisstärke
- □ Stärke

Maisstrichel-Virus
- Geminiviren

Maisstrichel-Virusgruppe
- □ Pflanzenviren

Maiszünsler
- Bacillus thuringiensis
- M Beauveria

Maivogel ⁄
Maiwurm ⁄
Maize chlorotic dwarf virus group
- □ Pflanzenviren

Majidae ⁄
Majoran
- Dost
- Gewürzpflanzen
- B Kulturpflanzen VIII

Majorana ⁄
Makaira ⁄
Makaken
- Rudiment

Makapan
Makapansgat (Südafrika)
- B Paläanthropologie

Makassar
Makassaröl ⁄
Makibären
Makifrösche
- Froschlurche

Maki-Maki
- M Kugelfische

Makis
- B Afrika VIII
- B Asien VIII

Makisteron A
- M Ecdyson

Makkaroni
- Weizen

Mako ⁄
- B Fische IV

Makoré
Makrelen
- Atmungsorgane
- B Fische III
- B Fische VI
- M Laichperioden
- Laichwanderungen

Makrelenartige Fische
Makrelenhaie
Makrelenhechte
- B Fische III

Makroblast
- Blutbildung
- Erythropoese

Makrocyten
- Makrophagen

Makroevolution ⁄
- Determination
- Evolution

Makrofauna
Makrofibrille
- Keratine

Makrofossilien
- Paläontologie

Makrogamet ⁄
- Befruchtung
- Einzeller
- Gameten

Makrogametangium ⁄
Makrogametophyt ⁄
- B Nacktsamer

Makrogamont
- Coccidia

Makrogerontie
Makroglia ⁄
Makroglobulin
- □ Serumproteine

Makrokonjugant
- Gamontogamie

Makrokosmos
- □ anthropisches Prinzip

Makrolidantibiotika
Makrolide
- Makrolidantibiotika

Makromeren ⁄
makromolekulare chemische Verbindungen
Makromoleküle
- B Biologie II
- Dispersion
- Festphasensynthese
- makromolekulare chemische Verbindungen
- M Mikroorganismen
- Symmetrie

Makromutationen
- additive Typogenese
- Mosaikevolution
- Mutationstheorie
- Saltation

Makronährelemente
- Makronährstoffe

Makronährstoffe
- Bioenergie
- Nährstoffhaushalt

Makronucleus
- M Didinium
- M Entodiniomorpha
- M Glockentierchen
- Konjugation
- M Pantoffeltierchen
- M Trompetentierchen
- Wimpertierchen
- ⁄ Großkern

Makropeptide
- Peptide

Makrophagen (Zellbiologie)
- Aggressine
- Antigene
- Bindegewebe
- Endocytose
- Erythrophagen
- Glia
- Interferone
- □ Lymphocyten
- Lymphokine
- Virusinfektion

Makrophagen (Zoologie)
Makrophagen-Inhibitions-Faktor
- Lymphokine

Makrophanerophyt ↗
Makrophyll ↗
Makrophyten
Makroplankton
– M Plankton (Einteilung)
Makropleura
Makropleuralsegment
– Makropleura
Makropoden
Makroprothallium ↗
– B Nacktsamer
makropter
– Makropterie
Makropterie ↗
makroskopisch
Makrosmaten
– Herrentiere
Makrosmatiker
– Makrosmaten
Makrosporangium ↗
Makrosporen ↗
– Blüte
Makrosporogenese ↗
Makrosporophyll ↗
– Fruchtblatt
makrosporophyllat
– subandrözisch
Makrosporophyllzapfen
– B Nacktsamer
MAK-Wert
Malabarspinat ↗
Malaccol
– Rotenoide
Malachiidae ↗
Malaclemys ↗
Malacobdella
Malacochersus ↗
Malacodermata
Malacolimax
– Limax
Malacosoma ↗
Malacosteidae ↗
Malacostraca
– Gliederfüßer
– □ Gliederfüßer
– Zufallsfixierung
Malaga-Wein
– Wein
Malaienbär
– □ Bären
Malakologie
Malakophilen
Malakophyllen
Malakozoologie ↗
Malania
– Latimeria chalumnae
Malapteruridae ↗
Malapterurus
– Zitterwelse
Malaria
– M Chinarindenbaum
– □ Chinin
– DDT
– □ Fieber
– Gentiopikrin
– Grassi, G.B.
– □ Hämolyse
– Heterosis
– M Inkubationszeit
– Laveran, Ch.L.A.
– Lysosomen
– Parasitismus
– Protozoonosen
– Ross, R.
– Sichelzellenanämie
– Sumpf
Malariaerreger
– M Generationswechsel
– Golgi, C.
– Plasmodium
Malariamoos ↗
Malariamücke ↗
Malassez, Louis Charles
– Malassezia
Malassezia ↗
Malat-Dehydrogenase
– B Chromosomen III
– □ Citratzyklus
– Gossypol

– Isoenzyme
– M Oxidoreductasen
– □ Propionsäuregärung
– □ reduktiver Citratzyklus
Malate ↗
– M Fumarase
– □ Gluconeogenese
– M Glyoxylatzyklus
– □ Hatch-Slack-Zyklus
– □ Kohlendioxidassimilation
– □ Propionsäuregärung
– □ reduktiver Citratzyklus
– M Succinatgärung
Malathion
– Malaria
Malathionsäure
– Malathion
Malat-Synthase ↗
– □ Citratzyklus
– M Glyoxylatzyklus
Malayenfuß
– Down-Syndrom
Maldane
– Maldanidae
Maldanidae
– Rhodine
Mal de Caderas
– Kreuzlähme
Maldescensus testis
– Kryptorchismus
Maledivennußpalme
– Seychellenpalme
Maleinsäure
– Fumarsäure
– □ Isomerie (Typen)
Maleinsäurehydrazid
Malermuschel ↗
– Bitterlinge
– M Flußmuscheln
Malide
– □ Menschenrassen
maligne Entartung
– Immunsystem
– Krebs
– Papillomviren
– Tumor
maligne Lymphome
– Herpesviren
maligner Tumor
– Krebs
– Tumor
↗ maligne Entartung
malignes Ödem
– Gasbrandbakterien
Malinois
– □ Hunde (Hunderassen)
Mallee-Vegetation
– Australien
Malleidae
– Hammermuscheln
Malleoli
– Walzenspinnen
Malleomyces
– Rotz
Malletia
Malletiidae
– Malletia
Malleus (Anatomie) ↗
*Malleus (Veterinär-
  medizin)* ↗
Malleus (Zoologie) ↗
Mallomonas ↗
Mallophaga ↗
Mallotus (Botanik) ↗
Mallotus (Zoologie) ↗
Malm
– Cardioceras
Malmignatte ↗
Maloideae ↗
Malo-Lactat-Enzym
– M Malo-Lactat-Gärung
Malo-Lactat-Gärung
– Wein
Malonate
– B Genwirkketten II
Malonsäure
– biochemische Oszillationen
Malonyl-ACP
Malonyl-CoA
– Malonyl-Coenzym A

– B Stoffwechsel
Malonyl-Coenzym A
– □ Fettsäuren (Fettsäure-
  synthese)
Malonyl-Rest
– □ Fettsäuren (Fettsäure-
  synthese)
Malonyl-Transacylase
Malonyl-Übertragung
– Fettsäuren
Malpighi, M.
– B Biologie I
– B Biologie III
– □ Blutkreislauf
  (Geschichte)
– Cytologie
– Malpighi-Gefäße
– Malpighi-Körperchen
– Malpighiaceae
Malpighia
– Malpighiaceae
Malpighiaceae
Malpighi-Gefäße
– Blutproteine
– B Darm
– Entgiftung
– □ Exkretionsorgane
– Gliederfüßer
– B Gliederfüßer I
– B Gliederfüßer II
– M Insekten (Darmgrund-
  schema)
– Osmose
Malpighi-Körperchen ↗
– Milz
– □ Nephron
– B Niere
– Nierenkörperchen
Malpighi-Schläuche
– B Metamorphose
Malpolon
Maltafieber ↗
– Bruce, D.
Maltageier
Maltase
– Bier
– Glucosidasen
Malten, H.
– Naturheilkunde
Malteserhund
– □ Hunde (Hunderassen)
Malthinus
– Weichkäfer
Malthodes
– Weichkäfer
Malthus, Thomas Robert
– Abstammung
– Abstammung - Realität
– B Biologie I
– B Biologie III
– Darwin, Ch.R.
Maltol
– □ chemische Sinne
  (Geruchsschwellen)
Maltophilia-Gruppe
– M Pseudomonas
Maltose
– Amylasen
– □ Enzyme (Technische
  Verwendung)
– Glucosidasen
– Glykogen
– Maltase
Maltulose
– Honig
Malus ↗
Malva ↗
Malvaceae ↗
Malvales ↗
Malve
– □ Autogamie
– □ Fruchtformen
Malvenartige
Malvenfalter ↗
Malvengewächse
Malventee
– Roseneibisch
Malz
– Gerste

Malzkaffee
– Gerste
Malzzucker ↗
Mambas
– B Afrika V
– Schlangengifte
Mamelonen
– □ Seeigel
Mamestra ↗
Mamiania ↗
Mamilla ↗
Mamillen ↗
Mamma ↗
Mammakarzinom
– □ RNA-Tumorviren (Aus-
  wahl)
↗ Brustkrebs
Mammalia ↗
– B Biologie II
– □ Wirbeltiere
↗ Säugetiere
Mammea ↗
Mammey-Apfel ↗
Mammillaria
– □ Kakteengewächse
Mammillen
Mammillifera ↗
Mammographie
– Krebs
Mammologie
Mammonteus
Mammotropin ↗
Mammut
– Archidiskodon
– Glazialfauna
– Körperfossilien
– □ Pleistozän
Mammutbaum ↗
– Altern
– M arktotertiäre Formen
– □ Dendrochronologie
– □ Lebensdauer
– B Nordamerika II
Mammuthus
– Mammonteus
– Mastodonten
– □ Rüsseltiere
Mampalon
– Otterzivette
Man
– Mannose
Manakins ↗
Manatherium
– Halitherium
Manatis ↗
– Halswirbel
– B Südamerika II
Manayunkia
Manca-Stadium
– Asseln
Manculus
Mandarine ↗
– M Citrus
– B Kulturpflanzen VI
Mandarinente
– B Asien IV
– Glanzenten
– M Komfortverhalten
Mandarinerpel
– B Ritualisierung
Mandel
– M Rosengewächse
mandelartiger Geruch
– M chemische Sinne
Mandelate ↗
Mandelbaum ↗
– B Kulturpflanzen III
– Mandelöl
– M Prunus
Mandeln
Mandelöl
– Prunus
Mandelröschen
Mandelsäure
Mandelsäurenitril
– Bittermandelöl
– Mandelsäure
Mandelweiden-Busch ↗
Mandibel
– Ganzbeinmandibel

Mandibeldrüse

- ☐ Gliederfüßer
- [B] Gliederfüßer I
- Hirschkäfer
- [B] Homologie und Funktionswechsel
- ☐ Insekten (Kopfgrundtyp)
- Kiefergelenk
- ☐ Mundwerkzeuge
- ☐ Oberschlundganglion
- [M] Schmetterlinge (Raupe)
- [B] Verdauung II

Mandibeldrüse
- [M] Insekten (Darmgrundschema)

Mandibellaute
Mandibeltaster
- Mandibulartaster

Mandibeltiere
- Mandibulata

Mandibula ↗
- Dentale

Mandibularbogen
- Hyostylie
- Kiefer (Körperteil)

Mandibulardrüse
- Mandibeldrüse

Mandibulare
- Kiefer (Körperteil)
- ☐ Kiefergelenk
- Meckel-Knorpel

Mandibularganglion
- Labialganglion

Mandibularknorpel
- Mandibulare
- Meckel-Knorpel

Mandibularplatte
Mandibulartaster
Mandibulata
- Dicondylia
- Ganzbeinmandibel

Mandragora ↗
Mandrill
- [B] Afrika V
- Farbe
- Gesichtsschwielen

Mandrillus
- Mandrill

Mandschurisches Refugium
Mandschurisches Zentrum
- Europa
- Mandschurisches Refugium

Manduca
- [M] Häutungsdrüsen
- Schwärmer

man eater
- Tiger

Mangabeiragummi ↗
Mangaben
Mangan
- Eisenstoffwechsel
- ☐ MAK-Wert
- Metallogenium
- Nährsalze
- Photosynthese
- Scheele, K.W.

Manganatmung
- [M] anaerobe Atmung

Manganbakterien ↗
Mangandioxid
- manganoxidierende Bakterien

Manganknollen
- manganoxidierende Bakterien
- Meeresablagerungen

Manganoxid
- Scheidenbakterien

manganoxidierende Bakterien
Manganverbindungen
- Gley

Mangeldiät
- essentielle Nahrungsbestandteile

Mangelernährung
- Malaria
- Unterernährung

- Waldsterben
- ↗ Mangeldiät

Mangelia
Mangelkrankheit
- Demineralisation
- Ernährung
- Unterernährung
- Vitamine
- [B] Vitamine
- [M] Vitamine

Mangelmutante
- Biotest
- Genwirkketten

Mangifera ↗
Manglebaum
- [B] Nordamerika VI
- Rhizophoraceae

Mango
- Mangobaum
- ☐ Obst

Mangobaum
- [B] Kulturpflanzen VI

Mangold ↗
- [B] Kulturpflanzen IV

Mangold, Hilde
- [B] Biologie II

Mangold, O.A.
- [B] Biologie I

Mangopflaume
- Mangobaum

Mangora
- [M] Radnetzspinnen

Mangostane ↗
Mangrove
- Aegiceras
- Asien
- Australien
- Detritus
- Fiederpalme
- Rhizophoraceae
- Salzböden
- tropisches Reich
- [B] Vegetationszonen
- Viviparie
- Wald

Mangrovenfliege ↗
Mangrovengewächse
- Rhizophoraceae

Mangroven-Nachtbaumnatter
- [M] Trugnattern

Mangusten ↗
Mania
- Ordensband

Manicina ↗
Manidae ↗
Manifestation
Manihot
- Kautschuk
- Maniok

Maniladiol
- Resinole

Manilahanf ↗
- Blattfasern
- [B] Kulturpflanzen XII

Manila-Kopal
- [M] Agathis

Manilkara ↗
Manini ↗
Maniok
- Kautschuk
- [B] Kulturpflanzen I
- Linamarin
- ☐ Rüben

Maniola
- [B] Schmetterlinge

Manipulation
- Genmanipulation
- Kultur
- kulturelle Evolution
- Systemanalyse

Manis
- Schuppentiere

Maniu
- [B] Australien IV

Mann
- Mensch und Menschenbild
- Partnerschaft
- Sexualität - anthropologisch

Mann, G.
- Biologismus

Manna
- Blattläuse
- Esche
- Melecitose
- Schildläuse
- Succus

Mannabrot
- Manna

Mannaesche
- Mannit

Mannaflechte
Mannaklee
- Manna

Mannane
Mannaschildläuse ↗
- Tamariskengewächse

Mannaschoten
- Manna

Mannazikade
- Manna

Mannazucker ↗
Mannia ↗
Mannigfaltigkeit
- Diversität
- Gestalt
- Leben
- Naturschutz
- Neolamarckismus
- ökologische Nische
- Systematik

Mannigfaltigkeitszentrum ↗
Manning, A.
- Bestäubungsökologie

Mannit
- Esche
- Teichonsäure
- [M] Wein (Fehler/Krankheiten)

Mannitol
- Arabit
- Braunalgen

männlicher Pseudohermaphroditismus
- [M] Intersexualität

Mannosamin
- Aminozucker
- Glucosamin

Mannose
- [B] Glykolyse
- Glykoproteine
- Gummi
- Mannit

Mannosephosphat-isomerase
- [B] Chromosomen III

α-**Mannosidase**
- [M] Lysosomen

Mannosylphosphat
- Golgi-Apparat

Mannsknabenkraut
- [B] Orchideen

Mannsschild
- Polsterpflanzen

Mannstreu
D-Mannuronsäure
- Alginsäure

Manometer
- Warburg-Apparat
- [M] Warburg-Apparat

Manschette ↗
Manschettensoral ↗
Manson, Sir Patrick
- Mansonia

Mansonia ↗
Manta ↗
Mantarochen ↗
Mantel (Manteltiere) ↗
Mantel (Weichtiere) ↗
- ☐ Muscheln
- [B] Muscheln

Mantelaktinie ↗
Mantelblätter
Mantelchimäre
- Chimäre

Mantelgesellschaften
Mantelhöhle
- [B] Verdauung II

Mantell, Gideon Algernon
- [B] Biologie II

Mantella ↗
Mantellinae
- Goldfröschchen

Mantelnischenblätter
- Tüpfelfarngewächse

Mantelpaviane
- Bandenbildung
- Harem
- Mähne
- [B] Mediterranregion IV
- Paviane
- Polygamie

Mantelrinne
- Mantel

Mantelschnecke
Mantelsporen ↗
Manteltiere
- Cellulose
- Chorda dorsalis
- [M] Eizelle

Mantelzone ↗
Mantidactylus ↗
Mantidae ↗
Mantipus ↗
Mantis ↗
Mantispa
- Fanghafte

Mantispidae ↗
Mantodea ↗
Mantonipatus
- [M] Stummelfüßer

Mantura
- Erdflöhe

Manubrium
- ☐ Springschwänze
- Sprunggabel

Manufakt ↗
Manul
Manus ↗
Manxkatze
- [B] Katzen

Manzanillo-Baum
- Wolfsmilchgewächse

MAO
- Monoamin-Oxidasen
- Serotonin

MAO-Blocker
- [M] Monoamin-Oxidasen

Mapa (auch Maba; China)
- [B] Paläanthropologie

Maple Sirup
- Ahorngewächse

Mapping
MAPs
Maquis
- Macchie

Marabus
- [B] Afrika I
- ☐ Störche und Storchverwandte
- [B] Vögel II

Maracujá ↗
Maracurin
- Curare

Maraglas
- mikroskopische Präparationstechniken

Maral ↗
Maranatis
- Nordamerika

Maränen ↗
- [B] Fische XI

Maranta ↗
Maranta, Bartolomeo
- Maranta

Marantaceae ↗
Maras
- Haustiere
- ☐ Lebensdauer
- [B] Südamerika
- [B] Südamerika V
- [M] Trächtigkeit
- Versuchstiere

Marasmine
- Welketoxine

Marasmius ↗
- [M] Hexenring

Marasmus
- Unterernährung

Maratti, Giovanni Francesco
– Marattiales
Marattia
– M Marattiales
Marattiaceae
– M Marattiales
Marattiales
Marbel
Marburg-Virus
Marchant, Nicolas
– Marchantia
– Marchantiaceae
– Marchantiales
Marchantia
– asexuelle Fortpflanzung
– Getrenntgeschlechtigkeit
Marchantiaceae
Marchantiales
– Bauchschuppen
Marchur
Marco Polo
– Pamirschaf
Marcumar
– Antikoagulantien
Marcusenius
Marder
– B Europa X
– Geilsäcke
– Plesictis
– Plesiogale
Marderartige
– Arctoidea
– M Digitigrada
Marderbär
Marderhaie
Marderhund
– M Faunenverfälschung
Marealbiden
– M Präkambrium
Marek, J.
– Marek-Lähme
Marek-disease-Virus
Marek-Lähme
Maremmano
– □ Hunde (Hunderassen)
Marentonneau, Gaillard de
– Gaillardia
Marey, É.J.
Mareysche Trommel
– Marey, É.J.
Marfan-Syndrom
– □ Mutation
Margarine
– Baumwollpflanze
– Margarinsäure
– Ölpalme
– Talg
Margarinsäure
Margaritana
Margaritifera
– □ Saprobiensystem
Margaritiferidae
– Flußperlmuscheln
Margarodidae
Margelidae
Margelopsidae
Margelopsis
– Margelopsidae
Margerite
– B Europa XVII
– M Wucherblume
Marggraf, A.S.
– Beta
Margide
– □ Menschenrassen
marginal
– □ Blüte (Gynözeum)
Marginalfurche
– Saumfurche
Marginalmeristem
– Blatt
– Randmeristem
Marginarium
Marginella
– Randschnecken
Maricola
Mariendistel
Marienfaden
– Altweibersommer

Mariengarn
– Altweibersommer
Marienkäfer
– biologische Schädlingsbekämpfung
– M Flug
– B Insekten III
– Insektengifte
Marienkörner
– Mariendistel
Marienprachtkäfer
– B Käfer I
– Prachtkäfer
Marihuana
Marillac
Marille
– Prunus
marin
marine Sedimente
– Meeresablagerungen
– M Sedimente
Marinka
Mariotte, Edmonde
– Mariotte-Fleck
Mariotte-Fleck
Marisa
maritim
Mark (Anatomie)
Mark (Botanik)
– Cauloid
– M Interzellularen
– □ Leitbündel
– Sproßachse
– B Sproß und Wurzel I
Marke
Marker
– B Biologie III
– □ Proteine (Charakterisierung)
– Sequenzierung
Markergene
– Vektoren
marker rescue
– □ Virusinfektion (Wirkungen)
Markgallen
Markgewebe
– Mark
Markhöhle (Anatomie)
Markhöhle (Botanik)
Markhor
Markiergen
Markierung (Biochemie)
– Fluoreszenz
– B Replikation der DNA I
Markierung (Ethologie)
Markierung (Zoologie)
Markierverhalten
– Analdrüsen
– Drohverhalten
– Gesichtsdrüsen
– Revier
– B Signal
Markmeristem
– Sproßachse
– M Sproßachse
Markregion
– B Algen III
Mark-Rindenstämme
– Cycadales
Markröhre
Markscheide
– Oligodendrocyten
Markschicht
– M Scheitelzelle
Markstammkohl
– Kohl
Markstrahlen
– M Calamitaceae
– M Grundgewebe
– Holz (Blockschemata)
– □ Leitbündel
– □ sekundäres Dickenwachstum
Markstrahlparenchym
– Markstrahlen
Markstrang
– B Nervensystem I
Markusfliege

Marline
– B Fische IV
Marmeladenpflaume
– Sapotaceae
Marmor
– M Kalk
Marmorkatze
Marmorkegel
Marmorkreisel
Marmorsalamander
Marmorzitterrochen
– B Fische VII
– Zitterrochen
Marmosa
– Beutelratten
Marmosetten
Marmota
Marmotini
Marokkanische Schleiche
– B rudimentäre Organe
Marone
Maronen-Röhrling
– B Pilze III
Marpesia
– Fleckenfalter
Marphysa
– Eunicidae
Marquesia
– Miombowald
Marrellomorpha
Marrubiin
– M Andorn
Marrubium
Marsch
– Geest
– □ Produktivität
– Salzböden
– Schluffböden
– Marschböden
Marschböden
– Bodenentwicklung
– □ Gefügeformen
Marschschaf
– M Schafe
Marsh, O.Ch.
– Dinosaurier
Marsigli, Luigi Ferdinando Conte de
– Marsileaceae
– Marsileales
Marsilea
– Kleefarngewächse
Marsileaceae
Marsileales
Marsili, Luigi Ferdinando Conte de
– Marsileaceae
– Marsileales
Marsson, Theodor Friedrich
– Marssonina
Marssonina
Marstoniopsis
Marsupella
Marsupialia
– Didelphia
– Eupantotheria
Marsupiobdella
Marsupites
– □ Seelilien
Marsupium
– □ Asseln
– Brutbeutel
– Bruttasche
Martes
Martesia
Marthasterias
Martin, A.J.P.
– B Biologie III
Martius, C.
– B Biochemie
– Citratzyklus
Martius, C.F.P. von
– Spix, J.B. von
Marx, Karl
– Abstammung - Realität
Märzbecher
– Frühlingsgeophyten
Märzfliege
– Haarmücken

Massenwanderung

Marzipan
– Prunus
Märzveilchen
– M Dimorphismus
– Veilchen
Masaridae
Maschine
– Vitalismus - Mechanismus
Maschinentheorie
– Vitalismus - Mechanismus
Masdevallia
– B Orchideen
– M Orchideen
Maserbildung
– Maserwuchs
Maserhölzer
– Maserwuchs
Masern
– aktive Immunisierung
– attenuierte Viren
– □ Fieber
– M Hämagglutinationshemmungstest
– Heilserum
– Infektionskrankheiten
– M Inkubationszeit
– Rhazes
– □ Virusinfektion (Abläufe)
– □ Virusinfektion (Wege)
Maserwuchs
Maske
Maskenbienen
– Kropfsammler
Maskenbuntbarsch
– B Aquarienfische II
– Buntbarsche
Maskendornauge
– B Aquarienfische I
– Prachtschmerlen
Maskenkrabben
Maskenkrebse
– Maskenkrabben
Maskenläuse
Maskenschnecke
maskieren
– molekulare Maskierung
– Tarnung
Maskulinisierung
Maskulinismus
– Virilisierung
mas occasionatus
– Sexualität - anthropologisch
Mason-Pfizer monkey virus
– □ RNA-Tumorviren (Auswahl)
Mason-Pfizer-Virus
Massae
– Benzoëharz
Massage
– Bindegewebsmassage
Maßanalyse
– Normallösung
Massasauga
Massenauslese
Massenemigration
Massenhafte
Massenkreuzung
– Polycrossmethode
Massenpigment
– Photorezeptoren
Massenprozent
– Gewichtsprozent
– M Lösung
Massensterben
– Dinosaurier
– Lemminge
Massentierhaltung
– Geflügelzucht
– Landwirtschaft
– Rinderkokzidiose
– Tierzucht
Massenvermehrung
– Populationszyklen
– Übertragung
– Vermehrung
Massenwanderung
– Migration
– Monarch
– Tierwanderungen

Massenwechsel

- Vogelzug
Massenwechsel
- Daueroptimalgebiete
- Gradologie
- Gradozön
- Populationsdynamik

Massenwirkungsgesetz
- Affinitätskonstante
- Antigen-Antikörper-Reaktion

Massenzahl
- Isotope
- Radioaktivität

Massenzuwachs
Maßholder ↗
Maßliebchen ↗
Massoutiera
- Kammfinger

Massula
- Pollen

Mast (Forstwirtschaft)
Mast (Landwirtschaft)
Mastadenovirus ↗
Mastax
- Gnathostomulida

Mastdarm
- Darmflora
- [M] Krebs (Krebsarten-Häufigkeit)

Masterman, A.T.
- Enterocoeltheorie

Masthilfsmittel
- Antibiotika
- Massentierhaltung
- Methylthiouracil

Masticadienonsäure
- [M] Resinosäuren

Mastiden
- Candida

Mastiff
- ☐ Hunde (Hunderassen)

Mastigamoeba
Mastigocladus
Mastigomycetes
- ☐ Pilze

Mastigomycotina
Mastigonemen
Mastigophora
Mastigoproctus ↗
Mastikation
- Kautschuk

Mastisol
- Mastix

Mastitis contagiosa
- Galt

Mastix
Mastixia
- Hartriegelgewächse

Mastixstrauch ↗
- [M] Macchie

Mastjahre
Mastkraut
Mastocembeliformes ↗
Mastocembelus
- Stachelaale

Mastodon
- Mastodonten

Mastodonsaurus
Mastodonten
- Amebelodon
- Platybelodon
- ☐ Rüsseltiere
- Südamerika
- Zygolophodon

Mastodontoidea
- Mastodonten

Mastophora ↗
Mastotermes
- ☐ Spermien

Mastotermitidae
- [M] australische Region
- [M] Termiten

Mastteiche
- Austern
- Muschelkulturen
- ↗ Teichwirtschaft

Mästung
- Mast
- respiratorischer Quotient
- ↗ Masthilfsmittel

Masturus ↗
Mastvieh
- Frühreife

Mastzellen
- Aminosomen
- anaphylaktischer Schock
- Bindegewebe
- Desensibilisierung
- Entzündung
- Makrophagen

Matamata ↗
Matas
- Llano

Matebaum
- [B] Kulturpflanzen IX
- [M] Stechpalme

Materialismus
- Geist - Leben und Geist
- Leib-Seele-Problem

Materialsortierung
- Bodeneis

Materie
- Geist - Leben und Geist
- Leib-Seele-Problem
- Natur

maternaler Effekt
maternale Vererbung
- Mendelsche Regeln
- Plastidenvererbung
- Plastom

Mate-Tee
Mathildidae
Maticora ↗
Matjes-River-Mensch
Mato Grosso
- Südamerika

Maton, W.G.
- Matoniaceae

Matonia
- Matoniaceae

Matoniaceae
Matonidium
- Matoniaceae

Matricaria ↗
- ☐ Heilpflanzen

Matrix (Zellbiologie)
- ☐ Mitochondrien (Aufbau)

Matrix (Zoologie)
- Haare

Matrix-Hypothese
- Schalenhaut

Matrixpotential ↗
- Erklärung in der Biologie
- Wasserpotential

Matrize
- Biopolymere
- DNA-Polymerase
- DNA-Reparatur
- Rekapitulation
- [B] Transkription - Translation

Matrizenerkennungsregion
- [B] Transkription - Translation

Matrizen-RNA ↗
matroklin
MATS
- Lauch

Matsutake
Matten
Matteniusa
- Alangiaceae

Matteucci, Carlo
- Matteuccia

Mattëuccia ↗
Matthevia
Matthiola ↗
Mattioli, Pietro Antonio
- Matthiola

Matula
- Schamkrabben

Maturase
- Mitochondrien
- Plastiden

Mauer (BR Dtl.) ↗
- [B] Paläanthropologie

Mauerassel ↗
Mauerbienen ↗
- anonymer Verband

- [M] Megachilidae

Mauerblatt
Mauereidechse
Mauerfuchs
Mauerfugengesellschaften ↗
Mauergecko
- [B] Mediterranregion III

Mauerkrone
- Rankenfüßer

Mauerlattich
Mauerläufer
- [B] Europa XX

Mauerpfeffer ↗
- [B] Europa XIX
- Hydrochorie
- ↗ Fetthenne

Mauerraute ↗
- [M] Chromosomen (Anzahl)
- Streifenfarn

Mauersalpeter
- Kalksalpeter

Mauersegler
- Analogie
- Europa
- [B] Europa XVIII
- ☐ Flugbild
- Fortbewegung (Geschwindigkeit)
- [M] Gelege
- [M] Höhlenbrüter
- [B] Konvergenz bei Tieren
- Netzhaut
- Segler
- Vogelzug
- Winterschlaf

Mauerwespen ↗
Maul
- Schnauze

Maulbeerbaum
- [B] Asien III
- [B] Kulturpflanzen VI

Maulbeerbaumgewächse
- Maulbeergewächse

Maulbeere
- ☐ Fruchtformen
- Fruchtstand
- Maulbeerbaum

Maulbeerfeigenbaum
- Ficus

Maulbeergewächse
Maulbeerkeim ↗
Maulbeerschnecken
Maulbeerspinner ↗
Maulbrüter
- [B] Aquarienfische II
- Mimikry

Maulbrüterwelse
Maulesel
- [M] Esel
- Hybridzüchtung

Maulfüßer ↗
Maulikscher Apparat
- Sprungbeine

Maulkäfer
- Breitrüßler

Maulkampf
- [B] Kampfverhalten

Maultier ↗
- Bastard
- Hybridzüchtung
- Nordamerika

Maultierhirsch
Maul- und Klauenseuche
- Uhlenhuth, P.
- [M] Viren (erste Spuren)

Maulwürfe
- [M] Darm (Darmlänge)
- [B] Europa XVI
- [M] Haarstrich
- ☐ Holarktis
- ☐ Lebensdauer
- Lebensformtypus
- [M] Lebensformtypus
- [M] Nest (Säugetiere)
- Netzhaut
- Sichelbein
- Tastsinn

Maulwurfkrebse
- Maulwurfskrebse

Maulwurfsalamander ↗
Maulwurfsgestalt
- Analogie - Erkenntnisquelle

Maulwurfsgrillen
- Lebensformtypus

Maulwurfskrebse
Maulwurfspitzmäuse
Maulwurfsratten
- Wurzelratten

Maundia
- Dreizackgewächse

Maupas, E.
- ☐ Rhabditida

Maupertuis, M. de
- Abstammung - Realität

Maurandya
- [M] Lianen

Mauremys ↗
Maurische Wasserschildkröte
- ☐ Schildkröten

Mauritiushanf ↗
Mauritiusskink ↗
Maurolicus ↗
Mäuse
- [M] Atemfrequenz
- [M] Chromosomen (Anzahl)
- [M] Darm (Darmlänge)
- Europa
- [B] Europa XI
- [B] Europa XIII
- [B] Europa XVI
- [M] Isoenzyme
- ☐ Lebensdauer
- [M] Nest (Säugetiere)
- Nestflüchter
- ☐ Spermien
- [M] Trächtigkeit
- Versuchstiere
- Yersinia

Mäuseartige
- [M] Säugetiere

Mäusebussard
- Bussarde
- [B] Europa XV
- ☐ Flugbild
- [M] Gelege
- [M] Körpergewicht
- Standvögel
- [B] Vogeleier I

Mäusedorn
- [M] Platykladium
- ☐ Saponine

Mäuseencephalomyelitis-Virus
- [M] Picornaviren

Mäusefell
- Scytonema

Mäusefloh
Mäusegersten-Flur ↗
Mäuse-Hepatitisvirus
- Coronaviren

Mäusejahre
- [M] Nagetiere

Maus-Elefanten-Kurve
- Stoffwechselintensität

Mäuse-Leukämieviren
- ☐ RNA-Tumorviren (Auswahl)

Mäuse-Mammatumorvirus
- ☐ RNA-Tumorviren (Auswahl)

Mäusepocken
Mauser
- [B] Chronobiologie II
- Farbwechsel
- ☐ Hormone (Drüsen und Wirkungen)
- Saisondimorphismus
- Vogelzug

Mäuse-Sarkomviren
- ☐ RNA-Tumorviren (Auswahl)

Mäuseschwanz
Mäuseverwandte
Mäusewicke
Mausflohkäfer ↗
Maushund

Maus-Mammatumor-Virus ↗
Mausöhrchen ↗
Mausohr-Fledermäuse ↗
- B Echoorientierung
Mausohr-Schnecken
Mausrennen
- Verleiten
Mausschwanz-Fledermäuse
Mausvögel
Mauswiesel
- Marder
Mauthner, Ludwig
- Mauthnersche Scheide
Mauthnersche Scheide ↗
Mavacurin
- □ Alkaloide
Maxam, A.
- B Biochemie
- □ Desoxyribonuclein-
säuren (Geschichte)
- Sequenzierung
Maxam-Gilbert-Methode
- Sequenzierung
Maxilla
- Maxille
Maxillardrüsen
- Coxaldrüsen
- Schalendrüse
Maxillare
Maxillarfüße
- □ Decapoda
Maxillarganglion
- Labialganglion
Maxillaria
- B Orchideen
Maxillarlobus
- M Flöhe
Maxillarnephridien
- Doppelschwänze
- Gliederfüßer
Maxillarpalpus
- □ Insekten (Kopfgrundtyp)
- M Schmetterlinge
(Raupe)
Maxille (Zoologie)
- B Gliederfüßer I
- B Homologie und Funktions-
wechsel
- □ Insekten (Kopfgrundtyp)
- □ Käferblütigkeit
- □ Mundwerkzeuge
- □ Oberschlundganglion
- M Schmetterlinge
(Raupe)
- B Verdauung II
Maxille (Humananatomie)
Maxillendrüsen ↗
Maxillennephridien
- Doppelschwänze
- Gliederfüßer
Maxillentaster
- Maxillarpalpus
Maxillipeden ↗
- Thorax
Maxilloturbinalia
- Maxillare
- Turbinalia
maximale Arbeitsplatz-
Konzentration
- MAK-Wert
Mayaca
- Commelinales
Mayacaceae
Mayailurus
- Iriomoto-Katze
Mayaro
- M Togaviren
Mayer, A.
- Minimumgesetz
Mayer, J.R.
Mayet, Valéry
- Mayetiola
Mayetiola ↗
Maynard-Smith, J.
- Soziobiologie
Mayonnaise
- Nahrungsmittel-
vergiftungen
Mayostenostomum
- M Stenostomidae

Mayow, J.
Mayr, Ernst
- Abstammung - Realität
- Darwinismus
- Evolution
- Leben
Mazaedium
- Macaedium
Mazama ↗
Mazerale
- Kohle
Mazeration (Pharmazie)
- Extraktion
Mazeration (Histologie)
- Präparationstechniken
Mazis
- Macis
Mazocraes
- M Monogenea
MBWZ-Grenze
- Moor
McCarty, M.
- B Biochemie
- □ Desoxyribonuclein-
säuren (Geschichte)
- Transformation
McClintock, B.
McDonnell Range
- M Australien
MCD-Peptid
McFarlane
- Gasbrandbakterien
MCH
- Melatonin
McLeod, C.M.
- B Biochemie
- □ Desoxyribonuclein-
säuren
McMunn, C.A.
- B Biochemie
MCP
- Chemotaxis
m-DNA
Meadows, D.
- Weltmodelle
Meantes ↗
Meara
- M Nemertodermatida
Meatus acusticus externus
- Gehörgang
Meatus nasi
- Nasengänge
Mechanik
- Vitalismus - Mechanismus
- ↗ Biomechanik
mechanische Arbeit
- B Dissimilation I
mechanische Orientierung
mechanisches Gewebe ↗
mechanische Sinne
mechanisches Wärme-
äquivalent
- Mayer, J.R. von
Mechanisierung
- Landwirtschaft
Mechanismus-Vitalismus-
Streit ↗
Mechanisten ↗
- Abstammung - Realität
Mechanizismus ↗
Mechanoglyphe ↗
Mechanomorphosen ↗
Mechanorezeptoren
- □ Atmungsregulation (Atem-
zentrum)
- Rückenmark
mechanosensorischer
Bereich
- □ Rindenfelder
Meckel-Divertikel
Meckel-Knorpel
Meckel, Johann Friedrich
- Meckel-Divertikel
- Meckel-Knorpel
Meckern
- Bekassinen
- Vögel
Meconema
- Eichenschrecken

Meconematidae ↗
Meconium
- Schmetterlinge
Mecoptera
- □ Insekten (Stammbaum)
Mecopteroidea
- □ Insekten (Stammbaum)
Mecostethus ↗
Medaillonfleckenkrankheit
- Halmbruchkrankheit
Medawar, P.B.
Media (Anatomie)
- Venen
Media (Zoologie)
- □ Käfer
medial
Medialader
- Media
median
Medianaugen ↗
- Einzelaugen
- Frontalorgan
- Gliederfüßer
- Komplexauge
- Naupliusauge
- Ocellen
Mediane
- Abstammungsachse
- Achselknospe
Medianebene ↗
- Abstammungsachse
- □ Achse
- Bilateria
Medianlobus
Medianocellen
- Ocellen
- ↗ Medianaugen
Medianplatte
- Insektenflügel
- Mittelplatte
Mediansattel
Mediansegment ↗
Medianstipeln
- Blatt
- Nebenblätter
Medianwert
- M Statistik
mediated transport
- Membrantransport
Mediatoren
- anaphylaktischer Schock
- Chemotaxis
- Desensibilisierung
- Thrombocyten
Mediatorstoffe
- Allergie
- Mediatoren
Medicago ↗
Medicarpin
- M Phytoalexine
Medikamente
- Arzneimittelpflanzen
- Bakterienflora
- Blut-Hirn-Schranke
- M Fehlbildung
- □ Hämolyse
- Liposomen
- ↗ Arzneimittel
Medin, Oskar
- Heine-Medin-Krankheit
Medinabeule
Medinawurm
Medinilla ↗
- M Melastomataceae
Medinilla y Pineda, José de
- Medinilla
Mediocubitalquerader
- M Insektenflügel
Mediorhynchus ↗
Mediosagittalebene
- □ Achse
- Bilateria
- dorsiventral
Mediozidin
- Polyenantibiotika
mediterran
- submediterran
mediterrane Hartlaub-
gewächse
- M Wassertransport

Meerdrachen

mediterrane Hartlaubzone
- Afrika
- Europa
mediterrane Roterde
- Terra rossa
mediterranes Zentrum
- Europa
mediterranid
- B Menschenrassen I
Mediterranide
Mediterranregion
- B Vegetationszonen
Medizin
- B Biologie II
- Hippokrates
- Mensch und Menschenbild
Medizinischer Blutegel ↗
Medlicottia
- □ Perm
Medulla
- Niere
Medulla externa
- Faserkreuzung
- Gehirn
- □ Komplexauge (Aufbau/
Leistung)
- Lobus opticus
- □ Oberschlundganglion
Medulla interna
- B Gehirn
- □ Komplexauge (Aufbau/
Leistung)
- Lobus opticus
- □ Oberschlundganglion
- Opticon
Medulla oblongata ↗
- Atmungsregulation
- □ Atmungsregulation (Regel-
kreis)
- B Telencephalon
Medulla ossium
- Knochenmark
Medullarplatte ↗
Medullarregion
- Laminariales
Medullarrinne ↗
Medullarrohr ↗
- Rückenmark
- ↗ Neuralrohr
Medullarwülste ↗
Medulla spinalis
- Rückenmark
Medulla-terminalis-
X-Organ ↗
Medullosa
- Medullosales
Medullosales
Medusandraceae
- M Sandelholzartige
Medusen
Medusenhaupt ↗
Medusenhäupter
Medusensterne ↗
Medusinites
Medusites
- □ Kambrium
Medusoide
Meer
- Archibenthal
- M Klima (Klimafaktoren)
- M Kohlenstoffkreislauf
- Kontinentaldrifttheorie
- □ Produktivität
- M Wasser (Bestand)
- Wasserkreislauf
Meeraal
- Aale
- B Fische II
Meeräschen
- B Fische VI
Meerbarben
Meerbinse ↗
Meerbrassen
- M Kiemen
Meerbrot
- Halichondrida
Meerdattel ↗
Meerdrachen
- Halisaurier

261

Meerechse

Meerechse
- [B] Südamerika VIII

Meereicheln ↗
Meerengel ↗
Meerenten
Meeresablagerungen
Meeresalgen
Meeresalgenwirtschaft
- Meereswirtschaft
- ↗ Algenkulturen
- ↗ Algenzucht

Meeresasseln
- Asseln
- Brutbeutel

Meeresbiologie
Meeresboden
- Tiefseefauna

Meeresbotanik
- Meeresbiologie

Meeresfarmen
- Meereswirtschaft

Meeresfische
- [B] Fische IV
- [B] Fische V
- □ Schwermetalle

Meeresfischerei
- Fischerei

Meeresgeologie
- Meereskunde

Meeresgeophysik
- Meereskunde

Meereshöhe
- [M] Klima (Klimafaktoren)

Meereskunde
Meeresläufer ↗
Meeresleuchten
- Feueralgen
- Prorocentrum
- Pyrrhophyceae

Meeresmikrobiologie
- Meeresbiologie

Meeresmilben
Meeresökologie
- Meeresbiologie
- Möbius, K.A.

Meerespalme ↗
Meerespelikan (= Braunpelikan)
- Nordamerika
- Pelikane

Meeresregression
- Regression

Meeressaite
- Meersaite

Meeresschildkröten
- Gelege
- [B] Homologie und Funktionswechsel

Meeressedimente
- Sulfatatmung
- ↗ marine Sedimente
- ↗ Meeresablagerungen

Meeresspiegelschwankung ↗
Meeresstationen
- [B] Biologie III
- Forschungsstationen

Meeresströmungen
- Kircher, A.
- [B] Vegetationszonen

Meerestemperatur
- Klima
- [B] Temperatur (als Umweltfaktor)

Meeresteufel ↗
Meereswirtschaft
Meereszoologie
- Meeresbiologie

Meerforelle
- [M] Fische
- [B] Fische III
- Forelle

Meerhand ↗
Meerjunker ↗
Meerkatzen
- Afrika
- [B] Afrika IV

Meerkatzenartige
Meerkohl
- □ Bodenzeiger

- [B] Europa I

Meerkühe
- Seekühe

Meerlattich
- Meersalat

Meermönch ↗
Meernase ↗
Meerohren
- Diotocardia
- Muschelkulturen

Meerotter
- Werkzeuggebrauch

Meerpfaff ↗
Meerplanarien
- Maricola

Meerquappe ↗
Meerrettich
- Adventivpflanzen
- [M] Dimorphismus
- Fechser
- [B] Kulturpflanzen VIII
- Peroxidasen

Meerrettichbaum
- Moringaceae

Meerrinde ↗
Meersaite ↗
Meersalat ↗
Meersalz
- Halobakterien
- [M] Meer

Meersau ↗
- [B] Fische VII

Meersauhaie
Meerschwalbe ↗
Meerschwein ↗
Meerschweinchen
- [M] Atemfrequenz
- Haustiere
- □ Lebensdauer
- [B] Südamerika VI
- [M] Südamerika
- [M] Trächtigkeit
- Versuchstiere

Meerschweinchenartige
- [B] Säugetiere

Meerschweinchenverwandte
- [M] Südamerika

Meerschwert ↗
Meersenf
- □ Bodenzeiger

Meersenf-Spülsäume ↗
Meerspinne ↗
Meerstrand-Steinkraut
- Silberkraut

Meertraube ↗
Meerträubel ↗
Meerträubelgewächse
- Ephedra

Meerwasser
- Diurese
- [M] Meer
- Osmoregulation
- □ Schwermetalle
- [B] Vegetationszonen
- ↗ Seewasser

Meerwasserentsalzung
- Wasseraufbereitung

Meerzwiebel ↗
- [M] Herzglykoside

Mefloquin
- Malaria

Megaceros
- Megaloceros
- Orthogonoceros

Megaceryle ↗
Megachile
- Megachilidae
- Ölkäfer

Megachilidae
Megachiroptera ↗
Megacine ↗
Megacolon
- Chagas-Krankheit

Megaderma
- Typhlosolis
- Großblattnasen

Megadermatidae
- [M] Fledermäuse
- Großblattnasen

Megadyptes
- [M] Pinguine

Megaëlosia ↗
Megafauna ↗
Megagäa
- tiergeographische Regionen

Megagamet
- Megagametangium
- Megagametophyt

Megagametangium
Megagametophyt
- [B] Bedecktsamer I
- Blüte
- Endosperm
- Samen
- Samenanlage

Megakaryocyten
- Riesenzellen

Megakaryon
Megalamphodus ↗
Megalapteryx
- Moas

Megaleia
- □ Caenogenese

Megalithkultur ↗
Megalixalus ↗
Megalobatrachus ↗
Megaloceras
- Megaloceros

Megaloceros
Megalocyt
Megalodiscus
Megalodon
- Megalodontacea

Megalodontacea
- Hippuritacea
- Hippuritoida

Megalodonten
- □ Trias

Megalodontidae
- Pamphiliidae

Megaloglossus
- Flughunde

Megalopa
Megalopidae ↗
Megaloplankton
- [M] Plankton (Einteilung)

Megalops
- Fische
- Tarpune

Megaloptera ↗
Megalopygidae
Megalosaurus
- Dinosaurier

Megalospora
- Lecideaceae

Megalothorax
- Zwergspringer

Megaloxantha
- Prachtkäfer

Megamorina
Megamphicyon
- Amphicyonidae

Meganeura ↗
- Urlibellen

Meganeuropsis
- Urlibellen

Meganthropus
- Koenigswald, G.H.R. von
- [B] Paläanthropologie

Meganyctiphanes
- Euphausiacea
- □ Euphausiacea
- Photoproteinsystem

Megaphanerophyt
Megaphyll ↗
- Telomtheorie

Megaphyton
Megaplankton
- [M] Plankton (Einteilung)

Megapodiidae ↗
Megapodius
- Großfußhühner

Megaprothallium
Megaptera ↗
Megascolecidae
- Typhlosolis

Megascolides
- Megascolecidae

Megasecoptera
Megasphaera ↗
- □ Pansensymbiose (Pansenbakterien)

Megaspira
Megaspiridae
- Clausilioidea
- Megaspira

Megasporangium
- Blüte
- Samen
- Samenanlage
- [M] Samenbärlappe
- Sporen

Megasporen
- [B] Bedecktsamer I
- Blüte
- Megasporangium
- Samen
- Sporen

Megasporenmutterzelle
- Adventivembryonie
- Blüte
- Embryosack

Megasporogenese
Megasporophyll ↗
- Blüte
- Blütenbildung
- [M] Cycadales
- [M] Samenbärlappe

Megasporophyllzapfen ↗
Megastigmus
- Torymidae

Megateuthis
- □ Belemniten

Megatheriidae
Megatherium
- [M] Faultiere
- Megatheriidae

Megathermen
Megathiris
Megathura
Megathymidae
Megathyrididae
- Megathiris

Megatypus
- Urlibellen

Megerle von Muehlfeld, Johann Karl
- Muehlfeldtia

Megophryinae
- Krötenfrösche

Megophrys ↗
- Trichtermundlarven

Megopis
- [M] Bockkäfer
- Körnerbock

Mehari ↗
Mehelya ↗
Mehl
- Buchweizen
- Gluten
- Prolamine
- Rentierflechten
- Sauerteig
- Süßgräser
- Weizen

Mehlbanane ↗
Mehlbeere ↗
- [M] Höhengrenze

Mehlissche Drüse
- Bandwürmer
- Schalendrüse

Mehlkäfer
- Hausfauna
- Wasseraufnahme

Mehlläuse ↗
Mehlmilbe
Mehlmotte
- Bacillus thuringiensis
- [M] Komplexauge (Querschnitte)

Mehlpilz ↗
Mehlprimel ↗
Mehlräsling
- Räslinge

Mehlschwalbe
- Europa
- [B] Europa XVII
- Hausfauna
- [M] Höhlenbrüter
- Schwalben
- [M] Schwalben

- B Vogeleier I
Mehlschwamm
- Räslinge
Mehltau
  - ↗ Echter Mehltau
  - ↗ Falscher Mehltau
Mehltaupilze ↗
- Gartenschädlinge
- Meliolales
Mehlvergiftungen
- Lolch
Mehlwurm ↗
Mehlzünsler
- M Zünsler
Mehrblattfrüchte
Mehrfachaustausch
Mehrfachbefruchtung ↗
Mehrfachbesamung
- Polyspermie
Mehrfachresistenzen
- Plasmide
Mehrfachteilung
- B asexuelle Fortpflanzung I
- multiple Teilung
- Plasmotomie
- ↗ Vielteilung
Mehrfingrigkeit ↗
mehrjährig
Mehrlinge
- B asexuelle Fortpflanzung II
- Mehrlingsgeburten
Mehrlingsgeburten
- Insemination
mehrschneidig
- Scheitelzelle
Mehrzeller ↗
Meibom, Heinrich
- Meibom-Drüsen
Meibom-Drüsen
- Talgdrüsen
Meideverhalten ↗
Meier ↗
Meiocyten ↗
- Meiose
Meiofauna ↗
Meiogameten
Meiose
- B Algen IV
- B Algen V
- Apomeiose
- Äquationsteilung
- B Biologie II
- Centromer
- Centromerautoorientierung
- C-Meiose
- Desynapsis
- Diploidie
- Disomie
- Fortpflanzung
- Gametogenese
- M Genkonversion
- Kongression
- Quadrivalente
- □ sexuelle Fortpflanzung
- Zellkern
- Zufall In der Biologie
- ↗ Reduktionsteilung
Meiosis
- Meiose
Meiosporangium
- Ascus
- Basidie
- Sporen
Meiospore ↗
- Ascosporen
- Samen
Meiosporentetrade
- Tetrade
meiotisches Non-disjunction ↗
Meisen
- Gelege
- M Höhlenbrüter
- Nest
- Strichvögel
- B Vögel I
- Vogelflügel
Meisenheimer, J.
Meisennistkasten
- Apfelwickler

- Nisthilfen
Meißel-Hammer-Technik
- Aurignacien
Meißner, Georg
- Meißnersche Körperchen
Meißnersche Körperchen
- M Mechanorezeptoren
Meister
- □ Bodenzeiger
- B Krebs
Meisterwurz ↗
Mekonium
- Opium
Mekonsäure ↗
Melaleuca ↗
Melamin-Formaldehyd-Kondensationsprodukte
- Gerbstoffe
Melampsora
Melampsoraceae
- M Rostpilze - Rostkrankheiten
Melampsorella
- Tannenkrebs
Melampsoridium
- M Rostpilze - Rostkrankheiten
Melampus
Melampyrum ↗
- M Pollentäuschblumen
Melanagromyza
- Minierfliegen
Melanargia
Melanconiales
- Fungi imperfecti
- Gloeosporium
Melandrium ↗
Melandrium-Typ ↗
Melandryidae ↗
Melanella
- Eulimidae
Melanellidae
- Eulimidae
Melaneside
Melaniidae ↗
Melanimon
- Schwarzkäfer
Melanine
- Depigmentation
- Dihydroxyphenylalanin
- Farbe
- Farbwechsel
- M Genwirkketten
- Glogersche Regel
- □ Haare
- Hautfarbe
- □ Hormone (Drüsen und Wirkungen)
- Melanotropin
- Melatonin
- Phenol-Oxidase
melaninkonzentrierendes Hormon
- Melatonin
Melanisierung
- B Häutung
Melanismus
Melanobatrachus ↗
Melanoblasten
- Neuralleiste
- Verdauung
Melanocetus
- Leuchtsymbiose
- Tiefseeangler
Melanocyten
- Dihydroxyphenylalanin
- □ Haare
- □ Hormone (Drüsen und Wirkungen)
- Melanotropin
melanocytenstimulierendes Hormon ↗
- adrenocorticotropes Hormon
Melanodon
- Dryolestidae
Melanogaster
- Schleimtrüffelartige Pilze
Melanogastraceae ↗
Melanogastrales
- Schleimtrüffelartige Pilze

Melanogrammus ↗
Melanoide ↗
Melanoides
Melanoidine
- Bier
Melanoleuca ↗
Melanom
- □ Krebs (Tumorbenennung)
- B Krebs
Melanophoren ↗
- Farbwechsel
- Pteridine
melanophorenstimulierendes Hormon ↗
Melanophryniscus ↗
Melanoproteine
- Melanine
Melanopsichium
- M Brandpilze
Melanopsidae
- Fagotia
- Melanopsis
Melanopsis
Melanose
- Melanine
Melanospora
- Melanosporaceae
Melanosporaceae
Melanosporae
- Schwarzsporer
Melanostomiatidae ↗
Melanosuchus ↗
Melanotaenia
- Regenbogenfische
Melanotaeniidae ↗
Melanotropin
- glandotrope Hormone
- □ Hormone (Drüsen und Wirkungen)
- Lipotropin
- Neuropeptide
- □ Neuropeptide
Melanthioideae
- Liliengewächse
Melasmia
- Ahornrunzelschorf
Melasoma ↗
Melasse
- Beta
- Buttersäure-Butanol-Aceton-Gärung
- M Einzellerprotein
- Holzverzuckerung
- Raffinose
Melastomataceae
Melatonin
- Epiphyse
- □ Hormone (Drüsen und Wirkungen)
Melde
- B Australien II
Melden-Flußufersäume ↗
Meldenwanzen
Meleagrididae ↗
Meleagrina ↗
Meleagris ↗
Melecitose
Melecta ↗
Meles ↗
Meletin ↗
Melia
- Meliaceae
Meliaceae
Melianthaceae
Melianthus
- Melianthaceae
Melibiase
- Bierhefe
Melibiose
- Bierhefe
Melica ↗
Melicerta ↗
Melicertidae
Melicertum
- Melicertidae
Melico-Fagetum ↗
Melierax ↗
Meligethes ↗
Melilotus ↗

Melinae ↗
Melinda
- Fleischfliegen
Melinna ↗
Melioidose ↗
Meliola
- Meliolales
Meliolales
Melioration ↗
- Flurbereinigung
- ↗ Bodenverbesserung
Meliosoma
- Sabiaceae
Meliphagidae ↗
Melipona
- Meliponinae
Meliponinae
Melissa
- Melisse
Melisse
- Gewürzpflanzen
- □ Heilpflanzen
- B Kulturpflanzen VIII
Melissenöl
- Citronellal
Melissinsäure ↗
Melissococcus
- Faulbrut
Melissopalynologie
- Palynologie
Melissylalkohol ↗
Melitaea ↗
Melitaeinae
- Scheckenfalter
Melitose ↗
Melitoxin ↗
Melitriose
- Raffinose
Melittangium
Melittidae
Melittin ↗
Melittis ↗
Melittophagus
- M Bienenfresser
Melittophilen ↗
Melittophilie ↗
Melken
- Schuppenameisen
Melkerknotenvirus
- □ Pockenviren
Mellinus ↗
Mellita
- Sanddollars
Mellivora ↗
Mellivorinae
- Dachse
- Honigdachs
Melo
Melocactaceen
- Cephalium
Melocanna ↗
Meloe
- Ölkäfer
Melogale ↗
Meloidae ↗
Meloidogyne ↗
Melolontha ↗
Melolonthinae
- Blatthornkäfer
- Madagassische Subregion
Melomys
- Mosaikschwanzriesenratten
Melone ↗
- M Cucumis
- B Kulturpflanzen VI
- B Kulturpflanzen VII
Melonechinoidea
- M Seeigel
Melonenbaum
- Chymopapain
- Papain
Melonenbaumgewächse
Melonenquallen
Melongena
- Kronenschnecken
Melonenidae ↗
Melophagus ↗
- Lausfliegen

Melophorus

Melophorus
- M Australien

Melopsittacus ↗

Melosira ↗
- Wasserblüte

Melphalan
- M Cytostatika

Melursus ↗

Melusina
- Kriebelmücken

Melusinidae ↗

Melyridae
- □ Käfer
- Malacodermata

Membracidae ↗

Membran
- Biochemie
- Bioelektrizität
- Blut
- B chemische und präbiologische Evolution
- □ Chloroplasten
- Chronobiologie
- □ Cyanobakterien (Membrankomponenten)
- Cytoplasma
- Donnan-Verteilung
- Enzyme
- Epithel
- Gangliosid
- Gefrierätztechnik
- Grenzflächen
- □ Hormone (Primärwirkungen)
- hydrophob
- Ionentransport
- Kompartimentierung
- Kompartimentierungsregel
- Liposomen
- Lysolecithine
- □ Ubichinone

Membrana basilaris
- Gehörorgane
  ↗ Basilarmembran

Membrana buccopharyngea
- Rachenmembran

Membrana decidua
- Decidua

Membrana elastica interna
- Chordascheide

Membrana fibrosa
- Gelenk

Membrana granulosa
- Oogenese
- M Oogenese

Membrana nictitans
- Nickhaut

Membranantigene
- M Glykokalyx

Membrana pellucida
- Zona pellucida

Membrana synovialis
- Gelenk
- Synovialflüssigkeit

Membrana tectoria
- □ Gehörorgane (Hörtheorie)

Membrana tympani
- Trommelfell

Membrana vestibularis
- Reissnersche Membran

membrane flow
- Membranfluß

Membranellen
- M Hymenostomata
- M Oligotricha
- M Trompetentierchen

Membranfilter
- Bakterienfilter
- Membranfiltration
- Zsigmondy, R.A.

Membranfiltration
- Colititer

Membran-Fluidität
- Tocopherol
  ↗ Fluidität

Membranfluß

Membranfusion

Membranhypothese
- Urzeugung

Membranipora ↗

Membranlipide ↗
- bimolekulare Lipidschicht
- Membranproteine

Membranmodelle
- bimolekulare Lipidschicht
- Membran

membranochrom
- M Farbe

Membranologie ↗

Membranoptera ↗

Membranpermeabilität
- Exkretion
- □ Hormone (Primärwirkungen)
- Membrantransport

Membranporen
- □ Mitochondrien (Aufbau)

Membranpotential
- Bioelektrizität
- Diffusionspotential
- elektrische Organe
- Elektrophysiologie
- Erregung
- Impuls
- Ionenpumpen
- □ Nervensystem (Funktionsweise)
- Photorezeption
- protonenmotorische Kraft
- B Sinneszellen
- B Synapsen

Membranproteine
- Allosterie
- Bakteriorhodopsin
- Gentechnologie
- M Glykokalyx
- Glykoproteine
- Golgi-Apparat
- □ Mitochondrien (Aufbau)
- Patching
- Proteine
- □ Proteine (Charakterisierung)
- Rezeptoren
- □ Synapsen

Membranpumpen
- biologische Oszillationen
  ↗ Ionenpumpen

Membranruhepotential
- Ruhepotential

Membranskelett
- □ Membranproteine (Schemazeichnung)

Membranstapel
- □ Bakterien (Reservestoffe)
- Netzhaut

Membrantransport
- Protonenpumpe
- Ultrafiltertheorie

Membranzelle
- Sensillen

Memecylon ↗
- M Eisenholz

Menacanthus
- Haarlinge

Menachinone
- B Vitamine

Menadion
- M Phyllochinon

Menapien
- Menap-Kaltzeit

Menap-Kaltzeit
- □ Pleistozän
- Waal-Warmzeit

Menarche ↗
- Geschlechtsreife

Mendel, G.J.
- Abstammung - Realität
- B Biologie I
- B Biologie II
- B Biologie III
- B Chromosomen I
- Darwin, Ch.R.
- Gen
- Genetik
- Mendelsche Regeln

mendeln

Mendel-Population

Mendelsche Regeln
- Abstammung - Realität
- B Biologie II
- cytoplasmatische Vererbung
- Erbgang
- Vererbung

Mendocutes ↗

Mendosicutes ↗

Menegazzia ↗

Mengeidae
- M Fächerflügler

Mengenellidae
- Fächerflügler

Mengovirus
- M Picornaviren

Menhaden ↗
- B Fische III
- M Kiemen

Meningen ↗

Meninges
- Hirnhäute

Meningismus
- Meningitis

Meningitis
- M Coxsackieviren
- ECHO-Viren
- Enterobacter
- Flavobacterium
- M Haemophilus
- M Listeria
- Neisseria

Meningo-Encephalitis
- Encephalitis
- Herpes simplex-Viren
- Meningitis
- □ Togaviren

Meningoencephalomyelitis enzootica suum
- Schweinelähme

Meningokokken ↗

Meninx primitiva
- Hirnhäute

Méni-Öl
- Ochnaceae

Menippe
- Xanthidae
- M Xanthidae

Meniscus articularis
- Gelenk

Meniskus ↗
- Kapillarität

Menispermaceae
- Menispermaceae

Menispermum
- Menispermaceae

Mennige
- M Blei

Mennigvögel
- Stachelbürzler
- B Vögel II

Menochinon
- Phyllochinon
- M Phyllochinon

Menodium ↗

Menontenstadium
- Keulenpolyp

Menopause ↗
- Klimakterium

Menopon
- □ Haarlinge

Menorrhö
- Menstruation

Menotaxie
- Menotaxis

Menotaxis

Mensch
- M Darm (Darmlänge)
- Deciduata
- □ Desoxyribonucleinsäuren (Größen)
- M Fortbewegung (Geschwindigkeit)
- M Gehörorgane (Hörbereich)
- M Geschlechtsreife
- M Herzfrequenz
- Linné, C. von

- M p_{50}-Wert
- □ Spermien
- □ Stammbaum

Menschenaffen
- Abstammung - Realität
- Äthiopis
- Bewußtsein
- Brachiatorenhypothese
- Denken
- Dryopithecinen
- Freiheit und freier Wille
- Haarstrich
- Hominisation
- M Jugendentwicklung: Tier-Mensch-Vergleich
- Kind
- Mensch
- Mensch und Menschenbild
- Mimik
- Paläanthropologie
- Pongidenhypothese
- Promiskuität
- Torus supraorbitalis
  ↗ Pongidae

Menschenaffentheorie
- Pongidenhypothese

Menschenähnliche
- Hominoidea

Menschenartige
- Hominidae

Menschenfloh
- Hausfauna
- Pestfloh

Menschenfresserhaie ↗

Menschenhai
- B Fische IV

Menschenhaie ↗

Menschenkunde ↗

Menschenläuse
- Anthroponose
- B Parasitismus II

Menschenprägung
- Fehlprägung

Menschenrassen
- Paläanthropologie
- Selbstdomestikation

Menschenzüchtung
- Genmanipulation

Menschheitsgeschichte
- Biologismus

Menschlichkeit
- Mensch und Menschenbild

Mensch-Tier-Hybride
- Insemination (Aspekte)

Mensch und Menschenbild

Menschwerdung ↗
- Jugendentwicklung: Tier-Mensch-Vergleich
- Mensch und Menschenbild

Menses
- Menstruation

Menstruation
- Eisenstoffwechsel
- Gebärmutter
- Staphylococcus

Menstruationszyklus
- Lunarperiodizität

Mentalia
- M Eidechsen

Mentha ↗
- □ Heilpflanzen

p-Menthadien
- Limonen

Menthan-3-ol
- Menthol

Menthofuran
- M Monoterpene
- Pfefferminzöl

Menthol
- ätherische Öle
- Pfefferminzöl

Menthon
- M chemische Sinne
- Pfefferminzöl

Menthylacetat
- Pfefferminzöl

Mentormethode
- Mitschurin, I.W.

Mentum

Mentzel, Christian
- Mentzelia
Mentzelia
Menura
- Leierschwänze
Menuridae
Menyanthaceae
Menyanthes
- Fieberklee
- Gentianaalkaloide
- Moor
Menyanthin
- [M] Fieberklee
Mephitinae
Mephitis
- [M] Skunks
MEPP
- Synapsen
Meranthium
Meranti
Meraspis
- Trilobiten
Mercaptane
β-Mercaptoäthanol
- □ Proteine
2-Mercaptoäthanol
- Mercaptane
Mercaptoäthansulfonsäure
- [M] Methanbildung
Mercaptogruppe
- Mercaptane
Mercaptoimidazol-Derivate
- Thyreostatika
Mercaptopurin
- [M] Cytostatika
- Immunsuppression
6-Mercaptopurin
Mercenaria
- Muschelkulturen
Mercer, J.
- Baumwollpflanze
Mercerisieren
- Baumwollpflanze
Mercierella
Mercksches Nashorn
- Glazialfauna
Mercurialis
Merenchym
Meretrix
Merganetta
- [B] Rassen- u. Artbildung I
Mergel
- □ Kalkdünger
- Tschernosem
Mergelia
Mergus
Merian, M.S.
- [B] Biologie III
- Rösel von Rosenhof
Meridion
Merikarpien
Merino
- Australien
- □ Schafe
- [M] Schafe
Merinolandschaf
- Merino
- □ Schafe
Merinoschaf
- Merino
Meriones
- [M] Rennmäuse
Meripilus
- Büschelporlinge
- Grifola
- [M] Weißfäule
Merisma
- Büschelporlinge
Merismopedia
Meristem
- Blastem
- Kambium
- Scheitel
- Verzweigung
  ↗ Bildungsgewebe
Meristem-Arthrosporae
- □ Moniliales
meristematisch
Meristemkultur

Meristemoide
Meristemzüchtung
- Meristemkultur
Meristoderm
Merk, Friedrich Siegmund
- Merkel-Körperchen
Merkel-Körperchen
- [M] Mechanorezeptoren
Merkmal
- Galton, F.
- genetische Balance
- Genexpression
- Gestalt
- Konstitution
- Konstitutionstyp
- Korrelationsgesetz
- Mendelsche Regeln
- [B] Mendelsche Regeln I
- Milieutheorie
- Phän
- Phänotyp
- Polygenie
- Systematik
- [B] Transkription - Translation
Merkmalsangleichung
Merkmalsausprägung
- Atavismus
- Selektion
Merkmalsbildung
- [B] Genwirkketten I
Merkmalsdivergenz
- Artbildung
Merkmalsgradienten
- Clines
- Rasse
- Transformationsserie
Merkmalsgrundmuster
- Punktualismus
- Typostrophentheorie
Merkmalskoppelung
Merkmalspaare
Merkmalsprogressionen
- Rasse
Merkmalsunterschied
- Divergenz
Merkmalsverteilung
- [M] Statistik
Merkwelt
- Umwelt
Merlangius
Merlen
Merlia
Merlin
Merlucciidae
Merluccius
- Seehechte
Mermis
Mermithidae
- Mermithiden
Mermithiden
- [M] Parasitismus
Mermithoidea
- Mermithiden
Meroblastier
meroblastische Furchung
Merocheta
- □ Doppelfüßer
Merocyten-Kerne
- Polyspermie
Merogamie
Merogonie
- Algen
meroistische Ovariole
- [M] Oogenese
- Ovariolen
merokrine Drüsen
Merom
- [M] Receptaculiten
meromiktisch
Meromixis
Meromyosine
Meromyza
Meron
Meropidae
Meroplankton
- Plankton

Merops
- Bienenfresser
Merospermie
Merostomata
- Gliederfüßer
Merotope
Merozoit
- Schizogonie
Merozönose
Merozygote
Merrifield, R.B.
- [B] Biochemie
- [M] Enzyme
Merrifield-Synthese
- Merrifield, R.B.
Mertens, Franz
- Mertensia
Mertens, R.
- Mertensia
- Mertensiella
Mertensia (Botanik)
Mertensia (Zoologie)
Mertensiella
Mertensophryne
Mertenssche Mimikry
- Mimikry
Meruliaceae
Merulius
Merus
- □ Extremitäten
Merychippus
- [M] Pferde
- [B] Pferde, Evolution der Pferde II
Merycodus
- Gabelhorntiere
merzen
Mesaortitis luetica
- Geschlechtskrankheiten
mesarch
- Progymnospermen
- Protoxylem
Mesarović-Pestel-Modell
- Weltmodelle
Mesaxonia
- Ferungulata
Mescal
- Agave
mescal buttons
- Meskalin
Meselson, Matthew Stanley
- Meselson-Stahl-Experiment
Meselson-Stahl-Experiment
Mesembryanthemum
- Europa
Mesembrynus
Mesencephalon
- □ hypothalamisch-hypophysäres System
Mesenchym
- [M] Keimblätter
mesenchymal
- Mesenchym
Mesenchymtiere
- Bindegewebe
Mesenchytraeus
Mesenterialfilamente
- □ Astroides
- [M] Seerosen
Mesenterien
- Coelom
- Ringelwürmer
Mesenterium
Mesenteron
Meseta
- [B] Vegetationszonen
Mesidotea
Mesitornithidae
Meskalin
- Drogen und das Drogenproblem
- Kakteengewächse
- [M] Synapsen
Mesoacidalia
Mesoammonoidea
Mesobdella
- Haemadipsidae
Mesobilin
- Urobilin

Mesobilirubinogen
- Urobilin
Mesoblast
- Mesoblastem
Mesoblastem
mesoblastische Phase
- blutbildende Organe
Mesobromion
Mesocerus
- Randwanzen
Mesocestoides
Mesochaetopterus
- Harmothoe
Mesoclemmys
Mesocoel
- Trimerie
Mesocricetus
- Hamster
Mertens, R.
Mesocuneiforme
- Keilbein
Mesodaeum
- Gliederfüßer
Mesoderm
- Bilateria
- [B] Biologie II
- [B] Embryonalentwicklung I
- Entomesoderm
- Gastrulation
- Hertwig, O.W.A.
- [M] Keimblätter
- Remak, R.
- Urmesodermzelle
Mesodesma
Mesodesmatidae
- Mesodesma
Mesofauna
Mesogastropoda
Mesogloea
- Gallertgewebe
- Schwämme
Mesognathariidae
- [M] Gnathostomulida
Mesogonistes
Mesohippus
- [M] Formenreihen
- [M] Pferde
- [B] Pferde, Evolution der Pferde II
- [B] Pferde, Evolution der Pferde II
Mesohydrophyten
- Mesophyten
Mesohyl
- Dermallager
- Schwämme
Meso-Inosit
- Bios-Stoffe
- Inosit
Mesokarp
- Fruchtfleisch
- [M] Kokospalme
- [M] Prunus
Mesokaryota
Mesokephale
- [M] Längen-Breiten-Index
mesokinetisch
- Kraniokinetik
Mesokosmos
- Erkenntnistheorie und Biologie
Mesokotyl
- □ Samen
Mesokrane
- [M] Längen-Breiten-Index
mesolecithale Eier
Mesolimulus
- [B] lebende Fossilien
Mesolithikum
- [M] Holozän
Mesolitoral
- □ Meeresbiologie (Lebensraum)
Mesom
Mesomeren
Mesomerie
- auxochrome Gruppen
mesomorph
- [M] Konstitutionstyp

mesomorphisch

mesomorphisch
– Mesophyten
Mesomyaria
Mesomyzostomidae
Mesonen
– Ⓜ kosmische Strahlung
Mesonephros ⁄
mesonoto-pronotales-Stridulationsorgan
– Stridulation
Mesonotum
– Ⓜ Flugmuskeln
Mesonummulithique
– Eozän
Mesonychoidea
Mesonyx
Mesopelagial
– ▫ Meeresbiologie (Lebensraum)
– Pelagial
– Stratifikation
mesopelagisch
– Ⓜ bathymetrische Gliederung ⁄ Mesopelagial
Mesoperidie
– ▫ Stinkmorchelartige Pilze
Mesoperipatus
– Ⓜ Stummelfüßer
mesophile Organismen
mesophotisch
Mesophyll
Mesophyllzelle
– Ⓜ Hatch-Slack-Zyklus
Mesophyten
Mesophytikum
Mesopithecus
– ▫ Tertiär
Mesoplankton
– Ⓜ Plankton (Einteilung)
Mesopleurum
Mesoplodon
– Ⓜ Schnabelwale
– Zweizahnwale
mesopolylecithal
– Eitypen
Mesopropithecus
Mesopsammon
– Psammon
Mesopterygium
– Flossen
mesosaprob
– ▫ Saprobiensystem
Mesosauria
– Anapsida
Mesosaurier
– Mesosauria
Mesosaurus
Mesosoma ⁄
– Archicoelomata
Mesosomen
– Bakterienmembran
– ▫ Zelle (Schema)
Mesosphäre
– Atmosphäre
Mesosternum
– Schnellkäfer
Mesostoma
– Strudelwürmer
Mesosuchia
– Mystriosaurus
Mesotaeniaceae
Mesotaenium
– Mesotaeniaceae
Mesotardigrada
Mesoteloblasten
– Deutometamerie
– Teloblasten
Mesothel
– Ⓜ Coelom
– Epithel
Mesothelae
Mesothelium
– Mesothel
Mesothermen
Mesothorax
– Thorax
Mesotocin
Mesotonie

mesotroph
Mesovelia
– Hüftwasserläufer
Mesoveliidae ⁄
Mesoxalsäure
Mesozoa
– Catenata
– ▫ Tiere (Tierreichstämme)
Mesozoen
– Mesozoa
Mesozoikum
– Ⓑ Erdgeschichte
mesozoische Ära
– Mesozoikum
Mespilus ⁄
Mesquite
– Hülsenfrüchtler
Messel
– Europa
– Pferde
messenger-Moleküle ⁄
messenger-RNA
– Amphibienoocyte
– ▫ Polyribosomen
– ▫ Ribosomen (Aufbau)
– Ⓑ Transkription - Translation
Messeraale
Messerfische
Messerfuß ⁄
Messerhomogenisatoren
– Zellaufschluß
Messermuschel ⁄
Messingeule ⁄
Messingkäfer ⁄
– Ⓜ Diebskäfer
Messinium
– Miozän
– ▫ Tertiär
Messor ⁄
Messung
– Wissenschaftstheorie
Mestize
– Bastard
Mesua ⁄
– Ⓜ Eisenholz
– Hartheugewächse
Mesuë, Johannes
– Kräuterbücher
– Mesua
Mesurethra
Met ⁄
Meta
Metabakterien
– Archaebakterien
Metabiose
metabolic pool
– Stoffwechsel
metabolic rate theory
– Streß
Metabolie
– metabolisch
metabolisch
metabolisches Potential
– Ⓜ Stoffwechselintensität
Metabolismus ⁄
– metabolisch
Metaboliten ⁄
– Stoffwechsel
– Zelle
Metacarpalia ⁄
Metacarpus ⁄
Metacercarie
– Ⓜ Fasciolasis
metachromatische Granula ⁄
metachrone Erregungswellen
– Cilien
Metacoel
– Deutometamerie
Metacoeltheorie
– Trimerie
Metaconulus
– Trituberkulartheorie
Metaconus
– Trituberkulartheorie
Meta-Coracoid
– Coracoid

Metacoxale
– Ⓜ Pleura
Metacrinia
Metacrinus
Metacrylate
– Präparationstechniken
Meta-Disziplin
– Erkenntnistheorie und Biologie
– Wissenschaftstheorie
Meta-Ebene
– Symbol
metagam
Metagaster ⁄
Metagenese
– Ammengeneration
– Chamisso, A. von
– Ⓜ Epitokie
Metagenesis
– Metagenese
Metagonimus
Metagynie
Metajapyx
– Doppelschwänze
metakinetisch
– Kraniokinetik
Metakryon
– Kryon
Metalaeospira
– Ⓜ Spirorbidae
Metaldehyd ⁄
– Ⓜ Molluskizide
Metalimnion
– ▫ See
Metallamide
– Amide
Metallbeschattung
Metallbindung
– chemische Bindung
Metallionen
– aktives Zentrum
– Äthylendiamintetraacetat
Metalljungfer ⁄
Metalloenzyme
– Metalloproteine
Metallogenium
– Bakterien
– gestielte Bakterien
Metalloporphyrin
– Ⓜ Porphyrine
Metalloproteide
– Metalloproteine
Metalloproteine
metallorganische Verbindungen
– organisch
Metallpanzerwels
– Ⓑ Aquarienfische I
– Panzerwelse
Metallproteine
– Metalloproteine
Metallschwänze
– ▫ Kolibris
Metallura
– ▫ Kolibris
Metallurgie
– Elektronenmikroskop
Metaloben
Metaloph
Metalophid
– Metaloph
Metamere
– Cephalisation
– Metamerie
metamere Reize
– Farbensehen
Metamerie
– Homonomie
– Symmetrie
– Ⓜ Symmetrie
  ⁄ Segmentierung
Metamorphose (Botanik)
– Goethe, J.W. von
– Wurzel
Metamorphose (Geologie)
– Erdgeschichte
Metamorphose (Zoologie)
– Ⓑ Amphibien I
– Archetypus

– Autophagie
– Cyphonautes
– Ⓜ Entwicklung
– Fettkörper
– Gestalt
– Histolyse
– ▫ Hormone (Drüsen und Wirkungen)
– idealistische Morphologie
– Kollagenasen
– Larvalentwicklung
– Neotenie
– Wachstum
Metamorphosehormone
– ▫ Insektenhormone
– Kompetenz
Metanauplius ⁄
Metandrie
Metanephridien ⁄
– Antennendrüse
– Ⓜ Coelom
– Exkretionsorgane
– ▫ Exkretionsorgane
– Geschlechtsorgane
– Ringelwürmer
Metanephros ⁄
Metanotum
– Ⓜ Flugmuskeln
– Käfer
Metaperipatus
– Ⓜ Stummelfüßer
Metaphase ⁄
– Ⓑ Mitose
Metaphasenplatte ⁄
Metaphloëm
Metaphysik
– anthropisches Prinzip
– Bioethik
Metaphyta
– Reich
Metaplasie
– Dedifferenzierung
– Regeneration
Metapleuralcoelom
– Metapleuralfalten
Metapleuralfalten
– Seitenfaltentheorie
Metapleurum
Metapneustia
– metapneustisch
metapneustisch
Metapodium
– Ⓜ Finger
– Ⓜ Fuß (Abschnitte)
– Olivenschnecken
– Podium
Metapophysen
– Wirbel
Metapotamal ⁄
Metapterygium
– Flossen
Metapterygota
Metarchidiskodon
– Mammuthus
Metarhithral ⁄
Meta-Rhodopsin
– ▫ Sehfarbstoffe
Metasepten
– Ⓜ Rugosa
Metasequoia
Metasoma ⁄
– Archicoelomata
Metasomatose
– Fossildiagenese
Metastasen ⁄
– Fibronektin
– Tumor
Metastasierungsmuster
– Krebs
Metasternum
– Ⓜ Froschlurche
Metastom
– Trilobiten
Metastomium
– Polychaeta
Metastrongylidae
Metastrongylose ⁄
Metatarsalia ⁄
Metatarsus ⁄

Methylviolett

Metatetranychus
– ☐ Spinnmilben
Metatheria
– Eutheria
– ☐ Wirbeltiere
Metathorax
– Thorax
Metatrochophora
– Nectochaeta
– Trochophora
Metaxenien
– Xenien
Metaxygnathus
– Ichthyostegalia
Metaxylem
– Ⓜ Calamitaceae
metazentrisch
Metazoa
– Bilateria
– Bilaterogastraea-Theorie
– Coelomtheorien
– Gastraea-Theorie
– Placozoa
– Reich
– Tiere
Metazoen
– Metazoa
Metazonit
Metencephalon
Meteor
– Meteorit
"Meteor"
– ☐ Meeresbiologie (Expeditionen)
meteorische Blüten
Meteorismus
Meteorit
– Ⓑ chemische und präbiologische Evolution
– Dinosaurier
– Präkambrium
Meteorobiologie
Meteorologie
Methacrylat
– mikroskopische Präparationstechniken
Methacyclin
– Tetracycline
Methämoglobin
– ☐ Blut
– Erythrocyten
– Hoppe-Seyler, E.F.I.
Methämoglobinämie
– Entgiftung
Methämoglobin-Reductase
– Methämoglobin
Methan
– aliphatische Verbindungen
– Ⓜ Alkane
– Ⓑ chemische und präbiologische Evolution
– Ⓜ Cobalamin
– Ⓜ Einzellerprotein
– Gärgase
– Klima
– Kohlenstoffkreislauf
– Ⓜ Kohlenstoffkreislauf
– Methanbildung
– methylotrophe Bakterien
– ☐ Mineralisation
– Pansensymbiose
Methanal
Methanbakterien
methanbildende Bakterien
– Ⓜ Carbonatatmung
– Kohlenstoffkreislauf
– ☐ Kohlenstoffkreislauf
– Ⓜ Methanbildung
Methanbildung
– Mineralisation
Methangärung
– Gärgase
Methan-Monooxygenase
– methanoxidierende Bakterien
– Ⓜ methylotrophe Bakterien
Methanobacteriaceae
– methanbildende Bakterien
Methanobacteriales
– Ⓜ methanbildende Bakterien

Methanobacterium
– Ⓜ Archaebakterien
– Ⓜ Kohlendioxidassimilation
– Pansensymbiose
– ☐ Pansensymbiose (Pansenbakterien)
Methanobrevibacter
– methanbildende Bakterien
– ☐ Darmflora
Methanococcales
– Ⓜ methanbildende Bakterien
Methanococcus
– Ⓜ Archaebakterien
– Ribulosemonophosphat-Zyklus
methanogene Bakterien
Methanogenium
– Ⓜ Archaebakterien
– methanbildende Bakterien
Methanol
– Chromatographie
– Ⓜ Einzellerprotein
– ☐ MAK-Wert
– methanoxidierende Bakterien
Methanol-Dehydrogenase
– Ⓜ methylotrophe Bakterien
Methanomicrobiales
– Ⓜ methanbildende Bakterien
Methanomicrobium
– methanbildende Bakterien
Methanosarcina
– Ⓜ Archaebakterien
Methanosarcinaceae
– Ⓜ methanbildende Bakterien
Methanospirillum
Methanothermus
– Ⓜ Archaebakterien
– Ⓜ thermophile Bakterien
methanotrophe Bakterien
Methanoxidation
– Ribulosemonophosphat-Zyklus
methanoxidierende Bakterien
– Kohlenstoffkreislauf
Methanoxidierer
– ☐ Kohlenstoffkreislauf
Methansäure
Met-Hb
↗ Methämoglobin
Methenylgruppen
– Tetrahydrofolsäure
Methicillin
– ☐ Penicilline
Methionin
– Ⓜ Aminosäuren
– Ⓜ Cobalamin
– Desulfuration
– genetischer Code
– ☐ Isoenzyme
– Selen
Methionin-Enkephalin
– Ⓜ Endorphine
– ☐ Neuropeptide
Methionyl-t-RNA
– Translation
Methotrexat
– Ⓜ Cytostatika
Methoxatin
– Ⓜ methylotrophe Bakterien
7-Methoxycephalosporine
– Cephalosporium
Methoxy-Gruppe
– Äther
3-Methoxy-4-hydroxy-benzaldehyd
– Vanillin
3-Methoxy-4-hydroxy-benzoesäure
– Vanillinsäure
5-Methoxy-N-Acetyl-tryptamin
– Melatonin
p-Methoxypropenylbenzol
– Anethol
Methyladenin
– Basenmethylierung
– Desoxyribonucleinsäuren
methylakzeptierende chemotaktische Proteine
– Chemotaxis

N-Methylalanin
– ☐ Miller-Experiment
Methylalkohol
– Ⓑ funktionelle Gruppen
↗ Methanol
Methylalkoholvergiftung
– Methylalkohol
Methylallyl-Trisulfid
– Lauch
Methylamin
– Ⓑ funktionelle Gruppen
– Steinbrand
Methylaminoessigsäure
Methylamylketon
– Nelkenöl
Methylarbutin
– Ⓜ Bärentraube
Methylasen
– Basenmethylierung
Methyläthyläther
– Ⓑ funktionelle Gruppen
Methylbenzoat
– mikroskopische Präparationstechniken
– Präparationstechniken
Methylbenzoyl-Ecgonin
– Cocain
Methylbufotenin
– Tiergifte
Methylbutadien
2-Methylbuttersäure-äthylester
– ☐ chemische Sinne (Geruchsschwellen)
Methylchavicol
– Ⓜ Basilienkraut
Methylcholanthren
– cancerogen
24α-Methylcholesterin
– Campesterin
Methylconiin
– Coniumalkaloide
5-Methylcytosin
– Basenmethylierung
– Desaminierung
– Desoxyribonucleinsäuren
– Pyrimidinnucleotide
6N-Methyl-2'-desoxy-adenosin
– Desoxyribonucleoside
5-Methyl-2'-desoxycytidin
– Desoxyribonucleoside
Methyl-Ecgonin
– Cocain
Methylenbernsteinsäure
– Itaconsäure
3,3'-Methylenbis-4-hydroxy-cumarin
– Dicumarol
Methylenblau
– Ⓑ Biologie III
– Photosensibilisatoren
24-Methylencholesterin
– Chalinasterin
Methylengruppe
– Tetrahydrofolsäure
Methylenoselenocystein
– Aminosäuren
Methylentetrahydrofolat
– Desoxyribonucleoside
Methylentetrahydrofolsäure
– Formaldehyd
N-Methylglucosamin
– Streptomycin
N-Methylglycin
N-Methylglyoxal
Methylgrün
Methylgruppe
– Alkylgruppe
– Basenmethylierung
– Tetrahydrofolsäure
– Transmethylierung
Methylgruppenakzeptor
– Methylgruppe
Methylgruppendonor
– Betaine
– Methylgruppe
Methylgruppen-Transfer
– Methylgruppe

Methylguanido-Essigsäure
7-Methylguanin
– Purinbasen
Methylguanosin
– Basenmethylierung
– Capping
N-Methylharnstoff
– ☐ Miller-Experiment
Methylhistamin
– Monoamin-Oxidasen
Methylierung
– Basenmethylierung
– differentielle Genexpression
– Dimethylsulfat
– ☐ Prozessierung
– Restriktionsenzyme
– S-Adenosylhomocystein
– S-Adenosylmethionin
Methylindol
Methylisocyanat
– ☐ MAK-Wert
Methylmalonyl-CoA
– Methylmalonyl-Coenzym A
– ☐ Propionsäuregärung
– Propionyl-Carboxylase
Methylmalonyl-CoA-Carboxytransferase
– ☐ Propionsäuregärung
Methylmalonyl-CoA-Mutase
– ☐ Propionsäuregärung
Methylmalonyl-CoA-Weg
– Propionsäuregärung
Methylmalonyl-Coenzym A
Methylmercaptan
– ☐ chemische Sinne (Geruchsschwellen)
– Flavobacterium
– Ⓑ funktionelle Gruppen
2-Methyl-1,4-Naphthochinon
– Phyllochinon
N-Methylnicotinsäurebetain
– Trigonellin
Methylobacterium
– ☐ methanoxidierende Bakterien
Methylococcaceae
Methylococcus
– Methylomonadaceae
Methylomonadaceae
Methylomonas
– methanoxidierende Bakterien
– Methylomonadaceae
– Ribulosemonophosphat-Zyklus
Methylorange
– ☐ Indikator
Methylosinus
– ☐ methanoxidierende Bakterien
methylotrophe Bakterien
2-Methylpropanol-2
– ☐ Alkohole
Methylquecksilber
Methylradikal
– Methylgruppe
Methylreductase
– Ⓜ Methanbildung
5-Methylresorcin
– Orcin
Methylrot
– ☐ Indikator
Methyltetrahydrofolat
– Methionin
N-Methyl-1,2,3,4-tetrahydro-Papaverin
– Laudanosin
Methyltheobromin
– Coffein
Methylthiouracil
Methyltransferase
– Ⓜ Methanbildung
N-Methyltryptophan
– Abrin
N-Methyltyrosin
– Ⓜ Aminosäuren
5-Methyluracil
– Desaminierung
Methylviolett
– Gentianaviolett

Methymycin

Methymycin
– Makrolidantibiotika
Methysergid
– Serotonin
Metmyoglobin
– □ Pökeln
Metoeus
– Fächerkäfer
Metoxychinon
– M Wehrsekrete
Metridium ↗
Metriinae
– Fühlerkäfer
Metrioptera ↗
Metrosideros ↗
Metroxylon ↗
Metschnikow, I.I.
– Gastraea-Theorie
– M Joghurt
– Metschnikowia
– Phagocytella-Theorie
Metschnikowia
Metula
– M Penicillium
Metzger, Johann
– Metzgeriaceae
– Metzgeriales
– Metzgeriopsis
Metzgeria
– Metzgeriaceae
Metzgeriaceae
Metzgeriales
Metzgeriopsis ↗
Meum
Mevalonsäure
– Cantharidin
– □ Isoprenoide (Biosynthese)
ME-Virus
– M Picornaviren
Mexikanische Springbohne ↗
mexikanischer Zauberpilz
– Teonanacatl
Mexiko-Hase
– Eselhasen
Meyen, F.
– Cytologie
Meyer-Abich, A.
– Biologismus
Meyerhof, O.
– B Biochemie
– B Biologie I
– Embden-Meyerhof-Parnas-Abbauweg
Mg ↗
MH
– Maleinsäurehydrazid
MHC
– Immungenetik
MHK
– M Reihenverdünnungstest
MHV
– Coronaviren
Miacoidea
– Raubtiere
Miadesmia
– Miadesmiaceae
Miadesmiaceae
Miagrammopes
– Kräuselradnetzspinnen
Miastor
– Micromalthidae
Micarea ↗
Micareaceae ↗
Micaria ↗
– Plattbauchspinnen
Micellarstränge
– Elementarfasern
Micellartheorie
– Naegeli, C.W. von
Micellen
– Ferritin
– □ Gallensteine
– Membran
– Micellartheorie
– Verdauung
Micellkolloide
– kolloid
Michaelis, Leonor
– Enzyme

– M Enzyme
– Michaelis-Konstante
Michaelis-Konstante
Michaelis-Menten-Gleichung
– Geschwindigkeitsgleichung
"Michael Sars"
– □ Meeresbiologie (Expeditionen)
Michaelsena
Michelinoceras
– Nautiloidea
Michelinocerida
– Orthocerida
Mickle-Homogenisator
– Homogenat
Micón, Francisco
– Miconia
Miconia ↗
Micractiniaceae
Micractinium
– Micractiniaceae
Micraspides
– Anaspidacea
Micrasterias ↗
Micrathena ↗
Micrixalus
– □ Ranidae
Microascaceae
– Microascales
Microascales
– M Plectomycetes
Microascus
– Microascales
Microbacterium
Microbatrachella
Microberlinia
– Zebrano
Microbispora ↗
microbodies ↗
– □ Kompartimentierung
– Pflanzenzelle
Microbothridea
– M Monogenea
Microcebus
– Lemuren
Microcephalophis ↗
Microcerberidae
– Microcerberus
Microcerberus
Microchaetus
Microchiroptera ↗
Microciona
Micrococcaceae
Micrococcus
– □ Bakterien (Bakteriengruppen)
– Bodenorganismen
– Ektosymbiose
– □ Eubakterien
– M halophile Bakterien
– Hautflora
– M Kläranlage
– Micrococcaceae
– Pigmentbakterien
Microcoleus
Microcoryphia ↗
Microcosmus ↗
Microcycas ↗
Microcyclus
– □ spiralförmige und gekrümmte (gramnegative) Bakterien
Microcyema
– Heterocyemida
– M Mesozoa
Microcystis
– M Gasvakuolen
Microdipodops
– M Nordamerika
– M Taschenmäuse
Microdon
– M Ameisengäste (Beispiele)
– Schwebfliegen
Microdracoides
– Sauergräser
Microglanis ↗

Microglossum
– M Unitunicatae
Microgramma
– Tüpfelfarngewächse
Microhedyle ↗
– M Acochlidiacea
Microhierax ↗
Microhydra ↗
Microhylidae ↗
Microlejeunea ↗
Microlepidoptera
– Schmetterlinge
Micromalthidae
Micromalthus
– Micromalthidae
Micromata
– Huschspinne
Micromelaniidae
– M Kleinschnecken
Micromesistius
– M Dorsche
– Wittling
Micrommata ↗
Micromonospora
– Gentamycin
– Micromonosporaceae
– M Selbsterhitzung
Micromonosporaceae
Micromphale
– Knoblauchpilz
Micromys ↗
Micronecta
– Ruderwanzen
Micronectriella
– Schneeschimmel
Microneme
– M Endodyogenie
– Sporozoa
Micronereis
– M Nereidea
Microniscium-Larve
– Epicaridea
Microoxen
– Spongillidae
Micropeza
– Stelzfliegen
Micropezidae ↗
Micropharynx
– M Tricladida
Microphthalmus
Microphylinae
– Engmaulfrösche
Microplana
Micropolyspora
Micropolysporas
– Micropolyspora
Micropotamogale
– Otterspitzmäuse
Micropsitta
– M Papageien
Micropsittinae
– M Papageien
Micropterus ↗
Micropterygidae ↗
Micropteryx
– Urmotten
Microsauria
– Reptiliomorpha
Microscilla
– Flexibacter
Microscolex
– M Megascolecidae
microscopium
– B Biologie II
Microsorex
– Nordamerika
Microsources
– Leuchtorganismen
Microspezies
– Sammelart
Microsphaera ↗
Microspio
Microspora
– Microsporaceae
Microsporaceae
Microsporidia ↗
Microsporum
– M Thallokonidien
Microstigmus
– staatenbildende Insekten

Microstomum
– Kleptocniden
– Paratomie
Microstomus ↗
Microthamnion ↗
Microthoracius
– B Parasitismus II
Microtinae ↗
Microtini
– Wühlmäuse
Microtrichia ↗
– Schuppen
– Trichoma
Microtubule Associated Proteins
– MAPs
Microtubule Organizing Center
– Mikrotubuli
↗ Mikrotubuli-organisierendes Zentrum
Microtus ↗
Microvelia ↗
Microviridae ↗
– Bakteriophagen
– B Viren
Micrura ↗
Micruroides ↗
Micrurus ↗
Micryphantidae ↗
– Baldachinspinnen
Micryphantinae
– Zwergspinnen
Mictyridae
– Armeekrabben
– M Brachyura
Mictyris
– Armeekrabben
Midasohr
mid body ↗
Middelburg
– M Togaviren
Middendorff, Alexander Theodor von
– Middendorffia
Middendorffia
Miere
Miescher, J.F.
– B Biochemie
– B Biologie II
– □ Desoxyribonucleinsäuren (Geschichte)
– Miescher-Schläuche
Miescher-Schläuche ↗
– Sarcocystose
Miesmuschelartige
– Heteromyaria
Miesmuscheln
– Filibranchia
– Muschelkulturen
– B Muscheln
– Mytilotoxin
– M Synökie
Miete
– M Kompost
– Rotte
– Silage
Mietmutter ↗
– embryo transfer
– Insemination
Mietmutterschaft
– Insemination (Aspekte)
MIF
– Lymphokine
Migräneprophylaxe
– Serotonin
Migranten ↗
Migrantes
– Blattläuse
Migration
– Genfluß
– Humanökologie
– Mobilität
Migrationsbrücke
Migrationsphase
– □ Dictyostelium
Migrationstheorie
– Wagner, M.
Migroelemente ↗

MIH
- X-Organ
Mik, Joseph
- Mikiola
Mikadotrochus
Mikimoto, K.
- Perlenzucht
Mikiola
mikroaerophile Bakterien
- Aerobier
mikroaerotolerante Mikroorganismen
- Aerobier
Mikroanalyse
- Formanalyse
- Pregl, F.
- Radioimmunassay
Mikroangiopathie
- Diabetes
Mikroautoradiographie
- Autoradiographie
- Historadiographie
Mikroben
mikrobielle Laugung
- Biotechnologie
mikrobieller Abbau
mikrobielles Wachstum
- Säuerung
Mikrobiologie
- [B] Biologie II
- Biotechnologie
- Bodenmikrobiologie
- Cohn, F.J.
- Schaudinn, F.R.
mikrobiologische Kampfstoffe
- bakteriologische Kampfstoffe
mikrobiostatische Substanzen
- Mikrobiozide
Mikrobiotop
- Mikrobiozönose
Mikrobiozide
Mikrobiozönose
Mikrochemie
- Mikroanalyse
Mikrocysten
- Azotobacteraceae
Mikroelektrode
- [B] Farbensehen der Honigbiene
- Membranpotential
Mikroelektronik
- Bioelektronik
Mikroevolution
- Abstammung - Realität
- Determination
- Evolution
- Gradualismus
Mikrofauna
Mikrofazies
Mikrofibrillen
- Cellulose
- Keratine
- Multinet-Wachstum
- [B] Zellwand
Mikrofilamente
- Zellskelett
Mikrofilarie
Mikroflora
Mikrofossilien
- Conodonten
- Kryptofossilien
- Leben
- Paläontologie
- Präkambrium
Mikrogamet
- Befruchtung
- Einzeller
- Gameten
- Mikrogametangium
- Mikrogametophyt
Mikrogametangium
- [B] Algen IV
Mikrogametophyt
- [B] Bedecktsamer I
- Samen
Mikrogamont
- Coccidia

Mikrogerontie
Mikroglia
Mikroinjektion
Mikrokapsel
- Escherichia coli
Mikroklima
- Gallen
- Windfaktor
Mikrokonjugant
- Gamontogamie
Mikrokosmos
- □ anthropisches Prinzip
Mikromanipulator
mikromastigot
- [M] Trypanosomidae
Mikromeren
Mikromorphologie
Mikronährelemente
- Mikronährstoffe
Mikronährstoffe
- Bioenergie
- Nährstoffhaushalt
Mikroneside
- □ Menschenrassen
Mikronucleus
- Konjugation
- [M] Pantoffeltierchen
- Wimpertierchen
  *Kleinkern
Mikroorganismen
- Brand
- Gärröhrchen
Mikropaläontologie
- Ehrenberg, Ch.G.
- Paläontologie
Mikrophagen
- Makrophagen
Mikrophotographie
- [B] Biologie III
- Donné, A.
Mikrophthalmie
- Patau-Syndrom
Mikrophyll
- Samen
Mikrophyten
Mikrophytolithe
- Präkambrium
Mikroplankton
- Meeresbiologie
- [M] Plankton (Einteilung)
mikropor
- □ Holz (Bautypen)
Mikroprothallium
- Agathis
Mikropterie
Mikropyle (Botanik)
- Blüte
- Pollen
- Samenanlage
- [M] Samenanlage
Mikropyle (Zoologie)
- Chorion
Mikrorassen
- [M] Rasse
Mikrorhabden
- Geodiidae
- Stellettidae
Mikroskop
- Cytologie
- [M] Hooke, R.
- Leeuwenhoek, A. van
- Malpighi, M.
- [M] Mikroorganismen
- Monochromat
Mikroskopie
mikroskopisch
mikroskopische Anatomie
- Anatomie
- [B] Biologie II
mikroskopische Präparationstechniken
Mikrosmaten
- Herrentiere
Mikrosolifluktion
- Kryoturbation
Mikrosomen
Mikrosphären
- Präzellen
Mikrosporangium
- [B] Bedecktsamer I

- [B] Nacktsamer
- Sporen
Mikrosporen
- Akkrustierung
- Bedecktsamer
- Blüte
- Mikrosporangium
- [B] Nacktsamer
- Samen
- Sporen
Mikrosporenmutterzellen
- Blüte
- Pollen
Mikrosporophyll
- [B] Bedecktsamer I
- Blüte
- Blütenbildung
- [B] Nacktsamer
mikrosporophyllat
- Andromonözie
Mikrosporophyllzapfen
- [B] Nacktsamer
Mikrothallus
Mikrothermen
Mikrotom
- [B] Biologie III
- Purkinje, J.E. von
- Ultramikrotom
Mikrotrabekularsystem
Mikrotuberkel
- □ Saugwürmer
Mikrotubuli
- Basalkörper
- [M] Calmodulin
- Centrosom
- Cytokinese
- Cytoplasma
- Farbwechsel
- Spindelapparat
- Zellskelett
Mikrotubuli-organisierendes Zentrum
- Mikrotubuli
- Spermien
  *Microtubule Organizing Center
Mikroveraschung
- Aschenanalyse
Mikroverkapselung
- Dextrine
Mikrovilli
- Actinin
- Cilien
- Darm
- Drüsen
- Epithel
- Mikrovillisaum
- [B] Netzhaut
- Stereocilien
- Zellskelett
Mikrovillisaum
- [M] Auge
- Darmepithel
- Darmzotten
- Geschmackssinneszellen
- Komplexauge
- [B] Niere
- Verdauung
- [B] Verdauung I
Mikrowellen
- Konservierung
Mikrozotten
- [B] chemische Sinne II
Milacidae
Milacinae
- Milacidae
Milane
- [B] Europa XVIII
Milax
Milazzium
- □ Pleistozän
Milben
- Akarizide
- □ Endosymbiose
Milbenhäuschen
- Domatien
Milbenkäfer
- Ameisenkäfer
Milbenkrätze

Milchsäure

Milbenschorf
- Milbenkrätze
Milbenseuche
- Varroamilbe
Milbensucht
- Kräuselkrankheit
Milch (bei Fischen)
- Fischzucht
Milch (bei Pflanzen)
Milch (bei Säugern)
- Fette
- □ Nahrungsmittel
- [M] pH-Wert
- □ Schwermetalle
- Silage
- Ultraschall
- Vergiftung
Milch (bei Tauben)
Milchbaum
- Brosimum
Milchbildung
- Lactation
Milchbrustgang
Milchdauerwaren
- [M] Milch (Milcharten)
Milchdrüsen
- Ernährung
- Hautdrüsen
- □ Hormone (Drüsen und Wirkungen)
- Korbzellen
Milchdrüsenpapille
- Zitze
Milcheinschuß
- Oxytocin
Milcheiweiß
- Milchproteine
Milchfett
Milchfische
Milchfütterung
- Galactosämie
Milchgänge
- Lactation
Milchgebiß
- Backenzähne
- Dauergebiß
- diphyodont
- Zahnformel
- Zahnwechsel
Milchglanz
Milchhaut
- Milchproteine
Milchkraut
- [B] Europa I
- Löwenzahn
Milchlattich
- Alpenpflanzen
- [B] Europa II
Milchleiste
- Axillardrüsen
- Euter
- Hautdrüsen
- Zitze
Milchleistung
- [M] Schafe
- Überzüchtung
Milchlinie
- Milchleiste
Milchmolaren
- Milchgebiß
Milchner
Milchpocken
- Alastrim
Milchprodukte
- Brucellosen
- Milch
Milchproteine
- Nahrungsmittel
Milchreife
Milchröhren
- Alkaloide
Milchsaft (Botanik)
- Alkaloide
- Gerbstoffe
- Harze
Milchsaft (Zoologie)
Milchsafthyphen
- Milchlinge
Milchsäure
- aufhellen

Milchsäurebakterien
- B Dissimilation II
- Ernährung
- M gemischte Säuregärung
- Hydroxycarbonsäuren
- Ketone
- Leichenstarre
- M Malo-Lactat-Gärung
- □ Miller-Experiment
- □ optische Aktivität
- Scheele, K.W.
- Vaginalflora
- ↗ Lactate

Milchsäurebakterien
- Acetoin
- Döderleinsche Scheidenbakterien
- Konservierung
- Säuerung

Milchsäure-Dehydrogenase ↗

Milchsäuregärung
- □ Bifidobacterium
- Gärung
- B Glykolyse
- Muskelkater
- M Sauerkraut

Milchsäurestich
- Malo-Lactat-Gärung

Milchschaf
- □ Schafe
- M Schafe

Milchschimmel
- Dipodascaceae

Milchschlange ↗

Milchschläuche
- Milchröhren

Milchstern
- Adventivpflanzen

Milchstreifen
- Milchleiste

Milchunverträglichkeit
- Milch

Milchverdauung
- Milchproteine

Milchvieh
- Umtrieb

Milchzähne ↗
- M Zähne

Milchzeit

Milchzisterne
- M Euter

Milchzucker ↗
- M Disaccharide
- Milchsäurebakterien ↗ Lactose

Milieu ↗

milieu intérieur
- Bernard, C.
- inneres Milieu

Milieutheorie

Miliola

militante Instinkte
- Ethik in der Biologie

Milium ↗

Millepora ↗

Milleporidae

Miller, Stanley Lloyd
- Abstammung - Realität
- Miller-Experiment

Miller-Apparatur
- □ Miller-Experiment

Miller-Experiment

Millericrinida
- □ Seelilien

millet ↗
- B Kulturpflanzen I

Milletia
- Rotenoide

Millimeter Quecksilbersäule
- □ Blutdruck
- M Druck

Millimeter Wasserhöhe
- Niederschlag

Millimeterwellen
- Mikrowellen

Millionärsschnecke

Millionenfisch ↗

Millotauropus
- Wenigfüßer

Millssche Tabelle
- □ Kernobstschorf

Milne-Edwards, H.
- Edwardsia
- Edwardsia-Stadium
- Milnesium

Milnesium

Milstein, C.

Milu ↗

Milvus ↗

Milz
- Bindegewebe
- blutbildende Organe
- Gitterfasern
- Trabekeln
- □ Virusinfektion (Wege)

Milzbrand
- M bakteriologische Kampfstoffe
- M Exotoxine
- Heilserum
- M Inkubationszeit

Milzbrandbacillus ↗

Milzbranderreger
- Koch, R.

Milzfarn

Milzkraut

Mimagoniatites
- Ammonoidea

Mimanomma
- M Ameisengäste

Mimas ↗

Mimese
- Blütenspinnen
- Gespenstschrecken
- Heuschrecken
- Krabbenspinnen
- Ritterfalter
- Stauromedusae
- Tarnung

Mimetidae ↗

mimetische Vorbilder
- Danaidae

Mimidae ↗

Mimik
- Drohverhalten
- Verhaltenshomologie
- Warnsignal

Mimikry
- Abwehr
- Analogie - Erkenntnisquelle
- B Biologie II
- Ero
- Gestalt
- Lebensformtypus
- B Schmetterlinge
- Wespenböcke

Mimikry-Ring
- Müllersche Mimikry

Mimikry-System
- Mimikry

mimische Muskulatur
- Kopf
- Mimik

Mimosa ↗

Mimosaceae ↗

Mimose
- B Australien IV
- Beltsche Körperchen
- Bewegung
- □ Seismonastie
- Traumatonastie
- Variationsbewegungen

Mimosoideae ↗

Mimulus ↗

Mimus ↗

Mimusops
- Balata
- M Eisenholz
- Makoré
- Sapotaceae

Minamata-Krankheit

Minchinellidae

Mindel-Eiszeit
- Elsterkaltzeit
- □ Pleistozän

Mindel-Riß-Interglazial

Mindel/Rißwarmzeit
- Mindel-Riß-Interglazial
- □ Pleistozän

Minderwuchs
- Bonsai
- Chondrodystrophie
- Hyposomie
- Zwergwuchs

Mindorobüffel

Minen
- Minierfliegen

Mineralboden

Mineralbodenwasserzeiger
- Moor

Mineraldünger ↗

Minerale
- B Erdgeschichte
- Mineralien

Mineralhaushalt ↗

Mineralhefe
- Eiweißhefe

Mineralien
- Demineralisation

Mineralisation
- Abbau
- Bodenentwicklung
- celluloseabbauende Mikroorganismen
- C/N-Verhältnis
- Desulfuration
- Mikroorganismen
- M Nährstoffhaushalt
- □ Saprobiensystem
- Saprobionten
- □ Schwefelkreislauf
- Selbstreinigung
- B Stickstoffkreislauf
- Streuabbau

Mineralisierung
- Mineralisation

Mineralocorticoide
- □ Hormone (Drüsen und Wirkungen)
- Nebenniere
- Pregnan
- M Steroidhormone
- Streß

Mineralöl
- M Bodenentwicklung
- M Erdöl
- Öle

Mineralölprodukte
- Ölpest

Mineralosteroide
- Mineralocorticoide

Mineralquellen
- Kohlendioxid
- Mineralstoffe
- Quelle

Mineralsalze ↗
- Gemüse

Mineralstoffbilanz
- Nährstoffbilanz

Mineralstoffe
- Nährsalze
- Nahrungsmittel
- Nahrungsstoffe

Mineralstofftheorie
- Mineraltheorie

Mineraltheorie
- Saussure, N.Th.

minerotroph
- Moor

Miniaturbäume
- Bonsai

Miniatur-Endplattenpotentiale
- Synapsen

Minierer

Minierfliegen
- Minen

Minierfraß
- Minen

Miniermotten ↗

Miniersackmotten

minimale Hemmstoffkonzentration
- Antibiotika
- Reihenverdünnungstest

Minimalkonsens
- Ethik in der Biologie

Minimalmedium ↗
- Genwirkketten
- B Genwirkketten I
- Mangelmutante

Minimumfaktor
- Minimumgesetz

Minimumgesetz
- Toleranz

Minimum separabile
- □ Komplexauge (Aufbau/Leistung)

Miniopterus
- Langflügelfledermaus

Mink ↗
- Verwilderung

Minocyclin
- Tetracycline

Minois ↗

Minorka-Huhn
- B Haushuhn-Rassen

Mintai

Minuart, J.
- Minuartia

Minuartia

Minuspol
- □ Tropismus

Minus-Strang-RNA
- RNA-Replikase
- RNA-Viren

Minuta-Form

Minute-Technik

Minutenvolumen ↗

Minyas ↗

minzartiger Geruch
- M chemische Sinne

Minze
- B Kulturpflanzen VIII

Miombowald
- Wald

Miosis
- Iris

Miozän
- Neogen
- B Pferde, Evolution der Pferde II

Mirabelle ↗

Mirabilis ↗

Miracidium
- M Fasciolosis
- Redie
- □ Saugwürmer
- M Schistosomatidae

miracle fruit
- Miraculin

Miraculin

Miramella ↗

Miridae ↗

Mirikina ↗

Mirobalanenbaum
- Wolfsmilchgewächse

Mirounga ↗

Mischelemente
- Isotope

Mischerbigkeit ↗
- Bastard

Mischfarben
- additive Farbmischung
- Farbwechsel

mischfunktionelle Oxygenasen ↗
- Hydroxylasen

Mischfuttermittel
- Fischmehl

Mischgeschwulst
- Teratom

Mischinfektion

Mischkultur (Botanik) ↗

Mischkultur (Medizin) ↗

Mischkultur (Zoologie) ↗
- Bodenschädlinge
- Syntrophismus

Mischlicht
- B Farbensehen

Mischling

Mischococcales

Mischococcus
- Mischococcales

Mischungsverhältnis
- Feuchtigkeit

Mittelzellen

Mischwald
- B Vegetationszonen

Mischwasser
- Abwasser

Mischzellen
- Antirrhinumtyp

Misgurnus ↗

mismatches
- Genkonversion

Miso
- Aspergillus
- M Milchsäurebakterien
- Pediococcus
- M Saccharomyces

Misodendraceae
- M Sandelholzartige

Mispel
- B Kulturpflanzen VII
- Weißdorn

Mißbildung ↗
- angeboren
- TCDD
- ↗ Fehlbildung

Missenboden
- Stagnogley

Missense-Mutation

Missense-Suppressor
- Suppressor-Gene

missing links
- Lückenhaftigkeit der Fossil-
  überlieferung
- Saltation

Mississippi
- M Delta
- M Nordamerika

Mississippi-Alligator
- Alligatoren
- Nordamerika
- B Nordamerika IV

Mississippian
- M Karbon

Mist ↗
- Waldsterben

Mistbeet
- Saatbeet

Mistbiene
- Schwebfliegen

Mistborstlinge
- Cheilymenia

Mistel
- B Europa XII
- Hemiparasiten
- Kork
- B Parasitismus I
- M Rasse
- Rindenwurzeln

Misteldrossel
- Drosseln
- B Vogeleier I

Mistelgewächse
- Calyculus

Mistfliegen ↗

Mistkäfer
- Blatthornkäfer
- B Insekten III
- B Käfer II
- koprophil
- □ Phoresie

Mistkompost
- Stallmist

Mistpilzartige Pilze

Mistpilze
- Mistpilzartige Pilze

Mistwurm ↗

Misumena ↗
- M Blütenspinnen

Misumenops
- Krabbenspinnen

Mitchell, P.D.
- B Biochemie

Mitchell-Hypothese
- Mitchell, P.D.
- Photosynthese

Mitesser
- Talgdrüsen

Mitgard-Schlange
- Angst - Philosophische
  Reflexionen

MIT-Modell
- Club of Rome

Mitnahmebereich
- Chronobiologie

Mitobates
- M Laniatores

mitochondriale DNA ↗
- Chondrom
- □ Desoxyribonucleinsäuren
  (Größen)

*mitochondrialer Kopplungs-
faktor*

mitochondriale RNA

Mitochondrien
- Adenylattranslokator
- Aminoacyl-t-RNA-Syn-
  thetasen
- B Biochemie
- B Biologie II
- biologische Oszillationen
- Cytoplasma
- cytoplasmatische Verer-
  bung
- M differentielle Zentri-
  fugation
- Eukaryoten
- □ fraktionierte Zentrifugation
- Gen
- □ Gluconeogenese
- □ Kompartimentierung
- M Leitenzyme
- Nebenkern
- M Progenot
- □ Ribosomen (Struktur)
- transfer-RNA
- Translation
- □ Zelle (Schema)

Mitochondrienmembran
- Adenosintriphosphatasen
- Atmungskette
- Membran
- Membrantransport
- Mitochondrien
- □ Mitochondrien (Aufbau)

Mitochondriom ↗

Mitogameten

Mitogene

Mitomycin C
- alkylierende Substanzen

Mitomycine

Mitoplasma
- Kompartimentierungs-
  regel

Mitopus ↗

Mitoribosomen
- □ Ribosomen (Struktur)

Mitose
- Actomyosin
- Amitose
- B Biologie II
- Bütschli, O.
- Centromer
- Centromerautoorientierung
- M Chronobiologie
  (Phasenkarte)
- C-Mitose
- Flemming, W.
- Gametogenese
- Kongression
- Leben
- Mesostoma
- Mitogene
- Zellkern

Mitosegifte
- Chelidonin
- Herbstzeitlose
- ↗ Spindelgifte

Mitosehemmstoffe
- Mitosegifte

Mitoseindex

Mitosekern

Mitosezyklus ↗

Mitosporangien
- Sporen

Mitosporen
- Nebenfruchtformen
- Sporen

Mitostoma
- Fadenkanker

Mitra ↗

Mitragyna
- □ Holz (Nutzhölzer)

Mitralklappe ↗

Mitraria

Mitrarialarve
- Mitraria

Mitrastemon ↗

Mitrata
- Calcichordata

Mitrocystites
- Calcichordata

Mitrophora ↗

Mitrula

Mitscherlich, Eilhard Alfred
- Mitscherlich-Gesetz

Mitscherlich-Gesetz

Mitschurin, I.W.

Mitsukuri, Kakichi
- Mitsukurinidae

Mitsukurina
- Nasenhaie

Mitsukurinidae ↗

Mittagsblume ↗
- B Afrika VI

Mittagsblumengewächse
- Kakteengewächse

Mitteilungsfunktion
- Ausdrucksverhalten

Mittelachsentiere ↗

Mittelamerika
- □ Desertifikation (Ausmaß)
- Südamerika
- B Vegetationszonen

mittelamerikanische Land-
brücke
- Brückentheorie
- Neotropis
- Südamerika
- tropisches Reich

Mittelauge ↗

Mittelbrust
- Mesothorax

Mitteldarm
- □ Insekten (Darm-/Genital-
  system)
- B Verdauung II

Mitteldarmdach
- Typhlosolis

Mitteldarmdrüse
- Darm
- □ Decapoda
- Gliederfüßer
- B Gliederfüßer I
- Leber
- Magen
- □ Muscheln
- □ Schnecken
- Schwermetallresistenz
- Verdauung
- B Verdauung I
- B Verdauung II
- B Verdauung III
- B Weichtiere

Mitteldevon
- M Devon
- B Erdgeschichte

*Mitteleuropäische Grund-
sukzession*

Mittelfuß ↗
- M Fuß (Abschnitte)

Mittelfußknochen
- M Fuß (Abschnitte)
- Keilbein
- M Paarhufer
- M Skelett
- M Unpaarhufer

Mittelgebirge
- boreoalpin

Mittelgebirgsstufe

Mittelhand ↗
- B Homologie und Funktions-
  wechsel

Mittelhandknochen
- □ Gelenk
- M Hand (Skelett)
- M Paarhufer
- B Skelett
- M Unpaarhufer

Mittelhirn
- Hirnstamm
- verlängertes Mark

- B Wirbeltiere I

Mittelhirndach
- Tectum

Mittelkambrium
- B Erdgeschichte
- M Kambrium

Mittelkatzen

Mittelkiefer

Mittelkörper ↗

Mittelkrebse ↗

Mittellamelle
- Cytokinese
- Interzellularen
- B Photosynthese I
- Primordialwand
- Zellwand
- B Zellwand

Mittelmeer
- Mediterranregion
- M Meer
- Mittelmeerfauna

Mittelmeeranämie
- Thalassämie

Mittelmeere
- Meer

Mittelmeerfauna
- tiergeographische Regionen

Mittelmeerfieber
- Theileriosen

Mittelmeerflora
- Mediterranregion
- □ Tertiär

Mittelmeer-Fruchtfliege ↗

Mittelmeerklima
- M Klima (Klimatische
  Bereiche)
- Mediterranregion
- Subtropen

Mittelmeermakrele
- B Fische VI
- Makrelen

Mittelmeermuräne
- B Fische VII
- Muränen

Mittelmeerregion ↗

Mittelmeersandschnecke

Mittelmeertrüffel

Mittelohr
- Angulare
- Articulare
- Branchialskelett
- □ Ohr
- Rekapitulation

Mittelohrentzündung
- Eustachi-Röhre
- Streptococcus

Mittelordovizium
- B Erdgeschichte
- M Ordovizium

mittelozeanischer Rücken
- Tiefseefauna

Mittelplatte

mittelrepetitive Sequenzen
- □ Desoxyribonucleinsäuren
  (Parameter)

Mittelrippe
- Blatt

Mittelsäger
- Säger

Mittelschatten
- M Eulenfalter

Mittelschnecken
- Apfelschnecken
- Brunnenschnecken

mittelschwedische Pforte
- Ancylussee

Mittelsegment

Mittelsproß
- M Geweih

Mittelstaedt, H.
- Holst, E. von

Mittelsteinzeit

Mittelwald
- Ersatzgesellschaft
- B Wald

Mittelwaldwirtschaft
- M Mittelwald

Mittelzellen
- Diskoidalzellen

271

Mittenia

Mittenia
- Mitteniaceae

Mitteniaceae

mittlerer Jura
- brauner Jura
- Dogger
- Jura

mittleres Keimblatt ↗
Mittlere Wärmezeit
- Atlantikum

Mixed Pickles
- [M] Säuerung

Mixia
Mixocoel ↗
- Bärtierchen
- Coelom
- Deutometamerie
- Enterocoeltheorie
- [B] Gliederfüßer I
- Gliedertiere
- Herz

Mixonephridien
- Ovidukt

Mixophyes
Mixoploidie
Mixopterygium
Mixosaurus
- Ichthyosaurier
- □ Trias

mixosporophyllat
- Andromonözie
- subandrözisch

Mixotricha
mixotroph
- Heterotrophie
- Mixotrophie

Mixotrophie
- [M] Chemolithotrophie

Mixtopagurus
- Einsiedlerkrebse

Miyagawa, Yoneji
- Miyagawanella

Miyagawanella ↗
MKS
- Maul- und Klauenseuche

M-Linie
M-Linien-Protein
- Muskelproteine

MLO
- Hexenbesen
- Mycoplasmen

M13-Methode
- Sequenzierung

mmHg
- [M] Druck

MMTV
- Maus-Mammatumor-Virus
- □ RNA-Tumorviren (Auswahl)

Mn ↗
MN-Blutgruppensystem
- MN-System

Mnemiopsis ↗
- [M] Lobata

Mniaceae
Mniobia
- [M] Rädertiere

Mnioloma ↗
Mnium ↗
Mniumtyp
- Spaltöffnungen

MNS
- Blutgruppen
- □ Menschenrassen

MN-System
Mo ↗
Moas
- Neuseeländische Subregion

mobbing
- Hassen

mobile Phase
- Chromatographie

Mobilia
Mobilität
- Motilität
- Tierwanderungen

Möbius, K.A.
- [B] Biologie I

- [B] Biologie II

Mobulidae ↗
Mochlonyx
- Stechmücken

Mochocidae ↗
modale Bewegung
- Ethologie
- Instinkt

modaler Bewegungsablauf
Modalität
- Sinne
- Sinnesqualitäten

Modell
- Analogie - Erkenntnisquelle
- Elektronenmikroskop
- [B] Nervensystem I
- Populationswachstum

Modellernen
- Kultur

Modellmembran
- Liposomen

Modelltheorie
- Systemtheorie

Moder ↗
- Auflagehorizont
- [B] Bodentypen
- Humus

Moderbuchenwälder ↗
Modereulen
- [M] Eulen
- Moderholz

Moderfäule
Moderholz
Moderkäfer
- [B] Käfer I

Moderlieschen
- [B] Fische XI

Modermilben
Moderpflanzen ↗
modifier
- Lactalbumin

Modifikation
- Baldwin-Effekt
- Geschlechtsbestimmung
- Morphosen
- Naegeli, C.W. von
- Ökomorphose
- Phän
- Variabilität
- Variation

Modifikationsbreite
- Modifikation

Modifikationsenzyme
Modifikationsfaktoren
- Modifikation

Modifikationsgene
Modifikatoren ↗
- bisexuelle Potenz
- Modifikation
- Modifikationsgene

modifizierte Basen
- Purinbasen

Modiolus ↗
Modjokerto (Java)
- [B] Paläanthropologie

Modulation
Modulidae ↗
modulieren
- Modulation

Modulus
- Modulidae

Modus ponens
- Deduktion und Induktion

Modus tollens
- Deduktion und Induktion

Moehring, Paul Heinrich Gerhard
- Moehringia

Moehringia ↗
Moenkhausia ↗
Moeripithecus
Moeritherium
- Mastodonten
- □ Rüsseltiere

Mogeotia
- Phytochrom-System

MoH
- methanbildende Bakterien

Mohair
- Wolle

Mohave Desert
- arid
- Nordamerika

Mohl, H. von
- [M] Protoplasma

Mohn
- Ackerbau
- Ackerunkräuter
- [B] Alpenpflanzen
- [B] Früchte
- □ Fruchtformen
- [B] Kulturpflanzen X
- Milchsaft
- Ölpflanzen
- [B] Polarregion II
- [B] Unkräuter
- ↗ Papaver

Mohn, H.
- □ Meeresbiologie (Expeditionen)

Mohnalkaloide
- □ Alkaloide
- Benzylisochinolinalkaloide

Mohnartige
Mohnbiene ↗
Mohngewächse
- Alkaloide
- Milchröhren

Mohnöl
- Mohn

Moholi ↗
Möhre
- [B] Blatt III
- [M] Geophyten
- □ Gibberelline
- □ Nahrungsmittel
- [B] Regeneration
- Rüben
- □ Rüben

Möhren-Bitterkrautgesellschaft ↗
Möhrenblattfloh
- Psyllina

Mohrenfalter
Mohrenfliege ↗
Mohrenhirse
- [B] Kulturpflanzen I
- [M] Tausendkorngewicht

Mohrenkaimane ↗
- Südamerika

Mohrenkopf
- [M] Reizker

Mohrenmaki
- [B] Afrika VIII
- [M] Lemuren

Möhrensheckungsvirus
- [M] Togaviren

Mohria
- Schizaeaceae

Mohrrübe
- [B] Kulturpflanzen IV
- ↗ Möhre

Mohssche Härteskala
- Dentin
- Zahnschmelz

Moina
- □ Spermien
- [M] Wasserflöhe

Mokassinschlangen ↗
- [B] Nordamerika IV
- [B] Reptilien III

Moko
Mol
Mola ↗
Molalität ↗
molare Aktivität
- Enzyme

Molaren
- Zahnformel

Molarisierung
- Unpaarhufer

Molarität ↗
Molassen
- Perm

Molche
- [M] Holarktis
- [B] Induktion

- □ Lebensdauer
- □ Lunge (Oberfläche)
- Prolactin
- Schwanzlurche

molecular engineering ↗
Molekülaggregate
- Aggregation
- [B] chemische und präbiologische Evolution

Molekularbiologie
molekulardispers
- Dispersion

molekulare Ähnlichkeit
- Ähnlichkeitskoeffizient
- Purpurbakterien
- S_{AB}-Wert

molekulare Genetik
- biochemische Genetik

molekulare Hybridisierung
- Gentechnologie
- Hybridisierung

molekulare Maskierung
- [M] Evasion

molekulare Mimikry
- [M] Evasion
- molekulare Maskierung

molekularer Stammbaum
- Archaebakterien
- [M] Archaebakterien
- □ Purpurbakterien

molekulare Taxonomie
- Archaebakterien
- ↗ Taxonomie

Molekulargenetik
- Abstammung - Realität
- molekulare Genetik

Molekulargewicht ↗
- Svedberg, Th.

Molekularmasse
- Molekülmasse

Molekularschicht
- Kleinhirn

Moleküle
- anthropisches Prinzip
- Chemie
- [M] Mikroorganismen

Molekülkolloide
- kolloid

Molekülmasse
Molekülmodelle
Molekülverbindungen
Molgula
- Seescheiden

Molidae ↗
Molinia ↗
Molinietalia
- Herbstzeitlose

Molinio-Arrhenatheretea
- Wiese

Molinion coeruleae ↗
Molisch, H.
- Eisenbakterien

Molke
- [M] Einzellerprotein

Molkenboden
- Stagnogley

Molkenpodsol
- Stagnogley

Molkenproteine
- Milchproteine
- Molke

Moll, A.
- Sexualität - anthropologisch

Mollicutes
Mollien, François Nicolas Comte
- Mollienisia

Mollienisia ↗
Mollison, Th.
Mollusca
- Archicoelomatentheorie
- Enterocoeltheorie
- □ Tiere (Tierreichstämme)
- ↗ Weichtiere

Molluscoidea
Molluscum contagiosum-Virus
- □ Pockenviren

Mollusken ↗
- [M] Anaerobier

monoklonale Antikörper

- ↗ Mollusca
- ↗ Weichtiere

Mollusken-cardioexcitatorisches Peptid
- □ Neuropeptide

Molluskengeld
Molluskizide
Molly
Moloch
Moloney Sarcoma Virus
- □ Onkogene

Molops
- Laufkäfer

Molorchus
- M Blütenböcke
- Bockkäfer
- Wespenböcke

Molossidae
- Bulldoggfledermäuse
- M Fledermäuse

Molothrus ↗
Molpadiida
Molpadiidae
- Molpadiida

Molpadonia
- M Seewalzen

Moltbeere ↗
Moltebeere
- B Europa VIII
- Rubus

Molukkenkrebs
- □ Reiz und Erregung

Molva ↗
Molybdän
- Eisenstoffwechsel
- Scheele, K.W.
- ↗ Molybdat

Molybdän-Eisen-Schwefel-Protein
- Nitrogenase

Molybdänenzyme
- Molybdän

Molybdat
- Nährsalze

Molybdoferredoxin
- nif-Operon
- Nitrogenase

Mombinpflaume
Moment
- Stratigraphie

Momilactone
- Phytoalexine

Momordica
- M Ölblumen

Momotidae ↗
Momotus
- M Sägeracken

Momphidae ↗
monacanthin
Monacanthus ↗
Monacha ↗
Monachinae ↗
Monachus
- Mönchsrobben

Monaco, Albert X. von
- M Meeresbiologie (Expeditionen)

Monaden
- Pollen

monadoide Organisationsstufe
- Algen

Monantennata
- Tracheata

Monarch
- B Insekten IV

monarch
- Wurzel

Monarchfalter
- Monarch

Monard, A.
- Monardsches Prinzip

Monarda ↗
Monardes, Nicolás
- Monarda

Monardsches Prinzip ↗
Monas ↗
Monascidien
Monaster
Monatsblutung
- Menstruation

Monatszyklus ↗
Monaxonida ↗
Mönche
Mönchsgeier ↗
Mönchsgrasmücke
- Grasmücken
- M Kuckucke
- B Vögel I

Mönchskopf
- M Trichterlinge

Mönchskraut
Mönchspfeffer
- Eisenkrautgewächse

Mönchsrobben
Mönchssittiche
- Papageien

Mond
- Präkambrium
- ↗ Lunarperiodizität
- ↗ Mondphase

Mondaugen ↗
Mondbechermoos ↗
Mondbein
Möndchen
- Fingernagel

Mondfäule
Mondfisch ↗
Mondfische
- M depressiform
- B Fische IV

Mondfleck
Mondhornkäfer ↗
- Pillendreher

Mondmuscheln
Mondphase
- Austern
- Lunarperiodizität
- Schlaf

Mondraute
- B Farnpflanzen I
- Sproßachse

Mondringholz
- Mondfäule

Mondsame
- Menispermaceae

Mondsamengewächse ↗
Mondschnecken ↗
Mondspinner ↗
- B Insekten IV

Mondviole ↗
Mondvogel ↗
- M Zahnspinner

Monellin
Monensin
- Antibiotika

Monera ↗
- Reich

Monetaria ↗
- Geldschnecke

Mongoleigazelle
- Ziegengazellen

Mongolenfalte
- Lid

Mongolenfleck
Mongolide
- Epikanthus
- Homo sapiens fossilis
- Khoisanide
- Mongolenfleck
- Paläanthropologie
- Tungide

Mongolisches Refugium
Mongolisches Zentrum
- Europa

Mongolismus ↗
mongoloid ↗
Mongolotherium
- Dinocerata

Mongozmaki ↗
Monhystera
Monhysterida
- Monhystera

Monhysteroidea
- Monhystera

Moniez, Romain-Louis
- Moniezia

Moniezia
Monilia
- Hexenring

- B Pflanzenkrankheiten II
Moniliaceae
- Moniliales

Moniliafäule
- Monilia

Moniliakrankheit ↗
Moniliales
- Fungi imperfecti

Moniliasis
- Monilia

Monilifer
- Germanonautilus

Moniliformis ↗
Moniligastridae
- M Oligochaeta
- M Opisthopora

Monilinia ↗
Monimiaceae
Monimolimnion
Monismus
- Bewußtsein
- Biologismus
- Ostwald, W.

Monistenbund
- Haeckel, E.

monistische Philosophie
- Biologismus
- Monismus

Moniz, A.
Monoacylglyceride
- amphipathisch

monoadelphisch
- Adelphien

Monoamine
- Neurotransmitter

Monoamin-Oxidasen
- Harmin
- M Leitenzyme
- □ Synapsen

Monoamino-Oxidasen
- Monoamin-Oxidasen
- M Oxidoreduktasen

monobasal
- Quastenflosser

Monobathrida
- □ Seelilien

Monoblepharidales
Monoblepharis
- Monoblepharidales

monobrachial ↗
Monobryozoon
Monocarbonsäuren
- homologe Reihe

Monocelididae
Monocentridae ↗
Monochamus ↗
- Kokospalmenälchen

Monochasium
- Verzweigung

Monocheta
- □ Doppelfüßer

Monochlamydeae
- Choripetalae
- Dialypetalae

Monochlordimethyläther
- M Krebs (Krebserzeuger)

Monochoria
- Pontederiaceae

Monochromasie
Monochromat
monochromatisch
- Elektronenmikroskop
- B Farbensehen der Honigbiene

Monocirrhus ↗
Monoclonius
- M Ceratopsia

Monocondylia
- □ Insekten (Stammbaum)

Monocotyledones
- Ray, J.
- ↗ Monokotyledonae
- ↗ Monokotylen

Monocotylidea
- M Monogenea

Monocyathus
- Archaeocyathiden

monocyclisch
- Seelilien

monocyclische Verbindungen
Monocystidae
Monocyten
- Agranulocyten
- Entzündung
- M Leukocyten
- Makrophagen

Monocytenangina
- Mononucleose

monocytogene Fortpflanzung
Monod, J.L.
- Abstammung - Realität
- B Biochemie
- Determination
- M Enzyme
- Evolution
- Genregulation
- Jacob-Monod-Modell
- M Lactose-Operon

Monodactylus ↗
Monodaktylie
- Unpaarhufer

Monodella
- Thermosbaenacea

monodelph
- Fadenwürmer

Monodelphia
- Eutheria

Monodelphis ↗
Monodesmoside
- Saponine

monodispers
- Dispersion

Monodonta
Monodontidae ↗
Monodora
- Annonaceae

monoenergide Zelle
monofunktionelle Alkylantien
- M Cytostatika

Monogamie
- Duettgesang
- Sexualdimorphismus
- ↗ Einehe

Monogenea
- Gyrodactylus
- Neodermata
- M Neodermis
- Saugwürmer
- □ Saugwürmer

monogenes Merkmal
Monogenie
monogenisch
- Phän

Monogermsamen
Monoglazialismus
- Pleistozän

Monoglyceride
- Acylglycerine
- Stoffwechsel

Monogonie ↗
Monogononta
Monograptidae
- Monograptiden

Monograptiden
Monograptus
- Devon
- introvert

Monogynie ↗
- Rote Waldameisen

Monohamus
- Monochamus

Monohaploidie
monohybrid
- Bastard

Monohybride
- monohybrid

Monohydroxybernsteinsäure
- Apfelsäure

Monoimine
- Monoamin-Oxidasen

monokarpisch
- polykarpisch

Monokarpium
monoklin
monoklonale Antikörper
- Immuntoxin

273

monoklonale Entstehung

- Köhler, G.J.F.
- Krebs
- ☐ Lymphocyten
- Milstein, C.

monoklonale Entstehung
- Krebs

Monokokken
- Kokken

monokondyles Gelenk

Monokotyledonae
- Einkeimblättrige Pflanzen
- Ray, J.

Monokotyledonen ↗

Monokotylen
- Bedecktsamer
- Einkeimblättrige Pflanzen
- Heterokotylie

Monokotylen-Typ
- sekundäres Dickenwachstum
- ☐ sekundäres Dickenwachstum

monokulares Sehen
- Blickfeld
- Gesichtsfeld

Monokultur
- Bodenorganismen
- Bodenschädlinge
- Forstgesellschaften
- [M] Forstpflanzen
- natürliche Vegetation
- Reinkultur

Monolayer

Monole
- ☐ Alkohole

Monomastigales
- Monomastix

Monomastix

monomer
- Festphasensynthese
- Monomere

Monomere
- Oligomere

monomerer Fruchtknoten

Monomethylglykokoll
- Sarkosin

monomiktisch

Monomorium ↗

monomorph
- Polymorphismus
- Sexualdimorphismus

Monomorphie
- Monomorphismus

Monomorphismus

Monomyaria

Mononchida
- Mononchus

Mononchina
- Mononchus

Mononchus

Mononecta

mononematische Scolopidien
- Scolopidium

Mononucleose
- Angina
- Hepatitis
- Monocyten

Mononucleotide
- [M] Gensynthese
- Homopolynucleotide
- Nucleotidasen
- [M] organisch
- Stoffwechsel

Mononychus
- Rüsselkäfer

Monoopisthocotylea

Monooxygenasen
- Hydrolasen
- paraffinabbauende Bakterien

monopectinat
- Mittelschnecken
- Neuschnecken

Monopeltis ↗
- Doppelschleichen

monophag

Monophaga
- Ernährung
- Nahrungsspezialisten

Monophagie
- monophag

Monophlebidae ↗

monophyletisch
- Systematik
- Zufallsfixierung

Monophyllaea ↗

Monophyllites

Monophylum
- Klassifikation
- monophyletisch

monophyodont

Monophyodontismus
- Zahnwechsel

Monoplacophora
- Cambridium
- Nervensystem

Monoploïdie

monopodiale Blütenstände
- racemöse Blütenstände

monopodiales Wachstum
- ☐ Rhizome
- Verzweigung

Monopodium
- Baum
- Monochasium

monoprionidisch

Monopylea

Monoraphidineae
- [M] Pennales

Monoraphis
- Tiefseefauna

Monorchos
- [M] Sabellariidae

Monorhina
- Ostracodermata

Monosaccharide
- Amylasen
- Glykoside
- [B] Kohlenhydrate I
- Kohlenhydratstoffwechsel
- [M] organisch
- Stoffwechsel
- Verdauung

Monosaulax
- Steneofiber

Monoselenium ↗

Monosiga
- Kragenflagellaten

Monosomie ↗

Monospermie

Monospondylie
- Wirbel

monostemon ↗

Monostilifera

Monostome
- ☐ Digenea

Monostroma
- Meereswirtschaft
- Monostromataceae

Monostromataceae

Monosymbiosen
- Polysymbiosen

monosymmetrische Blüte ↗

monosynaptischer Reflex
- Kniesehnenreflex
- Reflex

Monoterpene
- ☐ Isoprenoide (Biosynthese)
- ☐ Terpene (Verteilung)

monothalam

Monotheca ↗

Monotocardia

monoton
- [M] Plankton (Zusammensetzung)

Monotop
- Ökotop

Monotoplana
- Monotoplanidae

Monotoplanidae

Monotremata ↗
- [M] Holarktis
- ☐ Wirbeltiere
- ↗ Kloakentiere

monotrich ↗

Monotropa ↗

Monotrysia ↗

Monotylota
- [M] Embioptera

monotypisch
- [M] Gattung

- Rasse

monovoltin

monoxen
- monophag

monoxene Züchtung
- ☐ Rhabditida

monozentrische Chromosomen
- Chromosomen

Monözie
- Algen
- Bestäubung
- Zwittrigkeit

monözisch
- ☐ botanische Zeichen
- Monözie

Monozön
- Ökosystem

Monson, Lady Anne
- Monsonia

Monsonia ↗

Monstera ↗
- Haare

Monstrilloidea
- Copepoda

Monsunklima
- [M] Klima (Klimatische Bereiche)
- Subtropen
- Tropen

Monsunwald
- Afrika
- Asien
- Australien
- Wald

Montacuta

Montacutidae
- Entovalva
- Montacuta
- Mysella

montan ↗

montane Tiere
- Gebirgstiere

Montansäure
- Montanwachs
- Wachse

Montanwachs
- Cerotinsäure

Montezumas Rache
- [M] Exotoxine

Montgomery-Krankheit
- Schweinepest

Monti, Giuseppe
- Montia
- Montio-Cardaminetea

Montia ↗

Monticola ↗

Monticuli

Montifringilla ↗

Montio-Cardaminetalia
- Montio-Cardaminetea

Montio-Cardaminetea

Montium
- Paleozän

Montmaurin
- [B] Paläanthropologie

Montmorillonit
- Tonminerale
- Vertisol

Montrichardia ↗

Moor
- Aussterben
- [B] Bodenzonen Europas
- Feuchtgebiete
- Moorkultur
- Mumie
- Naturschutz
- Sumpf
- [B] Vegetationszonen
- Wasserkreislauf

Moor, H.
- Gefrierätztechnik

Moorantilopen ↗

Moorbeere ↗
- [B] Europa VIII

Moorbinse

Moorbirke
- Ledo-Pinion

Moorböden
- Bodenbrand

- [M] Humus
- thermophile Bakterien

Moorbrandkultur

Moorbrandwirtschaft
- Moorbrandkultur

Moordeckkultur

Moore, R.T.
- [B] Biologie II

Moore, S.

Mooreiche

Mooreidechse ↗

Moorente
- Tauchenten

Moorfrosch ↗

Moorgelbling ↗

Moorglöckchen ↗

Moorglockenheide
- [B] Europa VIII
- Glockenheide

Moorkarpfen ↗

Moorkiefer
- ☐ Kiefer (Pflanze)

Moorkultur

Moorochse
- Rohrdommeln

Moorpflanze
- ☐ botanische Zeichen

Moorsee
- Kolk

Moortönnchen ↗

Moorwälder ↗

Moorweiden-Gebüsche ↗

Moor-Wollgras
- [B] Europa VIII
- Wollgras

Moosbeere
- ☐ Bodenzeiger
- [B] Europa VIII

Moosblasenschnecke
- Aplexa

Moosblüten
- Laubmoose
- Moose

Moose
- Archegoniaten
- [B] Bryologie
- Höhengrenze
- Kormophyten
- Landpflanzen
- Moor
- Pflanzen
- [B] Pflanzen, Stammbaum
- ☐ Rote Liste
- Spaltöffnungen
- ☐ Terpene (Verteilung)

Moosfarn
- Heterosporie
- Moosfarngewächse

Moosfarnartige
- Protolepidodendrales

Moosfarngewächse
- [B] Europa IV

Mooshäubchen
- Häublinge

Moosjungfern ↗

Mooskapsel
- Hypophyse
- Sporenkapsel

Mooskunde
- Bryologie

Moosmilben
- Ameisenkäfer

Moosmücken

Moosphlox
- [B] Nordamerika IV

Moosrose ↗

Moosschicht
- Wald

Moosschraube ↗

Moosskorpione ↗

Moosstärke ↗

Moostierchen
- Bryozoenkalk
- Caularien
- Fenestella
- Korallen
- [B] Larven II
- ↗ Bryozoa

Mopalia
Mopaliidae
– Katharina
– Mopalia
– Placiphorella
Mops
– □ Hunde (Hunderassen)
– B Hunderassen IV
Mopsfledermaus
Mopskopffrosch
– M Engmaulfrösche
Mopsköpfigkeit
– Haustierwerdung
Mora ↗
Moraceae ↗
– Ehrlichia
Moral
– Bioethik
– Ethik in der Biologie
– Freiheit und freier Wille
– Huxley, A.F.
Moränen
– M Sedimente
Morax, Victor
– Moraxella
Moraxella
Morbidität
Morbilli
– Masern
Morbillivirus ↗
Morbus Crohn
– Streß
Morbus Cushing
– Cushing-Syndrom
Morbus haemolyticus neonatorum
– Rhesusfaktor
Morbus Wilson
– Speicherkrankheiten
Morchelartige Pilze
– Morcheln
Morchelbecherling
– M Morcheln
Morchella
– Morcheln
Morchellaceae ↗
Morchellales
– Morcheln
Morcheln
– Lorchelpilze
– B Pilze I
Mordellidae ↗
Mordellistena
– Stachelkäfer
Mörderbiene
Mördermuschel ↗
Mörderwal ↗
– B Polarregion III
Mordfliegen ↗
– M Raubfliegen
Mordraupen
Mordschwamm ↗
– M Reizker
Mordwanze ↗
– M Raubwanzen
Mordwespen
– Grabwespen
Morelia ↗
Morgagni, G.B.
– Pathologie
Morgan, Harry de Riemer
– Morganella
Morgan, Th.H.
– B Biologie I
– B Biologie III
– Bridges, C.B.
– Crossing over
– Morgan-Gesetze
– Morganucodon
Morgan-Einheit
– Morganide
Morganella
Morgan-Gesetze
Morganide ↗
Morganucodon
– Docodonta
– Eotheria
Morganucodonidae
– Morganucodon

Morgenstern ↗
Moridae ↗
Morin ↗
– □ Flavone
Morinda ↗
Morindon
– Anthrachinone
Moringa
– Moringaceae
Moringaceae
Moringuidae ↗
Mormo
– M Eulenfalter
– Ordensband
Mormolyce ↗
Mormonentulpe
– Liliengewächse
Mormyrasten ↗
– Nilhechte
Mormyridae ↗
– Nilhechte
Mormyriformes ↗
Mormyromasten
– Nilhechte
Mormyrus
– Nilhechte
Mornellregenpfeifer
– Alpentiere
– B Europa II
– Regenpfeifer
morning after pill
– Empfängnisverhütung
Moroteuthis
Morpha
– Morphen
Morphactine
– Gibberellinantagonisten
Morphallaxis ↗
Morphen
– Dimorphismus
– □ Trypanosomidae
Morphidae ↗
Morphien
– Morphosen
Morphin
– Drogen und das Drogenproblem
– Entgiftung
– Mohn
– Nalorphin
– Narcotin
– Opiate
– Sertürner, F.W.A.
– Sucht
Morphinismus
– Morphin
Morphin-Typ
– M Drogen und das Drogenproblem
– M Opiumalkaloide
Morphinvergiftung
– Morphin
Morphium
– Morphin
Morpho ↗
Morphofalter
– B Insekten IV
– Südamerika
Morphogen
Morphogenese
– Cytotaxonomie
– Genwirkketten
– B Lambda-Phage
– morphogenetisches Signal
– Selbstorganisation
– Zellsoziologie
morphogenetische Bewegungen
morphogenetische Kontrolle
– Nerventrophik
morphogenetische Reize
– Morphosen
morphogenetisches Feld
– Areal
morphogenetisches Signal
Morphogenie
– Morphogenese
Morphologie
– Abstammung - Realität

– B Biologie II
– Botanik
– Burdach, K.F.
– Gestalt
– Goethe, J.W. von
morphologische Differenzierung
– funktionelle Differenzierung
Morphometrie
Morphosen
Morphospezies ↗
Morrensche Drüsen
– Oligochaeta
Mörser
– Homogenat
Mortalität
– Populationswachstum
– Überlebenskurve
Mortalitätsrate
– Mortalität
Mörtelbiene ↗
Mortensen, H.D.
– Beringung
Mortierella
– □ Mucorales
Morula
Moruloidea
– Mesozoa
Morum
– M Helmschnecken
Morus ↗
Mosaik
– Chromosomen
– Chromosomenanomalien
– Mutation
Mosaikbastard
– Markiergen
– somatische Mutationen
– Variegation
Mosaikei ↗
– Entwicklungstheorien
Mosaikentwicklung (Entwicklungsbiologie)
Mosaikentwicklung (Evolution) ↗
Mosaikevolution
– Evolution
– Saltation
Mosaikfadenfisch
– B Aquarienfische II
– Fadenfische
Mosaikfurchung
Mosaikgene
– B Biochemie
– Gentechnologie
– B Gentechnologie
– hn-RNA
– □ Mitochondrien (Genkarten)
– Primärtranskript
– □ Prozessierung
Mosaikjungfern ↗
Mosaikkrankheiten
Mosaikschwanzriesenratten
Mosaiktier
– Mosaikbastard
Mosaiktyp
– prospektive Potenz
Mosaikverbreitung
– M Rasse
Mosaikzwitter ↗
Mosambikbuntbarsch
– Buntbarsche
– Fischzucht
Mosasauridae
– Mosasaurier
Mosasaurier
Moscardio-Krankheit
– Beauveria
Moschinae ↗
Moschops
– Anomodontia
Moschus (Hirsch) ↗
Moschus (Sekret)
– Analdrüsen
Moschusbeutel
– Moschus
Moschusbock
– B Käfer I
Moschusböckchen
Moschusdrüsen
– Moschus

– Spitzmäuse
– Talgdrüsen
Moschusente
– Entenvögel
– Glanzenten
– Haustiere
Moschusgeruch
– M chemische Sinne
– Kleidervögel
Moschushirsche
– Paläarktis
Moschuskörner
– Farnesol
Moschuskörneröl
Moschuskrautgewächse
Moschusochse
– Glazialfauna
– Nordamerika
– □ Pleistozän
– B Polarregion I
– Tundra
Moschuspolyp
Moschusratte ↗
Moschusschildkröten ↗
Moschusschwein ↗
Moschustier
– M Drohverhalten
– Geweih
– Praeputialanhangsdrüsen
Moschusxylol
– M chemische Sinne
Moskitonetz
– Reed, W.
Moskitos ↗
Most
– Kahmhefen
– □ Konservierung (Konservierungsverfahren)
– Wein
Moster
– □ Weinrebe
Mostgewicht
– M Wein (Zuckergehalt)
Mostrich
– Senf
Mostwaage
– M Wein (Zuckergehalt)
Motacilla
– Stelzen
Motacillidae ↗
moterische Zellen
– □ Seismonastie
Motilin
– □ Neuropeptide
Motilität
– Leben
– □ Zelle (Vergleich)
Motivation
Motivationsanalyse
Motive
– Gesang
motivierende Reize
– Schlüsselreiz
Motmot
– M Sägeracken
Motoneurone
– Eccles, J.C.
– M Kniesehnenreflex
– Konvergenz
– B mechanische Sinne
– B Nervenzelle I
– B Regelung im Organismus
– B Rückenmark
Motorik
– M Motoneurone
motorisch
motorische Bahnen
motorische Efferenzen
– Afferenz
motorische Einheit
– Muskelzuckung
motorische Endplatte
– B Regelung im Organismus
– ↗ Endplatte
motorische Hemmung
– Schmerz
motorische Prägung
motorischer Cortex
– □ Telencephalon

motorische Reflexe

- B Telencephalon
motorische Reflexe
- Fremdreflex
motorische Region
- B Gehirn
motorisches Sprachzentrum
- B Gehirn
- Sprachzentren
- ☐ Telencephalon
motorische Zentren
- Hirnzentren
- ☐ Telencephalon
Motten
Mottenkraut ↗
- M Porst
mottenkugelartiger Geruch
- M chemische Sinne
Mottenläuse ↗
- Neometabola
Mottenmilbe ↗
Mottenmücken
Mottenpulver
- Naphthalin
Mottenschildläuse ↗
Mottenspinner
mouches volantes
- entoptische Erscheinungen
Mougeot, Jean Baptiste
- Mougeotia
Mougeotia ↗
- Chloroplastenbewegungen
mougri
- Rettich
moult accelerating hormone
- X-Organ
moult inhibiting hormone
- X-Organ
Mountain Buttercup
- B Australien IV
Mount Kenia (Kenia)
- B National- und Naturparke II
Mount Kosciusko
- M Australien
Mount McKinley (USA)
- B National- und Naturparke II
Mount Rainier (USA)
- B National- und Naturparke II
mousse de chêne
- Eichenmoos
Mousseron ↗
Moustérien
- Aurignacien
- Tayacien
Moustier-Mensch ↗
Moustierspitzen
- Moustérien
Möwen
- anonymer Verband
- B Attrappenversuch
- M brüten
- Distanztier
- B Europa I
- B Europa II
- B Europa VII
- ☐ Flugbild
- ☐ Gewölle
- Koloniebrüter
- Konfliktverhalten
- ☐ Nahrungskette
- Nest
- Nestflüchter
- ☐ Polarregion I
- ☐ Salzdrüse
- B Signal
M-Phase
MPMV
- ☐ RNA-Tumorviren (Auswahl)
M-Realisatoren
- Geschlechtsrealisation
m-RNA ↗
M-Schale
- M Atom
MSH ↗
MSH-IH
- ☐ Hypothalamus

MSH-RH
- ☐ Hypothalamus
MS2-Phage
- einzelsträngige RNA-Phagen
mt-DNA ↗
Mt. Kenia (Kenia)
- B National- und Naturparke II
Mt. McKinley (USA)
- B National- und Naturparke II
MTOC ↗
Mt. Rainier (USA)
- B National- und Naturparke II
mt-RNA ↗
Mucambo
- M Togaviren
Mucilago ↗
Mucilago Salep
- Salep
Mucine ↗
- Speichel
Mücken
- Flugmuskeln
- Gruppenbalz
- B Larven II
- Stechmücken
- B Verdauung II
Mückenfresser
Mückenhafte
- Schnabelfliegen
Mückenwanze ↗
mucociliärer Transport
- Seelilien
Mucocysten
- Extrusomen
Mucoide
- Mucoproteine
Mucopolysaccharide
- B Bindegewebe
- Gallertgewebe
- Glucosamin
- M Glykokalyx
- Polysaccharide
Mucopolysaccharidose
- Amniocentese
- lysosomale Speicherkrankheiten
- Mucopolysaccharide
Mucoproteine
Mucor ↗
- Bodenmikroorganismen
- M Columella
- Lohblüte
- B Pilze II
- Trisporsäuren
Mucorales
Mucosa ↗
- M Darm
- Kohlenhydratstoffwechsel
Mucosal disease virus
- M Togaviren
Mucoviscidose
Mucro
- ☐ Springschwänze
Mucronaten-Senon
- Mucronati
Mucronati
Mucuna ↗
Mucus
- Schleim
Mud
- Mudde
Mudde
- Verlandung
Mudi
- ☐ Hunde (Hunderassen)
Müdigkeit
- M Bereitschaft
- Schlaf
Muehlfeldtia ↗
Muffel ↗
- Elch
Muffelkäfer
- Samenkäfer
Muffelwild
- Mufflon

Mufflon
- Hochwild
- Schafe
Mugaseide
- Pfauenspinner
Muggiaea ↗
- Mononecta
Mugharet el-Aliya
Mugil
- Meeräschen
Mugilidae
- Meeräschen
Mugiloidei ↗
Mühlenbeck, Henri Gustav
- Mühlenbeckia
Mühlenbeckia
Mühlenberg-Schildkröte
- Wasserschildkröten
Mühlkoppe ↗
Mulatte
- Bastard
Mulch
- M Erosionsschutz
Mulder, Gerardus Johannes
- B Biologie II
Mulga
Mulga Scrub
- Mulga
Mulgedium ↗
Mull (Bodenkunde) ↗
- B Bodentypen
- Humus
Mull (Zoologie)
Müll
- ☐ Abfall
  ↗ Hausmüll
  ↗ Müllverbrennung
Mull-Buchenwälder ↗
Müller (Käfer) ↗
Müller, F.
- Bestäubungsökologie
- Gastraea-Theorie
- Müllersche Mimikry
Müller, H.
- Bestäubungsökologie
- B Biologie III
- Insektenflügel
Müller, H.J.
Müller, J.P.
- B Biologie I
- B Biologie III
- Erkenntnistheorie und Biologie
- Haeckel, E.
- Müllersche Larve
- Müllerscher Gang
Müller, O.F.
- Bakterien
- Vibrio
Müller, P.H.
- DDT
Müller, W.D.
- Zahnkaries
Müller-Gang-Inhibitor
- Sertoli-Zellen
Müller-Gaze
- Müller, J.P.
Müller-Lyersche-Täuschung
- ☐ optische Täuschung
Müllersche Körperchen ↗
Müllersche Larve
Müllersche Mimikry
Müllerscher Gang
- Gebärmutter
- ☐ Nierenentwicklung
- M Oviduct
- Sexualhormone
- Vagina
Müllersches Gesetz
- Acantharia
Müllersche Stützzellen
- Netzhaut
- B Netzhaut
Müller-Thurgau ↗
- ☐ Weinrebe
Müller-Thurgau, Hermann
- Müller-Thurgau
Müllhalden
- Abfall

- Deponie
Mullidae ↗
Müllkompost
- Kompost
Müllkompostierung
Mullmäuse
- Blindmulle
Mulloidichthys ↗
Mullus ↗
Müllverbrennung
- Abfallverwertung
- M Kohlenmonoxid
- M Kohlenwasserstoffe
Mulmbock ↗
Mulmnadeln
- Acme
Multicaecum
- M Spulwurm
Multiceps
Multicotyle
- M Saugwürmer
Multienzymkomplexe
- Adenosintriphosphatasen
- Atmungskette
- biologische Oszillationen
- M Enzyme
- ☐ Fettsäuresynthese
- Molekülverbindungen
- Nitrogenase
- Proteine
- Pyruvat-Dehydrogenase
- Ribosomen
- Selbstorganisation
multifaktorielle Geschlechtsvererbung
- Bonellia
Multifiden
- Braunalgen
multifokale Leukoencephalopathie
- Polyomaviren
Multifunktionalität
- Morphologie
multilokular ↗
multilokulare Cyste
- M Bandwürmer (Larvenstadien)
Multimorbidität
- Seneszenz
Multi-net-growth
- Multinet-Wachstum
Multinet-Wachstum
- Zellwand
multiple Allelie ↗
- Codominanz
- Variabilität
multiple DNA
- repetitive DNA
multiple Sklerose
- slow-Viren
multiple Teilung
- Einzeller
multiplicity reactivation
- ☐ Virusinfektion (Wirkungen)
Multiplizitätsreaktivierung
- ☐ Virusinfektion (Wirkungen)
multipolare Neurone ↗
multitrich ↗
Multituberculartheorie
Multituberculata
- ☐ Tertiär
multivakuoläre Fettzellen
- braunes Fett
Multivalent
- Centromerkoorientierung
- M Partnerwechsel
multivor ↗
MuLV
- ☐ RNA-Tumorviren (Auswahl)
Mumie
Mumienbank
- Mumie
Mumienpseudomorphosen
Mumienpuppe
- ☐ Puppe
Mumienweizen
- Keimfähigkeit

Mumifikation (Biologie)
- Präparationstechniken

Mumifikation (Medizin)

Mumifizierung
- Mumie
- Trockenfäule
- ↗ Mumifikation

Mummel ↗

Mumps
- aktive Immunisierung
- attenuierte Viren
- [M] Hämagglutinations-
  hemmungstest
- [M] Inkubationszeit
- [☐] Virusinfektion (Wege)

Mund
- [M] Enterocoeltheorie
- Protostomier
- [B] Verdauung I
- [☐] Virusinfektion (Wege)

Mundarme
- [M] Ohrenqualle
- ↗ Mundtentakel

Mundbodenmuskel
- Unterkieferdrüsen

Mundbucht
- Rachenmembran

Mundcirren
- [☐] Schädellose

Munddach
- Choanen
- Dermatocranium
- Epipharynx
- Hirnschädel
- [M] Hypophyse
- [M] Meckel-Knorpel
- Schädel

Mundfeld
- Peristom

Mundflora
- Actinomycetaceae
- Bakterienflora
- [☐] Fusobacterium

Mundfüße
- Gnathopoden

Mundgliedmaßen ↗

Mundhaken

Mundhöhle ↗
- Mundbucht
- Mundflora
- Rathkesche Tasche
- Schleimhaut
- Wange
- [☐] Zunge

Mundhöhlenatmung
- Amphibien

Mundöffnung
- Defäkation
- Mund
- Mundvorraum
- Tiefseefauna

Mundoscillatorien
- Simonsiella

Mundrohr
- [M] Aglaura
- [B] Hohltiere II
- Nesseltiere
- [M] Süßwasserqualle

Mundscheibe
- Nesseltiere

Mundschleimhaut
- [B] Nervensystem II

Mundsegel

Mundspeicheldrüsen ↗

Mundstiel
- Magenstiel

Mundtentakel
- [B] Muscheln
- ↗ Mundarme

Mundulea
- Rotenoide

Mündung (Fluß)
- ↗ Flußmündung

Mündung (Zoologie)
- [☐] Schnecken

Mundvorraum
- Camarostom

Mundwerkzeuge
- Anheftungsorgane

- Cephalisation
- Entomogamie
- [M] Flöhe
- Gliederfüßer
- [B] Gliederfüßer I
- Gliedertiere
- [☐] Krebstiere
- [☐] Schmetterlinge (Falter)
- Tentorium
- Verdauung
- [M] Wanzen

Mungos
- [B] Asien VII
- [M] Faunenverfälschung
- Mensch und Menschenbild

Munida
- Furchenkrebse

Munidopsis
- Furchenkrebse
- [M] Furchenkrebse

Munnopsidae
- [M] Asellota
- [M] Asseln

Munnopsis
- Asellota
- [M] Asellota

Münsterkäse
- Käse

Münsterländer
- [☐] Hunde (Hunderassen)

Müntsteine ↗

Muntiacinae ↗

Muntiacus
- Muntjakhirsche

Muntjak
- Muntjakhirsche

Muntjakhirsche
- Asien
- Euprox
- Heteroprox

Münzsteine ↗

Mu-Phage

Muraena
- Muränen

Muraenesocidae ↗

Muraenidae ↗

Muraenolepioidei ↗

Muramidase ↗
- [M] Lysosomen

Muraminsäure

Muränen
- Giftige Fische

Murchison, Sir Roderick Impey
- Devon
- Kambrium

Murchison-Meteorit ↗
- Aminosäuren

Murein
- Alangiaceae
- Aminosäuren
- Cyanellen
- [☐] Cyanobakterien (Abbildungen)
- Diaminopimelinsäure
- [M] Eubakterien
- Gram-Färbung
- Lipoproteine
- Prokaryoten
- UDP-N-Acetylglucosamin
- UDP-N-Acetylmuraminsäure

Mureinsacculus
- Murein

Murex ↗
- [M] Sektion

Muricidae
- Purpurschnecken

Muricinae
- [M] Sektion

Muricoidea ↗

Muridae ↗

muriform

Murinae
- Mäuse

murines Fleckfieber
- [M] Rickettsien

Murmeltiere
- Alpentiere
- [B] Europa XX
- [M] Nest (Säugetiere)

- [☐] Pleistozän
- Winterruhe
- Yersinia

Muroendopeptidase
- [☐] Murein

Muropeptid ↗

Murphy, W.P.

Murray, Sir John
- [☐] Meeresbiologie (Expeditionen)
- Murrayonidae

Murraya
- [M] Listeria

Murrayonidae

Murray Valley Encephalitis
- [☐] Togaviren

Murrayzackenbarsch
- [B] Fische IX
- Zackenbarsche

Mus ↗

Musa
- Bananengewächse

Musaceae ↗

Musangs ↗

Musca
- Muscidae
- Versuchstiere

Muscalur

Muscamon
- Muscalur

Muscardinus ↗

Muscari ↗
- Schauapparat

Muscaridin

Muscarin
- Nicotin
- Rezeptoren
- Rißpilze
- [M] Synapsen

muscarinische Rezeptoren
- Rezeptoren

Muscarinpilze

Muschelgeld ↗

Muschelgifte
- Gonyaulax

Muschelinge

Muschelkalk (Geologie)

Muschelkalk (Paläontologie) ↗
- [M] Trias

Muschelknacker ↗

Muschelkrebse
- Leperditia
- Südamerika

Muschelkulturen

Muschellinge

Muschelmilben

Muscheln
- Area
- Atmungsregulation
- Bojanussche Organe
- chemische Sinne
- [☐] Fortbewegung
- Hautlichtsinn
- [☐] Kambrium
- [☐] Karbon
- Nest
- [☐] Rote Liste
- Schlundsackschnecken

Muschelpflaster

Muschelschalenpflaster
- Muschelpflaster

Muschelschaler
- Wasserflöhe

Muschelseide ↗

Muscheltierchen ↗

Muschelwächter
- [M] Synökie

Musci ↗

Muscicapa
- Fliegenschnäpper

Muscicapidae ↗

Muscidae
- Milchdrüsen

Musciformia
- acephal

Muscimol ↗

Muscina
- Muscidae

Musculus rectus abdominis

Muscites
- Moose

Muscon ↗

Muscularis mucosae
- Schleimhaut

Musculi levatores arcuum
- Levator

Musculium ↗

Musculus (Anatomie) ↗

Musculus (Zoologie) ↗

Musculus arrector pili
- Haare

Musculus biceps brachii
- Beugemuskeln
- Ellbogengelenk

Musculus brachialis
- Ellbogengelenk

Musculus buccinator
- Wange

Musculus ciliaris
- Oculomotorius

Musculus compressor mammae
- Beuteltiere

Musculus constrictor
- Konstriktor

Musculus constrictor superficialis
- Depressor
- [M] Konstriktor

Musculus cremaster
- Hoden
- Samenstrang

Musculus deltoides
- Deltamuskel

Musculus depressor mandibulae
- Depressor

Musculus digastricus
- Kauapparat

Musculus dilatator
- Dilatator

Musculus dilatator pupillae
- Iris (Augenteil)
- Myoepithelzellen

Musculus erector spinae
- [M] Rücken

Musculus genioglossus
- Spina mentalis

Musculus geniohyoideus
- Spina mentalis

Musculus glutaeus maximus
- Hüftmuskeln

Musculus iliacus
- Hüftmuskeln

Musculus ilio-extensorius
- Quadriceps

Musculus iliopsoas
- Hüftmuskeln

Musculus latissimus dorsi
- [M] Rücken

Musculus levator
- Levator

Musculus levator palpebrae superioris
- [☐] Linsenauge
- Oculomotorius

Musculus masseter
- Kauapparat

Musculus mylohyoideus
- Unterkieferdrüsen

Musculus obliquus superior
- [☐] Linsenauge
- Trochlearis

Musculus orbicularis oris
- Lippen

Musculus pectoralis major
- Flugmuskeln

Musculus protractor lentis
- Protraktoren

Musculus psoas
- Hüftmuskeln

Musculus pterygoideus
- Kauapparat

Musculus quadriceps femoris
- [M] Kniegelenk
- Quadriceps

Musculus rectus abdominis
- Myomeren

277

Musculus rectus lateralis

Musculus rectus lateralis
- ☐ Linsenauge

Musculus rectus medialis
- ☐ Linsenauge

Musculus rectus superior
- ☐ Linsenauge

Musculus retractor
- Retraktoren

Musculus retractor lentis
- Protraktoren
- Retraktoren

Musculus rhomboides
- Zebu

Musculus sartorius
- Schneidermuskel

Musculus sphincter
- Sphinkter

Musculus sphincter ani
- [M] Sphinkter

Musculus sphincter pupillae
- Iris (Augenteil)
- Myoepithelzellen
- [M] Sphinkter

Musculus sphincter pylori
- Pylorus

Musculus sternocleidomastoideus
- Kopfnicker

Musculus supracoracoideus
- Flugmuskeln

Musculus temporalis
- Kauapparat
- Schläfenfenster

Musculus trapezius
- Kapuzenmuskel

Musculus triceps brachii
- Beugemuskeln
- Ellbogengelenk

Museumskäfer ⁄

Musgrave Range
- [M] Australien

Musikbereich
- ☐ Gehörorgane (Hörbereich)

Musikinstrumente
- [M] Ebenaceae

musivisches Sehen ⁄

Muskat
- Gewürzpflanzen
- [B] Kulturpflanzen IX
- Muskatnußgewächse

Muskatblüte ⁄

Muskatbutter
- Muskatnußgewächse

Muskateller ⁄
- ☐ Weinrebe

Muskatfink
- [M] Prachtfinken

Muskatnuß
- Muskatnußgewächse

Muskatnußbaum
- [B] Kulturpflanzen IX
- Muskatnußgewächse

Muskatnußgewächse
- Myristinsäure

Muskatnußschnecken ⁄

Muskel-Adenylsäure
- Ernährung

Muskelansatzstelle
- Apodem

Muskelarbeit
- Atmungsregulation
- Dissimilation

Muskelatrophie
- Rheumatismus

Muskelbildungszellen
- Myoblasten

Muskeldehnung
- Dehnungsrezeptoren
- Muskelkontraktion
- [M] Muskelkontraktion
- Muskulatur
- ☐ Reiz und Erregung

Muskeldystrophie
- [B] Chromosomen III
- Erbkrankheiten

Muskelerschlaffung ⁄

Muskelfaser
- Bewegung
- motorische Einheit
- Muskelzuckung
- Myotuben
- [B] Nervenzelle I
- [M] quergestreifte Muskulatur
- [B] Regelung im Organismus

Muskelfibrillen
- [B] Muskelkontraktion I
- [M] quergestreifte Muskulatur

Muskelfilamente ⁄

Muskelflosser ⁄

Muskelgewebe

Muskelkater
- Muskelkontraktion

Muskelkontraktion
- Bewegung
- Calcium
- elektromechanische Kopplung
- Elektromyogramm
- Entropie - in der Biologie
- Glucosidasen
- Hermann, L.
- Hill, A.V.
- Kontraktur
- Muskelspindeln
- Regelung
- [B] Regelung im Organismus
- Steuerung
- Symmetrie
- Synchronisation
- Szent-Györgyi, A.
- Troponin

Muskelkoordination
- Dehnungsrezeptoren
- Synchronisation

Muskelkrampf
- Tetanie
- Tollwut

Muskellunge ⁄
- [B] Fische XII

Muskelmagen
- Gewölle
- Hühnervögel
- [M] Magen
- Oligochaeta
- Verdauung

Muskeln
- Anaerobiose
- Bewegungsapparat
- Faszie
- funktionelle Anpassung
- [B] Nervensystem II
- [B] Regelung im Organismus
- [B] Rückenmark
- [M] Streß
- [M] Wasser (Wassergehalt)

Muskelphysiologie
- [B] Biologie II

Muskelproteine

Muskel-Rheumatismus
- Rheumatismus

Muskelriß
- Sehnenspindeln

Muskelschwäche
- Myasthenie

Muskelsegmente ⁄

Muskelspindeln
- Holst, E. von
- [M] Kniesehnenreflex
- Motoneurone
- Regelung
- [B] Rückenmark

Muskelspindelregelkreis
- [B] Regelung im Organismus

Muskelstarre
- Starre

Muskelsystem
- ☐ Organsystem

Muskeltonus
- Eutonie
- [B] Nervensystem II
- Rigor
- [M] Schlaf

Muskeltrichine
- [M] Trichine

Muskelwachstum
- Testosteron

Muskelzellen ⁄
- Bewegung
- Gitterfasern
- [M] Membranpotential
- [M] Zellkern

Muskelzuckung
- Galvani, L.
- [B] Nervenzelle I

Muskulatur
- Bewegung
- Motoneurone
- tachytrophe Gewebe

Musophaga
- Turakos

Musophagidae ⁄

Mussurana

Mustangs
- Pferde
- Verwilderung

Mustela

Mustelidae ⁄

Mustelus ⁄

Muster
- Symmetrie

Musterbildung
- Bodeneis
- Diversifizierung
- Entwicklungstheorien
- Keimplasmatheorie
- Reaktions-Diffusions-System
- Regeneration
- Zellsoziologie
- Zhabotinsky-Belousov-Reaktion

Musterdetermination
- Gestalt

Musterelemente
- Muster

Musterkontrolle
- Musterbildung

Musterrealisation
- Musterbildung

Musterspezifikation
- Musterbildung

MuSV
- ☐ RNA-Tumorviren (Auswahl)

Mutabilität

Mutabilitätsmodifikatoren

mutagen
- Äthidiumion
- cancerogen
- Coffein
- Dimethylsulfat
- Mutagene

Mutagene
- Antimutagene
- Hydroxylamin
- Mutation
- Mutationsspektrum
- Mutationszüchtung
- Strahlenschäden

Mutagenese
- freie Radikale
- genetischer Block

Mutagenität
- Chlorkohlenwasserstoffe

Mutagenitätsprüfung

Mutante
- [B] Genwirkketten II

Mutantensortimente
- Mutationszüchtung

Mutasen ⁄

Mutation
- Abstammung - Realität
- Artbildung
- [B] Biologie II
- [B] Biologie III
- biologischer Wert
- Determination
- Evolutionsfaktoren
- Gen
- [M] Hardy-Weinberg-Regel
- Keimgitter
- kosmische Strahlung
- Leben
- Letalfaktoren
- Muller, H.J.
- Muton
- Resistenz
- Strahlenschäden
- Suppression
- Wirtsbereich
- Zufall in der Biologie

Mutations-Chimäre
- Chimäre

Mutationsdruck

Mutationshäufigkeit ⁄
- Zufall in der Biologie

Mutationsisoallele

Mutationsmodifikatoren ⁄

Mutationsprophylaxe
- Eugenik

Mutationsrate ⁄
- Antimutagene
- Mutabilitätsmodifikatoren
- Mutatorgen
- Strahlenschäden

Mutationsreparatur ⁄

Mutationsspektrum

Mutationstheorie
- Altern
- ☐ Krebs (Krebsentstehung)

Mutationsvariation
- Mutationstheorie

Mutationsverdopplungsdosis
- Strahlenschäden

Mutationszüchtung
- Pflanzenzüchtung
- Tierzüchtung
- Züchtung

Mutator
- Mutatorgen

Mutatorgen
- Mutatormutanten

Mutelidae ⁄

mutieren
- Mutation

Mutilla
- Buntkäfer
- Spinnenameisen

Mutillidae ⁄

Mutinus ⁄

Mútis, José Bruno
- Mutisia

Mutisia ⁄

Mutisieae
- ☐ Korbblütler

Muton

Mutter
- Jugendentwicklung: Tier-Mensch-Vergleich

Mutterachse
- Seitenachse

Mutterband
- Leiste

Mutterboden

Mutterfamilien
- Familienverband

Muttergang ⁄

Mutterharz
- Galban

Mutter-Kind-Bindung
- Deprivationssyndrom
- Jugendentwicklung: Tier-Mensch-Vergleich

Mutter-Kind-Unverträglichkeit
- AB0-System

Mutterkorn ⁄
- Histamin
- Mutterkornalkaloide

Mutterkornalkaloide
- Dale, H.H.
- Lysergsäure
- Mutationszüchtung
- Sympathikolytika

Mutterkornpilze
- Mutationszüchtung

Mutterkornzucker
- Trehalose

Mutterkraut ⁄

Mutterkuchen ⁄

mütterliche Vererbung ⁄

Muttermal
- Hautfarbe

Muttermilch ⁄
- Akkumulierung
- ☐ Chlorkohlenwasserstoffe
- [M] Kolostrum

- Lactation
- Lactose
Muttermord
- Endotokie
Muttermund
- B Embryonalentwicklung III
- Fruchtwasser
- Gebärmutter
- ☐ Geburt
- M Geschlechtsorgane
- Ostium
Mutternelke
- Myrtengewächse
Mutterpflanze
Mutterwurz
Mutualismus
- M Ektosymbiose
mutualistische Symbiose
- Mutualismus
Mützenlorcheln
Mützenquallen ↗
Mützenrobbe ↗
Mützenschnecken ↗
Mya
- Limnaeameer
Myalgia epidemica
- Bornholmer Krankheit
Myalgie
- M Coxsackieviren
Myasthenia gravis pseudoparalytica
- Myasthenie
Myasthenie
- Thymus
Myazeit
- Limnaeameer
Mycale
- Mycalidae
Mycalidae
- Hemimycale
Mycangien ↗
Mycel
- Hexenring
- ☐ Hexenring
- B Pilze II
- Symmetrie
Mycelfresser ↗
Mycelhefen
Mycelia sterilia
Mycelis ↗
Mycelium
- Mycel
Mycelrhizoide
- Hartboviste
Mycena ↗
Mycetaea
- Endomychidae
Mycetangien
Mycetismus
- M Pilze
Mycetocyten
- Fettkörper
- Leuchtsymbiose
Mycetome
- Magenscheibe
- Pseudovitellus
Mycetophagen
Mycetophagidae ↗
Mycetophilidae ↗
Mycetozoa ↗
Mycobacteriaceae
Mycobacterium
- M Abwasser
- Eubacterium
- Mycobacteriaceae
- Mykobakterien
- Rifampicin
- Ziehl-Neelsen-Färbung
Mycobacterium tuberculosis
- Azaserin
Mycobakterien ↗
Mycobiont
Mycocaliciaceae ↗
Mycoderma
- Kahmhefen
Mycophaga ↗
Mycophyta ↗
Mycoplasma
- M Zahnkaries

↗ Mycoplasmen
Mycoplasmaähnliche Organismen ↗
- Hexenbesen
- Mycoplasmen
mycoplasma-like-organisms
- Mycoplasmen
Mycoplasma-Pneumonie
- Tetracyclin
Mycoplasmataceae ↗
Mycoplasmatales
- Mycoplasmen
Mycoplasmaviren
Mycoplasmen
- Bakteriophagen
- Mollicutes
- M Vaginalflora
- ☐ Zelle (Vergleich)
- M Zelle
Mycosis
- Mykose
Mycosphaerella
- ☐ Brennfleckenkrankheit
- Getreideschwärze
- ☐ Schüttekrankheit
Mycosphaerellaceae
Mycota ↗
Mycteria
- Nimmersatte
Mycteridae
- ☐ Käfer
Myctophidae
- Laternenfische
Myctophoidei ↗
Myctophum
- Laternenfische
Mydaeidae
- Mydasfliegen
Mydasfliegen
Mydaus
- M Dachse
- Teledu
Mydriasis
- Iris
Myelencephalon ↗
- ☐ Gehirn
Myelin
- Membran
Myelinscheide ↗
- Glia
- ☐ Nervenzelle
Myelitis
Myeloblasten
- blutbildende Organe
Myelocyten
Myelocytomatosis Virus
- ☐ RNA-Tumorviren
myeloische Leukämie
- Colchicumalkaloide
- Granulocyten
- Leukämie
Myelom
- M Immunglobuline
- monoklonale Antikörper
Myeloproteine
myelopoetische Phase
- blutbildende Organe
Myersiella
- M Engmaulfrösche
Myiasis ↗
- Fleischfliegen
Myidae
- Sandklaffmuscheln
Myiopsitta
- Papageien
Mykobakterien
Mykobiont
- Parasymbiont
Mykoholz
Mykoïne
Mykologie ↗
- Mikrobiologie
Mykolsäuren
- Mycobacteriaceae
- Mykobakterien
Mykophagen ↗
Mykophenolsäure
Mykoplasmen ↗
Mykoporphyrin ↗
- Hypericin

Mykorrhiza
- Bodenorganismen
- Europa
- Ptyophagie
- Rhizosphäre
- Tolypophagie
- Waldsterben
Mykorrhizapilze
- ☐ Mykorrhiza
Mykose
- Dermatophyten
- Pilzkrankheiten
Mykosepilze
Mykostatin ↗
Mykosterine
Mykotoxikosen
- Aspergillus
Mykotoxine
- Mykotoxikosen
- Nahrungsmittelvergiftungen
mykotroph
- Mykotrophie
Mykotrophie
Mykoviren
- Pilzviren
Mylabris
- Ölkäfer
Myleus ↗
Mylia ↗
Myliobatidae ↗
Myliobatoidei ↗
Mylodon
- Grypotherium
Mylopharyngodon ↗
Mymaridae ↗
Myobatrachidae
Myobatrachinae
- M Myobatrachidae
Myobatrachus
Myobia
- Raubmilben
Myoblasten
- M Membranfusion
- Muskelfaser
Myocarditis diphtherica
- Diphtherie
Myocastoridae
myocerate Antenne ↗
Myocommata
- Gräten
Myocyten ↗
Myodochidae ↗
Myodocopida
- M Muschelkrebse
Myodocopina
- Muschelkrebse
Myoepithel
Myoepithelzellen
Myofibrillen
- M quergestreifte Muskulatur
Myofilamente ↗
- M quergestreifte Muskulatur
myogen
- Flugmuskeln
- Herzautomatismus
Myoglobin
- Bilirubin
- B Biochemie
- Eisen
- Eisenstoffwechsel
- M Enzyme
- Häm
- Kendrew, J.C.
- M Kooperativität
- Perutz, M.F.
- ☐ Pökeln
- Proteine
- rote Muskeln
Myohämoglobin
- Myoglobin
Myoidea
- Klaffmuscheln
myoide Zellen
- ☐ Hoden
myo-Inosit
- Inosit
Myokard
- Herzmuskulatur

- Synapsen
Myokardinfarkt
- Herzinfarkt
Myokarditis
- M Coxsackieviren
Myokinase ↗
Myokommata ↗
- Rippen
Myolemm
Myologie ↗
Myomeren
- Fische
- Rippen
- Wirbel
Myomerie
Myometrium
- Gebärmutter
Myomorpha
- Mäuseverwandte
Myoneme
- Einzeller
- sliding-filament-Mechanismus
Myonen
- M kosmische Strahlung
Myonycteris
- Flughunde
Myophilie ↗
Myophoria
Myopie ↗
Myoporaceae
Myopsida
Myopus
- Lemminge
Myosciurus
- Hörnchen
- Palmenhörnchen
Myoseptum
- Rippen
Myosin
- Axonema
- Calcium
- Differenzierung
- Dyneïn
- Leben
- Muskelkontraktion
- B Muskelkontraktion II
- Myxomyosin
- Proteine
- M quergestreifte Muskulatur
- Troponin
Myosin-ATPase
- Muskelkontraktion
- B Muskelkontraktion II
Myosinfilament
- amöboide Bewegung
- glatte Muskulatur
- Muskelkontraktion
- B Muskelkontraktion I
- B Muskelkontraktion II
- ☐ Muskulatur
- M Muskulatur
- Paramyosin
- schräggestreifte Muskulatur
Myosoma
- M Kamptozoa
Myosotis ↗
Myosoton ↗
Myospalax ↗
Myostracum
- Ostracum
Myosurus ↗
Myotis ↗
Myotome
- Dermatom
- M Somiten
Myotonie
Myotuben
Myoviridae
- Bakteriophagen
- Mycoplasmaviren
- B Viren
Myoxocephalus ↗
Myoxos
- Leithia
Myrcen
Myriangiaceae
Myriangiales
- Myriangiaceae

Myriangium

Myriangium
- [M] Myriangiaceae
Myrianida ↗
- [M] Epitokie
- [M] Syllidae
Myriapoda ↗
Myriapora
- Moostierchen
- Myriozoum
Myrica ↗
- [M] Frankiaceae
Myricales ↗
Myricaria ↗
Myricetin ↗
- □ Flavone
Myricylalkohol
Myrientomata ↗
Myriochele
Myrioglobula
- [M] Oweniidae
Myriophyllindrüsen
- Haloragaceae
Myriophyllum ↗
Myriopoda
- Tausendfüßer
Myriostoma ↗
Myriothecien
- Myriangiaceae
Myriotrochus
- [M] Tiefseefauna
Myriowenia
- [M] Oweniidae
Myriozoum
Myristica
- Muskatnußgewächse
Myristicaceae ↗
Myristicin
- Muskatnußgewächse
Myristinsäure
- □ Fettsäuren
Myrmarachne ↗
Myrmecia
- Flechten
- Tierbauten
Myrmeciidae ↗
Myrmecium
- Sackspinnen
Myrmecobiidae ↗
Myrmecocystus
- Schuppenameisen
Myrmecodia
- [M] Ameisenpflanzen
- [M] Krappgewächse
Myrmecophagidae ↗
Myrmecophilidae ↗
Myrmecoris
- Weichwanzen
Myrmedonia
- [M] Ameisengäste (Beispiele)
Myrmekochorie
- Alpenveilchen
- Ektosymbiose
- Günsel
- Samenverbreitung
- Zoochorie
Myrmekologie ↗
Myrmekophagen ↗
Myrmekophilen ↗
Myrmekophilie
- Akazie
- Bläulinge
- Wolfsmilchgewächse
Myrmekophyten ↗
Myrmeleonidae ↗
Myrmetes
- Stutzkäfer
Myrmica
- Bläulinge
- Knotenameisen
Myrmicidae ↗
Myrmoecia
- [M] Kurzflügler
Myrobalanen
Myrocongridae ↗
Myronsäure ↗
Myropsis
- [M] Kugelkrabbe
Myrosinase
- [M] Glucobrassicin

- Kreuzblütler
- Senföle
- [M] Sinigrin
Myrosinzellen
- Kreuzblütler
- Moringaceae
- Myrosinase
Myroxylon ↗
- Perubalsam
Myrrha
- Myrrhe
Myrrhe
Myrrhenstrauch
- [B] Mediterranregion IV
- Myrrhe
Myrrhidendron ↗
Myrrhis ↗
Myrsinaceae ↗
Myrtaceae ↗
Myrtales ↗
Myrte
- [M] Macchie
- [B] Mediterranregion I
Myrtenartige
Myrtengewächse
Myrtenol
- [M] Monoterpene
Myrtenöl
- Cineol
Myrtus ↗
Mysella
Mysida
- [M] Mysidacea
Mysidacea
Mysidae
- [M] Mysidacea
- [M] Plankton
Mysidobdella
Mysis ↗
Mysis-Stadium
- Protozoea
Mysta
- [M] Phyllodocidae
Mystacina
- Neuseeland-Fledermäuse
Mystacinidae
- [M] Fledermäuse
Mystacocarida
Mystacoceti ↗
Mysticeti
- Bartenwale
Mystriosaurus
Mystriosuchus
Mystromys
- Hamster
Mystropetalon
- Balanophoraceae
Mystus ↗
Mythimna
- Eulenfalter
Mytilacea
- Actinodonta
Mytilidae
- Miesmuscheln
- □ schwefeloxidierende Bakterien
Mytilotoxin
Mytilus ↗
- Brandungszone
- Muschelgifte
My-Toxin
- □ Gasbrandbakterien
Myxacium ↗
Myxamöben
- Aggregationsplasmodien
- □ Myxomycetidae
Myxas ↗
Myxicola
- [M] Sabellidae
Myxilla
- Myxillidae
Myxillidae
Myxinen ↗
Myxinidae
- Inger
Myxoamöben
- Myxamöben
Myxobacterales ↗
Myxobakterien
- Aggregation

Myxochloris ↗
Myxochrysidaceae
Myxochrysis
- Myxochrysidaceae
Myxochytridiales
Myxococcaceae
Myxococcus
- Myxococcaceae
Myxödem
Myxoflagellaten
Myxogastrales
- Fusionsplasmodium
Myxomatose
- Europa
- Wildkaninchen
Myxomvirus
- □ Pockenviren
Myxomycetes ↗
Myxomycetidae
Myxomycophyta ↗
Myxomycota
- Archimycetes
Myxomyosin
Myxophaga ↗
Myxophyceae ↗
Myxosoma
- Drehkrankheit
Myxosporen
- [M] Stigmatella
Myxosporidia ↗
Myxotheca ↗
Myxoviren
- Adsorption
Myxoxanthophyll
- Carotinoide
Myzobdella
- Lagenidiales
Myzocytose
Myzodes
- Röhrenläuse
Myzopoda
- Haftscheiben-Fledermäuse
Myzopodidae
- [M] Fledermäuse
- Haftscheiben-Fledermäuse
Myzostoma
- [M] Myzostomida
- Myzostomidae
Myzostomida
- Mesomyzostomida
- Parasitismus
- Symphorismus
Myzostomidae
Myzostomum
- [M] Myzostomida
Myzus
- [M] Röhrenläuse
- Vergilbungskrankheit
M-Zone
- Myosinfilament

N

N ↗
N (= **Newton**)
- [M] Druck
n ↗
Na ↗
Nabe
- Radnetzspinnen
- [M] Stabilimente
Nabel (Botanik) ↗
Nabel (Zoologie)
- [M] Leiste
- Urachus
- [M] Vogelfeder
Nabelarterien
- Nabelschnur
Nabelbruch
Nabelflechten
Nabelfleck
- Samenanlage
Nabelgefäße
- Nabelschnur
- □ Placenta
Nabelinge
Nabelmiere
Nabelnüßchen
Nabelrötling
- [M] Rötlinge
Nabelschnecken ↗
Nabelschnur
- Bindegewebe
- [B] Biogenetische Grundregel
- Geburt
Nabelschweine ↗
Nabelstrang
- Gallertgewebe
- Nabelschnur
Nabelvene
- Nabelschnur
↗ Nabelgefäße
Nabelwand
Nabidae ↗
Nabis
- Sichelwanzen
Nachahmer
- Batessche Mimikry
- Mimikry
Nachahmung
- Jugendentwicklung: Tier-Mensch-Vergleich
- Kultur
- kulturelle Evolution
- Lernen
- Mimese
- [M] Spielen
- Sprache
- [M] Stimmungsübertragung
Nachbalz
Nachbarn ↗
Nachbarschaftsverhältnis
- Parökie
Nachbild
Nachdarm
Nachdenken
- Denken
- Lernen
Nacheiszeit ↗
- Bodengeschichte
Nachempfängnis ↗
Nachempfindung
Nachernteverluste
- Pflanzenkrankheiten
Nachfolgearten
- Deszendenten
Nachfolgereaktion
- [B] Auslöser
- [B] Bereitschaft I

Nährstoffe

- Herde
- **Nachfrucht**
- **Nachfüllbahn**
  - Anaplerose
- **Nachgärung**
  - Bier
  - Malo-Lactat-Gärung
  - Wein
- **Nachgeburt**
- **Nachgeburtsperiode**
  - [M] Geburt
- **Nachgelege**
- **Nachgeschmack**
  - Nachempfindung
- **Nachhirn**
  - verlängertes Mark
  - [B] Wirbeltiere I
- **Nachjoch**
  - Metaloph
- **Nachklärbecken**
  - Kläranlage
- **Nachkommen**
  - Anpassung
  - Bevölkerungsentwicklung
  - Deszendenten
  - Fruchtbarkeit
  - Mendelsche Regeln
  - [B] Mendelsche Regeln I
  - Selektion
  - Vermehrung
  - Vitalität
  - ↗ Nachkommenschaft
- **Nachkommenschaft**
  - Ausbreitung
  - Verwandtschaft
- **Nachkommenschaftsprüfung**
- **Nachkultur** ↗
- **Nachlaufen**
  - Nachfolgereaktion
- **Nachlaufprägung**
  - Fehlprägung
  - Prägung
- **Nachleuchten**
  - Phosphoreszenz
- **Nachniere**
  - [M] Oviduct
  - [M] Urogenitalsystem
- **Nachpotential**
- **Nachreife**
- **Nachreifung**
  - Käse
- **Nachschieber**
  - [M] Extremitäten
- **Nachschwarm**
  - □ staatenbildende Insekten
- **Nachschwimmen**
  - Auslöser
- **Nächste-Nachbarschafts-Analyse** ↗
- **Nachtaffen**
  - Südamerika
- *nachtaktive Tiere*
  - Licht
  - Monochromasie
- **Nachtbaumnattern** ↗
- **Nachtblindheit**
  - Retinol
- **Nachtblüher**
- **Nachtechsen**
- **Nachtfalter**
  - Gehörorgane
  - [M] Gehörorgane (Hörbereich)
  - [B] Homonomie
  - Motten
- **Nachtfalterblütigkeit**
  - Schmetterlingsblütigkeit
- **Nachtgreifvögel**
  - Eulenvögel
- **Nachthunde** ↗
- **Nachtigallen**
  - [B] Vögel I
  - Vogelzug
- **Nachtkatze**
- **Nachtkerze**
  - Komplexheterozygotie
  - Renner, O.

- [M] Ruderalpflanzen
- Vries, H.M. de
- **Nachtkerzengewächse**
- **Nachtlichtnelke**
  - Schmetterlingsblütigkeit
- **Nachtnelke** ↗
  - [M] Lichtnelke
- **Nachtpfauenauge**
  - Diapause
  - [B] Mimikry II
  - [B] Schmetterlinge
- **Nachtschatten**
- **Nachtschattengewächse**
  - Alkaloide
  - Konkauleszenz
  - Leitbündel
- **Nachtschmetterlinge**
  - [B] Homonomie
  - Nachtfalter
- **Nachtschwalben** ↗
  - Sinushaare
- **Nachtschwalbenschwanz** ↗
- **Nachtsehen**
  - Auge
  - photopisches System
- **Nachtsheim, H.**
- **Nachttiere** ↗
- **Nachtviole**
- **Nachwärmezeit**
  - Subatlantikum
- **Nacken** ↗
  - Hals
  - □ Rindenfelder
- **Nackenband**
  - Sehnen
- **Nackenbiß**
  - Funktionskreis
  - Spielen
- **Nackenfurche**
  - Nackenring
- **Nackengabel**
  - Dufttasche
- **Nackengelenktiere**
  - Arthrodira
- **Nackenhaut**
- **Nackenring**
- **Nacktamöben**
  - Dictyostelium
- **Nacktaugenkalmare** ↗
- **Nacktbinsenrasen**
  - Litorelletea
- *nacktblütig*
- **Nacktbrustkänguruhs**
  - Rattenkänguruhs
- *nackte Knospen*
- **nackte Infloreszenzen**
  - Blütenstand
- **Nacktfarne** ↗
- **Nacktfliegen**
- *nacktfrüchtig*
  - gymnokarp
- **Nacktgerste**
  - Nacktgetreide
- **Nacktgetreide**
- **Nackthafer**
  - Nacktgetreide
- **Nacktheit**
  - Mensch
- **Nackthunde**
  - Pariahunde
- **Nacktkiemer**
  - Cuthona
  - Hinterkiemer
- **Nacktlauben** ↗
- **Nacktmull**
  - Tierstaaten
- **Nacktnasenwombat**
  - [M] Wombats
- **Nacktried**
- **Nacktriedrasen** ↗
  - Alpenpflanzen
- **Nacktsamer**
  - □ Kreide
  - Landpflanzen
  - Proangiospermen
  - Progymnospermen
  - Samenanlage
- **Nacktschnecken**
  - Gartenschädlinge

- **Nacktstäublinge** ↗
- **Nacktweizen** ↗
- **Nacktwühlen** ↗
- **Nacrosepten**
- **NAD⁺** ↗
- **Nadelblatt** ↗
  - Armpalisaden
- **Nadelfische** ↗
- *nadelförmig*
  - Blatt
- **Nadelholz**
  - Holz
  - Stockschwämmchen
  - Xylane
- **Nadelhölzer**
  - Blüte
  - Drehwuchs
  - Faserholz
  - □ Karbon
  - Laubhölzer
  - Nadelwald
  - Streuabbau
  - Wald
  - [M] Wassertransport
- **Nadelholztyp**
  - Spaltöffnungen
- **Nadelimpuls**
  - [M] Impuls
- **Nadelkerbel** ↗
- **Nadelkissen**
  - Fichten
- **Nadeln**
  - Belaubung
  - Blatt
  - Nadelhölzer
- **Nadelschnecken**
- **Nadelschütte**
  - Hypodermataceae
- **Nadelstreu**
- **Nadelwald**
  - Albedo
  - [B] Bodentypen
  - [B] Vegetationszonen
- **Nadelwaldzone**
  - Europa
  - Nordamerika
  - [B] Vegetationszonen
  - Wald
- **NADH** ↗
- **NADH-Dehydrogenase**
  - Nicht-Häm-Eisen-Proteine
- **NADH-Oxidasen**
  - [M] Leitenzyme
- **NADH-Ubichinon-Oxidoreductase**
  - □ Mitochondrien (Aufbau)
- **NAD-Kinase**
  - [M] Calmodulin
- **NADP⁺** ↗
- **NADPH** ↗
- **NAD-Pyrophosphorylase**
  - [M] Leitenzyme
- **Nadsonia**
- **Nadsonioideae**
  - [M] Echte Hefen
- **Naegeli, C.W. von**
  - Abstammung - Realität
  - Bakterien
  - [B] Biologie I
- **Naegleria** ↗
- **NAG**
- **Naganaseuche**
  - Afrika
  - [M] Trypanosoma
- **Nagasaki (Japan)**
  - □ Krebs (Krebsentstehung)
  - Strahlenschäden
- **Nagasbaum**
  - □ Hartheugewächse
- **Nagebiß**
  - Hasentiere
  - Nagetiere
- **Nagekäfer** ↗
- **Nagekrankheit**
  - Lecksucht
- **Nagel (Botanik)**
- **Nagel (Zoologie)** ↗
  - Entenvögel
  - Haut

- Keratine
- Kralle
- Lebensformtypus
- **Nagelbett**
  - Fingernagel
  - holokrine Drüsen
- **Nagelfalz**
  - Fingernagel
- **Nagelfleck**
- **Nagelgallen**
  - Gallmilben
- **Nagelhaie**
- **Nagel-Manati**
  - Seekühe
  - Südamerika
- **Nagelmykose**
  - Fusarium
- **Nagelrochen**
  - [B] Fische II
  - Rochen
- **Nageltasche**
  - Fingernagel
- **Nager**
  - Nagetiere
- **Nagerbandwurm**
  - Hymenolepididae
- **Nagetiere**
  - Deciduata
  - □ Endosymbiose
  - Forstschädlinge
  - [M] Gebärmutter
  - Hasentiere
  - Kontakttier
  - Lippen
  - Makrosmaten
  - Nestflüchter
  - Rodentizide
  - [B] Säugetiere
  - Winterschlaf
- **Nagezähne**
  - hypsodont
  - Nagetiere
- **NAG-Vibrionen**
  - Vibrio
- **Nähfliege** ↗
- **Nähragar** ↗
- **Nährblatt**
  - Trophoblast
- **Nährboden**
  - Gallerte
  - Hefeautolysat
- **Nährbouillon**
- **Nährdotter**
- **Nährdrüsen**
  - Geschlechtsorgane
- **Nähreier**
  - Viviparie
- **Nährgelatine**
  - Gelatineverflüssigung
- **Nährgewebe**
  - □ Kotyledonarspeicherung
  - Samen
- **Nährhefe** ↗
- **Nährhumus**
  - Dauerhumus
- **Nährkammer**
  - [M] Oogenese
- **Nährlösung**
  - Ernährung
  - Hefewasser
  - [M] kontinuierliche Kultur
  - Sterilisation
  - Zellkultur
- **Nährmedium**
- **Nährmuskelzelle**
  - [B] Hohltiere I
- **Nährpolypen**
  - [M] Campanulariidae
  - [B] Hohltiere I
  - ↗ Freßpolypen
- **Nährsalze**
- **Nährschicht**
  - Trophoblast
- **Nährstoffauswaschung**
  - Bodenreaktion
  - ↗ Stickstoffauswaschung
- **Nährstoffbilanz**
- **Nährstoffe** ↗
  - anthropisches Prinzip

281

Nährstoffentzug
- Bodenentwicklung
- Bodenreaktion
- Ionenaustauscher
- Substrat

Nährstoffentzug
- Nährstoffbilanz

Nährstoff-Fallen
- Afrika

Nährstoffgehalt
- Nährstoffhaushalt
- ☐ Nahrungsmittel
- ☐ Obst

Nährstoffhaushalt
Nährstoffkreislauf
- [M] Nährstoffhaushalt

Nährstoffverhältnis
Nährstoffverlagerung
- Bioturbation

Nährstoffverluste
- Nährstoffhaushalt
- ↗ Nährstoffauswaschung

Nährstoffzufuhr
- Nährstoffbilanz

Nahrung ↗
- Darmflora
- ☐ ökologische Effizienz
- Ressourcen
- Stoffwechsel
- ↗ Nahrungsmittel

Nahrungsangebot
Nahrungsaufnahme
- Darm
- Hunger
- Kiemen
- Kiemendarm
- ☐ Motivationsanalyse
- Regelung
- Resorption
- Stoffwechselintensität
- Verdauung

Nahrungsbedarf
- Nahrungsspezialisten

Nahrungsbestandteile
- Ballaststoffe
  ↗ essentielle Nahrungsbestandteile

Nahrungsdotter
- Nährdotter

Nahrungsersatz
- Geophagie

Nahrungserwerb
- Antrieb
- Suchbild

Nahrungskette
- Abbau
- Algen
- biologisches Gleichgewicht
- Biomassenpyramide
- Clostridien
- [M] DDT
- [M] dynamisches Gleichgewicht
- [M] Krill
- Leben
- [M] Nährstoffhaushalt
- Pflanzen
- Plankton
- Polarregion
- Selbstreinigung
- Wasserverschmutzung

Nahrungsketten-Effizienz
- ökologische Effizienz

Nahrungsmangel
- dichteabhängige Faktoren
- Massenwanderung
- Wanderfalter

Nahrungsmittel
- ☐ Chlorkohlenwasserstoffe
- Fleisch
- [M] Pilze
- Prout, W.
- Unterernährung

Nahrungsmittelkonservierung
- Antibiotika
- Konservierung

Nahrungsmittelvergiftungen
- [M] Exotoxine
- Vibrio

Nahrungsnetz
Nahrungsnische
- ☐ Charakter-Displacement
- ökologische Nische

Nahrungspolysaccharide
- Amylopektin
- Amylose

Nahrungsprägung
- Prägung

Nahrungsprüfung
- chemische Sinne

Nahrungspumpe
- [M] Wanzen

Nahrungspyramide
- Brockengrößenanspruch

Nahrungsqualität
- dichteunabhängige Faktoren

Nahrungsrinne
- Mundwerkzeuge
- Sanddollars

Nahrungsrohr
- ☐ Mundwerkzeuge

Nahrungsspezialisten
- Endosymbiose
- ☐ Nahrungskette

Nahrungsstoffe
Nahrungstransport
- Amoebocyten
- Backentaschen
- Coelomocyten
- Verdauung

Nahrungstrieb
- [M] Bereitschaft
- ↗ Durst
- ↗ Hunger

Nahrungsvakuole ↗
- Cyclose
- [B] Darm
- Einzeller
- Exocytose
- [M] Pantoffeltierchen
- Verdauung

Nahrungsverknappung
- Wanderfalter

Nahrungsverweigerung
- Unterernährung
- ↗ Anorexia nervosa

Nahrungsvorräte
- Brutzellen
- Maulwürfe
- Tierbauten

Nahrungswahl
- Beharrungsregel
- Ernährung
- Nahrungsspezialisten

Nahrungswechsel
- Nahrungsspezialisten

Nahrungswert
- Nährwert

Nährwert
- Ballaststoffe

Nährwurzel
- Wurzel

Nährzellen
- Astrocyten
- Auxiliarzellen
- Follikelzellen
- Geschlechtsorgane
- [M] Oogenese

Nährzoide
Nahsinnesorgane
- Cephalisation

Naht
- Raphe

Nahtfurche
- Pleuralfurche

Nahtlobus
Nahur ↗
Naididae
Naiococcus
- Schmierläuse

Nairobi (Kenia)
- [B] National- und Naturparke II

Nairobi-Schlafkrankheit
- Bunyaviren

Nairovirus
- Bunyaviren

Naïs
- Naididae

Naja ↗
Najadaceae
Najadales
Najaden ↗
Najas
- Najadaceae

Nalanane
- Schlafkrankheit

Nalorphin
- Opiate

Naloxon
- Opiate

Namalycistis
- [M] Nereidae

Namanereis
- [M] Nereidae

Namib
- Afrika
- arid
- [B] Vegetationszonen

Namurium
- [M] Karbon

NANA
- Sialinsäuren

Nanaloricus
- Loricifera
- ☐ Loricifera

Nanderbarsche
Nandidae ↗
Nandinia ↗
Nandus
- Südamerika
- [B] Südamerika IV
- [M] Südamerika

Nanger
- Damagazelle

Nanismus ↗
Nannacara ↗
- [B] Auslöser
- [M] Familienverband
- Symbolhandlung

Nannandrie
- Oedogoniales
- Zwergmännchen

Nannaosquilla
- [M] Fangschreckenkrebse

Nannippus
- [B] Pferde, Evolution der Pferde II

Nannizzia ↗
Nannobatrachus
- ☐ Ranidae

Nannocharax ↗
Nannochromis ↗
Nannoconus
Nannocysten
- Chronospezies

Nannocystis
Nannofossilien
Nannophiura
- ☐ Schlangensterne

Nannophrys
- ☐ Ranidae

Nannoplankton ↗
- Copelata
- Meeresbiologie

Nannopterum ↗
Nannostomus ↗
Nanocytenbildung
- Cyanobakterien

Nanometer
- Ångström

Nanomia ↗
Nanophyetus
- [M] Darmegel

Nanoplankton
- Meeresbiologie
- [M] Plankton (Einteilung)

Nanorana
Nanosella
- Federflügler
- Käfer

Nanosomie ↗
Nanozoide
Nansen-Schließnetz
- Meeresbiologie

Naosaurus
- Edaphosaurus

Napfauge
- Auge

Napfnest
- [M] Nest (Nestformen)

Napfschaler ↗
Napfschildläuse
Napfschnecken
- [M] Auge
- Griffelseeigel
- Radula

Naphthacen
- Tetracycline

Naphthalin
- [M] chemische Sinne
- [M] kondensierte Ringsysteme
- ☐ MAK-Wert

Naphthene
- Cycloalkane

Naphthochinone
- [M] Chinone

Naphthylamin
- [M] Krebs (Krebserzeuger)

Naphthylessigsäure ↗
- Wachstumsregulatoren

Napoleonweber
- [B] Vögel II

Naraspflanze ↗
Narbe (Botanik)
- ☐ Autogamie
- Griffel
- ☐ Inkompatibilität
- Pollen

Narbe (Medizin)
- Entzündung
- Wundheilung

Narbe (Zoologie)
Narbengewebe
- Granulationsgewebe

Narbenpapillen
- ☐ Autogamie

Narbensekret
Narbomycin
- Makrolidantibiotika

Narcein
Narcissus ↗
Narcomedusae
Narcotin
- Mohn

Narde ↗
Nardenöl ↗
- Baldriangewächse

Nardetalia
- Arrhenatheretalia
- Borstgras
- Triften

Nardetum
- Nardetalia

Nardia ↗
Nardion
- Nardetalia

Nardo-Callunetea
- Heide

Nardostachys ↗
Nardus ↗
Nares
- Nase

Naringenin
- [M] Flavanone

Naringin
- Citrus

Narkose
- Bewußtsein

Narkosemittel
- Narkotika

Narkosevorbereitung
- ☐ Tollkirsche

Narkotika
- Betäubung
- Chloroform
- [M] Schmerz
- [M] Wehrsekrete

Narrenkappe
- Mactra

Narrenkopf
- Gelte

Narrenkrankheit
Narrenschwamm
- Fliegenpilz

Narrentaschen
- Narrenkrankheit

natürliche Verjüngung

Narthecium ↗
Narwal
- B Polarregion III

Narzisse
- B Mediterranregion I
- Nebenkrone

Narzissenfliegen ↗
Narzissengewächse ↗
Narzißschnäpper
- B Asien IV

Nasale
- Nase

nasaler Pharynx
- Epipharynx

nasaler Rachen
- Epipharynx

Nasalis
- Nasenaffen
- M Schlankaffen

Nasalregion
- Schädel

Nasarius
- Netzreusenschnecken

Nase
- Alpentiere
- □ Rindenfelder
- □ Virusinfektion (Wege)

Nasen
Nasenaffen
- B Asien VIII
- □ Genitalpräsentation

Nasenaufsatz
- Fledermäuse

Nasenbären ↗
- M Kleinbären
- Südamerika

Nasenbein
- Nasale
- Nase
- □ Schädel
- B Skelett

Nasenbeutler
Nasenbremsen ↗
Nasendrüsen
- Salzdrüsen

Nasenflügel
- Nase

Nasenfrosch ↗
- Südamerika

Nasengänge ↗
Nasenhaie
Nasenhöhle
- chemische Sinne
- Nase

Nasenhörner
- Ceratopsia

Nasen-Hypophysen-Gang
- Nasen-Rachen-Gang

Nasenkröten
Nasenlidfalte
- Mongolenfalte

Nasenlöcher
- Nasale
- Nase

Nasenmuscheln
- Makrosmaten
- Siebbein

Nasennebenhöhlen ↗
Nasenöffnung
- Nase
- Vomer

Nasen-Rachen-Gang ↗
- Nase

Nasenratten
Nasensack
- B chemische Sinne I

Nasenscheidewand
- Nase

Nasenschleim
- Lysozym

Nasenschleimhaut
- Makrosmaten
- Nase
- B Nervensystem II

Nasensoldaten ↗
Nasenspiegel
- Halbaffen

Nasentermiten
- Gabelnasuti

- Termiten

Nasentierchen ↗
Nasentiere ↗
Nasenträger
- Soldaten

Nasenwurm
Nashörner
- B Afrika IV
- Äthiopis
- Brachypotherium
- Elasmotherium
- Haut
- B Homologie und Funktionswechsel
- Iranotherium
- M Körpergewicht
- □ Lebensdauer
- Lippen
- B Pferde, Evolution der Pferde II
- □ Pleistozän
- M Unpaarhufer

Nashornfische ↗
Nashornkäfer
- B Insekten III
- B Käfer I

Nashornleguan ↗
Nashornverwandte
- Ceratomorpha

Nashornviper ↗
Nashornvögel
- M Gelege
- M Schnabel

Näsling
- Rhinogradentia

Naso ↗
Nasobem
Nasopharynxcarcinom
- DNA-Tumorviren
- Epstein-Barr-Virus

Nasoturbinalia
- Nasale
- Turbinalia

Nassarius
Nassellaria ↗
nasse Staudenfluren ↗
Naßfäule
Naßreis
- Wasserreis

Naßstandorte
  ↗ Feuchtgebiete

Nassula
Naßwiesen ↗
Nastie
- Bewegung

Nasturtium ↗
Nasua ↗
Nasus
- Nase

Nasutermitinae
- Termiten

Nasuti ↗
- Frontaldrüse
- staatenbildende Insekten

Nasutitermes ↗
Natalbarsch
- Buntbarsche

Natalfrosch
Natalidae
- M Fledermäuse
- Trichterohren

Natalität ↗
- Populationswachstum

Natalobatrachus ↗
Natalus
- Trichterohren

Natamycin ↗
Natantia
Nathans, D.
- B Biochemie

Nathorst, Gabriel
- Nathorstiana

Nathorstiana ↗
- Brachsenkrautartige

Natica
Naticoidea
Natio
- Lokalform

"National"
- □ Meeresbiologie (Expeditionen)

Nationalparke
- wildlife management

Nationalsozialismus
- Biologismus
- Sozialanthropologie

nativ
Native Cats
- Beutelmarder

nativistisch
Nativpräparat
Natricinae ↗
Natrium
- M Bioelemente
- M chemische Bindung
- □ Harn (des Menschen)
- Kation
- M Kationenaustauscher
- Membranpotential
- Membrantransport
- M Membrantransport
- Nährsalze
- B Nervenzelle I

Natriumacetat
- Puffer

Natriumamid
- Amide

Natriumboden
- □ Salzböden

Natriumcarbonat
- Salze

Natriumchlorid (= NaCl)
- chemische Gleichung
- Halobakterien
- halophile Bakterien
- Halophyten
- M Löslichkeit

Natriumcyclamat
Natriumdithionit
- Antimutagene

Natrium-Dodecylsulfat
- Gelelektrophorese
- □ Membranproteine (Detergentien)

Natriumfluorid
- Fluoride

Natriumformiat
- Brennessel
- Brennhaar

Natriumhydrogencarbonat
- Pankreas
- Salze

Natriumhydrogensulfat
- Salze

Natriumhydrogensulfit
- Neubergsche Gärungsformen

Natriumhydroxid
- chemische Gleichung
- □ MAK-Wert

Natriumhypochlorit
- aufhellen

Natrium-Kalium-Pumpe ↗
- Ionenpumpen
- Natriumpumpe

Natriumkanal
- Tetrodotoxin

Natriumnitrat
- B Stickstoffkreislauf

Natriumoxid
- Oxide

Natriumpumpe
- Aktionspotential
- Ionenpumpen
- Natriumstoffwechsel

Natriumstearat
- M Seifen

Natriumstoffwechsel
Natrix ↗
Natronkalk
- M Respirometrie

Natronlauge
- Acidimetrie
- Keimgifte
- Laugen
- M pH-Wert
- M Seifen

Natronobacterium
- halophile Bakterien

Natronococcus
- halophile Bakterien

Natronsalpeter
- Chilesalpeter
- Natriumnitrat

Nattern
Natternhemd
- Haut
- Schlangen

Natternkopf
- □ Bodenzeiger
- M Ruderalpflanzen

Natternkopf-Gesellschaft ↗
Natternzunge
- M Chromosomen (Anzahl)

Natternzungengewächse
Natur
- Geist - Leben und Geist
- Naturschutz
- Umweltschutz

Naturalismus
- Vitalismus - Mechanismus

naturalistische Ethik
- Bioethik

Natural-Killer-Zellen
- Immundefektsyndrom
- Interferone
- Lymphocyten
  ↗ Killerzellen

natural ressources
- Naturschutz
  ↗ Ressourcen

Naturbeherrschung
- Goethe, J.W. von

Naturboden
Naturdenkmale
Naturfarbstoffe
Naturgas ↗
Naturgeschichte
- Biologie
- B Biologie II

Naturgesetze
- anthropisches Prinzip
- Deduktion und Induktion
- Erklärung In der Biologie
- Kreationismus
- Wissenschaftstheorie

Naturgüter
- Naturschutz

Naturheilkunde
Naturherdinfektion
Naturkatastrophen
- Katastrophentheorie

Naturklärverfahren
- Kläranlage

Naturkonstanten
- anthropisches Prinzip

Naturlandschaft
- Nationalparke
- Waldrand

natürlich
- nativ

natürliche Auslese ↗
- Abstammung
- Evolution
- Vitalismus - Mechanismus

natürliche Baumaterialien
- Baubiologie

natürliche Farbstoffe
- Naturfarbstoffe

natürliche Feinde
- biologische Schädlingsbekämpfung

natürliche Selektion
- B chemische und präbiologische Evolution

natürliches System
- B Biologie II
- Gärtner, J.
- Jussieu, B. de
- Leserichtung
- Systematik

natürliche Sukzession
- Dauerinitialgesellschaften
  ↗ Sukzession

natürliche Vegetation
- Klimaxvegetation
- Laubhölzer
- Vegetation

natürliche Verjüngung
- Aussaat

natürliche Zeitgeber

- Mischwald
  ↗ Naturverjüngung
  ↗ Verjüngung
natürliche Zeitgeber
- soziale Zeitgeber
natürliche Zuchtwahl ↗
- Bioethik
Naturparke
Naturphilosophie
- B Biologie II
- idealistische Morphologie
Naturrassen ↗
Naturreservate
Naturschönes
- Symmetrie
Naturschutz
- M Flurbereinigung
- Heilpflanzen
- M Laufkäfer
- M Mittelwald
- Moorkultur
- Vogelschutz
- wildlife management
Naturschutzgebiete
- Artenschutz
Naturstoffe
Naturverjüngung
- Saumschlag
- □ Schlagformen
- Wildverbiß
  ↗ natürliche Verjüngung
  ↗ Verjüngung
Naturvölker
- Kultur
- □ Nomina vernacularia
Naturwaldreservate ↗
Naturwaldreservate
- Waldschutzgebiete
Naturweiden
- Weide
Naturwissenschaften
Naucoridae ↗
Naucoris
- Schwimmwanzen
Naucrates ↗
Naufraga ↗
Naumann, A.
- Seetypen
Naumann, Carl Friedrich
- Naumanniella
Naumanniella ↗
Nauplius
- Anamerie
- Deutometamerie
- Gliederfüßer
- M Larven
Naupliusauge
- Frontalorgan
- Gliederfüßer
- □ Krebstiere
Naupliuslarve
- Nauplius
Nausithoë ↗
Nausitora
- Schiffsbohrer
nautilicon
- nautiloid
Nautilida ↗
- Germanonautilus
Nautiliden ↗
- annulosiphonat
- Gomphoceras
- □ Kambrium
nautiloid
Nautiloidea
- Lateradulata
- Proterogenese
- Tetrabranchiata
Nautilomorphi
- Nautiloidea
Nautilus
- Ammonoidea
- Annulus
- Kameraauge
Nautococcaceae
Nautococcus
- Nautococcaceae
Navicula
- Naviculaceae

Naviculaceae
Navigation
- Brieftaube
- Vogelzug
Nawaschin, S.G.
ν-bodies
- Nucleosomen
NC-Vibrionen ↗
- Vibrio
ND
- □ Dosis
Ndumu
- M Togaviren
N-Dünger
- Stickstoffdünger
Neala
- Insektenflügel
Neamin
- Neomycine
Neandertal (BR Dtl.)
- B Paläanthropologie
Neandertaler
- Abstammung - Realität
- B Biologie II
- Cannstattrasse
- Homo sapiens fossilis
- Jersey
- Kiïk-Koba
- Krapina
- La Chapelle-aux-Saints
- La Ferrassie
- La Quina
- Le Moustier
- Marillac
- Moustérien
- Paläanthropologie
- □ Paläanthropologie
- Präneandertaler
- Schwalbe, G.
- Spy
- St-Césaire
- Tabun
- Torus supraorbitalis
Neandertaloide
Neanthes
Neanthropinen
Neanuridae
- Springschwänze
Nearktis
- Nordamerika
- Paläarktis
- Südamerika
- □ tiergeographische Regionen
Nearktische Region
- B Biologie II
- Nearktis
Nebalia ↗
Nebaliidae
- Leptostraca
Nebaliopsis
- M Leptostraca
Nebel
- Dispersion
- M Wüste
Nebela ↗
Nebelflechten
Nebelkappe
- M Trichterlinge
Nebelkrähe ↗
- Bastardzone
- B Europa XVII
- □ Rabenvögel
- Rasse
Nebelparder
- Kleinkatzen
Nebelwald
- M Cyatheaceae
- Wald
Nebelwüste
- Afrika
Nebenaugen
Nebenblattdornen ↗
Nebenblätter
- □ Samen
Nebenblattscheide
- Nebenblätter
Nebenbrut
- Buchdrucker

Nebendarm
- Echiurida
Nebeneierstock
- Paradidymis
Nebenflügel
- Daumenfittich
Nebenfruchtformen
Nebengelenker
- Xenarthra
Nebengelenktiere ↗
Nebenherzen
Nebenhoden ↗
- Lunarperiodizität
- Nebeneierstock
- Paradidymis
- M Urogenitalsystem
Nebenhöhlen
- Nasenmuscheln
- Siebbein
Nebenhöhlenentzündung
- Kieferhöhle
Nebenkern (Mikronucleus) ↗
Nebenkern (Nucleolus) ↗
Nebenkern (Paranucleus)
Nebenklauen
- Paronychien
Nebenkrone
Nebenmaxima
- □ Mikroskop (Vergrößerung)
- □ Phasenkontrastmikroskopie
Nebenniere
- Aldosteron
- M Hormondrüsen
- Hydroxylasen
- □ Nervensystem (Wirkung)
- B Nervensystem II
Nebennierenhormone ↗
Nebennierenmark
- □ Hormone (Drüsen und Wirkungen)
- Nebenniere
- Neuralleiste
- Paraganglien
- Verdauung
Nebennierenrinde
- □ Hormone (Drüsen und Wirkungen)
- □ hypothalamisch-hypophysäres System
- Interrenalorgan
- Mineralocorticoide
- Nebenniere
- Östrogene
- Streß
Nebennierenrindenhormone ↗
Nebenpigmentzellen ↗
- □ Retinomotorik
Nebenschaft
- Hyporhachis
Nebenschilddrüse
- M Hormondrüsen
- □ Hormone (Drüsen und Wirkungen)
- Schilddrüse
- Thymus
- Verdauung
Nebenschilddrüsenhormon
- Nebenschilddrüse
Nebenstrahlen
- Vogelfeder
Nebenstruktur
- Derivat
Nebenwirt
- □ Blattläuse
- Wirt
Nebenwurzeln ↗
- □ Allorrhizie
- Büschelwurzel
- Seitenwurzeln
- sproßbürtige Wurzeln
- M sproßbürtige Wurzeln
- Wurzelknollen
Nebenzeilen
- Parastichen
Nebenzellen (Botanik)
- □ Spaltöffnungen
Nebenzellen (Zoologie)
- Fundusdrüsen

- Haare
Nebenzunge ↗
Nebria
- M Laufkäfer
Necator ↗
Necker, Noël Joseph de
- Neckeraceae
Neckera
- Neckeraceae
Neckeraceae
Neckeropsis
- Neckeraceae
Necridien ↗
Necrobia ↗
Necrodes
- Aaskäfer
Necrolemur
Necrolemuridae
- Necrolemur
Necrolestes
Necrophorus ↗
Nectariniidae ↗
Nectochaeta
- Polydora
- Trochophora
Nectocystis
- Schwimmblase
Nectogale
- Spitzmäuse
Nectonema ↗
Nectonematida
- M Saitenwürmer
Nectonemertes
Nectophryne ↗
Nectophrynoides
- Froschlurche
Nectria
- Fusarium
Nectriaceae
Nectridea
- Diplocaulus
Nectridia
- Pseudocentrophori
Necturus ↗
- Kiemen
Necydalis
- M Bockkäfer
- Wespenböcke
Needham, J.
- Exkretion
- Weizenälchen
Needhamsche Regel ↗
Needham-Schläuche
Neelidae ↗
Neelomorpha
- Zwergspringer
Neelsen, Friedrich Karl Adolf
- Ziehl-Neelsen-Färbung
Neelus
- Zwergspringer
Neencephalisation ↗
Neencephalon
- Palaeencephalon
Negaprion ↗
negative Genregulation
- Arabinose-Operon
  ↗ Genregulation
negative Kontrolle
- differentielle Genexpression
negative learning spirale
- Aggression
negativer allosterischer Effekt
- Allosterie
negativer Supertwist
- supercoil
negative Rückkopplung
- □ adrenogenitales Syndrom
- hypothalamisch-hypophysäres System
- Menstruationszyklus
- □ Motivationsanalyse
- □ Pupillenreaktion
- □ Temperaturregulation
negative Überspiralisierung
- DNA-Topoisomerasen
negativ inotrope Wirkung
- Herzglykoside
Negativkontrastierung
- mikroskopische Präparationstechniken

Negentropie
- Abstammung - Realität
- Zelle
Negerhirse ↗
Negride
- Homo sapiens fossilis
- Paläanthropologie
Negri-Körper
- M Rhabdoviren
- □ Virusinfektion (Wirkungen)
Negritos
- Pygmäen
negroid
Negroide
- Hautfarbe
Neides
- Stabwanzen
Neididae ↗
Neigungskontrast
- Rastermikroskop
Neigungsstruktur
- Ethik in der Biologie
Neisser, Albert Ludwig Siegmund
- Geschlechtskrankheiten
- Neisseria
- Neisseriaceae
Neisseria
- M Eitererreger
- M Zahnkaries
Neisseriaceae
Nekralschicht
Nekrobionten
- Nekrophagen
Nekrobiose
- Kernholz
Nekrohormone ↗
Nekrophagen
nekrophile Pilze
- Pilzkrankheiten
Nekrophyten
- Nekrophagen
Nekroplankton
Nekrose (Botanik)
- Rauchgasschäden
- Viroide
Nekrose (Medizin)
- Schock
nekrotisch
nekrotische Enteritis
- Gasbrandbakterien
Nekrotische Rübenvergilbungs-Virusgruppe
- B Viren
Nekrotrophe
- Nekrophagen
Nekrovore
- Nekrophagen
Nekrozönose ↗
Nektar
- Bedecktsamer
- Bestäuber
- Blumenvögel
- Blütennahrung
- Diskus
- Entomogamie
- Honigbienen
- Invertzucker
- Nektardiebe
- □ staatenbildende Insekten
- B Zoogamie
Nektarblumen
- Blütennahrung
Nektardiebe
Nektardrüsen
- M Cyathium
- Nektarien
Nektarhefen
Nektarien
- M Blüte (Aufbau)
- Blütenduft
- Hahnenfußgewächse
- Honig
Nektarine ↗
Nektarräuber
- Nektardiebe
Nektarspalten
- Nektarien
Nektarsporn
- B Zoogamie

Nektarvögel
- M Bestäubung
- Kolibris
- B Konvergenz bei Tieren
- Nest
- □ Ornithogamie
Nekton
- Meeresbiologie
- Plankton
Nektophoren
- Siphonanthae
Nelke
- □ Bodenzeiger
- B Europa XIX
- B Mediterranregion III
- Viole
Nelkenartige
Nelkeneulen
Nelkengewächse
- Nagel
- Nebenkrone
Nelkenheidegewächse
- Frankeniaceae
Nelkenkorallen ↗
Nelkenöl
Nelkenpfeffer
- B Kulturpflanzen IX
- Myrtengewächse
Nelkenpfefferbaum
- Myrtengewächse
Nelkenringflecken-Virusgruppe
Nelkenschwindling
- Hexenring
- B Pilze III
Nelkenwickler
Nelkenwurz
Nelkenzimt
Nelson-Test
- Geschlechtskrankheiten
Nelumbo
Nema
Nemacaulus ↗
Nemalion
- Nemalionales
Nemalionales
Nemapogon
- Tineidae
Nemastoma
- Fadenkanker
Nemastomatidae ↗
Nemata
Nemathelminthes
- Archicoelomatentheorie
- □ Tiere (Tierreichstämme)
Nematizide
Nematoblastem
Nematobrachion
- □ Leuchtorganismen
Nematobrycon ↗
Nematocera ↗
Nematochrysis ↗
Nematocysten ↗
Nematoda ↗
Nematoden
- M Anaerobier
- Dauerlarve
- Enterocoeltheorie
- ↗ Fadenwürmer
Nematodenfäule ↗
Nematodes
- Fadenwürmer
Nematodirus
Nematogene
- M Mesozoa
Nematoloma ↗
Nematomenia
- M Furchenfüßer
Nematomorpha ↗
- Doppelfüßer
Nematophoren
Nematoplanidae
Nematopsis ↗
Nematospermium
- □ Spermien (Spermien-Typen)
Nematospora
Nematozide ↗
Nematozoid
- M Plumulariidae

Nematus
- Tenthredinidae
Nemeobiidae ↗
Nemertea
- Schnurwürmer
Nemertesia ↗
Nemertinea
- Schnurwürmer
Nemertini ↗
- Acoelomata
- Archicoelomatentheorie
- □ Tiere (Tierreichstämme)
- ↗ Schnurwürmer
Nemertodermatida
Nemertoplanidae
Nemertopsis
Nemesia ↗
- B Mendelsche Regeln I
Nemestrinidae ↗
Nemichthyidae ↗
Nemobius ↗
Nemognatha
- □ Käferblütigkeit
- Mundwerkzeuge
Nemopanthus
- M Stechpalmengewächse
Nemophila
- Hydrophyllaceae
Nemopteridae ↗
nemorale Zone ↗
- boreonemoral
- submediterran
Nemorhaedini
- Waldziegenantilopen
Nemorhaedus
- Goral
Nemosoma
- M Flachkäfer
Nemoura
- M Steinfliegen
Nemouridae
- M Steinfliegen
Nenia
Neniinae
- M Schließmundschnecken
Neoammoniten
- Aptychus
Neoammonoidea
Neoamphitrite
Neoaplectana
Neobalaena
- Glattwale
Neobatrachia ↗
Neobatrachus ↗
Neobisium
Neoblasten
- M Neodermis
Neobunodontia
- bunodont
Neobunodontie
- Neobunodontia
Neocallimastix
- Pansenbakterien
Neocentromeren
Neoceratodus ↗
Neocerebellum ↗
- Telencephalon
Neochanna ↗
Neochmia ↗
Neocortex
- Korbzellen
- Telencephalon
Neocribellatae ↗
Neocyclotidae
Neodarwinismus
- Abstammung - Realität
Neodendrocoelum
- M Ochridasee
Neodermata
- Saugwürmer
Neodermis
- Saugwürmer
- □ Saugwürmer
Neodrepanis ↗
Neodyas
- Perm
Neoechinorhynchus ↗

Neopterin

Neoendemismus
- Endemiten
Neoepigenesislehre
- Entwicklungstheorien
Neoeuropa
Neofelis ↗
Neofibularia
Neogäa (Biogeographie)
- Faunenreich
- tiergeographische Regionen
Neogäa (Paläontologie) ↗
Neogäikum
- Megagäa
Neogastropoda ↗
Neogen
Neoglazivia ↗
Neogossea
Neohattoria ↗
Neohipparion
- B Pferde, Evolution der Pferde II
Neoichnologie
- Ichnologie
Neokom
- M Kreide
Neolamarckismus
- Abstammung - Realität
Neoleanira
- M Sigalionidae
Neolithikum ↗
- Apfelbaum
- M Holozän
- kulturelle Evolution
Neoloricata ↗
Neomelaneside
- □ Menschenrassen
Neomelie ↗
Neomenia
Neomeniidae
- Neomenia
Neomeris ↗
Neometabola
Neometabolie
- Neometabola
Neomycine
Neomys ↗
Neomysis
- M Mysidacea
Neon (Element)
- M Atom
Neon (Fisch)
- B Aquarienfische I
- Neonfische
Neonfische
Neongrundel
- Grundeln
- Putzsymbiose
- M Putzsymbiose
Neonkrankheit ↗
Neontologie
Neoophora
- Strudelwürmer
Neopallium
- B Telencephalon
Neophoca ↗
Neophron ↗
- M Werkzeuggebrauch
Neophyten
- Ackerunkräuter
- Europa
Neophytikum ↗
Neopilina
- M Nomenklatur
Neoplagiaulax
- □ Tertiär
neoplastische Transformation
- Transformation
Neopräformation
- Mosaiktyp
Neopräformationslehre
- Entwicklungstheorien
Neoprioniodus
- Lochriea
Neoptera
- Fluginsekten
- Flugmuskeln
- □ Insekten (Stammbaum)
- □ Insektenflügel
Neopterin
- M Gelée royale

Neoptile

- Pteridine
- **Neoptile** ↗
- **Neopulmo** ↗
- **Neoraimondia**
  - Kakteengewächse
  - □ Kakteengewächse
- **Neorhabdocoela**
  - Dalyellioida
- **Neorickettsia**
- **Neornithes**
- **Neosartorya**
  - Aspergillus
  - M Eurotiales
- **Neoschwagerina**
  - Perm
- **Neoscopelidae** ↗
- **Neoscopelus**
  - Laternenfische
- **Neostethidae** ↗
- **Neostigmin**
  - Parasympathikomimetika
- **Neostriatum**
  - Telencephalon
- **Neostyriaca**
- **Neotamias**
  - Chipmunks
- **Neotänie**
  - Neotenie
- **Neotenie**
  - Amphibien
  - Archiannelida
  - Axolemm
  - Blindsalamander
  - Copelata
  - Fächerflügler
  - Fetalisation
  - Jugendentwicklung: Tier-Mensch-Vergleich
  - Larvalentwicklung
  - Phänogenetik
  - Rekapitulation
- **Neotenin** ↗
  - biotechnische Schädlingsbekämpfung
- **Neotethys**
  - Tethys
- **Neotoma**
  - M Nordamerika
- **Neotraginae** ↗
- **Neotragoceras**
  - Gabelhorntiere
- **Neotragus**
  - Böckchen
- **Neotremata**
- **Neotrigonia**
  - Trigonioidea
- **Neotropis**
  - Nordamerika
  - Paläotropis
  - Südamerika
  - □ tiergeographische Regionen
  - ↗ neotropische Region
- **neotropische Region**
  - B Biologie II
  - Faunenreich
  - ↗ Neotropis
- **neotropisches Florenreich**
  - Neotropis
- **Neottia** ↗
- **Neoturris** ↗
- **Neotypus**
- **Neovitalismus**
  - Lebenskraft
  - Reinke, J.
  - Vitalismus - Mechanismus
- **Neoxanthin**
  - □ Algen (Farbstoffe)
  - Carotinoide
- **Neozoikum** ↗
- **Nepa** ↗
- **Nepenthaceae** ↗
- **Nepenthes** ↗
- **Nepeta** ↗
- **Nephelis** ↗
- **Nephelium** ↗
- **Nephelopsis**
  - M Erpobdellidae
- **Nephila**
  - M Radnetzspinnen

- **Nephotettix**
  - M Beauveria
- **Nephridialkanal**
  - Nephroporus
- **Nephridien**
  - Bojanussche Organe
  - B Gliederfüßer II
  - Pandersches Organ
- **Nephridioporus**
  - □ Muscheln
  - Nephroporus
- **Nephridiostom**
  - Nephrostom
- **Nephrocoeltheorie**
- **Nephrocyten**
  - Seescheiden
- **nephrogener Strang**
  - Nierenentwicklung
- **Nephrolepis** ↗
- **Nephroma**
  - Nephromataceae
- **Nephromataceae**
- **Nephromixien**
  - Oviduct
- **Nephron**
- **Nephropidae**
  - M Astacura
  - Hummer
- **Nephropoidea**
  - Astacura
  - Flußkrebse
- **Nephroporus**
- **Nephrops** ↗
- **Nephros**
  - Niere
- **Nephrostom**
  - Ringelwürmer
- **nephrotisches Syndrom**
  - Blutproteine
- **Nephrotom** ↗
- **Nephthyidae**
- **Nephthys**
  - Nephthyidae
- **Nepidae** ↗
- **Nepo-Virusgruppe** ↗
- **Nepticulidae** ↗
- **Neptunea**
- **Neptunismus**
  - Werner, A.G.
- **Neptunium-Reihe**
  - □ Radioaktivität
- **Neptunsgehirne** ↗
- **Neptunsgräser** ↗
- **Neptunshorn**
  - Neptunea
- **Neral**
  - Citral
  - M Monoterpene
- **Nereia**
  - Sporochnales
- **Nereidae**
  - Lycastis
  - Lycastopsis
  - Neanthes
- **Nereilinum**
  - M Pogonophora
- **Nereimorpha**
- **Nereimyra**
  - M Hesionidae
- **Nereis**
  - M Nectochaeta
  - M Polychaeta
- **Nereites**
  - Pascichnia
- **Nereocystis** ↗
  - Kelp
  - M Laminariales
- **Nerilla**
  - Nerillidae
- **Nerillidae**
- **Nerillidium**
  - Nerillidae
- **Nerine**
- **Nerinea**
  - □ Jura
- **Nerita**
- **Neritidae** ↗
- **Neritina**
- **neritisch**
  - M bathymetrische Gliederung

- □ Meeresbiologie (Lebensraum)
- **Neritodryas**
- **Neritoidea**
  - Helicina
  - Nixenschnecken
- **Neritopsidae**
  - M Nixenschnecken
- **Nerium** ↗
- **Nernst, W.H.**
  - Nernstsche Gleichung
- **Nernst-Effekt**
  - Nernst, W.H.
- **Nernstsche Gleichung** ↗
  - Nernst, W.H.
- **Nernstsches Wärmetheorem**
  - Nernst, W.H.
- **Nernstsche Theorie**
  - Nernst, W.H.
- **Nerol**
- **Neroliöl**
  - Geraniol
- **Nerophis** ↗
- **Nertera** ↗
- **nerval**
- **Nervatur (Botanik)**
  - B Bedecktsamer II
  - ↗ Blattadern
- **Nervatur (Zoologie)** ↗
- **Nerve growth factor**
- **Nerven**
  - Korrelation
  - Neurologie
- **Nervenbahnen**
- **Nervenelektrizität**
  - B Biologie II
  - ↗ Bioelektrizität
  - ↗ Membranpotential
  - ↗ Nervenzelle
- **Nervenfaser**
  - B Nervenzelle I
  - Neurofibrillen
  - M Seneszenz
- **Nervengase**
  - Anticholin-Esterasen
- **Nervengeflecht**
- **Nervengewebe**
  - Golgi-Färbung
  - Hirnforschung
- **Nervengifte** ↗
  - Acetylcholin-Esterase
  - Diisopropyl-Fluorphosphat
  - M Gifte
  - ↗ Neurotoxine
- **Nervenimpuls**
  - Erkenntnistheorie und Biologie
  - Gehirn
  - B Sinneszellen
- **Nervenkerne** ↗
- **Nervenknoten** ↗
  - Nervensystem
  - B Nervensystem I
  - ↗ Ganglion
- **Nervenleitung** ↗
  - Helmholtz, H.L.F.
- **Nervenleitungsgeschwindigkeit**
  - M Seneszenz
- **Nervennetz**
  - Gehirn
  - Nervensystem
  - B Nervensystem I
- **Nervenphysiologie** ↗
- **Nervenplexus** ↗
- **Nervenpotentiale**
  - elektrische Organe
  - ↗ Membranpotential
- **Nervenscheide**
  - Perineurium
- **Nervensystem**
  - Bioelektrizität
  - B Chordatiere
  - M Krebs (Krebsarten-Häufigkeit)
  - Neurologie
  - □ Organsystem
  - Strahlenschäden

- Synapsen
- **Nerventraktus**
  - Nervenbahnen
- **Nerventrophik**
- **Nervenwachstumsfaktor**
  - Nerve growth factor
- **Nervenzelldichte**
  - M Gehirn
- **Nervenzelle**
  - Erregungsleitung
  - Ganglioside
  - Golgi-Färbung
  - Nissl-Färbung
  - □ Versilberungsfärbung
  - M Zellkern
- **Nervi corporis cardiaci**
  - stomatogastrisches Nervensystem
- **Nervi craniales**
  - Hirnnerven
- **Nervi intercostales**
  - Interkostalnerven
- **Nervi spinales**
  - Spinalnerven
- **Nervon**
- **Nervonsäure**
  - Nervon
- **nervös**
- **Nervus**
- **Nervus cochlearis**
  - B Gehörorgane
  - Statoacusticus
- **Nervus connectivus**
  - stomatogastrisches Nervensystem
- **Nervus facialis**
  - Chorda tympani
  - Facialis
- **Nervus glossopharyngeus**
  - Glossopharyngeus
  - Paraganglien
- **Nervus hypoglossus**
  - Hirnnerven
  - Hypoglossus
- **Nervus ischiadicus**
  - Hüftnerv
- **Nervus lateralis**
  - Mechanorezeptoren
- **Nervus mandibularis**
  - Trigeminus
- **Nervus maxillaris**
  - Trigeminus
- **Nervus oculomotorius**
  - Oculomotorius
- **Nervus olfactorius**
  - Geruchsnerv
  - Olfactorius
- **Nervus ophthalmicus**
  - Trigeminus
- **Nervus opticus**
  - Auge
  - □ Linsenauge
  - Opticus
- **Nervus procurrens**
  - stomatogastrisches Nervensystem
- **Nervus recurrens**
  - Nervensystem
- **Nervus splanchnicus**
  - Magen
  - Splanchnikus
- **Nervus statoacusticus**
  - Hörnerv
  - Statoacusticus
- **Nervus trigeminus**
  - Grubenorgan
  - Temperatursinn
  - Trigeminus
- **Nervus trochlearis**
  - Trochlearis
- **Nervus vagus**
  - Depressor
  - Hemmungsnerven
  - Magen
  - Paraganglien
  - Vagus
- **Nervus vestibularis**
  - Statoacusticus
- **Nervus vestibulo-cochlearis**
  - Statoacusticus

Nerze
– Haustiere
– [B] Nordamerika I
Neside
– ☐ Menschenrassen
Neslia ↗
Nesokia
– Maulwurfsratten
– Mäuse
Nesolagus
– [M] Hasenartige
– Kaninchen
Nesomantis ↗
Nesomyinae
– Madagaskarratten
Nesophilaemon
– Haemadipsidae
Nesovitrea
Nesselbatterien
– [B] Hohltiere I
– ↗ Cniden
Nesselfalter ↗
Nesselfieber
– Allergie
– Nahrungsmittelvergiftungen
– Nesselkrankheit
Nesselgift
– Chiromantis
– Cniden
Nesselhaar ↗
Nesselkapseln ↗
– [B] Hohltiere I
– Tremoctopus
– ↗ Cniden
Nesselkrankheit (Medizin)
Nesselkrankheit (Pflanzenkrankheit)
Nesselquallen ↗
Nesselsack
– Fadenschnecken
– Kleptocniden
Nesselschnabeleule
– [M] Palpeneulen
Nesselschutz
– Symbiose
Nesselsucht
– Nesselkrankheit
Nesseltiere
– Fangfäden
– Gehirn
– [B] Symbiose
– [M] Synonyme
– ↗ Cnidaria
Nesseltuch
– [M] Brennessel
Nesselzellen ↗
– [B] Darm
Nest
– Brutfürsorge
– Brutrevier
– Byssus
– Gelege
– Horst
– Nestflüchter
– Nisthilfen
Nestbauverhalten
– Erbkoordination
– Kleptogamie
– Nest
Nestdunen
Nestfarn
– Streifenfarn
Nestflüchter
– Jugendentwicklung: Tier-Mensch-Vergleich
– Nachfolgereaktion
Nestgäste
– Nidikole
Nestgründung
– Ameisen
– staatenbildende Insekten
Nesthäkchen
– Eulenvögel
Nesthocker ↗
– Hudern
– Jugendentwicklung: Tier-Mensch-Vergleich
Nesticidae
– Höhlenspinnen

Nesticus ↗
Nestkäfer
Nestklima
– Ameisen
Nestling
Nestlingsdunen ↗
Nestor
Nestorinae
– [M] Papageien
Nestparasitismus ↗
– Ethoparasit
– Kleptogamie
Nestpilze
Neststerne
– Erdsterne
Nestwurz
Nethalid
– Beta-Blocker
– Sympathikolytika
Netrium ↗
Netta ↗
Nettophotosynthese ↗
Nettoprimärproduktion
Nettoproduktion
– Nettoprimärproduktion
– ☐ ökologische Effizienz
– Produktion
Nettoreproduktionsziffer
– Fruchtbarkeit
Netzauge ↗
Netzblatt ↗
Netze
– Fischereigeräte
– ☐ Meeresbiologie (Fanggeräte)
Netzfalter ↗
Netzfleckenkrankheit
Netzfliegen
Netzflügler
– Gespinst
– [B] Insekten II
– ☐ Rote Liste
Netzhaut
– additive Farbmischung
– Augenbecher
– ☐ Brechungsfehler
– Elektroretinogramm
– Engelmann, Th.W.
– Gedächtnis
– Hell-Dunkel-Adaptation
– Iris (Augenteil)
– [M] Magnetfeldeffekt
– ☐ Nervensystem (Funktionsweise)
– Photorezeption
– Pupillenreaktion
– ☐ Retinomotorik
– Zink
– ↗ Retina
Netzhautspiegelung
– entoptische Erscheinungen
– [M] Linsenauge
Netzkoralle
Netzmagen
– [M] Magen
Netzmücken ↗
Netznervatur
– [B] Bedecktsamer II
Netzplasmodium
– Netzschleimpilze
Netzpython
– [B] Asien VIII
– Pythonschlangen
Netzreusenschnecken
Netzsalamander ↗
Netz-Schemata
– Stammbaum
Netzschleimpilze
Netzschwefel
– Schwefeln
Netzstäublinge ↗
Netzstern ↗
Netzwanzen ↗
Netz-Weide
– [B] Europa II
Netzwerk-Theorie
– Jerne, N.K.
Netzwühlen

neuartige Waldschäden
– Waldsterben
Neuaufforstung
– Aufforstung
Neubauer-Kammer
– ☐ mikrobielles Wachstum
Neuberg, Carl
– [B] Biochemie
– [B] Biologie II
– Neubergsche Gärungsformen
Neubergsche Gärungsformen
Neubesiedlung
– Keimruhe
– ↗ Inselbesiedlung
– ↗ Kolonisierung
Neubürger
neue Organismen
– synthetische Biologie
neue Sorten
– Auslesezüchtung
Neufundländer
– ☐ Hunde (Hunderassen)
– [B] Hunderassen III
Neugeborenen-Erythroblastose
– Erythroblastose
– Rhesusfaktor
Neugeborenen-Gelbsucht
– Ikterus
Neugeborenen-Listeriose
– [M] Listeria
Neugeborenen-Meningitis
– Flavobacterium
Neugeborenen-Sepsis
– Erythroblastose
Neugeborenes
– Geburt
– ☐ Kind
– [M] Klammerreflex
– [M] Kolostrum
– Temperaturregulation
– Verdauung
Neugier
– [M] Bereitschaft
– Denken
– ↗ Neugierverhalten
Neugierverhalten ↗
– Lernen
– Menschenaffen
– Selbstdomestikation
– Spielen
Neuguinea-Hund
– Dingo
Neuguinea-Weichschildkröten ↗
Neuhaus, Richard
– [B] Biologie III
Neuhirn
– Jugendentwicklung: Tier-Mensch-Vergleich
– Neopallium
– Palaeencephalon
Neuhirnrinde
– Neopallium
Neukombination
– Mendelsche Regeln
– [B] Mendelsche Regeln I
– synthetische Biologie
neukombiniertes Verhalten
– Einsicht
Neumann, E.
Neumünder
– Deuterostomier
Neunaugen
– Fische
– [B] Fische X
– Hautlichtsinn
– ☐ Rundmäuler
Neunbinden-Gürteltier
– Gürteltiere
– Nordamerika
– [B] Nordamerika VII
Neunstachliger Stichling
– [B] Fische I
– Stichlinge
Neuntöter ↗
– [B] Europa XIII

– Vespidae
– [B] Vögel I
– [B] Vogeleier I
– Vogelzug
Neurada
– Rosengewächse
Neuradoideae ↗
neural
Neuralbögen
– Fische
– [B] Fische (Bauplan)
– Processus spinosus
– Wirbel
– [B] Wirbeltiere II
neurales Ektoderm
– Neuroektoderm
Neuralkanal ↗
– Wirbel
Neuralleiste
– Chromatophoren
Neuralplatte ↗
– [M] Entwicklung
Neuralrinne ↗
Neuralrohr
– [B] Embryonalentwicklung I
– Gehirn
– Hirnventrikel
– [B] Induktion
– Induktionsstoffe
– Nervensystem
– Neuroporus
– Primitivorgane
– Rekapitulation
– [M] Rekapitulation
– ☐ Schädellose
– [M] Somiten
Neuralwülste ↗
– Neuralleiste
Neuraminidase
– [M] Virushülle
Neuraminsäure
Neuraphes
– Ameisenkäfer
Neurapophyse ↗
– Wirbel
Neuraxon ↗
Neurergus
Neurilemm
Neurin
– Ptomaine
Neurit ↗
Neuroanatomie
– Hirnforschung
Neurobiologie
Neuroblasten
– Nerve growth factor
Neuroblastome
– ☐ Krebs (Tumorbenennung)
Neurocranium
– Fische
– [B] Fische (Bauplan)
Neurocyt ↗
Neurodendrium
Neurodepressing-Hormon
– Neuropeptide
Neuroektoderm
– Hormone
neuroendokrines System
Neuroepithel
Neuroepithelzellen
– Sinneszellen
Neurofibrillen
– axonaler Transport
Neurofibromatose
– ☐ Mutation
Neurofilamente ↗
– Zellskelett
neurogen
– Flugmuskeln
– Herzautomatismus
Neuroglia
Neurohämalorgane
– Gliederfüßer
– Häutungsdrüsen
– Hormone
– ☐ Hormone (Drüsen und Wirkungen)
– Insektenhormone

neurohormonale Faktoren
- Nervensystem
- neuroendokrines System
- Postkommissuralorgan

neurohormonale Faktoren
- [M] Neuropeptide

Neurohormon D
- [M] Neuropeptide

Neurohormone
- Häutungsdrüsen
- Nervensystem
- stomatogastrisches Nervensystem

Neurohypophyse
- ☐ Hormone (Drüsen und Wirkungen)
- [B] Menstruationszyklus
- Neurohämalorgane

Neurohypophysenhormone
- ☐ Neuropeptide

Neurokrinie
- Neurosekretion

Neurolemm ↗

Neuroleptanalgesie
- Narkose

Neuroleptika
- Narkose
- ☐ Psychopharmaka

Neurologie

Neuromasten

Neuromeren

Neuromodulatoren
- Hormone
- Prostaglandine

Neuron ↗

Rα-Neuron
- ☐ Atmungsregulation

Rβ-Neuron
- ☐ Atmungsregulation

neuronale Kontrastüberhöhung
- Kontrast

neuronale Koordination
- Hormone

neuronale Regelung
- Sinnestäuschungen
- ↗ Regelung

neuronale Superpositionsaugen
- ☐ Komplexauge (Aufbau/Leistung)

Neuronenlehre
- ☐ Nervensystem (Funktionsweise)
- ↗ Neuronentheorie

Neuronentheorie ↗
- Golgi, C.
- Ramón y Cajal, S.
- ↗ Neuronenlehre

Neuroommatidium
- ☐ Komplexauge (Aufbau/Leistung)

Neuropathie
- Diabetes

Neuropeptide
- Verdauung

Neurophysin
- Adiuretin
- Neurohypophyse
- ☐ Neuropeptide
- Oxytocin

Neurophysiologie ↗
- Hirnforschung

Neuropil
- Lobus opticus

Neuropilem
- Neuropil

Neuropodium
- [M] Polychaeta

Neuroporus
- Chordatiere

Neuropsychologie

Neuroptera

Neuropteris
- [B] Farnsamer

Neuropteroidea
- ☐ Insekten (Stammbaum)

Neurosekrete
- Hormone
- Nervensystem
- neuroendokrines System

- Neurohämalorgane
- Pfortadersystem

Neurosekretion

neurosekretorisches System
- neuroendokrines System

neurosekretorische Zelle
- [M] Häutung
- ☐ Oberschlundganglion

neurosensorisch

Neurospora
- Ein-Gen-ein-Enzym-Hypothese
- Genkonversion
- [M] Monilia

Neurosporaceae
- Neurospora

Neurosporin
- Carotinoide

Neurotensin
- Neuropeptide

Neuroterus
- Markgallen
- Parthenogenese

Neurotoma
- Birnblattwespe
- [M] Pamphiliidae

Neurotoxine
- Schlangengifte
- Synapsen
- ↗ Nervengifte

neurotoxische Reaktionen
- Antibiotika

Neurotransmitter
- Aminosäuren
- Angiotensin
- [M] Calmodulin
- Gewebshormone
- Glutaminsäure
- Hormone
- Membran
- Rezeptoren
- ↗ Transmitter

Neurotransmitter-Modulatoren
- Prostaglandine

Neurotrichus
- Nordamerika

Neurotubuli ↗

Neurula ↗
- [M] Entwicklung

Neurulation
- [B] Embryonalentwicklung II

Neuschnecken

Neuschöpfung
- Katastrophentheorie
- ↗ Schöpfung

Neuseeland
- Australien
- Axishirsch
- Neuseeländische Subregion
- ☐ tiergeographische Regionen

Neuseeland-Fledermäuse

Neuseeländischer Flachs ↗
- [B] Australien IV
- ☐ Biegefestigkeit
- Liliengewächse

Neuseeländische Subregion
- ☐ tiergeographische Regionen

Neuseeländische Urfrösche
- Leiopelmatidae

Neuseeland-Pittas
- Neuseeländische Subregion

Neusticurus ↗

Neuston
- Algen

Neustreifenkörper
- Neostriatum

Neustrium
- ☐ Tertiär

neutral

neutrale Faser
- [B] Biegefestigkeit
- Biomechanik

Neutralfarben
- Farbensehen

Neutralfette ↗
- apokrine Sekretion

Neutralisation
- ☐ Kläranlage
- Wasser
- ↗ Neutralpunkt

Neutralisationstest
- Virusneutralisierung

Neutralität
- neutral

Neutralpunkt
- Indikator
- [M] Säuren

Neutralrot
- mikroskopische Präparationstechniken

Neutralsalze

Neutralsporen
- [B] Algen V

Neutraltemperatur
- Indifferenztemperatur

Neutrino
- [M] kosmische Strahlung
- Radioaktivität

Neutron
- Atom
- Krebs
- Strahlenbelastung
- ☐ Strahlendosis

neutrophil

Neuweltaffen ↗
- Placenta

Neuweltgeier
- [M] Südamerika

Neuweltmäuse
- [M] Wühler

Nevskia
- gestielte Bakterien

Newcastle-disease

Newcastle-disease-Virus
- Geflügelpestviren
- Rhabdoviren

Newton
- [M] Druck

Newtonsche Physik
- Teleologie - Teleonomie

Newtonsches Axiom
- [M] Fortbewegung

Nexin
- Axonema

Ngaicampher
- Borneol

Ngana
- Naganaseuche

Ngandong (Java)
- [B] Paläanthropologie

Ngandongmensch ↗

NGF
- Nerve growth factor

NHI-Proteine
- Eisen-Schwefel-Proteine
- Nicht-Häm-Eisen-Proteine

Ni ↗

Niacin ↗
- ☐ Bier

Niaouliöl
- Cineol

Nicandra ↗

Niceforonia ↗

Nichollsiidae
- Phreatoicidea

Nichols, Henry Hames
- Nichols-Stamm

Nichols-Stamm ↗

nicht-allele Faktoren
- Epistase

Nichtblätterpilze

nicht-chromogene Mykobakterien
- [M] Mykobakterien

Nichtergrünen
- Etiolement

Nicht-Häm-Eisen-Proteine
- Eisen
- Eisen-Schwefel-Proteine

nicht-hämolysierende Streptokokken
- hämolysierende Bakterien

Nicht-Histone
- Chromatin

- Nicht-Histon-Proteine

Nichthumine
- Humus

nicht-kompetitive Hemmung

nichtlineare Systeme

nichtlineare Thermodynamik
- Prigogine, I.

nichtpersistente Viren
- Pflanzenviren

nichtproteinogene Aminosäuren
- [M] Aminosäuren

nicht-säurefeste Bakterien
- Ziehl-Neelsen-Färbung

Nichttyp
- Hyle

Nichtumkehrbarkeit
- Irreversibilität

Nichtwiederkäuer
- Nonruminantia

nick
- Desoxyribonucleasen
- Einzelstrangbruch

nicked circle

Nickel
- [M] Krebs (Krebserzeuger)

Nicken
- Atlas
- Hinterhauptsbein
- Kopfnicker

Nickhaut

Nickhautdrüsen

nicking
- nick

nicking-closing-Enzyme ↗

Nickmelodien
- [B] Signal

Nicolea

Nicolle, Ch.J.H.

Nicolsches Prisma
- Polarisationsmikroskopie

Nicolson, G.L.
- Membran

Nicomache ↗

Nicot de Villemain, Jean
- Nicotin
- Tabak

Nicotiana ↗
- [M] Pflanzentumoren

Nicotianaalkaloide

Nicotin
- Adiuretin
- Alkaloide
- Biotransformation
- Pestizide
- Schwangerschaft
- [M] Synapsen
- ☐ Tabak

Nicotinamid
- Trigonellin

Nicotinamidadenindinucleotid (= NAD$^+$, NADH)
- Absorptionsspektrum
- Dinucleotide
- [B] Dissimilation I
- Euler-Chelpin, H.K.A.S. von
- [B] Glykolyse
- ☐ Redoxpotential
- [B] Stoffwechsel

Nicotinamidadenindinucleotidphosphat (= NADP$^+$, NADPH)
- Dinucleotide
- Pentosephosphatzyklus
- ☐ Redoxpotential
- [B] Stoffwechsel
- Triphosphopyridinnucleotid

Nicotinamidmononucleotid ↗

Nicotinate
- Nicotinsäure

nicotinische Rezeptoren
- Rezeptoren

Nicotinmißbrauch
- ☐ Altern
- Nicotin
- ☐ Tabak

Nicotinsäure
- Alkaloide

- Nicotin
- Nicotinamidadenin-
  dinucleotid
- B Vitamine
Nicotinsäureamid ↗
- Nicotin
- Pellagra
- B Vitamine
Nicotinsäureribonucleotid
Nicotyrin
- Nicotianaalkaloide
Nicrophorus ↗
Nidamentaldrüsen
- □ Leuchtorgane
- Schalendrüse
- Spermovidukt
Nidation
- Empfängnisverhütung
- extrakorporale Insemination
- Insemination (Aspekte)
- Placenta
- Progesteron
- Schwangerschaft
Niddamycin
- Makrolidantibiotika
Nidikole
- Synökie
Nidulariaceae ↗
Nidus ↗
Niederblätter ↗
- Blatt
- □ Rhizom
Niedere Chordatiere ↗
niedere Farbmetrik
- Farbenlehre
niedere Fettsäuren
- M Exkretion
- ↗ Fettsäuren
Niedere Pflanzen ↗
- Landpflanzen
Niedere Pilze
Niedere Tetrapoden
Niedere Tiere ↗
Niedermoor ↗
- Anmoor
- Sumpf
- Verlandung
Niedermoorboden
- □ Bodentypen
*Niedermoor- und Schlenken-
gesellschaften* ↗
Niederschlag (Chemie)
Niederschlag (Meteorologie)
- Abwasser
- arid
- Atmosphäre
- Bewässerung
- Bodenentwicklung
- Bodenerosion
- Grundwasser
- Höhengliederung
- humid
- M Isolinien
- Klima
- M Klima (Klimaelemente)
- M Klima (Klimatische
  Bereiche)
- Nährstoffbilanz
- Nebelwald
- ombrophil
- saurer Regen
- Wald
- Wasser
- Wasseraufnahme
- Wasserbilanz
- Wasserkreislauf
- □ Wasserkreislauf
Niederstamm ↗
Niederungsvieh
- □ Rinder
Niederwald
- Alnetea glutinosae
- Feld-Wald-Wechselwirtschaft
- Kopfholzwirtschaft
- B Wald
Niederwild
Niehans, P.
Niemann-Pick-Krankheit
- M Enzymopathien

Niere
- aktiver Transport
- Amitose
- □ Blutkreislauf (Schema)
- Darmfäulnis
- Erklärung in der Biologie
- M Geschlechtsorgane
- □ Hormone (Drüsen und
  Wirkungen)
- □ hypothalamisch-hypo-
  physäres System
- Ionentransport
- M Krebs (Krebsarten-Häufig-
  keit)
- B Nervensystem II
- Osmoregulation
- Säure-Base-Gleichgewicht
- □ Virusinfektion (Wege)
- B Wirbeltiere I
Nierenbecken
- Niere
- B Niere
Nierenbläschen
- Bowmansche Kapsel
Nierenentwicklung
Nierenfleck ↗
Nierenkanälchen
- B Niere
Nierenkelch
- Niere
- B Niere
Nierenkörperchen
- Niere
Nierenkrankheiten
- Antibiotika
- Arteriosklerose
- □ Harn
- Krebs
- M Linsenauge
- ↗ Nierensteine
Nierenläppchen
- B Niere
Nierenmakel
- M Eulenfalter
- Kohleule
Nierenmark
- Niere
- B Niere
Nierenorgane
- Bojanussche Organe
Nierenpapillen
- Niere
- B Niere
Nierenpfortader
- Nierenpfortader-Kreislauf
Nierenpfortader-Kreislauf
Nierenphysiologie
- Perfusion
Nierenrinde
- Niere
- B Niere
Nierensamengewächse ↗
Nierenschrumpfung
- Arteriosklerose
Nierenschuppenfarn
- Davalliaceae
Nierensteine
- Calciumphosphate
- Gicht
Nierentransplantation
- M Transplantation
Nierentumor
- Krebs
Nierstrasz, M.
- □ Meeresbiologie
  (Expeditionen)
Niesel
- M Niederschlag
Niesen
- Niesreflex
Niespulver
- Nieswurz
Niesreflex
Nieswurz
- B Blatt III
- Blüte
- □ Fruchtformen
- Hochblätter
Nietzsche, Friedrich Wilhelm
- Geist - Leben und Geist

nif-Gene
- Knöllchenbakterien
nif-Operon
Nigella ↗
Nigellastrum ↗
Nigellin
- Schwarzkümmel
Nigeröl
- Korbblütler
Nigerose
- Honig
Nigersaat
- Korbblütler
Nigrismus
Nigritella ↗
NIH-Richtlinien
- □ Gentechnologie
NIH3T3
- Zelltransformation
Nikandros
- Nicandra
Nikkomycine
- M Fungizide
Nil
- M Afrika
- M Delta
Nilbarsch ↗
- B Fische IX
Nilblausulfat
- mikroskopische Präpara-
  tionstechniken
Nilgauantilope
- □ Antilopen
- Mähne
Nilhechte
Nilkrokodil
- B Afrika I
- M Gelege
- Krokodile
- B Reptilien II
Nilotide
- □ Menschenrassen
Nilpferd ↗
Nilssoniales
Nilwaran
- B Afrika I
- Warane
Nimbaum
Nimmersatte
- □ Störche und Storch-
  verwandte
- B Südamerika IV
Nimravinae
- Katzen
Nimravus
Ninhydrin
- Elektrophorese
- Ninhydrin-Reaktion
Ninhydrin-Reaktion
- Aminosäureanalysator
Nipa
Nipaniophyllum
- Pentoxylales
Niphargus ↗
Nippel
- Komplexauge
Nippostrongylus
- Magenwurmkrankheit
Nipptide
- M Lunarperiodizität
Niptus ↗
Nirenberg, M.W.
- Bindereaktion
- B Biochemie
- genetischer Code
Nische ↗
Nischenblätter
- M Tüpfelfarngewächse
Nischenbreite
- ökologische Nische
Nischenbrüter ↗
Nischenexpansion
- ökologische Nische
Nischensonderung
- ökologische Nische
Nischenüberlappung
- ökologische Nische
Nischenunterschied
- Charakter

- ↗ ökologische Nische
Nisin
Nisnas
- Husarenaffen
Nissen
Nissl, Franz
- Nissl-Färbung
Nissl-Färbung
Nissl-Schollen
Nisthilfen
- Vogelschutz
Nisthöhle
- Höhlenbrüter
Nistkasten ↗
Nistplatz
- Bindung
- Nest
nisus formativus
- Teleologie - Teleonomie
- Vitalismus - Mechanismus
Nisusia
- Orthida
Nitella ↗
Nitidulidae ↗
Nitophyllum ↗
Nitragen
- Knöllchenbakterien
Nitraria
Nitratammonifikation
- Nitratatmung
- B Stickstoffkreislauf
- ↗ Ammonifikation
Nitratassimilation ↗
Nitratatmer
- Nitratatmung
Nitratatmung
- M anaerobe Atmung
- Mineralisation
- Stickstoffkreislauf
Nitratbakterien ↗
- Metabiose
Nitratdünger
- Stickstoffdünger
Nitratdüngung
- Ionenaustauscher
- Nitrate
Nitrate
- Ammonifikation
- Denitrifikation
- Düngung
- Eutrophierung
- Gemüse
- Kläranlage
- Nährsalze
- Nährstoffhaushalt
- Nitratpflanzen
- Pökeln
- Salpetersäure
- Selbstreinigung
- Stickstoffauswaschung
- Stickstoffkreislauf
- B Stickstoffkreislauf
- Wasseraufbereitung
Nitrat-Nitrit-Atmung
- Nitratatmung
Nitratpflanzen
Nitrat-Reductase
- □ assimilatorische
  Nitratreduktion
- Molybdän
Nitratreduktion ↗
Nitratzeiger
- Nitratpflanzen
Nitrifikanten
- nitrifizierende Bakterien
Nitrifikation
- Bodenreaktion
- Nitratpflanzen
- B Stickstoffkreislauf
Nitrifikationsinhibitoren ↗
- nitrifizierende Bakterien
nitrifizierende Bakterien
- Bodenorganismen
- B Stickstoffkreislauf
- Winogradsky, S.N.
Nitrifizierer
- nitrifizierende Bakterien
Nitrifizierung
- Nitrifikation

Nitrilase

Nitrilase
- M Glucobrassicin

Nitrile

Nitrilotriacetat
- Waschmittel

Nitritbakterien ↗
- Metabiose

Nitrite
- ☐ Basenaustausch-
  mutationen
- Denitrifikation
- Desaminierung
- Gemüse
- ☐ nitrifizierende Bakterien
- Pökeln
- Stickstoffkreislauf
- B Stickstoffkreislauf

Nitritmutanten

Nitrit oxidierende Bakterien
- Nitratbakterien

Nitritoxidierer ↗

Nitrit-Reductase
- ☐ assimilatorische
  Nitratreduktion
- Nitrite

Nitrobacter
- Bodenorganismen
- nitrifizierende Bakterien
- ☐ nitrifizierende Bakterien
- B Stickstoffkreislauf

Nitrobacteraceae

Nitrobenzol
- ☐ MAK-Wert

Nitrocellulose
- M Hybridisierung (Blotting-
  Technik)
- Ultrafiltration

Nitrococcus
- M nitrifizierende Bakterien

Nitrofurane
- Sulfonamide

Nitrogenase
- Leghämoglobin
- M Metalloproteine
- Molybdän
- M Stickstoffixierung

Nitrogenium ↗

Nitroglycerin
- Diatomeenerde
- Herzinfarkt
- ☐ MAK-Wert

2-Nitro-Imidazol
- Azomycin

**1,4-Nitrophenyl-Diäthylthio-
phosphat**
- E 605

nitrophil

nitrophob
- nitrophil

Nitrophoska

Nitrophosphate

Nitrophyten

**nitrophytische Saumgesell-
schaften**
- Glechometalia

**nitrophytische Verlichtungs-
gesellschaften**
- Glechometalia

Nitrosamine
- cancerogen
- Denitrifikation
- Pökeln

nitrose Gase
- Stickoxide

Nitrosobakterien ↗

Nitrosococcus
- M nitrifizierende Bakterien

N-Nitrosodimethylamin
- Nitrosamine

Nitrosolobus
- M nitrifizierende Bakterien

Nitrosomonas ↗
- Bodenorganismen
- Carboxisomen
- B Stickstoffkreislauf

Nitrosomyochromogen
- ☐ Pökeln

Nitrosomyoglobin
- ☐ Pökeln

Nitrosospira
- M nitrifizierende Bakterien

Nitrosovibrio
- M nitrifizierende Bakterien

Nitrospira
- M nitrifizierende Bakterien

Nitzsch, Christian Ludwig
- Nitzschiaceae

Nitzschia
- Nitzschiaceae
- Thermalalgen

Nitzschiaceae

Nitzsch-Kellogsche Regel
- parasitophyletische
  Regeln

nival

Niveaulinien
- M Gradient

Nixenkraut
- Najadaceae
- M Najadaceae

Nixenkrautartige ↗

Nixenkrautgewächse ↗

Nixenschnecken

Njarasamensch

NK-Zellen
- Lymphocyten
- ↗ Killerzellen
- ↗ Natural-Killer-Zellen

n-Lösung ↗

NMN ↗

NMP
- Ribonucleosidmono-
  phosphate

NNM
- Nebenniere

NNR
- Nebenniere

Nocard, Edmond
- Mycoplasmen
- Pseudonocardia

Nocardia
- Formycine
- Nocardien
- M Zahnkaries
- Ziehl-Neelsen-Färbung

Nocardiaceae

Nocardiaforme
- Nocardien

Nocardicin
- M Nocardien

Nocardien

Nocardiosen
- Nocardien

Noctilionidae
- M Fledermäuse
- Hasenmäuler

Noctiluca
- Feueralgen
- Pyrrhophyceae

Noctuidae ↗

Nodalia
- Seelilien

Nodamura-Virusgruppe
- Nodaviren

Nodaviren

Nodaviridae
- Nodaviren

Nodi lymphatici
- Lymphknoten

Nodium ↗

Nodosaria ↗

Nodositäten
- Reblaus

Nodularia

Nodulation
- Knöllchenbakterien

Noduli lymphatici
- Lymphfollikel

Nodus (Anatomie)

Nodus (Botanik)

Noemacheilus
- Schmerlen

noesis noeseos
- Aristoteles

Noguchi, H.

Nolanea
- M Rötlinge

Nolella

Nolellidae
- Victorella

Nolinae ↗

Nomada ↗

Nomadacris
- M Afrika
- M Wanderheuschrecken

Nomenklatur
- Lectotypus
- Typus

Nomeus ↗

Nomien ↗

Nominatform
- Nominat-Taxon

Nominat-Taxon

Nomina vernacularia

Nomophila
- Zünsler

Nonadecan
- M Alkane

Nonagria
- M Eulenfalter
- Schilfeulen

Nonan
- M Alkane

Nonanal
- Nonylaldehyd

Nonansäure

non-darwinian evolution
- Evolution

non-disjunction
- Chromosomenanomalien
- Disomie

Nonea ↗

nonmediated transport
- Membrantransport
- Permeation

Nonne (Spinner)
- Europa
- B Schädlinge

Nonne, Johann Philipp
- Nonea

Nonnea
- Mönchskraut

**Nonne-Milroy-Meige-
Syndrom**
- Elephantiasis

Nonnen (Finken) ↗

Nonnengans
- B Polarregion I

Nonpluvial
- Interpluvial

Non-REM-Schlaf
- Schlaf

Nonruminantia

Nonsense-Codon
- Amber-Codon
- Nonsense-Mutation

Nonsense-Mutation

Nonsense-Suppressor
- ☐ genetischer Code
- Suppressor-Gene

nonverbale Kommunikation
- Humanethologie
- ↗ Signal

nonverbale Merkmale
- Stimme

Nonylaldehyd

Nopaline
- Agrobacterium

Nopalxochia
- Kakteengewächse

Noradrenalin
- adrenerge Fasern
- adrenerge Rezeptoren
- adrenergisch
- Alpha-Blocker
- Amphetamine
- Euler-Chelpin, U.S. von
- Glucagon
- Hormone
- ☐ Hormone (Drüsen und
  Wirkungen)
- Nebenniere
- ☐ Neurotransmitter
- Rezeptoren
- Sympathikomimetika
- Synapsen
- ☐ Synapsen

Nordamerika
- ☐ Desertifikation (Ausmaß)
- Europa ↗
- Südamerika
- B Vegetationszonen

Nordamerika-Großfischer
- B Nordamerika VI

Nordamerikanischer Rotfuchs
- B Nordamerika I

Nordatlantis
- M Brückenkontinent
- Eria

Nordenskiöld, A.E.
- ☐ Meeresbiologie (Expeditio-
  nen)

Nordfledermaus
- M Glattnasen

Nordide
- Aurignacide

Nordin, A.A.
- Plaque-Test

Nordindide
- ☐ Menschenrassen

Nordische Wühlmaus
- Feldmäuse

Nordkaper ↗

Nördlicher Entenwal
- Dögling

Nordopossum
- B Nordamerika IV

Nordpudu
- Pudus

Nordsee
- Wasserverschmutzung

Nordseegarnele
- Crangonidae
- Krabben

Nordseekrabbe ↗

Nordseeschnäpel
- Renken

Nord-Süd-Kommission
- Weltmodelle

Nordwal
- Glattwale

Norepinephrin ↗

Norfolktanne
- Araucaria

Norgesalpeter

Norisoephedrin
- Spindelbaumgewächse

Norium
- M Trias

Norma
- Anthropometrie

Normalbestand
- ☐ Massenvermehrung

Normalität
- M Lösung

Normallinie

Normallösung

Normalverteilung
- M Variabilität

Normandina ↗

Normoblasten
- Erythropoese

Normogenese

Normo(zoo)spermie
- M Sperma

Nornicotin ↗

Norstictinsäure ↗

Northern-Blotting
- M Hybridisierung

Northers
- Nordamerika

Northrop, J.H.

Norwegischer Elchhund
- B Hunderassen I

Noscapin ↗

Nosema

Nosemaseuche
- Parasitismus

Nosodendridae ↗

Nosodendron
- Saftkäfer

nosokomiale Erreger
- Hospitalismus

Nostoc
- Anthocerotales
- asexuelle Fortpflanzung

Nucleus pulposus

- Bodenorganismen
- Cephalodien
- Endophyten
- Gallertflechten
- Landalgen
- Lobariaceae
- Luftalgen
- Nephromataceae

Nostocaceae
Nostocales
- Homoeothrix

Notacanthidae
- Dornrückenaale

Notacanthiformes ↗
Notaden ↗
Notaltaschen
- Mycetangien

Notandropora ↗
Notarchidae
Notarium
- Wirbelsäule

Notaspidea ↗
Notaulix
- Insektenflügel

Nothobranchius ↗
- Salsorifisch

Nothofagus
- antarktisches Florenreich
- Araucaria
- bipolare Verbreitung
- Pseudohyläa
- Südamerika

Notholca
- Brachionidae
- [M] Rädertiere

Nothopsis ↗
Nothosauria
Nothosaurus
- Nothosauria

Nothria
- □ Onuphidae

Notidanoidei ↗
Notiophilus
- Laufkäfer

Notiosorex
- Spitzmäuse

Notocactus
- Kakteengewächse
- □ Kakteengewächse

Notochord ↗
Notodelphoidea
- [M] Copepoda

Notodontidae ↗
Notodromas
- [M] Muschelkrebse

Notoëdres
- Katzenräude
- [M] Sarcoptiformes

Notogäa
- Faunenreich
- tiergeographische Regionen

Notomastus ↗
Notommata
- [M] Rädertiere

Notomys
- [M] Australien
- Mäuse

Notonecta
- Rückenschwimmer

Notonectidae ↗
Notoneuralia ↗
Notophthalmus ↗
Notophyllum
- [M] Phyllodocidae

Notoplana
Notopleuralnaht
- [M] Käfer

Notopodium
- [M] Polychaeta

Notoptera
Notopteridae
- Messerfische

Notopteroidei ↗
Notopterus
- Messerfische

Notopygos
- [M] Amphinomidae

Notornis
- Neuseeländische Subregion

Notoryctes
- Beutelmulle

Notoryctidae ↗
Notosauria
- Placodontia

Notoscolex
- [M] Megascolecidae

Notosternalnaht
- [M] Käfer

Notostigmata
Notostigmophora ↗
- Gliederfüßer
- Tausendfüßer

Notostraca
Nototheca
Notothenioidei ↗
Notothecium
Notothyladaceae ↗
Notothyrium
Nototragus
- [M] Steinböckchen

Notoungulata
- Protungulata
- Südamerika

Notoxus
- Blumenkäfer

Notreife
Notreiser
- Proventivsprosse

Notropis ↗
Notum ↗
- Flugmuskeln
- Käfer
- Tergum

Notverpuppung
- Nahrungsmangel

Notwendigkeit
- Chaos-Theorie
- Zufall in der Biologie

Novaphos
- Phosphatdünger

Novobiocin
Novobranchus
- [M] Trichobranchidae

Novy-Bacillus
- □ Gasbrandbakterien

Nowakien
Nowakiidae
- Nowakien

Noxe
- Schmerz

Noxine
Nozizeption
- Schmerz

Nozizeptoren
- Schmerz

NPK-Verhältnis
- [M] Dünger
- Nährstoffverhältnis

NREM-Schlaf
- Schlaf

n-RNA ↗
N-serve
- nitrifizierende Bakterien

NTA
- Waschmittel

N-Terminus ↗
NTP
- Ribonucleosid-5'-triphosphate

Nubischer Wildesel
- Esel
- [B] Mediterranregion IV

Nucella
Nucellarapogamie
- Nucellarembryonie

Nucellarembryonie
Nucellus
- Archespor
- [B] Nacktsamer
- Samen
- Samenanlage
- [M] Samenanlage
- Siphonogamie
- Sporangien
- Sporen

Nuchalorgane
- Gehirn

Nucifraga ↗

nucleär
- □ Endosperm

nucleäre Informationskomplexe
- Ribonucleinsäuren

Nuclear-Gel
Nuclear-Lamina
- Zellkern

Nuclear-Matrix
- Nuclear-Gel

Nuclear-Sol
Nucleasen
Nuclein
- □ Desoxyribonucleinsäuren (Geschichte)
- Miescher, J.F.

Nucleinsäurebasen
- Basen
- Enole
  ↗ Purinbasen
  ↗ Pyrimidinbasen

Nucleinsäuren ↗
- Apurinsäuren
- Apyrimidinsäuren
- Biochemie
- [B] Biochemie
- [B] Biologie II
- [B] chemische und präbiologische Evolution
- [M] Dinucleotide
- [M] Extinktion
- Glykoside
- Hybridisierung
- Kossel, A.
- Leben
- Levene, Ph.
- [M] organisch
- Stoffwechsel
- [B] Stoffwechsel

Nucleinsäurestoffwechsel
Nucleobasen ↗
Nucleobionten ↗
Nucleocapsid
- Viren
- □ Viren (Aufnahmen)
- Virushülle
- □ Virusinfektion (Reifung)

Nucleocavia
Nucleocentrosom
Nucleofilamente ↗
- Filament
- □ Mitose
- Zellkern

Nucleohiston
Nucleoid
- Akaryobionten
- □ Zelle (Schema)

Nucleolareinschnürung
- Nucleolarzone

Nucleolarskelett
- Zellkern

Nucleolarsubstanz ↗
Nucleolarzone
Nucleolus
- [B] Biologie II
- [B] Kerntransplantation
- Ribosomen
- □ Zelle (Schema)
- [B] Zelle
- Zellkern

Nucleoluschromosomen
Nucleoluskörperchen
Nucleolus-Organisator ↗
- Desoxyribonucleinsäuren
- Hybridisierung
- Keimbläschen

nucleolytische Enzyme ↗
Nucleoplasma ↗
Nucleoplasmin
- Zellkern

Nucleoproteide ↗
Nucleoproteine
- □ Proteine (Charakterisierung)
- Zellkern

Nucleoprotein-Partikel
- Selbstorganisation

Nucleosidasen
- [M] Hydrolasen

Nucleosid-5'-diphosphate
- Anhydride
- Desoxyribose
- Nucleosiddiphospho-Kinase
- Polynucleotid-Phosphorylase

Nucleosiddiphosphat-Kinase
- [M] Pyrimidinnucleotide

Nucleosiddiphosphat-Zucker
- Glykoproteine
- Glykosylierung
- Glykosyl-Transferasen
- Kohlenhydratstoffwechsel
- Uridin-5'-triphosphat

Nucleosiddiphospho-Kinase
Nucleoside
- Glykoside

Nucleosid-Kinase
Nucleosidmonophosphate ↗
- Nucleosid-5'-diphosphate
- Nucleosid-Kinase

Nucleosidmonophosphat-Kinase
- [M] Pyrimidinnucleotide

Nucleosidtriphosphate ↗
- Anhydride
- Nucleosiddiphospho-Kinase

nucleosomale Organisation
- Eucyte

Nucleosomen
- Dispersion
- Nucleoproteine
- supercoil
- Zellkern

Nucleotidasen
- [M] Leitenzyme

Nucleotidbasen ↗
Nucleotid-Coenzyme
Nucleotide
- [B] Desoxyribonucleinsäuren I
- [B] Desoxyribonucleinsäuren II
- [M] Dinucleotide
- Ester
- [M] Extinktion
- Glykoside
- [B] Stoffwechsel

Nucleotidphosphatasen
- Nucleotidasen

Nucleotidsequenz
- Aminosäuren
- Aminosäuresequenz
- □ Autoradiographie
- Colinearität
- Cot-Wert
- □ Desoxyribonucleinsäuren I
- Gen
- [M] Gensynthese
- Hybridisierung
- Information und Instruktion
- □ Proteine (Charakterisierung)
- Sequenzierung
- transfer-RNA
- Transkription
- Translation

Nucleotidsequenzanalyse
- AT-Gehalt
  ↗ Sequenzierung

Nucleotidtriplett ↗
- [B] Transkription - Translation

Nucleus
- [B] Biologie II
- Perlen

Nucleus caudatus
- Corpus striatum

Nucleus cerebelli
- Kleinhirn

Nucleus paraventricularis
- Neurohypophyse
- Osmorezeptoren
- Oxytocin

Nucleus pulposus
- Bandscheibe

291

Nucleus ruber
- Chorda dorsalis
- M Wirbel (Wirbelbildung)
Nucleus ruber
- Gyrifikation
- Kleinhirn
Nucleus subthalamicus
- Basalganglien
Nucleus suprachiasmaticus
- B Chronobiologie I
Nucleus supraopticus
- Neurohypophyse
- Osmorezeptoren
- Releasing-Hormone
Nucula
Nuculana
Nuculanidae
- Nuculana
- Portlandia
Nuculidae ↗
Nuculoida
- Ctenodonta
Nuculoidea
Nuculus
- B Algen III
Nuda ↗
Nudelfische ↗
Nudeln
- ☐ Nahrungsmittel
Nudibranchia ↗
Nudobius
- Kurzflügler
Nukleonen
- Atom
- kosmische Strahlung
Nukleonenzahl
- Isotope
Nuklide
- ☐ Geochronologie
nulliplex
Nulliporenbänke
- Corallinaceae
Nullisomie
Null-Zellen
- Lymphocyten
Numbat ↗
Numenius ↗
numerische Apertur ↗
numerische Systematik
- numerische Taxonomie
numerische Taxonomie
- Kladistik
- Systematik
Numida
- Perlhühner
Numididae ↗
Nummuliten
- Endosymbiose
- Münzsteine
- ☐ Tertiär
Nummulitenkalk
- Foraminiferenkalk
- Nummuliten
Nummulites
- Nummuliten
Nummulitidae
- Nummuliten
Nummulitique
- Paläogen
Nunatakker
- Polarregion
Nuncia
- M Laniatores
Nuphar ↗
Nupharalkaloide
- Chinolizidinalkaloide
nuptial
- Nektarien
Nürnberger Bagdette
- M Tauben
Nürnberger Lebkuchenzelterei
- Bienenzucht
Nuß
- Achäne
- Karyopse
Nußapfel
Nußbaum
- B Holzarten
Nußbohrer ↗

Nüßchen ↗
Nußeibe
- Torreya
Nußfrucht
- Nuß
Nußmuscheln
Nüstern
Nutationsbewegungen
- Ranken
- M Teufelszwirn
Nutkazypresse
- Lebensbaumzypresse
Nutria
- Europa
- Haustiere
- B Südamerika V
- M Südamerika
- Verwilderung
Nutriment
nutrimentäre Eibildung
- Oogenese
Nutrition ↗
nutritorisches Epithel
- Bilaterogastraea-Theorie
nutzbare Feldkapazität
- Bodenwasser
Nutzhölzer
- ☐ Holz (Nutzhölzer)
Nützliche
- biologische Schädlingsbekämpfung
Nutznießung ↗
Nutzpflanzen
- Agrobacterium
- Wachstumsregulatoren
- ↗ Kulturpflanzen
Nutztiere
- M Haustierwerdung
- Landwirtschaft
- Tierwanderungen
Nutzvieh
- Tierwanderungen
- ↗ Nutztiere
Nutzviehhaltung
- Landwirtschaft
Nutzwaldreservat
Nutzzeit ↗
- Reiz
Nuytsia ↗
Nyala
- Mähne
Nyctaginaceae ↗
Nyctalis
- Zwitterlinge
Nyctalus ↗
Nyctea ↗
Nycteolinae
- M Eulenfalter
- Kahnspinnereulen
Nyctereutes ↗
Nycteribia
- M Fledermausfliegen
Nycteribiidae ↗
Nycteridae
- M Fledermäuse
- Schlitznasen
Nycteris
- Schlitznasen
Nyctibates ↗
Nyctibatrachinae
- ☐ Ranidae
Nyctibatrachus
- ☐ Ranidae
Nyctibiidae ↗
Nyctibus
- Tagschläfer
Nycticebus
- M Asien
- M Loris
Nycticorax ↗
Nycticryphes ↗
Nyctimantis ↗
Nyctimeninae
- Flughunde
Nyctimistes ↗
Nyctiphanes
- Meeresleuchten
Nyctotherus
nyktinastische Bewegungen

Nylanders Reagenz
- Weinsäure
Nymphaea ↗
- Hydrochorie
Nymphaeaceae ↗
Nymphaeales ↗
Nymphaeanae
- Einkeimblättrige Pflanzen
Nymphaeion albae ↗
Nymphalidae ↗
Nymphe
- Metamorphose
- Pronymphe
Nymphensittich
- M Busch
Nymphicus
- M Australien
Nymphoides ↗
Nymphon
- M Asselspinnen
Nymphula
- Zünsler
Nynantheae ↗
Nypa ↗
Nyssaceae ↗
Nystagmus
- Drehsinn
- Farbenfehlsichtigkeit
- optomotorische Reaktion
Nystatin
Ny-Toxin
- ☐ Gasbrandbakterien

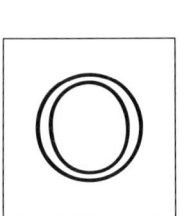

O ↗
OAE
- Anthropometrie
O-Antigen
- Lipopolysaccharid
Oase
- Afrika
- Äthiopis
- Polarregion
Oasenkulturen
- Landwirtschaft
obdiplostemon
O-Beine
- Jugendentwicklung: Tier-Mensch-Vergleich
Obelia
Obeliscus
Oberarm ↗
- Deltamuskel
- Haarstrich
- B Homologie und Funktionswechsel
- ☐ Organsystem
- ☐ Rindenfelder
- ☐ Vogelflügel
Oberarmknochen
- Humerus
Oberarmmuskel
- ☐ Organsystem
Oberblatt
- Hochblätter
Oberboden ↗
- B Bodentypen
Oberdevon
- M Devon
- B Erdgeschichte
Oberea ↗
oberer Rachenraum
- Epipharynx

oberes Sprunggelenk
- Tibia
Oberflächenabfluß
- Schutzwald
oberflächenaktive Stoffe ↗
Oberflächenantigene
- Membran
Oberflächengesetz
- Stoffwechselintensität
Oberflächenkultur
Oberflächenmycel
- Substratmycel
Oberflächenpflanzen
- Hemikryptophyten
Oberflächenpilze
- Substratpilze
Oberflächenspannung
- Detergentien
- Grenzflächen
- Kapillarität
Oberflächenverfahren
- Roux-Flasche
Oberflächenvergrößerung
- Atmung
- Darm
- M Darm
- Darmzotten
- Gyrifikation
- Hoden
- ☐ Lunge (Oberfläche)
- Makrosmaten
- Schädel
- Typhlosolis
- Verdauung
- B Verdauung I
Oberflächenwasser ↗
- Bodenentwicklung
- Brauchwasser
- M Erosionsschutz
- Grundwasser
Oberflächenwellenrezeptor
- Antenne
Oberflügeldecken
- ☐ Vogelflügel
obergärige Biere
- M Bier
- Bierhefe
obergärige Hefen ↗
obergärige Kulturhefe
- Backhefe
Obergräser
Oberhaar
- Deckhaar
Oberhaut
- Epidermis
- Haut
- B Wirbeltiere II
Oberhefen
- obergärige Hefen
Oberholz
- Mittelwald
Oberkambrium
- B Erdgeschichte
- M Kambrium
Oberkiefer
- B Fische (Bauplan)
- Maxille
- ☐ Schädel
- B Skelett
Oberkieferhöhle
- Kieferhöhle
Oberkieferknorpel
- Palatoquadratum
Oberkiefernerv
- Trigeminus
Oberkiefertaster ↗
Oberkreide
- B Erdgeschichte
- M Kreide
Oberlippe (Botanik)
- ☐ Blüte (zygomorphe Blüten)
Oberlippe (Zoologie) ↗
- Flehmen
- ☐ Rindenfelder
Oberordovizium
- B Erdgeschichte
- M Ordovizium
Oberrheingraben
- Tertiär

Oecobiidae

- Tethys
- *Oberschenkel* ↗
  - Gestalt
  - [B] Gliederfüßer I
  - Hüftmuskeln
  - Jugendentwicklung: Tier-Mensch-Vergleich
  - □ Kniegelenk
  - [M] Knochen
  - Paarhufer
  - [M] Unpaarhufer
- **Oberschenkelknochen**
  - Biomechanik
  - Femur
- **Oberschenkelmuskel**
  - Beckengürtel
  - [M] Kniegelenk
  - □ Organsystem
  - Quadriceps
  - [B] Regelung im Organismus
- **Oberschlundganglion**
  - Archicerebrum
  - Gliederfüßer
  - □ Gliederfüßer
  - [B] Gliederfüßer I
  - Insekten
  - □ Insekten (Bauplan)
  - □ Nervensystem (Schabe)
  - [B] Ringelwürmer
  - Schlundring
  - stomatogastrisches Nervensystem
  - Syncerebrum
- *Obesumbacterium* ↗
- *Obione* ↗
- **Objektiv**
  - [B] Elektronenmikroskop
  - Mikroskop
  - □ Mikroskop (Aufbau)
- **objektive Psychologie**
  - bedingter Reflex
- **Objektivrevolver**
  - Mikroskop
- **Objektprägung**
  - motorische Prägung
  - Prägung
- **Objekttisch**
  - Mikroskop
- **Objektträger**
  - Deckglas
  - [B] Elektronenmikroskop
  - Mikroskop
- *obligate Parasiten*
- **obligatorischer Generationswechsel**
  - Generationswechsel
- **obligatorischer Wirt**
  - Wirt
- *obligatorisches Lernen*
- **Oblongum**
  - □ Käfer
- **Obolella**
  - Obolellida
- *Obolellida*
- **Obolensandstein**
  - Obolus
- *Obolus*
- **Obst**
  - Bedecktsamer
  - □ Schwermetalle
- **Obstbau**
  - Europa
  - Gartenbau
  - Höhengliederung
  - Pomologie
- **Obstbäume**
  - Alternanz
  - Arbutin
  - Bestäubung
  - Bienenweide
  - kupieren
- *Obstbaumformen*
- *Obstbaumkrebs*
- **Obstbaumzüchtung**
  - Sproßmutation
- *Obstfäule* ↗
- *Obstfliegen* ↗
- *Obstgehölze*
  - Obstbaumformen

- Obst liefernde Pflanzen
  - [B] Kulturpflanzen VI
  - [B] Kulturpflanzen VII
- *Obstmade* ↗
- **Obstruktionsringe**
- **Obsttreiberei**
  - Frühtreiberei
- **Obturata**
  - [M] Pogonophora
- **Obulus**
  - Obolus
- *obvers*
- *Oca* ↗
  - Sauerklee
- *Ocadia*
- **Occiperipatoides**
  - [M] Stummelfüßer
- *Occipitale* ↗
- **Occipitallappen**
  - Telencephalon
- **Occipitalnaht**
  - □ Insekten (Kopfgrundtyp)
- **Occipitalnerven**
  - Hirnnerven
  - Hypoglossus
- **Occipitalregion**
  - Schädel
- **Occipitalring**
  - Nackenring
- *Occiput*
  - □ Insekten (Kopfgrundtyp)
- **occluded viruses**
  - Arthropodenviren
- **Occlusio dentium**
  - Okklusion
- **occlusion bodies**
  - Baculoviren
- **Oceanites**
  - [M] Polarregion
- *Oceanodroma* ↗
- *Oceanospirillum* ↗
- **Ocellarganglion**
- **Ocellen**
  - Gliederfüßer
  - Insekten
  - □ Oberschlundganglion
  - Rhopalium
  - [M] Schmetterlinge (Raupe)
- **Ocelli**
  - Ocellen
- *Ocenebra*
- **Ochlodes**
  - Dickkopffalter
- **Ochna**
  - Ochnaceae
- *Ochnaceae*
- **Ochnagewächse**
  - Ochnaceae
- **Ochoa, S.**
- *Ochotona*
  - Pfeifhasen
- *Ochotonidae* ↗
- **Ochratoxine**
  - [M] Mykotoxine
- **Ochrea**
  - Knöterichartige
- **Ochre-Codon**
- **Ochre-Mutante**
  - Ochre-Codon
- **Ochre-Mutation**
  - Ochre-Codon
  - Terminatormutation
- **Ochre-Suppressor**
  - Ochre-Codon
- **Ochre-Suppressor-Mutation**
  - Ochre-Codon
- *Ochridasee*
  - Tertiärrelikte
- *Ochridaspongia*
- **Ochridia**
  - [M] Ochridasee
- **Ochridsee**
  - Ochridasee
- *Ochrolechia* ↗
  - Flechtenfarbstoffe
- **Ochroma**
  - Ochromonadaceae
- **Ochromonadales**
  - Chrysomonadales

- **Ochromonas**
  - Ochromonadaceae
- **Ochropyra**
  - Gelbfieber
- **Ochrosporae**
  - Rostsporer
- **Ochse**
  - Kastration
- *Ochsenauge (Fisch)* ↗
- *Ochsenauge (Pflanze)* ↗
- *Ochsenauge (Schmetterling)*
  - [B] Schmetterlinge
- *Ochsenfrösche*
  - Nordamerika
  - [M] Nordamerika IV
  - Rana
- **Ochsenheimer, Ferdinand**
  - Ochsenheimeriidae
- **Ochsenheimeria**
  - Bohrmotten
- *Ochsenheimeriidae* ↗
- **Ochsenherz**
  - Annonaceae
- *Ochsenzunge (Pflanze)* ↗
  - Krummhals
- *Ochsenzunge (Pilz)* ↗
- **Ochthebius**
  - Hydraenidae
  - Käfer
- **Ochthera**
  - [M] Sumpffliegen
- *Ochthiphilidae* ↗
- **Ocimen**
  - [M] Monoterpene
  - Neroliöl
- **Ocimum**
- *Ockenfuß, L.* ↗
  - Oken, Lorenz
- *Ockerbakterium*
- **Ockerstern**
- **Ocker- und Dottersporer**
  - [M] Täublinge
- **Ocotea**
  - Stinkholz
- **Ocotilla-Strauch**
  - [B] Nordamerika VIII
- **Octacosansäure**
  - Wachse
- **Octadecan**
  - [M] Alkane
- **Octadecatriensäure**
  - Linolensäure
  - Linolsäure
- **Octadecensäure**
  - Ölsäure
- **Octan**
  - [M] Alkane
- **n-Octansäure**
  - Caprylsäure
- *Octoblepharum* ↗
- *Octobrachia* ↗
- **Octobranchus**
  - [M] Trichobranchidae
- *Octoclasium*
  - [M] Lumbricidae
- *Octocorallia*
  - Edelkoralle
- **Octodon**
  - Trugratten
- *Octodontidae* ↗
- **Octodontomys**
  - [M] Trugratten
- **Octolasium**
  - Octoclasium
- **Octomys**
  - [M] Trugratten
- **Octopamin**
  - Sympathikomimetika
- **Octopin**
  - Guanidin
- **Octopin-Dehydrogenase**
  - □ Octopin
- *Octopoda* ↗
- **Octopodidae**
  - Octopus
- *Octopoteuthidae*
- **Octopoteuthis**
  - Octopoteuthidae

- **Octopus**
  - Atmungsregulation
  - Netzhaut
  - Spermatophore
- *Octorchis* ↗
  - [M] Eucopidae
- **Oculobdella**
  - [M] Glossiphoniidae
- **Oculomotorius**
- **Oculotrema**
  - [M] Monogenea
- *Oculus* ↗
- *Ocypode* ↗
- **Ocypodidae**
  - Rennkrabben
- **Ocypus**
  - Kurzflügler
- *Ocythoë*
- *Ocythoidae*
  - Ocythoe
- *Ocytocin* ↗
- **Odacantha**
  - Halskäfer
  - Laufkäfer
- **Ödem**
  - Blutproteine
  - ↗ Hungerödem
- *Odermennig*
- *Odinshühnchen* ↗
  - [B] Polarregion II
  - [M] Wassertreter
- *Ödland*
- *Ödlandschrecken* ↗
- *Odobenidae* ↗
- **Odobenus**
  - [M] Gattung
  - Walrosse
- *Odocoileinae* ↗
- *Odonata* ↗
  - □ Insekten (Stammbaum)
- *Odontaspidae* ↗
- **Odontia**
  - Fadenwürmer
- *Odontites* ↗
- **Odontoblasten**
  - Bindegewebe
  - Knochen
  - Neuralleiste
  - Skleroblasten
- *Odontoceti* ↗
- **Odontocyclas**
  - [M] Fäßchenschnecken
- **Odontogenese**
  - Zähne
- *Odontogenie* ↗
- **Odontoglossum**
  - [B] Orchideen
- **Odontognathae**
  - Vögel
- *Odontolejeunea* ↗
- **Odontologie**
- **Odontophor**
  - Radula
- **Odontophrynini**
  - [M] Südfrösche
- **Odontophrynus**
- **Odontopleura**
  - Odontopleurida
- *Odontopleurida*
  - □ Silurium
- **Odontostomata**
- **Odontostyl**
- **Odontosyllis**
  - Meeresleuchten
- **Odontotermes**
  - Termiten
- *Odostomia*
- *Odynerus* ↗
- *Oecanthidae* ↗
- **Oecanthus**
  - Blütengrillen
- *Oeceoptoma*
- **Oechsle, F.**
  - [M] Wein (Zuckergehalt)
- **Oechslegrade**
  - [M] Wein (Zuckergehalt)
- **Oechslewaage**
  - [M] Wein (Zuckergehalt)
- *Oecobiidae*

Oecobius

Oecobius
- Oecobiidae

Oecophoridae

Oecophylla
- [M] Ameisen
- Weberameisen
- Werkzeuggebrauch

Oedemagena ↗

Oedemera
- Oedemeridae

Oedemeridae

Oedignathus
- Steinkrabben

Oedipina ↗

Oedipoda ↗

Oedipomidas
- Pinchéäffchen
- Tamarins

Oedogoniales

Oedogonium
- Androsporen
- Oedogoniales

Oedothorax
- [M] Zwergspinnen

Oegophiurida
- □ Schlangensterne

Oegopsida

Oena
- Tauben

Oenanthe (Botanik) ↗
Oenanthe (Zoologie) ↗
Oenas ↗
Oeneis ↗
Oenin ↗

Oenocyten

Oenone

Oenophila
- Weinkellermotten

Oenophilidae ↗
Oenothera ↗
Oenotheraceae ↗

OEO
- □ Thylakoidmembran

Oersted, Hans Christian
- Oerstedia

Oerstedia ↗

Oesophagostomum

Oesophagus
- Gliederfüßer
- [M] Insekten (Darmgrundschema)
- Schlinger
- Verdauung
- Zwerchfell
- ↗ Speiseröhre

Oestridae ↗

Oestrus
- Dasselfliegen

Oestrus-Zyklen
- Anoestrus

Ofenfischchen
- Silberfischchen

Ofenpaß (Schweiz)
- [B] National- und Naturparke I

Offenbrüter
- Höhlenbrüter

offene Gesellschaft
- [M] Kontakttier
- Tiergesellschaft

offener Ökotyp
- kulturelle Evolution

offener Krebs
- Obstbaumkrebs

offener Verband
- [M] Kontakttier
- Tiergesellschaft

offenes System
- Entropie - in der Biologie
- Leben
- Symmetrie

offizinelle Heilpflanzen
- Heilpflanzen

Öffnungsbewegungen
- Kohäsionsmechanismen
- ↗ Öffnungsfrüchte

Öffnungsfrüchte
- Bedecktsamer

Off-Zentrum-Neurone
- Kontrast

O-Form
- Proteus

Ogawa
- □ Cholera

Ogcocephalidae ↗

Ogmodon
- Polynesische Subregion

Ohnmacht

Ohnsporn

O-Horizont
- Auflagehorizont

Ohr
- Allensche Proportionsregel
- Darwinscher Ohrhöcker
- [B] Fische (Bauplan)
- Modalität
- [M] Reiz

Ohr-Augen-Ebene ↗

Ohrbläschen
- Ohrbläschen

Ohrblase
- Ohrbläschen

Öhrchen
- geöhrt
- □ Getreide
- [M] Süßgräser

Ohrdrüse
- Parotoiddrüse

Ohrenfische

Ohrenfledermäuse ↗

Ohrengeier ↗

Ohrenigel

Ohrenmakis ↗

Ohrenqualle
- [B] Hohltiere III

Ohrenratten ↗

Ohrenrobben

Ohrenschmalz
- Ohr

Ohrenschmalzdrüsen
- Ohr
- □ Ohr

Ohrenschuppentier
- Asien
- [M] Schuppentiere

Ohrentierchen
- [M] Heterotricha

Ohrhöcker ↗

Ohridsee
- Ochridasee

Ohrlappenpilze ↗

Öhrlinge ↗

Ohrmarke
- Herdbuch

Ohrmuschel ↗
- Gehörorgane
- □ Ohr

Ohrschlammschnecke

Ohrspeicheldrüse
- Glossopharyngeus
- □ Ohr
- Stensen, N.
- Wange

Ohrsteinchen

Ohrtrompete ↗

Ohrwürmer
- [B] Insekten I
- [M] Komplexauge (Ommatidienzahl)

Ohrzikade
- Zwergzikaden

Oide
- □ Gametogenese

Oidien ↗
- Geotrichum
- □ Moniliales

Oikoplastenepithel
- Copelata

Oikopleura
- Meeresleuchten

Oikopleuridae ↗

Oiticica-Öl
- Chrysobalanaceae

Oka
- Sauerklee

Okan

Okapi
- Giraffen

- Palaeotraginae

Okapia
- Okapi

Okapiinae ↗

Okazaki-Fragmente
- Replikation

Oken, L.
- [B] Biologie I
- [B] Biologie III
- Goethe, J.W. von
- idealistische Morphologie
- Insektenflügel
- Nestflüchter
- Zelltheorie

ökische Dimensionen
- ökologische Nische

Okklusion

Ökoethologie ↗

Ökologie
- [B] Biologie II
- Botanik
- Haeckel, E.

ökologisch
- Ökologie

ökologische Amplitude

ökologische Effizienz
- Energiepyramide
- Produktionsbiologie

ökologische Einheit
- Art

ökologische Faktoren
- ökologische Sonderung

ökologische Gilde

ökologische Großkonflikte
- Anthropomorphismus - Anthropozentrismus

ökologische Isolation
- ökologische Sonderung

ökologische Katastrophen
- Weltmodelle

ökologische Lizenz

ökologische Nische
- Artendichte
- Bauplan
- Charakter-Displacement
- Charakterkonvergenz
- Darwinfinken
- Evolutionsrate
- Lebensformtypus
- Mensch und Menschenbild
- Nahrungsspezialisten

ökologische Planstelle
- Planstelle

ökologische Plastizität ↗

ökologische Potenz
- Lebensansprüche
- Mensch und Menschenbild

ökologische Rasse
- [M] Rasse
- Sammelart

ökologische Reaktionsbreite
- ökologische Potenz

ökologische Regelung
- Synökologie

ökologischer Wirkungsgrad
- ökologische Effizienz

ökologische Segregation
- ökologische Sonderung

ökologische Separation
- ökologische Sonderung

ökologische Gleichgewicht
- Bioenergie
- ökologische Regelung
- Regenerationsfähigkeit
- [M] Stabilität

ökologische Sonderung

ökologische Stellvertreter
- Stellenäquivalenz

ökologische Tiergeographie
- Biogeographie

ökologische Toleranz
- ökologische Potenz

ökologische Zone
- Lebensansprüche

ökologische Zone

Ökomone

Ökomorphose

Ökonomieprinzip
- Biomechanik

- Leserichtung

Ökophysiologie
- Tierphysiologie

Ökoschema
- Habitatselektion

Ökospezies

Ökosphäre ↗

Ökostratigraphie

Ökosystem
- Belastbarkeit
- dynamisches Gleichgewicht
- Leben
- □ Produktivität
- [M] Stabilität
- Stoffkreisläufe
- Synökologie

Ökoton

Ökotop

Ökotyp
- [M] Rasse

Okoumé ↗

Ökowein
- Wein

Okra
- Malvengewächse

Oktadekanol
- Gärfett

Oktavo-Lateralis-System
- Rautenhirn

Okular
- [B] Elektronenmikroskop
- Mikroskop
- □ Mikroskop (Aufbau)

Okulation

okulieren
- Okulation

Okuliermade

Öl ↗

Ol.
- Oleum

Ölabscheider
- Kläranlage

Olacaceae

Olax
- Olacaceae

Olaxgewächse
- Olacaceae

Ölbaum
- [M] Blatt
- Europa
- [B] Kulturpflanzen III
- Mediterranregion
- [B] Mediterranregion I
- Ölpflanzen

Ölbaumgewächse

Ölbaumpilz

Ölblumen
- Bestäubung

Oldenburger
- □ Pferde

Oldenburgium
- □ Pleistozän

Oldfieldia ↗

Öldotter
- Leindotter

Oldoway
- Olduvai

Oldoway-Skelett
- Olduvai

Old-Red-Kontinent
- Devon

Old-Red-Sandstein
- Kambrium

Öldrüsen
- Hautdrüsen
- [M] Ölblumen

Olduvai
- [B] Paläanthropologie

Olduvai
- Olduvai

Öle ↗

Olea ↗
- [M] Eisenholz

Oleaceae ↗

Oleacina

Oleacinidae
- Oleacina
- Poiretia

Oleanan
- Saponine
Oleander
- [B] Blatt III
- [M] Hundsgiftgewächse
- [B] Mediterranregion I
Oleander-Schildlaus
- [M] Deckelschildläuse
Oleanderschwärmer
- [M] Nahrungsspezialisten
- [M] Schmetterlingsblütigkeit
Oleandomycin
Oleandrin
- [M] Oleander
Oleanolsäure
- [M] Resinosäuren
- [□] Saponine
Oleate ↗
Olecranon ulnae
- Ellbogen
- Elle
Olefine
- Alkene
Oleinsäure ↗
Olenellida
- [□] Chelicerata
- [M] Kambrium
Olenellus
Olenus
- [M] Kambrium
Oleoresine ↗
Oleosomen
Oleum
Oleum allii sativi
- Knoblauchöl
Oleum amygdalarum
- [□] Oleum
Oleum camphoratum
- [□] Oleum
Oleum carvi
- [□] Oleum
Oleum caryophylli
- Nelkenöl
Oleum citri
- [□] Oleum
Oleum crotonis
- [□] Oleum
Oleum eucalypti
- [□] Oleum
Oleum foeniculi
- [□] Oleum
Oleum hydnocarpi
- Gynokardiaöl
Oleum jecoris
- Lebertran
Oleum jecoris aselli
- [□] Oleum
Oleum juglandis
- [□] Oleum
Oleum lavandulae
- Lavendelöl
Oleum menthae piperitae
- Pfefferminzöl
Oleum olivarum
- [□] Oleum
Oleum ricini
- Rizinusöl
Oleum rosmarini
- Rosmarinöl
Oleum salviae
- Salbeiöl
Oleum santali
- Sandelöl
Oleum sinapis
- [□] Oleum
Oleum spicae
- Spiköl
Oleum terebinthinae
- Terpentinöl
Oleum valerianea
- [□] Oleum
Olfactorius
- Nase
olfaktorische Kennzeichnung
- Duftmarke
olfaktorische Organe ↗
Ölfische ↗
Ölflecke
- Plasmopara

↗ *Ölpest*
Ölfrüchte ↗
Ölfruchtgewächse
- Elaeocarpaceae
Ölgänge
- Sekretbehälter
Olibanumöl ↗
Olibrus
- Glattkäfer
oligarch
Oligobrachia ↗
oligobunodont
- bunodont
oligocarbophile Bakterien
Oligocephalidae
- Fühlerfische
Oligochaeta
- Acanthobdella
- Darmatmung
- [B] Nervensystem I
Oligodendrocyten
Oligodendroglia-Zellen
- Oligodendrocyten
Oligokyphus
- Ictidosauria
oligolecithale Eier ↗
Oligolophus ↗
oligomer (Biochemie) ↗
oligomer (Botanik)
oligomer (Zoologie)
Oligomere
Oligomerie
- Trimerie
Oligomerisation
- Blüte
Oligomycin
- Atmungskette
- ATP-Phosphataustausch
Oligonephria
Oligoneuriella
- Büschelhafte
Oligoneuriidae ↗
Oligonucleotide
- [M] organisch
- Ribonucleasen
Oligopause
Oligopeptide
- Peptide
oligophag
Oligophagie
- oligophag
oligophotische Region ↗
Oligopithecus
- Menschenaffen
oligopod
oligopolylecithal
- Eitypen
oligopyren ↗
Oligosaccharide
- Amylasen
- Glykoside
- Kohlenhydratstoffwechsel
- [M] organisch
oligosaprob
- [□] Saprobiensystem
Oligosaprobien ↗
Oligosarcus ↗
oligostenotherm
oligotraphent
- oligotroph
Oligotricha
oligotroph
- [M] Eutrophierung
- Seetypen
Oligotrophie
- oligotroph
Oligozän
- [B] Pferde, Evolution der Pferde II
Oligo(zoo)spermie
- [M] Sperma
Olindias ↗
Oliva
- Olive
Olivancillaria
- [M] Olivenschnecken
Olive (Botanik) ↗
- [□] Fruchtformen
- [M] Ölbaum

Olive (Zoologie)
Olivella
- Olivenschnecken
Olivenbaum
- [B] Mediterranregion I
- ↗ Ölbaum
Olivenfliege ↗
Olivenlaus ↗
Olivenöl
- [M] Ölbaum
Olivenschnecken
Olividae
- Olivenschnecken
Ölkäfer
- Heteromera
- Käferblütigkeit
- Wehrsekrete
Ölkörper ↗
- Lebermoose
Ölkörperchen ↗
Ölkuchen
- Futter
Öllagerstätten
- Botryococcaceae
- Erdöl
Ölmadie
- Korbblütler
Olme
- [M] Holarktis
Ololiuqui
- Windengewächse
Ololygon ↗
Ölpalme
- [B] Afrika V
- Fettspeicherung
- [B] Kulturpflanzen III
- Ölpflanzen
Ölpest
- Erdöl
- Wasserverschmutzung
- Watt
Ölpflanzen
- [□] Kohl
- [B] Kulturpflanzen III
Olpidiopsidaceae
- Lagenidiales
Olpidiopsis
- Lagenidiales
Olpidium
- [M] Wurzelbrand
Ölraps ↗
Ölrauke ↗
Ölrettich
- Gründüngung
- Rettich
Ölrübsen ↗
Ölsaaten ↗
Ölsäure
- [□] Fettsäuren
- [B] Lipide - Fette und Lipoide
- Membran
- Olivenöl
Ölschiefer
- Weichteilerhaltung
Ölteppich
- Erdölbakterien
- Ölpest
Öltierchen
- Foraminifera
Oltmanns, F.
- Oltmannsiella
Oltmannsiella
Öltröpfchen
- [□] Proteine (Schematischer Aufbau)
Ölweide
Ölweidengewächse
Olympic (USA)
- [B] National- und Naturparke II
Olympsalamander
Omaliinae
- Käfer
- Kurzflügler
Omalonyx
Omasus ↗
ombriophil
- ombriophil

Onchidium

ombriophob
- ombrophob
ombrophil
ombrophob
ombrotroph
- Moor
Omega-Faktor
- [M] Holospora
Omega-Protein ↗
Omegatier
Ommadidae
- Urkäfer
Ommastrephes
Ommastrephidae
- Pfeilkalmare
Ommatidienzahl
- [M] Komplexauge (Ommatidienzahl)
Ommatidium ↗
- akone Augen
- Gesichtsfeld
- Hauptpigmentzellen
Ommatine ↗
- [B] Genwirkketten II
Ommatophoca
- [M] Südrobben
Ommatophora
- [□] Doppelfüßer
Ommatophoren
Ommatophoren
- Ommastrephes
Ommatostrephidae
- Pfeilkalmare
Ommine ↗
Ommochrome
- Chromatophoren
- Farbe
- Kynurenin
omnipotent
- Blastem
- Omnipotenz
Omnipotenz
- Determination
- Isopotenz
- ↗ Totipotenz
Omnis cellula e cellula
- Cytologie
omnivor
- Omnivoren
Omnivora
- Omnivoren
Omnivoren
- heterophag
- Nahrungsspezialisten
Omocestus ↗
Omo Kibish
- [B] Paläanthropologie
Omomyidae
- Breitnasen
Omophron
- Laufkäfer
Omoschlucht (Äthiopien)
- Paläanthropologie
Omosternum
- [M] Froschlurche
Omphalina ↗
Omphalodes ↗
omphalodisc
Omphalos
- Nabel
Omphalotus ↗
Omphralidae ↗
Omsk-hämorrhagisches Fieber
- [□] Togaviren
Omul
- Baikalsee
- [M] Baikalsee
Onager ↗
Onagraceae ↗
onc-Gene
- Onkogene
Onchidella
- Onchidella
Onchidiidae
- Onchidella
Onchidium

Onchnesoma

Onchnesoma
- M Sipunculida

Onchocerca

Onchocerciasis
- Flußblindheit
- Onchocercose

Onchocercose
Oncicola
Oncidium

Oncoceratomorphi
- Nautiloidea

Oncodidae ↗
Oncomelania

Oncomera
- Oedemeridae

Oncomeris
- Schildwanzen

Oncomiracidium
- M Neodermis

Oncopeltus
- Versuchstiere

Oncopodium ↗
- Gliederfüßer
- Gliedertiere

Oncorhynchus ↗
Oncornaviren ↗
Oncosphaera
- Procercoid

Oncoviren
- RNA-Tumorviren

Oncovirinae
- Retroviren
- T-lymphotrope Viren

Ondatra ↗
Önin
- Oenin

Oniscidae
- □ Landasseln

Oniscidea
- Landasseln

Oniscoidea ↗
- Asseln

Oniscomorpha
- □ Doppelfüßer

Oniscus
- □ Landasseln

Onithochiton
- Schalenaugen

Onkocyten
onkofetale Antigene
- Tumorantigene

Onkogene
- B Biologie III
- Positionseffekt
- Zelltransformation

onkogene Transformation
- Transformation

onkogene Viren
- cancerogen
- B Viren

Onkoide
- Mumie

onkotischer Druck ↗
Onobrychido-Brometum ↗
Onobrychis ↗

Onoclea
- M Frauenfarngewächse

Onogadus ↗
Onohippidion
- B Pferde, Evolution der Pferde II

Ononis ↗
Onopordetalia
Onopordum ↗
Onosma ↗

Onototragus
- Wasserböcke

Onthophagus ↗
Onthophilus
- Stutzkäfer

Ontogenese
- Bastardmerogone
- Biogenese
- Deviation
- Evolution
- Musterbildung
- Rekapitulation
- ↗ Ontogenie

ontogenetisch
- Ontogenie

ontogenetischer Entwicklungsplan
- Erklärung in der Biologie

ontogenetische Ritualisierung
- Ritualisierung

Ontogenie
- Biogenese
- B Biologie II
- □ Hologenie
- ↗ Ontogenese

ontologische Methode
Onuphidae
Onverwacht-Schichten
- M Mikrofossilien

Onychiten
Onychites
- Onychiten

Onychiuridae ↗
Onychodactylus ↗

Onychognathiidae
- M Gnathostomulida

Onychogomphus ↗
Onychomys
- Nagetiere

Onychophora ↗
- □ Gliederfüßer
- □ Stammbaum
- □ Tiere (Tierreichstämme)
- ↗ Stummelfüßer

Onychorhynchus
- Tyrannen

Onychoteuthidae
- Moroteuthis

Onychoteuthis
Onychura
- Muschelschaler
- Phyllopoda
- Wasserflöhe

Onygenaceae
- Onygenales

Onygenales
O'nyong-nyong
- M Togaviren

Onza ↗
On-Zentrum-Neurone
- Kontrast

Oocystaceae
Oocyste
- Haemosporidae

Oocystis
- Oocystaceae

Oocyte
- Eireifung
- Follikelzellen
- Gametocyt
- Geschlechtszellen
- Lampenbürstenchromosomen
- Meiose
- Mitochondrien
- Ovulation
- Ribosomen

Oodinium
- Korallenfischkrankheit
- Oodiniumkrankheit

Oodiniumkrankheit
Ooecium ↗
Ooeidozyga
Oogametie ↗
- Geschlecht

Oogamie
- Algen
- Einzeller
- Gameten

Oogeneotyp
- Ootyp

Oogenese
- Geschlechtsorgane
- Hertwig, O.W.A.
- M Neuropeptide
- M Ovar

Oogonien
- Oogonium

Oogonium
- B Algen III
- Archegonium
- Eizelle
- Follikelzellen

- Gametocyt
- □ Gametogenese
- Geschlechtsorgane
- Geschlechtszellen
- Gonien

Ookinet
- Haemosporidae

Oolemma ↗
Oologie
Oolong
- □ Teestrauchgewächse

Oolyse
Oomycetes
- eukarp

Oomycophyta ↗
Oomycota
Oonopidae ↗
Oonops
- Zwergsechsaugenspinnen

Oonopsis
- Selen

Oopelta
Ooperipatellus
- M Stummelfüßer

Ooperipatus
- M Stummelfüßer

Ooplasma
Oosom
Oosphäre
Oospore
- Zygote

Oosporidium
- M imperfekte Hefen

oostatisches Hormon
Oostegite
- Brutbeutel
- M Peracarida

Ootheken
Ootiden
Ootyp
- Bandwürmer

Oovivparie ↗
- Ovoviviparie

Oozoid ↗
- Cyclomyaria

Opal
- Diatomeenerde

Opal-Codon
Opalia
Opalina
- M Opalinina
- Plasmotomie

Opalinina
Opal-Mutante
- Opal-Codon

Opal-Mutation
- Opal-Codon
- Terminatormutation

Opal-Suppressor
- Opal-Codon

opaque-2-Mutanten
- Mais

Oparin, A.I.
- Abstammung - Realität
- Urzeugung

Opatrum
- Schwarzkäfer

Opeatostoma
Opegrapha
- Opegraphaceae

Opegraphaceae
Opegraphales
- Opegraphaceae

operante Konditionierung
- instrumentelle Konditionierung
- Konditionierung

Operator
- Allosterie
- □ Galactose-Operon
- Repressoren

Opercularapparat
Opercularia
operculat
- M Unitunicatae

Operculatae
Operculum (Botanik)
- Becherpilze
- Unitunicatae

Operculum (Zoologie)
- B Amphibien I
- Atmungsorgane
- Bandwürmer
- Froschlurche
- Moostierchen
- □ Schnecken
- Singzikaden
- M Vibrationssinn

Operon
- Arabinose-Operon
- his-Operon
- Jacob, F.
- Operator
- Strukturgene

Operon-Modell
- B Biochemie

Operophthera
- Frostspanner

Ophelia
- Opheliidae

Ophelida
Opheliida
Opheliidae
Opheodrys ↗
Ophiacanthidae
- □ Schlangensterne

Ophiactis
- □ Schlangensterne

Ophiceras
Ophichthyidae ↗
Ophidia ↗
Ophidiasteridae
- Linckia

Ophidiidae
- Eingeweidefische

Ophidioidei ↗
Ophidonaïs
Ophiobolose
- Schwarzbeinigkeit

Ophiobolus ↗
Ophiocanops
- □ Schlangensterne

Ophiocistioidea
Ophiocomidae
- □ Schlangensterne

Ophiocomina
- □ Schlangensterne

Ophiocten
- Tiefseefauna

Ophioderma ↗
Ophiodermatidae
- □ Schlangensterne

Ophiodes
- Schleichen

Ophiodromus
Ophioglossaceae ↗
Ophioglossales
- Natternzungengewächse

Ophioglossum ↗
Ophiomorpha
Ophiomorus ↗
Ophiomyxidae
- □ Schlangensterne

Ophionomium
- Gangmine
- □ Minen

Ophiophagus ↗
Ophiopholis ↗
Ophiopluteus
- Pluteus
- B Stachelhäuter II

Ophiostomataceae
Ophiostomatales
- Ophiostomataceae
- M Plectomycetes

Ophiothricidae
- □ Schlangensterne

Ophiothrix ↗
- Schlangensterne
- M Schlangensterne

Ophiotoxine ↗
Ophisaurus
Ophisops ↗
Ophistigmatonomium
- Minen

Ophiura ↗
Ophiurae ↗
Ophiuricula
- Lumbrineridae

Ophiurida
– □ Schlangensterne
Ophiuridae
– □ Schlangensterne
Ophiurites
Ophiuroida
– Schlangensterne
Ophiuroidea ↗
Ophryoscolex ↗
Ophryotrocha
– M Oogenese
– M Proterandrie
– Zwittrigkeit
Ophrys ↗
Opiate
– Neuropeptide
– M Schmerz
Opiatpeptide
– Endorphine
Opiatrezeptor
– Exorphine
Opiat-Typ
– M Drogen und das Drogenproblem
Opilio ↗
Opilioacarus ↗
Opiliones ↗
– □ Chelicerata
↗ Weberknechte
Opilo
– Buntkäfer
Opine
Opisicoetus
– Raubwanzen
Opisthandria
– Doppelfüßer
Opisthandropora
Opisthaptor
– Monogenea
– Oncomiracidium
Opisthobranchia ↗
opisthocoel
– Ammonoidea
Opisthocoela ↗
opisthocoele Wirbel
– Froschlurche
Opisthocomidae ↗
Opisthocomus
– Schopfhühner
opisthodet
– heterodont
opisthoglyph
Opisthogoneata
– Tausendfüßer
opisthokont
– M Begeißelung
opisthomastigot
– M Trypanosomidae
Opisthonema ↗
Opisthonephros
– M Nierenentwicklung
– M Urogenitalsystem
opisthopar
Opisthopatus
– M Stummelfüßer
Opisthopneumona
– Hinteratmer
Opisthopora
Opisthoproctidae ↗
Opisthorchis
Opisthosoma ↗
– Gliederfüßer
– Pogonophora
Opisthosoma-Extremitäten
– Spinnapparat
Opisthosyllis
– M Syllidae
Opisthoteuthidae
– Opisthoteuthis
Opisthoteuthis
Opisthothelae
Opisth-Oticum
– Felsenbein
Opium
– Alkaloide
– Betäubung
– Drogen und das Drogenproblem
– Narcein

– Narcotin
Opiumalkaloide
Opiumtinktur
– Laudanum
Oplomerus
– Kolonie
– Tierbauten
Oplophoridae
– Acanthephyra
– □ Natantia
Opomyzidae ↗
Opossum
– Beuteltiere
– M Jugendentwicklung: Tier-Mensch-Vergleich
– Nordamerika
– B Säugetiere
– B Südamerika I
Opossummäuse
– Beuteltiere
– Südamerika
Oppel, Albert
– Oppelia
Oppelia
Oppelidae
– Lamellaptychus
Opponent
opponierbar
– Hand
– Menschenaffen
opponiert (Botanik) ↗
opponiert (Zoologie) ↗
Opportunisten
Opsanus ↗
Opsin
– M Rhodopsin
– Sehfarbstoffe
– □ Sehfarbstoffe
Opsonine
Opsonisierung
– Opsonine
– Phagocyten
Opsonisierungsfaktor
– Opsonisierung
Opticon
– Oberschlundganglion
Opticus
– Sehrinde
Optimumgesetz
optische Aktivität
– absolute Konfiguration
– Inversion
– Racemate
optische Antipoden
– □ optische Aktivität
– Racemate
optische Artkennzeichen
optische Aufheller
– M Waschmittel
optische Erinnerungsbilder
– B Gehirn
optische Isomerie
– Isomerie
– B Kohlenstoff (Bindungsarten)
– □ optische Aktivität
– Pasteur, L.
optischer Nerv
– Lobus opticus
– Opticus
optischer Test ↗
– □ Nicotinamidadenindinucleotid (Absorptionsspektren)
optisches Sprachzentrum
– B Gehirn
– Sprachzentren
optische Täuschung
– Sinnestäuschungen
optokinetischer Nystagmus
– Nystagmus
optomotorische Reaktion
Opuntia ↗
– Europa
– Kakteengewächse
Opuntienspinne ↗
Opuntioideae
– Kakteengewächse

oral
– Übertragung
Oralpapillen
– Stummelfüßer
– M Stummelfüßer
Orange (Farbe)
– □ Farbstoffe
Orange (Frucht) ↗
– □ Obst
Orangeanemonenfisch
– Anemonenfische
– B Fische VIII
orangeartiger Geruch
– M chemische Sinne
Orangeat
– Citrus
Orangebäckchen
– M Prachtfinken
Orangenbecherling
Orangenblütenöl
– Orangenöl
Orangenfliege ↗
Orangenlaus ↗
Orangenöl
Orangenschalenöl
– Orangenöl
Orange Pekoe
– □ Teestrauchgewächse
Orang-Utan
– □ Affen
– B Asien VIII
– Äthiopis
– Bewußtsein
– M Chromosomen (Anzahl)
– Jugendentwicklung: Tier-Mensch-Vergleich
– □ Mensch
– Paläanthropologie
– B Paläanthropologie
– □ Stammbaum
Oratosquilla
– M Fangschreckenkrebse
Orbigny, Alcide Dessalines d'
– Kreide
– Orbignya
Orbignya ↗
Orbinia
– Orbiniidae
Orbiniida
Orbiniidae
Orbita
– Jugale
– Linsenauge
Orbitalregion
– Schädel
Orbitalspange
– Stirnbein
Orbitolinenkalk
– Foraminiferenkalk
Orbivirus ↗
Orca ↗
Orcein ↗
Orchesella
– Laufspringer
Orchestia ↗
Orchidaceae ↗
Orchidales ↗
Orchideen
– Gattungsbastarde
– Mimikry
– Morphosen
– Mykorrhiza
– Parfümblumen
– Regeneration
– Samenverbreitung
– Täuschblumen
– B Zoogamie
Orchideenartige
Orchideen-Buchenwälder ↗
Orchidoidea
– Gynostemium
Orchideeae
– Orchideen
Orchilla
– Orseille
Orchinol
Orchis (Botanik) ↗
– □ Bodenzeiger

Organdosis

Orchis (Zoologie) ↗
Orcin
Orcinidae
– Schwertwale
Orcinus ↗
Orconectes ↗
– □ Blutersatzflüssigkeit
Orculella
– M Fäßchenschnecken
Orculidae ↗
Ordensband
Ordesa (Spanien)
– B National- und Naturparke II
Ordnung (Physik)
– Determination
– Entropie - in der Biologie
– M Symmetrie
Ordnung (Systematik)
– Assoziation
– Familie
– □ Klassifikation
– □ Nomenklatur
Ordnungszahl
– Atom
– Isotope
– Radioaktivität
Ordo ↗
ordovizisches System
– Ordovizium
Ordovizium
– Palynologie
oreal
– Europa
Oreamnos
– Nordamerika
– Ziegen
Oreasteridae
Orectochilus
– Taumelkäfer
Orectolobidae ↗
Oregon Pine ↗
Oregonzeder
– Lebensbaumzypresse
Orellana, Francisco de
– Orleanbaum
Orellanin
– M Hautköpfe
Orellin
– Achote
Oreocereus
– M Kakteengewächse
Oreodonta
– Leptauchenia
Oreodytes
– M Schwimmkäfer
Oreoglanis ↗
Oreolax ↗
Oreomunnea
– M Walnußgewächse
Oreomyza
– M Europa
Oreophryne ↗
Oreophrynella
Oreophyten
Oreopithecus
Oreotragus
Oreotrochilus
– □ Kolibris
Orestiidae ↗
Orfen
Orfvirus
– □ Pockenviren
Organ
– B Biologie II
– Gestalt
– Leben
– Organogenese
– Organologie
Organart ↗
Organa sensuum
– Sinnesorgane
Organa tactus
– Tastsinnesorgane
Organbildung ↗
– Zellkommunikation
– Organogenese
Organdosis
– M Strahlenschutz

297

Organelle

Organelle
- Cytoplasma
Organentwicklung
- Organogenese
Organgattung
Organisation
Organisationsformen
- additive Typogenese
- Evolution
Organisationsplan ↗
Organisationszentrum
- [B] Biologie II
- Organisator
Organisator
- [B] Induktion
- Spemann, H.
Organisatoreffekt
organisch
- [B] Biologie II
- chemische Verbindungen
organisch-biologischer Landbau
- alternativer Landbau
organische Chemie
- organisch
organische Lösungsmittel
- [M] Gifte
organische Verbindungen
- [M] organisch
Organismenkollektiv
Organismus
- Organ
Organisten
- Tangaren
Organlehre ↗
Organmorphogenesen
- Phänogenese
organogen
Organogenese
- Embryonalentwicklung
- Fetus
- ↗ Organbildung
organogenes Sediment ↗
- [M] Sedimente
Organographie
- Botanik
organoid
Organoide
- Organelle
Organologie
Organon
- Organ
Organon vomeronasale
- Jacobsonsches Organ
Organopelit
Organophosphate
- Pestizide
organotrop
organotroph
Organotrophie
- organotroph
Organsystem
- Gestalt
Organtransplantation
- Antigene
- Tod
- Transplantation
Organum
- Organ
Organverfettung
- Fettstoffwechsel
Organverpflanzung
- ↗ Organtransplantation
Orgel-Hypothese
- Altern
Orgelkorallen
Orgelpfeifen
- Eulenvögel
- Schleiereulen
Orgyia ↗
Oribateï ↗
Oribi ↗
Orientalide
- Aurignacide
Orientalis
- australische Region
- Paläarktis
- Paläotropis
- □ tiergeographische Regionen

Orientalische Region
- [B] Biologie II
- Orientalis
Orientalische Schabe
- Hausschaben
Orientbeule
Orientierung
- Bioelektrizität
- Brieftaube
- elektrische Fische
- elektrische Organe
- Gehörorgane
- Licht
Orientierungsbewegungen
Orientierungsreize
- Schlüsselreiz
Orienttabak
- Tabak
Orificium uteri externum
- Gebärmutter
Orificium uteri internum
- Gebärmutter
Origanetalia vulgaris ↗
Origanum ↗
- Gewürzpflanzen
- [B] Kulturpflanzen VIII
Orinoco
- [M] Südamerika
Orinoco-Krokodil
- [M] Krokodile
- Südamerika
Oriolidae ↗
Oriolus
- Pirole
Oriopsis
- [M] Sabellidae
Orlay, Johann
- Orlaya
Orlaya ↗
Orlean ↗
Orleanbaum ↗
Orleanium
- □ Tertiär
Ornata-Gruppe
- Wildkatze
Orneodes
- Orneodidae
Orneodidae
Ornis ↗
Ornithin
- [M] Aminosäuren
- Cadaverin
- Glutaminsäure
- Glutaminsäure-γ-semialdehyd
- □ Harnstoffzyklus
- □ Mitochondrien (Aufbau)
- Ornithin-Translokator
Ornithin-Transcarbamylase
Ornithin-Translokator
Ornithinzyklus ↗
Ornithischia
- Schambein
- Trachodon
Ornithocerus ↗
Ornithogalum ↗
- Zwergrost
Ornithogamie
- □ Farbe
ornithokoprophil
Ornithologie ↗
- Brehm, Ch.L.
- Vögel
Ornithophilie ↗
Ornithopoda
Ornithopoden
- [B] Dinosaurier
Ornithoptera ↗
Ornithopus ↗
Ornithorhynchidae ↗
Ornithorhynchus
- Schnabeltiere
Ornithose ↗
Ornithose-Virus
Ornithosuchoidea
- Scleromochlus
Ornithursäure
- [M] Exkretion
- Ornithin

Orobanchaceae ↗
Orobanche
- Holoparasiten
- Sommerwurzgewächse
Orobranchialfenster
Orobranchialkammer
- Orobranchialfenster
Orogenesen
- [B] Erdgeschichte
Orographie
- [M] Klima (Klimafaktoren)
Orohippus
- [M] Formenreihen
- [B] Pferde, Evolution der Pferde II
Orongo
- Paläarktis
- Saigaantilopen
Orontium ↗
Oroperipatus
- [M] Stummelfüßer
Orotate ↗
Orotidin-5'-monophosphat
- [M] Pyrimidinnucleotide
Orotidin-5'-phosphat
Orotidin-5'-phosphatpyrophosphorylase
- [M] Pyrimidinnucleotide
Orotidylsäure
- Orotidin-5'-phosphat
Orotrechus
- [M] Laufkäfer
Orotsäure
Oroyafieber
Orphnephilidae ↗
Orphon
Orseille ↗
- Roccellaceae
Ortalididae ↗
Orterde ↗
- Bodenentwicklung
- [B] Bodentypen
Orthalicidae
- Orthalicus
Orthalicus
Orthetrum ↗
Orthezia
- Röhrenschildläuse
Ortheziidae ↗
Orthida
- Orthida
Orthis
- Orthida
Orthoceratiten
- [B] Kopffüßer
- Orthocerida
Orthoceratomorphi
- Nautiloidea
Orthocerida
orthoceroid ↗
orthochoanisch
- orthochoanitisch
orthochoanitisch
Orthochronie
Orthochronologie
- Parachronologie
Orthocladiinae
- Zuckmücken
orthocon
- Belemniten
Orthodicranum ↗
Orthodistichie ↗
Orthodontium ↗
Orthoevolution
Orthogenese ↗
Orthogenese-Prinzip
- Abstammung - Realität
orthogenetische Entwicklungsreihen
- Orthoevolution
orthognath
Orthognatha
Orthognathie
- Mensch
- orthognath
Orthogon
- [B] Nervensystem I
Orthogonoceros
orthogrades Sauerstoffprofil
- Seetypen

Orthokinesis
- Kinese
orthokraspedont
- Strophomenida
Orthomyxoviren ↗
- Myxoviren
- □ Viren (Virion-Morphologie)
- [B] Virusinfektion (Genexpression)
- □ Viruskrankheiten
Orthonectida ↗
Orthoneurie ↗
Orthonyx ↗
Orthoperidae ↗
Orthoploïdie
Orthopoda
- Ornithischia
Orthopoxvirus ↗
Orthoptera ↗
Orthopteriformia
- □ Insekten (Stammbaum)
Orthopteroidea
orthopteroider Legeapparat
- Eilegeapparat
Orthopyxis ↗
- Agastra
Orthorostrum
Orthorrhapha ↗
Orthoselektion ↗
Orthosiphon
- □ Heilpflanzen
Orthospirale ↗
Orthostichen ↗
Orthostratigraphie
- Orthochronologie
- Stratigraphie
Orthotomicus
- [M] Borkenkäfer
Orthotomus
- [M] Asien
- Schneidervögel
Orthotrichaceae
Orthotrichineae ↗
Orthotrichum
- Orthotrichaceae
orthotrop
Orthurethra
Ortolan ↗
Ortsehe
- Monogamie
ortspezifische Selektion
- Genfluß
Ortsprägung
Ortstein
- Bodenentwicklung
- [B] Bodentypen
- Eisenverlagerung
- □ Gefügeformen
- Orterde
Ortsstreue
- Bindung
Ortsveränderung
- Bewegung
- Fortbewegung
- Motorik
Orussidae ↗
Orycteropidae
- monotypisch
Orycteropus
- [M] Gattung
Oryctes ↗
Oryctolagus ↗
Oryidae
- [M] Hundertfüßer
Oryktozönose
Oryopithecus
- □ Tertiär
Oryx
- Oryxantilopen
Oryxantilopen
Oryxweber
- □ Käfigvögel
Oryza ↗
Oryzaephilus ↗
Oryzias
- Kärpflinge
Oryziatidae ↗
Oryzoideae

Oryzomys
- Reisratten
Oryzoryctes
- Madagassische Subregion
Os ⁄
- Mund
Osborn, H.
- Abstammung - Realität
Osbornictis
- M Zibetkatzen
Os capitatum
- Kopfbein
Oscarella
- Oscarellidae
Oscarellidae
Oscillatoria
- asexuelle Fortpflanzung
- Cyanobakterien
- M Gasvakuolen
- Nahrungskette
- Oscillochloris
- □ Saprobiensystem
Oscillatoriaceae
Oscillatoriales
Oscillochloris
Oscillospira
Oscinella ⁄
Oscines ⁄
Os coccygis
- Pygostyl
- Steißbein
Os cornu
- Stirnbein
Os coxae
- Hüfte
OSCP
- M mitochondrialer Kopplungsfaktor
- □ Mitochondrien (Aufbau)
- Oligomycin
Os cuboideum
- Würfelbein
Osculum ⁄
- Mund
- M Schwämme
Os cuneiforme
- Keilbein
Os dorsale
- Wirbelsäule
Os ethmoidale
- Siebbein
Os falciforme
- Sichelbein
Os frontale
- Gehörn
- Stirnbein
Os hamatum
- Hakenbein
Os hyoideum
- Zungenbein
Os ilei
- Darmbein
Os intermaxillare
- Goethe, J.W. von
- Praemaxillare
Os interparietale
- Interparietale
Os ischii
- Sitzbein
Os jugale
- Jugale
Os lacrimale
- Tränenbein
Os lunatum
- Mondbein
Osmanthus ⁄
Osmaten
Osmaterium ⁄
Osmeridae ⁄
Osmerus
- Stinte
Osmeterium ⁄
- Wehrsekrete
Osmia ⁄
- Goldwespen
- M Megachilidae
Osmiumsäure
- Schultze, M.J.S.
Osmoderma
- Blatthornkäfer

Osmokonformer
- Osmoregulation
Osmol
- M Osmose
Osmolalität
- Wasserhaushalt
Osmolarität ⁄
Osmometer
- osmotischer Druck
- B Wasserhaushalt der Pflanze
Osmometermodell
- Erklärung in der Biologie
Osmophile ⁄
Osmophren ⁄
- Aasblumen
- Parfümblumen
Osmoporus
- Braunfäule
- Gloeophyllum
Osmoregulation
- Arginin
- Calcium
- Coxalbläschen
- Einzeller
- Exkretion
- M Gegenstromprinzip
- Kiemen
- Niere
- Prolactin
- Salzdrüsen
- Streß
Osmoregulatoren
- Osmoregulation
osmoregulatorisches Organ
- Analpapillen
Osmorezeptoren
- Durst
- Wasserhaushalt
Osmose
- anorganisch
- B Biologie II
- Membrantransport
- Nahrungsaufnahme
- Niere
- Vries, H.M. de
- Wasserhaushalt
Osmotaxis
osmotische Adaptation
- Halophyten
osmotische Arbeit
- B Dissimilation I
osmotischer Druck
- Harnstoff
- Homöosmie
- Ionentransport
- kolloidosmotischer Druck
- □ Konservierung (Konservierungsverfahren)
- Saugspannung
- Vakuole
- Wasserhaushalt
- B Wasserhaushalt der Pflanze
- Wasserpotential
osmotische Resistenz
osmotischer Schock
- Cytolyse
osmotisches Potential
- Bodenwasser
- Erklärung in der Biologie
- Saugspannung
- Wasserpotential
osmotolerant
- Osmophile
Osmotropismus
Osmunda
- Königsfarngewächse
Osmundacaulis
- Königsfarngewächse
Osmundaceae ⁄
Osmundales
- Königsfarngewächse
Osmylidae ⁄
Osmylus
- Bachhafte
Os nasale
- Nasale
Os naviculare
- Kahnbein

Osning-Sandstein
- Kreide
Os occipitale
- Hinterhauptsbein
Os palatinum
- Gaumenbein
Os parietale
- Scheitelbein
Os penis
- Penis
Os petrosum
- Felsenbein
O-spezifische Kette
- Lipopolysaccharid
Osphradien ⁄
- □ Schnecken
Os pisiforme
- Erbsenbein
Os quadratum
- Quadratum
Ossa
- Knochen
Ossa costae
- Rippen
Os sacrum
- Kreuzbein
Ossa marsupialia
- Beutelknochen
Ossa sesamoidea phalangis primae
- Gleichbeine
Os scaphoideum
- Kahnbein
Ossein
Os sesamoides
- Sesambein
Ossicula
Ossicula auditus
- Gehörknöchelchen
Ossiculithen
Ossifikation ⁄
Ossifikationsalter
Ossikel
- Xyloplax
  ⁄ Ossicula
Os sphenoidale
- Keilbein
Os squamosum
- Schuppenbein
Ostariophysi ⁄
- Gehörorgane
- Weber-Knöchelchen
Osteichthyes ⁄
- □ Wirbeltiere
Os temporale
- Schläfenbein
Osteoblasten ⁄
- Skleroblasten
Osteocephalus
Osteocranium
Osteocyten ⁄
osteodontokeratische Kultur
Osteogeneiosus ⁄
Osteogenese ⁄
Osteogenesis imperfecta
- □ Mutation
Osteoglossidae
- Knochenzüngler
Osteoglossiformes ⁄
Osteoglossoidei
- Knochenzüngler
Osteoglossum
- Knochenzüngler
Osteoklasten ⁄
Osteolaemus ⁄
Osteolepiformes
- Eutetrapoda
Osteolepis
- Osteolepiformes
- □ Schädel
Osteologie
Osteomalazie
- Knochenerweichung
Osteometrie ⁄
Osteomyelitis
- Amyloidose
Osteomyelofibrose
- blutbildende Organe
Osteomyelosklerose
- blutbildende Organe

Ostreobium

Osteone
- Bindegewebe
- Havers-Kanäle
- Knochen
- B Knochen
- M Polarisationsmikroskopie
Osteopilus
Osteoporose
- Demineralisation
Osteosklerose
Osteostraci
Osterglocke ⁄
Osterluzei
- □ Leitbündel
- Ritterfalter
- sekundäres Dickenwachstum
Osterluzeiartige
Osterluzeifalter ⁄
Osterluzeigewächse
Ostertagia
- Magenwurmkrankheit
Osteuropäische Plattform
- Präkambrium
osteuropäische Steppenzone
- Europa
Osteuropide
Os thoracale
- Clavicula
Ostien
Ostindischer Palmsago
- Sagopalme
Ostiolum ⁄
- Periphysen
Ostium
- M Schwämme
Ostium atrioventriculare
- Herz
Ostium tubae
- Fimbrien
- Ovidukt
Ostium uteri
- Gebärmutter
Ostium vaginae
- □ Vagina
Ostküstenfieber
- Piroplasmose
- Theileriosen
Ostküstenklima
- M Klima (Klimatische Bereiche)
Ostomidae ⁄
Ostracion
- Kofferfische
Ostraciontidae ⁄
Ostracoda ⁄
- M Plankton (Anteil)
Ostracodermata
- □ Wirbeltiere
  ⁄ Ostracodermi
Ostracodermi
- Bindegewebsknochen
- Deckknochen
Ostracum
- Schale
Ostracumlamelle
Östradiol ⁄
- Genregulation
- □ Hormone (Drüsen und Wirkungen)
- M Hunger
- M Östrogene
- M Steroidhormone
Östran
- Östrogene
Östratrien-3,17-diol
- Östradiol
Ostrea ⁄
- Holstein-Interglazial
- Muschelgifte
Ostreacea
- Actinodonta
Ostreasterin
- Chalinasterin
Ostreidae ⁄
Ostrebdella ⁄
Ostreobium
- Phyllosiphonaceae

299

Ostreoidea

Ostreoidea
- Austern
- Gryphaeidae

Ostrinia ↗
Östriol ↗
- ☐ Hormone (Drüsen und Wirkungen)

Östrogenderivate
- ☐ Teratogene

Östrogene
- ☐ adrenogenitales Syndrom
- Dehydroepiandrosteron
- Empfängnisverhütung
- Feminierung
- ☐ Hormone (Drüsen und Wirkungen)
- Lactation
- luteinisierendes Hormon
- Placenta
- Schwangerschaft
- Steroidhormone
- ☐ Teratogene

Östron ↗
- Doisy, E.A.
- ☐ Hormone (Drüsen und Wirkungen)

Ostropales
Ostrowskia
- Glockenblumengewächse

Östrus ↗
- ☐ Hormone (Drüsen und Wirkungen)

Östruszyklus
- Pheromone

Ostrya ↗
Ostsee
- Ancylussee
- Limnaeameer
- Littorinameer
- [M] Meer
- Yoldiameer

Ostseegarnele ↗
Ostsibiride
- ☐ Menschenrassen

Ostwald, W.
- [B] Biochemie
- [M] Enzyme
- Farbenlehre

Ostwald-Richtersches Farbsystem
- Farbenlehre

Ostwaldsches Verdünnungsgesetz
- Ostwald, W.

Ostwald-Verfahren
- Ostwald, W.

Ostweddide
- ☐ Menschenrassen

Os uncinatum
- Hakenbein

Oszillation
- Biorhythmik
- ↗ Schwingung

oszillieren
- Oszillation

Os zygomaticum
- Jugale

Otala
Otaria
- Seelöwen

Otariidae ↗
Otariini
- Seelöwen

Oticalregion
- Schädel

Otidea
- [M] Mykorrhiza

Otididae ↗
Otina
Otinidae
- Otina

Otiorrhynchus ↗
Otis ↗
Otitidae ↗
Otitis media
- Streptococcus

Otoceras
- Perm

- Trias

Otocinclus ↗
Otocolobus ↗
Otoconien
- Statolithen

Otocratia
- Ichthyostegalia

Otocyon ↗
Otocysten
Otodectes
- [M] Sarcoptiformes

Otolithen
- Konkretionen
- Mechanorezeptoren
- Statolithen

Otomyinae
- Lamellenzahnratten

Otomys
- Lamellenzahnratten

Otoplanidae
- [M] Proseriata

Ototyphlonemertes
Otozamites
- Zamites

Ottelia ↗
Otter (Säugetiere)
- [B] Europa VII

Ottern (Reptilien) ↗
- [B] Verdauung III

Otterspitzmäuse
Otterstiege
- Fischotter

Otterzivette
Ottonia
Ouabagenin
- Cardenolide

Ouabain ↗
- Pfeilgifte

Ouchterlony, Ö.
- Ouchterlony-Test

Ouchterlony-Test ↗
Oudin-Test ↗
Oulema
- Hähnchen

Ouranopithecus
Ourapteryx ↗
Ourebia
- Bleichböckchen
- [B] Signal
- [M] Steinböckchen

Output ↗
- Nährstoffbilanz

Oval
- Schwimmblase

Ovalbumin ↗
- Albumine
- Phosphoproteine
- ☐ Prozessierung
- ↗ Eieralbumine

ovales Fenster
- Gehörknöchelchen
- rundes Fenster

Ovalipes
- Schwimmkrabben

Ovar (Botanik) ↗
Ovar (Zoologie) ↗
- ☐ Hormone (Drüsen und Wirkungen)
- [B] Menstruationszyklus
- ↗ Eierstock

Ovarialhormone
Ovarialstroma
- Stroma

Ovarialtumor
- Kastration

Ovarialzeugnus
- Menstruationszyklus
- Oogenese

Ovariolen
- Ovar

Ovariolenstiel
- Ovariolen

Ovariotestis ↗
Ovarium (Botanik) ↗
Ovarium (Zoologie) ↗
Ovatella
overall-similarity
- numerische Taxonomie

Overton, E.
- Membran

Ovibos ↗
Ovibovini ↗
Ovicelle
Ovidukt
- Receptaculum
- Spermoviduct
- ↗ Eileiter

Oviger
- Asselspinnen

ovipar
- Oviparie

Oviparie
- Eizelle

Ovipositor ↗
Oviruptor ↗
Ovis ↗
Ovizide
Ovoplasma
Ovorubin
- Astaxanthin

Ovotestis
Ovotiden
- Ootiden

Ovoverdin
- Astaxanthin

Ovovitellin
ovovivipar
- Ovoviviparie

Ovoviviparie
- Blattkäfer
- Eizelle

Øvre Anarjåkka (Norwegen)
- [B] National- und Naturparke I

Ovula
- [M] Eierschnecken

Ovulation
- Fimbrien
- Geschlechtsreife
- gonadotrope Hormone
- Hühnerei
- luteinisierendes Hormon
- Mehrlingsgeburten
- Progesteron
- Prolactin
- ↗ Eisprung
- ↗ Follikelsprung

Ovulationshemmer
- luteinisierendes Hormon

Ovulidae
- Cyphoma
- Cypraeoidea
- Eierschnecken
- Ovula

Ovulum ↗
Ovum ↗
- [B] Biologie I
- [B] Biologie II
- Dinosaurier
- Goethe, J.W. von
- Oweniida
- Oweniidae
- [M] Reich

Owenia
- Oweniidae

Oweniida
Oweniidae
- Mitralklappe

Oxacillin
- ☐ Penicilline

Oxalacetat
- [B] Dissimilation II
- ☐ Fettsäuren (Fettsäuresynthese)
- ☐ Gluconeogenese
- Glutamat-Oxalacetat-Transaminase
- [M] Glyoxylatzyklus
- [M] Hatch-Slack-Zyklus
- ☐ Kohlendioxidassimilation
- ☐ Propionsäuregärung
- Pyruvat-Carboxylase
- [B] Stoffwechsel
- [M] Succinatgärung

Oxalate ↗
- Ampfer

Oxalatsteine
- Harnsteine

- Oxalsäure

Oxalbernsteinsäure ↗
- [B] Dissimilation II

Oxalessigsäure ↗
- [B] Dissimilation II
- Ketocarbonsäuren

Oxali-Abietetum ↗
Oxalidaceae ↗
Oxalis ↗
- ☐ Chronobiologie (Tagesperiodik)

Oxalsäure
- ☐ Harn (des Menschen)
- organisch
- Scheele, K.W.

Oxalsuccinat
Oxalyl-CoA
- Oxalsäure

Oxathiinderivate
- [M] Fungizide

Oxen
- Astrophorida

Oxfordium
- [M] Jura

Oxfordshireschaf
- [M] Schafe

Oxidasen
- Dehydrierung
- Flavinenzyme
- Sauerstoff

Oxidation
- Konservierung
- [M] Redoxreaktionen
- Sauerstoff
- [M] Wasseraufnahme

β-Oxidation
- [B] Biochemie
- [B] Dissimilation II
- [M] Fettsäuren (Fettsäureabbau)
- [M] Glyoxylatzyklus
- ☐ Mitochondrien (Aufbau)
- [B] Stoffwechsel

Oxidationshorizont
- Bodenentwicklung

Oxidationsmittel
- Dehydrierung
- Elektron
- Oxidation
- Ozon
- Redoxpotential
- Redoxreaktionen
- Wasserstoffperoxid

Oxidationswasser
- Wasseraufnahme
- [M] Wasserbilanz

oxidative Decarboxylierung ↗
oxidative Phosphorylierung ↗
- Adenylattranslokator
- [B] Biochemie
- mitochondrialer Kopplungsfaktor
- Muskelkontraktion
- [B] Stoffwechsel

oxidativer Phosphogluconat-Weg
- Pentosephosphatzyklus

Oxide
oxidieren
- Oxidation

Oxidoreductasen
- Dehydrogenasen
- Hydrierung
- Oxidation
- Oxygenasen

Oxidoreduktion
- Dehydrierung
- Reduktion

Oxigenasen
- Oxygenasen

Oxiran ↗
Oxisole
- Latosole

18-Oxocorticosteron
- Aldosteron

α-Oxoglutarat
- ☐ reduktiver Citratzyklus

Oxoglutarat-Synthase
- ☐ reduktiver Citratzyklus

Palaeocharaceae

3-Oxo-Indolin
– Indoxyl
4-Oxopentansäure
– Lävulinsäure
Oxyaenidea
– □ Kreide
Oxyaeninae
Oxyaenoides
– Oxyaeninae
Oxyammoniak
– Hydroxylamin
Oxybelis
Oxybiose ↗
Oxycerites
– Oppelia
Oxychilus
Oxyclaeninae
Oxyclaenus
– Oxyclaeninae
Oxycocco-Sphagnetea
– Wollgras
Oxycoccus ↗
oxycon
Oxygenasen
– Sauerstoff
oxygene Photosynthese ↗
– Phototrophie
Oxygenium
– chemische Symbole
Oxygyrus
– [M] Kielfüßer
Oxyhämoglobin ↗
– Haldane-Effekt
Oxyhämoglobin-Hämoglobin-System
– □ Blutpuffer
Oxyloma
Oxymitra
– Oxymitraceae
Oxymitraceae
Oxynoë
Oxynoidae
– Oxynoë
Oxynoticeras
Oxynotidae ↗
Oxynotus
– Meersauhaie
Oxyopes
– [M] Luchsspinnen
Oxyopidae ↗
oxyphil
Oxyphotobacteria
Oxyporus
– Kurzflügler
Oxyptila ↗
Oxyria ↗
Oxyruncidae ↗
Oxystomata ↗
Oxytetracyclin ↗
– [M] Tetracycline
Oxytocin
– □ Hormone (Drüsen und Wirkungen)
– □ hypothalamisch-hypophysäres System
– Lactation
– Neuropeptide
– □ Neuropeptide
– Schwangerschaft
– Vigneaud, V. du
Oxytonostoma
Oxytropis ↗
Oxyura ↗
Oxyuranus ↗
Oxyuriasis ↗
Oxyurida
Oxyuris
– Madenwurm
– Oxyurida
Oxyuroidea
– Oxyurida
Ozaena ↗
Ozaeninae
– Fühlerkäfer
Ozarkodina
– [M] Conodonten
Ozean
↗ Meer
Ozeanien
– Polynesische Subregion

ozeanisch
– [M] bathymetrische Gliederung
– □ Meeresbiologie (Lebensraum)
ozeanische Expeditionen
– □ Meeresbiologie (Expeditionen)
ozeanische Region
– Australis
– Polynesische Subregion
Ozeanographie
Ozeanologie
– Ökologie
Ozelot
– [B] Nordamerika VIII
– Südamerika
Ozelotkatze
– Südamerika
Ozelotverwandte
Ozobranchus ↗
Ozokerit
– Bitumen
– Wachse
Ozon
– Humanökologie
– Luftverschmutzung
– □ MAK-Wert
– Photooxidantien
– Stickoxide
Ozonisieren
– Ozon
– Wasseraufbereitung
Ozonschicht

P ↗
P
– Blutgruppen
– Phenylendiamin
P_i
Pa
– [M] Druck
Paarbildung (Physik)
– Gammastrahlen
Paarbildung (Zoologie)
– Fortpflanzungsverhalten
– Gattenwahl
Paarbindung
– Gruppenbalz
– Monogamie
– Sexualität - anthropologisch
Paarhufer
– Extremitäten
– Placenta
paarkernig
– dikaryotisch
Paarkernphase ↗
Paarkiemer
Paarnervige
– Gastroneuralia
Paarung (Zellbiologie) ↗
Paarung (Zoologie) ↗
– Demutsgebärde
– Rangordnung
↗ Begattung
Paarungsaufforderung
– □ Demutsgebärde
Paarungserfolg
– Adaptationswert
Paarungshaltung
– Reifung
Paarungsknäuel
– Balz

Paarungsnachspiel
– Nachbalz
Paarungsruf
– Froschlurche
Paarzeher
– Paarhufer
– [B] Säugetiere
PAB
Pachastrellidae
pachycaul
– Bennettitales
Pachycephalosauria
– □ Dinosaurier
Pachycereus
– Nordamerika
Pachydactylus ↗
Pachydrilus
Pachygastria ↗
Pachygnatha
– Streckerspinnen
Pachygrapsus ↗
Pachyhynobius
– [M] Winkelzahnmolche
Pachyjulus
– Doppelfüßer
Pachylion
– [M] Ochridasee
Pachymatisma
Pachymedusa ↗
Pachymeninx
– Hirnhäute
Pachynolophus
– [B] Pferde, Evolution der Pferde II
Pachyodonta
Pachyostose
Pachypalaminus ↗
– [M] Winkelzahnmolche
Pachypleurosaurus
– Nothosaurus
Pachyptila
– [M] Polarregion
Pachysandra ↗
Pachysoeca ↗
Pachystega ↗
Pachyta
– Blütenböcke
– [M] Bockkäfer
Pachytän
Pachytriton ↗
Pachyuromys
– [M] Rennmäuse
Pacific Reef Starfish Expedition
– [M] Dornenkronen-Seestern
Pacini, F.
– Pacinische Körperchen
– Vater-Pacinische Körperchen
Pacinische Körperchen
– [M] Mechanorezeptoren
– Vibrationssinn
Packeis
– Polarregion
Pacus ↗
Padauk
– Padouk
Padda ↗
Paddelechsen
– Elasmosaurus
Paddelechsenartige
– Sauropterygia
Paddy soils
Pademelons
Padina
Padjelanta (Schweden)
– [B] National- und Naturparke I
Pado-Coryletum
– Mantelgesellschaften
Pädogamie
Pädogenese
– Fortpflanzung
pädogenetische Larve
– □ Micromalthidae
Pädomorphose
– Fetalisation
Padouk
– [M] Rotholz
Paecilomyces
– Melanosporaceae

Paederus
– Kurzflügler
Paedophoropodidae
– Paedophoropus
Paedophoropus
Paenungulata ↗
– Ferungulata
– Pantodonta
Paeoniaceae ↗
Paeonidin
Pagellus ↗
Pagodenschnecken
– Pagodulina
Pagodroma
– [M] Polarregion
Pagodulina
Pagophila
– [M] Nordamerika
Pagophilus ↗
Pagrus
– [M] Mittelmeerfauna
Paguma ↗
Paguridae ↗
Paguristes
– Suberites
Paguroidea
Paguropsis
– Einsiedlerkrebse
– Krustenanemonen
Pagurus
– Einsiedlerkrebse
PAH
– Clearance
Pahmi ↗
Pahmi-Pelz
– Dachse
Pahutoxin
– Fischgifte
Paidopithex
Pakaranas
– [M] Südamerika
Pakas ↗
– [B] Südamerika II
– [M] Südamerika
Pako ↗
PAL
– □ Coenzym
– Phenylalanin-Ammonium-Lyase
Paläoanthropine
– Paläanthropine
Pala
– Ruderwanzen
Paläanthropine
Paläanthropologie
Paläarktis
– Mediterranregion
– □ tiergeographische Regionen
Paläarktische Region
– [B] Biologie II
– Paläarktis
Palade, G.E.
– Autoradiographie
– Ribosomen
Palade-Granula
– Ribosomen
Palade-Körner ↗
Palädemographie
Paladilhia
– Brunnenschnecken
Paladilhiopsis
– Brunnenschnecken
Palaeacanthocephala
– Eoacanthocephala
Palaeanthropus
– Africanthropus
Palaeanthropus javanicus ↗
Palaeencephalon
Palaemon ↗
Palaemonetes
– Natantia
Palaeammonoidea
Palaeobatrachidae
– Palaeobatrachus
Palaeobatrachus
Palaeocerebellum ↗
Palaeocharaceae
– [M] Charales

Palaeoconcha

Palaeoconcha ↗
Palaeocopida ↗
Palaeocortex
Palaeocoxopleura
Palaeocribellatae
Palaeocycas
– Cycadales
– B Cycadophytina
Palaeodictyoptera
– Urinsekten
– Urlibellen
Palaeofelidae
– Nimravus
Palaeogen
– Paläogen
Palaeoheterodonta
– Archanodon
Palaeolaginae
– Hasenartige
– Pfeifhasen
Palaeoloricata
Palaeoloxodon
Palaeomastodon
– Mastodonten
– ☐ Rüsseltiere
Palaeomerycidae
– Giraffen
Palaeomerycinae
– Palaeomeryx
Palaeomeryx
Palaeomeryxfalte
– Euprox
– Libralces
– Palaeomeryx
Palaeometabola
Palaeometabolie ↗
Palaeomys
– Steneofiber
Palaeonemertea
– Schnurwürmer
Palaeonemertini
– Cephalothrix
– Palaeonemertea
Palaeonisciformes
– Urfische
Palaeoniscus
– Palaeonisciformes
– ☐ Perm
Palaeopallium
– Neopallium
– Pallium
– B Telencephalon
Palaeophonus
– Skorpione
Palaeoplatycerus
– Muntjakhirsche
Palaeopsilla
– Flöhe
Palaeoptera
– Fluginsekten
– ☐ Insekten (Stammbaum)
– Urlibellen
Palaeopulmo
– B Atmungsorgane III
Palaeoryctoidea
– Deltatheridia
Palaeostachya ↗
– Organgattung
Palaeotaxodonta
Palaeotaxus
– Eibengewächse
Palaeoteuthis
Palaeotherien
– Hyracotherium
– Palaeotheriidae
– ☐ Tertiär
Palaeotheriidae
Palaeotherium
– Palaeotheriidae
Palaeotraginae
– Giraffen
Palaeotragus
– Palaeotraginae
Palaeotremata
Paläeuropa
Paläichnologie ↗
– Ichnologie
– Palichnologie
Palämelaneside
– ☐ Menschenrassen

Palämongolide
– ☐ Menschenrassen
Palänegride
– ☐ Menschenrassen
Paläoanthropologie ↗
Paläobiochemie
– Fossilchemie
Paläobiogeographie
– Paläontologie
Paläobiologie
– Abel, O.
Paläoböden ↗
– fossile Böden
Paläobotanik ↗
– Göppert, H.R.
– Pollen
– Scheuchzer, J.J.
Paläodemographie
– Palädemographie
Paläodyas
– Perm
Paläoendemismus ↗
Paläoeuropa ↗
Paläogäikum
– Megagäa
– Protogäikum
Paläogen
Paläohistologie
– Paläontologie
Paläolithikum ↗
paläomagnetische Methode
– Geochronologie
Paläoneurologie
– Paläontologie
Paläontologie
– Abstammung - Realität
– B Biologie II
– Bronn, H.G.
– Paläobiologie
– Stensen, N.
– Zittel, K.A. von
Paläoökologie
Paläoontogenie
– Paläontologie
Paläopalynologie
– Paläontologie
Paläopathologie
– Paläontologie
Paläophysiologie
– Paläontologie
Paläophytikum ↗
Paläoproteine
Paläosole ↗
Paläotethys
– Karbon
– B Kontinentaldrifttheorie
– Protethys
– Tethys
Paläotropis
– Asien
– Neotropis
– ☐ tiergeographische Regionen
Paläotropische Region
– Paläotropis
paläotropisches Florenreich
– Paläotropis
Paläozän ↗
Paläozoikum
Paläozoische Ära
– Paläozoikum
Paläozoologie
– B Biologie II
Palaquium ↗
Palästinaviper
– Schlangengifte
Palatinella
– Kragenflagellaten
Palatinum ↗
Palatometer
– Anthropometrie
Palatoquadratknorpel
– Palatoquadratum
Palatoquadratum
– Kiefer (Körperteil)
– ☐ Kiefergelenk
– Quadratum
Palatum ↗
Palatum durum
– Munddach

Palatum molle
– Gaumensegel
– Munddach
Palaungide
– ☐ Menschenrassen
Palcephalopoda
Palea superior
– Vorspelze
Palechinoidea
– Bothriocidaroida
Paleen
Paleodictyon
– Graphoglypten
Paleomeandron
– Graphoglypten
Paleosuchus ↗
– Glattstirnkaimane
Paleozän
– B Pferde, Evolution der Pferde II
Pales ↗
Paletten
– Schiffsbohrer
Paley, W.
– Teleologie - Teleonomie
Pali
Palichnologie
– Paläontologie
Palimpsest
Palimpseststruktur
– Palimpsest
Palimpsesttheorie
– Palimpsest
Palindrom
– ☐ Restriktionsenzyme
Palingenese
– Haeckel, E.
– Jugendpräponderanz
– Rekapitulation
Palingenia
– Eintagsfliegen
– Uferaas
Palingeniidae ↗
Palintrope
Palinura
Palinuridae ↗
Palinurus
– Languren
Palisadengewebe
– Palisadenparenchym
Palisadenparenchym ↗
– Armpalisaden
Palisadenwurm ↗
Palisander
– M Kernholzbäume
Palissy, Bernard
– B Biologie I
– B Biologie II
Paliurus ↗
Pallasiomyia
– M Dasselfliegen
Pallaskatze ↗
Pallavicinia ↗
Pallene
Pallialeindrücke
Pallialganglion ↗
Pallialkomplex
– Schnecken
Pallialraum
– Furchenfüßer
Pallialsinus
– Pallialeindrücke
Pallidum
– Basalganglien
Palliostracum
– Ostracum
Pallium (Weichtiere) ↗
Pallium (Wirbeltiere)
– ☐ Gehirn
– B Telencephalon
Palma Christi ↗
Palmae ↗
– Palmen
Palmales ↗
Palmares
Palmarosaöl
– Geraniol
Palmatogecko ↗
Palmatorappia
– ☐ Ranidae

Palmbutter
– Palmfett
Palmellastadium
– Capsalesstadium
– Geißeltierchen
palmelloide Organisationsstufe
– Algen
Palmen
– B Afrika III
– B Afrika V
– B Afrika VIII
– Dickenwachstum
– B Mediterranregion I
– B Mediterranregion IV
– B Nordamerika VII
– B Südamerika III
– B Südamerika IV
Palmenartige
Palmenbohrer
– Kokospalmenälchen
Palmendieb
– Atmungsorgane
Palmenhörnchen
Palmenroller
Palmentang ↗
– Küstenvegetation
Palmettopalme
– B Nordamerika VII
Palmfarne ↗
Palmfett
Palmhörnchen
– Palmenhörnchen
Palmietschilf ↗
Palmin
– Kokospalme
Palmitate
– Palmitinsäure
Palmitin
– Palmitinsäure
Palmitin-Coenzym A
– Fette
Palmitinsäure
– Fette
– ☐ Fettsäuren (Auswahl)
– ☐ Fettsäuren (Fettsäuresynthese)
– Membran
– respiratorischer Quotient
Palmitoleinsäure ↗
– ☐ Fettsäuren (Auswahl)
Palmitylalkohol ↗
Palmkätzchen ↗
Palmkerne
– Ölpalme
Palmkernöl ↗
Palmkuchen
– Ölpalme
Palmlilie
Palmöl ↗
Palmsago
– Sagopalme
Palmschmätzer
Palmsegler
– B Afrika V
– Segler
Palmtang
– M Haftorgane
Palmwein
– Blutungssaft
– Palmyrapalme
– Raphiapalme
Palmyrafaser
– Palmyrapalme
Palmyrapalme
Palmzucker ↗
Palökologie
– Paläoökologie
Palolowürmer
– M Epitokie
Palomena
– Faule Grete
– Schildwanzen
Palorus
– Schwarzkäfer
Palpatores
Palpebra
– Lid
Palpebralfurche
– Palpebrallobus

Palpebrallobus
Palpen
– Antenne
– Gliederfüßer
Palpeneulen
Palpenkäfer
Palpenmotten
Palpi
– Palpen
Palpicornia
– Wasserkäfer
Palpifer
Palpiger
Palpigradi
– ☐ Chelicerata
Palpus ↗
Palpus labialis
– Lippentaster
Palpus mandibularis
– Mandibulartaster
Palpus maxillaris
– ☐ Fliegen
– Maxillarpalpus
Palsen
– Palsenmoore
Palsenmoore
– Bodeneis
Paludicella
– Paludicella
Paludicola ↗
– Physalaemus
– Süßwasserplanarien
Paludina ↗
Palus
– Pali
Palustra
– Bärenspinner
Palustrin
– Schachtelhalm
Palynologie
Palynomorphen
– Palynologie
Palythoa
– Krustenanemonen
Palytoxin
– Krustenanemonen
Pamiride
– ☐ Menschenrassen
Pamirschaf ↗
Pampa
– Südamerika
– B Vegetationszonen
Pampas
– Pampa
Pampasfuchs
– Kampfüchse
Pampasgras
– B Südamerika V
Pampashasen ↗
Pampashirsch
– B Südamerika V
Pampaskatze
Pampelmuse ↗
Pamphagus ↗
Pamphiliidae
PAN
– Luftverschmutzung
– Photooxidantien
Pan ↗
– Homo troglodytes
Panaeolus ↗
Panagrellus
Panagrolaimus
– Rhabditida
Panamahut
– Cyclanthaceae
Panama-Isthmus
– Landbrücke
Panama-Kanal
– Migrationsbrücke
Panama-Kautschuk ↗
Panamarinde ↗
Panaschierung ↗
Panaspis ↗
Panax ↗
Panaxia
– Bärenspinner
– Russischer Bär
– Spanische Flagge

Panazee
– Theriak
Pancarida
– M Malacostraca
– Thermosbaenacea
Pancratium
– M Amaryllisgewächse
Panda (Botanik)
– Pandaceae
Panda (Zoologie) ↗
– Asien
– B Asien III
– World Wildlife Fund
Pandaceae
Pandaka ↗
Pandalidae
– Zwittrigkeit
Pandalus
– ☐ Natantia
Pandanaceae ↗
Pandanales ↗
Pandanus ↗
Pandeidae
Pandemie
– M Grippe
– Infektionskrankheiten
pandemisch
– Pandemie
Pander, Ch.H.
– Conodonten
– Gastraea-Theorie
– Pandersches Organ
Pander-Öffnungen
– Pandersches Organ
Pandersches Organ
Pander-Vorsprünge
– Pandersches Organ
Pandinus ↗
Pandion
– Fischadler
Pandionidae ↗
Pandora
Pandorea
– M Bignoniaceae
Pandoridae
– Büchsenmuscheln
Pandorina ↗
Panellus
– M Braunfäule
Pangaea ↗
– Jura
– Karbon
– Tethys
Pangenesistheorie
– Abstammung - Realität
– Darwin, Ch.R.
Pangoline ↗
Pangoniinae
– Bremsen
Panicoideae
Panico-Setarion ↗
Panicum ↗
Panik
– M Bereitschaft
– Dasselfliegen
– Freiheit und freier Wille
panische Angst
– Mensch und Menschenbild
– Angst - Philosophische Reflexionen
Pankrazlilie ↗
– B Mediterranregion IV
Pankreas
– Bernard, C.
– M Glucocorticoide (Wirkungen)
– ☐ Hormone (Drüsen und Wirkungen)
– B Hormone
– ☐ Nervensystem (Wirkung)
– B Nervensystem II
– Regelung
– M Salzsäure
– Verdauung
  ↗ Bauchspeicheldrüse
Pankreaskrebs
– Krebs
Pankreassaft
– ☐ Hormone (Drüsen und Wirkungen)

– Pankreas
Pankreozymin ↗
– Enterogastron
Panleukopenie
– Parvoviren
Panmixie
– Evolutionsrate
– M Hardy-Weinberg-Regel
Pannaria
– Pannariaceae
Pannariaceae
Panniculus carnosus
– Platysma
pannonisches Becken
– Tethys
pannonisches Florengebiet
panoistische Ovariole
– Ovariolen
Panolis ↗
– B Schädlinge
Panomya
– M Felsenbohrer
Panopea
Panopeidae
Panorpa
– Skorpionsfliegen
Panorpatae ↗
Panorpidae ↗
panpsychistischer Identismus
– Geist - Leben und Geist
Pansen
– Anaerobiose
– Gärkammern
– Harnstoff
– Lachnospira
– M Magen
– ☐ Mineralisation
– Spirochäten
– Wiederkäuen
Pansenbakterien
Pansenciliaten ↗
Panseninfusorien
– Pansenbakterien
Pansensymbiose
Panspermielehre
– extraterrestrisches Leben
Pantachogon ↗
Panthalassa ↗
Panther ↗
Panthera ↗
Pantherini
– Großkatzen
Pantherkatze ↗
Panthernatter ↗
Pantherpilz ↗
Pantherschildkröte
– Landschildkröten
Pantholops
– Paläarktis
– Saigaantilopen
– Tschiru
Pantodon
Pantodonta
– Amblypoda
– Huftiere
Pantodontidae
– Knochenzüngler
Pantoffelblume ↗
– M Ölblumen
– B Südamerika VII
Pantoffelkoralle
– Calceola sandalina
Pantoffelschnecken
Pantoffeltierchen
– Autogamie
– chemische Sinne
– B Cilien
– M Cyclose
– M Fortbewegung (Geschwindigkeit)
– Killer-Gen
– B Verdauung II
  ↗ Paramecium
Pantoinsäure
– Pantothensäure
Pantolambdidae
– Amblypoda
Pantolestes
pantomiktisch
– M Plankton (Zusammensetzung)

Pantonomien
– Minen
Pantopoda ↗
– ☐ Chelicerata
Pantothensäure
– M Acyl-Carrier-Protein
– ☐ Bier
– Bios-Stoffe
– Gelée royale
– B Vitamine
Pantotheria
pantropisch
– Verbreitung
Panulirus
– Langusten
Panurgus ↗
Panurus ↗
Panus ↗
Panzer
– Deckknochen
– Haut
– Resilin
– Schuppen
  ↗ Chitinpanzer
Panzerechsen ↗
Panzerfisch ↗
Panzerfische ↗
– ☐ Karbon
– B Wirbeltiere III
  ↗ Placodermi
Panzerflagellaten ↗
Panzergeißler
– Pyrrhophyceae
Panzerkopffrösche
Panzerkopf-Laubfrösche
– Panzerkopffrösche
Panzerkrebse ↗
Panzerlurche ↗
Panzernashorn ↗
– B Asien VII
– M Nashörner
– Panzer
Panzerratte ↗
Panzerwangen
Panzerwelse
– Fische
– Panzer
– Südamerika
Panzootie
Päonie
– Pfingstrosengewächse
Papageien
– B Afrika V
– M Artenschutzabkommen
– M brüten
– Greiffuß
– Kontakttier
– Körnerfresser
– Kraniokinetik
– ☐ Lebensdauer
– Nachahmung
– spotten
Papageienblatt ↗
Papageienkrankheit
– Infektionskrankheiten
– Ornithose-Virus
– Papageien
Papageienplaty
– B Aquarienfische I
– Platy
Papageienschnabel
– M Magdalénien
Papageientulpe
– ☐ Tulpe
Papageifische
– B Fische VIII
Papageischnabelmeisen
Papageitaucher
– M Höhlenbrüter
– Schnabel
Papageivögel ↗
Papageiwürger
Papain
– Bromelain
– Chymopapain
– ☐ Enzyme (Technische Verwendung)
– M Immunglobuline
Papatacimücke
– Pappatacimücke

Papaver

Papaver ↗
- Ackerunkräuter
- Thebain
- ↗ Mohn

Papaveraceae ↗
Papaverales ↗
Papaverin
- Benzylisochinolinalkaloide

Papaverin-Typ
- [M] Opiumalkaloide

Papayabaum ↗

Papayas
- ☐ Melonenbaum

Paphiopedilum

Papier
- ☐ Abfall
- [M] Abfallverwertung
- Faserholz
- Nest

Papierboot
- Hectocotylus

Papierchromatogramm
- Autoradiographie
- [B] Chromatographie

Papierchromatographie ↗
- [B] Biologie III
- Martin, A.J.P.
- Runge, F.F.
- Synge, R.L.M.

Papierelektrophorese
Papierfleckenkrankheit
- [M] Phytophthora

Papiermaulbeerbaum ↗
Papiernautilus
- Papierboot

Papiernester
Papierschupper ↗
Papierwespen ↗
Papilio ↗
Papilionaceae ↗
Papilionidae ↗

Papilionoideae
- Hülsenfrüchtler

Papilla
- Papille

Papilla basilaris
- Cortisches Organ

Papillae filiformes
- Zunge

Papillae foliatae
- Zunge

Papillae fungiformes
- Zunge

Papillae vallatae
- Zunge
- ☐ Zunge

Papilla mammae
- Zitze

Papillarleisten ↗
Papillarmuskel
- [B] Herz

Papillarrohre
- Niere

Papilla salivaria sublingualis
- Unterkieferdrüsen

Papille
- [M] Haare
- Haarwechsel

Papillenwurm
- Peloscolex

Papillom
- [M] Papillomviren

Papillomavirus
- Papillomviren

Papillomviren
- DNA-Tumorviren
- ☐ Viren (Aufnahmen)
- ☐ Viren (Virion-Morphologie)
- ☐ Virusinfektion (Wege)
- ☐ Viruskrankheiten

Papillon
- [B] Hunderassen IV

Papin, Denis
- [M] Konservierung

Papinscher Topf
- [M] Konservierung

Papio ↗
Papovaviren
- ☐ Viren (Kryptogramme)
- [B] Viren
- ☐ Virusinfektion (Genexpression)

Papovaviridae
- Papoviren

Pappataciefieber ↗
- Bunyaviren

Pappatacimücke ↗
- Dreitagefieber

Pappel
- ☐ Bodenzeiger
- Brettwurzeln
- [B] Europa IV
- Forstgesellschaften
- ☐ Holz (Bautypen)
- [B] Holzarten
- Kallus
- Kätzchen
- Keimfähigkeit
- ☐ Lebensdauer
- Lichthölzer
- Massenzuwachs
- ☐ Mastjahre
- Salicin
- Umtrieb
- [B] Wald
- Weichholz

Pappelblattkäfer
- [M] Blattkäfer
- [B] Insekten III

Pappelbock
Pappelglasflügler
- Hornissenglasflügler

Pappelglucke
- Glucken

Pappelholz
- Pappel

Pappelschwärmer
Pappelspinner ↗

Pappus
Paprika
- Blütenbildung
- [B] Kulturpflanzen V

Paprikaschote
- Paprika
- Trockenbeere

PAPS ↗
PAPS-Reductase
- ☐ assimilatorische Nitratreduktion

Papstfink
- Kardinäle
- [B] Nordamerika VI
- [B] Vögel II

Papstkrone
Papstmitra
- Papstkrone

Papua-Weichschildkröten
Papuina
Papula
Papyrus
- Zypergras

Papyrus Ebers
- Parasitologie

Papyrusstaude ↗
- Afrika
- [B] Afrika I

Parabactriten
- Belemniten

Parabasalapparat
- Parabasalkörper

Parabasale ↗
Parabasalkörper
- [M] Diplomonadina

Parabathynellidae
- Bathynellacea

Parabionten
- Parabiose

Parabiose
Parablastoidea
Parabolina
- [M] Kambrium

Parabraunerde
- Auenböden
- Bodenentwicklung
- Bodengeschichte
- Bodenverdichtung
- [B] Bodenzonen Europas
- Fahlerde
- [M] Humus

Parabronchien
- [B] Atmungsorgane III
- Lungenpfeifen

Paracasein
- Labferment

Paracaudina
- Molpadiida

Paracelsus
- [B] Biologie I
- Geist - Leben und Geist
- Heilpflanzen
- Iatrochemie
- Sexualität - anthropologisch

Paracembra
- Kiefer (Pflanze)

Paracentrotus ↗
Paracervulus
- Muntjakhirsche

Paracheirodon ↗
Parachironomus
- Zuckmücken

Parachordalia
Parachordodes
- [M] Saitenwürmer

Parachronologie
Paracoccidioides
- Mykose

Paracoccus
- Nitratatmung
- ☐ Purpurbakterien

Paracolobacterium
- Citrobacter
- [M] Salmonella

Paraconulus
- Trituberkulartheorie

Paraconus
- Trituberkulartheorie

Paracorolla
- Nebenkrone

Paracrinoidea
Paractinopoda
- [M] Seewalzen

Paracyamus
- Walläuse

Paradactylodon
- [M] Winkelzahnmolche

Parademansia
- Giftschlangen

Paradentium
- Parodontium

Paradexiospira
- [M] Spirorbidae

Paradidymis
Paradiesapfel
- Tomate

Paradiesfisch ↗
- [B] Aquarienfische II

Paradiesnüsse ↗
Paradiesnußöl
- Lecythidales

Paradiesschnäpper
- [B] Asien III
- Fliegenschnäpper

Paradiesvögel
- Arenabalz
- atelische Bildungen
- Australien
- [B] Selektion III
- [B] Vögel II

Paradiesvogelblume
- [B] Afrika VI
- Strelitziaceae

Paradieswitwen ↗
- [B] Mimikry I

Paradigma
- Determination
- Vitalismus - Mechanismus

Paradigmenwechsel
- Paradigma

Paradiopatra
- ☐ Onuphidae

Paradipus
- [M] Springmäuse

Paradisaeidae ↗
Paradisea
- ☐ Liliengewächse

Paradoxides
Paradoxides forchhammeri
- [M] Kambrium

Paradoxides oelandicus
- [M] Kambrium

Paradoxides paradoxissimus
- [M] Kambrium

Paradoxornis
- Papageischnabelmeisen

Paradoxornithidae ↗
Paradoxreaktionen
- [M] Schlaf

Paradoxurinae ↗
Paradoxurus
- Palmenroller

Paraechinus
- [M] Igel

Paraffin
- mikroskopische Präparationstechniken
- [M] paraffinabbauende Bakterien

paraffinabbauende Bakterien
Paraflagellarkörper ↗
- ☐ Euglenophyceae

Parafrontanebene
- Achse

Parafusulina
- Cuniculi
- ☐ Perm

Paraganglien
- Glomera aortica

Paraganglion caroticum
- Paraganglien

Paraganglion supracardiale
- Paraganglien

Paraglossa
Paragonimiasis
- Paragonimose

Paragonimose
Paragonimus
Paragordius
- [M] Saitenwürmer

Paragorgia ↗
Parahippus
- [B] Pferde, Evolution der Pferde I

Parahydroxy-phenylalanin
- Tyrosin

Parainfluenzaviren ↗
parakarp
Parakautschukbaum ↗
- [B] Kulturpflanzen XII

Parakorolle ↗
Paralaeospira
- [M] Spirorbidae

Paralcyonium ↗
Paralepididae ↗
Paralichthinae ↗
Paralichthys
- Butte

paralisch
paralische Kohlen
- paralisch

paralische Saumsenken
- Karbon

Paralister
- Stutzkäfer

Paralithodes
- Königskrabbe
- Steinkrabben

Paralleladerung ↗
Parallelbildungen
- Pluripotenz

Parallelbündelung
- Kondensor

Parallelcladogenese
- Coevolution

Parallelentwicklung
- Begattungsorgane
- Cribellatae
- Determination

parallele Variation
- Pluripotenz

Parallelkonjugation ↗
Parallelmutationen
Parallelnervatur
- [B] Bedecktsamer II

Parallelogrammtäuschung
- ☐ optische Täuschung

Paralleltextur
- Zellwand

Parenchymella-Theorie

Paralysis agitans
– Parkinsonsche Krankheit
paralytic shellfish poison
– Gonyaulax
paralytisches Stadium
– Narkose
Paramecin
– Killer-Gen
Paramecium ↗
– □ Saprobiensystem
– Zoochlorellen
  ↗ Pantoffeltierchen
Paramegasecoptera
– Megasecoptera
Parameles
– Chorioallantois
Parameren
– Forceps
– M Geschlechtsorgane
Paramesotriton
Parametabola
Páramo
– Südamerika
Paramphistoma
– M Saugwürmer
Paramphistomatidae
– M Digenea
Paramphistomomum
– M Darmegel
Paramuricea
Paramyiden
– Meerschweinchen-
  verwandte
Paramylon
– Chloroplasten
Paramylum
– Paramylon
Paramyosin
– Muskelkontraktion
Paramyosinfilament
– glatte Muskulatur
– Paramyosin
Paramyosinmuskeln
– Muskelkontraktion
– Muskulatur
– Paramyosin
Paramys
– Nagetiere
Paramyxoviren
– Myxoviren
– Viren
– □ Viren (Virion-Morpho-
  logie)
– B Viren
– □ Virusinfektion (Gen-
  expression)
– □ Viruskrankheiten
Paramyxoviridae
– Paramyxoviren
Paramyxovirus
– Paramyxoviren
Parana
– M Arenaviren
Paranais
Paranaitis
– M Phyllodocidae
Paranaplasma
Paranaspides
– Anaspidacea
– M Anaspidacea
Parandrinae
– M Bockkäfer
Paranemastoma
– Fadenkanker
paraneoplastische Syndrome
– Krebs
Paraneoptera
– □ Insekten (Stammbaum)
Paranoplocephala
Paranorthia
– □ Onuphidae
Paranotum
– M Gliederfüßer
Paranotum-Theorie
– Insektenflügel
– Silberfischchen
Paranthropus
Parantipathes ↗

Paranucleus ↗
– Trophamnion
Paranuß
– B Kulturpflanzen III
Paraonidae
Paraonis
– Paraonidae
Paraonyx ↗
– Fingerotter
Paraoxon
– Entgiftung
Parapatrie
– Sympatrie
parapatrisch
– Rasse
– Sympatrie
Parapause
Parapelosole
– Mergel
Paraperipatus
– M australische Region
– M Stummelfüßer
paraphyletisch ↗
– Südfrösche
– Systematik
Paraphysen
– M Apothecium
– Perithecium
Paraphysoiden
– Arthoniales
Parapiassavepalme
– B Kulturpflanzen XII
Parapionosyllis
– M Syllidae
Parapithecus
Paraplagiolophus
– Palaeotheriidae
Paraplasma
Parapodien
– Blutkreislauf
– Cephalisation
– Gliederfüßer
– Gliedertiere
– Olivenschnecken
– Podium
– M Polychaeta
– Ringelwürmer
– B Ringelwürmer
Parapodium
– Parapodien
Paraponyx
– Zünsler
Parapophyse
– Wirbel
Parapoxvirus ↗
Paraproct
– M Eilegeapparat
Paraproteinämie
– Blutproteine
– Blutsenkung
parapsider Schädeltyp ↗
Pararanker
– Mergel
Pararauschbrandbacillus
– □ Gasbrandbakterien
Pararendzina
– Bodengeschichte
– Mergel
– Parabraunerde
Pararge ↗
Pararhytida
– Pseudoperculum
Parascalops
– Nordamerika
Parascaris
– Spulwurm
– M Spulwurm
Parascotia
– M Eulenfalter
Parasellidae
– M Asellota
– M Asseln
Parasemia
– Bärenspinner
Parasexualität
parasexuelle Übertragung
– Cyanobakterien
  ↗ Parasexualität
Parasitämie

parasitäre Intersexualität ↗
parasitäre Kastration
– Parasitismus
parasitäre Pflanzen
– Parasiten
– Suchbewegungen
Parasiten
– dichteabhängige Faktoren
– Einschleppung
– Evasion
– humorale Einkapselung
– Immunität
– molekulare Maskierung
– M Rasse
– regressive Evolution
– □ Tiere
Parasitenfolge
– Parasitenkette
Parasitengemeinschaft
– Parasitozönose
Parasitenkette
Parasitenübertragung
– Vektoren
Parasitenwelse
Parasitidae ↗
Parasitiformes
parasitische Flechten
– Delichenisierung
parasitische Schleimpilze ↗
Parasitismus
– Helotismus
– Putzsymbiose
– Rhabditida
– Symbiose
– M Zwergmännchen
parasitogenetische Korrelationsregeln
– parasitophyletische Regeln
Parasitoide
– Fliegen
– Ichneumonidae
Parasitologie
– B Biologie II
– Ethoparasitologie
– Leuckart, R.
– Redi, F.
parasitophore Vakuole
– Endosymbionten-hypothese
parasitophyletische Regeln
Parasitose
Parasitozönose
Parasitus ↗
Parasit-Wirt-Beziehung
– Feind-Beute-Beziehung
– Parasitismus
Parasit-Wirt-System
– Parasitismus
Parasmitta
– Zuckmücken
Parasol ↗
Parasolpilz
– M Lamelle
– M Riesenschirmlinge
Parasorbinsäure
Paraspermien
– Spermiendimorphismus
Paraspezies
– Rasse
Parasphenoid
Parasponia
– Knöllchenbakterien
Parasporalkörper
– Kristallkörper
Parastacidae ↗
Parastenocaris
– M Copepoda
Parastichen
Parastratigraphie
– Parachronologie
– Stratigraphie
Parastygocaris
– M Stygocaridacea
Parasymbiont
Parasympathikomimetika
Parasympathikus
– M Herznerven
– □ Nervensystem (Wirkung)

– B Nervensystem II
Parasympathomimetika
– Parasympathikomimetika
Parasyndese ↗
Parataxa
– Parataxonomie
Parataxonomie
Paratelmatobius
paratenischer Wirt
– Wirt
Paratethys
– Tethys
Paratetrapedia
– M Ölblumen
Parathion ↗
– Entgiftung
– □ MAK-Wert
  ↗ E 605
Parathormon
– branchiogene Organe
– □ Hormone (Drüsen und Wirkungen)
– Tetanie
– Ultimobranchialkörper
Parathyreoidea ↗
Parathyreoidhormon
– Parathormon
Parathyrin
– □ Hormone (Drüsen und Wirkungen)
– Parathormon
Paratomella
– Plattwürmer
Paratomie
Paratransversanebene
– □ Achse
Paratrichodorus
– Tabak
Paratyphus
– M Inkubationszeit
Paratypus
– Typus
Paraustralopithecus
Paravacciniavirus
– □ Pockenviren
Paravespula ↗
– M Vespidae
Paraxerus
– Palmenhörnchen
Paraxialorgane
– Skorpione
Paraxonia ↗
– Ferungulata
Parazoa
Parazoanthus ↗
Pärchenegel ↗
– Bilharziose
– Darmparasiten
– molekulare Maskierung
Pärchenzüchtung
Pardel
Pardelroller
Pardofelis
– Marmorkatze
Pardosa ↗
– M Wolfspinnen
Pareas
Pareiasauridae
– Pareiasaurier
Pareiasaurier
Pareiasaurus
– □ Perm
Pareïnae ↗
Parelephas
– Mammuthus
Parencephalon ↗
Parenchym (Botanik) ↗
– Blatt
– Epithem
  ↗ Grundgewebe
Parenchym (Zoologie)
– Erasistratos
– Mesenchym
Parenchymella
– Parenchymula
Parenchymella-Theorie
– Coelomtheorien
– Gastraea-Theorie
– Phagocytella-Theorie

Parenchymia

Parenchymia
– Dotter
Parenchymknorpel
– Bindegewebe
Parenchymula
Parenchymula-Hypothese
– Coelomtheorien
– Gastraea-Theorie
– Phagocytella-Theorie
Parenchymula-Theorie ↗
parental
Parentalgeneration
– Mendelsche Regeln
Parenteroxenos
– [M] Eingeweideschnecken
Parergodrilidae
Parergodrilus
– Parergodrilidae
Parerythropodium ↗
Parfüm
– Sexuallockstoffe
Parfümblumen
– Bestäubung
Parfümdrüsen
– Duftorgane
– Parfümblumen
Parfümöle
– [M] Waschmittel
Pariahunde ↗
Parichnos-Male
– Protolepidodendrales
– Schuppenbaumgewächse
Paricterotaenia
– Polycercus
Paridae ↗
Parides
– Ritterfalter
Paries
parietal
– □ Blüte (Gynözeum)
– Placenta
Parietalaugen ↗
– Zwischenhirn
Parietale ↗
parietales Blatt
– Seitenplatte
Parietalganglion
– [B] Nervensystem I
Parietallappen
– Telencephalon
Parietalorgan ↗
– □ Gehirn
Parietaria ↗
Parietarietea judaicae
Parietin ↗
Parinaria
– Chrysobalanaceae
Paris ↗
Pariser Akademiestreit
↗ Akademiestreit
Parisgrün
– Methylgrün
Park
– Kolonisierung
Park, Mungo
– Parkia
Parker, C.S.
– Parkeriaceae
Parkeria
– Parkeriaceae
Parkeriaceae
Parkettkäfer ↗
Parkettkiefer
– Pitch Pine
Parkia ↗
Parkinson, James
– Parkinsonsche Krankheit
Parkinson, James C.
– Parkinsonia
Parkinsonia
Parkinsonsche Krankheit
– Basalganglien
– [M] Muskelkoordination
– Rigor
– slow-Viren
– □ Telencephalon
Parklandschaft
Parmacella
Parmacellidae
– Parmacella

Parmelia
– Chlorococcaceae
– Parmeliaceae
– Pseudocyphelle
Parmeliaceae
Parmeliella ↗
Parmeliopsis ↗
Parmula ↗
Parmularia
– Parmulariaceae
Parmulariaceae
Parnas, Jakob Karl
– Embden-Meyerhof-
 Parnas-Abbauweg
Parnassia ↗
Parnassius ↗
Paroaria ↗
Parodia
– Kakteengewächse
Parodontium
– Zähne
Parökie
Paromalus
– Stutzkäfer
Paromomycin
– [B] Antibiotika
Paronuphis
– □ Onuphidae
Paronychien
Paroophoron
– Nebeneierstock
– Paradidymis
Paropisthopatus
– [M] Stummelfüßer
Parotis ↗
Parotitis epidemica
– Mumps
Parotoiddrüse
– Amphibien
Parotomys
– Lamellenzahnratten
Parovarium
– Nebeneierstock
Pars convoluta
– Niere
Pars distalis
– Adenohypophyse
– [M] Hypophyse
– Pfortadersystem
Pars incisiva
– Peracarida
Pars infundibularis
– Adenohypophyse
Pars intercerebralis
– Gehirn
– [B] Gehirn
– Gliederfüßer
– Häutungsdrüsen
– □ Insektenhormone
– Nervensystem
– neuroendokrines System
– stomatogastrisches
 Nervensystem
Pars intermedia
– Adenohypophyse
Pars molaris
– Peracarida
Pars recta
– Niere
Pars stridens
– Bockkäfer
– Stridulation
Parthenium ↗
Parthenocissus ↗
Parthenogameten
– [B] Algen V
Parthenogenese
– [B] Biologie II
– Biotyp
– Bonnet, Ch. de
– eingeschlechtige Fortpflan-
 zung
– Heterogonie
– Leeuwenhoek, A. van
– Loeb, J.
– Siebold, K.Th.E. von
parthenogenetische Arten
– Aktivierung
– Art

– Autopolyploidie
parthenogenetische Eier ↗
Parthenokarpie ↗
– Auxine
– Gibberelline
Parthenospore ↗
Partialdruck
– Atmung
– Atmungsregulation
– Bunsenscher Absorptions-
 koeffizient
– Diffusion
– Ventilation
Partialinfloreszenzen
– Blütenstand
Partialname
partielle Furchung
– Furchung
– Meroblastier
Partikelzählgeräte
– □ mikrobielles Wachstum
partikuläre Allsätze
– Erklärung in der Biologie
– Klassifikation
– Systematik
Partnerschaft
– Sexualität - anthropologisch
Partnerwahl ↗
Partnerwechsel
Partula
– Partula
Partulidae
– Partula
Parturialhäutung
– Asseln
– Peracarida
Partus
– Geburt
Parulidae ↗
Parus ↗
Parvancorina
Parvimolge ↗
Parvoviren
– [M] Abwasser
– Viren
– □ Viren (Virion-Morpho-
 logie)
– [B] Viren
– □ Virusinfektion (Gen-
 expression)
– □ Viruskrankheiten
Parvoviridae
– Parvoviren
Parvovirus
– Parvoviren
Paryphanta
PAS ↗
– Gitterfasern
– Reticulin
Pasania
– Shiitake
Pasaniapilz
– Shiitake
Pascal
– □ Blutdruck
– [M] Blutdruck
– [M] Druck
Pascher, Adolf
– Algen
– Pascherina
Pascherina ↗
Pascichnia ↗
Pasibolus
– [M] Spinnennetz
Pasiphaeidae
– □ Natantia
Paspalpum
– Azotobacter
Passage
Passalidae ↗
Passalurus
– Oxyurida
Passanten
– Ephemeridae
Passate
– Subtropen
Passatklima
– Tropen
Passer ↗
Passeriformes ↗

Passerina ↗
Paßgang
– Quadrupedie
Passifloraceae ↗
Passionsblume
– Harmin
– [M] Passionsblumen-
 gewächse
– [B] Südamerika II
Passionsblumengewächse
passive Immunisierung
– Heilserum
– Milchproteine
– Viruskrankheiten
passive Resistenz
– Axenie
passiver Transport
– Resorption
passive Traglinge
– Jugendentwicklung: Tier-
 Mensch-Vergleich
Passivrauchen
– □ Tabak
Pasteur, L.
– alkoholische Gärung
– Antibiose
– Antibiotika
– [B] Biologie I
– [B] Biologie II
– [B] Biologie III
– [M] Buttersäure-Butanol-
 Aceton-Gärung
– Buttersäuregärung
– Clostridien
– Gärung
– Malo-Lactat-Gärung
– Milchsäurebakterien
– Pasteur-Effekt
– Pasteurella
– Pasteurellaceae
– Pasteuria
– Pasteurisierung
– Spallanzani, L.
– Tollwut
– Urzeugung
Pasteur-Effekt
Pasteurella
– □ Purpurbakterien
Pasteurellaceae
Pasteurellosen
– Tetracycline
Pasteuria
Pasteurisierung
– [B] Biologie III
– Brucellosen
– Milch
– Pasteur, L.
Pastinaca
– Pastinak
Pastinak
– [B] Kulturpflanzen IV
Patagia
– Schmetterlinge
Patagium ↗
Patagonide
– □ Menschenrassen
Patagonula
– Ehrenpreis
Patagosauria
– Flugsaurier
Patas ↗
Patau, Klaus
– Patau-Syndrom
Patau-Syndrom
Patching
Patella (Anatomie) ↗
– Chelicerata
– □ Extremitäten
Patella (Schnecke) ↗
– Brandungszone
Patellarsehnenreflex ↗
Patellidae
– Napfschnecken
Patellina
Patelloidea
– Balkenzüngler
**Patentierung von
 Lebewesen**
– Gentechnologie

Patentkali
- Kalimagnesia
Patenz
Patenzperiode
- Patenz
Paterinida
Paternia ↗
Paternostererbse
- Abrin
- Hülsenfrüchtler
Pathogene
- Parasitologie
- Schädlinge
  ↗ pathogene Mikroorganismen
pathogene Mikroorganismen
- Darmflora
- Genmanipulation
Pathogenese
- Viren
Pathogenie
Pathogenität
Pathologie
- Fernel, J.F.
- Gestalt
pathologisch
- Pathologie
pathologischer Farbkern
- Falschkern
Pathophysiologie
- Physiologie
- Tierversuche
Pathotypen
- Rostpilze
- Schwarzrost
Pathovars
- Xanthomonas
Patinapta
- Entovalva
Patiria
- Netzstern
Patrinia
- [M] Baldriangewächse
Patriofelis
- Oxyaeninae
- [M] Oxyaeninae
Patrisia
- Flacourtiaceae
patroklin
Patrouillenflüge
- Duftstraßen
Patschuliöl ↗
Patschulipflanze
- Lippenblütler
Patulin
- cancerogen
- [M] Mykotoxine
paucidispers
- Dispersion
Paukenbein
Paukenhaut
- [M] Syrinx
Paukenhöhle
- Eustachi-Röhre
- Glossopharyngeus
- Kiefer (Körperteil)
- Kiemenspalten
- Paukenbein
- rundes Fenster
Paulchoffatia
- Multituberculata
Paulinella
- [M] Cyanellen
Pauling, L.C.
- [B] Biochemie
Paulistus
- [M] Megascolecidae
Paullini, Christian Franz
- Paullinia
Paullinia
Paulownia ↗
Paulsenella
- Myzocytose
Paulus von Aegina
- Aegnetia
Paurodontidae
Paurometabola
- □ Insekten (Stammbaum)
Pauropoda ↗

Pauropus
- Wenigfüßer
Pausbacken
- □ Kindchenschema
Pausinystalia
- Yohimbin
Paussidae
- Ameisengäste
Paussinae ↗
Paussus
- Fühlerkäfer
Paussuskäfer
- Fühlerkäfer
Paviane
- Affen
- [B] Afrika III
- Aggression
- Distanztier
- Gähnen
- Hassen
- Leittier
- Tiergesellschaft
- Werkzeuggebrauch
Pavo ↗
Pawlow, I.P.
- Behaviorismus
- [B] Biologie I
- [B] Biologie II
- Konditionierung
- Pawlowscher Hund
Pawlowscher Hund ↗
Pawlowski, Je. N.
- Parasitozönose
Paxillaceae ↗
Paxillae
- Paxillen
Paxillen
paxillos
Paxillosida
- [M] Seesterne
Paxillus
- [M] Mykorrhiza
Payen, Anselme
- [B] Biologie II
- Diastase
Pazifide
- □ Menschenrassen
Pazifikboas
- Polynesische Subregion
Pazifiksalamander ↗
- Nordamerika
Pazifischer Kontinent
- [M] Brückenkontinent
Pb ↗
P-Bindungsstelle
- Aminoacyl-t-RNA
- Bindestelle
- Puromycin
- □ Ribosomen (Aufbau)
- Translation
PCB ↗
- □ Chlorkohlenwasserstoffe
- Phanerochaete
PCP
- Rheumatismus
PC 12
- [M] Zellkultur
PD
- Phenylendiamin
PD-Regler
- Regelung
Peachia ↗
pea enation mosaic virus group
Peak
- [B] Chromatographie
Peak District (Großbritannien)
- [B] National- und Naturparke I
Pearl-Index
- [M] Empfängnisverhütung
Pearson, Ch.
Pebble-tools
- Geröllgeräte
- Werkzeuggebrauch
Pebrine ↗
Pech
- Kiefer (Pflanze)
Pechkiefer
- Pitch Pine

Pechlibellen ↗
Pechnelke
- [B] Europa XIX
- [B] Polarregion II
Peckham, E.G.
- Mimikry
Peckhamsche Mimikry
- Leucochloridium
- Mimese
- Mimikry
peck order
- Hackordnung
Pecopteris
- Organgattung
Pecora ↗
Pecten (Augenteil)
- Komplexauge
- Vögel
Pecten (Körperteil)
- [M] Skorpione
Pecten (Muscheln) ↗
Pectinaria
- Pectinariidae
Pectinariidae
Pectinatella
Pectinator
- Kammfinger
Pectinibranchia
- Monotocardia
Pectinidae
- Actinodonta
- Kammuscheln
Pectinoidea
- [M] Anisomyaria
- Kammuschelartige
Pectinophora
- Baumwollmotte
- Palpenmotten
Pectobacterium ↗
Pectobothrii
- Monogenea
Pectoralis maior
- weiße Muskeln
Pectoralis minor
- weiße Muskeln
pedaler Nervenplexus
- Nervensystem
Pedalganglion ↗
- [B] Atmungsorgane II
- □ Muscheln
- Nervensystem
- □ Schnecken
- Tentakel
- [B] Weichtiere
Pedalia
- [M] Rädertiere
Pedaliaceae
Pedanios
- Dioskurides
Peddigrohr ↗
Pederin
- [M] Wehrsekrete
Pedes semicoronati
- Afterfuß
Pedetes
- Springhasen
Pedetidae ↗
Pediastrum ↗
Pedicellarien
- [M] Metamorphose (Seeigel)
- Seeigel
Pedicellina
Pedicellinidae
- Pedicellina
Pedicellinopsis
- Kamptozoa
Pedicellus
- □ Fliegen
Pedicia
- Stelzmücken
Pedicularidae
- Cypraeoidea
Pedicularis ↗
Pediculidae
Pediculus
- [B] Endosymbiose
- Pediculidae
Pedigreezüchtung
- Linienzüchtung

Pedinella
- Pedinellaceae
Pedinellaceae
Pedinoida
- [M] Seeigel
Pedinomonas ↗
Pedinophyllum ↗
Pediococcus
- [M] halophile Bakterien
- [M] Malo-Lactat-Gärung
- [M] Wein (Fehler/Krankheiten)
Pediokokken
- Pediococcus
Pediolagus
- Maras
Pedionomidae ↗
Pedionomus
- Steppenläufer
Pedipalpen
- Begattungsorgane
- □ Gliederfüßer
- [B] Gliederfüßer II
- [M] Zecken
Pedipalpi
Pediveliger
- Muschelkulturen
- Neuschnecken
- Schnecken
Pedobiologie ↗
Pedogenese ↗
Pedologie ↗
Pedomicrobium
- [M] Eisenbakterien
- [M] sprossende Bakterien
Pedon
- Boden
Pedosphäre ↗
Pedostibes ↗
Pedunculus
- Kleinhirn
Pegantha ↗
Peganum ↗
Pegasidae
- Flügelroßfische
Pegasiformes ↗
Pegasusfisch ↗
Pegomyia ↗
Peillaute
- [B] Echoorientierung
- Gehörorgane
Peinomorphose
- Morphosen
Peiresc, Nicolas-Claude Fabri de
- Pereskia
Peireskia
- Kakteengewächse
- Pereskia
Peireskioidae
- Kakteengewächse
Peitschengeißel
- Algen
- Begeißelung
Peitschenmoos-Fichtenwald
- Piceion
Peitschennattern ↗
Peitschenschlange ↗
Peitschenwurm
Pejus
Pekan
- Fischermarder
Pekannuß ↗
- [B] Kulturpflanzen III
- Walnußgewächse
Pekaris
- Nonruminantia
- Nordamerika
- Südamerika
- [B] Südamerika I
Pekinese
- □ Hunde (Hunderassen)
- [B] Hunderassen IV
Pekingkohl ↗
Pekingmensch ↗
Pekoe ↗
- ' □ Teestrauchgewächse
Pekoe Souchong
- □ Teestrauchgewächse

Pektinasen

Pektinasen
- Wein

Pektine
- Cytophagales
- Galacturonsäure
- Gallerte
- Golgi-Apparat
- Kläranlage
- Quellung

Pektinsäuren ↗

Pelagia ↗
- Meeresleuchten

Pelagial

pelagisch ↗

pelago-benthonischer Zyklus
- Larven

Pelagohydra

Pelagonemertes
- ☐ Schnurwürmer

Pelagos
- Meeresbiologie
- Pelagial
- Plankton

Pelagosphaera-Larve

Pelagothuria
- Tiefseefauna

Pelamis ↗

Pelargonaldehyd
- Nonylaldehyd

Pelargonidin ↗
- M Anthocyane

Pelargonie
- B Afrika VII
- Pelargonium

Pelargonium

Pelargonsäure ↗

Pelawachs

Pelea ↗

Pelecanidae ↗

Pelecaniformes ↗

Pelecanoides ↗

Pelecanoididae ↗

Pelecanus ↗

Pelecus ↗

Pelecypoda ↗

Peleini
- Riedböcke

P-Element
- Genmanipulation
- Gentechnologie
- Vektoren

Pelikanaale ↗
- B Fische V
- Tiefseefauna

Pelikane
- B Afrika I
- M brüten
- Brutfleck
- Europa
- M Flug
- Haarlinge
- B Nordamerika VI
- M Ruderfüße
- M Schnabel
- B Vögel II

Pelikansfuß

Pelikansfüße

Pella
- M Kurzflügler

Pellagra
- Mais
- Nicotinsäure

Pelletier, P.J.
- Chinin
- Colchicin
- Pelletierin

Pelletiërin

Pellets
- Chinchillas

Pellia
- Pelliaceae

Pelliaceae

Pellicula (Botanik) ↗
- Algen

Pellicula (Zoologie) ↗

Pellicularia
- Rhizoctonia

Pellina

Pellotin
- Anhaloniumalkaloide

Pelmatochromis ↗

Pelmatohydra ↗

Pelmatosphaera
- M Mesozoa

Pelmatosphaeridae
- M Mesozoa

Pelmatozoa
- Eocrinoidea

Pelobates
- Knoblauchkröte
- Krötenfrösche

Pelobatidae ↗

Pelobatinae
- Krötenfrösche

Pelochelys ↗

Pelochromatium

Pelodictyon ↗
- M Consortium
- M Gasvakuolen
- M grüne Schwefelbakterien

Pelodrilus ↗

Pelodryadidae

Pelodytes
- Schlammtaucher

Pelodytidae ↗

Pelodytinae
- Krötenfrösche
- Schlammtaucher

Pelomedusa
- Pelomedusen-Schildkröten

Pelomedusen-Schildkröten
- Südamerika

Pelomedusidae
- Pelomedusen-Schildkröten

Pelomyxa
- Mitochondrien

Pelonema
- M Gasvakuolen

Pelophryne

Peloploca
- M Gasvakuolen

Pelorie
- Atavismus
- Variabilität

Pelos

Peloscolex

Pelosigma
- ☐ spiralförmige und gekrümmte (gramnegative) Bakterien

Pelosol
- ☐ Gefügeformen
- Hydroturbation

Pelseneeria

Pelseneeridae
- Pelseneeria

Peltaspermales

Peltatin
- Podophyllotoxin

Peltidium
- Carapax

Peltigera

Peltigeraceae

Peltigerales

Peltoceras

Peltodoris
- M Rhinophoren

Peltodytes
- Wassertreter

Peltogasterella
- Rhizocephala

Peltogastridae
- M Rankenfüßer

Peltolepis ↗

Peltura
- M Kambrium

Pelusios ↗

Pelvet
- Pelvetia

Pelvetia ↗

Pelvis
- Niere

Pelvis renalis
- Nierenbecken

Pelycosauria

Pelzbienen ↗
- M Apidae
- M Kuckucksbienen

Pelzflatterer ↗
- Flug
- ☐ Flughaut

Pelzflohkäfer

Pelzgroppen

Pelz-Industrie
- M Artenschutzabkommen
- Hundsrobben
- Klappmütze
- Robben

Pelzkäfer ↗

Pelzlieferanten
- Haustiere

Pelzmilben ↗

Pelzmotte ↗
- M Tineidae

Pelzrobben ↗
- Galapagosinseln

Pelztiere

Pemphigidae ↗

Pemphigostola
- Agaristidae

Pemphigus syphilliticus
- M Geschlechtskrankheiten

Pemphix

Penaeidae
- Decapoda

Penaeus
- ☐ Natantia

Penares

Penck, Albrecht
- Günzeiszeit
- Pleistozän

Pendelbewegungen
- ☐ Konfliktverhalten
- ↗ Bewegungsstereotypie

Penella
- Copepoda

Peneroplis ↗

Penetranten ↗

Penetranz
- Letalfaktoren

Penetranzmodifikatoren
- Penetranz

Penetration (Parasiten)

Penetration (Viren)
- Bakteriophagen

Penetrationsdrüse
- M Miracidium

Penicillata
- ☐ Doppelfüßer

Penicillin-Allergie
- Erythromycin

Penicillinase
- Vektoren

Penicillinderivate
- Penicilline

Penicilline
- anaphylaktischer Schock
- Bakteriozidie
- Biotechnologie
- cancerogen
- Cephalosporine
- Honig
- ☐ Murein
- Teratogene

Penicillin-Kolben
- Oberflächenkultur

Penicillin-Methode
- Auxotrophie

Penicillin-Säure
- M Mykotoxine

Penicillium
- Bodenorganismen
- Griseofulvin
- B Pilze I
- Weißfäule

Penicillium chrysogenum Virusgruppe
- M Pilzviren

Penicillium stoloniferum PsV-S Gruppe
- M Pilzviren

Penicillus ↗

Peninj (Tansania)
- B Paläanthropologie

Peniophoraceae
- Rindenpilze

Penis
- Bulbourethraldrüsen
- Clitoris
- Genitalhöcker
- Genitalpräsentation
- Trabekeln

Penisattrappe
- Genitalpräsentation

Penisknochen
- Penis

Penisscheide
- Lungenschnecken

Penisschlitz
- Erektion

Penisstulpen
- ☐ Genitalpräsentation

Penium ↗

Pennae ↗

Pennales

Pennaria
- Pennariidae

Pennariidae

Pennatularia ↗
- Pteridinium simplex

Penniclavin
- Mutterkornalkaloide

Pennisetia
- Glasflügler

Pennisetum

Pennsylvanian
- M Karbon

Penstemon ↗
- M Braunwurzgewächse
- B Nordamerika II

Pentacoela

Pentacrinoid-Stadium
- M Rekapitulation

Pentacrinus
- Haarsterne

Pentactula
- B Stachelhäuter II

pentacyclisch

pentadaktyl
- Extremitäten
- Vierfüßer
- Wirbeltiere

Pentadecan
- M Alkane

Pentaen-Antibiotika

Pentakontidae ↗

Pentalagus
- Kaninchen

pentamer

Pentamerida
- ancistropegmat

Pentamerie
- pentamer

Pentamerus

Pentamethylendiamin
- Cadaverin

Pentan
- M Alkane

Pentanonring
- Chlorophylle

Pentanymphon ↗

Pentaploïdie

Pentapycnon
- M Asselspinnen

pentarch

Pentasomie

Pentastomida
- Pentastomiden

Pentastomiden
- ☐ Tiere (Tierreichstämme)

Pentatoma
- Schildwanzen

Pentatomidae ↗

Pentazonia
- ☐ Doppelfüßer

Penten
- M Alkene

Pentit
- Zuckeralkohole

Penton

Pentosane
- Ballaststoffe
- Hemicellulosen

Pentosen
- Furfural
- Glucose
- [M] Monosaccharide
- Phloroglucin

Pentosephosphate
- ☐ Kohlendioxidassimilation
- Pentosephosphatzyklus

Pentosephosphatzyklus
- ☐ Cyanobakterien (Photosynthese)
- Gluconsäure
- Glucose-6-phosphat
- ☐ Glucuronat-Weg
- Kohlenhydratstoffwechsel
- [B] Stoffwechsel

Pentosezucker
- Glucuronat-Weg

Pentoxylales

Pentremites

PEP ↗

PEP-Carboxykinase
- [M] Glucocorticoide (Wirkungen)

Peperomia
- Peperomiaceae
- [M] Peperomiaceae
- [B] Südamerika II

Peperomiaceae

Pepino ↗

Peplis ↗

Peplomere
- Virushülle

Pepsin
- [B] Biologie II
- Gitterfasern
- Magen
- Magensäure
- Northrop, J.H.
- Phosphoproteine
- Schwann, Th.
- Zymogengranula

Pepsinogen
- Baumwollpflanze
- Belegzellen
- Magen
- ☐ Magen (Sekretion)
- Proenzyme
- [B] Verdauung I

Pepsis ↗

Peptid-Antibiotika

Peptidasen
- [B] Chromosomen III
- Exopeptidasen
- Peptide

Peptidbindung ↗
- Carboxyl-Esterasen
- [M] Depsipeptide
- ☐ Enzyme
- Proteasen
- Proteine

Peptide
- [M] Geschmacksstoffe
- [M] organisch
- [M] Zwitterionen

peptiderg
- Neurosekrete

Peptidhormone
- ☐ Glykogen
- Prä-Pro-Proteine

Peptidkette
- Entropie - in der Biologie
- Peptide
  ↗ Polypeptidkette

Peptidlactone
- Actinomycine

Peptidoglykan ↗

Peptidyl-Puromycin
- A-Bindungsstelle
- ☐ Puromycin

Peptidyl-Transfer
- Gougerotin
- Translation

Peptidyl-Transferase
- ☐ Ribosomen (Aufbau)
- ☐ Ribosomen (Untereinheiten)

Peptidyl-t-RNA
- Aminoacyl-t-RNA
- P-Bindungsstelle
- ☐ Ribosomen (Aufbau)
- transfer-RNA
- Translation

Peptidyl-t-RNA-Bindungsstelle

Peptisation
- Bodenkolloide

Peptococcaceae

Peptococcus
- [M] Vaginalflora

Peptolide ↗

Peptone
- ☐ Enzyme (Technische Verwendung)

Peptonisation
- Peptonisierung

Peptonisierung

Peptostreptococcus
- [M] Zahnkaries

Peracarida
- ☐ Spermien

Peraclis
- Seeschmetterlinge

Peraiocynodon
- Eotheria

Perakme
- Akme
- Typostrophentheorie

Peramelidae ↗

Peramuridae

Peramus
- Peramuridae

Peranema
- Peranematales

Peranematales

Peräon
- Pereion

Peratherium
- Beuteltiere

Perca

Percalates ↗

Perchlorat
- Thyreostatika

Perchloräthylen
- ☐ Chlorkohlenwasserstoffe
- [M] Chlorkohlenwasserstoffe

Perchlorbenzol
- Hexachlorbenzol

Percidae ↗

Perciformes ↗

Percina
- Barsche

Percoidei ↗

Percopsidae
- Barschlachse

Percopsiformes ↗

Percopsoidei
- Barschlachse

Percursaria
- Percursariaceae

Percursariaceae

percutan
- Übertragung

Perdix ↗

Pereion
- Thorax

Pereiopoden ↗
- ☐ Decapoda
- Thorax

perennibranchiat
- Plagiosauridae

perennierend ↗
- [M] Wüste

Pereskia ↗
- [M] Kakteengewächse

Pereskioideae
- Kakteengewächse

Perezon
- [M] Benzochinone

Perfektform
- Nebenfruchtformen

Perforatella

Perforation
- Extraktion

Perforatorium
- Spermien

Perfusion

Pergamentspinner ↗

Pergamentwurm

Pergesa

Perianth

Perianthblätter
- [M] Blüte (Magnolie)

Peribakteroidmembran
- Fruchtfolge
- ☐ Pflanzenzelle

Periblast

Periblem
- Plerom

Peribranchialporus
- Peribranchialraum

Peribranchialraum
- Atemloch

Pericallia
- Bärenspinner

Pericardium
- Herzbeutel
  ↗ Perikard

Perichaena ↗

perichondrale Verknöcherung
- Knochen

Perichondrium

Perichromatin-Granula

Periclimenes
- ☐ Natantia

Pericrocotus
- Stachelbürzler

Pericyten
- Adventitia

Periderm (Botanik) ↗
- Apoplast

Periderm (Zoologie)
- [M] Campanulariidae
- Cuticula

Peridermium
- Kiefernrindenblasenrost
- Rostpilze
- Weymouthskiefernblasenrost

Peridie
- ☐ Myxomycetidae

Peridinales ↗
- Gonyaulax

Peridiniales

Peridinin
- ☐ Algen (Farbstoffe)
- Carotinoide

Peridinium
- Peridiniales
- [M] Peridiniales

Peridiole
- [M] Sphaerobolaceae

Peridium

Periea
- [M] Zahnspinner

periglaziale Gebiete

Perigon
- Blütenformel

Perigonblätter
- Blüte

Perigonblattkreis
- [B] Blüte

Perigonimus

perigyn ↗

Perikambium ↗

Perikard ↗
- Exkretionsorgane

Perikardialdrüsen

Perikardialmembran
- Gliederfüßer
- Herz

Perikardialorgan
- Neurohämalorgane

Perikardialsäcke
- Landkrabben

Perikardialseptum
- [M] Peracarida
- Perikardialmembran

Perikardialsinus
- Diaphragma
- Insekten
- [M] Peracarida

Perikardialzellen
- Verson-Drüsen

Perikarp

Perikaryon ↗
- ☐ Nervenzelle

- [B] Telencephalon

periklin

Periklinalchimäre
- [M] Chimäre

Perilampidae
- Planidiumlarve

perilecithale Eier ↗

Perilla ↗

Perillaldehyd
- [M] Monoterpene

Perillaöl
- Lippenblütler

Perilymphe

Perimetrium
- Gebärmutter

Perimysium
- [M] Querscheiben

Perinealdrüsen

Perinereis

Perineum ↗

Perinealseptum

Perineuralsinus
- Diaphragma

Perineuralzelle
- Scolopidium

Perineurium
- ☐ Scolopidium

Perinotum ↗

perinucleärer Raum ↗

Perinuclearzisterne
- Zellkern

Periode
- Erdgeschichte
- [B] Erdgeschichte
- [M] Schwingung
- ☐ Stratigraphie
- System

Periodik
- Chaos-Theorie

periodisch
- Periode

periodische Gewässer ↗
- Tümpel

periodische Ortsveränderungen
- Tierwanderungen

Periodomorphose

periodontale Zahnfleischentzündungen
- Cytophagales

Periodontium
- Wurzelhaut

Periodsäure-Schiff-Reaktion
- Reticulin

Periophthalmus ↗

Periopticon
- Oberschlundganglion

Periost
- Sehnen

Periostrakum ↗
- ☐ Muscheln

Perioticum ↗

Peripatidae
- Stummelfüßer
- [M] Stummelfüßer

Peripatinae
- Stummelfüßer

Peripatoides
- [M] Stummelfüßer

Peripatopsidae
- Stummelfüßer
- [M] Stummelfüßer

Peripatopsis
- [M] Äthiopis
- [M] Stummelfüßer

Peripatus ↗
- [M] Stummelfüßer

peripheres Nervensystem
- Gehirn
- [B] Nervensystem II
- Neuralleiste
- Rückenmark
- vegetatives Nervensystem

Periphylla ↗
- Tiefseefauna
- [M] Tiefseequallen

Periphysen

Periphyton ↗

Periplaneta ↗
- Versuchstiere

Periplasma

Periplasma (Mykologie)
Periplasma (Zoologie)
– Furchung
Periplasmodium
– Farnpflanzen
– Perispor
– Tapetum
Periplast
– Algen
Periploca
– Pfeilgifte
Peripneustia
– peripneustisch
peripneustisch
Peripodida
– Xyloplax
Periprokt
Peripylea
perirhabdomere Vakuolen
– Komplexauge
Perisark ↗
Perischoechinoidea
Periseptalblasen
Perisoreus ↗
Perispatium
Perisperm
– Nährgewebe
Perisphinctaceae
– Peltoceras
Perisphinctes
Perisphinctidae
– Granulaptychus
– Idoceras
– Sutneria
Perispor
– Epiplasma
Perisporium
– Perispor
Perissodactyla ↗
Peristaltik
– Ballaststoffe
– Darm
– Erbrechen
– Fernel, J.F.
– Galle
– Gewölle
– Hautmuskelschlauch
– Magen
– Oesophagus
– Ringelwürmer
– Schluckreflex
– Synchronisation
– Wiederkäuen
Peristedion ↗
Peristom (Botanik)
Peristom (Zoologie)
Peristomialmembran
– Peristom
– Seeigel
Peristomialtentakel
– M Polychaeta
perisympathetische Organe
– Neurohämalorgane
Peritenonium externum
– Sehnen
Peritenonium internum
– Sehnen
Perithecium
– Flechten
Peritonaeum
– Bauchhöhle
Peritonealhöhle ↗
Peritrema
– Atemloch
peritrich ↗
– polytrich
Peritricha
peritrophische Membran
– M Insekten (Darmgrundschema)
– Valvula cardiaca
Periviszeralsinus
Perizentralzellen
– Ceramiales
– Rotalgen
Perizonium
Perizykel
– □ sekundäres Dickenwachstum

– M Wurzel (Bau)
Perkolate
– Perkolation
Perkolation (Hydrologie)
Perkolation (Pharmazie)
– Extraktion
Perkolator
– M Perkolation
Perkoll
– □ Dichtegradienten-Zentrifugation
Perla
– □ Bergbach
– □ Saprobiensystem
Perlariae ↗
Perlaugen ↗
Perlaustern
– Seeperlmuscheln
Perlbinde ↗
Perlboote
– B lebende Fossilien
Perldrüsen
– Begoniaceae
Perleidechse
– Äthiopis
Perlen
– M Flußperlmuscheln
– M Kalk
Perlenzucht
Perlfisch ↗
Perlgras
Perlgras-Buchenwald ↗
Perlgrasfalter ↗
Perlhirse ↗
Perlhühner
– B Afrika IV
– Haustiere
Perlidae
– M Steinfliegen
Perlkaffee
– □ Kaffee
Perlmuscheln
– □ Lebensdauer
– B Muscheln
Perlmutt
– Perlmutter
Perlmutter
– M Kalk
– □ Muscheln
– Ostracum
– Schale
– Turbanschnecken
– B Weichtiere
Perlmutterfalter
– Alpentiere
– M Duftschuppen
Perlpilz ↗
Perlsago
– Sagopalme
Perlstar
– Stare
Perlziesel
– B Europa XIX
– Ziesel
Perlzwiebel ↗
Perm
– Käfer
– Permokarbon
Permafrostböden
– Asien
– Bodenfließen
– Kryoturbation
– Sumpf
– Weichteilerhaltung
permanenter Welkepunkt
– Bodenwasser
– Wasserpotential
permanente Strukturhybride
– Komplexauge
Permanenzgebiet
permeabel
– Permeabilität
Permeabilität
– Diffusionspotential
– Flavonoide
– Membran
– Membranpotential
– Turgorbewegungen
↗ Membranpermeabilität

Permeabilitätskoeffizient
– M Membrantransport
Permeabilitätskonstante
– Membranpotential
Permeasen
Permeation
Permigration ↗
permissive Zellen
Permokarbon
permokarbonische Eiszeit
– Karbon
– Permokarbon
Permotrias
– Karroo-Serie
– Permokarbon
Perna
– Isognomon
– M Miesmuscheln
– Muschelkulturen
Pernambukbaum
– Pernambukholz
Pernambukholz
– M Rotholz
Pernis ↗
perniziöse Anämie
– M Anämie
– Cobalamin
– Intrinsic factor
Perodicticus
– M Afrika
– M Äthiopis
– Potto
Perognathus
– M Nordamerika
– M Taschenmäuse
Peronia ↗
Peronospora
– Blauschimmel
– B Pflanzenkrankheiten II
– B Schädlinge
Peronosporaceae
– M Peronosporales
Peronosporakrankheit
– Blauschimmel
– B Pflanzenkrankheiten II
– Plasmopara
– Rebenmehltau
Peronosporales
Peropus
– Spaltfuß
Perotrochus
– Schlitzkreiselschnecken
Peroxiacetylnitrat
– Photooxidantien
Peroxidanten ↗
– Essigsäurebakterien
Peroxidase-Katalase
– M Oxidoreductasen
Peroxidasen
– Eisen
– M Metallproteine
– Wasserstoffperoxid
– M Wehrsekrete
Peroxisomen
– Cytoplasma
– Cytosomen
– M differentielle Zentrifugation
– Duve, Ch.R. de
– M Leitenzyme
– Pflanzenzelle
Peroxyacetylnitrat
– Luftverschmutzung
Peroxysomen
– Peroxisomen
Perrostral-Sutur
Perrotia
– Hyaloscyphaceae
Persönlichkeitspsychologie
– Charakter
Persea ↗
Perserkatze
– B Katzen
Persianerpelz
– M Schafe
Persicula
Persimone
– Ebenaceae
Persio ↗

– Prunus
persistent
– Persistenz
persistente Infektion
– Persistenz
– Virusinfektion
– □ Virusinfektion (Abläufe)
persistente Viren
– Pflanzenviren
Persistenz
persistieren
– Persistenz
Personen
Persönlichkeitsstruktur
– □ Drogen und das Drogenproblem
personzentriertes Weltbild
– Anthropomorphismus - Anthropozentrismus
Persorption
Persoz
– Diastase
perspektivische Täuschungen
– Sinnestäuschungen
Perspektivschnecken
Perspiratio insensibilis
– Perspiration
Perspiration
Perspiratio sensibilis
– Perspiration
Perthophyten ↗
– Pilzkrankheiten
Pertusaria
– Pertusariaceae
Pertusariaceae
Pertusariales
Pertussis
– Keuchhusten
peruanisch-chilenische Wüste
– Südamerika
Perubalsam
– Hülsenfrüchtler
Perückenäffchen
– Pincheáffchen
– Tamarins
Perückenbock
– M Geweih
Perückenstrauch ↗
– Gelbholz
Perückentaube
– B Selektion II
– M Tauben
Perutz, M.F.
– B Biochemie
– M Enzyme
Peruwarze
– Oroyafieber
Perversion
– Sexualität - anthropologisch
Perviata
– M Pogonophora
Perzeption
– Reizphysiologie
perzipieren
– Perzeption
Pes ↗
Pes hippocampi
– Hippocampus
Pessar
– Empfängnisverhütung
Pessimum
Pest
– M Baldrian
– Einbeere
– Hausratte
– Infektionskrankheiten
– Kitasato, Sh.
– Quarantäne
– Reservoirwirte
– Tetracycline
– Wanderratte
– Yersin, A.J.É.
Pestalotia
– Einschnürkrankheit
Pestbakterium
– Endotoxine
– Yersinia

Pfingstrose

Pestfloh
- Fleckfieber

Pestis
- Pest

Pestis suum
- Schweinepest

Pestivirus ⌐

Pestizide
- Abbau
- Akkumulierung
- Artenschutz
- Fischgifte
- Greifvögel
- integrierte Schädlingsbekämpfung
- Methylquecksilber
- Oologie
- Persistenz
- Wasserverschmutzung

Pestratten
Pestwurz
Petalen ⌐
Petalichthyida
Petalocrinus
- □ Seelilien

Petalodien
- □ Irreguläre Seeigel

petaloid
- Honigblätter
- Perigon

Petalomonadales
Petalomonas
- Petalomonadales

Petalonamae
Petalonia
Petalo-Organismen
Petalophthalmindae
- M Mysidacea

Petasites ⌐
Petasitetum paradoxi ⌐
Petasma
- Begattungsorgane
- □ Decapoda

Petaurista
- Taguan
- Wintermücken

Petauristidae ⌐
Petaurus ⌐
Petermännchen ⌐
- B Fische I
- M Laichperioden

Petersen-Bodengreifer
- □ Meeresbiologie (Fanggeräte)

Petersfischartige
Petersfische
Petersilie
- Gewürzpflanzen
- Halbrosettenpflanzen
- B Kulturpflanzen VIII

Petiolus
Petite-Mutanten
- Mitochondrien

Petitgrainöle
Petiveriaceae
- Kermesbeerengewächse

Petralona
- Homo sapiens fossilis
- Paläanthropologie
- B Paläanthropologie
- Präsapiens

Petrefakte ⌐
Petrefaktenkunde
- Paläontologie

Petrefaktologie
- Paläontologie

Petri, Julius Richard
- B Biologie III
- Petri-Schale

petricol
Petricola ⌐
Petri-Schale
- B Biologie III

Petrobiona ⌐
Petrocelis ⌐
Petrocephalus ⌐
Petrodromus
- Rüsselspringer

Petrolacosauridae
- Protorosauria

Petroleum
- Erdöl

Petroleumfliege
- Sumpffliegen

Petrolisthes
- Porzellankrabben
- M Porzellankrabben

Petrologie
- Geologie

Petromuridae ⌐
Petromus
- Felsenratten

Petromyzon
- Fische
- Neunaugen

Petromyzonidae ⌐
Petronia
- Sperlinge

Petropedetes
Petropedetinae
- □ Ranidae

petrophil
Petrophyten
Petroproteine
- Erdöl

Petroselinum ⌐
Petrosia ⌐
Petrosum ⌐
Petrus de Crescentiis
- Crescentia

Pettenkofer, M.J. von
- Selbstreinigung

Petunia
- Petunie

Petunie
- M Basenanaloga
- M differentielle Genexpression
- B Südamerika IV

Peucedanum ⌐
Peyersche Plaques
- lymphatische Organe
- M Lymphocyten
- M Picornaviren

Peyotl ⌐
- Kakteengewächse
- Meskalin

Peyritschiellaceae ⌐
Pezicula
- M Dermateaceae
- Gloeosporium

Pezites ⌐
Peziza
- Pezizaceae

Pezizaceae
Pezizales ⌐
- Echte Trüffel

Pezizella
- Mykorrhiza

Pfaffenhütchen ⌐
- Pflanzengifte
- M Spindelstrauch

Pfaffenkäppchen
- Pfaffenhütchen
- Spindelstrauch

Pfahlbauspitz
- Torfhund

Pfählchen
- Pali

Pfahl-Draht-Erziehung
- Weinrebe

Pfahlmuscheln ⌐
Pfahlrohr ⌐
- B Mediterranregion III

Pfahlstellung
- Schutzanpassungen

Pfahlwurm ⌐
Pfahlwurzel
P-Faktor
- P-Element

pfälzisch
- B Erdgeschichte

Pfannen
Pfauen
- B Asien VII
- Imponierverhalten
- Vogelfeder

Pfauenauge
Pfauenblume
- B Südamerika I

- Tigerblume

Pfauenelfe
- B Südamerika III

Pfauenspinner
Pfauenstein ⌐
Pfauentaube
- B Selektion II
- M Tauben

Pfaufasanen
- B Ritualisierung

Pfeffer ⌐
- B Kulturpflanzen IX
- M Pfeffergewächse

Pfeffer, W.
- B Biologie II
- M Chemolithotrophie
- M osmotischer Druck
- Pffersche Zelle

Pfefferartige
Pfefferbaum ⌐
Pfefferersatz
- Annonaceae

Pfefferfresser ⌐
Pfeffergewächse
Pfefferkörner
- M Pfeffergewächse

Pfefferminze ⌐
- Gewürzpflanzen
- B Kulturpflanzen VIII
- M Minze

Pfefferminzöl ⌐
- □ Minze

Pfeffermuscheln
Pfefferrohr
- Bambusgewächse

Pfeffersche Zelle ⌐
- Traube, M.

Pfeffinger Krankheit
Pfeifenfische ⌐
Pfeifengras ⌐
- □ Bodenzeiger

Pfeifengraswiesen ⌐
Pfeifenherstellung
- Bruyère

Pfeifenstrauch ⌐
Pfeifente
- B Rassen- u. Artbildung II
- Schwimmenten

Pfeiffer, R.F.
- B Biologie III
- M Haemophilus

Pfeifferella
- Rotz

Pfeiffer-Influenzabakterium
- Haemophilus

Pfeiffersches Drüsenfieber
- Epstein-Barr-Virus
- Mononucleose

Pfeiffrösche ⌐
Pfeifhasen
- Prolagus

Pfeiler
- Siphonalpfeiler

Pfeilerzellen ⌐
pfeilförmig
- Blatt

Pfeilgifte
- Aconitumalkaloide
- Adenium
- □ Brechnußgewächse
- Clostridien
- Dioscorin
- Eisenhut
- Flacourtiaceae
- M Gifte
- M Herzglykoside
- Pfeilgiftkäfer
- Pflanzengifte
- Strophanthine
- Strophanthus

Pfeilgiftfrösche ⌐
- Südamerika

Pfeilgiftkäfer
Pfeilhechte
Pfeilkalmare
Pfeilkraut
- Schwimmblätter

Pfeilkresse
Pfeilnatter ⌐

Pfeilotter ⌐
Pfeilschnäbler ⌐
Pfeilschwanzkrebse ⌐
Pfeilwürmer ⌐
Pfeilwurz
- Pfeilwurzgewächse
- B Südamerika II

Pfeilwurzgewächse
Pfeilzunge
- Giftzüngler

Pfeilzüngler ⌐
Pfennigkraut ⌐
- M Gelbweiderich

Pferde
- Allohippus
- Atavismus
- M Atavismus
- M Atemfrequenz
- Blutgruppen
- M Chromosomen (Anzahl)
- M Copesches Gesetz
- M Darm (Darmlänge)
- M Flehmen
- M Formenreihen
- M Fortbewegung (Geschwindigkeit)
- M Galopp
- Haustierwerdung
- M Herzfrequenz
- Hippologie
- B Homologie und Funktionswechsel
- M Huf
- hypsodont
- Jugendpräponderanz
- M Körpertemperatur
- Lernen
- Leserichtung
- Mähne
- Marsh, O.Ch.
- □ Milch (Zusammensetzung)
- M Milch
- Molarisierung
- Mutter-Kind-Bindung
- Südamerika
- M Trächtigkeit
- Unpaarhufer
- □ Versuchstiere

Pferdeaktinie
- B Hohltiere III

Pferdeantilope
Pferdeartige
- Äthiopis
- Hippomorpha

Pferdeböcke
Pferdeegel ⌐
Pferdeencephalitis
- M Togaviren

Pferdeencephalitis-Viren
Pferdeesel ⌐
Pferdegrippe
- Pferdestaupe

Pferdehirsche ⌐
Pferdehufkrabben
- Mesolimulus

Pferdehufmuschel
Pferde-Madenwurm
- Oxyurida

Pferdemagenbremse ⌐
- M Gasterophilidae
- B Insekten II

Pferderettich ⌐
Pferderotlaufseuche
- Pferdestaupe

Pferdeschwamm ⌐
Pferdeserum
- Heilserum
- Zellkultur

Pferdespringer
Pferdespulwurm
- M Chromosomen (Anzahl)

Pferdestaupe
Pferdeverwandte
- Hippomorpha

Pfifferlinge ⌐
- gymnokarp
- B Pilze III

Pfingstrose ⌐
- □ Fruchtformen

Pfingstrosengewächse

- Paeonidin
- M Pfingstrosengewächse

Pfingstrosengewächse
Pfirsich
- □ Fruchtformen
- B Kulturpflanzen VII
- M Obst
- Prunus

Pfirsichbaum
- □ Kräuselkrankheit
- M Kräuselkrankheit

Pfirsichblattlaus
- Röhrenläuse
- Vergilbungskrankheit

Pfirsichlaus
- Röhrenläuse

Pfirsichmehltau
Pfitzer
- Wacholder

Pfitzeriana
- Wacholder

Pflanzen
- Tiere

Pflanzenanatomie
- Grew, N.

Pflanzenasche
Pflanzenbau
Pflanzenbekämpfungsmittel
- Herbizide

Pflanzenbeschau
Pflanzendecke
- Vegetation

Pflanzenextrakt
- Perkolation
- *Extrakt*

Pflanzenfarbstoffe
Pflanzenfasern
Pflanzenfresser
- Blinddarm
- M Darm
- Endosymbiose
- B Verdauung II

Pflanzengemeinschaften
- Ökoton
- *Pflanzengesellschaft*

Pflanzengeographie
- Candolle, A.P. de
- Engler, A.
- Grisebach, A.H.R.
- Humboldt, F.A.H. von

Pflanzengesellschaft
- Aspekt
- Bodenbewertung
- Florengeschichte
- Synchorologie
- Vegetation

Pflanzengifte (gegen Pflanzen)
Pflanzengifte (von Pflanzen)
- Aconitumalkaloide

Pflanzenhaarstein
- Futterkugel

Pflanzenheilkunde
Pflanzenhormone
- biotechnische Schädlingsbekämpfung
- Fitting, J.
- *Phytohormone*

Pflanzenhygiene
- Pflanzenschutz
- Phytohygiene

Pflanzenkäfer
Pflanzenkleid
- Vegetation

Pflanzenkrankheiten
- □ Ernteverlust
- Pflanzenbeschau
- Pflanzensaftsauger
- Phytomedizin

Pflanzenkrebs
Pflanzenkunde
Pflanzenläuse
Pflanzenmäher
Pflanzenmedizin
Pflanzennährstoffe
- Nährstoffverhältnis
- *Mineralstoffe*
- *Nährstoffe*

pflanzenpathogene Viren
- Pflanzenviren

Pflanzenpathologie
Pflanzenpflegemittel
- alternativer Landbau

Pflanzenphysiologie
- B Biologie II
- Pfeffer, W.
- Pringsheim, N.
- Sachs, J.
- Saussure, N.Th.

Pflanzenquarantäne
- □ Pflanzenschutz

Pflanzenreich
Pflanzensaftsauger
- Phytophagen

Pflanzensauger
Pflanzenschädlinge
Pflanzenschutz
Pflanzenschutzmittel
- abbauresistente Stoffe
- Bacillus thuringiensis
- Bienenschutz
- Biotechnologie
- M Eutrophierung
- Fischsterben
- Fledermäuse
- Gartenbau
- M Insektizide
- Kasugamycin
- Landwirtschaft
- M Pflanzenkrankheiten
- Phytomedizin
- systemische Mittel

Pflanzensekrete
Pflanzensoziologie
- Braun-Blanquet, J.
- Sigmasoziologie

Pflanzenstoffe
- Wehrsekrete

Pflanzentumoren
pflanzenverfügbares Wasser
- Bodenwasser

Pflanzenvermehrung
Pflanzenviren
- RNA-Viren
- M Satelliten
- Viren
- □ Viren (Virion-Morphologie)
- B Viren
- Viroide

Pflanzenwachs
Pflanzenwespen
Pflanzenwuchsstoffe
Pflanzenzelle
- Hooke, R.
- Malpighi, M.
- Pflanzen
- B Wasserhaushalt der Pflanze

Pflanzenzucht
- Pflanzenzüchtung

Pflanzenzüchtung
- Baur, E.
- Bedecktsamer
- Botanik
- Mensch und Menschenbild
- Rasse

Pflanzgut
- Saatgut

Pflanzmaschinen
- □ Saat

Pflanzschnitt
Pflaster
- Harze

Pflasterkäfer
Pflasterzähne
Pflaume
- □ Fruchtformen
- B Kulturpflanzen VII
- M Obst
- Prunus
- Wachse

Pflaumenbaum
Pflaumensägewespen
- Tenthredinidae

Pflaumenstecher
Pflaumenwickler

Pflegebereitschaft
- M Bereitschaft
- Brutpflege

Pflegemutter
- Jungentransfer

Pflückverbote
- Naturschutz

Pflug
- Ackerbau
- Bodenbearbeitung
- M Regenwürmer

Pflügen
- Unkräuter

Pflüger, E.F.W.
- B Biologie I

Pflüger-Zuckungsgesetz
- Pflüger, E.F.W.

Pflugscharbein
Pfortader
- Gallensäuren
- □ Schädellose

Pfortadersystem
- Leber

Pförtner
- M Magen
- Pylorus

Pfötchenstellung
- Tetanie

Pfriemengras
Pfriemenkalmar
- M Zwergkalmare

Pfriemenmücken
Pfriemenschnecken
Pfrille
Pfropfbastard
Pfropfhybrid
- □ botanische Zeichen
- Chimäre

Pfropfreben
- Weinrebe

Pfropfung
- Kallus
- Kopulation
- Mitschurin, I.W.
- Regeneration

pfu
- M Plaque

pF-Wert
3-PGA
- M Phosphattranslokator

P-Generation
- Parentalgeneration

pH
Phacelia
Phacellaria
Phacidiaceae
- Lophodermium
- Phacidiales

Phacidiales
Phacidium
- Phacidiales
- □ Schüttekrankheit

Phacochoerus
Phacopida
- □ Silurium

Phacopidae
- Komplexauge

Phacops
- sphäroidale Einrollung

Phacotaceae
Phacotus
- Phacotaceae

Phacus
Phaeaster
Phaedusa
Phaeoceros
phaeochromes Gewebe
- Nebenniere

Phaeocryptopus
- □ Schüttekrankheit

Phaeocystis
Phaeodaria
Phaeodium
- Tripylea

Phaeognathus
Phaeolus
- M Braunfäule
- Weichporlinge

Phaeophorbiden
- Phäophytine

Phaeophyceae
Phaeophytine
- Phäophytine

Phaeoplasten
Phaeothamniales
Phaeothamnion
- Phaeothamniales

Phaëthon
- Tropikvögel

Phaëthontidae
Phaethornis
- □ Kolibris

Phaffia
- M imperfekte Hefen

Phage fd
- Bakteriophagen

Phage λ
- Bakteriophagen
- □ Desoxyribonucleinsäuren (Größen)
- Lambda-Phage

Phage M
- Bakteriophagen
- Sequenzierung

Phage Mu
- Bakteriophagen
- Mu-Phage

Phagen
- Bakteriophagen

Phagenkreuzungen
- Rekombination

Phage P
- Bakteriophagen

Phage ΦX174
- Bakteriophagen
- B Biochemie
- □ Desoxyribonucleinsäuren
- B Desoxyribonucleinsäuren II
- Raster
- B Replikation der DNA I
- B Transkription - Translation
- □ Viren (Virion-Morphologie)

Phage Qβ
- Bakteriophagen
- einzelsträngige RNA-Phagen
- RNA-Replikase
- B Transkription - Translation

Phage R17
- B Transkription - Translation

Phage T
- Bakteriophagen
- □ Mutationsspektrum
- T-Phagen
- *Bakteriophage T2*
- *Bakteriophage T4*
- *Bakteriophage T7*

Phago
Phagocata
Phagocytella
- Phagocytella-Theorie

Phagocytella-Theorie
- Gastraea-Theorie

Phagocyten
Phagocytose
- Abwehr
- Aggressine
- Bindegewebe
- Calcium
- Coelomocyten
- Einzeller
- Granulocyten
- Metschnikow, I.I.
- Resorption
- reticulo-endotheliales System

Phagodeterrentien
- Phagodeterrents

Phagodeterrents
Phagosom
Phagostimulantien
- Nahrungsspezialisten
- Phagostimulants

Phagostimulants

β-Phenylacrylsäure

Phagotrophie
Phakellia
Phalacridae
Phalacrocoracidae
Phalacrocorax
- Kormorane
Phalacrostemma
- M Sabellariidae
Phalacrus
- Glattkäfer
Phalangen
- Extremitäten
- M Fuß (Abschnitte)
Phalangenformel
- Finger
Phalanger
Phalangeridae
Phalangerinae
- Kletterbeutler
Phalangiidae
Phalangium
- □ Phalangiidae
- M Phalangiidae
Phalangodes
- M Laniatores
Phalänophilie
phalanx proximalis
- Fesselgelenk
Phalaridetum arundinaceae
- Glanzgras
Phalaris
Phalaropodidae
Phalaropus
- Wassertreter
Phalera
- M Zahnspinner
Phalium
Phallaceae
Phallacidin
- □ Phalangiidae
Phallin
- □ Phalangiidae
Phallisin
- □ Phalangiidae
Phallobasis
Phallodrilus
- M Tubificidae
Phalloidin
- Antamanid
Phalloin
- □ Phalangiidae
Phallonemertes
Phallostethidae
Phallotoxine
Phallotrema
Phallus (Botanik)
- M Mykorrhiza
Phallus (Zoologie)
- Begattungsorgane
Phallusia
Phän
- Anpassung
Phaner
- Lemuren
Phanerochaete
- Lignin
- TCDD
Phanerogamen
Phanerophyten
- Holzgewächse
- □ Lebensformen (Gliederung)
- □ Lebensformen
- M Lebensformspektren
Phaneroptera
- Sichelschrecken
Phaneropteridae
Phanerosorus
- Matoniaceae
Phanerozoikum
Phanerozonia
- Paxillen
- M Seesterne
Phanerozonia
- Phanerozonia
Phänetik
phänetische Kladistik
- M numerische Taxonomie
- Kladistik

Phänogenese
Phänogenetik
- Haecker, V.
Phänogramme
- Stammbaum
Phänokopie
Phänokrise
- Phänogenetik
phänokritische Phase
- Phänogenetik
Phänologie
Phänotyp
- Allel
- B Biologie II
- biologische Evolution
- bisexuelle Potenz
- Genexpression
- Information und Instruktion
- Johannsen, W.L.
- Leben
- Mendelsche Regeln
- B Mendelsche Regeln I
- B Mendelsche Regeln II
- Selektion
- Variabilität
- Varietät
phänotypische Geschlechtsbestimmung
- Echiurida
phänotypische Mischung
phänotypische Reversion
- Suppression
phänotypische Variabilität
- □ Darwinismus
- Variabilität
Phänotypus
- Phänotyp
Phantasie
- Wahrnehmung
Phantom-Schmerz
- Schmerz
Phäophorbiden
- Phäophytine
Phäophyll
- Fucoxanthin
Phäophytine
- Rauchgasschäden
Phaosom
- Hirudinea
Pharaonenameise
Pharaoratte
pharat
- B Häutung
Pharetronida
- Inozoa
- Protosycon
Pharmaka
- Glucuronsäure
- Teratogene
- Medikamente
Pharmakodynamik
pharmakodynamische Toleranzentwicklung
- Sucht
Pharmakogenetik
Pharmakognosie
- Botanik
- Flückiger, F.A.
- M Haare
Pharmakokinetik
pharmakokinetische Toleranzentwicklung
- Sucht
Pharmakologie
Pharmakon
Pharmakotherapie
- Pharmakologie
Pharmazeutik
- Pharmazie
pharmazeutische Biologie
pharmazeutische Chemie
Pharmazie
Pharomachrus
Pharus
Pharyngealporen
- Gastrotricha
Pharyngialapparat
- Peranematales
Pharyngidea
- Asteriomyzostomidae

Pharyngitis
- Streptococcus
Pharyngobdelliformes
- Hirudinea
Pharyngobdellodea
- Pharyngobdelliformes
Pharyngobranchiale
- Branchialskelett
Pharyngodon
- Oxyurida
Pharynx
- Epipharynx
- Hypopharynx
- M Insekten (Darmgrundschema)
- Rachen
- Schlund
Pharynxkrone
- □ Kinorhyncha
Pharynxpumpe
Pharynxrückziehmuskel
- Retraktoren
Pharynxtonsille
- Rachenmandel
Phascogalinae
Phascolarctinae
Phascolarctos
- Beuteltiere
- Koala
Phascolion
Phascolomys
- Wombats
Phascolonus
- Beuteltiere
Phascolopsis
- M Sipunculida
Phascolosoma
- M Sipunculida
Phascolosomatidae
- M Sipunculida
Phascum
Phase (Geologie)
- Erdgeschichte
- Stratigraphie
Phase (Physik)
- Phasenverschiebung
Phasengrenze
- Diffusionspotential
Phasengrenzen
- Gefrierätztechnik
Phasenkarte
- □ Chronobiologie
Phasenkontrastmikroskopie
Phasenobjekte
- □ Phasenkontrastmikroskopie
Phasenplättchen
- □ Phasenkontrastmikroskopie
Phasenring
- □ Phasenkontrastmikroskopie
Phasenspezifität
- Phänologie
Phasenübergang
- Membran
Phasen-Variation
- differentielle Genexpression
Phasenverschiebung
- M Interferenz
- Interferenzmikroskopie
- Phasenkontrastmikroskopie
- □ Phasenkontrastmikroskopie
Phaseolin
Phaseollin
- Phaseolin
Phaseolotoxin
- Fettfleckenkrankheit
Phaseolunatin
Phaseolus (Botanik)
Phaseolus (Zoologie)
- M Tiefseefauna
Phasianella
Phasianidae
Phasianus
- M Asien

Phasin
phasische Motoneurone
- Motoneurone
Phasmatidae
- Gespenstschrecken
Phasmida
Phasmide
- Fadenwürmer
- Phasmidia
Phasmidia
Phasmoptera
Phausis
Phaxas
PHB-Ester
- Konservierung
PHBS
- Poly-β-hydroxybuttersäure
Phe
Pheidole
- Fühlerkäfer
Phellandren
Phellem
Phellinus
Phellodendron
- Rautengewächse
Phelloderm
Phellodon
- M Stachelpilze
Phellogen
- M Borke
Phelloid
Phellorinia
Phelsuma
Phenacetin
- Carboxyl-Esterasen
- Entgiftung
Phenacodus
Phenacogrammus
Phenacolepadidae
- M Nixenschnecken
Phenacolimax
Phenakospermum
- M Strelitziaceae
Phenanthren
Phenazinfarbstoffe
- M Pigmentbakterien
Phenethicillin
- Penicilline
p-Phenetidin
- Entgiftung
Phengodidae
Phenol
- cancerogen
- B funktionelle Gruppen
- □ Hämolyse
- □ Harn (des Menschen)
- Keimgifte
- M Kork
- □ MAK-Wert
- Runge, F.F.
- M Zimtsäure
Phenolase
- □ Lignin (Reaktionen)
- Phenol-Oxidase
Phenolderivate
- Wurzelausscheidungen
Phenole
- Phenol
phenolisieren
- Phenol
Phenol-Oxidase
- Dihydroxyphenylalanin
- M Evasion
- humorale Einkapselung
Phenolphthalein
- Basen
Phenoxybenzamin
- Alpha-Blocker
- Sympathikolytika
Phenoxycarbonsäure-Herbizide
- Dichlorphenoxyessigsäure
Phenoxyessigsäure
Phentolamin
- Sympathikolytika
Phenyl
- Phenylgruppe
β-Phenylacrylsäure
- Zimtsäure

Phenylalanin

Phenylalanin
- Ambiguität
- [M] Aminosäuren
- [M] Flavonoide
- Genwirkketten
- Homogentisinsäure
- Hormone
- □ Synapsen
- [M] Zimtsäure

Phenylalanin-Ammonium-Lyase
- Flavonoide
- □ Lignin (Reaktionen)
- [M] Zimtsäure

Phenylalaninhydroxylase
Phenyläthylalkohol
- chemische Sinne

β-Phenyläthylamin
- Weckamine

Phenyläthylsenföl
- □ Senföle

Phenylbrenztraubensäure
Phenylbuttersäure
- Auxinantagonisten

Phenylcarbinol
- Benzylalkohol

Phenylendiamin
Phenylessigsäure
- Auxinantagonisten

Phenylglykolsäure
- Mandelsäure

Phenylgruppe
Phenylhydrazin
- □ MAK-Wert

Phenylisothiocyanat
Phenylketonurie
- [M] Enzymopathien
- Erbkrankheiten
- Sandotter
- Tyrosin

o-Phenylphenolat
- Konservierung

Phenylpropan
- Lignin

3-Phenylpropenal
- Zimtaldehyd

Phenylpyruvate ↗
Phenyl-Quecksilberacetat
- Antitranspirantien

Phenylsenföl
- Aminosäuren
- Edmanscher Abbau
- Phenylisothiocyanat

Phenylthiohydantoin-Derivat
- Edmanscher Abbau

Pheosia
Pheretima
- Asien

Pheromone
- Allomone
- biotechnische Schädlingsbekämpfung
- Erklärung in der Biologie
- Hormondrüsen
- Kairomone
- [M] Monoterpene
- Ökomone
- □ Pflanzenschutz
- Wehrsekrete

Pheronema ↗
Pheropsophus
- Bombardierkäfer

Pherusa
Phialide
- □ Aspergillus
- [M] Penicillium

Phialidium ↗
Phialokonidien
- □ Konidien
- Phialide

Phialosporae
- □ Moniliales

Phialosporen ↗
Philadelphus ↗
- Steinbrechgewächse

Philaenus ↗
Philanthus ↗
Philautus
- Ruderfrösche

Philepitta
- Lappenpittas

Philepittidae ↗
Philetairus ↗
Philine ↗
Philinidae
- Seemandeln

Philinoglossa
Philinoglossidae
- Philinoglossa

Philippia
- afroalpine Arten

Philippinen-Gleitflieger
- [M] Orientalis
- Riesengleiter

Philippinen-Kröten
- Pelophryne

Philippinen-Sambar
- Sambarhirsche

Phillipsiaxanthin
- [M] Carotinoide (Auswahl)

Phillyrea ↗
Philobdella
- □ Hirudinidae

Philodendron
- Aronstabgewächse

Philodina
- Bdelloidea
- Kryobionten
- [M] Rädertiere

Philodromidae
Philodromus
- Philodromidae

Philomachus ↗
Philomedes
- [M] Muschelkrebse

Philomycus
Philonotis ↗
Philopotamidae ↗
Philoria
Philosamia
- Ailanthusspinner
- Pfauenspinner

Philudoria
- Glucken

Phiomia
- Mastodonten

Φ*X174*
- ↗ Phage ΦX174

Phlebia ↗
Phlebolepis
- Coelolepida

Phlebopteris
- Matoniaceae

Phlebotomenkrankheit
Phlebotomus ↗
Phlebovirus
- Bunyaviren

Phlegmacium
Phlein
- Fructane

Phleum ↗
Phlobaphene
- Farbkern
- Kernholzbäume
- Verkernung

Phloëm
- [M] Kambium
- [B] Regeneration
- sekundäres Dickenwachstum
- [M] Stele
- ↗ Siebteil

Phloëmparenchym
Phloëmprimanen
- Metaphloëm

Phloëmsauger ↗
Phloeomyinae ↗
Phloeomys
- Borkenratten

phloeophag
- Borkenkäfer

Phloesporella
- Sprühfleckenkrankheit

Phlogistontheorie
- Lavoisier, A.L. de

Phlogophora
- Achateule
- [M] Eulenfalter

Phloretin
- Phloridcin

Phloridcin
Phlorizin
- Phloridcin

Phloroglucin
Phlorrhizin
- Phloridcin

Phlox
- [B] Nordamerika IV

Phobetron
- Schildmotten

phobische Reaktion
- Angst - Philosophische Reflexionen
- Phobotaxis

Phobotaxis
Phoca ↗
Phocaena
- Schweinswale

Phocaenidae ↗
Phocanema
- [M] Spulwurm

Phocarctos ↗
Phocidae ↗
Phocinae ↗
Phoebetria ↗
Phoenicircus ↗
Phoenicopteridae
- Flamingos

Phoenicopteriformes ↗
Phoenicopterus
- Flamingos

Phoeniculus ↗
Phoenicurus ↗
Phoenix ↗
Phokomelie
- Dysmelie
- Fehlbildung

Pholadidae
- Bohrmuscheln

Pholadomya
Pholadomyidae
- Rippenmuscheln

Pholas ↗
Pholcidae ↗
Pholcus
- Zitterspinnen

Pholidae ↗
Pholidota ↗
- Unguiculata

Pholiota
- Gymnopilus

Pholis
- Butterfische

Pholoe
- [M] Sigalionidae

Phoma
Phomopsis
- [M] Rebkrankheiten
- [M] Sphaeropsidales

phon
- □ Gehörsinn

Phoneutria ↗
Phonotaxis ↗
Phorbia ↗
Phorbol-12,13-diester
- Tumorpromotoren

Phoresie
- Dauerlarve
- Essigälchen
- Ölkäfer
- Parasitiformes
- Pseudoskorpione

Phoridae ↗
P-Horizont ↗
Phormia
- Versuchstiere

Phormidium
- Thermalalgen

Phormium ↗
- □ Biegefestigkeit

Phorocyten
- Cyclomyaria
- Feuerwalzen

Phoronida
Phoronidea
- Phoronida

Phoronis
- [M] Phoronida

Phoronopsis
- Phoronida

Phorozoide ↗
Phosfon D
- Gibberellinantagonisten

Phosgen
- Giftgase

Phosphaenus
- Leuchtkäfer

Phosphagene
- Sauerstoffschuld

Phosphatanionen
- Phosphationen

Phosphatasen
- □ Calvin-Zyklus (Abb. 1)
- [M] Hydrolasen
- [M] Methylglyoxal
- sekundäre Boten
- Vektoren

Phosphatdiestergruppe
- [B] funktionelle Gruppen

Phosphatdünger
- [M] Kalidünger

Phosphate
- [B] Desoxyribonucleinsäuren I
- Eutrophierung
- Harn (des Menschen)
- □ Hormone (Drüsen und Wirkungen)
- Kläranlage
- Mineralisation
- Nährsalze
- Phosphor
- Puffer
- Waschmittel

Phosphatfällung
- □ Kläranlage

Phosphatgruppe ↗
Phosphatgruppenübertragung ↗
Phosphatidasen ↗
Phosphatide
- Glycerin-3-phosphat
- Leber
- ↗ Phospholipide

Phosphatidsäuren ↗
- [M] Acylglycerine
- Cytidindiphosphat-Diacylglycerin

Phosphatidyl-Choline
Phosphatidyläthanolamin
- Bakterienmembran
- □ Phospholipide

Phosphatidyl-Choline
- endoplasmatisches Reticulum
- Gasbrandbakterien
- □ Phospholipide

Phosphatidyl-Inosit
- Cytidindiphosphat-Diacylglycerin
- Phospholipide
- □ Phospholipide

Phosphatidylinositol-4,5-bis-phosphat
- sekundäre Boten

Phosphatidyl-Serine
- □ Phospholipide

Phosphationen
Phosphatmonoestergruppe
- [B] funktionelle Gruppen

Phosphatrest
- Phosphorylgruppe

Phosphattranslokator
- Adenylattranslokator
- Antiport
- Membrantransport

Phosphat-Triosephosphat-Phosphoglycerat-Translokator
- Phosphattranslokator

Phosphatverbindungen
- energiereiche Verbindungen

Phosphoadenosin-5'-phosphat
- □ assimilatorische Nitratreduktion

Phosphoadenosinphosphosulfat (= PAPS)
- Adenylsulfat-Reductasen

- Anhydride
- Mucopolysaccharide

Phospho-Cellulose
- Austauschchromatographie

Phosphodiester ↗
Phosphodiesterasen ↗
- Adenylat-Cyclase
- Calmodulin
- □ Hormone (Primärwirkungen)
- sekundäre Boten
- □ Synapsen
- Theophyllin

Phosphoenolbrenztraubensäure
- Guanosin-5'-triphosphat
- ↗ Phosphoenolpyruvat

Phosphoenolpyruvat
- □ Aminosäuren (Synthese)
- B Dissimilation II
- Enolase
- Enole
- Gluconeogenese
- Glycerat-Weg
- B Glykolyse
- M Hatch-Slack-Zyklus
- M Hydrolyse
- □ Kohlendioxidassimilation
- □ reduktiver Citratzyklus

Phosphoenolpyruvat-Carboxykinase

Phosphoenolpyruvat-Carboxylase
- diurnaler Säurerhythmus
- M Leerlaufzyklen
- □ reduktiver Citratzyklus

Phosphoenolpyruvat-Synthase
- □ reduktiver Citratzyklus

Phosphoesterasen

Phosphofructokinase
- Citronensäure
- B Glykolyse
- M Leerlaufzyklen
- M Pentosephosphatzyklus

Phosphogluco-Isomerase
- B Glykolyse
- M Pentosephosphatzyklus

Phosphoglucomutase ↗
- B Chromosomen III
- □ Glykogen (Abbau und Synthese)
- B Glykolyse

6-Phosphogluconat
- □ Entner-Doudoroff-Weg
- Gluconsäure
- □ Pentosephosphatzyklus

Phosphogluconat-Dehydrogenase
- B Chromosomen III
- M Entner-Doudoroff-Weg
- M Pentosephosphatzyklus

6-Phosphoglucono-δ-lacton
- □ Pentosephosphatzyklus

6-Phosphoglucosäure
- 6-Phosphogluconat

2-Phosphoglycerat
- Enolase
- □ Gluconeogenese
- B Glykolyse
- M Phosphoglycerinsäuren

3-Phosphoglycerat
- □ Aminosäuren (Synthese)
- □ Gluconeogenese
- M Glycerat-Weg
- B Glykolyse
- M Phosphattranslokator
- Phosphoglycerat-Kinase
- M Phosphoglycerinsäuren
- □ Ribulose-1,5-diphosphat

- □ Serin

Phosphoglycerate

Phosphoglycerat-Kinase
- B Glykolyse

Phosphoglycerat-Mutase
- M Glycerat-Weg
- B Glykolyse

Phosphoglyceride ↗
- □ Phospholipide

3-Phosphoglycerinaldehyd
- B Ein-Gen-ein-Enzym-Hypothese

Phosphoglycerinsäuren
- □ Calvin-Zyklus (Abb. 1)
- Photorespiration
- ↗ Phosphoglycerat

Phosphohexoseisomerase
- B Chromosomen III

Phosphohydrolasen
- M Metalloproteine

3-Phosphohydroxypyruvat
- □ Serin

Phosphoketolase

Phosphoketolase-Weg
- Phosphoketolase

Phosphoketopentose-Epimerase
- □ Calvin-Zyklus (Abb. 1)

Phosphokreatin ↗

Phospholipasen
- Calmodulin
- Crotoxin
- Gasbrandbakterien
- Lysolecithin
- M Lysosomen
- Prostaglandine
- Schlangengifte

Phospholipid-Doppelschichten

Phospholipide
- amphipathisch
- ↗ Phosphatide

Phospholipoide
- Phospholipide

Phosphomonoesterasen ↗

Phosphomutasen
- Mutasen

4'-Phosphopantethein
- M Acyl-Carrier-Protein

Phosphopantetheinsäure
- □ Fettsäuren (Fettsäuresynthese)

Phosphopentoisomerase
- □ Calvin-Zyklus (Abb. 1)
- ↗ Phosphopentose-Isomerase

Phosphopentokinase
- □ Calvin-Zyklus (Abb. 1)

Phosphopentose-Epimerase
- M Pentosephosphatzyklus

Phosphopentose-Isomerase
- M Pentosephosphatzyklus
- ↗ Phosphopentoisomerase

Phosphoproteide
- Phosphoproteine

Phosphoproteine

Phosphoprotein-Phosphatase
- M Lysosomen

Phosphor
- M Bioelemente
- M extraterrestrisches Leben
- M Isotope
- □ MAK-Wert
- M Molekülmodelle

Phosphoreszenz
- Absorption
- Lumineszenz

5-Phosphoribosyl-1-diphosphat
- 5-Phosphoribosyl-1-pyrophosphat

5-Phosphoribosyl-1-pyrophosphat
- □ Aminosäuren (Synthese)

- Angustmycine
- M Pyrimidinnucleotide

Phosphoribosylpyrophosphat-Synthetase
- Gicht

Phosphorit
- Calciumphosphate

Phosphorolyse

Phosphorsäuren
- B Desoxyribonucleinsäuren III

Phosphorsäurediester
- M Ester

Phosphorsäureester ↗
- M Ester
- M Insektizide

Phosphorsäuremonoester
- M Ester

Phosphorwasserstoff
- □ MAK-Wert
- Rodentizide

Phosphorylase-Kinase
- Calmodulin

Phosphorylasen ↗
- Cori, C.F.
- □ Glykogen
- B Hormone
- Kohlenhydratstoffwechsel

Phosphorylase-Phosphatase

Phosphorylgruppe

Phosphorylgruppenübertragung
- Phosphorylierung

Phosphorylierung
- B Biologie II
- □ Phosphorylase-Kinase
- protonenmotorische Kraft

Phosphorylierungspotential

Phosphorylrest
- Phosphorylgruppe

Phosphorylverbindungen
- Phosphorylierungspotential

Phosphoserin
- □ Serin

Phosphotransferasen
- M Metalloproteine

Phosphotransferasesystem
- aktiver Transport

Phosphotrioseisomerase
- □ Calvin-Zyklus (Abb. 1)

Phosphuga ↗

Photedes
- Schilfeulen

Photinus
- fire-fly-Methode
- Leuchtkäfer
- M Leuchtorganismen

photoautotroph
- □ Ernährung
- Photoautotrophie

Photoautotrophie

Photobacterium ↗
- Darmflora
- Meeresleuchten
- □ Purpurbakterien

Photobiologie

photobiologische Wasserstoffbildung

Photobiont
- Flechten

Photoblepharon
- Leuchtsymbiose

Photochemie

photochemische Prozesse
- Licht
- Photochemie

photochemischer Smog
- □ Ozon
- Photooxidantien
- Smog

photochemisches Äquivalenzgesetz
- Photochemie

photochrome Eigenschaften
- Phytochrom-System

photochromogene Mykobakterien
- M Mykobakterien

Photocyten
- Leuchtorganismen

Photorespiration

Photodermatose
- Photosensibilisatoren

Photodinese
- Dinese
- M Photobiologie

photodynamische Reaktionen
- Photosensibilisatoren

Photoeffekt
- Gammastrahlen

Photoelektronenmikroskopie

Photographie
- Photochemie

Photoheterotrophie
- □ Ernährung
- Photoorganotrophie

Photoinduktion

Photoisomerisierung
- Phytochrom-System

Photokinese ↗

Photolithoautotrophie ↗
- □ Ernährung
- Photolithotrophie

Photolithotrophie
- Autotrophie

Photolyase ↗

Photolyse

Photomodulation
- Chronobiologie

Photomorphogenese
- □ Phytochrom-System

Photomorphosen
- Morphosen
- Photomorphogenese

Photomultiplier
- Rastermikroskop

Photonastie ↗

Photonen ↗
- M kosmische Strahlung
- Photorezeption
- ↗ Quanten

photooptisches Sehen
- Auge

photooptisches System
- photopisches System

Photoorganoheterotrophie ↗
- □ Ernährung
- Heterotrophie

Photoorganotrophie

Photooxidantien

Photooxidation
- Carotinoide
- Farbe

Photoperiode
- Diapause
- □ Saisondimorphismus

Photoperiodismus
- Blühinduktion
- Dämmerung

photophile Phase

photophobische Reaktion
- Phobotaxis

Photophobotaxis
- Phobotaxis

Photophore ↗
- Leuchtsymbiose

Photophorus
- Leuchtkäfer

Photophosphorylierung
- Bakteriorhodopsin
- Enzyme
- □ Photosynthese
- Protonenpumpe

photopisches Sehen
- photopisches System

photopisches System

Photoprotein
- Photoproteinsystem

Photoproteinsystem

Photoreaktionen
- Licht
- Photochemie

photoreaktive Zentren ↗
Photoreaktivierung ↗
Photorespiration
- Hatch-Slack-Zyklus
- Kompensationspunkt

315

Photorezeption

Photorezeption
Photorezeptoren
- [B] Algen I
- Bestrahlung
- Chronobiologie

Photosensibilisatoren
- Kleekrankheit
- Schafgarbe

Photosensitizer
- Photosensibilisatoren

Photo-Smog
- □ Ozon
- Photooxidantien
- Smog

Photosynthese
- anthropisches Prinzip
- Assimilationsgewebe
- [B] Biologie II
- Chronobiologie
- [B] Chronobiologie I
- □ Cyanobakterien (Photosynthese)
- Dinosaurier
- [B] Dissimilation II
- Enzyme
- [B] Erdgeschichte
- Erklärung in der Biologie
- Gluconeogenese
- Glucose
- Glucose-1-phosphat
- Glucose-6-phosphat
- Hill-Reaktion
- Ingenhousz, J.
- Kohlendioxid
- Kohlendioxidassimilation
- Kohlenhydratstoffwechsel
- □ Kohlenstoffkreislauf
- [B] Kohlenstoffkreislauf
- Kompensationspunkt
- Leben
- Mangan
- Pflanzen
- Pflanzenzelle
- □ Phosphattranslokator
- Photorespiration
- Präkambrium
- protonenmotorische Kraft
- Quantasom
- Redoxreaktionen
- Sachs, J.
- [B] Stoffwechsel
- Thylakoidmembran
- □ Thylakoidmembran
- Treffertheorie
- Überwinterung
- Wasser

Photosyntheseapparat
- Carotinoide
- Photosynthese

Photosyntheseintensität
- Photosynthese

Photosynthesepigmente
- Antennenpigmente
- Photosynthese

Photosyntheserate
- Hatch-Slack-Zyklus
- Heliophyten

Photosynthesezyklus ↗
photosynthetische Bakterien
- [M] Magnetfeldeffekt
- ↗ phototrophe Bakterien

Photosysteme
- Chlorophylle
- Emerson-Effekt
- □ Photosynthese
- □ Thylakoidmembran

phototaktisch
- Phototaxis

Phototaxie
- Phototaxis

Phototaxis
- Carotinoide
- Chloroplastenbewegungen

phototroph
- Phototrophie

phototrophe Bakterien
- □ Schwefelkreislauf

Phototrophie
- Autotrophie

- Ernährung
- □ Ernährung

Phototropismus
- Carotinoide

Photuris
- Leuchtkäfer
- Leuchtorganismen

Phoxinus
Phractolaemidae ↗
Phractolaemus
- Schlammfische

Phragma
- [M] Flugmuskeln

Phragmatobia
- Bärenspinner

Phragmatopoma
Phragmidium ↗
Phragmites ↗
Phragmitetea
- Bolboschoenetea maritimi

Phragmitetum communis ↗
Phragmition
- Cladietum marisci

Phragmobasidie
Phragmobasidiomycetidae ↗
Phragmocon
Phragmoconus
- Nautiloidea

phragmocyttares Nest
- Vespidae

Phragmophora
- Chaetognatha
- Spadella

Phragmoplast ↗
- Phragmosomen

Phragmosomen
Phragmoteuthida
Phreatoicidea
Phreatoicopsis ↗
Phrenologie
- Gall
- Schädellehre

Phreodrilidae
Phreodrilus
- Phreodrilidae

Phreoryctes ↗
Phrixothrix
- Leuchtkäfer

Phronia
- Pilzmücken

Phronima
- [M] Hyperiidea

Phronimidae
- [M] Flohkrebse
- Hyperiidea

Phrosia
- Scatophagidae

Phryne
- Fenstermücken

Phryneidae ↗
Phrynichus ↗
Phrynobatrachinae
- □ Ranidae

Phrynobatrachus ↗
- □ Ranidae

Phrynocephalus ↗
Phrynodon
- □ Ranidae

Phrynohyas
Phrynomeridae ↗
Phrynomerus
- Engmaulfrösche

Phrynophiurida
- □ Schlangensterne

Phrynorhombus ↗
Phrynosoma ↗
Phthalimidderivate
- [M] Fungizide

3-Phthalimido-piperidin-2,6-dion
- Thalidomid

Phthalsäure
- Pseudomonas

Phtheirichthys ↗
Phthiraptera ↗
Phthirus ↗
Phthisica
- Gespensterkrebse

Phthorimaea
- Palpenmotten

pH-Wert
- □ Blutgase
- Bodenreaktion
- isoelektrischer Punkt
- □ Proteine (Schematischer Aufbau)
- Puffer
- Regelung
- Säure-Base-Gleichgewicht
- Säuren
- [M] Säuren

Phycis ↗
Phycobiline
- Antennenpigmente
- Farbe
- Pyrrol

Phycobiliproteine
- Prochloron

Phycobilisomen
- □ Cyanobakterien (Abbildungen)
- □ Cyanobakterien (Photosynthese)

Phycobiont
Phycochromophyceae
- Cyanobakterien

Phycocyanine ↗
- Chloroplasten
- chromatische Adaptation
- □ Cyanobakterien (Photosynthese)

Phycocyanobilin
- □ Phycobiliproteine

Phycoden
Phycodes
- Phycoden

Phycodris ↗
Phycoerythrine ↗
- Chloroplasten
- chromatische Adaptation
- □ Cyanobakterien (Photosynthese)

Phycoerythrobilin
- □ Phycobiliproteine

Phycokolloide
- Meereswirtschaft

Phycologie ↗
- Mikrobiologie

Phycomyces
Phycomycetes ↗
Phycopeltis ↗
Phycophyta ↗
Phycotypen
- Flechten

Phycoxanthin
- Fucoxanthin

Phylactolaemata
phyletische Evolution
Phylica ↗
Phyllactinia
Phyllanthus ↗
Phyllaphis
- Zierläuse

Phyllergates
- Schneidervögel

Phylliroë ↗
Phylliroidae
- Phylliroë

Phyllirrhoë
- Phylliroë

Phylliti-Aceretum
- Lunario-Acerion

Phyllitis ↗
Phyllium ↗
Phyllobacter
- [M] Rhizobiaceae

Phyllobates ↗
- [M] Farbfrösche

Phyllobius ↗
Phyllobothrium
- Tetraphyllidea

Phyllobranchien
- Decapoda

Phyllocactus
- Kakteengewächse
- □ Kakteengewächse

Phyllocarida
- □ Gliederfüßer

Phyllocaulis
Phylloceras
- Phylloceratida

Phylloceratida
Phyllochaetopterus
Phyllochinon
- [B] Vitamine
- [M] Vitamine

Phyllocladus ↗
- [M] Podocarpaceae

Phyllocnistidae ↗
Phyllocnistis
- Saftschlürfermotten

Phyllocoptes
- [M] Gallmilben

Phyllodactylus ↗
Phyllodie
- Blatt

Phyllodistomum
Phyllodium
Phyllodoce
- Phyllodocidae

Phyllodocida
Phyllodocidae
Phyllodytes
Phylloglossum
- Bärlappartige

Phyllogoniaceae
Phylloid
- Aerocyste
- Thallus

Phyllokladium
- [M] Platykladium
- Podocarpaceae

Phyllomedusa ↗
- [M] Makifrösche
- Trichtermundlarven

Phyllomedusinae
- Makifrösche

Phyllomenia
Phyllomorphie
- Phyllodie

Phyllonomium
- □ Minen

Phyllonycterinae
- Blattnasen

Phyllopertha ↗
Phyllophagen
Phyllophora ↗
- Agarophyten

Phyllopoda
- Gliederfüßer
- Leptostraca
- ↗ Blattfußkrebse

Phyllopodien ↗
Phylloporus ↗
Phyllopteryx ↗
Phylloscopus ↗
Phyllosiphon
- Phyllosiphonaceae

Phyllosiphonaceae
Phyllosoma
Phyllosomalarve
- Phyllosoma

Phyllospondyli
Phyllosporie
- Cycadophytina

Phyllostachys ↗
Phyllosticta
Phyllostomidae ↗
Phyllostominae
- Blattnasen

Phyllostomus
- Blattnasen

Phyllotaxis ↗
Phyllothalliaceae
Phyllotheca
- □ Perm
- Phyllothecaceae

Phyllothecaceae
Phyllotopsis
- [M] Polyporales

Phyllotracheen ↗
Phyllotreta ↗
Phylloxera
- Zwergläuse

Phylloxeridae ↗
Phyllurus ↗
Phylogenese
- Phylogenie

Phylogenetik
phylogenetisches System
– Systematik
phylogenetische Systematik
– Remane, A.
Phylogenie
– Biogenese
– ⓑ Biologie II
– ⓜ Cytochrome
– ▢ Hologenie
– Rekapitulation
– Sequenzhomologie
Phylogramm
– Stammbaum
Phylum ↗
Phymatidae ↗
Phymatotrichum
– ▢ Moniliales
Phymosomatoida
– ⓜ Seeigel
Physa ↗
Physalaemus
– ▢ Schaumnester
Physalia ↗
Physalin ↗
Physalis ↗
Physaloptera
Physalopteridae
– Physaloptera
Physalopteroidea
– Physaloptera
Physaraceae
Physarales
Physarum ↗
– Actomyosin
– ▢ Myxomycetidae
Physcia
Physciaceae
Physcietea adscendentis
– Flechtengesellschaften
Physconia
Physcosoma
– Phascolosoma
Physeter
– Pottwale
Physeteridae ↗
Physiatrik
– Naturheilkunde
Physidae
– Blasenschnecken
Physignathus ↗
Physik
– Wissenschaftstheorie
physikalische Kieme ↗
– Plastron
Physikalismus
– Leib-Seele-Problem
Physiognomie
Physiologie
– Biodynamik
– ⓑ Biologie II
– Fernel, J.F.
– Galen
– Haller, A. von
– Müller, J.P.
– Purkinje, J.E. von
Physiologie der Moral
– Bioethik
physiologische Chemie ↗
physiologische Differenzierung
– funktionelle Differenzierung
physiologische Kochsalzlösung
physiologische Ökologie ↗
physiologische Rasse
– Rostkrankheiten
– Rostpilze
physiologische Uhr ↗
Physiologus
– ⓜ Feuersalamander
Physiphora
– Schmuckfliegen
physisch
physische Geographie
– Klima
Physocarpus ↗
Physoclisti
– Physoklisten
Physoden
– Braunalgen

Physoderma
– ⓜ Chytridiales
Physodsäure ↗
Physogastrie
Physokermes
– Napfschildläuse
Physoklisten
– Schwimmblase
Physonecta
Physophora
– Physophorae
Physophorae
Physopoda ↗
Physostegia ↗
Physostigma ↗
Physostigmin
– Acetylcholin-Esterase
– Anticholin-Esterasen
– Arzneimittelpflanzen
– ⓜ Synapsen
Physostomen
– Schwimmblase
Physostomi
– Physostomen
Phytal ↗
Phytase ↗
Phytelephas
Phyteuma ↗
Phythämagglutinine
– Phytohämagglutinine
Phythophthora
– Kraut- und Knollenfäule
– Krautfäule
Phytin
– Inosit
Phytinsäure ↗
Phytoalexine
– Kaffeesäure
– Phytonzide
Phytoantibiotika
– Phytonzide
Phytobia
– Minierfliegen
Phytocecidien ↗
Phytochemie ↗
Phytochrom
– Chloroplasten
– differentielle Genexpression
– Phytochrom-System
Phytochrom-System
– Carotinoide
– Keimung
– Keimungshemmstoffe
– Lichtkeimer
Phytodinium
– Pyrrhophyceae
Phytoecia
– Bockkäfer
Phytoen
– Carotinoide
– ▢ Carotinoide
Phytoepisiten ↗
Phytoferritin
– Apoferritin
Phytoflagellaten ↗
– Einzeller
– Haplonten
phytogen ↗
Phytogeographie ↗
Phytohämagglutinine ↗
– Agglutinine
– Bohne
– Hülsenfrüchtler
– ↗ Lectine
Phytohormone
– Antheridiogen
– Hormone
– treiben
– Wachstum
– Wachstumsregulatoren
– ↗ Pflanzenhormone
Phytohygiene ↗
Phytokinine ↗
Phytol
– ▢ Bakteriochlorophylle (Grundgerüst)
Phytolacca
– Kermesbeerengewächse
Phytolaccaceae ↗

Phytolith
Phytologie ↗
Phytolrest
– Phytol
Phytomastigophora ↗
Phytomedizin
Phytomelane
– Korbblütler
Phytomenadion
– ⓑ Vitamine
Phytometra
– Gammaeule
Phytomonadina
– Astasia
– Augenfleck
Phytomorphosen
– Morphosen
Phytomyza
– ⓜ Minierfliegen
Phyton
– Phytal
Phytonekrophagen
– Phytophagen
Phytonzide
Phytoparasiten ↗
phytopathogene Viren
– Pflanzenviren
Phytopathologie ↗
– Botanik
Phytophagen
Phytopharmazie
– Phytomedizin
Phytophthora
– Kastanie
Phytophthoraceae
– ⓜ Peronosporales
Phytophysa
– Phyllosiphonaceae
Phytoplankton ↗
– Algen
– Bruttophotosynthese
– ▢ Bruttophotosynthese
– ⓜ Krill
– Polarregion
Phytoreovirus
– Pflanzentumoren
– Reoviren
Phytosaprophagen
– Phytophagen
Phytosauria
– Thecodontia
Phytosaurus
– Phytosauria
Phytosymbiosen
– Ektosymbiose
– Symbiose
Phytotelmen
– Einzeller
Phytotelmon
– Phytotelmen
Phytotherapie ↗
– Arzneimittelpflanzen
Phytotoma
– Pflanzenmäher
Phytotomidae ↗
Phytotomie
– Phytotoma
Phytotoxine
– Pflanzengifte
Phytotron
Phytozönologie ↗
Phytozönose ↗
– Vegetation
Phytuberin
– ⓜ Phytoalexine
Phytylrest ↗
pH-Zahl
– pH-Wert
Piacentium
– Pliozän
– ▢ Tertiär
Piaget, J.
– Bioethik
– Denken
Piagetiella
– Haarlinge
Pia mater
– Rückenmark
– Tela
Piassave

Pica ↗
Picasso, Pablo
– Picassofisch
Picassofisch ↗
– ⓑ Fische VIII
Picathartes ↗
Picea ↗
Piceion
Piceo-Abietetum
– Galio-Abietion
Piche-Evaporimeter ↗
– Evaporimeter
Pichia
– ⓜ Wein (Fehler/Krankheiten)
Pichinde-Virus
– Arenaviren
Picidae ↗
Piciformes ↗
picken
– ⓜ Erbkoordination
– ⓑ Kaspar-Hauser-Versuch
Pickfordiateuthidae
– Myopsida
Pick-Krankheit
– slow-Viren
Picoa
– Mittelmeertrüffel
Picodnaviren ↗
Picoides
– ⓜ Europa
Picornaviren
– ▢ Viren (Kryptogramme)
– ▢ Viren (Virion-Morphologie)
– ⓑ Viren
– ▢ Virusinfektion (Genexpression)
– ▢ Viruskrankheiten
Picornaviridae
– Picornaviren
Picris ↗
Picuminae
– Spechte
Picus ↗
Piedra Alba
– Trichosporon
Pieper
– Nest
Pierantoni, U.
– Pseudovitellus
Piercesche Krankheit
– ⓜ Rickettsienähnliche Organismen
Pieridae ↗
– ⓜ Batessche Mimikry
Pierinae
– Weißlinge
Pieris
– Weißlinge
Pierwurm
– Arenicolidae
– Europa
Piesma
– Meldenwanzen
Piesmidae ↗
pietra fungaia
– Stielporlinge
Piezodus
– Prolagus
Pigmentbakterien
Pigmentbecherocellen ↗
– Cephalisation
– ⓑ Plattwürmer
Pigmente
– ⓜ Blei
– ▢ Hormone (Drüsen und Wirkungen)
Pigment-Effektor-Hormone
– Neuropeptide
Pigmentepithel
– ⓑ Netzhaut
Pigmentfarben
– additive Farbmischung
– Farbe
Pigmentfarbstoffe ↗
Pigmentgranula
– Retinomotorik
Pigmenthormon ↗

Pigmenthormon

317

Pigmentierung

Pigmentierung
- Depigmentation
- Haut
- Hautfarbe
- Höhlentiere
- Schwangerschaft

Pigmentmangel
- Achromasie
- Albinismus

Pigmentreduktion
- Depigmentation

Pigmentsack
- Farbwechsel

Pigmentverlagerung
- Chromatophoren

Pigmentzellen ↗
- Auge
- Hell-Dunkel-Adaptation
  ↗ Chromatophoren

Pikardischer Schäferhund
- ☐ Hunde (Hunderassen)

pikieren

Pikiererde
- Einheitserde

Pikrocin
- [M] Bitterstoffe
- Krokus

Pikrocrocin
- Krokus

Pikromycin ↗

Pikrotin
- Pikrotoxin

Pikrotoxin

Pikrotoxinin
- Pikrotoxin

Pila

Pilae

Pilchard ↗

Pilea ↗

Pileolaria
- [M] Spirorbidae

Pileus

Pilgermuschel ↗
- chemische Sinne

Pili
- Fimbrien

Pilidium
- Goettesche Larve

Pilimelia
- [M] Actinoplanaceae

Pilin
- Pili

Pilina
- [B] Lebende Fossilien

Pillendreher
- [M] Darm (Darmlänge)
- [B] Insekten III

Pillenfarn
- Pillenfarngewächse

Pillenfarngewächse

Pillenkäfer

Pillenwerfer
- Pilobolus

Pillenwespen ↗

Pillotaceae
- [M] Spirochäten

Pillotina

Pilobolaceae
- Pilobolus

Pilobolus

Pilocarpin
- [M] Synapsen

Pilocarpus
- Pilocarpin

Pilocerin
- Anhaloniumalkaloide

Pilocystiden
- [M] Hymenium

Pilophylla
- Bohrfliegen

Piltdown-Mensch

Pilularia ↗

Pilulariaceae
- Pillenfarngewächse

Pilumnus
- Xanthidae

pilzähnliche Protisten
- Niedere Pilze
- Pilze

pilzähnliche Protoctista
- Niedere Pilze
- Pilze

Pilzblume
- ☐ Schleierdame

Pilze
- Antibiotika
- biologische Waffen
- ☐ Desoxyribonucleinsäuren (DNA-Gehalt)
- Flechten
- Glykogen
- Landpflanzen
- ☐ Lebensdauer
- Mikroorganismen
- Pflanzen
- Quecksilber
- ☐ Rote Liste
- Speisepilze
- [M] Standardnährboden
- ☐ Terpene (Verteilung)
- [M] Wachstum

Pilzfäden ↗

Pilzfliege
- Lackporlinge

pilzförmige Körper
- [B] Gehirn
- Pilzkörper

Pilzgärten
- Ernährung
  ↗ Pilzzucht

Pilzgifte

Pilzgrind ↗

Pilzkammern
- Pilzgärten

Pilzkohlrabi
- Blattschneiderameisen

Pilzkorallen

Pilzkörper
- Gliederfüßer

Pilzkrankheit
- Wurzeltöterkrankheit

Pilzkrankheiten
- Borkenkäfer

Pilzlager
- Mycel

Pilzmantel
- Mykorrhiza
- [B] Mykorrhiza

Pilzmücken
- Pilzmückenblumen

Pilzmückenblumen

Pilzorgane ↗

Pilzpapillen
- Zunge

Pilzringfäule

Pilzschütte
- Schüttekrankheit

Pilzstein
- Stielporlinge

Pilztreiben
- Abwasserpilz

Pilzvergiftungen
- Amatoxine
- Nahrungsmittelvergiftungen
- Speisepilze
  ↗ Giftpilze
  ↗ Pilzgifte

Pilzviren
- Viren

Pilzwurzel
- Mykorrhiza

Pilzzucht ↗
- [B] Ameisen II
- [M] Ektosymbiose
- Speisepilze

Pilzzungensalamander ↗

Pimaricin

Pimarsäure
- Sandarakharz

Pimelodidae ↗

Piment
- Gewürzpflanzen
- [B] Kulturpflanzen IX
- [M] Myrtengewächse

Pimentbaum
- [B] Kulturpflanzen IX

- Myrtengewächse

Pimpernuß
- Pimpernußgewächse

Pimpernußgewächse

Pimpinella ↗
- ☐ Heilpflanzen

Pimpla ↗

Piña ↗

Pinaceae ↗

Piña-Faser
- Ananas

Pinakocyten
- [M] Schwämme

Pinakoderm
- Schwämme
- [M] Schwämme

Pinales
- Nadelhölzer

Pinatae
- Cordaitidae
- [B] Pflanzen, Stammbaum

Pinchéäffchen
- Tamarins

Pinctada ↗
- [B] Muscheln
- Perlenzucht

Pinea
- Kiefer (Pflanze)

Pinealauge
- Pinealorgan
- Zwischenhirn

Pinealdrüse
- Epiphyse
- Pinealorgan
- Verdauung

Pinealhormon
- [B] Chronobiologie I

Pinealorgan
- Brückenechse
- [M] Magnetfeldeffekt
- Scheitelbein
- Zwischenhirn

Pinen
- ätherische Öle
- Borkenkäfer
- Campher
- Krokus
- Parfümblumen
- Terpentinöl

Pineus
- [M] Tannenläuse

Ping-Pong-Mechanismus
- Cotransport

Pinguicula ↗

Pinguine
- [B] Afrika VI
- Alken
- [B] Australien IV
- [M] brüten
- Brutfleck
- Eizelle
- [M] Gelege
- Koloniebrüter
- [B] Konvergenz bei Tieren
- [M] Lebensformtypus
- [B] Polarregion IV
- [B] Südamerika VIII
- Vogelflügel

Pinguinfaser
- Bromelia

Pinguinus ↗

Pinguinvögel ↗

Pinheiro
- Araucaria

Pinidae ↗

Pinie ↗
- [B] Mediterranregion I

Pinit
- Cyclite

Pinites
- Balsame

Pinkperlen
- Fechterschnecken

Pinna ↗

Pinna analis
- Flossen
  ↗ Afterflosse

Pinna dorsalis
- Rückenflosse

Pinnae ↗

Pinnae abdominales
- Flossen
  ↗ Bauchflossen

Pinnae ventrales
- Bauchflossen

Pinnidae
- Steckmuscheln

Pinnipedia ↗

Pinnixia
- Muschelwächter

Pinnotheres ↗
- [M] Muschelwächter

Pinnotheridae
- Muschelwächter

Pinnulae
- Pogonophora
- [M] Seelilien

Pinnularia ↗
- [M] Naviculaceae

Pinocarvon
- [M] Monoterpene

Pinocytose
- Calcium
- Einzeller
- ☐ Hormone (Primärwirkungen)
- Phagocytose

Pinoideae

Pinoli
- Kiefer (Pflanze)

Pinones
- Araucaria

Pinot Blanc
- ☐ Weinrebe

Pinot Meunier
- ☐ Weinrebe

Pinot Noir
- ☐ Weinrebe

Pinscher
- ☐ Hunde (Hunderassen)

Pinseläffchen ↗
- [M] Marmosetten

Pinselfüßchen
- Herzigel

Pinselfüßer

Pinselkäfer ↗

Pinselschimmel ↗

Pinselschwanzbilche
- Stachelbilche

Pinselschwanzratten
- [M] Trugratten

Pinselschweine ↗

Pinselstachler
- [M] Stachelschweine

Pinselzunge
- Chiropterogamie

Pinselzungenlori
- Australien

Pinselzungenpapagei
- ☐ Ornithogamie
- [M] Ornithogamie

Pinta
- [M] Treponema

Pintobdella
- ☐ Hirudinidae

Pinus ↗
- ☐ Dendrochronologie
- Kiefer (Pflanze)

Pinus-Gesellschaften
- Reliktföhrenwälder

Pinzettfisch ↗
- [B] Fische VIII

pinzieren

"Pioneer"-Raumsonde
- extraterrestrisches Leben

Pionierbaumarten

Pioniergesellschaften ↗
- Dauerinitialgesellschaften

Pionierpflanzen
- Polykorm
- Selbstbefruchter

Pionnotes
- Fusarium

Pionosyllis
- [M] Syllidae

Piophila
- Piophilidae

Piophilidae

Planorbidae

Pipa ↗
Pipelines
– Sulfatreduzierer
Piper ↗
Piperaceae ↗
Piperales ↗
Piperidin
– Ladenburg, A.
Piperidinalkaloide
– Piperidin
Piperidin-2-carbonsäure
– Aminosäuren
– [M] Aminosäuren
1-2-Piperidyl-2-propanon
– Pelletierin
Piperin
Piperiton
– [M] Monoterpene
Piperonal
– Safrol
Pipidae
Pipistrellus ↗
Pippau
– [M] Chromosomen (Anzahl)
Pipridae ↗
Piptadenia
– Hülsenfrüchtler
Piptocephalidaceae
– Zoopagales
Piptocephalis
– [M] Mucorales
Piptoporus
Pipturus
– Brennesselgewächse
Pipunculidae ↗
Pipunculus
– Augenfliegen
Piranga ↗
Piranhas ↗
Pirata
– [M] Wolfspinnen
Piratenbarsche ↗
– [B] Fische XII
Pirayas
– [B] Fische XII
– Südamerika
PI-Regler
– Regelung
Piricularia
– Blasticidine
Pirole
– [B] Europa XV
– Nest
– [B] Vögel I
Piroplasmen
Piroplasmosen
Pirquet, C. von
– Allergie
Pirquetsche Reaktion
– Pirquet, C. von
Pirus
– Birnbaum
Pisa ↗
Pisania
Pisatin
Pisaura
Pisauridae ↗
Pisces ↗
Piscicola
– Piscicolidae
Piscicolidae
Pisidiidae
– Erbsenmuscheln
Pisidium
Pisiforme ↗
Pisione
– Receptaculum
Pisionidae
– [M] Phyllodocida
Piso, Willem
– Pisonia
Pisolithaceae
– Hartboviste
Pisolithus
– Hartboviste
Pisonia ↗
Pisoodonophis ↗
– Aale
Pista
– [M] Terebellidae

Pistacia
– Pistazie
Pistazie
– Gallapfel
Pistia ↗
– aquatic weed
Pistill ↗
pistillat ↗
Pistolenkrebse ↗
Pisum ↗
Pisum-Lectin
– ☐ Lectine
Pitafaser
– Bromelia
Pitar
Pitcairnia
– ☐ Ananasgewächse
Pitch Pine
Pithecanthropus
– Abstammung - Realität
– [B] Biologie II
– Homo erectus modjokertensis
– Koenigswald, G.H.R. von
– Prioritätsregel
– Trinil
– Trinilfauna
Pithecolobium ↗
Pitheciinae ↗
Pithecopus ↗
Pithomyces
– ☐ Moniliales
Pittas
Pittendrigh, C.S.
– Evolution
– Teleologie - Teleonomie
Pittidae ↗
Pittosporaceae
Pittosporum
– Pittosporaceae
Pituitaria ↗
Pityogenes ↗
Pityokteines
– [M] Borkenkäfer
Pityriasis
– Kleienflechte
– Pityrosporum
Pityrosporum
– Hautflora
Pixuna
– [M] Togaviren
Placebos
– Schmerz
Placenta (Muschel) ↗
Placenta (Botanik)
– Samenanlage
Placenta (Zoologie) ↗
– Aplacentalia
– Blutkreislauf
– Chorionplatte
– Decidua
– Desmomyaria
– [B] Embryonalentwicklung II
– [B] Embryonalentwicklung III
– Eutheria
– fetaler Kreislauf
– Falloppio, G.
– [M] Fruchtwasser
– Gebärmutter
– Geburt
– ☐ Hormone (Drüsen und Wirkungen)
– [B] Menstruationszyklus
– Östrogene
– Rekapitulation
– Verdauung
placentale Säugetiere
– Beuteltiere
– Eutheria
Placentalia ↗
– Eupantotheria
– ☐ Wirbeltiere
Placentaschranke
– Placenta
– Schwangerschaft
Placentatiere
– Eutheria

– Faunenanalogie
– ☐ Kreide
Placentation ↗
Placentonema
Placiphorella
Placobdella
Placodermi
– Rhenanida
– ☐ Wirbeltiere
↗ Panzerfische
Placodontia
– Henodus
Placodus gigas
Placophora ↗
Placopsis ↗
Placostegus
Placostylus
– Polynesische Subregion
Placozoa
– ☐ Tiere (Tierreichstämme)
Placula
– Placula-Theorie
Placula-Theorie
– Gastraea-Theorie
Placuna ↗
Placynthiaceae ↗
Placynthium
– Calothrix
– Placynthiaceae
Plaggen
– Ackerbau
– Einfelderwirtschaft
Plaggenboden
– Plaggenesch
Plaggenesch
Plaggenwirtschaft
– [M] Bodenentwicklung
– Plaggenesch
Plagiaulacidae
Plagiaulacoidea
– Multituberculata
Plagiaulax
– Plagiaulacidae
Plagiochasma ↗
Plagiochila
– Plagiochilaceae
Plagiochilaceae
Plagiochilion
– Plagiochilaceae
Plagiodontia
– Capromyidae
Plagiogeotropismus
Plagiolophus
– Palaeotheriidae
Plagionotus ↗
Plagiopatagium
– ☐ Fledertiere
– Flughaut
Plagiopus ↗
Plagiosauridae ↗
Plagiosaurus
– Plagiosauridae
– [M] Plagiosauridae
Plagiostomidae ↗
Plagiostomum
– Plagiostomidae
Plagiotheciaceae
Plagiothecium
– Plagiotheciaceae
plagiotrop
– Amphitonie
– ☐ Rüben
Plagiotropismus
– Epinastie
Plaisancium
– Pliozän
Plakina
– Plakinidae
Plakinidae
– Plakortis
Plakoden
Plakoderm
– Pyrrhophyceae
– [M] Zellwand
Plakodermen ↗
plakoid
Plakoidorgane
– Schuppen

Plakoidschuppen ↗
– Deckknochen
– Fische
– ☐ Schuppen
– [B] Wirbeltiere II
Plakortis
plan
– Knospenlage
Planachromat
– Mikroskop
↗ Achromat
Planapochromat
– Mikroskop
planare Stufe ↗
Planarien
– [B] Nervensystem I
– [B] Regeneration
– [B] Temperatur
Planariidae ↗
Planation
– [M] Progymnospermen
Planaxidae ↗
Planaxis
– Flachspindelschnecken
Planck, Max Karl Ernst Ludwig
– Freiheit und freier Wille
Plancksches Wirkungsquantum
– Elektronenmikroskop
Planctomyces
– [M] Eubakterien
Planctonemertes
Planctosphaera
– Planctosphaeroidea
Planctosphaeroidea
Planetensystem
– Erdgeschichte
– extraterrestrisches Leben
Planetesimalhypothese
– Katastrophentheorie
Planide
– ☐ Menschenrassen
Planidiumlarve
Planigale
– Beutelmäuse
Planipennia ↗
Plankter ↗
Plankton
– Algen
– [B] Algen II
– [B] Biologie II
– Biomassenpyramide
– ☐ Bruttophotosynthese
– Dinosaurier
– Meeresbiologie
– ☐ Nahrungspyramide
– Nekton
– Primärkonsumenten
– Pseudoplankton
– Tiefseefauna
– Watt
Planktonblüte
– [M] Plankton (Produktivität)
Plankton-Sammler
– ☐ Meeresbiologie (Fanggeräte)
Planktonten ↗
Planmäßigkeit
– Darwin, Ch.R.
– Evolution
Planobispora
– [M] Actinoplanaceae
Planobjektive
– Mikroskop
Planocera
Planoceridae
– Planocera
Planococcus
Planodasyidae
– [M] Gastrotricha
Planogameten
Planogyra
– [M] Grasschnecken
Planomonospora
– [M] Actinoplanaceae
Planorbarius ↗
Planorbidae ↗

Planorbis

Planorbis ↗
Planorboidea
– Flußmützenschnecken
Planosporen
– Sporen
Planozygote
– Zygote
Planstelle
Planta
– Afterfuß
Plantae
– Reich
Plantage
Plantaginaceae ↗
Plantaginales ↗
Plantago ↗
Plantigrada
Planula
– Coelomtheorien
– Frusteln
– [B] Hohltiere I
– [B] Hohltiere II
– Hydrozoa
– [M] Larven
Planulalarve
– Planula
Planula-Theorie
– Gastraea-Theorie
Planum rostrale
– Rüsselscheibe
Plaque
– Actinomycetaceae
– [B] Bakteriophagen II
– [M] Zahnkaries
plaque forming units
– [M] Plaque
Plaque-Test
Plasma ↗
Plasmabrücke
– [B] Algen I
Plasmaexpander
– Blutersatzflüssigkeit
Plasmafaktoren
Plasmafaserstoff
– Fibrin
Plasmafilamente ↗
Plasmagel
– Endoplasma
Plasmakinine
– Schmerz
Plasmalemma
– □ Apoplast
– Tonoplast
– □ Zelle (Schema)
– [B] Zelle
  ↗ Plasmamembran
Plasmalogene ↗
– □ Phospholipide
Plasmamembran
– □ Kompartimentierung
– [M] Leitenzyme
– □ Zelle (Schema)
– [B] Zelle
  ↗ Plasmalemma
Plasmaproteine
– Leber
**Plasma-Protransglut-
aminase**
– □ Blutgerinnung
  (Faktoren)
Plasmasol
– Endoplasma
Plasmaströmung
– □ Actomyosin
– Bewegung
– Chloroplasten-
  bewegungen
– Dinese
– Leben
– sliding-filament-Mechanis-
  mus
**Plasma-Thromboplastin-
Antecedent**
– □ Blutgerinnung
  (Faktoren)
**plasmatische Austrocknungs-
toleranz**
– Austrocknungsfähigkeit
plasmatische Resistenz
– Frostresistenz

– Hitzeresistenz
– Trockenresistenz
plasmatisches Wachstum
– Bios-Stoffe
– Wachstum
plasmatische Vererbung ↗
Plasmaviren
Plasmaviridae
– Bakteriophagen
– Mycoplasmaviren
– Plasmaviren
Plasmawachstum
– Bios-Stoffe
– Wachstum
Plasmazellen
– Agranulocyten
– Bindegewebe
– Entzündung
– Immunzellen
Plasmid-DNA
– Genregulation
– Gentechnologie
– Plasmide
Plasmide
– Ampicillin
– Bakterienchromosom
– Chemoresistenz
– Desoxyribonucleinsäuren
– Episomen
– Gen
– Heterogenote
– Inkompatibilität
– Insertionselemente
– Vektoren
Plasmidhypothese
– Endosymbionten-
  hypothese
Plasmin
– Serin
– Streptokinase
Plasminogen ↗
– Fibrinolyse
– [M] Globuline
plasmochrom
– [M] Farbe
Plasmocytom
– Plasmazellen
Plasmodesmen
– Geleitzellen
– Ionentransport
– Membran
– Mikrotubuli
– Pflanzenzelle
– Zellwand
Plasmodialtapetum
– Farnpflanzen
– Tapetum
Plasmodiokarpe
– Myxomycetidae
Plasmodiophora
– Plasmodiophoromycetes
Plasmodiophorea
– □ Pilze
Plasmodiophoromycetes
Plasmodiophoromycota
– Plasmodiophoromycetes
Plasmodium (Mykologie)
– amöboide Bewegung
– Protophyten
Plasmodium (Zoologie)
– Hypnozoit
– Lysosomen
– Sichelzellenanämie
Plasmogamie
– Amphimixis
– Befruchtung
– Chromosomogamie
– □ sexuelle Fortpflanzung
– Spermien
Plasmolyse
– Vries, H.M. de
– Wasserpotential
Plasmon
– Genom
Plasmopara
Plasmotomie
Plasmotyp ↗
Plasten
Plastiden
– Adenylattranslokator

– Antirrhinumtyp
– Chromatophoren
– Gen
– □ Kompartimentierung
– Membrantransport
– Pflanzenzelle
– Phosphattranslokator
– [M] Progenot
– [M] Scheitelzelle
– Translation
Plastiden-DNA ↗
– Chloroplasten
  ↗ Chloroplasten-DNA
Plastidenentmischung
– Plastidenvererbung
Plastidenstroma
– Plastiden
– Plastoplasma
Plastidenvererbung
Plastidom
Plastidotyp ↗
Plastiktüten
– Nitrosamine
Plastination ↗
plastisches Sehen
– räumliches Sehen
Plastizität
Plastochinon
– Thylakoidmembran
– □ Thylakoidmembran
Plastocyanin
– Thylakoidmembran
– □ Thylakoidmembran
Plastoglobuli
– [B] Chloroplasten
– Chromoplasten
– Herbstfärbung
Plastom
– Chloroplasten
– Gendosis
– Genom
– Plasmon
– □ Thylakoidmembran
Plastoplasma
– Kompartimentierungs-
  regel
Plastoponik
Plastoribosomen
– Mitoribosomen
– □ Ribosomen (Struktur)
Plastosol
Plastotypus
Plastron
– Bauchrippen
– Kiemen
Platacanthomyidae
– [M] Orientalis
– Stachelbilche
Platacanthomys
– [M] Orientalis
Platalea ↗
Platanaceae ↗
Platanaster
– [M] Seesterne
Platane ↗
– [B] Blatt III
– [B] Mediterranregion II
– [M] Platanengewächse
– Wurzelbrut
Platanenholz
– Platanengewächse
Platanista
– Flußdelphine
Platanistidae
– Flußdelphine
Platanistoidea ↗
Platanthera ↗
Platanus ↗
Plataspidae ↗
Platasterias
Platax ↗
Plate, L.
– Abstammung - Realität
– Autogenese
– Ektogenese
Platemys ↗
Platen
– Watt

Plateosaurus
– Zanclodon
Plateumaris ↗
Plathelminthes ↗
– Acoelomata
– Archicoelomatentheorie
– Gnathostomulida
– □ Tiere (Tierreich-
  stämme)
  ↗ Plattwürmer
Plathelminthomorpha
– Schwestergruppe
Platichthys ↗
Platismatia ↗
Platodes ↗
Platon
– Aristoteles
– Bioethik
– Denken
– Ethik in der Biologie
– idealistische Morphologie
– platonische Ideenlehre
– Archetypus
Plattbauch ↗
Plattbauchspinnen
Plättchenschlange ↗
Plattenauge
– Auge
– Ocellen
Plattendiffusionstest ↗
Plattenepithelcarcinome
– DNA-Tumorviren
Plattengefüge
– □ Gefügeformen
Plattengußverfahren ↗
Plattenhäuter ↗
– [M] Devon (Lebewelt)
  ↗ Placodermi
Plattenkiemer ↗
Plattentektonik
– Kontinentaldrifttheorie
Platterbse
– [B] Europa IX
– [B] Kulturpflanzen II
– [M] Ranken
– Schattenpflanzen
Platterbsen-Buchenwald
– Lathyro-Fagetum
Plattfische
Plattformen
– Präkambrium
Plattfüßer ↗
Plattkäfer
Plattmuscheln
– [B] Muscheln
Plattnägel
– Herrentiere
Plattschildkröten ↗
Plattschwänze ↗
Plattschwanzgecko
– [B] Afrika VIII
Plattwanzen
Plattwürmer
– [M] depressiform
– Darm
– Nervensystem
  ↗ Plathelminthes
Platy
– [B] Krebs
Platyasterida
– [M] Seesterne
platybasischer Schädel
Platybdella ↗
Platybelodon
Platycarya
– [M] Walnußgewächse
Platycephaloidei ↗
Platycercus
– [M] Papageien
Platycerium ↗
Platycerus ↗
Platycnemididae ↗
Platycodon
– Glockenblumengewächse
platycon
Platycopina
– [M] Muschelkrebse
Platyctenidea
Platycyamus
– Walläuse

Platydesmida
- □ Doppelfüßer

Platygaster
- Trophamnion

Platygasteridae
- protopod

Platygyra

Platykladium
- Sproßmetamorphosen

Platymantinae
- □ Ranidae

Platymantis

Platymonas
- Convoluta
- Zoochlorellen

Platynereis
- Lunarperiodizität

Platyparea

Platypeza
- Tummelfliegen

Platypezidae

Platypodidae

Platypoecilus
- B Krebs

Platyproctidae

Platypsyllus

Platypus (Insekt)
- Kernkäfer

Platypus (Kloakentier)
- Schnabeltiere

Platyrrhina

Platyrrhinus
- M Breitrüßler

Platysaurus
- Plateosaurus

Platysma

Platyspiza
- M Darwinfinken

Platysternidae

Platysternon
- Großkopfschildkröten
- M Orientalis

Platystoma
- Platystomidae

Platystomatidae
- Platystomidae

Platystomidae

Platyzoma

Platzgang
- □ Borkenkäfer

Platzhirsch
- Rothirsch

Platzhocker
- Nestflüchter

Platzminen
- □ Minen
- Minierfliegen

Platzwinker
- Raupenfliegen

Plautus

Plea
- Zwergrückenschwimmer

Plebejus
- B Schmetterlinge

Plecoglossidae

Plecoptera
- □ Insekten (Stammbaum)

Plecostomus

Plecotus

Plectambonites

Plectana
- Cosmocerca

Plectognathi
- Kugelfischverwandte

Plectomycetes

Plectonema
- □ Cyanobakterien (Abbildungen)
- Fragmentation

Plectridium
- Plektridien

Plectrohyla

Plectroninia

Plectronoceras
- □ Kambrium

Plectrophenax

Plectropterus

Plectrum
- Bockkäfer

Plectus

Plegadis

Plegiocidaris
- Lanzenseeigel

Pleidae

Pleiochasium
- Verzweigung

pleiocyclische Pflanzen

pleiomer

Pleiospilos

Pleiotropie
- Wirkungsmuster

Pleistophora
- Plistophora-Krankheit

Pleistozän
- □ Geochronologie
- Holozän
- M Holozän
- B Pferde, Evolution der Pferde II
- Pluvial

pleistozäne Böden

pleistozäne Eiszeiten
- Europa
- Pleistozän

Plektenchym
- Hyphen

plektonemische Aufwindung

Plektostele
- Bärlappartige
- Stelärtheorie
- □ Stele

Plektridien

Plenterhieb
- Plenterwald

Plenterwald
- Hochwald
- B Wald

pleodont

Pleodorina

Pleomer

Pleometrose
- soziale Insekten
- staatenbildende Insekten

pleomorph

Pleon
- Abdomen
- □ Decapoda
- □ Krebstiere

Pleopoden
- □ Decapoda
- □ Krebstiere

Pleospongea

Pleospora
- M Phoma
- M Wurzelbrand

Pleosporaceae

Pleosporales
- Pleosporaceae

Pleotelson

Plerocercoid

Plerocercus

Plerom
- Wurzel

Pleroma
- Megamorina

Plesiadapis
- M Herrentiere

Plesianthropus

Plesictis

Plesiococcus
- Weichwanzen

Plesiogale

Plesiomonas
- M Vibrionaceae

Plesiomorphie
- additive Typogenese
- Leserichtung
- Merkmal
- M numerische Taxonomie
- Vervollkommnungsregeln

Plesiopenaeus
- Natantia

Plesiopoda
- Labyrinthodontia

Plesiopora

Plesiosauria
- Plesiosaurier

Plesiosaurier
- B Dinosaurier
- Halisaurier
- Placodontia

Plesiosaurus

Plesiotypoid
- Plesiotypus

Plesiotypus

Plete

Plethodon
- Waldsalamander

Plethodontidae
- Südamerika

Plethodontinae
- □ Plethodontidae

Plethodontini
- □ Plethodontidae

Pletholax
- M Australien

Plethopneuston

Plethozone

Pleura (Botanik)

Pleura (Zoologie)

Pleuracanthodii

Pleuracanthus
- Xenacanthidae

Pleura costalis
- Rippenfell

Pleurahöhle
- Brust

Pleuralarm
- M Flugmuskeln

pleuraler Längsmuskel
- M Flugmuskeln

Pleuralfurche
- M Trilobiten

Pleuralganglien
- □ Muscheln
- Nervensystem
- □ Schnecken

Pleuralleiste

Pleuralnaht
- M Insektenflügel
- M Pleura

Pleuralregion
- Pleura

Pleuramnion
- Embryonalhüllen

Pleurapophysen
- Wirbel

Pleuridium

Pleurit
- M Insektenflügel
- Sklerite

Pleurobrachia

Pleurobranchidae
- Pleurobranchus

Pleurobranchien
- Decapoda

Pleurobranchus

Pleurocapsa
- Pleurocapsales

Pleurocapsaceae
- Pleurocapsales

Pleurocapsales

Pleurocentrum
- Rhachitomi

Pleurochloris
- Mischococcales

Pleurocladia
- Braunalgen

Pleurococcus
- Flechten
- Luftalgen
- Polarregion

Pleurodeles

Pleurodema

Pleurodictyum

Pleurodira

Pleurodiscidae
- M Orthurethra

Pleurodon
- M Stachelpilze

pleurodont
- Zähne

Pleurodonte

Pleurointestinalkonnektive
- Geradnervige

pleurokarp

Pleuromeia
- Brachsenkrautartige
- Pleuromeiales
- M Pleuromeiales

Pleuromeiaceae
- Pleuromeiales

Pleuromeiales

Pleuron
- Pleura

Pleuronectes
- Schollen

Pleuronectidae

Pleuronectiformes

Pleuronectinae
- Schollen

pleuroplast

pleuropneumonia-like-organisms
- Mycoplasmen

Pleuropneumonie
- Lungenseuche
- M Mycoplasmen

Pleuropugnoides
- M Rhynchonellida

Pleurosaurus
- Schnabelköpfe

Pleurosigma

Pleurospermum

Pleuro-Sternalmuskeln
- Flugmuskeln
- M Flugmuskeln

Pleurostigmophora

Pleurotaenium

Pleurotergite
- □ Gliederfüßer

Pleurotomaria
- □ Kambrium

Pleurotomariidae
- Bürstenzüngler
- Schlitzkreiselschnecken

Pleurotomarioidea

Pleurotremata

Pleurotus
- M Weißfäule

Pleuroviszeralganglion
- B Atmungsorgane II

Pleuroviszeralkonnektive
- Chiastoneurie

Pleurozentrum
- Wirbel

Pleurozium

Pleurum

Pleustal
- □ See
- Stratifikation

Pleuston

Plexiglas
- Präparationstechniken

plexodont

Plexus

Plexus cervicalis
- Halsnervengeflecht

Plexus chorioideus
- Blut-Hirn-Schranke
- □ Gehirn
- Rautenhirn
- verlängertes Mark

Plexus lymphaticus
- Geflecht

Plexus myentericus
- M Darm
- Geflecht

Plexus pampiniformis
- Samenstrang

Plexus submucosus
- M Darm
- Geflecht

Plica

Plica analis
- Insektenflügel

Plicacetin
- Amicetine

Plicae synoviales
- Gelenk

Plicae vocales
- Kehlkopf

Plica jugalis
- Insektenflügel

Plica marginalis fetalis
- Epikanthus

Plicaria

Plicaria
Plica semilunaris
– Nickhaut
Plicatula
– Plicatulidae
Plicatulidae
Plicatuloidea
– Faltenmuscheln
Plica vannalis
– Insektenflügel
Plica ventralis
– Epiglottis
plicident
Plicidentin
Pliensbachium
– M Jura
plikat
– Knospenlage
Plinius, G.P.S.
– B Biologie I
– Einhorn
– Kräuterbücher
– Seeigel
– Zoologie
Pliohippus
– M Pferde
Pliohyrax
– ☐ Tertiär
Pliomera
– M Trilobiten
Pliopithecus
– Lartet, É.
– ☐ Tertiär
Pliozän
– Neogen
– B Pferde, Evolution der Pferde II
– ☐ Pleistozän
Plistophora-Krankheit
Plitvicer Seen (Jugoslawien)
– B National- und Naturparke II
Plocamium ↗
Ploceidae ↗
Plodia
– Dörrobstmotte
– Zünsler
Ploesoma
– M Rädertiere
Ploidiegrad ↗
Ploima
– Cephalodella
– M Rädertiere
Plotonemertes ↗
Plotosidae ↗
Plötze ↗
– B Fische XI
– Laichwanderungen
Plötzenschnecke ↗
– Federkiemenschnecken
PLP
– Pyridoxalphosphat
PLT ↗
Plumae
– Plumulae
Plumaria ↗
Plumatella
Plumatellidae
– Plumatella
Plumbagin
– Naphthochinone
Plumbaginaceae ↗
Plumbaginales ↗
Plumbago ↗
Plumbeutler ↗
Plumplori
– M Loris
Plumula
– ☐ Samen
Plumulae ↗
Plumulahaken
– Keimung
Plumularia
– Plumulariidae
Plumulariidae
Pluralismus
– Bioethik
plurienne Pflanzen ↗
– ☐ botanische Zeichen

pluripotent
– Pluripotenz
Pluripotenz
plurivakuolär
– Fettzellen
plurivoltin ↗
Plusbaum
Plusbaumanalyse
– Plusbaum
Plusiinae ↗
Plus-Strang-RNA
– RNA-Replikase
– RNA-Viren
Pluteaceae
– Dachpilzartige Pilze
Plutella
– Plutellidae
Plutellidae
Pluteus (Mykologie) ↗
Pluteus (Zoologie) ↗
– B Larven I
– B Stachelhäuter II
Pluvial
– Äthiopis
Pluvialis ↗
Pluvialzeit
– Pluvial
Pluvianus ↗
Plymouth-Rock-Huhn
– B Haushuhn-Rassen
PMA
– Antitranspirantien
PMF
– protonenmotorische Kraft
PML
– Polyomaviren
PMP ↗
– Pyridoxaminphosphat
Pneu
– Pneumothorax
Pneuma
– Geist - Leben und Geist
– Vitalismus - Mechanismus
Pneumathoden
Pneumatikerfi ↗
pneumatische Knochen
pneumatische Wanne
– Priestley, J.
Pneumatisierung
– pneumatische Knochen
Pneumatophor (Botanik) ↗
Pneumatophor (Zoologie) ↗
– Schwimmen
Pneumatophora ↗
Pneumatophorus ↗
Pneumocystis
– Haplosporida
– Immundefektsyndrom
– Pneumocystose
Pneumocystose
Pneumoderma
Pneumodermatidae
– Pneumoderma
Pneumogaster ↗
Pneumokokken ↗
– Transformation
– M Transformation
Pneumonia cóntagiosa
– Brustseuche
Pneumonie
– Enterobacter
  ↗ Lungenentzündung
Pneumonyssus
– Gamasidose
– Lungenmilbe
Pneumostom
– Lungenschnecken
Pneumothorax
Pneumovirus ↗
Pneusteronten
– Kiemendarm
Pnyxia
– Sciophilidae
Poa ↗
Poaceae ↗
Poales ↗
Pochkäfer ↗
Pocillophora
– Hapalocarcinidae
Pocken
– M bakteriologische Kampfstoffe

– Infektionskrankheiten
– M Inkubationszeit
– Rhazes
Pockenkrankheit ↗
Pockenläuse ↗
Pockenschutzimpfung
– Hufeland, Ch.W.
– Jenner, E.
Pockenseuche
Pockenviren
– DNA-Viren
– Viren
– ☐ Viren (Virion-Morphologie)
– B Viren
– Virushülle
– ☐ Virusinfektion (Genexpression)
– ☐ Viruskrankheiten
Pockholz ↗
Podagra
– Gicht
Podagrica
– Erdflöhe
Podalonia ↗
Podarcis
– Mauereidechse
Podargidae ↗
Podarium ↗
Podas Waldschabe
– M Waldschaben
Podetium
Podiceps
– Lappentaucher
Podicipedidae
– Lappentaucher
Podicipediformes ↗
Podium
– Fuß
Podobranchien
– Decapoda
Podocarpaceae
Podocarpinsäure
– M Resinosäuren
Podocarpus
– Podocarpaceae
– M Podocarpaceae
Podoceridae
Podocerus
– Podoceridae
Podocnemis ↗
Podocopida
– M Muschelkrebse
Podocoryne ↗
Podocysten
– Myzostomida
Podocyte
– M Coelomflüssigkeit
– Exkretionsorgane
– B Niere
Podon
– Polyphemidae
– M Wasserflöhe
Podophora
– Griffelseeigel
Podophthalmus
– Schwimmkrabben
Podophyllin
– Podophyllotoxin
Podophyllinderivate
– Cytostatika
Podophyllotoxin
Podophyllum
– Cytostatika
– Podophyllotoxin
Podosphaera
Podospora
– ☐ Dungpilze
Podostemaceae
Podostemales
Podostemonales
– Podostemales
Podoviridae ↗
– Mycoplasmaviren
– B Viren
Podsol
– Bändchenpodsol
– Bodenbewertung
– Bodenfarbe

– Bodenverdichtung
– B Bodenzonen Europas
– Brunizem
– C/P-Verhältnis
– M Humus
– Ranker
– zonale Böden
Podura
– Poduridae
– ☐ Springschwänze
Poduridae
Poecilasmatidae
– M Rankenfüßer
Poeciliidae ↗
– Hybridogenese
Poecillastra
Poecilobdella
– ☐ Hirudinidae
Poecilobrycon ↗
Poecilocampa
– M Glucken
Poecilochaetidae
Poecilochaetus
– Poecilochaetidae
Poecilochiridae
– Parasitiformes
Poecilochirus ↗
– Totengräber
Poecilopachys
– M Spinnennetz
Poecilosclerida
– Anchinoidae
Poecilostoma
– M Copepoda
Poecilus
– Laufkäfer
Poelagus
– M Hasenartige
– Kaninchen
Poeppig, E.
– Zoologie
Poggendorfsche Täuschung
– ☐ optische Täuschung
Pogonatum ↗
Pogonias ↗
Pogonomyrmex ↗
Pogonophora
– ☐ schwefeloxidierende Bakterien
– Lamellisabella
– Pentacoela
– Tiefseefauna
– ☐ Tiere (Tierreichstämme)
Pogostemon ↗
Pohl, Johann Emanuel
– Pohlia
Pohlia ↗
Poiana
poikilohydre Pflanzen ↗
– Braunwurzgewächse
– Trockenresistenz
– Wasserhaushalt
poikiloosmotisch ↗
– Osmoregulation
– Wasserhaushalt
poikilotherm
– Poikilothermie
Poikilothermie
– Bergmann, C.
– M Isoenzyme
– Körpergröße
– ☐ pH-Wert
– Stoffwechselintensität
– Temperaturanpassung
– Temperaturregulation
– Temperatursinn
Poinciana
– B Afrika VIII
Pointer
– ☐ Hunde (Hunderassen)
– B Hunderassen I
Poion alpinae ↗
Poiretia
– Raubschnecken
Pojana
– Linsangs
Pökeln
– Denitrifikation

Polydesoxynucleotide

pol
- □ RNA-Tumorviren (Genomstruktur)

Pol
- Polarität

polar-diblastisch

polare Bindung
- chemische Bindung

polare Moleküle
- amphipathisch
- hydrophil

Polarfuchs ↗
- Europa
- Polarregion

Polargebiet
↗ Polarregion

Polargrenze

Polarimeter
- Saccharimetrie

Polarimetrie ↗

Polarisation
- optische Aktivität

Polarisationsebene
- Auge

Polarisationsmikroskopie

Polarisationssehen

Polarisator
- □ Mikroskop (Aufbau)
- Polarisationsmikroskopie

polarisiertes Licht
- Bienensprache
- Kompaßorientierung
- Polarisationssehen

Polarität
- anthropisches Prinzip
- [B] Desoxyribonucleinsäuren I
- epigenetische Information
- Golgi-Apparat
- Wasser

Polarkoordinatenmodell ↗
- Bruchdreifachbildungen

Polarkreis
- Klima
- Polarregion

Polarmöwe
- Möwen
- [B] Polarregion I
- [B] Signal

Polarotropismus
- Phototropismus

Polarregion
- [B] Vegetationszonen
- ↗ Antarktis
- ↗ Arktis

"Polarstern"
- [M] Polarregion

Polarwolf
- [B] Polarregion II
- [M] Wolf

Polarzonen
- Klima
- ↗ Polarregion

Polderböden ↗
- Marschböden

Polei-Rosmarinheide
- Rosmarinheide

Polemoniaceae

Polemoniales

Polemonium ↗

Polenta
- Mais

Polfäden
- [M] Cnidosporidia

Polfasern
- Spindelapparat

Polfeld
- [M] Rippenquallen

Polfluchtkräfte
- Kontinentaldrifttheorie

Polgrana

Poli, Giuseppe Saverio
- Polische Blasen

Polianthes ↗

Polierschiefer
- Diatomeenerde

Polinices

Polioencephalitis
- Poliomyelitis

Poliomyelitis
- aktive Immunisierung
- attenuierte Viren
- Enders, J.F.
- Hepatitis
- [M] Picornaviren
- Robbins, F.Ch.
- □ Virusinfektion (Wege)

Poliomyelitisviren
- [M] Abwasser
- Picornaviren
- Weller, Th.H.

Polioviren

Polipelidum
- [M] Hitzeresistenz

Polische Blasen
- Sipunculida
- [B] Stachelhäuter I
- [M] Xyloplax

Polistes ↗
- staatenbildende Insekten

Polistotrema ↗

Poljen
- Karst

Polkappen

Polkapsel
- Polfäden

Polkerne ↗

Polkörper ↗
- □ Eizelle
- Volutin
- ↗ Richtungskörper

Pollaccia
- [M] Venturia

Pollachius ↗

Pollack
- [B] Fische II

pollakanthe Pflanzen

Pollappen

Pollen
- Akkrustierung
- Allergie
- Anemogamie
- Bedecktsamer
- Bestäuber
- Bestäubung
- Blütenduft
- Blütennahrung
- Entomogamie
- Erklärung in der Biologie
- Honig
- □ Inkompatibilität
- [B] Käferblütigkeit
- Palynologie
- Pollenanalyse
- Samenanlage
- □ staatenbildende Insekten

Pollenallergie
- Allergie

Pollenanalyse
- Moor

Pollenbesen
- □ Käferblütigkeit
- ↗ Pollensammelapparate

Pollenblumen
- Blütennahrung

Pollenbürste ↗

Pollendiagramm
- Palynologie
- Pollenanalyse

Pollenhöschen ↗

Pollenia
- Fleischfliegen

Pollenine ↗

Pollenkamm

Pollenkeimung ↗
- □ Pollen

Pollenkitt
- Entomogamie

Pollenkörner
- Blüte
- [B] Nacktsamer
- Narbe
- Pollen

Pollenmale ↗

Pollenmutterzelle ↗
- Blüte

Pollensack ↗
- [B] Blüte

- Faserschicht
- Kohäsionsmechanismen
- [B] Nacktsamer
- Sporangien
- [M] Staubblatt

Pollensammelapparate
- Entomogamie

Pollenschieber ↗

Pollenschlauch
- [B] Bedecktsamer I
- [M] Befruchtung (Angiospermen)
- Blüte
- Certation
- Intine
- [B] Nacktsamer
- Naegeli, C.W. von
- □ Pollen
- Samenanlage
- Siphonogamie
- □ Tropismus

Pollenschlauchbefruchtung
- Pollen
- Siphonogamie

Pollenschlauchwachstum
- Aporogamie
- Chalazogamie
- [M] Inkompatibilität
- Pollen

Pollenschlauchzelle
- Bedecktsamer

Pollenstäube
- Luftverschmutzung

Pollentäuschblumen

Pollentetrade
- [B] Nacktsamer

Pollex ↗

Pollicipes
- [M] Rankenfüßer

Pollinarium ↗
- Orchideen

Pollination ↗

Pollinium ↗
- Orchideen
- [M] Parfümblumen

Pollution

Polo, Marco
- Pamirschaf

Polocyten ↗

Polplasma

Polstermilbe

Polstermoore

Polsterpflanzen
- Binsengewächse

Polsterseggenrasen ↗

Polsterwuchs
- Polsterpflanzen

Polstrahlen ↗

Polyacetylene
- [M] Phytoalexine

Poly-N-Acetyl-D-Galactosamin-uronsäure
- Vi-Antigen

Polyacrylamidgel
- Cross-link
- [M] Elektrophorese

polyadelphisch
- Adelphien

Polyaden
- Pollen

Polyadenylierung
- Prozessierung

poly-Adenylsäure
- Homopolynucleotide

Polyaminosäuren

Polyandrie ↗
- Blatthühnchen
- [M] Blüte (Dédoublement)
- [M] Polyspermie

Polyangiaceae

Polyangium
- Polyangiaceae
- [M] Polyangiaceae

Polyanion
- Anion
- Desoxyribonucleinsäuren

Polyantha-Rosen
- Rose
- [B] Selektion II

poly(A)-Polymerase ↗

polyarch ↗
- Wurzel

poly(A⁺)-RNA ↗

Polyartemiidae
- [M] Anostraca

Polyarthra
- [M] Rädertiere

Polyarthritis rheumatica acuta
- Rheumatismus

Poly-A-Sequenz
- □ Prozessierung

Polyäthylen
- Abfallverwertung
- Kohlenwasserstoffe

Polyäthylenglykol
- Zellfusion

Polybius
- Schwimmkrabben

Polyborus ↗

Polybothrus
- [M] Hundertfüßer

Polybrachia ↗

polybunodont
- bunodont

Polybuny Theory
- Multituberculartheorie

Polycarpicae ↗

Polycelis
- [B] Temperatur

Polycephalus ↗

Polycera ↗

Polycercus

Polyceridae
- Hörnchenschnecken

Polychaeta
- Atmungsorgane
- Atmungsregulation
- Cephalisation
- Disomidae
- Gehirn
- Glyceridae
- □ Ringelwürmer

Polycheles
- [M] Polychelidae

Polychelidae

polychlorierte Biphenyle
- □ Chlorkohlenwasserstoffe
- □ MAK-Wert

Polychorie
- Samenverbreitung

polychromatophile Erythrocyten
- Reticulocyten

Polychrosis
- Traubenwickler

Polycirrus

polycistronisch
- Transkription
- Translation

Polycladida
- Archoophora
- Strudelwürmer

Polycnemum ↗

Polycrossmethode

Polyctenidae
- Ctenidien

polycyclische Kohlenwasserstoffe
- cancerogen
- [M] Krebs (Krebserzeuger)
- Räuchern

polycyclische Pflanzen ↗

Polycyclus
- Parmulariaceae

Polycystidae

Polycythaemia
- Blutsenkung
- Blutvolumen

polycytogene Fortpflanzung

Polydactylus ↗

Polydaktylie
- Patau-Syndrom

Polydelphis
- [M] Spulwurm

Polydesmidae ↗

Polydesmus
- Bandfüßer

Polydesoxynucleotide ↗

Polydiexodina

Polydiexodina
- Cuniculi

polydispers
- Dispersion

Polydolopidae
- Polarregion

Polydora

Polydrosus
- Grünrüßler
- Rüsselkäfer

Polyeder
- Symmetrie

Polyeder-Einschlußkörper
- Cytoplasmapolyeder-Viren

Polyedergefüge
- ☐ Gefügeformen

Polyederkrankheit
- Nonne

Polyembryonie (Botanik)
- Nadelhölzer

Polyembryonie (Zoologie)

Polyenantibiotika

Polyene

polyenergide Zelle
- Syncytium
- Ⓜ Zellkern

Polyenergidie
- Einzeller

Polyergus
- Ameisen
- Schuppenameisen

Polyethismus

Polyfructosane
- Fructane

Polygala
- Kreuzblumengewächse

Polygalaceae

Polygalacturonase
- ☐ Enzyme (Technische Verwendung)

Polygalacturonsäuren
- Pektinsäuren

Polygalales

Polygalasäure
- Kreuzblumengewächse

Polygamie (Botanik)

Polygamie (Zoologie)
- Ammern
- Mutter-Kind-Bindung
- Prachtkleid
- Sexualdimorphismus

Polygene

polygenes Merkmal

Polygenie
- Genexpression
- ☐ Kreuzungszüchtung
- Phän

Polyglazialismus
- Pleistozän

Polyglobulie
- Blutvolumen

Polygonaceae

Polygonales

Polygonatum

Polygonboden

Polygonia

Polygono-Chenopodietalia
- Aperetalia spicae-venti

Polygono-Poëtea annuae
- Agropyro-Rumicion crispi
- Trittpflanzen

Polygonum

Polygordiidae

Polygordius
- Polygordiidae

Polygynie
- Ameisen
- Rote Waldameisen

Polygyratia

Polygyridae
- Polygyroidea

Polygyroidea

Polyhaplodiie

Polyhedrin
- Baculoviren

polyhybrid
- Mendelsche Regeln

Poly-β-hydroxybuttersäure
- Zoogloea

Polyideaceae

Polyides
- Polyideaceae

polykarp

polykarpisch

Polykation
- Kation

Polyketid
- Ⓜ Flavonoide

Polyklon

polyklonale Antikörper
- monoklonale Antikörper

Polykondensation
- Biopolymere

Polykorm

Polykormon
- Polykorm

Polykotyledonie

Polykrikos

polylecithale Eier

Polymastia
- Polymastiidae

Polymastigina
- ☐ Einzeller

Polymastiidae

polymer
- Polymere

Polymerasen
- Ⓑ Genregulation
- Symmetrie

Polymere

Polymergene

Polymerie

Polymerisation
- Biopolymere

Polymetabola

Polymetamorphose

polymiktisch
- Ⓜ Plankton (Zusammensetzung)

Polymita

Polymitarcidae

Polymitarcis
- Uferaas

Polymitose

Polymixiidae
- Schleimkopfartige Fische

Polymixioidei

Polymnia

Polymorpha
- Widderchen

Polymorphie
- Polymorphismus

Polymorphismus
- Haptoglobine
- Ⓜ Synonyme

"Polymorphismus"-Hormon
- ☐ Insektenhormone

polymorphkernige Leukocyten

Polymorphus

Polymyces
- Leuchtpilze

Polymyxa
- Ⓜ Wurzelfäulen

Polymyxine
- Bakterienmembran

Polynecta

Polynemidae
- Fadenfische

Polynemoidei

Polynephria

Polyneside

Polynesische Subregion
- ☐ tiergeographische Regionen
- Paläotropis

Polyneuritis diphtherica
- Diphtherie

Polynoidae

Polynucleotide
- Ⓑ chemische und präbiologische Evolution
- Ⓜ organisch
- Symmetrie

Polynucleotid-Phosphorylase
- Ochoa, S.

Polyodontidae

Polyole
- ☐ Alkohole

Polyomaviren
- ☐ Viren (Aufnahmen)

Polyomavirus
- Polyomaviren

Polyommatinae
- Bläulinge

Polyonyx
- Porzellankrabben

Polyophthalmus

Polyopisthocotylea
- Oncomiracidium

Polyoxine

Polyp
- Cephalisation
- Coelomtheorien

Polypare
- Dissepimentarium

Polypenfloh
- Wasserflöhe

Polypenlaus

Polypeptid-Domänen
- Membran

Polypeptide
- Ⓑ chemische und präbiologische Evolution
- Ⓑ Ein-Gen-ein-Enzym-Hypothese
- Peptide
- Proteine

Polypeptidkette
- ☐ Peptidbindung
- ☐ Ribosomen (Untereinheiten)
- Symmetrie
- Ⓑ Transkription - Translation

polyphag
- Nahrungsspezialisten
- Omnivoren

Polyphaga

Polyphagus

Polyphalloplana

Polyphänie

Polyphänismus
- Ⓜ Synonyme

Polyphemidae
- Ⓜ Wasserflöhe

Polyphemus
- Polyphemidae
- Ⓜ Polyphemidae

Polyphenoloxidasen
- Weißfäule

Polyphosphat
- ☐ Bakterien (Reservestoffe)
- ☐ Cyanobakterien (Abbildungen)

polyphotische Region

polyphyletisch

Polyphylla

Polyphyllie

polyphyodont
- Zahnwechsel

Polyphysia

Polypid
- Ascus

Polypilus
- Büschelporlinge
- Eichhase
- Grifola

Polyplacophora

Polyplectron
- Pfaufasanen

polyploid
- Polyploidie

Polyploidie
- Artbildung
- Chrysanthemumtyp
- Einzeller
- Euploidie
- Heterozygotie
- Kern-Plasma-Relation
- Mitosefigte

Polyploidiegrad

Polyploidiezüchtung
- Polyploidie

Polyploidisierung
- Chromosomen

- Euploidie
- Evolution
- Gattungsbastarde
- Gigaswuchs
- Herbstzeitlose
- Kulturpflanzen

polypod
- oligopod

Polypodiaceae

Polypodium (Botanik)
- ☐ Kohäsionsmechanismen

Polypodium (Zoologie)

Polyporaceae

Polyporales

Polyporinsäure
- Ⓜ Benzochinone

Polyporus

Polyposthiidae
- Ⓜ Polycladida

Polyprenole
- Polyprenolzyklus

Polyprenolzyklus

Polyprion

Polyprolinhelix
- Kollagen

Polypteri

Polypteridae
- ☐ Wirbeltiere

Polypteriformes

Polypterus
- platybasischer Schädel
- Flösselhechte
- ☐ Spermien

Polyribonucleotide

Polyribosomen
- Ⓑ Transkription - Translation
- Ⓑ Zelle

Polysaccharide
- Amylasen
- ☐ Calvin-Zyklus (Abb. 2)
- Glucose
- Glykoside
- Kohlenhydratstoffwechsel
- Leben
- Leloir, L.F.
- Nucleosiddiphosphat-Zucker
- Ⓜ organisch
- Photosynthese
- Ⓑ Stoffwechsel

polysaprob
- Saprobiensystem
- ☐ Saprobiensystem

Polysaprobionten

Polysarcus

Polysiphonia
- Ceramiales

Polysomatie

Polysomen

Polysomie

Polyspermie
- Befruchtungsmembran

Polyspermieblock
- Ⓜ Polyspermie

Polystele
- Protoxylem
- Stelärtheorie
- ☐ Stele

Polystichum

Polystictus
- Lignin

Polystigma
- Fleischfleckenkrankheit

Polystilifera

Polystoma

Polystomella

Polystomum
- Alternativzyklen
- Ⓜ Monogenea
- Polystoma

Polystyliphora
- Polystyliphoridae
- Ⓜ Polystyliphoridae

Polystyliphoridae

Polystyrol
- Ⓜ Abfallverwertung
- Kohlenwasserstoffe
- Präparationstechniken

Portwein

Polysymbiosen
polysynaptischer Reflex
– Reflex
polyT
– Polynucleotide
Polytänchromosomen ↗
Polytänie
Polyterpene
– ☐ Isoprenoide (Biosynthese)
– ☐ Terpene (Klassifizierung)
polythalam
Polytheismus
– Anthropomorphismus - Anthropozentrismus
Polythrincium
– ☐ Mycosphaerellaceae
Polytoma ↗
polytop
– Monotop
polytrich
Polytrichaceae
Polytrichales
– Polytrichaceae
Polytrichidae
Polytrichum ↗
Polytrocha
– Archiannelida
polytroph-meroistische Ovariole
– Oogenese
– Ovariolen
polytypische Arten ↗
– Polymorphismus
– Rasse
– Rassenkreis
polyU
– Polynucleotide
– Polyuridylsäure
Polyuridylsäure
Polyuronsäure
– Torfmoose
Polyvinylpyrrolidon
– Ⓜ Zellaufschluß
polyvoltin
Polyxenida
– Pinselfüßer
Polyxenus ↗
polyzentrisch
Polyzoa ↗
Polyzoniidae ↗
Polyzonium
– Saugfüßer
Polzellen
– Weismann, A.F.L.
Pomacanthus ↗
Pomacea ↗
Pomacentridae ↗
Pomacentrus
– Riffbarsche
Pomadasyidae ↗
Pomatias
– Cyclostoma
Pomatiasidae
– Kreismundschnecke
Pomatiopsidae
– Oncomelania
Pomatoceros
Pomatocheles
– Einsiedlerkrebse
Pomatochelidae ↗
Pomatomidae ↗
Pomatomus
– Blaubarsche
Pomatoschistus ↗
– Grundeln
Pombe
– Schizosaccharomyces
POMC
– Neuropeptide
– ☐ Neuropeptide
Pomeranze
– Neroliöl
Pomeranzenöl ↗
Pomolobus ↗
Pomologie
Pomoxis ↗
Pompeji
– Mumienpseudomorphosen

Pompe-Krankheit
– Ⓜ Enzymopathien
Pomphorhynchus ↗
Pompilidae ↗
Pompilus
– Wegwespen
Pomponia
– Singzikaden
Pondaungia
Ponderosa-Kiefer
– Ⓜ Kiefer (Pflanze)
– Ⓑ Nordamerika II
ponderostatische Hypothese
– Hunger
Ponera
– Stechameisen
Poneridae ↗
Pongidae
– ☐ Präbrachiatorenhypothese
– ☐ Stammbaum
Pongiden
– Australopithecinen
Pongidenhypothese
– Paläanthropologie
Pongo ↗
Ponnamperuma, Cyril
– extraterrestrisches Leben
Ponoren
– Karst
Pons
Pons protocerebralis
– Protocerebralbrücke
Pons varolii
– Brücke
Pontedera, Giulio
– Pontederiaceae
Pontederia
– Pontederiaceae
Pontederiaceae
Pontia ↗
Pontiac-Fieber
– Legionellaceae
pontische Faunen- und Florenelemente
pontische Region
– pontische Faunen- und Florenelemente
pontisches Becken
– Tethys
pontisch-südsibirische Region
Pontobdella ↗
Pontocypris
– Muschelkrebse
– Ⓜ Muschelkrebse
Pontodrilus
– Ⓜ Megascolecidae
Pontoscolex
Pontosphaera ↗
Pony
Pooideae
Pool
Popper, Karl
– Abstammung - Realität
– Deduktion und Induktion
– Geist - Leben und Geist
– Wissenschaftstheorie
Population
– Agamospezies
– biologische Evolution
– Darwinismus
– Evolutionseinheit
– Rasse
Populationsbiologie ↗
– Soziobiologie
– Zoologie
↗ Demökologie
Populationsdichte
– Emigration
– Lotka-Volterra-Gleichungen
– Massenvermehrung
– Ⓜ Massenvermehrung
– Massenwechsel
– Tundra
– Wanderheuschrecken
Populationsdynamik
– Abstammung - Realität
– Bioethik

– Chaos-Theorie
Populationsgenetik
– Adaptationswert
– Anthropologie
– Humangenetik
Populationsgleichgewicht
Populationsgrenzen
Populationsgröße
– ☐ Darwinismus
– Dichteregulation
– Evolutionsrate
– Wissenschaftstheorie
Populationsmethode
– ☐ Kreuzungszüchtung
Populationsökologie ↗
Populationsschwankungen ↗
Populationsstruktur
– Populationsdynamik
Populationswachstum
– Massenwechsel
– Selektion
Populationswelle ↗
Populationszyklen
Populus ↗
P/O-Quotient ↗
– Atmungskette
Poramboniten
– Brachiophoren
Porcellana
– Porzellankrabben
Porcellanaster
– ☐ Seesterne
Porcellanea
– imperforate Foraminiferen
Porcellanidae ↗
Porcellanopagurus
– Einsiedlerkrebse
– Porzellankrebs
Porcellio ↗
– Asseln
Porcellionidae
– ☐ Landasseln
Porcellium
– ☐ Landasseln
Porcupine
– Urson
Porcupineholz
– Stachelschweinholz
Porella
– Porellaceae
Porellaceae
Poren
– Ⓜ Hyphen
– Membranporen
– Porenvolumen
– Porung
– Ⓜ Porung
– Schwämme
– Ⓑ Schwämme
– ☐ Sensillen
– Spaltöffnungen
↗ Bodenporen
↗ Schweißporen
Porenkapsel
Porenorgane
– Kamptozoa
Porenplatte ↗
Porenschwämme
– Poria
Porentierchen ↗
Porenvolumen
– Bodenverdichtung
– Tonböden
Porenzelle
– Ⓑ Schwämme
Poria
Poriaceae ↗
– Cortex
Poriales
Porichthys ↗
Porifera ↗
– ☐ Tiere (Tierreichstämme)
↗ Schwämme
Porin
– Bakterienzellwand
– ☐ Mitochondrien (Aufbau)

– Plastiden
Porites
Porlier de Baxamar, Antón
– Porlieria
Porlieria ↗
Porlinge
Porocephalida
– Ⓜ Pentastomiden
Porocephalus
Porocyten
– Ⓜ Schwämme (Zelltypen)
Porogamie
Porolepiformes
– Eutetrapoda
Porolepis
– Porolepiformes
Poromya
Poromyidae ↗
– Poromya
Porospora ↗
Porosporae
– Alternaria
– ☐ Moniliales
Porphin
– Ⓜ Porphyrine
Porphobilinogen
Porphyopsin
– Sehfarbstoffe
Porphyra ↗
– Meereswirtschaft
Porphyrellus ↗
Porphyria cutanea tarda
– ☐ Porphyrine
Porphyria erythropoietica
– ☐ Porphyrine
Porphyria hepatica
– ☐ Porphyrine
Porphyridiales
Porphyridium
– Porphyridiales
Porphyrie ↗
Porphyrine
– δ-Aminolävulinsäure
– Fluoreszenzmikroskopie
– ☐ Harn (des Menschen)
Porphyrinringsystem
– Atmungspigmente
– Bakteriochlorophylle
– Ⓑ Photosynthese I
Porphyrinurie
Porphyrio ↗
Porphyrröhrlinge ↗
Porphyrsalamander
Porphyrula ↗
Porpita ↗
Porree ↗
– Ⓑ Kulturpflanzen IV
Porrhomma ↗
Porst
Porstcampher
– Ⓜ Porst
Portalgefäße
– Leber
Porter, G.
Porter, R.R.
– Ⓜ Immunglobuline
Porthesia ↗
Portio vaginalis
– Gebärmutter
Portlandia
– Ⓑ Muscheln
Portmann, A.
– Geist - Leben und Geist
– Gestalt
– Gestaltlehre
– Sexualität - anthropologisch
Portugiesische Galeere
– Anecta
Portulaca
– Portulakgewächse
Portulacaceae ↗
Portulak
– Portulakgewächse
Portulakgewächse
Portunidae ↗
Portunus
– Schwimmkrabben
Portwein
– Wein

Porung

Porung
Porus branchialis
– Atemloch
Porus genitalis
– Gonoporus
Porzana
Porzellanblume
– Wachsblume
Porzellankrabben
Porzellankrebs
Porzellanschicht
– Nautilus
Porzellanschnecken
Porzellanspinner
Poseidonmuschel
– Posidonia
Posidonia
– Posidoniaceae
– Posidonienschiefer
Posidoniaceae
Posidonienschiefer
Posidonomya
– Posidonia
positional information
– Positionsinformation
positional value
– Positionswert
Positionseffekt
Positionsinformation
– Prepattern
Positionskontrolle
– Krebs
Positionswert
– Kontinuitätsprinzip
– Zifferblattmodell
positive Verstärkung
positive Genregulation
– Arabinose-Operon
– Genregulation
positive Kontrolle
– differentielle Gen-
expression
positive Phototaxis
– ☐ Euglenophyceae
– Phototaxis
**positiver allosterischer
Effekt**
– Allosterie
positiver Supertwist
– supercoil
positive Rückkopplung
– Menstruationszyklus
– B Menstruationszyklus
positiv inotrope Wirkung
– Herzglykoside
Positivismus
– Milieutheorie
Positron
– Radioaktivität
Post, L. von
– Palynologie
– Pollenanalyse
Postabdomen
Postadaptation
Postalbumine
– ☐ Serumproteine
Postament
– Brennfleckenkrankheit
Postantennalorgan
– Feuchterezeptor
Postcaninen
– Ictidosauria
Postcanini anteriores
– Therapsida
Postcanini posteriores
– Therapsida
Postcleithrum
– Schultergürtel
Postclipeus
Postclypeus
– Postclipeus
Postcoxalbrücke
– Pleura
Postcubitus
Postelsia
postembryonale Entwicklung
– Anamerie
– M Entwicklung
Postformationstheorie

Postfrontale
Postgena
– ☐ Insekten (Kopfgrundtyp)
Postgenalbrücke
– Postgena
postgenital
– Synantherie
Postglazial
– Nacheiszeit
– ☐ Pleistozän
Posthörnchen (Kopffüßer)
– B Kopffüßer
– Tellerschnecken
Posthörnchen (Schmetterling)
Posthörnchenwurm
– Spirorbis
Posthornschnecke
– M p₅₀-Wert
Posthornwickler
Postillon
Postiodrilus
Postkommissuralorgan
Postlabium
Postmentum
**postmitotische Reifungs-
phase**
– Chalone
Postnasale
– M Eidechsen
Postnotum
– Insektenflügel
– M Insektenflügel
postnuptiale Mauser
– Mauser
Postoccipitalnaht
– Insekten
Postocciput
– ☐ Insekten (Kopfgrundtyp)
Postparietale
– M Hinterhauptsbein
Postpedes
Postpetiolus
– Petiolus
Postpygidium
– Trilobiten
Postreduktion
Postscutellum
– Insektenflügel
postsynaptische Hemmung
– ☐ Nervensystem (Funktions-
weise)
postsynaptische Membran
– ☐ Synapsen
postsynaptischer Axon
– B Synapsen
postsynaptisches Potential
– ☐ Nervensystem (Funktions-
weise)
– Synapsen
– B Synapsen
Posttemporale
– Schultergürtel
posttranslational
– Translation
posttranslationales processing
– Membran
postume Befruchtung
– Insemination (Aspekte)
Postzygapophyse
– Wirbel
– Zygapophyse
postzygotisch
– Isolationsmechanismen
Potamal
Potamalosa
Potamanthidae
Potamethus
– M Sabellidae
Potamoidae
Potamides
– Phaosom
Potamididae
Potamilla
– M Sabellidae
Potamis
– Potamethus
Potamobdella
– Semiscolecidae

Potamochoerus
Potamogalidae
Potamogeton
– Hydrochorie
– Laichkrautgewächse
Potamogetonaceae
Potamogetonetea
– Laichkrautgewächse
Potamogetongürtel
– ☐ See
Potamogetonion
– Potamogetonetea
Potamolepidae
Potamolepis
– Potamolepidae
Potamologie
– Limnologie
Potamon
– Süßwasserkrabben
Potamonautes
– M Süßwasserkrabben
Potamonectes
– M Schwimmkäfer
Potamonidae
Potamophloios
– Potamolepidae
Potamoplankton
– Plankton
Potamopyrgus
Potamorrhaphis
Potamotherium
Potamothrix
– M Tubificidae
potato
– Batate
Potato spindle tuber
– M Viroide
Potebniamyces
– Cryptomycetaceae
potent
– Potenz
Potentia
– Potenz
Potential
– Erklärung in der Biologie
– Transpiration
– Wasserpotential
Potentialdifferenz
– Diffusionspotential
– Donnan-Verteilung
– Potential
potentielle Energie
– ☐ Energie
– Potential
*potentielle natürliche
Vegetation*
– Artenschutz
– Asien
– Vegetation
potentielle Unsterblichkeit
– Algen
– Altern
– ☐ Keimbahn
– Leben
– Schizotomie
– Tod
Potentilla
*Potentilletalia caules-
centis*
Potenz
– ökologische Lizenz
– Homöopathie
Potetometer
– Potometer
Potex-Virusgruppe
Potometer
Potonié, Henry
– Potonieá
Potoniea
Potoroinae
Potoroops
– Rattenkänguruhs
Potorous
– Rattenkänguruhs
Potos
– Kleinbären
Potosia
Pott, J.F.
– Pottiaceae

– Pottiales
Pottasche
– Braunalgen
– Kelp
– Sode
Pottia
– Pottiaceae
Pottiaceae
Pottiales
Potto
– M Loris
Pottwale
– Polarregion
– Wale
Poty-Virusgruppe
Pourtalesia
– Pourtalesiidae
Pourtalesiidae
Pouteria
Powassan
– ☐ Togaviren
Poxviren
Poxviridae
– Pockenviren
PP
ppb
PP-Faktor
PPLO
– Mycoplasmen
ppm
ppt
PQ
– Plastochinon
PQQ
– M methylotrophe Bakterien
PQ-Strecke
– Elektrokardiogramm
Präabdomen
Präadaptation
– Fadenwürmer
– Unkräuter
↗ Prädisposition
Präalararm
– Präalare
Präalare
Präalbumin
– ☐ Serumproteine
Präantennalsegment
**präbiotische Informationsmole-
küle**
– Proteinoide
präbiotische Synthesen
– B chemische und präbio-
logische Evolution
– Miller-Experiment
Präboreal
– M Holozän
Präbrachiatorenhypothese
– Paläanthropologie
Präcalciferol
– ☐ Calciferol (Biosyn-
these)
Prachtbarsche
Prachtbecher
– Humariaceae
Prachtbienen
– Gongora
– Parfümblumen
Prachteiderente
– Eiderente
– B Polarregion III
Prachtfinken
– Prägung
– B Vögel II
Prachtfregattvogel
– Fregattvögel
– B Nordamerika VI
Prachtgefieder
– Geschlechtsmerkmale
↗ Prachtkleid
Prachtkäfer
– B Käfer II
– Sekundärinsekten
Prachtkärpflinge
– Saisonfische
Prachtkleid
– Arenabalz
– atelische Bildungen
– Mauser

- ⓑ Rassen- u. Artbildung II
- ⓑ Selektion III
- sexuelle Selektion

Prachtleierschwanz
- ⓑ Australien III
- Leierschwänze

Prachtlibellen
- ⓑ Insekten I
- Markierverhalten

Prachtlilie
- ⓑ Afrika V

Prachtscharte
- Korbblütler

Prachtschmerlen

Pracht-Steinbrech
- ⓑ Europa II
- Steinbrech

Prachttangare
- □ Käfigvögel
- ⓑ Vögel II

Prachttaucher
- ⓑ Europa VII
- Seetaucher
- ⓜ Seetaucher

Prachtwespe
- ⓑ Insekten II

Präclitellarregion
- Hirudinea

Prädatoren ↗

Prädestination
- Determination

Prädetermination
- Determination

Prädisposition ↗
- Determination
- Fadenwürmer
- Präadaptation

praealpin ↗

Praearticulare
- Kiefer (Körperteil)

Praecambridium sigillum

Praechordalia
- Schädel

Praecopula
- Flohkrebse
- Kopulation
- Strandkrabbe

Praecoxa
- Gliederfüßer
- □ Krebstiere
- Pleura

Praecoxalbrücke
- Pleura

Praecoxale
- ⓜ Pleura

Praeepipodit
- Gliederfüßer
- □ Gliederfüßer
- Trilobiten

Praefemur
- □ Extremitäten

Praehomininae
- Paläanthropologie

Praelabium ↗

Praemandibularbogen
- Kiefer (Körperteil)

Praemaxillare
Praementum
Praemolaren ↗
- Zahnformel

praenomen triviale
- Trivialname

praeoraler Raum
- Mundvorraum

Praeoralhöhle
- Mund

Praepubis ↗
- Schambein

Praepupa

Praeputialanhangsdrüsen
Praeputialsack ↗
Praeputium ↗
- Chaetognatha
- Praeputialanhangsdrüsen

Praescutum
- ⓜ Insektenflügel

Praesternit
- ⓜ Pleura

Praetarsus
- Arolium

Praetiglium ↗
- Tegelenwarmzeit

praevalent
- ⓜ Plankton (Zusammensetzung)

praezygotisch
- Isolationsmechanismen
- progam

Präferendum
- Habitatselektion
- Kinese

Präfix
- ⓜ Prioritätsregel

Präformation
- Bonnet, Ch. de
- Einschachtelungshypothese

Präformationstheorie
- animalcules
- Durchschnürungsversuch
- Entwicklungstheorien
- Hartsoeker, N.
- Homunkulus
- Leeuwenhoek, A. van
- Leibniz, G.W. von
- Wolff, C.F.

präformierte Bruchlinien
- Häutungsnähte

präformierte Bruchstellen
- Autotomie

Präformismus
- Leibniz, G.W.

präfrontale Leukotomie
- Angst - Philosophische Reflexionen

Prägekern ↗
Präglazial

Pragmatismus
- Bioethik

Prägung
- Adoption
- Determination
- Homologie
- Inzesttabu
- Mutter-Kind-Bindung
- sensible Phase
- Verhalten

prägungsähnliche Lernprozesse
- Prägung

prähistorische Äxte
- ⓑ Biologie II

Prähominiden ↗

präkambrische Fauna
- Ediacara-Fauna

Präkambrium
- Algonkium
- □ Geochronologie
- □ Kambrium

Präkursor

Präkursor-m-RNA
- ⓜ Genexpression

Präkursor-r-RNA
- □ Prozessierung

Prallteller
- ⓜ Kläranlage

Prämandibelsegment ↗

Prämisse
- Deduktion und Induktion
- Erklärung in der Biologie
- Hypothese

Prämunität ↗

Prämunition
- Infektionsimmunität

pränatal

pränatale Diagnostik
- Amniocentese
- Chromosomendiagnostik
- □ Enzyme (Enzymmuster)

Präneandertaler
- Präsapiens
- Taubach
- Weimar-Ehringsdorf

Präneoplasien
- Krebs

Prankenbär
- Bambusbär

Prantl, Karl
- ⓑ Biologie III

Praon
- Blattlauswespen

Präoralorgan
- Kamptozoa

Präparate
- Alkoholreihe
- Elektronenmikroskop ↗
- Mikroskop ↗
- mikroskopische Präparationstechniken ↗
- Präparationstechniken ↗

Präparation
- Paläontologie
- Präparationstechniken
- Präparate ↗

Präparationstechniken

Präpariermikroskope
- Mikroskop

Präpatenz

Präpatenzperiode
- Präpatenz

Prä-Pro-Insulin
- Insulin
- ⓜ Prä-Pro-Proteine

Prä-Pro-Proteine
Prä-Proteine
Präreduktion

präresorptive Durststillung
- Durst

präresorptive Sättigung
- Hunger

Prä-Ribosomen
- Ribosomen

Prärie
- Grasfluren
- Nordamerika
- ⓑ Nordamerika III
- ⓑ Vegetationszonen

Prärieammer
- Polygamie

Präriebison
- Nordamerika

Prärieboden ↗

Präriehühner
- ⓑ Nordamerika III

Präriehunde
- Hand
- ⓑ Nordamerika III

Präriewolf ↗

Präsapiens

Präsentationszeit

Präsentieren
- □ Demutsgebärde

Präsenz

Präservativ
- Empfängnisverhütung

Prasinocladaceae

Prasinocladus
- Prasinocladaceae

Prasinomonadina
- ⓜ Geißeltierchen

Prasinophyceae

Prasiola
- Prasiolaceae

Prasiolaceae

Prasopora
- Trepostomata

Präspermatiden
- Spermatocyten

Präspermien
- Spermatiden

präsynaptische Hemmung
- ⓜ Nervensystem (Funktionsweise)

präsynaptische Impulse
- □ Muskelzuckung

präsynaptische Membran ↗
- Synapsen

präsynaptischer Axon
- ⓑ Synapsen

Prätegelenkaltzeit
- □ Pleistozän

Pratella ↗

Praunus
- ⓜ Mysidacea

Prävalenz

Praxilla

Praya ↗

Präzellen

Präzipitat
- ⓜ Antigen-Antikörper-Reaktion
- Niederschlag

Präzipitation ↗
- Immunpräzipitation
- Präzipitine
- Fällung ↗

Präzipitationslinien
- Agardiffusionstest

Präzipitine
- Abwehrstoffe
- Agglutinine

Prazmowski, A.
- Clostridien
- ⓜ Knöllchenbakterien

Prazosin
- Sympathikolytika

Präzygapophyse
- Wirbel
- Zygapophyse

Precursor
- Präkursor

Precursor-Moleküle
- Neuropeptide
- Präkursor

Předmost

Prednisolon ↗
- Glucocorticoide

Prednison

P-Regelung
- Regelung

Pregl, F.
Pregnan

Pregnandiol
- Progesteron

Pregnanglykoside
- Digitalisglykoside

Pregnenolon
- Progesteron
- ⓜ Steroidhormone

Preiselbeere ↗
- ⓑ Europa IV
- Gerbstoffe

Preissia ↗

Prellsprung
- Thomsongazelle

Prelog, V.

Premnas
- Stoichactis

Prenanthes ↗

Prepattern

Prephensäure
- □ Allosterie (Biosynthese)

Prepona
- Fleckenfalter

Presbyopie
- Weitsichtigkeit

Presbytis ↗

Presenegenin
- □ Saponine

Preßhefe ↗

Preßhonig
- ⓜ Honig

Preßkuchen
- Baumwollpflanze

Pressorezeptoren
- Blutdruck
- Depressor
- Gefäßnerven

Preßschwämme
- Badeschwämme

Prestosuchus
- Chirotherium

Preußenfische ↗

Prévost, I.-B.
- Brand
- ⓜ Fungizide

Prévost, Jean Louis
- ⓑ Biologie II

Prévost, P.
- ⓑ Biologie II

Priabonium
- Eozän
- □ Tertiär

Priacanthidae ↗

Priapswürmer
- Priapulida

Priapulida

Priapulida
- Acoelomata
- Archicoelomatentheorie
- Gephyrea
- □ Tiere (Tierreichstämme)
Priapulidae
- [M] Priapulida
Priapulopsis
- [M] Priapulida
Priapulus
- □ Priapulida
- [M] Priapulida
Pribnow-Box
- □ Galactose-Operon
- □ Lactose-Operon
- Promotor
Pricke ↗
Pridolium
- [M] Silurium
Priele ↗
Prießnitz, Vinzenz
- Naturheilkunde
Priesterfisch ↗
Priestley, J.
- [B] Biochemie
Prigogine, I.
- Abstammung - Realität
Primanen
- Leitungsgewebe
- Metaphloem
- Metaxylem
Primaquin
- Malaria
Primäraffekt
- Kala-Azar
Primärantwort
- Immunantwort
Primärart
- Artenpaare
Primärblätter
- [M] Keimung
primär-chronische Polyarthritis
- Rheumatismus
Primärdünen ↗
- Küstenvegetation
primäre Boten
primäre Differenzierung ↗
primäre Genprodukte
- Genexpression
Primäreinschnürung
- Centromer
primäre Larvenformen
- Larven
primäre Leibeshöhle ↗
primäre Pigmentzellen
- Hauptpigmentzellen
primärer Generationswechsel
- Einzeller
- Generationswechsel
primärer Harnleiter
- Wirbeltiere
- Wolffscher Gang
primärer Hyperaldosteronismus
- Conn-Syndrom
primäres Automatiezentrum
- Atrioventrikularknoten
primäres Endosperm
- Endosperm
- Nacktsamer
primäre Sinneszellen
- Mechanorezeptoren
- Sinneszellen
primäres Kiefergelenk
- [B] Amphibien I
- Articulare
- Kiefergelenk
primäres Syncerebrum
- Gliederfüßer
- Oberschlundganglion
- Syncerebrum
Primärfollikel
- Follikel
- Oogenese
- [M] Ovar
Primärharn
- Antidiurese

- Bowmansche Kapsel
- Exkretionsorgane
- Glomerulus
- Niere
Primärinsekten
Primärknötchen
- Lymphfollikel
Primärkonsumenten
- □ Nahrungskette
Primärkulturen
- Zellkultur
Primärlarve ↗
- Fächerflügler
- Gliederfüßer
↗ Eilarve
Primärloben ↗
Primärparasit ↗
Primärphloëm
- □ sekundäres Dickenwachstum
Primärpolyp
- Siphonanthae
Primärproduktion
- Cyanobakterien
- Eutrophierung
- Produzenten
- Wasserhaushalt
Primärproduzenten ↗
- Algen
- Einzeller
- [M] Kalkflagellaten
Primärreaktion
- Antigen-Antikörper-Reaktion
Primärsproß
Primärstoffwechsel
- Pflanzenstoffe
- Stoffwechsel
Primärstrahlung
- kosmische Strahlung
Primärstruktur
- Biopolymere
- Sanger, F.
- Selbstorganisation
- Tertiärstruktur
↗ Aminosäuresequenz
↗ Nucleotidsequenz
Primärsutur
Primärthylakoide
- Chloroplasten
Primärtranskript
- Prozessierung
- [M] spleißen
Primärtumor
- Krebs
Primärvalenzen
- [B] Farbensehen
Primärwald
Primärwand
- [B] Zellwand
Primärwurzel
- [M] Kormus
- Wurzel
- Wurzelbrut
Primärxylem
- □ sekundäres Dickenwachstum
Primary
- Präkambrium
Primasen
- Replikation
- □ Replikation
Primaten ↗
- Distanztier
- Gangart
- [M] Gebärmutter
- [M] Jugendentwicklung: Tier-Mensch-Vergleich
- Klammerreflex
- Kontakttier
- □ Kreide
- Monochromasie
- Mutter-Kind-Bindung
- Rangordnung
- [B] Säugetiere
- soziale Körperpflege
- Sperma
- Tragling
- Unguiculata
↗ Herrentiere

Primatenkunde
- Primatologie
Primates
- Herrentiere
Primatologie
Primel
- □ Bodenzeiger
- Heterostylie
Primelartige
Primelgewächse
- Oreophyten
primer
- Replikation
- □ Replikation
Primer-Pheromone
- Pheromone
Primetin
- □ Flavone
Primin
- □ Benzochinone
- [M] Benzochinone
- Schlüsselblume
Primitiv
- Präkambrium
Primitivgruppe
- Stammgruppe
Primitivknoten ↗
Primitivvorgane
Primitivrassen ↗
Primitivrinne
- Chorda dorsalis
- Gastrulation
- Hensenscher Knoten
Primitivstreifen
- Teratom
Primitivweizen
- Ackerbau
Primofilices
- Telomtheorie
Primordialblatt
Primordialcranium ↗
- Chondrocranium
- Parachordalia
primordialer Zwergwuchs
- Zwergwuchs
Primordialfauna
Primordialniere
- Urniere
Primordialskelett
Primordialwand
- Zellwand
Primosom
- Replikation
Primula
- □ Heilpflanzen
- □ Saponine
Primulaceae ↗
Primulagenin A
- □ Saponine
Primulales ↗
Primulasäure
- Saponine
- □ Saponine
Primverosid
- Schlüsselblume
Pringlea
Pringley, Sir John
- Pringlea
Pringsheim, E.G.
- Chemoautotrophie
- Chemoheterotrophie
Pringsheim, N.
Prinia
- Prinien
Prinien
Prinzip-Analogie
- Analogieforschung
Prinzipien
- Deduktion und Induktion
Priocnemis
- [M] Wegwespen
Priodontes
- Gürteltiere
Prion ↗
Prionace ↗
Prionailurus ↗
Prion-Hypothese
- slow-Viren
Prioninae
- [M] Bockkäfer

Prioniodella
- Lochriea
Prionium ↗
Prionocyphon
- Sumpfkäfer
Prionodon ↗
Prionopidae ↗
Prionotus ↗
Prionus ↗
Prioritätsprinzip
- Prioritätsregel
Prioritätsregel
- Synonyme
Prismengefüge
- □ Gefügeformen
Prismenschicht
- □ Muscheln
- Schale
Prisogaster
- [M] Fasanenschnecken
Pristella ↗
Pristidae ↗
Pristiglomidae
- Nuculoidea
Pristina
Pristioidei
- [M] Rochen
- Sägerochen
Pristiophoridae
- Sägehaie
Pristiophoroidei ↗
Pristiophorus
- Sägehaie
Pristis ↗
PRL
- Prolactin
PRL-IH
- □ Hypothalamus
PRL-RH
- □ Hypothalamus
Pro ↗
Proaccelerin
- □ Blutgerinnung (Faktoren)
Proactinomyceten
- Nocardien
Proalaria
- Gabelschwanzcercarie
Proalbumin
- Golgi-Apparat
Proales
Proamnion
Proangiospermen
Proanthesis
Proantilocapra
- Gabelhorntiere
Proarthropoda
- Trilobitomorpha
Proascomycetidae
- Emdomycetes
Proavis
Probainognathus
- Kiefergelenk
Probasidien
- □ Rostpilze
- Teleutosporen
- Tilletiales
Probasidientyp
- Basidie
Probeebei
- Einsiedlerkrebse
Probiose ↗
- Antibiose
Problemlösung
- Denken
- Intelligenz
Problognathiidae
- [M] Gnathostomulida
Proboscidea (Ringelwürmer)
Proboscidea (Säugetiere) ↗
Proboscifera ↗
Probosciger
- [M] Australien
Proboscis ↗
- Eichel
- Priapulida
Procain
- Cocain
- Penicilline

Procamelus
Procapra
- м Asien
- Gazellen
- Ziegengazellen
Procarbazin
- м Cytostatika
Procarboxypeptidasen
Procaviidae
Procellariidae
Procellariiformes
Procephalon
Proceraea
- м Epitokie
- м Syllidae
Proceratophrys
Procercoid
Procerodes
Procerodidae
- м Tricladida
Procerus
- Laufkäfer
Procervulus
- Lagomeryx
processing
- □ Chloroplasten
Processus
Processus articularis vertebrae
- Zygapophysen
Processus coracoideus
- Coracoid
Processus praepubicus
- Dinosaurier
Processus pterygoidei
- Pterygoid
Processus spinosus
- Wirbel
Processus transversus
- Diapophyse
- Wirbel
Processus uncinatus
- Rippen
Processus vocalis
- Stellknorpel
Prochlorales
Prochloron
Prochlorophyta
prochoanitisch
Prochordata
- Stomochordata
Proclossiana
- м Fleckenfalter
Procnias
- м Südamerika
Procoel
Procoela
procoele Wirbel
- Froschlurche
- Gekkota
- Wirbel
Procolophon
- Procolophonidae
Procolophonia
- Reptiliomorpha
Procolophonidae
Proconsul
- Abstammung - Realität
- Menschenaffen
Proconvertin
- □ Blutgerinnung (Faktoren)
Procoptodon
- Beuteltiere
Pro-Coracoid
- Coracoid
- Flugmuskeln
Procotyla
Procris (Botanik)
Procris (Zoologie)
Proctodaeum
- Cuticula
- Enddarm
- Gliederfüßer
- м Protostomier
Proctolin
Procyon
- Kleinbären
Procyonidae

Procyte
Prodigiosin
- м Pigmentbakterien
- Serratia
Prodigiosus
- м Serratia
Prodoxidae
Productus
- Magellana
Produkthemmung
- Enzyme
Produktion
- ökologische Effizienz
- □ ökologische Effizienz
- Produktionsbiologie
- Produktionsperiode
- Produzenten
- Synökologie
Produktionsbiologie
- Produktivität
Produktionsfaktor
- Mitscherlich-Gesetz
Produktionsfermenter
- Anstellhefe
Produktionsökologie
- Produktionsbiologie
Produktionsperiode
produktive Infektion
- □ Polyomaviren
- Virusinfektion
Produktivität
- м Plankton (Produktivität)
- м Umsatz
Produzenten
- □ Energieflußdiagramm
Proëchimys
- Cayenneratte
- Stachelratten
Proelastase
- Elastase
Proembryo
Proenzyme
- Aktivierung
Proerythroblasten
- Blutbildung
- Erythropoese
Proerythrocyten
- Reticulocyten
Profelis
Profibrinolysin
- м Globuline
Profildifferenzierung
- Bioturbation
- Bodenentwicklung
Proflavin
- Deletion
Profundal
- □ See
progam
- Sexualtäuschblumen
Proganochelys
- Schildkröten
Progaster
Progenese
Progenetta
Progenot
Progerie
- Altern
Progestationsphase
- Schwangerschaft
Progesteron
- Butenandt, A.F.J.
- Desoxycorticosteron
- □ Hormone (Drüsen und Wirkungen)
- Placenta
- м Prostaglandine
- м Steroidhormone
Progestin
- Progesteron
Proglottiden
- м Taeniidae
- Tetraphyllidea
prognath
Prognathie
- Mensch
Prognosen
- Deduktion und Induktion

- Erklärung in der Biologie
Progoneata
Progradation
- □ Massenvermehrung
Programme
- Freiheit und freier Wille
programmierter Zelltod
- □ Rhabditida
Progression
- Tumorpromotoren
Progressionsregeln
- Vervollkommnungsregeln
progressive Evolution
- Aromorphose
progressive Paralyse
- Heilfieber
progressives Pneumonie-Virus
- Retroviren
Progymnospermen
- Medullosales
- Nacktsamer
- Telomtheorie
Progymnospermophyta
- Progymnospermen
Progymnospermsida
- Progymnospermen
Prohämoglobin
- Embryonalhämoglobin
Prohaptor
- Monogenea
Prohibitine
Prohormone
Proichthydidae
- м Gastrotricha
Proinhibitine
- Prohibitine
Pro-Insulin
- Colinearität
- Ein-Gen-ein-Enzym-Hypothese
- Golgi-Apparat
- м Prä-Pro-Proteine
Projektionsfelder
- Assoziationsfelder
- Erregung
- Rindenfelder
Projektionsvergrößerung
- Mikroskop
Projektiv
- в Elektronenmikroskop
Prokambiumbündel
Prokaryonten
- Prokaryoten
Prokaryota
- Reich
- Überreich
- Prokaryoten
Prokaryoten
- Akaryobionten
- Archaebakterien
- Chloroplasten
- м Eukaryoten
- Leben
- Mitochondrien
- Präkambrium
- Reich
- □ Ribosomen (Struktur)
- Überreich
prokinetisch
- Kraniokinetik
Proklivie
- Klinodontie
Prokollagen
- Kollagen
Prolacerta
- Eosuchia
Prolacertiformes
- Eosuchia
Prolactin
- □ Adenohypophyse
- Brutpflege
- □ Hormone (Drüsen und Wirkungen)
- Lactation
- в Menstruationszyklus
- Metamorphose
- □ Neuropeptide
- Schlaf

Prolagos
- Prolagus
Prolagus
Prolamellarkörper
- Chloroplasten
- □ Plastiden
- Prothylakoide
Prolamine
Prolane
Prolecanites
Prolecithophora
Prolepsis
Proles
Proliferation
- Gestalt
Proliferationskontrolle
- Krebs
Proliferationsphase
- Menstruationszyklus
Proliferationszone
- Bandwürmer
Prolin
- Aceticin-2-carbonsäure
- м Aminosäuren
- Glutaminsäure
- Glutaminsäure-γ-semialdehyd
- м Meteorit
- Proteine
Prolin-Hydroxylase
prolobisch
- Oligochaeta
Proloculus
- Anfangskammer
- Juvenarium
Prolongation
promastigot
- м Trypanosomidae
Promeristeme
Promeropinae
- □ Ornithogamie
Promerops
- Südafrikanische Unterregion
Prometabola
Prometabolie
- Metamorphose
Promicrops
Promiskuität
Promoter
- Promotor
Promotion
- Krebs
- Tumorpromotoren
Promotor
Promotor-Muskel
- м Gliederfüßer
Promycel
- м Tilletiales
Promyelocyt
- Blutbildung
Promyzostomum
- Myzostomida
Pronation
Pronephros
Pronolagus
- м Hasenartige
- Kaninchen
- Rotkaninchen
Pronotum
- м Flugmuskeln
- Käfer
Prontosil
- Sulfonamide
Pronuba
- Yuccamotten
Pronucleus
Pronymphe
- Metamorphose
- Neometabola
proof reading
- DNA-Polymerasen
- Mutation
Proontogenese
- Progenese
Proopiomelanocortin
- □ Neuropeptide
Proopiomelanocortin-Precursor
- Neuropeptide

Proostrakum

Proostrakum
Pro-Oticum
– Felsenbein
Propagation
propagative Übertragung
– Pflanzenviren
Propalaeotherium
– Pferde
– [B] Pferde, Evolution der Pferde II
Propan
– [M] Alkane
Propandiol-1,3
– ☐ Alkohole
Propanethialsulfoxid
– Lauch
– [M] Tränendrüse
Propanol
– [M] chemische Sinne
Propanol-2
– ☐ Alkohole
Propanolamin
– biogene Amine
1-(2-Piperidyl)-propanon
– Pelletiërin
Propansäure
– Propionsäure
Propantriol
– ☐ Alkohole
Propappus
– [M] Enchytraeidae
propar
Proparathormon
– Golgi-Apparat
Propatagium
– ☐ Fledertiere
– Flughaut
Propellor
– Fortbewegung
Propeltidium
– Palpigradi
Propen
– [M] Alkene
propensity structure
– Ethik in der Biologie
Properdin
– [B] Chromosomen III
– [M] Globuline
Prophage
– Induktion
– Lambda-Phage
Prophase
– [B] Mitose
– Zellkern
Prophylaxe
– ☐ Infektionskrankheiten
– Medizin
Propicillin
– ☐ Penicilline
Propin
– [M] Alkine
Propionate
– ☐ Pansensymbiose (Säuren)
– [M] Succinatgärung
Propionibacteriaceae
Propionibacterium
– [M] Hautflora
– [M] Zahnkaries
Propionsäure
– [M] Fettsäuren
– Konservierung
– ☐ Miller-Experiment
Propionsäurebakterien
Propionsäuregärung
Propionyl-Carboxylase
Propionyl-CoA
Propionyl-Coenzym A
– Fettsäuren
– Methylmalonyl-Coenzym A
– Propionyl-CoA
Propithecus
– Indris
Proplastiden
– Chloroplasten
– Erklärung in der Biologie
Propleurum
– Thorax

Propliopithecus
– Menschenaffen
Propneustia
– propneustisch
propneustisch
Propodeum
Propodien
Propodium
– Bohrschnecken
– Olivenschnecken
– Podium
Propodosoma
– [M] Milben
Propodus
– [M] Chela
– ☐ Extremitäten
Propolis
Proportion
– Gestalt
Proportionalabweichung
– Regelung
Proportionalregelung
– Regelung
Proportionsregel
Proportionsverschiebung
– [M] Kind
Propranolol
– Beta-Blocker
– Sympathikolytika
Proprionsäuregärung
– Acrylat-Weg
Propriorezeptoren
– Kleinhirn
propriozeptive Sensibilität
– Sensibilität
Pro-Proteine
Propupa
2-Propylpiperidin
– Coniin
Prorennin
– Labferment
Prorhynchidae
Prorhynchus
– Prorhynchidae
– Strudelwürmer
Prorocentrum
– Pyrrhophyceae
Prorodon
Prosauropoda
– ☐ Dinosaurier
Prosekrete
– Drüsen
Prosencephalon
– [B] Telencephalon
prosenchymatisch
Proseptum
Proseriata
– Monotoplanidae
Prosicula
– Nema
Prosimiae
Prosipho
prosiphonat
– Ammonoidea
Proskauer, Bernhard
– Voges-Proskauer-Reaktion
Prosobranchia
Prosobranchiata
– Vorderkiemer
Prosocephalon
– ☐ Gliederfüßer
– Protocephalon
Prosocerebrum
– ☐ Gliederfüßer
Prosoma
– Archicoelomata
– Gliederfüßer
– Thorax
– [M] Wolfspinnen
Prosomabeine
– Extremitäten
Prosopis (Botanik)
Prosopis (Zoologie)
Prosopistomatidae
Prosopora
Prosopyle
– Schwämme
– [M] Schwämme
Prosorhochmus

Prosorus
– [M] Synchytrium
prospektive Bedeutung
– autonome Differenzierung
– Neovitalismus
– prospektive Potenz
prospektive Potenz
– Neovitalismus
Prosporen
– Protostelidae
Prostacycline
– Gewebshormone
– Vane, J.R.
Prostaglandine
– Calmodulin
– Cephalosporium
– Euler-Chelpin, U.S. von
– Gewebshormone
– Guanosinmonophosphate
– Mediatoren
– Renin-Angiotensin-Aldosteron-System
– Samuelsson, B.
– [M] Schmerz
– Schwangerschaft
– Vane, J.R.
– Weide (Pflanze)
Prostata
– Geschlechtsdrüsen
– [M] Krebs (Krebsarten-Häufigkeit)
– Spermovidukt
Prostatakrebs
– Kastration
– Krebs
– Phosphatasen
– Rous, F.P.
Prostatoidorgane
– [M] Polystyliphoridae
Prosternalfortsatz
– Schnellkäfer
Prosternum
– Thorax
Prostheceraeus
Prosthecochloris
– Chloropseudomonas
– [M] grüne Schwefelbakterien
Prosthecomicrobium
– [M] sprossende Bakterien
Prostheka
– Hyphomicrobium
prosthekate Bakterien
prosthetische Gruppe
Prosthogonimidae
– [M] Digenea
Prosthogonimus
– Darmegel
– [M] Saugwürmer
Prostoma
Prostomatella
Prostomium
– Gliedertiere
– [M] Oligochaeta
– Protocephalon
Prostratigraphie
– Stratigraphie
Prosutur
– angustisellat
– asellat
Protamine
Protandrie
Protanomalie
Protanopie
Protantheae
Protapirus
– Tapire
Protarthropoda
– Proarthropoda
Protaspis
– Gliederfüßer
Protea
– [B] Afrika VII
– Proteaceae
Proteaceae
– Capensis
Proteales
Proteasen
– Aktivierung
– Aminopeptidasen

– Dipeptidasen
– [B] Häutung
– [M] Hydrolasen
– ☐ Magen (Sekretion)
– Peptide
– ☐ Proteine (Charakterisierung)
– Schlangengifte
– Speichel
Protegulum
Proteidae
Proteide
Protein A
– Protein-A-Gold-Markierung
Proteinabbau
Protein-A-Gold-Markierung
Proteinasen
– ☐ Enzyme (Technische Verwendung)
– Proteasen
Proteindeletionstheorie
– ☐ Krebs (Krebsentstehung)
Proteine
– [B] Biochemie
– [B] Biologie II
– [M] Brennwert
– [M] chemische und präbiologische Evolution
– ☐ Desoxyribonucleinsäuren (Geschichte)
– Dipeptidasen
– Extinktion
– essentielle Nahrungsbestandteile
– Fischer, E.H.
– Gestalt
– Hormone
– Leben
– Molekularbiologie
– molekulare Genetik
– [M] Molekülmasse
– Molekülverbindungen
– Nahrungsmittel
– Nahrungsstoffe
– Nährwert
– [M] organisch
– Pepsin
– Phenol
– Proteinstoffwechsel
– respiratorischer Quotient
– Stoffwechsel
– [B] Stoffwechsel
– Tiergifte
– Verdauung
– [M] Wehrsekrete
– [M] Zwitterionen
Proteinfasern
– Bindegewebe
Proteinfäulnis
– Fäulnis
Proteinfilamente
– Actinfilament
– Cilien
– Myosinfilament
– Zellskelett
Proteinkinase
– Calmodulin
– ☐ Hormone (Primärwirkungen)
– Phosphoproteine
– sekundäre Boten
– ☐ Synapsen
Proteinkristall
– Kristallkörper
proteinogene Aminosäuren
– Aminosäuren
– Proteine
Proteinoide
– abiotische Synthese
Proteinoplasten
Protein-Scheiden
– Bakterienzellwand
Protein-Sequenator
– Edmanscher Abbau
– Sequenzierung
Proteinstoffwechsel
– adrenocorticotropes Hormon
– Leber

Protostomia

- Thyroxin
Proteinsynthese ↗
- Altern
- Aminoacyl-t-RNA
- Aminosäureaktivierung
- Androgene
- Blühhemmstoffe
- Endopolyploidie
- [M] Gruppenübertragung
- ☐ Hormone (Primärwirkungen)
- ↗ Translation
Proteinuhr
- Paläanthropologie
Proteinurie
- Proteinstoffwechsel
protektive Fungizide
- [M] Fungizide
protektorisches Epithel
- Bilaterogastraea-Theorie
Proteles
Protelidae
- Erdwolf
Protenor-Typ ↗
Proteoglykane
- Biomineralisation
- Proteine
Proteolyse
- Proteinstoffwechsel
Proteolyten
proteolytische Enzyme ↗
Proterandria
- Doppelfüßer
Proterandrie (Botanik)
Proterandrie (Zoologie)
- Zwittrigkeit
Protergum ↗
Proterogenese
proteroglyph
Proterogynie (Botanik)
Proterogynie (Zoologie)
- [M] Proterandrie
- Zwittrigkeit
Proterosaurus
- Proterosuchidae
Proterosoma ↗
- Gliederfüßer
- [M] Milben
Proterosuchia
- Thecodontia
Proterosuchidae
Proterozoikum
Protethys ↗
- Tethys
Proteus (Botanik)
- ☐ Bakteriengeißel
- [M] Eitererreger
- Fäulnisbakterien
- H-Antigene
- harnstoffzersetzende Bakterien
- ☐ Purpurbakterien
Proteus (Zoologie) ↗
- Rösel von Rosenhof
Prothallium
- Farne
- [B] Nacktsamer
- Samen
Prothallus ↗
Protheka
Prothorakaldrüse
- Prothorakaldrüse
Prothorakalhörner
- Röhrenkiemen
prothorakotropes Hormon
- adenotropes Hormon
- Metamorphose
- Prothoraxdrüse
Prothorax
- Paranotum
- [M] Pleura
- Thorax
Prothoraxdrüse
- [M] Häutung
- ☐ Insektenhormone
- neuroendokrines System
Prothoraxdrüse-stimulierendes Hormon
- [M] Häutung

- prothorakotropes Hormon
Prothoraxtheorie
- Paranotum
Prothrombin ↗
- Antikoagulantien
- ☐ Blutgerinnung (Faktoren)
- Calcium
- Dicumarol
- [M] Globuline
- Phyllochinon
- [B] Vitamine
Prothylakoide
Protieae
- [M] Burseraceae
Protista
- Reich
Protisten ↗
- ☐ Desoxyribonucleinsäuren (DNA-Gehalt)
- Leben
Protium (Botanik) ↗
Protium (Chemie)
- Wasserstoff
Protoaescigenin
- ☐ Saponine
Protoalkaloide ↗
- biogene Amine
Protoarticulaten
- Schachtelhalme
Protoascomycetidae ↗
Protobionten
- Urzeugung
Protobranchia ↗
Protobranchien
- Fiederkiemer
Protocatarrhinenhypothese
- Paläanthropologie
Protocephalon
Protoceratops
- [M] Ceratopsia
Protocerebralbrücke
Protocerebrum
- Archicerebrum
- [B] Gehirn
- Gliederfüßer
- ☐ Gliederfüßer
- Insekten
- Protocephalon
Protocetrarsäure ↗
Protochlorophyllid
- Chlorophylle
- Chloroplasten
Protochordata
- Conodontochordata
Protociliata
Protoclepsis
Protococcales ↗
Protococcidia ↗
Protocoel
- Trimerie
Protoconch
- Anfangskammer
- angustisellat
- Schale
Protoconid
- Trituberkulartheorie
Protoconus
- Trituberkulartheorie
Protoctista
- ☐ Pilze
- Reich
Protocupressinoxylon
- Protopinaceae
Protocyte
- Leben
- ☐ Zelle (Vergleich)
Protoderm ↗
- Epidermis
Protodonata ↗
- Urinsekten
protodontes Stadium
- Trituberkulartheorie
Protodrilidae
Protodrilus
- Protodrilidae
Protofibrille
- Keratine
Protofilamente
- Mikrotubuli

- Symmetrie
Protogäikum ↗
Protogaster
- Bilaterogastraea-Theorie
protogen
Protoglossidae
- [M] Enteropneusten
Protogomorpha
- Nordamerika
Protogynie
- Proterogynie
Protohäm
- Haemophilus
- Häm
- Knöllchenbakterien
Protohippus
Protohydra ↗
Protohyenia
- Schachtelhalme
Protokollagen
- Kollagen
Protokollsatz
- Wissenschaftstheorie
Protokooperation
Protolaeospira
- [M] Spirorbidae
Protoleniden-Strenuelliden
- [M] Kambrium
Protolepidodendrales
- Telomtheorie
Protolepidodendron
- [M] Devon (Lebewelt)
- Protolepidodendrales
- [M] Protolepidodendrales
Protolepidodendropsis
- Protolepidodendrales
Protoloben
Protoloph
Protomarattia
- [M] Marattiales
Protomedusae
Protomere
- Proteine
- Symmetrie
Protomerit ↗
Protomeryx
- Procamelus
Protomiden
- Kopflappen
Protomonadina
Protomyces
- Protomycetales
Protomycetales
Protomyzostomidae
Protomyzostomum
- Protomyzostomidae
Proton
- Atom
- Wasserstoff
Protonema
Protonen ↗
Protonen-Dissoziationskonstante
- Acidimetrie
Protonengradient
- Atmungskette
- Cotransport
- [M] Fumaratmung
- Gramicidine
- Kompartimentierung
- mitochondrialer Kopplungsfaktor
- ☐ Mitochondrien (Aufbau)
- Photosynthese
- protonenmotorische Kraft
Protonenkanal
- Protonenpumpe
protonenmotorische Kraft
- Protonenpumpe
Protonenpumpe
- Lysosomen
- Membranproteine
- ☐ Thylakoidmembran
Protonentranslokator
- [M] mitochondrialer Kopplungsfaktor
Protonentransport
- Bakteriorhodopsin
- Protonenpumpe

protonenverschiebende Kraft
- protonenmotorische Kraft
Protonephridien
- Cyrtocyten
- Nephrocoeltheorie
Protonephromixien ↗
Protonephros
- Vorniere
proton motive force
- protonenmotorische Kraft
Protonymphe ↗
Protonymphon
- Gliederfüßer
Proto-Onkogene
- Onkogene
- [M] Onkogene
Protopanaxadiol
- ☐ Saponine
protopar
Protophloëm
- Primanen
Protophyllocladoxylon
- Protopinaceae
Protophyten
Protopinaceae
protopinoide Tüpfelung
- [M] Protopinaceae
Protopityales
- Progymnospermen
Protopitys
- Progymnospermen
Protoplankton
- Plankton
Protoplasma
- [B] Biologie II
- Mohl, H. von
- Purkinje, J.E. von
Protoplasmaströmung
- Plasmaströmung
Protoplasmatheorie
- [B] Biologie II
- Schultze, M.J.S.
Protoplasmazylinder
- Spirochäten
Protoplast
- hardiness
- Hybridisierung
- Pflanzenzelle
- Vakuole
- Zellkultur
- Zellwand
Protoplastenfusion
- Biotechnologie
- [M] Zellfusion
Protoplecoptera
- Urinsekten
protopod
Protopodit
- Gliederfüßer
Protoporphyrin ↗
- Chlorophylle
- Haemophilus
- [M] Porphyrine
Protopteridium ↗
Protopterus ↗
Protopterygium
- Flossen
Protopygidium
Protorosauria
Protorosaurus
- Protorosauria
Protorthoptera
Protosepten
- [M] Rugosa
Protosiphon
- Protosiphonaceae
Protosiphonaceae
Protosoma ↗
Protosporen ↗
Protostele ↗
- Protoxylem
- ☐ Stele
Protosteliales
- Protostelidae
Protostelidae
Protosteliomycetidae
- Ceratiomyxa
- Protostelidae
Protostomia
- Protostomier

Protostomier

Protostomier
- Darm
- Enterocoeltheorie

Protostrongylinosen
- Lungenwurmseuche

Protosycon
Prototaxites
- [M] Devon (Lebewelt)

Prototethys
- Kambrium

Prototheria
- Eutheria
- Haramyidae
- ☐ Wirbeltiere

Prototroch ↗
- Trochus

prototroph
- Prototrophie

Prototrophie
Protoveratrin
- Germer

Protoxylem
- Primanen

Protozellen ↗
protozerk ↗
Protozidin
- Polyenantibiotika

Protozoa
- [M] Abwasser
- [B] Biologie II
- Goldfuß, G.A.
- [M] Mikroorganismen
- [M] Selbstreinigung
- Tiere
- ☐ Tiere (Tierreichstämme)
- ↗ Einzeller

Protozoëa
Protozoen ↗
- ↗ Protozoa

Protozoologie
- Hertwig, R.C.W.Th.
- Mikrobiologie

Protozoonosen
Protozoosen
- Protozoonosen

Protraktoren
- [M] Ringelwürmer

Protremata
Protrochula-Larve ↗
Protungulata
- Ferungulata
- Litopterna

Protunicatae
- Ascus

Protura ↗
- apneustisch
- ☐ Insekten (Stammbaum)

Proust, J.L.
Prout, W.
Provenceöl
- [M] Ölbaum

Provenienz
Proventivknospen ↗
Proventivsprosse
Proventriculus
- ☐ Fliegen
- [M] Insekten (Darmgrundschema)

Providencia
Proviren ↗
- [M] Onkogene
- ☐ RNA-Tumorviren (Genomstruktur)

Provirus-Theorie
- RNA-Replikase

Provitamine
- Carotinoide

Proviverrinae
- Sinopa

Provorticidae
- [M] Dalyellioida

proximal ↗
- ☐ Achse

proximaler Tubulus
- Exkretionsorgane
- ☐ Exkretionsorgane
- Ionentransport
- ☐ Nephron

- Niere
- [B] Niere

Proximalia
- Extremitäten
- [M] Fuß

proximate factors ↗
- Habitatselektion

Prozeßgesetz
- Erklärung in der Biologie

Prozessierung
- [M] Genexpression
- Präkursor
- Transkription

Prozessionsspinner
- Raupennester

Prozonit
PRPP
- 5-Phosphoribosyl-1-pyrophosphat

Prüfverfahren
- Ethik in der Biologie

Prunasin
- Myoporaceae

Prunella ↗
- Hydrochorie
- Nomenklatur

Prunellidae ↗
Prunetalia spinosae
- [M] Rhamno-Prunetea

Prunkwinde ↗
Pruno-Fraxinetum
Prunoideae ↗
Pruno-Ligustretum ↗
- Mantelgesellschaften

Prunus
Pruvotia
- [M] Furchenfüßer

Prymnesiaceae
Prymnesiales
Prymnesium
- Algengifte
- Prymnesiaceae

Przewalski-Pferd
- [B] Asien II
- Pferde

Przewalskium
- Weißlippenhirsch

psalidont ↗
Psalliota
- Champignonartige Pilze

Psalter ↗
Psammal
- Psammon

Psammechinus
Psammion
- Psammon

Psammobia ↗
Psammobiidae
- Sandmuscheln

Psammochares
- Wegwespen

Psammocharidae ↗
Psammodrilida
Psammodrilidae
- Psammodrilida

Psammodriloides
- Psammodrilida

Psammodrilus
- Psammodrilida

Psammodromus ↗
Psammolyce
- [M] Sigalionidae

Psammon
psammophil ↗
Psammophis ↗
Psammophyten ↗
Psammoryctides
- [M] Tubificidae

Psammosteus
- Heterostraci

Psaroniaceae
- Marattiales

Psaronius
Psathyrella ↗
Pschedmost
- Předmost

P-Seite
- Membran
- ☐ Membran (Plasmamembran)

- Membranproteine

Pselaphidae ↗
Pselaphognatha ↗
Psephenidae
Psephurus ↗
Psettodoidei ↗
Pseudacraea
- Acraeidae

Pseudacris
Pseudanodonta ↗
Pseudanthium
Pseudaxis
- Dybowskihirsch
- Sikahirsch

Pseudechinoidea
- Bothriocidaroida
- [M] Seeigel

Pseudemydura
- [M] Australien

Pseudemys ↗
Pseudepimeren
- Asseln
- Flohkrebse

Psuedergaten ↗
Pseudeurycea
- [M] Schleuderzungensalamander

Pseudevernia
Pseudhymenochirus ↗
- Krallenfrösche

Pseudicyema
- [M] Mesozoa

Pseudidae ↗
Pseudis
- Harlekinfrösche

Pseudoallele ↗
pseudoangiokarp ↗
pseudoannuelle Pflanzen
pseudoannulat
- Desmoscolex

Pseudoapothecium
- Ascoma

Pseudobatrachotoxin
- Batrachotoxine

Pseudoböden
- Archaeocyathiden

Pseudobornia
- Pseudobornliales

Pseudoborniales
Pseudobranchien ↗
- Spritzloch

Pseudobranchus ↗
Pseudobufo
- [M] Kröten

Pseudobulben
- Orchideen

Pseudocandona
- [M] Baikalsee

Pseudocapillitium
- Liceales
- Lycogalaceae

Pseudocellen ↗
- Exsudation

Pseudocentrophori
Pseudocerastes ↗
pseudoceratitisch
Pseudocerci ↗
- Urogomphi

Pseudocercosporella
- Halmbruchkrankheit

Pseudoceridae
- Pseudoceros
- Thysanozoon
- Yungia

Pseudoceros
Pseudochama
- Gienmuscheln

Pseudocheirus
- [M] Australien
- Koalaverwandte

Pseudochomata
Pseudochrysalis ↗
Pseudocilien
- Gloeococcaceae

Pseudococcidae ↗
Pseudococcus
- Schmierläuse

Pseudocoel ↗
- Coelom

- Hydroskelett

Pseudocoelomata
Pseudoconcha
- Cymbulia

Pseudocordylus ↗
Pseudocostae
Pseudoculi
Pseudoculus
- Feuchterezeptor
- Pseudoculi

Pseudocyonopsis
- Amphicyonidae

Pseudocyphellaria ↗
- Pseudocyphelle

Pseudocyphelle
Pseudodeltidium
- Protremata
- Xenidium

pseudodichotom
- Gleicheniaceae

Pseudodoliolaria
- Doliolaria

Pseudodromia
- Wollkrabben

Pseudoephedrin
- Ephedra
- Ephedrin

Pseudoeurycea ↗
Pseudofacettenauge
- Hundertfüßer
- Komplexauge
- Scutigera
- Tausendfüßer

Pseudofaeces
Pseudofossilien
Pseudofusulina
- ☐ Perm

Pseudogamie ↗
Pseudogastrulation
Pseudogene
Pseudogley
- Bodenfarbe
- Bodengeschichte
- [B] Bodenzonen Europas
- ☐ Gefügeformen

pseudogoniatitisch
Pseudogyps
- [M] Afrika

Pseudohaje
- [M] Giftnattern

Pseudohemisus
Pseudohermaphroditismus ↗
- Zwittrigkeit

Pseudohydnum ↗
Pseudohyläa
Pseudoindicane
- Kardengewächse

Pseudoindusium
- Adiantum
- Adlerfarn

Pseudointerarea
- Interarea

Pseudoïs ↗
Pseudoisoenzyme
- Isoenzyme

pseudokone Augen
Pseudokopulation ↗
- Ragwurz

Pseudokuhpockenvirus
- ☐ Pockenviren

Pseudolamellibranchie
- Filibranchia

Pseudolarix
Pseudolepidophyllum ↗
Pseudolobenlinie
- doppelte Lobenlinien

Pseudolynchia
- [M] Lausfliegen

Pseudolyssa
- Aujeszky-Krankheit

Pseudomalleicepacia-Gruppe
- [M] Pseudomonas

Pseudomembranen
- Diphtherie

Pseudomerie
- Pseudometamerie

Pseudometamerie
Pseudomixis ↗

Pteralia

Pseudomonadaceae
Pseudomonaden
Pseudomonas
- Achromobacter
- [M] Bdellovibrio
- Biolumineszenz
- Bodenorganismen
- [M] Denitrifikation
- [M] Eitererreger
- Entner-Doudoroff-Weg
- [M] halophile Bakterien
- Hirudinea
- [M] Kläranlage
- methanoxidierende Bakterien
- Mineralisation
- [ ] Purpurbakterien
- [M] Strichtest
- Zinn
Pseudomonasphage Φ 6
- Bakteriophagen
Pseudomonokotylie
Pseudomulleria
- Flußaustern
Pseudomurein
- Bakterienzellwand
Pseudomycel
Pseudo-Nektarvögel
- Lappenpittas
Pseudonocardia
- [M] Selbsterhitzung
Pseudopaludicola
Pseudopanthera
- Spanner
Pseudoparaphysen
- Blätterpilze
- Hymenium
- Paraphysen
Pseudoparenchym ⁄
- Trama
Pseudoperculum
Pseudoperidie ⁄
- Aecidiosporen
- [ ] Rostpilze
Pseudoperithecium
- Ascoma
Pseudoperonospora
Pseudopeziza ⁄
Pseudophryne ⁄
Pseudophyllidea ⁄
Pseudo-Placenten
- Placenta
Pseudoplankton
Pseudoplasmodien ⁄
Pseudoplectania ⁄
Pseudopleuronectes ⁄
Pseudopodetium ⁄
Pseudopodien
- amöboide Bewegung
- Amoebocyten
- Bewegung
- Calcium
- Endoplasma
- Gameten
- Geschlecht
- Hautlichtsinn
- [M] Nacktamöben
- Wurzelfüßer
Pseudopolyploïdie
- Agmatoploïdie
Pseudoporcellanella
- Porzellankrabben
Pseudoporen
- Pseudopunctata
Pseudopubertas praecox
- adrenogenitales Syndrom
Pseudopunctata
Pseudorabies-Virus ⁄
Pseudorca
- Schwertwale
Pseudorchis
- Weißzüngel
Pseudorotz
Pseudosacculides
- Blattschnecken
Pseudosakralrippen
- Kreuzwirbel
Pseudoscaphirhynchus ⁄
Pseudoschwagerina
- [ ] Perm

Pseudoscleropodium ⁄
Pseudoscorpiones
- Pseudoskorpione
Pseudosepten
Pseudoskolex
- Fimbriaria
Pseudoskorpione
- Brutbeutel
- Gespinst
Pseudosmitta
- Zuckmücken
Pseudospeziation ⁄
- kulturelle Evolution
Pseudosphaeriales
Pseudosphaerocystis ⁄
Pseudosporochnus ⁄
Pseudostrabismus mongolicus
- Mongolenfalte
Pseudostromata
- Stroma
Pseudosuchia ⁄
- Flugsaurier
- Proterosuchidae
- Thecodontia
Pseudotachea
Pseudotaxus
- [M] Eibengewächse
pseudotetramer
Pseudotetramera
- Kryptopentamerie
Pseudothecien
- Meliolales
Pseudothecosomata
- Seeschmetterlinge
Pseudothelphusa
- Süßwasserkrabben
Pseudothelphusidae
- Süßwasserkrabben
Pseudotracheen
- [ ] Mundwerkzeuge
Pseudotrebouxia
- Lecanorales
- Parmeliaceae
- Ramalinaceae
Pseudotriakidae ⁄
pseudotrimer
- Marienkäfer
Pseudotriton ⁄
Pseudotropin
- Tropanalkaloide
Pseudotsuga ⁄
- Cathaya
Pseudotuberaceae ⁄
Pseudotuberkel
- Schistosomiasis
Pseudotuberkulose
Pseudotyp-Bildung
- phänotypische Mischung
pseudounipolar
- bipolare Nervenzelle
Pseudouridin
- [ ] transfer-RNA
Pseudovagina
- Dermocarpaceae
Pseudovergleyung
- Bodenentwicklung
Pseudovermidae
- Pseudovermis
Pseudovermis
Pseudovespula ⁄
Pseudovirion
Pseudovitellus
Pseudoviviparie
- Rispengras
Pseudovoltzia
- [ ] Perm
- Voltziales
- [M] Voltziales
Pseudowut ⁄
Psicofuranin
- Angustmycine
Psicose
- [M] Monosaccharide
Psidium ⁄
- [M] Myrtengewächse
Psila
- Nacktfliegen
Psilidae ⁄

Psiloceras
- Trias
Psiloceras psilonotum
Psilocin
- Pilzgifte
- Psilocybe
- [M] Psilocybin
- [ ] Rauschpilze
- Teonanacatl
Psilocybe
Psilocybin
- Teonanacatl
Psilopa
- Sumpffliegen
Psilophyta
- Urfarne
Psilophytales
- [M] Endogonales
Psilophytatae
- Urfarne
Psilophyten ⁄
- Asteroxylon
- Horneophyton
- [ ] Karbon
- [B] Pflanzen, Stammbaum
- [ ] Silurium
Psilophyton
- Urfarne
Psilophytopsida ⁄
Psilopsida ⁄
Psilorhynchidae
- Spindelschmerlen
Psilorhynchus ⁄
Psilotales
- Psilotales
Psilotatae
- Psilotales
Psilotopsida
- Psilopsida
Psilotum ⁄
Psithyrus ⁄
Psittacidae ⁄
Psittaciformes ⁄
Psittacinae
- Papageienkrankheit
Psittacula
- [B] Asien VII
Psittacus ⁄
Psittakose ⁄
- Tetracycline
Psittrichas
- [M] Papageien
Psittrichasinae
- [M] Papageien
Psocidae ⁄
Psocoerastis
- Psocoptera
Psocoptera
- [ ] Insekten (Stammbaum)
Psophia
- Trompetervögel
Psophiidae
- Trompetervögel
Psophus ⁄
Psora
Psoralea ⁄
Psoralen
- Photosensibilisatoren
Psoroma ⁄
Psoroptes
- Sarcoptiformes
Psoroptidae
- Räude
- Sarcoptiformes
PSP
- Synapsen
PSTV
- [M] Viroide
PsV-S Gruppe
- [M] Pilzviren
Psyche
- [ ] Drogen und das Drogenproblem
Psychidae ⁄
- Parthenogenese
psychisch
psychische Krankheiten
- Neuropeptide
- Psychopharmaka
psychischer Streß
- Dystonie

- Streß
psychisches Geschlecht
- Androgene
Psychochirurgie
- Moniz, A.
Psychocidaridae
- Lanzenseeigel
Psychoda
- Mottenmücken
Psychodidae ⁄
Psychohygiene
- Hygiene
Psycholamarckismus
- Abstammung - Realität
Psychologie
- Wissenschaftstheorie
psychologische Lerntheorie
- Aktion
- Behaviorismus
- Lernen
Psychologismus
- Bioethik
Psycholytika
- [ ] Psychopharmaka
Psychopathie
- [ ] Drogen und das Drogenproblem
Psychopharmaka
- adrenerge Rezeptoren
- Amphetamine
- [M] Monoamin-Oxidasen
Psychophilie ⁄
- [M] Schmetterlingsblütigkeit
Psychophysik
- [B] Biologie II
- Fechner, G.Th.
- Sinnesphysiologie
psychophysischer Parallelismus
- Bewußtsein
psychophysisches Grundgesetz
- Weber-Fechnersches Gesetz
psychophysisches Grundproblem
- Bewußtsein
psychophysische Struktur
- Disposition
Psychosen
- Lithium
psychosomatische Erkrankungen
- Streß
Psychostimulantien
- [ ] Psychopharmaka
- Weckamine
psychotomimetische Wirkung
- [ ] Psychopharmaka
psychotrop
- Psychopharmaka
Psychovitalismus
- Geist - Leben und Geist
- Vitalismus - Mechanismus
Psychrobionten
psychrophile Organismen
- Konservierung
Psychrophyten
Psylla
- [B] Endosymbiose
- Psyllina
Psyllidae ⁄
- Psyllina
Psyllina
Psylliodes
- Erdflöhe
Psyllipsocidae
- Psocoptera
Psylloborini
- Marienkäfer
Psylloidea ⁄
PTA
- [ ] Blutgerinnung (Faktoren)
pt-DNA ⁄
Ptenoglossa ⁄
ptenoglosse Radula
- Federzüngler
Pteralia ⁄
- [M] Flugmuskeln

Pteranodon

Pteranodon
Pteraspida
– Heterostraci
Pteraspidomorphi
Pteraspis ↗
Pterastricolidae
– M Dalyellioida
Pteria
Pterichthyes
Pteridaceae
Pteridine
– Farbe
Pteridinium simplex
Pteridium ↗
– B Farnpflanzen I
Pteridophora
– B Selektion III
Pteridophyta ↗
– B Pflanzen, Stammbaum
Pteridospermae ↗
Pteriidae
– Actinodonta
– Pteria
– Pterioidea
Pterine
– Chromatophoren
– Folsäure
– M Gelée royale
– Pteridine
Pterioidea
Pteris ↗
Pternohyla ↗
Pterobranchia
– Graptolithen
Pterocarpane
– Flavonoide
Pterocarpus
– M Flügelfrüchte
– Miombowald
Pterocarya ↗
– Europa
– Tertiärrelikte
Pterocera ↗
Pterocles
– Flughühner
Pteroclidae ↗
Pterocnemia ↗
Pterocorallia ↗
Pterodactyloidea ↗
Pterodactylus
– Flugsaurier
Pterodon
Pterognathiidae
– M Gnathostomulida
Pteroides ↗
Pterois ↗
Pterolichidae
– Sarcoptiformes
Pteromalidae
Pteromalus
– Pteromalidae
Pteromyinae ↗
Pteronotus
– Blattnasen
Pteronura ↗
Pterophoridae ↗
Pterophorus
– Federmotten
Pterophyllum ↗
Pteropidae ↗
Pteropinae
– Flughunde
Pteropoda
Pteropodenschlamm
Pteropodium ↗
Pteropus
– Flughunde
Pterorhodin
– Pteridine
Pterosagitta
– M Chaetognatha
Pterosauria ↗
– B Dinosaurier
– □ Wirbeltiere
Pterosoma
– M Kielfüßer
Pterostichus
Pterostigma ↗
Pterostoma
– M Zahnspinner

Pterothorax
– Flugmuskeln
– Thorax
Pterothrissidae ↗
Pterotrachea
Pterotracheidae
– M Kielfüßer
– Pterotrachea
Pterygia
Pterygioteuthis
– □ Leuchtorganismen
Pterygium
Pterygoid
– Keilbein
– Schnabel
Pterygoneurum ↗
– Pottiaceae
Pterygophoren
– Flossen
Pterygopodium ↗
Pterygo-Polymorphismus
– Insektenflügel
Pterygota ↗
– Dicondylia
– □ Insekten (Stammbaum)
– monophyletisch
↗ Fluginsekten
Pterygotus
– Chelicerata
– □ Silurium
Pterylae
– Federfluren
Pterylen ↗
PTH ↗
Ptilidiaceae
Ptilidium
– Ptilidiaceae
Ptiliidae ↗
Ptilinopus
– M Inselbesiedlung
Ptilinum
– Deckelschlüpfer
Ptilium ↗
Ptilocercus
– M Spitzhörnchen
Ptilodon
– M Zahnspinner
Ptilodontoidea
– Multituberculata
Ptilognathidae ↗
Ptilograptus
– Graptolithen
Ptilonorhynchidae ↗
Ptilonorhynchus
– Werkzeuggebrauch
Ptilophyllum
– Zamites
Ptinidae ↗
Ptinus
PTK 1
– M Zellkultur
Ptomaïne
PTTH
– prothorakotropes Hormon
Ptyalin ↗
Ptyas ↗
Ptychadena
Ptychocheilus ↗
Ptychoderidae ↗
Ptychogaster
– □ Tertiär
Ptychohyla ↗
Ptychonomium
– □ Minen
Ptychoparia
– Ptychopariida
Ptychopariida
Ptychoptera
– Faltenmücken
Ptychopteridae ↗
Ptychoverpa
– Morcheln
Ptychozoon ↗
Ptygura
– M Rädertiere
Ptyllanthus
– Myrobalanen
Ptyodactylus ↗
Ptyonoprogne ↗

Ptyophagie
pubertärer Wachstumsschub
– Jugendentwicklung: Tier-
Mensch-Vergleich
Pubertas praecox
– Virilismus
Pubertät ↗
– Akzeleration
– □ Gametogenese
– Geschlechtsdifferenzierung
– Hormone
– Mensch und Menschenbild
Pubertätsleisten
– Gürtelwürmer
Pubertätstuberkel
– Gürtelwürmer
Pubertätswälle
– Gürtelwürmer
Pubis ↗
– M Dinosaurier (Becken)
↗ Schambein
Publikationsdatum
– M Prioritätsregel
Puccinelli, Tommaso
– Puccinellia
Puccinellia ↗
Puccinellion maritimae
– M Asteretea tripolii
Puccini, Tommaso
– Puccinia
Puccinia ↗
– B Pilze I
Pucciniaceae
– M Rostpilze - Rostkrank-
heiten
Pucciniastraceae
– M Rostpilze - Rostkrank-
heiten
Pudding
– Gelatine
Pudel
– □ Hunde (Hunderassen)
– B Hunderassen IV
Puder-Dunen
– Dunen
– Vogelfeder
Pudu
– Pudus
Puduhirsche
– Pudus
Pudus
– Südamerika
Pueraria
– M Hülsenfrüchtler
Puerperalfieber ↗
Puff
– differentielle Genexpression
– Genaktivierung
Puffer
– □ Blutgase
– Bodenreaktion
– Niere
– Phosphationen
– □ pH-Wert
– Salze
– Schleim
– M Zellaufschluß
– Zellkultur
Pufferlösung
– Puffer
puffern
– Histidin
– Puffer
Puffinus ↗
Puffottern
– B Afrika IV
Pugilina
– Kronenschnecken
Puja
– Páramo
– Südamerika
Pulegon
– M Monoterpene
Pulex ↗
– B Parasitismus II
Puli
– □ Hunde (Hunderassen)
Pulicaria ↗
Pulicidae ↗

pulling position
– Pillendreher
Pullorumseuche
– Klebsiella
Pulmo ↗
Pulmo dexter
– Lunge
Pulmonalklappe ↗
– M Herzklappen
Pulmonaria ↗
Pulmonata ↗
Pulmo sinister
– Lunge
Pulpa (Botanik)
– Bananengewächse
Pulpa (Zoologie)
– Milz
Pulpa dentis
– Zähne
Pulpahöhle
– □ Schuppen
– Zähne
Pulpen
– Pulpo
Pulpo ↗
Pulque ↗
– Blutungssaft
Puls
– Galen
– Windkesselfunktion
Pulsatilla ↗
Pulsatillenkampfer
– Anemonin
Pulsatillo-Pinetalia ↗
pulsierende Vakuole ↗
– Einzeller
– M Entodiniomorpha
– Osmoregulation
Pulsstabilität
– Feuerklimax
Pulsus
– Puls
Pulverholz ↗
pulverisieren
– □ Konservierung (Konservie-
rungsverfahren)
Pulverschorf
Pulvillen ↗
– Fliegen
Pulvillus
– Pulvillen
Pulvinaria ↗
Pulvini ↗
Pulvinomyzostomidae
– Pulvinomyzostomum
Pulvinomyzostomum
– Pulvinomyzostomidae
Puma
– Nordamerika
– B Nordamerika VII
– Südamerika
Pumi
– □ Hunde (Hunderassen)
Pumiliotoxin
– Farbfrösche
pumpen
– Temperaturregulation
Pümpwurm ↗
Puna
– Südamerika
Puncta
– Brachiopoden
– Impunctata
– Punctata
Punctaptychus
Punctaria ↗
Punctata
punctuated equilibrium
– Evolution
– Saltation
Punctum ↗
Pungitius ↗
Punica ↗
Punicaceae ↗
Punktaugen
– B Gliederfüßer I
– Gliedertiere
Punktbär ↗
Punktkäfer

Pyramidenzellen

Punktkarten
Punktmutationen
– Ambiguität
– Aminosäureaustausch
– Basenanaloga
– Deletion
– Gen
Punktrasterkarten
– Punktkarten
Punktsaat
– □ Saat
Punktschnecke
Punktualismus
– Evolution
Puntius ↗
Pupa ↗
Pupa adectica
– freie Puppe
– Puppe
Pupa cingulata
– Puppe
Pupa coarctata
– Tönnchenpuppe
Pupa dectica
– Puppe
– Schmetterlinge
Pupa exarata
– freie Puppe
Pupa incompleta
– Schmetterlinge
Pupa libera
– Bockkäfer
– freie Puppe
Pupa obtecta
– Puppe
Puparium ↗
– Deckelschlüpfer
– Puppe
Pupa semilibera
– Schmetterlinge
Pupa succinata
– Puppe
Pupa suspensa
– Puppe
Pupilla (Augenteil)
– Linsenauge
Pupilla (Schnecke)
– Puppenschnecken
Pupille
– Augenpigment
– Hell-Dunkel-Adaptation
– Iris (Augenteil)
– M Iris (Augenteil)
– □ Nervensystem (Wirkung)
Pupillenerweiterung
– Angst - Philosophische Reflexionen
– □ Tollkirsche
Pupillenreaktion
– Iris (Augenteil)
Pupillenreflex
– Pupillenreaktion
Pupillidae ↗
Pupilloidea
– Puppenschnecken
Pupipara
– Cryptometabola
– Lausfliegen
– Milchdrüsen
Pupiparie
Puppe (Entwicklungsstadium)
– dipharat
– M Häutung
– Kokon
– □ Schmetterlinge (Falter)
Puppe (Spielzeug)
– □ Kindschema
Puppenharn
– Schmetterlinge
Puppenkeule
– M Kernkeulen
Puppenräuber
– B Käfer I
Puppenschnecken
Purgier-Kreuzdorn
– M Kreuzdorn
Purgiernuß
– Wolfsmilchgewächse

Purin
– Grünalgen
– M heterocyclische Verbindungen
– Purinnucleotide
– ↗ Purine
Purinabbau
– Allantoin
Purinbasen
– Basenanaloga
– Basenaustauschmutationen
– Desoxyribonucleinsäuren
– Purinabbau
Purinbiosynthese
– Angustmycine
Purine
– Aminosäuren
– B chemische und präbiologische Evolution
– □ essentielle Nahrungsbestandteile
– Hypoxanthin-Guanin-Phosphoribosyl-Transferase
– Purin
– B Stoffwechsel
Purinnucleoside
– Purinabbau
Purinnucleotide
– Harnsäure
– Inosin-5'-monophosphat
– Purinabbau
Purinnucleotidhydrolase
– M Cytokinine
purinotelisch
– Exkretion
Purkinje, J.E. von
– B Biologie I
– B Biologie II
– Mohl, H. von
– M Protoplasma
– Purkinje-Fasern
– Purkinje-Phänomen
– Purkinje-Zellen
– Zelltheorie
Purkinje-Fäden
– Purkinje-Fasern
Purkinje-Fasern
– Herzmuskulatur
– M Membranpotential
Purkinje-Phänomen
Purkinje-Zellen ↗
– Gedächtnis
– Korbzellen
– □ Versilberungsfärbung
Puromycin
– A-Bindungsstelle
– Antimetaboliten
– Ribosomen
Purpur
– □ Farbstoffe
Purpura
Purpurbakterien
– □ Bakteriochlorophylle (Absorption)
Purpurbock
Purpureaglykosid A
– □ Digitalisglykoside (Auswahl)
Purpureicephalus
– M Australien
Purpurfarbene Schwefelbakterien ↗
Purpurhuhn ↗
Purpuricenus ↗
Purpurin
– Anthrachinone
Purpurknabenkraut
– B Orchideen
Purpurmembran ↗
– Bakterienmembran
Purpurprunkwinde
– M Windengewächse
Purpurrose ↗
Purpurschnecken
– Austernbohrer
Purpurseeigel
Purpursegler
Purpursporen
– Braunsporen

Purpurstern
Purshia
– M Frankiaceae
Purzelkäfer ↗
Pus
– Eiter
Pusa ↗
pushing position
– Pillendreher
Pusia
Pustelflechte
Pustelpilze ↗
Pustelschorf ↗
Pustelschwein
– Wildschweine
pustuläre Stomatitis
– □ Pockenviren
Pustularia
Putamen
– Corpus striatum
– Neostriatum
– Telencephalon
Pute
Puter ↗
Putorius ↗
Putrefaktion
– Putreszenz
Putrescin ↗
– biogene Amine
– Clostridien
– Decarboxylierung
– Putreszenz
Putreszenz
Putride
Putzapparate
Putzbein
Putzbereitschaft
– Putzsymbiose
Putzbewegungen
– Putzen
Putzen
– Erbkoordination
– Ritualisierung
Putzerfische
– Mimikry
Putzergarnelen
Putzerlippfisch
– M Putzsymbiose
Putzerschmerle
– Saugschmerlen
Putzertanz
– M Auslöser
Putzertracht
– M Putzsymbiose
Putzkämme
– Putzapparate
Putzpfote
– Augenfalter
– Putzbein
Putzstationen
– Putzsymbiose
Putzsymbiose
– Putzen
Puya ↗
– M Ananasgewächse
PVC
– M Abfallverwertung
p_{50}-Wert
PWP
– Bodenwasser
Pycnodonta
– M Austern
Pycnodontoidea
– Wirbel
Pycnogonum ↗
Pycnonotidae ↗
Pycnonotus
– M Haarvögel
Pycnophyes
– □ Kinorhyncha
– M Kinorhyncha
Pycnophyidae
– Hyalophyes
Pycnopodia
– □ Seesterne
Pycnoporus
– M Weißfäule
Pyelonephritis
– Harnsedimente

Pyemotes ↗
– M Kugelbauchmilben
Pygaera
– M Zahnspinner
Pygaster
– M Seeigel
Pygathrix
– M Schlankaffen
Pygeretmus
– M Springmäuse
Pygidialdrüsen
– □ Bombardierkäfer
– □ Insekten (Darm-/Genitalsystem)
– Laufkäfer
– M PHB-Ester
– Wehrsekrete
Pygidium
– Gliedertiere
– M Trilobiten
Pygmäen
Pygmäenmännchen
– Zwergmännchen
Pygmäensalamander ↗
Pygmide
Pygope
Pygophora
– M Rankenfüßer
Pygopodidae ↗
Pygopodien
– Käfer
Pygopodium
– Pygopodien
Pygoscelis ↗
Pygospio
Pygostyl
Pyknidien
– M Phoma
Pyknidium
– Pyknidien
Pykniker
– M Konstitutionstyp
Pyknose
Pyknosporen ↗
Pyknosporenlager
– B Pilze I
Pylaiella ↗
Pylocheles
– Einsiedlerkrebse
Pylochelidae
– Einsiedlerkrebse
Pylopagurus
– Einsiedlerkrebse
Pylorus
– M Insekten (Darmgrundschema)
– M Magen
– M Malacostraca
Pylorusblindsäcke
– B Darm
Pylorusdrüsen
– Seesterne
Pylorusschleimhaut
– Gastrin
Pylorusstenose
– Demineralisation
Pyocine ↗
Pyocyanin
Pyracantha ↗
Pyralidae ↗
Pyralis
– Zünsler
Pyrameis
– Distelfalter
Pyramidale
– Dreiecksbein
Pyramidellidae
Pyramiden
– Nummuliten
Pyramidenbahn
– Neopallium
– Rautenhirn
– Rückenmark
– B Rückenmark
Pyramidenbaum
– □ Baum
Pyramidenschnecken
Pyramidenzellen
– □ Telencephalon

Pyramidula

Pyramidula ↗
Pyramidulidae
– Pyramidenschnecken
Pyramimonas ↗
Pyran
– M Pyranosen
– ☐ Ringsysteme
Pyranosen
– B Kohlenhydrate I
Pyrarchaikum
– Präkambrium
Pyrausta
– Maiszünsler
Pyrazin
– ☐ chemische Sinne (Geruchsschwellen)
Pyrenäen-Schäferhund
– ☐ Hunde (Hunderassen)
Pyrenäen-Steinbock
– M Ziegen
pyrenäisch
– B Erdgeschichte
Pyrene
Pyrenidae
– Täubchenschnecken
Pyrenoide ↗
pyrenokarp
– endolithisch
Pyrenolichenes ↗
Pyrenomycetes
Pyrenophora
– M Helminthosporium
– Netzfleckenkrankheit
– B Pflanzenkrankheiten I
– M Pleosporaceae
– Streifenkrankheit
Pyrenophora teres Toxin A
– Marasmine
Pyrenula
– Pyrenulales
Pyrenulaceae
– Pyrenulales
Pyrenulales
Pyrethrine
– M Anacyclus
– Insektizide
– Wucherblume
Pyrethrinsäure
– ☐ Pyrethrine
Pyrethroide
– Pyrethrine
Pyrethrolon
– ☐ Pyrethrine
Pyrethrum ↗
– Allethrin
– Korbblütler
Pyrexie ↗
Pyrgus ↗
Pyridin
– M heterocyclische Verbindungen
– ☐ MAK-Wert
– ☐ Ringsysteme
Pyridin-3-carbonsäure
– Nicotinsäure
Pyridin-2,6-dicarbonsäure
– Dipicolinsäure
Pyridinnucleotide ↗
Pyridoxal
– B Vitamine
Pyridoxalphosphat
– B Ein-Gen-ein-Enzym-Hypothese
– Pyridoxaminphosphat
– ☐ Transaminierung
Pyridoxamin
– Pyridoxaminphosphat
– B Vitamine
Pyridoxaminphosphat
– ☐ Transaminierung
Pyridoxin
– ☐ Bier
– B Vitamine
Pyridoxol
– Pyridoxin
– B Vitamine
2-3-Pyridyl-piperidin
– Anabasin
Pyrimidin
– B chemische und präbiologische Evolution

– ☐ essentielle Nahrungsbestandteile
– M heterocyclische Verbindungen
– M Meteorit
– ☐ Ringsysteme
– B Stoffwechsel
Pyrimidinbasen
– Basenanaloga
– Basenaustauschmutationen
– Desoxyribonucleinsäuren
– M Gruppenübertragung
Pyrimidindimere
– DNA-Reparatur
Pyrimidinnucleoside
– Pyrimidinbasen
Pyrimidinnucleotide
– Carbamylphosphat
– Pyrimidinbasen
Pyrit
– Schwefel
Pyrocatechin-Gerbstoffe
– Gerbstoffe
Pyrocephalus ↗
Pyrochroa
– Feuerkäfer
Pyrochroidae ↗
Pyrocypris
– Meeresleuchten
Pyrodictium
– M Schwefelreduzierer
– M Sulfobales
– thermophile Bakterien
Pyrogallolfarbstoffe
– Gerbstoffe
Pyrogallophthalein
– Gallein
Pyrogene
– Lipopolysaccharid
Pyrola
– Wintergrüngewächse
Pyrolaceae ↗
Pyrolo-Abietetum
– Galio-Abietion
Pyronema
Pyronemaceae
– Pyronema
Pyronemataceae
Pyrophorini
– Leuchtkäfer
Pyrophorus
– Cucujo
– Leuchtkäfer
Pyrophosphat
– B Dissimilation II
– M Hydrolyse
Pyrophosphatase
– Pyrophosphat
Pyrophosphorsäure
– Pyrophosphat
Pyrophyten
Pyrosoma
– M Feuerwalzen
Pyrosomatidae
– M Feuerwalzen
Pyrosomida ↗
Pyrostegia
– M Bignoniaceae
Pyrotheria
Pyrrhidium
– Bockkäfer
Pyrrhocorax ↗
Pyrrhocoridae ↗
Pyrrhocoris
– Feuerwanzen
Pyrrhophyceae
Pyrrhosoma
– Schlanklibellen
Pyrrhula ↗
Pyrrol
– Cobalamin
– M heterocyclische Verbindungen
– ☐ Ringsysteme
Pyrrolidin-Alkaloide
– Cocaalkaloide
2-Pyrrolidincarbonsäure
– Prolin

Pyrrolizidin
– Korbblütler
Pyrrolizidin-Alkaloide
– cancerogen
– Rauhblattgewächse
Pyrrolochinolinchinon
– M methylotrophe Bakterien
Pyrsonymphida
Pyrus ↗
Pyruvat ↗
– ☐ Aminosäuren (Synthese)
– M Decarboxylierung
– M Desaminierung
– M Dissimilation I
– B Dissimilation II
– Entner-Doudoroff-Weg
– B Enzyme
– Gärung
– Glucuronat-Weg
– Glutamat-Pyruvat-Transaminase
– Glykolyse
– B Glykolyse
– M Hatch-Slack-Zyklus
– M Interspezies-Wasserstoff-Transfer
– ☐ Kohlendioxidassimilation
– M Lactat-Dehydrogenase
– M Methylglyoxal
– ☐ Phosphoketolase
– ☐ Propionsäuregärung
– Pyruvat-Carboxylase
– Pyruvat-Decarboxylase
– Pyruvat-Dehydrogenase
– Pyruvattranslokator
– ☐ Redoxpotential
– ☐ reduktiver Citratzyklus
– ☐ Serin
– B Stoffwechsel
– M Succinatgärung
– M Sulfatatmung
– Brenztraubensäure
Pyruvat-Carboxylase
– ☐ Enzyme (K_M-Werte)
– M Glucocorticoide (Wirkungen)
Pyruvat-Decarboxylase
– B Glykolyse
– Thiaminpyrophosphat
Pyruvat-Dehydrogenase
– B Glykolyse
– M Oxidoreduktasen
– Pyruvattranslokator
– Thiaminpyrophosphat
Pyruvat-Familie
– ☐ Aminosäuren (Synthese)
Pyruvat-Formiat-Lyase
– Ameisensäuregärung
Pyruvat-Kinase ↗
– B Chromosomen III
– Erythrocyten
– B Glykolyse
– M Leerlaufzyklen
– Natrium
Pyruvat-Synthase
– ☐ reduktiver Citratzyklus
Pyruvattranslokator
Pythia
Pythiaceae
– Peronosporales
Pythidae ↗
Pythium ↗
– Falsche Mehltaupilze
– M Umfallkrankheiten
– M Wurzelbrand
– M Wurzelfäulen
Python
– B Afrika II
– B Asien VIII
– B Australien I
– Pythonschlangen
– B Reptilien III
– B rudimentäre Organe
Pythoninae ↗
Pythonschlangen
– Temperaturregulation
↗ Python

Pytilia
– B Mimikry I
Pyxicephalus
Pyxidanthera
– M Diapensiales
Pyxidium ↗
Pyxis ↗
P-Zacke
– Elektrokardiogramm

Q

Q
Q-Banden
– Chromosomen
Qβ-Phage
– Bakteriophagen
– einzelsträngige RNA-Phagen
– RNA-Replikase
– B Transkription - Translation
Q-Enzym
– Glykogen
Q-Fieber
– M bakteriologische Kampfstoffe
– Burnet, F.M.
Q-Fieber-Virus
QH_2
QRS-Komplex
– Elektrokardiogramm
Quaddeln
– Histamin
– Nesselkrankheit
Quaderformation
– Kreide
Quadranten
– Spiralfurchung
– Telencephalon
Quadraspidiotus ↗
Quadratbein
– Quadratum
Quadratojugale
– Schnabel
Quadratum
– Articulare
– Gehörknöchelchen
– ☐ Kiefergelenk
– Reichert-Gauppsche Theorie
– Schnabel
Quadriceps
Quadrivalente
Quadrupedie
Quaestora
– Medullosales
Quagga
– M Aussterben
– M Zebras
Quallen ↗
– M Auge
– Cephalisation
– Symmetrie
Quallenfisch ↗
Quallenflohkrebs ↗
Quantasom
Quanten
– Photochemie
– B Photosynthese II
– Sehfarbstoffe
– Stäbchen
– B Stoffwechsel
– Synapsen
– Zufall in der Biologie

↗ Photonen
Quantenausbeute ↗
– Emerson-Effekt
– Ⓜ Photosynthese
Quantenbedarf ↗
Quantenbiologie
– Dessauer, F.
Quantenchemie
– Pauling, L.C.
Quantenhypothese
– Synapsen
Quantenmechanik
– Zufall in der Biologie
Quantenphysik
– Wissenschaftstheorie
Quantoren
– Deduktion und Induktion
Quantum-Evolution
– Evolutionsrate
Quappen
– Ⓑ Fische XI
Quappwurm ↗
Quappwürmer ↗
Quarantäne
Quark
– Milch
Quartär
– Geochronologie
Quartärstruktur
– Aminosäuresequenz
– Biopolymere
– Proteine
– Selbstorganisation
– Symmetrie
Quarz
– Ⓜ Albedo
– Bodenentwicklung
– Bodentemperatur
– Diatomeenerde
Quarz-Ultraviolett
– Ⓜ Ultraviolett
quasisozial
– Ⓜ staatenbildende Insekten
quasistationärer Zustand
– dynamisches Gleichgewicht
Quassi, Graman
– Quassia
Quassia ↗
Quassiin
– Simaroubaceae
Quastenflosser
– Ⓜ Devon (Lebewelt)
– Ⓜ Eizelle
– Ⓑ Fische VII
– Kraniokinetik
– Ⓑ lebende Fossilien
Quastenstachler ↗
Quebrachin ↗
Quebrachit
– Cyclite
Quebracho
– Gerbstoffe
Quebrachorinde
– Ⓜ Hundsgiftgewächse
– Quebracho
Quecke
– ☐ Ausläufer
– Ⓑ Europa XVIII
– Polykorm
– Unkräuter
Queckenfalter
– Waldbrettspiel
Quecken-Ödland ↗
Quecksilber
– Abbau
– Akkumulierung
– Kapillarität
– ☐ MAK-Wert
Quecksilberpräparate
– Chemotherapeutika
Quecksilbervergiftung
– Minamata-Krankheit
– Quecksilber
Queensland-Arrowroot
– Cannaceae
Queenslandfieber
– Q-Fieber

Queensland-Nuß
– Proteaceae
Quelle
Quellenabsätze
Quellenkrautflur
– Cardamino-Montion
Quellensalamander
– Porphyrsalamander
Quellenschnecken ↗
Queller
– ☐ Bodenzeiger
Quellerrasen
– Mangrove
Quellerwatten ↗
Quellfluren ↗
Quellgras
Quelljungfern
– Ⓑ Insekten I
Quellkörper
– Ⓜ Cnidosporidia
Quellkraut ↗
Quellkuppe
– Ⓜ Vulkanismus
Quellmoor
Quellsumpf
Quelltuff-Fluren
– Cratoneurion commutati
Quellung
– Bewegung
– Frostkeimer
– Gelatine
– Hydroturbation
– Imbibition
– Keimung
– Saugspannung
– Schleim
– Wasseraufnahme
– Wasserhaushalt
Quellungsanisotropie
– hygroskopisch
Quellungsdruck
– Quellung
– Wasserpotential
Quellwasser
– Grundwasser
– Quelle
– Ⓜ Wasseraufbereitung
Quellzone
– Ⓜ Flußregionen
– Krenal
Quelpart
– Paläarktis
Quendel ↗
Quendelschnecke ↗
Quendel-Seide
– Teufelszwirn
Quenstedt, F.A.
– brauner Jura
– Jura
Querbänderung
– kollagene Fasern
Quercetalia pubescentis
– Dingel
– Knabenkraut
Quercetea robori-petraeae
Quercetin
– Indolylessigsäure-Oxidase
Quercetin-3-O-rutinosid
– Rutin
Quercion robori petraeae
– Eiche
Quercitrin
– Quercetin
Quercitronrinde
– Eiche
Querco-Fagetea
Querco-Fagetum
– Weißtannenwälder
Querco-Ulmetum minoris
Quercus ↗
Quercusia
– Ⓜ Bläulinge
– Zipfelfalter
Querder ↗
Querdisparation
– Entfernungssehen
Querfortsatz
– Neuralbögen

– Wirbel
– Ⓑ Wirbeltiere II
Quergelenk
– Dosenschildkröten
quergestreifte Muskulatur
– Bewegung
– Brücke, E.W. von
– Differenzierung
– Gastrotricha
– ☐ Muskulatur
– Skelettmuskulatur
– Syncytium
Querlage
– Ⓜ Geburt
Querroller
– Blattroller
Querscheiben
Quervernetzung
– Cross-link
Querzahnmolche
– Nordamerika
Quesal
– Trogons
Quesenbandwurm ↗
– Drehkrankheit
Questidae
– Orbiniida
Quetschgebiß
– Lungenfische
Quetschpräparate ↗
Quetzal ↗
– Südamerika
– Ⓑ Südamerika I
– Ⓜ Trogons
Quieszenz
– Oligopause
Quillaja ↗
Quillajarinde ↗
Quina ↗
Quinachrin
– Fluoreszenzmikroskopie
Quinnat ↗
– Ⓑ Fische III
Quirl ↗
quirlständig
– Wirtel
Quiscalus
– Stärlinge
Quisqualis
– Combretaceae
Quito-Orange
– Nachtschatten
– Nachtschattengewächse
Quitte
Quittenschleim
– Quitte
Quittenvogel ↗
Quokka
– Australien
Q_{10}-Wert ↗
– Entwicklungsquotient

R

R ↗
Rabat
Raben ↗
– ☐ Albinismus
– Ⓑ Europa V
Rabenbein
– Rabenschnabelbein
– Ⓑ Skelett
Rabengeier ↗

Radekrankheit

Rabenkrähe ↗
– Bastardzone
– Ⓑ Europa XVII
– Ⓜ Flug
– ☐ Rabenvögel
– Rasse
Rabenschnabelbein ↗
Rabenschnabelfortsatz ↗
– Scapula
Rabenvögel
– Horst
– Nest
Rabies ↗
Rabiesvirus ↗
– Ⓜ Rhabdoviren
– Virus fixe
Racemasen
– Racemate
Racemate
Racemisations-Methode
– Geochronologie
Racemisierung
– Racemate
racemöse Blütenstände
– Verzweigung
racemöse Verzweigung
– monopodiales Wachstum
Rachen
– Eustachi-Röhre
– ☐ Farbe
– Glossopharyngeus
↗ Pharynx
Rachenblüte
Rachenblütler ↗
– ☐ Blüte (Staubblätterrückbildung)
Rachenbremsen ↗
Rachendasseln
– Rachenbremsen
Rachenfarbe
– Jugendkleid
– Ⓑ Mimikry I
Rachenmandel
– Eustachi-Röhre
– Ⓜ Nase
Rachenmembran
Rachenpolyp
– Rachenmandel
Rachenring
– lymphatische Organe
Rachentonsille
– Rachenmandel
Rachenzähne
– Schlundzähne
Rachischisis
– Spina bifida
Rachitis
– Demineralisation
– Fontanella
– Glisson, F.
Rachitomi
– Amphibien
– Rhachitomi
Rachycentron ↗
Rackelhuhn ↗
– Ⓜ Rauhfußhühner
Racken
Rackenvögel
Racocarpus ↗
Racodium
– Haarflechten
Racomitrium ↗
Racoon Dog
– Marderhund
Rad (Energiedosis)
– Strahlendosis
– ☐ Strahlendosis
Rad (Schwanzfederstellung)
– Pfauen
Radar
– Vogelzug
Radarwellen
– Bestrahlung
Rade ↗
Radekörner
– Radekrankheit
– Weizenälchen
Radekrankheit
– Federbuschsporenkrankheit

337

Radensiebe

Radensiebe ↗
– Kornrade
Räderorgan ↗
– Schädellose
Rädertanne
– Tannenkrebs
Rädertiere
– Cyclomorphose
– hemisessil
– Heterogonie
radial
Radialader
Radialdilatatoren
– Cibarialpumpe
radiales Leitbündel
– diarch
– Leitbündel
Radialia
Radialkanal
Radialsektor
– [M] Insektenflügel
– [M] Käfer
Radialspeiche
– [M] Axonema
radialsymmetrisch
– radiär
– Symmetrie
Radialtuben
– Schwämme
Radialzelle
– Flügelzellen
radiär
– Blütenformel
– [M] Morphosen
↗ Radiärsymmetrie
Radiärfurchung ↗
Radiärkanal
– Ringkanal
– [M] Schlangensterne
– [B] Stachelhäuter I
Radiärsymmetrie
– aktinomorph
– Bilateria
– Stachelhäuter
– Symmetrie
– [M] Symmetrie
Radiata ↗
Radiation ↗
Radiatio optici
– ☐ Telencephalon
Radicantia ↗
Radicchio
– Cichorium
Radicicolae
– ☐ Reblaus
Radicula ↗
– [M] Kormus
– [M] Süßgräser
Radiella
Radien
– Radnetzspinnen
Radieschen ↗
– [B] Kulturpflanzen IV
– ☐ Rüben
Radikalbildner
– Stickoxide
Radikale ↗
– ☐ Aerobier
– [M] Chlorkohlenwasserstoffe
Radikanten ↗
Radikation
radioaktiv
– Autoradiographie
– Radioaktivität
radioaktive Abfälle
– Abfall
radioaktive Familie
– Radioaktivität
radioaktive Isotope
↗ Radioisotope
radioaktive Markierung ↗
– C 14
– Carrier
– Schoenheimer, R.
radioaktiver Niederschlag
– Strahlenbelastung
radioaktiver Staub
– ☐ Luftverschmutzung
radioaktiver Verschiebungssatz
– Radioaktivität

radioaktive Stoffe
– Abbau
– Gifte
– Speisepilze
– [M] Wasserverschmutzung
radioaktive Strahlen
– [M] Anämie
– Embryopathie
– Radioaktivität
– Strahlenbelastung
– Strahlenschäden
radioaktives Zerfallsgesetz
– Radioaktivität
Radioaktivität
– ☐ chemische Evolution
– Commelinaceae
– Holozän
– Mensch und Menschenbild
Radiobiologie ↗
Radioblei
– ☐ Geochronologie
Radio-Carbon-Methode ↗
– C 14
– Libby, W.F.
Radiococcus
Radiodermatitis
– Strahlenschäden
Radiogold
– [M] Isotope
Radiographie
– ☐ Röntgenstrahlen
Radioimmunassay
– Antigen-Antikörper-Reaktion
– Hormoneinheit
Radioindikator ↗
Radioiod
– [M] Iod
– [M] Isotope
– Thyreostatika
Radioiodtherapie
– Krebs
Radioisotope ↗
– [B] Biologie III
– Cytologie
– Maßanalyse
↗ Radionuklide
Radiokobalt
– [M] Isotope
Radiokohlenstoffdatierung
↗ Radio-Carbon-Methode
Radiolaria
– ☐ Einzeller
– Frachtsonderung
– Haeckel, E.
– ☐ Kambrium
– [M] Plankton (Anteil)
– Radiolarit
– [B] Skelett
– Symmetrie
Radiolarienschlamm
Radiolarit
– Meeresablagerungen
Radioli
Radiolites
Radiologie
Radiomedialquerader
– [M] Insektenflügel
radiometrische Datierungsmethoden
– ☐ Geochronologie
Radionuklide ↗
– Radiotoxizität
– Strahlenbelastung
– Strahlenschäden
Radioökologie
– Strahlenbiologie
Radioteleskop
– [M] extraterrestrisches Leben
Radiotherapie
– Strahlentherapie
Radiotoxizität
– Strahlenbelastung
Radiowellen
– Bestrahlung
– [M] elektromagnetisches Spektrum
Radium
– Alphastrahlen

– Curie
– ☐ Radioaktivität
Radius ↗
– ☐ Insektenflügel
– ☐ Käfer
Radix (Botanik) ↗
– Heilpflanzen
Radix (Zoologie)
Radix cynoglossi
– [M] Hundszunge
Radix dentis
– Zähne
Radix gentianae
– [M] Enzian
Radix pili
– Haare
Radmelde
Radnetz
– Radnetzspinnen
– [M] Stabilimente
Radnetzspinnen
– Alpentiere
– [M] Psychopharmaka
– [M] Spinnapparat
Radon
– Strahlenbelastung
Radula (Botanik) ↗
Radula (Zoologie)
– Kiefer (Körperteil)
– Lungenschnecken
– [B] Verdauung II
– [B] Weichtiere
↗ Reibzunge
Radulaceae
Radulaknorpel
– [B] Weichtiere
Radulamembran
– Radula
Radulasack
– Radula
Radulatasche
– [B] Weichtiere
Radulus
– Ammonoidea
Raffiabast
– Raphiapalme
Raffinose
– Emulsin
– ☐ Enzyme (Technische Verwendung)
Raffles, Sir Thomas Stamford
– Rafflesia
– Rafflesiaceae
– Rafflesiales
Rafflesia ↗
– [B] Asien VIII
– Endoxylophyten
Rafflesiaceae
Rafflesiales
Rafinesque-Schmaltz, Constantine Samuel
– Rafinesquina
Rafinesquina
Ragwurz
– ☐ Bodenzeiger
– [B] Orchideen
Rahle
– Bauernsenf
Rahm
– Fette
– Milch
Rahmapfelgewächse ↗
Rähmchen
– Replum
Rahmen
– Replum
Rahmenhülse
Rahmenkonstruktion
– Beckengürtel
Rahne ↗
– Beta
Raife ↗
Railliet, A.
– Raillietiella
Raillietiella
– ☐ Pentastomiden
Raillietina
railroadworm
– Leuchtkäfer

Raimondo di Sangro, Fürst von Sanseviero
– Sansevieria
Raine ↗
Rainfarn ↗
– [B] Europa XVII
– [B] Ruderalpflanzen
– [M] Wucherblume
Rainkohl
rain-out
– Niederschlag
– saurer Regen
Rainweide ↗
Raja
– Rochen
Rajewsky, B.
Rajidae
– Rochen
Rajiformes ↗
Rajioidei ↗
Raki
– Mastix
Ralfsia ↗
Rallen
– Mauser
– Vogelflügel
Rallenkraniche
Rallenschlüpfer ↗
Rallidae ↗
Rallus ↗
Ramalina
– Nebelflechten
– Ramalinaceae
– Usninsäure
Ramalinaceae
Ramapithecinen
– Paläanthropologie
Ramapithecus
– Abstammung - Realität
– Kenyapithecus
– Lufeng
– Paläanthropologie
Ramaria ↗
Råmark ↗
Rambla ↗
– Geröllböden
Rambutan ↗
Ramentation
Rami
Rami communicantes
– Grenzstrang
– Nervensystem
Ramie
– Elementarfasern
– Pflanzenfasern
Ramifikation ↗
Rammelkammer
Rammler
Ramonda ↗
Ramond de Carbonnières, Louis-François-Elisabeth
– Ramonda
Ramón y Cajal, S.
– ☐ Nervensystem (Funktionsweise)
Ramphastidae ↗
Ramphastus
– Tukane
Ramsar-Konvention
Ramschzüchtung ↗
Ramsden, Jesse
– [M] Mikroskop (Geschichte)
Ramtil
– Korbblütler
Ramus
Ramus communicans albus
– Spinalnerven
Ramus communicans griseus
– Spinalnerven
Rana
Ranatra ↗
Ranavirus
– Iridoviren
Randbedingungen
– Erklärung in der Biologie
– Evolutionstheorie
Randblasen

Randblüten
- M Pseudanthium
- M Schauapparat
- Strahlenblüten

Randeffekt
- Ökoton
- M Transpiration

Randkörper
- mechanische Sinne
- Rhopalium

Randmal ↗

Randmeere
- Meer

Randmeristem

random coil
- Proteine

random-walk Evolution
- Evolution

Randplatten-Seesterne
- Phanerozonia

Randschild
- M Landschildkröten

Randschnecken

Randsinus
- □ Lymphgefäßsystem

Randsoral ↗

randständig
- Placenta

Randsumpf ↗

Randwanzen

Randzone
- Marginarium

Rα-Neuron
- □ Atmungsregulation (Regelkreis)

Rang
- Aggression
- ↗ Rangordnung

Rangea
- Ediacara-Fauna

range-zone
- Zone

Rangifer
- Rentier

Rangiferinae ↗

Rangordnung
- Aggression
- B Bereitschaft II
- M Funktionskreis
- Hackordnung
- Hierarchie
- Kampfverhalten
- Omegatier
- Status-Signal
- Tiergesellschaft

Rangordnungskämpfe
- Rangordnung

Rangordnungsstreit
- M Aggression
- Demutsgebärde
- Rangordnung

Raniceps ↗

Ranidae

Raninae
- □ Ranidae

Ranken
- M Ableger
- Autotropismus
- Haftorgane
- Kenozoide

Rankenbewegungen

Rankenfüße
- Rankenfüßer

Rankenfußkrebse ↗

Rankenpflanzen ↗
- Winden

Rankenwurzeln
- Wurzel

Ranker
- Bodenbewertung
- Geröllböden
- M Humus

Rankmaden
- Wachsmotten

Ranodon ↗

Ranunculaceae ↗

Ranunculales ↗

Ranunculion fluitantis

Ranunculus ↗
- M arktoalpine Formen
- B Polarregion IV
- ↗ Hahnenfuß

Ranvier, Louis Antoine
- Ranviersche Schnürringe

Ranviersche Schnürringe

Ranzenkrebse ↗
- Brutbeutel

Ranzigkeit ↗
- Buttersäuregärung

Ranzzeit
- Füchse

RÄO
- Rickettsienähnliche Organismen

Raoul, Edouard-Louis
- Raoulia

Raoulia ↗

Rapana

Rapanon
- M Benzochinone

Rapateaceae ↗

Rapfen
- B Fische X

Raphanobrassica-Bastard
- Allopolyploidie

Raphanus ↗

Raphe (Anatomie)

Raphe (Botanik)

Raphe scroti
- Raphe

Raphia
- Raphiapalme

Raphiabast
- Raphiapalme

Raphiafaser
- Raphiapalme

Raphiapalme
- B Afrika VIII
- B Kulturpflanzen XII

Raphicerini ↗

Raphicerus
- M Steinböckchen

Raphidae ↗

Raphiden

Raphidia
- Kamelhalsfliegen

Raphidiidae
- Kamelhalsfliegen

Raphidioidineae
- Eunotiaceae
- M Pennales

Raphidioptera ↗

Raphin
- Schwefel

Raphus ↗

rapid eye movements
- Schlaf

Rapistrum ↗

Rappen (Weinrebe)
- Wein

Rappenantilope ↗
- □ Antilopen

Raps ↗
- Bienenweide
- B Früchte
- Gründüngung
- M Honig
- M Kohl
- B Kulturpflanzen III
- Ölpflanzen
- Zwischenfruchtbau

Rapsdotter

Rapsglanzkäfer
- M Glanzkäfer

Rapsöl ↗

Rapsstengelrüßler
- Rüsselkäfer

Rapsweißling
- Weißlinge

Raptatores
- Raubvögel

Raptiformica
- Schuppenameisen

Rapunzel ↗

Rasamala ↗

Rasborinae ↗

Raschkäfer ↗

Rasen
- M Regenwürmer

Rasenameise ↗

Raseneisen ↗

Raseneisenstein
- Eisenverlagerung
- □ Gefügeformen

Rasenfäule
- Schneeschimmel

Rasengesellschaften
- Alpenpflanzen

Rasenkoralle ↗

Rasenschmiele
- Polykorm
- M Schmiele

Rasenschmielen-Feuchtwiesen
- Molinietalia

Rasi
- Rhazes

Rasiermesserfische ↗

Raslinge
- Räslinge

Rasmala
- Rasamala

Rasomala
- Rasamala

Raspailia
- Raspailiidae

Raspailiidae

Raspelzunge ↗

Rasse
- □ Altern
- Auslesezüchtung
- Haustierwerdung
- B Menschenrassen I
- Nomenklatur
- Schlag
- Semispezies
- Varietät
- Vikarianz

Rassel
- Klapperschlangen

Rasselbecher
- M Stachelschweine

Rasselchen
- Klapperfalter

Rassenbildung
- Clines
- Eiszeitrefugien
- infraspezifische Evolution
- B Rassen- u. Artbildung I
- B Rassen- u. Artbildung II
- Vogelzug

Rassengenese

Rassengeschichte
- Rassengenese

rassenhygienische Maßnahmen
- Biologismus
- ↗ Eugenik

Rassenketten
- B Menschenrassen I
- B Menschenrassen IV

Rassenkreis

Rassenkreuzung

Rassenkunde
- Anthropologie
- Eickstedt, E. von

Rassenlehre
- Sozialanthropologie

Rassenmerkmale
- Fischer, E.
- Hautfarbe
- ↗ Menschenrassen

Rassenmischungen
- B Menschenrassen III

Rassenreinzucht

Rassensystematik

Raster
- Insertion
- Rastermutation
- Translation

Rasterelektronenmikroskopie
- Rastermikroskop

Rastermutation
- Acridonalkaloide
- Äthidiumion
- B Mutation

Räuber-Beute-Schwingungen

- Proflavin
- Restaurierung

Raster-Transmissionselektronenmikroskopie
- Rastermikroskop

Raster-Tunnelelektronenmikroskop
- Rastermikroskop

Rastrelliger ↗

Rastrites

Rastrognathiidae
- M Gnathostomulida

Ratel ↗

Rathke, M.H.
- Rathkeidae
- Rathkesche Tasche

Rathkea
- Rathkeidae

Rathkeidae

Rathkesche Tasche

Rathouisia

Rationalisierung
- Mensch und Menschenbild

Rationalismus
- Erkenntnistheorie und Biologie

Rationalität
- Geist - Leben und Geist

Ratiten
- Brustbein
- Halsrippen

Ratten
- Aggression
- anonymer Verband
- M Darm (Darmlänge)
- B Europa XVI
- M Gehörorgane (Hörbereich)
- Hand
- Infantizid
- M Kosmopoliten
- Pest
- p_{50}-Wert
- □ Versuchstiere
- Yersinia
- Zinn

Rattenbandwurm
- Hymenolepididae

Rattenbißkrankheit
- Spirillum
- Streptobacillus

Rattenfieber
- Rattenbißkrankheit

Rattenfloh
- Hausratte
- Pestfloh

Rattengift
- Dichapetalaceae
- Liliengewächse
- Rodentizide

Rattenigel ↗

Rattenkänguruhs

Rattenkönig

Rattennattern

Rattenschlangen

Rattenschwanz ↗

Rattenschwanzlarve
- Rattenschwanz
- M Schwebfliegen
- Sipho

Rattulus
- Trichocerca

Rattus ↗

Ratz

Raubameise ↗

Raubasin
- Rauwolfiaalkaloide

Raubbau
- Ressourcen
- ↗ Ausbeutung

Raubbeine

Raubbeutler
- Beuteltiere

Räuber
- dichteabhängige Faktoren

Räuber-Beute-Beziehung
- Feind-Beute-Beziehung
- Fluchtdistanz

Räuber-Beute-Schwingungen
- Lotka-Volterra-Gleichungen

Räuber-Beute-System

Räuber-Beute-System
- Lotka-Volterra-Gleichungen

Räuber-Beute-Verhältnis

Raubfische
- ☐ Nahrungskette
- ☐ Nahrungspyramide
- Tertiärkonsumenten

Raubfliegen
- ☐ Extremitäten
- [B] Insekten II

Raubgastgesellschaft
- Synechthrie

Raubkäfer ↗

Raubkatzen
- Gähnen
- ↗ Großkatzen

Raubmilben

Raubmöwen
- [B] Europa II
- [M] Polarregion

Raubparasiten
- Parasitoide

Raubschnecken

Raubsichling
- Sichlinge

Raubspinnen

Raubtiere
- Aggression
- Appetenzverhalten
- Brechschere
- Deciduata
- Makrosmaten
- Monochromasie
- Nestflüchter
- Placenta
- Quadrupedie
- [B] Säugetiere
- [B] Verdauung III

Raubvögel ↗

Raubwanzen

Raubwelse
- [B] Fische IX

Rauch
- Dispersion
- ↗ Rauchgase
- ↗ Rauchgasschäden

Rauchbier
- [M] Nitrosamine

Rauchdioxid
- Smog

Rauchen
- [M] Atemgifte
- Bedürfnis
- [M] Nicotin
- Schadstoffe
- ☐ Tabak

Raucher
- ☐ Blut
- ☐ Krebs (Krebsentstehung)

Raucherbein
- Nicotin
- ☐ Tabak

Raucherhusten
- ☐ Tabak

Räuchern
- Buche

Rauchgase
- Kohlenmonoxid
- Rauchgasschäden

Rauchgasschäden
- saurer Regen
- Waldsterben

Rauchschäden
- Rauchgasschäden

Rauchschwalbe
- [B] Europa XVII
- ☐ Flugbild
- [M] Gelege
- Hausfauna
- [B] Konvergenz bei Tieren
- [M] Schwalben
- [B] Vogeleier I

Räude

Räudemilben

Rauhblattgewächse
- Ehrenpreis
- Kalk
- Klause
- Schlund

Rauhes Milchkraut
- Löwenzahn

Rauhform
- ☐ Lipopolysaccharid

Rauhfußbussard
- Bussarde
- [B] Europa III

Rauhfüße ↗
- Rauhfußröhrlinge

Rauhfußhühner
- [M] Holarktis
- Schnabel

rauhfüßig

Rauhfußröhrlinge

Rauhhaar-Dackel
- ☐ Hunde (Hunderassen)

Rauhhaie ↗

Rauhhautfledermaus
- [M] Glattnasen

Rauhköpfe
- [M] Schleierlinge

Rauhzahndelphin
- [M] Langschnabeldelphine

Rauhzungen
- Trichoglossum

Rauke

Raukenkohl

Raukensenf
- Rauke

Raumchemie
- Stereochemie

Raumden
- Wald

Raumfahrtmedizin
- Bioastronautik

Raumintelligenz
- Einsicht

Raumkonstanz

Raumlage
- Bewegungslernen

räumliches Sehen ↗
- Mensch

Raummangel
- dichteabhängige Faktoren
- Massenwanderung

Raumnetz
- Cyrtophora

Raumorientierung
- Bewegungslernen
- Distanz

Raum-Parasitismus
- Oxyurida

Raumplanung
- Naturschutz

Raumsonden
- extraterrestrisches Leben

Raumwedel
- Coenopteridales
- Farne
- Rhacophyton

Raunkiaer
- ☐ Lebensformen (Gliederung)

Raupe

Raupenfliegen

Raupennester

Raupin
- Rauwolfiaalkaloide

Rauschbeere
- [B] Europa VIII
- Vaccinium

Rauschbrand

Rauschen
- [M] Brunst

Rauschflugkrankheit
- Rauschbrand

Rauschgiftdrogen
- Drogen und das Drogenproblem

Rauschgifte ↗
- Alkaloide
- Betäubung

Räuschling
- ☐ Weinrebe

Rauschpegel
- Reiz

Rauschpilze ↗

Raute

Rautenartige
- Rautengewächse

Rautengewächse
- Acridonalkaloide
Rautengrube

Rautenhirn
- ☐ Gehirn
- Hirnstamm
- Hirnventrikel
- Mittelhirn
- Nachhirn
- Nervensystem
- verlängertes Mark
- Vorderhirn
- ↗ Rhombencephalon

Rautenmuskel
- Zebu

Rautenpython
- [B] Australien I
- Pythonschlangen

Rautenschmelzschupper ↗

Rauwolf, Leonhard
- Rauwolfia

Rauwolfia
- Arzneimittelpflanzen
- ☐ Heilpflanzen
- [B] Kulturpflanzen XI

Rauwolfiaalkaloide
- Ajmalin

Rauwolfin
- Ajmalin

Ravenala ↗

Ray, J.
- [B] Biologie I
- [B] Biologie II
- [B] Biologie III
- Linné, C. von

Raygras ↗
- [B] Kulturpflanzen II
- [M] Lolch

Ray Lankester, E.
- Gastraea-Theorie

Raynaud, M.
- Endotoxine
- Exotoxine

RBE
- relative biologische Wirksamkeit

RBF
- ☐ Clearance

Rβ-Neuron
- ☐ Atmungsregulation (Regelkreis)

R-body ↗

RBW ↗

rd ↗

r-DNA
- repetitive DNA

Reabsorption
- Rückresorption

reactio
- [M] Fortbewegung (Physik)

Reading frame mutations
- [B] Mutation
- ↗ Rastermutation

Reafferenz ↗

Reafferenzprinzip
- Holst, E. von

Reagens

Reagenzglasbefruchtung
- Insemination

Reagine
- Allergene

Reaktion (Biologie) ↗

Reaktion (Chemie) ↗

Reaktionsbasis
- Reaktionsnorm

Reaktionsbereitschaft ↗

Reaktionsbreite ↗

Reaktions-Diffusions-System

Reaktionsermüdung
- Habituation

Reaktionsgeschwindigkeit
- Autokatalyse
- [M] Energieladung
- Enzyme
- Katalyse
- [M] Massenwirkungsgesetz
- Reaktionskinetik

Reaktionsgeschwindigkeit-Temperatur-Regel
- RGT-Regel

Reaktionsholz

Reaktionsketten
- Multienzymkomplex
- Stoffwechsel

Reaktionskinetik
- Geschwindigkeitsgleichung

Reaktionsnorm
- Lerndisposition
- Modifikation
- Morphogenese
- Phän
- Variabilität

Reaktionsschwelle

Reaktionsspezifität
- Biotransformation

Reaktionsstärke
- doppelte Quantifizierung

Reaktionszeit
- Reflex

Reaktionszentrum
- Chlorophylle

Reaktionszentrumchlorophyll
- Antennenpigmente

Reaktivierung
- ☐ Virusinfektion (Wirkungen)

Reaktordrüsen
- Wehrsekrete

Reaktorunfälle
- Strahlenbelastung
- Strahlenschäden

Realisatorgene ↗

reassortment
- Influenzaviren
- ☐ Virusinfektion (Wirkungen)

Réaumur, R.A.F. de
- [B] Biologie I
- [B] Biologie III
- Reaumuria

Reaumuria ↗

Réaumur-Temperaturskala
- Réaumur, R.A.F. de

Rebbau
- [M] Eutrophierung
- Weinrebe

Rebe ↗

Rebenkrankheiten
- Rebkrankheiten

Rebenmehltau
- Weinrebe

Rebenschildlaus ↗

Rebenschneider
- Mistkäfer
- Rebschneider

Rebenstecher ↗
- [M] Blattroller

Rebhühner
- [B] Europa XVII
- Fährte
- ☐ Flugbild
- [M] Gelege

Rebhuhnfäule

Rebhuhnholz
- Hülsenfrüchtler

Rebkrankheiten
- Bodendesinfektion
- Gallicolae
- [B] Schädlinge
- Weinrebe

Reboul, Henri Paul Irénée
- Reboulia

Reboulia ↗

Rebound-Effekt
- Sympatholytika

Reboutia
- Kakteengewächse

Rebschneider ↗

Rebschnitt
- Weinrebe

Rebsortenkunde
- ☐ Weinrebe

recA-Protein
- Crossing over
- Insertionselemente

Receptaculitales
- Receptaculiten

Regenwürmer

Receptaculiten
Receptaculites
- Receptaculiten
Receptaculitidae
- Receptaculiten
Receptaculum (Botanik)
- Blumenpilze
- Hautfarne
Receptaculum (Zoologie)
- Geschlechtsorgane
- ☐ Oligochaeta
- Samenblase
- ☐ Webspinnen
Rechenanlage
- Kläranlage
Rechteckimpuls
- M Impuls
Rechtsäugigkeit
- Plattfische
rechtsdrehend
- B Kohlenstoff (Bindungsarten)
- optische Aktivität
Rechtshändigkeit ↗
Reckhölderle ↗
Recluzia
- Floßschnecken
recognition sites
- Erkennungsstellen
Rectangulata
Rectrices
- Schwanzfedern
- Vogelfeder
Rectronectidae
- M Catenulida
Rectum
- Rektum
Recurvirostra
- Säbelschnäbler
Recurvirostridae ↗
Recycling ↗
- ☐ Abfall
- Abfallverwertung
- Biotechnologie
- Endocytose
- Leben
red fir
- Douglasie
Redi, F.
- B Biologie I
- B Biologie II
- B Biologie III
Redië
- M Fasciolasis
- ☐ Saugwürmer
Rediviva
- M Ölblumen
Redlichia
- Redlichiida
Redlichiida
Redoxasen
- Oxidoreductasen
Redoxenzyme ↗
Redoxine
Redoxkaskaden
- Redoxreaktionen
Redoxpotential
- Cytochrome
- B Dissimilation II
- ☐ Photosynthese
- ☐ phototrophe Bakterien
Redoxreaktionen
- Atmungskette
- B Dissimilation II
- Elektron
- Oxidoreductasen
- Wasserstoff
- Wasserstoffübertragung
red rust
- Trentepohlia
red tea fungus
- Teepilz
red tide
- Algengifte
- Desmophyceae
- Prorocentrum
Reductasen ↗
Reduktion
- Konzentration

- Telomtheorie
- M Telomtheorie
- Wissenschaftstheorie
Reduktionsäquivalente ↗
- B Stoffwechsel
Reduktionshorizont ↗
- Bodenentwicklung
- Bodenluft
Reduktionsmittel
- Dehydrierung
- Elektron
- Redoxpotential
- Redoxreaktionen
- Reduktion
Reduktions-Oxidations-Reaktionen
- Redoxreaktionen
Reduktionsteilung ↗
- Beneden, E. van
- B Biologie II
- Weismann, A.F.L.
- Zellkern
↗ Meiose
reduktiver Citratzyklus
reduktiver Tricarbonsäurezyklus
- reduktiver Citratzyklus
Redunca
- Riedböcke
Reduncinae ↗
Redundanz
- Determination
Redundanz-Heterozygotie
- Redundanz
Reduplikation
reduplizieren
- Reduplikation
Reduviidae ↗
Reduvius
- Raubwanzen
Reduzenten ↗
reduzieren
- Reduktion
reduzierter Zustand
- M Redoxreaktionen
Redwood
- Nordamerika
- M Rotholz
Reed, W.
reelles Zwischenbild
- ☐ Mikroskop (Aufbau)
Reëmbryonalisierung
- Adventivembryonie
- B Mitose
- Regeneration
Referenzstrahl
- Interferenzmikroskopie
Reflex
- Bereitschaft
- Hall, M.
- Information und Instruktion
- Reaktion
- Reflexkette
- Rückenmark
- Rückenmarksfrosch
Reflexbluten ↗
Reflexbogen
- Erfolgsorgan
- Fremdreflex
- M Kniesehnenreflex
- Muskelspindeln
- Nervensystem
- Regelung
Reflexhammer
- Kniesehnenreflex
Reflexion
- Augenpigmente
- Bodentemperatur
- Energieflußdiagramm
Reflexionszahl
- Albedo
Reflexkette
Reflexologie ↗
Reflextheorie
- Reflex
Reflexzeit ↗
Reflexzentrum ↗
Refraktärphase
- Refraktärzeit

Refraktärzeit
- B Echoorientierung
- Erregungsleitung
- Herzmuskulatur
- Muskelzuckung
- ☐ Nervensystem (Funktionsweise)
Refraktometer
- Saccharimetrie
Refugium
- Urwald
Regalecidae ↗
Regel
- Menstruation
75%-Regel
- Rasse
Regelabweichung
- Regelung
- B Regelung im Organismus
Regelgröße
- ☐ adrenogenitales Syndrom
- ☐ Motivationsanalyse
- Regelung
- B Regelung im Organismus
Regelkatastrophe
- Regelung
Regelkreis
- Hormone
- lymphatische Organe
- Modell
- Regelung
- B Regelung im Organismus
- Symmetrie
- Teleologie - Teleonomie
↗ Regelung
Regelmäßigkeiten
- Erklärung in der Biologie
Regelmechanismen
- Determination
- Regelung
Regelstrecke
- Regelung
- B Regelung im Organismus
Regelung
- ☐ adrenogenitales Syndrom
- Biokybernetik
- Homöostase
- B Hormone
- Kreislaufzentren
- Kybernetik
- Reafferenzprinzip
- ☐ Temperaturregulation
- Winterschlaf
↗ Regelkreis
Regelungstheorie
- Systemtheorie
Regen ↗
- Bodenerosion
- M Niederschlag
Regenballisten
- Hydrochorie
- Samenverbreitung
Regenbaum
- Hülsenfrüchtler
Regenbogenboa
- Schlankboas
Regenbogenfische
Regenbogenforelle
- Europa
- M Faunenverfälschung
- B Fische XII
- M Forelle
Regenbogenhaut ↗
- Augenpigmente
↗ Iris (Augenteil)
Regenbogenmakrele ↗
- B Fische VI
Regenbogennattern ↗
Regenbogenschlangen ↗
Regenbogentukan
- B Vögel II
Regenbremse
- Bremsen
- B Insekten II
Regenerat
Regeneration
- Autolyse
- B Biologie II
- Bruchdreifachbildungen

- Chaetognatha
- Dedifferenzierung
- Enteropneusten
- Histolyse
- Hohltiere
- Homöose
- Hybridisierung
- Knochen
- Kontinuitätsprinzip
- Korrelation
- B Mitose
- Schleichen
- ☐ Seesterne
- Seewalzen
- Strudelwürmer
- Süßwasserpolypen
- tachytrophe Gewebe
- Wachstum
- Wundheilung
Regenerationsblastem
Regenerationsfähigkeit
- Defektversuch
- Linckia
- Moose
- Polarität
Regenerationsfraß
Regenerationshypothese
- Moor
regenerieren
- Regeneration
Regenfeldbau
Regenfrosch ↗
Regengrüner Wald
- B Afrika I
- B Afrika II
- B Afrika VIII
- Asien
- B Asien II
- B Asien VI
- B Asien VIII
- B Australien I
- B Nordamerika I
- ☐ Produktivität
- B Südamerika I
- B Vegetationszonen
- Wald
Regengrüne Trockenwälder
- Afrika
Regenklimate
- Klima
Regenpfeifer
- B Europa I
- B Europa II
- B Europa III
- Nest
Regenruf
- Dialekt
Regenschwemmlinge
- Hydrochorie
- Samenverbreitung
Regenwald
- Annonaceae
- Asien
- Äthiopis
- B Bodentypen
- Ersatzgesellschaft
- Kohlendioxid
- Nebelwald
- ☐ Produktivität
- Rodung
- Südamerika
- Urwald
- B Vegetationszonen
- Wald
- Wasserkreislauf
Regenwaldklima
- M Klima (Klimatische Bereiche)
Regenwassermoor
Regenwürmer
- Alpentiere
- M Auge
- Biomechanik
- Bioturbation
- ☐ Blutersatzflüssigkeit
- Bodenkolloide
- Bodenorganismen
- M Chromosomen (Anzahl)
- Exkretion

341

Regenzeitenfeldbau

- Fleischfliegen
- □ Fortbewegung
- □ Gefügeformen
- Gehirn
- M Gehirn
- Geophagie
- Gonoporus
- Humus
- Lateralherzen
- □ Lebensdauer
- Maulwürfe
- M Megascolecidae
- B Nervensystem I
- B Nervenzelle II
- M Oligochaeta
- Pluvial
- M p_{50}-Wert

Regenzeitenfeldbau
- Jahreszeitenfeldbau

Regio inguinalis
- Leiste

Regio lumbalis
- Lende

Region ↗

Regio sacralis
- Kreuz

Regiospezifität
- Biotransformation

Regnellidium
- Kleefarngewächse

Regnum ↗

Regnum animale
- M Reich

Regnum animalium
- M Reich
- Tiere

Regnum lapideum
- M Reich

Regnum plantarum
- M Reich

Regnum vegetabile
- M Reich

Regosol

Regression
- homotax
- Infantilismus

Regressionsgerade
- M Statistik

regressiv

regressive Evolution
- Depigmentation
- Retardation

Regularia ↗

Regulation
- Dehnungsrezeptoren
- Genregulation
- Selbstregulation

Regulationsei ↗
- Entwicklungstheorien

Regulationskeim
- Regulationstyp

Regulationstyp

Regulatorgene
- Lwoff, A.

Regulatorproteine ↗
- Allosterie
- Regulon

regulator T-cells
- Lymphocyten

Regulon

Regulus ↗

Regur
- Vertisol

Regurgitation
- Darm
- Eresus
- Wehrsekrete

Reh
- □ Albinismus
- B Europa XIV
- M Fährte
- M Körpergewicht
- □ Lebensdauer
- Nest (Säugetiere)
- Paläarktis
- Polygamie
- M Schonzeit
- M Trächtigkeit
- Wildverbiß

- Zwischenklauendrüse

Rehantilope

Rehböckchen
- Rehantilope

Rehbuntfäule
- Rebhuhnfäule

Rehpilz ↗

Rehschröter ↗

Rehwild
- M Brunst
- ↗ Reh

Reibplatten
- Magen

Reibzunge ↗
- Kopffüßer
- Raubschnecken
- ↗ Radula

Reich

Reich, W.
- Sexualität - anthropologisch

Reichenow, A.

Reichert, Karl Bogislaus
- Reichert-Gauppsche Theorie

Reichert-Gauppsche Theorie

Reichstein, T.
- B Biochemie

Reif
- M Niederschlag

Reife (Botanik)
- Getreide
- Nachreife

Reife (Zoologie) ↗

Reifefraß
- Reifungsfraß

Reifestadien
- Getreide

Reifeteilung ↗
- B Biologie II
- ↗ Meiose

Reifholzbäume ↗

Reifpilz ↗

Reifung (Biochemie)
- Prozessierung

Reifung (Ethologie)
- angeboren
- B Kaspar-Hauser-Versuch
- Ritualisierung

Reifungsfraß
- Bockkäfer

Reighardia

Reihe ↗

Reihenknorpel
- B Knochen

Reihensaat
- □ Saat

Reihenverdünnungstest

Reihenzähner

Reiher
- B Afrika I
- B Europa VII
- M Gewölle
- Grußverhalten
- Horst
- Koloniebrüter
- Nest
- B Vögel II

Reiherente
- B Europa VII
- Tauchenten

Reiherläufer

Reiherschnabel

Rein, F.H.

Reinanbau
- Reinkultur

Reineclaude ↗

Reinelemente
- Isotope

reine Linie ↗
- Linie
- B Mendelsche Regeln I

Reinerbigkeit ↗

Reïnfektion
- Reïnvasion

Reinhardtius ↗

Reinigungskraft
- Selbstreinigung

Reinigungsmittel
- Detergentien

- M Eutrophierung
- grenzflächenaktive Stoffe
- Seifen
- Tenside
- Waschmittel

Reinke, J.
- Vitalismus - Mechanismus

Reinkultur (Bakteriologie)
- axenische Kultur
- Einzellkultur
- Kochsches Plattenguß-verfahren

Reinkultur (Forstwirtschaft) ↗

Reinkultur (Landwirtschaft)

Reïnvasion

Reinzucht ↗
- Familienzucht

Reinzuchthefen ↗

Reinzuchtsauer
- Sauerteig

Reis (Pflanze)
- M Ballaststoffe
- Blütenbildung
- Breigetreide
- Cyanobakterien
- B Kulturpflanzen I
- M Kulturpflanzen
- Mutationszüchtung
- Spelzgetreide
- Süßgräser
- Verträglichkeit
- ↗ Reisfelder

Reis (Pfropfung) ↗

Reisaal ↗

Reisanbaugebiete
- B Kulturpflanzen I

Reisbesen
- Mohrenhirse

Reisböden
- Paddy soils

Reischlinge

Reisediarrhöe
- M Exotoxine

Reisekrankheiten
- Kinetosen

Reisfelder
- Denitrifikation
- Rana

Reisfeldleptospirose
- M Leptospira

Reisfinken ↗
- □ Käfigvögel

Reisfisch
- Kärpfling

Reisigkrankheit

Reisigturmbauer
- Laubenvögel

Reiskäfer ↗

Reismehlkäfer ↗

Reismelde ↗
- M Gänsefuß
- Getreide
- B Kulturpflanzen I

Reismimikry
- Hühnerhirse

Reismotte ↗

Reispapier ↗
- Goodeniaceae

Reisquecke ↗

Reisratten

Reißfestigkeit
- Kollagen

Reissner, Ernst
- Reissnersche Membran

Reissnersche Membran

Reisspinat ↗

Reisstärke
- □ Stärke
- □ Verzuckerung

Reißverschluß-Protein
- □ Crossing over

Reißzähne
- Hunde
- Katzen

Reiswanze ↗

Reiswein
- M Saccharomyces
- □ Verzuckerung

Reiswühler ↗

Reiszikade
- M Beauveria

Reiterkrabben ↗

Reiter-Stamm
- Treponema

Reitgras

Reitgras-Rasen
- Hochgrasfluren

Reitsitz
- Jugendentwicklung: Tier-Mensch-Vergleich

Reiz
- Adaptation
- Bereitschaft
- Erregung
- Impuls
- □ Kennlinie
- Kompetenz
- □ Nervensystem (Funktionsweise)
- B Nervenzelle II
- Photorezeption
- Präsentationszeit
- Reizfilterung
- Reizleitung
- Sinnesorgane
- B Sinneszellen

Reizantwort
- Reiz
- Tonus

Reizaufnahme
- Nervensystem
- Reiz

Reizbarkeit
- Brown, J.
- Leben

Reizbewegungen ↗

Reizempfindlichkeit ↗

Reizfilter
- angeborener auslösender Mechanismus

Reizfilterung

Reizfrequenz
- Auflösungsvermögen
- □ Reiz und Erregung
- ↗ Impulsfrequenz

Reizgase
- Abgase
- ↗ Luftverschmutzung
- ↗ Rauchgase

Reizgeneralisation
- Generalisierung

Reizintensität
- M Reiz
- □ Reiz und Erregung
- Rezeptoren
- Rezeptorpotential
- Weber-Fechnersches Gesetz

Reizker
- B Pilze III

Reizleitung
- Elektrokardiogramm
- ↗ Erregungsleitung

Reizleitungssystem
- Aschoff, L.

Reizmengengesetz

Reizphysiologie
- Botanik

Reizqualitäten
- Modalität

Reizreaktion ↗

Reiz-Reaktions-Beziehung
- Freiheit und freier Wille
- Information und Instruktion

Reiz-Reaktions-Schema ↗
- Behaviorismus

Reizschwelle ↗
- Akkommodation
- B Nervenzelle II
- Reiz
- M Reiz
- ↗ Schwellenwert

reizspezifische Reaktions-abschwächung
- Habituation

Reizstärke
- Weber-Fechnersches Gesetz

Replikationsfehler

- ↗ Reizintensität
Reizsummation
- Reizsummenregel
Reizsumme
- [B] Attrappenversuch
- ↗ Reizsummenregel
Reizsummen-Phänomen
- Reizsummenregel
Reizsummenregel
Reiztransformation
- Rezeptoren
- ↗ Reiz
Reizzeit-Spannungs-Kurve
- □ Chronaxie (Graphik)
Reizzeit-Stromstärke-Kurve
- □ Chronaxie (Graphik)
Rejekta
- □ ökologische Effizienz
Rekapitulation
- Abstammung
- Atavismus
- [B] Biogenetische Grundregel
- Haarsterne
- Kloake
- Leserichtung
Rekapitulationsentwicklung
- Rekapitulation
Rekapitulationstheorie ↗
Rekauleszenz
Rekolonisation
- Reinvasion
Rekombinanten
- Rekombination
- Rekombinationswert
Rekombination
- Artbildung
- [B] Bakteriophagen II
- Chromosomen
- displacement loop
- DNA-Reparatur
- Evolutionsfaktoren
- Fortpflanzung
- Gen
- [M] Genkonversion
- Haustierwerdung
- Leben
- [B] Meiose
- Selektion
- synthetische Biologie
- Transduktion
- Variabilität
- □ Virusinfektion (Wirkungen)
- Wissenschaftstheorie
Rekombinationsgesetz
- Kreuzungszüchtung
Rekombinationshäufigkeit
- Rekombination
Rekombinations-Heteroduplices
- □ Genkonversion
Rekombinationskartierung
- Mapping
Rekombinationswert
rekombinierte DNA ↗
Rekonstruktion
- [B] Nervensystem I
- Wissenschaftstheorie
Rekrete
Rekretion
- Rekrete
Rekrutierung
- motorische Einheit
rektal
- Infusion
Rektalblase
- Gliederfüßer
- Rektum
Rektaldrüsen
- Osmoregulation
Rektalkiemen ↗
Rektalpapillen ↗
- Insekten
- [M] Insekten (Darmgrundschema)
Rektum
Rekultivierung
- [M] Deponie
- Landschaftspflege
Rekuperanten

rekurrente Hemmung
- □ Nervensystem (Funktionsweise)
- Renshaw-Zelle
relative Aktivität
- [M] Hydratur
relative biologische Effektivität
- relative biologische Wirksamkeit
relative biologische Wirksamkeit
- Strahlendosis
- □ Strahlendosis
relative Chromosomenkarten
- Austauschhäufigkeit
relative geologische Zeitrechnung
- Geochronologie
relative Koordination
relative Molekülmasse ↗
- □ Desoxyribonucleinsäuren (Parameter)
- Diffusion
- Gelelektrophorese
- osmotischer Druck
relative Irreversibilität
- Gesangsprägung
relativer Lichtgenuß
- [M] Lichtfaktor
- Lichtgenuß
relatives Gehör
- absolutes Gehör
relative Überlebensrate
- Adaptationswert
relativistische Weltvorstellung
- Anthropomorphismus - Anthropozentrismus
Relativität aller Werte
- Bioethik
Relaxation
Relaxationszeit
- Ozon
- Relaxation
Relaxin
- □ Hormone (Drüsen und Wirkungen)
relaxing Enzyme
- DNA-Topoisomerasen
release
- Virusinfektion
Releasing-Faktoren
- Guillemin, R.Ch.L.
- Hormone
- Ovulationshemmer
- ↗ Releasing-Hormone
Releasing-hemmende Hormone
- Releasing-Hormone
Releasing-Hormone
- Hormone
- □ Hormone (Drüsen und Wirkungen)
- hypothalamisch-hypophysäres System
- [B] Menstruationszyklus
- □ Neuropeptide
- ↗ Releasing-Faktoren
relevante Reize
- Auslösemechanismus
Relief
- Bodenentwicklung
Reliefveränderung
- [M] Bodenentwicklung
Reliktareale
- Verbreitung
reliktäre Verbreitung
- lebende Fossilien
Reliktböden ↗
- arktische Böden
Relikte
- Archaebakterien
Reliktendemismus ↗
- Endemiten
- lebende Fossilien
- Ochridasee
Reliktföhrenwälder
Reliktgruppe
- Urinsekten
Reliktkrebschen ↗

Reliktseen
- See
- [M] See
Reliktvorkommen
- Exklave
Rellimia
- Progymnospermen
Rem (Strahlenbiologie)
- □ Strahlendosis
REM (Mikroskopie)
- Rasterelektronenmikroskop
REM (Schlaf)
- Schlaf
Remak, R.
- [B] Biologie I
- [B] Biologie II
- [M] Favus
- Gastraea-Theorie
- [M] Protoplasma
Remane, A.
- Abstammung - Realität
- Bilateria
- Enterocoeltheorie
- Homologiekriterien
Remetabola ↗
Remiges
- Schwungfedern
- Vogelfeder
Remiges primariae
- Handschwingen
Remigium ↗
Remiligia ↗
Remipedia ↗
Remiz
- Beutelmeisen
Remizidae ↗
Remontanten
Remontantrosen ↗
Remora
- [M] Gliederfüßer
Remotor-Muskel
REM-Phase ↗
Ren ↗
renale Clearance
- Clearance
renaler Blutstrom
- □ Clearance
Renalia
- Urfarne
Renalorgan ↗
Renaturierung
- Cot-Wert
- Hybridisierung
- Proteine
- □ Proteine
- Rizinusöl
Renaturierungskinetik
- □ Desoxyribonucleinsäuren (Parameter)
Rendzina
- Bodenentwicklung
- Gefügeformen
- Pararendzina
Renette (Botanik)
- Apfelbaum
Renette (Zoologie)
- H-Zelle
Renhirsche
Reniera
- Renieridae
Renieridae
Renilla ↗
Renin
- Angiotensin
- □ Hormone (Drüsen und Wirkungen)
- [M] Prostaglandine
Renin-Angiotensin-Aldosteron-System
- Durst
- Streß
Renken
Rennattern
Rennechsen ↗
Renner, O.
Rennfliegen ↗
Rennin ↗
Rennkrabben
Rennmäuse
- [M] Lernen

Rennvögel
Rensch, Bernhard
- Darwinismus
- Denken
- Formenkreis
Rensch, Birdsey
- Renshaw-Zelle
Renshaw-Zelle
- Neurotransmitter
Rentier
- Europa
- [B] Europa V
- Geweih
- Glazialfauna
- Milch (Zusammensetzung)
- □ Pleistozän
- Rentierflechten
- Sexualdimorphismus
- [M] Trächtigkeit
- wildlife management
- Zwischenklauendrüse
Rentierflechten
- Asien
- [B] Flechten II
Rentierjägerzeit
- Rentier
Reoviren
- [M] Abwasser
- [M] Hämagglutinationshemmungstest
- □ Viren (Kryptogramme)
- □ Viren (Virion-Morphologie)
- [B] Viren
- □ Virusinfektion (Genexpression)
- □ Viruskrankheiten
Reoviridae
- Reoviren
Reovirus
- Reoviren
Repair-Mechanismen
- Determination
- DNA-Reparatur
- ↗ Reparaturprozesse
Reparation ↗
Reparaturenzyme
- AP-Endonuclease
- Basenmethylierung
Reparaturprozesse
- Desaminierung
- Determination
- DNA-Reparatur
- Genkonversion
Repellantien
- Chemotaxis
- ↗ Repellents
Repellents
- biotechnische Schädlingsbekämpfung
- Chemotaxis
- Ernährung
- □ Pflanzenschutz
Repetitionsgrad
- repetitive DNA
repetitive DNA
- Satelliten-DNA
repetitive Sequenzen
- Chondrom
- Desoxyribonucleinsäuren
- Hybridisierung
- ↗ Sequenzwiederholungen
Repichnia ↗
replacement-loop
- r-loop
Replikasen
Replikation
- Chromosomen
- □ Desoxyribonucleinsäuren (Geschichte)
- Determination
- displacement loop
- Isotope
- Leben
- □ RNA-Tumorviren (Genomstruktur)
Replikationsfehler
- 2-Aminopurin

Replikationsgabel

- Äthylmethansulfonat
- Basenanaloga
Replikationsgabel ↗
- Desoxyribonucleinsäuren
- DNA-Reparatur
Replikationsrelikte
- Desoxyribonucleinsäuren
Replikationsursprung ↗
- Vektoren
Replikationszyklus
- T-Phagen
Replikon
Replisom
- Replikation
replizieren
- Replikation
Replum
Repolarisation
- Erregungsleitung
- Hyperpolarisation
- Nachpotential
Repräsentationsebene
- Lernen
Repräsentationsschluß
- Statistik
Repression
Repressionsgene
- [B] Krebs
Repressoren
- Allosterie
- Corepressor
- Genregulation
- Induktion
- Repression
Repressorproteine
- [M] Bakteriophagen
- differentielle Genexpression
- Repressoren
reprimieren
- Repression
Reproduktion ↗
Reproduktionsorgane ↗
Reproduktionsrate ↗
- [M] Fruchtbarkeit
Reproduktionstechnologie
- Insemination (Aspekte)
Reproduktionsziffer ↗
reproduktive Gewebe
reproduktive Phase
- Entwicklung
Reproduktivität ↗
Reproduzierbarkeit
- Wissenschaftstheorie
Reptantia
- ☐ Spermien
Reptilia
- Reptilien
Reptilien
- ☐ Arterienbogen
- Aussterben
- brüten
- Cotylosaurier
- Desoxyribonucleinsäuren (DNA-Gehalt)
- [B] Dinosaurier
- Exkretion
- fetaler Kreislauf
- Gehörorgane
- Haut
- Häutung
- [M] Glucocorticoide
- ☐ Hypophyse
- ☐ Karbon
- ☐ Kreide
- Nephron
- Säugetiere
- Telencephalon
- [B] Telencephalon
- ☐ Wirbeltiere
- [B] Wirbeltiere I
- [B] Wirbeltiere III
Reptilienschuppen
- Kloakentiere
- Schuppen
Reptilienzeitalter
- Mesozoikum
Reptiliomorpha
- Embolomeri
- Eutetrapoda

Reptilleder
- [M] Reptilien
Reptilstadium
- Trituberkulartheorie
Requisiten
- ökologische Lizenz
RES ↗
Resazurin
- Hungate-Technik
Rescinnamin
- Rauwolfiaalkaloide
- Reserpin
Reseda
- Resedagewächse
Resedaceae ↗
Resedafalter ↗
Resedagewächse
Resede
- Resedagewächse
Resene ↗
- [M] Harze
Reserpin
- Arzneimittelpflanzen
- Bradykardie
- [M] Synapsen
- Woodward, R.B.
Reservate ↗
- Nationalparke
Reservefett ↗
- Reservestoffe
Reservepolysaccharide
- Dextrane
- Fructane
- Glykolyse
- [B] Glykolyse
Reservestärke
- Reservestoffe
- Stärke
Reservestoffe
- ☐ Bakterien (Reservestoffe)
- Diapause
- Fette
- Fettspeicherung
- Hemicellulosen
- Keimung
- ☐ Samen
- Temperaturanpassung
  ↗ Reservepolysaccharide
  ↗ Speicherstoffe
Reservewirt
- Reservoirwirte
Reservoirwirte
- Naturherdinfektion
Residualgebiet ↗
Residualkörper ↗
- Autophagosom
Residualmännchen
- [M] Rhabditida
Residualvolumen
- Atmung
Residuum
- Engramm
Resilin
- elastische Fasern
- Flugmuskeln
Resilium
- Muscheln
- Scharnier
Resina
- Harze
Resinabenzoë ↗
Resinate
Resine ↗
- [M] Harze
Resinole
- [M] Harze
Resinolsäuren
- Resinosäuren
Resinosäuren
- [M] Harze
Resinotannole
- [M] Harze
Resistenz
- Abwehrstoffe
- Adsorption
- Agrobacterium
- biologische Schädlingsbekämpfung
- Biostatika

- Chemoresistenz
- Cytoökologie
- DDT
- Immunität
- ☐ Kreuzungszüchtung
- Naturschutz
- Penicillinase
- Reihenverdünnungstest
- Streß
- Sulfonamide
- Virusinfektion
- Vitalität
Resistenzbestimmung
- Antibiogramm
Resistenzbildung
- Malaria
Resistenzfaktoren
- Bakterien
- Vektoren
Resistenzgene
- Ampicillin
- Gentechnologie
- Resistenzfaktoren
Resistenzplasmide
- Antibiotika
- Resistenzfaktoren
Resistenzzüchtung
Resmethrin
- Pyrethrine
Resolvase
- Transposonen
Resonanz
- Gehörsinn
- Nebenhöhlen
Resonanzböden
- Klangholz
Resonanzholz
- Klangholz
Resonanzraum
- Kehlsäcke
Resonanztheorie
- ☐ Gehörorgane
Resorcin
Resorcinphthalein
- Fluorescein
Resorption
- Dickdarm
- ☐ Exkretionsorgane
- Hunger
- Hungerstoffwechsel
- Verdauung
Respiration ↗
- Diapause
- ökologische Effizienz
- ☐ ökologische Effizienz
  ↗ Atmung
Respirationsorgane ↗
respiratorische Proteine ↗
- Sauerstoffschuld
  ↗ Atmungspigmente
respiratorischer Quotient
- Kohlenhydratveratmung
- Respirometrie
Respiratory Syncytial Virus ↗
- [M] Paramyxoviren
Respirometer
- [M] Respirometrie
Respirometrie
Ressourcen
- Abstammung
- Biotechnologie
- ☐ Darwinismus
- Evolution
- Hierarchie
- Humanökologie
- Konkurrenz
- Mensch und Menschenbild
- ökologische Gilde
- ökologische Nische
- Rangordnung
- Strategie
restaurative Regeneration
- Regeneration
Restaurierung
- Paläontologie
Restionaceae
- Restionales
Restionales
Restitution ↗
- Wundheilung

Restitutionskern
Restkörper
- Einzeller
Restmeristem
- Kambium
Restriktion
- Restriktionsenzyme
Restriktionsendonucleasen
- [B] Biochemie
- Endonucleasen
- Gentechnologie
  ↗ Restriktionsenzyme
Restriktionsenzyme
- Arber, W.
- Basenmethylierung
- ☐ Desoxyribonucleinsäuren (Parameter)
- Genbank
- [M] Gensynthese
- Nathans, D.
- Sequenzierung
- Vektoren
  ↗ Restriktionsendonucleasen
Restriktionskartierung
- ☐ Desoxyribonucleinsäuren (Parameter)
- Mapping
Reststickstoff
resupinat
- Poria
Resupination
- Orchideen
Retardation
Retardierung
- Retardation
Retardpräparate ↗
Rete
Rete mirabile
- Atmungsorgane
- Dromedar
- ☐ Schwimmblase
- Temperaturanpassung
- Temperaturregulation
Retention
Rete ovarii
- Nebeneierstock
Retepora
- [M] Moostierchen
- Netzkoralle
Rete testis
- Hoden
reticuläre Organe
- Reticulumzellen
Reticularia
- Reticulariaceae
Reticulariaceae
Reticularistheorie
- Schlaf
Reticulartheorie
- ☐ Nervensystem (Funktionsweise)
Reticulin
- Entzündung
Reticulinfasern ↗
- [B] Bindegewebe
- Reticulin
Reticulitermes ↗
- Termiten
Reticulocarpos
- Calcichordata
Reticulocyten
- Erythropoese
- Ribosomen
reticulo-endotheliales System
- Aschoff, L.
- Bindegewebe
- [M] Glucocorticoide (Wirkungen)
Reticuloendotheliose-Viren
- ☐ RNA-Tumorviren (Auswahl)
reticulo-histiocytäres System
- reticulo-endotheliales System
Reticulopodien
- Wurzelfüßer
Reticulum ↗

Reticulumzellen
Retina
– Calcium
– M Chiasma opticum
– Lutein
– Ramón y Cajal, S.
– Retinulazelle
– ↗ Netzhaut
Retinaculum
– □ Schmetterlinge (Falter)
– □ Springschwänze
Retinal
– Alkohol-Dehydrogenase
– Bakteriorhodopsin
– Diterpene
– Membran
Retinal-Isomerase
– M Rhodopsin
Retinella
Retinin ↗
Retinoblastom
– □ Mutation
Retinol
– Alkohol-Dehydrogenase
– Milch
– B Vitamine
Retinomotorik
– Auge
Retinopathie
– Diabetes
Retinsäure
– Retinol
Retinulazelle
– □ Retinomotorik
Retiolites
– Retiolitidae
Retiolitidae
Retortamonas
– □ Darmflagellaten
Retortenbaby
– Insemination (Aspekte)
Retraite
– Radnetzspinnen
Retraktoren
– M Ringelwürmer
Retraktormuskel
– Sipunculida
– M Sipunculida
Retriever
– □ Hunde (Hunderassen)
– B Hunderassen II
retrocerebrales System ↗
Retrocerebralkomplex
– Corpora allata
retrochoanitisch
Retrodiktion
– Wissenschaftstheorie
Retrognose
– Erklärung in der Biologie
retrograd
– Peristaltik
Retrogradation
– □ Massenvermehrung
Retroinhibition ↗
retrosiphonat ↗
– Ammonoidea
Retroviren
– defekte Viren
– endogene Viren
– Onkogene
– □ Onkogene
– M Onkogene
– □ Virusinfektion (Genexpression)
– □ Viruskrankheiten
Retroviridae
– Retroviren
Rettich
– □ Fruchtformen
– Holz
– B Kulturpflanzen IV
– Rüben
– M Strahlenschäden
Rettich-Bastard
– Allopolyploidie
Rettichfliege ↗
Retusa
Retusidae
– Retusa

Retzius, A.O.
Reuse
– Fischereigeräte
– Fliegenschnäpper
Reusengeißelzellen ↗
Reusenhaare
– Aronstab
– Gleitfallenblumen
– Osterluzei
Reusenschnecken ↗
Reusenstäbe
– M Nephridien
Reutbergwirtschaft ↗
– Betulo-Adenostyletea
Reutfeldwirtschaft
– Brandrodung
REV
– □ RNA-Tumorviren (Auswahl)
Revernalisation
– Vernalisation
reverse Transkriptase
– Baltimore, D.
– B Gentechnologie
– Gliotoxin
– Temin, H.M.
– T-lymphotrope Viren
reverse Transkription
– □ RNA-Tumorviren (Genomstruktur)
reversible Lipoidose
– Arteriosklerose
reversibles Hellrot-Dunkelrot-System
– Phytochrom-System
reversible Vorgänge
– Entropie
Reversion
– Deletion
– Rückmutation
– Suppressor-Gene
Revertante
– Rückmutation
– Spot-Test
Revier
– Aktionsraum
– Kampfverhalten
– M Tiergesellschaft
– ↗ Territorium
Reviermarkierung
– Duftorgane
– Markierverhalten
Revierverhalten
– M Funktionskreis
– Revier
– M Sozialverhalten
Revierverteidigung
– Aggression
– M Aggression (Formen)
– Gestalt
revolut
– Knospenlage
Reynolds-Zahl
– Flugmechanik
– M Grenzschicht
Reynosia
– M Eisenholz
Rezedenten
– M Dominanz
rezent
Rezeptakel
– Receptaculum
Rezeption
Rezeptionsorgane ↗
rezeptives Feld ↗
– Corpus geniculatum laterale
Rezeptoren
– □ Funktionsschaltbild
– Hormone
– Leben
– □ Nervensystem (Funktionsweise)
– M Sexuallockstoffe
Rezeptoren-Blocker
– Sympatholytika
Rezeptorlymphraum
– M Sensillen
Rezeptormembran
– Rezeptoren

Rezeptormolekül ↗
Rezeptorpotential
– Adaptation
– Photorezeption
– B Sinneszellen
Rezeptorprotein
– □ Hormone (Primärwirkungen)
Rezeptortheorie
– Seitenkettentheorie
rezeptorvermittelte Endocytose
– Endocytose
Rezeptorzellen
– Donorzellen
– F-Pili
rezessive Defektallele
– Bürde
– Inzucht
Rezessivität ↗
– B Biologie II
– Erbkrankheiten
– Gen
– Geschlechtschromosomen-gebundene Vererbung
– Heterozygotie
– Mendelsche Regeln
– B Mendelsche Regeln I
– B Mendelsche Regeln II
reziproke antagonistische Hemmung
– afferente kollaterale Hemmung
reziproke Kreuzung
– Mendelsche Regeln
Reziprozitätsregel ↗
– Geschlechtschromosomen-gebundene Vererbung
Rezyklierung
– Stoffkreisläufe
– ↗ Recycling
R-Faktoren ↗
R-Form ↗
RGT-Regel
– Hypothermie
– Stoffwechselintensität
Rh ↗
rh ↗
RH
– Releasing-Hormone
Rhabarber
– B Asien II
rhabdacanthin
Rhabden
– Astrophorida
– Geodiidae
– Stelletidae
Rhabdias
Rhabditen
– Gnathostomulida
Rhabditida
– Endotokie
– Winkverhalten
rhabditiforme Larve
Rhabditis
– Rhabditida
– □ Rhabditida
– rhabditiforme Larve
Rhabdocline ↗
– □ Schüttekrankheit
Rhabdoclon
rhabdocoel
– Darm
Rhabdocoela ↗
Rhabdoide
– Strudelwürmer
rhabdoide Drüsen
Rhabdolithen
– M Kalkflagellaten
Rhabdom
– Linsenauge
– Netzhaut
– B Netzhaut
– Retinulazelle
Rhabdomer ↗
– Netzhaut
– B Netzhaut
– □ Retinomotorik

Rhabdomolgus
– Seewalzen
– M Seewalzen
– Synaptidae
– Wurmholothurie
Rhabdomonadales
Rhabdomorina ↗
Rhabdopleura
– Pterobranchia
– M Pterobranchia
Rhabdopleuridae ↗
Rhabdoporella ↗
Rhabdosom
Rhabdosphaera ↗
– M Kalkflagellaten
Rhabdoviren
– □ Viren (Virion-Morphologie)
– B Viren
– □ Virusinfektion (Genexpression)
– □ Viruskrankheiten
Rhabdoviridae
– Rhabdoviren
Rhachiglossa ↗
Rhachis (Anatomie)
Rhachis (Botanik)
– Blatt
– M Schizaeaceae
Rhachis (Zoologie)
– □ Hoden
Rhachisblätter
– Wegerichgewächse
Rhachitom
– Branchiosaurier
Rhachitomi
Rhacomitrium
– Felsflora
Rhacophoridae ↗
– Ruderfrösche
Rhacophorus
– Ruderfrösche
Rhacophyton
Rhacostoma
– Hydrozoa
Rhadinaphelenchus
Rhaetavicula
– Trias
Rhagio
– Schnepfenfliegen
Rhagionidae ↗
Rhagium ↗
Rhagoletis ↗
Rhagon-Stadium
– M Parenchymula
Rhegonycha
Rhagophthalmidae ↗
Rhagophthalmus
– Leuchtkäfer
Rhamdia ↗
Rhamniten
– Strudelwürmer
Rhamnaceae ↗
Rhamnales ↗
Rhamniten
– Strudelwürmer
Rhamno-Prunetea
Rhamnose
– Desoxyzucker
– Gummi
Rhamnus ↗
– Haferkronenrost
– □ Heilpflanzen
Rhamphichthyidae ↗
Rhamphichthys
– Messeraale
Rhamphobrachium
– □ Onuphidae
Rhamphophryne
Rhamphorhynchoidea ↗
Rhamphorhynchus
Rhaphidophoridae ↗
Rhaphiodontinae ↗
Rhät
– Keuper
– M Trias
Rhätsandstein
– Keuper
Rhazes

Rhea

Rhea ↗
Rheïdae
- Nandus
Rheïformes ↗
Rheïn
- Anthrachinone
Rhein
- Wasserverschmutzung
- Ⓜ Wasserverschmutzung
Rheinartia
- Pfaufasanen
Rheinländer Huhn
- Ⓑ Haushuhn-Rassen
Rheinmücken ↗
Rheinschnake ↗
Rhenaniaphosphat
- Phosphatdünger
Rhenanida
Rhenanium
- ☐ Tertiär
Rheobase ↗
Rheobatrachinae
- Ⓜ Myobatrachidae
Rheobatrachus
rheobiont
Rheokrene
Rheotanytarsus
- ☐ Bergbach
- Zuckmücken
Rheotaxis
Rheotropismus ↗
Rhesusaffen
- Ⓑ Asien VI
- ☐ Auflösungsvermögen
- Begriff
- Ⓜ Geschlechtsreife
- Lernen
Rhesusfaktor
- Amniocentese
- Landsteiner, K.
- Rhesusaffen
- Wiener, A.S.
Rhesus-Inkompatibilität
- ☐ Hämolyse
- Rhesusfaktor
Rhesussystem
- Antigene
- Ⓑ Chromosomen III
- Ⓜ Chromosomen (Chromosomenkarten)
- ☐ Menschenrassen
- Rhesusfaktor
Rheum ↗
- ☐ Heilpflanzen
Rheumafaktoren
- Rheumatismus
rheumatisches Fieber
- Rheumatismus
- Streptococcus
Rheumatismus
- Allergosen
- Altern
rheumatoide Arthritis
- Parvoviren
- Rheumatismus
rhexigen
- Mark
Rh-Faktor ↗
Rhigonema
Rhigonematidae
- Rhigonema
RH-IH
- Releasing-Hormone
Rhinanthus ↗
Rhinatrema ↗
Rhincalanus
- Äquatorialsubmergenz
Rhincodon
- Walhaie
Rhincodontidae ↗
Rhineacanthus ↗
Rhinencephalon ↗
- limbisches System
  ↗ Riechhirn
Rhineura ↗
Rhingia ↗
Rhinilophus
- Hufeisennasen
Rhinobatidae
- Geigenrochen

Rhinobatoidei ↗
Rhinobatos
- Geigenrochen
Rhinoceros
- Nashörner
Rhinocerotidae ↗
- Ⓑ Pferde, Evolution der Pferde II
Rhinochimaeridae ↗
Rhinocoris
- Raubwanzen
Rhinocryptidae ↗
Rhinoderma
- Darwinfrosch
Rhinodermatidae ↗
Rhinodrilus
Rhinogradentia
Rhinolophidae ↗
Rhinophis ↗
Rhinophoren
Rhinophrynidae ↗
Rhinophrynus
- Nasenkröten
Rhinopithecus
- Ⓜ Asien
- Nasenaffen
- Ⓜ Schlankaffen
Rhinoplax ↗
Rhinopoma
- Mausschwanz-Fledermäuse
Rhinopomatidae
- Ⓜ Fledermäuse
- Mausschwanz-Fledermäuse
Rhinoptera ↗
Rhinosimus
- Scheinrüßler
Rhinotermitidae
- Termiten
- Ⓜ Termiten
Rhinoviren ↗
Rhinozerosse ↗
Rhipicephalus
- Ehrlichia
- Theileriosen
- Zeckenbißfieber
Rhipidiaceae
- Leptomitales
Rhipidistia
- Latimeria chalumnae
- Tränen-Nasen-Gang
- Wirbeltiere
Rhipidium
Rhipidius
- Ⓜ Fächerkäfer
Rhipidoglossa ↗
rhipidoglosse Radula
- Fächerzüngler
Rhipidogorgia ↗
Rhipiphoridae ↗
Rhipsalis ↗
- ☐ Kakteengewächse
Rhithral ↗
Rhizaxinella
Rhizidiomyces ↗
Rhizina
- Wurzelorcheln
Rhizinaceae ↗
Rhizine
- Rhizoidhyphen
Rhizobiaceae
Rhizobien
Rhizobium
- Bodenorganismen
- Hülsenfrüchtler
- Knöllchenbakterien
- ☐ Purpurbakterien
Rhizocarpaceae
Rhizocarpetea
- Flechtgesellschaften
Rhizocarpon
Rhizocarpsäure ↗
Rhizocephala
Rhizochloridales
Rhizochloris
- Rhizochloridales
Rhizochrysidaceae
Rhizochrysidales

Rhizochrysis
- Rhizochrysidaceae
Rhizoclonium ↗
- Thermalalgen
Rhizocorallium
- Fodichnia
Rhizocrinus
- Ⓜ Seelilien
Rhizoctonia
- Mykorrhiza
- Orchinol
- Ⓜ Wurzelfäulen
Rhizodermis
- Absorptionsgewebe
- Exodermis
- ☐ sekundäres Dickenwachstum
- Trichoblasten
Rhizodrilus
Rhizogenese ↗
Rhizogoniaceae
Rhizogonium
- Rhizogoniaceae
Rhizoide
- Ⓜ Blastocladiales
- Ⓑ Farnpflanzen I
- Haftorgane
- Kenozoide
- Moostierchen
- Thallus
Rhizoidhyphen
Rhizolithen
Rhizom
- Ⓑ asexuelle Fortpflanzung I
- Polykorm
- Ⓜ Spargel
- Sproß
- Sproßmetamorphosen
- Überwinterung
Rhizoma
- Heilpflanzen
Rhizoma graminis
- Quecke
Rhizomgeophyten
Rhizomorina
Rhizomorpha
- Ⓜ Hallimasch
Rhizomorphen
- Mycel
Rhizomucor
- Mucorales
Rhizomunkräuter
- Unkräuter
Rhizomyidae ↗
Rhizomys
- Wurzelratten
Rhizopertha
- Holzbohrkäfer
rhizophag
- Borkenkäfer
Rhizophagidae ↗
Rhizophagus
- Rindenglanzkäfer
Rhizophora
- Rhizophoraceae
Rhizophoraceae
Rhizophore
- Moosfarngewächse
Rhizophydium
Rhizophyten
Rhizoplast ↗
Rhizopoda ↗
- ☐ Tiere (Tierreichstämme)
rhizopodiale Organisationsstufe
- Algen
Rhizopodien
- Wurzelfüßer
Rhizopogon ↗
Rhizopus
Rhizosolenia
- Rhizosoleniaceae
Rhizosoleniaceae
Rhizosphäre
Rhizostichen
Rhizostoma
- Lungenqualle
Rhizostomeae ↗
Rhizothamnien

Rhizotrogus ↗
Rhodacmea
- Ⓜ Flußmützenschnecken
Rhodalia
- Asiphonecta
- Physophorae
Rhodaliida
- ☐ schwefeloxidierende Bakterien
Rhodamine
Rhodaminfarbstoffe
- Rhodamine
Rhodanid
- Glucobrassicin
rhodanisch
- Ⓑ Erdgeschichte
Rhodanwasserstoffsäure ↗
Rhodeländer Huhn
- Ⓑ Haushuhn-Rassen
Rhodesiamensch
- Homo sapiens fossilis
Rhodeus ↗
Rhodine
Rhodites
- Ⓑ Parasitismus I
Rhodnius
- Versuchstiere
Rhodobacter ↗
Rhodobryum ↗
Rhodococcus
Rhodocybe
- Ⓜ Rötlingsartige Pilze
Rhodocyclus
- Ⓜ schwefelfreie Purpurbakterien
Rhodododendro hirsuti-Pinetum mugi
- Erico-Pinetea
Rhodododendro-Mugetum ↗
Rhodododendron ↗
- Alpenpflanzen
- Ⓑ Asien III
- Ⓑ Europa III
  ↗ Alpenrose
Rhodododendro-Vaccinion
Rhododrilus
- Ⓜ Megascolecidae
Rhodomela
- Rhodomelaceae
Rhodomelaceae
Rhodomicrobium ↗
- ☐ Purpurbakterien
- Ⓜ sprossende Bakterien
Rhodomonas ↗
Rhodope
Rhodophyceae ↗
Rhodophyllaceae ↗
Rhodophyllus ↗
Rhodopidae
- Rhodope
Rhodopinal-Glucosid
- Ⓜ Carotinoide (Auswahl)
Rhodoplasten
Rhodopseudomonas ↗
- ☐ Bakteriochlorophylle (Absorption)
- Citratlyase
- ☐ phototrophe Bakterien
- ☐ Purpurbakterien
Rhodopsin
- Farbensehen
- Ⓜ Membranproteine
- Ⓑ Vitamine
Rhodospirillaceae
- Athiorhodaceae
- ☐ phototrophe Bakterien
Rhodospirillales ↗
Rhodospirillineae
- Purpurbakterien
Rhodospirillum ↗
- ☐ Purpurbakterien
Rhodosporidiaceae
- Rhodosporidium
Rhodosporidium
- basidiosporogene Hefen
Rhodotorula
Rhodoxanthin
Rhodymeniales
Rhoeo ↗
- Ⓜ Commelinaceae

Richtungshören

rho-Faktor
- Termination
- Transkription

Rhogogaster
- Tenthredinidae

Rhombencephalon ↗
- B Telencephalon

Rhombifera

Rhombogene ↗

Rhombomys
- M Rennmäuse

Rhombozoa
- Mesozoa

Rhönschaf
- M Schafe

Rhopalicus
- Pteromalidae

Rhopalium

Rhopalocera ↗

Rhopalodina
- M Seewalzen

rhopaloide Septen

Rhopalomenia

Rhopalonema ↗

Rhopalonemen
- M Cniden

Rhopalura ↗

Rhopaluridae
- M Mesozoa

Rhopilema ↗

Rhoptrien
- M Endodyogenie
- Sporozoa

R-Horizont

Rh-System
- Antigene
- ↗ Rhesussystem

Rhus ↗

Rhyacionia
- Posthornwickler

Rhyacodrilus

Rhyacophilidae ↗

Rhyacosiredon
- Hochlandsalamander
- Querzahnmolche

Rhyacotriton

Rhynchaeites

Rhynchaenus ↗
- Minierer

Rhynchelminthes
- Schnurwürmer

Rhynchemis
- M Lumbriculidae

Rhynchites ↗

Rhynchitinae
- Blattroller

Rhynchobatos ↗

Rhynchobdelliformes
- Hirudinea

Rhynchobdellodea
- Rhynchobdelliformes

Rhynchocephalia ↗

Rhynchocoel
- □ Schnurwürmer

Rhynchocoela ↗

Rhynchocyon
- Rüsselspringer

Rhynchodaeum
- Schnurwürmer
- □ Schnurwürmer

Rhynchodemidae
- Landplanarien
- Rhynchodemus

Rhynchodemus

Rhynchogale
- Maushund

Rhyncholestes
- Opossummäuse

Rhyncholithes
- Nautilus

Rhynchomyinae ↗

Rhynchomys
- Nasenratten

Rhynchonella
- Rhynchonellida

Rhynchonellacea
- Impunctata

Rhynchonellida
- ancistropegmat

Rhynchophora
- Breitrüßler

Rhynchophorus
- Kokospalmenälchen

Rhynchophthirina ↗
- M Läuse

Rhynchopidae
- Scherenschnäbel

Rhynchoporus
- Schnurwürmer
- □ Schnurwürmer

Rhynchops
- Rhamphorhynchus
- Scherenschnabel

Rhynchoscolex ↗

Rhynchospora ↗

Rhynchosporium
- □ Moniliales

Rhynchota

Rhynchoteuthis

Rhynchotragus
- Dikdiks

Rhynchotus
- M Steißhühner

Rhyncolite
- Rhyncholithes

Rhynia
- M Endogonales
- Horneophyton
- M Samen

Rhyniales
- M Urfarne

Rhynie chert
- Rhynia

Rhyniella
- Urinsekten

Rhyniognatha
- Urinsekten

Rhynochetidae ↗

Rhynochetos
- Kagus

Rhyparia
- M Bärenspinner

Rhyphidae ↗

Rhysodes
- Rhysodidae

Rhysodidae

Rhyssa ↗

Rhythmen
- Symmetrie
- ↗ Chronobiologie

Rhythmik

rhythmogene Zone
- B Menstruationszyklus

Rhythmusstörungen
- Sympathikolytika

Rhytidiaceae

Rhytidiadelphus
- Rhytidiaceae

Rhytididae
- Paryphanta

Rhytidoidea
- Chlamydephorus

Rhytidolepis
- Siegelbaumgewächse

Rhytidom ↗

Rhytidopsis
- Pseudoperculum
- M Pseudoperculum

Rhytina
- Stellersche Seekuh

Rhytisma ↗

RIA ↗

Rib ↗

Ribaga, C.
- Ribaga-Organ

Ribaga-Organ ↗

Ribavirin
- Virostatika

Ribes

Ribit
- CDP-Ribitol
- Teichonsäuren
- ↗ Ribitol

Ribitol
- Flechten
- ↗ Ribit

Ribit-Teichonsäure
- M Teichonsäuren

Riboflavin
- Adonit
- Ashbya
- □ Bier
- Flavinmononucleotid
- Fluoreszenzmikroskopie
- Milch
- Pellagra
- Photosensibilisatoren
- Pteridine
- Theorell, H.A.Th.
- B Vitamine

Riboflavinadenosin-diphosphat
- Flavinadenindinucleotid

Riboflavinphosphat ↗

Ribonucleasen
- Anfinsen, Ch.B.
- Antigene
- B Biochemie
- M Enzyme
- Festphasensynthese
- Haptene
- Merrifield, R.B.
- Moore, S.
- Proteine
- □ Proteine
- Stein, W.H.

Ribonucleinsäuren
(= **RNS, RNA**)
- Levene, Ph.
- Molekularbiologie
- molekulare Genetik
- M Molekülmasse

Ribonucleoprotein-Partikel ↗
- B Zelle

Ribonucleosiddiphosphat-Reductase
- Desoxyribonucleoside

Ribonucleoside

Ribonucleosidmonophosphate
- Purinnucleotide
- Pyrimidinnucleotide
- Transkription

Ribonucleosid-5'-triphosphate
- Purinnucleotide
- Pyrimidinnucleotide
- Pyrophosphat
- Transkription

Ribonucleotide ↗

Ribophorine
- endoplasmatisches Reticulum

Ribose
- Desoxyribose
- Glucose
- Glucose-6-phosphat
- □ Kohlendioxid-assimilation
- B Stoffwechsel
- Transkription

Ribose-5-phosphat
- □ Calvin-Zyklus (Abb. 1)
- □ Pentosephosphat-zyklus
- Ribose

ribosomal
- Ribosomen

ribosomale DNA
- Amphibienoocyte
- Ribosomen

ribosomale Proteine ↗
- □ Ribosomen (Untereinheiten)
- Suppressor-Gene

ribosomale RNA ↗
- B Chromosomen III
- Desoxyribonucleinsäuren
- Plastoribosomen
- M Transkription
- ↗ r-RNA

ribosomale Untereinheiten
- Ribosomen
- B Transkription - Translation
- Translation

Ribosomen
- Aminoacyl-t-RNA
- Amphibienoocyte
- assembly
- B Biochemie
- Cadaverin
- Cytoplasma
- M differentielle Zentrifugation
- Dispersion
- □ fraktionierte Zentrifugation
- Gentechnologie
- Molekülverbindungen
- Palade, G.E.
- □ Polyribosomen
- Prä-Pro-Proteine
- Prä-Proteine
- Translation
- □ Zelle (Schema)
- □ Zelle (Vergleich)

Ribothymidin
- □ transfer-RNA

Ribothymidylsäure

Ribouridin
- Uridin

L-Ribulokinase
- Arabinose-Operon

Ribulose
- □ Arabinose-Operon
- Glucose-6-phosphat

Ribulose-1,5-bisphosphat
- Calvin-Zyklus
- ↗ Ribulose-1,5-diphosphat

Ribulose-1,5-diphosphat
- □ Calvin-Zyklus (Abb. 1)
- Carboxylierung
- Dihydroxyaceton
- Photorespiration

Ribulose-1,5-diphosphat-Carboxylase
- Ähnlichkeitskoeffizient
- Carboxisomen
- □ Chloroplasten
- Enzyme
- Photosynthese

Ribulose-1,5-diphosphat-Weg ↗

Ribulosemonophosphat-Zyklus

Ribulose-5-phosphat
- □ Arabinose-Operon
- □ Calvin-Zyklus (Abb. 1)
- □ Pentosephosphat-zyklus
- M Ribulosemonophosphat-Zyklus

L-Ribulose-5-phosphat-4-Epimerase
- Arabinose-Operon

Riccardia ↗

Ricci, P.F.
- Ricciaceae

Riccia
- Moose
- Ricciaceae

Ricciaceae

Ricciella
- Ricciaceae

Ricciocarpos
- Ricciaceae

Rich, A.
- B Biochemie

Richardella
- Miracidium

Richardsonianus
- □ Hirudinidae

Richea
- M Epacridaceae

Richet, Ch.

Richtachsen

Richter, R.
- Aktuopaläontologie

Richthofenia
- □ Perm

Richtungscharakteristik
- Mechanorezeptoren

Richtungsfach
- M Krüppelfußartige Pilze

Richtungshören ↗

Richtungskörper

Richtungskörper
- animaler Pol
- Eiachsen
- Zufall in der Biologie
- ↗ Polkörper

Richtungslokalisation
- ☐ Nervensystem (Funktionsweise)

Richtungssehen ↗
- Augenfleck

Ricin
- Albumine
- Rizinusöl

Ricinin
- Rizinusöl

Ricinoides ↗

Ricinolsäure
- Rizinusöl

Ricinulei ↗
- ☐ Chelicerata

Ricinus ↗
- ☐ Allorrhizie
- ☐ Samen
- ↗ Rizinus

Ricinus-Typ
- sekundäres Dickenwachstum
- ☐ sekundäres Dickenwachstum

Ricke

Ricken, A.
- Blätterpilze

Rickert, H.
- Biologismus

Ricketts, Howard Taylor
- Neorickettsia
- Rickettsia
- Rickettsiaceae
- Rickettsiales
- Rickettsiella
- Rickettsien
- Rickettsienähnliche Organismen
- Rickettsiosen

Rickettsia
- Ehrlichia
- M Kleiderlaus

Rickettsiaceae ↗
Rickettsiales ↗
Rickettsiella ↗

Rickettsien
- biologische Waffen

Rickettsienähnliche Organismen
- Hexenbesen

Rickettsiosen
- Tetracycline

Rictularioidea
- Spirurida

Riechbahn ↗

Riechbein
- Siebbein

Riechempfindung
- Hirnzentren

Riechen
- chemische Sinne
- B Gehirn
- Hirnzentren
- ↗ Nase

Riechepithel ↗
- chemische Sinne
- Nase
- Telencephalon

Riechgrube
Riechhaare
- B chemische Sinne I

Riechhirn
- ☐ Gehirn
- Telencephalon
- ☐ Telencephalon
- ↗ Rhinencephalon

Riechhöhle
- Nase
- Turbinalia

Riechkegel

Riechkissen
- Eichenmoos

Riechkolben ↗
- Makrosmaten

Riechlappen ↗
- Makrosmaten

Riechnerv ↗
Riechorgane ↗
Riechplatte

Riechschleimhaut
- Olfactorius
- ↗ Riechepithel

Riechschwelle ↗
- ☐ Blütenduft
- ☐ chemische Sinne

Riechsinn ↗

Riechstoffe ↗
- ätherische Öle
- ↗ Duftstoffe

Riechzellen

Riechzentrum
- Rindenfelder

Ried
- Moor

Riedböcke

Riedfrösche
- Ranidae

Riedgras ↗

Riedgrasartige ↗

Riedgräser
- Ried
- Sauergräser

Riedgrasgewächse ↗

Riedl, Rupert
- Abstammung - Realität
- Determination

Riegelahorn
- Ahorngewächse

Riella
- Riellaceae

Riellaceae ↗

Riemenblume
- Mistelgewächse

Riemenfische ↗
- B Fische V

Riemennatter ↗

Riemenschnecken

Riementang ↗
- M Fucales

Riemen-Tellerschnecken ↗

Riemenzunge
- B Orchideen

Riemer Morgan, Harry de
- Morganella

Rieselfelder

Rieselfluren
- Tofieldietalia calyculatae
- ↗ Rieselfelder

Riesenaktinien ↗

Riesenalk
- M Aussterben
- B Polarregion II

Riesenamöben
- Membranskelett

Riesenangler
- Tiefseeangler

Riesenassel ↗

Riesenaxone ↗
- Axon
- Kolossalfasern
- M Membranpotential
- B Nervenzelle I
- ↗ Riesenfasern

Riesenbastkäfer
- Borkenkäfer

Riesenblume
- Rafflesiaceae

Riesenbock
- Südamerika

Riesenborkenratte
- Mäuse

Riesenchromosomen
- M Chromosomentheorie der Vererbung
- Defizienz
- differentielle Genexpression
- Genaktivierung
- M Nucleolus

Riesendarmegel
- Fasciolopsiasis

Riesenegel ↗

Rieseneule ↗

Riesenfasern ↗
- ☐ Chronaxie (Chronaxiewerte)
- Kolossalfasern
- Riesenzellen
- Sternganglien
- Synapsen
- ↗ Riesenaxone

Riesenfaultiere
- Megatheriidae

Riesenfederflosser
- Fadenfische

Riesenformen
- Größensteigerung
- Haustierwerdung
- Tiefseefauna
- ↗ atelische Bildungen

Riesengeier
Riesengleiter
- Herrentiere
- M Holarktis
- M Orientalis

Riesengleitflieger
- Riesengleiter

Riesengoldmull
- Goldmulle

Riesengürtelschweif
- M Gürtelschweife

Riesenhaie
- Eizelle
- B Fische III

Riesenhering ↗

Riesenhirsche
- atelische Bildungen
- Megaloceros

Riesenholzwespe
- Holzwespen
- B Insekten II

Riesenhonigbiene
- Honigbienen

Riesenhutschlange
- Giftnattern

Riesen-Indri
- Mesopropithecus

Riesenkäfer

Riesenkakteen
- Nordamerika
- B Nordamerika VIII

Riesenkalmare

Riesenkänguruh
- Allometrie
- Australien
- B Australien II
- Beuteltiere
- Caenogenese
- Känguruhs

Riesenkern ↗

Riesenkoala
- Beuteltiere

Riesenkohl ↗

Riesenkrabbe ↗

Riesenkraken
- Riesenkalmare

Riesenkrebse
- M Devon (Lebewelt)
- Eurypterida

Riesenkröte
- Südamerika

Riesenkugler

Riesenlarven
- Metamorphose

Riesenlaubfrosch
- Südamerika

Riesenläufer

Riesen-Lebensbaum
- Lebensbaum
- Nordamerika
- B Nordamerika II

Riesenleberegel
- Fasciola

Riesenlibellen ↗

Riesen-Mammutbaum
- B Nordamerika II
- Sequoiadendron

Riesenmanta
- Teufelsrochen

Riesenmaus
- Insemination (Aspekte)

Riesenmoa
- M Moas

Riesenmuscheln
- B Muscheln

Riesennager
- M Südamerika

Riesenohr ↗

Riesenotter

Riesen-Palisadenwurm
- Dioctophyme

Riesenpanda
- Bambusbär

Riesenporling
- Büschelporlinge
- Grifola

Riesenquallen ↗

Riesensalamander
- B Amphibien I
- M Holarktis

Riesen-Säulenkaktus
- B Nordamerika VIII

Riesenschildkröten
- B Südamerika VIII

Riesenschirmlinge

Riesenschlangen

Riesenschnauzer
- ☐ Hunde (Hunderassen)
- B Hunderassen II

Riesenschnecken

Riesenschnurfüßer

Riesenskinkverwandte

Riesenskorpione ↗

Riesenstrauße
- M Madagaskarstrauße

Riesensturmvogel
- M Polarregion

Riesentanne
- Nordamerika

Riesentintenfische ↗

Riesentukan
- B Südamerika III
- Tukane

Riesenunke ↗

Riesenwanzen

Riesenwasserwanzen
- B Insekten I
- Riesenwanzen

Riesenwombat
- Beuteltiere

Riesenwuchs ↗
- Gigantismus

Riesenzackenbarsch
- B Fische VII
- Zackenbarsche

Riesenzellen
- cytopathogener Effekt
- Entzündung

Riesling ↗
- ☐ Weinrebe

Riesling-Silvaner
- ☐ Weinrebe

Rifampicin

Rifamycine ↗

Riff
- Anthozoa
- M Devon (Lebewelt)
- ☐ Kambrium
- B Temperatur

Riffbarsche

Riffbildung
- Acropora
- Octocorallia
- ☐ Riff
- Stromatoporoidea

Riffkorallen ↗
- M Endosymbiose
- B Temperatur
- warmstenotherme Formen
- Zooxanthellen

Riftia
- M Pogonophora

Rift-Valley-Fieber-Virus ↗
- Bunyaviren

Rigidität
- Rigor

Rigor

Rigor mortis
- Leichenstarre

Rigosol

Rilaena ↗

Rizinus

Rillenkrankheit ↗
Rima glottidis
– Kehlkopf
Rimantadin
– Virostatika
Rimella
– [M] Fechterschnecken
Rimpi
Rind ↗
Rinde
– [B] Algen III
– Cauloid
– ☐ Leitbündel
– [M] Rüben
– sekundäres Dickenwachstum
– Sproßachse
– [B] Sproß und Wurzel I
– [B] Wasserhaushalt der Pflanze
Rindenblasenrost
– Kiefernrindenblasenrost
Rindenbrand
– Bakterienbrand
– [M] Nekrose
Rindenbrüter ↗
Rindenfelder
– Flechsig, P.E.
– Pyramidenzellen
– [B] Telencephalon
– [B] Telencephalon
Rindenflechte
– Cetraria
Rindengebiete
– ☐ Telencephalon
Rindengewebe
– [M] Grundgewebe
Rindenglanzkäfer
Rindenhormone
– Corticosteroide
Rindenkäfer
Rindenknötchen
– ☐ Lymphgefäßsystem
Rindenkorallen ↗
Rindenkrebs
– Kastanie
Rindenläuse ↗
Rindenmeristem
– Sproßachse
– [M] Sproßachse
Rindenparenchym ↗
Rindenpilze
Rindenplasma ↗
Rindenporen ↗
Rindenrosen
– Bastkäfer
Rindenschicht
– [M] Scheitelzelle
Rindenschichtpilze
Rindenschild
– Veredelung
Rindenschröter ↗
Rindenstrahlen
– Grundgewebe
Rindenwanzen
Rindenwurzeln
Rinder
– [M] Atemfrequenz
– Blutgruppen
– [M] Chromosomen (Anzahl)
– [M] Darm (Darmlänge)
– Flehmen
– Hornträger
– [M] Körpertemperatur
– Landwirtschaft
– [M] Magen
– ☐ Milch (Zusammensetzung)
– [M] Milch
– [M] Paarhufer
– soziale Körperpflege
– [M] Trächtigkeit
– Zwischenklauendrüse
Rinderartige ↗
Rinderbandwurm ↗
– [B] Plattwürmer
– [M] Taeniidae
Rinderbremse ↗
– [B] Insekten II
Rindergemsen

Rinderkokzidiose
Rinderlaus
– Anoplura
Rinderleukämievirus ↗
– ☐ RNA-Tumorviren (Auswahl)
– T-lymphotrope Viren
Rindern
– [M] Brunst
Rinderpapillomvirus ↗
– ☐ Viren (Aufnahmen)
Rinderpest
Rinderpest-Virus ↗
Rinder-Pleuropneumonie
– Mycoplasmen
Rinderpocken ↗
Rinderserumalbumin
– ☐ Proteine (Charakterisierung)
Rinderseuche
– Mycoplasmen
Rindertuberkulose
Rinderzucht
– ☐ Kreuzungszüchtung
– Rinder
Ringchromosomen
Ringdrossel
– Alpentiere
– [M] arktoalpine Formen
– boreoalpin
– Drosseln
– Europa
Ringdrüse
Ringelblume
– ☐ Blumenuhr
– Heterokarpie
– [B] Mediterranregion I
Ringelechsen ↗
– Nordamerika
Ringelgans
– [B] Asien I
Ringelhörnler
Ringelkrankheit
Ringellumme
– Trottellumme
Ringeln
Ringelnatter
– [B] Europa VII
– [M] Gelege
– [M] Herzfrequenz
– Netzhaut
– [B] Reptilien I
– [B] Reptilien II
– [M] Schlangen
Ringelrobben
– Nordamerika
– [B] Polarregion III
Ringelröteln
– Parviren
Ringelschleichen ↗
Ringelschnake
– Stechmücken
Ringelspinner
Ringeltaube
– [B] Europa XV
– [M] Tauben
– Vogelzug
Ringelung
– Ringeln
Ringelwelse ↗
Ringelwühlen ↗
Ringelwürmer
– Atmungsorgane
– Gehirn
– Geschlechtsorgane
– [B] Larven I
– Nervensystem
– Nervensystem (Riesenfasern)
– Nest
– ↗ Annelida
Ringer, Sidney
– Ringer-Lösung
Ringer-Lösung
– Blutersatzflüssigkeit
– Infusion
Ringfasan
– Europa
Ringfäule

Ringflecken
– Tabakringflecken-Virusgruppe
– Tabakstrichel-Virusgruppe
– Tomatenbronzeflecken-Virusgruppe
Ringfleckenkrankheit
Ringfleckenvirus
– ☐ Pflanzenviren
ringförmige DNA
– Prokaryoten
Ringgefäße (Botanik)
Ringgefäße (Zoologie)
– [B] Ringelwürmer
Ringgeißel
Ringhalskobra ↗
Ringicula
Ringiculidae
– Ringicula
Ringkanal
– [B] Stachelhäuter I
Ringknorpel ↗
Ringmakel
– [M] Eulenfalter
Ringmuskel
– Sphinkter
Ringmuskulatur
– [B] Ringelwürmer
– [M] Ringelwürmer
– ↗ Sphinkter
ringporig
– ☐ Holz (Bautypen)
– [M] Wassertransport
Ringsysteme
Ringtextur ↗
Ringwade
– ☐ Fischereigeräte
Rinodina ↗
Riodinidae ↗
Rio Hortega, Pio del
– Hortega-Zellen
Riolus
– Hakenkäfer
Riopa ↗
Riparia ↗
Riparium
Riphäiden
– [M] Präkambrium
Riphäikum
– Präkambrium
riphäisch
– [B] Erdgeschichte
ripicol
Ripistes
Rippen (Botanik)
– Kakteengewächse
Rippen (Zoologie)
– Achsenskelett
– Gräten
– ☐ Organsystem
– Rippenquallen
Rippenfarn
– ☐ Bodenzeiger
– Rippenfarngewächse
Rippenfarngewächse
Rippenfell ↗
Rippenhöcker
– Rippen
Rippenkapsel
– Pleurocapsales
Rippenkapselartige ↗
Rippenkohl ↗
Rippenköpfchen
– Rippen
Rippenmangold
– Beta
Rippenmolche
Rippenmuscheln
Rippenquallen
– Dissogonie
– [M] Gleichgewichtsorgane
Rippensame
Rippenteilung
Ripsemus
– [M] Komplexauge (Querschnitte)
Rishitin ↗
Rispe ↗
– Ährenrispengräser

– Süßgräser
Rispelstrauch
– Tamariskengewächse
– [M] Tamariskengewächse
Rispenfalter ↗
Rispenfarn ↗
Rispengras
– [M] Kosmopoliten
– [B] Polarregion II
– Trittpflanzen
Rispenhirse ↗
– Ackerbau
– [M] Hirse
– [B] Kulturpflanzen I
– [M] Tausendkorngewicht
Rissa
Riß-Eiszeit
– Saalekaltzeit
Rissikia
– Podocarpaceae
Risso, Giovanni Antonio
– Rissa
– Rissoidae
Rissoa
– Rissoidae
Rissoidae
Rissostomia
– Zippora
Rißpilze
– [M] Muscarinpilze
Rißschnecken
– Diotocardia
Riß-Würm-Interglazial
Riß-Würm-Warmzeit
– ☐ Pleistozän
– Riß-Würm-Interglazial
Rist
Ristella
– Eubacterium
Ristocetin
– [B] Antibiotika
– [M] Nocardien
Rithron
Ritterfalter
– [B] Insekten IV
Ritterlinge
Ritterlingsartige Pilze
Rittersporn
– Delphinidin
– [B] Unkräuter
Ritterspornbäume
– Vochysiaceae
Ritterstern
– [M] Amaryllisgewächse
Ritterwanzen ↗
– [M] Langwanzen
Ritualisation
– Ritualisierung
ritualisierter Kampf ↗
ritualisiertes Verhalten
– Begrüßungsverhalten
– ↗ Ritualisierung
Ritualisierung
– Aggression
– Intentionsbewegung
– [B] Kampfverhalten
– Symbolhandlung
Riu-Kiu-Kaninchen
– [M] Hasenartige
Rivale
– Arterkennung
Rivalenkampf
– [M] Aggression (Formen)
– [M] Drohverhalten
– Geschlechtsmerkmale
– Kampfverhalten
– Sexualdimorphismus
Rivea ↗
Rivellia
– Platystomidae
Rivina ↗
Rivinus, Augustus Quirinus
– Rivina
Rivularia
Rivulariaceae
Rivulogammarus
– Flohkrebse
Rivulus ↗
Rizinus
– ☐ Kotyledonarspeicherung

349

Rizinusöl

- B Kulturpflanzen XI
- Ricin
- ↗ Ricinus

Rizinusöl
r-K-Kontinuum
- Selektion

RKV
- Kräuselkrankheit

RLO
- Hexenbesen
- Rickettsienähnliche Organismen

r-loop
- displacement loop
- Hybridisierung

RNA
RNA-abhängige DNA-Polymerase ↗
RNA-abhängige RNA-Polymerase
- RNA-Replikase

RNA-Phagen ↗
- Desoxyribonucleinsäuren
- □ Viren (Virion-Morphologie)

RNA-Polymerase
- Aktivatorproteine
- Amatoxine
- □ Galactose-Operon
- Genregulation
- Guanosin-5'-triphosphat
- Promotor
- Termination
- M Transkription

RNA-primer
- Desoxyribonucleinsäuren ↗ primer

RNA-Replikase
RNasen ↗
RNA-spleißen
- spleißen

RNA-Synthese
- Blühhemmstoffe
- Transkription
- ↗ Ribonucleinsäuren

RNA-Tumorviren
- Rhabdoviren
- Zelltransformation

RNA-Viren
- Desoxyribonucleinsäuren
- Doppelstrang
- Viren
- Virusinfektion

R-Neuronen
- □ Atmungsregulation (Regelkreis)

rNMP
- Ribonucleosidmonophosphate

RNP ↗
RNS ↗
rNTP
- Ribonucleosid-5'-triphosphate

Roa-Fasern
- Brennesselgewächs

Roan ↗
Robben
- Harem
- Jugendentwicklung: Tier-Mensch-Vergleich
- □ Nahrungspyramide
- Nestflüchter
- M Orientalis
- B Parasitismus II
- Polarregion
- B Polarregion III
- B Polarregion IV

Robbenlaus
- B Parasitismus II

Robbenmilben
Robbenschläger
- Robben

Robbins, F.Ch.
Robertson, J.D.
- Membran

Robertson-Fusion
Robertson-Translokation
- Robertson-Fusion

Robertus
- □ Kugelspinnen

Robin, Jean
- Robinie

Robinetin
- □ Flavone

Robinia
- Robinie

Robinie
- M Blatt
- □ Holz (Bautypen)
- Streuabbau
- Wurzelbrut

Robinson, R.
Robiquet
- Codein

Roboter
- Denken
- ↗ Automaten

Roccella
- Flechtenfarbstoffe
- Roccellaceae

Roccellaceae
- Opegraphaceae

Roccus ↗
Rochalimaea
Rochea
- M Dickblattgewächse

Rochen
- B Darm
- M depressiform
- Exkretion

Rocio
- □ Togaviren

rock-pools
- Lithotelmen

Rocky-Mountain-Fleckfieber ↗
Rodentia ↗
Rodentiose
- Pseudotuberkulose

Rodentizide
Rodolia
- biologische Schädlingsbekämpfung

Rodung
- Afrika
- M Bodenentwicklung
- Bodenerosion
- M Erosionsschutz
- Klima
- kulturelle Evolution
- Sekundärvegetation
- Sekundärwald
- Urwald
- Urwiesen
- Wald
- Wasserkreislauf
- ↗ Brandrodung

Roeboides ↗
Roestelia-Typ
- Rostpilze

Rogen
- Fischzucht

Rogener
Roggen
- Ackerbau
- Blütenbildung
- M Chromosomen (Anzahl)
- Gemengesaat
- Getreidemehltau
- B Kulturpflanzen I
- M Kulturpflanzen
- □ Mutterkornpilze
- Nacktgetreide
- M Tausendkorngewicht
- Typhula-Fäule
- Unkräuter
- Vertrocknung
- M Wachstum

Roggenbraunrost ↗
Roggenkornschnecke ↗
Roggenmehl
- Roggen

Roggenstengelbrand
Rogner
- Rogener

Rohbrüßler ↗
- Bodengeschichte

Rohextrakt
- □ Zelle

Rohfaser
Rohfäule
- Sauerfäule

Rohhumus ↗
- Auflagehorizont
- Bodenentwicklung
- B Bodentypen
- Tangelhumus

Rohmilch
- M Milch (Milcharten)

Rohmilchkäse
- Silage

Rohöl
- Erdöl

Rohöleinheit
- Bioenergie

Rohr
Rohrammer
- Ammern
- □ Verhaltenshomologie

Röhrchenzähner
- Röhrenzähner

Rohrdommeln
- B Europa VII
- Schutzanpassungen
- Vogelflügel

Röhrenaal
- M Aale

Röhrenatmer ↗
Röhrenblatt
- Rundblatt

Röhrenblüten
- Cassiope
- Heliophyten

Röhrenholothurie
Röhrenkiemen
Röhrenknochen ↗
- Atmungsorgane
- B Atmungsorgane III
- Biomechanik

Röhrenläuse
Röhrenmünder ↗
Röhrennasen ↗
Röhrenpilze ↗
- □ Rote Liste

Röhrenprinzip
- □ Biegefestigkeit
- ↗ Biomechanik

Röhrenschaler ↗
Röhrenschildläuse
Röhrenspinnen
Röhrenstäublinge
Röhrentracheen
- B Atmungsorgane II
- Fächerlungen
- B Gliederfüßer II
- Tracheensystem

Röhrentrama
- Schleimporlinge
- Trama

Röhrenzähne
- Giftzähne

Röhrenzähner ↗
- Tubulidentata

röhrenzähnig
- solenoglyph

Röhrenzellen
- Solenocyten

Röhrenzunge
- Zunge

Rohreulen
- Schilfeulen

Rohrglanzgras ↗
Rohrglanzgrasröhricht ↗
Röhricht
- Bolboschoeneta maritimi
- Verlandung

Rohrkäfer ↗
Rohrkatze
Rohrkolben
- B Europa VI

Rohrkolbenartige
Rohrkolbeneule
- Schilfeulen

Rohrkolbengewächse
Röhrlinge
Röhrlingsartige Porlinge
Rohrratten
Rohrrüßler
- Rüsselspringer

Rohrsänger
- Nest

Rohrschwirl
- Schwirle

Rohrweihe
- B Europa VII
- Weihen

Rohrzucker ↗
- Invertzucker
- Zuckerrohr
- ↗ Saccharose

Rohsago
- Sagopalme

Rohschinken
- M Säuerung

Rohstoffe
- ↗ Ressourcen

Rohstofferschließung
- M Biotechnologie

Rohstoffreserven
- Club of Rome

Rolitetracyclin
- Tetracycline

Rollaffen ↗
Rollasseln ↗
Rollblätter
- Cassiope
- Heliophyten

Rolle
- Rangordnung
- Tiergesellschaft

Rollenschröter ↗
Rollenspiele
- M Spielen

Rollenverständnis
- Partnerschaft

Rollenverteilung
- Mensch und Menschenbild

Roller
Rollfarn
Rollfarnflur ↗
Rollfarngewächse
- Rollfarn

Rollfliegen ↗
Rollhügel
- Trochanter

rolling circle Modell
- einzelsträngige DNA-Phagen
- □ Genamplifikation
- B Lambda-Phage

Rollmarder ↗
Rollnerv ↗
Rollschlangen
Rollwespen ↗
Romanchella
- M Spirorbidae

Romanichthys ↗
Romer, A.S.
Romerolagus
- M Hasenartige
- Kaninchen

Römische Kamille
- Wucherblume

Römischer Bertram
- Anacyclus

Römischer Salat
- Lattich

Romney, Robinson
- Romneya

Romneya ↗
Rondane (Norwegen)
- National- und Naturparke I

Rondelet, Guillaume
- B Biologie II

Rondeletiola
- Leuchtsymbiose

Röntgen
- Strahlendosis
- □ Strahlendosis

Röntgen, W.C.
- Röntgenstrahlen

Röntgenaufnahme
- □ Röntgenstrahlen

Röntgenbild
- Angiographie
- □ Röntgenstrahlen

Röntgendiagnostik
- Krebs
- □ Röntgenstrahlen

Röntgendurchleuchtung
- □ Röntgenstrahlen

Röntgenkleinwinkelstreuung
- B Chloroplasten
Röntgenkontrastdarstellung
- □ Röntgenstrahlen
Röntgenkontrastmittel
- □ Röntgenstrahlen
Röntgenographie
- □ Röntgenstrahlen
Röntgenometrie
- Röntgenstrukturanalyse
Röntgenröhre
- □ Röntgenstrahlen
- □ Röntgenstruktur-
  analyse
Röntgenstrahlen
- Bestrahlung
- Elektronenmikroskop
- Muller, H.J.
- Radioaktivität
- Radiologie
- Rastermikroskop
- relative biologische Wirksamkeit
- □ Röntgenstruktur-
  analyse
- Strahlenbelastung
- □ Strahlendosis
- Ultraviolett
- Zelltransformation
Röntgenstrahlen-Diagnostik
- Krebs
- □ Röntgenstrahlen
Röntgenstrukturanalyse
- Biophysik
- Cytologie
- M Enzyme
- Hodgkin, D.M.
- Lysozym
- □ Proteine (Charakterisierung)
Röntgentherapie
- □ Röntgenstrahlen
Root, R.B.
- ökologische Gilde
Root, R.W.
- Root-Effekt
Root-Effekt
Roquefort
- Käse
Rorippa ↗
Rosa ↗
Rosablättler ↗
Rosacea ↗
Rosaceae ↗
Rosakakadu
- Australien
Rosales ↗
Rosalia ↗
Rosalöffler
- Löffler
- B Nordamerika VI
Rosanae
- Überordnung
Rosanilin ↗
Rosapelikan
- B Afrika I
- Pelikane
- B Vögel II
Rose (Pflanze)
- B Asien IV
- Blütenduft
- □ Blütenduft
- Cyanidin
- B Europa XV
- Lianen
- Pollenblumen
Rose (Zeichnung)
- Fasanen
Rosellahanf
Rosellini, Ferdinando P.
- Rosellinia
Rosellinia
- M Wurzelfäulen
Rösel von Rosenhof, A.J.
- B Biologie I
- B Biologie III
Rosenapfel ↗
Rosenapfelartige
- Dilleniales

Rosenapfelbaum
- Dilleniaceae
Rosenapfelgewächse ↗
Rosenartige
Rosenbach, J.
- Erysipelothrix
Rosenblätter
- Rosette
Rosenboas
Roseneibisch
- B Asien VIII
Roseneule ↗
Rosengallapfel
- Gallwespen
Rosengalle
- M Gallen
- B Parasitismus I
Rosengallwespe
- Gallwespen
- B Parasitismus I
Rosengewächse
- Hexenbesen
Rosenholz
- B Holzarten
Rosenholzöl ↗
Rosenkäfer
- B Insekten III
- □ Käferblütigkeit
Rosenkohl ↗
- Fehlbildung
- □ Kohl
- B Kulturpflanzen V
Rosenkönig ↗
Rosenkranz
- Rachitis
Rosenlaus
- M Röhrenläuse
Rosenlorbeer
- Oleander
Rosenmehltau
Rosenmoos ↗
Rosenmüller, Johann
Christian
- Höhlenbär
- Rosenmüller-Organ
Rosenmüller-Organ ↗
Rosenöl ↗
- Farnesol
Rosenpflanzen
↗ Rosengewächse
Rosenrost
Rosensalmler
- B Aquarienfische I
Rosen-Schildlaus
- M Deckelschildläuse
Rosenstar
- B Mediterranregion IV
- Stare
Rosenstock
- Geweih
- Muntjakhirsche
- Stirnbein
Rosenthal-Faktor
- □ Blutgerinnung
  (Faktoren)
Rosenwurz
- B Polarregion I
Rosenzikade ↗
Rosette (Botanik)
Rosette (Zoologie)
Rosettenkrankheit
- M Rickettsienähnliche
  Organismen
Rosettenpflanzen
- Rosette
Rose von Jericho ↗
- B Mediterranregion IV
Roséweine
- Wein
Rosidae
Rosinen ↗
Rosmarin
- Gewürzpflanzen
- B Kulturpflanzen VIII
Rosmarinheide
- □ Bodenzeiger
Rosmarinöl ↗
Rosmarinsäure
- Rosmarinöl

Rosmarinus ↗
Rosoideae ↗
p-Rosolsäure
- Aurin
Ross, Sir R.
Roßameisen ↗
- M Schuppenameisen
Roßantilope
- Pferdeantilope
Rossen
- M Brunst
Roßfenchel ↗
Rossi, Pietro
- Rossia
Rossia
- B Kopffüßer
Rossitten (Vogelwarte)
- Thienemann, J.
Roßkäfer ↗
Roßkastanie
- □ Autogamie
- digital
- Drehwuchs
- B Mediterranregion II
- Roßkastaniengewächse
- □ Saponine
- Stachel
Roßkastaniengewächse
Ross River
- M Togaviren
Ross-Robbe
- Polarregion
- M Südrobben
Rost ↗
Rostbär ↗
Rostbinde ↗
Rost-Braunsporen
- Braunsporen
Röste
Rostellum
- Bandwürmer
rosten
- Sauerstoff
  ↗ Korrosion
rösten
- Faserpflanzen
- □ Kaffee
- Lein
- Maillard-Reaktion
Rostfärbung
- Vogelfeder
Rostfleckenkrankheit ↗
- Nacktfliegen
Rostgans
- B Vögel II
Rostkatze
Rostkrankheiten
- B Pflanzenkrankheiten I
- Uredosporen
Rostpilze
- Brandpilze
- Gartenschädlinge
- M Rasse
rostral
Rostralbrücke
- Schlangen
Rostrale
- M Eidechsen
Rostralplatte ↗
Rostralregion
- □ Achse
Rostratula
- Goldschnepfen
Rostratulidae ↗
Rostrum
- Ammonoidea
- Bandwürmer
- □ Decapoda
- B Fische (Bauplan)
- B Gliederfüßer I
- Gnathostomulida
- □ Krebstiere
- □ Rankenfüßer
- Wanzen
Rostrum cavum
- □ Belemniten
Rostrum solidum
- □ Belemniten
Rostschutzmittel
- Lanolin

Rostsegge
- Caricion ferruginea
Rostseggenhalde ↗
Rostseggenrasen ↗
- Alpenpflanzen
Rostsporer
Rot
- □ Farbstoffe
Rotalgen
- Agar
- Florideenstärke
- Generationswechsel
- □ Terpene (Verteilung)
Rotalia ↗
Rotaliella
Rotang-Palmen ↗
Rotaria ↗
Rotation ↗
Rotationsbewegungen
- Flugmuskeln
  ↗ Drehsinn
  ↗ mechanische Sinne
Rotationsdiffusion
- Membran
- Membranproteine
Rotationssinn ↗
Rotationsströmung
- Plasmaströmung
Rotationssymmetrie
- Symmetrie
Rotator
Rotatoria ↗
Rotaugen
Rotaugenfrösche ↗
Rotaviren ↗
- □ Virusinfektion (Wege)
Rotbarsch
- B Fische III
Rotbauchfliegenschnäpper
- B Vögel II
Rotbauchmolche ↗
Rotblättler ↗
Rotbrasse ↗
Rotbuche
- Asperulo-Fagion
- Buche
- Europa
- B Europa X
- Lathyro-Fagetum
- Wald
Rotbuchenwälder ↗
Rotbüffel
- Kaffernbüffel
Rotdeckenkäfer
- B Käfer II
Rotdorn ↗
Rotdrossel
- M Drosseln
- B Europa V
Rote Bete ↗
- B Kulturpflanzen IV
- Nitratpflanzen
rote Blutfarbstoffe
- Hämoglobine
rote Blutkörperchen
- B Atmungsorgane I
- Malpighi, M.
- M Modifikation
- M Sichelzellen
- Swammerdam, J.
  ↗ Erythrocyten
rote Blutzellen
  ↗ Erythrocyten
  ↗ rote Blutkörperchen
Rote Bohne
- Macoma
Rötegewächse ↗
- Alkaloide
Rote Hefen ↗
- Rhodotorula
Roteiche
- Eiche
- Forstpflanzen
Rote Johannisbeere
- B Kulturpflanzen VII
- Ribes
rote Königin
- M Evolution
Rötelfalke
- Greifvögel

Rote Liste

- B Mediterranregion III
Rote Liste
- Aussterben
- Naturschutz
Rötelmäuse
- Asien
Röteln
- aktive Immunisierung
- attenuierte Viren
- M Hämagglutinations-
  hemmungstest
- M Inkubationszeit
- ☐ Virusinfektion (Wege)
- Weller, Th.H.
Röteln-Embryopathie
- Röteln
Rötelnvirus
- Placenta
- Togaviren
Rötelritterlinge
Röteltrichterlinge
- Rötelritterlinge
rote Muskeln
- motorische Einheit
Rotenoide
- Fischgifte
Rotenon
- ☐ Atmungskette
  (Schema 2)
- Derris
- Hülsenfrüchtler
- Rotenoide
- M Rotenoide
rote Pulpa
- Milz
Rote Rahne
- Beta
roter Boden
- Rubefizierung
- ↗ Roterden
Roter Brenner ↗
Roterden ↗
- ☐ Gefügeformen
- Gelberde
- Terra rossa
Roter Drachenkopf
- Drachenköpfe
- B Fische VII
Roter Fingerhut
- Fingerhut
- B Kulturpflanzen X
Roter Kardinal
- Kardinäle
- B Nordamerika V
roter Körper ↗
Roter Paradiesvogel
- B Selektion III
Roter Thunfisch
- B Fische IV
- Thunfische
Roter Ton
- Meeresablagerungen
- Tiefseefauna
Rote Rübe
- B Kulturpflanzen IV
- Rüben
- ☐ Rüben
Rote Ruhr
Roter von Rio ↗
- B Aquarienfische I
Rote Schwefelbakterien ↗
Rote Seescheide
- M Monascidien
Rotes Meer
- B Kontinentaldrifttheorie
- M Meer
- Mittelmeerfauna
- Tertiär
Rotes Ordensband
- B Insekten IV
- Ordensband
Rote Spinne
- Blattdürre
- Kupferbrand
Rotes Waldvögelein
- B Orchideen
Rotes Zedernholz
- Wacholder
rote Vegetationsfärbung
- Desmophyceae

↗ red tide
Rote Waldameisen
- Gastameisen
Rotfäule
- Fichte
- Mykorrhiza
Rotfeder
Rotfeuerfische
- B Fische VII
- Giftige Fische
Rotfleckigkeit ↗
Rotflossensalmler
- B Aquarienfische I
- Salmler
Rotfuchs
- ☐ Allensche Proportionsregel
- B Europa X
- Füchse
- B Nordamerika I
Rotgesichtsmakaken
- M Kultur
- Makaken
Rot-Grün-Blindheit
Rothaarigkeit
- Erythrismus
Rothalstaucher ↗
Rothia
- M Zahnkaries
Rothirsch
- Aussetzung
- M Drohverhalten
- Europa
- B Europa XIV
- M Formenkreis
- Hochwild
- M Körpergewicht
- ☐ Pleistozän
- Polygamie
- M Schonzeit
- Voraugendrüse
- Wildverbiß
Rotholz
- Pernambukholz
Rothörnchen
- Nordamerika
Rothuhn ↗
Rothunde
Rotifera ↗
Rotkaninchen
- M Hasenartige
Rotkappen
Rotkappensittich
- Australien
Rotkarpfen ↗
Rotkehl-Anolis
- B Nordamerika IV
Rotkehlchen
- Durchzugsgebiet
- B Europa XII
- Tierwanderungen
- Vogelzug
Rotkehl-Hüttensänger
- B Nordamerika V
Rotkern ↗
Rotklee
- Hummeln
- Klee
- B Kulturpflanzen II
- Unverträglichkeit
Rotkohl ↗
- Anthocyane
- B Kulturpflanzen V
- Wachse
Rotkopfwürger
- B Europa XX
- Würger
Rotkotinga
- Schmuckvögel
Rotkraut
- B Kulturpflanzen V
- ↗ Rotkohl
Rotlauf ↗
Rotlaufbakterien ↗
- Erysipelothrix
Rotlehm
Rotliegendes
- Dyas
- Kieselhölzer
- Trias

Rotlinge
- Wein
Rötlinge
Rötlingsartige Pilze
Rotluchs
- Luchse
- Nordamerika
Rotmeergaukler
- Borstenzähner
Rotmilan
- B Europa XVIII
- ☐ Flugbild
- Milane
Rotohrfrosch
- M Rana
Rotpustelpilz
Rotrandbär ↗
Rotrückensaki
- ☐ Sakiaffen
Rotrückensalamander ↗
Rotrückenwürger
- M Würger
Rotrüster ↗
Rotsalamander ↗
Rotschenkel ↗
- B Europa XIX
Rotschenkelhörnchen
- Palmenhörnchen
Rotschiller ↗
- Schillerfalter
Rotschlick
- M Schlick
Rotschmierekäse
- Käse
Rotschmierereifung
- Brevibacterium
Rotschnabelmadenhacker
- B Afrika IV
- Madenhackerstare
Rotschwanz
- Trägspinner
Rotschwänze
- B Vögel I
Rotschwingel
- Untergräser
Rotseuchen
Rotstengelmoos
- Entodontaceae
Rotstraußgras
- Bleitoleranz
- Straußgras
Rotstreifigkeit ↗
Rottanne ↗
Rotte (Bodenkunde) ↗
Rotte (Ethologie) ↗
Rottenzelle
- Rotte
Rottweiler
- ☐ Hunde (Hunderassen)
Rotula
Rotwangensalamander ↗
Rotwanzen
- Feuerwanzen
Rotwein
- Wein
Rotwild
- M Brunst
Rotwurm ↗
Rotz (Botanik) ↗
Rotz (Zoologie) ↗
- Löffler, F.A.J.
Rotzahnspitzmäuse
- M Holarktis
- M Spitzmäuse
Rotzbakterien ↗
Rotzunge ↗
- Zungen
Rouette, G.F.
- B Biochemie
Rourea ↗
- Connaraceae
Rous, F.P.
- Rous-assoziierte Viren
- Rous-Sarkomvirus
Rous-assoziierte Viren ↗
Rousettus
- Flughunde
Rous Sarcoma Virus
- ☐ Onkogene

↗ Rous-Sarkomvirus
Rous-Sarkom
- Rous, F.P.
Rous-Sarkomvirus ↗
Roux, P.P.É.
- Mycoplasmen
- Roux-Flasche
Roux, W.
- B Biologie I
- B Biologie II
- B Biologie III
- Determination
- Entwicklungsmechanik
- Entwicklungsphysiologie
- Entwicklungstheorien
- Goette, A.W.
Roux-Flasche
Roux-Kolben
- Roux-Flasche
Roveacrinida
Royal Jelly
- Gelée royale
Roze, E.
- Rozites
Rozites
r-Proteine
- ribosomale Proteine
RQ ↗
r-RNA
- Amphibienoocyte
- ☐ Prozessierung
- ↗ ribosomale RNA
R-Selektion ↗
R-Stämme ↗
r-Strang
- codogen
R-Strategen ↗
RTM
- Rastermikroskop
Rubefizierung
Rubella
- M Togaviren
Rubellavirus ↗
Rüben
- M Grundgewebe
- B Kulturpflanzen III
- B Kulturpflanzen IV
- Pfahlwurzel
- B Regeneration
- Stecklinge
- Wurzel
Rübenaaskäfer
- M Aaskäfer
Rübenälchen
Rübencystenälchen
- Rübenälchen
Rübenfäule ↗
Rübenfliege ↗
- M Blumenfliegen
- B Pflanzenkrankheiten I
Rübengeophyten
Rübenkopffäule
- Rübenfäule
Rübenkräusel-Virus
- Kräuselkrankheit
Rübenlaus
- Röhrenläuse
Rübenmüdigkeit
- Rübenälchen
Rübenpflanzen
- Rüben
Rübenrost
Rübenschnitzel
- Futter
Rübenschorf
Rübenwanze ↗
Rübenweißling
- Weißlinge
Rübenzucker ↗
- Beta
- Saccharose
Rubeola ↗
Ruberythrin
- Krappfarbstoffe
Rubia ↗
Rubiaceae ↗
Rubiales ↗
Rubidium-Strontium-Methode
- ☐ Geochronologie

Rumpfschaukeln

Rubilismus ↗
- Erythrismus
Rubin-Ikterus
- Ikterus
Rubinkehlkolibri
- B Nordamerika IV
Rubinköpfchen
- B Südamerika VIII
- Tyrannen
Rubion subatlanticum
Rubisco ↗
Rubivirus ↗
Rubixanthin
- M Carotinoide (Auswahl)
Rüblinge
Rubner, M.
- B Biologie I
- B Biologie II
Rüböl ↗
- □ Kohl
Rubor
- Entzündung
Rubredoxin
- Eisen-Schwefel-Proteine
Rübsaat
- Kohl
Rübsamen
- Kohl
Rübsen ↗
- M Blatt
- Gründüngung
- Ölpflanzen
- Zwischenfruchtbau
Rübstiel
- Kohl
Rubus
Rucervus ↗
Ruchgras
Rückbildung ↗
Rückdifferenzierung
- Antholyse
Rücken
- Gegenschattierung
Rückenborste
- Arista
Rückenfinne
- Wale
Rückenflosse
- B Fische (Bauplan)
- B relative Koordination
- B Skelett
Rückenfüßer
Rückengefäß
Rückenmark
- M Bandscheibe
- B Chordatiere
- Dura mater
- Filum
- Gehirn
- Hall, M.
- Headsche Zonen
- Hirnhäute
- Hirnventrikel
- M Kniesehnenreflex
- Neopallium
- B Nervensystem II
- B Rautenhirn
- B Regelung im Organismus
- Rücken
- B Wirbeltiere I
Rückenmarksentzündung
- Myelitis
Rückenmarksfrosch
Rückenmarkshaut
- Rückenmark
- B Rückenmark
Rückenmarkskanal
- Ependym
- Glia
- Neuralkanal
- Rückenmark
- Wirbel
- B Wirbeltiere II
Rückenmarksnerven ↗
- Bell-Magendie-Gesetz
Rückenmarkspunktion
- Epiduralraum
Rückenmarktiere
- Deuterostomier

- Gastrolith
- Protostomier
Rückenmuskulatur
- □ Organsystem
- M Rücken
Rückennaht
Rückensaite ↗
Rückenschaler ↗
Rückenschild
- Tergum
Rückenschluß
Rückenschwimmer
- Gegenschattierung
- B Insekten I
- □ Komplexauge (Aufbau/Leistung)
- Rücken
- Ruderwanzen
- Spermien
Rückenschwimmerwels ↗
- Rücken
rückenspaltig
- fachspaltig
Rückenstrecker
- M Rücken
Rückentasche
- Beutelfrösche
Rückfallfieber
- Borrelia
- M Kleiderlaus
- Tetracyclin
Rückfangmethode
- Populationsdichte
Rückgrat ↗
Rückkopplung ↗
- Atmungsregulation
- Biofeedback
- Hormone
- ökologische Regelung
- ↗ negative Rückkopplung
- ↗ positive Rückkopplung
Rückkopplungshemmung
- Endprodukthemmung
Rückkreuzung ↗
- B Chromosomen I
- Inzuchttest
- □ Kreuzungszüchtung
- Mendelsche Regeln
Rückkreuzungsgeneration
- Mendelsche Regeln
Rückkreuzungsmethode
- □ Kreuzungszüchtung
rückläufige Hemmung
- □ Nervensystem (Funktionsweise)
rückläufiger Elektronentransport
- □ nitrifizierende Bakterien
rückläufiger Nerv ↗
Rücklaufschlamm
- Kläranlage
Rückmutante
- Rückmutation
Rückmutation
- Atavismus
- kompensierende Mutationen
- Restaurierung
Rückreaktion
- chemisches Gleichgewicht
- Massenwirkungsgesetz
- Produkthemmung
Rückregulierung
Rückresorption
- Antidiurese
- Durst
- Exkretionsorgane
- Gallenblase
- M Gegenstromprinzip
- Malpighi-Gefäße
- Osmose
Rucksackschnecken
- Raubschnecken
Rückschlag ↗
Rückstände
- Pflanzenschutz
Rückstoßprinzip
- Atmungsorgane
- Trichter

- ↗ Fortbewegung
Rückstoßschwimmen
- Schwimmen
- Velum
Rückstrahlung
- Frost
- ↗ Energieflußdiagramm
- ↗ Glashauseffekt
Rücktrieb
- Flugmechanik
Rückziehmuskeln ↗
Rückzugsgebiet ↗
- Ausbreitungszentrum
- M Mittelwald
- ↗ Refugium
Rudapithecus
Rudbeck, O.
- Rudbeckia
Rudbeckia
Rudbeckie
- Sonnenhut
Rudbeckius, Olaus
- Rudbeck, O.
Rüde
Rudel
- Aggression
- Bruthelfer
- Herde
- M Rangordnung
- Tiergesellschaft
Ruderalfluren
- Ruderalgesellschaften
Ruderalgesellschaften
Ruderalpflanzen
- hemerophil
- Selbstbefruchter
Ruderbeine
- M Taumelkäfer
Ruderenten
Ruderfrösche
Ruderfüße
Ruderfüßer
Ruderfußkrebse ↗
- Nahrungskette
- □ Nauplius
- ↗ Copepoda
Ruderschlangen ↗
Ruderschnecken
- Flügelschnecken
- Pteropoda
Ruderschwanz
- Biber
Ruderschwanzlarve ↗
Ruderschwimmen
- Schwimmen
Ruderwanzen
Rudiment
- M Atavismus
- Bauplan
- Beckengürtel
- Boaschlangen
- Darwinscher Ohrhöcker
- Klammerreflex
- Lamarckismus
- Pluripotenz
- Sexualdimorphismus
rudimentär
- Rudiment
rudimentäres Organ
Rudimentation
- rudimentäres Organ
Rudisten
- Hippuritoida
- □ Kreide
Rudolfsee
Ruellia
- Acanthaceae
Ruf
- Stimmfühlungslaut
Ruffini, Angelo
- Ruffinische Körperchen
Ruffinische Körperchen ↗
- M Mechanorezeptoren
- Temperatursinn
Rufinismus ↗
Rugosa
- □ Karbon
Ruhedehnungskurve
- M Compliance

- M Muskelkontraktion
Ruhegamet
- B Algen IV
- Zygnemataceae
Ruhekern ↗
Ruhekleid
Ruheknospe ↗
Ruhemembranpotential
- ↗ Membranpotential
- ↗ Ruhepotential
Ruheperioden
- Ruhestadien
Ruhepotential
- Bioelektrizität
- Elektrotonus
- Erregungsleitung
- □ Membranpotential
- M Membranpotential
- B Nervenzelle I
Ruhespuren
- Cubichnia
Ruhestadien
Ruhestoffwechsel ↗
- Energieumsatz
- Leistungszuwachs
- ↗ Stoffwechsel
Ruhetremor
- Tremor
Ruheumsatz ↗
Ruhewirt
- paratenischer Wirt
Ruhezustand
- Ästivation
- Athermopause
- Ruhestadien
Ruhr
- Dauerausscheider
- Flohkraut
- M Inkubationszeit
- Shiga, K.
Ruhramöbe
- M Chromosomen (Anzahl)
- Darmfauna
Ruhr-Bacillus
- Flexner, S.
- ↗ Shigella
Rührkalorimeter
- □ Kalorimetrie
Ruhrkraut
Rührmichnichtan ↗
- □ Bodenzeiger
Ruhrwurz
- Flohkraut
Ruineneidechse
Ruländer ↗
- □ Weinrebe
Rum ↗
- M Äthanol
- Zuckerrohr
Rumba-Rassel
- Bignoniaceae
Rumen ↗
Rumex ↗
- Chrysanthemumtyp
Rumicion alpini ↗
- Germer
Rumina
ruminant
- □ Endosperm
Ruminantia ↗
Rumination
- Wiederkäuen
ruminiert
- Muskatnußgewächse
Ruminococcus
- □ Essigsäuregärung
- M Interspezies-Wasserstoff-Transfer
- □ Pansensymbiose (Pansenbakterien)
Rümpchen ↗
Rumpf
- Biomechanik
- □ Rindenfelder
Rumpfgesellschaft
Rumpfregion
- Wirbelsäule
Rumpfschaukeln
- Bewegungsstereotypie

353

Rumpfscheibe
- Schlangensterne
- [M] Schlangensterne

Rumpfsegment
- [M] Gliederfüßer

Rundblatt
Rundblattnasen
rundes Fenster
Rundkrabben
Rundmäuler
- Arterienbogen
- [B] Darm
- [M] Eizelle
- [M] Glucocorticoide
- □ Hypophyse
- □ Nephron
- □ Rote Liste

Rundmorchel
- Mützenlorcheln

Rundmundschnecken ↗
Rundschmelzschupper ↗
Rundschuppe ↗
Rundstirnmotten
Rundtanz ↗
- □ Bienensprache
- Tanz

Rundwürmer
Runge, F.F.
- Coffein

Runkelrübe ↗
- [B] Kulturpflanzen II
- Monogermsamen

Runula ↗
Runzelfrösche ↗
Runzelschicht
- Schwarze Schicht

Rupelium
- □ Tertiär

Rupicapra ↗
Rupicaprini
- Ziegen

Rupicola ↗
Rupp, Heinrich Bernhard
- Ruppiaceae
- Ruppietea maritima

Ruppia
- Ruppiaceae

Ruppiaceae
Ruppietea maritima
Ruprechtsfarn ↗
Ruprechtskraut ↗
"Rurik"
- □ Meeresbiologie (Expeditionen)

Rusa ↗
Ruscin
- □ Saponine

Ruscinium
- Pliozän
- □ Tertiär

Ruscogenin
- □ Saponine

Ruscus ↗
Ruska, Ernst August Friedrich
- [B] Biologie III
- [M] Elektronenmikroskop

Rusophycus
Rußdioxid
- Smog

Rüssel
- Bonellia
- Echiurida
- □ Mundwerkzeuge
- □ Rüsseltiere
- □ Schmetterlinge (Falter)
- □ Schnurwürmer
- [B] Verdauung II
- [B] Wanzen
- [B] Zoogamie

Rüsselbären ↗
Rüsselbeutler ↗
Rüsselegel ↗
Rüsselgeißler ↗
Rüsselhündchen ↗
Rüsselkäfer
- Blattroller
- [B] Insekten III
- [B] Käfer II

- Mundwerkzeuge

Rüsselkrebse ↗
Rüsselqualle
Rüsselratten ↗
Rüsselrobben
Rüsselscheibe
Rüsselscheide
- Acanthocephala
- □ Schmetterlinge (Falter)
- □ Schnurwürmer

Rüsselspringer
- Äthiopis

Rüsselstöre
- Störe

Rüsseltiere
- Äthiopis
- Dinotherioidea
- [M] Holarktis
- Huftiere
- [B] Säugetiere

Rüsselwürmer
- Priapulida

Russenkaninchen
- □ Kaninchen

Russisch-blaue Kurzhaarkatze
- [B] Katzen

Russischer Bär ↗
Russischer Windhund
- [B] Hunderassen III

Rüßler
- Rüsselkäfer

Rußporling
- Röhrlingsartige Pilze

Rußtaupilze ↗
Russula ↗
- [M] Mykorrhiza

Russulaceae ↗
Russulales ↗
Rustella
- Kutorginida

Rüster ↗
- [B] Holzarten

Ruta ↗
Rutaceae ↗
Rutales
- Rautengewächse

Rutamycin
- Atmungskette

Rute
- Geschlechtsorgane

Rutelinae
- Blatthornkäfer

Rutengewächse
- Sklerokaulen

Rutenkrankheit
Rutenmelde
- Melde

Rutenpilze ↗
Rutensterben
- □ Mycosphaerellaceae
- Rutenkrankheit

Ruthenica
Rutherford
Rutherford, Ernest
- Geochronologie

Rutilismus ↗
Rutilus ↗
Rutin
- Vitamine

Rutschphase
- Verhalten

Rutte ↗
Rüttelfalke
- Turmfalke

Rüttelflug ↗
- Daumenfittich
- Flugmechanik
- Greifvögel

Ruvettus ↗
Ruwenzori
- [M] Afrika

Ružička, L.
- [B] Biochemie

R$_r$-Wert
- Chromatographie

Rynchopidae ↗

S ↗
SA 12
- □ Polyomaviren

Saaleeiszeit
- Saalekaltzeit

Saalekaltzeit
- □ Pleistozän
- Warthe-Stadium

saalisch
- [B] Erdgeschichte

Saamiden
- [M] Präkambrium

saamidisch
- [B] Erdgeschichte

Saanenziege
- [M] Ziegen

Saat
- Bodenbearbeitung

Saatbeet
Saatbeizmittel
- Beize
- [M] Beize
- Gliotoxin
- Quecksilber

Saatbett
Saatdotter
- Leindotter

Saateule
Saatgut
- Aussaat
- [M] Beize
- Saat
- Samenverbreitung
- Tausendkorngewicht

Saatgutbeizung ↗
- Steinbrand
- ↗ Saatbeizmittel

Saatgutimpfung
Saatgutinkrustierung
- [M] Beize

Saatgutpillierung
- [M] Beize

Saatgutreinigung
- Ackerunkräuter
- Unkräuter

Saatkrähe
- [B] Europa XVIII
- Koloniebrüter
- Nest
- □ Rabenvögel

Saatplatterbse
- [B] Kulturpflanzen II
- Platterbse

Saatrübe
- Kohl

Saatunkräuter
- Saatgutreinigung
  ↗ Ackerunkräuter
  ↗ Unkräuter

Saatwicke
- [M] Knöllchenbakterien (Wirtspflanzen)
- [B] Kulturpflanzen II
- Wicke

Sabadillin
- Liliengewächse

Säbelantilope
- □ Antilopen
- Oryxantilopen

Säbelkatzen
- atelische Bildungen
  ↗ Säbelzahnkatzen

Sabella
- Atmungsorgane
- [B] Ringelwürmer
- Sabellidae

- [M] Sabellidae
Sabellaria
Sabellariida
Sabellariidae
Sabellastarte
- [M] Sabellidae

Sabellida
Sabellidae
- Chlorocruorin

Sabellides ↗
Sabellongidae
- [M] Sabellida

Säbelschnäbler
- [M] Schnabel

Säbelschrecken ↗
Säbelwuchs
- Kriechbewegung
- Morphosen
- Schneedruck

Säbelzahn
- [B] atelische Bildungen
- [M] Smilodon

Säbelzahnbeutler
- Beuteltiere

Säbelzähne
- [M] Nimravus

Säbelzahnfische
Säbelzahnkatzen
- atelische Bildungen
- Beuteltiere
- Machairodontidae
- Smilodon
- [M] Smilodon

Säbelzahnschleimfische
- [M] Putzsymbiose

Säbelzahntiger
- Fangzähne

Sabiaceae
Sabin, Albert Bruce
- Sabin-Schluckimpfung

Sabinen
- [M] Monoterpene

Sabinol
- [M] Monoterpene

Sabin-Schluckimpfung ↗
S$_{AB}$-Wert
- □ Eubakterien
- Taxonomie

Saccaden ↗
- Bewegungssehen
- Bildwahrnehmung
- Nystagmus

Saccharase ↗
- Saccharose

Saccharate
- Saccharose

Saccharide
Saccharimeter
- Saccharimetrie

Saccharimetrie
Saccharin
- [M] Geschmacksstoffe

Saccharomyces
- □ Desoxyribonucleinsäuren (Größen)
- Konservierung
- Mitochondrien
- [M] Pilzviren

Saccharomyces cerevisiae-Virusgruppe
- [M] Pilzviren

Saccharomycetaceae ↗
Saccharomycodes
Saccharomycoideae ↗
- [M] Echte Hefen

Saccharomycopsis
Saccharose
- Dissimilation II
- [M] Geschmacksstoffe
- Glucosidasen
- [B] Kohlenhydrate I
- □ Phosphattranslokator
- Raffinose
  ↗ Rohrzucker

Saccharose-Gradient
- □ Dichtegradienten-Zentrifugation
- □ fraktionierte Zentrifugation

Saccharum ↗
- [M] Andropogonoideae

Sacchiphantes
– Ananasgalle
– M Tannenläuse
Sacci
– Saccus
Saccocirridae
Saccocirrus
– Saccocirridae
Saccocoma
Saccoderm ↗
Saccoglossa ↗
Saccoglossus
Saccopastore
Saccopharyngoidei ↗
Saccosoma
Saccostomus
– Hamsterratten
Sacculi
– Bakterienzellwand
– Sacculus
Sacculi laterales
– Bombykol
Sacculina ↗
Sacculina externa
– Rhizocephala
Sacculina interna
– Rhizocephala
Sacculus
– B mechanische Sinne II
– Vestibularreflexe
– Vestibulum
Sacculus buccalis
– Sacculus
Saccus lacrimalis
– Saccus
– Tränen-Nasen-Gang
Saccus vitellinus
– Saccus
Sachlichkeit
– Anthropomorphismus -
Anthropozentrismus
Sachs, J.
– B Biochemie
– B Biologie II
– Cyanobakterien
– Entwicklungsphysiologie
– M Kormus
Sack ↗
Sackkiefler
– Entognatha
Sackkiemer
Sack-Krebs ↗
Sackmaulfische
– Tiefseefauna
Sackmotten
Sackspinnen
– Fanghafte
Sackspinner
– Sackträger
Sackträger
– Flügelreduktion
– B Schmetterlinge
Sackungsverdichtung
– Bodenverdichtung
Sackzüngler
– Schlundsackschnecken
Sacrum ↗
Sactosoma
Sactosomatinea
Sadebaum ↗
– M Wacholder
Saduria
– M Valvifera
Saefftigensche Tasche
– Acanthocephala
Säen
– Aussaat
– ☐ Saat
SAF
– slow-Viren
Saflor
Safran ↗
– Aromastoffe
– Gewürzpflanzen
– B Kulturpflanzen IX
Safranal
– Krokus
– M Monoterpene

Safranbaum ↗
Safranbitter
– Krokus
Safranine
Safranmalvengewächse
– Turneraceae
Safranschirmling
– M Riesenschirmlinge
Safrol
– cancerogen
Saftdatteln
– Dattelpalme
Saftdruck
– Turgor
Saftfäden
– Paraphysen
Saftfarbstoffe
– chymotrope Farbstoffe
Saftkäfer
Saftkugler
Saftlinge
Saftmale ↗
Saftmaltheorie ↗
Saftpflanzen ↗
Saftschlürfer ↗
Saftschlürfermotten
Saftzeit
Sagartia
– B mechanische Sinne II
Sägebarsche
– B Fische VII
Sägeblättlinge
Sägebock
sage brush
– Beifuß
Sägefische ↗
– M Mesomyaria
Sägerochen
Sägehaie
Sägehornbienen ↗
Sagenaria
– Caytoniales
Sagenocrinida
Sagenopteris
– ☐ Trias
Säger
– Entenvögel
Sägeracken
Sägeracken
Sägeret, Augustin
– B Biologie II
Sägerochen
– B Fische VII
Sägesalmler
– Pirayas
Sägeschrecken ↗
Sägeschwanzschrecken ↗
Sägetang ↗
– Felsküste
– M Fucales
Sägewespen ↗
Sägezahnmuscheln
Sagidae ↗
Sagina ↗
Saginetea maritimae
Sagitta
– Otolithen
Sagittalebene
– ☐ Achse
– Sagittalschnitt
Sagittalschnitt
Sagittaria ↗
Sagittariidae ↗
Sagittarius
– Sekretäre
Sagittocysten
– Strudelwürmer
Sagiyama
– M Togaviren
Sago
– Sagopalme
Sagopalme
– B Kulturpflanzen I
Saguinus ↗
Sahara
– Afrika
– arid
– Äthiopis
– Subtropen
– tiergeographische
Regionen

– B Vegetationszonen
Sahelzone
– Afrika
– ☐ Desertifikation
(Maßnahmen)
– B Vegetationszonen
Sahne
– Milch
Sahnia-Typ
– Pentoxylales
sa-Horizont ↗
Saiblinge
– B Fische XI
– B Fische XII
Saiga
– Saigaantilopen
Saigaantilopen
– Asien
– B Europa XIX
– Glazialfauna
– Paläarktis
Saigaartige
– Saigaantilopen
Saiginae
– Saigaantilopen
Saimiri ↗
– Sprache
Saint-Brelade
– Jersey
Saint-Césaire ↗
Saint-Paul Hilaire, Walter Freiherr von
– Saintpaulia
Saintpaulia ↗
Saintschwamm
– Badeschwämme
Saisondimorphismus
– Farbwechsel
– Generationsdimorphismus
– Ökomorphose
Saisondiphänismus
– Landkärtchen
Saisonfische
Saitenwürmer
Saitis
– M Springspinnen
Saké
– Aspergillus
– M Milchsäurebakterien
– Reis
– ☐ Verzuckerung
Sakiaffen
Sakmar-Stufe
– M Perm
sakral
Sakralfleck ↗
Sakralisation
– Lendenwirbel
Sakralregion
– M Wirbelsäule
Sakralrippen
– Kreuzwirbel
– M Rippen
Sakralwirbel ↗
Saksaul ↗
Sal
– Kontinentaldrifttheorie
Salamander
– Alkaloide
– ☐ Arterienbogen
– Atmungsorgane
– M Auflösungsvermögen
– ☐ Fortbewegung
– M Holarktis
– Kontakttier
– Merospermie
Salamanderalkaloide
Salamanderartige
– Neurergus
Salamandra
– M Parotoiddrüse
Salamandrella
– Winkelzahnmolche
Salamandridae
Salamandrina
Salamandroidea
Salami
– M Säuerung
Salanganen
– B Asien VIII

– Nest
Salangidae ↗
Salat
– Blütenbildung
– B Kulturpflanzen IV
– B Kulturpflanzen V
– Lattich
– ↗ Kopfsalat
Salatfäule
Salatfliege ↗
Salatmosaikvirus
– ☐ Pflanzenviren
Salatpflanzen
– Kautschuk
– ↗ Salat
Salatzichorie
– Cichorium
– B Kulturpflanzen V
Salbaum
– Monsunwald
Salbei
– ☐ Autogamie
– B Blatt II
– Gewürzpflanzen
– B Kulturpflanzen VIII
– B Südamerika IV
Salbeiöl
– Cineol
– Salbei
Salben
– Bienenwachs
– Harze
– Lanolin
– Talg
Saldanha (Südafrika)
– B Paläanthropologie
Saldanhamensch
Salde ↗
– ☐ Bodenzeiger
Salden-Gesellschaften ↗
Saldengewächse ↗
Saldidae ↗
Saldula
– Springwanzen
Salenoida
– M Seeigel
Salep
Salepknollen
– Salep
Salia
– Sabiaceae
Salicaceae ↗
Salicales ↗
Salicetalia herbaceae ↗
Salicetea herbaceae
Salicetea purpureae
Salicetum albae
Salicetum triandrae
– Mantelgesellschaften
– Salicetea purpureae
Salici-Myricarietum ↗
Salicin
– Emulsin
– Weide (Pflanze)
Salicion albae ↗
Salicion arenariae
– Küstenvegetation
Salicion cinereae ↗
– Mantelgesellschaften
Salicion elaeagni ↗
Salicornia ↗
Salicorniazone
Salicornietum strictae ↗
– Thero-Salicornietea
Salicylaldehyd
– M Wehrsekrete
Salicylalkohol ↗
Salicylate ↗
Salicylsäure
Salicylsäuremethylester
– M Gaultheria
– Salicylsäure
Salientia ↗
Saligenin
– Salicylalkohol
Salinenkrebschen
– Dauereier
– Greifantenne
– M Osmoregulation

Salinität

- Spirochäten
- *Salinität*
- Tiefseefauna
- ↗ Salzgehalt
- **Saliva**
- Speichel
- *Salivarium* ↗
- [M] Insekten (Darmgrundschema)
- Mundwerkzeuge
- *Salix* ↗
- [M] arktoalpine Formen
- **Salk, Jonas Edward**
- Salk-Schutzimpfung
- *Salk-Schutzimpfung* ↗
- **Salm**
- [B] Fische III
- *Salmin* ↗
- *Salminus* ↗
- **Salmler**
- Südamerika
- *Salmo* ↗
- [M] Fische
- **Salmon, Daniel Elmer**
- Salmonella
- Salmonellen
- Salmonellosen
- *Salmonella*
- [M] Abwasser
- Ames-Test
- Fohlenlähme
- □ Lipopolysaccharid
- Pullorumseuche
- ↗ Salmonellen
- **Salmonella-Phage**
- Bakteriophagen
- [M] Lambda-Phage
- **Salmonellen**
- Ausscheider
- Dauerausscheider
- H-Antigene
- Kanamycin
- Lipopolysaccharid
- ↗ Salmonella
- *Salmonellosen* ↗
- Gruber-Widalsche-Reaktion
- Hepatitis
- Nahrungsmittelvergiftungen
- **Salmonidae**
- Acanthobdella
- Lachsähnliche
- *Salmonidenregion* ↗
- Äschenregion
- *Salmoniformes* ↗
- *Salmonoidei* ↗
- *Salomonssiegel* ↗
- [B] Europa IX
- □ Rhizom
- *Salpa* ↗
- **Salpen**
- [M] Generationswechsel
- **Salpeter**
- Ammoniak
- *Salpeterbakterien* ↗
- *Salpeterdünger* ↗
- **Salpetererde**
- Chilesalpeter
- *Salpeterpflanzen* ↗
- *Salpetersäure*
- □ MAK-Wert
- nitrifizierende Bakterien
- Photooxidantien
- **Salpetersäureanhydrid**
- Stickoxide
- **salpetersaures Natrium**
- Natriumnitrat
- **sal petrae**
- Ammoniak
- *salpetrige Säure*
- **Salpichlaena**
- Rippenfarngewächse
- *Salpida* ↗
- *Salpingoeca* ↗
- **Salpingotulus**
- [M] Springmäuse
- *Salpingotus*
- [M] Springmäuse
- *Salpinx*
- *Salsola* ↗

- *Saltation*
- Evolution
- **Saltationshypothese**
- Saltation
- *Saltatoria* ↗
- *saltatorische Erregungsleitung* ↗
- Erregungsleitung
- *Saltbush*
- **Salter, I.W.**
- Saltersche Einbettung
- *Saltersche Einbettung*
- *Salticidae* ↗
- *Salticus* ↗
- *Saltoposuchus*
- **Saluki**
- □ Hunde (Hunderassen)
- **Salvador, J.**
- Salvadoraceae
- **Salvadora**
- Salvadoraceae
- *Salvadoraceae*
- *Salvarsan*
- Borrelia
- Ehrlich, P.
- Hata, S.
- *Salvelinus* ↗
- *Salvia* ↗
- □ Heilpflanzen
- **Salvini, Antonio Maria**
- Salviniaceae
- Salviniales
- **Salvinia**
- aquatic weed
- Schwimmfarngewächse
- Wolfsmilchgewächse
- *Salviniaceae* ↗
- *Salviniales*
- **Salweide**
- [B] Europa X
- [M] Weide (Pflanze)
- **Salz**
- Tertiär
- ↗ Natriumchlorid
- ↗ Salze
- **Salz-Alkali-Boden**
- □ Salzböden
- *Salzböden*
- [B] Bodenzonen Europas
- Wasserpotential
- *Salzdrüsen (Botanik)*
- Halophyten
- Mangrove
- Schwermetallresistenz
- Tamariskengewächse
- *Salzdrüsen (Zoologie)*
- Hautdrüsen
- Mineralocorticoide
- Nase
- Osmoregulation
- **Salze**
- Basen
- chemische Bindung
- elektrolytische Dissoziation
- [M] Molekülmasse
- Säuren
- [M] Wasserverschmutzung
- *Salzfliegen* ↗
- **Salzfracht**
- Bodenentwicklung
- Wasserverschmutzung
- **Salzgärten**
- Halobakterien
- *Salzgehalt* ↗
- Ästuar
- Brackwasser
- Brackwasserregion
- Isolinien
- [B] Temperatur
- ↗ Salinität
- *Salzgewässer*
- **salzig**
- □ chemische Sinne (Geschmackssinne)
- [M] Geschmacksstoffe
- **Salzkeuper**
- Gipskeuper
- *Salzkraut*
- Kalipflanzen

- **Salzkrautbilche**
- Paläarktis
- *Salzkrebschen* ↗
- **Salzlake**
- thermophile Bakterien
- *salzliebende Bakterien* ↗
- **Salzmarsch**
- □ Bodentypen
- [M] Marschböden
- **Salzmarschrasen**
- Asteretea tripolii
- *Salzmelde*
- □ Bodenzeiger
- *Salzmiere*
- **Salzpfannen**
- Pfannen
- Salzböden
- *Salzpflanzen* ↗
- **Salzquellen**
- Halophyten
- *Salzrasen* ↗
- *Salzresistenz* ↗
- **Salzsäure**
- Belegzellen
- Denaturierung
- Dipol
- [M] Dissoziation
- □ MAK-Wert
- Normallösung
- [M] pH-Wert
- Säuren
- *Salzschwaden*
- □ Bodenzeiger
- **Salzsee**
- Bakterien
- Halobakterien
- Salzgewässer
- See
- [M] Wasser (Bestand)
- *Salzseefliegen* ↗
- *Salzsteppe*
- [M] Steppe
- Borkenkäfer
- **Salzstreß**
- Streß
- ↗ Streusalzschäden
- **Salzsukkulenz**
- Halophyten
- **Salzsümpfe**
- Mumie
- Sumpf
- Weichteilerhaltung
- **Salztod**
- Auftausalze
- ↗ Streusalzschäden
- *Salztoleranz* ↗
- Osmoregulation
- Salzböden
- **Salztonebenen**
- Takyre
- *Salzwiesen*
- Mangrove
- *Salzwüste*
- *SAM (Chemie)* ↗
- **SAM (Optik)**
- Rastermikroskop
- Ultraschallmikroskop
- **Samandaridin**
- Salamanderalkaloide
- *Samandarin*
- [M] Feuersalamander
- **Samandenon**
- Salamanderalkaloide
- **Samanin**
- Salamanderalkaloide
- *Sambarhirsche*
- **Sambonia**
- [M] Pentastomiden
- **Sambuco salicion**
- Epilobietea angustifolii
- *Sambucus* ↗
- **Sambungmachan (Java)**
- [B] Paläanthropologie
- **Sambunigrin**
- [M] Holunder
- *Samen (Botanik)*
- Bedecktsamer
- [M] Birnbaum
- Dehydratation
- Diasporen

- Frucht
- [B] Früchte
- □ Fruchtformen
- Gärtner, J.
- Keimung
- Keimungshemmstoffe
- □ Lebensdauer
- [B] Nacktsamer
- Saatgut
- Samenentwicklung
- Samenverbreitung
- [M] Samenverbreitung
- *Samen (Zoologie)* ↗
- Insemination (Aspekte)
- **Samenanlage**
- Antipoden
- [B] Bedecktsamer I
- □ Blüte (Samenanlage)
- Eizelle
- Embryo
- Fruchtbildung
- Internation
- [B] Nacktsamer
- Samenentwicklung
- □ Vervollkommnungsregeln
- *Samenausbreitung* ↗
- *Samenbank* ↗
- Unkräuter
- *Samenbärlapp*
- Samen
- **Samenbau**
- Gartenbau
- **Samenbeet**
- Saatbeet
- *Samenbehälter* ↗
- **Samenbläschen**
- Ejakulation
- Samenblase
- *Samenblase*
- Geschlechtsorgane
- **Samenbrüter**
- Borkenkäfer
- *Samenentwicklung*
- **Samenfäden**
- Spermien
- *Samenfarne* ↗
- [B] Pflanzen, Stammbaum
- **Samenflüssigkeit**
- Bläschendrüsen
- Prostaglandine
- Seminalplasmin
- Sperma
- *Samenfüßer*
- **Samenhaare**
- Baumwollpflanze
- *Samenjahre*
- *Samenkäfer*
- *Samenkanälchen*
- *Samenkapsel (Botanik)* ↗
- *Samenkapsel (Zoologie)* ↗
- **Samenleiter**
- Ejakulation
- Nierenentwicklung
- Prostata
- Samenblase
- Samenstrang
- [M] Urogenitalsystem
- **Samenleiterblase**
- Samenblase
- *Samenlosigkeit* ↗
- Kulturpflanzen
- *Samenmantel* ↗
- **Samenmutterzellen**
- Spermatocyten
- *Samennaht* ↗
- *Samenpaket* ↗
- **Samenpflanzen**
- Frucht
- Kormophyten
- Landpflanzen
- Pflanzen
- Samen
- Samenverbreitung
- **Samenreife**
- Blüte
- *Samenruhe*
- Stratifikation
- **Samensäcke**
- Samenblase

Samenschachtelhalm ⁄
Samenschale ⁄
- B Bedecktsamer I
- Integument
- Keimung
- M Kokospalme
- ☐ Kotyledonarspeicherung
- B Nacktsamer
- Quellung
- ☐ Samen
Samenschuppe
- Blüte
- B Nacktsamer
- B Nadelhölzer
- Sporophylle
- Zapfen
Samenspende
- Insemination (Aspekte)
Samenstrang
Samentasche ⁄
Samentierchen
- animalcules
Samenträger
- Spermatophore
Samenübertragung ⁄
Samenunkräuter
- Unkräuter
Samenverbreitung
- Arillus
- Explosionsmechanismen
- Frucht
- Fruchtformen
- ☐ Fruchtformen
Samenzellen ⁄
- ☐ Keimbahn
- ⁄ Spermien
Samia
- Pfauenspinner
Sämling (Forstwirtschaft)
Sämling (Pflanzenzüchtung)
Sämlingsunterlage ⁄
- Veredelung
Sammelart
Sammelbalgfrucht
- Apfelbaum
Sammelbiene
- Markierverhalten
- Suchbild
- ⁄ Trachtbiene
Sammelblase
- ☐ Bombardierkäfer
Sammelchromosomen
Sammeleinrichtungen
- Apoidea
- ⁄ Pollensammelapparate
Sammelfrüchte ⁄
- Bedecktsamer
Sammelnußfrucht
- ☐ Fruchtformen
Sammelrohr
- ☐ Nephron
- Niere
- B Niere
Sammelsteinfrucht
- ☐ Fruchtformen
Sammelverbote
- Naturschutz
Sammelwirt
- paratenischer Wirt
Sammetblume
- Samtblume
Sammetmilbe ⁄
Sammler
- M Ernährung
Samojeden-Spitz
- ☐ Hunde (Hunderassen)
Samolus ⁄
Samos-Wein
- Wein
Samotherium
Samtbauchhai ⁄
Samtblume
- B Südamerika I
Samtente
- Meerenten
Samtfalter
Samtfleckenkrankheit
- B Pflanzenkrankheiten II
Samtfußrübling

Samtgaukler
- Borstenzähner
Samthäubchen
- Mistpilzartige Pilze
Samtkappenfinken
Samtkopfgrasmücken
- Grasmücken
Samtmilbe
Samtmuscheln
Samtschnecke ⁄
Samuelsson, B.
- Leukotriene
Sand
- M Albedo
- Bodenerosion
- M Fingerprobe
- Frostsprengung
- Porung
- Quarz
- ⁄ Sandböden
Sandaale
- B Fische I
Sandarak
- Sandarakharz
Sandarakbaum ⁄
- Sandarakharz
Sandaricinsäure
- Sandarakharz
sandbewohnend
- arenikol
- ⁄ Psammon
- ⁄ psammophil
- ⁄ Sandlückensystem
Sandbewohner
Sandbienen
- M Kuckucksbienen
Sandblätter
- Tabak
Sandboas
Sandböden
- Bodenluft
- ☐ Gefügeformen
- M Porenvolumen
- Sandlückensystem
- Wasserpotential
Sandbüchsenbaum ⁄
Sanddollars
- M depressiform
Sanddorn
- B Asien II
- M Haare
Sanddorn-Busch ⁄
Sanddünen
- Casuarinaceae
- ⁄ Dünen
Sandelbaum
- B Kulturpflanzen XI
- Sandelholzgewächse
Sandelholz ⁄
- M Rotholz
Sandelholzartige
Sandelholzbaum
- B Kulturpflanzen XI
- Sandelholzgewächse
Sandelholzgewächse
Sandelholzöl
- Sandelöl
Sandelöl
Sanderling ⁄
Sandersiella
- Cephalocarida
Sandfang
- Kläranlage
Sandfelchen ⁄
Sandfische
Sandfliegen ⁄
- Bunyaviren
Sandfloh ⁄
- M Flöhe
- Hautparasiten
Sandfrosch ⁄
Sandgarnele ⁄
Sandgecko
Sandglöckchen ⁄
Sandgräber
- M Haarstrich
Sandgrundel
- M Fische
- Grundeln

Sandhaie
Sandhüpfer ⁄
Sandkatze
- Asien
- Äthiopis
Sand-Kiefernwälder ⁄
Sandklaffmuscheln
- B Muscheln
Sandkoralle ⁄
- Sabellaria
Sandkorallenriffe
- Sabellaria
Sandkrabben
- Sandkrebse
Sandkraut
Sandkrebse
- Schaumkresse
Sandküling ⁄
Sandkultur
Sandküste
- Küstenvegetation
Sandläufer ⁄
Sandlaufkäfer
sandliebend
- psammophil
- ⁄ sandbewohnend
Sandlückensystem
- Archiannelida
- Bauplan
Sandmandelgewächse
- Combretaceae
Sandmäuse
- M Rennmäuse
Sandmischkultur
Sandmücken ⁄
Sandmuscheln
Sandotter
- B Reptilien III
Sandpflanzen
Sandpiper ⁄
Sandpilz ⁄
Sandräder
- Scharrkreise
Sandrapunzel ⁄
Sandrasen
Sandrasselottern
- Schlangengifte
Sandregenpfeifer
- B Europa I
- M Nest (Nestformen)
- Regenpfeifer
Sandrennattern ⁄
Sandrohr ⁄
Sandröhrling ⁄
Sandschlange
- Sandboas
Sandschnurfüßer ⁄
Sandsegge
- Sandpflanzen
- ☐ Segge
Sandskinke
Sandstein
- Quarz
Sandstrand
- Küstenvegetation
Sandtiger ⁄
Sandviper
- Sandotter
- Schlangengifte
Sandwespen ⁄
- B Insekten II
Sandwichbauweise
- M Biomechanik
Sandwich-Verbindung
- Fischer, E.O.
Sandwüsten
- Afrika
- Asien
sanfte Technologie
- ☐ Enzyme (Enzymtechnologie)
- Gentechnologie
Sangavella
Sanger, F.
- Aminosäuresequenz
- B Biochemie
- ☐ Desoxyribonucleinsäuren (Geschichte)
- Epstein-Barr-Virus

Saprobiensystem

- Sequenzierung
Sängerin ⁄
Sangers Reagenz
- Sanger, F.
Sangiran
- Homo erectus modjokertensis
- B Paläanthropologie
Sangro, Raimondo di, Fürst von Sanseviero
- Sansevieria
Sanguisorba ⁄
Sanicula
- Sanikel
Sanide
- ☐ Menschenrassen
Sanierung
- Landschaftspflege
Sanikel
Sanitation
- Desinfektion
San-José-Schildlaus ⁄
- M Deckelschildläuse
- B Schädlinge
Sankt-Antonius-Feuer
- Mutterkornalkaloide
Sansevieria
Sanseviero, Raimondo di Sangro, Fürst von
- Sansevieria
Santalaceae ⁄
Santalales ⁄
Santalol
Santalum ⁄
Santen
Santolina ⁄
Santonin ⁄
- Beifuß
Santonium
- M Kreide
Santorio, Santoro
- Iatrophysik
Sapelli ⁄
Saperda ⁄
Saphirkrebschen
Sapindaceae ⁄
Sapindales ⁄
Sapindus ⁄
Sapium ⁄
Sapodillbaum ⁄
Sapogenine ⁄
- ☐ Isoprenoide (Biosynthese)
Saponaria ⁄
Saponine
- Alpenveilchen
- Arabinose
- Cholesterin
- Glykoside
- Lungenkraut
- Pflanzengifte
Sapotaceae ⁄
Sapote ⁄
Sapotegewächse
- Sapotaceae
Sapotillbaum
- B Kulturpflanzen VI
- ⁄ Sapodillbaum
Sapotoxin
- Pfeilgiftkäfer
Sappanholz
- M Rotholz
Sappaphis ⁄
- M Röhrenläuse
Sapphirina ⁄
Sapphokolibri
- M Kolibris
Saprinus
- Stutzkäfer
Saprobien ⁄
- M Saprophyten
Saprobienindex
- Saprobiensystem
Saprobiensystem
- Algen
- Antisaprobität
- Aspidisca
- Beggiatoa
- biologische Wasseranalyse

Saprobionten

- Saprobionten
- Selbstreinigung

Saprobionten
Saprodinium ↗
- [M] Odontostomata

Saprolegnia ↗
- Algen
- Diplanie

Saprolegniaceae
- Saprolegniales

Saprolegniales
Sapromyophilie ↗
Sapropel
- Erdöl
- Humus
- Sulfatatmung
- Sulfatreduzierer

Sapropelkohle
- Kohle

Saprophagen
- Rekuperanten

Saprophile ↗
Saprophyten
Saprotrophe ↗
Saprozoen ↗
- Mineralisation

Sapucajanüsse
- Lecythidales

Sapygidae ↗
Saraca ↗
Sararanga
- [M] Schraubenbaumgewächse

Sarcina
- □ Basenzusammensetzung
- Micrococcaceae

Sarcinen
- Sarcina

Sarcocaulon ↗
Sarcocheilichthys ↗
Sarcocystis ↗
Sarcocystose
Sarcodina ↗
Sarcodon ↗
Sarcogyne ↗
Sarcophaga ↗
Sarcophilus
- Beutelteufel

Sarcophyton ↗
- [M] Weichkorallen

Sarcopterygia ↗
Sarcoptes
Sarcoptesräude ↗
Sarcoptidae ↗
Sarcoptiformes
Sarcorhamphus ↗
Sarcoscypha
- Sarcoscyphaceae

Sarcoscyphaceae
Sarcosepten
- Sarkosepten

Sarcosin
- Sarkosin

Sarcosoma
Sarcosomataceae
- Sarcosoma

Sarcosphaera
Sarcosporidia
Sardellen
- [B] Fische VI

Sardina
Sardinella ↗
Sardinen
- [B] Fische VI
- [B] Temperatur

Sardinops ↗
sardisch
- [B] Erdgeschichte

sardonisches Lächeln
- Wundstarrkrampf

Sarek (Schweden)
- [B] National- und Naturparke I

Sareptasenf
Sargassofisch ↗
- [B] Fische IV
- [M] Fühlerfische

Sargassosee

Sargassum ↗
- asexuelle Fortpflanzung
- Braunalgen

Sarin
- Anticholin-Esterasen
- Nervengase

Sarkode
- [M] Protoplasma

Sarkokarp
Sarkolemm
Sarkom
- Gestalt
- □ Krebs (Tumorbenennung)
- Radiotoxizität
- □ RNA-Tumorviren (Auswahl)

Sarkomer
- [M] quergestreifte Muskulatur
- Zellskelett

Sarkomeren ↗
Sarkomviren ↗
Sarkoplasma
sarkoplasmatisches Reticulum
- Calcium-Pumpe

Sarkosepten
- Mesenterien
- Septen

Sarkosin
- [M] Aminosäuren
- □ Miller-Experiment

Sarkosomen
- [B] Biologie II

Sarkotesta
Sarothamnion ↗
Sarothamnus ↗
Sarpagin
- Rauwolfiaalkaloide

Sarracenia
- Schlauchblattartige

Sarraceniaceae
- Schlauchblattartige

Sarraceniales
Sars, George Ossian
- □ Meeresbiologie (Expeditionen)
- Sarsia

Sarsaparillen
- Stechwinde

Sarsia ↗
Sartallus
- [M] Komplexauge (Querschnitte)

Sartorius
- Schneidermuskel

Sartorya
- [M] Eurotiales

Sasin ↗
Sassaby ↗
Sassafras
Sassafrasbaum
- Sassafras

Sassafrasholz
- Sassafras

Sassafrasöl
- Sassafras

Sassen
- Feldhase

Satan
- Welse

Satansaffe
- □ Sakiaffen

Satanspilz
- [B] Pilze IV

Satansröhrling
- Satanspilz

Satelliten
- Chromosomen
- Chromozentrum
- Trabant
- Viroide

Satellitenchromosomen
- Zellkern

Satelliten-DNA
- □ Desoxyribonucleinsäuren (Parameter)

Satelliten-Männchen
- Kleptogamie

Satelliten-RNA
- Satelliten

Satellitenviren
- Satelliten

Satinholz
Satsumas
Sattel ↗
Sattelaustern
- Sattelmuscheln

Sattelkröten
Sattellorcheln
Sattelmücke ↗
Sattelmuscheln
Sattelrobbe
- Nordamerika
- [B] Polarregion III

Sattelschrecken
Sattelstorch
- [B] Afrika V
- Störche
- □ Störche und Storchverwandte

Sättigung
- □ Hunger

Sättigungsdefizit ↗
- Feuchtigkeit

Sättigungsfeuchte
- Feuchtigkeit

Sättigungskonzentration
- Löslichkeit

Sättigungswert
- Nahrungsmittel
- Populationswachstum

Sättigungszentrum
- Hunger

Satureja ↗
Saturnia ↗
Saturniidae ↗
Satyr
- Aldrovandi, U.

Satyrhühner ↗
Satyridae ↗
Satzbildung
- □ Telencephalon

Satzfische
- Fischzucht
- ↗ Teichwirtschaft

Sau
Saubohne ↗
- [B] Kulturpflanzen V

Saudistel (= **Acker-Gänsedistel**)
- □ Blumenuhr
- Gänsedistel

sauer
- □ chemische Sinne (Geschmackssinn)
- [M] Geschmacksstoffe
- [M] pH-Wert

Sauerampfer ↗
- Ampfer
- □ Bodenzeiger

Sauerbrunnen
- Kohlendioxid

Sauerdorn
- [B] Europa X
- Rostkrankheiten

Sauerdorngewächse
- Alkaloide

Sauerfäule
Sauerfutter ↗
Sauergrasartige
Sauergräser
- Acidophyten
- Oreophyten
- Spaltöffnungen

Sauergrasgewächse
- Sauergräser

Sauergurken
- [M] Säuerung

Sauerkirsche ↗
Sauerkirschenlaus
- [M] Röhrenläuse

Sauerklee
- [B] Europa V
- Sukkulenten

Sauerklee-Fichten-Tannenwald
- Weißtannenwälder

Sauerklee-Fluren
- [M] Polygono-Chenopodietalia

Sauerkleegewächse

Sauerkraut
Säuerling
- [B] Polarregion I

Säuerlinge
- Kohlendioxid

Sauermilchprodukte
- Acidophilus
- [M] Biotechnologie

Sauersack ↗
Sauerstoff
- anthropisches Prinzip
- [B] Biochemie
- [M] Bioelemente
- [M] Dissoziation
- extraterrestrisches Leben
- [M] Geochronologie
- [M] Molekülmodelle
- Nahrungsstoffe
- Oxidation
- Priestley, J.
- Redoxpotential
- respiratorischer Quotient
- Scheele, K.W.
- [M] Selbstreinigung
- [B] Stoffwechsel
- Wasser
- Wasserstoff

Sauerstoffanreicherung
- [M] Gegenstromprinzip

Sauerstoffaustausch
- Blutgase
- [M] Gegenstromprinzip

Sauerstoffbedarf ↗
- Saprobiensystem

Sauerstoffbeladung
- □ Hämoglobine

Sauerstoffdefizit
- Sauerstoffschuld
- ↗ Sauerstoffmangel

Sauerstoffkreislauf ↗
- Kohlenstoffkreislauf
- [B] Kohlenstoffkreislauf
- Sauerstoff

Sauerstoffmangel ↗
- Anoxie
- Bradykardie
- Embryopathie
- Erythropoetin
- Eutrophierung
- [M] Fehlbildung
- □ Knochenmark
- Sauerstoffschuld
- Selbstreinigung

Sauerstoff-Partialdruck
- Atmungsregulation
- Blutgase
- p_{50}-Wert

Sauerstoff-Rezeptoren
- chemische Sinne

Sauerstoffsättigungskurve
- □ Bohr-Effekt
- [B] Hämoglobin - Myoglobin

Sauerstoffschuld
- Herz
- ↗ Sauerstoffmangel

Sauerstoffspeicher
- Sauerstoffschuld

Sauerstofftransport
Sauerstofftransportpigmente
- Atmungspigmente

Sauerstoffverbrauch
- [B] Biologie II
- Stoffwechselintensität

Sauerstoffzufuhr
- Atemgastransport

Sauerteig
- Candida

Säuerung
- Fäulnis
- Virtanen, A.I.

Sauerwiesen
Sauerwurm ↗
- [M] Rebkrankheiten

Saugapparat
- Branchiobdellidae

Saugatmung
- Rippen

Saug-Druck-Pumpe
- Herz
  ↗ Saugpumpe
Säugen ↗
Sauger
- M Dränung
- M Ernährung
Säuger ↗
- □ Blutersatzflüssigkeit
- Gehirn
- □ Hypophyse
- M Nephron
- M Oviduct
- B Telencephalon
- M Urogenitalsystem
  ↗ Säugetiere
Säugerei
- Baer, K.E. von
- B Biologie II
Säugerzellen
- M Zellkultur
Säugetiere
- □ Arterienbogen
- Beckengürtel
- □ Desoxyribonucleinsäuren (DNA-Gehalt)
- □ Desoxyribonucleinsäuren (Größen)
- B Erdgeschichte
- Fortbewegung
- Gehörorgane
- M Glucocorticoide
- □ Jura
- □ Kreide
- Lunge (Oberfläche)
- □ Nest (Säugetiere)
- □ Organsystem
- □ Rote Liste
- Schwestergruppe
- B Skelett
- Telencephalon
- B Wirbeltiere II
- B Wirbeltiere III
- Säuger
Säugetierkunde
- Mammologie
Saugfisch ↗
Saugfüßchen
- Haftorgane
- M Saugnapf
- Schlangensterne
- B Stachelhäuter I
Saugfüßer
Sauggrube
- Anheftungsorgane
- M Diplomonadina
- Haftorgane
- Saugnapf
Saughaare (Botanik) ↗
Saughaare (Zoologie)
Saughyphen
- Haustorien
Sauginfusorien ↗
Saugkraft ↗
- B Wasserhaushalt der Pflanze
  ↗ Saugspannung
Säugling
- braunes Fett
- Humanethologie
- Klammerreflex
- Lächeln
- Milch
- M Milch
- M Schluckreflex
- Symmetrie
- Temperaturregulation
Säuglingssterblichkeit
- Altern
Säuglingstoxikose
- Toxikose
Saugmagen
- Gliederfüßer
Saugmandibeln
- Mundwerkzeuge
- Rotdeckenkäfer
- Saugzangen
Saugmaul
- Haftorgane

- Saugnapf
Saugmilben
Saugnapf
- Anheftungsorgane
- Brandungszone
- Grenzschicht
- Haftorgane
- M Hirudinea
- B Pterotrachea
- B Ringelwürmer
Saugnapfhaare
- Saughaare
Saugorgane
- Keimung
- Kotyledonarhaustorium
Saugpumpe
- Blutkreislauf
  ↗ Saug-Druck-Pumpe
Saugreflex
- Oxytocin
Saugreiz
- Lactation
Saugrohr
- □ Schmetterlinge (Falter)
Saugrüssel
- □ Käferblütigkeit
- □ Schmetterlinge (Falter)
- B Verdauung II
Saugscheibe
- M Haftorgane
- Phoresie
- M Saughaare
- Saugnapf
- Schiffshalter
- Schildbäuche
Saugschmerlen
Saugschnappen
- Krallenfrösche
Saugspannung
- Bodenwasser
- pF-Wert
- Wasserpotential
Saugtentakel
- Bereitschaft
Saugtrinken
- Verhaltenshomologie
Saugventilation
- Atmung
Saugwelse
Saugwürmer
- Tiere
  ↗ Trematoda
Saugwurzeln
Saugzangen
Säulenblume
- Stylidiaceae
Säulenblumengewächse
- Stylidiaceae
Säulen-Chromatographie ↗
- Aminosäureanalysator
- Harnstoff
Säulenflechten
Säulengefüge
- □ Gefügeformen
Säulenkaktus
- B Nordamerika VIII
Säulenknorpel
- B Knochen
Säulenrost
Säulenstäubling
- Secotiaceae
Säulenstäublingsartige Pilze
- Secotiaceae
Saum
- Waldrand
Saumeulen ↗
Saumfinger
- Anolis
Saumfurche
Saumgesellschaften
Saumlinie
- M Eulenfalter
Saumriff
- B Hohltiere II
- □ Riff
Saumschlag
- □ Schlagformen
Saumschlagbetrieb
- Saumschlag

Saumwanze
Saumzecken ↗
Säure-Amide ↗
Säureanhydride ↗
Säure-Base-Gleichgewicht
- □ Niere (Regulation)
saure Böden
- nitrifizierende Bakterien
saure DNase
- M Lysosomen
Säure-Ester ↗
Säurefarbstoffe
säurefeste Bakterien ↗
Säuregärung
- M Gärung
- Wein
Säurehydrolyse
- Peptide
säureliebend
- acidophil
säuremeidend
- acidophob
Säuren
- Basen
- elektrolytische Dissoziation
- M Geschmacksstoffe
- Konservierung
- Oxide
- Puffer
- saurer Regen
- M Wasserverschmutzung
Säurepflanzen
saure Phosphatase
- B Chromosomen III
- M Leitenzyme
- M Lysosomen
- □ Menschenrassen
- Phosphatasen
saure Reaktion
saure RNase
- M Lysosomen
saurer Regen
- M Bodenentwicklung
- Bodenreaktion
- Fischsterben
- Galio-Abietion
- Hallimasch
- Mykorrhiza
- Schwefelsäure
- Wasserverschmutzung
saure Salze
- Neutralsalze
- Salze
Säurestärke
- Bohr-Effekt
Säurewecker
- Käse
Säurezeiger ↗
C$_4$-Säurezyklus
- Hatch-Slack-Zyklus
  ↗ diurnaler Säurerhythmus
Sauria ↗
Saurier
- Dimetrodon
- □ Fossilien
  ↗ Dinosaurier
Saurischia
- Carnosauria
Sauriurae
- Odontognathae
Sauromalus ↗
Sauromorpha
- Eutetrapoda
- □ Perm
Sauropoda
- B Dinosaurier
- Gastrolith
Sauropodomorpha
- □ Dinosaurier
Sauropsida
- M Eizelle
- Schläfenfenster
Sauropsiden
- Sauropsida
Sauropterygia
Saururaceae ↗
Saururae
- Sauriurae

Sauser
- Wein
Saussure, H.B. de
Saussure, N.Th. de
- B Biologie I
- B Biologie II
- Saussurea
Saussurea ↗
Sauter, Anton E.
- Sauteria
Sauteria ↗
Savanne
- Affenbrotbaum
- B Afrika I
- B Afrika II
- B Afrika IV
- B Afrika V
- B Afrika VIII
- arid
- B Asien II
- B Asien VI
- B Australien I
- B Australien II
- Baumsavanne
- Grasfluren
- Halbwüste
- B Nordamerika I
- B Südamerika I
- B Südamerika III
- Weide
- M wildlife management
Savannenwälder
- Afrika
Savoyerkohl ↗
Sawdonia
- Protolepidodendrales
- Urfarne
Saxaul ↗
Saxicava ↗
Saxicavella
- M Felsenbohrer
Saxicola ↗
Saxidomus
- Muschelgifte
Saxifraga ↗
Saxifragaceae ↗
Saxitonin
- Algengifte
Saxitoxin
Saxonien
- Perm
SA 12
- □ Polyomaviren
Scabies ↗
Scabies norvegica
- Krätze
Scabiosa ↗
Scaevola ↗
Scala (Anatomie)
Scala (Weichtiere) ↗
Scala media
- Basilarmembran
- Gehörorgane
Scala naturae
- Lamarck, J.-B.A.P. de
- M Leibniz, G.W.
- Systematik
Scalariidae ↗
Scala tympani
- Basilarmembran
Scalibregma
- Scalibregmidae
Scalibregmidae
Scalopinae
- Maulwürfe
Scaloposauriden
- Bauriamorpha
Scalopus
- Nordamerika
Scalpellidae
- M Rankenfüßer
Scalpellum
- M Rankenfüßer
Scandix ↗
- Ackerunkräuter
Scanning-Acousto-Microscope
- Rastermikroskop
- Ultraschallmikroskop
Scanning-Elektronenmikroskop
- Rastermikroskop

Scanning-Modell

Scanning-Modell
- Translation

Scanning-Technik

Scapania
- Scapaniaceae

Scapaniaceae
Scapanorhynchidae ↗

Scapanus
- Nordamerika

Scaphander ↗

Scaphandridae
- Bootsschnecken

Scaphidiidae ↗

Scaphidium
- Kahnkäfer

Scaphiodontophis ↗
Scaphiophryne
Scaphiopus ↗

Scaphiostreptus
- [M] Doppelfüßer

Scaphirhynchus ↗

Scaphites
scaphiticon
Scaphognathit
- Atmungsregulation
- Brachyura
- Kiemen
- Ventilation

Scapholeberis
Scaphopoda ↗

Scaphosoma
- Kahnkäfer

Scaphospora
- Haplospora

Scapula
- Flugmuskeln
- [M] Froschlurche

Scapulares
- Schulterfedern

Scapus (Botanik)
Scapus (Zoologie)
- [M] Gehörorgane
- [M] Vogelfeder

Scapus pili
- Haare

Scarabaeidae ↗

Scarabaeiformia
- [M] Käfer

Scarabaeinae
- Mistkäfer

Scarabaeus
- Cypselidae

Scardinius ↗
Scaridae ↗

Scarites
- Laufkäfer

Scaritini
- Käfer

Scarlatina
- Scharlach

Scarlatina fulminans
- Scharlach

Scarus
- Papageifische

Scatoconche ↗

Scatophaga
- Scatophagidae

Scatophagidae (Fische) ↗
Scatophagidae (Insekten) ↗

Scatophagus
- Argusfische

Scatopse
- Dungmücken

Scatopsidae ↗
Sceliphron ↗
Sceloporus ↗
Scenedesmaceae

Scenedesmus
- Grünalgen
- Scenedesmaceae
- [M] Scenedesmaceae
- Wasserblüte

Scenedesmus-Typ
- Calciumhydrogen-carbonat-Typ

Scenella
- □ Kambrium

Scenopinidae ↗

Scenopinus
- Fensterfliegen

Schaben
- Exkretionsorgane
- Gehirn
- Hypermastigida
- □ Karbon
- □ Komplexauge (Aufbau/Leistung)
- [M] Komplexauge (Querschnitte)
- mechanische Sinne
- [M] Membranpotential
- [M] Nervensystem (Riesenfasern)
- [B] Verdauung II

Schabrackentapir
- Asien
- [B] Asien VII
- Tapire

Schabzieger Bockshornklee
- Bockshornklee

Schachblume

Schachbrettblume
- Schachblume

Schachbrettfalter
- [B] Schmetterlinge (Eier)

Schachcomputer
- Freiheit und freier Wille

Schachtelhalm
Schachtelhalmartige

Schachtelhalme
- Blüte
- [M] Blüte (Schachtelhalm)
- □ Bodenzeiger
- [B] Europa VI
- [B] Farnpflanzen I
- [B] Farnpflanzen II
- [B] Farnpflanzen IV
- □ Karbon
- [B] Pflanzen, Stammbaum
- Rekrete
- [M] Urfarne
- Verzweigung

Schachtelhalmgewächse
- Hapteren
- ↗ Schachtelhalme

Schachtellinge
- Kieselalgen

Schädel
- Amphistylie
- aufrechter Gang
- [B] Fische (Bauplan)
- Goethe, J.W. von
- Haustierwerdung
- Huxley, Th.H.
- idealistische Morphologie
- Inkabein
- Oken, L.
- [M] Pferde
- [M] Rinder
- □ Vervollkommnungsregeln

Schädelanatomie
- Retzius, A.O.

Schädelbasis
- [M] Schädel (Schädelbasis)

Schädelbasisbruch
- [M] Schädel (Schädelbasis)

Schädeldach
- Dermatocranium
- Fontanelle
- Hirnschädel

Schädelgrube
- □ Schädel

Schädelindex ↗

Schädelkapazität
- Gehirngewicht
- Gehirngröße
- □ Mensch

Schädelkinetik ↗

Schädellage
- [M] Geburt

Schädellehre
Schädellose
- Chorda dorsalis
- [M] Eizelle

Schädelmeßpunkt
- Inion

Schädelmessung
- Anthropometrie

Schädelnaht
- Fontanelle

Schädeltiere
- Craniota

schädliche Stoffe
- [M] Niere (Filtereigenschaft)
- ↗ Schadstoffe

Schädlinge
- Bastkäfer
- Einschleppung
- □ Ernteverlust
- Gerbstoffe
- Massenvermehrung
- Pflanzenbeschau
- Resistenz

Schädlingsbekämpfung
- alternativer Landbau
- Bacillus thuringiensis
- Immigration
- Lotka-Volterra-Gleichungen

Schädlingsbekämpfungsmittel
- Abfall
- Ackerbau
- Chlorkohlenwasserstoffe
- Dextrine
- Larvizide
- Ovizide
- Pflanzenschutz
- Schädlingsbekämpfung
- Tabak

Schädlingskalamitäten
- [M] Forstpflanzen

Schädlingskunde

Schädlingsresistenzen
- Naturschutz

Schadspinner ↗
Schadstoffe
- Belastung
- Bioakkumulierung
- Bioindikatoren
- Biomagnifikation
- Biotechnologie
- Wasserverschmutzung
- Weltmodelle

Schadstufe
- □ Waldsterben

Schafblattern ↗
Schafbremse ↗
Schafe
- □ Basenzusammensetzung
- [M] Chromosomen (Anzahl)
- [M] Darm (Darmlänge)
- [M] Gehirn
- Hornträger
- Landwirtschaft
- [M] Membranpotential
- □ Milch (Zusammensetzung)
- [B] Nordamerika II
- [M] Trächtigkeit
- Versuchstiere
- Zwischenklauendrüse

Schäferhunde
- □ Hunde (Hunderassen)
- [B] Hunderassen II

Schafeuter

Schäffle, Albert E.
- Biologismus

Schafgarbe
- [B] Europa XVIII

Schafgarbendermatitis
- Schafgarbe

Schafhaut ↗

Schaf-Lungenwurm
- Dictyocaulus

Schafochsen
- Schafeuter

Schafporling
- Schafeuter

Schafschwingel-Fluren
- Festuco-Sedetalia

Schafsfrosch
- Engmaulfrösche

Schaft
- □ Schmetterlinge (Falter)
- [M] Vogelfeder

Schaftzelle
- Sensillen

Schafzecke

Schakalartige
- Canis
- Schakale

Schakale
- Bruthelfer
- [B] Mediterranregion IV
- Monogamie

Schale (Botanik) ↗

Schale (Zoologie)
- Brachiopoden
- Conchin
- Conchylien
- Einzeller
- Gestalt
- □ Muscheln
- Schalenwild
- Scharnier
- Symmetrie

Schalenamöben ↗
Schalenaugen

Schalenbreccie
- Lumachelle

Schalendrüse
- Bandwürmer
- Geschlechtsorgane
- Notostraca

Schalenhaut
- [M] Hühnerei

Schalenhäuter
- [M] Devon (Lebewelt)
- Ostracodermen

Schalenknochen ↗
Schalenpflaster

Schalenschließmuskel
- Bewegung
- □ Rankenfüßer
- ↗ Schließmuskeln

Schalenweichtiere
Schalenwild
- [M] Brunst

Schalenzone
- Litoral

Schalenzwiebel
- □ Blatt (Blattmetamorphosen)
- Zwiebel

Schälholzniederwald
- Betriebsart

Schall
- Becherhaar
- biotechnische Schädlingsbekämpfung
- Gehörknöchelchen
- [B] mechanische Sinne II

Schallblasen ↗

Schalldruck
- □ Gehörsinn

Schalldruckempfänger ↗

Schalldruckpegel
- Gehörorgane

Schalleistung
- □ Gehörsinn

Schallenergie
- □ Gehörsinn

Schallfeldgrößen
- □ Gehörsinn

Schallintensität
- □ Gehörsinn
- Ultraschall

Schallmayer, W.
- Biologismus

Schallmembran ↗

Schallmeßgrößen
- □ Gehörsinn

Schallpegel
- □ Gehörsinn

Schallplatte ↗

Schallplattenmuskel
- Singzikaden

Schallquelle
- Doppler-Effekt

Schallschnelle
- □ Gehörsinn

Schallschnelleempfänger ↗

Schallstärke
- □ Gehörsinn

Schallwechseldruck
- □ Gehörsinn

Schallwellen
– Schall
Schally, A.V.
Schalotte ↗
– B Kulturpflanzen IV
Schaltlamellen
– Breccie
Schaltmännchen
– Periodomorphose
Schaltneuron
– B Nervenzelle I
Schaltplan
– Funktionsschaltbild
Schaltseen
– M See
Schälwald
– Eiche
– Wald
Schamadrosseln
– □ Käfigvögel
Schamahirse ↗
Schambehaarung
– Haare
Schambein
– Geburt
– Hüfte
– B Skelett
↗ Pubis
Schamfuge
– Geburt
Schamgefühl
– Jugendentwicklung: Tier-Mensch-Vergleich
– Sexualität - anthropologisch
Schamkrabben
Schamlaus ↗
Schamlippen
– Geschlechtsfalte
– M Geschlechtsorgane
– Geschlechtswulst
– Hoden
– Hottentottenschürze
Schamspalte
– Vulva
Schan ↗
Schanker
– Geschlechtskrankheiten
Schantungseide
– Pfauenspinner
Scharbe ↗
Scharben ↗
Scharbock
– Skorbut
Scharbockskraut
– □ Bodenzeiger
– B Europa IX
– Frühlingsgeophyten
– M Geophyten
Schardinger-Enzym
– Milchproteine
Scharfaugenspinnen ↗
Schärfentiefe
– Iris (Augenteil)
– Pupillenreaktion
– Rastermikroskop
Scharfer Hahnenfuß
– B Europa XII
– Hahnenfuß
Scharfes-Erbsenadern-mosaik-Virus ↗
Scharfkraut
Scharlakakrankheit
Scharkavirus
– □ Pflanzenviren
Scharlach
– Erythromycin
– M Exotoxine
– M Inkubationszeit
Scharlach-Fuchsie
– B Südamerika V
Scharlachgesicht
– □ Sakiaffen
Scharlachkäfer ↗
Scharlach-Mennigvogel
– B Vögel II
Scharlachmonarde
– M Lippenblütler
Scharlachpelargonie
– M Pelargonium

Scharlachspint
– Bienenfresser
Scharlachtangare
– B Nordamerika V
– Tangaren
Scharnier
– Schließmuskeln
Scharnierband
– Scharnier
Scharniergelenk
– Ellbogengelenk
– Elle
– Hand
Scharnierknorpel
– Scharnier
Scharnierschildkröten
Scharrkreise ↗
Scharrspuren
Scharrtier ↗
– Erdmännchen
Scharte
Schatsky, Nikolai Sergejewitsch
– Schatsky-Index
Schatsky-Index
Schattenblätter
– Morphosen
– Photosynthese
– Thylakoidmembran
Schattenblümchen
– B Europa V
Schattenblume
– Schattenblümchen
Schattenfisch
– Umberfische
Schattengare ↗
Schattenkäfer ↗
Schattenkönigin
– Waldportier
Schattenmorelle ↗
Schattenpflanzen
– □ botanische Zeichen
– Heliophyten
– Herbstfärbung
– M Lichtfaktor
– Lichtkompensationspunkt
– M Lichtsättigung
Schattenvögel
Schattfestigkeit
– Schatthölzer
Schattholzarten
– Schatthölzer
Schatthölzer
schattige Nadelwälder
– Galio-Abietion
Schauapparat
– B Selektion III
Schaublüten ↗
Schaudinn, F.R.
– B Biologie II
– Geschlechtskrankheiten
Schaufelfüße ↗
Schaufelgraber
– M Lebensformtypus
Schaufelkäfer
Schaufelkopfbarsch
Schaufelkröten ↗
Schaufelmolch
– Schaufelsalamander
Schaufelsalamander
Schaufler
– Elch
Schaumbildung
– kolloid
– Waschmittel
↗ Schäumen
Schaumbremser
– M Waschmittel
Schäumen
– Seifen
↗ Schaumbildung
Schaumfloß
– M Floßschnecken
Schaumgummi
– Kautschuk
Schaumkraut
Schaumkresse
Schaumnester
– Batelli-Drüsen
– Fadenfische

– Ruderfrösche
Schaumnestfrösche
Schaumpilz ↗
Schaumzikaden
Schazki, Nikolai Sergejewitsch
– Schatsky-Index
Scheckenfalter
Scheckflügel
– Birkenspinner
Scheckhornböcke ↗
Scheckung
– Modifikationsgene
– Trespenmosaik-Virusgruppe
Scheefsnut ↗
Scheele, K.W.
– B Biochemie
– Priestley, J.
Scheibchenkieselalge ↗
Scheibchentest
– Agardiffusionstest
– B Antibiotika
Scheibenbarsch ↗
Scheibenbäuche
Scheibenbecherling
– Scheibenlorcheln
Scheibenblüten ↗
Scheibenböcke ↗
Scheibenflechten
– Kernflechten
Scheibenhonig
– M Honig
Scheibenlorcheln
Scheibenmuschel ↗
Scheibenpilze
Scheibenquallen ↗
Scheibenspalter
– Mittelsteinzeit
Scheibenzüngler
– Paläarktis
Scheide (Botanik)
– Volva
Scheide (Mikrobiologie)
– M Cyanobakterien
Scheide (Zoologie) ↗
Scheidenbakterien
– Abwasserpilz
– Filamentbildende Bakterien
scheidenbildende Zelle
– M Sensillen
Scheidendiaphragma
– Empfängnisverhütung
Scheidenfädchen
– Siphononemataceae
Scheidenfaden ↗
Scheidenflora
– Vaginalflora
Scheidenmuscheln
Scheidenöffnung
– □ Vagina
Scheidenschließmuskel
– □ Vagina
Scheidenschnäbel
– M Polarregion
Scheidenstreiflinge ↗
Scheidenvorhof
– Urogenitalsinus
– □ Vagina
– Vulva
Scheidenzellen
– Photosynthese
Scheidenzüngler ↗
Scheidewand ↗
– M Walnußgewächse
scheidewandbrüchig
– septifrag
scheidewandspaltig
– septizid
Scheidling
Scheinachse ↗
Scheinähre
– Süßgräser
Scheinakazie
– Robinie
Scheinangriff
– Hassen
Scheinarbeiter
Scheinartbildung
– kulturelle Evolution
Scheinbienen ↗

Scheinblattkieme
– Filibranchia
Scheinblüte ↗
Scheinböcke
– Oedemeridae
Scheinbuche
– B Australien III
Scheindeckel
– Pseudoperculum
Scheindolde
Scheinechsen
– Proavis
– Suchia
Scheinellergewächse
– Clethraceae
Scheinfossilien ↗
Scheinfrucht
Scheinfüßchen ↗
– B Verdauung II
↗ Pseudopodien
Scheingeißbart
– Astilbe
Scheingewebe ↗
Scheinhasel ↗
– Zaubernußgewächse
Scheinkotpillen
– Pseudofaeces
Scheinkrätze
– Krätze
Scheinkröten ↗
Scheinnektarien
Scheinpalmen
– Cyclanthaceae
Scheinparenchym ↗
Scheinpuppe
Scheinputzen ↗
– Putzen
Scheinquirl ↗
Scheinquitte ↗
Scheinrüßler
Scheinschielen
– Mongolenfalte
Scheinstamm
– Eibe
Scheintod
Scheinträchtigkeit ↗
Scheinwirtel
Scheinzwittrigkeit ↗
– Androgynie
– Zwittrigkeit
Scheinzypresse ↗
Scheitel (Botanik)
– Verzweigung
Scheitel (Zoologie)
– Haarstrich
Scheitelaugen
– Foramen
Scheitelbein
– Fontanelle
– □ Schädel
Scheitelebene
– Scheitel
Scheitelgrube
– Scheitel
Scheitelkamm
– Australopithecinen
– Scheitelbein
Scheitellappen
– Telencephalon
Scheitelleiste
– Scheitel
Scheitelmeristem ↗
– dichotome Verzweigung
– Dickenwachstum
– Scheitel
↗ Apikalmeristem
Scheitelnaht
– Scheitel
Scheitelregion
– Scheitel
Scheitelzelle
– M Archegonium
– dichotome Verzweigung
– Naegeli, C.W. von
– M Sphacelariales
– Wurzel
Schelf
Schelfeis
– Polarregion

Schelfmeer

Schelfmeer ↗
- Meer

Schellack
- Harze

Schellackwachs
- Schellack

Schellenblume
- Glockenblumengewächse

Schellente
- [B] Europa VII
- [M] Höhlenbrüter
- Meerenten

Schellfisch
- [B] Fische II
- [M] Laichperioden

Scheltopusik
- Schwanz

Scheltostschek ↗

Schendylidae
- [M] Hundertfüßer

Schenkel

Schenkelbienen ↗
- Ölblumen

Schenkeldrüsen
- Coxalbläschen

Schenkelfliegen ↗

Schenkelring
- [B] Gliederfüßer I

Schenkelsammler ↗

Schenkelsporen
- Eidechsen

Schenkelwespen ↗

Schere
- Knallkrebse
- ↗ Chela

Scherenasseln
Scherenfuß
Scherengebiß ↗
Scherenhörnler ↗
Scherenschnäbel
- [B] Nordamerika VI

Scherkräfte
- [B] mechanische Sinne I
- Mechanorezeptoren

Schermäuse

Scheuchzer, J.J.
- Abstammung - Realität
- Andrias scheuchzeri
- Scheuchzeriaceae
- Scheuchzerio-Caricetea nigrae

Scheuchzeriaceae ↗

Scheuchzerietalia palustris
- Caricetum limosae
- Scheuchzerio-Caricetea nigrae

Scheuchzerio-Caricetea nigrae

Scheuchzers Wollgras
- [B] Polarregion II
- Wollgras

Scheuen
- Angst - Philosophische Reflexionen

Schicht
- Stratifikation
- ☐ Stratigraphie
- Stratum

Schichtarbeit
- [M] Chronobiologie
- Schlaf

Schichtenontologie
- Geist - Leben und Geist

Schichtenstoß
- Ärathem

Schichtfugen
- Stratum

Schichtgesteine
- Erdgeschichte
- Geochronologie
- Sedimentgesteine

Schichtparallelisierung
Schichtpilze ↗

Schichtpopulation
- Plete

Schichtporlinge

Schichtvulkan
- [M] Vulkanismus

Schiebbrustfrösche ↗
Schied ↗

Schiefblatt
- [B] Asien VI
- Begoniaceae
- [B] Blatt III

Schiefblattgewächse ↗
Schiefkopfschrecke ↗

Schielen
- Abducens
- Erbkrankheiten

Schienbein
- ☐ Kniegelenk
- ☐ Organsystem
- [M] Paarhufer
- [M] Unpaarhufer
- ↗ Tibia

Schienbeinnerv
- Hüftnerv

Schiene ↗

Schienenechsen
- Südamerika

Schienenfurche
- Pleuralfurche

Schienenkörbchensammler ↗
Schienensammler ↗
Schienenschildkröten ↗
- Madagassische Subregion

Schierling

Schierlingstanne ↗
- [M] arktotertiäre Formen

Schiff, Hugo
- Schiffsche Base

Schiffchen ↗
- ☐ Blüte (zygomorphe Blüten)

Schifferwald
- Eichenschälwald

Schiffsbohrer
- Adapedonta
- Gehäuse
- [B] Muscheln
- Schale

Schiffsbohrwürmer
- Schiffsbohrer

Schiffsboot
- Nautilus

Schiffsche Base
- Pyridoxalphosphat
- ☐ Transaminierung

Schiffshalter
- [B] Fische V
- Putzsymbiose

Schiffswerftkäfer
- Werftkäfer

Schiitake ↗
Schikimisäure ↗
Schilbeidae ↗

Schild
- Schuppen

Schildbäuche

Schildblatt

Schildblume ↗

Schilddrüse
- Axolotl
- [B] Chordatiere
- Drüsen
- Glucobrassicin
- Glucosurie
- [M] Hormondrüsen
- ☐ Hormone (Drüsen und Wirkungen)
- ☐ hypothalamisch-hypophysäres System
- [M] Iod
- Melatonin
- Metamorphose
- Nervensystem (Wirkung)
- [M] Strahlenschutz
- Temperaturregulation

Schilddrüsenhormone
- ☐ Hormone (Primärwirkungen)
- Thyreostatika

Schilddrüsenkrebs
- Krebs

Schilddrüsenpräparate
- ☐ Teratogene

Schildechsen
Schilderwelse ↗

Schildfarn
- ☐ Farne

Schildfische ↗
Schildflechte ↗
Schildfrösche ↗

Schildfuß
- Scutopus

Schildfüßer
Schildhafte ↗

Schildhornvogel
- Nashornvögel

Schildigel
- Zwergseeigel

Schildkäfer
- [B] Käfer II

Schildkern
- Levallois

Schildkiemer
Schildknorpel ↗
- Adamsapfel

Schildkrot
- Schildpatt

Schildkröten
- [M] Atemfrequenz
- Darm (Darmlänge)
- [B] Dinosaurier
- [B] Europa VII
- ☐ Exkretion (Stickstoff)
- Geschlechtsbestimmung
- Harnblase
- ☐ Lebensdauer
- ☐ Lunge (Oberfläche)
- [B] Mediterranregion III
- Netzhaut
- [B] Nordamerika VII
- Purkinje-Phänomen
- Rippen
- [B] Südamerika VIII

Schildkrötenegel

Schildkrötenfrosch
- Myobatrachus

Schildkrötenmilben ↗
Schildkrötenpflanze ↗
Schildkrötenschnecken

Schildkrötensuppe
- Meeresschildkröten
- [M] Reptilien

Schildläuse
- Brutbeutel
- Crumena
- ☐ Endosymbiose
- Flügelreduktion
- Heterochromatisierung
- Neometabola
- [B] Schädlinge

Schildmotten

Schildpatt
- [M] Reptilien
- Schuppen

Schildschwänze

Schildschwanzschlangen
- [M] Orientalis
- ↗ Schildschwänze

Schildseeigel ↗

Schildwanzen
- ☐ Insekten (Nervensystem)

Schilf ↗

Schilffeulen

Schilfgürtel
- ☐ See

Schilfkäfer
- Kokon

Schilfradspinne ↗

Schilfrohr
- [B] Europa VI
- Polykorm
- Wurzelraumverfahren

Schilfröhricht ↗
Schilfsackspinne ↗

Schilfsandstein
- Keuper

Schilfsterben
- Schilfrohr

Schill

Schiller, Friedrich von
- Freiheit und freier Wille
- Schillerlocken

Schillerfalter
- Farbe

Schillergras

Schillerlocken ↗
- Dornhaie

Schillerporlinge

Schillerschuppen ↗
- ☐ Schuppen

Schillerweine
- Wein

Schimmel ↗
- Aflatoxine

Schimmel-Fichte
- [M] Fichte
- [B] Nordamerika I

Schimmelhefen
Schimmelkäfer
Schimmelpilze
- Konservierung
- mikrobielles Wachstum

Schimmelpilzmykosen
- Schimmelpilze

Schimpanse
- Affen
- [B] Afrika V
- Äthiopis
- Begrüßungsverhalten
- Bettelverhalten
- Bewußtsein
- [M] Chromosomen (Anzahl)
- Denken
- [B] Einsicht
- Freiheit und freier Wille
- Hassen
- Homo troglodytes
- Infantizid
- Inzesttabu
- Jugendentwicklung: Tier-Mensch-Vergleich
- Köhler, W.
- [M] Kultur
- Lächeln
- ☐ Lebensdauer
- Lernen
- ☐ Mensch
- Mensch und Menschenbild
- Mimik
- Paläanthropologie
- [B] Paläanthropologie
- Pongidenhypothese
- [M] Selbsterkenntnis
- Sprache
- ☐ Stammbaum
- Tierbauten
- Tiergesellschaft
- [M] Trächtigkeit
- Tradition
- Transfer
- Verhaltenshomologie
- [M] Werkzeuggebrauch

Schimper, A.F.W.
- Plastiden

Schimper, K.F.
- Moose
- Pleistozän

Schimper, W.P.
- ☐ Bryologie

Schindewolf, O.H.
- Abstammung - Realität
- Präkambrium

Schinkenkäfer ↗
Schinkenmuschel ↗
Schinopsis ↗
Schinus ↗

Schirmakazie
- [B] Afrika II
- Akazie
- ☐ Baum (Baumformen)
- Hülsenfrüchtler

Schirmalge
- Dasycladales

Schirmbäume
- ☐ Baum

Schirmbestand
- Schirmschlag

Schlangensalamander

Schirmbildphotographie
– ☐ Röntgenstrahlen
Schirmblütler
– Fruchtträger
Schirmflieger ↗
Schirmhieb
– Schirmschlag
Schirmkronenbäume
– Schirmbäume
Schirmlinge
– Amatoxine
Schirmlingsartige Pilze
Schirmpigmente
– Carotinoide
Schirmquallen ↗
Schirmrispe ↗
– Blütenstand
Schirmschlag
– ☐ Schlagformen
Schirmschnecken
– Tylodina
Schirmtanne ↗
Schirmvogel ↗
– M Schmuckvögel
– B Südamerika III
Schirrantilope ↗
Schisandra
– Schisandraceae
Schisandraceae
Schismatomma ↗
Schistidium ↗
Schistocephalus
– M Pseudophyllidea
Schistocerca
– M Afrika
– Versuchstiere
– M Wanderheuschrecken
Schistometopum ↗
Schistosoma
– M Abwasser
– Darmparasiten
– Endwirt
– Schistosomatidae
– M Schistosomatidae
Schistosomatidae
Schistosome
– ☐ Digenea
Schistosomiasis
– Marisa
– Parasitismus
Schistosomulum
– M Schistosomatidae
– Schistosomiasis
Schistostega
– Schistostegales
Schistostegaceae
– Schistostegales
Schistostegales
Schizaea
– Schizaeaceae
Schizaeaceae
Schizambon
Schizamnion ↗
– Embryonalhüllen
Schizasteridae
– M Herzseeigel
Schizidium
Schizoblastosporion ↗
Schizocapsa
– Taccaceae
schizochroal
Schizococcidia
Schizocodon
– M Diapensiales
Schizocoel
Schizocoelie
– Schizocoeltheorie
Schizocoeltheorie
Schizocoralla
Schizocyten
Schizodonta ↗
schizogen
– Drüsen
– Hartheugewächse
– Harze
– Harzgänge
– Mark
– Sekretbehälter
Schizogenese
– Zeppelina

Schizogonie
– Algen
– Endodyogenie
– Haemosporidie
– Seesterne
Schizogregarinida
Schizokarpium ↗
Schizomycetae
– Bakterien
Schizomycetes ↗
Schizonella
– M Brandpilze
Schizoneura
– ☐ Perm
– Schizoneuraceae
Schizoneuraceae
Schizont
Schizopeltidae
– ☐ Doppelfüßer
Schizopeltidia ↗
Schizophoria
Schizophrenie
– Neuropeptide
– Sympathikolytika
Schizophyceae ↗
Schizophyllum (Botanik)
Schizophyllum (Zoologie) ↗
Schizophyta
– Bakterien
Schizopoda
– Mysidacea
– Spaltfüßer
Schizopodium
– Gliederfüßer
Schizoporella
Schizosaccharomyces
Schizosaccharomycoideae
– M Echte Hefen
Schizothoracinae ↗
Schizothorax
– Karpfen
Schizotomie
– Algen
Schizotus
– Feuerkäfer
schizotym
– M Konstitutionstyp
Schlacke
– ☐ Abfall
Schlackenstoffe
– Stoffwechsel
Schlackewollefilter
– Sterilfiltration
Schlaf
– Angst - Philosophische Reflexionen
– Bewußtsein
– B Chronobiologie II
– Glucocorticoide
– M Temperaturregulation
– Verhalten
Schlafantrieb
– M Bereitschaft
Schlafapfel
Schlafbäume
– Schlafverband
Schlafbewegungen
– Bohne
Schläfen
Schläfenbein
– ☐ Kiefergelenk
– ☐ Schädel
– Schläfenfenster
schlafende Augen
– Proventivsprosse
schlafende Knospen
– schlafende Augen
Schläfendrüsen
– Gesichtsdrüsen
Schläfenfenster
– anapsider Schädeltyp
– ☐ Brückenechse
– Hirnschädel
– Kiefer (Körperteil)
Schläfenlappen ↗
– Rindenfelder
– Telencephalon
Schläfenmuskel
– Kauapparat

– Schläfenfenster
Schläfenorgan ↗
Schläfer ↗
– Europa
– Paläarktis
↗ Bilche
Schlaffsucht
– Bacillus thuringiensis
Schlafkolonien
– Fledertiere
– Kolonie
Schlafkrankheit
– Afrika
– Castellani, A.
– Reservoirwirte
– M Trypanosoma
Schlafmäuse
– Schläfer
Schlafmittel
– Chloralhydrat
– ☐ Psychopharmaka
– M Schlaf
Schlafmohn
– B Kulturpflanzen X
– Mohn
Schlafmoose ↗
Schlafpeptide
– ☐ Neuropeptide
Schlafphase
– Gähnen
↗ Schlaf
Schlafplatz
– Rangordnung
Schlafschwämme
– Badeschwämme
Schlafspindeln
– ☐ Schlaf
Schlafstarre
– Winterschlaf
Schlafstörungen
– M Schlaf
Schlaftrieb ↗
Schlafverband
Schlaf-Wach-Rhythmus
– B Chronobiologie I
– ☐ Hormone (Drüsen und Wirkungen)
– Serotonin
– Somatotropin
↗ Schlaf
Schlafzentrum ↗
Schlag (Forstwirtschaft)
Schlag (Landwirtschaft)
Schlag (Zoologie)
Schlagadern ↗
Schlagbewegungen
– ☐ Flugmechanik
– Flugmuskeln
Schlagfalle
– carnivore Pflanzen
– Falle
Schlagflug
– Flugmechanik
Schlagfluren ↗
– Ersatzgesellschaft
Schlagformen
Schlagvolumen
– Herzminutenvolumen
Schlagwind
– Flugmechanik
Schlammbewohner
– limicol
Schlammfaulung
– Kläranlage
Schlammfauna
Schlammfisch
Schlammfische
– Diplospondylie
– B Fische XII
– Nordamerika
Schlammfliegen
– M Extremitäten
– M Komplexauge (Querschnitte)
– M Schwebfliegen
Schlammfliegenlarven
– Tracheenkiemen
Schlammhöhlen
– Nest

Schlammkraut
Schlammkugelkäfer ↗
– Trüffelkäfer
Schlammläufer ↗
Schlammnattern ↗
Schlammnestkrähen ↗
Schlammpeitzger
– Darm
– Darmatmung
– Fische
Schlammröhrenwürmer ↗
– M Tubificidae
Schlammsalamander
Schlammschildkröten
Schlammschnecken
– M maternaler Effekt
– M Sammelart
Schlammschwimmer ↗
Schlammseggenschlenke ↗
Schlammspringer
– B Fische IX
Schlammtaucher
Schlammteufel ↗
– Andrias scheuchzeri
– M Riesensalamander
Schlängeln
– Hautmuskelschlauch
– Schlangen
Schlangen
– M Darm (Darmlänge)
– B Dinosaurier
– Eosuchia
– Harnblase
– heliophil
– Kraniokinetik
– ☐ Lebensdauer
– Merkmal
– regressive Evolution
– Rippen
– B rudimentäre Organe
– Wirbel
Schlangenadler
Schlangenauge ↗
– Schlankskinkverwandte
Schlangenbeschwörer
– M Brillenschlange
– Uräusschlange
Schlangenbiß
– Heilserum
↗ Giftschlangen
↗ Schlangengifte
Schlangenechsen
Schlangenfarm
– Giftschlangen
– M Schlangengifte
Schlangenfische ↗
Schlangengifte
– Blutgifte
– Calmette, A.
– Cardiotoxine
– ☐ Hämolyse
– Ichneumons
– Lysolecithine
Schlangengift-Phosphodiesterase
Schlangengurke
– Kürbisgewächse
Schlangenhaarrose
– Mesomyaria
Schlangenhabichte
– Schlangenadler
Schlangenhalsechse
– Elasmosaurus
Schlangenhalsschildkröten
Schlangenhalsvögel
– B Nordamerika VI
Schlangenhäute
– M Artenschutzabkommen
– Natternhemd
Schlangenholz ↗
– Arzneimittelpflanzen
Schlangenkopffische
– B Fische IX
Schlangenmakrelen
Schlangenminiermotte ↗
– M Minen
Schlangenmoos ↗
Schlangennadel ↗
Schlangensalamander ↗

Schlangenschleichen

Schlangenschleichen
Schlangenschnecken
Schlangenserum ↗
- Giftschlangen
Schlangenskinke
Schlangensterne
- Asteriacites
- [M] Devon (Lebewelt)
- [ ] Ordovizium
- [B] Stachelhäuter II
Schlangenwurz
- [B] Europa VI
Schlankaffen
- Hand
Schlankbären ↗
- Südamerika
Schlankblindschlangen
Schlankboas
Schlanklibellen
- [B] Insekten I
Schlanknatter
- Zornnattern
Schlanksalamander ↗
Schlankseggenried ↗
Schlankskinkverwandte
Schlauch
- Utriculus
Schlauchalge ↗
Schlauchalgen ↗
Schlauchbefruchtung ↗
Schlauchblattartige
Schlauchblätter
- Schlauchblattartige
Schlauchblattgewächse
- Schlauchblattartige
Schlauchherz
- [B] Gliederfüßer II
Schlauchpilze
- [B] Schädlinge
Schlauchpolypen
- Siphonozoide
Schlauchwürmer ↗
- [M] Tiefseefauna
- ↗ Nemathelminthes
Schlehdorn
- [B] Europa XIV
- [M] Prunus
Schlehe ↗
- [B] Europa XIV
- [M] Knospe
- Polykorm
Schlehenspinner ↗
Schleichen
- Paläarktis
- [B] rudimentäre Organe
Schleichensalamander ↗
Schleichkatzen
- [M] Digitigrada
- Madagassische Subregion
Schleiden, M.J.
- [B] Biologie I
- [B] Biologie II
- Cytologie
- Naegeli, C.W. von
- Zelltheorie
Schleiden-Schwannsche Zelltheorie
- Cytologie
Schleie
- [B] Fische XI
- Fischzucht
- Teichwirtschaft
Schleier
Schleierchen
- Indusium
Schleierdame
Schleiereulen
- [B] Europa XI
- [M] Gelege
Schleiergesellschaft
- Calystegietalia sepium
Schleierlinge
Schleierlingsartige Pilze
Schleiermotten
- Plutellidae
Schleierschnecke ↗
Schleierschwanz ↗
Schleifenblume ↗
Schleifenzug
- Vogelzug

Schleifspuren
- Scharrspuren
Schleim
- [M] Cyanobakterien
- Kapsel
- Modulation
- Schleimdrüsen
- [M] Zellwand
Schleimaal ↗
Schleimbakterien
Schleimbehälter
- Lindengewächse
Schleimbeutel
- Bewegungsapparat
- Sehnenscheiden
Schleimdrüsen
- [B] Amphibien I
- Hautdrüsen
Schleimfäden
- Strudelwürmer
Schleimfischartige
Schleimfische
- Mimikry
- Mittelmeerfauna
Schleimfluß
Schleimfüße
Schleimgürtel
- [ ] Oligochaeta
Schleimhaut
- Epithel
- Schleim
- [ ] Virusinfektion (Wege)
Schleimhautepithel
- Drüsenepithel
- Epithel
Schleimhautirritationen
- [M] Wehrsekrete
Schleimhautpolypen
- Kieferhöhle
Schleimhautwulst
- Torus
Schleimhefen
- Froschlaichgärung
Schleimhüllen
- [M] Zellwand
schleimige Gärung
- Froschlaichgärung
Schleimigel ↗
Schleimkanäle
- Sekretbehälter
Schleimkapseln
- [M] Azotobacter
Schleimkopfartige Fische
Schleimköpfe (Fische)
Schleimköpfe (Pilze) ↗
Schleimling ↗
Schleimpilze
Schleimporlinge
Schleimschirmlinge
Schleimstoffe
- [M] Wehrsekrete
Schleimtange
- Cyanobakterien
Schleimtrüffel
- Schleimtrüffelartige Pilze
Schleimtrüffelartige Pilze
Schleimzellen ↗
Schleinitz, G.E.G. von
- [ ] Meeresbiologie (Expeditionen)
Schleischnecken
- Langfühlerschnecken
Schlemmscher Kanal
- Kammerwasser
- [B] Linsenauge
Schlenken ↗
- Kolk
Schlenkengesellschaften
Schleppe
- Trogons
Schleppgeißel
- [M] Peridiniales
Schleuderbewegungen
- Explosionsmechanismen
- Hydrochorie
- Schleuderfrüchte
Schleuderfrüchte
Schleuderhonig
- [M] Honig

Schleudermechanismen
- Explosionsmechanismen
- ↗ Schleuderbewegungen
Schleudern
- Bienenzucht
Schleuderzellen ↗
Schleuderzunge ↗
- Höhlensalamander
- Speichel
Schleuderzungensalamander
Schleusenmotte
- Tineidae
Schlichtkleid
- Mauser
- Sexualdimorphismus
Schlick
- Küstenvegetation
Schlickbewohner
- Pelos
Schlickböden
- Marschböden
- Schlick
Schlickfänger
- Thero-Salicornietea
Schlickgras
- [ ] Bodenzeiger
Schlickgras-Gesellschaften ↗
Schliefer
- Huftiere
- Pliohyrax
Schließaugenkalmare
- Myopsida
Schließbewegungen
Schließfrüchte ↗
- Bedecktsamer
Schließhaut
Schließknorpel
- Muscheln
- Scharnier
Schließmundschnecken
Schließmuskeln
- Bewegung
- Defäkation
- [ ] Muscheln
- [B] Muscheln
- Muskelkontraktion
- Paramyosin
- [ ] Rankenfüßer
- Scharnier
- Sphinkter
Schließplatte ↗
Schließzeit
- [ ] Blumenuhr
Schließzellen ↗
- Blatt
- Epidermis
- Variationsbewegungen
Schlinger (Ernährung)
Schlinger (Fische) ↗
- [B] Fische IV
Schlingnattern
- [B] Europa XI
- [B] Reptilien II
Schlingpflanzen ↗
Schlingstrauch
- [ ] Brechnußgewächse
Schlittenhund
- [ ] Hunde (Hunderassen)
Schlittschuhläufer ↗
Schlitzaugen
- Mongolide
- Rassengenese
Schlitzbandschnecken ↗
Schlitzhörner ↗
Schlitzkreiselschnecken
- Diotocardia
Schlitznapfschnecken ↗
Schlitznasen
Schlitzrüßler
- Südamerika
Schlitzschnecken ↗
Schlitzturmschnecken
Schloß ↗
Schloßband
- Scharnier
Schlosser ↗
Schloßfortsatz
- Cardinalia

Schloßleisten ↗
Schloßplatte
- [B] Algen I
- Cardinalia
Schloß-Schlüssel-Prinzip
- ↗ Schlüssel-Schloß-Prinzip
Schlotheim, E.F. von
- [M] Leitfossilien
- Schlotheimia
Schlotheimia
Schlotten
- Karst
Schlotzone
Schluchtensalamander ↗
Schluchtwälder
- Hirschzunge
Schluckauf
Schlucken
- aktionsspezifische Energie
- Choanen
- Epiglottis
- Eustachi-Röhre
- Kehlkopf
- Oesophagus
- Schluckreflex
- stomatogastrisches Nervensystem
Schluckimpfung
- Poliomyelitis
Schluckreflex
Schluckzentrum
- Schluckreflex
Schluff
- Bodenentwicklung
- Bodenerosion
- Frostsprengung
Schluffböden
- Bodenluft
- [ ] Gefügeformen
- [M] Porenvolumen
Schlund (Botanik)
Schlund (Zoologie) ↗
- [ ] Rindenfelder
- ↗ Rachen
Schlundbögen ↗
Schlunddarm ↗
Schlundegel ↗
Schlundganglien
Schlundmuskulatur
- Glossopharyngeus
Schlundnerven
- [ ] Gehirn
- ↗ Glossopharyngeus
Schlundring
- [ ] Gehirn
Schlundrinne
Schlundrinnenreflex
- Schlundrinne
Schlundsackschnecken
Schlundschuppen
- Schlund
Schlundspalten ↗
Schlundtaschen ↗
- Mycetangien
Schlundzähne
- Süßlippen
Schlüpfen
- [ ] Chronobiologie (Temperaturkompensation)
- [ ] Embryonalentwicklung
Schlüpfhormon
- Metamorphose
Schlupfwespen
- Vibrationssinn
- Webspinnen
Schluß
- Deduktion und Induktion
- Wissenschaftstheorie
Schlußbiß
- Okklusion
Schlüsselbein ↗
- Scapula
Schlüsselbeinarterie
- [B] Herz
Schlüsselbeinvene
- Lymphgefäßsystem
Schlüsselblume
- [ ] Autogamie

- Scapus
Schlüsselblumenartige ↗
Schlüsselgruppe
Schlüssellochschnecken
- Lochschnecken
Schlüsselmerkmal
- adaptive Radiation
- Diagnose
- ökologische Nische
- Systematik
Schlüsselreiz
- Angriffshemmung
- Attrappe
- Attrappenversuch
- M Mimik
- Reiz
- Reizfilterung
- Reizsummenregel
- Ritualisierung
- Sexualtäuschblumen
- übernormaler Schlüsselreiz
Schlüssel-Schloß-Prinzip
- B Biologie II
- Entelegynae
- Fischer, E.H.
- Komplementarität
- Proteine
- Stereospezifität
- Symmetrie
Schlußgesellschaft ↗
- Sukzession
Schlußleisten
- Ionentransport
Schmachtkorn
- Notreife
- Schrumpfkorn
Schmack
- M Coriariaceae
Schmalbienen
Schmalböcke ↗
Schmalflügeligkeit
- Apteria
Schmalfrontzieher
- Vogelzug
Schmalkäfer
- Plattkäfer
Schmalnasen
Schmalwand
Schmalwanzen ↗
Schmalz
- Fette
Schmalzungen
- Radula
Schmalzüngler
Schmarotzer ↗
Schmarotzerbienen ↗
Schmarotzerhummeln ↗
- M Kuckucksbienen
Schmarotzerpflanzen
Schmarotzerraubmöwe
- B Polarregion I
- Raubmöwen
Schmarotzerrose ↗
- B Hohltiere III
Schmarotzertum
- Parasitismus
Schmarotzerwelse
- Südamerika
 ↗ Parasitenwelse
Schmätzer ↗
- Revier
Schmeckbecher ↗
Schmeckborsten
- B chemische Sinne II
Schmecken
- B Gehirn
 ↗ chemische Sinne
Schmeckhaare ↗
Schmeckzellen ↗
- B chemische Sinne II
Schmeil, O.
Schmeißfliegen ↗
- M Auflösungsvermögen
- B chemische Sinne II
- Fliegenblütigkeit
- ☐ Komplexauge (Aufbau/Leistung)
- Mitochondrien
 ↗ Fleischfliegen

Schmelz ↗
schmelzen (Physik)
schmelzen (Zellbiologie)
- Desoxyribonucleinsäuren
 ↗ Schmelzpunkt
Schmelzglocken
- Zähne
Schmelzkammerfeuerung
- Stickoxide
Schmelzleiste
- Zähne
Schmelzorgane
- Fetalisation
- Zähne
Schmelzpunkt ↗
- AT-Gehalt
- Entropie - in der Biologie
- M Kooperativität
Schmelzschupper
Schmelzüberzug
- Schuppen
Schmelzwärme
- schmelzen
- Wasser
Schmerlen
- Fische
Schmerlenwelse ↗
Schmerling ↗
Schmerwurz
- Träufelspitze
- Yamsgewächse
Schmerz
- Angst - Philosophische Reflexionen
- Betäubung
- Bradykinin
- Drogen und das Drogenproblem
- Endorphine
- Haut
- Hautsinn
- Headsche Zonen
- ☐ Hormone (Drüsen und Wirkungen)
- Irradiation
- Narkose
- Neuropeptide
- Opiatrezeptor
- B Rückenmark
- ☐ Streß
- Temperatursinn
Schmerzauslösung
- Prostaglandine
 ↗ Schmerz
Schmerzausschaltung
- Denervierung
 ↗ Anästhesie
 ↗ Betäubung
 ↗ Narkose
 ↗ Narkotika
Schmerzempfindungsschwelle
- Gehörorgane
- ☐ Gehörorgane (Hörbereich)
Schmerzmittel
- ☐ Drogen und das Drogenproblem
- M Schmerz
Schmerzpunkte ↗
- M Haut
Schmerzrezeptoren
- ☐ Atmungsregulation (Atemzentrum)
- Rückenmark
- Schmerz
Schmerzschwelle ↗
Schmerzsinn ↗
Schmerzstoffe
- Schmerz
Schmerzunempfindlichkeit
 ↗ Schmerzausschaltung
Schmetterer
- Fangschreckenkrebse
Schmetterlinge
- ☐ Flügelreduktion
- Gespinst
- B Homonomie
- B Insekten IV
- B Metamorphose

- ☐ Mundwerkzeuge
- ☐ Rote Liste
- B Verdauung II
Schmetterlingsbäume
- Monarch
Schmetterlingsbestäubung
- Entomogamie
- Schmetterlingsblütigkeit
Schmetterlingsblumen ↗
Schmetterlingsblüte
Schmetterlingsblütigkeit
Schmetterlingsblütler ↗
- Alkaloide
Schmetterlingsbuntbarsch
- B Aquarienfische II
Schmetterlingsfink
- M Prachtfinken
- B Vögel II
Schmetterlingsfische
- B Fische IX
Schmetterlingsflügel
- M Biomechanik
- Farbe
- Insektenflügel
- Schmetterlinge
Schmetterlingshafte
Schmetterlingslarven
- Malpighi-Gefäße
- Schmetterlinge
Schmetterlingsläuse ↗
Schmetterlingsmücken ↗
Schmetterlingsorchidee
- B Südamerika II
Schmetterlingsporling
- Lignin
- M Trametes
Schmetterlingsrochen
Schmetterlingstintenfisch
- Stoloteuthis
Schmid, F.F.
- Schmidsche Regel
Schmidel, C.C.
- ☐ Bryologie
Schmidsche Regel
Schmidt, C.
- Kohlenhydrate
Schmidt, Eduard Oscar
- Oscarellidae
- Schmidtsche Larve
Schmidt, W.J.
- Haftpunkttheorie
Schmidtsche Larve
Schmied (Frösche) ↗
Schmiede (Käfer) ↗
Schmiele
- ☐ Bodenzeiger
Schmierbrand
- Steinbrand
Schmierdrüsen
Schmierebildner ↗
Schmiereifung
- Brevibacterium
Schmierläuse
Schmierlinge
- ☐ Hautköpfe
- Schmierröhrlinge
Schmieröl
- ☐ Kohl
Schmierröhrlinge
Schmierstoffe
- Baumwollpflanze
- Mucopolysaccharide
- Schleim
Schmierung
- Brevibacterium
Schminckesches Lymphoepitheliom
- DNA-Tumorviren
Schminkbeere
- Kermesbeerengewächse
Schminkfarben
- Vogelfeder
Schminkfarbstoff
- Kermesbeerengewächse
Schmirgelpapier
- Dilleniaceae
Schmuckbartvogel
- M Duettgesang
Schmuckbaumnattern

Schnappschildkröten

Schmuckelfe
- M Kolibris
Schmuckfedern
- Vogelfeder
Schmuckfliegen
Schmuckkörbchen ↗
- B Nordamerika VIII
Schmuckschildkröten ↗
- Nordamerika
Schmuckspint
- Bienenfresser
Schmucktracht ↗
Schmuckvögel
- M Südamerika
Schmuckwanze
Schmutzbecherlinge ↗
Schmutzfracht ↗
- Abwasserlast
 ↗ Wasserverschmutzung
Schmutzgeier ↗
- B Mediterranregion II
- Werkzeuggebrauch
Schmutzwasser
- Abwasser
Schnabel (Botanik)
Schnabel (Zoologie)
- B adaptive Radiation
- B Attrappenversuch
- M Darwinfinken
- M Finken
- Haut
- Hesperornithiformes
- Kraniokinetik
- ☐ Kreide
- Mechanorezeptoren
- M Ornithogamie
- B Rassen- u. Artbildung I
- B Rassen- u. Artbildung II
- Schnauze
- Wanzen
Schnabelbinse
Schnabelbrustschildkröte ↗
Schnabeldelphin ↗
Schnabeleulen ↗
Schnabelfliegen
- Afterfuß
- Mundwerkzeuge
- ☐ Rote Liste
Schnabelgrille ↗
Schnabelhafte ↗
Schnabeligel ↗
- Haake, W.
- B Säugetiere
Schnabelkerfe
- Honigtau
- B Insekten I
- Wehrsekrete
Schnabelköpfe
Schnabelmilben
Schnäbeln
Schnabelried ↗
Schnabelseggenried ↗
Schnabeltiere
- B Australien IV
- brüten
- Gifttiere
- M Körpertemperatur
- Lendenwirbel
- B Säugetiere
Schnabelwale
- Brustwirbel
Schnabelwanze
- Raubwanzen
Schnaken ↗
- Gartenschädlinge
- Nomina vernacularia
Schnakenwanze
- Stabwanzen
Schnallenmycel ↗
- Pilze
Schnallentyp
- Ascus
- Basidie
Schnäpel ↗
Schnapper
Schnäpper ↗
Schnappschildkröten ↗
- Nordamerika
- B Nordamerika VII

Schnarrheuschrecke

Schnarrheuschrecke ↗
Schnarrschrecke
- Feldheuschrecken
Schnatterente
- Ⓜ Schwimmenten
Schnattern
- Entenvögel
- Ⓑ Motivationsanalyse
Schnauze
Schnauzenbienen ↗
Schnauzeneulen ↗
Schnauzenfalter
Schnauzenmücken ↗
Schnauzenschnecken ↗
Schnauzenspinner ↗
- Ⓜ Zahnspinner
Schnauzentremolo
- Ⓑ Signal
Schnauzer
- ☐ Hunde (Hunderassen)
- Ⓑ Hunderassen II
- Ⓑ Hunderassen IV
- Torfhund
Schnecke (Gehörn)
- Mufflon
Schnecke (Gehörorgan) ↗
- ☐ Gehirn
Schnecken
- Fortbewegung
- Gehirn
- Haut
- ☐ Kambrium
- ☐ Karbon
- Ⓑ Larven II
- Molluskizide
- Nervensystem
- ☐ Rote Liste
- Ⓜ Spermiendimorphismus
Schneckenaaskäfer
- Ⓑ Käfer I
- ↗ Aaskäfer
Schneckenblütler
Schneckenfenster
- rundes Fenster
Schneckenfliegen
- Hornfliegen
Schneckengärten
- Weinbergschnecken
Schneckengehäuse
- Apex
- Deckel
- devolut
- Gewinde
- ↗ Schneckenhaus
Schneckenhaus
- Gehäuse
- Schnecken
- ↗ Schneckengehäuse
Schneckenkanker
Schneckenklee
- Dicumarol
Schneckenkönig ↗
Schneckenmotten ↗
- Ⓜ Minen
Schneckennattern
Schneckenpest
- Achatschnecken
Schneckenräuber
Schneckenraupen
- Schildmotten
Schneckenschale
- Ⓜ Schnecken
Schneckenspinner ↗
Schnecklinge
Schnee
- Ⓜ Albedo
- Ⓜ Isolinien
- Kryoflora
- Kryoplankton
- Ⓜ Niederschlag
- Wasserkreislauf
Schneealgen ↗
Schneeammer
- Ammern
- Ⓑ Europa II
Schneeball
- Ⓑ Europa XIV
- Knospe
- Ⓜ Knospe
- Ⓜ Macchie
- nackte Knospen
- Nektar
- Randblüten
- Salicin
Schneeballkäfer ↗
Schneebeere ↗
- Ⓜ Geißblattgewächse
Schneebodengesellschaften
Schneebodenpflanzen
Schneebruch ↗
Schneedruck
- Schneeschäden
Schnee-Enzian
- Enzian
- Ⓑ Europa II
Schnee-Eule
- Eulen
- Europa
- Polarregion
- Ⓑ Polarregion I
Schneefink ↗
- Alpentiere
Schneefliege ↗
Schneefloh ↗
- Ⓜ Winterhafte
Schneegans
- Gänse
- Homogamie
- Ⓑ Polarregion II
Schneeglöckchen
- Irone
Schneeglöckchenbaum
- Styracaceae
- Ⓜ Styracaceae
Schneegrenze ↗
Schnee-Hahnenfuß
- Ⓑ Polarregion II
Schneehase
- Alpentiere
- Europa
- Ⓑ Europa IV
- Populationszyklen
Schneeheide-Kiefernwälder ↗
Schneeheide-Krummholz ↗
Schneehühner
- Alpentiere
- Europa
- Ⓑ Europa III
- Mauser
Schneeinsekten
Schneeklimate
- Klima
Schneeleopard
- Asien
Schneemaus
- Alpentiere
- Feldmäuse
Schneemensch
Schneemücke
- Stelzmücken
Schneepestwurz-Gesellschaft ↗
Schneepilz ↗
- Ⓜ Schnecklinge
Schneerose ↗
Schneeschäden
Schneeschimmel
- Auswinterung
- Ⓜ Fusarium
- Ⓜ Fußkrankheiten
- Keimlingskrankheiten
- Schüttekrankheit
Schneeschmelze
- temporäre Gewässer
Schneeschub
- Schneeschäden
Schneeschuhhase
- Schüttekrankheit
Schneeschutz
Schneestufe ↗
Schneesturmvogel
- Ⓜ Polarregion
Schneetälchen
Schneetälchengesellschaften
- Alpenpflanzen
Schneewürmer
Schneeziege
- Nordamerika
- Ⓑ Nordamerika II
- Ziegen
Schnegel
- Landlungenschnecken
Schneidbinsenröhricht ↗
Schneide
Schneider (Fisch)
Schneider (Insekten) ↗
Schneider, A.
- Mesostoma
Schneiderbock ↗
Schneidermuskel
Schneidersche Organe
- Neurohämalorgane
Schneidervögel
- Nest
Schneidezähne
- Gebiß
- Ⓜ Praemaxillare
- Ⓜ Zähne
- Zahnformel
Schneidried ↗
Schnellkäfer
- Ⓑ Insekten III
- pseudokone Augen
- Ⓑ Schädlinge
Schnell-Leitungssysteme
- Synapsen
- ↗ Riesenfasern
Schnellmechanismus
- Klickmechanismus
Schnellschwimmer ↗
Schnellwühler
- Wurzelratten
Schnepf, E.
- Kompartimentierungsregel
- Myzocytose
Schnepfen
- Kraniokinetik
- Schnabel
- Schnepfvögel
Schnepfenfische
- Ⓜ Mittelmeerfauna
Schnepfenfliegen
- ☐ Extremitäten
Schnepfenmesserfische
Schnepfenstrauße ↗
Schnepfenstrich
- Waldschnepfe
Schnepfvögel
Schnippe
- Ⓜ Abzeichen
Schnirkelschnecken
- Gartenschnecken
Schnitt (Landwirtschaft)
Schnitt (Obstbau)
Schnittfärbung
Schnittkontrastierung
Schnittlauch ↗
- Ⓑ Kulturpflanzen IV
- Ⓜ Lauch
- Rundblatt
Schnittlinge
- Stecklinge
Schnittmangold
- Beta
Schnittmethoden
Schnittpräparat ↗
- Mikrotom
- Ultramikrotom
Schnittsalat
- Lattich
Schnittsequenz
- Restriktionsenzyme
Schnittstellen
- ☐ Desoxyribonucleinsäuren (Parameter)
- ☐ Restriktionsenzyme
Schnittveraschung
- Aschenanalyse
Schnittwirbler
- Rhachitomi
- Temnospondyli
Schnitzlinge
Schnuller
- Jugendentwicklung: Tier-Mensch-Vergleich
Schnupfen
- Erkältung
Schnuralgen
Schnurbaum
- Hülsenfrüchtler
- ☐ Obstbaumformen
Schnurfaden
- Anabaena
Schnurfüßer ↗
Schnurrhaare ↗
Schnürringe ↗
Schnurrvögel
- Ⓜ Südamerika
Schnurwürmer
- Darm
- Pseudometamerie
- ↗ Nemertini
Schock
- Endorphine
- Hypoglykämie
- Totstellverhalten
Schockgefrieren
- Kryofixierung
Schocklunge
- Schock
Schockniere
- Schock
Schoenheimer, R.
- Ⓑ Biologie III
Schoenocaulon
- Liliengewächse
Schoenocaulus
- ☐ Liliengewächse
Schoenoplectus ↗
Schoenus ↗
Schöffler, P.
- Kräuterbücher
Schoinobates
- Ⓜ Australien
- Gleitbeutler
- Koalaverwandte
- Riesengleiter
Schokolade
- ☐ Kakao
Schokoladenhai ↗
Schollen
- Ⓜ depressiform
- Ⓑ Fische I
- Ⓜ Laichperioden
- Laichwanderungen
- ☐ Lebensdauer
Schollenartige ↗
Schöllkraut
- Ⓜ Samenverbreitung
Schomburgkhirsch
- Zackenhirsche
Schönbär ↗
Schönechsen
Schönen ↗
- Bier
- Hausenblase
- Wein
Schönfaser ↗
Schönfußröhrling
- Dickfußröhrlinge
Schönhorn
- Dacrymycetales
Schönhörnchen
Schönjungfern ↗
Schönkopf-Ritterlinge
Schönköpfe
- Schönkopf-Ritterlinge
Schönlein, J.L.
- Ⓜ Favus
Schönmalve
- Abutilon
Schönschrecke ↗
Schonstellung
- Schmerz
Schonung
Schönungsteiche
Schonwald ↗
- Waldschutzgebiete
Schönwanze ↗
Schonzeit
Schopenhauer, Arthur
- Angst - Philosophische Reflexionen
- Farbenlehre

- Geist - Leben und Geist
Schopfantilopen ↗
Schopfbäume
- Baum
- Cyatheaceae
- Páramo
schöpferische Leistungen
- Leib-Seele-Problem
Schopffische
Schopfhirsch ↗
Schopfhühner
- Kropf
- [B] Südamerika III
- [M] Südamerika
Schopfkolibri
- □ Kolibris
- [B] Südamerika II
Schopfstirnmotten
Schöpfung
- Abstammung
- anthropisches Prinzip
- Darwinismus
- Einschachtelungshypothese
- Katastrophentheorie
- Kreationismus
- Mensch und Menschenbild
- Sexualität - anthropologisch
- Teilhard de Chardin, M.-J. P.
Schöpfungsauftrag
- Insemination (Aspekte)
Schöps ↗
Schorf (Botanik)
- [B] Pflanzenkrankheiten II
- Schädlinge
Schorf (Medizin)
Schorfkrankheiten
- Schorf
Schornsteinerhöhung
- Luftverschmutzung
Schornsteinfeger (Beruf)
- □ Krebs (Krebsentstehung)
Schornsteinfeger (Insekt)
- [B] Schmetterlinge (Eier)
Schoß
- Schößling
Schößling
Schötchen
Schote ↗
- [M] Bohne
Schotenklee
- Hornklee
Schotenmuscheln
Schotentang ↗
Schöterich
Schottischer Hirschhund
- □ Hunde (Hunderassen)
Schottischer Terrier
- □ Hunde (Hunderassen)
- [B] Hunderassen II
Schottisches Schneehuhn
- Europa
- Schneehühner
Schouteden, Henri Eugène Alphonse Hubert
- Schoutedenella
Schoutedenella ↗
Schouw, J.F.
Schrägagarkultur
- Kulturröhrchen
- Schrägröhrchen
Schrägbedampfung ↗
- Gefrierätztechnik
schräggestreifte Muskulatur
- Gnathostomulida
Schrägröhrchen
Schrägzeilen
- Parastichen
Schramm, G.F.
- [B] Biochemie
Schratten
- Karst
Schrätzer ↗
Schraubel
Schraubenalgen
Schraubenantilope ↗
Schraubenbaum
- Spirodistichie
Schraubenbaumartige

Schraubenbaumgewächse
Schraubenfaser ↗
Schraubengefäße
- [M] Wurzel (Bau)
Schraubenschnecken
Schraubensteine
Schraubenstendel
Schraubenstrukturen
- Proteine
  ↗ Helix (Molekularbiologie)
Schraubentextur ↗
Schraubentracheiden
- Schraubengefäße
Schraubenwurmfliege
- Autizidverfahren
Schraubenziege
Schraubung
- Symmetrie
Schreck
- [M] Bereitschaft
Schreckbasedow
- Angst - Philosophische Reflexionen
Schrecken ↗
Schreckfärbung
- Abwehr
- □ Farbe
- Gestalt
- Heuschrecken
Schreckharn
- Schreckstoffe
Schrecklähmung
Schrecklaute
Schreckmauser
- [M] Mauser
- Schutzanpassungen
Schreckreaktion ↗
- Cannon-Notfallreaktion
- Gottesanbeterin
- [M] Nervensystem (Riesenfasern)
- Phototaxis
- Streß
Schrecksaurier
- Dinosaurier
Schreckschüsse
- Lernen
Schreckstarre ↗
Schreckstellung
- [M] Gabelschwanz
Schreckstoffe
- Angst - Philosophische Reflexionen
- Schwarm
- Warnsignal
Schrecktracht ↗
- □ Farbe
Schreiadler
- □ Adler
- Kalkflagellaten
Schreibzentrum
- [B] Gehirn
Schreien
- □ Konfliktverhalten
Schreifrosch ↗
Schreikranich
- Kraniche
- [B] Nordamerika I
Schreitast
- Gliederfüßer
Schreitbeine ↗
- [B] Gliederfüßer I
Schreitwanzen ↗
Schreivögel
Schrift
- Gestalt
- Jugendentwicklung: Tier-Mensch-Vergleich
- Kultur
- kulturelle Evolution
- Mensch und Menschenbild
Schriftbarsch ↗
Schriftfarn ↗
Schriftflechte
schriftlose Völker
- Naturvölker
Schrillader
- [M] Stridulation

↗ Schrillkante
Schrillkante
- Agaristidae
- Stridulation
- [M] Stridulation
Schrill-Leiste
- Stridulation
Schrillorgane ↗
Schrittmacher (Apparat)
Schrittmacher (Organ) ↗
- Chronobiologie
- elektrische Organe
Schrittmacherzentren
- Atmungsregulation
Schrödinger, Erwin
- Leben
Schröter ↗
Schroth, J.
- Naturheilkunde
Schrotschußkrankheit
Schrumpfkorn
Schrumpfniere
- Autointoxikation
Schrumpfungsrisse
- Hydroturbation
Schubgeißel
- Bakteriengeißel
- Schleppgeißel
- Spermien
Schuchertina
- Kutorginida
Schuhmuscheln
- Muschelkulturen
Schuhschnäbel
- [B] Afrika I
- □ Störche und Storchverwandte
Schulalter
- Rangordnung
Schulen
- Delphine
- Posthörnchen
- Schwarm
- Tümmler
Schulhai ↗
Schulkind
- □ Kind
  ↗ Schulalter
Schulp
Schulter
- □ Rindenfelder
Schulterblatt ↗
- Clavicula
- □ Organsystem
Schulterbreite
- [M] Schlüsselreiz
Schulterfedern
- □ Vogelflügel
Schultergräte
- Scapula
Schultergürtel
- Cleithrum
- Ersatzknochen
- [M] Froschlurche
- Kapuzenmuskel
- Wirbelsäule
Schulterhöhe
Schulterklappe
- Patagium
Schultze, M.J.S.
- [B] Biologie I
- [B] Biologie II
- [M] Protoplasma
Schultz-Lupitz, Albert
- [M] Knöllchenbakterien
Schulze, Franz Eilhard
- [B] Biologie III
- [M] Placozoa
Schumann-Ultraviolett
- □ Ultraviolett
Schüppchen
Schuppen (Botanik)
- [B] Nacktsamer
- [B] Nadelhölzer
Schuppen (Zoologie)
- [M] Biomechanik
- Farbe
- Fische

- Flossen
- Guanin
- Haare
- Haarstrich
- Haut
- Häutung
- Knochen
- □ Schmetterlinge (Falter)
- Vogelfeder
- □ Wirbeltiere
Schuppenameisen
Schuppenbalg
- Schuppen
Schuppenbaum ↗
- Blatt
Schuppenbaumartige
Schuppenbäume
- [B] Farnpflanzen III
- □ Karbon
- [B] Pflanzen, Stammbaum
  ↗ Schuppenbaumgewächse
Schuppenbaumgewächse
Schuppenbein
Schuppenblätter
Schuppendrachenfisch
- [M] Großmünder
Schuppenfichte
- [M] Sumpfzypressengewächse
Schuppenflügler ↗
Schuppenfüße ↗
Schuppenhaare ↗
- Absorptionsgewebe
Schuppenheide
- Cassiope
Schuppenkopf ↗
Schuppenkriechtiere
- Tanystropheus
Schuppenmiere
- □ Blumenuhr
- □ Bodenzeiger
Schuppenmilben
Schuppennaht
- □ Schädel
Schuppenräuber ↗
Schuppenrindenhickory
- [B] Nordamerika V
Schuppenröhrlinge
Schuppenschwanzkusu
- Kusus
Schuppentiere
- [B] Asien VIII
- Haut
- [M] Holarktis
- Kauapparat
- Lebensformtypus
- [B] Säugetiere
Schuppenwurm ↗
Schuppenwürmer
- Polynoidae
Schuppenwurz
- Zwiebelsprosse
Schuppenzeder
- Libocedrus
Schuppenzwiebel
- □ Blatt (Blattmeta-morphosen)
- Zwiebel
Schüpplinge ↗
- Gymnopilus
Schüsselbecherlinge
- Pezizaceae
Schüsselflechte ↗
- [B] Flechten I
- [B] Flechten II
  ↗ Parmelia
Schüsselpilze
Schüsselrückenlaubfrosch
- Beutelfrösche
Schüsselschnecken
Schuster (Fische) ↗
Schuster (Insekten) ↗
Schusterbock ↗
Schusterpalme ↗
- [B] Asien V
- Liliengewächse
Schuttböden
- Syrosem

Schuttböden

Schütte

Schütte
- Blattfallkrankheit
- Schüttekrankheit

Schüttekrankheit
Schüttelfrost
- Fieber
- Pyrogene
- Regelung
- [M] Temperaturregulation

Schüttelkrankheit
- Kuru-Krankheit

Schüttellähmung
- Parkinsonsche Krankheit

Schuttfestiger ↗
Schuttflur
Schuthaldengesellschaften
- Alpenpflanzen
- Dauerinitialgesellschaften

Schuttkresse
- □ Kresse

Schuttpflanzen
Schutzanpassungen
- Analogie - Erkenntnisquelle

Schutzcysten
- Encystierung

Schützenfische
- [B] Fische IX
- Werkzeuggebrauch

Schutzfähigkeit
- Naturschutz

Schutzfärbung ↗
Schutzholz
- Überwallung

Schutzhunde
- □ Hunde (Hunderassen)

Schutzimpfung ↗
- Inokulation
- Pasteur, L.
- Virusinfektion

Schutzkolloide
- Gummi
- Kautschuk
- Milchproteine

Schutzreflex
- Lidschlußreaktion

Schutzschicht
- □ Blattfall
- Cuticula

Schutzstoffe ↗
Schutztracht
Schutzverhalten
Schutzwald
Schwabens Medusenhaupt
- Pentacrinus

Schwäbischer Lindwurm
- Zanclodon

Schwächeparasiten
- [B] Waldsterben II

schwaches Kausalitätsprinzip
- Chaos-Theorie

Schwachlichtpflanzen ↗
- Photosynthese

Schwachlichtstellung
- Chloroplastenbewegungen

Schwaden ↗
Schwadengrütze
- Wasserschwaden

Schwagerina
- Keriothek
- Perm

Schwalbe, G.
Schwalben
- Analogie
- Distanztier
- [B] Europa XVII
- [M] Fortbewegung (Geschwindigkeit)
- [M] Körpertemperatur
- □ Lebensdauer
- Nest
- Vogelzug

Schwalbennester
- Salanganen
- Segler

Schwalbenschwanz
- [B] Insekten IV
- [B] Schmetterlinge

Schwalbenstare
Schwalbenweih
- [B] Nordamerika VI

Schwalbenwurz
- Milchröhren
- Schwalbenwurzgewächse
- [M] Schwalbenwurzgewächse

Schwalbenwurzgewächse
- Gynostegium
- Kakteengewächse
- Monarch
- Stammsukkulenten

Schwalme
Schwalmvögel
- Eulenvögel

Schwammasche
- Badeschwämme

Schwämmchen
- Soor

Schwämme (Botanik)
Schwämme (Zoologie)
- Geschlechtsorgane
- Gestalt
- □ Jura
- □ Kambrium
- Nervensystem
- Spongiologie
- [M] Tiefseefauna (Artenzahl)

Schwammfischerei
- Badeschwämme

Schwammfliegen
Schwammfresser ↗
Schwammgewebe
Schwammgurke ↗
- [M] Kürbisgewächse

Schwammkäfer
Schwammkohle
- Badeschwämme

Schwamm-Milbe
- Muschelmilben

Schwamm-Milch
- Badeschwämme
- Cacospongia

Schwammparenchym ↗
- Interzellularen

Schwammriffe
- Spongiolith

Schwammspinner
- Geschlechtsbestimmung
- [M] Halbseitenzwitter
- Intersexualität

Schwan ↗
Schwandwaldwirtschaft
- Feld-Wald-Wechselwirtschaft

Schwäne
- [B] Australien II
- [M] brüten
- [B] Europa VII
- gründeln
- [B] Vögel II
- Vogelflügel

Schwanenblume
- Schwanenblumengewächse

Schwanenblumengewächse
Schwanengans
- Entenvögel

Schwanenhalstierchen ↗
Schwangerschaft
- Atmung
- Eisenstoffwechsel
- Endorphine
- Gestation
- □ Hormone (Drüsen und Wirkungen)
- Jugendentwicklung: Tier-Mensch-Vergleich
- Kollagenasen
- Malaria
- Prolactin
- Röteln
- Superfetation
- Tabak
- Toxoplasmose
- Virusinfektion
- Vitamine

Schwangerschaftsabbruch
- Prostaglandine
- Schwangerschaft

Schwangerschaftsdiabetes
- Schwangerschaft

Schwangerschaftsdiagnostik
- Schwangerschaftstest
- Ultraschall
- ↗ Schwangerschaftsnachweis

Schwangerschaftserbrechen
- Schwangerschaft

Schwangerschaftshormone
- Gelbkörperhormone
- ↗ Schwangerschaft

Schwangerschaftsikterus
- Schwangerschaft

Schwangerschaftsnachweis
- Abderhaldensche Reaktion
- □ Harn
- Hormone
- Krallenfrösche
- Schwangerschaftstests

Schwangerschaftsstreifen
- Schwangerschaft

Schwangerschaftstests
Schwangerschaftstoxikose
- [M] Fehlbildung

Schwann, Th.
- alkoholische Gärung
- [B] Biologie I
- [B] Biologie II
- Cytologie
- Schwanniomyces
- Schwann-Scheide
- Schwann-Zelle
- Zelltheorie

Schwanniomyces
Schwann-Scheide ↗
- Neurilemm

Schwann-Zelle ↗
- Axolemm
- [M] Mechanorezeptoren
- Membran
- □ Nervenzelle

Schwanz
- [M] Rangordnung

Schwanzanlage
- [M] Rekapitulation

Schwanzbewegungen
- Rudiment

Schwanzborsten ↗
Schwänzeltanz ↗
- [B] mechanische Sinne I
- Tanz

Schwanzfächer
- Extremitäten
- □ Mysidacea
- Telson

Schwanzfaden ↗
Schwanzfedern
- Mauser
- Pygostyl
- Vogelfeder

Schwanzflosse ↗
- Fische
- [B] Fische (Bauplan)
- isobathisch
- [B] Konvergenz bei Tieren
- Schwanz
- [B] Skelett

Schwanzfortsatz
- Atavismus

Schwanzfrosch ↗
- [M] Ascaphidae
- Nordamerika

Schwanzgeißel
- Geißelskorpione

Schwanzkammer
- Oikopleura

Schwanzlarve ↗
Schwanzlurche
- [M] Gehörorgane (Hörbereich)
- Poroleipiformes
- Regeneration
- □ Spermien

- [M] Vibrationssinn
- □ Wirbeltiere

Schwanzmeisen
Schwanzplatte
- Telson

Schwanzrasseln
- Drohverhalten

Schwanzregion
- Wirbelsäule

Schwanzrudiment
- [B] Biogenetische Grundregel

Schwanzschild ↗
Schwanzschwimmen
- Schwimmen

Schwanzstachel
- Telson

Schwanzstellung
- Status-Signal

Schwanzstiel ↗
- Schwanz

Schwanzsträubwert
Schwanzträger
- Brutbeutel

Schwanztrüffelartige Pilze
Schwanzwirbel
Schwarm
- Aggression
- anonymer Verband
- Herde
- Herdentrieb
- Schwarmfische
- Stimmfühlungslaut
- Stimmungsübertragung
- Symmetrie
- Tiergesellschaft

Schwärmblase
- □ Lagenidiales

Schwärmen
- [B] Ameisen I
- Bienensprache

Schwärmer (Insekten)
- Gehörorgane
- Merkmal
- □ Schmetterlinge (Falter)
- Temperaturregulation
- [B] Zoogamie

Schwärmer (Zellen)
- Einzeller

Schwärmerblütigkeit ↗
Schwarmfische
- Distanztier
- Schwarm

Schwärmlarven
- Mesozoa

Schwärmmücken ↗
Schwarmphase
- Wanderheuschrecken

Schwärmsporen ↗
- [B] Algen IV

Schwarmverhalten
- [M] Funktionskreis
- Schwarm

Schwarmwasser ↗
Schwarzalkaliboden
- □ Salzböden

Schwarzbären
- □ Bären
- [B] Nordamerika VII

Schwarzbarsch
- Sonnenbarsche

Schwarzbauch
- Gelbrandkäfer

Schwarzbauchnonne
- Prachtfinken

Schwarzbauchsalamander
- [M] Fußkrankheiten

Schwarzbeinigkeit
Schwarzbüffel
- Kaffernbüffel

Schwarzbuntes Niederungsvieh
- □ Rinder

Schwarzdorn ↗
- [B] Europa XIV

Schwärze
Schwarze Blattern
- Pocken

Schwarze Brustbeeren
- Ehrenpreis

Schwarze Fliege ↗

Schwarze Fliegen
- Kriebelmücken
Schwarze Hefen
Schwarze Johannisbeere
- [B] Kulturpflanzen VII
- Ribes
Schwarze Korallen ↗
- Euplexaura
schwarze Krankheit
- Kala-Azar
Schwarze Mamba
- [B] Afrika V
- Mambas
- [M] Schlangengifte
schwarze Mehltaupilze ↗
Schwärzepilze
Schwarzer Andorn
- Schwarznessel
schwarze Rasse ↗
Schwarzer Brenner
Schwarzerde ↗
- Bodenbewertung
- Bodengeschichte
- [B] Bodenzonen Europas
- C/N-Verhältnis
- □ Gefügeformen
- Humus
- [M] Humus
- Nährstoffhaushalt
Schwarzerdeartiger Auenboden
- [M] Auenböden
Schwarzer Lappenrüßler
- [B] Käfer I
Schwarzerle
- [M] Erle
- [B] Europa VI
- Frankiaceae
Schwarzerlen-Galeriewald ↗
Schwarzer Marlin
- [B] Fische IV
- Marline
Schwarzer Scherenschnabel
- [B] Nordamerika VI
Schwarzer Schlinger
- Drachenfische
- [B] Fische IV
Schwarzer Senf ↗
- □ Kohl
Schwarzer Wasserspringer ↗
Schwarzer Wurm
- Ambrosiakäfer
Schwarzer Zackenbarsch
- [B] Fische VII
- Zackenbarsche
Schwarze Schicht
Schwarzes Dammharz
- Burseraceae
Schwarzes Ebenholz
- Ölbaum
Schwarzes Erbrechen
- Gelbfieber
Schwarzes Meer
- [M] Meer
Schwarze Susanne
- Thunbergia
Schwarze Witwe
- Spinnengifte
Schwarzfäule
Schwarzfersenantilope ↗
Schwarz-Fichte
- [M] Fichte
- [B] Nordamerika I
Schwarzfisch ↗
Schwarzfische
Schwarzfleckenkrankheit
Schwarzfleckigkeit
Schwarzfrosch
Schwarzgrundel
- [M] Grundeln
Schwarzhalsschwan
- Schwäne
- Südamerika
- [B] Südamerika IV
Schwarzhalstaucher ↗
Schwarzkäfer
- Heteromera
- Stridulation

- Wehrsekrete
Schwarzkehlchen ↗
Schwarzkehlkotinga
- [B] Südamerika III
Schwarzköpfiges Fleischschaf
- □ Schafe
Schwarzkopfkrankheit
Schwarzkopfspint
- Bienenfresser
Schwarzkopfuakari
- □ Sakiaffen
Schwarzkultur
Schwarzkümmel
Schwärzlinge
- [B] Asien VI
- Leopard
- Mohrenfalter
Schwarzmundgewächse
- Melastomataceae
Schwarznatter ↗
Schwarznerfling ↗
Schwarznessel
Schwarznuß
- Nußbaum
- [M] Pollen
- Walnußgewächse
Schwarzpustelkrankheit ↗
Schwarzreuter ↗
Schwarzriesling
- □ Weinrebe
Schwarzrost
- [B] Pflanzenkrankheiten I
Schwarzschiefer
- Graptolithen
- Silurium
Schwarzspecht
- [B] Europa XI
- [M] Spechte
Schwarzspitzenriffhai ↗
Schwarzsporer
Schwarzstorch
- [B] Europa XV
- hemerophil
- Störche
Schwarztrüffel
- Speisetrüffel
Schwarzwale ↗
- Grindwale
Schwarzwasser
Schwarzwasserfieber
- □ Chinin
Schwarzwasserflüsse
- Schwarzwasser
Schwarzwild ↗
- [M] Brunst
- Hochwild
Schwarzwurzel
- [B] Kulturpflanzen IV
Schwarzzungenkrankheit
Schwebedichte
- □ Desoxyribonucleinsäuren (Parameter)
Schwebefortsätze
- Axopodien
- Velum
Schwebegleichgewicht
- Gleichgewichtszentrifugation
schweben
- Auftrieb
- Plankton
- Schwimmblase
Schwebeorganismen ↗
Schweber ↗
Schwebfliegen
- [M] Flug
Schwebgarnelen ↗
Schwebrenke
- [B] Fische XI
- Renken
Schwebstoffe
- Abgase
- ↗ Luftverschmutzung
Schwedenklee
- Klee
- [B] Kulturpflanzen II
Schwedischer Dackel
- [B] Hunderassen I
Schwedischer Hartriegel
- Hartriegel

- [B] Polarregion II
Schwedische Vogelbeere
- [B] Europa XIV
Schwefel
- [M] Bioelemente
- [M] Fungizide
- [M] Isotope
- Kation
- □ mikrobielle Laugung
- Mineralisation
- [M] Molekülmodelle
- □ schwefeloxidierende Bakterien
- Sulfatatmung
- Sulfatreduzierer
Schwefelatmung ↗
- [M] anaerobe Atmung
- □ Schwefelkreislauf
Schwefelbakterien
Schwefelbrücke ↗
Schwefeldioxid
- Bioindikatoren
- Flechtenwüste
- [M] Luftverschmutzung
- □ MAK-Wert
- Rauchgasschäden
- Rodentizide
- Schwefelsäure
- Smog
- Wein
Schwefel-Eisen-Proteine
- [M] Nitratatmung
- ↗ Eisen-Schwefel-Proteine
schwefelfreie Purpurbakterien
- □ Eubakterien
Schwefelkäfer ↗
Schwefelkohlenstoff
- Bodendesinfektion
- □ MAK-Wert
Schwefelköpfe
- [B] Pilze III
Schwefelkreislauf
- schwefeloxidierende Bakterien
Schwefeln (Bodenverbesserung)
Schwefeln (Krankheitsbekämpfung)
Schwefeln (Weinherstellung) ↗
Schwefelorganismen
schwefeloxidierende Bakterien
- Kohlenstoffkreislauf
- □ Schwefelkreislauf
- Winogradsky, S.N.
Schwefelporling
- Büschelporlinge
Schwefelpurpurbakterien
- □ Eubakterien
Schwefelquellen
- Schwefelkreislauf
schwefelreduzierende Bakterien
- Schwefelreduzierer
Schwefelreduzierer
- Schwefelkreislauf
- □ Schwefelkreislauf
Schwefelregen
- Anemogamie
Schwefelsäure
- Entropie - in der Biologie
- hygroskopisch
- □ MAK-Wert
- Speichel
- Thiobacillus
Schwefelsäureester
- [M] Ester
- [M] Exkretion
Schwefeltrioxid
- Schwefelsäure
Schwefelung
- ↗ Schwefeln
Schwefelwasserstoff
- Desulfuration
- Gärgase
- Luftverschmutzung
- □ MAK-Wert

- □ Mineralisation
- phototrophe Bakterien
- [M] phototrophe Bakterien
- Schwefel
- Schwefelkreislauf
- □ schwefeloxidierende Bakterien (Tiefseeökosystem)
- Selbstreinigung
- Sulfatreduzierer
- Thermoproteales
Schwefelwasserstoffgärung
- Sulfatatmung
schweflige Säure
- Konservierung
- Pleurobranchus
- Priestley, J.
- Sulfite
- Tritonshörner
Schweifaffen ↗
Schweifwanze
- Skorpionswanzen
Schweinchenamöbe ↗
- Pelomyxa
Schweine
- Afterklauen
- [M] Chromosomen (Anzahl)
- [M] Darm (Darmlänge)
- [B] Homologie und Funktionswechsel
- Kontakttier
- Landwirtschaft
- Lippen
- □ Milch (Zusammensetzung)
- [M] Milch
- Nonruminantia
- Tastsinn
- [M] Trächtigkeit
Schweineartige
- Dichobunoidea
- Nordamerika
Schweinebandwurm ↗
- Bandwürmer
- Cysticercose
- [B] Plattwürmer
Schweinecholera
- Schweinepest
Schweinefiebervirus-Gruppe
- Iridoviren
Schweinehüterkrankheit
- [M] Leptospira
Schweinelähme
Schweinelaus
- Anoplura
Schweinepest
- Uhlenhuth, P.
Schweinerotlauf
Schweinerüsselfrosch
- [M] Engmaulfrösche
Schweineseuche
Schweinsaffe
Schweinsfisch
- Schweinswale
Schweinshirsch
Schweinsköpfigkeit
- Haustierwerdung
Schweinsohr
Schweinswale
- [B] Europa I
Schweiß
- Aldosteron
- Chlor
- Durst
- Ernährung
- [M] Fluoride
- Hautflora
- Spanner
- Temperaturregulation
- Verdunstung
Schweißausbrüche
- Angst - Philosophische Reflexionen
Schweißdrüsen
- Axillardrüsen
- [M] Drüsen
- [M] Haut
- Hautdrüsen
- Hautflora
- [M] Hautleisten

Schweißdrüsen

369

Schweißhund
- Milchdrüsen
- Temperaturregulation
- B Wirbeltiere II

Schweißhund
- □ Hunde (Hunderassen)

Schweißporen
- Schweißdrüsen

Schweizerischer Nationalpark
- B National- und Naturparke I

Schweizer Sennenhund
- □ Hunde (Hunderassen)

Schwelbrand
- Bodenbrand

Schwellenintensität
- Reiz
- M Reiz
- ↗ Schwellenwert

Schwellenpotential
- Alles-oder-Nichts-Gesetz
- Axonhügel

Schwellenwert
- Bahnung
- □ chemische Sinne (Geruchsschwellen)
- Erregung
- Erregungsleitung
- B Nervenzelle II
- Tonus
- ↗ Schwellenintensität

Schwellhaie ↗
Schwellkörper (Botanik) ↗
Schwellkörper (Zoologie) ↗
- Geschlechtsfalte
- Trabekeln

Schwellung
- Entzündung

Schwemmboden-Weidenröschenflur ↗
- Epilobietalia fleischeri

Schwemmlandböden ↗
Schwemmlinge
Schwendener, S.
- Haberlandt, G.

schwere Böden
schwere Ketten
- H-Ketten
- M Immunglobuline

schwere Körper
- Rhopalium
- ↗ Schweresteine

Schwererezeptoren ↗
schwerer Wasserstoff ↗
Schweresinn ↗
Schweresinnesorgane ↗
Schweres Mosaik
- Kräuselkrankheit

Schweresteine
- Gleichgewichtsorgane
- mechanische Sinne

schweres Wasser
- Deuterium

Schwerkraft
- □ anthropisches Prinzip
- Bienensprache
- Calyptra
- Entropie - in der Biologie
- extraterrestrisches Leben
- Gleichgewichtsorgane
- Gleichgewichtssinn
- Klinostat
- mechanische Sinne
- Morphosen
- Sedimentation
- Statolithen
- Symmetrie
- □ Tropismus
- Ultrazentrifuge
- ↗ Erdbeschleunigung

Schwerkraftsinn
- Gleichgewichtssinn

Schwermetallbedampfung
- Gefrierätztechnik

Schwermetallböden ↗
Schwermetalle
- Abbau
- Abgase
- Abwasser
- Akkumulierung

- Belastbarkeit
- Bioindikatoren
- Chalkophyten
- Cystein
- Fischgifte
- Gemüse
- M Gifte
- Giftpilze
- Grünalgen
- Kläranlage
- Mensch und Menschenbild
- □ mikrobielle Laugung
- Schwermetallresistenz
- Speisepilze
- Wasserverschmutzung

Schwermetallrasen ↗
Schwermetallresistenz
- Flechten

Schwermetallsalze
- Schnittkontrastierung

Schwertblatt
Schwertfische
- B Fische V
- M Fische
- B Konvergenz bei Tieren
- M Lebensformtypus

Schwertlilie
- □ Autogamie
- B Blütenstände
- B Europa VI
- M Geophyten
- □ Rhizome

Schwertliliengewächse
Schwertmuscheln ↗
- M Scheidenmuscheln

Schwertschnabel
- M Kolibri

Schwertschrecken
Schwertschwänze
- □ Karbon
- B lebende Fossilien
- Nordamerika

Schwertschwanzmolch ↗
Schwertträger
- B Aquarienfische I
- B Krebs

Schwertwale
- □ Nahrungspyramide
- B Polarregion III

Schwerz, J.N. von
- Landwirtschaftslehre

Schwesterart ↗
Schwesterchromatiden ↗
Schwestergruppe
- Systematik

Schwesterstrangaustausch
Schwielen
- Haut
- Hornhaut

Schwielensalamander ↗
Schwielensohler ↗
Schwielenweise ↗
Schwimmasseln ↗
Schwimmast
- Gliederfüßer

Schwimmbeine
- B Gliederfüßer I
- Käfer

Schwimmbeutelratte
- Schwimmbeutler

Schwimmbeutler
- Südamerika

Schwimmblase (Botanik) ↗
- Fucales
- Laminariales

Schwimmblase (Zoologie) ↗
- Auftrieb
- Fische
- B Fische (Bauplan)
- M Gehörorgane
- Hausenblase
- □ Lunge (Ableitung)
- Root-Effekt
- Tiefseefauna
- Umberfische
- □ Wirbeltiere
- B Wirbeltiere I

Schwimmblätter
- epistomatisch

- Victoria

Schwimmblattgesellschaften ↗
Schwimmblattpflanzen
- Verlandung
- Wasserpflanzen

Schwimmblattpflanzengürtel
- Schwimmblattpflanzen

Schwimmen
- Afterflosse
- Biomechanik
- Borelli, G.A.
- Fische
- M Kiemen
- B Konvergenz bei Tieren

schwimmende Gärten
- Chinampa

Schwimmenten
- M Enten

Schwimmer
- Samenverbreitung

Schwimmfarn
- Lemnetea
- Schwimmfarngewächse
- □ Schwimmfarngewächse

Schwimmfarngewächse
Schwimmfloß
- Disconanthae

Schwimmfüße
Schwimmfüßer ↗
Schwimmgeißel
- Euglenales
- Euglenophyceae

Schwimmglocken ↗
- M Calycophorae
- B Hohltiere I

Schwimmgrundeln
- Schwarmfische

Schwimmhaare
- Feuchtkäfer

Schwimmhaut
- Entenvögel
- Flug

Schwimmkäfer
- □ Klassifikation
- Liliengewächse
- M Komplexauge (Querschnitte)
- M PHB-Ester
- Wehrsekrete

Schwimmkrabben
Schwimmnest
- M Nest (Nestformen)

Schwimmpflanzen
Schwimmratten
Schwimmschlängeln
- Schwimmen

Schwimmschnecken ↗
Schwimmuskulatur
- Rete mirabile

Schwimmventilation
- Kiemen

Schwimmwanzen
Schwimmwiderstand
- Haut

Schwimmwühlen ↗
Schwindling
- Haarschwindlinge

Schwindsucht
- Tuberkulose

Schwingel
- Lein

Schwingen (Botanik)
Schwingen (Zoologie)
Schwingfäden ↗
Schwingfadenartige ↗
Schwingfliegen ↗
Schwinghangeln
- Brachiatorenhypothese

Schwingkölbchen ↗
- Fächerflügler

Schwingrasen
Schwingung
- Gehörorgane
- Gehörsinn
- M Interferenz
- Regelung

Schwingungsdauer
- M Schwingung

Schwirle
Schwirrfliegen ↗
Schwirrflug
- Kolibris
- Taubenschwänzchen

Schwirrton
- M Batessche Mimikry

schwitzen
- M Bereitschaft
- Exsikkose
- Hidrose
- □ Konfliktverhalten
- Regelung
- Transpiration
- ↗ Schweiß

Schwungfedern
- Armschwingen
- Deckfedern
- Handschwingen
- Mauser
- Vogelfeder
- □ Vogelflügel

Sciadophyton
- M Devon (Lebewelt)
- Urfarne

Sciadopitophyllum
- Sciadopitys

Sciadopitys
Sciadopityes
- Sciadopitys

Sciaena
- Umberfische

Sciaenidae ↗
Sciaphila
- Triuridales

Sciara
- Trauermücken
- M Trauermücken

Sciaridae ↗
scientific community
- Ethik in der Biologie

Scilla ↗
Scillaren
Scillarenin
- Bufadienolide
- Liliengewächse
- Scillaren

Scilliglaucosidin
- Bufadienolide

Scillirosid
- Rodentizide

Scillirosidin
- Bufadienolide

Scilloideae
- Liliengewächse

Scincidae ↗
Scincomorpha
Scincopus
Scincus ↗
Sciomyzidae ↗
Scionella
- M Terebellidae

sciophil
- heliophil

Sciophilidae
Scirpetum lacustris ↗
Scirpus ↗
Scirtes
- Sprungbeine

Scissurella ↗
Scissurellidae
- Rißschnecken

Scitamineae ↗
Sciuridae ↗
Sciurini
- Baumhörnchen

Sciurotamias
- Rothörnchen

Sciurus
- Baumhörnchen

Sclater, P.L.
- tiergeographische Regionen

Sclera ↗
- Kollagen

Scleractinia ↗
Scleranthus ↗
Scleraxonia ↗
Sclerocystis
- Mykorrhiza

Scleroderma
- Hartboviste

Sclerodermataceae ↗

Sclerodermatales
- Hartboviste

Scleroderris

Sclerolinum
- [M] Pogonophora

Scleromochlus
- Flugsaurier

Scleropages ↗

Sclerophoma
- Bläue

Sclerospongiae

Sclerospora

Sclerothamnus

Sclerotiniaceae ↗

Sclerotiniafäule ↗

Sclerotium

Scolecida ↗

Scolecodonten

Scolecolepis ↗

Scolecomorphus ↗

Scolecopteris
- Marattiales

Scolelepis

Scoliidae ↗

Scoliopteryx
- [M] Eulenfalter
- Zimteule

Scolitantides
- [M] Bläulinge

Scolithos

Scolopacidae ↗

Scolopalnerv
- □ Scolopidium

Scolopalorgane ↗

Scolopax ↗

Scolopendra ↗

Scolopendrium ↗

Scolopendromorpha
- [M] Hundertfüßer

Scolopidialorgane

Scolopidium

Scoloplos
- Prostomium

Scolops
- Scolopidium
- □ Scolopidium

Scolosaurus

Scolymia
- [M] Verdauung

Scolytidae ↗

Scolytinae
- Borkenkäfer

Scomber ↗

Scomberesocidae ↗

Scomberesox
- Makrelenhechte

Scomberomorus ↗

Scombridae ↗

Scombroidei ↗

Scoparosid
- Besenginster

Scopelarchidae ↗

Scopeuma ↗

Scophthalmidae ↗

Scophthalmus ↗

Scopidae ↗

Scopin
- Tropanalkaloide

Scopolamin
- Belladonnaalkaloide

Scopoletin

Scopolia ↗

Scoptanura ↗
- Engmaulfrösche

Scopulae
- Springspinnen

Scopulonemataceae
- Hyellaceae

Scopus ↗

Scorodocarpus
- Olacaceae

Scorpaena
- Drachenköpfe

Scorpaenidae ↗

Scorpaeniformes ↗

Scorpaenoidei ↗
- Panzerwangen

Scorpamine
- Skorpiongifte

Scorpidium ↗

Scorpiones ↗
- □ Chelicerata

Scorpionidae ↗

Scorzonera ↗

Scotch-Terrier
- [B] Hunderassen II

Scotia
- [M] Eulenfalter
- Saateule

Scotina
- [M] Sackspinnen

Scotobleps ↗

Scotophobin ↗
- □ Gedächtnis

Scouleria ↗

SCP
- Einzellerprotein

scramble
- Konkurrenz

Scrapie ↗

scrapie associated fibrils
- slow-Viren

Scraptia
- Seidenkäfer

Scraptiidae ↗

sc-RNA
- Ribonucleinsäuren

sc-RNP
- Ribonucleinsäuren

Scrobicularia ↗

Scrobiculariidae
- Pfeffermuscheln

Scrophularia

Scrophulariaceae ↗
- heteromer

Scrophulariales ↗

Scrotum praepenial
- Hoden

Scurria
- Schildkrötenschnecken

Scutariella
- Scutariellidae

Scutariellidae ↗

Scutella
- Sanddollars
- □ Tertiär

Scutellaria ↗

Scutellinia ↗

Scutellum (Botanik)
- Coleoptile
- Gibberelline
- Helmkraut
- □ Samen
- [M] Süßgräser

Scutellum (Zoologie)
- [M] Flugmuskeln
- [M] Insektenflügel
- Schildwanzen
- Thorax

Scutiger (Botanik) ↗

Scutiger (Zoologie) ↗

Scutigera
- Komplexauge
- Tausendfüßer

Scutigerella
- Symphyla
- [M] Symphyla

Scutigeromorpha ↗
- Tausendfüßer

Scutopus

Scutula
- Favus

Scutum ↗
- [M] Flugmuskeln
- [M] Insektenflügel
- [M] Rankenfüßer

Scutus

Scybalium
- Balanophoraceae

Scydmaenidae ↗

Scyliorhinidae ↗

Scyliorhinus
- Katzenhaie

Scyllaridae ↗

Scyllarides
- Bärenkrebse

Scyllarus
- Bärenkrebse

Scyllit
- Cyclite

Scymnus
- Marienkäfer

Scyphomedusen ↗

Scyphopolypen ↗

Scyphozoa

Scysissa
- [M] Grantiidae

Scythridae
- Ziermotten

Scythrididae ↗

Scythrophrys ↗

Scytodes ↗

Scytonema
- Blaualgenflechten
- Cephalodien

Scytonemataceae ↗

Scytosiphon ↗

SDS
- Gelelektrophorese
- □ Membranproteine (Detergentien)
- □ Proteine (Charakterisierung)

sea cucumber
- Myzobdella

sea-floor-spreading
- Kontinentaldrifttheorie
- Tertiär

Seal-Lake-Seehund
- Robben

Sealskin
- Seebären

Searsiidae ↗

Sebastes ↗

Sebastiania
- Hupfbohne

Sebekia
- [M] Pentastomiden

Sebum
- Talg

Sebum cutaneum
- Talgdrüsen

Secale ↗
- Weizen

Secalealkaloide ↗

Secale cornutum
- Mutterkornalkaloide
- Mutterkornpilze

Secalietalia
- Getreideunkräuter

Secchi, Angelo
- Secchi-Scheibe

Secchi-Scheibe ↗

Secernentea

Sechium

Sechsaugen ↗

Sechsender
- Geweih

Sechshakenlarve
- Oncosphaera

Sechskiemer ↗

Sechsstrahlige Korallen ↗

Sechszehenfrosch
- [M] Rana

secodont ↗
- Zähne

second messenger ↗
- Adenosinmonophosphat
- Adenylat-Cyclase
↗ sekundäre Boten

second site reversion
- Suppression

Secotiaceae ↗
- Boletales

secotioid
- Röhrlinge

Secotium
- Secotiaceae

sect.
- Sektion

Sectio
- Sektion

Secundinae ↗

Sedamin
- □ Alkaloide

Sedativa
- □ Psychopharmaka
↗ Beruhigungsmittel

sedentär

Sedentaria

Sedgwick, A.
- Devon
- Kambrium
- Proterozoikum

Sediment
- Auenböden
- Meeresablagerungen
- Präkambrium
- □ See
↗ Sedimentgesteine

Sedimentation
- Erdgeschichte
- heteropisch
- heterotopisch
- isopisch
- Stratum
- Ultrazentrifuge
- Verlandung

Sedimentationsgeschwindigkeit
- □ Proteine (Charakterisierung)
- Sedimentation
↗ Sedimentationskonstante

Sedimentationskoeffizient ↗

Sedimentationskonstante
- □ Ribonucleinsäuren (Parameter)
- □ Ribosomen (Struktur)
- Sedimentation

Sedimentgesteine
- [B] chemische und präbiologische Evolution
- Erdgeschichte
- [M] Kohlenstoffkreislauf
- Lückenhaftigkeit der Fossilüberlieferung
- Stensen, N.

sedimentieren
- Sedimentation

Sedo albi-Veronicion dillenii
- □ Sedo-Scleranthetalia

Sedoheptulose
- Heptosen

Sedoheptulose-1,7-diphosphat
- □ Calvin-Zyklus (Abb. 1)
- Sedoheptulose

Sedoheptulose-7-phosphat
- □ Calvin-Zyklus (Abb. 1)
- □ Pentosephosphatzyklus
- Sedoheptulose

Sedo-Scleranthetalia

Sedo-Scleranthetea

Sedum ↗

See
- anthropisches Prinzip
- Feuchtgebiete
- □ Produktivität
- [M] Wasser (Bestand)

Seeaal ↗
- Dornhaie

Seeadler
- [B] Europa I
- [M] flügge
- Greifvögel
- [B] Nordamerika II

Seeanemonen ↗
- Anemonenfische

Seebader

Seebären

Seebarsch ↗

Seebecken
- See

Seebeeren
- Haloragaceae

Seebeerenartige
- Haloragales

Seebeerengewächse ↗

Seebinse
- [B] Europa VI
- Teichbinse

Seebinsenröhricht ↗

Seeblase ↗

371

Seebull

Seebull ↗
Seedahlie
Seedattel
– Steindattel
seed-bank
– Unkräuter
Seedrachen ↗
See-Elefanten
– [B] Polarregion IV
Seefächer ↗
Seefedern
– [B] Hohltiere III
Seefledermäuse
Seeforelle
– Forelle
– Laichwanderungen
– Rochen
Seefrosch ↗
– Äthiopis
Seefuchs ↗
Seegras
– □ Bodenzeiger
– Hydrogamie
– Seegrasgewächse
– Segge
Seegrasgewächse
– Halophyten
Seegras-Segge
– Segge
– Unkräuter
Seegraswiesen ↗
Seegurken ↗
– Atmungsregulation
– Holothurine
– Myzobdella
Seehähne ↗
Seehasen (Fische)
– [B] Fische I
Seehasen (Schnecken)
– Tintendrüse
Seehechte
– [B] Fische III
Seehering
– [B] Fische XII
Seehunde
– [M] Darm (Darmlänge)
– [M] Europa I
– Wasserverschmutzung
Seeigel
– Befruchtungsstoffe
– □ Desoxyribonuclein-
 säuren (Größen)
– Echinocystitoida
– Keimblätterbildung
– □ Kreide
– [B] Larven I
– [M] Metamorphose
 (Seeigel)
– Nest
– □ Ordovizium
– Palechinoidea
– [M] Saugnapf
– [B] Skelett
– □ Spermien
– [B] Stachelhäuter I
– [B] Stachelhäuter II
– Symmetrie
– [B] Verdauung III
Seeigelei
– [B] Biologie II
– Hertwig, O.W.A.
– Vegetativisierung
 ↗ Seeigelkeim
Seeigelkeim
– animaler Pol
– Animalisierung
 ↗ Seeigelei
Seejungfer ↗
Seekanne ↗
Seekarpfen ↗
Seekatzen ↗
Seekrankheit
– Kinetosen
Seekreide
– Entkalkung
– Kalk
– □ Moor
– Quellenabsätze
Seekuckuck ↗

Seekuhaale ↗
Seekühe
– Halswirbel
– Huftiere
– [B] Säugetiere
– Südamerika
– Zahnwechsel
Seelachs ↗
– [B] Fische III
Seelaube ↗
Seele
– Ausdrucksverhalten
– Kreationismus
– Leib-Seele-Problem
– Pinealorgan
– Sexualität - anthropologisch
Seelenblindheit
– Agnosie
– □ Telencephalon
Seelenmetaphysik
– Vitalismus - Mechanismus
Seelentaubheit
– Agnosie
Seeleopard
– Polarregion
– [B] Polarregion IV
Seeley, G.
– Dinosaurier
Seelilien
– Apiocrinus
– Bonifatiuspfennige
– [M] Devon (Lebewelt)
– Gorgonenhäupter
– □ Jura
– □ Karbon
seelischer Prozeß
– Verhalten
Seelöwen
– Mutter-Kind-Bindung
– [B] Südamerika VIII
Seemandeln
Seemannshand
Seemaßliebchen ↗
Seemaus ↗
Seemönch ↗
Seemoos
Seemoosbänke
– Seemoos
Seemotten ↗
– Flügelroßfische
Seenadelähnliche
Seenadeln (Fische)
– Brutbeutel
– Fische
– [B] Fische I
Seenadeln (Schnecken) ↗
Seenäsling ↗
Seenelke
– [B] Hohltiere III
Seenessel
Seenplankton
– Plankton
Seenuß
Seeohren ↗
Seeotter
– Nordamerika
– [B] Nordamerika II
– Schwimmen
Seeperlmuscheln
– Muschelkulturen
Seepfannkuchen ↗
Seepferdchen
– Brutbeutel
– [B] Fische VII
– Geschlechtsmerkmale
Seepfirsich ↗
Seepocken
– Arthropodin
– Brandungszone
– Felsküste
– Symphorismus
Seequappen
Seerabe ↗
Seeratten
– [B] Fische II
Seeraupen ↗
Seerinde
Seeringelwurm ↗

Seerose (Botanik)
– [M] Andropetalen
– □ Blumenuhr
– [B] Europa VI
– [M] Pollen
– [M] Staubblatt
– [B] Südamerika III
Seerosen (Zoologie)
– Ektosymbiose
Seerosenartige
Seerosendecken ↗
Seerosengewächse
Seesaibling
– [B] Fische XII
– Saibling
Seescheiden
– [B] Chordatiere
– [M] Manteltiere
– [M] Tiefseefauna
Seeschlangen
– [B] Asien VIII
– Giftschlangen
– Giftzähne
– Schlangengifte
Seeschmetterlinge (Fische) ↗
Seeschmetterlinge (Schnecken)
– Flügelschnecken
– Pteropoda
Seeschwalben
– Koloniebrüter
– □ Nahrungskette
– [M] Polarregion
– Stoßtaucher
– Vogelzug
– [M] Vogelzug
Seeskorpione (Fische) ↗
– [B] Fische I
– Ottonia
Seeskorpione (Krebse) ↗
Seesonne ↗
Seespeck
– Amaroucium
Seespinnen
Seestachelbeere
– Venusgürtel
Seestern
Seesterne
– Asteriacites
– □ Besamung
– [M] Devon (Lebewelt)
– [M] Fortbewegung
 (Geschwindigkeit)
– Hautlichtsinn
– □ Ordovizium
– [M] Regeneration
– [B] Stachelhäuter I
– [B] Stachelhäuter II
– Symmetrie
– [M] Symmetrie
– [M] Tiefseefauna (Artenzahl)
Seestichling
– [B] Fische I
– [M] Fische
– Stichlinge
Seestiefmütterchen ↗
Seestör ↗
Seetaucher
– [M] brüten
– Mauser
Seeteufel ↗
– [B] Fische I
– [B] Fische II
Seetraube ↗
Seetypen
– Thienemann, A.F.
Seevögel
– Wasserverschmutzung
Seewalzen
– Atmungsorgane
– Darmatmung
– [M] Devon (Lebewelt)
– [B] Stachelhäuter I
– [B] Stachelhäuter II
– [M] Tiefseefauna (Artenzahl)
Seewasser
– [M] pH-Wert
– [M] Wasseraufbereitung

↗ Meerwasser
Seewespe
Seewölfe
– [B] Fische II
Seezungen
– [B] Fische I
– [M] Laichperioden
– Zungen
Segelbader ↗
Segelechsen
Segelfalter
Segelfisch ↗
Segelflosser
– [B] Aquarienfische II
Segelflug
– Flugmechanik
Segelkalmar
Segelklappen ↗
– [B] Herz
– Herzmechanik
Segellappen
– Veliger
Segellarve ↗
Segellibellen
Segelqualle
Segelträger ↗
Segestria ↗
Segestriinae
– Dunkelspinnen
Segetalpflanzen ↗
– Segge
Seggen-Buchenwald ↗
Seggenrieder ↗
Segler
– [M] brüten
– [M] Gewölle
– Nest
Seglerartige
Seglerfische ↗
Segler vor dem Wind ↗
Segmentalnerv
– □ Gehirn
Segmentaustausch ↗
Segmente
– Anamerie
– Coelom
– Homonomie
Segmentierung ↗
– [M] Kompartiment
– □ Stammbaum
– Symmetrie
– □ Vervollkommnungs-
 regeln
 ↗ Metamerie
Segmentina
Segmentmutation ↗
Segmentnaht
– Intersegmentalhaut
Segmenttheorie
– Seitenfaltentheorie
Segregatgefüge
– □ Gefügeformen
Segregation
Sehachse
– □ Linsenauge
Sehbahn
– Corpus geniculatum
 laterale
– Neopallium
sehen ↗
– Chiasma opticum
Sehfarbstoffe
Sehfeld ↗
Sehgrube ↗
Sehhügel ↗
Sehkeile ↗
Sehlinie
– Sehachse
Sehloch
– Auge
– Pupille
Sehnen
– Bewegungsapparat
– Faserhaut
– Kollagen
– Muskulatur
– Periost
– Sesambein
Sehnenreflex ↗

Selaginella

Sehnenscheiden
- Bewegungsapparat
- Hand
Sehnenspindeln
Sehnerv
- Chiasma opticum
- Erkenntnistheorie und Biologie
- [B] Gehirn
- Linsenauge
- □ Nervensystem (Funktionsweise)
- [B] Netzhaut
Sehnervenkreuzung ↗
- [B] Gehirn
- □ Telencephalon
- ↗ Chiasma opticum
Sehorgane ↗
Sehpigmente ↗
Sehpurpur ↗
Sehrinde
- [M] Chiasma opticum
Sehschärfe ↗
- Dämmerungssehen
- Greifvögel
- Netzhaut
- Pecten
- Visus
Sehsphäre
- Sehrinde
Sehstrahlung
- □ Telencephalon
Sehwinkel
- □ Mikroskop (Aufbau)
Sehzellen
- Kontrast
- □ Nervensystem (Funktionsweise)
- ↗ Stäbchen
- ↗ Zapfen (Zoologie)
Sehzentrum ↗
- [M] Chiasma opticum
- Sprachzentren
- □ Telencephalon
- [B] Telencephalon
Seide (Kleeseide) ↗
Seide (Muschelseide) ↗
Seide (Naturseide)
- Fleckenkrankheit
- Seidelbast
- [B] Europa XX
- Irone
- Schmetterlingsblütigkeit
Seidelbastgewächse
Seidenäffchen ↗
Seidenbienen ↗
Seidendrüse
- Schmetterlinge
Seideneiche
- Proteaceae
Seidenfasern
- Fibroin
- Seide
Seidenfibroin ↗
Seidenhai ↗
Seidenholz ↗
Seidenkäfer ↗
Seidenleim
- Fibroin
- Seide
- Sericin
Seidenpflanze ↗
Seidenproteine
- Seide
- ↗ Fibroin
Seidenraupe ↗
- Bacillus thuringiensis
Seidenschnäpper ↗
Seidenschwänze
- Europa
- [B] Europa III
- [M] Holarktis
- Vogelzug
Seidenspinnen ↗
- Spinnapparat
Seidenspinner
- Fibroin
- Fleckenkrankheit
- Haustiere

- [M] Maulbeerbaum
- [M] Sexuallockstoffe
Seiden-Windenschleier ↗
Seifen
- Alkali
- Fette
- Glycerin
- Harze
- □ Kohl
- kolloid
- ↗ Waschmittel
Seifenbaum ↗
- [B] Kulturpflanzen XI
- [M] Seifenbaumgewächse
Seifenbaumartige
Seifenbaumgewächse
Seifenkraut
- Schmetterlingsblütigkeit
Seifenrinde ↗
Seignettesalz
- Benedicts Reagens
Seihapparat
- Schnabel
- Zunge
Seihgebiß
- Krabbenfresser
Seimhonig
- [M] Honig
Seinskategorien
- Leben
Seirocrinus
- □ Seelilien
seismische Organe
- Polychaeta
- ↗ Seismonastie
Seismonastie
- Flockenblume
- Gauklerblume
Seismoreaktionen
Seison
- [M] Rädertiere
Seisonidea
- Rädertiere
Seitenachse
- Verzweigung
- ↗ Seitensproß
- ↗ Seitenzweig
Seitenadern
- Seitennerven
Seitenfaltentheorie
Seitenhörner
- Rückenmark
Seitenketten
- □ Aminosäuren (Struktur)
- ↗ Seitenreste
Seitenkettentheorie
Seitenknospen ↗
- [M] apikale Dominanz
- Auge
Seitenlinie
- [B] Fische (Bauplan)
Seitenlinienorgane
- Amphibien
- Ferntastsinn
- Fische
- Krallenfrösche
- Tiefseefauna
Seitennerven
Seitenorgane
Seitenplatte
- [B] Embryonalentwicklung I
Seitenreste
- Proteine
- ↗ Seitenketten
Seitenrippen
- Seitennerven
Seitensepten
- Protosepten
- [M] Rugosa
Seitensproß ↗
- Areole
- Bestockung
- ↗ Seitenachse
- ↗ Seitenzweig
Seitenstechen
- [M] Milz
Seitenstrang
- [B] Rückenmark

Seitenwinderschlange
- Nordamerika
Seitenwurzeln
- Auxine
- Rhizostichen
- Wurzel
- [M] Wurzel
Seitenzweig ↗
- [M] akropetal
- Dichasium
- ↗ Seitenachse
- ↗ Seitensproß
Seitlinge ↗
Seiwal
Sekretäre
- [B] Afrika IV
Sekretaustritt
- Exsudation
Sekretbehälter
Sekrete
Sekretin
- Enterogastron
- Gewebshormone
- Hormone
- □ Hormone (Drüsen und Wirkungen)
- [M] Hunger
- [M] Salzsäure
- Somatostatin
- Starling, E.H.
Sekretion
- apokrine Sekretion
- Cniden
- Exkretionsorgane
- □ Exkretionsorgane
- Golgi-Apparat
Sekretionsphase
- Menstruationszyklus
Sekretionsseite
- Golgi-Apparat
Sekretionstapetum
- Farnpflanzen
sekretorische Granula
- Golgi-Apparat
sekretorische Vakuolen
- Golgi-Apparat
sekretorische Vesikel
- Golgi-Apparat
Sekretzellen ↗
Sekt
- Wein
Sektion (Anatomie)
- Vesalius, A.
Sektion (Systematik)
Sektorialchimäre
- [M] Chimäre
Sekundärantwort
- Immunantwort
Sekundärart
- Artenpaare
Sekundärdünen
- Ammophiletea
- Küstenvegetation
sekundäre Amine
- Amine
- cancerogen
sekundäre Boten
- □ Glykogen
- Rezeptoren
- Synapsen
- ↗ second messenger
sekundäre Genprodukte
- Genexpression
sekundäre Geschlechtsmerkmale
- Androgene
- Geschlechtsmerkmale
- Progesteron
sekundäre Larvenformen
- Larven
sekundäre Leibeshöhle
- Coelom
Sekundärelektronen
- Betastrahlen
- Rastermikroskop
sekundäre Lobendrängung
sekundäre Nesthocker
- Jugendentwicklung: Tier-Mensch-Vergleich

- [M] Nestflüchter
sekundäre Pflanzenstoffe ↗
- Stoffwechsel
sekundärer Hyperparathyreoidismus
- Rachitis
sekundäre Rinde
- Bast
sekundäres Blutgefäßsystem
- Hirudinea
sekundäres Dickenwachstum
- [B] Bedecktsamer II
- [M] Devon (Lebewelt)
- Dilatation
sekundäres Sinneszellen ↗
sekundäres Kiefergelenk
- Articulare
- deskriptive Biologie
- Kiefergelenk
sekundäres Komplexauge
- Hundertfüßer
sekundäres Syncerebrum
- Gliederfüßer
sekundäre Stoffwechselprodukte
- Antibiotika
- ↗ Sekundärstoffwechsel
Sekundärfollikel
- Follikel
- Oogenese
Sekundärinfektion
- Superinfektion
Sekundärinsekten
Sekundärknötchen
- Lymphfollikel
- Lymphknoten
Sekundärkonsumenten
Sekundärkulturen
- Zellkultur
Sekundärlarve
- Gliederfüßer
- Larven
Sekundärlid
- Kopffüßer
Sekundärparasit
Sekundärphloëm
- □ sekundäres Dickenwachstum
Sekundärproduktion
Sekundärstoffwechsel
- Alkaloide
- Pflanzenstoffe
- Stoffwechsel
Sekundärstrahlung
- kosmische Strahlung
Sekundärstrukturen
- Aminosäuresequenz
- Antiparallelität
- Biopolymere
- □ chemische Bindung
- [M] Cross-link
- Konformation
- Membranproteine
- Proteine
- Ribonucleinsäuren
- □ Ribosomen (Sekundärstrukturen)
- Röntgenstrukturanalyse
- Selbstorganisation
- Tertiärstruktur
- Translation
- Wasserstoffbrücke
Sekundärsutur
- □ Lobenlinie
Sekundärvegetation
Sekundärwald
- Wanderfeldbau
Sekundärwand ↗
- Zellwand
- [B] Zellwand
Sekundärxylem
- □ sekundäres Dickenwachstum
Selachii ↗
- Ichthyodorulithen
- ↗ Haie
Selaginella
- Moosfarngewächse

373

Selaginellaceae

Selaginellaceae ↗
Selaginellales ↗
– Bärlappe
– Moosfarngewächse
Selbstablegen
– Autochorie
selbständige vegetative Phase
– Entwicklung
Selbstausbreitung
– Autochorie
– Samenverbreitung
Selbstbefruchter
Selbstbefruchtung
– Automixis
– Bastard
– Biotyp
– Chaetognatha
– Inzucht
– Kastration
– Linie
– Proterandrie
– Rhabditida
– Selbstbefruchter
– sexuelle Fortpflanzung
Selbstbespeien
– Igel
– Ohrenigel
Selbstbestäubung ↗
– B Mendelsche Regeln I
– B Mendelsche Regeln II
– Proterandrie
– Proterogynie
Selbstbewußtsein
– Bewußtsein
– Leib-Seele-Problem
Selbstbild
– Selbsterkenntnis
Selbstdifferenzierung ↗
– Neovitalismus
Selbstdomestikation
Selbstentzündung
– Selbsterhitzung
Selbsterhitzung
– Bacillus
– Rotte
Selbsterkenntnis
Selbstfertilität ↗
Selbstinkompatibilität
– □ Autogamie
Selbstkompatibilität
selbstlos
– sozial
Selbstmord
– Mensch und Menschenbild
Selbstorganisation
– Abstammung - Realität
– Leben
– Ribosomen
– Symmetrie
– Tertiärstruktur
– Virusinfektion
Selbstreflexion
– Denken
Selbstregulation
– anthropisches Prinzip
– Regenerationsfähigkeit
  ↗ Selbstorganisation
  ↗ Selbststeuerung
Selbstreinigung
– Abwasser
– aquatic weed
– Gewässerschutz
– Hydromikrobiologie
– Kläranlage
– Wasserpflanzen
– Wasserverschmutzung
Selbstspleißen
– spleißen
Selbststerilität ↗
Selbststeuerung
– Biofeedback
  ↗ Selbstregulation
Selbstung
– Mendelsche Regeln
Selbstunverträglichkeit ↗
Selbstverbreitung ↗
– Autochorie
Selbstverdauung ↗
– M Glykokalyx

– □ Magen (Sekretion)
Selbstverdopplung
– Leben
Selbstvergiftung
– Autointoxikation
Selbstvermehrung
– Präzellen
**Selbstvernichtungs-
verfahren**
– biologische Schädlings-
bekämpfung
Selbstverstümmelung ↗
Selbstverteidigung ↗
– M Aggression (Formen)
Selbstverträglichkeit ↗
– Bodenmüdigkeit
Selektion
– Abstammung - Realität
– Adaptationswert
– Analogie
– anthropisches Prinzip
– Clines
– Darwin, Ch.R.
– Daseinskampf
– Evolutionsfaktoren
– Evolutionstheorie
– genetische Flexibilität
– M Hardy-Weinberg-Regel
– Leben
– Mutationstheorie
– Resistenz
– Zufall in der Biologie
Selektionsdruck
– Adaptiogenese
– Analogie - Erkenntnis-
quelle
– Evolutionsrate
– Mutationsdruck
– B Selektion I
Selektionseinheit
– Evolutionseinheit
Selektionskoeffizient ↗
– Adaptationswert
Selektionskräfte
– Artbildung
Selektionstheorie ↗
– Biologismus
– Erkenntnistheorie und
Biologie
Selektionswert ↗
– Epistasie
– Teleologie - Teleonomie
Selektivkultur
Selektivnährböden
– Kochsches Plattenguß-
verfahren
Selektorgene
Selen
– Berzelius, J.J. von
– Dinosaurier
  ↗ Selenverbindungen
Selenastrum
Selenicereus ↗
– M Kakteengewächse
Selenidium ↗
Selenindikatoren
– Selen
Selenoaminosäuren
– M Selen
Selenocosmia
– M Vogelspinnen
Selenocystathionin
– Aminosäuren
Selenocystein
– M Selen
selenodont
Selenoenzyme
– Selen
Selenomethionin
– M Selen
Selenomonas
– □ Pansensymbiose
(Pansenbakterien)
Selenverbindungen
– □ MAK-Wert
Selevinia
– Paläarktis
self-assembly ↗
– gap-junctions

– Membran
  ↗ Selbstorganisation
selfish DNA ↗
selfish gene ↗
self splicing
– Viroide
  ↗ spleißen
Seliberia
– oligocarbophile Bakterien
Selinum ↗
Sella
– Hufeisennasen
Sellaginella
– Moosfarngewächse
Sella turcica
– Keilbein
– Türkensattel
Sellerie
– B Kulturpflanzen IV
Selleriefliege ↗
Selleriesamen
– Santalol
Sellerieschorf
seltene Basen ↗
– Basen
seltene Nucleoside
Selye, H.
Selysius
– Bartfledermaus
SEM
– Rastermikroskop
Semaestomeae ↗
Semangide
– □ Menschenrassen
Semaphoront
– Merkmal
Semecarpus ↗
Semeiocardium
– Springkrautgewächse
Semele
semelpar
– Spermatogenese
Semelparität
– semelpar
Semen (Botanik) ↗
Semen (Pharmazie)
– Heilpflanzen
Semen (Zoologie) ↗
Semen cydoniae
– Quitte
semiarid ↗
semiautonome Organelle
– Chondrom
– Eucyte
– Mitochondrien
Semibegoniella
– M Begoniaceae
Semibrachiatorenhypothese
– Paläanthropologie
Semichinon
– freie Radikale
Semichinon-Form
– Flavinadenindinucleotid
– Flavinmononucleotid
semi-dwarf
– Weizen
Semifusus ↗
semihumid ↗
semikonservative Replikation
– B Replikation der DNA I
Semiletalfaktor
– Subletalfaktor
Semilimax
Semillion
– □ Weinrebe
Semilunare ↗
semilunare Periodik
– Biorhythmik
– M Chronobiologie (Perio-
dizität)
Semilunarklappe
– Herz
Seminalplasmin
seminival
– □ Klima
Semionotiformes
Semionotoidea
– Semionotiformes
Semionotus
– Semionotiformes

Semipermeabilität
– Membran
– Membrantransport
  ↗ semipermeable Membran
semipermeable Membran ↗
– Dialyse
– Diffusionspotential
– Membran
– Membrantransport
– osmotischer Druck
– B Wasserhaushalt der
Pflanze
semipersistente Viren
– Pflanzenviren
Semipupa ↗
Semiscolecidae
Semiscolecides
– Semiscolecidae
semisozial
– M staatenbildende Insekten
Semispezies
– Formenkreis
semiterrestrische Böden
Semliki Forest
– M Togaviren
Semliki-Forest-Virus ↗
Semling.
Semmelporling
– B Pilze III
Semmelstoppelpilz ↗
Semmelweis, I.
– Kindbettfieber
Semnoderes
Semnoderidae
– Pentakontidae
Semnopithecus ↗
– Semperellidae
Semper, Karl
Semper Augustus
– Tulpe
Semperella
– Semperellidae
Semperellidae
– Monoraphis
Sempervivum ↗
Semperzellen ↗
– Retinomotorik
Senckenberg, J.Ch.
**Senckenbergische Natur-
forschende Gesellschaft**
– Senckenberg, J.Ch.
Sendai-Virus ↗
– Zellfusion
Sender
– Information und Instruktion
– Kommunikation
Senecio ↗
– B Afrika III
Senecioneae
– □ Korbblütler
Senecionin
– M Greiskraut
Senegalebenholz
– Dalbergia
Senegawurzel
– Kreuzblumengewächse
– B Kulturpflanzen XI
– □ Saponine
Senegin
– Kreuzblumengewächse
– □ Saponine
Seneszenz
– Carotinoide
Senf
– Blütenbildung
– Kohl
– B Kulturpflanzen VIII
– Ölpflanzen
– Unkräuter
– B Unkräuter
Senfbaumgewächse
– Salvadoraceae
Senfgas
– alkylierende Substanzen
Senfglykoside
– Gewürzpflanzen
Senfgurken
– Senf
Senfkohl ↗

Serpentinpflanzen

Senföle
- Ernährung
- Kreuzblütler
- Schwefel
- Thiocyansäure

Senfölglykoside
- Phytonzide
- Senföle

Senftenbergia
- Schizaeaceae

Senfweißling
- Weißlinge

senile Altersstufe

senile Elastose
- Altern

Senium
- Klimakterium
- Mensch und Menschenbild
- senile Altersstufe

Senker (Botanik)
- M Mistel
- Rindenwurzeln

Senker (Zoologie) ↗
- Flugmuskeln

Senkwaage
- M Wein (Zuckergehalt)

Senkwurzeln
- Senker

Sennen, E.M.
- Senniaceae

Sennenhund, Schweizer
- ☐ Hunde (Hunderassen)

Sennesblätter ↗

Sennesstrauch
- B Afrika II
- Cassia

Sennia
- Senniaceae

Senniaceae

Senon
- M Kreide

Sensenfische ↗

sensibel
- Sensibilität

Sensibilisierung
- Allergie
- Rhesusfaktor
- Schmerz

Sensibilität

sensible Afferenzen
- Afferenz

sensible Nerven ↗

sensible Phase
- Brutpflege
- Gesangsprägung

Sensilla
- Sensillen

Sensilla squamiformia
- Sensillen

Sensillen

Sensillum
- Sensillen

Sensillum ampullaceum
- M Sensillen

Sensillum basiconicum
- ☐ Sensillen
- M Sensillen
- ↗ Riechkegel

Sensillum campaniformium
- ☐ Sensillen
- M Sensillen

Sensillum chaeticum
- ☐ Sensillen

Sensillum coeloconicum
- ☐ Sensillen
- M Sensillen
- ↗ Grubenkegel

Sensillum placodeum
- ☐ Sensillen
- M Sensillen
- ↗ Riechplatte

Sensillum styloconicum
- ☐ Sensillen

Sensillum trichodeum
- ☐ Sensillen
- M Sensillen

Sensomotorik

Sensoren
- Rezeptoren

sensorische Nerven ↗
sensorischer Cortex
- ☐ Telencephalon
- B Telencephalon

Sensorium

Sensorpigmente
- Photorezeptoren

Sensumotorik
- Sensomotorik

Sepala
- Sepalen

Sepalen ↗

Sepaloide
- Perigon

Separation
- Bastardzone
- Inselbiogeographie

Separatoren
- Wein

Separierungszüchtung

Sepetir

Sephadex ↗
- Austauschchromatographie

Sepharose

Sepia
- M Myopsida
- M Spermatophore

Sepiadariidae
- M Tintenschnecken

Sepiapterin
- Pteridine

Sepie

Sepietta

Sepiidae

Sepioidea ↗

Sepiola

Sepiolidae
- Sepiola
- Stoloteuthis

Sepsidae ↗

Sepsine
- Bakterientoxine

Sepsis
- Enterobacter
- Pseudomonas
- Staphylococcus
- ↗ Blutvergiftung

Septa
- Septen

Septalapparat
- Synaptikel

Septalfasern

Septalfilamente
- Septalfilamente

Septalforamen
- Septalloch

Septalfurche

Septallamelle

Septalloch

Septarien
- Konkretionen

Septen (Botanik)
Septen (Zoologie)
- Diaphragma
- M Rugosa
- ↗ Septum

Septendrängung
- Lobendrängung

Septibranchia ↗

septicarinat

septiert

septifrag

septisch

septische Metastasen
- Sepsis

septizid

Septobasidiaceae
- Septobasidiales

Septobasidiales

Septoria

Septula testis
- ☐ Hoden

Septulen
- Fusulinen

Septum ↗
- Pallium
- Telencephalon
- B Telencephalon

↗ Septen
Septum atriorum
- Septen
Septum nasi
- Nase
Septum transversum
- Septen
Septum ventriculorum
- Septen
Sepultaria ↗
Sequenator ↗
Sequenz ↗
Sequenzanalyse
- Basennachbarschaft
- Carboxypeptidasen
- Dansylierung
- ☐ Desoxyribonucleinsäuren (Geschichte)
- ☐ Desoxyribonucleinsäuren (Parameter)
- Endgruppen
- Proteine
- Ribonucleasen
- ☐ Ribonucleinsäuren (Parameter)
- Sanger, F.
- ↗ Sequenzierung

Sequenzhomologie
- Proteine

Sequenzierung
- Autoradiographie
- Dimethylsulfat
- Pepsin
- Trypsin
- Vektoren
- ↗ Sequenzanalyse

Sequenzierungsvektoren
- Vektoren

Sequenzstammbäume
- Endosymbiontenhypothese

Sequenzwiederholungen
- Desoxyribonucleinsäuren
- ☐ Desoxyribonucleinsäuren (Parameter)
- ↗ repetitive DNA
- ↗ repetitive Sequenzen

Sequoia
- ☐ Dendrochronologie
- Nordamerika

Sequoia-Canyon (USA)
- B National- und Naturparke II

Sequoiadendron

Ser ↗
ser.
- Serie

Serapias
- B Orchideen

Serapistempel
- Steindattel

Serau
- B Asien IV
- Waldziegenantilopen

Serendipity-Beeren
- Monellin

Serengeti (Tansania)
- B National- und Naturparke II

Sergestes
- Natantia

Sergestidae
- Natantia

seriale Beiknospen
- ☐ Achselknospe

seriale Homologie ↗
- Antenne

seriale Transplantation
- Kerntransplantation

Seriata
- Neoophora

Seriatophora
- Hapalocarcinidae

Sericeocybe
- M Schleierlinge

Sericin
- Fibroin

Sericoderus
- Faulkolzkäfer

Serie
- Erdgeschichte
- ☐ Stratigraphie
- stratigraphisches System
- Transformationsserie

Seriemas
- M Südamerika

Serin
- M Aminosäuren
- Diisopropyl-Fluorphosphat
- M Dipeptide
- B Ein-Gen-ein-Enzym-Hypothese
- genetischer Code
- Glycerinsäure
- Glycin
- Kephaline
- B Transkription - Translation

Serin-Dehydratase
- ☐ Serin

Serin-Enzyme
- Serin

Serin-Familie
- ☐ Aminosäuren (Synthese)

Serin-Hydrolasen
- Serin

Serinhydroxymethyl-Transferase
- ☐ Serin

Serin-Kephaline ↗
Serin-Phosphatase
- ☐ Serin

Serin-Proteasen
- Serin

Serin-Sulfhydrase
- Cystein

Serinus ↗

Seriola ↗

Serodiagnostik
- Mollison, Th.
- Serologie

Serolemma
- Serosa

Serologie

serologisches Gutachten
- Abstammungsnachweis

serös

Serosa
- M Amniota
- M Darm
- B Embryonalentwicklung II

Serosem
- Grauerde
- Serosjom

Serosjom ↗

Serotamin
- biogene Amine

Serotherapie
- Serumtherapie

Serotonin
- ☐ Adenosinmonophosphat
- Allergie
- Gewebshormone
- Lysergsäurediäthylamid
- Mastzellen
- Mediatoren
- ☐ Neurotransmitter
- Schlaf
- Schmerz
- Synapsen

Serotonin-Fasern
- adrenerge Fasern

Serotypen ↗

Serovar
- Salmonellen

Serpentes ↗
serpenticon
Serpentin
- Serpentinpflanzen

Serpentinböden
- Serpentinpflanzen

Serpentinin
- Rauwolfiaalkaloide

Serpentinit
- Serpentinpflanzen

Serpentinpflanzen

Serpula

Serpula (Ringelwürmer)
- Prostomium

Serpula (Schwämme)
Serpulidae
- Chlorocruorin
- Mercierella
- Placostegus

Serpulimorpha
Serradella
- [M] Vogelfuß

Serranellus
Serranidae
Serranus
- Zwittergonade

Serrasalmidae
Serrasalmus
Serratamolid
- Depsipeptide

Serratia
Serratula
Serravallium
- Miozän
- □ Tertiär

Serrivomeridae
- Aale

Serropalpidae
Serrulininae
- [M] Schließmundschnecken

Sertella
- [M] Moostierchen
- Netzkoralle

Sertoli, Enrico
- Sertoli-Zellen

Sertoli-Zellen
- Follikelzellen
- Geschlechtsorgane

Sertularella
- Sertulariidae

Sertularia
- Zypressenmoos

Sertulariidae
Sertürner, F.W.A.
Serum
Serumalbumine
- Albumine
- Glykoproteine
- Haptene
- isoelektrischer Punkt
- Milchproteine
- [M] Zellaufschluß

Serumglobuline
Serumparameter
- Krebs

Serumproteine
- Heilserum
- □ Menschenrassen
- Proteinstoffwechsel

Serumtherapie
- Kitasato, Sh.
- Richet, Ch.

Serval
Servalkatze
- Serval

Servelatwurst
- [M] Säuerung

Servet (Serveto), M.
- □ Blutkreislauf (Geschichte)

Serviformica
- Schuppenameisen

Servolenkung
- Regelung

Servomechanismus
- Regelung

Sesam
- [B] Kulturpflanzen III

Sesambein
- Gleichbeine

Sesamgewächse
- Pedaliaceae

Sesamknochen
- Sesambein

Sesamöl
- Sesam

Sesamum
Sesbania
Sesel
Seseli
- Sesel

Sesia
- [B] Schmetterlinge

Sesien
- Glasflügler

Sesiidae
Sesler, Leonhard
- Seslerietea variae
- Seslerio-Caricetum sempervirentis
- Seslerion variae

Sesleria
Seslerietea variae
- Matten

Seslerio-Caricetum sempervirentis
Seslerion cariae
- Arrhenatheretalia

Sesquiterpene
- □ Isoprenoide (Biosynthese)
- [M] Phytoalexine
- □ Terpene (Verteilung)

Sesquiterpenlactone
- Korbblütler

Sesselform
- □ Lysozym

sessil
- □ Tropismus

Sessilia
Seston
Seta
Setae
- [M] Hymenium

Setaria
Setonix
- [M] Australien

Setter
- □ Hunde (Hunderassen)
- [B] Hunderassen I

Setzer
- Fechser

Setzling (Botanik)
Setzling (Zoologie)
Setzpflanze
- Setzling

Seuche
- Epidemiologie
- Hygiene

Seuchenlehre
Seuratoidea
- [M] Ascaridida

Seveso-Gift
Sewall-Wright-Effekt
Sewertzoff, A.N.
- Phänogenetik
 ↗ Sewerzow, A.N.

Sewerzow, A.N.
Sewerzow, N.A.
Sex-Chromatin
Sexduktion
Sexilität
- Geschlechtsverhältnis

Sexkontrolle
- Geschlechtsdiagnose
 ↗ Barr-Körperchen

Sexpili
Sex-Ratio
- Geschlechtsverhältnis

sex reversal
- H-Y-Antigen

Sex-reversal-Gen
- Y-Chromosom

Sextanten
Sexualcharaktere
- Geschlechtsmerkmale

Sexual-Chimäre
- Gynander

Sexualdimorphismus
- Echiurida
- Holotypus
- ökologische Nische
- Polygamie
- Promiskuität
- [M] Radnetzspinnen
- Schildläuse
- Selektion
- [M] Synonyme
- Wassertreter

Sexualdrüsen
Sexualduftstoffe

Sexualenergie
- aktionsspezifische Energie

Sexualentwicklung
- Jugendentwicklung: Tier-Mensch-Vergleich

Sexuales
Sexualfaktoren
Sexualhormone
- [B] Biologie II
- biotechnische Schädlingsbekämpfung
- Flehmen
- Geschlechtsorgane
- Geschlechtsumwandlung
- Kastration
- [M] Wehrsekrete

Sexualindex
Sexualinversion
- Homosexualität

Sexualität
- [B] Biologie II
- Camerarius, R.J.
- Grew, N.
- Hartmann, M.
- Kölreuter, J.G.
- [B] Meiose
- [M] Schlüsselreiz
- Sexualität als anthropologisches Phänomen
- Sexualvorgänge
- [B] Sexualvorgänge

Sexualität als anthropologisches Phänomen
Sexuallockstoffe
- Axillardrüsen
- Borkenkäfer
- Dialekt
- Lassospinnen
- [M] Plasmogamie
- Praeputialanhangsdrüsen
- □ Sexualdimorphismus
- Trisporsäuren

Sexualorgane
Sexualpheromone
- Sexuallockstoffe

Sexualprägung
- Fehlprägung
- Lernen
- Prägung

Sexualproportion
- Geschlechtsverhältnis

Sexualsignal
- Jugendentwicklung: Tier-Mensch-Vergleich
- [M] Schlüsselreiz

Sexualsystem
- [M] Kryptogamen
- künstliches System

Sexualtäuschblumen
- Bestäubung

Sexualtrieb
- Aggression
- [M] Bereitschaft

Sexualverhalten
- Analdrüsen
- Beschwichtigung

Sexualvorgänge
sexuelle Bereitschaft
- Balz

sexuelle Bipolarität
- Sexualvorgänge

sexuelle Deprivation
- Homosexualität

sexuelle Fortpflanzung
- Dissogonie
- Evolutionsfaktoren
- Hofmeister, W.F.B.
- Leben
- Swammerdam, J.

sexuelle Menschenrechte
- Partnerschaft

sexuelle Prägung
- Fehlprägung
- Lernen
- Prägung

sexuelle Revolution
- Sexualität - anthropologisch

sexueller Signalgeber
- Jugendentwicklung: Tier-Mensch-Vergleich

sexuelle Selektion
- Arenabalz
- [M] Hardy-Weinberg-Regel
- Sexualdimorphismus

Sexuparae
Sexus
Seychellenfrösche
- Ranidae

Seychellennuß
- Seychellenpalme

Seychellenpalme
Seymouria
- Mosaikevolution
- □ Perm
- □ Schädel
- [M] Seymouriamorpha

Seymouriamorpha
sezernieren
SFH
- Somatotropin

S-Form
Shannon, Claude Elwood
- [B] Biologie II
- [B] Biologie III
- Entropie
- Information und Instruktion
- Shannon-Weaver-Formel

Shannon-Weaver-Formel
Sharp, Ph.
- [B] Biochemie

Sheabutterbaum
- [B] Kulturpflanzen III

Sheldon, W.H.
Shelford, V.E.
- Toleranz

Sheltie
- □ Hunde (Hunderassen)

Shepherd, John
- Shepherdia

Shepherdia
Shepherdwal
Shepheridia
- [M] Frankiaceae

Sherard, William
- Sherardia

Sherardia
- Ackerunkräuter

Sherrington, Sir Ch.S.
- [M] Motoneurone
- Synapsen

Sherry
- Jerezhefe
- Wein

Shetlandpony
- Pferde
- □ Pferde

SH-Gruppe
shifting cultivation
- Afrika
- Miombowald
- Regenwald
- Wanderfeldbau
 ↗ Wanderackerbau

Shiga, K.
- Shigella
- Shigellose

Shiga-Kruse-Bacillus
- Shiga

Shigella
- [M] Abwasser
- Flexner, S.
- Pseudotuberkulose

Shigellen
- Kanamycin
- Shigella

Shigellose
- Gruber-Widalsche-Reaktion

Shii-Baum
- Shiitake

Shiitake
Shikimat
- Shikimisäure

Shikimisäure
- [M] Flechtenstoffe

Shikimisäure-Chorismat-Weg
- Shikimisäure
 ↗ Chorisminsäure

Shikimisäure-Chorisminsäure-Weg
- Chorisminsäure

- ↗ Shikimisäure
- **Shine, J.**
  - B Transkription - Translation
- **Shine-Dalgarno-Sequenzen**
  - B Transkription - Translation
  - Translation
- **Shiners**
- *Shinisaurus* ↗
- **Shope, Richard Edwin**
  - Shope Papillomvirus
- *Shope Papillomvirus* ↗
  - Papillomviren
- **Shore, John Lord Teignmouth**
  - Shorea
- *Shorea* ↗
- *S-Horizont* ↗
  - A-S-Profil
- **Shortia**
  - M Diapensiales
- **Shoyu**
  - M Saccharomyces
- *shuttle-Transfer*
- **shuttle-Vektor**
  - shuttle-Transfer
  - Vektoren
- **Siagonium**
  - Kurzflügler
  - M Kurzflügler
- **Sial**
  - Kontinentaldrifttheorie
- *Sialidae* ↗
- *Sialinsäuren*
  - Glykoproteine
  - Golgi-Apparat
- **Sialis**
  - M Extremitäten
  - Schlammfliegen
  - M Schlammfliegen
- *Siamangs* ↗
  - ☐ Stammbaum
- **Siam-Benzoe**
  - Benzoeharz
  - Coniferylalkohol
  - M Resinosäuren
  - Styracaceae
- *siamesische Zwillinge*
  - B Induktion
  - Parabiose
  - Schlaf
  - Zwillinge
- **Siamkatze**
  - B Katzen
- **Siaresinolsäure**
  - M Resinosäuren
- **Sibbald, Sir Robert**
  - Sibbaldia
- *Sibbaldia* ↗
- **Sibbaldus**
  - Blauwal
- **Sibiride**
  - ☐ Menschenrassen
- **sibirische Faunenelemente**
  - Europa
- **sibling species**
  - Zwillingsarten
- **"Siboga"**
  - ☐ Meeresbiologie (Expeditionen)
  - Pogonophora
- **Siboglinoides**
  - M Pogonophora
- **Siboglinum**
  - ☐ Pogonophora
- **Sibon**
- *Sibynophinae* ↗
- **Sibynophis**
  - Nattern
- *Sicariidae* ↗
  - Giftspinnen
- **Sicarius**
  - Speispinnen
- **Sichdrücken**
  - Akinese
- *Sichel* ↗
- **Sichelbein**
- *Sicheldünenkatze* ↗
- **Sichelfalte**
  - Siebbein
- **Sichelflügler**
- **Sichelkaiserfisch**
  - Borstenzähner
- *Sichelklee* ↗
- *Sichelmöhre*
- **Sichelschrecken**
- **Sicheltanne**
  - B Asien V
  - Cryptomeria
- **Sichelwanzen**
- **Sichelzellanämie**
  - Sichelzellenanämie
- **Sichelzellen**
- **Sichelzellenanämie**
  - ☐ Gentechnologie
  - Letalfaktoren
- **Sichelzellenhämoglobin**
  - Aminosäureaustausch
  - Heterosis
- **Sicherheitsrisiko**
  - Genmanipulation
- **Sichern**
  - Angst - Philosophische Reflexionen
- **Sichler**
  - B Nordamerika VI
  - M Schnabel
  - B Vögel II
- **Sichling**
- **Sichlinge**
- **sichtbares Licht**
  - elektromagnetisches Spektrum
  - Licht
- **Sichtotstellen**
  - Akinese
  - Schrecklähmung
  - ↗ Totstellreflex
  - ↗ Totstellverhalten
- **Sichtschutz**
  - Wald
- **Sichttiefe**
- **Sicilium**
  - ☐ Pleistozän
- **Sicista**
  - Birkenmaus
- **Sicistinae**
  - Hüpfmäuse
  - Paläarktis
- *Sickerwasser* ↗
  - Bodenentwicklung
  - ↗ Wasserversickerung
- *Sicula*
- **Siculozooid**
  - Sicula
- **Sida**
  - M Wasserflöhe
- **Sideramine**
  - Sideromycine
- *Siderastrea*
- **Siderobacter**
  - ☐ Siderocapsaceae
- **Siderocapsa**
  - M Eisenbakterien
  - ☐ Siderocapsaceae
- *Siderocapsaceae*
- *Siderococcus* ↗
- *Siderocystis* ↗
- **Sideromycine**
  - Albomycin
- *Siderophilin* ↗
- **Siderophore**
  - Eisenstoffwechsel
- **Sideroxylon**
  - M Eisenholz
  - M Sapotaceae
- **Sididae**
  - M Wasserflöhe
- **Sidoidea**
  - M Wasserflöhe
- **Siebanlage**
  - Kläranlage
- **Siebbein**
  - M Endocranium
  - ☐ Schädel
- **Siebeffekt**
  - Membrantransport
- **Siebenfädler**
  - Fadenfische

- *Siebenkiemer* ↗
- *Siebenpunkt* ↗
- *Siebenrockiella* ↗
- *Siebenschläfer*
  - B Europa XV
- **Siebenstern**
  - B Europa XII
- *Siebentagefieber* ↗
- *Sieberdsterne* ↗
- **Siebfelder**
  - Leitungsgewebe
- **Sieb-Gitterstäublinge**
  - Cribrariaceae
- **Siebhaut**
- *Siebmuscheln* ↗
- **Siebold, K.Th.E. von**
  - B Biologie II
  - Zoologie
- *Siebplatte* ↗
  - Kallose
  - Leitungsgewebe
  - Siebbein
  - B Stachelhäuter I
  - ↗ Madreporenplatte
- **Siebporen**
  - Membran
- *Siebröhren*
  - Bedecktsamer
  - Dickenwachstum
  - Geleitzellen
  - Membran
  - Plasmodesmen
  - B Sproß und Wurzel II
- **Siebröhrenglieder**
  - Leitungsgewebe
- **Siebröhreninitialen**
  - Lorbeerartige
- **Siebröhrentransport**
  - Druckstromtheorie
- **Siebscheibe**
  - Scheibchenkieselalge
- *Siebsterne*
- *Siebteil* ↗
  - M Calamitaceae
  - B Farnpflanzen II
  - M Rüben
  - M Seitenwurzeln
  - ↗ Phloëm
- **Siebtracheen**
  - Tracheensystem
- **Siebwerk**
  - Saatgutreinigung
- *Siebzehnjahreszikade* ↗
- *Siebzellen* ↗
  - Ribosomen
  - Zellkern
- **Siedelweber**
  - B Afrika VI
  - Webervögel
- **Siedepunkt**
  - Lösung
- **Siedepunktserhöhung**
  - osmotischer Druck
- *Siedlungsdichte* ↗
- **Siedlungsgebiet**
  - Kulturbiozönose
- **Siegelbäume**
  - ☐ Karbon
  - B Pflanzen, Stammbaum
  - Protolepidodendrales
  - Siegelbaumgewächse
  - M Siegelbaumgewächse
- *Siegelbaumgewächse*
  - Archaeosigillaria
- *Siegelringnatter* ↗
- **Siegelringzellen**
  - Fettzellen
- **Siegenium**
  - M Devon (Zeittafel)
- **Siegling**
  - Sieglingia
- *Sieglingia* ↗
- **Siegmarswurz**
  - Malve
- *Siegwurz* ↗
- **Sierozem**
  - Grauerde
- *Sievert*
  - ☐ Strahlendosis

- **Sievert, Rolf Maximilian**
  - Sievert
- **Siewing, R.**
  - Enterocoeltheorie
- *Sifakas* ↗
- **Sigalion**
  - Sigalionidae
- *Sigalionidae*
  - M Phyllodocida
- *Siganidae* ↗
- **Sigatoka-Krankheit**
  - ☐ Mycosphaerellaceae
- **Sigillaria**
  - Siegelbaumgewächse
- *Sigillariaceae* ↗
- **Sigillariostrobus**
  - Siegelbaumgewächse
- **SIGMA**
  - Braun-Blanquet, J.
- *Sigma-Faktor* ↗
  - Aktivatorproteine
  - Initiationsfaktoren
  - M Killer-Gen
  - Lyticum
- *Sigma-Kieselalge* ↗
- *Sigmasoziologie*
- **Sigmetum**
  - Sigmasoziologie
- **sigmoide Kurve**
  - M Kooperativität
- *Sigmurethra*
- **Signal**
  - Allomone
  - ☐ Funktionsschaltbild
  - Gähnen
  - Steuerung
  - Symbol
  - Symmetrie
- **Signalase**
  - Prä-Proteine
- **Signalempfänger**
  - Batessche Mimikry
  - Mimikry
  - ↗ Signal
- **Signalfälschung**
  - B Mimikry I
- **Signalnormierung**
  - Müllersche Mimikry
- *Signalpeptid* ↗
- *Signalpeptidase* ↗
- **Signalpheromone**
  - Pheromone
  - ↗ Alarmstoffe
- **Signalreiz**
  - Schlüsselreiz
- **Signalsender**
  - Batessche Mimikry
  - Mimikry
  - ↗ Signal
- **Signalsequenzen**
  - B Transkription - Translation
  - ↗ Signalstrukturen
- *Signalstrukturen*
  - Cis-Dominanz
  - Gen
  - Genmanipulation
  - Gentechnologie
- **Signalübertragung**
  - Information und Instruktion
  - Kybernetik
  - Regelung
- **Signalwandler**
  - M Black-box-Verfahren
- **Signalwirkung**
  - ☐ Farbe
  - Intentionsbewegung
- *Signaturenlehre* ↗
- **sign inversion**
  - DNA-Topoisomerasen
- **Sika**
  - Sikahirsche
- **Sikahirsche**
  - Asien
  - B Asien IV
- **Sikora**
  - Magenscheibe
- *Silage*
  - Buttersäuregärung

Silage

Silaum

Silaum ↗
Silbe
– Gesang
Silber
– □ MAK-Wert
Silberäffchen ↗
Silberakazie
– B Australien IV
Silberaprikose
– Ginkgoartige
Silberbaum
– Afrika
– B Afrika VI
– Capensis
– Fynbos
– Proteaceae
Silberbaumgewächse
– Proteaceae
Silberbeil ↗
– B Fische IV
Silberbeilbauchfisch
– Beilbauchfische
– B Fische XII
Silberbirnenmoos
– Bryaceae
Silberbisam ↗
– Desmane
Silberblatt ↗
Silberdistel ↗
Silberfasan
– B Asien III
– Fasanen
Silberfischchen
– Insekten
Silberflossenblatt
Silberfuchs
– Füchse
– Haustiere
Silbergras
– Pampasgras
Silbergrasfluren ↗
Silbergras-reiche Pionierfluren
– Corynephoretalia
Silberhaut
– Kaffee
Silber-Heringsmöwe
– Rasse
Silberimprägnation
– Imprägnation
Silberkarpfen ↗
Silberkraut
– Steinkraut
Silberliniensystem
Silberlöwe ↗
Silbermantel ↗
Silbermöwe
– B Attrappenversuch
– B Europa I
– M Gelege
– □ Konfliktverhalten
– Möwen
– B Signal
Silbermundwespen ↗
Silbernitrat (= AgNO₃)
– Golgi-Färbung
Silberpfennige
– Silberblatt
Silberpflaume
– Ginkgoartige
Silberreiher
– B Afrika I
– Reiher
– B Südamerika IV
Silberrücken
– Status-Signal
Silbersalamander ↗
Silberschwert ↗
Silberstrich ↗
Silbersturmvogel
– M Polarregion
Silberweide
– Salicetum albae
– Weide (Pflanze)
Silberweiden-Aue ↗
Silberwurz
– M arktalpine Formen
– Alpenpflanzen
– B Alpenpflanzen

– B Europa II
– Glazialflora
– □ Pleistozän
Silene ↗
Silenus
– Bartaffe
Silesium
– B Erdgeschichte
– M Karbon
Silge
Silicagel ↗
Silicatböden
Silicate ↗
– Bodenentwicklung
– Nährsalze
– Silicatböden
– B Skelett
Silicatfelsspaltengesellschaften ↗
Silicatgestein
– □ Bodenprofil
Silicatquellfluren ↗
Silicatschneebodengesellschaften ↗
Silicatschuttfluren ↗
Silicea
↗ Kieselschwämme
Silicium
– M Bioelemente
– Wasserstoff
Siliciumdioxid
– Quarz
Silicoflagellaten ↗
Silicophyceae
– M Geißeltierchen
Silierung ↗
– □ Konservierung (Konservierungsverfahren)
Silifizierung
– Verkieselung
Silikone
– Präparationstechniken
Silikonöle
– Gärfett
Siliquaria ↗
Sillaginidae ↗
Sillago
– Weißlinge
Silo
– Gärgase
– Silage
Siloabwässer
– Landwirtschaft
Silofutter ↗
Silphidae ↗
Silur
– □ Hologenie
– Landpflanzen
– Silurium
Siluridae
– Welse
Siluriformes
– Silurium
silurisches System
Silurium
Silurus
– Welse
Silvaea
Silvaner ↗
– □ Weinrebe
Silvanidae
– □ Käfer
Silvestris-Gruppe
– Wildkatze
silvicol
Silvide
Silybum ↗
– □ Heilpflanzen
Silymarin
– Mariendistel
Sima
– Kontinentaldrifttheorie
Simaroubaceae
Simenchelyidae ↗
Simia
– Kapuzineraffen
Simiae ↗
simian agent 12
– □ Polyomaviren

Simian Sarcoma Virus
– □ Onkogene
– □ RNA-Tumorviren (Auswahl)
↗ Simian-Virus
Simian Sarkomvirus ↗
Simian-Virus
– □ Desoxyribonucleinsäuren (Größen)
– □ Polyomaviren
↗ Simian Sarcoma Virus
Simias
– Nasenaffen
– M Schlankaffen
similia similibus curantur
– Homöopathie
Simmentaler Fleckvieh
– Fleckvieh
– Rinder
Simmondsia
– Buchsbaumgewächse
Simnia ↗
Simocybe ↗
Simonsiella
simplex
– nulliplex
Simplicia ↗
Simplicidentata
– Nagetiere
Simpson, G.
– Abstammung - Realität
– Evolution
– Evolutionsrate
– ökologische Zone
Simpson, Sir James
– Chloroform
Simse
Simsenlilie
Simuliidae ↗
Simulium
– □ Bergbach
– Kriebelmücken
Simultankontrast
– □ Kontrast
– optische Täuschung
Simultanteilung
Simultanzwittrigkeit
– Zwittrigkeit
Sinalbin
– Senf
– □ Senföle
Sinanthropus
– Teilhard de Chardin, M.-J.P.
Sinapinaldehyd
– □ Lignin (Monomere)
Sinapinsäure
– □ Lignin (Monomere)
Sinapis ↗
Sinapylalkohol
– □ Lignin (Monomere)
Sindbis-Virus ↗
Sindora
– Sepetir
Sinemurium
– M Jura
Singa
– M Radnetzspinnen
Singdrossel
– Drosseln
– B Europa IX
– B Vögel I
– B Vogeleier I
– Vogeluhr
Singer, S.J.
– Membran
single cell protein ↗
single copy sequences
– repetitive DNA
single cross
– Hybridzüchtung
Singmuskeln
– Singvögel
Singschrecken ↗
Singschwan
– B Europa III
– B Rassen- u. Artbildung II
– Schwäne
Singultus
– Schluckauf

Singvögel
– Armschwingen
– M flügge
– Gelege
– M Geschlechtsreife
– Handschwingen
– □ Lebensdauer
– Mauser
– Nest
– M Überlebenskurve
– B Vögel I
– B Vögel II
Singzikaden
– □ Extremitäten
– Gehörorgane
Sinia
– Kambrium
Sinide
– □ Menschenrassen
Sinigrin
– Schwefel
Sink
– Druckstromtheorie
Sinkgeschwindigkeit
– Plankton
Sinnbild
– Symbol
Sinne
Sinnesapparat
– Sensorium
Sinnesborsten ↗
– M Sinneszellen
Sinnesepithel
Sinnesfaser
– □ Kennlinie
Sinnesfelder
– Gehirn
↗ Projektionsfelder
↗ Rindenfelder
Sinnesflasche ↗
– M Sensillen
Sinneshaare
Sinneskegel ↗
– M Sensillen
Sinnesknorpel
– Schädel
Sinnesknospen
Sinneskolben ↗
Sinnesnerven
– Hirnnerven
Sinnesnervenzellen ↗
– B Nervenzelle I
Sinnesorgane
– Antenne
– Gehirn
– Geschlechtsmerkmale
Sinnesorganknorpel
– Schädel
Sinnesphysiologie
Sinnesplatte ↗
– M Sensillen
Sinnespol
– Kopf
Sinnesqualitäten
Sinnesschuppen ↗
Sinnesstift ↗
Sinnestäuschungen
– Freiheit und freier Wille
Sinneszellen
Sinning, Wilhelm
– Sinningia
Sinningia ↗
Sinnpflanze
– □ Seismonastie
↗ Mimose
Sinodendron ↗
Sinopa
Sinsheimer, R.L.
– □ Desoxyribonucleinsäuren (Geschichte)
– Gensynthese
Sinter
– Quellenabsätze
Sintflut
– Abstammung - Realität
– Katastrophentheorie
– Pleistozän
Sintfluttheorie ↗
– Scheuchzer, J.J.

Sinum
sinupalliat
- Tellinoidea
Sinus
Sinus australis
- B Kontinentaldrifttheorie
Sinus borealis
- B Kontinentaldrifttheorie
Sinus caroticus
- Carotissinus
Sinusdrüse
- Hormone
- neuroendokrines System
- Neurohämalorgane
- Neuropeptide
Sinusfedern
- Sinushaare
Sinus frontales
- Stirnbein
Sinushaare
- Vibrationssinn
Sinus impar
- Weber-Knöchelchen
Sinusitis
- Kartagener-Syndrom
- Kieferhöhle
- Streptococcus
Sinusknoten ↗
- M Herzautomatismus
- Herzmuskulatur
Sinus mammarum
- M Milchdrüsen
- Sinus
Sinus maxillaris
- Kieferhöhle
Sinusoide
- Leber
Sinus paranasales
- Nebenhöhlen
Sinus pneumatici
- Nebenhöhlen
Sinus renalis
- Nierenbecken
Sinusschwingung
- Symmetrie
Sinus sphenoidalis
- Keilbein
Sinus urogenitalis
- M Ovidukt
- Urogenitalsinus
- Vulva
Sinus venosus
- Herz
- M Herz
- Herzautomatismus
- Schädellose
sinutrialer Knoten
- Herzautomatismus
Siphlonuridae ↗
Sipho (Gliederfüßer)
Sipho (Weichtiere)
- Ammonoidea
- □ Schnecken
- M Vorderkiemer
Siphona ↗
Siphonaldute
Siphonaldüte
- Perlboote
- Siphonaldute
siphonale Organisationsstufe
- Algen
Siphonales ↗
Siphonalhülle ↗
Siphonalia
Siphonalpfeiler
Siphonanthae
Siphonaptera ↗
- □ Insekten (Stammbaum)
Siphonaria
Siphonariidae
- Siphonaria
Siphonarioidea
- M Wasserlungenschnecken
Siphonaxanthin
- M Carotinoide (Auswahl)
Siphonecta
Siphonen
- Sipho

Siphones
Siphonobrachia
- M Pogonophora
Siphonochalina
siphonocladale Organisationsstufe
- Algen
Siphonocladales ↗
Siphonodentaliidae
- Siphonodentalium
Siphonodentalium
Siphonogamie
Siphonoglyphe
- M Krüppelfußartige Pilze
Siphonolaimoidea
- Monhystera
Siphonomecus
- M Sipunculida
Siphononema
- Siphononemataceae
Siphononemataceae
Siphonophanes
- Anostraca
- M Anostraca
Siphonophora ↗
- Arbeitsteilung
- M Plankton (Anteil)
Siphonophorella
- Doppelfüßer
Siphonophorida
- □ Doppelfüßer
Siphonops ↗
Siphonosoma
- M Sipunculida
Siphonostele
- Stelärtheorie
- M Stele
Siphonostoma ↗
- M Copepoda
Siphonozoide
Siphonula ↗
Siphula
- Siphulaceae
Siphulaceae
Siphuncularmembran
- Schulp
Siphunculata ↗
Siphunculus ↗
- Perlboote
Sipo
Sippe
- Pflanzengeographie
Sippenforschung
- Genealogie
Sippenselektion
- Bioethik
- Bruthelfer
- Gruppenbalz
- Soziobiologie
- Warnsignal
Sipuncula
- Sipunculida
Sipunculida
- M Sipunculida
- Anaerobier
- Archicoelomatentheorie
- Gephyrea
- □ Tiere (Tierreichstämme)
Sipunculidae
- M Sipunculida
Sipunculus
Siratro
- M Knöllchenbakterien (Wirtspflanzen)
Siratus
- M Sektion
Siredon ↗
Siren ↗
Sirenen
Sirenia
- Seekühe
Sirenidae ↗
Sirenin
Sirene
- M Plasmogamie
Sirenoidea
- Schwanzlurche
Sirex ↗
Siricidae ↗

Siro
Sirobasidiaceae
- Zitterpilze
Sirolpidiaceae
- Lagenidiales
Sirup
- Blutungssaft
Sisal ↗
- Blattfasern
Sisalagave
- Agave
- B Kulturpflanzen XII
Sisalhanf
- B Kulturpflanzen XII
Siscyos
- Rankenbewegungen
Sison ↗
Sisoridae ↗
sister-group
- Schwestergruppe
Sistotrema
- M Stachelpilze
Sistrurus
Sisymbrietalia
Sisymbrium ↗
- Rauke
Sisyphus ↗
Sisyra
- Schwammfliegen
- Tracheenkiemen
Sisyridae ↗
Sisyrinchium ↗
Sitaris
- Ölkäfer
Sitatunga
Sitka-Fichte
- M Fichte
- B Nordamerika II
Sitka-Fichtenwälder
- Nordamerika
Sitodrepa
- Brotkäfer
- Klopfkäfer
Sitona
- Rüsselkäfer
Sitophilus
- M Rüsselkäfer
Sitosterin
Sitotroga
- Palpenmotten
Sitta ↗
Sittengesetz
- Bioethik
Sitter ↗
Sittiche
Sittidae ↗
sittliches Verhalten
- Bioethik
- Ethik in der Biologie
Situla
- M Tiefseefauna
Situs inversus
- Kartagener-Syndrom
- Schnecken
Situspräparat
Sitzbein
- Hüfte
↗ Ischium
sitzende Blätter
- herablaufende Blätter
sitzende Blüten
- Narbe
Sium ↗
Sivapithecus
- Paläanthropologie
Sivatheriinae
- Giraffen
- Griquatherium
- Helladotherium
- Libytherium
Sivatherium
Siwalik-Fauna
- Siwaliks
Siwaliks
Sjögren-Syndrom
- Rheumatismus
Skabies ↗
Skabiose

Sklerite

Skalar ↗
- B Aquarienfische II
Skaliden
- Kinorhyncha
- □ Loricifera
- M Priapulida
Skammonium-Harz ↗
Skatol
- chemische Sinne
- Clostridien
Skeletin
Skelett
- Bewegung
- Bewegungsapparat
- Grazilisation
- Präparationstechniken
- B Reptilien I
- Vögel
- Wachstum
- M Wasser (Wassergehalt)
- B Wirbeltiere I
Skelettböden
- Syrosem
Skelett-Erkrankungen
- Phosphatasen
Skelettfraß
- Blattkäfer
- Skelettierfraß
Skelettierfraß
Skelettmuskel
- Actin
- Actinin
- □ Chronaxie (Chronaxiewerte)
- M Membranpotential
- B Nervensystem II
↗ Muskelkontraktion
↗ Muskeln
↗ Skelettmuskulatur
Skelettmuskulatur
- Herzmuskulatur
- Myotuben
- Muskulatur
↗ quergestreifte Muskulatur
↗ Skelettmuskel
Skelettnadel
- B Schwämme
Skelett-Opal
Skelettsystem
Skhul (Israel)
↗ Skuhl (Israel)
Skifahren
- Talus
Skimmia ↗
Skinkartige
- Scincomorpha
Skinke
- Didosaurus
- Gelege
Skinner, Burrhus Frederic
- Konditionierung
- Milieutheorie
- Skinner-Box
Skinner-Box
- instrumentelle Konditionierung
Skistockbein
- Xiphosura
Sklavenhalterei
- Schuppenameisen
↗ Sklaverei
Sklaverei
- Mensch und Menschenbild
Sklera
Sklereiden ↗
- Polytrichidae
Skleren
- Sklerite
Sklerenchym
- B Sproß und Wurzel II
Sklerenchymfasern ↗
- Fasern
Sklerenchymscheide
- Leitbündel
Sklerite
- Bewegung
- Cuticula
- B Schwämme

Skleroblasten

Skleroblasten
Sklerocyten
– M̄ Schwämme (Zelltypen)
Sklerodermiten
– Trabekeln
Sklerokaulen
Sklerophyllen
Skleroproteine
Sklerosepten
– Septen
Sklerotesta
Sklerotheka
Sklerotien
– □ Myxomycetidae
Sklerotienbecherlinge ↗
Sklerotienfäule
Sklerotisierung
– B̄ Häutung
– Oenocyten
– Phenol-Oxidase
Sklerotium
– Sklerotien
Sklerotom
– Dermatom
– M̄ Somiten
– Wirbel
Skolex
– Cysticercus
Skolopender
Skolopidialorgane ↗
Skorbut
– □ Barbarakraut
– M̄ Brunnenkresse
– Löffelkraut
Skorbutkraut
– Scharbockskraut
Skorpione
– B̄ Atmungsorgane II
– Hautdrüsen
– Komplexauge
– M̄ Spermatophore
– Viviparie
Skorpiongifte
Skorpionschnecken ↗
Skorpionsfische ↗
Skorpionsfliegen
Skorpionswanzen
– Sipho
Skotasmus
skotochromogene Mykobakterien
– M̄ Mykobakterien
skotophile Phase
– □ Blütenbildung
skotopisches Sehen ↗
– photopisches System
Skrotum ↗
Skua ↗
– B̄ Polarregion IV
– M̄ Polarregion
Skuhl (Israel)
– M̄ Karmel
– Paläanthropologie
Skuhl-Mensch
Skulpturierung
– Gestalt
Skulptursteinkern
– Fossilien
Skunks
Skye-Terrier
– □ Hunde (Hunderassen)
Skythium
– M̄ Trias
Slavina
slickensides
– Hydroturbation
– Pelosol
sliding-filament-Mechanismus
Sloanea
– M̄ Elaeocarpaceae
Sloughi
– □ Hunde (Hunderassen)
slow-Viren
– □ Viruskrankheiten
slow-Virus-Infektion
– Kuru-Krankheit
– multiple Sklerose
– □ Virusinfektion (Abläufe)
slow wave-Schlaf
– Schlaf

Sludge-Phänomen
– Schock
small nuclear RNA ↗
smallpox
– Pockenviren
Smaragdameisen
– Weberameisen
Smaragdeidechse
– Europa
– B̄ Mediterranregion III
– B̄ Reptilien II
Smaragdlibellen ↗
Smaragdspint
– Bienenfresser
Smerinthus ↗
Smilacaceae
– Stechwinde
Smilacoideae
– Liliengewächse
– Stechwinde
Smilax ↗
Smilisca ↗
Smilodon
– atelische Bildungen
– B̄ atelische Bildungen
Sminthillus ↗
Sminthuridae ↗
– Greifantenne
– Kugelspringer
Sminthurus
– Kugelspringer
Smith, Erwin F.
– Erwinia
Smith, H.O.
– B̄ Biochemie
Smith, Maynard J.
– Soziobiologie
Smith, T.
– Mykobakterien
Smith, W.
– Geochronologie
– M̄ Leitfossilien
– Stratigraphie
Smog
– M̄ Pflanzenkrankheiten
– Stickoxide
Smonitza ↗
smooth form
– S-Form
Smyrna-Feige
– M̄ Feigenbaum
Snell, G.D.
Snell, O.
– Allometrie
Snellsche Formel
– M̄ Allometrie
– Cerebralisation
Snook ↗
sn-RNA
sn-RNP-Partikel
– Ribonucleinsäuren
Snyder-Theilin Feline Sarcoma Virus
– □ Onkogene
Soa-Soa
– Segelechsen
– M̄ Segelechsen
Sobemovirus-Gruppe ↗
social facilitation
– Stimmungsübertragung
Sockenblume ↗
– M̄ Sauerdorngewächse
Soda
– Braunalgen
– Jochblattgewächse
– Kelp
– M̄ pH-Wert
– Queller
Sodapflanze
– Löffelkraut
Sode
Sodoku
– Rattenbißkrankheit
Soergel, Wolfgang
– Soergelia
Soergelia
Sohle
– Stratum
Sohlenfliegen ↗

Sohlengänger ↗
Sohlenpolster
– Katzen
Söhngen
– methanoxidierende Bakterien
Soja
– Einzellerprotein
– Pediococcus
– Sojabohne
Sojabohne
– Knöllchenbakterien
– M̄ Knöllchenbakterien (Wirtspflanzen)
– B̄ Kulturpflanzen III
– Ölpflanzen
– Stigmasterin
– M̄ Tausendkorngewicht
– Urease
– M̄ Wachstum
Sojakuchen
– Sojabohne
Soja-Lectin
– □ Lectine
Sojamehl
– M̄ Grünalgen
– Sojabohne
Sojaöl
– Gärfett
– Sojabohne
Sojaprodukte
– M̄ Milchsäurebakterien
– Sojabohne
Sojaprotein
– Sojabohne
Sojasauce
– Aspergillus
– □ Enzyme (Technische Verwendung)
– Torulopsis
Sokrates
– Coniin
Sol
Soladulcidin
– M̄ Nachtschatten
Solanaceae ↗
Solanaceenalkaloide
Solanidin
– Demissin
– M̄ Nachtschatten
– Solanin
Solanin
– Kartoffelkäfer
– Saponine
Solanum ↗
Solanum-Alkaloide
– Solanaceenalkaloide
solarer Wind
– □ chemische Evolution
Solariidae ↗
Solarkonstante
– □ Energieflußdiagramm
Solaropsis
Solasodin
– M̄ Nachtschatten
– □ Solasonin
Solasonin
Solaster ↗
Solasteridae
– Sonnenstern
Soldanella ↗
Soldaten
– Arbeitsteilung
– staatenbildende Insekten
– M̄ Termiten
Soldatenfische
Soldatenkäfer ↗
– B̄ Käfer I
Soldatenstärling
– Stärling
– B̄ Südamerika IV
Soldatenwels ↗
Solea
– Zungen
Solecurtidae
– Scheidenmuscheln
Solecurtus ↗
Soleidae ↗
Solemya ↗

Solen ↗
Solena
– Scheidenmuscheln
Solenichthyes
– Brutbeutel
Solenidae
– Cultellus
– Scheidenmuscheln
Solenien
– Coenosark
Solenobia
– Sackspinnen
Solenocyten
Solenocytenorgan
– □ Exkretionsorgane
Solenodon
– Schlitzrüßler
Solenodontidae ↗
Solenogastres ↗
solenoglyph
Solenoidea
– Scheidenmuscheln
Solenopsia
– M̄ Ameisengäste (Beispiele)
Solenopsis ↗
Solenostomidae ↗
Soleoidei ↗
Soleolifera ↗
Solfataren
– Sulfolobales
– thermophile Bakterien
Sol-Gel-Umwandlung
– Ektoplasma
Solidago
Solifluktion ↗
– Fließerden
↗ Bodenfließen
Solifugae ↗
– □ Chelicerata
Solipsismus
– Sexualität - anthropologisch
solitär
solitäre Eibildung
– Oogenese
solitäre Faltenwespen
– Eumenidae
solitäre Insekten
– soziale Insekten
– M̄ staatenbildende Insekten
Solitärfollikel
– Lymphfollikel
Solitaria
– M̄ Kamptozoa
solitaria-Form
– Massenwanderung
Solitaria-Phase
– Wanderheuschrecken
Solitärparasitismus
– Gregärparasitismus
Sollas
– Parazoa
Sollbruchstellen
– Explosionsmechanismen
Sollmuster
– motorische Prägung
Sollwert
– □ adrenogenitales Syndrom
– Muskelspindeln
– Regelung
Sollwertgeber
– Regelung
– B̄ Regelung im Organismus
Sollwertverstellung
– □ Temperaturregulation
↗ Regelung
Solmaris ↗
Solmissus ↗
Solmundella ↗
Solnhofen
– □ Jura
Solod ↗
Solomensch ↗
Solonez ↗
Solonezböden
– Alkaliböden
– Asien
Solontschak ↗

Sortenschutzgesetz

Solontschakböden
– Alkaliböden
Solorina ↗
Solpuga
– Walzenspinnen
Solubilisierung
– Membranproteine
– ☐ Membranproteine (Detergentien)
Solubilität
– Löslichkeit
Soluta
Solutréen
– Venusstatuetten
Solvatationshüllen
– Quellung
Solvens ↗
Solvolyse
Soma
– axonaler Transport
– Axonhügel
– Nervenzelle
Soma-Kult
– Ⓜ Fliegenpilz
Soman
– Anticholin-Esterasen
Somatasteroidea
– Platasterias
– Ⓜ Seesterne
– Ⓜ Stachelhäuter
Somateria ↗
somatisch
somatische Afferenzen
– Afferenz
somatische Antigene
– O-Antigene
somatische Assoziation
– Chromosomenpaarung
somatische Ersatzknochen
– Visceralskelett
somatische Inkonstanz
somatische Mutationen
– Strahlenschäden
somatische Paarung
– Chromosomenpaarung
somatische Rekombination
– Chromosomenpaarung
somatisches Crossing over
– Minute-Technik
somatische Sensibilität
– Sensibilität
somatisches Gebiet
– Nervensystem
somatische Zellen
– Somazellen
Somatoblast
– Urmesodermzelle
Somatochlora ↗
Somatocoel ↗
Somatogamie
– Gamontogamie
somatogen
Somatogramm
– Ⓜ Biometrie
Somatologie ↗
Somatolyse
– Bärenspinner
– Tarnung
– Zebras
Somatomedine
– Mitogene
Somatometrie ↗
somatomotorisch
– Motoneurone
Somatoplasma
Somatopleura
– Ⓜ Somiten
Somatosensorik
– Sensibilität
Somatoskopie
Somatostatin
– ☐ Gentechnologie
– Neuropeptide
– Neuropeptide
somatotope Organisation
– ☐ Telencephalon
somatotrop
– ☐ hypothalamisch-hypophysäres System

somatotropes Hormon
– ☐ Hormone (Drüsen und Wirkungen)
– ↗ Somatotropin
Somatotropin (= STH)
– ☐ Adenohypophyse
– Diabetes
– glandotrope Hormone
– Ⓜ Hunger
– Lactation
– Schlaf
– ↗ Wachstumshormon
Somatotropin-Freigabe-Hemmungs-Hormon
– Somatostatin
Somatotropin-Freigabe-Hormon
– Somatotropin
somatoviscerale Sensibilität
– Sensibilität
Somatoxenie
Somazellen
Somiten
– Ⓑ Embryonalentwicklung I
– Ⓑ Induktion
– Primitivorgane
Sommerannuelle
Sommeraster ↗
– Ⓑ Asien V
Sommerblüher
– ☐ botanische Zeichen
Sommerdeckel
– Epiphragma
Sommerereier ↗
Sommerfeld, A.
– Information und Instruktion
Sommerfeldbau
– Jahreszeitenfeldbau
Sommerfell
– Sommerkleid
Sommerflieder
– Brechnußgewächse
– Buddleja
Sommerflunder ↗
Sommerform
– ☐ Saisondimorphismus
Sommerbraut ↗
Sommergetreide
– Dreifelderwirtschaft
Sommergoldhähnchen
– Goldhähnchen
– Ⓑ Rassen- u. Artbildung II
– Ⓑ Vögel I
sommergrüne Laubwälder
– Asien
– Europa
– Nordamerika
– ↗ sommergrüne Wälder
sommergrüne Wälder
– Ⓑ Asien II
– Ⓑ Asien V
– Ⓑ Asien VI
– Ⓑ Europa I
– Ⓑ Mediterranregion I
– Ⓑ Nordamerika I
– Ⓑ Nordamerika IV
– ☐ Produktivität
– Ⓑ Südamerika VI
– ↗ sommergrüne Laubwälder
Sommerkleid
– Haarwechsel
– Saisondimorphismus
Sommerlaicher
– Ⓜ Laichperioden
Sommerlavatere
– Ⓜ Malvengewächse
Sommer-Linde
– Ⓜ Höhengrenze
– Linde
Sommerquartier
– Fledermäuse
Sommerruhe
– Sommerschlaf
Sommerschlaf
– Brillensalamander
– Trockenschlaf
– Ⓜ Wüste
Sommersporen
– Uredosporen

Sommersprossen
– Hautfarbe
Sommerung
– Sommergetreide
Sommervögel ↗
Sommerwurz
– Sommerwurzgewächse
Sommerwurzgewächse
Somniosus ↗
Sonagramm
Sonagraph
– Bioakustik
Sonar
Sonarorientierung
– Delphine
– Sonar
Sonchus ↗
Sonderabfälle
– Abfall
Sonderkulturen
Sondermüll
– Abfall
Sonne-Bacillus
– Ⓜ Shigella
Sonnenaktivität
– Klima
Sonnenastrild
– ☐ Käfigvögel
– Ⓜ Prachtfinken
Sonnenbär ↗
Sonnenbarsche
Sonnenblätter ↗
Sonnenblume
– Ⓜ Blatt
– Blütenbildung
– Ⓑ Kulturpflanzen III
– Ölpflanzen
– tagneutrale Pflanzen
Sonnenblumenöl
– Sonnenblume
Sonnenblumenstern
Sonnenbrand (Botanik)
– Rindenbrand
Sonnenbrand (Medizin)
– Ultraviolett
Sonnenbraut ↗
– Ⓑ Nordamerika III
Sonnenenergie
– Bioenergie
– Energieflußdiagramm
– ↗ Sonnenstrahlung
Sonnenfisch ↗
Sonnenfische ↗
Sonnenfleckenperiodik
– Strahlenbelastung
Sonnenhut
– hortifuge Pflanzen
– Ⓑ Nordamerika III
Sonnenkälbchen ↗
Sonnenkompaß
– Brieftaube
– Chronobiologie
– Ⓑ Chronobiologie II
– Frisch, K. von
– Kompaßorientierung
– Vogelzug
– ↗ Sonnenorientierung
Sonnenmikroskop
– Rösel von Rosenhof
Sonnenmotten
Sonnenorientierung ↗
– Ameisen
– Ⓑ Chronobiologie II
– ↗ Sonnenkompaß
Sonnenpflanzen
– Herbstfärbung
– ↗ Heliophyten
Sonnenrallen
– Ⓑ Südamerika III
– Ⓑ Südamerika
Sonnenröschen
Sonnenstand
– Bienensprache
Sonnenstern
Sonnenstich ↗
Sonnenstrahlfisch ↗
Sonnenstrahlung
– ☐ chemische Evolution
– Ⓑ chemische und präbiologische Evolution

– Ⓜ Klima (Klimaelemente)
– Temperaturregulation
– ↗ Sonnenenergie
Sonnensystem
– ↗ Planetensystem
Sonnentau
– ☐ Bodenzeiger
– Tentakel
Sonnentaugewächse
Sonnentierchen
– Gameten
– Plasmotomie
– ↗ Heliozoa
Sonnenuhrschnecken ↗
Sonnenvögel ↗
Sonnenwende
– Ⓑ Südamerika VII
Sonnenwendkäfer ↗
Sonnenwind
– ↗ solarer Wind
Sonnerat, Pierre
– Sonneratiaceae
Sonneratia
– Sonneratiaceae
Sonneratiaceae
Sonora-Wüste
– Nordamerika
Sooglossidae ↗
Sooglossus
– Seychellenfrösche
Soor
– Monilia
Soormykose
– Soor
Sophienkraut
Sophora ↗
Sophronitis
– Ⓑ Orchideen
Sorale
Sorangiaceae
Sorangineae ↗
Sorangium
– Sorangiaceae
Sorbinsäure
– Konservierung
Sorbit
– Diapause
– Frostresistenz
Sorbitol
– Sorbit
Sorbose
Sorbus
Sordariaceae
– Neurospora
– Ⓜ Sphaeriales
– Ⓜ Xylariales
Soredien
soredïos ↗
Soredium
– Soredien
Sorex ↗
Sorghastrum
– Nordamerika
Sorgho ↗
Sorghum
– Ⓜ Andropogonoideae
– Durrha
– Hirse
– Mohrenhirse
Sori
– Ⓑ Farnpflanzen II
Soricidae ↗
Soricinae
– Ⓜ Spitzmäuse
sorokarp
Sorosphaera
– Ⓜ Tiefseefauna
Sorosporium
– Ⓜ Brandpilze
Sorption
Sorptionskapazität
– Ton-Humus-Komplex
Sorte
– Convarietät
– Varietät
Sortenregister
– Sorte
Sortenschutzgesetz
– Sorte

Sorubium

Sorubium ↗
- Antennenwelse

Sorus
- Sori

Sosane
- M Ampharetidae

SOS-Reparatur
- DNA-Reparatur

Soßen
- Tabak

Sotalia
- M Langschnabeldelphine

Sotto-Krankheit
- Bacillus thuringiensis

Souchong ↗
- □ Teestrauchgewächse

Source
- Druckstromtheorie

Sousa
- M Langschnabeldelphine

Southern, E.M.
- M Hybridisierung (Blotting-Technik)

Southern-Blotting
- M Hybridisierung

Soxhlet-Extraktion
- Extraktion

Soziabilität
- Bestandsaufnahme
- Vegetationsaufnahme

sozial
- Tiergesellschaft

Sozialanthropologie

Sozialbiologie
- Sozialanthropologie
- Soziologie
- ↗ Soziobiologie

Sozialbrache
- Kultursteppe

Sozialdarwinismus ↗
- Abstammung - Realität
- Biologismus
- Milieutheorie

soziale Aktivität
- Gähnen

soziale Anregung
- Lernen
- soziale Stimulation
- Stimmungsübertragung

soziale Arten
- M Sozialverhalten

soziale Ascidien ↗

soziale Attraktion
- anonymer Verband

soziale Erleichterung
- Stimmungsübertragung

soziale Faltenwespen
- Vespidae

soziale Funktion
- Sexualität - anthropologisch

soziale Hemmungen
- Tötungshemmung

soziale Hierarchie
- Rangordnung

soziale Hilfeleistungen
- staatenbildende Insekten

soziale Insekten
- Aggression
- Alarmstoffe
- Brutpflege
- Familienverband

soziale Körperpflege

soziale Organisation
- Allee's Prinzip

sozialer Alarmruf
- Jugendentwicklung: Tier-Mensch-Vergleich

sozialer Magen
- B Ameisen I
- Sozialmagen

soziale Rollen
- Sozialisation

soziale Schlüsselreiz
- Auslöser

sozialer Uterus
- Jugendentwicklung: Tier-Mensch-Vergleich

sozialer Verband ↗

soziale Spinnen

soziales Signal
- Lachen
- ↗ Signal

soziale Staaten
- Apoidea
- ↗ staatenbildende Insekten
- ↗ Tierstaaten

soziale Stimulation
- Lernen
- Stimmungsübertragung

soziale Umwelt
- Hygiene

soziale Verstärkung
- Stimmungsübertragung

soziale Zeitgeber

Sozialhygiene
- Hygiene

Sozialisation

Sozialisierung
- Sozialisation

Sozialmagen

Sozialökologie
- Stadtökologie

Sozialparasitismus
- Ameisen
- staatenbildende Insekten
- Symphilie

Sozialpartner
- Bezugsperson
- Bindung

Sozialtrieb
- sozial

Sozialverhalten
- Bioethik
- Deprivationssyndrom
- Mensch und Menschenbild
- Tiersoziologie

Soziation

Sozietät ↗

Soziobiologie
- Altruismus
- Bioethik
- Biologismus
- Biopolitologie
- Biosoziologie
- Ethik in der Biologie
- Ethoökologie
- Kultur
- Sozialanthropologie
- staatenbildende Insekten
- Tiergesellschaft
- Tiersoziologie

Soziohormon
- staatenbildende Insekten

Soziologie
- Biosoziologie
- Tiersoziologie

soziologische Progression

Sozioökologie
- Soziobiologie

Soziotomie ↗

sp.

SP 2
- M Zellkultur

spacer
- □ Palindrom
- □ Prozessierung

spacer-t-RNA ↗

Spadella

Spadicifflorae ↗

Spadix (Botanik) ↗

Spadix (Zoologie) ↗

Spalacidae ↗

Spalacopus
- M Trugratten

Spalacotheriidae

Spalacotherium
- Spalacotheriidae
- Trituberkulartheorie

Spalax
- Blindmäuse

Spalierobst
- Formobstbaum
- Spalierstrauch

Spalierstrauch

Spalierwuchs ↗

Spallanzani, L.
- B Biologie I

- B Biologie II
- M Enzyme
- Klammerreflex
- Urzeugung

Spaltalgen ↗

Spaltamnion
- Embryonalhüllen

Spaltastfarne ↗

Spaltbein
- Gliederfüßer

Spaltblättlinge

Spaltblume
- B Südamerika VII

Spaltenfrost
- Frostsprengung

Spaltenfüllungen

Spaltenkreuzspinne
- M Araneus

Spaltenschildkröten ↗

Spaltensorale ↗

Spaltfrucht

Spaltfuß (Medizin)
- Antenne
- M Cephalocarida
- B Gliederfüßer I

Spaltfuß (Zoologie)

Spaltfüßer

Spaltfußgänse ↗

Spaltfußkrebse
- Mysidacea

Spaltgelenk
- Gelenk

Spalthefen ↗

Spalthufer ↗

Spaltöffnungen
- Atemhöhle
- Austrocknungsfähigkeit
- M Devon (Lebewelt)
- Epidermis
- epistomatisch
- M Hygrophyten
- Kormus
- Landpflanzen
- Luftverschmutzung
- Nebenzellen
- M Peronospora
- Pneumathoden
- Rollblätter
- Sukkulenten
- Transpiration
- Trockenresistenz
- Wassertransport

Spaltöffnungsapparat
- Spaltöffnungen

Spaltöffnungsmuster
- M Spaltöffnungen
- Symmetrie

Spaltöffnungsmutterzelle
- □ Spaltöffnungen

Spaltpilze ↗

Spaltschlüpfer
- Fliegen

Spaltsinnesorgane
- Vibrationssinn

Spaltung (Atomkern)
- Radioaktivität

Spaltungsgeneration

Spaltungsregel ↗

Spaltwirbel
- Spina bifida

Spaltzähner

Spaltzahnmoose ↗

Spanferkel

Spanfisch ↗

Spaniel
- □ Hunde (Hunderassen)
- B Hunderassen I

Spanische Flagge
- B Insekten III

Spanische Fliege
- B Käfer I
- Tiergifte

Spanischer Pfeffer
- Paprika

Spanisches Rohr ↗
- B Mediterranregion III

Spannbrett
- Präparationstechniken

Spanner
- Afterfuß

- Gehörorgane
- B Mimikry II

Spannreulen
- Palpeneulen

Spannungstrajektorien
- ↗ Trajektorien

Spannweite
- Pteranodon

Sparassidaceae
- Sparassis

Sparassidae
- Eusparassis

Sparassis

Sparganiaceae
- Sparganio-Glycerion

Sparganium ↗

Sparganosis

Sparganothis
- Laubwurm
- M Rebkrankheiten
- Wickler

Sparganum ↗

Spargel
- Asparagin
- Dreihäusigkeit
- Fluor
- B Kulturpflanzen IV

Spargelbohne ↗

Spargelfliege ↗

Spargelhähnchen ↗
- M Stridulation

Spargelkohl ↗

Spargelrost

Spargelsalat
- Lattich

Spargelschote
- □ Bodenzeiger

Sparidae ↗

Spark ↗

Spärkling ↗

Sparmacium
- Paleozän

Sparmann, Anders
- Sparmannia

Sparmannia ↗
- Schauapparat

Spartein

Spartina ↗

Spartinetea
- Küstenvegetation

Spartium ↗

Sparus ↗

Spasmin

Spasmoneme
- Glockentierchen
- Myoneme
- sliding-filament-Mechanismus

Spasmus

spastische Lähmungen
- Denervierung

Spätabort
- Fohlenlähme

Spatangidae
- Spatangus

Spatangus

Spätburgunder
- □ Weinrebe

späte Gene
- frühe Gene
- □ Virusinfektion (Genexpression)

spatelförmig
- Blatt

Spatelinge ↗

Spatelpilz
- Spathularia

Spatelwels ↗

Spatenfische

späte Proteine
- Bakteriophagen

späte Wärmezeit
- Subboreal

Spätfrost
- Frost
- Frostschäden

Spätgärung
- Hansenula

Spätglazial

Spatha ↗
- Aronstabgewächse
Spathegaster
- Gallwespen
Spathiflorae ↗
Spathodea ↗
Spathognathodus
- Lochriea
Spätholz
- ☐ Holz (Blockschemata)
Spathularia
Spathura
- ☐ Kolibris
Spatina
- Ⓜ Marschböden
Spatium epidurale
- Epiduralraum
Spätlähme
- Fohlenlähme
Spätreife
Spätschäden
- Radiotoxizität
Spätschorf
- Kernobstschorf
Spatula ↗
Spätwurm
- Spätglazial
Spatzen ↗
Spatzenzunge
spearmint
- ☐ Minze
spec. ↗
Spechtartige
Spechte
- Ⓜ brüten
- Darwinfinken
- Ⓑ Europa XI
- Greiffuß
- Handschwingen
- Ⓜ Höhlenbrüter
- Nest
- Ⓜ Schnabel
- Schwanzfedern
- Strichvögel
- Ⓑ Vögel I
- Ⓑ Vogeleier I
- Vogeluhr
- Zunge
Spechtfinken ↗
- Ⓑ adaptive Radiation
- Darwinfinken
- Ⓑ Südamerika VIII
- Werkzeuggebrauch
Spechtmeisen ↗
- Abart
Speckkäfer
Speckmaus ↗
spectacled-eye
- Inosit
Speerfische
Speiche
- Elle
- ☐ Gelenk
- Hand
- Ⓜ Hand (Skelett)
- Ⓑ Homologie und Funktionswechsel
- ☐ Organsystem
- Ⓜ Paarhufer
- ☐ Vogelflügel
Speichel
- Amylasen
- Duftmarke
- Lysozym
- Nahrungsmittel
- Spitzmäuse
- Temperaturregulation
- Verdauung
Speicheldrüsen
- Darm
- Ⓑ Genaktivierung
- ☐ Insekten (Bauplan)
- Labialdrüse
- Ⓑ Nervensystem II
- Oesophagus
- ☐ Virusinfektion (Wege)
Speicheldrüsenchromosomen ↗
Speichelgang
- ☐ Mundwerkzeuge

- Speichelrohr
Speichelpumpe
- Ⓜ Wanzen
Speichelrohr
Speichelsekretion
- Durst
- ↗ Speichel
- ↗ Speicheldrüsen
Speicherblätter
Speicherembryo
Speicherfett ↗
- Acylglycerine
- Fette
- ↗ Depotfett
- ↗ Reservestoffe
- ↗ Speicherstoffe
Speichergewebe
Speichergranula
- ☐ Bakterien
- Volutin
Speicherhypokotyl
- Speicherembryo
Speicherkohlenhydrate
- Gentianose
- ↗ Reservestoffe
Speicherkotyledonen
- Speicherembryo
Speicherkrankheiten
Speicherling
- Galio-Carpinetum
Speichernieren ↗
- Kreismundschnecken
Speicherorgane
- Aronstabgewächse
- Blatt
Speicherparenchym
- Speichergewebe
Speicherpolysaccharide
- Chloroplasten
- ↗ Reservestoffe
Speicherproteine
- Gluteline
Speicherstoffe ↗
- Assimilation
- Fettspeicherung
- Korbblütler
- ↗ Reservestoffe
Speicherstoffgranula
- ☐ Bakterien (Zellaufbau)
- Volutin
Speicherung
- Gedächtnis
- ↗ Reservestoffe
- ↗ Speicherstoffe
Speicherungskrankheiten
- Speicherkrankheiten
Speicherwurzel
- Wurzel
Speicherwurzeln
Speierling ↗
Speik ↗
- Ⓑ Alpenpflanzen
Speisebohnenkäfer
- Ⓜ Samenkäfer
Speisebrei
- Dünndarm
Speisegelatine
- Wein
Speiselorchel
- Mützenlorcheln
Speisemorchel
- Ⓜ Morcheln
- Ⓑ Pilze IV
Speisepilze
Speiseröhre ↗
- ☐ Magen (Mensch)
- ☐ Nervensystem (Wirkung)
- Peristaltik
- Ⓑ Verdauung I
- ↗ Oesophagus
Speisesaft
- Chylus
Speisesalz
- Iod
- ↗ Natriumchlorid
Speisetrüffel
Speispinnen
Spektralempfindlichkeit
- Purkinje-Phänomen

Spektralfarben
- Farbe
- Ⓑ Farbensehen
- Licht
Spektrin
Spektrum ↗
- Fluoreszenz
Spelaeographacea
Spelaeogriphus
- Spelaeographacea
Spelaeonectes
- Remipedia
Speläologie
Speläozoologie
Speleoperipatus
- Ⓜ Stummelfüßer
Spelz ↗
Spelzen
- Granne
Spelzenbräune
Spelzenschluß
- Spelzgetreide
Spelzenschnecke
Spelzgetreide
Spemann, H.
- Ⓑ Biologie I
- Ⓑ Biologie II
- Ⓑ Biologie III
- Determination
Spencer, H.
- Abstammung - Realität
- Ⓑ Biologie I
- Ⓑ Biologie II
- Biologismus
- Darwinismus
- Selektion
- Zoologie
Spenderblut
- Bluttransfusion
Spenderorgane
- Ⓜ Transplantation
Spenderzellen
- Donorzellen
Spengel, Wilhelm
- Spengelidae
- Spengelsche Organe
Spengelia
- Spengelidae
Spengelsche Organe ↗
Speothonini ↗
Speothos
- Waldfüchse
Speotyto ↗
Sperber ↗
- Ⓑ Europa X
- ☐ Flugbild
- gesperrt
- ökologische Nische
- Ⓑ Vogeleier I
Sperbergeier ↗
Sperbergrasmücken
- Grasmücken
Spercheidae
- ☐ Käfer
- Wasserkäfer
Spergula ↗
Spergularia ↗
Spergulo-Oxalidion strictae
- Ⓜ Polygono-Chenopodietalia
Sperk ↗
Sperlinge
- Ⓑ Europa XVIII
- Ⓜ Flug
- hemerophil
Sperlingskauz
- Eulen
Sperlingsvögel
- Ⓜ brüten
- Gefieder
- Mauser
- Ⓑ Vögel I
- Ⓑ Vögel II
Sperlingsweber ↗
Sperma
- Ejakulat
- Geschlechtsorgane
- Konservierung

Spermaceti
- Pottwale
Spermadukt
- Samenleiter
Spermakern
Spermalege
Spermaplasma
- Sperma
Spermarinne
- Spermoviduct
Spermarium
Spermatangien
Spermateleosis ↗
Spermatheka ↗
Spermatiden (Botanik)
Spermatiden (Zoologie)
- ☐ Hoden
Spermatien
- Spermatium
Spermatium
- Ⓑ Algen V
- ☐ Rostpilze
Spermatochnus
- Nematoblastem
Spermatocysten ↗
- Ⓜ Schwämme
Spermatocyten
- Gametocyt
- Geschlechtszellen
- ☐ Hoden
- Sperma
- Spermatogenese
Spermatodesmen ↗
Spermatogenese (Botanik)
Spermatogenese (Zoologie)
- Geschlechtsorgane
Spermatogonien (Botanik)
Spermatogonien (Zoologie)
- Gametocyt
- Geschlechtsorgane
- Geschlechtszellen
- Gonien
- ☐ Hoden
- Sperma
- Spermatocyten
Spermatogonium
- Geschlechtsorgane
- Spermatogonien
spermatophag
- Borkenkäfer
Spermatophore
- Begattungsorgane
- Besamung
- Cornuti
- Geschlechtsorgane
- Ⓜ Milben
- Needham-Schläuche
- Prostata
- Sperma
Spermatophylax
- Spermatophore
Spermatophyta ↗
- Archegoniaten
- Ⓑ Pflanzen, Stammbaum
Spermatosomen
- Spermien
Spermatozeugmen ↗
- Epitonium
- Spermiendimorphismus
Spermatozide
- Empfängnisverhütung
Spermatozoen ↗
- animalcules
- Certation
- Hartsoeker, N.
- ↗ Spermien
Spermatozoid ↗
- Antheridium
- Ⓑ Farnpflanzen I
- Ginkgoartige
- Samen
- Spermazelle
- Spermien
Spermatropfen
- Sperma
- Spermatophore
Spermazelle
- Bedecktsamer
- Ⓑ Bedecktsamer I

Spermiation

- [M] Befruchtung (Angiospermen)
- Samen

Spermiation
- Hoden
- Spermatogenese

Spermidin
- Desoxyribonucleinsäuren

Spermien
- Androgene
- Antheridium
- äußere Besamung
- Befruchtung
- [B] Biologie II
- Bläschendrüsen
- Diaster
- Empfängnisverhütung
- Geschlecht
- Geschlechtsverhältnis
- Gossypol
- Gynogenese
- [] Hoden
- Kartagener-Syndrom
- Leeuwenhoek, A. van
- Meiose
- [M] Plasmogamie
- Protamine
- [] Receptaculum
- Ribosomen
- [M] Sperma
- Zufall in der Biologie
- ↗ Spermatozoen

Spermiendimorphismus
Spermienkonkurrenz
- Spermatophore

Spermienmutterzellen ↗
Spermienpaket
- Spermatophore

Spermienreifung
- Hoden
- Lunarperiodizität
- Spermatogenese

Spermienspeicherung
- Geschlechtsorgane
- Hoden
- Samenblase

Spermienwächter
- Spermatophore

Spermin
Spermiocysten
- Myzostomida

Spermiocyten ↗
Spermiocytogenese ↗
Spermiodesmen
- Spermatophore

Spermiodukt ↗
- Spermovidukt

Spermiogenese ↗
- Hertwig, O.W.A.
- [] Hormone (Drüsen und Wirkungen)

Spermiogramm
- [M] Sperma

Spermiohistogenese ↗
Spermioteleosis
- Spermatogenese

Spermiozeugmen
- Spermatophore

Spermium ↗
- ↗ Spermien

spermizid
- Gossypol
- ↗ Spermatozide

Spermodea
Spermogonien ↗
Spermophagus
- [M] Samenkäfer

Spermophilopsis
- Borstenhörnchen

Spermophthora
- [M] Spermophthoraceae

Spermophthoraceae
- Echte Hefen

Spermophthorales
- Spermophthoraceae

Spermovidukt
Spermwal
- Pottwale

Sperosoma
- Tiefseefauna

Sperrachen
- Witwenvögel

Sperrblüten
sperren
Sperrfilter
- [] Fluoreszenzmikroskopie

Sperrgelenk
- Stichlinge

Sperrhaare
- Osterluzei

Sperrkrautgewächse ↗
Sperrmuskeln
- Muscheln
- Muskelkontraktion
- Muskulatur
- Paramyosin
- ↗ Schließmuskeln

Sperrtonus
- Schließmuskeln

Sperry, R.W.
Spezialisation
Spezialisationskreuzung ↗
Spezialisten
- ökologische Nische

Speziation ↗
Spezies ↗
spezifische Aktivität
- Enzyme

spezifische Proteolyse
- Golgi-Apparat

spezifischer elektrischer Widerstand
- elektrische Leitfähigkeit

spezifischer Hunger
- [] Hunger

spezifischer Transport
spezifische Wachstumsrate
- Vermehrungsrate

Sphacelaria
- asexuelle Fortpflanzung
- Braunalgen
- Sphacelariales
- [M] Sphacelariales

Sphacelariales
Sphacelotheca
Sphaenorhynchus ↗
Sphaeractinia
Sphaeractinoidea
Sphaerechinus ↗
Sphaeriales
Sphaeridae
Sphaeridiinae
- Wasserkäfer

Sphaeridium ↗
- Sphäridien

Sphaeriidae
- Kugelkäfer
- Kugelmuscheln

Sphaeriodiscus
Sphaeritidae
- [] Käfer

Sphaerium ↗
- [] Saprobiensystem

Sphaerius
- Kugelkäfer

Sphaerobolaceae
Sphaerobolus
- Sphaerobolaceae
- [M] Sphaerobolaceae

Sphaerocarpaceae
Sphaerocarpales
Sphaerocarpus
- Sphaerocarpaceae

Sphaeroceridae ↗
Sphaerocytophaga
- Cytophagales

Sphaerodactylus ↗
Sphaerodoridae
Sphaerodoropsis
- Sphaerodoridae

Sphaerodorum
- Sphaerodoridae

Sphaeroidea
- Kleinmuscheln

Sphaeroma
- Kugelasseln
- [M] Kugelasseln

sphaeromastigot
- [M] Trypanosomidae

Sphaeromatidae
- Kugelasseln

Sphaeromidae ↗
Sphaeronassa
Sphaeronectes ↗
Sphaerophoraceae
Sphaerophorus
- Fusobacterium
- Sphaerophoraceae

Sphaeroplea
- Sphaeropleaceae

Sphaeropleaceae
Sphaeropsidales
- Fungi imperfecti

Sphaerorthoceratacea
- Ammonoidea

Sphaerosoma
- Endomychidae

Sphaerosyllis
- [M] Syllidae

Sphaerotheca
Sphaerotheria
- [] Doppelfüßer
- Riesenkugler

Sphaerotheriida
- Riesenkugler

Sphaerotheriidae ↗
Sphaerothuria
- [M] Seewalzen

Sphaerotilus
- Abwasserpilz
- [] Purpurbakterien
- [] Saprobiensystem

Sphaerozoum ↗
- [M] Peripylea

Sphaerularia ↗
Sphagnaceae
- Torfmoose

Sphagnales
- Torfmoose

Sphagnetalia compacti
- [M] Oxycocco-Sphagnetea

Sphagnetalia fusci
- Bultgesellschaften

Sphagnetalia magellanici
- [M] Oxycocco-Sphagnetea

Sphagnidae ↗
Sphagnion magellanici
- [M] Oxycocco-Sphagnetea

Sphagnum ↗
Sphäridien
sphärische Aberration
- [] Aberration
- Mikroskop

Sphärocysten
- Sprödblättler
- Täublinge

Sphärocytose
- [] Hämolyse

sphäroidale Einrollung
Sphäroplasten
- L-Form
- Leydig-Zwischenzellen
- Protoplast

Sphäroproteine
Sphärosomen ↗
S-Phase ↗
- [B] Mitose
- Replikation

Sphecidae ↗
Spheciospongia
Sphecodes ↗
Sphecotheres
- Pirole

Sphegidae ↗
Spheniscidae ↗
Sphenisciformes ↗
Spheniscus ↗
Sphenobaiera
- [] Perm

Sphenodon ↗
- [M] Gattung
- Halsrippen

Sphenoidale ↗
Sphenoidalregion
- Schädel

Sphenomorphus ↗
Sphenophryne ↗
Sphenophyllaceae
- Sphenophyllales

Sphenophyllales
Sphenophyllum
- [] Perm
- Sphenophyllales
- [M] Sphenophyllales

Sphenopsida ↗
Sphenopteris
Spheroidin
- Tetrodotoxin

Sphex ↗
Sphincterochila
Sphinctozoa
Sphindidae
- [] Käfer

4-trans-Sphingenin
- Sphingosin

Sphingidae ↗
Sphingolipide
- Membran

Sphingolipidosen
- lysosomale Speicherkrankheiten

Sphingomyeline ↗
- [] Phospholipide

Sphingomyelinose
- Speicherkrankheiten

Sphingophilie ↗
- [M] Schmetterlingsblütigkeit

Sphingosin
- Membran

Sphingosinphosphatide
- Phospholipide
- [] Phospholipide

Sphinkter
- Darm
- [] Nervensystem (Wirkung)

Sphinktermuskel
- Sphinkter

Sphinx ↗
Sphinx-Haltung
- [M] Ligusterschwärmer
- Merkmal
- Schwärmer

Sphragis
- Apollofalter

Sphyradium ↗
Sphyraena
- Pfeilhechte

Sphyraenidae
- Pfeilhechte

Sphyraenoidei ↗
Sphyrna
- Hammerhaie

Sphyrnidae ↗
Spialia
- [M] Dickkopffalter

Spica ↗
Spicula
- Kiefer (Körperteil)

Spiculae
- Cornuti
- Spicula

Spicularapparat
- Fadenwürmer
- Gubernaculum
- Spicula

Spicularskelett
- Spicula

Spicularzellen
- Begoniaceae

Spiegel
- Enten
- Gabelbock

Spiegelbild
- Bewußtsein
- Freiheit und freier Wille
- Jugendentwicklung: Tier-Mensch-Vergleich
- [B] Konfliktverhalten
- [M] Selbsterkenntnis

Spiegelbildisomerie
- [B] Kohlenstoff (Bindungsarten)

Spiegelkarpfling ↗
Spiegel-Linsen-Optik
- Komplexauge

Spiegelmann, S.
- [B] Biochemie

- Gensynthese
Spiegeloptik
- Komplexauge
- Malacostraca
Spiegelschnitt
- ☐ Holz (Zweigausschnitt)
Spiegelsymmetrie
- Symmetrie
Spielalter
- Jugendentwicklung: Tier-Mensch-Vergleich
- ↗ Spielen
Spielappetenz
- Spielen
Spielart ↗
Spielbereitschaft
- Ⓜ Bereitschaft
- Spielen
Spielen
- Erkundungsverhalten
- Lernen
Spielkultur
- Spielen
Spiellaune
- Ⓜ Bereitschaft
- ↗ Spielen
Spielnester
- Teichhühner
Spielsteuerung
- Spielen
Spieltheorie
- Abstammung - Realität
- Systemtheorie
Spierlinge ↗
Spierstaude
- Ⓑ Europa XIX
Spierstrauch ↗
Spießbock ↗
Spießböcke
- Ⓑ Afrika VII
- ☐ Antilopen
Spießente
- Ⓑ Rassen- u. Artbildung II
- Schwimmenten
Spießer
- Fangschreckenkrebse
- Geweih
Spießhirsche
- Südamerika
Spießtanne ↗
Spigelia
- Brechnußgewächse
Spigeliia
- ☐ Brechnußgewächse
Spikes (Neurophysiologie)
- Muster
Spikes (Virologie)
- Virushülle
Spiköl
Spilarctia
- Bärenspinner
Spilocaea
- Ⓜ Venturia
Spilogale ↗
Spilopsyllus
- Flöhe
Spilornis ↗
Spilosoma
- Bärenspinner
Spilostethus ↗
Spilotes ↗
Spina
Spina bifida
Spinacen
- Squalen
Spinachia
- Ⓜ Fische
Spinacia
- Chloroplasten
Spina dorsalis
- Wirbelsäule
spinal
Spinalfortsatz
- Neuralbögen
- Processus spinosus
Spinalganglien ↗
- Ⓑ Nervensystem II
- Ⓑ Rückenmark
Spinalnerven
- Grenzstrang

- Hypoglossus
- Ⓑ Rückenmark
Spina mentalis
Spina scapulae
- Scapula
Spinasterin
Spinat
- Histamin
- Ⓑ Kulturpflanzen V
- Nitratpflanzen
Spindel (Botanik) ↗
- Blatt
Spindel (Zellbiologie) ↗
Spindel (Zoologie)
Spindelapparat
- Cytokinese
Spindeläquator
- Spindelapparat
Spindelbaum
- Obstbaumformen
Spindelbaumartige
Spindelbaumgewächse
Spindelfasern
- Ⓜ Centromer
- ☐ Mitose
- Muskelspindeln
Spindelform
- Biomechanik
Spindelgifte
- Mikrotubuli
- Spindelapparat
- ↗ Mitosegifte
Spindelhecht ↗
Spindelknollenkrankheit
- ☐ Viroide
Spindelmuskel
- Retraktoren
- Schale
- ☐ Schnecken
- Sipunculida
- Ⓜ Sipunculida
Spindelpol
Spindelring
- Trilobiten
Spindelschmerlen
Spindelschnecken ↗
Spindelsporen
Spindelstrauch
Spindeltrichocysten
- Trichocysten
Spindelzellen
- ☐ Telencephalon
Spinifex-Grasland
Spinnapparat
Spinndrüsen ↗
- Gespinst
- Ⓑ Gliederfüßer II
- Hautdrüsen
- Labialdrüse
- Podoceridae
- ☐ Webspinnen
Spinnen
- chemische Sinne
- ☐ Karbon
- Komplexauge
- ☐ Lebensdauer
- Nest
- Ⓜ Reservestoffe
- ☐ Schlüssel-Schloß-Prinzip
- Verhaltenshomologie
- ↗ Spinnentiere
- ↗ Webspinnen
Spinnenaffe ↗
- Ⓑ Südamerika II
Spinnenameisen
- Buntkäfer
Spinnenasseln ↗
Spinnenfische ↗
Spinnenfliegen ↗
Spinnenfresser
Spinnengifte
Spinnenjäger
- Ⓑ Insekten II
- Wegwespen
Spinnenkrabben ↗
Spinnenläufer ↗
- Hundertfüßer
Spinnennetz
- Symmetrie

Spinnenpflanze
- Kaperngewächse
Spinnenschildkröten ↗
Spinnenschnecken ↗
Spinnenspringer ↗
Spinnentaille
- Chelicerata
- Petiolus
- ☐ Webspinnen
Spinnentiere
- Arachnologie
- Ⓑ Atmungsorgane II
- ☐ Extremitäten
- Gliederfüßer
- Tracheensystem
- ↗ Spinnen
Spinner
Spinnfaden
- Fangfäden
- Spinnapparat
Spinnfasern
- Röste
Spinnfüßer ↗
Spinngewebshaut ↗
- Rückenmark
- Ⓑ Rückenmark
Spinnmilben
- Gartenschädlinge
Spinnorgan
- Ⓜ Schmetterlinge (Raupe)
- ↗ Spinnapparat
Spinnseide
- Spinnapparat
Spinnspulen
- Spinnapparat
Spinnwarzen ↗
- Extremitäten
- Gespinst
- Ⓑ Gliederfüßer II
- Ⓜ Spinnapparat
- ☐ Webspinnen
Spinnwebenhauswurz
- Ⓑ Alpenpflanzen
- Hauswurz
Spinnwebhaut
- Arachnoidea
- Rückenmark
- Ⓑ Rückenmark
spinocaudaler Faktor
- ☐ Induktion
Spinoza, Baruch
- Teleologie - Teleonomie
Spinte ↗
Spinther
- Spintherida
- Ⓜ Spintherida
Spintherida
Spinturnicidae ↗
- Fledermausmilben
- Parasitiformes
Spinulosa
- Spinulosida
Spinulosida ↗
- Ⓜ Seesterne
Spinulosin
- Ⓜ Benzochinon
Spiomorpha
Spionida
Spirachtha
- Termitengäste
Spirachthodes
- Termitengäste
Spiracularkieme
Spiraculum (Fische) ↗
Spiraculum (Frösche) ↗
- Froschlurche
Spiraculum (Gliederfüßer) ↗
Spiraculum (Schnecken) ↗
Spiraea ↗
- Astilbe
Spiraeoideae ↗
Spiralarterie
- ☐ Placenta
Spirale
- Radnetzspinnen
- Symmetrie
- ↗ Schraubenstrukturen

Spiralfaden
- Ⓜ Rippenquallen
- Taenidium
- Tracheensystem
Spiralfalte
- Knorpelfische
- Spiraldarm
spiralförmige und gekrümmte (gramnegative) Bakterien
Spiralfurchung
- Archallaxis
- Coelom
- Kreuz der Anneliden
- Ⓑ Larven I
- Strudelwürmer
Spiralia
- Spiralier
Spiralier
- Archicoelomatentheorie
- Enterocoeltheorie
spiralig
- wechselständig
spiralige Muster
- Symmetrie
Spiralwuchs ↗
Spiramycin
Spiranthes ↗
Spiraster
- Stellettidae
Spirastrella
- Spirastrellidae
Spirastrellidae
Spiratella ↗
Spiratellidae
- Limacina
Spiridens
- Spiridentaceae
Spiridentaceae
Spiridion
- Ⓜ Tubificidae
Spirifer cultrijugatus
Spiriferida
Spirillaceae
- Spirillum
Spirillen
- Müller, O.F.
- Spirillum
Spirillose
Spirilloxanthin
- Carotinoide
Spirillum
- Ⓜ halophile Bakterien
- Rattenbißkrankheit
spirituelles Prinzip
- Geist - Leben und Geist
Spiritus (Chemie) ↗
Spiritus (Philosophie)
- Geist - Leben und Geist
- Vitalismus - Mechanismus
Spiritus plasticus
- vis plastica
Spirke ↗
- ☐ Kiefer (Pflanze)
Spirobolidae ↗
Spirobrachia
- Spirobrachiidae
Spirobrachiidae
Spiroceras
Spirochaeta
Spirochaetaceae ↗
Spirochaetales ↗
Spirochäten
- ☐ Eubakterien
Spirochona ↗
- Ⓜ Chonotricha
Spirodela ↗
Spirodistichie
Spirographis
spirogyr
Spirogyra ↗
- Aerotaxis
- Fragmentation
- Ⓜ Konjugation
Spirometer
- Ⓜ Respirometrie
- Spirometrie
Spirometra
- Ⓜ Pseudophyllidea
Spirometrie

Spirometrie

Spiroplasma

Spiroplasma
- Spiroplasmataceae
Spiroplasmataceae
Spiroplasmaviren ↗
- Mycoplasmaviren
Spiroplectammina
- Foraminiferenmergel
Spirorbidae
Spirorbis
Spirosoma
- ☐ spiralförmige und gekrümmte (gramnegative) Bakterien
Spirosomataceae
- ☐ spiralförmige und gekrümmte (gramnegative) Bakterien
Spirostanole
- Saponine
Spirostanolglykoside
- Digitalisglykoside
Spirostoma
- ☐ Saprobiensystem
Spirostomum
Spirostreptidae ↗
- Südamerika
Spirotaenia ↗
Spirotheca
Spirotricha
Spirotrichonympha ↗
- [B] Endosymbiose
Spirre ↗
Spirula ↗
- Eingeweidesack
Spirulidae
- Posthörnchen
Spirulina
- Grünalgen
- ☐ Grünalgen
Spirurida
Spirurina
- Spirurida
Spisula
- [B] Muscheln
Spitz
- ☐ Hunde (Hunderassen)
- Torfhund
Spitz-Ahorn
- Ahorngewächse
- [B] Europa X
- [M] Höhengrenze
Spitzahorn-Lindenwald ↗
Spitzbartfisch ↗
Spitzblume
- Ardisia
Spitzendürre
- Lärchenkrebs
- Obstbaumkrebs
- [B] Pflanzenkrankheiten II
Spitzengänger
Spitzenwachstum
Spitzhörnchen
- Asien
- Duettgesang
- Herrentiere
- [M] Holarktis
- [M] Orientalis
Spitzhorn-Schlammschnecke ↗
Spitzkiel ↗
Spitzklette
Spitzkopfotter
- [B] Reptilien III
- Wiesenotter
Spitzkopfpythons ↗
Spitzkopfschildkröten ↗
Spitzkrokodil
- [M] Krokodile
- Südamerika
Spitzkronigkeit
Spitzmaulkärpfling
- Molly
Spitzmäuschen ↗
Spitzmäuse
- [B] Europa XI
- Halswirbel
- [M] Nest (Säugetiere)
- Nestflüchter
Spitzmaus-Opossums ↗

Spitzmausratte
- Nasenratten
Spitznattern ↗
Spitzpocken
- Windpocken
Spitzschnauzendelphine
- Schnabelwale
Spix, J.B. von
- Spisula
Splachnaceae
Splachnum
- Splachnaceae
Splanchna ↗
Splanchnikus
Splanchnocranium ↗
- Visceralskelett
Splanchnologie ↗
Splanchnopleura
- Bauchhöhle
- [M] Somiten
Splanchnotom
- Seitenplatte
spleißen
- Colinearität
- differentielle Genexpression
- Exon
- [M] Genmosaikstruktur
- Prozessierung
- ☐ Prozessierung
- Viroide
Spleißosom
- [M] spleißen
Splen
- Milz
Spleniale
- Kiefer (Körperteil)
splicing
- spleißen
Splint
- Weichholz
Splintholz
- Splint
Splintholzbäume ↗
Splintholzkäfer
Splintkäfer
Spodogramm ↗
Spöke ↗
- [B] Fische II
Spondias ↗
Spondylarthritis ankylopoetica
- Rheumatismus
Spondylidae
- Klappermuscheln
Spondylis ↗
Spondylium
Spondylomoraceae
Spondylomorum
- Spondylomoraceae
Spondylus (Anatomie) ↗
Spondylus (Zoologie) ↗
Spongia
Spongiae somniferae
- Badeschwämme
Spongiae soposiferae
- Badeschwämme
Spongiaria
- Schwämme
Spongia usta
- Badeschwämme
Spongicola
- Euplectellida
- ☐ Natantia
Spongiidae
Spongilla
- [M] Spongillidae
Spongillidae
- Amphidisken
- [M] Schwämme
Spongin
- Badeschwämme
Spongioblasten ↗
Spongiolith
Spongiologie
Spongiosa
Spongocoel ↗
Spongocyten
- [M] Schwämme (Zelltypen)
Spongomorpha ↗

Spongonema ↗
Spongonucleoside
- Arabinonucleoside
Spongospora
- Plasmodiophoromycetes
- Pulverschorf
spontane genetische Isolation
- Artbildung
Spontaneität
spontaner Prozeß
- Enthalpie
- Entropie - in der Biologie
spontanes Erkunden
- Spielen
  ↗ Erkundungsverhalten
Spontanmutation
- kosmische Strahlung
- Mutation
Spontansauer
- Sauerteig
Sporangien
- Algen
- [B] Algen V
- Anulus
- ☐ Kohäsionsmechanismen
- Moose
- [B] Mucorales
- [B] Pilze II
- [M] Samen
Sporangienträger
Sporangiole
Sporangiophor ↗
Sporangiosporen
- Endosporen
Sporangium
- Sporangien
Sporen
- Agameten
- Algen
- asexuelle Fortpflanzung
- Diasporen
- Gamont
- Gärtner, J.
- [M] Gonen
- Keimung
- ☐ Lebensdauer
- Palynologie
- [B] Pilze II
- Pollenanalyse
- Samen
- Spritzbewegungen
- [M] Stemonitaceae
Sporenbehälter
- Sporangien
sporenbildende Bakterien
Sporenblätter ↗
Sporenente
- [B] Rassen- u. Artbildung I
Sporenfrüchte
- Sporokarpien
Sporengans
- Glanzenten
Sporenkapsel
Sporenlager ↗
Sporenmutterzelle
Sporenpflanzen
- [M] Kryptogamen
Sporenschlauch ↗
Sporenständer
- Basidie
Sporentierchen ↗
Sporenträger
Sporenverbreitung
- [M] Sporen
Spörgel
- ☐ Bodenzeiger
Sporidesmolide
- Depsipeptide
Sporidien
- Tilletiales
Sporidiobolus
- [M] Sporobolomycetaceae
Sporn (Botanik) ↗
- Schmetterlingsblütigkeit
Sporn (Zoologie) ↗
- Haushuhn
- Hühnervögel

- Kralle
Spornblume ↗
Sporobiont ↗
Sporoblasten
Sporobolomyces
- Sporobolomycetaceae
Sporobolomycetaceae
Sporochnales
Sporocyste
- [M] Fasciolasis
- ☐ Saugwürmer
- [M] Schistosomatidae
Sporocystencyste
- Sporozoa
Sporocyt ↗
Sporocytophaga
Sporoderm
- Exine
- Sporen
Sporodochien
- Conidiomata
- Nectriaceae
sporogen
Sporogon
Sporogonie
- Haemosporidae
Sporokarpe
- Myxomycetidae
Sporokarpien
- [M] Kleefarngewächse
Sporolactobacillus
- [M] Endosporen
Sporophor ↗
- Ceratiomyxa
Sporophylle
- Fortpflanzungsorgane
Sporophyllstände
- [B] Farnpflanzen II
- Sporophylle
Sporophyllzapfen
- [M] Pleuromeiales
Sporophyt
- Algen
- [B] Algen V
- ☐ Ascoma
- diphasischer Generationswechsel
- Diplobiont
- Geschlechtsbestimmung
- [B] Nacktsamer
- Samen
Sporopollenine
Sporosacs
- Hydrozoa
Sporosarcina
- Endosporen
- harnstoffzersetzende Bakterien
Sporothrix
- Ceratocystis
Sporotrichose
- Sporothrix
Sporotrichum ↗
Sporozoa
- Apicomplexa
- Haplonten
- Leuckart, R.
- ☐ Tiere (Tierreichstämme)
Sporozoit ↗
- Haemosporidae
Sportplatzgras
- Rispengras
Sports ↗
Sporulation
Spottdrosseln
- [B] Nordamerika V
spotten
- Nachahmung
- Papageien
- Sprache
Spötter
Spot-Test
- Mutagenitätsprüfung
spp.
Sprachbefähigung
- Spina mentalis
Sprache
- Anthropomorphismus - Anthropozentrismus

- Assoziationszentren
- Denken
- Entropie
- ☐ Gehörorgane (Hörbereich)
- Jugendentwicklung: Tier-Mensch-Vergleich
- kulturelle Evolution
- Leib-Seele-Problem
- limbisches System
- Mensch
- Mensch und Menschenbild
- Papageien
- Schrecklähmung
- Stimme
- ☐ Telencephalon
- Tradition

Spracherinnerungszentrum
- Sprachzentren

Sprachspiele
- M Spielen

Sprachverständnis
- ☐ Telencephalon
- Sprachzentren

Sprattus ↗

Spray
- Aerosol

sprechen
- spotten
- ↗ Sprache

sprechende Vögel
- Sprache

Sprechlautstärke
- ☐ Gehörsinn

Sprechvermögen
- M Sprache

Spreite (Botanik) ↗
Spreite (Zoologie) ↗

Spreitenbauten
- Spreite

Spreizklimmer ↗
Sprekelia ↗

Sprekelsen, J.H. von
- Sprekelia

Sprengel, C.S.
- Mineraltheorie
- Minimumgesetz

Sprengel, Ch.K.
- Bestäubungsökologie
- B Biologie I
- B Biologie III
- Blütenmale

Sprenglinien
- ☐ Fliegen

Sprengmast
- Buchelmast

Sprengpulver
- Kaliumnitrat

Spreublätter ↗
Spreuschuppen

Sprigg
- Ediacara-Fauna

Spriggina flounderi ↗
Springaffen
Springantilopen

Springbeutelmäuse
- Australien

Springbeutler ↗
- Zahnwechsel

Springbock
- B Afrika VII
- ☐ Antilopen

Springbohne ↗

Springbrunnentyp
- Florideophycidae
- Rhodymeniales
- Rotalgen

springen
- Fortbewegung
- Quadrupedie
- Schnellkäfer

springende Gene

Springerspaniel
- ☐ Hunde (Hunderassen)

Springflut
- ↗ Springtide

Springfrosch ↗
Springfrüchte ↗

Springfuß
- M Pferde

Springgabel
- Sprunggabel

Springhasen

Springkraut
- ☐ Fruchtformen
- hortifuge Pflanzen
- Hummelblumen
- Raphiden
- Springkrautgewächse
- M Springkrautgewächse
- Transpiration

Springkrautgewächse
Springkrebse ↗
Springläuse ↗
Springmäuse
- Asien
- Halswirbel
- M Holarktis
- Paläarktis

Springnager
- Springmäuse

Springrüßler

Springsaurier
- Compsognathus

Springschrecken ↗
Springschwänze
- apneustisch
- dieroistisches Ovar
- Frontalorgan
- Gliederfüßer
- B Insekten I
- Tracheensystem

Springspinnen
- Einzelaugen

Springtamarins

Springtide
- M Landkrabben
- M Lunarperiodizität
- Watt

Springwanzen
Springwurm ↗

Sprit
- Maltose

Spritzbewegungen
Spritzen
Spritzgurke ↗
- Explosionsmechanismen
- M Kürbisgewächse
- Spritzbewegungen

Spritzkieme
- Spritzloch

Spritzloch
- Knorpelfische
- Wale

Spritzmittel
- Blattfleckenkrankheiten
- Spritzen

Spritzsalmlerverwandte
- M Salmler

Spritzverfahren
- Pökeln

Spritzwasserzone
- Lithotelmen
- Litoral
- ☐ Meeresbiologie (Lebensraum)

Spritzwürmer ↗
- M Tiefseefauna (Artenzahl)

Spritzzone

Sprödblättler
- ☐ Rote Liste

Sproß
- B Bedecktsamer II
- Grundgewebe
- Keimung

Sproßachse
- Biegefestigkeit
- Dornen
- Grundorgane
- Kormus
- Phototropismus
- Symmetrie

Sproßachsenphylogenese
- Planation

Sproßblätter
- B Früchte

sproßbürtige Wurzeln
- Ausläufer
- B Bedecktsamer II

Sproßdornen
- Dornen
- Sproßmetamorphosen

sprossende Bakterien
Sprosser ↗
- B Europa XV

Sproßknöllchen
- Brutknospe

Sproßknolle
- Rhizom
- ☐ Rüben
- Sproßrübe
- Wurzelknollen
- Zypergras

Sproßknospe ↗
Sproßkonidie ↗

Sproßmetamorphosen
Sproßmutation
Sproßmycel ↗
Sproßpflanzen ↗
Sproßpilze ↗
Sproßpol

Sproßranke
- M Haftorgane

Sproßrübe

Sproßscheitel
- M akropetal
- ☐ Blatt (Blattentwicklung)
- Dermatogen
- Histogene
- Knospe
- Primärsproß
- M Sproßachse
- Sproßpol

Sproßsystem
Sprossung (Botanik) ↗
- ☐ Bakterien (Vermehrung)

Sprossung (Zoologie)
- B asexuelle Fortpflanzung I
- Autolytus

Sprossungszone
- Aeolosomatidae
- Bandwürmer
- M Enterocoeltheorie

Sproßvegetationspunkt

Sproßverband
- Sprossung

Sproßzellen

Sprotten
- B Fische III

Sprudel
- Kohlendioxid

Sprue
- Demineralisation

Sprühdosen
- Aerosol

Sprühen
- Spritzen

Sprühfleckenkrankheit

Sprungbeine
- B Gliederfüßer I
- Käfer

Sprünge
- Reh

Sprungfunktion
- M Pupillenreaktion

Sprunggabel
- Intertarsalgelenk
- Talus
- Tibia

Sprungmuskel
- Flugmuskeln

Sprungschicht ↗

Spüldrüsen
- Zungendrüsen

Spule
- M Vogelfeder

Spülsaum
- Tretomphalus

Spulwurm
- M Abwasser
- Anaerobier
- Darmparasiten
- M Gelege
- M p_{50}-Wert
- Sammelchromosomen
- ☐ Spermien

Spulwurmkrankheit
Spumaviren ↗

Spumellaria ↗

Spurbienen
- ☐ staatenbildende Insekten

Spuren
- Fährte

Spurenelemente ↗
- Bioenergie
- biogene Salze
- Bodenmüdigkeit
- Mikroanalyse

Spurenelementlösung
- A-Z-Lösung

Spurenfossilien
- Domichnia
- Fossilien

Spurengase
- Klima

Spürhaare ↗
Spurilla
Spurre
Spy
SP 2
- M Zellkultur

Squalen
- ☐ Isoprenoide (Biosynthese)
- Steroide
- Triterpene

Squalenoide
- Triterpene

Squalidae ↗
Squaliolus ↗
- Dornhaie
- Haie

Squaloidei ↗

Squalus
- Dornhaie

Squama
Squamarina ↗
Squamata ↗
Squamosum ↗
- ☐ Kiefergelenk

Squamosum-Dentale-Gelenk
- Kiefergelenk

Squamula ↗

square bacteria

Squatina
- Engelhaie

Squatinoidei ↗
Squawfische ↗
Squilla ↗
- M Fangschreckenkrebse

Squillidae
- Fangschreckenkrebse

ssp. ↗
SSPE
- M Paramyxoviren
- ☐ Virusinfektion (Abläufe)

S-Stämme
SST-Wert
- Schwanzsträubwert

SSV
- ☐ RNA-Tumorviren (Auswahl)

Staat
- Tiergesellschaft
- Tierstaaten

staatenbildende Insekten
- Arbeitsteilung
- Fühlersprache
- Hautflügler
- Tierstaaten

Staatsquallen
- B Hohltiere III
- Pelagohydra

Stabbursdalen (Norwegen)
- B National- und Naturparke I

Stäbchen
- Cilien
- Dämmerungssehen
- Dunkeladaptation
- Membranproteine
- M Membranproteine
- Purkinje-Phänomen
- M Rhodopsin
- Schultze, M.J.S.

Stäbchenkugler

- Sinneszellen
- *Stäbchenkugler*
- **Stäbchen-Monochromaten**
- Farbenfehlsichtigkeit
- *Stäbchensaum* ⟋
- **Stabheuschrecken**
- Heteromorphose
- Stabschrecken
- **Stabilimente**
- Argiope
- Radnetzspinnen
- **Stabilisatoren**
- [M] Waschmittel
- *stabilisierende Selektion*
- Cladogenese
- Saltation
- Stasigenese
- **Stabilisierung**
- Biegefestigkeit
- Wein
- *Stabilität (allgemein)*
- *Stabilität (Ökologie)*
- Mensch und Menschenbild
- **Staborgan**
- Peranematales
- *Stabschrecken* ⟋
- [B] Insekten I
- *Stabwanzen*
- **Stachel (Botanik)**
- Emergenzen
- Haftorgane
- **Stachel (Zoologie)**
- Seeigel
- Seesterne
- Stachelhäuter
- *Stachelaale*
- *Stachelameisen* ⟋
- **Stachelapparat**
- Dufoursche Drüse
- Stechapparat
- *Stachelaustern* ⟋
- [B] Mediterranregion III
- **Stachelbart**
- *Stachelbeerbaum* ⟋
- **Stachelbeerbecherrost**
- Stachelbeerrost
- **Stachelbeerblattwespe**
- Tenthredinidae
- *Stachelbeere*
- [B] Kulturpflanzen VII
- **Stachelbeere, Chinesische**
- Strahlengriffel
- **Stachelbeere, Japanische**
- Strahlengriffel
- *Stachelbeermehltau*
- [B] Pflanzenkrankheiten II
- *Stachelbeermilbe* ⟋
- **Stachelbeerqualle**
- [B] Hohltiere II
- Seestachelbeere
- *Stachelbeerrost*
- **Stachelbeerspanner**
- **Stachelbilche**
- [M] Orientalis
- **Stachelbürzler**
- **Stachelechsen**
- *Stachelfisch* ⟋
- **Stachelgurke**
- Chayote
- *Stachelhafte*
- **Stachelhaie**
- Acanthodii
- [M] Devon (Lebewelt)
- Xenacanthidae
- **Stachelhäuter**
- Axocoel
- Bilateria
- Calcichordata
- Edrioasteroidea
- [M] Eizelle
- Hautlichtsinn
- Parablastoidea
- □ Rote Liste
- [M] Tiefseefauna
- *Stachelhering* ⟋
- *Stachelhummer* ⟋
- *Stachelinge* ⟋
- **Stachelkäfer**

- **Stachelkämme**
- Flöhe
- **Stachellattich**
- Kompaßpflanzen
- Lattich
- **Stachelleguane**
- [B] Signal
- *Stachellose Bienen* ⟋
- **Stachelmakrelen**
- **Stachelmäuse**
- *Stachelpilze*
- **Stachelratten**
- [M] Südamerika
- **Stachelrochen**
- Giftige Fische
- *Stachelrochenartige* ⟋
- **Stachelsaum**
- Perikardialzellen
- **Stachelschnecken**
- Astraea
- **Stachelschweinartige**
- Stachelschweinverwandte
- **Stachelschweine**
- Europa
- [B] Mediterranregion I
- **Stachelschweinholz**
- **Stachelschweinverwandte**
- **Stachelspinnen**
- *Stacheltang* ⟋
- **Stachelwanze**
- Darmkrypten
- **Stachelwasserkäfer**
- [M] Wasserkäfer
- *Stachelweichtiere* ⟋
- **Stachelwelse**
- **Stachelzellschicht**
- □ Haut
- *Stachyose*
- Ziest
- *Stachys* ⟋
- *Stachysporie*
- Coniferophytina
- Cycadophytina
- Ginkgoartige
- **Stackhousiaceae**
- [M] Spindelbaumartige
- **Stadiennischen**
- ökologische Nische
- **Stadium catarrhale**
- Keuchhusten
- **Stadium convulsivum**
- Keuchhusten
- **Stadium decrementi**
- Keuchhusten
- **Städtebau**
- Humanökologie
- Klima
- **Stadtgemeinschaften**
- Allee's Prinzip
- **Stadtökologie**
- Urbanisierung
- **Staganolepis**
- Chirotherium
- **Stagnation**
- Wasser
- *stagnicol*
- *Stagnicola* ⟋
- **Stagnogley**
- **Stahl, Franklin William**
- Meselson-Stahl-Experiment
- **Stahl, G.E.**
- Vitalismus - Mechanismus
- **Stallabwässer**
- Landwirtschaft
- **Stalldung**
- Stallmist
- **Stalldünger**
- Stallmist
- *Stallhase* ⟋
- **Stallklima**
- Mikroklima
- *Stallmist*
- Ackerbau
- Ammoniak
- C/N-Verhältnis
- Dünger
- Humus
- Jauche
- Landwirtschaft

- Rotte
- Streunutzung
- *Stamen* ⟋
- *staminat* ⟋
- □ botanische Zeichen
- **Staminodium**
- Blüte
- Blütenformel
- *staminokarpellat*
- Blüte
- □ botanische Zeichen
- Staubblattfruchtblattblüten
- *staminopistillat*
- □ Blüte (Blütentypen)
- *Stamm (Botanik)*
- [M] Kormus
- Linie
- *Stamm (Zoologie)*
- □ Klassifikation
- **Stammablauf**
- □ Wasserkreislauf
- **Stammanthraknose**
- [M] Colletotrichum
- *Stammart*
- Abstammung
- Aussterben
- Deszendenten
- Folgeart
- monophyletisch
- Rasse
- □ Ringelwürmer
- Stammbaum
- Systematik
- Typus
- *Stammbaum (Biologie)*
- [M] Geschlechtschromosomen-gebundene Vererbung
- Humangenetik
- Phylogenie
- Zellgenealogie
- *Stammbaum (Genealogie)*
- **Stammbaumanalyse**
- Erbdiagnose
- *Stammbaumzüchtung* ⟋
- Linienzüchtung
- *Stammblütigkeit* ⟋
- *Stammbuch* ⟋
- **Stämmchen**
- Cauloid
- *Stammesentwicklung* ⟋
- Aussterben
- [B] Biologie II
- Determination
- *Stammfäule*
- **Stammform**
- [M] Stammart
- *Stammganglien* ⟋
- *Stammgarbe*
- **Stammglied**
- Internodium
- *Stammgruppe*
- **Stammhalter**
- Stammbaum
- *Stammhirn* ⟋
- **Stammkulturensammlung**
- Kultursammlung
- **Stammnematogen**
- Mesozoa
- **Stammregion**
- Stratifikation
- **Stammreihen**
- Größensteigerung
- *Stammsammlung* ⟋
- **Stamm-Schleifen-Strukturen**
- Ribonucleinsäuren
- **Stamm-Strukturen**
- Ribonucleinsäuren
- **Stammstück**
- Stipes
- *Stammsukkulenten*
- **Stammsukkulenz**
- [M] Homoiologie
- **Stammtafel**
- Stammbaum
- Verwandtschaft
- **Stammutter**
- Fundatrix
- Reblaus

- **Stammverzweigung**
- Cladogenese
- **Stammwald**
- Waldrand
- *Stammzellen* ⟋
- Blutbildung
- [M] Blutbildung
- □ Lymphocyten
- **Standardattrappe**
- [B] Auslöser
- *Standardbedingungen*
- chemisches Gleichgewicht
- *Standardbicarbonat*
- [M] Blutgase
- *Standardnährboden*
- *Standardtyp*
- Cultivar
- *Ständerpilze*
- Gonomerie
- *Ständersporen* ⟋
- *standing crop*
- **Standort**
- Bodenfruchtbarkeit
- Formation
- Fundort
- **Standortfaktor**
- Licht
- Standort
- **Standortflora**
- Bakterienflora
- **Standortsansprüche**
- Artenkombination
- **Standortzerstörung**
- Naturschutz
- *Standvögel*
- *Stangenholz*
- **Stanger, William**
- Stangeria
- *Stangeria* ⟋
- **Stangler**
- Elch
- **Stanhopea**
- Parfümblumen
- □ Parfümblumen
- **Stanley, W.M.**
- [B] Biochemie
- **Stanleya**
- Selen
- **Stapel**
- Baumwollpflanze
- **Stapel, Jan Bode van**
- Stapelia
- *Stapelia* ⟋
- **Stapelie**
- [M] Schwalbenwurzgewächse
- **Stapelkräfte**
- Basennachbarschaft
- **Stapelmist**
- Stallmist
- **Stapelwirt**
- Diphyllobothrium
- paratenischer Wirt
- *Stapes* ⟋
- Zungenbeinbogen
- **Staphylea**
- Pimpernußgewächse
- *Staphyleaceae* ⟋
- *Staphylinidae* ⟋
- **Staphyliniformia**
- □ Käfer
- **Staphylinus**
- Kurzflügler
- **Staphylococcus**
- [M] Eitererreger
- [M] Hautflora
- [M] Strichtest
- [M] Vaginalflora
- **Staphylokokken**
- Staphylococcus
- **Staphylokokkeninfektionen**
- Rifampicin
- **Staphylothermus**
- [M] Sulfolobales
- **star cobbles**
- Protomedusae
- *Stare*
- [B] Chronobiologie II

- Europa
- B Europa XVII
- □ Flugbild
- M Fortbewegung (Geschwindigkeit)
- M Höhlenbrüter
- Habituation
- □ Lebensdauer
- Nest
- Nordamerika
- Polarregion
- Standvögel
- Tiergesellschaft
- Vogeluhr
- Vogelzug

Starenschwarm
- anonymer Verband

Stärke
- B Biochemie
- □ Calvin-Zyklus (Abb. 1)
- Chloroplasten
- Dextrine
- Getreide
- Glucane
- Gluconeogenese
- Glucose
- Glucose-1-phosphat
- Glykolyse
- B Glykolyse
- Gruppenübertragung
- Homoglykane
- B Kohlenhydrate II
- Maltose
- Pflanzenzelle
- Sachs, J.
- Schutzkolloide
- B Stoffwechsel
- □ Verzuckerung

Stärkebildner
- Amyloplasten

Stärkegelelektrophorese
- □ Serumproteine

Stärkekleister
- Stärke

Stärkekörner
- B Kohlenhydrate II
- Plastiden
- M Stärke

Stärkeliefernde Pflanzen
- B Kulturpflanzen I

Stärke-Phosphorylase

Stärkescheide

Stärkesirup
- Pökeln
- □ Stärke

starkes Kausalitätsprinzip
- Chaos-Theorie

Stärkestatolithen
- Statolithen (Botanik)
- □ Tropismus (Geotropismus)

Stärkezucker
- Pökeln
- □ Stärke

Starklichtpflanzen
- Photosynthese
- Heliophyten

Starklichtstellung
- Chloroplastenbewegungen

Starkregen
- Bodenerosion

Starling, E.H.
- B Biologie II
- Hormone

Stärlinge

Starrbrustfrösche

Starre
- Torpor

Starrkrampf
- M Tetanustoxin

Star-Steine
- Marattiales

Start

Startcodonen
- B Transkription - Translation

Starter-DNA

Starterkulturen
- Kläranlage
- Sauermilchprodukte
- Streptococcaceae

Startermoleküle

Startermuskel
- Flugmuskeln

Starter-t-RNA

Startsignale
- M Transkription

Stasigenese
- Cladogenese

Statenchym
- Statolithen

Statice

Statik
- Biomechanik
- Gestalt

stationär

stationäre Phase
- Chromatographie
- □ mikrobielles Wachstum

Stationärkern
- Gamontogamie

statische Kultur
- Biotechnologie

statische Organe

statische Reflexe
- Vestibularreflexe

statischer Sinn

Statismosporen
- Bauchpilze

Statistik
- Biomathematik

statistische Thermodynamik
- Thermodynamik

Stativ
- Mikroskop

Statoacusticus

statoakustisches Organ

Statoblasten
- Brutknospe

Statoconien
- Statolithen

Statocyste (Botanik)
- Statolithen

Statocyste (Zoologie)
- Drehsinn
- □ Mysidacea
- B Nervensystem I
- Otocysten
- Rippenquallen
- □ Schnecken

statokinetische Reflexe
- Vestibularreflexe

Statolithen (Botanik)
Statolithen (Zoologie)
- Holst, E. von
- Kalk
- Konkretionen
- Plastron
- M Rhopalium
- Rippenquallen

Statolithenhypothese

Statolithenstärke
- Statolithen
- Wurzel

Statoorgane
- mechanische Sinne

Status-Signal

Staubbeutel
- extrors
- M Staubblatt

Staubblatt
- M Andropetalen
- B Bedecktsamer II
- Blatt
- Blütenbildung
- Getrenntgeschlechtigkeit
- B Nacktsamer
- B rudimentäre Organe

Staubblattblüten

Staubblattfruchtblattblüten

Staubblattkreis
- Blüte
- B Blüte

Staubblattsäule
- Kürbisgewächse

Stäube
- M Luftverschmutzung
- M Pflanzenkrankheiten

Staubfaden
- Bedecktsamer
- M Staubblatt

staubfrüchtige Flechten

Staubgefäß

Staubgefäßimitationen
- M Pollentäuschblumen

Staubhafte

Staubhefe

Staubkäfer
- Schwarzkäfer

Staubläuse

Stäublinge

Staubmilbe
- Hausfauna

Staubniederschlag
- Blutregen

Staubstürme
- Luftverschmutzung

Staubwanze
- Raubwanzen

Stauchsproß

Stauden
- □ botanische Zeichen
- Kräuter

Staudenhalden
- Trifolio-Geranietea

Staudenmajoran
- Dost

Staudenphlox
- M Phlox

Stauden-Saum
- Waldrand

Staudinger, Hermann
- B Biologie II
- makromolekulare chemische Verbindungen

Staudruck
- Ferntastsinn

Staudruck-Sinnesorgane
- mechanische Sinne
- B mechanische Sinne I

Staugley

Staunässe
- Denitrifikation
- Fahlerde
- Stauwasser

Staunässegley
- Pseudogley

Staupe

Staurastrum

Staurocephalus

Staurois

Stauromedusae

Stauroneis

Stauropteris

Staropus

Stauroteuthidae
- Cirrata

Staurothele

Staurotypus

Stauseen
- □ Biber

Stauwasser
- Bodenentwicklung
- Bodenwasser
- Grundwasser
- Staunässe

Stauwasserböden
- A-S-Profil
- □ Bodentypen

Stauwasserhorizont
- A-S-Profil

St-Brelade
- Jersey

St-Césaire

steady state
- Bertalanffy, L. von
- dynamisches Gleichgewicht
- Leben
- Stoffwechsel

steady state-Infektion
- Virusinfektion

Stearate

Stearin
- Stearinsäure

Stearin-Coenzym A
- Fette

Stearinsäure
- Fette
- □ Fettsäuren
- B Lipide - Fette und Lipoide
- Membran

Stearinsäureglycerinester
- M Seifen

Stearopten

Steatocranus
- Buntbarsche

Steatoda
- Kugelspinnen

Steatomys
- Baummäuse
- Fettmäuse

Steatopygie

Steatornis
- Fettschwalme

Steatornithidae

Stechameisen

Stechapfel
- Aneuploidie
- B Kulturpflanzen X
- Nachtblüher

Stechapfelform
- M Erythrocyten

Stechapparat
- Insektengifte

Stechborsten
- Flöhe
- □ Mundwerkzeuge
- M Stechmücken
- M Verdauung II
- M Wanzen

Stecheiche
- Stechpalme

stechend-saugende Mundwerkzeuge
- Mundwerkzeuge
- Stechrüssel

Stecher

Stechfliegen

Stechginster

Stechimmen

Stechmücken
- Asien
- Gehörorgane
- M Gehörorgane (Hörbereich)
- M Gehörorgane (Schema-Zeichnung)
- B Homologie und Funktionswechsel
- B Insekten II
- M Komplexauge (Querschnitte)
- M Mücken
- □ Mundwerkzeuge

Stechpalme
- M Areal
- B Europa XIV
- M Höhengrenze
- Polykorm

Stechpalmengewächse

Stechrochen
- M Stachelrochen

Stechrüssel
- Bremsen
- Mundwerkzeuge
- Stechmücken

Stechsauger

Stechwinde

Stechwindengewächse
- Stechwinde

Stecklinge
- Adventivbildung
- Regeneration
- Saatgut

Stecklingsbewurzelung
- Auxine

Steckmuscheln
- B Muscheln

Steckrübe
- B Kulturpflanzen II

Steckzwiebel
- Lauch

Steele, J.E.
- Bionik

Steenstrup, Johann Japetus Smith
- Steenstrupia

Steenstrupia

Steenstrupia ↗
Steert
- ☐ Fischereigeräte
- ☐ Meeresbiologie (Fanggeräte)
Stefania ↗
- Ⓜ Beutelfrösche
Steganura ↗
Stegmüller, W.
- Deduktion und Induktion
Stegnospermataceae
- Kermesbeerengewächse
Stegnospermum
- Kermesbeerengewächse
Stegobium
- Klopfkäfer
Stegocephalen ↗
Stegocephalia
- Amphibien
- Diplospondylie
- ☐ Karbon
- Labyrinthodontia
Stegoceras
- ☐ Dinosaurier
Stegodon
Stegodontidae
- Stegodon
Stegodyphus ↗
- Cribellatae
- Kolonie
- Röhrenspinnen
Stegomastodon ↗
- ☐ Mastodonten
- ☐ Rüsseltiere
Stegosauria
- Ⓑ Dinosaurier
Stegostoma ↗
- Ammenhaie
Steifseggenried
- Magnocaricion
Steigbügel
- Columella
- Ⓑ Gehörorgane
- Reichert-Gauppsche Theorie
Steignatter
- Zornnattern
Stein
Stein, Friedrich
- Steinella
Stein, W.H.
Steinadler
- Alpentiere
- Europa
- Ⓑ Europa IV
- Ⓑ Europa V
- Ⓜ flügge
- Ⓜ Gelege
Steinantilopen
- Steinböckchen
Steinapfel
- Nußapfel
Steinbeere ↗
- Ⓑ Europa XII
Steinbeißer ↗
- Ⓑ Fische X
Steinbock
- Bezoarsteine
- Europa
- Ⓑ Europa XX
- Hochwild
- ☐ Lebensdauer
- Paläarktis
Steinböckchen
Steinbrand
- Brand
- Ⓑ Pflanzenkrankheiten I
- Ⓜ Pflanzenkrankheiten
Steinbrech
- Ⓑ Asien IV
- ☐ Bodenzeiger
- Ⓑ Europa II
- Ⓑ Europa IX
- Kalk
- Polsterpflanzen
Steinbrechgewächse
- Oreophyten
Steinbutt
- Ⓑ Fische I
Steindattel
- Ⓑ Muscheln

Steineibe ↗
- Ⓑ Asien IV
Steineiche
- Afrika
- Eiche
- Europa
- Ⓜ Macchie
- Mediterranregion
- Ⓑ Mediterranregion II
Steineichen-Wälder
- Macchie
Steinella
Steiner, Gerolf
- Rhinogradentia
- Steinernema
Steiner, Rudolf
- alternativer Landbau
- biologisch-dynamische Wirtschaftsweise
Steinernema
Steinernematidae
- Neoaplectana
Steinesser ↗
Steinfische
Steinfliegen
- Ⓜ Pleura
- ☐ Rote Liste
- Tracheenkiemen
- ↗ Plecoptera
Steinfrucht ↗
- Fruchtfleisch
Steingarten
- Alpinum
Steingartenpflanze
- ☐ botanische Zeichen
Steingreßling ↗
Steinhäger
- Wacholder
Steinheim (BR Dtl.)
- Ⓑ Paläanthropologie
Steinheimer ↗
Steinhühner
Steinhund ↗
Steinkanal
- Ⓜ Schlangensterne
Steinkauz
- Eulen
- Ⓑ Mediterranregion III
Steinkern
- Fossilien
- Ⓜ Prunus
- Stempelwirkung
Steinkleber
Steinklee
- Ⓜ Knöllchenbakterien (Wirtspflanzen)
Steinkohle
- ☐ Inkohlung
- Ⓑ Kohlenstoffkreislauf
Steinkohlenformation
- Karbon
Steinkohlenteer
- Kohlenwasserstoffe
- Ⓜ Krebs (Krebserzeuger)
- Phenanthren
- Phenol
- Runge, F.F.
Steinkohlenwälder
- Bärlappe
- Calamitaceae
- Karbon
- Pilze
Steinköhler
- Ⓑ Fische II
- Pollack
Steinkorallen
- Ⓜ Kalk
Steinkrabben
Steinkraut
Steinkrebs ↗
Steinkriecher
- Ⓑ Hundertfüßer
- Ⓜ Hundertfüßer
Steinläufer ↗
Steinlinde ↗
Steinlorbeer ↗
Steinmarder
Steinnußpalme
- Ⓑ Südamerika III

Steinobst
- Blausäure
Steinpeitzger
- Darmatmung
Steinpflanzen ↗
Steinpicker (Fische) ↗
Steinpicker (Schnecken) ↗
Steinpilze
- Ⓑ Pilze III
Steinquendel ↗
Steinringböden ↗
- arktische Böden
Steinröschen
- Ⓑ Alpenpflanzen
Steinrötel ↗
Steinsalz
- Chlor
- Natriumchlorid
Steinsame
Steinsamen
- Kalk
Steinschmätzer
- Ⓑ Europa V
Steinschuttfluren
Steinschwämme ↗
Steinseeigel
Steinthyllen
- Thyllen
Steinwälzer ↗
Steinweichsel ↗
Steinwerkzeuge
- Abschlaggeräte
- Boucher de Perthes, J.
- Faustkeil
- Geröllgeräte
- Werkzeuggebrauch
Steinwild ↗
Steinzeit
- Atlantikum
- Felsmalerei
Steinzellen ↗
- Begoniaceae
- Ⓜ Tüpfel
Steißbein
- Schwanz
- Ⓑ Skelett
Steißfleck ↗
Steißhühner
- Südamerika
- Ⓜ Südamerika
Steißlage
- Ⓜ Geburt
Stelärtheorie ↗
Stele
Stelechopodidae
Stelechopus
- Stelechopodidae
Stelis ↗
Stella
Stellarganglien ↗
- Ⓑ Atmungsorgane II
- Ⓑ Nervensystem I
Stellaria (Botanik) ↗
- Ackerunkräuter
Stellaria (Zoologie) ↗
Stellarietea mediae
- Unkräuter
Stellario-Alnetum glutinosae
Stellenäquivalenz
- Ⓑ adaptive Radiation
- Beuteltiere
Steller, G.W.
- Stellersche Seekuh
Stelleroidea ↗
Stellersche Seekuh
- Ausrottung
- Ⓜ Aussterben
Stelletta
- Stellettidae
Stellettidae
Stellglied
- ☐ Motivationsanalyse
- Regelung
- Ⓑ Regelung im Organismus
Stellgröße
- ☐ adrenogenitales Syndrom
- Regelung
- Ⓑ Regelung im Organismus
Stellhefe ↗

Stellknorpel
Stelmatopoda ↗
stelocyttares Nest
- Vespidae
Stelvio (Italien)
- Ⓑ National- und Naturparke I
Stelzen
- Ⓑ Vögel I
Stelzengazelle ↗
- Lamagazelle
Stelzenkrähen ↗
Stelzenläufer ↗
Stelzenrallen
Stelzenwanzen ↗
Stelzfliegen
Stelzmücken
Stelzvögel
Stelzwurzeln
STEM
- Rastermikroskop
Stemma
- Stemmata
Stemmata
- Gliederfüßer
- Insekten
stemmatäres Komplexauge
- Fächerflügler
Stemmiulida
- ☐ Doppelfüßer
Stemonitaceae
Stemonitales
Stemonitis
- Stemonitaceae
- Ⓜ Stemonitaceae
Stempel ↗
Stempelblüten ↗
Stempelträger ↗
Stempelwirkung
- doppelte Lobenlinien
Stemphylium
- Getreideschwärze
Stenactis ↗
Stenarchorhynchus
- Messeraale
Stenasellus
- Wasserassel
Stendelwurz
Stenella
- Delphine
Steneofiber
Stengel
Stengelälchen
Stengelbrand
Stengelbrenner
Stengelbrüter
- Borkenkäfer
stengelbürtige Wurzeln
- sproßbürtige Wurzeln
Stengeleulen ↗
- Schilfeulen
Stengelfasern
Stengelfäule
Stengelglied ↗
Stengelgrundfäule ↗
Stenichnus
- Ameisenkäfer
Stenidae ↗
Steno
- Ⓜ Langschnabeldelphine
Steno, N. ↗
- Ⓑ Biologie I
- Ⓑ Biologie II
- ↗ Stensen, N.
Stenobothrus
- Stridulation
Stenocara
- Ⓜ Afrika
Stenocranophilus
- Ⓜ Fächerflügler
Stenodactylus ↗
Stenodelphidae
- Flußdelphine
Stenodelphis ↗
Stenoderminae
- Blattnasen
- Fruchtvampire
Stenoglossa ↗
stenohalin ↗
- Fische

Sterole

- Osmoregulation
- B Temperatur

stenohydre Pflanzen
stenohygre Pflanzen
- stenohydre Pflanzen

stenök
- Aussterben
- Lebensansprüche

Stenokardie ↗
stenooxybiont
stenophag
- Nahrungsspezialisten

stenophot
- Lichttoleranz

stenoplastisch
- Plastizität

Stenopodidea
- M Decapoda
- Natantia

Stenopterie ↗
Stenopterygiidae
- Eurhinosaurus longirostris

Stenopterygius
Stenopus
- □ Natantia
- Putzergarnelen

Stenorhynchus
- Seespinnen

Stenosiphonata
Stenostomata
Stenostomidae
- M Catenulida

Stenostomum
- Stenostomidae

Stenoteuthis ↗
stenotherm
- Tiefseefauna

stenotop
stenözisch ↗
Stensen, N.
- Geochronologie
- Stensonscher Gang

Stensonscher Gang ↗
Stentor ↗
- M Trompetentierchen

Stenus ↗
- Fangmaske
- Wehrsekrete

Stephalia
- Physophorae

Stephaniella ↗
Stephanitis
- Gitterwanzen

Stephanium
- M Karbon

Stephanoberycoidei ↗
Stephanocemas
- Muntjakhirsche

Stephanoceras
Stephanoceratidae
- Stephanoceras

Stephanoceros
- M Rädertiere

Stephanodiscus ↗
Stephanomia ↗
- Tiefseefauna

Stephanophyes ↗
Stephanopogon ↗
- M Protociliata

Stephanoscyphus
- Conulata

Stephanosphaera ↗
Steppe
- Asien
- B Asien II
- B Asien V
- B Asien VI
- B Bodentypen
- B Europa I
- Grasfluren
- Halbwüste
- B Mediterranregion I
- B Nordamerika III
- B Südamerika I
- B Südamerika V
- B Vegetationszonen
- Weide

Steppenadler
- Asien

Steppenantilopen ↗
Steppenbleicherde ↗
Steppenboden
- B Bodenzonen Europas
- Degradierung

Steppenfuchs
Steppenheidewald ↗
Steppenhirsch
- Orthogonoceros

Steppenhühner
- B Europa XIX

Steppenhund ↗
Steppenkatze ↗
- Wildkatze

Steppenkerze ↗
- M Liliengewächse

Steppenläufer
- Asien
- Jugendentwicklung: Tier-Mensch-Vergleich

Steppenmurmeltiere
- Asien
- Murmeltiere

Steppennashorn
- □ Tertiär

Steppenpaviane
- □ Genitalpräsentation

Steppenrasen ↗
Steppenraute
- Harmin
- Jochblattgewächse

Steppenroller
- Anastatica

Steppenschwarzerde
Steppentarpan
- Pferde

Steppentiere
- Europa

Steppenweber
- Webervögel

Steppenwolf ↗
Steppenzebra
- Pferde
- B Rassen- u. Artbildung I
- Zebras

Steran
- Diels, O.
- Steroide

Sterben
- Nekrobiose
- ↗ Tod

Sterbensforschung
- Thanatologie

Sterberate
- Bevölkerungsentwicklung
- Mortalität

Sterblichkeit
- Bevölkerungsentwicklung

Stercobilin
- Gallenfarbstoffe
- Koprochrome

Stercobilinogen
- Stercobilin

Stercorariidae ↗
Stercorarius
- Raubmöwen

Sterculia
- Gummi

Sterculiaceae
Sterculiengewächse
- Sterculiaceae

Stercutus
- M Enchytraeidae

Stereaceae ↗
- Cortex

Stereocaulaceae
Stereocaulon
- Stereocaulaceae

Stereochemie
- Hoff, J.H. van 't
- Prelog, V.

Stereochilus ↗
Stereocilien
- Cniden
- B Gehörorgane
- Zellskelett

Stereoisomerie ↗
- Stereospezifität
- Symmetrie

Stereolepis ↗
Stereologie
- Morphometrie

Stereom ↗
Stereomikroskop
- Mikroskop

stereoselektiv
- asymmetrische Synthese

Stereoskop
- Chiasma opticum

stereoskopisches Sehen ↗
stereospezifische Synthese ↗
- asymmetrische Synthese

Stereospezifität
- Biotransformation

Stereospondyli
Stereotheka
stereotyp
- Stereotypie

Stereotypie
- Bewegungsstereotypie
- Deprivationssyndrom
- Reflex

Stereozone
Stereum ↗
- Lignin
- Rebhuhnfäule
- M Weißfäule

Sterigma ↗
steril
Sterilantien
sterile Bastarde
- Allodiploidie

Sterilfiltration
Sterilisation (Mikrobiologie)
- Äthylenoxid
- B Biologie III
- Desinfektion
- Endosporen
- Entkeimungsfilter
- Maillard-Reaktion
- Ultraschall
- M Uperisation
- Verdauung

Sterilisation (Zoologie)
- Autizidverfahren
- Empfängnisverhütung
- Sterilantien

Sterilisator
- Autoklav

sterilisieren
- Sterilisation

Sterilität (Keimfreiheit) ↗
Sterilität (Unfruchtbarkeit)
- Insemination (Aspekte)
- Kryptorchismus

Sterilitätsgen
- Inkompatibilität

Sterilmännchenmethode ↗
Sterilmilch
- M Milch (Milcharten)
- ↗ H-Milch

Sterine
- □ essentielle Nahrungsbestandteile
- □ Gallensteine
- Membran

Sterkfontein
- B Paläanthropologie

Sterlet ↗
Stern
- M Abzeichen

Sterna ↗
Sternalgrat ↗
- M Flugmuskeln
- Kryptosternie

Sternalleiste
- M Pleura

Sternanis ↗
Sternanisartige
- Illiciales

Sternanisgewächse
- Illiciaceae

Sternapfel ↗
Sternarchorhynchus ↗
Sternascidie ↗
Sternaspida
Sternaspidae
- Sternaspida

Sternaspis
- Sternaspida

Sternberg, K.M. von
Sternbergsche Riesenzellen
- Riesenzellen

Sterndolde
- B Blütenstände

Sternellum
Sternenfresser ↗
Sternenkompaß
- Kompaßorientierung
- Vogelzug
  - ↗ Astrotaxis
  - ↗ Sonnenkompaß

Sterngang
- □ Borkenkäfer

Sternganglien
Sternhausen ↗
Sternhyazinthe
Sternidae ↗
Sternit
- M Insektenflügel
- Sklerite

Sternkorallen
Sternmiere
Sternmoose ↗
- Mastkraut

Sternmull
Sternoptychidae ↗
Sternorientierung ↗
- ↗ Sternenkompaß

Sternorrhyncha ↗
Sternothaerus ↗
Sternoxia
Sternrochen
- B Fische II
- M Knorpelfische
- Rochen

Sternrußtau
Sternschildkröte
- □ Exkretion (Stickstoff)

Sternschnecken
Sternschnuppe
- M Nostoc

Sternseescheide
- Botryllus
- M Kerfenschnecken

Sternsteine
- Protomedusae

Sterntaucher
- Seetaucher

Sternum
- M Flugmuskeln
- M Froschlurche
- M Pleura

Sternwürmer ↗
Sternzellen ↗
- □ Telencephalon

Steroide
- Cornforth, J.W.
- Diels, O.
- endoplasmatisches Reticulum
- □ Enzyme (Technische Verwendung)
- Gallensäuren
- Hormone
- □ Isoprenoide (Biosynthese)
- Membrantransport
- M organisch
- Stigmasterin
- B Stoffwechsel
- Tiergifte
- Triterpene
- M Wehrsekrete

Steroidglykoside
- Tiergifte

Steroidhormone
- B Biochemie
- Genregulation
- Glucuronsäure
- Hydroxylasen
- Membrantransport
- Yams

Steroid 11 β-Monooxygenase
- □ Enzyme (Technische Verwendung)

Sterole ↗

Sterraster

Sterraster
– Geodiidae
– Stellettidae
Sterroblastula
Sterrocilien ↗
sterzeln
Stethorus
– Marienkäfer
Stetigkeit
– Präsenz
Steuerfedern ↗
– Deckfedern
Steuerung
– Biokybernetik
– Kybernetik
– Regelung
– Schwanz
– Schwanzfedern
Steuerungszentren
– Hirnzentren
Stevia ↗
Steviosid
– Korbblütler
Stevius, P.J.E.
– Stevia
STH ↗
Sthenauge
– Zünsler
Sthenelais
– [M] Sigalionidae
Sthenolepis
– [M] Sigalionidae
Sthenurus
– Beuteltiere
Stichaeidae ↗
Stichkultur
Stichlinge
– Fische
– [B] Fische I
– [M] Gelege
– Hierarchie
– Nest
– [M] Nest (Nestformen)
– [B] Signal
– Tierbauten
– Übersprungverhalten
Stichlingsartige
Stichlingsfische
– Stichlingsartige
Stichococcus
– Flechten
Stichocotyle
– [M] Saugwürmer
Stichopus ↗
– Enteroviren
Stichostemma ↗
Stichprobe
– Biometrie
– Statistik
Stickgase
– Abgase
Stickhusten
– Keuchhusten
Stickland-Reaktion
Stickoxide
– Smog
– Stickstoff
– [B] Stickstoffkreislauf
Stickoxydul
– Narkotika
Stickstoff
– Alkaloide
– [M] Bioelemente
– [B] chemische und präbiologische Evolution
– [B] Chromatographie
– □ Denitrifikation
– [M] Dissoziation
– □ Geochronologie
– Glutamat-Oxalacetat-Transaminase
– Harnsäure
– Harnstoff
– [M] Isotope
– [B] Knöllchenbakterien
– Mineralisation
– [M] Molekülmodelle
– Nährstoffbilanz
– Stickstoffixierung

Stickstoffassimilation
– Flechten
Stickstoffauswaschung
– Ionenaustauscher
Stickstoffbakterien ↗
stickstoffbindende Bakterien
– stickstoffixierende Bakterien
Stickstoffbindung
– Stickstoffixierung
– [B] Stickstoffkreislauf
Stickstoffdioxid
– □ MAK-Wert
– Stickoxide
Stickstoffdünger
– Ammoniumdünger
– Blutmehl
– [B] Gentechnologie
– Harnstoff
– [M] Kalidünger
Stickstoffexkretion
– Exkretion
– Palingenese
stickstoffixierende Bakterien
– Bodenorganismen
Stickstoffixierung
– Calothrix
– Molybdän
Stickstoffkreislauf
– [B] Biologie II
– Denitrifikation
– Stickstoff
– Urease
stickstoffliebend
– nitrophil
Stickstofflost
– [M] Cytostatika
Stickstoffmonoxid
– Stickoxide
Stickstoffoxide
– Stickoxide
Stickstoffreserve
– cyanogene Glykoside
Stickstoffsammler
– Besenginster
Stickstoffstoffwechsel ↗
Stickstoffverbindungen
– Wasserverschmutzung
↗ Stickstoff
Stickstoffverlust
– Stickstoffkreislauf
Stickstoffzeiger
– □ Bodenzeiger
– Brennessel
sticky ends
Sticta ↗
– Cyphellen
Stictinsäure
– [M] Flechtenstoffe
Stiefmütterchen ↗
– [B] Europa XVI
– [M] Veilchen
Stieglitz ↗
– [B] Europa XVII
– [B] Finken
– [M] Herzfrequenz
– [B] Vögel I
Stieglitzsalmler
– [B] Aquarienfische I
– Salmler
Stiekensides
– slickensides
Stiel
– Schraubensteine
– [M] Seelilien
Stielaugen
Stielaugenfliegen
Stielbovistartige Pilze
Stielboviste
– [M] Stielbovistartige Pilze
Stieleibengewächse ↗
Stieleiche
– Eiche
– [B] Europa X
– [M] Höhengrenze
– [M] Lichtfaktor
Stielfaden
– [M] Podostemaceae

Stielfadengewächse
– Podostemaceae
Stielklappe
Stielloch
– Notothyrium
Stielmuskeln
– Adjustores
– Glockentierchen
Stielporlinge
Stielquallen ↗
Stielsack
– Kristallstiel
Stielstäublinge
– Stielbovistartige Pilze
Stielzelle ↗
– □ Ascus
Stielzellentyp
– Ascus
Stier
Stierkäfer ↗
stiftführende Sensille
– Scolopidium
Stiftsinnesorgane ↗
Stiftzelle
– Scolopidium
– □ Scolopidium
Stigeoclonium ↗
– Thermalalgen
Stigma (Botanik) ↗
– [B] Algen I
– Augenfleck
– [B] Blüte
– [M] Euglenophyceae
– Stigmarien
Stigma (Zoologie) ↗
– □ Atmungsregulation (Tracheenatmung)
– Fächerlungen
– [B] Gliederfüßer I
– [B] Gliederfüßer II
– [B] Hundertfüßer
– □ Insekten (Darm-/Genitalsystem)
– Manubrium
– [M] Pleura
– [M] Tracheensystem
Stigmarien
Stigmasterin
Stigmasterol
– Stigmasterin
Stigmatella
Stigmatomyces ↗
Stigmatonomium
– □ Minen
Stigmatophyllum
– [M] Ölblumen
Stigmella
– [M] Cytokinine
Stigmellidae ↗
Stigmen
– Stigma
Stigonema
– Blaualgenflechten
– Cephalodien
– Stigonematales
Stigonemataceae
– Stigonematales
Stigonematales
Stilbaceae
– [M] Fungi imperfecti
– Moniliales
Stilbellaceae
– Moniliales
Stilesia
– Bandwürmer
Stilett
– □ Bärtierchen
– □ Schnurwürmer
Stilettfliegen ↗
Stilettkapsel
– Stilett
Stiliferidae ↗
Stiliger
Stillsche Krankheit
– Rheumatismus
Stillwasserröhrichte ↗
Stillzeit
– Prolactin
Stimmapparat
– Mensch und Menschenbild

– Stimme
↗ Stimmorgan
Stimmbänder
– Glottis
– Stellknorpel
Stimmbildung
– Kehlsäcke
Stimmbruch
– Jugendentwicklung: Tier-Mensch-Vergleich
Stimme
– Gehörorgane
– Nebenhöhlen
Stimmfalten
– Kehlkopf
Stimmfortsatz
– Stellknorpel
Stimmfühlung
– Stimmfühlungslaut
– Wolf
Stimmfühlungslaut
Stimmlage
– Jugendentwicklung: Tier-Mensch-Vergleich
– [M] Schlüsselreiz
↗ Stimmbruch
Stimmlippen
– Kehlkopf
– Syrinx
Stimmorgan
– Kehlkopf
↗ Stimmapparat
Stimmritze
– Glottis
– Kehlkopf
Stimmung
Stimmungsübertragung
– Lernen
Stimmwechsel
– Stimmbruch
Stimulantien
– biotechnische Schädlingsbekämpfung
– Drogen und das Drogenproblem
↗ Psychostimulantien
Stimulus
– Reiz
Stinkasant
– Doldenblütler
Stinkbaum
– Sterculiaceae
Stinkbrand
– Steinbrand
Stinkdrüsen
– Schweißdrüsen
– Wanzen
↗ Wehrsekrete
Stinkfliegen ↗
Stinkholz
Stinkmarder
– Mustela
Stinkmorchel ↗
Stinkmorchelartige Pilze
Stinkkrauke
– Doppelsame
Stinktiere ↗
Stinkwanze ↗
Stinte
– [B] Fische III
– Migration
Stipa ↗
Stipella
– Harpellales
Stipeln ↗
– Blatt
↗ Nebenblätter
Stipes
– □ Schmetterlinge (Falter)
Stipetum capillatae
Stipnotia
– Trägspinner
Stipulae ↗
Stirn
– □ Insekten (Kopfgrundtyp)
Stirnaugen ↗
– □ Insekten (Kopfgrundtyp)
Stirnbein
– Fontanelle

Strahlenteleskopfisch

- ☐ Schädel
Stirnblase
- Deckelschlüpfer
- Fliegen
Stirndrüse ↗
- Hirsche
- Termiten
Stirnfortsätze
- Anostraca
Stirnhirn ↗
Stirnhöhle
- M Nase
- Stirnbein
Stirnlappen (Hirnlappen) ↗
- Rindenfelder
- Telencephalon
Stirnlappen (Kopflappen) ↗
Stirn-Nasen-Wulst
- Glabella
Stirnocellen
- Frontalorgan
- Gliederfüßer
- B Gliederfüßer I
- Ocellen
- ↗ Stirnaugen
Stirnrind ↗
Stirnvögel
- Stärlinge
Stirnwaffen
- Stirnbein
Stirnwaffenträger
Stirnzapfen
- Frontaldrüse
Stirodonta
- M Seeigel
Stizostedion ↗
St. Louis Encephalitis
- ☐ Togaviren
STNV
- M Satelliten
Stöberhund
- ☐ Hunde (Hunderassen)
stochastisch
- Symmetrie
stochastische Modelle
- Modell
stochastische Prozesse
- Determination
- Evolution
stochastische Simulation
- Statistik
Stöchiometrie
- Maßanalyse
- Proust, J.L.
Stock (Botanik)
Stock (Zoologie) ↗
Stockälchen
- Stengelälchen
Stockausschlag
- Adventivbildung
Stockente ↗
- Balz
- Entenvögel
- M Ethogramm
- B Europa VII
- Paarbindung
- Rassen- u. Artbildung II
- B Ritualisierung
- M Schonzeit
- B Schwimmenten
- B Vogeleier II
Stöcker ↗
Stockerpel
- M Komfortverhalten
- B Ritualisierung
Stockfäule
Stockkrankheit
Stockloden
- Ausschlag
Stockmalve ↗
- B Kulturpflanzen X
Stockmaß
- Schulterhöhe
Stockmorchel
- Mützenlorchein
Stockrose
- M Eibisch
Stockschüppling
- Stockschwämmchen

Stockschwämmchen
- B Pilze III
Stockwerkprofil
- Bodenentwicklung
Stoecharthrum
Stoffaustausch
- M dynamisches Gleich-
  gewicht
Stoffkreisläufe
- B Biologie II
- dynamisches Gleich-
  gewicht
- Leben
- Mikroorganismen
Stoffmenge
- chemische Symbole
- Mol
Stofftransport
- Cytopempsis
Stoffumsatz
- M Umsatz
Stoffwechsel
- Aktivierung
- Aktivierungsenergie
- Allosterie
- chemische Energie
- chemisches Gleich-
  gewicht
- ☐ Ernährung
- Genaktivierung
- Gewürzpflanzen
- Heterotrophie
- B Kohlenstoffkreislauf
- Leben
- ☐ Nervensystem (Wirkung)
- Puffer
Stoffwechselgifte
- M Gifte
Stoffwechselintensität
- Atmung
- Energieumsatz
- Streß
- Temperaturanpassung
Stoffwechselkette
- Multienzymkomplexe
Stoffwechselkrankheiten
Stoffwechsel-Marker
- B Biologie III
Stoffwechselmutanten
- Biosynthesewege
Stoffwechselphysiologie
- Botanik
Stoffwechselprodukte
- Biomoleküle
- M Biotechnologie
- Luftverschmutzung
- Stoffwechsel
Stoffwechselrate
- Stoffwechselintensität
Stoffwechselregulation
- Endprodukthemmung
- Stoffwechsel
Stoffwechselreservoir
- Stoffwechsel
Stoffwechselwege
- Biosynthesewege
- Stoffwechsel
Stoffwechselzyklus
- Stoffwechsel
Stoichactis
- Anemonenfische
Stokes, William
- Cheyne-Stokes-Atmung
Stokesia
- M Pollen
Stokesie
- M Pollen
Stokessche Formel
- Plankton
Stokessche Regel
- Fluoreszenzmikroskopie
Stoliczka, Ferdinand
- Stoliczkaia
Stoliczkaia ↗
Stoll, Arthur
- B Biochemie
Stolo (Botanik)
Stolo (Zoologie) ↗
Stolon
- Stolo

Stolonata
Stolonen ↗
- M Epitokie
- Mycel
- Polykorm
- Stolo
Stolonifera
- Ctenostomata
- M Moostierchen
Stolonisation ↗
Stolonoidea
Stolonotheka
- Stolotheka
Stolo prolifer
- Cyclomyaria
- Feuerwalzen
Stolotermes
- M Australien
Stoloteuthis
Stolotheka
Stolperreflex
- Bereitschaft
Stolzer Heinrich ↗
Stoma (Botanik) ↗
Stoma (Medizin, Zoologie) ↗
Stomachus ↗
Stomata
- Spaltöffnungen
Stomatellidae ↗
Stomatoden
- Victoria
stomatogastrische Ganglien
- Neurohämalorgane
*stomatogastrisches Nerven-
system*
- Frontalganglion
Stomatopoda ↗
Stomatopora
Stomatoporida
- Sclerospongiae
Stomatostyl
- Odontostyl
- Tylenchida
Stombus
Stomiatidae ↗
Stomiatoidei ↗
Stomium
- Anulus
Stomochord
- Stomochordata
Stomochordata
Stomocniden
- M Cniden
Stomodaeum ↗
- Cuticula
- Gliederfüßer
- M Protostomier
Stomoxys ↗
Stomphia ↗
Stomubus
- Hornfrösche
Stopcodonen ↗
Stopfpräparate
- Präparationstechniken
Stoppelpilz ↗
Stoppelrübe ↗
- B Kulturpflanzen II
Stopsignale ↗
- Basentriplett
- M Transkription
Stora Sjöfallet (Schweden)
- B National- und Natur-
  parke I
Storax
- Burseraceae
Storaxbaum
- M Styracaceae
Storaxgewächse ↗
Störche
- B Afrika V
- M brüten
- B Europa XV
- M Flug
- M Gewölle
- Handschwingen
- Horst
- Kondor
- ☐ Lebensdauer
- Nest

- Neuweltgeier
- Prägung
- B Vogeleier II
Storchennestbildung
- Tanne
Storchschnabel
- B Europa V
- Glechometalia
Storchschnabelartige
Storchschnabelgewächse
Störe
- B Fische II
- Hausenblase
- ☐ Lebensdauer
Störgröße
- ☐ adrenogenitales Syndrom
- B Hormone
- Regelung
- B Regelung im Organismus
Störlicht
- ☐ Blütenbildung
- B Chronobiologie I
Störmeer
- Holstein-Interglazial
Störsender
- Bärenspinner
Störungsentwicklung ↗
- Rekapitulation
Stoßtaucher
Stoßwasserläufer ↗
Stoßzähne
- M Praemaxillare
STP
- Meskalin
Strafe
- bedingte Aversion
- ↗ Bestrafung
Strahlblüten
- Strahlenblüten
Strahlen
Strahlenabschirmung
- Blei
- Strahlenschutz
Strahlenbehandlung
- Strahlentherapie
Strahlenbelastung
Strahlenbiologie
Strahlenblüten
Strahlencytologie
- Strahlenbiologie
Strahlendosis
- Strahlenschäden
Strahlenflosser ↗
- ☐ Kreide
Strahlenfüßer
- Mucocysten
Strahlengang
- ☐ Borkenkäfer
Strahlengenetik
Strahlengriffel
Strahlenheilkunde
- Radiologie
Strahlenkörbchen ↗
Strahlenkörper ↗
Strahlenkrankheit
- Strahlenschäden
Strahlenkrebs
- ☐ Krebs (Krebs-
  entstehung)
- Strahlenschäden
Strahlenökologie
- Strahlenbiologie
Strahlenpilze ↗
Strahlenpilzkrankheit ↗
Strahlenqualität
- Strahlendosis
Strahlenresistenz
- M Strahlenschäden
Strahlenschäden
Strahlenschildkröte
Strahlenschutz
- Eugenik
Strahlenschutzstoffe
Strahlenschutzverordnung
- Strahlenschutz
Strahlensymmetrie
- Symmetrie
- ↗ Radiärsymmetrie
Strahlenteleskopfisch
- Glattkopffische

Strahlentherapie

Strahlentherapie
- Biophysik
- Krebs
Strahlentierchen ↗
Strahlenwirkung
- Ⓜ Fehlbildung
- Knochenmark
- ↗ Strahlenschäden
Strahlfäule
- Huf
Strahlpolster
- Huf
Strahlung
Strahlungsbilanz
Strahlungsenergie
- Absorption
- Photosynthese
- ↗ Sonnenenergie
Strahlungsfrost
- Ausstrahlung
- Frost
- Glashauseffekt
Strahlungshaushalt
- Klima
Strahlungskonservierung
- Konservierung
Strahlungsübergang
- Zufall in der Biologie
strain
- Stamm
Strandanwurf ↗
Strandassel ↗
Strandaster
- Aster
- Ⓑ Europa I
Strandauster ↗
Strandbinsenröhricht
- Bolboschoenetea maritimi
strand displacement
- Adenoviren
Stranddistel ↗
- Ⓑ Europa I
- Ⓜ Mannstreu
Strandflieder
- ☐ Bodenzeiger
- Ⓜ Strandnelke
Strandflöhe
- Kompaßorientierung
Strandgräber ↗
Strandgrasnelke
- Ⓑ Europa I
- ↗ Grasnelke
Strandhafer
- Sandpflanzen
Strandhafer-Dünengesellschaften
Strandhüpfer
- Strandflöhe
Strandigel
- Strandseeigel
Strandkrabbe
- Atmungsregulation
- Ⓜ Membranpotential
- Ⓜ Rhizocephala
Strandküling
- Grundeln
Strandläufer
Strandling ↗
Strandlings-Gesellschaften ↗
- Brachsenkraut
Strandnelke
Strandroggen ↗
- Ⓑ Europa I
- Ⓜ Haargerste
Strandroggen-Gesellschaften ↗
Strandrose
- Mesomyaria
Strandsaum ↗
Strandschmielen-Gesellschaft
- Litorelletea
Strandschnecken
Strandsee
- Lagune
Strandseeigel
Strandsimse ↗
Strand-Tausendgüldenkraut
- Ⓑ Europa I

Strandwolf ↗
Strangalia ↗
Strangbrüche
- DNA-Reparatur
Stränge
- Moor
Stranvaesia ↗
Stranvais, William Fox
- Stranvaesia
Strasburger, E.A.
- Ⓑ Biologie II
- Cytologie
- Hertwig, O.W.A.
- Mitose
Straßburger Terpentin
- Tanne
Straßenbäume
- Streusalzschäden
Straßenbegleitpflanzen
- Naturschutz
- ↗ Straßenbäume
Strata
- Stratifikation
- ↗ Stratum
Strategie
Stratifikation (Botanik)
Stratifikation (Geologie)
Stratifikation (Ökologie)
Stratifizierung
- Stratifikation
Stratigraphie
- Biozone
- Erdgeschichte
- Smith, W.
stratigraphische Korrelation
- Schichtparallelisierung
stratigraphisches Grundgesetz
- Geochronologie
stratigraphisches System
stratigraphische Stufe
stratigraphische Zone ↗
Stratiodrilus
Stratiomyidae ↗
Stratiomys
- ☐ Saprobiensystem
- Waffenfliegen
Stratiotes ↗
Stratosphäre
- Atmosphäre
- Klima
Stratotypus
- Stratigraphie
Stratovulkan
- Ⓜ Vulkanismus
Stratozönose
Stratum (Anatomie)
Stratum (Geologie)
Stratum (Ökologie)
Stratum basale
- Epithel
- Haut
Stratum callosum
- Architheca
Stratum corneum
- Schuppen
Stratum functionale endometrii
- Funktionalis
Stratum germinativum
- Epithel
- Haut
- Keimschicht
Stratum granulosum
- Haut
- Körnerschicht
Stratum lucidum
- Haut
Stratum moleculare
- Kleinhirn
Stratum profundum
- Endotheca
Stratum synoviale
- Synovialflüssigkeit
Stratum typicum
- Hyle
Strauch
- Basitonie
- ☐ botanische Zeichen

- ☐ Lebensformen (Gliederung)
- Wuchsform
Straucherbse ↗
Strauchfingerkraut
- Ⓑ Europa XIX
- Fingerkraut
Strauchflechten
- Cetraria
- Ⓜ Flechten
- Ⓑ Flechten I
Strauchformation
Strauchkohl
- Kohl
Strauchpappel ↗
Strauchratten
- Ⓜ Trugratten
Strauchschicht ↗
- Samenverbreitung
- Wald
Strauchschnecken
Strauchsteppe
- Ⓜ Steppe
Strauchwicke ↗
Strauße
- Ⓑ Afrika II
- Äthiopis
- Ⓜ brüten
- Flugmuskeln
- Ⓜ Fortbewegung (Geschwindigkeit)
- Harnblase
- Ⓜ Körpergewicht
- Kralle
- ☐ Lebensdauer
Straußenfußschnecken
- Straußenschnecken
Straußenschnecken
Straußfarn
Strauß-Gelbweiderich
- Ⓑ Europa VI
Straußgras
Streber ↗
Streblidae ↗
Streblosoma
- Ⓜ Terebellidae
Streblotrichum ↗
Streckerspinnen
Streckfuß
- Trägspinner
Streckhornfliegen ↗
Streckmuskeln
- Ⓑ Rückenmark
Streckreflex
- Ⓑ Rückenmark
Streckrezeptoren ↗
- Chordotonalorgane
Streckteich
- Brutteich
Streckungswachstum
- Auxine
- Keimung
- Vakuole
Streckungszone
Streifenantilope ↗
Streifenbackenhörnchen ↗
Streifenboden ↗
Streifenbrand
Streifenfarn
- Ⓑ Farnpflanzen I
- Serpentinpflanzen
Streifenfarngewächse ↗
Streifenfisch ↗
Streifenhörnchen
Streifenhüpfmäuse
- Hüpfmäuse
- Paläarktis
Streifenhyäne
- Ⓑ Asien VI
- Hyänen
- Ⓜ Hyänen
- Mähne
Streifenkohle
- Kohle
Streifenkrankheit
- Ⓑ Pflanzenkrankheiten I
Streifenmolch (= Teichmolch)
- Ⓑ Amphibien II
- Ⓜ Molche

Streifenroller
- Palmenroller
Streifenrost ↗
Streifensaat
- ☐ Saat
Streifensalamander
Streifenschakal
- Ⓜ Schakale
Streifenschildkröten ↗
Streifenskunk
- Ⓑ Nordamerika I
- Ⓜ Skunks
Streifenwanze ↗
Streifenzikade ↗
Streifgebiet
- Brutrevier
- Revier
Strelitzia
- Strelitziaceae
- Ⓜ Strelitziaceae
Strelitziaceae
Strepsiptera ↗
Streptaxidae ↗
Streptidin
- Streptomycin
Streptobacillus
Streptobakterien
Streptocarpus ↗
- Ⓜ Gesneriaceae
- Ⓑ Mendelsche Regeln I
Streptocephalidae
- Ⓜ Anostraca
Streptococcaceae
Streptococcus
- Ⓜ Eitererreger
- Fohlenlähme
- Galt
- Ⓜ Milchsäurebakterien
- Ⓜ Strichtest
- Ⓜ Vaginalflora
- Ⓜ Zahnkaries
- ↗ Streptokokken
Streptognathie
Streptokinase
Streptokokken
- Abwasser
- hämolysierende Bakterien
- Streptolysine
- ↗ Streptococcus
Streptokokkenmastitis
- Galt
Streptolysine
Streptomyces ↗
- Achromycin
- Ⓜ Selbsterhitzung
- Ⓜ Streptomycetaceae
Streptomycetaceae
Streptomycin
- Ambiguität
- Ribosomen
- Waksman, S.A.
Streptoneura
Streptoneurie ↗
- Geradnervige
Streptopelia ↗
Streptopus ↗
Streptose
- Streptomycin
Streptosporangium ↗
Streptostylie
- Kraniokinetik
Streptosyllis
- Ⓜ Syllidae
Streptothricin
- Neomycine
Streptothrix
Streptoverticillium ↗
- Ⓜ Streptomycetaceae
Stresemann, E.
Streß
- Allgemeinerregung
- Darmflora
- dichteabhängige Faktoren
- Glucocorticoide
- gonadotrope Hormone
- heat-shock-Proteine
- ☐ Hormone (Drüsen und Wirkungen)
- Ⓑ Hormone

Stubensandstein

- Phytoalexine
- Prolactin
- Schmerz
- Schwanzsträubwert
- Torpor
- Warnsignal

Streßcutanen
- Pelosol
- slickensides

Streßfaktoren
- Streß

stress fibers
- Zellskelett

Streßhormone
- Catecholamine
- B Hormone
- Streß

Stressoren
- Streß
- □ Streß

Streß-Ulcus
- Streß

Streu
- Auflagehorizont
- Bodenentwicklung

Streuabbau
- Bodenreaktion
- Bodentemperatur
- Trichterlinge
- ↗ Streuzersetzung

Streubereich
- Statistik

Streubreite
- M Statistik

Streufrüchte ↗
Streuhorizont

Streulicht
- Dunkelfeldmikroskopie
- ↗ Streuung

Streulichtmessung
- □ mikrobielles Wachstum

Streunutzung

Streupflaster
- Schalenpflaster

Streusalz
- Auftausalze
- Natriumchlorid
- M Nekrose
- Streusalzschäden

Streusalzschäden
Streutextur ↗

Streuung
- Farbe
- Tyndall, J.
- ↗ Streulicht

Streuwiesen ↗

Streuzersetzung
- □ Bodenorganismen
- Sumpf
- ↗ Streuabbau

Striae gravidarum
- Schwangerschaft

Striatum
- Basalganglien
- Corpus striatum

Strich
- Zitze

Strichelkrankheit
Strichfarn ↗

strichfrüchtige Flechten
Strichtest
Strichvögel
Strickleiternervensystem
- Bauchganglion
- Gehirn
- Gliedertiere

Stridulation
- Agaristidae
- Bockkäfer
- Borkenkäfer
- Feldheuschrecken
- M Fettspinne
- Heuschrecken

Stridulationsorgane
- Cheliceren
- Käfer
- □ Vervollkommnungsregeln

stridulieren
- Stridulation

Strigea
- Wirtswechsel

Strigidae ↗
Strigiformes ↗

Strigilation
- Stridulation

Strigopinae
- M Neuseeländische Subregion
- M Papageien

Strigops
- Papageien

strikter Materialismus
- Geist - Leben und Geist

stringente Kontrolle
- M Genregulation

Stringocephalus burtini Defrance
striopallidäres System ↗
Strix ↗
Strobe ↗
- B Nordamerika I

Strobenblasenrost ↗

Strobenschütte
- □ Schüttekrankheit

Strobila
- Bandwürmer
- Strobilation
- M Strobilocercus

Strobilanthes ↗

Strobilation
- Tiefseequallen

Strobilocercus

Strobilomyces
- Strobilomycetaceae

Strobilomycetaceae

Strobilopsidae
- M Orthurethra

Strobilus ↗
- Blüte

Strobus
- Kiefer (Pflanze)

Stroh
- C/N-Verhältnis
- Cellulose
- Lignin
- Selbsterhitzung
- Xylane

Strohanalyse
- Rohfaser

Strohblume
- B Australien III

Strohhütchen
- M Bärenspinner

Stroma (Botanik)
- B Chloroplasten
- Thylakoidmembran

Stroma (Zoologie)

Stromata
- Stroma

Stromateidae
- Erntefische

Stromateoidei ↗

Stromathylakoide
- Grana
- Thylakoidmembran

Stromatinia

Stromatolithen
- Cyanobakterien
- Kalk
- Leben
- Präkambrium

Stromatopora
Stromatoporen ↗
- Caunoporen
- Trupetostroma

Stromatoporoidea

Strombidae
- Fechterschnecken

Strombidilidium ↗
Strombidinopsis ↗
Strombidium ↗
- M Oligotricha

Stromboidea ↗
Strombus ↗

Strömchentheorie ↗
- Hermann, L.
- B Nervenzelle II

Strömer ↗
- B Fische X

Stromeria
- Madagaskarstrauße

Strömling

Stromlinien
- M Grenzschicht

Stromlinienform
- Analogie - Erkenntnisquelle
- Fische

Strömung
- □ Bergbach
- Drift
- □ Flugmechanik
- Grenzschicht
- mechanische Sinne

Strömungsdruck
- Cupula

Strömungsgeschwindigkeit
- Blutdruck
- Grenzschicht

Strömungslehre
- B Konvergenz bei Tieren

Strömungsschutz
- Grenzschicht

Strömungssinn

Strömungssinnesorgane
- Strömungssinn

Strömungswiderstand
- □ Blutdruck
- Cilien
- Flimmergeißeln

Strongylida

Strongylocentrotidae
- Strongylocentrotus

Strongylocentrotus

Strongylognathus
- Knotenameisen

Strongyloides ↗
- filariforme Larve
- Heterogonie

Strongyloidiasis
- Zwergfadenwurm

Strongylosomida
- □ Doppelfüßer

Strongylus
- Strongylida

Strontium-90
- Strahlenbelastung

Strontiumchromat
- M Krebs (Krebserzeuger)

Strontiumsulfat
- Radiolaria

Strontiumsulfatskelett
- Acantharia

Strophanthidin
- Cardenolide
- Strophanthine

Strophanthine
- Arzneimittelpflanzen
- Pflanzengifte

Strophanthoside
- Strophanthine
- M Strophanthine

Strophanthus
- Affenbrotbaum
- Arzneimittelpflanzen
- M Herzglykoside

Strophanthus-Glykoside
- Strophanthine

Stropharia ↗
Strophariaceae ↗
Strophe ↗
- B Kaspar-Hauser-Versuch

Stropheodonta ↗
- Strophodonta

Strophiole
- Strophiolum

Strophiolum

Strophocheilidae
- Strophocheilus

Strophocheilus
Strophodonta
Strophomenida
Strophomenidae
- Leptaena

Strubbelkopfröhrlinge ↗

Strudelorgan
- B Atmungsorgane I

Strudelwürmer
- M Auge
- Catenulida
- Cephalisation
- Gonoporus
- Krenal

Strudler
- Ernährung
- M Ernährung
- Flimmerepithel

struggle for life ↗

Struktur
- Entropie - in der Biologie
- Gestalt
- Zufall in der Biologie

Strukturboden ↗

Strukturelastizität
- Fettpolster

strukturelle Analogie
- Analogie - Erkenntnisquelle

strukturelle Polarität
- Golgi-Apparat
- ↗ Polarität

Strukturfarben
- Farbe

Strukturformel ↗

Strukturgene
- Variabilität

Strukturpolysaccharide

Strukturproteine ↗
- B Ein-Gen-ein-Enzym-Hypothese
- ↗ Skleroproteine

Strukturresonanz
- Mesomerie

Strukturwissenschaften
- Wissenschaftstheorie

Struma
- Kropf

Strumpfbandnattern ↗

Struniiformes
- M Quastenflosser

Struthanthus ↗

Struthio
- Strauße

Struthiolaria

Struthiolariidae
- Straußenschnecken

Struthionidae
- Strauße

Struthioniformes ↗

Strychnicin
- □ Brechnußbaum

Strychnin
- Bitterstoffe
- □ Brechnußgewächse
- Caventou, J.B.
- Pelletier, P.J.
- Rodentizide
- Woodward, R.B.

Strychnos ↗
Strymonidia ↗
- M Bläulinge

ST-Strecke
- Elektrokardiogramm

Stuart, Alexander
- Rückenmarksfrosch

Stuart-Prower-Faktor
- □ Blutgerinnung (Faktoren)

Stubben

Stubenfliegen
- □ Entomophthorales
- M Flug
- M Fortbewegung (Geschwindigkeit)
- B Insekten II
- M Insektenflügel
- M Komplexauge (Ommatidienzahl)
- Laboulbeniales
- M Mundwerkzeuge
- M Muscidae
- Synanthropie
- Versuchstiere

Stubensandstein
- Keuper
- Kieselhölzer

395

Stubenvögel

Stubenvögel ↗
Studentenblume ↗
Studer, Th.
- □ Meeresbiologie (Expeditionen)
Stufe
- Erdgeschichte
- □ Stratigraphie
Stufenleiter
- Leibniz, G.W. von
- Systematik
Stufenleitersystem
- Systematik
Stülpsackverfahren
- Tiefseefauna
stumme Gene ↗
Stummelaffen
Stummelbeine
- Bärtierchen
- Stummelfüße
Stummeldaumen
- M Südamerika
Stummelfüßchen
Stummelfüße
- Gliederfüßer
Stummelfüße
- Bindeglieder
- Cuticula
- Südamerika
- Tracheensystem
- Wehrsekrete
  ↗ Onychophora
Stummelfußfrösche
- Südamerika
- Tetrodotoxin
Stummelkormoran
- Kormorane
- B Südamerika VIII
Stummelschwanzhörnchen
Stummelschwanzpaviane
stumme Mutationen
Stumpfmuscheln ↗
Stumpfschnecke ↗
Stümpke, H.
- Rhinogradentia
Stupsnase
- Osteuropide
Stur ↗
- Barsche
Sturm
- Wein
Sturm-Bruch
- Windschäden
Sturmhaube ↗
Sturmhut ↗
Sturmmöwe
- B Europa VII
- Möwen
Sturmschäden
- Windschäden
Sturmsches Konoid
- M Astigmatismus
Sturmschwalben
- M Höhlenbrüter
- B Mediterranregion II
- M Polarregion
Sturmtaucher
- Bürzeldrüse
Sturmvögel
- M Gelege
- M Polarregion
Sturm-Wurf
- Windschäden
Sturnidae ↗
Sturnirinae
- Blattnasen
Sturnus
- Stare
Sturt's desert pea
- B Australien II
Sturzflug
- Greifvögel
Stürzpuppe (= Sturzpuppe) ↗
- Augenfalter
- Blattkäfer
- Cremaster
- M Schmetterlinge (Puppe)

- B Schmetterlinge
Stutbuch
- Herdbuch
Stute
Stuttgarter Hundeseuche ↗
Stützblatt ↗
Stutzechse ↗
Stützfedern ↗
Stützgewebe ↗
Stutzkäfer
Stützlamelle
Stutzschnecken
Stützschwanz
- Schwanz
- Schwanzfedern
Stützwurzeln ↗
Stützzellen
- Astrocyten
- Sertoli-Zellen
Stygal ↗
Stygalfauna
- Stygobionten
Stygichthys ↗
Stygicola
- Höhlenfische
Stygiomedusa ↗
Stygiomysidae
- M Mysidacea
Stygobionten
Stygocapitella
- Parergodrilidae
Stygocaridacea
Stygon
Stylaria
- Oligochaeta
Stylaster
- Stylasteridae
Stylasteridae
Stylephoroidei ↗
Styli
- M Coxalbläschen
Stylidiaceae
Stylidium
- Stylidiaceae
Stylites
Stylocalamites
Stylochiton ↗
Stylochus
Stylodipus
- M Springmäuse
Stylohipparion
- B Pferde, Evolution der Pferde II
Stylommatophora ↗
Stylonychia
Stylopage
Stylophora ↗
- Calcichordata
Stylophorin
- Chelidonin
Stylophorus
- Tiefseefauna
Stylopidae ↗
stylopisiert
Stylopodium (Botanik) ↗
Stylopodium (Zoologie) ↗
- Zeugopodium
Stylosanthes
- Knöllchenbakterien
Styloscolex
- M Lumbriculidae
Stylostom ↗
Styloviridae
- Bakteriophagen
- B Viren
Stylus ↗
- □ Gliederfüßer
Styphelia
- M Epacridaceae
Styracaceae
Styracosaurus
Styrax ↗
Styrol
- Benzol
Styromull
- Bodenverbesserung
Styrylbenzoxazinone
- Phytoalexine
Styrylpyrone
- Hymenochaetaceae

Suaeda ↗
subakute sklerosierende Panencephalitis
- M Paramyxoviren
- □ Virusinfektion (Abläufe)
Subalare
- Epimeron
- Flugmuskeln
- M Flugmuskeln
- M Insektenflügel
subalpin ↗
subalpine Hochstaudenfluren
- Betulo-Adenostyletea
subalpine Hochstaudengebüsche
- Betulo-Adenostyletea
Subanalplatten
- Steinfliegen
subandrözisch
Subarachnoidalraum
- Cerebrospinalflüssigkeit
Subassoziation ↗
Subatlantikum
- M Holozän
- Wald
subatlantische Brombeer-Hecken
- Rubion subatlanticum
subatlantische Sandginsterheide ↗
Subbarow, Y.
- B Biochemie
Subboreal
- M Holozän
Subchela
- Chela
- Cheliceren
- Scherenfuß
subchelat
- Chela
Subclassis
- Unterklasse
Subcoccinella
- Marienkäfer
Subcosta ↗
- □ Käfer
Subcoxa
subcutan
- Infusion
Subcutis ↗
Subdermalraum
- Schwämme
Subdivisio
- Unterabteilung
subdominant ↗
- M Dominanz
- Hackordnung
Suberin
- Casparyscher Streifen
- Epithel
- Verkorkung
- Zellwand
Suberinsäure
- Korksäure
- Suberin
Suberites
- Gemmula
- M Schwämme
- Wollkrabben
Suberitidae ↗
Subfamilia
- Unterfamilie
subfebril
- Fieber
Subfilamente
- Basalkörper
subfossil
Subgenitalhöhle
- Scyphozoa
Subgenitalplatte
- Eileapparat
- M Eilegeapparat
- Hypopygium
Subgenualorgane
- Heuschrecken
- M Reiz
- Vibrationssinn
Subgenus
- Untergattung

Subgerminalhöhle
subgynözisch
subherzynisch
- B Erdgeschichte
Subholostei
subhydrische Böden
- Bodenentwicklung
- □ Bodentypen
- Sapropel
Subhymenium
- Basidie
- Blätterpilze
Subimago
Subintestinalganglion
- Kamptozoa
Subitaneier
- Gastrotricha
subjektives Erleben
- Bedürfnis
Subklimax ↗
subkontinentaler Halbtrockenrasen
- Halbtrockenrasen
subkontinentaler Trockenrasen
- Festucion valesiacae
subkontinentaler Volltrockenrasen
- Festucion valesiacae
Subkultur
Sublepidodendron
- Protolepidodendrales
Subletalfaktor ↗
Sublimation
- □ Gefrierätztechnik
Sublitoral
- M bathymetrische Gliederung
- Felsküste
submarin
submediterran
submediterraner Halbtrockenrasen
- Halbtrockenrasen
submediterran-subozeanischer Halbtrockenrasen
- Mesobromion
Submentum ↗
submers
- Brachsenkraut
Submerskultur
Submersverfahren
- B Antibiotika
- Submerskultur
submetazentrische Chromosomen
- Chromosomen
Submission
- Demutsgebärde
submissiv
- B Bereitschaft II
Submucosa
- Schleimhaut
Suboculare
- M Eidechsen
suboesophageale Ganglienmasse
- B Atmungsorgane II
Suboesophagealganglion ↗
- Corpora allata
- Gliederfüßer
- □ Insektenhormone
Subordination
- Klassifikation
Subordo
- Unterordnung
Suboxidanten
- Essigsäurebakterien
Subphylum
- Unterstamm
Subpolyedergefüge
- □ Gefügeformen
Subradularganglien
- Schnecken
Subradularorgane
- Furchenfüßer
Subregion ↗
- □ tiergeographische Regionen
Subregnum
- Unterreich

Sumachgewächse

subrezedent
- M Dominanz

subrezent ↗

Subseries
- Sektion

Subsigillaria
- Siegelbaumgewächse

Subsistenz-Anbau
- Afrika

subsozialer Verband
- Tiergesellschaft

subsoziale Scheingesellschaft
- Aggregation

Subspezies ↗
- Polymorphismus

Substantia adamantina
- Zahnschmelz

Substantia alba
- weiße Substanz

Substantia compacta
- Osteosklerose

Substantia eburnea
- Dentin

Substantia grisea
- graue Substanz

Substantia nigra
- Akinese
- Basalganglien
- Delphine

Substantia ossea
- Zement

Substantia reticularis
- Angst - Philosophische Reflexionen

Substantia reticularis rhombencephali
- Tegmentum

Substantia vitrea
- Zahnschmelz

Substanz P
- Hormone
- □ Neuropeptide

Substitution

substomatärer Hohlraum
- Spaltöffnungen

Substrat
- M Endprodukthemmung

Substratbindungskurve
- M Enzyme
- M Kooperativität

Substratbrüter
- Maulbrüter

Substraterkennungsbereich
- aktives Zentrum

Substratfresser ↗
- M Ernährung
- Regenwürmer

Substrathyphen ↗
- M Thallokonidien

Substratinduktion ↗

Substratketten-phosphorylierung
- B Glykolyse

Substratmycel
- M Streptomycetaceae
- M Thermoactinomyces

Substratphosphorylierung
- B Glykolyse
- Substratstufen-phosphorylierung

Substratpilze

Substratrassen
- M Rasse

Substratsättigungskurve
- □ Allosterie (Sättigungskurve)

Substratspezifität ↗
- Translation

Substratstufen-phosphorylierung
- M schwefeloxidierende Bakterien
- Methanbildung

subterran

Subtilin

Subtilisin
- Serin

subtraktive Farbmischung ↗

Subtropen
- arktotertiäre Formen

Subularia
- Litorelletea

Subulina

Subulura

Subuluroidea
- M Ascaridida
- Subulura

subumbonal
- Laterallobus

Subumbrella ↗

Subunguis

Subungulata

Subzone

Succinat-Dehydrogenase
- □ Citratzyklus
- M Leitenzyme
- Nicht-Häm-Eisen-Proteine
- M Oxidoreductasen

Succinate ↗
- B Dissimilation II
- M Fumarase
- M Glyoxylatzyklus
- M Interspezies-Wasserstoff-Transfer
- □ Kohlendioxidassimilation
- □ Propionsäuregärung
- Redoxpotential
- □ Redoxpotential
- □ reduktiver Citratzyklus
- M Succinatgärung

Succinatgärung

Succinat-Propionat-Weg
- Propionsäuregärung

Succinatsemialdehyd-Dehydrogenase
- □ γ-Aminobuttersäure

Succinatthiokinase
- □ Citratzyklus

Succinat-Ubichinon-Oxidoreductase
- □ Mitochondrien (Aufbau)

Succinea ↗

Succineidae
- Bernsteinschnecken

succinogene Bakterien

Succinomonas ↗

Succinovibrio ↗

Succinum
- Bernstein

Succinyl-CoA
- □ Kohlendioxidassimilation
- M Propionyl-Carboxylase
- Succinyl-Coenzym A

Succinyl-CoA-Synthetase
- □ reduktiver Citratzyklus

Succinyl-Coenzym A

Succisa ↗

Succus

Succus entericus
- Succus

Succus Fraxini
- Succus

Succus gastricus
- Succus

Succus Liquiritiae
- Succus

Suchbewegungen

Suchbild

suchendes Umherschauen
- B Einsicht
- ↗ Suchverhalten

Suchia

Sucht
- Alkaloide
- Betäubung
- Betelnußpalme
- Gifte
- Opiate
- M Schlaf
- Weckamine

Suchverhalten
- B Einsicht
- Nachfolgereaktion

Sucinum
- Bernstein

Sucrochemie
- Stärke

Sucrose

Suctoria

Sucus
- Succus

Südafrikanische Region
- tiergeographische Regionen

Südafrikanischer Ochsenfrosch
- Grabfrosch

Südafrikanische Unterregion

Südamerika
- □ Desertifikation (Ausmaß)
- Gondwanaland
- Polarregion
- B Vegetationszonen

Südamerikanische Felsenratte
- M Trugratten

Südamerikanischer Lungenfisch
- B Fische XII
- Lungenfische

Sudanbüffel
- Kaffernbüffel

Sudanide
- □ Menschenrassen

Sudanpotato
- Coleus

Südatlantis
- M Brückenkontinent

Südbuche ↗
- Australien
- B Australien III

Sudd
- Sumpf

sudetisch
- B Erdgeschichte

Südfrösche
- Südamerika

Südfrüchte
- Obst

Südhecht ↗

Südkaper ↗

Südkontinent
- Südamerika

Südliches-Bohnenmosaik-Virusgruppe

Sudor ↗

Südpudu
- Pudus

Südrichtung
- Kompaßpflanzen

Südrobben

Südseeboas

Südtanne
- Araucaria

Südwal
- Südkaper

Südweine
- Wein

Suevium
- □ Tertiär

Suffolkschaf
- M Schafe

Sufu
- Mucorales

Suggestion
- Schmerz

Suidae ↗
- Listriodon
- ↗ Schweine

Suillotaxus
- M Dachse

Suillus ↗
- M Mykorrhiza

Suipoxviren ↗

Sukkulenten
- B Vegetationszonen
- Wassergewebe

Sukkulenz
- Dürre

Sukzedanzwittrigkeit
- Zwittrigkeit

Sukzession
- Bodengeschichte
- Erstbesiedlung
- Naturschutz
- Opportunisten
- Pflanzengesellschaft

Sukzessionsreihen
- Dauergesellschaft

Sukzessivkontrast
- □ Kontrast

Sula ↗

Šulc, K.
- Mycetome
- Pseudovitellus

Sulci
- Gyrifikation
- Sulcus

Sulculeolaria ↗
- M Calycophorae

Sulcus

Sulcus coronarius
- Herz

Sulcus parietotemporalis
- Affenspalte

Sulfanilamid
- Sulfonamide
- M Sulfonamide

Sulfatasen
- M Hydrolasen

Sulfatassimilation

Sulfatatmer ↗

Sulfatatmung
- M anaerobe Atmung
- Desulfuration
- Mineralisation
- □ Schwefelkreislauf

Sulfate ↗
- Anion
- M Geschmacksstoffe
- □ Harn (des Menschen)
- Nährsalze
- Schwefel
- Schwefelkreislauf

Sulfathärte
- Wasserhärte

Sulfatreduktion
- □ Schwefelkreislauf
- Sulfatatmung

sulfatreduzierende Bakterien
- Sulfatreduzierer

Sulfatreduzierer
- Schwefelkreislauf
- □ Schwefelkreislauf

Sulfhydrylgruppe ↗

Sulfide ↗
- □ mikrobielle Laugung
- □ schwefeloxidierende Bakterien

Sulfitablaugen
- M Einzellerprotein

Sulfite
- schwefeloxidierende Bakterien

Sulfit-Oxidase
- Molybdän

Sulfit-Reductase
- □ assimilatorische Nitratreduktion

Sulfitsprit
- Äthanol

o-Sulfobenzoesäureimid
- Saccharin

Sulfolobaceae
- M Sulfolobales

Sulfolobales

Sulfolobus
- M acidophile Bakterien
- M Archaebakterien
- M Progenot
- schwefeloxidierende Bakterien
- M thermophile Bakterien

Sulfonamide
- p-Aminobenzoesäure
- Bovet, D.
- Chemotherapeutika
- Domagk, G.

Sulfonamidkristalle
- Harnsedimente

Sulforaphen
- □ Senföle

Sulidae ↗

Sultana

Sultaninen ↗

Sultanshühnchen ↗

Sumach
- Gallapfel
- Gerbstoffe
- B Nordamerika V

Sumachgewächse

Sumaresinolsäure

Sumaresinolsäure
- M Resinosäuren

Sumatra-Barbe
- B Aquarienfische I

Sumatra-Benzoe
- Benzoeharz
- M Resinosäuren
- Styracaceae

Sumatra-Campher
- □ Dipterocarpaceae

Sumatra-Kaninchen
- M Hasenartige

Sumatra-Nashorn
- Asien
- Nashörner

Sumatra-Tabak
- Tabak

Sumatrol
- Rotenoide

Sumerer
- Mensch und Menschenbild
- B Menschenrassen II

Summation
- B Synapsen

Summationseffekt
- Kumulation
- ↗ Akkumulierung

Summenformel ↗

Summenpotentiale
- Bioelektrizität
- ↗ Summation

Sumner, J.B.
- B Biochemie
- B Biologie II
- M Enzyme
- Urease

Sumpf
- Feuchtgebiete
- Naturschutz
- □ Produktivität

Sumpfassel ↗
Sumpfbärlapp ↗
Sumpfbiber ↗
- Myocastoridae

Sumpfbinse

Sumpfbock
- Sitatunga

Sumpfdeckelschnecken
Sumpfdotterblume
- B Europa VI
- B Früchte
- □ Fruchtformen

Sumpfenzian
- Tarant

Sumpffieber ↗
Sumpffliegen
Sumpfgas ↗

Sumpfhaubenpilz
- M Mitrula

Sumpfhirsch
- Südamerika

Sumpfhühner

Sumpfhumus
- Sumpf

Sumpfkäfer
- Käfer

Sumpfkaninchen
- Bisamratte

Sumpfkiefer
- M Kiefer
- B Nordamerika VII

Sumpfkrebs ↗
Sumpfkresse

Sumpfluchs
- Rohrkatze

Sumpfmaus ↗

Sumpfmeise
- B Europa XII
- Meisen
- B Vögel I

Sumpfmücken ↗
Sumpfotter ↗
Sumpfpflanzen ↗
- □ botanische Zeichen
- M Grundgewebe
- Hydromorphie
- ↗ Helophyten

Sumpfporst
- B Europa VIII

- Porst

Sumpfquendel

Sumpfreis
- Wasserreis

Sumpfried ↗

Sumpfrosmarin
- Rosmarinheide

Sumpfschildkröten
- Europa
- B Europa VII
- □ Exkretion (Stickstoff)
- B Mediterranregion III
- B Reptilien I
- B Reptilien II
- □ Schildkröten

Sumpfschlammschnecken
Sumpfschnepfen ↗
Sumpfschrecke ↗

Sumpfsegge
- Polykorm
- Segge

Sumpfspitzmaus
- Wasserspitzmäuse

Sumpfstern ↗

Sumpftaiga
- Asien
- Taiga

Sumpfvegetation
- Ried
- ↗ Helophyten
- ↗ Sumpfpflanzen

Sumpf-Vergißmeinnicht
- B Europa VI
- Vergißmeinnicht

Sumpfwälder

Sumpfwindelschnecke
- M Windelschnecken

Sumpfwurz ↗
- B Orchideen
- B Orchideen

Sumpfziest
- M Ziest

Sumpfzypresse
- M arktotertiäre Formen
- Glyptostrobus
- B Nordamerika VII

Sumpfzypressengewächse
Sumpfzypressen-Wälder
- Nordamerika

Suncus
Sunda-Gaviale ↗

Sundaland
- Orientalis

Suoidea ↗

Superära
- Kryptozoikum
- Phanerozoikum

Superclassis
- Überklasse

supercoil
- Bakterienchromosom
- Chloroplasten
- Chromosomen
- Genregulation
- ringförmige DNA

supercoil-DNA
- supercoil

supercooling point
- Frostresistenz

Superdominanz ↗

Superfamilia
- Überfamilie

Superfekundation
superfemale ↗
Superfetation
- Kärpflinge

superfizielle Furchung

superhelikaler Twist
- □ Replikation
- ↗ supercoil

superhelikale Windungen
- Interkalation
- ↗ supercoil

Superhelix

Superinfektion

Superlinguae

supermale ↗

Supernova
- anthropisches Prinzip

Superordo
- Überordnung

Superovulation

Superoxid-Dismutase
- Aerobier
- B Chromosomen III
- Methämoglobin

Superoxid-Radikal
- Aerobier
- Superoxid-Dismutase

Superparasitierung ↗

Superphosphat

Superposition
- Interferenz

Superpositionsauge
- Hell-Dunkel-Adaptation
- □ Retinomotorik

Superregnum
- Überreich

Superreich
- Reich
- ↗ Überreich

Superspezies
- Formenkreis

Superstiten

Supertramp
- M Inselbesiedlung

Supertwist ↗
- Äthidiumion

Supination

Suppenschildkröten ↗
- B Nordamerika VII

Suppline ↗

Suppression
- Determination
- M Nomenklatur
- Restaurierung

Suppressor
- Gensynthese
- Suppressor-Gene

Suppressor-Felder
Suppressor-Gene
- Translation

Suppressor-Mutanten
Suppressor-Mutation

Suppressor-t-RNA
- Khorana, H.G.
- Suppressor-Gene

Suppressorzellen
- Immunzellen
- Lymphocyten
- □ Lymphocyten

Supraangulare
- Kiefer (Körperteil)

Suprabranchialorgan
- Heringsfische

Supracleithrum
- Schultergürtel

Supralabiale
- M Eidechsen

Supralitoral ↗
- □ Meeresbiologie (Lebensraum)
- □ See

Supranasale
- M Eidechsen

Supraneuralporus
- Moostierchen

Supraoccipitale
- M Hinterhauptsbein

Supraoculare
- M Eidechsen

Supraoesophagealganglion ↗
- B Atmungsorgane II
- Gliederfüßer

Supraorbitale
- Greifvögel
- Pythonschlangen

Suprarenin ↗
- Adrenalin

Suprascapula
- Schultergürtel

supraspezifisch

Supratemporalia
- M Eidechsen

Suramin
- Schlafkrankheit

Surdisorex
- Maulwurfspitzmäuse

surface coat
- Antigenvariation
- Bandwürmer

Suricata ↗

Surirella
- Surirellaceae

Surirellaceae

Surnia ↗

Surra
- M Trypanosoma

Surtsey

survival of the fittest
- B Biologie II
- Biologismus
- ↗ Daseinskampf
- ↗ Überleben

Sus ↗

Susan
- Lilie

Suspension
- Brownsche Molekularbewegung
- Carrageenan
- Dispersion
- Homogenat

Suspensor ↗
- Nadelhölzer

Suspensorium

süß
- □ chemische Sinne (Geschmackssinn)
- M Geschmacksstoffe

Süßdolde
- M Doldenblütler
- B Kulturpflanzen VIII

Süßgräser
- Blatt
- Getreide
- Grasblüte
- Halophyten
- Oreophyten
- Samen
- Sauergräser
- Spaltöffnungen
- Wiese

Süßholz ↗
- B Kulturpflanzen X
- □ Saponine

Süßholzzucker
- Glycyrrhizinsäure

Süßkartoffel ↗
- B Kulturpflanzen I

Süßkirsche ↗
- B Kulturpflanzen VII
- M Prunus
- Spitzendürre

Süßklee

Süßkrätzer
- Wein

Süßlippen

Süßlupinen
- Lupine

Süßreserve
- Wein

Süßsack
- Annonaceae

Süßstoffe
- Saccharin

Süßwasser
- Salinität
- Wasser

Süßwasseraustern
- Flußaustern

Süßwasserdelphine ↗

Süßwasserfische
- B Fische IX
- B Fische X
- B Fische XI
- B Fische XII

Süßwassergarnelen
Süßwasserhaie ↗
Süßwasserkrabben
Süßwassermeduse ↗
Süßwassermilben

Süßwassermoostierchen
- Phylactolaemata

Süßwassermuscheln
- M Devon (Lebewelt)
- □ Lebensdauer

Süßwasserökologie ↗
– Limnologie
Süßwasserplanarien ↗
Süßwasserpolypen
– Generationswechsel
– B Nervensystem I
– Wasserflöhe
Süßwasserqualle
Süßwasserröhrichte ↗
Süßwasserschildkröten
– Arrauschildkröte
Süßwasserschnecken
– Atmungsorgane
Süßwassertrommelfisch
– B Fische XII
– Umberfische
Süßweine
– Wein
Susu
– Flußdelphine
Suszeptibilität ↗
Suszeption
Sutcliffia
– Medullosales
Sutherland, E.W.
Sutneria
Sutton, W.
– Chromosomentheorie der Vererbung
Sutur
Sutura
– □ Schnecken
– Sutur
Sutura coronalis
– Scheitel
Sutura facialis
– Häutungsnähte
Sutura frontalis
– Frontalnaht
– □ Insekten (Kopfgrundtyp)
Suturallobus
– Auxiliarloben
– Nahtlobus
Suturalplatten
– Apophysen
Sv
– Sievert
Svalbardia
– Progymnospermen
Svecofenniden
– M Präkambrium
svecofennisch
– B Erdgeschichte
Svedberg, T.
– B Biologie III
Svedberg-Einheit ↗
Svedberg-Konstante
– □ Dichtegradienten-Zentrifugation
– Sedimentation
SV40-Virus ↗
– Gentechnologie
– Papoviren
– □ Viren (Aufnahmen)
Swamba ↗
Swammerdam, J.
– B Biologie I
– B Biologie III
– Einschachtelungshypothese
Swanscombe
– Paläanthropologie
– B Paläanthropologie
– Präneandertaler
Swartkrans
– B Paläanthropologie
Swazilandsystem
– Cyanobakterien
Swedenborg, E.
– Geist - Leben und Geist
Sweerts, Emanuel
– Swertia
Swerosid
– M Monoterpene
Swertia ↗
Swieten, Geraard van
– Swietenia
Swietenia ↗
SW-Schlaf
– Schlaf

Sycettidae
Sycodorus
– M Grantiidae
Sycon
– M Schwämme
Sycontyp ↗
Sycorax
– Mottenmücken
Sycute
– M Grantiidae
Sykomore ↗
– Feigenwespen
Syllestium ↗
Syllidae
– M Epitokie
Syllides
– M Syllidae
Syllis
– Syllidae
Sylonidae
– M Rankenfüßer
Sylphen
– □ Kolibris
Sylvaemus
– Gelbhalsmaus
– Waldmaus
Sylvest-Syndrom
– Bornholmer Krankheit
Sylvia
– Grasmücken
Sylvicapra
– Ducker
Sylviidae ↗
Sylvilagus ↗
Symbegonia
– M Begoniaceae
Symbiocladius
– Zuckmücken
Symbiodinium
– Zooxanthellen
Symbionten
Symbiontenhypothese ↗
Symbiontentheorie
– Ähnlichkeitskoeffizient
↗ Endosymbiontenhypothese
Symbionten-Vakuole
– Endosymbiontenhypothese
Symbiose
– Antibiose
– Ascomycetidae
– M Auslöser
– Bakterien
– Bary, H. A. de
– B Biologie II
– Calonymphida
– Convoluta
– Flechten
– Helotismus
– Insektensymbiose
– Kommunikation
– M Pilze
– Trophobiose
Symbioten
– Ernährung
Symbiotes
Symbol
– Denken
– Mensch und Menschenbild
– Sprache
– Tradition
Symbolbewegung
– Symbolhandlung
Symbolhandlung
Symbolik
– □ Farbe
– Symbol
Symbolisierung
– Symbol
– Symbolhandlung
Symbolsprache
– kulturelle Evolution
– Symbol
Symmerista
– B Mimikry II
Symmetrie
– Gestalt
– B Viren
Symmetrieachse
– Symmetrie

symmetrisches Kohlenstoffatom
– absolute Konfiguration
Symmetrodonta
– □ Kreide
Sympathikolytika
– Alpha-Blocker
Sympathikomimetika
– Hordenin
Sympathikus
– Beta-Blocker
– M Herznerven
– □ Nervensystem (Wirkung)
– B Nervensystem II
– Verdauung
sympathisches Nervensystem
– Cannon-Notfallreaktion
↗ Sympathikus
Sympatholytika
– Sympathikolytika
Sympathomimetika
– Sympathikomimetika
Sympatrie
sympatrisch
– Coexistenz
– Rasse
– B Rassen- u. Artbildung I
– Sympatrie
sympatrische Artbildung ↗
– Artbildung
– Homogamie
Sympecma
– Teichjungfern
Sympetalae
– Dialypetalae
Sympetalie
Sympetrum ↗
Symphalangus
– Gibbons
Symphilen ↗
Symphilie
– Synökie
Symphiogastra
– M Käfer
Symphoricarpus ↗
Symphorie
– Symphorismus
Symphoriont
– Symphorismus
Symphorismus
Symphyandra
– M Glockenblumengewächse
Symphyla
– □ Gliederfüßer
Symphylella
– Symphyla
Symphylentheorie
– Symphyla
Symphyogyna ↗
Symphypleona ↗
– Springschwänze
Symphyse
Symphysodon ↗
Symphyta
Symphytum ↗
Symplasma
– Dermallager
symplasmatischer Transport
– symplastischer Transport
Sym-Plasmide
– Knöllchenbakterien
Symplast
– Pflanzenzelle
symplastischer Transport
Symplesiomorphie ↗
– Stammbaum
Symploca
Symplocarpus ↗
– Homoiothermie
sympodial
– □ Rhizome
sympodiale Blütenstände
– racemöse Blütenstände
sympodiale Verzweigung ↗
Sympodit ↗
– □ Krebstiere
– Trilobiten

Sympodium
– Baum
– Monochasium
– Verzweigung
Sympodulokonidien
– □ Konidien
Sympodulosporae
– □ Moniliales
Symport ↗
– Cotransport
Symptom
Symptomenkomplex
– Syndrom
Synaema ↗
Synagoga
– M Rankenfüßer
Synagogidae
– M Rankenfüßer
Synakme
– Homogamie
Synalpheus
– Knallkrebse
– □ Natantia
Synanceja
– Steinfische
Synancejidae ↗
Synandrae
– Synantherie
Synandrie
Synangien
– Farne
– Synangium
Synangium
Synantherie
Synanthrop
– Synanthropie
Synanthropie
Synaphobranchidae ↗
Synapomorphie ↗
– □ Stammbaum
Synapsen
– Anticholin-Esterasen
– Atmungsregulation
– Axelrod, J.
– Axon
– Eccles, J.C.
– elektrische Organe
– Erregungsleitung
– Gedächtnis
– Kontrast
– M Lernen
– □ Nervenzelle
Synapsenblocker
– B Synapsen
Synapsenneubildungen
– Gedächtnis
Synapsida
– Schläfenfenster
– □ Wirbeltiere
synapsider Schädeltyp ↗
Synapsis ↗
Synapta
– Synaptidae
Synaptidae
Synaptikel
– Schädellose
Synaptinemal-Komplex
synaptische Bläschen
– Synapsen
↗ synaptische Vesikel
synaptische Potentiale ↗
synaptischer Komplex
– B Meiose
– Synaptinemal-Komplex
synaptischer Spalt
– M Acetylcholinrezeptor
– Endplatte
– Synapsen
– □ Synapsen
synaptisches Membranmuster
– Gedächtnis
synaptische Vesikel
– M Acetylcholinrezeptor
– Synapsen
Synaptomys
– Lemminge
Synaptosauria
– Protorosauria

Synaptosomen

- Sauropterygia
Synaptosomen
Synarthrose
- Gelenk
Synascidien
Synästhesie
synästhetisch
- Synästhesie
Synbranchiformes ↗
Syncarida
Syncephalis
- Zoopagales
Syncerebrum
- Gliedertiere
Syncerus ↗
Synchaeta
Synchore ↗
Synchorologie
Synchronisation
- Bewegung
- Cilien
- Duettgesang
- Gruppenbalz
- Kulturpflanzen
- Lunarperiodizität
- Mauser
- soziale Zeitgeber
- Stimmungsübertragung
- Synapsen
- Tiergesellschaft
- [M] Zellkultur
synchronisieren
- Synchronisation
Synchytriaceae
- Synchytrium
Synchytrium
Syncoelidium
- [M] Tricladida
syncytiale Epidermis
- [M] Bandwürmer (Querschnitt)
syncytiale Körpergewebe
- Syncytium
Syncytien
- Syncytium
Syncytiotrophoblast
- Epithel
- Trophoblast
Syncytium
- cytopathogener Effekt
- Epithel
- Leben
- Muskelfaser
- [M] Neodermis
- [M] Strudelwürmer
Syndaktylie
- Rackenvögel
Syndese (Zellbiologie) ↗
Syndese (Zoologie) ↗
syndetocheil
- Bennettitales
Syndrom
Syndynamik
Synechococcus
- Thermalalgen
Synechocystis
- ☐ Cyanobakterien (Abbildungen)
Synechthren
- Synechthrie
Synechthrie
Synedra ↗
Synergetik
Synergiden
- Bedecktsamer
- Embryosack
Synergie
- Synergismus
Synergismus
Synergist
Synevolution
- Syndynamik
Synfloreszenz
- Blütenstand
syngam ↗
Syngamie
- Algen
- [B] Meiose
- ☐ sexuelle Fortpflanzung
Syngamus ↗

Synge, R.L.
- [B] Biologie III
Syngnathidae
- Seenadeln
Syngnathoidei ↗
Syngnathus
- Seenadeln
synhospitale Einnischung
- ☐ Haarlinge
synkarp
- parakarp
Synkaryon
- Befruchtung
- Einzeller
- Gamontogamie
- Konjugation
- Zygote
Synkope
- Ohnmacht
Synkotylie ↗
Synnemata
- Ceratocystis
- Hyphen
synodisch
- [M] Lunarperiodizität
Synodontidae ↗
Synodontis ↗
Synöken
- Hemiparasiten
Synökie ↗
Synökologie
- Humanökologie
Synonyme
Synopeas
- Trophamnion
synoptisch
- Meteorologie
Synorganisation
- Geschlechtsorgane
- Leben
- Schlüssel-Schloß-Prinzip
- Tierstöcke
- Vagina
Synorganisationsregel
- Vervollkommnungsregeln
Synovia
- Synovialflüssigkeit
Synovialflüssigkeit
Synovialhaut
- Synovialflüssigkeit
Synovialis
- Synovialflüssigkeit
Synovialmembran
- Synovialflüssigkeit
Synözie ↗
synpetal
- Blüte
Synprioniodina
- [M] Conodonten
Synrhabdosom
- Rhabdosom
Synsacrum ↗
- Wirbelsäule
synsepal
- Blüte
Synsepalum ↗
Synsoziologie ↗
Synthane
- Gerbstoffe
Synthasen
Synthese
- Biopolymere
- Biosynthese
- Chemie
- Chemosynthese
- [B] Dissimilation I
Synthese-Phase
- [B] Mitose
Synthetasen
synthetische Biologie
synthetische Chemie
- synthetische Biologie
synthetische Theorie
- Abstammung - Realität
- Darwinismus
- Evolutionstheorie
- Saltation
synthetisieren
- Synthese

Syntomidae ↗
Syntomis
- Widderbären
syntop
- ökologische Nische
Syntopie
- Sympatrie
syntrophe Assoziation
- Syntrophismus
Syntrophie
- Syntrophismus
Syntrophismus
Syntrophobacter
- acetogene Bakterien
Syntypus
Synura
- ☐ Saprobiensystem
- Synuraceae
Synuraceae
Synusien
Synzoosporen
- Botrydiales
Syphacia
- Oxyurida
Syphilis ↗
- Angina
- Borrelia
- Cardiolipin
- Erythromycin
- [M] Inkubationszeit
- Noguchi, H.
- Paracelsus
- Schaudinn, F.R.
- Wassermann, A.P. von
Syphonota
- Seehasen
Syphoviridae
- T-Phagen
Syracosphaera ↗
- [M] Kalkflagellaten
Syringa ↗
Syringophilus
- Raubmilben
Syringopora
- Caunoporen
Syrinx (Vögel)
- Ibisvögel
Syrinx (Weichtiere) ↗
Syrischer Goldhamster
- Hamster
- [B] Mediterranregion IV
Syrische Schleiche
- [B] Rudimentäre Organe
Syritta ↗
Syromastes
- Saumwanze
Syrosem
- Bodengeschichte
- Geröllböden
- [M] Humus
- Ranker
Syrosjom
- Syrosem
Syrphidae ↗
- Fliegenblütigkeit
Syrphus
- Schwebfliegen
- [M] Schwebfliegen
Syrrhaptes ↗
Syrrhophus ↗
Syssphingidae ↗
Systellommatophora
- Hinteratmer
System
- Erdgeschichte
- Stratigraphie
- Thermodynamik
Systemanalyse
- [B] Bereitschaft II
- Ökologie
- Ökosystem
Systema naturae
- binäre Nomenklatur
- Systematik
Systematik
- [B] Biologie II
- Botanik
- Lamarck, J.-B.A.P. de
Systembibitoren
- Pflanzensaftsauger

Systemgesetze
- Systemtheorie
systemische Effekte
- [M] Wehrsekrete
systemische Fungizide
- [M] Fungizide
systemische Mittel
systemischer Lupus erythematodes
- Autoimmunkrankheiten
Systemkräfte
- Vitalismus - Mechanismus
Systemmutationen
- Saltation
Systemtheorie
- Abstammung - Realität
- Behaviorismus
- Freiheit und freier Wille
Systole ↗
- Gliederfüßer
- [B] Herz
- Herzmechanik
- Windkesselfunktion
systolische Druckwellen
- Aortenwurzel
Systrophiidae ↗
Syzygie
- [M] Gregarina
Syzygium ↗
Szenario
- Stammbaum
Szent-Györgyi, A.S.-G.
Szetschuanhirsch
- [M] Rothirsch
Szidatsche Regel
- parasitophyletische Regeln
Szintigramm
- Krebs
Szintillationszähler
- Isotope
Szintillator
- Rastermikroskop

T

T ↗
Tabak
- Alkaloide
- Antherenkultur
- [M] Blüte (Blütenorgane)
- Entgipfeln
- [M] Fermentation
- Genußmittel
- [M] Giftpflanzen
- Hackfrüchte
- [B] Kulturpflanzen IX
- Lobeliaceae
- Selbsterhitzung
- Wachstumsregulatoren
Tabakalkaloide ↗
Tabakanbaugebiete
- [B] Kulturpflanzen IX
Tabakentwöhnungsmittel
- Lobelin
Tabakfermentation
- Bacillus
- Tabak
Tabakkäfer ↗
Tabakmauche-Virusgruppe
- [B] Viren
Tabakmosaik
- [M] Viren (erste Spuren)

Tannenhäher

Tabakmosaikkrankheit
– Beijerinck, M.W.
– Contagium
– Tabakmosaik
– B Tabakmosaikvirus
Tabakmosaikvirus
– B Biochemie
– Iwanowski, D.J.
– Stanley, W.M.
– Strichelkrankheit
– □ Viren (Virion-Morphologie)
– B Viren
Tabakmosaik-Virusgruppe
Tabaknekrose-Virus
– Olpidium
– M Satelliten
Tabaknekrose-Virusgruppe
Tabakringflecken-Virus
– M Satelliten
Tabakringflecken-Virusgruppe
– B Viren
Tabakspfeife ↗
Tabakstrichel-Virusgruppe
– Luzernenmosaik-Virusgruppe
Tabanidae ↗
Tabaniden
– Fliegenblütigkeit
Tabanin
– Antikoagulantien
Tabanium
– Pliozän
– □ Tertiär
Tabanus
– Bremsen
Tabaota
– Nemertoplanidae
– Strudelwürmer
Tabaschir ↗
Tabasco-Schildkröten
– Südamerika
Tabebuia ↗
Tabellaria ↗
Tabernaemontana
– M Hundsgiftgewächse
Tabernaemontanus
– Kräuterbücher
Tabes dorsalis
– Geschlechtskrankheiten
– Noguchi, H.
Tabula
Tabulare
– M Hinterhauptsbein
Tabularium
Tabulata
Tabun (Berg Karmel)
– M Karmel
– Paläanthropologie
Tabun (Nervengas)
– Anticholin-Esterasen
– Nervengase
Tacaribe-Virus ↗
Tacca
– Lilienartige
– Taccaceae
Taccaceae
Tachardia
– Schildläuse
Tachinidae ↗
tachiniert
Tachinose ↗
Tachycines ↗
– Buckelschrecken
– Gewächshausschrecke
Tachyglossidae ↗
Tachykardie
– Angst - Philosophische Reflexionen
– M Bradykardie
Tachylasma
– tachylasmoid
tachylasmoid
Tachyoryctes
– Wurzelratten
Tachyphylaxie
– Ephedrin
Tachypleus ↗
– Molukkenkrebs

Tachys
– Laufkäfer
Tachyspermum ↗
Tachysterin
– □ Calciferol (Biosynthese)
Tachysuridae ↗
tachytelische Evolution ↗
– Evolutionsrate
– Saltation
tachytrophe Gewebe
taconische Faltung
– Ordovizium
Tadarida
– Bulldoggfledermäuse
Tadorna ↗
Taeda
– M Kiefer (Pflanze)
Taenia
Taeniarhynchus
Taenidium
Taenien ↗
Taeniidae
Taeniocrada
– M Devon (Lebewelt)
– Urfarne
Taeniodonta
– Unguiculata
Taenioglossa ↗
taenioglosse Radula
– Bandzüngler
Taeniolabidoidea
– Multituberculata
Taeniolabis
– Nagegebiß
Taeniophyllum
– Luftwurzeln
Taenioplanidae
– M Polycladida
Taeniopteris-Typ
– Nilssoniales
Taeniopygia ↗
Täfelchen
– Lampropedia
Tafelente
– Tauchenten
Tafelflein
Tafelkrebs
– M Flußkrebse
Tafeln
– Präkambrium
tagaktiv
– Licht
Tagatose
– M Monosaccharide
Tagblüher
Tageslänge
– □ Chronobiologie
– Diapause
Tagesrhythmik ↗
– B Chronobiologie I
– B Chronobiologie II
Tagessehen
– photopisches System
Tageszeitenklima
– Regenwald
– Südamerika
– Tropen
Tageteae
– □ Korbblütler
Tagetes ↗
Tageulen
Tagfalter
Tagfalterblütigkeit
– Schmetterlingsblütigkeit
Taghafte
Taglilie
– □ Blumenuhr
– B Blütenstände
Tagma
– Tagmata
Tagmata
– Cephalisation
– Gliederfüßer
Tagmatabildung
– Extremitäten
– Gliederfüßer
– Gliedertiere

Tag-Nacht-Wechsel
– circadiane Rhythmik
tagneutrale Pflanzen
– Blütenbildung
Tagpfauenauge
– B Insekten IV
Tagschläfer
Taguan ↗
– M Gleithörnchen
Tahr
Taiga
– Asien
– B Asien I
– B Asien II
– B Asien V
– Europa
– B Europa I
– B Vegetationszonen
Taimen ↗
Taipans
Taipoxin
Taiwania
– M Sumpfzypressengewächse
Takakia
– Takakiaceae
Takakiaceae
Takamine, J.
– Adrenalin
– B Biochemie
Takin ↗
Takla-Makan
– Asien
Talonid
– Amphitheriidae
– Trituberkulartheorie
Talose
– M Monosaccharide
Talpa
– Maulwürfe
Talpidae ↗
Talpinae
– Maulwürfe
Talsperre
– M Wasseraufbereitung
TA-Luft
– M Luftverschmutzung
Talus
Tamandua ↗
Tamanovalva ↗
Tamarau
– Mindorobüffel
TAL
– Tyrosin
Talaromyces
Talegalla ↗
Talerkürbis
– Kürbisgewächse
Talg (Pflanzenfett)
Talg (Sekret)
Talg (Tierfett)
Talgdrüsen
– M Drüsen
– Haare
– M Haare
– □ Haut
– M Haut
– Hautdrüsen
– Hautleisten
– holokrine Drüsen
– B Östrogene
– B Wirbeltiere II
Talgkolben
– Talgdrüsen
Talgsäure
– Stearinsäure
Talipotpalme
Talitridae
– Strandflöhe
Talitroides
– Strandflöhe
Talitrus ↗
– Kompaßorientierung

Tamaricaceae ↗
Tamarinde ↗
– M Hülsenfrüchtler
– B Kulturpflanzen VI
Tamarins
Tamariske ↗
– B Mediterranregion III
Tamariskenflur
Tamariskengewächse
– Halophyten
Tamarix ↗
Tambukaner See
– Salzgewässer
Tamiami
– M Arenaviren
Tamiami-Virus ↗
Tamias ↗
Tamiasciurini
– Rothörnchen
Tamiasciurus
– Nordamerika
Tamoxifen
– Cytostatika
Tampons
– Staphylococcus
Tamus
– Yamsgewächse
Tana
– M Spitzhörnchen
Tanaceto-Artemisietum ↗
Tanaceton
– Thujon
Tanacetum ↗
Tanaidacea
Tanais
– Scherenasseln
Tanapoxvirus
– □ Pockenviren
Tandonia
– Kielnacktschnecken
Tangaren
– Südamerika
– B Vögel II
Tangbeere ↗
– M Monascidien
Tange
– Pseudoplankton
Tangelhumus
Tangerinen
Tangfliegen
Tanggrasgewächse ↗
Tangorezeptoren
Tangrose ↗
Tanichthys ↗
Tänidie ↗
Tankvergärung
– Wein
Tannase
– Weißfäule
Tanne
– Abieti-Fagetum
– B Asien I
– Europa
– B Europa XX
– Forstgesellschaften
– Forstpflanzen
– Galio-Abietion
– M Höhengrenze
– □ Lebensdauer
– □ Mastjahre
– Mitteleuropäische Grundsukzession
– monopodiales Wachstum
– B Nordamerika I
– B Nordamerika II
– Schatthölzer
– Umtrieb
– Vaccinio-Piceetea
– Wald
– B Waldsterben II
– Weißtannenwälder
– Wildverbiß
Tannenbärlapp ↗
– M Bärlappartige
– B Farnpflanzen I
Tannengalläuse ↗
Tannenhäher
– Alpentiere
– boreoalpin

401

Tannenhexenbesen

- Europa
- Häher
- Invasion
- Vogelzug

Tannenhexenbesen
- Tannenkrebs

Tannenholz
- Tanne

Tannenkrebs

Tannenläuse
- Aestivales
- Afterblattläuse

Tannenmeise
- Europa
- Meisen

Tannen-Mischwälder
- Galio-Abietion

Tannenpfeil ↗

Tannenschütte
- □ Schüttekrankheit

Tannensterben ↗

Tannentrieblaus
- Tannenläuse

Tannenwanze
- Langwanzen

Tannenwedel
- Tannenwedelgewächse
- [M] Tannenwedelgewächse

Tannenwedelgewächse

Tannenzapfenechse ↗
Tannenzapfenfische
Tannenzapfentiere ↗

Tannin
- Gallussäure
- Gibberellinantagonisten
- Schutzkolloide

Tanninzellen
- [M] Kambium

Tanrekartige
- Zalambdodonta

Tanreks
- Madagassische Subregion

T-Antigen ↗
Tanymastix ↗

Tanypus
- Zuckmücken

Tanysphytus
- Rüsselkäfer

Tanystropheidae
- Protorosauria

Tanystropheus

Tanytarsus
- Zuckmücken

Tanytarsus-See
- Seetypen

Tanz
- Gruppenbalz

Tanzfliegen
Tanzmaus
Tanzmücken ↗

Tapa
- Broussonetia

Tapes
Tapetenmotte ↗
- [M] Tineidae

Tapetum (Botanik)
- Blüte
- [M] Farne

Tapetum (Zoologie)
- Komplexauge
- ↗ Tapetum lucidum

Tapetum lucidum
- Augenleuchten
- Halbaffen
- Katzen
- Netzhaut
- Tapetum

Tapetumzellen
- Algenfarn

Tapezierspinnen
Taphonomie ↗
Taphozönose ↗
Taphridium ↗

Taphrina
- □ Kräuselkrankheit
- Taphrinales

Taphrinales

Tapinocephalus-Stufe
- Moschops

Tapioka ↗

Tapire
- [B] Asien VII
- Lippen
- [B] Pferde, Evolution der Pferde II
- Südamerika
- [B] Südamerika I
- [M] Unpaarhufer

Tapiridae ↗
- [B] Pferde, Evolution der Pferde II

Tapirrüsselfisch ↗
Tapirus ↗
Tarakan ↗
Tarant

Tarantella
- Taranteln

Taranteln

Tarantismus
- Taranteln

Tarantula ↗

Taraxacum
- Kautschuk

Taraxerol

Taraxin
- [M] Löwenzahn

Tarbutt ↗
Tardigrada ↗
- □ Tiere (Tierreichstämme)

Tarentola ↗

target glands
- glandotrope Hormone

target site
- Insertionselemente

Targionia
- Targioniaceae

Targioniaceae

Taricha

Tarichatoxine
- Amphibiengifte

T-Arm
- □ transfer-RNA

Tarnfarben
- □ Farbe
- Jugendkleid

Tarnung
- Gegenschattierung
- Gestalt
- Homochromie
- Mimese
- Pigmente
- Somatolyse
- Symbiose
- Vermeidungsverhalten
- □ Wüste

Taro
- Aronstabgewächse
- [B] Kulturpflanzen I

Tarozzibouillon
- [M] Leberbouillon

Tarpan
- Ausrottung

Tarpunähnliche Fische
- Spermien

Tarpune
- Fische
- [B] Fische VI

Tarsalia
- Autopodium
- [M] Fuß (Abschnitte)

Tarsalreflex ↗
- mechanische Sinne

Tarsier
- Koboldmakis

Tarsiidae ↗

Tarsiiformes
- [M] Herrentiere

Tarsipes ↗
Tarsius ↗

Tarsometatarsus
- Intertarsalgelenk

Tarsus
- [M] Fuß (Abschnitte)

Tartrate ↗

Tartronsäuresemialdehyd
- [M] Glycerat-Weg

Tarzetta
- Pustularia

Taschenboden ↗
Taschenklappen ↗
- Conus
- Herzmechanik

Taschenkrankheit ↗
Taschenkrebse
Taschenmäuse
- Nordamerika

Taschenmesserermuschel
- Pharus

Taschenorgan
- Heringsfische

Taschenratten
- Nordamerika

Taschenspringer
- Nordamerika
- [M] Taschenmäuse

Taschentuchbaum
- Nyssaceae

Taseka
- Röteln

Tasmacetus
- [M] Schnabelwale
- Shepherdwal

Tasmanien
- Australis

Tasmanischer Teufel
- Beutelteufel

Tastborsten
- [B] mechanische Sinne I
- Mechanorezeptoren

Tastempfindung
- Fingernagel
- Haut
- ↗ Tastsinn

Taster ↗
- [M] Entelegynae

Tasterläufer ↗
Tastermotten ↗
Tastermücken ↗

Tastfedern
- Haare

Tasthaare (Botanik)
Tasthaare (Zoologie)
Tastkörperchen
- □ Haut
- Hautleisten
- Wagner, R.
- [B] Wirbeltiere II

Tastleisten ↗

Tastorgane
- Tastsinn

Tastscheibe
- [M] Mechanorezeptoren

Tastsinn
- Haptik
- Höhlentiere
- mechanische Sinne

Tastsinnesorgane ↗

TASV
- [M] Viroide

Tatar-Stufe
- [M] Perm
- Rotliegende

Tatera
- [M] Rennmäuse

Taterillus
- [M] Rennmäuse

Tätigkeitsumsatz
- Energieumsatz

Tatlockia
- Legionellaceae

Tätowierung
- Herdbuch

Tatsachenaussagen
- Erklärung in der Biologie

Tatum, E.L.
- [B] Biochemie
- [B] Biologie II
- Ein-Gen-ein-Enzym-Hypothese
- [M] Enzyme

Tau
- Wasseraufnahme

Taubach
Täubchenschnecken

Tauben
- [B] Australien I
- [M] brüten
- [B] Darm
- [M] Darm (Darmlänge)
- [B] Europa XV
- Federfluren
- [M] Flug
- [M] Gehörorgane (Hörbereich)
- hemerophil
- [M] Körpertemperatur
- □ Lebensdauer
- magnetischer Sinn
- Nest
- Temperaturregulation
- Vogelflügel
- Zählvermögen

Taubenbaum
- Nyssaceae

Taubenerbse ↗
Taubenkropf ↗
- [M] Leimkraut

Taubenmilch
- Kropfmilch

Taubenschnecken
Taubenschwänzchen
- [M] Flug

Taubensturmvogel
- [M] Polarregion

Taubenvögel
Taubenwanze ↗
Taubenzecke
Taubfrösche ↗

Taubheit
- Gehörorgane

Taublatt
- Drosophyllum

Täublinge
- Pteridine

Taubnessel
- □ Biegefestigkeit
- □ Blüte (zygomorphe Blüten)
- [M] Blütendiagramm
- Blütenformel
- Bodenzeiger
- [B] Europa XVI
- [M] Lippenblütler

Taubstummheit
- Erbkrankheiten

Taubwarane
- Asien
- [M] Orientalis

Tauchen
- Bradykardie
- Caissonkrankheit
- Meeresbiologie
- Wale

Tauchenten
- [M] Enten

Taucher
Taucherkrankheit ↗

Tauchglockengasometer
- Respirometrie

Tauchsturmvögel

Taudactylus
- Myobatrachidae

Taufliegen ↗
- [M] Komplexauge (Querschnitte)

Taumelkäfer
- Doppelauge
- Gehörorgane
- [B] Insekten III
- [B] Käfer I
- Schwimmbeine

Taung
- [B] Paläanthropologie

Taupunkt
- Tau

Tauraco ↗

Taurin
- Gallensäuren
- □ Gallensäuren

Taurochenodesoxycholsäure
- □ Gallensäuren

Taurocholat
- Carboxyl-Esterasen

Taurocholsäure ↗
taurodont
Taurotragus ↗
- [M] Afrika

Taurulus ↗
Täuschblumen
– Bestäuber
Tausendblatt
Tausendfüßer
– Ganzbeinmandibel
– Gliederfüßer
– Homonomie
– ☐ Karbon
– Komplexauge
– Tracheensystem
Tausendgüldenkraut
Tausendkorngewicht
– Hirse
Tausendschön
– Gänseblümchen
Tautavel
– Homo sapiens fossilis
– Paläanthropologie
– Ⓑ Paläanthropologie
– Präsapiens
Tautoga ↗
– Austernfisch
Tautomerie
– Thiocyansäure
Tautonymie ↗
Tauwerk
– ☐ Hanf
Tawara, S.
– Aschoff, L.
Taxaceae ↗
Taxator
– Ⓜ Forsteinrichtung
Taxidae
– Eibengewächse
Taxidea
– Ⓜ Dachse
– Ⓜ Nordamerika
Taxie
– Taxien
Taxien
Taxifolin
– Ⓜ Flavanone
Taxin ↗
– Eibe
Taxis
Taxocrinida
– ☐ Seelilien
Taxodiaceae ↗
Taxodium ↗
– Cryptomeria
taxodont ↗
– Actinodonta
– Scharnier
Taxodonta ↗
Taxon
– Merkmal
Taxonomie
– Ⓑ Biologie II
– Botanik
– Sequenzhomologie
– Systematik
taxonomisch
– Taxonomie
taxonomischer Marker
– Aminosäuren
Taxus ↗
Tayacien
Tayassu
– Pekaris
Tayassuidae ↗
Taylor, J.H.
– Autoradiographie
Tayloria ↗
Tayra
Tay-Sachs-Krankheit
– Ⓜ Enzymopathien
Tazette
– Ⓑ Mediterranregion IV
– Narzisse
Tb
– Tuberkulose
Tbc
– Tuberkulose
TCA-Fällung
– Fällung
TCDD
– Entlaubungsmittel
Tchadanthropus

TCT
– Calcitonin
Tct.
– Tinktur
TD
– ☐ Dosis
t-DNA
Teak
– Eisenkrautgewächse
– Ⓜ Kernholzbäume
– Kieselsäuren
– Monsunwald
Teakbaum
– Asien
– Ⓑ Asien VII
– Eisenkrautgewächse
Teakholz ↗
– Wolfsmilchgewächse
Tealia ↗
Technik
– Arbeitsteilung
– Kybernetik
– Mensch
– Mensch und Menschenbild
technische Biologie
– Ingenieurbiologie
technische Mikroskopie
– Elektronenmikroskop
Technisierung
– Aussterben
– Schadstoffe
Technotelmen
Tecomaria
– Ⓜ Bignoniaceae
Tectarius
Tectibranchia ↗
Tectiviridae
– Bakteriophagen
Tectona ↗
Tectorium
Tectrices ↗
Tectum
– ☐ Gehirn
– Rautenhirn
– Ⓑ Telencephalon
Tectus
Tecuitlatl
– Cyanobakterien
Tedania ↗
Teddybär
– Koala
Tee ↗
– Asien
– ☐ Coffein
– Drogen und das Drogenproblem
– Ⓜ Fermentation
– Fluor
– Genußmittel
– Gerbstoffe
– Guanin
– Ⓜ Haare
– Ölbaumgewächse
Teepilz
Teerfleckenkrankheit
– Ahornrunzelschorf
Teerstoffe
– ☐ Tabak
Teesdale, R.
– Teesdalia
Teesdalia ↗
Teestrauch
– Alkaloide
– Ⓑ Kulturpflanzen IX
– Teestrauchgewächse
– Trentepohlia
– Umtrieb
Teestrauchgewächse
Teewanzen ↗
Tef ↗
Tegelenton
– Tegelenwarmzeit
Tegelenwarmzeit
– ☐ Pleistozän
Tegenaria ↗
Tegeticula
– Yuccamotten
Tegmen
– Tegmina

Tegmente ↗
Tegmentum
– ☐ Gehirn
– Käferschnecken
Tegmentum rhombencephali
– Rautenhirn
Tegmina ↗
Tegula (Insekten)
Tegula (Schnecken)
Tegument
– Ⓜ Bandwürmer (Längsschnitt)
Teich
Teichbinse
Teichfadengewächse
Teichfledermaus
Teichfrosch ↗
Teichhühner
Teichjungfern
Teichläufer ↗
Teichlinse ↗
Teichmannsche Kristalle ↗
– Hämoglobine
Teichmann-Stawiarski, Ludwig Carl
– Teichmannsche Kristalle
Teichmolch
– Ⓑ Amphibien II
– Ⓜ Molche
Teichmönche
– Teichwirtschaft
Teichmuscheln
– Bitterlinge
Teichnapfschnecken ↗
Teichonsäuren
– Bakterienzellwand
– Gram-Färbung
Teichplankton
– Plankton
Teichrohrsänger
– Kuckucke
– Ⓜ Nest (Nestformen)
– Rohrsänger
Teichrose
Teichschachtelhalm
– Ⓑ Europa VI
– Ⓑ Farnpflanzen I
– Schachtelhalm
Teichwasserläufer ↗
– Ⓜ Teichläufer
Teichwasserstern
– Ⓜ Wassersterngewächse
Teichwirtschaft
– Brutteich
– Ⓜ Forelle
Teig
– Backhefe
– Sauerteig
Teiidae ↗
Teilchenstrahlung
– Biophysik
 ↗ Korpuskularstrahlung
Teildruck
 ↗ Partialdruck
Teilentkeimung
– Konservierung
– Pasteurisierung
– Sterilisation
teilentrahmte Milch
– Ⓜ Milch (Milcharten)
Teilfrucht ↗
– Frucht
– Früchtchen
Teilhard de Chardin, M.-J.P.
– Abstammung - Realität
– Determination
– Neovitalismus
Teillebensräume
– Synusien
Teilungsaktivität
– Initialschicht
Teilungsgewebe ↗
Teilungsgifte ↗
Teilungskern ↗
Teilungsspindel ↗
– Furchung
– Spindelapparat
– Ⓜ Spiralfurchung
Teilzieher

Teilzone
Tein ↗
Tejus ↗
Tektogenesen
– Präkambrium
Tektonik
– Geologie
Tela
Tela connectiva
– Tela
Telae chorioideae
– Tela
Tela epithelialis telencephali
– Telencephalon
Telamonia ↗
Telanthropus
Teledu ↗
Telefinalität
– Teleologie - Teleonomie
Telegraphenpflanze ↗
– Variationsbewegungen
Telemetrie ↗
Telencephalon
Teleologie
– Determination
– Entelechie
– Vitalismus - Mechanismus
Teleologie - Teleonomie
teleologischer Gottesbeweis
– Teleologie - Teleonomie
teleologische Systeme
– Entelechie
teleomatisch
– Evolution
Teleomorph ↗
– Nebenfruchtformen
– Pilze
Teleonomie
– Erklärung in der Biologie
– Leben
– Symmetrie
– Teleologie - Teleonomie
– Wissenschaftstheorie
Teleosaurus
– ☐ Jura
Teleosteï ↗
– ☐ Nephron
– ☐ Trias
– ☐ Wirbeltiere
Telepathin
– Harmin
Telescopium
– Brackwasser-Schlammschnecken
Telescopus ↗
Teleskopaugen
Teleskopfische
Teleuscolex
– Ⓜ Lumbriculidae
Teleutosporen
– basidiosporogene Hefen
– ☐ Rostpilze
Teleutosporenlager
– Teleutosporen
Telfair, Charles
– Telfairia
Telfairia ↗
Teliomycetes
Tellereisen
– Ⓜ Falle
Tellerlinge
– Ⓜ Rötlingsartige Pilze
Tellerschnecken
Tellervo
– Ithomiidae
Tellina
Tellinidae
– Plattmuscheln
Tellinoidea
Tellmuscheln ↗
Telmatherina ↗
Telmatobius ↗
Telmatobufo ↗
Teloblasten
Teloblastenmutterzelle
– Coelom
Teloblastie
Telocinobufagin
– Bufadienolide

Teloconch

Teloconch ↗
- Protoconch
Telconcha
- Schale
Telodendrium ↗
telolecithale Eier ↗
- animaler Pol
- Diskoblastula
Telome
- [M] Progymnospermen
Telomer
- Aedeagus
Telomere
Telomstand
- Telome
- Telomtheorie
Telomtheorie
- Bärlappe
- Blatt
- Farne
- [B] Farnpflanzen III
- Kormus
- [M] Samen
- [M] Urfarne
- Zimmermann, W.
Telophase ↗
- Spindelapparat
- Zellkern
Telopodit ↗
Telos
- Teleologie - Teleonomie
Teloschistaceae
Teloschistales
Teloschistes ↗
- Nebelflechten
Telosoma
- Pogonophora
Telosporidia ↗
Telotaxis ↗
Telotremata
Telotroch
- Enteropneusten
telotroph-meroistische Ovariole
- Oogenese
telozentrisch
Telson
- Gliederfüßer
- Gliedertiere
- □ Krebstiere
Teltower Rübchen ↗
Telum
TEM
- Elektronenmikroskop
Temin, H.M.
Temminck-Gleitflieger
- [M] Orientalis
- [M] Riesengleiter
Temnocephala
- Temnocephalida
Temnocephalida
Temnocephalidae
- Temnocephalida
Temnocheilus
- Rhyncholithes
Temnochilidae ↗
Temnopleuroida
- [M] Seeigel
Temnospondyli
Temnostoma
- Schwebfliegen
Tempé (= Tempeh)
- Mucorales
- Rhizopus
Tempelhirsche
- Sikahirsche
Tempelschildkröten ↗
temperate Zone
- temperierte Zone
Temperatur
- [M] Chronobiologie (Phasenkarte)
- Entropie - in der Biologie
- [M] Gradient
- [M] Isolinien
- Isothermen
- [M] Klima (Klimaelemente)
- [M] Klima (Klimatische Bereiche)

- Körpergröße
- Stoffwechselintensität
- Thermoperiodismus
- [B] Vegetationszonen
Temperaturadaptation
- □ pH-Wert
- ↗ Temperaturanpassung
Temperaturanpassung
- [M] Isoenzyme
- Tiefseefauna
Temperaturempfindung
- Haut
- Hautsinn
- Temperatursinn
Temperaturfaktor
- Plankton
Temperaturkoeffizient ↗
Temperaturoptimum
- Temperaturanpassung
Temperaturorgel
- Faktorengefälle
- Temperaturanpassung
Temperaturquotient
- Temperaturkoeffizient
Temperatur-Regel ↗
Temperaturregulation
- [M] Bereitschaft
- Bradykinin
- [M] Gegenstromprinzip
- Haut
- Hautdrüsen
- Helioregulation
- [M] Homoiothermie
- Schweißdrüsen
- [M] Teleologie - Teleonomie
- Wasser
- Zunge
Temperaturregulationszentrum
- braunes Fett
- Temperaturregulation
Temperaturresistenz
- Hitzeresistenz
- ↗ Thermoresistenz
Temperaturrezeptoren
- Temperatursinn
- ↗ Thermorezeptoren
Temperaturschichtung
- Dichteschichtung
Temperatursinn
Temperatursinnesorgane
- Temperatursinn
Temperatursprengung
- Bodentemperatur
- ↗ Frostsprengung
Temperatursprungschicht ↗
Temperaturstreß
- Streß
Temperaturverlauf
- [M] Flußregionen
Temperaturzentrum
- braunes Fett
- Temperaturregulation
temperente Phagen ↗
- Milchsäurebakterien
- Transduktion
temperierte Häuser
- Gewächshaus
temperierte Laubmischwälder
- arktotertiäre Formen
temperierte Zone
template
template DNA
- primer
template RNA
- primer
Tempora
- Schläfen
Temporale ↗
Temporale-Dentale-Gelenk
- Kiefergelenk
Temporalia
- [M] Eidechsen
Temporallappen ↗
- Telencephalon
- ↗ Schläfenlappen
Temporalvariation ↗

temporäre Gewässer
Temulin ↗
- Lolch
Tenaculum ↗
Tendines ↗
Tendipedidae ↗
Tendo
- Sehnen
Tenebrio ↗
Tenebrioides
- [M] Flachkäfer
Tenebrionidae ↗
Tenericutes
Tennenbauer
- Laubenvögel
Tenrecidae ↗
Tenrecinae
- Tanreks
Tenrecoidea
- Zalambdodonta
Tenreks
- Tanreks
Tenside
- Biotechnologie
- [M] Waschmittel
Tentaculata
- Enterocoeltheorie
- □ Tiere (Tierreichstämme)
Tentaculifera
Tentaculita ↗
Tentaculitoidea
- Tentakuliten
Tentakel (Botanik)
- [B] Blatt II
- Emergenzen
- Emergenztheorie
Tentakel (Zoologie)
- Arm
- Atmungsorgane
- Blindwühlen
- [B] Hohltiere I
- Steckmuscheln
- Sternmull
- [B] Weichtiere
Tentakeltaschen
- Tentakel
Tentakelträger
- Tentaculata
Tentakuliten
Tentegia
- Rüsselkäfer
Tenthredinidae
Tentorium
- Innenskelett
- □ Insekten (Kopfgrundtyp)
- [M] Insekten (Darmgrundschema)
Teonanacatl
Teosinte
Tepalen ↗
Tephrosia
- Rotenoide
Tephrosin
- Rotenoide
Teppichhai ↗
Teppichkäfer ↗
Teppichmuscheln
Tequila
- Agave
Terathopius ↗
Teratogene
Teratogenität
- Teratogene
Teratokarzinom
- Teratom
Teratologie
- Geoffroy Saint-Hilaire, É.
Teratom
- □ Krebs (Tumorbenennung)
Teratornis ↗
Teratosaurus
- Zanclodon
Teratospermie
- Sperma
Terebella
- Terebellidae
Terebellida
- Terebellomorpha

Terebellidae
Terebellides
Terebellomorpha
Terebellum
- [M] Fechterschnecken
Terebinthe
- Pistazie
Terebinthinae balsamum
- Terpentin
Terebra (Insekten)
Terebra (Schnecken) ↗
Terebralia ↗
Terebrantes ↗
Terebratella
- [M] Brachiopoden
terebratellid
- ancylopegmat
Terebratellidae
- Magellania
- Terebratella
Terebratula
- terebratulid
terebratulid
Terebratulida
- Coenothyris vulgaris
- □ Kreide
Terebratulina
terebratuloid
- terebratulid
Terebridae
- Schraubenschnecken
Teredinidae
- Schiffsbohrer
Teredo
- □ Fortbewegung
- Mangrove
- [M] Nahrungsspezialisten
Teredora
- Schiffsbohrer
Terfez
- Mittelmeertrüffel
Terfezia
- Mittelmeertrüffel
- [M] Mykorrhiza
Terfeziaceae ↗
Tergalarm
Tergaldorn
- Telson
Tergalheber
- [M] Insektenflügel
Tergipedidae
- Trinchesia
Tergit
Tergo-Pleuralmuskel
- [M] Flugmuskeln
Tergo-Sternalmuskel
- Flugmuskeln
- [M] Flugmuskeln
Tergum
- [M] Pleura
- [M] Rankenfüßer
Termatosaurus
- Mystriosuchus
Terminalblüten
- Blütenstand
terminale Gruppen
- Endgruppen
terminale Regeneration
- Regeneration
terminale Taxa
- Stammbaum
Terminalfilament
- [M] Extremitäten
Terminalfilum ↗
- Ovariolen
Terminalia ↗
Terminalisation
Terminalknospe ↗
- Achselknospe
Terminalorgan
- Cyrtocyten
- Nephrocoeltheorie
Terminalstrang
- □ Scolopidium
Terminalzellen ↗
- □ Hoden
Termination
- □ Attenuatorregulation
- Biopolymere

- Elongation
- Genregulation
- Transkription
- Translation
  ↗ Kettenabbruch
Terminationscodonen
- Aminoacyl-t-RNA
- Termination
- Translation
Terminationsfaktoren
- Translation
Terminator ↗
- Transkription
Terminatormutation
- Translation
Termini
- Terminologie
Terminologie
- Nomenklatur
Termiten
- Afrika
- Asien
- [M] Beauveria
- Diplocalix
- Eizelle
- [M] Ektosymbiose
- [ ] Endosymbiose
- Erdferkel
- Hypermastigida
- [B] Insekten I
- [ ] Lebensdauer
- Limonen
- Nest
- Pheromone
- [ ] Spermien
- staatenbildende Insekten
- Termitengäste
Termitenangeln
- [M] Kultur
- Schimpanse
- Tradition
- [M] Werkzeuggebrauch
Termitenfresser
- Kralle
Termitengäste
Termitenhügel
- [B] Afrika IV
- [M] Termiten
- Überschwemmungs-
  savanne
Termitensavanne
- Afrika
- Parklandschaft
- Überschwemmungs-
  savanne
Termitidae ↗
Termitomastidae
- Termitengäste
Termitomyces
- Speisepilze
Termitophilen ↗
Termitoxenia
- Proterandrie
Termitoxeniidae
- Cryptometabola
- Holometabola
- Termitengäste
Termone
ternäre Nomenklatur ↗
Ternifine
- [B] Paläanthropologie
Terpene
- [M] organisch
- [B] Stoffwechsel
- Tiergifte
- Wallach, O.
Terpenoide ↗
Terpentin
- Kiefer (Pflanze)
Terpentinöl
- Campher
Terpinen ↗
Terpineol
- Borkenkäfer
Terpinolen
- [M] Monoterpene
Terpios
Terpsiphone ↗
Terrae calcis

Terrae firmae
- Südamerika
Terra fusca
- Terrae calcis
Terramycin ↗
Terrapene ↗
Terra psittacorum
- Australien
Terrarium
Terra rossa
- Bodenfarbe
- Terrae calcis
Terrassierung
- [M] Erosionsschutz
terrestrisch
terrestrische Strahlung
- Strahlenbelastung
Terricola ↗
Terrier
- [ ] Hunde (Hunderassen)
- [B] Hunderassen II
- [B] Hunderassen IV
- Torfhund
terrikol
Territorialflüge
- Brachvögel
Territorialität
- Revier
Territorialverhalten ↗
- agonistisches Verhalten
- Ausbreitung
Territorien
- Bindegewebe
Territorium
- Aktionsraum
- Familienverband
- Gesang
- morphogenetisches Feld
- Ortstreue
- Prachtkleid
  ↗ Revier
Tersina ↗
Tertiär
- [ ] Geochronologie
- Tertiärrelikte
Tertiärdünen
- Küstenvegetation
tertiäre Eihülle
- Albumen
- Eihüllen
Tertiärfollikel
- Follikel
- Oogenese
Tertiärformation
- Tertiär
Tertiärkonsumenten
Tertiärrefugien
- Tertiärrelikte
Tertiärrelikte
Tertiärstruktur
- Aminosäuresequenz
- Biopolymere
- [ ] chemische Bindung
- Entropie - in der Biologie
- Konformation
- Proteine
- Röntgenstrukturanalyse
- Selbstorganisation
- Translation
Tertiärwand ↗
- Zellwand
Tervueren
- [ ] Hunde (Hunderassen)
Teschener Krankheit
- Schweinelähme
Teschen-Virus
Tesserae
Test
- Blindprobe
- Wissenschaftstheorie
Testa ↗
Testacea
Testacella ↗
Testacellidae
- Rucksackschnecken
Testicardines
Testiconda
- Hoden
testikuläre Feminisierung
- [M] Intersexualität

Testis ↗
Testkreuzung
- Nachkommenschafts-
  prüfung
Testosteron
- Butenandt, A.F.J.
- [M] Chronobiologie (Phasen-
  karte)
- Corynebacterium
- Dehydroepiandrosteron
- Eunuchismus
- Hoden
- [ ] Hormone (Drüsen und
  Wirkungen)
- luteinisierendes Hormon
- [M] Steroidhormone
- Talgdrüsen
Testudinata
- Reptiliomorpha
Testudinella
Testudines ↗
Testudinidae ↗
Testudinoidea
Testudo ↗
- [ ] Exkretion (Stickstoff)
Tetanie
- Alkalose
Tetanoceridae ↗
Tetanolysin
- Tetanustoxine
Tetanospasmin
- Tetanustoxine
Tetanus (Medizin) ↗
- aktive Immunisierung
- Bakterientoxine
- [M] Exotoxine
- Heilserum
- [M] Inkubationszeit
Tetanus (Physiologie)
- motorische Einheit
Tetanustoxine
Tethya
- Tethyidae
Tethyidae
- Schleierschnecke
Tethyopsis ↗
- [M] Stellettidae
Tethys (Geologie)
- Äthiopis
- Jura
- Mittelmeerfauna
- Nannoconus
- Nummuliten
- Protethys
- Tertiär
Tethys (Zoologie) ↗
Tethysfauna
- [M] Mittelmeerfauna
Tethyum ↗
Tetillidae ↗
Tetmemorus ↗
Tetra
- Tetrachlorkohlenstoff
Tetrabranchia
- [B] lebende Fossilien
Tetrabromfluorescein
- Eosin
Tetracentron
- Trochodendron
Tetracerini
- Waldböcke
Tetracerus
- Vierhornantilope
**2,3,7,8-Tetrachlordibenzo-para-
dioxin**
- TCDD
Tetrachlorkohlenstoff
- Chlorkohlenwasserstoffe
Tetrachlormethan
- [ ] MAK-Wert
- Tetrachlorkohlenstoff
Tetraclinis
Tetracoelia
- Rugosa
Tetracoralla
- Rugosa
Tetracorallia
Tetracosanol
- Wachse

Tetracosansäure
- Lignocerinsäure
- Wachse
Tetractinomorpha
Tetracycline
- [M] Strichtest
- Teratogene
- Vektoren
- Woodward, R.B.
tetracyclisch
Tetracymbaliella ↗
Tetradactylus ↗
Tetrade
Tetradecan
- [M] Alkane
Tetradecanal
- [M] Leuchtbakterien
Tetradecansäure
- Myristinsäure
Tetradenverband
- Pollen
Tetradiinen
- Schizocoralla
Tetraederstruktur
- [B] Kohlenstoff (Bindungs-
  arten)
Tetraedron ↗
Tetraen-Antibiotika ↗
Tetragnatha
- Streckerspinnen
Tetragnathidae ↗
Tetragoneura
- Ästivation
Tetragonia ↗
Tetragonites
- Tetragonitinae
Tetragonitinae
Tetragonolobus ↗
Tetragonopterinae
- Salmler
Tetragraptus
- Graptolithen
- [M] Graptolithen
Tetrahydrobiopterin
- Biopterin
Δ^9-**Tetrahydrocannabinol**
- Cannabinoide
- [ ] Hanf
Tetrahydrofolate
- Tetrahydrofolsäure
Tetrahydrofolsäure
- [M] Sulfonamide
- [B] Vitamine
Tetrahydrofuran
- [M] Furan
Tetrahydromethanopterin
- [M] Methanbildung
Tetrahydro-Pyran-Ring
- Pyranosen
**1,3,4,5-Tetrahydroxycyclo-
hexan-1-carbonsäure**
- Chinasäure
Tetrahymena ↗
- [M] Hymenostomata
- Mitochondrien
- Mucocysten
- [M] Neuropeptide
- Prozessierung
- spleißen
Tetraiodthyronin
- Schilddrüse
- Thyroxin
- Triiodthyronin
Tetrakosensäure
- Nervenzelle
Tetrameiosporen
- Sporen
- Tetrasporophyt
tetramer
Tetramerocerata
- Wenigfüßer
Tetramethrin
- Pyrethrine
2,2,3,3-Tetramethylbutan
- [ ] chemische Sinne
  (Geruchssinn)
Tetramethylthioninchlorid
- Methylenblau
Tetramorium ↗

Tetranychidae

Tetranychidae ↗
Tetranychus
- ☐ Spinnmilben
Tetrao ↗
Tetraodon
- Kugelfische
Tetraodontidae
- [M] Fischgifte
- Kugelfische
Tetraodontiformes ↗
Tetraodontoidei
- Kugelfischverwandte
Tetraodontoxin
- Tetrodotoxin
Tetraogallus
- [M] Asien
Tetraonchus
- [M] Monogenea
Tetraonidae ↗
Tetrapanax ↗
Tetraphaleridae
- Urkäfer
Tetraphidaceae
- Tetraphidales
Tetraphidales
Tetraphis
- Tetraphidales
Tetraphyllidea
Tetraplodon ↗
Tetraploïdie
- disomatisch
- Grundzahl
Tetrapoda
- Beckengürtel
- [M] Extremitäten
- Fische
- ☐ Wirbeltiere
Tetrapodili ↗
Tetraporella ↗
Tetraprion
- Panzerkopffrösche
Tetrapturus ↗
Tetrapyrrole
Tetrapyrrolsystem
- Chlorophylle
- Cobalamin
tetraradiates Becken
- Dinosaurier
tetrarch
Tetrarhynchidea
Tetraroge ↗
Tetras ↗
Tetraselmis
- Prasinophyceae
Tetraseptata
- Rugosa
Tetrasomie
Tetraspora
- Tetrasporaceae
Tetrasporaceae
Tetrasporales
Tetrasporophyt
- [B] Algen V
- Conchocelis
Tetrastemma
Tetrastes ↗
Tetrastrum ↗
Tetraterpene
- Carotinoide
- ☐ Isoprenoide (Biosynthese)
- ☐ Terpene (Klassifizierung)
- ☐ Terpene (Verteilung)
Tetrathyridium
- [M] Bandwürmer (Larvenstadien)
Tetratomidae
- ☐ Käfer
Tetravakzine
- ☐ Cholera
Tetrax ↗
Tetraxonida ↗
Tetraxylopteris ↗
Tetrazolblau
- Tetrazoliumsalze
Tetrazolpurpur
- Tetrazoliumsalze
Tetrigidae ↗
Tetrix
- Dornschrecken

Tetrodontium ↗
Tetrodotoxin
- [M] Synapsen
Tetroncium
- Dreizackgewächse
Tetropium ↗
Tetrosen
Tetrosephosphate
- Pentosephosphatzyklus
Tettigia
- Singzikaden
Tettigometridae ↗
Tettigonia
- Heupferde
Tettigoniidae ↗
Tettigonioidea ↗
Teucrium ↗
Teuerlinge ↗
- [M] Nestpilze
Teufelsabbiß
Teufelsblume
Teufelsbohne ↗
Teufelsdreck
- Doldenblütler
Teufelsfinger
- Belemniten
Teufelsfratzen
- Tipulidae
Teufelshörner
- Teufelsrochen
Teufelsklaue ↗
Teufelskrabbe ↗
Teufelskralle
Teufelsnadeln ↗
Teufelsrochen
Teufelszwirn
Teutana
- ☐ Kugelspinnen
Teuthoidea ↗
Teutonordide
- ☐ Menschenrassen
Texasfieber
- Babeş, V.
textile Gewebe
- Stengelfasern
- ↗ Pflanzenfasern
Textor
Textularia ↗
Textur (Botanik)
Textur (Geologie)
Teydefink
- Buchfinken
- Inselendemismus
τ-Faktor
- MAPs
Tfm-Locus
- [M] Intersexualität
- X-Chromosom
T-Form
- [M] Labyrinthversuch
Thaer, A.D.
- Landwirtschaftslehre
- Mineraltheorie
Thaïdidae
- Purpurschnecken
Thaïs
- Ritterfalter
Thalamida
- Sphinctozoa
Thalamophora
- Foraminifera
Thalamoplana
- [M] Discocelidae
Thalamus
- Habenula
- ☐ hypothalamisch-hypophysäres System
- Rindenfelder
- Schmerz
- [B] Telencephalon
- Zwischenhirn
Thalamus opticus
- Schmerz
Thalarctos
Thalassämie
Thalassarctos
- Eisbär
Thalassema
Thalassicola ↗

Thalassina
- Maulwurfskrebse
Thalassinidae
- [M] Astacura
- Maulwurfskrebse
Thalassinoidea ↗
- Astacura
Thalassiosira ↗
Thalassius ↗
Thalassodrilus
- [M] Tubificidae
Thalassoica
- [M] Polarregion
Thalassoma
- [M] Mittelmeerfauna
Thalassophryne ↗
thalattokrat
- ☐ Jura
Thalattosaurier
- Eosuchia
Thalenessa
- [M] Sigalionidae
Thaliacea ↗
Thalictrum ↗
Thalidomid
- ☐ Teratogene
Thalidomid-Syndrom
- Dysmelie-Syndrom
Thallassarctos
- Thalarctos
Thalli
- Thallus
thallische Konidien
- Thallokonidien
Thalliumsulfat
- Rodentizide
Thallobacteria
Thallocoralla ↗
Thallokonidien
Thallophyta
- Thallophyten
Thallophyten
- Arrhizophyten
- Gewebe
- Kormus
- Pflanzen
- [B] Pflanzen, Stammbaum
Thallus
- Flechten
- [M] Scheitelzelle
Thamastes
- [M] Baikalsee
Thamnasteria
- ☐ Jura
Thamnolia ↗
Thamnophis ↗
Thamnopteris
- Königsfarngewächse
Thamnurgus
- Borkenkäfer
- [M] Borkenkäfer
Thanasimus ↗
Thanatephorus
- Mykorrhiza
- Rhizoctonia
- Wurzeltöterkrankheit
Thanatologie
Thanatophilus
- Aaskäfer
Thanatose
Thanatotop
Thanatozönose ↗
Thanatus
- Philodromidae
Thanetium
- Paleozän
- ☐ Tertiär
Thar ↗
Thatcheria ↗
Thaumaleidae ↗
Thaumastodermatidae
- [M] Gastrotricha
Thaumastus
Thaumatocrinus
- ☐ Seelilien
Thaumatops
- Flohkrebse
Thaumatopsidae
- Flohkrebse

Thaumetopoea
- Prozessionsspinner
Thaumetopoeidae ↗
Thayer-Prinzip ↗
THC
- Cannabinoide
Thea
- Marienkäfer
- Teestrauchgewächse
Theaceae ↗
Theales
Theba ↗
Thebain
Theca
- Theka
Theca folliculi
- Oogenese
Theca-interna-Zellen
- Leydig-Zwischenzellen
Thecalia
- Trapezmuscheln
Thecamoeba ↗
Thecanephria
- [M] Pogonophora
Thecaphora
- [M] Brandpilze
- [M] Tilletiales
Thecaphorae ↗
Thecata ↗
Thecla ↗
Theclinae
- Bläulinge
- Zipfelfalter
Thecocaulus ↗
thecodont
- thekodont
Thecodontia
- Dinosaurier
- [B] Dinosaurier
- Mystriosuchus
- ☐ Wirbeltiere
Thecodontis
- [B] Dinosaurier
Thecorhiza
Thecorrhiza
- Thecorhiza
Thecosomata ↗
Thecurus
- [M] Stachelschweine
Theiler, M.
- Theileria
- Theileriosen
Theileria ↗
Theileriosen
Theïn ↗
Theißblüte ↗
Theka (Botanik)
Theka (Zoologie)
Thekamöben
- Symmetrie
Thekaphorae ↗
Theken
- Theka
Thekenimitation
- [M] Pollentäuschblumen
thekodont
Thelastoma
Thelastomatidae
- Thelastoma
Thelaxidae ↗
Thelazioidea
- Gongylonema
Thelebolaceae
- [M] Becherpilze
Thelephora
- Erdwarzenpilze
Thelephoraceae ↗
Thelepus
- Gattyana
T-Helferzellen
- ↗ Helferzellen
Thelidium ↗
Theligonaceae ↗
Theligonum
- Haloragales
Thelodonti
- Ostracodermata
Thelodontida
Thelodus
- Coelolepida

- □ Silurium
- Thelodontida
Thelotornis ↗
Thelotrema
- Thelotremataceae
Thelotremataceae
Thelygenie ↗
Thelypteridaceae
- Lappenfarn
Thelypteris ↗
Thelytokie ↗
Themiste
- Dendrostomum
- [M] Sipunculida
Thenea
- Theneidae
Theneidae
Theobaldia
- Stechmücken
Theobroma ↗
Theobromin
- □ Kakao
- Stechpalme
Theodoxus ↗
Theologie
- Anthropomorphismus - Anthropozentrismus
Theophrastus Bombastus von Hohenheim ↗
- Bienenzucht
- [B] Biologie I
- [M] Knöllchenbakterien
- vis plastica
- Vitalismus - Mechanismus
  ↗ Paracelsus
Theophyllin
Theorell, H.A.T.
- [B] Biochemie
- [M] Enzyme
Theoria generationis
- Gastraea-Theorie
Theorie
- Deduktion und Induktion
- Erkenntnistheorie und Biologie
- Kreationismus
- Paradigma
- Wissenschaftstheorie
Theragra
- [M] Dorsche
- Mintai
Theraphosa
- [M] Vogelspinnen
- Webspinnen
Theraphosidae ↗
Therapie
- Drogen und das Drogenproblem
- □ Infektionskrankheiten
- Medizin
Theraponidae ↗
therapsid
Therapsida
- Homoiothermie
- Ictidosauria
- Säugetiere
- [B] Säugetiere
- □ Wirbeltiere
Therapside
- Bauriamorpha
Thereuopoda
- Hundertfüßer
Therevidae ↗
Theria
Theriak
Theridiidae ↗
- [M] soziale Spinnen
Theridioni
- □ Kugelspinnen
Theridionidae
- Kugelspinnen
Theridiosoma
- [M] Radnetzspinnen
Theriodontia
- □ Wirbeltiere
Thermalalgen
- Algen
Thermalquellen
- Quelle

- Thermalalgen
Thermen
- Quelle
Thermik
- Greifvögel
thermische Belastung
- Wasserverschmutzung
  ↗ Wärmebelastung
thermische Bewegung
- Diffusion
  ↗ Brownsche Molekularbewegung
  ↗ Wärmebewegung
thermische Geschwindigkeit
- □ Gehörsinn
thermisches Cracken
- Erdöl
thermisches Gleichgewicht
- Temperaturregulation
  ↗ thermodynamisches Gleichgewicht
thermoacidophile Bakterien
Thermoactinomyces
- [M] Endosporen
- [M] Selbsterhitzung
Thermoascus
- [M] Selbsterhitzung
- thermophile Bakterien
Thermobakterien
Thermobathynella
- Bathynellacea
Thermobia ↗
Thermococcaceae
- [M] Thermoproteales
Thermococcus
- [M] Archaebakterien
- [M] Thermoproteales
Thermodiscus
- [M] Schwefelreduzierer
- [M] Sulfolobales
Thermodynamik
- Bioenergetik
- Entropie
- Information und Instruktion
- Mayer, J.R. von
  ↗ Hauptsätze der Thermodynamik
thermodynamisches Gleichgewicht
- Leben
- Tod
- Zelle
  ↗ thermisches Gleichgewicht
Thermofilum
- [M] Progenot
- [M] Schwefelreduzierer
- [M] Thermoproteales
Thermogenese
- Atmungskette
- Atmungswärme
- Winterschlaf
Thermographie
- Krebs
thermohalin
Thermoinduktion
Thermolysin
- thermophile Bakterien
Thermometerhuhn
- [B] Australien III
- Großfußhühner
- Temperatursinn
Thermomonospora
- [M] Selbsterhitzung
Thermomorphosen
- Morphosen
Thermonastie
thermoneutrale Zone
- Temperaturanpassung
- Temperaturregulation
Thermoperiodismus
Thermoperzeption
- Temperatursinn
thermophile Bakterien
thermophile Organismen
Thermophilus
- [M] Archaebakterien
Thermoplasma
- [M] Archaebakterien

- [M] Progenot
Thermoplasmales
Thermoproteaceae
- [M] Thermoproteales
Thermoproteales
- [M] thermophile Bakterien
Thermoproteus
- [M] Archaebakterien
- Carboxidobakterien
- [M] Thermoproteales
Thermoregulation ↗
- Anastomose
- Indifferenztemperatur
  ↗ Temperaturregulation
Thermoresistenz
- Dipicolinsäure
Thermorezeptoren
- □ Atmungsregulation (Atemzentrum)
- Homoiothermie
- Rückenmark
- Sensillen
- □ Temperaturregulation
Thermosbaena
- Thermosbaenacea
- Thermosbaenacea
Thermosbaenacea
- Peracarida
Thermostatenzentrum
- schwitzen
thermostatische Hypothese
- Hunger
Thermotaxis
Thermotropismus
Thermozodiidae
- Mesotardigrada
Thermozodium
Thermus
Thermutis
- Scytonema
Thero-Airetalia
Theromorpha ↗
- Eutetrapoda
- □ Perm
- Protorosauria
- □ Wirbeltiere
Theromyzon ↗
Therophyten
- □ Lebensformen (Gliederung)
- [M] Lebensformspektren
- Unkräuter
Theropithecus
- Dschelada
Theropoda
- [B] Dinosaurier
Theroponidae
- Tigerbarsche
Theropsida
Thero-Salicornietea
- Küstenvegetation
Therosuchia
- Therapsida
Therydomys
Thesaurismosen ↗
Thescelosaurus
- [M] Dinosaurier (Becken)
Thesium
ϑ-**Wellen**
- Elektroencephalogramm
- □ Schlaf
Thethys
- Desmomyaria
Thévet, A.
- Thevetia
Thevetia ↗
THF
- □ Coenzym
Thiabendazol
Thiamin
- □ Bier
- [B] Biochemie
- [B] Enzyme
- Pyrimidin
- [B] Vitamine
Thiaminpyrophosphat
- Pyruvat-Decarboxylase
- Pyruvat-Dehydrogenase
Thiaminpyrophosphatase
- Golgi-Apparat

Thiaridae
Thiazol
- □ Ringsysteme
Thiazolidin-Ring
- [M] Penicilline
2-(4-Thiazolyl)-benzimidazol
- Thiabendazol
Thielaviopsis
- [M] Wurzelbräune
- [M] Wurzelfäulen
Thielaw, F. von
- Thielaviopsis
Thienemann, A.F.
- Thienemannsche Regeln
Thienemann, J.
Thienemannsche Regeln ↗
Thigmomorphose ↗
Thigmonastie ↗
Thigmotaxis
thigmotherm
- Poikilothermie
Thigmotricha
Thigmotropismus ↗
Thinocoridae ↗
Thioalkohole ↗
- Ester
Thiobacillen
- Thiobacillus
Thiobacillus
- [M] acidophile Bakterien
- Carboxisomen
- mikrobielle Laugung
- □ mikrobielle Laugung
Thiobacterium
Thiocarbamate
- [M] Fungizide
Thioctansäure ↗
Thiocyanate
- Linamarin
- Thiocyansäure
Thiocyansäure
Thiodictyon
- [M] Gasvakuolen
- phototrophe Bakterien
- [M] Schwefelpurpurbakterien
Thioester ↗
Thioestergruppe
- [B] funktionelle Gruppen
Thioguanin
- [M] Cytostatika
- Immunsuppression
thioklastische Spaltung
Thiolase ↗
Thiolase-Reaktion
- thioklastische Spaltung
Thiole
- Mercaptane
Thiolgruppe ↗
Thiolyse ↗
- thioklastische Spaltung
Thiomicrospira
Thiophen
- [M] heterocyclische Verbindungen
- □ Ringsysteme
Thiophenring
- Biotin
Thiophos
- E 605
Thiophysa
- Achromatium
Thioploca
Thioredoxin
- Desoxyribonucleoside
Thioredoxin-Reductase
- Thioredoxin
Thiorhodaceae ↗
Thiosemicarbazone
- Domagk, G.
Thiospira
Thiospirillopsis ↗
Thiospirillum ↗
Thiosulfat
- □ schwefeloxidierende Bakterien
Thiotepa
- [M] Cytostatika
Thiothrix

Thiouracil

Thiouracil ↗
- Kropfnoxen
- Thyreostatika

Thiouridin
Thiovolum
Thiurame
- M Fungizide

Thlaspi ↗
- Hydrochorie

Thlaspietalia rotundifolii
Thlaspietea rotundifolii
Thlaspietum rotundifolii ↗
Thom, René
- Katastrophentheorie

Thomas, K.
- biologische Wertigkeit

Thomasiana ↗
Thomasmehl
- Wagner, P.
- ↗ Thomasphosphat

Thomasphosphat
- Calciumphosphate
- M Dünger
- Phosphatdünger

Thomas von Aquin
- Leib-Seele-Problem

Thomisidae ↗
Thomomys
- Nordamerika

Thomson, Joseph
- Thomsongazelle

Thomson, W.
- □ Meeresbiologie (Expeditionen)

Thomsongazelle
- Voraugendrüse

Thoosa ↗
Thoracica
- M Rankenfüßer

Thorakalbeine
Thorakalganglien
- Insekten
- □ Insekten (Darm-/Genitalsystem)
- □ Insekten (Nervensystem)

Thorakalregion
- M Wirbelsäule

Thorakalsegmente
- Rückenmark

Thorakalwirbel ↗
Thorakomeren
Thorakopoden
- □ Krebstiere
- Thorakalbeine

Thorax
- Cephalisation
- M Compliance
- □ Decapoda
- □ Insekten (Bauplan)
- □ Krebstiere

Thoraxganglion
- □ Insektenhormone

Thoraxmuskulatur
- M Flugmuskeln

Thorictidae
- □ Käfer

Thorium-Blei-Methode
- □ Geochronologie

Thorium-Reihe
- □ Radioaktivität

Thorius ↗
T-Horizont ↗
Thorndike, E.L.
- Behaviorismus

Thoropa
Thorshühnchen ↗
Thr ↗
Thracia
Thraciidae
- Thracia

Thraupidae ↗
Thraustochytriaceae
- Saprogeniales

Threonin
- M Aminosäuren
- M Endotoxine
- □ Isoenzyme
- Threonin-Synthase

- B Transkription - Translation

Threonin-Aldolase
- Threonin

Threonin-Dehydratase
- Threonin-Desaminase

Threonin-Desaminase
- M Endotoxine

Threonin-Synthase
Threose
Threskiornithidae ↗
Thrinaxodon
- Polarregion

Thripidae ↗
Thripse ↗
Thrombin
- Hirudinea
- Serin

Thrombocyten
- Blutgruppen
- Donné, A.
- Knochenmark
- Megakaryocyten
- Riesenzellen
- Schultze, M.J.S.
- ↗ Blutplättchen

Thrombokinase
Thromboplastin
- Thrombokinase

Thrombose
- Cumarine
- Dicumarol
- Heparin
- □ Herzinfarkt
- Prostaglandine
- Streß

Thromboxane ↗
- Gewebshormone

Thrombus
- Embolus
- Thrombose

Throscidae ↗
- Schnellkäfer

Throscus
- Hüpfkäfer

Thryonomyidae ↗
Thryonomys
- Rohrratten

Thuidiaceae
Thuidium
- Thuidiaceae

Thuja ↗
Thujaöl
- Fenchon

Thujaria ↗
Thujoideae
- Zypressengewächse

Thujol
- M Monoterpene

Thujon
- M Beifuß
- M Monoterpene

Thunberg, Carl Peter
- Thunbergia

Thunbergia
- Thunbergia

Thünen, J.H. von
- Landwirtschaftslehre

Thunfische
- B Fische IV
- M Fische
- Fischwanderungen
- Kiemen
- M Körpergewicht
- M Kosmopoliten
- magnetischer Sinn

Thunnus ↗
Thuridilla
Thuringien
- Perm

Thurniaceae
- Binsenartige

Thy ↗
Thyatira
- Eulenspinner

Thyatiridae ↗
Thyca
- Kappenschnecken

Thyjen
- M Monoterpene

Thylacininae ↗
Thylacoleo
- Beuteltiere

Thylacosmilus
- atelische Bildungen
- B atelische Bildungen
- Beuteltiere

Thylakoide
- □ Bakterien (Reservestoffe)
- Bakteriochlorophylle
- Chlorophylle
- Cyanobakterien
- □ Cyanobakterien (Abbildungen)
- M Gasvakuolen
- Gloeobacter
- intracytoplasmatische Membranen

Thylakoidmembran
- □ Chloroplasten
- B Chloroplasten
- Kompartimentierung
- M protonenmotorische Kraft
- Quantasom

Thyllen
Thylogale ↗
- Pademelons

Thymallus ↗
Thymelaea ↗
Thymelaeaceae ↗
Thymelicus
- M Dickkopffalter

Thymeretika
- □ Psychopharmaka

Thymian
- □ Bodenzeiger
- B Europa XIX
- Gewürzpflanzen
- B Kulturpflanzen Xi

Thymiancampher
- Thymol

Thymianöl
Thymiansäure
- Thymol

Thymian-Seide
- Teufelszwirn

Thymidin
- □ Keto-Enol-Tautomerie
- Pyrimidinnucleoside

Thymidinkinase
- B Chromosomen III

Thymidin-5'-monophosphat
Thymidin-5'-triphosphat
Thymidylat-Synthase
- 5-Fluoruracil

Thymidylsäure
- 5-Fluoruracil

Thymin
- Äthylmethansulfonat
- M Basenpaarung
- M Basenzusammensetzung
- 5-Bromdesoxyuridin-Triphosphat
- □ Chargaff-Regeln
- □ Desoxyribonucleinsäuren (Einzelstrang)
- B Desoxyribonucleinsäuren
- B Desoxyribonucleinsäuren III
- Pyrimidinbasen
- Pyrimidinnucleotide
- Transkription
- B Transkription - Translation

Thymin-Dimere
Thymocyten
Thymol ↗
- M Basilienkraut
- M Thymianöl

Thymoleptika
- □ Psychopharmaka

Thymonucleinsäure ↗
Thymopoietin
- Thymosin

Thymosin
Thymus (Botanik) ↗
- □ Heilpflanzen

Thymus (Zoologie)
- Agammaglobulinämie
- blutbildende Organe
- branchiogene Organe
- M Hormondrüsen
- rudimentäre Organe

Thymusdrüse
- Thymus

Thymusinvolution
- Thymus

Thynne, Thomas, Viscount of Weymouth
- Weymouthskiefernblasenrost

Thyone
Thyonicola
- M Eingeweideschnecken

Thyreocalcitonin
- Calcitonin

Thyreoglobulin
- Aminosäuren
- Autoantigene

Thyreoidea ↗
Thyreoidea-stimulierendes Hormon
- Thyreotropin

Thyreoiditis
- Autoantigene

Thyreostatika
Thyreotoxikose
- Hyperthyreose

thyreotrop
- □ hypothalamisch-hypophysäres System

thyreotropes Hormon
- Metamorphose
- ↗ Thyreotropin

Thyreotropin
- glandotrope Hormone
- □ Hormone (Drüsen und Wirkungen)
- luteinisierendes Hormon
- □ Neuropeptide
- Thyroxin

Thyreotropin-Releasing-Hormon
- Metamorphose

Thyria ↗
Thyrididae ↗
Thyris
- Fensterfleckchen

Thyronin
Thyrophorella
Thyrophorellidae
- Thyrophorella

Thyroptera
- Haftscheiben-Fledermäuse

Thyropteridae
- M Fledermäuse
- Haftscheiben-Fledermäuse

Thyrotrophin
- Thyreotropin

Thyrotropin
- □ Adenohypophyse

Thyroxin
- Atmungskette
- Hormone
- □ Hormone (Drüsen und Wirkungen)
- Kendall, E.C.
- Mauser
- Metamorphose
- Schwanzlurche

Thyrse
- Baldriangewächse

Thyrsites ↗
Thyrsoidea ↗
Thyrsopteris
- Dicksoniaceae

Thyrsus ↗
Thysania
- Agrippinaeule

Thysanomidae
- Bandwürmer

Thysanopoda
- Euphausiacea

Thysanoptera ↗
- □ Insekten (Stammbaum)

Tintenfische

Thysanozoon
Thysanura ↗
Tiaridae ↗
Tibellus
– Philodromidae
– [M] Philodromidae
Tibetantilope
– Tschiru
Tibetbär
– Schneemensch
Tibet-Dogge
– ☐ Hunde (Hunderassen)
Tibetgazelle
– Ziegengazellen
Tibia (Insekten)
Tibia (Schnecken)
Tibia (Wirbeltiere)
– [B] Amphibien I
– Talus
– ↗ Schienbein
Tibicen
Tibiotarsus
– Intertarsalgelenk
– [M] Käfer
Tichodroma ↗
Tichorhinus
– Coelodonta
Ticinosuchus
– Chirotherium
tidale Periodik
– [M] Chronobiologie (Periodizität)
– Gezeitenrhythmik
Tiedemann, Friedrich
– Tiedemannsche Körperchen
Tiedemannsche Körperchen
Tiefensehen ↗
Tiefensensibilität
– Gollscher Strang
– Kleinhirn
Tiefenwahrnehmung
– Auge
– binokulares Sehen
Tiefgefrieren
– embryo banking
– Insemination (Aspekte)
– Konservierung
Tiefkühlung
– ☐ Konservierung (Konservierungsverfahren)
– ↗ Tiefgefrieren
Tieflandfluß
– Cyprinidenregion
Tieflandform
– [M] Modifikation
Tiefland-Regenwald
– Afrika
– Südamerika
Tiefland-Tropenwald
– Südamerika
Tiefschlaf
– [M] Schlaf
Tiefsee ↗
– ☐ Farbe
– Fische
– ☐ Meeresbiologie (Lebensraum)
Tiefseeablagerungen
– Meeresablagerungen
– [M] Sedimente
Tiefseeangler
– [B] Fische V
– Leuchtsymbiose
Tiefseebartelfische ↗
– [B] Fische V
Tiefseebeilfische ↗
– [B] Fische IV
Tiefseeboden
– Tiefseefauna
Tiefseedornaale
– Dornrückenaale
Tiefsee-Elritzen ↗
Tiefseefauna
– Abyssal
– Detritus
Tiefseefische
– Netzhaut
– Tiefseefauna
Tiefseeforschung
– Forbes, E.

– Tiefseefauna
Tiefseegarnelen ↗
– Acanthephyra
Tiefseegräben
– Hadal
– Hadon
– Hadozön
– Tiefseefauna
Tiefseehecht
Tiefseeheringe
Tiefseenapfschnecken
– Lepetellidae
Tiefseeökosystem
– ☐ schwefeloxidierende Bakterien
– Tiefseefauna
Tiefseequallen
– Tiefseefauna
Tiefseesalme ↗
Tiefseesedimente
– Meeresablagerungen
– [M] Sedimente
Tiefseeton
– Globigerinenschlamm
– Radiolarienschlamm
Tiefseevampir ↗
Tieftagebau
– Rekultivierung
Tiefumbruch
– [M] Bodenentwicklung
Tiefwurzler
Tieghemella ↗
Tieraffen
Tierballisten
– Samenverbreitung
Tierbauten
– Bodenanhangsgebilde
Tierbestäubung
– Zoogamie
Tierblumen
Tierblütigkeit ↗
Tiere
Tierenzyklopädien
– [B] Biologie II
Tierfabeln
– [M] Anthropomorphismus - Anthropozentrismus
tierfangende Pflanzen
– carnivore Pflanzen
Tierfett
– Talg
Tierfraß
– Gerbstoffe
– Milchsaft
Tierfrüchtigkeit ↗
Tiergartenbiologie
Tiergeographie
– Humboldt, F.A.H. von
– Wallace, A.R.
tiergeographische Regionen
– Faunenreich
– Verbreitungsschranken
Tiergesellschaft
– Aggregation
– Ausstoßungsreaktion
– Gruppe
– Rangordnung
– [M] Sozialverhalten
Tiergifte
Tierheilkunde ↗
tierische Elektrizität
– Du Bois-Reymond, E.
– Galvani, L.
tierische Viren
– Tierviren
Tierkette
– Aeolosomatidae
– [M] Pantoffelschnecken
Tierkohle
– Blutkohle
Tierkonstruktionen
– Bauplan
– Biomechanik
Tierkunde
– Zoologie
Tierläuse
– ☐ Endosymbiose
Tierliebe
– Tiere

Tiermedizin ↗
Tier-Mensch-Übergangsfeld
– Jugendentwicklung: Tier-Mensch-Vergleich
– Mensch und Menschenbild
– Paläanthropologie
Tierphysiologie
– [B] Biologie II
– Stoffwechselphysiologie
Tierpsychologie
Tierquälerei
– Tierschutz
– Vivisektion
Tierreich ↗
– Pflanzen
Tierschutz
Tierseuchen
Tiersozietät ↗
Tiersoziologie
– Soziobiologie
Tiersprache ↗
Tierstaaten
Tierstöcke
– Heterozoide
Tierverbreitung
– Samenverbreitung
– Verbreitung
– Zoochorie
Tierversuche
– Pharmakologie
– Teratogene
– ☐ Versuchstiere
Tierverwandtschaftslehre
– Formenkreislehre
Tierviren
– animale Viren
– ☐ Viren (Tierviren)
– [B] Viren
– Virusinfektion
– ☐ Virusinfektion (Genexpression)
Tierwanderungen
– Laichwanderungen
– Markierung
Tierwelt
– Fauna
Tierzüchtung
Tietea
– Marattiales
Tiger
– Asien
– [B] Asien VI
Tigerbarsche
Tigerblume
– [B] Südamerika I
Tigerdogge
– [B] Hunderassen III
Tigerfink ↗
– ☐ Käfigvögel
Tigerfische ↗
Tigerhai ↗
Tigerkäfer ↗
Tigerkatzen
Tigerlilie
– [B] Asien III
– Lilie
Tigermotte ↗
Tigerpferde
– Zebras
Tigerpython
– Pythonschlangen
– [B] Reptilien III
Tigerrachen ↗
Tigersalamander ↗
Tigerschnecke ↗
tight-junctions
– Epithel
– Membran
Tiglibaum ↗
Tiglien
– Tegelenwarmzeit
Tiglium
– Tegelenwarmzeit
Tigogenin
– [M] Nachtschatten
– ☐ Saponine
Tigonin
– ☐ Saponine
Tigridia ↗

Tigroid-Schollen ↗
Tigroid-Substanz
– Nervenzelle
Tilapia ↗
Tilia ↗
– ☐ Heilpflanzen
Tiliaceae ↗
Tilia-Typ
– sekundäres Dickenwachstum
– ☐ sekundäres Dickenwachstum
Tilio-Acerion
Tiliqua ↗
Tiliquinae ↗
Tillands, Elias
– Tillandsia
Tillandsia
– [M] Ananasgewächse
– Südamerika
Tillet
– Tilletiales
Tillet, M.
– Brand
– [M] Pflanzenkrankheiten
– Steinbrand
Tilletia
– [M] Tilletiales
Tilletiaceae
– Tilletiales
Tilletiales
– Phragmobasidiomycetidae
Tillite
– Silurium
Tillodontia
– Unguiculata
Tillus
– Buntkäfer
Tilopteridales
Tilopteris
– Tilopteridales
Tilsiter
– Käse
Tima
Timalien
– Fliegenschnäpper
Timaliidae ↗
Timea
– Timeidae
Timeidae
Timmia
– Timmiaceae
Timmiaceae
Timofejew-Ressowski, N.W.
Timotheusgras ↗
Tinamidae
– Steißhühner
Tinamiformes ↗
Tinantia
– [M] sproßbürtige Wurzeln
Tinbergen, N.
– Autismus
– [B] Bereitschaft II
– [M] Instinkt (Definitionen)
– Instinktmodell
– Samtfalter
– [M] Verhalten
Tinca ↗
Tinea pedis
– Fußpilzerkrankung
Tineidae
– ceratophag
Tineola ↗
Tinerfe ↗
Tingidae ↗
Tinktur
– [M] Perkolation
Tinodon
– Kuehneotheriidae
Tintenbaum
– Sumachgewächse
Tintenbeutel
– Ammonoidea
– [B] Kopffüßer
– ☐ Leuchtorganismen
– Tintendrüse
Tintendrüse
Tintenfische
– Anaerobiose

Tintenfischpilz

- Atmungsorgane
- Atmungsregulation
- [M] Auge
- Aussterben
- [B] Nervenzelle II
- [B] Netzhaut
- ↗ Kopffüßer
- ↗ Tintenschnecken

Tintenfischpilz ↗
Tintenkrankheit
- Kastanie

Tintenschnecken
- Decabrachia
- Decapoda

Tintenstriche
- Felsflora
- Gloeocapsa

Tintinnia
- Calpionellen
- □ Kreide

Tintinnida
Tintinnidium
- Tintinnida

Tintinnopsis
- Tintinnida
- [M] Tintinnida

Tintlinge
Tintlingsartige Pilze
TiP
- Agrobacterium

Tiphiidae ↗
T_i-Plasmid ↗
- Genmanipulation
- Gentechnologie
- Pflanzentumoren
- Vektoren

Tipnus
- Diebskäfer

tip-toe-Verhalten
- Altweibersommer

Tipula
- Tipulidae

Tipulidae
Tirathaba
- Zünsler

Tirennifine
- Ternifine

Tirolites
Tirs ↗
Tirse
- Vertisol

Tisbe
- [M] Copepoda

Tischer, C. Friedrich August von
- Tischeriidae

Tischeria
- Schopfstirnmotten

Tischeriidae ↗
Tischgenossenschaft
- Kommensalismus

Tiselius, A.W.K.
- [B] Biologie III

Tissotia
Titanotheria ↗
- [B] Pferde, Evolution der Pferde II

Titanus ↗
Titchenersche Täuschung
- □ optische Täuschung

Titer
- Maßanalyse

Tithonium
- [M] Jura

Titicacataucher
- Lappentaucher

Titillatoren
- Endophallus

Titin
- Zellskelett

Titis ↗
Titiscania
Titration
- Maßanalyse
- Säure-Base-Gleichgewicht

Titrationsanalyse
- Maßanalyse

Titrimetrie ↗
Tityus
- [M] Skorpione

Tjalfiella
- Tjalfiellidea
- [M] Tjalfiellidea

Tjalfiellidea
TKG
- Tausendkorngewicht

T-Lymphocyten ↗
- Thymus

T-lymphotrope Viren
- □ RNA-Tumorviren (Auswahl)

Tmesipteridaceae
- □ Psilotales

Tmesipteris ↗
- □ Psilotales

TMP ↗
TMÜ
- Tier-Mensch-Übergangsfeld

TMV ↗
TNV
- [M] Satelliten

Toalide
- □ Menschenrassen

Toarcium
- [M] Jura

Tobamovirus-Gruppe ↗
Tobiasfische ↗
Tobravirus-Gruppe ↗
Tobrilus
- [M] Prioritätsregel
- Tripyla

Tochterart
- Stammart

Tochtercentriolen
- Cilien

Tochterchromosomen
- [B] Replikation der DNA II

Tochtergeneration ↗
Tochterindividuen
- [B] asexuelle Fortpflanzung I

Tochterkolonien
- staatenbildende Insekten

Tochterzellen
Tochterzwiebel
- Brutzwiebel
- Zwiebel

Tochukaso ↗
To-Chung-Ka-So
- [M] Kernkeulen

Tockus
- Nashornvögel
- Tokos

Tocochinon
- [M] Tocopherol

Tocopherol
- Evans, H.M.
- [B] Vitamine

Tod
- Entropie – in der Biologie
- Fortpflanzung
- Jugendentwicklung: Tier-Mensch-Vergleich
- □ Keimbahn
- Leben
- [M] Stoffwechselintensität
- Thanatologie
- Überlebenskurve
- Zelle

Todarodes
- Pfeilkalmare

Todd, A.R.
Toddy
- Palmyrapalme

Todea
- Königsfarngewächse

Todesottern ↗
Todeswurm
- Hakenwurm

Todeszeichen
- Tod

Todidae ↗
Todis
- [M] Südamerika

Todites
- Königsfarngewächse

Todus
- Todis

Tofield, Thomas
- Tofieldia

- Tofieldietalia calyculatae

Tofieldia ↗
Tofieldietalia calyculatae
Togaviren
- □ Viren (Virion-Morphologie)
- [B] Viren
- □ Virusinfektion (Genexpression)
- □ Viruskrankheiten

Togaviridae
- Togaviren

Togavirus
- Togaviren

Tohabaum
- [B] Asien VI

Tokajer
- Weinrebe

Tokeh
- Tokee

Tokogenie
- Urzeugung

Tokogonie
- Tokogenie

Tokopherol
- Tocopherol

Tokophrya ↗
Tokos ↗
Tolaihase
- Kaphase

Tolbutamidtest
- [M] Diabetes

Toleranz
- Streß
- Sucht

Toleranzdosis ↗
- Strahlendosis

Toleranzgesetz
- Toleranz

Toleranzstadium
- Narkose

Toleration
Tollkirsche
- [M] Blütenstand
- □ Bodenzeiger
- [B] Kulturpflanzen X

Tollkirschen-Schläge ↗
Tollkrätze
- Aujeszky-Krankheit

Tollkraut
- [B] Kulturpflanzen XI

Tollwut
- Dachse
- Füchse
- Inkubationszeit
- [M] Rhabdoviren
- [M] Südamerika
- □ Virusinfektion (Wege)
- Wanderratte

Tölpel
- Brutfleck
- Koloniebrüter
- Stoßtaucher
- [B] Südamerika VIII

Tolstoi, L.
- Angst - Philosophische Reflexionen

Tolstoloben
Tolu-Balsam ↗
- Burseraceae

Toluchinon
- [M] Wehrsekrete

Toluhydrochinon
- □ Bombardierkäfer

Toluidinblau
- Präparationstechniken

Toluol
- [M] Kork
- □ MAK-Wert

Toluyenrot
- Neutralrot

tolyglut
- Gesäßschwielen

α-**Tolylsäure**
- Phenylessigsäure

Tolypella ↗
Tolypeutes
- Gürteltiere

Tolypophagie

Tolyposporium
- [M] Tilletiales

Tolypothrix
- Cyanobakterien

Tomaculum
Tomate
- Blütenbildung
- [B] Früchte
- □ Fruchtformen
- Gibberelline
- [B] Kulturpflanzen V
- Lycopin
- Mutationszüchtung
- [B] Selektion II
- Xenien

Tomatenbronzeflecken-Virusgruppe
Tomatenfäule
- [M] Fruchtfäule

Tomatenfrosch ↗
Tomaten-Fusariumwelke
- [M] Fusarium

Tomatenschwarzring-Virus
- [M] Satelliten

Tomatenzwergbusch-Virusgruppe
Tomatidenol
- [M] Nachtschatten

Tomatidin
- Tomatin

Tomatin
- Kartoffelkäfer
- Saponine

Tomato apical stunt
- [M] Viroide

Tomato planta macho
- [M] Viroide

Tomato spotted wilt virus
- Tomatenbronzeflecken-Virusgruppe

Tombusvirus-Gruppe ↗
Toment
- Tomentum

Tomentum (Botanik)
Tomentum (Zoologie)
Tomessche Fasern
- Bindegewebe
- Dentin

Tomeurus ↗
Tomistoma ↗
Tomoceridae ↗
Tomocerus
- Laufspringer
- Ringelhörnler

Tomopteridae
Tomopteris
- Meeresleuchten
- □ Spermien
- Tomopteridae

Tőmősvary-Organ ↗
- Sensillen
- Symphyla

Tomoxia
- Stachelkäfer

Ton (Akustik)
- Basilarmembran
- □ Gehörorgane (Hörtheorie)
- Gehörsinn
- Gesang
- [M] Schall

Ton (Bodenart)
- [M] Albedo
- Bodenentwicklung
- Bodenerosion
- Braunerde
- [M] Fingerprobe
- [M] Moor
- Quarz
- Tiefseefauna

Tonate
- [M] Togaviren

Tonböden
- Bodenluft
- □ Gefügeformen
- □ Porenvolumen
- Porung

Tonegawa, S.
- [B] Biochemie

Tonerde
- B Biologie III
Tonholz
- Klangholz
Ton-Humus-Komplexe
- Bioturbation
- □ Bodenorganismen
- Dauerhumus
- Regenwürmer
- Streuabbau
Tonicella
Tonicia
Toninia ↗
tonische Motoneurone
- Motoneurone
Tonkabohnen ↗
Tonminerale
- Alkali
- Alumosilicate
- Bioturbation
- Bodenentwicklung
- Bodentemperatur
- Humus
- Nährstoffhaushalt
- Silicatböden
Tonna
Tönnchen ↗
- M Neuropeptide
Tönnchenpuppe
- coarctat
- M Muscidae
Tönnchenwickler ↗
Tonnensalpen ↗
Tonnenschnecken
Tonnidae ↗
Tonnoidea
Tonofibrillen
Tonofilamente
- Tonofibrillen
- Zellskelett
Tonoplast
- symplastischer Transport
- □ Zelle (Schema)
Tonoplastenmembran
- Pflanzenzelle
Tonsillae
- Mandeln
Tonsilla lingualis
- Zungenmandel
Tonsilla palatina
- Gaumenmandel
Tonsilla pharyngea
- Rachenmandel
Tonsillen ↗
- □ Zunge
Tonsillitis
- Streptococcus
Tonus (Pflanzenphysiologie)
Tonus (Tierphysiologie) ↗
Tonusfibrillen
- Tonofibrillen
Tonusfilamente
- Tonofibrillen
Tonverlagerung ↗
Tooth daisy-bush
- B Australien III
Topaza
- □ Kolibris
Topcrossmethode
Töpfernest
- M Nest (Nestformen)
- Töpfervögel
Töpfervögel
- Nest
- M Nest (Nestformen)
- M Südamerika
Topfpflanze
- □ botanische Zeichen
Topi ↗
Topinambur
- B Kulturpflanzen IV
- M Sonnenblume
topische Effekte
- M Wehrsekrete
Topohyle
- Hyle
Topoisomerasen ↗
Topophototaxis
- Phototaxis

Topotaxis
Topozone
Tor ↗
Tora ↗
Tordalk ↗
- B Europa I
Tordus
- M arktoalpine Formen
Tordylium ↗
Torf
- Abtorfung
- Aussterben
- Feuchtgebiete
- Humus
- □ Inkohlung
- □ Moor
- Moorböden
- Moose
- Palynologie
- Pollenanalyse
- Verlandung
- Vermullung
Torfböden
- Wärmehaushalt
- ↗ Torf
Torfhund
Torfmarsch
- M Marschböden
Torfmoose
- Acidophyten
- B Europa VIII
- Moor
- Torf
- Verlandung
Torfmudde ↗
- Torf
Torfspitz
- Torfhund
Torfstich
- Abtorfung
Torgos ↗
Torilidetum japonicum
- Klettenkerbel
Torilis ↗
Tormahseer ↗
Tormentill ↗
tormogene Zelle ↗
Tornados
- M Nordamerika
Tornaria
- Dipleurula
Torpedinidae ↗
Torpedinoidei ↗
- Zitterrochen
Torpedo ↗
- Acetylcholinrezeptor
Torpidität
- Torpor
Torpor
Torr
- M Druck
torrentikoler Bezirk ↗
Torrey, John
- Torreya
Torreya
Torridincolidae
- □ Käfer
Torsion
torticon
Tortilla ↗
- Mais
Tortonium
- Miozän
- □ Tertiär
Tortricidae ↗
Tortrix
- Wickler
Tortula ↗
- Moose
Torulahefen
Torularhodin
- Carotinoide
Torulopsis
Torulus tactilis
- Fingerbeere
Torus (Botanik)
Torus (Anatomie)
Torus occipitalis
Torus supraorbitalis

Torymidae
Torymus
- Torymidae
totale Furchung ↗
Totalkapazität
- Atmung
Tote Mannshand
- B Hohltiere III
Totenflecken
- Tod
Totengemeinschaft
- Grabgemeinschaft
Totengräber
- B Insekten III
- B Käfer I
- Stridulation
Totenkäfer ↗
- M Schwarzkäfer
Totenkopf
- Totenkopfschwärmer
Totenkopfäffchen ↗
Totenkopffalter
- Gehörorgane
- ↗ Totenkopfschwärmer
Totenkopfschwärmer
- B Insekten IV
- Speichel
Totenkult
- Jugendentwicklung: Tier-Mensch-Vergleich
Totentrompete ↗
- M Trompeten
Totenuhr ↗
- Holzwürmer
- Psocoptera
Totes Meer
- Halobakterien
- halophile Bakterien
- Salzgewässer
Totgeburten
- □ Tabak
Totipotenz
- differentielle Genexpression
- B Kerntransplantation
- Regeneration
- ↗ Omnipotenz
Totreife
- □ Getreide
Totstellreflex
- Angst- Philosophische Reflexionen
- mechanische Sinne
- ↗ Totstellverhalten
Totstellverhalten
- Akinese
- ↗ Schrecklähmung
- ↗ Totstellreflex
Tötung
- Aggression
- Beschädigungskampf
- Infantizid
Tötungsbiß
- Endhandlung
- Hermelin
Tötungshemmung
- Aggressionshemmung
- Mensch und Menschenbild
Totwasser
- Bergbach
- Grenzschicht
- M Porung
- Tonböden
Totzeit
- Regelung
- B Regelung im Organismus
Toulouser Gans
- M Graugans
Tourismus
- Alpentiere
- M Feuchtgebiete
Tournaisium
- M Karbon
Tournefort, J.P. de
- B Biologie I
- B Biologie II
- B Biologie III
- Linné, C. von
Toxalbumin
- Pfeilgiftkäfer
Toxämie

Toxanämie
- Toxämie
Toxhämie
- Toxämie
Toxicarol
- Rotenoide
Toxicodendron ↗
toxic-shock-syndrome
- Staphylococcus
Toxicysten
- Didinium
- Extrusomen
- Gymnostomata
- Wimpertierchen
Toxiferin ↗
Toxikämie
- Toxämie
Toxikologie
Toxikose
Toxinämie
- Toxämie
Toxine
- Aggressine
- Blut-Hirn-Schranke
- Entzündung
- Speichel
toxisch ↗
Toxocara
toxocon
Toxodon
- Darwin, Ch.R.
- Subungulata
Toxoglossa ↗
Toxoide
- aktive Immunisierung
- Bakterientoxine
- Exotoxine
Toxonose
- Toxikose
Toxophor ↗
Toxoplasma
- Gewebeparasiten
Toxoplasmida
- Apicomplexa
Toxoplasmose
- Erythroblastose
Toxopneustes
- Seeigel
Toxopneustidae
- Toxopneustes
Toxotes
- Schützenfische
Toxotidae ↗
Toxotus
- M Bockkäfer
Tozzi, Luca
- Tozzia
Tozzia ↗
T-Phagen
- B Bakteriophagen I
- □ Viren (Virion-Morphologie)
TPMV
- M Viroide
TPN⁺
- Triphosphopyridin-dinucleotid
TPP ↗
- Thiaminpyrophosphat
TΨC-Arm
- □ transfer-RNA
Trab
Trabant
Trabeculae
- Brachsenkrautartige
- Schädel
- Trabekeln
Trabeculae carneae
- Trabekeln
Trabeculae cranii
- Trabekeln
Trabekeln (Botanik)
Trabekeln (Zoologie)
- M Biomechanik
- Herz
- Lungenschnecken
- Schuppen
Traberkrankheit
Trabutina
- Schmierläuse

Tracer

Tracer
- Marker
Trachea ↗
Trachealdrüsen
- Wehrsekrete
Trachealknorpel
- Ⓜ Kehlkopf
- Luftröhre
Trachealorgane
- Landasseln
Tracheata
- Ganzbeinmandibel
- ☐ Gliederfüßer
- ☐ Stammbaum
Tracheen (Botanik)
- Bedecktsamer
- Dickenwachstum
- Gefäße
- ☐ Holz (Bautypen)
- ☐ Holz (Blockschemata)
- Ionentransport
- Ringgefäße
Tracheen (Zoologie) ↗
- ☐ Atmungsregulation (Tracheenatmung)
- Cuticula
- Gliederfüßer
- Ⓑ Gliederfüßer II
- ☐ Insekten (Darm-/Genitalsystem)
- ☐ Schmetterlinge (Falter)
- Tapetum
Tracheenblase
- Gehörorgane
- Ⓑ Gliederfüßer II
Tracheenendzelle
- Tracheensystem
Tracheenepithel
- Exotrachea
- Tracheensystem
Tracheenglieder
- Leitungsgewebe
Tracheenkapillaren ↗
- Ⓑ Gliederfüßer II
Tracheenkiemen
- Dollosche Regel
- Ⓜ Eintagsfliegen
- Extremitäten
- Ⓜ Extremitäten
- Gliederfüßer
Tracheenlungen
- Gliederfüßer
Tracheensystem
- Atmungsorgane
- Ⓑ Atmungsorgane I
- Ⓑ Gliederfüßer II
- Ventilation
- Ⓜ Walzenspinnen
Tracheentiere
- Gliederfüßer
- ↗ Tracheata
Tracheiden
- Dickenwachstum
- Gefäße
- ☐ Holz (Bautypen)
- Ionentransport
- Landpflanzen
- Ⓜ Tüpfel
- Winteraceae
Trachelius
Trachelomonas ↗
- Wasserblüte
Tracheloptychus ↗
Tracheobakteriose
- Bakterienwelke
- Welkekrankheiten
Tracheolen ↗
Tracheomykose
- Pilzringfäule
- Welkekrankheiten
Tracheopulmonata
Trachinidae
- Drachenfische
Trachinoidei ↗
Trachinus
- Drachenfische
Trachipteroidei ↗
Trachodon
Trachom
- Tetracycline

Tracht
- Apoidea
- Bienensprache
- Bienenzucht
Trachtbiene
- ☐ staatenbildende Insekten
- ↗ Sammelbiene
Trächtigkeit
Trachtquelle
- Bienensprache
Trachurus ↗
Trachycephalus ↗
- Panzerkopffrösche
Trachyceras
Trachydemus
Trachylina
Trachymedusae
Trachyphonus
- Ⓜ Duettgesang
Trachypithecus
- Languren
Trachys
- Minierer
- Prachtkäfer
Tractus corticospinalis
- Pyramidenbahn
Tractus olfactorius
- Riechhirn
- Ⓑ Telencephalon
Tractus respiratorius
- Kiemendarm
Tractus spinocerebellaris
- Flechsig, P.E.
Tradescant, John
- Tradescantia
Tradescantia ↗
- ☐ Spaltöffnungen
Tradition
- Denken
- Dialekt
- ☐ Geschlechtsmerkmale
- Jugendentwicklung: Tier-Mensch-Vergleich
- Sozialisation
Traditionenbildung
- Tradition
Traditionshomologie
- Homologie
- Verhaltenshomologie
Traductor
- Pollensammelapparate
Tragant
- Fahnenwicke
Tragantgummi ↗
Tragblatt ↗
- Abstammungsachse
- Achselknospe
- Ⓑ Blüte
- Blütendiagramm
- Hochblatt
- Hüllblätter
Tragelaphinae ↗
Tragelaphus
tragende Mutter
- Insemination
Trägerschnecken
Trägerstoffe ↗
träges Übertragungsglied
- ☐ Funktionsschaltbild
Tragfläche
- Gelenk
Tragling
- Affen
- Jugendentwicklung: Tier-Mensch-Vergleich
- Klammerreflex
- Kontaktverhalten
- Menschenaffen
- Mutter-Kind-Bindung
Tragocerus
Tragopan ↗
Tragopogon ↗
Tragrand
- Huf
- Ⓜ Huf
Trägspinner
Tragulidae ↗
Tragulina ↗

Tragus
Tragus, H.
- Bock, H.
Tragzeit ↗
- Ⓜ Trächtigkeit
Tragzelle
- Ⓜ Trentepohlia
Trailer-Sequenzen
- Primärtranskript
- Prozessierung
Training
- Ⓜ Modifikation
- Streß
Trajektorien
- Bindegewebe
- Ⓜ Biomechanik
- Glanzstreifen
- Knochen
- Ⓜ Knochen
- Spongiosa
- Tonofibrillen
Trakehner
- Pferde
- ☐ Pferde
Trama
Tramalcystiden
- Ⓜ Hymenium
Tramete
- Trametes
Trametes
- Ⓜ Weißfäule
Trametin
- Gloeophyllum
Traminer
- ☐ Weinrebe
Trampeltier ↗
- Asien
Tran
- Gerbstoffe
- ↗ Wal-Tran
Tränenbein
- ☐ Schädel
Tränendes Herz ↗
Tränendrüse
- Ⓑ Nervensystem II
- Nickhautdrüsen
Tränenflüssigkeit
- Linsenauge
- Lysozym
- Tränendrüse
- Ⓜ Tränendrüse
- Tränen-Nasen-Gang
Tränengase
- Keimgifte
Tränengras ↗
- Ⓜ Coix
Tränenkanälchen
- Tränen-Nasen-Gang
Tränen-Nasen-Gang
- Nasenmuscheln
- Schädel
Tränenpilze ↗
Tränenpunkte
- Ⓑ Linsenauge
Tränenreizstoffe
- Ⓜ Tränendrüse
Tränenröhrchen
- Tränen-Nasen-Gang
Tränensack
- Ⓑ Linsenauge
- Saccus
- Tränen-Nasen-Gang
Tränensackgrube
- ☐ Schädel
Tranquilizer
- ☐ Psychopharmaka
Tranquillizer
- ☐ Psychopharmaka
Transacylasen ↗
- Citratsynthase
Transaldolase
- Kohlenhydratstoffwechsel
- Ⓜ Ribulosemonophosphat-Zyklus
Transalodierung
- Ⓜ Gruppenübertragung
Transamidasen
- Transamidierung
Transamidierung
- Ⓜ Gruppenübertragung

Transaminasen
- Leber
- ☐ Transaminierung
- Ⓑ Vitamine
- Ⓜ Wirkungsspezifität
Transaminierung
- ☐ Aminosäuren (Bildung)
- Desaminierung
- Glutamat-Dehydrogenase
- Glutamat-Oxalacetat-Transaminase
- Glutamat-Pyruvat-Transaminase
- Glutaminsäure
- Ⓜ Gruppenübertragung
- α-Ketoglutarsäure
Transcarbamylierung
Transcortin
- Ⓜ Globuline
- Glucocorticoide
- Progesteron
Transcytose ↗
Transdetermination
Transdifferenzierung ↗
- Dedifferenzierung
trans-2-Dodecenal
- Ⓜ Wehrsekrete
Trans-Dominanz ↗
Transducer
- Fortbewegung
- ☐ Funktionsschaltbild
- Regelung
Transduktion (Molekulargenetik)
- Lederberg, J.
- Transformation
Transduktion (Sinnesphysiologie)
- Reizphysiologie
transduzierende Phagen
- Transduktion
transduzierendes Virus
- ☐ Onkogene
Trans-Effekt
- Cis-Trans-Effekt
trans-Enoyl-CoA
- Ⓜ Fettsäuren (Fettsäuresynthese)
Transfektion
- Zelltransformation
Transfer (allgemein)
Transfer (Lernpsychologie)
Transferasen
- Gruppenübertragung
Transferfaktoren
- Elongationsfaktoren
transfer-Ribonucleinsäure
- transfer-RNA
Transferrin
- Eisenstoffwechsel
- Ⓜ Globuline
- ☐ Menschenrassen
- ☐ Serumproteine
transfer-RNA (= t-RNA)
- Adaptorhypothese
- Basenmodifikation
- Ⓑ Biochemie
- Holley, R.W.
- Ⓜ Transkription - Translation
Transferzellen
trans-Form
- Cis-Trans-Isomerie
- Ⓑ Kohlenstoff (Bindungsarten)
Transformation
- Avery, O.Th.
- Ⓑ Biochemie
- ☐ Desoxyribonucleinsäuren (Geschichte)
- Evolution
- Gentechnologie
- Ⓑ Gentechnologie
- Kapsel
- Transformationsserie
- Vektoren
- Zelltransformation
Transformationsserie
Transformatorenflüssigkeit
- polychlorierte Biphenyle

Treibgase

transformieren
- Transformation

transformierende Selektion
- Saltation

Transfusion (Bluttransfusion) ↗

Transfusion (Gasdiffusion) ↗

Transfusionsgewebe
- B Blatt I

Transglykosidasen
- Transglykosylierung

Transglykosidierung
- M Gruppenübertragung

Transglykosylierung

Transgression
- homotax
- □ Kreuzungszüchtung

Transgressionszüchtung ↗

Trans-Heterozygote ↗

trans-2-Hexenal
- M Wehrsekrete

Transhydrogenasen
- Transhydrogenierung

Transhydrogenierung
- Transhydrogenasen

Transienten-Polymorphismus
- Industriemelanismus

Transinformation ↗

Transition
- 2-Aminopurin
- Basenanaloga
- Basenaustauschmutationen

Transitionszelle ↗

transitorische Larvalorgane
- B Larven II

Transit-Peptid
- Mitochondrien
- Prä-Proteine

Transketolase
- Kohlenhydratstoffwechsel
- M Pentosephosphatzyklus
- M Ribulosemonophosphat-Zyklus
- Thiaminpyrophosphat
- M Thiaminpyrophosphat

trans-Konfiguration
- Komplementation

transkribieren
- Transkription

Transkript
- codogen

Transkriptasen
- RNA-Viren

Transkription
- cAMP bindendes Protein
- differentielle Genexpression
- Gen
- Genaktivierung
- Genexpression
- Geninaktivierung
- M Genmosaikstruktur
- B Gentechnologie
- Genwirkung
- Information und Instruktion
- Initiationskomplexe
- □ Prozessierung
- Transkriptasen

transkriptionale Termination
- Attenuation
- Termination
- Transkription

Transkriptionsfaktoren
- Promotor
- Transkription

Transkriptionsregulation
- Attenuatorregulation
- Transkription

Transkriptionstermination
- Attenuation
- Termination
- Transkription

Translation
- Ambiguität
- Aminoacyl-t-RNA
- Basentriplett
- Gen
- Genexpression
- B Gentechnologie
- Genwirkung

- Information und Instruktion
- Initiationskomplexe
- Proteinstoffwechsel
- Symmetrie

translationale Termination
- Termination

Translationsbewegungen
- Flugmuskeln

Translator
- □ Schwalbenwurzgewächse

Translokation
- Chromosomen
- M Chromosomenaberration
- Genregulation
- Mobilität
- B Mutation
- Mutationszüchtung
- Tierwanderungen

Translokationsheterozygotie
- Komplexauge

Translokator ↗
- aktiver Transport
- □ Mitochondrien (Aufbau)
- Permeasen

Translokatorproteine
- □ Membran (Plasmamembran)

Translokatorsysteme
- Membran

Transmethylasen
- Transmethylierung

Transmethylierung
- S-Adenosylmethionin

Transmission ↗

Transmissions-Elektronenmikroskop
- Elektronenmikroskop

Transmitter
- Axelrod, J.
- Dale, H.H.
- Endplatte
- Erregungsleitung
- Synapsen
- □ Synapsen
- B Synapsen
- ↗ Neurotransmitter

trans-9-Octadecensäure
- Elaidinsäure

transovarial
- Übertragung

Transparenz
- Plankton

Transpeptidase
- Penicilline

Transphosphatasen ↗

Transpiration (Botanik)
- Antitranspirantien
- Blatt
- Blutungsdruck
- diurnaler Säurerhythmus
- Evapotranspiration
- Guttation
- Haare
- Hales, S.
- Heliophyten
- M Hitzeresistenz
- Hygrophyten
- Niederschlag
- Potometer
- Wärmetod
- Wasseraufnahme
- Wasserhaushalt
- □ Wasserkreislauf
- Zellwand

Transpiration (Zoologie)
- Perspiration
- Temperaturregulation

Transpirationskoeffizient

Transpirationssog
- Leitungsgewebe
- Tracheen
- M Wassertransport (Modell)

Transpirationsstrom

transpirieren
- Transpiration

Transplantat
- M Transplantation

Transplantatabstoßung
- Immungenetik
- Thymosin
- Transplantation

Transplantation (Botanik) ↗

Transplantation (Zoologie, Medizin)
- Allophäne
- Dausset, J.
- HLA-System
- Homöoplastik
- Immunsystem
- B Induktion
- Kerntransplantation
- Kompatibilität
- Lymphocyten

Transplantations-Antigen
- HLA-System
- H-Y-Antigen
- Tumorantigene

transplantieren
- Transplantation

transponierbare Elemente
- McClintock, B.

Transportform
- □ Mitose

transportierendes Epithel
- Darm
- Niere
- B Niere

Transportproteine ↗
- aktiver Transport
- Allosterie
- □ Hormone (Primärwirkungen)
- Komplementarität
- □ Membran (Plasmamembran)

Transportwirt
- Larva migrans

Transposasen ↗

Transposition ↗
- Insertionselemente
- M Insertionselemente
- Statistik

Transposonen
- Mu-Phage
- Resistenzfaktoren

transspezifische Evolution ↗
- Evolution
- supraspezifisch

Transsudate
- Schleimhaut

Transsudation ↗

Transversale
- Abstammungsachse

Transversalebene
- □ Achselknospe

Transversaltropismus
- Plagiotropismus

Transversaltubuli
- □ Muskulatur

Transversalwellen
- Schall

Transversanebene
- Achse

Transversion

transzellulare Flüssigkeit
- Flüssigkeitsräume

Tranzschelia

Trapa
- Wassernußgewächse
- M Wassernußgewächse

Trapaceae ↗

Trapeliaceae

Trapeziidae
- Coralliophaga

Trapezmuscheln

Trapezmuskel ↗

Trappen
- B Europa XIX
- Mauser

Traputina
- Blattläuse

Traquairaspis
- □ Silurium

Traube
- Süßgräser
- Symmetrie

Traube, I.

Traube, L.

Traube, M.

Träubelhyazinthe
- B Blütenstände

Traubenhyazinthe
- Träubelhyazinthe

Traubenkirsche ↗
- B Europa IV
- B Nordamerika V

Traubenpilzkrankheit
- Botryomykose

Traubensaft
- Aspergillus
- Wein

Traubenwickler

Traubenzucker ↗
- Fischer, E.H.
- Proust, J.L.
- ↗ Glucose

Traubenzucker-Lösung
- Infusion

Traubesche Zelle
- Traube, M.

Trauerbienen ↗

Trauerente
- Meerenten

Trauermantel
- B Insekten IV
- B Schmetterlinge

Trauermantelsalmler
- B Aquarienfische I
- Salmler

Trauermücken

Trauerschnäpper ↗
- B Europa IX
- M Höhlenbrüter

Trauerschwan
- B Australien II
- Schwäne

Trauerschweber ↗

Trauerweide
- □ Baum (Baumformen)
- Weide (Pflanze)

Träufelspitze
- Hygrophyten

traumatische Energie
- aktionsspezifische Energie

Traumatodinese
- Dinese

Traumatonastie

Traumatotropismus

Träume
- Schlaf

Traunsteiner, Joseph
- Traunsteinera

Traunsteinera ↗

Träuschlinge

Träuschlingsartige Pilze

Traversia
- Neuseeland-Pittas

Travertin
- Entkalkung
- M Kalk
- Quellenabsätze

Travisia

Treber
- □ Bier

Trebouxia ↗
- Landalgen

Trechus
- Alpentiere
- M Laufkäfer

Treckbokken
- Springbock

Treene-Wärmezeit
- Saalekaltzeit

Treffertheorie

T-Region
- Pflanzentumoren

Trehalose
- Blutproteine

Treibeis
- Klima

treiben

Treiberameisen

Treibgase
- Aerosol
- Chlorkohlenwasserstoffe

413

Treibgeißel

- Ozon
- **Treibgeißel**
  - Schubgeißel
- **Treibhaus**
  - Gewächshaus
  - treiben
- **Treibholz**
  - Pseudoplankton
- **Treibnetz**
  - ☐ Fischereigeräte
- *Trema* ↗
- **Tremadocium**
  - M Ordovizium
- **Tremalithen**
  - M Kalkflagellaten
- **Tremandraceae**
  - M Kreuzblumenartige
- *Tremarctos*
- **Tremataspis**
  - ☐ Silurium
- *Trematoda* ↗
  - M Anaerobier
  - Plattwürmer
- **Trematomus**
  - Gefrierschutzproteine
  - M Hitzeresistenz
- *Trematops*
- *Trematosaurus*
- **Trembley, Abraham**
  - B Biologie II
- **Tremella**
  - Zitterpilze
- **Tremellaceae**
  - Zitterpilze
- *Tremellales*
- **Tremella meteorica nigra**
  - M Nostoc
- **Tremella-Typ**
  - Basidie
- **Tremiscus**
  - M Zitterpilze
- **Tremoctopodidae**
  - Tremoctopus
- *Tremoctopus*
- **Tremor**
  - Angst - Philosophische Reflexionen
- *Trennart* ↗
- **Trenngewebe**
  - Blattfall
- **Trennmethoden**
  - ausfällen
  - Austauschchromatographie
  - Chromatographie
- **Trennungsangst**
  - Angst - Philosophische Reflexionen
- **Trennungszone**
  - ☐ Blattfall
- *Trenomyces* ↗
- **Trentepohl, Johann F.**
  - Trentepohlia
  - Trentepohliaceae
- *Trentepohlia*
  - Flechten
  - Graphidales
  - Luftalgen
  - Thelotremataceae
- *Trentepohliaceae*
- **Trepang**
- **Treponema**
  - Castellani, A.
- *Trepostomata*
- **Treppennatter**
- **Treppenschnecken**
- *Treptoplax* ↗
- **Trespe**
  - ☐ Bodenzeiger
  - Mesobromion
  - Saatgutreinigung
- **Trespen-Halbtrockenrasen**
  - Mesobromion
- *Trespenmosaik-Virusgruppe*
- *Trespenrasen* ↗
- **Trespen-Volltrockenrasen**
  - Xerobromion
- **Trester**
  - Wein

- **Tresterschnaps**
  - Wein
- *Tretomphalus*
- **treue Arten**
  - Biotopbindung
- *Treviranus, G.R.*
  - Biologie
  - B Biologie I
  - B Biologie II
- *Treviranus, L.Ch.*
- **T4-Rezeptor**
  - T-lymphotrope Viren
- **TRH**
  - ☐ Hypothalamus
  - ☐ Neuropeptide
- *Triacanthidae* ↗
- **Triacontanol**
  - Wachse
- **Triacontansäure**
  - Melissinsäure
  - Wachse
- *Triacylglycerine* ↗
  - M Acylglycerine
- **Triacylglycerollipase**
  - ☐ Enzyme (Technische Verwendung)
- **Triaden**
  - ☐ Muskulatur
- **Triaenophoridae**
  - M Pseudophyllidea
- *Triaenophorus*
- *Triakidae* ↗
- **Triakis**
  - Marderhaie
- *Trialeurodes*
  - Aleurodina
- **Tränen**
  - Geodiidae
  - Stellettidae
- *Triangulare* ↗
  - Dreiecksbein
- **Triangulation**
  - Veredelung
- **triapsid**
  - M Schläfenfenster
- **triarch**
  - Wurzel
- *Triarthrus*
  - Trilobiten
- **Trias**
  - B Kontinentaldrifttheorie
  - Permokarbon
  - Pteria
- **Triäthylamin**
  - ☐ MAK-Wert
- *Triatoma* ↗
  - Chagas-Krankheit
- *Tribolium* ↗
  - Parasitismus
- *Tribolonotus*
- *Tribonema* ↗
- **tribosphenisches Stadium**
  - Trituberkulartheorie
- *Tribrachidium*
- *Tribrachion* ↗
- *Tribulus* ↗
- **Tribus**
  - Familie
  - ☐ Nomenklatur
  - Unterfamilie
- **TRIC** ↗
  - ☐ Chlamydien
- *Tricarbonsäurezyklus* ↗
- **tricarinat**
- *Triceratium* ↗
- *Triceratops*
- **trichale Organisationsstufe**
  - Algen
- *Trichaster* ↗
- **Trichastoma**
  - M Asien
- **Trichechidae**
  - Seekühe
- *Trichechus* ↗
- *Trichia* ↗
  - Trichiaceae
- *Trichiaceae*
- *Trichiales*
- **Trichine**
  - Darmfauna

- *Trichinella* ↗
  - Gewebeparasiten
- **Trichinellose**
  - Anthropozoonosen
  - Trichinose
- **Trichinenkrankheit**
  - Trichinose
- *Trichinose*
- **Trichiura**
  - M Glucken
- *Trichiuridae* ↗
- **Trichiurus**
  - Haarschwänze
- *Trichius* ↗
- **Trichloracetaldehydhydrat**
  - Chloralhydrat
- **Trichloräthan**
  - ☐ Chlorkohlenwasserstoffe
- **Trichloräthylen**
  - ☐ Chlorkohlenwasserstoffe
- **Trichlorbenzol**
  - MAK-Wert
- **Trichloressigsäure**
  - ausfällen
  - Fällung
- **Trichlormethan**
  - Chloroform
- **Trichlorphenoxyessigsäure**
  - M Dichlorphenoxyessigsäure
  - Entlaubungsmittel
- *Trichobatrachus* ↗
- *Trichobezoare* ↗
- *Trichobilharzia*
- **Trichoblasten**
  - M Wurzel
- *Trichobothrium* ↗
  - Cerci
- **Trichobranchidae**
- **Trichobranchien**
  - Astacura
  - Decapoda
- **Trichocephalus**
  - Peitschenwurm
- **Trichocera**
  - Wintermücken
- *Trichocerca*
- *Trichoceridae* ↗
- **Trichocysten**
- **Trichodactylidae**
  - Süßwasserkrabben
- *Trichoderma*
- *Trichodes* ↗
- *Trichodesmium*
- *Trichodina*
- *Trichodontidae* ↗
- *Trichodorus*
  - Tabak
- *Trichogaster* ↗
- *trichogene Zelle* ↗
- **Trichoglossinae**
  - ☐ Ornithogamie
  - M Papageien
- **Trichoglossini**
  - M australische Region
- *Trichoglossum*
- **Trichoglossus**
  - Orientalis
  - Papageien
- **Trichogramma**
  - Trichogrammatidae
- *Trichogrammatidae*
- *Trichogyn* ↗
  - B Algen V
  - Karpogon
- **Tricholepidion**
  - Silberfischchen
- *Tricholoma* ↗
  - M Hexenring
- *Tricholomataceae* ↗
- *Tricholomopsis* ↗
- *Trichomanes* ↗
- **Trichome (Botanik)** ↗
- **Trichome (Mikrobiologie)**
  - M Fischerella
  - M Scytonema
- **Trichome (Zoologie)**
  - Schuppen
- **Trichometasphaeria**
  - M Helminthosporium

- **Trichomonaden**
  - Donné, A.
  - Trichomonadida
- **Trichomonadenseuche**
  - Trichomonadida
- *Trichomonadida*
- *Trichomonas* ↗
- **Trichomonase**
  - Trichomonose
- **Trichomoniasis**
  - Trichomonose
- *Trichomonose*
- **Trichomycetes**
- **Trichomycin**
  - B Antibiotika
  - Heptaen-Antibiotika
- *Trichomycteridae* ↗
- **Trichoniscidae**
  - ☐ Landasseln
- **Trichoniscus**
  - ☐ Landasseln
- *Trichonympha*
- **Trichophaga**
  - Tineidae
- **Trichophilus**
  - Faultiere
- *Trichophorum* ↗
- *Trichophytie* ↗
- **Trichophyton**
  - M Strichtest
- *Trichopitys* ↗
- *Trichoplax* ↗
  - Bilaterogastraea-Theorie
- *Trichopsis* ↗
- *Trichoptera* ↗
  - ☐ Insekten (Stammbaum)
- *Trichosanthes* ↗
- *Trichoscyphella* ↗
  - Lärchenkrebs
- *Trichosporon*
- *Trichostomata*
- **Trichostomoideae**
  - Bartmoos
- *Trichostrongylidae* ↗
- **Trichostrongylose**
  - Magenwurmkrankheit
- **Trichosurus**
  - M Australien
  - Kusus
- **Trichothecene**
  - Fusarium
- *Trichotropidae*
- **Trichotropis**
  - Trichotropidae
- **Trichozoa**
  - Säugetiere
- *Trichromasie* ↗
- *trichromatisches Sehen* ↗
- **Trichter (Kopffüßer)**
  - B Atmungsorgane II
- **Trichter (Wirbeltiere)** ↗
- **Trichterbucht**
- **Trichterlappen**
  - Adenohypophyse
- **Trichterlilie**
  - M Liliengewächse
- **Trichterlinge**
  - M Muscarinpilze
- **Trichtermundlarven**
- **Trichternetze**
  - Trichterspinnen
- **Trichterohren**
  - M Südamerika
- *Trichterroller* ↗
  - Blattroller
- **Trichterspinnen**
- *Trichterwickler* ↗
- *Trichterwinde* ↗
- *Trichuriasis*
- *Trichuris*
- **Trichys**
  - M Stachelschweine
- **triclad**
  - Darm
- *Tricladida*
  - Strudelwürmer
- *Tricoccae* ↗
- **tricoelomat**
  - Brachiopoden

Tricolia
tricolpat
– Zweikeimblättrige Pflanzen
triconodont
– Triconodonta
– Trituberkulartheorie
Triconodonta
– ☐ Kreide
Triconodontidae
– Triconodonta
cis-9-Tricosen
– Muscalur
Tricuspidalklappe
– B Herz
– M Herzautomatismus
– M Herzklappen
Tridachia
– Zoochlorellen
Tridacna ↗
Tridacnidae
– Riesenmuscheln
tridactyl
– Ceratomorpha
Tridactyla
– Ceratomorpha
Tridactylidae ↗
Tridactylus
– Dreizehenschrecken
Tridecan
– M Alkane
Trieb (Botanik) ↗
Trieb (Zoologie) ↗
– Instinkt
– Sexualität - anthropologisch
Triebenergie
– aktionsspezifische Energie
– Übersprungverhalten
Triebgalle
– Ananasgalle
Triebhandlung
Triebhypothese
– Aggression
Triebkonflikte
– Substitution
Triebobjekt
– Substitution
Triebstecher ↗
Triebsterben
– Valsakrankheit
Triebsucht
– M Rickettsienähnliche Organismen
Triebtheorie
– Aggressionsstau
Triebverkümmerung
– M Rickettsienähnliche Organismen
Triele
Trientalis ↗
Trieur
– Saatgutreinigung
Trifolio-Agrimonietum
– Trifolio-Geranietea
Trifolio-Cynosuretalia
Trifolio-Geranietea
– Saum
Trifolion medii
– Trifolio-Geranietea
Trifoliose
Trifolium ↗
Trift ↗
Triften
Triftweiden ↗
Trigeminus
– Niesreflex
Trigeminusneuralgie
– M Trigeminus
Trigger
Triglidae ↗
Triglochin ↗
Triglyceride ↗
– braunes Fett
– Chylomikronen
Trigon
– trigonodont
Trigona ↗
trigonal
– trigonodont

Trigonella ↗
Trigonellin
Trigonia
Trigoniaceae
– M Kreuzblumenartige
Trigonid
– trigonodont
Trigonien
– ☐ Jura
Trigoniidae
– Homomyaria
– ☐ Trias
– Trigonioidea
Trigonioidea
Trigonoceps
– M Afrika
Trigonochlamydidae
– Limacoidea
trigonodont
– Trituberkulartheorie
Trigonopsis
– staatenbildende Insekten
11β,17,21-Trihydro-4-pregnen-3,20-dion
– Cortisol
1,2,4-Trihydroxyanthra-chinon
– Purpurin
Trihydroxybenzoesäure
– Gallussäure
1,3,5-Trihydroxybenzol
– Phloroglucin
2,6,8-Trihydroxypurin
– Harnsäure
2,3,5-Triiodbenzoesäure
– Auxinantagonisten
Triiodthyronin
– Aminosäuren
– 3,5-Diiodtyrosin
– ☐ Hormone (Drüsen und Wirkungen)
– Metamorphose
– Schilddrüse
Trikaliumphosphat
– Kaliumphosphate
Trilobita
– ☐ Chelicerata
– ☐ Gliederfüßer
– ☐ Stammbaum
  ↗ Trilobiten
Trilobiten
– Corynexochorida
– M Devon (Lebewelt)
– M Epimere
– Gliederfüßer
– ☐ Kambrium
– ☐ Karbon
– Komplexauge
– Salterscher Einbettung
Trilobitenlarve
– Rotdeckenkäfer
Trilobitomorpha
– ☐ Antenne
– ☐ Kambrium
Trilobus
– M Prioritätsregel
Trilophodon
– Amebelodon
Trilophosauridae
– Protorosauria
Trimeresurus ↗
Trimerie
Trimerophytales
– Psilophyton
– M Urfarne
Trimerophyton
– Progymnospermen
– Urfarne
Trimerus
– M Trilobiten
3,4,5-Trimethoxyphenyl-äthylamin
– Meskalin
Trimethylamin
– M chemische Sinne
Trimethylaminoxid
– M Exkretion
Trimethylglycin ↗
N,N,N-Trimethyltyramin
– Candicin

1,3,7-Trimethylxanthin
– Coffein
Trimusculidae
– Trimusculus
Trimusculus
trinäre Nomenklatur
Trinatriumphosphonoessig-säure
– Virostatika
Trinchesia
Trinectes ↗
Trinervitermes
– Erdwolf
Tringa ↗
Trinia ↗
Trinil ↗
– B Paläanthropologie
Trinilfauna
Trinitrotoluol
– ☐ MAK-Wert
Trinius, Karl Bernhard von
– Trinia
Trinkbereitschaft
– M Bereitschaft
Trinken
– Wasseraufnahme
Trinkerin ↗
Trinkwasser ↗
– bakteriologische Kampfstoffe
– Brauchwasser
– Colititer
– Denitrifikation
– Eisenbakterien
– ☐ Nitrate
– Wasserverschmutzung
Trinomen
– Rasse
– trinäre Nomenklatur
trinomiale Nomenklatur
– trinäre Nomenklatur
trinominale Nomenklatur
– trinäre Nomenklatur
Trinucleidae
– diskoidale Einrollung
Trinucleotide
Trinucleotidsequenzen
– Desoxyribonucleinsäuren
Triodus
– Xenacanthidae
Triole
– ☐ Alkohole
Trionychidae ↗
Trionyx
– Weichschildkröten
Triops ↗
– Frontalorgan
– M Hitzeresistenz
– M Notostraca
Triose-Isomerase
– Isomerasen
Triosen
– B Dissimilation I
– B Dissimilation II
– B Stoffwechsel
Triosephosphat
– B Dissimilation II
– ☐ Kohlendioxidassimilation
– Photosynthese
– M Ribulosemonophosphat-Zyklus
– Triosen
Triosephosphat-Dehydro-genase
– ☐ Calvin-Zyklus (Abb. 1)
– B Glykolyse
Triosephosphat-Isomerase
– B Chromosomen III
– B Glykolyse
– M Pentosephosphat-zyklus
Trioza
– Psyllina
Triözie ↗
– Polygamie
Tripedalia
– Würfelquallen
Tripel
– Diatomeenerde
Tripelhelix
– ☐ Kollagen

Tripeptide
Triphaena
– Bandeulen
– Hausmutter
Triphenylformazan
– M Tetrazoliumsalze
Triphenylmethyl
– freie Radikale
Triphenyltetrazolium-chlorid ↗
Triphora
Triphoridae
– Triphora
Triphosa
– Höhlenspanner
Triphosphate ↗
Triphosphopyridinnucleotid ↗
Triplephosphat
– Phosphatdünger
Triplett
– M Centriol
– Cilien
– Information und Instruktion
– ☐ Ribosomen (Aufbau)
  ↗ Nucleotidtriplett
Triplett-Code
– Dreiercode
– genetischer Code
Tripleurospermum
– Kamille
Triploblasten
– Bilateria
triploblastische Metazoa
– Archicoelomatentheorie
triploider Endospermkern
– Bedecktsamer
triploide unisexuelle Fische
– Merospermie
Triploidie
– Autopolyploidie
triplokaulisch
– haplokaulisch
Triploporella ↗
Triplo-X-Syndrom
– M Intersexualität
Tripmadam ↗
Tripneustes
– Toxopneustes
Triposolenia
– Dinophysidales
Tripper ↗
– M Inkubationszeit
Triprion ↗
Tripsacum
– Mais
Triptochiton
– Abachi
– Satinholz
Tripton ↗
Tripyla
Tripylea
Tripyloidea
– Tripyla
Tripyloidina
– Tripyla
Triquetrum ↗
– Dreiecksbein
triradiates Becken
– Dinosaurier
Tris
– Puffer
– Zellkultur
Trisaccharide
– Amylasen
Tris-Chlorid
– Puffer
Trisetion ↗
– Goldhafer
Trisetum ↗
Trisomie ↗
– Edwards-Syndrom
– Hyperploidie
– Patau-Syndrom
Trisomie 13
– Chromosomenanomalien
– Patau-Syndrom
Trisomie 18
– Chromosomenanomalien
Trisomie 21
– Amniocentese

Trisopterus
- Down-Syndrom

Trisopterus ↗
Trisporsäuren
Tritanomalie ↗
Tritanopie ↗
Triterium
- Tritium

Triterpene
- □ Isoprenoide (Biosynthese)

Triticale ↗
Triticella
Triticum ↗
Tritionia
- B Afrika VI

Tritium
- Libby, W.F.
- Wasserstoff

Tritocephalon
- □ Gliederfüßer

Tritocerebrum
- B Gehirn
- Gliederfüßer
- Insekten

Tritometameren
- Deutometamerie
- M Enterocoeltheorie

Tritometamerie
- Tritometameren

Triton
- M Tritium

Tritonalia ↗
Tritonen ↗
Tritonia
- Tritoniidae
- M Tritoniidae

Tritoniidae
Tritonium ↗
Tritonshörner
Triton X-100
- □ Membranproteine (Detergentien)

Tritonymphe ↗
Trittmoosgesellschaft
- Pottiaceae

Trittpflanzen
trituberkular
- trigonodont

trituberkuläres Stadium
- Trituberkulartheorie

Trituberkulartheorie
Trituration
Triturus ↗
Tritylodon
Tritylodontia
- Tritylodontia

Triungulinoid
- Ölkäfer

Triungulinus ↗
- Fächerflügler

Triuridaceae
- Triuridales

Triuridales
Trivalent ↗
Trivia ↗
Trivialname
Triviidae
- Kerfenschnecken

Trivium
- Seewalzen

Trixagidae ↗
Trizeps ↗
t-RNA ↗
t-RNA-CCA-Pyrophosphorylase
- transfer-RNA

t-RNA-Gene
- transfer-RNA

Trochanter
Trochanterofemur
- Extremitäten

Trochantinopleurit
- Trochantinus

Trochantinus
- M Insektenflügel
- M Pleura

Trocharion ↗
- Dachse

Trocheta
- M Erpobdellidae

Trochidae
- Calliostoma
- Kreiselschnecken

Trochilidae ↗
Trochiten
Trochitenkalk
Trochlea
- Elle
- M Gelenk
- □ Linsenauge

Trochlearis
Trochochaetidae
- M Spionida

Trochodendron
Trochoidea
Trochophora
- Akron
- Cyphonautes
- Deutometamerie
- Enterocoeltheorie
- B Larven I
- M Larven I
- Trochus
- Veliger

Trochosa
Trochosphaera
Trochospongilla
Trochus (Morphologie)
Trochus (Zoologie)
Trockenbackhefe
- Backhefe

Trockenbeere
Trockendatteln
- Dattelpalme

trockene Gangrän
- Mumifikation

Trockeneis
- Kohlendioxid

trockene Klimate
- Klima

Trockenfallen
- Brandungszone

Trockenfarmerei ↗
Trockenfäule
- Bor
- Stengelälchen

Trockengehölze
- Regengrüner Wald

Trockengewicht
- Biomasse

Trockengrenze
- humid
- □ Klima
- Regenfeldbau

Trockenhefe ↗
Trockenheitszeiger
- □ Bodenzeiger

trockenkahler Tiefland-Tropenwald
- Südamerika

Trockenklima
- Tropen

Trockenlegung
- Artenschutz

Trockenmittel
- hygroskopisch

Trockennährboden
Trockenobjektive
- □ Mikroskop (Aufbau)
- □ Mikroskop (Vergrößerung)

Trockenpräparate
- Balg
- Präparationstechniken

Trockenrasen
Trockenresistenz
Trockenruhe
- Trockenschlaf

Trockensavanne
- Afrika
- B Vegetationszonen

Trockenschäden
- M Hitzeresistenz

Trockenschlaf
Trockenstarre
- Bärtierchen
- Trockenschlaf
- M Wüste

Trockenverbesserung
- Wein

Trockenwald
- B Vegetationszonen
- Wald

Trockenwüste
- □ Produktivität
- Wüste

Trocknen
- Konservierung
- □ Konservierung (Konservierungsverfahren)

trocknende Öle
- Fette
- Leinöl

Troctes
- Psocoptera

Troctidae ↗
Troddelblume
Trogiidae
Trogium
- Psocoptera

Troglobionten ↗
Troglobios
- Troglon

Troglochaetus
Troglodytes
- Zaunkönige

Troglodytidae ↗
Trogloglanis
- Höhlenfische
- Welse

Troglon ↗
Troglops
- M Zipfelkäfer

Troglostygal ↗
Troglotrematidae
- M Digenea

Trogmuscheln
- B Muscheln

Trogoderma ↗
Trogonidae
- Trogons

Trogoniformes ↗
Trogonophidae ↗
Trogons
Trogositidae ↗
Trogosus
- Nagegebiß

Trogulidae ↗
Trogulus
- Brettkanker

Troides ↗
Troll, C.
Troll, W.
- Urpflanze

Trollblume
- □ Bodenzeiger
- B Europa II

Trollblumen-Bachdistelwiese
- Molinietalia

Trollinger ↗
- □ Weinrebe

Trollio-Cirsietum
- Molinietalia

Trollius ↗
Trombicula
- Tsutsugamushi-Fieber

Trombidiformes
Trombidiidae ↗
Trombidioa
- Erntemilbe

Trommelfell
- B Echoorientierung
- Gehörknöchelchen
- Internation
- Kiemenfurchen
- Kiemenspalten
- M Krokodile
- Paukenbein

Trommelfellorgane
- Tympanalorgane

Trommelfisch ↗
- B Fische XII

Trommellaute
- Prärihühner

Trommelmuskeln
- Knurrhähne
- Schwimmblase

Trommeln
- Spechte
- Vögel

Trommelorgan
Trommelsucht
- Schwimmblase

Trompeten
Trompetenbaum
- Bignoniaceae

Trompetenbaumgewächse ↗
Trompetenfische
Trompetenschnecke ↗
Trompetentierchen
- Membranellen
- Spasmoneme

Trompetenzellen
Trompetenzunge
- B Südamerika VI

Trompetervögel
- M Südamerika

Troodon
- □ Dinosaurier

Tropaalkaloide
- Tropanalkaloide

Tropacocain
- □ Alkaloide
- Cocaalkaloide

Tropaeolaceae ↗
Tropaeolum
- Achsensporn
- Kapuzinerkressengewächse

Tropan
- Tropanalkaloide

Tropanalkaloide
Tropasäure
Tropeine
- Tropanalkaloide

Tropen
Tropenböden ↗
- Bodentemperatur

Tropenkrankheiten
Tropensalamander ↗
Tröpfcheninfektion
- Virusinfektion

Tröpfchenkultur
Tropfenböden
- arktische Böden

Tropfenkomplex
- Neurohämalorgane

Tropfenschildkröte
- Wasserschildkröten

Tropfhonig
- M Honig

Tropfkörper
- Aufwuchs
- Kläranlage

Tropfkörperrasen
- Kläranlage

Tropfstein
- Quellenabsätze

Trophäe
- Naturschutz

Trophamnion
Trophie
Trophie-Ebenen
- Nahrungskette
- Nahrungspyramide
- Trophie
  ↗ Trophie-Stufen

Trophie-Stufen
- Biomassenpyramide
- Energiepyramide
- Zahlenpyramide
  ↗ Trophie-Ebenen

trophisch
Trophobiose
- Ektosymbiose
- B Symbiose

Trophoblast
Trophocyste
- Pilobolus

Trophocyten ↗
trophogene Schicht
- euphotische Region
- Sichttiefe

tropholytische Schicht
Trophomorphosen
- Morphosen

Trophon
Trophophylle
- Sporophylle

Tubiluchidae

Trophosom
- □ schwefeloxidierende Bakterien

Trophosporophylle
- Bärlappartige
- Blatt
- Farne
- Sporophylle

trophotrop
- Nervensystem

Trophozoide ⁄
- [M] Plumulariidae
  ⁄ Freßpolypen
  ⁄ Nährpolypen

Trophozoit
- [B] Malaria

tropibasischer Schädel

Tropidophis
- Südamerika

Tropidophorus ⁄

Tropidurus ⁄

Tropikvögel
- [B] Nordamerika VI
- Stoßtaucher

Tropin
- Tropanalkaloide

Tropinalkaloide
- Tropanalkaloide

Tropine ⁄

Tropinmandelat
- Homatropin

Tropinota ⁄

Tropiometra
- □ Seelilien

tropische Regenklimate
- Klima

tropische Region
- tiergeographische Regionen
- tropisches Reich

Tropischer Hirschkäfer
- [B] Käfer II

Tropischer Prachtkäfer
- [B] Insekten III

tropischer Regenwald
- Asien
- Aussterben
- Australien
- [B] Bodentypen
- Südamerika
  ⁄ Regenwald

tropischer Tieflandregenwald
- Australien

tropisches Kontinentalklima
- Tropen

tropisches Monsunklima
- Tropen

tropisches Reich
- atlantische Region

tropisches Trockenklima
- Tropen

tropische Süßwasserfische
- Aquarienfische
- [B] Fische IX

tropische Zone
- Klima

Tropismus
- Bewegung
- Knight, Th.A.
- Morphactine

Tropokollagen ⁄

Tropomyosin ⁄

Troponin
- Calcium-Pumpe

Troponin-Tropomyosin-Komplexe
- Muskelkontraktion

Tropophyten

Troposphäre
- Atmosphäre
- Klima
- Ozon

Tropotaxis

Trottellumme
- [B] Europa I
- Felsbrüter

Trotzalter
- Aggression

Trotzkopf
- Klopfkäfer

Trox
- Blatthornkäfer
- ceratophag

Trp ⁄

Trübungsbeseitigung
- Aspergillus

Trübungsmessung
- □ mikrobielles Wachstum

Trüffel
- Hypogäe
- □ Kartoffelpflanze

Trüffelkäfer

Trüffelwälder
- Speisetrüffel

Trugbienen ⁄

Trugdolde

Trughirsche
- Südamerika

Trugkärpflinge ⁄

Trugkoralle

Trugkrätze
- Krätze

Trugmotten
- □ Schmetterlinge (Falter)

Trugnattern
- Giftzähne
- Schlangengifte

Trugratten
- [M] Südamerika

Truncatella ⁄

Truncatellidae
- Stutzschnecken

Truncatellina ⁄

Trunculariopsis

Truncus (Botanik) ⁄

Truncus (Zoologie) ⁄

Truncus arteriosus
- Conus

Truncus cerebri
- Hirnstamm

Truncus sympathicus
- Grenzstrang

Trunkelbeere ⁄

Trupetostroma

Trupial ⁄

Trüsche ⁄

Truthahn
- □ Demutsgebärde
- Truthühner

Truthahngeier
- Neuweltgeier
- [B] Nordamerika VI

Truthühner
- Haustiere
- Nordamerika
- [B] Nordamerika III

Truxilloblätter
- Cocaalkaloide

Tryblidiacea

Tryblidiidae
- Pilina

Tryblidioidea
- Tryblidiacea

Tryblidium

Trypanblau
- Vitalfärbung

Trypanorhyncha
- Tetrarhynchidea

Trypanosoma
- Beschälseuche
- Castellani, A.
- Kreuzlähme

Trypanosoma-Form
- [M] Trypanosomidae

Trypanosomatidae
- Antigenvariation
- Trypanosomidae

Trypanosomen
- Afrika
- Mitochondrien
  ⁄ Trypanosoma
  ⁄ Trypanosomidae

Trypanosomiase ⁄

Trypanosomiasis
- Parasitismus

Trypanosomidae

Trypanosomose
- Trypanosomiasis

Trypanosyllis
- [M] Syllidae

Trypetesa
- [M] Rankenfüßer

Trypetesidae
- [M] Rankenfüßer

Trypetheliaceae
- Pyrenulales
- Trypethelium

Trypethelium

Trypetidae ⁄

Trypodendron
- Ambrosiakäfer

trypomastigot
- [M] Trypanosomidae

Trypsin
- Carboxypeptidasen
- Disaggregation
- Elastase
- Enteropeptidase
- Kühne, W.F.
- [M] Myosin
- Northrop, J.H.
- Serin
- Zymogengranula

Trypsinogen ⁄
- Enteropeptidase
- Proenzyme
- Zymogengranula

Tryptamin

Tryptophan
- □ Allosterie (Biosynthese)
- [M] Aminosäuren
- [M] Auxine (Biosynthese)
- Genwirkketten
- Hopkins, F.G.
- Indol
- □ Mangelmutante
- [M] Membrantransport
- [B] Proteine

Tryptophan-Operon
- Attenuatorregulation
- □ Attenuatorregulation
- [B] Promotor
- [M] Termination

Tryptophanpyrrolase
- Tryptophan

Tryptophansynthetase
- [B] Ein-Gen-ein-Enzym-Hypothese
- Tryptophan

Tsanka-Horn
- Heilige Schnecke

Tsavo (Kenia)
- [B] National- und Naturparke II

Tschadanthropus ⁄

Tschandu
- Opium

Tschermak, A. von

Tschermak, E. von
- [B] Biologie II
- Mendel, G.J.

Tschernitza ⁄

Tschernobyl ⁄

Tschernosem
- Brunizem

Tschiru

Tschita ⁄

Tschunja
- Seriemas

Tsetsefliegen ⁄
- Afrika
- □ Endosymbiose
- Fliegen
- Geschlechtsorgane
- [B] Insekten II
- [M] Muscidae
- Zebras

Tsetsekrankheit ⁄

TSH ⁄

TS-Mutanten
- phänokritische Phase

Tsuga
- Europa

T-Suppressorzellen
  ⁄ Suppressorzellen

Tsutsugamushi-Fieber

Tswett, M.S.
- [B] Biologie III

T-System
- Muskelkontraktion

TTC
- Tetrazoliumsalze

TTP ⁄

Tuatara ⁄

Tuba auditiva
- Eustachi-Röhre

Tuba eustachii
- Eustachi-Röhre
- [B] Gehörorgane

Tuba uterinae
- Ovidukt

Tube

Tuber
- [M] Speisetrüffel
- Sproßknolle

Tuberaceae ⁄

Tuberales ⁄

Tubera salep
- Salep

Tuber calcanei
- Fersenbein

Tuberculariaceae
- [M] Fungi imperfecti
- Moniliales

Tuberculina
- Gitterrost

Tuberculo-Lipide
- Mykobakterien

Tuberculum
- Diapophyse
- Rippen

Tuberculum genitale
- Genitalhöcker

Tuberculum olfactorium
- □ Telencephalon

Tuberin

Tuberkelbacillus
- Koch, R.
- Tuberkulose

Tuberkelhokko
- Hokkos
- [B] Südamerika VII

Tuberkeln
- Tuberkulose

Tuberkulin
- Intrakutantest
- Koch, R.

Tuberkulin-Hautreaktion
- Pirquet, C. Frhr. von

Tuberkulose
- Amyloidose
- Anthropozoonosen
- BCG-Impfstoff
- Calmette, A.
- Fieber
- Fleischfliegen
- Hepatitis
- Infektionskrankheiten
- Rifampicin
- Streptomycin

Tuberkulosebakterien ⁄

Tuberkulo-sektoriales Stadium
- Trituberkulartheorie

Tuberkulostatika
- Chemotherapeutika
- Isoniazid
- Tuberkulose

Tuberositäten
- [B] Schädlinge

Tubiclava ⁄

Tubifera ⁄

Tubiferaceae
- Tubulinaceae

Tubifex
- Atmungsorgane
- Atmungsregulation
- Darmatmung
- Lateralherzen
- □ Saprobiensystem
- Tubificidae

Tubificida
- Plesiopora

Tubificidae
- Branchiura

Tubiluchidae
- [M] Priapulida

Tubiluchus

Tubiluchus
- □ Priapulida
- M Priapulida

Tubinares ↗

Tubipora
- M Orgelkorallen

Tubiporidae ↗
Tubocurarin ↗
- Acetylcholinrezeptor
- □ Curare
- M Synapsen

Tuboidea
Tubulanidae
Tubulanus
- Tubulanidae

tubulär
- tubulös

Tubularia
- Tubulariidae

Tubulariidae ↗
Tubularkörper
- M Sensillen

Tubuli
- Cilien
- M Exkretionsorgane
- ↗ Tubulus

Tubuli contorti
- Hoden
- Samenkanälchen
- ↗ Tubuli seminiferi

Tubulidentata
- monotypisch
- Protungulata

Tubuliflorae
- Zungenblüten

Tubulin
- Axonema
- Spindelapparat

Tubulinaceae
Tubulingene
- Genfamilie

Tubulipora
Tubuliporina
Tubuli seminiferi
- Androgene
- Samenkanälchen
- ↗ Tubuli contorti

tubulös ↗
Tubulus
- Axonema
- B Niere
- ↗ Tubuli

Tuburcinia
- Roggenstengelbrand

Tubus
- B Elektronenmikroskop
- Mikroskop
- □ Mikroskop (Aufbau)

Tugun ↗
Tugurium ↗
Tukan-Bartvogel
- B Südamerika VII

Tukane
- B Südamerika III
- M Südamerika
- M Schnabel
- B Vögel II

Tularämie
- M bakteriologische Kampfstoffe
- Gruber-Widalsche-Reaktion

Tulasne, Louis René
- Leuchtpilze
- Tulasnellales

Tulasnellales
- M Phragmobasidiomycetidae

Tulipa ↗
Tulipanin
- Delphinidin

Tulostoma
- Stielbovistartige Pilze

Tulostomataceae ↗
Tulpe
- M Blütendiagramm
- Blütenformel
- Blütenstand
- homoiochlamydeisch
- M Mediterranregion III

- M Zwiebel

Tulpenbaum ↗
- M arktotertiäre Formen
- Bignoniaceae
- M Magnoliengewächse
- Nordamerika
- B Nordamerika V
- Pollenblumen

Tulpenfeuer
Tulpenschnecken
Tumbufliege
- Fliegenlarvenkrankheit

Tummelfliegen
Tümmler
Tumor
- differentielle Genexpression
- Entzündung
- Genregulation
- Gestalt
- Immunsystem
- Pockenviren
- □ Virusinfektion (Abläufe)

Tumorantigene
Tumorgene ↗
Tumor induzierendes Prinzip
- Agrobacterium

Tumormarker
- M monoklonale Antikörper
- Thyreoglobulin
- Zellskelett

Tumorpromotion
- Tumorpromotoren

Tumorpromotoren
- Onkogene

tumorspezifische Antigene
- Tumorantigene

Tumortherapie
- Cytostatika
- Hyperthermie
- Krebs

Tumorviren
- Baltimore, D.

Tumorvirologie
- Krebs

Tumorwachstum
- Chronobiologie
- Krebs

Tumorzellen
- aerobe Atmung
- Fibronektin
- B Gentechnologie
- Transformation
- B Viren
- Zellkultur
- Zellskelett
- Zelltransformation

Tumorzelltransplantate
- Tumorantigene

Tümpel
Tümpelfrosch
- Grünfrösche

Tundra
- aperiodische Arten
- B Asien I
- B Bodentypen
- Europa
- B Europa I
- Nordamerika
- B Nordamerika I
- Polarregion
- □ Produktivität
- M Steppe
- B Vegetationszonen
- Zwergstrauchformation

Tundra-Ren
- Asien
- Rentier

Tundrenböden
- B Bodenzonen Europas

Tundrenzeit ↗
- Böllingzeit

Tunga ↗
Tungide
- □ Menschenrassen

Tungöl
- Aleurites

Tungölbaum
- Tungöl

Tungusen
- Tungide

Tunica (Anatomie)
Tunica (Botanik)
- Blattanlage
- Corpus

Tunica (Zoologie)
Tunica albuginea
- □ Hoden

Tunica externa
- Arterien
- Venen

Tunica intima
- Arterien
- Intima
- Venen

Tunica media
- Arterien
- Media
- Venen

Tunica mucosa
- Schleimhaut

Tunica muscularis
- Schleimhaut

Tunica muscularis uteri
- Gebärmutter

Tunica propria
- □ Hoden

Tunica propria mucosae
- Schleimhaut

Tunica serosa
- Gebärmutter

Tunicata ↗
- B Biologie II
- 3,5-Diiodtyrosin
- M Plankton (Anteil)
- □ Wirbeltiere
- ↗ Manteltiere

Tunicin
- Seescheiden

Tunnelelektronenmikroskop ↗
Tupaias ↗
- Dominanz
- Schwanzsträubwert

Tupaiidae
- Spitzhörnchen

Tupajas
- Spitzhörnchen

Tupelo ↗
Tüpfel
- araucaroide Tüpfelung
- □ Holz (Blockschemata)
- Zellwand

Tüpfelfarn
- B Farnpflanzen I
- Tüpfelfarngewächse
- M Tüpfelfarngewächse

Tüpfelfarngewächse
Tüpfelhyäne
- B Afrika IV
- Genitalpräsentation
- Hyänen
- Rangordnung

Tüpfelkanäle
- Tüpfel

Tüpfelkatze
- M Aggression (Tüpfelkatze)

Tüpfelkuskus
- Orientalis

Tüpfelstern ↗
Tüpfelung
- Protopinaceae

Tupfrüssel
- Fliegen
- □ Fliegen
- Haustellum
- Labellen
- Mundwerkzeuge

Tupinambis ↗
Tur
Turacin
- Turakos

Turacoena
- Orientalis

Turacoverdin
- Turakos

Turakos
- B Afrika VI

Turanide
- □ Menschenrassen

Turanose
- Honig

Turbanauge
- Glashafte

Turbanella
Turbanschnecken
Turbation ↗
Turbatrix ↗
Turbellaria ↗
- monophyletisch
- ↗ Strudelwürmer

Turbidostat ↗
Turbinalia
Turbinella
Turbinellidae
- Turbinella

Turbinidae ↗
Turbo
- Turbanschnecken

Turbulenz
- Biomechanik
- Daumenfittich
- M Grenzschicht
- Vogelflügel
- Wale

Turdidae ↗
Turdoides ↗
Turdus ↗
turgeszent
Turgeszenz
- Turgor

Turgor
- Extremitäten
- Gewebespannung
- Grundgewebe
- Nastie
- Pflanzenzelle
- Spaltöffnungen
- Spritzbewegungen
- Vakuole

Turgorbewegungen
- Bewegung
- Gelenk
- Venusfliegenfalle

Turgorextremitäten ↗
- □ Krebstiere

Turgorzellen
- B Bindegewebe

Turionen ↗
Türkenbund ↗
- M Lilie
- M Zwiebel

Türkensattel
- Keilbein
- □ Schädel

Türkisch Rot
- Jochblattgewächse

Türkishäher
- B Südamerika VII

Türkisvogel
- M Zuckervögel

Turmbiologie
- Kläranlage

Turmdeckelschnecken
Turmfalke
- Daumenfittich
- Europa
- B Europa XVIII
- M Falken
- M Höhlenbrüter
- Nest
- B Vögel I

Turmkraut
Turmschnecken
- Melanoides

Turmschwalbe
- Segler

Turner, John W.
- Turner-Syndrom

Turner, William
- Turneraceae

Turnera
- Turneraceae

Turneraceae
Turners Wehrente
- B Rassen- u. Artbildung I

Turner-Syndrom
Turnicidae ↗
Turnierkampf ↗

Turnierwaffen
- Geweih
  ↗ Kommentkampf
turn over
- Baustoffe
- Wasserkreislauf
Turolium
- □ Tertiär
Turonium
- M Kreide
Turridae ↗
Turrilites
turriliticon
Turris
- Schlitzturmschnecken
Turritella
Turritellidae ↗
Turritis ↗
Turritopsis ↗
Tursiops ↗
Turteltaube
- B Europa XV
- Tauben
Tuschelösung
- mikroskopische Präparationstechniken
Tussahseide
Tussilago ↗
- Ackerunkräuter
- □ Heilpflanzen
Tussis
- Hustenreflex
Tussis convulsiva
- Keuchhusten
Tussockgras ↗
Tussockgrasland
- Pampa
- Südamerika
Tute
- Knöterichartige
Tutufa ↗
- Froschschnecken
twin spots
- somatisches Crossing over
Twist ↗
Tychoplankton
- Plankton
Ty-Element
- transponierbare Elemente
Tylaspis
- Einsiedlerkrebse
Tylenchida
Tylidae ↗
- □ Landasseln
Tylocidaris
- M Seeigel
Tylodina
Tyloidea
- Landasseln
Tylopilus
Tylopoda
Tylor, E.B.
- Kultur
Tyloriba
- M Spinnennetz
Tylos ↗
Tylosaurus
- M Mosasaurier
Tylosin
- Makrolidantibiotika
Tylostylen
- Hadromerida
Tylototriton ↗
Tymovirus-Gruppe ↗
Tympanalorgane
- Heuschrecken
- M Reiz
Tympanicum ↗
- Angulare
Tympanocryptis ↗
Tympanoctomys
- M Trugratten
Tympanuchus ↗
Tympanum ↗
Tyndall, J.
Tyndall-Effekt
- Farbe
- kolloid
- Mikroskop

- Schuppen
- Sol
- Tyndall, J.
Typ ↗
Typenlehre ↗
Typensprung ↗
- Evolution
typenverwandt
- Ähnlichkeit
Typha ↗
Typhales ↗
Typhleotris ↗
- M Höhlenfische
Typhlichthys
- Höhlenfische
Typhlobagrus ↗
- M Höhlenfische
Typhlocaris
- □ Natantia
Typhlocyba
- Zwergikaden
Typhlodromus
- Laelaptidae
Typhlogarra ↗
Typhlogena
- Doppelfüßer
Typhlogobius ↗
Typhlohepatitis ↗
Typhlomolge ↗
Typhlomys
- M Orientalis
- Stachelbilche
Typhlonectidae ↗
Typhloperipatus
- M Stummelfüßer
Typhlopidae ↗
Typhloplanoidea
Typhlosolis
Typhlotriton ↗
Typhoeus ↗
Typhula-Fäule
Typhus
- aktive Immunisierung
- Dauerausscheider
- □ Fieber
- M Inkubationszeit
- Muscidae
- Pettenkofer, M.J. von
- Viren
Typhus exanthemicus
- Fleckfieber
Typhusfliege ↗
Typogenese ↗
Typoid ↗
Typologie
- Darwinismus
typologisches System
- idealistische Morphologie
- Systematik
Typolyse ↗
Typostase ↗
Typostrophentheorie
Typosyllis
- Polychaeta
Typotheria
Typus (allgemein) ↗
Typus (Morphologie) ↗
- Gestalt
Typus (Systematik) ↗
- Systematik
Typusexemplare
- Herbarium
Typus-Verfahren
- Holotypus
Tyr ↗
Tyramin
Tyrannen
- Südamerika
Tyrannidae ↗
Tyrannosaurus
- Rhinogradentia
Tyrannosaurus
- Carnosauria
- M Dinosaurier (Schädel)
Tyrannus
- Tyrannen
Tyrocidine
- Bakterienmembran
Tyroglyphus ↗
- Mehlmilbe

Tyrophagus ↗
- Käsemilbe
- Wohnungsmilben
Tyrosin
- □ Allosterie (Biosynthese)
- M Aminosäuren
- Catecholamine
- Dihydroxyphenylalanin
- M Genwirkketten
- Homogentisinsäure
- □ Synapsen
- B Transkription - Translation
- Tyramin
Tyrosin-Ammonium-Lyase
Tyrosinase ↗
- Melanotropin
- M Metalloproteine
Tyrosinose
- M Enzymopathien
Tyrosin-Transaminase
- Tyrosin
Tyrothricin
tyrphobiont
Tyrrheniellidae
- M Catenulida
Tyrrhenium
- □ Pleistozän
Tyto
- Schleiereulen
Tytonidae ↗
T-Zacke
- Elektrokardiogramm
T-Zell-Antigen-Rezeptor
- Immunzellen
T-Zellen
- Antigene
- Interferone
- Lymphocyten
T-Zell-Leukämie
- T-lymphotrope Viren
  ↗ Leukämie

U

U ↗
Uakari
- □ Sakiaffen
Überaugenwulst ↗
Überbauung
- Naturschutz
Überbesatz
- Wildverbiß
Überbevölkerung ↗
- Empfängnisverhütung
- Schadstoffe
- Wanderfalter
Überblume ↗
überdachte Laichgrube
- M Nest (Nestformen)
Überdauerungsorgane
- Frühtreiberei
- Keimhemmung
- Keimruhe
- Keimungshemmstoffe
Überdominanz ↗
Überdominanz-Theorie
- M Heterosis
Überdruckfiltration
- Druckfiltration
Überdüngung ↗
- Kläranlage

Überschwemmung

- Landwirtschaft
- Nährstoffhaushalt
- Wasserverschmutzung
- Überweidung
Überempfindlichkeit
- Allergie
- Desensibilisierung
Überernährung
- Mast
- Nahrungsmittel
Überfamilie
- Familie
überflutete Böden ↗
- Auenwald
- M Bodenentwicklung
- Küstenvegetation
- Schutzwald
Überfrucht ↗
Übergangsformen ↗
Übergangsmetalle
- Eisenstoffwechsel
Übergangsrassen ↗
Übergangstemperatur
- AT-Gehalt
- Membran
Übergangszone
- Ökoton
Übergipfelung
Überhälter
- Mittelwald
- Schirmbäume
Überhitzung
- Blattsukkulenz
- Temperaturregulation
  ↗ Hitzeresistenz
Überklasse
Überlagerung
- B relative Koordination
Überlappungsgebiet
- □ Charakter-Displacement
Überläufer
- Bache
Überleben
- Abstammung
- Angst - Philosophische Reflexionen
- Darwinismus
- Selektion
  ↗ Überlebenskurve
Überlebenskurve
Überlebensrate
- Adaptationswert
- Vitalität
Überlebensstrategie ↗
Überlebenswahrscheinlichkeit
- Überlebenskurve
Überlieferungslücken
- Erdgeschichte
  ↗ Lückenhaftigkeit der Fossilüberlieferung
  ↗ missing links
Übermännchen
übernormale Attrappe
- B Attrappenversuch
übernormaler Auslöser
- □ Kindchenschema
  ↗ übernormaler Schlüsselreiz
übernormaler Schlüsselreiz
überoptimale Attrappen
- übernormaler Schlüsselreiz
überoptimaler Fütterungsauslöser
- Kuckucke
Überordnung
Überregenerationstheorie
- □ Krebs (Krebsentstehung)
Überreich
Überschallflugverkehr
- □ Ozon
Überschichtungskultur
Überschichtungstest
überschießende Erregung ↗
Überschlickung
- M Bodenentwicklung
Überschußschlamm
- Kläranlage
Überschwemmung
- temporäre Gewässer
  ↗ überflutete Böden

419

Überschwemmungssavanne

Überschwemmungssavanne
Übersichtigkeit
Übersichtsfärbung
– Azanfärbung
Übersommerung ↗
Überspezialisierungen ↗
Überspiralisierung
– supercoil
Übersprungbewegung
– Putzen
– Übersprungverhalten
Übersprungfächeln
– Überbsprungverhalten
Übersprunghypothese
– [B] Konfliktverhalten
Übersprungputzen
– [B] Ritualisierung
Übersprungverhalten
Überstamm
– Stammgruppe
Überstrahlung
– Irradiation
übertragener Schmerz
– Headsche Zonen
Überträgerstoffe ↗
– Gewebshormone
Übertragung
Übertragungsstörungen
– Redundanz
Übervermehrung
– Vermehrung
Übervölkerung
– Überbevölkerung
Überwallung
– Frostrisse
Überwärmung
– Hyperthermie
Überweibchen
Überweidung
– Afrika
– Bestockungsdichte
Überwinterung (Botanik)
– Ästivation
Überwinterung (Zoologie)
– Fettkörper
– Körpergröße
– Wanderfalter
Überwinterungshäuser
– Gewächshaus
Überwinterungsknospen ↗
Überzüchtung
Ubichinon-Cytochrom-c-Oxidoreductase
– □ Mitochondrien (Aufbau)
Ubichinone
– Benzochinone
– [M] Nitratatmung
– □ phototrophe Bakterien
– Phyllochinon
– Redoxpotential
Ubiquisten
ubiquitär
– Ubiquisten
Uca ↗
Udonella
– Strudelwürmer
Udotea ↗
UDP ↗
UDP-N-Acetylglucosamin
– Chitin
– UDP-N-Acetylmuraminsäure
UDP-N-Acetylmuraminsäure
UDP-Diphosphatase
– [M] Leitenzyme
UDPG
UDPG-N-Acetylglucosamin-Galactosyl-Transferase
– [M] Leitenzyme
UDP-Galactose
UDP-Galactose-4-Epimerase
– Galactose
– □ Galactose-Operon
UDP-Glucose
– □ Gluconeogenese
– Glucose
– Glucose-1-phosphat
– □ Glucuronat-Weg
– □ Glykogen (Abbau u. Synthese)

– Nucleosiddiphosphat-Zucker
UDP-Glucose-Dehydrogenase
– □ Glucuronat-Weg
UDP-Glucose-4-Epimerase
– [M] Epimerasen
UDP-Glucuronat
– □ Glucuronat-Weg
– Glucuronsäure
U1 RNA
– Ribonucleinsäuren
Uexküll, J.J. von
– Funktionskreis
– Kumpan
– Umwelt
Ufa-Stufe
– [M] Perm
Uferaas
– Haft
Uferabbruch
– Schutzwald
Uferbolde
– Steinfliegen
Uferfestiger
– Schilfrohr
Uferfiltrat
– Wasseraufbereitung
– [M] Wasseraufbereitung
Uferfliegen ↗
Ufer-Rebe
– Weinrebe
Uferregion
Uferschnecken ↗
Uferschnepfen
– Schnepfenvögel
Uferschutz
– Naturschutz
Uferschwalbe
– [B] Europa XVII
– Nest
– [M] Nest (Nestformen)
– Schwalben
Uferspinne
– Kompaßorientierung
Uferstaudengesellschaft
– Calystegietalia sepium
Uferwanzen ↗
Ufer-Weidengebüsche ↗
Uferzellen
– Lymphe
Uferzone
– Litoral
Uhlenhuth, P.
Uhlenhuthsche Probe
– Uhlenhuth, P.
Uhrglasamöbe ↗
UHT-Verfahren
– Uperisation
Uhus
– [B] Europa XII
– □ Lebensdauer
Uintacrinida
– □ Seelilien
Uintatherium
– □ Tertiär
Ukelei
– [B] Fische XI
Ulcus mixtum
– Geschlechtskrankheiten
Ulcus molle
– Geschlechtskrankheiten
Ulejota
– Plattkäfer
Uleomyces ↗
Ulex ↗
Ulex-Lectin
– □ Lectine
Ullmannia
– □ Perm
Ullucus ↗
Ulmaceae ↗
Ulme
– [M] arktotertiäre Formen
– Bodenzeiger
– [B] Europa XI
– [M] Flügelfrüchte
– Fruchtformen
– Holz (Bautypen)
– Holzarten
– [M] Kernholzbäume

– □ Lebensdauer
– □ Mastjahre
– Monochasium
– Symmetrie
– Sympodium
– Wurzelbrut
Ulmengewächse
Ulmenholz
– Ulme
Ulmenkrankheit
– Ulmensterben
Ulmenschildlaus
– Schmierläuse
Ulmensplintkäfer
Ulmensterben
Ulmus ↗
– [M] Flügelfrüchte
Ulna ↗
Ulnare ↗
Uloboridae ↗
– [M] soziale Spinnen
Uloborus
– Kräuselradnetzspinnen
Ulota ↗
Ulothrix
– [B] asexuelle Fortpflanzung I
– Getrenntgeschlechtigkeit
– Thermalquellen
Ulotrichaceae
Ulotrichales
Ulrich, W.
– Enterocoeltheorie
ultimate factors ↗
Ultimobranchialkörper
– branchiogene Organe
Ultraabyssal
– Hadal
Ultradünnschnitte
– Ultramikrotom
Ultrafiltertheorie
Ultrafiltrat
– Lymphe
– Sekretion
↗ Ultrafiltration
Ultrafiltration
– Coelomflüssigkeit
– [M] Coleomflüssigkeit
– Haptoglobine
↗ Ultrafiltrat
Ultrahocherhitzung
– □ Konservierung (Konservierungsverfahren)
– Uperisation
Ultrahochtemperatur-Verfahren
– Uperisation
Ultrakurzzeiterhitzung
– Uperisation
Ultramembranfilter
– Zsigmondy, R.A.
Ultramikroskop
– Zsigmondy, R.A.
Ultramikrospektrographie
– [M] Monochromat
Ultramikrotom
Ultraplankton
– [M] Plankton (Einteilung)
Ultrarhabditen
– Strudelwürmer
Ultrarot
– Infrarot
Ultraschall
– biotechnische Schädlingsbekämpfung
– Delphine
– [M] Desinfektion
– Fledermäuse
– □ Gehörorgane (Hörbereich)
– Homogenat
– Krebs
– Liposomen
– Schall
– Schmetterlinge
– Sonar
– Stridulation
– Zellaufschluß
Ultraschalldiagnostik
– Ultraschall
Ultraschall-Echoortung
– Bärenspinner

↗ Echoorientierung
Ultraschallmikroskop
Ultraschallpeilung ↗
Ultraschalltherapie
– Ultraschall
Ultraviolett (= UV)
– Bestrahlung
– Blütenmale
– Calciferol
– cancerogen
– □ chemische Evolution
– Depigmentation
– [M] Desinfektion
– [M] Farbensehen
– [M] Farbensehen (Tierreich)
– Fluoreszenz
– Fluoreszenzmikroskopie
– Hautfarbe
– □ Komplexauge (Aufbau/Leistung)
– Konservierung
– [M] Modifikation
– Monochromat
– Ozon
– Pigmente
– □ Proteine (Charakterisierung)
– Rachitis
– □ Ribonucleinsäuren (Parameter)
– Ultraviolettmikroskopie
– Wasseraufbereitung
– Zelltransformation
Ultraviolettmikroskopie
Ultraviolettstrahlung
– Ultraviolett
Ultrazentrifugation
– Cytologie
↗ Ultrazentrifuge
Ultrazentrifuge
– [B] Biologie III
– Homogenat
– Svedberg, Th.
Ulva
– Ulvaceae
Ulvaceae
Umagillidae
– [M] Dalyellioidea
Umbellales
Umbelliferae ↗
Umbelliferon ↗
Umbelliflorae ↗
Umbellula
– Tjalfiellidea
Umberfische
Umberfledermaus
– Breitflügelfledermäuse
umbilical
Umbilicalarterie
– Nabelschnur
Umbilicalgefäße ↗
Umbilicalkreislauf ↗
Umbilicallobus
Umbilicalvene
– Nabelschnur
Umbilicaria ↗
– umbilicat
Umbilicariaceae
Umbilicarilineae
– umbilicat
Umbilicus
– □ Schnecken
Umbo
umbonal
– Laterallobus
Umbonen
– Umbo
Umbonium
Umbra
– Hundsfische
Umbraculidae
– Schirmschnecken
Umbraculum ↗
Umbridae ↗
Umdifferenzierung ↗

Umfallkrankheiten
- Auflaufkrankheiten
- Keimlingskrankheiten

Umfeldhemmung
- laterale Inhibition
- □ Nervensystem (Funktionsweise)

Umgang
- Anfractus

Umkehrphasen-Chromatographie
- B Chromatographie

Umkippen eines Gewässers ↗

umorientierte Bewegung
- umorientiertes Verhalten

umorientiertes Verhalten
- Ersatzobjekt

UMP ↗

Umrändelung
- Femelschlag

Umrötung
- Pökeln

Umsatz
- chemische Energie
- chemisches Gleichgewicht
- Energieumsatz

Umsatzrate
- Umsatz

Umsatzzahl ↗

Umsatzzeit
- Umsatz

Umschlag

Umschlaglobus ↗

Umstimmung (Ethologie)
Umstimmung (Medizin)
Umtrieb (Forstwirtschaft)
Umtrieb (Landwirtschaft)
Umtrieb (Nutzungsperiode)

Umtriebsweide
- Triften

Umtriebszeit
- Umtrieb

Umwallung
- Baumwachs

Umwegversuche
- Einsicht

Umwelt
- Environtologie
- Evolution
- ökologische Nische
- Selektion

Umweltbedingungen
- Anpassung
- genetische Flexibilität

umweltbelastende Stoffe
- ↗ Schadstoffe
- ↗ Umweltbelastung

Umweltbelastung
- Antitranspirantien
- Artendichte
- Bioindikatoren
- Herbizide
- Proventivsprosse

Umweltbeziehungen
- Analogieforschung

Umweltbiologie

Umweltfaktoren ↗
- Biotopwechsel
- Habitatselektion

Umweltgifte
- Biotransformation
- M Gifte
- Nahrungsmittelvergiftungen
- Phanerochaete
- Strahlenschäden
- Vergiftung

Umwelthygiene
- Flügge, C.
- Hygiene

Umweltkapazität
- Selektion
- ↗ Populationswachstum

Umweltkrankheiten
Umweltmedizin
Umweltnoxen
- Umweltgifte

Umweltressourcen
- ökologische Gilde
- ↗ Ressourcen

Umweltschädigung
- Mensch und Menschenbild
- ↗ Umweltbelastung

Umweltschutz
- Bakterien
- Bioenergie
- Biotechnologie
- M Flurbereinigung

Umweltvariabilität
- Phän

Umweltverschmutzung ↗
- Aussterben
- Club of Rome
- Lignin
- Pollution
- Stadtökologie
- ↗ Umweltbelastung

Umweltwiderstand
- □ Populationswachstum

Una
- M Togaviren

unabhängige Nestgründung
- staatenbildende Insekten

Unabhängigkeitsregel ↗

Unau ↗

unbedingte Reaktion
unbedingter Reflex
- Automatismen
- B Biologie II
- Habituation
- Reflex

unbedingter Reiz

unbenanntes Denken
- Koehler, O.

Unbestimmtheitsrelation
- Chaos-Theorie
- Freiheit und freier Wille

unbewußt
- Bewußtsein

Unbrunft
- Anoestrus

unc
- □ Rhabditida

Uncaria ↗
- Catechine

Uncia
Uncinaïs
Uncinula ↗
Uncites
uncoating
UNCOD
- □ Desertifikation (Maßnahmen)

Undaria ↗

Undecan
- M Alkane

Undecaprenol
- Polyprenolzyklus

undulierende Membran
- M Hymenostomata
- M Trypanosoma

undulierendes Fieber
- Brucellosen

Undulipodien ↗

unechter Kork
- Phelloid

unechte Viviparie
- asexuelle Fortpflanzung

Unfruchtbarkeit ↗
- Strahlenschäden

Unfruchtbarmachung
- Sterilisation

Ungarischer Hirtenhund
- □ Hunde (Hunderassen)

Ungarischer Schäferhund
- □ Hunde (Hunderassen)

Ungarkappe ↗

ungeborenes Leben
- Insemination (Aspekte)

ungesättigte Fettsäuren ↗
ungesättigte Kohlenwasserstoffe ↗

ungesättigte Verbindungen
- Doppelbindung
- Dreifachbindung
- B Lipide - Fette und Lipoide

ungeschlechtliche Fortpflanzung ↗
- Architomie
- Art

ungestielte Blüten
- sitzende Blüten

Ungka ↗

Ungleicherbigkeit
- Heterozygotie

Ungleichflügler ↗
Ungleichmuskler ↗

Unglückshäher
- B Europa V
- Häher

Ungräser ↗
- Unkräuter

Unguiculata
Unguis ↗
- Kralle

Unguitractor
- Extremitäten
- □ Extremitäten

Ungula
Ungulata ↗
Unguligrada

Unibrachium
- M Pogonophora

unicorneal
- Komplexauge

Unicornis ↗
- Einhorn

unifazial

uniform
- Mendelsche Regeln

Uniformitarianismus
Uniformitätsprinzip
- Deduktion und Induktion

Uniformitätsregel ↗

Unikat
- Leben
- Variabilität

unilokular
- monothalam

unilokulare Cyste
- M Bandwürmer (Larvenstadien)

uninominal
- Nomenklatur

Unio ↗
- Bitterlinge

Unionicola ↗
- Süßwassermilben

Unionidae ↗

Unionoida
- Süßwassermuscheln

Unionoidea

Uniport

unique copy sequences
- repetitive DNA

unique-Sequenzen
- □ Desoxyribonucleinsäuren (Parameter)
- repetitive DNA

Uniramia
- Tausendfüßer

unisexuelle Fortpflanzung
- asexuelle Fortpflanzung
- sexuelle Fortpflanzung

unit membrane ↗

unité de plan
- Typologie

Unitunicatae
- Ascus

Unitunicatae-Inoperculatae
- Unitunicatae

Unitunicatae-Operculatae
- Unitunicatae

univakuolär
- Fettzellen

Univalent

Universalität
- genetischer Code

univers bifazial
- Blatt

univoltin ↗

univor ↗

Unken
- M Froschlurche
- Gesang

Unkenfrosch ↗

Unkenreflex

Unkrautbekämpfungsmittel ↗
- Auxine

Unkräuter
- biotechnische Schädlingsbekämpfung
- Dichlorphenoxyessigsäure
- □ Ernteverlust
- Europa
- M Kulturpflanzen
- Polykorm
- Samenverbreitung

Unkrautgesellschaften
- Unkräuter

Unland ↗

Unobranchus
- M Trichobranchidae

Unpaarhufer
- □ Endosymbiose
- Extremitäten
- Placenta
- ↗ Unpaarzeher

Unpaarzeher
- B Pferde, Evolution der Pferde II
- B Säugetiere
- ↗ Unpaarhufer

unpolare Bindung
- chemische Bindung

unpolare Schwänze
- □ Ganglioside

Unruhe
- Deprivationssyndrom

Unschlitt
- Talg

unselbständige vegetative Phase
- Entwicklung

unspezifische Atmungsantriebe
- Atmungsregulation

Unsterblichkeit
- Tod

Unterabteilung

Unterarm ↗
- Haarstrich
- □ Rindenfelder

Unterarmknochen
- B Skelett

Unterart ↗
- Aberration
- Nomenklatur

Unterblatt
- Hochblätter

Unterboden ↗

Unterdevon
- B Erdgeschichte

Unterdruckfiltration
- Exkretionsorgane
- □ Exkretionsorgane

Untereinheiten
- ↗ ribosomale Untereinheiten

Unterernährung
- Energieumsatz

Unterfamilie
- Familie
- □ Nomenklatur

untergärige Biere
- M Bier
- Bierhefe

untergärige Hefen ↗

Untergattung
- Nomenklatur

Untergaster

Untergrund
- Bestandsaufnahme

Unterhaar
- Deckhaar
- Haare

Unterhefen
- untergärige Hefen

Unterholz
- Mittelwald

Unterhüfte
- Subcoxa

Unterkambrium

Unterkambrium
- B Erdgeschichte
- M Kambrium

Unterkiefer
- B Fische (Bauplan)
- Gelenk
- Mandibel
- □ Schädel
- B Skelett

Unterkieferdrüsen
Unterkiefergesetz
Unterkieferknorpel
- Mandibulare

Unterkiefernerv
- Trigeminus

Unterkiefersenker
- Depressor

Unterkiefersymphyse
- Spina mentalis

Unterkinn ↗
Unterklasse
- □ Nomenklatur

Unterkreide
- B Erdgeschichte
- M Kreide

Unterkühlung
- Erfrieren

Unterkühlungspunkt
- Frostresistenz

Unterlage
Unterlegenheitsgeste
- Demutsgebärde

Unterleib ↗
Unterlippe (Botanik) ↗
- □ Blüte (zygomorphe Blüten)
- Lippenblütler

Unterlippe (Zoologie) ↗
- M Flöhe
- □ Rindenfelder
- B Verdauung II

Unterordnung
- Familie
- □ Nomenklatur

Unterordovizium
- B Erdgeschichte
- M Ordovizium

Unterrassen
- B Menschenrassen III

Unterreich
Untersaat
- Deckfrucht

Unterschenkel ↗
- B Gliederfüßer I
- motorische Einheit
- Quadriceps

Unterschenkelknochen
- B Skelett

Unterschenkelmuskel
- Achillessehne

Unterschiedsschwelle
Unterschlundganglion
- Cephalisation
- Gliederfüßer
- □ Gliederfüßer
- Insekten
- □ Insekten (Bauplan)
- □ Labialganglion
- □ Nervensystem (Schabe)
- B Ringelwürmer
- Schlundring

unterschwelliges Gebiet
- □ Gehörorgane (Hörbereich)

Unterstamm
Untertribus
- □ Nomenklatur

Unterwasserblätter
Unterwasserböden ↗
- Bodenentwicklung
- Bodentypen

Unterwasserfahrzeuge
- Meeresbiologie

Unterwasserlaboratorien
- Meeresbiologie

Unterwasservegetation
Unterwerfungsgebärde ↗
Unterwerfungsverhalten
- Tötungshemmung

↗ Demutsgebärde
Unterzungendrüse
- Ohrspeicheldrüse

Unverträglichkeit (Botanik)
Unverträglichkeit (Genetik) ↗
Unverträglichkeit (Medizin)
unvollkommene Pilze ↗
unvollständige Antigene
- Haptene

unvollständige Oxidation
- Gärung

Unwiderruflichkeit
- Prägung

unwillkürliche Muskulatur
unwinding Protein
- □ Crossing over

Unzer
- Reflex

Unzertrennliche ↗
Upas-Strauch
- □ Brechnußgewächse

Uperisation
Uperoleia ↗
Upogebia
- Maulwurfskrebse

upper cave
- Choukoutien

Upupa
- Hopfe

Upupidae ↗
upwelling area
- Auftriebsgebiet

Ur ↗
- Asien

UR (= Ultrarot)
- Infrarot

Ura ↗
Urachus
Uracil
- β-Alanin
- □ Basenaustauschmutationen
- 5-Bromuracil
- Dihydrouridin
- Hydroxylamin
- Pyrimidinbasen
- Pyrimidinnucleotide
- □ Ribonucleinsäuren (Ausschnitt)
- Transkription
- B Transkription - Translation

Uraeginthus
- M Prachtfinken

Uran
- mikrobielle Laugung
- □ Radioaktivität

Uran-Actinium-Reihe
- □ Radioaktivität

Uran-Blei-Methode
- □ Geochronologie

Urangst
- Angst - Philosophische Reflexionen

Urania
- Uraniidae

Uraniafalter ↗
Uraniidae
Uranoscopidae ↗
Uranoscopus
- Himmelsgucker
- M Mittelmeerfauna

Uran-Radium-Reihe
- □ Radioaktivität

Uranverbindungen
- □ MAK-Wert

Urate ↗
- M Harnsedimente

Uratlantik
- Ordovizium

Uratmosphäre
- abiotische Synthese
- Ammoniak
- Blausäure
- Isua-Sedimente
- □ Miller-Experiment
- Präkambrium
- Urzeugung

- Wasserstoff

Uratoxidase
- Uricase
- Uricosomen

Uratsteine
- Harnsteine

Uratzellen
Uräusschlange
- Kobras
- B Mediterranregion IV

Urbanisierung
Urbanökologie
- Stadtökologie

Urbarmachungskrankheit
- Heidemoorkrankheit

Urbienen
Urbild ↗
Urceolaria
Urcoelomat
- Sipunculida

Urdarm
- Gastraea-Theorie
- Gastrulation
- M Protostomier
- Urmundlippe

Urdarmdach
- Chorda dorsalis

Urdarmhöhle
- Urdarm

Urea ↗
- Harnstoff

Urease
- B Biochemie
- B Biologie II
- M Enzyme
- Harnstoff
- harnstoffzersetzende Bakterien
- Harnstoffzyklus
- M Hydrolasen
- Sumner, J.B.

Ureaseinhibitoren
- Harnstoff

Urechis
Uredinales ↗
Uredosori
- Uredosporen

Uredosporen
- □ Rostpilze

Ureidoglykolsäure
- □ Purinabbau

Ureidpflanzen
- Allantoin

Ureinwohner
- Australide

Ureizellen ↗
Ureoplasma
ureotelische Tiere
- ammonotelische Tiere
- □ Mitochondrien (Aufbau)

Urerde
- abiotische Synthese
- □ Miller-Experiment

Ureter
Urethane
- cancerogen
- Keimgifte

Urethra ↗
Ureuropa ↗
Urey, H.C.
- Abstammung - Realität

Urfarne
- Pflanzen
- Progymnospermen

Urfische
Urfleischfresser
- Creodonta

Urflosse ↗
Urflügler
- Archaeoptera
- Flug

Urform ↗
Urfrösche ↗
Urgeschlechtszellen ↗
- bisexuelle Potenz

Urginea ↗
- □ Heilpflanzen

Urgiraffen
- Palaeotraginae

Urhasen
- Pfeifhasen

Urhirn ↗
Urhuftiere
- Condylarthra

Urhydrosphäre
- Präkambrium

Uria ↗
Uricase ↗
- □ Purinabbau
- Uricosomen

Uricosomen
uricotelische Tiere
- ammonotelische Tiere

Uridin
- Pseudouridin
- Pyrimidinnucleoside

Uridin-5'-diphosphat
- M Pyrimidinnucleotide

Uridindiphosphat-N-Acetylglucosamin
- □ Nucleosiddiphosphat-Zucker

Uridindiphosphat-Galactose
- Galactosämie
- □ Nucleosiddiphosphat-Zucker
- ↗ UDP-Galactose

Uridindiphosphat-Glucose
- □ Nucleosiddiphosphat-Zucker
- ↗ UDP-Glucose

Uridindiphosphat-Glucuronat
- □ Nucleosiddiphosphat-Zucker
- ↗ UDP-Glucuronat

Uridinmonophosphat
Uridin-5'-monophosphat
- M Pyrimidinnucleotide
- Uridinmonophosphat

Uridin-5'-triphosphat
- M Pyrimidinnucleotide
- Todd, A.R.

Uridylsäure
Urin ↗
- Chlor
- Galactosurie
- ↗ Harn

Uringeruch
- Gleitfallenblumen

Urinsekten
- Fluginsekten
- flugunfähige Insekten
- Höhengrenze
- Insekten
- M Insekten

Urinstinkt
- Angst - Philosophische Reflexionen

Urkäfer
Urkaryoten ↗
Urkeimzellen
- Follikelzellen
- Geschlechtsfalte
- Geschlechtsorgane
- Keimbahn

Urknall
- anthropisches Prinzip

Urknochenfische
- Urfische

Urknorpelfische
- Urfische

Urkontinent
- B Kontinentaldrifttheorie

Ur-Kratone
- Präkambrium

Urlandpflanzen
- Telomtheorie

Urlibellen
Urmagen
- Bilaterogastraea-Theorie

Urmandibulata
- □ Gliederfüßer

Urmark
- Grundmeristem

Urmeer
- Abstammung - Realität
- ↗ Urozean

Urmenschen
- Australopithecinen

422

Urmeristem ↗
– Histogene
– Kambium
– Restmeristem
Urmesoblast
– Urmesodermzelle
Urmesoblasten-Bildung
– Coelom
Urmesodermzelle
– Somatoblast
Urmia-Molch ↗
Urmollusken
Urmoose ↗
Urmotten
– Afterfuß
– □ Schmetterlinge (Falter)
Urmund
– Bilaterogastraea-Theorie
– Darm
– [M] Enterocoeltheorie
– [M] Entwicklung
– Gastraea-Theorie
– Gastrulation
– [M] Protostomier
Urmünder ↗
Urmundlippe
– Hensenscher Knoten
– Spemann, H.
Urmützenschnecken ↗
U1 RNA
– Ribonucleionsäuren
Urnatella
– Kamptozoa
Urnatellidae
– Urnatella
Urnebel
– anthropisches Prinzip
Ur-Nematoden
– [M] Plectus
Urniere
– [M] Ovidukt
– Paradidymis
Urnierenfalte
– Geschlechtsfalte
Urnierengang
– Wolffscher Gang
Urobilin
– □ Harn (des Menschen)
Urobilinogen
– Ehrlich-Reagenz
– □ Harn (des Menschen)
Urocanat
– [M] Desaminierung
Urocaninsäure
– Histidin
Urocentron ↗
Urocerus ↗
Urochordata ↗
Urocoptidae ↗
Uroctea
– Urocteidae
Urocteidae
– Cribellatae
– Oecobiidae
Urocyclidae
– [M] Limacoidea
Urocyon ↗
Urocystis ↗
Urodasys
Urodela ↗
– Pseudocentrophori
Urodelia
– Eutetrapoda
Urodelidia
– Pseudocentrophori
Urodelomorpha
– Porolepiformes
– Urodelidia
Urogale
– [M] Spitzhörnchen
Urogenitalsinus
– Geschlechtsfalte
Urogenitalsystem
– Eutheria
Urogenitaltrakt
– Urogenitalsystem
Uroglena ↗
Urogomphi
– Käfer

– Sandlaufkäfer
Uroid
– amöboide Bewegung
Uromastyx ↗
Uromyces ↗
– Wolfsmilch
Uromys
– Mosaikschwanzriesenratten
Uronsäuren
– Glucuronat-Weg
– Hemicellulosen
– Heparin
Uropatagium
– □ Fledertiere
Uropeltidae ↗
Uropeltis
– Schildschwänze
Urophori
– Brutbeutel
Urophycis ↗
Uropoden
– □ Decapoda
Uropodidae ↗
– [M] Parasitiformes
– Schildkrötenmilben
Uropoëse ↗
Uroporphyrin
– □ Porphyrine
Uroporus ↗
– Trombidiformes
Uropsilinae
– Maulwürfe
Uropsilus
– Maulwürfe
Uropygi ↗
– □ Chelicerata
Urosalpinx
Urosom
– Flohkrebse
Urospora ↗
Urostyl
– [B] Amphibien I
Urozean
Urpanzerfische
– Panzer
Urpferdchen
– Pferde
Urpflanze
– Geoffroy Saint-Hilaire, É.
– [M] Kormus
Urpilze ↗
Urproduktion ↗
Urraubtiere ↗
Urrinde
– Grundmeristem
Ursache
– Teleologie - Teleonomie
– Wissenschaftstheorie
– Zufall in der Biologie
Ursamenzellen ↗
– Spermatogonien
Ursavus
Urschleim
– Oken, L.
Urschnecke
– [B] lebende Fossilien
Urschnecken ↗
Urschuppensaurier
– Eosuchia
Ursegmente
– [B] Embryonalentwicklung I
– [B] Embryonalentwicklung II
– [M] Entwicklung
– Urwirbel
Ursegmentstiel
– [M] Somiten
Ursidae ↗
– Ursavus
Ursiebröhren
– [B] Sproß und Wurzel I
Ursinae
Ursolsäure
Urson
– Nordamerika
– [B] Nordamerika I
Urstele ↗
– Telome

Ursuppe ↗
– abiotische Synthese
– Ammoniak
– Ernährung
– Leben
– Präkambrium
Ursus ↗
Urtica ↗
Urticaceae ↗
Urticales ↗
Urticaria ↗
– Allergie
Urticationen
– [M] Brennessel
Urtico-Aegopodietum ↗
– Arrhenatheretalia
Urtierchen ↗
Urtypus ↗
Urvogel ↗
– Odontognathae
– Sauriurae
Urwald
– Europa
– Vegetation
Urwesen
– Mikroorganismen
Urwiesen
– Alpenpflanzen
– Caricion ferrugineae
– Europa
– Matten
– Wiesen
Urwirbel
Urwurzelzähner
– Dinosaurier
Urzelle
– Progenot
Urzeugung
– [B] Biologie II
– Buffon, G.L.L. von
– Heterogenese
– Oparin, A.I.
– Redi, F.
– Tyndall, J.
Usambaraveilchen ↗
– [B] Afrika III
– [M] Gesneriaceae
Usnea
– Ananasgewächse
– Chlorococcaceae
– Nebelflechten
Usninsäure
Ustilaginales ↗
Ustilago ↗
– [M] Brandsporen
Ustomycetes
– Basidiomycota
– [M] Fungi
– □ Pilze
Ustosporen
– Brandsporen
Ustulina ↗
Usuren
– Zähne
Uta
Uterinmilch ↗
Uteriporidae
– [M] Tricladida
Uteriporus
– [M] Tricladida
Uterus ↗
– Hühnerei
– [B] Menstruationszyklus
↗ Gebärmutter
Uterusband
– [M] Geschlechtsorgane
Uterus bicornis
– [M] Gebärmutter
Uterus bipartitus
– Gebärmutter
Uterus duplex
– [M] Gebärmutter
Uterusglocke
– Acanthocephala
Uteruslumen
– Gebärmutter
Uterusmuskulatur
– Gebärmutter
– □ Hormone (Drüsen und Wirkungen)

Uterus simplex
– [M] Gebärmutter
Utetheisa ↗
Utilitarismus
– Bioethik
utilitaristische Nomenklatur
– Parataxonomie
UTP ↗
Utricularia ↗
– Hydromorphie
Utricularietea intermediominoris
Utriculi majores
– Exkretionsorgane
Utriculus (Botanik) ↗
– Segge
– □ Segge
Utriculus (Zoologie) ↗
– Fische
– Vestibularreflexe
– Vestibulum
Uukuvirus
– Bunyaviren
UV ↗
Uva ↗
UV-A-Gebiet
– [M] Ultraviolett
UV-B-Gebiet
– [M] Ultraviolett
UV-C-Gebiet
– [M] Ultraviolett
UV-Mikroskopie
– [M] Monochromat
– Ultraviolettmikroskopie
Uvularia
– Liliengewächse

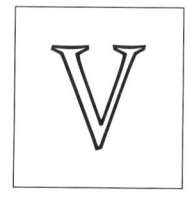

V ↗
v. ↗
Vaccinia
– [M] Hämagglutinationshemmungstest
Vacciniavirus ↗
Vaccinio-Mugetum
– Ledo-Pinion
Vaccinio-Piccetalia
– Vaccinio-Piceetea
Vaccinio-Piceetea
Vaccinio-Piceion
– Vaccinio-Piceetea
Vaccinio-Pinetum sylvaticae
– Ledo-Pinion
Vaccinium
Vacuolaria ↗
vacuolating agent
– Papovaviren
vage Arten
– Biotopbindung
vagil
– Verbreitungsschranken
Vagilität
– vagil
Vagina (Botanik) ↗
Vagina (Zoologie) ↗
– Bartholinsche Drüsen
– Döderleinsche Scheidenbakterien
– Gebärmutter
– Ovidukt
– Sperma
Vaginae synoviales
– Sehnenscheiden

Vaginae tendineae

Vaginae tendineae
– Sehnenscheiden
Vaginalflora
– Bakterienflora
Vaginalschleimhaut
– □ Vagina
– Vaginalflora
Vaginalzyklus
– □ Vagina
Vaginati
Vaginicola
Vaginulus
Vagus
Vahlkampfia ↗
– M Nacktamöben
Vakuole (Botanik)
– Gerbstoffe
– Grundgewebe
– Pflanzenzelle
– Protoplasma
– Wachstum
– Wasserpotential
Vakuole (Zoologie)
– Cytoplasma
Vakuolenfarbstoffe
– chymotrope Farbstoffe
– Pflanzenfarbstoffe
– Pigmente
Vakuom
Vakuum-Ultraviolett
– M Ultraviolett
Vakzine
Val ↗
Valanginium
– M Kreide
Valdivia
– Süßwasserkrabben
"Valdivia"-Expedition
– Chun, C.
– Haecker, V.
– □ Meeresbiologie (Expeditionen)
Valendis
– M Kreide
Valenz
Valenzschale
– B Kohlenstoff (Bindungsarten)
Valenzwechsel
– Cytochrome
Valeriana ↗
– □ Heilpflanzen
Valerianaceae ↗
Valerianella ↗
Valeriansäure ↗
Valeriat
– □ Pansensymbiose (Säuren)
Valerid
– M Baldrian
Valerin
– M Baldrian
Validamycin
– Antibiotika
Validisierung
– Systemanalyse
Valin
– M Aminosäuren
– M Dipeptide
– M Meteorit
– Translation
Valinomycin
Valkeria
– Walkeria
Vallecularkanal
– Schachtelhalm
Vallesium
– □ Tertiär
Vallisneri, Antonio
– Vallisneria
Vallisneria ↗
Vallois, H.V.
Vallonia
– Grasschnecken
Vallonidae ↗
Vallot, Antoine
– Vallota
Vallota ↗
Valonen
– Eiche

Valonia
– Valoniaceae
Valoniaceae
Valsakrankheit
Valtrat
– M Baldrian
Valva (Anatomie)
Valva (Botanik)
Valva (Zoologie) ↗
Valva aortae
– Herz
Valva bicuspidalis
– Herz
Valva mitralis
– Herz
Valvata ↗
Valvatida
– M Seesterne
Valvatidae
– Federkiemenschnecken
Valva tricuspidalis
– Herz
Valva trunci pulmonalis
– Herz
Valven
– Ampfer
Valvifer
– Stechapparat
Valvifera
Valvula (Anatomie)
Valvula (Zoologie) ↗
– M Eilegeapparat
– Stechapparat
Valvula cardiaca
– Cardia
– M Insekten (Darmgrundschema)
– peritrophische Membran
Valvula cordis
– Herzregel
Valvuladrüse
– peritrophische Membran
Valvulae cordis
– Herz
Valvulae venosae
– M Venen
Valvula pylorica
– M Insekten (Darmgrundschema)
Valvula rectalis
– M Insekten (Darmgrundschema)
Valvula venae cavae
– Eustachi-Klappe
Valyl-Serin
– M Dipeptide
Vampiramöben
Vampire
– M Südamerika
Vampirfledermäuse
– Vampire
Vampirovibrio
– □ spiralförmige und gekrümmte (gramnegative) Bakterien
Vampirtintenschnecken
Vampyrella
Vampyromorpha ↗
Vampyroteuthidae
– Vampirtintenschnecken
Vampyroteuthis ↗
Vampyrum ↗
– Blattnasen
– Vampire
Vanadis ↗
Vanadium
– □ MAK-Wert
Vancomycin
Vandeleuria
– Mäuse
Vandellia
van der Waals, Johannes Diderik
– van der Waalssche Bindung
van der Waalssche Bindung ↗
van der Waalssche Nebenvalenzkräfte
– Adhäsion

Vane, J.R.
– Leukotriene
Vanellus ↗
Vanessa ↗
– □ Schuppen
Vangidae ↗
van Gieson, Ira Thompson
– van-Gieson-Färbung
van-Gieson-Färbung
Vanikoro
– M Hipponicoidea
Vanilla
– Vanille
Vanillaldehyd
– Vanillin
Vanille
– Aromastoffe
– Casuarinaceae
– Gewürzpflanzen
– B Kulturpflanzen IX
Vanillin
– □ chemische Sinne (Geruchsschwellen)
– Isoeugenol
– Vanillinsäure
Vanillinglykosid
– Vanille
Vanillinmandelsäure
– Monoamin-Oxidasen
Vanillinsäure
Vannus
Vanoise (Frankreich)
– B National- und Naturparke I
van Stapel, Jan Bode
– Stapelia
van Swieten, Geraard
– Swietenia
van't Hoff, J.H. ↗
– RGT-Regel
van't Hoffsche Regel ↗
– Hoff, J.H. van't
van't Hoffsches Gesetz
– Hoff, J.H. van't
– osmotischer Druck
var. ↗
Varanidae ↗
Varanomorpha
Varanus ↗
Varegium
– Eokambrium
Variabilität
– Biometrie
– Darwinismus
– Daseinskampf
– Evolution
– Kreuzung
– Leben
– Merkmal
– Phän
– B Selektion I
Variable
– Biometrie
Variante
– Variabilität
– Variation
Varianz
– M Variabilität
Variation
– Mutationstheorie
– Naegeli, C.W. von
– Selektion
– stabilisierende Selektion
Variationsbewegungen
Variationsbreite
– M Statistik
– Variation
Variationskurve
– B Selektion I
Varicella-Zoster-Virus ↗
Varicen
– Froschschnecken
Varicospira
– M Fechterschnecken
Variegation
varietas
– Varietät
Varietät
– Aberration

– Linné, C. von
– Proles
Variimorda
– Stachelkäfer
variocostat
Variola ↗
– Hämagglutinationshemmungstest
Variolavirus ↗
Variotin
– B Antibiotika
– Paecilomyces
variszische Gebirgsbildung
– Perm
variszische Geosynklinale
– Karbon
variszisches Gebirge
– Devon
– Karbon
Varizellen ↗
Varizellen-Zoster-Virus
Varizen
– Königshelm
V-Arm
– □ transfer-RNA
Varroa
– Varroamilbe
Varroamilbe
Varroatose ↗
Várzea
Vas
Vas afferens
– B Niere
vasal ↗
Vasa malpighii
– Malpighi-Gefäße
Vasa recta
– Niere
– B Niere
Vasa vasorum
– Arterien
Vas deferens ↗
– □ Insekten (Darm-/Genitalsystem)
↗ Samenleiter
Vas efferens
– Bandwürmer
– B Niere
Vasenschnecken
Vasicola
Vasidae
– Vasenschnecken
vaskulär
– Wassertransport
vasoaktives intestinales Polypeptid
– Neuropeptide
– □ Neuropeptide
– Villikinin
Vasodilatation
– Axonreflex
– Temperaturregulation
– vasomotorisch
↗ Gefäßdilatation
Vasokonstriktin
– Adrenalin
Vasokonstriktion
– M Bradykardie
– □ Hormone (Drüsen und Wirkungen)
– Noradrenalin
– M Prostaglandine
– Temperaturregulation
– Thrombocyten
– vasomotorisch
vasomotorisch
Vasopressin ↗
Vasotocin
– Schlaf
Vasotonin ↗
Vasum ↗
Vater
– Jugendentwicklung: Tier-Mensch-Vergleich
Vater, Abraham
– Pacini, F.
– Vater-Pacinische-Körperchen
Vaterfamilien
– Familienverband

Vaterit
- M Kalk
Vater-Pacinische Körperchen ↗
Vaterschaftsausschluß
- MN-System
Vaterschaftsnachweis
- Abstammungsnachweis
- Anthropologie
Vaucanson, J. de
- Vitalismus - Mechanismus
Vaucher, Jean-Pierre-Etienne
Vaucheria
Vaucheria ↗
- B Algen II
- B Algen IV
Vaucheriaxanthin
- ☐ Algen (Farbstoffe)
Vega ↗
"Vega"
- ☐ Meeresbiologie (Expeditionen)
vegetabilisch ↗
vegetabilische Seide ↗
Vegetabilisches Elfenbein ↗
vegetabilisches Roßhaar
- Ananasgewächse
Vegetalisierung
- Animalisierung
Vegetation
- Bodenentwicklung
- Florengeschichte
- M Klima (Klimafaktoren)
- Mikroklima
Vegetationsaufnahme
- Bestandsaufnahme
- Bodenbewertung
Vegetationsfärbung
- red tide
- Wasserblüte
Vegetationsgebiete
- Vegetationszonen
Vegetationsgeographie
Vegetationsgeschichte ↗
- Biogeographie
- Palynologie
Vegetationsgürtel
- Vegetationszonen
Vegetationskarten
- Formation
Vegetationskegel
- ☐ Blattstellung (Entstehung)
- Keimung
- Scheitel
- Viviparie
  ↗ Vegetationspunkt
Vegetationskunde ↗
- Biogeographie
- M Vegetation
Vegetationsorgane
- vegetative Phase
Vegetationsperiode
- Höhengliederung
- Produktionsperiode
Vegetationspunkt ↗
- M akropetal
- ☐ Blatt (Blattentwicklung)
- ☐ Blattanlage
- M Chimäre
- Erstarkungswachstum
- Streckungswachstum
  ↗ Vegetationskegel
Vegetationsruhe
- Frost
- Kallose
Vegetationsstufe ↗
- Vegetationsperiode
Vegetationszonen
- Agrarzonen
- Bodenentwicklung
- Bodenzonen
- Vegetationsgeographie
vegetative Dystonie
- Dystonie
vegetative Fortpflanzung ↗
- Flechten
vegetative Hybridisation
- Lyssenko, T.D.

vegetative Muskulatur ↗
vegetative Phase
vegetative Physiologie
- Stoffwechselphysiologie
vegetative Reflexe
- Fremdreflex
vegetativer Pol
- Anisotropie
- M Ei
- Vegetativisierung
vegetatives Meristem
- Blühhormon
vegetatives Nervensystem
vegetative Vermehrung
- B Algen IV
- Brut
- Veredelung
- M Zellkultur
vegetative Zellen
Vegetativisierung
Vehn
- Fehn
Veilchen
- ☐ Bodenzeiger
- Cyanidin
- B Europa IX
- Irone
- Myrmekochorie
Veilchenartige
Veilchenblütenöl
- Veilchen
Veilchendrüse
- Viole
Veilchengewächse
Veilchenmoos
Veilchenschnecken ↗
Veilchensteine ↗
- Trentepohliaceae
Veilchenwurzelöl
- Irisöl
Veillon, Adrien
- Veillonellaceae
Veillonella
- ☐ Pansensymbiose (Pansenbakterien)
- M Vaginalflora
- M Zahnkaries
Veillonellaceae ↗
Veitstanz
- Erbkrankheiten
Vejdovsky, František
- Vejdovskyella
Vejdovskyella
Vektor-DNA
- Gentechnologie
- shuttle-Transfer
- Vektoren
Vektoren (Genetik)
- Ampicillin
- Bakteriophagen
- Charon-Phagen
- Cosmide
- Genbank
- Pflanzenviren
- Virusinfektion
Vektoren (Mathematik)
- Symmetrie
Vektoren (Parasitologie)
- Pflanzensaftsauger
vektorielles Processing
- Mitochondrien
vektorielle Translation
- Mitochondrien
Velamen
Velamen triplex
Velamen radicum
- Absorptionsgewebe
- Wasseraufnahme
Velarium
- Würfelquallen
Velarlappen
- Mundsegel
- Scyphozoa
- Veliger
Velella ↗
Velia ↗
- Wehrsekrete
Veliconcha
- Neuschnecken

- Schnecken
Veliferoidei ↗
Veliger
- Ammonoidea
- Austern
- Cyphonautes
- B Larven II
Veliidae ↗
Velum (Botanik)
Velum (Zoologie)
- Opisthoteuthis
Velum palatinum
- Gaumensegel
Velum partiale
- Schleier
Velum universale
- Schleierlingsartige Pilze
Velutina ↗
Velvetschwamm
- Badeschwämme
Vema
- Neopilina
Vena cardinalis communis
- Ductus arteriosus Botalli
Vena cava anterior
- Ductus Cuvieri
- Hohlvenen
Vena cava inferior
- Hohlvenen
Vena cava posterior
- Hohlvenen
Vena cava superior
- Hohlvenen
Vena centralis
- Leber
Venae
- Venen
Venae cardinales
- Kardinalvenen
Venae omphalomesenterica
- Dottersackkreislauf
Vena hepatica
- Leber
Vena jugularis
- Drosselvene
Vena medialis
- Media
Vena portae hepatis
- Pfortadersystem
Vena portae renis
- Pfortadersystem
Vena radialis media
- Stridulation
Vena subclavia
- Lymphgefäßsystem
Vena umbilicalis
- fetaler Kreislauf
Vendium ↗
- Eokambrium
Venen
- Anastomose
- Blutspeicher
- Herz
- Pfortadersystem
Venenklappen
- Fabricius ab Aquapendente, H.
- M Venen
Venenum ↗
Veneridae ↗
venerische Krankheiten
- Geschlechtskrankheiten
venerisches Geschwür
- Geschlechtskrankheiten
Veneroidea ↗
Venerupis ↗
Venezianisches Terpentin
- Lärche
Venezuela-Pferdeencephalitis-Virus
- Togaviren
Venn
- Fehn
venöses Blut
- Arterien
- Blutgefäße
Ventilago ↗
Ventilation
- Kiemen

- M Temperaturregulation
Ventilationslungen
- Atmungsorgane
Ventilationsrate
- M Seneszenz
Ventilebene
- Herz
- B Herz
- Herzmechanik
ventilieren
- Ventilation
Ventilklappen
- Herz
- Lymphgefäßsystem
Ventiltrichter
ventrad ↗
ventral
Ventralbögen
- Wirbel
Ventraldrüsen
ventrale Aorta
- Aorta
- ☐ Schädellose
ventrales Diaphragma ↗
Ventralkanal
- B Rückenmark
Ventralklappe
- Brachiopoden
Ventralkörper
- Gliederfüßer
Ventrallobus
Ventralmeristem
Ventralnerv
- Nervensystem
Ventralregion
- ☐ Achse
Ventralschuppen ↗
- B Moose I
Ventralseite ↗
Ventralsinus ↗
Ventraltubus
- Coxalbläschen
Ventralwurzel
- B Nervensystem II
- B Rückenmark
ventran ↗
Ventriculi cerebri
- Hirnventrikel
Ventriculus ↗
Ventriculus dexter
- Herz
Ventriculus sinister
- Herz
Ventrikel
- Rautenhirn
- B Telencephalon
  ↗ Hirnventrikel
Ventrikelseptum
- M Herz
Ventrikularganglion
- ☐ Oberschlundganglion
ventrizid
ventromarginal
- Perrostral-Sutur
Ventromma ↗
Ventroplicida ↗
Venturi, A.
- Venturia
- Venturiaceae
Venturia
- B Schädlinge
Venturiaceae
Venus ↗
Venusfächer
- Gorgonin
Venusfliegenfalle
- Blatt
- B Nordamerika VII
Venusgürtel
Venuskamm
Venusmuscheln
Venusschuh
- B Asien IV
- Paphiopedilum
Venusstatuetten
Verantwortlichkeit
- Freiheit und freier Wille
Veratramin
- Veratrumalkaloide

Veratrin

Veratrin
- Liliengewächse
Veratrum ↗
- Enzian
Veratrumalkaloide
verbale Kommunikation
- Kommunikation
- Sprache
Verbalisierung
- Gedächtnis
Verband (Botanik) ↗
- Assoziation
Verband (Zoologie) ↗
- Ausstoßungsreaktion
Verbänderung ↗
- Fehlbildung
Verbascum ↗
- Pollentäuschblumen
Verbastardierung
- Art
- Artenpaare
- Arterkennung
Verbenaceae ↗
Verbenalin
- M Eisenkrautgewächse
Verbenaöl
- Eisenkrautgewächse
Verbenin
- M Eisenkrautgewächse
verbindliche Norm
- Bioethik
Verbindung ↗
Verborgenes Feuernetz
- thermophile Bakterien
Verbräunung ↗
- Bodenfarbe
- Braunerde
Verbreitung
- Arealausweitung
- Arealkarte
- Arealkunde
- Arealtyp
- Arthrokonidien
- Distribution
- Tiergeographie
- Windfaktor
  ↗ Samenverbreitung
Verbreitungsgebiet
- Aussterben
- Verbreitung
Verbreitungskarten
- Punktkarten
Verbreitungsmittel
- Flugeinrichtungen
- Samenverbreitung
Verbreitungsschranken
Verbrennung
- Autointoxikation
- Gärung
- ☐ Hämolyse
- Kohlenmonoxid
- M Kohlenmonoxid
- M Kohlenwasserstoffe
- Lavoisier, A.L. de
- Luftverschmutzung
- Mayow, J.
- Sauerstoff
- Schmerz
Verbundplattenbau
- M Biomechanik
Vercelloni
- Corynebacterium
Verdampfungswärme
- Wasser
Verdaulichkeit
- Nahrungsmittel
Verdauung
- B Biologie II
- Ernährung
- Gewürzpflanzen
- Kohlenhydratstoffwechsel
- Spallanzani, L.
- Stoffwechsel
Verdauungsenzyme
- Amylasen
- Darm
- Denaturierung
- Prä-Pro-Proteine
- Proteolyse

- Verdauung
Verdauungsepithelien
- M Glykokalyx
  ↗ Darm
  ↗ Verdauung
Verdauungsorgane
- ☐ Blutkreislauf (Schema)
- Verdauung
- B Wirbeltiere I
Verdauungstrakt
- Gärkammern
- Verdauung
Verdauungsvakuolen
- Vakuole
- Verdauung
Verdichtungshorizont
- ☐ Gefügeformen
Verdin
- Ikterus
Verdrängung
- Europa
Verdrängungszüchtung ↗
- Resistenzzüchtung
Verdriftung
- Ausbreitungszentrum
- Brachypterie
- Windfaktor
Verdrillung
- supercoil
Verdünnungsmittel
- M Ester
Verdünnungsreihe
- Kolorimetrie
Verdünnungsreihentest
- Reihenverdünnungstest
Verdunstung
- arid
- Atmosphäre
- Austrocknungsfähigkeit
- Bodenentwicklung
- Cuticula
- Epiphragma
- Epithel
- Haut
- Hecheln
- Hitzeresistenz
- humid
- Interzeption
- Klima
- M Klima (Klimaelemente)
- Lysimeter
- Niederschlag
- Temperaturanpassung
- Wachse
- ☐ Wasserkreislauf
- Windschäden
Verdunstungskälte
- Bodentemperatur
- M Temperaturregulation
- Verdunstung
  ↗ Verdunstungswärme
Verdunstungskühlung
- Flughunde
  ↗ Verdunstungskälte
Verdunstungsmesser
- Evaporimeter
Verdunstungsschutz
- Kakteengewächse
- M Verdunstung
- Vierfüßer
Verdunstungswärme
- anthropisches Prinzip
- Verdunstung
  ↗ Verdunstungskälte
Verdursten
- M Durst
Veredelung (Landwirtschaft)
- Regeneration
*Veredelung (Nahrungs-
   mittelindustrie)*
*Veredelung (Obst- und
   Weinbau)*
- Auge
- Baumschule
- Baumwachs
- Edelreis
Vereine ↗
Vereisen
- Betäubung

Vereiterung
- Gaumenmandel
  ↗ Eiter
Vererbung
- Fortpflanzung
- Goldschmidt, R.
- Homologie
*Vererbung erworbener
   Eigenschaften* ↗
- Abstammung
- Variabilität
Vererbungslehre ↗
- B Biologie II
Veresterung
- B Lipide - Fette und
  Lipoide
Veretillum
Verfrachtung
- Komidologie
Verfügbarkeit
- ☐ Darwinismus
Verfüllung
- M Feuchtgebiete
Vergangenheit
- Deduktion und Induktion
- Freiheit und freier Wille
Vergärung
- Äthanol
Vergeilung ↗
Vergesellschaftung
Vergessen
- Extinktion
- Gedächtnis
- Lernen
Vergiftung
- Drogen und das Drogen-
  problem
- Fettstoffwechsel
- M Feuchtgebiete
- M Sucht
Vergil
- Bienenzucht
Vergilbung
- ☐ Pflanzenviren
- Rauchgasschäden
- B Waldsterben II
Vergilbungskrankheit
- M Spiroplasmataceae
  ↗ Vergilbung
Vergißmeinnicht
- B Europa VI
vergleichende Anatomie
- Anatomie
- B Biologie II
- Morphologie
vergleichende Embryologie
- B Biologie II
vergleichende Morphologie
- Ähnlichkeit
- B Biologie II
- Erklärung in der Biologie
- Homologie
- Morphologie
vergleichende Psychologie
- Ethologie
**vergleichende Verhaltens-
   forschung**
- Aquarienfische
- Ethologie
Vergleichsmikroskop
- Mikroskop
Vergleichsstrahl
- Interferenzmikroskopie
Vergleyung ↗
Vergoldung
- mikroskopische Präpara-
  tionstechniken
Vergrauungsschutz
- M Waschmittel
vergrünende Streptokokken
- hämolysierende Bakterien
Vergrünung ↗
Verhalten
- Abstammung - Realität
- Bioethik
- Neuropeptide
- Soziobiologie
- Synchronisation
Verhaltensänderungen
- Funktionserweiterung

Verhaltensbiologie
- Ethologie
Verhaltensforschung ↗
- B Biologie II
- Darwin, Ch.R.
- Heinroth, O.A.
- Humanethologie
- Milieutheorie
  ↗ Ethologie
Verhaltenshomologie
Verhaltensinventar ↗
Verhaltensmorphologie
- Verhalten
Verhaltensökologie ↗
Verhaltensphysiologie
- Verhalten
Verhaltenspolymorphismus
- Polyethismus
Verhaltensrepertoire
- M Spielen
Verhaltenssteuerung
- Freiheit und freier Wille
- Hierarchie
- Hormone
Verhaltensstörungen
- Aggression
- Prägung
- Verhalten
Verhaltensstrategien
- Strategie
Verhaltenstendenz
- Ambivalenz
Verharzung
- Harze
Verholzung
- Lignifizierung
- Rüben
- B Zellwand
Verhornung ↗
- Epithel
- Haare
Verifikation
- Systemanalyse
Verifizierbarkeit
- Deduktion und Induktion
Verjüngung
- Betriebsart
- Femelschlag
- Mischwald
  ↗ natürliche Verjüngung
  ↗ Naturverjüngung
Verjüngungskern
- Femelschlag
Verjüngungsschnitt ↗
- Erziehungsschnitt
Verkehr
- Luftverschmutzung
- M Luftverschmutzung
Verkehrtschnecke ↗
Verkernung
Verkieselung
- Brennhaar
Verklappung
- Wasserverschmutzung
Verklebung
- Konglutination
Verknöcherung ↗
Verkohlung
- Holz
verkoppelte Reaktionen
- ☐ chemisches Gleich-
  gewicht
Verkorkung
- Akkrustierung
Verkrampfungen
- Biofeedback
Verkürzung
- Entropie - in der Biologie
Verlander
- Schilfrohr
Verlandung
- Anmoor
- ☐ Moor
- Schwingrasen
- See
- Sumpf
Verlandungsserien
- Verlandung
Verlandungszone
- Feuchtgebiete

Vestimentifera

- Torf
- Verlandung

verlängertes Mark
- [B] Nervensystem II
- Olive
- Rautengrube
- Rückenmark

Verlaubung
- Fehlbildung
- Kulturpflanzen

Verlegenheitsgeste ↗
- [M] Sprache

Verlehmung ↗
- Braunerde

Verleiten

Verletzung
- [M] Streß
- Traumatonastie
- Traumatotropismus

Verlobung
- Entenvögel

Vermännlichung
- Virilisierung

Vermehrung
- Ethik in der Biologie
- Gentechnologie
- [B] Sexualvorgänge
- Viren

Vermehrungscysten
- Encystierung

Vermehrungspotential ↗

Vermehrungspotenz
- Vermehrung

Vermehrungsrate

Vermeidungslernen
- avoidance

Vermeidungsverhalten
- agonistisches Verhalten

Vermenschlichung
- Anthropomorphismus - Anthropozentrismus

Vermes

Vermetidae
- Wurmschnecken

Vermetus ↗

Vermicularia

Vermiculit
- Tonminerale

Vermileo ↗

Vermis ↗

Vermoderung ↗

Vermullung

Vernalin
- Blühinduktion

Vernalisation
- Altern
- Blühinduktion
- Dormanz
- □ Gibberelline
- Keimungshemmstoffe
- Lyssenko, T.D.

Vernarbung
- Überwallung

Vernarbungsgewebe
- Kallus

Vernation ↗

Vernon, William
- Vernonia

Vernonia ↗

Vernonieae
- □ Korbblütler

Vernunft
- Ethik in der Biologie
- Freiheit und freier Wille
- Geist - Leben und Geist

Verodoxin
- □ Digitalisglykoside (Auswahl)

Verongia
- Tylodina
- Verongiidae
- [M] Verongiidae

Verongiidae

Veronica ↗

Veronicella

Veronicellidae
- Phyllocaulis
- Vaginulus
- Veronicella

Verpa

Verpeln
- Verpa

Verpuppung
- Fettkörper

Verregnung
- Rieselfelder

Verrieselung ↗
- Kläranlage

Verrottung
- Rotte

Verruca
- [M] Rankenfüßer

Verrucae
- [M] Papillomviren

Verrucaria
- Wasserflechten

Verrucariaceae

Verrucariales

Verrucarietea nigrescentis
- Flechtengesellschaften

Verruga peruana
- Bartonellaceae
- Bartonellose

Versalzung ↗
- Bodenzerstörung

Versauerung ↗
- Bodenentwicklung
- Fischsterben
- Kalkverwitterung
- Wasserverschmutzung

Verschaltungsneuron
- Interneuron

Verschiebungssatz
- Radioaktivität

Verschiedengriffeligkeit
- Heterostylie

Verschiedenwurzeligkeit ↗

Verschiedenzähner

Verschleppung
- Arealausweitung
- Ausbreitungszentrum
- Einbürgerung
- Samenverbreitung
- Windfaktor

Verschlußdeckel
- Epiphragma

Verschlußklappen
- Giraffen

verschollene Arten
- Rote Liste

Verseifung
- Fette

versetzte Lücken
- [M] Gensynthese

Versickerung ↗
- Lysimeter
- Perkolation
- Wasserbilanz
- □ Wasserkreislauf

Versilberung
- mikroskopische Präparationstechniken
- Reticulin

Versilberungsfärbung
- Gitterfasern
- Golgi-Färbung

Versklavung
- Rote Waldameisen
- ↗ Sklavenhalterei

Versluys, J.
- □ Meeresbiologie (Expeditionen)

Verson-Drüsen

Verstädterung ↗
- Europa

Verstand
- Freiheit und freier Wille
- Geist - Leben und Geist
- Vernunft

Verständigung ↗

Verstärkertheorie
- Freiheit und freier Wille

Verstärkung (Ethologie)

Verstärkung (Regeltechnik) ↗
- [B] Regelung im Organismus

Verstecktzähner

versteinertes Holz ↗

versteinerte Wälder
- Kieselhölzer

Versteinerungen ↗

Versteinerungsprozeß
- Fossildiagenese

Versteppung

Versuchstiere
- Drosophila melanogaster
- Ethik in der Biologie
- Gnotophor
- Rhesusaffen

Versuch-und-Irrtum-Prinzip
- [B] Einsicht

Vertebra ↗

Vertebrae
- Schlangensterne

Vertebrae coccygeae
- Schwanzwirbel

Vertebrae lumbales
- Lendenwirbel

Vertebrata ↗

Vertebrichnia

Verteidigung
- Analdrüsen
- Haustierwerdung
- [M] Leuchtorganismen
- Wehrsekrete

Verteidigungsbiß
- Schlangengifte

Verteilung
- Statistik

Verteilungschromatographie
- Chromatographie
- Martin, A.J.P.
- Synge, R.L.M.

Verteilungsverfahren
- Extraktion

Vértesszöllös
- [B] Paläanthropologie

Vertex ↗
- □ Insekten (Kopfgrundtyp)
- Occiput

Verticillium

Verticordiidae
- [M] Verwachsenkiemer

Vertiginidae
- Windelschnecken

Vertigo ↗

vertikale Arealverschiebung
- Aquatorialsubmergenz

vertikale Übertragung
- RNA-Replikase

Vertikalwanderung ↗
- Lichtfaktor
- □ Plankton

Vertisol

Verträglichkeit (Botanik)

Verträglichkeit (Medizin) ↗

Vertrauen
- Angst - Philosophische Reflexionen

Verunreinigungsstufen
- Saprobiensystem

Vervollkommnungsregeln

Verwachsenkiemer

Verwachsung ↗

Verwandlung ↗

Verwandtenselektion ↗

Verwandtschaft
- Stammbaum
- Systematik
- Taxonomie

Verwandtschaftsbeziehungen
- Aminosäuresequenz
- Sequenzhomologie

Verwandtschaftsgrad
- Ähnlichkeitskoeffizient
- [M] Cytochrome (Phylogenetik)
- Hybridisierung
- Proteine
- S_{AB}-Wert

Verweiblichung
- Feminierung

Verwerfen
- Abortus

Verwerfung
- □ Quelle

Verwesung
- Cadaverin
- Gärung
- Konservierung
- Sauerstoff

Verwilderung

Verwindungsbewegungen
- Flugmuskeln

Verwitterung ↗
- biologische Verwitterung
- Boden
- Bodenreaktion
- Bodentemperatur
- [B] Bodentypen
- kolloid
- Mineralstoffe
- Nährstoffbilanz
- Quarz
- Verrucaria

Verzar
- Altern

verziehen
- pikieren

Verzögerung
- Retardation

Verzögerungsphase
- □ mikrobielles Wachstum

Verzuckerung
- □ Enzyme (Technische Verwendung)

Verzweigung
- Amphitonie
- kongenitale Verwachsung
- Seitenachse

Verzweigungsenzym
- Glykogen

Verzwergung
- Kräuselkrankheit
- Pflanzenviren

Vesalius, A.
- [B] Biologie I
- [B] Biologie III
- Vitalismus - Mechanismus

Vesica

Vesica fellea
- Gallenblase

Vesica natatoria
- Schwimmblase

Vesica urinaria
- Harnblase

Vesicula

Vesicularia
- [M] Moostierchen

Vesicula seminalis
- Samenblase

Vesiculovirus ↗

Vesikel
- □ Aspergillus
- [M] Golgi-Apparat
- Membranfluß
- Synapsen
- □ Synapsen
- □ Zelle (Schema)

vesikulär-arbuskuläre Mykorrhizza
- Mykorrhiza

Vesikuläres Stomatitis-Virus ↗

Vesikulation
- Endocytose

Vespa ↗

Vespertilionidae ↗
- [M] Fledermäuse

Vespidae

Vespula ↗

Vestia

vestibulärer Nystagmus
- Nystagmus

Vestibularis-Lateralis-System
- Kleinhirn

Vestibularorgane ↗

Vestibularreflexe

Vestibulum
- Hymenostomata
- Schwämme

Vestibulum vaginae
- □ Vagina
- Vulva

Vestimentifera

Veterinärmedizin

Veterinärmedizin
Vetivergras
– Vetiveria
Vetiveria
Vetiveröl
– Vetiveria
Vexillum (Botanik) ↗
Vexillum (Schnecken)
Vexillum (Vögel) ↗
Vi-Antigen
Vibracularien ↗
Vibration
– mechanische Sinne
 ↗ Schwingung
Vibrationsempfänger
– Chordotonalorgane
Vibrationssinn
Vibrio
– Ⓜ Abwasser
– Bakteriengeißel
– ☐ Bakteriengeißel
– Campylobacter
– Fumaratatmung
– Ⓜ Interspezies-Wasserstoff-Transfer
– Ⓜ Leuchtbakterien
Vibriocine
– Bakteriocine
Vibrionaceae
Vibrionen ↗
Vibrissaphora
Vibrissen ↗
Vibrorezeptoren ↗
Viburnum ↗
– Schauapparat
– Ⓜ Schauapparat
Viceroy
– Eisvogel
Vicia ↗
– Ⓑ Sproß und Wurzel II
Vicini ↗
Vickers-Grade
– Zahnschmelz
Victorella
Victoria
Victoriasee
– Ⓑ Afrika I
– Ⓜ Afrika
Vidarabin
– Virostatika
Vieh
Viehbestand
– Bestockungsdichte
Viehfliegen ↗
– Bremsen
Viehfutter
– Laminariales
 ↗ Futter
Viehhaltung
– Vieh
Viehseuchen
– Tierseuchen
Viehstelze
– Stelzen
Viehtrieb
– Tierwanderungen
Viehzucht
– Europa
– Jungsteinzeit
– künstliche Besamung
– Tiere
 ↗ Haustiere
 ↗ Haustierwerdung
 ↗ Tierzüchtung
Vielblättrigkeit
– Polyphyllie
Vielborster ↗
– Ⓜ Eizelle
– Ⓜ Tiefseefauna (Artenzahl)
Vieleckbein
– Ⓜ Hand
– Ⓜ Hand (Skelett)
Vielehe
– Polygamie
Vielfachteilung ↗
Vielfachzucker
– Polysaccharide
Vielfältigkeit
– Information und Instruktion

↗ Mannigfaltigkeit
Vielfingrigkeit
– Polydaktylie
Vielfraß
– Ⓑ Europa II
Vielfraßschnecken ↗
Vielgestaltigkeit ↗
Vielkeimblättrigkeit
– Polykotyledonie
Vielmännerei
– Polyandrie
Vielteilung
– Schizogonie
 ↗ Mehrfachteilung
Vielweiberei
– Polygynie
Vielzeilengerste
– Ackerbau
Vielzeller ↗
Vieraugen
– Ⓜ Doppelauge
Vieraugenkröte
– Pleurodema
Vierfelderwirtschaft
Vierfingerfurche ↗
Vierfleck ↗
Vierfleckbock
– Blütenböcke
Vierfüßer
– Ⓑ Wirbeltiere III
 ↗ Tetrapoda
Vierfüßigkeit ↗
Viergürtelbarbe
– Ⓑ Aquarienfische I
– Ⓜ Barben
Vierhornantilope
Vierhörniger Seeskorpion
– Ⓑ Fische I
– Groppen
Vierhornkäfer
– Schwarzkäfer
Vierhügel ↗
– Tectum
Vierlinge
– Ⓜ Mehrlingsgeburten
vierstrahlig
– tetrarch
Vierstrangaustausch
Vierstrangstadium
Vierstreifennatter
Viertagefieber
Vierte Geschlechtskrankheit
– ☐ Chlamydien
Viertelstamm
– Obstbaumformen
vierwirtelig
– tetracyclisch
Vierzahnturmschnecke ↗
Vierzehensalamander
Vigna ↗
Vigna, Domenico
– Vigna
Vigneaud, V. du
Vikarianten
– Vikarianz
Vikarianz
– ökologische Nische
vikariierende Arten
– Vikarianz
vikariierende Gattungen
– Äthiopis
Vikunja
– Südamerika
– Ⓑ Südamerika VI
Villa
– Wollschweber
Villafranchium
– ☐ Pleistozän
– Pliozän
Villarsia
– Fieberkleegewächse
Villebrunaster
– Ⓜ Seesterne
Villemin
– Mykobakterien
Villi ↗
– ☐ Darm
Villi intestinales
– Darmzotten

– Villikinin
– Gewebshormone
Vimba ↗
Vimentinfilamente
– Zellskelett
Vinblastin ↗
Vinca ↗
Vincaalkaloide
– Cytostatika
Vincaleukoblastin
– Vincaalkaloide
Vincamin
– Vincaalkaloide
Vincetoxicum ↗
Vincetoxin
– Schwalbenwurzgewächse
Vincristin ↗
Vindelizisches Land
– Trias
Vinylchlorid
– Ⓜ Chlorkohlenwasserstoffe
– Ⓜ Krebs (Krebserzeuger)
Viola ↗
– Galmeipflanzen
Violaceae ↗
Violacein
– Ⓜ Pigmentbakterien
Violales ↗
Violanin ↗
– Delphinidin
Violaxanthin
– Ⓜ Chromoplasten
Viole
Violetea calaminariae
Violett
– ☐ Farbstoffe
Violetter Seeigel
– ☐ Seeigel
Violett-Milchling
– Ⓜ Reizker
Violion caninae ↗
Violo-Nardion
– Nardetalia
Violo-Quercetum petraeae
– Birken-Traubeneichenwald
– Buchen-Traubeneichenwald
– Quercetea roboripetraeae
Viomycin
– Ⓑ Antibiotika
– Ⓜ Streptomycetaceae
VIP
– Neuropeptide
– ☐ Neuropeptide
– Ⓜ Pankreas
– Villikinin
Viperfische
Viperidae ↗
Vipern
– Giftzähne
– Schlangengifte
Vipernatter ↗
Viperqueise ↗
– Giftige Fische
viral factories
– Pockenviren
Virämie
Virazol
– Virostatika
Virchow, R.
– Ⓑ Biologie II
– Ⓑ Biologie III
– Cytologie
– Degeneration
– Embolie
– Haeckel, E.
– Leben
– Pathologie
– Zelltheorie
– Zellularpathologie
Viren
– Ⓜ Abwasser
– biologische Waffen
– Biochemie
– Ⓑ Biologie II
– cytopathogener Effekt
– Gefriertrocknung
– Leben
– Mikroorganismen

– Ⓜ Mikroorganismen
– Reich
– Symmetrie
Virenzperiode ↗
Vireolaniidae ↗
Vireonidae ↗
Vireos
virgatipartit
Virgella
Virgellarium
Virgines
– Blattläuse
– Fundatrigenien
Virginiahirsch ↗
Virginiamycin
– Antibiotika
Virginiatabak
– Tabak
Virginischer Wacholder
– Ⓑ Nordamerika V
– Wacholder
Virgo ↗
Virgula ↗
Virgularia ↗
Viridansgruppe
Viridicatin
– ☐ Alkaloide
– Chinolinalkaloide
viril
Virilisierung
– adrenogenitales Syndrom
– anabole Wirkung
Virilismus
Virino-Hypothese
– slow-Viren
Virion
– assembly
– budding
– Ⓑ Genwirkketten I
– ☐ Viren (Virion-Morphologie)
– Ⓑ Viren
– ☐ Virusinfektion (Reifung)
Virizide
Viroide
– Leben
– Mikroorganismen
– Ribonucleinsäuren
– Viren
Viroidinfektionen
– Viroide
Virologie
– Mikrobiologie
Viropexis
Viroplasma
Virosen ↗
– Pflanzenviren
Virostase
– Virostatika
Virostatika
Virtanen, A.I.
virtuelles Bild
– ☐ Mikroskop (Aufbau)
virtuoser Zirkel
– Erkenntnistheorie und Biologie
virtus formativa
– vis plastica
virulent
– Virulenz
virulente Phagen ↗
Virulenz
– Bakteriophagen
– Kapsel
– Passage
Virus ↗
Virusdiagnostik ↗
– Pockenviren
– Viroplasma
Virus fixe
Virusgrippe
– Grippe
Virushepatitis
– Hepatitis
Virushülle
Virusinfektion
– Adsorption
– assembly
– Embryopathie

Vogelkrankheit

- Hämagglutinations-
  hemmungstest
Viruskrankheiten
- □ Virusinfektion (Wege)
Virusneutralisierung
Virus-Nucleinsäure
- B Biochemie
- Viren
Virusoide ↗
Virus polyneuritidis gallinarum
- Marek-Lähme
Virusreifung
- budding
- Viren
Virusreplikation
- Temin, H.M.
Virusrezeptoren
Virusübertragung
- Virusinfektion
Viscacha ↗
- Chinchillas
- B Südamerika IV
Viscacharatte
- M Trugratten
Viscaria ↗
Viscera ↗
Visceralbogen ↗
viscerale Afferenzen
- Afferenz
viscerale Ersatzknochen
- Visceralskelett
viscerales Blatt
- Seitenplatte
- Splanchnopleura
viscerale Sensibilität
- Sensibilität
viscerales Gebiet
- Nervensystem
Visceralganglion
- □ Muscheln
Visceralskelett
Viscerocranium ↗
- Visceralskelett
Visceropallium
- Schnecken
Vischer
- Aldosteron
α-*Viscol* ↗
- Amyrin
Viscotoxine
- Phytotoxine
Viscum ↗
Viséum
- M Karbon
viskös
- M Konstitutionstyp
Viskosität
- Flugmechanik
- M Grenzschicht
- Plankton
vis mortua
- Vitalismus - Mechanismus
Visna
Visna-Virus
- Retroviren
- ↗ Visna
Vison ↗
vis plastica
visueller Cortex
- □ Telencephalon
Visus
vis vitalis ↗
- Teleologie - Teleonomie
Viszeralskelett ↗
Vitaceae ↗
Vitalangst
- Angst - Philosophische
  Reflexionen
Vitalfarbstoffe
- mikroskopische Präparationstechniken
- Vitalfärbung
Vitalfärbung
- Fluoreszenzmikroskopie
- Rhodamine
vitalgranulierte Erythrocyten
- Reticulocyten
Vitalismus
- Abstammung - Realität

- Autogenese
- Determination
- Ludwig, C.F.W.
- Selbstorganisation
- ↗ Vitalismus - Mechanismus
Vitalismus - Mechanismus
- B Biologie II
- Teleologie - Teleonomie
- Wissenschaftstheorie
Vitalisten
Vitalität
- Heterosis
Vitalitätsverlust
- Seneszenz
Vitalkapazität
- Atmung
- M Seneszenz
Vitamin A
- Citral
- Hopkins, F.G.
- Hypervitaminose
- □ Isoprenoide (Biosynthese)
- Karrer, P.
- Modulation
- ↗ Vitamin A_1
Vitamin-A-Aldehyd
- Retinal
Vitamin-A-Ester
- Retinol
Vitamin-A-Mangel
- Nachtblindheit
Vitamin-A-Säure
- Retinol
Vitamin A_1
- Fluoreszenzmikroskopie
- Retinol
- ↗ Vitamin A
Vitamin B
- Hopkins, F.G.
- ↗ Vitamin B_1
- ↗ Vitamin B_2
- ↗ Vitamin B_6
- ↗ Vitamin B_{12}
Vitamin B_1
- Eijkman, Ch.
- Thiamin
- Todd, A.R.
Vitamin B_2
- Karrer, P.
- Nicotinsäure
- Pantothensäure
- Pellagra
- Riboflavin
Vitamin B_6
- Pyridoxal
- Pyridoxamin
Vitamin B_{12}
- Cobalamin
- Hodgkin, D.M.
- Propionsäurebakterien
- Todd, A.R.
- Woodward, R.B.
Vitamin C
- Ascorbinsäure
- Haworth, W.N.
- Reichstein, T.
Vitamin D
- Bürzeldrüse
- Calciferol
- Hypervitaminose
- Sterine
- Windaus, A.O.R.
Vitamine
- B Biochemie
- B Biologie II
- Coenzym
- M Enzyme
- □ essentielle Nahrungsbestandteile
- Funk, C.
- Gemüse
- Hopkins, F.G.
- Milch
- Mikroanalyse
- Nahrungsmittel
- Provitamine
- Verdauung
- Windaus, A.O.R.
- Wurzelausscheidungen

Vitamin E
- Karrer, P.
- Tocopherol
- Todd, A.R.
Vitamin F
- Vitamine
Vitamin H
- Biotin
Vitamin K
- Dam, C.P.H.
- Doisy, E.A.
- Karrer, P.
- ↗ Vitamin K_1
- ↗ Vitamin K_3
Vitamin K_1
- Phyllochinon
Vitamin K_3
- Menadion
Vitaminmangelkrankheiten
Vitaminosen
Vitamin P
- Szent-Györgyi, A.
Vitamin-P-Faktor
- Flavonoide
- Rutin
Vitellarium
- Bandwürmer
- Ovar
- Dotterstock
Vitellin
- Phosphoproteine
Vitellinmembran ↗
Vitellogenese
- Corpora-allata-Hormon
- Diapause
- oostatisches Hormon
- Vitellogenin
Vitellogenie
Vitellophagen
Vitellum
- Vitellus
Vitellus ↗
Viteus ↗
Vitex ↗
Vitexin
- □ Flavone
Vitis ↗
Vitjazema
- M Tiefseefauna
Vitrea ↗
Vitrella ↗
Vitrina
Vitrinidae ↗
Vitrinit
- Kohle
Vitrinobrachium
- M Glasschnecken
Viverra
- Zibetkatzen
Viverricula
- M Zibetkatzen
Viverridae ↗
Viverrinae ↗
vivipar
- Viviparie
Viviparidae
- Sumpfdeckelschnecken
Viviparie (Botanik)
- Mangrove
Viviparie (Zoologie)
- Amphibien
- Besamung
- Desmomyaria
- Eizelle
- Geburt
- Larviparie
Viviparoidea
- Sumpfdeckelschnecken
Viviparus ↗
- ↗ Artbildung
- Enterocoeltheorie
- Holstein-Interglazial
- M Spermiendimorphismus
Vivisektion
VLDL ↗
V-Leiste
- M Flugmuskeln
Vochysia
- Vochysiaceae

Vochysiaceae
Vögel
- additive Typogenese
- □ Arterienbogen
- Beckengürtel
- M brüten
- B Darm
- Dinosaurier
- Gehirn
- Gehörorgane
- Geschlechtsorgane
- M Glucocorticoide
- Harnblase
- B Homologie und Funktionswechsel
- □ Hypophyse
- Intertarsalgelenk
- Kraniokinetik
- □ Kreide
- M Magen
- magnetischer Sinn
- □ Nephron
- M Oviduk t
- Rasse
- □ Rote Liste
- B Skelett
- Südamerika
- M Südamerika
- Systematik
- Telencephalon
- B Telencephalon
- B Wirbeltiere III
Vogelaugenahorn
- Ahorngewächse
Vogelbecken-Dinosaurier
- Ornithischia
Vogelbeere ↗
- B Europa IV
- B Europa XIV
- □ Farbe
- M Höhengrenze
Vogelberingung
- Beringung
Vogelbestäubung ↗
Vogelblumen
- M Bienenfarben
- Entomogamie
- Nektar
Vogelblütigkeit
- Ornithogamie
- ↗ Vogelblumen
Vogelei
- Beckengürtel
- Eitypen
Vogelfalter
- B Insekten IV
- Vogelflügler
Vogelfeder
- Gefieder
- Haut
- M Horngebilde
- Lutein
Vogelfels
- Europa
Vogelfische ↗
Vogelflügel
- M Daumenfittich
- Finger
- Handschwingen
Vogelflügler ↗
Vogelfuß
Vogelfuß-Dinosaurier
- Ornithopoda
Vogelfutter
- Borstenhirse
Vogelhaus
- Aviarium
- ↗ Nisthilfen
Vogelherdhöhle
- Aurignacien
Vogelkirsche ↗
- M Höhengrenze
- M Knospe
Vogelknöterich
- M Knöterich
Vogelköpfchen
- Moostierchen
Vogelkrankheit
- Papageienkrankheit

Vogellunge

Vogellunge
- ⓑ Atmungsorgane III

Vogelmalaria
- Geflügelkrankheiten

Vogelmiere
- Ackerunkräuter
- ⓑ Europa XVIII
- ⓜ Kosmopoliten

Vogelmilbe
- Gamasidose

Vogelmuscheln ↗

Vogelnest
- Bodenanhangsgebilde
- ↗ Horst
- ↗ Nest

Vogelnestfarn ↗

Vogel Rock
- Madagaskarstrauße

Vogelschutz

Vogelschutzgebiete
- Vogelschutz

Vogelschutzwarten
- Vogelschutz

Vogelspinnen
- Bananenspinnen
- Giftspinnen
- Südamerika

Vogelstimmen ↗

Vogeluhr

Vogelwarte

Vogelwicke
- ⓑ Europa XVII
- Wicke

Vogelzug
- Europa
- Grasmücken
- Lichtfaktor
- Synchronisation

Voges, Otto
- Voges-Proskauer-Reaktion

Voges-Proskauer-Reaktion

Vogt, K.

Voit, C. von

Voitia ↗

Volborth, Alexander von
- Volborthella

Volborthella
- □ Kambrium

Volema ↗

Volière
- Käfigvögel

Volk ↗

Völkerkunde
- Anthropologie
- ↗ Ethnologie

Völkerwanderungen
- ⓑ Menschenrassen I
- ⓑ Menschenrassen III

Volkmann-Kanäle
- Knochen
- ⓑ Knochen

Vollblut ↗

vollhumid
- humid

Vollinsekt ↗

Vollkerf
- Imago

Vollkiel

Vollkonserven
- Konservierung

Vollmast ↗
- Buchelmast
- □ Mastjahre

Vollmedium

Vollmer, G.
- Abstammung - Realität

Vollmilch
- ⓜ Milch (Milcharten)

Vollparasiten ↗

Vollpflaster
- Schalenpflaster

Vollreife
- □ Getreide
- Nachreife

Vollwertkost
- Unterernährung

Vollwüste
- Wüste

Vollzirkulation
- Weiher

- ↗ Zirkulation

Volta, A.
- Methanbildung

Volterra, Vito
- Gause-Volterrasches-Gesetz
- Konkurrenzausschlußprinzip
- Lotka-Volterra-Gleichungen
- Volterra-Prinzip

Volterra-Prinzip ↗
- Lotka-Volterra-Gleichungen

Voltz, Philipp L.
- Voltziales

Voltziaceae
- Voltziales

Voltziales
- Blüte
- Nadelhölzer

Volucella ↗
- Hummelfliegen

Volumenregulation
- Osmoregulation

Volumenzuwachs
- Massenzuwachs

Volumprozent ↗

Voluta
- Walzenschnecken

Volutidae ↗

Volutin

Volutoidea ↗

Volva (Botanik)

Volva (Zoologie)

Volvariella ↗

Volventen ↗

Volvocaceae

Volvocales

Volvox ↗
- Plasmodesmen

Vombatidae ↗

Vombatus
- Wombats

Vomer

Vomeronasalorgan ↗

Vomitus ↗

Vorauflaufkrankheiten
- Keimlingskrankheiten

Voraugendrüse
- Duftmarke

Voraussage
- Erklärung in der Biologie

Voraussicht
- Sprache

Vorbackenzähne ↗
- Maxillare
- ⓜ Zähne

Vorbären ↗

vorbewußt
- Bewußtsein

Vorbild
- Batessche Mimikry
- Mimikry

Vorblatt ↗
- □ Achselknospe
- ⓑ Blüte

Vorderbrust ↗

Vorderextremitäten
- Homologie
- ⓑ Homologie und Funktionswechsel

Vorderflügel
- ⓑ Homonomie
- Insektenflügel

vorderfurchenzähnig
- proteroglyph

Vorderhirn
- ⓑ Wirbeltiere I

Vorderhörner ↗
- Renshaw-Zelle

Vorderhornwurzel
- Rückenmark
- ⓑ Rückenmark
- Spinalnerven

Vorderhornzellen
- ⓜ Membranpotential

Vorderjoch
- Protoloph

Vorderkiefer ↗

Vorderkiemen
- ⓜ Landschnecken

- ⓜ Veliger

Vorderkiemer
- ⓑ Darm

Vorderkiemerschnecken
- Vorderkiemer

Vorderseitenstrang
- Rückenmark

Vorderstrang
- ⓑ Rückenmark

Vorderwälder
- □ Rinder

Vordünen
- Ammophiletea

Voreiszeit
- Präglazial

Vorfluter
- Abwasser
- Dränung
- Kläranlage
- Rieselfelder
- Wurzelraumverfahren

Vorfrucht ↗

vorgosauisch
- ⓑ Erdgeschichte

Vorhaut
- Clitoris
- Penis

Vorhautbändchen
- Frenulum

Vorhersehbarkeit
- Bioethik

Vorhof ↗
- □ Arterienbogen
- □ Blutkreislauf (Umbildungen)
- Elektrokardiogramm
- ⓑ Embryonalentwicklung IV
- Eustachi-Klappe

Vorhoffenster
- ovales Fenster

Vorhofknoten
- Atrioventrikularknoten

Vorhoftreppe ↗

"Vöringen"
- □ Meeresbiologie (Expeditionen)

Vorkamel
- Procamelus

Vorkammer
- Herz
- ⓑ Wirbeltiere II
- ↗ Herzkammer

Vorkeim ↗

Vorkern ↗
- □ Besamung
- Gynogenese
- Gynomerogonie
- Merogonie

Vorklärbecken
- Kläranlage

Vorklärung
- Wein

Vorlager

Vorläufer-t-RNA
- transfer-RNA

Vormagen ↗

Vormagensystem
- Pansen

Vormännlichkeit
- Proterandrie

Vormela
- Iltisse

Vormenschen ↗

Vormilch ↗

Vormuster ↗

Vorniere
- ⓜ Urogenitalsystem

Vorposten
- Arealaufspaltung
- Exklave

vorprogrammiertes Handeln
- Strategie

Vorpuppe ↗

Vorratshaltung
- Ernährung

Vorratsmilben ↗

Vorreptilien
- Labyrinthodontia

Vorschwarm
- □ staatenbildende Insekten

Vorspelze

Vorspore
- □ Endosporen

Vorspor-Zelle
- Protostelida

vorsprachliche Begriffsbildung
- Denken

vorsprachliches Denken
- Sprache

Vorsteherdrüse ↗

Vorstehhund, Deutscher
- ⓑ Hunderassen I

Vorstehhunde
- □ Hunde (Hunderassen)
- ⓑ Hunderassen I

Vorstellung
- Wahrnehmung

Vorstellungsraum
- Denken

Vorticella ↗
- □ Einzeller
- Spasmoneme

Vortrieb
- Flugmechanik

Vorvogel
- Proavis

Vorwald
- Pionierbaumarten

Vorweiblichkeit
- Proterogynie

vorzeitige Blüte
- Proanthesis

Vorzieher
- Protraktoren

Vorziehmuskeln ↗

Vorzugsbereich ↗

Votsotsa ↗

"Voyager"-Raumsonde
- extraterrestrisches Leben

VPR
- Voges-Proskauer-Reaktion

Vries, H.M. de
- ⓑ Biologie I
- ⓑ Biologie II
- Mendel, G.J.
- Mutationstheorie

Vries, Willem Hugo de
- Vriesia

Vriesea
- Vriesia

Vriesia

VSV
- Rhabdoviren

Vuillemin
- Antibiose

Vulgärnamen ↗

Vulkan
- ⓑ chemische und präbiologische Evolution
- Erstbesiedlung
- □ Geochronologie
- Vulkanismus
- Wasserstoff

Vulkanausbruch
- Klima
- Krakatau
- Surtsey

Vulkanisation
- Kautschuk

vulkanische Aschen
- Andosole

vulkanische Gase
- Sulfolobales
- Urozean

vulkanische Hitze
- □ chemische Evolution

vulkanische Quellen
- thermophile Bakterien

Vulkanismus
- ⓑ chemische und präbiologische Evolution
- Luftverschmutzung

Vulkankaninchen
- ⓜ Hasenartige

Vulkanrohböden
- Erstbesiedlung

Vulpes ↗
Vulsella
– Hammermuscheln
Vultur ↗
Vulva
Vulvovaginitis
– Soor
VZV
– Varizellen-Zoster-Virus

W ↗
Waage, Peter
– Massenwirkungsgesetz
Waagenoceras
– □ Perm
Waals, Johannes Diderik van der
– van der Waalssche Bindung
Waal-Warmzeit
Wabe
– □ Bienensprache
– Bienenwachs
– Brutzellen
– Cerumen
– Honig
– Honigbienen
– Nest
– staatenbildende Insekten
– Tierbauten
Wabengrind
– Favus
Wabenhonig
– Ⓜ Honig
Wabenkröten
– Ⓑ Amphibien I
– Südamerika
Wabennest
– Ⓜ Nest (Nestformen)
Wachhunde
– □ Hunde (Hunderassen)
Wacholder
– Beerenzapfen
– Ⓑ Europa IV
– Gewürzpflanzen
– Gitterrost
– Ⓜ Macchie
– Ⓑ Nordamerika V
– Zapfen
Wacholderdrossel
– Drosseln
– Ⓑ Europa V
– Koloniebrüter
– Prioritätsregel
– Vogelzug
Wachphase
– Gähnen
– Schlaf
– Ⓜ Schlaf
Wachsalkohole
– Wachse
Wachsblätter ↗
Wachsblume
– Ⓑ Asien III
Wach-Schlaf-Rhythmus
– Schlaf
Wachsdeckel
– Honig
Wachsdrüsen
– Batelli-Drüsen
– Hautdrüsen
Wachse
– Epithel

– Ⓜ Ester
– Glaukeszenz
– Insekten
– Nahrungsspezialisten
– Wachsfresser
– Ⓜ Wehrsekrete
Wachsester
– Wachse
Wachsfresser
Wachshaut
Wachsmotten
– Ⓜ Nahrungsspezialisten
Wachsrose
Wachssäuren
– Wachse
Wachsschicht
– Cuticula
– Ⓑ Häutung
– Oenocyten
Wachsschildlaus
– Liguster
Wachstum
– Chalone
– Erklärung in der Biologie
– Ethik in der Biologie
– Gelenk
– Gestalt
– □ Hormone (Drüsen und Wirkungen)
– Isotropie
– Leben
– Ⓜ Milch
– □ ökologische Effizienz
– □ Proteinstoffwechsel
– thermophile Bakterien
– Tiere
– Wachstumsregulatoren
Wachstumhemmendes Hormon ↗
Wachstumsbewegungen
– Bewegung
– Wachstum
Wachstumsfaktoren ↗
– Auxotrophie
– Bifidusfaktor
– Minimumgesetz
– Somatotropin
– Zellkultur
wachstumsfördernde Substanzen
– Auxanographie
– Massentierhaltung
Wachstumsfuge
– Epiphyse
wachstumshemmende Substanzen
– Auxanographie
– Cytostatika
– Morphactine
Wachstumshormon ↗
– Gentechnologie
– □ Gentechnologie
– □ Neuropeptide
– ↗ Somatotropin
Wachstumskonstante
– Erklärung in der Biologie
Wachstumskurve ↗
Wachstumsrate
– biotisches Potential
– Vermehrungsrate
Wachstumsregulation
– Onkogene
Wachstumsregulatoren
– □ Pflanzenschutz
Wachstumsrichtung
– Tropismus
Wachstumsstimulantien
– Massentierhaltung
Wachstumsstörungen
– Strahlenschäden
– Wachstum
Wachstumszone
– Wurzel
Wachtelhund
– □ Hunde (Hunderassen)
Wachtelkönig ↗
– Ⓑ Europa XVIII

Wachteln
– Ⓑ Asien II
– Versuchstiere
– Vogelzug
Wachtelweizen
– Nektardiebe
– Ⓑ Parasitismus I
Wächter
– Ameisen
– □ staatenbildende Insekten
Wackenroder, H.F.W.
– Carotin
Waddington, C.
– Abstammung - Realität
– Determination
Waddycephalus
– Ⓜ Pentastomiden
Wadenbein ↗
– □ Kniegelenk
– □ Organsystem
– Ⓜ Paarhufer
– Ⓜ Unpaarhufer
– ↗ Fibula
Wadenbeinnerv
– Hüftnerv
Wadenstecher ↗
Wadis
– Afrika
Wadjak (Java)
– Ⓑ Paläanthropologie
– Wadjakmensch
Wadjakmensch
– Keilor
Waffen
– Mensch und Menschenbild
– Sexualdimorphismus
– Tötungshemmung
– ↗ Atombomben
– ↗ bakteriologische Kampfstoffe
– ↗ biologische Waffen
– ↗ chemische Waffen
– ↗ Wehrsekrete
Waffenfliegen
Waffenstachel ↗
Waffenstachelaal
– Ⓑ Fische IX
– Stachelaale
Waffentierchen ↗
– Membranellen
WaGMV
– Kräuselkrankheit
Wagner, M.
– Migrationstheorie
Wagner, P.
Wagner, Rich.
Wagner, Rud.
Wahlenberg, Göran
– Wahlenbergia
Wahlenbergia
Wahnbachtal-Flora
– Ⓜ Devon (Lebewelt)
Wahrnehmung
Wahrnehmungsschwellen
– chemische Sinne
– Ⓜ Reiz
– ↗ Schwellenwert
Wahrnehmungswissenschaft
– Goethe, J.W. von
Wahrscheinlichkeit
– Deduktion und Induktion
– Entropie
– Entropie - in der Biologie
– Information und Instruktion
– Zufall in der Biologie
Wahrscheinlichkeitsrechnung
– Statistik
Wahrscheinlichkeitsschluß
– Analogie - Erkenntnisquelle
Waid
– Indigofera
Wakame
– Laminariales
Waksman, S.A.
– Antibiotika
Walaas
– Walaat
Walaat
Walch, Johann Ernst Immanuel
– Walchia

Waldkiefer

Walchia ↗
Walckenaera
– Ⓜ Zwergspinnen
Walcott, Ch.
– Algonkium
Wald
– Ackerbau
– Ersatzgesellschaft
– Forstpflanzen
– Forstwissenschaft
– Kulturbiozönose
– Streunutzung
Wald, G.
Waldameisen ↗
Waldbachschildkröte
– Wasserschildkröten
Waldbau
Waldbaulehre
– Waldbau
Waldbaumläufer
– Baumläufer
– Ⓑ Europa XIII
– Ⓑ Rassen- u. Artbildung II
– □ Sonagramm
Waldbison
– Bison
– Nordamerika
Waldbock
Waldböcke
Waldboden
Waldbrände
– Ⓜ Kohlenmonoxid
– Ⓜ Kohlenwasserstoffe
– ↗ Brand (Feuer)
Waldbrettspiel
Waldbüffel
– Kaffernbüffel
Walddeckelschnecke ↗
Waldegelschnecke
– Baumschnegel
Waldeidechse
– Ⓑ Reptilien II
Waldelefant
– Glazialfauna
– Palaeoloxodon
– □ Pleistozän
Walderdbeere
– Erdbeere
– Ⓑ Europa XII
– Fingerkraut
Waldeyer-Hartz, W. von
– Ⓑ Biologie II
– Ⓑ Biologie III
– Cytologie
– □ Nervensystem (Funktionsweise)
Waldformationen
– Wald
Waldfüchse
– Südamerika
Waldgärtner ↗
Waldgeißblatt
– Ⓑ Europa XV
– Heckenkirsche
– Ⓜ Heckenkirsche
Waldgerste ↗
Waldgiraffe ↗
Waldgrenze
– alpine Baumgrenze
– Baumgrenze
– Frosttrocknis
Waldgrille ↗
Waldhirse
Waldhochmoor
Waldhund ↗
Waldhyazinthe
– Ⓑ Europa VI
Waldinnenklima
– Wald
Waldkatzen ↗
Waldkauz
– Eulen
– Ⓑ Europa XIV
– Ⓜ Höhlenbrüter
Waldkiefer
– Ⓑ Europa IV
– □ Kiefer (Pflanze)

431

Waldklapperschlange

- Lichthölzer
Waldklapperschlange
- Klapperschlangen
- B Nordamerika VII
Waldklima
- Mikroklima
Waldkobras ↗
Waldkrankheiten
Waldlehrpfad
- B Wald
Waldlichtungsfluren
- Epilobietea angustifolii
Waldmännlein
- Meerkatzen
Waldmaus
- B Europa XI
Waldmeister ↗
- M Meister
Waldmeister-Buchenwälder
- Asperulo-Fagion
Waldnutzung
- Forstwissenschaft
- Landwirtschaft
Waldnymphen
- □ Kolibris
Waldohreule
- M Eulen
Waldpförtner
- Waldportier
Waldportier
Waldrand
- Ökoton
- Wald
Waldrapp
Waldrebe
- Auenwald
- Blattstielkletterer
- B Mediterranregion I
Waldreservate ↗
Waldrodung
↗ Rodung
Waldruhrkraut
- M Ruhrkraut
Waldsalamander
Waldsänger
Wald-Sauerklee
- B Europa V
- M Sauerklee
Waldschaben
Waldschäden ↗
- Forstschutz
Waldschadenserhebung
- □ Waldsterben
- B Waldsterben I
- B Waldsterben II
Waldschildkröte
- □ Exkretion (Stickstoff)
- Landschildkröten
Waldschilf ↗
Waldschnepfe
- B Europa XV
Waldschutzgebiete
- Urwald
Waldschweine
Waldskinke ↗
Waldspitzmaus
Waldsteiger
Waldsteppe
- Asien
- M Steppe
Waldsterben
- Fadenwürmer
- Galio-Abietion
- Kokospalmenälchen
- Kreuzschnäbel
- Weltmodelle
Wald-Storchschnabel
- B Europa V
- M Storchschnabel
Waldtarpan
- Pferde
Wald-Tulpe
- B Mediterranregion III
- Tulpe
Waldtundra
- Nordamerika
Wald- und Feldmäuse
Waldvergißmeinnicht
- M Vergißmeinnicht

Waldvögelein
- B Orchideen
Waldwühlmaus
- Rötelmäuse
Waldzecke
- Holzbock
Waldzerstörungen
- Südamerika
↗ Rodung
↗ Waldsterben
Waldziegenantilopen
Wale
- Beckengürtel
- Bradykardie
- Deciduata
- Echoorientierung
- B Europa I
- Finne
- M Gebärmutter
- Halswirbel
- Haut
- B Homologie und Funktionswechsel
- M Körpertemperatur
- Lendenwirbel
- Makrosmaten
- Palingenese
- Placenta
- B Polarregion III
- B Polarregion IV
- Rückenflosse
- rudimentäre Organe
- M Säugetiere
- M Trächtigkeit
Walfang
- Krill
- Mensch und Menschenbild
- Polarregion
- Wale
Walfangkommission
- Wale
Walfischaas
- Walaat
Walfische
- Wale
Walfischläuse
- Walläuse
Walgesang
- Buckelwal
Walhaie
- B Fische V
Walker ↗
- B Käfer I
Walkeria
- M Moostierchen
Walkeriidae
- Walkeria
Walklea
- M Nomenklatur
Walköpfige Fische
Wallabia
- Wallabys
Wallabys
Wallace, A.R.
- Abstammung - Realität
- B Biologie I
- B Biologie II
- B Biologie III
- Darwin, Ch.R.
- Darwinismus
- Determination
- tiergeographische Regionen
- Wallacea
- Wallace-Linie
Wallacea
- australische Region
- □ tiergeographische Regionen
Wallace-Linie ↗
Wallach
- Kastration
Wallach, O.
Wallagonia ↗
Walläuse
Waller ↗
Wallhecke
- Knick
Wallpapillen
- Zunge

- Zungendrüsen
Wallriff
- B Hohltiere II
↗ Riff
Walnuß
- □ Fruchtformen
- □ Nahrungsmittel
- M Obst
- M Walnußgewächse
Walnußartige
Walnußbaum
- B Holzarten
- Juglon
- M Kernholzbäume
- M Knospe
- Kotyledonarspeicherung
- M Kulturpflanzen III
- Walnußgewächse
Walnußgewächse
- Cupula
Walrat
Walrat-Organ
- Walrat
Walrosse
- M Gattung
- M Körpergewicht
- B Polarregion III
Walroßschnecke ↗
Walsauger ↗
Walter-Lieth-Diagramme
- M Klima (Klimatische Bereiche)
Waltiere ↗
- Wale
Wal-Tran
- Buchsbaumgewächse
- Clupanodonsäure
- Tran
Walzenbock
- Pappelbock
Walzenechsen
- B rudimentäre Organe
- M Selektion II
Walzenschlangen ↗
Walzenschleiche
- B rudimentäre Organe
↗ Walzenechsen
Walzenschnecken
Walzenspinnen
- Tracheensystem
Wanddruck
- Erklärung in der Biologie
- Saugspannung
- Vakuole
- B Wasserhaushalt der Pflanze
- Wasserpotential
Wandelnde Geige ↗
Wandelndes Blatt ↗
- B Insekten I
Wandelröschen
- Eisenkrautgewächse
Wanderackerbau
- Afrika
- Brandrodung
- Landwirtschaft
- Regenwald
↗ shifting cultivation
↗ Wanderfeldbau
Wanderalbatros
- B Polarregion IV
Wanderameisen ↗
- B Ameisen II
Wanderbewegung
- Beringung
Wanderbienenhaltung
- M Varroamilbe
Wanderdrossel
- Drosseln
- B Nordamerika V
Wanderfalke
- □ Auflösungsvermögen
- B Europa IX
- M Falken
- □ Flugbild
- Greifvögel
- M Kosmopoliten
Wanderfalter ↗
Wanderfeldbau
- Landwechselwirtschaft

↗ shifting cultivation
↗ Wanderackerbau
Wanderfilarie ↗
Wanderfische ↗
- Fische
Wanderflechten
Wandergamet
- B Algen IV
- Zygnemataceae
Wandergelbling ↗
Wanderheuschrecken
- B Insekten I
- M Membranpotential
- Stare
- Versuchstiere
- Windfaktor
Wanderkern ↗
- Gamontogamie
- Geschlecht
- B Sexualvorgänge
Wanderlarve ↗
Wandermuschel
Wanderratte
- B Europa XVI
- M Geschlechtsreife
- Hausratte
- □ Lebensdauer
- Synanthropie
Wandersaibling
- B Fische XI
- Saiblinge
Wandertaube
- M Aussterben
- B Nordamerika V
- Tauben
Wandertrieb ↗
Wanderu ↗
- Bartaffe
Wanderungen
- Alpentiere
↗ Massenwanderung
↗ Tierwanderungen
Wanderwelle
- □ Gehörorgane (Hörtheorie)
Wanderzellen ↗
- Bindegewebe
Wanderzygote ↗
Wandflechte ↗
wandlungsfähige Pflanzen
- Tropophyten
Wandporen
- □ Sensillen
wandständig
- Placenta
Wandzelle ↗
Wange
- Kauapparat
- Trilobiten
Wangenbein ↗
- □ Schädel
Wangenmuskel
- Wange
Wangenstachel
- Genalstachel
- M Trilobiten
Wankie (Zimbabwe)
- B National- und Naturparke II
Wanstschrecke ↗
Wanzen
- □ Endosymbiose
- B Insekten I
- □ Mundwerkzeuge
- Oenocyten
- □ Rote Liste
- Wehrsekrete
Wanzenkraut
- M Porst
Wapiti ↗
- Europa
- M Formenkreis
- Nordamerika
- B Nordamerika I
Warane
- B Afrika I
- B Asien VIII
- Australien
- Echsen

- Harnblase
- *Warburg, O.H.*
  - Absorptionsspektrum
  - [B] Biochemie
  - [B] Biologie I
  - [B] Biologie II
  - [B] Biologie III
  - [M] Enzyme
  - Krebs
  - Warburg-Apparatur
  - Warburgsches Atmungsferment
- *Warburg-Apparatur*
  - [B] Biologie III
- *Warburg-Dickens-Horecker-Weg*
  - Pentosephosphatzyklus
- *Warburg-Hypothese*
  - aerobe Atmung
- *Warburg-Kolben*
  - Warburg, O.H.
- *Warburg-Manometer*
  - Warburg, O.H.
  - [M] Warburg-Apparatur
- *Warburgsches Atmungsferment* ↗
- **Warmbeet**
  - Saatbeet
- *Warmblut*
- *Warmblüter*
- **Wärme**
  - [B] Dissimilation I
  - Wärmehaushalt
- **Wärmeabgabe**
  - Körpergröße
  - Temperaturregulation
- **Wärmeäquivalent**
  - Mayer, J.R. von
- **Wärmeaufnahme**
  - Temperaturregulation
- **Wärmeaustausch**
  - Bodentemperatur
- **Wärmeaustauscher**
  - Dromedar
- **Wärmebelastung**
  - heat-shock-Proteine
  - Stadtökologie
  - ↗ thermische Belastung
- **Wärmebewegung**
  - Entropie - in der Biologie
  - ↗ thermische Bewegung
- **Wärmeenergie**
  - Absorption
  - chemische Energie
  - Enthalpie
  - Entropie - in der Biologie
  - Thermodynamik
- *wärmegemäßigte Regenklimate*
  - Klima
- **Wärmehaushalt**
  - Klima
  - Ozon
  - Wasser
- **Wärmeisolation**
  - Deckhaar
  - Fette
  - Fettpolster
  - Fettspeicherung
  - Vogelfeder
  - ↗ Wärmeschutz
- **Wärmekapazität**
  - Bodentemperatur
  - Wärmehaushalt
- **Wärmelehre**
  - Thermodynamik
- **Wärmeleitfähigkeit**
  - Bodentemperatur
  - Wärmehaushalt
- *wärmeliebende Mauerunkrautfluren*
  - Parietarietea judaicae
- **Wärmeproduktion**
  - Atmungskette
  - braunes Fett
  - Stoffwechselintensität
  - Temperaturregulation
- *Wärmepunkte* ↗
  - [M] Haut

- Schmerz
- **Wärmeregulation**
  - Allensche Proportionsregel
  - Blut
  - Nest
  - ↗ Temperaturregulation
- **Wärmereizung**
  - Schmerz
- **Wärmerezeptoren** ↗
- **Wärmeschutz**
  - Nestdunen
  - ↗ Wärmeisolation
- **Wärmesinn** ↗
- **Wärmespeicher**
  - Wasser
- **Wärmestarre**
  - [B] Temperatur
- **Wärmestrahlen-Diagnostik**
  - Krebs
- **Wärmestrahlung** ↗
  - Bodentemperatur
  - ↗ Infrarot
- **Wärmetod**
  - Entropie - in der Biologie
  - [B] Temperatur
  - ↗ Hitzetod
- **Wärmetönung**
  - Enthalpie
- **Wärmetransport**
  - [M] Grenzschicht
  - Temperaturregulation
- **Wärmeverluste**
  - Glashauseffekt
- **Wärmezeit** ↗
- **Wärmezwischenzeit**
  - Interglazial
- *Warmhaus*
  - Äquatorium
- **Warmhauspflanze**
  - □ botanische Zeichen
- **Warmpunkte**
  - ↗ Wärmepunkte
- *warmstenotherme Formen*
- *Warmzeit* ↗
  - eustatische Meeresspiegelschwankungen
  - Klima
  - □ Pleistozän
- **Warnfärbung**
  - Abwehr
  - Gestalt
  - Schreckfärbung
  - Warnsignal
  - Warntracht
- **Warnlaute**
  - Klapperschlangen
  - Sprache
  - Warnsignal
  - ↗ Warnrufe
- **Warnpfiff**
  - Murmeltiere
- **Warnrufe**
  - [M] Aggression (Gruppen-Aggression)
  - Angst - Philosophische Reflexionen
  - Kommunikation
  - Schwarm
  - □ Verhaltenshomologie
  - Warnsignal
  - Warnlaute
- **Warnsignal**
  - Aggression
- **Warntracht** ↗
  - □ Farbe
  - [B] Mimikry I
  - ↗ Schreckfärbung
- **Warnverhalten** ↗
  - Haustierwerdung
  - Warnsignal
- *Warthe-Stadium*
- **Warve**
- **Warvenchronologie**
- *Warventon* ↗
- **Warvite**
  - Bänderton
- **Warzen**
  - [M] Papillomviren

- *Warzenascidie* ↗
- *Warzenbeißer* ↗
  - [M] Heupferde
  - [B] Insekten I
  - Stridulation
- **Warzenfortsatz**
  - □ Schädel
- *Warzenkäfer* ↗
- *Warzenkaktus* ↗
  - [B] Nordamerika VIII
- *Warzenkoralle* ↗
- *Warzenmolche* ↗
- **Warzenschlangen**
- **Warzenschwämme**
- **Warzenschweine**
  - [B] Afrika III
- *Warzenviren* ↗
- *Waschbären* ↗
  - Europa
  - [M] Faunenverfälschung
  - Haustiere
  - [M] Kleinbären
  - [M] Lebensdauer
  - [B] Nordamerika IV
  - Südamerika
  - Verwilderung
- **Waschbärhund**
  - Marderhund
- **Waschen**
  - Makaken
  - ↗ Waschmittel
- *Waschmittel*
  - Bacillus
  - Detergentien
  - [M] Eutrophierung
  - Fettalkohole
  - grenzflächenaktive Stoffe
  - Phosphate
  - [M] Seifen
  - Subtilisin
  - thermophile Bakterien
  - ↗ Seifen
- **Waschmittelphosphate**
  - [M] Bodenentwicklung
  - Waschmittel
- **Washingtoner Artenschutzabkommen**
  - Artenschutzabkommen
- **Washingtonia**
  - [B] Nordamerika VIII
- **wash-out**
  - Niederschlag
  - saurer Regen
- *Wasser*
  - [M] Albedo
  - anthropisches Prinzip
  - Bodenentwicklung
  - Bodenerosion
  - Bodentemperatur
  - [M] chemische Bindung
  - Dichteschichtung
  - Dipol
  - [B] Dissimilation I
  - [B] Dissimilation II
  - Energieflußdiagramm
  - Entropie - in der Biologie
  - Feuchtigkeit
  - Hydratation
  - □ Mineralien
  - Molekülmasse
  - [M] Molekülmasse
  - □ Redoxpotential
  - □ Stoffwechsel
  - Temperaturanpassung
  - [M] Wasseraufnahme
- **Wasserabgabe**
  - [B] Blatt I
  - Dehydratation
  - [M] Wasserbilanz
- **wasserabstoßend**
  - Bürzeldrüse
  - hydrophob
- **Wasseraktivität**
  - [M] Hydratur
  - mikrobielles Wachstum
  - Osmophile
  - ↗ Wasserpotential
- *Wasseraloë* ↗
- *Wasseramseln*
  - [B] Europa IV

- [M] Gewölle
- **wasseranziehend**
  - hydrophil
- *Wasserassel*
- *Wasseratmung* ↗
  - Kiemen
- *Wasseraufbereitung*
- *Wasseraufnahme (Botanik)*
- *Wasseraufnahme (Zoologie)*
  - [M] Wasserbilanz
- **Wasserausnutzungskoeffizient**
  - Wasserhaushalt
- **Wasserbakterien**
  - Gasvakuolen
  - phototrophe Bakterien
- *Wasserbär* ↗
- *Wasserbestäubung* ↗
- *Wasserbienen* ↗
- *Wasserbilanz*
  - Exsikkose
- **Wasserbilanzgleichung**
  - Wasserbilanz
- **Wasserbindung**
  - Wasserpotential
- *Wasserblätter* ↗
- **Wasserblattern**
  - Windpocken
- *Wasserblattgewächse* ↗
- *Wasserblüte*
  - Algengifte
  - Anabaena
  - Botryococcaceae
  - Cyanobakterien
  - Eutrophierung
  - Gasvakuolen
  - Gloeotrichia
  - phototrophe Bakterien
  - Pyrrhophyceae
- *Wasserblüten* ↗
- *Wasserblütigkeit* ↗
  - Hydrogamie
- *Wasserböcke*
  - [B] Afrika I
  - [M] Gehörn
- *Wasserbüffel*
  - [B] Asien VII
- **Wasserdampf**
  - Atmosphäre
  - Atmung
  - Ausstrahlung
  - [B] chemische und präbiologische Evolution
  - Dromedar
  - Feuchtigkeit
  - Glashauseffekt
  - Hydratur
  - Klima
  - Kormus
  - Niederschlag
  - Tau
  - Transpiration
  - Verdunstung
  - Wasser
  - Wasseraufnahme
  - Wasserkreislauf
  - Wassertransport
- **Wasserdampfdichte**
  - Feuchtigkeit
- **Wasserdampfdruck**
  - Feuchtigkeit
  - ↗ Dampfdruck
- *Wasserdarm* ↗
- **Wasserdiurese**
  - Antidiurese
- *Wasserdost*
- *Wasserdrachen* ↗
- **Wasserdruck**
  - Tiefseefauna
- **Wassereinsparung**
  - [M] Gegenstromprinzip
- **Wasserentzug**
  - Konservierung
- *Wasserfalle*
- **Wasserfallenmechanismus**
  - Coryanthes
- *Wasserfarne*
  - Heterosporie
- *Wasserfeder*
- *Wasserfenchel*

Wasserfichte

Wasserfichte
- Glyptostrobus

Wasserfieber
- Feldfieber

Wasserflechten
Wasserfledermaus ↗
Wasserflöhe
- Cyclomorphose
- ☐ Cyclomorphose
- Eizelle
- Heterogonie
- ☐ Krebstiere
- Lichtfaktor
- ☐ Spermien

Wasserflorfliegen ↗
Wasserfreunde ↗
Wasserfrosch ↗
- B Amphibien II
- M Froschlurche
- Hybridogenese

Wasserfrühlingsfliegen
- Steinfliegen

Wassergefäßsystem ↗
- B Skelett

Wassergehalt
- M Wasser (Wassergehalt)
- Wasserhaushalt
- M Wasserpotential

Wassergewebe
- Blattsukkulenz

Wassergüte
- biologische Wasser-
  analyse
- Saprobiensystem

Wassergüteklassen ↗
Wasserhafte
Wasserhahnenfuß
- Schwimmblätter

Wasserharnruhr ↗
Wasserhärte
- M Seifen

Wasserhaushalt
- Aldosteron
- Belastung
- Benetzbarkeit
- Exkretion
- Flechten
- Klima
- Kormus
- Mesotocin
- Morphosen
- M Porung
- Rekultivierung
- Renin-Angiotensin-
  Aldosteron-System
- Schutzwald
- Temperaturanpassung

Wasserhirsche ↗
- Paläarktis

Wasserhunde ↗
Wasserhyazinthe
- B Südamerika III

Wasserinsekten
- Biomechanik
- Dollosche Regel

Wasserjungfern ↗
Wasserkäfer
- Atmungsorgane

Wasserkalb ↗
Wasserkapazität ↗
Wasserkastanie ↗
Wasserkatze ↗
Wasserknöterich
- M Knöterich

Wasserkobras
Wasserkopf
- ☐ Röntgenstrahlen

Wasserköpfe
Wasserkreislauf
- Klima

Wasserkudu
- Sitatunga

Wasserkugeln
- Verticillium

Wasserkultur ↗
Wasserläufer (Insekten)
- B Insekten I
- M Komplexauge (Quer-
  schnitte)

Wasserläufer (Vögel)
Wasserleitung
- M Blei
- Crenothrix
- ↗ Wassertransport

Wasserleitungssystem
- Brutbeutel
- Landasseln

Wasserlianen
- Dilleniaceae

Wasserlieschgewächse ↗
Wasserlinse
- Chlorochytriaceae
- B Europa VI
- Wasserlinsengewächse
- M Wasserlinsengewächse

Wasserlinsendecken ↗
Wasserlinsen-Farn
- Algenfarn

Wasserlinsengewächse
- Aronstabartige
- Schneckenblütler

Wasserlungen ↗
Wasserlungenschnecken ↗
Wassermann, A.P. von
Wassermannsche Reaktion
- Geschlechtskrankheiten
- Wassermann, A.P. von

Wassermantel
- ☐ Proteine (Schematischer
  Aufbau)

Wassermarder ↗
Wassermelone ↗
- B Kulturpflanzen VI

Wassermiere
Wassermilben ↗
Wassermokassinschlange
- Dreieckskopfottern
- B Nordamerika IV

Wassermolche
Wassermolekül
- M Wasser (Struktur)

Wassermoose
Wassermotten ↗
Wassernabel
Wassernadel ↗
Wassernattern
Wassernetz ↗
Wassernuß
- Wassernußgewächse

Wassernußgewächse
Wasseropossum ↗
Wasserpest
- Hydrogamie

Wasserpfeifer ↗
Wasserpflanzen
- Amphiphyt
- ☐ botanische Zeichen
- M Grundgewebe
- Hibernakeln
- Hitzeresistenz
- Hydromorphie
- Verlandung
- Wasseraufnahme

Wasserpflaume
- M Nostoc

Wasserpieper
- M arktoalpine Formen
- M Pieper

Wasserpocken
- Windpocken

Wasserpotential
- Erklärung in der Biologie
- pF-Wert
- Quellung
- Wasseraufnahme
- Wasserstreß

Wasserralle
- M Sumpfhühner

Wasserratte ↗
- Schermäuse

Wasserraubtiere ↗
Wasserregionen
Wasserreh
- Asien
- M Drohverhalten
- Geweih

Wasserreinigung ↗
Wasserreis ↗

Wasserreiser
- Proventivsprosse

Wasserreservoirfrosch ↗
- Froschlurche

Wasserretention
- Naturschutz

Wasserrose ↗
Wasserrübe ↗
- B Kulturpflanzen II

**Wasserrübengelbmosaik-
Virusgruppe**

Wasserrübenkräusel-Virus
- Kräuselkrankheit

Wasserrückresorption
- ↗ Rückresorption

Wassersäcke
Wassersalamander
Wassersalat ↗
Wassersättigung
- Bodenluft
- Wasserpotential

Wasserschere
- Krebsschere

Wasserschierling
Wasserschildkröten
- Nordamerika
- ☐ Schildkröten

Wasserschimmel
- Wasserschimmelpilze

Wasserschimmelpilze
Wasserschlauch
**Wasserschlauch-Gesell-
schaften**

Wasserschlauchgewächse
Wasserschmätzer
- M Holarktis

Wasserschneider ↗
Wasserschosse
- Gehölzschnitt

Wasserschraube
- Hydrogamie
- M Hydrogamie

Wasserschutzgebiete
Wasserschutzwald
- Wald

Wasserschwaden
Wasserschweif
- Chrysocapsales

Wasserschwein ↗
- B Südamerika IV

Wasserskorpion ↗
- B Insekten I
- M Skorpionswanzen

Wasserspalten ↗
Wasserspaltung
- Photolyse
- B Photosynthese II

Wasserspannung ↗
- Bodenwasser
- pF-Wert
- ↗ Wasserpotential

Wasserspeicher
- Ananasgewächse
- Cyclorana
- Fettpolster
- Moose
- Stammsukkulenten

Wasserspeicherung
- Austrocknungsfähigkeit
- Blattsukkulenz

Wasserspeicherzellen
Wasserspinne
- Atmungsorgane

Wasserspitzmäuse
- Paläarktis

Wasserspringer ↗
Wasserstand
- ☐ Meeresbiologie
  (Lebensraum)

Wasserstern
- Wassersterngewächse

Wassersterngewächse
Wasserstoff
- anthropisches Prinzip
- M Bioelemente
- ☐ Buttersäure-Butanol-
  Aceton-Gärung
- B chemische und präbio-
  logische Evolution

- Dehydrierung
- Dehydrogenasen
- M Dissoziation
- M extraterrestrisches
  Leben
- Gärgase
- M Isotope
- M Molekülmodelle
- photobiologische Wasser-
  stoffbildung
- ☐ Redoxpotential
- B Stoffwechsel
- Wasser

Wasserstoffbakterien ↗
Wasserstoffbindung
- chemische Bindung
- Desoxyribonucleisäuren
- ↗ Wasserstoffbrücke

Wasserstoffbrücke
- Basenpaare
- ☐ Cellulose
- B Desoxyribonuclein-
  säuren III
- Dipol
- B Gentechnologie
- hydrophil
- Komplementarität
- Proteine
- B Proteine
- transfer-RNA

Wasserstoffbrückenbindung
- Basennachbarschaft
- chemische Bindung
- Kooperativität
- ↗ Wasserstoffbrücke

**Wasserstoffionenkonzen-
tration** ↗

Wasserstoffkern
- Atom
- ↗ Proton

**wasserstoffoxidierende
Bakterien**

Wasserstoffperoxid
$(= H_2O_2)$
- Aerobier
- ☐ Bombardierkäfer
- Glutathion
- Katalase
- ☐ MAK-Wert
- M Wehrsekrete

Wasserstoffsuperoxid
- Wasserstoffperoxid

Wasserstoffübertragung
Wasserstreß
- Antitranspirantien
- Wasserbilanz

Wasserströmung
- Drift
- ↗ Strömung

Wassertejus ↗
Wassertiefe
- M Isolinien

Wassertiere
- Atmung

Wassertransport
- Kapillarität
- Wasserpotential
- ↗ Wasserleitung

Wassertreter (Insekten)
Wassertreter (Vögel)
Wassertrugnattern
Wasserverbrauch
- Potometer
- ↗ Wasserverlust

Wasserverlust
- Durst
- Transpiration
- Wasserhaushalt

Wasserverschmutzung
- Alsen
- Artenschutz
- Lignin
- Wasserpflanzen

Wasserversickerung
- Bodenentwicklung
- Lysimeter
- Perkolation

Wasservögel
- Bürzeldrüse

Wasserwanzen ↗
– Atmungsorgane
– Gehörorgane
– mechanische Sinne
Wasserwirtschaft
– Bewässerung
Wasserzikaden ↗
Wasserzivetten
– Ⓜ Zibetkatzen
Watasenia
waterpennys
– Psephenidae
Watson, J.B.
– Behaviorismus
– Milieutheorie
Watson, J.D.
– Basenpaare
– Ⓑ Biochemie
– Ⓑ Biologie II
– Ⓑ Biologie III
– ☐ Desoxyribonuclein-
  säuren (Geschichte)
Watson-Crick-Modell
– Ⓑ Biologie II
– Crick, F.H.C.
– Ⓑ Desoxyribonuclein-
  säuren III
– Watson, J.D.
Watsonius
– Ⓜ Darmegel
Watsonsche Regel
Watt
– Asteretea tripolii
– Europa
– Felsküste
– Küstenvegetation
– Ölpest
Wattefäule
– Mucorales
Wattefilter
– Sterilfiltration
Wattenfaser ↗
Wattenkrebs
– Wattkrebs
Wattenmeer
– Anaerobiose
– Ⓜ Wasserverschmutzung
  ↗ Watt
Wattenmeer (BR Dtl.)
– Ⓑ National- und Natur-
  parke I
Wattkrebs
Wattschnecken
Wattwiesen
– Asteretea tripolii
Wattwurm ↗
Wat- und Möwenvögel
Watvögel
– Vogelzug
Wau
Waucobella
– Helicoplacoidea
Wawilow, N.I.
– Parallelmutationen
Waxdick ↗
WBE
– Broteinheit
W-du-Niger (Benin/Burkina
  Faso - früher Ober-
  volta -/Niger)
– Ⓑ National- und Natur-
  parke II
Wealden
– Ⓜ Kreide
Wealden-Kohlen
– Kreide
wear-and-tear-theory
– Altern
Weaver, Warren
– Shannon-Weaver-Formel
Webebär
– Ⓑ Schädlinge
Weber, E.H.
– Weber-Fechnersches
  Gesetz
– Weber-Knöchelchen
Weber, Max (Soziologe)
– Soziologie
Weber, Max (Zoogeograph)
– Weber-Linie

Weberameisen
– Werkzeuggebrauch
Weberbock
Weber-Fechnersches
  Gesetz
– Ⓑ Biologie II
– ☐ Gehörsinn
Weberknechte
– ☐ Rote Liste
– Tracheensystem
  ↗ Opiliones
Weber-Knöchelchen
Weber-Linie ↗
Webersches Gesetz
– Weber-Fechnersches
  Gesetz
Webervögel
– Brutrevier
– Koloniebrüter
– Leerlaufhandlung
– Nest
– Ⓜ Nest (Nestformen)
Webspinnen
– Gespinst
– Giftklauen
– Giftspinnen
– ☐ Rote Liste
– Spermien
wechselfeuchte Pflanzen ↗
Wechselfieber ↗
Wechselgesang ↗
Wechselgrünland
Wechseljahre
Wechselproteine ↗
Wechselspannung
– Ⓜ Schwingung
wechselständig
Wechseltierchen ↗
wechselwarmer Zustand
– Schlaf
wechselwarme Tiere ↗
Wechselweide
– Wechselgrünland
Wechselwirkung
– anthropisches Prinzip
Wechselwirtschaft
Wechselzahl ↗
– Acetylcholin-Esterase
Wechselzähner
– Verschiedenzähner
Wechselzyklus
– Maikäfer
Weckamine
– Morphin
Weckhelligkeit ↗
Weckmittel
– Weckamine
Wedda
– ☐ Menschenrassen
Weddell, James
– Weddell-Robbe
Weddell-Robbe ↗
– Ⓜ Bradykardie
– Polarregion
– Ⓑ Polarregion IV
Weddide
Wedel
– Farne
– Ⓜ Gleicheniaceae
Wegameise ↗
Wegener, A.L.
Wegerich
– ☐ Blattstellung
  (Diagramme)
– Ⓑ Blütenstände
– Deckelkapsel
– Ⓑ Europa XVIII
– Rosette
– Trittpflanzen
– Ⓜ Wegerichgewächse
Wegerichartige
Wegerichgewächse
Wegschnecken
– ☐ Lebensdauer
Wegwarte ↗
– Blumenuhr
– ☐ Cichorium (Abbildung)
Wegweisergras
– Rispengras

Wegwenden
– ☐ Demutsgebärde
Wegwespen
– Webspinnen
Wegzug
– Vogelzug
Wehen
– Geburt
Wehenmittel
– Mutterkornalkaloide
– Oxytocin
– Prostaglandine
Wehnelt-Zylinder
– Ⓑ Elektronenmikroskop
– ☐ Röntgenstrahlen
Wehrdrüsen
– Doppelfüßer
Wehrenten
– Ⓑ Rassen- u. Artbildung I
Wehrpolypen
– Ⓜ Feuerkorallen
– Nematophoren
Wehrsekrete
– Allomone
– Amphibiengifte
– Benzochinon
– Bienengift
– Cardenolide
– Laufkäfer
Wehrstachel
Wehrvögel
– Ⓜ Südamerika
– Ⓑ Vögel II
Weichboviste
Weichbrand
– Haferflugbrand
weicher Gaumen
– Gaumensegel
– Munddach
Weicher Schanker ↗
– Ⓜ Haemophilus
Weichfäule
Weichgummi
– Kautschuk
Weichholz
Weichholzaue ↗
– Alnetum incanae
Weichkäfer
– Ⓑ Insekten III
– pseudokone Augen
Weichkieferkraken
– Bolitaena
Weichkorallen
Weichmacher
– polychlorierte Biphenyle
Weichporlinge
Weichritterlinge
Weichrostrum
Weichschildkröten
Weichseleiszeit
Weichselkaltzeit
– ☐ Pleistozän
– Weichseleiszeit
Weichselzopf
– Kopflaus
Weichteilerhaltung
Weichtiere
– Gehirn
– Malakologie
– Nervensystem
– Ⓑ Nervensystem I
– Ⓜ Tiefseefauna (Artenzahl)
Weichwanzen
Weide (Landwirtschaft)
– Dauergrünland
– Ersatzgesellschaft
– Grasnarbe
– Kulturbiozönose
Weide (Pflanze)
– Alpenpflanzen
– arktotertiäre Formen
– Ⓑ Asien I
– Bodenzeiger
– Brettwurzeln
– Ⓑ Europa X
– ☐ Holz (Bautypen)
– Kallus
– Kätzchen
– Keimfähigkeit

Wein

– Lichthölzer
– ☐ Mastjahre
– Mykorrhiza
– Ⓑ Polarregion II
– Salicetea purpureae
– Salicin
– Ⓜ Stecklinge
– Weichholz
– Wurzelbrut
Weidegänger
– Ⓜ Ernährung
Weidegift
– Dichapetalaceae
  ↗ Photosensibilisatoren
Weidegräser
– Untergräser
Weideherden
– Ⓜ anonymer Verband
Weidelgras
– Ⓑ Kulturpflanzen II
  ↗ Lolch
Weidenartige
Weidenblattlarve ↗
– Tarpunähnliche Fische
Weidenbock ↗
Weidenbohrer ↗
Weidengewächse ↗
Weidenlibelle ↗
Weidenröschen
– Ⓑ Europa XVIII
– Morphosen
– Ⓜ Morphosen
– Ⓜ Polarregion I
– Ⓜ Samenverbreitung
Weidenschwärmer ↗
Weidenspierstrauch
– Ⓜ Rosengewächse
Weidenspinner
– Trägspinner
Weiden- und Pappelgesell-
  schaften ↗
Weiderich
– ☐ Bodenzeiger
Weiderichgewächse
Weidetetanie ↗
Weidetiere
– koprophil
Weide-Unkräuter
– Überweidung
– Umtriebsweide
  ↗ Unkräuter
Weidewirtschaft
– Höhengliederung
– Landwirtschaft
Weigel, Christian Ehrenfried von
– Weigelie
Weigelie ↗
– Ⓜ Geißblattgewächse
Weigelt, J.
– Biostratonomie
Weigeltisauridae
– Protorosauria
Weihen
– Greifvögel
Weiher
– Feuchtgebiete
Weihnachtsbaum
– Ⓑ Australien I
Weihnachtskaktus
Weihnachtsstern ↗
– Hochblätter
– Schauapparat
– Ⓑ Südamerika I
– Ⓜ Wolfsmilch
Weihrauch
– Burseraceae
Weil, Adolf
– Weilsche Krankheit
Weil-Landouzy-Krankheit
– Weilsche Krankheit
Weilsche Krankheit
– Uhlenhuth, P.
Weimannia
– Cunoniaceae
Weimar-Ehringsdorf
– Paläanthropologie
Wein
– alkoholische Gärung
– Anstellhefe

Wein, Wilder

- M Äthanol
- Brettanomyces
- Froschlaichgärung
- Fuselöle
- Gärprobe
- Hansenula
- Harze
- Histamin
- Kahmhefen
- Kermesbeerengewächse
- Konservierung
- M Leerfrüchtigkeit
- Malo-Lactat-Gärung

Wein, Wilder
- Appressorien
- M Haftorgane
- Lianen
- M Morphosen
- B Nordamerika IV

Weinbau
- Europa
- Höhengliederung
- Wein

Weinbeeren
- Trockenbeere
- Weinrebe

Weinberg, Wilhelm
- Hardy-Weinberg-Regel

Weinbergschnecken
- M Auge
- binäre Nomenklatur
- Deckel
- M Fortbewegung (Geschwindigkeit)
- Gonoporus
- Landlungenschnecken
- Lungenschnecken
- Radula
- Untergattung
- B Verdauung II

Weinbergslauch-Gesellschaft ↗
Weinbergträubelhyazinthe
- M Träubelhyazinthe

Weinbergzikade
- Singzikaden

Weinen
- M Sprache
- M Tränendrüse

Weinert, H.
Weingeist ↗
Weinhähnchen ↗
Weinhefen
- Drosophilidae
- Jerezhefe

Weinkellermotten
Weinlese
- Weinrebe

Weinmotte
- Weinkellermotten

Weinraute ↗
- M Nektarien
- Rutin
- Weinrebe

Weinrebe
- □ Fruchtformen
- Geschein
- B Kulturpflanzen IX
- Lianen
- M Ranken
- Rebkrankheiten
- Reblaus
- Umtrieb

Weinrebengewächse
Weinsäure
- Acinetobacter

Weinschwärmer
Weinstein
- Wein
- Weinsäure

Weintraube
- □ Gibberelline
- Weinrebe

Weinvogel
- Weinschwärmer

Weisel
- □ staatenbildende Insekten

Weiselzelle
- □ staatenbildende Insekten

Weiselzellenfuttersaft
- Gelée royale

Weisheitszähne
Weismann, A.F.L.
- Abstammung - Realität
- Amphimixis
- B Biologie I
- B Biologie II
- Darwinismus
- Entwicklungstheorien
- Forel, F.A.
- Haeckel, E.
- Keimplasmatheorie
- Leben
- Neodarwinismus
- Weismannscher Ring
- Zoologie

Weismann-Doktrin
- Abstammung - Realität

Weismannscher Komplex
- Corpora cardiaca

Weismannscher Ring ↗
Weiss, P.
- Abstammung - Realität

Weißährigkeit
- Halmfliegen

Weißalkaliboden
- □ Salzböden

Weißbartpekari
- Pekaris

Weißblütigkeit
- Leukämie

Weißbroteinheit
- Broteinheit

Weißbuche ↗
Weißbuntscheckung
- Buntblättrigkeit
- Panaschierung

Weißbüschelaffchen
- Marmosetten
- B Südamerika II

Weißdorn
- B Europa XII

Weißdornfalter
- Baumweißling

Weißdünen
- Ammophiletea
- Strandhafer

Weiße Ameisen ↗
weiße Blutkörperchen
- ↗ Leukocyten

weiße Blutzellen
- ↗ Leukocyten

Weiße Fliegen ↗
Weiß-Eiche
- B Nordamerika V

Weiße Johannisbeere
- B Kulturpflanzen VII

weiße Körper
- Atmungsorgane
- Landasseln
- lymphatische Organe

weiße Linie
- Huf

weiße Maus
- Hausmaus

weiße Muskeln
- motorische Einheit

weiße Pulpa
- Milz

Weißer Bär
- M Bärenspinner
- B Schädlinge

Weißer Germer
- Germer
- B Kulturpflanzen XI

Weißer Hai ↗
weißer Infarkt
- Infarkt

Weißer Knollenblätterpilz
- Knollenblätterpilze
- B Pilze IV

Weißerle
- Wurzelbrut

Weißer Senf
- M Blatt
- B Kulturpflanzen VIII
- Senf

Weißer Sichler
- B Nordamerika VI

Weißer Thunfisch
- B Fische IV
- Thunfische

Weiße Rübe ↗
- B Kulturpflanzen II

Weißer Wiener
- □ Kaninchen

Weißer Zimt ↗
Weißes C ↗
weißes Fett
- Bindegewebe
- braunes Fett

Weißes Leghorn
- B Haushuhn-Rassen

weiße Substanz
- Cerebroside
- Hinterstrang
- Hirnmark
- B Rückenmark
- Telencephalon

Weißes W ↗
Weißes Zedernöl
- Lebensbaum

Weißfäule
- Abortiporus
- Lignin

Weißfische
Weißfuchs ↗
Weißgesicht-Scheidenschnabel
- B Polarregion IV

Weißhai ↗
- B Fische IV

Weißherbst
- Wein

Weißholz
Weiss-Hoorwegsches Reizgesetz
- Chronaxie

Weißhosigkeit
- Wurzeltöterkrankheit

Weißkehlstelzenkrähe
- B Afrika V

Weißklee
- Klee
- M Knöllchenbakterien (Wirtspflanzen)
- B Kulturpflanzen II

Weißkohl ↗
- M Ballaststoffe
- B Kulturpflanzen V
- Sauerkraut

Weißkopf-Seeadler
- Nordamerika
- B Nordamerika II
- Seeadler

Weißkopftaube
- B Nordamerika VI

Weißlehm
Weißlinge (Fische)
Weißlinge (Insekten)
- M Fortbewegung (Geschwindigkeit)
- Gehörorgane
- B Schmetterlinge

Weißlippenhirsch
Weißlochfäule
- Weißfäule

Weissmann, Ch.
- B Biochemie

Weißmoose ↗
Weißnasensaki
- □ Sakiaffen

Weißrost
- Albugo

Weißrüsselbär ↗
Weißrüster ↗
Weißschimmelkäse
- Käse

Weißschwanz-Tropikvogel
- B Nordamerika VI
- M Tropikvögel

Weißseuche
- Heidemoorkrankheit

Weißspitzenhai ↗
Weißsporer
- M Täublinge

Weißstirnspint
- Bienenfresser

Weißstorch
- Beringung
- Gewölle
- Monogamie
- □ Störche und Storchverwandte
- B Vogeleier II
- Vogelzug

Weißtanne
- B Europa XX
- Tanne

Weißtannenlaus
- Tannenläuse
- M Tannenläuse

Weißtannenwälder
Weißtrüffel
- Mittelmeertrüffel
- Speisetrüffel

Weißwal
- B Polarregion III

Weißwasser
Weißwasserflüsse
- Weißwasser

Weißwedelhirsch
- Nordamerika
- B Nordamerika VII

Weißwein
- Wein

Weißwurm
Weißwurz
Weißzeder ↗
Weißzüngel
Weitholz
Weitmaulfliegen ↗
Weitmundschnecken
Weitsichtigkeit
Weizen
- Ackerbau
- Allopolyploidie
- □ Basenzusammensetzung
- B Blüte
- Blütenbildung
- Chromosomen
- M Chromosomen (Anzahl)
- Euploidie
- Gemengesaat
- Getreidemehltau
- Grünalgen
- Hafer
- Hybridzüchtung
- B Kulturpflanzen I
- B Mutation
- Nacktgetreide
- Roggen
- □ Rostpilze
- M Rüsselkäfer
- M Stärke
- M Tausendkorngewicht
- Typhula-Fäule
- Unverträglichkeit
- Wachstumsregulatoren

Weizenälchen
Weizenanbaugebiete
- B Kulturpflanzen I

Weizenbraunrost ↗
Weizenfliegen ↗
Weizenflugbrand ↗
Weizengürtel
- Nordamerika

Weizenhirse ↗
Weizenkeim-Agglutinin
- □ Lectine

Weizenkeimöl
Weizenkleie
- M Ballaststoffe

Weizenmalz
- Bier

Weizenstärke
- □ Stärke

Weizmann, C.
- M Buttersäure-Butanol-Aceton-Gärung

Welch-Fraenkel-Gasbrandbacillus
- □ Gasbrandbakterien

Welkekrankheiten
welken
- Dürre

- Grundgewebe

Welkepunkt ↗

Welkestoffe
- Welketoxine

Welketoxine

Welkstoffe ↗

Welle
- Schwingung

Wellenastrild
- [M] Prachtfinken

Wellenlänge
- Auflösungsvermögen
- [M] elektromagnetisches Spektrum
- Elektronenmikroskop
- [B] Farbensehen
- Gehörsinn

Wellenläufer ↗

Wellensittich
- Australien
- [B] Australien II
- Käfigvögel
- [□] Käfigvögel
- [□] Lebensdauer
- Zählvermögen

Weller, Th.H.

Wellhornartige

Wellhornschnecken
- [M] Vorderkiemer

Welpe

Welschkorn
- Mais

Welse
- Darmatmung
- Fische
- [B] Fische X
- [M] Gelege
- Kontakttier

Welsh Corgi
- [□] Hunde (Hunderassen)

Welsh-Terrier
- [□] Hunde (Hunderassen)

Weltbevölkerung
- Bevölkerungsentwicklung
- Club of Rome
- [M] Pflanzenzüchtung

Welternährung
- Ernährung

Welternährungsrat
- FAO

Weltgeist
- Geist - Leben und Geist

Weltgesundheitsorganisation
- [M] Krankheit

Weltmodelle
- Club of Rome
- Humanökologie

Weltordnung
- Leibniz, G.W.

Weltrichia
- Pentoxylales

Weltverständnis
- Leib-Seele-Problem

Weltsitsch, Friedrich
- Welwitschia

Welwitschia
- Afrika
- [B] Afrika VII

Welwitschiaceae
- Welwitschia

Welwitschiales
- Welwitschia

Wendeglied ↗

Wendehals
- [B] Europa XV
- Vogelzug

Wendehalsfrösche ↗
- Phrynomeridae

Wendekreise
- Klima
- Tropen

Wendelähre ↗

Wendeltreppen

Wendium ↗
- [B] Erdgeschichte
- Präkambrium

Wenigborster ↗

Wenigfüßer
- Tracheensystem

wenigstrahlig
- oligarch

Wenigzähner ↗

Wenlockium
- [M] Silurium

Werbung

Werftkäfer
- [B] Käfer II

Werkzeuge
- Abschlaggeräte
- [B] adaptive Radiation
- Arbeitsteilung
- Faustkeil
- Jugendentwicklung: Tier-Mensch-Vergleich
- Werkzeuggebrauch
- ↗ Steinwerkzeuge

Werkzeuggebrauch
- aufrechter Gang
- Darwin, Ch.R.
- Denken
- [B] Einsicht
- Grabwespen
- Hand
- Köhler, W.
- [M] Kultur
- Meerotter
- Menschenaffen
- Mensch und Menschenbild
- Nordamerika
- Selbstdomestikation
- ↗ Werkzeugherstellung

Werkzeugherstellung
- Denken
- [B] Einsicht
- Hand
- Mensch

Wermut ↗
- Absinthin
- Asien
- [B] Kulturpflanzen X
- Weinrebe

Werner, A.G.
- geologische Formation

Wernicke-Korsakoff-Syndrom
- Thiamin

Wernicke Sprachzentrum
- Sprache
- Sprachzentren
- [□] Telencephalon
- [B] Telencephalon

Werra-Blüte
- Plankton

Werre ↗

Wertigkeit
- chemische Elemente
- chemische Verbindungen

Wesens-Analogie
- Analogie - Erkenntnisquelle

Wespen
- [M] Fortbewegung (Geschwindigkeit)
- [B] Insekten II
- [□] Insektenflügel
- Nest
- Pteridine

Wespenbein ↗

Wespenbienen ↗
- [M] Kuckucksbienen

Wespenböcke ↗

Wespenbussarde
- Vespidae

Wespenkäfer
- Fächerkäfer

Wespenkeule
- [M] Kernkeulen

Wespenspinne

Wespenstich
- anaphylaktischer Schock

Wespentaille ↗
- Mittelsegment
- Petiolus
- Symphyta
- Vespidae

Westafrikanischer Lungenfisch
- [B] Fische IX
- Lungenfische

Westalpinide
- [□] Menschenrassen

Westfälisches Kaltblut
- [□] Pferde

Westfalium
- [M] Karbon

Westindisches Arrowroot
- Pfeilwurzgewächse

Westküstenklima
- [M] Klima (Klimatische Bereiche)

westliches Pferdeencephalitis-Virus
- Togaviren

West-Nil-Fieber
- [□] Togaviren

Westpferd
- Kaltblut

Westsibiride
- [□] Menschenrassen

Wettbewerb ↗

Wetter
- Klima

Wetterdistel ↗

Wettereinflüsse
- dichteunabhängige Faktoren

Wetterfisch ↗

Wetterkunde
- Meteorologie

Wettersternartige Pilze
- Wettersterne

Wettersterne

Wettervorhersage
- Chaos-Theorie
- ↗ Klima

Wettstein, F.

Wettstein, R.

Wettsteinia
- Pseudosphaeriales

Weybourne-Kaltzeit
- Günzeiszeit
- Menap-Kaltzeit

Weymouth, Thomas Thynne, Viscount of W.
- Kiefer (Pflanze)
- Weymouthskiefernblasenrost

Weymouthskiefer
- Kiefer (Pflanze)
- [B] Nordamerika I

Weymouthskiefernblasenrost

Wharton, Thomas
- Whartonsche Sulze

Whartonsche Sulze ↗

Whataroa
- [M] Togaviren

wheat belt
- Nordamerika

Whisky
- [M] Äthanol

White, Bruce
- Kauffmann-White-Schema

White-coat
- Sattelrobbe

White darling pea
- [B] Australien II

Whittleseya ↗

WHO
- [M] Krankheit

Wicke
- [B] Europa XVII
- Griffelbürste
- Gründüngung
- Guanidin
- [M] Knöllchenbakterien (Wirtspflanzen)
- [B] Kulturpflanzen II
- Lianen
- [B] Unkräuter

Wickel

Wickelbär ↗
- Südamerika
- [B] Südamerika VI

Wickelschwanz
- Ameisenbären

Wickenkäfer
- [M] Samenkäfer

Wickler

Widal, Georges Fernand
- Gruber-Widalsche Reaktion

Widal-Reaktion
- Gruber-Widalsche Reaktion

Widavögel ↗

Widder
- [M] Gehörn

Widderbären

Widderböcke ↗

Widderchen
- [□] Schmetterlinge (Falter)
- [B] Schmetterlinge

Widerbart
- [M] Mykorrhiza
- Saprophyten

Widerristhöhe

Widerstandskraft
- Biomechanik
- Resistenz
- Überzüchtung

Widerstandsstadium
- Streß

Widertonmoos
- [B] Moose I
- Polytrichaceae
- [M] Polytrichaceae

Widerwille
- Aversion

Wiedehopf ↗
- Bürzeldrüse
- [B] Europa XVIII
- [M] Höhlenbrüter
- Hopfe
- [B] Vögel I
- [B] Vogeleier I
- Vogelzug

Wiederaufforstung
- Aufforstung

Wiederausbürgerung
- Tiergartenbiologie
- zoologischer Garten

Wiederbelebungszeit
- Anoxie

Wiederfundquote
- Beringung

Wiederholungsdrang
- Jugendentwicklung: Tier-Mensch-Vergleich

Wiederkäuen

Wiederkäuer
- Darm
- [□] Endosymbiose
- [□] Mineralisation
- Placenta
- Zahnformel
- Zitze

Wiederkäuer-Magen
- Darmfauna
- Schlundrinne
- Speichel
- [B] Verdauung III

Wiederkauzentrum
- Wiederkäuen

Wiederverwendung
- Abfallverwertung
- Autolyse
- ↗ Recycling

Wieland, H.O.
- [B] Biochemie
- Wielandiella

Wielandiella ↗

Wiener, A.S.
- Landsteiner, K.
- Rhesusfaktor

Wiener, N.
- Biokybernetik
- [B] Biologie II
- [B] Biologie III
- Information und Instruktion
- Kybernetik

Wiese
- [M] Albedo
- Dauergrünland
- Ersatzgesellschaft
- Grasfluren
- Grasnarbe
- Graswirtschaft
- Kulturbiozönose

Wiesel
- Yersinia

Wiesel, T.N.

Wieselartige

Wieselartige ↗
Wieselkatze
– Südamerika
Wiesenameise ↗
Wiesenaugentrost
– Augentrost
– B Europa XIX
Wiesenchampignon
– Champignonartige Pilze
– B Pilze IV
Wiesenkalke
– Gley
Wiesenkerbel
– B Europa XVII
– Kerbel
– Nitrophyten
Wiesenklee
– Klee
– B Kulturpflanzen II
Wiesen-Knäuelgras
– M Knäuelgras
Wiesenknopf
– ☐ Bodenzeiger
Wiesenlieschgras
– B Kulturpflanzen II
– Lieschgras
– Obergräser
Wiesenotter
– B Reptilien III
Wiesenpflanzen
– Wiese
Wiesenpieper
– Pieper
– Vogelzug
Wiesenpippau
– M Pippau
Wiesenraute
Wiesenrispengras
– Rispengras
– Untergräser
Wiesensalbei
– M Salbei
Wiesenschachtelhalm
– B Farnpflanzen II
– Schachtelhalm
Wiesenschaumkraut
– M Schaumkraut
Wiesenschaumzikade
– B Insekten I
– Schaumzikaden
Wiesenschmätzer
Wiesenschnake ↗
Wiesenschwingel
– M Schwingel
Wiesensilge
Wiesenspinner
– Herbstspinner
Wiesenvögelchen ↗
Wiesenwanze
– Weichwanzen
Wiesner, J. von
– Wiesneriella
Wiesneria
– Froschlöffelgewächse
Wiesneriella
Wigglesworth
– Insektenflügel
– Insektenhormone
Wikstroemia ↗
Wikström, Johann Emanuel
– Wikstroemia
Wild
– Forstschädlinge
Wildart
– Rasse
Wildbesatz
– Vegetation
Wildbeuter
– Jagd
– Jäger- und Sammlervölker
– Mittelsteinzeit
Wildbienenzucht
– Bienenzucht
Wildcat
– Luchse
Wilddieberei
– M Reptilien
Wildebeest ↗
Wilde Dreiklaue
– Weichschildkröten

Wilder Reis ↗
Wilder Wein
Wilde Rebe
– Auenwald
– Weinrebe
wilder Kanarienvogel
– ☐ Käfigvögel
Wilder Majoran
– Dost
Wilder Rosmarin
– Porst
Wilder Wein
– Appressorien
– M Haftorgane
– M Lianen
– M Morphosen
– B Nordamerika IV
Wildesel ↗
– Asien
– B Mediterranregion IV
Wildfang
– Aquarienfische
Wildfarbe
– Aguti-Färbung
Wildform
– Chromosomen
– Fruchtbarer Halbmond
– Kulturpflanzen
– Naturschutz
– B Selektion II
– M Stammart
– Verwilderung
 ↗ Wildtyp
Wildhefen
Wildhunde
Wildjak
– Asien
Wildkamel
– Paläarktis
Wildkaninchen
– Australien
– B Europa XIII
– M Hasenartige
– ☐ Kaninchen
– Schonzeit
Wildkartoffel
– Demission
Wildkatze
– B Europa XIV
– Katzen
– ☐ Lebensdauer
Wildkräuter
– Unkräuter
Wildkresse
– Sumpfkresse
Wildlieschgras
– M Lieschgras
wildlife management
– wildlife management
Wildökologie
– wildlife management
Wildpferde
– Asien
– B Asien II
– Glazialfauna
– Kaltblut
– Pferde
– ☐ Pferde
Wildpflanzen
– Pflanzenzüchtung
 ↗ Wildkräuter
Wildpflege ↗
– Hege
Wildrind
– Mindorobüffel
Wildrinder
– Asien
– Rinder
Wildschaf
– B Asien II
– Schafe
Wildschweine
– Bache
– B Europa XIV
– M Fährte
– Haustierwerdung
– ☐ Lebensdauer
– M Schonzeit
Wildtiere
– Haustierwerdung

– wildlife management
Wildtiernutzung
– M wildlife management
Wildtyp
– Komplementation
– Rückmutation
 ↗ Wildform
Wildverbiß
– Abieti-Fagetum
– M Ausschlag
– Europa
– Schonung
Wildziege
– Paläarktis
– Ziegen
Wilfahrt, H.
– Hellriegel, H.
– M Knöllchenbakterien
Wilhelmia ↗
Wilkins, M.H.F.
– ☐ Desoxyribonuclein-
 säuren (Geschichte)
– ☐ Röntgenstruktur-
 analyse
Wille ↗
– Freiheit und freier Wille
Willemet, Rémy
– Willemetia
Willemetia ↗
Willemoesia
– Polychelidae
Willensfreiheit
– Freiheit und freier Wille
Williamsonia ↗
– M Bennettitales
– B Cycadophytina
Williamsoniella
– M Bennettitales
Willis, I.C.
– Willissche Regel
Willis, Th.
– Biologie II
– Geoffroy Saint-Hilaire, É.
Willissche Regel ↗
– ☐ Vervollkommnungs-
 regeln
Willistonsche Regel
willkürliche Muskulatur
Willstätter, R.
– B Biochemie
– B Biologie II
Wilpattu (Sri Lanka)
– B National- und Natur-
 parke II
Wilson, E.B.
– Entwicklungstheorien
Wilson, E.O.
– Bioethik
– Inselbesiedlung
– Inselbiogeographie
– Soziobiologie
Wilson, P.W.
– Transpiration
– M Knöllchenbakterien
Wilsonsche Krankheit
– Coeruloplasmin
Wiman, C.
– Wimansche Regel
Wimansche Regel
Wimpelfisch ↗
Wimpelschwänze
– ☐ Kolibris
Wimperepithel ↗
Wimperfarn
Wimperflamme
Wimpergruben
– Cephalisation
Wimperhafte ↗
Wimperkugel ↗
Wimperlarven
– M Schistosomatidae
Wimpern (Anatomie)
Wimpern (Cytologie)
Wimpernkranz
– B Muscheln
– Trochus
Wimpernurnen
– Sipunculida
– Wimperurnen
Wimperplättchen
– Rippenquallen

– M Seestachelbeere
Wimperrinne
– Siphonoglyphe
Wimperschopf
– animaler Pol
– Animalisierung
– M Pilidium
Wimpertierchen
– Dauermodifikation
– Exkonjugant
– Pädogamie
– Spasmin
– Spasmoneme
– Verdauung III
 ↗ Ciliata (Einzeller)
Wimpertrichter
– M Nephridien
Wimperurnen
Wind
– Bodenentwicklung
– Bodenerosion
– Flugeinrichtungen
– Flügel
– Flughaare
– Höhengliederung
– M Klima (Klimaelemente)
– Schwimmen
– Windfaktor
– Windschäden
Windaus, A.O.R.
Windblütigkeit ↗
– Blüte
Windbruch
– Schilfrohr
Windbuchen
– Windfaktor
Wind Cave (USA)
– B National- und Natur-
 parke II
Winde ↗
– ☐ Bodenzeiger
– Unkräuter
– B Unkräuter
Windei
– Hühnerei
Windelschnecken
Winden
Windengewächse
– Milchröhren
Winden-Knöterich
– Knöterich
– B Unkräuter
Windenpflanzen
Windenschwärmer
Windepflanzen
– Winden
Winderosion
– Bodenerosion
Windeschlangen ↗
Windfaktor (Botanik)
Windfaktor (Zoologie)
– Transpiration
 ↗ Wind
Windfege
– Saatgutreinigung
Windflechten
– Cetrario-Loiseleurietea
Windhalm
Windhalm-Fluren ↗
– Aperetalia spicae-venti
Windhunde
– ☐ Hunde (Hunderassen)
– B Hunderassen III
Windig
– Windenschwärmer
Windkesselfunktion
Windpocken
– Inkubationszeit
– ☐ Virusinfektion (Abläufe)
– ☐ Virusinfektion (Wege)
Windpockenvirus
– Varizellen-Zoster-Virus
Windröschen
– Myrmekochorie
Windschäden
Windschutzhecken
– Bodenschutz
– M Erosionsschutz
Windschutzstreifen
– Haloxylon

Windschutzwald
– Wald
Windspiel
– □ Hunde (Hunderassen)
Windspielantilopen ⤴
– Dikdiks
Windstille
– Luftverschmutzung
Windstreuer
– Samenverbreitung
Windverbreitung ⤴
– Bewegung
– Samenverbreitung
Windwurf
– Ⓜ Forstpflanzen
Winkelbeschleunigung
– Bogengänge
Winkelgeschwindigkeit
– Bewegungssehen
Winkelkopfagamen
Winkelspinnen
Winkelzahnmolche
– Paläarktis
Winkerkrabben
Winkverhalten
– Ⓜ Rhabditida (Fortpflanzung)
Winogradsky, S.N.
– Anreicherungskultur
– Beggiatoa
– Beijerinck, M.W.
– Chemolithotrophie
– Clostridien
– Eisenbakterien
– schwefeloxidierende Bakterien
Winter, John
– Winteraceae
Winteraceae
Winterannuelle
Winteraster ⤴
Winterblüher
– □ botanische Zeichen
Winterdeckel
– Epiphragma
Wintereier ⤴
– □ Blattläuse
– □ Reblaus
⤴ Dauereier
Wintereulen ⤴
Winterfeldbau
– Jahreszeitenfeldbau
Winterfell
– Sommerkleid
⤴ Winterkleid
Winterfrucht
– Wintergetreide
Wintergetreide
– Dreifelderwirtschaft
Wintergoldhähnchen
– Europa
– Ⓑ Europa XII
– Goldhähnchen
– Ⓑ Rassen- u. Artbildung II
Wintergrün
– Ⓑ Europa IV
– Salicylsäure
– Wintergrüngewächse
– Ⓜ Wintergrüngewächse
Wintergrüngewächse
Wintergrünöl ⤴
Winterhafte
– Haft
winterhart
Winterkleid ⤴
– Saisondimorphismus
⤴ Winterfell
Winterknospen ⤴
– Drüsenzotten
– Knospenschuppen
– Paludicella
– Statoblasten
⤴ Erneuerungsknospen
Winterkresse
– □ Barbarakraut
Winterlaicher
– Ⓜ Laichperioden
Winterlibellen
Winter-Linde
– Ⓑ Europa XI

– Linde
Winterling
Wintermajoran
– Dost
Wintermücken
Winterpilz
– Samtfußrübling
Winterquartier
– Fledermäuse
– Strichvögel
Winterroggen
– Verträglichkeit
Winterruhe (Botanik)
Winterruhe (Zoologie)
Winterschlaf
– Alpentiere
– Atmungskette
– Bilche
– braunes Fett
– Ⓜ Diapause
– Fledermäuse
– Reservestoffe
– Temperaturregulation
Winterschlafdrüse
– Winterschlaf
Wintersporen
Winterstarre
Wintertrüffel
– Ⓑ Pilze IV
Winterung
– Wintergetreide
Winterweizen
– Verträglichkeit
Winton-Goldmull
– Goldmulle
Winzer
– □ Krebs (Krebsentstehung)
Wipfelbäume
– Baum
Wipfeldürre ⤴
Wirbel
– Amphibien
– Chorda dorsalis
– Dornfortsatz
– Goethe, J.W. von
– Homonomie
– idealistische Morphologie
– Parapophyse
– Plesiomorphie
– Processus spinosus
– Rippen
– Schlangensterne
– Stachelhäuter
– Vierfüßer
Wirbeldost ⤴
Wirbelkanal
– Neuralkanal
Wirbelkörper
– Ⓑ Skelett
– Wirbel
Wirbelloch
– Neuralkanal
Wirbellose
– Ⓑ Biologie II
– Lamarck, J.-B.A.P. de
Wirbelsäule
– Achsenskelett
– Beckengürtel
– Biomechanik
– Chorda dorsalis
– Chordatiere
– Ersatzknochen
– Ⓜ Rekapitulation
– Rücken
– Ⓑ Skelett
Wirbeltiere
– Bauplan
– Ⓑ Biologie II
– Ⓑ Erdgeschichte
– Gehirn
– Ⓜ Herz
– Lamarck, J.-B.A.P. de
– Neotenie
– Nervensystem
– Ⓑ Skelett
– Steroidhormone
– Telencephalon
Wirbelwespe ⤴

Wirbelzentrum
– Wirbel
Wirkgruppe ⤴
Wirkungsgesetz der Wachstumsfaktoren ⤴
Wirkungsgrad
– Energieumsatz
Wirkungsmuster
Wirkungsquantum
– Elektronenmikroskop
Wirkungsspektrum ⤴
– Antibiotika
– Ⓜ Strichtest
Wirkungsspezifität
Wirkwelt
– Umwelt
Wirrköpfe ⤴
Wirrzöpfe
– Gallmilben
Wirsing ⤴
Wirt
– Blütenformel
– Symmetrie
– zyklische Blüten
wirtelig
– Blattstellung
– Wirtel
Wirtelpilzwelkekrankheit
– Pilzringfäule
Wirtelschwanzleguane
Wirtsannahme
– Parasitismus
Wirtsantigene
– Ⓜ Evasion
Wirtsbereich
Wirtschaftsdünger
– Landwirtschaft
Wirtschaftsgrünland ⤴
– Wiese
Wirtschaftslehre
– Landwirtschaftslehre
Wirtsfindung
– Parasitismus
wirtsfremde Parasiten
– Wirtsspezifität
wirtsholde Parasiten
– Wirtsspezifität
Wirtskreis ⤴
Wirtskreiserweiterung
– Leucochloridium
Wirtspassage
Wirtsrassen
– ökologische Rasse
Wirtsspektrum
– Wirtsspezifität
Wirtsspezifität
wirtsstete Parasiten
– Wirtsspezifität
Wirtstreue
– Wirtsspezifität
wirtstreue Parasiten
– Wirtsspezifität
wirtsvage Parasiten
– Wirtsspezifität
Wirtswahlregel
Wirtswechsel
– Blattläuse
Wirtszellen ⤴
Wischfiguren
– Scharrkreise
Wischreflex
– mechanische Sinne
Wisent
– Asien
– Europa
– Ⓑ Europa XIII
– Ⓜ Formenkreis
– Ⓜ Körpergewicht
Wismutpräparate
– Chemotherapeutika
Wissen
– Zufall in der Biologie
Wissenschaft
– Denken
⤴ Geisteswissenschaften
⤴ Naturwissenschaften
wissenschaftliche Methode
– Ethik in der Biologie
wissenschaftliches Ethos
– Ethik in der Biologie

Wissenschaftstheorie
– Deduktion und Induktion
– Erkenntnistheorie und Biologie
Wissenschaftstheorie und Biologie
Wister, Caspar
– Wisteria
Wisteria ⤴
– Ⓑ Asien III
"Witjas"-Tief
– Meer
– Tiefseefauna
Witterung
– Klima
Witterungsklimatologie
– Klima
Wittling
– Ⓑ Fische II
– Ⓑ Fische III
Witwenaffe
– Ⓜ Springaffen
Witwenblume ⤴
Witwenvögel
Wixia
– Ⓜ Spinnennetz
Wobbegong ⤴
Wobble-Hypothese ⤴
Wobble-Paarungen
– Hypoxanthin
– Inosin-5'-monophosphat
Wobble-Positionen
– Adenosin-Desaminase
Wochenbett
– Gestation
Wochenbettfieber
– Kindbettfieber
Wochenstuben
– Fledermäuse
– Fledertiere
Wocklumeria
– Devon
Wodka
– Ⓜ Äthanol
Woese, C.R.
– Archaebakterien
– Eubakterien
Wöhler, F.
– alkoholische Gärung
– Ⓑ Biochemie
– Ⓑ Biologie I
– Ⓑ Biologie II
– Ⓜ Enzyme
– organisch
Wohlverleih ⤴
Wohndichte
Wohngebiet
– Areal
– Verbreitung
Wohnkammer
– Oikopleura
Wohnschicht
– Termiten
Wohnungsmilben
Wolbachia
– Wolbachieae
Wolbachieae
Wolf
– Ⓑ Europa V
– Gestik
– Haustierwerdung
– Kojote
– □ Lebensdauer
– □ Pleistozän
– Ⓜ Rangordnung
– Tötungshemmung
Wolff, C.F.
– Ⓑ Biologie I
– Ⓑ Biologie II
– Ⓑ Biologie III
– Entwicklungstheorien
– Epigenese
– Gastraea-Theorie
– Wolffscher Gang
– Zelltheorie
Wolff, Ch.
– Teleologie - Teleonomie
Wolff, E. von
Wolffia
– Wasserlinsengewächse

Wolffscher Gang

Wolffscher Gang
- Bläschendrüsen
- Nebeneierstock
- Nephridien
- Sexualhormone

Wolfram
- [B] Elektronenmikroskop

Wolfsartige
- Canis
- Schakale

Wolfsbarsch ↗

Wolfsblut
- Lycogalaceae

Wolfsfisch ↗
- [M] Laichperioden

Wolfsflechte

Wolfsfliegen
- Raubfliegen

Wolfshund, Irischer
- □ Hunde (Hunderassen)

Wolfsköder
- Wolfsflechte

Wolfskraut
- Löwenschwanz

Wolfsmilch
- [B] Blütenstände
- □ Bodenzeiger
- Kakteengewächse
- Milchröhren
- Stammsukkulenten

Wolfsmilchartige
Wolfsmilchgewächse
- Cyathium

Wolfsnattern
- Wolfszahnnattern

Wolfspinnen
- Fanghafte

Wolfsröhrling
- Dickfußröhrlinge

Wolfsspinnen
- Fanghafte
- Wolfspinnen

Wolfsspitz
- □ Hunde (Hunderassen)

Wolfstrapp
Wolfszahnnattern
Wolga
Wolhynisches Fieber
- [M] Kleiderlaus

Wolinella
- schwefeloxidierende Bakterien

Wolken
- [M] Albedo
- Atmosphäre

Wolkenwälder
- [M] Cyatheaceae

Wollaffen ↗
- [M] Klammerschwanzaffen

Wollafter ↗

Wollaston, William Hyde
- [M] Mikroskop (Geschichte)

Wollaus
- [M] Tannenläuse

Wolläuse ↗

Wollbaum
- Kapokbaum

Wollbaumgewächse ↗
Wollbienen ↗

Wollblume
- Königskerze

Wolle
- Angoratiere

Wollfärbung
- Arginin

Wollfaser
- Keratine
- Wolle

Wollfett ↗

Wollgras
- □ Bodenzeiger
- [B] Europa VIII
- [M] Flughaare
- [B] Polarregion II

Wollhaar ↗

Wollhaarige Weide
- [B] Polarregion II

Wollhaarigkeit
- Kräuselkrankheit

Wollhaarnashorn
- Coelodonta
- ↗ Wollnashorn

Wollhandkrabbe
- Europa
- Osmoregulation

Wollhasen
- Chinchillas

Wolliger Milchling
- Erdschieber

Wollkäfer

Wollkopfgeier
- [B] Afrika II

Wollkrabben

Woll-Laus
- [M] Tannenläuse

Wollmaki ↗
Wollmäuse ↗

Wollnashorn
- Glazialfauna
- ↗ Wollhaarnashorn

Wollny, E.
- Optimumgesetz

Wollraupenspinner ↗
Wollrückenspinner ↗

Wollschildlaus
- biologische Schädlingsbekämpfung

Wollschwamm
- Badeschwämme

Wollschwanzhasen ↗
- Kaninchen
- Rotkaninchen

Wollschweber

Wollschweiß
- Cerotinsäure

Wollspinner
Wollwachs ↗
- Wachse

Wollziest
- [B] Asien II
- Ziest

Wolterstorffina

Wombats
- Nagegebiß

Wood Buffalo (Kanada)
- [B] National- und Naturparke II

Woods, Joseph
- Woodsia

Woodsia ↗

Woodward, John
- [B] Biologie II

Woodward, R.B.
World Wildlife Fund

Woronin-Körperchen
- Schlauchpilze

Wortbildung
- □ Telencephalon

Wörter
- Sprache

Wortsymbole
- Sprache

Wrackbarsche

Wrickschwimmen
- Schwimmen

Wright, Sewall
- Sewall-Wright-Effekt

wrinkle-layer
- Runzelschicht

Wruke
- Kohl

Wucherblume
- [B] Europa XVII

Wucherer, O.
- Wuchereria

Wuchereria
- Elephantiasis

Wucherung
- Proliferation

Wuchserziehung
- Gehölzschnitt

Wuchsform
- Baum
- beschneiden
- □ botanische Zeichen

Wuchsort
- Standort

Wuchsstoffe ↗
- Frühtreiberei

Wuchteln
- Kiebitze

Wühler
- Südamerika

Wühlmäuse
- [B] Europa XVI
- Gartenschädlinge
- [M] Holarktis
- □ Pleistozän

Wühltejus ↗
Wulstlinge
Wulstlingsartige Pilze
Wulstschnecken ↗

Wundbotulismus
- □ Botulismus

Wunden
- Baumwachs
- Fleischfliegen
- Webermeisen
- Wundstarrkrampf

Wunderbakterium ↗
Wunderbaum ↗

Wunderbeere
- Miracidium
- Sapotaceae

Wunderblume
- [B] Südamerika V

Wunderblumengewächse
Wunderlampe
Wundernetz ↗

Wunderstrauch
- Croton
- Wolfsmilchgewächse

Wundfäule
- Stammfäule

Wundfläche
- Blattfall

Wundgewebe
- Kallus

Wundheilung (Botanik)
- Regeneration

Wundheilung (Zoologie)
- [M] Altern
- Blattschneiderameisen
- Enterobacter
- [M] Glucocorticoide
- Granulationsgewebe
- ↗ Wundverschluß

Wundholz
- Überwallung
- Wundheilung

Wundhormone
- Haberlandt, G.

Wundinfektion
- Gasbrandbakterien
- Pasteurella

Wundklee
- □ Bodenzeiger

Wundkork
- Wundheilung

Wundrose
- Streptococcus

Wundschorf
- Schorf

Wundsekret
- Sekretion

Wundstarrkrampf
- Bodenorganismen
- Toxoide

Wundtumor
- Pflanzentumoren

Wundtumoren-Virusgruppe ↗

Wundverschluß
- □ Fibrin
- Harze
- Kork
- Schorf
- ↗ Wundheilung

Wünschelruten
- Zaubernußgewächse

Wurf
Würfelbein
Würfelfalter ↗
Würfelnatter
- [B] Reptilien II

Würfelquallen

Würgeböden
- arktische Böden

Würger
- [M] Gewölle

Würgerfeigen
- Hemiepiphyten

Wurm (Krankheit)
- Rotz

Wurm (Tier)
- ↗ Vermes

Wurmbaeoideae
- Liliengewächse

Würmchenflechte ↗

Würm-Eiszeit
- □ Geochronologie
- holozäne Böden
- Weichseleiszeit

Würmer ↗

Wurmfarn
- [M] Blatt
- Farne
- [B] Farnpflanzen I
- [B] Farnpflanzen II

Wurmfarngewächse
Wurmfäule ↗
Wurmfortsatz ↗
- lymphatische Organe

Wurmgestalt
- Analogie - Erkenntnisquelle

Wurmholothurie

Würm-Kaltzeit
- ↗ Würm-Eiszeit

Wurmkrankheit
- Helminthiasis

Wurmlattich ↗

Wurmlosung
- Bodenorganismen

Wurmlosungsgefüge
- Bodenentwicklung
- □ Gefügeformen

Wurmlöwe
- [M] Schnepfenfliegen

Wurmmollusken
- Gehirn

Wurmnacktschnecken
Wurmsalamander

Wurmsamen
- Beifuß

Wurmschleichen ↗
Wurmschnecken
Wurmwühlen ↗

Wurst
- Nitrosamine

Wurstbaum
- [B] Afrika II

Wurstkraut
- Majoran

Wurstvergiftung
- □ Botulismus
- Nahrungsmittelvergiftungen

Würzburger Lügensteine
- Lügensteine

Würze
- Bier
- Kahmhefen

Wurzel (Botanik)
- Bodenatmung
- Bodenentwicklung
- Bodenreaktion
- Bodenwasser
- Büschelwurzel
- Dornen
- Grundorgane
- Ionenaustauscher
- [M] Kallus
- Kormus
- [M] Kormus
- [B] Mykorrhiza
- Phototropismus
- □ Samen
- sekundäres Dickenwachstum
- □ Tropismus

Wurzel (Zoologie) ↗

Wurzelälchen
- [M] Tylenchida

Wurzelausscheidungen
- Bodenmüdigkeit
- Laugung
- Rhizosphäre

Wurzelausschlag ↗
Wurzelbacillus ↗
Wurzelbildung
– Auxine
Wurzelblätter
– Wasserschlauchgewächse
Wurzelbohrer
– Duftbeine
– ☐ Schmetterlinge (Falter)
Wurzelbrand
– B Pflanzenkrankheiten I
Wurzelbräune
Wurzelbrut
– Stockausschlag
Wurzelbrüter
– Borkenkäfer
Wurzelbulbille
– Brutknospe
Wurzelbüschel ↗
Wurzeldornen ↗
Wurzeldruck
– bluten
– Blutungssaft
– Exsudation
– Wasseraufnahme
– Wassertransport
Wurzelfäden
– Kenozoide
Wurzelfasern
– Basalkörper
Wurzelfäulen
– Mykorrhiza
– Stammfäule
Wurzelfüßchen ↗
Wurzelfüßer
Wurzelgallenälchen ↗
Wurzelgift
– Aluminium
Wurzelhaare ↗
– Absorptionsgewebe
– Apoplast
– Haftwurzeln
– Keimung
– B Knöllchenbakterien
– Trichoblasten
– B Wasserhaushalt der Pflanze
Wurzelhals
– M Kormus
Wurzelhalsgalle ↗
– M Agrobacterium
↗ Wurzelhalstumor
Wurzelhalstumor
– Pflanzentumoren
– Wurzelkropf
↗ Wurzelhalsgalle
Wurzelhaube
– B Sproß und Wurzel I
– M Wurzel (Bau)
Wurzelhaut (Botanik) ↗
Wurzelhaut (Zoologie) ↗
– M Zähne
Wurzelkletterer ↗
Wurzelknie
– Sumpfzypresse
Wurzelknöllchen
– Frankiaceae
– Hülsenfrüchtler
– Leghämoglobin
Wurzelknollen
– ☐ Rüben
Wurzelkrebse ↗
Wurzelkropf
– ☐ Reblaus
Wurzelloden
– Ausschlag
Wurzellorcheln
Wurzelmetamorphosen ↗
Wurzelmundquallen
Wurzelnder Bitterröhrling
– Dickfußröhrlinge
Wurzelparasiten
– Streptomycetaceae
Wurzelpflanzen ↗
Wurzelpol ↗
Wurzelratten
Wurzelraumverfahren
– Rieselfelder

Wurzelrinde
– Wurzel
Wurzelrübe
– Beta
– ☐ Rüben
Wurzelsaugspannung
↗ Saugspannung
Wurzelscheide (Botanik) ↗
Wurzelscheide (Zoologie) ↗
Wurzelscheitel
– Dermatogen
– Histogene
Wurzelschichtporling
– Wurzelschwamm
Wurzelschwamm
– Mykorrhiza
– Rotfäule
– Wurzellorcheln
Wurzelsprengung
– Bodenentwicklung
Wurzelsprosse ↗
Wurzelstock ↗
Wurzelsukkulenten
– Sukkulenten
Wurzeltöterkrankheit
Wurzelträger
– Moosfarngewächse
– Stigmarien
Wurzeltrüffel ↗
Wurzelunkräuter
– Unkräuter
Wurzelzichorie
– Cichorium
Wüste
– Afrika
– B Afrika I
– B Afrika VI
– arid
– Asien
– B Asien II
– B Asien VI
– B Australien I
– B Australien II
– B Bodentypen
– Halbwüste
– B Mediterranregion I
– Nordamerika
– B Nordamerika I
– B Nordamerika VIII
– ☐ Produktivität
– Südamerika
– B Südamerika I
– B Südamerika V
– B Südamerika VI
– Vegetationszonen
Wüstenassel
– Monogamie
– Tiergesellschaft
Wüsteneidechsen
– Temperaturregulation
Wüstenfuchs
– ☐ Allensche Proportionsregel
Wüstengecko
– M Geckos
Wüstengimpel
– Gimpel
– B Mediterranregion IV
Wüstengoldmull
– Goldmulle
Wüstenhase ↗
Wüstenheuschrecken
– Massenwanderung
Wüstenkatze ↗
Wüstenläufer
– Rennvögel
Wüstenluchs
Wüstenpflanzen ↗
– M osmotischer Druck
Wüstenrenner ↗
Wüstenrennmäuse
– Erkundungsverhalten
– Rennmäuse
Wüstenspringmaus
– B Mediterranregion IV
– M Springmäuse
Wüstensteppe
– M Steppe
Wüstentejus ↗
Wüstenteufel ↗

Wüstentiere ↗
– Osmoregulation
– Wasseraufnahme
Wüstentrompeter
– Gimpel
Wüstenwaran
– M Warane
Wut
– M Bereitschaft
WWF ↗
Wyandottenhuhn
– B Haushuhn-Rassen
Wychuchol ↗
Wyeron
– M Phytoalexine
Wyeronepoxid
– M Phytoalexine
Wyeronsäure
– M Phytoalexine
Wynne-Edwards
– Selektion
Wynter, John
– Winteraceae
Wyperfeld (Australien)
– B National- und Naturparke II
Wyulda
– Kusus

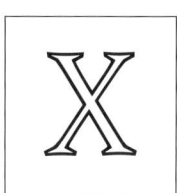

Xancus ↗
Xanthidae
Xanthidium ↗
Xanthin
– Harnsäure
Xanthin-Dehydrogenase
– Selen
Xanthin-Oxidase
– ☐ Aerobier
– Gicht
– Milchproteine
– Molybdän
– M Oxidoreduktasen
– ☐ Purinabbau
– Xanthin
Xanthium ↗
Xanthobacter
– wasserstoffoxidierende Bakterien
Xanthoceras
– Seifenbaumgewächse
Xanthocillin
Xanthommatin ↗
Xanthomonadine
– Xanthomonas
Xanthomonas
– Adernschwärze
Xanthonychidae
– Buntschnecken
Xanthopan
– Zoogamie
Xanthophoren ↗
Xanthophyceae
– Eustigmatophyceae
– Landalgen
Xanthophylle ↗
– Chromatographie
– M Chromoplasten
Xanthophyllzyklus
– Carotinoide
Xanthopterin ↗
Xanthoria
– Chlorococcaceae

Xanthorrhiza ↗
Xanthorrhoea
– Xanthorrhoeaceae
Xanthorrhoeaceae
Xanthosin
– ☐ Purinabbau
Xanthosin-5'-monophosphat
Xanthospilapteryx
– Fliedermotte
– Gracilariidae
Xanthylsäure
– ☐ Purinabbau
– Xanthosin-5'-monophosphat
Xantusia
– Nachtechsen
Xantusiidae ↗
Xántus von Csiktapolcza, János
– Xantusiidae
X-Chromatin ↗
X-Chromosom
– Bluter-Gen
– Erbkrankheiten
– Geninaktivierung
– Geschlechtschromosomen-gebundene Vererbung
– Gynäkospermien
– hemizygot
– H-Y-Antigen
– Lyon-Hypothese
X-chromosomale Muskeldystrophie
– ☐ Mutation
Xenacanthidae
Xenacanthus
– Xenacanthidae
Xenarthra
– Brustwirbel
Xenarthrales
– Zahnarme
Xenia ↗
Xenicidae ↗
Xenidae
– M Fächerflügler
Xenidium
Xenien
Xenoanura ↗
Xenobiose
Xenochironomus
– Zuckmücken
Xenococcus
Xenoderminae ↗
Xenodermus
– Höckernattern
Xenodiagnose
Xenodon
– Nattern
Xenodontinae ↗
Xenogamie ↗
xenogene Transplantation
– Transplantation
xenök
– xenozön
Xenomystus ↗
Xenopeltidae ↗
Xenophanes
– Anthropomorphismus - Anthropozentrismus
Xenopholis ↗
Xenophora ↗
– Lastträger
Xenophoridae
– Lastträger
– Trägerschnecken
Xenopinae
– Krallenfrösche
Xenopleura
Xenopneusta
– M Echiurida
Xenopsylla ↗
Xenopus ↗
– Amphibienoocyte
– Darmepithel
– ☐ Desoxyribonucleinsäuren (Größen)
– Genamplifikation
– Keimbläschen
– B Kerntransplantation

441

Xenorhabdus

- □ Rhabditida
Xenorhabdus
- M Leuchtbakterien
- Neoaplectana
Xenosauridae ↗
Xenosaurus
- M Höckerechsen
Xenosiphon
- M Sipunculida
xenotop
- xenozön
Xenotrichula
- M Gastrotricha
Xenoturbella
- Xenoturbellida
- M Xenoturbellida
Xenoturbellida
xenozön
Xenungulata
Xenusion auerswaldae
Xeres
- Jerezhefe
Xerini
- Borstenhörnchen
- Erdhörnchen
xerisch
- Trockenresistenz
Xerobdella
- Xerobdellidae
Xerobdellidae
Xerobromion
Xerochasie
Xerocomus ↗
- M Mykorrhiza
Xeroderma pigmentosum ↗
xeromorph
- Epithel
- Frosttrocknis
- Trockenresistenz
xeromorpher Tiefland-Tropenwald
- Südamerika
Xeromorphie
- Peinomorphose
Xeromorphosen
- Morphosen
Xerophagen
xerophil
Xerophyten
- Blattsukkulenz
xerotherm
- Trockenresistenz
Xerothermen
X-Faktor
- Haemophilus
Xg
- Blutgruppen
Ximénez, Francisco
- Ximenia
Ximenia ↗
Xiphias
- M Fische
- Schwertfische
Xiphiidae ↗
Xiphinema
Xiphisternum
- M Froschlurche
Xiphodon
- □ Tertiär
Xiphodontoidea
- Xiphodon
Xiphophorus ↗
Xiphosura
Xiphydriidae ↗
Xiridaceae ↗
X-Körper
- Viroplasma
XMP
- Xanthosin-5'-monophosphat
XMP-Aminase
- Angustmycine
X0-Typ ↗
- Chromosomenanomalien
- heterogametisch
Xochimilcosee
- Axolotl
X-Organ
- Frontalorgan
- Häutungsdrüsen

X-Strahlen
- Röntgenstrahlen
Xul ↗
XXX-Status
- Chromosomenanomalien
XXY-Status
- Chromosomenanomalien
Xyl ↗
Xylane
Xylaria
- Xylariales
Xylariaceae
- Xylariales
Xylariales
Xyleborini
- Ambrosiakäfer
- M Borkenkäfer
Xyleborus ↗
- Anisandrus
- Micromalthidae
Xylem
- Adhäsion
- Apoplast
- □ sekundäres Dickenwachstum
- M Stele
- ↗ Holzteil
Xylemprimanen ↗
- Metaxylem
- Ringgefäße
Xylemsauger ↗
Xylena
- M Eulenfalter
Xyleutes
- Holzbohrer
Xylia ↗
- M Eisenholz
Xylit ↗
- □ Glucuronat-Weg
Xylocain
- Anästhesie
Xylocarpus
- M Mangrove
Xylocopa ↗
Xylodrepa
- Aaskäfer
Xylol
- □ MAK-Wert
- Präparationstechniken
xylophag
- Borkenkäfer
- Xylophagen
Xylophaga
Xylophagen
- Phytophagen
Xylophagidae ↗
Xylopia
- Annonaceae
Xyloplacidae
- Xyloplax
Xyloplax
Xylopodium
Xylorhiza
- Selen
Xylose
- Gummi
Xylostein
- M Heckenkirsche
Xylosterin
- Pflanzengifte
Xyloterini
- Ambrosiakäfer
- M Borkenkäfer
Xyloterus ↗
Xylotrechus
- Wespenböcke
Xylulose
- Glucose-6-phosphat
- □ Glucuronat-Weg
Xylulose-5-phosphat ↗
- □ Arabinose-Operon
- □ Calvin-Zyklus (Abb. 1)
- □ Glucuronat-Weg
- □ Pentosephosphatzyklus
- □ Phosphoketolase
Xylulose-Reductase
- □ Glucuronat-Weg
Xysticus ↗
- M Krabbenspinnen

XY-Typ ↗
- heterogametisch
XYY-Status
- Chromosomenanomalien

Y ↗
Yaba-Virus ↗
Yage
- Harmin
Yagein
- Harmin
Yak
- B Asien II
- Mähne
Yalow, R.
Yamogenin
- M Nachtschatten
Yams
- B Kulturpflanzen I
- Luftknollen
- □ Rüben
- □ Saponine
Yamsgewächse
Yamsstärke
- Yams
Yamswurzel
- B Kulturpflanzen I
- Yams
Yapok ↗
Yareta
- Doldenblütler
Y-Chromosom
- Androspermien
- Geschlechtschromosomen-gebundene Vererbung
- Gynäkospermien
- hemizygot
- holandrische Merkmale
yellow fever
- Gelbfieber
yellow fir
- Douglasie
Yellowstone Nationalpark (USA)
- B National- und Naturparke II
- Sulfolobales
Yerkes, R.M.
Yersin, A.J.É.
- Roux, P.P.É.
- Yersinia
Yersinia
- □ Purpurbakterien
Yeti ↗
Y-Form
- M Labyrinthversuch
Ymbahuba-Baum
- Faultiere
Yoghurt
- Joghurt
Yohimbin
- M Rauwolfiaalkaloide
Yohimbinbaum
- Yohimbin
Yoldi, A. d'Aguirre de
- Yoldia
Yoldia
Yoldiameer
Y-Organ
- Frontalorgan
- Häutungsdrüsen

- neuroendokrines System
Yorkia
- Kutorginida
Yorkshire-Terrier
- □ Hunde (Hunderassen)
- B Hunderassen IV
Yosemite (USA)
- B National- und Naturparke II
Young, Th.
- Helmholtz, H.L.F.
Youngina
- Eosuchia
Younginiformes
- Eosuchia
Yponomeutidae ↗
Ypresium
- Eozän
- □ Tertiär
Ypsiloneule ↗
Ypsilothuria
- M Seewalzen
Ysop
Ysopöl
- Ysop
Yt
- Blutgruppen
Yucca
- □ sekundäres Dickenwachstum
Yuccafasern
- Palmlilie
Yuccamotten
Yungia

Zabrus ↗
Zachau, H.G.
- B Biochemie
Zachunbaum
- Myrobalanen
Zackelschaf
- Mufflon
Zackenbarsche
- B Fische VII
- B Fische VIII
- B Fische IX
- M Kiemen
Zackeneule ↗
Zackenhirsche
Zackenschötchen
Zackenschwärmer ↗
Zaglossus ↗
Zagutis ↗
Zahlenfixierung
- Zufallsfixierung
Zahlenpyramide
Zahlenreduktionsregel
- Vervollkommnungsregeln
Zähligkeit
- Symmetrie
Zählinge
Zählkammer
Zählrohr
- Betastrahlen
- ↗ Geiger-Müller-Zählrohr
Zählvermögen
Zähmung
- M Haustierwerdung
Zahn ↗
Zahnalter
- Ossifikationsalter

Zahnarme
– Brustwirbel
– Deciduata
– B Säugetiere
– Südamerika
  ↗ Edentata
Zahnbein ↗
– M Zähne
Zahnbett
– Parodontium
Zahnbildung ↗
Zahnbrasse ↗
Zahndurchbruch
– Dentition
– M Zähne
Zähne
– Altersbestimmung
– aufrechter Gang
– brachyodont
– Calciumphosphate
– Geochronologie
– Kauapparat
– M Praemaxillare
– □ Rindenfelder
– M Sprache
– Symmetrie
– B Verdauung II
– □ Wirbeltiere
– Zahnformel
– Zahnkaries
Zahnen
– Dentition
Zahnfächer
– Zähne
Zahnfäule
– Zahnkaries
Zahnfleisch
– Zähne
– M Zähne
Zahnfleischentzündungen
– □ Fusobacterium
Zahnformel
Zahnfraß
– Zahnkaries
Zahnglöckchen
– Bartenwale
– M Rekapitulation
Zahnglocke
– Adamantoblasten
Zahngruben
– Zähne
Zahngrubenplatten
– Cruralplatten
Zahnhals
– Zähne
– M Zähne
Zahnheringe ↗
Zahnhöhle
– Zähne
Zahnkaries
– Actinomycetaceae
– Bifidobacterium
– Fluoride
– Mundflora
Zahnkariesprophylaxe
– Fluoride
Zahnkarpfen
– Fische
Zahnkärpflinge
– B Krebs
Zahnknorpel
Zahnkrone
– M Zähne
– Zahnwechsel
Zahnlaute
– M Sprache
Zahnleiste
– Zähne
– Zahnwechsel
Zahnlilie ↗
Zahnlose
– Zahnarme
Zahnlose Muscheln ↗
Zahnlücke
– Diastema
Zahnmark
– M Zähne
Zahnmißbildungen
– Nagetiere

Zahnperiost
– Zähne
Zahnplaques
– Actinomycetaceae
– M Zahnkaries
Zahnschäden
– Antibiotika
  ↗ Zahnkaries
Zahnschluß
– Okklusion
Zahnschmelz
– Zahnkaries
Zahnschmelzbildner
– Ganoblasten
Zahnschuppen
– Schuppen
Zahnspinner
– Gehörorgane
– B Mimikry II
Zahntaucher ↗
Zahntrost
Zahnung
– Dentition
Zahnvögel
– Ichthyornithiformes
– Odontognathae
– Vögel
Zahnwale
– Delphine
– B Säugetiere
– □ Vervollkommnungs-
  regeln
Zahnwechsel
– Beuteltiere
Zahnwurz
– B Südamerika VII
Zahnwurzel
– Zähne
– M Zähne
Zahnzement ↗
– Dentin
Zährten
zalambdodont
Zalambdodonta
Zalophus ↗
Zamara
– M Zikaden
Zamecnik, P.C.
– B Biochemie
Zamia
– M Cycadales
Zamites
Zanclea
– Phylliroe
Zanclinae ↗
Zanclium
– Pliozän
– □ Tertiär
Zanclodon
Zanclodon-Mergel
– Zanclodon
Zander
– B Fische XI
Zangenhand
– Greifhand
Zangenlibellen ↗
Zangenrüssel
– Kiefer (Körperteil)
Zangensterne ↗
Zanklea
Zannichelli, Girolamo
– Zannichelliaceae
Zannichellia
– Teichfadengewächse
Zannichelliaceae ↗
Zanonia
– M Samenverbreitung
Zantedeschia
– B Afrika VII
– Aronstabgewächse
Zanthoxylum
– Rautengewächse
Zaocys ↗
Zäpfchen
– M Gaumenmandel
– Gaumensegel
Zäpfchenkraut
– Liliengewächse
Zapfen (Botanik)
– Araucariaceae

– Pseudanthium
– Pyrophyten
– M Tanne
– M Voltziales
Zapfen (Zoologie)
– Cilien
– Farbenfehlsichtigkeit
– Farbensehen
– B Farbensehen
– Purkinje-Phänomen
– Schultze, M.J.S.
– Sinneszellen
Zapfenbeere
– Ephedra
Zapfenblüte ↗
Zapfengallen ↗
Zapfenmakel
– M Eulenfalter
Zapfenmonochromaten
– Farbenfehlsichtigkeit
Zapfenroller ↗
Zapfenschuppe ↗
Zapfenträger
– Zapfen
Zapodidae ↗
Zapodinae
– Hüpfmäuse
Zärtlichkeit
– M Bereitschaft
Zärtlinge
– M Rötlinge
Zartschrecken
– Sichelschrecken
Zaubernuß
– Zaubernußgewächse
– M Zaubernußgewächse
Zaubernußartige
Zaubernußgewächse
Zauberpilze
– Psilocybe
  ↗ Rauschpilze
Zaunblättling ↗
Zauneidechse
– B Europa XIII
– M Gelege
– Herzfrequenz
– B Reptilien II
Zaungrasmücken
– Grasmücken
Zaunkönigdrosseln
Zaunkönige
– B Europa XIII
– □ Gesang
– Kuckucke
– Nest
– Polygamie
– B Vögel I
Zaunkönigmeisen
Zaunleguan ↗
Zaunrebe ↗
Zaunrübe
– Geschlechtsbestimmung
– Rübengeophyten
Zaunwicke
– Nektar
– Wicke
Zaunwinde ↗
Zaunwindegesellschaft
– Calystegietalia sepium
Z-DNA ↗
– Desoxyribonucleinsäuren
Zea ↗
Zeacarotin
– M Carotinoide (Auswahl)
Zearalnone
– Fusarium
Zeatin ↗
Zeaxanthin
– M Chromoplasten
– Lutein
Zebrabärbling
– B Aquarienfische I
– □ Bärblinge
Zebrafalter
– B Schmetterlinge
Zebrafink
– □ Käfigvögel
– B Vögel II
Zebrahai ↗

Zebraholz
Zebrahund ↗
– Beutelwolf
Zebrano
Zebras
– Afrika
– B Afrika II
– Harem
– B Rassen- u. Artbildung I
– wildlife management
Zebrasoma ↗
Zebraspinne ↗
Zebrina
– Dicrocoelium
– B Südamerika I
– □ Tropismus (Geo-
  tropismus)
Zebroide
Zebu
Zechstein
– Dyas
– Productus
Zechsteinbecken
– Trias
Zecken
– □ Endosymbiose
– Habitatselektion
– Theileriosen
– Wasseraufnahme
– Yersinia
Zeckenbißfieber
Zeckenencephalitis ↗
– Holzbock
– M Meningitis
– □ Togaviren
Zeckenparalyse
– Geflügelkrankheiten
Zeder
– □ Lebensdauer
Zederncampher
– Cedrol
Zedernholzöl
Zedernöl
– Zedernholzöl
Zederntanne ↗
Zedern-Wacholder
– M Macchie
– Wacholder
Zedrachgewächse
– Meliaceae
Zehen (Botanik)
– Brutzwiebel
– Lauch
Zehen (Zoologie) ↗
– Fingernagel
– M Fuß (Abschnitt)
– M Kralle
– M Paarhufer
– □ Rindenfelder
– M Unpaarhufer
Zehengänger
Zehenknochen
– M Fuß (Abschnitt)
– B Skelett
Zehenspitzengänger ↗
Zehnfüßer (Krebse) ↗
Zehnfüßer (Schnecken) ↗
Zehnfüßige Krebse
– □ Rote Liste
  ↗ Decapoda
Zehnfußkrebse ↗
Zehn-Prozent-Regel
– ökologische Effizienz
Zehrwespen ↗
– Trophamnion
Zeichen
– Information und Instruktion
Zeichenkohle
– Hasel
Zeichnung
– Tarnung
Zeidae ↗
Zeideln
– Bienenzucht
Zeidelwesen
– Bienenzucht
Zeiformes ↗
Zeigerpflanzen ↗
Zein

Zeisig

Zeisig ↗
- B Vögel I
- B Vögel II
- Vogelzug

Zeitabhängigkeit
- M Chronobiologie

Zeitdeckel
- Deckel
- Landlungenschnecken

Zeitgeber ↗
- Freilauf
- Licht
- □ Nastie
- Tiefseefauna

Zeitgestalt
- Gestalt

Zeitmessung ↗

Zeitsinn ↗

Zeitwahlmethode
- Empfängnisverhütung

Zeledonia
- Zaunkönigdrosseln

Zeledoniidae ↗

Zelkowa
- Tertiärrelikte

Zelladhäsion
- Aggregation
- M Lectine

Zelladhäsivität
- Morphogenese
- morphogenetische Bewegungen
- Zelladhäsion

Zellafter ↗
- M Cyclose

Zellaggregation
- Aggregation
- Zelladhäsion

Zellatmung
- B Biologie II
- Energiestoffwechsel

Zellaufschluß
- □ Proteine (Charakterisierung)

Zellbewußtsein
- Teleologie - Teleonomie

Zellbiologie ↗

Zellbrücke
- Geschlechtsorgane

Zelldetermination
- Determination

Zelldiagnostik
- Cytodiagnostik

Zelldruck
- Turgor

Zelle
- B Biologie II
- B chemische und präbiologische Evolution
- Cytologie
- Einzeller
- M Hooke, R.
- Malpighi, M.

Zelleinschlüsse
- □ Cyanobakterien (Zelleinschlüsse)

Zellenlehre ↗

Zellentheorie
- B Biologie II

Zellextrakt
- □ Zelle
- ↗ Zellaufschluß

Zellfärbung
- B Biologie III
- mikroskopische Präparationstechniken

Zellfolge
- Zellgenealogie

Zellforschung ↗

Zellfraktionierung
- Sedimentation
- Ultrazentrifuge
- zellfreie Systeme

zellfreie Gärung
- B Biochemie
- Buchner, E.
- M Enzyme
- M zellfreie Systeme

zellfreie Systeme

Zellfusion
- Chromosomen
- Genmanipulation
- Köhler, G.J.F.
- Membranfusion
- monoklonale Antikörper
- Paramyxoviren
- □ Virusinfektion (Wirkungen)

Zellgenealogie
- Spiralfurchung

Zellgifte ↗
- Ammoniak
- □ Atmungskette (Schema 2)

Zellhormone
- Hormone

Zellhülle
- Einzeller

Zellhybriden
- Hybridisierung
- Zellfusion
- ↗ Hybridzelle

Zellhybridisierung ↗
- Humangenetik

Zellige Schleimpilze ↗

Zellinie

Zellkern
- Brown, R.
- Cytologie
- Cytoplasma
- M differentielle Zentrifugation
- □ fraktionierte Zentrifugation
- Hertwig, O.W.A.
- Karyolyse
- Kölliker, R.A. von
- □ Kompartimentierung
- M Leitenzyme
- Pyknose
- B Transkription - Translation
- Zelltheorie

Zellklon
- ↗ Klon

Zellknospung ↗

Zellkolonie ↗

Zellkommunikation
- Membran

Zellkonstanz
- Caenorhabditis

Zellkontakte ↗
- Fibronektin
- M Glykoproteine
- ↗ junctions

Zellkultur (Botanik)
- B Regeneration

Zellkultur (Mikrobiologie) ↗
- Biotechnologie
- Konservierung

Zellkultur (Zoologie)
- Tierversuche
- Zelltransformation

Zell-Linie ↗
- Keimbahn
- Keimplasmatheorie
- M Zellkultur

Zellmembran ↗

Zellmund ↗
- M Cyclose
- M Pantoffeltierchen

Zellplasma ↗

Zellplatte ↗
- Mittellamelle
- Phragmosomen
- Zellwand

Zellproliferation
- Gestalt
- Proliferation

Zellrosettenbildung
- □ Synchytrium

Zellsaft
- Milchsaft

Zellsaftdruck
- Turgor

Zellsaftsauger
- Pflanzensaftsauger

Zellsaftvakuole
- Vakuole

Zellschlund ↗

Zellskelett
- □ Centriol
- Cytoplasma
- Mikrotrabekularsystem
- morphogenetische Bewegungen
- Skeletin
- ↗ Cytoskelett

Zellsoziologie

Zellstoff ↗
- Faserholz
- Holz
- Lignin

Zellstoffwechsel ↗
- Arbeitskern
- Enzyme

Zellstreckungswachstum
- Wachstum
- ↗ Streckungswachstum

Zellsuspension
- M Extinktion
- ↗ Suspension

Zellteilung ↗
- Äquationsteilung
- M Befruchtung (Vielzeller)
- Cytologie
- Dutrochet, H.J.
- Fortpflanzung
- B Furchung
- Leben
- Membranfusion
- Strasburger, E.A.
- □ Zelle (Vergleich)

Zellteilungsrichtung
- Morphogenese
- Polarität

Zelltheorie
- Cytologie

Zelltod
- Katabiose
- Zellkultur

Zelltransformation
- □ Polyomaviren
- □ Virusinfektion (Wirkungen)

zelluläre Atmungskontrolle
- Atmungskette

zelluläre Boten
- Botenmoleküle
- sekundäre Boten

zelluläre Oszillation
- Chronobiologie

Zelluläre Schleimpilze

Zellularpathologie

Zellularphysiologie
- Kölliker, R.A. von

Zellulartherapie ↗

Zellvakuole
- Vakuole

Zellverband ↗
- Disaggregation

Zellvermehrung
- Wachstum

Zellwand
- Archaebakterien
- Bakteriozide
- Bor
- Cytolyse
- Cytoplasma
- □ Festigungsgewebe
- Gewebespannung
- M Glykokalyx
- Grundgewebe
- Gummi
- Interzellularen
- Intussuszeption
- Leitungsgewebe
- Micellartheorie
- Multinet-Wachstum
- Pflanzenzelle
- Protocyte
- Protoplast
- Rekrete
- Rohfaser
- Transferzellen
- Vakuole
- Verkorkung
- B Wasserhaushalt der Pflanze

- □ Zelle (Schema)
- Zellkultur

Zellwandsperre
- Casparyscher Streifen

Zellwucherungen
- Chalone
- ↗ Tumor

Zell-Zell-Erkennung
- Membran
- ↗ Zellkommunikation

Zell-Zell-Verbindungen
- Membran
- Schlußleisten
- ↗ junctions
- ↗ Zellkommunikation

Zellzyklus
- Chalone
- Furchungsteilung
- B Mitose
- Replikation
- □ Zelle (Vergleich)

Zelotes ↗

Zement

Zementdrüsen
- Acanthocephala

Zementproduktion
- Selen

Zenkerella
- Dornschwanzhörnchen

Zentralatom
- Komplexverbindungen

Zentralblüten
- Nelkenartige

zentrale Placentation

Zentraleruption
- Vulkanismus

zentrales Nervensystem
- Zentralnervensystem

zentrale Zitterbahnen
- Kältezittern
- Temperaturregulation

Zentralfadentyp
- B Algen III
- Ceramiales
- Florideophycidae
- Rotalgen

Zentralfasern
- Spindelapparat

Zentralfurche ↗

Zentralgranulum
- Annulus
- □ Kernporen

Zentralgrube
- Netzhaut

Zentralide
- □ Menschenrassen

Zentralisation ↗
- Schock
- Vervollkommnungsregeln

Zentralkanal ↗
- Annulus
- Cerebrospinalflüssigkeit
- M gap-junctions
- Hirnventrikel
- Kernporen
- Rautenhirn

Zentralkapsel
- M Peripylea
- M Tripylea

Zentralkörper
- M Befruchtung (Vielzeller)
- B Gehirn

Zentralkörperchen ↗

Zentralmutterzellen
- Sproßachse

Zentralnervensystem
- Geist - Leben und Geist
- Gliederfüßer
- Organogenese
- B Rückenmark
- M Streß

zentralnervöse Koordination
- Reflexkette

zentralnervöse Modulation
- Darm

Zentralscheide
- M Axonema

Zentralstrang ↗

Zentraltubuli
- M Axonema

444

- Cilien
Zentralvene
- Leber
Zentralwindung
- Rindenfelder
zentralwinkelständig
- Placenta
Zentralzellen
- M Archegonium
- Ceramiales
- □ Schwämme
- M Schwämme
Zentralzylinder
- Endodermis
Zentrifugalbeschleunigung
- Sedimentation
- ↗ Fliehkraft
Zentrifugation ↗
- Cytosol
- Gleichgewichtszentrifugation
zentrische Fission
- Centromermißteilung
zentrische Fragmente
- Fragmentation
zentrische Fusion ↗
- Chromosomenfusion
Zeolith A
- Waschmittel
zeorin
Zeorin ↗
Zeppelina
Zerfall
- asexuelle Fortpflanzung
- ↗ Radioaktivität
Zerfallsfrüchte ↗
Zerfallsgeschwindigkeit
- □ Strahlendosis
Zerfallsgesetz
- Radioaktivität
Zerfallskonstante
- M Radioaktivität
Zerfallsreihen
- □ Geochronologie
- Radioaktivität
Zerfallsteilung ↗
Zernike, F.
Zersetzer
- ↗ Destruenten
Zersetzung
- abbauresistente Stoffe
- Detritus
- Fäule
- Rotte
- B Stickstoffkreislauf
Zerstörung natürlicher Lebensräume
- Bioethik
- Naturschutz
zerstreut ↗
- Symmetrie
zerstreutporig
- □ Holz (Bautypen)
- M Wassertransport
zertifiziertes Saatgut
- Saatgut
Zerynthia ↗
Zeugloptera
Zeugobranchia ↗
Zeugophora
- Minierer
Zeugopodium
Zeugopterus ↗
Zeugung
- Sexualität - anthropologisch
- ↗ Befruchtung
Zeugungsunfähigkeit
- Impotenz
Zeus ↗
Zeuzera ↗
Zhabotinsky, A.M.
- Zhabotinsky-Belousov-Reaktion
Zhabotinsky-Belousov-Reaktion
Zhoukoudian
- Choukoutien
Zibeben ↗
Zibet
Zibetbaum
- Durio

Zibethyäne ↗
Zibetkatzen
Zibeton
Zichorie ↗
Zichorienkaffee
- Cichorium
Zichorienpilz ↗
Zickzackalge
- Fragilariaceae
Zickzackklee-Odermennig-Saum
- Trifolio-Geranietea
Zickzackklee-Säume ↗
Zickzacksalamander ↗
Zickzackspinner
Zickzacktanz
- Balz
Ziege (Fisch) ↗
Ziegelbarsche
Ziegen
- Hornträger
- □ Milch (Zusammensetzung)
- M Milch
- Mutter-Kind-Bindung
- B Nordamerika II
- M Trächtigkeit
Ziegenartige
Ziegenbärte
Ziegenfisch ↗
Ziegenfußporling ↗
Ziegengazellen
Ziegenlippe ↗
Ziegenmelker
- B Europa XV
- Nest
Ziegenpeter
- Mumps
Ziegenverwandte
- Ziegenartige
Ziegler, H.E.
- Nephrocoeltheorie
Ziehl, Franz
- Ziehl-Neelsen-Färbung
Ziehl-Neelsen-Färbung
Ziehmutter
- embryo transfer
Zielfindung
- Tierwanderungen
Zielgerichtetheit
- Teleologie - Teleonomie
Zieralgen ↗
Zierfische
- Haustiere
- ↗ Aquarienfische
Zierhopfen
- Beloperone
Zierkirsche
- B Asien V
- Gangmine
Zierläuse ↗
Ziermandel
- Mandelröschen
Ziermotten
Zierpflanzen
Zierpflanzenbau
- Gartenbau
Zierschildkröten
- Nordamerika
Ziesel
- Asien
Zieselmaus
- Borstenhörnchen
Ziest
- B Asien II
Zifferblattmodell
Zigaretten
- Abgase
- Aerosol
- Benzpyren
- M Nicotin
- Tabak
- □ Tabak
Zigarettenpapier
- Mais
Zigarren
- Tabak
Zigarrenwickler ↗
Zigeuner ↗
Zikaden
- Augenfliegen

- □ Endosymbiose
- Gehörorgane
- M Gehörorgane (Hörbereich)
- Gesang
Zikadenwespen
Zilpzalp ↗
- Durchzugsgebiet
- B Rassen- u. Artbildung II
Zimbelkraut
Zimbelkraut-Gesellschaft
- Parietarietea judaicae
Zimmeraralie
- B Asien V
- Efeugewächse
Zimmerbalsamine
- M Fleißiges Lieschen
Zimmerlinde ↗
- B Afrika VII
- M Lindengewächse
Zimmermann, Eberhard Wilhelm August
- B Biologie II
Zimmermann, W.
- □ Hologenie
Zimmermannsbock
- B Insekten III
Zimmertanne ↗
Zimokkaschwamm
- Badeschwämme
Zimt
- Aromastoffe
- Gewürzpflanzen
- B Kulturpflanzen VIII
Zimtaldehyd
Zimtalkohole
- □ Lignin (Monomere)
Zimtbär (Insekten) ↗
Zimtbär (Säugetiere) ↗
Zimtbaum
- Zimt
Zimteule
Zimtkassie ↗
Zimtöl
- Zimt
Zimtsäure
- M Flavonoide
Zimtsäure-Hydroxylase
- □ Lignin (Reaktionen)
Zingana
- Zebrano
Zingel ↗
Zingiber ↗
Zingiberaceae ↗
Zingiberales ↗
Zingiberol
- Ingwer
Zinjanthropus
Zink
- Eisenstoffwechsel
- Galmeipflanzen
- Nährsalze
- Paracelsus
Zinkblende
- Schwefel
Zinkchromat
- M Krebs (Krebserzeuger)
Zinknitrat
- Salze
Zinkoxid
- □ MAK-Wert
Zinkphosphid
- Rodentizide
Zinkspat
- Galmeipflanzen
Zinn, Johann Gottfried
- Zinnie
Zinnalmae ↗
- Zimtaldehyd
Zinnia
- Zinnie
Zinnie
- B Nordamerika VIII
Zinnkraut ↗
- Kieselpflanzen
Zinnober
- Quecksilber
Zinnverbindungen
- □ MAK-Wert

Zipfelfalter
Zipfelfrösche
Zipfelkäfer
- Excipulum
Zipfelkröte
Ziphiidae ↗
Zippammer
- Ammern
- B Mediterranregion II
Zipperleinskraut
- Geißfuß
Zippora
Zirbe
- Kiefer (Pflanze)
Zirbeldrüse ↗
Zirbelkiefer
- B Asien I
- B Holzarten
- □ Kiefer (Pflanze)
Zirbelnüsse
- Kiefer (Pflanze)
Zirfaea ↗
zirkuläre DNA
- M Replikon
- Vektoren
- ↗ ringförmige DNA
zirkuläre Permutation
- T-Phagen
Zirkulation
- Klima
Zirkulationsströmung
- Plasmaströmung
Zirkulationssystem
- Blutkreislauf
zirkulative Übertragung
- Pflanzenviren
zirkulieren
- Zirkulation
Zirmet ↗
Zirpen ↗
Zirpkäfer ↗
Zirpkröten ↗
Zirporgane ↗
Zisterne
Zisternenpflanzen
Zitronatzitrone ↗
Zitrone ↗
- M Citrus
- B Kulturpflanzen VI
Zitronenfalter
- B Insekten IV
- Pteridine
Zitronenhai ↗
Zitronenmelisse
- B Kulturpflanzen VIII
- Melisse
Zitronensäure
Zitronenstrauch
- Eisenkrautgewächse
Zittel, K.A. von
Zitteraale ↗
- B Fische XII
- M Membranpotential
- Südamerika
Zitterbahnen
- Kältezittern
- Temperaturregulation
zitterfreie Thermogenese
- Temperaturregulation
Zittergras
Zittern
- Kältezittern
- □ Konfliktverhalten
- Tremor
Zitterpappel
- B Europa IV
- M Lichtfaktor
- Pappel
- Wurzelbrut
Zitterpilze
Zitterrochen
- Galvani, L.
Zitterspinnen
- Hausfauna
- Wespenspinne
Zittertang
- Nostoc
Zittertierchen
- Vibrio

Zitterwelse

Zitterwelse
- B Fische IX

Zitterzahn

Zitwersamen ↗

Zitze
- Afterzitzen
- Beuteltiere
- Brutbeutel

Zitzenkanal
- M Euter

Zitzensinter
- Gloeocapsa

Zitzenzähner
- Mastodonten

Zivilisation
- Mensch und Menschenbild
- Selbstdomestikation

Zizania

Ziziphus ↗

Z-Linien ↗

Zn ↗

ZNS ↗

Zoantharia ↗

Zoarcoidei ↗

Zobel
- B Asien I

Zodiomyces ↗

Zoea
- Calyptopis
- B Larven II

Zoecium

Zoide

Zoidiogamie

Zokor
- Blindmulle

Zöllnersche Täuschung
- □ optische Täuschung

Zona fasciculata
- Glucocorticoide
- Nebenniere
- Progesteron

Zona glomerulosa
- Mineralocorticoide
- Nebenniere

zonale Böden

zonale Vegetation

Zona nigra
- Delphine

Zona pellucida

Zona reticularis
- Nebenniere
- Progesteron

Zonaria

Zona trophica
- Alpensalamander

Zone

Zonenskelett
- Schultergürtel
- Zonoskelettt

Zonite ↗

Zonitidae ↗

Zonitoides

Zonosaurus ↗

Zönose

Zonoskelett

Zönozone

Zonula adhaerens
- Schlußleisten
- tight-junctions

Zonulafasern
- M Akkommodation
- M Auge
- Linsenauge
- □ Linsenauge

Zonula occludens
- Schlußleisten

Zoo ↗

Zooanthroponosen
- Katzenkratzkrankheit

Zoobios

Zoobothryon

Zoocecidien
- Gallen

Zoochlorellen
- Strudelwürmer

Zoochorie
- Coevolution
- Eichhörnchen
- Ektosymbiose

- Samenverbreitung

Zooëcium
- Cystid
- Zoecium

Zooflagellata ↗
- Einzeller

Zoogamen
- Tierblumen

Zoogameten ↗

Zoogamie
- Bedecktsamer
- Bestäubung
- Blattnasen
- Ektosymbiose
- Entomogamie
- □ Farbe
- Zwittrigkeit

zoogen

Zoogenetes

Zoogeographie ↗

zoogeographische Regionen
- tiergeographische Regionen

Zoogloea
- M Kläranlage

Zoographen
- B Biologie II

Zooide ↗

Zoolithe

Zoologie

zoologischer Garten
- Friedrich II. von Hohenstaufen
- ↗ Zootiere

Zoomastigina ↗

Zoomeiosporen
- Sporen

Zoomorphosen
- Morphosen

Zoonosen
- Infektionskrankheiten

zoon politikon
- Sexualität - anthropologisch

Zoopagaceae
- Zoopagales

Zoopagales

Zoophagen

Zoophilen
- Tierblumen

Zoophilie ↗

Zoophycos

Zoophytosymbiosen
- M Ektosymbiose

Zooplankton ↗
- M Plankton (Anteil)
- Polarregion
- Primärkonsumenten

Zoopsis ↗

Zoosaprophaga ↗

Zoosoziologie
- Tiersoziologie

Zoosporangium

Zoosporen ↗
- B Algen IV
- B Algen V
- Diplanie

Zoosterin
- Sterine

Zoosymbiosen
- Ektosymbiose

Zoothamnium
- Spasmoneme

Zootiere
- Bettelverhalten
- Bewegungsstereotypie
- Homosexualität
- Lernen
- Stereotypie

Zootoxine ↗

Zooxanthellen
- Alveolinen
- Convoluta
- Foraminifera
- M Fusulinen
- Pyrrhophyceae
- Radiolaria
- □ Riff
- Steinkorallen
- Strudelwürmer

Zoözium
- Zoecium

Zoozönologie
- Tiersoziologie

Zoozönose

Zope ↗

Zopffährten
- Zopfplatten

Zopfplatten

Zopftrocknis
- Gipfeldürre

Zora
- Kammspinnen

Zoraptera
- □ Insekten (Stammbaum)

Zorilla

Zorn
- M Bereitschaft

Zornnattern
- B Reptilien II

Zornschlange
- Giftschlangen

Zoropsidae

Zoropsis
- Zoropsidae

Zorotypus
- M Zoraptera

Zospeum
- M Altlungenschnecken
- Höhlenschnecken
- Zwergschnecken

Zoster ↗

Zostera
- Seegrasgewächse
- Zosteretea

Zosteraceae ↗

Zosteretea
- Küstenvegetation

Zosterophyllales
- Protolepidodendrales
- M Urfarne

Zosterophyllum ↗

Zosteropidae ↗

Zosterops
- Brillenvögel

Zottelbienen ↗

Zottelschweifaffe
- □ Sakiaffen

Zotten
- Chylusgefäße
- Darm
- □ Placenta

Zottenhaut ↗

Zottenmagen
- Pansen

Zottentiere
- Eutheria

Z-Scheiben
- Muskelkontraktion
- □ Muskulatur
- ↗ Z-Streifen

Zsigmondy, R.A.

Z-Stäbe
- Muskulatur
- schräggestreifte Muskulatur

Z-Streifen
- Actinin
- I-Bande
- Zellskelett
- ↗ Z-Scheiben

Zucchini
- B Kulturpflanzen V

Zucht ↗
- Herdbuch

Zuchtlähme
- Beschälseuche

Zuchtlinie ↗

Zuchtperle ↗

Zuchttrassen ↗

Züchtung
- Cattleya
- Genetik
- Genmanipulation
- B Gentechnologie
- Insemination (Aspekte)
- Kreuzung

Zuchtwahl ↗

Zucken
- Muskelzuckung
- Platysma

Zucker ↗
- Beta
- Calvin-Zyklus (Abb. 1)
- B chemische und präbiologische Evolution
- □ Harn (des Menschen)
- Isomerie
- B Stoffwechsel
- M Zahnkaries

Zuckerahorn
- Ahorngewächse
- B Kulturpflanzen II

Zuckeralkohole
- Hexite
- Süßstoffe

Zuckeraustauschstoffe
- Hexite
- Süßstoffe

Zuckerester

Zuckerfabrikation
- Melasse

Zuckergast ↗

Zuckerharnruhr
- Bernard, C.
- Diabetes

Zuckerhirse
- Mohrenhirse

Zuckerkäfer

Zuckerkrankheit ↗
- Aceton
- M Linsenauge
- ↗ Diabetes mellitus

Zuckerliefernde Pflanzen
- B Kulturpflanzen II

Zuckermelone
- Cucumis
- B Kulturpflanzen VI

Zuckerpalme
- B Kulturpflanzen II

Zuckerphosphate
- Kohlenhydratstoffwechsel

Zuckerrohr
- Beta
- B Kulturpflanzen II
- Saccharose
- Wachstumsregulatoren

Zuckerrohranbaugebiete
- B Kulturpflanzen II

Zuckerrübe ↗
- Ackerbau
- Amphibien
- Auslesezüchtung
- Autopolyploidie
- Dreifelderwirtschaft
- Guanidin
- B Kulturpflanzen II
- Monogermsamen
- Raffinose
- Rüben
- □ Rüben
- □ Saat
- Saccharose
- Transpirationskoeffizient
- Unverträglichkeit

Zuckerrübenanbaugebiete
- B Kulturpflanzen II

Zuckersäuren

Zuckerspiegel ↗

Zuckerstich
- Bernard, C.

Zuckerstoffwechsel
- Houssay, B.A.
- ↗ Kohlenhydratstoffwechsel

Zuckertang ↗

Zuckervögel
- □ Ornithogamie

Zuckerwurz ↗

Zuckmücken
- Gehörorgane
- Intersexualität

Zuckmückenlarven
- Anaerobiose

Zuckmuskel
- □ Muskelzuckung

Zufall
- Abstammung - Realität
- Chaos-Theorie
- Determination
- Evolutionsfaktoren
- Populationsgenetik

Zwergscharbe

- Proteine
- Statistik
- Symmetrie
- Wissenschaftstheorie

Zufall in der Biologie

Zufallsfixierung
- Hirudinea

Zufallsgesetze
- [M] Zufall in der Biologie

Zufallsverteilung
- [M] Statistik

Zugbelastung
- [M] Biomechanik
- ↗ Zugfestigkeit

Zugbogen
- Biomechanik

Zügel

Zügelchen
- Habenula

Zügelschild
- Giftnattern
- Kapuzennatter

Zugfasern
- Spindelapparat

Zugfestigkeit
- □ Biegefestigkeit
- Wasserpflanzen
- Zellwand

Zuggeißel
- Algen
- Bakteriengeißel
- Cilien

Zuggurtung
- [M] Biomechanik

Zugholz ↗

Zugmuster
- Vogelzug

Zugrichtung
- Vogelzug

Zugscheide
- Vogelzug

Zugstraßen
- Vogelzug

Zugtrajektorien
- Glanzstreifen
- ajektorien
  ruhe
- Grasmücken
- Vogelzug

Zugvögel
- Beringung
- Brutrevier
- Depotfett
- Durchzugsgebiet
- Kompaßorientierung
- magnetischer Sinn
- Monogamie
- Revier

Zugwurzeln
- Heterorrhizie

Zukunft
- Deduktion und Induktion
- Freiheit und freier Wille

Zukunftsforschung
- Environtologie

Zunder
- [M] Zunderschwamm

Zunderschwamm

Zunge
- Ameisenfresser
- Chamäleons
- Glossopharyngeus
- [M] Meckel-Knorpel
- □ Mundwerkzeuge
- □ Ornithogamie
- □ Rindenfelder
- Temperatursinn

züngeln
- Giftschlangen

Zungen (Fische)

Zungenartige ↗

Zungenbändchen
- Frenulum
- Zunge

Zungenbein
- Branchialskelett
- [M] Kehlkopf

Zungenbeinbogen
- Fische

- [B] Fische (Bauplan)
- Gehörknöchelchen
- Kiefer (Körperteil)

Zungenbeinhorn
- Zungenbein

Zungenblüten
- □ Löwenzahn

Zungenbutt
- Zungen

Zungendrüsen
- Eiweißdrüsen

Zungenfarne ↗

Zungenfliegen ↗

Zungengrund
- □ Zunge

Zungenhahnenfuß
- [B] Europa VI

Zungenkiemer ↗

Zungenlose

Zungenmandel
- Zunge

Zungenmuscheln
- Brachiopoden
- [B] lebende Fossilien

Zungenmuskelnerv ↗

Zungenmuskulatur
- Zunge

Zungenporling
- Piptoporus

Zungen-Schlund-Nerv ↗
- Geschmacksnerv

Zungenspeicheldrüsen
- Zungendrüsen

Zungenspitzendrüse
- Zungendrüsen

Zungentonsille
- Zungenmandel

Zungenwürmer ↗

Zünsler
- Gehörorgane

Zupfpräparate
- mikroskopische Präparationstechniken

Zürgelbaum

zusammengesetzte Eier

zusammengesetztes Auge
- Komplexauge

Zusammenlagerung
- Aggregation
- assembly
- Selbstorganisation

Zuwachslinien
- Rugosa

Zuwachsrate
- Selektion

Zuwachsstreifen ↗
- Schale

Zuwachszonen
- Holz

Zwang
- [M] Sucht

Zwangsabtreibung
- Bevölkerungsentwicklung

Zwangsbewegungen
- Bewegungsstereotypie
- Stereotypie

Zwangshaltung
- optomotorische Reaktion

Zwangssterilisierung
- Bevölkerungsentwicklung

Zwangssymptome
- Bewegungsstereotypie
- Stereotypie

Zweck
- Teleologie - Teleonomie

Zweckforschung
- Grundlagenforschung

Zwecklandschaft
- Kultursteppe

Zweckmäßigkeit
- Teleologie - Teleonomie

zweiachsig
- haplokaulisch

Zweiblatt

zweieiige Zwillinge
- Superfekundation
- Zwillinge

Zweieiigkeit
- Diskordanz

Zweifarbenfledermäuse
- Glattnasen

Zweifelderwirtschaft
- Ackerbau

Zweifleck ↗

Zweiflügeligkeit
- Zweiflügler
- ↗ funktionelle Zweiflügeligkeit

Zweiflügler
- [B] Homonomie
- [B] Insekten II
- □ Komplexauge (Aufbau/Leistung)
- □ Rote Liste

Zweifüßer
- Bipeden

Zweifüßigkeit
- Bipedie

Zweig
- Symmetrie

Zweigdürre
- [B] Pflanzenkrankheiten II
- ↗ Spitzendürre

Zweigeschlechtlichkeit ↗

Zweigestaltigkeit
- Dimorphismus

Zweiggrind
- Kernobstschorf

Zweigsterben
- Valsakrankheit

Zweihäusigkeit ↗

zweijährig ↗
- dicyclisch

Zweikeimblättrige Pflanzen
- [B] Biologie II
- ↗ Dikotylen

Zweiketter
- Saponine

Zweikiemer

Zwei-Phasen-Methode
- Empfängnisverhütung

Zweipunkt ↗

Zweischichtminerale ↗

zweischneidig
- Scheitelzelle

Zweistrangaustausch

Zweistreifensalamander ↗

Zweiteilung
- [B] asexuelle Fortpflanzung I
- Bakterien
- Einzeller
- Generationswechsel
- Generationszeit
- Plasmotomie
- Testacea

zweiter Gestaltwandel
- □ Kind

Zweitmünder
- Deuterostomier

Zweizahn

Zweizahn-Gesellschaften ↗

Zweizahnwale

Zwenke

Zwerchfell
- □ Atmungsregulation (Regelkreis)
- Brust
- Herz
- Leber
- Schluckauf

Zwerchfellatmung
- Zwerchfell

Zwergantilopen ↗

Zwergbandwurm ↗
- Bandwürmer

Zwergbinsen-Gesellschaften ↗

Zwergbirke
- Birke
- [B] Europa VIII
- □ Pleistozän

Zwergböckchen
- Zwerghirsche

Zwergbuchs ↗

Zwergbuntbarsch
- [B] Aquarienfische II
- Buntbarsche
- [M] Familienverband

Zwergchamäleon
- [B] Einsicht

Zwergdackel
- □ Hunde (Hunderassen)

Zwergdommeln

Zwergfadenfisch
- [B] Aquarienfische II
- Fadenfische

Zwergfadenwurm

Zwergflechte
- Erythrasma

Zwergfledermäuse ↗

Zwergflugbeutler
- □ Flughaut

Zwergflunder
- Zungen

Zwergformen
- Haustierwerdung
- Zwergwuchs

Zwergfüßer ↗

Zwerghaie ↗

Zwergheideschnecke
- Trochoidea

Zwerghirsche

Zwerghöhlenschnecken ↗

Zwerghonigbiene
- Honigbienen

Zwerghörnchen
- Palmenhörnchen

Zwergkäfer ↗

Zwergkalmare

Zwergkaninchen
- [M] Hasenartige

Zwergklapperschlangen

Zwergkröte
- Mertensophryne

Zwergkugler

Zwerglaube ↗

Zwergläuse
- Afterblattläuse

Zwerglinse
- Wasserlinsengewächse

Zwergmakis ↗

Zwergmännchen
- Androsporen
- [M] Asterophilidae
- Bonellia
- Epicaridea
- Leucobryaceae
- Oedogoniales
- Orthotrichaceae
- Rädertiere
- □ Schlangensterne

Zwergmannsschild
- [B] Alpenpflanzen
- Mannsschild

Zwergmaus

Zwergmispel
- [B] Europa XII

Zwergmoschustiere ↗
- Zwerghirsche

Zwergmotten
- Fruchtmine

Zwergnattern ↗

Zwergorchis
- Nachtblüher

Zwergpalme
- [B] Mediterranregion I

Zwergpfeffer
- [B] Südamerika II

Zwergpinguin
- [B] Australien IV
- Pinguine

Zwergpinscher
- □ Hunde (Hunderassen)

Zwergpricke
- Neunaugen

Zwergprimel
- [B] Alpenpflanzen
- Schlüsselblume

Zwergrohrdommeln
- Zwergdommeln

Zwergrost

Zwergrückenschwimmer

Zwergsäger
- Säger

Zwergsalamander ↗

Zwergscharbe
- Kormorane

447

Zwergscheide

Zwergscheide ↗
Zwergschimpanse
– Bonobo
Zwergschlafmaus
– [M] Orientalis
Zwergschlangen
Zwergschnäpper
– Fliegenschnäpper
Zwergschnauzer
– [B] Hunderassen IV
Zwergschnecken
Zwergschnepfe
– Bekassinen
Zwergschwan
– [B] Rassen- u. Artbildung II
– Schwäne
Zwergschwein
– Versuchstiere
Zwergsechsaugenspinnen
Zwergseeigel
Zwergsepie ↗
Zwergspaniel
– □ Hunde (Hunderassen)
Zwergspinnen
Zwergspringer (Insekten)
Zwergspringer (Säugetiere) ↗
Zwergsträucher
Zwergstrauchformation
Zwergstrauchgesellschaft
– Alpenpflanzen
Zwergstrauchgürtel
Zwergstrauchheiden ↗
Zwergstrauchtundra
– Nordamerika
Zwergtaucher ↗
Zwergtintenschnecke ↗
Zwergtritonshörner
Zwergwacholder
– Alpenpflanzen
Zwergwal
Zwergwasserläufer
Zwergwasserwanzen
– Ruderwanzen
Zwergwespen
Zwergwiesel
Zwergwuchs
– Zink
Zwergzikaden
Zwergzungen
– Zungen
Zwet, Michail Semjonowitsch
– Tswett, Michail Semjonowitsch
Zwetschge ↗
Zwetschgenschildlaus ↗
Zwicke
– Intersexualität
– Rinder
Zwiebel
– [B] asexuelle Fortpflanzung II
– [M] Ballaststoffe
– [M] Geophyten
– Keimung
– Prohibitine
– Rhizom
zwiebelartiger Geruch
– [M] chemische Sinne
Zwiebelboden
– □ Blatt (Blattmetamorphosen)
Zwiebelbrand
Zwiebelfliege ↗
Zwiebelgeophyten
– Zwiebelpflanzen
Zwiebelgrindfäule
– [M] Fusarium
Zwiebelkuchen
– Zwiebel
Zwiebelmotte ↗
Zwiebelmuscheln ↗
Zwiebelpflanzen
Zwiebelschalen
– Zwiebel
Zwiebelscheibe
– □ Blatt (Blattmetamorphosen)
– Zwiebel
Zwiebelschuppen
– Zwiebel

Zwiebelsprosse
Zwiesel
Zwillinge
– Diskordanz
– Durchschnürungsversuch
– erbgleich
– erbungleich
– Humangenetik
– Rinder
– Variabilität
Zwillingsarten
– Artenpaare
– Feldheuschrecken
– Meisen
– Schwestergruppe
– Waldmaus
Zwillingsbildung
– Duplicitas cruciata
Zwillingsforschung
– Anlage
– Galton, F.
Zwischenbildblende
– [B] Elektronenmikroskop
Zwischenbündelkambium
– interfaszikuläres Kambium
Zwischeneiszeit ↗
– Holozän
Zwischenfächer
– Krustenanemonen
Zwischenformen ↗
– Cope, E.D.
Zwischenfruchtbau
Zwischenhirn
– Hirnstamm
– Hirnventrikel
– [B] Wirbeltiere I
Zwischenkieferknochen
– [B] Biologie II
– Goethe, J.W. von
Zwischenklauendrüse
Zwischenlappen
– Adenohypophyse
Zwischenneuron
– Interneuron
Zwischenrippenmuskulatur
– □ Atmungsregulation (Regelkreis)
– Rippen
Zwischenrippennerven
– Interkostalnerven
Zwischenwirbelscheibe ↗
– Chorda dorsalis
Zwischenwirt
– [M] Taeniidae
Zwischenzehendrüse
– Hirsche
– Zwischenklauendrüse
Zwischenzellen ↗
zwischenzellenstimulierendes Hormon ↗
Zwischenzellräume
– Interzellularen
Zwitscherschrecke ↗
Zwitter
– Geschlechtsbestimmung
– Geschlechtsumwandlung
– [B] Sexualvorgänge
– ↗ Hermaphrodit
Zwitterblüten
– Zwittrigkeit
Zwitterdrüse ↗
Zwittergang
– Lungenschnecken
Zwittergonade
Zwitterionen
– Aminosäuren
– Dipol
– elektrische Ladung
– □ pH-Wert
Zwitterlinge
zwittrig
– Zwittrigkeit
zwittrige Blüten ↗
– Zwitterblüten
Zwittrigkeit
– Androgynie
– Automixis
– Entomogamie
– Geschlechtsverteilung

– Getrenntgeschlechtigkeit
– ↗ Hermaphroditismus
Zwogerziekte-Virus
– Retroviren
Zwölffingerdarm
– Brunnersche Drüsen
– Mitteldarm
– [M] Salzsäure
ZW-Typ ↗
– heterogametisch
Zygaena
– [B] Schmetterlinge
– Widderchen
Zygaenidae ↗
Zyganthrum
– Wirbel
Zygapophysen
– [M] Gelenk
Zygentoma ↗
– Dicondylia
– □ Insekten (Stammbaum)
Zygiella
– [M] Radnetzspinnen
Zygnema
– Zygnemataceae
Zygnemataceae
– Azygospore
Zygnematales
Zygobranchia
– Zeugobranchia
Zygocactus ↗
Zygodon ↗
zygodont ↗
Zygogamie ↗
zygolobisch
– Oligochaeta
Zygolophodon
– Palaeomastodon
zygomorphe Blüte ↗
– [M] aktinomorph
– Blütenformel
– Symmetrie
Zygomycetes ↗
Zygomycota
Zygoneura ↗
Zygopetalum
– [B] Orchideen
Zygophase
– Pilze
Zygophyllaceae ↗
Zygophyllum
– Jochblattgewächse
Zygoptera ↗
Zygopteris ↗
Zygosphen
– Wirbel
Zygosporangium
– [B] Pilze II
Zygospore ↗
– Zygomycota
Zygotän ↗
Zygote
– Algen
– [B] Algen IV
– Fortpflanzung
– Gameten
– Gametogamie
– [M] Geschlechtsbestimmung
– □ Keimbahn
– Keimung
– Zellkern
Zygotenkern ↗
zygotische Induktion
– Induktion
zyklisch
zyklische Adenylsäure ↗
zyklische Blüten
zyklische Guanylsäure ↗
zyklische Kreuzungen
– Kombinationseignung
zyklische Nucleotide
zyklische Parthenogenese ↗
zyklische Photophosphorylierung
– □ phototrophe Bakterien
zyklischer Elektronentransport
– □ Photosynthese
– □ phototrophe Bakterien

zyklisches Adenosinmonophosphat ↗
– Sutherland, E.W.
– ↗ cyclo-AMP
zyklisches Guanosinmonophosphat ↗
zyklische Stoffwechselreaktionen
– Anaplerose
zyklische Verbindungen
Zyklomorphose ↗
Zyklone
– Klima
zyklothym
– [M] Konstitutionstyp
Zyklus
Zylinderputzer
– Myrtengewächse
Zylinderrosen
– [B] Hohltiere III
Zylinderschicht
– □ Haut
Zylindertest
– Agardiffusionstest
Zylinderwindelschnecken
Zymase
Zymbelkraut
– Zimbelkraut
Zymogene
– Enzyme
– Verdauung
Zymogengranula
– [B] Verdauung I
Zymoid ↗
Zymol
Zymologie
Zymomonas
Zymonema
– [M] Onygenales
zymöse Blütenstände ↗
– Verzweigung
Zymosterin
Zymosterol
– Zymosterin
Zypergras
Zypresse
– □ Lebensdauer
– [B] Mediterranregion III
– [B] Nordamerika VII
Zypressencampher
– Cedrol
Zypressengewächse
– Zypresse
Zypressenholz
– Zypresse
Zypressenkraut
Zypressenmoos
Zypressenweihnachtsstern
– [M] Wolfsmilch
Zyras
– [M] Kurzflügler
Zythos
– Spanner